한솔○○○○○○이다!
건설안전기사 4수완성 인터넷 강좌

정규이론 · 전과목 핵심암기 모음 · 5개년 기출문제

강의수강 중 학습관련 문의사항, 성심성의껏 답변드리겠습니다.

건설안전기사 4주완성 유료 동영상 강의

구 분	과 목	담당강사	강의시간	동영상	교 재
필 기	산업안전관리론	지준석	약 11시간		
	산업심리 및 교육	지준석	약 7시간		
	인간공학 및 시스템안전	지준석	약 11시간		
	건설안전기술	지준석	약 10시간		
	건설시공학	지준석	약 12시간		
	건설재료학	지준석	약 8시간		
	핵심암기모음집	지준석	약 7시간		
	과년도기출	지준석	약 24시간		

• 할인혜택 : 동일강좌 재수강시 **50% 할인**, 다른 강좌 수강시 **10% 할인**

건설안전기사 4주완성
본 도서를 구매하신 분께 드리는 혜택

1 출제경향분석 무료동영상

각 과목별 기출문제 분석을 통한 출제빈도 분석 및 학습방법

2 핵심암기모음집 무료동영상

각 과목별 가장 중요한 전과목 핵심암기모음집 시험 전 마무리 총정리 활용

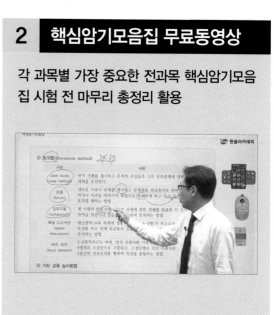

3 5개년 기출문제 무료동영상

각 과목별 최근 5개년(2019년~2023년) 기출문제 상세해설

4 CBT대비 온라인 실전테스트

- 큐넷(Q-net) 홈페이지 실제 컴퓨터 환경과 동일한 시험
- 자가학습진단 모의고사를 통한 실력 향상

교재 인증번호 등록을 통한 학습관리 시스템

❶ 출제경향분석 무료동영상 ❷ 핵심암기모음집 무료동영상
❸ 기출문제 해설 무료동영상 ❹ CBT대비 온라인 실전테스트

01 사이트 접속

인터넷 주소창에 **https://www.inup.co.kr** 을 입력하여 한솔아카데미 홈페이지에 접속합니다.

02 회원가입 로그인

홈페이지 우측 상단에 있는 **회원가입** 또는 아이디로 **로그인**을 한 후, **건설안전기사** 사이트로 접속을 합니다.

03 나의 강의실

나의강의실로 접속하여 왼쪽 메뉴에 있는 **[쿠폰/포인트관리]–[쿠폰등록/내역]**을 클릭합니다.

04 쿠폰 등록

도서에 기입된 **인증번호 12자리** 입력(–표시 제외)이 완료되면 **[나의강의실]**에서 학습가이드 관련 응시가 가능합니다.

■ 모바일 동영상 수강방법 안내

❶ QR코드 이미지를 모바일로 촬영합니다.
❷ 회원가입 및 로그인 후, 쿠폰 인증번호를 입력합니다.
❸ 인증번호 입력이 완료되면 [나의강의실]에서 강의 수강이 가능합니다.

※ 인증번호는 ③권 표지 뒷면에서 확인하시길 바랍니다.
※ QR코드를 찍을 수 있는 앱을 다운받으신 후 진행하시길 바랍니다.

4주·7주 스터디 학습플랜

4주 학습플랜

주차	일차	과목	중요 학습 내용	부족	완료
1주차	1일차	산업안전 관리론	안전보건관리 개요	☐	☐
	2일차		재해 및 안전점검	☐	☐
	3일차		무재해운동 및 안전보건표지, 보호구	☐	☐
	4일차		산업안전 관계법규	☐	☐
	5일차	산업심리 및 교육	산업심리이론	☐	☐
	6일차		인간의 특성과 안전	☐	☐
	7일차		안전보건교육	☐	☐
2주차	8일차	인간공학 및 시스템 안전	안전과 인간공학, 정보입력표시	☐	☐
	9일차		인간계측 및 작업공간	☐	☐
	10일차		작업환경관리	☐	☐
	11일차		시스템 위험분석, 결함수 분석법	☐	☐
	12일차		위험성평가 및 설비 유지관리	☐	☐
	13일차	건설 시공학	시공일반	☐	☐
	14일차		토공사	☐	☐
3주차	15일차		기초공사, 철근콘크리트 공사	☐	☐
	16일차		철골공사	☐	☐
	17일차		조적공사	☐	☐
	18일차	건설 재료학	건설재료일반, 목재, 점토	☐	☐
	19일차		시멘드 및 콘크리트	☐	☐
	20일차		금속재료, 미장재료, 합성수지	☐	☐
	21일차		도료 및 접착제, 석재, 유리 및 단열재	☐	☐
4주차	22일차	건설안전 기술	건설안전 개요, 건설장비	☐	☐
	23일차		양중 및 해체공사의 안전	☐	☐
	24일차		건설재해 및 대책	☐	☐
	25일차		건설 가시설물 설치기준	☐	☐
	26일차		건설구조물공사 안전, 운반 및 하역작업	☐	☐
	27일차	복습 및 총정리	기출문제 및 모의고사	☐	☐
	28일차		전과목 핵심이론 정리	☐	☐

7주 학습플랜

주차	일차	과목	중요 학습 내용	부족	완료
1주차	1일차	산업안전 관리론	안전보건관리 개요(1)	☐	☐
	2일차		안전보건관리 개요(2)	☐	☐
	3일차		재해 및 안전점검(1)	☐	☐
	4일차		재해 및 안전점검(2)	☐	☐
	5일차		무재해운동 및 안전보건표지	☐	☐
	6일차		보호구(1)	☐	☐
	7일차		보호구(2)	☐	☐
2주차	8일차		산업안전관계법규(1)	☐	☐
	9일차		산업안전관계법규(2)	☐	☐
	10일차	산업심리 및 교육	산업심리이론(1)	☐	☐
	11일차		산업심리이론(2)	☐	☐
	12일차		인간의 특성과 안전(1)	☐	☐
	13일차		인간의 특성과 안전(2)	☐	☐
	14일차		안전보건교육(1)	☐	☐
3주차	15일차		안전보건교육(2)	☐	☐
	16일차	인간공학 및 시스템 안전	안전과 인간공학	☐	☐
	17일차		정보입력표시(1)	☐	☐
	18일차		정보입력표시(2)	☐	☐
	19일차		인간계측 및 작업공간(1)	☐	☐
	20일차		인간계측 및 작업공간(2)	☐	☐
	21일차		작업환경관리(1)	☐	☐
4주차	22일차		작업환경관리(2)	☐	☐
	23일차		시스템 위험분석	☐	☐
	24일차		결함수 분석법	☐	☐
	25일차		위험성평가 및 설비 유지관리	☐	☐
	26일차	건설 시공학	시공일반	☐	☐
	27일차		토공사	☐	☐
	28일차		기초공사	☐	☐
5주차	29일차		철근콘크리트 공사	☐	☐
	30일차		철골공사	☐	☐
	31일차		조적공사	☐	☐
	32일차	건설 재료학	건설재료일반, 목재, 점토	☐	☐
	33일차		시멘트 및 콘크리트	☐	☐
	34일차		금속재료, 미장재료, 합성수지	☐	☐
	35일차		도료 및 접착제, 석재, 유리 및 단열재	☐	☐
6주차	36일차	건설안전 기술	건설안전 개요	☐	☐
	37일차		건설장비	☐	☐
	38일차		양중 및 해체공사의 안전	☐	☐
	39일차		건설재해 및 대책	☐	☐
	40일차		건설 가시설물 설치기준	☐	☐
	41일차		건설구조물공사 안전	☐	☐
	42일차		운반 및 하역작업	☐	☐
7주차	43일차	복습 및 총정리	기출문제 및 모의고사	☐	☐
	44일차		안전관리론, 산업심리 교육 핵심이론 정리 및 복습	☐	☐
	45일차		인간공학 핵심이론 정리 및 복습	☐	☐
	46일차		건설시공학, 재료학 핵심이론 정리 및 복습	☐	☐
	47일차		건설안전기술 핵심이론 정리 및 복습	☐	☐
	48일차		기출문제 및 모의고사	☐	☐
	49일차		전과목 핵심이론 총정리	☐	☐

머리말

　건설현장은 기계설비의 대형화, 생산단위의 대형화, 에너지 소비량의 증대, 그리고 다양한 생산환경 등으로 인해 건설현장에서의 재해 역시 시간이 갈수록 대형화, 다양화하는 추세에 있습니다.

　산업재해는 인적, 물적 피해가 막대하여 개인과 기업뿐만 아니라 막대한 국가적 손실을 초래합니다. 이러한 산업현장에서의 재해를 감소시키고 안전사고를 예방하기 위해서는 그 무엇보다 안전관리전문가가 필요합니다. 정부에서는 안전관리에 대한 대책과 규제를 시간이 갈수록 강화하고 있으며 이에 따라 안전관리자의 수요는 계속해서 증가하고 있습니다.

　건설안전기사 자격은 국가기술자격으로 안전관리자의 선임자격일 뿐 아니라 건설회사 내에서 다양한 활용이 가능한 매우 유용한 자격증입니다.

　본 교재는 이러한 건설안전기사 시험을 대비하여 출제기준과 출제성향을 분석하여 새롭게 개정된 내용으로 출간하게 되었습니다.

이 책의 특징

1. 최근 출제기준에 따라 체계적으로 구성하였습니다.
2. 제·개정된 법령을 바탕으로 이론·문제를 구성하였습니다.
3. 최근 출제문제의 정확한 분석과 해설을 수록하였습니다.
4. 교재의 좌·우측에 본문 내용을 쉽게 파악할 수 있도록 부가적인 설명을 하였습니다.
5. 각 과목별로 앞부분에 핵심암기내용을 별도로 정리하여 시험에 가장 많이 출제된 내용을 확인할 수 있도록 하였습니다.

　본 교재의 지면 여건상 수많은 모든 내용을 수록하지 못한 점은 아쉽게 생각하고 있으며, 앞으로도 수험생의 입장에서 노력하여 부족한 내용이 있다면 지속적으로 보완하겠다는 점을 약속드리도록 하겠습니다.

　본 교재를 출간하기 위해 노력해 주신 한솔아카데미 대표님과 임직원의 노력에 진심으로 감사드리며 본 교재를 통해 열심히 공부하신 수험생들께 반드시 자격취득의 영광이 있으시기를 진심으로 기원합니다.

저자 드림

책의 구성

01

핵심암기 모음집

- 각 과목별로 가장 중요한 핵심암기내용을 모아서 시험 전에 활용하도록 하였습니다.
- QR코드를 통해 무료 모바일 강좌를 들을 수 있도록 하였습니다.

02

전체과목의 단원분류

- 필기 시험 교과목을 안전관리론(5개), 산업심리 및 교육(3개), 인간공학 및 시스템안전 (7개), 건설시공학(6개), 건설재료학(11개), 건설안전기술(7개)로 중, 세분화하여 분류 하였습니다.

03

핵심요약 · 관련법령

- 각 단원별로 본문의 이해에 도움이 되는 용어의 정리, 관련법령, 학습에 필요한 팁 등을 표기하여 내용을 보충하였습니다.

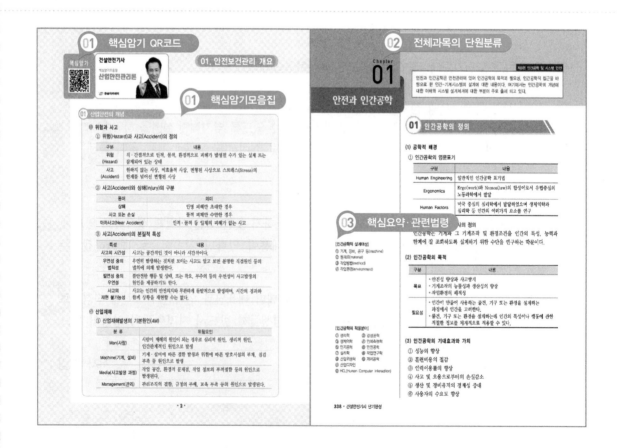

04 소단원별 핵심문제

- 과목의 단원을 다시한번 소단원별로 세분화하여 본문에서 학습한 내용을 즉시 문제를 풀어 확인 할 수 있도록 하였습니다.

05 출제연도·오답빈칸

- 학습자가 문제의 중요도를 파악할 수 있도록 출제연도를 표기하였으며 틀린문제를 표기하여 다시 풀어볼 수 있도록 빈칸을 제공하였습니다.

06 문제해설의 참고내용

- 과년도 출제문제를 통해 학습정리를 쉽게 하도록 문제해설란에 본문의 핵심내용을 정리하여 추가로 표기하였습니다.

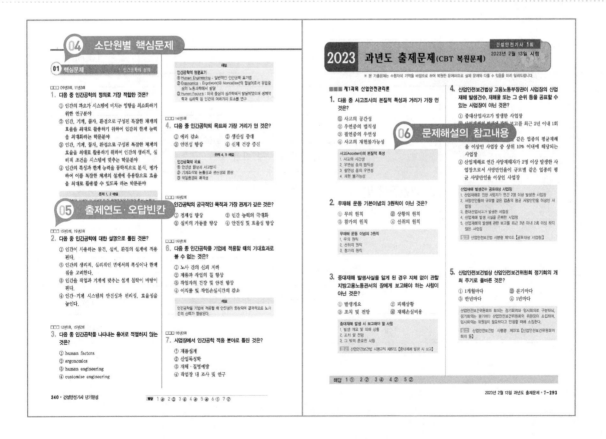

건설안전기사

과 목		단원명	빈 도
산업안전관리론	1. 산업안전관리론	① 안전보건관리 개요	24%
		② 안전보건관리 체제 및 운영	16%
		③ 재해 조사 및 분석	26%
		④ 안전점검 및 검사	9%
		⑤ 보호구 및 안전보건표지	11%
		⑥ 안전 관계 법규	14%
	계		100%
산업심리 및 교육	2. 산업심리 및 교육	① 산업심리이론	32%
		② 인간의 특성과 안전	27%
		③ 안전보건교육	14%
		④ 교육방법	27%
	계		100%
인간공학 및 시스템 안전공학	3. 인간공학 및 시스템안전공학	① 안전과 인간공학	10%
		② 정보입력표시	14%
		③ 인간계측 및 작업 공간	20%
		④ 작업환경관리	11%
		⑤ 시스템위험분석	11%
		⑥ 결함수 분석법	15%
		⑦ 위험성평가	12%
		⑧ 각종 설비의 유지 관리	7%
	계		100%

과 목		단원명	빈 도
건설시공학	4. 건설시공학	1 시공일반	17%
		2 토공사	17%
		3 기초공사	10%
		4 철근콘크리트공사	29%
		5 철골공사	14%
		6 조적공사	13%
	계		100%
건설재료학	5. 건설재료학	1 건설재료일반	4%
		2 각종 건설재료(목재)	16%
		3 각종 건설재료(점토재)	6%
		4 각종 건설재료(시멘트 및 콘크리트)	27%
		5 각종 건설재료(금속재)	6%
		6 각종 건설재료(미장재)	9%
		7 각종 건설재료(합성수지)	7%
		8 각종 건설재료(도료 및 접착제)	10%
		9 각종 건설재료(석재)	6%
		10 각종 건설재료(기타재료)	4%
		11 방수	5%
	계		100%
건설안전기술	6. 건설안전기술	1 건설공사 안전개요	16%
		2 건설공구 및 장비	8%
		3 양중기 및 해체용 기구의 안전	13%
		4 건설재해 및 대책	22%
		5 건설 가시설물 설치기준	26%
		6 건설 구조물 공사 안전	9%
		7 운반 및 하역작업	6%
	계		100%

건 설 안 전 기 사

직무 분야	안전관리	중직무분야	안전관리	자격 종목	건설안전기사	적용 기간	2021. 1. 1. ~ 2025. 12. 31.

○ 직무내용 : 건설현장의 생산성 향상과 인적·물적 손실을 최소화하기 위한 안전계획을 수립하고, 그에 따른 작업환경의 점검 및 개선, 현장 근로자의 교육계획 수립 및 실시, 작업환경 순회감독 등 안전관리 업무를 통해 인명과 재산을 보호하고, 사고 발생시 효과적이며 신속한 처리 및 재발 방지를 위한 대책 안을 수립, 이행하는 등 안전에 관한 기술적인 관리 업무를 수행하는 직무이다.

필기검정방법	객관식	문제수	120	시험시간	3시간

시험과목	주 요 항 목	세 부 항 목
산업안전 관리론	1. 안전보건관리 개요	1. 기업경영과 안전관리 및 안전의 중요성 2. 산업재해 발생 메커니즘 3. 사고예방 원리 4. 안전보건에 관한 제반이론 및 용어해설 5. 무재해운동 등 안전활동 기법
	2. 안전보건관리 체제 및 운영	1. 안전보건관리조직형태 2. 안전업무 분담 및 안전보건관리규정과 기준 3. 안전보건관리 계획수립 및 운영 4. 안전보건 개선계획
	3. 재해 조사 및 분석	1. 재해조사 요령 2. 원인분석 3. 재해 통계 및 재해 코스트
	4. 안전점검 및 검사	1. 안전점검 2. 안전검사·인증
	5. 보호구 및 안전보건표지	1. 보호구 2. 안전보건표지
	6. 안전 관계 법규	1. 산업안전보건법령 2. 건설기술관리법령 3. 시설물의 안전 및 유지관리에 관한 특별법령 4. 관련 지침
산업심리 및 교육	1. 산업심리이론	1. 산업심리 개념 및 요소 2. 인간관계와 활동 3. 직업적성과 인사심리 4. 인간행동 성향 및 행동과학
	2. 인간의 특성과 안전	1. 동작특성 2. 노동과 피로 3. 집단관리와 리더십 4. 착오와 실수
	3. 안전보건교육	1. 교육의 필요성 2. 교육의 지도 3. 교육의 분류 4. 교육심리학
	4. 교육방법	1. 교육의 실시방법 2. 교육대상 3. 안전보건교육
인간공학 및 시스템안전 공학	1. 안전과 인간공학	1. 인간공학의 정의 2. 인간-기계체계 3. 체계설계와 인간 요소
	2. 정보입력표시	1. 시각적 표시 장치 2. 청각적 표시장치 3. 촉각 및 후각적 표시장치 4. 인간요소와 휴먼에러
	3. 인간계측 및 작업 공간	1. 인체계측 및 인간의 체계제어 2. 신체활동의 생리학적 측정법 3. 작업 공간 및 작업자세 4. 인간의 특성과 안전
	4. 작업환경관리	1. 작업조건과 환경조건 2. 작업환경과 인간공학
	5. 시스템위험분석	1. 시스템 위험분석 및 관리 2. 시스템 위험 분석 기법
	6. 결함수 분석법	1. 결함수 분석 2. 정성적, 정량적 분석

출제기준표

시험과목	주요항목	세 부 항 목	
인간공학 및 시스템안전 공학	7. 위험성평가	1. 위험성 평가의 개요	2. 신뢰도 계산
	8. 각종 설비의 유지 관리	1. 설비관리의 개요 3. 보전성 공학	2. 설비의 운전 및 유지관리
건설재료학	1. 건설재료 일반	1. 건설재료의 발달 3. 새로운 재료 및 재료 설계	2. 건설재료의 분류와 요구 성능 4. 난연재료의 분류와 요구 성능
	2. 각종 건설재료의 특성, 용도, 규격에 관한 사항	1. 목재 3. 시멘트 및 콘크리트 5. 미장재 7. 도료 및 접착제 9. 기타재료	2. 점토재 4. 금속재 6. 합성수지 8. 석재 10. 방수
건설시공학	1. 시공일반	1. 공사시공방식 3. 공사현장관리	2. 공사계획
	2. 토공사	1. 흙막이 가시설 3. 흙파기	2. 토공 및 기계 4. 기타 토공사
	3. 기초공사	1. 지정 및 기초	
	4. 철근콘크리트공사	1. 콘크리트공사 3. 거푸집공사	2. 철근공사
	5. 철골공사	1. 철골작업공작	2. 철골세우기
	6. 조적공사	1. 벽돌공사 3. 석공사	2. 블록공사
건설안전 기술	1. 건설공사 안전개요	1. 공정계획 및 안전성 심사 3. 건설업 산업안전보건관리비	2. 지반의 안정성 4. 사전안전성검토(유해위험방지 계획서)
	2. 건설공구 및 장비	1. 건설공구 3. 안전수칙	2. 건설장비
	3. 양중 및 해체공사의 안전	1. 해체용 기구의 종류 및 취급안전	2. 양중기의 종류 및 안전 수칙
	4. 건설재해 및 대책	1. 떨어짐(추락)재해 및 대책 3. 떨어짐(낙하), 날아옴(비래)재해대책	2. 무너짐(붕괴)재해 및 대책 4. 화재 및 대책
	5. 건설 가시설물 설치 기준	1. 비계 3. 거푸집 및 동바리	2. 작업통로 및 발판 4. 흙막이
	6. 건설 구조물공사 안전	1. 콘크리트 구조물공사 안전 3. PC(Precast Concrete)공사안전	2. 철골 공사 안전
	7. 운반, 하역작업	1. 운반작업	2. 하역공사

Contents

I

제1편   산업안전관리론

Contents

제3편　인간공학 및 시스템 안전

Contents

Contents

Ⅱ

제4편　건설시공학

제5편   건설재료학

Contents

제6편   건설안전기술

Contents

제7편　과년도 출제문제

CBT대비 7회 실전테스트

홈페이지(www.inup.co.kr)에서 필기시험 문제를 CBT 모의 TEST로 체험하실 수 있습니다.

- CBT 필기시험문제 제1회 (2022년 제1회 과년도)
- CBT 필기시험문제 제2회 (2022년 제2회 과년도)
- CBT 필기시험문제 제3회 (2022년 제4회 과년도)
- CBT 필기시험문제 제4회 (2023년 제1회 과년도)
- CBT 필기시험문제 제5회 (2023년 제2회 과년도)
- CBT 필기시험문제 제6회 (2023년 제4회 과년도)
- CBT 필기시험문제 제7회 (실전모의고사)

건설안전기사
Engineer Construction Safety

PART
01

산업안전관리론

01 산업안전의 개념

❶ 위험과 사고

① 위험(Hazard)과 사고(Accident)의 정의

구분	내용
위험 (Hazard)	직·간접적으로 인적, 물적, 환경적으로 피해가 발생될 수가 있는 실제 또는 잠재되어 있는 상태
사고 (Accident)	원하지 않는 사상, 비효율적 사상, 변형된 사상으로 스트레스(Stress)의 한계를 넘어선 사상

② 사고(Accident)와 상해(injury)의 구분

용어	의미
상해	인명 피해만 초래한 경우
손실	물적 피해만 수반한 경우
아차사고(Near Accident)	인적·물적 등 일체의 피해가 없는 사고

③ 사고(Accident)의 본질적 특성

특성	내용
사고의 시간성	사고는 공간적인 것이 아니라 시간적이다.
우연성 중의 법칙성	우연히 발생하는 것처럼 보이는 사고도 알고 보면 분명한 직접원인 등의 법칙에 의해 발생한다.
필연성 중의 우연성	불안전한 행동 및 상태, 또는 착오, 부주의 등의 우연성이 사고발생의 원인을 제공하기도 한다.
사고의 재현 불가능성	사고는 인간의 안전의지와 무관하게 돌발적으로 발생하며, 시간의 경과와 함께 상황을 재현할 수는 없다.

❷ 산업재해

① 산업재해발생의 기본원인(4M)

분류	위험요인
Man(사람)	사람이 재해의 원인이 되는 경우로 심리적 원인, 생리적 원인, 인간관계적인 원인으로 발생
Machine(기계, 설비)	기계·설비에 따른 결함 발생과 위험에 따른 방호시설의 부재, 점검 부족 등 원인으로 발생
Media(사고발생 과정)	작업 공간, 환경적 문제점, 작업 정보의 부적절함 등의 원인으로 발생된다.
Management(관리)	관리조직의 결함, 규정의 부재, 교육 부족 등의 원인으로 발생된다.

② 안전대책의 3요소, 하베이(Harvey)의 3E

3요소	세부 대책
교육적(Education) 대책	안전지식교육 실시, 안전훈련 실시 등
기술적(Engineeing) 대책	안전 설계, 작업행정의 개선, 환경설비의 개선, 점검 보존의 확립, 안전기준의 설정 등
관리적(Enforcement) 대책	안전조직의 정비 및 적정인원의 배치, 기준과 수칙의 준수, 작업공정의 개선 등

02 안전관리 이론

❶ 사고연쇄(도미노) 이론

학설자	단계의 분류
1. 하인리히(H.W. Heinrich)의 도미노이론	1단계 : 사회적 환경과 유전적인 요소(선천적 결함)
	2단계 : 개인적 결함(성격결함, 개성결함)
	3단계 : 불안전한 행동과 불안전한 상태 → 핵심 단계
	4단계 : 사고
	5단계 : 상해(재해)
2. 버드(Frank Bird)의 신 Domino 이론	**1단계 : 통제(관리, 경영)부족 → 핵심단계**
	2단계 : 기본원인(기원, 원이론)
	3단계 : 직접원인(징후)
	4단계 : 사고(접촉)
	5단계 : 상해(손해, 손실)
3. 아담스(Adams)의 연쇄이론	1단계 : 관리구조
	2단계 : 작전적(전략적) 에러
	3단계 : 전술적(불안전한 행동 또는 조작) 에러
	4단계 : 사고(물적 사고)
	5단계 : 상해 또는 손실
4. 웨버(Weaver)의 연쇄성 이론	1단계 : 유전과 환경
	2단계 : 인간의 결함
	3단계 : 불안전 행동과 불안전 상태
	4단계 : 사고
	5단계 : 상해

② 재해의 구성 비율

① 하인리히(H.W. Heinrich)의 1 : 29 : 300 원칙	② 버드(Frank Bird)의 1 : 10 : 30 : 600 원칙

1 : 사망 또는 중상
29 : 경상
300 : 무상해 사고
불안전한 행동　불안전한 상태

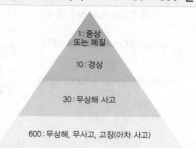

1 : 중상 또는 폐질
10 : 경상
30 : 무상해 사고
600 : 무상해, 무사고, 고장(아차 사고)

③ 사고예방 이론

① 재해예방의 4원칙

4원칙	내용
손실 우연의 원칙	재해 손실은 사고발생 시 사고 대상의 조건에 따라 달라지므로 한 사고의 결과로서 생긴 재해 손실은 우연성에 의하여 결정된다.
원인 계기(연계)의 원칙	재해 발생은 반드시 원인이 있다. 즉 사고와 손실과의 관계는 우연적이지만 사고와 원인관계는 필연적이다.
예방 가능의 원칙	재해는 원칙적으로 원인만 제거되면 예방이 가능하다.
대책 선정의 원칙	재해 예방을 위해 가능한 안전 대책은 반드시 존재한다.

② 하인리히(H.W. Heinrich)의 사고예방 기본원리 5단계

단계	구분
1단계	안전조직
2단계	사실의 발견
3단계	분석
4단계	시정방법의 선정
5단계	시정책의 적용

❶ 안전보건관리조직

	장 점	단 점
Line형	• 명령과 보고가 상하관계뿐이므로 간단명료하다. • 신속 · 정확한 조직 • 안전지시나 개선조치가 철저하고 신속하다.	• 생산업무와 같이 안전대책이 실시되므로 불충분하다. • 안전 Staff이 없어 내용이 빈약하다. • Line에 과중한 책임 부여된다.
Staff형	• 안전 지식 및 기술축적 가능 • 사업장에 적합한 기술개발 또는 개선안을 마련할 수 있다. • 안전정보수집이 신속하다. • 경영자의 조언 또는 자문역할을 할 수 있다.	• 안전과 생산을 별개로 취급한다. • 통제 수속이 복잡해지며, 시간과 노력이 소모된다. • 안전지시나 명령과 보고가 신속 · 정확하지 못하다. • 생산은 안전에 대한 책임과 권한이 없다.
Line-Staff형	• 조직원 전원이 자율적으로 안전활동에 참여할 수 있다. • 각 Line의 안전 활동은 유기적으로 조정가능하다. • 충분한 동기부여가 생긴다. • Line의 관리 · 감독자에게도 책임과 권한이 부여된다.	• 명령 계통과 조언 권고적 참여가 혼동되기 쉽다. • 스탭의 월권행위가 발생할 수 있다. • 라인의 스탭에 의존 또는 활용치 않는 경우가 발생한다.

❷ 산업안전보건위원회

① 산업안전보건위원회 위원 구성

사용자 위원	근로자 위원
• 해당 사업의 대표자 • 안전관리자 1명 • 보건관리자 1명 • 산업보건의(선임되어 있는 경우) • 대표자가 지명하는 9명 이내의 사업장 부서의 장	• 근로자대표 • 근로자대표가 지명하는 1명 이상의 명예산업안전감독관 • 근로자대표가 지명하는 9명 이내의 당해 사업장의 근로자

② 산업안전보건위원회 심의 · 의결사항
 ㉠ 산업재해 예방계획의 수립에 관한 사항
 ㉡ 안전보건관리규정의 작성 및 변경에 관한 사항
 ㉢ 근로자의 안전 · 보건교육에 관한 사항
 ㉣ 작업환경측정 등 작업환경의 점검 및 개선에 관한 사항
 ㉤ 근로자의 건강진단 등 건강관리에 관한 사항
 ㉥ 중대재해의 원인 조사 및 재발 방지대책 수립에 관한 사항
 ㉦ 산업재해에 관한 통계의 기록 및 유지에 관한 사항
 ㉧ 유해하거나 위험한 기계 · 기구와 그 밖의 설비를 도입한 경우 안전 · 보건조치에 관한사항
 ㉨ 그 밖에 해당 사업장 근로자의 안전 및 보건을 유지 · 증진시키기 위하여 필요한 사항

③ 회의 방법

구분	내용
회의	• 정기회의 : 분기마다 • 임시회의 : 필요시 위원장이 소집
회의록 작성	• 개최 일시 및 장소 • 출석위원 • 심의 내용 및 의결 · 결정 사항 • 그 밖의 토의사항

❸ 안전보건관리규정
① 안전보건관리규정 작성항목
 ㉠ 안전 및 보건에 관한 관리조직과 그 직무에 관한 사항
 ㉡ 안전보건교육에 관한 사항
 ㉢ 작업장의 안전 및 보건 관리에 관한 사항
 ㉣ 사고 조사 및 대책 수립에 관한 사항
 ㉤ 그 밖에 안전 및 보건에 관한 사항

② 안전보건관리규정의 세부 내용
    ㉠ 총칙
    ㉡ 안전보건관리조직과 그 직무
    ㉢ 안전보건교육
    ㉣ 작업장 안전관리
    ㉤ 작업장 보건관리
    ㉥ 사고조사 및 대책수립
    ㉦ 위험성 평가에 관한 사항
    ㉧ 보칙

❹ **안전보건개선계획**

① 안전보건개선계획 대상 사업장
    ㉠ 산업재해율이 같은 업종의 규모별 평균 산업재해율보다 높은 사업
    ㉡ 사업주가 필요한 안전조치 또는 보건조치를 이행하지 아니하여 중대재해가 발생한 사업장
    ㉢ 대통령령으로 정하는 수 이상의 직업성 질병자가 발생한 사업장
    ㉣ 유해인자의 노출기준을 초과한 사업장

② 안전보건개선계획 내용

구분	내용
포함 내용	• 시설 • 안전·보건관리체제 • 안전·보건교육 • 산업재해예방 및 작업환경의 개선을 위하여 필요한 사항
공통개선 항목	안전보건관리조직, 안전표지부착, 보호구착용, 건강진단실시, 참고사항
중점개선 항목	시설, 원료 및 재료, 기계장치, 작업방법, 작업환경, 기타

02. 재해 및 안전점검

01 재해의 발생과 조사

❶ 산업재해의 기록

① 산업재해 보고

구분	내용
보고대상재해	사망자 또는 3일 이상의 휴업을 요하는 부상을 입거나 질병에 걸린 자가 발생한 때
보고방법	재해가 발생한 날부터 1개월 이내에 산업재해조사표를 작성하여 지방고용노동관서의 장에게 제출
기록 보존해야 할 사항	• 사업장의 개요 및 근로자의 인적사항 • 재해발생의 일시 및 장소 • 재해발생의 원인 및 과정 • 재해 재발방지 계획

② 중대재해 발생 시 보고

구분	내용
중대재해의 정의	• 사망자가 1명 이상 발생한 재해 • 3개월 이상의 요양이 필요한 부상자가 동시에 2명 이상 발생한 재해 • 부상자 또는 직업성 질병자가 동시에 10명 이상 발생한 재해
보고방법	중대재해발생사실을 알게 된 때에는 지체없이 관할지방 노동관서의 장에게 전화·팩스, 또는 그밖에 적절한 방법에 의하여 보고
보고내용	• 발생개요 및 피해 상황 • 조치 및 전망 • 그 밖의 중요한 사항

❷ 재해사례의 연구순서

구분	내용
전제조건	재해상황의 파악
1단계	사실의 확인
2단계	문제점의 발견
3단계	근본적 문제점 결정
4단계	대책의 수립

❶ 재해통계 방법

구분	특성
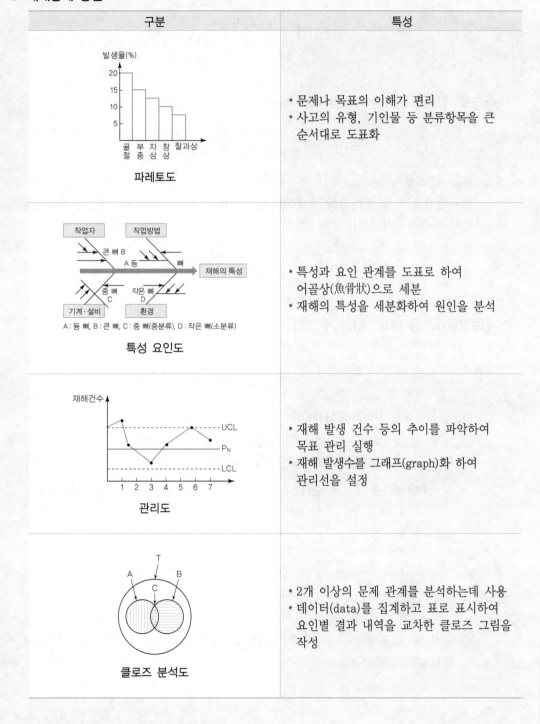 파레토도	• 문제나 목표의 이해가 편리 • 사고의 유형, 기인물 등 분류항목을 큰 순서대로 도표화
특성 요인도	• 특성과 요인 관계를 도표로 하여 어골상(魚骨狀)으로 세분 • 재해의 특성을 세분화하여 원인을 분석
관리도	• 재해 발생 건수 등의 추이를 파악하여 목표 관리 실행 • 재해 발생수를 그래프(graph)화 하여 관리선을 설정
클로즈 분석도	• 2개 이상의 문제 관계를 분석하는데 사용 • 데이터(data)를 집계하고 표로 표시하여 요인별 결과 내역을 교차한 클로즈 그림을 작성

03 산업재해율

❶ 연천인율(年千人率)

$$연천인율 = \frac{사상자수}{연평균\ 근로자수} \times 10^3$$

❷ 도수율, 빈도율(Fregueency Rate of Injury : FR)

$$도수율 = \frac{재해\ 발생건수}{연평균\ 근로\ 총\ 시간수} \times 10^6$$

※ 환산 도수율

입사에서 퇴직할 때까지의 평생 동안(40년)의 근로시간인 10만 시간당 재해건수를 환산 도수율이라 한다.

$$환산도수율 = \frac{재해\ 발생건수}{연평균\ 근로\ 총\ 시간수} \times 10^5$$

❸ 강도율(Severity Rate of Injury : SR)

$$강도율 = \frac{근로\ 손실일수}{연평균\ 근로\ 총\ 시간수} \times 10^3$$

① 근로손실일수의 산정기준(국제기준)

㉠ 사망 및 영구전노동불능(신체장애등급 1-3급) : 7,500일

㉡ 영구 일부 노동불능(신체장애등급 4-14급)

신체장해등급	근로손실일수	신체장해등급	근로손실일수
4	5,500	10	600
5	4,000	11	400
6	3,000	12	200
7	2,200	13	100
8	1,500	14	50
9	1,000		

㉢ 일시 전 노동 불능= 휴업일수(입원일수, 통원치료, 요양, 의사 진단에 의한 휴업일수)×300/365

※ 환산 강도율
입사에서 퇴직할 때까지의 평생 동안(40년)의 근로시간인 10만 시간당
근로손실일수를 환산 강도율이라 한다.

$$환산강도율 = \frac{근로\ 손실일수}{연평균\ 근로\ 총\ 시간수} \times 10^5$$

❹ **종합재해지수(도수강도치 : F.S.I)**

$$도수강도치(F.S.I) = \sqrt{도수율(F) \times 강도율(S)}$$

❶ **H.W. Heinrich의 1 : 4원칙**

$$총\ Cost = 1(직접비) : 4(간접비)\ 원칙$$

구분	내용
직접비	휴업급여, 요양비, 장애보상비, 유족보상비, 장의비, 일시보상비
간접비	인적손실, 물적손실, 생산손실, 특수손실, 기타손실

❷ **시몬즈(R.H.simonds) 방식**

$$총\ cost = 보험\ cost + 비보험\ cost$$

구분	내용
보험 cost	• 보험금의 총액 • 보험회사에 관련된 여러 경비와 이익금
비보험 cost	• 휴업 상해 건수 × A • 통원상해 건수 × B • 응급조치 건수 × C • 무상해 사고 건수 × D 여기서 A, B, C, D는 장애 정도별 비보험 Cost의 평균치이다.

❸ **콤패스 방식**

> 총재해 비용 = 공동비용 + 개별비용

① 공동비용 : 보험료, 안전보건부서의 유지비용 등
② 개별비용 : 작업손실비, 개선비, 수리비 등

❹ **버드의 방식**

> 보험비 1 : 비보험 5~50 재산비용 1 : 기타 재산비용 3

05 안전점검과 진단

❶ **효율적인 관리의 4 cycle(P-D-C-A)**
① Plan(계획) : 목표를 설정하고 달성하는 방법을 계획한다.
② Do(실시) : 교육, 훈련을 하고 실행에 옮긴다.
③ Check(검토) : 결과를 검토한다.
④ Action(조치) : 검토한 결과에 의해 조치한다.

❷ **안전점검의 종류**

구분	내용
점검주기별 안전점검	수시점검(일상점검), 정기점검, 특별점검, 임시점검
안전점검 방법	육안점검, 기능점검, 기기점검, 정밀점검

03. 무재해운동 및 안전보건표지

01 무재해운동 이론

❶ 무재해에 해당하는 경우(사고 미 산정 사항)

① 업무수행 중의 사고 중 천재지변 또는 돌발적인 사고로 인한 구조행위 또는 긴급피난 중 발생한 사고

② 출·퇴근 도중에 발생한 재해

③ 운동경기 등 각종 행사 중 발생한 재해

④ 사고 중 천재지변 또는 돌발적인 사고 우려가 많은 장소에서 사회통념상 인정되는 업무수행 중 발생한 사고

⑤ 제3자의 행위에 의한 업무상 재해

⑥ 업무상 질병에 대한 구체적인 인정기준 중 뇌혈관질환 또는 심장질환에 의한 재해

⑦ 업무시간외에 발생한 재해(사업주가 제공한 사업장내의 시설물에서 발생한 재해 또는 작업개시 전의 작업준비 및 작업종료 후의 정리정돈과정에서 발생한 재해는 제외)

⑧ 도로에서 발생한 사업장 밖의 교통사고, 소속 사업장을 벗어난 출장 및 외부기관으로 위탁교육 중 발생한 사고, 회식중의 사고, 전염병 등 사업주의 법 위반으로 인한 것이 아니라고 인정되는 재해

❷ 무재해운동 이론

구분	내용
무재해운동 이념의 3원칙	• 무의 원칙 • 참가의 원칙 • 선취해결의 원칙
무재해운동 추진 3요소(3기둥)	• 최고경영자의 경영자세 • 관리감독자에 의한 라인화 철저 • 직장소집단 자주활동의 활발

02 무재해 운동의 실천

❶ 위험예지훈련의 4R(라운드)와 8단계

문제해결 4단계(4R)	문제해결의 8단계
1R – 현상파악	1단계 – 문제제기 2단계 – 현상파악
2R – 본질추구	3단계 – 문제점 발견 4단계 – 중요 문제 결정
3R – 대책수립	5단계 – 해결책 구상 6단계 – 구체적 대책 수립
4R – 행동목표 설정	7단계 – 중점사항 결정 8단계 – 실시계획 책정

❷ 브레인 스토밍 4원칙

구분	내용
자유분방	마음대로 편안히 발언한다.
비평(비판)금지	좋다, 나쁘다고 비평하지 않는다.
대량발언	무엇이건 좋으니 많이 발언하게 한다.
수정발언	타인의 아이디어에 수정하거나 덧붙여 말하여도 좋다.

03 안전보건표지

❶ 안전보건표지의 색채 및 색도기준

색체	색도기준	용도	사용례
빨간색	7.5R 4/14	금지	정지신호, 소화설비 및 장소, 유해행위의 금지
		경고	화학물질 취급장소에서의 유해·위험 경고
노란색	5Y 8.5/12	경고	화학물질 취급장소에서의 유해·위험 경고 이외의 위험경고, 주의표지 또는 기계 방호물
파란색	2.5PB 4/10	지시	특정행위의 지시, 사실의 고지
녹 색	2.5G 4/10	안내	비상구 및 피난소, 사람 또는 차량의 통행표지
흰 색	N9.5		파란색 또는 녹색에 대한 보조색
검은색	N0.5		문자 및 빨간색 또는 노란색에 대한 보조색

안전보건표지의 종류와 형태

1. 금지표지	101 출입금지	102 보행금지	103 차량통행금지	104 사용금지	105 탑승금지	106 금연	107 화기금지	108 물체이동금지	
2. 경고표지	201 인화성물질경고	202 산화성물질경고	203 폭발성물질경고	204 급성독성물질경고	205 부식성물질경고	206 방사성물질경고	207 고압전기경고	208 매달린물체경고	209 낙하물경고
	210 고온경고	211 저온경고	212 몸균형상실경고	213 레이저광선경고	214 발암성·변이원성·생식독성·전신독성·호흡기과민성 물질 경고		215 위험장소경고		
3. 지시표지	301 보안경착용	302 방독마스크착용	303 방진마스크착용	304 보안면착용	305 안전모착용	306 귀마개착용	307 안전화착용	308 안전장갑착용	309 안전복착용
4. 안내표지	401 녹십자표지	402 응급구호표지	403 들 것	404 세안장치	405 비상용기구	406 비상구	407 좌측비상구	408 우측비상구	

5. 관계자외 출입금지	501 허가대상물질 작업장	502 석면취급/해체 작업장	503 금지대상물질의 취급 실험실 등
	관계자외 출입금지 (허가물질 명칭) 제조/사용/보관 중 보호구/보호복 착용 흡연 및 음식물 섭취 금지	**관계자외 출입금지** 석면 취급/해체 중 보호구/보호복 착용 흡연 및 음식물 섭취 금지	**관계자외 출입금지** 발암물질 취급 중 보호구/보호복 착용 흡연 및 음식물 섭취 금지

6. 문자추가시 예시문

- 내 자신의 건강과 복지를 위하여 안전을 늘 생각한다.
- 내가정의 행복과 화목을 위하여 안전을 늘 생각한다.
- 내 자신의 실수로써 동료를 해치지 않도록 하기 위하여 안전을 늘 생각한다.
- 내 자신의 방심과 불안전한 행동이 조국의 번영에 장애가 되지 않도록 하기 위하여 안전을 늘 생각한다.

04. 보호구

01 보호구의 개요

❶ 안전인증 및 자율안전 확인대상 보호구 구분

안전 인증 대상	자율 안전 확인 대상
• 추락 및 감전 위험방지용 안전모 • 안전화　　　• 안전장갑 • 방진마스크　• 방독마스크 • 송기마스크　• 전동식 호흡보호구 • 보호복　　　• 안전대 • 차광 및 비산물 위험방지용 보안경 • 용접용 보안면 • 방음용 귀마개 또는 귀덮개	• 안전모(안전 인증대상 기계·기구에 해당되는 사항 제외) • 보안경(안전 인증대상 기계·기구에 해당되는 사항 제외) • 보안면(안전 인증대상 기계·기구에 해당되는 사항 제외)

02 방진마스크

❶ 방진마스크의 등급

등급	사용장소
특급	• 베릴륨 등과 같이 독성이 강한 물질들을 함유한 분진 등 발생장소 • 석면 취급장소
1급	• 특급마스크 착용장소를 제외한 분진 등 발생장소 • 금속흄 등과 같이 열적으로 생기는 분진 등 발생장소 • 기계적으로 생기는 분진 등 발생장소 (규소등과 같이 2급 방진마스크를 착용하여도 무방한 경우는 제외한다.)
2급	특급 및 1급 마스크 착용장소를 제외한 분진 등 발생장소

※ 배기밸브가 없는 안면부여과식 마스크는 특급 및 1급 장소에 사용해서는 안 된다.

❷ 방진마스크의 여과재 분진 등 포집효율 시험

염화나트륨($NaCl$) 및 파라핀 오일(Paraffin oil) 시험(%)

구분	특급	1급	2급
분리식	99.95 이상	94 이상	80 이상
안면부 여과식	99 이상	94 이상	80 이상

03 방독마스크

❶ 방독마스크의 종류

종류	시험가스
유기화합물용	시클로헥산(C_6H_{12})
	디메틸에테르(CH_3OCH_3)
	이소부탄(C_4H_{10})
할로겐용	염소가스 또는 증기(Cl_2)
황화수소용	황화수소가스(H_2S)
시안화수소용	시안화수소가스(HCN)
아황산용	아황산가스(SO_2)
암모니아용	암모니아가스(NH_3)

❷ 방독마스크의 등급 및 사용장소

등급	사용장소
고농도	가스 또는 증기의 농도가 <u>100분의 2</u>(암모니아에 있어서는 100분의 3) 이하의 대기 중에서 사용하는 것
중농도	가스 또는 증기의 농도가 <u>100분의 1</u>(암모니아에 있어서는 100분의 1.5) 이하의 대기 중에서 사용하는 것
저농도 및 최저농도	가스 또는 증기의 농도가 <u>100분의 0.1</u> 이하의 대기 중에서 사용하는 것으로서 긴급용이 아닌 것

■ 비고 : 방독마스크는 <u>산소농도가 18% 이상인 장소</u>에서 사용하여야 하고, 고농도와 중농도에서 사용하는 방독마스크는 전면형(격리식, 직결식)을 사용해야 한다.

❸ 안전인증 외의 추가표시 사항

① 파과곡선도

② 사용시간 기록카드

③ 정화통의 외부측면의 표시 색

④ 사용상의 주의사항

04 안전모

❶ 안전모의 종류

종류(기호)	사용구분	비고
AB	물체의 낙하 또는 비래 및 추락에 의한 위험을 방지 또는 경감시키기 위한 것	
AE	물체의 낙하 또는 비래에 의한 위험을 방지 또는 경감하고, 머리부위 감전에 의한 위험을 방지하기 위한 것	내전압성
ABE	물체의 낙하 또는 비래 및 추락에 의한 위험을 방지 또는 경감하고, 머리부위 감전에 의한 위험을 방지 하기 위한 것	내전압성

❷ 안전모의 시험성능 기준

항목	시험 성능기준
내관통성	AE, ABE종 안전모는 관통거리가 9.5mm 이하이고, AB종 안전모는 관통거리가 11.1mm 이하이어야 한다.
충격흡수성	최고전달충격력이 4,450N을 초과해서는 안되며, 모체와 착장체의 기능이 상실되지 않아야 한다.
내전압성	AE, ABE종 안전모는 교류 20kV에서 1분간 절연파괴 없이 견뎌야 하고, 이때 누설되는 충전전류는 10mA 이하이어야 한다.
내 수 성	AE, ABE종 안전모는 질량증가율이 1% 미만이어야 한다.
난 연 성	모체가 불꽃을 내며 5초 이상 연소되지 않아야 한다.
턱끈풀림	150N 이상 250N 이하에서 턱끈이 풀려야 한다.

❸ 안전모의 내수성 시험(AE, ABE종)

시험 안전모의 모체를(20~25)℃의 수중에 24시간 담가놓은 후, 대기 중에 꺼내어 마른천 등으로 표면의 수분을 닦아내고 다음 산식으로 질량증가율(%)을 산출한다.

$$질량 \ 증가율(\%) = \frac{담근 \ 후의 \ 질량 - 담그기 \ 전의 \ 질량}{담그기 \ 전의 \ 질량} \times 100$$

※ AE, ABE종 안전모의 판정기준은 질량증가율 1% 미만

❶ 안전화의 종류

① 시험성능기준

구분	낙하높이	압축하중
중작업용	1,000mm	15.0±0.1 kN
보통작업용	500mm	10.0±0.1 kN
경작업용	250mm	4.4±0.1 kN

② 등급에 따른 종류

등급	사용장소
중작업용	광업, 건설업 및 철광업 등에서 원료취급, 가공, 강재취급 및 강재 운반, 건설업 등에서 중량물 운반작업, 가공대상물의 중량이 큰 물체를 취급하는 작업장으로서 날카로운 물체에 의해 찔릴 우려가 있는 장소
보통 작업용	기계공업, 금속가공업, 운반, 건축업 등 공구 가공품을 손으로 취급하는 작업 및 차량 사업장, 기계 등을 운전조작하는 일반 작업장으로서 날카로운 물체에 의해 찔릴 우려가 있는 장소
경작업용	금속 선별, 전기제품 조립, 화학제품 선별, 반응장치 운전, 식품 가공업 등 비교적 경량의 물체를 취급하는 작업장으로서 날카로운 물체에 의해 찔릴 우려가 있는 장소

③ 고무제 안전화의 성능기준

등급	사용장소
일반용	일반작업장
내유용	탄화수소류의 윤활유 등을 취급하는 작업장
내산용	무기산을 취급하는 작업장
내알카리용	알카리를 취급하는 작업장
내산, 알카리 겸용	무기산 및 알카리를 취급하는 작업장

06 안전대

❶ 안전대의 종류

종류	사용구분	내용
벨트식 (B식)	1개 걸이용	죔줄의 한쪽 끝을 D링에 고정시키고 혹 또는 카라비너를 구조물 또는 구명줄에 고정시키는 걸이 방법
	U자 걸이용	안전대의 죔줄을 구조물 등에 U자모양으로 돌린 뒤 혹 또는 카라비너를 D링에, 신축조절기를 각링 등에 연결하는 걸이 방법
안전그네식 (H식)	추락방지대	추락을 방지하기 위해 자동잠김 장치를 갖추고 죔줄과 수직구명줄에 연결된 금속장치
	안전블록	안전그네와 연결하여 추락발생시 추락을 억제할 수 있는 자동잠김장치가 갖추어져 있고 죔줄이 자동적으로 수축되는 장치

07 차광보안경

❶ 보안경의 종류

사용구분에 따른 차광보안경의 종류

종류	사용구분
자외선용	자외선이 발생하는 장소
적외선용	적외선이 발생하는 장소
복합용	자외선 및 적외선이 발생하는 장소
용접용	산소용접작업등과 같이 자외선, 적외선 및 강렬한 가시광선이 발생하는 장소

08 내전압용 절연장갑, 안전장갑

❶ 절연장갑의 등급

등 급	최대사용전압		색상
	교류(V, 실효값)	직류(V)	
00	500	750	갈색
0	1,000	1,500	빨간색
1	7,500	11,250	흰색
2	17,000	25,500	노란색
3	26,500	39,750	녹색
4	36,000	54,000	등색

❶ 음압수준

"음압수준"이란 음압을 아래식에 따라 데시벨(dB)로 나타낸 것을 말하며 KS C 1505(적분평균소음계) 또는 KS C 1502(소음계)에 규정하는 소음계의 "C" 특성을 기준으로 한다.

$$음압수준 = 20\log\frac{P}{P_0}$$

P : 측정음압으로서 파스칼(Pa) 단위를 사용

P_0 : 기준음압으로서 20μPa사용

❷ 귀마개, 귀덮개의 종류

종류	등급	기호	성능
귀마개	1종	EP-1	저음부터 고음까지 차음하는 것
	2종	EP-2	주로 고음을 차음하고 저음(회화음영역)은 차음하지 않는 것
귀덮개	–	EM	

05. 산업안전 관계법규

01 산업안전보건법의 이해

❶ 산업안전보건법의 주요 정의

용어	내용
산업재해	노무를 제공하는 자가 업무에 관계되는 건설물·설비·원재료·가스·증기·분진 등에 의하거나 작업 또는 그 밖의 업무로 인하여 사망 또는 부상하거나 질병에 걸리는 것
중대재해	• 사망자가 1명 이상 발생한 재해 • 3개월 이상의 요양이 필요한 부상자가 동시에 2명 이상 발생한 재해 • 부상자 또는 직업성질병자가 동시에 10명 이상 발생한 재해
근로자	직업의 종류와 관계없이 임금을 목적으로 사업이나 사업장에서 근로를 제공하는 자
사업주	근로자를 사용하여 사업을 하는 자

02 안전보건관리 체제

❶ 안전보건관리책임자의 업무
  ① 사업장의 산업재해 예방계획의 수립에 관한 사항
  ② 안전보건관리규정의 작성 및 변경에 관한 사항
  ③ 안전보건교육에 관한 사항
  ④ 작업환경측정 등 작업환경의 점검 및 개선에 관한 사항
  ⑤ 근로자의 건강진단 등 건강관리에 관한 사항
  ⑥ 산업재해의 원인 조사 및 재발 방지대책 수립에 관한 사항
  ⑦ 산업재해에 관한 통계의 기록 및 유지에 관한 사항
  ⑧ 안전장치 및 보호구 구입 시 적격품 여부 확인에 관한 사항
  ⑨ 그 밖에 근로자의 유해·위험 방지조치에 관한 사항으로서 고용노동부령으로 정하는 사항

❷ 안전관리자의 업무

① 산업안전보건위원회 또는 안전·보건에 관한 노사협의체에서 심의·의결한 업무와 해당 사업장의 안전보건관리규정 및 취업규칙에서 정한 업무

② 안전인증대상 기계·기구등과 자율안전확인대상 기계·기구등 구입 시 적격품의 선정에 관한 보좌 및 지도·조언

③ 위험성평가에 관한 보좌 및 지도·조언

④ 해당 사업장 안전교육계획의 수립 및 안전교육 실시에 관한 보좌 및 지도·조언

⑤ 사업장 순회점검·지도 및 조치의 건의

⑥ 산업재해 발생의 원인 조사·분석 및 재발 방지를 위한 기술적 보좌 및 지도·조언

⑦ 산업재해에 관한 통계의 유지·관리·분석을 위한 보좌 및 지도·조언

⑧ 법 또는 법에 따른 명령으로 정한 안전에 관한 사항의 이행에 관한 보좌 및 지도·조언

⑨ 업무수행 내용의 기록·유지

⑩ 그 밖에 안전에 관한 사항으로서 고용노동부장관이 정하는 사항

❸ 안전관리자의 선임방법과 증원·교체

구분	내용
선임방법	안전관리자를 선임하거나 위탁한 날부터 14일 이내에 고용노동부장관에게 서류를 제출
전담안전관리자 선임대상사업장	상시 근로자 300명 이상을 사용하는 사업장(건설업의 건축공사금액 120억원, 토목공사 150억원 이상인 공사)
안전관리자 등의 증원·교체 명령	1. 해당 사업장의 연간재해율이 같은 업종의 평균재해율의 2배 이상인 경우 2. 중대재해가 연간 2건 이상 발생한 경우(다만, 해당 사업장의 전년도 사망만인율이 같은 업종의 평균 사망만인율 이하인 경우는 제외한다.) 3. 관리자가 질병이나 그 밖의 사유로 3개월 이상 직무를 수행할 수 없게 된 경우 4. 화학적 인자로 인한 직업성 질병자가 연간 3명 이상 발생한 경우

03 유해 · 위험 방지 조치

❶ 유해위험방지계획서 제출대상

① 유해위험방지계획서 제출 대상 사업장

사업의 종류	기준
• 금속가공제품(기계 및 가구는 제외) 제조업 • 비금속 광물제품 제조업 • 자동차 및 트레일러 제조업 • 고무제품 및 플라스틱 제조업 • 기타제품 제조업 • 가구 제조업 • 반도체 제조업 • 기타 기계 및 장비 제조업 • 식료품 제조업 • 목재 및 나무제품 제조업 • 1차 금속산업 • 화학물질 및 화학제품 제조업 • 전자부품 제조업	전기 계약용량 300kW 이상인 사업

② 유해위험방지계획서 제출 대상 기계 · 기구 및 설비

다음의 기계 · 기구 및 설비 등 일체를 설치 · 이전하거나 그 주요 구조부분을 변경하려는 경우

㉠ 금속이나 그 밖의 광물의 용해로

㉡ 화학설비

㉢ 건조설비

㉣ 가스집합 용접장치

㉤ 제조 등 금지물질 또는 허가대상물질 관련 설비

㉥ 분진작업 관련 설비

③ 유해위험방지계획서 제출 대상 건설공사

㉠ 지상높이가 31미터 이상인 건축물 또는 인공구조물, 연면적 3만제곱미터 이상인 건축물 또는 연면적 5천제곱미터 이상의 문화 및 집회시설(전시장 및 동물원 · 식물원은 제외한다), 판매시설, 운수시설(고속철도의 역사 및 집배송시설은 제외한다), 종교시설, 의료시설 중 종합병원, 숙박시설 중 관광숙박시설, 지하도상가, 냉동 · 냉장창고시설

㉡ 연면적 5천제곱미터 이상의 냉동 · 냉장창고시설의 설비공사 및 단열공사

㉢ 최대 지간길이가 50미터 이상인 교량 건설등 공사

㉣ 터널 건설등의 공사

㉤ 다목적댐, 발전용댐 및 저수용량 2천만톤 이상의 용수 전용 댐, 지방상수도 전용 댐 건설 등의 공사

㉥ 깊이 10미터 이상인 굴착공사

❷ 유해위험방지계획서 제출서류와 심사

① 유해위험방지계획서 제출 서류

구분	제출서류
제조업	(1) 건축물 각 층의 평면도 (2) 기계·설비의 개요를 나타내는 서류 (3) 기계·설비의 배치도면 (4) 원재료 및 제품의 취급, 제조 등의 작업방법의 개요 (5) 그 밖에 고용노동부장관이 정하는 도면 및 서류
기계·기구 및 설비 등의 설치·이전·주요 구조부분 변경	(1) 설치장소의 개요를 나타내는 서류 (2) 설비의 도면 (3) 그 밖에 고용노동부장관이 정하는 도면 및 서류
건설공사	(1) 공사 개요 및 안전보건관리계획 • 공사 개요서 • 공사현장의 주변 현황 및 주변과의 관계를 나타내는 도면(매설물 현황을 포함) • 건설물, 사용 기계설비 등의 배치를 나타내는 도면 • 전체 공정표 • 산업안전보건관리비 사용계획 • 안전관리 조직표 • 재해 발생 위험 시 연락 및 대피방법 (2) 작업 공사 종류별 유해·위험방지계획

② 유해위험방지계획서의 심사

결과	내용
적정	근로자의 안전과 보건을 위하여 필요한 조치가 구체적으로 확보되었다고 인정되는 경우
조건부 적정	근로자의 안전과 보건을 확보하기 위하여 일부 개선이 필요하다고 인정되는 경우
부적정	기계·설비 또는 건설물이 심사기준에 위반되어 공사착공 시 중대한 위험발생의 우려가 있거나 계획에 근본적 결함이 있다고 인정되는 경우

04 도급사업의 안전관리

❶ 유해한 작업의 도급금지 대상
① 도금작업
② 수은, 납 또는 카드뮴을 제련, 주입, 가공 및 가열하는 작업
③ 허가대상물질을 제조하거나 사용하는 작업

❷ 안전보건총괄책임자

구분	내용
안전보건총괄책임자 지정 대상사업	• 수급인에게 고용된 근로자를 포함한 상시 근로자가 100명 이상인 사업 • 선박 및 보트 건조업, 1차 금속 제조업 및 토사석 광업의 경우에는 50명 이상인 사업 • 수급인의 공사금액을 포함한 해당 공사의 총공사금액이 20억원 이상인 건설업
안전보건총괄책임자 의 직무	• 위험성평가의 실시에 관한 사항 • 작업의 중지 • 도급 시 산업재해 예방조치 • 산업안전보건관리비의 관계수급인 간의 사용에 관한 협의·조정 및 그 집행의 감독 • 안전인증대상기계등과 자율안전확인대상기계등의 사용 여부 확인

❸ 안전·보건 협의체의 구성 및 운영

구분	내용
협의체의 구성	도급인 및 그의 수급인 전원
협의 사항	• 작업의 시작시간 • 작업장 간의 연락방법 • 재해발생 위험시의 대피방법 등 • 작업장에서의 위험성평가의 실시에 관한 사항 • 사업주와 수급인 또는 수급인 상호 간의 연락 방법 및 작업공정의 조정
협의체 회의	월 1회 이상 정기적으로 회의를 개최하고 그 결과를 기록·보존

❶ 안전인증 심사의 종류 및 방법

종류		방법	심사 기간
예비심사		기계·기구 및 방호장치·보호가 안전인증 대상기계·기구 등인지를 확인하는 심사(안전인증을 신청한 경우만 해당)	7일
서면심사		안전인증 대상기계·기구 등의 종류별 또는 형식별로 설계도면 등 안전인증 대상기계·기구 등의 제품 기술과 관련된 문서가 안전인증기준에 적합한지 여부에 대한 심사	15일 (외국에서 제조한 경우 30일)
기술능력 및 생산체계 심사		안전인증 대상기계·기구 등의 안전성능을 지속적으로 유지·보증하기 위하여 사업장에서 갖추어야 할 기술능력과 생산체계가 안전인증기준에 적합한지에 대한 심사	30일 (외국에서 제조한 경우 45일)
제품심사	개별 제품 심사	서면심사결과가 안전인증기준에 적합할 경우에 하는 안전인증 대상기계·기구 등 모두에 대하여 하는 심사	15일
	형식별 제품 심사	서면심사와 기술능력 및 생산체계 심사결과가 안전인증기준에 적합할 경우에 하는 안전인증 대상기계·기구 등의 형식별로 표본을 추출하여 하는 심사	30일

❷ 안전인증의 표시

① 안전인증 표시

구분	내용
안전인증대상 기계·기구 등의 안전인증 및 자율안전 확인의 표시	
안전인증대상 기계·기구 등이 아닌 유해·위험한 기계·기구 등의 안전인증 표시	

② 안전인증 및 자율안전 확인대상 제품의 표시사항

안전 인증 대상	자율 안전 확인 대상
• 형식 또는 모델명 • 규격 또는 등급 등 • 제조자명 • 제조번호 및 제조년월 • 안전인증번호	• 형식 또는 모델명 • 규격 또는 등급 등 • 제조자명 • 제조번호 및 제조년월 • 자율확인번호

❸ 안전검사의 신청과 주기

주기	내용
사업장에 설치가 끝난 날부터 3년 이내에 최초, 그 이후부터 2년마다	크레인(이동식 크레인은 제외한다), 리프트(이삿짐운반용 리프트는 제외한다) 및 곤돌라 (건설현장에서 사용하는 것은 최초로 설치한 날부터 6개월마다)
	프레스, 전단기, 압력용기, 국소 배기장치, 원심기, 화학설비 및 그 부속설비, 건조설비 및 그 부속설비, 롤러기, 사출성형기, 컨베이어 및 산업용 로봇 (공정안전보고서를 제출하여 확인을 받은 압력용기는 4년마다)
「자동차관리법」에 따른 신규등록 이후 3년 이내에 최초, 그 이후부터 2년마다	이동식 크레인, 이삿짐운반용 리프트 및 고소작업대

❹ 안전 인증 대상 및 자율 안전 확인 대상 기계·기구의 구분

구분	안전 인증 대상	자율 안전 확인 대상	안전검사대상 유해·위험기계
기계 · 기구 및 설비	• 프레스 • 전단기 및 절곡기 • 크레인 • 리프트 • 압력용기 • 롤러기 • 사출성형기 • 고소작업대 • 곤돌라	• 연삭기 또는 연마기 (휴대형 제외) • 산업용 로봇 • 혼합기 • 파쇄기 또는 분쇄기 • 식품가공용 기계 (파쇄·절단·혼합·제면 기만 해당) • 컨베이어 • 자동차정비용 리프트 • 공작기계(선반, 드릴기, 평삭·형삭기, 밀링만 해당) • 고정형 목재가공용기계 (둥근톱, 대패, 루타기, 띠톱, 모떼기 기계만 해당) • 인쇄기	• 프레스 • 전단기 • 크레인(정격하중 2톤 미만인 것은 제외한다.) • 리프트 • 압력용기 • 곤돌라 • 국소배기장치 (이동식은 제외) • 원심기(산업용만 해당) • 롤러기(밀폐형 구조는 제외한다.) • 사출성형기 [형체결력 294(KN) 미만은 제외한다.] • 고소작업대(화물자동차, 특수자동차에 탑재된 고소작업 대로 한정) • 컨베이어 • 산업용 로봇
방호 장치	• 프레스 및 전단기 방호장치 • 양중기용 과부하방지장치 • 보일러 압력방출용 안전밸브 • 압력용기 압력방출용 안전밸브 • 압력용기 압력 방출용 파열판 • 절연용방호구 및 활선작업용 기구 • 방폭구조 전기기계·기구 및 부품 • 추락·낙하 및 붕괴 등의 위험 방호에 필요한 가설기자재로서 고용노동부장관이 정하여 고시 하는 것 • 충돌·협착 등의 위험방지에 필요한 산업용 로봇방호장치로서 고용노동부 장관이 정하여 고시하는 것	• 아세틸렌 용접장치용 또는 가스집합 용접장치용 안전기 • 교류아크 용접기용 자동전격방지기 • 롤러기 급정지장치 • 연삭기 덮개 • 목재가공용 둥근톱 반발예방장치와 날 접촉 예방장치 • 동력식 수동대패용 칼날 접촉방지장치 • 추락·낙하 및 붕괴 등의 위험방호에 필요한 가설기자재로서 고용노동부 장관이 정하여 고시하는 것	

06 건강관리

❶ 근로자의 건강진단 종류

① 일반 건강진단

※ 진단시기 : 사무직에 종사하는 근로자 : 2년에 1회 이상 실시,
그 밖의 근로자 : 1년에 1회 이상 실시

② 특수건강진단

③ 배치 전 건강진단

④ 수시 건강진단

⑤ 임시 건강진단

❷ 건강진단 결과 보존

5년간 보존(발암성 확인물질을 취급하는 근로자에 대한 건강진단 결과의 서류 또는
전산입력 자료는 30년간 보존)

❸ 유해 · 위험작업의 근로시간의 제한

구분	내용
근로시간 연장의 제한	유해하거나 위험한 작업으로서 (높은 기압에서 하는 작업 등) 대통령령으로 정하는 작업에 종사하는 근로자에게는 1일 6시간, 1주 34시간을 초과하여 근로하게 해서는 안된다.
작업의 종류	• 갱(坑) 내에서 하는 작업 • 다량의 고열물체를 취급하는 작업과 현저히 덥고 뜨거운 장소에서 하는 작업 • 다량의 저온물체를 취급하는 작업과 현저히 춥고 차가운 장소에서 하는 작업 • 라듐방사선이나 엑스선, 그 밖의 유해 방사선을 취급하는 작업 • 유리 · 흙 · 돌 · 광물의 먼지가 심하게 날리는 장소에서 하는 작업 • 강렬한 소음이 발생하는 장소에서 하는 작업 • 착암기 등에 의하여 신체에 강렬한 진동을 주는 작업 • 인력으로 중량물을 취급하는 작업 • 납 · 수은 · 크롬 · 망간 · 카드뮴 등의 중금속 또는 이황화탄소 · 유기용제, 그 밖에 고용노동부령으로 정하는 특정 화학물질의 먼지 · 증기 또는 가스가 많이 발생하는 장소에서 하는 작업 • 잠함 또는 잠수작업 등 높은 기압에서 하는 작업

① 안전관리계획 수립대상 건설공사

① 「시설물의 안전 및 유지관리에 관한 특별법」에 따른 1종시설물 및 2종시설물의 건설공사

② 지하 10미터 이상을 굴착하는 건설공사

③ 폭발물을 사용하는 건설공사로서 20미터 안에 시설물이 있거나 100미터 안에 사육하는 가축이 있어 해당 건설공사로 인한 영향을 받을 것이 예상되는 건설공사

④ 10층 이상 16층 미만인 건축물의 건설공사

⑤ 다음 각 목의 리모델링 또는 해체공사

　가. 10층 이상인 건축물의 리모델링 또는 해체공사

　나. 수직증축형 리모델링

⑥ 다음 각 목의 어느 하나에 해당하는 건설기계가 사용되는 건설공사

　가. 천공기(높이가 10미터 이상인 것만 해당한다)

　나. 항타 및 항발기

　다. 타워크레인

⑦ 다음의 가설구조물을 사용하는 건설공사

　가. 높이가 31미터 이상인 비계

　나. 브라켓(bracket) 비계

　다. 작업발판 일체형 거푸집 또는 높이가 5미터 이상인 거푸집 및 동바리

　라. 터널의 지보공(支保工) 또는 높이가 2미터 이상인 흙막이 지보공

　마. 동력을 이용하여 움직이는 가설구조물

　바. 높이 10미터 이상에서 외부작업을 하기 위하여 작업발판 및 안전시설물을 일체화하여 설치하는 가설구조물

　사. 공사현장에서 제작하여 조립·설치하는 복합형 가설구조물

　아. 그 밖에 발주자 또는 인·허가기관의 장이 필요하다고 인정하는 가설구조물

② 안전점검, 정밀안전진단 및 성능평가의 실시시기

안전등급	정기안전점검	정밀안전점검		정밀안전진단	성능평가
		건축물	건축물 외 시설물		
A등급	반기에 1회 이상	4년에 1회 이상	3년에 1회 이상	6년에 1회 이상	5년에 1회 이상
B·C등급		3년에 1회 이상	2년에 1회 이상	5년에 1회 이상	
D·E등급	1년에 3회 이상	2년에 1회 이상	1년에 1회 이상	4년에 1회 이상	

Chapter 01

안전보건관리 개요

안전보건관리 개요는 기업경영과 안전의 개념에 대한 내용, 재해의 형태와 재해원인의 분류, 안전관리이론, 안전조직의 형태 등으로 구성된다. 여기에서는 주로 안전관리이론과 안전조직의 형태와 특징에 대해 출제된다.

01 산업안전의 개념

[산업안전의 목표]
(1) 인명존중
(2) 경영경제
(3) 사회적 신뢰

(1) 안전관리(Safety Management)

구분	내용
정의	• 생산성의 향상과 재해로부터의 손실을 최소화하는 행위 • 비능률적 요소인 재해가 발생하지 않는 상태를 유지하기 위한 활동 • 재해로부터 인간의 생명과 재산을 보호하기 위한 체계적인 활동
목적	• 인간존중(안전제일이념) • 사회복지(경제성 향상) • 생산성의 향상 및 품질향상(안전태도의 개선과 안전동기 부여) • 기업의 경제적 손실예방(재해로 인한 재산 및 인적 손실예방)

(2) 안전론의 학설자

학설자	내용
하인리히 (H. W. Heinrich)	안전은 사고의 예방으로 사고예방은 물리적 환경과 인간 및 기계의 관계를 통제하는 과학적인 기술
버크호프 (H. O. Berckhoff)	사고의 시간성 및 에너지의 사고 관련성을 규명할 때 인간 에너지 시스템에서 인간 자신의 예측을 뒤엎고, 돌발적으로 발생하는 사건을 인간 형태학적 측면에서 과학적으로 통제하는 것

(3) 생산과 안전

① 경영의 3요소(3M)
  ㉠ 자본(Money)
  ㉡ 물자(Material)
  ㉢ 사람(Man)

② 생산관리의 합리화 원칙(3S 원칙)

구분	내용
표준화(Standardization)	제품의 규격, 품질, 형태 등의 측정기준을 규격화
전문화(Specialization)	작업, 공장, 기계, 공구등 특정 부문에 집중하여 생산력을 향상
단순화(Simplification)	제품의 품목을 제한하여 부품, 재료, 설비 등의 낭비를 제거

③ 안전제일 이념의 유래

인도주의가 바탕이 된 인간존중을 기본으로 Gary회장은 1900년대 미국의 US Steel 회사의 회장으로서 "안전제일"이란 구호를 내걸고 사고예방활동을 전개 후 안전의 투자가 결국 경영상 유리한 결과를 가져온다는 사실을 알게 하는데 공헌하였다.

[3S와 4S]
(1) 3S
 • 표준화(Standardization)
 • 전문화(Specification)
 • 단순화(Simplification)
(2) 4S
  3S + 총합화(Synthesization)

[안전제일 마크]

(4) 위험과 사고

① 위험(Hazard)과 사고(Accident)의 정의

구분	내용
위험 (Hazard)	직·간접적으로 인적, 물적, 환경적 피해가 발생될 수가 있는 실제 또는 잠재되어 있는 상태
사고 (Accident)	• 사고는 원하지 않는 사상(事象) • 사고는 비효율적 사상(事象) • 사고는 스트레스(Stress)의 한계를 넘어선 변형된 사상

② 상해와 손실

용어	의미
상해	인명 피해만 초래한 경우
손실	물적 피해만 수반한 경우
아차사고 (Near Accident)	인적·물적 등 일체의 피해가 없는 사고

③ 사고(Accident)의 본질적 특성

특성	내용
사고의 시간성	사고는 공간적인 것이 아니라 시간적이다.
우연성 중의 법칙성	우연히 발생하는 것처럼 보이는 사고도 알고 보면 분명한 직접원인 등의 법칙에 의해 발생한다.
필연성 중의 우연성	인간의 시스템은 복잡하여 필연적인 규칙과 법칙이 있다 하더라도 불안전한 행동 및 상태, 또는 착오, 부주의 등의 우연성이 사고발생의 원인을 제공하기도 한다.
사고의 재현 불가능성	사고는 인간의 안전의지와 무관하게 돌발적으로 발생하며, 시간의 경과와 함께 상황을 재현할 수는 없다.

(5) 산업재해

① 산업재해의 정의

노무를 제공하는 자가 업무에 관계되는 건설물·설비·원재료·가스·증기·분진 등에 의하거나 작업 또는 그 밖의 업무로 인하여 사망 또는 부상하거나 질병에 걸리는 것

[관련법령]
산업안전보건법 제2조 【정의】

② 산업재해발생의 기본원인(4M)

분류	위험요인
Man (사람)	사람이 재해의 원인이 되는 경우로 걱정, 착오 등의 심리적 원인과 피로 등 생리적 원인, 인관관계, 의사소통과 같은 동료적인 원인으로 발생한다.
Machine (기계기구, 설비)	기계·설비에 따른 결함 발생과 위험에 따른 방호시설의 부재, 점검 부족 등 원인으로 발생된다.
Media (사고발생 과정)	작업 공간, 환경적 문제점, 작업 정보의 부적절함 등의 원인으로 발생된다.
Management (관리)	관리조직의 결함, 규정의 부재, 교육 부족 등의 원인으로 발생된다.

[안전작업의 5대요소]
(1) 인간(man)
(2) 도구(기계, 장비, 공구 등(machine))
(3) 원재료(material)
(4) 작업방법(method)
(5) 작업환경(environment)

③ 안전대책의 3요소, 하베이(Harvey)의 3E

3요소	세부 대책
교육적(Education) 대책	안전지식교육 실시, 안전훈련 실시 등
기술적(Engineeing) 대책	안전 설계, 작업행정의 개선, 환경설비의 개선, 점검 보존의 확립, 안전기준의 설정 등
관리적(Enforcement) 대책	안전조직의 정비 및 적정인원의 배치, 기준과 수칙의 준수, 작업공정의 개선 등

01 핵심문제　　　　　　　1. 산업안전의 개념

□□□ 10년4회, 19년2회

1. 다음 중 안전관리의 근본이념에 있어 그 목적으로 볼 수 없는 것은?

① 사용자의 수용도 향상
② 기업의 경제적 손실 예방
③ 생산성 향상 및 품질 향상
④ 사회복지의 증진

해설

안전관리의 이념
1. 생산성의 향상과 재해로부터의 손실을 최소화하는 행위
2. 비능률적 요소인 재해가 발생하지 않는 상태를 유지하기 위한 활동
3. 재해로부터 인간의 생명과 재산을 보호하기위한 체계적인 활동

□□□ 14년1회

2. 1900년대 초 미국 한 기업의 회장으로서 "안전제일 (Safety First)"이란 구호를 내걸고 사고예방활동을 전개한 후 안전의 투자가 결국 경영상 유리한 결과를 가져온다는 사실을 알게 하는데 공헌한 사람은?

① 게리(Gary)
② 하인리히(Heinrich)
③ 버드(Bird)
④ 피렌제(Firenze)

해설

Gary회장은 1906년 미국의 US Steel 회사의 회장으로서 "안전제일" 이란 구호를 내걸고 사고 예방활동을 전개 후 안전의 투자가 결국 경영상 유리한 결과를 가져온 다는 사실을 알게 하는데 공헌하였다.

□□□ 08년1회, 10년1회, 11년4회, 13년2회, 17년4회

3. 사고의 용어 중 Near Accident에 대한 설명으로 옳은 것은?

① 사고가 일어나더라도 손실을 수반하지 않는 경우
② 사고가 일어날 경우 인적재해가 발생하는 경우
③ 사고가 일어날 경우 물적재해가 발생하는 경우
④ 사고가 일어나더라도 일정 비용 이하의 손실만 수반하는 경우

해설

Near accident란 사고가 일어나더라도 손실을 수반하지 않는 경우로서 인적·물적 등 일체의 피해가 없는 재해를 말한다.

□□□ 14년1회

4. 다음 중 사고의 본질적 특성과 거리가 가장 먼 것은?

① 사고의 공간성
② 우연중의 법칙성
③ 필연중의 우연성
④ 사고의 재현불가능성

해설

사고(Accident)의 본질적 특성
1. 사고의 시간성
2. 우연성 중의 법칙성
3. 필연성 중의 우연성
4. 재현 불가능성

□□□ 08년2회, 11년4회, 20년1,2회

5. 다음 중 산업재해발생의 기본 원인 4M에 해당하지 않는 것은?

① Media
② Material
③ Machine
④ Management

해설

산업재해발생의 기본 원인인 4M
① Man : 사람
② Machine : 도구(기계, 설비, 장비)
③ Media : 사고 발생 과정
④ Management : 관리

□□□ 08년2회, 08년4회, 11년1회, 12년1회, 13년4회, 14년4회, 19년1회, 20년1,2회

6. 다음 중 하베이(Harvey)가 제창한 "3E"에 해당하지 않는 것은?

① Education
② Enforcement
③ Engineering
④ Environment

해설

하베이(Harvery)의 3E
① 감독(Enforcement)
② 기술(Engineering)
③ 교육(Education)

02 안전관리 이론

(1) 사고발생 도미노 이론

단계별 각 요소는 상호 밀접한 관련을 가지고 일렬로 나란히 서기 때문에 도미노처럼 한쪽에서 쓰러지면 연속적으로 모두 쓰러진다. 이와 같이 사고발생은 선행 요인에 의해 연쇄적으로 생긴다는 이론이다.

① 하인리히(H.W. Heinrich)의 도미노이론 5단계

단계	내용
1단계	사회적 환경과 유전적인 요소(선천적 결함)
2단계	개인적 결함(성격결함, 개성결함)
3단계	불안전한 행동과 불안전한 상태(핵심 단계)
4단계	사고
5단계	상해(재해)

[불안전 행동과 불안전상해에 따른 재해원인 분포]

(1) 불안전한 행동 : 88%

(2) 불안전한 상해 : 10%

(3) 환경적 원인 : 2%

Tip

불안전 행동(인적원인)과 불안전 상해(물적원인)은 재해원인 분류 시 직접원인이 된다는 점을 잊지 말자.

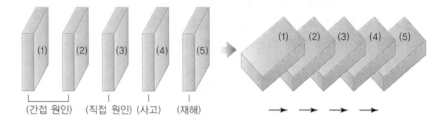

사고 발생의 연쇄 과정

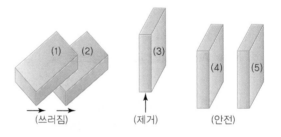

불안전한 행동 및 상태의 제거

하인리히는 제3의 요인인 불안전 행동(Unsafe Ace)과 불안전 상태(Unsafe Condition)의 배제에 중점을 두어야 한다는 것을 강조하고 있다.

② 버드(Frank Bird)의 신 Domino 이론

단계	내용
1단계	통제(관리, 경영)부족 → 핵심단계
2단계	기본원인(기원, 원이론) → 작업자와 환경의 결함
3단계	직접원인(징후)
4단계	사고(접촉)
5단계	상해(손해, 손실)

Tip

하인리히의 도미노 이론에서는 3단계 : 불안전 행동과 불안전 상해가 핵심단계이지만 버드의 도미노 이론에서는 1단계 : 통제의 부족이 핵심단계이다.

Tip

버드의 도미노 이론에서는
2단계 : 기본원인 → 기원
3단계 : 직접원인 → 징후로
정의한다. 용어를 기억해 두자.

③ 아담스(Adams)의 연쇄이론

단계	내용
1단계	관리구조
2단계	전략적(작전적) 에러 → 관리자의 실수
3단계	전술적(불안전한 행동 또는 조작) 에러 → 작업자의 실수
4단계	사고(물적 사고)
5단계	상해 또는 손실

④ 웨버(Weaver)의 연쇄성 이론

단계	내용
1단계	유전과 환경
2단계	인간의 결함
3단계	불안전 행동과 불안전 상태
4단계	사고
5단계	상해

⑤ 자베타키스(Zebetakis)의 연쇄성 이론

단계	내용
1단계	개인과 환경(안전정책과 결정)
2단계	불안전한 행동과 불안전한 상태
3단계	물질에너지의 기준 이탈
4단계	사고
5단계	구호

[기인물과 가해물]
(1) 기인물 : 재해를 유발하거나 영향을 끼친 물체나 환경
(2) 가해물 : 사람에게 직접적으로 상해를 입힌 물체나 환경

(2) 재해발생 원인

① 재해발생과정

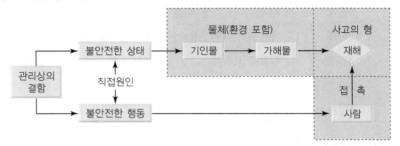

재해발생의 기본적 모델

② 재해원인의 연쇄관계

재해원인의 연쇄관계

[직접원인(불안전 행동, 불안전 상태)의 제거]
(1) 적극적 대책
  ① 위험공정의 배제
  ② 위험물질의 격리 및 대체
  ③ 위험성평가를 통한 작업환경 개선

(2) 소극적 대책
  ① 보호구의 사용
  ② 방호장치의 사용
  ③ 경보장치의 채용

③ 직접원인(불안전 행동, 불안전 상태)

1. 불안전한 행동	2. 불안전한 상태
• 위험장소 접근 • 안전장치의 기능 제거 • 복장 보호구의 잘못사용 • 기계 기구 잘못 사용 • 운전 중인 기계장치의 손질 • 불안전한 속도 조작 • 위험물 취급 부주의 • 불안전한 상태 방치 • 불안전한 자세 동작 • 감독 및 연락 불충분	• 물 자체 결함 • 안전 방호장치 결함 • 복장 보호구 결함 • 물의 배치 및 작업 장소 결함 • 작업환경의 결함 • 생산 공정의 결함 • 경계표시, 설비의 결함

④ 간접원인

항목		세부항목
2차 원인	(1) 정신적 원인	태만, 불만, 초조, 긴장, 공포, 반항 기타
	(2) 신체적 원인	스트레스, 피로, 수면부족, 질병 등
	(3) 기술적 원인	• 건물, 기계장치 설계 불량 • 구조, 재료의 부적합 • 생산 공정의 부적당 • 점검, 정비보존의 불량
	(4) 교육적 원인	• 안전의식의 부족 • 안전수칙의 오해 • 경험훈련의 미숙 • 작업방법의 교육 불충분 • 유해위험 작업의 교육 불충분
기초 원인	(5) 관리적 원인	• 안전관리 조직 결함 • 안전수칙 미제정 • 작업준비 불충분 • 인원배치 부적당 • 작업지시 부적당
	(6) 학교 교육적 원인	

Tip

간접원인에서는 2차 원인과 기초 원인 항목을 묻는 문제가 자주 출제되므로 반드시 분류할 수 있도록 한다.

간접원인은 재해의 발생에 있어 직접원인(불안전행동, 불안전상태)을 발생시키는 요인으로 잠재된 위험의 상태이다.

> 재해의 발생 = 물적 불안전상태 + 인적 불안전행동 $+\alpha$
> $= $ 설비적결함 + 관리적결함 $+\alpha$

여기서 α : 재해의 잠재위험의 상태

(3) 재해발생 메커니즘(mechanism)

① 단순자극형(집중형)

상호자극에 의하여 순간적으로 재해가 발생하는 유형

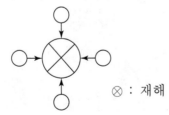

$\otimes$: 재해

[사고예방을 위한 본질적 안전설계]

(1) Fail safe

인간이나 기계 등에 과오나 동작상의 실수가 있더라도 사고나 재해를 발생시키지 않도록 철저하게 2중, 3중으로 통제를 가하는 것

(2) Fool proof

근로자가 기계 등의 취급을 잘못해도 바로 사고나 재해와 연결되는 일이 없도록 하는 확고한 안전기구로 인간의 실수(Human error)를 방지하기 위한 것

(3) Temper proof

fail safe의 설계를 바탕으로 안전장치를 설치하였으나 작업자가 고의로 안전장치를 제거해도 재해를 예방할 수 있도록 설계하는 방식

② 연쇄형

하나의 사고요인이 다른 요인을 발생시키면서 재해를 발생하는 유형

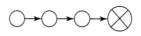

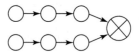

단순 연쇄형   복합 연쇄형

③ 복합형

연쇄형과 단순자극형의 복합적인 발생유형

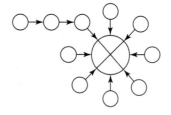

(4) 재해의 구성 비율

① H.W. Heinrich의 1 : 29 : 300 원칙

[사고발생비율]

1931년 허버트 윌리엄 하인리히((Herbert William Heinrich)가 펴낸 「산업재해 예방 : 과학적 접근」에 소개된 내용으로 수많은 사고 통계를 집계하여 큰 재해와 작은 재해의 사고 발생 비율을 발견하였다.

② 버드(Frank Bird)의 1 : 10 : 30 : 600 원칙

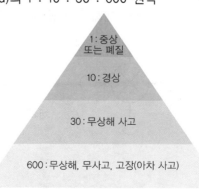

(5) 사고예방 이론

① 재해예방의 4원칙

4원칙	내용
손실 우연의 원칙	재해 손실은 사고 발생시 사고 대상의 조건에 따라 달라지므로 한 사고의 결과로서 생긴 재해 손실은 우연성에 의하여 결정된다.
원인 계기(연계)의 원칙	재해 발생은 반드시 원인이 있다. 즉 사고와 손실과의 관계는 우연적이지만 사고와 원인관계는 필연적이다.
예방 가능의 원칙	재해는 원칙적으로 원인만 제거되면 예방이 가능하다.
대책 선정의 원칙	재해 예방을 위한 가능한 안전 대책은 반드시 존재한다.

Tip
재해예방의 4원칙은 필기 · 실기 시험에 모두 출제되는 내용이다.

② 하인리히(H.W. Heinrich)의 사고예방 기본원리 5단계

단계	구분	내용
1단계	안전조직	• 경영층의 참여 • 안전관리자의 임명 • 안전의 라인(line) 및 참모조직 • 안전활동 방침 및 계획수립 • 조직을 통한 안전활동
2단계	사실의 발견	• 사고 및 활동기록의 검토 • 작업분석 • 안전점검 • 사고조사 • 각종 안전회의 및 토의회 • 종업원의 건의 및 여론조사
3단계	분석	• 사고보고서 및 현장조사 • 사고기록 • 인적 물적 조건 • 작업공정 • 교육 및 훈련 관계 • 안전수칙 및 기타
4단계	시정방법의 선정	• 기술의 개선 • 인사조정 • 교육 및 훈련 개선 • 안전기술의 개선 • 규정 및 수칙의 개선 • 이행의 감독체제 강화
5단계	시정책의 적용	• 교육(Education) • 기술(Engineering) • 독려(Enforcement) • 목표설정 실시 • 재평가 • 시정(후속 조치)

Tip
하인리히의 사고예방 기본원리
5단계에서 [2단계 : 사실의 발견]과 재해사례 연구 순서에서 [1단계 : 사실의 확인]을 구분해서 쓸 수 있도록 하자!

[참고] 재해사례 연구순서
전제조건 : 재해상황의 파악
1단계 : 사실의 확인
2단계 : 문제점의 발견
3단계 : 근본적인 문제점 결정
4단계 : 대책의 수립

Tip
하인리히의 사고예방 기본원리 5단계에서 5단계 시정책의 적용에서는 3E(교육, 기술, 독려)를 적용해서 시정책을 실행한다.

02 핵심문제   2. 안전관리 이론

□□□ 08년2회, 15년4회

1. 하인리히(H.W.Heinrich)의 사고 발생 연쇄성 이론에서 "직접원인"은 아담스(E. Adams)의 사고 발생 연쇄성 이론의 무엇과 일치하는가?

① 작전적 에러   ② 전술적 에러

③ 유전적 요소   ④ 사회적 환경

해설

하인리히와 아담스의 도미노이론 5단계 비교

	하인리히	아담스
1단계	사회적 환경과 유전적인 요소(선천적 결합)	관리구조
2단계	개인적 결함(성격결함, 개성결함)	작전적 에러(전략적 에러)
3단계	불안전한 행동과 불안전한 상태(직접원인)	전술적 에러(불안전한 행동 또는 조작, 직접원인)
4단계	사고	사고
5단계	상해(재해)	상해 또는 손실

□□□ 08년1회, 11년2회, 12년4회, 17년1회

2. 버드(Frank Bird)의 새로운 도미노 이론으로 연결이 옳은 것은?

① 제어의 부족 → 기본 원인 → 직접 원인 → 사고 → 상해

② 관리구조 → 작전적 에러 → 전술적 에러 → 사고 → 상해

③ 유전과 환경 → 인간의 결함 → 불안전한 행동 및 상태 → 재해 → 상해

④ 유전적 요인 및 사회적 환경 → 개인적 결함 → 불안전한 행동 및 상태 → 사고 → 상해

문제 2 ~ 3 해설

버드의 재해발생 이론
1단계 : 통제의 부족 - 관리 소홀
2단계 : 기본원인 - 기원
3단계 : 직접원인 - 징후
4단계 : 사고 - 접촉
5단계 : 상해 - 손해 - 손실

□□□ 13년4회, 20년1,2회

3. 다음 중 버드(Frank Bird)의 도미노 이론에서 재해발생과정에 있어 가장 먼저 수반되는 것은?

① 관리의 부족

② 사회적 환경과 유전적 요소

③ 전술 및 전략적 에러

④ 불안전한 행동 및 상태

□□□ 12년1회, 19년1회

4. 아담스(Adams)의 재해연쇄이론에서 작전적 에러(Operational Error)로 정의한 것은?

① 선천적 결함

② 불안전한 상태

③ 불안전한 행동

④ 경영자나 감독자의 행동

문제 4 ~ 5 해설

아담스(Adams)의 연쇄이론
1단계 : 관리구조
2단계 : 작전적(전략적) 에러 : 관리감독자의 실수
3단계 : 전술적(불안전한 행동 또는 조작) 에러 : 작업자의 실수
4단계 : 사고(물적 사고)
5단계 : 상해 또는 손실

□□□ 13년1회, 18년1회, 18년4회

5. 다음 중 아담스(Edward Adams)의 사고연쇄 이론을 올바르게 나열한 것은?

① 통제의 부족 → 기본원리 → 직접원인 → 사고 → 상해

② 사회적 환경 및 유전적 요소 → 개인적인 결함 → 불안전한 행동 및 상태 → 사고 → 상해

③ 관리구조의 결함 → 작전적 에러 → 전술적 에러 → 사고 → 상해

④ 안전정책과 결정 → 불안전 행동 및 상태 → 물질 에너지 기준 이탈 → 사고 → 상해

정답 **1** ② **2** ① **3** ① **4** ④ **5** ③

□□□ 12년4회, 17년1회

6. 재해발생의 주요 원인 중 불안전한 행동에 해당하지 않는 것은?

① 불안전한 속도 조작
② 안전장치 기능 제거
③ 보호구 미착용 후 작업
④ 결함 있는 기계설비 및 장비

해설

직접원인(불안전 행동, 불안전 상태)

불안전한 행동	불안전한 상태
• 위험장소 접근	• 물 자체 결함
• 안전장치의 기능 제거	• 안전 방호장치 결함
• 복장 보호구의 잘못사용	• 복장 보호구 결함
• 기계 기구 잘못 사용	• 물의 배치 및 작업 장소 결함
• 운전 중인 기계장치의 손질	• 작업환경의 결함
• 불안전한 속도 조작	• 생산 공정의 결함
• 위험물 취급 부주의	• 경계표시, 설비의 결함
• 불안전한 상태 방치	• 기타
• 불안전한 자세 동작	
• 감독 및 연락 불충분	

□□□ 16년1회, 18년4회

7. 재해의 간접원인 중 기초원인에 해당하는 것은?

① 불안전한 상태
② 관리적 원인
③ 신체적 원인
④ 불안전한 행동

문제 7 ~ 8 해설

간접원인

항목		세부항목
2차 원인	1. 정신적 원인	태만, 불만, 초조, 긴장, 공포, 반항 기타
	2. 신체적 원인	스트레스, 피로, 수면부족, 질병 등
	3. 기술적 원인	• 건물, 기계장치 설계 불량 • 구조, 재료의 부적합 • 생산 공정의 부적당 • 점검, 정비보존의 불량
	4. 교육적 원인	• 안전의식의 부족 • 안전수칙의 오해 • 경험훈련의 미숙 • 작업방법의 교육 불충분 • 유해위험 작업의 교육 불충분
기초 원인	5. 관리적 원인	• 안전관리 조직 결함 • 안전수칙 미제정 • 작업준비 불충분 • 인원배치 부적당 • 작업지시 부적당
	6. 학교 교육적 원인	

□□□ 18년1회

8. 재해발생의 간접 원인 중 2차 원인이 아닌 것은?

① 안전 교육적 원인
② 신체적 원인
③ 학교 교육적 원인
④ 정신적 원인

□□□ 15년2회, 19년1회

9. 다음 중 재해의 발생 원인을 관리적인 면에서 분류한 것과 가장 관계가 먼 것은?

① 기술적 원인
② 인적 원인
③ 교육적 원인
④ 작업관리상 원인

해설

[참고] 관리적(간접) 원인의 종류

① 기술적 원인
② 교육적 원인
③ 정신적 원인
④ 작업관리상 원인
⑤ 신체적원인

인적원인, 물적원인은 재해발생 원인의 분류상 직접원인이며, 기술적원인, 교육적원인, 작업관리상원인은 간접원인으로 분류한다.

□□□ 12년1회, 17년1회

10. 산업재해 발생원인은 여러 가지 요소가 복잡하게 얽혀 발생하는데 다음 중 재해의 발생형태에 있어 연쇄형에 해당하는 것은? (단, ○는 재해 발생의 각종요소를 나타낸 것이다.)

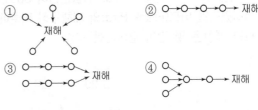

해설

①항, 단순자극형
②항, 연쇄형
③항, ④항, 복합연쇄형

□□□ 16년4회, 19년4회

11. 다음에서 설명하는 법칙은 무엇인가?

> 어떤 공장에서 330회의 전도 사고가 일어났을 때, 그 가운데 300회는 무상해사고, 29회는 경상, 중상 또는 사망 1회의 비율로 사고가 발생한다.

① 버드법칙
② 하인리히 법칙
③ 더글라스 법칙
④ 자베타키스 법칙

해설

하인리히의 재해구성비율

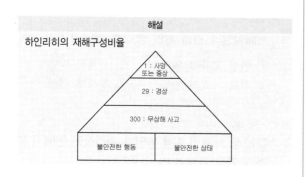

□□□ 10년2회, 13년2회

12. 어느 사업장에서 해당 연도에 600건의 무상해 사고가 발생하였다. 하인리히의 재해발생비율 법칙에 의한다면 경상해의 발생건수는 몇 건이 되겠는가?

① 300건　　　　② 58건
③ 330건　　　　④ 29건

해설

1(사망 또는 중상) : 29(경상) : 300(무상해 사고) 이므로,
29 : 300 = X : 600
X = 580이 된다.

□□□ 09년1회, 11년1회, 17년2회

13. A사업장에서 무상해, 무사고 위험순간이 300건 발생하였다면 버드(Frank Bird)의 재해구성 비율에 따르면 경상은 몇 건이 발생하겠는가?

① 5　　　　② 10
③ 15　　　　④ 20

해설

버드(Bird)의 구성비율

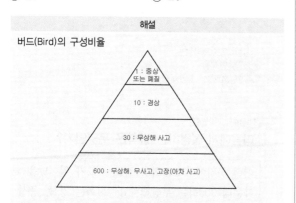

1 : 중상 또는 폐질, 10 : 경상, 30 : 무상해사고, 600 : 무상해 무사고 이므로

$$10 : 600 = x : 300 \qquad x = \frac{300 \times 10}{600} = 5$$

□□□ 09년1회, 12년4회, 13년1회, 14년1회, 16년2회, 16년4회, 18년1회, 18년2회, 19년4회, 20년4회, 22년1회

14. 재해예방의 4원칙에 해당하지 않는 것은?

① 예방가능의 원칙　　② 원인계기의 원칙
③ 손실필연의 원칙　　④ 대책선정의 원칙

문제 14 ~ 15 해설

재해예방의 4원칙

4원칙	내용
손실 우연의 원칙	재해 손실은 사고 발생시 사고 대상의 조건에 따라 달라지므로 한 사고의 결과로서 생긴 재해 손실은 우연성에 의하여 결정된다.
원인 계기(연계)의 원칙	재해 발생은 반드시 원인이 있다. 즉 사고와 손실과의 관계는 우연적이지만 사고와 원인관계는 필연적이다.
예방 가능의 원칙	재해는 원칙적으로 원인만 제거되면 예방이 가능하다.
대책 선정의 원칙	재해 예방을 위한 가능한 안전 대책은 반드시 존재한다.

□□□ 09년4회, 17년4회

15. 재해예방의 4원칙에 대한 설명으로 틀린 것은?

① 재해발생에는 반드시 손실을 수반한다.
② 재해의 발생은 반드시 그 원인이 존재한다.
③ 재해예방을 위한 가능한 안전대책은 반드시 존재한다.
④ 재해는 원칙적으로 원인만 제거되면 예방이 가능하다.

□□□ 10년1회, 20년1,2회

16. 하인리히 사고예방대책 5단계의 각 단계와 기본원리가 잘못 연결된 것은?

① 제1단계 – 안전조직
② 제2단계 – 사실의 발견
③ 제3단계 – 점검 및 검사
④ 제4단계 – 시정 방법의 선정

문제 16 ～ 18 해설

[참고] 하인리히의 사고예방대책 기본원리 5단계

제1단계	제2단계	제3단계
안전 조직	사실의 발견	분석
• 경영층의 참여 • 안전관리자의 임명 • 안전의 라인(line) 및 참모조직 • 안전활동 방침 및 계획수립 • 조직을 통한 안전활동	• 사고 및 활동 기록의 검토 • 작업분석 • 안전점검 • 사고조사 • 각종 안전회의 및 토의회 • 종업원의 건의 및 여론조사	• 사고보고서 및 현장조사 • 사고기록 • 인적 물적조건 • 작업공정 • 교육 및 훈련 관계 • 안전수칙 및 기타

제4단계	제5단계
시정방법의 선정	시정책의 적용
• 기술의 개선 • 인사조정 • 교육 및 훈련 개선 • 안전기술의 개선 • 규정 및 수칙의 개선 • 이행의 감독 체제 강화	• 교육 • 기술 • 독려 • 목표설정 실시 • 재평가 • 시정(후속 조치)

□□□ 08년2회, 10년4회, 11년2회, 19년2회

17. 사고예방대책의 기본원리 5단계 중 제2단계인 사실의 발견에 관한 사항에 해당되지 않는 것은?

① 사고조사
② 사고 및 안전활동기록의 검토
③ 안전회의 및 토의
④ 교육과 훈련의 분석

□□□ 10년2회, 16년2회, 19년1회, 21년4회

18. 사고예방대책의 기본원리 5단계 중 3단계의 분석평가 내용에 해당하는 것은?

① 위험 확인
② 현장 조사
③ 사고 및 활동 기록 검토
④ 기술의 개선 및 인사조정

03 안전보건관리체제

(1) 안전보건관리조직의 특징

① 안전보건관리조직의 목적

  ⊙ 기업의 손실을 방지하기 위한 모든 위험의 제거

  ⓒ 조직적인 사고예방활동

  ⓒ 위험 제거 기술의 수준 향상

  ⓔ 재해 예방률의 향상, 단위당 예방비용 절감

  ⓜ 조직간 종적, 횡적으로 신속한 안전정보 처리와 유대강화

② 안전보건관리조직의 구비조건

  ⊙ 회사의 특성과 규모에 부합하는 조직

  ⓒ 조직의 기능이 충분히 발휘될 수 있는 제도적 체계

  ⓒ 조직을 구성하는 관리자의 책임과 권한

  ⓔ 생산 라인과 밀착된 조직

(2) 안전보건관리조직의 종류

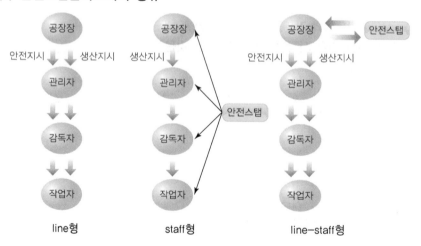

안전관리조직의 유형

① 직계식(Line) 조직

  <u>100인 미만</u>의 소규모 사업장에 적용

장 점	단 점
• 명령과 보고가 상하관계뿐이므로 간단명료하다. • 신속 · 정확한 조직 • 안전지시나 개선조치가 철저하고 신속하다.	• 생산업무와 같이 안전대책이 실시되므로 불충분하다. • 안전 Staff이 없어 내용이 빈약하다. • Line에 과중한 책임 부여

[안전관리 조직의 의의]

사업주가 안전에 대한 책임을 완수하기 위해서 재해예방 대책에 대한 기획 · 검토 및 실시를 분담하는 조직을 만든 것이 안전관리 조직이다.

[법령 상의 안전보건관리 조직]

(1) 안전보건관리 책임자
(2) 안전관리자
(3) 보건관리자
(4) 산업보건의
(5) 관리감독자
(6) 안전보건총괄책임자
(7) 산업안전보건위원회

[프로젝트 조직]

조직의 새로운 목적과 과제를 달성하기 위해 각 부서로부터 전문가를 차출하여 프로젝트를 진행하고 프로젝트가 마무리되면 원래 부서로 돌아가는 형태로 효율적인 조직으로 활용된다.

② 참모식(Staff) 조직

100인 ~ 1,000인의 중규모 사업장에 적용

장 점	단 점
• 안전 지식 및 기술축적 가능하다. • 사업장에 적합한 기술개발 또는 개선안을 마련할 수 있다. • 안전정보수집이 신속하다. • 경영자의 조언 또는 자문역할을 할 수 있다.	• 안전과 생산을 별개로 취급한다. • 통제 수속이 복잡해지며, 시간과 노력이 소모된다. • 안전지시나 명령과 보고가 신속·정확하지 못하다. • 생산은 안전에 대한 책임과 권한이 없다.

③ 직계 참모식(Line-Staff) 조직

1,000인 이상의 대규모 사업장에 적용

장 점	단 점
• 조직원 전원이 자율적으로 안전활동에 참여할 수 있다. • 각 Line의 안전 활동은 유기적으로 조정가능하다. • 충분한 동기부여 가능 • Line의 관리·감독자에게도 책임과 권한이 부여된다.	• 명령 계통과 조언 권고적 참여가 혼동되기 쉽다. • 스탭의 월권행위의 경우가 있다. • 라인의 스탭에 의존 또는 활용치 않는 경우가 발생될 수 있다.

(3) 산업안전보건위원회

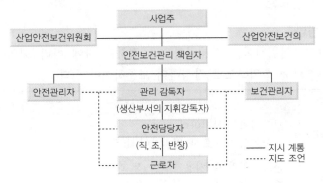

[관련법령]
산업안전보건법 제24조【산업안전보건위원회】

사업주는 사업장의 안전 및 보건에 관한 중요 사항을 심의·의결하기 위하여 사업장에 근로자위원과 사용자위원이 같은 수로 구성되는 산업안전보건위원회를 구성·운영하여야 한다.

[위원장의 선출]
산업안전보건위원회의 위원장은 위원 중에서 호선(互選)한다. 이 경우 근로자위원과 사용자위원 중 각 1명을 공동위원장으로 선출할 수 있다.

Tip

산업안전보건위원회의 심의·의결사항 내용은 안전관리책임자의 업무내용과 동일한 부분이 많다. 암기할 때 참고하자.

[관련법령]
산업안전보건법 시행령 제37조 【회의 등】

① 산업안전보건위원회 위원 구성

사용자 위원	근로자 위원
• 해당 사업의 대표자 • 안전관리자 1명 • 보건관리자 1명 • 산업보건의(선임되어 있는 경우) • 대표자가 지명하는 9명 이내의 사업장 부서의 장 (상시근로자 100명 미만 사업장은 제외 할 수 있다.)	• 근로자대표 • 근로자대표가 지명하는 1명 이상의 명예산업안전감독관 • 근로자대표가 지명하는 9명 이내의 당해 사업장의 근로자 (명예산업안전 감독관이 근로자위원으로 지명되어 있는 경우 그 수를 제외)

② 산업안전보건위원회 심의·의결사항
  ㉠ 산업재해 예방계획의 수립에 관한 사항
  ㉡ 안전보건관리규정의 작성 및 변경에 관한 사항
  ㉢ 근로자의 안전·보건교육에 관한 사항
  ㉣ 작업환경측정 등 작업환경의 점검 및 개선에 관한 사항
  ㉤ 근로자의 건강진단 등 건강관리에 관한 사항
  ㉥ 중대재해의 원인 조사 및 재발 방지대책 수립에 관한 사항
  ㉦ 산업재해에 관한 통계의 기록 및 유지에 관한 사항
  ㉧ 유해하거나 위험한 기계·기구와 그 밖의 설비를 도입한 경우 안전·보건조치에 관한사항
  ㉨ 그 밖에 해당 사업장 근로자의 안전 및 보건을 유지·증진시키기 위하여 필요한 사항

③ 회의 방법
  산업안전보건위원회는 대통령령으로 정하는 바에 따라 회의를 개최하고 그 결과를 회의록으로 작성하여 보존하여야 한다.

구분	내용
회의	• 정기회의 : 분기마다 • 임시회의 : 필요시 위원장이 소집
의결	• 근로자위원 및 사용자위원 각 과반수 출석 • 출석위원 과반수 찬성으로 의결
직무 대리	근로자대표, 명예감독관, 사업의 대표자, 안전관리자, 보건관리자가 회의에 출석하지 못할 경우 해당 사업에 종사하는 사람 중에서 1명을 지정하여 위원의 직무를 대리 할 수 있다.
회의록 작성	• 개최 일시 및 장소 • 출석위원 • 심의 내용 및 의결·결정 사항 • 그 밖의 토의사항

④ 산업안전보건위원회의 설치 대상

사업의 종류	규모
1. 토사석 광업 2. 목재 및 나무제품 제조업 : 가구 제외 3. 화학물질 및 화학제품 제조업 : 의약품 제외 　(세제, 화장품 및 광택제 제조업과 화학섬유 　제조업은 제외) 4. 비금속 광물제품 제조업 5. 1차 금속 제조업 6. 금속가공제품 제조업 : 기계 및 가구 제외 7. 자동차 및 트레일러 제조업 8. 기타 기계 및 장비 제조업(사무용 기계 및 장비 　제조업은 제외) 9. 기타 운송장비 제조업(전투용 차량 제조업은 제외)	상시 근로자 50명 이상
10. 농업 11. 어업 12. 소프트웨어 개발 및 공급업 13. 컴퓨터 프로그래밍, 시스템 통합 및 관리업 14. 정보서비스업 15. 금융 및 보험업 16. 임대업 : 부동산 제외 17. 전문, 과학 및 기술 서비스업(연구개발업은 제외) 18. 사업지원 서비스업 19. 사회복지 서비스업	상시 근로자 300명 이상
20. 건설업	공사금액 120억원 이상(토목 공사업의 경우 150억원 이상)
21. 제1호부터 제20호까지의 사업을 제외한 사업	상시 근로자 100명 이상

[관련법령]
산업안전보건법 시행령 별표 9 【산업안전보건위원회를 구성해야 할 사업의 종류 및 사업장의 상시근로자 수】

(4) 안전보건관리규정

① 안전보건관리규정 작성항목

　㉠ 안전 및 보건에 관한 관리조직과 그 직무에 관한 사항

　㉡ 안전보건교육에 관한 사항

　㉢ 작업장의 안전 및 보건 관리에 관한 사항

　㉣ 사고 조사 및 대책 수립에 관한 사항

　㉤ 그 밖에 안전 및 보건에 관한 사항

[관련법령]
산업안전보건법 제25조【안전보건관리규정의 작성】

[안전규정의 통합]

안전보건관리규정을 작성할 때에는 소방·가스·전기·교통 분야 등의 다른 법령에서 정하는 안전관리에 관한 규정과 통합하여 작성할 수 있다.

② 안전보건관리규정 작성대상 사업

사업의 종류	규모
1. 농업 2. 어업 3. 소프트웨어 개발 및 공급업 4. 컴퓨터 프로그래밍, 시스템 통합 및 관리업 5. 정보서비스업 6. 금융 및 보험업 7. 임대업 : 부동산 제외 8. 전문, 과학 및 기술 서비스업(연구개발업은 제외) 9. 사업지원 서비스업 10. 사회복지 서비스업	상시 근로자 300명 이상을 사용하는 사업장
11. 제1호부터 제10호까지의 사업을 제외한 사업	상시 근로자 100명 이상을 사용하는 사업장

※ 안전보건관리규정을 작성하여야 할 사유가 발생한 날부터 <u>30일</u> 이내에 안전보건관리규정을 작성하여야 한다.

③ 안전보건관리규정의 세부 내용

Tip

안전보건관리규정의 세부내용을 모두 암기하기는 어렵지만 세부내용의 종류는 반드시 기억해두자.

[안전보건관리규정의 세부내용]

(1) 총칙
(2) 안전·보건 관리조직과 그 직무
(3) 안전보건교육
(4) 작업장 안전관리
(5) 작업장 보건관리
(6) 사고 조사 및 대책 수립
(7) 위험성 평가
(8) 보칙

[관련법령]

산업안전보건법 시행규칙
• 별표 2【안전보건관리규정을 작성해야 할 사업의 종류 및 상시근로자 수】
• 별표 3【안전보건관리규정의 세부내용】

종류	내용
총칙	• 안전보건관리규정 작성의 목적 및 적용 범위에 관한 사항 • 사업주 및 근로자의 재해 예방 책임 및 의무 등에 관한 사항 • 하도급 사업장에 대한 안전·보건관리에 관한 사항
안전·보건 관리조직과 그 직무	• 안전·보건 관리조직의 구성방법, 소속, 업무 분장 등에 관한 사항 • 안전보건관리책임자(안전보건총괄책임자), 안전관리자, 보건관리자, 관리감독자의 직무 및 선임에 관한 사항 • 산업안전보건위원회의 설치·운영에 관한 사항 • 명예산업안전감독관의 직무 및 활동에 관한 사항 • 작업지휘자 배치 등에 관한 사항
안전보건교육	• 근로자 및 관리감독자의 안전·보건교육에 관한 사항 • 교육계획의 수립 및 기록 등에 관한 사항
작업장 안전관리	• 안전·보건관리에 관한 계획의 수립 및 시행에 관한 사항 • 기계·기구 및 설비의 방호조치에 관한 사항 • 유해·위험기계 등에 대한 자율검사프로그램에 의한 검사 또는 안전검사에 관한 사항 • 근로자의 안전수칙 준수에 관한 사항 • 위험물질의 보관 및 출입 제한에 관한 사항 • 중대재해 및 중대산업사고 발생, 급박한 산업재해 발생의 위험이 있는 경우 작업중지에 관한 사항 • 안전표지·안전수칙의 종류 및 게시에 관한 사항과 그 밖에 안전관리에 관한 사항

종류	내용
작업장 보건관리	• 근로자 건강진단, 작업환경측정의 실시 및 조치절차 등에 관한 사항 • 유해물질의 취급에 관한 사항 • 보호구의 지급 등에 관한 사항 • 질병자의 근로 금지 및 취업 제한 등에 관한 사항 • 보건표지 · 보건수칙의 종류 및 게시에 한 사항과 그 밖에 보건관리에 관한 사항
사고 조사 및 대책 수립	• 산업재해 및 중대산업사고의 발생 시 처리 절차 및 긴급조치에 관한 사항 • 산업재해 및 중대산업사고의 발생원인에 대한 조사 및 분석, 대책 수립에 관한 사항 • 산업재해 및 중대산업사고 발생의 기록 · 관리 등에 관한 사항
위험성 평가	• 위험성 평가의 실시 시기 및 방법, 절차에 관한 사항 • 위험성 감소대책 수립 및 시행에 관한 사항
보칙	• 무재해운동 참여, 안전 · 보건 관련 제안 및 포상 · 징계 등 산업재해 예방을 위하여 필요하다고 판단하는 사항 • 안전 · 보건 관련 문서의 보존에 관한 사항 • 그 밖의 사항

(5) 안전보건개선계획

① 안전보건개선계획 대상 사업장
ㄱ 산업재해율이 같은 업종의 규모별 평균 산업재해율보다 높은 사업
ㄴ 사업주가 필요한 안전조치 또는 보건조치를 이행하지 아니하여 중대재해가 발생한 사업장
ㄷ 대통령령으로 정하는 수 이상의 직업성 질병자가 발생한 사업장
ㄹ 유해인자의 노출기준을 초과한 사업장

② 안전 · 보건 진단을 받아 안전보건개선계획 수립 · 제출 대상 사업장
ㄱ 중대재해(사업주가 안전 · 보건조치의무를 이행하지 아니하여 발생한 중대재해만 해당한다) 발생 사업장
ㄴ 산업재해율이 같은 업종 평균 산업재해율의 2배 이상인 사업장
ㄷ 직업병에 걸린 사람이 연간 2명 이상(상시 근로자 1천명 이상 사업장의 경우 3명 이상) 발생한 사업장
ㄹ 그 밖에 작업환경 불량, 화재, 폭발 또는 누출사고 등으로 사업장 주변까지 피해가 확산된 사업장으로서 고용노동부령으로 정하는 사업장

[관련법령]
산업안전보건법 제49조【안전보건개선계획의 수립 · 시행 명령】

안전보건개선계획 대상 사업장에서 대통령령으로 정하는 수 이상의 직업성질병자 – 직업병에 걸린 사람이 연간 2명 이상(상시근로자 1천명 이상 사업장의 경우 3명 이상)

[관련법령]
산업안전보건법 시행령 제49조【안전보건진단을 받아 안전보건개선계획을 수립할 대상】

[관련법령]
산업안전보건법 시행규칙 제61조【안전보건개선계획의 제출 등】

③ 안전보건개선계획서 제출

안전보건개선계획서를 작성하여 그 명령을 받은 날부터 60일 이내에 관할 지방고용노동관서의 장에게 제출하여야 한다.

④ 안전보건개선계획 내용

구분	내용
포함 내용	• 시설 • 안전 · 보건관리체제 • 안전 · 보건교육 • 산업재해예방 및 작업환경의 개선을 위하여 필요한 사항
공통개선 항목	안전보건관리조직, 안전표지부착, 보호구착용, 건강진단실시, 참고사항
중점개선 항목	시설, 원료 및 재료, 기계장치, 작업방법, 작업환경, 기타

[KOSHA MS]
안전보건경영시스템이란 안전보건경영을 하기위해 필요한 요건들로 구성된 일정한 경영체제로서 KOSHA MS은 산업안전보건법에 의해 안전공단에서 개발한 안전보건경영시스템의 명칭을 말한다.

(6) 안전보건경영

① 안전경영 전략 5단계

| 제1단계
안전의
위상정립 | → | 제2단계
기반
조성 | → | 제3단계
종합적인
추진 | → | 제4단계
위험의
통제 | → | 제5단계
무재해
달성 |

② 안전경영 시스템의 적용

㉠ 사업주가 경영방침에 안전정책 반영

㉡ 실행지침과 세부 기준 규정

㉢ 실행결과의 자체평가 및 개선대책

㉣ 재해예방 및 손실감소의 효과기대

③ 안전경영 시스템의 결정과정

| 사업장
실태 분석 | → | 방침수립
목표설정 | → | 계획수립
실행 | → | 성과측정
자체검사 | → | 경영자 검토 |

[안전보건관리계획 평가척도]
(1) 절대척도 : 재해건수 등을 수치로 나타낸 실적
(2) 상대척도 : 도수율, 강도율 등 지수로 표현
(3) 평정척도 : 양, 보통, 불가 등 단계적으로 평정하는 기법
(4) 도수척도 : 중앙값, % 등 확률적 분포로 표현되는 방법

④ 안전보건관리 계획의 수립

㉠ 실현가능성이 있도록 사업장의 실태에 맞게 독자적으로 수립할 것

㉡ 직장 단위로 구체적 계획 작성한다.

㉢ 계획상의 재해 감소 목표는 점진적으로 수준을 높일 것

㉣ 현재의 문제점을 검토하기 위해 자료를 조사 수집하여야 한다.

㉤ 계획에서 실시까지의 미비점을 피드백 할 수 있는 조정기능을 가진다.

㉥ 적극적인 선취 안전을 위하여 새로운 착상과 정보를 활용하여야 한다.

㉦ 계획이 효과적으로 실시되도록 라인 · 스텝 관계자를 충분히 납득시켜야 한다.

☐☐☐ 12년2회, 14년4회

1. 다음 중 재해방지를 위한 안전관리 조직의 목적과 가장 거리가 먼 것은?

① 위험요소의 제거
② 기업의 재무제표 안정화
③ 재해방지 기술의 수준 향상
④ 재해 예방율의 향상 및 단위당 예방비용의 절감

해설
안전보건관리조직의 목적

1. 기업의 손실을 방지하기 위한 모든 위험의 제거
2. 조직적인 사고예방활동
3. 위험 제거 기술의 수준 향상
4. 재해 예방률의 향상, 단위당 예방비용 절감
5. 조직간 종적, 횡적으로 신속한 안전정보 처리와 유대강화

☐☐☐ 15년2회, 15년4회

2. 다음 중 안전관리조직의 구비조건으로 가장 적합하지 않은 것은?

① 생산라인이나 현장과는 엄격히 분리된 조직이어야 한다.
② 회사의 특성과 규모에 부합되게 조직되어야 한다.
③ 조직을 구성하는 관리자의 책임과 권한이 분명해야 한다.
④ 조직의 기능을 충분히 발휘할 수 있도록 제도적 체계가 갖추어져야 한다.

해설
안전조직을 구성할 때의 고려할 사항

1. 회사의 특성과 규모에 부합되게 조직되어야 한다.
2. 조직의 기능이 충분히 발휘될 수 있는 제도적 체계가 갖추어져야 한다.
3. 조직을 구성하는 관리자의 책임과 권한이 분명해야 한다.
4. 생산 라인과 밀착된 조직이어야 한다.

☐☐☐ 12년1회, 13년1회, 17년4회, 18년2회

3. 안전보건관리조직에 있어 100명 미만의 조직에 적합하며, 안전에 관한 지시나 조치가 철저하고 빠르게 전달되나 전문적인 지식과 기술이 부족한 조직의 형태는?

① 라인·스탭형   ② 스탭형
③ 라인형   ④ 관리형

해설
직계식(Line) 조직

※ 100인 미만의 소규모 사업장에 적용

장점	단점
• 명령과 보고가 상하관계뿐이므로 간단명료하다. • 신속·정확한 조직 • 안전지시나 개선조치가 철저하고 신속하다.	• 생산업무와 같이 안전대책이 실시되므로 불충분하다. • 안전 Staff이 없어 내용이 빈약하다. • Line에 과중한 책임 부여

☐☐☐ 10년2회, 19년4회

4. 참모식 안전조직의 특징으로 옳은 것은?

① 100명 미만의 소규모 사업장에 적합하다.
② 생산부분은 안전에 대한 책임과 권한이 없다.
③ 명령과 보고가 상하관계 뿐이므로 간단명료하다.
④ 조직원 전원을 자율적으로 안전 활동에 참여시킬 수 있다.

해설
참모식(Staff) 조직의 특징

※ 100인~1,000인의 중규모 사업장에 적용

장점	단점
• 안전 지식 및 기술축적 가능 • 사업장에 적합한 기술개발 또는 개선안을 마련할 수 있다. • 안전정보수집이 신속하다. • 경영자의 조언 또는 자문역할을 할 수 있다.	• 안전과 생산을 별개로 취급한다. • 통제 수속이 복잡해지며, 시간과 노력이 소모된다. • 안전지시나 명령과 보고가 신속·정확하지 못한다. • 생산은 안전에 대한 책임과 권한이 없다.

☐☐☐ 11년2회, 20년1,2회

5. 안전보건관리조직 중 스탭(Staff)형 조직에 관한 설명으로 옳지 않은 것은?

① 안전정보수집이 신속하다.
② 안전과 생산을 별개로 취급하기 쉽다.
③ 권한 다툼이나 조정이 용이하여 통제수속이 간단하다.
④ 스탭 스스로 생산라인의 안전업무를 행하는 것은 아니다.

□□□ 11년1회, 15년1회, 18년1회

6. 안전보건관리조직 중 라인 · 스탭(Line · staff)의 복합형 조직의 특징으로 옳은 것은?

① 명령계통과 조언 권고적 참여가 혼동되기 쉽다.
② 생산부분은 안전에 대한 책임과 권한이 없다.
③ 안전에 대한 정보가 불충분하다.
④ 안전과 생산을 별도로 취급하기 쉽다.

문제 6 ~ 7 해설	
직계 참모식(Line-Staff) 조직의 특징	
※ 1,000인 이상의 대규모 사업장에 적용	

장점	단점
· 조직원 전원이 자율적으로 안전활동에 참여 · 각 Line의 안전 활동은 유기적으로 조정가능하다. · 충분한 동기부여 가능 · Line의 관리 · 감독자에게도 책임과 권한이 부여된다.	· 명령 계통과 조언 권고적 참여가 혼동되기 쉽다. · 스탭의 월권행위의 경우가 발생할 수 있다. · 라인의 스탭에 의존 또는 활용치 않는 경우가 생긴다.

□□□ 13년2회, 14년2회, 16년4회, 17년1회

7. 안전관리조직의 형태 중 라인 · 스텝형에 대한 설명으로 옳은 것은?

① 1000명 이상의 대규모 사업장에 적합하다.
② 명령과 보고가 상하관계로 간단명료하다.
③ 안전에 대한 전문적인 지식이나 정보가 불충분하다.
④ 생산부분은 안전에 대한 책임과 권한이 없다.

□□□ 11년4회, 15년1회, 17년2회

8. 다음 중 산업안전보건법령상 산업안전보건위원회의 심의 · 의결사항으로 볼 수 없는 것은?

① 산업재해 예방계획의 수립에 관한 사항
② 근로자의 건강진단 등 건강관리에 관한 사항
③ 재해자에 관한 치료 및 재해보상에 관한 사항
④ 안전보건관리규정의 작성 및 변경에 관한 사항

문제 8 ~ 10 해설
산업안전보건위원회의 심의 · 의결사항
1. 사업장의 산업재해 예방계획의 수립에 관한 사항
2. 안전보건관리규정의 작성 및 변경에 관한 사항
3. 안전보건교육에 관한 사항
4. 작업환경측정 등 작업환경의 점검 및 개선에 관한 사항
5. 근로자의 건강진단 등 건강관리에 관한 사항
6. 중대재해의 원인 조사 및 재발 방지대책 수립에 관한 사항

7. 산업재해에 관한 통계의 기록 및 유지에 관한 사항
8. 유해하거나 위험한 기계 · 기구 · 설비를 도입한 경우 안전 및 보건 관련 조치에 관한 사항
9. 그 밖에 해당 사업장 근로자의 안전 및 보건을 유지 · 증진시키기 위하여 필요한 사항

[참고] 산업안전보건법 제24조 [산업안전보건위원회]

□□□ 14년4회, 17년4회, 21년2회

9. 산업안전보건법상 산업안전보건위원회의 심의 · 의결사항이 아닌 것은?

① 안전보건관리규정의 작성 및 변경에 관한 사항
② 작업환경측정 등 작업환경의 점검 및 개선에 관한 사항
③ 사업장 경영체계 구성 및 운영에 관한 사항
④ 유해하거나 위험한 기계 · 기구와 그 밖의 설비를 도입한 경우 안전 · 보건조치에 관한 사항

□□□ 12년4회, 15년2회, 18년1회

10. 산업안전보건법상 산업안전보건위원회의 심의 · 의결사항이 아닌 것은?

① 산업재해 예방계획의 수립에 관한 사항
② 근로자의 건강진단 등 건강관리에 관한 사항
③ 중대재해로 분류되는 산업재해의 원인 조사 및 재발 방지대책의 수립에 관한 사항
④ 안전장치 및 보호구 구입 시의 적격품 여부 확인에 관한 사항

□□□ 19년4회, 22년1회

11. 산업안전보건법상 산업안전보건위원회 정기회의 개최 주기로 올바른 것은?

① 1개월마다   ② 분기마다
③ 반년마다   ④ 1년마다

해설
산업안전보건위원회의 회의는 정기회의와 임시회의로 구분하되, 정기회의는 분기마다 산업안전보건위원회의 위원장이 소집하며, 임시회의는 위원장이 필요하다고 인정할 때에 소집한다.

[참고] 산업안전보건법 시행령 제37조 [산업안전보건위원회의 회의 등]

정답 6 ① 7 ① 8 ③ 9 ③ 10 ④ 11 ②

□□□ 10년2회, 11년2회, 13년2회, 15년4회, 17년2회, 18년4회, 19년1회

12. 산업안전보건법령상 산업안전보건위원회의 구성에 있어 사용자 위원에 해당하지 않는 것은?

① 안전관리자
② 명예산업안전감독관
③ 해당 사업의 대표자가 지명한 9인 이내 해당 사업장 부서의 장
④ 보건관리자의 업무를 위탁한 경우 대행기관의 해당 사업장 담당자

해설

산업안전 보건위원회의 구성	
사용자 위원	근로자 위원
사업주 1명	근로자 대표 1명
안전 관리자 1명	근로자 대표가 지명하는 1명 이상의 명예 산업안전감독관
보건 관리자 1명	
산업 보건의 (선임되어 있는 경우)	근로자 대표가 지명하는 9명 이내의 당해 사업장 근로자 (현장 근로자 9명 이내)
당해 사업주가 지명하는 9명 이내의 부서의 장	

[참고] 산업안전보건법 시행령 제35조 [산업안전보건위원회의 회의 등]

□□□ 12년1회, 16년1회, 19년2회

13. 산업안전보건법령상 건설업의 경우 공사금액이 얼마 이상인 사업장에 산업안전 보건위원회를 설치·운영하여야 하는가?

① 80억원　　② 120억원
③ 150억원　　④ 700억원

해설

공사금액 120억원 이상(「건설산업기본법 시행령」 별표 1의 종합공사를 시공하는 업종의 건설업종란 제1호에 따른 토목공사업의 경우에는 150억원 이상)인 건설업은 산업안전보건위원회를 구성하여야 한다.

[참고] 산업안전보건법 시행령 별표 9 [산업안전보건위원회를 구성해야 할 사업의 종류 및 사업장의 상시근로자]

□□□ 09년4회, 19년4회

14. 안전·보건에 관한 노사협의체의 구성·운영에 대한 설명으로 틀린 것은?

① 노사협의체는 근로자와 사용자가 같은 수로 구성되어야 한다.

② 노사협의체의 회의 결과는 회의록으로 작성하여 보존하여야 한다.
③ 노사협의체의 회의는 정기회의와 임시회의로 구분하되, 정기회의는 3개월마다 소집한다.
④ 노사협의체는 산업재해 예방 및 산업재해가 발생한 경우의 대피방법 등에 대하여 협의하여야 한다.

해설

노사협의체의 회의는 정기회의와 임시회의로 구분하여 개최하되, 정기회의는 2개월마다 노사협의체의 위원장이 소집하며, 임시회의는 위원장이 필요하다고 인정할 때에 소집한다.

[참고] 산업안전보건법 시행령 제65조 [노사협의체의 운영 등]

□□□ 10년2회, 11년1회, 13년2회, 14년2회, 14년4회, 16년4회, 17년1회, 17년4회, 18년1회, 18년4회

15. 산업안전보건법령에 따라 안전보건관리규정을 작성하여야 할 사업의 사업주는 안전보건 관리규정을 작성하여야 할 사유가 발생한 날부터 며칠 이내에 작성하여야 하는가?

① 7일　　② 14일
③ 30일　　④ 60일

해설

사업주는 안전보건관리규정을 작성해야 할 사유가 발생한 날부터 30일 이내에 안전보건관리규정을 작성해야 한다. 이를 변경할 사유가 발생한 경우에도 또한 같다.

[참고] 산업안전보건법 시행규칙 제25조 [안전보건관리규정의 작성]

□□□ 11년2회, 13년4회, 17년1회

16. 산업안전보건법령상 시스템 통합 및 관리업의 경우 안전보건관리규정을 작성해야 할 사업의 규모로 옳은 것은?

① 상시 근로자 10명 이상을 사용하는 사업장
② 상시 근로자 50명 이상을 사용하는 사업장
③ 상시 근로자 100명 이상을 사용하는 사업장
④ 상시 근로자 300명 이상을 사용하는 사업장

정답 12 ② 13 ② 14 ③ 15 ③ 16 ④

안전보건관리규정을 작성해야 할 사업

사업의 종류	규모
1. 농업 2. 어업 3. 소프트웨어 개발 및 공급업 4. 컴퓨터 프로그래밍, 시스템 통합 및 관리업 5. 정보서비스업 6. 금융 및 보험업 7. 임대업; 부동산 제외 8. 전문, 과학 및 기술 서비스업 (연구개발업은 제외한다) 9. 사업지원 서비스업 10. 사회복지 서비스업	상시 근로자 300명 이상을 사용하는 사업장
11. 제1호부터 제10호까지의 사업을 제외한 사업	상시 근로자 100명 이상을 사용하는 사업장

[참고] 산업안전보건법 시행규칙 별표 2 [안전보건관리규정을 작성해야 할 사업의 종류 및 상시근로자 수]

□□□ 12년4회, 15년2회, 19년2회

17. 산업안전보건법령상 안전보건관리규정에 포함해야 할 내용이 아닌 것은?

① 안전보건교육에 관한 사항
② 사고조사 및 대책수립에 관한 사항
③ 안전보건관리 조직과 그 직무에 관한 사항
④ 산업재해보상보험에 관한 사항

안전보건관리규정 작성 시 포함사항
1. 안전 및 보건에 관한 관리조직과 그 직무에 관한 사항
2. 안전보건교육에 관한 사항
3. 작업장의 안전 및 보건 관리에 관한 사항
4. 사고 조사 및 대책 수립에 관한 사항
5. 그 밖에 안전 및 보건에 관한 사항

[참고] 산업안전보건법 제25조 [안전보건관리규정의 작성]

□□□ 10년1회, 13년1회, 16년1회, 19년1회

18. 안전보건관리계획의 개요에 관한 설명으로 틀린 것은?

① 타 관리계획과 균형이 되어야 한다.
② 안전보건의 저해요인을 확실히 파악해야 한다.
③ 계획의 목표는 점진적으로 낮은 수준의 것으로 한다.
④ 경영층의 기본방침을 명확하게 근로자에게 나타내야 한다.

안전보건관리계획 수립 시 유의사항
1. 사업장의 실태에 맞도록 독자적으로 수립하되, 실현 가능성이 있도록 한다.
2. 직장 단위로 구체적 계획을 작성한다.
3. 계획상의 재해 감소 목표는 점진적으로 수준을 높이도록 한다.
4. 현재의 문제점을 검토하기 위해 자료를 조사 수집한다.
5. 계획에서 실시까지의 미비점, 잘못된 점을 피드백(Feed back)할 수 있는 조정기능을 갖고 있을 것
6. 적극적인 선취안전을 취하여 새로운 착상과 정보를 활용한다.
7. 계획안이 효과적으로 실시되도록 Line-staff 관계자를 충분히 납득시킨다.

□□□ 08년4회, 16년1회, 16년2회

19. 안전보건개선계획서의 수립·시행명령을 받은 사업주는 그 명령을 받은 날부터 안전보건개선계획서를 작성하여 며칠 이내에 관할 지방고용노동관서의 장에게 제출해야 하는가?

① 15일
② 30일
③ 60일
④ 90일

안전보건개선계획서를 제출해야 하는 사업주는 안전보건개선계획서 수립·시행 명령을 받은 날부터 60일 이내에 관할 지방고용노동관서의 장에게 해당 계획서를 제출(전자문서로 제출하는 것을 포함한다)해야 한다.

[참고] 산업안전보건법 시행규칙 제61조 [안전보건개선계획의 제출 등]

□□□ 14년1회, 19년4회

20. 산업안전보건법령상 안전보건개선계획서에 포함되어야 하는 사항이 아닌 것은?

① 시설의 개선을 위하여 필요한 사항
② 작업환경의 개선을 위하여 필요한 사항
③ 작업절차의 개선을 위하여 필요한 사항
④ 안전·보건교육의 개선을 위하여 필요한 사항

안전보건개선계획서에는 시설, 안전보건관리체제, 안전보건교육, 산업재해 예방 및 작업환경의 개선을 위하여 필요한 사항이 포함되어야 한다.

[참고] 산업안전보건법 시행규칙 제61조 [안전보건개선계획의 제출 등]

정답 17 ④ 18 ③ 19 ③ 20 ③

□□□ 17년4회, 18년2회

21. 산업안전보건법령상 안전 · 보건진단을 받아 안전보건개선계획을 수립 · 제출하도록 명할 수 있는 사업장이 아닌 것은?

① 근로자가 안전수칙을 준수하지 않아 중대재해가 발생한 사업장

② 산업재해율이 같은 업종 평균 산업재해율의 2배 이상인 사업장

③ 작업환경 불량, 화재 폭발 또는 누출사고 등으로 사회적 물의를 일으킨 사업장

④ 직업병에 걸린 사람이 연간 2명 이상(상시 근로자 1천명 이상 사업장의 경우 3명 이상) 발생한 사업장

해설

안전보건진단을 받아 안전보건개선계획을 수립해야 할 사업장
1. 산업재해율이 같은 업종 평균 산업재해율의 2배 이상인 사업장
2. 사업주가 필요한 안전조치 또는 보건조치를 이행하지 아니하여 중대재해가 발생한 사업장
3. 직업성 질병자가 연간 2명 이상(상시근로자 1천명 이상 사업장의 경우 3명 이상) 발생한 사업장
4. 그 밖에 작업환경 불량, 화재 · 폭발 또는 누출 사고 등으로 사업장 주변까지 피해가 확산된 사업장으로서 고용노동부령으로 정하는 사업장

[참고] 산업안전보건법 시행령 제49조 [안전보건진단을 받아 안전보건개선계획을 수립할 대상]

재해 및 안전점검은 재해조사의 방법, 재해원인, 재해통계, 재해율의 계산, 재해손실비의 계산, 안전점검 등으로 구성된다. 여기에서는 주로 재해원인의 분류와 재해율의 계산 등이 주로 출제된다.

01 재해의 발생과 조사

[사고발생시 보고내용]
(1) 사고개요 : 발생일시, 장소, 직업상황, 피해내용
(2) 사고종류 : 떨어짐, 끼임, 감전 등
(3) 발생장소 : 구체적으로(주소 또는 설비명)
(4) 재해자 정보
(5) 기인물 등 주요사고 원인

(1) 재해발생 시 조치

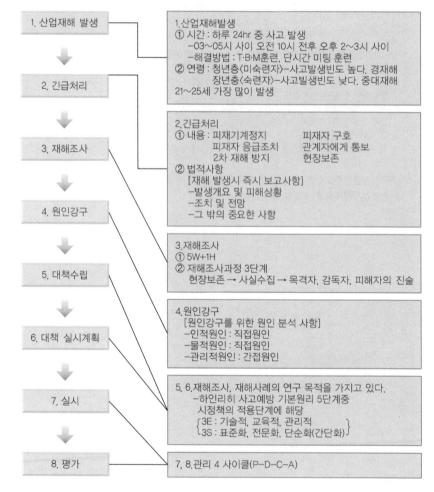

1. 산업재해 발생

2. 긴급처리

3. 재해조사

4. 원인강구

5. 대책수립

6. 대책 실시계획

7. 실시

8. 평가

1.산업재해발생
① 시간 : 하루 24hr 중 사고 발생
 -03~05시 사이 오전 10시 전후 오후 2~3시 사이
 -해결방법 : T·B·M훈련, 단시간 미팅 훈련
② 연령 : 청년층〈미숙련자〉-사고발생빈도 높다. 경재해
 장년층〈숙련자〉-사고빌생빈도 낮다. 중대재해
21~25세 가장 많이 발생

2.긴급처리
① 내용 : 피재기계정지 피재자 구호
 피재자 응급조치 관계자에게 통보
 2차 재해 방지 현장보존
② 법적사항
 [재해 발생시 즉시 보고사항]
 -발생개요 및 피해상황
 -조치 및 전망
 -그 밖의 중요한 사항

3.재해조사
① 5W+1H
② 재해조사과정 3단계
 현장보존 → 사실수집 → 목격자, 감독자, 피해자의 진술

4.원인강구
 [원인강구를 위한 원인 분석 사항]
 -인적원인 : 직접원인
 -물적원인 : 직접원인
 -관리적원인 : 간접원인

5, 6.재해조사, 재해사례의 연구 목적을 가지고 있다.
 -하인리히 사고예방 기본원리 5단계중
 시정책의 적용단계에 해당
 {3E : 기술적, 교육적, 관리적}
 {3S : 표준화, 전문화, 단순화(간단화)}

7, 8.관리 4 사이클(P-D-C-A)

(2) 재해발생 형태

① 용어의 정의

용어	내용
발생형태	재해 및 질병이 발생된 형태 또는 근로자(사람)에게 상해를 입힌 기인물과 상관된 현상
기인물	직접적으로 재해를 유발하거나 영향을 끼친 에너지원(운동, 위치, 열, 전기 등)을 지닌 기계·장치, 구조물, 물체·물질 또는 환경 등
가해물	근로자(사람)에게 직접적으로 상해를 입힌 기계, 장치, 구조물, 물체·물질 또는 환경 등

Tip
2종 이상의 기인물이 있을 때 그 중요도와 발단이 된 것에 따라 결정한다. 가해물과 기인물과 같은 물체인 경우도 있으니 주의하자

> ☑ **재해형태의 구분**
>
> (1) 종업원이 작업대에서 지면으로 추락한 경우
> ① 기인물 : 작업대
> ② 가해물 : 지면
> ③ 발생형태 : 추락
>
> (2) 종업원이 물건을 운반 중 그 물건이 발에 떨어져 다친 경우
> ① 기인물 : 물건
> ② 가해물 : 물건
> ③ 발생형태 : 낙하

② 발생형태의 종류(KOSHA CODE)

재해의 종류	재해의 정의
떨어짐 (추락)	사람이 인력(중력)에 의하여 건축물, 구조물, 가설물, 수목, 사다리 등의 높은 장소에서 떨어지는 것
넘어짐 (전도)	사람이 거의 평면 또는 경사면, 층계 등에서 구르거나 넘어지는 경우
깔림·뒤집힘 (전복)	기대어져 있거나 세워져 있는 물체 등이 쓰러져 깔린 경우 및 지게차 등의 건설기계 등이 운행 또는 작업 중 뒤집어진 경우를 말한다.
부딪힘 (충돌)	재해자 자신의 움직임동작으로 인하여 기인물에 접촉 또는 부딪히거나, 물체가 고정부에서 이탈하지 않은 상태로 움직임(규칙, 불규칙)등에 의하여 접촉·충돌한 경우
맞음 (낙하·비래)	구조물, 기계 등에 고정되어 있던 물체가 중력, 원심력, 관성력 등에 의하여 고정부에서 이탈하거나 또는 설비 등으로부터 물질이 분출되어 사람을 가해하는 경우
끼임 (협착)	두 물체 사이의 움직임에 의하여 일어난 것으로 직선 운동하는 물체 사이의 협착, 회전부와 고정체 사이의 끼임, 롤러 등 회전체 사이에 물리거나 또는 회전체돌기부 등에 감긴 경우

Tip
재해 발생형태의 분류는 인적·물적 측면이 모두 포함된 형태로서, 상태종류에 의한 분류(골절, 동상, 찰과상 등)와는 구분할 수 있어야 한다.

[상해의 종류]

(1) 골절
(2) 동상
(3) 부종
(4) 찔림(자상)
(5) 타박상(좌상)
(6) 절단
(7) 중독 · 질식
(8) 찰과상
(9) 베임(창상)
(10) 화상
(11) 뇌진탕
(12) 익사
(13) 피부병
(14) 청력장해
(15) 시력장해

[KOSHA CODE]

선진국의 기술기준 및 국제표준을 참고하여 우리 실정에 맞게 제정하여 사업장에서 자율적으로 활용할 수 있도록 제정한 산업안전보건 지침

재해의 종류	재해의 정의
무너짐 (붕괴 · 도괴)	토사, 적재물, 구조물, 건축물, 가설물 등이 전체적으로 허물어져 내리거나 주요 부분이 꺾여져 무너지는 경우
압박 · 진동	재해자가 물체의 취급과정에서 신체특정부위에 과도한 힘이 편중 · 집중 눌려진 경우나 마찰접촉 또는 진동 등으로 신체에 부담을 주는 경우
신체 반작용	물체의 취급과 관련없이 일시적이고 급격한 행위동작, 균형상실에 따른 반사적 행위 또는 놀람, 정신적 충격, 스트레스 등.
부자연스런 자세	물체의 취급과 관련 없이 작업환경 또는 설비의 부적절한 설계 또는 배치로 작업자가 특정한 자세동작을 장시간 취하여 신체의 일부에 부담을 주는 경우
과도한 힘 · 동작	물체의 취급과 관련하여 근육의 힘을 많이 사용하는 경우로서 밀기, 당기기, 지탱하기, 들어올리기, 돌리기, 잡기, 운반하기 등과 같은 행위동작
반복적 동작	물체의 취급과 관련하여 근육의 힘을 많이 사용하지 않는 경우로서 지속적 또는 반복적인 업무수행으로 신체의 일부에 부담을 주는 행위동작
이상온도 노출 · 접촉	고 · 저온 환경 또는 물체에 노출 · 접촉된 경우
이상기압 노출	고 · 저기압 등의 환경에 노출된 경우
유해 · 위험 물질에 노출 · 접촉	유해 · 위험물질에 노출 · 접촉 또는 흡입하였거나 독성동물에 쏘이거나 물린 경우
소음 노출	폭발음을 제외한 일시적장기적인 소음에 노출된 경우
유해광선 노출	전리 또는 비전리 방사선에 노출된 경우
산소 결핍 · 질식	유해물질과 관련 없이 산소가 부족한 상태환경에 노출되었거나 이물질 등에 의하여 기도가 막혀 호흡기능이 불충분한 경우
화재	가연물에 점화원이 가해져 비의도적으로 불이 일어난 경우를 말하며, 방화는 의도적이기는 하나 관리할 수 없으므로 화재에 포함시킨다.
폭발	건축물, 용기내 또는 대기중에서 물질의 화학적, 물리적 변화가 급격히 진행되어 열, 폭음, 폭발압이 동반하여 발생 하는 경우
감전	전기설비의 충전부 등에 신체의 일부가 직접 접촉하거나 유도전류의 통전으로 근육의 수축, 호흡곤란, 심실세동 등이 발생한 경우 또는 특별고압 등에 접근함에 따라 발생한 섬락 접촉, 합선 · 혼촉 등으로 인하여 발생한 아아크에 접촉된 경우
폭력 행위	의도적인 또는 의도가 불분명한 위험행위(마약, 정신질환 등)로 자신 또는 타인에게 상해를 입힌 폭력폭행을 말하며, 협박언어성폭력 및 동물에 의한 상해 등도 포함한다.

[관련법령]

산업재해 기록·분류에 관한 지침

> ☑ **참고**
>
> (1) 폭력행위, 폭발, 화재, 전류접촉, 유해·위험물질접촉 순으로 특정 사고를 우선하여 분류
>
> (2) 두 가지 이상의 발생형태가 연쇄적으로 발생된 재해의 경우는 상해결과 또는 피해를 크게 유발한 형태로 분류한다.
>   ① 재해자가 「넘어짐」으로 인하여 기계의 동력전달부위 등에 끼이는 사고가 발생하여 신체부위가 「절단」된 경우에는 「끼임」으로 분류
>   ② 재해자가 구조물 상부에서 「넘어짐」으로 인하여 두개골 골절이 발생한 경우에는 「떨어짐」으로 분류
>   ③ 재해자가 「넘어짐」 또는 「떨어짐」으로 물에 빠져 익사한 경우에는 「유해·위험물질 노출·접촉」으로 분류한다.
>   ④ 재해자가 전주에서 작업 중 「전류접촉」으로 떨어진 경우 상해결과가 골절인 경우에는 「떨어짐」으로 분류하고, 상해결과가 전기쇼크인 경우에는 「전류접촉」으로 분류한다.
>
> (3) 「떨어짐」과 「넘어짐」 재해 분류
>
> 사고 당시 바닥면과 신체가 떨어진 상태로 더 낮은 위치로 떨어진 경우에는 「떨어짐」으로, 바닥면과 신체가 접해있는 상태에서 더 낮은 위치로 떨어진 경우에는 「넘어짐」으로 분류한다.

(3) 산업재해의 기록

① 산업재해 보고

[관련법령]

산업안전보건법 시행규칙
• 제67조【중대재해 발생 시 보고】
• 제72조【산업재해 기록 등】
• 제73조【산업재해 발생 보고 등】

구분	내용
보고대상재해	사망자 또는 3일 이상의 휴업을 요하는 부상을 입거나 질병에 걸린 자가 발생한 때
보고방법	재해가 발생한 날부터 1개월 이내에 산업재해조사표를 작성하여 지방고용노동관서의 장에게 제출
기록 보존해야 할 사항	• 사업장의 개요 및 근로자의 인적사항 • 재해발생의 일시 및 장소 • 재해발생의 원인 및 과정 • 재해 재발방지 계획

② 중대재해 발생 시 보고

구분	내용
중대재해의 정의	• 사망자가 1명 이상 발생한 재해 • 3개월 이상의 요양이 필요한 부상자가 동시에 2명 이상 발생한 재해 • 부상자 또는 직업성 질병자가 동시에 10명 이상 발생한 재해
보고방법	중대재해발생사실을 알게 된 때에는 지체없이 관할 지방 노동관서의 장에게 전화·팩스, 또는 그 밖에 기타 적절한 방법에 의하여 보고
보고내용	• 발생개요 및 피해 상황 • 조치 및 전망 • 그 밖의 중요한 사항

(4) 재해조사

① 재해조사의 목적

- ㉠ 동종재해 및 유사 재해의 발생을 막기 위한 예방 대책
- ㉡ 재해발생의 원인과 결함 내용의 규명
- ㉢ 재해사례와 예방자료의 수집

② 재해조사 시 유의사항

- ㉠ 사실을 수집한다.
- ㉡ 목격자 등이 증언하는 사실 이외의 추측의 말은 참고만 한다.
- ㉢ 조사는 신속하게 행하고 긴급 조치하여, 2차 재해의 방지한다.
- ㉣ 사람, 기계 설비 양면의 재해 요인을 모두 도출한다.
- ㉤ 객관적인 입장에서 공정하게 조사하며, 조사는 2인 이상이 한다.
- ㉥ 책임 추궁보다 재발 방지를 우선하는 기본 태도를 갖는다.
- ㉦ 피해자에 대한 구급 조치를 우선한다.
- ㉧ 2차 재해의 예방과 위험성에 대한 보호구를 착용한다.

③ 재해조사 과정의 3단계

1단계	2단계	3단계
현장보존	사실수집	목격자, 감독자, 피해자의 진술

④ 재해조사 6하원칙(5W1H)

- **■ 재해조사 6하원칙**
  - ① 누가(Who)
  - ② 언제(When)
  - ③ 어디서(Where)
  - ④ 무엇을 하였는가(What)
  - ⑤ 왜(Why)
  - ⑥ 어떻게 하여(How)

(5) 재해사례의 연구

① 재해사례 연구목적

- ㉠ 재해요인을 체계적으로 규명해서 대책을 수립하기 위함.
- ㉡ 재해 방지의 원칙을 습득하여 안전 보건활동에 적용한다.
- ㉢ 참가자의 안전보건 활동에 관한 생각과 태도를 바꾸게 한다.

[재해사례 연구법]

실제로 있었던 재해사례를 체계적으로 파악하는 교육환경 속에서 집단 토의·연구를 하는 것으로 수강자의 입장에서 재해분석을 한 다음에 재해예방대책을 세우기 위한 방법

② 재해사례 연구의 진행단계

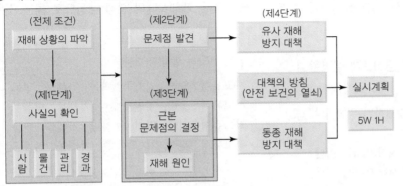

구분	내용
전제조건 : 재해상황의 파악	• 재해 발생일시, 장소 • 업종, 규모 • 상해의 상황(상해의 부위, 정도, 성질) • 물적 피해 상황(물적 손상 상황, 생산 정지 일수, 손해액, 기타) • 피해 근로자의 특성(성명, 연령, 소속, 근속 년수, 자격, 기타) • 사고의 형태 • 기인물 • 가해물 • 조직 계통도 • 재해 현장 도면(평면도, 측면도)
1단계 : 사실의 확인	재해요인을 객관적으로 확인
2단계 : 문제점의 발견	인적, 물적, 관리적인 면에서 분석 검토. 연구기준으로는 법규, 사내규정, 작업표준 설비규정, 작업명령 계획 등
3단계 : 근본적 문제점 결정	연구 기준으로는 법규, 사내규정, 작업표준, 설비규정, 작업명령, 계획 등 근본적 문제점 결정, 재해의 중심이 되는 문제점 결정
4단계 : 대책의 수립	동종 대책과 유사대책 수립

01 핵심문제 1. 재해의 발생과 조사

□□□ 13년2회, 20년1,2회

1. 다음 중 재해조사의 주된 목적으로 올바르게 설명한 것은?

① 해당 사업장의 안전관리 계획을 수립하기 위함이다.
② 직접적인 원인을 조사하기 위함이다.
③ 동종 또는 유사재해의 재발을 방지하기 위함이다.
④ 동일 업종의 산업재해 통계를 조사하기 위함이다.

해설

재해조사의 목적은 동종재해 및 유사 재해의 발생을 막기 위한 예방 대책으로 가장 중요한 것은 재해 원인에 대한 사실을 알아내는 것이다.

□□□ 15년4회, 20년3회

2. 다음 중 산업현장에서 산업재해가 발생하였을 때의 조치사항을 가장 올바른 순서대로 나열한 것은?

㉠ 현장보존 ㉡ 피해자의 구조
㉢ 2차 재해방지 ㉣ 피재기계의 정지
㉤ 관계자에게 통보 ㉥ 피해자의 응급조치

① ㉡→㉢→㉤→㉣→㉥→㉠
② ㉣→㉡→㉥→㉤→㉢→㉠
③ ㉣→㉠→㉤→㉢→㉡→㉥
④ ㉤→㉡→㉣→㉢→㉢→㉠

문제 2 ~ 3 해설

재해발생시 긴급처리 순서
① 피재기계의 정지 및 피해확산 방지
② 피해자의 응급조치
③ 관계자에게 통보
④ 2차 재해방지
⑤ 현장보존

□□□ 10년1회, 12년4회, 21년4회

3. 다음 중 산업재해 발생시 조치 순서 중 긴급처리의 내용으로 볼 수 없는 것은?

① 관련 기계의 정지 ② 재해자의 응급조치
③ 현장 보존 ④ 잠재위험요인 적출

□□□ 12년1회, 16년4회, 19년4회

4. 다음과 같은 재해사례의 분석 내용으로 옳은 것은?

작업자가 벽돌을 손으로 운반하던 중 떨어뜨려 벽돌이 발등에 부딪쳐 발을 다쳤다.

① 사고유형 : 낙하, 기인물 : 벽돌, 가해물 : 벽돌
② 사고유형 : 충돌, 기인물 : 손, 가해물 : 벽돌
③ 사고유형 : 비래, 기인물 : 사람, 가해물 : 벽돌
④ 사고유형 : 추락, 기인물 : 손, 가해물 : 벽돌

문제 4 ~ 6 해설

① 사고의 형(型)이란 물체와 사람과의 접촉의 현상을 말한다.
② 기인물이란 불안전한 상태에 있는 물체(환경 포함)
③ 가해물이란 직접 사람에게 접촉되어 위해를 가한 물체

□□□ 09년1회, 13년2회, 17년2회

5. 보행 중 작업자가 바닥에 미끄러지면서 주변의 상자와 머리를 부딪침으로서 머리에 상처를 입은 경우 이 사고의 기인물은?

① 바닥 ② 상자
③ 머리 ④ 바닥과 상자

□□□ 15년2회, 19년1회

6. 다음과 같은 재해가 발생하였을 경우 재해의 원인분석으로 옳은 것은?

건설현장에서 근로자가 비계에서 마감 작업을 하던 중 바닥으로 떨어져 사망 하였다.

① 기인물 : 비계, 가해물 : 마감작업, 사고유형 : 낙하
② 기인물 : 바닥, 가해물 : 비계, 사고유형 : 추락
③ 기인물 : 비계, 가해물 : 바닥, 사고유형 : 낙하
④ 기인물 : 비계, 가해물 : 바닥, 사고유형 : 추락

□□□ 11년4회, 13년1회

7. 재해의 발생형태 중 재해자 자신의 움직임·동작으로 인하여 기인물에 부딪히거나, 물체가 고정부를 이탈하지 않은 상태로 움직임 등에 의하여 발생한 경우를 무엇이라 하는가?

① 비래 ② 전도
③ 충돌 ④ 협착

해설

①항, 낙하·비래란 구조물, 기계 등에 고정되어 있던 물체가 중력, 원심력, 관성력 등에 의하여 고정부에서 이탈하거나 또는 설비 등으로부터 물질이 분출되어 사람을 가해하는 경우를 말한다.

②항, 전도·전복이란 사람이 거의 평면 또는 경사면, 층계 등에서 구르거나 넘어짐 또는 미끄러진 경우와 물체가 전도전복된 경우를 말한다.

④항, 협착·감김이란 두 물체 사이의 움직임에 의하여 일어난 것으로 직선 운동하는 물체 사이의 협착, 회전부와 고정체 사이의 끼임, 롤러 등 회전체 사이에 물리거나 또는 회전체돌기부 등에 감긴 경우를 말한다.

□□□ 12년2회

8. 사고 유형 중에서 사람의 동작에 의한 유형이 아닌 것은?

① 추락 ② 전도
③ 비래 ④ 충돌

해설

③항, 비래란 물건이 주체가 되어 사람이 맞은 경우를 뜻한다.

□□□ 08년1회, 12년2회, 16년1회, 17년2회

9. 산업안전보건법령상 사업주가 산업재해가 발생하였을 때에 기록·보전하여야 하는 사항이 아닌 것은?

① 피해상황
② 재해발생의 일시 및 장소
③ 재해발행의 원인 및 과정
④ 재해 재발방지 계획

해설

산업재해가 발생한 때의 기록·보존 사항
1. 사업장의 개요 및 근로자의 인적사항
2. 재해 발생의 일시 및 장소
3. 재해 발생의 원인 및 과정
4. 재해 재발방지 계획

[참고] 산업안전보건법 시행규칙 제72조 [산업재해 기록 등]

□□□ 17년1회

10. 중대재해 발생사실을 알게 된 경우 지체 없이 관할 지방고용노동관서의 장에게 보고해야 하는 사항이 아닌 것은? (단, 천재지변 등 부득이한 사유가 발생한 경우는 제외한다.)

① 발생개요 ② 피해상황
③ 조치 및 전망 ④ 재해손실비용

해설

중대재해 발생 시 보고해야 할 사항
1. 발생 개요 및 피해 상황
2. 조치 및 전망
3. 그 밖의 중요한 사항

[참고] 산업안전보건법 시행규칙 제67조 [중대재해 발생 시 보고]

□□□ 10년2회, 17년4회

11. 재해사례연구의 주된 목적 중 틀린 것은?

① 재해요인을 체계적으로 규명하여 이에 대한 대책을 세우기 위함
② 재해요인을 조사하여 책임 소재를 명확히 하기 위함
③ 재해 방지의 원칙을 습득해서 이것을 일상 안전 보건활동에 실천하기 위함
④ 참가자의 안전보건활동에 관한 견해나 생각을 깊게 하고, 태도를 바꾸게 하기 위함

해설

재해사례연구 목적
1. 재해요인을 체계적으로 규명하여 이에 대한 대책을 세우기 위함
2. 재해 방지의 원칙을 습득해서 이것을 일상 안전 보건활동에 실천하기 위함
3. 참가자의 안전보건활동에 관한 견해나 생각을 깊게 하고, 태도를 바꾸게 하기 위함.

□□□ 11년2회, 14년4회, 19년2회

12. 다음 중 재해조사를 할 때의 유의사항으로 가장 적절한 것은?

① 재발방지 목적보다 책임 소재 파악을 우선으로 하는 기본적 태도를 갖는다.
② 목격자 등이 증언하는 사실 이외의 추측하는 말도 신뢰성있게 받아들인다.
③ 2차 재해예방과 위험성에 대한 보호구를 착용한다.
④ 조사자의 전문성을 고려하여, 단독으로 조사하며, 사고 정황을 주관적으로 추정한다.

문제 12~13 해설

재해조사시 유의사항
1. 사실을 수집한다.
2. 목격자 등이 증언하는 사실 이외의 추측의 말은 참고만 한다.
3. 조사는 신속하게 행하고 긴급 조치하여, 2차 재해의 방지를 도모한다.
4. 사람, 기계 설비 양면의 재해 요인을 모두 도출한다.
5. 객관적인 입장에서 공정하게 조사하며, 조사는 2인 이상이 한다.
6. 책임 추궁보다 재발 방지를 우선하는 기본 태도를 갖는다.
7. 피해자에 대한 구급 조치를 우선한다.
8. 2차 재해의 예방과 위험성에 대한 보호구를 착용한다.

□□□ 09년1회, 11년1회, 13년1회, 14년2회, 18년2회
13. 재해조사 시 유의사항으로 틀린 것은?

① 조사는 현장이 변경되기 전에 실시한다.
② 목격자 증언 이외의 추측의 말은 참고로만 한다.
③ 사람과 설비 양면의 재해요인을 모두 도출한다.
④ 조사는 혼란을 방지하기 위하여 단독으로 실시한다.

□□□ 10년1회, 10년2회, 10년4회, 11년4회, 13년4회, 14년2회, 15년1회, 16년4회, 17년4회, 18년4회, 20년1,2회, 22년1회
14. 다음 중 재해사례연구의 진행단계를 올바르게 나열한 것은?

① 재해 상황의 파악 → 사실의 확인 → 문제점의 발견 → 문제점의 결정 → 대책의 수립
② 사실의 확인 → 재해 상황의 파악 → 문제점의 발견 → 문제점의 결정 → 대책의 수립
③ 문제점의 발견 → 재해 상황이 파악 → 사실의 확인 → 문제점의 결정 → 대책의 수립
④ 문제점의 발견 → 문제점의 결정 → 재해 상황의 파악 → 사실의 확인 → 대책의 수립

해설
재해사례연구의 진행단계
전제조건 : 재해상황(현상) 파악
1단계 : 사실의 확인
2단계 : 문제점 발견
3단계 : 근본적 문제점 결정
4단계 : 대책의 수립

02 재해통계

(1) 산업재해의 정도에 따른 분류

① 근로 손실 일수에 의한 분류

사망	근무 중 순직을 하는 경우로서 7,500일 근로손실일수가 발생
중상해	부상의 결과로 8일 이상 근로손실을 초래한 경우
경상해	부상으로 1일 이상 7일 이하의 근로손실을 초래한 경우
경미상해	8시간 이하의 휴무 또는 작업에 종사하면서 치료를 받는 상해

[용어의 이해]
(1) 휴업 : 부상 또는 질병으로 인하여 출근을 하지 못한 경우(전직, 퇴직 포함)를 말한다.
(2) 비휴업 : 출근을 하였으나 부상 또는 질병의 치료 등에 의한 작업시간 단축, 작업량 감소, 작업전환 등 작업제한을 야기한 경우를 말한다.

② 상해 정도별 분류(ILO기준)

분류	정 의(ILO기준을 따른다.)
사망	안전사고로 사망하거나 부상의 결과로 사망하는 것
영구 전 노동 불능	부상 결과 근로기능을 완전히 잃는 부상(1급~3급)
영구 부분(일부) 노동 불능	신체의 일부가 영구히 노동기능을 상실한 부상 (4급~14급)
일시 전 노동 불능	의사의 진단으로 일정 기간 동안 정규 노동에 종사할 수가 없는 상해
일시 부분(일부) 노동 불능	일시적 시간 중에 업무를 떠나서 치료를 받는 상해
응급(구급처치) 상해	의료 조치를 받고 정상작업을 할 수 있는 정도의 상해

③ 상해 종류에 의한 분류

분류항목	세 부 항 목
1. 골절	뼈가 부러진 상해
2. 동상	저온물 접촉으로 생긴 동상 상해
3. 부종	국부의 혈액순환에 이상으로 몸이 퉁퉁 부어오르는 상해
4. 찔림(자상)	칼날 등 날카로운 물건에 찔린 상해
5. 타박상(좌상)	타박, 충돌, 추락 등으로 피부표면보다는 <u>피하조직 또는 근육부를 다친 상해</u>(삔 것 포함)
6. 절단	신체부위가 절단된 상해
7. 중독, 질식	음식, 약물, 가스 등에 의한 중독이나 질식된 상해
8. 찰과상	스치거나 문질러서 벗겨진 상해
9. 베임(창상)	창, 칼 등에 베인 상해
10. 화상	화재 또는 고온물 접촉으로 인한 상해
11. 뇌진탕	머리를 세게 맞았을 때 장해로 일어난 상해
12. 익사	물속에 추락해서 익사한 상해
13. 피부염	작업과 연관되어 발생 또는 악화되는 모든 질환
14. 청력장해	청력이 감퇴 또는 난청이 된 상해
15. 시력장해	시력이 감퇴 또는 실명된 상해
16. 기타	1-15 항목으로 분류 불능시

Tip
최근에는 많이 쓰이지 않는 용어지만 4. 찔림(자상), 5. 타박상(좌상), 9. 베임(창상)의 항목은 시험에 자주 출제되므로 반드시 구분해 두자.

[품질관리 7가지도구(QC7도구)]
(1) 특성요인도
(2) 파레토도
(3) 체크시트
(4) 산점도
(5) 히스토그램
(6) 층별
(7) 그래프(관리도)

(2) 통계적 원인 분석

① 원인분석 방법의 적용

구분	내용
개별적 원인분석	• 개개의 재해를 하나하나 분석하는 것으로 상세하게 그 원인을 규명 • 특수 재해나 중대 재해 및 재해 건수가 적은 사업장 또는 개별 재해 특유의 조사 항목을 사용할 필요성이 있을 때 사용
통계적 원인분석	각 요인의 상호 관계와 분포 상태 등을 거시적으로 분석하는 방법

② 파레토도(Pareto diagram)

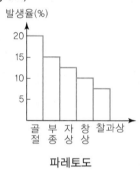

파레토도

㉠ 문제나 목표의 이해가 편리
㉡ 사고의 유형, 기인물 등 분류 항목을 큰 순서대로 도표화 한다.

③ 특성요인도

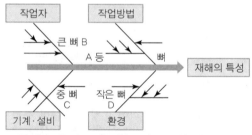

A : 등 뼈, B : 큰 뼈, C : 중 뼈(중분류), D : 작은 뼈(소분류)

특성 요인도

[특성요인도 작성순서]
① 문제가 되는 특성(재해결과)을 결정
② 등뼈는 특성을 오른쪽에 쓰고 화살표를 좌측에서 우측으로 기입한다.
③ 특성에 영향을 주는 원인을 찾는다.(브레인 스토밍의 활용)
④ 큰뼈에 특성이 일어나는 큰 분류를 기입한다.
⑤ 중뼈는 큰뼈의 요인마다 세부 원인을 결정하여 기입한다

용어	내용
특성	다른 것과는 다른 특유의 성질을 말하며, 재해요인분석에 있어서 「특성」이란 작업의 결과 나타나는 안전보건의 상황 가운데 재해요인을 포함한 문제점이라는 뜻이며, 사고의 형이나 재해의 현상
요인	재해를 일으키게 된 직접원인 및 간접원인을 총칭하는 재해요인

㉠ 특성과 요인 관계를 도표로 하여 어골상(魚骨狀)으로 표현
㉡ 재해의 특성을 세분화하여 원인을 분석

④ 클로즈 분석도

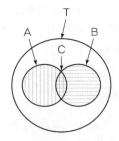

클로즈 분석도

㉠ 2개 이상의 문제 관계를 분석하는데 사용
㉡ 데이터(data)를 집계하고 표로 표시하여 요인별 결과 내역을 교차한 클로즈 그림을 작성

⑤ 관리도

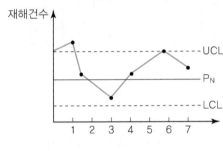

관리도

㉠ 재해 발생 건수 등의 추이를 파악하여 목표 관리 실행
㉡ 재해 발생수를 그래프(graph)화 하여 관리선을 설정

[관리도의 관리선 구분]
(1) 상방관리한계
    (UCL : upper control limit)
(2) 중심선(Pn)
(3) 하방관리선(LCL : low control limit)

02 핵심문제

2. 재해통계

1. 다음 중 ILO에서 구분한 산업재해의 상해정도별 분류에 해당하지 않은 것은?

① 사망
② 중상해
③ 영구 전노동 불능 상해
④ 일시 일부노동 불능 상해

해설
ILO에서 구분한 산업재해의 상해정도별 분류 ① 사망 ② 영구 전 노동 불능 상해 ③ 영구 일부노동 불능 상해 ④ 일시 전 노동 불능 상해 ⑤ 일시 일부노동 불능 상해 ⑥ 응급 조치 상해

2. 상해의 종류 중, 스치거나 긁히는 등의 마찰력에 의하여 피부 표면이 벗겨진 상해는?

① 자상
② 타박상
③ 창상
④ 찰과상

해설
1. 자상 : 칼날 등 날카로운 물건에 찔린 상해 2. 타박상 : 타박, 충돌, 추락 등으로 피부표면보다는 피하조직 또는 근육부를 다친 상해(삔 것 포함) 3. 창상 : 창, 칼 등에 베인 상해 4. 찰과상 : 스치거나 문질러서 벗겨진 상해

3. 다음 중 상해의 종류에 해당하지 않는 것은?

① 찰과상
② 타박상
③ 중독 · 질식
④ 이상온도 노출

해설
이상온도접촉(노출)이란 고온이나 저온에 접촉한 경우로서 재해의 종류에 해당된다.

4. 재해의 원인분석방법 중 통계적 원인분석 방법으로 사고의 유형, 기인물 등 분류 항목을 큰 순서대로 도표화하는 것은?

① 특성요인도
② 크로스도
③ 파레토도
④ 관리도

문제 4 ~ 5 해설
파레토도 사고의 유형, 기인물 등 분류 항목을 큰 순서대로 도표화 하고, 문제나 목표의 이해가 편리하다.

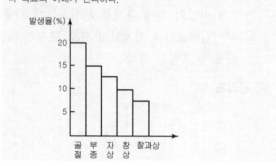

5. 재해의 분석에 있어 사고유형, 기인물, 불안전한 상태, 불안전한 행동을 하나의 축으로 하고, 그것을 구성하고 있는 몇 개의 분류 항목을 크기가 큰 순서대로 나열하여 비교하기 쉽게 도시한 통계 양식의 도표는?

① 특성요인도
② 크로스도
③ 파레토도
④ 직선도

6. 다음 중 재해라고 하는 결과에 미치게 하는 원인요소와의 관계를 상호의 인과관계만으로 결부시켜 작성된 것은?

① 파레토(Pareto)도
② 특성요인도
③ cross도
④ 관리도

해설
특성 요인도란 재해분석도구 가운데 재해발생의 유형을 특성과 요인 관계를 도표로 하여 어골상(魚骨狀)으로 분류하는 방법이다.

□□□ 11년1회, 16년2회

7. 재해사례연구법(Accident Analysis and Control Method) 중 '사실의 확인' 단계에서 사용하기 가장 적절한 분석기법은?

① 크로스분석도　　　　② 특성요인도

③ 관리도　　　　　　　④ 파레토도

> **해설**
>
> 사실의 확인단계에서는 재해요인을 객관적으로 확인하는 단계로서 재해의 특성을 세분화하여 특성과 각 요인의 관계를 파악하는 특성 요인도가 적당하다.

□□□ 14년4회, 17년2회

8. 다음 설명에 해당하는 재해의 통계적 원인분석 방법은?

> 2개 이상의 문제 관계를 분석하는데 사용하는 것으로 데이터를 집계하고, 표로 표시하여 요인별 결과내역을 교차한 그림을 작성, 분석하는 방법

① 파레토도(pareto diagram)

② 특성 요인도(cause and effect diagram)

③ 관리도(control diagram)

④ 크로스도(cross diagram)

> **해설**
>
> **클로즈(close)분석**
> 2개 이상의 문제 관계를 분석하는데 사용하는 것으로, 데이터(data)를 집계하고 표로 표시하여 요인별 결과 내역을 교차한 클로즈 그림을 작성하여 분석한다.
>
>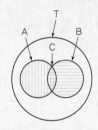
>
> 클로즈 분석도

□□□ 09년1회, 18년4회

9. 재해 발생 건수 등의 추이를 파악하여 목표관리를 행하는데 필요한 월별 재해 발생 건수를 그래프화 하여 관리선을 설정 관리하는 통계분석 방법은?

① 파레토도　　　　　　② 특성요인도

③ 크로스도　　　　　　④ 관리도

> **해설**
>
> 관리도란 재해 발생 건수 등의 추이를 파악하여 목표 관리를 행하는데 필요한 월별 재해 발생수를 그래프(graph)화 하여 관리선을 설정 관리하는 방법이다. 관리선은 상방 관리한계(UCL : upper control limit), 중심선(Pn), 하방관리선(LCL : low control limit)으로 표시한다.
>
>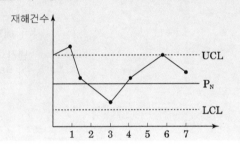

03 산업 재해율

(1) 연천인율(年千人率)

근로자 1,000인당 1년간 발생하는 사상자수

$$\text{연천인율} = \frac{\text{사상자수}}{\text{연평균 근로자수}} \times 10^3$$

 예제

년간 평균 500명의 상시 근로자를 두고 있는 기업체에서 연간 25명의 사상자가 발생하였다. 연천인율을 구하시오.(단, 결근율은 3%이다.)

$$\frac{25}{500 \times 0.97} \times 10^3 = 51.546$$

 예제

천인율이 40이라함은 평균근로자수가 100명이 되는 사업장에서 1년 동안에 몇 명의 상해자가 발생 되었다는 뜻인가?

$$\text{사상자수} = \frac{\text{연천인율} \times \text{연평균 근로자수}}{10^3} = \frac{40 \times 100}{1,000} = 4$$

(2) 도수율, 빈도율(Fregueency Rate of Injury : FR)

산업재해의 발생빈도를 나타내는 것으로, 연 근로시간 합계 100만 시간당의 재해 발생건수

$$\text{도수율} = \frac{\text{재해 발생건수}}{\text{연평균 근로 총 시간수}} \times 10^6$$

 예제

근로자수 1200명이 있는 어느 사업장에서 일주에 54시간씩 년 50주 근무하였으나 그 중 5.5%가 결근하였다. 이 기간 중 77건의 재해가 발생하였다면 도수율은?

$$\frac{77}{(1,200 \times 54 \times 50) \times 0.945} \times 10^6 = 25.148$$

[연천인율과 도수율]

(1) 연천인율 = 도수율×2.4

(2) 도수율 = $\dfrac{\text{연천인율}}{2.4}$

※ 환산 도수율

입사에서 퇴직할 때까지의 평생 동안(40년)의 근로시간인 10만 시간당 재해
건수를 환산 도수율이라 한다.

$$환산도수율 = \frac{재해\ 발생건수}{연평균\ 근로\ 총\ 시간수} \times 10^5$$

 예제

연 평균 600명의 근로자가 작업하는 사업장에서 연간 45명의 재해자가 발생
하였다. 만약 이 사업장에서 한 작업자가 평생동안 작업을 한다면 약 몇 건의
재해를 당하겠는가?

$$\frac{45}{600명 \times 2,400시간} \times 10^5 = 3.125 \qquad \therefore 4건$$

(3) 강도율(Severity Rate of Injury : SR)

① 재해의 경중, 즉 강도를 나타내는 척도로서 연 근로시간 1,000시간당 재해
에 의해서 잃어버린 일수

$$강도율 = \frac{근로\ 손실일수}{연평균\ 근로\ 총\ 시간수} \times 10^3$$

② 근로손실일수의 산정기준(국제기준)
  ㉠ 사망 및 영구전노동불능(신체장해등급 1-3급) : 7,500일
  ㉡ 영구 일부 노동불능(신체장해등급 4-14급)

신체장해등급	근로손실일수	신체장해등급	근로손실일수
4	5,500	10	600
5	4,000	11	400
6	3,000	12	200
7	2,200	13	100
8	1,500	14	50
9	1,000		

  ㉢ 일시 전 노동 불능= 휴업일수(입원일수, 통원치료, 요양, 의사 진단
    에 의한 휴업일수) × 300/365

[평생근로가능시간 계산]

(1) 평생 근로시간

구분	근무시간
1일	8시간
1개월	25일
근로연수	40년

(2) 평생 잔업시간 : 4,000시간
(3) (8×25×12×40)+4,000=100,000시간

[도수율과 환산도수율]

환산도수율 = 도수율÷10
도수율 = 환산도수율×10

[근로손실일수]

근로손실일수 = 장애별 근로손실 일수
            + 비장애 항목별 근로손실일수

[사망시 근로손실일수의 산정]

재해사고 사망자의 평균연령을 30세로 보
고 근로가능연령을 55세로 보면
근로손실연수는 55-30=25(년)으로 산정
되며, 근로일수는 월 25일, 연간 12달 또는
300일로 산정한다.
∴ 근로손실일수=300일×25년=7,500일
  이 된다.

[환산강도율과 강도율]
환산강도율 = 강도율×100

 예제

근로자 280명의 사업장에서 1년 동안 사고로 인한 근로 손실일수가 190일, 휴업일수가 28일이었다. 이 사업장의 강도율은 약 얼마인가?

$$강도율 = \frac{190 + \left(28 \times \dfrac{300}{365}\right)}{280 \times 2400} \times 1,000 = 0.3169$$

※ 환산 강도율

입사에서 퇴직할 때까지의 평생 동안(40년)의 근로시간인 10만 시간당 근로 손실일수를 환산 강도율이라 한다.

$$환산강도율 = \frac{근로\ 손실일수}{연평균\ 근로\ 총\ 시간수} \times 10^5$$

※ 평균 강도율

1,000시간 재해발생 빈도율에 대한 강도

$$평균강도율 = \frac{강도율}{도수율} \times 10^3$$

(4) 종합재해지수(도수강도치 : F.S.I)

[미국의 FSI]

$$\sqrt{\frac{도수율 \times 강도율}{1,000}}$$

$$도수강도치(\mathrm{F.S.I}) = \sqrt{도수율\,(F) \times 강도율\,(S)}$$

 예제

㈜한솔회사의 강도율이 2.5이고, 연간 재해발생건수가 12건, 연간총근로시간수가 120만 시간일 때 이 사업장의 종합재해지수는 약 얼마인가?

$$도수율 = \frac{재해발생건수}{연평균\ 근로\ 총\ 시간수} \times 10^6 = \frac{12}{1,200,000} \times 10^6 = 10$$

$$\therefore \mathrm{FSI} = \sqrt{도수율 \times 강도율} = \sqrt{10 \times 2.5} = 5$$

(5) 세이프티 스코어(Safe - T - Score)

① 과거와 현재의 안전 성적을 비교 평가하는 방법

$$세이프티\ 스코어 = \frac{빈도율(현재) - 빈도율(과거)}{\sqrt{\dfrac{빈도율(과거)}{근로\ 총\ 시간수(현재)} \times 10^6}}$$

② 판정기준

구분	판정기준
+2.0 이상	과거보다 심각하게 나빠짐
+2.0~-2.0	심각한 차이 없음
-2.0 이하	과거보다 좋아짐

 예제

어떤 사업장의 x부서와 y부서의 지난해와 올해 재해율은 아래 표와 같다. x, y부서의 Safe-T-Score를 계산하고 안전관리 측면에서의 심각성 여부에 관해 간단히 서술하시오.

년도	구분	x부서	y부서
지난해	사고	10건	1,000건
	근로 총 시간수	10,000인시	1,000,000인시
	빈도율	1,000	1,000
올해	사고	15건	1,100건
	근로 총 시간수	10,000인시	1,000,000인시
	빈도율	1,500	1,100

① x부서의 Safe-T-Score

$$x부서 = \frac{1,500-1,000}{\sqrt{\dfrac{1,000}{10,000} \times 10^6}} = 1.58$$

y부서의 Safe-T-Score

$$y부서 = \frac{1,100-1,000}{\sqrt{\dfrac{1,000}{1,000,000} \times 10^6}} = 3.162$$

② 판정
x부서 : +1.58 이므로 과거와 별 차이가 없음
y부서 : +3.16 이므로 과거보다 현재가 아주 심각한 상태이다.

(6) 사망만인율

재해로 인한 사망자의 비율로서 전체 노동자 1만명당 산업재해 사망자 수의 비율

$$사망만인율 = \frac{사망재해자\ 수}{상시근로자\ 수} \times 10{,}000$$

 예제

우리나라 총 근로자수 10,571,279명 중 업무상 사고 사망자수는 1,378명, 업무상질병 사망자수는 1,227명으로 나타났다. 사망만인율을 계산하면 얼마인가?

$$사망만인율 = \frac{사망재해자\ 수}{상시근로자\ 수} \times 10{,}000$$

$$= \frac{1{,}378+1{,}227}{10{,}571{,}279} \times 10{,}000 = 2.46$$

[안전활동율]
블레이크(R.P.Blake)는 기업 안전관리 활동의 결과를 정량적으로 판단하였다.

(7) 안전 활동율

$$안전\ 활동율 = \frac{안전\ 활동건수}{근로시간수 \times 평균근로자수} \times 10^{6}$$

안전 활동 건수 = 실시한 안전개선 권고수
+ 안전 조치한 불안전 작업수
+ 불안전 행동 적발수
+ 불안전 물리적 지적건수
+ 안전회의 건수
+ 안전 홍보 건수의 합

 예제

1,000명의 작업자가 전년도 사고가 3건, 5개월에 걸쳐 불안전 행동 조치건수가 20건이다. 안전활동 제제 건수가 8건이고, 홍보 건수 10건, 안전 회의 건수가 7건일 때 안전 활동율을 구하시오. (안전 활동 시간 8×25일이다.)

$$\therefore 안전\ 활동율 = \frac{20+8+10+7}{(8 \times 25일 \times 5개월) \times 1{,}000명} \times 10^{6} = 45$$

(8) 건설업 환산 재해율

$$환산\ 재해율 = \frac{환산재해자수}{상시근로자수} \times 100$$

$$상시근로자수 = \frac{연간\ 국내\ 공사\ 실적액 \times 노무비율}{건설업\ 월\ 평균임금 \times 12}$$

> ✅ **예제**
>
> ㈜한솔회사의 상시근로자 50명이 근무하는 작업장에서 환산재해자수가 5명이 발생하고 이로 인한 근로손실일수가 300일이 발생되었다. 환산재해율을 계산하시오.(단, 1일의 노동시간은 8시간 년간 300일 근무)
>
> $$환산\ 재해율 = \frac{환산재해자수}{상시근로자수} \times 100 = \frac{5}{50} \times 100 = 10$$

> ✅ **예제**
>
> 한 해의 어느 건설회사의 년간 국내공사 실적액이 300억원이고, 이 해의 노무비율은 0.28이며 이 회사의 1일 평균임금은 70,000원으로 평가 되었다. 이 회사의 환산재해율을 산정하기 위한 상시근로자수는 얼마인가?(단, 월 평균 근로일수는 25일로 한다.)
>
> $$상시근로자수 = \frac{연간\ 국내\ 공사\ 실적액 \times 노무비율}{건설업\ 월\ 평균임금 \times 12}$$
> $$= \frac{30,000,000,000 \times 0.28}{70,000 \times 25 \times 12} = 400명$$

[환산재해자수]
대상연도의 1월 1일부터 12월 31일까지의 기간 동안 해당업체가 시공하는 국내의 건설현장에서 산업재해를 입은 근로자 수를 합산하여 산출(사망자에 대한 가중치는 부상재해자의 5배)

> **Tip**
>
> 건설업체 산업재해 발생률은
>
> 사고 사망만인율(‰)
> $$= \frac{사고사망자\ 수}{상시근로자\ 수} \times 10,000$$
>
> 로 계산한다. 환산 재해율은 참고 자료로 활용하자

03 핵심문제   3. 산업 재해율

1. 연평균 근로자수가 500명인 사업장에 1년간 3명의 사상자가 발생한 경우 이 작업장의 연천인율은?

① 4   ② 5
③ 6   ④ 7

해설

$$연천인율 = \frac{사상자수}{연평균 근로자수} \times 10^3 = \frac{3}{500} \times 10^3 = 6$$

2. 연평균 근로자수가 1,100명인 사업장에서 한 해 동안에 17명의 사상자가 발생하였을 경우 연천인율은 약 얼마인가? (단, 근로자는 1일 8시간, 연간 250일을 근무하였다.)

① 7.73   ② 13.24
③ 15.45   ④ 18.55

해설

$$연천인율 = \frac{사상자수}{연평균 근로자수} \times 10^3 = \frac{17}{1,100} \times 10^3 = 15.45$$

3. A 사업장의 연간 도수율이 4일 때 연천인율은 얼마인가? (단, 근로자 1인당 연간근로시간은 2,400시간으로 한다.)

① 1.7   ② 9.6
③ 15   ④ 20

해설

연천인율 = 도수율×2.4 = 4×2.4 = 9.6

4. 산업재해의 발생빈도를 나타내는 것으로 연간 총 근로시간 합계 100만 시간당 재해발생 건수에 해당되는 것은?

① 도수율   ② 강도율
③ 연천인율   ④ 종합재해지수

해설

도수율(Frequeency Rate of Injury : FR)
산업재해의 발생빈도를 나타내는 것으로, 연 근로시간 합계 100만 시간당의 재해 발생건수이다.

5. 근로자 150명이 작업하는 공장에서 50건의 재해가 발생했고, 총 근로손실일수가 120일 일 때의 도수율은 약 얼마인가? (단, 하루 8시간씩 연간 300일을 근무한다.)

① 0.0   ② 0.3
③ 138.9   ④ 333.3

해설

$$도수율 = \frac{재해발생건수}{근로총시간수} \times 10^6$$
$$= \frac{50}{150 \times 8 \times 300} \times 10^6 = 138.9$$

6. 도수율이 25인 사업장의 연간 재해발생 건수는 몇 건인가? (단, 이 사업장의 댕해 연도 총근로시간은 80,000시간이다.)

① 1건   ② 2건
③ 3건   ④ 4건

해설

$$도수율 = \frac{재해발생건수}{연평균 근로자 총 시간수} \times 10^6 \text{이므로,}$$
$$재해발생건수 = \frac{도수율 \times 연평균 근로총 시간수}{10^6}$$
$$= \frac{25 \times 80,000}{10^6} = 2$$

7. 연평균 상시근로자 수가 500명인 사업장에서 36건의 재해가 발생한 경우 근로자 한 사람이 이 사업장에서 평생 근무를 할 경우, 근로자에게 발생할 수 있는 재해는 몇 건의 재해가 발생할 수가 있는가? (단, 근로자는 평생 40년을 근무하며, 평생잔업시간은 4,000시간이고, 1일 8시간씩 연간 300일을 근무한다.)

① 5건   ② 3건
③ 4건   ④ 2건

해설

① 평생근로시간 $= (40 \times 8 \times 300) + 4,000 = 100,000$

② 환산도수율

$= \dfrac{재해발생건수}{근로총시간수} \times 100,000$

$= \dfrac{36}{500 \times (8 \times 300)} \times 100,000 = 3$

□□□ 18년2회

8. 강도율의 근로손실일수 산정기준에 대한 설명으로 옳은 것은?

① 사망, 영구 전노동 불능의 근로손실일수는 7,500일이다.

② 사망, 영구 전노동 불능상태 신체장해등급은 1~2 등급이다.

③ 영구 일부 노동불능 신체장해등급은 3~14등급이다.

④ 일시 전노동 불능은 휴업일수에 $\dfrac{280}{365}$ 을 곱한다.

해설

근로손실일수의 산정기준(국제기준)

㉠ 사망 및 영구 전 노동불능(신체장애등급 1–3급) : 7,500일

㉡ 영구 일부 노동불능(신체장애등급 4–14급)

㉢ 일시 전 노동 불능 = 휴업일수(입원일수, 통원치료, 요양, 의사 진단에 의한 휴업일수)×300/365

□□□ 09년1회, 19년1회

9. 상시 근로자수가 100명인 사업장에서 1년간 6건의 재해로 인하여 10명의 부상자가 발생하였고, 이로 인한 근로손실일수는 120일, 휴업일수는 68이었다. 이 사업장의 강도율은 약 얼마인가? (단, 1일 9시간씩 연간 290일 근무하였다.)

① 0.58

② 0.67

③ 22.99

④ 100

해설

강도율 $= \dfrac{근로손실일수}{연평균근로총시간수} \times 1,000$

강도율 $= \dfrac{120 + \left(68 \times \dfrac{290}{365}\right)}{100 \times (9 \times 290)} \times 1,000 = 0.667$

□□□ 16년1회, 19년2회

10. 근로자수가 400명, 주당 45시간씩 연간 50주를 근무하였고, 연간재해건수는 210건으로 근로손실일수가 800일이었다. 이 사업장의 강도율은 약 얼마인가? (단, 근로자의 출근율은 95%로 계산한다.)

① 0.42

② 0.52

③ 0.88

④ 0.94

해설

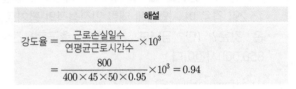

강도율 $= \dfrac{근로손실일수}{연평균근로시간수} \times 10^3$

$= \dfrac{800}{400 \times 45 \times 50 \times 0.95} \times 10^3 = 0.94$

□□□ 12년4회

11. 강도율이 1.98인 사업장에서 한 근로자가 평생 근무한다면 이 근로자는 재해로 인해 며칠의 근로손실일수가 발생하겠는가? (단, 근로자의 평생근무시간은 100,000시간이라 한다.)

① 198일

② 216일

③ 254일

④ 300일

해설

환산 강도율 = 강도율 × 100 = 1.98 × 100 = 198

□□□ 12년2회, 18년1회

12. 강도율 1.25, 도수율 10인 사업장의 평균 강도율은?

① 8

② 10

③ 12.5

④ 125

해설

평균강도율 $= \dfrac{강도율}{도수율} \times 10^3 = \dfrac{1.25}{10} \times 10^3 = 125$

□□□ 09년2회

13. 다음 중 안전에 관한 과거와 현재의 중대성 차이를 비교하고자 사용하는 통계방식은?

① 강도율(SR)

② 안전활동률

③ 종합재해지수(FSI)

④ 세이프 티 스코어(Safe-T-Score)

세이프 티 스코어(Safe-T-Score)란 과거와 현재의 안전 성적을 비교 평가하는 방법으로 단위가 없으며 계산결과(+)이면 나쁜 기록 (−)이면 과거에 비해 좋은 기록으로 본다.

□□□ 09년4회

14. A사업장의 전년도 도수율이 10.5, 금년도 도수율이 15.2일 경우 이 사업장에 대한 안전성적의 평가로 옳은 것은? (단, 금년도 사업장의 총근로시간수는 850,000시간이다.)

① safe-t-score는 1.45이다.
② 과거에 비하여 별 차이가 없다.
③ 과거보다 현저히 좋아졌다.
④ 과거보다 심각하게 나빠졌다.

해설

$$세이프티 스코어 = \frac{현재빈도율 - 과거빈도율}{\sqrt{\dfrac{과거빈도율}{현재 근로총시간수} \times 10^6}}$$

$$= \frac{15.2 - 10.5}{\sqrt{\dfrac{10.5}{850,000} \times 10^6}} = 1.337$$

판정 : 1.33 이므로 과거와 별 차이가 없다.

[참고] **판정기준**
① +2.0 이상 : 과거보다 심각하게 나빠짐
② +2.0~−2.0 : 심각한 차이 없음
③ −2.0 이하 : 과거보다 좋아짐

□□□ 12년1회, 16년2회

15. 500명의 상시 근로자가 있는 사업장에서 1년간 발생한 근로손실일수가 1,200일이고, 이 사업장의 도수율이 9일 때, 종합재해지수(FSI)는 얼마인가?(단, 근로자는 1일 8시간씩 연간 300일을 근무하였다.)

① 2.0   ② 2.5
③ 2.7   ④ 3.0

해설

$$강도율 = \frac{근로손실일수}{연평균근로 총 시간수} \times 10^3$$

$$= \frac{1,200}{500 \times 8 \times 300} \times 10^3 = 1$$

종합재해지수(F.S.I) = $\sqrt{도수율 \times 강도율}$ = $\sqrt{9 \times 1}$ = 3.0

□□□ 11년2회

16. 상시근로자수가 200명인 사업장의 연천인율이 24이었고, 휴업일수가 73일이었다. 이 사업장의 종합재해지수(FSI)는 약 얼마인가?(단, 근로자는 1일 8시간, 연간 300일을 근무하였다.)

① 0.125   ② 0.15
③ 1.12   ④ 10

해설

$$F.S.I = \sqrt{10 \times 0.125} = 1.18$$

① 도수율 = $\dfrac{연천인율}{2.4}$ = $\dfrac{24}{2.4}$ = 10

② 강도율 = $\dfrac{73 \times \dfrac{300}{365}}{200 \times 8 \times 300} \times 10^3 = 0.125$

□□□ 11년4회

17. 다음 중 안전활동율에 관한 설명으로 틀린 것은?

① 일정기간 동안의 안전활동상태를 나타낸 것이다.
② 안전관리활동의 결과를 정량적으로 판단하는 기준이다.
③ 안전활동건수를 평균근로자수의 총근로시간수로 나눈 비율에 10^3을 곱한 값이다.
④ 안전활동건수에는 안전개선 권고수, 불안전한 행동 적발수, 안전회의 건수, 안전홍보건수 등이 포함된다.

해설

안전활동건수를 평균근로자수의 총근로시간수로 나눈 비율에 10^6을 곱한 값이다.

□□□ 12년2회, 15년4회

18. 안전관리의 수준을 평가하는데 사고가 일어나는 시점을 전후하여 평가를 한다. 다음 중 사고가 일어나기 전의 수준을 평가하는 사전평가활동에 해당하는 것은?

① 재해율 통계   ② 안전활동율 관리
③ 재해손실 비용 산정   ④ Safe-T-Score 산정

해설

재해율 통계와 재해손실비의 산정 등은 재해발생 이후 분석평가에 해당하지만, 안전활동율은 재해예방을 위한 관리활동으로 안전관리에 있어서 사전평가활동으로 구분한다.

정답 14 ② 15 ④ 16 ③ 17 ③ 18 ②

19. 연간국내공사실적액이 50억원이고, 건설업평균임금이 250만원이며, 노무비율은 0.06인 사업장에서 산출한 상시 근로자수는 얼마인가?

① 5   ② 10

③ 20   ④ 30

해설

$$상시근로자수 = \frac{연간\ 국내\ 공사\ 실적액 \times 노무비율}{건설업\ 월\ 평균임금 \times 12}$$

$$= \frac{5,000,000,000 \times 0.06}{2,500,000 \times 12} = 10명$$

04 재해손실비의 계산

[업종별 직접손실비와 간접손실비의 비용]
(1) 운수업=1 : 8
(2) 건설업=1 : 11
(3) 석유시추업=1 : 11
(4) 낙농업=1 : 36

(1) H.W. Heinrich의 1 : 4원칙

> 총 Cost = 1(직접비) : 4(간접비) 원칙

① 직접비

보험회사에서 피해자에게 지급되는 보상금의 총액

구분	내용
휴업급여	평균임금의 70%
요양비	치료비 전액
장해 보상비	등급표(ILO)에 따라 분류 (영구 전노동 불능 1~3급, 영구 일부 노동 불능 4~14급)
유족 보상비	평균임금의 1,300일
장의비	평균임금의 120일
일시 보상비	통상임금의 1,340일

[산업재해보상보험법의 보험급여 종류]
(1) 요양급여
(2) 유업급여
(3) 장해급여
(4) 간병급여
(5) 유족급여
(6) 상병보상연금
(7) 장례비
(8) 직업재활급여

② 간접비

직접비를 제외한 모든 비용을 간접비라고 한다.

구분	내용
인적손실	본인 및 제3자에 관한 것을 포함한 시간손실
물적손실	기계·기구, 공구, 재료, 시설의 복구에 소비된 시간손실 및 재산손실
생산손실	생산감소, 생산중단, 판매감소, 등에 의한 손실
특수손실	근로자의 신규채용, 교육 훈련비, 섭외비 등에 의한 손실
기타손실	병상 위문금, 여비 및 통신비, 입원 중의 잡비, 장의비용 등

 예제

산재 사고로 인한 직접 손실액이 1,860억원이라고 한다. 간접 손실액은 얼마인가?(단, 하인리히 이론 적용)
① 하인리히의 1 : 4의 원칙, 간접 손실액=1,860억원×4=7,440억원
② 총 cost 비용 = 직접비+간접비
　　　　　　 = 1,860억원 + (1,860억원 × 4)= 9,300억원

(2) 시몬즈(R.H.simonds) 방식

$$총\ cost = 보험\ cost + 비보험\ cost$$

구분	내용
보험 cost	• 보험금의 총액 • 보험회사에 관련된 여러 경비와 이익금
비보험 cost	• 휴업 상해 건수 × A • 통원상해 건수 × B • 응급조치 건수 × C • 무상해 사고 건수 × D 여기서 A, B, C, D는 장애 정도별에 의한 비보험 Cost의 평균치이다.

✓ 예제

어느 회사의 재해건수가 380건이고, 산재 보험료 지불 비용의 총합이 50억원이고 피재자에게 지급된 보험금이 4,000만원, 휴업상해건수 20건 통원 상해 건수 10건, 구급조치 건수 20건, 무상해 사고건수 50건이고, 각각의 보상금액이 2,000만원, 1,000만원, 500만원, 100만원 일 때 총재해 cost 비용을 R.H.simonds 식을 이용하여 구하시오.

① 총재해 cost = 보험 cost + 비보험 cost
               = 4,000만원 + 6억 5천만 원
               = 6억 9천만 원

② 보험 cost = 4,000만 원

③ 비보험 cost
  = (A×휴업상해 건수) + (B×통원 상해건수)
    +(C×구급조치 건수) + (D×무상해 사고건수)
  = (20×2,000만원) + (10×1,000만원)
    +(20×500만원) + (50×100만원)
  = 6억 5천만 원

(3) 콤패스 방식

$$총재해\ 비용 = 공동비용 + 개별비용$$

① 공동비용 : 보험료, 안전보건부서의 유지비용 등
② 개별비용 : 작업손실비, 개선비, 수리비 등

(4) 버드의 방식

$$보험비\ (1) : 비보험\ (5\sim50)$$
$$재산비용\ (1) : 기타\ 재산비용\ (3)$$

Tip

상해정도에 따른 시몬즈 방식의 구분에 주의 !

비보험 cost에는 사망, 영구 전 노동 불능 상해는 포함되지 않음을 주의하자

[시몬즈 방식의 재해분류]
(1) 휴업상해 – 영구 일부 노동불능, 일시 전 노동불능
(2) 통원상해 – 일시 일부 노동불능, 의사의 조치를 요하는 통원상해
(3) 응급처치 – 20달러 미만의 손실 또는 8시간 미만의 휴업손실
(4) 무상해사고 – 의료조치를 필요로 하지 않는 경미한 상해, 20달러 이상의 재산 손실 또는 8시간 이상의 손실사고

04 핵심문제   4. 재해손실비의 계산

□□□ 15년1회, 19년1회

1. 재해손실비용에 있어 직접손실비용이 아닌 것은?

① 요양급여

② 장해급여

③ 상병보상연금

④ 생산중단손실비용

문제 1 ~ 2 해설	

1. 직접비 : 보험회사에서 피해자에게 지급되는 보상금의 총액
2. 간접비 : 직접비를 제외한 모든 비용을 간접비라고 한다.

구분	내용
인적손실	본인 및 제3자에 관한 것을 포함한 시간손실
물적손실	기계·기구, 공구, 재료, 시설의 복구에 소비된 시간손실 및 재산손실
생산손실	생산감소, 생산중단, 판매감소, 등에 의한 손실
특수손실	근로자의 신규채용, 교육 훈련비, 섭외비 등에 의한 손실
기타손실	병상 위문금, 여비 및 통신비, 입원 중의 잡비, 장의비용 등

□□□ 12년4회, 17년4회

2. 다음 중 재해의 손실비용 산정에 있어 간접손실비에 해당하는 것은?

① 장의비

② 직업재활급여

③ 상병(傷病)보상연금

④ 신규인력 채용부담금

□□□ 11년4회, 15년2회

3. 전년도 A건설기업의 재해발생으로 인한 산업재해보상보험금의 보상비용이 5천만원이었다. 하인리히 방식을 적용하여 재해손실비용을 산정할 경우 총재해손실비용은 얼마이겠는가?

① 2억원

② 2억5천만원

③ 3억원

④ 3억5천만원

해설

총재해코스트=직접비 : 간접비=1 : 4
5,000만원 + (5,000만원×4) = 2억5천만원

□□□ 10년1회, 14년4회, 16년4회, 18년1회, 20년1,2회, 22년1회

4. 시몬즈(Simonds)의 총재해 코스트 계산방식 중 비보험 코스트 항목에 해당하지 않는 것은?

① 사망재해 건수

② 통원상해 건수

③ 응급조치 건수

④ 무상해 사고 건수

문제 4 ~ 5 해설

시몬즈 방식
총 cost=보험 cost+비보험 cost
(1) 보험 cost=보험의 총액+보험회사에 관련된 여러 경비와 이익금
(2)비보험 cost=[휴업 상해 건수×A]+[통원상해 건수×B]+[응급조치 건수 ×C]+[무상해 사고 건수×D]의 합

□□□ 11년1회, 16년1회, 20년3회

5. 재해손실비의 평가방식 중 시몬즈 방식에서 비보험 코스트에 반영되는 항목에 해당하지 않는 것은?

① 휴업상해 건수

② 통원상해 건수

③ 응급조치 건수

④ 무손실사고 건수

□□□ 13년2회, 16년2회, 19년2회

6. 재해손실비 평가방식 중 시몬즈(Simonds)의 방식에서 재해의 종류에 관한 설명으로 옳지 않은 것은?

① 휴업상해는 영구 일부 노동불능 및 일시 전노동 불능상해를 말한다.

② 통원상해는 일시 일부 노동불능 및 의사의 통원 조치를 요하는 상해를 말한다.

③ 응급조치상해는 응급조치 또는 8시간 이상의 휴업 의료조치 상해를 말한다.

④ 무상해사고는 의료조치를 필요로 하지 않은 상해사고를 말한다.

해설

응급조치상해는 응급조치 또는 8시간 미만의 휴업의료조치 상해를 말한다.

□□□ 19년4회

7. 시몬즈 방식으로 재해코스트를 산정할 때, 재해의 분류와 설명의 연결로 옳은 것은?

① 무상해사고 - 20달러 미만의 재산손실이 발생한 사고

② 휴업상해 - 영구 전노동 불능

③ 응급조치상해 - 일시 전노동 불능

④ 통원상해 - 일시 일부노동 불능

상해 정도별 분류(ILO기준)

1. 휴업상해 - 영구 일부 노동불능, 일시 전 노동 불능
2. 통원상해 - 일시 일부 노동불능, 의사의 조치를 요하는 통원상해
3. 응급처치 - 20달러 미만의 손실 또는 8시간 미만의 휴업손실
4. 무상해사고 - 의료조치를 필요로 하지 않는 경미한 상해, 20달러 이상의 재산손실 또는 8시간 이상의 손실사고

□□□ 10년2회, 18년2회
8. 재해손실비의 산정방식 중 버드(Frank Bird)방식의 구성비율로 옳은 것은? (단, 구성은 보험비 : 비보험 재산비용 : 기타 재산비용이다.)

① 1 : 5~50 : 1~3　　② 1 : 1~3 : 7~15

③ 1 : 1~10 : 1~5　　④ 1 : 2~10 : 5~50

해설

버드의 재해손실비 구성 비율
1. 보험비 (1) : 비보험 (5~50)
2. 재산비용 (1) : 기타 재산비용 (3)

05 안전점검과 진단

(1) 효율적인 관리의 4 cycle

- Plan(계획) : 목표를 설정하고 달성하는 방법을 계획한다.
- Do(실시) : 교육, 훈련을 하고 실행에 옮긴다.
- Check(검토) : 결과를 검토한다.
- Action(조치) : 검토한 결과에 의해 조치한다.

[관리의 3 cycle]
P-D-See(검토+조치)

(2) 안전점검의 정의

설비의 불안전한 상태나 인간의 불안전한 행동에서 발생하는 결함을 발견하여 안전 상태를 확인하는 행위 또는 수단

(3) 안전점검의 목적

① 설비의 안전 확보
② 설비의 안전상태 유지 및 본래성능 유지
③ 인적 안전행동 유지
④ 합리적인 생산관리

[안전점검의 주요요소]
(1) 인간
(2) 도구
(3) 재료
(4) 환경
(5) 작업방법

(4) 안전점검보고서의 주요 내용

① 작업현장의 현재 상태와 문제점
② 안전교육 실시 현황 및 추진 방향
③ 안전방침과 중점개선 계획

(5) 안전점검의 종류

① 점검주기별 안전점검

Tip
점검주기별 안전점검종류(수시, 정기, 특별, 일시)와 점검방법 종류(육안, 기능, 기기, 정밀)을 혼동하여 사용하지 않도록 주의

종 류	내용
수시점검 (일상점검)	작업 전·중·후에 실시하는 점검
정기점검	일정기간마다 정기적으로 실시하는 점검
특별점검	• 기계·기구·설비의 신설시·변경내지 고장 수리시 실시 • 천재지변 발생 후 실시 • 안전강조 기간 내에 실시
임시점검	이상 발견시 임시로 실시하는 점검, 정기점검과 정기점검사이에 실시하는 점검

② 안전점검의 방법

종 류	내용
육안점검	시각, 촉각 등으로 검사
기능점검	간단한 조작에 의해 판단
기기점검	안전 장치, 누전차단장치 등을 정해진 순서로 작동하여 양, 부를 판단
정밀점검	규정에 의해 측정, 검사 등 설비의 종합적인 점검

(6) 체크리스트의 작성

① 체크리스트 작성 시 포함사항(작성 항목)

구분	내용
점검대상	점검기계·기구 등의 대상
점검부분	점검개소
점검항목	점검내용(마모, 균열, 부식, 파손, 변형 등)
점검주기 또는 기간	점검시기
점검방법	육안점검, 기능점검, 기기점검, 정밀점검
판정기준	자체검사기준, 법령에 의한 기준, KS기준 등
조치사항	점검결과에 따른 결함의 시정사항

> **Tip**
> 안전점검 체크리스트에는 점검 판정과 그에 따른 조치사항이 포함되지만 "점검결과" 항목은 포함되지 않는다.

② 체크리스트 작성 시 유의사항
　㉠ 사업장에 적합한 독자적인 내용일 것
　㉡ 중점도가 높은 것부터 순서대로 작성할 것(위험성이 높은 순이나 긴급을 요하는 순으로 작성)
　㉢ 정기적으로 검토하여 재해방지에 실효성 있게 개조된 내용일 것
　㉣ 일정양식을 정하여 점검대상을 정할 것
　㉤ 점검표의 내용은 이해하기 쉽도록 표현하고 구체적일 것

> ※ 안전관찰과정(STOP:Safety Training Observation Program)
> 감독자를 대상으로 하고 안전 관찰 훈련 과정으로 사고 발생을 미연에 방지하기 위함.
>
> | 실시법 : 결심 – 정지 – 관찰 – 조치 – 보고 |
> |---|

[STOP기법]
미국의 종합화학회사인 듀폰사에 의해 개발된 기법으로 각 계층의 관리감독자들이 숙련된 안전관찰을 행할 수 있도록 훈련을 실시함으로써 사고의 발생을 미연에 방지하여 안전을 확보하는 안전관찰훈련기법이다.

(7) 안전보건진단

"안전보건진단"이란 산업재해를 예방하기 위하여 잠재적 위험성을 발견하고 그 개선대책을 수립할 목적으로 조사·평가하는 것을 말한다.

구분	내용
자율(자기)진단	외부 전문가를 위촉하여 사업장 자체에서 스스로 실시하는 진단
명령에 의한 진단	고용노동부장관은 추락·붕괴, 화재·폭발, 유해하거나 위험한 물질의 누출 등 산업재해 발생의 위험이 현저히 높은 사업장의 사업주에게 지정받은 기관이 실시하는 안전보건진단을 받을 것을 명할 수 있다.
안전보건진단 의뢰	안전보건진단 명령을 받은 사업주는 15일 이내에 안전보건진단기관에 안전보건진단을 의뢰해야 한다.
안전보건진단 결과 보고	안전보건진단을 실시한 안전보건진단기관은 진단내용에 해당하는 사항에 대한 조사·평가 및 측정 결과와 그 개선방법이 포함된 보고서를 진단을 의뢰받은 날로부터 30일 이내에 해당 사업장의 사업주 및 관할 지방고용노동관서의 장에게 제출해야 한다.

05 핵심문제　　　　　　　　5. 안전점검과 진단

□□□ 08년4회, 16년1회, 20년3회

1. 안전관리는 PDCA 사이클의 4단계를 거쳐 지속적인 관리를 수행하여야 하는데 다음 중 PDCA 사이클의 4단계를 잘못 나타낸 것은?

① P : Plan
② D : Do
③ C : Check
④ A : Analysis

해설

- Plan(계획) : 목표를 설정하고 달성하는 방법을 계획한다.
- Do(실시) : 교육, 훈련을 하고 실행에 옮긴다.
- Check(검토) : 결과를 검토한다.
- Action(조치) : 검토한 결과에 의해 조치한다.

□□□ 08년1회, 11년1회, 19년1회

2. 천재지변 발생 직후 기계설비의 수리 등을 할 경우 또는 중대재해 발생 직후 등에 행하는 안전점검을 무엇이라 하는가?

① 임시점검
② 자체점검
③ 수시점검
④ 특별점검

문제 2 ~ 4 해설

점검의 종류
1. 수시점검 : 작업 전·중·후에 실시하는 점검으로 작업자가 일상적으로 실시하는 점검이다.
2. 정기점검 : 일정기간마다 정기적으로 실시하는 점검으로 매주 또는 매월, 분기마다, 반기마다, 연도별로 실시하는 점검이다.
3. 임시점검 : 이상 발견 시 임시로 실시하는 점검 또는 정기점검과 정기점검사이에 실시하는 점검에 실시하는 점검이다.
4. 특별점검 : 기계·기구·설비의 신설시·변경내지 고장 수리 시 실시하는 점검 또는 천재지변 발생 후 실시하는 점검, 안전강조기간 내에 실시하는 점검이다.

□□□ 11년2회, 16년1회, 20년1,2회

3. 기계설비의 안전에 있어서 중요 부분의 피로, 마모, 손상, 부식 등에 대한 장치의 변화 유무 등을 일정 기간마다 점검하는 안전점검의 종류는?

① 수시점검
② 임시점검
③ 정기점검
④ 특별점검

□□□ 15년1회, 16년2회, 17년4회

4. 다음 중 점검시기에 따른 안전점검의 종류에 해당하지 않는 것은?

① 정기점검
② 수시점검
③ 임시점검
④ 특수점검

□□□ 10년1회, 15년4회, 19년4회

5. 다음 중 일상점검내용을 작업 전, 작업 중, 작업 종료로 구분할 때 "작업 중 점검 내용"으로 볼 수 없는 것은?

① 품질의 이상유무
② 안전수칙의 준수여부
③ 이상소음의 발생유무
④ 방호장치의 작동여부

해설

방호장치의 작동여부는 작업 전에 점검해야할 사항이다.

[참고] 일상점검내용을 작업 전, 작업 중, 작업 종료로 구분할 때 "작업 중 점검 내용"
1. 품질의 이상유무
2. 안전수칙의 준수여부
3. 이상소음의 발생유무

□□□ 13년4회

6. 다음 중 안전점검에 관한 설명으로 틀린 것을 고르시오.

① 안전점검은 점검자의 주관적 판단에 의하여 점검하거나 판단한다.
② 점검 중 사고가 발생하지 않도록 위험요소를 제거한 후 실시한다.
③ 사전에 점검대상 부서의 협조를 구하고, 관련 작업자의 의견을 청취한다.
④ 잘못된 사항은 수정이 될 수 있도록 점검결과에 대하여 통보한다.

해설

안전점검은 체크리스트를 통해 객관적으로 판단하여야 하며 가급적 점검자의 주관적 판단은 배제하여야 한다.

정답　1 ④　2 ④　3 ③　4 ④　5 ④　6 ①

□□□ 08년2회, 12년4회, 19년4회

7. 각 계층의 관리감독자들이 숙련된 안전 관찰을 행할 수 있도록 훈련을 실시함으로써 사고의 발생을 미연에 방지하여 안전을 확보하는 안전관찰훈련기법은?

① THP 기법   ② TBM 기법
③ STOP 기법   ④ TD-BU 기법

해설

STOP(Safety Training Observation Program)은 미국의 종합화학 회사인 듀폰 사에 의해 개발된 기법으로 각 계층의 관리감독자들이 숙련된 안전 관찰을 행할 수 있도록 훈련을 실시함으로써 사고의 발생을 미연에 방지하여 안전을 확보하는 안전관찰훈련기법이다.

■ STOP(Safety Training Observation Program)기법
① 결심(decide) → ② 정지(stop) → ③ 관찰(observe) → ④ 조치 (act) → ⑤ 보고(report)

Chapter 03

무재해운동 및 안전보건표지

무재해운동 및 안전보건표지에서는 무재해운동의 정의와 이론, 안전보건표지의 종류와 기준으로 구성된다. 무재해의 산정기준, 위험예지훈련의 방법, 안전보건표지의 종류와 색채의 기준 등이 주로 출제된다.

01 무재해운동 이론

(1) 무재해운동(Zero accident) 용어의 정의

용어	내용
무재해	무재해운동 시행사업장에서 근로자가 업무에 기인하여 사망 또는 4일 이상의 요양을 요하는 부상 또는 질병에 이환되지 않는 것
요양	부상 등의 치료를 말하며 재가, 통원 및 입원의 경우를 모두 포함한다.

(2) 무재해에 해당하는 경우(사고 미 산정 사항)

① 업무수행 중의 사고 중 천재지변 또는 돌발적인 사고로 인한 구조행위 또는 긴급피난 중 발생한 사고

② 출·퇴근 도중에 발생한 재해

③ 운동경기 등 각종 행사 중 발생한 재해

④ 사고 중 천재지변 또는 돌발적인 사고 우려가 많은 장소에서 사회통념상 인정되는 업무수행 중 발생한 사고

⑤ 제3자의 행위에 의한 업무상 재해

⑥ 업무상 질병에 대한 구체적인 인정기준 중 뇌혈관질환 또는 심장질환에 의한 재해

⑦ 업무시간외에 발생한 재해(사업주가 제공한 사업장내의 시설물에서 발생한 재해 또는 작업개시전의 작업준비 및 작업종료후의 정리정돈과정에서 발생한 재해는 제외)

⑧ 도로에서 발생한 사업장 밖의 교통사고, 소속 사업장을 벗어난 출장 및 외부기관으로 위탁교육 중 발생한 사고, 회식중의 사고, 전염병 등 사업주의 법 위반으로 인한 것이 아니라고 인정되는 재해

[무재해운동표지]

안 전 제 일

무 재 해

무재해운동

(3) 무재해운동 이론

① 무재해운동 이념 3원칙

구분	내용
무의 원칙	단순히 사망 재해, 휴업재해만 없으면 된다는 소극적인 사고(思考)가 아니라 불휴 재해는 물론 일체의 잠재위험요인을 사전에 발견, 파악, 해결함으로서 근원적으로 산업재해를 없애는 것
참가의 원칙	참가는 작업에 따르는 잠재적인 위험요인을 발견, 해결하기 위하여 전원이 일일이 협력하여 각각의 처지에서 의욕적으로 문제해결 등을 실천하는 것
선취 해결의 원칙	선취란 궁극의 목표로서의 무재해, 무질병의 직장을 실현하기 위하여 일체의 위험요인을 행동하기 전에 발견, 파악, 해결하여 재해를 예방하는 것

[무재해 소집단]
사업장 전체의 안전보건추진의 중요한 일환으로서 직장단위의 자주활동에 의하여 라인관리를 보완하고 중지를 모아 직장의 위험을 해결하고 전원참가로 안전보건을 선취하려는 팀

② 무재해운동 추진 3요소(3기둥)

구분	내용
최고경영자의 경영자세	안전보건은 최고경영자의 무재해, 무질병에 대한 확고한 경영자세로 시작한다.
관리감독자에 의한 안전보건의 추진(라인화 철저)	안전보건을 추진하는 데는 관리감독자(라인)들이 생산활동 속에 안전보건을 포함하여 실천하는 것이 중요하다.
직장 소집단의 자주활동의 활발화	일하는 한 사람 한 사람이 안전보건을 자신의 문제이며, 동시에 같은 동료의 문제로서 진지하게 받아들여 직장의 팀 멤버와의 협동 노력하여 자주적으로 추진해가는 것이 필요하다.

[브레인스토밍의 4원칙]
(1) 비판금지
(2) 자유분방
(3) 대량 발언
(4) 수정 발언

[문제해결 4단계]
1R : 현상파악
2R : 본질추구
3R : 대책수립
4R : 행동목표 설정

③ 무재해운동 실천의 3원칙(무재해 소집단 활동)

구분	내용
팀 미팅 기법	대화하는 방법으로 브레인스토밍(Brain storming : BS) 원칙을 적용한다.
선취기법	위험예지활동, 잠재재해 적출활동, 동종 및 유사재해 예방활동 등에 의하여 직장의 잠재위험을 발견, 파악, 해결한다.
문제해결 기법	무재해운동은 문제해결행동이다. 4라운드 8단계법 또는 현장에서 활용할 수 있는 짧은 시간의 문제해결기법을 활용한다.

01 핵심문제
1. 무재해운동 이론

□□□ 08년3회, 12년2회, 14년4회, 17년1회, 17년4회, 19년4회

1. 무재해운동의 기본이념 3원칙이 아닌 것은?

① 무의 원칙　　　　② 관리의 원칙
③ 참가의 원칙　　　　④ 선취의 원칙

문제 1 ~ 3 해설

무재해 운동 이념 3원칙
① 무의 원칙
　무재해란 단순히 사망 재해, 휴업 재해만 없으면 된다는 소극적인 사고(思考)가 아니고 불휴 재해는 물론 일체의 잠재 위험 요인을 사전에 발견, 파악, 해결함으로써 근원적으로 산업재해를 없애는 것
② 선취의 원칙
　무재해운동에 있어서 선취란 궁극의 목표로서 무재해, 무질병의 직장을 실현하기 위하여 일체의 직장의 위험요인을 행동하기 전에 발견, 파악, 해결하여 재해를 예방하거나 방지하는 것
③ 참가의 원칙
　잠재적인 위험요인을 발견·해결하기 위하여 전원이 협력하여 각자의 위치에서 의욕적으로 문제해결을 실천하는 것

□□□ 10년1회, 16년4회, 21년2회

2. 무재해 운동의 3원칙 중 잠재적인 위험요인을 발견·해결하기 위하여 전원이 협력하여 각자의 위치에서 의욕적으로 문제해결을 실천하는 것을 의미하는 것은?

① 무의 원칙　　　　② 선취의 원칙
③ 실천의 원칙　　　　④ 참가의 원칙

□□□ 13년2회

3. 무재해운동 기본이념의 3원칙 중 선취원칙으로 옳게 설명한 것은?

① 과거 재해가 발생하였던 것을 참고로 하여 다시는 재해가 발생하지 않도록 운동하자.
② 직장 일체의 위험잠재요인을 적극적으로 발견하여 무재해 직장을 만들자.
③ 작업의 잠재 위험요인을 전원이 발견하자.
④ 무재해, 무질병의 직장을 실현하기 위하여 위험요인을 행동하기 전에 발견하여 예방하자.

□□□ 11년2회

4. 다음 중 무재해운동의 3원칙에 있어 "참가의 원칙"에서 의미하는 전원(全員)의 범위로 가장 적절한 것은?

① 간접 부문에 종사하는 근로자 전원
② 생산에 참여하는 근로자 전원
③ 사업주를 비롯하여 관리감독자 전원
④ 직장 내 종사하는 근로자의 가족까지 포함하여 전원

해설

"참가의 원칙"에서 의미하는 전원(全員)의 범위는 직장내 종사하는 근로자의 가족까지 포함하여 전원을 포함한다.

□□□ 101년2회, 16년2회, 17년2회, 19년1회

5. 무재해운동 추진의 3대 기둥으로 볼 수 없는 것은?

① 최고경영자의 경영자세
② 노동조합의 협의체 구성
③ 직장 소집단 자주 활동의 활발화
④ 관리감독자에 의한 안전보건의 추진

해설

무재해운동 추진의 3요소(기둥)
1. 최고경영자의 경영자세
2. 관리감독자(Line)의 적극적 추천
3. 소집단 자주활동의 활성화

□□□ 11년1회

6. 다음 중 무재해 운동의 기본이념 3원칙을 설명한 것으로 적절하지 않은 것은?

① 모든 잠재위험요인을 사전에 발견·파악·해결함으로써 근원적으로 산업재해를 없앤다.
② 잠재적인 위험요인을 발견·해결하기 위하여 전원이 협력하여 문제 해결 행동을 실천한다.
③ 직장의 모든 위험요인을 행동하기 전에 발견·파악·해결하여 재해를 예방하거나 방지한다.
④ 무재해는 최고경영자의 무재해 및 무질병에 대한 확고한 경영자세로 시작된다.

해설

④항, 최고경영자의 경영자세는 무재해운동 추진 3기둥에 해당된다.

정답 1 ② 　2 ④ 　3 ④ 　4 ④ 　5 ② 　6 ④

02 무재해운동의 실천

(1) 위험예지훈련의 정의

① 위험예지훈련의 정의

직장의 팀웍으로 안전을「전원이, 빨리, 올바르게」선취하는 훈련으로, 위험에 대한 개별훈련인 동시에 팀워크 훈련

② 위험예지훈련을 통한 안전선취

[위험예지 훈련]

구분	내용
감수성 훈련	인간의 오조작, 오작업 등의 휴먼에러(human error)로 인한 사고를 방지하기 위해 한 사람 한 사람의 위험에 대한 감수성을 날카롭게 하여 작업의 요소마다 집중력을 높이는 훈련이다.
단시간 위험예지 훈련	작업현장에서 감독자가 작업을 지시할 때 미리 위험의 포인트를 파악한 후 적절한 작업지시를 하며, 단시간(1~5분)동안 작업자들과 함께 의논을 통해 위험을 파악한다.
문제해결 훈련	감수성 훈련과 단시간 미팅을 통해 위험요소를 발견하고 이에 대한 해결책을 마련하여 적극적으로 실행에 옮기는 활동이다.

③ 위험예지훈련의 진행방법

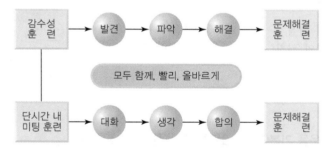

〈위험에 대한 개별 훈련〉

감수성 훈련 → 발견 → 파악 → 해결 → 문제해결 훈련

모두 함께, 빨리, 올바르게

단시간 내 미팅 훈련 → 대화 → 생각 → 합의 → 문제해결 훈련

위험예지 훈련의 진행방법

(2) 위험예지훈련의 4R(라운드)와 8단계

문제해결 4단계(4R)	문제해결의 8단계
1R – 현상파악	1단계 – 문제제기 2단계 – 현상파악
2R – 본질추구	3단계 – 문제점 발견 4단계 – 중요 문제 결정
3R – 대책수립	5단계 – 해결책 구상 6단계 – 구체적 대책 수립
4R – 행동목표 설정	7단계 – 중점사항 결정 8단계 – 실시계획 결정

(3) 브레인 스토밍 4원칙

개방적 분위기와 자유로운 토론을 통해 다량의 아이디어를 얻는 집단사고기법

구분	내용
자유분방	마음대로 편안히 발언한다.
비평(비판)금지	좋다, 나쁘다고 비평하지 않는다.
대량발언	무엇이건 좋으니 많이 발언하게 한다.
수정발언	타인의 아이디어에 수정하거나 덧붙여 말하여도 좋다.

Tip

브레인 스토밍의 4원칙은 필기, 실기 모두 매우 자주 출제되는 내용이다. 완벽하게 이해할 수 있어야 한다.

(4) 위험예지 훈련 응용기법

기법	내용
TBM 역할연기훈련	하나의 팀이 TBM에서 위험예지 활동에 대하여 역할을 연기하는 것을 다른 팀이 관찰하여 연기 종료 후 전원이 강평하는 식으로 서로 교대하여 TBM 위험예지를 체험 학습하는 훈련
One point 위험예지훈련	위험예지훈련 4R 중 2R, 3R, 4R을 모두 One point 로 요약하여 실시하는 TBM 위험예지훈련
삼각 위험예지훈련	위험예지훈련을 보다 빠르게, 보다 간편하게, 전원의 참여로, 말하거나 쓰는 것이 미숙한 작업자를 위한 방법이다. 적은 인원이 기호와 메모로 팀의 목표를 합의한다.
1인 위험예지훈련	삼각 및 원포인트 위험예지 훈련을 통합한 것으로 1인이 위험예지훈련을 하는 것이다. 한사람 한사람이 동시에 4라운드 위험예지 훈련을 단시간에 한 뒤 그 결과를 리더의 사회에 따라 발표하고 상호 강평하여 위험 감수성을 향상한다.
자문자답카드 위험예지훈련	특히 비정상적인 작업에 있어서 안전을 확보하기 위한 훈련으로 한사람 한사람이 자문자답카드의 체크항목을 자문자답하면서 위험요인을 발견, 파악하여 단시간에 행동목표를 정하여 지적한다

기법	내용
시나리오 역할연기훈련	작업 전 5분간 미팅의 시나리오를 작성하고 그 시나리오를 멤버가 역할연기(Role-Playing)를 하여 체험하는 방식으로 직장의 실정에 맞도록 독자적으로 작성하여 실시할 수 있다.

(5) TBM(Tool box meeting) 위험예지훈련

현장에서 그 때의 상황에 적응하여 실시하는 위험예지활동으로 즉시 즉흥법
이라고 한다.

① T.B.M 훈련 방법

작업 시작 전 5~15분, 작업 후 3~5분 정도의 시간으로 팀장을 주축으
로 인원은 5~6명 정도가 회사의 현장 주변에서 작은 원을 만들어 짧
은 시간에 회합을 갖는 훈련

② TBM 5단계(단시간 미팅 즉시즉응훈련 5단계)

단계	내용
1단계	도입
2단계	점검정비
3단계	작업지시
4단계	위험예지(one point 위험예지훈련)
5단계	확인(one point 지적 확인 연습, touch and call 실시)

③ 안전확보 기법

구분	내용
지적확인	인간의 실수를 없애기 위하여 오관의 감각기관을 이용하여 작업시작 전에 뇌를 자극시켜 안전을 확보하기 위한 기법
touch and call	회사의 현장에서 팀 전원(5~6명 정도)이 각자의 왼손을 맞잡아 원을 만들어 팀 행동목표를 확인하는 것으로 팀의 일체감, 연대감을 조성하며 대뇌 구피질에 이미지를 불어넣어 안전행동을 하게 한다.

④ 안전행동 실천운동(5C 운동)
  ㉠ 복장단정(Correctness)
  ㉡ 정리정돈(Clearance)
  ㉢ 청소청결(Cleaning)
  ㉣ 점검·확인(Checking)
  ㉤ 전심전력(Concentrating)

[안전확인 5가지 확인]
- 모지 : 마음
- 시지 : 복장
- 중지 : 규정
- 약지 : 정비
- 작은 손가락 : 확인

작은 약지 중지 시지
손가락   모지

[touch and call 모양]

□□□ 13년1회, 18년2회, 19년2회

1. 위험예지훈련에 대한 설명으로 틀린 것은?

① 직장이나 작업의 상황 속 잠재 위험요인을 도출한다.
② 직장 내에서 최대 인원의 단위로 토의하고 생각하며 이해한다.
③ 행동하기에 앞서 해결하는 것을 습관화하는 훈련이다.
④ 위험의 포인트나 중점실시 사항을 지적 확인한다.

해설
위험예지훈련
1. 직장이나 작업의 상황 속에서 잠재하는 위험 요인과 그것이 초래하는 현상을 작업의 상황을 묘사한 도해를 사용하거나, 현물로 작업을 확인한다.
2. 직장 소집단(5~6명)에서 토의하고 생각하며 합의한 뒤, 위험의 포인트나 중점 실시 사항을 지적 확인하여, 행동하기에 앞서 해결하는 것을 습관화하는 훈련이다.

□□□ 09년4회, 15년2회, 19년1회

2. 위험예지훈련 4라운드(Round) 중 목표설정 단계의 내용으로 가장 적당한 것은?

① 위험 요인을 찾아내고, 가장 위험한 것을 합의하여 결정한다.
② 가장 우수한 대책에 대하여 합의하고, 행동계획을 결정한다.
③ 브레인스토밍을 실시하여 어떤 위험이 존재하는가를 파악한다.
④ 가장 위험한 요인에 대하여 브레인스토밍 등을 통하여 대책을 세운다.

문제 2 ~ 5 해설	
위험예지훈련의 4R(라운드)	
문제해결 4단계(4R)	내용
1R - 현상파악	① 사실을 파악한다. ② BS를 실시하는 라운드
2R - 본질추구	① 요인을 찾아낸다. ② 가장 위험한 것을 합의하여 결정하는 라운드
3R - 대책수립	① 대책을 세운다. ② 보다 더 위험도가 높은 것에 대하여 BS로 대책을 세우는 라운드
4R - 행동목표 설정	① 행동 계획을 정한다. ② 수립한 대책 가운데서 질이 높은 항목에 합의하는 라운드

□□□ 15년1회, 17년4회, 20년1,2회, 22년1회

3. 다음 중 위험예지훈련의 4라운드 기법에서 문제점을 발견하고 중요 문제를 결정하는 단계는?

① 현상파악   ② 본질추구
③ 목표달성   ④ 대책수립

□□□ 10년2회, 14년1회, 17년2회

4. 위험예지훈련 4라운드 기법 진행방법 중 본질추구는 몇 라운드에 해당되는가?

① 제1라운드   ② 제2라운드
③ 제3라운드   ④ 제4라운드

□□□ 11년1회, 20년4회

5. 다음 중 위험예지훈련 4라운드의 진행방법을 올바르게 나열한 것은?

① 현상파악 → 목표설정 → 대책수립 → 본질추구
② 현상파악 → 본질추구 → 대책수립 → 목표설정
③ 현상파악 → 본질추구 → 목표설정 → 대책수립
④ 본질추구 → 현상파악 → 목표설정 → 대책수립

□□□ 14년4회

6. 다음 중 위험예지훈련에서 활용하는 기법으로 가장 적합한 것은?

① 심포지엄(symposium)
② 예비사고분석(PHA)
③ O.J.T(On the Job Training)
④ 브레인스토밍(brainstorming)

해설
브레인스토밍은 많은 구성원들이 최대한 많은 문제점과 아이디어를 제시하는 집단사고기법으로 위험예지훈련에서 위험요소를 찾아내는 가장 적절한 방법이다.

□□□ 10년4회, 12년1회, 15년2회, 20년1,2회

7. 다음 중 위험예지훈련의 기법으로 활용하는 브레인스토밍(Brain Storming)에 관한 설명으로 틀린 것은?

① 발언은 누구나 자유분방하게 하도록 한다.
② 타인의 아이디어는 수정하여 발언할 수 없다.
③ 가능한 한 무엇이든 많이 발언하도록 한다.
④ 발표된 의견에 대하여는 서로 비판을 하지 않도록 한다.

정답 1 ② 2 ② 3 ② 4 ② 5 ② 6 ④ 7 ②

문제 7 ~ 8 해설

브레인스토밍(Brain storming ; BS)의 4원칙
1. 비평(비판)금지 : 좋다, 나쁘다고 비평하지 않는다.
2. 자유분방 : 마음대로 편안히 발언한다.
3. 대량발언 : 무엇이건 좋으니 많이 발언하게 한다.
4. 수정발언 : 타인의 아이디어에 수정하거나 덧붙여 말하여도 좋다.

□□□ 20년3회

8. 브레인 스토밍의 4가지 원칙 내용으로 옳지 않은 것은?

① 비판하지 않는다.
② 자유롭게 발언한다.
③ 가능한 정리된 의견만 발언한다.
④ 타인의 생각에 동참하거나 보충발언 해도 좋다.

□□□ 11년4회, 16년4회, 19년2회

9. 무재해 운동 추진기법 중 다음에서 설명하는 것은?

> 작업현장에서 그때 그 장소의 상황에 즉응하여 실시하
> 는 위험예지활동으로서 즉시즉응법이라고도 한다.

① TBM(Tool Box Meeting)
② 원 포인트 위험예지훈련
③ 삼각위험 예지훈련
④ 터치 앤드 콜(Touch and call)

해설

TBM(Tool Box Meeting)이란 인원 5~6명 정도가 작업개시 전에 5~15분 정도, 작업중 5~10분 작업완료시에 3~5분 정도의 시간을 들여 현장에서 그 때의 상황에 적응하여 실시하는 위험예지활동으로 즉시 즉응법이라고 한다.

□□□ 09년2회, 15년1회, 18년4회, 21년4회

10. T.B.M 활동의 5단계 추진법의 진행순서로 옳은 것은?

① 도입 → 위험예지훈련 → 작업지시 → 점검정비 → 확인
② 도입 → 점검정비 → 작업지시 → 위험예지훈련 → 확인
③ 도입 → 확인 → 위험예지훈련 → 작업지시 → 점검정비
④ 도입 → 작업지시 → 위험예지훈련 → 점검정비 → 확인

해설

TBM 5단계(단시간 미팅 즉시즉응훈련 5단계)

단계	내용
1단계	도입
2단계	점검정비
3단계	작업지시
4단계	위험예지(one point 위험예지훈련)
5단계	확인(one point 지적 확인 연습, touch and call 실시)

□□□ 09년2회, 12년2회

11. 무재해운동추진기법 중 팀의 일체감, 연대감을 조성할 수 있고 동시에 대뇌 구피질에 좋은 이미지를 불어넣어 안전행동을 하도록 하는 방법은?

① 역할연기(role playing)
② 터치 앤 콜(Touch and call)
③ 브레인스토밍(Brain Storming)
④ TBM(Tool Box Meeting)

해설

터치 앤 콜(Touch and call)이란 작업현장에서 같이 호흡하는 동료끼리 서로의 피부를 맞대고 느낌을 교류하는 것이다. 즉 피부를 맞대고 같이 소리치는 행동은 일종의 스킨 쉽(Skinship)으로 팀의 일체감, 연대감을 조성할 수 있고 동시에 대뇌 구피질에 좋은 이미지를 불어 넣어 안전행동을 하도록 하는 것이다.

□□□ 13년2회, 16년2회

12. 다음 중 한 사람, 한 사람이 스스로 위험요인을 발견, 파악하여 단시간에 행동목표를 정하여 지적확인을 하며, 특히 비정상적인 작업의 안전을 확보하기 위한 위험예지훈련은?

① 1인 위험예지훈련
② 원포인트위험예지훈련
③ 삼각위험예지훈련
④ 자문자답카드 위험예지훈련

해설

자문자답카드 위험예지훈련이란 한 사람, 한 사람이 스스로 위험요인을 발견, 파악하여 단시간에 행동목표를 정하여 지적확인을 하며, 특히 비정상적인 작업의 안전을 확보하기 위한 훈련이다.

□□□ 10년4회, 15년1회, 18년4회, 21년2회

13. A사업장에서는 산업재해로 인한 인적·물적 손실을 줄이기 위하여 안전행동 실천운동(5C 운동)을 실시하고자 한다. 다음 중 5C 운동에 해당하지 않는 것은?

① Control
② Correctness
③ Cleaning
④ Checking

문제 13 ~ 14 해설
5C 운동(안전행동 실천운동) ① 복장단정(Correctness) ② 정리정돈(Clearance) ③ 청소청결(Cleaning) ④ 점검·확인(Checking) ⑤ 전심전력(Concentrating)

□□□ 09년1회, 13년4회, 18년1회, 21년1회

14. 안전관리에 있어 5C운동(안전행동 실천운동)이 아닌 것은?

① 정리정돈
② 통제관리
③ 청소청결
④ 전심전력

[관련법령]
산업안전보건법 시행규칙
• 제38조【안전보건표지의 종류 · 형태 ·
 색채 및 용도 등】
• 제39조【안전보건표지의 설치 등】
• 제40조【안전보건표지의 제작】

03 안전보건표지

(1) 산업안전보건표지의 적용기준

① 주위에 표시사항을 글자로 덧붙여 적을 수 있고, 글자는 흰색 바탕에 검은색 한글고딕체로 표기하여야 한다.

② 설치 시에 근로자가 쉽게 알아볼 수 있는 장소 · 시설 또는 물체에 설치하거나 부착하여야 한다.

③ 설치하거나 부착할 때에는 흔들리거나 쉽게 파손되지 아니하도록 견고하게 설치하거나 부착하여야 한다.

④ 성질상 설치하거나 부착하는 것이 곤란한 경우에는 해당 물체에 직접 도색할 수 있다.

⑤ 안전보건표지 속의 그림 또는 부호의 크기는 안전보건표지의 크기와 비례하여야 하며, 안전보건표지 전체 규격의 30퍼센트 이상이 되어야 한다.

⑥ 안전보건표지는 쉽게 파손되거나 변형되지 않는 재료로 제작해야 한다.

⑦ 야간에 필요한 안전보건표지는 야광물질을 사용하는 등 쉽게 알아볼 수 있도록 제작해야 한다.

(2) 금지표지

① 금지표지의 색채

구분	내용
바탕	흰색
기본모형	빨간색
관련부호 및 그림	검은색

② 금지표지의 종류

종류	용도 및 사용장소	사용장소 예시
출입금지	출입을 통제하여야 할 장소	조립해체 작업장 입구
보행금지	사람이 걸어다녀서는 안 될 장소	중장비 운전 작업장
차량통행금지	제반운반기기 및 차량의 통행을 금지시켜야할 장소	집단보행 장소

종류	용도 및 사용장소	사용장소 예시
사용금지	수리 또는 고장 등으로 만지거나 작동을 금하여야 할 기계·기구 및 설비	고장난 기계
탑승금지	엘리베이터 등에 타는 것이나 어떤 장소에 올라가는 것을 금지	고장난 엘리베이터
금연	담배를 피워서는 안 될 장소	
화기금지	화재발생의 염려가 있는 장소로서 화기취급을 금하는 장소	화학물질 취급 장소
물체이동금지	정리정돈 상태의 물체나 움직여서는 안될 물체를 보존하기 위하여 필요한 장소	절전 스위치 옆

(3) 경고표지

① 경고표지의 색채

구분	내용
바탕	흰색, 노란색
기본모형	빨간색, 검은색
관련부호 및 그림	검은색

② 경고표지의 종류

종류	용도 및 사용장소	사용장소 예시
인화성물질경고	휘발유나 그 저장소등 화기의 취급을 극히 주의하여야 하는 물질이 있는 장소	휘발유 저장탱크
산화성물질경고	가열·압축하거나 강산, 알카리 등이 첨가됨으로써 강한 산화성을 나타내는 물질이 있는 장소	질산 저장탱크

[경고표지의 색채]

인화성물질경고·산화성물질경고·폭발성물질경고·급성독성물질경고·부식성물질경고 및 발암성·변이원성·생식독성·전신독성·호흡기 과민성 물질의 경우 색채
(1) 바탕 : 무색
(2) 기본모형 : 빨간색(검은색)
(3) 관련부호 및 그림 : 검은색

종류	용도 및 사용장소	사용장소 예시
폭발성물질 경고	폭발성의 물질이 있는 장소	폭발물 저장실
급성독성물질경고	독극물이 있는 장소	농약제조·보관소
부식성물질경고	신체나 물체에 떨어짐으로써 그 신체나 물체를 부식시키는 물질이 있는 장소	황산저장실
방사성물질경고	방사능 물질이 있는 장소	방사성동위원소 사용실
고압전기경고	발전소나 고압이 흐르는 장소	감전염려 지역입구
매달린물체경고	머리위에 크레인 등과 같은 달려있는 물체가 있는 장소	크레인이 있는 작업장 입구
낙하물경고	돌 및 블록 등 떨어질 염려가 있는 물체가 있는 장소	비계설치 장소 입구
고온경고	고도의 열을 발하는 물체 또는 온도가 아주 높은 장소	주물작업장 입구
저온경고	아주 차가운 물체 또는 온도가 아주 낮은 장소	냉동작업장 입구
몸균형상실경고	미끄러운 장소 등 넘어지기 쉬운 장소	경사진통로 입구

Tip

방사성물질, 고압전기, 매달린 물체 낙하물, 고온, 저온, 몸균형 상실, 레이저 광선, 위험장소 경고의 표지는 삼각형의 모형을 사용하며 바탕은 노란색, 기본모형은 검정색 단면부호 검정색으로 표기한다. 경고표지는 두가지가 있다는 것을 주의하자

종류	용도 및 사용장소	사용장소 예시
레이저광선경고	레이저 광선에 노출될 우려가 있는 장소	레이저 실험실입구
발암성·변이원성·생식독성·전신독성·호흡기 과민성 물질 경고	기타 인체에 해로운 물체가 있는 장소 또는 당해 물체	납분진발생 장소
위험장소경고	기타 위험한 물체가 있는 장소 또는 당해 물체	맨홀 앞

(4) 지시표지

① 지시표지의 색채

구분	내용
바탕	파란색
관련부호 및 그림	흰색

> **Tip**
> 지시표지는 보호구의 착용지시를 나타낸다.

② 지시표지의 종류

종류	용도 및 사용장소	사용장소 예시
보안경착용	보안경을 착용하여야만 작업 또는 출입을 할 수 있는 장소	그라인더 작업장 입구
방독마스크착용	방독마스크를 착용하여야만 작업 또는 출입을 할 수 있는 장소	유해물질 작업장 입구
방진마스크착용	방진마스크를 착용하여야만 작업 또는 출입을 할 수 있는 장소	분진이 많은 곳
보안면착용	보안면을 착용하여야만 작업 또는 출입을 할 수 있는 장소	용접실 입구

종류	용도 및 사용장소	사용장소 예시
안전모착용	헬멧 등 안전모를 착용하여야만 작업 또는 출입을 할 수 있는 장소	판금작업장 입구
귀마개착용	소음장소 등 귀마개를 착용하여야만 작업 또는 출입을 할 수 있는 장소	방사성동위원소 사용실
안전화착용	안전화를 착용하여야만 작업 또는 출입을 할 수 있는 장소	채탄작업장 입구
안전장갑착용	안전장갑을 착용하여야만 작업 또는 출입을 할 수 있는 장소	고온 및 저온 취급작업장 입구
안전복착용	방열복 및 방한복 등의 안전복을 착용하여야만 작업 또는 출입을 할 수 있는 장소	단조작업장 입구

(5) 안내표지

① 안내표지의 색채

구분	내용
바탕	흰색
기본모형 및 관련그림	녹색 또는 바탕은 녹색 관련부호 및 그림은 흰색

Tip
안내표지는 장소와 시설에 대해 나타낸다.

② 안내표지의 종류

종류	용도 및 사용장소	사용장소 예시
녹십자표지	안전의식을 고취시키기 위하여 필요한 장소	공사장 및 사람들이 볼 수 있는 장소
응급구호표지	응급구호설비가 있는 장소	위생구호실 앞
들 것	구호를 위한 들것이 있는 장소	위생구호실 앞

종류	용도 및 사용장소	사용장소 예시
세안장치	세안장치가 있는 장소	위생구호실 앞
비상용기구	비상용기구가 있는 장소	비상용기구 설치장소 앞
비상구	비상출입구	위생구호실 앞
좌측비상구	비상구가 좌측에 있음을 알려야 하는 장소	위생구호실 앞
우측비상구	비상구가 우측에 있음을 알려야 하는 장소	위생구호실 앞

> **Tip**
> 안내표지에서는 "출입구"라는 용어를 쓰지 않고, "비상구"라는 용어를 사용한다. 주의할 것!

(6) 관계자 외 출입금지 표지

① 색채

구분	내용
글자	흰색 바탕에 흑색
적색 글자	– ○○○제조/사용/ 보관 중 – 석면취급/해체 중 – 발암물질 취급 중

② 관계자 외 출입금지 표지의 종류

종류	용도 및 사용장소	사용장소 예시
허가대상물질 작업장 관계자외 출입금지 (허가물질 명칭) 제조/사용/보관 중 보호구/보호복 착용 흡연 및 음식물 섭취 금지	허가대상유해물질 제조, 사용 작업장	

종류	용도 및 사용장소	사용장소 예시
석면취급/해체 작업장 관계자외 출입금지 석면 취급/해체 중 보호구/보호복 착용 흡연 및 음식물 섭취 금지	석면 제조, 사용, 해체 · 제거 작업장	출입구 (단, 실외 또는 출입구가 없을 시 근로자가 보기 쉬운 장소)
금지대상물질의 취급 실험실 등 관계자외 출입금지 발암물질 취급 중 보호구/보호복 착용 흡연 및 음식물 섭취 금지	금지유해물질 제조 · 사용 설비가 설치된 장소	

(7) 안전보건표지의 색채 및 모형

① 색채 및 색도기준

[한국산업표준(KS)의 색채 3속성]
(1) 색상(Hue) : 감각에 따라 구별되는 색의 종별
(2) 명도(Value) : 색의 밝기의 척도(반사율의 높고 낮음)
(3) 채도(Chroma) : 색의 순수성을 가늠하는 혼합의 정도(순수하거나 탁함)

색채	색도기준	용도	사용례
빨간색	7.5R 4/14	금지	정지신호, 소화설비 및 장소, 유해행위의 금지
		경고	화학물질 취급장소에서의 유해 · 위험 경고
노란색	5Y 8.5/12	경고	화학물질 취급장소에서의 유해 · 위험 경고 이외의 위험경고, 주의표지 또는 기계 방호물
파란색	2.5PB 4/10	지시	특정행위의 지시, 사실의 고지
녹 색	2.5G 4/10	안내	비상구 및 피난소, 사람 또는 차량의 통행표지
흰 색	N9.5		파란색 또는 녹색에 대한 보조색
검은색	N0.5		문자 및 빨간색 또는 노란색에 대한 보조색

※ (1) 허용 오차 범위 H=±2, V=±0.3, C=±1
　　　(H는 색상, V는 명도, C는 채도를 말한다.)
　(2) 위의 색도기준은 한국산업규격(KS)에 따른 색의 3속성에 의한
　　　표시방법(KSA 0062 기술표준원 고시 제2008-0759)에 따른다.

② 안전보건표지의 기본모형

[관련법령]
산업안전보건법 시행규칙 별표 9【안전·보건표지의 기본모형】

번호	기 본 모 형	규 격 비 율	표시사항
1		$d \geqq 0.025L$ $d_1 = 0.8d$ $0.7 < d_2 < 0.8d$ $d_3 = 0.1d$	금 지
2		$a \geqq 0.034L$ $a_1 = 0.8a$ $0.7\,a < a_2 < 0.8a$	경 고
2		$a \geqq 0.025L$ $a_1 = 0.8a$ $0.7\,a < a_2 < 0.8a$	경 고
3		$d \geqq 0.025L$ $d_1 = 0.8d$	지 시
4		$b \geqq 0.0224L$ $b_2 = 0.8b$	안 내

※ L=안전·보건표지를 인식할 수 있거나 인식해야할 안전거리를 말한다.

03 핵심문제   3. 안전보건표지

□□□ 17년2회
1. 산업안전보건법령상 안전·보건표지 속에 그림 또는 부호의 크기는 안전·보건표지의 크기와 비례하여야 하며, 안전·보건표지 전체규격의 최소 몇 % 이상이 되어야 하는가?

① 10   ② 20
③ 30   ④ 40

해설
안전보건표지 속의 그림 또는 부호의 크기는 안전보건표지의 크기와 비례하여야 하며, 안전보건표지 전체 규격의 30퍼센트 이상이 되어야 한다.

[참고] 산업안전보건법 시행규칙 제40조 [안전보건표지의 제작]

□□□ 20년3회
2. 산업안전보건법령상 금지표지에 속하는 것은?

①   ②

③   ④

해설
①항, 산화성물질 경고 – 경고표지
②항, 방독마스크 착용 – 지시표지
③항, 급성독성물질 경고 – 경고표지
④항, 탑승금지 – 금지표지

□□□ 15년2회, 18년4회
3. 산업안전보건법령상 안전·보건표지 중 금지표지의 종류에 해당하지 않는 것은?

① 접근금지   ② 차량통행금지
③ 사용금지   ④ 탑승금지

문제 3 ~ 4 해설

금지표지			
출입금지	보행금지	차량통행금지	사용금지
탑승금지	금연	화기금지	물체이동금지

□□□ 13년1회, 17년4회
4. 다음 중 산업안전보건법령상 [그림]에 해당하는 안전·보건표지의 명칭으로 옳은 것은?

① 보행금지   ② 출입금지
③ 접근금지   ④ 이동금지

□□□ 10년1회
5. 다음 중 산업안전보건법상 "경고표지"에 해당하는 것은?

①   ②

③   ④

해설
①항, 급성독성물질 – 경고표지
②항, 금연 – 금지표지
③항, 귀마개 착용 – 지시표지
④항, 비상구 – 안내표지

□□□ 08년1회, 18년1회
6. 산업안전보건법령상 안전·보건표지의 종류 중 지시표지의 종류가 아닌 것은?

① 보안경 착용   ② 안전장갑 착용
③ 방진마스크 착용   ④ 방열복 착용

정답   1 ③   2 ④   3 ①   4 ①   5 ①   6 ④

해설

안전보건표지 중 지시표지의 종류
① 보안경 착용   ② 방독 마스크 착용
③ 방진 마스크 착용   ④ 보안면 착용
⑤ 안전모 착용   ⑥ 귀마개 착용
⑦ 안전화 착용   ⑧ 안전장갑 착용
⑨ 안전복 착용

해설

안전표지 색체의 종류
1. 금지표지 : 바탕은 흰색, 기본 모형은 빨간색, 관련 부호 및 그림은 검정색
2. 경고표지 : 바탕은 노란색, 기본모형·관련부호 및 그림은 검정색. 다만, 인화성물질경고·산화성물질경고·폭발성물질경고·급성독성물질경고·부식성물질경고 및 발암성·변이원성·생식독성·전신독성·호흡기과민성물질경고의 경우 바탕은 무색, 기본모형은 적색(흑색도 가능)
3. 지시표지 : 바탕은 파란색, 관련 그림은 흰색
4. 안내표지 : 바탕은 흰색, 기본모형 및 관련 부호 및 그림은 녹색 또는 바탕은 녹색, 관련부호 및 그림은 흰색

□□□ 18년1회, 22년1회

7. 산업안전보건법상 안전·보건표지의 종류와 형태 기준 중 안내표지의 종류가 아닌 것은?

① 금연   ② 들것
③ 비상용기구   ④ 세안장치

해설

안내표지의 종류
녹십자 표지, 응급구호 표지, 들것, 세안장치, 비상용기구, 비상구, 좌측 비상구, 우측 비상구

□□□ 11년4회, 12년2회

8. 다음 중 산업안전보건법상 안전·보건표지의 분류에 있어 출입금지표지의 종류에 해당하지 않는 것은?

① 차량통행금지
② 금지유해물질 취급
③ 허가대상유해물질 취급
④ 석면 취급 및 해체·제거

해설

출입금지표지의 종류
1. 허가대상물질 작업장
2. 석면취급/해체 작업장
3. 금지대상물질의 취급 실험실 등

□□□ 12년4회, 19년1회

9. 안전표지 종류 중 금지표지에 대한 설명으로 옳은 것은?

① 바탕은 노랑색, 기본모양은 흰색, 관련부호 및 그림은 파랑색
② 바탕은 노랑색, 기본모양은 흰색, 관련부호 및 그림은 검정색
③ 바탕은 흰색, 기본모양은 빨강색, 관련부호 및 그림은 파랑색
④ 바탕은 흰색, 기본모양은 빨강색, 관련부호 및 그림은 검정색

□□□ 11년1회, 17년1회

10. 산업안전보건법상 안전·보건표지 중 색채와 색도기준이 올바르게 연결된 것은? (단, 색도기준은 "색상 명도 / 채도" 순서이다.)

① 흰색 : N0.5   ② 녹색 : 5G 5.5/6
③ 빨간색 : 5R 4/12   ④ 파란색 : 2.5PB 4/10

문제 10 ~ 12 해설

안전·보건표지의 색체 및 색도기준 및 용도

색채	색도기준	용도	사용례
빨간색	7.5R 4/14	금지	정지신호, 소화설비 및 그 장소, 유해행위의 금지
		경고	화학물질 취급장소에서의 유해·위험 경고
노란색	5Y 8.5/12	경고	화학물질 취급장소에서의 유해·위험 경고 이외의 위험경고, 주의표지 또는 기계 방호물
파란색	2.5PB 4/10	지시	특정행위의 지시, 사실의 고지
녹색	2.5G 4/10	안내	비상구 및 피난소, 사람 또는 차량의 통행표지
흰색	N9.5		파란색 또는 녹색에 대한 보조색
검은색	N0.5		문자 및 빨간색 또는 노란색에 대한 보조색

11. 다음 중 산업안전보건법령상 안전 · 보건표지에 관한 설명으로 옳지 않은 것은?

① 검은색은 문자 및 빨간색 또는 노란색에 대한 보조색으로 사용한다.

② 금지표지의 종류에는 출입금지, 금연, 화기금지 등이 있다.

③ 화학물질 취급장소에서의 유해 · 위험 경고에 사용되는 색채는 노란색이다.

④ 특정 행위의 지시 및 사실의 고지에 사용되는 표지의 바탕은 파란색, 관련 그림은 흰색으로 한다.

해설

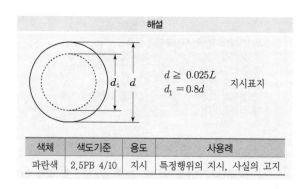

$d \geq 0.025L$

$d_1 = 0.8d$ 지시표지

색체	색도기준	용도	사용례
파란색	2.5PB 4/10	지시	특정행위의 지시, 사실의 고지

12. 산업안전보건법령상 안전 · 보건표지의 색채와 사용사례의 연결이 틀린 것은?

① 빨간색(7.5R 4/14) – 탑승금지

② 파란색(2.5PB 4/10) – 방진마스크 착용

③ 녹색(2.5G 4/10) – 비상구

④ 노란색(5Y 6.5/12) – 인화성물질 경고

해설

④항, 인화성 물질 경고는 화학물질 취급장소에서의 유해 · 위험 경고로서 빨간색 모형을 사용한다.

13. 산업안전보건법령에 따른 안전 · 보건표지의 기본모형 중 다음 기본모형의 표시사항으로 옳은 것은? (단, 색도기준은 2.5PB 4/10 이다.)

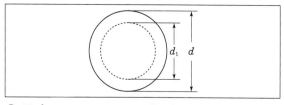

① 금지   ② 경고

③ 지시   ④ 안내

Chapter 04 보호구

보호구에서는 방진, 방독, 송기마스크, 안전모, 안전화 등 산업안전보건법상 보호구의 종류와 구조기준, 특징 등으로 구성되며 특히 방진·방독마스크, 안전모의 특징과 구조, 성능시험방법 등이 주로 출제된다.

01 보호구의 개요

(1) 보호구의 선택

보호구 선택시 유의사항	개인보호구의 구비조건
• 사용목적에 적합할 것 • 보호구 검정에 합격하고 보호성능이 보장될 것 • 작업 행동에 방해되지 않을 것 • 착용이 용이하고 크기 등이 사용자에게 편리할 것	• 착용시 작업이 용이할 것 • 유해 위험물에 대하여 방호가 완전할 것 • 재료의 품질이 우수할 것 • 구조 및 표면 가공성이 좋을 것 • 외관이 미려할 것

(2) 보호구의 구분

안전 보호구	위생 보호구
• 머리에 대한 보호구 : 안전모 • 추락 방지에 대한 보호구 : 안전대 • 발에 대한 보호구 : 안전화 • 손에 대한 보호구 : 안전장갑 • 얼굴에 대한 보호구 : 보안면	• 유해 화학물질의 흡입방지를 위한 보호구 : 방진, 방독, 송기 마스크 • 눈의 보호에 대한 보호구 : 보안경 • 소음의 차단에 대한 보호구 : 귀마개, 귀덮개

(3) 안전인증 및 자율안전 확인대상 보호구

안전 인증 대상	자율 안전 확인 대상
• 추락 및 감전 위험방지용 안전모 • 안전화 • 안전장갑 • 방진마스크 • 방독마스크 • 송기마스크 • 전동식 호흡보호구 • 보호복 • 안전대 • 차광 및 비산물 위험방지용 보안경 • 용접용 보안면 • 방음용 귀마개 또는 귀덮개	• 안전모 (안전 인증대상 기계·기구에 해당되는 사항 제외) • 보안경 (안전 인증대상 기계·기구에 해당되는 사항 제외) • 보안면 (안전 인증대상 기계·기구에 해당되는 사항 제외)

[안전인증 및 자율안전 확인대상 제품의 표시사항]
(1) 안전인증 대상
• 형식 또는 모델명
• 규격 또는 등급 등
• 제조자명
• 제조번호 및 제조년월
• 안전인증번호

(2) 자율안전확인 대상
• 형식 또는 모델명
• 규격 또는 등급 등
• 제조자명
• 제조번호 및 제조년월
• 자율확인번호

[방진마스크(직결식)]

[방진마스크(안면부여과식)]

02 방진마스크

(1) 방진마스크의 등급

등급	사용장소
특급	• 베릴륨 등과 같이 독성이 강한 물질들을 함유한 분진 등 발생장소 • 석면 취급장소
1급	• 특급마스크 착용장소를 제외한 분진 등 발생장소 • 금속흄 등과 같이 열적으로 생기는 분진 등 발생장소 • 기계적으로 생기는 분진 등 발생장소 (규소등과 같이 2급 방진마스크를 착용하여도 무방한 경우는 제외한다.)
2급	특급 및 1급 마스크 착용장소를 제외한 분진 등 발생장소

※ 배기밸브가 없는 안면부여과식 마스크는 특급 및 1급 장소에 사용해서는 안 된다.

(2) 방진마스크 형태

종류	분리식		안면부여과식
	격리식	직결식	
형태	전면형	전면형	
	반면형	반면형	
사용조건	산소농도 18% 이상인 장소에서 사용하여야 한다.		

(3) 방진마스크의 구조

구분	내용	
선정기준 (구비조건)	• 분진 포집효율(여과효율)이 좋을 것 • 흡·배기 저항이 낮을 것 • 사용적(유효공간)이 적을 것 • 중량이 가벼울 것 • 시야가 넓을 것 • 안면 밀착성이 좋을 것 • 피부 접촉 부위의 고무질이 좋을 것	
일반구조	• 착용 시 이상한 압박감이나 고통을 주지 않을 것 • 전면형은 호흡 시에 투시부가 흐려지지 않을 것 • 분리식 마스크는 여과재, 흡기밸브, 배기밸브 및 머리끈을 쉽게 교환할 수 있고 착용자 자신이 안면과 분리식 마스크의 안면부와의 밀착성 여부를 수시로 확인할 수 있을 것 • 안면부여과식 마스크는 여과재로 된 안면부가 사용기간 중 심하게 변형되지 않을 것 • 안면부여과식 마스크는 여과재를 안면에 밀착시킬 수 있을 것	
각 부의 구조	안면부	착용하였을 때 안면부가 안면에 밀착되어 공기가 새지 않을 것
	흡기밸브	미약한 호흡에 대하여 확실하고 예민하게 작동 할 것
	배기밸브	• 방진마스크의 내부와 외부의 압력이 같을 경우 항상 닫혀 있도록 할 것. • 약한 호흡 시에도 확실하고 예민하게 작동해야 한다. • 외부의 힘에 의하여 손상되지 않도록 덮개 등으로 보호되어 있을 것
	연결관 (격리식)	• 신축성이 좋아야 하고 여러 모양의 구부러진 상태에서도 통기에 지장이 없을 것 • 턱이나 팔의 압박이 있는 경우에도 통기에 지장이 없어야 한다. • 목의 운동에 지장을 주지 않을 정도의 길이를 가질 것
	머리끈	적당한 길이 및 탄력성을 갖고 길이를 쉽게 조절할 수 있을 것

(4) 방진마스크의 재료 기준

부품	기준
면에 밀착하는 부분	피부에 장해를 주지 않을 것
여과재	여과성능이 우수하고 인체에 장해를 주지 않을 것
금속부품	내식성, 부식방지를 위한 조치가 되어 있을 것
충격을 받을 수 있는 부품	충격 시에 마찰 스파크를 발생되어 가연성의 가스혼합물을 점화시킬 수 있는 알루미늄, 마그네슘, 티타늄 또는 이의 합금을 사용시 • 전면형 : 사용금지 • 반면형 : 최소한 사용

(5) 방진마스크의 시험성능 기준

① 안면부 흡기저항

형태 및 등급		유량(ℓ /min)	차압(Pa)
분리식	전면형	160	250 이하
		30	50 이하
		95	150 이하
	반면형	160	200 이하
		30	50 이하
		95	130 이하
안면부 여과식	특급	30	100 이하
	1급		70 이하
	2급		60 이하
	특급	95	300 이하
	1급		240 이하
	2급		210 이하

② 여과재 분진 등 포집효율
염화나트륨(NaCl) 및 파라핀 오일(Paraffin oil) 시험(%)

구분	특급	1급	2급
분리식	99.95 이상	94 이상	80 이상
안면부 여과식	99 이상	94 이상	80 이상

[여과재의 분진 포집효율]

$$P(\%) = \frac{C_1 - C_2}{C_1} \times 100$$

P : 여과재의 분진 등 포집효율(%)
C_1 : 여과재의 통과 전 농도(mg/m³)
C_2 : 여과재의 통과 후 농도(mg/m³)

Tip
방진마스크의 여과재 분진 등의 포집효율 시험은 염화나트륨과 파라핀오일 시험을 한다는 점 기억해 두자.

③ 안면부 배기저항

형태	유량(ℓ/min)	차압(Pa)
분리식	160	300 이하
안면부 여과식	160	300 이하

④ 안면부 누설율

형태 및 등급		누설률(%)
분리식	전면형	0.05 이하
	반면형	5 이하
안면부 여과식	특 급	5 이하
	1 급	11 이하
	2 급	25 이하

⑤ 시야

형태		시야(%)	
		유효시야	겹침시야
전면형	1 안식	70 이상	80 이상
	2 안식	70 이상	20 이상

⑥ 여과재 질량

형태		질량(g)
분리식	전면형	500 이하
	반면형	300 이하

[방진마스크의 여과재]

⑦ 여과재 호흡저항

형태 및 등급		유량(ℓ/min)	차압(Pa)
분리식	특급	30	120 이하
		95	420 이하
	1급	30	70 이하
		95	240 이하
	2급	30	60 이하
		95	210 이하

⑧ 안면부 내부의 이산화탄소 농도시험

안면부 내부의 이산화탄소 농도가 부피분율 <u>1% 이하</u>일 것

03 방독마스크

[방독마스크]

(1) 방독마스크 용어의 정의

용어	정의
전면형 방독마스크	유해물질 등으로부터 안면부 전체(입, 코, 눈)를 덮을 수 있는 구조의 방독마스크를 말한다.
반면형 방독마스크	유해물질 등으로부터 안면부의 입과 코를 덮을 수 있는 구조의 방독마스크를 말한다.
복합용 방독마스크	2종류 이상의 유해물질 등에 대한 제독능력이 있는 방독마스크를 말한다.
겸용 방독마스크	방독마스크(복합용 포함)의 성능에 방진마스크의 성능이 포함된 방독마스크를 말한다.
파과	대응하는 가스에 대하여 정화통 내부의 흡착제가 포화상태가 되어 흡착능력을 상실한 상태
파과시간	일정농도의 유해물질 등을 포함한 공기를 일정 유량으로 정화통에 통과하기 시작부터 파과가 보일 때까지의 시간
파과곡선	파과시간과 유해물질 등에 대한 농도와의 관계를 나타낸 곡선

(2) 방독마스크의 종류

종류	시험가스
유기화합물용	시클로헥산(C_6H_{12})
	디메틸에테르(CH_3OCH_3)
	이소부탄(C_4H_{10})
할로겐용	염소가스 또는 증기(Cl_2)
황화수소용	황화수소가스(H_2S)
시안화수소용	시안화수소가스(HCN)
아황산용	아황산가스(SO_2)
암모니아용	암모니아가스(NH_3)

(3) 방독마스크의 등급 및 사용장소

등급	사용장소
고농도	가스 또는 증기의 농도가 <u>100분의 2</u>(암모니아에 있어서는 100분의 3) 이하의 대기 중에서 사용하는 것
중농도	가스 또는 증기의 농도가 <u>100분의 1</u>(암모니아에 있어서는 100분의 1.5) 이하의 대기 중에서 사용하는 것
저농도 및 최저농도	가스 또는 증기의 농도가 <u>100분의 0.1</u> 이하의 대기 중에서 사용하는 것으로서 긴급용이 아닌 것

■ 비고 : 방독마스크는 산소농도가 <u>18%</u> 이상인 장소에서 사용하여야 하고, 고농도와 중농도에서 사용하는 방독마스크는 전면형(격리식, 직결식)을 사용해야 한다.

(4) 방독마스크의 형태 및 구조

형태		구조
격리식	전면형	정화통, 연결관, 흡기밸브, 안면부, 배기밸브 및 머리끈으로 구성되고, 정화통에 의해 가스 또는 증기를 여과한 청정공기를 연결관을 통하여 흡입하고 배기는 배기밸브를 통하여 외기중으로 배출하는 것으로 <u>안면부 전체를 덮는 구조</u>
	반면형	정화통에 의해 가스 또는 증기를 여과한 청정공기를 연결관을 통하여 흡입하고 배기는 배기밸브를 통하여 외기중으로 배출하는 것으로 <u>코 및 입부분을 덮는 구조</u>
직결식	전면형 구획(격장) 안경 머리끈 배기밸브 1안식 2안식	정화통에 의해 가스 또는 증기를 여과한 청정공기를 흡기밸브를 통하여 흡입하고 배기는 배기밸브를 통하여 외기중으로 배출하는 것으로 정화통이 직접 연결된 상태로 <u>안면부 전체를 덮는 구조</u>
	반면형	정화통에 의해 가스 또는 증기를 여과한 청정공기를 흡기밸브를 통하여 흡입하고 배기는 배기밸브를 통하여 외기중으로 배출하는 것으로 안면부와 정화통이 직접 연결된 상태로 코 및 입부분을 덮는 구조

(5) 방독마스크의 구조

구분		내용
일반구조		• 착용 시 이상한 압박감이나 고통을 주지 않을 것 • 착용자의 얼굴과 방독마스크의 내면사이의 공간이 너무 크지 않을 것 • 전면형은 호흡 시에 투시부가 흐려지지 않을 것 • 격리식 및 직결식 방독마스크에 있어서는 정화통·흡기밸브·배기밸브 및 머리끈을 쉽게 교환할 수 있고, 착용자 자신이 스스로 안면과 방독마스크 안면부와의 밀착성 여부를 수시로 확인할 수 있을 것
각 부의 구조	안면부	쉽게 착용할 수 있고, 착용하였을 때 안면부가 안면에 밀착되어 공기가 새지 않을 것
	흡착제	정화통 내부의 흡착제는 견고하게 충진되고 충격에 의해 외부로 노출되지 않을 것
	흡기밸브	미약한 호흡에 대하여 확실하고 예민하게 작동 할 것
	배기밸브	• 방독마스크의 내부와 외부의 압력이 같을 경우 항상 닫혀 있도록 할 것. • 약한 호흡 시에도 확실하고 예민하게 작동해야 한다. • 외부의 힘에 의하여 손상되지 않도록 덮개 등으로 보호되어 있을 것
	연결관 (격리식)	• 신축성이 좋아야 하고 여러 모양의 구부러진 상태에서도 통기에 지장이 없을 것 • 턱이나 팔의 압박이 있는 경우에도 통기에 지장이 없어야 한다. • 목의 운동에 지장을 주지 않을 정도의 길이를 가질 것
	머리끈	적당한 길이 및 탄력성을 갖고 길이를 쉽게 조절할 수 있을 것

(6) 방독마스크의 재료 기준

부품	기준
면에 밀착하는 부분	피부에 장해를 주지 않을 것
흡착제	흡착성능이 우수하고 인체에 장해를 주지 않을 것
금속부품	내식성, 부식방지를 위한 조치가 되어 있을 것
충격을 받을 수 있는 부품	충격 시에 마찰 스파크를 발생되어 가연성의 가스혼합물을 점화시킬 수 있는 알루미늄, 마그네슘, 티타늄 또는 이의 합금으로 만들지 말 것.

(7) 방독마스크의 성능기준

① 안면부 흡기저항

형태		유량(ℓ/min)	차압(Pa)
격리식 및 직결식	전면형	160	250 이하
		30	50 이하
		95	150 이하
	반면형	160	200 이하
		30	50 이하
		95	130 이하

② 정화통 제독능력

[방독마스크 정화통]

종류 및 등급		시험가스의 조건		파과 농도 (ppm, ±20%)	파과시간 (분)	분진 포집 효율 (%)
		시험 가스	농도(%) (±10%)			
유기 화합물용	고농도	시클로헥산	0.8	10.0	65 이상	
	중농도	〃	0.5		35 이상	
	저농도	〃	0.1		70 이상	
	최저농도	〃	0.1		20 이상	
할로겐용	고농도	염소가스	1.0	0.5	30 이상	
	중농도	〃	0.5		20 이상	
	저농도	〃	0.1		20 이상	** 특급 : 99.95 1급 : 94.0 2급 : 80.0
황화수소용	고농도	황화수소가스	1.0	10.0	60 이상	
	중농도	〃	0.5		40 이상	
	저농도	〃	0.1		40 이상	
시안화 수소용	고농도	시안화수소가스	1.0	10.0*	35 이상	
	중농도	〃	0.5		25 이상	
	저농도	〃	0.1		25 이상	
아황산용	고농도	아황산가스	1.0	5.0	30 이상	
	중농도	〃	0.5		20 이상	
	저농도	〃	0.1		20 이상	
암모니아용	고농도	암모니아가스	1.0	25.0	60 이상	
	중농도	〃	0.5		40 이상	
	저농도	〃	0.1		50 이상	

* 시안화수소가스에 의한 제독능력시험 시 시아노겐(C_2N_2)은 시험가스에 포함될 수 있다. (C_2N_2+HCN)를 포함한 파과농도는 10ppm을 초과할 수 없다.

** 겸용의 경우 정화통과 여과재가 장착된 상태에서 분진포집효율시험을 하였을 때 등급에 따른 기준치 이상일 것

③ 안면부 배기저항

형태	유량(ℓ/min)	차압(Pa)
격리식 및 직결식	160	300 이하

④ 안면부 누설율

형태		누설률(%)
격리식 및 직결식	전면형	0.05 이하
	반면형	5 이하

⑤ 시야

형태		시야(%)	
		유효시야	겹침시야
전면형	1안식	70 이상	80 이상
	2안식	70 이상	20 이상

⑥ 정화통 질량 (여과재가 있는 경우 포함)

형태		질량(g)
격리식 및 직결식	전면형	500 이하
	반면형	300 이하

⑦ 안면부 내부의 이산화탄소 농도

안면부 내부의 이산화탄소(CO_2)농도가 부피분율 1% 이하일 것

⑧ 추가표시

안전인증 방독마스크에 안전인증의 표시에 따른 표시 외에 추가로 표시할 사항

㉠ 파과곡선도

㉡ 사용시간 기록카드

㉢ 정화통의 외부측면의 표시 색

㉣ 사용상의 주의사항

정화통

[안전인증표시 사항]
(1) 형식 또는 모델명
(2) 규격 또는 등급 등
(3) 제조자 명
(4) 제조번호 및 제조연월
(5) 안전인증 번호

정화통 외부 측면의 표시 색

종 류	표시 색
유기화합물용 정화통	갈 색
할로겐용 정화통	회 색
황화수소용 정화통	
시안화수소용 정화통	
아황산용 정화통	노랑색
암모니아용 정화통	녹 색
복합용 및 겸용의 정화통	• 복합용의 경우 : 해당가스 모두 표시(2층 분리) • 겸용의 경우 : 백색 과 해당가스 모두 표시(2층 분리)

※ 증기밀도가 낮은 유기화합물 정화통의 경우 색상표시 및 화학물질명 또는 화학기호를 표기

⑨ 정화통의 유효시간

$$유효시간 = \frac{표준유효시간 \times 시험가스농도}{사용하는\ 작업장\ 공기중\ 유해가스농도}$$

☑ 예제

공기 중 사염화탄소의 농도가 0.2%인 작업장에서 근로자가 착용할 방독마스크 정화통의 유효시간은 얼마인가?(단, 정화통의 유효시간은 0.5%에 대하여 100분이다.)

$$유효시간 = \frac{표준유효시간 \times 시험가스농도}{사용하는\ 작업장\ 공기중\ 유해가스농도} = \frac{100 \times 0.5}{0.2} = 250분$$

04 송기마스크, 전동식 호흡보호구

[송기마스크]

[송기마스크의 종류]

(1) 호스마스크
① 폐력흡인형 : 착용자의 폐력으로 호스 끝에 고정된 신선한 공기를 호스 안면부를 통해 흡입하는 구조
② 송풍기형 : 송풍기로 신선한 공기를 안면부로 보내는 구조

(2) 에어라인마스크
① 일정유량형 : 압축공기를 중압호스 등을 통해 안면부로 보내는 구조
② 디맨드형 및 압력디맨드형 : 일정유량형과 같은 구조로 공급밸브를 갖추고 착용자의 호흡량에 따라 송기

(3) 복합식 에어라인마스크
보통때는 디맨드형 또는 압력디맨드형을 사용하다가 급기 중단 등 긴급한 경우 고압용기에서 공기를 받아 공기호흡기로 사용하는 구조

(1) 송기마스크의 종류

① 호스마스크
② 에어라인 마스크
③ 복합식 에어라인 마스크

(2) 송기마스크 구조 및 재료의 조건

구분		내용
일반구조 조건		• 튼튼하고 가벼워야 하며, 장시간 사용하여도 고장이 없을 것 • 공기공급호스는 그 결합이 확실하고 누설의 우려가 없을 것 • 취급시의 충격에 대한 내성을 보유할 것 • 각 부분의 취급이 간단하고 쉽게 파손되지 않아야 하며 착용시 압박을 주지 않을 것
재료의 조건	강도 · 탄력성	각 부위별 용도에 따라 적합할 것
	피부에 접촉하는 부분	자극 또는 변화를 주지 않아야 하며, 소독이 가능한 것일 것
	금속재료	내부식성이 있는 것이거나 내부식 처리를 할 것
	호스 및 중압호스	균일하고 유연성이 있어야 하며, 흠 · 기포 · 균열 등의 결점이 없고 유해가스 등에 의하여 침식되지 않을 것

(3) 송기마스크 성능기준

① 안면부 누설율 시험

종류	등급		구분
호스 마스크	폐력흡인형		0.05 이하
	송풍기형	전동	2 이하
		수동	2 이하
에어라인마스크	일정유량형		0.05 이하
	디맨드형		
	압력디맨드형		
복합식 에어라인마스크	디맨드형		
	압력디맨드형		
페이스실드 또는 후드	5 이하		

② 송풍기형 호스 마스크의 분진 포집효율시험

등 급	효 율(%)
전 동	99.8 이상
수 동	95.0 이상

(4) 전동식 호흡보호구

① 용어 정의

[전동식 마스크]

용어	내용
전동식 보호구	사용자의 몸에 전동기를 착용한 상태에서 전동기 작동에 의해 여과된 공기가 호흡호스를 통하여 안면부에 공급하는 형태의 전동식보호구
겸용	방독마스크(복합용 포함) 및 방진마스크의 성능이 포함된 전동식보호구
복합용	2종류 이상의 유해물질에 대한 제독능력이 있는 전동식보호구
전동식 후드	안면부 전체를 덮는 형태로 머리·안면부·목·어깨부분까지 보호할 수 있는 구조의 전동식 후드
전동식 보안면	안면부를 덮는 형태로 머리 및 안면부를 보호할 수 있는 구조의 전동식 보안면
착용부품	전동식보호구 각각의 부품을 결합하여 어깨 또는 허리에 전동식보호구와 조립하여 사용하는 부품
호흡호스	상압에 가까운 압력으로 공기가 들어가도록 안면부에 연결된 주름진 유연한 호스(hose)
호흡저항	흡기 및 배기 중 공기흐름에 따른 전동식보호구 안면부 내부의 호흡저항

② 전동식 호흡보호구 추가표시사항
  ㉠ 전동기 등이 본질안전 방폭구조로 설계된 경우 해당내용 표시
  ㉡ 사용범위, 사용상주의사항, 파과곡선도(정화통에 부착)
  ㉢ 정화통의 외부측면의 표시 색(방독 마스크와 동일)

③ 전동식 방진마스크의 시험 성능기준
  ㉠ 여과재 분진의 포집효율

형태 및 등급		염화나트륨(NaCl) 및 파라핀 오일 (Paraffin oil) 시험(%)
전동식 전면형 및 전동식 반면형	전동식 특급	99.95 이상
	전동식 1급	99.5 이상
	전동식 2급	95.0 이상

ⓛ 질량

형태	질량
전동식 방진마스크 총 질량	총 질량이 5kg 이하이어야 하고 머리부분은 1.5kg 이하일 것
전동식 전면형	전동식 방진마스크의 모든 부착물을 포함한 상태에서 500g 이하일 것
전동식 반면형	전동식 방진마스크의 모든 부착물을 포함한 상태에서 300g 이하일 것

ⓒ 호흡호스의 연결강도

등급	연결강도(N)
전동식 특급	250
전동식 1급	100
전동식 2급	50

ⓔ 안면부 내부의 이산화탄소 농도

상태	농도(%)
전원을 켠 상태	안면부 내부의 이산화탄소(CO_2)농도가 부피분율 1.0% 이하일 것
전원을 끈 상태	안면부 내부의 이산화탄소(CO_2)농도가 부피분율 2.0% 이하일 것

ⓜ 소음 : 전동기 작동시 안면부 내부의 소음은 75dB(A)이하 일 것

④ 전동식 후드 및 전동식 보안면

ⓗ 호흡저항

형태	상태	차압(Pa)
전동식 후드 및 전동식 보안면	상온상압에서 시료를 인두 또는 인체모형에 장착	500 이하

ⓛ 여과재의 분진 포집효율

형태 및 등급		염화나트륨(NaCl)및 파라핀 오일 (Paraffin oil) 시험(%)
전동식 후드 및 전동식 보안면	전동식 특급	99.8 이상
	전동식 1급	98.0 이상
	전동식 2급	90.0 이상

[전동식 후드]

ⓒ 안면부 누설률

형태 및 등급		안면부누설률(%)
전원을 켠 상태	전동식 특급	0.2 이하
	전동식 1급	2.0 이하
	전동식 2급	10.0 이하

ⓔ 질량 : 총 질량이 5kg 이하이어야 하고, 머리부분은 1.5kg 이하

ⓜ 전동기 용량 : 최소 사용시간이 240분 이상 일 것

ⓗ 호흡호스의 변형 : 규정하중으로 눌렀을 때 설계된 유량을 기준으로 공기유량의 감소가 5% 이하이어야 하며, 규정하중을 제거하고 5분경 과후 호흡호스에 변형이 없어야 한다.

05 안전모

(1) 안전모의 종류

종류(기호)	사용구분	비고
AB	물체의 낙하 또는 비래 및 추락에 의한 위험을 방지 또는 경감시키기 위한 것	–
AE	물체의 낙하 또는 비래에 의한 위험을 방지 또는 경감하고, 머리부위 감전에 의한 위험을 방지하기 위한 것	내전압성
ABE	물체의 낙하 또는 비래 및 추락에 의한 위험을 방지 또는 경감하고, 머리부위 감전에 의한 위험을 방지 하기 위한 것	내전압성

[내전압성]

내전압성이란 7,000V 이하의 전압에 견디는 것을 말한다.

[ABE형 안전모]

Tip

안전모 각부의 명칭은 실기에서도 출제되는 내용으로 그림에 따라 각 명칭은 충분히 숙지해야 한다.

(2) 안전모의 구조

① 안전모 각부의 명칭

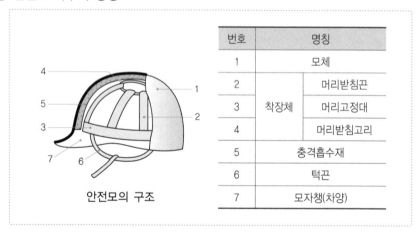

안전모의 구조

번호	명칭	
1	모체	
2	착장체	머리받침끈
3		머리고정대
4		머리받침고리
5	충격흡수재	
6	턱끈	
7	모자챙(차양)	

구분	내용
모체	착용자의 머리부위를 덮는 주된 물체로서 단단하고 매끄럽게 마감된 재료
착장체	머리받침끈, 머리고정대 및 머리받침고리로 구성되어 안전모 머리부위에 고정시켜주며, 안전모에 충격이 가해졌을 때 착용자의 머리부위에 전해지는 충격을 완화시켜주는 기능을 갖는 부품
충격흡수재	안전모에 충격이 가해졌을 때, 착용자의 머리부위에 전해지는 충격을 완화하기 위하여 모체의 내면에 붙이는 부품

구분	내용
턱끈	모체가 착용자의 머리부위에서 탈락하는 것을 방지하기 위한 부품
통기구멍	통풍의 목적으로 모체에 있는 구멍
챙	빛 등을 가리기 위한 목적으로 착용자의 이마 앞으로 돌출된 모체의 일부

② 안전모의 거리 및 간격

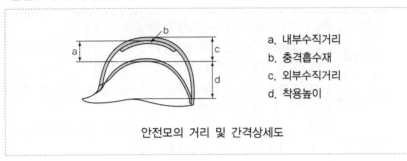

a. 내부수직거리
b. 충격흡수재
c. 외부수직거리
d. 착용높이

안전모의 거리 및 간격상세도

구분	내용
내부수직거리 (그림 a)	모체내면의 최고점과 머리모형 최고점과의 수직거리 (25~50mm 미만)
외부수직거리 (그림 c)	모체외면의 최고점과 머리모형 최고점과의 수직거리 (80mm 미만)
착용높이 (그림 d)	머리고정대의 하부와 머리모형 최고점과의 수직거리 (85mm 이상)
수평간격	모체 내면과 머리모형 전면 또는 측면간의 거리(5mm 이상)
관통거리	모체두께를 포함하여 철제추가 관통한 거리

(3) 안전모의 일반구조 조건

① 안전모는 모체, 착장체 및 턱끈을 가질 것
② 머리고정대 : 착용자의 머리부위에 적합하도록 조절할 수 있을 것
③ 착장체의 구조 : 착용자의 머리에 균등한 힘이 분배되도록 할 것
④ 모체, 착장체 등 안전모의 부품 : 착용자에게 상해를 줄 수 있는 날카로운 모서리 등이 없을 것
⑤ 모체에 구멍이 없을 것(착장체 및 턱끈의 설치 또는 안전등, 보안면 등을 붙이기 위한 구멍은 제외)
⑥ 턱끈 : 사용 중 탈락되지 않도록 확실히 고정되는 구조일 것
⑦ 머리받침끈 : 폭은 15mm 이상, 교차되는 끈 폭의 합은 72mm 이상
⑧ 턱끈의 폭 : 10mm 이상일 것

[내관통성 및 충격흡수성 시험장치]

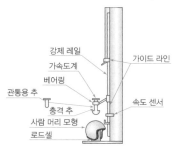

강제 레일
가속도계
베어링
관통용 추
충격 추
사람 머리 모형
로드셀
가이드 라인
속도 센서

[안전모의 착용높이 측정]

안전모 머리 고정대를 머리모형에 장착하여 측정하며 50N의 수직하중을 가한 상태에서 측정한다. 머리받침고리는 가장 높은 위치로 조절하여 측정한다.

[자율안전확인대상 안전모의 시험성능기준]

① 내관통성
② 충격흡수성
③ 난연성
④ 턱끈풀림

⑨ 모체, 착장체 및 충격흡수재를 포함한 질량 : 440g 이하
⑩ AB종 안전모 : 충격흡수재를 가져야 하며, 리벳(rivet)등 기타 돌출부가 모체의 표면에서 5mm 이상 돌출되지 않아야 한다.
⑪ AE종 안전모 : 금속제의 부품을 사용하지 않고, 착장체는 모체의 내외면을 관통하는 구멍을 뚫지 않고 붙일 수 있는 구조로서 모체의 내외면을 관통하는 구멍 핀홀 등이 없어야 한다.

(4) 안전모의 시험성능 기준(안전인증대상 안전모)

항목	시험 성능기준
내관통성	AE, ABE종 안전모는 관통거리가 9.5mm 이하이고, AB종 안전모는 관통거리가 11.1mm 이하이어야 한다.
충격흡수성	최고전달충격력이 4,450N을 초과해서는 안되며, 모체와 착장체의 기능이 상실되지 않아야 한다.
내전압성	AE, ABE종 안전모는 교류 20kV에서 1분간 절연파괴 없이 견뎌야 하고, 이때 누설되는 충전전류는 10mA 이하이어야 한다.
내 수 성	AE, ABE종 안전모는 질량증가율이 1% 미만이어야 한다.
난 연 성	모체가 불꽃을 내며 5초 이상 연소되지 않아야 한다.
턱끈풀림	150N 이상 250N 이하에서 턱끈이 풀려야 한다.

(5) 안전모의 시험방법

① 안전모의 전처리 시험

구분	성능 기준
저온전처리는 (−10±2)°C	
고온전처리는 (50±2)°C	4시간 이상 유지
침지전처리는 (20±2)°C	

② 충격흡수성 및 내관통성 시험

충격흡수성 시험	내관통성 시험
질량 3,600g의 충격추를 높이 1.5m에서 자유 낙하시켜 전달충격력을 측정 (충격이 가해진 안전모에 다시 충격을 가하지 않도록 한다.)	질량 450g 철체추를 높이 3m에서 자유 낙하시켜 관통거리를 측정

※ 안전모를 머리모형에 장착하고 전처리한 후 1분 이내에 실시한다.

③ 내전압성 시험(AE, ABE종)
모체의 내부 수면에서 최소연면거리(30mm)까지 모체 내외의 수중에 전극을 담그고, 60Hz, 20kV의 전압을 가하고 충전전류를 측정

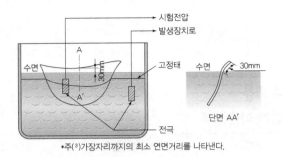

*주(3)가장자리까지의 최소 연면거리를 나타낸다.

내전압시험장치

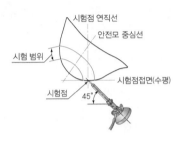

[난연성 시험장치]

④ 안전모의 내수성 시험(AE, ABE종)

시험 안전모의 모체를(20~25)℃의 수중에 24시간 담가놓은 후, 대기 중에 꺼내어 마른천 등으로 표면의 수분을 닦아내고 다음 산식으로 질량증가율(%)을 산출한다.

$$질량\ 증가율(\%) = \frac{담근\ 후의\ 질량 - 담그기\ 전의\ 질량}{담그기\ 전의\ 질량} \times 100$$

※ AE, ABE종 안전모의 판정기준은 질량증가율 1% 미만

[턱끈풀림 시험장치]

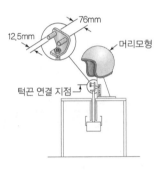

> ✏️ **예제**
>
> 종류 AE, ABE 안전모의 질량 증가율을 구하고 판정을 내리시오. (단, 담그기 전 무게가 440g이고 담근 후의 무게가 445g이었다.)
>
> $$질량\ 증가율(\%) = \frac{445(g) - 440(g)}{440(g)} \times 100 = 1.1363 ≒ 1.14$$
>
> 판정 : 1.14(%), 판정기준 1% 이상이므로 불합격

⑤ 난연성 시험

모체 상부로부터 (50~100)mm 사이로 불꽃 접촉면이 수평이 된 상태에서 버너를 수직방향에서 45° 기울여서 10초간 연소시킨 후 불꽃을 제거한 후 모체가 불꽃을 내고 계속 연소되는 시간을 측정
※ 모체가 불꽃을 내며 5초 이상 연소되지 않아야 한다.

⑥ 턱끈풀림 시험

안전모를 머리모형에 장착하고 직경이 (12.5±0.5)mm이고 양단간의 거리가(75±2)mm인 원형롤러에 턱끈을 고정시킨 후 초기 150N의 하중을 원형 롤러부에 가하고 이후 턱끈이 풀어질 때까지 분당(20±2)N의 힘을 가하여 최대하중을 측정하고 턱끈 풀림여부를 확인
※ 150N 이상 250N 이하에서 턱끈이 풀려야 한다.

06 안전화

(1) 안전화의 종류

① 시험성능에 따른 종류

구분	낙하높이	압축하중
중작업용	1,000mm	15.0±0.1 kN
보통작업용	500mm	10.0±0.1 kN
경작업용	250mm	4.4±0.1 kN

② 등급에 따른 종류

등급	사용장소
중작업용	광업, 건설업 및 철광업 등에서 원료취급, 가공, 강재취급 및 강재 운반, 건설업 등에서 중량물 운반작업, 가공대상물의 중량이 큰 물체를 취급하는 작업장으로서 날카로운 물체에 의해 찔릴 우려가 있는 장소
보통 작업용	기계공업, 금속가공업, 운반, 건축업 등 공구 가공품을 손으로 취급하는 작업 및 차량 사업장, 기계 등을 운전조작하는 일반 작업장으로서 날카로운 물체에 의해 찔릴 우려가 있는 장소
경작업용	금속 선별, 전기제품 조립, 화학제품 선별, 반응장치 운전, 식품 가공업 등 비교적 경량의 물체를 취급하는 작업장으로서 날카로운 물체에 의해 찔릴 우려가 있는 장소

③ 용도에 따른 종류

종 류	성능구분
가죽제 안전화	물체의 낙하, 충격 또는 날카로운 물체에 의한 찔림 위험으로부터 발을 보호하기 위한 것
고무제 안전화	물체의 낙하, 충격 또는 날카로운 물체에 의한 찔림 위험으로부터 발을 보호하고 내수성 또는 내화학성을 겸한 것
정전기 안전화	물체의 낙하, 충격 또는 날카로운 물체에 의한 찔림 위험으로부터 발을 보호하고 정전기의 인체대전을 방지하기 위한 것

종 류	성능구분
발등 안전화	물체의 낙하, 충격 또는 날카로운 물체에 의한 찔림 위험으로부터 발 및 발등을 보호하기 위한 것
절연화	물체의 낙하, 충격 또는 날카로운 물체에 의한 찔림 위험으로부터 발을 보호하고 저압의 전기에 의한 감전을 방지하기 위한 것
절연장화	고압에 의한 감전을 방지 및 방수를 겸한 것

④ 고무제 안전화의 종류

등급	사용장소
일반용	일반작업장
내유용	탄화수소류의 윤활유 등을 취급하는 작업장
내산용	무기산을 취급하는 작업장
내알카리용	알카리를 취급하는 작업장
내산, 알카리 겸용	무기산 및 알카리를 취급하는 작업장

(2) 안전화의 성능기준

① 절연화의 성능기준

구분		내전압성능
신울 등이 가죽제 및 고무제인 것	선심 있는 것	14,000V, 60Hz에서 1분간 견디고 충전전류가 5mA 이하일 것
	선심 없는 것	

② 절연장화의 시험성능기준

항목	시험성능기준
내전압성시험	20,000V에 1분간 견디고 이때의 충전전류가 20mA 이하일 것

[안전화의 선심]
발가락 등을 보호할 수 있도록 안전화의 앞부분에 쇠, 플라스틱 등을 내부에 갖춘 것

③ 부가성능기준

미끄럼방지 시험성능기준

미끄럼방지 등급	1등급	2등급
성 능	마찰계수 0.36 초과	마찰계수 0.25~0.35

④ 안전화의 몸통높이

(단화 : 113mm 미만) (중단화 : 113mm 이상) (장화 : 178mm 이상)

07 안전대

(1) 안전대의 종류

종류	사용구분	내용
벨트식(B식) 신체지지의 목적으로 허리에 착용하는 띠모양의 부품	1개 걸이용	 죔줄의 한쪽 끝을 D링에 고정시키고 훅 또는 카라비너를 구조물 또는 구명줄에 고정시키는 걸이 방법
	U자 걸이용	 안전대의 죔줄을 구조물 등에 U자모양으로 돌린 뒤 훅 또는 카라비너를 D링에, 신축조절기를 각링 등에 연결하는 걸이 방법
안전그네식(H식) 신체지지의 목적으로 전신에 착용하는 띠 모양의 것 (상체 등 신체 일부분만 지지하는 것은 제외)	추락방지대	 추락을 방지하기 위해 자동잠김 장치를 갖추고 죔줄과 수직구명줄에 연결된 금속장치
	안전블록	 안전그네와 연결하여 추락발생시 추락을 억제할 수 있는 자동잠김장치가 갖추어져 있고 죔줄이 자동적으로 수축되는 장치

> **Tip**
>
> **안전대 구분 주의!**
> 추락방지대 및 안전블록은 안전그네식에만 적용한다.

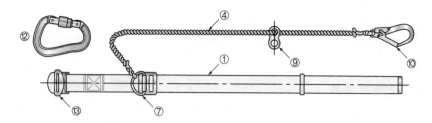

(a) 1개 걸이 전용 안전대

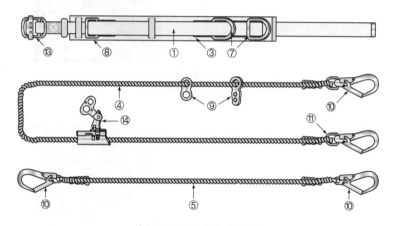

(b) U자 걸이 사용 안전대

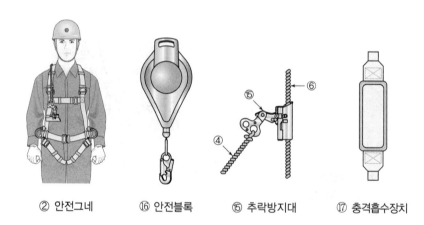

② 안전그네　　⑯ 안전블록　　⑮ 추락방지대　　⑰ 충격흡수장치

① 벨트	② 안전그네	③ 지탱벨트	④ 죔 줄	⑤ 보조죔 줄
⑥ 수직구명줄	⑦ D링	⑧ 각링	⑨ 8자형링	⑩ 훅
⑪ 보조훅	⑫ 카라비나	⑬ 버클	⑭ 신축조절기	⑮ 추락방지대
⑯ 안전블록	⑰ 충격흡수장치			

(2) 용어의 정의

용어	내용
지탱벨트	U자걸이 사용 시 벨트와 겹쳐서 몸체에 대는 역할을 하는 띠 모양의 부품
죔줄	벨트 또는 안전그네를 구명줄 또는 구조물 등 기타 걸이설비와 연결하기 위한 줄모양의 부품
D링	벨트 또는 안전그네와 죔줄을 연결하기 위한 D자형의 금속 고리
각링	벨트 또는 안전그네와 신축조절기를 연결하기 위한 사각형의 금속 고리
버클	벨트 또는 안전그네를 신체에 착용하기 위해 그 끝에 부착한 금속장치
훅 및 카리비너	줄과 걸이설비 등 또는 D링과 연결하기 위한 금속장치
보조훅	U자걸이를 위해 훅 또는 카라비너를 지탱벨트의 D링에 걸거나 떼어낼 때 추락을 방지하기 위한 훅
8자형 링	안전대를 1개걸이로 사용할 때 훅 또는 카라비너를 죔줄에 연결하기 위한 8자형의 금속고리
보조죔줄	U자걸이로 사용할 때 U자걸이를 위해 훅 또는 카라비너를 지탱벨트의 D링에 걸거나 떼어낼 때 잘못하여 추락하는 것을 방지하기 위한 링과 걸이설비연결에 사용하는 훅 또는 카라비너를 갖춘 줄모양의 부품
수직구명줄	로프 또는 레일 등과 같은 유연하거나 단단한 고정줄로서 추락발생시 추락을 저지시키는 추락방지대를 지탱해 주는 줄모양의 부품
충격흡수장치	추락 시 신체에 가해지는 충격하중을 완화시키는 기능을 갖는 죔줄에 연결되는 부품

[낙하거리의 용어]
(1) 억제거리 : 감속거리를 포함한 거리로서 추락을 억제하기 위하여 요구되는 총 거리
(2) 감속거리 : 추락하는 동안 전달충격력이 생기는 지점에서의 착용자의 D링 등 체결지점과 완전히 정지에 도달하였을 때의 D링 등 체결지점과의 수직거리
(3) 최대전달충격력 : 동하중시험 시 시험몸통 또는 시험추가 추락하였을 때 로드셀에 의해 측정된 최고 하중

(3) 안전대의 구조 조건

구조 조건	내용
일반구조 조건	• 벨트 또는 지탱벨트 및 죔줄, 수직구명줄 또는 보조죔줄에 씸블(thimble)등의 마모방지장치가 되어있을 것 • 죔줄의 모든 금속 구성품은 내식성을 갖거나 부식방지 처리를 할 것 • 벨트의 조임 및 조절 부품은 저절로 풀리거나 열리지 않을 것 • 안전그네는 골반 부분과 어깨에 위치하는 띠를 가져야 하고, 사용자에게 잘 맞게 조절할 수 있을 것 • 안전대에 사용하는 죔줄은 충격흡수장치가 부착될 것 다만 U자걸이, 추락방지대 및 안전블록에는 해당하지 않는다.
U자걸이를 사용할 수 있는 안전대의 구조	• 지탱벨트, 각링, 신축조절기가 있을 것 (안전그네를 착용할 경우 지탱벨트를 사용하지 않아도 된다.) • U자걸이 사용 시 D링, 각 링은 안전대 착용자의 몸통 양 측면에 고정되도록 지탱벨트 또는 안전그네에 부착할 것 • 신축조절기는 죔줄로부터 이탈하지 않도록 할 것 • U자걸이 사용상태에서 신체의 추락을 방지하기 위하여 보조 죔줄을 사용할 것 • 보조훅 부착 안전대는 신축조절기의 역방향으로 낙하저지 기능을 갖출 것 다만 죔줄에 스토퍼가 부착될 경우에는 이에 해당 하지 않는다. • 보조훅이 없는 U자걸이 안전대는 1개걸이로 사용할 수 없도록 훅이 열리는 너비가 죔줄의 직경보다 작고 8자형링 및 이음형 고리를 갖추지 않을 것
안전블록이 부착된 안전대의 구조	• 안전블록을 부착하여 사용하는 안전대는 신체지지의 방법으로 안전그네만을 사용할 것 • 안전블록은 정격 사용 길이가 명시 될 것 • 안전블록의 줄은 합성섬유로프, 웨빙(webbing), 와이어로프 이어야 하며, 와이어로프인 경우 최소지름이 4mm 이상일 것
추락방지대가 부착된 안전대의 구조	• 추락방지대를 부착하여 사용하는 안전대는 신체지지의 방법으로 안전그네만을 사용하여야 하며 수직구명줄이 포함될 것 • 수직구명줄에서 걸이설비와의 연결부위는 훅 또는 카라비너 등이 장착되어 걸이설비와 확실히 연결될 것 • 유연한 수직구명줄은 합성섬유로프 또는 와이어로프 등이어야 하며 구명줄이 고정되지 않아 흔들림에 의한 추락방지대의 오작동을 막기 위하여 적절한 긴장수단을 이용, 팽팽히 당겨질 것 • 죔줄은 합성섬유로프, 웨빙, 와이어로프 등일 것 • 고정된 추락방지대의 수직구명줄은 와이어로프 등으로 하며 최소지름이 8mm 이상일 것 • 고정 와이어로프에는 하단부에 무게추가 부착되어 있을 것

(4) 시험성능기준

구분	명칭	시험하중	시험성능기준
완성품	벨트식	15kN(1,530kgf)	• 파단되지 않을 것 • 신축조절기의 기능이 상실되지 않을 것
	안전그네식	15kN(1,530kgf)	시험몸통으로부터 빠지지 말 것
부품	벨트, 지탱벨트	15kN(1,530kgf)	
	죔줄, 수직구명줄	22kN(2,245kgf)	재료가 합성섬유인 경우
		15kN(1,530kgf)	재료가 금속인 경우
	보조죔줄	18kN(1,835kgf)	
	죔줄, 수직구명줄의 D링 또는 훅 등의 연결부	11.28kN(1,150kgf)	
	링류(D링, 각링, 8자링)	15kN(1,530kgf)	
	버클	7.84kN(800kgf)	
	신축조절기	11.28kN(1,150kgf)	미끄러진 길이가 30mm 이하일 것
	추락방지대	11.28kN(1,150kgf)	미끄러진 길이가 30mm 이하일 것
	훅, 보조훅 및 카라비너	15kN(1,530kgf)	
	훅의 코부위 또는 카라비너의 입구(gate)	1kN(100kgf)	• 수직압축하중 • 코부위 또는 몸체로부터 3mm 이상의 이격이 없을 것
		1.55kN(160kgf)	• 측면압축하중 • 코부위 또는 몸체로부터 3mm 이상의 이격이 없을 것
	신축조절기의 각링 연결부위	1.55kN(160kgf)	• 측면압축하중 • 코부위 또는 몸체로부터 3mm 이상의 이격이 없을 것
	안전블록	15kN(1,530kgf)	안전블록의 줄
		11.28kN(1,150kgf)	안전블록의 몸체
		6N(0.6kgf)~112N(11.4kgf)	• 줄의 수축하중 • 완전 수축 후 잔여길이는 600mm 이내일 것
	충격흡수장치	15kN(1,530kgf)	완전 전개한 후 시험하여 파단하지 않을 것
		2kN(200kgf)	50mm 이상의 늘어남이 없을 것

08 차광보안경

[차광 보안경]

[용접용 보안면(헬멧형)]

[용접용 보안면(핸드실드형)]

(1) 보안경의 종류

사용구분에 따른 차광보안경의 종류

종류	사용구분
자외선용	자외선이 발생하는 장소
적외선용	적외선이 발생하는 장소
복합용	자외선 및 적외선이 발생하는 장소
용접용	산소용접작업등과 같이 자외선, 적외선 및 강렬한 가시광선이 발생하는 장소

(2) 용접용 보안면

① 용접용 보안면의 종류

분류		구조
필터에 의한 분류		자동용접 필터형
		일반용접 필터형
형태에 의한 분류	헬멧형	안전모나 착용자의 머리에 지지대나 헤드밴드 등을 이용하여 적정위치에 고정, 사용하는 형태(자동용접 필터형, 일반용접필터형)
	핸드 실드형	손에 들고 이용하는 보안면으로 적절한 필터를 장착하여 눈 및 안면을 보호하는 형태

② 용접용 보안면의 일반구조 조건

구분	내용
보안면	돌출 부분, 날카로운 모서리 혹은 사용 도중 불편하거나 상해를 줄 수 있는 결함이 없어야 한다.
접촉면	착용자와 접촉하는 보안면의 모든 부분에는 피부 자극을 유발하지 않는 재질을 사용해야 한다.
머리띠	머리띠를 착용하는 경우, 착용자의 머리와 접촉하는 모든 부분의 폭이 최소한 10mm 이상 되어야 하며, 머리띠는 조절이 가능해야 한다.
형식 및 치수 (핸드실드형)	길이 : 310mm 이상, 폭 : 210mm 이상, 깊이 120mm 이상
절연시험	누출 전류 1.2mA 미만이어야 한다.

③ 투과율

커버플레이트	89% 이상
자동용접필터	낮은 수준의 최소시감투과율 0.16% 이상

09 내전압용 절연장갑, 안전장갑

(1) 내전압용 절연장갑 용어의 정의

용어	내용
손바닥(palm)부분	내전압용 절연장갑의 손바닥 안쪽 중심면을 덮는 부분
손목(wrist)부분	연장갑의 소매 위 좁은 부분
컨투어 장갑 (contour glove)	소매 끝단을 팔의 구부림을 편리하게 한 절연장갑
아귀(fork)	절연장갑의 두 손가락 사이 또는 엄지와 손가락 사이 부분
합성 장갑 (composite glove)	다양한 색상 또는 형태의 고무를 여러 개 붙이거나 층층으로 포개어 합성한 장갑
미트(mitt)	4개 이하의 손가락 덮개를 가진 절연장갑
소매(cuff)	절연장갑의 손목에서 개구부까지의 부분
소매 롤(cuff roll)	소매 끝단을 말거나 보강한 부분
색 스플래시 (colour splash)	균질한 성분으로써 절연장갑 내부 또는 외부를 돋보이게 하기 위하여 칠 또는 줄무늬 등을 함침 공법에 의하여 착색시켜 경화시킨 것
펑크(puncture)	고형 절연물을 관통하는 절연 파괴
정격전압 (nominal voltage)	설계 또는 규정된 계통에 적용되는 적정한 값의 전압
고무 (elastomer)	천연이나 합성 또는 이들의 혼합물이나 화합물로 될 수 있는 천연 고무, 유액 및 합성 고무 등을 포함

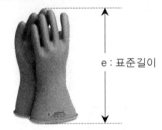

[절연장갑의 모양]

e : 표준길이

(2) 성능기준 및 시험방법

① 절연장갑의 등급

등 급	최대사용전압	
	교류(V, 실효값)	직류(V)
00	500	750
0	1,000	1,500
1	7,500	11,250
2	17,000	25,500
3	26,500	39,750
4	36,000	54,000

② 각 등급별 표준길이(절연장갑의 치수)

등 급	표준길이(mm)	비 고
00	270 및 360	
0	270, 360, 410 및 460	오차범위
1, 2, 3	360, 410 및 460	±15mm
4	410 및 460	

③ 절연장갑의 최대 두께, 절연내력시험(실효치) 및 색상

등 급	두께(mm)	시험전압(kv)	색상
00	0.50 이하	5	갈색
0	1.00 이하	10	빨간색
1	1.50 이하	20	흰색
2	2.30 이하	30	노란색
3	2.90 이하	30	녹색
4	3.60 이하	40	등색

[화학물질 보호성능 표시]

(3) 유기화합물용 안전장갑

구분	내용
일반구조 및 재료	• 사용되는 재료와 부품은 착용자에게 해로운 영향을 주지 않아야 한다. • 착용 및 조작이 용이하고, 착용상태에서 작업을 행하는데 지장이 없어야 한다. • 육안을 통해 확인한 결과 찢어진 곳, 터진 곳, 구멍난 곳이 없어야 한다.
추가표시 사항	• 안전장갑의 치수 • 보관 · 사용 및 세척상의 주의사항 • 안전장갑을 표시하는 화학물질 보호성능표시

10 방음용 귀마개, 귀덮개

(1) 음압수준

"음압수준"이란 음압을 아래식에 따라 데시벨(dB)로 나타낸 것을 말하며 KS C 1505(적분평균소음계) 또는 KS C 1502(소음계)에 규정하는 소음계의 "C" 특성을 기준으로 한다.

$$음압수준 = 20\log\frac{P}{P_0}$$

P : 측정음압으로서 파스칼(Pa) 단위를 사용
P_0 : 기준음압으로서 20μPa사용

(2) 귀마개, 귀덮개의 종류

종류	등급	기호	성능
귀마개	1종	EP-1	저음부터 고음까지 차음하는 것
	2종	EP-2	주로 고음을 차음하고 저음(회화음영역)은 차음하지 않는 것
귀덮개	–	EM	

(3) 귀마개와 귀덮개의 일반구조기준

구분	내용
귀마개	• 귀마개는 사용수명 동안 피부자극, 피부질환, 알레르기 반응 혹은 그 밖에 다른 건강상의 부작용을 일으키지 않을 것 • 귀마개 사용 중 재료에 변형이 생기지 않을 것 • 귀마개를 착용할 때 귀마개의 모든 부분이 착용자에게 물리적인 손상을 유발시키지 않을 것 • 귀마개를 착용할 때 밖으로 돌출되는 부분이 외부의 접촉에 의하여 귀에 손상이 발생하지 않을 것 • 귀(외이도)에 잘 맞을 것 • 사용 중 심한 불쾌함이 없을 것 • 사용 중에 쉽게 빠지지 않을 것
귀덮개	• 인체에 접촉되는 부분에 사용하는 재료는 해로운 영향을 주지 않을 것 • 귀덮개 사용중 재료에 변형이 생기지 않을 것 • 제조자가 지정한 방법으로 세척 및 소독을 한 후 육안 상 손상이 없을 것 • 금속으로 된 재료는 부식방지 처리가 된 것으로 할 것 • 귀덮개의 모든 부분은 날카로운 부분이 없도록 처리할 것 • 제조자는 귀덮개의 쿠션 및 라이너를 전용 도구로 사용하지 않고 착용자가 교체할 수 있을 것

[소음계의 C 특성]
85phon의 고음역대 신호보정회로를 이용하여 소음등급평가에 적절하며 A특성과 C특성의 차이가 크면 저주파음, 차가 작으면 고주파음으로 추정한다.

[귀마개와 귀덮개]
(1) 방음용 귀마개(ear-plugs) : 외이도에 삽입 또는 외이 내부·외이도 입구에 반 삽입함으로서 차음효과를 나타내는 일회용 또는 재사용 가능한 방음용 귀마개를 말한다.
(2) 방음용 귀덮개(ear-muff) : 양쪽 귀 전체를 덮을 수 있는 컵(머리띠 또는 안전모에 부착된 부품을 사용하여 머리에 압착될 수 있는 것)을 말한다.

[귀마개]

[귀덮개]

구분	내용
	• 귀덮개는 귀전체를 덮을 수 있는 크기로 하고, 발포 플라스틱 등의 흡음재료로 감쌀 것 • 귀 주위를 덮는 덮개의 안쪽 부위는 발포 플라스틱 공기 혹은 액체를 봉입한 플라스틱 튜브 등에 의해 귀주위에 완전하게 밀착되는 구조일 것 • 길이조절을 할 수 있는 금속재질의 머리띠 또는 걸고리 등은 적당한 탄성을 가져 착용자에게 압박감 또는 불쾌함을 주지 않을 것

(4) 귀마개 또는 귀덮개의 차음성능기준

	중심주파수(Hz)	차음치(dB)		
		EP-1	EP-2	EM
차음 성능	125	10 이상	10 미만	5 이상
	250	15 이상	10 미만	10 이상
	500	15 이상	10 미만	20 이상
	1,000	20 이상	20 미만	25 이상
	2,000	25 이상	20 이상	30 이상
	4,000	25 이상	25 이상	35 이상
	8,000	20 이상	20 이상	20 이상

11 방열복

(1) 방열복의 종류 및 구조, 질량

종류	착용부위	질량(kg)
방열상의	상 체	3.0
방열하의	하 체	2.0
방열일체복	몸체(상 · 하체)	4.3
방열장갑	손	0.5
방열두건	머 리	2.0

(2) 방열두건의 사용구분

차광도 번호	사용구분
#2 ～ #3	고로강판가열로, 조괴(造塊) 등의 작업
#3 ～ #5	전로 또는 평로 등의 작업
#6 ～ #8	전기로의 작업

방열상의　　　방열하의　　　방열일체복　　　방열장갑　　　방열두건

[방열복]

Ch.04 보호구 핵심문제

□□□ 20년1,2회
1. 보호구 안전인증제품에 표시할 사항으로 옳지 않은 것은?

① 규격 또는 등급
② 형식 또는 모델명
③ 제조번호 및 제조연월
④ 성능기준 및 시험방법

해설
안전인증제품의 표시사항 1. 형식 또는 모델명 2. 규격 또는 등급 등 3. 제조자명 4. 제조번호 및 제조연월 5. 안전인증 번호 [참고] 보호구 안전인증 고시 제34조 [안전인증 제품표시의 붙임]

□□□ 15년2회
2. 다음 중 방진마스크의 일반적인 구조로 적합하지 않은 것은?

① 배기밸브는 방진마스크의 내부와 외부의 압력이 같을 경우 항상 열려 있도록 할 것
② 흡기밸브는 미약한 호흡에 대하여 확실하고 예민하게 작동하도록 할 것
③ 안면부여과식 마스크는 여과재를 안면에 밀착시킬 수 있어야 할 것
④ 머리끈은 적당한 길이 및 탄력성을 갖고 길이를 쉽게 조절할 수 있을 것

해설
배기밸브는 방진마스크의 내부와 외부의 압력이 같을 경우 항상 닫혀 있도록 할 것. 또한, 약한 호흡 시에도 확실하고 예민하게 작동하여야 하며 외부의 힘에 의하여 손상되지 않도록 덮개 등으로 보호되어 있을 것

□□□ 08년2회, 13년4회
3. 다음 중 방진마스크의 선정기준으로 틀린 것은?

① 분진 포집효율은 높은 것
② 흡·배기 저항은 높은 것
③ 시야는 넓은 것
④ 중량은 가벼운 것

해설
흡·배기 저항은 낮아야 한다.

□□□ 18년2회
4. 산소가 결핍되어 있는 장소에서 사용하는 마스크는?

① 방진 마스크
② 송기 마스크
③ 방독 마스크
④ 특급 방진 마스크

문제 4 ~ 6 해설
공기 중 산소농도가 부족하고, 공기 중에 미립자상 물질이 부유하는 장소에서 사용하기에 가장 적절한 보호구는 송기마스크이다. [참고] 산소농도 18% 미만의 산소결핍 장소에서는 방진마스크, 방독마스크의 사용을 금한다.

□□□ 13년1회
5. 다음 중 실내에서 석재를 가공하는 산소결핍장소에 작업하고자 할 때 가장 적합한 마스크의 종류는?

① 방진마스크
② 방독마스크
③ 송기마스크
④ 위생마스크

□□□ 16년2회
6. 호흡용 보호구와 각각의 사용환경에 대한 연결이 옳지 않은 것은?

① 송기마스크 – 산소결핍장소의 분진 및 유독가스
② 공기호흡기 – 산소결핍장소의 분진 및 유독가스
③ 방독마스크 – 산소결핍장소의 유독가스
④ 방진마스크 – 산소결핍이 아닌 장소의 분진

□□□ 10년2회, 17년1회
7. 방독마스크 정화통의 종류와 외부 측면 색상의 연결이 옳은 것은?

① 유기화합물용 – 노랑색
② 할로겐용 – 회색
③ 아황산용 – 녹색
④ 암모니아용 – 갈색

해설	
정화통 외부 측면의 표시 색	

종 류	표시 색
유기화합물용 정화통	갈 색
할로겐용 정화통	회 색
황화수소용 정화통	
시안화수소용 정화통	
아황산용 정화통	노랑색
암모니아용 정화통	녹 색
복합용 및 겸용의 정화통	복합용의 경우 해당가스 모두 표시 (2층 분리) 겸용의 경우 백색과 해당가스 모두 표시 (2층 분리)

□□□ 16년1회

8. 방독마스크의 선정 방법으로 적합하지 않은 것은?

① 전면형은 되도록 시야가 좁을 것
② 착용자 자신이 스스로 안면과 방독마스크 안면부와의 밀착성 여부를 수시로 확인할 수 있을 것
③ 머리끈은 적당한 길이 및 탄력성을 갖고 길이를 쉽게 조절할 수 있을 것
④ 정화통 내부의 흡착제는 견고하게 충진되고 충격에 의해 외부로 노출되지 않을 것

해설
전면형은 되도록 시야가 좁을 것이 아니라 전면형은 호흡 시에 투시부가 흐려지지 않을 것

□□□ 10년1회, 19년4회

9. 산업안전보건법령상 AB형 안전모에 관한 설명으로 옳은 것은?

① 물체의 낙하 또는 비래에 의한 위험을 방지 또는 경감하기 위한 것
② 물체의 낙하 또는 비래 및 추락에 의한 위험을 방지 또는 경감시키기 위한 것
③ 물체의 낙하 또는 비래에 의한 위험을 방지 또는 경감하고, 머리부위 감전에 의한 위험을 방지하기 위한 것
④ 물체의 낙하 또는 비래 및 추락에 의한 위험을 방지 또는 경감하고, 머리부위 감전에 의한 위험을 방지하기 위한 것

문제 9 ~ 10 해설	
안전모의 사용구분	

종류 (기호)	사 용 구 분
AB	물체의 낙하 또는 비래 및 추락에 의한 위험을 방지 또는 경감시키기 위한 것
AE	물체의 낙하 또는 비래에 의한 위험을 방지 또는 경감하고, 머리부위 감전에 의한 위험을 방지하기 위한 것
ABE	물체의 낙하 또는 비래 및 추락에 의한 위험을 방지 또는 경감하고, 머리부위 감전에 의한 위험을 방지하기 위한 것

□□□ 17년4회

10. 물체의 낙하 또는 비래에 의한 위험을 방지 또는 경감하고, 머리부위 감전에 의한 위험을 방지하기 위한 안전모의 종류(기호)로 옳은 것은?

① A
② AE
③ AB
④ ABE

□□□ 12년2회, 17년2회

11. 추락 및 감전 위험방지용 안전모의 성능기준 중 일반구조 기준으로 틀린 것은?

① 턱끈의 폭은 10mm 이상일 것
② 안전모의 수평간격은 1mm 이내일 것
③ 안전모는 모체, 착장체 및 턱끈을 가질 것
④ 안전모의 착용높이는 85mm 이상이고 외부 수직거리는 80mm 미만일 것

해설
②, 안전모의 수평간격은 5mm 이상일 것

□□□ 16년4회

12. 안전모의 성능시험에 해당하지 않는 것은?

① 내수성시험
② 내전압성시험
③ 난연성시험
④ 압박시험

해설
안전모 시험성능기준으로 내관통성, 충격흡수성, 내전압성, 내수성, 난연성, 턱끈풀림 시험이 있다.

□□□ 15년1회

13. 다음 중 고무제안전화의 사용 장소에 따른 구분에 해당하지 않는 것은?

① 일반용　　　　② 내유용
③ 내알카리용　　④ 내진용

해설

고무제 안전화의 구분

구 분	사용장소
일반용	일반작업장
내유용	탄화수소류의 윤활유 등을 취급하는 작업장
내산용	무기산을 취급하는 작업장
내알카리용	알카리를 취급하는 작업장
내산, 알카리 겸용	무기산 및 알카리를 취급하는 작업장

□□□ 15년4회, 19년1회

14. 보호구 안전인증 고시에 따른 안전화 종류에 해당하지 않는 것은?

① 경화안전화　　　② 발등안전화
③ 정전기안전화　　④ 고무제안전화

해설

안전인증 대상의 안전화 종류
1. 가죽제안전화
2. 고무제안전화
3. 정전기안전화
4. 발등 안전화
5. 절연화
6. 절연장화
7. 화학물질용 안전화

□□□ 14년1회, 18년4회

15. 보호구 안전인증 고시에 따른 안전블록이 부착된 안전대의 구조기준 중 안전블록의 줄은 와이어로프인 경우 최소지름은 몇 mm 이상이어야 하는가?

① 2　　　② 4
③ 8　　　④ 10

해설

안전블록의 줄은 합성섬유로프, 웨빙(webbing), 와이어로프이어야 하며, 와이어로프인 경우 최소지름이 4mm 이상일 것

□□□ 18년1회, 22년2회

16. 안전대의 완성품 및 각 부품의 동하중 시험 성능기준 중 충격흡수장치의 최대전달 충격력은 몇 kN 이하 이어야 하는가?

① 6　　　　② 7.84
③ 11.28　　④ 15

해설

안전대의 완성품 및 부품의 동하중 시험 성능기준

명 칭	시험 성능기준
벨트식 • 1개걸이용 • U자걸이용 • 보조죔줄	• 시험몸통으로부터 빠지지 말 것 • 최대전달충격력은 6.0kN 이하이어야 함 • U자걸이용 감속거리는 1,000mm 이하이어야 함
안전그네식 • 1개걸이용 • U자걸이용 • 추락방지대 • 안전블록 • 보조죔줄	• 시험몸통으로부터 빠지지 말 것 • 최대전달충격력은 6.0kN 이하 이어야 함 • U자걸이용, 안전블록, 추락방지대의 감속거리는 1,000mm 이하이어야 함 • 시험 후 죔줄과 시험몸통간의 수직각이 50° 미만이어야 함
안전블록 (부 품)	• 파손되지 않을 것 • 최대전달충격력은 6.0kN 이하이어야 함 • 억제거리는 2,000mm 이하이어야 함
충격 흡수장치	• 최대전달충격력은 6.0kN 이하이어야 함 • 감속거리는 1,000mm 이하이어야 함

[참고] 보호구의 안전인증고시 별표9 [안전대의 성능기준]

□□□ 12년4회, 19년2회

17. 산업안전보건법령상 내전압용절연장갑의 성능기준에 있어 절연장갑의 등급과 최대사용전압이 옳게 연결된 것은? (단, 전압은 교류로 실효값을 의미한다.)

① 00등급 : 500V
② 0등급 : 1,500V
③ 1등급 : 11,250V
④ 2등급 : 25,500V

해설

절연장갑의 등급

등급	최대사용전압	
	교류(V, 실효값)	직류(V)
00	500	750
0	1,000	1,500
1	7,500	11,250
2	17,000	25,500
3	26,500	39,750
4	36,000	54,000

18. 다음 중 방음용 귀마개 또는 귀덮개의 종류 및 등급과 기호가 잘못 연결된 것은?

① 귀덮개 : EM
② 귀마개 1종 : EP-1
③ 귀마개 2종 : EP-2
④ 귀마개 3종 : EP-3

해설			
방음용 귀마개 또는 귀덮개의 종류·등급 등			
종 류	등 급	기 호	성　능
귀마개	1종	EP-1	저음부터 고음까지 차음하는 것
	2종	EP-2	주로 고음을 차음하고 저음(회화음영역)은 차음하지 않는 것
귀덮개	–	EM	

Chapter 05

산업안전 관계법규

안전관계법규는 산업안전보건법의 주요 내용과 기타산업안전관련 법규로 구성된다. 여기서는 안전관리자의 선임기준, 안전보건위원회, 안전보건개선계획과 관련한 내용이 주로 출제된다.

01 산업안전보건법의 이해

(1) 산업안전보건법의 목적

산업안전보건법은 산업 안전 및 보건에 관한 기준을 확립하고 그 책임의 소재를 명확하게 하여 산업재해를 예방하고 쾌적한 작업환경을 조성함으로써 노무를 제공하는 자의 안전 및 보건을 유지·증진함을 목적으로 한다.

(2) 법령체계

제·개정권자			법적성격
국민투표	기본법 [헌법]		
국회 [환노위→법사위→본회의]	산업안전보건법 [법률]		법령 [형사처벌 및 경제력 제재 병행]
대통령 [입법예고→규제심사→ 법제처심사→차관회의→ 국무회의]	산업안전보건법 시행령 [대통령령]		
고용노동부장관 [입법예고→규제심사→ 법제처심사]	고용노동부령 [3개]		
	산업안전보건법 시행규칙	산업안전보건 기준에 관한 규칙	유해·위험작업의 취업제한에 관한 규칙
	기술상의 지침 및 작업환경의 표준 고시, 예규, 훈령		행정규칙

(3) 산업안전보건법의 주요 정의

용어	내용
산업재해	노무를 제공하는 자가 업무에 관계되는 건설물·설비·원재료·가스·증기·분진 등에 의하거나 작업 또는 그 밖의 업무로 인하여 사망 또는 부상하거나 질병에 걸리는 것
중대재해	산업재해 중 사망 등 재해정도가 심한 것으로서 고용노동부령으로 정하는 재해 • 사망자가 1명 이상 발생한 재해 • 3개월 이상의 요양이 필요한 부상자가 동시에 2명 이상 발생한 재해 • 부상자 또는 직업성질병자가 동시에 10명 이상 발생한 재해

1-148 • 건설안전기사 단기완성

용어	내용
근로자	직업의 종류와 관계없이 임금을 목적으로 사업이나 사업장에서 근로를 제공하는 자
사업주	근로자를 사용하여 사업을 하는 자
근로자대표	근로자의 과반수로 조직된 노동조합이 있는 경우에는 그 노동조합을, 근로자의 과반수로 조직된 노동조합이 없는 경우에는 근로자의 과반수를 대표하는 자
도급	명칭에 관계없이 물건의 제조·건설·수리 또는 서비스의 제공, 그 밖의 업무를 타인에게 맡기는 계약
도급인	물건의 제조·건설·수리 또는 서비스의 제공, 그 밖의 업무를 도급하는 사업주를 말한다. (다만, 건설공사발주자는 제외)
수급인	도급인으로부터 물건의 제조·건설·수리 또는 서비스의 제공, 그 밖의 업무를 도급받은 사업주
관계수급인	도급이 여러 단계에 걸쳐 체결된 경우에 각 단계별로 도급받은 사업주 전부
안전·보건진단	산업재해를 예방하기 위하여 잠재적 위험성을 발견하고 그 개선대책을 수립할 목적으로 고용노동부장관이 지정 하는 자가 하는 조사·평가
작업환경측정	작업환경 실태를 파악하기 위하여 해당 근로자 또는 작업장에 대하여 사업주가 측정계획을 수립한 후 시료(試料)를 채취하고 분석·평가하는 것

[관련 법령]
산업안전보건법
• 제2조【정의】
• 제4조【정부의 책무】
• 제5조【사업주의 책무】

(4) 주체별 의무

① 정부의 책무

㉠ 산업 안전 및 보건 정책의 수립 및 집행

㉡ 산업재해 예방 지원 및 지도

㉢ 직장 내 괴롭힘 예방을 위한 조치기준 마련, 지도 및 지원

㉣ 사업주의 자율적인 산업 안전 및 보건 경영체제 확립을 위한 지원

㉤ 산업 안전 및 보건에 관한 의식을 북돋우기 위한 홍보·교육 등 안전 문화 확산 추진

㉥ 산업 안전 및 보건에 관한 기술의 연구·개발 및 시설의 설치·운영

㉦ 산업재해에 관한 조사 및 통계의 유지·관리

㉧ 산업 안전 및 보건 관련 단체 등에 대한 지원 및 지도·감독

㉨ 그 밖에 노무를 제공하는 자의 안전 및 건강의 보호·증진

② 사업주 등의 의무

㉠ 이 법과 이 법에 따른 명령으로 정하는 산업재해 예방을 위한 기준

㉡ 근로자의 신체적 피로와 정신적 스트레스 등을 줄일 수 있는 쾌적한 작업환경의 조성 및 근로조건 개선

ⓒ 해당 사업장의 안전 및 보건에 관한 정보를 근로자에게 제공

다음에 해당하는 자는 발주·설계·제조·수입 또는 건설을 할 때 법과 이 법에 따른 명령으로 정하는 기준을 지켜야 하고, 발주·설계·제조·수입 또는 건설에 사용되는 물건으로 인하여 발생하는 산업재해를 방지하기 위하여 필요한 조치를 하여야 한다.
1. 기계·기구와 그 밖의 설비를 설계·제조 또는 수입하는 자
2. 원재료 등을 제조·수입하는 자
3. 건설물을 발주·설계·건설하는 자

③ 근로자의 의무
ㄱ 법에 따른 명령으로 정하는 산업재해 예방을 위한 기준을 준수한다.
ㄴ 사업주 또는 근로감독관, 공단 등 관계인이 실시하는 산업재해 예방에 관한 조치에 따라야 한다.

(5) 산업재해 발생건수 등의 공표

[관련법령]
산업안전보건법 시행령 제10조
【공표대상 사업장】

[사망만인율]
사망재해자 수를 연간 상시근로자 1만명당 발생하는 사망재해자 수로 환산한 것

[중대산업사고]
사업장에 유해하거나 위험한 설비가 있는 경우 그 설비로부터의 위험물질 누출, 화재 및 폭발 등으로 인하여 사업장 내의 근로자에게 즉시 피해를 주거나 사업장 인근 지역에 피해를 줄 수 있는 사고

고용노동부장관은 산업재해를 예방하기 위하여 대통령령으로 정하는 사업장의 산업재해 발생건수, 재해율 또는 그 순위 등을 공표하여야 한다.

공표대상 사업장
• 산업재해로 인한 사망자가 연간 2명 이상 발생한 사업장
• 사망만인율이 규모별 같은 업종의 평균 사망만인율 이상인 사업장
• 산업재해 발생 사실을 은폐한 사업장
• 산업재해의 발생에 관한 보고를 최근 3년 이내 2회 이상 하지 않은 사업장
• 중대산업사고가 발생한 사업장

02 안전보건관리 체제

(1) 이사회 보고 및 승인

① 회사의 대표이사는 매년 회사의 안전 및 보건에 관한 계획을 수립하여 이사회에 보고하고 승인을 받아야 한다.

② 대표이사는 안전 및 보건에 관한 계획을 성실하게 이행하여야 한다.

③ 안전 및 보건에 관한 계획 포함사항

　　㉠ 안전 및 보건에 관한 비용

　　㉡ 시설

　　㉢ 인원

Tip

2019. 1. 15. 산업안전보건법 전부 개정 시 추가 사항!
산업안전보건법 제14조(이사회 보고 및 승인 등)
[시행일 2021 1. 1.]

(2) 안전보건관리책임자의 업무

① 사업장의 산업재해 예방계획의 수립에 관한 사항

② 안전보건관리규정의 작성 및 변경에 관한 사항

③ 안전보건교육에 관한 사항

④ 작업환경측정 등 작업환경의 점검 및 개선에 관한 사항

⑤ 근로자의 건강진단 등 건강관리에 관한 사항

⑥ 산업재해의 원인 조사 및 재발 방지대책 수립에 관한 사항

⑦ 산업재해에 관한 통계의 기록 및 유지에 관한 사항

⑧ 안전장치 및 보호구 구입 시 적격품 여부 확인에 관한 사항

⑨ 그 밖에 근로자의 유해·위험 방지조치에 관한 사항으로서 고용노동부령으로 정하는 사항

[안전보건관리책임자]
사업장을 실질적으로 총괄하여 관리하는 사람으로 안전관리자와 보건관리자를 지휘·감독한다.

[관련법령]
산업안전보건법 제15조【안전보건관리 책임자】

Tip

안전보건관리책임자의 업무는
⑥ 산업재해의 원인조사 및 재발 방지대책 수립에 관한 사항,
⑧ 안전장치 및 보호구 구입 시 적격품 여부 확인에 관한 사항
이 두 가지를 제외하고 나머지는 산업안전보건위원회 심의·의결 사항과 동일하다. 참고하자.

※관리책임자를 두어야 할 사업의 종류 및 규모	
사업의 종류	규모
1. 토사석 광업 2. 식료품 제조업, 음료 제조업 3. 목재 및 나무제품 제조업;가구 제외 4. 펄프, 종이 및 종이제품 제조업 5. 코크스, 연탄 및 석유정제품 제조업 6. 화학물질 및 화학제품 제조업;의약품 제외 7. 의료용 물질 및 의약품 제조업 8. 고무 및 플라스틱제품 제조업 9. 비금속 광물제품 제조업 10. 1차 금속 제조업 11. 금속가공제품 제조업;기계 및 가구 제외 12. 전자부품, 컴퓨터, 영상, 음향 및 통신장비 제조업 13. 의료, 정밀, 광학기기 및 시계 제조업 14. 전기장비 제조업 15. 기타 기계 및 장비 제조업	상시 근로자 50명 이상

※관리책임자를 두어야 할 사업의 종류 및 규모	
사업의 종류	규모
16. 자동차 및 트레일러 제조업 17. 기타 운송장비 제조업 18. 가구 제조업 19. 기타 제품 제조업 20. 서적, 잡지 및 기타 인쇄물 출판업 21. 해체, 선별 및 원료 재생업 22. 자동차 종합 수리업, 자동차 전문 수리업	
23. 농업 24. 어업 25. 소프트웨어 개발 및 공급업 26. 컴퓨터 프로그래밍, 시스템 통합 및 관리업 27. 정보서비스업 28. 금융 및 보험업 29. 임대업;부동산 제외 30. 전문, 과학 및 기술 서비스업(연구개발업은 제외한다) 31. 사업지원 서비스업 32. 사회복지 서비스업	상시 근로자 300명 이상
33. 건설업	공사금액 20억원 이상
34. 제1호부터 제33호까지의 사업을 제외한 사업	상시 근로자 100명 이상

[관리감독자]
사업장의 생산과 관련되는 업무와 그 소속 직원을 직접 지휘·감독하는 직위에 있는 사람

[관련법령]
산업안전보건법 시행령 제15조【관리감독자의 업무 등】

(3) 관리감독자의 업무

① 사업장 내 관리감독자가 지휘·감독하는 작업과 관련된 기계·기구 또는 설비의 안전·보건 점검 및 이상 유무의 확인

② 관리감독자에게 소속된 근로자의 작업복·보호구 및 방호장치의 점검과 그 착용·사용에 관한 교육·지도

③ 해당 작업에서 발생한 산업재해에 관한 보고 및 이에 대한 응급조치

④ 해당 작업의 작업장 정리·정돈 및 통로확보에 대한 확인·감독

⑤ 해당 사업장의 다음에 해당하는 사람의 지도·조언에 대한 협조
  ㉠ 안전관리자
  ㉡ 보건관리자
  ㉢ 안전보건관리담당자
  ㉣ 산업보건의

⑥ 위험성평가에 관한 다음 각 목의 업무
  ㉠ 유해·위험요인의 파악에 대한 참여
  ㉡ 개선조치의 시행에 대한 참여

⑦ 그 밖에 해당 작업의 안전·보건에 관한 사항으로서 고용노동부령으로 정하는 사항

(4) 안전관리자의 업무

① 산업안전보건위원회 또는 안전·보건에 관한 노사협의체에서 심의·의결한 업무와 해당 사업장의 안전보건관리규정 및 취업규칙에서 정한 업무
② 위험성평가에 관한 보좌 및 지도·조언
③ 안전인증대상 기계·기구등과 자율안전확인대상 기계·기구등 구입 시 적격품의 선정에 관한 보좌 및 지도·조언
④ 해당 사업장 안전교육계획의 수립 및 안전교육 실시에 관한 보좌 및 지도·조언
⑤ 사업장 순회점검·지도 및 조치 건의
⑥ 산업재해 발생의 원인 조사·분석 및 재발 방지를 위한 기술적 보좌 및 지도·조언
⑦ 산업재해에 관한 통계의 유지·관리·분석을 위한 보좌 및 지도·조언
⑧ 법 또는 법에 따른 명령으로 정한 안전에 관한 사항의 이행에 관한 보좌 및 지도·조언
⑨ 업무수행 내용의 기록·유지
⑩ 그 밖에 안전에 관한 사항으로서 고용노동부장관이 정하는 사항

(5) 보건관리자의 업무

① 산업안전보건위원회에서 심의·의결한 업무와 안전보건관리규정 및 취업규칙에서 정한 업무
② 안전인증대상 기계·기구등과 자율안전확인대상 기계·기구등 중 보건과 관련된 보호구(保護具) 구입 시 적격품 선정에 관한 보좌 및 조언·지도
③ 위험성평가에 관한 보좌 및 조언·지도
④ 물질안전보건자료의 게시 또는 비치에 관한 보좌 및 조언·지도
⑤ 산업보건의의 직무(보건관리자가 의사인 경우)
⑥ 해당 사업장 보건교육계획의 수립 및 보건교육 실시에 관한 보좌 및 조언·지도
⑦ 해당 사업장의 근로자를 보호하기 위한 다음에 해당하는 의료행위(보건관리자가 의사, 간호사에 해당하는 경우로 한정한다)
  ㉠ 외상 등 흔히 볼 수 있는 환자의 치료
  ㉡ 응급처치가 필요한 사람에 대한 처치
  ㉢ 부상·질병의 악화를 방지하기 위한 처치
  ㉣ 건강진단 결과 발견된 질병자의 요양 지도 및 관리
  ㉤ ㉠부터 ㉣까지의 의료행위에 따르는 의약품의 투여
⑧ 작업장 내에서 사용되는 전체 환기장치 및 국소 배기장치 등에 관한 설비의 점검과 작업방법의 공학적 개선에 관한 보좌 및 조언·지도
⑨ 사업장 순회점검·지도 및 조치의 건의

[안전관리자]
사업장의 안전에 관한 기술적인 사항에 관하여 사업주 또는 안전보건관리책임자를 보좌하고 관리감독자에게 지도·조언하는 업무를 수행하는 사람

Tip

필수 암기 사항!
안전관리자의 업무는 필기, 실기 시험 모두에서 자주 출제되는 내용이다. 반드시 전체를 암기하도록 한다.

[관련법령]
산업안전보건법 시행령 제18조【안전관리자의 업무 등】

[보건관리자]
사업장의 보건에 관한 기술적인 사항에 관하여 사업주 또는 안전보건관리책임자를 보좌하고 관리감독자에게 지도·조언하는 업무를 수행하는 사람

[관련법령]
산업안전보건법 시행령 제22조【보건관리자의 업무 등】

⑩ 산업재해 발생의 원인 조사 · 분석 및 재발 방지를 위한 기술적 보좌 및 조언 · 지도

⑪ 산업재해에 관한 통계의 유지 · 관리 · 분석을 위한 보좌 및 조언 · 지도

⑫ 법 또는 법에 따른 명령으로 정한 보건에 관한 사항의 이행에 관한 보좌 및 조언 · 지도

⑬ 업무수행 내용의 기록 · 유지

⑭ 그 밖에 작업관리 및 작업환경관리에 관한 사항

[관련법령]
산업안전보건법 시행령 별표3【안전관리자를 두어야 할 사업의 종류, 규모, 안전관리자의 수 및 선임방법】

(6) 안전관리자의 선임

① 안전관리자의 선임대상 사업장과 수

사업의 종류	사업장의 상시근로자 수	안전관리자의 수
1. 토사석 광업 2. 식료품 제조업, 음료 제조업 3. 목재 및 나무제품 제조; 가구제외 4. 펄프, 종이 및 종이제품 제조업 5. 코크스, 연탄 및 석유정제품 제조업	상시근로자 50명 이상 500명 미만	1명 이상
6. 화학물질 및 화학제품 제조업; 의약품 제외 7. 의료용 물질 및 의약품 제조업 8. 고무 및 플라스틱제품 제조업 9. 비금속 광물제품 제조업 10. 1차 금속 제조업 11. 금속가공제품 제조업; 기계 및 가구 제외 12. 전자부품, 컴퓨터, 영상, 음향 및 통신장비 제조업 13. 의료, 정밀, 광학기기 및 시계 제조업 14. 전기장비 제조업 15. 기타 기계 및 장비제조업 16. 자동차 및 트레일러 제조업 17. 기타 운송장비 제조업 18. 가구 제조업 19. 기타 제품 제조업 20. 서적, 잡지 및 기타 인쇄물 출판업 21. 해체, 선별 및 원료 재생업 22. 자동차 종합 수리업, 자동차 전문 수리업 23. 발전업	상시근로자 500명 이상	2명 이상

사업의 종류	사업장의 상시근로자 수	안전관리자의 수
24. 농업, 임업 및 어업 25. 제2호부터 제19호까지의 사업을 제외한 제조업 26. 전기, 가스, 증기 및 공기조절 공급업(발전업은 제외한다) 27. 수도, 하수 및 폐기물 처리, 원료 재생업(제21호에 해당하는 사업은 제외한다) 28. 운수 및 창고업 29. 도매 및 소매업 30. 숙박 및 음식점업 31. 영상·오디오 기록물 제작 및 배급업 32. 방송업 33. 우편 및 통신업 34. 부동산업 35. 임대업; 부동산 제외 36. 연구개발업 37. 사진처리업	상시근로자 50명 이상 1천명 미만. 다만, 제34호의 부동산업(부동산 관리업은 제외한다)과 제37호의 사진처리업의 경우에는 상시근로자 100명 이상 1천명 미만으로 한다.	1명 이상
38. 사업시설 관리 및 조경 서비스업 39. 청소년 수련시설 운영업 40. 보건업 41. 예술, 스포츠 및 여가관련 서비스업 42. 개인 및 소비용품수리업(제22호에 해당하는 사업은 제외한다) 43. 기타 개인 서비스업 44. 공공행정(청소, 시설관리, 조리 등 현업업무에 종사하는 사람으로서 고용노동부장관이 정하여 고시하는 사람으로 한정한다) 45. 교육서비스업 중 초등·중등·고등 교육기관, 특수학교·외국인학교 및 대안학교(청소, 시설관리, 조리 등 현업업무에 종사하는 사람으로서 고용노동부장관이 정하여 고시하는 사람으로 한정한다)	상시근로자 1천명 이상	2명 이상

② 건설업 안전관리자의 수 및 선임방법

공사금액	안전관리자의 수
공사금액 50억원 이상(토목공사업의 경우에는 150억원 이상) 800억원 미만	1명 이상
800억원 이상 1,500억원 미만	2명 이상
1,500억원 이상 2,200억원 미만	3명 이상
2,200억원 이상 3,000억원 미만	4명 이상
3,000억원 이상 3,900억원 미만	5명 이상
3,900억원 이상 4,900억원 미만	6명 이상
4,900억원 이상 6,000억원 미만	7명 이상
6,000억원 이상 7,200억원 미만	8명 이상
7,200억원 이상 8,500억원 미만	9명 이상
8,500억원 이상 1조원 미만	10명 이상
1조원 이상	11명 이상 [매 2천억원(2조원이상부터는 매 3천억원)마다 1명씩 추가한다].

[관련법령]

• 산업안전보건법 시행령 제16조【안전관리자의 선임 등】

• 산업안전보건법 시행규칙 제12조【안전관리자 등의 증원·교체임명 명령】

③ 안전관리자의 선임방법과 증원·교체

구분	내용
선임방법	안전관리자를 선임하거나 위탁한 날부터 14일 이내에 고용노동부장관에게 서류를 제출
전담안전관리자 선임대상사업장	상시 근로자 300명 이상을 사용하는 사업장[건설업의 건축공사금액 120억원 토목공사 150억원 이상인 공사]
공동안전관리자 선임 사업장	같은 사업주가 경영하는 둘 이상의 사업장에 1명의 안전관리자를 공동으로 둘 수 있다. 이 경우 해당 사업장의 상시 근로자 수의 합계는 300명 이내이어야 한다. • 같은 시·군·구 지역에 소재하는 경우 • 사업장 간의 경계를 기준으로 15킬로미터 이내에 소재하는 경우
안전관리자 등의 증원·교체 명령	• 해당 사업장의 연간재해율이 같은 업종의 평균재해율의 2배 이상인 경우 • 중대재해가 연간 2건 이상 발생한 경우(다만, 해당 사업장의 전년도 사망만인율이 같은 업종의 평균 사망만인율 이하인 경우는 제외한다.) • 관리자가 질병이나 그 밖의 사유로 3개월 이상 직무를 수행할 수 없게 된 경우 • 화학적 인자로 인한 직업성질병자가 연간 3명 이상 발생한 경우

03 유해·위험 방지 조치

(1) 안전보건 자료의 게시

구분	내용
법령 요지 등의 게시	사업주는 법에 따른 명령의 요지 및 안전보건관리규정을 각 사업장의 근로자가 쉽게 볼 수 있는 장소에 게시하거나 갖추어 두어 근로자에게 널리 알려야 한다.
근로자대표의 요청	근로자대표는 사업주에게 다음 각 호의 사항을 통지하여 줄 것을 요청할 수 있고, 사업주는 이에 성실히 따라야 한다. • 산업안전보건위원회(노사협의체를 구성·운영하는 경우에는 노사협의체를 말한다)가 의결한 사항 • 안전보건진단 결과에 관한 사항 • 안전보건개선계획의 수립·시행에 관한 사항 • 도급인의 이행 사항 • 물질안전보건자료에 관한 사항 • 작업환경측정에 관한 사항 • 그 밖에 고용노동부령으로 정하는 안전 및 보건에 관한 사항

(2) 위험성평가의 실시

① 사업주는 건설물, 기계·기구·설비, 원재료, 가스, 증기, 분진, 근로자의 작업행동 또는 그 밖의 업무로 인한 유해·위험 요인을 찾아내어 부상 및 질병으로 이어질 수 있는 위험성의 크기가 허용 가능한 범위인지를 평가하여야 한다.
② 위험성 평가 시 해당 작업장의 근로자를 참여시켜야 한다.
③ 위험성평가의 결과와 조치사항을 기록하여 보존하여야 한다.

[관련법령]
• 산업안전보건법 제36조【위험성평가의 실시】

(3) 사업주의 안전·보건 상의 조치사항

구분	내용
안전 조치	(1) 다음의 위험으로 인한 산업재해를 예방조치 • 기계·기구, 그 밖의 설비에 의한 위험 • 폭발성, 발화성 및 인화성 물질 등에 의한 위험 • 전기, 열, 그 밖의 에너지에 의한 위험 (2) 굴착, 채석, 하역, 벌목, 운송, 조작, 운반, 해체, 중량물 취급, 그 밖의 작업을 할 때 불량한 작업방법 등에 의한 위험으로 인한 산업재해를 예방하기 위하여 필요한 조치 (3) 근로자가 다음 각 호의 어느 하나에 해당하는 장소에서 작업을 할 때 발생할 수 있는 산업재해를 예방하기 위하여 필요한 조치를 하여야 한다. • 근로자가 추락할 위험이 있는 장소 • 토사·구축물 등이 붕괴할 우려가 있는 장소

구분	내용
	• 물체가 떨어지거나 날아올 위험이 있는 장소 • 천재지변으로 인한 위험이 발생할 우려가 있는 장소
보건 조치	다음 각 호의 어느 하나에 해당하는 건강장해를 예방하기 위하여 필요한 조치 • 원재료 · 가스 · 증기 · 분진 · 흄(fume) · 미스트(mist) · 산소결핍 · 병원체 등에 의한 건강장해 • 방사선 · 유해광선 · 고온 · 저온 · 초음파 · 소음 · 진동 · 이상기압 등에 의한 건강장해 • 사업장에서 배출되는 기체 · 액체 또는 찌꺼기 등에 의한 건강장해 • 계측감시(計測監視), 컴퓨터 단말기 조작, 정밀공작(精密工作) 등의 작업에 의한 건강장해 • 단순반복작업 또는 인체에 과도한 부담을 주는 작업에 의한 건강장해 • 환기 · 채광 · 조명 · 보온 · 방습 · 청결 등의 적정기준을 유지하지 아니하여 발생하는 건강장해

[흄(fume)]

열이나 화학반응에 의하여 형성된 고체증기가 응축되어 생긴 미세입자

[미스트(mist)]

공기 중에 떠다니는 작은 액체방울

(4) 유해위험방지계획서 제출대상

① 유해위험방지계획서 제출 대상 사업장

사업의 종류	기준
• 금속가공제품(기계 및 가구는 제외) 제조업 • 비금속 광물제품 제조업 • 기타 기계 및 장비 제조업 • 자동차 및 트레일러 제조업 • 식료품 제조업 • 고무제품 및 플라스틱 제조업 • 목재 및 나무제품 제조업 • 기타제품 제조업 • 1차 금속산업 • 가구 제조업 • 화학물질 및 화학제품 제조업 • 반도체 제조업 • 전자부품 제조업	전기 계약용량 300kW 이상인 사업

[유해위험방지계획서]

산업안전보건법 또는 법에 따른 명령에서 정하는 유해 · 위험 방지에 관한 사항을 적은 계획서

[관련법령]

산업안전보건법 시행령 제42조【유해위험방지계획서 제출 대상】

② 유해위험방지계획서 제출 대상 기계 · 기구 및 설비

다음의 기계 · 기구 및 설비 등 일체를 설치 · 이전하거나 그 주요 구조부분을 변경하려는 경우

㉠ 금속이나 그 밖의 광물의 용해로

㉡ 화학설비

㉢ 건조설비

㉣ 가스집합 용접장치

㉤ 제조 등 금지물질 또는 허가대상물질 관련 설비

㉥ 분진작업 관련 설비

③ 유해위험방지계획서 제출대상 건설공사

㉠ 다음 각 목의 어느 하나에 해당하는 건축물 또는 시설 등의 건설·개조 또는 해체공사

가. 지상높이가 31미터 이상인 건축물 또는 인공구조물

나. 연면적 3만제곱미터 이상인 건축물

다. 연면적 5천제곱미터 이상인 시설로서 다음의 어느 하나에 해당하는 시설

1) 문화 및 집회시설(전시장 및 동물원·식물원은 제외한다)

2) 판매시설, 운수시설(고속철도의 역사 및 집배송시설은 제외한다)

3) 종교시설

4) 의료시설 중 종합병원

5) 숙박시설 중 관광숙박시설

6) 지하도상가

7) 냉동·냉장 창고시설

㉡ 연면적 5천제곱미터 이상인 냉동·냉장 창고시설의 설비공사 및 단열공사

㉢ 최대 지간(支間)길이(다리의 기둥과 기둥의 중심사이의 거리)가 50미터 이상인 다리의 건설등 공사

㉣ 터널의 건설등 공사

㉤ 다목적댐, 발전용댐, 저수용량 2천만톤 이상의 용수 전용 댐 및 지방상수도 전용 댐의 건설등 공사

㉥ 깊이 10미터 이상인 굴착공사

(5) 유해위험방지계획서 제출서류와 심사

① 유해위험방지계획서 제출 서류

구분	제출서류
제조업	(1) 건축물 각 층의 평면도 (2) 기계·설비의 개요를 나타내는 서류 (3) 기계·설비의 배치도면 (4) 원재료 및 제품의 취급, 제조 등의 작업방법의 개요 (5) 그 밖에 고용노동부장관이 정하는 도면 및 서류
기계·기구 및 설비 등의 설치·이전·주요 구조부분 변경	(1) 설치장소의 개요를 나타내는 서류 (2) 설비의 도면 (3) 그 밖에 고용노동부장관이 정하는 도면 및 서류

Tip

유해위험방지계획서 제출 대상은 안전관리론, 건설안전기술 등에 최근 지속적으로 출제되는 내용으로 매우 중요하다.

Tip

유해위험방지계획서 제출서류는 반드시 제조업과 건설업을 구분할 수 있도록 한다.

[유해위험방지계획서 제출시기]

산업안전공단에 2부를 다음시기에 제출

① 제조업 : 해당 작업 시작 15일전까지

② 건설공사 : 해당 공사의 착공 전날까지

[관련법령]

산업안전보건법 시행규칙 제42조【제출서류 등】

구분	제출서류
건설공사	(1) 공사 개요 및 안전보건관리계획 • 공사 개요서 • 공사현장의 주변 현황 및 주변과의 관계를 나타내는 도면(매설물 현황을 포함한다) • 건설물, 사용 기계설비 등의 배치를 나타내는 도면 • 전체 공정표 • 산업안전보건관리비 사용계획 • 안전관리 조직표 • 재해 발생 위험 시 연락 및 대피방법 (2) 작업 공사 종류별 유해·위험방지계획

[유해·위험방지 계획서 공단 확인사항]
(1) 유해·위험방지계획서의 내용과 실제
    공사 내용이 부합하는지 여부
(2) 유해·위험방지계획서 변경내용의 적정성
(3) 추가적인 유해·위험요인의 존재 여부

② 유해위험방지계획서의 심사

결과	내용
적정	근로자의 안전과 보건을 위하여 필요한 조치가 구체적으로 확보되었다고 인정되는 경우
조건부 적정	근로자의 안전과 보건을 확보하기 위하여 일부 개선이 필요하다고 인정되는 경우
부적정	기계·설비 또는 건설물이 심사기준에 위반되어 공사착공 시 중대한 위험발생의 우려가 있거나 계획에 근본적 결함이 있다고 인정되는 경우

[관련법령]
산업안전보건법
• 제51조【사업주의 작업중지】
• 제52조【근로자의 작업중지】

(6) 작업의 중지

구분	내용
사업주의 작업중지	사업주는 산업재해가 발생할 급박한 위험이 있을 때에는 즉시 작업을 중지시키고 근로자를 작업장소에서 대피시키는 등 안전 및 보건에 관하여 필요한 조치를 하여야 한다.
근로자의 작업중지	(1) 근로자는 산업재해가 발생할 급박한 위험이 있는 경우에는 작업을 중지하고 대피할 수 있다. (2) 작업을 중지하고 대피한 근로자는 지체 없이 그 사실을 관리감독자 또는 그 밖에 부서의 장에게 보고하여야 한다. (3) 관리감독자등은 (2)에 따른 보고를 받으면 안전 및 보건에 관하여 필요한 조치를 하여야 한다. (4) 사업주는 산업재해가 발생할 급박한 위험이 있다고 근로자가 믿을 만한 합리적인 이유가 있을 때에는 작업을 중지하고 대피한 근로자에 대하여 해고나 그 밖의 불리한 처우를 해서는 아니 된다.

04 도급사업의 안전관리

(1) 유해한 작업의 도급금지

구분	내용
도급금지 대상 작업	• 도금작업 • 수은, 납 또는 카드뮴을 제련, 주입, 가공 및 가열하는 작업 • 허가대상물질을 제조하거나 사용하는 작업
금지대상 중 도급가능한 경우	사업주는 도급금지 대상 작업임에도 불구하고 다음에 해당하는 경우에는 작업을 도급하여 자신의 사업장에서 수급인의 근로자가 그 작업을 하도록 할 수 있다. • 일시·간헐적으로 하는 작업을 도급하는 경우 • 수급인이 보유한 기술이 전문적이고 사업주의 사업 운영에 필수 불가결한 경우로서 고용노동부장관의 승인을 받은 경우

(2) 안전보건총괄책임자

① 안전보건총괄책임자 지정 대상사업
  ㉠ 수급인에게 고용된 근로자를 포함한 상시 근로자가 100명 이상인 사업
  ㉡ 선박 및 보트 건조업, 1차 금속 제조업 및 토사석 광업의 경우에는 50명 이상인 사업
  ㉢ 수급인의 공사금액을 포함한 해당 공사의 총공사금액이 20억원 이상인 건설업

② 안전보건총괄책임자의 직무
  ㉠ 위험성평가의 실시에 관한 사항
  ㉡ 작업의 중지
  ㉢ 도급 시 산업재해 예방조치
  ㉣ 산업안전보건관리비의 관계수급인 간의 사용에 관한 협의·조정 및 그 집행의 감독
  ㉤ 안전인증대상기계등과 자율안전확인대상기계등의 사용 여부 확인

[도급사업]
같은 장소에서 행하여지는 사업의 일부를 도급을 주어야 하는 사업으로서 대통령령으로 정하는 사업

[허가 대상 유해물질]
1. 디클로로벤지딘과 그 염
2. 알파-나프틸아민과 그 염
3. 크롬산 아연
4. 오로토-톨리딘과 그 염
5. 디아니시딘과 그 염
6. 베릴륨
7. 비소 및 그 무기화합물
8. 크롬광(열을 가하여 소성 처리하는 경우만 해당한다)
9. 휘발성 콜타르피치
10. 황화니켈
11. 염화비닐
12. 벤조트리클로리드
13. 제1호부터 제11호까지의 어느 하나에 해당하는 물질을 함유한 제제(함유된 중량의 비율이 1퍼센트 이하인 것은 제외한다)
14. 제12호의 물질을 함유한 제제(함유된 중량의 비율이 0.5퍼센트 이하인 것은 제외한다)
15. 그 밖에 보건상 해로운 물질로서 고용노동부장관이 산업재해보상보험 및 예방심의위원회의 심의를 거쳐 정하는 유해물질

[안전보건총괄책임자]
도급 사업장의 도급인의 근로자와 관계수급인 근로자의 산업재해를 예방하기 위한 업무를 총괄하여 관리하는 사람

[관련법령]
산업안전보건법 시행령 제52조【안전보건총괄책임자 지정 대상사업】
제53조【안전보건총괄책임자의 직무 등】

(3) 도급에 따른 산업재해 예방조치

① 안전 · 보건 협의체의 구성 및 운영

[관련법령]

산업안전보건법 시행규칙 제79조【협의체의 구성 및 운영】

구분	내용
협의체의 구성	도급인인 사업주 및 그의 수급인인 사업주 전원
협의 사항	• 작업의 시작시간 • 작업장 간의 연락방법 • 재해발생 위험시의 대피방법 등 • 작업장에서의 위험성평가의 실시에 관한 사항 • 사업주와 수급인 또는 수급인 상호 간의 연락 방법 및 작업공정의 조정
협의체 회의	월 1회 이상 정기적으로 회의를 개최하고 그 결과를 기록 · 보존

[관련법령]

산업안전보건법 시행규칙 제80조【도급사업사의 안전 · 보건 조치 등】

② 작업장 순회점검

사업의 종류	주기
1) 건설업 2) 제조업 3) 토사석 광업 4) 서적, 잡지 및 기타 인쇄물 출판업 5) 음악 및 기타 오디오물 출판업 6) 금속 및 비금속 원료 재생업	2일에 1회 이상
위의 사업을 제외한 사업	1주일에 1회 이상

③ 관계수급인이 근로자에게 하는 안전보건교육을 위한 장소 및 자료의 제공 등 지원

④ 관계수급인이 근로자에게 하는 안전보건교육의 실시 확인

⑤ 경보체계 운영과 대피방법 등 훈련

  ㉠ 작업 장소에서 발파작업을 하는 경우

  ㉡ 작업 장소에서 화재 · 폭발, 토사 · 구축물 등의 붕괴 또는 지진 등이 발생한 경우

⑥ 위생시설 등 고용노동부령으로 정하는 시설의 설치 등을 위하여 필요한 장소의 제공 또는 도급인이 설치한 위생시설 이용의 협조

⑦ 도급인은 자신의 근로자 및 관계수급인 근로자와 함께 정기적으로 또는 수시로 작업장의 안전 및 보건에 관한 점검을 하여야 한다.

(4) 도급인의 안전 및 보건에 관한 정보 제공

다음의 해당 작업 시작 전에 수급인에게 안전 및 보건에 관한 정보를 문서로 제공하여야 한다.

① 폭발성·발화성·인화성·독성 등의 유해성·위험성이 있는 화학물질 중 고용노동부령으로 정하는 화학물질 또는 그 화학물질을 함유한 혼합물을 제조·사용·운반 또는 저장하는 반응기·증류탑·배관 또는 저장탱크로서 고용노동부령으로 정하는 설비를 개조·분해·해체 또는 철거하는 작업

② 설비의 내부에서 이루어지는 작업

③ 질식 또는 붕괴의 위험이 있는 작업

[관련법령]
산업안전보건법 시행령 제64조【노사협의체의 구성】
제65조【노사협의체의 운영 등】

(5) 노사협의체

공사금액이 120억원(토목공사업은 150억원) 이상인 건설공사의 건설공사도급인은 해당 건설공사 현장에 근로자위원과 사용자위원이 같은 수로 구성되는 안전 및 보건에 관한 협의체를 구성·운영할 수 있다.

① 노사협의체 구성위원

구분	구성위원
근로자위원	① 도급 또는 하도급 사업을 포함한 전체 사업의 근로자대표 ② 근로자대표가 지명하는 명예산업안전감독관 1명. 다만, 명예산업안전감독관이 위촉되어 있지 않은 경우에는 근로자대표가 지명하는 해당 사업장 근로자 1명 ③ 공사금액이 20억원 이상인 공사의 관계수급인의 각 근로자대표
사용자위원	① 도급 또는 하도급 사업을 포함한 전체 사업의 대표자 ② 안전관리자 1명 ③ 보건관리자 1명(별표 5 제44호에 따른 보건관리자 선임대상 건설업으로 한정한다) ④ 공사금액이 20억원 이상인 공사의 관계수급인의 각 대표자

② 노사협의체의 회의

정기회의와 임시회의로 구분하여 개최하되, 정기회의는 2개월마다 노사협의체의 위원장이 소집하며, 임시회의는 위원장이 필요하다고 인정할 때에 소집한다.

05 안전인증 및 안전검사

[안전인증의 정의]
유해하거나 위험한 기계, 기구, 설비 등의
제품 성능과 물질관리시스템을 동시에 심
사하여 양질의 제품을 지속적으로 생산하
도록 안전성을 평가하는 제도

[관련법령]
산업안전보건법 제84조【안전인증】

(1) 안전인증 대상

유해 · 위험기계등 중 근로자의 안전 및 보건에 위해(危害)를 미칠 수 있는
안전인증대상기계등을 제조하거나 수입하는 자는 안전인증기준에 맞는지에
대하여 고용노동부장관이 실시하는 안전인증을 받아야 한다.

(2) 안전인증의 전부 또는 일부 면제 대상

① 연구 · 개발을 목적으로 제조 · 수입하거나 수출을 목적으로 제조하는 경우
② 고용노동부장관이 정하여 고시하는 외국의 안전인증기관에서 인증을 받
   은 경우
③ 다른 법령에 따라 안전성에 관한 검사나 인증을 받은 경우로서 고용노동
   부령으로 정하는 경우

[관련법령]
산업안전보건법 시행규칙 제107조
【안전인증대상 기계 등】

(3) 안전인증대상 기계 · 기구

구분	기계 · 기구
설치 · 이전하는 경우 안전인증을 받아야 하는 기계 · 기구	• 크레인 • 리프트 • 곤돌라
주요 구조 부분을 변경하는 경우 안전인증을 받아야 하는 기계 · 기구	• 프레스 • 전단기 및 절곡기(折曲機) • 크레인 • 리프트 • 압력용기 • 롤러기 • 사출성형기(射出成形機) • 고소(高所)작업대 • 곤돌라

(4) 안전인증 심사의 종류 및 방법

종류	방법	심사 기간
예비심사	기계·기구 및 방호장치·보호구가 안전인증 대상기계·기구 등인지를 확인하는 심사(안전인증을 신청한 경우만 해당)	7일
서면심사	안전인증 대상기계·기구 등의 종류별 또는 형식별로 설계도면 등 안전인증 대상기계·기구 등의 제품 기술과 관련된 문서가 안전인증기준에 적합한지 여부에 대한 심사	15일 (외국에서 제조한 경우 30일)
기술능력 및 생산체계 심사	안전인증 대상기계·기구 등의 안전성능을 지속적으로 유지·보증하기 위하여 사업장에서 갖추어야 할 기술능력과 생산체계가 안전인증기준에 적합한지에 대한 심사, 다만, 수입자가 안전인증을 받거나 제품심사에서의 개별 제품 심사를 하는 경우에는 기술능력 및 생산체계 심사를 생략	30일 (외국에서 제조한 경우 45일)
제품심사	개별 제품 심사 : 서면심사결과가 안전인증기준에 적합할 경우에 하는 안전 인증 대상기계·기구 등 모두에 대하여 하는 심사(서면심사와 개별 제품심사를 동시에 할 것을 요청하는 경우 병행하여 할 수 있다.)	15일
제품심사	형식별 제품 심사 : 서면심사와 기술능력 및 생산체계 심사결과가 안전인증기준에 적합할 경우에 하는 안전인증 대상기계·기구 등의 형식별로 표본을 추출하여 하는 심사(서면심사, 기술능력 및 생산체계 심사와 형식별 제품심사를 동시에 할 것을 요청하는 경우 병행하여 할 수 있다.)	30일 (방폭구조 전기 기계기구 및 부품과 일부 보호구 는 60일)

[관련법령]
산업안전보건법 시행규칙 제110조【안전인증 심사의 종류 및 방법】

(5) 안전인증의 표시

① 안전인증 표시

구분	내용
안전인증대상 기계·기구 등의 안전인증 및 자율안전 확인의 표시	
안전인증대상 기계·기구 등이 아닌 유해·위험한 기계·기구 등의 안전인증 표시	

[안전인증표시의 색상]
(1) 테와 문자 : 청색
(2) 기타 부분 : 백색

[관련법령]
산업안전보건법 시행규칙 별표14【안전인증 및 자율안전확인의 표시 및 표시방법】

② 안전인증 및 자율안전 확인대상 제품의 표시사항

안전 인증 대상	자율 안전 확인 대상
• 형식 또는 모델명 • 규격 또는 등급 등 • 제조자명 • 제조번호 및 제조년월 • 안전인증번호	• 형식 또는 모델명 • 규격 또는 등급 등 • 제조자명 • 제조번호 및 제조년월 • 자율확인번호

[안전인증의 개선 명령]

안전인증을 취소하거나 6개월 이내의 기간을 정하여 안전인증표시의 사용을 금지하거나 안전인증 기준에 맞게 개선하도록 명할 수 있다.

[안전인증의 취소공고]

안전인증을 취소한 날로부터 30일 이내에 취소 공고를 하여야 한다.

[관련법령]

산업안전보건법 제86조【안전인증의 취소 등】

(6) 안전인증의 취소 및 사용금지 또는 개선 대상

① 거짓이나 그 밖의 부정한 방법으로 지정을 받은 경우
② 안전인증을 받은 유해 · 위험한 기계 · 기구 · 설비 등의 안전에 관한 성능 등이 안전 인증기준에 맞지 아니하게 된 경우
③ 정당한 사유 없이 확인을 거부, 기피 또는 방해하는 경우

(7) 안전인증기관 지정취소 및 확인방법 등

구분	내용
안전인증기관의 지정취소 등의 사유	• 안전인증 · 확인의 방법 및 절차를 위반한 경우 • 고용노동부장관의 지도 · 감독을 　거부 · 방해 · 기피한 경우 • 정당한 사유 없이 안전인증 업무를 거부한 경우 • 안전인증 업무를 게을리 하거나 차질을 일으킨 　경우
안전인증의 취소 공고 등 (안전인증을 취소한 날부터 30일 이내)	• 안전인증대상 기계 · 기구 등의 명칭 및 형식번호 • 안전인증번호 • 제조자(수입자) 및 대표자 • 사업장 소재지 • 취소일자 및 취소사유

(8) 자율안전확인의 신고

자율안전확인의 신고의 면제	• 연구 · 개발을 목적으로 제조 · 수입하거나 수출을 목적으로 　제조하는 경우 • 안전인증을 받은 경우(안전인증이 취소되거나 안전인증 　표시의 사용 금지 명령을 받은 경우는 제외한다.) • 고용노동부령으로 정하는 다른 법령에서 안전성에 관한 　검사나 인증을 받은 경우
자율안전확인의 취소 표시	• 자율안전확인대상 기계 · 기구 등의 명칭 및 형식번호 • 자율안전확인번호 • 제조자(수입자) • 사업장 소재지 • 사용금지 기간 및 사용금지 사유

(9) 안전검사의 신청과 주기

구분	내용	
안전검사의 신청 등	• 안전검사를 받아야 하는 자는 안전검사 신청서를 검사 주기 만료일 <u>30일 전</u>에 제출하여야 한다. • 안전검사 신청을 받은 안전검사기관은 <u>30일 이내</u>에 해당 기계·기구 및 설비별로 안전검사를 하여야 한다.	
안전검사의 주기	사업장에 설치가 끝난 날부터 3년 이내에 최초, 그 이후부터 2년마다	크레인(이동식 크레인은 제외한다), 리프트(이삿짐운반용 리프트는 제외한다) 및 곤돌라 (건설현장에서 사용하는 것은 <u>최초로 설치한 날부터 6개월마다</u>)
		프레스, 전단기, 압력용기, 국소 배기장치, 원심기, 화학설비 및 그 부속설비, 건조설비 및 그 부속설비, 롤러기, 사출성형기, 컨베이어 및 산업용 로봇 (공정안전보고서를 제출하여 확인을 받은 압력용기는 4년마다)
	「자동차관리법」에 따른 신규등록 이후 3년 이내에 최초, 그 이후부터 2년마다	이동식 크레인, 이삿짐운반용 리프트 및 고소작업대

[안전검사 합격표시]
① 유해·위험기계명
② 신청인
③ 형식번(기)호(설치방법)
④ 합격번호
⑤ 검사유효기간
⑥ 검사기관(실시기관)

[관련법령]
산업안전보건법 시행규칙 제126조【안전검사의 주기와 합격표시 및 표시방법】

(10) 자율검사프로그램에 따른 안전검사

구분	내용
자율검사프로그램의 인정	안전검사를 받아야 하는 사업주가 근로자대표와 협의하여 검사기준, 검사 주기 등을 충족하는 자율검사프로그램을 정하고 고용노동부장관의 인정을 받아 안전검사대상기계등에 대하여 안전에 관한 성능검사를 받으면 안전검사를 받은 것으로 본다.
자율검사프로그램 인정의 취소	• 거짓이나 그 밖의 부정한 방법으로 자율검사 프로그램을 인정받은 경우 • 자율검사프로그램을 인정받고도 검사를 하지 아니한 경우 • 인정받은 자율검사프로그램의 내용에 따라 검사를 하지 아니한 경우 • 자격을 가진 사람 또는 자율안전검사기관이 검사를 하지 아니한 경우

[자율검사프로그램 포함내용]
(1) 안전검사대상기계 등의 보유현황
(2) 검사원의 보유현황과 검사를 할 수 있는 장비 및 장비 관리방법
(3) 안전검사대상기계 등의 검사주기 및 검사기준
(4) 향후 2년간 안전검사대상기계 등의 검사수행계획
(5) 과거 2년간 자율검사프로그램 수행실적

(11) 안전 인증 대상 및 자율 안전 확인 대상 기계·기구의 구분

구분	안전 인증 대상	자율 안전 확인 대상	안전검사대상 유해·위험기계
기계·기구 및 설비	• 프레스 • 전단기 및 절곡기 • 크레인 • 리프트 • 압력용기 • 롤러기 • 사출성형기 • 고소작업대 • 곤돌라	• 연삭기 또는 연마기 (휴대형 제외) • 산업용 로봇 • 혼합기 • 파쇄기 또는 분쇄기 • 식품가공용 기계 (파쇄·절단·혼합·제면기만 해당) • 컨베이어 • 자동차정비용 리프트 • 공작기계(선반, 드릴기, 평삭·형삭기, 밀링만 해당) • 고정형 목재가공용기계 (둥근톱, 대패, 루타기, 띠톱, 모떼기 기계만 해당) • 인쇄기	• 프레스 • 전단기 • 크레인(정격하중 2톤 미만인 것은 제외한다.) • 리프트 • 압력용기 • 곤돌라 • 국소배기장치 (이동식은 제외) • 원심기(산업용에 한정한다.) • 롤러기(밀폐형 구조는 제외한다.) • 사출성형기 [형체결력 294(KN) 미만은 제외한다.] • 고소작업대 (화물자동차, 특수자동차에 탑재된 고소작업대로 한정) • 컨베이어 • 산업용 로봇
방호장치	• 프레스 및 전단기 방호장치 • 양중기용 과부하방지장치 • 보일러 압력방출용 안전밸브 • 압력용기 압력방출용 안전밸브 • 압력용기 압력 방출용 파열판 • 절연용방호구 및 활선작업용 기구 • 방폭구조 전기기계·기구 및 부품 • 추락·낙하 및 붕괴 등의 위험 방호에 필요한 가설기자재로서 고용노동부장관이 정하여 고시 하는 것 • 충돌·협착 등에 위험 방지에 필요한 산업용 로봇방호장치로서 고용노동부 장관이 정하여 고시하는 것	• 아세틸렌 용접장치용 또는 가스집합 용접장치용 안전기 • 교류아크 용접기용 자동전격방지기 • 롤러기 급정지장치 • 연삭기 덮개 • 목재가공용 둥근톱 반발예방장치와 날 접촉 예방장치 • 동력식 수동대패용 칼날 접촉방지장치 • 추락·낙하 및 붕괴 등의 위험방호에 필요한 가설기자재 (안전 인증대상 기계·기구에 해당되는 사항제외)로서 고용노동부 장관이 정하여 고시하는 것	

06 석면조사, 건강관리, 서류의 보존

(1) 석면조사

[관련법령]
산업안전보건법 시행령 제89조【기관석면조사 대상】

구분	내용
석면조사 (생략 대상)	• 해당 건축물이나 설비에 석면이 함유되어 있는지 여부 • 건축물이나 설비에 함유된 석면의 종류 및 함유량 • 석면이 함유된 제품의 위치 및 면적
석면조사 대상	(1) 건축물의 연면적 합계가 50제곱미터 이상이면서, 그 건축물의 철거·해체하려는 부분의 면적 합계가 50제곱미터 이상인 경우 (2) 주택(「건축법 시행령」에 따른 부속건축물을 포함한다.)의 연면적 합계가 200제곱미터 이상이면서, 그 주택의 철거·해체하려는 부분의 면적 합계가 200제곱미터 이상인 경우 설비의 철거·해체하려는 부분에 자재를 사용한 면적의 합이 15제곱미터 이상 또는 그 부피의 합이 1세제곱미터 이상인 경우 • 단열재 • 보온재 • 분무재 • 내화피복재 • 개스킷(Gasket) • 패킹(Packing)재 • 실링(Sealing)재 (3) 파이프 길이의 합이 80미터 이상이면서, 그 파이프의 철거·해체하려는 부분의 보온재로 사용된 길이의 합이 80미터 이상인 경우
석면해체·제거 업자를 통한 석면해체·제거 대상	• 철거·해체하려는 벽체재료, 바닥재, 천장재 및 지붕재 등의 자재에 석면이 1퍼센트(무게 퍼센트)를 초과하여 함유 되어 있고 그 자재의 면적의 합이 50제곱미터 이상인 경우 • 석면이 1퍼센트(무게 퍼센트)를 초과하여 함유된 분무재 또는 내화피복재를 사용한 경우 • 석면이 1퍼센트(무게 퍼센트)를 초과하여 함유된 어느 하나에 해당하는 자재의 면적의 합이 15제곱미터 이상 또는 그 부피의 합이 1세제곱미터 이상인 경우 • 파이프에 사용된 보온재에서 석면이 1퍼센트(무게 퍼센트)를 초과하여 함유되어 있고, 그 보온재 길이의 합이 80미터 이상인 경우
석면해체·제거 작업 완료 후의 석면농도기준	세제곱센티미터 당 0.01개

[관련법령]
산업안전보건법 제2절 건강진단 및 건강
관리

(2) 근로자의 건강진단

종류	내용
일반 건강진단	• 상시 근로자를 위하여 주기적으로 실시하는 건강진단 • 사무직에 종사하는 근로자 : 2년에 1회 이상 실시 그 밖의 근로자 : 1년에 1회 이상 실시

특수
건강진단
	• 특수건강진단 대상 유해인자에 노출되는 업무에 종사하는 근로자
	• 근로자건강진단 실시 결과 직업병 유소견자로 판정받은 후 작업
	  전환을 하거나 작업장소를 변경하고, 직업병 유소견 판정의
	  원인이 된 유해인자에 대한 건강진단이 필요하다는 의사의
	  소견이 있는 근로자

배치 전 건강진단	특수건강진단대상업무에 종사할 근로자에 대하여 배치 예정업무에 대한 적합성 평가를 위하여 사업주가 실시하는 건강진단
수시 건강진단	특수건강진단대상업무로 인하여 해당 유해인자에 의한 직업성 천식, 직업성 피부염, 그 밖에 건강장해를 의심하게 하는 증상을 보이거나 의학적 소견이 있는 근로자에 대하여 실시하는 건강진단

임시
건강진단
	특수건강진단 대상 유해인자 또는 그 밖의 유해인자에 의한 중독
	여부, 질병에 걸렸는지 여부 또는 질병의 발생원인 등을 확인하기
	위하여 지방고용노동관서의 장의 명령에 따라 실시하는 건강진단
	• 같은 부서에 근무하는 근로자 또는 같은 유해인자에 노출되는
	  근로자에게 유사한 질병의 자각·타각증상이 발생한 경우
	• 직업병 유소견자가 발생하거나 여러 명이 발생할 우려가 있는
	  경우
	• 그 밖에 지방고용노동관서의 장이 필요하다고 판단하는 경우

건강진단 결과 보존	5년간 보존(발암성 확인물질을 취급하는 근로자에 대한 건강진단 결과의 서류 또는 전산입력 자료는 30년간 보존)

(3) 유해 · 위험작업의 근로시간의 제한

구분	내용
근로시간 연장의 제한	유해하거나 위험한 작업으로서 (높은 기압에서 하는 작업 등) 대통령령으로 정하는 작업에 종사하는 근로자에게는 1일 6시간, 1주 34시간을 초과하여 근로하게 해서는 안된다.
작업의 종류	• 갱(坑) 내에서 하는 작업 • 다량의 고열물체를 취급하는 작업과 현저히 덥고 뜨거운 장소에서 하는 작업 • 다량의 저온물체를 취급하는 작업과 현저히 춥고 차가운 장소에서 하는 작업 • 라듐방사선이나 엑스선, 그 밖의 유해 방사선을 취급하는 작업 • 유리 · 흙 · 돌 · 광물의 먼지가 심하게 날리는 장소에서 하는 작업 • 강렬한 소음이 발생하는 장소에서 하는 작업 • 착암기 등에 의하여 신체에 강렬한 진동을 주는 작업 • 인력으로 중량물을 취급하는 작업 • 납 · 수은 · 크롬 · 망간 · 카드뮴 등의 중금속 또는 이황화탄소 · 유기용제, 그 밖에 고용노동부령으로 정하는 특정 화학물질의 먼지 · 증기 또는 가스가 많이 발생하는 장소에서 하는 작업 • 잠함 또는 잠수작업 등 높은 기압에서 하는 작업

[관련법령]
• 산업안전보건법 제139조【유해 · 위험작업에 대한 근로시간 제한 등】
• 산업안전보건법 시행령 제99조【유해 · 위험작업에 대한 근로시간 제한 등】

(4) 서류의 보존

서류의 종류	보존기간
관리책임자 · 안전관리자 · 보건관리자 및 산업보건의의 선임에 관한 서류, 석면조사 결과에 관한 서류, 화학물질의 유해성 · 위험성 조사에 관한 서류, 작업환경측정에 관한 서류 및 건강진단에 관한 서류	3년간 보존
회의록, 자율안전기준에 맞는 것임을 증명하는 서류 자율검사프로그램에 따라 실시하는 검사 결과를 기록한 서류	2년간 보존
작업환경측정에 관한 사항을 기재한 서류 • 측정 대상 사업장의 명칭 및 소재지 • 측정 연월일 • 측정을 한 사람의 성명 • 측정방법 및 측정 결과 • 기기를 사용하여 분석한 경우에는 분석자 · 분석방법 및 분석자료 등 분석과 관련된 사항	3년간 보존 (작업환경측정을 기록한 서류는 5년, 발암성 확인물질에 대한 기록서류는 30년 보존)
지도사의 그 업무에 관한 사항으로서 고용노동부령으로 정하는 사항을 기재한 서류	5년간 보존
석면해체 · 제거업자는 석면해체 · 제거업무에 관하여 고용 노동부령으로 정하는 서류	30년간 보존

[관련법령]
산업안전보건법 제164조【서류의 보존】

07 기타 산업안전 관련법규

[관련법령]
건설기술진흥법 시행령 제106조【건설사고조사위원회의 구성·운영 등】

(1) 건설기술진흥법

① 건설사고조사위원회의 구성 · 운영

구분	내용
위원회의 구성	위원장 1명을 포함한 12명 이내의 위원
위원의 임명	• 건설공사 업무와 관련된 공무원 • 건설공사 업무와 관련된 단체 및 연구기관 등의 임직원 • 건설공사 업무에 관한 학식과 경험이 풍부한 사람 　※ 국토교통부장관 또는 발주청 등이 임명하거나 위촉

[관련법령]
건설기술진흥법 시행령 제98조【안전관리계획의 수립】

② 안전관리계획 수립대상 건설공사

　㉠「시설물의 안전 및 유지관리에 관한 특별법」에 따른 1종시설물 및 2종시설물의 건설공사

　㉡ 지하 10미터 이상을 굴착하는 건설공사. (이 경우 굴착 깊이 산정 시 집수정(集水井), 엘리베이터 피트 및 정화조 등의 굴착 부분은 제외)

　㉢ 폭발물을 사용하는 건설공사로서 20미터 안에 시설물이 있거나 100미터 안에 사육하는 가축이 있어 해당 건설공사로 인한 영향을 받을 것이 예상되는 건설공사

　㉣ 10층 이상 16층 미만인 건축물의 건설공사

　㉤ 다음의 리모델링 또는 해체공사
　　• 10층 이상인 건축물의 리모델링 또는 해체공사
　　• 수직증축형 리모델링

　㉥ 다음에 해당하는 건설기계가 사용되는 건설공사
　　• 천공기(높이가 10미터 이상인 것만 해당한다)
　　• 항타 및 항발기
　　• 타워크레인

　㉦ 다음의 가설구조물을 사용하는 건설공사
　　• 높이가 31미터 이상인 비계
　　• 브라켓(bracket) 비계
　　• 작업발판 일체형 거푸집 또는 높이가 5미터 이상인 거푸집 및 동바리
　　• 터널의 지보공(支保工) 또는 높이가 2미터 이상인 흙막이 지보공
　　• 동력을 이용하여 움직이는 가설구조물
　　• 높이 10미터 이상에서 외부작업을 하기 위하여 작업발판 및 안전시설물을 일체화하여 설치하는 가설구조물
　　• 공사현장에서 제작하여 조립 · 설치하는 복합형 가설구조물
　　• 그 밖에 발주자 또는 인 · 허가기관의 장이 필요하다고 인정하는 가설구조물

(2) 시설물의 안전 및 유지관리에 관한 특별법

① 용어의 정의

[관련법령]
시설물의 안전 및 유지관리에 관한 특별법
제7조【시설물의 종류】

용어	내용
시설물	건설공사를 통하여 만들어진 구조물과 그 부대시설로서 제1종시설물, 제2종시설물 및 제3종시설물
제1종 시설물	도로 · 철도 · 항만 · 댐 · 교량 · 터널 · 건축물 등 공중의 이용편의와 안전을 도모하기 위하여 특별히 관리할 필요가 있거나 구조상 유지관리에 고도의 기술이 필요하다고 인정하여 대통령령으로 정하는 시설물
제2종 시설물	제1종시설물 외에 사회기반시설 등 재난이 발생할 위험이 높거나 재난을 예방하기 위하여 계속적으로 관리할 필요가 있는 시설물로서 대통령령으로 정하는 시설물
제3종 시설물	제1종시설물 및 제2종시설물 외에 안전관리가 필요한 소규모 시설물로서 제8조에 따라 지정 · 고시된 시설물
관리주체	관계 법령에 따라 해당 시설물의 관리자로 규정된 자나 해당 시설물의 소유자를 말한다. 이 경우 해당 시설물의 소유자와의 관리계약 등에 따라 시설물의 관리책임을 진 자는 관리주체로 보며, 관리주체는 공공관리주체(公共管理 主體)와 민간관리주체(民間管理主體)로 구분한다.
공공관리주체	• 국가 · 지방자치단체 • 「공공기관의 운영에 관한 법률」 따른 공공기관 • 「지방공기업법」에 따른 지방공기업
민간관리주체	공공관리주체 외의 관리주체
안전점검	경험과 기술을 갖춘 자가 육안이나 점검기구 등으로 검사 하여 시설물에 내재(內在)되어 있는 위험요인을 조사하는 행위
정밀안전진단	시설물의 물리적 · 기능적 결함을 발견하고 그에 대한 신속 하고 적절한 조치를 하기 위하여 구조적 안전성과 결함의 원인 등을 조사 · 측정 · 평가하여 보수 · 보강 등의 방법을 제시하는 행위

② 시설물의 안전 및 유지관리 기본계획의 수립

[시설물 안전관리 특별법상 안전점검의 종류]
⑴ 정기정검
⑵ 긴급점검
⑶ 정밀점검

구분	내용
계획의 수립	5년마다 기본계획을 수립 · 시행하여야 한다.
기본 계획 포함 내용	• 시설물의 안전 및 유지관리에 관한 기본목표 및 추진방향에 관한 사항 • 시설물의 안전 및 유지관리체계의 개발, 구축 및 운영에 관한 사항 • 시설물의 안전 및 유지관리에 관한 정보체계의 구축 · 운영에 관한 사항 • 시설물의 안전 및 유지관리에 필요한 기술의 연구 · 개발에 관한 사항 • 시설물의 안전 및 유지관리에 필요한 인력의 양성에 관한 사항 • 그 밖에 시설물의 안전 및 유지관리에 관하여 대통령령으로 정하는 사항

> **Tip**
> 산업안전보건법의 안전점검은 [수시, 정기, 특별, 임시 점검]이 있다. 시설물안전법 상의 안전점검과 구분할 수 있도록 하자.

[관련법령]
시설물의 안전 및 유지관리에 관한 특별법
시행령 별표3【안전점검, 정밀안전진단 및
성능평가의 실시시기】

③ 안전점검의 실시 주기

안전등급	정기안전점검	정밀안전점검		정밀안전진단	성능평가
		건축물	건축물 외 시설물		
A등급	반기에 1회 이상	4년에 1회 이상	3년에 1회 이상	6년에 1회 이상	5년에 1회 이상
B · C등급		3년에 1회 이상	2년에 1회 이상	5년에 1회 이상	
D · E등급	1년에 3회 이상	2년에 1회 이상	1년에 1회 이상	4년에 1회 이상	

④ 안전등급 기준

안전등급	시설물의 상태
A(우수)	문제점이 없는 최상의 상태
B(양호)	보조부재에 경미한 결함이 발생하였으나 기능 발휘에는 지장이 없으며 내구성 증진을 위하여 일부의 보수가 필요한 상태
C(보통)	주요부재에 경미한 결함 또는 보조부재에 광범위한 결함이 발생하였으나 전체적인 시설물의 안전에는 지장이 없으며, 주요부재에 내구성, 기능성 저하 방지를 위한 보수가 필요하거나 보조부재에 간단한 보강이 필요한 상태
D(미흡)	주요부재에 결함이 발생하여 긴급한 보수 · 보강이 필요하며 사용제한 여부를 결정하여야 하는 상태
E(불량)	주요부재에 발생한 심각한 결함으로 인하여 시설물의 안전에 위험이 있어 즉각 사용을 금지하고 보강 또는 개축을 하여야 하는 상태

[품질보증]
문제가 있는 제품에 대하여 교환 또는 수
리만을 이행

(3) 제조물 책임법(PL법)

① 제조물 책임법의 특징

제품의 생산, 유통, 판매 등 일련의 과정에 관여한 자가 그 상품의 결함에 의하여 야기된 생명, 신체, 재산 및 기타 권리의 손해에 대해서 최종 소비자나 사용자 또는 제3자에 대해 배상할 의무를 부담하는 것으로서 제조자책임 또는 공급자책임이라 하기도 한다.

② 제조물 책임의 분류

구분	내용
결함	• 제조상의 결함 • 설계상의 결함 • 표시상의 결함, 상표사용상의 위험 및 그 위험을 최소한으로 억제하는 방법에 대하여 충분히 경고하지 않은 경우
보증책임	• 명시보증 위반 : 설명서, 광고 등의 의사 전달 수단에 명시된 사항을 위반 • 묵시보증 위반 : 상품으로 기능을 발휘하지 못하는 경우, 사용적합성이 없는 경우
불법행위상의 엄격책임	• 결함상품의 판매 • 손해의 발생 • 결함상품의 위해 원인의 존재 • 결함상품의 손해로 법적 관련성을 갖는 것

[경고표시의 신호문자 분류]
위험, 경고, 주의

[경고표시의 4가지 색상]
적색, 청색, 황색, 녹색

③ 경고표시의 표시내용
  ㉠ 위험을 회피하는 방법 등을 명시
  ㉡ 위험의 정도(위험, 경고, 주의)를 명시
  ㉢ 경고 라벨은 가능한 위험장소에 가깝고, 눈에 잘 띄는 곳에 부착
  ㉣ 경고문의 문자크기는 안전한 거리에서 확실하게 읽을 수 있도록 제작
  ㉤ 경고 라벨은 제품수명과 동등한 내구성을 가진 재질로 제작하여 견고하게 부착
  ㉥ 위험의 종류(고전압, 인화물질 등)와 경고를 무시할 경우 초래되는 결과(감전, 사망 등)를 명시

④ 제조물 책임의 대책

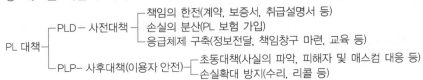

제1편 산업안전관리론 • **1-175**

Ch.05 산업안전 관계법규 핵심문제

☐☐☐ 09년2회, 16년1회, 20년3회

1. 산업안전보건법령상 중대재해에 해당되지 않는 것은?

① 사망자가 2명 발생한 재해
② 부상자가 동시에 7명 발생한 재해
③ 직업성질병자가 동시에 11명 발생한 재해
④ 3개월 이상의 요양이 필요한 부상자가 동시에 3명 발생한 재해

해설

중대재해의 종류
① 사망자가 1명 이상 발생한 재해
② 3개월 이상의 요양이 필요한 부상자가 동시에 2명 이상 발생한 재해
③ 부상자 또는 직업성 질병자가 동시에 10명 이상 발생한 재해

[참고] 산업안전보건법 시행규칙 제3조 [중대재해의 범위]

☐☐☐ 19년4회

2. 산업안전보건법령상 사업주의 책무와 가장 거리가 먼 것은?

① 쾌적한 작업환경을 조성하고 근로조건을 개선할 것
② 해당 사업장의 안전·보건에 관한 정보를 근로자에게 제공할 것
③ 안전·보건의식을 북돋우기 위한 홍보·교육 및 무재해운동 등 안전문화를 추진할 것
④ 관련 법과 법에 따른 명령에서 정하는 산업재해 예방을 위한 기준을 지킬 것

문제 2 ~ 3 해설

사업주는 다음 각 호의 사항을 이행함으로써 근로자의 안전 및 건강을 유지·증진시키고 국가의 산업재해 예방정책을 따라야 한다.
1. 이 법과 이 법에 따른 명령으로 정하는 산업재해 예방을 위한 기준
2. 근로자의 신체적 피로와 정신적 스트레스 등을 줄일 수 있는 쾌적한 작업환경의 조성 및 근로조건 개선
3. 해당 사업장의 안전 및 보건에 관한 정보를 근로자에게 제공

[참고] 산업안전보건법 제5조 [사업주 등의 의무]

☐☐☐ 12년4회, 17년2회

3. 산업안전보건법상 사업주의 의무에 해당하는 것은?

① 산업안전·보건정책의 수립·집행·조정 및 통제
② 사업장에 대한 재해 예방 지원 및 지도
③ 산업재해에 관한 조사 및 통계의 유지·관리
④ 해당 사업장의 안전·보건에 관한 정보를 근로자에게 제공

☐☐☐ 08년2회, 14년4회, 19년1회, 22년2회

4. 산업안전보건법령상 안전관리자를 2인 이상 선임하여야 하는 사업에 해당하지 않는 것은?

① 공사금액이 1,000억인 건설업
② 상시 근로자가 500명인 통신업
③ 상시 근로자가 1,500명인 운수업
④ 상시 근로자가 600명인 식료품 제조업

해설

안전관리자 2명이상 선임대상 사업장
①항. 건설업 : 공사금액 800억원 이상 1500억 미만
②항. 우편 및 통신업 : 상시 근로자 1,000명 이상
③항. 운수 및 창고업 : 상시 근로자 1,000명 이상
④항. 식료품 제조업, 음료 제조업 : 상시 근로자 500명 이상

[참고] 산업안전보건법 시행령 별표3 [안전관리자를 두어야 할 사업의 종류, 사업장의 상시근로자 수, 안전관리자의 수 및 선임방법]

☐☐☐ 11년2회, 19년2회

5. 산업안전보건법령상 사업주가 안전관리자를 선임한 경우, 선임한 날부터 며칠 이내에 고용노동부장관에게 증명할 수 있는 서류를 제출하여야 하는가?

① 7일   ② 14일
③ 30일   ④ 60일

해설

사업주는 안전관리자를 선임하거나 안전관리자의 업무를 안전관리전문기관에 위탁한 경우에는 고용노동부령으로 정하는 바에 따라 선임하거나 위탁한 날부터 14일 이내에 고용노동부장관에게 그 사실을 증명할 수 있는 서류를 제출해야 한다. 안전관리자를 늘리거나 교체한 경우에도 또한 같다.

[참고] 산업안전보건법 시행령 제16조 [안전관리자의 선임 등]

☐☐☐ 09년1회, 11년4회, 16년4회, 19년1회

6. 산업안전보건법상 지방고용노동관서의 장이 사업주에게 안전관리자나 보건관리자를 정수 이상으로 증원하게 하거나 교체하여 임명할 것을 명령할 수 있는 사유에 해당되는 것은?

① 사망재해가 연간 1건 발생한 경우
② 중대재해가 연간 2건 발생한 경우
③ 관리자가 질병의 사유로 3개월 이상 해당 직무를 수행할 수 없게 된 경우
④ 해당 사업장의 연간재해율이 같은 업종의 평균재해율의 1.5배 이상인 경우

정답 1 ② 2 ③ 3 ④ 4 ② 5 ② 6 ③

해설

안전관리자등의 증원·교체임명
1. 해당 사업장의 연간재해율이 같은 업종의 평균재해율의 2배 이상인 경우
2. 중대재해가 연간 2건 이상 발생한 경우(해당 사업장의 전년도 사망만인율이 같은 업종의 평균 사망만인율 이하인 경우는 제외한다.)
3. 관리자가 질병이나 그 밖의 사유로 3개월 이상 직무를 수행할 수 없게 된 경우
4. 화학적 인자로 인한 직업성질병자가 연간 3명 이상 발생한 경우

[참고] 산업안전보건법 시행규칙 제12조 [안전관리자 등의 증원·교체임명 명령]

※ 해당 문제는 법령개정 전 출제된 문제로 법령개정 후로 보면 ②,③번 모두 정답임
• 개정 전 : 중대재해가 연간 3건 이상 발생한 경우
• 개정 후 : 중대재해가 연간 2건 이상 발생한 경우

□□□ 11년1회, 13년1회, 13년2회, 15년2회, 16년2회, 17년4회

7. 고용노동부장관은 산업안전보건법에 따라 산업재해를 예방하기 위하여 필요하다고 인정할 때 사업장의 산업재해 발생건수, 재해율 등을 공표할 수 있는데 다음 중 공표 대상 사업장에 해당되지 않는 것은?

① 산업재해로 연간 사망재해자가 2명 이상 발생한 사업장으로서 사망만인율이 규모별 같은 업종의 평균 사망만인율 이상인 사업장
② 산업재해의 발생에 관한 보고를 최근 3년 이내 2회 이상 하지 않은 사업장
③ 연간 산업재해율이 규모별 같은 업종의 평균재해율 이상인 사업장 중 상위 20% 이내에 해당되는 사업장
④ 중대산업사고가 발생한 사업장

해설

산업재해 발생건수 공표대상 사업장
1. 산업재해로 인한 사망자가 연간 2명 이상 발생한 사업장
2. 사망만인율이 규모별 같은 업종의 평균 사망만인율 이상인 사업장
3. 중대산업사고가 발생한 사업장
4. 산업재해 발생 사실을 은폐한 사업장
5. 산업재해의 발생에 관한 보고를 최근 3년 이내 2회 이상 하지 않은 사업장

[참고] 산업안전보건법 시행령 제10조 [공표대상 사업장]

□□□ 19년4회

8. 산업안전보건법령상 안전관리자의 업무와 거리가 먼 것은?

① 물질안전보건자료의 게시 또는 비치에 관한 보좌 및 조언·지도
② 해당 사업장 안전교육계획의 수립 및 안전교육 실시에 관한 보좌 및 조언·지도
③ 사업장 순회점검·지도 및 조치의 건의
④ 산업재해 발생의 원인 조사·분석 및 재발 방지를 위한 기술적 보좌 및 조언·지도

문제 8 ~ 10 해설

안전관리자의 업무
1. 산업안전보건위원회 또는 안전 및 보건에 관한 노사협의체에서 심의·의결한 업무와 해당 사업장의 안전보건관리규정 및 취업규칙에서 정한 업무
2. 위험성평가에 관한 보좌 및 지도·조언
3. 안전인증대상기계등과 자율안전확인대상기계등 구입 시 적격품의 선정에 관한 보좌 및 지도·조언
4. 해당 사업장 안전교육계획의 수립 및 안전교육 실시에 관한 보좌 및 지도·조언
5. 사업장 순회점검, 지도 및 조치 건의
6. 산업재해 발생의 원인 조사·분석 및 재발 방지를 위한 기술적 보좌 및 지도·조언
7. 산업재해에 관한 통계의 유지·관리·분석을 위한 보좌 및 지도·조언
8. 법 또는 법에 따른 명령으로 정한 안전에 관한 사항의 이행에 관한 보좌 및 지도·조언
9. 업무 수행 내용의 기록·유지
10. 그 밖에 안전에 관한 사항으로서 고용노동부장관이 정하는 사항

[참고] 산업안전보건법 시행령 제18조 [안전관리자의 업무 등]

□□□ 08년4회, 18년1회

9. 산업안전보건법령상 안전관리자가 수행하여야 할 업무가 아닌 것은? (단, 그 밖에 안전에 관한 사항으로서 고용 노동부장관이 정하는 사항은 제외한다.)

① 사업장 순회점검·지도 및 조치의 건의
② 해당 사업장 안전교육계획의 수립 및 안전 교육 실시에 관한 보좌 및 조언·지도
③ 산업재해 발생의 원인 조사·분석 및 재발방지를 위한 기술적 보좌 및 조언·지도
④ 해당 작업의 작업장의 정리·정돈 및 통로확보에 대한 확인·감독

□□□ 08년1회, 11년1회, 12년1회
10. 다음 중 산업안전보건법상 안전관리자가 수행하여야 할 직무가 아닌 것은? (단, 기타 안전에 관한 사항으로 고용노동부장관이 정하는 사항은 제외 한다.)

① 산업안전보건위원회에서 심의·의결한 직무
② 해당 사업장 안전교육계획의 수립 및 실시
③ 직업성 질환 발생의 원인조사 및 대책수립
④ 안전보건관리규정 및 취업규칙 중 안전에 관한 사항을 위반한 근로자에 대한 조치의 건의

□□□ 13년2회, 15년4회, 18년4회
11. 산업안전보건법령에 따른 건설업 중 유해·위험방지계획서를 작성하여 고용노동부장관에게 제출하여야 하는 공사의 기준 중 틀린 것은?

① 연면적 5,000m² 이상의 냉동·냉장창고 시설의 설비공사 및 단열공사
② 깊이 10m 이상인 굴착공사
③ 저수용량 2,000만톤 이상의 용수 전용 댐공사
④ 최대 지간길이가 31m 이상인 교량 건설공사

문제 11 ~ 12 해설
위험방지계획서를 제출해야 될 건설공사
1. 지상높이가 31미터 이상인 건축물 또는 인공구조물, 연면적 3만 제곱미터 이상인 건축물 또는 연면적 5천 제곱미터 이상의 문화 및 집회시설(전시장 및 동물원·식물원은 제외한다), 판매시설, 운수시설(고속철도의 역사 및 집배송시설은 제외한다), 종교시설, 의료시설 중 종합병원, 숙박시설 중 관광숙박시설, 지하도상가 또는 냉동·냉장창고시설의 건설·개조 또는 해체
2. 연면적 5천제곱미터 이상의 냉동·냉장창고시설의 설비공사 및 단열공사
3. 최대지간길이가 50m 이상인 교량건설 등 공사
4. 터널건설 등의 공사
5. 다목적댐·발전용댐 및 저수용량 2천만 톤 이상의 용수전용댐·지방상수도 전용댐 건설 등의 공사
6. 깊이 10미터 이상인 굴착공사

[참고] 산업안전보건법 시행령 제42조 [유해위험방지계획서 제출 대상]

□□□ 12년2회, 18년1회
12. 산업안전보건법령상 건설업 중 고용노동부령으로 정하는 자격을 갖춘 자의 의견을 들은 후 유해·위험방지계획서를 작성하여 고용노동부장관에게 제출하여야 하는 대상 사업장의 기준 중 다음 ( ) 안에 알맞은 것은?

연면적 ( )m² 이상의 냉동·냉장창고 시설의 설비공사 및 단열공사

① 3,000
② 5,000
③ 7,000
④ 10,000

□□□ 18년4회
13. 산업안전보건법령에 따른 안전보건총괄책임자 지정 대상사업 기준 중 다음 ( ) 안에 알맞은 것은? (단, 선박 및 보트 건조업, 1차 금속 제조업 및 토사석 광업 의 경우이다.)

수급인에게 고용된 근로자를 포함한 상시근로자가 (㉠)명 이상인 사업 및 수급인의 공사금액을 포함한 해당 공사의 총공사금액이 (㉡)억원 이상인 건설업

① ㉠ 50, ㉡ 10
② ㉠ 50, ㉡ 20
③ ㉠ 100, ㉡ 10
④ ㉠ 100, ㉡ 20

해설
안전보건총괄책임자 지정 대상사업
안전보건총괄책임자를 지정해야 하는 사업의 종류 및 사업장의 상시근로자 수는 관계수급인에게 고용된 근로자를 포함한 상시근로자가 100명(선박 및 보트 건조업, 1차 금속 제조업 및 토사석 광업의 경우에는 50명) 이상인 사업이나 관계수급인의 공사금액을 포함한 해당 공사의 총공사금액이 20억원 이상인 건설업으로 한다.

[참고] 산업안전보건법 시행령 제52조 [안전보건총괄책임자 지정 대상사업]

□□□ 10년1회, 20년3회
14. 산업안전보건법령에 따른 안전보건총괄책임자의 직무에 속하지 않는 것은?

① 도급 시 산업재해 예방조치
② 위험성평가의 실시에 관한 사항
③ 안전인증대상기계와 자율안전확인대상기계 구입 시 적격품의 선정에 관한 지도
④ 산업안전보건관리비의 관계수급인 간의 사용에 관한 협의·조정 및 그 집행의 감독

문제 14 ~ 15 해설
안전보건총괄책임자의 직무
1. 위험성평가의 실시에 관한 사항
2. 작업의 중지
3. 도급 시 산업재해 예방조치
4. 산업안전보건관리비의 관계수급인 간의 사용에 관한 협의·조정 및 그 집행의 감독
5. 안전인증대상기계등과 자율안전확인대상기계등의 사용 여부 확인

[참고] 산업안전보건법 시행령 제53조 [안전보건총괄책임자의 직무 등]

정답 10 ③ 11 ④ 12 ② 13 ② 14 ③

□□□ 10년4회, 13년2회, 16년4회, 18년2회

15. 산업안전보건법령상 안전보건총괄책임자의 직무가 아닌 것은?

① 위험성평가의 실시에 관한 사항
② 수급인의 산업안전보건관리비의 집행 감독
③ 자율안전확인대상 기계 · 기구등의 사용
④ 해당 사업장 안전교육계획의 수립

□□□ 14년2회, 18년2회, 18년4회

16. 산업안전보건법령에 따른 안전 · 보건에 관한 노사협의체의 사용자위원 구성기준 중 틀린 것은?

① 해당 사업의 대표자
② 안전관리자 1명
③ 공사금액이 20억원 이상인 도급 또는 하도급 사업의 사업주
④ 근로자대표가 지명하는 명예감독관 1명

해설

노사협의체 구성위원
1. 근로자위원
　① 도급 또는 하도급 사업을 포함한 전체 사업의 근로자대표
　② 근로자대표가 지명하는 명예산업안전감독관 1명. 다만, 명예산업안전감독관이 위촉되어 있지 않은 경우에는 근로자대표가 지명하는 해당 사업장 근로자 1명
　③ 공사금액이 20억원 이상인 공사의 관계수급인의 각 근로자대표
2. 사용자위원
　① 도급 또는 하도급 사업을 포함한 전체 사업의 대표자
　② 안전관리자 1명
　③ 보건관리자 1명(별표 5 제44호에 따른 보건관리자 선임대상 건설업으로 한정한다)
　④ 공사금액이 20억원 이상인 공사의 관계수급인의 각 대표자

[참고] 산업안전보건법 시행령 제64조 [노사협의체의 구성]

□□□ 09년4회, 19년4회

17. 안전 · 보건에 관한 노사협의체의 구성 · 운영에 대한 설명으로 틀린 것은?

① 노사협의체는 근로자와 사용자가 같은 수로 구성되어야 한다.
② 노사협의체의 회의 결과는 회의록으로 작성하여 보존하여야 한다.
③ 노사협의체의 회의는 정기회의와 임시회의로 구분하되, 정기회의는 3개월마다 소집한다.
④ 노사협의체는 산업재해 예방 및 산업재해가 발생한 경우의 대피방법 등에 대하여 협의하여야 한다.

해설

노사협의체의 회의는 정기회의와 임시회의로 구분하여 개최하되, 정기회의는 2개월마다 노사협의체의 위원장이 소집하며, 임시회의는 위원장이 필요하다고 인정할 때에 소집한다.

[참고] 산업안전보건법 시행령 제65조 [노사협의체의 운영 등]

□□□ 19년2회

18. 산업안전보건법령상 건설업의 도급인 사업주가 작업장을 순회점검하여야 하는 주기로 올바른 것은?

① 1일에 1회 이상　② 2일에 1회 이상
③ 3일에 1회 이상　④ 7일에 1회 이상

해설

도급사업시의 순회점검
도급인인 사업주는 작업장을 다음 각 호의 구분에 따라 순회점검하여야 한다.
1. 다음 각 목의 사업의 경우 : 2일에 1회 이상
　가. 건설업
　나. 제조업
　다. 토사석 광업
　라. 서적, 잡지 및 기타 인쇄물 출판업
　마. 음악 및 기타 오디오물 출판업
　바. 금속 및 비금속 원료 재생업
2. 제1호 각 목의 사업을 제외한 사업의 경우 : 1주일에 1회 이상

[참고] 산업안전보건법 시행규칙 제80조 [도급사업 시의 안전 · 보건조치 등]

□□□ 14년4회, 18년4회

19. 다음 중 산업안전보건법령상 안전인증기관이 하는 안전인증 심사의 종류에 해당되지 않는 것은?

① 서면심사　② 예비심사
③ 제품심사　④ 완성심사

해설

안전인증 심사의 종류
1. 예비심사
2. 서면심사
3. 기술능력 및 생산체계 심사
4. 제품심사

[참고] 산업안전보건법 시행규칙 제110조 [안전인증 심사의 종류 및 방법]

□□□ 09년4회, 12년1회, 15년2회, 18년1회, 22년1회

20. 다음 중 산업안전보건법령상 건설현장에서 사용하는 크레인의 안전검사의 주기로 **옳은** 것은?

① 최초로 설치한 날부터 1개월마다 실시

② 최초로 설치한 날부터 3개월마다 실시

③ 최초로 설치한 날부터 6개월마다 실시

④ 최초로 설치한 날부터 1년마다 실시

문제 20 ~ 21 해설

안전검사의 신청과 주기

주기	내용
사업장에 설치가 끝난 날부터 3년 이내에 최초, 그 이후부터 2년마다	크레인(이동식 크레인은 제외한다), 리프트(이삿짐운반용 리프트는 제외한다) 및 곤돌라 (건설현장에서 사용하는 것은 최초로 설치한 날부터 6개월마다)
	프레스, 전단기, 압력용기, 국소 배기장치, 원심기, 화학설비 및 그 부속설비, 건조설비 및 그 부속설비, 롤러기, 사출성형기, 컨베이어 및 산업용 로봇 (공정안전보고서를 제출하여 확인을 받은 압력용기는 4년마다)

[참고] 산업안전보건법 시행규칙 제126조 [안전검사의 주기와 합격표시 및 표시방법]

□□□ 19년1회

21. 크레인(이동식은 제외한다)은 사업장에 설치한 날로부터 몇 년 이내에 최초 안전검사를 실시하여야 하는가?

① 1년   ② 2년

③ 3년   ④ 5년

□□□ 10년4회, 16년2회

22. 산업안전보건법상 안전검사를 받아야 하는 자는 안전검사 신청서를 검사 주기 만료일 며칠 전에 안전검사기관에 제출해야 하는가?(단, 전자문서에 의한 제출을 포함한다.)

① 15일   ② 30일

③ 45일   ④ 60일

해설

1. 안전검사를 받아야 하는 자는 안전검사 신청서를 검사 주기 만료일 30일 전에 안전검사 업무를 위탁받은 기관에 제출하여야 한다.
2. 안전검사 신청을 받은 안전검사기관은 30일 이내에 해당 기계·기구 및 설비별로 안전검사를 하여야 한다.

[참고] 산업안전보건법 시행규칙 제124조 [안전검사의 신청 등]

□□□ 13년1회, 18년2회, 19년2회

23. 산업안전보건법령상 안전검사 대상 유해·위험기계 등이 아닌 것은?

① 리프트   ② 전단기

③ 압력용기   ④ 밀폐형 구조 롤러기

문제 23 ~ 25 해설

안전검사 대상 유해·위험기계의 종류
① 프레스
② 전단기
③ 크레인(정격하중 2톤 미만 것은 제외한다)
④ 리프트
⑤ 압력용기
⑥ 곤돌라
⑦ 국소배기장치(이동식은 제외한다)
⑧ 원심기(산업용에 한정한다)
⑨ 롤러기(밀폐형 구조는 제외한다.)
⑩ 사출성형기(형 체결력 294KN 미만은 제외한다.)
⑪ 고소작업대(화물자동차 또는 특수자동차에 탑재한 고소작업대로 한정한다.)
⑫ 컨베이어
⑬ 산업용 로봇

[참고] 산업안전보건법 시행령 제78조 [안전검사대상 기계 등]

□□□ 17년4회, 22년2회

24. 산업안전보건법령상 안전검사 대상 유해·위험 기계등이 아닌 것은?

① 압력용기

② 원심기(산업용)

③ 국소 배기장치(이동식)

④ 크레인(정격 하중이 2톤 이상인 것)

□□□ 12년2회, 13년4회

25. 다음 중 산업안전보건법상 안전검사 대상 유해·위험기계에 포함되지 않는 것은?

① 리프트   ② 압력용기

③ 이동식 크레인   ④ 전단기

□□□ 20년3회

26. 산업안전보건법령상 안전인증대상 기계 또는 설비에 속하지 않는 것은?

① 리프트   ② 압력용기

③ 곤돌라   ④ 파쇄기

② 제조공정의 개요
③ 재평가 방법 및 계획
④ 안전 · 보건교육 훈련계획

□□□ 08년1회, 11년4회, 16년1회, 20년1,2회

7. 화학설비에 대한 안전성 평가에서 정량적 평가항목에 해당되지 않는 것은?

① 취급물질　　　② 화학설비용량
③ 공정　　　　　④ 압력

문제 7 ~ 8 해설

안정성평가의 정량적 평가 항목
1. 당해 화학설비의 취급물질
2. 용량
3. 온도
4. 압력
5. 조작

□□□ 14년1회, 20년3회

8. 다음 중 화학설비의 안정성 평가에서 정량적 평가의 항목에 해당되지 않는 것은?

① 조작　　　　　② 취급물질
③ 훈련　　　　　④ 설비용량

□□□ 13년4회

9. 다음은 Z(주)에서 냉동저장소 건설 중 건물내 바닥 방수 도포 작업시 발생된 가연성가스가 폭발하여 작업자 2명이 사망한 재해보고서를 토대로 가연성 가스를 누출한 설비의 안전성에 대한 정량적 평가표이다. 다음 중 위험등급 Ⅱ에 해당하는 항목으로만 나열한 것은?

항목분류	A급	B급	C급	D급
취급물질	○			○
화학설비의 용량	○	○	○	
온도		○	○	○
조작	○			
압력	○	○		○

① 압력, 조작　　　② 온도, 조작
③ 취급물질, 압력　④ 화학설비의 용량, 온도

해설

조작 : 15점, 압력 : 15점 이므로 위험등급 Ⅱ에 해당된다.
1. 취급물질 : 10점
2. 용량 : 17점
3. 온도 : 7점
4. 조작 : 15점
5. 압력 : 15점

■참고
1. 화학설비의 취급물질, 용량, 온도, 압력 및 조작의 5항목에 대해 A, B, C, D급으로 분류 하고 A급은 10점, B급은 5점, C급은 2점, D급은 0점으로 점수를 부여한 후 5항목에 관한 점수들의 합을 구한다.
2. 합산 결과에 의한 위험도의 등급은 다음 [표]와 같다.

■ 위험도 등급

등 급	점 수	내 용
등급 Ⅰ	16점 이상	위험도가 높다.
등급 Ⅱ	11~15점 이하	주위상황, 다른 설비와 관련해서 평가
등급 Ⅲ	10점 이하	위험도가 낮다.

□□□ 11년2회, 16년2회, 17년1회, 19년2회, 20년4회

10. 산업안전보건법에 따라 유해위험방지계획서의 제출 대상사업은 해당 사업으로서 전기 계약용량이 얼마 이상인 사업을 말하는가?

① 150kW　　　　② 200kW
③ 300kW　　　　④ 500kW

해설

유해 · 위험방지계획서 제출 대상 사업장은 "대통령령으로 정하는 업종 및 규모에 해당하는 사업"이란 다음 아래에 해당하는 사업으로서 전기사용설비의 정격용량의 합이 300킬로와트 이상인 사업을 말한다.

□□□ 11년1회, 13년2회, 19년4회

11. 다음 중 산업안전보건법상 유해 · 위험방지계획서를 제출하여야 기계 · 기구 및 설비에 해당하지 않는 것은?

① 공기압축기　　　② 건조설비
③ 화학설비　　　　④ 가스집합 용접장치

문제 11 ~ 12 해설

산업안전보건법상 유해 · 위험방지계획서를 제출하여야 하는 기계 · 기구 및 설비
1. 금속이나 그 밖의 광물의 용해로
2. 화학설비
3. 건조설비
4. 가스집합 용접장치
5. 허가대상 · 관리대상 유해물질 및 분진작업 관련 설비

□□□ 14년4회, 18년1회

12. 다음 중 산업안전보건법령에 따라 유해하거나 위험한 장소에서 사용하는 기계·기구 및 설비를 설치·이전 하는 경우 유해·위험방지계획서를 작성, 제출하여야 하는 대상이 아닌 것은?

① 화학설비　　　　② 건조설비
③ 전기용접장치　　④ 금속 용해로

□□□ 15년1회, 15년4회, 18년4회, 19년1회

13. 산업안전보건법령에 따라 제조업 중 유해·위험방지 계획서 제출대상 사업의 사업주가 유해·위험방지 계획서를 제출하고자 할 때 첨부하여야 하는 서류에 해당하지 않는 것은? (단, 그 밖의 고용노동부장관이 정하는 도면 및 서류 등은 제외한다.)

① 공사개요서
② 기계·설비의 배치도면
③ 기계·설비의 개요를 나타내는 서류
④ 원재료 및 제품의 취급, 제조 등의 작업방법의 개요

해설
유해·위험방지계획서 제출 대상 사업장의 첨부서류 1. 건축물 각 층의 평면도 2. 기계·설비의 개요를 나타내는 서류 3. 기계·설비의 배치도면 4. 원재료 및 제품의 취급, 제조 등의 작업방법의 개요 5. 그 밖에 고용노동부장관이 정하는 도면 및 서류

□□□ 13년1회, 16년4회

14. 다음 중 제조업의 유해·위험방지계획서 제출 대상 사업장에서 제출하여야 하는 유해·위험방지계획서의 첨부서류와 가장 거리가 먼 것은?

① 공사개요서
② 건축물 각 층의 평면도
③ 기계·설비의 배치 도면
④ 원재료 및 제품의 취급, 제조 등의 작업방법의 개요

해설
공사개요서는 건설업 유해·위험방지계획서의 첨부서류에 해당된다

□□□ 12년2회, 17년4회, 20년1,2회

15. 산업안전보건법에 따라 유해·위험방지계획서에 관련서류를 첨부하여 해당 작업 시작 며칠 전까지 제출하여야 하는가?

① 7일　　　　　② 15일
③ 30일　　　　④ 60일

해설
사업주가 유해위험방지계획서를 제출할 때에는 사업장별로 제조업 등 유해위험방지계획서에 다음 각 호의 서류를 첨부하여 해당 작업 시작 15일 전까지 공단에 2부를 제출해야 한다.

□□□ 15년2회

16. 다음은 유해·위험방지계획서의 제출에 관한 설명이다. ( ) 안의 내용으로 옳은 것은?

> 산업안전보건법령상 제출대상 사업으로 제조업의 경우 유해·위험방지계획서를 제출하려면 관련 서류를 첨부하여 해당 작업 시작 (㉠) 까지, 건설업의 경우 해당 공사의 착공 (㉡) 까지 관련 기관에 제출하여야 한다.

① ㉠ : 15일 전, ㉡ : 전날
② ㉠ : 15일 전, ㉡ : 7일 전
③ ㉠ : 7일 전, ㉡ : 전날
④ ㉠ : 7일 전, ㉡ : 3일 전

해설
유해·위험방지계획서는 제조업의 경우 해당 작업시작 전 15일 전, 건설업의 경우 공사 착공 전일 까지 기관에 제출하여야 한다.

□□□ 11년4회, 14년1회

17. 다음 중 산업안전보건법령상 유해·위험방지계획서의 심사 결과에 따른 구분·판정의 종류에 해당하지 않는 것은?

① 보류　　　　　② 부적정
③ 적정　　　　　④ 조건부적정

해설
유해·위험방지계획서의 심사 결과에 따른 구분·판정은 적정, 조건부 적정, 부적정이 있다.

정답 12 ③　13 ①　14 ①　15 ②　16 ①　17 ①

□□□ 13년4회, 17년2회

18. 산업안전보건법상 유해·위험방지계획서를 제출한 사업주는 건설공사 중 얼마 이내마다 관련법에 따라 유해·위험방지계획서의 내용과 실제공사 내용이 부합하는지의 여부 등을 확인받아야 하는가?

① 1개월   ② 3개월

③ 6개월   ④ 12개월

해설

유해위험방지계획서의 확인
건설물·기계·기구 및 설비의 시운전단계에서 확인을 받아야 한다.
(건설공사 중 6개월 이내마다)
1. 유해·위험방지계획서의 내용과 실제공사 내용이 부합하는지 여부
2. 유해·위험방지계획서 변경내용의 적정성
3. 추가적인 유해·위험요인의 존재 여부

PART

02

산업심리 및 교육

01 산업심리의 개념

❶ 산업 심리 요소

종 류	내 용
심리의 5요소	습관, 동기, 기질, 감정, 습성
습관의 4요소	동기, 기질, 감정, 습성

❷ 심리 검사의 구비조건

구분	내용
표준화 (Standardization)	검사관리를 위한 조건과 검사 절차의 일관성과 통일성을 표준화한다.
객관성 (Objectivity)	검사결과의 채점에 관한 것으로, 채점하는 과정에서 채점자의 편견이나 주관성이 배제되어야 하며 어떤 사람이 채점하여도 동일한 결과를 얻어야 한다.
규준 (norms)	검사의 결과를 해석하기 위해서는 비교할 수 있는 참조 또는 비교의 틀
신뢰성 (reliability)	검사응답의 일관성, 즉 반복성을 말하는 것이다.
타당성 (validity)	측정하고자 하는 것을 실제로 측정하는 것 • 내용 타당도 • 전이 타당도 • 조직내 타당도 • 조직간 타당도
실용성 (practicability)	검사 채점의 용이성, 결과해석의 간편성, 저비용

❸ 직업적성의 기본요소

구분	내용
지능(intelligence)	새로운 문제를 효과적으로 처리해가는 능력
흥미(interest)	직무의 선택, 직업의 성공, 만족 등 직무적 행동의 동기를 조성
개성, 인간성(personality)	개인의 인간성은 직장의 적응에 중요한 역할을 한다.

❶ 인간관계 메커니즘(mechanism)

구분	내용
동일화 (identification)	다른 사람의 행동 양식이나 태도를 투입시키거나, 다른 사람 가운데서 자기와 비슷한 것을 발견하는 것
투사 (投射 : projection)	자기 속의 억압된 것을 다른 사람의 것으로 생각하는 것
커뮤니케이션 (communication)	갖가지 행동 양식이나 기호를 매개로 하여 어떤 사람으로부터 다른 사람에게 전달되는 과정
모방 (imitation)	남의 행동이나 판단을 표본으로 하여 그것과 같거나 또는 그것에 가까운 행동 또는 판단을 취하려는 것
암시 (suggestion)	다른 사람으로부터의 판단이나 행동을 무비판적으로 논리적, 사실적 근거 없이 받아들이는 것

❶ 인간변용의 4단계(인간변용의 메커니즘)

단계	내용
1단계	지식의 변용
2단계	태도의 변용
3단계	행동의 변용
4단계	집단 또는 조직에 대한 성과 변용

❷ 사회행동의 기본형태

내용	구분
협력	조력, 분업
대립	공격, 경쟁
도피	고립, 정신병, 자살
융합	강제, 타협, 통합

❸ **적응기제(adjustment mechanism)**
  ① 방어적 기제(defence mechanism)
  ② 도피적 기제(escape mechanism)
  ③ 공격적 기제(aggressive mechanism)

적응 기제의 종류
- 방어적
  - 보상
  - 합리화
  - 동일시
  - 승화
- 도피적
  - 고립
  - 퇴행
  - 억압
  - 백일몽
- 공격적
  - 직접적
  - 간접적

---

04 동기부여(motivation)

❶ **안전 동기의 유발 방법**
  ① 안전의 근본이념을 인식시킬 것
  ② 안전 목표를 명확히 설정할 것
  ③ 결과를 알려줄 것(K.R법 : knowlege results)
  ④ 상과 벌을 줄 것
  ⑤ 경쟁과 협동을 유도할 것
  ⑥ 동기유발 수준을 유지할 것

❷ **Lewin. K의 법칙**

$$\therefore \ B = f\,(P \cdot E)$$

여기서, B : behavior(인간의 행동)
  f : function(함수관계)
  P : person(개체 : 연령, 경험, 심신상태, 성격, 지능 등)
  E : environment(심리적 환경 : 인간관계, 작업환경 등)

❸ Davis의 동기부여 이론

경영의 성과 = 인간의 성과 × 물적 성과

① 인간성과=능력×동기유발
② 능력=지식×기능
③ 동기유발=상황×태도

❹ 욕구단계 이론

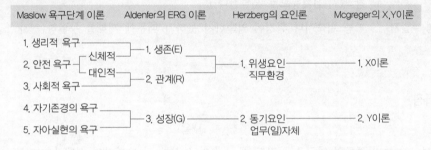

02. 인간의 특성과 안전

01 재해 빈발성과 부주의

❶ 사고경향성자(재해 누발자, 재해 다발자)의 유형

구분	내용
상황성 누발자	작업의 어려움, 기계설비의 결함, 환경상 주의력의 집중 혼란, 심신의 근심 등 때문에 재해를 누발하는 자
습관성 누발자	재해의 경험으로 겁쟁이가 되거나 신경과민이 되어 재해를 누발하는 자와 일종의 슬럼프(slump)상태에 빠져서 재해를 누발하는 자
소질성 누발자	재해의 소질적 요인을 가지고 있는 재해자(사고요인은 지능, 성격, 감각(시각)기능으로 분류한다.)
미숙성 누발자	기능 미숙이나 환경에 익숙하지 못하기 때문에 재해를 누발하는 자

❷ 주의의 특징

구분	내용
선택성	여러 종류의 자극을 자각할 때 소수의 특정한 것에 한하여 선택하는 기능
방향성	주시점만 인지하는 기능
변동성	주의에는 주기적으로 부주의의 리듬이 존재

❸ 의식 레벨의 단계분류

단계	의식의 상태	주의 작용	생리적 상태	신뢰성
0	무의식, 실신	없음	수면, 뇌발작	0
I	정상 이하, 의식 몽롱함	부주의	피로, 단조, 졸음, 술취함	0.99 이하
II	정상, 이완상태	수동적 마음이 안쪽으로 향함	안정기거, 휴식시 정례작업시	0.99~0.99999 이하
III	정상, 상쾌한 상태	능동적 앞으로 향하는 주의(시야도 넓다.)	적극 활동시	0.999999 이상
IV	초긴장, 과긴장상태	일점 집중, 판단 정지	긴급 방위반응, 당황해서 panic	0.9 이하

④ 억측판단

자기 멋대로 주관적(主觀的) 판단이나 희망적(希望的)인 관찰에 근거를 두고 확인하지 않고 행동으로 옮기는 판단

❶ 착오의 요인

① 위치의 착오

② 순서의 착오

③ 패턴의 착오

④ 형태의 착오

⑤ 기억의 틀림(오류)

❷ 착오의 분류

구분	내용
인지과정 착오	• 생리, 심리적 능력의 한계 • 정보량 저장 능력의 한계 • 감각 차단현상 : 단조로운 업무, 반복 작업 • 정서 불안정 : 공포, 불안, 불만
판단과정 착오	• 능력부족 • 정보부족 • 자기합리화 • 환경조건의 불비
조치과정 착오	• 피로 • 작업 경험부족 • 작업자의 기능미숙(지식, 기술부족)

❸ 착각현상

구분	내용
자동운동	암실 내에서 정지된 소 광점을 응시하고 있을 때 그 광점의 움직임을 볼 수 있는 경우
유도운동	실제로는 움직이지 않는 것이 어느 기준의 이동에 유도되어 움직이는 것처럼 느껴지는 현상
가현운동 (β 운동)	정지하고 있는 대상물이 급속히 나타나고 소멸하는 상황에서 대상물이 운동하는 것처럼 인식되는 현상(영화 영상의 방법)

03 리더십

❶ 리더십의 특성

Leader의 제 특성	리더의 구비요건
• 대인적 숙련 • 혁신적 능력 • 기술적 능력 • 협상적 능력 • 표현 능력 • 교육 훈련 능력	• 화합성 • 통찰력 • 판단력 • 정서적 안전성 및 활발성

❷ 리더십과 헤드쉽

개인과 상황변수	헤드쉽	리더십
권한행사	임명된 헤드	선출된 리더
권한부여	위에서 임명	밑으로 부터 동의
권한근거	법적 또는 공식적	개인적
권한귀속	공식화된 규정에 의함	집단목표에 기여한 공로
상관과 부하의 관계	지배적	개인적인 영향
책임귀속	상사	상사와 부하
부하와의 사회적 간격	넓음	좁음
지휘형태	권위주의적	민주주의적

❸ 관리 그리드(Managerial grid)

구분	내용
1.1형 (무관심형)	• 생산, 사람에 대한 관심도가 모두 낮음 • 리더 자신의 직분 유지에 필요한 노력만 함
1.9형 (인기형)	• 생산, 사람에 대한 관심도가 매우 높음 • 구성원간의 친밀감에 중점을 둠
9.1형 (과업형)	• 생산에 대한 관심도 매우 높음, 사람에 대한 관심도 낮음 • 업무상 능력을 중시 함
5.5형 (타협형)	• 사람과 업무의 절충형 • 적당한 수준성과를 지향 함
9.9형 (이상형)	• 구성원과의 공동목표, 상호 의존관계를 중요시 함 • 상호신뢰, 상호존경, 구성원을 통한 과업 달성 함

❶ 적응과 역할(Super.D.E의 역할이론)

구분	내용
역할연기 (role playing)	현실의 장면을 설정하고 각자 맡은 역을 연기하여 실제를 대비한 대처방법을 습득한다. 자아탐색(self-exploration)인 동시에 자아실현(self- realization)의 수단이다.
역할기대 (role expectation)	집단이나 개인이 역할을 어떻게 수행해 줄 지 기대하는 것
역할조성 (role shaping)	개인에게 여러 개의 역할 기대가 있을 경우 그 중의 어떤 역할 기대는 불응, 거부하는 수도 있으며, 혹은 다른 역할을 해내기 위해 다른 일을 구 할 때도 있다.
역할갈등 (role confict)	작업 중에는 상반된 역할이 기대되는 경우 생기는 갈등

❷ 사기조사(모랄 서베이)의 주요 방법

구분	내용
통계에 의한 방법	사고 상해율, 생산고, 결근, 지각, 조퇴, 이직 등을 분석하여 파악하는 방법
사례연구법	경영관리상의 여러가지 제도에 나타나는 사례에 대해 케이스 스터디(case study)로서 현상을 파악하는 방법
관찰법	종업원의 근무 실태를 계속 관찰함으로써 문제점을 찾아내는 방법
실험연구법	실험 그룹(group)과 통제 그룹(control group)으로 나누고, 정황, 자극을 주어 태도변화 여부를 조사하는 방법
태도조사법 (의견 조사)	질문지법, 면접법, 집단토의법, 투사법(projective technique) 등에 의해 의견을 조사하는 방법

❸ 카운슬링(Counseling)의 순서

장면 구성 → 내담자 대화 → 의견의 재분석 → 감정의 표현 → 감정의 명확화

05 피로와 생체리듬

❶ 피로(fatigue)의 특징

① 피로의 종류

구분	내용
주관적 피로	스스로 느끼는 자각증상으로 권태감, 단조감, 피로감이 뒤따른다.
객관적 피로	생산된 제품의 양과 질의 저하를 지표로 한다.
생리적(기능적) 피로	인체의 생리 상태를 검사함으로 생체의 각 기능이나 물질의 변화 등에 의해 피로를 알 수 있다.

② 피로의 회복대책

　㉠ 휴식과 수면을 취할 것(가장 좋은 방법)

　㉡ 충분한 영양(음식)을 섭취할 것

　㉢ 산책 및 가벼운 체조를 할 것

　㉣ 음악감상, 오락 등에 의해 기분을 전환시킬 것

　㉤ 목욕, 마사지 등 물리적 요법을 행할 것

　㉥ 작업부하를 작게 한다.

❷ 생체리듬과 신체의 변화

① 혈액의 수분, 염분량 → 주간은 감소하고 야간에는 증가한다.

② 체온, 혈압, 맥박수 → 주간은 상승하고 야간에는 저하한다.

③ 야간에는 소화분비액 불량, 체중이 감소한다.

④ 야간에는 말초운동기능 저하, 피로의 자각증상이 증대된다.

01 교육심리

❶ S-R 학습이론

① 손다이크(Thorndike)의 시행착오설 학습법칙

구분	내용
연습의 법칙 (law of exercise)	모든 학습과정은 많은 연습과 반복을 통해서 바람직한 행동의 변화를 가져오게 된다는 법칙으로 빈도의 법칙(law of frequency)이라고도 한다.
효과의 법칙 (law of frequency)	학습의 결과가 학습자에게 쾌감을 주면 줄수록 반응은 강화되고 반대로 고통이나 불쾌감을 주면 약화된다는 법칙
준비성의 법칙 (law of readiness)	특정한 학습을 행하는데 필요한 기초적인 능력을 충분히 갖춘 뒤에 학습을 행함으로서 효과적인 학습을 이룩할 수 있다는 법칙이다.

② 파블로프(Pavlov)의 조건반사설

구분	내용
강도의 원리	자극의 강도가 일정하거나 먼저 제시한 자극보다 더 강한 것일수록 효과가 크다는 것
일관성의 원리	자극이 질적으로 일관될 때 조건반응형성이 더 잘 이루어진다.
시간의 원리	조건자극은 무조건 자극보다 시간적으로 앞서거나 거의 동시에 주어야 한다.
계속성의 원리	자극과 반응간에 반복되는 횟수가 많을수록 효과적이다.

02 학습효과

❶ 파지와 망각

① 기억의 단계

기명 → 파지 → 재생 → 재인

② 용어의 정의

단계	내용
기억	과거의 경험이 어떠한 형태로 미래의 행동에 영향을 주는 작용이라 할 수 있다.
망각	경험한 내용이나 학습된 행동을 적용하지 않고 방치하여 내용이나 인상이 약해지거나 소멸되는 현상
기명	사물의 인상을 마음속에 간직하는 것을 말한다.
파지	간직. 인상이 보존되는 것을 말한다.
재생	보존된 인상을 다시 의식으로 떠오르는 것을 말한다.
재인	과거에 경험했던 것과 같은 비슷한 상태에 부딪쳤을 때 떠오르는 것을 말한다.

❷ 전습과 분습

전습법의 이점	분습법의 이점
학습재료를 하나의 전체로 묶어서 학습하는 방법 • 망각이 적다. • 학습에 필요한 반복이 적다. • 연합이 생긴다. • 시간과 노력이 적다.	학습재료를 작게 나누어서 조금씩 학습하는 방법(순수분습법, 점진적 분습법, 반복적 분습법 등) • 어린이는 분습법을 좋아한다. • 학습효과가 빨리 나타난다. • 주의와 집중력의 범위를 좁히는데 적합하다. • 길고 복잡한 학습에 적당하다.

❸ 학습의 전이

어떤 내용을 학습한 결과가 다른 학습이나 반응에 영향을 주는 현상을 의미하는 것으로 학습효과를 전이라고도 한다.

03 교육지도 기법

❶ 교육의 목적과 기본요소

① 교육의 3요소

구분	내용
교육의 주체	교도자, 강사
교육의 객체	학생, 수강자
교육의 매개체	교육내용(교재)

② 학습목적

구분	내용
학습목적의 3요소	• 목표(goal) • 주제(subject) • 학습정도(level of learning)
학습정도 (level of learning)의 4요소	• 인지(to aguaint) : ~을 인지하여야 한다. • 지각(to know) : ~을 알아야 한다. • 이해(to understand) : ~을 이해하여야 한다. • 적용(to apply) : ~을~에 적용할 줄 알아야 한다.

❷ 교육의 지도의 원칙

① 피 교육자 중심 교육(상대방 입장에서 교육)
② 동기부여(motivation)
③ 쉬운 부분에서 어려운 부분으로 진행
④ 반복(repeat)
⑤ 한번에 하나씩 교육
⑥ 인상의 강화(오래기억)
⑦ 5관의 활용
⑧ 기능적 이해

04 교육의 실시방법

❶ 강의법(Lecture method)

강의식 교육방법은 교육 자료와 순서에 의하여 진행하며 단시간에 많은 내용을 교육하는 경우에 꼭 필요한 방법(최적인원 40~50명)

❷ 토의법(Discussion method)

구분	내용
case study (case method)	먼저 사례를 제시하고 문제적 사실들과 그의 상호관계에 대해서 검토하고 대책을 토의한다.
포럼 (forum)	새로운 자료나 교재를 제시하고 문제점을 피교육자로 하여금 제기하게 하거나 의견을 여러가지 방법으로 발표하게 하고 다시 깊이 파고들어 토의를 행하는 방법
심포지움 (symposium)	몇 사람의 전문가에 의하여 과제에 관한 견해를 발표한 뒤 참가자로 하여금 의견이나 질문을 하게 하여 토의하는 방법
패널 디스커션 (panel discussion)	패널멤버(교육 과제에 정통한 전문가 4~5명)가 피교육자 앞에서 자유로이 토의를 하고 뒤에 피교육자 전원이 참가하여 사회자의 사회에 따라 토의하는 방법
버즈 세션 (buzz session)	6-6회의라고도 하며, 먼저 사회자와 기록계를 선출한 후 나머지 사람은 6명씩의 소집단으로 구분하고, 소집단별로 각각 사회자를 선발하여 6분간씩 자유토의를 행하여 의견을 종합하는 방법

❸ 기타 교육 실시방법

구분	내용
프로그램학습법 (Programmed selfinstrucion method)	수업 프로그램이 학습의 원리에 의하여 만들어지고 학생이 자기학습 속도에 따른 학습이 허용되어 있는 상태에서 학습자가 프로그램 자료를 가지고 단독으로 학습토록 교육하는 방법
모의법 (Simulation method)	실제의 장면이나 상태와 극히 유사한 사태를 인위적으로 만들어 그 속에서 학습토록 하는 교육방법
시청각교육법 (audiovisual education)	시청각적 교육매체를 교육과정에 통합시켜 적절하게 활용함으로써 교수·학습활동에서 최대의 효과를 얻고자 하는 교육
사례연구법	특정 개체를 대상으로하여 그 대상의 특성이나 문제를 종합적이며 심층적으로 기술, 분석하는 연구로서 분석력, 판단력, 의사결정능력, 협상력 등의 문제해결능력이나 직무수행능력을 체험적으로 함양시키는 교육
실연법 (Performance method)	학습자가 이미 설명을 듣거나 시범을 보고 알게 된 지식이나 기능을 교사의 지휘나 감독아래 연습에 적용을 해보게 하는 교육방법
구안법 (project method)	학생이 마음속에 생각하고 있는 것을 외부에 구체적으로 실현하고 형상화하기 위해서 자기 스스로가 계획을 세워 수행하는 학습 활동
역할연기법 (Role playing)	참가자에게 일정한 역할을 주어 실제적으로 연기를 시켜봄으로써 자기의 역할을 보다 확실히 인식하도록 체험하는 교육방법

❶ 현장 교육의 실시

O · J · T	Off · J · T
• 개개인에게 적합한 지도훈련이 가능하다. • 직장의 실정에 맞는 실체적 훈련이 　가능하다. • 훈련에 필요한 업무의 계속성 유지된다. • 즉시 업무에 연결되는 관계로 신체와 　관련이 있다. • 효과가 곧 업무에 나타나며 훈련의 좋고 　나쁨에 따라 개선이 용이하다. • 교육을 통한 훈련 효과에 의해 상호 신뢰 　이해도가 높아진다.	• 다수의 근로자에게 조직적 훈련이 　가능하다. • 훈련에만 전념하게 된다. • 특별 설비 기구를 이용할 수 있다. • 전문가를 강사로 초청할 수 있다. • 각 직장의 근로자가 많은 지식이나 경험을 　교류할 수 있다. • 교육 훈련 목표에 대해서 집단적 노력이 　흐트러질 수도 있다.

❷ 관리감독자 TWI(training within industry) 교육

구분	내용
JIT(job instruction training)	작업을 가르치는 법
JMT(job method training)	작업의 개선 방법
JRT(job relation training)	사람을 다루는 법
JST(job safety training)	작업안전 지도 기법

06 안전보건교육의 실시

❶ 안전보건교육 계획

안전교육 계획에 포함하여야 할 사항	준비계획에 포함하여야 할 사항	준비계획의 실시계획 내용
• 교육목표(첫째 과제) • 교육의 종류 및 교육대상 • 교육의 과목 및 교육내용 • 교육기간 및 시간 • 교육장소 • 교육방법 • 교육담당자 및 강사	• 교육목표 설정 • 교육 대상자범위 결정 • 교육과정의 결정 • 교육방법 및 형태 결정 • 교육 보조재료 및 강사, 　조교의 편성 • 교육진행사항 • 필요 예산의 산정	• 필요인원 • 교육장소 • 기자재 • 견학 계획 • 시범 및 실습계획 • 협조부서 및 협동 • 토의진행계획 • 소요예산책정 • 평가계획 • 일정표

❷ 안전교육의 단계

① 1단계 : 지식교육

구분	내용
목표	안전의식제고, 안전기능 지식의 주입 및 감수성 향상
교육내용	• 안전의식 향상 • 안전규정의 숙지 • 태도, 기능의 기초지식 주입 • 안전에 대한 책임감 주입 • 재해발생원리의 이해

② 2단계 : 기술(기능)교육

구분	내용		
목표	안전작업기능, 표준작업기능 및 기계·기구의 위험요소에 대한 이해, 작업에 대한 전반적인 사항 습득		
진행방법 4단계	단계	내용	
	1단계	준비 단계(preparation)	
	2단계	일을 하여 보이는 단계(presentation)	
	3단계	일을 시켜보이는 단계(performance)	
	4단계	보습 지도의 단계(follow-up)	
하버드 학파의 5단계 교수법	1단계 : 준비(preparation) 3단계 : 연합(association) 5단계 : 응용(application)		2단계 : 교시(presentation) 4단계 : 총괄(generalization)
듀이의 사고과정의 5단계	1단계 : 시사를 받는다.(suggestion) 2단계 : 머리로 생각한다.(intellectualization) 3단계 : 가설을 설정한다.(hypothesis) 4단계 : 추론한다.(reasoning) 5단계 : 행동에 의하여 가설을 검토한다.		

③ 3단계 : 태도교육

구분	내용	
목표	가치관의 형성, 작업동작의 정확화, 사용설비 공구 보호구 등에 대한 안전화 도모, 점검태도 방법	
태도교육의 원칙	• 청취한다.(hearing) • 항상 모범을 보여준다.(example) • 상과 벌을 준다. • 적정 배치한다.	• 이해하고 납득한다.(understand) • 권장한다.(exhortation) • 좋은 지도자를 얻도록 힘쓴다. • 평가한다.(evaluation)

❶ 근로자 안전보건교육 시간

① 근로자 안전보건교육

교 육 과 정	교 육 대 상		교 육 시 간
1. 정기교육	사무직 종사 근로자		매분기 3시간 이상
	사무직 종사 근로자 외의 근로자	판매업무에 직접 종사하는 근로자	매분기 3시간 이상
		판매업무에 직접 종사하는 근로자 외의 근로자	매분기 6시간 이상
	관리감독자의 지위에 있는 사람		연간 16시간 이상
2. 채용 시의 교육	일용근로자		1시간 이상
	일용근로자를 제외한 근로자		8시간 이상
3. 작업내용 변경 시의 교육	일용근로자		1시간 이상
	일용근로자를 제외한 근로자		2시간 이상
4. 특별교육	특별안전 보건교육 대상 작업에 종사하는 일용근로자		2시간 이상
	타워크레인 신호작업에 종사하는 일용근로자		8시간 이상
	특별안전 보건교육 대상 작업에 종사하는 일용근로자를 제외한 근로자		• 16시간 이상 • 단기간 작업 또는 간헐적 작업인 경우 에는 2시간 이상
5. 건설업기초 안전보건교육	건설일용근로자		4시간

② 안전보건관리책임자 등에 대한 교육

교 육 대 상	교 육 시 간	
	신 규	보 수
1. 안전보건관리책임자	6시간 이상	6시간 이상
2. 안전관리자, 안전관리전문기관 종사자	34시간 이상	24시간 이상
3. 보건관리자, 보건관리전문기관 종사자	34시간 이상	24시간 이상
4. 재해예방 전문지도기관 종사자	34시간 이상	24시간 이상
5. 석면조사기관의 종사자	34시간 이상	24시간 이상
6. 안전보건관리담당자	–	8시간 이상

❷ 근로자 안전보건교육 내용

종 류	내 용
근로자 정기교육	• 산업안전 및 사고 예방에 관한 사항 • 산업보건 및 직업병 예방에 관한 사항 • 건강증진 및 질병 예방에 관한 사항 • 유해·위험 작업환경 관리에 관한 사항 • 산업안전보건법령 및 산업재해보상보험 제도에 관한 사항 • 직무스트레스 예방 및 관리에 관한 사항 • 직장 내 괴롭힘, 고객의 폭언 등으로 인한 건강장해 예방 및 관리에 관한 사항
관리감독자 정기교육	• 산업안전 및 사고 예방에 관한 사항 • 산업보건 및 직업병 예방에 관한 사항 • 유해·위험 작업환경 관리에 관한 사항 • 산업안전보건법령 및 산업재해보상보험 제도에 관한 사항 • 직무스트레스 예방 및 관리에 관한 사항 • 직장 내 괴롭힘, 고객의 폭언 등으로 인한 건강장해 예방 및 관리에 관한 사항 • 작업공정의 유해·위험과 재해 예방대책에 관한 사항 • 표준안전 작업방법 및 지도 요령에 관한 사항 • 관리감독자의 역할과 임무에 관한 사항 • 안전보건교육 능력 배양에 관한 사항
채용시 및 작업내용 변경시 교육	• 산업안전 및 사고 예방에 관한 사항 • 산업보건 및 직업병 예방에 관한 사항 • 산업안전보건법령 및 산업재해보상보험 제도에 관한 사항 • 직무스트레스 예방 및 관리에 관한 사항 • 직장 내 괴롭힘, 고객의 폭언 등으로 인한 건강장해 예방 및 관리에 관한 사항 • 기계·기구의 위험성과 작업의 순서 및 동선에 관한 사항 • 작업 개시 전 점검에 관한 사항 • 정리정돈 및 청소에 관한 사항 • 사고 발생 시 긴급조치에 관한 사항 • 물질안전보건자료에 관한 사항

❸ 특별안전보건교육 대상 작업별 교육내용

종 류	내 용
2. 아세틸렌 용접장치 또는 가스집합 용접장치를 사용하는 금속의 용접·용단 또는 가열작업(발생기 ·도관 등에 의하여 구성되는 용접장치만 해당한다)	• 용접 흄, 분진 및 유해광선 등의 유해성에 관한 사항 • 가스용접기, 압력조정기, 호스 및 취관두 등의 기기점검에 관한 사항 • 작업방법·순서 및 응급처치에 관한 사항 • 안전기 및 보호구 취급에 관한 사항 • 화재예방 및 초기대응에 관한사항 • 그 밖에 안전·보건관리에 필요한 사항
3. 밀폐된 장소(탱크 내 또는 환기가 극히 불량한 좁은 장소를 말한다)에서 하는 용접작업 또는 습한 장소에서 하는 전기용접 작업	• 작업순서, 안전작업방법 및 수칙에 관한 사항 • 환기설비에 관한 사항 • 전격 방지 및 보호구 착용에 관한 사항 • 질식 시 응급조치에 관한 사항 • 작업환경 점검에 관한 사항 • 그 밖에 안전·보건관리에 필요한 사항
15. 건설용 리프트·곤돌라를 이용한 작업	• 방호장치의 기능 및 사용에 관한 사항 • 기계, 기구, 달기체인 및 와이어 등의 점검에 관한 사항 • 화물의 권상·권하 작업방법 및 안전작업 지도에 관한 사항 • 기계·기구에 특성 및 동작원리에 관한 사항 • 신호방법 및 공동작업에 관한 사항 • 그 밖에 안전·보건관리에 필요한 사항
19. 굴착면의 높이가 2미터 이상이 되는 지반 굴착 (터널 및 수직갱 외의 갱 굴착은 제외한다)작업	• 지반의 형태·구조 및 굴착 요령에 관한 사항 • 지반의 붕괴재해 예방에 관한 사항 • 붕괴 방지용 구조물 설치 및 작업방법에 관한 사항 • 보호구의 종류 및 사용에 관한 사항 • 그 밖에 안전·보건관리에 필요한 사항
33. 방사선 업무에 관계되는 작업(의료 및 실험용은 제외한다)	• 방사선의 유해·위험 및 인체에 미치는 영향 • 방사선의 측정기기 기능의 점검에 관한 사항 • 방호거리·방호벽 및 방사선물질의 취급 요령에 관한 사항 • 응급처치 및 보호구 착용에 관한 사항 • 그 밖에 안전·보건관리에 필요한 사항

Chapter 01

산업심리이론

산업심리이론에서는 심리의 구성요인, 검사의 방법, 직업적성, 인사관리, 동기부여 등으로 구성된다. 여기에서는 심리의 구성요인과, 인간의 일반적인 행동특성, 동기부여의 요인과 방법에 대해 출제된다.

01 산업심리의 개념

(1) 산업 심리 요소

종 류	내용
심리의 5요소	습관, 동기, 기질, 감정, 습성
습관의 4요소	동기, 기질, 감정, 습성

(2) 심리 검사의 구비조건

구분	내용
표준화 (Standardization)	검사관리를 위한 조건과 검사 절차의 일관성과 통일성을 표준화한다.
객관성 (Objectivity)	검사결과의 채점에 관한 것으로, 채점하는 과정에서 채점자의 편견이나 주관성이 배제되어야 하며 어떤 사람이 채점하여도 동일한 결과를 얻어야 한다.
규준 (norms)	검사의 결과를 해석하기 위해서는 비교할 수 있는 참조 또는 비교의 틀
신뢰성 (reliability)	검사응답의 일관성, 즉 반복성을 말하는 것이다.
타당성 (validity)	측정하고자 하는 것을 실제로 측정하는 것 • 내용 타당도 • 전이 타당도 • 조직내 타당도 • 조직간 타당도
실용성 (practicability)	검사채점의 용이성, 결과해석의 간편성, 저비용

[산업심리의 정의]

산업심리학의 방법과 식견을 가지고 인간이 산업에 있어서의 행동을 연구하는 실천과학이며 응용심리학의 한 분야이다.

[심리검사의 내용(목적)별 분류]

(1) 지능검사
(2) 적성검사
(3) 성취검사
(4) 성격검사

[타당도의 구분]

(1) 내용타당도
(2) 준거관련타당도
    (예언타당도, 공인타당도)
(3) 구인타당도

(3) 심리와 사고

① 심리적 요소

구분	내용
정신적 요소	• 방심 및 공상 • 판단력의 부족 또는 잘못된 판단 • 주의력의 부족 • 안전의식의 부족 • 정신력에 영향을 주는 생리적 현상
개성적 요소	• 과도한 자존심과 자만심　• 사치와 허영심 • 도전적 성격 및 다혈질　• 인내력 부족 • 고집 및 과도한 집착력　• 감정의 자기 지속성 • 나약한 마음(심약)　• 태만(나태) • 경솔성(성급함)　• 배타성과 이기성
생리적 현상	• 시력 및 청각의 이상　• 신경계통의 이상 • 육체적 능력의 초과　• 근육운동의 부적합 • 극도의 피로

Tip

심리적요소의 구분에서 정신적요소와 개성적요소의 내용을 묻는 문제가 자주 출제된다.

Tip

안전심리에서는 개성과 사고력을 가장 중요하게 고려한다.

② 스트레스의 자극 요인

1. 내적 자극요인 (마음속에서 일어난다.)	2. 외적 자극요인 (외부로부터 오는 요인)
• 자존심의 손상과 공격방어 심리 • 업무상의 죄책감 • 출세욕의 좌절감과 자만심의 상충 • 지나친 경쟁심과 재물에 대한 욕심 • 지나친 과거에의 집착과 허탈 • 가족간의 대화단절 및 의견의 불일치 • 남에게 의지하고자 하는 심리	• 경제적인 어려움 • 가정에서의 가족관계의 갈등 • 가족의 죽음이나 질병 • 직장에서 대인관계상의 갈등과 대립 • 자신의 건강 문제

(4) 성격검사

① Y-G(Gulford) 성격검사

구분	내용
A형(평균형)	조화적, 적응적
B형(우편형)	정서불안정, 활동적, 외향적(불안정, 부적응, 적극형)
C형(좌편형)	안정, 소극형(온순, 소극적, 비활동, 내향적)
D형(우하형)	안정, 적응, 적극형(정서안정, 사회적응, 활동적, 대인관계 양호)
E형(좌하형)	불안정, 부적응, 수동형(D형과 반대)

[Y-G 성격검사]

평정, 질문지법으로 억압, 변덕, 협동, 공격성 등 특징을 점수로 환산한 숫자들로 성격을 판단.

② Y-K(Yutaka-Kohota) 성격검사

성격유형	작업성격인자	적성 직종의 일반적 경향
C, C'형 (進功性型)	• 운동, 결단, 기민, 빠름 • 적응이 빠름 • 세심하지 않음 • 내구(耐久), 집념부족 • 담력(進功), 자신감 강함	• 대인적 직업 • 창조적, 관리자적 직업 • 변화있는 기술적 가공작업 • 변화있는 물품을 대상으로 하는 불연속 작업
M, M'형 (신경질형)	• 운동성은 느리나 지속성 풍부 • 적응이 느림 • 세심, 억제, 정확함 • 내구성, 집념, 지속성 • 담력, 자신감 강함	• 연속적, 집중적, 인내적 작업 • 연구 개발적, 과학적 작업 • 정밀, 복잡성 작업
S, S'형 다혈질 (운동성형)	• 운동, 결단, 기민, 빠름 • 적응이 빠름 • 세심하지 않음 • 내구(耐久), 집념부족 • 담력, 자신감 약함	• 변화하는 불연속작업 • 사람 상대 상업적 작업 • 기민한 동작을 요하는 작업
P, P'형 점액질 (평범 수동성형)	• 운동성은 느리나 지속성 풍부 • 적응이 느림 • 세심, 억제, 정확함 • 내구성, 집념, 지속성 • 담력, 자신감 약함	• 경리사무, 흐름작업 • 계기관리, 연속작업 • 지속적 단순작업
Am형 (異常質)	• 극도로 나쁨 • 극도로 느림 • 극도로 혼란 • 극도로 결핍 • 극도로 강하거나 약함	• 위험을 수반하지 않은 단순한 기술적 작업

[지능지수]

$$지능지수(IQ) = \frac{지능연령}{생활연령} \times 100$$

※ Chiseli brown은 지능이 너무 높거나 낮을수록 개성, 사고발생률이 높다고 보았다.

(5) 직업적성

① 적성의 기본요소

구분	내용
지능(intelligence)	새로운 문제를 효과적으로 처리해가는 능력
흥미(interest)	직무의 선택, 직업의 성공, 만족 등 직무적 행동의 동기를 조성
인간성(personality)	개인의 인간성은 직장의 적응에 중요한 역할을 한다.

② 기계적 직업 적성

기계작업에서의 성공에 관계되는 특성

구분	내용
손과 팔의 솜씨	빨리 그리고 정확히 잔일이나 큰일을 해내는 능력
공간 시각화	형상이나 크기의 관계를 확실히 판단하여 각 부분을 뜯어서 다시 맞추어 통일된 형태가 되도록 손으로 조작하는 과정
기계적 이해	공간 시각화, 지각 속도, 추리, 기술적 지식, 기술적 경험 등의 복합적 인자가 합쳐져서 만들어진 적성

③ 적성의 발견 방법

구분	내용
자기이해	인간의 제각기 뛰어난 면, 즉 적성을 가지고 있으며, 그것을 자신이 자기의 것으로 이해하고 인지
계발적 경험	직장경험, 교육활동이나 단체 활동의 경험, 여가 활동의 경험 등 자기의 경험을 통하여 잠재적인 능력을 탐색
적성검사	• 특수직업 적성검사 : 어느 특정의 직무에서 요구되는 능력을 가졌는가의 여부를 검사 • 일반기업 적성검사 : 어느 직업 분야에서 발전할 수 있겠는가 하는 가능성을 알기 위한 검사

④ 적성검사의 종류

구분	세부 검사 내용
시각적 판단검사	• 언어의 판단검사(vocabulary) • 형태 비교 검사(form matching) • 평면도 판단검사(two dimension space) • 입체도 판단검사(three dimension space) • 공구 판단검사(tool matching) • 명칭 판단검사(name comparison)
정확도 및 기민성 검사 (정밀성 검사)	• 교환검사(place) • 회전검사(turn) • 조립검사(assemble) • 분해검사(disassemble)
계산에 의한 검사	• 계산검사(computation) • 수학 응용검사(arithmetic reason) • 기록검사(기호 또는 선의 기입)

[적성배치의 효과]
(1) 근로자의 자아실현 기회 부여
(2) 근로의욕 고취
(3) 재해사고 예방
(4) 생산성 향상

[적성검사의 정의]
개인의 개성·소질·재능을 일정한 방식을 통해 어떤 분야에 적합한가를 객관적으로 확인하는 인간능력의 측정 행위

[직업적성검사]
(1) 신체검사
(2) 생리기능검사
(3) 심리적 검사

[적성검사 능력측정]
(1) 기초인간 능력
(2) 시각 기능
(3) 정신운동 능력
(4) 기계적 능력
(5) 직무 특유 능력

구분	세부 검사 내용
운동 능력 검사	• 추적(tracing) : 아주 작은 통로에 선을 그리는 것 • 두드리기(tapping) : 가능한 빨리 점을 찍는 것 • 점찍기(dotting) : 원 속에 점을 빨리 찍는 것 • 복사(copying) : 간단한 모양을 베끼는 것 • 위치(lacation) : 일정한 점들을 이어 크거나 작게 변형 • 블록(blocks) : 그림의 블록 개수 세기 • 추적(pursuit) : 미로 속의 선을 따라가기
직무적성도 판단검사	설문지법, 색채법, 설문지에 의한 컴퓨터 방식
속도 검사	타점 속도검사(speed test)

01 핵심문제 · 1. 산업심리의 개념

□□□ 09년4회, 10년1회, 12년2회, 16년2회, 20년3회, 22년1회
1. 산업안전심리의 5대 요소가 아닌 것은?

① 동기(Motive)　② 기질(Temper)
③ 감정(Emotion)　④ 지능(Intelligence)

문제 1 ~ 2 해설	
산업심리 요소	

종류	내용
심리의 5요소	습관, 동기, 기질, 감정, 습성
습관의 4요소	동기, 기질, 감정, 습성

□□□ 13년2회
2. 다음 중 안전활동 계획의 성공에 대한 수용여부가 달려있는 활동 대상자들의 주요 심리요소에 해당하지 않는 것을 고르시오.

① 동기(motive)　② 습성(habits)
③ 기질(temper)　④ 지능(intelligence)

□□□ 14년4회, 18년2회
3. 심리검사의 구비 요건이 아닌 것은?

① 표준화　② 신뢰성
③ 규격화　④ 타당성

해설
심리검사의 구비조건
1. 표준화(Standardization)
2. 객관성(Objectivity)
3. 규준(norms)
4. 신뢰성(reliability)
5. 타당성(validity)
6. 실용성(practicability)

□□□ 11년2회, 15년4회, 19년2회
4. 심리검사 종류에 관한 설명으로 옳은 것은?

① 기계적성 검사 : 기계를 다루는 데 있어 예민성, 색채 시각, 청각적 예민성을 측정한다.
② 성격 검사 : 인지능력이 직무수행을 얼마나 예측하는지 측정한다.

③ 지능 검사 : 제시된 진술문에 대하여 어느 정도 동의하는지에 관해 응답하고, 이를 척도점수로 측정한다.
④ 신체능력 검사 : 근력, 순발력, 전반적인 신체 조정 능력, 체력 등을 측정한다.

해설
심리검사의 내용(목적)별 분류
1. 지능검사
2. 적성검사
3. 성취검사
4. 성격검사

□□□ 11년1회, 16년1회, 22년2회
5. 다음 중 심리검사의 특징 중 측정하고자 하는 것을 실제로 잘 측정하는지의 여부를 판별하는 것을 무엇이라 하는가?

① 표준화　② 신뢰성
③ 객관성　④ 타당성

해설
타당성(validity)
측정하고자하는 것을 실제로 측정하는 것을 타당성이라 한다.

□□□ 09년1회, 12년4회, 17년1회
6. 직무에 적합한 근로자를 위한 심리검사는 합리적 타당성을 갖추어야 한다. 이러한 합리적 타당성을 얻는 방법으로만 나열된 것은?

① 구인 타당도, 공인 타당도
② 구인 타당도, 내용 타당도
③ 예언적 타당도, 공인 타당도
④ 예언적 타당도, 안면 타당도

해설
타당도의 구분
1. 내용타당도
2. 준거관련타당도(예언타당도, 공인타당도)
3. 구인타당도

□□□ 17년2회
7. 직업의 적성 가운데 사무적 적성에 해당하는 것은?

① 기계적 이해　② 공간의 시각화
③ 손과 팔의 솜씨　④ 지각의 정확도

해설
기계작업에서의 성공에 관계되는 특성 1. 손과 팔의 솜씨 2. 공간 시각화 3. 기계적 이해

□□□ 14년4회

8. 다음 중 인간의 적성을 발견하는 방법으로 가장 적당하지 않은 것은?

① 작업 분석　　　② 계발적 경험

③ 자기 이해　　　④ 적성 검사

해설
인간의 적성발견방법으로는 자기 이해, 계발적 경험, 적성 검사가 있다.

□□□ 14년1회, 18년1회

9. 적성검사의 종류 중 시각적 판단검사의 세부 검사 내용에 해당하지 않는 것은?

① 회전검사　　　② 형태 비교검사

③ 공구 판단검사　　　④ 명칭 판단검사

문제 9 ~ 10 해설	
적성검사의 종류	
구분	세부 검사 내용
시각적 판단검사	• 언어의 판단검사(vocabulary) • 형태 비교 검사(form matching) • 평면도 판단검사(two dimension space) • 입체도 판단검사(three dimension space) • 공구 판단검사(tool matching) • 명칭 판단검사(name comparison)
정확도 및 기민성 검사 (정밀성 검사)	• 교환검사(place) • 회전검사(turn) • 조립검사(assemble) • 분해검사(disassemble)
계산에 의한 검사	• 계산검사(computation) • 수학 응용검사(arithmetic reason) • 기록검사(기호 또는 선의 기입)

□□□ 20년1,2회

10. 직업적성검사 중 시각적 판단 검사에 해당하지 않는 것은?

① 조립검사　　　② 명칭판단검사

③ 형태비교검사　　　④ 공구판단검사

정답 8 ① 9 ① 10 ①

02 인간관계와 집단행동

(1) 인간관계(human relations)

① 인간관계의 정의

사람대 사람의 상호작용 및 행위의 양식을 말한다. 구체적 생활환경에 있어서 사람과 사람과의 사이에 생기는 심리작용으로 언어의 작용을 기본적 조건으로 하는 의사소통 등을 말한다.

② 인간관계 메커니즘(mechanism)

구분	내용
동일화 (identification)	다른 사람의 행동 양식이나 태도를 투입시키거나, 다른 사람 가운데서 자기와 비슷한 것을 발견하는 것
투사 (投射 : projection)	자기 속의 억압된 것을 다른 사람의 것으로 생각하는 것
커뮤니케이션 (communication)	갖가지 행동 양식이나 기호를 매개로 하여 어떤 사람으로부터 다른 사람에게 전달되는 과정
모방 (imitation)	남의 행동이나 판단을 표본으로 하여 그것과 같거나 또는 그것에 가까운 행동 또는 판단을 취하려는 것
암시 (suggestion)	다른 사람으로부터의 판단이나 행동을 무비판적으로 논리적, 사실적 근거 없이 받아들이는 것

(2) 인간관계 관리기법

집단 또는 조직 구성원의 행동을 개인적 욕구, 동기, 태도에 이르는 심층적인 면까지 이해하고, 조직에서의 사회관계를 합리적으로 조정하는 것

① 호손(Hawthone) 실험

메이오(G.E. Mayo)에 의한 실험으로 작업자의 작업능률(생산성 향상)은 물리적인 작업조건보다 사람의 심리적 태도, 감정을 규제하고 있는 인간관계에 의해 결정됨을 밝혔다.

실험 결과	• 작업자의 작업능률을 좌우하는 것은 임금, 노동시간, 작업환경 등 물리적 조건보다 종업원의 심리적 태도 및 감정이 중요하다. • 종업원의 태도 및 감정을 좌우하는 것은 비공식 집단(informal group)의 힘이라는 것을 발견하였다.

[인관관계 관리방식]
(1) 전제적 방식 : 권력이나 폭력에 의해 생산성을 높이는 방식
(2) 온정적 방식 : 은혜를 바탕으로 한 가족주의적 사고방식
(3) 과학적 사고방식 : 생산능률을 향상시키기 위해 능률의 논리를 경영관리의 방법으로 체계화한 관리방식

[조하리의 창(Johari's window)]
의사소통의 심리구조를 개인의 자기공개와 피드백의 특성을 보여주는 네 개의 영역으로 구분하였다.

구분	자신이 아는 부분	자신이 모르는 부분
타인이 아는 부분	열린창, 개방영역 (Open area)	보이지 않는 창, 맹목영역 (Blind area)
타인이 모르는 부분	숨겨진창, 은폐영역 (Hidden area)	미지의 창, 미지영역 (Unknown area)

[호손실험]
메이요와 레슬리스버거가 미국의 전화기 공장인 호손에서 실험한 내용으로 환경에 따른 인간의 작업능률 실험이다.
(1) 1차 : 조명실험
(2) 2차 : 휴식실험
(3) 3차 : 면접실험
(4) 4차 : 자생조직 실험

[J. 모레노의 소시오메트리]
집단 성원(成員) 사이에 끊임없이 변화하는
견인(牽引 : attraction)과 반발(repulsion)
의 역학적 긴장 체계이며, 이는 개인의 자
발성의 성질과 문화적 역할에 대한 학습 정
도에 따라 상대적으로 안정된 구조를 만들
어낸다. 이 관점에 입각하여, 자발성이나
역할연기(役割演技)의 진단과 훈련으로 안
정된 인간관계를 창조하려고 집단기법으
로 5가지를 제안했다.
1. 면식(面識) 테스트(acquaintance test)
2. 소시오메트릭 테스트(sociomatric test)
3. 자발성 테스트(spontaneity test)
4. 상황 테스트(situational test)
5. 역할연기 테스트(role-playing test)

② 커뮤니케이션의 개선기법

구분	내용
제안제도	경영층의 참가의식을 높임, 인간관계 유지, 작업자가 보람을 느끼고 근로의욕을 높임
사기조사	감정조사, 종업원의 근로의욕을 높이고, 조직이나 개인의 목표에 영향을 미침
인사상담제도	종업원의 사기와 건전한 상태를 유지 및 개발에 사용하는 방법으로 지시적 방법과 비지시적 방법이 있다.
문호개방정책 (open door policy)	비효율적 방법으로 소규모 기업에만 적용된다.
고충처리 제도	근로조건이나 직장환경, 대우 등에 관하여 갖고 있는 개별 근로자의 불평불만에 대한 고충을 해소하는 것

③ 심리적 · 사회적 기법

구분	내용
감수성훈련 (sensitivity training)	T그룹 훈련
그리드 훈련 (grid training)	도구를 이용한 실험실 훈련
소시오메트리분석 (sociometry)	기업의 특성이나 성원의 위치를 분석

[소시오그램의 선호신분 지수]
$$선호신분지수 = \frac{선호총계}{구성원수} - 1$$

[응집성 지수]
집단응집성의 정도는 성원 간의 상호작용
의 수와 관계가 있기 때문에 횟수에 따라
집단의 사기를 나타내는 지수가 된다.
$$응집성지수 = \frac{실제\ 상호작용의\ 수}{가능한\ 상호작용의\ 수}$$

(3) 소시오메트리(sociometry)

① 구성원 상호간에 선호도를 기초로 집단내부의 동태적 상호관계를 분석하는 기법(구성원의 감정을 관찰, 검사, 면접 등)

② 자료들을 소시오그램(sociogram) 도표, 소시오매트릭스(sociomatrix) 등으로 분석(구성원의 상호관계, 유형과 집결유형, 선호인물)을 도출

③ 구분

구분	내용
테크니컬 스킬즈 (Technical skills)	사물을 인간의 목적에 유익하도록 처리하는 능력
소시얼 스킬즈 (Social skills)	사람과 사람사이의 커뮤니케이션을 양호하게 하고, 사람들의 욕구를 충족 하고 모랄을 앙양시키는 능력

(4) 집단(group)행동

① 집단의 분류

분 류	세부 내용
공식집단	규정과 룰이 존재, 규모가 크다.(예 : 회사, 단체, 학회 등)
비공식집단	규모과 작다, 룰 대신 관습이 존재(예 : 가정, 혈연 등)
집단효과	• 동조효과(응집력) : 내부로부터 생기는 힘 • Synergy효과 : (system+energy)+α의 상승작용 • 견물(見物)효과 : 자랑스럽게 생각한다.
인간관계 관리방식	• 전제적 방식 • 온정적 방식 • 과학적 방식
집단의 기능	• 응집력 • 행동의 규범 • 집단목표

② 집단 행동의 분류

㉠ 통제있는 집단행동

구분	내용
관습	풍습(folksways), mores(풍습에 도덕적인 제재가 추가된 사회적인 관습), 예의(ritual), 금기(taboo : 금지적 기능을 가지는 관습) 등으로 나누어진다.
제도적 행동	합리적으로 성원의 행동을 통제하고 표준화함으로써 집단의 안정을 유지하려는 것
유행	공통적인 행동양식이나 태도 등을 말한다.

㉡ 비통제적 집단행동

구분	내용
군중(crowd)	• 성원 사이에 지위나 역할의 분화가 없다. • 성원 각자는 책임감을 가지지 않는다. • 비판력도 가지지 않는다.
모브(mob)	• 폭동과 같은 것을 말한다. • 군중보다 한층 합의성이 없다. • 감정만에 의해서 행동
패닉(panic)	이상적(理常的)인 상황에서도 모브가 공격적인데 대하여 패닉은 방어적인 것이 특징
심리적 전염 (mental epidemic)	• 유행과 비슷하면서 행동양식이 이상적(異常的)이다. • 비합리성이 강하다. • 어떤 사상이 상당한 기간을 걸쳐 광범위하게 논리적, 사고적 근거 없이 무비판하게 받아들여진다.

[집단역학(group dynamics)]

역학적 조건하에서의 집단 구성원 상호간에 상호작용을 분석하여 단결성과 생산성을 향상시키기 위한 연구

[집단간의 갈등요인]

(1) 상호의존성(자원의 사용)
(2) 목표의 차이
(3) 지각(인식)의 차이
(4) 행동의 차이

02 핵심문제   2. 인간관계와 집단행동

□□□ 18년1회

1. 다른 사람의 행동 양식이나 태도를 자기에게 투입하거나 그와 반대로 다른 사람 가운데서 자기의 행동 양식이나 태도와 비슷한 것을 발견하는 것을 무엇이라 하는가?

① 모방(Imitation)   ② 투사(Projection)
③ 암시(Suggestion)   ④ 동일시(Identification)

문제 1 ~ 4 해설	

인간관계 메커니즘(mechanism)

구분	내용
동일화 (identification)	다른 사람의 행동 양식이나 태도를 투입시키거나, 다른 사람 가운데서 자기와 비슷한 것을 발견하는 것
투사 (投射 : projection)	자기 속의 억압된 것을 다른 사람의 것으로 생각하는 것
커뮤니케이션 (communication)	갖가지 행동 양식이나 기호를 매개로 하여 어떤 사람으로부터 다른 사람에게 전달되는 과정
모방 (imitation)	남의 행동이나 판단을 표본으로 하여 그것과 같거나 또는 그것에 가까운 행동 또는 판단을 취하려는 것
암시 (suggestion)	다른 사람으로부터의 판단이나 행동을 무비판적으로 논리적, 사실적 근거 없이 받아들이는 것

□□□ 15년1회

2. 인간관계 메커니즘 중에서 남의 행동이나 판단을 표본으로 하여 그것과 같거나 또는 그것에 가까운 행동 또는 판단을 취하려는 것을 무엇이라 하는가?

① 투사(Projection)   ② 암시(Suggestion)
③ 모방(Imitation)   ④ 동일화(Identification)

□□□ 10년4회, 15년4회, 22년1회

3. 다음은 무엇에 관한 설명인가?

> 다른 사람으로부터의 판단이나 행동을 무비판적으로 받아들이는 것

① 모방(Imitation)   ② 암시(Suggestion)
③ 투사(Projection)   ④ 동일화(Identification)

□□□ 16년1회

4. 다음 중 합리화의 유형이 있어 자기의 실패나 결함을 다른 대상에게 책임을 전가시키는 유형으로 자신의 잘못에 대해 조상 탓을 하거나 축구 선수가 공을 잘못 찬 후 신발 탓을 하는 등에 해당하는 것은?

① 신포도형   ② 투사형
③ 망상형   ④ 달콤한 레몬형

□□□ 08년4회, 13년2회, 20년1,2회

5. 의사소통의 심리구조를 4영역(개방, 맹목, 은폐, 미지영역)으로 나누어 설명한 조하리의 창(Johari's window)에서 "나는 모르지만 다른 사람은 알고 있는 영역"을 무엇이라 하는가?

① Open area   ② Blind area
③ Hidden area   ④ Unknown area

해설		

조하리의 창(Johari's window)은 개인의 자기공개와 피드백의 특성을 보여주는 네 영역으로 구분된다.

구분	자신이 아는 부분	자신이 모르는 부분
타인이 아는 부분	열린창, 개방영역 (Open area)	보이지 않는 창, 맹목영역 (Blind area)
타인이 모르는 부분	숨겨진창, 은폐영역 (Hidden area)	미지의 창, 미지영역 (Unknown area)

□□□ 19년2회

6. 작업 환경에서 물리적인 작업조건보다는 근로자의 심리적인 태도 및 감정이 직무수행에 큰 영향을 미친다는 결과를 밝혀낸 대표적인 연구로 옳은 것은?

① 호손 연구   ② 플래시보 연구
③ 스키너 연구   ④ 시간-동작 연구

문제 6 ~ 8 해설	

호손(Hawthorne)실험
메이오(G.E. Mayo)에 의한 실험으로, 작업자의 작업능률(생산성 향상)은 물리적인 작업조건보다는 사람의 심리적인 태도, 감정을 규제하고 있는 인간관계에 의하여 결정됨을 밝혔다.
① 인간관계는 상담, 조언에 의해서 인간관계가 이루어진다.
② 종업원의 인간성을 경영자와 대등하게 본 인간관계의 기초 위에서 관리를 추진한다

7. 호손 실험(Hawthorne experiment)의 결과 작업자의 작업능률에 영향을 미치는 주요 원인으로 밝혀진 것은?

① 인간관계　　② 작업조건
③ 작업환경　　④ 생산기술

8. 다음 중 호손(Hawthorne) 연구에 대한 설명으로 옳은 것은?

① 시간 – 동작연구를 통해서 작업도구와 기계를 설계했다.
② 물리적 작업환경 이외에 심리적 요인이 생산성에 영향을 미친다는 것을 알아냈다.
③ 소비자들에게 효과적으로 영향을 미치는 광고 전략을 개발했다.
④ 채용과정에서 발생하는 차별요인을 밝히고 이를 시정하는 법적 조치의 기초를 마련했다.

9. 인간관계 관리기법으로 커뮤니케이션의 개선 방안으로 볼 수 없는 것은?

① 집단역학　　② 제안제도
③ 고충처리제도　　④ 인사상담제도

해설
커뮤니케이션 개선의 주요기법
1. 제안제도　　2. 사기조사
3. 인사상담제도　　4. 문호개방정책
5. 고충처리 제도

10. 소시오메트리(sociometry)에 관한 설명으로 옳은 것은?

① 구성원 상호간의 선호도를 기초로 집단 내부의 동태적 상호관계를 분석하는 기법이다.
② 구성원들이 서로에게 매력적으로 끌리어 목표를 효율적으로 달성하는 정도를 도식화한 것이다.
③ 리더십을 인간 중심과 과업 중심으로 나누어 이를 계량화하고, 리더의 행동경향을 표현, 분류하는 기법이다.

④ 리더의 유형을 분류하는데 있어 리더들이 자기가 싫어하는 동료에 대한 평가를 점수로 환산하여 비교, 분석하는 기법이다.

해설
소시오메트리(sociometry)란 구성원 상호간의 선호도를 기초로 집단 내부의 동태적 상호관계를 분석하는 기법(구성원의 감정을 관찰, 검사, 면접 등)

11. 어느 부서의 직원 6명의 선호 관계를 분석한 결과 다음과 같은 소시오그램이 작성되었다. 이 부서의 집단응집성 지수는 얼마인가? (단, 그림에서 실선은 선호관계, 점선은 거부관계를 나타낸다.)

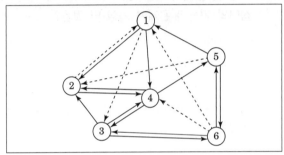

① 0.13　　　　② 0.27
③ 0.33　　　　④ 0.47

해설

1. 소시오 매트릭스 작성

구성원	①	②	③	④	⑤	⑥
①	–	-1			1	-1
②	1	–	1	①	-1	
③	-1		–	①		①
④	1	①	①	–		-1
⑤				1	–	①
⑥			①	-1	①	–
선호총계	1	0	3	2	1	0
선호신분계수	0.2	0	0.6	0.4	0.2	0

※ 선호 : 1, 거부 : –1, 상호선호 : ①

2. 응집성지수 $= \dfrac{\text{실제 상호선호수}}{\text{가능한 상호 선호관계수}}$

$= \dfrac{4}{{}_6C_2} = \dfrac{4}{15} = 0.266 = 0.27$

※ $_6C_2 = \dfrac{6 \times 5}{2} = 15$

※ 선호신분지수 $= \dfrac{\text{선호총수}}{\text{구성원수} - 1}$

□□□ 08년4회, 15년4회, 20년3회

12. 집단이 가지는 효과로 두 개 이상의 서로 다른 개체가 힘을 합쳐 둘이 지닌 힘 이상의 효과를 내는 현상은?

① 응집성 효과　② 시너지 효과
③ 자생적 효과　④ 동조 효과

해설

1. 시너지(synergy) : system + energy
2. 시너지 효과 : 집단이 가지는 효과로 두 개 이상의 서로 다른 개체가 힘을 합쳐 둘이 지닌 힘 이상의 효과를 내는 현상이다.

□□□ 08년1회, 09년4회, 14년4회

13. 다음 중 집단역학(Group Dynamics)에서 의미하는 집단의 기능과 관계가 가장 먼 것은?

① 응집력 발생　② 집단의 목표 설정
③ 권한의 위임　④ 행동의 규범 존재

해설

집단역학(Group Dynamics)에서 의미하는 집단의 기능
1. 응집력
2. 행동의 규범
3. 집단의 목표

□□□ 12년2회, 16년1회

14. 다음 중 비공식 집단에 관한 설명으로 가장 거리가 먼 것은?

① 비공식 집단은 조직구성원의 태도, 행동 및 생산성에 지대한 영향력을 행사한다.
② 가장 응집력이 강하고 우세한 비공식 집단은 수직적 동료집단이다.
③ 혼합적 혹은 우선적 동료집단은 각기 상이한 부서에 근무하는 직위가 다른 성원들로 구성된다.
④ 비공식 집단은 관리영역 밖에 존재하고 조직도상에 나타나지 않는다.

해설

②항, 수직적 동료집단은 공식집단의 특징이다.

집단의 분류

분류	내용
공식집단	규정과 룰이 존재, 규모가 크다. (예 : 회사, 단체, 학회 등)
비공식집단	규모과 작다, 룰 대신 관습이 존재 (예 : 가정, 혈연 등)

□□□ 14년2회, 19년2회

15. 다음 중 집단 간의 갈등 요인과 가장 거리가 먼 것은?

① 욕구 좌절
② 제한된 자원
③ 집단간의 목표 차이
④ 동일한 사안을 바라보는 집단 간의 인식 차이

해설

①항, 욕구가 생기지 않으면 집단간의 갈등도 일어나지 않는다.

집단 간의 갈등 요인
1. 상호의존성(자원의 사용)
2. 목표의 차이
3. 지각(인식)의 차이
4. 행동의 차이

□□□ 11년1회, 19년4회

16. 비통제의 집단행동에 해당하는 것은?

① 관습　② 유행
③ 모브　④ 제도적 행동

문제 16 ~ 17 해설	

집단행동의 분류

1. 통제적 집단행동	2. 비통제적 집단행동
① 관습 ② 제도적 행동 ③ 유행	① 군중 ② 모브 ③ 패닉 ④ 심리적 전염

□□□ 14년2회, 17년2회

17. 다음 중 인간의 집단행동 가운데 통제적 집단행동으로 볼 수 없는 것은?

① 관습　② 패닉
③ 유행　④ 제도적 행동

□□□ 13년1회, 17년1회

18. 다음 중 이상적인 상황 하에서 방어적인 행동 특징을 보이는 집단행동은?

① 군중　② 모브
③ 패닉　④ 심리적 전염

해설

패닉(panic)은 이상적(理常的)인 상황에서도 모브가 공격적인 데 대하여 패닉은 방어적인 것이 특징이다.

---

03 인간의 일반적인 행동특성

(1) 인간변용의 4단계(인간변용의 메커니즘)

단계	내용
1단계	지식의 변용
2단계	태도의 변용
3단계	행동의 변용
4단계	집단 또는 조직에 대한 성과 변용

※ 행동변용의 전개과정

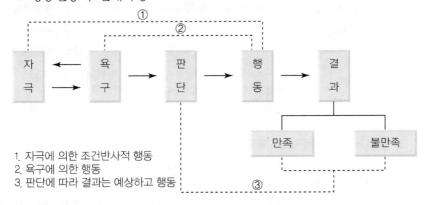

1. 자극에 의한 조건반사적 행동
2. 욕구에 의한 행동
3. 판단에 따라 결과는 예상하고 행동

[인간 변용에 소요되는 시간]
지식 < 태도 < 개인행동 < 집단행동

[조직구성원 태도(attitude)의 구성요소]
(1) 인지적 요소 : 어떤 대상에 대한 개인의 주관적 지식·신념
(2) 감정적(정서적) 요소 : 대상에 대한 긍정적, 부정적 느낌
(3) 행동경향적 요소 : 대상에 대한 행동성향

(2) 사회행동의 기초

① 요구(need)

구분	내용
1차적 요구 (primary need)	기아, 갈증, 성, 호흡, 배설 등의 물리적 요구와 유해 또는 불쾌 자극을 회피, 또는 배제하려는 위급요구로 구성된다.
2차적 요구 (secondary need)	경험적으로 획득된 것으로서 대개 지위, 명예, 금전 같은 사회적 요구들을 말한다.

② 퍼스낼리티(personality)

넓은 의미로 개성에 해당되고 크게 나누어 인간의 성격, 능력, 기질의 3가지 요인이 결합되어서 이루어진 것이다.

③ 사회행동의 기본형태

구분	내용	구분	내용
조력, 분업	협력	고립, 정신병, 자살	도피
공격, 경쟁	대립	강제, 타협, 통합	융합

(3) 적응기제(adjustment mechanism)

욕구불만, 긴장, 이완, 갈등을 비합리적인 방법으로 해결하여 욕구만족을 취해가는 것을 적응기제라 한다.

① 방어적 기제(defence mechanism)

자신의 약점이나 무능력, 열등감을 위장하여 유리하게 보호함으로써 안정감을 찾으려는 기제

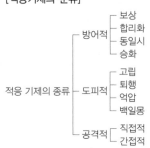

[적응기제의 분류]

적응 기제의 종류 ─┬─ 방어적 ─┬─ 보상
　　　　　　　　　│　　　　├─ 합리화
　　　　　　　　　│　　　　├─ 동일시
　　　　　　　　　│　　　　└─ 승화
　　　　　　　　　├─ 도피적 ─┬─ 고립
　　　　　　　　　│　　　　├─ 퇴행
　　　　　　　　　│　　　　├─ 억압
　　　　　　　　　│　　　　└─ 백일몽
　　　　　　　　　└─ 공격적 ─┬─ 직접적
　　　　　　　　　　　　　　　└─ 간접적

구분	내용
보상 (compensation)	자신의 결함과 무능에 의하여 생긴 열등감이나 긴장을 해소시키기 위해 장점 같은 것으로 그 결함을 보충하려는 행동으로 대상(代償)이라고 함
합리화 (rationalization)	자기의 실패나 약점을 그럴듯한 이유를 들어 남의 비난을 받지 않도록 하며 또한 자위도 하는 행동기제
동일시 (identification)	사실은 자기의 것이 못되고 또 아님에도 불구하고 자기의 것이나 된 듯이 행동을 하여 승인을 얻고자 함
승화 (sublimation)	자기의 행동이 정당하며 실제의 행위나 상태보다도 훌륭하게 평가되기 위하여 사회적으로 인정되는 구실을 통해 증명하고자 하는 행위로서 욕구를 충족하는 적응기제

② 도피적 기제(escape mechanism)

욕구불만에 의한 긴장이나 압박으로부터 벗어나기 위해 비합리적인 행동으로 공상에 도피하고, 현실에서 벗어나 안정을 얻으려는 기제

구분	내용
고립 (isolation)	자신이 없을 때 현실에서 피함으로써 곤란한 상황의 접촉을 벗어나 자기 내부로 도피하려는 행동
퇴행 (regression)	현실의 곤란한 장면에서 이겨내지 못하고 옛날 어린시절로 되돌아가려는 행동이다. 즉 발전단계를 역행함으로써 욕구를 충족하려는 행동
억압 (repression)	불쾌감이나 욕구불만 등의 갈등으로 생긴 욕구를 의식 밖으로 배제함으로써 얻은 행동이다. 즉 현실적인 필요(욕망, 감정)를 묵살함으로써 오히려 자신의 안정을 유지 하려는 행동
백일몽 (day-dream)	현실적으로는 도저히 만족시킬 수 없는 욕구나 소원을 공상의 세계에서 꾀하려는 도피의 한 형식

③ 공격적 기제(aggressive mechanism)

공격적 기제는 적극적이며 능동적인 입장에서 어떤 욕구불만에 대한 반항으로 자기를 괴롭히는 대상에 대해서 적대시하는 감정이나 태도를 취하는 것을 말한다.

구분	내용
직접적 공격기제	힘에 의존해서 폭행, 싸움, 기물파손 등
간접적 공격기제	조소, 비난, 중상모략, 폭언, 욕설 등

03 핵심문제 3. 인간의 일반적인 행동특성

□□□ 20년1,2회

1. 인간의 행동특성에 있어 태도에 관한 설명으로 맞는 것은?

① 인간의 행동은 태도에 따라 달라진다.
② 태도가 결정되면 단시간 동안만 유지된다.
③ 집단의 심적 태도교정보다 개인의 심적 태도교정이 용이하다.
④ 행동결정을 판단하고, 지시하는 외적행동체계라고 할 수 있다.

해설	
인간변용의 4단계(인간변용의 메커니즘)	
단계	내용
1단계	지식의 변용
2단계	태도의 변용
3단계	행동의 변용
4단계	집단 또는 조직에 대한 성과 변용

□□□ 19년2회, 22년2회

2. 조직 구성원의 태도는 조직성과와 밀접한 관계가 있다. 태도(attitude)의 3가지 구성요소에 포함되지 않는 것은?

① 인지적 요소
② 정서적 요소
③ 행동경향 요소
④ 성격적 요소

해설
태도(attitude)의 구성요소
1. 인지적 요소 : 어떤 대상에 대한 개인의 주관적 지식·신념
2. 감정적(정서적) 요소 : 대상에 대한 긍정적, 부정적 느낌
3. 행동경향적 요소 : 대상에 대한 행동성향

□□□ 11년2회, 19년1회

3. 사회행동의 기본형태와 내용이 잘못 연결된 것은?

① 대립 - 공격, 경쟁
② 조직 - 경쟁, 통합
③ 협력 - 조력, 분업
④ 도피 - 정신병, 자살

문제 3 ~ 5 해설	
사회행동의 기본형태	
내용	구분
협력	조력, 분업
대립	공격, 경쟁
도피	고립, 정신병, 자살
융합	강제, 타협, 통합

□□□ 09년1회, 15년4회

4. 다음 중 인간의 사회 행동에 대한 기본 형태와 가장 거리가 먼 것은?

① 도피
② 협력
③ 대립
④ 습관

□□□ 14년1회

5. 다음 중 고립, 정신병, 자살 등이 속하는 사회행동의 기본 형태는?

① 협력
② 융합
③ 대립
④ 도피

□□□ 09년2회, 11년4회, 14년1회, 19년1회

6. 적응기제(adjustment mechanism) 중 도피기제에 해당하는 것은?

① 투사
② 보상
③ 승화
④ 고립

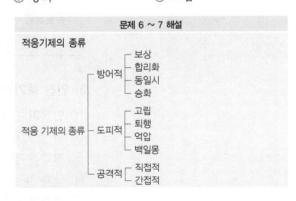

문제 6 ~ 7 해설
적응기제의 종류

적응 기제의 종류 — 방어적 : 보상, 합리화, 동일시, 승화 / 도피적 : 고립, 퇴행, 억압, 백일몽 / 공격적 : 직접적, 간접적

□□□ 11년1회, 16년2회, 21년2회

7. 인간의 적응기제(adjustment mechanism)중 방어적 기제에 해당하는 것은?

① 보상
② 고립
③ 퇴행
④ 억압

04 동기부여(motivation)

[동기부여에 의한 업무성과]
조직 구성원의 직무성과는 각자의 직무수
행능력과 동기부여에 의해 결정된다.

$$P = f(A \times M)$$

여기서, P(performance) : 업무성과
A(Ability) : 능력
M(Motivation) : 동기부여

(1) 동기의 정의

구분	정의
동기 (motive)	개체로 하여금 행동을 일으키게 하는 어떤 조건(외부적 자극) 및 내적요인(스스로 유발해 내는 것)
동기유발 (motivation)	동기유발 또는 동기조성이라고도 하며 동기를 불러일으키게 하고, 일어난 행동을 유지시키고 이것을 일정한 목표로 이끌어 나가게 하는 과정

(2) 동기유발요인의 구분

구분	내용	
내적요인 (동기, 기분, 의지, 욕구)	• 자율행동 반사 • 본능과 신체적 행동 • 감정 • 적절한 암시와 명상	• 습관 • 식욕 • 놀이와 운동경기 • 자기표현욕구
외적요인 (유인, 강화)	• 성숙과 동기의 조정 • 상과 벌 • 참여적 활동 • 성적 충동	• 학습결과와 진전 정도의 확인 • 경쟁과 협동 • 금지와 장려
구체적 유발요인	• 기회(Opportunity) • 참여(Participation) • 권력(Power) • 경제(Economic) • 독자성(Independence)	• 인정(Recognition) • 안정(Security) • 성과(Accomplishment) • 의사소통(Communication) • 적응도(Conformity)

(3) 안전 동기의 유발 방법

① 안전의 근본이념을 인식시킬 것
② 안전 목표를 명확히 설정할 것
③ 결과를 알려줄 것(K.R법 : knowlege results)
④ 상과 벌을 줄 것
⑤ 경쟁과 협동을 유도할 것
⑥ 동기유발 수준을 유지할 것

(4) Lewin. K의 법칙

① Lewin은 인간의 행동(B)은 그 사람이 가진 자질 즉, 개체(P)와 심리학적 환경(E)과의 상호 함수관계에 있다고 하였다.

$$\therefore\ B = f\,(P \cdot E)$$

여기서, B : behavior(인간의 행동)

          f : function(함수관계)

          P : person(개체 : 연령, 경험, 심신상태, 성격, 지능 등)

          E : environment(심리적 환경 : 인간관계, 작업환경 등)

② P와 E에 의해 성립되는 심리학적 상태 S를 심리학적 생활공간(psy-chological life space : LSP)또는 간단히 생활공간(Life space)라고 한다.

$$\therefore\ B = f\,(L \cdot S \cdot P)$$

[인간의 행동에 영향을 주는 요인]

(1) 자세(Attitude)

(2) 동기(Motive)

(3) 대망(Aspiration)

(5) Davis의 동기부여 이론

경영의 성과 = 인간의 성과 × 물적 성과

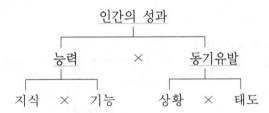

① 인간성과＝능력×동기유발

② 능력＝지식×기능

③ 동기유발＝상황×태도

(6) Vroom의 기대이론

의사결정을 하는 인지적 요소와 사람이 의사결정을 위해 이 요소들을 처리해 가는 방법들을 나타내주는 것

동기적인 힘(motivational force) = 유인가 × 기대

① 힘 : 동기와 같은 의미로 쓰이며 행동을 결정하는 역할을 한다.

② 유인가(Valence) : 여러 행동 대안의 결과에 대해서 개인이 갖고 있는 매력의 강도를 의미한다.

③ 기대(expectancy) : 어떤 행동적인 대안을 선택했을 때 성공할 확률이 얼마인가를 예측하는 것을 말한다.

[맥클랜드(McClelland)의 성취동기 이론]
성취, 권력, 친화에 대한 세가지 욕구(동기)가 매우 중요한 역할을 한다. 고차원적 욕구 및 학습이론에 의거하여 성취동기의 육성이 가능하다는 이론

(7) 욕구단계 이론

① Maslow의 욕구단계이론

분 류	내용
1단계 (생리적 욕구)	기아, 갈증, 호흡, 배설, 성욕 등 인간의 가장 기본적인 욕구(종족 보존)
2단계 (안전욕구)	안전을 구하려는 욕구(기술적 능력)
3단계 (사회적 욕구)	애정, 소속에 대한 욕구(애정적, 친화적 욕구)
4단계 (인정을 받으려는 욕구)	자기 존경의 욕구로 자존심, 명예, 성취, 지위에 대한 욕구(포괄적 능력, 승인의 욕구)
5단계 (자아실현의 욕구)	잠재적인 능력을 실현하고자 하는 욕구(종합적능력, 성취욕구)

② Alderfer의 ERG이론

분 류	내용
생존(Existence)욕구	신체적인 차원에서의 생존과 유지에 관련된 욕구
관계(Relatedness)욕구	타인과의 상호작용을 통해 만족되는 대인 욕구
성장(Growth)욕구	개인적인 발전과 증진에 관한 욕구

[X, Y이론의 관리처방]
(1) X이론 관리
 • 경제적 보상체제 강화
 • 권위주의적 리더십 확립
 • 면밀한 감독과 엄격한 통제
 • 상부책임제도의 강화
(2) Y이론 관리(종합의 원리)
 • 민주적 리더십 확립
 • 분권화와 권한의 위임
 • 목표에 의한 관리
 • 직무확장
 • 비공식적 조직의 활용

③ McGregor의 X. Y 이론

X 이 론	Y 이 론
• 인간 불신감 • 성악설 • 인간은 원래 게으르고 태만하여 남의 지배 받기를 즐긴다. • 물질 욕구(저차적 욕구) • 명령 통제에 의한 관리 • 저 개발국 형	• 상호 신뢰감 • 성선설 • 인간은 부지런하고 근면, 적극적이며, 자주적이다. • 정신 욕구(고차적 욕구) • 목표통합과 자기 통제에 의한 자율 관리 • 선진국 형

④ Herzberg의 동기-위생 이론

분 류	종 류
위생요인(유지욕구)	직무환경, 정책, 관리·감독, 작업조건, 대인관계, 금전, 지위 등
동기요인(만족욕구)	업무(일)자체, 성취감, 성취에 대한 인정, 도전적이고 보람있는 일, 책임감, 성장과 발달 등

※ 허츠버그(Herzberg)의 일을 통한 동기부여 원칙

- 규제를 제거하여 일에 대한 개인적 책임감이나 책무를 증가시킨다.
- 완전하고 자연스러운 작업단위를 제공한다.(한 단위의 요소만을 만들게 하지 말고 단위의 전체를 생산하도록 한다.)
- 직무에 부가되는 자유와 권한을 주어야 한다.
- 직접 상품생산에 대한 보고를 정기적으로 하게 한다.
- 더욱 새롭고 어려운 임무를 수행하도록 격려한다.
- 특정한 직무에 대해 전문가가 될 수 있도록 전문화된 임무를 배당한다.
- 교육을 통한 직접적 정보를 제공한다.

---

⑤ 동기 요소간의 상호관계

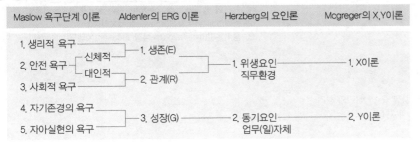

04 핵심문제　　　　4. 동기부여(motivation)

□□□ 08년4회, 10년1회, 17년1회

1. 인간의 행동에 대하여 심리학자 레윈(K.Lewin)은 다음과 같은 식으로 표현했다. 이 때 각 요소에 대한 내용으로 틀린 것은?

$$B = f(P \cdot E)$$

① B : Behavior(행동)
② f : Function(함수관계)
③ P : Person(개체)
④ E : Engineering(기술)

문제 1 ~ 3 해설

Lewin.K의 법칙
Lewin은 인간의 행동(B)은 그 사람이 가진 자질 즉, 개채(P)와 심리학적 환경(E)과의 상호 함수관계에 있다고 하였다.
∴ B=f(P·E)
① B : Behavior(인간의 행동)
② f : function(함수관계 : 적성 기타 P와 E에 영향을 미칠 수 있는 조건)
③ P : Person(개체 : 년령, 경험, 심신상태, 성격, 지능 등)
④ E : Environment(심리적 환경 : 인간관계, 작업환경 등)

□□□ 13년1회, 20년3회

2. 레윈이 제시한 인간의 행동특성에 관한 법칙에서 인간의 행동(B)은 개체(P)와 환경(E)의 함수관계를 가진다고 하였다. 다음 중 개체(P)에 해당하는 요소가 아닌 것은?

① 연령　　　　② 지능
③ 경험　　　　④ 인간관계

□□□ 19년4회

3. 레윈(Lewin)의 행동방정식 $B = f(P \cdot E)$에서 P의 의미로 맞는 것은?

① 주어진 환경　　② 인간의 행동
③ 주어진 직무　　④ 개인적 특성

□□□ 11년4회, 15년1회, 20년4회

4. 다음 중 데이비스(K. Davis)의 동기부여 이론에서 인간의 "능력(ability)"을 나타내는 것은?

① 지식(knowledge)×기능(skill)
② 지식(knowledge)×태도(attitude)
③ 기능(skill)×상황(situation)
④ 상황(situation)×태도(attitude)

해설

Davis의 이론

경영성과 = 인간성과×물적성과

① 인간의 성과(human perform −ance) = 능력×동기유발
② 능력(ability) = 지식(Knowledge)×기능(skill)
③ 동기유발(motivation) = 상황(situation)×태도(attitude)

□□□ 09년1회, 09년4회, 15년2회, 19년1회

5. 매슬로우(Maslow)의 욕구위계를 바르게 나열한 것은?

① 생리적 욕구 – 사회적 욕구 – 안전의 욕구 – 인정받으려는 욕구 – 자아실현의 욕구
② 생리적 욕구 – 안전의 욕구 – 사회적 욕구 – 인정받으려는 욕구 – 자아실현의 욕구
③ 안전의 욕구 – 생리적 욕구 – 사회적 욕구 – 인정받으려는 욕구 – 자아실현의 욕구
④ 안전의 욕구 – 생리적 욕구 – 사회적 욕구 – 자아실현의 욕구 – 인정받으려는 욕구

문제 5 ~ 7 해설

Maslow의 욕구단계이론

분류	내용
1단계 (생리적 욕구)	기아, 갈증, 호흡, 배설, 성욕 등 인간의 가장 기본적인 욕구(종족 보존)
2단계 (안전욕구)	안전을 구하려는 욕구(기술적 능력)
3단계 (사회적 욕구)	애정, 소속에 대한 욕구(애정적, 친화적 욕구)
4단계 (인정을 받으려는 욕구)	자기 존경의 욕구로 자존심, 명예, 성취, 지위에 대한 욕구(포괄적 능력, 승인의 욕구)
5단계 (자아실현의 욕구)	잠재적인 능력을 실현하고자 하는 욕구(종합적능력, 성취욕구)

□□□ 10년2회, 14년4회
6. 매슬로우(Maslow)의 욕구 5단계 중 인간의 가장 기초적인 욕구는?

① 생리적 욕구　　② 애정 및 사회적 욕구
③ 자아실현의 욕구　④ 안전에 대한 욕구

□□□ 12년4회, 16년4회, 20년4회
7. 인간을 충족시키고자 추구하는 욕구에 있어 가장 강력한 욕구는?

① 안전의 욕구　　② 생리적 욕구
③ 자아실현의 욕구　④ 애정 및 귀속의 욕구

□□□ 20년1,2회
8. 매슬로우(Abraham Maslow)의 욕구위계설에서 제시된 5단계의 인간의 욕구 중 허츠버그(Herzberg)가 주장한 2요인(인자)이론의 동기요인에 해당하지 않는 것은?

① 성취 욕구
② 안전의 욕구
③ 자아실현의 욕구
④ 존경의 욕구

해설	
매슬로우의 욕구단계이론	허츠버그의 위생-동기요인
1단계 : 생리적 욕구	위생요인
2단계 : 안전 욕구	
3단계 : 사회적 욕구	
4단계 : 인정받으려는 욕구	동기요인
5단계 : 자아실현의 욕구	

□□□ 19년1회
9. 맥그리거(Douglas McGregor)의 Y이론에 해당되는 것은?

① 인간은 게으르다.
② 인간은 남을 잘 속인다.
③ 인간은 남에게 지배받기를 즐긴다.
④ 인간은 부지런하고 근면하며, 적극적이고 자주적이다.

문제 9 ~ 11 해설	
McGregor의 X, Y 이론	
X 이론	Y 이론
• 인간 불신감	• 상호 신뢰감
• 성악설	• 성선설
• 인간은 원래 게으르고 태만하여 남의 지배 받기를 즐긴다.	• 인간은 부지런하고 근면, 적극적이며, 자주적이다.
• 물질 욕구(저차적 욕구)	• 정신 욕구(고차적 욕구)
• 명령 통제에 의한 관리	• 목표통합과 자기 통제에 의한 자율관리
• 저개발국 형	• 선진국 형

□□□ 08년4회, 17년4회
10. 맥그리거(Douglas McGregor)의 X · Y 이론에서 Y 이론에 관한 설명으로 틀린 것은?

① 인간은 서로 신뢰하는 관계를 가지고 있다.
② 인간은 문제해결에 많은 상상력과 재능이 있다.
③ 인간은 스스로의 일을 책임하에 자주적으로 행한다.
④ 인간은 원래부터 강제 통제하고 방향을 제시할 때 적절한 노력을 한다.

□□□ 11년1회, 18년1회
11. 맥그리거(McGregor)의 XY 이론 중 X 이론에 해당하는 것은?

① 성선설　　　② 상호 신뢰감
③ 고차원적 욕구　④ 명령 통제에 의한 관리

□□□ 10년4회, 18년4회
12. 맥그리거(McGregor)의 X, Y 이론에 있어 X 이론의 관리 처방으로 적절하지 않은 것은?

① 자체평가제도의 활성화
② 경제적 보상체제의 강화
③ 권위주의적 리더십의 확립
④ 면밀한 감독과 엄격한 통제

해설	
[X, Y이론의 관리처방]	
(1) X이론 관리	(2) Y이론 관리(종합의 원리)
• 경제적 보상체계 강화	• 민주적 리더십 확립
• 권위주의적 리더십 확립	• 분권화와 권한의 위임
• 면밀한 감독과 엄격한 통제	• 목표에 의한 관리
• 상부책임제도의 강화	• 직무확장
	• 비공식적 조직의 활용

□□□ 11년2회, 17년4회

13. 허츠버그(Herzberg)의 2요인 이론 중 동기요인 (motivator)에 해당하지 않는 것은?

① 성취   ② 작업조건

③ 인정   ④ 작업자체

문제 13 ~ 15 해설	
Herzberg의 동기-위생 이론	

분 류	종 류
위생요인 (유지욕구)	직무환경, 정책, 관리·감독, 작업조건, 대인관계, 금전, 지휘, 등
동기요인 (만족욕구)	업무(일)자체, 성취감, 성취에 대한 인정, 도전적이고 보람있는 일, 책임감, 성장과 발달 등

□□□ 08년2회, 17년2회

14. 허츠버그(Herzberg)의 욕구이론 중 위생요인이 아닌 것은?

① 임금   ② 승진

③ 존경   ④ 지위

□□□ 08년4회, 12년1회

15. 허츠버그(Herzberg)의 동기·위생이론 중 동기요인의 측면에서 직무동기를 높이는 방법으로 거리가 먼 것은?

① 급여의 인상

② 직무에 대한 개인적 성취감

③ 자율성 부여와 권한위임

④ 상사로부터의 인정

□□□ 09년2회, 16년2회

16. 동기이론과 관련 학자의 연결이 잘못된 것은?

① ERG이론 : 알더퍼(Alderfer)

② 욕구위계이론 : 매슬로우(Maslow)

③ 위생-동기이론 : 맥그리고(MacGregor)

④ 성취동기이론 : 맥클레랜드(McClelland)

해설
위생-동기이론은 허즈버그(Herzberg)의 이론이다.

Chapter 02

인간의 특성과 안전

인간의 특성과 안전은 동작특성, 피로, 생체리듬, 리더십, 사기와 집단역학, 착시와 착각, 주의와 부주의 등으로 구성된다. 여기에서는 인간의 동작특성의 요인들과 주의와 부주의의 이론에 관한 부분이 주로 출제된다.

01 재해 빈발성과 부주의

(1) 동작특성의 분류

구분	내용
내적조건	• 생리적조건 : 피로, 긴장 등 • 경험 : 근무경력 • 개인차 : 적성, 개성
외적조건	• 동적조건 : 대상물의 동적 성질에 따른 최대요인 • 정적조건 : 높이, 길이, 폭, 크기 등의 조건 • 환경조건 : 기온, 습도, 조명, 분진, 소음 등

[동작실패의 원인이 되는 조건]
(1) 자세의 불균형
(2) 피로도
(3) 작업강도
(4) 기상조건
(5) 환경조건

(2) 사고경향성자(재해 누발자, 재해 다발자)의 유형

구분	내용
상황성 누발자	작업의 어려움, 기계설비의 결함, 환경상 주의력의 집중 혼란, 심신의 근심 등 때문에 재해를 누발하는 자
습관성 누발자	재해의 경험으로 겁쟁이가 되거나 신경과민이 되어 재해를 누발하는 자와 일종의 슬럼프(slump)상태에 빠져서 재해를 누발하는 자
소질성 누발자	재해의 소질적 요인을 가지고 있는 재해자(사고요인은 지능, 성격, 감각(시각)기능으로 분류한다.)
미숙성 누발자	기능 미숙이나 환경에 익숙하지 못하기 때문에 재해를 누발하는 자

[소질성 누발자의 유형]
(1) 주의력의 산만, 주의력의 지속불능
(2) 주의력 범위의 협소, 편중
(3) 저 지능
(4) 불규칙, 흐리멍텅함
(5) 정직하지 못함
(6) 흥분성(침착성의 결여)
(7) 비협조성
(8) 도덕성의 결여
(9) 소심한 성격
(10) 감각운동 부적합
(11) 경시, 경솔성

(3) 사고 재해 빈발설

구분	내용
암시설	재해의 경험으로 겁쟁이가 되거나 신경과민이 되어 그 사람이 갖는 대응능력이 열화되기 때문에 재해가 빈발하게 된다는 설
재해빈발 경향자설	소질적인 결함을 가지고 있기 때문에 재해가 빈발하게 된다는 설
기회설	개인의 영향 때문에 아니라 작업에 위험성이 많고, 위험한 작업을 담당하고 있기 때문에 재해가 빈발한다는 설이다. (대책 : 작업환경개선, 교육훈련실시)

(4) 소질적인 사고요인

구분	내용
지능 (intelligence)	• 지능과 사고의 관계는 비례적 관계에 있지 않으며 그보다 높거나 낮으면 부적응을 초래한다. • Chiselli Brown은 지능 단계가 낮을수록 또는 높을수록 이직률 및 사고 발생률이 높다고 지적하였다.
성격 (personality)	사람은 그 성격이 작업에 적응되지 못할 경우 안전사고를 발생 시킨다.
감각기능	감각기능의 반응 정확도에 따라 재해발생과 관계가 있다.

(5) 주의의 특징

구분	내용
선택성	여러 종류의 자극을 자각할 때 소수의 특정한 것에 한하여 선택하는 기능
방향성	주시점만 인지하는 기능
변동성	주의에는 주기적으로 부주의의 리듬이 존재

(6) 부주의 현상

① 의식의 단절, 감각의 차단(의식수준 : phase 0 상태)

지속적인 의식의 흐름에 단절이 생기고 공백의 상태가 나타나는 것으로서 특수한 질병이 있는 경우에 나타난다.

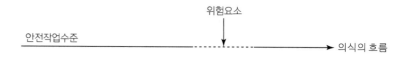

의식의 단절상태도

② 의식의 우회(의식수준 : phase 0 상태)

의식의 흐름이 옆으로 빗나가 발생하는 경우로서 작업도중의 걱정, 고뇌, 욕구 불만 등에 의해 다른 것이 주의하는 것이 이에 속한다.(카운슬링에 의한 부주의 방지가 가능하다.)

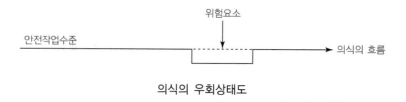

의식의 우회상태도

[주의의 범위]

(1) 주의의 범위 : 감시 대상이 많아지면 주의 범위는 넓어지고 감시대상이 적어질수록 주의 넓이는 좁아지고 깊이는 깊어짐

(2) 주의의 외향 : 감각 신경의 작용으로 사물을 관찰하면서 주의력을 쏟을 때

(3) 주의의 내향 : 사고의 상태, 감각 신경계가 활동하지 않는 공상이나 잡념을 가지고 있는 상태

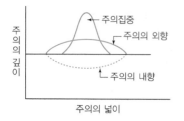

---

③ 의식수준의 저하(의식수준 : phase Ⅰ 이하 상태)
혼미한 정신상태에서 심신이 피로할 경우나 <u>단조로운 작업</u> 등의 경우에 일어나기 쉽다.

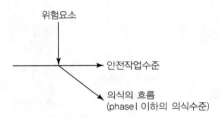

의식수준의 저하상태도

④ 의식의 혼란(의식수준 : phase Ⅰ 이하 상태)
외부 자극이 너무 약하거나 너무 강할 때 또는 외적 자극에 문제가 있을 때, 의식이 혼란스럽고 외적 자극 의식이 분산되어 작업이 잠재되어 있는 위험요인에 대응할 수 없는 상태

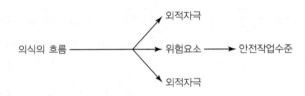

의식의 혼란상태도

⑤ 의식의 과잉(의식수준 : phase Ⅳ 상태, 주의의 일점 집중현상)
지나친 의욕에 의해서 생기는 부주의 현상으로서 <u>돌발사태 및 긴급이상 사태시</u> 순간적으로 긴장되고 의식이 한 방향으로만 쏠리는 경우

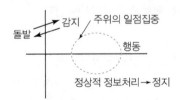

의식의 과잉상태도

[인간의 vigilance(주의하는 상태, 긴장상태, 경계상태)현상에 영향을 끼치는 조건]
(1) 검출능력은 작업시간 후 빠른 속도로 저하된다.(30~40분 후 검출 능력은 50%로 저하).
(2) 발생빈도가 높은 신호일수록 검출률이 높다.
(3) 규칙적인 신호에 대한 검출률이 높다.

(7) 의식 레벨의 단계분류

단계	의식의 상태	주의 작용	생리적 상태	신뢰성
0	무의식, 실신	없음	수면, 뇌발작	0
I	정상 이하, 의식 몽롱함	부주의	피로, 단조, 졸음, 술취함	0.99 이하
II	정상, 이완상태	수동적, 마음이 안쪽으로 향함	안정기거, 휴식시 정례작업시	0.99~0.99999 이하
III	정상, 상쾌한 상태	능동적, 앞으로 향하는 주의, 시야도 넓다.	적극 활동시	0.999999 이상
IV	초긴장, 과긴장상태	일점 집중, 판단 정지	긴급 방위반응, 당황해서 panic	0.9 이하

(8) 부주의 발생원인 및 대책

외적 원인 및 대책	내적 원인 및 대책
• 작업, 환경조건 불량 : 환경정비 • 작업순서의 부적당 : 작업순서의 정비	• 소질적(작업) 조건 : 적성배치 • 의식의 우회 : 상담(counseling) • 경험, 미경험 : 교육 • 작업순서의 부자연성 : 인간공학적 접근

(9) 억측판단(risk taking)

① 정의

자기 멋대로 주관적(主觀的) 판단이나 희망적(希望的)인 관찰에 근거를 두고 확인하지 않고 행동으로 옮기는 판단

② 안전행동을 위한 확인

㉠ 작업정보는 정확하게 전달되고 또 정확하게 입수한다.

㉡ 과거 경험에 사로잡혀서 선입감을 가지고 판단하지 않는다.

㉢ 자신의 사정에 좋도록 희망적인 관측을 하지 않는다.

㉣ 항상 올바른 작업을 하도록 노력한다.

[부주의에 대한 기타 대책]

(1) 설비 및 환경적 측면에 대한 원인과 대책
• 설비 및 작업환경의 안전화
• 표준작업제도 도입
• 긴급 시의 안전대책

(2) 기능 및 작업적 측면에 대한 대책
• 적성배치
• 안전작업방법 습득
• 표준동작의 습관화
• 적응력 향상과 작업조건의 개선

(3) 정신적 측면에 대한 대책
• 안전의식 및 작업의욕 고취
• 주의력 집중 훈련
• 카운슬링(상담)

[억측판단의 주요원인]

(1) 희망적 관측
(2) 정보나 지식의 불확실
(3) 선입관
(4) 초조한 심리상태

01 핵심문제　　　　　1. 재해 빈발성과 부주의

□□□ 09년2회, 12년1회, 16년2회, 19년1회, 22년2회

1. 사고 경향성 이론에 관한 설명으로 틀린 것은?

① 개인의 성격보다는 특정 환경에 의해 훨씬 더 사고가 일어나기 쉽다.
② 어떠한 사람이 다른 사람보다 사고를 더 잘 일으킨다는 이론이다.
③ 사고를 많이 내는 여러 명의 특성을 측정하여 사고를 예방하는 것이다.
④ 검증하기 위한 효과적인 방법은 다른 두 시기 동안에 같은 사람의 사고기록을 비교하는 것이다.

해설

사고 경향성은 개인의 특성에 따른 사고 성격의 유형을 설명하는 것으로 상황성 누발자, 습관성 누발자, 소질성 누발자 등으로 분류된다

□□□ 12년2회, 17년4회, 20년3회

2. 상황성 누발자의 재해유발원인으로 가장 적절한 것은?

① 소심한 성격
② 주의력의 산만
③ 기계설비의 결함
④ 침착성 및 도덕성의 결여

문제 2 ~ 4 해설

재해 누발자의 유형
1. 미숙성 누발자 : 환경에 익숙치 못하거나 기능 미숙으로 인한 재해누발자
2. 소질성 누발자 : 지능·성격·감각운동에 의한 소질적 요소에 의해 결정된다.
3. 상황성 누발자 : 작업의 어려움, 기계설비의 결함, 환경상 주의집중의 혼란, 심신의 근심 등
4. 습관성 누발자 : 재해의 경험으로 신경과민이 되거나 슬럼프(slump)에 빠지기 때문이다.

□□□ 10년2회, 16년4회

3. 재해 빈발자 중 기능의 부족이나 환경에 익숙하지 못했기 때문에 재해가 자주 발생되는 사람을 의미하는 것은?

① 상황성 누발자　　　② 습관성 누발자
③ 소질성 누발자　　　④ 미숙성 누발자

□□□ 12년1회, 19년1회

4. 반복적인 재해발생자를 상황성누발자와 소질성누발자로 나눌 때, 상황성누발자의 재해유발 원인에 해당하는 것은?

① 저지능인 경우
② 소심한 성격인 경우
③ 도덕성이 결여된 경우
④ 심신에 근심이 있는 경우

□□□ 11년1회, 14년4회, 18년1회, 20년4회

5. 다음 중 안전사고와 관련하여 소질적 사고 요인과 가장 관계가 먼 것은?

① 지능　　　　　　② 작업자세
③ 성격　　　　　　④ 시각기능

해설

소질적인 사고요인

구분	내용
지능 (intelligence)	• 지능과 사고의 관계는 비례적 관계에 있지 않으며 그보다 높거나 낮으면 부적응을 초래한다. • Chiseli Brown은 지능 단계가 낮을수록 또는 높을수록 이직률 및 사고 발생률이 높다고 지적하였다.
성격 (personality)	사람은 그 성격이 작업에 적응되지 못할 경우 안전사고를 발생 시킨다.
감각기능	감각기능의 반응 정확도에 따라 재해발생과 관계가 있다.

□□□ 08년1회, 14년2회, 20년1,2회

6. 다음 중 주의(attention)에 대한 설명으로 틀린 것은?

① 의식작용이 있는 일에 집중하거나 행동의 목적에 맞추어 의식수준이 집중되는 심리상태를 말한다.
② 주의력의 특성은 선택성, 변동성, 방향성으로 표현된다.
③ 여러 종류의 자극을 지각할 때 소수의 특정한 것을 선택하여 집중하는 특성을 갖는다.
④ 한 자극에 주의를 집중하여도 다른 자극에 대한 주의력은 약해지지 않는다.

문제 6 ~ 12 해설

주의의 특성
1. 주의력의 중복집중의 곤란 : 주의는 동시에 2개 방향에 집중하지 못한다.(선택성)
2. 주의력의 단속성 : 고도의 주의는 장시간 지속 할 수 없다.(변동성)
3. 한 지점에 주의를 집중하면 다른데 주의는 약해진다.(방향성)

□□□ 10년4회, 12년2회

7. 다음 중 주의의 특성에 대한 설명으로 틀린 것은?

① 주의력을 강화하면 그 기능은 저하한다.
② 주의는 동시에 두 개의 방향으로 집중하지 못한다.
③ 한 지점에 주의를 집중하면 다른 지점의 주의력은 약해진다.
④ 고도의 주의는 오랜 시간 동안을 지속시킬 수 없다.

□□□ 19년1회

8. 주의(attention)에 대한 특성으로 가장 거리가 먼 것은?

① 고도의 주의는 장시간 지속할 수 없다.
② 주의와 반응의 목적은 대부분의 경우 서로 독립적이다.
③ 동시에 두 가지 일에 중복하여 집중하기 어렵다.
④ 여러 종류의 자극을 지각할 때 소수의 특정한 것을 선택하여 집중한다.

□□□ 08년2회, 16년2회

9. 주의의 특성으로 볼 수 없는 것은?

① 타탕성   ② 변동성
③ 선택성   ④ 방향성

□□□ 12년4회, 15년2회

10. 다음 설명에 해당하는 주의의 특성은?

공간적으로 보면 시선의 주시점만 인지하는 기능으로 한 지점에 주의를 집중하면 다른 곳의 주의는 약해진다.

① 선택성   ② 방향성
③ 변동성   ④ 일점집중

□□□ 18년2회, 21년4회

11. 인간의 주의력은 다양한 특성을 가지고 있는 것으로 알려져 있다. 주의력의 특성과 그에 대한 설명으로 맞는 것은?

① 지속성 : 인간의 주의력은 2시간 이상 지속된다.
② 변동성 : 인간의 주의 집중은 내향과 외향의 변동이 반복된다.

③ 방향성 : 인간이 주의력을 집중하는 방향은 상하좌우에 따라 영향을 받는다.
④ 선택성 : 인간의 주의력은 한계가 있어 여러 작업에 대해 선택적으로 배분된다.

□□□ 16년4회

12. 시각 정보 등을 받아들일 때 주의를 기울이면 시선이 집중되는 곳의 정보는 잘 받아들이나 주변부의 정보는 놓치기 쉬운 것은 주의력의 어떤 특성과 관련이 있는가?

① 주의의 선택성   ② 주의의 변동성
③ 주의의 방향성   ④ 주의의 시분할성

□□□ 12년4회, 13년4회, 17년2회

13. 의식수준이 정상적 상태이지만 생리적 상태가 안정을 취하거나 휴식할 때에 해당하는 것은?

① phase Ⅰ   ② phase Ⅱ
③ phase Ⅲ   ④ phase Ⅳ

문제 13 ~ 14 해설

의식 레벨의 단계분류

단계	의식의 상태	주의 작용	생리적 상태	신뢰성
0	무의식, 실신	없음	수면, 뇌발작	0
Ⅰ	정상 이하, 의식 몽롱함	부주의	피로, 단조, 졸음, 술취함	0.99 이하
Ⅱ	정상, 이완상태	수동적 마음이 안쪽으로 향함	안정기거, 휴식시 정례작업시	0.99~0.99999 이하
Ⅲ	정상, 상쾌한 상태	능동적 앞으로 향하는 주의 시야도 넓다.	적극 활동시	0.999999 이상
Ⅳ	초긴장, 과긴장상태	일점 집중, 판단 정지	긴급 방위반응, 당황해서 panic	0.9 이하

□□□ 08년4회, 12년1회, 15년4회
14. 부주의 현상 중 심신이 피로하거나 단조로운 작업을 반복할 경우 나타나는 의식수준의 저하현상은 의식수준의 어느 단계에서 발생하는가?

① Phase Ⅰ 이하　　② Phase Ⅱ
③ Phase Ⅲ　　④ Phase Ⅳ 이상

□□□ 11년4회, 15년1회, 18년4회
15. 다음 중 단조로운 업무가 장시간 지속될 때 작업자의 감각기능 및 판단능력이 둔화 또는 마비되는 현상은?

① 착각현상　　② 망각현상
③ 피로현상　　④ 감각차단현상

해설
감각차단현상이란 단조로운 업무가 장시간 지속될 때 작업자의 감각기능 및 판단능력이 둔화 또는 마비되는 현상이다.

□□□ 14년2회, 19년2회
16. 인간의 경계(vigilance)현상에 영향을 미치는 조건의 설명으로 가장 거리가 먼 것은?

① 작업시작 직후의 검출률이 가장 낮다.
② 오래 지속되는 신호는 검출률이 높다.
③ 발생빈도가 높은 신호는 검출률이 높다.
④ 불규칙적인 신호에 대한 검출률이 낮다.

해설
인간의 vigilance(주의하는 상태, 긴장상태, 경계상태)현상에 영향을 끼치는 조건
1. 검출능력은 작업시간 후 빠른 속도로 저하된다.(30~40분 후 검출 능력은 50%로 저하).
2. 발생빈도가 높은 신호일수록 검출률이 높다.
3. 규칙적인 신호에 대한 검출률이 높다.

□□□ 10년2회, 13년4회, 19년2회
17. 인간 부주의의 발생원인 중 외적 조건에 해당하지 않는 것은?

① 작업조건 불량
② 작업순서 부적당
③ 경험 부족 및 미숙련
④ 환경조건 불량

문제 17 ~ 18 해설
부주의 발생원인 및 대책

외적 원인 및 대책	내적 원인 및 대책
• 작업, 환경조건 불량 : 환경정비 • 작업순서의 부적당 : 작업순서의 정비	• 소질적(작업) 조건 : 적성배치 • 의식의 우회 : 상담(counseling) • 경험, 미경험 : 교육 • 작업순서의 부자연성 : 인간공학적 접근방법

□□□ 08년4회, 11년4회, 17년1회
18. 부주의 발생의 외적 조건에 해당되지 않는 것은?

① 의식의 우회　　② 높은 작업강도
③ 작업순서의 부적당　　④ 주위 환경조건의 불량

□□□ 14년4회, 16년1회, 17년4회
19. 부주의에 의한 사고방지대책 중 정신적 대책과 가장 거리가 먼 것은?

① 적성 배치　　② 스트레스 해소 대책
③ 주의력 집중훈련　　④ 표준작업의 습관화

해설
표준작업의 습관화는 교육, 관리적 대책에 해당한다.

□□□ 10년2회, 13년2회, 16년1회, 19년1회
20. 다음 중 부주의가 발생하는 경우에 있어 자동차를 운전할 때 신호가 바뀌기 전에 신호가 바뀔 것을 예상하고 자동차를 출발시키는 행동과 관련된 것은?

① 억측판단　　② 근도반응
③ 착시현상　　④ 의식의 우회

해설
억측판단
스스로의 주관적인 판단 또는 희망적인 관찰에 근거를 두고 실제상황을 확인하지 않고 행동으로 옮기는 판단

정답 14 ① 15 ④ 16 ① 17 ③ 18 ① 19 ④ 20 ①

02 착오와 착상심리

(1) 착오의 요인

① 위치의 착오
② 순서의 착오
③ 패턴의 착오
④ 형태의 착오
⑤ 기억의 틀림(오류)

(2) 착오의 분류

구분	내용
인지과정 착오	• 생리, 심리적 능력의 한계 • 정보량 저장 능력의 한계 • 감각 차단현상 : 단조로운 업무, 반복 작업 • 정서 불안정 : 공포, 불안, 불만
판단과정 착오	• 능력부족 • 정보부족 • 자기합리화 • 환경조건의 불비
조치과정 착오	• 피로 • 작업 경험부족 • 작업자의 기능미숙(지식, 기술부족)

(3) 간결성의 원리

① 정의

심리 활동에 있어서 최소의 에너지에 의해 어느 목적에 달성하도록 하려는 경향을 간결성의 원리라 한다. 간결성의 원리에 기인하여 착각, 착오, 생략, 단락 등의 사고에 관계되는 심리적 요인을 만들어 내게 된다.

② 군화의 법칙(물건의 정리)

구분	의미	그림
근접의 요인	근접된 물건의 정리	○ ○ ○ ○
동류의 요인	매우 비슷한 물건끼리 정리	● ○ ● ○
폐합의 요인	밀폐형을 가지런히 정리	( ) ( )
연속의 요인	연속을 가지런히 정리	직선과 곡선의 교차 변형된 2개의 조합
좋은 형태의 요인	좋은 형태(규칙성, 상징성, 단순성)로 정리	

[군화의 법칙(게슈탈트의 법칙)]
사물을 볼 때 관련성이 있는 요소들끼리 무리지어 보는 심리로 심리학자 베르트하이머가 처음 제기한 원리이다.

(4) ECR(Error Cause Removal)의 과오원인 제거

① 정의

사업장에서 직접 작업을 하는 작업자 스스로가 자기의 부주의 또는 제반오류의 원인을 생각함으로써 작업의 개선을 하도록 하는 제안이다.

② ECR의 실수 및 과오의 요인

과오의 요인	세부 내용
능력 부족	적성, 지식, 기술, 인간관계
주의 부족	개성, 감정의 불안정, 습관성
환경조건 부적당	표준 및 규칙 불충분, 의사소통불량, 작업조건 불량

[자동운동이 생기기 쉬운 조건]
(1) 광점이 작을 것
(2) 시야의 다른 부분이 어두울 것
(3) 광의 강도가 약할 것
(4) 대상이 단순할 것

(5) 착각현상

구분	내용
자동운동	암실 내에서 정지된 소 광점을 응시하고 있을 때 그 광점의 움직임을 볼 수 있는 경우
유도운동	실제로는 움직이지 않는 것이 어느 기준의 이동에 유도되어 움직이는 것처럼 느껴지는 현상
가현운동 (β 운동)	정지하고 있는 대상물이 급속히 나타나고 소멸하는 상황에서 대상물이 운동하는 것처럼 인식되는 현상(영화 영상의 방법)

(6) 착시

착시(optical illusion)현상이란 정상적인 시력을 가지고도 물체를 정확하게 볼 수가 없는 현상으로 예를 들면 주위의 풍경, 고속도로 주행 시의 노면 등이 있다.

학설자	그 림	현 상
Muler-Lyer의 착시		a가 b보다 길게 보인다. 실제는 a=b이다.
Helmholz의 착시		a는 세로로 길어 보이고, b는 가로로 길어 보인다.
Herling의 착시		a는 양단이 벌어져 보이고, b는 중앙이 벌어져 보인다.
Kohler의 착시		우선 평형의 호를 본 후 즉시 직선을 본 경우에 직선은 호의 반대방향으로 굽어 보인다.
Poggendorf의 착시		a와 c가 일직선으로 보인다. 실제는 a와 b가 일직선이다.
Zoller의 착시		세로의 선이 굽어 보인다.
Hering의 착시		가운데 두 직선이 곡선으로 보인다.
Orbigon의 착시		안쪽 원이 찌그러져 보인다.
Sander의 착시		두 점선의 길이가 다르게 보인다.
Ponzo의 착시		두 수평선부의 길이가 다르게 보인다.

02 핵심문제   2. 착오와 착상심리

□□□ 11년4회, 15년1회, 21년4회

1. 다음 중 인간 착오의 메커니즘으로 볼 수 없는 것은?

① 위치의 착오   ② 패턴의 착오
③ 느낌의 착오   ④ 형(形)의 착오

해설
인간 착오의 메커니즘 ① 위치의 착오   ② 순서의 착오 ③ 패턴의 착오   ④ 형태의 착오 ⑤ 기억의 틀림(오류)

□□□ 13년2회, 16년4회

2. 작업장의 정리정돈 태만 등 생략행위를 유발하는 심리적 요인에 해당하는 것은?

① 폐합의 요인   ② 간결성의 원리
③ Risk talking의 원리   ④ 주의의 일점집중 현상

해설
간결성의 원리 1. 물적 세계에 서두름이나 생략행위가 존재하고 있는 것처럼 심리활동에 있어서도 최소 에너지에 의해 어느 목적에 달성하도록 하려는 경향이 있는데 이것을 간결성의 원리라 한다. 2. 간결성의 원리에 기인하여 착각, 착오, 생략, 단락 등의 사고에 관계되는 심리적 요인이 발생하게 된다.

□□□ 17년1회, 20년3회

3. 판단과정에서의 착오 원인이 아닌 것은?

① 능력부족   ② 정보부족
③ 감각차단   ④ 자기합리화

문제 3 ~ 4 해설	
과정구분	착오원인
인지과정 착오	• 생리, 심리적 능력의 한계 • 정보량 저장 능력의 한계 • 감각 차단현상 : 단조로운 업무, 반복 작업 • 정서적 불안정 : 공포, 불안, 불만
판단과정 착오	• 능력부족 • 정보부족 • 자기합리화 • 환경조건의 불비
조치과정 착오	• 피로 • 작업 경험부족 • 작업자의 기능미숙(지식, 기술부족)

□□□ 14년2회, 17년4회

4. 착오의 원인에 있어 인지과정의 착오에 속하는 것은?

① 합리화의 부족
② 환경조건의 불비
③ 작업자의 기능 미숙
④ 생리적 · 심리적 능력의 부족

□□□ 12년4회, 14년4회, 16년4회, 18년4회, 22년2회

5. 다음 중 운동의 시지각(착각현상)이 아닌 것은?

① 자동운동(自動運動)   ② 항상운동(恒常運動)
③ 유도운동(誘導運動)   ④ 가현운동(假現運動)

문제 5 ~ 7 해설	
항상운동(恒常運動)은 특정 물체에 대한 객관적인 감각 정보가 변하더라도 이를 계속 불변의 것으로 지각하려는 경향을 말한다.	
[참고] 착각현상	
구분	내용
자동운동	암실 내에서 정지된 소 광점을 응시하고 있으면 그 광점의 움직임을 볼 수 있는 경우
유도운동	실제로는 움직이지 않는 것이 어느 기준의 이동에 유도되어 움직이는 것처럼 느껴지는 현상
가현운동 (β 운동)	정지하고 있는 대상물이 급속히 나타나든가 소멸하는 것으로 인하여 일어나는 운동으로 마치 대상물이 운동하는 것처럼 인식되는 현상(영화 영상의 방법)

□□□ 08년4회, 14년2회, 19년4회

6. 인간의 착각현상 중 실제로 움직이지 않지만 어느 기준의 이동에 의하여 움직이는 것처럼 느껴지는 착각현상의 명칭으로 적합한 것은?

① 자동운동   ② 잔상현상
③ 유도운동   ④ 착시현상

□□□ 11년1회, 11년2회, 12년2회, 19년2회

7. 실제로는 움직임이 없으나 시각적으로 움직임이 있는 것처럼 느끼는 심리적 현상으로 옳은 것은?

① 잔상 효과   ② 가현 운동
③ 후광 효과   ④ 기하학적 착시

정답   1 ③   2 ②   3 ③   4 ④   5 ②   6 ③   7 ②

□□□ 10년1회, 10년4회, 13년1회, 15년4회, 20년4회

8. 다음 현상이 생기기 쉬운 조건이 아닌 것은?

> 암실 내에서 정지된 작은 광점을 응시하고 있으면 그 광점이 움직이는 것 같이 여러 방향으로 퍼져나가는 것처럼 보이는 현상

① 광점이 작을 것
② 대상이 단순할 것
③ 광의 강도가 클 것
④ 시야의 다른 부분이 어두울 것

해설

자동운동이 생기기 쉬운 조건
1. 광점이 작을 것
2. 시야의 다른 부분이 어두울 것
3. 광의 강도가 작을 것
4. 대상이 단순할 것

□□□ 09년4회, 19년4회

9. 그림과 같이 수직 평행인 세로의 선들이 평행하지 않은 것으로 보이는 착시현상에 해당하는 것은?

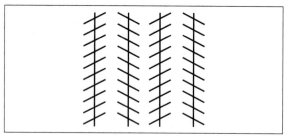

① 죌러(Zőller)의 착시
② 쾰러(Kőhler)의 착시
③ 헤링(Hering)의 착시
④ 포겐도르프(Poggendorf)의 착시

해설

학설자	그림
Zoller의 착시	
Kohler의 착시	
Herling의 착시	(a) (b)
Poggendorf의 착시	(a) (c) (b)

03 리더십

(1) 리더십의 특징

① 리더십의 정의

집단의 공통된 목표를 이끌어나가는 지도자의 역량. 그 단체가 지니고 있는 힘을 맘껏 발휘하고 구성원의 화합과 단결을 이끌어낼 수 있는, 지도자의 자질을 말한다.

[리더십의 기능]
(1) 환경판단의 기능
(2) 통일유지의 기능
(3) 집단목표달성의 기능

② Leader의 제 특성 및 리더의 구비요건

Leader의 제 특성	리더의 구비요건
• 대인적 숙련 • 혁신적 능력 • 기술적 능력 • 협상적 능력 • 표현 능력 • 교육 훈련 능력	• 화합성 • 통찰력 • 판단력 • 정서적 안전성 및 활발성

③ 리더의 권한

㉠ 조직이 지도자에게 부여한 권한

구분	내용
보상적 권한	지도자가 부하들에게 보상할 수 있는 능력으로 인해 부하직원들을 통제할 수 있으며 부하들의 행동에 대해 영향을 끼칠 수 있는 권한
강압적 권한	부하직원들을 처벌할 수 있는 권한
합법적 권한	조직의 규정에 의해 지도자의 권한이 공식화된 것

㉡ 지도자 자신이 자신에게 부여한 권한

구분	내용
전문성의 권한	부하직원들이 지도자의 성격이나 능력을 인정하고 지도자를 존경하며 자진해서 따르는 것
위임된 권한	집단의 목표를 성취하기 위해 부하직원들이 지도자가 정한 목표를 자진해서 자신의 것으로 받아들여 지도자와 함께 일하는 것

[리더십의 **권력**(power)]

구성원의 행동에 영향을 줄 수 있는 잠재 능력으로 부하를 순종하도록 할 수가 있는 영향력

[리더십의 **권한**(authority)]

부하로부터 순종을 강요할 수 있는 공식적 통제권리

[리더십의 변화요인]

(1) 조직의 유형
(2) 집단의 유효성
(3) 해결해야 하는 문제의 성질
(4) 시간의 긴급성

④ 지휘형태에 따른 리더십 유형

유형 유효성의 변수	민주적 스타일	전제(권위)적 스타일	자유방임적 스타일
행동방식	집단의 토론, 회의 등에 의해 정책을 결정한다.	지도자가 집단의 모든 권한 행사를 단독적으로 처리	명목상의 리더가 구성원에게 완전한 자유를 주는 경우
리더와 집단과의 관계	호의적	수동적, 주의환기요함	리더에 무관심
집단행위 특성	응집력 크다. 안정적	노동이동 많음, 공격적	냉담, 초조
리더 부재시 구성원 태도	계속작업유지	좌절감을 가짐	불변, 불만족
성과(생산성)	장기적 효과	단기적 효과	혼란과 갈등

⑤ 직무적 리더십의 구분

구분	내용
직무중심적 리더십	• 생산과업, 생산방법 및 세부절차를 중요시 한다. • 공식화된 권력에 의존, 부하들을 치밀하게 감독한다.
부하중심적 리더십	• 부하와의 관계를 중시, 부하의 욕구충족과 발전 등 개인적인 문제를 중요시 한다. • 권한의 위임, 부하에게 자유재량을 부여한다.
구조 주도적 리더십	• 부하의 과업환경을 구조화하는 리더 행동 • 부하의 과업 설정 및 분배, 의사소통 및 절차를 분명히 하고 성과도 구체화하여 정확히 평가한다.
고려적 리더십	• 부하와의 관계를 중요시 한다. • 부하와 리더사이의 신뢰성, 온정, 친밀감, 상호존중, 협조 등 조성에 주력한다.

(2) 특성이론(특질접근법)

구분	내용
정의	특성이론이란 지도자가 될 수 있는 자는 남다른 특성을 선천적으로 지니고 있다는 리더십 이론이다.
성공적 리더의 속성	• 업무 수행 능력 및 판단능력 • 강력한 조직 능력 및 강한 출세욕구 • 자신에 대한 긍정적 태도 • 상사에 대한 긍정적 태도 • 조직의 목표에 대한 충성심 • 실패에 대한 두려움 • 원만한 사교성 • 매우 활동적이며 공격적인 도전 • 자신의 건강과 체력 단련 • 부모로 부터 정서적 독립

(3) 경로-목표이론(R. House)

① 리더행동의 4가지 범주

구분	내용
주도적 리더	부하에게 작업계획의 지휘, 작업지시를 하며 절차를 따르도록 요구
후원적 리더	부하들의 욕구, 온정, 안정 등 친밀한 집단분위기의 조성
참여적 리더	부하와 정보의 공유 등 부하의 의견을 존중하여 의사 결정에 반영
성취지향적 리더	부하와 도전적 목표설정, 높은 수준의 작업수행을 강조, 목표에 대한 자신감을 갖도록 하는 리더

② 부하의 행동에 대한 욕구

구분	내용
주도적 리더	생리적, 안정욕구가 강한 부하
후원적 리더	존경욕구가 강한 리더
참여적 리더	성취욕구, 자율적 독립성이 강한 부하

(4) 리더의 상황적 합성이론(F. Fiedler)

① 리더의 행동 스타일 분류

㉠ LPC(The least Preferred Co-worker)점수 사용

㉡ LPC점수 : 리더에게 "함께 일하기에 가장 싫은 동료에 대하여 어떻게 평가 하느냐" 질문

[부하의 행동에 영향을 주는 요소]
(1) 모범
(2) 제언
(3) 설득
(4) 강요

[리더십의 3가지 기술]
(1) 인간기술
(2) 전문기술
(3) 경영기술

② 리더십의 상황 분류

구분	내용
과업구조	과업의 복잡성과 단순성
리더와 부하와의 관계	친밀감, 신뢰성, 존경 등
리더의 지휘권력	합법적, 공식적, 강압적 등

③ 과업환경

구분	내용
부하의 과업	• 과업이 모호하다 – 후원적, 참여적 리더 • 과업의 명확화 – 주도적 리더
집단의 성격	• 초기형성 – 주도적 리더 • 집단의 안정 또는 정확하다 – 후원적, 참여적 리더
조직체의 요소	비상상황 또는 심각한 상황 – 주도적 리더

④ 행동유형의 구분

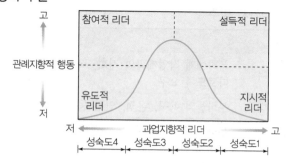

리더의 행동 유형

리더의 구분	과업	관계	리더	기타
지시적 리더	고	저	주도적	일방적, 리더 중심의 의사결정
설득적 리더	고	고	후원적	리더와 부하간의 쌍방적 의사결정
참여적 리더	저	고		부하와 원만한 관계, 부하 의사를 결정에 반영
유도적 리더	저	저		부하자신이 자율행동, 자기통제에 의존하는 리더

(5) 기타 리더십 이론

이론	내용
행동 이론	인간의 행동을 대상으로 실증적인 이론구축을 추구한다는 것으로 실용주의적 견지에 입각한 경험적 연구법이며 그 목적은 행동예측과 행동제어에 있다.
상황적합성 이론	피들러의 효과적인 리더십은 리더의 스타일과 리더가 직면하는 상황의 상호작용에 의해 결정된다고 보았다. **상황변수** • 리더-성원 관계(Leader-Member Relationship) • 직위 권력(Position Power) • 과업 구조(Task Structure)
Haire.M의 방법론 기법	• 지식의 부여　　• 관대한 분위기 • 일관된 규율　　• 향상의 기회 • 참가의 기회　　• 호소하는 권리
카리스마적 (변화지향적) 리더십이론	• 부하에게 사명감과 전망, 매력적 이미지를 보여줌 • 부하에게 도전적인 기대감을 심어줌 • 부하와의 존경과 확신을 줌 • 부하에게 보다 향상되고 미래의 비전을 제시함

(6) 리더십과 헤드쉽

① 선출(임명) 방식

구분	내용
헤드쉽 (headship)	집단 구성원이 아닌 외부에 의해 선출(임명)된 지도자로 명목상의 리더십
리더십 (leadership)	집단 구성원에 의해 내부적으로 선출된 지도자로 사실상의 리더십

② 리더십과 헤드쉽의 특징

개인과 상황변수	헤드쉽	리더십
권한행사	임명된 헤드	선출된 리더
권한부여	위에서 임명	밑으로 부터 동의
권한근거	법적 또는 공식적	개인적
권한귀속	공식화된 규정에 의함	집단목표에 기여한 공로
상관과 부하의 관계	지배적	개인적인 영향
책임귀속	상사	상사와 부하
부하와의 사회적 간격	넓음	좁음
지휘형태	권위적	민주적

[관리 그리드(Managerial grid)이론]
미국의 행동과학자 R.블레이크와 J.모턴이
고안한 관리태도에 대한 유형론

(7) 관리 그리드(Managerial grid)

리더의 행동을 생산에 대한 관심(production concern)과 인간에 대한 관심(people concern)으로 나누고 그리드로 개량화하여 분류하였다.

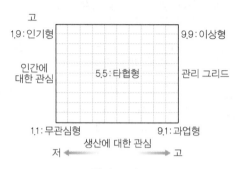

관리 그리드

구분	내용
1.1형 (무관심형)	• 생산, 사람에 대한 관심도가 모두 낮음 • 리더 자신의 직분 유지에 필요한 노력만 함
1.9형 (인기형)	• 생산, 사람에 대한 관심도가 매우 높음 • 구성원간의 친밀감에 중점을 둠
9.1형 (과업형)	• 생산에 대한 관심도 매우 높음, 사람에 대한 관심도 낮음 • 업무상 능력을 중시 함
5.5형 (타협형)	• 사람과 업무의 절충형 • 적당한 수준성과를 지향함
9.9형 (이상형)	• 구성원과의 공동목표, 상호 의존관계를 중요시 함 • 상호신뢰, 상호존경, 구성원을 통한 과업 달성함

03 핵심문제 — 3. 리더십

08년1회, 08년2회, 14년1회, 17년4회, 18년2회

1. 다음 중 조직이 리더에게 부여하는 권한으로 볼 수 없는 것은?

① 합법적 권한　　　　② 전문성의 권한
③ 강압적 권한　　　　④ 보상적 권한

문제 1 ～ 3 해설

1. 조직이 지도자에게 부여한 권한

구분	내용
보상적 권한	지도자가 부하들에게 보상할 수 있는 능력으로 인해 부하직원들을 통제할 수 있으며 부하들의 행동에 대해 영향을 끼칠 수 있는 권한
강압적 권한	부하직원들을 처벌할 수 있는 권한
합법적 권한	조직의 규정에 의해 지도자의 권한이 공식화된 것

2. 지도자 자신이 자신에게 부여한 권한

구분	내용
전문성의 권한	부하직원들이 지도자의 성격이나 능력을 인정하고 지도자를 존경하며 자진해서 따르는 것
위임된 권한	집단의 목표를 성취하기 위해 부하직원들이 지도자가 정한 목표를 자진해서 자신의 것으로 받아들여 지도자와 함께 일하는 것

12년1회, 17년2회

2. 리더십의 권한에 있어 조직이 리더에게 부여하는 권한이 아닌 것은?

① 위임된 권한　　　　② 강압적 권한
③ 보상적 권한　　　　④ 합법적 권한

12년4회, 19년4회, 22년2회

3. 리더십의 권한 역할 중 "부하를 처벌할 수 있는 권한"에 해당하는 것은?

① 위임된 권한　　　　② 합법적 권한
③ 강압적 권한　　　　④ 보상적 권한

18년4회

4. 리더십의 유형을 지휘 형태에 따라 구분할 때, 이에 해당하지 않는 것은?

① 권위적 리더십　　　② 민주적 리더십
③ 방임적 리더십　　　④ 경쟁적 리더십

해설

지휘형태에 따른 리더쉽 유형

유형 유효성의 변수	민주적 스타일	전제(권위)적 스타일	자유방임적 스타일
행동방식	집단의 토론, 회의 등에 의해 정책을 결정한다.	지도자가 집단의 모든 권한 행사를 단독으로 처리	명목상의 리더가 구성원에게 완전한 자유를 주는 경우

15년4회, 19년2회

5. 리더의 기능수행과 리더로서의 지위 획득 및 유지가 리더 개인의 성격이나 자질에 의존한다는 리더십 이론은?

① 행동이론　　　　　② 상황이론
③ 특성이론　　　　　④ 관리이론

문제 5 ～ 6 해설

특성이론(특질접근법)이란 지도자가 될 수 있는 자는 남다른 특성을 선천적으로 지니고 있다는 리더십 이론이다.

18년2회

6. 리더십에 대한 연구 방법 중 통솔력이 리더 개인의 특별한 성격과 자질에 의존한다고 설명하는 이론은?

① 특질접근법　　　　② 상황접근법
③ 행동접근법　　　　④ 제한된 특질접근법

13년1회, 15년2회

7. 다음 중 성실하며 성공적인 지도자(leader)의 공통적인 소유 속성과 거리가 먼 것은?

① 강력한 조직능력
② 실패에 대한 자신감
③ 뛰어난 업무수행능력
④ 자신 및 상사에 대한 긍정적인 태도

해설

성실한 지도자들이 공통적으로 소유한 속성
① 업무수행능력
② 강한 출세욕구
③ 상사에 대한 긍정적 태도
④ 강력한 조직 능력
⑤ 원만한 사교성
⑥ 판단능력
⑦ 자신에 대한 긍정적인 태도
⑧ 매우 활동적이며 공격적인 도전
⑨ 실패에 대한 두려움
⑩ 부모로부터의 정서적 독립
⑪ 조직의 목표에 대한 충성심
⑫ 자신의 건강과 체력단련

□□□ 14년1회, 20년3회

8. 다음 중 Fiedler의 상황 연계성 리더십 이론에서 중요시 하는 상황적 요인에 해당하지 않는 것은?

① 과제의 구조화　　② 리더와 부하간의 관계
③ 부하의 성숙도　　④ 리더의 직위상 권한

해설	
리더십의 상황 분류	
구분	내용
과업구조	과업의 복잡성과 단순성
리더와 부하와의 관계	친밀감, 신뢰성, 존경 등
리더의 지휘권력	합법적, 공식적, 강압적 등

□□□ 18년1회

9. 헤드십의 특성에 관한 설명 중 맞는 것은?

① 민주적 리더십을 발휘하기 쉽다.
② 책임귀속이 상사와 부하 모두에게 있다.
③ 권한 근거가 공식적인 법과 규정에 의한 것이다.
④ 구성원의 동의를 통하여 발휘하는 리더십이다.

문제 9 ~ 11 해설		
리더쉽과 헤드쉽의 특징		
개인과 상황변수	헤드쉽	리더쉽
권한행사	임명된 헤드	선출된 리더
권한부여	위에서 임명	밑으로 부터 동의
권한근거	법적 또는 공식적	개인적
권한귀속	공식화된 규정	집단에 기여한 공로
상관과 부하의 관계	지배적	개인적인 영향
책임귀속	상사	상사와 부하
부하와의 사회적 간격	넓음	좁음
지휘형태	권위주의적	민주주의적

□□□ 17년2회

10. 집단구성원에 의해 선출된 지도자의 지위·임무는?

① 헤드십(headship)
② 리더십(readership)
③ 멤버십(membership)
④ 매니저십(managership)

□□□ 16년4회

11. 헤드십에 관한 설명 중 맞는 것은?

① 권위주의적이기보다는 민주주의적 지휘형태를 따른다.
② 리더십 중 최고의 통솔력을 발휘하는 리더십이다.
③ 공식적인 규정에 의거하여 권한의 귀속범위가 결정된다.
④ 전문적 지식을 발휘해 조직 구성원들을 결집시키는 리더십이다.

□□□ 10년2회, 20년1,2회

12. 리더십의 행동이론 중 관리 그리드(Managerial Grid)에서 인간에 대한 관심보다 업무에 대한 관심이 매우 높은 유형은?

① (1,1)　　② (1,9)
③ (5,5)　　④ (9,1)

문제 12 ~ 13 해설	
관리그리드(Managerial Grid)이론	
리더의 행동을 생산에 대한 관심(production concern)과 인간에 대한 관심(people concern)으로 나누고 그리드로 개량화하여 분류하였다.	
1.1형 : 무관심형	• 생산, 사람에 대한 관심도가 모두 낮음 • 리더 자신의 직분 유지에 필요한 노력만 함
1.9형 : 인기형	• 생산, 사람에 대한 관심도가 매우 높음 • 구성원간의 친밀감에 중점을 둠
9.1형 : 과업형	• 생산에 대한 관심도 매우 높음, 사람에 대한 관심도 낮음 • 업무상 능력을 중시 함
5.5형 : 타협형	• 사람과 업무의 절충형 • 적당한 수준성과를 지향 함
9.9형 : 이상형	• 구성원과의 공동목표, 상호 의존관계를 중요시 함 • 상호신뢰, 상호존경, 구성원을 통한 과업 달성 함

□□□ 16년4회

13. 관리그리드(Managerial Grid)이론에 따른 리더십의 유형 중 과업에는 높은 관심을 보이고 인간관계 유지에는 낮은 관심을 보이는 리더십의 유형은?

① 과업형　　② 무기력형
③ 이상형　　④ 무관심형

정답　8 ③　9 ③　10 ②　11 ③　12 ④　13 ①

04 사기조사(morale survey)와 집단역학

(1) 집단관리의 목적

① 인사관리의 목적
종업원을 적재적소에 배치하여 능률을 극대화하고, 종업원의 만족을 추구하는 것이 그 목표이다, 즉, 생산과 만족을 동시에 얻고자 하는 것이다.

② 적성배치를 위한 고려사항
㉠ 적성 검사를 실시하여 개인의 능력을 파악한다.
㉡ 직무 평가를 통하여 자격수준을 정한다.
㉢ 인사권자의 객관적인 평가요소에 따른다.
㉣ 인사관리의 기준 원칙을 준수한다.

③ 직장에서의 적응과 부적응
종업원의 소질(disposition)이 그 환경에 얼마나 조화(match)되고 있느냐로 설명할 수 있으며, 작업 능률과 생산성이 관계된다.

(2) 집단관리 적응이론

① 적응과 역할(Super.D.E의 역할이론)

구분	내용
역할연기 (role playing)	현실의 장면을 설정하고 각자 맡은 역을 연기하여 실제를 대비한 대처방법을 습득한다. 자아탐색(self-exploration)인 동시에 자아실현(self-realization)의 수단이다.
역할기대 (role expectation)	집단이나 개인이 역할을 어떻게 수행해 줄 지 기대하는 것
역할조성 (role shaping)	개인에게 여러 개의 역할 기대가 있을 경우 그 중의 어떤 역할 기대는 불응, 거부하는 수도 있으며, 혹은 다른 역할을 해내기 위해 다른 일을 구할 때도 있다.
역할갈등 (role confict)	작업 중에는 상반된 역할이 기대되는 경우에 생기는 갈등

② 역할연기(role playing) 장단점

장점	단점
• 의견발표에 자신이 생긴다. • 자기반성과 창조성이 개발된다. • 하나의 문제에 대해 관찰능력을 높인다. • 문제에 적극적으로 참여하며, 타인의 장점과 단점이 잘 나타난다.	• 높은 의지결정의 훈련으로는 기대할 수 없다. • 목적이 명확하지 않고 다른 방법과 병행하지 않으면 의미가 없다. • 훈련장소의 확보가 어렵다.

[인사관리의 주요기능]
(1) 조직과 리더십
(2) 선발(적성검사 및 시험)
(3) 배치(적정배치)
(4) 안전작업분석과 업무평가
(5) 상사 및 노사 간의 이해

[역할과부하]
역할과부하는 주어진 시간, 능력 그리고 상황적 조건에 비해 너무 많은 책임과 업무가 주어지는 것을 의미한다. 역할과부하는 크게 양적과부하(quantitative overload)와 질적과부하(qualitative overload)로 구분이 된다.

[역할 갈등의 주요원인]
(1) 전달자의 내적 갈등
(2) 전달자간의 갈등
(3) 역할간 갈등(부적합)
(4) 역할 과중
(5) 개인과 역할간의 갈등(마찰)
(6) 역할 모호성

[모랄 서베이(morale survey)]
종업원의 근로의욕, 태도 등을 조사하는 것.

> **Tip**
>
> 사기조사에 있어서 태도조사(의견
> 조사)방법 4가지를 기억해 두자.
> 1. 질문지법
> 2. 면접법
> 3. 집단토의법
> 4. 투사법

(3) 사기조사(모랄 서베이)의 주요 방법

구분	내용
통계에 의한 방법	사고 상해율, 생산고, 결근, 지각, 조퇴, 이직 등을 분석하여 파악하는 방법
사례연구법	경영관리상의 여러가지 제도에 나타나는 사례에 대해 케이스 스터디(case study)로서 현상을 파악하는 방법
관찰법	종업원의 근무 실태를 계속 관찰함으로써 문제점을 찾아내는 방법
실험연구법	실험 그룹(group)과 통제 그룹(control group)으로 나누고, 정황, 자극을 주어 태도변화 여부를 조사하는 방법
태도조사법 (의견 조사)	질문지법, 면접법, 집단토의법, 투사법(projective technique) 등에 의해 의견을 조사하는 방법

(4) 카운슬링(Counseling)

① 카운슬링의 순서

장면 구성 → 내담자 대화 → 의견의 재분석 → 감정의 표현 → 감정의 명확화

② 개인적인 카운슬링 방법
  ㉠ 직접 충고(안전수칙 불이행 시에 적합)
  ㉡ 설득적 방법
  ㉢ 설명적 방법

③ 카운슬링의 효과
  ㉠ 정신적 스트레스 해소
  ㉡ 안전태도 형성
  ㉢ 동기부여

(5) 집단역학(group dynamics)

역학적 조건하에서의 집단 구성원 상호간에 상호작용을 분석하여 단결성과 생산성을 향상시키기 위한 연구

① 직무분석
  직무의 내용과 성격에 관련된 모든 중요한 정보를 수집하고, 이들 정보를 관리목적에 적합하게 정리하는 체계적 과정으로 일의 내용 또는 요건을 정리·분석하는 과정

구분	내용
직무분석 방법	실제담당자에 의한 자기기입(自己記入), 분석자에 의한 관찰, 면접청취, 통계, 측정, 검사 등
직무분석 항목	1. 직무내용(목적·개요·방법·순서), 노동부담(노동의 강도·밀도) 2. 노동환경(온도·환기·분진·소음·습도·오염) 3. 위험재해(감전·폭발·화재·고소·재해율·직업병) 4. 직무조건(체력·지식·경험·자격·개성) 5. 결과책임(직무를 수행하지 않았을 경우의 인적·물적 손해의 정도) 6. 지도책임(후임자 지도의 책임) 7. 감독책임 8. 권한

② 직무평가(job evaluation) 방법

구분	내용
1. 서열법	각 직무의 중요도·곤란도·책임도 등을 종합적으로 판단하여 일정한 순서로 늘어놓는다.
2. 분류법	직무의 가치를 단계적으로 구분하는 등급표를 만들고 평가 직무를 이에 맞는 등급으로 분류한다.
3. 요인비교법	급여율이 가장 적정하다고 생각되는 직무를 기준직무로 하고 그에 비교해 지식·숙련도 등 제반 요인별로 서열을 정한 다음, 평가직무를 비교함으로써 평가직무가 차지할 위치를 정한다.
4. 점수법	책임·숙련·피로·작업환경 등 4항목을 중심으로 각 항목별로, 각 평가 점수를 매겨 점수의 합계로써 가치를 정한다.

③ 직무확충(job enrichment)

구분	내용
직무확대	전문화에서 오는 단조로움을 완화하기 위하여 한 개인이 담당하는 직무내용을 몇 가지 다른 내용의 활동으로 구성하는 것으로 수평적 확대라고도 한다.
직무충실	단지 신체적 활동의 내용을 다양화할 뿐만 아니라 여기에 다시 판단적·의사결정적 내용을 곁들인 것으로 수직적 확대라고도 한다.
직무교체	각종의 직무를 일정 기간에 차례차례 계획적으로 담당하게 하여 여러 가지 직무를 통해서 넓은 시야와 경험을 터득하게 한다.

④ 직무만족(job satisfaction)

근로자가 자신의 업무에 대해 만족하는 정도를 말하는 것으로써 총체적 (global) 접근법과 단면(facets) 접근법이 있다.

[후광효과]
후광효과란 어떤 대상이나 사람에 대한 일반적인 견해가 그 대상이나 사람의 구체적인 특성을 평가하는 데 영향을 미치는 현상으로, 미국의 심리학자 손다이크(Edward Lee Thorndike)는 어떤 대상에 대해 일반적으로 좋거나 나쁘다고 생각하고 그 대상의 구체적인 행위들을 일반적인 생각에 근거하여 평가하는 경향이라고 설명하였다.

⑤ 직무기술서와 명세서 포함내용

직무기술서	직무명세서
1. 직무의 분류 2. 직무의 직종 3. 수행되는 과업 4. 직무수행 방법	1. 교육수준 2. 기능·기술수준 3. 지식 4. 정신적 특성(창의력·판단력 등) 5. 육체적 능력 6. 작업경험 7. 책임 정도

⑥ 직무에 관한 정보 및 자료수집방법

구분	내용
면접법	1. 직무수행자에게 직접 면접을 실시하는 방법 2. 정신적, 육체적작업 모두 실시 가능하며 작업내용을 요약할 수 있다. 3. 면접자와 수행자의 관계에 따라 정보가 달라질 수 있다.
관찰법	1. 직무수행자를 직접 관찰하는 방법 2. 정신적 직무보다 생산직 직무에 적절하며 실시가 간편하다. 3. 장시간이 소요되는 직무에 적용하기 곤란하며 직무수행자의 작업에 해가 될 수 있다.
질문지법	1. 표준화된 질문지를 사용하는 방법 2. 많은 정보를 짧은 시간에 확보할 수 있다. 3. 질문지의 설계가 어렵고 정보가 왜곡될 수 있다.
업무보고서	직무수행자가 매일 작성하는 일지 등을 통해 정보를 수집
중요사건법	직무수행과정에서 특별한 내용을 기록하여 분석하는 방법 행동과 성과에 대한 관계를 파악할 수 있으나 시간과 노력이 많이 소모됨.

04 핵심문제   4. 사기조사와 집단역학

□□□ 09년2회, 10년4회, 16년2회, 17년1회

1. 스트레스의 개인적 원인 중 한 직무의 역할 수행이 다른 역할과 모순되는 현상을 무엇이라고 하는가?

① 역할연기   ② 역할기대
③ 역할조성   ④ 역할갈등

해설

슈퍼(Super)의 역할이론
① 역할 연기(role playing) : 자아탐색(self-exploration)인 동시에 자아실현(selfrealization)의 수단이다.
② 역할 기대(role expectation) : 자기의 역할을 기대하고 감수하는 사람은 그 직업에 충실한 것이다.
③ 역할 조성(role shaping) : 개인에게 여러 개의 역할 기대가 있을 경우 그 중의 어떤 역할 기대는 불응, 거부하는 수도 있으며, 혹은 다른 역할을 해내기 위해 다른 일을 구할 때도 있다.
④ 역할 갈등(role conflict) : 직업 중에는 상반된 역할이 기대되는 경우가 있으며, 그럴 때 갈등이 생기게 된다.

□□□ 08년4회, 13년1회

2. 수퍼(Super. D. E)의 역할 이론 중 자아탐구의 수단인 동시에 자아실현의 수단이라 할 수 있는 것은?

① 역할 연기(role playing)
② 역할 기대(role expectation)
③ 역할 형성(role shaping)
④ 역할 갈등(role conflict)

□□□ 10년1회, 20년1,2회

3. 조직에 의한 스트레스 요인으로 역할 수행자에 대한 요구가 개인의 능력을 초과하거나 자신이 믿는 것보다 어떤 일을 보다 급하게 하거나 부주의하게 만드는 상황을 무엇이라 하는가?

① 역할 갈등   ② 역할 모호성
③ 역할 과부하   ④ 업무수행 평가

해설

역할과부하는 주어진 시간, 능력 그리고 상황적 조건에 비해 너무 많은 책임과 업무가 주어지는 것을 의미한다. 역할과부하는 크게 양적과부하(quantitative overload)와 질적과부하(qualitative overload)로 구분이 된다.

□□□ 13년2회, 17년4회, 20년3회

4. 조직에 있어 구성원들의 역할에 대한 기대와 행동은 항상 일치하지는 않는다. 역할 기대와 실제 역할 행동 간에 차이가 생기면 역할 갈등이 발생하는데, 다음 중에서 역할 갈등의 원인으로 가장 거리가 먼 것은?

① 역할 민첩성   ② 역할 마찰
③ 역할 부적합   ④ 역할 모호성

해설

1. 역할은 어떤지휘에 대하여 기대되는 행동양식으로 역할 행동, 역할 갈등, 역할 모순, 역할 긴장으로 분류한다.
2. 역할 갈등이란 역할수행자에게 전달된 역할기대들이 개인이 느끼는 역할과 양립 불가능하거나 상충되는 현상으로 역할 갈등의 형태로는 전달자의 내적 갈등, 전달자간의 갈등, 역할간 갈등(부적합), 역할 과중, 개인과 역할간의 갈등(마찰), 역할 모호성이 있다.

□□□ 10년1회, 22년1회

5. 다음 중 모랄서베이(morale survey)의 주요 방법으로 적절하지 않은 것은?

① 면접법   ② 강의법
③ 질문지법   ④ 관찰법

해설

사기조사의 주요방법
1. 통계에 의한 방법, 2. 사례연구법, 3. 관찰법, 4. 실험연구법
5. 태도조사법(의견조사)

□□□ 10년2회, 16년1회

6. 다음 중 카운슬링(counseling)의 순서로 가장 올바른 것은?

① 장면 구성 → 내담자와의 대화 → 감정 표출 → 감정의 명확화 → 의견 재분석
② 장면 구성 → 내담자와의 대화 → 의견 재분석 → 감정 표출 → 감정의 명확화
③ 내담자와의 대화 → 장면 구성 → 감정 표출 → 감정의 명확화 → 의견 재분석
④ 내담자와의 대화 → 장면 구성 → 의견 재분석 → 감정 표출 → 감정의 명확화

해설

카운슬링(Counseling)의 순서
장면 구성 → 내담자와의 대화 → 의견 재분석 → 감정 표출 → 감정의 명확화

□□□ 12년1회, 19년4회
7. 과업과 직무를 수행하는 데 요구되는 인적 자질에 의해 직무의 내용을 정의하는 절차에 해당하는 것은?

① 직무분석(job analysis)
② 직무평가(job evaluation)
③ 직무확충(job enrichment)
④ 직무만족(job satisfaction)

해설

직무분석
직무의 내용과 성격에 관련된 모든 중요한 정보를 수집하고, 이들 정보를 관리목적에 적합하게 정리하는 체계적 과정으로 일의 내용 또는 요건을 정리·분석하는 과정

□□□ 18년4회
8. 직무평가의 방법에 해당되지 않는 것은?

① 서열법 ② 분류법
③ 투사법 ④ 요소비교법

해설

직무평가(job evaluation) 방법

구분	내용
1. 서열법	각 직무의 중요도·곤란도·책임도 등을 종합적으로 판단하여 일정한 순서로 늘어놓는다.
2. 분류법	전기한 제반 요소로써 직무의 가치를 단계적으로 구분하는 등급표를 만들고 평가직무를 이에 맞는 등급으로 분류한다.
3. 요인비교법	급여율이 가장 적정하다고 생각되는 직무를 기준 직무로 하고 그에 비교해 지식·숙련도 등 제반 요인별로 서열을 정한 다음, 평가직무를 비교함으로써 평가직무가 차지할 위치를 정한다.
4. 점수법	책임·숙련·피로·작업환경 등 4항목을 중심으로 각 항목별로, 각 평가 점수를 매겨 점수의 합계로써 가치를 정한다.

□□□ 19년1회
9. 현대 조직이론에서 작업자의 수직적 직무권한을 확대하는 방안에 해당하는 것은?

① 직무순환(job rotation)
② 직무분석(job analysis)
③ 직무확충(job enrichment)
④ 직무평가(job evaluation)

해설

직무확충

구분	내용
직무확대	전문화에서 오는 단조로움을 완화하기 위하여 한 개인이 담당하는 직무내용을 몇 가지 다른 내용의 활동으로 구성하는 것으로 수평적 확대라고도 한다.
직무충실	단지 신체적 활동의 내용을 다양화할 뿐만 아니라 여기에 다시 판단적·의사결정적 내용을 곁들인 것으로 수직적 확대라고도 한다.

□□□ 10년4회, 15년4회, 20년3회
10. 다음 중 직무기술서(job description)에 포함되어야 하는 내용과 가장 거리가 먼 것은?

① 직무의 직종
② 수행되는 과업
③ 직무수행 방법
④ 작업자에게 요구되는 능력

해설

작업자에게 요구되는 능력은 직무명세서의 내용에 해당한다.

직무기술서와 명세서 포함내용

직무기술서	직무명세서
1. 직무의 분류 2. 직무의 직종 3. 수행되는 과업 4. 직무수행 방법	1. 교육수준 2. 기능·기술수준 3. 지식 4. 정신적 특성(창의력·판단력 등) 5. 육체적 능력 6. 작업경험 7. 책임 정도

□□□ 09년1회, 16년1회
11. 다음 중 직무분석 방법으로 가장 적합하지 않은 것은?

① 면접법　　　　② 관찰법

③ 실험법　　　　④ 설문지법

문제 11 ~ 12 해설	
직무에 관한 정보 및 자료수집방법	

구분	내용
면접법	1. 직무수행자에게 직접 면접을 실시하는 방법 2. 정신적, 육체적 작업 모두 실시 가능하며 작업내용을 요약할 수 있다. 3. 면접자와 수행자의 관계에 따라 정보가 달라질 수 있다.
관찰법	1. 직무수행자를 직접 관찰하는 방법 2. 정신적 직무보다 생산직 직무에 적절하며 실시가 간편하다. 3. 장시간이 소요되는 직무에 적용하기 곤란하며 직무수행자의 작업에 해가 될 수 있다.
질문지법	1. 표준화된 질문지를 사용하는 방법 2. 많은 정보를 짧은 시간에 확보할 수 있다. 3. 질문지의 설계가 어렵고 정보가 왜곡될 수 있다.
업무보고서	직무수행자가 매일 작성하는 일지 등을 통해 정보를 수집
중요사건법	직무수행과정에서 특별한 내용을 기록하여 분석하는 방법 행동과 성과에 대한 관계를 파악할 수 있으나 시간과 노력이 많이 소모됨.

□□□ 19년2회
12. 직무분석을 위한 자료수집 방법에 관한 설명으로 맞는 것은?

① 관찰법은 직무의 시작에서 종료까지 많은 시간이 소요되는 직무에 적용하기 쉽다.

② 면접법은 자료의 수집에 많은 시간과 노력이 들고, 수량화된 정보를 얻기가 힘들다.

③ 중요사건법은 일상적인 수행에 관한 정보를 수집하므로 해당 직무에 대한 포괄적인 정보를 얻을 수 있다.

④ 설문지법은 많은 사람들로부터 짧은 시간내에 정보를 얻을 수 있으며, 양적인 자료보다 질적인 자료를 얻을 수 있다.

[급성피로와 만성피로]

(1) **급성피로** : 보통의 휴식에 의해서 회복되는 것으로서 '정상피로' 또는 '건강피로'라 한다.

(2) **만성피로** : 오랜 기간에 걸쳐 축적되어 일어나는 피로로서 휴식에 의해 회복되지 않으며 '축적피로'라고도 한다.

[피로의 회복대책]

(1) 휴식과 수면을 취할 것(가장 좋은 방법)
(2) 충분한 영양(음식)을 섭취할 것
(3) 산책 및 가벼운 체조를 할 것
(4) 음악감상, 오락 등에 의해 기분을 전환시킬 것
(5) 목욕, 마사지 등 물리적 요법을 행할 것
(6) 작업부하를 작게 한다.

05 피로와 생체리듬

(1) 피로(fatigue)의 특징

① 피로의 정의

어느 정도 일정한 시간, 작업 활동을 계속하면 객관적으로 작업능률의 감퇴 및 저하, 착오의 증가, 주관적으로는 주의력의 감소, 흥미의 상실, 권태 등으로 일종의 복잡한 심리적 불쾌감을 일으키는 현상

② 피로 증상의 구분

구분	내용
육체적 증상 (생리적 현상)	감각기능, 순환기능, 반사기능, 대사기능, 대사물의 질량 등의 변화
정신적 증상 (심리적 현상)	작업태도, 작업자세, 작업동작경로, 사고활동, 정서 등의 변화

③ 피로의 종류

구분	내용
주관적 피로	스스로 느끼는 자각증상으로 권태감, 단조감, 피로감이 뒤따른다.
객관적 피로	생산된 제품의 양과 질의 저하를 지표로 한다.
생리적(기능적) 피로	인체의 생리 상태를 검사함으로 생체의 각 기능이나 물질의 변화 등에 의해 피로를 알 수 있다.

④ 피로의 단계

단계	구분	현상
1단계	잠재기	외관상 능률의 저하가 나타나는 시기로 거의 지각하지 못하는 단계
2단계	현재기	확실한 능률 저하의 시기로 피로의 증상을 지각하고 자율신경의 불안상태가 나타난다. 이상발한, 두통, 관절통, 근육통을 수반하여 신체를 움직이는 것이 귀찮아 진다.
3단계	진행기	2단계의 현상이후 충분한 휴식없이 활동을 계속하는 경우 회복이 곤란한 상태에 이른다. 활동을 중지하고 수일 간의 휴양이 필요하다.
4단계	축적피로기	무리한 활동을 계속하여 만성적 피로가 축적되어 질병이 된다. 수개월에서 수년까지 요양이 필요한 단계,

(2) 피로와 작업환경

① 피로가 작업에 미치는 영향

  ㉠ 실동률의 저하   ㉡ 작업속도의 저하

  ㉢ 작업의 정확도의 저하   ㉣ 작업 횟수의 증대

  ㉤ 재해의 발생

② 피로와 작업

구분	내용
작업시간과 작업강도	log(계속적인 작업 한계 시간) = α log(RMR) + d
작업환경조건	작업강도에 직접 관련된 육체, 정신으로 부하를 높인다. 육체적 부하도(TGE계수) = 평균기온(t) × 평균 복사열(G) × 평균에너지 대사율(E)
작업속도	작업의 강도와 지속시간과의 관계에 따라 결정된다.
작업시각과 작업시간	주야작업의 교대로 인한 피로율은 커진다.

작업태도	• 작업자의 흥미, 자세 등과 관련이 있으며 작업의 의욕이
	  높을 때에는 주관적 피로감이 적고 작업능률이 높다.
	• 작업태도의 형성조건으로 작업환경조건과 생활조건이
	  밀접한 관련을 가지고 있다.
	• 임금, 경영방침, 조직내에서의 위치, 친분관계, 주거환경
	  및 가정문제가 있다.

(3) 피로의 측정

구분	검사 항목
생리학적 방법	• 근전도(Electromyogram ; EMG) : 근육활동 전위차의 기록 • 뇌전도((Electroneurogram ; ENG) : 신경활동 전위차의 기록 • 심전도(Electrocardiogram ; ECG) : 심근활동 전위차의 기록 • 안전도((Electrooculogram ; EOG) : 안구 운동 전위차의 기록 • 산소 소비량 및 에너지 대사율(Relative Metabolic Rate ; RMR) • 피부전기반사(Galvanic Skin Reflex; GSR) • 프릿가값(융합점멸주파수) : 정신적 부담이 대뇌피질의 피로수준에 미치고 있는 영향을 측정
생화학적 방법	• 혈색소 농도 • 혈액수준 • 혈단백 • 응혈시간 • 요전해질 • 요단백 • 요교질배설량 • 혈액
심리학적 방법	• 피부전위 저장 • 동작분석 • 연속반응시간 • 행동기록 • 정신작업 • 전신자각 증상 • 집중유지기능

[플리커법(Flicker test)의 피로 측정]

광원앞에 사이가 벌어진 원판을 놓고 그것을 회전함으로서 눈에 들어오는 빛을 단속시킨다. 원판의 회전 속도를 바꾸면 빛의 주기가 변하는데 회전 속도가 적으면 빛이 아른 거리다가 빨라지면 융합(Fusion)되어 하나의 광점으로 보인다. 이 단속과 융합의 경계에서 빛의 단속 주기를 Flicker치라고 하는데 이것이 피로도 검사에 이용된다.

(4) 작업강도에 따른 휴식시간

① 소비에너지

구분	내용
1일 보통사람의 소비에너지 (기초대사, 여가에 필요한 에너지+작업 시의 소비 에너지)	약 4,300kcal/day
기초대사와 여가(lesure)에 필요한 에너지	2,000kcal/day
작업 시의 소비 에너지	2,300kcal
분당 작업 에너지량	2,000kcal ÷ 480분(8시간) = 약 4kcal/분 (기초 대사를 포함한 상한은 약 <u>5kcal/분</u>)

[과업에서 에너지 소비량에 영향을 미치는 인자]
(1) 작업방법
(2) 작업자세
(3) 작업속도
(4) 도구설계

Tip
휴식시간 산출 시 작업에 대한 평균에너지 값이 4kcal/분으로 반드시 정해져 있지는 않다. 문제에 따라 다를 수 있으므로 주의하자.

② 휴식시간산출

작업에 대한 평균에너지 값을 4kcal/분이라 할 때 어떤 활동이 이 한계를 넘는다면 휴식시간을 삽입하여 초과분을 보상해 주어야 한다.

$$R = \frac{60(E-4)}{E-1.5}$$

여기서, R : 휴식시간(분)
 E : 실제 작업 시 평균 에너지소비량(kcal/분)
총 작업시간 : 60(분)
휴식시간 중의 에너지 소비량 : 1.5(kcal/분)

 예제

A작업에 대한 평균에너지 값이 4.5kcal/분일 경우 1시간의 총작업시간 내에 포함시켜야만 하는 휴식시간은?(단. 작업에 대한 평균에너지값의 상한은 4kcal/분이다.)

$$\text{휴식시간} R = \frac{60(E-4)}{E-1.5} = \frac{60(4.5-4)}{4.5-1.5} = 10분$$

(5) 생체리듬(biorhythm)

① 생체리듬의 종류

종류	육체적 리듬 (physical cycle)	지성적 리듬 (intellectual cycle)	감성적 리듬 (sensitivity cycle)
표기	P(청색)	I(녹색)	S(적색)
반복 주기	23일 육체적 활동기간: 11.5일 휴식기간: 11.5일	33일 사고능력 발휘기간: 16.5일 그렇지 못한 기간: 16.5일	28일 감성이 예민한 기간: 14일 그렇지 못한 둔한 기간: 14일
특징	신체적 컨디션의 율동적인 발현, 즉 식욕, 소화력, 스태미너 및 지구력과 밀접한 관계를 갖는다.	상상력, 사고력, 기억력 또는 의지, 판단 및 비판력 등과 깊은 관련성을 갖는다.	신경조직의 모든 기능을 통하여 발현되는 감정, 즉 정서적 희로애락, 주의력, 창조력, 예감 및 통찰력 등을 좌우한다.

② 위험일(critical day)

P.S.I 3개의 서로 다른 리듬은 안정기(positive phase(+))와 불안정기 (negative phase(−))를 교대하면서 반복하여 사인(sine) 곡선을 그려 나가는데 (+)리듬에서 (−)며, 이런 위험일은 한 달에 6일 정도 일어난다.

③ 생체리듬과 신체의 변화

㉠ 혈액의 수분, 염분량 → 주간은 감소하고 야간에는 증가한다.

㉡ 체온, 혈압, 맥박수 → 주간은 상승하고 야간에는 저하한다.

㉢ 야간에는 소화분비액 불량, 체중이 감소한다.

㉣ 야간에는 말초운동기능 저하, 피로의 자각증상이 증대된다.

05 핵심문제   5. 피로와 생체리듬

□□□ 12년4회, 18년1회
1. 피로의 증상과 가장 거리가 먼 것은?

① 식욕의 증대   ② 불쾌감의 증가
③ 흥미의 상실   ④ 작업능률의 감퇴

해설
피로(fatigue)의 정의
어느 정도 일정한 시간, 작업 활동을 계속하면 객관적으로 작업능률의 감퇴 및 저하, 착오의 증가, 주관적으로는 주의력의 감소, 흥미의 상실, 권태 등으로 일종의 복잡한 심리적 불쾌감을 일으키는 현상

□□□ 17년2회
2. 생리적 피로와 심리적 피로에 대한 설명이 틀린 것은?

① 심리적 피로와 생리적 피로는 항상 동반해서 발생한다.
② 심리적 피로는 계속되는 작업에서 수행감소를 주관적으로 지각하는 것을 의미한다.
③ 생리적 피로는 근육조직의 산소고갈로 발생하는 신체능력 감소 및 생리적 손상이다.
④ 작업 수행이 감소하더라도 피로를 느끼지 않을 수 있고, 수행이 잘 되더라도 피로를 느낄 수 있다.

해설
피로 증상의 구분

구분	내용
육체적 증상 (생리적 현상)	감각기능, 순환기능, 반사기능, 대사기능, 대사물의 질량 등의 변화
정신적 증상 (심리적 현상)	작업태도, 작업자세, 작업동작경로, 사고활동, 정서 등의 변화

□□□ 17년1회
3. 피로 단계 중 이상발한, 구갈, 두통, 탈력감이 있고, 특히 관절이나 근육통이 수반되어 신체를 움직이기 귀찮아지는 단계는?

① 잠재기   ② 현재기
③ 진행기   ④ 축적피로기

해설
2단계 현재기
확실한 능률 저하의 시기로 피로의 증상을 지각하고 자율신경의 불안상태가 나타난다. 이상발한, 두통, 관절통, 근육통을 수반하여 신체를 움직이는 것이 귀찮아 진다.

□□□ 13년1회, 18년2회
4. 피로의 측정방법이 아닌 것은?

① 생리적 방법   ② 심리학적 방법
③ 물리학적 방법   ④ 생화학적 방법

문제 4 ~ 5 해설
피로의 검사방법

검사방법	검사 항목
생리적 방법	근력, 근활동, 대뇌피질 활동, 반사역치, 호흡순환기능, 인지역치
생화학적 방법	혈색소농도, 혈단백, 혈액수분, 응혈시간, 혈액, 요전해질, 요단백, 요교질 배설량, 부신피질기능
심리학적 방법	변별역치, 피부(전위)저항, 동작분석, 행동기록, 연속반응시간, 정신작업, 집중유지기능, 전신자각증상

□□□ 09년1회, 16년2회
5. 피로의 측정 방법 중 생리학적 측정에 해당하는 것은?

① 혈액농도   ② 동작분석
③ 대뇌활동   ④ 연속반응시간

□□□ 19년4회
6. 피로의 측정분류 시 감각기능검사(정신·신경기능검사)의 측정대상 항목으로 가장 적합한 것은?

① 혈압   ② 심박수
③ 에너지대사율   ④ 플리커

문제 6 ~ 7 해설
피로의 측정법
점멸융합주파수를 사용하는 것으로 광원앞에 사이가 벌어진 원판을 놓고 그것을 회전함으로서 눈에 들어오는 빛을 단속 시킨다. 원판의 회전 속도를 바꾸면 빛의 주기가 변하는데 회전 속도가 적으면 빛이 아른 거리다가 빨라지면 융합(Fusion)되어 하나의 광점으로 보인다. 이 단속과 융합의 경계에서 빛의 단속 주기를 플리커(Flicker)치라고 하는데 이것을 피로도 검사에 이용된다.

정답 1 ① 2 ① 3 ② 4 ③ 5 ③ 6 ④

7. 다음 중 피로의 검사방법에 있어 인지역치를 이용한 생리적 방법은?

① 광전비색계
② 뇌전도(EEG)
③ 근전도(EMG)
④ 점멸융합주파수(flicker fusion frequency)

8. 작업에 대한 평균 에너지소비량을 분당 5kcal로 할 경우 휴식시간 R의 산출 공식으로 맞는 것은? (단, E는 작업 시 평균 에너지소비량[kcal/min], 1시간의 휴식시간 중 에너지소비량은 1.5[kcal/min], 총작업시간은 60분이다.)

① $R = \dfrac{60(E-5)}{E-1.5}$ ② $R = \dfrac{50(E-5)}{E-15}$

③ $R = \dfrac{60(E-4)}{E-5}$ ④ $R = \dfrac{50(E-15)}{E-4}$

해설

휴식시간 R의 산출 공식

$R = \dfrac{60(E-5)}{E-1.5}$

여기서, R : 휴식시간(분)
　　　　E : 실제 작업 시 평균 에너지소비량(kcal/분)
총 작업시간 : 60(분)
휴식시간 중의 에너지 소비량 : 1.5(kcal/분)

9. 생체리듬(Biorhythm)에 대한 설명으로 맞는 것은?

① 각각의 리듬이 (-)에서의 최저점에 이르렀을 때는 위험일이라 한다.
② 감성적 리듬은 영문으로 S라 표시하며, 23일을 주기로 반복한다.
③ 육체적 리듬은 영문으로 P라 표시하며, 28일을 주기로 반복한다.
④ 지성적 리듬은 영문으로 I라 표시하며, 33일을 주기로 반복한다.

문제 9 ~ 10 해설		
1. 생체리듬의 종류		

종류	육체적 리듬 (physical cycle)	지성적 리듬 (intellectual cycle)	감성적 리듬 (sensitivity cycle)
표기	P(청색)	I(녹색)	S(적색)
반복 주기	23일	33일	28일

2. 위험일(critical day)
P.S.I 3개의 서로 다른 리듬은 안정기(positive phase(+))와 불안정기(negative phase(-))를 교대하면서 반복하여 사인(sine) 곡선을 그려 나가는데 (+)리듬에서 (-)며, 이런 위험일은 한 달에 6일 정도 일어난다.

10. 생체리듬에 관한 설명으로 틀린 것은?

① 각각의 리듬이 (-)로 최대인 점이 위험일이다.
② 육체적 리듬은 "P"로 나타내며, 23일을 주기로 반복된다.
③ 감성적 리듬은 "S"로 나타내며, 28일을 주기로 반복된다.
④ 지성적 리듬은 "I"로 나타내며, 33일을 주기로 반복된다.

Chapter 03 안전보건교육

안전보건교육에서는 교육심리학, 교육의 목적과 조건, 교육훈련기법, 실시방법, 교육대상별 교육방법과 안전보건교육의 실시로 구성된다. 교육심리의 이론, 교육의 실시방법, 안전보건교육 실시 법령 등이 주로 출제된다.

01 교육심리

[교육심리학]
교육에 관련된 여러 가지 문제를 심리학적으로 연구함에 있어서 교육적인 방향을 목표로 하는 경험과학이며 기술이다.

(1) 교육심리학의 연구방법

구분	내용
관찰법	• 자연적 관찰법 : 어떤 행동이나 현상의 자연적 모습 그대로를 관찰하는 것 • 실험적 관찰법 : 의도적으로 실험조건을 구비하여 관찰하는 것 　종류 : 시간표본법(時間標本法), 질문지법(質問紙法), 　　　　 사례연구법(事例研究法), 면접, 항목조사법(項目調査法)등
실험법	관찰하려는 장면이나 조건을 연구 목적에 따라 인위적으로 조작하여 만들어진 실험조건 아래서 발생하는 사실과 현상을 연구
투사법	인간의 내면에 일어나고 있는 심리적 사태를 사물에 투사시켜 인간의 성격을 알아보는 방법

(2) 성장과 발달이론

① 행동의 방정식(행동 발달의 원리이론)

[성장 발달의 규제 요인]
(1) 유전
(2) 환경
(3) 자아

학설자	이론	내용
Thorndike, Pavlov	S-R	유기체에 자극을 주면 반응함으로써 새로운 행동이 발달된다.
Skinner, Huil	S-O-R	유기체 스스로가 능동적으로 발산해 보이려는데 자극을 줌으로써 강화되어 새로운 행동으로 발달한다.
Lewin	$B=f(P,E)$	행동의 발달이란 유기체와 환경과의 상호작용의 결과이다.

② 성장과 발달에 관한 제이론

학설	내용
생득설	성장발달의 원동력이 개체 내에 있다는 설로서 사람의 능력은 태어날 때부터 타고난다는 입장이다.(유전론에 의해 설명)
경험설	성장의 원동력이 개체밖에 있다는 설.(환경론)
폭주설	성장발달은 내적 성실과 외적 사정의 폭주에 의하여 발생하는 것으로 생득설과 경험설의 결합인 절충설
체제설	발달이란 유전과 환경사이에 발달하려는 자아와의 역동적 관계에서 이루어진다는 설이다.

(3) S-R 학습이론

학습을 자극(stimulus)에 의한 반응(response)으로 보는 이론

Tip
학습이론
S-R학습이론과 인지주의 학습이론의 종류를 구분할 것

① 손다이크(Thorndike)의 시행착오설

자극반응에 대하여 유기체가 시행착오로 반응을 반복하는 가운데 효과의 법칙에 따라 실패적인 또는 무효의 반응은 약화되고 성공적인 반응은 강화되어서 학습이 성립된다고 생각하였다.

※ 시행착오에 있어서의 학습법칙

구분	내용
연습의 법칙 (law of exercise)	모든 학습과정은 많은 연습과 반복을 통해서 바람직한 행동의 변화를 가져오게 된다는 법칙으로 빈도의 법칙 (law of frequency)이라고도 한다.
효과의 법칙 (law of frequency)	학습의 결과가 학습자에게 쾌감을 주면 줄수록 반응은 강화되고 반대로 고통이나 불쾌감을 주면 약화된다는 법칙
준비성의 법칙 (law of readiness)	특정한 학습을 행하는데 필요한 기초적인 능력을 충분히 갖춘 뒤에 학습을 행함으로서 효과적인 학습을 이룩할 수 있다는 법칙이다.

② 파블로프(Pavlov)의 조건반사설(학습이론의 원리)

구분	내용
강도의 원리	자극의 강도가 일정하거나 먼저 제시한 자극보다 더 강한 것일수록 효과가 크다는 것
일관성의 원리	자극이 질적으로 일관될 때 조건반응형성이 더 잘 이루어진다.
시간의 원리	조건자극은 무조건 자극보다 시간적으로 앞서거나 거의 동시에 주어야 한다.
계속성의 원리	자극과 반응간에 반복되는 횟수가 많을수록 효과적이다.

[조작적 조건화설 실험]
skinner의 상자 속에서 흰 쥐가 지렛대를 누르거나 비둘기가 단추를 쪼면 먹이가 나오도록 조건을 구성

[쾰러의 통찰학습 실험]
원숭이가 들어 있는 우리속의 천장에 바나나를 매달아 놓고 몇 개의 상자, 작은 막대기, 긴 막대기 등으로 실험

[레윈의 인간행동 공식]
B=f(P · E)
B : behavior(인간의 행동)
f : function(함수관계)
P : person(개체 : 연령, 경험, 심신상태, 성격, 지능 등)
E : environment(심리적 환경 : 인간관계, 작업환경 등)

[톨만의 기호형태 실험]
톨만은 쥐를 이용하여 여러 개의 통로가 있는 미로 실험을 한다.
(1) 처음은 가장 긴 통로만 가게하고 짧은 통로는 막음.
(2) 훈련이 끝난 후 짧은 통로를 열면 쥐는 긴 통로대신 짧은 통로를 이용
(3) 쥐는 미로 전체에 대한 인지도를 얻음.

③ 스키너(Skinner)의 조작적(작동적) 조건화설

조작적 조건화는 반응의 결과에 의해 좌우되는 것으로 외부의 직접적인 자극 없이도 일어나는 자발적 행위로, 자발적 행동의 경향성은 그 행동의 결과에 의해 강화되거나 약화된다.

(4) 인지주의 학습이론

① 쾰러(Kohler)의 통찰설

통찰학습(insight)이란 문제 상황에서 문제의 요소들을 재구성함으로써 갑작스럽게 문제해결이 이루어지는 현상으로 형태주의 심리학에 근거한 인지주의 학습이론이다. 학습자는 문제해결에 대한 모든 요소를 생각해 보고 문제를 해결될 때 까지 여러 가지 방법으로 생각하게 한다. 이 과정에서 학습자는 문제해결에 대한 통찰력을 얻는다.

② 레윈(Lewin)의 장설(Field Theory)

학습과정의 첫 단계에서의 인지는 분석적으로 이루어지는 것이 아니고 전체적 장(field)의 관계로 이루어진다는 것으로, 여기서 장은 한사람의 전체적인 생활공간을 뜻하는 것으로 인간은 목적 지향적으로 행동하고, 목표달성 방법에 대해 인지구조를 통찰하여 재구성한다는 이론이다.

③ 톨만(Tolman)의 기호형태설

학습자의 머리속에 인지적 지도 같은 인지구조를 바탕으로 학습하려는 것으로 인지, 각성, 기대를 중요시 하는 이론이다. 기호학습은 한 자극이 나타나면 다음에 어떤 자극이 뒤따를 것이라는 기대를 얻는 것으로 학습자는 의미자체를 학습한다.

(5) 강화이론

① 강화요인은 강화(positive reinforcement) · 회피(avoidance) · 소거(extinction) · 처벌(punishment)의 네 가지 범주로 구분되며, 쾌감을 받았던 행동은 반복·강화된다.

② 부정적 강화(negative reinforcement)는 보상이나 불쾌감을 받았던 행동은 억제·약화되는 경향이 있다는 학습원리에 관한 이론의 하나이다.

③ 인간행동의 원인은 선행적 자극과 행동의 외적 결과의 변수
   ㉠ 행동에 선행하는 환경적 자극
   ㉡ 환경적 자극에 반응하는 행동
   ㉢ 행동에 결부되는 결과로서의 강화요인

(6) 학습이론의 적용

① 학습지도의 원리

구분	내용
자기활동의 원리 (자발성의 원리)	학습자가 자발적으로 학습에 참여 하는데 중점을 둔다.
개별화의 원리	학습자가 지니고 있는 각자의 요구와 능력 등에 알맞은 학습활동의 기회를 마련해 주어야 한다.
목적의 원리	학습자는 학습목표가 분명하게 인식되었을 때 자발적이고 적극적인 학습활동을 한다.
사회화의 원리	학습내용을 현실 사회의 사상과 문제를 기반으로 하여 학교에서 경험한 것과 사회에서 경험한 것을 교류 시키고 공동학습을 통해서 협력적이고 우호적인 학습을 진행한다.
통합의 원리	학습을 총합적인 전체로서 지도하자는 원리로, 동시학습(comcomitant learining)원리와 같다.
직관의 원리 (직접경험의 원리)	구체적인 사물을 직접 제시하거나 경험시킴으로써 큰 효과를 볼 수 있다

② 학습경험선정의 원리

구분	내용
기회의 원리	특정한 교육목표를 달성하기 위해서는 그 목표가 시사하고 있는 행동을 학습자 스스로 해볼 수 있는 기회를 가지도록 한다.
만족의 원리 (동기유발의 원리)	교육목표가 시사하는 행동을 해 보는 과정에서 학습자가 만족감을 느낄 수 있어야 한다.
가능성의 원리	학습자들에게 요구되는 행동이 그들의 현재 능력, 성취, 발달 수준에 맞아야 한다.
다활동의 원리	하나의 교육목표를 달성하는 데도 활동은 여러 가지가 있을 수 있다.
다목적 달성의 원리 (다성과의 원리)	학습자들이 하게 될 행동을 선택할 때 여러 가지 교육목표를 동시에 달성하는 데 도움을 주는 행동을 선택해야 한다.
협동의 원리	학습자들이 함께 활동할 수 있는 기회를 주는 것이 좋다.

[성인학습의 원리]
(1) 자발적인 학습참여의 원리
(2) 자기주도성의 원리
(3) 현실성과 실제지향성의 원리
(4) 상호학습의 원리
(5) 정형성의 원리
(6) 다양성과 이질성의 원리
(7) 과정중심의 원리
(8) 참여와 공존의 원리
(9) 경험중심의 원리
(10) 유희의 원리

[학습경험 조직의 원리]
(1) 계속성의 원리
(2) 계열성의 원리
(3) 통합성의 원리
(4) 균형성의 원리
(5) 다양성의 원리
(6) 보편성의 원리

01 핵심문제
1. 교육심리

□□□ 08년4회, 12년4회

1. 교육심리학의 연구방법 중 의식적으로 의견을 발표하도록 하여 인간의 내면에서 일어나고 있는 심리적 상태를 사물과 연관시켜 인간의 성격을 알아보는 방법을 무엇이라 하는가?

① 집단토의법   ② 면접법
③ 투사법   ④ 질문지법

해설

투사법이란 인간의 내면에 일어나고 있는 심리적 사태를 사물에 투사시켜 인간의 성격을 알아보는 방법을 말한다.

□□□ 11년2회, 15년1회, 21년1회

2. 학습이론 중 S-R 이론에서 조건반사설에 의한 학습이론의 원리에 해당되지 않는 것은?

① 시간의 원리   ② 기억의 원리
③ 일관성의 원리   ④ 계속성이 원리

해설

Pavlov의 조건반사설에 의한 학습이론의 원리
① 시간의 원리 : 조건자극(총소리)이 무조건자극(음식물)보다 시간적으로 동시 또는 조금 앞서서 주어야만 조건화 즉 강화가 잘된다는 원리이다.
② 강도의 원리 : 조건반사적인 행동이 이루어지려면 먼저 준 자극의 정도에 비해 적어도 같거나 보다 강한 자극을 주어야 바람직한 결과를 낳게 된다.
③ 일관성의 원리 : 조건자극은 일관된 자극물을 사용하여야 한다는 원리이다.
④ 계속성의 원리 : 자극과 반응과의 관계를 반복하여 횟수를 거듭할수록 조건화가 잘 형성된다는 원리이다.

□□□ 13년2회, 18년1회

3. 시행착오설에 의한 학습법칙에 해당하지 않는 것은?

① 효과의 법칙   ② 일관성의 법칙
③ 연습의 법칙   ④ 준비성의 법칙

해설

손다이크(Thorndike)의 시행착오설에 의한 학습법칙
① 연습의 법칙(The law of exercise)
② 효과의 법칙(The law of effect)
③ 준비성의 법칙(The law of readiness)

□□□ 09년2회, 19년2회

4. S-R이론 중에서 긍정적 강화, 부정적 강화, 처벌 등이 이론의 원리에 속하며, 사람들이 바람직한 결과를 이끌어 내기 위해 단지 어떤 자극에 대해 수동적으로 반응하는 것이 아니라 환경상의 어떤 능동적인 행위를 한다는 이론으로 옳은 것은?

① 파블로프(Pavlov)의 조건반사설
② 손다이크(Thorndike)의 시행착오설
③ 스키너(Skinner)의 조작적 조건화설
④ 구쓰리에(Guthrie)의 접근적 조건화설

해설

스키너(Skinner)의 조작적 조건화설 반응행동은 고전적 조건화에서 사용된 반응과 같이 자극에 의해 직접적으로 유발된 반응으로 침을 흘리는 행동이나 동공의 수축, 무릎 반사 등이 이에 속한다. 반면에 조작행동은 어떤 자극에 의해 일어나는 것이 아니라 스스로 일어나는 행동, 혹은 어떤 자극이 있었다고 하더라도 그것이 무엇인지 알 수 없었던 경우의 행동을 말한다.

□□□ 14년1회, 20년3회

5. 인간의 동기에 대한 이론 중 자극, 반응, 보상의 세 가지 핵심변인을 가지고 있으며, 표출된 행동에 따라 보상을 주는 방식에 기초한 동기이론은?

① 형평이론   ② 기대이론
③ 강화이론   ④ 목표설정 이론

해설

강화이론
1. 강화요인은 강화(positive reinforcement) · 회피(avoidance) · 소거(extinction) · 처벌(punishment)의 네 가지 범주로 구분되며, 쾌감을 받았던 행동은 반복 · 강화된다.
2. 부정적 강화(negative reinforcement)는 보상이나 불쾌감을 받았던 행동은 억제 · 약화되는 경향이 있다는 학습원리에 관한 이론의 하나이다.
3. 인간행동의 원인을 선행적 자극과 행동의 외적 결과의 변수
① 행동에 선행하는 환경적 자극
② 환경적 자극에 반응하는 행동
③ 행동에 결부되는 결과로서의 강화요인

□□□ 15년1회

6. 다음 중 구체적 사물을 제시하거나 경험시킴으로써 효과를 보게 되는 학습지도의 원리는?

① 개별화의 원리   ② 사회화의 원리
③ 직관의 원리   ④ 통합의 원리

문제 6 ~ 7 해설

학습지도의 원리

1. 자기활동의 원리(자발성의 원리) : 학습자 자신이 스스로 자발적으로 학습에 참여 하는데 중점을 둔 원리이다.
2. 개별화의 원리 : 학습자가 지니고 있는 각자의 요구와 능력 등에 알맞은 학습활동의 기회를 마련해 주어야 한다는 원리이다.
3. 사회화의 원리 : 학습내용을 현실 사회의 사상과 문제를 기반으로 하여 학교에서 경험한 것과 사회에서 경험한 것을 교류시키고 공동학습을 통해서 협력적이고 우호적인 학습을 진행하는 원리이다.
4. 통합의 원리 : 학습을 총합적인 전체로서 지도하자는 원리로, 동시학습(concomitant learning)원리와 같다.
5. 직관의 원리 : 구체적인 사물을 직접 제시하거나 경험시킴으로써 큰 효과를 볼 수 있다는 원리이다.

□□□ 11년4회, 17년4회, 20년4회

7. 안전보건교육을 향상시키기 위한 학습지도의 원리에 해당되지 않는 것은?

① 통합의 원리 ② 동기유발의 원리
③ 개별화의 원리 ④ 자기활동의 원리

□□□ 10년2회, 11년4회, 14년2회, 18년2회

8. 엔드라고지 모델에 기초한 학습자로서의 성인의 특징과 가장 거리가 먼 것은?

① 성인들은 타인 주도적 학습을 선호한다.
② 성인들은 과제 중심적으로 학습하고자 한다.
③ 성인들은 다양한 경험을 가지고 학습에 참여한다.
④ 성인들은 왜 배워야 하는지에 대해 알고자 하는 욕구를 가지고 있다.

해설

[성인학습의 원리]
(1) 자발적인 학습참여의 원리
(2) 자기주도성의 원리
(3) 현실성과 실제지향성의 원리
(4) 상호학습의 원리
(5) 정형성의 원리
(6) 다양성과 이질성의 원리
(7) 과정중심의 원리
(8) 참여와 공존의 원리
(9) 경험중심의 원리
(10) 유희의 원리

□□□ 15년2회, 19년1회

9. 학습경험 조직의 원리와 가장 거리가 먼 것은?

① 가능성의 원리 ② 계속성의 원리
③ 계열성의 원리 ④ 통합성의 원리

해설

학습경험 조직의 원리
① 계속성의 원리 ② 계열성의 원리
③ 통합성의 원리 ④ 균형성의 원리
⑤ 다양성의 원리 ⑥ 보편성의 원리

---

02 학습효과

(1) 준비성(readiness)

어떤 학습이 효과적으로 이루어질 수 있기 위한 학습자의 준비 상태 또는 정도를 말한다. 즉 어떤 학습에서 성공하기 위한 조건으로서의 학습자의 성숙의 정도를 의미한다.

준비성(도)의 의미	준비도를 결정하는 요인
• 정신발달의 정도 • 정서적 반응 • 사회적 발달 • 생리적 조건 • 학습의 습관	• 성숙 • 생활연령 • 정신연령 • 경험 • 개인차

(2) 파지와 망각

① 용어의 정의

단계	내용
기억	과거의 경험이 어떠한 형태로 미래의 행동에 영향을 주는 작용이라 할 수 있다.
망각	경험한 내용이나 학습된 행동을 적용하지 않고 방치하여 내용이나 인상이 약해지거나 소멸되는 현상
기명	사물의 인상을 마음속에 간직하는 것을 말한다.
파지	간직한 인상이 보존되는 것을 말한다.
재생	보존된 인상을 다시 의식으로 떠오르는 것을 말한다.
재인	과거에 경험했던 것과 같은 비슷한 상태에 부딪쳤을 때 떠오르는 것을 말한다.

② 기억의 단계

기명 → 파지 → 재생 → 재인

③ 망각곡선(curve of orgetting)

ⓒ 에빙하우스(H.Ebbinghaus)에 의한 망각곡선에 의하면 학습 직후의 파지율이 가장 높다

ⓒ 1시간 경과후의 파지율이 44.2%이고, 1일(24시간) 후에는 전체의 1/3에 해당되는 33.7%이다.

ⓒ 6일(144시간)이 경과한 뒤에는 망각이 완만해 지며 파지량이 전체의 1/4 정도인 25.4%가 된다는 것을 알 수 있게 된다.

[기억과 망각에 영향을 주는 조건]

(1) 학습자의 지능, 태도, 준비성, 신체적 상태, 정신적 상태 등

(2) 학습교재, 학습환경, 학습방법, 학습의 정도 등

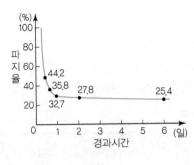

망각곡선

[망각의 방지(파지의 유지)]

(1) 적절한 지도계획을 수립하여 연습

(2) 연습은 학습한 직후에 하는 것이 효과가 있다.

(3) 학습자가 학습자료의 의미를 알도록 질서있게 학습시킨다.

파지율과 망각율

경과시간	파지율	망각율
0.33	58.2%	41.8%
1	<u>44.2</u>	<u>55.8</u>
8.8	35.8	64.2
24(1일)	33.7	66.3
48(2일)	27.8	72.2
6×24	25.4	74.6
31×24	21.1	78.9

(3) 전습과 분습

전습법의 이점	분습법의 이점
학습재료를 하나의 전체로 묶어서 학습하는 방법 • 망각이 적다. • 학습에 필요한 반복이 적다. • 연합이 생긴다. • 시간과 노력이 적다.	학습재료를 작게 나누어서 조금씩 학습하는 방법(순수분습법, 점진적 분습법, 반복적 분습법 등) • 어린이는 분습법을 좋아한다. • 학습효과가 빨리 나타난다. • 주의와 집중력의 범위를 좁히는데 적합하다. • 길고 복잡한 학습에 적당하다.

[전이 효과]
(1) 적극적 전이효과 : 선행학습이 다음의 학습을 추진하고 진취적인 효과를 주는 것
(2) 소극적 전이효과 : 선행학습이 제2의 학습에 방해가 되거나 학습능률을 감퇴시키는 것

(4) 학습의 전이

① 전이(transference)의 의미

어떤 내용을 학습한 결과가 다른 학습이나 반응에 영향을 주는 현상을 의미하는 것으로 학습효과를 전이라고도 한다.

② 전이와 관련한 이론

이론	학설자	내용
동일요소설	손다이크 (E.L.Thorndike)	선행 학습경험과 새로운 학습경험 사이에 같은 요소가 있을 때에는 서로의 사이에 연합 또는 연결의 현상이 일어난다.
일반화설	주드(C.H.Judd)	학습자가 하나의 경험을 하면 그것으로 다른 비슷한 상황에서 같은 방법이나 태도로 대하려는 경향이 있어서 이 효과로 전이가 이루어진다.
형태이조설	코프카(Koffka)	형태심리학자들이 입증한 학설로 이것은 경험할 때의 심리학적 상태가 대체로 비슷한 경우라면 먼저 학습할 때에 머릿속에 형성되었던 구조가 그대로 옮겨가기 때문에 전이가 이루어진다.

③ 학습 전이에 영향을 미치는 조건

ㄱ 선행학습정도

ㄴ 학습자료의 유사성

ㄷ 선행학습과 학습 후의 시간적 간격

ㄹ 학습자의 태도

ㅁ 학습자의 지능

02 핵심문제   2. 학습효과

□□□ 16년2회, 21년4회

1. 과거의 학습경험을 통해서 학습된 행동이 현재와 미래에 지속되는 것을 무엇이라 하는가?

① 파지   ② 기명
③ 재생   ④ 재인

해설
파지란 획득된 행동이나 내용이 지속되는 것이며, 망각은 지속되지 않고 소실되는 현상을 말한다.

□□□ 09년1회, 09년4회, 13년4회, 18년2회

2. 교육심리학에 있어 일반적으로 기억 과정의 순서를 나열한 것으로 맞는 것은?

① 파지 → 재생 → 재인 → 기명
② 파지 → 재생 → 기명 → 재인
③ 기명 → 파지 → 재생 → 재인
④ 기명 → 파지 → 재인 → 재생

해설
기억 과정의 순서는 기명 – 파지 – 재생 – 재인 순이다.

□□□ 16년1회, 19년4회

3. 에빙하우스(Ebbinghaus)의 연구결과 망각률이 50%를 초과하게 되는 최초의 경과시간은?

① 30분   ② 1시간
③ 1일   ④ 2일

해설
망각률이 50%를 초과하게 되는 최초의 경과시간은 1시간 일 때 55.8%이고, 파지율은 44.2% 이다.

1. 망각곡선도

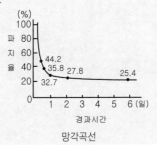

망각곡선

2. 파지와 망각률

경과시간	파지율	망각률
0.33	58.2%	41.8%
1	44.2	55.8
8.8	35.8	64.2
24(1일)	33.7	66.3
48(2일)	27.8	72.2
6×24	25.4	74.6
31×24	21.1	78.9

□□□ 18년4회

4. 학습의 전이란 학습한 결과가 다른 학습이나 반응에 영향을 주는 것을 의미한다. 이 전이의 이론에 해당되지 않는 것은?

① 일반화설
② 동일요소설
③ 형태이조설
④ 태도요인설

해설
전이와 관련한 이론

이론	학설자
동일요소설	손다이크 (E.L.Thorndike)
일반화설	주드(C.H.Judd)
형태이조설	코프카(Koffka)

□□□ 09년2회, 20년3회

5. 다음 중 학습전이의 조건으로 가장 거리가 먼 것은?

① 유의성
② 시간적 간격
③ 학습 분위기
③ 학습자의 지능

해설
학습전이의 조건 ① 학습정도 ② 유이성 ③ 시간적 간격 ④ 학습자의 태도 ⑤ 학습자의 지능

정답 1 ①   2 ③   3 ②   4 ④   5 ③

□□□ 13년1회, 17년2회

6. 교육지도의 효율성을 높이는 원리인 훈련전이(transfer of training)에 관한 설명으로 틀린 것은?

① 훈련 상황이 가급적 실제 상황과 유사할수록 전이 효과는 높아진다.

② 훈련 전이란 훈련 기간에 학습된 내용이 실무 상황 으로 옮겨져서 사용되는 정도이다.

③ 실제 직무수행에서 훈련된 행동이 나타날 때 보상 이 따르면 전이효과는 더 높아진다.

④ 훈련생은 훈련 과정에 대해서 사전정보가 없을수록 왜곡된 반응을 보이지 않는다.

해설

학습전이(transference)란 어떤 내용을 학습한 결과가 다른 학습이 나 반응에 영향을 주는 현상을 의미하는 것으로 훈련생은 훈련 과정 에 대해서 사전정보가 없을수록 왜곡된 반응으로 나타난다.

03 교육지도 기법

(1) 교육의 목적과 기본요소

① 교육의 목적

교육의 목적	안전보건교육의 목적
• 교육목적의 구체성 • 교육목적의 포괄성 • 교육목적의 철학적 일관성 • 교육목적의 실현 가능성 • 교육목적의 가변성 • 교육목적의 주체에 대한 내면성	• 작업환경의 안전화 • 행동(동작)의 안전화 • 의식(정신)의 안전화 • 작업방법의 안전화 • 기계·기구 및 설비의 안전화

② 교육의 3요소

구분	내용
교육의 주체	교도자, 강사
교육의 객체	학생, 수강자
교육의 매개체	교육내용(교재)

③ 학습목적

구분	내용
학습목적의 3요소	• 목표(goal) • 주제(subject) • 학습정도(level of learning)
학습정도 (level of learning)의 4요소	• 인지(to aguaint) : ~을 인지하여야 한다. • 지각(to know) : ~을 알아야 한다. • 이해(to understand) : ~을 이해하여야 한다. • 적용(to apply) : ~을~에 적용할 줄 알아야 한다.

(2) 교육의 지도

① 교육지도의 원칙

ㄱ 피 교육자 중심 교육(상대방 입장에서 교육)

ㄴ 동기부여(motivation)

ㄷ 쉬운 부분에서 어려운 부분으로 진행

ㄹ 반복(repeat)

ㅁ 한번에 하나씩 교육

ㅂ 인상의 강화(오래기억)

ㅅ 5관의 활용

ㅇ 기능적 이해

[교육지도의 5단계]
(1) 1단계 : 원리의 제시
(2) 2단계 : 관계된 개념의 분석
(3) 3단계 : 가설의 설정
(4) 4단계 : 자료 평가
(5) 5단계 : 결론

[5관의 효과치]
(1) 시각효과 60%(미국 75%)
(2) 청각효과 20%(미국 13%)
(3) 촉각효과 15%(미국 6%)
(4) 미각효과 3%(미국 3%)
(5) 후각효과 2%(미국 3%)

[5관의 이해도 효과]
(1) 귀 : 20%
(2) 눈 : 40%
(3) 귀＋눈 : 60%
(4) 입 : 80%
(5) 머리＋손·발 : 90%

[강의식, 토의식 교육 시간배분(1시간 기준)]

교육법의 4단계	강의식	토의식
1단계-도입	5분	5분
2단계-제시	40분	10분
3단계-적용	10분	40분
4단계-확인	5분	5분

② 교육지도기법의 단계

단계	내용
1단계 : 도입(준비)	• 마음을 안정시킨다. • 무슨 작업을 할 것인가를 말해준다. • 작업에 대해 알고 있는 정도를 확인한다. • 작업을 배우고 싶은 의욕을 갖게 한다. • 정확한 위치에 자리 잡게 한다.
2단계 : 제시(설명)	• 주요단계를 하나하나씩 나누어 설명해주고 이해시켜 보인다. • 급소를 강조한다. • 확실하게, 빠짐없이, 끈기 있게 지도한다. • 이해할 수 있는 능력이상으로 강요하지 않는다.
3단계 : 적용(응용)	이해시킨 내용을 구체적인 문제 또는 실제문제로 활용시키거나 응용시킨다. 이때 작업습관의 확립과 토론을 통한 공감을 가지도록 한다.
4단계 : 확인(총괄)	교육내용을 정확하게 이해하고 있는가를 시험, 과제 등으로 확인한다. 결과에 따라 교육방법을 개선한다.

(3) 교육평가방법

① 교육훈련 평가의 4단계

단계	내용
제1단계 : 반응단계	훈련을 어떻게 생각하고 있는가?
제2단계 : 학습단계	어떠한 원칙과 사실 및 기술 등을 배웠는가?
제3단계 : 행동단계	교육훈련을 통하여 직무수행 상 어떠한 행동의 변화를 가져왔는가?
제4단계 : 결과단계	교육훈련을 통하여 코스트절감, 품질개선, 안전관리, 생산증대 등에 어떠한 결과를 가져왔는가?

[교육프로그램의 타당도 평가항목]

1. 내용 타당도
2. 전이 타당도
3. 조직 내 타당도
4. 조직 간 타당도

② 평가방법 및 기준

구분	내용			
평가방법	• 관찰법 • 실험비교법	• 평정법 • 테스트법	• 면접법 • 상호평가법	• 자료분석법
평가기준	• 타당도	• 신뢰도 • 경제성	• 객관도	• 실용도

③ 교육과목에 따른 학습평가방법

	관찰	면접	노트	질문	평가시험	테스트
지식교육	△	△	×	△	○	○
지능교육	△	×	○	×	×	○
태도교육	○	○	×	△	△	×

(주) ○ : 적합, △ : 보통, × : 부적합

03 핵심문제　　3. 교육지도 기법

□□□ 10년1회, 10년4회, 20년1,2회, 21년2회

1. 다음 중 교육의 3요소로만 나열된 것은?

① 강사, 교육생, 사회인사
② 강사, 교육생, 교육자료
③ 교육생, 교육자료, 교육장소
④ 교육자료, 지식인, 정보

문제 1 ~ 2 해설
교육의 3요소 1. 교육의 주체 : 강사, 교도자 2. 교육의 객체 : 수강자, 학생 3. 교육의 매개체 : 교육내용(교재)

□□□ 09년1회, 17년2회

2. 교육의 3요소 중에서 "교육의 매개체"에 해당하는 것은?

① 강사　　　　　　② 선배
③ 교재　　　　　　④ 수강생

□□□ 08년4회, 16년1회, 18년1회, 21년4회

3. 학습목적의 3요소가 아닌 것은?

① 목표　　　　　　② 학습성과
③ 주제　　　　　　④ 학습정도

문제 3 ~ 4 해설		
구분	내용	
학습목적의 3요소	• 목표(goal) • 주제(subject) • 학습정도(level of learning)	
학습정도 (level of learning)의 4요소	• 인지(to aquaint) : ~을 인지하여야 한다. • 지각(to know) : ~을 알아야 한다. • 이해(to understand) : ~을 이해하여야 한다. • 적용(to apply) : ~을~에 적용할 줄 알아야 한다.	

□□□ 12년1회, 22년1회

4. 학습정도(level of learning)란 주제를 학습시킬 범위와 내용의 정도를 뜻한다. 다음 중 학습정도의 4단계에 포함되지 않는 것은?

① 인지(to recognize)　　② 이해(to understand)
③ 회상(to recall)　　　　④ 적용(to apply)

□□□ 11년2회, 14년4회, 17년2회, 21년2회

5. 교육지도의 5단계가 다음과 같을 때 올바르게 나열한 것은?

① 가설의 설정　　　　② 결론 ③ 원리의 제시　　　　④ 관련된 개념의 분석 ⑤ 자료의 평가

① ③ → ④ → ① → ⑤ → ②
② ① → ③ → ④ → ⑤ → ②
③ ③ → ① → ⑤ → ④ → ②
④ ① → ③ → ⑤ → ④ → ②

해설
교육지도의 5단계 ① 원리의 제시 ② 관련된 개념의 분석 ③ 가설의 설정 ④ 자료의 평가 ⑤ 결론

□□□ 16년1회, 16년2회, 18년4회

6. 일반적인 교육지도의 원칙 중 가장 거리가 먼 것은?

① 반복적으로 교육할 것
② 학습자 중심으로 교육할 것
③ 어려운 것에서 시작하여 쉬운 것으로 유도할 것
④ 강조하고 싶은 사항에 대해 강한 인상을 심어줄 것

해설
교육지도의 원칙 ① 피 교육자 중심 교육(상대방 입장에서 교육) ② 동기부여(motivation) ③ 쉬운 부분에서 어려운 부분으로 진행 ④ 반복(repeat) ⑤ 한 번에 하나씩 교육 ⑥ 인상의 강화(오래기억) ⑦ 5관의 활용 ⑧ 기능적 이해

정답　1 ②　2 ③　3 ②　4 ③　5 ①　6 ③

□□□ 08년1회, 10년4회, 16년4회, 17년4회

7. 교육훈련의 4단계 기법을 맞게 나열한 것은?

① 도입 – 적용 – 실연 – 제시
② 도입 – 확인 – 제시 – 실습
③ 적용 – 실연 – 도입 – 확인
④ 도입 – 제시 – 적용 – 확인

문제 7 ~ 8 해설

작업지도기법의 4단계
1. 제1단계 : 학습할 준비를 시킨다.
 ① 마음을 안정시킨다.
 ② 무슨 작업을 할 것인가를 말해준다.
 ③ 작업에 대해 알고 있는 정도를 확인한다.
 ④ 작업을 배우고 싶은 의욕을 갖게 한다.
 ⑤ 정확한 위치에 자리 잡게 한다.
2. 제2단계 : 작업을 설명한다.
 ① 주요단계를 하나씩 설명해주고 시범해 보이고 그려 보인다.
 ② 급소를 강조한다.
 ③ 확실하게, 빠짐없이, 끈기 있게 지도한다.
 ④ 이해할 수 있는 능력이상으로 강요하지 않는다.
3. 제3단계 : 작업을 시켜본다.
4. 제4단계 : 가르친 뒤를 살펴본다.

□□□ 15년2회, 19년4회

8. 작업을 배우고 싶은 의욕을 갖도록 하는 작업지도교육 단계는?

① 제1단계 : 학습할 준비를 시킨다.
② 제2단계 : 작업을 설명한다.
③ 제3단계 : 작업을 시켜본다.
④ 제4단계 : 가르친 뒤 살펴본다.

□□□ 12년2회, 18년2회

9. 강의식 교육에 있어 일반적으로 가장 많은 시간이 소요되는 단계는?

① 도입　　　② 제시
③ 적용　　　④ 확인

문제 9 ~ 10 해설

교육법의 4단계 및 적용시간

교육법의 4단계	강의식	토의식
1단계-도입	5분	5분
2단계-제시	40분	10분
3단계-적용	10분	40분
4단계-확인	5분	5분

□□□ 12년4회, 19년1회

10. 토의식 교육지도에서 시간이 가장 많이 소요되는 단계는?

① 도입　　　② 제시
③ 적용　　　④ 확인

□□□ 11년1회, 12년1회, 13년2회, 18년1회, 22년2회

11. 교육훈련 평가의 4단계를 맞게 나열한 것은?

① 반응단계 → 학습단계 → 행동단계 → 결과단계
② 반응단계 → 행동단계 → 학습단계 → 결과단계
③ 학습단계 → 반응단계 → 행동단계 → 결과단계
④ 학습단계 → 행동단계 → 반응단계 → 결과단계

해설

교육훈련 평가의 4단계
① 제1단계 : 반응단계(훈련을 어떻게 생각하고 있는가?)
② 제2단계 : 학습단계(어떠한 원칙과 사실 및 기술 등을 배웠는가?)
③ 제3단계 : 행동단계(교육훈련을 통하여 직무수행 상 어떠한 행동의 변화를 가져왔는가?)
④ 제4단계 : 결과단계(교육훈련을 통하여 코스트절감, 품질개선, 안전관리, 생산증대 등에 어떠한 결과를 가져왔는가?

□□□ 14년1회, 16년4회, 17년1회

12. 교육에 있어서 학습평가의 기본 기준에 해당되지 않는 것은?

① 타당도　　　② 신뢰도
③ 주관도　　　④ 실용도

해설

교육평가의 기본기준(요건)
1. 타당도
2. 신뢰도
3. 객관도
4. 실용도
5. 경제성

04 교육의 실시방법

(1) 강의법(Lecture method)

강의식 교육방법은 교육 자료와 순서에 의하여 진행하며 단시간에 많은 내용을 교육하는 경우에 필요한 방법(최적인원 40~50명)

[강의단 작성의 원칙]
(1) 구체성
(2) 논리적
(3) 명확성
(4) 독창적
(5) 실용적

강의법의 장·단점

장 점	단 점
• 수업의 도입, 초기단계 적용 • 여러 가지 수업 매체를 동시에 활용가능 • 시간의 부족 또는 내용이 많은 경우 또는 강사가 임의로 시간조절, 중요도 강조 가능 • 학생의 다소에 제한을 받지 않는다. • 학습자의 태도, 정서 등의 감화를 위한 학습에 효과적이다.	• 학생의 참여가 제한됨 • 학생의 주의 집중도나 흥미정도가 낮음 • 학습정도를 측정하기가 곤란함 • 한정된 학습과제에만 가능하다. • 개인의 학습속도에 맞추기 어렵다. • 대부분 일반 통행적인 지식의 배합 형식이다.

(2) 토의법(Discussion method)

쌍방적 의사전달에 의한 교육방식이다(최적인원 10~20명)

토의법의 장·단점

장 점	단 점
• 수업의 중간이나 마지막 단계 • 학교 수업이나 직업훈련 등 특정분야 • 팀워크 필요시 • 어떤 자료를 보다 명료한 생각을 갖도록 하는 경우	• 시간의 소비가 많다 • 인원의 제한을 받음 • 주제에 관한 충분한 여건을 갖추어야 됨

① 문제법(problem method)

단계	내용
1단계	문제의 인식
2단계	해결방법의 연구계획
3단계	자료의 수집
4단계	해결방법의 실시
5단계	정리와 결과의 검토

[문제법]
질문과 대답에 의해 학습활동이 전개되는 형식으로 흥미와 동기를 유발하여 활기차고 적극적인 학습활동이 조성되지만 사고영역이 한정되며 학습속도가 지연될 수 있다.

② case study(case method)

먼저 사례를 제시하고 문제적 사실들과 그의 상호관계에 대해서 검토하고 대책을 토의한다.

장점	단점
• 흥미가 있고 학습동기를 유발할 수 있다. • 현실적인 문제의 학습이 가능하다. • 관찰, 분석력을 높이고 판단력, 응용력 향상이 가능하다. • 토의과정에서 각자의 자기의 사고방향에 대하여 태도의 변형이 생긴다.	• 적절한 사례의 확보가 곤란하다. • 원칙과 규정(rule)의 체계적 습득이 곤란하다. • 학습의 진보를 측정하기 곤란하다.

③ 포럼(forum)

새로운 자료나 교재를 제시하고 문제점을 피교육자로 하여금 제기하게 하거나 의견을 여러 가지 방법으로 발표하게 하고 다시 깊이 파고들어 토의를 행하는 방법

④ 심포지움(symposium)

몇 사람의 전문가에 의하여 과제에 관한 견해를 발표한 뒤 참가자로 하여금 의견이나 질문을 하게 하여 토의하는 방법

⑤ 패널 디스커션(panel discussion)

패널멤버(교육 과제에 정통한 전문가 4~5명)가 피교육자 앞에서 자유로이 토의를 하고 뒤에 피교육자 전원이 참가하여 사회자의 사회에 따라 토의하는 방법

⑥ 버즈 세션(buzz session)

6-6회의라고도 하며, 먼저 사회자와 기록계를 선출한 후 나머지 사람은 6명씩의 소집단으로 구분하고, 소집단별로 각각 사회자를 선발하여 6분간씩 자유토의를 행하여 의견을 종합하는 방법

(3) 기타 교육 실시방법

① 프로그램학습법(Programmed self-instrucion method)

수업 프로그램이 학습의 원리에 의하여 만들어지고 학생이 자기학습 속도에 따른 학습이 허용되어 있는 상태에서 학습자가 프로그램 자료를 가지고 단독으로 학습토록 교육하는 방법

Tip

포럼, 심포지움, 패널디스커션, 버즈세션에 관한 사항은 심리 및 교육 과정에서 가장 많이 출제되었던 내용 중의 하나이다.
각 방법을 확실히 구분하도록 하자.

프로그램학습법의 장·단점

장 점	단 점

• 수업의 모든 단계에 적용 가능
• 학교수업, 방송수업, 직업훈련의
  경우에 적절한 방식
• 학생간의 개인차를 최대로 조절할
  경우 유리
• 수강생들이 허용된 어느 시간 내에
  학습할 경우
• 보충 수업의 경우
	• 한번 개발된 프로그램 자료의
	  개조가 어렵다.
	• 개발비가 많이 든다.
	• 수강생의 사회성이 결여될 우려가
	  있다.

② **모의법(Simulation method)**

실제의 장면이나 상태와 극히 유사한 사태를 인위적으로 만들어 그 속에서 학습토록 하는 교육방법

모의법의 장·단점

장 점	단 점
• 수업의 모든 단계에 사용 • 학교수업, 직업훈련의 경우 • 실제 사태와 위험성이 따를 경우 • 직접 조작을 중요시 하는 경우	• 단위당 교육비가 비싸고 시간 소모가 높다. • 시설의 유지비가 높다. • 학생 대 교사 비율이 높다.

③ **시청각교육법(audiovisual education)**

시청각적 교육매체를 교육과정에 통합시켜 적절하게 활용함으로써 교수·학습활동에서 최대의 효과를 얻고자 하는 교육이다.

[시청각 교육법의 장점]
(1) 학습지도의 효율화
(2) 교육내용이 구체화 및 간략화
(3) 시간의 경제성 및 집단지도
(4) 과학적 사고방식의 함양

교육의 장점 및 필요성	교육의 기능

• 교수의 효율성을 높여 줄 수 있다.
• 지식 팽창에 따른 교재의 구조화를
  기할 수 있다.
• 인구 증가에 따른 대량 수업체제가
  확립될 수 있다.
• 교수의 개인차에서 오는 교수의
  평준화를 기할 수 있다.
• 피교육자가 어떤 사물에 대하여
  완전히 이해하려면 현실적이고
  구체적인 지각 경험을 기초로 해야
  한다.
• 사물의 정확한 이해는 건전한 사고력을
  유발하고 태도에 영향을 주어
  바람직한 인격 형성을 시킬 수
  있다.
	• 구체적인 경험을 충분히 줌으로써
	  상징화, 일반화의 과정을 도와주며
	  의미나 원리를 파악하는 능력을
	  길러준다.
	• 학습동기를 유발시켜 자발적인
	  학습활동이 되게 자극한다.(학습
	  효과의 지속성을 기할 수 없다.)
	• 학습자에게 공통경험을 형성시켜
	  줄 수 있다.
	• 학습의 다양성과 능률화를 기할 수
	  있다.
	• 개별 진로 수업을 가능케 한다.

④ 사례연구법

사례연구법이란 특정 개체를 대상으로 하여 그 대상의 특성이나 문제를 종합적이며 심층적으로 기술, 분석하는 연구로서 <u>분석력, 판단력, 의사결정능력, 협상력</u> 등의 문제해결능력이나 직무수행능력을 체험적으로 함양시키는 교육이다.

장점	단점
• 흥미가 있고 학습동기를 유발한다. • 현실적인 문제의 학습이 가능하다. • 생각하는 학습교류가 가능하다.	• 적절한 사례확보가 곤란하다. • 원칙과 법칙의 체계적 습득이 곤란 • 학습진도 측정이 곤란하다.

⑤ 실연법(Performance method)

학습자가 이미 <u>설명을 듣거나 시범을 보고 알게 된 지식이나 기능을 교사의 지휘나 감독아래 연습에 적용을 해보게 하는 교육방법</u>

실연법의 장 · 단점

장 점	단 점
• 수업의 중간이나 마지막 단계 • 학업수업이나 직업훈련의 특수분야 • 학습한 내용을 실제 적용할 경우 • 직업이나 특수기능 훈련 시 실제와 유사한 연습이 필요한 경우 • 언어학습, 문제해결학습, 원리학습 등	• 시간의 소비가 많다. • 특수 시설이나 설비가 요구된다. • 교사 대 학습자의 비가 높다.

⑥ 구안법(project method)

학생이 마음속에 생각하고 있는 것을 외부에 구체적으로 실현하고 형상화하기 위해서 <u>자기 스스로가 계획을 세워 수행하는 학습 활동으로</u> 이루어지는 형태이다.

⑦ 역할연기법(Role playing)

㉠ 참가자에게 일정한 역할을 주어 실제적으로 연기를 시켜봄으로써 자기의 역할을 보다 확실히 인식하도록 체험하는 교육방법

㉡ 인간관계 등에 관한 사례를 몇 명의 피훈련자가 나머지 피훈련자들 앞에서 실제의 행동으로 연기하고, 사회자가 청중들에게 그 연기 내용을 비평 · 토론하도록 한 후 결론적인 설명을 하는 교육훈련 방법으로서 역할연기 방법은 주로 대인관계, 즉 인간관계 훈련에 이용된다.

[구안법의 4단계]

(1) 목적의 결정

(2) 계획의 수립

(3) 수행(활동)

(4) 평가

04 핵심문제   4. 교육의 실시방법

□□□ 08년1회, 15년1회, 19년2회

1. 안전교육방법 중 수업의 도입이나 초기단계에 적용하며, 단시간에 많은 내용을 교육하는 경우에 사용되는 방법으로 가장 적절한 것은?

① 시범   ② 강의법
③ 반복법   ④ 토의법

문제 1 ~ 2 해설	
강의법의 장·단점	
장 점	단 점
•수업의 도입, 초기단계 적용 •학교수업, 현장 훈련의 경우 •시간의 부족 또는 내용이 많은 경우 •교사대 학생의 수가 적은 경우 •비교적 모든 과정에 가능	•학생의 참여가 수동적 입장. •학생의 주의 집중도나 흥미정도가 낮음 •학습정도를 측정하기가 곤란함

□□□ 09년2회, 17년2회

2. 강의법에 대한 장점으로 볼 수 없는 것은?

① 피교육자의 참여도가 높다.
② 전체적인 교육내용을 제시하는데 적합하다.
③ 짧은 시간 내에 많은 양의 교육이 가능하다.
④ 새로운 과업 및 작업단위의 도입단계에 유효하다.

□□□ 14년2회, 19년2회

3. 다음 중 안전 교육시 강의안의 작성 원칙과 가장 거리가 먼 것은?

① 구체적   ② 논리적
③ 실용적   ④ 추상적

해설
강의안 작성의 원칙 1. 구체성 2. 논리적 3. 명확성 4. 독창적 5. 실용적

□□□ 08년1회, 14년4회, 18년4회

4. 교육방법 중 토의법이 효과적으로 활용되는 경우가 아닌 것은?

① 피교육생들의 태도를 변화시키고자 할 때
② 인원이 토의를 할 수 있는 적정 수준일 때
③ 피교육생들 간에 학습능력의 차이가 클 때
④ 피교육생들이 토의 주제를 어느 정도 인지하고 있을 때

해설
토의법에서는 학습자들의 사전지식이나 학습능력에 관해 고려하여야 하며 그렇지 못할 경우 학습자의 이탈을 초래할 수 있다.

□□□ 10년1회, 15년4회, 22년2회

5. 다음 중 알고 있는 지식을 심화시키거나 어떠한 자료에 대해 보다 명료한 생각을 갖도록 하기 위하여 실시하는 교육방법으로 가장 적합한 것은?

① Lecture method
② Discussion method
③ Performance method
④ Project method

해설
Discussion method(토의법)이란 알고 있는 지식을 심화시키거나 어떠한 자료에 대해 보다 명료한 생각을 갖도록 하기 위하여 실시하는 교육방법

□□□ 08년2회, 08년4회, 10년2회, 15년4회, 17년4회, 18년4회

6. 새로운 자료나 교재를 제시하고 문제점을 피교육자로 하여금 제기하게 하거나 그것에 관한 피교육자의 의견을 여러 가지 방법으로 발표하게 하고, 청중과 토론자간에 활발한 의견 개진과 충돌로 바람직한 합의를 도출해내는 교육 실시방법은?

① 포럼(Forum)
② 심포지엄(Symposium)
③ 패널 디스커션(Panel Discussion)
④ 자유토의법(Free Discussion Method)

해설
포럼(forum) 새로운 자료나 교재를 제시하고 거기서의 문제점을 피교육자로 하여금 제기하게 하거나 의견을 여러 가지 방법으로 발표하게 하고 다시 깊이 파고들어 토의를 행하는 방법이다.

정답 1 ② 2 ① 3 ④ 4 ③ 5 ② 6 ①

□□□ 12년1회, 16년1회

7. 다음 중 심포지엄(symposium)에 관한 설명으로 가장 적절한 것은?

① 먼저 사례를 발표하고 문제적 사실들과 그의 상호 관계에 대하여 검토하고 대책을 토의하는 방법
② 몇 사람의 전문가에 의하여 과제에 관한 견해를 발표한 뒤에 참가자로 하여금 의견이나 질문을 하게 하여 토의하는 방법
③ 새로운 교재를 제시하고 거기에서의 문제점을 피교육자로 하여금 제기하게 하거나, 의견을 여러 가지 방법으로 발표하게 하고 다시 깊이 파고들어서 토의하는 방법
④ 패널 멤버가 피교육자 앞에서 자유로이 토의하고, 뒤에 피교육자 전원이 참가하여 사회자의 사회에 따라 토의하는 방법

해설

심포지움(symposium)
몇 사람의 전문가에 의하여 과제에 관한 견해를 발표한 뒤 참가자로 하여금 의견이나 질문을 하게 하여 토의하는 방법이다.

□□□ 09년2회, 17년4회, 21년2회

8. 참가자 앞에서 소수의 전문가들이 과제에 관한 견해를 발표하고 토론한 뒤 참가자 전원이 참가하여 사회자의 사회에 따라 토의하는 방법은?

① 포럼　　　　　　② 심포지엄
③ 패널 디스커션　　④ 버즈 세션

해설

패널 디스커션(panel discussion)이란 패널멤버(교육 과제에 정통한 전문가 4~5명)가 피교육자 앞에서 자유로이 토의를 하고 뒤에 피교육자 전부가 참가하여 사회자의 사회에 따라 토의하는 방법이다.

□□□ 13년4회, 19년1회

9. 다음 중 수업의 중간이나 마지막 단계에 행하는 것으로써 언어학습이나 문제해결 학습에 효과적인 학습법으로 맞는 것은?

① 토의법　　　　　② 실연법
③ 프로그램법　　　④ 강의법

해설

실연법(performance method)
학습자가 이미 설명을 듣거나 시범을 보고 알게 된 지식이나 기능을 교사의 지휘나 감독아래 연습에 적용을 해보게 하는 교육방법으로 수업의 중간이나 마지막 단계에 행하는 것으로써 언어학습이나 문제해결 학습에 효과적인 학습법이다.

□□□ 11년4회, 13년1회, 16년2회, 17년1회

10. 다음 중 프로그램 학습법(Programmed self-instruction method)의 장점이 아닌 것은?

① 학습자의 사회성을 높이는데 유리하다.
② 한 강사가 많은 수의 학습자를 지도할 수 있다.
③ 지능, 학습적성, 학습속도 등 개인차를 충분히 고려할 수 있다.
④ 매 반응마다 피드백이 주어지기 때문에 학습자가 흥미를 갖는다.

해설

프로그램 학습법(Programmed self–instruction method)의 장점 및 단점

장 점	단 점
• 수업의 전단계 • 학교수업, 방송수업, 직훈의 경우 • 학생간의 개인차를 최대로 조절할 경우 • 수강생들이 허용된 어느시간 내에 학습할 경우 • 보충 수업의 경우	• 한번 개발된 프로그램 자료를 개조가 어렵다. • 개발비가 많이 든다. • 수강생의 사회성이 결여될 우려가 있다.

□□□ 13년4회, 17년2회

11. 다음 중 강의법 교육에 비교할 때 모의법(Simulation Method) 교육의 특징으로 옳은 것은?

① 단위시간당 교육비가 적게 든다.
② 시간의 소비가 거의 없다.
③ 학생 대 교사의 비율이 높다.
④ 시설의 유지비가 저렴하다.

해설

모의법(Simulation method)
실제의 장면이나 상태와 극히 유사한 사태를 인위적으로 만들어 그 속에서 학습토록 하는 교육방법

장 점	단 점
수업의 전 단계 학교수업, 직업훈련의 경우 실제 사태와 위험성이 따를 경우 직접 조작을 중요시 하는 경우	단위당 교육비가 비싸고 시간 소모가 높다. 시설의 유지비가 높다. 학생 대 교사 비율이 높다.

정답 7 ②　8 ③　9 ②　10 ①　11 ③

□□□ 11년2회, 16년4회, 20년3회

12. 교육방법 중 하나인 사례연구법의 장점으로 볼 수 없는 것은?

① 의사소통 기술이 향상된다.
② 무의식적인 애용의 표현 기회를 준다.
③ 문제를 다양한 관점에서 바라보게 된다.
④ 강의법에 비해 현실적인 문제에 대한 학습이 가능하다.

해설	
사례연구법의 장점 및 단점	

장 점	단 점
① 흥미가 있고 학습동기를 유발한다.	① 적절한 사례의 확보가 곤란하다.
② 현실적인 문제의 학습이 가능하다.	② 원칙과 법칙의 체계적 습득이 곤란하다.
③ 생각하는 학습 교류가 가능하다.	③ 학습의 진도를 측정하기 힘들다.

□□□ 13년2회, 19년4회

13. 집단심리요법의 하나로서 자기 해방과 타인 체험을 목적으로 하는 체험활동을 통해 대인관계에 있어서의 태도변용이나 통찰력이나 자기이해를 목표로 개발된 교육기법으로 옳은 것은?

① OJT(On the Job Training)
② 롤 플레잉(Role Playing)
③ TA(Transactional Analysis)훈련
④ ST(Sensitivity Training)훈련

해설	

역할연기법(Role playing)
1. 참가자에게 일정한 역할을 주어 실제적으로 연기를 시켜봄으로써 자기의 역할을 보다 확실히 인식하도록 체험하는 교육방법
2. 장단점

장 점	단 점
① 하나의 문제에 대해 관찰 능력을 높인다. ② 자기 반성과 창조성이 개발된다. ③ 의견발표에 자신이 생긴다. ④ 문제에 적극적으로 참가하여 흥미를 갖게 하여, 타인의 장점과 단점이 잘 나타난다. ⑤ 사람을 보는 눈이 신중하게 되고 관대하게 되며 자신의 능력을 알게 된다.	① 목적이 명확하지 않고 계획적으로 실시하지 않으면 학습에 연계되지 않는다. ② 높은 의지결정의 훈련으로는 기대할 수 없다.

□□□ 09년4회, 11년1회, 20년3회

14. 다음 중 역할연기(role playing)에 의한 교육의 장점을 설명한 것으로 틀린 것은?

① 관찰능력을 높이고 감수성이 향상된다.
② 자기의 태도에 반성과 창조성이 생긴다.
③ 정도가 높은 의사결정의 훈련으로서 적합하다.
④ 의견 발표에 자신이 생기고, 고찰력이 풍부해진다.

05 교육대상별 교육방법

(1) 듀이(Dewey)의 교육형태 분류

분류기준		내용
교육형식	형식적 교육	학교교육으로서 명확하게 문서화되며 체계적인 제도와 조직을 갖춘 형태
	비형식 교육	특정한 형식이나 제도 밖에서 행하여지는 것으로 가정교육, 부모교육, 사회안전교육 등
교육내용		일반교육 교양교육 특수교육
교육목적		실업교육 직업교육 고등교육

[교육지원 활동]
개인 또는 그룹의 자율성에 기반을 둔 것이고, 자기계발 또는 상호계발의 방법으로 추진한다. 통신교육, 강습회, 초빙강사 활용 등이 해당된다.

(2) 현장 교육의 실시

① O·J·T(on the Job training)
직속 상사가 현장에서 업무상의 개별교육이나 지도훈련을 하는 교육 형태이다.(작업자의 현장 교육)

② OFF·J·T(off the Job training)
계층별 또는 직능별등과 같이 공통된 교육대상자를 현장외의 한 장소에 모아 집체 교육 훈련을 실시하는 교육 형태이다.

③ 현장교육의 특징

O·J·T	Off·J·T
• 개개인에게 적합한 지도훈련이 가능하다. • 직장의 실정에 맞는 실체적 훈련이 가능하다. • 훈련에 필요한 업무의 계속성 유지된다. • 즉시 업무에 연결되는 관계로 신체와 관련이 있다. • 효과가 곧 업무에 나타나며 훈련의 좋고 나쁨에 따라 개선이 용이하다. • 교육을 통한 훈련 효과에 의해 상호 신뢰 이해도가 높아진다.	• 다수의 근로자에게 조직적 훈련이 가능하다. • 훈련에만 전념하게 된다. • 특별 설비 기구를 이용할 수 있다. • 전문가를 강사로 초청할 수 있다. • 각 직장의 근로자가 많은 지식이나 경험을 교류할 수 있다. • 교육 훈련 목표에 대해서 집단적 노력이 흐트러질 수도 있다.

(3) 교육대상별 교육방법

① 관리감독자 TWI(training within industry) 교육

종 류	내용
관리감독자의 구비요건	• 직무의 지식 • 직책의 지식 • 작업을 가르치는 능력 • 작업방법을 개선하는 기능 • 사람을 다루는 기량

교육내용	• JIT(job instruction training) : 작업을 가르치는 법
	  (작업지도기법)
	• JMT(job method training) : 작업의 개선 방법
	  (작업개선기법)
	• JRT(job relation training) : 사람을 다루는 법
	  (인간관계 관리기법)
	• JST(job safety training) : 작업안전 지도 기법

교육시간	10시간으로 1일 2시간씩 5일에 걸쳐 행하며 한 클라스는 10명 정도, 교육방법은 토의법을 의식적으로 취한다.

② 작업지도기법의 4단계

단계	내용
1단계	학습할 준비를 시킨다. • 마음을 안정시킨다. • 무슨 작업을 할 것인가를 말해준다. • 작업에 대해 알고 있는 정도를 확인한다. • 작업을 배우고 싶은 의욕을 갖게 한다. • 정확한 위치에 자리 잡게 한다.
2단계	작업을 설명한다. • 주요단계를 하나씩 설명해주고 시범해 보이고 그려 보인다. • 급소를 강조한다. • 확실하게, 빠짐없이, 끈기 있게 지도한다. • 이해할 수 있는 능력 이상으로 강요하지 않는다.
3단계	작업을 시켜본다.
4단계	가르친 뒤를 살펴본다.

[사업내 훈련(TWI)]
관리감독자는 인력에 대한 책임을 지고 있거나 업무를 지시하는 사람으로, TWI는 감독자의 스킬개발을 위해 사용되는 기법이다.

> **Tip**
> TWI의 교육내용은 영문으로 문제 출제되는 경우가 많으니 영문내용까지 확실히 익혀두자.

③ MTP(Management Training Program), FEAF(Far East Air Forces)

구분	내용
대상	TWI보다 약간 높은 계층
교육방법	TWI와는 달리 관리문제에 보다 더 치중하며 한 클라스는 10~15명, 2시간씩 20회에 걸쳐 40시간 훈련
교육내용	관리의 기능, 조직원 원칙, 조직의 운영, 시간관리, 학습의 원칙과 부하지도법, 훈련의 관리, 신인을 맞이하는 방법과 대행자를 육성하는 요령, 회의의 주관, 직업의 개선, 안전한 작업, 과업관리, 사기 양양

④ ATT(American Telephone & Telegram Co)

구분	내용
대상	대상 계층이 한정되어 있지 않고 한번 훈련을 받은 관리자는 그 부하인 감독자에 대해 지도원이 될 수 있다.
교육방법	1차 훈련(1일 8시간씩 2주간), 2차 과정에서는 문제가 발생할 때마다 하도록 되어 있으며, 진행방법은 통상 토의식에 의하여 지도자의 유도로 과제에 대한 의견을 제시하게 하여 결론을 내려가는 방식
교육내용	계획적 감독, 작업의 계획 및 인원배치, 작업의 감독, 공구 및 자료 보고 및 기록, 개인 작업의 개선, 종업원의 향상, 인사관계, 훈련, 고객관계, 안전부대 군인의 복무조정 등 12가지로 되어 있다.

⑤ CCS(Civil Communication Section) 또는 ATP(Administration Training Program)

구분	내용
대상	당초에는 일부 회사의 톱 매니지먼트에 대해서만 행하여졌던 것이 널리 보급된 것이라고 한다.
교육방법	주로 강의법에 토의법이 가미된 것으로 매주 4일, 4시간씩으로 8주간(합계 128시간)에 걸쳐 실시
교육내용	정책의 수립, 조직(경영부분, 조직형태, 구조 등), 통제(조직 통제의 적용, 품질관리, 원가통제의 적용 등) 및 운영(운영조직, 협조에 의한 회사 운영) 등

05 핵심문제   5. 교육대상별 교육방법

□□□ 08년1회, 09년1회, 12년4회, 15년4회, 17년1회, 19년1회, 22년1회

1. O.J.T(On the Job training)의 특징에 관한 설명으로 틀린 것은?

① 다수의 근로자에게 조직적 훈련이 가능하다.
② 상호 신뢰 및 이해도가 높아진다.
③ 개개인에게 적절한 지도훈련이 가능하다.
④ 직장의 실정에 맞게 실제적 훈련이 가능하다.

문제 1 ~ 5 해설	
O.J.T와 off.J.T의 특징	
O.J.T	off.J.T
• 개개인에게 적합한 지도훈련을 할 수 있다. • 직장의 실정에 맞는 실체적 훈련을 할 수 있다. • 훈련에 필요한 업무의 계속성이 끊어지지 않는다. • 즉시 업무에 연결되는 관계로 신체와 관련이 있다. • 효과가 곧 업무에 나타나며 훈련의 좋고 나쁨에 따라 개선이 용이하다. • 교육을 통한 훈련 효과에 의해 상호 신뢰도 및 이해도가 높아진다.	• 다수의 근로자에게 조직적 훈련이 가능하다. • 훈련에만 전념하게 된다. • 특별 설비 기구를 이용할 수 있다. • 전문가를 강사로 초청할 수 있다. • 각 직장의 근로자가 많은 지식이나 경험을 교류할 수 있다. • 교육 훈련 목표에 대해서 집단적 노력이 흐트러질 수 있다.

□□□ 10년2회, 13년4회, 17년4회, 21년4회

2. O.J.T(On the Job Training)의 장점이 아닌 것은?

① 직장의 실정에 맞게 실제적 훈련이 가능하다.
② 대상자의 개인별 능력에 따라 훈련의 진도를 조정하기가 쉽다.
③ 교육훈련 대상자가 교육훈련에만 몰두할 수 있어 학습효과가 높다.
④ 교육을 통한 훈련효과에 의해 상호 신뢰이해도가 높아진다.

3. 다음 중 Off. J.T(Off Job Training)의 특징으로 옳은 것은?

① 개개인에게 적절한 지도훈련이 가능하다.
② 직장의 실정에 맞게 실제적 훈련이 가능하다.
③ 훈련에 필요한 업무의 계속성이 끊어지지 않는다.
④ 전문가를 강사로 초빙하는 것이 가능하다.

□□□ 17년2회, 20년3회

4. 안전교육의 형태와 방법 중 Off.J.T(Off the Job Training)의 특징이 아닌 것은?

① 외부의 전문가를 강사로 초청할 수 있다.
② 다수의 근로자에게 조직적 훈련이 가능하다.
③ 공통된 대상자를 대상으로 일관적으로 교육할 수 있다.
④ 업무 및 사내의 특성에 맞춘 구체적이고 실제적인 지도교육이 가능하다.

□□□ 08년2회, 08년4회, 12년2회, 16년4회, 18년1회, 21년2회

5. 안전교육방법 중 Off-J.T(Off the job Training) 교육의 특징이 아닌 것은?

① 훈련에만 전념하게 된다.
② 전문가를 강사로 활용할 수 있다.
③ 개개인에게 적절한 지도훈련이 가능하다.
④ 다수의 근로자에게 조직적 훈련이 가능하다.

□□□ 11년2회, 15년4회, 19년1회

6. 관리감독자 훈련(TWI)에 관한 내용이 아닌 것은?

① Job Synergy   ② Job Method
③ Job Relation   ④ Job Instruction

해설
TWI의 교육내용 ① JIT(job instruction training) : 작업을 가르치는 법(작업지도기법) ② JMT(job method training) : 작업의 개선 방법(작업개선기법) ③ JRT(job relation training) : 사람을 다루는 법(인간관계 관리기법) ④ JST(job safety training) : 작업안전 지도 기법

□□□ 14년1회, 18년4회

7. 다음 중 현장의 관리감독자 교육을 위하여 가장 바람직한 교육방식은?

① 강의식(lecture method)
② 토의식(discussion method)
③ 시범(demonstration method)
④ 자율식(self-instruction method)

해설

TWI(training within industry) 교육
교육대상을 주로 제일선 감독자에 두고 있는 것으로 직무의 지식, 직책의 지식, 작업을 가르치는 능력, 작업방법을 개선하는 기능, 사람을 다루는 기량 등이 있다.
10시간으로 1일 2시간씩 5일에 걸쳐 행하며 한 클래스는 10명 정도, 교육방법은 토의법을 의식적으로 취한다.

□□□ 09년4회, 11년1회, 13년4회, 19년4회

8. MTP(Management Training Program) 안전교육 방법의 총 교육시간으로 가장 적합한 것은?

① 10시간   ② 40시간
③ 80시간   ④ 120시간

해설

MTP(Management Training Program), FEAF(Far East Air Forces)

대상	TWI보다 약간 높은 계층
교육방법	TWI와는 달리 관리문제에 보다 더 치중하며 한 클래스는 10~15명, 2시간씩 20회에 걸쳐 40시간 훈련
교육내용	관리의 기능, 조직원 원칙, 조직의 운영, 시간관리학습의 원칙과 부하지도법, 훈련의 관리, 신인을 맞이하는 방법과 대행자를 육성하는 요령, 회의의 주관, 직업의 개선, 안전한 작업, 과업관리, 사기 양양

□□□ 11년1회, 16년1회, 20년3회

9. 다음 중 ATT(American Telephone & Telegram) 교육훈련기법의 내용으로 적절하지 않은 것은?

① 인사관계   ② 고객관계
③ 회의의 주관   ④ 종업원의 향상

해설

회의의 주관은 MTP(Management Training Program)교육훈련기법이다.

ATT 교육내용
계획적 감독, 작업의 계획 및 인원배치, 작업의 감독, 공구 및 자료 보고 및 기록, 개인 작업의 개선, 종업원의 향상, 인사관계, 훈련, 고객관계, 안전부대 군인의 복무조정 등 12가지로 되어 있다.

□□□ 08년2회, 10년4회, 14년4회, 17년4회, 21년1회

10. 다음 설명에 해당하는 안전교육방법은?

> ATP 라고도 하며, 당초 일부 회사의 톱 매니지먼트(top management)에 대하여만 행하여졌으나, 그 후 널리 보급되었으며, 정책의 수립, 조직, 통제 및 운영 등의 교육 내용을 다룬다.

① TWI(Training Within Industry)
② MTP(Management Training Program)
③ CCS(Civil Communication Section)
④ ATT(American Telephone & Telegram Co.)

해설

CCS(Civil Communication Section) 또는 ATP(Administration Training Program)교육으로 당초에는 일부 회사의 톱 매니지먼트에 대해서만 행하여졌던 것이 널리 보급된 것으로 정책의 수립, 조직(경영부분, 조직형태, 구조 등), 통제(조직통제의 적용, 품질관리, 원가통제의 적용 등) 및 운영(운영조직, 협조에 의한 회사 운영) 등이 있다.

06 안전보건교육의 실시

(1) 안전보건교육의 기본방향

① 사고 사례 중심의 안전교육
② 안전작업(표준 작업)을 위한 안전교육
③ 안전의식 향상을 위한 안전교육

(2) 안전보건교육 계획

① 안전교육 계획수립 시의 고려할 사항
 ㉠ 필요한 정보를 수집한다.
 ㉡ 현장의 의견을 충분히 반영한다.
 ㉢ 안전교육시행 체계와 관련을 고려한다.
 ㉣ 법 규정에 의한 교육에만 그치지 않는다.

② 안전교육 계획에 포함하여야 할 사항

안전교육 계획에 포함하여야 할 사항	준비계획에 포함하여야 할 사항	준비계획의 실시계획 내용
• 교육목표(첫째 과제) • 교육의 종류 및 교육대상 • 교육의 과목 및 교육내용 • 교육기간 및 시간 • 교육장소 • 교육방법 • 교육담당자 및 강사	• 교육목표 설정 • 교육 대상자범위 결정 • 교육과정의 결정 • 교육방법 및 형태 결정 • 교육 보조재료 및 강사, 조교의 편성 • 교육진행사항 • 필요 예산의 산정	• 필요인원 • 교육장소 • 기자재 • 견학 계획 • 시범 및 실습계획 • 협조부서 및 협동 • 토의진행계획 • 소요예산책정 • 평가계획 • 일정표

(3) 안전교육의 단계

단계	구분	주요형식
1단계	지식 형성(knowledge building)	제시 방식
2단계	기능 숙련(skill training)	실습 방식
3단계	태도 개발(attitude development)	참가 방식

[안전보건교육의 목적]
(1) 의식의 안전화
(2) 행동의 안전화
(3) 작업환경의 안전화
(4) 물적 요인의 안전화

[교육훈련 프로그램 개발모형]
1단계: 요구분석
2단계 : 설계
3단계 : 개발
4단계 : 실행
5단계 : 평가

[집단교육의 4단계]
1단계 : 지식교육
2단계 : 태도교육
3단계 : 개인행동
4단계 : 집단행동

① 1단계 : 지식교육

구분	내용
목표	안전의식제고, 안전기능 지식의 주입 및 감수성 향상
교육내용	• 안전의식 향상 • 안전규정의 숙지 • 태도, 기능의 기초지식 주입 • 안전에 대한 책임감 주입 • 재해발생 원리의 이해
진행방법	• 목적을 올바르게 전달한다. • 부하에게 자기의 생각을 먼저 말하게 한다. • 특수한 사상 가운데서 일반화를 도모한다. • 부하가 깨닫지 못하는 부분을 지적한다.

② 2단계 : 기술(기능)교육

구분	내용		
목표	안전작업 기능, 표준작업 기능 및 기계 · 기구의 위험요소에 대한 이해, 작업에 대한 전반적인 사항 습득		
교육내용	• 안전장치의 사용 방법 • 전문적인 기술기능 • 방호장치의 방호방법 • 점검 등 사용방법에 대한 기능		
진행방법 4단계	단계	내용	
	1단계	준비 단계(preparation)	
	2단계	일을 하여 보이는 단계(presentation)	
	3단계	일을 시켜 보이는 단계(performance)	
	4단계	보습 지도의 단계(follow-up)	
하버드 학파의 5단계 교수법	1단계 : 준비(preparation) 2단계 : 교시(presentation) 3단계 : 연합(association) 4단계 : 총괄(generalization) 5단계 : 응용(application)		
듀이의 사고과정의 5단계	1단계 : 시사를 받는다.(suggestion) 2단계 : 머리로 생각한다.(intellectualization) 3단계 : 가설을 설정한다.(hypothesis) 4단계 : 추론한다.(reasoning) 5단계 : 행동에 의하여 가설을 검토한다.		

Tip

하버드 학파의 교수법과 듀이의 사고과정 5단계는 문제 풀이시 자주 인용되므로 서로 혼동되지 않도록 주의하자.

③ 3단계 : 태도교육

구분	내용
목표	가치관의 형성, 작업동작의 정확화, 사용설비, 공구, 보호구 등에 대한 안전화 도모, 점검태도 방법
교육내용	• 작업방법의 습관화 • 공구 및 보호구의 취급 관리 • 안전작업의 습관화 및 정확화 • 작업 전, 중, 후의 정확한 습관화
태도교육의 원칙	• 청취한다.(hearing) • 이해하고 납득한다.(understand) • 항상 모범을 보여준다.(example) • 권장한다.(exhortation) • 상과 벌을 준다. • 적정 배치한다. • 평가한다.(evaluation)

06 핵심문제　　　　　　　6. 안전보건교육의 실시

□□□ 15년4회
1. 다음 중 안전교육의 기본방향과 가장 거리가 먼 것은?

① 사고 사례 중심의 안전교육
② 안전작업(표준작업)을 위한 안전교육
③ 안전의식 향상을 위한 안전교육
④ 작업량 향상을 위한 안전교육

해설

안전교육의 기본방향
1. 사고 사례 중심의 안전교육
2. 안전작업(표준작업)을 위한 안전교육
3. 안전의식 향상을 위한 안전교육

□□□ 10년1회, 11년2회, 17년2회, 18년2회
2. 안전교육의 목적과 가장 거리가 먼 것은?

① 환경의 안전화
② 경험의 안전화
③ 인간정신의 안전화
④ 설비와 물자의 안전화

해설

안전교육의 목적
1. 인간정신의 안전화
2. 행동의 안전화
3. 환경의 안전화
4. 설비와 물자의 안전화

□□□ 19년2회
3. 안전교육의 3단계 중, 현장실습을 통한 경험체득과 이해를 목적으로 하는 단계는?

① 안전지식교육　　　② 안전기능교육
③ 안전태도교육　　　④ 안전의식교육

문제 3 ~ 4 해설

안전교육의 3단계
1. 제1단계 : 지식교육이란 강의, 시청각 교육을 통한 지식의 전달과 이해하는 단계
2. 제2단계 : 기능교육이란 시범, 견학, 실습, 현장실습교육을 통한 경험 체득과 이해를 한다.
3. 제3단계 : 태도교육이란 작업동작지도, 생활지도 등을 통한 안전의 습관화를 한다.

□□□ 17년2회
4. 안전교육의 내용을 지식교육, 기능교육 및 태도교육 순서로 구분하여 맞게 나열한 것은?

① 시청각 교육 - 안전작업 동작지도 - 현장실습 교육
② 현장실습 교육 - 안전작업 동작지도 - 시청각 교육
③ 안전작업 동작지도 - 시청각 교육 - 현장실습 교육
④ 시청각 교육 - 현장실습 교육 - 안전작업 동작지도

□□□ 18년2회
5. 안전교육 중 지식교육의 교육내용이 아닌 것은?

① 안전규정 숙지를 위한 교육
② 안전장치(방호장치) 관리기능에 관한 교육
③ 기능·태도교육에 필요한 기초지식 주입을 위한 교육
④ 안전의식의 향상 및 안전에 대한 책임감 주입을 위한 교육

해설

지식교육의 내용
1. 안전의식 향상
2. 안전규정의 숙지
3. 태도, 기능의 기초지식 주입
4. 안전에 대한 책임감 주입
5. 재해발생원리의 이해

□□□ 13년2회, 19년1회
6. 다음 중 안전보건교육의 종류별 교육요점으로 옳지 않은 것은?

① 기능교육은 표준작업 방법대로 시범을 보이고 실습을 시킨다.
② 태도교육은 의욕을 갖게 하고 가치관 형성교육을 한다.
③ 추후지도교육은 재해발생원리 및 잠재위험을 이해시킨다.
④ 지식교육은 작업에 관련된 취약점과 이에 대응되는 작업방법을 알도록 한다.

해설

재해발생원리 및 잠재위험의 이해는 지식교육 단계에서 실시한다.

□□□ 09년2회, 18년2회

7. 하버드 학파의 학습지도법에 해당하지 않는 것은?

① 지시(Order)
② 준비(Preparation)
③ 교시(Presentation)
④ 총괄(Generalization)

해설
하버드학파의 5단계 1단계 : 준비시킨다.(preparation) 2단계 : 교시한다.(presentation) 3단계 : 연합한다.(association) 4단계 : 총괄시킨다.(generalization) 5단계 : 응용시킨다.(application)

□□□ 08년4회, 13년4회, 18년4회

8. 기술교육의 진행방법 중 듀이 (John Dewey)의 5단계 사고 과정에 속하지 않는 것은?

① 응용시킨다.(Application)
② 시사를 받는다.(Suggestion)
③ 가설을 설정한다.(Hypothesis)
④ 머리로 생각한다.(Intellectualization)

문제 8 ~ 9 해설
존 듀이(J.Dewey)의 사고과정의 5단계 1. 시사를 받는다. 2. 머리로 생각한다. 3. 가설을 설정한다. 4. 추론한다. 5. 행동에 의하여 가설을 검토한다.

□□□ 11년4회, 14년2회, 20년1,2회

9. 다음 중 존 듀이(Jone Dewey)의 5단계 사고과정을 올바른 순서대로 나열한 것은?

① 행동에 의하여 가설을 검토한다. ② 가설(hypothesis)을 설정한다. ③ 지식화(intellectualization)한다. ④ 시사(suggestion)를 받는다. ⑤ 추론(reasoning)한다.

① ④ → ① → ② → ③ → ⑤
② ⑤ → ② → ④ → ① → ③
③ ④ → ③ → ② → ⑤ → ①
④ ⑤ → ③ → ② → ④ → ①

□□□ 14년2회, 19년4회

10. 직장규율과 안전규율 등을 몸에 익히기에 적합한 교육의 종류는?

① 지능교육   ② 문제해결교육
③ 기능교육   ④ 태도교육

해설
태도교육의 특징 1. 목표 : 가치관의 형성, 작업동작의 정확화, 사용설비 공구 보호구 등에 대한 안전화 도모, 점검태도 방법 2. 교육내용 ① 작업방법의 습관화 ② 공구 및 보호구의 취급 관리 ③ 안전작업의 습관화 및 정확화 ④ 작업 전, 중, 후의 정확한 습관화

□□□ 13년4회, 16년4회

11. 태도교육을 통한 안전태도교육의 특징으로 적절하지 않은 것은?

① 청취한다.
② 모범을 보인다.
③ 권장, 평가한다.
④ 벌은 주지 않고 칭찬만 한다.

문제 11 ~ 12 해설
태도교육의 원칙 1. 청취한다.(hearing) 2. 이해하고 납득한다.(understand 3. 항상 모범을 보여준다.(example) 4. 권장한다.(exhortation) 5. 상과 벌을 준다. 6. 좋은 지도자를 얻도록 힘쓴다. 7. 적정 배치한다. 8. 평가한다.(evaluation)

□□□ 08년1회, 18년2회

12. 안전태도교육의 기본과정으로 볼 수 없는 것은?

① 강요한다.
② 모범을 보인다.
③ 평가를 한다.
④ 이해·납득시킨다

정답 **7** ① **8** ① **9** ③ **10** ④ **11** ④ **12** ①

07 산업안전보건교육의 내용

(1) 안전보건교육 시간

① 근로자 안전보건교육

[관련법령]
산업안전보건법 시행규칙 별표4【안전보건교육 교육과정별 교육시간】

[단기간 작업]
2개월 이내에 종료되는 1회성 작업

[간헐적 작업]
연간 총 작업일수가 60일을 초과하지 않는 직업

교 육 과 정	교 육 대 상		교 육 시 간
1. 정기교육	사무직 종사 근로자		매분기 3시간 이상
	사무직 종사 근로자 외의 근로자	판매업무에 직접 종사하는 근로자	매분기 3시간 이상
		판매업무에 직접 종사하는 근로자 외의 근로자	매분기 6시간 이상
	관리감독자의 지위에 있는 사람		연간 16시간 이상
2. 채용 시의 교육	일용근로자		1시간 이상
	일용근로자를 제외한 근로자		8시간 이상
3. 작업내용 변경 시의 교육	일용근로자		1시간 이상
	일용근로자를 제외한 근로자		2시간 이상
4. 특별교육	특별안전 보건교육 대상 작업에 종사하는 일용근로자		2시간 이상
	타워크레인 신호작업에 종사하는 일용근로자		8시간 이상
	특별안전 보건교육 대상 작업에 종사하는 일용근로자를 제외한 근로자		• 16시간 이상 • 단기간 작업 또는 간헐적 작업인 경우에는 2시간 이상
5. 건설업기초 안전보건교육	건설일용근로자		4시간

② 안전보건관리책임자 등에 대한 교육

교 육 대 상	교 육 시 간	
	신 규	보 수
• 안전보건관리책임자	6시간 이상	6시간 이상
• 안전관리자, 안전관리전문기관 종사자	34시간 이상	24시간 이상
• 보건관리자, 보건관리전문기관 종사자	34시간 이상	24시간 이상
• 재해예방 전문지도기관 종사자	34시간 이상	24시간 이상
• 석면조사기관의 종사자	34시간 이상	24시간 이상
• 안전보건관리담당자	–	8시간 이상

③ 검사원 성능검사 교육

교육과정	교육대상	교육시간
성능검사 교육	–	28시간 이상

(2) 근로자 안전보건교육 내용

[관련법령]
산업안전보건법 시행규칙 별표5【교육대상별 교육내용】

Tip

안전교육 내용 중에서는 근로자 안전보건교육 내용의 출제빈도가 매우 높다.
관리감독자 정기교육과 채용시 교육에 각각 해당하는 내용을 반드시 구분할 수 있어야 한다.

[물질안전보건자료에 대한 교육 내용]
① 대상화학물질의 명칭
② 물리적 위험성 및 건강 유해성
③ 취급상 주의사항
④ 적절한 보호구
⑤ 응급조치요령 및 사고시 대처방법
⑥ 물질안전보건자료 및 경고표지를 이해하는 방법

종류	내용
근로자 정기교육	• 산업안전 및 사고 예방에 관한 사항 • 산업보건 및 직업병 예방에 관한 사항 • 건강증진 및 질병 예방에 관한 사항 • 유해·위험 작업환경 관리에 관한 사항 • 산업안전보건법령 및 산업재해보상보험 제도에 관한 사항 • 직무스트레스 예방 및 관리에 관한 사항 • 직장 내 괴롭힘, 고객의 폭언 등으로 인한 건강장해 예방 및 관리에 관한 사항
관리감독자 정기교육	• 산업안전 및 사고 예방에 관한 사항 • 산업보건 및 직업병 예방에 관한 사항 • 유해·위험 작업환경 관리에 관한 사항 • 산업안전보건법령 및 산업재해보상보험 제도에 관한 사항 • 직무스트레스 예방 및 관리에 관한 사항 • 직장 내 괴롭힘, 고객의 폭언 등으로 인한 건강장해 예방 및 관리에 관한 사항 • 작업공정의 유해·위험과 재해 예방대책에 관한 사항 • 표준안전 작업방법 및 지도 요령에 관한 사항 • 관리감독자의 역할과 임무에 관한 사항 • 안전보건교육 능력 배양에 관한 사항 – 현장근로자와의 의사소통능력 향상, 강의능력 향상 및 그 밖에 안전보건교육 능력 배양 등에 관한 사항. 이 경우 안전보건교육 능력 배양 교육은 별표 4에 따라 관리감독자가 받아야 하는 전체 교육시간의 3분의 1 범위에서 할 수 있다.
채용시 및 작업내용 변경시 교육	• 산업안전 및 사고 예방에 관한 사항 • 산업보건 및 직업병 예방에 관한 사항 • 산업안전보건법령 및 산업재해보상보험 제도에 관한 사항 • 직무스트레스 예방 및 관리에 관한 사항 • 직장 내 괴롭힘, 고객의 폭언 등으로 인한 건강장해 예방 및 관리에 관한 사항 • 기계·기구의 위험성과 작업의 순서 및 동선에 관한 사항 • 작업 개시 전 점검에 관한 사항 • 정리정돈 및 청소에 관한 사항 • 사고 발생 시 긴급조치에 관한 사항 • 물질안전보건자료에 관한 사항

(3) 특별안전보건교육 대상 작업별 교육내용

종류	내용
1. 고압실 내 작업 (잠함공법이나 그 밖의 압기공법으로 대기압을 넘는 기압인 작업실 또는 수갱 내부에서 하는 작업만 해당한다)	• 고기압 장해의 인체에 미치는 영향에 관한 사항 • 작업의 시간·작업 방법 및 절차에 관한 사항 • 압기공법에 관한 기초지식 및 보호구 착용에 관한 사항 • 이상 발생 시 응급조치에 관한 사항 • 그 밖에 안전·보건관리에 필요한 사항
2. 아세틸렌 용접장치 또는 가스집합 용접장치를 사용하는 금속의 용접·용단 또는 가열작업 (발생기·도관 등에 의하여 구성되는 용접장치만 해당한다)	• 용접 흄, 분진 및 유해광선 등의 유해성에 관한 사항 • 가스용접기, 압력조정기, 호스 및 취관두 등의 기기점검에 관한 사항 • 작업방법·순서 및 응급처치에 관한 사항 • 안전기 및 보호구 취급에 관한 사항 • 화재예방 및 초기대응에 관한사항 • 그 밖에 안전·보건관리에 필요한 사항
3. 밀폐된 장소(탱크 내 또는 환기가 극히 불량한 좁은 장소를 말한다)에서 하는 용접작업 또는 습한 장소에서 하는 전기용접 작업	• 작업순서, 안전작업방법 및 수칙에 관한 사항 • 환기설비에 관한 사항 • 전격 방지 및 보호구 착용에 관한 사항 • 질식 시 응급조치에 관한 사항 • 작업환경 점검에 관한 사항 • 그 밖에 안전·보건관리에 필요한 사항
4. 폭발성·물반응성·자기반응성·자기발열성 물질,자연발화성 액체·고체 및 인화성 액체의 제조 또는 취급 작업(시험연구를 위한 취급작업은 제외한다)	• 폭발성·물반응성·자기반응성·자기발열성 물질, 자연발화성 액체·고체 및 인화성 액체의 성질이나 상태에 관한 사항 • 폭발 한계점, 발화점 및 인화점 등에 관한 사항 • 취급방법 및 안전수칙에 관한 사항 • 이상 발견 시의 응급처치 및 대피 요령에 관한 사항 • 화기·정전기·충격 및 자연발화 등의 위험방지에 관한 사항 • 작업순서, 취급주의사항 및 방호거리 등에 관한 사항 • 그 밖에 안전·보건관리에 필요한 사항
5. 액화석유가스·수소가스 등 인화성 가스 또는 폭발성 물질 중 가스의 발생장치 취급 작업	• 취급가스의 상태 및 성질에 관한 사항 • 발생장치 등의 위험 방지에 관한 사항 • 고압가스 저장설비 및 안전취급방법에 관한 사항 • 설비 및 기구의 점검 요령 • 그 밖에 안전·보건관리에 필요한 사항
6. 화학설비 중 반응기, 교반기·추출기의 사용 및 세척 작업	• 각 계측장치의 취급 및 주의에 관한 사항 • 투시창·수위 및 유량계 등의 점검 및 밸브의 조작주의에 관한 사항 • 세척액의 유해성 및 인체에 미치는 영향에 관한 사항 • 작업 절차에 관한 사항 • 그 밖에 안전·보건관리에 필요한 사항

종 류	내용
7. 화학설비의 탱크 내 작업	• 차단장치 · 정지장치 및 밸브 개폐장치의 점검에 관한 사항 • 탱크 내의 산소농도 측정 및 작업환경에 관한 사항 • 안전보호구 및 이상 발생 시 응급조치에 관한 사항 • 작업절차 · 방법 및 유해 · 위험에 관한 사항 • 그 밖에 안전 · 보건관리에 필요한 사항
8. 분말 · 원재료 등을 담은 호퍼 · 저장창고 등 저장탱크의 내부작업	• 분말 · 원재료의 인체에 미치는 영향에 관한 사항 • 저장탱크 내부작업 및 복장보호구 착용에 관한 사항 • 작업의 지정 · 방법 · 순서 및 작업환경 점검에 관한 사항 • 팬 · 풍기(風旗) 조작 및 취급에 관한 사항 • 분진 폭발에 관한 사항 • 그 밖에 안전 · 보건관리에 필요한 사항
11. 동력에 의하여 작동되는 프레스기계를 5대 이상 보유한 사업장에서 해당 기계로 하는 작업	• 프레스의 특성과 위험성에 관한 사항 • 방호장치 종류와 취급에 관한 사항 • 안전작업방법에 관한 사항 • 프레스 안전기준에 관한 사항 • 그 밖에 안전 · 보건관리에 필요한 사항
13. 운반용 등 하역기계를 5대 이상 보유한 사업장에서의 해당 기계로 하는 작업	• 운반하역기계 및 부속설비의 점검에 관한 사항 • 작업순서와 방법에 관한 사항 • 안전운전방법에 관한 사항 • 화물의 취급 및 작업신호에 관한 사항 • 그 밖에 안전 · 보건관리에 필요한 사항
14. 1톤 이상의 크레인을 사용하는 작업 또는 1톤 미만의 크레인 또는 호이스트를 5대 이상 보유한 사업장에서 해당 기계로 하는 작업 (제40호의 작업은 제외한다)	• 방호장치의 종류, 기능 및 취급에 관한 사항 • 걸고리 · 와이어로프 및 비상정지장치 등의 기계 · 기구 점검에 관한 사항 • 화물의 취급 및 안전작업방법에 관한 사항 • 신호방법 및 공동작업에 관한 사항 • 인양 물건의 위험성 및 낙하 · 비래(飛來) · 충돌재해 예방에 관한 사항 • 인양물이 적재될 지반의 조건, 인양하중, 풍압 등이 인양물과 타워크레인에 미치는 영향 • 그 밖에 안전 · 보건관리에 필요한 사항
15. 건설용 리프트 · 곤돌라를 이용한 작업	• 방호장치의 기능 및 사용에 관한 사항 • 기계, 기구, 달기체인 및 와이어 등의 점검에 관한 사항 • 화물의 권상 · 권하 작업방법 및 안전작업 지도에 관한 사항 • 기계 · 기구에 특성 및 동작원리에 관한 사항 • 신호방법 및 공동작업에 관한 사항 • 그 밖에 안전 · 보건관리에 필요한 사항

종 류	내용
16. 주물 및 단조작업	• 고열물의 재료 및 작업환경에 관한 사항 • 출탕 · 주조 및 고열물의 취급과 안전작업방법에 관한 사항 • 고열작업의 유해 · 위험 및 보호구 착용에 관한 사항 • 안전기준 및 중량물 취급에 관한 사항 • 그 밖에 안전 · 보건관리에 필요한 사항
17. 전압이 75볼트 이상인 정전 및 활선작업	• 전기의 위험성 및 전격 방지에 관한 사항 • 해당 설비의 보수 및 점검에 관한 사항 • 정전작업 · 활선작업 시의 안전작업방법 및 순서에 관한 사항 • 절연용 보호구, 절연용 보호구 및 활선작업용 기구 등의 사용에 관한 사항 • 그 밖에 안전 · 보건관리에 필요한 사항
18. 콘크리트 파쇄기를 사용하여 하는 파쇄 작업(2미터 이상인 구축물의 파쇄작업만 해당한다)	• 콘크리트 해체 요령과 방호거리에 관한 사항 • 작업안전조치 및 안전기준에 관한 사항 • 파쇄기의 조작 및 공통작업 신호에 관한 사항 • 보호구 및 방호장비 등에 관한 사항 • 그 밖에 안전 · 보건관리에 필요한 사항
19. 굴착면의 높이가 2미터 이상이 되는 지반굴착 (터널 및 수직갱 외의 갱 굴착은 제외한다) 작업	• 지반의 형태 · 구조 및 굴착 요령에 관한 사항 • 지반의 붕괴재해 예방에 관한 사항 • 붕괴 방지용 구조물 설치 및 작업방법에 관한 사항 • 보호구의 종류 및 사용에 관한 사항 • 그 밖에 안전 · 보건관리에 필요한 사항
20. 흙막이 지보공의 보강 또는 동바리를 설치 하거나 해체하는 작업	• 작업안전 점검 요령과 방법에 관한 사항 • 동바리의 운반 · 취급 및 설치 시 안전작업에 관한 사항 • 해체작업 순서와 안전기준에 관한 사항 • 보호구 취급 및 사용에 관한 사항 • 그 밖에 안전 · 보건관리에 필요한 사항
21. 터널 안에서의 굴착작업 (굴착용 기계를 사용하여 하는 굴착작업 중 근로자가 칼날 밑에 접근하지 않고 하는 작업은 제외한다) 또는 같은 작업에서의 터널 거푸집 지보공의 조립 또는 콘크리트 작업	• 작업환경의 점검 요령과 방법에 관한 사항 • 붕괴 방지용 구조물 설치 및 안전작업 방법에 관한 사항 • 재료의 운반 및 취급 · 설치의 안전기준에 관한 사항 • 보호구의 종류 및 사용에 관한 사항 • 소화설비의 설치장소 및 사용방법에 관한 사항 • 그 밖에 안전 · 보건관리에 필요한 사항
22. 굴착면의 높이가 2미터 이상이 되는 암석의 굴착작업	• 폭발물 취급 요령과 대피 요령에 관한 사항 • 안전거리 및 안전기준에 관한 사항 • 방호물의 설치 및 기준에 관한 사항 • 보호구 및 신호방법 등에 관한 사항 • 그 밖에 안전 · 보건관리에 필요한 사항

종 류	내용
24. 선박에 짐을 쌓거나 부리거나 이동시키는 작업	• 하역 기계 · 기구의 운전방법에 관한 사항 • 운반 · 이송경로의 안전작업방법 및 기준에 관한 사항 • 중량물 취급 요령과 신호 요령에 관한 사항 • 작업안전 점검과 보호구 취급에 관한 사항 • 그 밖에 안전 · 보건관리에 필요한 사항
25. 거푸집 동바리의 조립 또는 해체작업	• 동바리의 조립방법 및 작업 절차에 관한 사항 • 조립재료의 취급방법 및 설치기준에 관한 사항 • 조립 해체 시의 사고 예방에 관한 사항 • 보호구 착용 및 점검에 관한 사항 • 그 밖에 안전 · 보건관리에 필요한 사항
26. 비계의 조립 · 해체 또는 변경작업	• 비계의 조립순서 및 방법에 관한 사항 • 비계작업의 재료 취급 및 설치에 관한 사항 • 추락재해 방지에 관한 사항 • 보호구 착용에 관한 사항 • 비계상부 작업 시 최대 적재하중에 관한 사항 • 그 밖에 안전 · 보건관리에 필요한 사항
29. 콘크리트 인공구조물 (그 높이가 2미터 이상인 것만 해당한다)의 해체 또는 파괴작업	• 콘크리트 해체기계의 점검에 관한 사항 • 파괴 시의 안전거리 및 대피 요령에 관한 사항 • 작업방법 · 순서 및 신호 방법 등에 관한 사항 • 해체 · 파괴 시의 작업안전기준 및 보호구에 관한 사항 • 그 밖에 안전 · 보건관리에 필요한 사항
30. 타워크레인을 설치 (상승작업을 포함한다) · 해체하는 작업	• 붕괴 · 추락 및 재해 방지에 관한 사항 • 설치 · 해체 순서 및 안전작업방법에 관한 사항 • 부재의 구조 · 재질 및 특성에 관한 사항 • 신호방법 및 요령에 관한 사항 • 이상 발생 시 응급조치에 관한 사항 • 그 밖에 안전 · 보건관리에 필요한 사항
32. 게이지 압력을 제곱센티미터당 1킬로그램 이상으로 사용하는 압력용기의 설치 및 취급작업	• 안전시설 및 안전기준에 관한 사항 • 압력용기의 위험성에 관한 사항 • 용기 취급 및 설치기준에 관한 사항 • 작업안전 점검 방법 및 요령에 관한 사항 • 그 밖에 안전 · 보건관리에 필요한 사항
33. 방사선 업무에 관계되는 작업(의료 및 실험용은 제외한다)	• 방사선의 유해 · 위험 및 인체에 미치는 영향 • 방사선의 측정기기 기능의 점검에 관한 사항 • 방호거리 · 방호벽 및 방사선물질의 취급 요령에 관한 사항 • 응급처치 및 보호구 착용에 관한 사항 • 그 밖에 안전 · 보건관리에 필요한 사항

종류	내용
34. 맨홀작업	• 장비 · 설비 및 시설 등의 안전점검에 관한 사항 • 산소농도 측정 및 작업환경에 관한 사항 • 작업내용 · 안전작업방법 및 절차에 관한 사항 • 보호구 착용 및 보호 장비 사용에 관한 사항 • 그 밖에 안전 · 보건관리에 필요한 사항
35. 밀폐공간에서의 작업	• 산소농도 측정 및 작업환경에 관한 사항 • 사고 시의 응급처치 및 비상 시 구출에 관한 사항 • 보호구 착용 및 사용방법에 관한 사항 • 밀폐공간작업의 안전작업방법에 관한 사항 • 그 밖에 안전 · 보건관리에 필요한 사항
36. 허가 및 관리 대상 유해물질의 제조 또는 취급작업	• 취급물질의 성질 및 상태에 관한 사항 • 유해물질이 인체에 미치는 영향 • 국소배기장치 및 안전설비에 관한 사항 • 안전작업방법 및 보호구 사용에 관한 사항 • 그 밖에 안전 · 보건관리에 필요한 사항
37. 로봇작업	• 로봇의 기본원리 · 구조 및 작업방법에 관한 사항 • 이상 발생 시 응급조치에 관한 사항 • 안전시설 및 안전기준에 관한 사항 • 조작방법 및 작업순서에 관한 사항
38. 석면해체 · 제거작업	• 석면의 특성과 위험성 • 석면해체 · 제거의 작업방법에 관한 사항 • 장비 및 보호구 사용에 관한 사항 • 그 밖에 안전 · 보건관리에 필요한 사항
40. 타워크레인을 사용하는 작업시 신호업무를 하는 작업	• 타워크레인의 기계적 특성 및 방호장치 등에 관한 사항 • 화물의 취급 및 안전작업방법에 관한 사항 • 신호방법 및 요령에 관한 사항 • 인양 물건의 위험성 및 낙하 · 비래 · 충돌재해 예방에 관한 사항 • 인양물이 적재될 지반의 조건, 인양하중, 풍압 등이 인양물과 타워크레인에 미치는 영향 • 그 밖에 안전 · 보건관리에 필요한 사항

(4) 건설업 기초안전보건교육 내용

교 육 내 용	시간
가. 건설공사의 종류(건축·토목 등) 및 시공 절차	1시간
나. 산업재해 유형별 위험요인 및 안전보건조치	2시간
다. 안전보건관리체제 현황 및 산업안전보건 관련 근로자 권리·의무	1시간

07 핵심문제   7. 산업안전보건교육의 내용

□□□ 12년1회, 15년1회, 19년2회

1. 다음 중 산업안전보건법령상 산업안전 · 보건 관련 교육 과정 중 사업 내 안전 · 보건교육에 있어 교육대상별 교육시간이 올바르게 연결된 것은?

① 일용근로자의 채용 시 교육 : 2시간 이상
② 일용근로자의 작업내용 변경 시 교육 : 1시간 이상
③ 사무직 종사 근로자의 정기교육 : 매분기 2시간 이상
④ 관리감독자의 지위에 있는 사람의 정기교육 : 연간 8시간 이상

해설		
근로자 안전보건교육		
교 육 과 정	교 육 대 상	교 육 시 간
채용 시의 교육	일용근로자	1시간 이상
	일용근로자를 제외한 근로자	8시간 이상
작업내용 변경 시의 교육	일용근로자	1시간 이상
	일용근로자를 제외한 근로자	2시간 이상

□□□ 12년2회, 12년4회, 13년2회, 17년1회, 18년1회, 18년4회

2. 산업안전보건법령상 사업 내 안전·보건교육에 있어 건설 일용근로자의 건설업 기초안전·보건교육의 교육시간으로 맞는 것은?

① 1시간   ② 2시간
③ 4시간   ④ 8시간

해설		
근로자 안전보건교육		
교 육 과 정	교 육 대 상	교 육 시 간
건설업 기초안전보건교육	건설일용근로자	4시간

□□□ 20년1,2회

3. 산업안전보건법령상 근로자 정기안전 · 보건교육의 교육내용이 아닌 것은?

① 산업안전 및 사고 예방에 관한 사항
② 건강증진 및 질병 예방에 관한 사항
③ 산업보건 및 직업병 예방에 관한 사항
④ 작업공정의 유해 · 위험과 재해 예방대책에 관한 사항

해설
근로자의 정기교육 내용
• 산업안전 및 사고 예방에 관한 사항 • 산업보건 및 직업병 예방에 관한 사항 • 건강증진 및 질병 예방에 관한 사항 • 유해 · 위험 작업환경 관리에 관한 사항 • 산업안전보건법령 및 산업재해보상보험제도에 관한 사항 • 직무스트레스 예방 및 관리에 관한 사항 • 직장 내 괴롭힘, 고객의 폭언 등으로 인한 건강장해 예방 및 관리에 관한 사항

□□□ 11년2회, 14년1회

4. 다음 중 산업안전보건법령상 사업내 안전 · 보건교육에 있어 관리감독자 정기안전 · 보건교육 내용에 해당하는 것은?

① 정리정돈 및 청소에 관한 사항
② 작업 개시 전 점검에 관한 사항
③ 작업공정의 유해 · 위험과 재해 예방대책에 관한 사항
④ 기계 · 기구의 위험성과 작업의 순서 및 동선에 관한 사항

해설
관리감독자 정기교육 내용
• 산업안전 및 사고 예방에 관한 사항 • 산업보건 및 직업병 예방에 관한 사항 • 유해 · 위험 작업 환경 관리에 관한 사항 • 산업안전보건법령 및 산업재해보상보험제도에 관한 사항 • 직무스트레스 예방 및 관리에 관한 사항 • 직장 내 괴롭힘, 고객의 폭언 등으로 인한 건강장해 예방 및 관리에 관한 사항 • 작업공정의 유해 · 위험과 재해 예방대책에 관한 사항 • 표준안전 작업방법 및 지도 요령에 관한 사항 • 관리감독자의 역할과 임무에 관한 사항 • 안전보건교육 능력 배양에 관한 사항

□□□ 09년1회, 09년4회, 10년2회, 11년1회, 12년1회, 15년1회

5. 다음 중 산업안전보건법령상 사업 내 안전·보건교육에 있어 "채용 시의 교육 및 작업내용 변경 시의 교육내용"에 해당하지 않은 것은? (단, 산업안전보건법 및 일반관리에 관한 사항은 제외한다.)

① 물질안전보건자료에 관한 사항
② 정리정돈 및 청소에 관한 사항
③ 사고 발생 시 긴급조치에 관한 사항
④ 유해·위험 작업환경 관리에 관한 사항

해설

채용 시의 교육 및 작업내용 변경 시의 교육 내용
① 기계·기구의 위험성과 작업의 순서 및 동선에 관한 사항
② 작업 개시 전 점검에 관한 사항
③ 정리정돈 및 청소에 관한 사항
④ 사고 발생 시 긴급조치에 관한 사항
⑤ 산업보건 및 직업병 예방에 관한 사항
⑥ 물질안전보건자료에 관한 사항
⑦ 직무스트레스 예방 및 관리에 관한 사항
⑧ 「산업안전보건법」 및 일반관리에 관한 사항

□□□ 19년4회

6. 굴착면의 높이가 2m 이상인 암석의 굴착 작업에 대한 특별안전보건교육 내용에 포함되지 않는 것은? (단, 그 밖의 안전·보건관리에 필요한 사항은 제외한다.)

① 지반의 붕괴재해 예방에 관한 사항
② 보호구 및 신호방법 등에 관한 사항
③ 안전거리 및 안전기준에 관한 사항
④ 폭발물 취급 요령과 대피 요령에 관한 사항

해설

굴착면의 높이가 2미터 이상이 되는 암석의 굴착작업 시 특별안전보건교육 내용
1. 폭발물 취급 요령과 대피 요령에 관한 사항
2. 안전거리 및 안전기준에 관한 사항
3. 방호물의 설치 및 기준에 관한 사항
4. 보호구 및 신호방법 등에 관한 사항
5. 그 밖에 안전·보건관리에 필요한 사항

PART

03

인간공학 및 시스템 안전

건설안전기사

핵심암기모음집
**인간공학 및
시스템 안전**

한솔아카데미

01. 안전과 인간공학

01 인간공학의 정의

❶ 인간공학의 표기
① Human Engineering
② Ergonomics
③ Human Factors

❷ 인간공학의 목적

구분	내용
목표	• 안전성 향상과 사고방지 • 기계조작의 능률성과 생산성의 향상 • 작업환경의 쾌적성
필요성	• 인간이 만들어 사용하는 물건, 기구 또는 환경을 설계하는 과정에서 인간을 고려한다. • 물건, 기구 또는 환경을 설계하는데 인간의 특성이나 행동에 관한 적절한 정보를 체계적으로 적용할 수 있다.

❸ 인간공학의 기대효과와 가치
① 성능의 향상
② 훈련비용의 절감
③ 인력이용율의 향상
④ 사고 및 오용으로부터의 손실감소
⑤ 생산 및 경비유지의 경제성 증대
⑥ 사용자의 수요도 향상

❶ 인간-기계 시스템의 기본기능

① 감지 (sensing)

② 정보저장(information storage)

③ 정보처리 및 결심(information processing and decision)

④ 행동기능(acting function)

❷ 인간-기계시스템의 구분

① 수동체계(manual system)

수동체계는 수공구나 기타 보조물로 이루어지며 인간의 신체적인 힘을 동력원으로 사용하여 작업을 통제한다.

② 기계화체계(mechanical system)

반자동(semiautomatic)체계라고도 하며, 이 체계는 변화가 별로 없는 기능들을 수행하도록 설계되어 있으며 동력은 전형적으로 기계가 제공하고, 운전자는 조정장치를 사용하여 통제한다.

③ 자동화체계(automatic system)

기계 자체가 감지, 정보 처리 및 의사결정, 행동을 수행한다. 신뢰성이 완전한 자동체계란 불가능하므로 인간은 주로 감시(monitor), 프로그램 입력, 정비 유지(maintenance) 등의 기능을 수행한다.

❸ 체계의 설계

1단계 : 시스템 목표와 성능 명세 결정

2단계 : 시스템의 정의

3단계 : 기본설계

4단계 : 인터페이스 설계

5단계 : 보조물 설계

6단계 : 시험 및 평가

02. 정보입력표시

01 시각과정

❶ 최소분간시력(Minimum separable acuity)

가장 많이 사용하는 시력의 척도로 눈이 식별할 수 있는 과녁(target)의 최소 특징이나 과녁부분들 간의 최소공간

❷ 시각(시계, Visual angle)

$$시각(분) = \frac{(57.3)(60)L}{D}$$

L : 시선과 직각으로 측정한 물체의 크기

D : 물체와 눈 사이의 거리(단, 시각은 600′ 이하일 때이며 radian (라디안)단위를 분으로 환산하기 위한 상수값은 57.3과 60을 적용)

❸ 시각의 순응

새로운 광도 수준에 대한 적응을 순응(adaptation)이라 하며 갑자기 어두운 곳으로 가거나 밝은 곳으로 왔을 때에 처음에 아무것도 보이지 않고 시간이 지나면서 사물을 파악하는 것을 말한다.

구분	시간
시각의 완전 암조응 시간	30~40분
시각의 완전 역조응 시간	1~2분

02 시각적 표시장치

❶ 정량적 표시장치

종류	형태
정목 동침(moving pointer)형	눈금이 고정되고 지침이 움직이는 형
정침 동목(moving scale)형	지침이 고정되고 눈금이 움직이는 형
계수(digital)형	전력계나 택시요금 계기와 같이 기계, 전자적으로 숫자가 표시되는 형

❷ 정성적 표시장치

온도, 압력, 속도와 같이 연속적으로 변하는 변수의 대략적인 값이나, 변화추세, 비율 등을 알고자 할 때 주로 사용하는 표시장치

❸ 시각적 부호

종류	내용
묘사적 부호	사물의 행동을 단순하고 정확하게 묘사한 것 (예 : 위험표지판의 해골과 뼈, 도보 표지판의 걷는 사람)
추상적 부호	전언(傳言)의 기본요소를 도식적으로 압축한 부호로 원 개념과는 약간의 유사성이 있을 뿐이다.
임의적 부호	부호가 이미 고안되어 있으므로 이를 배워야 하는 부호(예 : 교통 표지판의 삼각형－주의, 원형－규제, 사각형－안내표시)

03 청각과정과 음의 특성

❶ 귀의 구조

명칭	기능
귀바퀴 (auricle, concha, pinna)	음성을 레이더같이 음성 에너지를 수집하여 초점을 맞추고 증폭의 역할을 담당
외이도 (auditory canal, meabrane)	귀바퀴에서 고막까지의 부분으로 음파를 연결하는 통로의 역할을 담당
고막 (ear drum, tympanic membrane)	외이(outer ear, external ear)와 중이(middle ear)의 경계에 자리잡고 있다. 두께 0.1mm의 얇고 투명한 막으로 소리자극에 의해서 진동하여 귓속뼈(이소골)를 통해서 속귀의 달팽이관까지 소리진동을 전달하는 역할을 한다.

❷ 거리에 따른 음의 강도 변화 산출

$$P_2 = P_1\left(\frac{d_1}{d_2}\right) \qquad dB_2 = dB_1 - 20\log\left(\frac{d_2}{d_1}\right)$$

❸ 음량(sone)과 음량 수준(phon)의 관계

$$sone치 = 2^{\frac{(phon-40)}{10}}$$

※ 음량 수준이 10phon 증가하면 음량(sone)은 2배가 된다.

04 청각 및 촉각적 표시장치

❶ 경계 및 경보신호 설계

① 200~5,000Hz의 진동수를 사용한다.(귀는 중음역에 민감하므로 500~3,000Hz가 가장 좋다.)

② 장거리용(300m 이상)신호에서는 1,000Hz 이하의 진동수를 사용한다. (높은 진동수의 음은 멀리가지 못한다.)

③ 장애물이나 칸막이를 넘어가야 하는 신호는 500Hz 이하의 진동수를 갖는 신호를 사용한다.

④ 주의를 끄는 목적으로 신호를 사용할 때는 변조신호를 사용한다.

⑤ 배경 소음과 다른 진동수를 갖는 신호를 사용한다.

⑥ 경계 신호는 상황에 따라 다른 것을 사용하며, 서로 식별이 가능해야 한다.

❷ 시각적 표시장치와 청각적 표시장치의 비교

시각적 장치 사용	청각적 장치 사용
• 전언이 복잡하고 길 때 • 전언이 후에 재참조 될 경우 • 전언이 공간적 위치를 다룰 때 • 수신자의 청각 계통이 과부하 상태일 경우 • 수신 장소가 너무 시끄러울 경우 • 즉각적인 행동을 요구하지 않을 때 • 직무상 한 곳에 머무르는 경우	• 전언이 간단하고 짧다. • 전언이 후에 재참조 되지 않는다. • 즉각적 행동을 요구한다. • 수신자가 즉각적인 사상(event)을 요구한다. • 수신자의 시각계통이 과부하 상태 일 때 • 수신 장소가 역조응 또는 암조응 유지가 필요할 때 • 수신자가 자주 움직이는 경우

05 휴먼에러

❶ 인간-기계 시스템 에러

① 시스템 성능(system performance)과 인간과오(human error)관계

$$S.P = f(H.E) = K(H.E)$$

여기서, $S.P$: 시스템 성능(system performance)

$H.E$: 인간 과오(human error), f : 함수, K : 상수

• $K ≒ 1$: $H.E$가 $S.P$에 중대한 영향을 끼친다.

• $K < 1$: $H.E$가 $S.P$에 리스크(risk)를 준다.

• $K ≒ 0$: $H.E$가 $S.P$에 아무런 영향을 주지 않는다.

② 인간 과오의 배후요인 4요소(4M)

요소	내용
맨(Man)	본인 이외의 사람
머신(Machine)	장치나 기기 등의 물적 요인
메디아(Media)	인간과 기계를 잇는 매체란 뜻으로 작업의 방법이나 순서, 작업정보의 실태나 환경과의 관계, 정리정돈 등
매너지먼트(Management)	안전법규의 준수방법, 단속, 점검 관리 외에 지휘감독, 교육훈련 등

❷ 인간실수의 분류

① 독립행동(결과)에 의한 분류

분류	내용
생략 오류 (omission error)	필요한 작업을 수행하지 않은 것
실행 오류 (commission error)	잘못된 행위의 실행에 관한 것
순서 오류 (sequence error)	잘못된 순서로 어떤 과업을 실행 하거나 과업에 들어갔을 때 생기는 것
시간 오류 (timing error)	할당된 시간 안에 동작을 실행하지 못하거나 너무 빠르거나 또는 너무 느리게 실행했을 때 생기는 것
과잉행동 오류 (Extraneous Error)	불필요한 작업을 수행함으로 인하여 발생한 오류

② 원인의 수준(level)에 따른 분류

분류	내용
1차(primary error) 에러	작업자 자신으로부터 발생한 Error
2차(secondary error) 에러	작업형태나 작업조건 중에서 다른 문제가 생겨 그 때문에 필요한 사항을 실행할 수 없는 과오나 어떤 결함으로부터 파생하여 발생하는 Error
컴맨드(command error) 에러	요구된 것을 실행하고자 하여도 필요한 물건, 정보, 에너지 등의 공급이 없는 것처럼 작업자가 움직이려 해도 움직일 수 없으므로 발생하는 Error

03. 인간계측 및 작업 공간

01 인체계측

❶ 인체계측(Anthropometry)

① 인체계측 방법

종 류	내 용
정적 인체계측 (구조적 인체치수)	정지 상태에서 신체치수를 측정한 것으로 골격치수, 외곽치수 등 여러 가지 부위를 측정한다
동적 인체계측 (기능적 인체치수)	활동 중인 신체의 자세를 측정하는 것으로 실제의 작업, 혹은 생활조건에서의 치수를 측정한다.

② 인체계측 자료의 응용원칙

종 류	내 용
최대치수와 최소치수	• 최대 치수 또는 최소치수를 기준으로 하여 설계 • 최대치수 응용 예시 : 문의 높이, 비상 탈출구의 크기, 그네, 사다리 등의 지지 강도 • 최소치수 응용 예시 : 조작자와 제어 버튼 사이의 거리, 선반의 높이, 조작에 필요한 힘 등
조절범위 (조절식)	• 체격이 다른 여러 사람에 맞도록 만드는 것 (보통 집단 특성치의 5%치~95%치까지의 90% 조절범위를 대상) • 응용 예시 : 자동차의 좌석, 사무실 의자, 책상 등
평균치를 기준으로 한 설계	• 최대치수나 최소치수, 조절식으로 하기가 곤란할 때 평균치를 기준으로 하여 설계 • 평균치 설계 예시 : 슈퍼마켓의 계산대, 은행의 창구

❷ 작업공간(work space)

① 공간의 범위

종류	내용
작업공간 포락면 (包絡面 : envelope)	한 장소에 앉아서 수행하는 작업 활동에서, 사람이 작업하는데 사용하는 공간
파악한계 (grasping reach)	앉은 작업자가 특정한 수작업 기능을 편히 수행할 수 있는 공간의 외곽 한계
특수작업 역(域)	특정한 작업별 작업공간

② 작업영역

종류	내용
정상작업역	상완(上腕)을 자연스럽게 수직으로 늘어뜨린 체, 전완(前腕) 만으로 편하게 뻗어 파악할 수 있는 구역(34~45cm)
최대작업역	전완(前腕)과 상완(上腕)을 곧게 펴서 파악할 수 있는 구역(55~65cm)

❶ 양립성(compatibility)

정보입력 및 처리와 관련한 양립성이란 인간의 기대와 모순되지 않는 자극, 반응들 간의 조합의 관계를 말한다.

구분	내용
공간적 양립성	표시, 조종장치의 물리적 형태나 공간적인 배치의 양립성
운동적 양립성	표시, 조종장치, 체계반응의 운동 방향의 양립성
개념적 양립성	사람들이 가지고 있는 개념적 연상의 양립성(예, 청색–정상)

❷ 통제 표시 비율(Control Display Ratio)

① **통제표시비(C/D비)**

통제기기(조종장치)와 표시장치의 이동비율을 나타낸 것으로 통제기기의 움직이는 거리(또는 회전수)와 표시장치상의 지침, 활자(滑子) 등과 같은 이동요소의 움직이는 거리(또는 각도)의 비를 통제표시비라 한다.

$$\therefore \frac{C}{D} = \frac{X}{Y}$$

여기서, X : 통제기기의 변위량
$\quad\quad\quad Y$: 표시장치의 변위량

② **조종구(Ball Control)에서의 C/D비**

조종구와 같이 회전운동을 하는 선형조종장치가 표시장치를 움직일 때의 통제비

$$\therefore \frac{C}{D}비 = \frac{(a/360) \times 2\pi L}{\text{표시장치의 이동거리}}$$

여기서, a : 조종장치가 움직인 각도
$\quad\quad\quad L$: 반경(지레의 길이)

03 신체반응의 측정

❶ 신체역학의 측정

구분	내용
근전도 (EMG : electromyogram)	근육활동의 전위차를 기록한 것으로 근육의 피로도를 측정
피부전기반사 (GSR : galvanic skin reflex)	작업 부하의 정신적 부담도가 피로와 함께 증대하는 양상을 수장(手掌) 내측의 전기저항의 변화에서 측정하는 것으로, 피부전기저항 또는 정신전류현상이라고도 한다.
심전도 (ECG : electrocardiogram)	수축파의 전파에 따른 심장근 수축으로 전기적 변화 발생을 피부에 부착된 전극들로 전기적 신호를 검출, 증폭, 기록한 것
신경전도 ENG(electroneurogram)	신경활동의 전위차를 나타낸 것으로 신경전도검사법이라고 한다.
플리커 값(CFF)	정신적 부담이 대뇌피질의 활동수준에 미치고 있는 영향을 측정한 값이다

❷ 산소소비량

흡기량×79%＝배기량×N_2 %이므로

∴ 흡기량＝배기량 $\times \dfrac{(100 - CO_2\% - O_2\%)}{79}$

∴ O_2 소비량 = 흡기량 × 21% − 배기량 × O_2%

또한 작업의 에너지값은 다음의 관계를 이용하여 환산한다.

∴ $1l$ O_2소비=5kcal

❸ 에너지 대사

① 에너지 대사율(RMR; relative metabolic rate)

작업을 수행하기 위해 소비되는 산소소모량이 기초대사량의 몇 배에 해당하는 가를 나타내는 지수

$$RMR = \frac{활동시\,산소소비량 - 안정시\,산소소비량}{기초대사량} = \frac{활동대사량}{기초대사량}$$

② 에너지대사율에 따른 작업강도구분

작업강도 구분	에너지 대사율
경작업(輕작업)	0~2RMR
중작업(中작업)	2~4RMR
중작업(重작업)	4~7RMR
초중작업(超重작업)	7RMR 이상

④ 작업효율과 에너지 소비

① Murrel의 휴식시간 산출 식

$$R(\min) = \frac{T(W-S)}{W-1.5}$$

R : 필요한 휴식시간(min)

T : 총 작업시간(min)

W : 작업 중 평균에너지 소비량(kcal/min)

S : 권장 평균에너지 소비량(kcal/min)

04 동작속도와 신체동작의 유형

❶ 동작속도

① 단순반응시간 : 0.15~0.2초

② 가끔 발생 되거나 예상치 못했을 때 : 단순반응시간 + 0.1초

③ 동작시간 : 0.3초

총 반응시간＝단순반응시간＋동작시간＝0.2+0.3＝0.5초

② Fitts의 법칙

$$\text{Fitts 법칙} \quad MT = a + b \log_2 \frac{2D}{W}$$

여기서, MT : 동작 시간
      a, b : 관련동작 유형 실험상수
        D : 동작 시발점에서 과녁 중심까지의 거리
        W : 과녁의 폭

05 작업공간 및 작업자세

❶ 동작경제의 3원칙
① 신체의 사용에 관한 원칙
② 작업장의 배치에 관한 원칙
③ 공구 및 설비의 설계에 관한 원칙

❷ 부품배치의 4원칙
① 부품의 중요성과 사용빈도에 따라서 부품의 일반적인 위치 결정
② 기능 및 사용순서에 따라서 부품의 배치(일반적인 위치 내에서의)를 결정

구분	내용
중요성의 원칙	부품을 작동하는 성능이 체계의 목표달성에 긴요한 정도에 따라 우선순위를 설정한다.
사용빈도의 원칙	부품을 사용하는 빈도에 따라 우선순위를 설정한다.
기능별 배치의 원칙	기능적으로 관련된 부품들(표시장치, 조정장치, 등)을 모아서 배치한다.
사용순서의 원칙	사용되는 순서에 따라 장치들을 가까이에 배치한다.

❸ 의자의 설계의 원칙
① 요부 전만을 유지한다.
② 디스크가 받는 압력을 줄인다.
③ 등근육의 정적 부하를 줄인다.
④ 자세고정을 줄인다.
⑤ 조정이 용이해야 한다.

❶ 인간오류확률(HEP;Human Error Probability)

$$\text{인간 과오의 확률(HEP)} = \frac{\text{실제 과오의 수}}{\text{과오발생의 전체 기회수}}$$

$$\text{인간 신뢰도(R)} = (1 - \text{HEP})$$

❷ 인간오류확률의 추정 기법

① 위급 사건 기법(CIT ; Critical Incident Technique)

② 인간 실수 자료 은행(HERB ; Human Error Rate Bank)

③ 직무 위급도 분석법(Task Criticality Rating Analysis Method)

④ 인간 실수율 예측기법(THERP ; Technique for Human Error Rate Prediction)

⑤ 조작자 행동 나무(OTA ; Operator Action Tree)

⑥ 결함 나무 분석(FTA ; Fault Tree Analysis)

⑦ Human Error Simulator

⑧ 성공가능지수 평가(SLIM ; Success Likelihood Index Method)

❸ 인간-기계체계의 신뢰도(r_1 : 인간, r_2 : 기계)

① 직렬(series system)

$$R_s(\text{신뢰도}) = r_1 \times r_2 \,[\, r_1 \langle r_2 \text{ 로 보면 } R_s \leq r_1 \,]$$

② 병렬(parallel system)

$$R_p(\text{신뢰도}) = r_1 + r_2(1-r_1)\,[\, r_1 \langle r_2 \text{로 보면 } R_p \geq r_2 \,] = 1 - (1-r_1)(1-r_2)$$

❶ 정보량

① 여러 대안의 확률이 동일하고 이러한 대안의 수가 N이라면 정보량 H[bit]

$$H = \log_2 N$$

② 대안의 출현 가능성이 동일하지 않을 때 한 사건이 가진 정보량

$$h_i = \log_2 \frac{1}{p_i}$$

h_i = 사건 i에 관계되는 정보량[bit]

p_i = 사건의 출현 확률

③ 확률이 다른 일련의 사건이 가지는 평균 정보량 H_{av}

$$H_{av} = \sum_{i=1}^{N} p_i \log_2 \frac{1}{p_i}$$

② **정보의 전달**

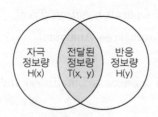

전달된 정보량

① 전달된 정보량 : H(x∩y)=H(x)+H(y)−H(x∪y)

② 손실정보량 : H(x∩$\overline{y}$)=H(x)−H(x∩y)

③ 소음정보량 : H($\overline{x}$∩y)=H(y)−H(x∩y)

③ **Weber의 법칙**

감각의 강도와 자극의 강도에 대한 것으로 자극에 대한 변화감지역은 사용되는 표준자극에 비례한다는 이론이다.

$$\frac{\Delta L}{I} = \text{const}(일정)$$

(ΔL) : 특정감관의 변화감지역

(I) : 표준자극

01 조명과 작업환경

❶ 조도(illuminance)

① 단위면적에 투사된 광속의 양(장소의 밝기)

② 거리가 증가할 때 조도는 역자승의 법칙에 따라 감소한다.(점광원에 대해서만 적용)

$$조도 = \frac{광도}{거리^2}$$

❷ 반사율(reflectance)

$$반사율(\%) = \frac{광속발산도(fL)}{조명(fc)} \times 100$$

구분	최적 반사율
천정	80~90%
벽, 창문 발(blind)	40~60%
가구, 사무용기기, 책상	25~45%
바닥	20~40%

❸ 대비(luminance Contrast)

표적(과녁)의 휘도와 배경의 휘도와의 차이

$$대비 = \frac{Lb - Lt}{Lb} \times 100$$

Lb : 배경의 광속발산도

Lt : 표적의 광속발산도

• 표적이 배경보다 어두울 경우 : 대비는 +100% ~ 0 사이

• 표적이 배경보다 밝을 경우 : 대비는 0 ~ -∞ 사이

④ **조명수준**

적절한 조명수준을 찾기 위해 표준작업에 필요한 소요조명을 구한다.

$$소요조명(fc) = \frac{소요휘도(fL)}{반사율(\%)}$$

⑤ **작업별 조도기준**

구분	내용
초정밀작업	750Lux 이상
정밀작업	300Lux 이상
일반작업	150Lux 이상
기타작업	75Lux 이상

02 소음과 작업환경

❶ **소음 노출 한계**

① 소음작업 : 1일 8시간 작업 기준으로 85dB 이상의 소음 발생 작업
② 강렬한 소음작업

1일 노출시간(h)	소음강도[dB(A)]
8	90
4	95
2	100
1	105
1/2	110
1/4	115

• 연속음 또는 간헐음에 115dB(A) 이상 폭로되지 말 것

③ 충격소음

120dBA 이상인 소음이 1초 이상의 간격으로 발생하는 것

충격소음(impulsive or impact noise)에 대한 허용기준	
1일 노출횟수	충격소음레벨, dBA
100	140
1,000	130
10,000	120

• 최대 음압수준이 140dBA를 초과하는 충격소음에 노출돼서는 안됨

❷ 음향 경보 장치의 설정

① 300m 이상 장거리를 사용할 경우는 <u>1000Hz 이하</u>의 진동수를 사용한다.

② 장애물 또는 건물의 칸막이를 통과시에는 <u>500Hz 이하</u>의 낮은 진동수를 사용한다.

❸ 소음 대책

구분	방법
적극적 대책	소음원의 통제 : 기계의 적절한 설계, 적절한 정비 및 주유, 기계에 고무 받침대(mounting)부착, 차량에는 소음기(muffler) 사용
	소음의 격리 : 씌우개(enclosure), 방, 장벽을 사용(집의 창문을 닫으면 약 10dB 감음됨)
	차폐장치(baffle) 및 흡음재료 사용
	음향처리제(acoustical treatment) 사용
	적절한 배치(layout)
소극적 대책	방음보호구 사용 : 귀마개(2,000Hz에서 20dB, 4,000Hz에서 25dB 차음 효과)
	BGM(back ground music) : 배경음악(60±3dB), 긴장 완화와 안정감. 작업 종류에 따른 리듬의 일치가 중요(정신노동-연주곡)

03 열교환과 작업환경

❶ 열교환

$$\triangle S(열축적) = M(대사열) - E(증발) \pm R(복사) \pm C(대류) - W(한일)$$

$\triangle S$는 열 이득 및 열손실량이며 열평형 상태에서는 0이 된다.

❷ 온도지수

① 실효온도(Effective Temperature)

- <u>온도, 습도 및 공기유동</u>이 인체에 미치는 열 효과를 하나의 수치로 통합한 경험적 감각지수

- 상대습도 100%일 때의 건구온도에서 느끼는 것과 동일한 온감 (예 : 습도 50%에서 21℃의 실효 온도는 19℃)

② Oxford 지수

• WD(습건)지수라고도 하며, 습구, 건구 온도의 가중(加重) 평균치

$$WD = 0.85W(습구\ 온도) + 0.15D(건구\ 온도)$$

③ 습구 흑구 온도지수(WBGT)

옥외(빛이 내리쬐는 장소)	옥내 또는 옥외 (빛이 내리쬐지 않는 장소)
WBGT(℃) = 0.7 × 습구온도(wb) + 0.2 × 흑구온도(GT) + 0.1 × 건구온도(Db)	WBGT(℃) = 0.7 × 습구온도(wb) + 0.3 × 흑구온도(GT)

❸ **이상환경 노출에 따른 영향**

① 적온 → 고온 환경으로 변화 시 신체작용

• 많은 양의 혈액이 피부를 경유하게 되며 온도가 올라간다.

• 직장(直腸) 온도가 내려간다.

• 발한(發汗)이 시작된다.

• 열 중독증(Heat illness)의 강도

열발진(heat rash) 〈 열경련(heat cramp)
〈 열소모(heat exhaustion) 〈 열사병(heat stroke)

② 적온 → 한냉 환경으로 변화 시 신체작용

• 피부 온도가 내려간다.

• 혈액은 피부를 경유하는 순환량이 감소하고, 많은 양의 혈액이 몸의 중심부를 순환한다.

• 직장(直腸) 온도가 약간 올라간다.

• 소름이 돋고 몸이 떨린다.

04 기압과 진동

❶ 기압과 산소공급

■ 이상적인 기압

구분	내용
고압작업실의 공기체적	근로자 1인당 $4m^3$ 이상
이상기압	압력이 매 m^2 당 1kg 이상인 기압
공기조 안의 공기압력	최고 잠수심도 압력의 1.5배 이상

❷ 진동과 인간성능

구분	내용
시성능에 영향	진폭에 비례하여 시력을 손상하며 10~25Hz의 경우 가장 심하다.
운동 성능에 영향	진폭에 비례하여 추적능력을 손상하며 5Hz 이하의 낮은 진동수에서 가장 심하다.
신경계에 영향	반응시간, 감시, 형태식별등 주로 중앙 신경 처리에 달린 임무는 진동의 영향을 덜 받는다.

※ 진전(tremor)의 감소 : 정적자세를 유지할 때 손이 심장 높이에 있을 때에 진전현상이 가장 감소된다.

05. 시스템 위험분석

01 시스템 위험 관리

❶ 시스템 안전관리

① 재해 심각도의 분류

범주	상태	내용
I	파국적(Catastrophic)	인원의 사망 또는 중상, 또는 시스템의 손상을 일으킨다.
II	위험(Critical)	인원의 상해 또는 주요 시스템의 손해가 생겨, 생존을 위해 즉시 시정조치를 필요로 한다.
III	한계적(mariginal)	인원의 상해 또는 주요 시스템의 손해가 생기는 일 없이 배제 또는 제어할 수 있다.
IV	무시(negligible)	인원의 손상 또는 시스템의 손상에는 이르지 않는다.

② 시스템 안전관리 범위(주요 업무)
ㄱ 시스템 안전에 필요한 사항의 동일성의 식별(identification)
ㄴ 안전활동의 계획, 조직과 관리
ㄷ 다른 시스템 프로그램 영역과 조정
ㄹ 시스템 안전에 대한 목표를 유효하게 적시에 실현시키기 위한 프로그램의 해석, 검토 및 평가 등의 시스템 안전업무

③ 시스템 안전 프로그램의 작성계획 포함내용
ㄱ 계획의 개요　　　　　　ㄴ 안전조직
ㄷ 계약조건　　　　　　　　ㄹ 관련부문과의 조정
ㅁ 안전기준　　　　　　　　ㅂ 안전해석
ㅅ 안전성의 평가　　　　　ㅇ 안전데이타의 수집 및 분석
ㅈ 경과 및 결과의 분석

❷ 시스템의 수명주기 5단계

단계	내용
1단계	구상단계(Concept)
2단계	정의단계(Definition)
3단계	개발단계(Development)
4단계	생산단계(Production)
5단계	운전단계(Deployment)

❶ PHA(예비사고위험분석 : Preliminary Hazards Analysis)

① 특징

ㄱ 대부분 시스템안전 프로그램에 있어서 <u>최초단계의 분석</u>

ㄴ 시스템 내의 위험 상태 요소에 대해 <u>정성적 · 귀납적으로</u> 평가

② 식별된 사고의 범주(category)별 분류

Category	상태	내용
I	파국적(Catastrophic)	인원의 사망 또는 중상, 또는 시스템의 손상을 일으킨다.
II	중대(Critical)	인원의 상해 또는 주요 시스템의 손해가 생겨, 또는 인원이나 시스템 생존을 위해 즉시 시정조치를 필요로 한다.
III	한계적(mariginal)	인원의 상해 또는 주요 시스템의 손해가 생기는 일 없이 배제 또는 제어할 수 있다.
IV	무시가능(negligible)	인원의 손상 또는 시스템의 손상에는 이르지 않는다.

❷ FHA(결함사고(위험)분석 : fault hazard analysis)

① 특징

ㄱ 서브시스템 해석 등에 사용되는 해석법으로 복잡한 시스템에서 몇 개의 공동 계약자가 각각의 서브시스템(sub system)을 분담하고 통합계약업자가 그것을 통합하므로 각 서브시스템 해석에 사용된다.

ㄴ 시스템 내의 위험 상태 요소에 대해 <u>정량적 · 연역적으로</u> 평가

❸ FMEA(고장의 형과 영향 분석 : failue modes and effects analysis)

① 특징

ㄱ 시스템에 영향을 미치는 전체요소의 고장을 형별로 분석하여 그 영향을 검토

ㄴ <u>각 요소의 1형식 고장이 시스템의 1영향에 대응하는 방식</u>

ㄷ 시스템 내의 위험 상태 요소에 대해 <u>정성적 · 귀납적으로</u> 평가

② 고장의 영향

영 향	발생확률(β)
실제의 손실	$\beta = 1.00$
예상되는 손실	$0.10 \leq \beta < 1.00$
가능한 손실	$0 < \beta < 0.10$
영향 없음	$\beta = 0$

③ FMEA의 표준적 실시 절차

실시절차	세부내용
1단계 : 대상 시스템의 분석	• 기기, 시스템의 구성 및 기능의 전반적 파악 • FMEA 실시를 위한 기본방침의 결정 • 기능 Block과 신뢰성 Block도의 작성
2단계 : 고장형과 그 영향의 분석(FMEA)	• 고장 mode의 예측과 설정 • 고장 원인의 상정 • 상위 item의 고장 영향의 검토 • 고장 검지법의 검토 • 고장에 대한 보상법이나 대응법의 검토 • FMEA work sheet에의 기입 • 고장 등급의 평가
3단계 : 치명도 해석과 개선책의 검토	• 치명도 해석 • 해석결과의 정리와 설계 개선으로의 제언

④ FMEA 고장 평점

$$C_r = C_1 \cdot C_2 \cdot C_3 \cdot C_4 \cdot C_5$$

• 고장 등급의 평가(평점)요소
  C_1 : 고장영향의 중대도
  C_2 : 고장의 발생빈도
  C_3 : 고장 검출의 곤란도
  C_4 : 고장 방지의 곤란도
  C_5 : 시정시간의 여유도

❹ ETA(사건수 분석 : event tree analysis)
 ① 특징
  ㉠ 사상(事象)의 안전도를 사용한 시스템의 안전도를 나타내는 시스템 모델
  ㉡ 디시젼 트리를 이용해 재해의 확대요인을 분석하는데 적합한 방법
  ㉢ 시스템 내의 위험 상태 요소에 대해 정량적·귀납적으로 평가

decision tree의 확률 계산

① $0.9 \times 0.99 = 0.891$
② $0.9 \times 0.01 = 0.009$
③ 0.1
합계는 1이 된다.

⑤ **CA(위험도 분석 : criticality analysis)**

① 특징
- 고장이 직접 시스템의 손실과 사상에 연결되는 높은 위험도를 가진 요소나 고장의 형태에 따른 정량적 분석법
- 시스템 내의 위험 상태 요소에 대해 정량적·귀납적으로 평가

⑥ **THERP(인간과오율 예측법:technique of human error rate prediction)**

① 특징
- 인간 과오의 분류 시스템과 그 확률을 계산하여 제품의 결함을 감소
- 사고의 원인 가운데 인간의 과오에 기인한 근원에 대한 분석 및 인간공학적 대책 수립
- 인간의 과오(human error)를 정량적으로 평가하는 기법

⑦ **MORT(managment oversight and risk tree)**

① MORT 프로그램은 tree를 중심으로 FTA와 같은 논리기법을 이용하여 관리, 설계, 생산, 보존 등의 광범위하게 안전을 도모하는 것
② 고도의 안전 달성을 목적으로 한 것으로 미국 에너지 연구 개발청(ER DA)의 Johnson에 의해 개발된 안전 프로그램(원자력산업에 이용)

⑧ **OSHA(operating support hazard analysis : 운용 지원 위험 분석)**

① OSHA
지정된 시스템의 모든 사용단계에서[생산, 보전, 시험, 운반, 저장, 운전, 비상탈출, 구조, 훈련 및 폐기]등에 사용되는 [인원, 순서, 설비]에 관하여 위험을 동정하고 제어하며 그것들의 안전 요건을 결정하기 위해 실시하는 분석법

⑨ **HAZOP(hazard and operability study : 위험과 운전분석)**

① 공정에 존재하는 위험요인과 공정의 효율을 떨어뜨릴 수 있는 운전상의 문제점을 찾아내어 그 원인을 제거하는 방법
② 각각의 장비에 대해 잠재된 위험이나 기능저하, 운전 잘못 등과 전체로서의 시설에 결과적으로 미칠 수 있는 영향 등을 평가하기 위해서 공정이나 설계도등에 체계적이고 비판적인 검토를 행하는 것

③ 유인어(guide words)의 종류

유인어	내용
없음(No, Not)	설계의도의 완전한 부정
증가(More)	양(압력, 반응, flow rate, 온도 등)의 증가
감소(Less)	양의 감소
부가(As well as)	성질상의 증가(설계의도와 운전조건이 어떤 부가적인 행위)와 함께 일어남
부분(Part of)	일부변경, 성질상의 감소(어떤 의도는 성취되나 어떤 의도는 성취되지 않음)
반대(Reverse)	설계의도의 논리적인 역
기타(Other than)	설계의도가 완전히 바뀜(통상 운전과 다르게 되는 상태)

06. 결함수(FTA)분석법

01 결함수 분석법의 특징

❶ FTA(fault tree analysis)의 정의

① 특징
- 고장이나 재해요인의 정성적 분석뿐만 아니라 개개의 요인이 발생하는 확률을 얻을 수가 있어 정량적 예측이 가능하다.
- 재해발생 후의 원인 규명보다 재해발생 이전의 예측기법으로서의 활용 가치가 높은 유효한 방법
- 정상사상(頂上事像)인 재해현상으로부터 기본사상(基本事像)인 재해원인을 향해 연역적인 분석(Top Down)을 행하므로 재해현상과 재해원인의 상호관련을 정확하게 해석하여 안전 대책을 검토할 수 있다.

② 결함수 분석법(FTA)의 활용 및 기대효과
- 사고원인 규명의 간편화
- 사고원인 분석의 일반화
- 사고원인 분석의 정량화
- 노력시간의 절감
- 시스템의 결함 진단
- 안전점검표 작성시 기초자료

③ FTA에 의한 재해사례 연구순서 4단계

단계	내용
1단계	TOP 사상의 선정
2단계	사상의 재해 원인 규명
3단계	FT도 작성
4단계	개선 계획의 작성

❷ FT도 논리기호

① 논리기호

명칭	기호	해설
1. 결함 사상		결함이 재해로 연결되는 현상 또는 사실 상황 등을 나타내며 논리 gate의 입력, 출력이 된다. FT도표의 정상에 선정되는 사상인 정상 사상(top 사상)과 중간 사상에 사용한다.
2. 기본 사상		더 이상 해석을 할 필요가 없는 기본적인 기계의 결함 또는 작업자의 오동작을 나타낸다(말단 사상). 항상 논리 gate의 입력이며 출력은 되지 않는다.
3. 이하 생략의 결함 사상 (추적 불가능한 최후 사상)		사상과 원인과의 관계를 충분히 알 수 없거나 또는 필요한 정보를 얻을 수 없기 때문에 이것 이상 전개할 수 없는 최후적 사상을 나타낼 때 사용한다(말단 사상).
4. 통상 사상 (家形事像)		통상의 작업이나 기계의 상태에 재해의 발생 원인이 되는 요소가 있는 것을 나타낸다. 즉, 결함 사상이 아닌 발생이 예상되는 사상을 나타낸다(말단 사상).
5. 전이 기호 (이행 기호)	(in) (out)	FT도상에서 다른 부분에의 이행 또는 연결을 나타내는 기호로 사용한다. 좌측은 전입, 우측은 전출을 뜻한다.
6. AND gate	출력 / 입력	출력 X의 사상이 일어나기 위해서는 모든 입력 A, B, C의 사상이 일어나지 않으면 안된다는 논리 조작을 나타낸다. 즉, 모든 입력 사상이 공존할 때 만이 출력 사상이 발생한다.
7. OR gate	출력 / 입력	입력사상 A, B, C 중 어느 하나가 일어나도 출력 X의 사상이 일어난다고 하는 논리 조작을 나타낸다. 즉, 입력 사상 중 어느 것이나 하나가 존재할 때 출력 사상이 발생한다.
8. 수정 기호	출력 / 조건 / 입력	제약 gate 또는 제지 gate라고도 하며, 입력 사상이 생김과 동시에 어떤 조건을 나타내는 사상이 발생할 때만이 출력 사상이 생기는 것을 나타낸다. 또한 AND gate와 OR gate에 여러 가지 조건부 gate를 나타낼 경우 이 수정 기호를 사용 한다.

② 수정기호

기호	해설
ai, aj, ak 순으로 ai aj ak **우선적 AND gate**	입력사상 가운데 어느 사상이 다른 사상보다 먼저 일어났을 때에 출력사상이 생긴다. 예를 들면 「A는 B보다 먼저」와 같이 기입한다.
언젠가 2개 a b c **짜맞춤(조합)** **AND gate**	3개 이상의 입력사상 가운데 어느 것이던 2개가 일어 나면 출력 사상이 생긴다. 예를 들면 「어느 것이든 2개」라고 기입한다.
위험지속 시간 a c **위험지속 기호**	입력사상이 생기어 어느 일정시간 지속하였을 때에 출력사상이 생긴다. 예를 들면 「위험지속시간」과 같이 기입한다.
동시 발생 안됨 a b c **배타적 O.R gate**	OR Gate로 2개 이상의 입력이 동시에 존재한 때에는 출력사상이 생기지 않는다. 예를 들면 「동시에 발생하지 않는다.」라고 기입한다.
억제gate	수정 gate의 일종으로 억제 모디화이어(Inhibit Modifier) 라고도 하며 입력현상이 일어나 조건을 만족하면 출력이 생기고, 조건이 만족되지 않으면 출력이 생기지 않는다.
A **부정 gate**	부정 모디화이어라고도 하며 입력현상의 반대인 출력이 된다.

02 FTA의 정량적 분석

❶ 확률사상의 계산

① 논리(곱)

논리게이트가 AND일 때 확률사상 계산식

$$\therefore \quad T(A \cdot B \cdot C \cdots N) = q_A \cdot q_B \cdot q_C \cdots q_N$$

A와 B가 동시에 발생하지 않으면 T는 발생하지 않는다.(A AND B)

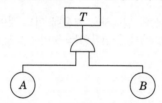

AND 기호(논리곱의 경우)

② 논리(합)

논리게이트가 OR일 때 확률사상 계산식

$$\therefore \quad T(A + B + C + \cdots + N) = 1 - (1 - q_A)(1 - q_B)(1 - q_C) \cdots (1 - q_N)$$

A와 B의 어느 것이 발생하더라도 T는 발생한다.(A OR B)

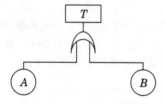

OR 기호(논리합의 경우)

❷ Cut Set & Minimal Cut Set

구분	정의
컷셋 (cut set)	포함되어 있는 모든 기본사상(여기서는 통상사상, 생략 결함 사상 등을 포함한 기본사상)이 일어났을 때 정상사상을 일으키는 기본사상의 집합
미니멀 컷셋 (minimal cut set)	• 어떤 고장이나 실수가 생기면 재해가 일어나는 것으로 시스템의 위험성을 표시 • 컷 중 그 부분집합만으로 정상사상이 일어나지 않는 것으로 정상사상을 일으키기 위해 필요한 최소의 컷

❸ Path Set & Minimal Path Set

구분	정의
패스셋 (path set)	포함되어 있는 모든 기본사상이 모두 일어나지 않을 때 정상사상이 발생하지 않는 집합
미니멀 패스셋 (minimal path set)	• 어떤 고장이나 실수를 일으키지 않으면 재해는 잃어나지 않는다고 하는 것으로 시스템의 <u>신뢰성</u>을 나타낸다. • 최소 패스셋을 구하기는 최소 컷셋과 최소 패스셋의 <u>쌍대성</u>을 이용한다.

07. 위험성평가 및 설비 유지관리

01 위험성 평가(제조업)

❶ 안전성 평가의 단계

① 1단계 : 관계자료의 작성준비

② 2단계 : 정성적 평가

1. 설계 관계	2. 운전 관계
• 입지 조건 • 공장내 배치 • 건조물 • 소방설비	• 원재료, 중간체, 제품 • 공정 • 수송, 저장 등 • 공정기기

③ 3단계 : 정량적 평가

1. 분류 항목	2. 등급 분류
• 당해 화학설비의 취급물질 • 용량 • 온도 • 압력 • 조작	• A(10점) • B(5점) • C(2점) • D(0점)

④ 4단계 : 안전 대책

⑤ 5단계 : 재해정보에 의한 재평가

⑥ 6단계 : FTA에 의한 재평가

❷ 유해 위험방지계획서

① 제출대상 사업

사업의 종류	기준
(1) 금속가공제품(기계 및 가구는 제외) 제조업 (2) 비금속 광물제품 제조업 (3) 기타 기계 및 장비 제조업 (4) 자동차 및 트레일러 제조업 (5) 식료품 제조업 (6) 고무제품 및 플라스틱 제조업 (7) 목재 및 나무제품 제조업 (8) 기타제품 제조업 (9) 1차 금속산업 (10) 가구 제조업 (11) 화학물질 및 화학제품 제조업 (12) 반도체 제조업 (13) 전자부품 제조업	전기 계약용량 300kW 이상인 사업

② 제출대상 사업의 첨부서류

ㄱ 건축물 각 층의 평면도

ㄴ 기계 · 설비의 개요를 나타내는 서류

ㄷ 기계 · 설비의 배치도면

ㄹ 원재료 및 제품의 취급, 제조 등의 작업방법의 개요

ㅁ 그 밖에 고용노동부장관이 정하는 도면 및 서류

③ 유해하거나 위험한 작업 또는 장소에서 사용하는 기계 · 기구 및 설비를 설치 · 이전하거나 그 주요 구조부분을 변경하려는 경우

ㄱ 금속이나 그 밖의 광물의 용해로

ㄴ 화학설비

ㄷ 건조설비

ㄹ 가스집합 용접장치

ㅁ 허가대상 · 관리대상 유해물질 및 분진작업 관련 설비

02 설비 유지관리

❶ 고장률 (욕조곡선)

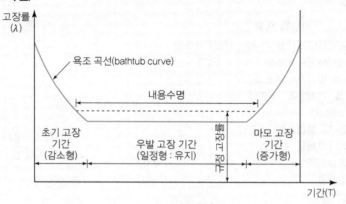

고장의 발생

구분	내용
초기고장	점검작업이나 시운전 등으로 사전에 방지할 수 있는 고장으로 초기고장은 결함을 찾아내 고장률을 안정시키는 기간이라 하여 디버깅(debugging) 기간이라고도 한다.
우발고장	예측할 수 없을 때에 생기는 고장으로 시운전이나 점검작업으로는 방지 할 수 없다.
마모고장	장치의 일부가 수명을 다해서 생기는 고장으로서, 안전진단 및 적당한 보수에 의해서 방지할 수 있는 고장이다.

❷ 우발고장 신뢰도

$$신뢰도 \ R(t) = e^{-\frac{t}{t_0}}$$

$$신뢰도 \ R(t) = e^{-\lambda t}$$

$$불신뢰도 \ F(t) = 1 - e^{-\lambda t}$$

t : 작동시간

t_0 : 평균수명

λ : 고장률

❸ **평균고장률**

① MTBF(mean time between failures)
고장사이의 작동시간 평균치, 즉 <u>평균고장 간격</u>을 말한다.(수리가능)

② MTTF(mean time to failures)
고장이 일어나기까지의 <u>동작시간 평균치</u>를 말한다.(수리불가능)

$$MTBF, MTTF = \frac{총\ 작동시간}{고장개수} = \frac{T}{r}$$

③ MTTR(mean time to repair)
총 수리시간을 그 기간의 수리 횟수로 나눈 시간으로 사후보존에 필요한 평균치로서
<u>평균 수리시간</u>은 지수분포를 따른다.

$$\mathrm{MTTR} = \frac{1}{\mu}$$

④ 고장율(λ)

$$① \ 고장률(\lambda) = \frac{고장건수(r)}{가동시간(T)}$$

② MTBF(mean time between failures)$= \frac{1}{\lambda}\left(= \frac{T}{r}\right)$

❹ **계의 수명**

① 직렬계

$$계의\ 수명 = \frac{MTTF}{n}$$

② 병렬계

$$계의\ 수명 = MTTF\left(1 + \frac{1}{2} + \cdots + \frac{1}{n}\right)$$

여기서, $MTTF$: 평균고장시간
n : 직렬 및 병렬계의 구성요소

Chapter 01

안전과 인간공학

안전과 인간공학은 안전관리에 있어 인간공학의 목적과 필요성, 인간공학적 접근을 바탕으로 한 인간-기계시스템의 설계에 대한 내용이다. 여기에서는 인간공학의 개념에 대한 이해와 시스템 설계체계에 대한 부분이 주로 출제 되고 있다.

01 인간공학의 정의

(1) 공학적 배경

① 인간공학의 영문표기

구분	내용
Human Engineering	일반적인 인간공학 표기법
Ergonomics	Ergo(work)와 Nomos(law)의 합성어로서 유럽중심의 노동과학에서 발달
Human Factors	미국 중심의 심리학에서 발달하였으며 생체역학과 심리학 등 인간의 여러가지 요소를 연구

② 차파니스(Chapanis · A)의 정의

인간공학은 기계와 그 기계조작 및 환경조건을 인간의 특성, 능력과 한계에 잘 조화하도록 설계하기 위한 수단을 연구하는 학문이다.

(2) 인간공학의 목적

구분	내용
목표	• 안전성 향상과 사고방지 • 기계조작의 능률성과 생산성의 향상 • 작업환경의 쾌적성
필요성	• 인간이 만들어 사용하는 물건, 기구 또는 환경을 설계하는 과정에서 인간을 고려한다. • 물건, 기구 또는 환경을 설계하는데 인간의 특성이나 행동에 관한 적절한 정보를 체계적으로 적용할 수 있다.

[인간공학적 설계대상]
① 기계, 장비, 공구 등(machine)
② 원재료(material)
③ 작업방법(method)
④ 작업환경(environment)

[인간공학의 적용분야]
① 생리학   ② 감성공학
③ 생체역학   ④ 인체측정학
⑤ 인지공학   ⑥ 안전공학
⑦ 심리학   ⑧ 작업연구학
⑨ 산업위생학   ⑩ 제어공학
⑪ 산업디자인
⑫ HCI(Human Computer Interaction)

(3) 인간공학의 기대효과와 가치

① 성능의 향상
② 훈련비용의 절감
③ 인력이용율의 향상
④ 사고 및 오용으로부터의 손실감소
⑤ 생산 및 경비유지의 경제성 증대
⑥ 사용자의 수요도 향상

(4) 인간공학 연구방법

① 주요 분석방법

① 순간조작 분석   ② 지각운동 정보 분석
③ 연속 콘트롤(control)부담 분석   ④ 사용빈도 분석
⑤ 전(全)작업 부담 분석   ⑥ 기계의 사고 연관성 분석

② 인간공학의 연구환경

구분	장점	단점
실험실 환경에서의 연구	많은 변수조절가능, 통제의 용이성, 정확한 자료수집, 반복 실험 가능, 피실험자의 안전 확보	사실성이나 현장감 부족
현장 환경에서의 연구	관련 변수 및 환경조건의 사실성, 피실험자의 특성 일반화 가능	변수 통제가 어려움, 시간과 비용의 증가, 안전상의 문제점 발생
모의실험 환경	일정 정도 사실성 확보, 변수 통제 용이, 안전확보	고비용, 프로그램 개발의 어려움

["일반화"의 의미]
특정한 대상에 관한 사고나 연구의 결과를 그것과 유사한 대상에 적용하는 것으로 본래의 대상과 적용의 대상은 본질적으로 같은 특징을 가지고 있다는 전제 혹은 가설적 상정을 기초로 한다.

(5) 인간공학 연구 기준요건

기준요건	내용
표준화	검사를 위한 조건과 검사 절차의 일관성과 통일성을 표준화한다.
객관성	검사결과를 채점하는 과정에서 채점자의 편견이나 주관성이 배제되어 어떤 사람이 채점하여도 동일한 결과를 얻어야 한다.
규준	검사의 결과를 해석하기 위해서 비교할 수 있는 참조 또는 비교의 틀을 제공하는 것이다.
신뢰성	검사응답의 일관성, 즉 반복성을 말하는 것이다.
타당성	측정하고자하는 것을 실제로 측정하는 것을 타당성이라 한다.
민감도	피실험자 사이에서 볼 수 있는 예상 차이점에 비례하는 단위로 측정해야 하는 것
검출성	정보를 암호화한 자극은 주어진 상황하의 감지 장치나 사람이 감지할 수 있어야 한다.
적절성	연구방법, 수단의 적합도
변별성	다른 암호표시와 구별되어야 한다.
무오염성	측정하고자 하는 변수 외의 다른 변수들의 영향을 받아서는 안된다.

01 핵심문제   1. 인간공학의 정의

□□□ 12년1회, 15년2회

1. 다음 중 인간공학을 나타내는 용어로 적절하지 않는 것은?

① human factors
② ergonomics
③ human engineering
④ customize engineering

해설

인간공학은 영문으로 Ergonomics 혹은 Human Factors로 표기한다. Ergonomics는 Ergo(work)와 Nomos(law)의 합성어로서 유럽중심의 노동과학에서 발달하였으며, human engineering 이라고도 한다.

□□□ 14년4회, 17년4회

2. 다음 중 인간공학의 정의로 가장 적합한 것은?

① 인간의 과오가 시스템에 미치는 영향을 최대화하기 위한 연구분야
② 인간, 기계, 물자, 환경으로 구성된 복잡한 체계의 효율을 최대로 활용하기 위하여 인간의 한계 능력을 최대화하는 학문분야
③ 인간, 기계, 물자, 환경으로 구성된 복잡한 체계의 효율을 최대로 활용하기 위하여 인간의 생리적, 심리적 조건을 시스템에 맞추는 학문분야
④ 인간의 특성과 한계 능력을 공학적으로 분석, 평가하여 이를 복잡한 체계의 설계에 응용함으로 효율을 최대로 활용할 수 있도록 하는 학문분야

문제 2 ~ 3 해설

인간공학은 기계와 그 기계조작 및 환경조건을 인간의 특성, 능력과 한계에 잘 조화하도록 설계하기 위한 수단을 연구하는 학문이다.

□□□ 19년2회, 22년2회

3. 다음 중 인간공학에 대한 설명으로 틀린 것은?

① 인간이 사용하는 물건, 설비, 환경의 설계에 적용된다.
② 인간의 생리적, 심리적인 면에서의 특성이나 한계점을 고려한다.
③ 인간을 작업과 기계에 맞추는 설계 철학이 바탕이 된다.
④ 인간-기계 시스템의 안전성과 편리성, 효율성을 높인다.

□□□ 10년1회, 17년1회

4. 다음 중 시스템 분석 및 설계에 있어서 인간공학의 가치와 가장 거리가 먼 것은?

① 사고 및 오용으로부터의 손실 감소
② 인력 이용률의 향상
③ 생산 및 보건의 경제성 감소
④ 훈련 비용의 절감

해설

인간공학의 기대효과와 가치
1. 성능의 향상
2. 훈련비용의 절감
3. 인력이용율의 향상
4. 사고 및 오용으로부터의 손실감소
5. 생산 및 경비유지의 경제성 증대
6. 사용자의 수요도 향상

□□□ 16년2회

5. 실험실 환경에서 수행하는 인간공학 연구의 장·단점에 대한 설명으로 맞는 것은?

① 변수의 통제가 용이하다.
② 주위 환경의 간섭에 영향 받기 쉽다.
③ 실험 참가자의 안전을 확보하기가 어렵다.
④ 피실험자의 자연스러운 반응을 기대할 수 있다.

문제 5 ~ 6 해설

1. 실험실 환경에서의 연구
   - 장점 : 많은 변수조절, 통제의 용이성, 정확한 자료수집, 반복 실험 가능, 피실험자의 안전 확보
   - 단점 : 사실성이나 현장감 부족
2. 현장 환경에서의 연구
   - 장점 : 사실성 (현실성) ; 관련 변수, 환경조건, 피실험자의 특성 일반화 가능
   - 단점 : 변수 통제가 어렵고 시간과 비용이 많이 든다. 안전상의 문제점도 있다.
3. 모의실험 환경
   - 장점 : 어느 정도 사실성 확보, 변수 통제 용이, 안전확보
   - 단점 : 고비용, 프로그램 개발의 어려움

□□□ 14년2회

6. 조사연구자가 특정한 연구를 수행하기 위해서는 어떤 상황에서 실시할 것인가를 선택하여야 한다. 즉, 실험실환경에서도 가능하고, 실제 현장 연구도 가능한데 다음 중 현장 연구를 수행했을 경우 장점으로 가장 적절한 것은?

① 비용 절감
② 정확한 자료수집 가능
③ 일반화가 가능
④ 실험조건의 조절 용이

정답 1 ④ 2 ④ 3 ③ 4 ③ 5 ① 6 ③

□□□ 09년1회, 11년4회, 14년1회, 20년4회

7. 다음 중 연구 기준의 요건에 대한 설명으로 옳은 것은?

① 적절성 : 반복 실험 시 재현성이 있어야 한다.
② 신뢰성 : 측정하고자 하는 변수 이외의 다른 변수의 영향을 받아서는 안된다.
③ 무오염성 : 의도된 목적에 부합하여야 한다.
④ 민감도 : 피실험자 사이에서 볼 수 있는 예상 차이점에 비례하는 단위로 측정해야 한다.

문제 7 ~ 10 해설	
인간공학 연구기준요건	
기준요건	내용
표준화	검사를 위한 조건과 검사 절차의 일관성과 통일성을 표준화한다.
객관성	검사결과를 채점하는 과정에서 채점자의 편견이나 주관성이 배제되어 어떤 사람이 채점하여도 동일한 결과를 얻어야 한다.
규준	검사의 결과를 해석하기 위해서 비교할 수 있는 참조 또는 비교의 틀을 제공하는 것이다.
신뢰성	검사응답의 일관성, 즉 반복성을 말하는 것이다.
타당성	측정하고자하는 것을 실제로 측정하는 것을 타당성이라 한다.
민감도	피실험자 사이에서 볼 수 있는 예상 차이점에 비례하는 단위로 측정해야 하는 것.
검출성	정보를 암호화한 자극은 주어진 상황하의 감지장치나 사람이 감지할 수 있어야 한다.
적절성	연구방법, 수단의 적합도
변별성	다른 암호표시와 구별되어야 한다.
무오염성	측정하고자 하는 변수 외의 다른 변수들의 영향을 받아서는 안된다.

□□□ 08년1회, 13년2회, 20년1,2회

8. 인간공학 연구조사에서 사용되는 기준의 구비조건과 가장 거리가 먼 것은?

① 다양성
② 적절성
③ 무오염성
④ 기준 척도의 신뢰성

□□□ 09년2회, 11년1회, 22년1회

9. 인간공학 실험에서 측정변수가 다른 외적 변수에 영향을 받지 않도록 하는 요건을 의미하는 특성은?

① 적절성
② 무오염성
③ 민감도
④ 신뢰성

□□□ 08년4회, 10년1회

10. 인간공학의 연구에서 기준 척도의 신뢰성(Reliability of criterion measure)이란 무엇을 의미하는가?

① 반복성
② 적절성
③ 적응성
④ 보편성

02 인간-기계 시스템

(1) 인간-기계 시스템의 정의

① 인간이 기계를 사용하여 작업할 때 인간과 기계를 하나의 시스템으로 보는 것을 인간-기계 시스템(Man-Machine System)이라 한다.

② 인간공학적 인간-기계 시스템의 기능을 위한 가정
  ㉠ 시스템에서의 효율적 인간기능 역할 수행
  ㉡ 작업에 대한 동기부여
  ㉢ 인간의 수용능력과 정신적 제약을 고려한 설계

(2) 인간-기계 시스템의 기본기능

인간 – 기계 기능 체계에서는 감지 → 정보처리 및 의사결정 → 행동기능으로 분류하며, 정보보관기능은 아래의 기능 내용과 상호보안 작용을 한다.

인간–기계 통합 체계의 인간 또는 기계에 의해 수행되는 기본 기능의 유형

기본기능	내용
감지 (sensing)	• 인체의 감지기능 : 시각, 청각, 촉각과 같은 감각기관 • 기계의 감지장치 : 전자, 사진등의 기계적 장치
정보저장 (information storage)	• 인간의 정보보관 : 기억된 학습 내용 • 기계적 정보보관 : 펀치 카드(punch card), 자기 테이프, 형판(template), 기록, 자료표 등과 같은 물리적 방법으로 보관
정보처리 및 결심 (information processing and decision)	감지한 정보를 가지고 수행하는 여러 종류의 조작과 행동의 결정
행동기능 (acting function)	내려진 의사결정의 결과로 발생하는 조작행위 물리적 조종행위나 과정, 통신행위(음성, 신호, 기록등)

[system과 sub system]
복잡한 체계에서는 시스템 내에 또 다른 시스템을 두고 이들은 각각의 내부에 하부시스템(sub system) 또는 부품(component) 그 차체로 하나의 체계를 이룬다.

[Lock system의 구분]

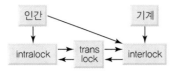

• interlock : 인간과 기계 사이에 두는 안전장치 또는 기계에 두는 안전장치
• intralock : 인간의 내면에 존재하는 통제장치
• translock : interlock과 intralock 사이에 두는 안전장치

(3) 인간-기계시스템의 구분

① 수동체계(manual system)

수동체계는 수공구나 기타 보조물로 이루어지며 인간의 신체적인 힘을 동력원으로 사용하여 작업을 통제한다.

[체계에 따른 동력원 분류]

체계	동력원
수동체계	사람
반자동체계	기계
자동체계	기계

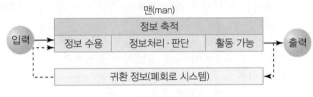

수동시스템

② 반자동, 기계화 체계(mechanical system)

㉠ 반자동(semiautomatic)체계라고도 하며, 이 체계는 변화가 별로 없는 기능들을 수행하도록 설계되어 있으며 동력은 전형적으로 기계가 제공하고, 운전자는 조정장치를 사용하여 통제한다.

㉡ 인간은 표시장치를 통하여 체계의 상태에 대한 정보를 받고, 정보처리 및 의사결정기능을 통해 결심한 것을 조종창치를 사용하여 실행한다.

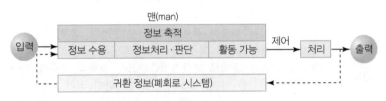

반자동 시스템

③ 자동화체계(automatic system)

기계 자체가 감지, 정보 처리 및 의사결정, 행동을 수행한다. 신뢰성이 완전한 자동체계란 불가능하므로 인간은 주로 감시(monitor), 프로그램 입력, 정비 유지(maintenance) 등의 기능을 수행한다.

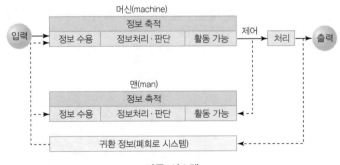

자동 시스템

(4) 사람과 기계의 기능 비교

[인간과 기계 기능의 요약]
인간은 융통성이 있으나 일관성 있는 작업수행을 기대할 수 없으며, 기계는 일관성 있는 작업수행을 기대할 수 있으나 융통성이 전혀 없다.

구분	내용
기계가 인간보다 우수한 기능	• 인간의 감지범위 밖의 자극(X선, 레이다파, 초음파 등)을 감지 • 사전에 명시된 사상(event), 드물게 발생하는 사상을 감지 • 암호화(code)된 정보를 신속하게 대량으로 보관 • 구체적인 지시에 따라 암호화된 정보를 신속하고 정확하게 회수 • 연역적으로 추리하는 기능 • 입력신호에 대해 신속하고 일관성 있는 반응 • 명시된 프로그램에 따라 정량적인 정보처리 • 큰 물리적인 힘을 규율 있게 발휘 • 장기간에 걸쳐 작업수행 • 반복적인 작업을 신뢰성 있게 수행 • 여러 개의 프로그램 된 활동을 동시에 수행 • 과부하시에도 효율적으로 작동 • 물리적인 양을 계수(計數)하거나 측정 • 주의가 소란하여도 효율적으로 작동
인간이 기계보다 우수한 기능	• 낮은 수준의 시각, 청각, 촉각, 후각, 미각 등의 자극을 감지 • 배경잡음이 심한 경우에도 자극(신호)을 인지 • 복잡 다양한 자극(상황에 따라 변화하는 자극 등)의 형태를 식별 • 예기치 못한 사건들을 감지 (예감, 느낌) • 다량의 정보를 오랜 기간동안 보관(기억)하는 기능(방대한 양의 상세정보 보다는 원칙이나 전략을 더 잘 기억함) • 보관되어 있는 적절한 정보를 회수(상기)하며, 흔히 관련 있는 수많은 정보항목들을 회수(회수의 신뢰도는 낮음) • 다양한 경험을 토대로 의사결정을 하고, 상황적 요구에 따라 적응적인 결정을 하며, 비상사태에 대처하여 임기응변할 수 있는 기능(모든 상황에 대한 사전 프로그래밍이 필요하지 않음) • 어떤 운용방법(mode of operation)이 실패한 경우 다른 방법을 선택하는 기능(융통성) • 원칙을 적용하여 다양한 문제해결 • 관찰을 통해서 일반화하여 귀납적으로 추리 • 주관적으로 추산하고 평가 • 문제에 있어서 독창력을 발휘 • 과부하(overload)상황에서 불가피한 경우에는 중요한 일에만 전념 • 무리없는 한도 내에서 다양한 운용 요건에 맞추어 신체적인 반응을 적응시키는 기능

(5) 체계의 설계

① 인간–기계 시스템의 설계 원칙
  ㉠ 양립성을 고려한 설계를 한다.
  ㉡ 배열을 고려한 설계를 한다.(계기반이나 제어장치의 중요성, 사용빈도, 사용순서, 기능에 따라 배치)
  ㉢ 인체 특성에 적합한 설계를 한다.

② 인간–기계 시스템의 설계 단계

인간–기계 시스템 설계의 체계도

단계	구분	내용
1	시스템 목표와 성능 명세 결정	(1) 시스템의 설계를 시작하기 전 시스템의 목표, 시스템의 명세를 결정 (2) 전체적인 운용상 특성들, 특정 세부 목표를 기술 (3) 시스템의 요구사항은 사용자의 요구, 인터뷰, 설문, 방문, 작업연구 등을 통해 얻어짐
2	시스템의 정의	(1) 결정된 시스템의 목표와 성능에 맞추어 실행해야할 기능을 정의 (2) 개별과업과 행동이 세부적으로 구분되는 단계
3	기본설계	(1) 시스템의 개발 단계 중 시스템의 형태를 갖추기 시작하는 단계 (2) 설계 시 인간공학적 활동 • 인간, 하드웨어, 소프트웨어에 대한 기능 할당 (function allocation) • 인간 성능 요건 명세(human performance requirements) : 정확성, 속도, 시간, 사용자 만족 • 직무분석(task analysis) • 작업설계(designing work modules)

[양립성]

자극과 반응, 그리고 인간의 예상과의 관계를 말하는 것으로, 인간공학적 설계의 중심이 되는 개념이다.
(1) 개념적 양립성
(2) 공간적 양립성
(3) 운동 양립성
(4) 양식 양립성

단계	구분	내용
4	인터페이스 설계	(1) 최적의 입력과 출력장치를 선택하고 인터페이스 언어, 화면 설계 등을 통해 인간의 능력과 한계에 부합하도록 한다. (2) 계면설계의 종류 　• 작업 공간 　• 표시장치 　• 조종장치 　• 제어장치 　• 컴퓨터의 대화 (3) 계면설계의 조화성 고려 　• 신체적 조화성 　• 지적 조화성 　• 감성적 조화성
5	보조물 설계	(1) 인간 성능을 증진시킬 보조물에 대하여 계획 (2) 보조물의 종류 　• 지시 수첩(instruction manual) 　• 성능 보조자료 　• 훈련 도구와 계획
6	시험 및 평가	(1) 완성된 서브 시스템(subsystem)을 평가하고 모든 구성이 준비되면 전체 시스템이 하나의 단위로 평가 (2) 평가의 초점 : 인간성능이 수용 가능한 수준이 되도록 시스템을 개선

(6) 감성 공학

① 인간이 가지고 있는 이미지나 감성을 구체적인 제품설계로 실현하는 공학적 접근 방법

② 감성의 정성적, 정량적 측정을 통하여 제품이나 환경의 설계에 반영한다.

③ 감성공학은 인간의 쾌적성을 평가하기 위한 기초자료로서 인간의 시각, 청각, 후각, 미각, 촉각 등의 감각기능을 측정하고 인간의 어떤 조건하에서 고급스러움, 친밀함, 참신감 등을 느끼게 하는가를 측정하는 학문이다.

□□□ 10년4회, 15년4회, 19년1회

1. 다음 중 인간-기계 체제(Man-machine system)의 연구 목적으로 가장 적절한 것은?

① 정보 저장의 극대화
② 운전 시 피로의 극소화
③ 시스템의 신뢰성 극대화
④ 안전을 극대화시키고 생산능률을 향상

해설

인간-기계 체제(Man-machine system)의 연구 목적은 기계를 인간의 특성에 맞게 설계하여 안전을 극대화시키고 생산능률을 향상하는 것이다.

□□□ 10년2회, 11년4회, 12년4회

2. 다음 중 인간-기계 통합체계의 인간 또는 기계에 의하여 수행되는 기본 기능이 아닌 것은?

① 사용 분석기능   ② 정보 보관기능
③ 의사 결정기능   ④ 입력 및 출력기능

해설

인간-기계의 통합체계 유형
감지(sensing)
정보저장(information storage)
정보처리 및 결심(information processing and decision)
행동기능(acting function)

□□□ 08년2회, 19년4회

3. 다음 중 인간-기계 통합체계의 유형에서 수동체계에 해당하는 것은?

① 자동차   ② 컴퓨터
③ 공작기계   ④ 장인과 공구

문제 3 ~ 4 해설

수동체계(manual system)란 수공구나 기타 보조물로 이루어지며 자신의 신체적인 힘을 동력원으로 사용하여 작업을 통제하는 인간 사용자와 결합하는 것을 뜻한다.

□□□ 14년2회, 17년4회, 22년2회

4. 다음 중 인간-기계 시스템을 3가지로 분류한 설명으로 틀린 것은?

① 자동 시스템에서는 인간요소를 고려하여야 한다.
② 자동 시스템에서 인간은 감시, 정비유지, 프로그램 등의 작업을 담당한다.
③ 수동 시스템에서 기계는 동력원을 제공하고 인간의 통제하에서 제품을 생산한다.
④ 기계 시스템에서는 동력기계화 체계와 고도로 통합된 부품으로 구성된다.

□□□ 10년1회, 15년4회, 18년4회

5. 인간이 현존하는 기계를 능가하는 기능이 아닌 것은? (단, 인공지능은 제외한다.)

① 원칙을 적용하여 다양한 문제를 해결한다.
② 관찰을 통해서 특수화하고 연역적으로 추리한다.
③ 주위의 이상하거나 예기치 못한 사건들을 감지한다.
④ 어떤 운용방법이 실패할 경우 새로운 다른 방법을 선택할 수 있다.

해설

인간이 기계를 능가하는 기능은 관찰을 통해서 일반화하여 귀납적으로 추리하는 기능이다.

□□□ 17년2회

6. 인간 - 기계시스템에 관한 내용으로 틀린 것은?

① 인간 성능의 고려는 개발의 첫 단계에서부터 시작되어야 한다.
② 기능 할당 시에 인간 기능에 대한 초기의 주의가 필요하다.
③ 평가 초점은 인간 성능의 수용가능한 수준이 되도록 시스템을 개선하는 것이다.
④ 인간 - 컴퓨터 인터페이스 설계는 인간보다 기계의 효율이 우선적으로 고려되어야 한다.

해설

인터페이스는 인간의 편의를 기준으로 설계되어야 하며 사용자에게 불편을 주게 되면 시스템의 성능을 저하 시킬 수 있다. 인터페이스 설계의 종류로는 작업 공간, 표시장치, 조종장치, 제어장치, 컴퓨터의 대화 등이 있다.

□□□ 19년1회

7. 인간-기계시스템의 설계를 6단계로 구분할 때 다음 중 첫 번째 단계에서 시행하는 것은?

① 기본설계
② 시스템의 정의
③ 인터페이스 설계
④ 시스템의 목표와 성능명세 결정

해설

인간-기계시스템의 설계
1. 제1단계 : 시스템의 목표와 성능명세 결정
2. 제2단계 : 시스템의 정의
3. 제3단계 : 기본설계
4. 제4단계 : 인터페이스 설계
5. 제5단계 : 촉진물 설계
6. 제6단계 : 시험 및 평가

□□□ 12년1회, 16년1회, 16년4회

8. 체계 설계 과정의 주요 단계가 다음과 같을 때 인간·하드웨어·소프트웨어의 기능 할당, 인간성능 요건 명세, 직무분석, 작업설계 등의 활동을 하는 단계는?

• 목표 및 성능 명세 결정	• 체계의 정의
• 기본 설계	• 계면 설계
• 촉진물 설계	• 시험 및 평가

① 체계의 정의
② 기본 설계
③ 계면 설계
④ 촉진물 설계

해설

3단계 기본설계는 시스템의 개발 단계 중 시스템의 형태를 갖추기 시작하는 단계로서 인간·하드웨어·소프트웨어의 기능 할당, 인간 성능 요건 명세, 직무분석, 작업설계 등의 활동을 하는 단계이다.

Chapter 02 정보입력표시

정보입력표시에서는 시각적 표시장치, 청각적 표시장치의 특징과 효과적인 표시장치에 대한 구분에 대한 내용과 인간요소적 특징과 휴먼에러의 특징과 분류에 대한 내용으로 이루어져 있다. 이장에서는 각 표시장치의 특징과 휴먼에러의 분류 부분이 주로 출제 되고 있다.

01 시각과정

(1) 눈의 구조

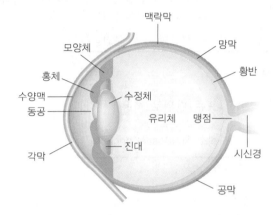

명칭	기능
각막 (cornea)	눈의 앞쪽 창문에 해당되며 광선을 질서정연한 모양으로 굴절시킨다.
동공 (pupil)	원형으로 홍채(iris) 근육을 이용해 크기가 변하여, 시야가 어두우면 크기가 커지고 밝으면 작아져 빛의 분배를 조절 한다.
수정체 (lens)	동공을 통하여 들어온 빛은 수정체를 통하여 초점이 맞추어진다.
망막 (retina)	초점이 맞추어진 빛은 감광 부위인 망막에 상이 맺히게 되고 상을 두뇌로 전달한다.
맥락막 (choroid)	0.2~0.5mm의 두께가 얇은 암흑갈색의 막으로 색소세포가 있어 암실처럼 빛을 차단하면서 망막 내면을 덮고 있다.

[맥락막의 구조와 기능]

두께가 0.2~0.5mm로, 혈관막 중에서도 혈관이 가장 잘 분포하고 있어 망막의 색소층이나 시세포층에 영양을 공급한다. 멜라닌세포가 많이 분포하여 암흑갈색을 띠며, 이는 암실 역할을 하여 외부에서 들어온 빛을 흡수하여 공막 쪽으로 분산되지 않도록 막는다. 맥락막의 바깥면은 공막의 안쪽면과 느슨하게 결합되어 있고, 안쪽면은 망막의 색소층과 밀착되어 있다. 안구 뒤쪽의 시신경이 나오는 부분에는 맥락막이 분포하지 않는다.

(2) 시력(visual acuity)

① 정의

ㄱ 세부적인 내용을 시각적으로 식별할 수 있는 능력으로 망막 위에 초점을 맞추는 수정체의 두께를 조절하는 눈의 조절능력(Accommodation)에 따라 정해진다.

ㄴ 인간이 멀리 있는 물체를 볼 때에는 수정체가 얇아지고 가까이 있는 물체를 볼 때는 수정체가 두꺼워진다.

[근시와 원시]

(1) 근시 : 수정체가 두꺼워진 상태로 있어 먼 물체의 초점을 정확히 맞출 수 없음.

(2) 원시 : 수정체가 얇은 상태로 남아 있어 가까운 물체를 보기 어려움.

② 최소분간시력(Minimum separable acuity), 최소가분시력

가장 많이 사용하는 시력의 척도로 눈이 식별할 수 있는 과녁(target)의 최소 특징이나 과녁부분들 간의 최소공간

③ 시력의 종류

명칭	기능
배열시력	둘 혹은 그 이상의 물체들을 평면에 배열하여 놓고 그것이 일렬로 서 있는지의 여부를 판별하는 능력
동적시력	움직이는 물체를 정확하게 분간하는 능력
입체시력	거리가 있는 하나의 물체에 대해 두 눈의 망막에서 수용할 때 상이나 그림의 차이를 분간하는 능력
최소지각시력	배경으로부터 한 점을 분간하는 능력

④ 시력의 기본척도

시각 1분의 역수를 표준 단위로 사용 $\left(시력 = \dfrac{1}{시각}\right)$

최소 시각(Visual angle)에 대한 시력

최소각	시력
2분(')	0.5
1분(')	1
30초(")	2
15초(")	4

[radian]

원의 중심에서 인접한 두 반지름에 의해 생성된 호(arc)의 길이가 반지름의 길이와 같은 경우 각의 크기(1rad : 57.3°)

[시각의 범위]

① 정상적인 인간의 시계범위 : 200°

② 색체식별의 시계범위 : 70°

(3) 시각(시계, Visual angle)

① 정확히 식별할 수 있는 최소의 세부 사항을 볼 때 생기는 것으로 사물을 보는 물체에 의한 눈에서의 대각

② 일반적으로 호의 분이나 초단위로 나타낸다. ($1° = 60' = 3600''$)

$$시각(분) = \frac{(57.3)(60)L}{D}$$

L : 시선과 직각으로 측정한 물체의 크기

D : 물체와 눈 사이의 거리(단, 시각은 600′ 이하일 때이며 radian (라디안)단위를 분으로 환산하기 위한 상수값은 57.3과 60을 적용)

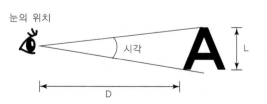

예제

눈의 위치로부터 물체가 71cm이고 물체의 크기가 1cm 일 때 시각(visual angle)은 얼마인가?

$$시각(분) = \frac{(57.3)(60)L}{D} = \frac{57.3 \times 60 \times 1}{71} = 48.42(분)$$

③ 렌즈의 굴절률

디옵터(diopter)를 일반적으로 사용하며, 식은 다음과 같다.

$$D = \frac{1}{m \ \text{단위의 초점거리}} (\infty \rightarrow X_m)$$

 예제

원시가 25cm에 책을 읽기 위해서 필요한 안경은 2D이다. 안경이 없을 때에는 어느 정도의 거리를 두고 책을 읽어야 하는가?

① 필요한 안경 디옵터 $= \frac{1}{0.25} = 4D$,

② 실제시력은 4D−2D=2D

③ 2D를 거리로 환산하면, $2D = \frac{1}{x}$ 이므로 0.5m가 된다.

(4) 시감각

① 색채의 인식

시각적 색채의 인식은 물체의 반사광과 빛의 속성에 따라 수용된다.

구분	내용
반사광의 특성	• 주파장(dominant wavelength) • 포화도(saturation) • 휘도(luminance)
빛의 속성	• 색상(hue) • 채도(saturation) • 명도(lightness)

② 시각의 순응

새로운 광도 수준에 대한 적응을 순응(adaptation)이라 하며 갑자기 어두운 곳으로 가거나 밝은 곳으로 왔을 때에 처음에 아무것도 보이지 않고 시간이 지나면서 사물을 파악하는 것을 말한다.

구분	시간
시각의 완전 암조응 시간	30~40분
시각의 완전 역조응 시간	1~2분

[작업에 적절한 시각]

	수평작업	수직작업
최적조건	좌우 15°	0~30°
제한조건	좌우 95°	75~85°

※ 보통작업자의 정상적 시선: 수평선 기준 아래쪽 15°

[가시광선]

인간의 눈이 느낄 수 있는 빛의 파장이며 380~780nm의 범위에 있다. 이 보다 긴 적외선, 짧은 χ선, γ선이 가시범위 밖에 있다.

[경쾌하고 가벼운 느낌에서 느리고 둔한 색의 순서]

백색 → 황색 → 녹색 → 등색 → 자색 → 적색 → 청색 → 흑색

[조도의 단위]

(1) foot-candle(fc)

(2) lux(=meter candle)

(3) lambert(L)

(4) foot-lambert(fL)

③ 시식별에 영향을 주는 주요 인자

구분	내용
1) 조도	어떤 물체나 표면에 도달하는 광의 밀도(fc, lux)
2) 대비	과녁의 휘도와 배경의 휘도 차이
3) 노출시간	조도가 큰 조건에서 노출시간이 클수록 식별력이 커진다.
4) 휘도비	시야 내의 주시영역과 주변영역 사이의 휘도의 비
5) 과녁의 이동	과녁이나 관측자가 움직일 경우 시력이 감소한다.
6) 휘광	눈이 적응된 휘도보다 밝은 광원이나 반사광으로 인해 생기며 가시도(visibility)와 시성능(visual performance)을 저하시킨다.
7) 연령과 훈련	나이가 들면 시력과 대비감도가 나빠진다.

01 핵심문제

1. 시각과정

□□□ 16년4회

1. 인간의 눈의 부위 중에서 실제로 빛을 수용하여 두뇌로 전달하는 역할을 하는 부분은?

① 망막
② 각막
③ 눈동자
④ 수정체

해설

망막은 초점이 맞추어진 빛을 감광부위로 수용하여 두뇌로 전달하는 역할을 한다.

□□□ 09년1회

2. 눈의 구조에서 0.2~0.5mm의 두께가 얇은 암흑갈색의 막으로 색소세포가 있어 암실처럼 빛을 차단하면서 망막내면을 덮고 있는 것은?

① 각막
② 맥락막
③ 중심와
④ 공막

해설

맥락막의 구조와 기능
두께가 0.2~0.5mm로, 혈관막 중에서도 혈관이 가장 잘 분포하고 있어 망막의 색소층이나 시세포층에 영양을 공급한다. 멜라닌세포가 많이 분포하여 암흑갈색을 띠며, 이는 암실 역할을 하여 외부에서 들어온 빛을 흡수하여 공막 쪽으로 분산되지 않도록 막는다.

□□□ 20년3회

3. 눈과 물체의 거리가 23cm, 시선과 직각으로 측정한 물체의 크기가 0.03cm 일 때 시각(분)은 얼마인가? (단, 시각은 600이하이며, radian 단위를 분으로 환산하기 위한 상수값은 57.3가 60을 모두 적용하여 계산하도록 한다.)

① 0.001
② 0.007
③ 4.48
④ 24.55

해설

시각(Visual angle)
$$= \frac{(57.3 \times 60) \times L}{D} = \frac{(57.3 \times 60) \times 0.03}{23} = 4.4843$$

□□□ 09년1회

4. 25cm 거리에서 글자를 식별하기 위하여 2디옵터(Diopter) 안경이 필요하였다. 동일한 사람이 1m의 거리에서 글자를 식별하기 위해서는 몇 디옵터의 안경이 필요하겠는가?

① 3
② 4
③ 5
④ 6

해설

① 거리에 따른 필요굴절률 = 명시거리(25cm)의 굴절률 - 1m 거리의 굴절률
$$\frac{1}{0.25} - \frac{1}{1} = 3$$
② 명시거리에서의 안경 디옵터 + 거리에 따른 필요굴절률
= 2 + 3 = 5D

□□□ 09년2회

5. 다음 중 가장 보편적으로 사용되는 시력의 척도는?

① 동시력
② 최소인식시력
③ 입체시력
④ 최소가분시력

해설

최소가분시력이란 사람이 눈으로 사물을 식별 할 경우 가장 보편적으로 사용되는 시력의 척도이다.

□□□ 17년1회

6. 일반적으로 보통 작업자의 정상적인 시선으로 가장 적합한 것은?

① 수평선을 기준으로 위쪽 5° 정도
② 수평선을 기준으로 위쪽 15° 정도
③ 수평선을 기준으로 아래쪽 5° 정도
④ 수평선을 기준으로 아래쪽 15° 정도

해설

정상시선은 일반적으로 수평선 아래쪽으로 15° 정도를 말하며 가장 편리한 시각영영은 정상시선 주위의 반경 10~15° 정도의 타원이다. 따라서 이 정상시선 주변영역이 시각적 표시장치에 바람직한 위치이다.

정답 1 ① 2 ② 3 ③ 4 ③ 5 ④ 6 ④

□□□ 09년1회

7. 다음 중 경쾌하고 가벼운 느낌에서 느리고 둔한 색의 순서로 바르게 나열된 것은?

① 백색 – 황색 – 녹색 – 자색
② 녹색 – 황색 – 적색 – 흑색
③ 청색 – 자색 – 적색 – 흑색
④ 황색 – 자색 – 녹색 – 청색

해설

경쾌하고 가벼운 느낌에서 느리고 둔한 색의 순서
백색 → 황색 → 녹색 → 등색 → 자색 → 적색 → 청색 → 흑색 순 이다.

□□□ 13년1회

8. 다음 중 인간의 눈이 일반적으로 완전암조응에 걸리는데 소요되는 시간은?

① 5~10분   ② 10~20분
③ 30~40분   ④ 50~60분

해설

완전암조응의 경우 걸리는 시간은 30~40분, 역조응에 걸리는 시간은 1~2분 정도이다.

□□□ 15년4회

9. 시식별에 영향을 미치는 인자 중 자동차를 운전하면서 도로변의 물체를 보는 경우에 주된 영향을 미치는 것은?

① 휘광   ② 조도
③ 노출시간   ④ 과녁 이동

해설

과녁의 이동은 시식별에 영향을 주는 주요 인자로 과녁이나 관측자가 움직일 경우 시력이 감소하는 것을 말한다.

02 시각적 표시장치

(1) 시각적 표시장치의 구분

① 정적(static) 표시장치

안전표지판, 간판, 도표, 그래프, 인쇄물, 필기물 처럼 시간에 따라 변하지 않는 것

② 동적(dynamic) 표시장치

㉠ 어떤 변수나 상황을 나타내는 표시장치 : 기압계, 온도계, 속도계, 고도계 등

㉡ 음극선관(CRT) 표시장치 : 레이다, sonar(음파탐지기)등

㉢ 전파용 정보를 제시하는 표시장치 : TV, 영화, 전축 등

㉣ 어떤 변수를 조정하거나 맞추는 것을 돕기 위한 것 : 전기 프라이팬의 온도조절기 등

(2) 정량적 표시장치

온도나 속도 같은 동적으로 변화하는 변수나, 자로 재는 길이 같은 정적변수의 계량치에 관한 정보를 제공하는데 사용되는 표시장치

① 정량적 표시장치의 기본 형태

종류	형태
정목 동침(moving pointer)형	눈금이 고정되고 지침이 움직이는 형
정침 동목(moving scale)형	지침이 고정되고 눈금이 움직이는 형
계수(digital)형	전력계나 택시요금 계기와 같이 기계, 전자적으로 숫자가 표시되는 형

② 정량적 표시장치의 용어

구분	내용
눈금단위(scale unit)	금을 읽는 최소 단위
눈금범위(scale range)	눈금의 최대치와 최저치의 차
수치간격(numbered interval)	눈금에 나타낸 인접 수치 사이의 차
눈금간격(graduation interval)	최소 눈금선사이의 값 차

[정목 동침형]

[정침 동목형]

[계수형]

③ 정량적 표시장치의 식별요인

구분	내용
눈금 단위의 길이	판독하고자 하는 최소 측정단위의 값을 나타내는 눈금상의 길이(inch, mm, 호의° 등)
눈금 크기	눈금마다의 표시를 하여 판독을 용이하게 한다.
눈금의 수열	고유수열로 수치표시를 하여 판독을 한다. (소수점을 사용하면 읽기가 힘들어진다.)
지침의 설계	• 선각(先角)이 약 20° 정도 되는 뾰족한 지침을 사용 • 지침의 끝은 작은 눈금과 맞닿되 겹치지 않게 한다. • 원형 눈금의 경우 지침의 색은 선단에서 눈금의 중심까지 칠한다. • 시차(視差)를 없애기 위해 지침은 눈금면과 최대한 가깝게 한다.
시거리	먼거리에서 표시장치를 보는 경우 세부 형태를 확대하여 동일한 시각을 유지해야 한다. 눈금표시의 특성은 71cm(28in)에서 정상 시거리를 가정한다. $$거리\ X\,\mathrm{cm}의\ 눈금간격 = 추천거리의\ 치수 \times \frac{x}{71}$$

[상태표시기]
정성적 정보는 시스템이나 부품의 상태가 정상 상태인가를 판정하기 위해 사용하며 각각 독립된 상태를 나타낸다.

예) On-off 신호, 교통 신호등의 주행-멈춤, 신호등의 적, 황, 녹색

(3) 정성적 표시장치

온도, 압력, 속도와 같이 연속적으로 변하는 변수의 대략적인 값이나, 변화추세, 비율 등을 알고자 할 때 주로 사용하는 표시장치

[정량적 자료를 기초로 정성적 판독을 하는 경우]	
내용	**예**
미리 정해놓은 몇 개의 한계범위에 기초한 변수의 상태나 조건을 판단할 경우	자동차 온도계의 고온, 정상, 저온
목표로 하는 어떤 범위의 값을 유지 할 경우	자동차의 속도 (60~70km)유지
변화의 경향이나 변화율을 조사할 경우	비행기 고도의 변화율

① 특정 범위가 중요한 경우 각 수준별로 색을 이용하여 표시

② 색채 적용이 부적합할 경우 각 구간별 형상 코드화

(4) 신호 및 경고등

① 신호 및 경보등의 검출성에 영향을 미치는 인자

구분	내용
크기, 휘도, 노출시간	빛의 점멸을 검출할 수 있는 절대역치는 광원의 크기, 휘도, 노출시간에 따라 다르며 광원이 크고 노출시간이 길수록 필요한 휘도는 감소한다.
등의 색	신호와 배경의 명도대비가 낮을 경우 반응시간의 순서 : 적색-녹색-황색-백색
점멸 속도	점멸속도가 너무 크면 불빛이 켜져 있는 것처럼 보이므로 점멸-융합 주파수보다 훨씬 적어야 한다. • 주의를 끌기위한 점멸 속도 : 3~10회/초 • 점멸의 최소 지속시간 : 0.05초 이상
배경의 불빛	배경의 불빛이 신호등과 비슷한 때에는 신호광의 식별이 어려워진다.(신호등이 네온사인이 있는 지역에 설치된 경우 식별이 어렵다.)

② 경고등의 설계 지침
　㉠ 경고등은 1초당 4회 정도의 점멸이 적당하다.
　㉡ 경고등은 황색 또는 붉은색을 사용한다.
　㉢ 밝기는 배경보다 2배 이상의 밝기를 사용한다.
　㉣ 경고등은 작업자의 시야 범위에 있어야 한다.
　㉤ 경고등은 색으로 표시를 하여야 한다.
　　(빨간색 : 위험, 녹색 : 안전, 황색 : 주의)

[절대역치(absolute threshold)]
자극이 존재한다는 것을 아는데 필요한 최소한의 자극강도

[점멸융합 주파수]
자극들이 점멸하는 것 같이 보이지 않고 연속적으로 느껴지는 주파수로 정신활동의 부담척도로 사용된다.

[항공기 이동형(외견형)]

[지평선 이동형(내견형)]

[광삼(irradiation)현상]
흰 모양이 주위의 검은 배경으로 번지어
보이는 현상

(5) 묘사적 표시장치

① 실제 사물을 재현하는 장치로서 회화적으로서 텔레비전의 화면이나 항공 사진 등에 사물을 재현시키는 표시
② 지도나 비행 자세의 표시장치 같이 도해 및 상징적인 표시
③ 비행자세를 표시하는 두 가지 기본 이동 관계

종류	형태
항공기의 이동형(외견형)	지면이 고정 항공기가 경사각의 변화에 따라 움직임
지평선 이동형(내견형)	항공기는 고정되고 지평선이 움직이는 형태
빈도 분리형	외견형과 내견형의 혼합형

(6) 문자-숫자 표시장치

① 문자-숫자 표시에서 인간공학적 판단기준

구분	내용
식별성 (legibility discriminability)	글자를 구별할 수 있는 속성
검출성(visibility) 또는 가시성(detectability)	배경과 분리되는 글자나 상징의 성질
판독성 (readability : 읽기 용이성)	문자-숫자로 나타낸 정보를 인식할 수 있는 질

② 문자-숫자의 모양, 크기, 배열

구분	내용
획폭비	문자나 숫자의 높이에 대한 획 굵기의 비 광삼(발광)현상 때문에 검은 바탕에 흰 글자의 획폭은 흰 바탕에 검은 글자보다 가늘어야 한다.
종횡비	1 : 1의 비가 적당하며 3 : 5까지는 독해성에 영향이 없고, 숫자의 경우는 3 : 5를 표준으로 한다.
문자-숫자의 크기	글자의 크기는 포인트(point, pt)로 나타내며 1/72(0.35mm)을 1pt로 한다.

(7) 시각적 암호

① 시각적 코드의 구분

구분	내용
단일 차원 코드	과업이나 상황에 따라 목적에 맞는 코드를 선택한다. 단일 코드는 문자·숫자, 색, 형상, 크기, 빛의 명도 및 점멸속도 등이 있다.
색 코드	보통의 사람은 9가지의 면색을 구분할 수 있고 훈련을 통해 더 많은 색상을 구별한다.(색 코드는 식별가능한 색의 수를 줄이는 것이 좋다.)
다차원 코드	두 가지 차원 이상의 조합을 통해 표시되는 것(다차원 코드가 반드시 단일 차원 코드보다 효과적이지는 않다.)
상징적 코드	도로표지판의 형상 등을 말하며 여러 상황에서 판독과 구별이 가능하고 표준화하는 것이 좋다.

② 암호체계 사용상의 일반적인 지침

구분	내용
암호의 검출성	검출이 가능해야 한다.
암호의 변별성	다른 암호표시와 구별되어야 한다.
부호의 양립성	양립성이란 자극들간, 반응들 간, 자극-반응 조합에서의 관계에서 인간의 기대와 모순되지 않는다.
부호의 의미	사용자가 그 뜻을 분명히 알아야 한다.
암호의 표준화	암호를 표준화 하여야 한다.
다차원 암호의 사용	2가지 이상의 암호차원을 조합해서 사용하면 정보전달이 촉진된다.

③ 부호 및 기호

종류	내용
묘사적 부호	사물의 행동을 단순하고 정확하게 묘사한 것 (예 : 위험표지판의 해골과 뼈, 도보 표지판의 걷는 사람)
추상적 부호	傳言의 기본요소를 도식적으로 압축한 부호로 원 개념과는 약간의 유사성이 있을 뿐이다.
임의적 부호	부호가 이미 고안되어 있으므로 이를 배워야 하는 부호(예 : 교통 표지판의 삼각형-주의, 원형-규제, 사각형-안내표시)

[다차원 암호의 사용]

2가지 이상의 암호차원을 조합할 때 가장 우수한 암호는 숫자와 색의 조합이다.

[묘사적 부호]

[추상적 부호]

[임의적 부호]

02 핵심문제 　　　　2. 시각적 표시장치

□□□ 13년2회, 18년1회
1. 다음 중 정량적 표시장치에 관한 설명으로 옳은 것을 고르시오.

① 정확한 값을 읽어야 하는 경우 일반적으로 디지털보다 아날로그 표시장치가 유리하다.
② 연속적으로 변화하는 양을 나타내는 데에는 일반적으로 아날로그보다 디지털 표시장치가 유리하다.
③ 동침(moving pointer)형 아날로그 표시장치는 바늘의 진행 방향과 증감 속도에 대한 인식적인 암시신호를 얻는 것이 불가능한 단점이 있다.
④ 동목(moving scale)형 아날로그 표시장치는 표시장치의 면적을 최소화할 수 있는 장점이 있다.

해설
동목형 아날로그 장치는 지침이 고정되고 눈금이 움직이는 형태로 체중계 등과 같이 표시장치의 면적을 최소화 할 수 있다.

□□□ 18년1회
2. 운동관계의 양립성을 고려하여 동목(moving scale)형 표시장치를 바람직하게 설계한 것은?

① 눈금과 손잡이가 같은 방향으로 회전하도록 설계한다.
② 눈금의 숫자는 우측으로 감소하도록 설계한다.
③ 꼭지의 시계 방향 회전이 지시치를 감소시키도록 설계한다.
④ 위의 세 가지 요건을 동시에 만족시키도록 설계한다.

해설
양립성(compatibility)이란 정보입력 및 처리와 관련한 양립성은 인간의 기대와 모순되지 않는 자극들간의, 반응들 간의 또는 자극반응조합의 관계를 말하는 것으로 그 중 운동적 양립성이란 표시 및 조종장치, 체계반응의 운동 방향이 서로 일치하는 것을 의미한다. 운동적 양립성에서 일반적으로 눈금과 손잡이는 같은 방향으로 회전하며, 우측(시계방향)방향으로 값이 증가되도록 설계한다.

□□□
3. 일반적인 조건에서 정량적 표시장치의 두 눈금 사이의 간격은 0.13cm를 추천하고 있다. 다음 중 142cm의 시야거리에서 가장 적당한 눈금 사이의 간격은 얼마인가?

① 0.065cm　　② 0.13cm
③ 0.26cm　　④ 0.39cm

해설
거리 Xcm에서의 눈금간격 = 추천거리의 치수 × $\frac{x}{71}$

$0.13 × \frac{142}{71} = 0.26$

□□□ 15년1회, 19년2회
4. 다음 중 정성적 표시장치를 설명한 것으로 적절하지 않은 것은?

① 연속적으로 변하는 변수의 대략적인 값이나 변화추세, 변화율 등을 알고자 할 때 사용된다.
② 정성적 표시장치의 근본 자료 자체는 정량적인 것이다.
③ 색채 부호가 부적합한 경우에는 계기판 표시 구간을 형상 부호화하여 나타낸다.
④ 전력계에서와 같이 기계적 혹은 전자적으로 숫자가 표시된다.

해설
전력계와 같이 숫자가 표시되는 것은 정량적 표시장치중 계수형에 해당된다.

□□□ 13년4회
5. 다음 중 점멸융합주파수(Flicker-Fusion Frequency)에 관한 설명으로 옳지 않은 것은?

① 빛의 검출성에 영향을 주는 인자 중의 하나이다.
② 점멸속도가 약 30Hz 이상이면 불이 계속 켜진 것처럼 보인다.
③ 점멸속도는 점멸융합주파수보다 일반적으로 커야 한다.
④ 중추신경계의 정신적 피로도의 척도로 사용된다.

문제 5 ~ 6 해설
점멸속도(flash rate)
점멸등의 점멸속도는 점멸-융합주파수보다 훨씬 적어야 한다. 주의를 끌기 위해서는 초당 3~10회의 점멸속도와 지속시간 0.05초 이상이 적당하다.

□□□ 14년4회
6. 다음 중 신호 및 경보등을 설계할 때 초당 3~10회의 점멸속도로 얼마의 지속시간이 가장 적합한가?

① 0.01초 이상　　② 0.02초 이상
③ 0.03초 이상　　④ 0.05초 이상

□□□ 11년1회
7. 다음 중 경고등의 설계 지침으로 가장 적절한 것은?

① 1초에 한 번씩 점멸시킨다.
② 일반 시야 범위 밖에 설치한다.
③ 배경보다 2배 이상의 밝기를 사용한다.
④ 일반적으로 2개 이상의 경고등을 사용한다.

해설
경고등의 설계 지침

1. 경고등은 1초당 4회 정도의 점멸이 적당하다.
2. 경고등은 황색 또는 붉은색을 사용한다.
3. 밝기는 배경보다 2배 이상의 밝기를 사용한다.
4. 경고등은 작업자의 시야 범위에 있어야 한다.
5. 경고등은 색으로 표시를 하여야 한다.(빨간색 : 위험, 녹색 : 안전, 황색 : 주의)

□□□ 14년4회, 20년1,2회
8. 조종장치를 촉각적으로 식별하기 위하여 사용되는 촉각적 코드화의 방법으로 옳지 않은 것은?

① 색감을 활용한 코드화
② 크기를 이용한 코드화
③ 조종장치의 형상 코드화
④ 표면 촉감을 이용한 코드화

문제 8 ～ 9 해설
제어장치의 코드화의 방법에는 형상, 촉감, 크기, 위치, 조작법, 색깔, 라벨 등이 있다.

□□□ 17년1회
9. 작업자가 용이하게 기계·기구를 식별하도록 암호화 (Coding)를 한다. 암호화 방법이 아닌 것은?

① 강도   ② 형상
③ 크기   ④ 색채

□□□ 14년2회
10. 다음 중 일반적으로 대부분의 임무에서 시각적 암호의 효능에 대한 결과에서 가장 성능이 우수한 암호는?

① 구성 암호   ② 영자와 형상 암호
③ 숫자 및 색 암호   ④ 영자 및 구성 암호

해설
일반적으로 대부분의 임무에서 시각적 암호의 효능에 대한 결과에서 가장 성능이 우수한 암호로 숫자 및 색 암호이다.

□□□ 12년2회, 16년2회
11. 다음 중 특정한 목적을 위해 시각적 암호, 부호 및 기호를 의도적으로 사용할 때에 반드시 고려하여야 할 사항과 가장 거리가 먼 것은?

① 검출성   ② 판별성
③ 심각성   ④ 양립성

해설
암호체계 사용상의 일반지침

1. 암호의 검출성
2. 암호의 변별성
3. 부호의 양립성
4. 부호의 의미
5. 암호의 표준화
6. 다차원 암호의 사용

□□□ 10년2회, 16년1회
12. 안전·보건표지에서 경고표지는 삼각형, 안내표지는 사각형, 지시표지는 원형 등으로 부호가 고안되어 있다. 이처럼 부호가 이미 고안되어 이를 사용자가 배워야 하는 부호를 무엇이라 하는가?

① 묘사적 부호   ② 추상적 부호
③ 임의적 부호   ④ 사실적 부호

문제 12 ～ 13 해설

- 묘사적 부호 : 사물의 행동을 단순하고 정확하게 묘사한 것(예 : 위험표지판의 해골과 뼈, 도보 표지판의 걷는 사람)
- 추상적 부호 : 傳言의 기본요소를 도식적으로 압축한 부호로 원 개념과는 약간의 유사성이 있을 뿐이다.
- 임의적 부호 : 부호가 이미 고안되어 있으므로 이를 배워야 하는 부호(예 : 교통 표지판의 삼각형-주의, 원형-규제, 사각형-안내 표시)

□□□ 10년4회, 17년2회
13. 시각적 부호의 유형과 내용으로 틀린 것은?

① 임의적 부호 - 주의를 나타내는 삼각형
② 명시적 부호 - 위험표지판의 해골과 뼈
③ 묘사적 부호 - 보도 표지판의 걷는 사람
④ 추상적 부호 - 별자리를 나타내는 12 궁도

03 청각과정과 음의 특성

(1) 청각과정(Hearing process)

① 귀의 구조

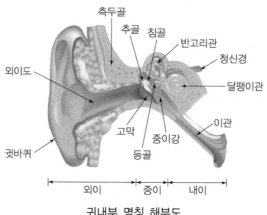

귀내부 명칭 해부도

② 외이(outer ear, external ear)

명칭	기능
귀바퀴 (auricle, concha, pinna)	음성을 레이더같이 음성 에너지를 수집하여 초점을 맞추고 증폭의 역할을 담당
외이도 (auditory canal, meabrane)	귀바퀴에서 고막까지의 부분으로 음파를 연결하는 통로의 역할을 담당
고막 (ear drum, tympanic membrane)	<u>외이(outer ear, external ear)와 중이(middle ear)의 경계에 자리잡고 있다.</u> 두께 0.1mm의 얇고 투명한 막으로 소리자극에 의해서 진동하여 귓속뼈(이소골)를 통해서 속귀의 달팽이관까지 소리진동을 전달하는 역할을 한다.

③ 중이(middle ear)

㉠ 외이와 중이는 고막을 경계 지점으로 분리된다.

㉡ 중이는 3개의 작은 뼈들(등골(stapes), 침골(incus), 추골(malleus))로 연결되어 있어서 고막의 진동을 내이의 난원창(oval)에 전달하게 된다.

㉢ 등골은 난원창의 바깥쪽에 있는 내이액의 음압 변화를 전달하게 되고 이 전달 과정에서 고막에 가해지는 미세한 <u>압력 변화는 22배로 증폭</u>이 되어 나타난다.

④ 내이(inner ear, internal ear, innerear)

　㉠ 내이의 달팽이관(cochlea)은 달팽이 모양의 나선형으로 생긴 관으로
림프액으로 차 있다.

　㉡ 중이소골(등골)이 음압 변화에 반응하여 움직이면 그 움직임이 전달
되어 그 액이 진동하여 얇은 기저막(basilar membrane)이 진동하고
이 기저막의 진동은 작은 압력변화에도 민감한 유모세포(hair cell)와
말초신경(nerve ending)이 있는 Corti기관에 전달하게 된다.

　㉢ 말초 신경에서 포착된 신경충동(neural impulse : 전기신호)은 청신
경을 통하여 뇌로 전달한다.

(2) 음의 특성

① 음파의 진동수(주파수)

　㉠ 공기의 압력이 증가 감소하여 만드는 파형으로 1초당 사이클 수를 음
의 진동수(주파수)라 하고 Hz(hertz)또는 CPS(cycle/s)로 표시한다.

　㉡ 물리적 음의 진동수는 인간이 감지하는 음의 높낮이와 관련된다.

　㉢ 보통 인간의 귀는 약 20~20,000Hz의 진동수를 감지한다.

② 음의 강도(진폭)

　㉠ 단위면적당의 동력(Watt/m²)으로 정의되며 음에 대한 값의 범위는
매우 넓어 log를 사용한다.

　㉡ Bell(B; 두 음의 강도 비의 로그값)을 기본 으로 하여 dB(decibel)을
사용한다.(1dB=0.1B)

　㉢ 음압수준(sound-pressure level : SPL)의 정의

$$SPL(dB) = 20\log_{10}\left(\frac{p_1}{p_0}\right)$$

여기서, P_0 : 기준음압(2×10^{-5}N/m² : 1,000Hz 에서의 최소 가청치)
　　　　P_1 : 측정하려는 음압

　㉣ dB은 상대적 단위로서, P_1과 P_2의 음압을 갖는 두 음의 강도차는 다
음과 같다.

$$SPL_2 - SPL_1 = 20\log\left(\frac{p_2}{p_0}\right) - 20\log\left(\frac{p_1}{p_0}\right) = 20\log\left(\frac{p_2}{p_1}\right)$$

　㉤ 거리에 따른 음의 강도 변화 산출

$$P_2 = P_1\left(\frac{d_1}{d_2}\right) \qquad dB_2 = dB_1 - 20\log\left(\frac{d_2}{d_1}\right)$$

[음계와 진동수]
음계(musical scale)에서 중앙의 C(도)음은 256Hz이며, 음이 한 옥타브(octave) 높아질 때마다 진동수는 2배씩 높아진다.

> ✓ 예제
>
> 소음이 심한 기계로부터의 2m 떨어진 곳의 음압수준이 100dB이라면 이 기계로부터 4.5m 떨어진 곳의 음압수준은 약 몇 dB인가?
>
> $$dB_2 = dB_1 - 20\log\left(\frac{d_2}{d_1}\right) = 100 - 20\log\left(\frac{4.5}{2}\right) = 92.956 \, dB$$

(3) 음량(sound volume)

① Phon

음의 크기에 대한 정량적 평가를 위한 척도로 임의의 음에 대한 음의 크기와 평균적으로 같은 크기를 1,000Hz 순음의 음압 수준(dB)을 의미한다.

> 20dB의 1,000Hz = 20phon

② Sone

㉠ 음의 상대적인 크기에 대한 음량척도로 기준음에 비해 몇 배의 크기를 갖는가에 따라 sone치가 결정된다.

> ■ 참고
>
> 1000Hz = 40dB = 40phon = 1sone과 동일한 음이다.

㉡ 음량(sone)과 음량 수준(phon)의 관계

$$sone치 = 2^{\frac{(phon-40)}{10}}$$

※ 음량 수준이 10phon 증가하면 음량(sone)은 2배가 된다.

> ✓ 예제
>
> 50Phon의 기준음을 들려준 후 70Phon의 소리를 듣는다면 작업자는 주관적으로 몇 배의 소리로 인식하는가?
>
> ① 50Phon의 sone치 : $2^{\frac{(phon-40)}{10}} = 2$
>
> ② 70Phon의 sone치 : $2^{\frac{(phon-40)}{10}} = 8$
>
> ∴ 4배

③ PNdB

인식 소음 수준의 척도로 PNdB(perceived noise level)은 같은 소음 수준으로 들리는 910~1,090Hz대의 소음 음압 수준이다.

Tip

음량의 속성에 따라 phon, sonee, dB을 비교하기 위해서는 등음량곡선에서 phon치를 구하고 sone치를 구하는 공식에 따라 계산하여 비교한다. 출제문제에서는 phon치가 주어지므로 등음량곡선을 생략한다.

[PLdB]

PNdB외에 3,150Hz에 중심을 둔 1/3 옥타브 대 음을 기준으로 사용하는 PLdB (perceived level of noise)라는 인식 소음 수준의 척도가 있다.

03 핵심문제　　　3. 청각과정과 음의 특성

1. 다음 중 인간의 귀에 대한 구조를 설명한 것으로 틀린 것은?

① 외이(external ear)는 귓바퀴와 외이도로 구성된다.
② 중이(middle)에는 인두와 교통하여 고실 내압을 조절하는 유스타키오관이 존재 한다.
③ 내이(inner ear)는 신체의 평형감각수용기인 반규관과 청각을 담당하는 전정기관 및 와우로 구성되어 있다.
④ 고막은 중이와 내이의 경계부위에 위치해 있으며 음파를 진동으로 바꾼다.

> **해설**
> 고막(ear drum, tympanic membrane)은 외이(outer ear, external ear)와 중이(middle ear)의 경계에 자리잡고 있으며, 두께 0.1mm의 얇고 투명한 막으로 소리자극에 의해서 진동하여 귓속뼈(이소골)를 통해서 속귀의 달팽이관까지 소리진동을 전달하는 역할을 한다.

2. 중이소골(ossicle)이 고막의 진동을 내이의 난원창(oval window)에 전달하는 과정에서 음파의 압력은 어느 정도 증폭되는가?

① 2배　　　　　② 12배
③ 22배　　　　④ 220배

> **해설**
> 외이와 내이는 고막을 경계로 하여 분리되며 고막의 안쪽의 중이는 중이소골이라 불리는 3개의 작은 뼈들(추골, 침골, 등골)이 서로 연결되어 있어 고막의 진동을 내이의 난원창에 전달한다. 등골은 난원창막 바깥쪽에 있는 내이액에 음압변화를 전달한다. 이 전달과정에서 고막에 가해지는 미세한 압력변화는 22배 증폭되어 내이로 전달된다.

3. 경보사이렌으로부터 10m 떨어진 곳에서 음압수준이 140dB이면 100m 떨어진 곳에서 음의 강도는 얼마인가?

① 100dB　　　　② 110dB
③ 120dB　　　　④ 140dB

> **해설**
> $$dB_2 = dB_1 - 20\log\left(\frac{d_2}{d_1}\right) = 140 - 20\log\left(\frac{100}{10}\right) = 120dB$$

4. 음압수준이 70dB인 경우, 1000Hz에서 순음의 phon 치는?

① 50phon　　　　② 70phon
③ 90phon　　　　④ 100phon

> **해설**
> 동일한 음의 수준
> 1000Hz = 40dB = 40phon = 1sone

5. 인간이 청각으로 느끼는 소리의 크기를 측정하는 두 가지 척도와 sone과 phon 이다. 50phon은 몇 sone 해당하는가?

① 0.5　　　　　② 1
③ 2　　　　　　④ 2.5

> **해설**
> $$sone치 = 2^{\frac{(Phon-40)}{10}} = 2^{\frac{(50-40)}{10}} = 2$$

6. 50 phon의 기준음을 들려준 후 70 phon의 소리를 듣는다면 작업자는 주관적으로 몇 배의 소리로 인식하는가?

① 1.4배　　　　② 2배
③ 3배　　　　　④ 4배

> **해설**
>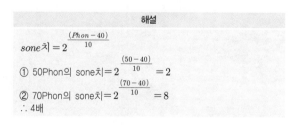
> $$sone치 = 2^{\frac{(Phon-40)}{10}}$$
> ① 50Phon의 sone치 $= 2^{\frac{(50-40)}{10}} = 2$
> ② 70Phon의 sone치 $= 2^{\frac{(70-40)}{10}} = 8$
> ∴ 4배

정답 1 ④　2 ③　3 ③　4 ②　5 ③　6 ④

□□□ 11년4회, 18년2회, 20년4회

7. 어떤 소리가 1000Hz, 60dB인 음과 같은 높이임에도 4배 더 크게 들린다면, 이 소리의 음압수준은 얼마인가?

① 70dB ② 80dB
③ 90dB ④ 100dB

해설

① 기준음의 sone치 $= 2^{\frac{(60-40)}{10}} = 4$

② 기준음의 4배 : $4 \times 4 = 16$sone 이므로

③ 4배의 sone치 : $16 = 2^{\frac{(x-40)}{10}}$ 으로 정리할 수 있다.

④ $\log_2 16 = \dfrac{x-40}{10}$ 으로 다시 정리하면

$x = 10(\log_2 16) + 40 = 80$

04 청각 및 촉각적 표시장치

(1) 청각적 신호

① 인간의 청각적 신호 수신 기능

상대 및 절대식별은 강도, 진동수, 지속시간, 방향, 빈도 등 여러 자극 차원에서 이루어진다.

기능	내용
검출 (detection)	신호의 존재여부를 결정
상대식별 (relative discrimination)	두 가지 이상의 신호가 근접하여 제시되었을 때 이를 구별
절대식별 (absolute identification)	특정한 신호가 단독으로 제시되었을 때 이를 식별
위치판별 (localization)	신호의 방향을 판별

[암시신호(cue)]

음원의 방향을 결정하는 주된 암시신호(cue)는 소리가 발생했을 때, 그 음원의 방향을 알 수 있는 것은 양 귀에 도달하는 동일한 소리에 대한 강도차와 위상차에 의한 것이므로 양 쪽 귀가 모두 들릴 때 소리가 나는 방향을 알 수 있다.

② 신호검출이론(signal detection theory : SDT)

㉠ 잡음(noise)에 실린 신호분포는 잡음 분포와 뚜렷이 구분되어야 한다.

㉡ 잡음과 중첩이 불가피한 경우에는(허위경보와 신호를 검출하지 못하는 과오 중) 어떤 과오를 좀더 묵인할 수 있는가를 결정하여 관측자의 판정기준설정에 도움을 주어야 한다.

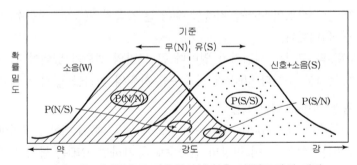

소리강도를 매개변수로 사용한 신호검출 이론(SDT)의 개념

[여파기(filter)의 사용]

음의 주 진동수가 신호와 다른 경우에 잡음의 일부를 여파해 버리고, 신호와 나머지 잡음을 증폭함으로써 신호대 잡음 비를 높일 수 있고 신호를 좀 더 쉽게 알아들을 수 있다.

㉢ 신호의 유무 판정

신호의 적중률에 대한 판별기준의 위치에 관계되는 것으로 beta값이 있는데 위 그림의 기준점에서 두 곡선의 높이의 비(신호/잡음)이다. 이 두 분포 곡선이 교차하는 위치에 기준점이 있는 경우 beta=1 이 된다.

판정	내용
신호의 정확한 판정(Hit)	신호가 나타났을 때 신호라고 판정, P(S/S)
허위경보(False Alarm)	잡음만 있을 때 신호로 판정, P(S/N)
신호검출 실패(Miss)	신호가 나타났는데도 잡음으로 판정, P(N/S)
잡음을 제대로 판정 (Correct Noise)	잡음만 있을 때 잡음이라고 판정, P(N/N)

③ 소음분포

각 시점에서 신호+소음의 분포는 소음자체의 분포와 겹치지 않아야
한다.

④ 검출성

검출성은 신호의 진동수와 지속시간에 따라 약간 달라진다.

구분	내용
주위가 조용한 경우	40~50dB의 정도면 검출되기에 충분하다.
순음의 경우 음의 감지시간	0.2~0.3초
순음의 소실	0.14초

⑤ 적절한 신호 크기

110dB과 소음에 은폐된 신호의 가청 역치의 중간정도가 적당하다.

(2) 신호의 상대식별

① JND(just noticeable difference)

㉠ 인간이 신호의 50%를 검출할 수 있는 자극차원(강도, 진동수)의 차이
를 의미한다.

㉡ JND의 크기는 피검자가 얼마나 큰 크기의 변화가 있어야 검출할 수
있는가를 뜻한다.(JND가 작을수록 차원의 변화를 쉽게 검출한다.)

② 진동수 변화에 대한 식별

㉠ 진동수가 약 1,000Hz이하(음의 강도가 높을 때)에 대한 순음들에 대한
JND는 작으나, 이 이상의 진동수로 증가하면 JND는 급격히 커진다.

㉡ 신호를 구별할 때에는 낮은 진동수의 신호를 사용하는 것이 좋으나
주변소음(보통 낮은 진동수)이 있는 경우 은폐효과가 있어 500~
1,000Hz 범위의 신호를 사용하는 것이 좋다.

[역치(threshold)]
반응을 일으키는데 필요한 최소한의 세기

(3) 신호의 절대식별

① 개별적인 자극이 제시되는 경우 이에 대한 절대적 식별이 필요하다.

② 다차원 코드화

    ㉠ 청각적 코드로 전달할 정보량이 많을 때 여러 신호를 절대 식별하기 위해 다차원 코드를 사용한다.

    ㉡ 다차원 코드 시스템을 적용할 경우 일반적으로 차원의 수가 적고 수준의 수가 많을 때보다 차원의 수가 많고 수준의 수가 적을 때가 더 낫다.(인간은 차원이 다른 음을 쉽게 식별할 수 있다.)

(4) 청각적 표시의 원리

① 일반원리

구분	내용
양립성	가능한 한 사용자가 알고 있거나 자연스러운 신호 차원과 코드 선택
근사성	복잡한 정보를 나타낼 때 다음 2단계의 신호를 고려한다. • 주의신호 : 주의를 끌어서 정보의 일반적 부류 식별 • 지정신호 : 주의신호로 식별된 신호에 정확한 정보를 지정
분리성	기존 입력과 쉽게 식별되는 것을 사용하는 것으로 두가지 이상이 채널이 있는 경우 각 채널의 주파수는 분리되어야 한다.
검약성	조작자에 대한 입력 신호는 필요한 정보만 제공
불변성	동일한 신호는 항상 동일한 정보를 지정

② 표현의 원리

    ㉠ 극한적 차원은 피한다.

    ㉡ 주변 소음수준에 상대적인 강도를 설정한다.

    ㉢ 간헐적이거나 변동신호를 사용한다.

    ㉣ 청각 채널이 과부하 되지않게 한다.

③ 표시장치 설치의 원리

    ㉠ 사용할 신호를 시험한다.

    ㉡ 기존 신호와 상충되지 않도록 한다.

    ㉢ 기존 신호의 전환이 쉽도록 한다.

(5) 경계 및 경보신호 설계

① 200~5,000Hz의 진동수를 사용한다.(귀는 중음역에 민감하므로 500~3,000Hz가 가장 좋다.)

② 장거리용(300m 이상)신호에서는 1,000Hz 이하의 진동수를 사용한다.(높은 진동수의 음은 멀리가지 못한다.)

③ 장애물이나 칸막이를 넘어가야 하는 신호는 500Hz이하의 진동수를 갖는 신호를 사용한다.
④ 주의를 끄는 목적으로 신호를 사용할 때는 변조신호를 사용한다.
⑤ 배경 소음과 다른 진동수를 갖는 신호를 사용한다.
⑥ 경계 신호는 상황에 따라 다른 것을 사용하며, 서로 식별이 가능해야 한다.

(6) 음성통신

① 통화 이해도

　㉠ 음성 메시지를 수화자가 얼마나 정확하게 인지할 수 있는가 여부

　㉡ 통화 이해도의 척도

구분	내용
통화이해도 (speech intelligibility) 시험	실제로 말을 들려주고 이를 물어보는 시험
명료도 지수 (AI, articulation index)	각 옥타브(octave)대의 음성과 잡음의 dB 값에 가중치를 주어 그 합계를 구하는 것
이해도 점수 (intelligibility score)	수화자가 통화내용을 얼마나 알아들었는가의 비율(%)
통화간섭 수준 (SIL, speech interference level)	잡음이 통화이해도에 미치는 영향을 추정하는 지수로 500, 1000, 2000Hz에 중심을 둔 3옥타브대의 소음 dB수준의 평균치이다.
소음기준 (NC, noise criteria) 곡선	사무실, 회의실, 공장 등에서의 통화를 평가할 때 사용하는 소음기준으로 음의 크기 레벨과 회화 방해 레벨의 2요소를 조합한 실내 소음의 기준 곡선이다.

(7) 시각적 표시장치와 청각적 표시장치의 비교

Tip
시각적 표시장치와 청각적 표시장치의 비교는 두 장치가 상대적으로 사용하기 좋은 상황을 비교하는 내용이다. 쉬운 내용이지만 출제빈도가 높으니 유의하자.

시각적 장치 사용	청각적 장치 사용
• 전언이 복잡하고 길 때 • 전언이 후에 재참조 될 경우 • 전언이 공간적 위치를 다룰 때 • 수신자의 청각 계통이 과부하 상태일 경우 • 수신 장소가 너무 시끄러울 경우 • 즉각적인 행동을 요구하지 않을 때 • 직무상 한 곳에 머무르는 경우	• 전언이 간단하고 짧다. • 전언이 후에 재참조 되지 않는다. • 즉각적 행동을 요구한다. • 수신자가 즉각적인 사상(event)을 요구한다. • 수신자의 시각계통이 과부하 상태 일 때 • 수신 장소가 역조응 또는 암조응 유지가 필요할 때 • 수신자가 자주 움직이는 경우

(8) 촉각 및 후각적 표시장치

① 피부감각

일상생활에서 사람은 생각보다 많이 피부감각(皮膚感覺, Cutaneous sense)에 의존한다. 그러나 피부감각이 얼마나 많은지를 묻는다면 감각기준의 분류 때문에 혼돈이 일어난다. Geldard(1972)의 지적에 의하면 피부감각을 다음과 같이 분류한다.

종류	내용
정성적(qualitative)감각	관찰 유사성(발생된 감각)에 기초한 분류, 자극형태(열, 기계, 화학, 전기 에너지등)에 따라 분류
해부학적(anatomically)감각	관여하는 감각기관(sense organ)이나 조직(tissue)의 성질에 따른 분류

감각순서가 빠른 순으로 청각(0.17초) → 촉각(0.18초) → 시각(0.20초) → 미각(0.27초) → 통각(0.7초) 순이다.

② 조종장치의 촉각적 코드화

구분	내용
1) 형상의 코드화	조종장치의 용도를 만져서 식별하는 이외에 손잡이 등이 그 용도를 연상시키는 형상을 할 때 사용 용도를 감지하기 편하다.
2) 표면 촉감의 코드화	표면의 촉감을 다르게 하여 식별이 용이하도록 한다.
3) 크기를 이용한 코드화	크기의 코드화는 식별효과가 적지만 직경 1.3cm, 두께 0.95cm의 차이만 있으면 정확하게 구별할 수 있다.

③ 촉각적 표시장치의 자극유형

종류	내용
기계적 진동 (mechanical vibraion)	진동 장치의 위치, 주파수, 세기, 지속시간과 같은 물리적 매개변수
전기적 임펠스 (electric impulse)	전극위치, 펄스속도, 지속시간, 강도, 전극의 종류, 크기 등에 좌우된다.

④ 후각적 표시장치

후각적 표시장치는 사람마다 냄새에 대한 감도가 크게 다르다. 그러나 경보 장치로서 유용하게 응용되고 있는데 예를 들어 가스회사에서 가스 누출탐지를 위해 냄새를 추가하는 경우가 있다.

[피부감각의 종류]
(1) 만짐(touch)
(2) 접촉(contact)
(3) 간지름(tickle)
(4) 누름(pressure)

[피부감각의 민감도 순서]
(1) 통각
(2) 압각
(3) 촉각
(4) 냉각
(5) 온각

[2점 문턱값(two-point threshold)]
(1) 두 점을 눌렀을 때 따로 따로 지각할 수 있는 두 점 사이의 최소거리
(2) 손가락 끝, 손가락, 손바닥에서 2점 문턱값 중앙치(median)를 손바닥에서 손가락 끝으로 갈수록 감도는 증가(2점 문턱값은 감소)

04 핵심문제　　4. 청각 및 촉각적 표시장치

□□□ 13년2회

1. 다음 중 사람이 음원의 방향을 결정하는 주된 암시신호(cue)로 가장 적합하게 조합된 것으로 알맞은 것은?

① 음원의 거리차와 시간차
② 소리의 진동수차와 위상차
③ 소리의 강도차와 진동수차
④ 소리의 강도차와 위상차

해설

음원의 방향을 결정하는 주된 암시신호(cue)는 소리가 발생했을 때, 그 음원의 방향을 알 수 있는 것은 양 귀에 도달하는 동일한 소리에 대한 강도차와 위상차에 의한 것이므로 양 쪽 귀가 모두 들릴 때 소리가 나는 방향을 알 수 있다.

□□□ 11년2회

2. 다음 중 신호검출이론(SDT)에서 두 정규분포 곡선이 교차하는 부분에 판별기준이 놓였을 경우 Beta 값으로 옳은 것은?

① Beta = 0　　　　② Beta < 1
③ Beta = 1　　　　④ Beta > 1

해설

신호검출이론(SDT)에서 두 정규분포 곡선이 교차하는 부분에 판별기준이 놓였을 경우 Beta 값은 1이 된다.

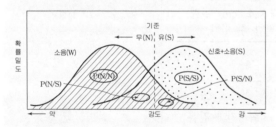

소리강도를 매개변수로 사용한 신호검출 이론(SDT)의 개념 설명

□□□ 11년2회

3. 다음 중 청각적 표시장치에 관한 설명으로 적절하지 않은 것은?

① 귀 위치에서의 신호의 강도는 110dB과 은폐가청 역치의 중간정도가 적당하다.
② 귀는 순음에 대하여 즉각적으로 반응하므로 순음의 청각적 신호는 0.2초 이내로 지속하면 된다.

③ JND(Just Noticeable Difference)가 작을수록 차원의 변화를 쉽게 검출할 수 있다.
④ 다차원암호시스템을 사용할 경우 일반적으로 차원의 수가 적고 수준의 수가 많을 때보다 차원의 수가 많고 수준의 수가 적을 때 식별이 수월하다.

해설

귀는 음에 대해서 즉시 반응하지 않으므로 순음이 경우 음이 확정될 때까지 0.2~0.3초가 걸리고, 감쇄하는데 0.14초 걸리며, 광대역 소음의 경우에는 확립, 감쇄가 빠르다. 이런 지연 때문에 청각적 신호 특히 소음의 경우 최소한 0.3초 지속해야 하며, 이보다 짧아질 경우에는 가청성의 감소를 보상하기 위해서 강도를 증가시켜주어야 한다.

□□□ 15년2회

4. 다음 중 청각적 표시장치의 설계에 관한 설명으로 가장 거리가 먼 것은?

① 신호를 멀리 보내고자 할 때에는 낮은 주파수를 사용하는 것이 바람직하다.
② 배경 소음의 주파수와 다른 주파수의 신호를 사용하는 것이 바람직하다.
③ 신호가 장애물을 돌아가야 할 때에는 높은 주파수를 사용하는 것이 바람직하다.
④ 경보는 청취자에게 위급 상황에 대한 정보를 제공하는 것이 바람직하다.

해설

1. 고음은 멀리가지 못하므로 3,000m 이상의 장거리용으로는 1,000Hz 이하의 진동수를 사용한다.
2. 신호가 장애물 또는 건물의 칸막이를 통과 시에는 500Hz 이하의 낮은 진동수를 사용한다.

□□□ 17년1회

5. 다음 중 통화이해도를 측정하는 지표로서, 각 옥타브(octave)대의 음성과 잡음의 데시벨(dB)값에 가중치를 곱하여 합계를 구하는 것을 무엇이라 하는가?

① 이해도 점수　　　② 통화 간섭 수준
③ 소음 기준 곡선　　④ 명료도 지수

해설

명료도 지수란 통화이해도를 측정하는 지표로서, 각 옥타브(octave)대의 음성과 잡음의 데시벨(dB)값에 가중치를 곱하여 합계를 구하는 것이다.

□□□ 15년2회

6. 말소리의 질에 대한 객관적 측정 방법으로 명료도 지수를 사용하고 있다. 그림에서와 같은 경우 명료도 지수는 약 얼마인가?

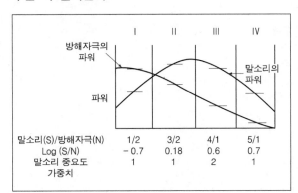

① 0.38

② 0.68

③ 1.38

④ 5.68

해설

명료도지수=(0.7×1)+(0.18×1)+(0.6×2)+(0.7×1)=1.38

□□□ 09년2회, 11년1회, 14년1회

7. 다음 중 반응시간이 가장 느린 감각은?

① 청각

② 시각

③ 미각

④ 통각

해설

감각순서가 빠른 순으로 청각(0.17초) → 촉각(0.18초) → 시각(0.20초) → 미각(0.27초) → 통각(0.7초) 순이다.

□□□ 13년2회

8. 다음 중 인체의 피부감각에 있어 민감한 순서대로 나열된 것으로 알맞은 것은?

① 통각 – 압각 – 냉각 – 온각

② 냉각 – 통각 – 온각 – 압각

③ 온각 – 냉각 – 통각 – 압각

④ 압각 – 온각 – 냉각 – 통각

해설

인체의 피부감각에 있어 민감한 순서
통각-압각-촉각-냉각-온각

□□□ 14년1회, 18년2회

9. 다음 중 음성통신에 있어 소음환경과 관련하여 성격이 다른 지수는?

① AI(Articulation Index)

② MAMA(Minimum Audible Movement Angle)

③ PNC(Preferred Noise Criteria Curves)

④ PSIL(Preferred – Octave Speech Interference Level)

해설

1. MAMA(Minimum Audible Movement Angle) : 최소 가청 움직임 음원 궤도 함수로서의 각도이다.
2. AI(명료도지수), PSIL(음성간섭수준), PNC(선호소음판단 기준곡선)등은 수화자의 청각신호 인지도를 확인하는 통화이해도에 대한 척도이다.

□□□ 09년1회, 10년1회, 10년2회, 13년1회, 16년1회

10. 인간-기계 시스템에서 인간이 기계로부터 정보를 받을 때 청각적 장치보다 시각적 장치를 이용하는 것이 더 유리한 경우는?

① 정보가 간단하고 짧은 경우

② 정보가 후에 재참조 되지 않는 경우

③ 정보가 즉각적인 행동을 요구하지 않는 경우

④ 수신자가 직무상 여러 곳으로 움직여야 하는 경우

문제 10 ~ 12 해설	
표시장치의 선택	
청각장치의 사용	시각장치의 사용
1. 전언이 간단하고 짧다. 2. 전언이 후에 재참조 되지 않는다. 3. 전언이 시간적인 사상(event)을 다룬다. 4. 전언이 즉각적인 행동을 요구한다. 5. 수신자의 시각계통이 과부하 상태일 때 6. 수신 장소가 너무 밝거나 암조응 유지가 필요할 때 7. 직무상 수신자가 자주 움직이는 경우	1. 전언이 복잡하고 길다. 2. 전언이 후에 재참조 된다. 3. 전언이 공간적인 위치를 다룬다. 4. 전언이 즉각적인 행동을 요구하지 않는다. 5. 수신자의 청각계통이 과부하 상태일 때 6. 수신장소가 너무 시끄러울 때 7. 직무상 수신자가 한 곳에 머무르는 경우

□□□ 12년4회, 14년2회, 21년2회

11. 다음 중 정보를 전송하기 위해 청각적 표시장치보다 시각적 표시장치를 사용하는 것이 더 효과적인 경우는?

① 정보의 내용이 간단한 경우
② 정보가 후에 재참조되는 경우
③ 정보가 즉각적인 행동을 요구하는 경우
④ 정보의 내용이 시간적인 사건을 다루는 경우

□□□ 10년4회, 11년4회

12. 다음 중 시각적 표시장치보다 청각적 표시장치를 사용하는 것이 더 유리한 경우는?

① 정보가 공간적인 위치를 다룬 경우
② 정보의 내용이 복잡하고 긴 경우
③ 직무상 수신자가 한 곳에 머무르는 경우
④ 수신 장소가 너무 밝거나 암순응이 요구될 때

□□□ 16년2회

13. 다음 중 정보의 촉각적 암호화 방법으로 구성된 것은?

① 점자, 진동, 온도
② 초인종, 점멸등, 점자
③ 연기, 온도, 모스(Morse)부호
④ 신호등, 경보음, 점멸등

해설

촉각적 표시 장치로는 기계적 진동(mechanical vibraion)이나 전기적 임펄스(electric impulse)이다.
1. 기계적 진동(mechanical vibration) : 진동 장치의 위치, 주파수, 세기, 지속시간과 같은 물리적 매개변수
2. 전기적 임펄스(electric impulse) : 전극위치, 펄스속도, 지속시간, 강도, 전극의 종류, 크기 등에 좌우된다.

05 휴먼에러

(1) 인간-기계 시스템 에러

① 시스템 성능(system performance)과 인간과오(human error)관계

$$S.P = f(H.E) = K(H.E)$$

여기서, $S.P$: 시스템 성능(system performance)

$H.E$: 인간 과오(human error), f : 함수, K : 상수

㉠ $K \fallingdotseq 1$: $H.E$가 $S.P$에 중대한 영향을 끼친다.

㉡ $K < 1$: $H.E$가 $S.P$에 리스크(risk)를 준다.

㉢ $K \fallingdotseq 0$: $H.E$가 $S.P$에 아무런 영향을 주지 않는다.

② 행동 과정에 따른 에러

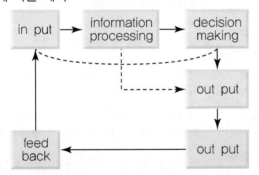

분류	내용
In put Error	감지 결함
Information processing Error	정보처리 절차과오(착각)
Decison making Error	의사결정과오
Out put Error	출력과오
Feed back Error	제어과오

③ 대뇌정보처리 에러

분류	내용
인지 착오	확인 Miss
판단 착오	의지결정의 Miss나 기억에 관한 실패
동작 착오	동작 또는 조작 Miss

④ 인간 과오의 배후요인 4요소(4M)

요소	내용
맨(Man)	본인 이외의 사람
머신(Machine)	장치나 기기 등의 물적 요인
메디아(Media)	인간과 기계를 잇는 매체란 뜻으로 작업의 방법이나 순서, 작업정보의 실태나 환경과의 관계, 정리정돈 등
매너지먼트 (Management)	안전법규의 준수방법, 단속, 점검 관리 외에 지휘감독, 교육훈련 등

(2) 인간실수의 분류

① 독립행동(결과)에 의한 분류

[독립행동에 의한 분류]
개별적 독립 행동(discrete action)에 관한 가장 간단한 분류법의 하나는 Swain과 Guttman이 사용한 방법이다.

Tip
인간실수의 분류에서 독립행동에 의한 분류와 원인의 수준에 따른 분류를 구분하는 문제가 매우 자주 출제된다. 반드시 구분할 수 있도록 하자.

분류	내용
생략 오류 (omission error)	필요한 작업을 수행하지 않은 것
실행 오류 (commission error)	잘못된 행위의 실행에 관한 것
순서 오류 (sequence error)	잘못된 순서로 어떤 과업을 실행 하거나 과업에 들어갔을 때 생기는 것
시간 오류 (timing error)	할당된 시간 안에 동작을 실행하지 못하거나 너무 빠르거나 또는 너무 느리게 실행했을 때 생기는 것
과잉행동 오류 (Extraneous Error)	불필요한 작업을 수행함으로 인하여 발생한 오류

② 원인의 수준(level)에 따른 분류

분류	내용
1차(primary error) 에러	작업자 자신으로부터 발생한 Error
2차(secondary error) 에러	작업형태나 작업조건 중에서 다른 문제가 생겨 그 때문에 필요한 사항을 실행할 수 없는 과오나 어떤 결함으로부터 파생하여 발생하는 Error
컴맨드(command error) 에러	요구된 것을 실행하고자 하여도 필요한 물건, 정보, 에너지 등의 공급이 없는 것처럼 작업자가 움직이려 해도 움직일 수 없으므로 발생하는 Error

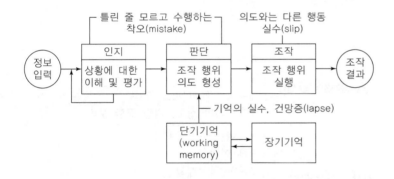

③ 정보처리과정에 의한 분류

㉠ Rasmussen의 인간오류 분류기법

구분	내용
기능에 기초한 행동 (skill-based behavior)	무의식적인 행동관례와 저장된 행동 양상에 의해 제어되는데, 관례적 상황에서 숙련된 운전자에게 적절하다. 이러한 행동에서의 오류는 주로 실행 오류이다.
규칙에 기초한 행동 (rule-based behavior)	균형적 행동 서브루틴(subroutin)에 관한 저장된 법칙을 적용할 수 있는 친숙한 상황에 적용된다. 이러한 행동에서의 오류는 상황에 대한 현저한 특징의 인식, 올바른 규칙의 기억과 적용에 관한 것이다.
지식에 기초한 행동 (knoledge-based behavior)	목표와 관련하여 작동을 계획해야 하는 특수하고 친숙하지 않은 상황에서 발생하는데, 부적절한 분석이나 의사결정에서 오류가 생긴다.

㉡ 실패, 실수, 위반의 정의

구분	내용
실패 (Mistakes)	부적당한 계획결과로 인해 원래의 목적 수행 실패
실수 (Slips)	부주의(carelessness)라고 하며 익숙한 환경에서 잘 훈련된 작업자에게 나타나는 특징이다. 계획된 목적과 의도와 다르게 실행에 오류가 발생
건망증 (Lapse)	기억장애의 하나로 잘 기억하지 못하거나 잊어버리는 정도
위반 (violations)	작업자가 올바른 동작과 결정을 알고 있음에도 불구하고 절차서에서 지시한 것을 고의로 따르지 않고 다른 방법을 선택 • 통상 위반: 개개인이 통상 규칙이나 절차를 따르지 않음 • 예외적 위반: 예상치 못한 돌발적 행동

[Rasmussen의 인간오류 분류]

Sanders와 McCormick은 인간오류를 분류하는 방법으로 Rasmussen의 제안을 소개하였다. 결정순서도(decision flow diagram)에서 13종의 오류를 분류하였으며 이 오류는 기능, 법칙 및 지식에 기초한 행동등과 관련되는 행동의 종류 또는 수준에 따른 것이다.

(3) 작업심리와 인간오류

① 작업 상황과 심리적 오류 원인

구분	내용
작업 상황적 인간오류	• 불충분한 작업공간 및 배치(layout) • 불량한 환경조건 • 부적합한 설계 • 불충분한 훈련 • 불량한 관리·감독
심리적 측면의 인간오류	• 급하거나 서두름 • 정보나 지식의 부족 • 과거의 경험 때문에 • 희망적 관측 때문에

② 인간오류의 발생원인별 분류

분류	원인
작업자의 특성	• 불충분한 경험 및 능력, 훈련 • 부적합한 신체조건 • 부족한 동기 • 낮은 사기 • 성격, 습관, 기호
교육·훈련상 문제	• 훈련부족 • 잘못된 지도 • 매뉴얼, 체크리스트 부족 • 상호주의와 정보, 의견 교환 부족
직장 성격상 문제	• 부자연스런 작업시간제도 • 낮은 연대의식 • 부족한 작업계획 • 유효하지 않는 법 또는 작업기준 • 무관심한 직장분위기 • 무관심한 관리체제
작업특성 및 환경적 문제	• 과중한 업무 • 제어하기 어려운 기계·기구 사용 • 판단 및 행동에 복잡한 작업 • 필요한 속도와 정확성에 불균형이 있는 작업 • 결과를 확인하기 어려운 작업 • 긴장과 주의력이 지속되는 작업
인간-기계 시스템의 인간공학적 설계상의 문제	• 의미를 알기 어려운 신호형태 • 변화와 상태를 식별하기 어려운 표시수단과 조작구 • 불충분하거나 필요없는 정보를 수반하는 표시기 • 공간적으로 여유가 없는 배치 • 인체의 무리하거나 부자연스러운 지시 • 힘을 무리하게 증폭하는 기구

③ 인간오류가 발생하기 쉬운 상황

작업	종류
공동작업	• 2명 이상의 조작자와 작업스텝 사이 • 고속작업 • 분리배정되어 있는 조작의 수동작업
속도와 정확도	• 고속인 작업 • 분산배치 시 정확한 타이밍을 요하는 작업 • 의지부정을 위한 시간이 촉박한 작업
식별	• 두 개 이상 표시의 빠르기 변화의 비교 • 여러 인력원에 의한 의지부정 • 장시간 감시작업
부적당한 표시	• 공통특성의 표시를 분류 시 • 빠른 변화의 표시를 관찰 시 • 변화된 모양과 타이밍의 한쪽을 예측할 수 없을 때

05 핵심문제
5. 휴먼에러

□□□ 08년4회, 15년1회, 20년3회

1. 다음 중 인간 에러(human error)에 관한 설명으로 틀린 것은?

① omission error : 필요한 작업 또는 절차를 수행하지 않는데 기인한 에러

② commission error : 필요한 작업 또는 절차의 수행 지연으로 인한 에러

③ extraneous error : 불필요한 작업 또는 절차를 수행함으로써 기인한 에러

④ sequential error : 필요한 작업 또는 절차의 순서 착오로 인한 에러

문제 1 ~ 2 해설

Human Error의 독립행동(심리적)에 관한 분류

1. omission error : 필요한 task(작업) 또는 절차를 수행하지 않는데 기인한 과오
2. time error : 필요한 task 또는 절차의 불확실한 수행으로 인한 과오
3. commission error : 필요한 task나 절차의 불확실한 수행으로 인한 과오로서 작위 오류(作僞 誤謬, commission)에 해당된다.
4. sequential error : 필요한 task나 절차의 순서착오로 인한 과오
5. extraneous error : 불필요한 task 또는 절차를 수행함으로서 기인한 과오

□□□ 13년2회

2. Swain과 Guttman에 의해 분류된 휴먼에러 중 독립행동에 관한 분류에 해당하지 않는 것은?

① omission error
② extraneous error
③ commission error
④ command error

□□□ 16년2회

3. 인지 및 인식의 오류를 예방하기 위해 목표와 관련하여 작동을 계획해야 하는데 특수하고 친숙하지 않은 상황에서 발생하며, 부적절한 분석이나 의사결정을 잘못하여 발생하는 오류는?

① 기능에 기초한 행동(Skill-based-Behavior)
② 규칙에 기초한 행동(Rule-based-Behavior)
③ 사고에 기초한 행동(Accident-based-Behavior)
④ 지식에 기초한 행동(Knowledge-based-Behavior)

문제 3 ~ 4 해설

Rasmussen의 행동 분류

1. 기능에 기초한 행동(skill-based behavior) : 무의식적인 행동관례와 저장된 행동 양상에 의해 제어되는데, 관례적 상황에서 숙련된 운전자에게 적절하다. 이러한 행동에서의 오류는 주로 실행 오류이다.
2. 규칙에 기초한 행동(rule-based behavior) : 균형적 행동 서브루틴(subroutin)에 관한 저장된 법칙을 적용할 수 있는 친숙한 상황에 적용된다. 이러한 행동에서의 오류는 상황에 대한 현저한 특징의 인식, 올바른 규칙의 기억과 적용에 관한 것이다.
3. 지식에 기초한 행동(knoledge-based behavior) : 목표와 관련하여 작동을 계획해야 하는 특수하고 친숙하지 않은 상황에서 발생하는데, 부적절한 분석이나 의사결정에서 오류가 생긴다.

□□□ 15년2회

4. Rasmussen은 행동을 세 가지로 분류하였는데, 그 분류에 해당하지 않는 것은?

① 숙련 기반 행동(skill-based behavior)
② 지식 기반 행동(knowledge-based behavior)
③ 경험 기반 행동(experience-based behavior)
④ 규칙 기반 행동(rule-based behavior)

□□□ 09년2회, 16년4회, 19년1회

5. 의도는 올바른 것이었지만, 행동이 의도한 것과는 다르게 나타나는 오류는 무엇이라 하는가?

① Lapse
② Slip
③ Violation
④ Mistake

문제 5 ~ 7 해설

① 실수(Slip) : 상황이나 목표의 해석은 정확하나 의도와는 다른 행동을 한 경우
② 착오(Mistake) : 주관적 인식(主觀的 認識)과 객관적 실재(客觀的 實在)가 일치하지 않는 것을 의미한다.
③ 건망증(Lapse) : 기억장애의 하나로 잘 기억하지 못하거나 잊어버리는 정도
④ 위반(Violation) : 법, 규칙 등을 범하는 것이다.

□□□ 09년4회, 15년4회, 19년2회

6. 인간의 오류모형에서 "알고 있음에도 의도적으로 따르지 않거나 무시한 경우"를 무엇이라 하는가?

① 실수(Slip)
② 위반(Violation)
③ 건망증(Lapse)
④ 착오(Mistake)

정답 **1** ② **2** ④ **3** ④ **4** ③ **5** ② **6** ②

□□□ 10년2회, 13년4회, 21년4회, 22년2회

7. 인간의 오류모형에서 "상황해석을 잘못하거나 목표를 잘못 이해하고 착각하여 행하는 경우"를 뜻하는 것은?

① 건망증(Lapse)　　② 착오(Mistake)

③ 위반(Violation)　　④ 실수(Slip)

□□□ 12년1회, 20년1,2회

8. 휴먼 에러(Human Error)의 요인을 심리적 요인과 물리적 요인으로 구분할 때, 심리적 요인에 해당하는 것은?

① 일이 너무 복잡한 경우

② 일의 생산성이 너무 강조될 경우

③ 동일 형상의 것이 나란히 있을 경우

④ 서두르거나 절박한 상황에 놓여있을 경우

해설	
작업 상황과 심리적 오류 원인	

구분	내용
작업 상황적 인간오류	• 불충분한 작업공간 및 배치(layout) • 불량한 환경조건 • 부적합한 설계 • 불충분한 훈련 • 불량한 관리 · 감독
심리적 측면의 인간오류	• 급하거나 서두름 • 정보나 지식의 부족 • 과거의 경험 때문에 • 희망적 관측 때문에

인간계측 및 작업 공간

인간계측 및 작업공간은 인체계측의 방법과 작업공간의 설계원칙, 제어장치의 종류와 특징, 신체활동 시의 특징, 인간체계의 신뢰성에 대한 내용이다. 여기에서는 제어장치별 특징과 인간성능과 신뢰도에 대한 부분이 주로 출제 되고 있다.

01 인체계측

(1) 인체계측(Anthropometry)

① 인체계측 방법

종 류	내용
정적 인체계측 (구조적 인체치수)	정지 상태에서 신체치수를 측정한 것으로 골격치수, 외곽치수 등 여러 가지 부위를 측정한다.
동적 인체계측 (기능적 인체치수)	활동 중인 신체의 자세를 측정하는 것으로 실제의 작업, 혹은 생활조건에서의 치수를 측정한다.

② 인체계측 자료의 응용원칙

종 류	내용
최대치수와 최소치수	• 최대 치수 또는 최소치수를 기준으로 하여 설계 • 최대치수 응용 예시 : 문의 높이, 비상 탈출구의 크기, 그네, 사다리 등의 지지 강도 • 최소치수 응용 예시 : 조작자와 제어 버튼 사이의 거리, 선반의 높이, 조작에 필요한 힘 등
조절범위 (조절식)	• 체격이 다른 여러 사람에 맞도록 만드는 것(보통 집단 특성치의 5%치~95%치까지의 90% 조절범위를 대상) • 응용 예시 : 자동차의 좌석, 사무실 의자, 책상 등
평균치를 기준으로 한 설계	• 최대치수나 최소치수, 조절식으로 하기가 곤란할 때 평균치를 기준으로 하여 설계 • 평균치 설계 예시 : 슈퍼마켓의 계산대, 은행의 창구

(2) 작업공간(work space)

① 공간의 범위

종류	내용
작업공간 포락면 (包絡面 : envelope)	한 장소에 앉아서 수행하는 작업 활동에서, 사람이 작업하는데 사용하는 공간
파악한계 (grasping reach)	앉은 작업자가 특정한 수작업 기능을 편히 수행할 수 있는 공간의 외곽 한계
특수작업 역(域)	특정한 작업별 작업공간

[신체의 안정성]
(1) 모멘트의 균형을 고려한다.
(2) 몸의 무게 중심을 낮춘다.
(3) 몸의 무게 중심을 기저내에 들게 한다.

② 작업영역

종류	내용
정상작업역	상완(上腕)을 자연스럽게 수직으로 늘어뜨린 체, 전완(前腕)만으로 편하게 뻗어 파악할 수 있는 구역(34~45cm)
최대작업역	전완(前腕)과 상완(上腕)을 곧게 펴서 파악할 수 있는 구역(55~65cm)

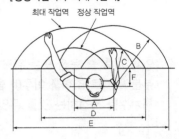

[정상작업역과 최대작업역]

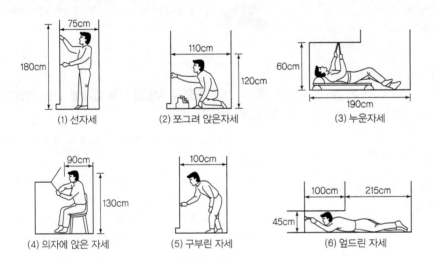

(1) 선자세
(2) 쪼그려 앉은자세
(3) 누운자세
(4) 의자에 앉은 자세
(5) 구부린 자세
(6) 엎드린 자세

(3) 작업대(work surface)

① 수평작업대 : 책상, 탁자, 조리대, 세공대(細工臺) 등과 같은 수평면상에서 수행하는 작업대

② 어깨 중심선과 작업대 간격 : 19cm

③ 작업대 높이

종류	내용
앉아서 하는 작업	착석식 작업대 높이는 의자높이, 작업대 두께, 대퇴여유(thigh clearance) 등과 밀접한 관계가 있다. 의자높이, 작업대높이, 발걸이 등은 조절할 수 있도록 하는 것이 좋다.
서서하는 작업	• 섬세한 작업일수록 팔꿈치보다 높아야 한다. • 중작업 : 팔꿈치 높이보다 15~20cm 정도 낮게 한다. • 경작업 : 팔꿈치 높이보다 5~10cm 정도 낮게 한다. • 정밀작업 : 팔꿈치 높이보다 약간 높게 한다.

Tip
작업대의 높이를 결정하는 기준은 팔꿈치를 기준점으로 한다.

01 핵심문제

1. 인체계측

☐☐☐ 15년2회

1. 인체 계측 중 운전 또는 워드 작업과 같이 인체의 각 부분이 서로 조화를 이루며 움직이는 자세에서의 인체치수를 측정하는 것을 무엇이라 하는가?

① 구조적 치수　　② 정적 치수
③ 외곽 치수　　④ 기능적 치수

해설
능적(동적) 치수란 상지나 하지의 운동이나 체위의 움직임으로써, 실제의 작업 또는 생활조건 등을 들 수가 있다.

☐☐☐ 10년4회, 14년1회, 16년4회

2. 은행 창구나 슈퍼마켓의 계산대를 설계하는데 가장 적합한 인체측정 자료의 응용원칙은?

① 평균치를 이용한 설계 원칙
② 가변적(조절식) 설계 원칙
③ 최소 집단치를 이용한 설계원칙
④ 최대 집단치를 이용한 설계원칙

해설
최대치수나 최소치수, 조절식으로 하기가 곤란할 때 평균치를 기준으로 설계하는 것으로 은행창구나 슈퍼마켓의 계산대 등이 이에 해당한다.

☐☐☐ 15년1회

3. 다음 설명은 어떤 설계 응용 원칙을 적용한 사례인가?

제어 버튼의 설계에서 조작자와의 거리를 여성의 5백분위수를 이용하는 설계하였다.

① 극단적 설계원칙　　② 가변적 설계원칙
③ 평균적 설계원칙　　④ 양립적 설계원칙

해설
극단적 설계원칙이란 대상집단의 최대치 또는 최소치를 제한요소로 한 설계로서
1. 조종장치까지의 거리 : 여성 5백분위수를 기준으로 설계
2. 출입문, 탈출구, 통로의 경우 남성 95백분위수를 기준으로 설계

☐☐☐ 13년1회, 19년1회

4. 다음 중 인체계측자료의 응용원칙에 있어 조절 범위에서 수용하는 통상의 범위는 몇 %tile 정도인가?

① 5~95%tile　　② 20~80%tile
③ 30~70%tile　　④ 40~60%tile

해설
인체계측자료의 응용원칙에 있어 조절 범위에서 수용하는 통상의 범위는 보통 집단 특성치의 5%치~95%치까지의 90%조절범위를 대상으로 한다.

☐☐☐ 12년1회

5. 다음 중 인체 측정과 작업공간의 설계에 관한 설명으로 옳은 것은?

① 구조적 인체 치수는 움직이는 몸의 자세로부터 측정한 것이다.
② 선반의 높이, 조작에 필요한 힘 등을 정할 때에는 인체 측정치의 최대집단치를 적용한다.
③ 수평 작업대에서의 정상작업영역은 상완을 자연스럽게 늘어뜨린 상태에서 전완을 뻗어 파악할 수 있는 영역을 말한다.
④ 수평 작업대에서의 최대작업영역은 다리를 고정시킨 후 최대한으로 파악할 수 있는 영역을 말한다.

해설
①항, 구조적 인체 치수란 작업자의 정지 상태에서의 기본자세에 따른 측정한 것이다.
②항, 선반의 높이는 최소집단을 기준으로 설계를 한다.
④항, 최대작업역이란 전완(前腕)과 상완(上腕)을 곧게 펴서 파악할 수 있는 구역이다.

☐☐☐ 18년2회

6. 작업 공간의 포락면(包絡而)에 대한 설명으로 맞는 것은?

① 개인이 그 안에서 일하는 일차원 공간이다.
② 작업복 등은 포락면에 영향을 미치지 않는다.
③ 가장 작은 포락면은 몸통을 움직이는 공간이다.
④ 작업의 성질에 따라 포락면의 경계가 달라진다.

해설
작업공간 포락면(包絡面 ; envelope)이란 한 장소에 앉아서 수행하는 작업활동에서, 사람이 작업하는데 사용하는 공간을 말한다. 따라서 작업의 성격에 따라 포락면의 범위가 달라질 수 있다.

□□□ 10년2회

7. 상완을 자연스럽게 수직으로 늘어뜨린 상태에서 전완만을 편하게 뻗어 파악할 수 있는 영역을 무엇이라 하는가?

① 정상작업파악한계   ② 정상작업역
③ 최대작업역   ④ 작업공간포락면

해설

정상작업역이란 상완(上腕)을 자연스럽게 수직으로 늘어뜨린 체, 전완(前腕)만으로 편하게 뻗어 파악할 수 있는 구역으로 34~45cm 정도가 되고, 최대작업역이란 전완(前腕)과 상완(上腕)을 곧게 펴서 파악할 수 있는 구역으로 55~65cm 정도가 된다.

□□□ 11년1회, 16년1회

8. 다음 중 중작업의 경우 작업대의 높이로 가장 적절한 것은?

① 허리 높이보다 0~10cm 정도 낮게
② 팔꿈치 높이보다 10~20cm 정도 낮게
③ 팔꿈치 높이보다 15~25cm 정도 낮게
④ 어깨 높이보다 30~40cm 정도 높게

해설

섬세한 작업일수록 팔꿈치보다 높아야 하고 거친(coarse) 작업에서는 약간(5~10cm) 낮은 편이 좋다.
중(重)작업에서는 15~20cm 정도 낮은 편이 좋다.

□□□ 14년4회, 16년4회, 19년2회

9. 다음 중 착석식 작업대의 높이 설계를 할 경우 고려해야 할 사항과 가장 관계가 먼 것은?

① 의자의 높이   ② 작업의 성질
③ 대퇴 여유   ④ 작업대의 형태

해설

착석식 작업대 높이는 의자높이, 작업대 두께, 대퇴여유(thigh clearance) 등과 밀접한 관계가 있다.
의자높이, 작업대높이, 발걸이 등은 조절할 수 있도록 하는 것이 좋다.

02 제어장치

(1) 제어장치의 기능

제어장치란 인간의 출력을 기계의 입력으로 전환하는 장치로서 사람과 기계 사이에 중간역할을 담당하게 하며 인간은 제어장치를 통하여 기계에 의사전달을 한다.

(2) 조종기기의 조건

① 조종기기의 조건

구분	내용
접근성 (Accessibility)	인체계측자료를 적용하여 손과 발의 파악한계 및 작동범위를 고려한다.(표시장치는 원거리가 가능하다)
인식성, 식별성 (Identifiability)	타 조종장치와의 식별, 기능과 상태의 인식(on, off, 형태, 색상, 부호화, 표식(Label))
사용성 (Usability)	조종장치의 사용에 요구되는 힘(power, precision)
조정의 용이성 (fine adjustment)	조종 반응비율(조종장치의 움직임에 따른 표시장치의 움직임의 비)을 통한 용이성
정보의 환류 (feed back)	움직임에 따른 반응(click, 촉감, 상태(Lever의 위치))

② 양립성(compatibility)

정보입력 및 처리와 관련한 양립성이란 인간의 기대와 모순되지 않는 자극, 반응들 간의 조합의 관계를 말한다.

구분	내용
공간적 양립성	표시, 조종장치의 물리적 형태나 공간적인 배치의 양립성
운동적 양립성	표시, 조종장치, 체계반응의 운동 방향의 양립성
개념적 양립성	사람들이 가지고 있는 개념적 연상의 양립성(예 청색-정상)
양식 양립성	직무 등에 대해 알맞은 자극과 응답에 대한 일정 양식이 존재한다. (예 음성과업-청각적자극제시-음성응답)

[표시와 제어장치 사이에 양립성 관계]

(1) 학습이 빠르다.
(2) 반응시간이 줄어든다.
(3) 오류가 적어진다.
(4) 사용자의 만족도가 좋아진다.

(3) 조종기기의 종류

① 양의 조절에 의한 조종
투입되는 연료량, 전기량(저항, 전류, 전압), 음량, 회전량 등의 양을
조절하는 장치 → 연속적인 정보전달 장치

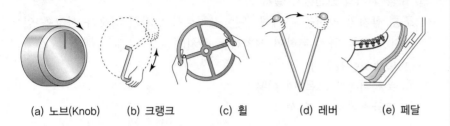

(a) 노브(Knob)　　(b) 크랭크　　(c) 휠　　(d) 레버　　(e) 페달

② 개폐에 의한 조종(불연속적인 조절)
on－off로 동작 자체를 개시하거나 중단하도록 조종하는 장치
→ 이산적 정보전달 장치(푸시버튼, 토글S/W, 로터리S/W)

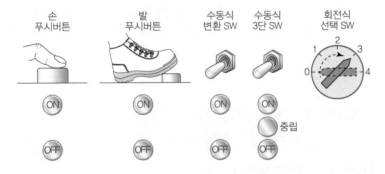

③ 반응에 의한 조종(Cursor positioning 정보제공장치)
계기, 신호 또는 감각에 의하여 행하는 조종 장치
㉠ 광전식 안전장치
㉡ 감응식 안전장치
㉢ 자동경보 시스템

(4) 조종기기의 선택

① 계기 지침의 일치성 (운동의 양립성)
계기 지침이 움직이는 방향과 계기 대상물의 움직이는 방향 일치여부

② 멀티로테이션 컨트롤 기기 사용
조종 기기가 복잡하고 정밀한 조절이 필요한 경우

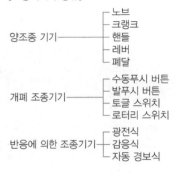

[조종기기의 종류]

양조종 기기
┬ 노브
├ 크랭크
├ 핸들
├ 레버
└ 페달

개폐 조종기기
┬ 수동푸시 버튼
├ 발푸시 버튼
├ 토글 스위치
└ 로터리 스위치

반응에 의한 조종기기
┬ 광전식
├ 감응식
└ 자동 경보식

[노브(Knob)와 페달(pedal)의 사용]
(1) 노브(Knob) → 힘이 작을 때 사용
(2) 페달(pedal) → 힘이 크게 소요되는 기기에 사용

③ 조종 기기의 선택 시 조작력과 세팅 범위가 중요한 경우 검토사항
  ㉠ 특정 목적에 사용되는 통제기기는 단일보다 여러개를 조합하여 사용하는 것이 효과적
  ㉡ 식별이 용이한 조종기기를 선택

④ 조종 기기의 안전장치 설치
  조종 장치의 안전을 부가해 주는 장치로서 인간의 착오가 사고를 일으키지 않도록 하기 위하여 설치하는 장치
  ㉠ locking의 설치
  ㉡ 푸시버튼의 오목 면 이용
  ㉢ 토글스위치 커버 설치

[제어장치의 식별(코드화)]
(1) 위치 (2) 라벨 (3) 색깔 (4) 형상
(5) 크기 (6) 촉감 (7) 조작방법

[통제표시비 설계 시 고려사항]
(1) 계기의 크기
(2) 공차
(3) 방향성
(4) 조작시간
(5) 목측거리

(5) 통제 표시 비율(Control Display Ratio)

① 통제표시비(C/D비)
  통제기기(조종장치)와 표시장치의 이동비율을 나타낸 것으로 통제기기의 움직이는 거리(또는 회전수)와 표시장치상의 지침, 활자(滑子) 등과 같은 이동요소의 움직이는 거리(또는 각도)의 비를 통제표시비라 한다.

$$\therefore \frac{C}{D} = \frac{X}{Y}$$

  여기서, X : 통제기기의 변위량
         Y : 표시장치의 변위량

② 조종구(Ball Control)에서의 C/D비
  조종구와 같이 회전운동을 하는 선형조종장치가 표시장치를 움직일 때의 통제비

$$\therefore \frac{C}{D}비 = \frac{(a/360) \times 2\pi L}{표시장치의 \ 이동거리}$$

  여기서, a : 조종장치가 움직인 각도
         L : 반경(지레의 길이)

③ 최적 C/d비
  통제 표시비와 조작시간과의 관계를 Jenkins와 Connor의 실험으로 C/d비가 감소함에 따라 이동시간은 급격히 감소하다가 안정된다.
  조정시간은 반대의 형태를 갖는다. 최적치는 두곡선의 교점사이(1.18~2.42) 값이 된다.

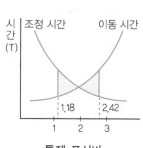

통제 표시비

(6) 특수제어장치

① 음성제어장치(음성인식 시스템)

ㄱ 음성인식 시스템의 종류

종류	내용
화자종속적 시스템 (speaker-dependent)	가장 일반적으로 한정된 어휘를 사용하여 특정인의 발음을 인식하는 것
화자독립적 시스템 (speaker-independent)	어느 누가 말하여도 인식하는 것

ㄴ 인간공학적 문제 : 어휘가 많아지면 인식의 정도가 낮아지고 처리속도는 늦어진다.

ㄷ 음성인식 시스템의 성능 : 실제 작업에서는 키보드 작업보다 음성인식 시스템이 오류율이 더 높다.

② 원격제어장치(teleoperators)

여러 기계의 제어기를 한곳에 집중하여 거리를 두고 제어 조작하는 방식

③ 눈과 머리 동작 제어장치

인체의 시각, 방향감각을 통해 제어 조작하는 방식

(7) 수공구

① 수공구 설계의 기본원리

구분	내용
손잡이의 길이	95%의 남성의 손 폭을 기준 (최소 11cm 이상, 장갑사용시 최소 12.5cm 이상)
손잡이의 형태	손바닥 부위에 압박을 주는 형태를 피한다. (단면이 원형을 이루어야 한다.)
손잡이의 직경	• 힘을 요하는 작업일 경우 : 2.5~4cm • 정밀을 요하는 작업일 경우 : 0.75~1.5cm
손잡이의 재질	미끄러지지 않고, 비전도성, 열과 땀에 강한 소재로 선택해야 한다.
플라이어(pliers) 형태의 손잡이	스프링 장치 등을 이용하여 자동으로 손잡이가 열리도록 설계해야 한다.
기타	양손잡이를 모두 고려한 설계를 해야 한다.
	손목을 꺾지 말고 손잡이를 꺾어야 한다.
	가능한 수동공구가 아닌 동력공구를 사용해야 한다.
	동력공구의 손잡이는 한 손가락이 아닌 최소 두 손가락 이상으로 작동하도록 설계해야 한다.
	최대한 공구의 무게를 줄이고 사용시 무게의 균형 (counter balancing)이 유지되도록 설계해야 한다.

[서보기구]
물체의 위치, 방위, 자세 등을 제어량으로 하여 목표값의 변화에 항상 추종하도록 구성된 제어계로서 자동제어, 자동평형계기 등이 있다.

[수공구 설계의 적용]

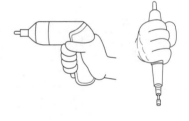

② 적절한 수공구 설계 방법
  ㉠ 손목을 곧게 유지할 것
  ㉡ 조직 압박을 피할 것
  ㉢ 손가락 동작의 반복 동작을 피할 것
  ㉣ 안전한 방법으로 조작할 것
  ㉤ 여성과 왼손잡이를 고려할 것

02 핵심문제
2. 제어장치

□□□ 17년2회

1. 자극 – 반응 조합의 관계에서 인간의 기대와 모순되지 않는 성질을 무엇이라 하는가?

① 양립성　　　　② 적응성
③ 변별성　　　　④ 신뢰성

문제 1 ~ 4 해설

양립성(compatibility)이란 정보입력 및 처리와 관련한 양립성은 인간의 기대와 모순되지 않는 자극들간의, 반응들 간의 또는 자극반응 조합의 관계를 말하는 것
1. 공간적 양립성 : 표시장치가 조종장치에서 물리적 형태나 공간적인 배치의 양립성
2. 운동 양립성 : 표시 및 조종장치, 체계반응의 운동 방향의 양립성
3. 개념적 양립성 : 사람들이 가지고 있는 개념적 연상(어떤 암호체계에서 청색이 정상을 나타내듯이)의 양립성
4. 양식 양립성 : 직무에 알맞은 자극과 응답의 양식의 존재에 대한 양립성이다.

□□□ 18년4회

2. 양립성의 종류에 해당하지 않는 것은?

① 기능 양립성　　　　② 운동 양립성
③ 공간 양립성　　　　④ 개념 양립성

□□□ 18년2회

3. A 회사에서는 새로운 기계를 설계하면서 레버를 위로 올리면 압력이 올라가도록 하고, 오른쪽 스위치를 눌렀을 때 오른쪽 전등이 켜지도록 하였다면, 이것은 각각 어떤 유형의 양립성을 고려한 것인가?

① 레버 – 공간양립성, 스위치 – 개념양립성
② 레버 – 운동양립성, 스위치 – 개념양립성
③ 레버 – 개념양립성, 스위치 – 운동양립성
④ 레버 – 운동양립성, 스위치 – 공간양립성

□□□ 11년2회, 20년3회

4. 다음 중 청각적 자극 제시와 이에 대한 음성응답 과업에서 갖는 양립성에 해당하는 것은?

① 개념적 양립성　　　　② 공간적 양립성
③ 운동 양립성　　　　④ 양식 양립성

□□□ 17년1회

5. 조종 장치의 우발작동을 방지하는 방법 중 틀린 것은?

① 오목한 곳에 둔다.
② 조종 장치를 덮거나 방호해서는 안 된다.
③ 작동을 위해서 힘이 요구되는 조종 장치에는 저항을 제공한다.
④ 순서적 작동이 요구되는 작업일 때 순서를 지나치지 않도록 잠김 장치를 설치한다.

해설

조종 장치는 실수에 의한 우발작동을 방지하기 위하여 locking의 설치, 푸시버튼의 오목 면 이용, 토글스위치 커버나 덮개등의 안전장치를 설치하는 것이 좋다.

□□□ 11년4회, 13년2회

6. 다음 중 조종 – 반응비율(C/R비)에 관한 설명으로 옳지 않은 것은?

① C/R비가 클수록 민감한 제어장치이다.
② Knob의 C/R비는 손잡이 1회전 시 움직이는 표시장치 이동거리의 역수로 나타낸다.
③ "X"가 조종장치의 변위량, "Y"가 표시장치의 변위량일 때 $\dfrac{X}{Y}$로 표현된다.
④ 최적의 C/R비는 제어장치의 종류나 표시장치의 크기, 허용오차 등에 의해 달라진다.

해설

C/R비가 크면 지침의 조종시간은 오래 걸리고, 지침의 이동시간은 짧다. 따라서 둔감한 제어장치로 미세조정을 할 때 용이하다.

□□□ 08년2회, 09년4회, 13년4회

7. 반경이 15cm 인 조종구(ball control)를 50° 움직일 때 커서(cursor)는 2cm 이동한다. 이러한 선형표시장치와 회전형 제어장치의 C/R비로 알맞은 것은?

① 5.14　　　　② 6.54
③ 7.64　　　　④ 9.65

해설

$$\frac{C}{D}비 = \frac{(a/360) \times 2\pi L}{\text{표시장치의 이동거리}}$$
$$= \frac{(50°/360) \times 2 \times \pi \times 15cm}{2cm} = 6.54$$

여기서, a : 조종장치가 움직인 각도
L : 반경(지레의 길이)

□□□ 18년4회

8. 수공구 설계의 기본 원리로 틀린 것은?

① 양손잡이를 모두 고려하여 설계한다.
② 손바닥 부위에 압박을 주는 손잡이 형태로 설계한다.
③ 손잡이의 길이는 95% 남성의 손 폭을 기준으로 한다.
④ 동력공구 손잡이는 최소 두 손가락 이상으로 작동 하도록 설계한다.

문제 8 ~ 9 해설	
수공구 설계의 기본원리	
구분	내용
손잡이의 길이	95%의 남성의 손 폭을 기준(최소 11cm 이상, 장갑사용시 최소 12.5cm 이상)
손잡이의 형태	손바닥 부위에 압박을 주는 형태를 피한다.(단면이 원형을 이루어야 한다.)
손잡이의 직경	• 힘을 요하는 작업일 경우 : 2.5~4cm • 정밀을 요하는 작업일 경우 : 0.75~1.5cm
손잡이의 재질	미끄러지지 않고, 비전도성, 열과 땀에 강한 소재로 선택해야 한다.
플라이어(pliers) 형태의 손잡이	스프링 장치 등을 이용하여 자동으로 손잡이가 열리도록 설계해야 한다.
기타	양손잡이를 모두 고려한 설계를 해야 한다.
	손목을 꺾지 말고 손잡이를 꺾어야 한다.
	가능한 수동공구가 아닌 동력공구를 사용해야 한다.
	동력공구의 손잡이는 한 손가락이 아닌 최소 두 손가락 이상으로 작동하도록 설계해야 한다.
	최대한 공구의 무게를 줄이고 사용시 무게의 균형 (counter balancing)이 유지되도록 설계해야 한다.

□□□ 12년2회

9. 다음 중 수공구 설계의 기본원리로 가장 적절하지 않은 것은?

① 손잡이의 단면이 원형을 이루어야 한다.
② 정밀작업을 요하는 손잡이의 직경은 2.5~4cm로 한다.
③ 일반적으로 손잡이의 길이는 95% tile 남성의 손 폭을 기준으로 한다.
④ 동력공구의 손잡이는 두 손가락 이상으로 작동하도록 한다.

03 신체반응의 측정

(1) 스트레스

① 정의

구분	내용
스트레스(stress)	개인에게 작용하는 바람직하지 못한 상태나 상황 및 과업 등의 인자로 과중한 노동, 정적자세, 더위와 추위, 소음, 정보의 과부하, 권태감, 경제적인 문제 등이 있다.
스트레인(strain)	개인에 대한 스트레스의 영향으로 발생하는 육체적, 정신적, 인지적 변화

② 측정방법

혈액의 화학적 변화, 산소소비량, 근육이나 뇌의 전기적 활동, 심박수, 체온 등의 변화를 통한 측정

인간활동에 따른 스트레인 측정 구분

③ 스트레인의 척도

심리적 긴장		생리적 긴장		
활동	태도	화학적	전기적	신체적
• 작업속도 • 실수 • 눈의 깜박임	• 권태 • 태도 기타요소	• 혈액성분 • 요 성분 • 산소 소비량 • 산소 결손 • 산소 회복 곡선 • 열량	• 뇌전도(EEG) • 심전도(ECG) • 근전도(EMG) • 안전도(EOG) • 전기 피부 반응(GSR)	• 혈압 • 심박수 • 부정맥 • 박동량 • 박동 결손 • 신체온도 • 호흡수

(2) 신체역학의 측정

구분	내용
근전도 (EMG : electromyogram)	근육활동의 전위차를 기록한 것으로 근육의 피로도를 측정
피부전기반사 (GSR : galvanic skin reflex)	작업 부하의 정신적 부담도가 피로와 함께 증대하는 양상을 수장(手掌) 내측의 전기저항의 변화에서 측정하는 것으로, 피부전기저항 또는 정신전류현상이라고도 한다.
심전도 (ECG : electrocardiogram)	수축파의 전파에 따른 심장근 수축으로 전기적 변화 발생을 피부에 부착된 전극들로 전기적 신호를 검출, 증폭, 기록한 것
신경전도 (ENG : electroneurogram)	신경활동의 전위차를 나타낸 것으로 신경전도검사법이라고 한다.
플리커 값 (CFF)	정신적 부담이 대뇌피질의 활동수준에 미치고 있는 영향을 측정한 값이다

(3) 산소소비량

산소는 음식물의 대사와 에너지 방출에 사용된다. 따라서 섭취하는 음식량과 작업 중의 산소소비량을 통해 에너지 소비량을 측정할 수 있다.

① 폐세포를 통해서 혈액 중에 산소를 공급하고, 축적된 탄산가스를 배출하는 과정에서 산소소비량을 알 수 있으며 에너지를 간접적으로 알 수 있다.

② 1회의 호흡으로 폐를 통과하는 공기는 성인인 경우 300~1,500cm³ (평균 500cm³)이며, 호흡수는 매분 4~24회(평균 16회)이다.

③ 산소소비량의 측정

　㉠ 더글라스 백(douglas bag)을 사용하여 배기를 수집한다.

　㉡ 낭(bag)에서 배기의 표본을 취하여 가스분석장치로 성분을 분석한 후 가스메터를 통과시켜 배기량을 측정한다.

　㉢ 흡기량과 산소소비량을 체내에서 대사되지 않는 질소의 부피비율변화로부터 구한다.

> 흡기량×79%＝배기량×N₂%이므로
>
> ∴ 흡기량＝배기량 × $\dfrac{(100-CO_2\%-O_2\%)}{79}$
>
> ∴ O₂ 소비량 = (흡기량 × 21%) － (배기량 × O₂%)
>
> 또한 작업의 에너지값은 다음의 관계를 이용하여 환산한다.
>
> ∴ 1l O₂ 소비＝5kcal

[산소부채]

작업이나 운동이 격렬해져서 근육이 생성되는 젖산의 제거속도가 생성속도에 미치지 못하면, 활동이 끝난 후에도 남아 있는 젖산을 제거하기 위하여 산소가 더 필요하게 되는 현상이다.

예제

어떤 작업자의 배기량을 더글라스 백을 사용하여 6분간 수집한 후 가스메터에 의하여 측정한 배기량은 108ℓ 이었고, 표본을 취하여 가스분석기로 성분을 조사하니 O_2 : 16%, CO_2 : 4%이었다. 분당 산소소비량과 에너지는 얼마인가?

① 분당 배기량 $= \dfrac{108}{6} = 18(\ell/분)$

② 흡기량 $= 18 \times \dfrac{(100-16-4)}{79} = 18.23(\ell/분)$

③ O_2 소비량 $= (18.23 \times 21\%) - (18 \times 16\%) = 0.948(\ell/분)$

④ 에너지 $= 0.948 \times 5 = 4.74(\text{kcal}/분)$

(4) 에너지 대사

① 에너지 대사율(RMR; relative metabolic rate)

작업을 수행하기 위해 소비되는 산소소모량이 기초대사량의 몇 배에 해당하는 가를 나타내는 지수

$$RMR = \frac{활동시\,산소소비량 - 안정시\,산소소비량}{기초대사량} = \frac{활동대사량}{기초대사량}$$

② 에너지대사율에 따른 작업강도구분

작업강도 구분	에너지 대사율
경작업(輕작업)	0~2RMR
중작업(中작업)	2~4RMR
중작업(重작업)	4~7RMR
초중작업(超重작업)	7RMR 이상

③ 에너지 소비량에 영향을 미치는 인자

ㄱ 작업 속도

ㄴ 작업 자세

ㄷ 작업 방법

ㄹ 설계 도구

[기초대사율]

기초대사율(BMR; basal metabolic rate)은 신체가 육체적 일을 하지 않고 있을 때도 필요한 생명 유지에 필요한 단위 시간당 에너지량으로 개인차가 심하며 신체가 큰 남성의 BMR이 대체적으로 크다.

[기초대사량의 산출]

① 기초대사량 $= A \times X$

  A : 체표면적(cm^2)

  X : 체표면적당 시간당 소비에너지

② $A = H^{0.725} \times W^{0.425} \times 72.46$

  H : 신장(cm)

  W : 체중(kg)

[에너지 소비가 가장 적은 속도]

(1) 보행속도 : 70m/min

(2) 운반물 속도 : 60~80m/min

(5) 작업효율과 에너지 소비

① 인체의 에너지 효율

$$E(\%) = \frac{W}{I} \times 100 = \frac{W}{M} \times 100$$

E : 에너지 효율(작업 효율)

W : 수행한 작업(작업량)

I : 소비 에너지(에너지 소비량)

M : 대사 에너지(에너지 대사량)

② Murrel의 휴식시간 산출 식

$$R(\text{min}) = \frac{T(W-S)}{W-1.5}$$

R : 필요한 휴식시간(min)

T : 총 작업시간(min)

W : 작업 중 평균에너지 소비량(kcal/min)

S : 권장 평균에너지 소비량(kcal/min),

　　남성: 5(kcal/min), 여성: 4(kcal/min)

휴식 중 에너지 소비량(kcal/min)은 1.5

Tip

Murrel의 휴식시간 산출식에서 권장 에너지 소비량이 남성 5, 여성은 4kcal/min으로 표기했는데 이는 항상 일정한 값이 아니다. 문제에서 주어진 값을 사용하여야 하며 주어진 값이 없을때 남성의 평균 소비량 5kcal/min을 대입한다.

✓ 예제

어느 특정작업에서 남성 작업자가 8시간 작업 시 산소소비량 1.5ℓ/min이었다. 이 작업자가 8시간 작업 시 휴식시간을 구하시오.(단, Murrel 식을 이용한다.)

① 평균 에너지 소비량(kcal/min)＝1.5×5＝7.5

② 휴식시간 $R(\text{min}) = \frac{480 \times (7.5-5)}{7.5-1.5} = 200$

③ Hertig의 휴식시간 산출 식

$$T_{rest}(\%) = \frac{100(E_{\max} - E_{task})}{(E_{rest} - E_{task})}$$

$E_{\max}$: 1일 8시간 작업을 위한 에너지 소비량으로 육체적 작업능력
　　　　(PWC)의 1/3값(남성 : 16kcal/min, 여성 : 12kcal/min)

E_{task} : 당해 작업의 에너지 소비량

E_{rest} : 휴식 중 에너지 소비량

예제

육체적 작업능력(PWC)이 16(kcal/min)인 작업자가 에너지 소비량이 7(kcal/min)인 인력운반 작업 시 휴식시간은? (단, 휴식 중 에너지 소비량은 1.5(kcal/min)이다.)

① $E_{\max} = \dfrac{16}{3} = 5.33$

② $T_{rest}(\%) = \dfrac{100 \times (5.33 - 7)}{(1.5 - 7)} = 30.36$

03 핵심문제　　　3. 신체반응의 측정

□□□ 19년4회

1. 압박이나 긴장에 대한 척도 중 생리적 긴장의 화학적 척도에 해당하는 것은?

① 혈압　　　　　② 호흡수
③ 혈액 성분　　　④ 심전도

해설		
스트레인의 생리적 긴장 척도		
화학적	전기적	신체적
• 혈액성분	• 뇌전도(EEG)	• 혈압
• 요 성분	• 심전도(ECG)	• 심박수
• 산소 소비량	• 근전도(EMG)	• 부정맥
• 산소 결손	• 안전도(EOG)	• 박동량
• 산소 회복 곡선	• 전기 피부반응(GSR)	• 박동 결손
• 열량		• 신체온도
		• 호흡수

□□□ 14년2회, 15년4회, 16년1회

2. 인간의 생리적 부담 척도 중 국소적 근육 활동의 척도로 가장 적합한 것은?

① 혈압　　　　　② 맥박수
③ 근전도　　　　④ 점멸융합 주파수

해설
근전도(EMG : electromyogram) 근육활동의 전위차를 측정하는 것으로 수의근의 활동 상태를 나타내고, 국소적 근육활동은 근전도를 이용하여 측정할 수 있다. 근전도를 사용하면, 장점으로는 근육활동을 정량적으로 측정이 가능하고, 단점으로는 측정장비가 고가이고, 측정 시에 신호의 잡음(Noise)으로 인하여 정확한 측정이 어렵고 자료의 해석이 어렵다.

□□□ 10년1회, 13년4회

3. 작업이나 운동이 격렬해져서 근육이 생성되는 젖산의 제거속도가 생성속도에 미치지 못하면, 활동이 끝난 후에도 남아 있는 젖산을 제거하기 위하여 산소가 더 필요하게 되는데 이를 무엇이라 하는가?

① 호기산소　　　② 혐기산소
③ 산소잉여　　　④ 산소부채

해설
산소부채란 작업이나 운동이 격렬해져서 근육이 생성되는 젖산의 제거속도가 생성속도에 미치지 못하면, 활동이 끝난 후에도 남아 있는 젖산을 제거하기 위하여 산소가 더 필요하게 되는 현상이다.

□□□ 13년1회, 21년2회

4. 중량물 들기 작업을 수행하는데, 5분간의 산소소비량을 측정한 결과, 90L의 배기량 중에 산소가 16%, 이산화탄소가 4%로 분석되었다. 해당 작업에 대한 분당 산소 소비량은 약 얼마인가? (단, 공기 중 질소는 79vol%, 산소는 21vol%이다.)

① 0.948　　　　　② 1.948
③ 4.74　　　　　　④ 5.74

해설
1. 분당배기량(V_1) = $\dfrac{90L}{5분}$ = $18[l/분]$ 2. 분당 흡기량(V_2) = $\left(\dfrac{(100-CO_2-O_2)}{(100-산소)}\right) \times V_1$ $\qquad = \left(\dfrac{(100-4-16)}{(100-21)}\right) \times 18$ $\qquad = 18.227 = 18.23[l/분]$ 3. 분당 산소소비량 = ($V_2 \times 21\%$) − ($V_1 \times 16\%$) $\qquad = (18.23 \times 0.21) - (18-0.16)$ $\qquad = 0.948[l/분]$

□□□ 19년1회

5. 생명유지에 필요한 단위시간당 에너지량을 무엇이라 하는가?

① 기초 대사량　　② 산소 소비율
③ 작업 대사량　　④ 에너지 소비율

해설
기초대사(basal metabolism) 생체의 생명 유지에 필요한 최소한의 에너지 대사로 정신적으로나 육체적으로 에너지 소비가 없는 상태에서 일정시간에 소비하는 에너지

정답 1 ③　2 ③　3 ④　4 ①　5 ①

□□□ 18년1회

6. 에너지 대사율(RMR)에 대한 설명으로 틀린 것은?

① $RMR = \dfrac{\text{운동대사량}}{\text{기초대사량}}$

② 보통 작업시 RMR은 4~7임

③ 가벼운 작업시 RMR은 0~2임

④ $R = \dfrac{\text{운동시 산소소모량} - \text{안정시 산소소모량}}{\text{기초대사량(산소소비량)}}$

해설

$RMR = \dfrac{\text{활동시 산소소모량} - \text{안정시 산소소모량}}{\text{기초대사량}}$

$= \dfrac{\text{활동대사량}}{\text{기초대사량}}$

작업강도 구분	에너지 대사율(RMR)
경(輕)작업(가벼운작업)	0~2RMR
중(中)작업(보통작업)	2~4RMR
중(重)작업(힘든작업)	4~7RMR
초중(超重)작업(매우힘든작업)	7RMR 이상

□□□ 15년2회, 18년4회, 22년2회

7. 100분 동안 8kcal/min으로 수행되는 삽질 작업을 하는 40세의 남성 근로자에게 제공되어야 할 적합한 휴식 시간은 얼마인가? (단, Murrel의 공식 적용)

① 10.00분   ② 46.15분

③ 51.77분   ④ 85.71분

해설

Murell의 휴식시간 산출

$R(\text{min}) = \dfrac{T(W-S)}{W-1.5} = \dfrac{100 \times (8-5)}{8-1.5} = 46.15 \text{ min}$

여기서, R : 필요한 휴식시간(min)
T : 총 작업시간(min)
W : 작업 중 평균에너지 소비량(kcal/min)
S : 권장 평균에너지 소비량 : 5kcal/min
휴식 중 에너지 소비량 : 1.5kcal/min

□□□ 17년4회

8. PCB 납땜작업을 하는 작업자가 8시간 근무시간을 기준으로 수행하고 있고, 대사량을 측정한 결과 분당 산소소비량이 1.3L/min 으로 측정되었다. Murrell 방식을 적용하여 이 작업자의 노동활동에 대한 설명으로 틀린 것은?

① 납땜 작업의 분당 에너지 소비량은 6.5kcal/min 이다.

② 작업자는 NIOSH가 권장하는 평균에너지소비량을 따른다.

③ 작업자는 8시간의 작업시간 중 이론적으로 144분의 휴식시간이 필요하다.

④ 납땜작업을 시작할 때 발생한 작업자의 산소결핍은 작업이 끝나야 해소된다.

해설

①항, 납땜작업 시 분당 에너지소비량 = $1.3l/\text{min} \times 5\text{kcal}/l$
　　 = 6.5kcal/min

②항, NIOSH에서는 8시간 작업시 남자는 5kcal/min, 여자는 3.5kcal/min을 초과하지 않도록 권장하고 있다.

③항, 휴식시간 산출 $R(\text{min}) = \dfrac{480(6.5-5)}{6.5-1.5} = 144$분

④항, 작업자는 8시간의 작업시간 중 이론적으로 144분의 휴식시간이 필요하므로 작업자는 작업이 끝나야 산소결핍이 해소된다.

04 동작속도와 신체동작의 유형

(1) 동작속도

① 상황에 따라서 환경(시각적 표시, 청각신호, 사건)에서 받는 자극에 기초하여 육체적 응답을 하는 것으로서 총 응답시간은 반응시간과 동작 시간으로 나눌 수가 있다.

② 반응시간

구분	내용
반응시간	반응해야 할 신호의 발생에서부터 응답을 시작하기까지의 시간으로 동작을 개시하기 전까지의 총시간을 말한다.
동작시간	응답을 육체적으로 하는데 필요한 시간으로 동작을 시작할 때부터 끝낼 때 까지 걸리는 시간은 약 0.3초 (조종 활동에서의 최소치)이다.
단순반응시간	하나의 특정한 자극이 발생할 때 반응에 걸리는 시간으로 자극을 예상하고 있을 때 반응시간(0.15~0.2초 정도로 특정감관, 강도, 지속시간 등의 자극의 특성, 연령, 개인차에 따라 차이가 있다.)이다.
예상치 못한 상황의 반응시간	자극이 가끔 일어나거나 예상하고 있지 않을 때는 단순반응시간보다 약 0.1초가 증가된다.

> ① 단순반응시간 : 0.15~0.2초
> ② 가끔 발생 되거나 예상치 못했을 때 : 단순반응시간 + 0.1초
> ③ 동작시간 : 0.3초

> 총 반응시간＝단순반응 시간＋동작시간＝0.2＋0.3＝0.5초

③ 동작시간의 영향요소

동작 거리와 동작의 대상인 과녁의 크기에 따라 요구되는 정밀도가 동작시간에 영향을 미치게 된다. 거리가 멀고 과녁이 작을수록 동작에 걸리는 시간이 길어진다.

④ Fitts의 법칙

ㄱ 이동거리가 멀고 과녁이 작을수록 동작에 걸리는 시간이 길어진다. 반면 반응시간은 이동거리에 관계없이 일정하다.

ㄴ 동작 시간은 과녁이 일정할 때 거리의 로그 함수이고, 거리가 일정할 때는 동작거리의 로그 함수이다.

[Fitts의 법칙에 관련된 변수]

1. 과녁의 크기
2. 과녁까지의 거리
3. 동작의 난이도(동작방향)

$$\text{Fitts 법칙} \quad MT = a + b \log_2 \frac{2D}{W}$$

여기서, MT : 동작 시간

　　　 a, b : 관련동작 유형 실험상수

　　　 D : 동작 시발점에서 과녁 중심까지의 거리

　　　 W : 과녁의 폭

[사정효과(rang effect)]

눈으로 보지 않고 손을 수평면상에서 움직이는 경우에 짧은 거리는 지나치고 긴 거리는 못 미치는 경향으로 조작자가 작은 오차에는 과잉반응을 큰 오차에는 과소반응을 하는 것

(2) 신체 동작의 유형

구분	내용
굴곡(fiexion)	관절에서의 각도가 감소하는 신체 부분 동작 예) 팔꿈치를 구부리는 동작
신전(extention)	팔꿈치를 펼 때처럼 관절에서의 각도가 증가하는 동작 예) 팔꿈치를 펴는 동작
외전(abduction)	신체 중심선에서 멀어지는 측면에서의 신체 부위의 동작 예) 팔을 옆으로 들 때
내전(adduction)	중심선을 향한 동작 예) 팔을 수평으로 편 위치에서 수직으로 내릴 때 동작
회전(rotation)	신체의 중심선을 향하여 안쪽으로 회전하는 동작 예) 신체자체의 길이방향 축 둘레에서의 동작
회선(circumduction)	전후면과 좌우면 동작의 혼합

[경첩관절(hinge joint)]

볼록한 면이 오목한 면과 마주하는 경첩과 같은 모양으로 하나의 축을 중심으로 회전운동 하는 관절이다. 굴곡(Flexion)과 신전(Extension) 등 한종류의 회전운동만 가능하며, 팔꿈치(주관절)와 무릎관절(슬관절), 손가락의 지절간관절이 해당된다.

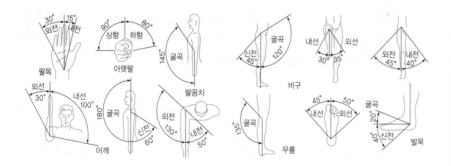

신체동작의 유형

(3) 근골격의 구조와 특징

① 골격계

골격은 인체의 기본구조를 이루는 것으로, 총 206개의 뼈로 구성되어 있다. 골격은 신체의 중요기관을 보호하고 인체가 활동하게 하는 기능을 수행한다.

② 뼈의 주요 기능
　㉠ 인체의 지주
　㉡ 지렛대 역할(근육을 부착하여 근육 수축에 의한 힘을 전달한다.)
　㉢ 내부 장기의 보호
　㉣ 골수의 조혈기능

③ 근육의 구조
　㉠ 인체에는 600개 이상의 근육이 있으며, 하나의 근육은 수십만 개의 근섬유(muscle fiber)로 이루어져 있다. 그 길이는 대개 1~50mm, 직경은 10~100㎛이며, 여러 개의 근원섬유로 이루어져 있다.
　㉡ 근섬유와 근원섬유에는 가로 무늬의 띠가 존재한다. 그림에서처럼 Z선, I대, H대와 끊어진 A대, I대, Z선 순으로 반복된 형태로 구성되어 있다.
　㉢ 근원섬유는 여러 개의 액틴과 미오신이라는 필라멘트로 구성되어 있다.

④ 근육의 수축

근섬유의 수축단위(contractile unit)는 근원섬유인데 이것은 두가지 기본형의 단백질 필라멘트인 미오신(myofibril)과 액틴(actin)으로 되어 있다. 이것이 밴드처럼 배열되어 있어 근육이 수축하면 액틴필라멘트가 미오신 필라멘트 사이로 미끄러져 들어간다. 이러한 복합작용에 의해 근섬의 길이가 반 정도로 수축한다.

⑤ 지구력
　㉠ 지구력(endurance)은 근력을 사용하여 특정 힘을 유지할 수 있는 능력이다.
　㉡ 인간은 단시간 동안만 유지할 수 있다. 정적근력은 최대근력의 20%만을 발휘하여 유지할 수 있으며, 오래 유지할 수 있는 힘은 근력의 15%이하이다.

[근육의 구조]

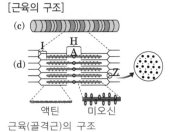

근육(골격근)의 구조

[근육수축의 분석]

근육이 수축하기 위해서는 에너지가 필요하다. 근육 수축작용에 대한 전기적 신호 데이터는 근육 활동 에너지를 통해 피로도와 활성도를 분석할 수 있다.

04 핵심문제   4. 동작속도와 신체동작의 유형

사정효과(Range effect)
눈으로 보지 않고 손을 수평면상에서 움직이는 경우에 짧은 거리는 지나치고 긴 거리는 못 미치는 경향을 말하며 조작자가 작은 오차에는 과잉반응, 큰 오차에는 과소 반응을 하는 것이다.

□□□ 11년1회, 16년1회
1. 다음 중 fitts의 법칙에 관한 설명으로 옳은 것은?

① 표적이 크고 이동거리가 길수록 이동시간이 증가한다.
② 표적이 작고 이동거리가 길수록 이동시간이 증가한다.
③ 표적이 크고 이동거리가 작을수록 이동시간이 증가한다.
④ 표적이 작고 이동거리가 작을수록 이동시간이 증가한다.

해설
Fitts의 법칙에 따르면 동작 시간은 과녁이 일정할 때 거리의 로그 함수이고, 거리가 일정할 때는 동작거리의 로그 함수이다.
동작 거리와 동작 대상인 과녁의 크기에 따라 요구되는 정밀도가 동작 시간에 영향을 미칠 것임을 직관적으로 알 수 있다. 거리가 멀고 과녁이 작을수록 동작에 걸리는 시간이 길어진다.

□□□ 15년1회
2. 다음의 인간의 제어 및 조정능력을 나타내는 법칙인 Fitts' law와 관련된 변수가 아닌 것은?

① 표적의 너비
② 표적의 색상
③ 시작점에서 표적까지의 거리
④ 작업의 난이도(Index of Difficulty)

해설
Fitts' law와 관련된 변수
1. 표적의 너비
2. 시작점에서 표적까지의 거리
3. 작업의 난이도(Index of Difficulty)

□□□ 08년4회, 15년2회
3. 인간의 위치 동작에 있어 눈으로 보지 않고 손을 수평면 상에서 움직이는 경우 짧은 거리는 지나치고, 긴 거리는 못 미치는 경향이 있는데 이를 무엇이라고 하는가?

① 사정효과(Range effect)
② 간격효과(Distance effect)
③ 손동작효과(Hand action effect)
④ 반응효과(Reaction effect)

□□□ 12년2회
4. 다음 중 신체 동작의 유형에 관한 설명으로 틀린 것은?

① 내선(medial rotation) : 몸의 중심선으로의 회전
② 외전(abduction) : 몸의 중심선으로의 이동
③ 굴곡(flexion) : 신체 부위 간의 각도의 감소
④ 신전(extension) : 신체 부위 간의 각도의 증가

해설
외전(abduction)이란 신체 중심선에서 멀어지는 측면에서의 신체 부위의 동작
예 팔을 옆으로 들 때

□□□ 19년2회
5. 신체 부위의 운동에 대한 설명으로 틀린 것은?

① 굴곡(flexion)은 부위간의 각도가 증가하는 신체의 움직임을 의미한다.
② 외전(abduction)은 신체 중심선으로부터 이동하는 신체의 움직임을 의미한다.
③ 내전(adduction)은 신체의 외부에서 중심선으로 이동하는 신체의 움직임을 의미한다.
④ 외선(lateral rotation)은 신체의 중심선으로부터 회전하는 신체의 움직임을 의미한다.

해설
굴곡(flexion)은 관절에서의 각도가 감소하는 신체 부분 동작을 말한다.

□□□ 18년4회
6. 인체의 관절 중 경첩관절에 해당하는 것은?

① 손목관절
② 엉덩관절
③ 어깨관절
④ 팔꿈관절

해설
경첩관절(hinge joint)
볼록한 면이 오목한 면과 마주하는 경첩과 같은 모양으로 하나의 축을 중심으로 회전운동 하는 관절이다. 굴곡(Flexion)과 신전(Extension) 등 한종류의 회전운동만 가능하며, 팔꿈치(주관절)와 무릎관절(슬관절), 손가락의 지절간관절이 해당된다.

정답 1 ② 2 ② 3 ① 4 ② 5 ① 6 ④

□□□ 10년2회, 11년2회, 20년1,2회
7. 다음 중 인체에서 뼈의 주요 기능이 아닌 것은?

① 인체의 지주　　② 장기의 보호
③ 골수의 조혈　　④ 근육의 대사

해설

인체에서 뼈의 주요 기능
1. 인체의 지주
2. 장기의 보호
3. 골수의 조혈
4. 인체의 운동기능.
5. 인과 칼슘의 저장 공급

05 작업공간 및 작업자세

(1) 동작경제의 3원칙

생산에서의 한 요소인 인간의 능력을 효율적으로 개선하기 위한 기본 원칙

원칙	내용
신체의 사용에 관한 원칙	• 두 손의 동작은 같이 시작하고 같이 끝나도록 한다. • 휴식시간을 제외하고는 양손이 동시에 쉬지 않도록 한다. • 두 팔의 동작은 동시에 서로 반대방향으로 대칭적으로 움직이도록 한다. • 신체의 동작은 작업을 처리할 수 있는 범위 내에서 가장 쉬운 동작을 사용하도록 한다. • 가능한 관성을 이용하여 작업을 히도록 한다. • 손의 동작은 부드럽고 연속적인 동작이 되도록 하며 방향이 갑작스럽게 바뀌는 직선운동은 피한다. • 가능하면 쉽고 자연스러운 리듬이 작업동작에 생기도록 작업을 배치한다.
작업장의 배치에 관한 원칙	• 모든 공구나 재료는 지정된 위치에 있도록 한다. • 공구, 재료 및 제어장치는 사용위치에 가까이 두도록 한다. • 가능하면 낙하식 운반방법을 사용한다. • 공구나 재료는 작업동작이 원활하게 수행되도록 그 위치를 정해준다. • 작업자가 잘 보면서 작업을 할 수 있도록 적절한 조명을 비추도록 한다.
공구 및 설비의 설계에 관한 원칙	• 손가락과 발을 사용한 장치를 활용하여 양손이 다른 일을 할 수 있도록 한다. • 공구의 기능을 결합하여 사용하도록 한다. • 공구와 자세는 가능한 한 사용하기 쉽도록 미리 위치를 잡아준다. • 레버, 핸들 등의 제어장치는 작업자가 몸의 자세를 크게 바꾸지 않아도 조작하기 쉽도록 배열한다.

[개선의 ECRS의 원칙]
(1) 제거(Eliminate)
(2) 결합(Combine)
(3) 재조정(Rearrange)
(4) 단순화(Simplify)

(2) 개별작업공간 설계지침

순위	내용
제1순위	1차적 시각 과업
제2순위	1차적 시각 과업과 상호작용하는 1차적 제어장치
제3순위	제어장치-표시장치 관계
제4순위	순차적으로 사용할 요소의 배열
제5순위	자주 사용할 요소의 편리한 위치
제6순위	시스템 중의 다른 배치와의 일관성

(3) 부품배치의 4원칙

① 부품의 중요성과 사용빈도에 따라서 부품의 일반적인 위치 결정
② 기능 및 사용순서에 따라서 부품의 배치(일반적인 위치 내에서의)를 결정

구분	내용
중요성의 원칙	부품을 작동하는 성능이 체계의 목표달성에 긴요한 정도에 따라 우선순위를 설정한다.
사용빈도의 원칙	부품을 사용하는 빈도에 따라 우선순위를 설정한다.
기능별 배치의 원칙	기능적으로 관련된 부품들(표시장치, 조정장치, 등)을 모아서 배치한다.
사용순서의 원칙	사용되는 순서에 따라 장치들을 가까이에 배치한다.

(4) 활동 분석

① 작업공간에서 구성요소를 배치할 때 이용되는 관련자료
　㉠ 인간에 대한 자료
　㉡ 작업활동 자료
　㉢ 작업환경에 대한 자료

② 작업자의 작업행동을 분석하는 방법
　㉠ 표준동작의 설정
　㉡ 모션 마인드의 체질화
　㉢ 동작 개열의 개선

③ 링크(link)
사람과 사람간, 사람과 구성요소 사이의 상관관계

통신링크	제어링크	동작링크
• 시각 • 청각(음성, 비음성) • 촉각	• 제어	• 눈동작 • 손, 발동작 • 신체동작

(5) 계단의 설계

① 한 단의 높이 : 10~18cm(4~7in) 이상
② 한 단의 깊이 : 28cm(11in) 이상
③ 손잡이를 적절한 장소에 설치한다.
④ 수평면은 미끄러지지 않게 조치한다.
⑤ 옆의 가장자리를 밝게 하여 계단이 있음을 환기시켜야 한다.

[작업개선 단계]
(1) 작업분해
(2) 세부내용 검토
(3) 작업분석
(4) 개선책 적용

(6) 의자의 설계

① 의자설계 원칙

　⑴ 요부 전만을 유지한다.

　⑴ 디스크가 받는 압력을 줄인다.

　ⓒ 등근육의 정적 부하를 줄인다.

　ⓔ 자세고정을 줄인다.

　ⓜ 조정이 용이해야 한다.

② 의자 설계를 위한 권장사항

구분	내용
의자의 높이와 경사	• 좌판 앞부분은 대퇴를 압박하지 않도록 오금 높이보다 낮아야 한다. • 치수 : 5%치 이상(43~46cm로 설계) 되는 모든 사람을 수용할 수 있게 선택하고, 신발의 뒤꿈치가 수 cm를 더한다는 점을 고려한다.
의자 깊이와 폭	• 폭 : 큰 사람에게 맞도록 한다. • 깊이 : 작은 사람에게 맞도록 해야 한다. 장딴지 여유를 주고 대퇴를 압박하지 않도록 한다.(의자깊이 : 43cm 이내, 폭 : 40cm 이상)
체중분포와 쿠션	사람이 의자에 앉았을 때 체중이 주로 좌골결절(ischial tuberosity)에 실려 체중이 전체에 분배되도록 해야 한다.
등받이	• 의자의 좌판 각도 : 3° • 좌판 등판간의 각도 : 90°~105° • 등판의 높이 : 50cm • 등판의 폭 : 30.5cm

[작업대 및 의자]

05 핵심문제   5. 작업공간 및 작업자세

□□□ 10년1회, 14년2회, 19년1회
1. 다음 중 동작 경제 원칙의 구성이 아닌 것은?

① 신체사용에 관한 원칙
② 작업장 배치에 관한 원칙
③ 사용자 요구 조건에 관한 원칙
④ 공구 및 설비 디자인에 관한 원칙

해설
동작경제의 원칙
1. 신체 사용에 관한 원칙
2. 작업장의 배치에 관한 원칙
3. 공구 및 설비 디자인에 관한 원칙

□□□ 11년2회, 15년2회, 19년4회
2. 다음 중 동작경제의 원칙에 있어 신체사용에 관한 원칙이 아닌 것은?

① 두 손의 동작은 같이 시작해서 같이 끝나야 한다.
② 손의 동작은 유연하고 연속적인 동작이어야 한다.
③ 공구, 재료 및 제어장치는 사용하기 가까운 곳에 배치해야 한다.
④ 동작이 급작스럽게 크게 바뀌는 직선 동작은 피해야 한다.

해설
③항, "공구, 재료 및 제어장치는 사용하기 가까운 곳에 배치해야 한다."는 작업장 배치에 관한 원칙에 해당한다.

□□□ 10년4회, 18년1회
3. 동작의 합리화를 위한 물리적 조건으로 적절하지 않은 것은?

① 고유 진동을 이용한다.
② 접촉 면적을 크게 한다.
③ 대체로 마찰력을 감소시킨다.
④ 인체표면에 가해지는 힘을 적게 한다.

해설
②항, 동작의 합리화를 위해서는 마찰력등을 감소시키기 위해 접촉면적을 가급적 작게하는 것이 좋다.
[참고] 동작의 합리화를 위한 물리적 조건
① 마찰력을 감소시킨다.
② 고유진동을 이용한다.
③ 인체표면에 가해지는 힘을 적게한다.

□□□ 18년4회
4. 부품성능이 시스템 목표달성의 긴요도에 따라 우선순위를 설정하는 부품배치 원칙에 해당하는 것은?

① 중요성의 원칙   ② 사용 빈도의 원칙
③ 사용 순서의 원칙   ④ 기능별 배치의 원칙

문제 4 ~ 5 해설	

부품배치의 4원칙

구분	내용
중요성의 원칙	부품을 작동하는 성능이 체계의 목표달성에 긴요한 정도에 따라 우선순위를 설정한다.
사용빈도의 원칙	부품을 사용하는 빈도에 따라 우선순위를 설정한다.
기능별 배치의 원칙	기능적으로 관련된 부품들(표시장치, 조정장치, 등)을 모아서 배치한다.
사용순서의 원칙	사용되는 순서에 따라 장치들을 가까이에 배치한다.

□□□ 09년1회, 12년4회
5. 부품 배치의 원칙 중 부품의 일반적 위치 내에서의 구체적인 배치를 결정하기 위한 기준이 되는 것은?

① 중요성의 원칙과 사용빈도의 원칙
② 사용빈도의 원칙과 기능별 배치의 원칙
③ 기능별 배치의 원칙과 사용 순서의 원칙
④ 사용빈도의 원칙과 사용 순서의 원칙

□□□ 11년1회, 18년2회
6. 다음 중 작업장 배치 시 유의사항으로 적절하지 않은 것은?

① 작업의 흐름에 따라 기계를 배치한다.
② 비상시에 쉽게 대비할 수 있는 통로를 마련하고 사고 진압을 위한 활동통로가 반드시 마련되어야 한다.
③ 공장내외는 안전한 통로를 두어야 하며, 통로는 선을 그어 작업장과 명확히 구별하도록 한다.
④ 기계설비의 주위에 작업을 원활히 하기 위해 재료나 반제품을 충분히 놓아둔다.

해설
④항, 기계설비의 주위에 작업을 원활히 하기 위해 재료나 반제품은 저장장소에 보관하여야 한다.

정답 1 ③ 2 ③ 3 ② 4 ① 5 ③ 6 ④

□□□ 12년2회, 13년4회, 17년2회

7. A제지회사의 유아용 화장지 생산 공정에서 작업자의 불안전한 행동을 유발하는 상황이 자주 발생하고 있다. 이를 해결하기 위한 개선의 ECRS에 해당하지 않는 것은?

① Combine ② Standard
③ Eliminate ④ Rearrange

해설

개선의 ECRS의 원칙
1. 제거(Eliminate)
2. 결합(Combine)
3. 재조정(Rearrange)
4. 단순화(Simplify)

□□□ 13년4회, 17년1회

8. 의자 설계에 대한 조건 중 틀린 것은?

① 좌판의 깊이는 작업자의 등이 등받이에 닿을 수 있도록 설계한다.
② 좌판은 엉덩이가 앞으로 미끄러지지 않는 재질과 구조로 설계한다.
③ 좌판의 넓이는 작은 사람에게 적합하도록, 깊이는 큰 사람에게 접합하도록 설계한다.
④ 등받이는 충분한 넓이를 가지고 요추부위부터 어깨부위까지 편안하게 지지하도록 설계한다.

해설

의자설계원칙
의자 좌판의 깊이와 폭 : 일반적으로 폭이 큰 사람에게 맞도록 하고, 깊이는 장딴지 여유를 주고 대퇴를 압박하지 않도록 작은 사람에게 맞도록 해야 한다.(의자깊이 : 43cm 이내, 폭 : 40cm 이상)

□□□ 14년1회, 20년1,2회, 20년3회

9. 의자 설계 시 고려해야할 일반적인 원리와 가장 거리가 먼 것은?

① 자세고정을 줄인다.
② 조정이 용이해야 한다.
③ 디스크가 받는 압력을 줄인다.
④ 요추 부위의 후만곡선을 유지한다.

문제 9 ~ 10 해설

의자설계의 일반적인 원칙
1. 요부 전만을 유지한다.(허리부분이 정상상태에서 자연적으로 앞쪽으로 휘는 형태)
2. 디스크가 받는 압력을 줄인다.
3. 등근육의 정적 부하를 줄인다.
4. 자세고정을 줄인다.
5. 조정이 용이해야 한다.

□□□ 13년2회, 17년2회

10. 다음 중 의자 설계의 일반원리로 옳지 않은 것은?

① 추간판의 압력을 줄인다.
② 등근육의 정적 부하를 줄인다.
③ 쉽게 조절할 수 있도록 한다.
④ 고정된 자세로 장시간 유지되도록 한다.

06 인간성능과 신뢰도

Tip

기출문제에서 과오의 확률을 묻는지 아니면 신뢰도를 묻는지를 정확하게 확인하여 문제를 풀도록 하자.

(1) 인간오류확률(HEP ; Human Error Probability)

인간오류확률은 시스템에서 인간에게 주어진 작업이 수행되는 발생하는 오류의 확률이다.

$$인간\ 과오의\ 확률(HEP) = \frac{실제\ 과오의\ 수}{과오발생의\ 전체\ 기회수}$$

$$인간\ 신뢰도(R)=(1-HEP)=(1-P)$$

 예제

불량품 검사를 하는 작업자가 전체 5,000개의 부품을 조사하여 이 중에서 400개를 불량으로 찾아내었다. 하지만 실제 불량품은 1,000개로 확인 되었다. 이 검사 작업자의 인간 신뢰도는 얼마인가?

① 찾아내지 못한 불량 부품은 600개 이므로 $HEP = \dfrac{600}{5,000} = 0.12$

② 신뢰도 $R = 1 - 0.12 = 0.88$

---

(2) 인간오류확률의 추정 기법

① 위급 사건 기법(CIT ; Critical Incident Technique)
　　㉠ 일반적으로 위험할 수 있지만 실제 사고의 원인으로 돌려지지 않은 조건들에 의해 발생될 수 있는 사고를 위급사건이라 한다.
　　㉡ 인간-기계요소간의 관계 규명 및 중대 작업 필요조건을 확인하여 시스템을 개선한다.

② 인간 실수 자료 은행(HERB ; Human Error Rate Bank)
　　인간에 대한 실험적 직무자료와 판단적 직무자료 등을 수집하여 개발한 것으로 자료은행의 데이터를 이용하여 오류확률을 추정한다.

③ 직무 위급도 분석법(Task Criticality Rating Analysis Method)
　　인간오류의 빈도와 심각성을 고려하여 위급도 평점(criticality rating)을 유도하여 높은 위급도에 해당하는 부분부터 개선한다.

④ 인간 실수율 예측기법(THERP ; Technique for Human Error Rate Prediction)
　　인간 조작자의 HEP를 예측하기 위한 기법으로 초기 사건을 이원적 의사결정(성공 또는 실패) 가지들로 모형화 하고 전체 사건들의 확률을 나무형태(인간 신뢰도 분석 사건나무)로 표시하여 계산한다.

[직무위급도 분석의 심각성 구분]
(1) 안전
(2) 경미
(3) 중대
(4) 파국적

⑤ 조작자 행동 나무(OTA ; Operator Action Tree)

조작자의 의사결정 단계(감지–반응–진단)에서 조작의 선택에 따른 성공과 실패의 경로로 가지가 나누어 지는데 위급 직무의 순서에 맞춰 조작자 행동 나무를 구성하여 사건의 위급 경로에서의 조작자의 역할을 분석하는 기법이다.

⑥ 결함 나무 분석(FTA ; Fault Tree Analysis)

복잡한 체계분석을 할 때 고장의 결함을 상부에서 하부로 검토하여 순차적으로 분석하는 기법

⑦ Human Error Simulator

컴퓨터 모의실험을 통하여 직무에서 인간 신뢰도를 예측하는 기법

⑧ 성공가능지수 평가(SLIM ; Success Likelihood Index Method)

인간오류에 영향을 미치는 수행 특성인자의 영향력을 고려하여 오류 확률을 평가하는 방법이다. 수행특성인자의 평가를 통해 해당 직무의 성공가능지수(Success Likelihood Index, SLI)를 구한 다음 이를 바탕으로 오류 확률을 계산한다.

(3) 인간성능

① 인간 성능의 체계기준(system criteria)

체계의 성능이나 산출물(output)에 관련되는 기준이다. 체계가 원래 의도한 바를 얼마나 달성하는가를 반영하는 기준이다.(예 : 체계의 예상수명, 운용 및 사용의 용이도, 정비유지도, 신뢰도, 운용비, 인력소요 등)

② 인간기술의 분류

㉠ 전신적(gross bodily) 기술
㉡ 조작적(manipulative) 기술
㉢ 인식적(perceptual) 기술
㉣ 언어적(language) 기술

③ 인간기준(human criteria)

유형	내용
인간 성능 척도	감각활동, 정신활동, 근육활동 등에 의해서 판단
생리학적 지표	혈압, 맥박수, 분당호흡수, 뇌파, 혈당량, 혈액의 성분, 피부온도, 전기피부반응(galvanic skin response)등
주관적인 반응	개인성능의 평점(rating), 체계설계면의 대안들의 평점, 여러 다른 유형의 정보에 의한 중요도 평점
사고 빈도	특정한 목적에 따라 사고 발생빈도를 기준으로 판단

[몬테카를로 기법]

(1) 시스템의 복잡성에 따라 확률의 불확실성이 커진다. 몬테카를로 기법은 난수 발생기를 사용하여 각 입력변수들에 부여된 확률분포로부터 입력변수 값을 택하여 입력변수와 출력변수의 관계식을 따라 묘사하는 방법이다.

(2) 몬테카를로 기법은 불확실성의 전체적인 전파(Propagation)를 찾기에 적합한 장점을 찾고 있지만 컴퓨터의 수행시간이나 비용이 과다하다는 문제점을 가지고 있다.

(3) 단점 보안을 위해서 적은 양의 계산으로 확률론적 추론을 할 수 있는 방법인 LHS(Hatin Hypercube Sampling)가 도입 사용되고 있다.

(4) 성능 신뢰도

① 인간의 신뢰성 요인

요인	내용
주의력	인간의 주의력에는 넓이와 깊이가 있고 또한 내향성과 외향성이 있다.
긴장수준	인체 에너지(energy)의 대사율, 체내 수분의 손실량 또는 흡기량의 억제도, 뇌파계 등으로 측정한다.
의식수준	경험연수, 지식수준, 기술수준으로 정도를 평가한다.

※ 의식수준의 구분

종류	내용
경험연수	해당분야의 근무경력연수
지식수준	안전에 대한 교육 및 훈련을 포함한 안전에 대한 지식수준
기술수준	생산 및 안전 기술의 정도

② 인간 – 기계체계의 신뢰도(r_1 : 인간, r_2 : 기계)

㉠ 직렬(series system)

$$R_s(신뢰도) = r_1 \times r_2 \, [r_1 \langle \, r_2 \text{ 로 보면 } R_s \le r_1]$$

㉡ 병렬(parallel system)

$$R_p(신뢰도) = r_1 + r_2(1-r_1)\,[r_1 \langle \, r_2 \text{ 로 보면 } R_p \ge r_2]$$
$$= 1-(1-r_1)(1-r_2)$$

③ 설비의 신뢰도

㉠ 직렬연결

$$\underset{R_1}{\bigcirc}\!\!-\!\!-\!\!\underset{R_2}{\bigcirc}\!\!-\!\!-\!\!\underset{R_3 \cdots}{\bigcirc} \cdots \underset{R_n}{\bigcirc}$$

$$R_s = R_1 \cdot R_2 \cdot R_3 \cdots\cdots R_n = \overset{n}{\underset{i=1}{\pi}} \, R_i$$

㉡ 병렬연결

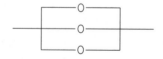

$$R_p = 1-(1-R_1)(1-R_2)\cdots\cdots(1-R_n)$$
$$= 1- \overset{n}{\underset{i=1}{\pi}} \, (1-R_i)$$

[기계의 신뢰성 요인]

(1) 재질
(2) 기능
(3) 작동방법

06 핵심문제 6. 인간성능과 신뢰도

□□□ 15년4회, 19년4회
1. 기계 시스템은 영구적으로 사용하며, 조작자는 한 시간마다 스위치만 작동하면 되는데 인간오류확률(HEP)은 0.001이다. 2시간에서 4시간까지 인간-기계 시스템의 신뢰도는 약 얼마인가?

① 91.5% ② 96.6%
③ 98.7% ④ 99.8%

해설
① 인간 신뢰도(R)=(1-HEP) ② $(1-0.001)^2 = 0.998 = 99.8\%$

□□□ 16년2회
2. 첨단 경보시스템의 고장율은 0이다. 경제의 효과로 조작자 오류율은 0.01t/hr이며, 인간의 실수율은 균질(homogenous)한 것으로 가정한다. 또한, 이 시스템의 스위치 조작자는 1시간마다 스위치를 작동해야 하는데 인간오류확률(HEP : Human Error Probability)이 0.001인 경우에 2시간에서 6시간 사이에 인간 - 기계 시스템의 신뢰도는 약 얼마인가?

① 0.938 ② 0.948
③ 0.957 ④ 0.967

해설
인간-기계 시스템의 신뢰도 $R = R_1$(경제의 효과 오류, 기계오류율)$\cdot R_2$(인간의 실수율) $\quad = 0.9606 \times 0.9960 = 0.9567$ $R_1 = (1-HEP)^n = (1-0.01)^4 = 0.9606$ $R_2 = (1-HEP)^n = (1-0.001)^4 = 0.9960$

□□□ 16년1회, 18년2회
3. 인간실수확률에 대한 추정기법으로 가장 적절하지 않은 것은?

① CIT(Critical Incident Technique) : 위급사건 기법
② FMEA(Failure Mode and Effect Analysis) : 고장형태 영향분석
③ TCRAM(Task Criticality Rating Analysis Method) : 직무위급도 분석법
④ THERP(Technique for Human Error Rate Prediction) : 인간 실수율 예측기법

해설
FMEA(고장형과 영향분석)은 시스템 위험분석 기법의 하나이다.

□□□ 14년1회
4. 인간 신뢰도 분석기법 중 조작자 행동 나무(Operator Action Tree) 접근 방법이 환경적 사건에 대한 인간의 반응을 위해 인정하는 활동 3가지가 아닌 것은?

① 감지 ② 추정
③ 진단 ④ 반응

해설
인간 신뢰도 분석기법 중 조작자 행동 나무(Operator Action Tree) 접근 방법이 환경적 사건에 대한 인간의 반응을 위해 인정하는 활동 3가지로는 감지, 반응, 진단이 있다.

□□□ 10년2회, 20년1,2회
5. 각 부품의 신뢰도가 다음과 같을 때 시스템의 전체 신뢰도는 약 얼마인가?

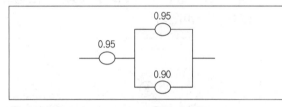

① 0.8123 ② 0.9453
③ 0.9553 ④ 0.9953

해설
$R = 0.95 \times \{1-(1-0.95)\times(1-0.90)\} = 0.94525$

□□□ 17년2회
6. 그림과 같은 시스템의 전체 신뢰도는 약 얼마인가? (단, 네모 안의 수치는 각 구성요소의 신뢰도이다.)

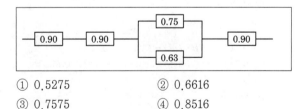

① 0.5275 ② 0.6616
③ 0.7575 ④ 0.8516

해설
신뢰도= $0.9^3 \times \{1-(1-0.75)(1-0.63)\} = 0.6616$

정답 1 ④ 2 ③ 3 ② 4 ② 5 ② 6 ②

□□□ 14년4회, 20년3회

7. [그림]과 같이 신뢰도 95%인 펌프 A가 각각 신뢰도 90%인 밸브 B와 밸브 C의 병렬밸브계와 직렬계를 이룬 시스템의 실패 확률은 약 얼마인가?

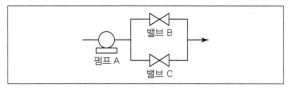

① 0.0091
② 0.0595
③ 0.9405
④ 0.9811

해설

1. 시스템의 신뢰도
   $= 0.95 \times (1 - (1 - 0.9) \times (1 - 0.9)) = 0.9405 = 0.9405$
2. 시스템의 실패 확률 $= 1 - 0.9405 = 0.0595$

□□□ 16년2회, 19년2회

8. 다음 그림과 같이 7개의 기기로 구성된 시스템의 신뢰도는 약 얼마인가?

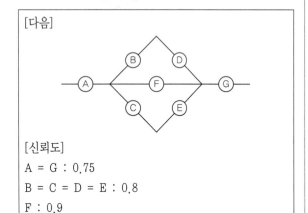

[다음]

[신뢰도]
A = G : 0.75
B = C = D = E : 0.8
F : 0.9

① 0.5427
② 0.623
③ 0.5552
④ 0.9740

해설

$A \times \{1 - (1 - B \cdot D)(1 - F)(1 - C \cdot E)\} \times G$
$= 0.75 \times \{1 - (1 - 0.8^2)(1 - 0.9)(1 - 0.8^2)\} \times 0.75$
$= 0.75^2 \times \{1 - (1 - 0.8^2)^2(1 - 0.9)\}$
$= 0.5552$

□□□ 17년2회

9. 병렬 시스템에 대한 특성이 아닌 것은?

① 요소의 수가 많을수록 고장의 기회는 줄어든다.
② 요소의 중복도가 늘어날수록 시스템의 수명을 길어진다.
③ 요소의 어느 하나라도 정상이면 시스템은 정상이다.
④ 시스템의 수명은 요소 중에서 수명이 가장 짧은 것으로 정해진다.

해설

병렬시스템의 수명은 요소 중 가장 긴 것으로 정해진다.

07 인간의 정보처리

(1) 정보처리

① 정보의 개념

정보란 불확실성의 감소(reduction of uncertainty)라 정의할 수 있다. 정보이론에서는 정보를 bit 단위로 측정한다. 1bit란 동일하게 가능한 두 대안 사이에서 결정에 필요한 정보의 양이다.

② 정보량

여러 대안의 확률이 동일하고 이러한 대안의 수가 N이라면 정보량 H[bit]는 다음과 같다.

$$H = \log_2 N$$

> **✓ 정보량 예시**
>
> ① 정보에 대한 대안이 2가지뿐이면, 정보량 : 1.0bit($\log_2 2 = 1$)
> ② 네가지가 동일한 대안의 정보량 : 2bit($\log_2 4 = 2$)
> ③ 0~9의 수의 집합에서 무작위로 선택한 숫자가 전달하는 정보량
> : 3.322bit($\log_2 10 = 3.322$)
> ④ A~Z까지의 문자 집합에서 무작위로 선택한 문자의 정보량
> : 4.7bit($\log_2 26 = 4.7$)

③ 대안의 출현 가능성이 동일하지 않을 때 한 사건이 가진 정보량

$$h_i = \log_2 \frac{1}{p_i}$$

h_i= 사건 i에 관계되는 정보량[bit]

p_i= 사건의 출현 확률

④ 확률이 다른 일련의 사건이 가지는 평균 정보량 H_{av}

$$H_{av} = \sum_{i=1}^{N} p_i \log_2 \frac{1}{p_i}$$

(2) 정보의 전달

① channel(경로용량) capacity

절대식별에 근거하여 자극에 대해서 우리에게 줄 수 있는 최대 정보량

② 전달된 정보량

자극의 불확실성과 반응의 불확실성의 중복부분을 나타낸다.

[인간기억의 정보량]
(1) 단위시간당 영구 보관(기억)할 수 있는 정보량 : 0.7bit/sec
(2) 인간의 기억 속에 보관할 수 있는 총 용량 : 약 1억(10^8 : 100mega)~1,000조(10^{15})bit
(3) 신체 반응의 정보량 : 신체적 반응을 통하여 전송할 수 있는 정보량은 그 상한치가 약 10bit/sec 정도이다.

[Miller의 식별범위]

Miler는 인간이 단일 차원에서 절대적으로 식별할 수 있는 범위를 7±2 (5~9)로 보고 이 수를 신비의 수(magic number)라고 하였다.

③ 전달 정보량의 계산

결합 정보량 $H(x,\ y)$은 자극과 반응정보량의 합집합을 나타낸다.

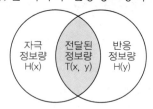

전달된 정보량

---

① 전달된 정보량 : $H(x \cap y) = H(x) + H(y) - H(x \cup y)$

② 손실정보량 : $H(x \cap \overline{y}) = H(x) - H(x \cap y)$

③ 소음정보량 : $H(\overline{x} \cap y) = H(y) - H(x \cap y)$

✓ 예제

2개의 계기에 자극 A가 나타날 경우 1로 반응하고 자극 B가 나타날 경우 2로 반응한 결과 값이다.

		반응		x
		1	2	
자극	A	50	0	50
	B	10	40	50
y		60	40	

입력정보량 H(x), 출력정보량 H(y), 입출력 조합정보량 H(x∪y), 전달된 정보량 H(x∩y), 손실정보량 H(x∩$\overline{y}$), 소음정보량 H($\overline{x}$∩y)을 구하시오.

① 입력정보량 $H(x) = \sum_{i=1}^{N} p_i \log_2 \frac{1}{p_i} = \left(0.5 \times \log_2 \frac{1}{0.5}\right) + \left(0.5 \times \log_2 \frac{1}{0.5}\right) = 1$ bit

② 출력정보량 $H(y) = \left(0.6 \times \log_2 \frac{1}{0.6}\right) + \left(0.4 \times \log_2 \frac{1}{0.4}\right) = 0.97$ bit

③ 입출력 조합정보량 H(x∪y)

$= \left(0.5 \times \log_2 \frac{1}{0.5}\right) + \left(0.1 \times \log_2 \frac{1}{0.1}\right) + \left(0.4 \times \log_2 \frac{1}{0.4}\right) = 1.36$ bit

④ 전달된 정보량 H(x∩y) = H(x)+H(y)−H(x∪y) = 1+0.97−1.36 = 0.61 bit

⑤ 손실정보량 H(x∩$\overline{y}$) = H(x)−H(x∩y) = 1−0.61 = 0.39 bit

⑥ 소음정보량 H($\overline{x}$∩y) = H(y)−H(x∩y) = 0.97−0.61 = 0.36 bit

(3) 자극과 반응 이론

① Weber의 법칙

감각의 강도와 자극의 강도에 대한 것으로 자극에 대한 변화감지역은 사용되는 표준자극에 비례한다는 이론이다.

$$\frac{\Delta L}{I} = const(일정)$$

(ΔL) : 특정감관의 변화감지역

(I) : 표준자극

② 힉-하이만(Hick-Hyman) 법칙

㉠ Hick은 선택 반응 직무에서 발생확률이 같은 자극의 수가 변화할 때 반응 시간은 정보(bit)로 측정된 자극의 수에 선형적인 관계를 갖음을 발견했다.

㉡ 하이만(Hyman)은 자극의 수가 일정할 때 자극들의 발생 확률을 변화시켜서, 반응시간이 정보(bit)에 선형함수 관계를 가짐을 증명했다.

㉢ 선택 반응 시간은 자극 정보의 선형 함수(linear function)관계에 있다. 이를 힉-하이만 법칙이라 한다.

$$RT = a + bT(S,R), \text{ 이때 } T(S,R) = H(S) + H(R) - H(S,R)$$

RT : 반응시간

T(S,R) : 전달된 정보

H(S) : 자극의 정보

H(R) : 반응의 정보

H(S,R) : 자극, 반응을 결합한 정보

[Fechner의 법칙]

한정 범위 내에서 동일한 양의 인식(감각)의 증가를 얻기 위해서 자극은 지수적으로 증가해야 한다는 법칙

□□□ 13년2회, 18년2회

1. 다음 중 4지선다형 문제의 정보량을 계산하면 얼마가 되겠는가?

① 1 bit
② 2 bit
③ 3 bit
④ 4 bit

해설

$$H = \log_2 4 = 2[bit]$$

□□□ 16년1회

2. 매직넘버라고도 하며, 인간이 절대식별시 작업 기억 중에 유지할 수 있는 항목의 최대수를 나타낸 것은?

① 3±1
② 7±2
③ 10±1
④ 20±2

해설

Miller의 식별범위는 대략 7±2(5~9사이)이며 신비의 수(magic number)라고 한다.

□□□ 19년2회

3. 빨강, 노랑, 파랑의 3가지 색으로 구성된 교통 신호등이 있다. 신호등은 항상 3가지 색 중 하나가 켜지도록 되어 있다. 1시간 동안 조사한 결과, 파란 등은 총 30분 동안, 빨간 등과 노란 등은 각각 총 15분 동안 켜진 것으로 나타났다. 이 신호등의 총 정보량은 몇 bit인가?

① 0.5
② 0.75
③ 1.0
④ 1.5

해설

$$H_{av} = \sum_{i=1}^{N} p_i \log_2 \frac{1}{p_i}$$
$$H_{av} = \left(\frac{1}{2}\log_2 \frac{1}{1/2}\right) + \left(\frac{1}{4}\log_2 \frac{1}{1/4}\right) + \left(\frac{1}{4}\log_2 \frac{1}{1/4}\right)$$
$$= \frac{1}{2}\log_2 2 + \left(\frac{1}{4}\log_2 4\right) \times 2 = 1.5$$

□□□ 12년1회

4. 인간의 반응시간을 조사하는 실험에서 0.1, 0.2, 0.3, 0.4의 점등확률을 갖는 4개의 전등이 있다. 이 자극 전등이 전달하는 정보량은 약 얼마인가?

① 2.42bit
② 2.16bit
③ 1.85bit
④ 1.53bit

해설

$$정보량 = \left(0.1 \times \log_2 \frac{1}{0.1}\right) + \left(0.2 \times \log_2 \frac{1}{0.2}\right)$$
$$+ \left(0.3 \times \log_2 \frac{1}{0.3}\right) + \left(0.4 \times \log_2 \frac{1}{0.4}\right) = 1.85$$

□□□ 08년2회, 15년2회

5. 주어진 자극에 대해 인간이 갖는 변화감지역을 표현하는 데에는 웨버(Weber)의 법칙을 이용한다. 이때 웨버(Weber) 비의 관계식으로 옳은 것은?(단, 변화감지역을 $\triangle I$, 표준자극을 I 라 한다.)

① 웨버(Weber) 비 $= \dfrac{\triangle I}{I}$

② 웨버(Weber) 비 $= \dfrac{I}{\triangle I}$

③ 웨버(Weber) 비 $= \triangle I \times I$

④ 웨버(Weber) 비 $= \dfrac{\triangle I - I}{\triangle I}$

해설

Weber-Fecher 법칙
1. Weber-Fecher 법칙 : 감각의 강도는 자극 강도의 대수에 비례한다.
2. Weber 법칙 : $\dfrac{\triangle L}{I}$=const(일정)

($\triangle L$) : 특정감관의 변화감지역
(I) : 표준자극

□□□ 14년2회

6. 다음 중 Weber의 법칙에 관한 설명으로 틀린 것은?

① Weber비는 분별의 질을 나타낸다.
② Weber비가 작을수록 분별력은 낮아진다.
③ 변화감지역(JND)이 작을수록 그 자극차원의 변화를 쉽게 검출할 수 있다.
④ 변화감지역(JND)은 사람이 50%를 검출할 수 있는 자극차원의 최소변화이다.

해설

Weber비가 작을수록 분별력은 민감하며 Weber비가 클수록 분별력은 둔감하다.

□□□ 08년2회

7. 어떤 외부로부터의 자극이 눈이나 귀를 통해 입력되어 뇌에 전달되고, 판단을 한 후 뇌의 명령이 신체부위에 전달될 때까지의 시간을 무엇이라 하는가?

① 감지시간   ② 반응시간
③ 동작시간   ④ 정보처리시간

해설

어떤 외부로부터의 자극이 눈이나 귀를 통해 입력되어 뇌에 전달되고, 판단을 한 후 뇌의 명령이 신체부위에 전달될 때까지의 시간을 반응시간이라 한다.

□□□ 11년4회

8. 다음 중 하나의 특정 자극에 대하여 반응을 하는데 소요되는 시간을 무엇이라 하는가?

① 복합반응시간   ② 선택반응시간
③ 동작시간   ④ 단순반응시간

해설

단순반응시간이란 하나의 특정한 자극만이 발생할 수 있을 때 반응에 걸리는 시간으로 자극을 예상하고 있을 때 반응시간은 0.15 - 0.2초 정도이다.

□□□ 17년2회

9. 고령자의 정보처리 과업을 설계할 경우 지켜야 할 지침으로 틀린 것은?

① 표시 신호를 더 크게 하거나 밝게 한다.
② 개념, 공간, 운동 양립성을 높은 수준으로 유지한다.
③ 정보처리 능력에 한계가 있으므로 시분할 요구량을 늘린다.
④ 제어표시장치를 설계할 때 불필요한 세부내용을 줄인다.

해설

고령자는 정보처리 능력에 한계가 있으므로 다중으로 정보를 처리하는 시분할 요구량을 줄여야 한다.

08 근골격계 질환

[관계법령]
• 산업안전보건기준에 관한 규칙 제656조
【정의】
• 고용노동부 고시 【근골격계 부담작업의
범위】

(1) 근골격계 질환의 특징

구분	내용
정의	• 반복적인 동작, 부적절한 작업자세, 무리한 힘의 사용, 날카로운 면과의 신체접촉, 진동 및 온도 등의 요인에 의하여 발생하는 건강장해 • 목, 어깨, 허리, 상·하지의 신경·근육 및 그 주변 신체조직 등에 나타나는 질환
특성	• 미세한 근육이나 조직의 손상으로 시작된다. • 초기에 치료하지 않을 시 완치가 어렵다. • 신체의 기능 장해를 유발한다. • 집단 발병의 우려가 있다. • 완전히 제거가 어렵고 발생의 최소화를 하는 것이 중요하다.

[단기간 작업]
2개월 이내에 종료되는 1회성 작업

[간헐적 작업]
연간 총 작업일수가 60일을 초과하지 않는 작업

(2) 근골격계 부담작업의 종류(단기간작업 또는 간헐적인 작업은 제외한다.)

① 하루에 4시간 이상 집중적으로 자료입력 등을 위해 키보드 또는 마우스를 조작하는 작업

② 하루에 총 2시간 이상 목, 어깨, 팔꿈치, 손목 또는 손을 사용하여 같은 동작을 반복하는 작업

③ 하루에 총 2시간 이상 머리 위에 손이 있거나, 팔꿈치가 어깨위에 있거나, 팔꿈치를 몸통으로부터 들거나, 팔꿈치를 몸통뒤쪽에 위치하도록 하는 상태에서 이루어지는 작업

④ 지지되지 않은 상태이거나 임의로 자세를 바꿀 수 없는 조건에서, 하루에 총 2시간 이상 목이나 허리를 구부리거나 트는 상태에서 이루어지는 작업

⑤ 하루에 총 2시간 이상 쪼그리고 앉거나 무릎을 굽힌 자세에서 이루어지는 작업

⑥ 하루에 총 2시간 이상 지지되지 않은 상태에서 1kg 이상의 물건을 한손의 손가락으로 집어 옮기거나, 2kg 이상에 상응하는 힘을 가하여 한손의 손가락으로 물건을 쥐는 작업

⑦ 하루에 총 2시간 이상 지지되지 않은 상태에서 4.5kg 이상의 물건을 한손으로 들거나 동일한 힘으로 쥐는 작업

⑧ 하루에 10회 이상 25kg 이상의 물체를 드는 작업

⑨ 하루에 25회 이상 10kg 이상의 물체를 무릎 아래에서 들거나, 어깨 위에서 들거나, 팔을 뻗은 상태에서 드는 작업

⑩ 하루에 총 2시간 이상, 분당 2회 이상 4.5kg 이상의 물체를 드는 작업

⑪ 하루에 총 2시간 이상 시간당 10회 이상 손 또는 무릎을 사용하여 반복적으로 충격을 가하는 작업

(3) CTDs(Cumulative Trauma Disorders)

① 외부 스트레스에 의해 오랜 시간을 두고 반복 발생하는 질환들의 집합
② CTDs 질환으로는 손가락, 손목, 팔, 어깨 등에서 발생하며 대부분의 경우 노화에 따른 자연발생적 질환이기보다 직업특성과 밀접한 관련이 있다.
③ CTDs의 발생 종류

구분	내용
인대에 발생	건염, 건초염, 주관절 외상과염, 결절증이 있는데 발생 부위는 손가락에서 어깨까지 매우 다양하다.
신경혈관계통에 발생	목과 어깨 사이의 혈관과 신경이 눌리는 흉곽출구 증후군과 오랜 시간동안 추운 작업환경하에서 진동에 노출될 때 발생하는 백색수지증 등이 있다.
신경계통	수근관 증후근, 질환으로는 손목뼈들과 손목인대 사이의 터널모양의 공간사이로 지나가는 손가락을 움직이게 하는 건(힘줄)들이 정중신경을 누름으로써 생기는 질환이다.

④ CTDs의 발생 요인과 대책

구분	내용
CTDs 발생요인(원인)	• 반복성 • 부자연스런 또는 취하기 어려운 자세 • 과도한 힘 • 접촉 스트레스 • 진동 • 온도, 조명 등 기타 요인
CTDs 예방대책	• 손목의 자연스러운 상태 유지 • 물건을 잡을 때에 손가락 전체를 사용 • 손의 사용을 줄인다. • 작업속도와 작업강도를 적절히 한다. • 작업의 최적화 • 손과 팔의 활동범위를 최적화 • 손의 피로를 줄인다.

(4) 근골격계 부담작업 유해요인 조사

구분	내용
조사 대상	근로자가 근골격계부담작업을 하는 경우에 3년마다 유해요인조사를 하여야 한다. 다만, 신설되는 사업장의 경우에는 신설일부터 1년 이내에 최초의 유해요인 조사를 하여야 한다.
조사 내용	• 설비 · 작업공정 · 작업량 · 작업속도 등 작업장 상황 • 작업시간 · 작업자세 · 작업방법 등 작업조건 • 작업과 관련된 근골격계질환 징후와 증상 유무 등

[관련법령]
산업안전보건기준에 관한 규칙 제657조
【유해요인 조사】

NIOSH 들기작업 지침을 적용한 권장무게
한계를 쉽게 산출하도록 작업의 위험성을
예측하고 인간공학적인 작업방법의 개선
을 통해 작업자의 직업성 요통을 사전에
예방하기 위하여 만든 프로그램

[권장무게한계(RWL)]

작업자가 중량물을 취급할 때 최대 8시간
을 계속 작업해도 요통의 발생위험이 증대
되지 않는 한계값

[자세분석 평가도구]

(1) RULA(Rapid Upper Limb Assessment)
(2) REBA(Rapid Entire Body Assessment)
(3) JSI(Job Strain Index)
(4) OWAS(Ovako Working Posture Analysis
System)

[중량물 취급 작업분석 평가도구]

(1) Snook Tables(Revised Tables of
Maximum Acceptable Weights and
Forces)
(2) NIOSH Lifting Equation

(5) 신체적 작업부하 평가 기법

① NIOSH의 들기작업 지침(lifting guideline)

㉠ 미국의 국립산업안전보건원(National Insititue for Occupational
Safety and Health;NIOSH)에서 주어진 작업조건에서 들기작업 시
안전하게 작업할 수 있는 작업물의 중량을 계산하기 위한 지침

㉡ 권장무게한계(Recommendded Weight Limit;RWL)산출 평가 요소

평가요소	내용
무게	들기 작업 물체의 무게
수평거리	두 발목의 중점에서 손까지의 거리
수직거리	바닥에서 손까지의 거리
수직이동거리	들기작업에서 수직으로 이동한 거리
비대칭 각도	작업자의 정시상면으로부터 물체가 어느 정도 떨어져 있는가를 나타내는 각도
들기빈도	15분 동안의 평균적인 분당 들어 올리는 횟수(회/분)
커플링 분류	드는 물체와 손과의 연결상태, 혹은 물체를 들 때에 미끄러지거나 떨어뜨리지 않도록 하는 손잡이 등의 상태

② OWAS(Ovako Working posture Analysis System)기법

㉠ 핀란드의 철강회사인 Ovako사와 FIOH(Finnish Institute of Occupational
Health)는 근력을 발휘하기 부적절한 작업자세를 구별해 낼 목적으로
작업자세 분류방법을 개발하였다.

㉡ 특별한 기구 없이 관찰만을 통해 작업자세를 평가하므로 현장에 적용
하기 쉬우나 몸통과 팔의 자세 분류가 부정확하고 팔목 등에 대한 정
보는 반영되지 않는다.

㉢ 평가요소 : 허리/몸통, 팔, 목, 머리, 다리

③ RULA(Rapid Upper Limb Assessment)기법

㉠ 영국의 노팅햄 대학(Univ. of Nottingham)에서 개발한 기법으로 어
깨, 팔목, 손목, 목 등의 상지에 촛점을 두고 작업자세로 인한 작업부
하를 쉽고 빠르게 평가한다.

㉡ 근육피로, 정적 또는 반복적인 작업, 작업에 필요한 힘의 크기 등에
관한 부하 평가 및 나쁜 작업자세의 비율을 쉽고 빠르게 파악한다.

08 핵심문제   8. 근골격계 질환

□□□ 13년1회

1. 다음 중 근골격계부담작업에 속하지 않는 것은?

① 하루에 10회 이상 25kg 이상의 물체를 드는 작업
② 하루에 총 2시간 이상 목, 어깨, 팔꿈치, 손목 또는 손을 사용하여 같은 동작을 반복하는 작업
③ 하루에 총 2시간 이상 쪼그리고 앉거나 무릎을 굽힌 자세에서 이루어지는 작업
④ 하루에 총 2시간 이상 시간당 5회 이상 손 또는 무릎을 사용하여 반복적으로 충격을 가하는 작업

해설
④항, 하루에 총 2시간 이상 시간당 10회 이상 손 또는 무릎을 사용하여 반복적으로 충격을 가하는 작업이 해당한다.

□□□ 17년1회, 20년1,2회

2. 손이나 특정 신체부위에 발생하는 누적손상장애(CTD_s)의 발생인자와 가장 거리가 먼 것은?

① 무리한 힘
② 다습한 환경
③ 장시간의 진동
④ 반복도가 높은 작업

문제 2 ~ 3 해설
CTDs(Cumulative Trauma Disorders) 발생요인
① 반복성
② 부자연스런 또는 취하기 어려운 자세
③ 과도한 힘
④ 접촉 스트레스
⑤ 진동
⑥ 온도, 조명 등 기타 요인

□□□ 16년4회

3. 단순반복 작업으로 인하여 발생되는 건강장애 즉, CTD_s의 발생요인이 아닌 것은?

① 긴 작업주기
② 과도한 힘의 요구
③ 장시간의 진동
④ 부적합한 작업자세

□□□ 11년1회

4. 인력 물자 취급 작업 중 발생되는 재해비중은 요통이 가장 많다. 특히 인양 작업 시 발생빈도가 높은데 이러한 인양 작업 시 요통재해예방을 위하여 고려할 요소와 가장 거리가 먼 것은?

① 작업대상물 하중의 수직 위치
② 작업대상물의 인양 높이
③ 인양 방법 및 빈도
④ 크기, 모양 등 작업대상물의 특성

해설
작업대상물 하중의 수직 위치는 인양 작업 시 요통재해예방을 위하여 고려할 요소와 관련성이 적다.

□□□ 12년4회

5. 다음 중 작업관련 근골격계 질환 유해요인조사에 대한 설명으로 옳은 것은?

① 근로자 5인 미만의 사업장은 근골격계부담작업 유해 요인조사를 실시하지 않아도 된다.
② 유해요인조사는 근골격계 질환자가 발생할 경우에 3년마다 정기적으로 실시해야 한다.
③ 유해요인 조사는 사업장내 근골격계부담작업 중 50%를 샘플링으로 선정하여 조사한다.
④ 근골격계부담작업 유해요인조사에는 유해요인기본조사와 근골격계질환증상조사가 포함된다.

해설
①항, 근골격계 질환 관련 유해요인조사는 전 사업장의 적용을 받는다.
②항, 근골격계 질환 관련 유해요인조사는 근골격계 부담작업을 하는 경우에는 3년마다 유해요인조사를 하여야 한다. 다만, 신설되는 사업장의 경우에는 신설일부터 1년 이내에 최초의 유해요인 조사를 하여야 한다.
③항, 근골격계질환으로 「산업재해보상보험법 시행령」 업무상 질병으로 인정받은 근로자가 연간 10명 이상 발생한 사업장 또는 5명 이상 발생한 사업장으로서 발생 비율이 그 사업장 근로자 수의 10퍼센트 이상인 경우

□□□ 12년2회, 20년3회

6. 다음 중 NIOSH lifting guideline에서 권장무게한계 (RWL)산출에 사용되는 평가 요소가 아닌 것은?

① 수평거리　　　　② 수직거리
③ 휴식시간　　　　④ 비대칭각도

문제 6 ~ 7 해설

NIOSH lifting guideline에서 권장무게한계(RWL)산출에 사용되는 평가 요소
1. 무게 : 들기 작업 물체의 무게
2. 수평위치 : 두 발목의 중점에서 손까지의 거리
3. 수직위치 : 바닥에서 손까지의 거리
4. 수직이동거리 : 들기작업에서 수직으로 이동한 거리
5. 비대칭 각도 : 작업자의 정시상면으로부터 물체가 어느 정도 떨어져 있는가를 나타내는 각도
6. 들기빈도 : 15분 동안의 평균적인 분당 들어 올리는 횟수(회/분)이다.
7. 커플링 분류 : 드는 물체와 손과의 연결상태, 혹은 물체를 들 때에 미끄러지거나 떨어뜨리지 않도록 하는 손잡이 등의 상태

□□□ 18년1회

7. 들기 작업 시 요통재해예방을 위하여 고려할 요소와 가장 거리가 먼 것은?

① 들기 빈도　　　　② 작업자 신장
③ 손잡이 형상　　　④ 허리 비대칭 각도

□□□ 09년1회

8. 다음 중 근골격계질환 예방을 위한 유해요인평가 방법인 OWAS의 평가요소와 가장 거리가 먼 것은?

① 목　　　　　　　② 손목
③ 다리　　　　　　④ 허리/몸통

해설

OWAS는 몸통/허리, 팔, 목과 머리, 다리의 유해요인을 평가하는 방법이다.

작업환경관리는 조명환경, 소음환경, 온도환경과 기타 작업환경에 관한 내용이다. 여기에서는 조명환경에서 조도와 관련한 부분과 소음환경에서 음압과 관련된 부분이 주로 출제 되고 있다.

작업환경관리

01 조명과 작업환경

(1) 조명의 측정요소

① 광도(luminous intensity)
  ㉠ 빛의 진행방향에 수직한 단위면적을 단위시간에 통과하는 빛의 양
  ㉡ 단위는 칸델라(candela : cd)로 표시한다.
  ㉢ 1촉광이 발하는 광량 : 4π ($\fallingdotseq12.57$)lumen

② 조도(illuminance)
  ㉠ 단위면적에 투사된 광속의 양(장소의 밝기)
  ㉡ 조도의 단위

단위	내용
foot-candle(fc)	1촉광의 점광원으로부터 1foot 떨어진 곡면에 비추는 광의 밀도(1 lumen/ft²)
lux(meter-candle)	1촉광의 점광원으로부터 1m 떨어진 곡면에 비추는 광의 밀도(1 lumen/m²)

  ㉢ 거리가 증가할 때 조도는 역자승의 법칙에 따라 감소한다.(점광원에 대해서만 적용)

$$조도 = \frac{광도}{거리^2}$$

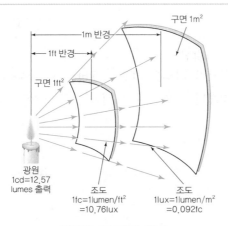

거리와 조도와의 관계

[인간이 잘 볼 수 있는 조건]
(1) 조도가 적합할 것
(2) 조도색이 적당할 것
(3) 광원의 방향이 적절하여 눈이 부시지 않을 것
(4) 볼 수 있는 시간과 작업속도가 적당해야함.

③ 휘도(luminance)

㉠ 단위면적 표면에 반사 또는 방출되는 빛의 양

㉡ 휘도의 단위

단위	내용
lambert(L)	완전 발산 및 반사하는 표면에 표준 촛불로 1cm 거리에서 조명될 때 조도와 같은 광도
foot-lambert(fL)	완전 발산 및 반사하는 표면에 1fc로 조명될 때 조도와 같은 광도

④ 반사율(reflectance)

㉠ 반사능(反射能)이라고도 한다. 빛이나 기타 복사(輻射)가 물체의 표면에서 반사하는 정도(표면의 빛을 흡수하지 않고 광택이 없는 표면에서 완전히 반사시키는 반사율은 100%이다.)

$$반사율(\%) = \frac{광속발산도\,(fL)}{조명\,(fc)} \times 100$$

㉡ 옥내 최적 반사율

구분	최적 반사율
천정	80~90%
벽, 창문 발(blind)	40~60%
가구, 사무용기기, 책상	25~45%
바닥	20~40%

⑤ 대비(luminance Contrast)

표적(과녁)의 휘도와 배경의 휘도와의 차이

$$대비 = \frac{Lb - Lt}{Lb} \times 100$$

Lb : 배경의 광속발산도

Lt : 표적의 광속발산도

㉠ 표적이 배경보다 어두울 경우 : 대비는 +100% ~ 0 사이

㉡ 표적이 배경보다 밝을 경우 : 대비는 0 ~ -∞ 사이

(2) 적정 조명수준

① 조명수준의 판단기준

기준	내용
가시도(visibility)	특정 물체를 보고 식별할 수 있는 최대 거리 (대상을 인식하는 정도)
시성능 (visual performance)	실제 상황에서 언제 어디에 과녁이 나타날지 모르는 경우의 인식 수준

② 추천 조명수준

적절한 조명수준을 찾기 위해 표준작업에 필요한 소요조명을 구한다.

$$소요조명\,(fc) = \frac{소요\,휘도\,(fL)}{반사율\,(\%)}$$

작업조건	소요조명(fc)	작업내용
높은 정확도를 요구하는 세밀한 작업	1000	수술, 아주 세밀한 조립작업
	500	아주 힘든 검사작업
	300	세밀한 조립작업
오랜 시간 계속하는 세밀한 작업	200	힘든 검사작업, 제밀한 제도, 의과작업, 세밀한 기계작업
	150	초벌제도, 사무기기 조작
	100	보통 기계작업, 편지고르기
오랜 시간 계속 천천히 하는 작업	70	공부, 바느질, 독서, 타자, 철판에 쓴 글씨 읽기
	50	스케치, 상품포장
정상작업	30	드릴, 리벳, 줄질 및 화장실
	20	초벌 기계작업, 계단, 복도
	10	출하, 입하작업, 강당
자세히 보지 않아도 되는 작업	5	창고, 극장 복도

③ 작업별 조도기준

구분	내용
초정밀작업	750 Lux 이상
정밀작업	300 Lux 이상
일반작업	150 Lux 이상
기타작업	75 Lux 이상

[관련법령]
산업안전보건기준에 관한 규칙 제8조
【조도】

(3) 조명기구

① 빛의 특성

    ㉠ 빛은 복사에너지의 가시부분으로서 망막을 자극하여 사물을 분별하며, 가시 스펙트럼의 범위는 380~780nm이다.

    ㉡ 색은 파장의 변동에 따라 보라, 파랑, 주황, 빨강 등의 배합의 색으로 이루어진다.

② 조명기구 선택시 고려사항

    ㉠ 배광(配光, light distri- bution) 패턴

    ㉡ 눈부심(glare)

    ㉢ 과업 조명(task illumination)

    ㉣ 그림자(shadowing)

    ㉤ 에너지 효율

③ 조명방식의 분류

[조명방식]

직접조명

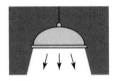

반간접조명

간접조명

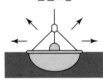

분류	구분	내용
조명의 배치	전반조명	실내 전체를 고르게 조명하는 것으로 조도를 동일하게 하기위해 조명기구의 높이, 간격이 일정하게 배치된다.
	국부조명	실제로 조명이 필요한 부분에만 집중적으로 조명을 하는 방식으로 다른 부분과 밝기 차이가 있어 눈이 쉽게 피로해 질 수 있다.
조명의 배광	직접조명	광원으로부터의 빛을 대부분 직접 실내에 방출하는 것으로 조명효율이 가장 좋지만 눈의 피로도가 큰 단점이 있다.
	간접조명	광원을 천장이나 벽에 반사시켜 실내에 확산시키는 방법으로 은은한 조명감을 얻을 수 있고 눈의 피로도는 적다. 광도가 약해지기 때문에 조도를 유지하기 위해 많은 에너지가 소모된다.

④ 휘광(glare)의 처리

    ㉠ 휘광은 눈부심으로 눈이 적응된 휘도(輝度)보다 훨씬 밝은 광원(직사휘광) 혹은 반사광(반사휘광)이 시계 내에 있음으로써 생긴다.

    ㉡ 휘광은 성가신 느낌과 불편감을 주고 가시도(visibility)와 시성능(visual performance)을 저하시킨다.

구분	내용
광원으로부터의 직사휘광 처리	• 광원의 휘도를 줄이고 수를 증가시킨다. • 광원을 시선에서 멀리 위치시킨다. • 휘광원 주위를 밝게 하여 광속 발산비(휘도)를 줄인다. • 가리개(shield), 갓(hood) 혹은 차양(visor)을 사용한다.
창문으로부터 직사 휘광 처리	• 창문을 높이 설치한다. • 창위(실외)에 드리우개(overhang)를 설치한다. • 창문(안쪽)에 수직 날개(fin)들을 달아 직사선을 제한한다. • 차양(shade) 혹은 발(blind)을 사용한다.
반사 휘광의 처리	• 발광체의 휘도를 줄인다. • 일반(간접)조명 수준을 높인다. • 산란광, 간접광, 조절판(baffle), 창문에 차양(shade) 등을 사양한다. • 반사광이 눈에 비치지 않게 광원을 위치시킨다. • 무광택 도료, 빛을 산란시키는 표면색을 한 사무용기기, 윤을 없앤 종이 등을 사용한다.

(4) 영상표시단말기(VDT) 취급작업 환경의 조명과 채광

① 작업실내의 창·벽면 등을 반사되지 않는 재질로 하여야 하며, 조명은 화면과 명암의 대조가 심하지 않도록 하여야 한다.

② 영상표시단말기를 취급하는 작업장 주변환경의 조도를 화면의 바탕색상이 검정색 계통일 때 300~500Lux, 화면의 바탕색상이 흰색 계통일 때 500~700Lux를 유지하도록 하여야 한다.

③ 화면을 바라보는 시간이 많은 작업일수록 화면 밝기와 작업 대 주변 밝기의 차를 줄이도록 하고, 작업중 시야에 들어오는 화면·키보드·서류 등의 주요 표면 밝기를 가능한 한 같도록 유지하여야 한다.

④ 창문에는 차광망 또는 커텐 등을 설치하여 직사광선이 화면·서류 등에 비치는 것을 방지하고 필요에 따라 언제든지 그 밝기를 조절 할 수 있도록 하여야 한다.

⑤ 작업대 주변에 영상표시단말기작업 전용의 조명등을 설치할 경우에는 영상표시단말기 취급근로자의 한쪽 또는 양쪽면에서 화면·서류 면·키보드 등에 균등한 밝기가 되도록 설치하여야 한다.

[컴퓨터 단말기 조작업무]

(1) 실내는 명암의 차이가 심하지 않도록 하고 직사광선이 들어오지 않는 구조로 할 것

(2) 저휘도형(低輝度型)의 조명기구를 사용하고 창·벽면 등은 반사되지 않는 재질을 사용할 것

(3) 컴퓨터 단말기와 키보드를 설치하는 책상과 의자는 작업에 종사하는 근로자에 따라 그 높낮이를 조절할 수 있는 구조로 할 것

(4) 연속적으로 컴퓨터 단말기 작업에 종사하는 근로자에 대하여 작업시간 중에 적절한 휴식시간을 부여할 것

01 핵심문제 1. 조명과 작업환경

□□□ 15년1회

1. 다음 중 광원의 밝기에 비례하고, 거리의 제곱에 반비례하며, 반사체의 반사율과는 상관없이 일정한 값을 갖는 것은?

① 광도　　　　　　② 휘도
③ 조도　　　　　　④ 휘광

해설

$$조도 = \frac{광도}{거리^2}$$

조도는 광원의 밝기에 비례하고, 거리의 제곱에 반비례하며, 반사체의 반사율과는 상관없이 일정한 값을 갖는다.

□□□ 19년1회

2. 점광원으로부터 0.3m 떨어진 구면에 비추는 광량이 5Lumen일 때, 조도는 약 몇 럭스 인가?

① 0.06　　　　　　② 16.7
③ 55.6　　　　　　④ 83.4

해설

$$조도 = \frac{광도}{거리^2} = \frac{5}{0.3^2} = 55.555$$

□□□ 17년1회, 22년1회

3. 반사경 없이 모든 방향으로 빛을 발하는 점광원에서 5m 떨어진 곳의 조도가 120 lux 라면 2m 떨어진 곳의 조도는?

① 150lux　　　　　② 192.2lux
③ 750lux　　　　　④ 3000lux

해설

$$조도 = \frac{광도}{거리^2} 이므로 조도2 = 조도1 \times \left(\frac{거리1}{거리2}\right)^2$$

$$120 \times \left(\frac{5}{2}\right)^2 = 750$$

□□□ 18년4회

4. 조도에 관련된 척도 및 용어 정의로 틀린 것은?

① 조도는 거리가 증가할 때 거리의 제곱에 반비례한다.
② candela는 단위 시간당 한 발광점으로부터 투광되는 빛의 에너지양이다.
③ lux는 1cd의 점광원으로부터 1m 떨어진 구면에 비추는 광의 밀도이다.
④ lambert는 완전 발산 및 반사하는 표면에 표준 촛불로 1m거리에서 조명될 때 조도와 같은 광도이다.

해설

단위	내용
lambert (L)	완전 발산 및 반사하는 표면에 표준 촛불로 1cm 거리에서 조명될 때 조도와 같은 광도
foot-lambert (fL)	완전 발산 및 반사하는 표면에 1fc로 조명될 때 조도와 같은 광도

□□□ 08년1회, 10년2회, 18년1회, 19년2회

5. 다음과 같은 실내 표면에서 일반적으로 추천반사율의 크기를 올바르게 나열한 것은?

① 바닥	② 천정	③ 가구	④ 벽

① ① < ③ < ④ < ②　　② ① < ④ < ③ < ②
③ ④ < ① < ② < ③　　④ ④ < ② < ① < ③

문제 5 ~ 6 해설

추천 반사율
1. 바닥 : 20~40%
2. 가구 : 25~45%
3. 벽 : 40~60%
4. 천정 : 80~90%

□□□ 10년1회, 16년4회

6. 다음 중 실내 면(面)의 추천 반사율이 가장 높은 것은?

① 벽　　　　　　　② 천정
③ 가구　　　　　　④ 바닥

□□□ 11년2회, 18년1회

7. 반사율이 60%인 작업 대상물에 대하여 근로자가 검사 작업을 수행할 때 휘도(luminance)가 90fL 이라면 이 작업에서의 소요조명(fc)은 얼마인가?

① 75　　　　　　　② 150
③ 200　　　　　　　④ 300

정답 1 ③ 2 ③ 3 ③ 4 ④ 5 ① 6 ② 7 ②

$$f_c = \frac{f_L}{반사율} = \frac{90}{0.6} = 150$$

f_c : 소요조명

f_L : 휘도

□□□ 15년1회

8. 다음 중 일반적으로 보통 기계작업이나 편지 고르기에 가장 적합한 조명수준은?

① 30fc   ② 100fc

③ 300fc   ④ 500fc

추천 조명수준

1. 아주 힘든 검사작업 : 500fc(foot-candle)
2. 세밀한 조립작업 : 300fc
3. 보통 기계작업 : 100fc
4. 드릴 또는 리벳작업 : 30fc

□□□ 18년4회

9. 형광등과 물체의 거리가 50cm이고, 광도가 30fL일 때, 반사율은 얼마인가?

① 12%   ② 25%

③ 35%   ④ 42%

1. 물체의 조도 : 조도 $= \dfrac{광도}{거리^2} = \dfrac{30}{0.5^2} = 120$

2. 반사율 : 반사율 $= \dfrac{광도}{조도} \times 100 = \dfrac{30}{120} \times 100 = 25$

□□□ 08년2회, 17년2회, 20년1,2회

10. 반사율이 85%, 글자의 밝기가 400cd/m²인 VDT화면에 350lx의 조명이 있다면 대비는 약 얼마인가?

① -2.8   ② -4.2

③ -5.0   ④ -6.0

① VDT화면(배경)의 광속발산도

$= \dfrac{조도 \times 반사율}{\pi} = \dfrac{350 \times 0.85}{\pi} = 94.7$

② 글자(표적)의 광속발산도=배경밝기+글자밝기=94.7+400=494.7

③ 대비 $= \dfrac{Lb - Lt}{Lb} = \dfrac{94.7 - 494.7}{94.7} = -4.22$

□□□ 13년1회

11. 다음 중 강한 조명 때문에 근로자의 눈 피로도가 큰 조명방법은?

① 간접조명   ② 반간접조명

③ 직접조명   ④ 전반조명

직접조명이란 반사갓을 사용하여 광원의 빛을 모아 비추는 방식으로 조명의 효율도 좋고 경제적이지만 작업자의 눈부심이 일어나기 쉽고 균등한 조도 분포를 얻기 힘들며 강한 그림자가 생긴다는 단점이 있다.

□□□ 10년1회

12. 광원 혹은 반사광이 시계 내에 있으면 성가신 느낌과 불편감을 주어 시성능을 저하시킨다. 이러한 광원으로부터의 직사휘광을 처리하는 방법으로 틀린 것은?

① 광원을 시선에서 멀리 위치시킨다.
② 차양(visor) 혹은 갓(hood) 등을 사용한다.
③ 광원의 휘도를 줄이고 광원의 수를 늘린다.
④ 휘광원의 주위를 밝게 하여 광속발산(휘도)비를 늘린다.

광원으로부터의 직사휘광 처리

1. 광원의 휘도를 줄이고 수를 증가시킨다.
2. 광원을 시선에서 멀리 위치시킨다.
3. 휘광원 주위를 밝게 하여 광속 발산비(휘도)를 줄인다.
4. 가리개(shield), 갓(hood) 혹은 차양(visor)을 사용한다.

□□□ 09년2회, 12년4회

13. 영상표시단말기(VDT) 취급 근로자를 위한 조명과 채광에 대한 설명으로 옳은 것은?

① 화면을 바라보는 시간이 많은 작업일수록 화면 밝기와 작업대 주변 밝기의 차를 줄이도록 한다.
② 작업장 주변 환경의 조도를 화면의 바탕 색상이 흰색 계통일 때에는 300Lux 이하로 유지하도록 한다.
③ 작업장 주변 환경의 조도를 화면의 바탕 색상이 검정색 계통일 때에는 500Lux 이상을 유지하도록 한다.
④ 작업실 내의 창·벽면 등은 반사되는 재질로 하여야 하며, 조명은 화면과 명암의 대조가 심하지 않도록 하여야 한다.

작업실내의 창·벽면 등을 반사되지 않는 재질로 하여야 하며, 조명은 화면과 명암의 대조가 심하지 않도록 하여야 한다.

정답   8 ②   9 ②   10 ②   11 ③   12 ④   13 ①

02 소음과 작업환경

[음의 기본요소]
(1) 2요소 : 음의 강도(크기), 진동수(음조)
(2) 3요소 : 음의 고저, 강약, 음조

[음의 특성에 따른 측정단위]
(1) 주파수(frequency)
(2) 진폭(amplitude)
(3) 음압(sound pressure)
(4) 파장(wavelength)

(1) 소음의 정의

① 소리(sound)
일종의 에너지 형태로 물체의 진동을 통하여 생긴 공기의 압력 변화로 발생된다.

② 소음(noise)
사람이 들을 수 있는 소리로 흔히 원하지 않는 소리를 칭한다.

③ 소음의 종류

종류	내용
연속 소음	기계 소음과 같이 일정한 음압을 유지하며 반복적으로 발생하는 소음(일반 사업장)
간헐 소음	불규칙적으로 발생하는 소음
충격 소음	최대 음압 수준 120db 이상인 소음으로 1초 이상 간격으로 발생되는 소음
광대역 소음	소음 에너지가 저주파수에서 고주파수까지 광범위하게 분포되어 있는 소음
협대역 소음	좁은 주파수 범위 내에 한정되어 있는 소음

(2) 소음의 수준

① dBA(sound level : 소음수준)
소음수준측정기에 사람의 청감과 비슷한 보정회로 (전기적)를 장치하여 소음을 평가하는데, 처음에는 3가지 보정회로(A〈B〈C)를 이용하였으나 현재에는 A회로가 가장 소음 평가에 간편하고 적합하다는 것이 알려졌기 때문에 소음수준의 단위로서 dBA를 사용하게 되었다.

② 음압과 dB과의 변화 관계

음압의 변화	db값의 변화
2배 증가	6db 증가
3배 증가	10db 증가
4배 증가	12db 증가
10배 증가	20db 증가

$$db \, 수준(spl) = 20 \times \log_{10}\left(\frac{p_1}{p_0}\right)$$

P_0 : 기준음압(2×10^{-5}N/m^2: 1,000Hz 에서의 최소 가청치)

P_1 : 측정하려는 음압

③ 은폐와 복합소음

구분	내용
masking(은폐)현상	dB이 높은 음과 낮은 음이 공존할 때 낮은 음이 강한 음에 가로막혀 숨겨져 들리지 않게 되는 현상
복합소음	소음을 발생하는 기계가 10dB 이내에 동시 공존할 경우 3dB 증가한다.(소음수준이 같은 2대의 기계)

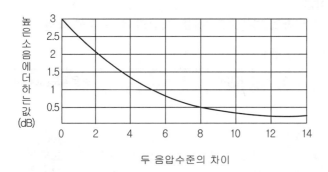

두 음압수준의 차이

[NRN(noise rating number)]
ISO에서 도입하여 장려한 소음평가방법으로 소음평가 지수를 의미한다.

(3) 소음의 일반적 영향과 청력 손실

① 소음의 일반적 영향

　㉠ 인간은 일정강도 및 진동수 이상의 소음에 계속적으로 노출되면 점차적으로 청각 기능을 상실하게 된다.

　㉡ 소음은 불쾌감을 주거나 대화, 마음의 집중, 수면, 휴식을 방해하며 피로를 가중시키며 에너지를 소모시킨다.

② 청력 손실

　㉠ 청력손실은 진동수가 높아짐에 따라 증가

　㉡ 청력손실은 나이를 먹는 것과, 현대 문명의 정신적인 압박(stress)과 소음으로부터의 영향을 받는 것 2가지로 확인된다.

③ 연속 소음 노출로 인한 청력 손실

　㉠ 청력손실의 정도는 노출소음수준에 따라 증가한다.

　㉡ 청력손실은 4,000Hz에서 크게 나타난다.

　㉢ 강한 소음에 대해서는 노출기간에 따라 청력손실이 증가하지만 약한 소음의 경우에는 관계가 없다.

④ 소음 노출 지수

구분	내용
가청주파수	20~20,000Hz(CPS)
가청한계	2×10^{-4}dyne/cm^2(OdB)~10^3dyne/cm^2(134dB)
심리적 불쾌감	40dB 이상
생리적 영향	60dB 이상 (안락한계 : 45~65dB, 불쾌한계 : 65~120dB)
난청(C5dip)	90dB(8시간)
유해주파수(공장소음)	4,000Hz(난청현상이 오는 주파수)

[관련법령]
산업안전보건기준에 관한 규칙 제512조
【정의】

(4) 소음 노출 한계

① 소음작업

1일 8시간 작업 기준으로 85dB 이상의 소음 발생 작업

② 강렬한 소음작업

1일 노출시간(h)	소음강도[dB(A)]
8	90
4	95
2	100
1	105
1/2	110
1/4	115

• 연속음 또는 간헐음에 115dB(A) 이상 폭로되지 말 것

③ 충격소음

㉠ 120dBA 이상인 소음이 1초 이상의 간격으로 발생하는 것

충격소음(impulsive or impact noise)에 대한 허용기준

1일 노출횟수	충격소음레벨, dBA
100	140
1,000	130
10,000	120

㉡ 최대 음압수준이 140dBA를 초과하는 충격소음에 노출돼서는 안 됨

(5) 음향 경보 장치의 설정

① 300m 이상 장거리를 사용할 경우는 1000Hz 이하의 진동수를 사용한다.
② 장애물 또는 건물의 칸막이를 통과시에는 500Hz 이하의 낮은 진동수를 사용한다.

(6) 소음 대책

구분	방법
적극적 대책	소음원의 통제 : 기계의 적절한 설계, 적절한 정비 및 주유, 기계에 고무 받침대(mounting)부착, 차량에는 소음기(muffler) 사용
	소음의 격리 : 씌우개(enclosure), 방, 장벽을 사용(집의 창문을 닫으면 약 10dB 감음됨)
	차폐장치(baffle) 및 흡음재료 사용
	음향처리제(acoustical treatment) 사용
	적절한 배치(layout)
소극적 대책	방음보호구 사용 : 귀마개(2,000Hz에서 20dB, 4,000Hz에서 25dB 차음 효과)
	BGM(back ground music) : 배경음악(60±3dB), 긴장 완화와 안정감. 작업 종류에 따른 리듬의 일치가 중요(정신노동-연주곡)

02 핵심문제 2. 소음과 작업환경

□□□ 19년4회

1. 음의 은폐(masking)에 대한 설명으로 옳지 않은 것은?

① 은폐음 때문에 피은폐음의 가청역치가 높아진다.

② 배경음악에 실내소음이 묻히는 것은 은폐효과의 예시이다.

③ 음의 한 성분이 다른 성분에 대한 귀의 감수성을 감소시키는 작용이다.

④ 순음에서 은폐효과가 가장 큰 것은 은폐음과 배음(harmonic overtone)의 주파수가 멀 때이다.

해설

두 가지의 음이 가까운 주파수 일 때 서로 영향을 주어 안들리게 되므로 은폐효과가 더 커진다.

□□□ 20년3회

2. 산업안전보건기준에 관한 규칙상 "강렬한 소음 작업"에 해당하는 기준은?

① 85데시벨 이상의 소음이 1일 4시간 이상 발생하는 작업

② 85데시벨 이상의 소음이 1일 8시간 이상 발생하는 작업

③ 90데시벨 이상의 소음이 1일 4시간 이상 발생하는 작업

④ 90데시벨 이상의 소음이 1일 8시간 이상 발생하는 작업

해설

"강렬한 소음작업"이란 다음 각목의 어느 하나에 해당하는 작업을 말한다.

가. 90데시벨 이상의 소음이 1일 8시간 이상 발생하는 작업
나. 95데시벨 이상의 소음이 1일 4시간 이상 발생하는 작업
다. 100데시벨 이상의 소음이 1일 2시간 이상 발생하는 작업
라. 105데시벨 이상의 소음이 1일 1시간 이상 발생하는 작업
마. 110데시벨 이상의 소음이 1일 30분 이상 발생하는 작업
바. 115데시벨 이상의 소음이 1일 15분 이상 발생하는 작업

[참고] 산업안전보건기준에 관한 규칙 제512조 [정의]

□□□ 16년2회

3. 국내 규정상 1일 노출횟수가 100일 때 최대 음압수준이 몇 dB(A)를 초과하는 충격소음에 노출되어서는 아니 되는가?

① 110 ② 120

③ 130 ④ 140

해설

충격소음(impulsive or impact noise)에 대한 허용기준

1일 노출횟수	충격소음레벨, dBA
100	140
1,000	130
10,000	120

□□□ 16년4회

4. 소음에 의한 청력손실이 가장 크게 나타나는 주파수대는?

① 2,000Hz ② 10,000Hz

③ 4,000Hz ④ 20,000Hz

해설

소음에 의한 청력손실이 가장 크게 나타나는 주파수는 4,000Hz 이다.

□□□ 14년1회

5. 3개 공정의 소음수준 측정 결과 1공정은 100dB에서 1시간, 2공정은 95dB에서 1시간, 3공정은 90dB에서 1시간이 소요될 때 총 소음량(TND)과 소음설계의 적합성을 올바르게 나열한 것은? (단, 90dB에 8시간 노출될 때를 허용기준으로 하며, 5dB 증가할 때 허용시간은 1/2로 감소되는 법칙을 적용한다.)

① TND = 0.78, 적합 ② TND = 0.88, 적합

③ TND = 0.98, 적합 ④ TND = 1.08, 부적합

해설

① 노출기준정리
90dB → 8시간
95dB → 4시간
100dB → 2시간
② 총소음량(TND)
각각 1시간씩 소요되므로

$$TND = \frac{1}{8} + \frac{1}{4} + \frac{1}{2} = \frac{7}{8} = 0.875$$

③ 총소음량(TND)이 1을 넘지 않으므로 적합판정

정답 1 ④ 2 ④ 3 ④ 4 ③ 5 ②

□□□ 09년4회, 18년1회, 22년2회

6. 경계 및 경보신호의 설계지침으로 틀린 것은?

① 주의를 환기시키기 위하여 변조된 신호를 사용한다.
② 배경소음의 진동수와 다른 진동수의 신호를 사용한다.
③ 귀는 중음역에 민감하므로 500 ~ 3000Hz의 진동수를 사용한다.
④ 300m 이상의 장거리용으로는 1000Hz를 초과하는 진동수를 사용한다.

해설
고음은 멀리가지 못하므로 300m 이상의 장거리용으로는 1,000Hz 이하의 진동수를 사용한다.

□□□ 13년4회, 19년2회

7. 다음 중 소음방지 대책에 있어 가장 효과적인 방법은 어느 것인가?

① 음원에 대한 대책
② 전파경로에 대한 대책
③ 거리감쇠와 지향성에 대한 대책
④ 수음자에 대한 대책

문제 7 ~ 8 해설	
소음에 대한 대책	
적극적 대책 (음원에 대한 대책)	소음원의 통제, 소음의 격리, 차폐장치(baffle) 및 흡음재료 사용, 음향처리제(acoustical treatment) 사용, 적절한 배치(layout)
소극적 대책	방음보호구 사용, BGM(back ground music)

□□□ 16년1회

8. 다음 중 소음에 대한 대책으로 가장 거리가 먼 것은?

① 소음원의 통제　　② 소음의 격리
③ 소음의 분배　　　④ 적절한 배치

□□□ 14년2회

9. 다음 중 소음 발생에 있어 음원에 대한 대책으로 볼 수 없는 것은?

① 설비의 격리　　　② 적절한 재배치
③ 저소음 설비 사용　④ 귀마개 및 귀덮개 사용

해설
소음 발생에 있어 음원에 대한 대책 중 귀마개 및 귀덮개 사용은 음원에 대한 소극적 대책에 해당된다.

03 열교환과 작업환경

(1) 열교환

① 인간과 주위환경의 열교환

$$\triangle S(열축적) = M(대사열) - E(증발) \pm R(복사) \pm C(대류) - W(한일)$$

$\triangle S$는 열 이득 및 열손실량이며 열평형 상태에서는 0이 된다.

구분	내용
대사열	인체는 대사활동의 결과로 계속 열을 발생한다.(성인남자 휴식 상태 : 1kcal/분≒70watt, 앉아서 하는 활동 : 1.5~2kcal/분, 보통 신체활동 5kcal/분≒350watt, 중노동 : 10~20kcal/분)
대류	고온의 액체나 기체가 고온대에서 저온대로 직접 이동하여 일어나는 열전달이다.
복사	광속으로 공간을 퍼져나가는 전자에너지이다.
증발	37℃의 물 1g을 증발시키는데 필요한 증발열(에너지)은 2,410joule/g(575.7cal/g)이며, 매 g의 물이 증발할 때마다 이만한 에너지가 제거된다.

② 열전도율

$$전도율 = \frac{A \cdot \Delta T}{L}$$

여기서, A : 단면적, L : 두께, ΔT : 온도차

③ 보온율

$$Clo단위 \ 유동율 = \frac{A \cdot \Delta T}{clo}$$

여기서, A : 단면적, ΔT : 온도차, clo : 보온율(의류, 신발 등)

(2) 온도지수

① 실효온도(Effective Temperature)

㉠ 온도, 습도 및 공기유동이 인체에 미치는 열 효과를 하나의 수치로 통합한 경험적 감각지수

㉡ 상대습도 100%일 때의 건구온도에서 느끼는 것과 동일한 온감 (예 : 습도 50%에서 21℃의 실효 온도는 19℃)

[공기 온열조건 4요소]

(1) 전도
(2) 대류
(3) 복사
(4) 증발

[보온율(clo 단위)]

$$Clo단위 = \frac{0.18℃}{kcal/m^2/hour}$$
$$= \frac{F°}{Btu/ft^2/hour}$$

② Oxford 지수

• WD(습건)지수라고도 하며, 습구, 건구 온도의 가중(加重) 평균치

$$WD = 0.85W(\text{습구 온도}) + 0.15D(\text{건구 온도})$$

③ 습구 흑구 온도지수(WBGT)

옥외(빛이 내리쬐는 장소)	옥내 또는 옥외(빛이 내리쬐지 않는 장소)
WBGT(℃) = 0.7 × 습구온도(wb) + 0.2 × 흑구온도(GT) + 0.1 × 건구온도(Db)	WBGT(℃) = 0.7 × 습구온도(wb) + 0.3 × 흑구온도(GT)

④ 불쾌지수 식

㉠ 섭씨 = (건구온도 + 습구온도) × 0.72 + 40.6

㉡ 화씨 = (건구온도 + 습구온도) × 0.4 + 15

(3) 열압박(Heat stress)

① 실효온도와 체온간의 관계

㉠ 피부온도의 상승 : 실효온도가 증가함에 따라 열방산을 높이기 위해서 혈액순환이 피부 가까이에서 일어남

㉡ 체심온도(core) : 작업부하가 커질수록 낮은 점에서부터 갑자기 상승하기 시작한다. 체심온도는 가장 우수한 피로지수로서 38.8℃만 되면 기진하게 된다.

② 저온증(hypothermia)

체심 온도를 증가시키는 환경조건과 작업수준의 조합이 오래 계속되면 저온증을 유발하여 정상적인 열방산을 어렵게 한다.

③ 열압박과 성능

구분	내용
육체작업	실효온도가 증가할수록 육체작업의 기능은 저하한다.
정신활동	열압박은 정신활동에도 악영향을 미친다. 열압박이 정신활동성능에 끼치는 영향은 실효온도 등의 환경조건이나 작업기간과도 관계가 있다.
추적(tracking) 및 경계 임무	두 종류의 임무에서는 체심온도만이 성능저하와 상관이 있다.

④ 열압박 지수(HSI ; Heat Stress Index)

신체의 열평형을 유지하기 위해 증발해야 하는 발한량

$$HSI = \frac{E(\text{요구되는 증발량})}{E_{max}(\text{최대증발량})} \times 100$$

[불쾌지수의 감각]

(1) 70 이상이면 불쾌를 느끼기 시작한다.

(2) 70 이하이면 모든 사람이 불쾌를 느끼지 않는다.

(3) 80 이상이면 모든 사람이 불쾌를 느낀다.

[열손실율]

열손실율은 물의 증발에너지를 증발시간으로 나눈값으로 알 수 있다.

$$R = \frac{Q}{T}$$

R : 열 손실율

Q : 증발에너지

T : 증발시간(sec)

37℃ 물 1g 증발시 필요에너지 : 2,410J/g(575.5cal/g)

(4) 이상환경 노출에 따른 영향

① 적온 → 고온 환경으로 변화 시 신체작용

ⓐ 많은 양의 혈액이 피부를 경유하게 되며 온도가 올라간다.

ⓑ 직장(直腸) 온도가 내려간다.

ⓒ 발한(發汗)이 시작된다.

ⓓ 열 중독증(Heat illness)의 강도

> 열발진(heat rash) 〈 열경련(heat cramp) 〈
> 열소모(heat exhaustion) 〈 열사병(heat stroke)

② 적온 → 한냉 환경으로 변화 시 신체작용

ⓐ 피부 온도가 내려간다.

ⓑ 혈액은 피부를 경유하는 순환량이 감소하고, 많은 양의 혈액이 몸의 중심부를 순환한다.

ⓒ 직장(直腸) 온도가 약간 올라간다.

ⓓ 소름이 돋고 몸이 떨린다.

③ 저온환경(추위)작업 시 생리적 영향

ⓐ 혈관의 수축

ⓑ 떨림

ⓒ 저온환경작업 시 스트레스

④ 적절한 온도 환경

구분	온도
안전활동에 알맞은 최적 온도	18~21℃
갱내 작업장의 기온 유지	37℃ 이하
체온의 안전한계온도	38℃
체온의 최고한계온도	41℃
손가락에 영향을 주는 환경온도	13~15.5℃

[환기]

(1) 갱내 CO_2 허용한계 : 1.5%

(2) 작업장의 이상적인 습도 : 25~50% 까지

03 핵심문제   3. 열교환과 작업환경

□□□ 12년2회

1. 다음 중 신체의 열교환과정을 나타내는 공식으로 올바른 것은? (단, ΔS는 신체열함량변화, M은 대사열발생량, W는 수행한 일, R은 복사열교환량, C는 대류열교환량, E는 증발열발산량을 의미한다.)

① $\Delta S = (M-W) \pm R \pm C - E$
② $\Delta S = (M+W) \pm R \pm C + E$
③ $\Delta S = (M-W) + R + C \pm E$
④ $\Delta S = (M-W) - R - C \pm E$

문제 1 ~ 2 해설

$\Delta S = (M-W) \pm R \pm C - E$
단, ΔS : 신체열함량변화 M : 대사열발생량
     W : 수행한 일 R : 복사열교환량
     C : 대류열교환량 E : 증발열발산량

□□□ 11년2회

2. 다음 중 인체와 환경 사이에서 발생하는 열교환 작용의 교환경로와 가장 거리가 먼 것은?

① 대류   ② 복사
③ 증발   ④ 분자량

□□□ 19년4회

3. A 작업장에서 1 시간 동안에 480Btu의 일을 하는 근로자의 대량은 900Btu이고, 증발 열손실이 2,250Btu, 복사 및 대류로부터 열이득이 각각 1,900Btu 및 80Btu라 할 때, 열축적은 얼마인가?

① 100   ② 150
③ 200   ④ 250

해설

S(열축적)=M(대사열)−E(증발)±R(복사)±C(대류)−W(한일)
S는 열 이득 및 열손실량이며 열평형 상태에서는 0이 된다.
S(열축적)=900[Btu]−2,250[Btu]+1,900[Btu]+80[Btu]−480[Btu]
      =150

□□□ 09년1회, 12년1회, 15년2회

4. 다음 중 실효온도(Effective Temperature)에 대한 설명으로 틀린 것은?

① 체온계로 입안의 온도를 측정하여 기준으로 한다.
② 실제로 감각되는 온도로서 실감온도라고 한다.
③ 온도, 습도 및 공기 유동이 인체에 미치는 열효과를 나타낸 것이다.
④ 상대습도 100%일 때의 건구온도에서 느끼는 것과 동일한 온감이다.

해설

실효온도(effective temperature)란 온도, 습도 및 공기유동이 인체에 미치는 열 효과를 하나의 수치로 통합한 경험적 감각지수로 상대습도 100%일 때의 건구온도에서 느끼는 것과 동일한 온감이다.

□□□ 11년1회

5. 열압박 지수 중 실효 온도(effective temperature)지수 개발 시 고려한 인체에 미치는 열효과의 조건에 해당하지 않는 것은?

① 온도   ② 습도
③ 공기 유동   ④ 복사열

해설

실효온도(체감온도, 감각온도)에 영향을 주는 요인
1. 온도
2. 습도
3. 공기의 유동

□□□ 10년2회, 12년2회, 17년1회, 17년4회, 18년4회

6. 건구온도 30℃, 습구온도 35℃ 일 때의 옥스포드(Oxford) 지수는 얼마인가?

① 20.75℃   ② 24.58℃
③ 32.78℃   ④ 34.25℃

해설

Oxford 지수
WD(습건)지수라고도 하며, 습구, 건구 온도의 가중(加重) 평균치로서 다음과 같이 나타낸다.
WD=0.85W(습구 온도)+0.15d(건구 온도)
   =0.85×35+0.15×30=34.25

□□□ 16년2회

7. 실내에서 사용하는 습구흑구온도(WBGT : Wet Bulb Globe Temperature) 지수는? (단, NWB는 자연습구, GT는 흑구온도, DB는 건구온도이다.)

① WBGT = 0.6NWB + 0.4GT
② WBGT = 0.7NWB + 0.3GT
③ WBGT = 0.6NWB + 0.3GT + 0.1DB
④ WBGT = 0.7NWB + 0.2GT + 0.1DB

해설

습구흑구온도(WBGT : Wet Bulb Globe Temperature) 지수
옥내 또는 옥외(빛이 내리쬐지 않는 장소)

$$WBGT(℃) = 0.7 × 습구온도(wb) + 0.3 × 흑구온도(GT)$$

옥외(빛이 내리쬐는 장소)

$$WBGT(℃) = 0.7 × 습구온도(wb) + 0.2 × 흑구온도(GT) + 0.1 × 건구온도(Db)$$

□□□ 14년1회, 20년4회

8. 다음 중 열중독증(heat illness)의 강도를 올바르게 나열한 것은?

ⓐ 열소모(heat exhaustion)
ⓑ 열발진(heat rash)
ⓒ 열경련(heat cramp)
ⓓ 열사병(heat stroke)

① ⓒ < ⓑ < ⓐ < ⓓ
② ⓒ < ⓑ < ⓓ < ⓐ
③ ⓑ < ⓒ < ⓐ < ⓓ
④ ⓑ < ⓓ < ⓐ < ⓒ

해설

열중독증(heat illness)의 강도
열발진(heat rash) 〈 열경련(heat cramp)
〈 열소모(heat exhaustion) 〈 열사병(heat stroke)

□□□ 10년4회, 17년2회, 20년1,2회

9. 적절한 온도의 작업환경에서 추운 환경으로 변할 때, 우리의 신체가 수행하는 조절작용이 아닌 것은?

① 발한(發汗)이 시작된다.
② 피부의 온도가 내려간다.
③ 직장온도가 약간 올라간다.
④ 혈액의 많은 양이 몸의 중심부를 순환한다.

문제 9 ~ 10 해설

온도변화에 대한 인체 적용
1. 적온에서 고온 환경으로 변할 때의 신체의 조절작용
  ① 많은 양의 혈액이 피부를 경유하게 되며 온도가 올라간다.
  ② 직장(直腸) 온도가 내려간다.
  ③ 발한(發汗)이 시작된다.
2. 적온에서 한냉 환경으로 변할 때의 신체의 조절작용
  ① 피부 온도가 내려간다.
  ② 혈액은 피부를 경유하는 순환량이 감소하고, 많은 양의 혈액이 몸의 중심부를 순환한다.
  ③ 직장(直腸) 온도가 약간 올라간다.
  ④ 소름이 돋고 몸이 떨린다.

□□□ 19년1회

10. 쾌적환경에서 추운환경으로 변화 시 신체의 조절작용이 아닌 것은?

① 피부온도가 내려간다
② 직장온도가 약간 내려간다.
③ 몸이 떨리고 소름이 돋는다.
④ 피부를 경유하는 혈액 순환량이 감소한다.

04 기압과 진동

(1) 기압과 산소공급

① 기관 내의 산소분압

기관 내의 흡기는 체내수준이 증발한 37℃ 수증기로 포화된 상태로 (증기압 47mmHg) 산소분압은 아래식과 같이 나타낸다.

$$기관 \ O_2 \ 분압 = 0.21(P_n - 47)$$

② 정상상황에서 혈액은 적혈구 산소용량의 95%까지 운반하지만 기압 저하 시 혈액이 흡수하는 산소량은 감소된다.

③ 잠수병(감압병)

구분	내용
외부기압의 감소로 질소기포 형성	• 호흡곤란 • 가슴통증 • 피부가려움 등의 증상 • 심하면 혼수상태 및 사망
잠수병 예방대책	• 공기 중 질소를 불활성기체인 헬륨으로 대치 • 급상승을 피하고 서서히 감압

④ 이상적인 기압

구분	내용
고압작업실의 공기체적	근로자 1인당 4m³ 이상
이상기압	압력이 매 m² 당 1kg 이상인 기압
공기조 안의 공기압력	최고 잠수심도 압력의 1.5배 이상

⑤ 가압의 작업방법 및 조치

구분	내용
가압의 속도	1분에 매 제곱센티미터당 0.8킬로그램 이하의 속도
감압시 조치사항	• 기압조절실의 바닥면의 조도를 20럭스 이상이 되도록 할 것 • 기압조절실내의 온도가 섭씨 10도 이하로 될 때에는 고압작업자에게 모포 등 적절한 보온용구를 사용하도록 할 것 • 감압에 필요한 시간이 1시간을 초과하는 경우에는 고압작업자에게 의자 그 밖의 필요한 휴식용구를 지급하여 사용하도록 할 것

[저산소증]
(1) 저산소증의 영향은 2.4km(8,000ft)까지는 적으나, 3km(10,000ft)부터 심하게 나타난다.
(2) 가압은 저산소증을 극복하는 가장 이상적인 방법이다.

[법령상 진동작업]
산업안전보건기준에 관한 규칙 제512조
[정의]
(1) 착암기
(2) 동력을 이용한 해머
(3) 체인톱
(4) 엔진커터(engine cutter)
(5) 동력을 이용한 연삭기
(6) 임팩트 렌치(impact wrench)

[레이노씨 병(Raynaud's phenomenon)]
압축공기를 이용한 진동공구를 사용하는 근로자의 손가락에 흔히 발생되는 증상으로 손가락에 있는 말초혈관운동의 장애로 인하여 혈액순환이 저해되어 손가락이 창백해지고 동통을 느끼게 된다.

(2) 진동

① 진동의 요소
ㄱ 진폭(振幅, amplitude) in, m
ㄴ 변위(變位, displacement) in, m
ㄷ 속도(速度, velocity) in/s, m/s
ㄹ 가속도(加速度, acceleration) in/s^2, m/s^2

② 진동의 종류

종류	내용
사인파 진동(sinusoidal vibration)	일정 간격마다 파형이 진동
불규칙 진동(randon vibratio)	불규칙적이고 예상을 할 수가 없는 진동

③ 진동과 인간성능

구분	내용
시성능에 영향	진폭에 비례하여 시력을 손상하며 10~25Hz의 경우 가장 심하다.
운동 성능에 영향	진폭에 비례하여 추적능력을 손상하며 5Hz 이하의 낮은 진동수에서 가장 심하다.
신경계에 영향	반응시간, 감시, 형태식별등 주로 중앙 신경 처리에 달린 임무는 진동의 영향을 덜 받는다.

④ 진전(tremor)의 감소
정적자세를 유지할 때 손이 심장 높이에 있을 때에 진전(tremor)현상이 가장 감소된다.

⑤ 손-팔 진동 증후군(HAVS) 예방법
ㄱ 진동이 적은 공구의 사용
ㄴ 공구의 적절한 사용
ㄷ 방진보호구(장갑) 사용
ㄹ 진동공구의 사용시간의 제한
ㅁ 적절한 휴식
ㅂ 진동이 필요치 않은 작업으로 대체
ㅅ 공구를 잡거나 조절하는데 필요한 악력을 감소

⑥ 진동작업 종사자에게 알려야 할 사항
ㄱ 인체에 미치는 영향과 증상
ㄴ 보호구의 선정과 착용 방법
ㄷ 진동기계·기구 관리 방법
ㄹ 진동 장해 예방 방법

04 핵심문제   4. 기압과 진동

1. 다음 중 진동의 영향을 가장 많이 받는 인간성능은?

① 감시(monitoring)작업
② 반응시간(reaction time)
③ 추적(tracking)능력
④ 형태식별(pattern recognition)

해설

추적 능력은 진동에 영향을 가장 많이 받으며 5Hz 이하 낮은 진동수에 가장 심한 손상을 받는다.

2. 다음 중 정적자세를 유지할 때 진전(tremor)을 가장 감소시키는 손의 위치로 옳은 것은?

① 손이 머리 위에 있을 때
② 손이 심장 높이에 있을 때
③ 손이 배꼽 높이에 있을 때
④ 손이 무릎 높이에 있을 때

해설

손이 심장 높이에 있을 때에 진전(tremor)현상이 가장 감소된다.

3. A 자동차에서 근무하는 K씨는 지게차로 철강판을 하역하는 업무를 한다. 지게차 운전으로 K씨에게 노출된 직업성 질환의 위험요인과 동일한 위험 진동에 노출된 작업자는?

① 연마기 작업자
② 착암기 작업자
③ 진동 수공구 작업자
④ 대형운송차량 운전자

해설

연마기, 착암기, 진동 수공구는 모두 진동과 관련한 질환의 위험성이고 지게차와 대형운송차량은 하역, 운반과 관련한 위험성이 존재한다.

4. 전동 공구와 같은 진동이 발생하는 수공구를 장시간 사용하여 손과 손가락 통제 능력의 훼손, 동통, 마비 증상 등을 유발하는 근골격계 질환은 어느 것인가?

① 결절종
② 수근관 증후군
③ 방아쇠수지병
④ 레이노드 증후군

해설

레이노드 증후군이란 전동 공구와 같은 진동이 발생하는 수공구를 장시간 사용하여 손과 손가락 통제 능력의 훼손, 동통, 마비증상 등을 유발하는 근골격계 질환으로 손이나 손가락이 유난히 차갑다가 손가락 끝이 하얗게 변하면서 검게 죽게 되는 질환이다.

5. 다음 중 60~90Hz 정도에서 나타날 수 있는 전신진동 장해는?

① 두개골 공명
② 메스꺼움
③ 복부 공명
④ 안구 공명

해설

두부와 견부의 경우 20~30Hz에서 진동에 의한 공명 현상이 일어나며, 60~90Hz 정도에서는 전신진동 장해로는 안구 공명현상이 발생 된다.

정답 1 ③   2 ②   3 ④   4 ④   5 ④

시스템 위험분석

시스템 위험분석은 시스템을 통한 위험관리의 정의와 시스템 안전에 사용되는 기법 등에 관한 내용으로 여기에서는 각 시스템 안전관리방법의 특징에 대해 출제된다.

01 시스템 위험 관리

[산업시스템의 구성]
(1) 시스템 구성요소와 재료
(2) 부품
(3) 기계
(4) 설비
(5) 일하는 사람

(1) 시스템 안전공학의 배경

① 시스템(System)의 정의
  ㉠ 여러 요소의 집합체로서 각 요소의 기능을 수행하면서 상호 유기적인 관계를 통해 공동의 목표를 위해 활동하는 것.
  ㉡ 시스템은 여러 개의 서브시스템으로 구성되며 각 서브시스템은 또 다른 서브시스템으로 구성되어 결구 세부적인 구성요소의 집합으로 볼 수 있다.

② 시스템 안전공학의 배경
  ㉠ 과학적, 공학적 원리를 적용해서 시스템 내의 위험성을 적시에 식별하고 그 예방 또는 제어에 필요한 조치를 도모하기 위한 시스템공학의 한 분야로 최초에는 국방과 우주항공분야의 필요성에서 제기 되었다.
  ㉡ 시스템의 안전성을 명시, 예측 또는 평가하기 위한 공학적 설계, 안전해석의 원리 및 수법을 기초로 하며, 수학, 물리학 및 관련 과학분야의 전문적 지식과 특수기술을 기초로 하여 성립

[안전성 평가기법]
(1) 체크리스트에 의한 방법(check list)
(2) 위험예측 평가(layout의 검토)
(3) 고장과 영향분석(FMEA법)
(4) FTA법(결함수 분석법)

(2) MIL-STD-882

① 시스템 안전 프로그램의 개발
미국방성의 시스템안전 프로그램으로 1969년에 최초 발표되었으며 시스템의 위험도를 확인하여 실수를 줄이고, 필요한 설계조건, 경영관리 등에 있어 안전한 수준을 확보하는 것이다.

② MIL-STD-882의 위험성평가 매트릭스(Matrix) 분류

수준	분류
A	자주발생(Frequent)
B	보통발생(probable)
C	가끔발생(Occasionl)
D	거의 발생하지 않음(Remote)
E	극히 발생하지 않음(Improbable)
F	제거됨(Eliminated)

③ 재해 심각도의 분류

범주	상태	내용
I	파국적 (Catastrophic)	인원의 사망 또는 중상, 또는 시스템의 손상을 일으킨다.
II	위험 (Critical)	인원의 상해 또는 주요 시스템의 손해가 생겨, 생존을 위해 즉시 시정조치를 필요로 한다.
III	한계적 (mariginal)	인원의 상해 또는 주요 시스템의 손해가 생기는 일 없이 배제 또는 제어할 수 있다.
IV	무시 (negligible)	인원의 손상 또는 시스템의 손상에는 이르지 않는다.

④ FAFR(fatal accdient frequency rate)
  ㉠ 위험도를 표시하는 단위로서 10^8 근로시간당 사망자를 나타낸다.
  ㉡ 인간의 1년 근로시간을 2,500시간으로 하여 일생동안 40년간 작업하는 것으로 했을 때 1,000명 당 1명 사망하는 비율

(3) 시스템 안전관리의 실시

① 시스템 안전의 적용
  시스템 안전을 달성하기 위해서는 시스템의 계획, 설계, 제조, 운용 등의 전 단계를 통해 시스템 안전관리와 시스템 안전공학을 정확히 적용시켜야 한다.

② 시스템 안전관리 범위(주요 업무)
  ㉠ 시스템 안전에 필요한 사항의 동일성의 식별(identification)
  ㉡ 안전활동의 계획, 조직과 관리
  ㉢ 다른 시스템 프로그램 영역과 조정
  ㉣ 시스템 안전에 대한 목표를 유효하게 적시에 실현시키기 위한 프로그램의 해석, 검토 및 평가 등의 시스템 안전업무

③ 시스템의 안전설계 원칙

중요순서(단계)	내용
1	위험상태 존재의 최소화(페일 세이프 설계)
2	안전장치의 재용
3	경보장치의 채용
4	특수한 수단 개발

[Kletz의 FAFR]
화학공업에서의 FAFR이 약 3.5이므로 화학공업의 노동자 1명당 단일 위험성에 대한 FAFR이 모든 FAFR의 10%, 즉 0.35~0.4를 넘지 않도록 할 것을 권고

[Gibson의 FAFR]
시스템에서의 모든 위험이 동정(同定)되어 있는 경우에는 2FAFR을, 그 이외의 경우에는 어떤 단일 위험에 대해서도 0.4FAFR을 위험성의 수준으로 정할 것을 권장

[본질적 안전의 설정]
(1) 페일세이프(Fail-safe)
    인간 또는 기계에 과오나 동작상의 실수가 있어도 사고가 발생하지 않도록 2중, 3중으로 통제를 기하는 체계
(2) 풀 푸르프(Fool-proof)
    사용자가 조작 실수를 하더라도 피해로 연결되지 않도록 하는 설계 개념
(3) 템퍼 푸르프(Temper proof)
    고의로 안전장치를 제거하는 데 대비한 예방 설계

[페일세이프 구조의 기능적 분류]
(1) Fail passive : 일반적인 산업기계방식의 구조이며, 성분의 고장 시 기계는 정지
(2) Fail active : 성분의 고장 시 경보를 나타내며 단시간동안 운전가능
(3) Fail operational : 병렬 여분계의 성분을 구성한 경우이며, 성분의 고장이 있어도 다음 정기점검 시까지 정상기능을 유지

④ 시스템의 안전 달성을 위한 수단

구분	내용
재해의 예방	• 위험의 소멸 • 위험 레벨의 제한 • 잠금, 조임, 인터록 • 페일세이프 설계 • 고장의 최소화 • 중지 및 회복
피해의 최소화 및 억제	• 격리 • 개인설비 보호구 • 적은 손실의 용인 • 탈출 및 생존 • 구조

⑤ 시스템 안전 프로그램의 작성계획 포함내용

㉠ 계획의 개요　　㉡ 안전조직
㉢ 계약조건　　㉣ 관련부문과의 조정
㉤ 안전기준　　㉥ 안전해석
㉦ 안전성의 평가　　㉧ 안전데이타의 수집 및 분석
㉨ 경과 및 결과의 분석

(4) 위험의 조정

① 위험(risk)의 크기
위험(Risk)의 개념을 정량적으로 나타내는 방법

$$사고발생빈도 \times 파급효과$$

② 위험(risk)의 기본요소

$$사고시나리오 = 사고\ 발생\ 확률 \times 파급효과\ 또는\ 손실$$

③ 위험(risk)의 처리기술

• 회피(avoidance)　• 경감 · 감축(reduction)
• 보유, 보류(retention)　• 전가(transfer)

(5) 시스템의 개발과 운용

① 시스템의 수명주기 5단계

단계	내용
1단계	구상단계(Concept)
2단계	정의단계(Definition)
3단계	개발단계(Development)
4단계	생산단계(Production)
5단계	운전단계(Deployment)

② 구상단계

구분	내용
시스템 안전 계획 (SSPP : system safety Program plan)의 작성	• 안전성 관리 조직 및 다른 프로그램 기능과의 관계 • 시스템에 발생하는 모든 사고의 식별 및 평가를 위한 분석법의 양식 • 허용수준까지 최소화 또는 제거되어야 할 사고의 종류 • 작성되고 보존되어야 할 기록의 종류
예비위험분석 (PHA : preliminary hazard analysis)의 작성	• 시스템 내의 위험요소와 상태를 정성적으로 평가
안전성에 관한 정보 및 문서 파일의 작성	• 시스템 안전부분에서 이루어지는 모든 분석과 조치의 정확한 설명이 반드시 포함되어야 한다.
구상 단계 정식화 회의에의 참가	• 포함되는 사고가 방침 결정과정에서 고려되기 위해 구상 정식화 회의에 참가

③ 설계단계

ⓐ 구상 단계에서 작성된 시스템 안전 프로그램계획을 실시

ⓑ 설계에 반영할 안전성 설계 기준을 결정하여 발표

ⓒ 예비위험분석(PHA)을 시스템 안전 위험분석(SSHA : system safety hazard analysis)으로 바꾸어 완료

ⓓ 하청업자나 대리점에 대한 사양서중에 시스템 안전성 필요사항을 정의하여 포함

ⓔ 시스템 안전성이 손상방지를 위한해 설계 트레이드 오프 회의 참가

ⓕ 안전성 부분의 모든 결정 사항을 문서로 하여 현행의 정확한 시스템 안전에 관한 파일로 하여 보존

④ 제조, 조립 및 시험단계

　　㉠ 사고의 제어를 위해 시스템 안전성 사고 분석(SSHA)에서 지정된 전 조치의 실시를 보증하는 계통적인 감시, 확인 프로그램을 실시

　　㉡ 운영 안전성 분석(OSA : operational safety analysis)을 실시

　　㉢ 요소 및 서브시스템 설계의 안전성이 손상방지를 위해 제조, 조립 및 시험방법과 과정을 검토하고 평가

　　㉣ 제품의 안전설계 손상방지를 위한 제조 환경과 산업안전성과 협력

　　㉤ 위험한 상태의 결함에 대해서 정보의 피드백 시스템을 확립

　　㉥ 품질보증요원이 이용할 수 있는 안전성의 검사 및 확인에 관한 시험법을 정할 것

　　㉦ 안전성을 보증하기 위하여 일어날 수 있는 변화를 예측하고 그것에 수반되는 재설계나 변경을 개시

⑤ 운용단계(실증과 감시 단계)

　　㉠ 모든 운용, 보전 및 위급시의 절차를 평가하여 설계 시에 고려된 바와 같은 타당성 여부를 식별

　　㉡ 안전성이 손상되는 일이 없도록 조작장치, 사용설명서의 변경과 수정을 평가

　　㉢ 제조, 조립 및 시험단계에서 확립된 고장의 정보 피드백 시스템을 유지할 것

　　㉣ 바람직한 운용 안전성 레벨의 유지를 보증하기 위하여 안전성 검사를 할 것

　　㉤ 사고와 그 유발 사고를 조사하고 분석할 것

　　㉥ 위험상태의 재발방지를 위해 적절한 개량조치를 강구할 것

시스템 위험 관리의 개발과 운용

01 핵심문제   1. 시스템 위험 관리

□□□ 15년4회, 20년1,2회

1. 시스템안전 MIL-STD-882B 분류기준의 위험성 평가 매트릭스에서 발생빈도에 속하지 않는 것은?

① 거의 발생하지 않는(remote)
② 전혀 발생하지 않는(impossible)
③ 보통 발생하는(reasonably probable)
④ 극히 발생하지 않을 것 같은(extremely improbable)

해설

MIL-STD-882B 의 위험성평가 매트릭스(Matrix) 분류

수준	분류
A	자주발생(Frequent)
B	보통발생(probable)
C	가끔발생(Occasionl)
D	거의 발생하지 않음(Remote)
E	극히 발생하지 않음(Improbable)
F	제거됨(Eliminated)

□□□ 09년4회, 11년2회

2. 다음 중 조작상의 과오로 기기의 일부에 고장이 발생하는 경우, 이 부분의 고장으로 인하여 사고가 발생하는 것을 방지하도록 설계하는 방법은?

① 신뢰성 설계
② 페일 세이프(fail safe)설계
③ 풀 프루프(fool proof)설계
④ 사고 방지(accident proof)설계

해설

페일 세이프(Fail safe)
기계 등에 고장이 발생했을 경우에도 그대로 사고나 재해로 연결되지 아니하고 안전을 확보하는 기능을 말한다. 즉 인간이나 기계 등에 과오나 동작상의 실수가 있더라도 사고나 재해를 발생시키지 않도록 철저하게 2중, 3중으로 통제를 가하는 것

□□□ 10년4회, 19년4회

3. 산업 현장에서는 생산설비에 부착된 안전장치를 생산성을 위해 제거하고 사용하는 경우가 있다. 이와 같이 고의로 안전장치를 제거하는 경우에 대비한 예방 설계 개념으로 옳은 것은?

① Fail safe   ② Fool proof
③ Lock out   ④ Tamper proof

해설

tamper proof
위험한 설비의 안전장치를 제거하는 경우 제품이 작동을 멈추게 하여 안전을 확보하는 기능

□□□ 17년2회, 22년1회

4. 부품에 고장이 있더라도 플레이너 공작기계를 가장 안전하게 운전할 수 있는 방법은?

① fail - soft   ② fail - active
③ fail - passive   ④ fail - operational

해설

페일세이프 구조의 기능적 분류
(1) Fail passive : 일반적인 산업기계방식의 구조이며, 성분의 고장 시 기계는 정지
(2) Fail active : 성분의 고장 시 경보를 나타내며 단시간동안 운전 가능
(3) Fail operational : 병렬 여분계의 성분을 구성한 경우이며, 성분의 고장이 있어도 다음 정기점검 시까지 정상기능을 유지

□□□ 08년4회, 15년2회

5. 다음 중 시스템 안전계획(SSPP, System Safety Program Plan)에 포함되어야 할 사항으로 가장 거리가 먼 것은?

① 안전조직
② 안전성의 평가
③ 안전자료의 수집과 갱신
④ 시스템의 신뢰성 분석비용

해설

시스템 안전을 확보하기위한 기본지침으로 프로그램의 작성계획에 포함되어야 할 내용
① 계획의 개요   ② 안전조직
③ 계약조건   ④ 관련부문과의 조정
⑤ 안전기준   ⑥ 안전해석
⑦ 안전성의 평가   ⑧ 안전데이타의 수집 및 분석
⑨ 경과 및 결과의 분석

□□□ 08년4회, 17년1회

6. 일반적으로 위험(Risk)은 3가지 기본요소로 표현되며 3요소(Triplets)로 정의된다. 3요소에 해당되지 않는 것은?

① 사고 시나리오(S_i)
② 사고 발생 확률(P_i)
③ 시스템 불이용도(Q_i)
④ 파급효과 또는 손실(X_i)

정답   1 ②   2 ②   3 ④   4 ④   5 ④   6 ③

해설
risk, 사고시나리오 = 사고 발생 확률 × 파급효과 또는 손실

□□□ 17년4회

7. 위험상황을 해결하기 위한 위험처리기술에 해당하는 것은?

① Combine(결합)
② Reduction(위험감축)
③ Simplify(작업의 단순화)
④ Rearrange(작업순서의 변경 및 재배열)

문제 7 ~ 8 해설
위험상황을 해결하기 위한 위험처리기술은 위험감축(Reduction)이다. [참고] 위험처리 기술 1. 회피(avoidance) 2. 경감, 감축(reduction) 3. 보유, 보류(retention) 4. 전가(transfer)

□□□ 11년4회, 12년2회, 14년1회

8. 다음 중 위험 조정을 위해 필요한 방법(위험조정기술) 과 가장 거리가 먼 것은?

① 위험 회피(avoidance)
② 위험 감축(reduction)
③ 보류(retention)
④ 위험 확인(confirmation)

□□□ 13년1회

9. 시스템 안전 프로그램에 있어 시스템의 수명 주기를 일반적으로 5단계로 구분할 수 있는데 다음 중 시스템 수명주기의 단계에 해당하지 않는 것은?

① 구상단계 ② 생산단계
③ 운전단계 ④ 분석단계

문제 9 ~ 10 해설
시스템 수명주기의 5단계 1단계 : 구상단계   2단계 : 정의단계 3단계 : 개발단계   4단계 : 생산단계 5단계 : 운전단계

□□□ 19년1회

10. 시스템 수명주기 단계 중 마지막 단계인 것은?

① 구상단계 ② 개발단계
③ 운전단계 ④ 생산단계

02 시스템 위험분석 기법

(1) PHA(예비사고위험분석 : Preliminary Hazards Analysis)

① 특징
- ㉠ 대부분 시스템안전 프로그램에 있어서 <u>최초단계의 분석</u>
- ㉡ 시스템 내의 위험 상태 요소에 대해 <u>정성적 · 귀납적</u>으로 평가

② PHA의 주요 분석방법
- ㉠ 시스템에 대한 모든 주요한 사고를 식별하고 대충의 말로 표시 (사고 발생 확률은 식별 초기에는 고려되지 않음)
- ㉡ 사고를 유발하는 요인을 식별
- ㉢ 사고가 발생의 가정 하에 시스템에 생기는 결과를 식별하고 평가
- ㉣ 식별된 사고의 범주(category)별 분류

Category (범주)	상태	내용
I	파국적 (Catastrophic)	인원의 사망 또는 중상, 또는 시스템의 손상을 일으킨다.
II	중대 (Critical)	인원의 상해 또는 주요 시스템의 손해가 생겨, 또는 인원이나 시스템 생존을 위해 즉시 시정조치를 필요로 한다.
III	한계적 (mariginal)	인원의 상해 또는 주요 시스템의 손해가 생기는 일 없이 배제 또는 제어할 수 있다.
IV	무시가능 (negligible)	인원의 손상 또는 시스템의 손상에는 이르지 않는다.

③ PHA의 실시시기

(2) FHA(결함사고(위험)분석 : fault hazard analysis)

① 특징
- ㉠ <u>서브시스템 해석</u> 등에 사용되는 해석법 : 복잡한 시스템에서 몇 개의 공동 계약자가 각각의 서브시스템(sub system)을 분담하고 통합계약 업자가 그것을 통합하므로 각 서브시스템 해석에 사용된다.
- ㉡ 시스템 내의 위험 상태 요소에 대해 <u>정량적 · 연역적</u>으로 평가

[시스템 분석의 적용 기법]
(1) 프로그램 단계에 의한 분류
  ① 예비사고 분석
  ② 서브시스템 사고 분석
  ③ 시스템 사고 분석
  ④ 운용사고 분석

(2) 해석의 수리적 방법에 의한 분류
  ① 정성적 분석
  ② 정량적 분석

(3) 논리적 견지에 의한 분류
  ① 귀납적 분석
  ② 연역적 분석

Tip

여러가지 시스템 분석 기법을 분류할 때 주로 사용되는 수리적 방법(정성적, 정량적 분석과 논리적 견지(귀납적, 연역적 분석)를 확실하게 구분하여야 한다. 기출문제에서 주로 묻는 내용이다.

② FHA의 실시시기

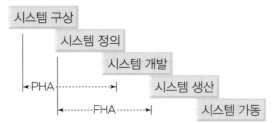

③ FHA 분석 차트

#1 구성 요소 명칭	#2 구성 요소 위험 방식	#3 시스템 작동 방식	#4 서브 시스템 에서 위험 영향	#5 서브시스템, 대표적 시스템 위험 영향	#6 환경적 요인	#7 위험 영향을 받을 수 있는 2차 요인	#8 위험 수준	#9 위험 관리

(3) FMEA(고장의 형과 영향 분석 : failue modes and effects analysis)

① 특징
  ㉠ 시스템에 영향을 미치는 전체요소의 고장을 형별로 분석하여 그 영향을 검토
  ㉡ 각 요소의 1형식 고장이 시스템의 1영향에 대응하는 방식
  ㉢ 시스템 내의 위험 상태 요소에 대해 정성적 · 귀납적으로 평가

② FMEA 기법의 장단점

장점	서식이 간단하고 비교적 적은노력으로 특별한 훈련 없이 분석가능
단점	• 논리성이 부족하고 특히 각 요소간의 영향을 분석하기 어렵기 때문에 동시에 두 가지 이상의 요소가 고장 날 경우 분석이 곤란 • 요소가 물체로 한정되어 있어 인적원인을 분석하는데 곤란

③ 고장의 영향 분석내용
  ㉠ 해석되는 요소 또는 성분의 명칭, 약도 중의 요소를 동정(同定)하기 위해 사용되는 참고 명, 계약자의 도면번호, 블록 다이어그램 중에서 그 항목을 동정하는데 사용되는 코드 명
  ㉡ 수행되는 기능의 간소한 표현
  ㉢ 특유한 고장 형식 기술
  ㉣ 고장 발생에서 최종 고장의 영향까지의 예상시간
  ㉤ 위험한 고장이 일어날 우려가 있는 운용 또는 작업의 단계

ⓗ 고장이 조립품, 작업명, 그리고 인원에 미치는 영향에 관한 짧은 기술
ⓢ 고장형식을 발견할 수 있는 방법의 기술, 고장이 쉽게 발견되지 않는 경우는 어떤 시험방법, 또는 시험항목의 추가로 고장발견이 가능한가를 지적
ⓞ 고장형식을 소멸시키거나 또는 그 영향을 최소화하기 위해 채택할 수 있는 권장되는 시정활동의 기술, 가능한 미리 계획된 운용의 교체 방식 기술

④ 고장의 영향

영 향	발생확률(β)
실제의 손실	$\beta = 1.00$
예상되는 손실	$0.10 \leq \beta < 1.00$
가능한 손실	$0 < \beta < 0.10$
영향 없음	$\beta = 0$

⑤ 위험성 분류의 표시

Category(범주)	상태
1	생명 또는 가옥의 상실
2	작업수행의 실패
3	활동의 지연
4	영향 없음

⑥ FMEA의 표준적 실시 절차

실시절차	세부내용
1단계 : 대상 시스템의 분석	• 기기, 시스템의 구성 및 기능의 전반적 파악 • FMEA 실시를 위한 기본방침의 결정 • 기능 Block과 신뢰성 Block도의 작성
2단계 : 고장형과 그 영향의 분석(FMEA)	• 고장 mode의 예측과 설정 • 고장 원인의 상정 • 상위 item의 고장 영향의 검토 • 고장 검지법의 검토 • 고장에 대한 보상법이나 대응법의 검토 • FMEA work sheet에의 기입 • 고장 등급의 평가
3단계 : 치명도 해석과 개선책의 검토	• 치명도 해석 • 해석결과의 정리와 설계 개선으로의 제언

Tip
FMEA 실시절차에서는 각 단계별 세부내용을 구분하는 형식의 문제가 가장 많이 출제된다.

[ETA 7단계]
(1) 설계
(2) 심사
(3) 제작
(4) 검사
(5) 보전
(6) 운전
(7) 안전대책

⑦ FMEA 고장 평점

$$C_r = C_1 \cdot C_2 \cdot C_3 \cdot C_4 \cdot C_5$$

• 고장 등급의 평가(평점)요소
  C_1 : 고장영향의 중대도 C_4 : 고장방지의 곤란도
  C_2 : 고장의 발생빈도 C_5 : 시정시간의 여유도
  C_3 : 고장검출의 곤란도

(4) ETA(사건수 분석 : event tree analysis)

① 특징
  ㉠ 사상(事象)의 안전도를 사용한 시스템의 안전도를 나타내는 시스템 모델
  ㉡ 디시젼 트리를 이용해 재해의 확대요인을 분석하는데 적합한 방법
  ㉢ 시스템 내의 위험 상태 요소에 대해 정량적·귀납적으로 평가

② 디시젼 트리(decision tree) 분석
  요소의 신뢰도를 이용하여 시스템의 신뢰도를 나타내는 시스템 모델의 하나로서 귀납적이고 정량적인 분석방법

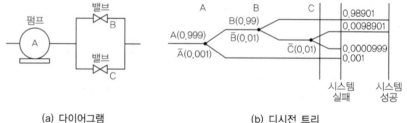

(a) 다이어그램   (b) 디시젼 트리

decision tree의 확률 계산

① $0.9 \times 0.99 = 0.891$
② $0.9 \times 0.01 = 0.009$
③ 0.1
합계는 1이 된다.

[CA(위험도 분석기법)]

CA(Criticality Analysis)이란 항공기의 안전성 평가에 널리 사용되는 기법으로서 각 중요 부품의 고장률, 운용형태, 보정계수, 사용시간비율 등을 고려하여 정량적, 귀납적으로 부품의 위험도를 평가하는 분석기법이다.

(5) CA(위험도 분석 : criticality analysis)

① 특징
  ㉠ 고장이 직접 시스템의 손실과 사상에 연결되는 높은 위험도를 가진 요소나 고장의 형태에 따른 정량적 분석법
  ㉡ 시스템 내의 위험 상태 요소에 대해 정량적·귀납적으로 평가

② 고장형 위험도의 분류(SEA : 미국자동차협회)

Category(범주)	상태
I	생명의 상실로 이어질 염려가 있는 고장
II	작업의 실패로 이어질 염려가 있는 고장
III	운용의 지연 또는 손실로 이어질 고장
IV	극단적인 계획 외의 관리로 이어질 고장

③ β 값의 조건부 확률

고장의 영향	β의 값
대단히 자주 일어나는 손실	$\beta = 1.00$
보통 일어날 수 있는 손실	$0.1 < \beta < 1.00$
적지만 일어날 수 있는 손실	$0 < \beta < 0.10$
영향 없음	$\beta = 0$

④ FMECA(failure modes effects and criticality analysis)

㉠ FMEA와 CA가 병용된 것

㉡ 위험도 평가를 위한 위험도(Cr : criticality number)계산

$$Cr = \sum_{n=1}^{j} (\beta \, \alpha \, K_e \, K_A \, \lambda_G \, t \times 10^6)$$

표기	내용
Cr	100만회당 손실수로 나타낸 크리티칼리티 넘버(criticality number)
n	특정손해사항에 대응하는 시스템 요소의 위험과 고장의 형
j	손해사항에 상당하는 시스템 요소의 위험한 고장형 중에서 j번째 것
β	위험한 고장의 형이 일어났다고 할 때 그 영향이 일어날 조건부 확률
λ_G	시간 또는 사이클당 고장수를 나타낸 것으로 그 요소의 통상 고장율
α	위험한 고장의 훼일류 모드(failure mode)율, 훼일류 모드율과 λ_G 중 그 위험한 고장의 형에 기인하는 부분
t	1작업당 그 요소 시간 단위의 운전시간 또는 운전사이클 수
K_A	λ_G가 측정되었을 때와 그 요소가 사용되었을 때와의 운전강도 차를 조정하기 위한 운전계수
K_E	λ_G가 측정되었을 때와 그 요소가 사용되었을 때와의 환경강도 차를 조정하기 위한 환경계수

[의존도 수준 5스텝]
(1) 무의존도(Zero Dependence)
(2) 저의존도(Low Dependence)
(3) 중간의존도(Medium Dependence)
(4) 고의존도(High Dependence)
(5) 완전의존도(Complete Dependence)

(6) THERP(인간과오율 예측법:technique of human error rate prediction)

① 특징
  ㉠ 인간 과오의 분류 시스템과 그 확률을 계산하여 제품의 결함을 감소
  ㉡ 사고의 원인 가운데 인간의 과오에 기인한 근원에 대한 분석 및 인간 공학적 대책 수립
  ㉢ 인간의 과오(human error)를 정량적으로 평가하는 기법

② 분석방법
  ㉠ System에 있어서 인간의 과오를 정량적으로 평가
  ㉡ ETA의 변형으로 고리(loop) 바이패스를 가질 것
  ㉢ Man-Machine System의 국부적인 상세한 분석에 적합
  ㉣ 인간의 동작이 System에 미치는 영향을 그래프적 방법으로 나타냄

(7) MORT(managment oversight and risk tree)

① MORT 프로그램은 tree를 중심으로 FTA와 같은 논리기법을 이용하여 관리, 설계, 생산, 보존 등의 광범위하게 안전을 도모하는 것
② 고도의 안전 달성을 목적으로 한 것으로 미국 에너지 연구 개발청(ERDA)의 Johnson에 의해 개발된 안전 프로그램(원자력산업에 이용)

(8) OSHA(operating support hazard analysis : 운용 지원 위험 분석)

① OSHA
  지정된 시스템의 모든 사용단계에서[생산, 보전, 시험, 운반, 저장, 운전, 비상탈출, 구조, 훈련 및 폐기]등에 사용되는 [인원, 순서, 설비]에 관하여 위험을 동정하고 제어하며 그것들의 안전 요건을 결정하기 위해 실시하는 분석법

② OSHA 분석 결과의 사용
  ㉠ 위험성의 염려가 있는 시기와 그 기간 중의 위험을 최소화하기 위해 필요한 행동의 同定
  ㉡ 위험을 배제하고 제어하기 위한 설계의 변경
  ㉢ 안전설비, 안전장치에 대한 필요요건과 그들의 고장을 검출하기 위해 필요한 보전순서의 결정
  ㉣ 운전 및 보전을 위한 경보, 주의, 특별한 순서 및 비상용 순서 결정
  ㉤ 취급, 저장, 운반, 보전 및 개수(改修)를 위한 특정순서 결정

(9) HAZOP(hazard and operability study : 위험과 운전분석)

① 공정에 존재하는 위험요인과 공정의 효율을 떨어뜨릴 수 있는 운전상의 문제점을 찾아내어 그 원인을 제거하는 방법

② 각각의 장비에 대해 잠재된 위험이나 기능저하, 운전 잘못 등과 전체로서의 시설에 결과적으로 미칠 수 있는 영향 등을 평가하기 위해서 공정이나 설계도등에 체계적이고 비판적인 검토를 행하는 것

③ 용어의 정의

용어	내용
위험요인(Hazard)	인적·물적손실 및 환경피해를 일으키는 요인 또는 이들 요인이 혼재된 잠재적 위험요인으로 사고로 전환되기 위해서는 자극이 필요하며 이러한 자극으로는 기계적 고장, 시스템의 상태, 작업자의 실수 등 물리·화학적, 생물학적, 심리적, 행동적 원인이 있음을 말한다.
운전성(Operability)	운전자가 공장을 안전하게 운전할 수 있는 상태
운전단계 (Operating step)	회분식 공정에서 운전절차에 따라 운전자가 수행하는 별개의 독립된 단계
설계의도 (Design intent)	공정 설계나 운전 시 요구하는 정상적인 설계조건 이나 운전조건
가이드워드 (Guide words)	공정변수의 질, 양 또는 상황을 표현하는 간단한 용어
이탈(Deviation)	가이드워드와 공정변수가 조합되어, 유체흐름의 정지 또는 과잉상태와 같이 설계의도로부터 벗어난 상태
원인(Cause)	이탈을 발생시킨 요인을 말한다.
결과(Consequence)	이탈이 일어남으로써 야기되는 상태를 말한다.
위험도(Risk)	특정한 위험요인이 위험한 상태로 노출되어 특정한 사건으로 이어질 수 있는 사고의 빈도(가능성)와 사고의 강도(중대성) 조합으로서 위험의 크기 또는 위험의 정도

[유인어(guide words)]
이상을 발견하고 의도를 한정하기 위해 간단한 용어를 사용한다.

④ 유인어(guide words)의 종류

유인어	내용
없음(No, Not)	설계의도의 완전한 부정
증가(More)	양(압력, 반응, flow rate, 온도 등)의 증가
감소(Less)	양의 감소
부가(As well as)	성질상의 증가(설계의도와 운전조건이 어떤 부가적인 행위)와 함께 일어남
부분(Part of)	일부변경, 성질상의 감소(어떤 의도는 성취되나 어떤 의도는 성취되지 않음)
반대(Reverse)	설계의도의 논리적인 역
기타(Other than)	설계의도가 완전히 바뀜(통상 운전과 다르게 되는 상태)

Tip
HAZOP의 유인어(guide words)는 실기시험에 출제되는 내용이다. 반드시 의미를 확실하게 이해할 수 있도록 하자

02 핵심문제   2. 시스템 위험분석 기법

□□□ 16년2회, 18년4회, 22년1회

1. 예비위험분석(PHA)에서 식별된 사고의 범주로 부적절한 것은?

① 중대(critical)   ② 한계적(marginal)

③ 파국적(catastrophic)   ④ 수용가능(acceptable)

문제 1 ~ 2 해설

예비위험분석(PHA)의 식별된 4가지 사고 카테고리

1. Category(범주)-Ⅰ : 파국적(Catastrophic)
   인원의 사망 또는 중상, 또는 시스템의 손상을 일으킨다.
2. Category(범주)-Ⅱ : 위험(Critical)
   인원의 상해 또는 주요 시스템의 손해가 생겨, 또는 인원이나 시스템 생존을 위해 즉시 시정조치를 필요로 한다.
3. Category(범주)-Ⅲ : 한계적(mariginal)
   인원의 상해 또는 주요 시스템의 손해가 생기는 일 없이 배제 또는 제어할 수 있다.
4. Category(범주)-Ⅳ : 무시(negligible)
   인원의 손상 또는 시스템의 손상에는 이르지 않는다.

□□□ 14년2회

2. 다음 설명 중 ㉠과 ㉡에 해당하는 내용이 올바르게 연결된 것은?

> "예비위험분석(PHA)의 식별된 4가지 사고 카테고리 중 작업자의 부상 및 시스템의 중대한 손해를 초래하거나 작업자의 생존 및 시스템의 유지를 위하여 즉시 수정 조치를 필요로 하는 상태를 (㉠), 작업자의 부상 및 시스템의 중대한 손해를 초래하지 않고 대처 또는 제어할 수 있는 상태를 (㉡)(이)라 한다."

① ㉠-파국적, ㉡-중대   ② ㉠-중대, ㉡-파국적

③ ㉠-한계적, ㉡-중대   ④ ㉠-중대, ㉡-한계적

□□□ 20년1,2회

3. 모든 시스템 안전분석에서 제일 첫 번째 단계의 분석으로, 실행되고 있는 시스템을 포함한 모든 것의 상태를 인식하고 시스템의 개발단계에서 시스템 고유의 위험상태를 식별하여 예상되고 있는 재해의 위험수준을 결정하는 것을 목적으로 하는 위험분석기법은?

① 결함위험분석(FHA: Fault Hazard Analysis)

② 시스템위험분석(SHA: System Hazard Analysis)

③ 예비위험분석(PHA: Preliminary Hazard Analysis)

④ 운용위험분석(OHA: Operating Hazard Analysis)

해설

PHA분석이란 대부분 시스템안전 프로그램에 있어서 최초단계의 분석으로 시스템 내의 위험한 요소가 얼마나 위험한 상태에 있는가를 정성적·귀납적으로 평가하는 것이다.

□□□ 18년4회, 19년4회

4. 예비위험분석(PHA)은 어느 단계에서 수행되는가?

① 구상 및 개발단계

② 운용단계

③ 발주서 작성단계

④ 설치 또는 제조 및 시험단계

문제 4 ~ 5 해설

예비위험분석(PHA)은 시스템을 설계, 가동하기 전의 구상단계에서 시스템의 근본적인 위험성을 평가하는 가장 기초적인 단계이다.

[참고] 시스템 수명주기의 PHA

□□□ 15년1회

5. 다음 중 모든 시스템 안전 프로그램에서의 최초단계 해석으로 시스템내의 위험요소가 어떤 위험 상태에 있는가를 정성적으로 평가하는 분석 방법은?

① PHA   ② FHA

③ FMEA   ④ FTA

□□□ 12년1회, 18년4회, 22년1회

6. 결함위험분석(FHA, Fault Hazard Analysis)의 적용단계로 가장 적절한 것은?

① ㉠   ② ㉡

③ ㉢   ④ ㉣

해설

결함위험분석(FHA)의 적용 단계로는 시스템의 정의, 정의와 개발단계에 적용을 한다.

FHA의 실시시기

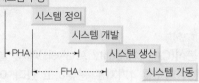

□□□ 15년4회, 19년1회

7. 다음 중 FMEA의 장점이라 할 수 있는 것은?

① 두 가지 이상의 요소가 동시에 고장나는 경우에 분석이 용이하다.
② 물적, 인적요소 모두가 분석대상이 된다.
③ 서식이 간단하고 비교적 적은 노력으로 분석이 가능하다.
④ 분석방법에 대한 논리적 배경이 강하다.

문제 7 ~ 8 해설	
FMEA 기법의 장단점	
장점	서식이 간단하고 비교적 적은노력으로 특별한 훈련 없이 분석가능
단점	• 논리성이 부족하고 특히 각 요소간의 영향을 분석하기 어렵기 때문에 동시에 두 가지 이상의 요소가 고장 날 경우 분석이 곤란 • 요소가 물체로 한정되어 있어 인적원인을 분석하는데 곤란

□□□ 09년4회, 12년1회

8. 다음 중 고장형태와 영향분석(FMEA)에 관한 설명으로 틀린 것은?

① 각 요소가 영향의 해석이 가능하기 때문에 동시에 2가지 이상의 요소가 고장 나는 경우에 적합하다.
② 해석영역이 물체에 한정되기 때문에 인적원인 해석이 곤란하다.
③ 양식이 간단하여 특별한 훈련 없이 해석이 가능 하다.
④ 시스템 해석의 기법은 정성적, 귀납적 분석법 등에 사용한다.

□□□ 09년2회, 16년1회

9. FMEA에서 고장의 발생확률 β가 다음 값의 범위일 경우 고장의 영향으로 옳은 것은?

$$[0.10 \leq \beta < 1.00]$$

① 손실의 영향이 없음
② 실제 손실이 발생됨
③ 손실 발생의 가능성이 있음
④ 실제 손실이 예상됨

해설

FMEA에서 고장의 발생확률(β)

영 향	발생확률(β)
실제의 손실	$\beta = 1.00$
예상되는 손실	$0.10 \leq \beta < 1.00$
가능한 손실	$0 < \beta < 0.10$
영향 없음	$\beta = 0$

□□□ 09년1회, 19년2회

10. 고장형태와 영향분석(FMEA)에서 평가요소로 틀린 것은?

① 고장발생의 빈도
② 고장의 영향 크기
③ 고장방지의 가능성
④ 기능적 고장 영향의 중요도

문제 10 ~ 11 해설	

FMEA 고장 평점을 결정하는 5가지 평가요소
$$C_r = C_1 \cdot C_2 \cdot C_3 \cdot C_4 \cdot C_5$$
여기서, C_1 : 고장영향의 중대도 C_4 : 고장방지의 곤란도
C_2 : 고장의 발생빈도 C_5 : 고장 시정시간의 여유도
C_3 : 고장 검출의 곤란도

□□□ 10년4회, 18년2회

11. FMEA에서 고장 평점을 결정하는 5가지 평가 요소에 해당하지 않는 것은?

① 생산능력의 범위
② 고장발생의 빈도
③ 고장방지의 가능성
④ 영향을 미치는 시스템의 범위

□□□ 10년2회

12. 디시전 트리(Decision Tree)를 재해사고의 분석에 이용한 경우의 분석법이며, 설비의 설계 단계에서부터 사용 단계까지의 각 단계에서 위험을 분석하는 귀납적, 정량적 분석 기법은?

① ETA
② FMEA
③ THERP
④ CA

해설

디시전 트리(Decision Tree)를 재해사고의 분석에 이용한 경우의 분석법이며, 설비의 설계 단계에서부터 사용 단계까지의 각 단계에서 위험을 분석하는 귀납적, 정량적 분석 방법을 ETA(event tree analysis)분석법이다.

□□□ 10년1회

13. 다음은 사건수 분석(Event Tree Analysis, ETA)의 작성 사례이다. A, B, C에 들어갈 확률값들이 올바르게 나열된 것은?

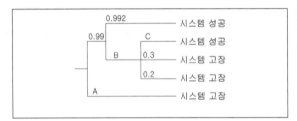

① A : 0.01, B : 0.008 C : 0.03
② A : 0.008, B : 0.01, C : 0.2
③ A : 0.01, B : 0.008, C : 0.5
④ A : 0.3, B : 0.01, C : 0.008

해설

A : 1−0.99=0.01
B : 1−0.992=0.008
C : 1−(0.3+0.2)=0.5

□□□ 11년4회

14. 다음 중 항공기의 안전성 평가에 널리 사용되는 기법으로서 각 중요 부품의 고장률, 운용형태, 보정계수, 사용시간비율 등을 고려하여 정량적, 귀납적으로 부품의 위험도를 평가하는 분석기법은?

① HAZOP
② CA
③ FTA
④ ETA

해설

CA(Criticality Analysis)이란 항공기의 안전성 평가에 널리 사용되는 기법으로서 각 중요 부품의 고장률, 운용형태, 보정계수, 사용시간비율 등을 고려하여 정량적, 귀납적으로 부품의 위험도를 평가하는 분석기법이다.

□□□ 08년2회, 17년4회

15. 위험도분석(CA, Criticality Analysis)에서 설비고장에 따른 위험도를 4가지로 분류하고 있다. 이 중 생명의 상실로 이어질 염려가 있는 고장의 분류에 해당하는 것은?

① category Ⅰ
② category Ⅱ
③ category Ⅲ
④ category Ⅳ

해설

위험도분석(CA, Criticality Analysis)

category Ⅰ	생명의 상실로 이어질 염려가 있는 고장
category Ⅱ	작업의 실패로 이어질 염려가 있는 고장
category Ⅲ	운용의 지연 또는 손실로 이어질 고장
category Ⅳ	극단적인 계획 외의 관리로 이어질 고장

□□□ 09년4회, 11년2회

16. 다음 중 사고원인 가운데 인간의 과오에 기인된 원인 분석, 확률을 계산함으로써 제품의 결함을 감소시키고, 인간공학적 대책을 수립하는데 사용되는 분석기법은?

① CA
② FMEA
③ THERP
④ MORT

문제 16 ~ 17 해설

THERP 분석기법이란 사고원인 가운데 인간의 과오에 기인된 원인 분석, 확률을 계산함으로써 제품의 결함을 감소시키고, 인간공학적 대책을 수립하는데 사용되는 것이다.

□□□ 14년1회

17. 다음 중 인간의 과오(Human error)를 정량적으로 평가하고 분석하는데 사용하는 기법으로 가장 적절한 것은?

① THERP
② FMEA
③ CA
④ FMECA

정답 12 ① 13 ③ 14 ② 15 ① 16 ③ 17 ①

□□□ 13년4회, 17년2회
18. 다음 설명 중 ( )안에 알맞은 용어가 올바르게 짝지어진 것은?

[다음]
(㉠) : FTA와 동일의 논리적 방법을 사용하여 관리, 설계, 생산, 보전 등에 대한 넓은 범위에 걸쳐 안전성을 확보하려는 시스템안전 프로그램
(㉡) : 사고 시나리오에서 연속된 사건들의 발생경로를 파악하고 평가하기 위한 귀납적이고 정량적인 시스템안전 프로그램

① ㉠ : PHA, ㉡ : ETA
② ㉠ : ETA, ㉡ : MORT
③ ㉠ : MORT, ㉡ : ETA
④ ㉠ : MORT, ㉡ : PHA

해설
• MORT(managment oversight and risk tree) : MORT 프로그램은 tree를 중심으로 FTA와 같은 논리기법을 이용하여 관리, 설계, 생산, 보존 등의 광범위하게 안전을 도모하는 것으로서 고도의 안전을 달성하는 것을 목적으로 한 것으로 미국 에너지 연구 개발청(ER DA)의 Johonson에 의해 개발된 안전 프로그램이다. (원자력산업에 이용)
• ETA 분석 : 사상(事象)의 안전도를 사용한 시스템의 안전도를 나타내는 시스템 모델의 하나로서 귀납적이고 정량적인 분석방법으로 재해의 확대요인을 분석하는데 적합한 방법이다. 디시전 트리를 재해사고의 분석에 이용할 경우의 분석법을 ETA라 한다. ETA 7단계로 설계, 심사, 제작, 검사, 보전, 운전, 안전대책이 있다.

□□□ 17년1회
19. 시스템이 저장되어 이동되고 실행됨에 따라 발생하는 작동시스템의 기능이나 과업, 활동으로부터 발생되는 위험에 초점을 맞춘 위험분석 차트는?

① 결함수분석(FTA : Fault Tree Analysis)
② 사상수분석(ETA : Event Tree Analysis)
③ 결함위험분석(FHA : Fault Hazard Analysis)
④ 운용위험분석(OHA : Operating Hazard Analysis)

해설
OSHA(operating support hazard analysis : 운용 지원 위험 분석) 지정된 시스템의 모든 사용단계에서 생산, 보전, 시험, 운반, 저장, 운전, 비상탈출, 구조, 훈련 및 폐기 등에 사용되는 인원, 순서, 설비에 관하여 위험을 동정하고 제어하며 그것들의 안전 요건을 결정하기 위해 실시하는 분석법을 말한다.

□□□ 15년1회, 18년1회, 20년3회, 21년4회, 22년2회
20. 다음 중 HAZOP 기법에서 사용하는 가이드워드와 그 의미가 잘못 연결된 것은?

① As well as : 성질상의 증가
② More/Less : 정량적인 증가 또는 감소
③ Part of : 성질상의 감소
④ Other than : 기타 환경적인 요인

해설
Other than : 완전한 대체(통상 운전과 다르게 되는 상태)

□□□ 08년2회, 16년2회
21. 다음 중 위험 및 운전성 검토(HAZOP)에서 "성질상의 감소"를 나타내는 가이드 워드는?

① MORE LESS ② OTHER THAN
③ AS WELL AS ④ PART OF

해설
Part of
일부변경, 성질상의 감소(어떤 의도는 성취되나 어떤 의도는 성취되지 않음)

결함수(FTA)분석법은 시스템 안전기법 중 가장 많이 사용되는 방법으로 여기에서는 결함수 분석의 정의와 작성방법, 논리기호, 컷셋, 패스셋을 구하는 방법에 대해 출제된다.

01 결함수 분석법의 특징

(1) FTA(fault tree analysis)의 정의

① FTA(fault tree analysis)의 정의

ㄱ 결함수법, 결함 관련수법, 고장의 목(木) 분석법 등의 뜻을 나타낸다.

ㄴ 기계 설비, 또는 인간-기계 시스템(man-machin system)의 고장이나 재해의 발생요인을 FT도표에 의하여 분석하는 방법

ㄷ 1962년 미국의 벨 전화 연구소의 Waston에 의해 군용으로 고안

② 특징

ㄱ 고장이나 재해요인의 정성적 분석뿐만 아니라 개개의 요인이 발생하는 확률을 얻을 수가 있어 정량적 예측이 가능하다.

ㄴ 재해발생 후의 원인 규명보다 재해발생 이전의 예측기법으로서의 활용 가치가 높은 유효한 방법

ㄷ 정상사상(頂上事像)인 재해현상으로부터 기본사상(基本事像)인 재해원인을 향해 연역적인 분석(Top Down)을 행하므로 재해현상과 재해원인의 상호관련을 정확하게 해석하여 안전 대책을 검토할 수 있다.

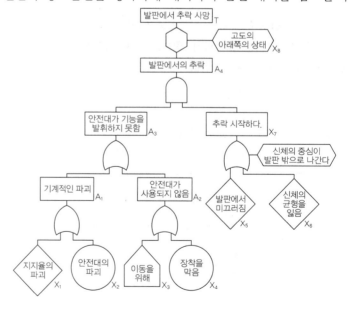

발판에서의 추락 재해 FT

③ 결함수 분석법(FTA)의 활용 및 기대효과

- ㉠ 사고원인 규명의 간편화
- ㉡ 사고원인 분석의 일반화
- ㉢ 사고원인 분석의 정량화
- ㉣ 노력시간의 절감
- ㉤ 시스템의 결함 진단
- ㉥ 안전점검표 작성시 기초자료

④ FTA에 의한 재해사례 연구순서 4단계

단계	내용
1단계	TOP 사상의 선정
2단계	사상의 재해 원인 규명
3단계	FT도 작성
4단계	개선 계획의 작성

(2) FT도 논리기호

① 논리기호

명칭	기호	해설
1. 결함 사상		결함이 재해로 연결되는 현상 또는 사실 상황 등을 나타내며 논리 gate의 입력, 출력이 된다. FT도표의 정상에 선정되는 사상인 정상 사상(top 사상)과 중간 사상에 사용한다.
2. 기본 사상		더 이상 해석을 할 필요가 없는 기본적인 기계의 결함 또는 작업자의 오동작을 나타낸다(말단 사상). 항상 논리 gate의 입력이며 출력은 되지 않는다.
3. 이하 생략의 결함 사상 (추적 불가능한 최후 사상)		사상과 원인과의 관계를 충분히 알 수 없거나 또는 필요한 정보를 얻을 수 없기 때문에 이것 이상 전개할 수 없는 최후적 사상을 나타낼 때 사용한다(말단 사상).
4. 통상 사상 (家形事像)		통상의 작업이나 기계의 상태에 재해의 발생 원인이 되는 요소가 있는 것을 나타낸다. 즉, 결함 사상이 아닌 발생이 예상되는 사상을 나타낸다(말단 사상).
5. 전이 기호 (이행 기호)	(in) (out)	FT도상에서 다른 부분에의 이행 또는 연결을 나타내는 기호로 사용한다. 좌측은 전입, 우측은 전출을 뜻한다.
6. AND gate	출력 입력	출력 X의 사상이 일어나기 위해서는 모든 입력 A, B, C의 사상이 일어나지 않으면 안된다는 논리 조작을 나타낸다. 즉, 모든 입력 사상이 공존할 때 만이 출력 사상이 발생한다.

[정상사상]

TOP사상이라고 하며 여러재해 현상 중에 가장 중요한 재해를 선정하여 FTA 사례연구를 실시하게 된다.

[말단사상]

더 이상 해석을 할 수 없는 FTA의 마지막에 오는 것으로 기본사상, 이하 생략 결함사상, 통상사상이 있다.

명칭	기호	해설
7. OR gate	출력 입력	입력사상 A, B, C 중 어느 하나가 일어나도 출력 X의 사상이 일어난다고 하는 논리 조작을 나타낸다. 즉, 입력 사상 중 어느 것이나 하나가 존재할 때 출력 사상이 발생한다.
8. 수정 기호	출력 조건 입력	제약 gate 또는 제지 gate라고도 하며, 입력 사상이 생김과 동시에 어떤 조건을 나타내는 사상이 발생할 때만이 출력 사상이 생기는 것을 나타낸다. 또한 AND gate와 OR gate에 여러 가지 조건부 gate를 나타낼 경우 이 수정 기호를 사용 한다.

Tip

FT도를 직접작성하는 문제는 출제되지 않으나 논리기호의 명칭을 묻는 문제는 필기·실기 모두 출제된다.

② 수정기호

기호	해설
ai,aj,ak 순으로 ai aj ak **우선적 AND gate**	입력사상 가운데 어느 사상이 다른 사상보다 먼저 일어났을 때에 출력사상이 생긴다. 예를 들면 「A는 B보다 먼저」와 같이 기입한다.
언젠가 2개 a b c **짜맞춤(조합) AND gate**	3개 이상의 입력사상 가운데 어느 것이던 2개가 일어 나면 출력 사상이 생긴다. 예를 들면 「어느 것이든 2개」라고 기입한다.
위험지속 시간 a c **위험지속 기호**	입력사상이 생기어 어느 일정시간 지속하였을 때에 출력사상이 생긴다. 예를 들면 「위험지속시간」과 같이 기입한다.
동시 발생 안됨 a b c **배타적 O.R gate**	OR Gate로 2개 이상의 입력이 동시에 존재한 때에는 출력사상이 생기지 않는다. 예를 들면 「동시에 발생하지 않는다.」라고 기입한다.
억제gate	수정 gate의 일종으로 억제 모디화이어(Inhibit Modifier)라고도 하며 입력현상이 일어나 조건을 만족하면 출력이 생기고, 조건이 만족되지 않으면 출력이 생기지 않는다.
A **부정 gate**	부정 모디화이어라고도 하며 입력현상의 반대인 출력이 된다.

(3) FTA의 작성

① FTA의 작성방법

㉠ 분석 대상이 되는 System의 범위 결정

㉡ 대상 System에 관계되는 자료의 정비

㉢ 상상하고 결정하는 사고의 명제(tree의 정상사상이 되는 것)를 결정

㉣ 원인추구의 전제조건을 미리 생각하여 둔다.

㉤ 정상사상에서 시작하여 순차적으로 생각되는 원인의 사상(중간사상과 말단사상)을 논리기호로 이어간다.

㉥ 먼저 골격이 될 수 있는 대충의 Tree를 만든다. Tree에 나타난 사상의 중요성에 따라 보다 세밀한 부분의 Tree로 전개한다.

㉦ 각각 사상에 번호를 붙이면 정리하기 쉽다.

② FT도의 작성순서

㉠ 재해의 위험도를 검토 후 해석할 재해를 결정(필요시 예비위험 분석, PHA)실시

㉡ 재해의 위험도를 고려하여 재해 발생의 목표치 결정

㉢ 재해에 관계되는 기계설비의 불량상태, 작업자의 에러에 대해 원인과 영향을 상세하게 조사한다. (필요한 경우 PHA나 FMEA를 실시)

㉣ FT(Fault tree)를 작성한다.

㉤ Cut Set, Minimal Cut Set를 구한다.

㉥ Path Set, Minimal Path Set를 구한다.

㉦ 작성한 FT를 수식화하여 수학적 처리에 의해 간소화 한다.

㉧ 재해의 원인이 되는 기계 등의 불량 상태나 작업자의 에러의 발생확률을 조사나 자료에 의해 정하고 FT에 표시한다.

㉨ 해석하는 재해의 발생확률을 계산한다.

㉩ 재해 확률 결과를 과거의 재해 또는 재해에 가까운 중간 사고의 발생률과 비교한다.

㉪ FT를 해석하여 재해의 발생 확률이 예상치를 넘는 경우에는 더욱 유리한 안전수단을 검토한다.

㉫ Cost나 기술 등의 제 조건을 고려해서 가장 유효한 재해 방지 대책을 세운다.

㉬ 결함수 분석법의 규모가 커지면 컴퓨터를 사용을 위해 Data를 정리

01 핵심문제　　　　1. 결함수 분석법의 특징

□□□ 10년2회, 16년1회

1. 다음 중 FTA(Fault Tree Analysis)에 관한 설명으로 가장 적절한 것은?

① 복잡하고, 대형화된 시스템의 신뢰성 분석에는 적절하지 않다.

② 시스템 각 구성요소의 기능을 정상인가 또는 고장인가로 점진적으로 구분 짓는다.

③ "그것이 발생하기 위해서는 무엇이 필요한가?"라는 것은 연역적이다.

④ 사건들을 일련의 이분(binary) 의사 결정 분기들로 모형화한다.

해설

FTA는 정상사상(頂上事像)인 재해현상으로부터 기본사상(基本事像)인 재해원인을 향해 연역적인 분석을 행하므로 재해현상과 재해원인의 상호관련을 정확하게 해석하여 안전 대책을 검토할 수 있다. 또한 정량적 해석이 가능 하므로 정량적 예측을 할 수도 있다.

□□□ 11년4회, 14년4회

2. 다음 중 결함수분석법(FTA)의 특징으로 볼 수 없는 것은?

① Top Down형식

② 정성적 해석의 불가능

③ 특정사상에 대한 해석

④ 논리기호를 사용한 해석

문제 2 ~ 3 해설

결함수분석법(FTA)의 특징
1. Top Down 형식
2. 특정사상에 대한 해석(정성적 해석)
3. 논리기호를 사용한 해석
4. 컴퓨터에 의한 Data 정리(정량적 해석)

□□□ 15년1회

3. 다음 중 결함수분석(FTA)에 관한 설명과 가장 거리가 먼 것은?

① 연역적 방법이다.

② 버텀-업(Bottom-Up) 방식이다.

③ 기능적 결함의 원인을 분석하는데 용이하다.

④ 계량적 데이터가 축적되면 정량적 분석이 가능하다.

□□□ 10년4회, 15년2회, 19년2회

4. 다음 중 결함수분석의 기대효과와 가장 관계가 먼 것은?

① 사고원인 규명의 간편화

② 시간에 따른 원인 분석

③ 사고원인 분석의 정량화

④ 시스템의 결함 진단

해설

결함수 분석법(FTA)의 활용 및 기대효과
1. 사고원인 규명의 간편화
2. 사고원인 분석의 일반화
3. 사고원인 분석의 정량화
4. 노력시간의 절감
5. 시스템의 결함 진단
6. 안전점검표 작성

□□□ 14년2회, 19년4회

5. 다음 중 각 기본사상의 발생확률이 증감하는 경우 정상사상의 발생확률에 어느 정도 영향을 미치는가를 반영하는 지표로서 수리적으로는 편미분계수와 같은 의미를 갖는 FTA의 중요도 지수는?

① 구조 중요도　　　② 확률 중요도

③ 치명 중요도　　　④ 비구조 중요도

해설

중요도란 어떤 기본사항의 발생이 정상사상의 발생에 어느 정도의 영향을 미치는가를 정량적으로 나타낸 것을 그 기본사상의 중요도라 한다.
1. 구조 중요도 : 기본사상의 발생확률을 문제하지 않고 결함수의 구조상, 각 기본사상이 갖는 치명성을 말한다.
2. 확률 중요도 : 각기본사상의 발생확률의 증감이 정상사상발생확률의 증감에 어느 정도나 기여하고 있는가를 나타내는 척도이다.
3. 치명 중요도 : 기본사상 발생확률의 변화율에 대한 정상사상발생확률의 변화의 비로서, 특히 시스템 설계라고 하는 면에서 이해하기에 편리하다.

□□□ 11년1회, 12년4회, 13년4회, 16년4회, 19년1회, 21년4회

6. 다음 보기의 각 단계를 결함수분석법(FTA)에 의한 재해 사례의 연구 순서대로 올바르게 나열한 것은?

① 정상사상의 선정	② FT도 작성 및 분석
③ 개선 계획의 작성	④ 각 사상의 재해원인 규명

① ①→②→③→④　　　② ①→④→②→③

③ ①→③→②→④　　　④ ①→④→③→②

문제 6 ～ 8 해설

FTA에 의한 재해사례 연구순서 4단계
1. 1단계 : TOP 사상의 선정
2. 2단계 : 사상의 재해 원인 규명
3. 3단계 : FT도 작성
4. 4단계 : 개선 계획의 작성

□□□ 09년2회, 13년2회, 18년4회
7. FTA에 의한 재해사례 연구 순서에서 가장 먼저 실시하여야 하는 상황은?

① FT도의 작성
② 개선 계획의 작성
③ 톱(TOP)사상의 선정
④ 사상의 재해 원인의 규명

□□□ 20년1,2회
8. FTA에 의한 재해사례 연구순서 중 2단계에 해당하는 것은?

① FT도의 작성
② 톱 사상의 선정
③ 개선계획의 작성
④ 사상의 재해원인을 규명

□□□ 08년1회, 12년2회
9. 다음 중 FT도에서 사용하는 논리기호에 있어 주어진 시스템의 기본사상을 나타내는 것은?

① [사각형 기호]   ② [다이아몬드 기호]

③ [원 기호]   ④ [삼각형 기호]

문제 9 ～ 10 해설

명칭	기호	명칭	기호
1. 결함 사상	[사각형]	3. 이하 생략의 결함 사상	[다이아몬드]
2. 기본 사상	[원]	4. 통상 사상 (家形事像)	[집모양]

□□□ 11년2회, 14년2회, 18년1회
10. 다음 중 FTA(Fault Tree Analysis)에 사용되는 논리기호와 명칭이 올바르게 연결된 것은?

① [다이아몬드 기호] : 전이기호   ② [사각형 기호] : 기본사상

③ [집모양 기호] : 통상사상   ④ [원 기호] : 결함사상

□□□ 13년1회, 16년2회, 16년4회, 19년2회
11. FT도에 사용하는 기호에서 3개의 입력현상 중 임의의 시간에 2개가 발생하면 출력이 생기는 기호의 명칭은?

① 우선적 AND 게이트
② 조합 AND 게이트
③ 억제 게이트
④ 배타적 OR 게이트

문제 11 ～ 13 해설

1. 우선적 AND Gate : 입력사상 가운데 어느 사상이 다른 사상보다 먼저 일어났을 때에 출력사상이 생긴다. 예를 들면 「A는 B보다 먼저」와 같이 기입한다.
2. 조합(짜맞춤) AND Gate : 3개 이상의 입력사상 가운데 어느 것이든 2개가 일어나면 출력사상이 생긴다. 예를 들면 「어느 것이던 2개」라고 기입한다.
3. 위험지속기호 : 입력사상이 생기어 어느 일정시간 지속하였을 때에 출력사상이 생긴다. 예를 들면 「위험지속시간」과 같이 기입한다.
4. 배타적 OR Gate : OR Gate로 2개 이상의 입력이 동시에 존재할 때에는 출력사상이 생기지 않는다. 예를 들면 「동시에 발생하지 않는다.」라고 기입한다

□□□ 08년4회, 17년4회
12. FTA에 사용되는 논리 게이트 중 여러 개의 입력 사상이 정해진 순서에 따라 순차적으로 발생해야만 결과가 출력되는 것은?

① 억제 게이트
② 조합 AND 게이트
③ 배타적 OR 게이트
④ 우선적 AND 게이트

□□□ 11년4회, 20년1,2회
13. FT도에서 사용하는 기호 중 다음 그림과 같이 OR게이트지만 2개 또는 그 이상의 입력이 동시에 존재하는 경우에는 출력이 생기지 않는 경우에 사용하는 것은?

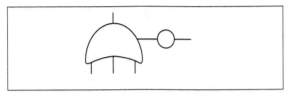

① 부정 OR 게이트　② 배타적 OR 게이트
③ 억제 게이트　　　④ 조합 OR 게이트

□□□ 15년4회, 19년1회
14. FT도에 사용되는 다음 게이트의 명칭은?

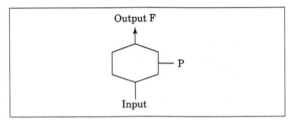

① 부정 게이트　　　② 억제 게이트
③ 배타적 OR 게이트　④ 우선적 AND 게이트

해설

억제 게이트
수정 gate의 일종으로 억제 모디화이어(Inhibit Modifier) 라고도 하며 입력현상이 일어나 조건을 만족하면 출력이 생기고, 조건이 만족되지 않으면 출력이 생기지 않는다.

02 FTA의 정량적 분석

(1) 불 대수(Boolean Algebra)

FT를 수식으로 표시하거나 간소화하기 위해서는 통상 불 대수가 사용된다.

① 벤 다이어그램을 통한 표현

1을 전체집합으로 하여 그 부분집합을 A, B, C …, 공집합을 0으로 할 때 2개의 부분집합의 논리곱을 ·(또는 ∩), 논리합을 +(또는 ∪)로 표현하면 다음과 같다.

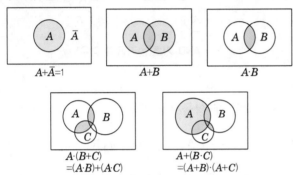

② 불 대수의 관계식

구분	내용
교환법칙	$A+B=B+A$ $A \cdot B=B \cdot A$
결합법칙	$A+(B+C)=(A+B)+C$ $A \cdot (B \cdot C)=(A \cdot B) \cdot C$
분배법칙	$A \cdot (B+C)=A \cdot B+A \cdot C$ $A+(B \cdot C)=(A+B) \cdot (A+C)$
멱등법칙	$A+A=A$ $A \cdot A=A$
보수법칙	$A+\overline{A}=1$ $A \cdot \overline{A}=0$
항등법칙	$A+0=A$ $A+1=1$ $A \cdot 0=0$ $A \cdot 1=A$
흡수법칙	$A+(A \cdot B)=A$ $A \cdot (A+B)=A$
드모르간의 법칙	$\overline{A}+\overline{B}=\overline{A \cdot B}$ $\overline{A} \cdot \overline{B}=\overline{A+B}$

Tip

FT도의 확률사상은 정상사상이 발생될 확률을 구하는 것이다. FT(fault tree)라는 표현처럼 실패할 확률, 즉 불 신뢰도를 구하는 경우를 말한다. 기존 시스템도의 확률사상과 구분하도록 하자.

(2) 확률사상의 계산

① 논리(곱)

논리게이트가 AND일 때 확률사상 계산식

$$\therefore \; T(A \cdot B \cdot C \cdots N) = q_A \cdot q_B \cdot q_C \cdots q_N$$

A와 B가 동시에 발생하지 않으면 T는 발생하지 않는다.(A AND B)

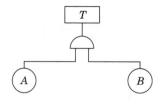

AND 기호(논리곱의 경우)

② 논리(합)

논리게이트가 OR일 때 확률사상 계산식

$$\therefore \; T(A + B + C + \cdots + N) = 1 - (1 - q_A)(1 - q_B)(1 - q_C) \cdots (1 - q_N)$$

A와 B의 어느 것이 발생하더라도 T는 발생한다.(A OR B)

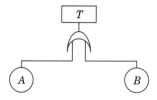

OR 기호(논리합의 경우)

③ 기본논리 조작에 대한 불신뢰도와 신뢰도

구분	AND gate	OR gate
논리기호	E — X_1 X_2 $\cdots$ X_n	E — X_1 X_2 $\cdots$ X_n
불신뢰도 F_E	$F_E = F_{X1} \cdot F_{X2} \ldots F_{XN}$	$F_E = 1 - (1 - F_{X1})(1 - F_{X2}) \ldots (1 - F_{XY})$
신뢰도 R_E	$R_E = 1 - (1 - R_{X1}) \cdot (1 - R_{X2}) \ldots (1 - R_{XY})$	$R_E = R_{x1} \cdot R_{X2} \ldots R_{xn}$

(3) Cut Set & Minimal Cut Set

① 용어의 정의

구분	정의
컷셋 (cut set)	포함되어 있는 모든 기본사상(여기서는 통상사상, 생략 결함 사상 등을 포함한 기본사상)이 일어났을 때 정상사상을 일으키는 기본사상의 집합
미니멀 컷셋 (minimal cut set)	• 어떤 고장이나 실수가 생기면 재해가 일어나는 것으로 시스템의 위험성을 표시 • 컷 중 그 부분집합만으로 정상사상이 일어나지 않는 것으로 정상사상을 일으키기 위해 필요한 최소의 컷

② 최소 컷셋 구하기

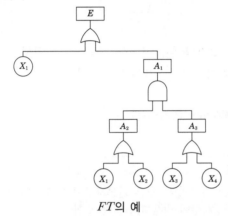

FT의 예

ㄱ 부울 대수의 의한 방법

$$E = X_1 + A_1$$
$$= X_1 + A_2 \cdot A_3$$
$$= X_1 + (X_1 + X_2) \cdot (X_3 + X_4)$$
$$= X_1 + X_2 \cdot (X_3 + X_4)$$
$$= X_1 + X_2 \cdot X_3 + X_2 \cdot X_4$$

최소 컷셋은 (X_1), (X_2, X_3), (X_2, X_4) 와 같이 된다.

ㄴ Fussell의 방법
- 각 중간사상(gate)에 A_1, A_2 …와 같이 번호를 붙인다.
- 기본사상에 X_1, X_2…와 같이 번호를 붙인다.
- FT의 최상부로부터 번호가 부여된 기호를 기록해 한다. 이때 OR gate인 경우에는 입력사상을 세로 방향으로, AND gate인 경우에는 가로방향으로 기록해 간다.

$$FT의\ OR\ gate의\ 신뢰성\ Block\ \rightarrow\ 직렬(세로배열)$$
$$FT의\ AND\ gate의\ 신뢰성\ Block\ \rightarrow\ 병렬(가로배열)$$

$$E \rightarrow \begin{bmatrix} X_1 \\ A_1 \end{bmatrix} \rightarrow \begin{bmatrix} X_1 \\ A_2,\ A_3 \end{bmatrix} \rightarrow \begin{bmatrix} X_1 \\ X_1,\ A_3 \\ X_2,\ A_3 \end{bmatrix}$$

$$\rightarrow \begin{bmatrix} X_1 \\ X_1,\ X_3 \\ X_1,\ X_4 \\ X_2,\ X_3 \\ X_2,\ X_4 \end{bmatrix} \begin{bmatrix} X_1 \\ X_2,\ X_3 \\ X_2,\ X_4 \end{bmatrix}$$

따라서 다음과 같이 되며, 변형해 가면 최소 컷셋은 (X_1), $(X_2,\ X_3)$, $(X_2,\ X_4)$의 3가지가 되는 것을 알 수 있다.

(4) Path Set & Minimal Path Set

① 용어의 정의

구분	정의
패스셋 (path set)	포함되어 있는 모든 기본사상이 모두 일어나지 않을 때 정상사상이 발생하지 않는 집합
미니멀 패스셋 (minimal path set)	• 어떤 고장이나 실수를 일으키지 않으면 재해는 잃어나지 않는다고 하는 것으로 시스템의 신뢰성을 나타낸다. • 최소 패스셋을 구하기는 최소 컷셋과 최소 패스셋의 쌍대성을 이용한다.

② 최소 패스셋 구하기

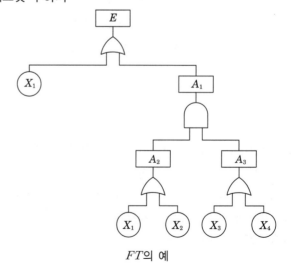

FT의 예

㉠ 부울 대수에 의한 방법

Pass Set는 정상사상이 일어나지 않는 사상을 생각하기 때문에 E 대신에 E의 부족 $\overline{E}$를 사용하면 된다.

$$
\begin{aligned}
\overline{E} &= \overline{X_1} \cdot \overline{A_1} \\
&= \overline{X_1} \cdot (\overline{A_2} + \overline{A_3}) \\
&= \overline{X_1} \cdot ((\overline{X_1} \cdot \overline{X_2}) + (\overline{X_3} \cdot \overline{X_4})) \\
&= \overline{X_1} \cdot \overline{X_2} + \overline{X_1} \cdot \overline{X_3} \cdot \overline{X_4}
\end{aligned}
$$

여기에 따라 최소 패스셋은 (X_1, X_2)와 (X_1, X_3, X_4)와 같이 된다.

㉡ Fussell의 방법

최소 패스셋을 구하는 데는 최소 컷셋과 최소 패스셋의 쌍대성을 이용하는 것이 좋다. 즉 대상으로 하는 함수와 쌍대의 함수(Dual Fault Tree)를 구한다. 쌍대함수는 원래의 함수의 논리적은 논리화로, 논리화는 논리적으로 바꾸고 모든 현상은 그것들이 일어나지 않는 경우로 생각한 FT이다.

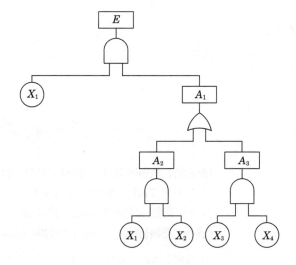

$$
E \rightarrow [X_1,\ A_1] \rightarrow \begin{bmatrix} X_1,\ A_2 \\ \quad\ A_3 \end{bmatrix} \rightarrow \begin{bmatrix} X_1,\ A_2 \\ X_1,\ A_3 \end{bmatrix}
$$

$$
\rightarrow \begin{bmatrix} X_1,\ X_1,\ X_2 \\ X_1,\ X_3,\ X_4 \end{bmatrix} \rightarrow \begin{bmatrix} X_1,\ X_2 \\ X_1,\ X_3,\ X_4 \end{bmatrix}
$$

02 핵심문제　　　2. FTA의 정량적 분석

□□□ 08년1회, 13년4회, 18년4회

1. 다음 불 대수 관계식 중 틀린 것은?

① $A + \overline{A} \cdot B = A + B$
② $\overline{A} \cdot \overline{B} = \overline{A + B}$
③ $A + B = \overline{A} \cdot \overline{B}$
④ $A(A + B) = A$

해설

① $A + \overline{A} \cdot B = (A + \overline{A}) \cdot (A + B)$
　　　$= 1 \cdot (A + B)$
　　　$= A + B$
② $\overline{A} \cdot \overline{B} = \overline{A + B}$
③ $A + B = B + A$
④ $A \cdot (A + B) = A \cdot (1 + B) = A \cdot 1 = A$

□□□ 14년2회, 22년2회

2. 다음 중 불(Bool) 대수의 정리를 나타낸 관계식으로 틀린 것은?

① $A \cdot O = O$　　② $A + 1 = 1$
③ $A \cdot \overline{A} = 1$　　④ $A(A + B) = A$

해설

$$A \cdot \overline{A} = 0$$

□□□ 14년4회

3. 다음 중 불(Bool) 대수의 정리를 나타낸 관계식으로 틀린 것은?

① $A \cdot A = A$　　② $A + A = 0$
③ $A + AB = A$　　④ $A + A = A$

해설

$$A + A = A$$

□□□ 14년1회, 16년4회

4. 다음 중 FT의 작성방법에 관한 설명으로 틀린 것은?

① 정성·정량적으로 해석·평가하기 전에는 FT를 간소화 해야 한다.
② 정상(Top)사상과 기본사상과의 관계는 논리게이트를 이용해 도해한다.
③ FT를 작성하려면 먼저 분석대상 시스템을 완전히 이해하여야 한다.
④ FT 작성을 쉽게 하기 위해서는 정상(Top)사상을 최대한 광범위하게 정의한다.

해설

FT 작성 시 결정하는 사고의 명제를 결정하여 하나의 Top 사상을 결정하여야 한다.

[참고] FTA의 작성방법
① 분석 대상이 되는 System의 범위 결정
② 대상 System에 관계되는 자료의 정비
③ 상상하고 결정하는 사고의 명제(tree의 정상사상이 되는 것)를 결정
④ 원인추구의 전제조건을 미리 생각하여 둔다.
⑤ 정상사상에서 시작하여 순차적으로 생각되는 원인의 사상(중간사상과 말단사상)을 논리기호로 이어간다.
⑥ 먼저 골격이 될 수 있는 대충의 Tree를 만든다. Tree에 나타난 사상의 중요성에 따라 보다 세밀한 부분의 Tree로 전개한다.
⑦ 각각 사상에 번호를 붙이면 정리하기 쉽다.

□□□ 16년1회

5. 재해예방 측면에서 시스템의 FT에서 상부측 정상사상의 가장 가까운 쪽에 OR 게이트를 인터록이나 안전장치 등을 활용하여 AND 게이트로 바꿔주면 이 시스템의 재해율에는 어떠한 현상이 나타나겠는가?

① 재해율에는 변화가 없다.
② 재해율의 급격한 증가가 발생한다.
③ 재해율의 급격한 감소가 발생한다.
④ 재해율의 점진적인 증가가 발생한다.

해설

AND 게이트는 출력 사상이 일어나기 위해서는 모든 입력 의 사상이 일어나지 않으면 안된다는 논리 조작을 나타낸다. 즉, 모든 입력 사상이 공존할 때 만이 출력 사상이 발생한다. 따라서 재해율의 급격한 감소가 발생한다.

□□□ 08년1회, 16년2회, 17년1회, 20년3회

6. 그림과 같이 FTA로 분석된 시스템에서 현재 모든 기본 사상에 대한 부품이 고장난 상태이다. 부품 X_1부터 부품 X_5까지 순서대로 복구한다면 어느 부품을 수리 완료하는 순간부터 시스템은 정상가동이 되겠는가?

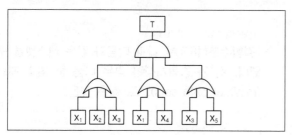

① 부품 X_2　　　　② 부품 X_3

③ 부품 X_4　　　　④ 부품 X_5

해설

X_1에서부터 X_3까지가 순서대로 복구될 때 X_3가 수리 완료 시 시스템은 정상가동 된다.

X_1, X_2, X_3 까지 수리가 되면 세 번째인 OR gate 시스템이 작동할 수 있으며 전체 AND gate에서는 모든 사상이 고장 나지 않으면 고장이 나지 않는 사상이므로 하나의 시스템만 작동하면 정상작동하게 된다.

□□□ 19년1회, 19년4회

7. 다음 FT에서 각 요소의 발생확률이 요소 ①과 요소 ②는 0.2, 요소 ③은 0.25, 요소 ④는 0.3일 때 A사상의 발생확률은 얼마인가?

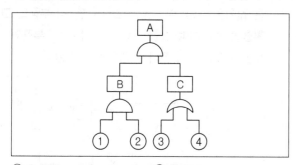

① 0.007　　　　② 0.014

③ 0.019　　　　④ 0.071

해설

A=B×C=0.04×0.475=0.019

1. B=0.2×0.2=0.04

2. C=1-(1-0.25)(1-0.3)=0.475

□□□ 10년4회, 20년3회

8. 그림과 같은 FT도에서 $F_1 = 0.015$, $F_2 = 0.02$, $F_3 = 0.05$이면, 정상사상 T가 발생할 확률은 약 얼마인가?

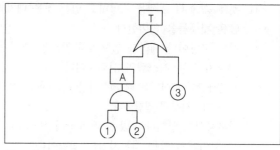

① 0.0002　　　　② 0.0283

③ 0.0503　　　　④ 0.950

해설

$T = 1 - (1-A)(1-③)$
$\quad = 1 - (1-0.0003) \times (1-0.05) = 0.05028$
$A = ① \times ② = 0.015 \times 0.02 = 0.0003$

□□□ 12년2회, 16년1회, 19년2회, 22년1회

9. 어떤 결함수를 분석하여 minimal cut set을 구한 결과 다음과 같았다. 각 기본사상의 발생확률을 q_i, i=1, 2, 3라 할 때 정상사상의 발생확률함수로 옳은 것은?

$$\text{"}K_1 = [1,2], \ K_2 = [1,3], \ K_3 = [2,3]\text{"}$$

① $q_1 q_2 + q_1 q_2 - q_2 q_3$

② $q_1 q_2 + q_1 q_3 - q_2 q_3$

③ $q_1 q_2 + q_1 q_3 + q_2 q_3 - q_1 q_2 q_3$

④ $q_1 q_2 + q_1 q_3 + q_2 q_3 - 2 q_1 q_2 q_3$

해설

최소 컷셋이 주어진 경우 정상사상의 발생확률은 병렬로 표시 할수 있다.

$T = 1 - (1-K_1)(1-K_2)(1-K_3)$
$\quad = 1 - (1-q_1 q_2)(1-q_1 q_3)(1-q_2 q_3)$
$\quad = (1 - q_1 q_3 - q_1 q_2 + q_1 q_2 q_3)(1-q_2 q_3)$
$\quad = 1 - q_2 q_3 - q_1 q_3 + q_1 q_2 q_3 - q_1 q_2 + q_1 q_2 q_3 + q_1 q_2 q_3 - q_1 q_2 q_3$
$\quad = 1 - q_2 q_3 - q_1 q_3 - q_1 q_2 + 2(q_1 q_2 q_3)$
$\quad = 1 - 1 + q_2 q_3 + q_1 q_3 +_1 q_2 - 2(q_1 q_2 q_3)$
$\quad = q_2 q_3 + q_1 q_3 + q_1 q_2 - 2(q_1 q_2 q_3)$

□□□ 11년1회, 15년2회, 18년4회

10. 다음 중 최소 컷셋(Minimal cut sets)에 관한 설명으로 옳은 것은?

① 컷셋 중에 타 컷셋을 포함하고 있는 것을 배제하고 남은 컷셋들을 의미한다.

② 어느 고장이나 에러를 일으키지 않으면 재해가 일어나지 않는 시스템의 신뢰성이다.

③ 기본사상이 일어났을 때 정상사상(Top event)을 일으키는 기본사상의 집합이다.

④ 기본사상이 일어나지 않을 때 정상사상(Top event)이 일어나지 않는 기본사상의 집합이다.

문제 10 ~ 11 해설

1. 최소 패스셋(minimal path set)은 어떤 고장이나 실수를 일으키지 않으면 재해는 일어나지 않는다고 하는 것, 즉 시스템의 신뢰성을 나타낸다.
2. 컷셋(cut sets)이란 그 속에 포함되어 있는 모든 기본사상이 일어났을 때 정상사상을 일으키는 기본사상의 집합을 말한다.
3. 패스셋(path set)이란 그 속에 포함되어 있는 모든 기본사상이 일어나지 않을 때 정상사상을 일어나지 않는 기본사상의 집합을 말한다.

□□□ 08년4회, 14년2회, 17년2회

11. 다음 중 결함수분석법(FTA)에서의 미니멀 컷셋과 미니멀 패스셋에 관한 설명으로 옳은 것은?

① 미니멀 컷셋은 정상사상(top event)을 일으키기 위한 최소한의 컷셋이다.

② 미니멀 컷셋은 시스템의 신뢰성을 표시하는 것이다.

③ 미니멀 패스셋은 시스템의 위험성을 표시하는 것이다.

④ 미니멀 패스셋은 시스템의 고장을 발생시키는 최소의 패스셋이다.

□□□ 13년1회, 17년4회, 20년1,2회

12. 다음 중 컷셋과 패스셋에 관한 설명으로 옳은 것은?

① 동일한 시스템에서 패스셋의 개수와 컷셋의 개수는 같다.

② 패스셋은 동시에 발생했을 때 정상사상을 유발하는 사상들의 집합이다.

③ 일반적으로 시스템에서 최소 컷셋의 개수가 늘어나면 위험 수준이 높아진다.

④ 일반적으로 시스템에서 최소 컷셋 내의 사상 개수가 적어지면 위험 수준이 낮아진다.

해설

최소컷셋(minimal cut set)은 어떤 고장이나 실수를 일으키면 재해가 일어나는가 하는 것으로 결국은 시스템의 위험성을 표시하는 것으로 최소 컷셋의 개수가 늘어나면 위험 수준이 높아진다.

□□□ 11년4회, 14년4회, 20년4회

13. 결함수분석(FTA) 결과 다음과 같은 패스셋을 구하였다. X_4 가 중복사상인 경우 다음 중 최소 패스셋(minimal path sets)으로 옳은 것은?

$\{X_2, X_3, X_4\}$
$\{X_1, X_3, X_4\}$
$\{X_3, X_4\}$

① $\{X_3, X_4\}$

② $\{X_1, X_3, X_4\}$

③ $\{X_2, X_3, X_4\}$

④ $\{X_2, X_3, X_4\}$와 $\{X_3, X_4\}$

해설

최소 패스셋(minimal path sets)은 컷셋 중 중복된 사상인 $\{X_3, X_4\}$ 가 된다.

□□□ 10년2회, 13년4회, 18년1회

14. 다음 시스템에 대하여 톱사상(top event)에 도달할 수 있는 최소 컷셋(minimal cut sets)을 구할 때 올바른 집합은? (단, X_1, X_2, X_3, X_4 는 각 부품의 고장 확률을 의미하며 집합 $\{X_1, X_2\}$는 X_1 부품과 X_2 부품이 동시에 고장나는 경우를 의미한다.)

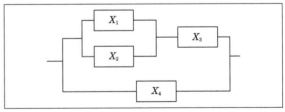

① $\{X_1, X_2\}, \{X_3, X_4\}$

② $\{X_1, X_3\}, \{X_2, X_4\}$

③ $\{X_1, X_2, X_4\}, \{X_3, X_4\}$

④ $\{X_1, X_3, X_4\}, \{X_2, X_3, X_4\}$

해설

최소 컷셋 : $T \rightarrow [A, X_4] \rightarrow \begin{bmatrix} B, & X_4 \\ X_3, & X_4 \end{bmatrix} \rightarrow \begin{matrix} [X_1, X_2, X_4] \\ [X_3, X_4] \end{matrix}$

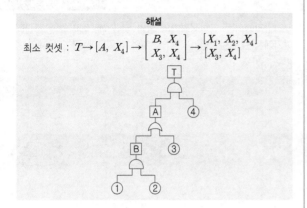

□□□ 12년4회, 17년1회

15. 다음 FT도에서 최소 컷셋을 올바르게 구한 것은?

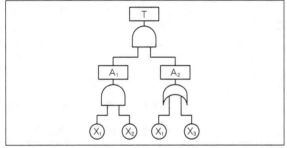

① (X_1, X_2) ② (X_1, X_3)

③ (X_2, X_3) ④ (X_1, X_2, X_3)

해설

$T \rightarrow [A_1, A_2] \rightarrow [X_1, X_2, A_2] \rightarrow \begin{bmatrix} X_1, X_2, X_1 \\ X_1, X_2, X_3 \end{bmatrix}$

미니멀 컷셋 $[X_1, X_2]$

Chapter 07

위험성평가 및 설비 유지관리

위험성평가 및 설비 유지관리에서는 위험성평가의 방법 및 단계, 설비의 유지관리, 고장률에 대한 내용으로 여기에서는 위험성평가의 각 단계와 신뢰도에 관한 문제가 주로 출제된다.

01 위험성 평가(제조업)

(1) 정의

화합물질을 제조, 저장, 취급하는 화학설비(건조설비 포함)를 신설, 변경, 이전하는 경우, 설계단계에서 화학설비의 안전성 확보를 위한 사전평가 방법을 제시하여 위험을 근원적으로 예방한다.

(2) 안전성 평가의 단계

단계	내용	단계	내용
1단계	관계자료의 작성준비	4단계	안전대책
2단계	정성적 평가	5단계	재해정보에 의한 재평가
3단계	정량적 평가	6단계	FTA에 의한 재평가

(3) 안전성 평가의 진행

① 제1단계 : 관계자료의 작성준비

관계자료의 조사항목

- 입지조건과 관련된 지질도와 풍배도(風配圖) 등의 입지에 관한 도표
- 화학설비 배치도 (설비내의 기기, 건조물, 기타 시설의 배치도)
- 건조물의 평면도, 입면도 및 단면도
- 기계실 및 전기실의 평면도, 단면도 및 입면도
- 원재료, 중간체, 제품 등의 물리적, 화학적 성질 및 인체에 미치는 영향
- 제조공정의 개요(Process flow sheet에 따라 제조공정의 개요를 정리)
- 제조공정상 일어나는 화학반응(운전조건에서 정상 반응, 이상반응의 가능성, 폭주반응 또는 불안전한 물질에 의한 폭발, 화재 등의 발생에 관해서 검토하고 자료를 정리)
- 공정계통도
- 공정기기목록
- 배관, 계장계통도
- 안전설비의 종류와 설치장소
- 운전요령, 요원배치계획, 안전보건교육 훈련계획

[관련법령]
산업안전보건법 제36조【위험성평가의 실시】
사업주는 건설물, 기계·기구·설비, 원재료, 가스, 증기, 분진, 근로자의 작업행동 또는 그 밖의 업무로 인한 유해·위험 요인을 찾아내어 부상 및 질병으로 이어질 수 있는 위험성의 크기가 허용 가능한 범위인지를 평가하여야 하고, 그 결과에 따라 이 법과 이 법에 따른 명령에 따른 조치를 하여야 하며, 근로자에 대한 위험 또는 건강장해를 방지하기 위하여 필요한 경우에는 추가적인 조치를 하여야 한다.

② 제2단계 : 정성적 평가

주요 진단항목

1. 설계 관계	2. 운전 관계
• 입지 조건 • 공장내 배치 • 건 조 물 • 소방설비	• 원재료, 중간체, 제품 • 공 정 • 수송, 저장 등 • 공정기기

③ 3단계 : 정량적 평가

주요 진단항목

1. 분류 항목	2. 등급 분류
• 당해 화학설비의 취급물질 • 용량 • 온도 • 압력 • 조작	• A(10점) • B(5점) • C(2점) • D(0점)

위험도 등급

등 급	점 수	내용
등 급 Ⅰ	16점 이상	위험도가 높다.
등 급 Ⅱ	11~15점 이하	주위상황, 다른 설비와 관련해서 평가
등 급 Ⅲ	10점 이하	위험도가 낮다.

✔ 예제

다음 [표]는 불꽃놀이용 화학물질취급설비에 대한 정량적 평가이다. 각 항목에 대한 위험등급은 어떻게 되는가?

항목	A (10점)	B (5점)	C (2점)	D (0점)
취급물질	○	○	○	
조작		○		○
화학설비의 용량	○		○	
온도	○	○		
압력		○	○	○

① 취급물질 : 17점, Ⅰ등급
② 조작 : 5점, Ⅲ등급
③ 화학설비의 용량 : 12점, Ⅱ등급
④ 온도 : 15점 Ⅱ등급
⑤ 압력 : 7점, Ⅲ등급

[안전성 평가의 정밀진단기술]
(1) 고장해석기술 : 강제열화시험, 파괴시험, 파단면해석, 화학분석
(2) 고장검출기술 : 회전기계, 전동기, 정지기계, 배관류의 진단기술

④ 4단계 : 안전 대책

설비 대책	관리적 대책
안전장치 및 방재장치에 관한 대책	인원 배치, 교육훈련 및 보건 대책

<table>
<tr><td colspan="4" align="center">적정 인원 배치</td></tr>
<tr><td>구분</td><td>위험등급 Ⅰ</td><td>위험등급 Ⅱ</td><td>위험등급 Ⅲ</td></tr>
<tr><td>인원</td><td>긴급시, 동시 다른 장소에서 작업이 가능한 충분한 인원 배치</td><td>긴급시, 동시 다른 장소에서 작업이 가능한 인원 배치</td><td>긴급시 주작업을 하고 지원이 확보될 수 있는 인원의 배치</td></tr>
<tr><td>자격</td><td>법정자격자를 복수로 배치, 관리밀도가 높은 인원 배치</td><td>법정자격자가 복수로 배치되어 있는 인원 배치</td><td>법정자격자를 충분히 배치</td></tr>
</table>

[교육훈련 관리대책]

(1) 이론(학과)내용
- 위험물 및 화학반응에 관한 지식
- 화학설비 등의 구조 및 취급방법
- 화학설비 등의 운전 및 보전의 방법
- 작업규정
- 재해사례
- 관계법령

(2) 실습 내용
- 운전
- 경보 및 보전의 방법
- 긴급시의 조작방법

⑤ 제5단계 : 재평가

제4단계에서 안전대책을 강구한 후 그 설계내용에 동종설비 또는 동종장치의 재해정보를 적용하여 안전대책의 재평가

(4) 유해 위험방지계획서

① 유해 위험방지계획서의 제출대상 사업

㉠ 다음의 제출대상 사업으로 해당 제품의 생산 공정과 직접적으로 관련된 건설물·기계·기구 및 설비 등 일체를 설치·이전하거나 그 주요 구조부분을 변경하려는 경우

사업의 종류	기준
(1) 금속가공제품(기계 및 가구는 제외) 제조업 (2) 비금속 광물제품 제조업 (3) 기타 기계 및 장비 제조업 (4) 자동차 및 트레일러 제조업 (5) 식료품 제조업 (6) 고무제품 및 플라스틱 제조업 (7) 목재 및 나무제품 제조업 (8) 기타제품 제조업 (9) 1차 금속산업 (10) 가구 제조업 (11) 화학물질 및 화학제품 제조업 (12) 반도체 제조업 (13) 전자부품 제조업	전기 계약용량 300kW 이상인 사업

ⓒ 첨부서류
- 건축물 각 층의 평면도
- 기계 · 설비의 개요를 나타내는 서류
- 기계 · 설비의 배치도면
- 원재료 및 제품의 취급, 제조 등의 작업방법의 개요
- 그 밖에 고용노동부장관이 정하는 도면 및 서류

② 유해 · 위험방지계획서의 제출대상 기계 · 기구 및 설비
ⓐ 다음의 유해하거나 위험한 작업 또는 장소에서 사용하거나 건강장해
를 방지하기 위하여 사용하는 기계 · 기구 및 설비를 <u>설치 · 이전하거
나 그 주요 구조부분을 변경</u>하려는 경우
- 금속이나 그 밖의 광물의 용해로
- 화학설비
- 건조설비
- 가스집합 용접장치
- 제조 등 금지물질 또는 허가대상물질 관련 설비
- 분진작업 관련 설비
ⓑ 첨부서류
- 설치장소의 개요를 나타내는 서류
- 설비의 도면
- 그 밖에 고용노동부장관이 정하는 도면 및 서류

③ 유해 위험방지계획서의 심사
해당작업 시작 전 15일 전까지 공단에 2부 제출하여 심사

결과	내용
적정	근로자의 안전과 보건을 위하여 필요한 조치가 구체적으로 확보되었다고 인정되는 경우
조건부 적정	근로자의 안전과 보건을 확보하기 위하여 일부 개선이 필요하다고 인정되는 경우
부적정	기계 · 설비 또는 건설물이 심사기준에 위반되어 공사착공 시 중대한 위험발생의 우려가 있거나 계획에 근본적 결함이 있다고 인정되는 경우

 Tip
제조업의 유해위험방지계획서 첨부서류는 건설업의 내용과 차이가 있으므로 주의하자

[유해 · 위험방지 계획서 공단 확인사항]
(1) 유해 · 위험방지계획서의 내용과 실제 공사 내용이 부합하는지 여부
(2) 유해 · 위험방지계획서 변경내용의 적정성
(3) 추가적인 유해 · 위험요인의 존재 여부

01 핵심문제   1. 위험성 평가(제조업)

□□□ 09년4회, 10년4회, 19년4회

1. 다음 중 안전성 평가 단계가 순서대로 올바르게 나열된 것으로 옳은 것은?

① 정성적 평가 – 정량적 평가 – FTA에 의한 재평가 – 재해정보로부터의 재평가 – 안전대책

② 정량적 평가 – 재해정보로부터의 재평가 – 관계 자료의 작성준비 – 안전대책 – FTA에 의한 재평가

③ 관계 자료의 작성준비 – 정성적 평가 – 정량적 평가 – 안전대책 – 재해정보로부터의 재평가 – FTA에 의한 재평가

④ 정량적 평가 – 재해정보로부터의 재평가 – FTA에 의한 재평가 – 관계 자료의 작성준비 – 안전대책

문제 1 ~ 3 해설

안전성 평가의 6단계
1단계 : 관계자료의 정비검토
2단계 : 정성적 평가
3단계 : 정량적 평가
4단계 : 안전대책
5단계 : 재해정보에 의한 재평가
6단계 : FTA에 의한 재평가

□□□ 12년2회, 15년4회

2. 금속세정작업장에서 실시하는 안정성 평가단계를 다음과 같이 5가지로 구분할 때 다음 중 4단계에 해당하는 것은?

• 재평가	• 안전대책
• 정량적 평가	• 정성적 평가
• 관계자료의 작성준비	

① 안전대책
② 정성적 평가
③ 정량적 평가
④ 재평가

□□□ 10년2회, 13년1회

3. 다음 중 안전성 평가의 기본원칙 6단계에 해당되지 않는 것은?

① 관계 자료의 정비검토
② 정성적 평가
③ 작업 조건의 평가
④ 안전대책

□□□ 12년1회, 16년4회

4. 화학설비의 안전성 평가단계 중 "관계 자료의 작성준비"에 있어 관계자료의 조사항목과 가장 관계가 먼 것은?

① 입지에 관한 도표
② 온도, 압력
③ 공정기기목록
④ 화학설비 배치도

해설

관계자료의 조사항목
1. 입지조건
2. 화학설비 배치도
3. 건조물의 평면도, 입면도 및 단면도
4. 기계실 및 전기실의 평면도, 단면도, 및 입면도
5. 원재료, 중간체, 제품 등의 물리적, 화학적 성질 및 인체에 미치는 영향
6. 제조공정의 개요
7. 제조공정상 일어나는 화학반응
8. 공정 계통도
9. 공정기기 목록
10. 배관, 계장계통도
11. 안전설비의 종류와 설치장소
12. 운전요령, 요원배치계획, 안전보건교육 훈련계획
13. 기타 관계자료

□□□ 13년2회, 16년2회

5. 화학설비에 대한 안전성 평가방법 중 공장의 입지조건이나 공장 내 배치에 관한 사항은 제 몇 단계에서 하는가?

① 제1단계 : 관계자료의 작성 준비
② 제2단계 : 정성적 평가
③ 제3단계 : 정량적 평가
④ 제4단계 : 안전대책

문제 5 ~ 6 해설

안전성의 정성적 평가항목

1. 설계 관계	2. 운전 관계
(1) 입지 조건	(1) 원재료, 중간체 제품
(2) 공장내 배치	(2) 공정
(3) 건조물	(3) 수송, 저장 등
(4) 소방설비	(4) 공정기기

□□□ 12년4회, 15년2회, 19년1회

6. 염산을 취급하는 A 업체에서는 신설 설비에 관한 안전성 평가를 실시해야 한다. 다음 중 정성적 평가단계에 있어 설계와 관련된 주요 진단 항목에 해당하는 것은?

① 공장 내의 배치

정답   1 ③   2 ①   3 ③   4 ②   5 ②   6 ①

② 제조공정의 개요
③ 재평가 방법 및 계획
④ 안전 · 보건교육 훈련계획

③ 취급물질, 압력　　　④ 화학설비의 용량, 온도

해설

조작 : 15점, 압력 : 15점 이므로 위험등급 Ⅱ에 해당된다.
1. 취급물질 : 10점
2. 용량 : 17점
3. 온도 : 7점
4. 조작 : 15점
5. 압력 : 15점

■참고
1. 화학설비의 취급물질, 용량, 온도, 압력 및 조작의 5항목에 대해 A, B, C, D급으로 분류 하고 A급은 10점, B급은 5점, C급은 2점, D급은 0점으로 점수를 부여한 후 5항목에 관한 점수들의 합을 구한다.
2. 합산 결과에 의한 위험도의 등급은 다음 [표]와 같다.

■ 위험도 등급

등급	점수	내용
등급Ⅰ	16점 이상	위험도가 높다.
등급Ⅱ	11~15점 이하	주위상황, 다른 설비와 관련해서 평가
등급Ⅲ	10점 이하	위험도가 낮다.

□□□ 08년1회, 11년4회, 16년1회, 20년1,2회

7. 화학설비에 대한 안전성 평가에서 정량적 평가항목에 해당되지 않는 것은?

① 취급물질　　　② 화학설비용량
③ 공정　　　　　④ 압력

문제 7 ~ 8 해설

안정성평가의 정량적 평가 항목
1. 당해 화학설비의 취급물질
2. 용량
3. 온도
4. 압력
5. 조작

□□□ 14년1회, 20년3회

8. 다음 중 화학설비의 안정성 평가에서 정량적 평가의 항목에 해당되지 않는 것은?

① 조작　　　　　② 취급물질
③ 훈련　　　　　④ 설비용량

□□□ 13년4회

9. 다음은 Z(주)에서 냉동저장소 건설 중 건물내 바닥 방수 도포 작업시 발생된 가연성가스가 폭발하여 작업자 2명이 사망한 재해보고서를 토대로 가연성 가스를 누출한 설비의 안전성에 대한 정량적 평가표이다. 다음 중 위험등급 Ⅱ에 해당하는 항목으로만 나열한 것은?

항목분류	A급	B급	C급	D급
취급물질	○			○
화학설비의 용량	○	○		
온도		○	○	○
조작	○		○	○
압력	○	○		○

① 압력, 조작　　　② 온도, 조작

□□□ 11년2회, 16년2회, 17년1회, 19년2회, 20년4회

10. 산업안전보건법에 따라 유해위험방지계획서의 제출 대상사업은 해당 사업으로서 전기 계약용량이 얼마 이상인 사업을 말하는가?

① 150kW　　　② 200kW
③ 300kW　　　④ 500kW

해설

유해 · 위험방지계획서 제출 대상 사업장은 "대통령령으로 정하는 업종 및 규모에 해당하는 사업"이란 다음 아래에 해당하는 사업으로서 전기사용설비의 정격용량의 합이 300킬로와트 이상인 사업을 말한다.

□□□ 11년1회, 13년2회, 19년4회

11. 다음 중 산업안전보건법상 유해 · 위험방지계획서를 제출하여야 기계 · 기구 및 설비에 해당하지 않는 것은?

① 공기압축기　　　② 건조설비
③ 화학설비　　　　④ 가스집합 용접장치

문제 11 ~ 12 해설

산업안전보건법상 유해·위험방지계획서를 제출하여야 하는 기계·기구 및 설비
1. 금속이나 그 밖의 광물의 용해로
2. 화학설비
3. 건조설비
4. 가스집합 용접장치
5. 허가대상·관리대상 유해물질 및 분진작업 관련 설비

□□□ 14년4회, 18년1회

12. 다음 중 산업안전보건법령에 따라 유해하거나 위험한 장소에서 사용하는 기계·기구 및 설비를 설치·이전 하는 경우 유해·위험방지계획서를 작성, 제출하여야 하는 대상이 아닌 것은?

① 화학설비 ② 건조설비
③ 전기용접장치 ④ 금속 용해로

□□□ 15년1회, 15년4회, 18년4회, 19년1회

13. 산업안전보건법령에 따라 제조업 중 유해·위험방지 계획서 제출대상 사업의 사업주가 유해·위험방지계획서를 제출하고자 할 때 첨부하여야 하는 서류에 해당하지 않는 것은? (단, 그 밖의 고용노동부장관이 정하는 도면 및 서류 등은 제외한다.)

① 공사개요서
② 기계·설비의 배치도면
③ 기계·설비의 개요를 나타내는 서류
④ 원재료 및 제품의 취급, 제조 등의 작업방법의 개요

해설

유해·위험방지계획서 제출 대상 사업장의 첨부서류
1. 건축물 각 층의 평면도
2. 기계·설비의 개요를 나타내는 서류
3. 기계·설비의 배치도면
4. 원재료 및 제품의 취급, 제조 등의 작업방법의 개요
5. 그 밖에 고용노동부장관이 정하는 도면 및 서류

□□□ 13년1회, 16년4회

14. 다음 중 제조업의 유해·위험방지계획서 제출 대상 사업장에서 제출하여야 하는 유해·위험방지계획서의 첨부서류와 가장 거리가 먼 것은?

① 공사개요서
② 건축물 각 층의 평면도
③ 기계·설비의 배치 도면
④ 원재료 및 제품의 취급, 제조 등의 작업방법의 개요

해설

공사개요서는 건설업 유해·위험방지계획서의 첨부서류에 해당된다

□□□ 12년2회, 17년4회, 20년1,2회

15. 산업안전보건법에 따라 유해·위험방지계획서에 관련서류를 첨부하여 해당 작업 시작 며칠 전까지 제출하여야 하는가?

① 7일 ② 15일
③ 30일 ④ 60일

해설

사업주가 유해위험방지계획서를 제출할 때에는 사업장별로 제조업 등 유해위험방지계획서에 다음 각 호의 서류를 첨부하여 해당 작업 시작 15일 전까지 공단에 2부를 제출해야 한다.

□□□ 15년2회

16. 다음은 유해·위험방지계획서의 제출에 관한 설명이다. ( ) 안의 내용으로 옳은 것은?

산업안전보건법령상 제출대상 사업으로 제조업의 경우 유해·위험방지계획서를 제출하려면 관련 서류를 첨부하여 해당 작업 시작 (㉠) 까지, 건설업의 경우 해당 공사의 착공 (㉡) 까지 관련 기관에 제출하여야 한다.

① ㉠ : 15일 전, ㉡ : 전날
② ㉠ : 15일 전, ㉡ : 7일 전
③ ㉠ : 7일 전, ㉡ : 전날
④ ㉠ : 7일 전, ㉡ : 3일 전

□□□ 11년4회, 14년1회

17. 다음 중 산업안전보건법령상 유해 · 위험방지계획서의 심사 결과에 따른 구분 · 판정의 종류에 해당하지 않는 것은?

① 보류   ② 부적정

③ 적정   ④ 조건부적정

해설

유해 · 위험방지계획서의 심사 결과에 따른 구분 · 판정은 적정, 조건부 적정, 부적정이 있다.

□□□ 13년4회, 17년2회

18. 산업안전보건법상 유해 · 위험방지계획서를 제출한 사업주는 건설공사 중 얼마 이내마다 관련법에 따라 유해 · 위험방지계획서의 내용과 실제공사 내용이 부합하는지의 여부 등을 확인받아야 하는가?

① 1개월   ② 3개월

③ 6개월   ④ 12개월

해설

유해위험방지계획서의 확인

건설물 · 기계 · 기구 및 설비의 시운전단계에서 확인을 받아야 한다.
(건설공사 중 6개월 이내마다)
1. 유해 · 위험방지계획서의 내용과 실제공사 내용이 부합하는지 여부
2. 유해 · 위험방지계획서 변경내용의 적정성
3. 추가적인 유해 · 위험요인의 존재 여부

02 설비 유지관리

(1) 설비의 유지관리

① 설비의 구분

구분	내용
일반설비	범용설비(汎用設備)라고도 하며 주로 기능의 전반적 가공을 할 수 있도록 설계되어 있다.
특수기계설비	단일목적의 특수가공을 할 수 있도록 설계되어 특정작업에서는 높은 능률로 작업을 수행할 수 있는 전용설비이다.

② 설비관리 용어의 정의

용어	내용
열화손실비	보전비를 들여 상태를 유지시키는 경우 기회 손실비(opportunity cost) 즉, 열화 손실비는 감소
보전비용	시간 또는 설비 처리량은 경과할수록 단위기간 당 열화 손실비는 증가하게 되고, 단위시간 당 보전비는 시간이 길수록 감소한다.
설비의 최적 수리주기	열화 손실비와 단위시간 당 보전비용의 합계가 최소가 되는 시점
보수자재관리	결함을 시정하여 항상 올바른 능력과 상태를 유지시키는데 노력하도록 감시, 정비, 관리하도록 하는 것
윤활	기계의 마찰은 동력 손실과 마모에 의해 기계의 고장원인과 재해원인이 되므로 이 마찰을 감소시키기 위해 실시되는 것
윤활관리	공정 전반의 기계 윤활 주기에서 적정한 윤활유를 적정량 주유(注油)하도록 계획하고 실시하기 위한 관리를 윤활관리라고 한다.

(2) 예방보전대상

구분	내용
고장예측 가능성	일반적으로 고장시간의 분포가 평균 고장시간 근처에 집중되어 있는 기계를 예방보전 대상으로 한다.
보전시간의 길이	예방보전에 소요되는 시간이 수리보전시간보다 작은 경우에 실시
고장으로 인한 손실	예방보전 관계비용(예방보전 비용과 PM 기간 중의 고장 수리비용)이 고장평균 손실액보다 작은 경우에 실시

[청소 및 청결(5S운동)]
(1) 정리(seiri) : 필요한 것과 불필요한 것을 구분하여 불필요한 것을 없애는 것
(2) 정돈(seiton) : 필요한 것을 언제든지 필요한 때 끄집어내어 쓸 수 있는 상태로 하는 것
(3) 청소(seisoh) : 쓰레기와 더러움이 없는 상태로 만드는 것
(4) 청결(seiketsu) : 정리·정돈·청소의 상태를 유지하는 것
(5) 습관화(shitsuke) : 정해진 일을 올바르게 지키는 습관을 생활화하는 것

[적정윤활의 원칙]
(1) 설비에 적합한 윤활유의 선정
(2) 적정량의 규정
(3) 올바른 윤활법의 채용
(4) 윤활기간의 올바른 준수

(3) 고장률 (욕조곡선)

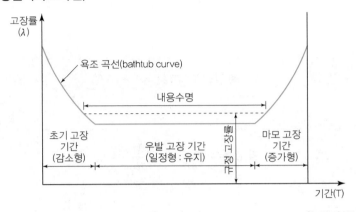

고장의 발생

구분	내용
초기고장	• 불량제조나 생산과정에서의 품질관리의 미비로부터 생기는 고장으로서 점검작업이나 시운전 등으로 사전에 방지할 수 있는 고장이다. • 초기고장은 결함을 찾아내 고장률을 안정시키는 기간이라 하여 디버깅(debugging) 기간이라고도 한다.
우발고장	• 예측할 수 없을 때에 생기는 고장으로 시운전이나 점검작업으로는 방지 할 수 없다. • 각 요소의 우발고장에 있어서는 평균고장시간과 비율을 알고 있으면 제어계의 신뢰도를 구할 수 있다.
마모고장	• 장치의 일부가 수명을 다해서 생기는 고장으로서, 안전진단 및 적당한 보수에 의해서 방지할 수 있는 고장이다.

(4) 우발고장 신뢰도

① 평균고장 시간 신뢰도

$$신뢰도\ R(t) = e^{-\frac{t}{t_0}}$$

(평균고장시간 t_0인 요소가 t 시간동안 고장을 일으키지 않을 확률)

② 지수분포 신뢰도
 ㉠ 포아송 분포에서 $k = 0$으로 가정하면 시간 t 까지 0번의 고장 발생확률이 구해진다.
 ㉡ 이 분포는 부품의 고장률이 시간에 따라 변하지 않고 일정할 때 많이 사용되는 분포이다.

[Screening]
예측되는 결함을 사전에 제거하기 위해 비파괴적 선별을 하여 신뢰성을 증가시키는 시험으로 초기고장단계에 사용된다.

[푸아송 분포]
단위 시간 안에 어떤 사건이 몇 번 발생할 것인지를 표현하는 이산확률분포

$$신뢰도\ R(t) = e^{-\lambda t}$$

$$\downarrow$$

$$불신뢰도\ F(t) = 1 - e^{-\lambda t}$$

$$\downarrow$$

$$밀도함수\ P(t) = \frac{dF(t)}{dt} = \lambda e^{-\lambda t}$$

(5) 평균고장률

① MTBF(mean time between failures)
고장사이의 작동시간 평균치, 즉 평균고장 간격을 말한다.(수리가능)

② MTTF(mean time to failures)
고장이 일어나기까지의 동작시간 평균치를 말한다.(수리불가능)

$$MTBF, MTTF = \frac{총\ 작동시간}{고장개수} = \frac{T}{r}$$

③ MTTR(mean time to repair)
총 수리시간을 그 기간의 수리 횟수로 나눈 시간으로 사후보존에 필요한 평균치로서 평균 수리시간은 지수분포를 따른다.

$$MTTR = \frac{총\ 작동시간}{수리횟수}$$

④ 고장율(λ)

$$① 고장률(\lambda) = \frac{고장건수(r)}{가동시간(T)}$$

$$② MTBF(mean\ time\ between\ failures) = \frac{1}{\lambda}\left(= \frac{T}{r}\right)$$

(6) 계의 수명

① 직렬계

$$계의\ 수명 = \frac{MTTF}{n}$$

② 병렬계

$$계의\ 수명 = MTTF\left(1 + \frac{1}{2} + \cdots + \frac{1}{n}\right)$$

여기서, $MTTF$: 평균고장시간
n : 직렬 및 병렬계의 구성요소

(7) 가용도(Availability)

일정기간 동안 시스템이 고장없이 가동될 확률이다.

$$가용도 = \frac{작동시간}{작동시간 + 고장시간}$$

① 가용도(A)$= \dfrac{MTTF}{MTTF + MTTR} = \dfrac{MTBF}{MTBF + MTTR}$

② 가용도(A)$= \dfrac{\mu}{\lambda + \mu}$

λ : 평균고장률
μ : 평균수리율

(8) 보전성 공학

① 보전 방식

구분	내용
일상보전	설비의 열화를 방지하고 진행을 지연시켜 수명을 연장하기 위한 점검, 청소, 주유 및 교체 등의 활동하는 보전 방식
예방보전 (PM)	설비계획 및 설치시부터 고장이 없는 설비, 초기수리 보전 가능한 설비를 선택하는 보전 방식
사후보전 (BM)	설비 장치·기기가 기능의 저하, 또는 기능(고장) 정지된 뒤에 보수, 교체를 실시하는 것이며, 예방보전 보다 사후보전하는 편이 경제적인 기기에 대해서 계획적으로 보전을 하는 방법
보전예방 (MP)	설비의 계획·설계하는 단계에서 보전정보나 새로운 기술을 채용해서 신뢰성, 보전성, 경제성, 조작성, 안전성 등을 고려하여 보전비나 열화손실을 적게 하는 활동
개량보전 (CM)	설비의 신뢰성, 보전성, 안전성, 조작성 등의 향상을 목적으로 설비의 재질이나 형상의 개량을 하는 보전방법이다. 사후보전방식이다.

[보전성 설계 기준]

② TPM(Total Productive Maintenance)

구분	내용
정의	종합적 설비보전활동으로 사내 전 부분에 걸쳐서 최고경영자부터 현장 작업원에 이르기까지 전원이 참가하여 loss zero를 달성하려는 동기부여 관리에 의하여 생산보전을 추진해 나가는 것.
자주보전활동	운전자가 주체가 되는 보전활동으로 소집단 활동을 기초로 한 전원참가의 보전활동이다.

③ 집중보전(Central Maintenance)

모든 보전작업 및 보전원을 한 관리자 밑에 두며, 보전현장도 한 곳에 집중된다. 또한 설계나 공사관리, 예방보전관리 등이 한 곳에서 집중적으로 이루어진다.

④ 보전효과의 평가요소

$$① \ 설비의 \ 고장 \ 도수율 = \frac{설비가동건수}{설비고장시간}$$

$$② \ 제품단위당 \ 보전비 = \frac{총 \ 보전비}{제품수량}$$

$$③ \ 운전 \ 1시간당 \ 보전비 = \frac{총 \ 보전비}{설비운전시간}$$

$$④ \ 계획공사율 = \frac{계획공사공수}{전공수}$$

⑤ 설비효율의 평가

① 설비종합효율 = 시간가동률 × 성능가동률 × 양품율
② 성능가동률 = 속도가동률 × 정미가동률
③ 시간가동률 = (부하시간 - 정지시간)/부하시간
④ 양품률 = 가공수량-불량수량/가공수량
⑤ 불량수량 = 시가동 불량수량+공정불량수+재가공수
⑥ 부하시간 = 조업시간-(생상계획 휴지시간+보전휴지시간
　　　　　　　+일상관리상 휴지시간)
⑦ 정미가동율(일시정지에 따른 로스를 산출)
　 = 생산량 / 부하시간-정지시간

[보전기록자료]
신뢰성과 보전성 개선을 목적으로 한 효과적인 자료로 설비이력카드, MTBF분석표, 고장원인대책표 등이 있다.

02 핵심문제　　2. 설비 유지관리

□□□ 13년4회, 16년2회
1. 기계설비가 설계 사양대로 성능을 발휘하기 위한 적정 윤활의 원칙이 아닌 것은?

① 적량의 규정
② 주유방법의 통일화
③ 올바른 윤활법의 채용
④ 윤활기간의 올바른 준수

해설

윤활의 4원칙
1. 윤활기간의 올바른 준수
2. 올바른 윤활법의 채용
3. 적합한 윤활유의 선정
4. 그 양을 규정한다.

□□□ 08년1회, 14년1회, 21년2회
2. 어떤 설비의 시간당 고장률이 일정하다고 하면 이 설비의 고장간격은 다음 중 어떠한 확률분포를 따르는가?

① t분포
② Erlang 분포
③ 와이블분포
④ 지수분포

해설

설비의 시간당 고장률이 일정하다고 한다면, 이 설비의 고장간격은 지수분포를 따른다.

[참고] 지수분포
포아송 분포에서 $k=0$으로 가정하면 시간 t 까지 0번의 고장 발생 확률이 구해진다. 즉, $R(t) = e^{-\lambda t}$ 이다.
그러므로 비신뢰도, $F(t)$는 $F(t) = 1 - e^{-\lambda t}$ 이고
밀도함수는 $P(t) = \dfrac{dF(t)}{dt} = \lambda e^{-\lambda t}$ 이다.

□□□ 12년2회, 20년3회
3. 다음 중 설비의 고장과 같이 특정시간 또는 구간에 어떤 사건의 발생확률이 적은 경우 그 사건의 발생횟수를 측정하는데 가장 적합한 확률분포는?

① 와이블 분포(Weibull distribution)
② 포아송 분포(Poisson distribution)
③ 지수 분포(exponential Distribution)
④ 이항 분포(binomial distribution)

해설

포아송 분포(Poisson distribution)란 단위 시간 안에 어떤 사건이 몇 번 발생할 것인지를 표현하는 이산 확률 분포이다.
①항, 와이블 분포(Weibull distribution)란 연속확률분포이다.
③항, 지수 분포(exponential Distribution)란 고장률이 아이템의 사용기간에 영향을 받지 않는 일정한 수명 분포이다.
④항, 이항 분포(binomial distribution)란 정규분포(正規分布)와 마찬가지로 모집단이 가지는 이상적인 분포형으로 정규분포가 연속변량인 데 대하여 이항분포는 이산변량이다.

□□□ 18년1회
4. 기계설비 고장 유형 중 기계의 초기결함을 찾아내 고장률을 안정시키는 기간은?

① 마모고장 기간
② 우발고장 기간
③ 에이징(aging) 기간
④ 디버깅(debugging) 기간

해설

초기고장은 결함을 찾아내 고장률을 안정시키는 기간이라 하여 디버깅(debugging) 기간이라고도 한다.

□□□ 16년1회, 21년2회
5. 다음 중 욕조곡선에서의 고장 형태에서 일정한 형태의 고장율이 나타나는 구간은?

① 초기 고장구간
② 마모 고장구간
③ 피로 고장구간
④ 우발 고장구간

해설

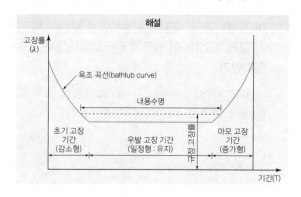

□□□ 15년1회, 17년1회, 21년4회
6. 프레스에 설치된 안전장치의 수명은 지수분포를 따르며 평균수명은 100시간이다. 새로 구입한 안정장치가 50시간 동안 고장 없이 작동할 확률(A)과 이미 100시간을 사용한 안전장치가 앞으로 100시간 이상 견딜 확률(B)은 약 얼마인가?

① A : 0.606, B : 0.368
② A : 0.606, B : 0.606
③ A : 0.368, B : 0.606
④ A : 0.368, B : 0.368

해설

A : 신뢰도 $R = e^{-\frac{t}{t_o}} = e^{-\frac{50}{100}} = 0.607$

B : 신뢰도 $R = e^{-\frac{t}{t_o}} = e^{-\frac{100}{100}} = 0.368$

□□□ 10년4회, 14년1회, 15년1회
7. 한 대의 기계를 100시간 동안 연속 사용한 경우 6회의 고장이 발생하였고, 이때의 총고장수리시간이 15시간이었다. 이 기계의 MTBF(Mean time between failure)는 약 얼마인가?

① 2.51
② 14.17
③ 15.25
④ 16.67

해설

$MTBF = \dfrac{T(총작동시간)}{r(고장개수)} = \dfrac{100-15}{6} = 14.17$

□□□ 11년1회, 13년2회, 19년4회
8. 한 화학공장에는 24개의 공정제어회로가 있으며, 4000시간의 공정 가동 중 이 회로에는 14번의 고장이 발생하였고, 고장이 발생하였을 때마다 회로는 즉시 교체 되었다. 이 회로의 평균고장시간(MTTF)은 약 얼마인가?

① 6857시간
② 7571시간
③ 8240시간
④ 9800시간

해설

$평균고장시간(MTTF) = \dfrac{24 \times 4000}{14} = 6857$

□□□ 17년1회
9. 설비보전에서 평균수리시간의 의미로 맞는 것은?

① MTTR
② MTBF
③ MTTF
④ MTBP

해설

MTTR(mean time to repair)
총 수리시간을 그 기간의 수리 횟수로 나눈 시간으로 사후보존에 필요한 평균치로서 평균 수리시간은 지수분포를 따른다.

□□□ 16년1회
10. 한 대의 기계를 10시간 가동하는 동안 4회의 고장이 발생하였고, 이때의 고장수리시간이 다음 표와 같을 때 MTTR (Mean Time To Repair)은 얼마인가?

가동시간(hour)	수리시간(hour)
$T_1 = 2.7$	$T_a = 0.1$
$T_2 = 1.8$	$T_b = 0.2$
$T_3 = 1.5$	$T_c = 0.3$
$T_4 = 2.3$	$T_d = 0.3$

① 0.225시간/회
② 0.325시간/회
③ 0.425시간/회
④ 0.525시간/회

해설

MTTR(mean time to repair)=총수리시간을 수리횟수로 나눈 값
수리시간 : 0.1+0.2+0.3+0.3=0.9, 수리횟수:4
0.9÷4=0.225시간/회

□□□ 18년2회, 21년1회
11. 시스템의 수명 및 신뢰성에 관한 설명으로 틀린 것은?

① 병렬설계 및 디레이팅 기술로 시스템의 신뢰성을 증가 시킬 수 있다.
② 직렬시스템에서는 부품들 중 최소 수명을 갖는 부품에 의해 시스템 수명이 정해진다.
③ 수리가 가능한 시스템의 평균 수명(MTBF)은 평균 고장률(λ)과 정비례 관계가 성립한다.
④ 수리가 불가능한 구성요소로 병렬구조를 갖는 설비는 중복도가 늘어날수록 시스템 수명이 길어진다.

해설

평균수명(MTBF)은 고장율(λ)과 반비례 관계가 성립한다.
$MTBF = \dfrac{1}{\lambda}$, $고장률(\lambda) = \dfrac{고장건수(r)}{총가동시간(t)}$

정답 6 ① 7 ② 8 ① 9 ① 10 ① 11 ③

12. 평균고장시간이 4×10^8 시간인 요소 4개가 직렬체계를 이루고 있을 때 이 체계의 수명은 몇 시간인가?

① 1×10^8 ② 4×10^8

③ 8×10^8 ④ 16×10^8

해설

계의 수명 $= \dfrac{MTTF}{n}$ 이므로, $\dfrac{4 \times 10^8}{4} = 1 \times 10^8$

13. n개의 요소를 가진 병렬 시스템에 있어 요소의 수명 (MTTF)이 지수 분포를 따를 경우, 이 시스템의 수명으로 옳은 것은?

① $MTTF \times n$

② $MTTF \times \dfrac{1}{n}$

③ $MTTF \times \left(1 + \dfrac{1}{2} + \cdots + \dfrac{1}{n}\right)$

④ $MTTF \times \left(1 \times \dfrac{1}{2} \times \cdots \times \dfrac{1}{n}\right)$

해설

병렬로 연결된 시스템의 평균수명($MTBFs$)을 구하는 식

$MTBFs = \dfrac{1}{\lambda} + \dfrac{1}{2\lambda} + \cdots + \dfrac{1}{n\lambda}$ 또는 $\left(\dfrac{T}{R}\right)$

14. 수리가 가능한 어떤 기계의 가용도(availability)는 0.9이고, 평균수리시간(MTTR)이 2시간일 때, 이 기계의 평균수명(MTBF)은?

① 15시간   ② 16시간

③ 17시간   ④ 18시간

해설

가용도(A) $= \dfrac{MTTF}{MTTF + MTTR} = \dfrac{MTBF}{MTBF + MTTR}$ 에서

가용도 $= \dfrac{MTBF}{MTBF + MTTR}$, $0.9 = \dfrac{MTBF}{MTBF + 2}$ 이므로

$MTBF = 18$

15. 다음 설명에 해당하는 설비보전방식의 유형은?

> "설비보전 정보와 신기술을 기초로 신뢰성, 조작성, 보전성, 안전성, 경계성 등이 우수한 설비의 선정, 조달 또는 설계를 통하여 궁극적으로 설비의 설계, 제작 단계에서 보전활동이 불필요한 체제를 목표로 한 설비보전 방법을 말한다."

① 개량 보전   ② 사후 보전

③ 일상 보전   ④ 보전 예방

해설

보전예방(MP ; maintenance prevention)
설비의 계획·설계하는 단계에서 보전정보나 새로운 기술을 채용해서 신뢰성, 보전성, 경제성, 조작성, 안전성 등을 고려하여 보전비나 열화손실을 적게 하는 활동을 말하며, 구체적으로는 계획·설계단계에서 하는 것이다.

16. 설비관리 책임자 A는 동종 업종의 TPM 추진사례를 벤치마킹하여 설비관리 효율화를 꾀하고자 한다. 그 중 작업자 본인이 직접 운전하는 설비의 마모율 저하를 위하여 설비의 윤활관리를 일상에서 직접 행하는 활동과 가장 관계가 깊은 TPM 추진단계는?

① 개별개선활동단계

② 자주보전활동단계

③ 계획보전활동단계

④ 개량보전활동단계

해설

자주보전활동단계
TPM활동은 사람과 설비에 의한 기업의 체질개선을 이룩하기 위한 것으로서, 설비의 종합효율 향상과 종합생산성 향상을 지향하는 것이다. 이는 기업의 이익구조와 연결되는 활동으로서 계획, 실행, 결과의 전 과정을 보다 적은 비용으로 보다 많은 부가가치를 창출하기 위한 경영혁신활동을 통하여 기업의 경쟁력을 향상시키고자 한다.

정답   12 ①   13 ③   14 ④   15 ④   16 ②

□□□ 11년2회, 16년4회

17. 다음 중 기업에서 보전효과 측정을 위해 일반적으로 사용되는 평가요소를 잘못 나타낸 것은?

① 설비고장도수율 $= \dfrac{설비가동시간}{설비고장건수}$

② 제품단위당보전비 $= \dfrac{총보전비}{제품수량}$

③ 운전1시간당보전비 $= \dfrac{총보전비}{설비운전시간}$

④ 계획공사율 $= \dfrac{계획공사공수(工數)}{전공수(全工數)}$

해설

설비고장도수율 $= \dfrac{설비가동건수}{설비고장시간}$

□□□ 15년2회

18. 다음 중 보전효과의 평가로 설비종합효율을 계산하는 식으로 옳은 것은?

① 설비종합효율=속도가동률×정미가동률
② 설비종합효율=시간가동률×성능가동률×양품률
③ 설비종합효율=(부하시간-정지시간)/부하시간
④ 설비종합효율=정미가동률×시간가동률×양품률

해설

설비종합효율=시간가동률×성능가동률×양품률

저자 프로필

저자 **지 준 석**   공학박사
　　　　　　　　대림대학교 보건안전과 교수

저자 **조 태 연**   공학박사
　　　　　　　　대림대학교 보건안전과 교수

건설안전기사 4주완성 ❶

발행인 지준석 · 조태연
발행인 이　종　권

2020年　2月　5日　초 판 발 행
2021年　4月　20日　2차개정발행
2022年　1月　10日　3차개정발행
2023年　1月　17日　4차개정발행
2024年　1月　4日　5차개정발행

發行處　**(주) 한솔아카데미**

(우)06775 서울시 서초구 마방로10길 25 트윈타워 A동 2002호
TEL : (02)575-6144/5　FAX : (02)529-1130
〈1998. 2. 19 登錄 第16-1608號〉

ISBN 979-11-6654-406-4 13540

안전보건표지

[산업안전보건법 시행규칙 별표 1의2]

금지표지

출입금지	보행금지	차량통행금지	사용금지	탑승금지	금연	화기금지	물체이동금지

경고표지

인화성물질 경고	산화성물질 경고	폭발성물질 경고	급성독성물질 경고	부식성물질 경고	발암성·변이원성·생식독성 전신독성·호흡기과민성물질 경고

방사성물질 경고	고압전기 경고	매달린 물체 경고	낙하물 경고	고온 경고	저온 경고

몸균형 상실 경고	레이저광선 경고	위험장소 경고

지시표지

보안경 착용	방독마스크 착용	방진마스크 착용	보안면 착용	안전모 착용	귀마개 착용

안전화 착용	안전장갑 착용	안전복 착용

안내표지

녹십자표지	응급구호표지	들것	세안장치	비상용기구	비상구	좌측비상구	우측비상구
				비상용 기구			

관계자외 출입금지

허가대상물질 작업장	석면취급/해체 작업장	금지대상물질의 취급 실험실 등
관계자외 출입금지	**관계자외 출입금지**	**관계자외 출입금지**
(허가물질 명칭) 제조/사용/보관 중	석면 취급/해체 중	발암물질 취급 중
보호구/보호복 착용 흡연 및 음식물 섭취 금지	보호구/보호복 착용 흡연 및 음식물 섭취 금지	보호구/보호복 착용 흡연 및 음식물 섭취 금지

본 도서를 구매하신 분께 드리는 혜택

01
365일 학습질의응답

■ 본 도서 학습시 궁금한 사항은 전용홈페이지를 통해 질문하시면 담당 교수님으로부터 365일 학습질의응답을 받아 볼 수 있습니다.

> 전용홈페이지(www.inup.co.kr) – 건설안전기사 학습게시판

02
무료 동영상 강좌 ①

■ 1단계, 교재구매 회원께는 핵심암기모음집 무료수강을 제공합니다.

> ① 전과목 핵심정리 동영상강좌 무료수강 제공
> ② 각 과목별 가장 중요한 전과목 핵심암기모음집 시험전에 활용

03
무료 동영상 강좌 ②

■ 2단계, 교재구매 회원께는 아래의 동영상강좌 무료수강을 제공합니다.

> ① 각 과목별 최신 출제경향분석을 통한 학습방향 무료수강
> ② 각 과목별 최근(2019~2023) 기출문제 해설 무료수강

04
CBT대비 실전테스트

■ 교재구매 회원께는 CBT대비 온라인 실전테스트를 제공합니다.

> ① 큐넷(Q-net)홈페이지 실제 컴퓨터 환경과 동일한 시험
> ② 자가학습진단 모의고사를 통한 실력 향상
> ③ 장소, 시간에 관계없이 언제든 모바일 접속 이용 가능

INUP
2024/365

전용 홈페이지를 통한
2024/365일 학습질의응답

교재 구매자를 위한 6개월 무료동영상 제공

도서구매 후 인터넷 홈페이지(www.inup.co.kr)에 회원등록을
하시면 다음과 같은 혜택을 드립니다.

❶ 인터넷 게시판을 통한 365일 학습질의응답
❷ 전과목 핵심정리 동영상강좌 무료수강
❸ 최신 출제경향분석 및 최근 기출문제 해설 무료수강
❹ CBT대비 온라인 실전테스트 무료제공

※ 본 교재의 학습관리시스템 혜택은 2024년 11월 30일까지이며, 이후 서비스 제공이 중단될 수 있습니다.

2024 완벽대비

동영상제공
핵심암기집

▶ 핵심정리 및 기출문제 무료강의 제공

건설안전기사
4주완성 필기

지준석 · 조태연 공저

INUP
2024/365

전용 홈페이지를 통한
2024/365일 학습질의응답

24년간 기출문제 분석

2

제 **2** 권

2024 CBT시험 최고의 적중률!

4과목 건설시공학
5과목 건설재료학
6과목 건설안전기술

무료쿠폰
CBT
실전테스트

관련법개정
2024 대비
5차개정적용

한솔아카데미
H/A/N/S/O/L/A/C/A/D/E/M/Y

건설안전기사
365일 학습질의응답
2024 합격 솔루션

건설안전기사
경향분석

70점 목표
4주학습

100%
저자 직강
동영상 강의

CBT시험 동일 환경
CBT실전테스트

관련법 개정
강의 업데이트

지 준 석 교수

건설안전기사
한솔아카데미가 답이다!

한솔아카데미가 답이다!
건설안전기사 4주완성 인터넷 강좌

강의수강 중 학습관련 문의사항, 성심성의껏 답변드리겠습니다.

건설안전기사 4주완성 유료 동영상 강의

구 분	과 목	담당강사	강의시간	동영상	교 재
필 기	산업안전관리론	지준석	약 11시간		
	산업심리 및 교육	지준석	약 7시간		
	인간공학 및 시스템안전	지준석	약 11시간		
	건설안전기술	지준석	약 10시간		
	건설시공학	지준석	약 12시간		
	건설재료학	지준석	약 8시간		
	핵심암기모음집	지준석	약 7시간		
	과년도기출	지준석	약 24시간		

• 할인혜택 : 동일강좌 재수강시 **50%** 할인, 다른 강좌 수강시 **10%** 할인

건설안전기사 4주완성
본 도서를 구매하신 분께 드리는 혜택

1 출제경향분석 무료동영상

각 과목별 기출문제 분석을 통한 출제빈도 분석 및 학습방법

2 핵심암기모음집 무료동영상

각 과목별 가장 중요한 전과목 핵심암기모음집 시험 전 마무리 총정리 활용

3 5개년 기출문제 무료동영상

각 과목별 최근 5개년(2019년~2023년) 기출문제 상세해설

4 CBT대비 온라인 실전테스트

· 큐넷(Q-net) 홈페이지 실제 컴퓨터 환경과 동일한 시험
· 자가학습진단 모의고사를 통한 실력 향상

교재 인증번호 등록을 통한 학습관리 시스템

❶ 출제경향분석 무료동영상 ❷ 핵심암기모음집 무료동영상
❸ 기출문제 해설 무료동영상 ❹ CBT대비 온라인 실전테스트

01 사이트 접속

인터넷 주소창에 **https://www.inup.co.kr** 을 입력하여 한솔아카데미 홈페이지에 접속합니다.

02 회원가입 로그인

홈페이지 우측 상단에 있는 **회원가입** 또는 아이디로 **로그인**을 한 후, **건설안전기사** 사이트로 접속을 합니다.

03 나의 강의실

나의강의실로 접속하여 왼쪽 메뉴에 있는 **[쿠폰/포인트관리]–[쿠폰등록/내역]**을 클릭합니다.

04 쿠폰 등록

도서에 기입된 **인증번호 12자리** 입력(–표시 제외)이 완료되면 **[나의강의실]**에서 학습가이드 관련 응시가 가능합니다.

■ 모바일 동영상 수강방법 안내

❶ QR코드 이미지를 모바일로 촬영합니다.
❷ 회원가입 및 로그인 후, 쿠폰 인증번호를 입력합니다.
❸ 인증번호 입력이 완료되면 [나의강의실]에서 강의 수강이 가능합니다.

※ 인증번호는 ③권 표지 뒷면에서 확인하시길 바랍니다.
※ QR코드를 찍을 수 있는 앱을 다운받으신 후 진행하시길 바랍니다.

머리말

건설현장은 기계설비의 대형화, 생산단위의 대형화, 에너지 소비량의 증대, 그리고 다양한 생산환경 등으로 인해 건설현장에서의 재해 역시 시간이 갈수록 대형화, 다양화하는 추세에 있습니다.

산업재해는 인적, 물적 피해가 막대하여 개인과 기업뿐만 아니라 막대한 국가적 손실을 초래합니다. 이러한 산업현장에서의 재해를 감소시키고 안전사고를 예방하기 위해서는 그 무엇보다 안전관리전문가가 필요합니다. 정부에서는 안전관리에 대한 대책과 규제를 시간이 갈수록 강화하고 있으며 이에 따라 안전관리자의 수요는 계속해서 증가하고 있습니다.

건설안전기사 자격은 국기기술자격으로 안전관리자의 선임자격일 뿐 아니라 건설회사 내에서 다양한 활용이 가능한 매우 유용한 자격증입니다.

본 교재는 이러한 건설안전기사 시험을 대비하여 출제기준과 출제성향을 분석하여 새롭게 개정된 내용으로 출간하게 되었습니다.

이 책의 특징

1. 최근 출제기준에 따라 체계적으로 구성하였습니다.
2. 제·개정된 법령을 바탕으로 이론·문제를 구성하였습니다.
3. 최근 출제문제의 정확한 분석과 해설을 수록하였습니다.
4. 교재의 좌·우측에 본문 내용을 쉽게 파악할 수 있도록 부가적인 설명을 하였습니다.
5. 각 과목별로 앞부분에 핵심암기내용을 별도로 정리하여 시험에 가장 많이 출제된 내용을 확인할 수 있도록 하였습니다.

본 교재의 지면 여건상 수많은 모든 내용을 수록하지 못한 점은 아쉽게 생각하고 있으며, 앞으로도 수험생의 입장에서 노력하여 부족한 내용이 있다면 지속적으로 보완하겠다는 점을 약속드리도록 하겠습니다.

본 교재를 출간하기 위해 노력해 주신 한솔아카데미 대표님과 임직원의 노력에 진심으로 감사드리며 본 교재를 통해 열심히 공부하신 수험생들께 반드시 자격취득의 영광이 있으시기를 진심으로 기원합니다.

저자 드림

Contents

제4편   건설시공학

제5편   건설재료학

Contents

Contents

제6편 건설안전기술

Contents

PART

04

건설시공학

핵심암기

건설안전기사
핵심암기모음집
건설시공학

한솔아카데미

01. 시공일반

01 건설시공의 개요

❶ 건설시공의 관리 요소

3대 관리요소	5대 관리요소
공정관리 품질관리 원가관리	공정관리 품질관리 원가관리 안전관리 환경관리

❷ 건축시공의 3S

① 작업의 전문화(Specialization)

② 작업의 단순화(Simplification)

③ 작업의 표준화(Standardization)

02 공사 시공방식

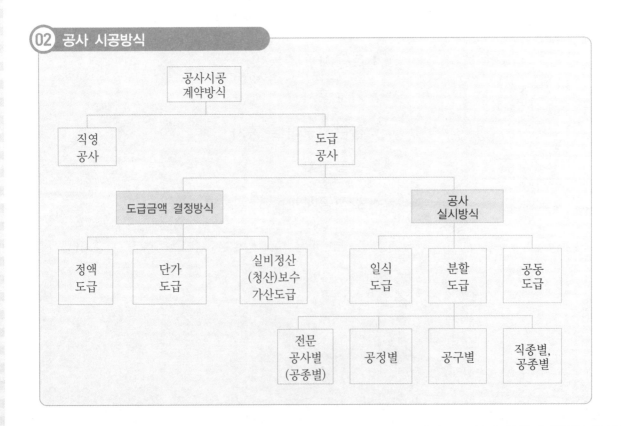

03 시공자의 선정

❶ 입찰방식의 구분

```
입찰방식 ┬ 특명입찰 ── 수의계약
         └ 경쟁입찰 ┬ 공개경쟁입찰
                    ├ 지명경쟁입찰
                    └ 제한경쟁입찰
```

❷ 공사비용의 구성요소

구분	비용의 구성
총공사비	총원가 + 이윤
총원가	공사원가 + 일반관리비
공사원가	순공사비 + 현장경비
순공사비	직접공사비 + 간접공사비
직접공사비	재료비 + 노무비 + 외주비 + 경비
재료비	• 직접재료비 • 간접재료비 • 작업부산물
노무비	• 직접노무비 • 간접노무비
간접비	• 손료비 • 현장경비 • 영업비 • 가설공사비

04 공사 현장관리

❶ 시방서 작성 시 주의사항

① 시방서의 작성순서는 공사 진행순서에 따라 기재한다.

② 공사의 전반에 걸쳐 빠짐없이 기재한다.

③ 공법의 정밀도와 손질의 정밀도를 명확하게 규정한다.

④ 규격의 기입은 도면에 미루고, 시방서에는 가급적 피한다.

⑤ 간단명료하게 기재한다.

⑥ 오자, 오기가 없고, 도면과 중복되지 않게 한다.

⑦ 기술은 명령법이 아니고 서술법에 의한다.

⑧ 중요한 사항은 도면에 명기되어 있어도 보충 설명한다.

05 공정 및 품질관리

❶ 공정표의 종류

종류	특징
횡선식 공정표	세로방향으로 각 공정을 표시하고 가로방향으로 공사기간을 표시
사선 공정표	세로방향에 공사량을 표시하고 가로방향에 월일을 기입하고 예정된 절선을 가지고 공사를 수행한다.
상세공정표	기본공정표에서 정해진 일정 내에 각 부분공사를 완성할 수 있도록 각 부분공사에 대하여 그래프 식으로 상세하게 작성한 공정표
네트워크 공정표	전체 공사계획과 공사 전체의 파악이 용이하고 각 작업의 흐름을 분해하여 작업의 상호관계가 명확하게 표시되어 공사의 진행 상태를 쉽게 파악할 수 있다.

❷ 네트워크 공정표의 용어

용어	기호	내용
소요공기 (duration)	D	작업의 수행에 필요한 시간
조기시작시간 (earliest start time)	EST	각 작업에서 그 작업을 시작할 수 있는 가장 빠른 시간
조기 종료시간 (earliest finish time)	EFT	가장 빠른 종료시간으로 작업을 끝낼 수 있는 가장 빠른 시간
만기 시작시간 (latest start time)	LST	각 작업에서 그 작업을 시작할 수 있는 가장 늦은 시간
만기 종료시간 (latest finish time)	LFT	가장 늦은 완료시간으로 공기에 영향이 없는 범위에서 작업을 가장 늦게 종료하여도 좋은 시간
주 공정 (critical Path)	CP	시작 결합점에서 종료 결합점에 이르는 가장 긴 경로
총 여유 (Total float)	TF	가장 빠른 개시시간에 작업을 시작하여 가장 늦은 종료시각으로 완료할 때 생기는 여유시간
자유여유 (Free float)	FF	가장 빠른 개시시간에 작업을 시작하고, 후속작업도 가장 빠른 개시시간에 시작하여도 생기는 여유시간

02. 토공사

01 흙의 성질

❶ 공극비와 공극률

① 공극비 $= \dfrac{\text{공극부분의 부피}}{\text{흙입자부분의 부피}}$

② 공극률 $= \dfrac{\text{공극부분의 부피}}{\text{흙 전체의 부피}} \times 100(\%)$

❷ 함수비와 함수율

① 함수비 $= \dfrac{\text{물의 중량}}{\text{흙의 건조 중량}} \times 100(\%)$

② 함수율 $= \dfrac{\text{물의 중량}}{\text{흙 전체의 중량}} \times 100(\%)$

❸ 포화도

포화도 $= \dfrac{\text{물의 부피}}{\text{공극의 부피}} \times 100(\%)$

❹ 예민비

흙의 이김에 의해서 약해지는 정도를 나타내는 흙의 성질

$$\text{예민비} = \dfrac{\text{흐트러지지 않은 천연시료의 강도 (자연시료의 강도)}}{\text{흐트러진 시료의 강도(이긴시료의 강도)}}$$

02 지반조사

❶ 지반조사 방법

종류	내용
지하탐사법	터파보기, 짚어보기(탐사간), 물리적 지하 탐사
보링	오거보링, 수세식보링, 충격식보링, 회전식보링
사운딩(Sounding) 시험	표준관입시험(S.P.T : Standard Penetration Test), 베인테스트(Vane Test)
지내력 시험(평판재하시험)	㉠ 시험은 원칙적으로 예정 기초 저면에서 시행한다. ㉡ 매회 재하는 1t 이하 또는 예정파괴하중의 1/5 이하로 한다.

03 흙 파기 공사

❶ 흙 파기 공법

종류	내용
Open Cut 공법	기초파기공사 시 건물 기초부분을 온통파내는 것으로 지반이 양호하고 여유가 있을 때 사용한다.
Island Cut 공법	중앙부를 먼저 굴착하고 구조물의 기초를 축조한 후 버팀대를 구조물에 지지하면서 주변부를 굴착하여 주변의 기초를 축조
Trench Cut 공법	Island cut 공법의 역순, 주변부분을 먼저파내고 그 부분의 기초와 지하구조체를 축조한 다음 중앙부를 굴착한 후 기초를 축조

04 흙막이 공법

종류	내용
간단한 흙막이	줄기초 흙막이, 어미말뚝식 흙막이, 연결재, 당겨매기식 흙막이
버팀대식(Strut식) 흙막이	빗버팀대식 흙막이, 수평버팀대식 흙막이
Earth Anchor 공법	버팀대 대신 흙막이벽의 배면 흙속에 앵커체를 설치하여 흙막이를 지지하는 공법
널말뚝 흙막이 공법	목재 널말뚝, 강재 널말뚝, 철근콘크리트 기성재 말뚝
ICOS공법 (주열식 흙막이 공법중의 한 종류)	말뚝구멍을 하나 걸러 뚫고 콘크리트를 타설하고 말뚝과 말뚝사이에 다음 구멍을 뚫고 콘크리트를 타설하여 연결해 가는 주열식 공법
슬러리월 공법 (Slurry Wall)	안정액을 사용하여 지반의 붕괴를 방지하면서 굴착하여 철근망을 넣고 콘크리트를 타설하여 콘크리트벽체를 연속적으로 축조하여 지수벽, 흙막이벽, 구조체벽 등의 지하구조물을 설치하는 공법
Soil Cement Wall(S.C.W) 공법	흙을 오거로 굴착 교반하고 흙속에 시멘트 밀크를 혼합하여 소일시멘트벽을 만들고 그 속에 철근이나 H형강 등을 압입하여 흙막이 벽을 만드는 공법
Top Down 공법(역타공법)	흙막이벽으로 설치한 지하연속벽(Slurry Wall)을 본구조체의 벽체로 이용하고 기둥과 기초를 시공한 후 지하층과 지상층을 동시에 작업하는 공법
H pile+토류판공법 (어미말뚝식 흙막이 공법)	① I형강, H형강을 1.5~2.0m 내외 간격으로 지중에 박는다. ② 그 사이에 토류판을 설치하여 흙막이를 한다.

05 지반개량

❶ 지반의 이상현상

구분	내용
보일링 현상 (Boiling = Quick Sand)	투수성이 좋은 사질지반에서 흙막이벽의 뒷면 지하수위가 굴착저면 보다 높을 때 지하수와 모래가 굴착저면위로 솟아오르는 현상
히빙현상 (Heaving)	연약점토지반 굴착 시 흙막이벽 안쪽 굴착저면의 중량과 흙막이벽 뒤쪽의 흙의 중량차이에 의해서 굴착저면 흙이 지지력을 잃고 붕괴되어 흙막이벽 뒤쪽에 있는 흙이 안으로 밀려 굴착저면이 부풀어 오르는 현상
파이핑 (piping)	흙막이벽이 수밀성이 부족하여 흙막이 벽에 파이프 모양으로 물의 통로가 생겨 배면의 흙이 물과 함께 유실되는 현상

❷ 지반의 개량공법

구분	내용
사질지반의 개량공법	다짐모래말뚝, 진동다짐공법. 폭파다짐법, 동압밀공법, 다짐말뚝공법, 약액주입법
점토지반의 개량공법	치환공법, 재하공법(압밀공법), 탈수공법, 배수공법, 고결공법

06 토공기계의 종류와 특징

❶ 토공기계의 종류

구분	내용
굴삭용 기계	파워 쇼벨(Power Shovel), 백호(Drag Shovel, Back hoe, Trench Hoe), 드래그 라인(Drg Line), 클램셸(Clamshell), 트렌처(Trencher)
정지 및 배토용 기계	불도저(Bull Dozer), 모터그레이더(Motor Grader), 스크레이퍼(Scraper), 그레이더(Grader),
다짐용기계	탬핑롤러(tamping roller), 래머(Rammer), 탬퍼(Tamper)
상차용 기계	로더(Loader), 덤프 트럭(Dump truck), 벨트 컨베이어(Belt conveyor)

03. 기초공사

01 지정

❶ 지정의 분류

구분	종류
보통지정	① 잡석지정 ② 모래지정 ③ 자갈지정 ④ 긴 주춧돌지정 ⑤ 밑창콘크리트지정
말뚝지정(재료상의 분류)	① 나무말뚝지정 ② 기성콘크리트말뚝지정 ③ 강재(H형강) 말뚝지정 ④ 제자리콘크리트말뚝지정
깊은 기초지정	① 우물통식 기초지정 ② 잠함기초지정 ③ 말뚝기초

02 현장타설 콘크리트 말뚝

❶ 현장타설 콘크리트 말뚝의 종류

구분	내용
제자리 콘크리트 말뚝	페데스탈 파일(Pedestal Pile), 심플렉스 파일(Simplx Pile), 프랭키 파일(Franky Pile), 레이몬드 파일(Raymond Pile), 콤프레솔 파일(Compressol Pile)
프리팩트 콘크리트말뚝 공법	CIP(Cast in Place Pile), PIP(Packed in Place Pile), MIP(Mixed in Place Pile)
대구경 현장 파일 공법	① 베노토 공법(Benoto Pile = All Casing 공법) ② Earth drill 공법(Calweld 공법 = 표층부에서만 케이싱 사용) ③ 리버스 서큘레이션 공법(R.C.D공법 = 케이싱 없다)

03 기초

❶ 기초의 구분

구분	내용
기초슬래브 형식에 따른 분류	독립기초, 복합기초, 연속기초(줄기초), 온통기초
깊은 기초공법	우물통 기초(well foundation), 잠함 기초(caisson foundation)
Pier 기초	지름이 큰 말뚝을 말하며 지름이 큰 구멍을 굴착하여 굴착구멍 속에 콘크리트를 타설하여 만들어진 기둥형태의 기초

04. 철근콘크리트 공사

01 철근공사

❶ 철근의 이음방법
① 겹침이음
② 용접이음
③ 가스압접
④ 기계식 이음
⑤ 캐드이음(Cad Welding)

❷ 철근의 정착위치
① 기둥의 주근은 기초에 정착
② 보의 주근은 기둥에 정착
③ 작은 보의 주근은 큰 보에 정착
④ 벽철근은 기둥, 보 또는 바닥판에 정착
⑤ 바닥철근은 보 또는 벽체에 정착
⑥ 지중보의 주근은 기초 또는 기둥에 정착
⑦ 직교하는 단부보 밑에 기둥이 없을 때는 상호간에 정착

02 거푸집 공사

❶ 거푸집의 종류

구 분	특 징
부속재료	격리재(Seperater), 긴장재, 간격재(Spacer), 박리재, 캠버(Camber)
재질에 따른 종류	유로폼(Euro Form), 메탈폼(Metal Form), 알루미늄거푸집
벽체 전용거푸집	갱 폼(Gang Form), 클라이밍 폼(Climing Form), 슬라이딩 폼(Sliding Form),
바닥판 전용 거푸집	플라잉폼(Flying Form), 와플폼(Waffle Form)
바닥판+벽체용 거푸집	터널 폼 (Tunnel Form), 트레블링 거푸집(Traveling form)

03 골재

❶ 골재의 상태

구분	내용
절건상태	골재를 100~110℃의 온도에서 중량변화가 없어질 때까지(24시간 이상) 건조한 상태, 골재속의 모세관 등에 흡수된 수분이 거의 없는 상태
기건상태	골재 중에 약간의 수분이 있는 대기 중의 건조상태
표건상태	표면건조 내부포화상태로 표면은 건조되고 내부는 포화상태로 함수되어 있는 상태
습윤상태	골재의 내부가 포화상태이고 표면에도 물이 묻어 있는 상태

❷ 골재의 함수량

구분	내용
흡수량	절건상태에서 표면건조내부포수상태에 포함되는 물의 양
흡수율	$$흡수율 = \frac{표면중량 - 절건중량}{절건중량} \times 100\%$$
유효 흡수량	표면건조내부포수상태 − 기건상태
함수량	습윤상태의 골재의 내외에 함유하는 전수량
표면수량	함수량과 흡수량과의 차

04 시멘트

❶ 시멘트의 종류

종류	특징
보통포틀랜드 시멘트	석회석과 점토를 혼합한 것을 약 1,450℃ 정도로 소성한 클링커에 석고를 가하여 분쇄하여 만든 것
조강 포틀랜드 시멘트	석회와 알루미나 성분을 많이 함유한 시멘트로서 분말도를 크게 하여 초기에 고강도를 발생하게 한 시멘트
중용열 포틀랜드 시멘트	• 조기강도 발현은 늦으나 장기강도는 보통시멘트보다 크다. • 수화발열량이 낮아 건조수축이 적다.
백색 포틀랜드 시멘트	• 백색의 점토와 석회석을 사용하여 만든 백색을 띤 시멘트 • 안료를 첨가하여 필요로 하는 색을 만들 수 있다.
알루미나 시멘트	• 보크사이트와 석회석을 혼합하여 만든 시멘트 • 조기강도가 대단히 크다.

❷ 혼화제의 종류

종류	내용
AE제	• 콘크리트 속에 미세한 기포를 발생시켜 시공연도를 향상시키고 단위수량을 감소시킨다. • 워커빌리티 향상 • 동결융해에 대한 저항성 증대
응결경화 촉진제	• 염화칼슘, 식염 등 • 시멘트량의 1~2%를 사용하면 조기강도가 증대된다.
발포제	분말을 혼합하면 응결과정에서 수산화물과 반응하여 가스를 발생, 기포가 생성되어 시멘트풀을 팽창시켜 굵은 골재의 간극이나, PC 강재의 주위에 충분히 채워지도록 함으로써 부착을 좋게 한다.
방동제	염화칼슘, 식염

05 콘크리트의 시공

❶ 물시멘트비(W/C)

$$W/C비 = \frac{물의\ 중량}{시멘트의\ 중량} \times 100\%$$

❷ 콘크리트 줄눈

구분	내용
시공 줄눈 (Construction Joint)	작업관계상 콘크리트를 한번에 타설할 수 없을 경우 콘크리트타설 후 일정시간 중단 후 새로운 콘크리트를 이어칠 때 생기는 이음면(계획적으로 발생시킨 이음)
조절줄눈 (Control Joint)	균열을 콘크리트의 취약부에 줄눈을 설치하여 일정한 곳에서만 균열이 일어나도록 유도하는 줄눈
신축줄눈 (Expansion Joint)	콘크리트의 수축이나 팽창 혹은 부동침하, 진동 등에 의한 균열이 예상되는 위치에 미리 설치하는 줄눈
콜드조인트 (Cold Joint)	계속하여 콘크리트를 타설할 때 먼저 타설한 콘크리트와 나중에 타설한 콘크리트 사이에 완전히 일체화가 되지 않은 시공불량에 의한 이음부

③ 콘크리트 시공 시 이상 현상

구분	내용
블리딩 (Bleeding)	콘크리트를 타설한 후 시멘트, 골재입자 등이 침하함에 따라 물이 분리 상승되어 콘크리트 표면에 떠오르는 현상
레이턴스 (Laitance)	블리딩에 의하여 떠오른 미립물이 콘크리트 표면에 엷은막으로 침적되는 미립물
Pop out현상	콘크리트속의 골재가 알칼리 골재반응, 동결융해 작용, 수압 등으로 인한 팽창압력에 의해 깨져서 튀겨 나가는 현상으로 내구성저하의 원인이 된다.
중성화(中性化 : Neutralization)	공기 중 탄산가스의 작용을 받아 콘크리트 중의 수산화칼슘(강알칼리)이 서서히 탄산칼슘(약알칼리)으로 되어 콘크리트가 알칼리성을 상실하여 중성화되는 현상

06 특수콘크리트

구분	내용
한중 콘크리트	하루의 평균기온이 4℃ 이하가 예상되는 기상조건에서 콘크리트가 동결할 염려가 있을 때 시공하는 콘크리트
서중콘크리트	높은 외부기온으로 콘크리트의 슬럼프 저하나 수분의 급격한 증발 등의 염려가 있을 경우에 시공되는 콘크리트
AE 콘크리트	콘크리트속에 AE제를 혼합하여 시공연도를 좋게 한 콘크리트
제치장 콘크리트	외장을 하지 않고 콘크리트 노출면 자체가 마감면이 되는 콘크리트
프리캐스트 콘크리트 (PC, Precast concrete)	보, 기둥, 슬라브 등을 공장에서 미리 만들어 현장에서 조립하는 콘크리트
프리플레이스트 콘크리트 (Preplaced concrete)	미리 거푸집 속에 특정한 입도를 가지는 굵은 골재를 채워놓고 골재와 골재 사이에 시멘트 모르타르를 주입하여 제조한 콘크리트
경량 콘크리트	건물을 경량화하고 열을 차단하는데 유리한 콘크리트
수밀콘크리트	콘크리트 자체를 밀도가 높고 내수적, 방수적으로 만들어 물의 침투를 방지할 수 있도록 만든 콘크리트
쇄석콘크리트 (깬자갈 콘크리트)	인공적으로 부순돌(깬자갈)을 사용한 콘크리트
쇼트 콘크리트 (Shot crete)	건 나이트라고도 하며 모르타르 혹은 콘크리트를 호스를 사용하여 압축공기로 뿜칠하여 바르는 것
진공콘크리트 (Vacuum concrete)	콘크리트 속에 잔류해 있는 잉여수 및 기포 등을 제거하여 강도를 증대시킨 콘크리트
중량콘크리트 (방사선 차폐용 콘크리트)	방사능 차폐를 목적으로 비중이 2.5~6.9인 중량골재(중정석, 자철광)를 사용한 것
고강도 콘크리트	설계기준압축강도가 보통 콘크리트에서 40MPa 이상, 경량골재 콘크리트에서 27MPa 이상인 콘크리트

01 철골의 특징, 가공

❶ 부재의 절단

구분	내용
전단절단	전단력을 이용하여 절단, 판 두께 13mm 이하일 때 적용
톱절단	두꺼운 판이나 정밀을 요할 때 사용, 판 두께 13m 이상일 때 적용
가스절단	• 가스의 화염으로 강재를 녹여서 절단 • 가스절단 시 주위 3mm 정도 변질되므로 여유있게 절단

❷ 철골에서 녹막이 칠을 하지 않는 부분
① 콘크리트에 매입되는 부분
② 조립에 의해 서로 맞닿는 면
③ 현장용접 부위와 용접부위에 인접하는 양측 10cm 이내
④ 고력볼트 마찰접합부의 마찰면
⑤ 폐쇄형 단면을 한 부재의 밀폐된 면
⑥ 현장에서 깍기 마무리 가공한 부분

02 용접접합

❶ 용접결함

구분	내용
슬랙 감싸들기	• 용접봉의 피복재 심선과 모재가 변하여 생긴 회분이 용착금속 내에 혼입되는 것
언더컷 (Under Cut)	• 모재가 녹아 용착금속이 채워지지 않고 홈으로 남게 된 부분
오버랩 (Over Lap)	• 용접금속과 모재가 융합되지 않고 겹쳐지는 것
블로홀(Blow Hole)	• 금속이 녹아들 때 생기는 기포나 작은 틈을 말한다.
크랙(Crack)	• 용접금속에 금이 간 상태
피트(Pit)	• 녹 또는 모재의 화학성분이 원인으로 되어 기공이 발생함으로서 용접부의 표면에 생기는 적은 구멍
용입불량	• 모재가 녹지 않고 용착금속에 채워지지 않고 홈으로 남음
크레이터	• 아크용접 시 끝부분이 항아리모양으로 움푹패인 것

03 철골세우기

❶ 앵커 Bolt 매입법

구분	공법
고정 매입공법	기초철근 조립 시 동시에 Anchor Bolt를 기초상부에 정확히 묻고 콘크리트를 타설하는 공법
가동(이동) 매입공법	앵커볼트의 위치를 콘크리트 타설 후 조정할 수 있도록 볼트 상부에 얇은 철판을 넣거나 스티로폼 등으로 보호하는 공법
나중 매입공법	Anchor Bolt 위치에 콘크리트 타설 전 Bolt를 묻을 구멍을 조치해 두거나 콘크리트 타설 후 Core 장비로 천공하여 나중에 고정하는 공법

❷ 내화 피복공법의 분류 및 재료

① 습식 내화피복공법

구분	내용
타설공법	철골 구조체 주위에 거푸집을 설치하고 콘크리트를 타설하는 공법
뿜칠공법	철골표면에 접착제를 도포한 후 내화재를 도포하는 공법
미장공법	철골에 용접철망을 부착하여 모르타르로 미장하는 방법
조적공법	콘크리트 블록, 경량 콘크리트 블록, 돌, 벽돌

② 건식 내화피복공법(성형판 붙임공법)

　내화단열이 우수한 성형판의 접착제나 연결철물을 이용하여 부착하는 공법

③ 합성 내화피복공법

　이종재료를 적층하거나, 이질재료의 접합으로 일체화하여 내화성능을 발휘하는 공법

④ 복합 내화피복공법

　하나의 제품으로 2개의 기능을 충족시키는 공법

06. 조적공사

01 벽돌공사

❶ 벽돌의 종류

구분	종류
보통벽돌	빨강벽돌, 시멘트 벽돌, 블록벽돌
특수벽돌	검정벽돌, 이형벽돌, 오지벽돌, 변색혼용벽돌
경량벽돌	구멍벽돌, 다공벽돌
내화벽돌	굴뚝쌓기

❷ 벽돌의 규격

구 분	길 이	나 비	두 께
일반형	210	100	60
표준형	190	90	57
허용값	±5%	±3%	±2.5%

02 블록공사

❶ 블록 쌓기 일반사항

① 단순조적 블록 쌓기는 막힌줄눈이고 보강줄눈 쌓기는 통줄눈으로 쌓는다.
② 블록은 살 두께가 두꺼운 편이 위로 하여 쌓는다.
③ 1일 쌓기 높이는 1.5m(7켜 정도) 이내를 표준으로 한다.
④ 콘크리트 블록은 물 축임 하지 않는다.

❷ 테두리보(Wall girder) 사용목적

① 수직균열방지
② 벽체의 일체성 확보
③ 상부 집중하중의 분산
④ 세로근의 정착및 이음자리 제공
⑤ 지붕, 바닥틀 등에 의한 집중하중에 대한 보강
⑥ 벽체의 강성 증대

03 석 공사

❶ 암석의 분류 및 특성

종 류	특 성
화성암	화강암, 안산암, 현무암
수성암	점판암, 석회암, 사암, 응회암
변성암	대리석, 석면, 사문암, 트레버틴

❷ 석재 작업 시 주의점

① 취급상 치수는 최대 1m³ 이내로 하며 중량이 큰 것은 높은 곳에 사용하지 않는다.
② 석재는 압축력을 받는 곳에만 사용한다.(인장 및 휨모멘트 받는 곳은 사용금지)
③ 석재의 예각을 피할 것
④ 동일건축물에는 동일석재로 시공한다.
⑤ 1일 시공단수는 3~4단 정도로 한다.
⑥ 찰쌓기의 하루에 쌓는 높이는 1.2m를 넘지 않아야 한다.

❸ 석 공사 공법의 종류

종 류	특 성
습식공법	㉠ 전체주입공법 ㉡ 부분주입공법 ㉢ 절충주입공법
건식공법	㉠ 앵글지지 공법 ㉡ 앵글과 Plate 지지공법 ㉢ 강재 트러스 지지공법

Chapter 01 시공일반

이 장에서는 건설시공 시 도급방법의 종류, 시공자의 선정방식, 공사 현장관리 계획, 공정 및 품질관리 등으로 구성되며 주로 도급 실시방법의 분류와 공정표의 특징 등에 대해 출제된다.

01 건설시공의 개요

(1) 건설시공의 정의

건설재료를 가지고 설계도에 의해 시공을 할 때 최저의 공사비용으로 최단 시일 내에 완성시키는 과학적 기술

① 건설시공의 관리 요소

3대 관리요소	5대 관리요소
공정관리 품질관리 원가관리	공정관리 품질관리 원가관리 안전관리 환경관리

② 건설시공 과정

기획 → 설계 → 시공 → 완공

(2) 건설공사 관계자

[공사감리자의 업무]
① 시공의 적정성 확인
② 시공계획, 공정표의 검토·확인
③ 공정 및 기성고 검토·확인
④ 설계변경사항의 검토·확인
⑤ 사용자재의 적합성 검토·확인
⑥ 안전관리 검토·확인
⑦ 품질관리계획의 검토·확인
⑧ 하도급에 대한 타당성 검토

관계자	주요 업무
건축주	공사를 기획하고 자금을 투자하는 시행주체, 발주자, 직영공사의 시행주체(개인, 법인, 공공단체, 정부투자기관)
설계자	설계 도서를 작성하여 공사관계자에게 설계도서의 의도를 설명하고, 지도 자문하는 자
감리자	건축물 또는 공작물이 설계도서와 같이 시공되는지 여부를 확인 감독, 공정관리, 품질관리, 안전관리를 지도, 감독하는 자(건축사, 감리 전문 업체)
관리자	건축주나 시공 회사에 소속되어 공사 관리를 담당하는 자(현장소장, 공사과장, 관계전문기술자 등)

(3) 건축시공의 현대화 방안(발전방향)

① 시공의 기계화
② 공법의 건식화
③ 프리패브화 및 시스템화
④ 가설재료의 강재화
⑤ 시공방식 3S의 적용
⑥ 건축생산의 공업화, 양산화
⑦ 공사 관리기술의 발전

[건축시공의 3S]
① 작업의 전문화(Specialization)
② 작업의 단순화(Simplification)
③ 작업의 표준화(Standardization)

(4) 건설시공에서 클레임

① 공사 지연에 의한 클레임
② 계약문서의 결함에 따른 클레임
③ 공사촉진에 대한 클레임
④ 현장조건 변경에 따른 클레임
⑤ 공사변경에 대한 클레임
⑥ 계약해제에 따른 클레임

(5) 가치공학(Value Engineering)

① 가치공학은 원가절감과 제품가치를 동시에 추구하기 위해 제품 개발에서부터 설계, 생산, 유통, 서비스 등 모든 경영활동의 변화를 추구하는 경영기법의 기준이 된다.

② 가치공학(Value Engineering)적 사고방식
 ㉠ 기능 중심의 사고
 ㉡ 사용자 중심의 사고
 ㉢ 생애비용을 고려한 최소의 총비용
 ㉣ 고정관념의 제거
 ㉤ 조직적인 노력

③ 가치향상 방법

$$V(Value, 가치) = \frac{F(Function, 기능)}{C(Cost, 비용)}$$

 ㉠ 기능은 올리고 비용은 내린다.
 ㉡ 기능은 올리고 비용은 그대로 유지
 ㉢ 기능은 많이 올리고 비용은 약간 올린다.
 ㉣ 기능은 일정하게 하고 비용은 내린다.

01 핵심문제　　　　　1. 건설시공의 개요

□□□ 16년1회
1. 현대 건축시공의 변화에 따른 특징과 거리가 먼 것은?

① 인공지능 빌딩의 출현
② 건설 시공법의 습식화
③ 도심지 지하 심층화에 따른 신기술 발달
④ 건축 구성재 및 부품의 PC화·규격화

해설
건설시공법의 건식화
현대 건축시공은 점차 건식화하여 건물을 가볍게 하고 물을 사용하지 않아 공사기간을 줄이는 공법으로 발전한다.

□□□ 12년2회, 19년1회
2. 건축시공의 현대화 방안 중 3S system과 거리가 먼 것은?

① 작업의 표준화　② 작업의 단순화
③ 작업의 전문화　④ 작업의 기계화

해설
건축시공의 현대화 방안 3S system
1. 작업의 전문화(Specialization)
2. 단순화(Simplification)
3. 표준화(Standardization)

□□□ 13년4회
3. 건설공사에서 발생하는 클레임 유형과 가장 거리가 먼 것은?

① 현장조건 변경에 따른 클레임
② 작업인원 축소에 관한 클레임
③ 공사지연에 의한 클레임
④ 계약문서의 결함에 따른 클레임

해설
클레임의 유형
① 공사지연에 의한 클레임　② 계약문서의 결함에 따른 클레임
③ 공사촉진에 대한 클레임　④ 현장조건 변경에 따른 클레임
⑤ 공사변경에 대한 클레임　⑥ 계약해제에 따른 클레임

□□□ 15년4회
4. 가치공학(Value Engineering)적 사고방식 중 옳지 않은 것은?

① 풍부한 경험과 직관 위주의 사고
② 기능 중심의 사고
③ 사용자 중심의 사고
④ 생애비용을 고려한 최소의 총비용

해설
가치공학(Value Engineering)적 사고방식
① 기능 중심의 사고
② 사용자 중심의 사고
③ 생애비용을 고려한 최소의 총비용
④ 고정관념의 제거
⑤ 조직적인 노력

□□□ 19년2회
5. 원가절감에 이용되는 기법 중 VE(Value Engineering)에서 가치를 정의하는 공식은?

① 품질/비용　② 비용/기능
③ 기능/비용　④ 비용/품질

해설
VE(가치공학)
$$V(\text{Value, 가치}) = \frac{F(\text{Function, 기능})}{C(\text{Cost, 비용})}$$

정답 1 ② 2 ④ 3 ② 4 ① 5 ③

02 공사 시공방식

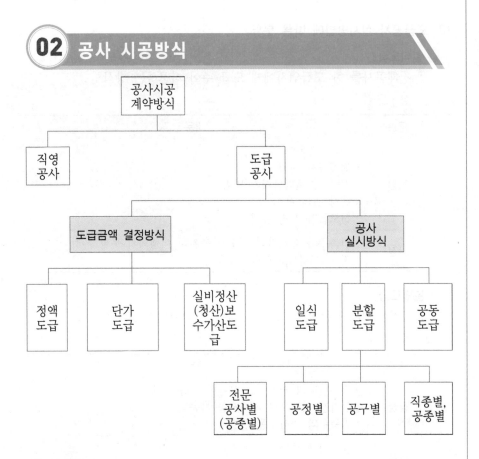

Tip

도급공사를 분류할 때는 도급금액 결정방식의 분류인지, 공사 실시방식의 분류인지를 먼저 구분할 수 있어야 한다.

(1) 직영공사

① 건축주가 직접 재료구입, 노무자의 고용, 시공기계 및 가설재를 준비하고 공사를 자기책임 하에 시행하는 방식

② 직영공사를 적용하는 경우
  ㉠ 공사내용이 간단하고 시공이 용이한 경우
  ㉡ 시급한 준공이 필요하지 않거나 중요한 건물인 경우
  ㉢ 견적산출이 곤란하고. 설계변경이 빈번하게 예상되는 공사
  ㉣ 풍부하고 저렴한 노동력, 재료의 보유, 구입편의가 있을 때
  ㉤ 기밀유지가 필요한 공사, 재해의 응급복구 등

③ 장·단점

구분	내용
장점	• 영리를 도외시한 확실성 있는 공사 가능 • 임기응변 처리가 가능 • 발주, 계약 등이 간편
단점	• 공사기간 연장 우려 • 재료의 낭비, 잉여 • 공사비 증대

(2) 도급공사 실시방법에 따른 분류

① 일식도급

ㄱ 전체공사를 한 도급업자에게 도급 주어 시공하는 방식

ㄴ 장·단점

구분	내용
장점	• 계약, 감독이 간단 • 전체공사 진척 원활 • 시공 및 책임한계가 명확 • 공사 관리 용이 • 하도급자 선정 용이
단점	• 건축주와 설계자의 의도가 충분히 이행되지 못할 우려 • 저가하도급으로 인한 부실공사 우려

② 분할도급

ㄱ 공사를 전문공종별, 공정별, 공구별로 나누어서 도급을 주는 방식

ㄴ 장·단점

구분	내용
장점	• 전문업자의 시공으로 우수한 시공 기대 • 업자간 경쟁으로 저가시공 가능 • 건축주와 의사소통 원활
단점	• 감독업무 증가 • 비용 증가

ㄷ 종류

구분	내용
전문공종별 분할도급	• 전체공사 중에서 전기설비공사, 기계설비공사 등을 주체공사에서 분리하여 도급을 주는 방식 • 설비업자의 자본, 기술이 강화 • 전문화로 시공능률 향상 • 건축주와 시공자의 의사소통 원활 • 공사전체 관리의 어려움
공정별 분할도급	• 토공사, 골조공사, 마무리공사 등 시공 과정별로 나누어 도급을 주는 방식 • 예산배정 상 구분될 때 편리 • 선공사 지연 시 후속공사에 지장초래 • 후속업자 교체 곤란
공구별 분할도급	• 대규모 공사에서 구역별, 지역별로 분리하여 발주 • 도급업자에게 균등기회 부여 • 업자 상호간 경쟁으로 공기단축, 시공기술 향상에 유리 • 지하철공사, 고속도로공사, 대규모아파트단지 등의 공사에 적용

구분	내용
직종별· 공종별 분할도급	• 건축, 전기설비, 기계설비 등을 또다시 세분하여 하도급 전문업자와 계약하는 방식으로 직영공사에 가까운 제도 • 건축주의 의도를 반영하기 좋다. • 경비가 많이 든다. • 현장관리 복잡

③ 공동도급

　㉠ 1개회사가 단독으로 공사를 수행하기에는 규모가 크거나 특수공사일
　　때 2개 이상의 회사가 임시로 결합하여 공사를 수주하고 공사완성 후
　　해산하는 방식

　㉡ 장·단점

[공동도급의 특징]
① 손익분담의 공동계산
② 단일목적성
③ 일시성

구분	내용
장점	• 신용도의 증대 • 융자력 증대 • 위험분산 • 기술력 확충 • 시공의 확실성 • 도급의 경쟁완화
단점	• 일식도급보다 경비증가 • 도급자간의 의견 불일치 • 책임회피 우려 • 하자부분의 책임한계 불분명 • 사무관리, 현장관리 혼란 우려

(3) 도급 금액결정에 따른 분류

① 정액도급

　㉠ 총공사비를 확정하고 계약하는 방식

　㉡ 장·단점

구분	내용
장점	• 공사 관리 업무가 간단 • 경쟁 입찰로 공사비 절감 • 도급업자는 공사비를 절감하는 노력을 한다. • 총공사비가 확정되어 건축주가 자금계획 수립이 가능하다.
단점	• 공사변경에 따른 도급금액 증감이 곤란하다. • 입찰 전에 설계도서가 완성되어야 하므로 사전에 상당한 시간이 필요하다. • 이윤관계로 공사가 부실해질 우려가 있다.

② 단가도급

   ㉠ 긴급공사, 공사수량이 불분명할 때 채용하는 방식으로 공사에 투입되는 재료단가, 노무단가만을 확정하고, 공사완료 후 실제 공사에 투입된 수량에 따라 정산하는 방식

   ㉡ 장·단점

구분	내용
장점	• 공사의 신속한 착공이 가능 • 설계변경에 의한 수량증감이 용이하다. • 긴급공사 시, 수량불분명 할 때 간단히 계약가능
단점	• 총공사비의 예측 곤란 • 자재비, 노무비를 절감하고자 하는 노력이 적다. • 공사비가 증가 할 우려가 있다.

③ 실비정산보수 가산도급

   ㉠ 공사 진척에 따라 공사의 실비를 건축주, 시공자, 감리자가 확인 정산하고 건축주는 미리 정한 보수율에 따라 도급자에게 공사비를 지불하는 방법(이론상 가장 이상적인 도급제도)

   ㉡ 장·단점

구분	내용
장점	• 양심적인 시공 기대 • 양질의 시공 기대 • 도급업자는 손해 볼 여지가 적다. • 설계변경 및 돌발상황에 적절히 대응할 수 있다.
단점	• 공사기간이 연장될 가능성이 높다. • 공사비 절감의 노력이 없어진다. • 공사비가 증가 될 우려가 높다.

   ㉢ 종류

종류	내용
실비 비율 보수 가산도급	사용된 공사 실비와 계약된 비율을 곱한 금액을 지불
실비 정액 보수 가산도급	실비 여하를 막론하고 미리 계약된 일정 금액을 보수로 지불
실비 한정비율 보수 가산도급	실비에 제한을 두고 시공자가 제한된 실비 내에서 완공하도록 하는 방법
실비 준동률 보수 가산도급	실비를 여러 단계로 분할하여 공사비가 각 단계의 금액보다 증가된 경우 비율 보수 또는 정액 보수를 체감하는 방법

> **Tip**
>
> 설비정산 도급방식은 양질의 시공을 기대하지만 공사비의 총액을 산출하기 곤란한 경우 적절한 방식이다.

(4) 업무범위에 의한 분류

① 턴키 도급(Turn Key base contract)

㉠ 도급업자가 대상계획의 기업, 자금조달, 토지확보, 설계, 시공, 기계기구 설치, 시운전, 조업지도에 이르기까지 주문자가 필요한 것을 모두 조달하여 주문자에게 인도하는 계약방식

㉡ 장·단점

구분	내용
장점	• 설계, 시공이 동일인이므로 의사소통이 원활 • 책임 명확 • 공사비 절감 가능 • 공기단축 가능 • 신공법, 신기술개발 촉진
단점	• 건축주의 의도 반영이 곤란 • 총공사비 사전파악 곤란 • 최저가 낙찰로 인한 공사의 질 저하 우려 • 대기업 유리, 중소기업에 불리

② 건설사업관리(C.M ; Construction Management)

㉠ 전문가 집단에 의한 설계와 시공을 통합 관리하는 조직을 C.M조직이라 하며, 기획, 설계, 시공, 유지관리의 건설업 전 과정에서 사업수행을 효율적, 경제적으로 수행하기 위해 각 부분 전문가 집단의 통합관리기술을 건축주에게 서비스하는 것으로 발주처와의 계약으로 수행된다.

㉡ CM 형태 구분

구분	특징
대리인형 CM (CM for fee)	• 설계 및 시공에 직접 관여하지 않으며, 프로젝트 전반에 관한 발주자에 대한 조언자로서의 역할을 수행 • CM업자는 공사비용, 품질 등 공사결과에 대한 책임이 없음 • 공기단축 • CM업자의 책임감 부실우려 • 발주자 리스크 증대
시공자형 CM (CM at risk)	• CM이 하도급 업자와 직접 계약하여 시공의 일부 또는 전부를 맡아 공사를 수행 • 해당공사의 공사비용과 공사기간에 대한 책임과 부담 • 책임형 CM • CM의 기술개발 축적 가능 • 발주자의 시공에 대한 경험 습득을 저해할 수 있다.

[건설사업관리(CM)의 장점]
① 공기단축
② 원가절감
③ 품질확보
④ 설계자와 시공자의 의사소통 원활
⑤ 대규모 공사에 적합

③ B.O.T(Build-Operate-Transfer)

민간도급자가 사회간접시설에 대하여 자금을 대고 설계, 시공을 하여 시설물을 완성한 후 일정기간 동안 시설물을 운영하여 투자금을 회수한 후 발주자에게 소유권을 양도하는 계약방식

④ E.C(Engineering Construction)

시공자가 단순히 시공만하는 것에서 벗어나 새로운 수익사업의 발굴, 기획, 타당성조사, 설계, 시공, 유지관리까지 업무영역을 확대하는 것을 말한다.

⑤ 파트너링 방식(Partnering)

발주자, 시공자, 설계자 등 프로젝트 관계자들이 상호신뢰를 바탕으로 하나의 팀을 구성하여 프로젝트의 성공과 상호이익 확보를 목표로 공동으로 프로젝트를 수행하는 공사계약방식

02 핵심문제   2. 공사 시공방식

□□□ 17년1회

1. 직영공사에 관한 설명으로 옳은 것은?

① 직영으로 운영하므로 공사비가 감소된다.
② 의사소통이 원활하므로 공사기간이 단축된다.
③ 특수한 상황에 비교적 신속하게 대처할 수 있다.
④ 입찰이나 계약 등 복잡한 수속이 필요하다.

문제 1 ~ 2 해설
직영공사 건축주가 직접 재료구입, 노무자의 고용, 시공기계 및 가설재를 준비하고 공사를 자기책임 하에 시행하는 방식 **적용** 1. 공사내용이 간단하고 시공이 용이한 경우 2. 시급한 준공이 필요하지 않거나 중요한 건물인 경우 3. 견적산출이 곤란하고, 설계변경이 빈번하게 예상되는 공사 4. 풍부하고 저렴한 노동력, 재료의 보유, 구입편의가 있을 때 5. 기밀유지가 필요한 공사, 재해의 응급복구 등

□□□ 18년4회

2. 발주자가 수급자에게 위탁하지 않고 직영공사로 공사를 수행하기에 가장 부적합한 공사는?

① 공사 중 설계변경이 빈번한 공사
② 아주 중요한 시설물공사
③ 군비밀상 부득이 한 공사
④ 공사현장 관리가 비교적 복잡한 공사

□□□ 17년4회, 20년1,2회

3. 공동도급(Joint Venture Contract)의 장점이 아닌 것은?

① 융자력의 증대   ② 위험의 분산
③ 이윤의 증대   ④ 시공의 확실성

문제 3 ~ 4 해설	
공동도급의 장·단점	
장점	단점
① 신용도의 증대	① 일식도급보다 경비증가
② 융자력 증대	② 도급자간의 의견 불일치
③ 위험분산	③ 책임회피 우려
④ 기술력 확충	④ 하자부분의 책임한계 불분명
⑤ 시공의 확실성	⑤ 사무관리, 현장관리 혼란 우려
⑥ 도급의 경쟁완화	

□□□ 12년1회, 16년4회, 20년3회

4. 공동도급방식의 장점에 대한 설명으로 옳지 않은 것은?

① 공사의 진행이 수월하며 위험부담이 분산된다.
② 각 회사의 상호신뢰와 협조로서 긍정적인 효과를 거둘 수 있다.
③ 기술의 확충, 강화 및 경험의 증대 효과를 얻을 수 있다.
④ 시공이 우수하고 공사비를 절약할 수 있다.

□□□ 14년1회, 21년4회

5. 건축 공사의 각종 분할도급의 장점에 관한 설명 중 옳지 않은 것은?

① 전문공종별 분할도급은 설비업자의 자본, 기술이 강화되어 능률이 향상된다.
② 공정별 분할도급은 후속공사를 다른 업자로 바꾸거나 후속공사 금액의 결정이 용이하다.
③ 공구별 분할도급은 중소업자에 균등기회를 주고 업자상호간 경쟁으로 공사기일 단축, 시공 기술향상에 유리하다.
④ 직종별, 공종별 분할도급은 전문직종으로 분할하여 도급을 주는 것으로 건축주의 의도를 철저하게 반영시킬 수 있다.

해설
공정별 분할도급 ① 토공사, 골조공사, 마무리공사 등 시공 과정별로 나누어 도급을 주는 방식 ② 예산배정 상 구분될 때 편리 ③ 선공사 지연 시 후속공사에 지장초래 ④ 후속업자 교체 곤란

□□□ 13년2회, 15년4회, 18년2회

6. 대규모공사에서 지역별로 공사를 분리하여 발주하는 방식이며 중소업자에게 균등기회를 주고 또 업자 상호간의 경쟁으로 공사기일단축, 시공기술향상 및 공사의 높은 성과를 기대할 수 있어 유리한 도급방법은?

① 전문공종별 분할도급
② 공정별 분할도급
③ 공구별 분할도급
④ 직종별 공종별 분할도급

정답 1 ③   2 ④   3 ③   4 ④   5 ②   6 ③

문제 6 ~ 7 해설

공구별 분할 도급
① 대규모 공사에서 구역별, 지역별로 분리하여 발주
② 도급업자에게 균등기회 부여
③ 업자 상호간 경쟁으로 공기단축, 시공기술 향상에 유리하다
④ 지하철공사, 고속도로공사, 대규모아파트단지 등의 공사에 적용

해설

실비정산보수 가산도급
공사진척에 따라 공사의 실비를 건축주, 시공자, 감리자가 확인 정산하고 건축주는 미리 정한 보수율에 따라 도급자에게 공사비를 지불하는 방법(이론상 가장 이상적인 도급제도)

☐☐☐ 11년2회, 14년4회, 19년1회
7. 분할도급 발주 방식 중 지하철공사, 고속도로공사 및 대규모 아파트단지 등의 공사에 채용하면 가장 효과적인 것은?

① 직종별 공종별 분할도급
② 공정별 분할도급
③ 공구별 분할도급
④ 전문공종별 분할도급

☐☐☐ 19년2회
10. 실비에 제한을 붙이고 시공자에게 제한된 금액이내에 공사를 완성할 책임을 주는 공사방식은?

① 실비 비율 보수가산식
② 실비 정액 보수 가산식
③ 실비 한정비율 보수가산식
④ 실비 준동률 보수가산식

해설	
종류	내용
실비비율 보수가산 도급	사용된 공사 실비와 계약된 비율을 곱한 금액을 지불
실비정액 보수가산 도급	실비 여하를 막론하고 미리 계약된 일정 금액을 보수로 지불
실비한정비율 보수가산 도급	실비에 제한을 두고 시공자가 제한된 실비 내에서 완공하도록 하는 방법
실비준동률 보수가산 도급	실비를 여러 단계로 분할하여 공사비가 각 단계의 금액보다 증가된 경우 비율 보수 또는 정액 보수를 체감하는 방법

☐☐☐ 12년1회, 16년2회
8. 다음 중 공사계약방식에서 공사실시 방식에 의한 계약제도가 아닌 것은?

① 일식도급   ② 분할도급
③ 실비정산보수가산도급   ④ 공동도급

해설	
도급공사 계약방식의 종류	
공사실시방식	도급금액 결정방법
① 일식도급 계약제도	① 정액도급 계약제도
② 분할도급 계약제도	② 단가도급 계약제도
③ 공동도급방식	③ 실비정산보수가산도급 계약제도

☐☐☐ 17년2회, 20년4회
11. 주문받은 건설업자가 대상 계획의 기업, 금융, 토지조달, 설계, 시공 등을 포괄하는 도급계약방식을 무엇이라 하는가?

① 실비청산 보수가산도급 ② 정액도급
③ 공동도급   ④ 턴키도급

해설

턴키 도급(Turn Key base contract)
도급자가 대상계획의 기업, 자금조달, 토지확보, 설계, 시공, 기계기구설치, 시운전, 조업지도에 이르기까지 주문자가 필요한 것을 모두 조달하여 주문자에게 인도하는 도급계약방식

☐☐☐ 15년2회, 19년4회, 22년2회
9. 설계도와 시방서가 명확하지 않거나 또는 설계는 명확하지만 공사비 총액을 산출하기 곤란하고 발주자가 양질의 공사를 기대할 때에 채택될 수 있는 가장 타당한 방식은?

① 실비정산 보수가산식 도급
② 단가 도급
③ 정액 도급
④ 턴키 도급

□□□ 20년1,2회

12. 건설의 전 과정에 걸쳐 프로젝트를 보다 효율적이고 경제적으로 수행하기 위하여 각 부문의 전문가들로 구성된 통합관리기술을 발주자에게 서비스하는 것을 무엇이라고 하는가?

① Cost Management
② Cost Manpower
③ Construction Manpower
④ Construction Management

해설
건설사업관리(CM(Construction manager))방식 전문가 집단에 의한 설계와 시공을 통합관리하는 조직을 C.M조직이라 하며, 기획, 설계, 시공, 유지관리의 건설업 전과정에서 사업수행을 효율적, 경제적으로 수행하기 위해 각 부분 전문가 집단의 통합관리기술을 건축주에게 서비스하는 것으로 발주처와의 계약으로 수행된다.

□□□ 15년1회, 20년3회

13. CM 제도에 대한 설명으로 틀린 것은?

① 대리인형 CM(CM for fee) 방식은 프로젝트 전반에 걸쳐 발주자의 컨설턴트 역할을 수행한다.
② 시공자형 CM(CM at risk) 방식은 공사관리자의 능력에 의해 사업의 성패가 좌우된다.
③ 대리인형 CM(CM for fee) 방식에 있어서 독립된 공종별 수급자는 공사관리자와 공사계약을 한다.
④ 시공자형 CM(CM at risk) 방식에 있어서 CM조직이 직접 공사를 수행하기도 한다.

해설

CM(Construction manager) 제도

구분	특징
대리인형 CM (CM for fee)	① 설계 및 시공에 직접 관여하지 않으며, 프로젝트 전반에 관한 발주자에 대한 조언자로서의 역할을 수행한다. ② CM업자는 공사비용, 품질 등 공사결과에 대한 책임 없음 ③ 공기단축 ④ CM업자의 책임감 부실우려 ⑤ 발주자 리스크 증대
시공자형 CM (CM at risk)	① CM 이 하도급 업자와 직접 계약하여 시공의 일부 또는 전부를 맡아 공사를 수행하는 것 ② 해당공사의 공사비용과 공사기간에 책임과 부담 ③ 책임형 CM ④ CM의 기술개발 축적 가능 ⑤ 발주자의 시공에 대한 경험 습득 저해

□□□ 15년2회, 21년2회

14. 발주자가 직접 설계와 시공에 참여하고 프로젝트 관련자들이 상호 신뢰를 바탕으로 Team을 구성해서 프로젝트의 성공과 상호이익 확보를 공동 목표로 하여 프로젝트를 추진하는 공사수행 방식은?

① PM 방식(Project Management)
② 파트너링 방식(Partnering)
③ CM 방식(Construction
④ BOT 방식(Build Operate Transfer)

해설
파트너링 방식(Partnering 방식) 발주자, 시공자, 설계자 등 프로젝트 관계자들이 상호신뢰를 바탕으로 하나의 팀을 구성하여 프로젝트의 성공과 상호이익확보를 목표로 공동으로 프로젝트를 수행하는 공사계약 방식

03 시공자의 선정

[입찰 시 현장설명 내용]
① 설계도서 배부
② 질의 응답
③ 적산 및 견적

(1) 입찰방식

① 입찰순서

| 입찰공고 → 현장설명 → 입찰 → 개찰 → 낙찰 → 계약 |

② 입찰방식의 구분

입찰방식 ┬ 특명입찰 ── 수의계약
          └ 경쟁입찰 ┬ 공개경쟁입찰
                      ├ 지명경쟁입찰
                      └ 제한경쟁입찰

③ 낙찰자 선정방식

구분	내용
최저가 낙찰제	가장 낮은 가격을 써낸 업체를 낙찰자로 선정하는 것
제한적 최저가 낙찰제	일정 비율 이상의 금액으로 입찰한 자 중에서 최저가격을 제시한 입찰자로 낙찰하는 것
부찰제	예정가격의 일정 비율 이상에 해당하는 업체들이 제시한 입찰가격의 평균치에 가장 가까운 가격을 제시한 입찰자로 낙찰하는 것
최적격 낙찰제	최저가를 제시한 업체가 입찰한 금액으로 제대로 시공할 수 있는지를 사전에 심사하는 제도

(2) 경쟁입찰

① 공개경쟁입찰
  ㉠ 입찰내용을 관보, 신문, 게시 등을 통하여 입찰자격, 공사종류, 규정 등을 공고하여 일정 기준의 자격을 갖춘 자는 모두 입찰에 참가하도록 하는 방식

ⓛ 장·단점

구분	내용
장점	• 균등한 기회부여 • 담합의 우려가 적다. • 경쟁으로 공사비를 절감
단점	• 입찰사무 복잡 • 부실공사 우려 • 부적격업자에게 낙찰될 우려

② **지명경쟁입찰**

㉠ 발주자가 공사에 가장 적격하다고 인정되는 3~7개 정도의 회사를 시공경험, 자산, 신용도, 기술능력 등의 기준에 의해 선정 후 입찰시키는 방법

ⓛ 장·단점

구분	내용
장점	• 부적격업자를 사전에 제거 • 시공 상의 신뢰성 • 등록사무 간단
단점	• 담합의 우려가 크다. • 공사비가 공개경쟁입찰보다 증가

③ **특명입찰방식(수의 계약)**

㉠ 발주자가 도급자의 신용, 기술, 시공능력, 보유기자재, 시공실적 등을 고려하여 그 공사에 가장 적합한 하나의 업자를 선정하여 도급계약을 체결하는 방식

ⓛ 장·단점

구분	내용
장점	• 공사기밀유지 가능 • 입찰수속 간단 • 양심적인 시공으로 우수공사 기대
단점	• 공사금액결정이 불명확 • 공사비가 증가할 우려

[부대입찰제도의 목적]
① 하도급 계열화를 촉진
② 불공정 하도급거래 예방

(3) 기타 입찰방식

구분	내용
P.Q 제도 (Pre-Qualification)	입찰참가자격 사전심사제도로 참가자의 기술능력, 시공경험, 신용등급 및 경영상태 등을 종합 검토하여 가장 효율적으로 공사를 수행할 수 있는 업체에 입찰참가자격을 주는 제도
부대입찰제도	입찰자에게 하도급 할 부분, 하도급 금액 및 하도급자와의 계약서 등 하도급에 관한 내용을 기재하여 입찰서와 함께 제출하도록 하는 제도
내역입찰제도	입찰자가 입찰시 물량내역서에 단가를 기재하여 입찰금액을 산출한 산출내역서를 제출하도록 한 입찰제도
대안입찰제도	발주자가 제시하는 기본설계를 기본으로 원안과 동등이상의 기능과 효과를 가진 공법으로 공사비 절감, 공기단축 등을 내용으로 하는 대안을 도급업자가 제시하는 입찰

[공사 견적]
① 명세견적 : 설계도서, 계약조건, 현장설명 등에 의해 정확한 공사비를 산출 하는 것
② 개산견적 : 설계도서가 불완전 하거나, 과거 유사공사의 실적 등을 참고하여 개략적으로 산출하는 것.(개념견적, 기본견적)

(4) 공사계약

① 공사가격의 구성요소

구분	비용의 구성		
총공사비	총원가 + 이윤		
총원가	공사원가 + 일반관리비		
공사원가	순공사비 + 현장경비		
순공사비	직접공사비 + 간접공사비		
직접공사비	재료비 + 노무비 + 외주비 + 경비		
재료비	• 직접재료비	• 간접재료비	• 작업부산물
노무비	• 직접노무비	• 간접노무비	
간접비	• 손료비 • 영업비	• 현장경비 • 가설공사비	

② 도급계약서

㉠ 도급계약서류

구분	내용		
필요서류	• 계약서 • 시방서	• 계약 약관 • 구조계산서	• 설계도면
참고서류	• 현장설명서 • 공사내역서	• 질의 응답서 • 지급재료 명세표	• 공정표

   ⓛ 도급계약서의 기재 내용
- 공사내용
- 도급금액 및 그 지불방법, 지불 시기
- 착공시기, 공사완공 기일
- 설계변경, 공사중지의 경우 도급액 변경 또는 손해부담의 사항
- 천재지변, 기타 불가항력에 의한 손해 부담
- 물가변동에 기인한 도급금액 또는 공사내용의 변동에 관한 사항
- 공사시공에 의해서 제 3자가 입은 손해부담에 관한사항
- 검사 및 인도시기
- 계약자의 이행지연, 채무불이행의 지연이자, 지체보상금, 위약금, 기타 손해에 관한 사항
- 계약에 관한 분쟁의 해결 방법, 해결기관

③ 공사 재계약 조건
   ㉠ 설계도면 및 시방서(specification)의 중대결함 및 오류에 기인한 경우
   ㉡ 계약상 현장조건 및 시공조건이 상이(difference)한 경우
   ㉢ 계약사항에 중대한 변경이 있는 경우

03 핵심문제
3. 시공자의 선정

1. 건설공사의 입찰 및 계약의 순서로 옳은 것은?

① 입찰통지 → 입찰 → 개찰 → 낙찰 → 현장설명 → 계약
② 입찰통지 → 현장설명 → 입찰 → 개찰 → 낙찰 → 계약
③ 입찰통지 → 입찰 → 현장설명 → 개찰 → 낙찰 → 계약
④ 현장설명 → 입찰통지 → 입찰 → 개찰 → 낙찰 → 계약

해설

입찰 순서
입찰공고 → 현장설명 → 입찰 → 개찰 → 낙찰 → 계약

2. 도급업자의 선정방식 중 공개경쟁입찰에 대한 설명으로 틀린 것은?

① 입찰참가자가 많아지면 사무가 번잡하고 경비가 많이 든다.
② 부적격업자에게 낙찰될 우려가 없다.
③ 담합의 우려가 적다.
④ 경쟁으로 인해 공사비가 절감된다.

해설

공개경쟁입찰의 장점, 단점

1) 장점	① 균등한 기회부여 ② 담합의 우려가 적다 ③ 경쟁으로 공사비를 절감
2) 단점	① 입찰사무 복잡 ② 부실공사 우려 ③ 부적격업자에게 낙찰될 우려

3. 다음 설명에 해당하는 공사낙찰자 선정방식은?

예정가격 대비 85% 이상 입찰자 중 가장 낮은 금액으로 입찰한 자를 선정하는 방식으로, 최저가 낙찰자를 통한 덤핑의 우려를 방지할 목적을 지니고 있다.

① 부찰제
② 최저가 낙찰제
③ 제한적 낙찰제
④ 최적격 낙찰제

해설

① 부찰제 : 예정가격의 일정 비율 이상에 해당하는 업체들이 제시한 입찰가격의 평균치에 가장 가까운 가격을 제시한 입찰자로 낙찰하는 것
② 최저가 낙찰제 : 가장 낮은 가격을 써낸 업체를 낙찰자로 선정하는 것
③ 제한적 최저가 낙찰제 : 일정 비율 이상의 금액으로 입찰한 자 중에서 최저가격을 제시한 입찰자로 낙찰하는 것
④ 최적격 낙찰제 : 최저가를 제시한 업체가 입찰한 금액으로 제대로 시공할 수 있는지를 사전에 심사하는 제도

4. 건축주가 시공회사의 신용, 자산, 공사경력, 보유기술 등을 고려하여 그 공사에 가장 적격한 단일 업체에게 입찰시키는 방법은?

① 일반공개입찰
② 특명입찰
③ 지명경쟁입찰
④ 대안입찰

해설

특명입찰방식(수의 계약)

정의	발주자가 도급자의 신용, 기술, 시공능력, 보유기자재, 시공실적 등을 고려하여 그 공사에 가장 적합한 하나의 업자를 선정하여 도급계약을 체결하는 방식
장점	• 공사기밀유지 가능 • 입찰수속 간단 • 양심적인 시공으로 우수공사 기대
단점	• 공사금액결정이 불명확 • 공사비가 증가할 우려

5. 원가구성 항목 중 직접공사비에 속하지 않는 것은?

① 외주비
② 노무비
③ 경비
④ 일반관리비

해설

직접공사비 : 재료비＋노무비＋외주비＋경비

□□□ 18년4회

6. 공사계약 중 재계약 조건이 아닌 것은?

① 설계도면 및 시방서(specification)의 중대결함 및 오류에 기인한 경우
② 계약상 현장조건 및 시공조건이 상이(difference)한 경우
③ 계약사항에 중대한 변경이 있는 경우
④ 정당한 이유 없이 공사를 착수하지 않은 경우

해설

재계약 조건
1. 설계도면 및 시방서(specification)의 중대결함 및 오류에 기인한 경우
2. 계약상 현장조건 및 시공조건이 상이(difference)한 경우
3. 계약사항에 중대한 변경이 있는 경우
※ 정당한 이유 없이 공사를 착수하지 않은 경우는 시공자의 책임으로 재계약 조건이 아님

04 공사 현장관리

(1) 공사계획

① 공사기간을 결정하는 요소

구분	내용
1차적 요소	건물의 구조, 규모, 용도
2차적 요소	시공자의 능력, 자금사정, 기후
3차적 요소	발주자의 요구, 설계의 적부

② 공사계획의 순서
  ㉠ 현장원의 편성(공사계획 중 가장 먼저 고려할 것)
  ㉡ 공정표의 작성
  ㉢ 실행예산의 편성
  ㉣ 하도급자의 선정
  ㉤ 자재반입계획, 시공기계 및 장비설치 계획
  ㉥ 노무동원계획
  ㉦ 재해방지 대책의 수립

③ 현장 시공순서

가설공사 → 토공사 → 구체공사 → 방수공사 → 마감공사

[공무적 현장관리]
① 공정관리
② 공사관리 및 품질관리
③ 자금관리
④ 안전관리
⑤ 노무관리
⑥ 자재관리

(2) 시방서

① 설계도면에서 표현할 수 없는 내용을 문자 또는 숫자로 나타 낸 것으로 설계자가 작성한다.

② 시방서의 종류

구분	내용
표준시방서 (공통시방서)	각 직종에 공통으로 적용되는 공사전반에 관한 규정을 기술한 시방서.(권리, 의무 보증, 행정절차, 법률관계, 재료시방, 시공방법 포함)
특기시방서	당해공사에서만 적용되는 특수한 조건에 따라 표준시방서의 내용에서 변경, 추가, 삭제를 규정한 시방서
공사시방서	특정 공사용으로 작성된 시방서로 공통시방서와 특기시방서를 포함한다.
안내시방서 (참고시방서)	공사시방서를 작성할 때 참고나 지침서가 될 수 있는 시방서로 몇 가지를 첨부하거나 삭제하면 공사시방서가 될 수 있도록 한 것이다.

■ **시방서의 우선 순위**

특기시방서 〉 표준시방서 〉 설계도면

■ **시공 중 설계도서와 시방서가 서로 불일치 할 경우 공사감리자와 협의하여 결정한다.**

③ **시방서 기재내용**

㉠ 사용재료의 종류, 품질, 규격, 시험검사 방법

㉡ 시공순서, 방법, 시공정밀도, 주의사항

㉢ 성능의 규정 및 지시

㉣ 시공기계, 장비의 조립, 설치 방법

㉤ 재료 및 시공에 관한 감사사항

㉥ 기타 도면에 표기하기 어려운 보충사항, 특기사항 기술

④ **시방서 작성 시 주의사항**

㉠ 시방서의 작성순서는 공사 진행순서에 따라 기재한다.

㉡ 공사의 전반에 걸쳐 빠짐없이 기재한다.

㉢ 공법의 정밀도와 손질의 정밀도를 명확하게 규정한다.

㉣ 규격의 기입은 도면에 미루고, 시방서에는 가급적 피한다.

㉤ 간단명료하게 기재한다.

㉥ 오자, 오기가 없고, 도면과 중복되지 않게 한다.

㉦ 기술은 명령법이 아니고 서술법에 의한다.

㉧ 중요한 사항은 도면에 명기되어 있어도 보충 설명한다.

(3) 가설공사

① 가설공사는 본 공사를 완공하기 위해 공사 기간 중 임시로 설치하는 제 반시설 및 수단으로, 본 공사가 완료되면 해체, 철거, 정리되는 제 설비 공사

② **종류**

[현장 가설 사무실]

구분	내용
공통가설공사	본 공사의 모든 공종에 걸쳐 공통으로 사용되는 가설공사(현장사무소, 공사용수, 전기, 통신, 시멘트창고, 화장실, 공사용 도로, 가설울타리, 창고, 식당, 양중 하역설비, 운반설비, 급·배수설비 등)
직접가설공사	본 공사의 특정 공종에만 필요한 보조적 시설(수평규준틀, 세로규준틀, 귀 규준틀, 먹메김, 비계, 보양설비, 안전설비 등)

③ 기준점(Bench mark)

㉠ 공사 중에 건축물의 높이의 기준을 삼고자 설치한다.

㉡ 건물의 지반선(Ground Line)은 현지에 지정되거나 입찰 전 현장설명 시에 지정된다.

㉢ 기준점은 바라보기 좋고 공사에 지장이 없는 곳에 설치한다.

㉣ 기준점은 공사 중에 이동될 우려가 없는 인근건물의 벽, 담장 등에 설치하는 것이 좋다.

㉤ 바라보기 좋은 곳에 2개소 이상 여러 곳에 표시해두는 것이 좋다.

㉥ 기준점은 지반면에서 0.5~1m 위에 두고 그 높이를 기록한다.

㉦ 기준점은 공사가 끝날 때까지 존치한다.

④ 규준틀

건물의 위치를 정하는 기준이 되는 것으로 주로 건물 모서리 및 기타 요소에 견고하고 이동이 없도록 설치하는 것

[규준틀]

구분	내용
수평규준틀	① 건물의 각부 위치 및 높이, 기초의 나비 또는 길이 등을 정확히 결정하기 위한 것 ② 건물의 외벽에서 1~2m 정도 떨어져서 설치한다. ③ 이동이나 변형이 없도록 견고하게 설치한다. ④ 수평규준틀 말뚝 끝은 작업 중 충격을 받을 경우 발견하기 쉽게 하기 위하여 엇빗하게 자른다.
세로규준틀	① 벽돌, 블록, 돌쌓기 등의 고저 및 수직면의 기준으로 세로규준틀을 설치한다. ② 표시내용 : 창문의 위치, 줄눈간격, 나무벽돌의 위치, 볼트의 위치 등

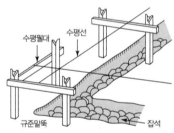

[줄띄우기(줄쳐보기)]
건물을 설계도에 맞도록 건물의 외곽선을 현장에서 표시하여 보는 방법

⑤ 시멘트 창고

㉠ 방습 상 바닥은 지면에서 30cm 이상 띄우고 방습 처리한다.

㉡ 필요한 출입구, 채광창이외에는 습윤, 공기의 유통을 방지하기 위하여 개구부는 가능한 한 설치하지 않는다.

㉢ 창고주위에는 배수도랑을 설치하여 우수의 침입을 방지한다.

㉣ 반입구와 반출구는 따로 두고 내부통로를 고려하여 넓이를 정한다.

㉤ 시멘트는 반입한 순서대로 먼저 반입한 것부터 먼저 쓰도록 한다.

㉥ 3개월 이상 저장한 시멘트는 사용할 때 각종 시험을 한 후 사용 하도록 한다.

ⓢ 시멘트의 적재

구분	내용
쌓기높이	시멘트의 쌓기 높이는 13포대 이하로 하며 장기간 저장시 7포대 이하
통로를 고려하지 않은 경우	1m²당 약 50포대
통로를 낼 경우	1m²당 30~35포대

◎ 시멘트 창고 소요면적

$$A = 0.4\frac{N}{n}$$

A : 시멘트 창고 소요면적(m²)

N : 저장할 수 있는 시맨트량(포)

n : 쌓기 단수(최고 13포)

[동력 및 변전소의 필요면적 산출]

$A = 3.3 \times \sqrt{W}$

A : 필요면적(m²)

W : 전력용량(kwh)

04 핵심문제   4. 공사 현장관리

□□□ 10년4회, 18년4회

1. 당해 공사의 특수한 조건에 따라 표준시방서에 대하여 추가, 변경, 삭제를 규정한 시방서는?

① 안내시방서   ② 특기시방서
③ 자료시방서   ④ 공사시방서

해설	
시방서의 종류	
공통시방서 (표준시방서)	각 직종에 공통으로 적용되는 공사전반에 관한 규정을 기술한 시방서.(권리, 의무 보증, 행정절차, 법률관계, 재료시방, 시공방법 포함)
특기시방서	표준시방서에 추가, 변경, 삭제등을 규정. 당해공사 특정사항이 포함된다.
공사시방서	특정 공사용으로 작성된 시방서로 공통시방서와 특기시방서를 포함한다.
안내시방서 (참고시방서)	공사시방서를 작성할 때 참고나 지침서가 될수 있는 시방서로 몇가지를 첨부하거나 삭제하면 공사시방서가 될수 있도록 한 것이다.

□□□ 13년1회, 19년4회

2. 시방서의 작성원칙으로 옳지 않은 것은?

① 지정고시된 신재료 또는 신기술을 적극 활용한다.
② 공사 전반에 대한 지침을 세밀하고 간단명료하게 서술한다.
③ 공종을 세밀하게 나누고, 단위 시방의 수를 최대한 늘려 상세히 서술한다.
④ 시공자가 정확하게 시공하도록 설계자의 의도를 상세히 기술한다.

해설
시방서 작성 원칙 ① 시방서의 작성순서는 공사진행순서에 따라 기재한다. ② 공사의 전반에 걸쳐 빠짐없이 기재한다. ③ 공법의 정밀도와 손질의 정밀도를 명확하게 규정한다. ④ 간단명료하게 규격의 기입은 도면에 미루고, 시방서에는 가급적 피하여 기재한다. ⑤ 오자, 오기가 없고, 도면과 중복되지 않게 ⑥ 기술은 명령법이 아니고 서술법에 의한다. ⑦ 중요한 사항은 도면에 명기되어 있어도 보충 설명한다.

□□□ 11년2회, 19년1회, 22년2회

3. 공사 중 시방서 및 설계도서가 서로 상이할 때의 우선순위에 관한 설명으로 옳지 않은 것은?

① 설계도면과 공사시방서가 상이할 때는 설계도면을 우선한다.
② 설계도면과 내역서가 상이할 때는 설계도면을 우선한다.
③ 일반시방서와 전문시방서가 상이할 때는 전문시방서를 우선한다.
④ 설계도면과 상세도면이 상이할 때는 상세도면을 우선한다.

해설
설계도면과 공사시방서가 상이할 때는 감리자와 협의하여 정한다.

□□□ 13년2회, 18년2회

4. 건축시공계획수립에 있어 우선순위에 따른 고려사항으로 가장 거리가 먼 것은?

① 공정표 작성
② 공종별 재료량 및 품셈
③ 재해방지 대책
④ 원척도(原尺圖)의 제작

문제 4 ~ 5 해설
공사계획의 순서 ① 현장원의 편성 (공사계획 중 가장 먼저 고려할 것) ② 공정표의 작성 ③ 실행예산의 편성 ④ 하도급자의 선정 ⑤ 자재반입계획, 시공기계 및 장비설치계획 ⑥ 노무동원계획 ⑦ 재해방지대책의 수립

□□□ 15년2회

5. 건설현장 개설 후 공사착공을 위한 공사계획수립 시 가장 먼저 해야 할 사항은?

① 현장투입직원조직 편성
② 공정표작성
③ 실행예산의 편성 및 통제계획
④ 하도급업체 선정

정답 1 ②   2 ③   3 ①   4 ④   5 ①

□□□ 11년1회

6. 다음 중 공통가설공사 항목에 속하지 않는 것은?

① 차수·배수설비   ② 가설울타리

③ 비계설비   ④ 양중설비

해설
공통가설항목 : 모든 공종에 사용되는 가시설(수도, 전기, 화장실, 사무실, 식당, 통신 등) ※ 비계설비는 골조공사, 석공사, 타일공사 등 특정한 공종에서만 필요한 가시설이다.

□□□ 10년4회

7. 가설건축물 중 시멘트창고에 대한 설명으로 옳지 않은 것은?

① 바닥구조는 일반적으로 마루널깔기로 한다.

② 창고의 크기는 시멘트 100포당 2~3m²로 하는 것이 바람직하다.

③ 공기의 유통이 잘 되도록 개구부를 가능한 한 크게 한다.

④ 벽은 널판붙임으로 하고 장기간 사용하는 것은 함석붙이기로 한다.

해설
필요한 출입구, 채광창이외에는 습윤, 공기의 유통을 방지하기 위하여 개구부는 가능한 한 설치하지 않는다.

05 공정 및 품질관리

(1) 공정관리

① 공정관리의 정의

건축물을 지정된 공사기간 내에 예정된 예산에 맞추어 좋은 품질로 경제적이며 빠르고 안전하게 시공을 하기 위한 관리

② 공정관리 시 고려사항

㉠ 공정의 합리화로 공기의 준수 및 단축

㉡ 합리적 일정계획으로 작업간의 유기적 연결

㉢ 주기적 진도관리로 지연 공정의 조기 발견과 대책 수립

㉣ 최소의 자원투입, 최대의 가동률로서 원가 절감

㉤ 실효성 있는 전산화를 위한 표준 공사정보의 활용

㉥ 내역과 공정을 연계하여 공정관리의 효율성 증대

③ 공사의 일정계획에 영향을 주는 요소

㉠ 건물의 구조, 규모, 용도

㉡ 시공자의 능력(거푸집의 존치기간 및 전용회수), 자금사정, 기후 조건

㉢ 발주자의 요구, 설계의 적부

(2) 공정표의 종류

① 횡선식 공정표(막대식)

㉠ 세로방향으로 각 공정을 표시하고 가로방향으로 공사기간을 표시

㉡ 예정과 실시를 비교하면서 관리하는 공정표

㉢ 장·단점

구분	내용
장점	• 각 공종별 공사와 전체의 공정시기 등이 일목요연하다. • 각 공종별 공사의 착수 및 종료일이 명시되어 판단이 용이하다. • 공정표 작성이 간단하다.
단점	작업 상호 간의 관계가 불분명하다.

[비용구배 곡선]

각 작업의 공기와 비용의 관계를 조사하여 최소비용으로 공기를 단축하기 위한 방법

[비용구배(1일 비용 증가액)]

공기를 1일 단축하는 데 추가되는 비용
(공기단축일수와 비례하여 비용이 증가)

$$\text{cost slope} = \frac{(\text{급속비용} - \text{정상비용})}{(\text{정상공기} - \text{급속공기})}$$

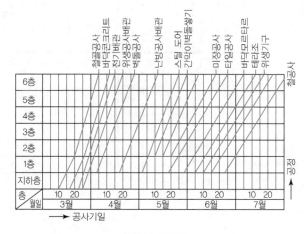

횡선식 공정표

② **사선 공정표**

　㉠ 세로방향에 공사량을 표시하고 가로방향에 월일을 기입하고 예정된 절선을 가지고 공사를 수행한다.

　㉡ 장ㆍ단점

구분	내용
장점	• 공사의 기성고를 표시하는 데 대단히 편리하다. • 공사의 지연에 대하여 조속히 대처할 수 있다.
단점	작업의 관련성을 나타낼 수 없다.

[LOB(Line of balance)기법]

① 반복작업이 많은 공사에서 생산성을 기울기로 표시하여 도식화 하는 기법
② 세로축에 단위작업의 반복 수, 가로축은 공사기간을 나타냄
③ 아파트 등의 건축공사와 도로 등 토목공사에 사용한다.

사선식 공정표

③ 상세공정표(세부공정표)

　㉠ 기본공정표에서 정해진 일정 내에 각 부분공사를 완성할 수 있도록 각 부분공사에 대하여 그래프식으로 상세하게 작성

　㉡ 구체공사, 마무리공사별로 상세히 작성

　㉢ 주간, 월간공정표 등 기간별로 상세히 작성

④ 네트워크 공정표

　㉠ 전체 공사계획과 공사 전체의 파악이 용이하고 각 작업의 흐름을 분해하여 작업의 상호관계가 명확하게 표시되어 공사의 진행 상태를 쉽게 파악할 수 있다.

　㉡ 네트워크 공정표의 장·단점

구분	내용
장점	• 개개의 관련작업이 도시되어 있어 내용을 알기 쉽다. • 공정계획, 관리면에서 신뢰도가 높다. • 개개 공사의 상호관계가 명확하여 주 공정선에는 작업인원의 중점배치가 가능하다. • 작성자 이외의 사람도 이해하기 쉬워 건축주, 공사관계자의 공정회의에 대단히 편리
단점	• 다른 공정표에 비해 작성하는데 시간이 많이 걸린다. • 작성과 검사에 특별한 기능이 필요하다. • 작업을 세분화하기에는 한계가 있다. • 공정표를 수정하기가 어렵다.

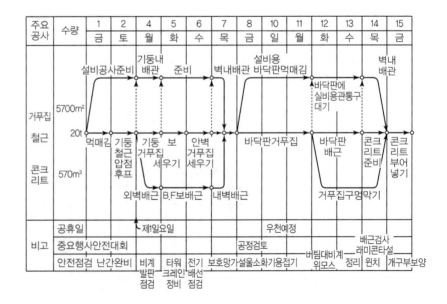

ⓒ 대표적 표현기법 (PERT와 CPM)

구분	PERT	CPM
개발	미 해군	듀퐁사
주목적	공기단축	공사비 절감
이용	신규사업, 비반복사업, 경험이 없는 사업 등에 이용	반복사업, 경험이 있는 사업 등에 이용
일정계획	• 일정계산이 복잡하다. • 결합점 중심의 이완도 산출	• 일정계산이 자세하고 작업간 조정이 가능 • 작업재개에 대한 이완도 산출
일정계산	• 결합점 중심의 일정계산	• 작업중심의 일정계산
MCX (최소비용)	이론이 없다.	CPM의 핵심이론이다.

ⓓ 네트워크의 공정표의 기본구성

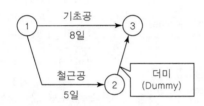

구분	내용
Activity (작업, 활동)	전체공사를 구성하는 개별 단위작업으로 화살형(→)으로 표시하며 일반적으로 작업명은 위에 소요일수는 아래에 나타낸다.
Event (결합점, node)	작업의 종료, 개시 또는 다른 작업과의 연결점을 나타내며 event에 번호를 붙인다. (① → ② → ③)
Dummy (더미, 의미상 활동)	작업 상호간의 연결 관계만을 나타내는 시간과 물량이 없는 명목상의 작업활동이다. 소요시간은 0(zero)이고 점선 화살표(⋯⋯)로 표시한다.

[PDM기법(Precedence Diagraming Method)]
① 반복적이고 많은 작업이 동시에 일어날 때 효율적인 NETWORK 공정표
② 각 작업은 node로 표기
③ 더미는 불필요
④ 화살표는 작업의 선후관계만 표시
⑤ 정확한 Scheduling이 가능
⑥ 컴퓨터에 적용하기 쉽다

⑩ 네트워크의 용어와 기호

용 어	기호	내 용
소요공기(duration)	D	작업의 수행에 필요한 시간
조기시작시간 (earliest start time)	EST	각 작업에서 그 작업을 시작할 수 있는 가장 빠른 시간
조기 종료시간 (earliest finish time)	EFT	가장 빠른 종료시간으로 작업을 끝낼 수 있는 가장 빠른 시간
만기 시작시간 (latest start time)	LST	각 작업에서 그 작업을 시작할 수 있는 가장 늦은 시간
만기 종료시간 (latest finish time)	LFT	가장 늦은 완료시간으로 공기에 영향이 없는 범위에서 작업을 가장 늦게 종료하여도 좋은 시간
결합점 시간 (node time)		화살표형 네트워크에서 시간계산이 된 결합점 시간
가장 빠른 결합점 시간 (earliest node time)	ET	최초의 결합점에서 대상의 결합점에 이르는 경로 중에서 가장 긴 경로를 통하여 가장 빨리 도달되는 결합점 시간
가장 늦은 결합점 시간 (latest node time)	LT	임의 결합점에서 최종 결합점에 이르는 경로 중에서 가장 긴 경로를 통하여 가장 늦게 도달되는 결합점 시간
주 공정(critical Path)	CP	시작 결합점에서 종료 결합점에 이르는 가장 긴 경로
여유(Float)		작업의 여유시간
Slack	SL	결합점이 가지는 여유시간
총 여유(Total float)	TF	가장 빠른 개시시간에 작업을 시작하여 가장 늦은 종료시각으로 완료할 때 생기는 여유시간
자유여유(Free float)	FF	가장 빠른 개시시간에 작업을 시작하고, 후속작업도 가장 빠른 개시시간에 시작하여도 생기는 여유시간
간섭여유 (Dependent float)	DF	다른 작업에 영향을 주지않고 그 작업만으로 소비할 수 있는 여유시간

예제

다음 네트워크 공정표를 이용하여 물음에 답하시오.
1. 전체공사의 소요시간을 구하시오.

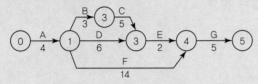

① EFT의 일정계산

작업명	소요일수	EST		EFT	
A	4	0	최초작업	4	EST + 소요일수 =0+4
B	3	4	A의 완료 후에 개시되므로 A의 EFT와 같다.	7	4+3
C	5	7	B의 완료 후에 개시되므로 B의 EFT와 같다.	12	7+5
D	6	4	A의 완료 후에 개시되므로 A의 EFT와 같다.	10	4+6
E	2	12	C와 D의 완료 후에 개시되므로 C와 D 중에서 EFT가 큰 값으로 한다.	14	12+2
F	14	4	A의 완료 후에 개시되므로 A의 EFT와 같다.	18	4+14
G	5	18	E와 F의 완료 후에 개시되므로 E와 F 중에서 EFT가 큰 값으로 한다.	23	18+5

② 최종 결합점에서 끝나는 작업의 EFT 최대값이 전체공사의 소요기간이므로 전체공사의 소요시간은 23일이다.

2. 결합점 ④에서의 가장 늦은 완료시간은?

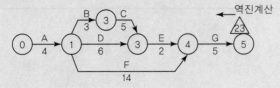

LST는 전체 공사기간에서 소요일수를 감하여 구한다.
결합점 ④의 LST = 23 - 5 =18일

[품질관리 싸이클의 4단계]
제1단계 : 계획(Plan)
제2단계 : 실시(Do)
제3단계 : 검토(Check)
제4단계 : 조치(Action)

(3) 품질관리

① 품질관리의 목적
  ㉠ 시공능률의 향상
  ㉡ 품질 및 신뢰성의 향상
  ㉢ 설계의 합리화
  ㉣ 작업의 표준화

② 품질관리 도구

구분	내용
파레토도 (Pareto Diagram)	• 결함, 불량품, 고장 등의 분류 항목을 문제의 크기 순서대로 나열하여 막대그래프로 표기 한 것. • 결함 항목을 집중관리 감소하는 데 효과적 • 불량점유율을 가로축에는 층별요인, 특성을 표시하고 세로축에는 불량건수, 불량손실 금액 등을 표시
특성 요인도 (Causes Effects Diagram)	• 불량의 특성과 여기에 영향을 주는 원인과의 관계를 정리한 것으로 생선뼈 형태로 세분 • 원인과 결과와의 관계를 나타내어 재해원인 분석에 이용
관리도 (Control Chart)	• 불량 발생 건수 등의 추이를 파악하여 목표관리를 행하는데 필요한 월별 관리선을 설정하여 관리하는 방법
히스토그램	• 공사 또는 제품의 품질상태가 만족할 만한 상태에 있는가의 여부를 판단하는데 사용한다. • 길이, 무게, 강도 등의 각종 데이터가 어떠한 분포를 하고 있는가를 알아보기 위한 그래프
체크시트	• 제품의 불량수, 결점수와 같은 수치가 어디에 집중되어 있는가를 나타낸 그림이나 표
산점도	• 서로 대응되는 두 개의 짝으로 된 데이타를 그래프 용지위에 점으로 나타낸 그림
층별	• 집단으로 구성하고 있는 데이터를 어떤 특징에 따라 몇 개의 부분집단으로 나타낸 것

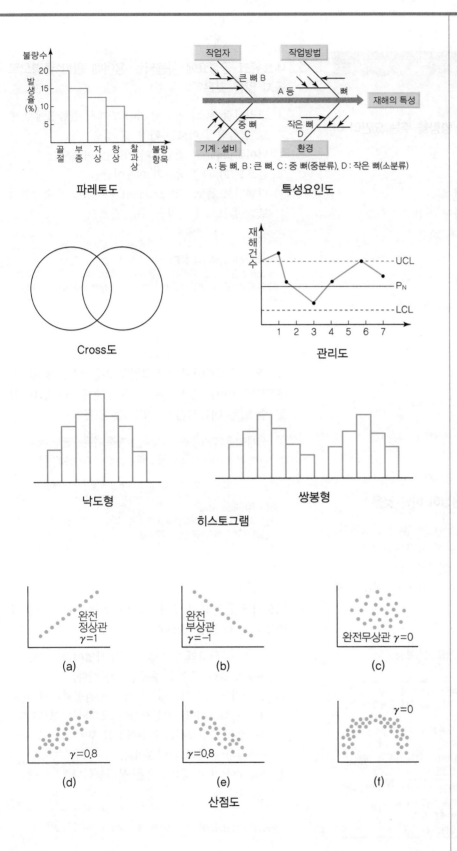

파레토도

특성요인도

A : 등 뼈, B : 큰 뼈, C : 중 뼈(중분류), D : 작은 뼈(소분류)

Cross도

관리도

낙도형

쌍봉형

히스토그램

(a)

(b)

(c)

(d)

(e)

(f)

산점도

05 핵심문제   5. 공정 및 품질관리

□□□ 12년4회, 15년1회

1. 콘크리트 공사의 일정계획에 영향을 주는 요인이 아닌 것은?

① 건축물의 규모
② 거푸집의 존치기간 및 전용횟수
③ 시공도(Shop Drawing) 작성 기간
④ 강우, 강설, 바람 등의 기후 조건

해설

공사의 일정계획에 영향을 주는 요소
① 건물의 구조, 규모, 용도
② 시공자의 능력(거푸집의 존치기간 및 전용회수), 자금사정, 기후 조건
③ 발주자의 요구, 설계의 적부

□□□ 11년2회, 13년4회, 20년4회

2. 다음 중 네트워크공정표의 단점이 아닌 것은?

① 다른 공정표에 비하여 작성시간이 많이 필요하다.
② 작성 및 검사에 특별한 기능이 요구된다.
③ 진척관리에 있어서 특별한 연구가 필요하다.
④ 개개의 관련작업이 도시되어 있지 않아 내용을 알기 어렵다.

해설

개개의 관련작업이 도시되어 있어 내용을 알기 쉽다.

네트워크 공정표의 장 · 단점

장점	① 개개의 관련작업이 도시되어 있어 내용을 알기 쉽다. ② 공정계획, 관리면에서 신뢰도가 높으며 전자계산기의 사용이 가능하다. ③ 개개 공사의 상호관계가 명확하여 주공정선에는 작업인원의 중점배치가 가능하다. ④ 작성자 이외의 사람도 이해하기 쉬워 건축주, 공사관계자의 공정회의에 대단히 편리
단점	① 다른 공정표에 비해 작성하는 데 시간이 많이 걸린다. ② 작성 과 검사에 특별한 기능이 필요하다. ③ 작업을 세분화하기에는 한계가 있다. ④ 공정표를 수정하기가 어렵다.

□□□ 17년4회, 22년1회

3. 네트워크 공정표에 사용되는 용어에 관한 설명으로 옳지 않은 것은?

① 크리티컬 패스(Critical path): 개시 결합점에서 종료 결합점에 이르는 가장 긴 경로
② 더미(Dummy): 결합점이 가지는 여유시간
③ 플로트(Float): 작업의 여유시간
④ 디펜던트 플로트(Dependent Float) : 후속작업의 토탈 플로트에 영향을 주는 플로트

해설

Dummy(더미, 의미상 활동)
작업 상호간의 연결 관계만을 나타내는 시간과 물량이 없는 명목상의 작업활동이다. 소요시간은 0(zero)이고 점선 화살표(┈▶)로 표시한다.

□□□ 10년4회, 17년1회, 20년1,2회

4. 네트워크공정표에서 후속작업의 가장 빠른 개시시간 (EST)에 영향을 주지 않는 범위 내에서 한 작업이 가질 수 있는 여유시간을 의미하는 것은?

① 전체여유(TF)   ② 자유여유(FF)
③ 간섭여유(IF)   ④ 종속여유(DF)

해설

자유여유(Free float)
가장 빠른 개시시간에 작업을 시작하고, 후속작업도 가장 빠른 개시시간에 시작하여도 생기는 여유시간

□□□ 16년2회, 19년2회

5. 네트워크 공정표의 주공정(Critical Path)에 관한 설명으로 옳지 않은 것은?

① TF가 0(Zero)인 작업을 주공정작업이라 하고, 이들을 연결한 공정을 주공정이라 한다.
② 총 공기는 공사착수에서부터 공사완공까지의 소요시간의 합계이며, 최장시간이 소요되는 경로이다.
③ 주공정은 고정적이거나 절대적인 것이 아니고 공사진행상황에 따라 가변적이다.
④ 주공정에 대한 공기단축은 불가능하다.

해설

주공정은 전체공정을 효율적으로 계획하여 공기단축이 가능하다.

정답 1 ③   2 ④   3 ②   4 ②   5 ④

□□□ 16년1회

6. 다음 네트워크 공정표에서 결합점 ②에서의 가장 늦은 완료 시각은?

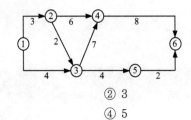

① 2
② 3
③ 4
④ 5

해설

결합점 ②에서 가장 늦은 완료시간
1) 주공정선 : ① → ② → ③ → ④ → ⑥
2) 주공정 일수 : 3+2+7+8 = 20
3) 결합점 ② 의 가장 늦은 완료시간은 종료시점에서부터 거꾸로 ⑥ → ④ → ③ → ② 순서로 작업일수를 빼온다
∴ 20-8-7-2 = 3일

□□□ 15년4회, 21년1회

7. 다음 설명에 해당하는 공정표의 종류로 옳은 것은?

> 한 공종의 작업이 하나의 숫자로 표기되고 컴퓨터에 적용하기 용이한 이점 때문에 많이 사용되고 있다. 각 작업은 node로 표기하고 더미의 사용이 불필요하며 화살표는 단순히 작업의 선후관계만을 나타낸다.

① 횡선식 공정표
② CPM
③ PDM
④ LOB

해설

PDM기법(Precedence Diagraming Method)
① 반복적이고 많은 작업이 동시에 일어날 때 효율적인 NETWORK 공정표
② 각 작업은 node로 표기
③ 더미는 불필요
④ 화살표는 작업의 선후관계만 표시
⑤ 정확한 Scheduling이 가능
⑥ 컴퓨터에 적용하기 쉽다

□□□ 12년4회, 16년2회

8. 시공의 품질관리를 위하여 사용하는 통계적 도구가 아닌 것은?

① 작업표준
② 파레토도
③ 관리도
④ 산포도

해설

품질관리도구
① 파레토도 (Pareto Diagram)
② 특성 요인도 (Causes Effects Diagram)
③ 관리도(Control Chart) ④ 히스토그램
⑤ 체크시트 ⑥ 산점도 ⑦ 층별

□□□ 16년1회

9. 품질관리(TQC)를 위한 7가지 도구 중에서 불량수, 결점수 등 셀 수 있는 데이터를 분류하여 항목별로 나누었을 때 어디에 집중되어 있는가를 알기 쉽도록 한 그림 또는 표를 무엇이라 하는가?

① 산포도
② 히스토그램
③ 체크 시트
④ 파레토도

해설

체크시트
제품의 불량수, 결점수와 같은 수치가 어디에 집중되어 있는가를 나타낸 그림이나 표

토공사

이 장은 흙의 성질, 지반조사, 흙막이, 지반개량 등으로 구성되며, 여기서는 지반조사의 종류, 흙막이 공법의 방법과 특징, 지반개량 공법의 분류가 주로 출제된다.

01 흙의 성질

(1) 흙의 종류와 특징

구분	내용
로움층	• 화산재가 퇴적되어 생긴 황갈색의 토양 • 모래, 점토, 실트의 혼합토
진 흙	• 지름이 0.001~0.005mm의 흙 • 모래와 달리 점착력은 있으나 내부마찰각은 거의 없다.
실 트	• 크기가 모래보다는 미세하고 점토보다는 거친 흙으로 입자가 구형 형태를 보이며 끈기가 없다(0.005~0.05mm) • 동상에 노출되기 쉽다.

[흙의 구성]

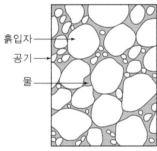

흙입자

공기

물

(2) 모래층과 점토층의 특징

구분	내용
모래층	• 투수성이 크다(투수계수가 크다.) • 내부마찰각이 크다. • 하중을 가하면 급격히 침하한다. • 동결피해가 작다. • 전단강도가 크다. • 불교란 시료채취가 어렵다.
점토층	• 투수성이 작다. • 내부마찰각이 없다. • 하중을 가하면 서서히 압밀침하된다. • 동결피해가 크다. • 전단강도가 작다. • 불교란 시료채취가 쉽다.

(3) 공극비와 공극률

① 공극비 $= \dfrac{공극부분의 부피}{흙입자부분의 부피}$

② 공극률 $= \dfrac{공극부분의 부피}{흙 전체의 부피} \times 100(\%)$

(4) 함수비와 함수율

① 함수비 $= \dfrac{물의\ 중량}{흙의\ 건조\ 중량} \times 100\,(\%)$

② 함수율 $= \dfrac{물의\ 중량}{흙\ 전체의\ 중량} \times 100\,(\%)$

(5) 포화도

포화도 $= \dfrac{물의\ 부피}{공극의\ 부피} \times 100\,(\%)$

(6) 예민비

흙의 이김에 의해서 약해지는 정도를 나타내는 흙의 성질

> 예민비 $= \dfrac{흐트러지지\ 않은\ 천연시료의\ 강도\ (자연시료의\ 강도)}{흐트러진\ 시료의\ 강도(이긴시료의\ 강도)}$

[예민비의 크기]
① 예민비가 4 이상의 것은 예민비가 높다고 함
② 예민비는 모래는 작고 점토는 크다.

(7) 흙의 강도

구분	내용
전단저항	흙속에서 전단응력이 발생하면 응력의 크기에 따라 활동에 대하여 저항하려는 힘
전단강도	증대시킬 수 없는 전단저항의 한도. 흙 내부에서 활동에 저항하는 단위면적당의 내부저항
클롱의 방정식	$\tau = C + \sigma\ \tan\ \phi$ τ : 전단강도 (kg/cm^2)　　C : 점착력 (kg/cm^2) σ : 유효수직응력 (kg/cm^2)　ϕ : 흙의 내부마찰각 (전단 저항각)

(8) 흙의 소성한계, 액성한계

수축한계	소성한계	액성한계
함수비가 감소해도 부피의 감소가 없는 최대 함수비	흙 속에 수분이 거의 없고 바삭바삭한 상태의 함수비	끈기가 있고 반죽을 할 수 있는 상태의 함수비

고체상태	반고체상태	소성상태	액체상태
전건상태	바삭바삭하고 끈기가 없는 상태	끈기가 있고 반죽할 수 있는 상태	액성의 상태

[아터버그 한계(Atterberg limits)]
1911년 스웨덴의 아터버그(Atterberg)가 제시한 시험방법에 따라 구할 수 있는 값으로 함수량에 따른 세립토의 성질을 나타내는 지수로 활용된다.

① 소성한계 시험 : 흙속에 수분이 거의 없고 바삭바삭한 상태의 정도를 알아보기 위한 시험

② 함수량에 따른 강도의 크기 : 수축한계 〉 소성한계 〉 액성한계

01 핵심문제   1. 흙의 성질

□□□ 13년1회, 18년1회

1. 흙의 함수율을 구하기 위한 식으로 옳은 것은?

① $\dfrac{물의\ 용적}{토립자의\ 용적} \times 100(\%)$

② $\dfrac{물의\ 중량}{토립자의\ 중량} \times 100(\%)$

③ $\dfrac{물의\ 용적}{흙\ 전체의\ 용적} \times 100(\%)$

④ $\dfrac{물의\ 중량}{흙\ 전체의\ 중량} \times 100(\%)$

> **해설**
> $함수율 = \dfrac{물의\ 중량}{흙전체(토립자+물)의\ 중량} \times 100(\%)$

□□□ 20년1,2회

2. 흙을 이김에 의해서 약해지는 정도를 나타내는 흙의 성질은?

① 간극비 ② 함수비
③ 예민비 ④ 항복비

> **문제 2 ~ 3 해설**
> 예민비(Sensitivity Ratio)란 흙의 이김에 의해 약해지는 정도를 말하는 것으로 자연시료의 강도에 이긴 시료의 강도를 나눈 값으로 나타낸다.

□□□ 13년2회

3. 지반의 성질에 대한 설명으로 옳지 않은 것은?

① 점착력이 강한 점토층은 투수성이 적고 또한 압밀되기도 한다.
② 모래층은 점착력이 비교적 적거나 무시할 수 있는 정도이며 투수가 잘 된다.
③ 흙에서 토립자 이외의 물과 공기가 점유하고 있는 부분을 간극이라 한다.
④ 흙의 예민비는 보통 그 흙의 함수비로 표현된다.

□□□ 18년4회

4. 자연상태로서의 흙의 강도가 1MPa이고, 이긴상태로의 강도는 0.2MPa라면 이 흙의 예민비는?

① 0.2 ② 2
③ 5 ④ 10

> **해설**
> 예민비
>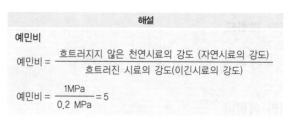

□□□ 13년2회, 16년2회

5. 수직응력 $\sigma = 0.2MPa$, 점착력 $c = 0.05MPa$, 내부마찰각 $\phi = 20°$의 흙으로 구성된 사면의 전단강도는?

① 0.16MPa ② 0.12MPa
③ 0.2MPa ④ 0.08MPa

> **해설**
> 전단강도(쿨롱의 법칙)
> $\tau = C + \sigma \tan\phi$
> τ : 전단강도 C : 점착력 ϕ : 내부마찰각 σ : 수직응력
> $\tau = 0.05 + 0.2\tan 20 = 0.12\ MPa$

□□□ 14년2회, 21년2회

6. 흙이 소성 상태에서 반고체 상태로 바뀔 때의 함수비를 의미하는 용어는?

① 예민비 ② 액성한계
③ 소성한계 ④ 소성지수

> **해설**
> 소성한계
> ① 흙 속에 수분이 거의 없고 바삭바삭한 상태의 함수비
> ② 흙이 소성 상태에서 반고체 상태로 바뀔 때의 함수비

02 지반조사

(1) 지반조사의 실시

① 지반조사의 순서

순서	내용
1. 사전조사	문헌조사, 현장지층, 기존건물조사로 지반상태 추정
2. 예비조사	지반지층, 토질경도, 지하수위 등의 조사
3. 본 조사	지지층과 기초의 구조형식을 결정 한 후에 필요한 조사항목과 조사방법을 결정 또는 선택하는 조사
4. 추가조사	본 조사에 대한 재조사 및 보충조사

[지반조사]

② 토질주상도(시추주상도)의 작성

구분	내용	
정의	① 지층의 상태를 여러 가지 기호와 색으로 나타낸 그래프 ② 지층의 두께, 지하수위, 지질 상태를 나타낸다.	
확인사항	① 보링방법 ③ N값 ⑤ 지층두께 및 구성상태 ⑦ 지반조사 지역	② 지하수위 ④ 심도에 따른 토질 및 색조 ⑥ 샘플방법 ⑧ 조사일자 및 작성자

(2) 토질시험

① 전단 및 압축시험 종류

• 비중시험	• 투수 시험	• 액성한계시험
• 소성한계 시험	• 간극비	• 함수비
• 일축압축 시험	• 삼축압축 시험	• 압밀시험
• 전단시험	• 다지기 시험	

② 1축 압축시험

직접하중을 가해 파괴 시험하는 방법

③ 삼축 압축시험

㉠ 흙의 강도 및 변형계수 측정

㉡ 고무막으로 둘러싸여 있는 원통형 압력실의 중앙에 원주형 공시체를 넣고 액체로 측압을 가하면서 공시체에 수직하중을 가하여 파괴시키는 시험

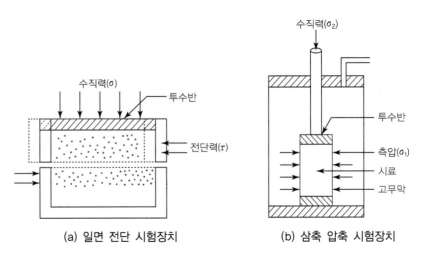

(a) 일면 전단 시험장치   (b) 삼축 압축 시험장치

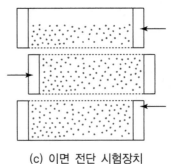

(c) 이면 전단 시험장치

(3) 지반조사 방법

① 지하탐사법

[지반조사방법의 구분]

① 지하탐사법 – 터파보기, 짚어보기, 물리적 지하 탐사
② 보링 – 오거, 수세식, 충격식, 회전식보링
③ 샘플링 – 신월 샘플링, 콤포지트 샘플링
④ 사운딩(Sounding) : 표준관입시험, 베인테스트

구분	내용
터파보기	땅의 내부 상태(생땅의 위치, 토질, 지하수위 등)를 알아보기 위하여 삽으로 구멍을 파 보는 것
짚어보기(탐사간)	지름 9mm 정도의 철봉을 땅속에 박아서 땅의 저항 단단함, 꽂히는 속도, 내려박히는 손 감각으로 지반의 단단함을 판단(중요공사에 쓰지 않는다)
물리적 지하 탐사	• 지반의 구성 층을 판단하는데 사용 • 전기저항식과 탄성파식, 강제 진동식이 있다

② 보링(Boring) 및 샘플링(Sampling)

  ㉠ 보링의 개요

[보링의 깊이]

① 경미한 건물＝기초 폭의 1.5~2배
② 일반적인 경우＝약 20m 또는 지지 지층 이상

    • 지반을 천공하여 각층의 흙을 관찰하고 흙의 주상도 작성, 토층의 구성, 지하수위의 측정 등을 한다.

    • 지질이나 지층의 상태를 깊은 곳까지 정확하게 알 수 있다.

ⓛ 보링 작업방법
- 보링 간격은 약 30m 정도로 하고 중간지점은 물리적 지하탐사법에 의해 보충한다.
- 부지 내에서 3개소 이상 행하는 것이 바람직하다.
- 보링 구멍은 수직으로 파야 한다.
- 채취시료는 잠시라도 햇빛에 방치해서는 안 되며 충분한 양생을 취한다.

ⓒ 보링의 종류

[오거보링 작업]

구분	내용
오거보링	1. 나선형으로 된 송곳(auger)을 이용하여 구멍을 뚫는 것으로 시료는 교란되며 2. 깊이10m 이내에 사용되며 점토층에 적합
수세식보링	물을 분사해서 판 흙과 물을 같이 배출시킨 후, 이 흙탕물을 침전시켜 지층의 토질 등을 판별
충격식보링	1. 와이어 끝에 날을 달고 60~70 cm 상하로 낙하 충격을 주어 토사, 암석을 파쇄 후 천공하는 방법 2. 비교적 굳은 지층, 깊은 굴착
회전식보링	1. 날을 회전시켜 천공하는 하는 방법 2. 연속적으로 시료를 채취할 수 있어 지층의 변화를 비교적 정확히 알 수 있다. 3. 불교란 시료의 채취가 가능

ⓓ 샘플링

구분	내용
신월 샘플링 (Thin Wall Sampling)	• 샘플러의 튜브가 얇은 살로 된 것을 써서 시료를 채취하는 것 • 연약점토의 채취에 적합
콤포지트 샘플링	• 샘플링 튜브의 살이 두꺼운 것으로 시료를 채취하는 것 • 굳은 점토, 다져진 모래의 채취에 쓰인다.

③ 사운딩(Sounding) 시험
적당한 형태의 저항체를 지중에 삽입, 회전, 인발시 발생하는 저항력에 의해 흙의 성질을 조사하는 시험방법

㉠ 표준관입시험(S.P.T : Standard Penetration Test)
- 주로 사질지반(모래지반)의 밀도(지내력)을 측정
- 모래는 불교란 시료를 채취하기 곤란하므로 현장에서 직접 밀도를 측정한다.

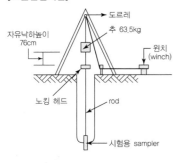

[표준관입시험]

[베인테스트]

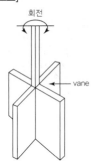

- 표준관입용 샘플러를 쇠막대에 끼우고 76cm의 높이에서 63.5kg의 추를 자유 낙하시켜 30cm 관입시키는 데 필요한 타격회수 (N치)를 구하는 시험
- N치가 클수록 토질이 밀실하거나 단단하다.
- N치와 모래의 상대밀도

N 치	상대밀도 (%)
0 ~ 4	대단히 느슨 (15)
4 ~ 10	느슨 (15~35)
10 ~ 30	중간 (35~65)
30 ~ 50	단단 (65~85)
50 이상	대단히 단단 (85~100)

  ⓛ 베인테스트(Vane Test)
- 연한 점토질에 사용
- 십자(+)형 날개를 가진 베인(Vane)테스터를 지반에 때려 박고 회전시켜 그 저항력에 의하여 진흙의 점착력을 판별
- 종류 : 휴대용원추관입시험, 화란식 원추관입시험, 스웨덴식 관입시험

④ 지내력 시험(평판재하시험)
  ㉠ 시험은 원칙적으로 예정 기초 저면에서 시행한다.
  ㉡ 매회 재하는 1t 이하 또는 예정파괴하중의 1/5 이하로 한다.
  ㉢ 침하의 증가가 2시간에 0.1mm의 비율 이하가 될 때는 침하가 정지된 것으로 간주한다.
  ㉣ 재하판은 정방형 또는 원형으로 면적 2,000cm²(45cm각)를 표준으로 한다.
  ㉤ 허용지내력의 측정

구분	내용
총 침하량	24시간 경과 후에 침하의 증가가 0.1mm 이하로 될 때까지의 침하량
단기 허용 지내력도	총 침하량이 2cm에 달했을 때까지의 하중 ※ 총 침하량이 2cm 이하이더라도 지반이 항복상태를 보이면 그때까지의 하중을 그 지반의 단기허용지내력으로 한다.
장기하중에 대한 허용지내력	단기하중 허용지내력의 1/2

■ 지반의 종류와 지내력

지반의 종류	장기허용지내력(kN/㎡)
경암	4,000
연암	2,000
자갈	300
자갈+모래	200
모래+점토	150
모래 또는 점토	100

02 핵심문제　　　　　　　　2. 지반조사

□□□ 15년4회

1. 지반 조사에 관한 설명 중 옳지 않은 것은?

① 각종 지반 조사를 먼저 실시한 후 기존의 조사 자료와 대조하여 본다.
② 과거 또는 현재의 지층 표면의 변천 사항을 조사한다.
③ 상수면의 위치와 지하 유수 방향을 조사한다.
④ 지하 매설물 유무와 위치를 파악한다.

해설

기존의 자료를 검토한 후 현장에 필요한 지반 조사를 실시한다.

□□□ 14년1회, 14년4회, 20년3회

2. 지반조사 시 시추주상도 보고서에서 확인사항과 거리가 먼 것은?

① 지층의 확인　　　　② Slime의 두께
③ 지하수위 확인　　　④ N값의 확인

해설

토질주상도

정의	① 지층의 상태를 여러가지 기호와 색으로 나타낸 그래프 ② 지층의 두께, 지하수위, 지질상태를 나타낸다.	
확인 내용	① 보링방법	② 지하수위
	③ N값	④ 심도에 따른 토질 및 색조
	⑤ 지층두께 및 구성상태	⑥ 샘플방법
	⑦ 지반조사 지역	⑧ 조사일자 및 작성자

□□□ 18년1회

3. 보링방법 중 연속적으로 시료를 채취할 수 있어 지층의 변화를 비교적 정확히 알 수 있는 것은?

① 수세식 보링　　　② 충격식 보링
③ 회전식 보링　　　④ 압입식 보링

해설

회전식보링
• 날을 회전시켜 천공하는 방법
• 연속적으로 시료를 채취할 수 있어 지층의 변화를 비교적 정확히 알 수 있다.
• 불교란 시료의 채취가 가능

□□□ 13년1회

4. 지반조사방법 중 로드에 붙인 저항체를 지중에 넣고, 관입, 회전, 빼올리기 등의 저항력으로 토층의 성상을 탐사, 판별하는 방법이 아닌 것은?

① 표준관입시험　　　② 화란식 관입시험
③ 지내력 시험　　　　④ 베인 테스트

해설

사운딩(Sounding)
① 로드의 선단에 부착한 저항체를 땅속에 삽입하여 관입, 회전, 인발 등에 대한 저항으로부터 토층의 성상을 탐사하는 시험
② 종류 : 표준관입시험, 베인테스트, 휴대용원추관입시험, 화란식 원추관입시험, 스웨덴식 관입시험

□□□ 20년1,2회

5. 표준관입시험의 N치에서 추정이 곤란한 사항은?

① 사질토의 상대밀도와 내부 마찰각
② 선단지지층이 사질토지반일 때 말뚝 지지력
③ 점성토의 전단강도
④ 점성토의 지반의 투수 계수와 예민비

해설

표준관입시험은 주로 지내력과 전단강도를 추정하는데 사용된다.

□□□ 11년2회

6. 지내력 시험에서 평판 재하 시험에 관한 기술로 옳지 않은 것은?

① 시험은 예정 기초 저면에서 행한다.
② 시험 하중은 예정 파괴 하중을 한꺼번에 재하함이 좋다.
③ 장기 하중에 대한 허용 지내력은 단기 하중 허용 지내력의 절반이다.
④ 재하판은 정방형 또는 원형으로 면적 $0.2m^2$의 것을 표준으로 한다.

해설

매회 재하는 1t 이하 또는 예정파괴하중의 1/5 이하로 한다.

□□□ 13년4회

7. 토질시험에 관한 사항 중 옳지 않은 것은?

① 3축압축시험은 흙의 전단강도를 알아보기 위한 시험이다.
② 표준관입시험에서는 N값이 클수록 밀실한 토질을 의미한다.
③ 지내력시험은 재하를 지반선에서 실시한다.
④ 베인테스트는 진흙의 점착력을 판별하는데 쓰인다.

해설
지내력시험은 예정기초 저면에서 실시한다.

□□□ 17년4회

8. 지내력시험을 한 결과 침하곡선이 그림과 같이 항복상황을 나타냈을 때 이 지반의 단기하중에 대한 허용지내력은 얼마인가? (단, 허용지내력은 m^2당 하중의 단위를 기준으로 함)

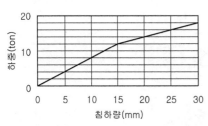

① 6ton/㎡
② 7ton/㎡
③ 12ton/㎡
④ 14ton/㎡

해설
※ 그림에서 항복상황을 나타낼 때의 침하는 1.5cm, 이때의 하중은 12t/㎡

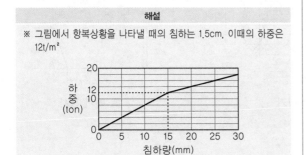

□□□ 14년4회

9. 토공사와 관련하여 신뢰성이 높은 현장시험에 해당되지 않는 것은?

① 흙의 투수시험
② 베인테스트
③ 표준관입시험
④ 평판재하시험

해설
토공사의 주요 현장시험 ① 보링 ② 신월 샘플링 ③ 표준관입시험 ④ 베인테스트 ⑤ 평판재하시험

03 흙 파기 공사

(1) 흙 파기의 일반사항

① 흙 파기의 모양에 따른 구분
　　㉠ 구덩이파기(Pit Excavation)
　　㉡ 줄기초파기(Trenching)
　　㉢ 온통기초파기(Overall Excavation)

② 흙막이를 설치하지 않고 흙 파기 할 경우

구분	내용
흙파기 경사	휴식각의 2배
기초파기 윗면나비	밑면나비 + 0.6H
삽으로 떠서 던질 수 있는 거리	수평 2.5m, 수직 1.5~2m, 수직으로 1.5~2m 이상이면 단젖힘으로 한다.
기초파기 시 양옆 여유길이	양옆으로 15cm 이상 더 파서 거푸집을 설치할 여유를 만든다.

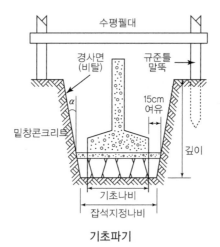

기초파기

흙 파기 경사

(2) 토량의 계산

① 독립기초의 흙 파기량

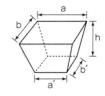

$$V = \frac{h}{6}\{(2a+a')b + (2a'+a)b'\}$$

② 줄기초파기

$$V = \left(\frac{a + a'}{6}\right) 높이 \times 줄기초\ 길이$$

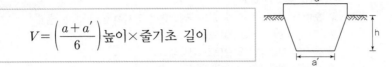

③ 굴착 시 흙의 부피증가율

토질	굴착 시 부피증가율
경암	70~90%
연암	30~60%
모래, 점토, 자갈 혼합	30%
점토	25~40%
모래 또는 자갈	15%

(3) 휴식각(안식각)

① 흙 입자의 부착력, 응집력을 무시할 때 즉 마찰력만으로 중력에 대하여 정지하는 흙의 사면 각도

② 토질에 종류에 따른 휴식각

[흙의 휴식각]

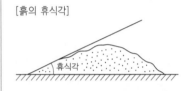

종류	상태에 따른 휴식각(도)		
	건조	습윤	포화
모래	20~35	30~45	20~40
보통흙	20~45	25~45	25~30
진흙	40~50	35	20~25
자갈	30~48		
모래 진흙 섞인 자갈	20~37		

③ 성토 및 되메우기 시 30cm 두께마다 적당한 기구로 다진다.
④ 함수량에 따라 휴식각은 변한다.(함수량이 많을수록 휴식각이 적어지고 함수량이 적을수록 휴식각은 커진다.)

(4) 흙 파기 공법

① Open Cut 공법
기초파기공사 시 건물 기초부분을 온통파내는 것으로 지반이 양호하고 여유가 있을 때 사용한다.

> ■ **경사면 오픈컷 공법**
> ① 흙막이 벽이나 버팀대 없이 굴착 면을 경사지게 굴착하는 공법
> ② 굴착면적에 비해 대지 면적이 클 경우 사용
> ③ 흙막이 지보공이 없으므로 경제적이다.
> ④ 흙막이 지보공이 없으므로 공기가 빠르다.

② Island Cut 공법

중앙부를 먼저 굴착하고 구조물의 기초를 축조한 후 버팀대를 구조물에
지지하면서 주변부를 굴착하여 주변의 기초를 축조

구분	내용
장점	• 대지전체에 건축물설치 가능 • 연약지반에 적용가능
단점	• 깊은 기초에는 부적합 • 굴착공사, 구조체 공사를 2회 실시하므로 공기가 길어진다. • 경사버팀대 변위 우려됨

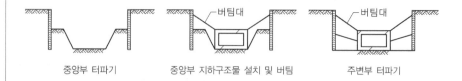

| 중앙부 터파기 | 중앙부 지하구조물 설치 및 버팀 | 주변부 터파기 |

③ Trench Cut 공법

Island cut 공법의 역순, 주변부분을 먼저파내고 그 부분의 기초와 지
하구조체를 축조한 다음 중앙부를 굴착한 후 기초를 축조

구분	내용
장점	• 지반이 연약하여 온통파기를 할 수 없을 때 유리 • 히빙현상의 우려가 있어 터파기 평면 전체를 한번에 굴삭할 수 없을 때 • 건물면적이 넓고 깊이가 얕을 때 • 버팀대를 가설하여도 그 변형이 심하여 실질적으로 불가능할 때
단점	• 깊은 기초에 부적합 • 굴착공사, 구조체 공사를 2회 실시하므로 공기가 길어진다. • 공사비 증대

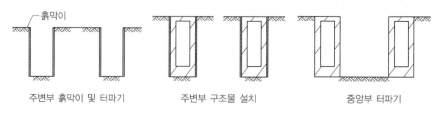

| 주변부 흙막이 및 터파기 | 주변부 구조물 설치 | 중앙부 터파기 |

트렌치 컷 공법의 순서

03 핵심문제　　　3. 흙 파기 공사

□□□ 15년1회

1. 흙의 휴식각에 대한 설명으로 틀린 것은?

① 터파기의 경사는 휴식각의 2배 정도로 한다.

② 습윤 상태에서의 휴식각은 모래 30~45°, 흙 25~45° 정도이다.

③ 흙의 흘러내림이 자연 정지될 때 흙의 경사면과 수평면이 이루는 각도를 말한다.

④ 흙의 휴식각은 흙의 마찰력, 응집력 등에 관계되나 함수량과는 관계없이 동일하다.

해설
휴식각(안식각)
① 흙입자의 부착력, 응집력을 무시할 때 즉 마찰력만으로 중력에 대하여 정지하는 흙의 사면 각도
② 함수량에 따라 휴식각은 변한다. 함수량이 많을수록 휴식각이 적어지고 함수량이 적을수록 휴식각이 커진다.

□□□ 08년1회

2. 파내기 경사각이 가장 큰 지반은 어느 것인가?

① 습윤 모래　　　② 일반자갈

③ 건조 진흙　　　④ 건조한 보통 흙

해설
토질에 종류에 따른 휴식각

종류	상태에 따른 휴식각(도)		
	건조	습윤	포화
모래	20~35	30~45	20~40
보통흙	20~45	25~45	25~30
진흙	40~50	35	20~25
자갈		30~48	
모래 진흙 섞인 자갈		20~37	

□□□ 09년1회

3. 흙파기 후 되메우기를 할 때 얼마씩 메우고 다져야 적당한가?

① 30cm　　　② 40cm

③ 50cm　　　④ 60cm

해설
되메우기
성토 및 되메우기시 30cm두께마다 적당한 기구로 다진다.

□□□ 14년4회

4. 다음 중 각 흙파기 공법에 대한 설명 중 옳지 않은 것은?

① 경사 오픈컷 공법은 흙막이 벽이나 가설구조물 없이 굴착하는 공법이다.

② 아일랜드 컷 공법은 실트층에서 흙의 양이 적어지므로 유리하다.

③ 트렌치 컷 공법은 공사기간이 길어지고 널말뚝을 이중으로 박아야 한다.

④ 용기잠함은 용수량이 극히 많을 때 사용한다.

해설		
Island Cut 공법		
중앙부를 먼저 굴착하고 구조물의 기초를 축조한 후 버팀대를 구조물에 지지하면서 주변부를 굴착하여 주변의 기초를 축조		
	장점	단점
	① 대지전체에 건축물 설치 가능 ② 연약지반에 적용가능	① 깊은 기초에는 부적합 ② 굴착공사, 구조체 공사를 2회 실시하므로 공기가 길어진다 ③ 경사버팀대 변위가 생기기 쉽다.

□□□ 10년1회

5. 다음 중 흙파기 공법이 아닌 것은?

① 오픈 컷 공법　　　② 아일랜드 공법

③ 트렌치컷 공법　　　④ 이코스 공법

해설
이코스 공법(주열식 흙 막이공법)
말뚝구멍을 하나 걸러 뚫고 콘크리트를 타설하고 말뚝과 말뚝 사이에 다음 구멍을 뚫고 콘크리트를 타설하여 연결해 가는 주열식 공법

□□□ 08년2회

6. 굴착지반이 연약하여 구조물 위치 전체를 동시에 파내지 않고 측벽을 먼저 파내고 그 부분의 기초와 지하구조체를 축조한 다음 중앙부의 나머지 부분을 파내어 지하구조물을 완성하는 흙파기 공법은?

① 트렌치 컷(Trench cut)공법

② 아일랜드 컷(Island cut)공법

③ 흙막이 오픈 컷(Open cut)공법

④ 비탈면 오픈 컷(Open cut)공법

해설
트렌치컷 공법
Island cut 공법의 역순, 주변부분을 먼저파내고 그 부분의 기초와 지하구조체를 축조한 다음 중앙부를 굴착한 후 기초를 축조

정답　1 ④　2 ③　3 ①　4 ②　5 ④　6 ①

04 흙막이 공법

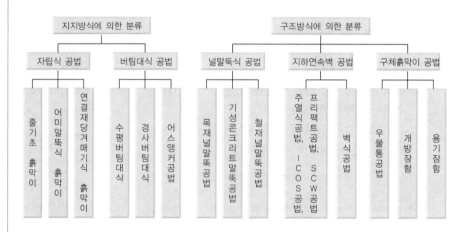

(1) 간단한 흙막이(자립식)

[줄기초 공법]

[어미말뚝식 흙막이]

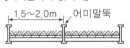

[당김줄 공법]

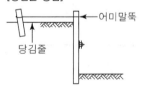

구분	내용
줄기초 흙막이	깊이 1.5m, 나비 1m 정도를 팔 때 옆벽의 붕괴를 방지하기 위해 널판, 띠장, 버팀대 등을 사용한 간단한 흙막이이다.
어미말뚝식 흙막이	흙막이 널말뚝 대신 어미말뚝을 사용한 흙막이로 통나무 각재, 기성콘크리트 말뚝, H형강, I형강 등을 박고 그사이에 널을 가로 대어 흙막이를 만드는 형식
연결재, 당겨매기식 흙막이	지반이 연약하여 빗버팀대로 지지하기 곤란한 대지에 있어서 흙막이말뚝과 널말뚝 상부에 ㄱ자 형강 또는 각재를 연결재 또는 로프로 끌어당겨 매는 공법

(2) 버팀대식(Strut식) 흙막이

① 종류

구분	내용
수평버팀대식 흙막이	• 흙막이벽을 설치하고 버팀대를 수평으로 설치하는 공법 • 좁은 면적에서 깊은 기초파기를 할 경우에 적용 • 가설구조물이 많아 중장비가 들어가기가 곤란하여 작업능률이 좋지 않다. • 건물 평면이 복잡할 때 적용이 어렵다.
빗버팀대식 흙막이	• 흙막이벽을 설치하고 버팀대를 경사지게 설치하는 공법 • 대지전체에 건물시공 가능

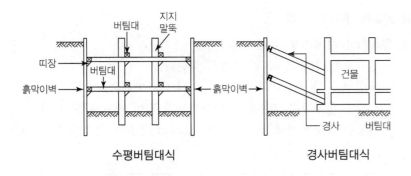

수평버팀대식   경사버팀대식

② **흙막이 버팀대의 위치**

  ㉠ 기초파기 밑바닥에서 그 깊이의 1/3 위치에 설치

  ㉡ 띠장 이음 위치 : 버팀대 간격의 1/4 위치에 설치

③ **수평버팀대의 시공**

  수평버팀대는 보통 중앙부를 1/100~1/200 정도 처지게 시공한다.

(3) Earth Anchor 공법

① 버팀대 대신 흙막이벽의 배면 흙속에 앵커체를 설치하여 흙막이를 지지하는 공법

② 장ㆍ단점

[earth anchor 공법]

구분	내용
장점	• 버팀대가 없기 때문에 굴착하는 공간을 넓게 활용 • 대형기계의 반입이 용이 • 작업공간이 좁은 곳에서도 시공가능 • 공기단축이 용이
단점	• 주변대지 사용 시 민원인의 동의가 필요 • 인접구조물이나 지중구조물이 있을 경우 시공이 곤란하다. • 어스앵커 정착장 부위가 토질이 불확실한 경우는 위험 • 지하수위가 높은 경우는 시공 중 지하수위 저하 우려

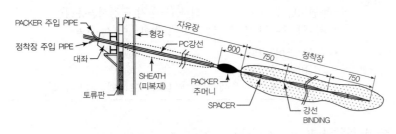

앵커체의 조립

[널말뚝 공법]

(4) 널말뚝 흙막이 공법

① 말뚝시공 시 주의해야 할 사항

　㉠ 널말뚝은 수직방향으로 똑바로 박는다.

　㉡ 널말뚝은 한 장, 혹은 두 장씩 수직으로 박는다.

　㉢ 널말뚝 끝부분은 기초파기 바닥면보다 깊이 박도록 한다.

　㉣ 널말뚝 끝부분에서 용수에 의한 토사의 유출이 발생할 수 있다.

② 말뚝의 종류

종류	특징
목재 널말뚝	• 깊이 4m까지 사용한다. • 낙엽송, 소나무 등의 생나무를 사용 • 널말뚝 두께는 길이의 1/60 이상, 또는 50mm 이상이다. • 널말뚝 나비는 두께의 3배 이하 또는 250mm 이하이다. • 수밀성이 적어 지하수가 많은 곳에서는 부적당하다.
강재 널말뚝	• 용수가 많고, 토압이 크고, 기초가 깊을 때 적합하다. • 수밀성이 있다. • 시공이 용이, 차수성 우수, 공사비 저렴하다. • 단면형상이 다양, 재질이 균등하다. • 전용회수가 높음 • 종류 : 테르루즈식, 라르젠식, 락크완나식, 유니버설식, 　US스틸식 등
철근콘크리트 기성재 말뚝	프리캐스트 콘크리트널말뚝을 흙막이로 사용한다.

[ICOS 공법]

(5) ICOS공법(주열식 흙막이 공법중의 한 종류)

말뚝구멍을 하나 걸러 뚫고 콘크리트를 타설하고 말뚝과 말뚝사이에 다음 구멍을 뚫고 콘크리트를 타설하여 연결해 가는 주열식 공법

구분	내용
장점	• 저소음, 저진동 공법 • 차수성이 높다. • 주변지반에 대한 영향이 적다.(도심지 근접시공유리) • 흙막이 효과가 좋고 인접건물의 침하우려 시 유효
단점	• 공사기간이 길다. • 공사비가 증대된다. • 굴착시 안정액 사용에 따른 벤토나이트폐액 처리 문제

(6) 슬러리월 공법(Slurry Wall)

① 안정액을 사용하여 지반의 붕괴를 방지하면서 굴착하여 철근망을 넣고 콘크리트를 타설하여 콘크리트벽체를 연속적으로 축조하여 지수벽, 흙막이벽, 구조체벽 등의 지하구조물을 설치하는 공법

구분	내용
장점	• 저소음, 저진동 공법 • 주변지반에 영향이 적다. • 인접건물 근접시공가능 • 차수성이 높다. • 벽체 강성이 매우 크다. • 임의의 치수와 형상이 가능하다. • 길이, 깊이 조절가능 • 가설 흙막이벽, 본구조물의 옹벽으로 사용가능하다.
단점	• 공사비가 고가이다. • 벤토나이트 용액처리가 곤란 • 고도의 경험과 기술이 필요하다. • 수평연속성 부족하다. • 품질관리가 힘들다. • 장비가 대형이다.

② 시공 순서

> 가이드 월 설치 – 굴착 – 슬라임 제거 – 인터록킹 파이프 설치 – 지상 조립철근망 삽입 – 트레미관 설치 – 콘크리트 타설 – 인터록킹 파이프 제거

(7) Soil Cement Wall(S.C.W) 공법

① 흙을 오거로 굴착 교반하고 흙속에 시멘트 밀크를 혼합하여 소일시멘트 벽을 만들고 그 속에 철근이나 H형강 등을 압입하여 흙막이 벽을 만드는 공법

② 특징
  ㉠ 저소음, 저진동
  ㉡ 도심지 근접시공유리
  ㉢ 흙막이, 구조체, 옹벽, 차수벽 역할
  ㉣ 강성, 차수성 우수
  ㉤ 깊은 심도까지 가능
  ㉥ 자유로운 형상 및 치수 가능

(8) Top Down 공법(역타공법)

흙막이벽으로 설치한 지하연속벽(Slurry Wall)을 본구조체의 벽체로 이용하고 기둥과 기초를 시공한 후 지하층과 지상층을 동시에 작업하는 공법

[슬러리 월]

[트레미관(Tremie Pipe)]

슬러리 월(Slurry Wall) 공사에서 안정액을 시공하거나 수중 콘크리트 타설시 쓰이는 안지름 25~30cm 정도의 철관으로써 재료분리를 방지하고, 콘크리트 중량에 의해 안정액을 치환하는 역할도 한다.

구분	내용
장점	• 지하와 지상을 동시에 작업함으로 공기를 단축할 수 있다. • 인접건물 및 도로 침하방지 억제에 효과적 • 주변지반에 영향 적다. • 1층 바닥은 작업장으로 활용함으로 부지의 여유가 없을 때도 좋다. • 지하 공사 중 소음발생우려가 적다. • 가설자재를 절약할 수 있다.
단점	• 기둥, 벽 등의 수직부재 역 조인트 발생으로 이음부 처리가 곤란 • 작업능률 및 작업환경 조건이 떨어진다. • 소형의 고성능 장비가 필요 • 시공정밀도, 품질관리에 유의 • 시공비가 비싸다.

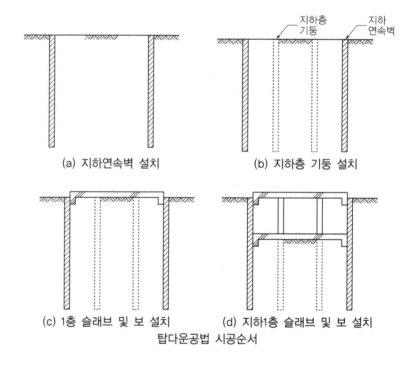

(a) 지하연속벽 설치 (b) 지하층 기둥 설치

(c) 1층 슬래브 및 보 설치 (d) 지하1층 슬래브 및 보 설치

탑다운공법 시공순서

[H pile+토류관 공법]

(9) H pile+토류판공법(어미말뚝식 흙막이 공법)

① I형강, H형강을 1.5~2.0m 내외 간격으로 지중에 박는다.

② 그 사이에 토류판을 설치하여 흙막이를 한다.

③ 공사비가 저렴하다.

④ 띠장의 변형 및 버팀대 좌굴방지를 위해서 가새나 귀잡이를 설치해야 한다.

⑤ 지하수가 많은 곳은 차수시설 필요하다.

⑥ 토사유출 가능성이 있다.

⑦ 주변지반 침하의 우려가 있다.

⑧ 연약지반에서 보일링, 히빙의 우려가 있다.

(10) 계측관리

① 개요

흙막이공사의 불균일성과 지반, 지하수의 불확실성으로 인해 흙막이의 변형 및 붕괴가 발생할 수 있으므로 흙막이, Strut, 띠장, 지반, 지하수의 변형, 침하, 균열을 측정하여 공사장과 구조물의 안전을 위해 지속적인 계측관리를 실시하는 것

② 계측관리 항목 및 기기

계측관리 항목	계측기기
1. 인접구조물 경사(기울기) 측정	Tilt meter(건물경사계)
2. 인접구조물 균열 측정	Crack gauge(균열계)
3. 지표면 침하 측정	Level, Staff(지표면 침하계)
4. 지중 수평변위 계측	Inclino meter
5. 지중 수직변위 계측	Extension meter
6. 지하수위 계측	Water level meter(지하수위계)
7. 간극수압계측	Piezo meter(간극수압계)
8. strut(흙막이 부재) 응력 측정	Load cell(축력계)
9. strut 변형계측	Strain gauge(변형계)
10. 토압측정	Soil pressure gauge(토압계)
11. 소음측정	Sound level meter
12. 진동측정	Vibro meter
13. Transit	건물 이동을 측정

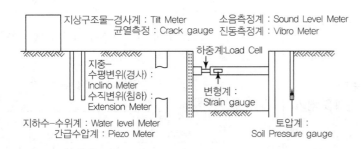

04 핵심문제　　　　　　4. 흙막이 공법

□□□ 14년2회
1. 흙막이공법에 사용하는 지지공법이라 할 수 없는 공법은?

① 경사 오픈 컷 공법　　② 탑다운 공법
③ 어스앵커 공법　　　　④ 스트러트 공법

해설
경사 오픈 컷 공법은 흙파기 공법이다.
흙막이 지지방식에 의한 분류
① 자립식 공법 : 줄기초 흙막이, 어미말뚝식 흙막이, 연결재 당겨매기식 흙막이
② 버팀대식(스트러트 공법) : 수평버팀대식, 경사버팀대식, 어스앵커식공법

□□□ 12년2회, 15년1회, 20년1,2회
2. 흙막이 지지공법 중 수평버팀대 공법의 특징에 관한 설명으로 옳지 않은 것은?

① 가설구조물이 적어 중장비작업이나 토량제거작업의 능률이 좋다.
② 토질에 대해 영향을 적게 받는다.
③ 인근 대지로 공사범위가 넘어가지 않는다.
④ 고저차가 크거나 상이한 구조인 경우 균형을 잡기 어렵다.

해설
수평버팀대 공법은 버팀대와 같은 가설재가 있어 중장비작업이나 토량제거작업의 능률이 나쁘다.
수평버팀대 공법
① 흙막이벽을 설치하고 버팀대를 수평으로 설치하는 공법
② 좁은 면적에서 깊은 기초파기를 할 경우에 적용
③ 가설구조물이 많아 중장비가 들어가기가 곤란하여 작업능률이 좋지 않다
④ 건물 평면이 복잡할 때 적용 어렵다

□□□ 15년4회
3. 강제 널말뚝(steel sheet pile)공법에 관한 설명으로 옳지 않은 것은?

① 도심지에서는 소음, 진동 때문에 무진동 유압장비에 의해 실시해야 한다.
② 강제 널말뚝에는 U형, Z형, H형, 박스형 등이 있다.
③ 타입 시에는 지반의 체적변형이 작아 항타가 쉽고 이음부를 볼트나 용접접합에 의해서 말뚝의 길이를 자유로이 늘일 수 있다.
④ 비교적 연약지반이며 지하수가 많은 지반에는 적용이 불가능하다.

해설
강재 널말뚝
① 지하수가 많고, 토압이 크고, 기초가 깊을 때 적합하다.
② 수밀성이 있다.
③ 시공이 용이, 차수성 우수, 공사비 저렴하다.
④ 단면형상이 다양, 재질이 균등하다.
⑤ 전용회수가 높음

□□□ 12년2회, 19년2회
4. 어스앵커 공법에 관한 설명으로 옳지 않은 것은?

① 인근구조물이나 지중매설물에 관계없이 시공이 가능하다.
② 앵커체가 각각의 구조체이므로 적용성이 좋다.
③ 앵커에 프리스트레스를 주기 때문에 흙막이벽의 변형을 방지하고 주변 지반의 침하를 최소한으로 억제할 수 있다.
④ 본 구조물의 바닥과 기둥의 위치에 관계없이 앵커를 설치할 수도 있다.

문제 4 ~ 5 해설	
어스앵커공법	
개요	흙막이벽의 배면 흙속에 앵커체를 삽입하여 흙막이를 지지하는 공법
이점	• 버팀대가 없기 때문에 굴착하는 공간을 넓게 활용 • 대형기계의 반입이 용이 • 작업공간이 좁은 곳에서도 시공가능 • 공기단축이 용이
주의점	• 주변대지 사용시 민원인의 동의가 필요 • 인접구조물이나 지중구조물이 있을 경우 시공이 곤란하다. • 어스앵커 정착장 부위가 토질이 불확실한 경우는 위험 • 지하수위가 높은 경우는 시공 중 지하수위 저하 우려

□□□ 18년4회
5. 흙막이공사의 공법에 관한 설명으로 옳은 것은?

① 지하연속벽(Slurry wall)공법은 인접건물의 근접 시공은 어려우나 수평방향의 연속성이 확보된다.

② 어스앵커공법은 지하 매설물 등으로 시공이 어려울 수 있으나 넓은 작업장 확보가 가능하다.

③ 버팀대(Strut)공법은 가설구조물을 설치하지만 토량제거 작업의 능률이 향상된다.

④ 강재 널말뚝(Steel sheet pile)공법은 철재판재를 사용하므로 수밀성이 부족하다.

□□□ 11년2회, 17년1회, 18년2회
6. 지수 흙막이 벽으로 말뚝구멍을 하나 걸름으로 뚫고 콘크리트를 타설하여 만든 후, 말뚝과 말뚝 사이에 다음 말뚝구멍을 뚫어 흙막이 벽을 완성하는 공법은?

① 어스 드릴공법(Earth drill method)

② CIP 말뚝공법(Cast-in-place pile method)

③ 콤프레솔 파일공법(Compressol pile method)

④ 이코스 파일공법(Icos pile method)

해설
ICOS공법(주열식 흙막이 공법 중의 한 종류) 말뚝구멍을 하나 걸러 뚫고 콘크리트를 타설하고 말뚝과 말뚝사이에 다음 구멍을 뚫고 콘크리트를 타설하여 연결해 가는 주열식 공법

□□□ 11년4회, 16년4회
7. 흙막이 공법 중 슬러리월(slurry wall) 공법에 관한 설명으로 옳지 않은 것은?

① 진동, 소음이 적다.

② 인접건물의 경계선까지 시공이 가능하다.

③ 차수효과가 확실하다.

④ 기계, 부대설비가 소형이어서 소규모 현장의 시공에 적당하다.

해설
기계, 부대설비가 고가이고 비싸며 대규모 현장의 시공에 적당하다. **슬러리월 공법(Slurry Wall)** 안정액을 사용하여 지반의 붕괴를 방지하면서 굴착하여 철근망을 넣고 콘크리트를 타설하여 콘크리트벽체를 연속적으로 축조하여 지수벽, 흙막이벽, 구조체벽 등의 지하구조물을 설치하는 공법

□□□ 13년2회, 14년2회
8. 지하굴착공사 중 깊은 구멍속이나 수중에서 콘크리트 타설시 재료가 분리되지 않게 타설할 수 있는 기구는?

① 케이싱(Casing)

② 트레미(Tremi)관

③ 슈트(Chute)

④ 콘크리트 펌프카(Pump car)

해설
트레미관(Tremie Pipe) 슬러리 월(Slurry Wall) 공사에서 안정액을 시공하거나 수중 콘크리트 타설시 쓰이는 안지름 25~30cm 정도의 철관으로써 재료분리를 방지하고, 콘크리트 중량에 의해 안정액을 치환하는 역할도 한다.

□□□ 12년1회
9. 지중연속벽공법의 시공순서로 옳은 것은?

① 가이드월 설치	② 인터록킹파이프 설치
③ 인터록킹파이프 제거	④ 굴착
⑤ 슬라임 제거	⑥ 지상조립 철근 삽입
⑦ 콘크리트 타설	

① ①-②-④-⑤-⑥-⑦-③

② ①-④-⑤-②-⑥-⑦-③

③ ①-④-③-⑤-⑥-⑦-②

④ ①-②-④-⑤-③-⑥-⑦

해설
순서 가이드 월 설치- 굴착-슬라임 제거- 인터록킹 파이프 설치-지상조립철근망 삽입-트레미관 설치- 콘크리트 타설- 인터록킹 파이프 제거

□□□ 13년4회, 17년1회

10. 탑다운공법(top-down)에 관한 설명으로 옳지 않은 것은?

① 역타공법이라고도 한다.
② 굴토작업이 슬래브 하부에서 진행되므로 작업능률 및 작업환경 조건이 개선되며, 공사비가 절감된다.
③ 건물의 지하구조체에 시공이음이 많아 건물방수에 대한 우려가 크다.
④ 지상과 지하를 동시에 시공할 수 있으므로 공기를 절감할 수 있다.

해설	
탑다운 공법의 장점 단점	
장점	단점
① 지하와 지상을 동시에 작업 함으로 공기를 단축할 수 있다.	① 기둥, 벽 등의 수직부재 역 조인트 발생으로 이음부 처 리가 곤란
② 인접건물 및 도로 침하방지 억제에 효과적	② 작업능률 및 작업환경 조건 이 떨어진다.
③ 주변지반에 영향 적다.	③ 소형의 고성능 장비가 필요
④ 1층 바닥은 작업장으로 활용 함으로 부지의 여유가 없을 때도 좋다.	④ 시공정밀도, 품질관리에 유의
⑤ 지하공사중 소음발생우려가 적다.	⑤ 시공비가 비싸다.
⑥ 가설자재를 절약할 수 있다.	

□□□ 10년4회, 18년2회

11. 주변 건물이나 옹벽, 철탑 등 터파기 주위의 주요 구조물에 설치하여 구조물의 경사 변형상태를 측정하는 장비는?

① Piezo meter
② Tilt meter
③ Load cell
④ Strain gauge

해설
인접구조물의 기울기 측정 : tilt meter(경사계)

□□□ 12년1회, 17년2회

12. 토류구조물의 각 부재와 인근 구조물의 각 지점 등의 응력변화를 측정하여 이상변형을 파악하는 계측기는?

① 경사계(inclino meter)
② 변형률계(strain gauge)
③ 간극수압계(piezometer)
④ 진동측정계(vibro meter)

해설
Strut 변형 계측 : strain gauge(변형계)
※ 지중 콘크리트 벽체나 어미말뚝에 부착하여 응력에 따른 변형 측정

05 지반개량

(1) 지반의 이상현상

구분	내용
보일링 현상 (Boiling, Quick Sand)	① 투수성이 좋은 사질지반에서 흙막이벽의 뒷면 지하수위가 굴착저면 보다 높을 때 지하수와 모래가 굴착저면위로 솟아오르는 현상 ② 방지대책 • 흙막이벽을 경질지반까지 연장 • 차수성이 큰 흙막이 설치 • 지하수위 저하 • 약액주입 등으로 굴착저면 지수
히빙현상 (Heaving)	① 연약점토지반 굴착시 흙막이벽 안쪽 굴착저면의 중량과 흙막이벽 뒤쪽의 흙의 중량차이에 의해서 굴착저면 흙이 지지력을 잃고 붕괴되어 흙막이벽 뒤쪽에 있는 흙이 안으로 밀려 굴착저면이 부풀어 오르는 현상 ② 방지대책 • 강성이 큰 흙막이벽을 양질지반 속에 깊이 밑둥넣기 • 지반개량 • 지하수위 저하 • 설계변경
파이핑 (piping)	① 흙막이벽이 수밀성이 부족하여 흙막이 벽에 파이프 모양으로 물의 통로가 생겨 배면의 흙이 물과 함께 유실되는 현상 ② 방지대책 • 차수성 높은 흙막이 설치 • 지하수위저하

(2) 연약지반개량의 목적

① 연약지반 강화로 지반의 지지력 향상

② 부동침하 방지

③ 지하굴착 시 안정성 확보

④ 기초의 보강 및 말뚝의 가로 저항력 증진

[액상화 현상(Quick Sand)]

포화된 느슨한 모래가 진동이나 지진 등의 충격을 받았을 때 부피가 수축하여 과잉간극이 발생하여 유효응력과 전단강도가 감소되어 모래가 유체처럼 움직이는 현상

[보일링 현상]

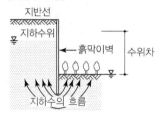

[히빙 현상]

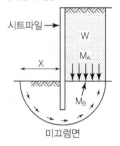

[파이핑 현상]

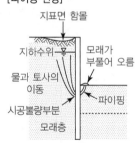

(3) 토질에 따른 지반개량

① 사질지반의 개량공법

구분	내용
다짐모래말뚝 (vibro compozer)	특수파이프를 지중에 관입하여 모래를 투입 후 진동에 의해 모래다짐말뚝을 형성한다.
진동다짐공법 (vibro flotation)	모래지반에 막대기모양의 진동기를 박고 진동시키면서 물을 분사하여 지반을 다지고 빈틈에 자갈을 채워 지반을 다짐하는 공법
폭파다짐법	폭파하여 가스의 압력으로 느슨한 사질지반 다짐
동압밀공법	무거운 추를 자유낙하를 반복하여 지반을 다지는 공법
다짐말뚝공법	사질지반에서 모래로 지중에 말뚝을 형성하여 다지는 공법
약액주입법	지반의 강도증진, 누수방지목적으로 시멘트, 아스팔트, 화학약품 등의 응결재를 주입하여 고결시키는 방법

■ **동다짐(Dynamic Compaction)공법**

① 개량하려는 지반에 10~200t의 무거운 추를 10~40m 높이에서 낙하시켜 지반에 충격을 주어 지반을 다지는 공법

② 장단점

구분	내용
장점	① 깊은 곳까지 지반 개량이 가능하다. ② 지반 내에 암괴 등의 장애물이 있어도 시공이 가능하다. ③ 각 시공 단계마다 개량 효과를 확인하고 그 결과를 다음 시공 단계에 반영할 수 있으므로 시공의 효율성을 높일 수 있다.
단점	① 소음 및 분진이 발생한다. ② 깊은 심도의 지반개량에 대해서는 초대형 장비가 필요하다. ③ 충격으로 인한 지반 진동으로 주변의 기존 구조물에 영향을 미칠 수 있다.

② 점토지반의 개량공법

구분	내용	
치환공법	• 굴착치환 • 폭파치환	• 활동치환
재하공법 (압밀공법)	• 선행재하공법(pre loading) • 사면선단 재하공법 • 압성토공법	
탈수공법	• sand drain 공법 • paper drain 공법 • 생석회공법	
고결공법	• 생석회 말뚝공법 • 소결공법	• 동결공법

(4) 지반개량 공법에 따른 분류

① 강재 압밀법(재하법)

　㉠ 무거운 하중을 연약지반 위에 일정기간 재하하여 연약지반을 압밀하는 공법

　㉡ 종류

구분	내용
수위저하법	무거운 하중으로 강제로 압밀하여 지하수위를 저하시키는 방식
샌드드레인공법	연약한 점토지반에서 모래기둥을 설치하고 연직하중을 가하여 물을 탈수하여 지반을 개량
성토공법	흙을 성토하여 하중으로 지반을 압축시키는 공법

② 치환법

　㉠ 연약지반의 흙을 양호한 흙으로 바꾸어 지반을 개량하는 공법

　㉡ 종류

구분	내용
굴착치환	연약층을 굴착하여 양질의 흙으로 치환
활동치환	연약지반위에 다시 양질의 성토를 압축하여 치환
폭파치환	연약지반을 폭파에너지에 의해 치환

③ 탈수법

　㉠ 지반내의 간극수를 탈수하여 지내력을 증진시키는 공법

[웰포인트 공법]

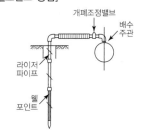

[샌드 드레인 공법]

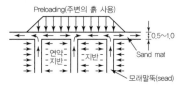

[페이퍼 드레인 공법]

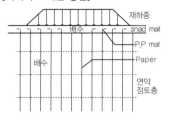

ⓛ 종류

구분	내용
웰포인트공법	• 지름 3~5cm 정도의 파이프를 1~2m 간격으로 때려 박고, 이를 수평으로 굵은 파이프에 연결하여 진공으로 물을 뽑아내어 지하수위를 저하 시키는 공법 • 비교적 지하수위가 얕은 모래지반에 주로 사용 • 지반이 압밀되어 흙의 전단저항이 커진다. • 인접지반의 침하를 일으키는 경우가 있다. • 보일링 현상을 방지한다. • 점토질지반에는 적용할 수 없다.
샌드드레인공법	점성토 지반에 2~3m 간격으로 모래기둥을 설치하고 동시에 연직방향으로 하중을 가하여 물을 탈수하여 지반의 압밀을 촉진(연약한 점토지반에 사용)
페이퍼드레인공법	점토질지반에서 모래말뚝 대신 흡수지를 삽입하여 탈수시키는 공법
생석회 말뚝공법	점토질지반에서 생석회말뚝을 설치하여 탈수시키는 공법
전기침투공법	땅속에 전류를 보내어 전류에 의해 점토지반의 수분을 탈수하는 공법
진공법	진공펌프를 이용하여 물을 탈수하는 공법

④ 다짐법

ⓐ 주로사질지반을 다짐하여 지내력을 증대시키는 공법

ⓛ 종류 : 다짐모래말뚝, 진동다짐공법(바이브로 플로테이션 공법), 샌드컴팩션 파일공법

⑤ 주입법(그라우팅공법)

ⓐ 지반의 누수방지 또는 지반개량을 위하여 지반속의 틈새 또는 공극속에 시멘트 풀 또는 화학 약액 등을 주입하여 흙의 투수성을 방지하는 공법(암반 등에 주로사용)

ⓛ 종류 : 시멘트주입공법, 약액주입공법 등

⑥ 배수법

구분	내용
중력배수공법	땅속에 집수통을 만들어 여기에 집수된 지하수를 펌프로 배수한다.(집수정배수, 깊은 우물(Deep Well)공법)
강제배수공법	지중의 물을 강제로 모아서 배수시키는 공법(Well Point 공법, 진공 깊은우물(Vacuum deep Well)공법 등)
영구배수공법	유공관 설치공법, 배수관 설치공법, 배수판공법, 드레인 매트 공법

⑦ 고결공법

구분	내용
소결공법	점토지반에 구멍을 뚫고 그 속에 액체기체를 태워 흙을 고결시키는 공법
동결공법	흙 속에 액체질소나 프레온 가스, 드라이아이스 등으로 흙을 얼리는 공법

□□□ 16년2회

1. 사질지반일 경우 지반 저부에서 상부를 향하여 흐르는 물의 압력이 모래의 자중 이상으로 되면 모래입자가 심하게 교란되는 현상은?

① 파이핑(piping)　　② 보링(boring)
③ 보일링(boiling)　　④ 히빙(heaving)

해설
보일링현상(Boiling=Quick Sand) 투수성이 좋은 사질지반에서 흙막이벽의 뒷면 지하수위가 굴착저면보다 높을 때 지하수와 모래가 굴착저면위로 솟아 오르는 현상

□□□ 13년4회

2. 포화된 느슨한 모래가 진동과 같은 동하중을 받으면 부피가 감소되어 간극수압이 상승하여 유효응력이 감소하는 것을 무엇이라 하는가?

① 액상화 현상　　② Negative friction
③ 부동침하 현상　　④ 원형 Slip

해설
액상화 현상 포화된 느슨한 모래가 진동이나 지진 등의 충격을 받았을 때 부피가 수축하여 과잉간극이 발생하여 유효응력과 전단강도가 감소되어 모래가 유체처럼 움직이는 현상

□□□ 10년1회, 12년4회, 19년1회

3. 연질의 점토지반에서 흙막이 바깥에 있는 흙의 중량과 지표위에 적재하중의 중량에 못 견디어 저면 흙이 붕괴되고 흙막이 바깥에 있는 흙이 안으로 밀려 불룩하게 되는 현상을 무엇이라고 하는가?

① 보일링 파괴　　② 히빙 파괴
③ 파이핑 파괴　　④ 언더 피닝

문제 3 ~ 4 해설
히빙현상(Heaving) ① 연약점토지반 굴착시 흙막이벽 안쪽 굴착저면의 중량과 흙막이벽 뒤쪽의 흙의 중량차이에 의해서 굴착저면 흙이 지지력을 잃고 붕괴되어 흙막이벽 뒤쪽에 있는 흙이 안으로 밀려 굴착저면이 부풀어 오르는 현상 ② 방지대책 　㉠ 강성이 큰 흙막이벽을 양질지반 속에 깊이 밑둥넣기 　㉡ 지반개량 　㉢ 지하수위 저하 　㉣ 설계변경

□□□ 10년1회, 12년4회, 19년1회

4. 흙막이 붕괴원인 중 히빙(Heaving)파괴가 일어나는 주원인은?

① 흙막이벽의 재료차이
② 지하수의 부력차이
③ 지하수위의 깊이차이
④ 흙막이벽 내외부 흙의 중량차이

□□□ 11년4회, 15년2회, 19년1회

5. 지반개량공법 중 강제압밀 또는 강제압밀탈수공법에 해당하지 않는 것은?

① 프리로딩공법　　② 페이퍼드레인공법
③ 고결공법　　④ 샌드드레인공법

해설
강제압밀공법 프리로딩공법, 페이퍼드레인공법, 샌드드레인공법 고결공법 : 시멘트나 약액을 주입하여 흙을 수밀하게 하거나 고결하여 투수성을 감소시키는 공법

□□□ 10년1회, 14년1회, 19년2회

6. 깊이 7m 정도의 우물을 파고 이곳에 수중모터펌프를 설치하여 지하수를 양수하는 배수공법으로 지하용수량이 많고 투수성이 큰 사질지반에 적합한 것은?

① 집수정(sump pit)공법
② 깊은 우물(deep well)공법
③ 웰 포인트(well point)공법
④ 샌드 드레인(sand drain)공법

해설
깊은 우물공법(Deep well) 투수계수가 큰 사질지반에 사용. 터파기 내부에 7m 이상의 Sand Filter가 있는 우물을 파고 스트레이너를 부착한 Pipe를 삽입하여 수중 펌프로 양수하는 공법

□□□ 16년4회

7. 일반적으로 사질지반의 지하수위를 낮추기 위해 이용하는 것으로 펌프를 통해 강제로 지하수를 뽑아내는 공법은?

① 웰포인트 공법　　② 샌드드레인 공법
③ 치환 공법　　④ 주입 공법

정답　**1** ③　**2** ①　**3** ②　**4** ④　**5** ③　**6** ②　**7** ①

해설

웰포인트공법
지름 3~5cm 정도의 파이프를 1~2m 간격으로 때려 박고, 이를 수평으로 굵은 파이프에 연결하여 진공으로 물을 뽑아내어 지하수위를 저하 시키는 공법

□□□ 13년2회, 19년4회

8. 웰 포인트(Well - Point)공법에 대한 설명으로 옳지 않은 것은?

① 인접지반의 침하를 일으키는 경우가 있다.
② 지반 내의 기압이 대기압보다 높아져서 토층은 대기압에 의해 다져진다.
③ 점토질 지반보다는 사질지반에 유효한 공법이다.
④ 지하수위를 낮추는 공법이다.

해설

웰포인트 공법은 진공으로 물을 뽑아내기 때문에 지반 내의 기압은 대기압보다 낮아진다.

□□□ 14년2회, 18년2회, 21년1회

9. 지반개량 지정공사 중 응결공법이 아닌 것은?

① 플라스틱 드레인공법 ② 시멘트 처리공법
③ 석회 처리공법 ④ 심층혼합 처리공법

해설

플라스틱 드레인 공법
연약지반 위에 구조물에 상당하는 무게를 일정기간 적재하여 연약지반을 압밀하여 누수되는 물을 드레인을 통하여 배수시키는 공법

□□□ 14년4회, 18년4회, 22년2회

10. 지반개량 공법 중 동다짐(Dynamic Compaction) 공법의 특징으로 옳지 않은 것은?

① 시공 시 지반진동에 의한 공해문제가 발생하기도 한다.
② 지반 내에 암괴 등의 장애물이 있으면 적용이 불가능하다.
③ 특별한 약품이나 자재를 필요로 하지 않는다.
④ 깊은 심도의 지반개량에 대해서는 초대형 장비가 필요하다.

해설

동다짐 공법의 장단점

구분	내용
장점	① 깊은 곳까지 지반 개량이 가능하다. ② 지반 내에 암괴 등의 장애물이 있어도 시공이 가능하다. ③ 각 시공 단계마다 개량 효과를 확인하고 그 결과를 다음 시공 단계에 반영할 수 있으므로 시공의 효율성을 높일 수 있다.
단점	① 소음 및 분진이 발생한다. ② 깊은 심도의 지반개량에 대해서는 초대형 장비가 필요하다. ③ 충격으로 인한 지반 진동으로 주변의 기존 구조물에 영향을 미칠 수 있다.

□□□ 16년1회

11. 지반의 누수방지 또는 지반개량을 위하여 지반 내부의 틈 또는 굵은 알 사이의 공극에 시멘트 페이스트 또는 교질규산염이 생기는 약액 등을 주입하여 흙의 투수성을 저하하는 공법은?

① 샌드드레인 공법 ② 동결 공법
③ 그라우팅 공법 ④ 웰포인트 공법

해설

주입법(그라우팅공법)
① 지반의 누수방지 또는 지반개량을 위하여 지반속의 틈새 또는 공극속에 시멘트 풀 또는 화학 약액 등을 주입하여 흙의 투수성을 방지하는 공법
② 종류 : 시멘트주입공법, 약액주입공법 등

□□□ 15년2회, 19년4회

12. 지하수위 저하공법 중 강제배수공법이 아닌 것은?

① 전기침투 공법 ② 웰포인트 공법
③ 표면배수 공법 ④ 진공 Deep well 공법

해설

표면배수는 표면의 구배를 이용하는 자연배수법이다
강제배수 공법의 종류
① 전기침투공법
② well point 공법
③ 진공 Deep well 공법

.정답 8 ② 9 ① 10 ② 11 ③ 12 ③

06 토공기계의 종류와 특징

[트렌처]

(1) 굴삭용 기계

① 굴삭용 기계의 종류

구분	내용
파워 쇼벨 (Power Shovel)	• 기계가 서 있는 지반보다 높은 곳의 굴착 • 디퍼로 굴착 • 파기면은 높이 1.5m가 가장 적당하고 높이 3m까지 굴착할 수 있다.
백 호 Drag Shovel (=Back hoe =Trench Hoe)	• 기계가 서 있는 지반보다 낮은 곳의 굴착 • 파는 힘이 강력하고 비교적 경질지반에 적당하다. • 도로의 측구, 배수로, 트렌치, 도랑파기 공사에 적합
드래그 라인 (Drg Line)	• 기계가 서있는 위치보다 낮은 곳의 굴착 • 파는 힘이 강력하지 못하여 연질지반 굴착에 적합 • 굴삭깊이 : 약8 m 정도
클램셸 (Clamshell)	• 수직굴착, 수중굴착 등 좁은 곳의 깊은 굴착에 적합(좁은 장소의 깊은 굴착, 케이슨(Caisson)내의 굴착) • 사질지반에 적당하고, 비교적 경질지반에도 적용할 수 있다.
트렌처 (Trencher)	일정한 폭의 구덩이를 연속적으로 굴착하도록 만든 장비로 좁고 깊은 도랑파기, 줄기초 파기에 적합

② 굴삭기계에 의한 단위작업 시간당 작업량

$$굴삭토량 \quad V = Q\frac{3600초}{Cm} \times E \times K \times f$$

Q : 버킷용량

E : 작업효율

K : 굴삭계수

Cm : 싸이클타임

f : 굴삭토의 용적변화계수

(2) 정지 및 배토용 기계

구분	내용
불도저 (Bull Dozer)	• 차체의 앞면에 날이 달린 배토판으로 흙을 깎아 지면의 요철을 고르고 평평하게 하는 작업에 사용한다. • 운반거리 50~60m 이내, 최대 100m 에서 배토작업에 사용
스크레이퍼 (Scraper) = 캐리올스크레이퍼	• 흙을 깎으면서 동시에 기체내에 담아 운반하고 깔기작업을 겸한다. • 운반거리는 100~150m 정도 중장거리용 잔토반출
그레이더 (Grader)	땅고르기, 정지작업, 도로정리 등에 사용
모터그레이더 (Motor Grader)	기울기 또는 비탈면 고르기 등 노면의 보수작업에 이용

(3) 다짐용기계

[래머(rammer), soil compactor]

구분	내용
탬핑롤러 (tamping roller)	• 롤러 표면에 돌기를 만들어 부착한 것 • 점착력이 큰 진흙다짐에 적합 • 함수 빈도가 큰 토질에 적합 • 흙의 깊은 위치를 다진다.
래머(Rammer)	엔진을 이용한 소형 다짐기계
탬퍼(Tamper)	엔진의 크랭크를 이용 소형 다짐기계

(4) 상차용 기계

구분	내용
로더(Loader)	• 상차작업에 사용 • 기동력이 우수 • 이미 파올려 쌓아놓은 흙, 모래, 자갈 등을 주로 퍼서 적재해주는 것
덤프 트럭 (Dump truck)	장거리 운반에 사용되는 운반기계
벨트 컨베이어 (Belt conveyor)	연속운반을 통해 작업 능률이 높은 운반기계

06 핵심문제   6. 토공기계의 종류와 특징

□□□ 10년2회, 14년1회, 16년4회, 19년2회

1. 건설기계 중 기계의 작업 면보다 상부의 **흙**을 굴삭하는데 적합한 것은?

① 불도저(bull dozer)
② 모터 그레이더(moter grader)
③ 클램쉘(clam shell)
④ 파워쇼벨(power shovel)

문제 1 ~ 2 해설

파워쇼벨(Power Shovel)
① 기계가 서 있는 지반보다 높은 곳의 굴착
② 디퍼로 굴착
③ 파기면은 높이 1.5m가 가장 적당하고 높이 3m까지 굴착할 수 있다

□□□ 16년1회

2. 토공사에 사용되는 각종 건설기계에 관한 설명으로 옳은 것은?

① 클램쉘은 협소한 장소의 흙을 퍼 올리는 장비로서, 연한 지반에 적합하다.
② 파워쇼벨은 위치한 지면보다 낮은 곳의 굴착에 적합하다.
③ 드래그셔블은 버킷으로 토사를 굴삭하며 적재하는 기계로써 로더(loader)라도 불린다.
④ 드래그라인은 좁은 범위의 경질지반 굴착에 적합하다.

□□□ 14년2회

3. 지반보다 6m 정도 깊은 경질지반의 기초파기에 가장 적합한 굴착 기계는?

① Drag line   ② Tractor shovel
③ Back hoe   ④ Power shovel

해설

백호(Back hoe) = Drag Shovel = Trench Hoe
① 기계가 서 있는 지반보다 낮은 곳의 굴착
② 파는 힘이 강력하고 비교적 경질지반에 적당하다.
③ 도로의 측구, 배수로, 트렌치, 도랑파기 공사에 적합

□□□ 11년1회, 14년4회

4. 일정한 폭의 구덩이를 연속으로 파며, 좁고 깊은 도랑파기에 가장 적당한 토공장비는?

① 트렌처(trencher)
② 로더(Loder)
③ 백호(Backhoe)
④ 파워쇼벨(Power Shovel)

해설

트렌처(Trencher)
일정한 폭의 구덩이를 연속적으로 굴착하도록 만든 장비로 좁고 깊은 도랑파기, 줄기초 파기에 적합

□□□ 17년4회

5. 기계를 설치한 지반보다 낮은 장소, 넓은 범위의 굴착이 가능하며 주로 수로, 골재채취용으로 많이 사용되는 토공사용 굴착기계는?

① 모터 그레이더   ② 파워쇼벨
③ 클램쉘   ④ 드래그 라인

해설

드래그 라인(Drag Line)
① 기계가 서있는 위치보다 낮은 곳의 굴착
② 파는 힘이 강력하지 못하여 연질지반 굴착에 적합
③ 굴삭깊이 : 약 8m 정도
④ 수로, 골재채취용

□□□ 12년1회, 12년2회, 14년4회, 15년1회

6. 다음과 같은 조건의 굴삭기로 2시간 작업할 경우의 작업량은 얼마인가?

버켓용량 $0.8m^3$, 사이클타임 40초, 작업효율 0.8, 굴삭계수 0.7, 굴삭토의 용적변화계수 1.1

① $128.5m^3$ ② $107.7m^3$
③ $88.7m^3$ ④ $66.5m^3$

해설

① 굴삭기계의 단위작업 시간당 시공량

$$V = Q \times \frac{3600초}{Cm} \times E \times K \times f$$

Q : 버킷용량, Cm : 싸이클타임, E : 작업효율
K : 굴삭계수, f : 굴삭토의 용적변화계수

② 2시간 작업 시 작업량

$$V = 2 \times (0.8 \times \frac{3600초}{40} \times 0.8 \times 0.7 \times 1.1) = 88.7m^3$$

□□□ 11년4회, 15년1회, 15년4회

7. 토공기계 중 흙의 적재, 운반, 정지의 기능을 가지고 있는 장비로써 일반적으로 중거리 정지공사에 많이 사용되는 장비는?

① 파워 쇼벨
② 캐리올 스크레이퍼
③ 앵글 도저
④ 탬퍼

해설

스크레이퍼(Scraper)=캐리올스크레이퍼
① 흙을 깍으면서 동시에 기체내에 담아 운반하고 깔기작업을 겸한다.
② 운반거리는 100~150m 정도 중장거리용 잔토반출

□□□ 17년2회

8. 토공사용 장비에 해당되지 않는 것은?

① 로더(loader)
② 파워쇼벨(power shovel)
③ 가이데릭(guy derrick)
④ 클램쉘(clamshell)

해설

①항, 로더(loader) – 상차용 기계
②항, 파워쇼벨(power shovel)– 굴삭용 기계
③항, 가이데릭– 철골세우기용 기계
④항, 클램쉘(clamshell)–굴삭용 기계

기초공사

이 장은 지정, 말뚝, 기초 등으로 이루어져 있으며 여기에서는 말뚝공법의 종류, 현장타설 콘크리트 말뚝의 공법, 기초형식의 분류 등이 주로 출제된다.

01 지정

지정은 기초슬래브를 지지하기 위해 자갈·말뚝·잡석 등을 박아서 다진 부분을 말한다.

(1) 보통지정

구분	내용
잡석지정	① 지름 10~25cm 정도의 막생긴 돌 또는 호박돌을 옆세워 깐다(수직 전단력을 유지한다.) ② 잡석 사이에 사춤자갈을 넣고 가장자리를 먼저 다지고 중앙부로 다진다 ③ 사춤자갈량 : 잡석량의 30% ④ 사춤자갈을 사용하여 콘크리트의 두께를 절약, 기초 또는 바닥 밑의 방습 및 배수처리에 이용, 이완된 지표면을 다짐
모래지정	건물의 무게가 비교적 가볍고 지반이 연약한 경우 지반을 파고 모래로 물다짐을 한 것.
자갈지정	굳은 지반에 지름 5cm 의 자갈을 6~10cm 두께로 깔고 충분히 다진 것.
긴 주춧돌지정	긴 주춧돌을 세워서 묻는 것으로 지반이 비교적 깊을 때 사용한다.
밑창콘크리트지정	기초 밑에 잡석이나 먹줄을 치기 위해 두께 5~6cm 정도의 콘크리트를 치는 것. ※ 공사시방에 별도로 정한바가 없는 경우에는 설계기준강도 15MPa 이상의 것을 사용해야 한다.

(2) 말뚝지정의 종류

① 나무말뚝 지정

　㉠ 소나무, 낙엽송 등으로 곧고 긴 생나무를 껍질을 벗겨 쓰고 지름은 15~20cm, 길이는 3~6m 정도, 휨정도는 말뚝길이의 1/50 이내, 끝마구리 중심과 밑마구리 중심선을 연결하는 중심선이 말뚝재 내에 있는 나무사용

　㉡ 말뚝아래 끝은 말뚝지름의 1~1.5배로 빗깎고, 쇠신을 씌운다.

　㉢ 상수면 이하에 박는다(부식방지)

② 강재말뚝 지정

구분	내용
장점	• 깊은 지지층까지 박을 수 있다. • 길이조정이 용이하며 경량이므로 운반취급이 편리하다. • 휨모멘트 저항이 크다. • 말뚝의 절단·가공 및 현장 용접이 가능하다. • 중량이 가볍고, 단면적이 작다. • 강한타격에도 견디며 다져진 중간지층의 관통도 가능하다. • 지지력이 크고 이음이 안전하고 강하여 장척이 가능하다.
단점	• 재료비가 비싸다. • 부식되기 쉽다.

③ 기성콘크리트 말뚝

　㉠ 단면형식 : 원형 또는 중공원형을 주로 사용

　㉡ 지름은 20~50cm(보통 25, 30, 35cm)

　㉢ 길이는 지름의 45배 이하(보통25배), 최대 15m

　㉣ 철근비는 1% 이상(기둥은 0.8% 이상)

　㉤ 장·단점

구분	내용
장점	• 형상과 치수가 다양하다. • 내구성이 크고 재질이 균질하다. • 지지말뚝에 적합하고 길이 15m 이하에서 비교적 경제적이다.
단점	• 말뚝이음 부위에 대한 신뢰성이 비교적 적다. • 자재하중이 크므로 운반과 시공에 각별한 주의가 필요하다. • 시공과정 상의 항타로 인하여 자재균열의 우려가 높다.

- -
　■ 고강도 프리스트레스트 콘크리트 말뚝(PHC, Prestressed High-strength Contrete pile)

　① 원심력을 이용하여 만든 콘크리트 압축강도가 78.5 N/mm² 이상의 프리텐션(pretension)방식에 의한 고강도 콘크리트 말뚝

　② 축 응력이 커서 말뚝의 지지력이 크다.

　③ 압축강도가 커 타격 저항력이 크고 항타 횟수가 증가해도 파손이 적어 지지층까지 도달시킬 수 있다.

　④ 말뚝의 이음방법 : 충전식, 용접식, bolt식, 장부식
　　(용접식 이음의 강성이 우수하고 안전하여 가장 많이 사용된다.)
- -

[기성콘크리트 말뚝의 표기법]

PHC - A.450 - 12
① PHC : 프리텐션 방식의 고강도 콘크리트 말뚝
② A : A종
③ 450 : 말뚝지름 450mm
④ 12 : 말뚝길이 12m

[말뚝재하 시험]
단순히 지지력을 확인하는 것 외에 변위량, 건전도, 시공방법 및 시공장비의 적합성, 시간경과에 따른 말뚝 지지력의 변화, 하중전이 특성 등 다양한 내용들을 확인하기 위해 실시한다.

④ 제자리콘크리트 말뚝
  ㉠ 심플렉스파일
  ㉡ 컴프레솔파일
  ㉢ 페데스탈파일
  ㉣ 레이몬드파일
  ㉤ 프랭키파일
  ㉥ 이코스파일
  ㉦ 프리팩트파일

(3) 말뚝지정의 특징

구 별	나무말뚝	기성콘크리트 말뚝	H 형강 말뚝	제자리콘크리트 말뚝
간 격	2.5d 이상 60cm 이상	2.5d 이상 75cm 이상	2.5d 이상 90cm 이상	2.5d 이상 90cm 이상
길 이	보통 4.5~5.5m 최대 7m	보통 6~10m 최대 12m	보통 30m 최대 70m	최대 30m
지지력	최대 10ton	최대 50ton	최대 100ton	200~900ton
특 징	상수면이하에 설치 경량건물에 적당	상수면이 깊고, 중량건물에 적당 주근 6개 이상	깊은 연약층의 지지말뚝, 부식고려	1m 이상 지지층에 관입 주근 6개 이상
공 통	연단거리 : 1.25D 이상(d : 말뚝지름)			

(4) 말뚝박기 시험

① 시험말뚝은 사용말뚝과 똑같은 조건으로 한다.
② 시험말뚝은 3본 이상으로 한다.
③ 소정의 침하량에 도달하면 그 이상 무리하게 박지 않는다.
④ 말뚝은 연속적으로 박되 휴식시간 없이 박는다.
⑤ 말뚝의 위치는 정확히 수직으로 박는다.
⑥ 최종 관입량은 5회 또는 10회 타격한 평균값으로 한다.
⑦ 5회 타격 총관입량이 6mm 이하인 경우 거부현상으로 본다.
⑧ 떨공이의 낙고는 가벼운 공이일 때 2~3m, 무거운 공이일 때 1~2m 정도
⑨ 햄머의 중량은 말뚝 중량의 1/2 이상으로 통상 2~3배 정도로 한다.
⑩ 주위에서 중앙으로 박는다.

(5) 말뚝박기 공법

구분	내용
타격공법	항타기로 말뚝을 직접 타격하여 박는 공법으로 주로 디젤해머를 사용한다.
진동공법	상하 진동하는 바이브로해머를 사용하여 말뚝을 박는 공법
압입공법	유압 기구를 이용하여 말뚝을 압입하여 박는 공법(무소음, 무진동 공법)
수사법 (Water Jet)	고압으로 물을 분사시켜 지반을 무르게 한 다음 말뚝을 박는 공법(소음, 진동이 작다.)
프리보링 공법	오거로 미리 구멍을 뚫어 기성말뚝을 삽입한 후 압입 또는 타격으로 말뚝을 설치하는 공법
중공굴착공법	말뚝의 중공부에 스파이럴 오거를 삽입하여 굴착하면서 말뚝을 관입하고 최종단계에서 말뚝선단부에 시멘트 밀크 등을 주입하는 공법

[디젤해머의 특징]

(1) 장점
- 타격에너지가 크고, 박는 속도가 빠르다.
- 경비가 저렴하다.
- 운전이 간단하고 시공관리가 용이하다.

(2) 단점
- 연약한 지반에서는 능률이 저하된다.
- 소음, 진동이 크다.
- 타격 에너지가 커서 말뚝이 파손될 우려가 있다.

□□□ 19년1회

1. 잡석지정의 다짐량이 5m³일 때 틈막이로 넣는 자갈의 양으로 가장 적당한 것은?

① 0.5m³

② 1.5m³

③ 3.0m³

④ 5.0m³

문제 1 ~ 2 해설

틈막이 사춤자갈량은 잡석량의 30%가 적당하다.
따라서 5m³×0.3 = 1.5m³

[참고] 사춤자갈의 사용목적

㉠ 콘크리트의 두께를 절약
㉡ 기초 또는 바닥밑의 방습 및 배수처리에 이용
㉢ 이완된 지표면을 다짐

□□□ 15년2회

2. 기초공사에서 잡석지정을 하는 목적에 해당되지 않는 것은?

① 구조물의 안정을 유지하게 한다.

② 이완된 지표면을 다진다.

③ 철근의 피복두께를 확보한다.

④ 버림콘크리트의 양을 절약할 수 있다.

□□□ 17년2회, 20년1,2회

3. 지정에 관한 설명으로 옳지 않은 것은?

① 잡석지정 - 기초 콘크리트 타설시 흙의 혼입을 방지하기 위해 사용한다.

② 모래지정 - 지반이 단단하며 건물이 경량일 때 사용한다.

③ 자갈지정 - 굳은 지반에 사용되는 지정이다.

④ 밑창 콘크리트 지정 - 잡석이나 자갈위 기초부분의 먹매김을 위해 사용한다.

해설

모래지정
건물의 무게가 비교적 가볍고 지반이 연약한 경우 지반을 파고 모래로 물다짐을 한 것.

□□□ 15년4회

4. 밑창 콘크리트 지정공사에서 밑창콘크리트 설계기준강도로 옳은 것은? (단, 설계도서에서 별도로 정한 바가 없는 경우)

① 12MPa 이상

② 13.5MPa 이상

③ 14.5MPa 이상

④ 15MPa 이상

해설

밑창콘크리트 지정공사의 밑창콘크리트 품질
공사시방에 별도로 정한바가 없는 경우에는 설계기준강도 15MPa 이상의 것을 사용해야 한다.

□□□ 12년2회, 16년1회, 20년3회

5. 말뚝지정 중 강재말뚝에 대한 설명으로 옳지 않은 것은?

① 자재의 이음 부위가 안전하여 소요길이의 조정이 자유롭다.

② 기성콘크리트말뚝에 비해 중량으로 운반이 쉽지 않다.

③ 지중에서의 부식 우려가 높다.

④ 상부구조물과의 결합이 용이하다.

문제 5 ~ 7 해설

강재말뚝 지정

구분	내용
장점	• 깊은 지지층까지 박을 수 있다. • 길이조정이 용이하며 경량이므로 운반취급이 편리하다. • 휨모멘트 저항이 크다. • 말뚝의 절단·가공 및 현장 용접이 가능하다. • 중량이 가볍고, 단면적이 작다. • 강한타격에도 견디며 다져진 중간지층의 관통도 가능하다. • 지지력이 크고 이음이 안전하고 강하여 장척이 가능하다.
단점	• 재료비가 비싸다. • 부식되기 쉽다.

□□□ 10년1회, 11년4회, 15년1회

6. 강관말뚝지정의 장점으로 옳지 않은 것은?

① 강한 타격에도 견디며 다져진 중간지층의 관통도 가능하다.

② 지지력이 크고 이음이 안전하고 강하며 확실하므로 장척말뚝에 적당하다.

③ 상부구조와의 결합이 용이하다.

④ 방부력이 뛰어나 내구성이 우수하다.

□□□ 19년4회

7. 강관말뚝지정의 특징에 해당되지 않는 것은?

① 강한 타격에도 견디며 다져진 중간지층의 관통도 가능하다.

② 지지력 이 크고 이음이 안전하고 강하므로 장척말 뚝에 적당하다.

③ 상부구조와의 결합이 용이하다.

④ 길이조절이 어려우나 재료비가 저렴한 장점이 있다.

□□□ 16년2회

8. 기초공사 중 말뚝지정에 관한 설명으로 옳지 않은 것은?

① 나무말뚝은 소나무, 낙엽송 등 부패에 강한 생나무 를주로 사용한다.

② 기성 콘크리트 말뚝으로는 심플렉스 파일, 컴프레 솔 파일, 페데스탈 파일 등이 있다.

③ 강재말뚝은 중량이 가볍고, 휨저항이 크며 길이조 절이 가능하다.

④ 무리말뚝의 말뚝 한 개가 받는 지지력은 단일말뚝 의 지지력보다 감소되는 것이 보통이다.

해설
심플렉스 파일, 컴프레솔 파일, 페데스탈 파일 등은 제자리콘크리트 (현장타설콘크리트) 말뚝의 종류이다.

□□□ 19년4회

9. 기성콘크리트 말뚝의 특징에 관한 설명으로 옳지 않 은 것은?

① 말뚝이음 부위에 대한 신뢰성이 떨어진다.

② 재료의 균질성이 부족하다.

③ 자재하중이 크므로 운반과 시공에 각별한 주의가 필요하다.

④ 시공과정상의 항타로 인하여 자재균열의 우려가 높다.

해설		
기성 콘크리트 말뚝의 장·단점		
구분	내용	
장점	• 형상과 치수가 다양하다. • 내구성이 크고 재질이 균질하다. • 지지말뚝에 적합하고 길이 15m 이하에서 비교적 경제적이다.	
단점	• 말뚝이음 부위에 대한 신뢰성이 비교적 적다. • 자재하중이 크므로 운반과 시공에 각별한 주의가 필요하다. • 시공과정 상의 항타로 인하여 자재균열의 우려가 높다.	

□□□ 13년2회, 17년4회, 22년2회

10. 기성콘크리트 말뚝에 표기된 PHC-A·450-12의 각 기호에 대한 설명으로 옳지 않은 것은?

① A–A종

② 450–말뚝바깥지름

③ PHC–원심력 고강도 프리스트레스트 콘크리트말뚝

④ 12–말뚝삽입 간격

해설
기성콘크리트 말뚝의 표기법 　　　　　　PHC - A.450 - 12 ① PHC : 프리텐션 방식의 고강도 콘크리트 말뚝 ② A : A종 ③ 450 : 말뚝지름 450mm ④ 12 : 말뚝길이 12m

□□□ 10년4회, 14년4회, 21년4회

11. 원심력 고강도프리스트레스트 콘크리트말뚝(PHC말 뚝)의 이음방법 중 건설현장에서 가장 강성이 우수하 고 안전하여 많이 사용하는 이음방법은?

① 충전식이음　　　　② 볼트식이음

③ 용접식이음　　　　④ 강관말뚝의 이음

문제 11 ~ 12 해설
고강도 프리스트레스트 콘크리트 말뚝 (PHC, Prestressed High–strength Contrete pile) ① 원심력을 이용하여 만든 콘크리트 압축강도가 78.5 N/mm² 이상 의 프리텐션(pretension)방식에 의한 고강도 콘크리트 말뚝 ② 축응력이 커서 말뚝의 지지력이 크다. ③ 압축강도가 커 타격 저항력이 크고 항타횟수가 증가해도 파손 이 적어 지지층까지 도달시킬 수 있다. ④ 말뚝의 이음방법 : 충전식, 용접식, bolt식, 장부식 　(용접식 이음의 강성이 우수하고 안전하여 가장 많이 사용된다.

□□□ 13년4회

12. 원심력 고강도 프리스트레스트 콘크리트말뚝(PHC 말뚝)에 대한 설명 중 옳지 않은 것은?

① 강재는 특수 PC강선을 사용한다.

② 설계기준강도 30MPa~40MPa 정도의 것을 말한다.

③ 견고한 지반까지 항타가 가능하며 지지력 증강에 효과적이다.

④ 고강도콘크리트에 프리스트레스를 도입하여 제조 한 말뚝이다.

□□□ 18년1회

13. 말뚝박기 기계 중 디젤해머(Diesel hammer)에 관한 설명으로 옳지 않은 것은?

① 타격 정밀도가 높다.
② 타격 시의 압축·폭발 타격력을 이용하는 공법이다.
③ 타격 시 소음이 작아 도심지 공사에 적용된다.
④ 램의 낙하 높이 조정이 곤란하다.

해설

디젤해머는 디젤기관을 이용하여 피스톤의 낙하에 의한 실린더내부의 가스폭발력을 이용하여 해머로 말뚝을 박는 기계로 소음이 커 도심공사에는 부적절하다.

02 현장타설 콘크리트 말뚝

(1) 제자리 콘크리트 말뚝의 종류

구분	내용
페데스탈 파일 (Pedestal Pile)	내·외관을 소정의 깊이까지 박은 후 내관을 빼내고, 외관 내에 콘크리트를 투입하여 내관으로 다지면서 점차 외관도 빼내어 선단에 콘크리트 구근을 만드는 공법
심플렉스 파일 (Simplx Pile)	강관을 박고 그 속에 콘크리트를 넣고 무거운 추로 다지며 외관을 빼내는 공법
프랭키 파일 (Franky Pile)	심대 끝에 주철제 원추형의 마개가 달린 외관을 2~2.6t정도의 추로 내리쳐서 마개와 외관을 지중에 박아 소정의 깊이에 도달하면 내부의 마개와 추를 빼내고 콘크리트를 넣고 추로 다져 구근을 만드는 공법
레이몬드 파일 (Raymond Pile)	내·외관을 박은 후 내관을 빼내고 외관 내에 콘크리트를 타설한 후 내관으로 다지면서 외관을 땅속에 남긴 채로 말뚝을 만드는 공법
콤프레솔 파일 (Compressol Pile)	1.0~2.5t 정도의 세가지 추를 사용하여, 원뿔 추를 낙하시켜 구멍을 뚫고 그 속에 콘크리트를 넣어 둥근 추로 다진 후, 밑이 평면인 추로 다져서 만드는 말뚝

(2) 프리팩트 콘크리트말뚝 공법(Prepacked Concrete Pile)

거푸집 안에 미리 굵은 골재를 채워 넣은 후, 그 공극 속으로 모르타르를 주입하여 콘크리트 말뚝을 만드는 공법

① 특징
  ㉠ 저소음, 저진동
  ㉡ 도심지 근접시공유리
  ㉢ 흙막이, 구조체, 옹벽, 차수벽 역할
  ㉣ 강성, 차수성 우수
  ㉤ 깊은 심도까지 가능

② 종류

구분	내용
CIP (Cast in Place Pile)	어스오거로 굴착한 후에 그 내부에 철근 및 골재를 넣고 미리 삽입해 둔 파이프를 통해 저면에서부터 모르타르를 주입하여 현장에서 말뚝을 만드는 공법
PIP (Packed in Place Pile)	스크루 오거로 지반을 굴착한 후 흙과 오거를 뽑아 올리면서 오거 중심부에 있는 선단을 통하여 모르타르나 콩자갈 콘크리트를 주입하여 현장에서 말뚝을 만드는 공법
MIP (Mixed in Place Pile)	파이프 회전봉의 선단에 커터를 장치하여 흙을 뒤섞으며 지중으로 파 들어 간 다음 파이프 선단에서 시멘트 모르타르를 분출시켜 흙과 모르타르를 혼합하면서 파이프를 빼내는 일종의 소일 콘크리트 말뚝(Soil concrete 말뚝)을 형성하는 공법

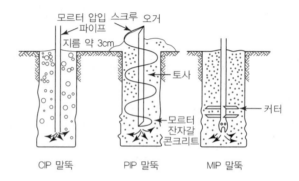

CIP 말뚝   PIP 말뚝   MIP 말뚝

(3) 대구경(지름이 큰) 현장 파일 공법

① 베노토 공법(Benoto Pile = All Casing 공법)

　㉠ 프랑스의 베노토사가 개발한 대구경 고속천공굴착기인 해머그래브를 사용한 시공법이다.

　㉡ 케이싱튜브를 왕복요동 회전시키면서 관입 정착시켜 공벽을 보호하고 그 내부를 해머그래브로 굴착하여 대구경의 구멍을 뚫은 후 공내에 철근망을 삽입하여 콘크리트를 타설하면서 케이싱튜브를 뽑아내어 현장타설 말뚝을 축조하는 공법

[해머그래브 굴착]

구분	내용
장점	• 주위의 지반에 영향 주지 않고 안전하고 확실하게 시공할 수 있다. • 긴말뚝(50~60m)의 시공도 가능하다. • 굴삭 후 배출되는 토사로서 토질을 알 수 있어 지지층에 도달됨을 알 수 있다.
단점	• 케이싱튜브 뽑을 때 철근이 떠오를 우려가 있다. • 기계 및 부속기기가 비싸므로 공사비가 비싸다. • 굴착 속도가 느리다. • 기계가 대형이고 중량이다.

② Earth drill 공법(Calweld 공법 = 표층부에서만 케이싱 사용)

회전식 드릴버켓(어스드릴)으로 필요한 깊이까지 굴착한 다음 그 굴착 구멍에 철근망을 삽입하고 트레미관을 사용하여 콘크리트를 타설하여 지름 1~2m 정도의 대구경 제자리 말뚝을 만드는 공법

구분	내용
장점	• 시공속도가 빠르다. • 시공장비가 간단하다. • 공사비가 싸다. • 기동성이 있다.
단점	• 경질지반에서 굴착이 곤란하다. • 슬라임제거가 어렵다. • 사질지반에서 작업시 공벽 붕괴 우려가 있다.

③ 리버스 서큘레이션 공법(R.C.D공법 = 케이싱 없다)

　　㉠ 굴착구멍 내에 지하수위보다 2m 이상 높게 물을 채워 굴착벽면에 정수압(2t/㎠)과 이수를 안정액으로 하여 공벽 붕괴를 방지하며 굴착한 후 철근망을 삽입한 후 콘크리트를 타설하여 현장 콘크리트말뚝을 만드는 공법

　　㉡ 굴착토사와 안정액 및 물의 혼합물을 드릴파이프 내부를 통해 강제로 역순환시켜 지상으로 배출시키면서 굴착한 후 철근망을 삽입하고 트레미관에 의해 콘크리트를 타설하여 말뚝을 만드는 공법으로 역순환 공법이라고 한다.

　　㉢ 점토, 실트층 등에 사용한다.

　　㉣ 시공심도 : 30~70m 정도

　　㉤ 시공직경 : 0.9~3m 정도

　　㉥ Casing tube 필요하지 않으며 수상작업(해상작업) 가능

　　㉦ 굴착공의 대구경화가 가능하며, 진동과 소음이 없다.

　　㉧ 정수압 관리가 어렵고 적절하지 못하면 공벽붕괴 원인이 되며 다량의 물이 필요

　　㉨ 호박돌층, 전석층, 피압수 유출시 굴착 곤란

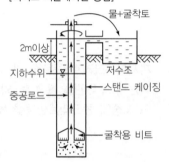

[리버스 서큘레이션 공법]

물+굴착토
2m이상
지하수위
중공로드
저수조
스탠드 케이징
굴착용 비트

02 핵심문제　　　2. 현장타설 콘크리트 말뚝

□□□ 16년1회

1. 현장타설 콘크리트말뚝 중 외관과 내관의 2중관을 소정의 위치까지 박은 다음, 내관은 빼내고 관내에 콘크리트를 부어 넣고 내관을 넣어 다지며 외관을 서서히 때 올리면서 콘크리트 구근을 만드는 말뚝은?

① 페데스탈 파일　　② 시트 파일
③ P.I.P 파일　　　④ C.I.P 파일

해설

페데스탈 파일 (Pedestal Pile)
내·외관을 소정의 깊이까지 박은 후 내관을 빼내고, 외관 내에 콘크리트를 투입하여 내관으로 다지면서 점차 외관도 빼내어 선단에 콘크리트 구근을 만드는 공법

□□□ 12년1회

2. 제자리콘크리트말뚝 중 내·외관을 소정의 깊이까지 박은 후에 내관을 빼낸 후, 외관에 콘크리트를 부어넣어 지중에 콘크리트말뚝을 형성하는 것은?

① 심플렉스파일　　② 콤프레솔파일
③ 페데스탈파일　　④ 레이몬드파일

해설

레이몬드 파일
내·외관을 박은 후 내관을 빼내고 외관 내에 콘크리트를 타설한 후 내관으로 다지면서 외관을 땅속에 남긴 채로 말뚝을 만드는 공법

□□□ 11년1회, 17년4회

3. CIP(Cast In Place prepacked pile)공법에 관한 설명으로 옳지 않은 것은?

① 주열식 강성체로서 토류벽 역할을 한다.
② 소음 및 진동이 적다.
③ 협소한 장소에는 시공이 불가능하다.
④ 굴착을 깊게 하면 수직도가 떨어진다.

해설

CIP (Cast in Place Pile)
1. 어스오거로 굴착한 후에 그 내부에 철근 및 골재를 넣고 미리 삽입해 둔 파이프를 통해 저면에서부터 모르타르를 주입하여 현장에서 말뚝을 만드는 공법

2. 특징
① 저소음, 저진동
② 도심지 근접시공유리
③ 흙막이, 구조체, 옹벽, 차수벽 역할
④ 강성, 차수성 우수
⑤ 깊은 심도까지 가능

□□□ 18년1회

4. 프리팩트말뚝공사 중 CIP(Cast in place pile)말뚝의 강성을 확보하기 위한 방법이 아닌 것은?

① 구멍에 삽입하는 철근의 조립은 원형철근 조립으로 당초 설계치수보다 작게 하여 콘크리트 타설을 쉽게 하여야 한다.
② 공벽붕괴방지를 위한 케이싱을 설치하고 구멍을 뚫어야 하며, 콘크리트 타설 후에 양생되기 전에 인발한다.
③ 구멍깊이는 풍화암 이하까지 뚫어 말뚝 선단이 충분한 지지력이 나오도록 시공한다.
④ 콘크리트 타설 시 재료분리가 발생하지 않도록 한다.

해설

CIP는 현장타설 말뚝의 한 종류로 이형철근을 사용하여 철근과 콘크리트의 부착력을 높여야 한다.

□□□ 13년4회, 20년4회

5. 제자리 콘크리트 말뚝지정 중 베노토 파일의 특징에 관한 설명으로 옳지 않은 것은?

① 기계가 저가이고 굴착속도가 비교적 빠르다.
② 여러 지질에 안전하고 정확하게 시공할 수 있다.
③ 말뚝구멍의 굴착 후에는 철근콘크리트 말뚝을 제자리치기 한다.
④ 케이싱을 지반에 압입해 가면서 관 내부 토사를 특수한 버킷으로 굴착 배토한다.

해설

베노토 공법(Benoto Pile=All Casing 공법)

장 점	단 점
① 주위의 지반에 영향 주지 않고 안전하고 확실하게 시공할 수 있다. ② 긴말뚝(50~60m)의 시공도 가능하다. ③ 굴삭 후 배출되는 토사로서 토질 알 수 있어 지지층에 도달됨을 알 수 있다.	① 케이싱튜브 뽑을 때 철근도 떠오를 우려가 있다. ② 기계 및 부속기기가 비싸므로 시공경비가 높다. ③ 굴착 속도가 느리다. ④ 기계가 대형이고 중량이다.

정답 1 ① 2 ④ 3 ④ 4 ① 5 ①

□□□ 10년4회, 15년4회, 20년3회

6. 기초굴착 방법 중 굴착 공에 철근망을 삽입하고 콘크리트를 타설하여 말뚝을 형성하는 공법으로 안정액으로 벤토나이트 용액을 사용하고 표층부에서만 케이싱을 사용하는 것은?

① 리버스 서큘레이션 공법
② 베노토공법
③ 심초공법
④ 어스드릴공법

해설

Earth drill 공법(Calweld 공법=표층부에서만 케이싱 사용)
회전식 드릴버켓(어스드릴)으로 필요한 깊이까지 굴착한 다음 그 굴착구멍에 철근망을 삽입하고 트레미관을 사용하여 콘크리트를 타설하여 지름 1~2m 정도의 대구경 제자리 말뚝을 만드는 공법

□□□ 14년2회

7. 제자리 콘크리트 말뚝 시공법 중 Earth Drill 공법의 장·단점에 대한 설명으로 옳지 않은 것은?

① 진동소음이 적은 편이다.
② 좁은 장소에서는 작업이 어렵고 지하수가 없는 점성토는 부적합하다.
③ 기계가 비교적 소형으로 굴착속도가 빠르다.
④ Slime 처리가 불확실하여 말뚝의 초기 침하 우려가 있다.

해설

Earth Drill 공법의 장·단점

장 점	단 점
① 시공속도가 빠르다.	① 경질지반에서 굴착이 곤란하다.
② 시공장비가 간단하다.	② 슬라임제거가 어렵다.
③ 공사비가 싸다.	③ 사질지반에서 작업시 공벽 붕괴
④ 기동성이 있다.	우려가 있다.

□□□ 11년1회, 14년1회, 20년1,2회

8. 기초공사 시 활용되는 현장 타설 콘크리트 말뚝공법에 해당되지 않는 것은?

① 어스드릴(earth drill)공법
② 베노토 말뚝(benoto pile)공법
③ 리버스서큘레이션(reverse circulation pile)공법
④ 프리보링(preboring) 공법

해설

프리보링공법(Pre boring)
파일이나 말뚝을 박을 때 진동이나 소음을 피하기 위해 오거로 미리 구멍을 뚫고 그 구멍속에 말뚝이나 파일을 박는 공법(기성 콘크리트 말뚝공법)

□□□ 16년4회

9. 순환수와 함께 지반을 굴착하고 배출시키면서 공 내에 철근망을 삽입, 콘크리트를 타설하여 말뚝기초를 형성하는 현장타설 말뚝공법은?

① S.I.P(Soil Injected Pile)
② D.R.A(Double Rod Auger)
③ R.C.D(Reverse Circulation Drill)
④ S.I.G(Super Injection Grouting)

문제 9 ~ 10 해설

리버스 서큘레이션 공법.(R.C.D공법= 케이싱 없다)
① 굴착토사와 안정액 및 물의 혼합물을 드릴파이프 내부를 통해 강제로 역순환시켜 지상으로 배출시키면서 굴착한 후 철근망을 삽입하고 트레미관에 의해 콘크리트를 타설하여 말뚝을 만드는 공법으로 역순환공법이라고 한다.
② 점토, 실트층 등에 사용한다.
③ 시공심도 : 30~70m 정도
④ 시공직경 : 0.9~3m 정도
⑤ 정수압 관리가 어렵고 적절하지 못하면 공벽 붕괴의 원인이 되며 다량의 물이 필요

□□□ 17년2회, 21년4회

10. 리버스 서큘레이션 드릴(RCD)공법의 특징으로 옳지 않은 것은?

① 드릴 로드 끝에서 물을 빨아올리면서 말뚝구멍을 굴착하는 공법이다.
② 지름 0.8~3.0m, 심도 60m 이상의 말뚝을 형성한다.
③ 시공 시 소량의 물로 가능하며, 해상작업이 불가능하다.
④ 세사층 굴착이 가능하나 드릴파이프 직경보다 큰 호박돌이 존재할 경우 굴착이 곤란하다.

정답 6 ④ 7 ② 8 ④ 9 ③ 10 ③

03 기초

(1) 기초슬래브 형식에 따른 분류

구분	내용
독립기초	기둥하나에 기초판이 하나인 구조
복합기초	2개 이상의 기둥을 1개의 기초판으로 지지
연속기초(줄기초)	연속된 기초판으로 기둥, 벽을 지지
온통기초	건물 기초전체를 기초판으로 받치는 기초

(2) 깊은 기초공법

① 우물통 기초(well foundation)

현장에서 상·하단이 개방된 철근 콘크리트조 우물통(지름 1~1.5m)을 지상에서 만들고 그 속을 파서 침하시킨 후 기초기둥(Pier)을 구축하는 공법

② 잠함 기초(caisson foundation)

지상에서 지하구조체를 미리 축조하여 침하시켜 만드는 공법

구분	내용
개방잠함 (open caisson)	지하 구조체의 바깥벽 밑에 끝날(cutting edge)을 붙이고 지상에서 구축하여 중앙하부 흙을 파내어 구조체의 자중으로 침하시키는 공법으로 압축공기를 사용하지 않는다. ※ 지하수가 많은 지반은 침하가 잘 되지 않는다.
용기잠함 기초 (pneumatic caisson foundation)	용수량이 대단히 많고 깊은 기초를 구축할 때에 쓰이는 공법으로서 지하수압에 상응하는 고압의 압축공기를 채워 물의 침입을 방지하면서 흙 파기 작업을 한다.

(3) Pier 기초

① 피어기초란 지름이 큰 말뚝을 말하며 지름이 큰 구멍을 굴착하여 굴착구멍 속에 콘크리트를 타설하여 만들어진 기둥형태의 기초이다.

[개방잠함 기초의 시공순서(4단계)]

① 지하 구조체를 지상에서 구축
② 하부 중앙 흙 굴착
③ 정위치 침하 후 중앙부 기초 구축
④ 주변부 기초 구축하여 완성

② 장ㆍ단점

구분	내용
장점	• 무소음, 무진동공법 • 굴착 후 배출되는 흙으로 지지층의 상태를 확인할 수 있다. • 토사의 붕괴를 방지할 수 있다 • 히빙, 보일링의 염려가 없다
단점	• 상세한 지반조사 필요 • 시공 후 품질검사가 어렵다 • 기계가 대형이고 공사비가 고가이다 • 굴착속도가 느리다

③ Pier 기초공법의 분류

구분	내용
굴착공법	• Earth drill 공법 • Benoto 공법(All Casing 공법) • R.C.D(Reverse circulation drill)공법
Prepacked concrete pile	• C.I.P(Cast In Place Pile) • P.I.P(Packed In Place Pile) • M.I.P(Mixed In Place Pile)
Well 공법 (우물통 기초 공법)	• 철근콘크리트로 만든 원형, 장방형의 통을 소정의 위치까지 도달시키고 우물통 내부에 철근과 콘크리트를 넣고 기초를 만드는 방법

[피어기초]

(4) 기초의 부동침하

① 부동침하의 원인

주요 원인	내용
연약지반	연약지반위에 기초시공
연약층 지반두께 차이	연약층의 지반두께가 다른 지반에 기초를 시공
이질지반	지반의 종류가 서로 다른 지반에 걸쳐 시공
지하매설물	기초하부에 지하매설물 또는 구멍으로 인한 부분 침하현상
경사지반	경사지나 언덕에 근접하여 시공할 때 기초의 미끄러짐 발생
다른 기초	종류가 다른 기초의 복합시공으로 인한 부동침하
기초제원	기초제원의 큰 차이로 인한 부동침하
인근터파기	인근지역에서 부주의한 터파기로 인한 토사붕괴로 기초침하
지하수위	지하수위 변화에 의한 부동침하
증축	부주의한 증축에 의한 하중불균형으로 인한 부동침하

② 부동침하 대책
  ㉠ 연약지반개량
  ㉡ 경질지반에 지지
  ㉢ 건물의 경량화
  ㉣ 마찰말뚝 이용(말뚝간격을 조밀하게 시공)
  ㉤ 건물의 평면길이를 짧게 하여 하중불균형 방지
  ㉥ 지하실 설치
  ㉦ 지하수위를 저하시켜 수압변화 방지
  ㉧ 건물의 형상 및 중량 균등배분
  ㉨ 이질지반이 분포할 경우 복합기초를 사용하여 지지력 확보
  ㉩ 동일지반에서는 기초의 제원을 통일하여 부동침하 방지

[언더피닝 공법]

(5) 언더피닝 공법(Under pinning method)

① 기존 건축물의 기초를 보강하거나 새로운 기초를 설치하여 기존건물을 보호하는 보강공법

② 종류

종류	내용
2중 널말뚝공법	흙막이 널말뚝의 외측에 2중으로 말뚝을 막는 공법
현장타설 콘크리트 말뚝공법	인접건물의 기초에 현장타설 콘크리트 말뚝을 설치
강제말뚝공법	인접건물의 벽, 기둥에 따라 강제 말뚝을 설치
모르타르 및 약액주입공법	사질지반에서 모르타르 등을 주입해서 지반을 고결시키는 공법

03 핵심문제

3. 기초

□□□ 10년2회, 17년4회

1. 다음 기초의 종류 중 기초슬래브의 형식에 따른 분류가 아닌 것은?

① 직접기초　　　② 복합기초
③ 독립기초　　　④ 줄기초

문제 1 ~ 2 해설	

기초의 분류(Slab 형식에 의한 분류)

구분	내용
독립기초	기둥하나에 기초판이 하나인 구조
복합기초	2개 이상의 기둥을 1개의 기초판으로 지지
줄기초	연속된 기초판으로 기둥, 벽을 지지
온통기초	건물 기초전체를 기초판으로 받치는 기초

□□□ 17년1회, 21년2회

2. 기초의 종류에 관한 설명으로 옳은 것은?

① 온통기초 - 기둥하나에 기초판이 하나인 기초
② 복합기초 - 2개 이상의 기둥을 1개의 기초판으로 받치게 한 기초
③ 독립기초 - 조적조의 벽기초, 철근콘크리트의 연결기초
④ 연속기초 - 건물 하부 전체 또는 지하실 전체를 기초판으로 구성한 기초

□□□ 18년4회

3. 다음 중 깊은 기초지정에 해당되는 것은?

① 잡석지정
② 피어기초지정
③ 밑창콘크리트지정
④ 긴주춧돌지정

해설

깊은기초지정
1. 우물통식 기초지정
2. 잠함기초지정
3. 피어기초지정

□□□ 10년2회, 13년4회, 19년1회

4. 개방잠함공법(Open caisson method)에 관한 설명으로 옳은 것은?

① 건물외부 작업이므로 기후의 영향을 많이 받는다.
② 지하수가 많은 지반에서는 침하가 잘 되지 않는다.
③ 소음발생이 크다.
④ 실의 내부 갓 둘레부분을 중앙 부분보다 먼저 판다.

해설

개방잠함(Open Caisson) 공법
① 압축공기를 사용하지 않고 구조물침하.
② 침하를 돕기 위해 끝날을 사용. (Water jet 방식 병용)
③ 소정깊이 침하 후 중앙부 기초 축조. 구조물 완성.
④ 지하수가 많은 지반은 침하가 잘 안됨

□□□ 10년1회

5. 용수가 심한 곳 또는 강, 바다 등의 토사유입이 심한 곳에 많이 사용되는 것으로 압축공기에 의해 작업실을 고기압으로 하여 용수를 배제하면서 굴착하여 기초구조체를 침하시켜 나가는 공법은?

① 슬러리월 공법　　② 빗버팀대식 공법
③ 이코스 공법　　　④ 용기잠함 공법

해설

용기잠함 기초(pneumatic caisson foundation)
용수량이 대단히 많고 깊은 기초를 구축할 때에 쓰이는 공법으로서 지하수압에 상응하는 고압의 압축공기를 채워 물의 침입을 방지하면서 흙 파기 작업을 한다.

□□□ 11년2회, 14년1회, 18년2회, 21년4회

6. 피어기초공사에 대한 설명으로 옳지 않은 것은?

① 중량구조물을 설치하는데 있어서 지반이 연약하거나 말뚝으로도 수직지지력이 부족하고 그 시공이 불가능한 경우와 기초지반의 교란을 최소화해야 할 경우에 채용한다.
② 굴착된 흙을 직접 탐사할 수 있고 지지층의 상태를 확인할 수 있다.
③ 무진동, 무소음공법이며, 여타 기초형식에 비하여 공기 및 비용이 적게 소요된다.
④ 피어기초를 채용한 국내의 초고층 건축물에는 63빌딩이 있다.

해설

피어(pier)기초는 미리 지반을 굴착한 후 그 속에 기초를 설치하는 것으로 무소음으로 시공할 수 있으나 다른 기초형식에 비하여 공기와 비용이 많이 소모된다.

□□□ 10년4회, 18년2회, 21년4회

7. 기존에 구축된 건축물 가까이에서 건축공사를 실시할 경우 기존 건축물의 지반과 기초를 보강하는 공법은?

① 리버스 서큘레이션 공법
② 슬러리 월 공법
③ 언더피닝 공법
④ 탑다운 공법

문제 7 ~ 8 해설

언더피닝 공법(Under pinning method)
1. 정의
   기존 건축물의 기초를 보강하거나 새로운 기초를 설치하여 기존 건물을 보호하는 보강공법이다
2. 종류
   ① 2중널말뚝공법 : 흙막이 널말뚝의 외측에 2중으로 말뚝을 막는 공법
   ② 현장타설콘크리트 말뚝공법 : 인접건물의 기초에 현장타설 콘크리트 말뚝을 설치
   ③ 강제말뚝공법 : 인접건물의 벽, 기둥에 따라 강제 말뚝을 설치
   ④ 모르타르 및 약액주입공법 : 사질지반에서 모르타르 등을 주입해서 지반을 고결시키는 공법

□□□ 14년4회, 19년2회

8. 기초공사 중 언더피닝(Under pinning)공법에 해당하지 않는 것은?

① 2중 널말뚝 공법
② 전기침투 공법
③ 강재말뚝 공법
④ 약액주입법

Chapter 04

철근콘크리트 공사

이 장은 철근, 거푸집, 골재, 콘크리트 등으로 이루어져 있다. 여기서는 철근의 정착, 거푸집의 종류와 특징, 콘크리트 시공의 특징 등이 주로 출제되고 있다.

01 철근공사

(1) 철근콘크리트 특징

구분	내용
장점	• 철근과 콘크리트는 선팽창계수가 거의 같다. • 철근은 인장력을, 콘크리트는 압축력을 부담한다. • 콘크리트는 알칼리성으로, 산성인 철근의 부식을 방지한다. • 철근과 콘크리트의 부착강도가 크다. • 내화성, 내구성이 크다. • 외관이 장중하고 유지, 수선비가 적다. • 부재를 임의의 형상과 치수로 시공이 가능하다.
단점	• 구조물의 변경, 파괴, 철거가 곤란하다. • 부분적인 파손이 일어나기 쉽다. • 압축강도는 크지만 인장강도, 휨강도는 작다. • 내부결함유무를 검사하기 어렵다. • 중량이 크다.

(2) 철근의 가공

① 철근의 가공은 지상에서 상온 가공으로 한다.

② 철근의 구부리기 : 25mm 이하는 상온에서 가공, 28mm 이상은 가열하여 가공한다.

③ 원형철근의 말단부는 반드시 갈고리(hook)를 만든다.

④ 이형철근은 기둥상부와 굴뚝은 갈고리를 두고 그 외는 Hook를 생략할 수 있다.

⑤ 철근결속 시 사용하는 결속선의 두께 : #18~#20 이상의 구운 철선으로 결속

⑥ 갈고리(Hook)의 설치위치

　㉠ 원형철근

　㉡ 기둥 및 보(지중보 제외)의 돌출부분 철근

　㉢ 스터럽 및 띠철근

　㉣ 굴뚝의 철근

　㉤ 캔틸레버근

[철근 갈고리]

[갈고리(Hook)의 설치 목적]
철근과 콘크리트의 부착강도를 증진 시킬 수 있다.

ⓗ 단순보 지지단

※ 지중보 철근은 갈고리(hook)를 설치하지 않는다.

(3) 철근의 이음 및 정착

① 철근의 이음 및 정착길이

위　　치	보통콘크리트	경량콘크리트	비　　고
압축력 또는 적은 인장력	25d	30d	d : 철근지름
기타의 부분	40d	50d	

② 철근의 이음위치

  ㉠ 큰 응력을 받는 곳은 피하고 엇갈려 있게 함이 원칙이다.

  ㉡ 한 곳에서 철근 수의 반 이상을 이어서는 안 된다.

  ㉢ 보 철근은 이음 시 인장력이 작은 곳에서 잇는다.

  ㉣ 기둥, 벽 철근 이음은 층높이의 2/3 이하에서 엇갈리게 한다.

  ㉤ 갈고리 길이는 이음길이에 포함하지 않는다.

③ 철근의 이음방법

  ㉠ 겹침이음

  ㉡ 용접이음

  ㉢ 가스압접

[철근의 가스압접 이음]

구분	내용
장점	• 콘크리트 타설이 용이하다. • 잔토막도 유효하게 이용한다. • 겹침 이음이 불필요하다. • 1개부의 시공기간이 짧고 충분한 강도가 보장된다. • 공사비가 저렴하다.
단점	• 불량부분의 검사가 어렵다. • 숙련공이 필요하다. • 화재발생 가능성이 있다. • 철근공, 용접공 동시작업으로 혼돈우려

  ㉣ 기계식 이음

  ㉤ 캐드이음(Cad Welding)

    • 철근에 슬리브를 끼우고 철근과 슬리브 사이에 화약과 합금의 혼합
      물을 넣고 순간폭발로 녹은 합금이 공간을 충전하여 잇는 방식

[기계식 이음의 종류]

① 슬리브 압착이음

② 슬리브 충전이음

③ Coupler를 이용한 나사이음

구분	내용
장점	• 기후의 영향이 적고 화재위험이 감소된다. • 예열 및 냉각이 불필요하고 용접시간이 짧다. • 인장 및 압축에 대한 전달 내력 확보 가능 • 각종 이형철근에 대한 적용범위가 넓다. • 철근 이음량이 적고 콘크리트 타설이 용이하다.
단점	• 육안검사가 어렵다. • 철근 규격이 다를 경우 사용이 불가능하다. • 용접검사에 방사선검사 등의 특수검사법이 필요하다.

④ 철근의 정착위치

   ㉠ 기둥의 주근은 기초에 정착

   ㉡ 보의 주근은 기둥에 정착

   ㉢ 작은 보의 주근은 큰 보에 정착

   ㉣ 벽철근은 기둥, 보 또는 바닥판에 정착

   ㉤ 바닥철근은 보 또는 벽체에 정착

   ㉥ 지중보의 주근은 기초 또는 기둥에 정착

   ㉦ 직교하는 단부보 밑에 기둥이 없을 때는 상호간에 정착

⑤ 철근가공(이음 및 정착)시 주의사항

   ㉠ 구부림은 냉간가공으로 한다.(가열가공은 피한다.)

   ㉡ 이음길이는 갈구리의 중심 간의 거리로 한다.

   ㉢ 갈구리는 정착, 이음길이에 포함하지 않는다.

   ㉣ 지름이 다른 겹침 이음길이는 작은 철근지름에 의한다.

   ㉤ 철근의 정착은 기둥 및 보의 중심을 지나서 구부리도록 한다.

(4) 철근의 조립

① 철근 콘크리트조 조립순서

> 기초 → 기둥 → 벽 → 보 → 슬라브 → 계단

[철근의 겹침이음]

D35를 초과하는 철근은 겹칩이음을 할 수 없다. 다만, 서로 다른 크기의 철근을 압축부에서 겹침이음하는 경우 D35 이하의 철근과 D35를 초과하는 철근은 겹침이음을 할 수 있다

② 철근조립 기준

구분	내용
기둥	• 기둥의 철근은 윗층 층높이의 1/3지점 정도로 뽑아 올린다. • 한 기둥철근의 이음은 주근개수의 반 정도는 위치를 바꾸어 엇갈리게 한다. • 띠 철근의 간격은 30cm 이하, 작은 주근지름의 15배 이내로 한다. • 기둥주근의 이음은 층높이의 2/3 이하에 둔다. • 기둥철근은 4개 이상을 쓰고 철근단면적은 그 콘크리트단면적의 0.8% 이상으로 한다.
보	• 주요한 보의 철근배근은 전스팬을 복근으로 한다. • 보의 주근은 보 중앙의 밑면에 많이 오게 한다. • 보의 상단근은 보의 1/4 지점에 이음이 오게 한다. • 캔틸레버 보의 주근은 보의 밑면에 많이 오게 한다. • 보의 늑근은 보의 단부에 많이 오게 한다.
슬라브	• 주근 : 단변방향의 철근으로 배근간격 20cm 이하 • 배력근 : 장변방향의 철근으로 배근간격 30cm 이하 또는 슬라브 두께의 3배 이내 • 바닥판의 두께는 8cm 이상, 또 그 단변길이의 1/40 이상으로 한다. • 철근의 피복두께는 2cm 이상

• **슬래브 배근에서 철근을 많이 배근하여야 하는 순서**

단변방향 주열대 → 단변방향 주간대 → 장변방향 주열대 → 장변방향 주간대
(X1 〉X2 〉Y1 〉Y2)

단변	주열대(Y1)		
	주 열 대 (X1)	주간대(X2) (Y2)	주 열 대 (X1)
	주열대(Y1)		

장변

---

(5) 철근의 간격 및 피복두께

① 철근의 간격(3가지 중 가장 큰 값)

  ㉠ 25mm 이상

  ㉡ 굵은 골재 최대치수의 4/3배 이상

  ㉢ 철근의 공칭지름 이상

② 철근의 피복두께(철근 가장자리에서 콘크리트 표면까지의 거리)

 ㉠ 기둥 : 대근 가장자리에서 콘크리트표면까지의 거리

 ㉡ 보 : 늑근 가장자리에서 콘크리트표면까지의 거리

 ㉢ 최소 피복두께

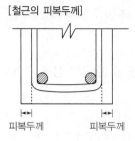

[철근의 피복두께]

부위 및 철근 크기			최소 피복두께 (mm)
수중에서 치는 콘크리트			100
흙에 접하여 콘크리트를 친 후 영구히 흙에 묻혀 있는 콘크리트			80
흙에 접하거나 옥외 공기에 직접 노출되는 콘크리트	D29 이상의 철근		60
	D25 이하의 철근		50
	D16 이하의 철근, 지름 16mm 이하의 철선		40
옥외의 공기나 흙에 직접하지 않는 콘크리트	슬래브, 벽체, 장선	D35 초과하는 철근	40
		D35 이하인 철근	20
	보, 기둥		40

② 피복두께 확보의 목적

 ㉠ 내화성 확보

 ㉡ 내구성 확보

 ㉢ 유동성 확보

 ㉣ 부착강도 확보

01 핵심문제   1. 철근공사

1. 다음 중 철근의 정착 위치로 옳지 않은 것은?

① 기둥의 주근은 기초에 정착한다.
② 작은 보의 주근은 기둥에 정착한다.
③ 지중보의 주근은 기초에 정착한다.
④ 벽체의 주근은 기둥 또는 큰보에 정착한다.

해설

철근의 정착위치
① 기둥의 주근은 기초에 정착
② 보의 주근은 기둥에 정착
③ 작은 보의 주근은 큰 보에 정착
④ 벽철근은 기둥, 보 또는 바닥판에 정착
⑤ 바닥철근은 보 또는 벽체에 정착
⑥ 지중보의 주근은 기초 또는 기둥에 정착
⑦ 직교하는 단부보 밑에 기둥이 없을 때는 상호간에 정착

2. 철근의 정착에 대한 설명 중 옳지 않은 것은?

① 철근을 정착하지 않으면 구조체가 큰 외력을 받을 때 철근과 콘크리트가 분리될 수 있다.
② 큰 인장력을 받는 곳 일수록 철근의 정착길이는 길다.
③ 후크의 길이는 정착길이에 포함하여 산정한다.
④ 철근의 정착은 기둥이나 보의 중심을 벗어난 위치에 둔다.

해설

철근가공(이음 및 정착)시 주의사항
① 구부림은 냉간가공으로 한다.(가열가공은 피한다)
② 이음길이는 갈구리의 중심간의 거리로 한다.
③ 갈구리는 정착, 이음길이에 포함하지 않는다.
④ 지름이 다른 겹침이음길이는 작은 철근지름에 의한다.
⑤ 철근의 정착은 기둥 및 보의 중심을 지나서 구부리도록 한다.

3. 철근의 이음 방법에 해당되지 않는 것은?

① 겹침이음   ② 병렬이음
③ 기계식이음   ④ 용접이음

해설

철근의 이음방법
① 겹침이음 ② 용접 ③ 가스압접이음 ④ 기계식 이음

4. 철근콘크리트 공사에서 가스압접을 하는 이점에 해당되지 않는 것은?

① 철근조립부가 단순하게 정리되어 콘크리트 타설이 용이하다.
② 불량부분의 검사가 용이하다.
③ 겹친이음이 없어 경제적이다.
④ 철근의 조직변화가 적다.

해설

가스압접의 장·단점

장 점	단 점
① 콘크리트 타설이 용이하다	① 불량부분의 검사가 어렵다.
② 잔토막도 유효하게 이용한다.	② 숙련공이 필요하다.
③ 겹침 이음이 불필요하다.	③ 화재발생 가능성이 있다.
④ 1개부의 시공기간이 짧고 충분한 강도가 보장된다.	④ 철근공, 용접공 동시작업으로 혼돈우려
⑤ 공사비가 저렴하다.	

5. 철근 용접이음 방식 중 Cad Welding 이음의 장점이 아닌 것은?

① 실시간 육안검사가 가능하다.
② 기후의 영향이 적고 화재위험이 감소된다.
③ 각종 이형철근에 대한 적용범위가 넓다.
④ 예열 및 냉각이 불필요하고 용접시간이 짧다.

해설

Cad Welding
1. 철근에 슬리브를 끼우고 철근과 슬리브 사이에 화약과 합금의 혼합물을 넣고 순간폭발로 녹은 합금이 공간을 충전하여 잇는 방식
2. 장점
① 기후의 영향이 적고 화재위험이 감소된다.
② 예열 및 냉각이 불필요하고 용접시간이 짧다.
③ 인장 및 압축에 대한 전달 내력 확보 가능
④ 각종 이형철근에 대한 적용범위가 넓다.
⑤ 철근 이음량이 적고 콘크리트 타설이 용이하다.
3. 단점
① 육안검사가 어렵다.
② 철근 규격이 다를 경우 사용이 불가능하다.
③ 용접검사에 방사선검사 등의 특수검사법이 필요하다.

□□□ 18년1회, 21년1회
6. 다음은 표준시방서에 따른 철근의 이음에 관한 내용이다. 빈 칸에 공통으로 들어갈 내용으로 옳은 것은?

> ( )를 초과하는 철근은 겹침이음을 할 수 없다. 다만, 서로 다른 크기의 철근을 압축부에서 겹침이음하는 경우 ( ) 이하의 철근과 ( )를 초과하는 철근은 겹침이음을 할 수 있다.

① D25　　　　　② D29

③ D32　　　　　④ D35

해설
철근의 겹침이음 D35를 초과하는 철근은 겹침이음을 할 수 없다. 다만, 서로 다른 크기의 철근을 압축부에서 겹침이음하는 경우 D35 이하의 철근과 D35를 초과하는 철근은 겹침이음을 할 수 있다

□□□ 14년2회, 19년2회
7. 다음 보기에서 일반적인 철근의 조립순서로 옳은 것은?

> [보기]
> A. 계단철근　　B. 기둥철근　　C. 벽철근
> D. 보철근　　　E. 바닥철근

① A-B-C-D-E

② B-C-D-E-A

③ A-B-C-E-D

④ B-C-A-D-E

해설
철근콘크리트조 조립순서 기초 → 기둥 → 벽 → 보 → 바닥 → 계단

□□□ 12년2회, 16년4회, 19년4회
8. 슬래브에서 4변 고정인 경우 철근배근을 가장 많이 하여야 하는 부분은?

① 단변 방향의 주간대

② 단변 방향의 주열대

③ 장변 방향의 주간대

④ 장변 방향의 주열대

해설
슬래브 배근에서 철근을 많이 배근하여야 하는 순서 단변방향 주열대 → 단변방향 주간대 → 장변방향 주열대 → 장변방향 주간대

단 변 방 향	장변 주열대(Y1)		
	단변 주열대 (X1)	단변 주간대(X2) 장변 주간대(Y2)	단변 주열대 (X1)
	장변 주열대(Y1)		

장변방향

□□□ 17년1회
9. 철근콘크리트 공사에 있어서 철근이 D19, 굵은골재의 최대치수는 25mm일 때 철근과 철근의 순간격으로 옳은 것은?

① 37.5mm 이상　　② 33.3mm 이상

③ 29.5mm 이상　　④ 27.8mm 이상

문제 9 ~ 10 해설
철근의 간격 ① 25mm 이상 ② 굵은 골재 최대치수의 4/3배 이상 : 25×4/3 = 33.3 mm ③ 철근의 공칭지름의 1.5배 : 19×1.5=28.5 　위 ①, ②, ③ 중 큰 값

□□□ 15년4회
10. 철근콘크리트공사에서 철근과 철근의 순간격은 굵은골재 최대치수에 최소 몇 배 이상으로 하여야 하는가?

① 1배　　　　　② $\frac{4}{3}$ 배

③ $\frac{5}{3}$ 배　　　　　④ 2배

□□□ 13년1회, 17년1회
11. 철근을 피복하는 이유와 가장 거리가 먼 것은?

① 철근의 순간격 유지

② 철근의 좌굴방지

③ 철근과 콘크리트의 부착응력 확보

④ 화재, 중성화 등으로부터 철근 보호

문제 11 ~ 12 해설
피복두께 목적 ① 내화성 확보 ② 내구성 확보 ③ 유동성 확보 ④ 부착강도 확보

정답　**6** ④　**7** ②　**8** ②　**9** ②　**10** ②　**11** ①

□□□ 14년2회, 18년2회, 21년2회

12. 철근의 피복두께 확보 목적과 가장 거리가 먼 것은?

① 내화성 확보 ② 내구성 확보
③ 구조내력확보 ④ 블리딩 현상 방지

□□□ 12년2회, 17년2회

13. 흙에 접하거나 옥외공기에 직접 노출되는 현장치기 콘크리트로서 D16이하 철근의 최소피복두께는?

① 20mm ② 40mm
③ 60mm ④ 80mm

문제 13 ~ 14 해설

피복두께의 최소값

부위 및 철근 크기		최소 피복두께 (mm)
수중에서 치는 콘크리트		100
흙에 접하여 콘크리트를 친 후 영구히 흙에 묻혀 있는 콘크리트		80
흙에 접하거나 옥외 공기에 직접 노출되는 콘크리트	D29 이상의 철근	60
	D25 이하의 철근	50
	D16 이하의 철근, 지름 16mm 이하의 철선	40
옥외의 공기나 흙에 직접하지 않는 콘크리트	슬래브, 벽체, 장선	D35 초과하는 철근	40
		D35 이하인 철근	20
	보, 기둥	40

□□□ 13년2회, 19년4회

14. 프리스트레스 하지 않는 부재의 현장치기 콘크리트의 최소 피복 두께 기준 중 가장 큰 것은?

① 수중에서 치는 콘크리트
② 흙에 접하여 콘크리트를 친 후 영구히 흙에 묻혀 있는 콘크리트
③ 옥외의 공기나 흙에 직접 접하지 않는 콘크리트 중 슬래브
④ 옥외의 공기나 흙에 직접 접하지 않는 콘크리트 중 벽체

02 거푸집 공사

(1) 거푸집의 역할

① 콘크리트의 경화 시까지 일정형상, 치수 유지
② 콘크리트의 수분누출방지
③ 콘크리트의 양생 시 외기영향 방지
④ 철근의 피복두께 확보

(2) 거푸집 공법의 발전방향

① 높은 전용회수
② 기계를 사용한 운반, 설치의 증대
③ 부재의 경량화
④ 거푸집의 대형화
⑤ 공장제작·조립의 증대
⑥ 설치의 단순화를 위한 유닛화

(3) 거푸집의 조건

구분	내용
치수의 정밀성	형상, 치수가 정확하고 처짐, 배부름, 뒤틀림 등의 변형이 생기지 않게 할 것
수밀성	거푸집널의 쪽매는 수밀하게 되어 시멘트 풀이 새지 않게 할 것
외력에 대한 안전성	외력에 충분하게 안전하게 할 것
시공성	조립·해체 시의 간편성과 파손 및 손상의 방지
경제성	소요자재가 절약되고 전용성(반복사용)이 있을 것. 거푸집공사는 골조공사비의 30~40%, 전체공사비의 10% 정도이므로 경제성이 요구됨

(4) 거푸집의 구성재료

① 거푸집 널
② 장선
③ 멍에
④ 동바리

[바닥거푸집의 구성재료]

장선 | 거푸집판
보강재(멍에)
지지재(동바리)

[거푸집 부속]

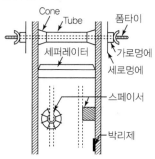

[바닥, 보 중앙부 치켜 올림]
L/300~L/500 (L은 간사이)

(5) 거푸집에 사용되는 기타 부속재료

구 분	특 징	
격리재 (Seperater)	측압력을 부담하지 않고 거푸집판의 간격이 좁아지지 않게 거푸집 상호간의 간격을 일정하게 유지	
긴장재, 긴결재	폼타이 (Form tie)	• 콘크리트를 부어넣을 때 거푸집이 벌어지거나 변형되지 않게 연결 고정하는 것 • 거푸집판의 간격을 일정하게 유지해주고, 콘크리트 측압을 지탱하는 역할
	컬럼밴드 (Column band)	기둥거푸집을 고정시켜주는 밴드
간격재 (Spacer)	철근과 거푸집 간격을 유지시켜 철근의 피복두께를 일정하게 유지	
박리재	콘크리트와 거푸집의 박리를 용이하게 하기 위하여 거푸집면에 미리 도포하는 것(동식물유, 비누물, 중유, 석유, 아마유, 파라핀, 합성수지)	
캠버 (Camber)	• 높이조절용 쐐기 • 보, 슬래브 등의 수평부재가 하중으로 인한 처짐을 고려하여 상향으로 들어올리는 것을 말한다.	

(6) 거푸집의 조립과 해체

① 거푸집 및 동바리 설계 시 고려하여야 할 하중

거푸집 부위	고려 하중
바닥판, 보의 밑면거푸집, 계단거푸집	① 생콘크리트 중량 ② 작업하중 ③ 충격하중
벽, 기둥, 보옆	① 생콘크리트 중량 ② 콘크리트 측압

※ 하중설계 시 거푸집과 동바리의 자중은 제외한다.

② 조립순서

기초 → 기둥 → 내벽 → 큰 보 → 작은 보 → 바닥 → 외벽

③ 지주 바꾸어 세우기 순서

큰 보 → 작은 보 → 바닥판

④ 거푸집 붕괴사고 방지를 위한 검토사항
  ㉠ 콘크리트 측압 파악
  ㉡ 조임 철물 배치간격 검토
  ㉢ 콘크리트의 단기 집중타설 여부 검토
  ㉣ 거푸집의 긴결 상태

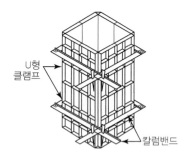

⑤ 거푸집 해체 시 확인할 사항
   ㉠ 수직, 수평부재의 존치기간 준수여부
   ㉡ 소요강도 확보 이전에 지주의 교환 여부
   ㉢ 거푸집해체용 압축강도 확인시험 실시 여부
   ㉣ 시멘트 종류
   ㉤ 외기 온도

(7) 거푸집 측압

① 측압이란 콘크리트 타설시 기둥, 벽체의 거푸집에 가해지는 콘크리트의 수평압력을 말한다.

② 거푸집 측압의 증가에 영향을 미치는 요소(측압이 큰 경우)

구분	작용하는 측압
① 거푸집 부재단면	클수록
② 거푸집 수밀성	클수록
③ 거푸집 강성	클수록
④ 콘크리트의 슬럼프	클수록
⑤ 콘크리트의 비중	클수록
⑥ 콘크리트의 다짐	좋을수록
⑦ 콘크리트의 타설속도	빠를수록
⑧ 진동기	사용할수록
⑨ 시공연도	좋을수록
⑩ 타설높이	높을수록
⑪ 거푸집 표면	평활할수록
⑫ 수분	많을수록
⑬ 철골, 또는 철근량	적을수록
⑭ 외기온도	낮을수록

(8) 거푸집의 존치기간

① 콘크리트의 압축강도를 시험할 경우

부재		콘크리트 압축강도
기초, 보, 기둥, 벽 등의 측면		5MPa 이상
슬래브 및 보의 밑면, 아치 내면	단층구조인 경우	설계기준압축강도의 2/3배 이상 또한, 최소 14MPa 이상
	다층구조인 경우	설계기준압축강도 이상 (필러 동바리 구조를 이용할 경우는 구조계산에 의해 기간을 단축할 수 있음. 단, 이 경우라도 최소강도는 14MPa 이상)

② 콘크리트의 압축강도를 시험하지 않을 경우(기초, 보, 기둥 및 벽의 측면)

시멘트 종류 / 평균기온	조강포틀랜드 시멘트	보통포틀랜드 시멘트 고로슬래그 시멘트(1급) 플라이애시 시멘트(1종) 포틀랜드 포졸란 시멘트(A종)	고로슬래그 시멘트(2종) 플라이애시 시멘트(2종) 포틀랜드 포졸란 시멘트(B종)
20℃ 이상	2일	4일	5일
20℃ 미만 10℃ 이상	3일	6일	8일

③ 거푸집의 존치기간 산정 시 고려할 사항

  ㉠ 평균기온

  ㉡ 콘크리트의 압축강도

  ㉢ 거푸집 위치(부위)

  ㉣ 시멘트 종류

  ㉤ 보양상태

  ㉥ 하중

(9) 거푸집의 종류

① 거푸집 종류(재질)

구분	내용
유로폼 (Euro Form)	• 공장에서 경량형강과 코팅합판으로 거푸집을 제작한 것 • 현장에서 못을 쓰지 않고 웨지핀을 사용하여 간단히 조립할 수 있는 거푸집 • 가장 초보적인 단계의 시스템거푸집 • 거푸집의 현장제작에 소요되는 인력을 줄여 생산성을 향상시키고 자재의 전용횟수를 증대시키는 목적으로 사용 • 하나의 판으로 벽, 기둥, 슬래브 조립
메탈폼 (Metal Form)	• 강철로 만들어진 패널(Panel)로서 전용성이 좋아 경제적 • 형틀을 떼어낸 후 콘크리트 면이 매끈하기 때문에 모르타르와 같은 미장재료가 잘 붙지 않으므로, 표면을 거칠게 할 필요가 있다.
알루미늄거푸집	• 경량이므로 취급이 용이하다 • 전용회수가 높다 • 설치 및 해체가 쉽다 • 복잡한 형태로 성형이 가능 • 고가로 초기 투자비가 많이 든다

[유로폼]

② 벽체 전용거푸집

구분	내용
갱 폼 (Gang Form)	• 주로 외벽에 사용되는 거푸집으로서, 대형 패널및 멍에·장선 등을 일체화시켜 작은 부재의 조립, 분해를 반복하지 않고 대형화, 단순화하여 한번에 설치하고 해체하는 거푸집 • 장점 : 공기단축, 인건비절감, 조인트 부위감소, 전용성 우수 • 단점 : 초기투자비 과다, 중량이 커 대형 양중 장비가 필요, 복잡한 형상에 불리하다. • 경제적인 전용회수 30~40회 • 주로 아파트, 콘도미니엄, 병원, 사무소 같은 벽식구조물에 적당하다.
클라이밍 폼 (Climing Form)	벽체용 거푸집으로 거푸집과 벽체 마감공사를 위한 비계틀을 일체로 제직한 시스템거푸집(갱폼 + 마감용 비계틀)

[클라이밍 폼]

[슬립폼 시공]

구분	내용
슬라이딩 폼 (Sliding Form), 슬립폼	• 수평, 수직적으로 반복된 구조물을 시공이음없이 　균일한 형상으로 시공하기 위하여 거푸집을 연속적으로 　이동시키면서 콘크리트를 타설하여 시공하는 　시스템거푸집 • 사일로(Silo), 코어, 굴뚝, 교각 등 단면변화가 없이 　수직으로 연속된 구조물에 사용된다. • 공기가 단축된다. • 연속적인 타설로 일체성을 확보할 수 있다. • 자재 및 노무비의 절약 • 형상 및 치수가 정확하다. • 1일 5~10m 수직시공 가능 • 돌출물이 없는 곳에 사용 가능 • 슬립폼 = 단면변화 있는 곳에 사용

③ 바닥판 전용 거푸집

구분	내용
플라잉폼(Flying Form), 테이블폼(Table Form)	바닥전용거푸집으로서 거푸집판, 장선, 멍에, 서포트 등을 일체로 제작하여 수평, 수직이동이 가능한 거푸집
와플폼 (Waffle Form)	• 무량판 구조 또는 평판구조에서 특수상자 　모양의 기성재 거푸집 • 커다란 스팬의 공간 확보, 충고를 낮출 수 있는 　거푸집

[플라잉 폼, 테이블 폼]

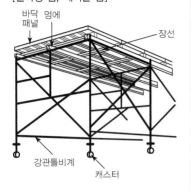

④ 바닥판+벽체용 거푸집

구분	내용
터널 폼 (Tunnel Form)	• 벽과 바닥의 콘크리트 타설을 한 번에 할 수 있게 　하기 위하여 벽체용 거푸집과 바닥 거푸집을 일체로 　제작하여 한번에 설치하고 해체할 수 있도록 한 　시스템거푸집 • 한 구획 전체 벽과 바닥판을 ㄱ자형 ㄷ자형으로 　만들어 이동시키는 거푸집 • 종류 : 트윈 쉘(Twin shell), 모노 쉘(Mono shell)
트레블링 거푸집 (Traveling form)	거푸집, 장선, 멍에, 동바리 등을 일체화하여 거푸집 전체를 이동하여 사용하는 대형 수평이동 거푸집

□□□ 19년1회

1. 거푸집이 콘크리트 구조체의 품질에 미치는 영향과 역할이 아닌 것은?

① 콘크리트가 응결하기까지의 형상, 치수의 확보
② 콘크리트 수화반응의 원활한 진행을 보조
③ 철근의 피복두께 확보
④ 건설 폐기물의 감소

해설
거푸집의 역할 1. 콘크리트의 경화 시까지 일정형상, 치수 유지 2. 콘크리트의 수분누출방지 3. 콘크리트의 양생 시 외기영향 방지 4. 철근의 피복두께 확보

□□□ 12년4회, 13년4회, 17년4회

2. 거푸집의 강도 및 강성에 대한 구조계산 시 고려할 사항과 가장 거리가 먼 것은?

① 동바리 자중
② 작업 하중
③ 콘크리트 측압
④ 콘크리트 자중

문제 2 ~ 4 해설
거푸집 및 동바리 설계시 고려하여야 할 하중

거푸집 부위	고려 하중
바닥판, 보의 밑면거푸집, 계단거푸집	① 생콘크리트 중량 ② 작업하중 ③ 충격하중
벽, 기둥, 보옆	① 생콘크리트 중량 ② 콘크리트 측압

※ 거푸집과 동바리의 자중은 제외한다

□□□ 13년2회, 17년4회

3. 거푸집 구조설계 시 고려해야 하는 연직하중에서 무시해도 되는 요소는?

① 작업 하중　　　　② 거푸집 중량
③ 타설 충격하중　　④ 콘크리트 자중

□□□ 19년2회

4. 바닥판 거푸집의 구조계산 시 고려해야하는 연직하중에 해당하지 않는 것은?

① 굳지 않은 콘크리트의 중량
② 작업하중
③ 충격하중
④ 굳지 않은 콘크리트의 측압

□□□ 14년1회, 19년2회

5. 콘크리트 타설과 관련하여 거푸집 붕괴사고 방지를 위하여 우선적으로 검토·확인하여야 할 사항 중 가장 거리가 먼 것은?

① 콘크리트 측압 파악
② 조임철물 배치간격 검토
③ 콘크리트의 단기 집중타설 여부 검토
④ 콘크리트의 강도 측정

해설
거푸집 붕괴사고 방지를 위한 검토사항 ① 콘크리트 측압 파악 ② 조임철물 배치간격 검토 ③ 콘크리트의 단기 집중타설 여부 검토 ④ 거푸집의 긴결상태 ※ 콘크리트의 강도 측정은 콘크리트 양생 후 거푸집 해체 전에 강도를 확인하기 위한 시험

□□□ 11년1회, 16년1회, 21년2회

6. 거푸집공사 중 거푸집 해체상의 검사가 아닌 것은?

① 각종 배관슬리브, 매설물, 인서트, 단열재 등 부착 여부
② 수직, 수평부재의 존치기간 준수 여부
③ 소요의 강도 확보 이전에 지주의 교환 여부
④ 거푸집 해체용 압축강도 확인시험 실시 여부

문제 6 ~ 7 해설
거푸집 해체 시 확인할 사항 1. 수직, 수평부재의 존치기간 준수여부 2. 소요강도 확보 이전에 지주의 교환 여부 3. 거푸집해체용 압축강도 확인시험 실시 여부 4. 시멘트 종류 5. 외기 온도

정답 　**1** ④　**2** ①　**3** ②　**4** ④　**5** ④　**6** ①

□□□ 18년2회

7. 거푸집 해체 시 확인해야 할 사항이 아닌 것은?

① 거푸집의 내공 치수
② 수직, 수평부재의 존치기간 준수여부
③ 소요강도 확보 이전에 지주의 교환 여부
④ 거푸집해체용 압축강도 확인시험 실시 여부

□□□ 13년1회, 19년1회

8. 콘크리트 타설시 거푸집에 작용하는 측압에 대한 설명으로 옳지 않은 것은?

① 기온이 낮을수록 측압은 작아진다.
② 거푸집의 강성이 클수록 측압은 커진다.
③ 진동기를 사용하여 다질수록 측압은 커진다.
④ 조강시멘트 등을 활용하면 측압은 작아진다.

문제 8 ~ 10 해설

측압

① 콘크리트 타설시 기둥, 벽체의 거푸집에 가해지는 콘크리트의 수평압력을 말한다.
② 거푸집 측압의 증가에 영향을 미치는 요소(측압이 큰 경우)

① 거푸집 부재단면	클수록
② 거푸집 수밀성	클수록
③ 거푸집 강성	클수록
④ 콘크리트의 슬럼프	클수록
⑤ 콘크리트의 비중	클수록
⑥ 콘크리트의 다짐	좋을수록
⑦ 콘크리트의 타설속도	빠를수록
⑧ 진동기	사용할 수록
⑨ 시공연도	좋을수록
⑩ 타설높이	높을수록
⑪ 거푸집 표면	평활할 수록
⑫ 습도	높을수록
⑬ 철골, 또는 철근량	적을수록
⑭ 외기온도	낮을수록

□□□ 16년2회

9. 거푸집 측압에 영향을 주는 요인에 관한 설명으로 옳지않은 것은?

① 콘크리트 타설 속도가 빠를수록 측압이 크다.
② 단면이 클수록 측압이 크다.
③ 슬럼프가 클수록 측압이 크다.
④ 철근량이 많을수록 측압이 크다.

□□□ 15년1회

10. 거푸집의 콘크리트 측압에 대한 설명으로 옳은 것은?

① 묽은 콘크리트 일수록 측압이 적다.
② 온도가 낮을수록 측압은 작다.
③ 콘크리트의 붓기 속도가 빠를수록 측압이 크다.
④ 거푸집의 강성이 클수록 측압이 작다.

□□□ 13년2회, 14년1회, 20년1,2회

11. 철근콘크리트 공사에서 거푸집의 간격을 일정하게 유지시키는데 사용되는 것은?

① 클램프　　　　　② 쉐어 커넥터
③ 세퍼레이터　　　④ 인서트

해설

세퍼레이터(Seperater)
측압력을 부담하지 않고 거푸집판의 간격이 좁아지지 않게 상호간의 간격을 일정하게 유지

□□□ 13년4회, 16년4회

12. 폼타이, 컬럼밴드 등을 의미하며, 거푸집을 고정하여 작업 중의 콘크리트 측압을 최종적으로 부담하는 것은?

① 박리제　　　　　② 격리재
③ 간격재　　　　　④ 긴결재

해설

긴결재
거푸집을 고정하거나 외부의 힘에 대항하여 거푸집의 형태를 유지하는 부속재료

□□□ 14년4회

13. 거푸집공사에서 사용되는 격리재(separator)에 대한 설명으로 옳은 것은?

① 철근과 거푸집의 간격을 유지한다.
② 철근과 철근의 간격을 유지한다.
③ 골재와 거푸집과의 간격을 유지한다.
④ 거푸집 상호간의 간격을 유지한다.

해설

격리재(Separator)
거푸집판의 간격이 좁아지지 않게 거푸집 상호간의 간격을 일정하게 유지한다.

□□□ 17년2회

14. 아래 부재를 대상으로 콘크리트 압축강도를 시험할 경우 거푸집널의 해체가 가능한 콘크리트 압축강도의 기준으로 옳은 것은? (단, 콘크리트표준시방서 기준)

슬래브 및 보의 밑면
① 설계기준압축강도의 3/4배 이상 또한, 최소 5MPa 이상
② 설계기준압축강도의 2/3배 이상 또한, 최소 5MPa 이상
③ 설계기준압축강도의 3/4배 이상 또한, 최소 14MPa 이상
④ 설계기준압축강도의 2/3배 이상 또한, 최소 14MPa 이상

해설

부재		콘크리트 압축강도
기초, 보, 기둥, 벽 등의 측면		5MPa 이상
슬래브 및 보의 밑면, 아치 내면	단층구조인 경우	설계기준압축강도의 2/3배 이상 또한, 최소 14MPa 이상
	다층구조인 경우	설계기준압축강도 이상 (필러 동바리 구조를 이용할 경우는 구조계산에 의해 기간을 단축할 수 있음. 단, 이 경우라도 최소 강도는 14MPa 이상으로 함.)

□□□ 19년4회

15. 콘크리트의 압축강도를 시험하지 않을 경우 거푸집널의 해체시기로 옳은 것은? (단, 기타 조건은 아래와 같음)

- 평균기온 : 20℃ 이상
- 보통포틀랜드 시멘트 사용
- 대상 : 기초, 보, 기둥 및 벽의 측면

① 2일   ② 3일
③ 4일   ④ 6일

해설

콘크리트의 압축강도를 시험하지 않을 경우(기초, 보옆, 기둥 및 벽의 거푸집널의 존치기간)

시멘트 종류 / 평균 기온	조강 포틀랜드 시멘트	보통포틀랜드 시멘트 고로슬래그 시멘트(1급) 플라이애시 시멘트(1종) 포틀랜드 포졸란 시멘트(A종)	고로슬래그 시멘트(2종) 플라이애시 시멘트(2종) 포틀랜드 포졸란 시멘트(B종)
20℃ 이상	2일	4일	5일
20℃ 미만 10℃ 이상	3일	6일	8일

□□□ 11년1회, 16년2회

16. 경량형강과 합판으로 구성되며 표준형태의 거푸집을 변형시키지 않고 조립함으로써 현장제작에 소요되는 인력을 줄여 생산성을 향상시키고 자재의 전용횟수를 증대시키는 목적으로 사용되는 거푸집은?

① 목재패널   ② 합판패널
③ 워플폼   ④ 유로폼

해설

유로폼(Euro Form)
① 공장에서 경량형강과 코팅합판으로 거푸집을 제작한 것
② 현장에서 못을 쓰지 않고 웨지핀을 사용하여 간단히 조립할 수 있는 거푸집
③ 가장 초보적인 단계의 시스템거푸집
④ 거푸집의 현장제작에 소요되는 인력을 줄여 생산성을 향상시키고 자재의 전용횟수를 증대시키는 목적으로 사용
⑤ 하나의 판으로 벽, 기둥, 슬래브 조립

□□□ 12년4회, 15년4회

17. 고층 건축물 시공 시 적용되는 거푸집에 대한 설명으로 옳지 않은 것은?

① ACS(Automatic climbing system)거푸집은 거푸집에 부착된 유압장치 시스템을 이용하여 상승한다.
② ACS(Automatic climbing system)거푸집은 초고층 건축물 시공 시 코어 선행 시공에 유리하다.
③ 알루미늄거푸집의 주요 시공부위는 내부벽체, 슬래브, 계단실 벽체이며, 슬래브 필러 시스템이 있어서 해체가 간편하다.
④ 알루미늄 거푸집은 녹이 슬지 않는 장점이 있으나 전용횟수가 적다.

해설

알루미늄 거푸집
① 경량이므로 취급이 용이하다
② 전용회수가 높다
③ 설치 및 해체가 쉽다

□□□ 16년1회

18. 갱폼(Gang Form)의 특징으로 옳지 않은 것은?

① 조립, 분해없이 설치와 탈형만 함에 따라 인력절감이 가능하다.
② 콘크리트 이음부위(joint) 감소로 마감이 단순해지고 비용이 절감된다.
③ 경량으로 취급이 용이하다.
④ 제작장소 및 해체 후 보관장소가 필요하다.

문제 18 ~ 19 해설

갱 폼(Gang Form)
① 주로 외벽에 사용되는 거푸집으로서, 대형패널및 멍에·장선 등을 일체화시켜 작은부재의 조립, 분해를 반복하지 않고 대형화, 단순화하여 한번에 설치하고 해체하는 거푸집
② 장점 : 공기단축, 인건비절감, 조인트 부위감소
③ 단점 : 초기투자비 과다, 대형 양중 장비가 필요, 중량으로 취급이 어렵다.
④ 경제적인 전용회수 30~40회
⑤ 아파트, 콘도미니엄, 병원, 사무소 같은 벽식구조물에 적당하다.

□□□ 17년2회, 20년4회

19. 갱폼(Gang Form)에 관한 설명으로 옳지 않은 것은?

① 타워크레인, 이동식 크레인 같은 양중장비가 필요하다.
② 벽과 바닥의 콘크리트 타설을 한 번에 가능하게 하기 위하여 벽체 및 슬래브거푸집을 일체로 제작한다.
③ 공사초기 제작기간이 길고 투자비가 큰 편이다.
④ 경제적인 전용횟수는 30~40회 정도이다.

□□□ 17년4회, 21년1회

20. 슬라이딩 폼(Sliding form)에 관한 설명으로 옳지 않은 것은?

① 1일 5~10m 정도 수직시공이 가능하므로 시공속도가 빠르다.
② 타설작업과 마감작업을 병행할 수 없어 공정이 복잡하다.
③ 구조물 형태에 따른 사용 제약이 있다.
④ 형상 및 치수가 정확하며 시공오차가 적다.

문제20 ~ 21 해설

슬라이딩 폼(Sliding Form)=슬립폼
1. 수평, 수직적으로 반복된 구조물을 시공이음 없이 균일한 형상으로 시공하기 위하여 거푸집을 연속적으로 이동시키면서 콘크리트를 타설하여 시공하는 시스템거푸집
2. 사일로(Silo), 코어, 굴뚝, 교각 등 단면변화가 없이 수직으로 연속된 구조에 사용된다.
3. 공기가 단축된다.
4. 연속적인 타설로 일체성을 확보할 수 있다.
5. 자재 및 노무비의 절약
6. 형상 및 치수가 정확하다.
7. 1일 5~10m 수직시공 가능
8. 돌출물이 없는 곳에 사용 가능

□□□ 18년2회

21. 수평, 수직적으로 반복된 구조물을 시공 이음 없이 균일한 형상으로 시공하기 위하여 요크(yoke), 로드(rod), 유압잭(jack)을 이용하여 거푸집을 연속으로 이동시키면서 콘크리트를 타설할 수 있는 시스템거푸집은?

① 슬라이딩 폼   ② 갱폼
③ 터널폼   ④ 트레블링 폼

□□□ 10년4회, 13년1회, 14년4회, 21년1회

22. 바닥전용 거푸집으로서 거푸집판, 장선, 멍에, 서포트 등을 일체로 제작하여 수평, 수직방향으로 이동하는 시스템 거푸집은?

① 슬라이딩 폼   ② 클라이밍 폼
③ 플라잉 폼   ④ 트래블링 폼

해설

Flying Form(Table Form)
바닥에 콘크리트를 타설하기 위한 거푸집으로서 장선, 멍에, 서포트 등을 일체로 제작하여 부재화한 공법으로 Gang Form과 조합사용이 가능하며 시공정밀도, 전용성이 우수하고 처짐, 외력에 대한 안전성이 우수하다.

□□□ 18년1회

23. 해체 및 이동에 편리하도록 제작된 수평활동 시스템 거푸집으로서 터널, 교량, 지하철 등에 주로 적용되는 거푸집은?

① 유로 폼(Eruo Form)
② 트래블링 폼(Traveling Form)
③ 워플 폼(Waffle Form)
④ 갱 폼(Gang Form)

해설

트래블링 거푸집(Traveling form)
거푸집, 장선, 멍에, 동바리 등을 일체화하여 거푸집 전체를 이동하여 사용하는 대형 수평이동 시스템거푸집

정답 19 ② 20 ② 21 ① 22 ③ 23 ②

□□□ 12년1회, 17년1회

24. 특수 거푸집 가운데 무량판구조 또는 평판구조와 가장 관계가 깊은 거푸집은?

① 워플폼 ② 슬라이딩폼
③ 메탈폼 ④ 갱폼

해설

와플폼(Waffle Form)
1. 무량판 구조 또는 평판구조에서 특수상자 모양의 기성재 거푸집
2. 커다란 스팬의 공간 확보, 층고를 낮출 수 있는 거푸집

□□□ 15년1회, 20년1,2회

25. 터널 폼에 대한 설명으로 틀린 것은?

① 거푸집의 전용횟수는 약 10회 정도이다.
② 노무 절감, 공기단축이 가능하다.
③ 벽체 및 슬래브거푸집을 일체로 제작한 거푸집이다.
④ 이 폼의 종류에는 트윈 쉘(twin shell)과 모노 쉘(mono shell)이 있다.

문제 25 ~ 26 해설

터널 폼 (Tunnel Form)
① 벽과 바닥의 콘크리트 타설을 한 번에 가능하게 하기 위하여 벽체용 거푸집과 슬래브 거푸집을 일체로 제작하여 한번에 설치하고 해체할 수 있도록 한 시스템거푸집
② 한 구획 전체 벽과 바닥판을 ㄱ자형 ㄷ자형으로 만들어 이동시키는 거푸집
③ 종류 : 트윈 쉘(Twin shell), 모노 쉘(Mono shell)
*터널폼 : 전용회수 약 100회

□□□ 12년2회

26. 벽식 철근콘크리트 구조를 시공할 경우, 벽과 바닥의 콘크리트 타설을 한번에 가능하게 하기 위하여 벽체용 거푸집과 슬래브거푸집을 일체로 제작하여 한번에 설치하고 해체할 수 있도록 한 거푸집은?

① 갱폼 ② 클라이밍폼
③ 슬립폼 ④ 터널폼

03 골재

[골재의 저장]
① 잔골재 및 굵은 골재에 있어 종류와 입도가 다른 골재는 각각 구분하여 따로 저장한다.
② 골재의 받아들이기, 저장 및 취급에 있어서는 대소의 알이 분리하지 않도록, 먼지, 잡물 등이 혼입되지 않도록, 또 굵은 골재의 경우에는 골재 알이 부서지지 않도록 설비를 정비하고 취급 작업에 주의한다.

(1) 골재의 요구조건

① 견고할 것(경화시멘트페이스트강도 이상)
② 내마모성, 내구성, 내화성이 있을 것
③ 입도가 적당할 것
④ 깨끗하고 유해물질의 함유량이 없을 것
⑤ 표면이 거칠고 골재의 모양은 둥근 것(편평하거나 세장하지 않는 것)
⑦ 입도는 세조립이 연속적으로 혼합된 것이 좋다.
⑧ 골재의 실적율은 최소 55% 이상으로 할 것(깬자갈의 실적율 55~60%)

(2) 굵은골재의 최대치수

구분	내용
구조물의 종류	굵은 골재의 최대 치수(mm)
일반적인 경우	20 또는 25
단면이 큰 경우	40
무근 콘크리트	40 부재 최소 치수의 1/4을 초과해서는 안 됨
철근 콘크리트용	부재 단면 최소치수의 1/5이하, 철근의 최소 수평, 수직 순간격의 3/4 이하

(3) 골재의 종류

① 크기에 의한 분류

구분	특징
잔 골재	• 10mm체(호칭치수)를 전부 통과하는 골재 • 5mm체를 중량비로 85%통과하는 골재 • 0.08mm체에 거의 다 남는 골재
굵은 골재	5mm체에서 중량비로 85%이상 남는 골재

[골재 체가름 시험]

② 비중에 의한 분류

구분	특징
보통 골재	• 절건비중 2.4 ~2.6 정도 • 강모래, 강자갈, 부순돌, 고래슬래그 골재 등
경량 골재	• 절건비중 2.0 이하 • 화산암, 팽창혈암, 팽창슬래그, 퍼라이트 등
중량 골재	• 절건비중 2.7 이상(3.2~4.0 정도) • 중정석, 철광석 등

(4) 염화물의 허용량

구분	허용량
콘크리트에 포함된 염화물량	• 염소이온량(cl)으로 0.3kg/m³ 이하 • 초과 시 철근방청조치하며 방청 조치하여도 0.6kg/m³를 초과할 수 없다.
상수도물 사용시 염화물 이온량	0.04kg/m³
골재의 염화물 이온량	0.02% 이하

(5) 골재의 상태

구분	내용
절건상태	골재를 100~110℃의 온도에서 중량변화가 없어질 때까지(24시간 이상) 건조한 상태, 골재속의 모세관 등에 흡수된 수분이 거의 없는 상태
기건상태	골재 중에 약간의 수분이 있는 대기 중의 건조상태
표건상태	표면건조 내부포화상태로 표면은 건조되고 내부는 포화상태로 함수되어 있는 상태
습윤상태	골재의 내부가 포화상태이고 표면에도 물이 묻어 있는 상태

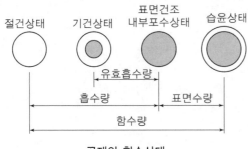

골재의 함수상태

[골재의 시험방법]

① 단위중량 시험
② 체분석시험
③ 안정성시험
④ 로스엔젤레스 시험(마모도 시험)
⑤ 흡수량시험
⑥ 입도시험
⑦ 혼탁비색법(유기불순물 측정법)
⑧ 비중시험

(6) 골재의 함수량

구분	내용
흡수량	절건상태에서 표면건조내부포수상태에 포함되는 물의 량
흡수율	절건상태의 골재중량에 대한 흡수량의 백분율 $$흡수율 = \frac{표면중량 - 절건중량}{절건중량} \times 100\%$$
유효 흡수량	표면건조내부포수상태 − 기건상태
함수량	습윤상태의 골재의 내외에 함유하는 전수량
표면수량	함수량과 흡수량과의 차

□□□ 11년1회, 13년4회, 18년1회

03 핵심문제   3. 골재

1. 콘크리트의 재료로 사용되는 골재에 관한 설명으로 옳지 않은 것은?

① 골재는 밀도가 크고, 내구성이 커서 풍화가 잘 되지 않아야 한다.

② 콘크리트나 모르타르를 만들 때 물, 시멘트와 함께 혼합하는 모래, 자갈 및 부순돌 기타 유사한 재료를 골재라고 한다.

③ 콘크리트 중 골재가 차지하는 용적은 절대용적으로 50%를 넘지 않도록 한다.

④ 일반적으로 골재의 강도는 시멘트 페이스트 강도 이상이 되어야 한다.

해설

골재의 요구조건
1. 견고할 것(경화시멘트페이스트강도 이상)
2. 내마모성, 내구성, 내화성이 있을 것
3. 입도가 적당할 것
4. 깨끗하고 유해물질의 함유량이 없을 것
5. 표면이 거칠고 골재의 모양은 둥근 것(편평하거나 세장하지 않는 것)
6. 입도는 세조립이 연속적으로 혼합된 것이 좋다.
7. 골재의 실적률은 최소 55% 이상으로 할 것(깬자갈의 실적률 55~60%)

□□□ 15년4회

2. 콘크리트용 골재에 대한 설명 중 옳지 않은 것은?

① 골재는 청정, 견경, 내구성 및 내화성이 있어야 한다.

② 골재에 포함된 부식토, 석탄 등의 유기물은 콘크리트의 경화를 방해하여 콘크리트 강도를 떨어뜨리게 한다.

③ 실트, 점토, 운모 등의 미립분은 골재와 시멘트의 부착을 좋게 한다.

④ 골재의 강도는 콘크리트 중에 경화한 모르타르의 강도 이상이 요구된다.

해설

실트, 점토, 운모 등의 미립분은 골재와 시멘트의 부착력을 떨어뜨린다.

□□□ 17년1회

3. 콘크리트공사용 재료의 취급 및 저장에 관한 설명으로 옳지 않은 것은?

① 시멘트는 종류별로 구분하여 풍화되지 않도록 저장한다.

② 골재는 잔골재, 굵은골재 및 각 종류별로 저장하고, 먼지, 흙 등의 유해물의 혼입을 막도록 한다.

③ 골재는 잔·굵은 입자가 잘 분리되도록 취급하고, 물빠짐이 좋은 장소에 저장한다.

④ 혼화재료는 품질의 변화가 일어나지 않도록 저장하고 또한 종류별로 저장한다.

해설

골재의 저장
1. 잔골재 및 굵은 골재에 있어 종류와 입도가 다른 골재는 각각 구분하여 따로 저장한다.
2. 골재의 받아들이기, 저장 및 취급에 있어서는 대소의 알이 분리하지 않도록, 먼지, 잡물 등이 혼입되지 않도록, 또 굵은 골재의 경우에는 골재 알이 부서지지 않도록 설비를 정비하고 취급작업에 주의한다.

□□□ 17년4회

4. 콘크리트의 배합설계 있어 구조물의 종류가 무근콘크리트인 경우 굵은 골재의 최대치수로 옳은 것은?

① 30mm, 부재 최소 치수의 1/4을 초과해서는 안됨

② 35mm, 부재 최소 치수의 1/4을 초과해서는 안됨

③ 40mm, 부재 최소 치수의 1/4을 초과해서는 안됨

④ 50mm, 부재 최소 치수의 1/4을 초과해서는 안됨

해설

굵은 골재의 최대치수	
구조물의 종류	굵은 골재의 최대 치수(mm)
일반적인 경우	20 또는 25
단면이 큰 경우	40
무근 콘크리트	40 부재 최소 치수의 1/4을 초과해서는 안 됨
철근 콘크리트용	부재단면 최소치수의 1/5 이하, 철근의 최소 수평, 수직 순간격의 3/4 이하

정답 1 ③   2 ③   3 ③   4 ③

□□□ 13년2회, 18년4회

5. 콘크리트 골재의 비중에 따른 분류로서 초경량골재에 해당하는 것은?

① 강모래   ② 퍼라이트

③ 부순자갈   ④ 중정석

해설	
비중에 의한 분류	

비중에 의한 분류

구분	특징
보통 골재	• 절건비중 2.4 ~2.6 정도 • 강모래, 강자갈, 부순돌, 고래슬래그 골재 등
경량 골재	• 절건비중 2.0 이하 • 화산암, 팽창혈암, 팽창슬래그, 퍼라이트 등
중량 골재	• 절건비중 2.7 이상(3.2~4.0 정도) • 중정석, 철광석 등

04 시멘트

(1) 시멘트의 종류 및 특징

[포틀랜드 시멘트의 종류]
1종 : 보통시멘트
2종 : 중용열 시멘트
3종 : 조강 시멘트
4종 : 저열 시멘트
5종 : 내황산염 시멘트

종류	특징
보통포틀랜드 시멘트	• 석회석과 점토를 혼합한 것을 약 1,450℃ 정도로 소성한 클링커에 석고(응결조절용)를 가하여 분쇄하여 만든 것 • 비중 : 3.05 이상 • 단위용적 중량 : 1,500kg/㎥ • 응결 : 초결은 1시간 이후부터 종결은 10시간 정도
조강 포틀랜드 시멘트	• 석회와 알루미나 성분을 많이 함유한 시멘트로서 분말도를 크게 하여 초기에 고강도를 발생하게 한 시멘트 • 재령 7일만에 28일 강도가 발현된다. • 조기강도가 크지만 장기강도는 비슷하다. • 수밀성이 높고, 수화발열량이 크다. • 긴급공사, 한중공사, 수중공사에 적합하다.
중용열 포틀랜드 시멘트	• 조기강도 발현은 늦으나 장기강도는 보통시멘트보다 크다. • 수화발열량이 낮아 건조수축이 적다. • 내황산염성이 크다.(화학저항성이 크다) • 균열의 발생이 적다. • 안정성이 높다. • 매스콘크리트, 댐공사, 대형단면, 방사선차폐용콘크리트 등에 사용
백색 포틀랜드 시멘트	• 백색의 점토와 석회석을 사용하여 만든 백색을 띤 시멘트 • 안료를 첨가하여 필요로 하는 색을 만들 수 있다. • 내구성, 내마모성이 우수 • 건축물 내외면의 마감, 인조석 제조, 타일줄눈, 안전지대, 횡단보도 등 교통관계표식용 등에 사용된다.
알루미나 시멘트	• 보크사이트와 석회석을 혼합하여 만든 시멘트 • 조기강도가 대단히 크다. (24시간 이내에 28일 강도를 나타낸다.) • 내화학성, 내화성, 내해수성이 크다. • 긴급공사, 해안공사, 동절기공사에 적합

(2) 시멘트 시험

① 시험의 종류

시험 종류	시험장치
비중시험	르샤틀리에비중병
분말도 시험	체가름시험, 블레인법
응결시험	비이카 장치
안전성시험	오토 클레이브

② 각종계량장치

장치	용도
디스펜서(Dispenser)	A · E제 계량장치
워싱턴 미터(Wasington meter)	공기량 측정기
이넌데이터(Inundator)	모래 계량장치
배칭플랜트(Batching plant)	콘크리트 배합 시 각 재료의 자동 중량 계량 장치

(3) 시멘트 혼화재료

콘크리트의 성능을 개선하기 위해 시멘트, 골재, 물 이외에 콘크리트에 첨가하는 재료

① 혼화재료의 구분

구분	내용
혼화제	• 사용량이 적어 배합설계에서 무시 • 콘크리트속의 시멘트 중량에 대해 5% 이하, 보통은 1%라는 극히 적은 양을 사용 • 콘크리트의 시공연도개선, 내구성 개선, 블리딩현상이나 수화열을 억제 • AE제, 분산제(감수제), 응결 · 경화촉진제, 급결제 및 지연제, 방청제, 방수제
혼화재	• 사용량이 많아서 배합설계에서 중량을 고려 • 시멘트 중량의 5% 정도이상 사용 • 콘크리트의 워커빌리티 향상, 수화열저감, 건조수축저감 등 • 팽창재, 포졸란, 고로슬래그, 플라이애시 등

■ **시멘트 배합 시 공기량**

① AE제를 넣을수록 공기량은 증가한다.
② 비빔시간은 3~5분까지는 공기량이 증가하고 그 이상은 감소
③ 기계비빔이 손비빔보다 증가
④ 온도가 높아질수록 감소한다.
⑤ 진동을 주면 감소한다.
⑥ 잔골재의 입도에는 영향이 크다.(굵은 모래를 쓸수록 공기량은 감소한다.)
⑦ 자갈의 입도에는 거의 영향이 없다.
⑧ 공기량이 많을수록 슬럼프는 증대한다.
⑨ 공기량이 많을수록 강도 저하(공기량 1%에 대하여 압축강도 3~5% 감소)
⑩ 동일슬럼프를 얻으려면 물시멘트비를 적게하여 같은 강도를 얻을 수 있게 한다.
※ 적정한 AE량 : 3~5%
　지나친 공기량은(6% 이상)은 강도와 내구성을 저하시킨다.

② **혼화제의 종류 및 특징**

종류	내용
AE제	• 콘크리트 속에 미세한 기포를 발생시켜 시공연도를 향상시키고 단위수량을 감소시킨다. • 워커빌리티 향상 • 동결융해에 대한 저항성 증대 • 재료분리, 블리딩이 감소되며, 골재로서 깬자갈의 사용도 유리하다. • 건조수축 감소 • 철근과의 부착강도는 감소한다. • 철근콘크리트의 압축강도, 휨강도가 감소된다. • 콘크리트 경화에 따른 발열량 감소
응결경화 촉진제 (염화칼슘을 혼합한 콘크리트의 특징)	• 염화칼슘, 식염 등 • 시멘트량의 1~2%를 사용하면 조기강도가 증대된다. • 마모 저항성이 커진다. • 건조수축이 커진다. • 알칼리 골재 반응을 촉진된다. • 응결이 촉진되고 슬럼프가 감소하므로 시공을 빨리 해야 한다.
발포제	① 특징 • 분말을 혼합하면 응결과정에서 수산화물과 반응하여 가스를 발생, 기포가 생성되어 시멘트풀을 팽창시켜 굵은 골재의 간극이나, PC 강재의 주위에 충분히 채워지도록 함으로써 부착을 좋게 한다. • 부재의 경량화, 단열성을 높이기 위한 목적으로 사용된다. • 공극을 채우고 부착을 좋게 함으로써 Prepacked 콘크리트용 Grout나 PC용 Grout에 사용된다. ② 종류 • 수소가스 발생제 : 알루미늄 분말, 아연분말 • 산소 발생제 : 과산화수소, 표백분 • 기포 발생제 : AE제
방동제	염화칼슘, 식염

04 핵심문제   4. 시멘트

□□□ 18년2회
1. KS L 5201에 정의된 포틀랜드 시멘트의 종류가 아닌 것은?

① 고로 포틀랜드 시멘트
② 조강 포틀랜드 시멘트
③ 저열 포틀랜드 시멘트
④ 중용열 포틀랜드 시멘트

해설
포틀랜드 시멘트의 종류

구분	1종	2종	3종	4종	5종
	보통	중용열	조강	저열	내황산염

□□□ 18년2회
2. 다음 중 공기량 측정기에 해당하는 것은?

① 리바운드 기록지(Rebound check sheet)
② 디스펜서(Dispenser)
③ 워싱턴 미터(Washington meter)
④ 이넌데이터(Inundator)

해설
각종계량장치

디스펜서(Dispenser)	A·E제 계량장치
워싱턴 미터(Wasington meter)	공기량 측정기
이넌데이터(Inundator)	모래 계량장치
배칭플랜트(Batching plant)	콘크리트 배합시 각 재료의 자동 중량계량 장치

□□□ 19년2회
3. 다음 중 콘크리트에 AE제를 넣어주는 가장 큰 목적은?

① 압축강도 증진   ② 부착강도 증진
③ 워커빌리티 증진   ④ 내화성 증진

문제 3 ~ 4 해설
AE제의 특징
① 워커빌리티 향상
② 동결융해에 대한 저항성 증대
③ 철근과의 부착강도는 감소한다.
④ 철근콘크리트의 압축강도, 휨강도가 감소된다.

□□□ 16년4회
4. AE제의 사용목적과 가장 거리가 먼 것은?

① 초기강도 및 경화속도의 증진
② 동결융해 저항성의 증대
③ 워커빌리티 개선으로 시공이 용이
④ 내구성 및 수밀성의 증대

□□□ 11년2회
5. 시멘트 혼화제(Chemical Admixure)에 대한 설명으로 옳지 않은 것은?

① 콘크리트의 물성을 개선하기 위하여 시멘트중량의 5% 이상 사용한다.
② AE제는 시공연도를 향상시키고 단위수량을 감소시킨다.
③ 지연제는 서중콘크리트, 매스콘크리트 등에 석고를 혼합하여 응결을 지연시킨다.
④ 촉진제는 응결을 촉진시켜 콘크리트의 조기강도를 크게 한다.

문제 5 ~ 6 해설
혼화제
① 사용량이 적어 배합설계에서 무시한다.
② 콘크리트속의 시멘트 중량에 대해 5% 이하, 보통은 1%라는 극히 적은 양을 사용한다.
③ 콘크리트의 시공연도개선, 내구성 개선, 블리딩현상이나 수화열을 억제
④ AE제, 분산제(감수제), 응결·경화촉진제, 급결제 및 지연제, 방청제, 방수제 등

□□□ 13년1회
6. 콘크리트 공사에서 사용되는 혼화재료 중 혼화제에 속하지 않는 것은?

① 공기연행제   ② 감수제
③ 방청제   ④ 팽창재

정답 1 ① 2 ③ 3 ③ 4 ① 5 ① 6 ④

05 콘크리트의 시공

(1) 콘크리트 배합

① 배합설계순서

> 소요강도 결정 → 배합강도 결정 → 시멘트강도 결정 → 물시멘트비 결정 → 슬럼프값 결정 → 굵은골재 최대치수 결정 → 잔골재율 결정 → 단위수량결정 → 시방배합 → 현장배합

② 물시멘트비(W/C)

$$W/C비 = \frac{물의\ 중량}{시멘트의\ 중량} \times 100\%$$

㉠ 물과 시멘트의 배합비는 콘크리트의 강도에 가장 큰 영향을 준다.

㉡ 물·시멘트비 산정은 가급적 작게 한다.

㉢ 물·시멘트비는 콘크리트의 강도, 내구성, 수밀성 등을 지배하는 중요한 요인

㉣ 물·시멘트비가 커질 경우 : 콘크리트 강도저하, 수밀성 저하, 재료분리, 블리딩 발생

㉤ 물·시멘트비가 적을 경우 : 내구성, 수밀성 향상, 조기강도 발현, 건조수축, 균열 작다.

③ 굳지 않은 콘크리트 성질

구분	내용
Workability (시공연도)	치어넣기의 쉽고 어려운 정도와 재료분리에 저항하는 정도
Consistency (반죽질기)	단위수량에 의해 지배되는 반죽이 되고 진 정도
Plasticity (성형성)	거푸집에 쉽게 다져넣을 수 있고 제거하면 천천히 형상이 변화하지만 재료가 분리되거나 허물어지지 않는 굳지 않은 콘크리트의 성질
Finishability (마무리용이성)	굵은 골재의 최대치수, 잔골재율, 잔골재의 입도, 반죽질기 등에 의한 마무리하기 쉬운 정도를 말하는 콘크리트의 성질(도로포장 등 표면정리의 난이정도)

[콘크리트 배합 시 가장 중요한 요소]
물·시멘트 비 관리

[물시멘트(W/C)비 결정시 고려사항]
① 강도
② 수밀성
③ 내구성
④ 균열저항성

④ 콘크리트 비빔
  ㉠ 기계비빔이 원칙
  ㉡ 재료투입은 동시에 투입하는 것이 이상적이다.
  ㉢ 실제 재료 투입순서는 모래 → 시멘트 → 물 → 자갈
  ㉣ 비빔시간의 최소시간 : 1분 이상

(2) 시공연도(Workability)

① Workability에 영향을 미치는 요인
  ㉠ 분말도가 높은 시멘트 일수록 워커빌리티가 좋다.
  ㉡ 공기량을 증가시키면 워커빌리티가 좋아진다.
  ㉢ 비빔온도가 높을수록 워커빌리티가 저하한다.
  ㉣ 시멘트 분말도가 높을수록 수화작용이 빠르다.
  ㉤ 단위수량을 과도하게 증가시키면 재료분리가 쉬워 워커빌리티가 좋아진다고 볼 수 없다.
  ㉥ 비빔시간이 길수록 수화작용을 촉진시켜 워커빌리티가 저하한다.
  ㉦ 쇄석을 사용하면 워커빌리티가 저하한다.
  ㉧ 일반적으로 부배합이 워커빌리티가 좋다.

② 시공연도의 측정
  ㉠ 슬럼프(slump) 테스트
    • 콘크리트의 시공연도(workability)를 판단하기 위해서 컨시스턴시(consistency)의 판단기준의 하나인 슬럼프 값을 이용한다.
  ㉡ 슬럼프 시험법
    • 수밀성 평판을 수평으로 설치한다.
    • 시험통을 철판 중앙에 밀착한다.
    • 비빈콘크리트를 10cm 높이까지 붓는다.
    • 다짐막대로 윗면을 고르고, 25회 밑창에 닿을 정도로 찔러 다진다.
    • 다시 비빈콘크리트를 20cm 높이까지 넣고 25회 다짐봉으로 다진다.
    • 비빈콘크리트를 30cm 높이까지 넣고 25회 다짐봉으로 다진다.
    • 통을 가만히 들어 올려 벗긴다.
    • 측정계기로 콘크리트의 흘러내린 높이를 측정한다.

(3) 콘크리트의 강도 검사 및 시험법

① 압축강도에 의한 콘크리트 품질검사
  ㉠ 지름 15cm, 높이 30cm의 공시체로 1회 시험값은 동일위치에서 채취한 공시체 3개의 평균값으로 한다.
  ㉡ 시험시료 채취 시기는 1일 1회, 또는 150㎥ 마다 1회, 배합이 변경될 때 마다 한다.

[워커빌리티 측정방법]
① 다짐계수시험
② 슬럼프시험
③ 비비시험기(Vee-Bee)
④ 구관입시험(캐리볼)
⑤ Flow 시험
⑥ Remolding 시험

[슬럼프 테스트]

[적절한 슬럼프 상태]

슬럼프 값 측정 시 흘러내린 높이와 균등하게 흘러내리는 상태를 확인한다.

② 판정기준

　재령 28일 공시체의 평균이 설계기준강도 이상

③ 강도추정을 위한 비파괴 시험법

　㉠ 강도법(반발경도법, 슈미트해머법)

　㉡ 초음파법(음속법)

　㉢ 복합법(반발경도법 + 초음파법)

　㉣ 자기법(철근탐사법)

　㉤ 코어채취법

　㉥ 인발법

(4) 콘크리트의 타설

① 타설(부어넣기) 기준

　㉠ 타설구획 내의 먼 곳부터 타설한다.

　㉡ 낙하높이는 될 수 있는 대로 낮게 한다.

　㉢ 타설위치의 가까운 곳까지 펌프, 버킷 등으로 운반하여 타설한다.

　㉣ 콘크리트를 수직으로 낙하시킨다.

　㉤ 타설구획 내의 콘크리트는 휴식시간 없이 계속해서 부어넣는다.

　㉥ 보, 벽은 양쪽에서 중앙을 향해 동시에 타설한다.

　㉦ 기둥과 같이 깊이가 깊을수록 묽게하고 상부로 갈수록 된비빔으로 하여 기포가 생기지 않게 한다.

　㉧ 콘크리트는 낮은 곳에서부터 기둥, 벽, 계단, 보, 바닥판의 순서로 부어나간다.

② 진동기의 사용

　콘크리트를 밀실화하기 위해서 진동기를 사용한다.

　㉠ 수직으로 사용한다.

　㉡ 철근 및 거푸집에 직접 닿지 않도록 한다.

　㉢ 사용간격은 진동이 중복되지 않게 500mm 이하로 한다.

　㉣ 사용시간 : 콘크리트 윗면에 페이스트가 떠오를 때까지

　㉤ 콘크리트에 구멍이 남지 않도록 서서히 빼낸다.

　㉥ 굳기 시작한 콘크리트는 사용하지 않는다.

　㉦ 진동기는 슬럼프값 15cm 이하에서만 사용

　㉧ 진동기수는 1일 콘크리트 작업량 20㎥마다 3대, 예비진동기 1대 준비

(5) 이어붓기

① 이어붓기 구획

　㉠ 구조물의 강도에 영향이 적은 곳에 둔다.

　㉡ 이음길이가 짧게 되는 위치에 둔다.

[진동기의 종류]

① 막대형(봉상) 진동기

② 거푸집 진동기

③ 표면 진동기

[콘크리트 진동기의 사용]

© 시공순서에 무리가 없는 곳에 둔다.

② 이음위치는 대체로 단면이 작은 곳에 두고, 이어붓기 면은 짧게 되게 하고 또 응력에 직각방향, 수직, 수평으로 한다.

⑩ 시공 이음면은 거칠게 한다.

② 콘크리트 이어붓기 위치

개 소	이음위치, 방법
기둥	기초판, 보, 또는 바닥판 위에서 수평으로 한다.
보, 바닥판	그 스팬의 중앙부에 수직으로 한다.
아치	아치 축에 직각으로 한다.
벽	문꼴 등 개구부 주변에 끊기 좋고 또한 이음자리막기와 떼어내기에 편리한 곳에 수직, 수평으로 한다.
캔틸레버	이어붓기를 하지 않는다.
바닥판의 그 간사이 중앙에 작은보가 있을 때	작은보의 나비의 2배 떨어진 곳에 둔다.

③ 콘크리트 이어치기 시간간격

외기온도	시간간격
25℃ 초과	2.0 시간
25℃ 이하	2.5 시간

(6) 콘크리트 줄눈

① 계획된 줄눈

구분	내용
시공 줄눈 (Construction Joint)	작업관계상 콘크리트를 한번에 타설할 수 없을 경우 콘크리트타설 후 일정시간 중단 후 새로운 콘크리트를 이어칠 때 생기는 이음면(계획적으로 발생시킨 이음)
조절줄눈 (Control Joint)	균열을 콘크리트의 취약부에 줄눈을 설치하여 일정한 곳에서만 균열이 일어나도록 유도하는 줄눈
신축줄눈 (Expansion Joint)	콘크리트의 수축이나 팽창 혹은 부동침하, 진동 등에 의한 균열이 예상되는 위치에 미리 설치하는 줄눈

② 계획되지 않는 줄눈(콜드조인트, Cold Joint)

계속하여 콘크리트를 타설할 때 먼저 타설한 콘크리트와 나중에 타설한 콘크리트 사이에 완전히 일체화가 되지 않은 시공불량에 의한 이음부(비계획적으로 발생된 이음)

[VH(Vertical Horizontal) 타설공법]

① VH(Vertical Horizontal) 분리타설
기둥, 벽 등의 수직부재를 먼저 타설하고 보, 슬래브 등의 수평부재를 나중에 타설하는 공법

② VH(Vertical Horizontal) 동시타설
수직부재와 수평부재를 일체의 타설구획으로 동시에 타설하는 공법

(7) 콘크리트 양생(보양)

① 양생법의 종류

구분	내용
습윤양생	수분을 유지하기 위해 매트, 모포 등을 적셔서 덮거나 살수하여 습윤상태를 유지하는 양생
증기양생	거푸집을 빨리 제거하고, 단시일 내에 소요강도를 내기 위해서 고온고압의 증기로 양생하는 방법
전기양생	콘크리트중에 저압교류를 통하여 전기저항에 의하여 생기는 저항열을 이용하여 양생
피막양생	콘크리트 표면에 피막양생제를 뿌려 콘크리트 중의 수분증발을 방지하는 양생방법
고온증기양생 (오토클레이브양생)	압력용기(Autoclave 가마)에서 양생하여 24시간에 28일 강도 발현

② 양생 시 주의사항

㉠ 콘크리트가 충분히 경화될 때까지 급격한 건조, 급격한 온도변화가 되지 않게 양생하여야 한다.(동해방지를 위해 5℃를 유지한다.)

㉡ 콘크리트가 충분히 경화될 때까지 충격 및 하중을 가하지 않게 보호한다.

㉢ 콘크리트를 부어넣은 후 7일 이상 거적 또는 시트 등으로 덮어 물 뿌리기 또는 기타 방법으로 수분을 보존하여야 한다.

㉣ 콘크리트를 부어넣은 후 1일간은 원칙적으로 보행금지, 중량물 적재금지

㉤ 기온이 높거나 직사광선을 받는 경우에는 콘크리트 면이 건조하지 않도록 충분히 양생하도록 한다.

㉥ 콘크리트를 부어넣은 후 시멘트 수화열에 의하여 부재단면에 있어 중심부의 온도가 외기온도보다 25℃ 이상 높아질 염려가 있는 경우에는 거푸집을 장기간 존치하여 중심부의 온도와 표면부의 온도 차이를 될 수 있는 대로 적게 해야 한다.

(8) 콘크리트 시공 시 이상 현상

① 콘크리트 타설 후의 재료분리

구분	내용
블리딩(Bleeding)	콘크리트를 타설한 후 시멘트, 골재입자 등이 침하함에 따라 물이 분리 상승되어 콘크리트 표면에 떠오르는 현상
레이턴스(Laitance)	블리딩에 의하여 떠오른 미립물이 콘크리트 표면에 얇은막으로 침적되는 미립물

② Pop out현상

콘크리트속의 골재가 알칼리 골재반응, 동결융해 작용, 수압 등으로 인한 팽창압력에 의해 깨져서 튀겨 나가는 현상으로 내구성저하의 원인이 된다.

③ 중성화(中性化 : Neutralization)

공기 중 탄산가스의 작용을 받아 콘크리트 중의 수산화칼슘(강알칼리)이 서서히 탄산칼슘(약알칼리)으로 되어 콘크리트가 알칼리성을 상실하여 중성화되는 현상이다.

④ 콘크리트의 균열

[콘크리트의 크리프(Creep)증가요소]
1. 부재의 건조정도가 높을수록
2. 물시멘트비가 클수록
3. 재하시기가 빠를수록
4. 하중이 클수록
5. 시멘트량, 단위수량이 많을수록
6. 온도가 높을수록
7. 습도가 낮을수록
8. 부재 치수가 작을수록

구분	내용
경화 전 균열	• 소성수축균열 : 경화되기 전 콘크리트에서 수분 증발속도가 블리딩 속도보다 빠를 때 발생 • 소성침하균열 : 콘크리트 타설 후 발생하는 콘크리트 침하현상을 철근이 방해하여 철근 바로위에 발생하는 균열 • 온도균열 : 콘크리트 수화열에 의한 내·외부 온도차이로 인한 팽창과 수축의 반복에 의한 균열
시공 상 원인	• 거푸집 존치기간 미준수 • 거푸집의 처짐 • 동바리 침하 • 시공이음 처리불량 • 경화전의 진동, 충격, 하중재하 • 철근 피복두께 부족 • 급격한 타설 • 초기양생 불량 • 콘크리트 타설시 현장 가수 • 장시간 혼합 • 다짐 불량
재료 상 원인	• 알칼리 골재 반응 • 콘크리트 건조수축 • 콘크리트 중성화 • 시멘트 수화열 • 시멘트의 이상 팽창과 응결 • 콘크리트 침하 및 블리딩 • 철근부식으로 인한 팽창 균열 • 화학적 반응 균열

⑤ 철근콘크리트 염해 방지 대책
 ㉠ 해사의 염분제거(염소 이온량을 줄인다.)
 ㉡ 물시멘트비를 최소화한다.(탄산화 방지 : 50% 이하, 염화물 침투 최
  소화 : 40% 이하)
 ㉢ 콘크리트 표면을 코팅한다.
 ㉣ 단위수량을 감소시킨다.
 ㉤ 수지도장 철근 사용
 ㉥ 철근을 아연도금한다.
 ㉦ 방청제를 사용한다.
 ㉧ 콘크리트를 밀실하게 시공한다.
 ㉨ 철근의 부동태막을 보호한다.

(9) 콘크리트 구조물의 보수 · 보강 공법

구분	내용
표면처리공법	미세한 균열위에 도막을 만들어 방수성 내구성을 증가시키는 공법
충전(충진)공법	균열부위를 10mm 정도 절단하여 절단부분에 보수재를 충진하여 보수하는 공법
주입공법	균열부위에 보수재를 주입하여 내구성 및 방수성을 증가시키는 공법
강재Anchor 공법	균열부분에 ㄷ 자 Anchor 체를 설치하여 내구성을 증진시키는 공법
강판부착공법	구조물의 표면에 강판을 부착시켜 강판과구조체를 일체화하여 내구성을 증가시키는 공법
prestress 공법	균열부위에 prestress를 주어 부재에 발생하는 응력을 감소시켜 균열을 줄이는 방법
치환공법	균열된 부위를 제거하고 새로운 콘크리트를 타설하여 응력을 회복시키는 공법

[외장적 보수와 구조적 보강]
1. 외장적 보수
 ① 표면처리공법
 ② 충진공법

2. 구조적 보강
 ① 주입공법
 ② 강재보강공법
 ③ 단면증대공법
 ④ prestress공법
 ⑤ 치환공법

05 핵심문제   5. 콘크리트의 시공

1. 콘크리트 배합시 시멘트 15포대(600kg)가 소요되고 물시멘트비가 60%일 때 필요한 물의 중량(kg)은?

① 360kg   ② 480kg

③ 520kg   ④ 640kg

해설

① 물시멘트비(W/C비) = $\dfrac{물의\ 중량}{시멘트의\ 중량}$

② 물의 중량 = 시멘트의 중량 × 물시멘트비
               = 600kg × 0.6
               = 360kg

2. 콘크리트의 수화작용 및 워커빌리티에 영향을 미치는 요소에 관한 설명으로 옳지 않은 것은?

① 시멘트의 분말도가 클수록 수화작용이 빠르다.

② 단위수량을 증가시킬수록 재료분리가 감소하여 워커빌리티가 좋아진다.

③ 비빔시간이 길어질수록 수화작용을 촉진시켜 워커빌리티가 저하된다.

④ 쇄석의 사용은 워커빌리티를 저하시킨다.

해설

Workability에 영향을 미치는 요인
1. 분말도가 높은 시멘트 일수록 워커빌리티가 좋다.
2. 공기량을 증가시키면 워커빌리티가 좋아진다.
3. 비빔온도가 높을수록 워커빌리티가 저하한다.
4. 시멘트 분말도가 높을수록 수화작용이 빠르다.
5. 단위수량을 과도하게 증가시키면 재료분리가 쉬워 워커빌리티가 좋아진다고 볼 수 없다.
6. 비빔시간이 길수록 수화작용을 촉진시켜 워커빌리티가 저하한다.
7. 쇄석을 사용하면 워커빌리티가 저하한다.
8. 빈배합이 워커빌리티가 좋다.

3. 보통콘크리트의 슬럼프시험 결과 중 균등한 슬럼프를 나타내는 가장 좋은 상태는?

해설

콘크리트가 너무 퍼지지 않고 적당한 점도를 가진 슬럼프 상태가 가장 좋다.

4. 콘크리트 구조물이 품질관리에서 활용되는 비파괴검사 방법과 가장 거리가 먼 것은?

① 슈미트해머법   ② 방사선 투과법

③ 초음파법   ④ 자기분말 탐상법

해설

비파괴 검사(철근 콘크리트)
① 반발경도법(슈미트해머법)   ② 초음파법(음속법)
③ 복합법   ④ 자기법(철근탐사법)
⑤ 방사선법   ⑥ 내시경법
⑦ 인발법

5. 콘크리트 타설시 일반적인 주의사항으로 옳지 않은 것은?

① 운반거리가 가까운 곳으로부터 타설을 시작한다.

② 자유낙하 높이를 작게 한다.

③ 콘크리트를 수직으로 낙하한다.

④ 거푸집, 철근에 콘크리트를 충돌시키지 않는다.

문제 5 ~ 6 해설

콘크리트 타설시 주의사항
① 타설구획 내의 먼 곳부터 타설한다
② 낙하높이는 될 수 있는 대로 낮게 한다
③ 타설위치의 가까운 곳까지 펌프, 버킷 등으로 운반하여 타설한다
④ 콘크리트를 수직으로 낙하시킨다
⑤ 타설구획내의 콘크리트는 휴식시간 없이 계속해서 부어넣는다
⑥ 보, 벽은 양쪽에서 중앙을 향해 동시에 타설한다.

6. 콘크리트 타설에 관한 설명 중 옳은 것은?

① 콘크리트 타설은 바닥판, 보, 계단, 벽체, 기둥의 순서로 한다.

② 콘크리트 타설은 운반거리가 먼 곳부터 타설을 시작한다.

③ 콘크리트를 타설할 때는 다짐이 잘 되도록 타설높이를 최대한 높게 한다.

④ 진동기로 거푸집과 철근에 직접 진동을 주어 밀실하게 콘크리트를 다진다.

정답   1 ①   2 ②   3 ④   4 ④   5 ①   6 ②

□□□ 14년4회, 18년4회

7. 콘크리트 타설 후 진동다짐에 관한 설명으로 옳지 않은 것은?

① 진동기는 하층 콘크리트에 10cm 정도 삽입하여 상하층 콘크리트를 일체화 시킨다.
② 진동기는 가능한 연직방향으로 찔러 넣는다.
③ 진동기를 빼낼 때는 서서히 뽑아 구멍이 남지 않도록 한다.
④ 된비빔 콘크리트의 경우 구조체의 철근에 진동을 주어 진동효과를 좋게 한다.

문제 7 ~ 9 해설

진동기 사용 시 주의사항
① 수직으로 사용한다.
② 철근 및 거푸집에 직접 닿지 않도록 한다.
③ 사용간격은 진동이 중복되지 않게 500mm 이하로 한다.
④ 사용시간 : 시멘트 페이스트가 떠오를 때까지
⑤ 콘크리트에 구멍이 남지 않도록 서서히 빼낸다.
⑥ 굳기 시작한 콘크리트는 사용하지 않는다.
⑦ 진동기는 슬럼프값 15cm 이하에서만 사용
⑧ 진동기수는 1일 콘크리트 작업량 20m^3 마다 3대, 예비진동기 1대 준비

□□□ 10년2회, 15년1회

8. 콘크리트의 진동다짐 진동기의 사용에 대한 설명으로 옳지 않은 것은?

① 진동기는 될 수 있는 대로 수직방향으로 사용한다.
② 묽은 반죽에서 진동다짐은 별 효과가 없다.
③ 진동의 효과는 봉의 직경, 진동수, 진폭 등에 따라 다르며, 진동수가 큰 것일수록 다짐효과가 크다.
④ 진동기는 신속하게 꽂아놓고 신속하게 뽑는다.

□□□ 19년4회

9. 콘크리트 다짐 시 진동기의 사용에 관한 설명으로 옳지 않은 것은?

① 진동다지기를 할 때에는 내부진동기를 하층의 콘크리트 속으로 0.1m 정도 찔러 넣는다.
② 1개소당 진동시간은 다짐할 때 시멘트풀이 표면 상부로 약간 부상하기까지가 적절하다.
③ 내부진동기는 콘크리트로부터 천천히 빼내어 구멍이 남지 않도록 한다.
④ 내부진동기는 콘크리트를 횡방향으로 이동시킬 목적으로 사용한다.

□□□ 16년2회

10. 콘크리트 타설 시 이음부에 관한 설명으로 옳지 않은 것은?

① 보, 바닥슬래브 및 지붕슬래브의 수직 타설 이음부는 스팬의 중앙 부근에 주근과 수평방향으로 설치한다.
② 기둥 및 벽의 수평 타설 이음부는 바닥슬래브, 보의 하단에 설치하거나 바닥 슬래브, 보, 기초보의 상단에 설치한다.
③ 콘크리트의 타설이음면은 레이턴스나 취약한 콘크리트 등을 제거하여 새로 타설하는 콘크리트와 일체가 되도록 처리한다.
④ 타설이음부의 콘크리트는 살수 등에 의해 습윤시킨다. 다만, 타설이음면의 물은 콘크리트 타설 전에 고압공기 등에 의해 제거한다.

해설	
콘크리트 이어붓기 위치	
개 소	이음위치, 방법
① 기 둥	기초판, 보, 또는 바닥판 위에서 수평으로 한다
② 보, 바닥판	그 스팬의 중앙부에 수직으로 한다
③ 아 치	아치 축에 직각으로 한다
④ 벽	문꼴 등 개구부 주변에 끊기 좋고 또한 이음자리막기와 떼어내기에 편리한 곳에 수직, 수평으로 한다
⑤ 캔틸레버	이어붓기 않음을 원칙으로 한다
⑥ 바닥판의 그 간 사이 중앙에 작은보가 있을 때	작은보의 나비의 2배 떨어진 곳에 둔다

□□□ 14년1회, 20년3회

11. 콘크리트 공사 시 콘크리트를 2층 이상으로 나누어 타설할 경우 허용 이어치기 시간간격의 표준으로 옳은 것은? (단, 외기온도가 25℃ 이하일 경우이며, 허용이어치기 시간간격은 하층 콘크리트 비비기 시작에서부터 콘크리트 타설 완료한 후, 상층 콘크리트가 타설되기까지의 시간을 의미)

① 2.0 시간
② 2.5 시간
③ 3.0 시간
④ 3.5 시간

해설	
허용 이어치기 시간간격	
외기온도	시간간격
25℃ 초과	2.0 시간
25℃ 이하	2.5 시간

정답 7 ④ 8 ④ 9 ④ 10 ① 11 ②

□□□ 12년4회, 15년2회

12. 결함부위로 균열의 집중을 유도하기 위해 균열이 생 길만한 구조물의 부재에 미리 결함부위를 만들어 두 는 것을 무엇이라 하는가?

① 신축줄눈 ② 침하줄눈
③ 시공줄눈 ④ 조절줄눈

해설	
계획된 줄눈	
시공 줄눈 (Construction Joint)	작업관계상 콘크리트를 한번에 타설할 수 없을 경우 콘크리트타설 후 일정시간 중단 후 새로운 콘크리트를 이어칠 때 생기는 이음면(계획적으로 발생시킨 이음)
조절줄눈 (Control Joint)	콘크리트의 취약부에 줄눈을 설치하여 일정한 곳에서만 균열이 일어나도록 유도하는 줄눈
신축줄눈 (Expansion Joint)	콘크리트의 수축이나 팽창 혹은 부동침하, 진동 등에 의한 균열이 예상되는 위치에 미리 설치하는 줄눈

□□□ 13년1회

13. 콘크리트 공사의 시공과정 중 휴식시간 등으로 응결 하기 시작한 콘크리트에 새로운 콘크리트를 이어칠 때 일체화가 저해되어 생기는 줄눈은?

① 익스팬션 조인트(Expansion Joint)
② 컨트롤 조인트(Control Joint)
③ 컨트랙션 조인트(Contraction Joint)
④ 콜드 조인트(Cold Joint)

문제 13 ~ 14 해설
콜드조인트(Cold Joint)   ① 콘크리트를 연속해서 타설할 때 먼저 타설한 콘크리트와 나중에 타설한 콘크리트 사이에 완전히 일체화가 되지 않은 시공불량에 의한 이음부(계획하지 않은 이음)   ② 콘크리트 불량 품질 현상

□□□ 20년1,2회

14. 콘크리트 타설 중 응결이 어느 정도 진행된 콘크리 트에 새로운 콘크리트를 이어치면 시공불량이음부가 발생하여 경화 후 누수의 원인 및 철근의 녹 발생 등 내구성에 손상을 일으키는 것은?

① Expansion joint ② Construction joint
③ Cold joint ④ Sliding joint

□□□ 15년2회

15. 콘크리트의 양생에 관한 설명 중 틀린 것은?

① 콘크리트의 표면의 건조에 의한 내부콘크리트중의 수분 증발 방지를 위해 습윤양생을 실시한다.
② 동해를 방지하기 위해 5℃ 이상을 유지한다.
③ 거푸집판이 건조될 우려가 있는 경우에라도 살수는 금하여야 한다.
④ 응결 중 진동 등의 외력을 방지해야 한다.

해설
양생 시 주의사항   ① 콘크리트가 충분히 경화될 때까지 급격한 건조, 급격한 온도변화가 되지 않게 양생하여야 한다.(동해방지를 위해 5℃을 유지한다.)   ② 콘크리트가 충분히 경화될 때까지 충격 및 하중을 가하지 않게 보호한다   ③ 콘크리트를 부어넣은 후 7일 이상 거적 또는 시트 등으로 덮어 물뿌리기 또는 기타 방법으로 수분을 보존하여야 한다.   ④ 콘크리트를 부어넣은 후 1일간은 원칙적으로 보행금지, 중량물 적재 금지   ⑤ 기온이 높거나 직사광선을 받는 경우에는 콘크리트 면이 건조하지 않도록 충분히 양생하도록 한다.

□□□ 16년4회

16. 콘크리트 타설 후 블리딩 현상으로 콘크리트 표면에 물과 함께 떠오르는 미세한 물질은 무엇인가?

① 피이닝(Peening) ② 블로우 홀(Blow hole)
③ 레이턴스(Laitance) ④ 버블쉬트(Bubble sheet)

해설	
콘크리트 타설 후의 재료분리	
① 블리딩 (Bleeding)	콘크리트를 타설한 후 시멘트, 골재입자 등이 침하함에 따라 물이 분리 상승되어 콘크리트 표면에 떠오르는 현상
② 레이턴스 (Laitance)	블리딩에 의하여 떠오른 미립물이 콘크리트 표면에 엷은막으로 침적되는 미립물

□□□ 19년2회

17. 시간이 경과함에 따라 콘크리트에 발생되는 크리프 (Creep)의 증가원인으로 옳지 않은 것은?

① 단위 시멘트량이 적을 경우
② 단면의 치수가 작을 경우
③ 재하시기가 빠를 경우
④ 재령이 짧을 경우

□□□ 16년1회, 19년1회, 22년1회

18. 철근콘크리트에서 염해로 인한 철근부식 방지대책으로 옳지 않은 것은?

① 콘크리트중의 염소 이온량을 적게 한다.
② 에폭시 수지 도장 철근을 사용한다.
③ 방청제 투입을 고려한다.
④ 물-시멘트비를 크게 한다.

> **해설**
>
> 철근부식을 방지하기 위해서는 물시멘트비를 낮게 하여 염화물의 침투 및 탄산화의 진행이 늦어지도록 해야 한다. 탄산화를 늦게 하기 위해서는 물시멘트비를 50% 이하로, 염화물 침투를 최소화하기 위해서는 40% 이하로 하는 것이 좋다.

□□□ 15년1회

19. 콘크리트 구조물의 보수·보강법 중 구조보강 공법에 해당되지 않는 것은?

① 표면처리 공법   ② 주입공법
③ 강재보강 공법   ④ 단면증대 공법

> **해설**
>
> 외장적 보수와 구조적 보강 비교
> 1. 외장적 보수 : 표면처리공법, 충진공법 등
> 2. 구조적 보강 : 주입공법, 강재보강공법, 단면증대공법, prestress 공법, 치환공법 등

[참고] 콘크리트 구조물의 보수 보강 공법

1) 표면처리공법	미세한 균열위에 도막을 만들어 방수성 내구성을 증가시키는 공법
2) 충전(충진)공법	균열부위를 10MM 정도 절단하여 절단부분에 보수재를 충진하여 보수하는 공법
3) 주입공법	균열부위에 보수재를 주입하여 내구성 및 방수성을 증가시키는 공법
4) 강재Anchor 공법	균열부분에 ㄷ자 Anchor 체를 설치하여 내구성을 증진시키는 공법
5) 강판부착공법	구조물의 표면에 강판을 부착시켜 강판과 구조체를 일체화하여 내구성을 증가시키는 공법
6) prestress 공법	균열부위에 prestress를 주어 부재에 발생하는 응력을 감소시켜 균열을 줄이는 방법
7) 치환공법	균열된 부위를 제거하고 새로운 콘크리트를 타설하여 응력을 회복시키는 공법

06 특수콘크리트

(1) 한중 콘크리트

① 하루의 평균기온이 4℃ 이하가 예상되는 기상조건에서 콘크리트가 동결할 염려가 있을 때 시공하는 콘크리트
② 재료를 가열할 경우 물 또는 골재를 가열(재료가열온도 : 60℃ 이하, 시멘트는 절대 가열금지)
③ 골재가 동결되어 있거나 골재에 빙설이 혼입되어 있는 골재는 그대로 사용할 수 없다.

(2) 서중콘크리트

① 높은 외부기온으로 콘크리트의 슬럼프 저하나 수분의 급격한 증발 등의 염려가 있을 경우에 시공되는 콘크리트로서, 하루 평균기온이 25℃를 초과하는 경우 서중 콘크리트로서 시공
② 동일슬럼프를 얻기 위해 단위수량이 많아진다.
③ 초기강도의 발현은 빠르지만 장기적인 강도 증진은 작다.
④ 콘크리트의 온도가 높아져 수화반응이 빨라지므로 이상응결이 발생하기 쉽다.
⑤ 슬럼프 저하 등 워커빌리티(workability)의 변화가 생기기 쉽다.
⑥ 콜드조인트(cold joint)가 발생하기 쉽다.
⑦ 균열이 발생하기 쉽다.

(3) AE 콘크리트

① 콘크리트속에 AE제를 혼합하여 시공연도를 좋게 한 콘크리트
② 단위수량이 적게 든다.
③ 워커빌러티가 향상되고 골재로서 깬자갈의 사용도 유리하게 된다.
④ 콘크리트 경화에 따른 발열이 적어진다.
⑤ 철근과 부착강도는 다소 적어진다.
⑥ 동결융해에 대한 저항이 크게 된다.

(4) 제치장 콘크리트(Exposde concrete)

① 외장을 하지 않고 콘크리트 노출면 자체가 마감면이 되는 콘크리트
② 거푸집 비용이 증가한다.
③ 구조물에 균열이 발생하여 백화가 나타날 경우 재시공 및 보수가 어렵다
④ 철근 피복두께는 보통때보다 1cm 정도 두껍게 하는 것이 바람직하다.
⑤ 배합은 부배합, 된 비빔을 한다.

[제치장 콘크리트]

⑥ 벽, 기둥은 한번에 꼭대기까지 넣는다.

⑦ 자갈은 최대지름 25mm 이하를 사용한다.

⑧ 콘크리트 색상이 차이가 나지 않도록 동일한 회사의 제품을 사용한다.

(5) 프리캐스트 콘크리트(PC, Precast concrete)

[프리캐스트 콘크리트]

① 보, 기둥, 스라브 등을 공장에서 미리 만들어 현장에서 조립하는 콘크리트

② 인력절감, 공기단축

③ 균등한 품질확보

④ 부재의 규격화, 대량생산 가능

⑤ 공사비 절감, 생산성 향상

⑥ 접합부위, 연결부위의 일체성확보가 RC공사에 비해 불리하다.

⑦ 외기에 영향을 받지 않으므로 동절기시공이 가능하다.

⑧ 다양한 형상제작이 곤란하므로 설계상의 제약이 따른다.

⑨ 대규모 공사에 적용하는 것이 유리하다.

(6) 프리플레이스트 콘크리트(Preplaced concrete)

① 미리 거푸집 속에 특정한 입도를 가지는 굵은 골재를 채워놓고 골재와 골재 사이에 시멘트 모르타르를 주입하여 제조한 콘크리트

② 염류에 대한 내구성이 크다.

③ 수중시공을 하여도 효과가 있다.

④ 재료분리, 수축이 적다.

⑤ 수밀성도 높고 내구성도 크다.

⑥ 조기강도는 작으나 장기강도는 보통 콘크리트와 같다.

⑦ 재료투입순서는 "물 → 주입보조재 → 플라이애쉬 → 시멘트 → 모래"

⑧ 프리팩트 콘크리트 시공 시 주입관 설치간격

   • 수직방향 설치 시 : 2m 정도가 표준

   • 수평방향 설치 시 : 수평간격 2m 정도, 상하간격 1.5m 정도가 표준

(7) 경량 콘크리트

[경량콘크리트의 종류]

① 경량콘크리트

② 경량기포콘크리트

③ 서모콘

④ 다공콘크리트

⑤ 신더콘크리트

⑥ 톱밥콘크리트

① 건물을 경량화하고 열을 차단하는데 유리한 콘크리트

② 기건 비중 1.4~2.0이하, 단위중량 1700kg/m³ 정도

③ 장ㆍ단점

구분	내용
장점	• 자중이 적고 건물 중량이 경감된다. • 내화성이 크고, 열전도율이 적으며 방음효과가 크다. • 콘크리트의 운반, 부어넣기의 노력이 절감된다.

구분	내용
단 점	• 시공이 번거롭고 사전에 재료처리가 필요하다. • 강도가 적다. • 건조수축이 크다. • 흡수성이 크므로 동해에 대한 저항성이 낮다. • 다공질, 투수성, 중성화 속도가 빠르다.

④ 경량기포 콘크리트(ALC : Autoclaved Lightweight Concrete)
  ㉠ 발포제에 의하여 콘크리트 내부에 무수한 기포를 독립적으로 분산시켜 중량을 가볍게 한 기포콘크리트
  ㉡ 오토클레이브 내에서 고온, 고압 상태로 양생된다.
  ㉢ 장ㆍ단점

구분	내용
정의	• 용적변화가 적다. • 양생시간이 짧다. • 백화발생이 적다. • 동결융해에 대한 저항성이 크며 내약품성이 증대된다. • 비중이 적다.(보통 콘크리트의 1/4) • 단열성, 내화성, 차음성, 경량성이 우수 • 시공성이 좋다.(현장에서 절단 및 가공이 가능)
특징	• 투수성, 흡수율이 높다.(방수처리가 문제) • 내충격성이 적다. • 강도, 탄성이 낮다. • 내진성능이 나쁘다. • 중성화 우려가 높다.

⑤ 서머콘(Thermo-con)
  자갈, 모래 등의 골재를 사용하지 않고 시멘트, 물, 발포제를 혼합하여 만든 경량콘크리트의 일종

(8) 수밀콘크리트

① 콘크리트 자체를 밀도가 높고 내수적, 방수적으로 만들어 물의 침투를 방지할 수 있도록 만든 콘크리트
② 물시멘트비 50% 이하
③ 거푸집 조립에는 누수에 특히 유의한다.
④ 콘크리트의 다짐을 충분히 하며, 가급적 이어붓기를 하지 않아야 한다.
⑤ 산, 알칼리, 해수, 동결융해에 대한 저항성이 크다.
⑥ 풍화를 방지하고 전류의 해를 받을 우려도 적다.
⑦ 이어붓는 경우의 연속 부어넣기 시간간격은 외기온이 25℃ 미만일 때는 90분 이내로 한다.

(9) 쇄석콘크리트(깬자갈 콘크리트)

① 인공적으로 부순돌(깬자갈)을 사용한 콘크리트
② 강도는 보통 콘크리트보다 10~20% 증가한다.
③ 시공연도는 좋지 않으므로 될 수 있는 한 AE 제를 사용하여 시공연도를 조절한다.
④ 조골재의 크기는 강자갈보다 약간 적은 것이 좋다.
⑤ 세골재는 미립분이 부족하지 않도록 한다.
⑥ 모래는 강자갈 콘크리트보다 10% 정도 증가 시킨다.

(10) 쇼트 콘크리트(Shot crete)

① 건 나이트라고도 하며 모르타르 혹은 콘크리트를 호스를 사용하여 압축 공기로 뿜칠하여 바르는 것이다.
② 수밀성과 강도가 뛰어난 모르타르를 얻을 수 있다.
③ 구조물의 표현마무리, 보수용, 강재의 녹 방지용으로 쓰인다.
④ 다공질이며 균열이 발생하기 쉽다.
⑤ 쇼트크리트의 종류 : 건 나이트, 본 닥터, 제트크리트

[쇼트 콘크리트(숏크리트)의 시공]

(11) 진공콘크리트(Vacuum concrete)

구분	내용
정 의	콘크리트 타설 후 진공 Mat, 진공펌프(Vacuum Pump) 등을 이용하여, 콘크리트 속에 잔류해 있는 잉여수 및 기포 등을 제거함으로써 콘크리트 강도를 증대시킨다.
특 징	• 압축강도가 증대된다. • 내구성, 내마모성이 증대된다. • 초기, 장기강도가 커진다. • 건조수축이 감소된다. • 동해에 대한 저항성 증대 • 콘크리트 타설 후 진공 압출에 의하여 물/시멘트 비가 감소한다.

(12) 중량콘크리트(방사선 차폐용 콘크리트)

① 방사능 차폐를 목적으로 비중이 2.5~6.9인 중량골재(중정석, 자철광)를 사용한 것
② 슬럼프는 150mm 이하
③ 물시멘트비 50% 이하

(13) 고강도 콘크리트(high strength concrete)

설계기준압축강도가 보통 콘크리트에서 40MPa 이상, 경량골재 콘크리트에서 27MPa 이상인 경우의 콘크리트

06 핵심문제
6. 특수콘크리트

□□□ 13년4회, 16년4회

1. 특수콘크리트에 관한 설명 중 옳지 않은 것은?

① 한중콘크리트는 동해를 받지 않도록 시멘트를 가열하여 사용한다.
② 매스콘크리트는 수화열이 적은 시멘트를 사용한다.
③ 경량콘크리트는 자중이 적고, 단열효과가 우수하다.
④ 중량콘크리트는 방사선 차폐용으로 사용된다.

> **해설**
> **한중 콘크리트**
> ① 시멘트는 절대 가열금지
> ② 재료를 가열할 경우 물 또는 골재를 가열
> ③ 재료가열온도 60℃ 이하

□□□ 13년4회, 16년4회

2. 한중 콘크리트의 제조에 대한 설명으로 틀린 것은?

① 콘크리트의 비빔온도는 기상조건 및 시공조건 등을 고려하여 정한다.
② 재료를 가열하는 경우, 물 또는 골재를 가열하는 것을 원칙으로 하며, 골재는 직접 불꽃에 대어 가열한다.
③ 타설 시의 콘크리트 온도는 5℃ 이상, 20℃ 미만으로 한다.
④ 빙설이 혼입된 골재, 동결상태의 골재는 원칙적으로 비빔에 사용하지 않는다.

> **해설**
> 재료를 가열할 경우 물 또는 골재를 가열하는 것을 원칙으로 하며 골재는 직접 가열하지 않는다.

□□□ 15년4회

3. 제치장 콘크리트(exposed concrete)에 관한 설명으로 옳지 않은 것은?

① 구조물에 균열과 이로 인한 백화가 나타난 경우 재시공 및 보수가 쉽다.
② 타설 콘크리트면 자체가 치장이 되게 마무리한 자연 그대로의 콘크리트를 말한다.
③ 재료의 절약은 물론 구조물 자중을 경감할 수 있다.
④ 거푸집이 견고하고 흠이 없도록 정확성을 기해야 하기 때문에 상당한 비용과 노력비가 증대한다.

> **해설**
> **제치장 콘크리트**
> ① 외장을 하지 않고 콘크리트 노출면 자체가 마감면이 되는 콘크리트이다
> ② 구조물에 균열이 발생하여 백화가 나타날 경우 재시공 및 보수가 어렵다

□□□ 10년1회, 14년4회

4. 다음 중 경량 콘크리트의 범주에 들지 않는 것은?

① 신더콘크리트 ② 톱밥콘크리트
③ AE콘크리트 ④ 경량기포콘크리트

> **해설**
> **경량콘크리트의 종류**
> ① 경량기포콘크리트 ② 톱밥콘크리트
> ③ 다공콘크리트 ④ 신더콘크리트
> ⑤ 서모콘크리트
> ※ AE콘크리트 : 콘크리트 속에 AE제를 혼합하여 시공연도를 좋게 한 콘크리트

□□□ 18년2회

5. 보통콘크리트와 비교한 경량 콘크리트의 특징이 아닌 것은?

① 자중이 작고 건물중량이 경감된다.
② 강도가 작은 편이다.
③ 건조수축이 작다.
④ 내화성이 크고 열전도율이 작으며 방음효과가 크다.

> **해설**
> **경량 콘크리트의 장단점**
>
> | | |
> |---|---|
> | 장점 | • 자중이 적고 건물 중량이 경감된다.
• 내화성이 크고, 열전도율이 적으며 방음효과가 크다.
• 콘크리트의 운반, 부어넣기의 노력이 절감된다. |
> | 단점 | • 시공이 번거롭고 사전에 재료처리가 필요하다.
• 강도가 작다.
• 건조수축이 크다.
• 흡수성이 크므로 동해에 대한 저항성이 낮다.
• 다공질, 투수성, 중성화 속도가 빠르다. |

Chapter 05

철골공사

이 장에서는 철골의 특징, 용접접합, 부재세우기로 구성되며, 부재의 절단, 용접의 특징과 결함요소, 철골 부재의 앵커매입, 내화피복과 관련한 내용이 주로 출제된다.

01 철골의 특징, 가공

(1) 철골의 특징

① 철골의 구조의 특징

[철골공사]

구 분	내 용
장점	• 철근콘크리트에 비해 자중이 가볍다. • 고층 및 대규모 건물에 적합하다. • 정밀한 가공을 요한다. • 가구식 구조 • 내진성능이 우수하다. • 큰 스팬 구조물에 적합하다. • 재질이 균등하고 공기단축이 가능하다.
단점	• 열에 약하여 비 내화적이다. • 강재가 녹슬기 쉽다. • 압축력에 좌굴되기 쉽다. • 고가이다.

② 강재파이프 구조의 특징

경량이며 외관이 미려하고 부재형상이 단순하여 대규모 공장, 창고, 체육관, 동·식물원, 각종 Pipe Truss 등 의장적 요소, 구조적 요소로 사용된다.

[강재파이프 구조]

(2) 철근의 선 조립 공법

① 공기를 단축시키기 위해 철근 가공 공장에서 콘크리트 타설 전에 철근을 미리 조립하는 공법

② 선 조립 공법 순서

> 시공도 작성 → 공장절단 → 가공 → 이음·조립 → 운반
> → 현장 부재 양중 → 이음·설치

■ **철골작업의 공장 가공순서**

원척도 작성 → 본뜨기 → 변형바로잡기 → 금메김 → 절단 및 가공
→ 구멍뚫기 → 가조립 → 본조립 → 검사 → 녹막이칠 → 운반

[부재절단 정밀도 순서]
톱 절단 〉전단 절단 〉가스 절단

[플라즈마 절단(plasma cutting)]
전기와 가스를 이용하여
15,000~30,000℃ 정도의 초고온으로 플
라즈마를 생성하여 금속을 절단하는 방법

(3) 부재의 절단

구분	내용
전단절단	전단력을 이용하여 절단, 판 두께 13mm 이하일 때 적용
톱절단	두꺼운 판이나 정밀을 요할 때 사용, 판 두께 13mm 이상일 때 적용
가스절단	• 가스의 화염으로 강재를 녹여서 절단 • 가스절단 시 주위 3mm 정도 변질되므로 여유있게 절단

■ 강구조용 강재의 절단 및 개선(그루브)가공에 관한 일반사항

1. 주요 부재의 강판 절단은 주된 응력의 방향과 압연방향을 일치시켜 절단함을 원칙으로 하며 절단작업 착수 전 재단도를 작성해야한다.
2. 강재의 절단은 강재의 형상, 치수를 고려하여 기계절단, 가스절단, 플라즈마절단, 레이저절단 등을 적용한다.
3. 절단할 강재의 표면에 녹, 기름, 도료가 부착되어 있는 경우에는 제거 후 절단해야 한다.
4. 용접선의 교차 부분 또는 한 부재를 다른 부재에 접합시킬 때 불필요한 접촉을 피하기 위하여 모퉁이 따기를 할 경우에는 10 mm 이상 둥글게 해야 한다.
5. 설계도서에서 메탈 터치가 지정되어 있는 부분은 페이싱 머신 또는 로터리 플래너 등의 절삭가공기를 사용하여 부재 상호간 충분히 밀착하도록 가공한다.
6. 절단면의 정밀도가 절삭가공기의 경우와 동일하게 확보할 수 있는 기계절단기(cold saw)를 이용한 경우, 절단 연단부는 그대로 두어도 좋다.
7. 스캘럽 가공은 절삭가공기 또는 부속장치가 달린 수동 가스절단기를 사용한다.
8. 가공 정밀도를 확보할 수 없는 것은 그라인더 등으로 수정해야 한다.

---

(4) 구멍 뚫기

구분	내용
펀칭 (Punching)	부재의 두께 13mm 이하, 리벳지름이 9mm 이하에 쓰인다. (단, 기밀성이 요구되는 곳이나 주철재일 경우는 쓰지 않는다.)
송곳뚫기 (Driling)	• 부재 두께가 13mm 초과일 때 • 주철재일 때 • 물탱크, 기름 탱크일 때 • 주요 구조부의 정밀가공을 요할 때
구멍가심 (reaming)	• 구멍 뚫기 한 부재가 구멍위치가 다를 때 Reamer로 구멍가심한다. • 구멍최대 편심거리는 1.5mm 이하 • 철골구멍을 가셔낸다.

■ 녹막이칠을 하지 않는 부분

① 콘크리트에 매입되는 부분
② 조립에 의해 서로 맞닿는 면
③ 현장용접 부위와 용접부위에 인접하는 양측 10cm 이내
④ 고력볼트 마찰접합부의 마찰면
⑤ 폐쇄형 단면을 한 부재의 밀폐된 면
⑥ 현장에서 깎기 마무리 가공한 부분

(5) 리벳접합

① 철골 1ton 당 리벳개수

종 류	개 수
일반 리벳	300~400개
공장 리벳치기	200~250개(전체의 2/3)
현장 리벳치기	100~150개(전체의 1/3)

② 리벳치기

㉠ 리벳가열온도 : 600~1,100℃(800℃가 적당)

㉡ 리벳구멍 지름 허용치(D : 리벳지름)

리벳지름	허용치
20mm 미만	D + 1.0mm 이하
20mm 이상	D + 1.5mm 이하

③ 리벳의 피치(Pitch) : 구멍 중심 간 거리

최소 값	표준 값	최대 값	
		인장재	압축재
2.5d 이상	4d 이상	12d 또는 30t 이하	8d 또는 15t 이하

(d : 리벳지름, t : 가장 얇은 판의 두께)

④ 리벳 접합 시 주요사항

㉠ 리벳으로 접합하는 판의 총 두께는 리벳지름의 5배 이하로 한다.

㉡ 구조상 중요한 리벳접합부는 최소 2개 이상 설치한다.

⑤ 연단거리

㉠ 리벳구멍에서부터 부재의 끝단까지 거리

㉡ 최소연단거리 : 2.5d 이상

㉢ 최대연단거리 : 12t(두께) 이하, 15cm 이하

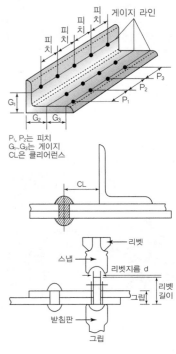

[리벳의 접합간격]

게이지 라인
피치
P_1, P_2는 피치
G_1~G_3는 게이지
CL은 클리어런스

CL
리벳
스냅
리벳지름 d
그립
리벳길이
받침판
그립

[게이지라인(Gauge line)]
리벳의 중심과 중심을 연결하는 선

[철골의 볼트 접합]

(6) 볼트 접합

① 고력볼트(High-tension Bolt) 접합

구분	내용
접합방식	마찰력
Bolt 조임	• 임팩트 렌치, 토크 렌치로 한다. • 보통 1차 조임에서는 80%, 2차조임에서 Bolt의 표준장력을 얻는다. • 순서는 중앙을 먼저 조인 후 양쪽가장자리를 조인다.
마찰면 처리	표면의 녹, 유류, 칠 등 저해요소 제거, 거친 면으로 한다.
고력볼트의 특징	• 소음이 적다. • 재해의 위험이 적다.(화재의 위험이 적다.) • 접합부의 강성이 크다. • 현장시공 설비가 간단하다. • 피로강도가 높다. • 불량개소의 수정이 용이하다. • 공기가 단축되고 노동력이 절약된다. • 마찰접합이다.

② 볼트 구멍 지름 허용치

명 칭	지 름(mm)	허용치
고력볼트	27mm 미만	D + 2.0mm
	27mm 이상	D + 3.0mm
보통볼트	각종 지름	D + 0.5mm
앵커볼트	각종 지름	D + 5.0mm

③ 철골구조의 접합부 유의사항

ㄱ 접합부의 위치는 역학적으로 응력이 가능한 한 적은 곳에서 접합한다.

ㄴ 구조상 주요한 부재의 접합부에는 응력이 작더라도 고장력 볼트접합의 경우 최소 2개 이상 배치한다.

ㄷ 부재 중심축과 접합의 중심축을 일치시키며, 일치되지 않을 때는 편심에 대한 영향을 고려한다.

ㄹ 축 방향력을 받는 부재는 각 재의 중심축이 1점에 모이도록 한다.

■ **리벳 수와 가 조립 볼트 수**

구분	내용
현장치기 리벳수	전 리벳수의 1/3(30%)
공장치기 리벳수	전 리벳수의 2/3 이상(70%)
세우기용 가볼트 수	전 리벳수의 20~30% 또는 현장치기 리벳수의 1/5 이상

01 핵심문제　　　　　　1. 철골의 특징, 가공

□□□ 10년2회, 13년12회

1. 다음 중 강관 파이프 구조 공사에 대한 설명으로 옳지 않은 것은?

① 경량이며 외관이 경쾌하다.
② 휨 강성 및 비틀림 강성이 크다.
③ 접합부 및 관 끝의 절단가공이 간단하다.
④ 국부좌굴에 유리하다.

문제 1 ~ 2 해설	
강관 Pipe 구조의 특징	
(1) 장 점	(2) 단 점
① 단면에 강도의 방향성이 없다.	① 접합부의 절단가공이 어렵다.
② 휨강성, 비틀림 강성이 크다.	② 이음, 맞춤부의 정밀도가 떨어진다.
③ 국부좌굴에 유리하다.	③ 접합이 복잡하다.
④ 가볍고 외관이 경쾌하다.	

□□□ 12년1회

2. 강관구조에 대한 설명으로 옳지 않은 것은?

① 일반형강에 비하여 국부좌굴에 불리하여 강도가 약하다.
② 콘크리트 충전시 내부의 콘크리트와 외부 강관의 역학적 거동에서 합성구조라 볼 수 있다.
③ 콘크리트 충전시 별도의 거푸집이 필요없다.
④ 접합부 용접기술이 발달한 일본 등에서 활성화되어 있다.

□□□ 16년2회, 19년2회

3. 철근콘크리트 구조의 철근 선조립 공법의 순서로 옳은 것은?

① 시공도 작성 → 공장절단 → 가공 → 이음·조립 → 운반 → 현장부재양중 → 이음·설치
② 공장절단 → 시공도작성 → 가공 → 이음·조립 → 이음·설치 → 운반 → 현장부재양중
③ 시공도 작성 → 가공 → 공장절단 → 운반 → 현장부재양중 → 이음·조립 → 이음·설치
④ 시공도 작성 → 공장절단 → 운반 → 가공 → 이음·조립 → 현장부재양중 → 이음·설치

해설

철근 선조립 공법
① 공기를 단축시키기 위해 철근 가공 공장에서 콘크리트 타설 전에 철근을 미리 조립하는 공법
② 시공도 작성 → 공장절단 → 가공 → 이음·조립 → 운반 → 현장 부재 양중 → 이음·설치

□□□ 11년2회, 13년4회, 16년1회, 17년1회, 20년3회

4. 철골부재 절단 방법 중 가장 정밀한 절단방법으로 앵글커터(angle cutter) 등으로 작업하는 것은?

① 가스절단　　　　② 전단절단
③ 톱절단　　　　　④ 전기절단

해설

철골부재 절단 정밀도 순서 : 톱절단 〉 전단절단 〉 가스절단

□□□ 13년1회, 18년4회

5. 철골부재 공장제작에서 강재의 절단 방법으로 옳지 않은 것은?

① 기계 절단법　　　　② 가스 절단법
③ 로터리 베니어 절단법　④ 프라즈마 절단법

해설

강재의 절단
① 전단 절단(기계 절단)
② 톱 절단
③ 가스 절단
④ 플라즈마 절단

□□□ 19년4회, 20년1,2회

6. 강구조용 강재의 절단 및 개선가공에 관한사항으로 옳지 않은 것은?

① 주요 부재의 강판 절단은 주된 응력의 방향과 압연방향을 직각으로 교차하여 절단함을 원칙으로 한다.
② 절단할 강재의 표면에 녹, 기름, 도료가 부착되어 있는 경우에는 제거 후 절단해야 한다.
③ 용접선의 교차부분 또는 한 부재를 다른 부재에 접합시킬 때 불필요한 접촉을 피하기 위하여 모퉁이 따기를 할 경우에는 10mm 이상 둥글게 해야 한다.
④ 스캘럽 가공은 절삭 가공기 또는 부속장치가 달린 수동가스 절단기를 사용한다.

해설

강구조용 강재의 절단 및 개선(그루브)가공에 관한 일반사항

1. 주요 부재의 강판 절단은 주된 응력의 방향과 압연방향을 일치시켜 절단함을 원칙으로 하며 절단작업 착수 전 재단도를 작성해야 한다.
2. 강재의 절단은 강재의 형상, 치수를 고려하여 기계절단, 가스절단, 플라즈마절단, 레이저절단 등을 적용한다.
3. 절단할 강재의 표면에 녹, 기름, 도료가 부착되어 있는 경우에는 제거 후 절단해야 한다.
4. 용접선의 교차 부분 또는 한 부재를 다른 부재에 접합시킬 때 불필요한 접촉을 피하기 위하여 모퉁이따기를 할 경우에는 10 mm 이상 둥글게 해야 한다.
5. 설계도서에서 메탈 터치가 지정되어 있는 부분은 페이싱 머신 또는 로터리 플래너 등의 절삭가공기를 사용하여 부재 상호간 충분히 밀착하도록 가공한다.
6. 절단면의 정밀도가 절삭가공기의 경우와 동일하게 확보할 수 있는 기계절단기(cold saw)를 이용한 경우, 절단연단부는 그대로 두어도 좋다.
7. 스캘럽 가공은 절삭가공기 또는 부속장치가 달린 수동가스절단기를 사용한다.
8. 가공 정밀도를 확보할 수 없는 것은 그라인더 등으로 수정해야 한다.

□□□ 15년4회, 22년2회

7. 철골 부재 조립 시 구멍의 위치가 다소 다를 때 구멍을 맞추기 위한 작업은?

① 송곳뚫기(Drilling) ② 리밍(Reaming)
③ 펀칭(Punching) ④ 리벳치기(Riveting)

해설

구멍가심(Reaming)
① 구멍뚫기 한 부재가 구멍위치가 다를 때 Reamer로 구멍 맞추기 한다.
② 구멍최대 편심거리는 1.5mm 이하
③ 철골구멍을 가셔낸다.

□□□ 11년4회, 17년4회

8. 철골작업 중 녹막이칠을 피해야할 부위에 해당되지 않는 것은?

① 콘크리트에 매립되는 부분
② 현장에서 깎기 마무리가 필요한 부분
③ 현장용접 예정부위에 인접하는 양측 50cm 이내
④ 고력볼트 마찰접합부의 마찰면

문제 8 ~ 10 해설

녹막이칠을 하지 않는 부분
① 콘크리트에 매입되는 부분
② 조립에 의해 서로 맞닿는 면
③ 현장용접 부위와 용접부위에 인접하는 양측 10cm 이내
④ 고력볼트 마찰접합부의 마찰면
⑤ 폐쇄형 단면을 한 부재의 밀폐된 면
⑥ 현장에서 깎기 마무리가 필요한 부분

□□□ 13년2회, 15년1회, 20년4회

9. 철골 공사 중 현장에서 보수도장이 필요한 부위에 해당되지 않는 것은?

① 현장 용접 부위
② 현장접합 재료의 손상 부위
③ 조립상 표면접합이 되는 면
④ 운반 또는 양중 시 생긴 손상부위

□□□ 15년2회, 18년2회

10. 철골구조의 녹막이 칠 작업을 실시하는 곳은?

① 콘크리트에 매입되지 않는 부분
② 고력볼트 마찰 접합부의 마찰면
③ 폐쇄형 단면을 한 부재의 밀폐된 면
④ 조립상 표면접합이 되는 면

□□□ 20년3회

11. 강구조 건축물의 현장조립 시 볼트시공에 관한 설명으로 옳지 않은 것은?

① 마찰내력을 저감시킬 수 있는 틈이 있는 경우에는 끼움판을 삽입해야 한다.
② 볼트조임 작업 전에 마찰접합면의 흙, 먼지 또는 유해한 도료, 유류, 녹, 밀스케일 등 마찰력을 저감시키는 불순물을 제거해야 한다.
③ 1군의 볼트조임은 가장자리에서 중앙부의 순으로 한다.
④ 현장조임은 1차 조임, 마킹, 2차 조임(본조임), 육안검사의 순으로 한다.

해설

볼트조임은 볼트 군마다 이음의 중앙부에서 판 단부쪽으로 조여간다.

02 용접접합

(1) 용접접합의 특징

① 용접의 장단점

구 분	내 용
장점	• 무소음, 무진동 • 강재의 양을 절약할 수 있다. • 고도의 수밀성을 유지할 수 있다. • 단면결손이 없어 이음효율이 높다. • 응력전달이 확실하다.
단점	• 강재의 재질적인 영향이 크다. • 용접내부의 결함을 육안으로 알 수 없다. • 검사가 어렵고 비용과 시간이 걸린다. • 용접공 개인의 기능에 의존도가 크다 • 기후나 기온에 영향을 받는다.

[가스압접의 금지]

① 지름차이가 6mm 초과할 때
② 철근의 재질이 다를 때
③ 편심오차가 지름의 1/5 초과 할 때

② 용접 종류

종 류	방 법
가스압접	• 용접하고자하는 금속을 아세틸렌 불꽃으로 가열하고 적당한 온도에서 두 금속을 가압하여 압착시키는 용접방법 • 재질이 다른 경우에는 적용이 어렵다
가스용접	가스 불꽃의 열을 이용하여 철재의 일부를 녹여 접합
아크용접	• 전기아크를 발생시켜 고열로 금속을 용접하는 방법 • 3,500℃정도의 고열의 아크열 사용 • 모재의 접합부와 용접봉이 용해되어 모재 사이의 틈 또는 살붙임 피복으로 함 • 철골공사에 가장 많이 사용
전기저항용접	접합하는 물체에 전류를 통과시켜 접촉부에 발생하는 전기 저항열로 금속을 녹이고 압력을 가하여 접합시키는 용접법(강구조접합이 불가능)

(2) 용접접합 용어

① 주요용어

용어	내용
루트(Root)	용접이음부 홈아래부분(맞댄용접의 트임새 간격)
목두께	용접부의 최소 유효폭, 구조계산용 용접 이음두께
글로브 (groove=개선부)	두 부재간 사이를 트이게 한 홈에 용착금속을 채워넣는 부분
위빙 (Weaving=위핑)	용접작업 중 운봉을 용접방향에 대하여 엇갈리게 움직여 용가금속을 용착시키는 것
스패터(Spatter)	아크용접과 가스용접에서 용접 중 튀어 나오는 슬래그 또는 금속입자
엔드 탭 (End Tap)	용접결함을 방지하기 위해 Bead의 시작과 끝 지점에 부착하는 보조강판
가우징 (Gas Gouging)	홈을 파기 위한 목적으로 한 화구로서 산소아세틸렌 불꽃으로 용접부의 뒷면을 깨끗이 깎는 작업
스터드 (Stud)	철골보와 콘크리트 슬라브를 연결하는 시어커넥터 역할을 하는 부재

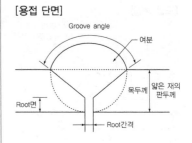

[용접 단면]

② 용접봉의 피복재(Flux)

㉠ 용접봉의 형태 : 용접봉은 피복재(Flux)와 심선으로 구성된다.

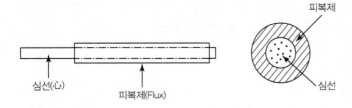

㉡ 플럭스(Flux) : 용접봉의 피복제 역할을 하는 분말상의 재료

㉢ 피복재의 역할
- 함유원소를 이온화해 아크를 안정시킨다.
- 용착금속에 합금원소를 첨가한다.
- 용융금속을 탈산, 정련한다.
- 용융금속의 산화 또는 질화를 막는다.
- 금속표면의 냉각속도를 작게 한다.

[모살 용접]

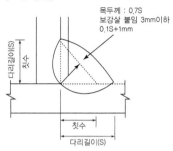

목두께 : 0.7S
보강살 붙임 3mm이하
0.1S+1mm

(3) 용접방식

구분	내용
맞댄용접	• 철판이나 철골의 끝단 면끼리 붙여놓고 하는 용접 • 용접하는 면이 적어서 응력이 집중되므로 반드시 용접면의 뒷편에 철판을 대고 해야 한다. • 일반적으로 모따기하는 면의 모양에 따라 U, X, K, H, I, J, V형으로 나눈다.(z형은 없다.)
모살용접 (fillet)	• 형강 또는 판 등의 겹친이음, T자이음, 각이음 등에 쓰이는 용접으로 부재와 부재가 겹치든가 맞닿는 부분이 각을 이루는 면에 용접하는 방식 • 유효목두께 : 0.7S • 보강 살붙임 : 3mm 이하 혹은 0.1S+1mm 이하 • 유효단면적 : 용접의 유효길이 × 유효목두께 • 유효길이 : 모살용접의 총 길이에서 2배의 모살치수를 공제한 값

맞댐용접   겹친 모살용접   모서리 모살용접   T형 양면 모살용접

단속 모살용접   갓용접   덧판용접   양면 덧판용접   산지용접

모살용접의 형상

(4) 용접검사

① 용접결함

[스패터(Spatter)]

아크용접이나 가스용접에서 용접 중 비산하는 Slag 및 금속입자가 경화된 것

구분	내용	
슬랙 감싸들기	• 용접봉의 피복재 심선과 모재가 변하여 생긴 회분이 용착금속 내에 혼입되는 것 • 운봉 부적당, 전류 과소	Slag
언더컷 (Under Cut)	• 모재가 녹아 용착금속이 채워지지 않고 흠으로 남게 된 부분 • 운봉불량, 전류 과대, 용접봉의 부적당에 기인한다.	Under cut
오버랩 (Over Lap)	• 용접금속과 모재가 융합되지 않고 겹쳐지는 것 • 용접속도가 늦고 전류가 낮을 때	Over lap
블로홀(Blow Hole)	금속이 녹아들 때 생기는 기포나 작은 틈을 말한다.	Blow-hole

구분	내용	
크랙(Crack)	• 용접금속에 금이 간 상태 • 전류과대, 모재 불량	Crack
피트(Pit)	• 용접부에 생기는 미세한 구멍이다. • 녹 또는 모재의 화학성분이 원인으로 되어 기공이 발생함으로서 용접부의 표면에 생기는 적은 구멍	Pit
용입불량	• 모재가 녹지 않고 용착금속에 채워지지 않고 홈으로 남음 • 운봉속도 과다, 낮은 전류, 홈의 각도가 좁을 때	용입부족
크레이터	• 아크용접시 끝부분이 항아리모양으로 움푹패인 것 • 운봉 부적당, 과다 전류	Crater

② 용접부의 검사

구분	내용		
용접 착수 전	• 구속법 • 모아대기법	• 트임새 모양 • 자세의 적부	
용접 작업 중	• 용접봉	• 운봉	• 전류
용접 완료 후	• 육안검사 • 절단검사 • 비파과검사(방사선 투과법, 초음파탐상법, 자기분말 탐상법, 침투탐상법)		

③ 철골 내부결함 검사(비파괴 검사)

구분	내용
방사선투과시험 RT(Radiography Testing)	X선·r선을 용접부에 투과하고 그 상태를 필름에 촬영하여 내부결함 검출 (필름의 밀착성이 좋지 않은 건축물에서는 검출이 어렵다.)
초음파탐상시험 UT(Ultrasonic Testing)	• 인간이 들을 수 없는 주파수가 20KHz를 넘는 주파수를 갖는 초음파(超音波)를 사용하여 결함을 탐지 • 초음파 5~10MHz 범위의 주파수 사용
자기분말탐상시험 MT(Magnetic particle Testing)	용접부위에 자력선을 통과하여 결함에서 생기는 자장에 의해 표면결함 검출
침투탐상시험 PT(Penetrant Testing)	용접부위에 침투액을 도포하고 표면을 닦은 후 검사약을 도포하여 표면결함 검출(모세관현상 이용)

[자동전격방지장치]

교류아크용접기를 사용할 때는 아크가 중단되었을 때 무부하 전압을 자동적으로 25V 이하로 낮춰주는 자동전격방지장치를 설치하여야 한다.

④ **용접에 대한 주의사항**

　㉠ 기온이 −5℃ 이하의 경우는 용접해서는 안된다. 기온이 −5~5℃인 경우에는 접합부로부터 100mm 범위의 모재 부분을 적절하게 가열하여 용접 할 수 있다.

　㉡ 바람이 강한 날은 바람막이를 하고 용접한다.

　㉢ 현장용접을 할 부재는 그 용접선에서 100mm 이내에 도장을 하여서는 안 된다. 단, KS규격으로 정한 보일드 유의 엷의 층은 무방하다.

　㉣ 용접할 소재의 표면에 녹아 있는 녹, 페인트, 유분 등은 제거하고 작업한다.

　㉤ 용접 시 발생하는 가스 등으로 질식 또는 중독되지 않도록 한다.

　㉥ 용접 시 열에 의해 주변부가 변질될 가능성이 있으므로 치수에 여유를 두고 용접한다.

　㉦ 기둥, 보 접합부에 설치된 엔드 탭은 절단하지 않는다.

02 핵심문제
2. 용접접합

□□□ 12년2회, 19년4회

1. 철골공사에서 용접접합의 장점과 거리가 먼 것은?

① 강재량을 절약할 수 있다.
② 소음을 방지할 수 있다.
③ 일체성 및 수밀성을 확보할 수 있다.
④ 접합부의 품질검사가 매우 간단하다.

해설

용접의 장단점

장점	단점
• 무소음, 무진동 • 강재의 양을 절약할 수 있다. • 고도의 수밀성을 유지할 수 있다. • 단면결손이 없어 이음효율이 높다. • 응력전달이 확실하다.	• 강재의 재질적인 영향이 크다. • 용접내부의 결함을 육안으로 알 수 없다. • 검사가 어렵고 비용과 시간이 소요된다. • 용접공 개인의 기능에 의존도가 크다. • 기후나 기온에 영향을 받는다.

□□□ 11년2회, 16년1회

2. 가스압접에 대한 설명 중 잘못된 것은?

① 접합온도는 대략 1,200~1,300℃이다.
② 압접 작업은 철근을 완전히 조립하기 전에 행한다.
③ 철근의 지름이나 종류가 다른 것을 압접하는 것이 좋다.
④ 기둥, 보 등의 압접 위치는 한 곳에 집중되지 않게 한다.

해설

가스압접의 금지
① 지름차가 6mm 초과할 때
② 철근의 재질이 다를 때
③ 편심오차가 지름의 1/5 초과할 때

□□□ 14년2회, 18년4회, 22년2회

3. 철골공사의 용접접합에서 플럭스(flux)를 옳게 설명한 것은?

① 용접 시 용접봉의 피복제 역할을 하는 분말상의 재료
② 압연강판의 층 사이에 균열이 생기는 현상
③ 둥근 경량형강 등 부재간 홈이 벌어진 상태에서 용접하는 방법
④ 용접부에 생기는 미세한 구멍

해설

용접봉의 피복재(Flux)
1. 플럭스(Flux) : 용접봉의 피복제 역할을 하는 분말상의 재료
2. 피복재의 역할
 ① 함유원소를 이온화해 아크를 안정시킨다.
 ② 용착금속에 합금원소를 첨가한다.
 ③ 용융금속을 탈산, 정련한다.
 ④ 용융금속의 산화 또는 질화를 막는다.
 ⑤ 금속표면의 냉각속도를 작게 한다.

□□□ 17년1회, 22년1회

4. 다음 모살용접(Fillet Welding)의 단면상 이론 목두께에 해당하는 것은?

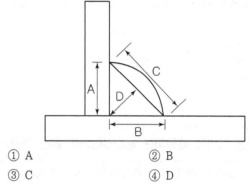

① A
② B
③ C
④ D

해설

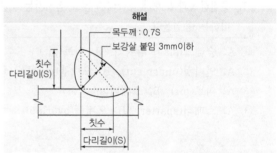

□□□ 17년4회

5. 철골공사의 모살용접에 관한 설명으로 옳지 않은 것은?

① 모살용접의 유효면적은 유효길이에 유효목두께를 곱한 것으로 한다.
② 모살용접의 유효길이는 모살용접의 총길이에서 2배의 모살사이즈를 공제한 값으로 해야 한다.
③ 모살용접의 유효목두께는 모살사이즈의 0.3배로 한다.
④ 구멍모살과 슬롯 모살용접의 유효길이는 목두께의 중심을 잇는 용접 중심선의 길이로 한다.

모살용접

1. 형강 또는 판 등의 겹친이음, T자이음, 각이음 등에 쓰이는 용접으로 부재와 부재가 겹치든가 맞닿는 부분이 각이루는 면에 용접하는 방식
2. 유효목두께 : 0.7S
3. 보강살 붙임 : 3mm 이하 혹은 0.1S+1mm 이하
4. 유효단면적 : 용접의 유효길이 × 유효목두께
5. 유효길이 : 모살용접의 총 길이에서 2배의 모살치수를 공제한 값

□□□ 17년2회

6. 철골공사에서 용접 결함을 뜻하지 않는 용어는?

① 피트(Pit)
② 블로우 홀(Blow hole)
③ 오버 랩(Over lap)
④ 가우징(Gouging)

가우징(Gouging)
용접부의 홈파기 : 먼저 용접한 부위의 결함 제거나 주철의 균열 보수를 하기 위하여 좁은 홈을 파내는 것

□□□ 10년2회, 13년1회, 15년4회

7. 다음 설명에 해당하는 용접결함으로 옳은 것은?

> A. 용접 시 튀어나온 슬래그가 굳은 현상을 의미하는 것
> B. 용접금속과 모재가 융합되지 않고 겹쳐지는 것을 의미하는 용접불량

① A: 슬래그(slag) 감싸기, B: 피트(pit)
② A: 언더컷(under cut), B: 오버랩(overlap)
③ A: 피트(pit), B: 스패터(spatter)
④ A: 스패터(spatter), B: 오버랩(overlap)

① 스패터(Spatter)
아크 용접이나 가스용접에서 용접 중 비산하는 Slag 및 금속입자가 경화된 것
② 오버랩(Over Lap)
　㉠ 용접금속과 모재가 융합되지 않고 겹쳐지는 것.
　㉡ 용접속도가 늦고 전류가 낮을 때

□□□ 13년4회, 16년2회

8. 용접불량의 일종으로 용접의 끝부분에서 용착금속이 채워지지 않고 홈처럼 우묵하게 남아 있는 부분을 무엇이라 하는가?

① 언더컷
② 오버랩
③ 크레이터
④ 크랙

언더컷(undercut)
① 모재가 녹아 용착금속이 채워지지 않고 흠으로 남게 된 부분
② 운봉불량, 전류과대, 용접봉의 부적당에 기인한다.

□□□ 15년1회, 20년1,2회

9. 철골용접이음 후 용접부의 내부결함 검출을 위하여 실시하는 검사로써 빠르고 경제적이어서 현장에서 주로 사용하는 초음파를 이용한 비파괴 검사법은?

① MT(Magnetic particle Testing)
② UT(Ultrasonic Testing)
③ RT(Radiography Testing)
④ PT(Liquid Penetrant Testing)

문제 9 ~ 10 해설	
철골의 비파괴 검사법	
① 방사선투과시험 RT(Radiography Testing)	X선·r선을 용접부에 투과하고 그 상태를 필름에 촬영하여 내부결함 검출 (필름의 밀착성이 좋지 않은 건축물에서는 검출이 어렵다)
② 초음파탐상시험 UT(Ultrasonic Testing)	① 인간이 들을 수 없는 주파수가 20KHz를 넘는 진동수를 갖는 초음파(超音波)를 사용하여 결함을 탐지 ② 5mm 이상의 두꺼운 판에는 부적당 ③ 초음파 5~10MHz 범위의주파수 사용
③ 자기분말탐상시험 MT(Magnetic particle Testing)	용접부위에 자력선을 통과하여 결함에서 생기는 자장에 의해 표면결함 검출
④ 침투탐상시험 PT(Penetrant Testing)	용접부위에 침투액을 도포하고 표면을 닦은 후 검사약을 도포하여 표면결함 검출 (모세관현상이용)

□□□ 17년2회, 20년4회

10. 철골용접 부위의 비파괴검사에 관한 설명으로 옳지 않은 것은?

① 방사선검사는 필름의 밀착성이 좋지 않은 건축물에서도 검출이 우수하다.
② 침투탐상검사는 액체의 모세관현상을 이용한다.
③ 초음파탐상검사는 인간의 귀로 들을 수 없는 주파수를 갖는 초음파를 사용하여 결함을 검출하는 방법이다.
④ 외관검사는 용접을 한 용접공이나 용접관리 기술자가 하는 것이 원칙이다.

정답 6 ④ 7 ④ 8 ① 9 ② 10 ①

□□□ 13년2회, 16년2회

11. 철골공사에서는 용접작업 종료 후 용접부의 안전성을 확인하기 위해 비파괴 검사를 실시하는데 이 비파괴검사의 종류에 해당되지 않는 것은?

① 초음파 탐상 검사　　② 침투 탐상 검사
③ 반발 경도 검사　　　④ 방사선 검사

해설

반발경도 시험은 콘크리트를 시공하고 난 후 콘크리트의 강도를 측정하기 위한 시험이다.

□□□ 14년1회

12. 철골공사의 용접부 검사에 관한 사항 중 용접완료 후의 검사와 거리가 먼 것은?

① 초음파 탐상법　　　② x선 투과법
③ 개선 정도 검사　　　④ 자기탐상법

해설

용접완료 후 검사
① 육안검사
② 절단검사
③ 비파괴검사(방사선투과법, 초음파 탐상법, 자기분말 탐상법, 침투탐상법)

□□□ 13년4회, 16년2회

13. 철골부재 용접 시 주의사항 중 옳지 않은 것은?

① 기온이 0℃ 이하로 될 때에는 용접하지 않도록 한다.
② 용접할 모재의 표면에 있는 녹, 페인트, 유분 등은 제거하고 작업한다.
③ 용접 시 발생하는 가스 등으로 질식 또는 중독되지 않도록 환기 또는 기타 필요한 조치를 해야 한다.
④ 용접할 소재는 정확한 시공과 정밀도를 위하여 치수에 여분을 두지 말아야 한다.

해설

용접 시에는 열을 받아 주변부가 변질될 가능성이 있으므로 치수에 여유를 두고 용접한다.

03 철골세우기

(1) 시공순서

① 철골세우기 시공순서

> 기초 앵커볼트 매입 → 기초상부고름질 → 철골세우기 → 가 조립
> → 변형 바로잡기 → 볼트 본조립 → 검사 → 도장 → 양생

② 철골 기초부 세우기 순서

> 기둥중심선 먹매김 → 기초볼트위치 재점검 → Base Plate 높이
> 조정용 Liner Plate고정 → 기둥세우기 → 주각부 모르타르 채움

[앵커 Bolt 매입법]

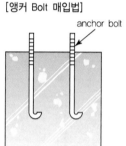

〈고정매입공법〉

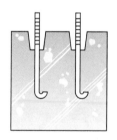

〈가동매입공법〉

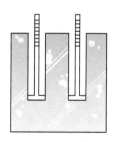

〈나중매입공법〉

철골 주각부 명칭

(2) 앵커 Bolt 매입법

	공법	특징
고정 매입공법	기초철근 조립 시 동시에 Anchor Boltf를 기초상부에 정확히 묻고 콘크리트를 타설하는 공법	• 중요공사, 시공정밀도 요구공사 • 앵커볼트 지름이 클 때 사용 • 대규모공사에 적합 • 구조안정도가 양호 • 불량시공 시 보수가 어려움
가동(이동) 매입공법	앵커볼트의 위치를 콘크리트 타설 후 조정할 수 있도록 볼트 상부에 얇은 철판을 넣거나 스티로폼 등으로 보호하는 공법	• 중규모공사에 적합 • 시공오차의 수정이 용이 • 부착강도 저하
나중 매입공법	Anchor Bolt 위치에 콘크리트 타설 전 Bolt를 묻을 구멍을 조치해 두거나 콘크리트 타설 후 Core 장비로 천공하여 나중에 고정하는 공법	• 경미한 공사에 적합 • 시공이 간단하고 보수가 쉬움 • 기계기초에 사용 • 앵커볼트 지름이 작을 때 사용

(3) 기초상부 고름질 방법

① 전면 바름 방법

② 나중 채워넣기 중심 바름법

③ 나중 채워넣기 + 자바름법

④ 완전 나중 채워넣기 방법

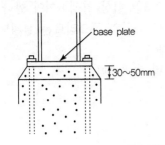

전면 바름 방법

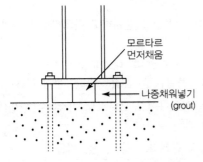 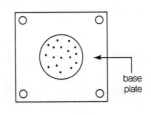

나중 채워넣기 중심바름법

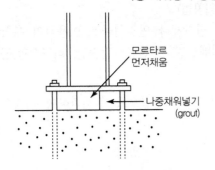 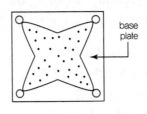

나중 채워넣기 +자 바름법

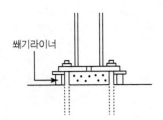 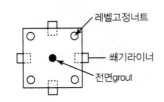

완전 나중 채워 넣기

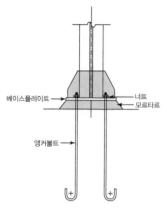

[베이스 플레이트 시공]

[쉬어커넥터(Shear Connector)]

쉬어커넥터는 철골보와 콘크리트 바닥판을 일체화시키기 위한 고정앵커철물(스터드 볼트)

(4) 베이스 플레이트 시공

① 베이스 플레이트 하부에 채워 넣는 베이스 모르타르는 무수축 모르타르로 한다.

② 모르타르의 두께는 30mm 이상 50mm 이내로 한다.

③ 모르타르의 크기는 200mm 각 또는 직경 200mm 이상으로 한다.

④ 베이스 모르타르는 철골 설치 전 3일 이상 양생하여야 한다.

⑤ 앵커볼트 설치 시 베이스플레이트 위치의 콘크리트는 설계도면 레벨보다 30mm~50mm 낮게 타설한다.

⑥ 베이스플레이트 설치 후 그라우팅 처리한다.

(5) 내화 피복공법의 분류 및 재료

① 습식 내화피복공법

구분	내용
타설공법	철골 구조체 주위에 거푸집을 설치하고 콘크리트를 타설하는 공법
뿜칠공법	철골표면에 접착제를 도포한 후 내화재를 도포하는 공법(뿜칠암면, 습식뿜칠암면, 뿜칠Mortar, 뿜칠 Plaster)
미장공법	철골에 용접철망을 부착하여 모르타르로 미장하는 방법(철망 Mortar, 철망펄라이트 모르티르)
조적공법	콘크리트 블록, 경량 콘크리트 블록, 돌, 벽돌

② 건식 내화피복공법(성형판 붙임공법)

내화단열이 우수한 성형판의 접착제나 연결철물을 이용하여 부착하는 공법(P.C판, A.L.C판, 석면시멘트판, 석면규산칼슘판, 석면성형판)

③ 합성 내화피복공법

이종재료를 적층하거나, 이질재료의 접합으로 일체화하여 내화성능을 발휘하는 공법

㉠ 이종재료 적층공법

㉡ 이질재료 접합공법

④ 복합 내화피복공법

하나의 제품으로 2개의 기능을 충족시키는 공법(흡음성과 내화성)

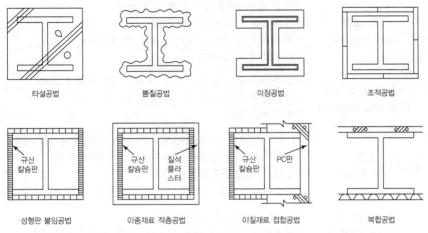

내화피복공법의 종류

(6) 철골의 미장 및 뿜칠공법 검사

구분	내용
미장공법, 뿜칠공법의 경우	• 시공 시에는 시공면적 5m² 당 1개소 단위로 핀 등을 이용하여 두께를 확인하면서 시공한다. • 뿜칠공법의 경우 시공 후 두께 및 비중은 코어를 채취하여 측정한다. 측정빈도는 각층마다 또는 바닥면적 1500m² 마다 각 부위별 1회를 원칙으로 하고, 1회에 5개로 한다. 그러나 연면적이 1500m² 미만의 건물에 대해서는 2회 이상으로 한다.
조적공법, 붙임공법, 멤브레인 공법의 경우	재료 반입 시, 재료의 두께 및 비중을 확인한다. 그 빈도는 각층마다 바닥면적 1500m² 마다 각 부위별 1회로 하며, 1회에 3개로 한다. 그러나 연면적이 1500m² 미만의 건물에 대해서는 2회 이상으로 한다.

[멤브레인(Membrane) 공법]
복합 내화피복공법으로 암면 흡음판을 철골 주위에 붙여 시공

[철골 세우기용 기계]

진폴

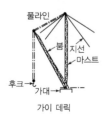

가이 데릭

스티프 레그 데릭

(7) 철골세우기용 기계

종 류	특 징
가이데릭 (Guy Derrick)	• 가장 많이 사용되는 기중기의 일종 • 붐은 360° 회전이 가능하다. • 붐의 길이는 Mast 보다 3~5m 짧게 한다. • Guy의 수 : 6~8개
스티프 레그 데릭 (Stiff Leg Derrick)	• 수평이동이 가능하고 층수가 낮고 긴 평면에 유리 • 당김줄을 마음대로 맬 수 없을 때 유리 • 회전각도 270°
진폴 (Gin Pole)	• 1개의 기둥을 수직으로 세우고 사방으로 와이어를 쳐서 지지하고 기둥정상에 체인블록 등을 부착한 것 • 소규모 철골양중작업에 사용 • 옥탑 같은 돌출부에 쓰이고 중량재료를 올릴 수 있다.
트럭 크레인 (Truck Crane)	• 트럭에 크레인을 설치한 것 • 평면적인 넓은 장소에 기동력 있게 작업할 수 있다.
타워 크레인 (Tower Crane)	• 타워 위에 크레인을 설치할 것 • 고층건물에 자재를 올리고 내릴 때에 사용하는 기중기
크롤러 크레인 (Crawler Crane)	• 바퀴가 무한궤도식(Crawler Type)으로 되어 있으며 기계장치의 중심이 낮아 안정성이 좋으며, 30% 경사진 곳에도 올라갈 수 있다. • 연약지반이나 좁은 곳에서도 작업이 가능하다.

03 핵심문제
3. 철골세우기

□□□ 19년1회

1. 철골공사에서 철골 세우기 순서가 옳게 연결된 것은?

> A. 기초 볼트위치 재점검
> B. 기둥 중심선 먹매김
> C. 기둥 세우기
> D. 주각부 모르타르 채움
> E. Base plate의 높이 조정용 plate 고정

① A → B → C → D → E
② B → A → E → C → D
③ B → A → C → D → E
④ E → D → B → A → C

해설

철골기초부 세우기 순서
기둥중심선먹매김 → 기초보울트위치 재점검 → Base Plate 높이 조정용 Liner Plate고정 → 기둥세우기 → 주각부 모르타르채움

□□□ 11년1회, 13년2회, 15년4회

2. 철골구조 중 베이스 플레이트를 완전 밀착시키기 위한 기초상부고름질법에 속하지 않는 것은?

① 고정매입법
② 전면바름법
③ 나중채워넣기중심바름법
④ 나중채워넣기법

문제 2 ~ 3 해설

기초상부고름질법
① 전면에 바름 방법
② 나중 채워넣기 중심 바름법
③ 나중 채워넣기 + 자 바름법
④ 완전 나중 채워넣기 방법

□□□ 12년1회, 14년4회, 19년1회

3. 철골공사의 기초상부 고름질 방법에 해당되지 않는 것은?

① 전면바름 마무리법
② 나중 채워넣기 중심바름법
③ 나중 매입공법
④ 나중 채워넣기법

□□□ 17년1회

4. 철골공사에서 베이스 플레이트 설치 기준에 관한 설명으로 옳지 않은 것은?

① 이동식 공법에 사용하는 모르타르는 무수축 모르타르로 한다.
② 앵커볼트 설치 시 베이스플레이트 위치의 콘크리트는 설계도면 레벨보다 30mm~50mm 낮게 타설한다.
③ 베이스플레이트 설치 후 그라우팅 처리한다.
④ 베이스 모르타르의 양생은 철골 설치 전 1일 정도면 충분하다.

해설

베이스 플레이트
① 베이스 플레이트 하부에 채워 넣는 베이스 모르타르는 무수축 모르타르로 한다.
② 모르타르의 두께는 30mm 이상 50mm 이내로 한다.
③ 모르타르의 크기는 200mm 각 또는 직경 200mm 이상으로 한다.
④ 베이스 모르타르는 철골 설치 전 3일 이상 양생하여야 한다.
⑤ 앵커볼트 설치 시 베이스플레이트 위치의 콘크리트는 설계도면 레벨보다 30mm~50mm 낮게 타설하고, 베이스플레이트 설치 후 그라우팅 처리한다.

□□□ 10년4회, 12년2회, 19년1회

5. 철골보와 콘크리트 슬래브를 연결하는 전단연결재(shear connector)의 역할을 하는 부재의 명칭은?

① 리인포싱 바(reinforcing bar)
② 턴버클(turn buckle)
③ 메탈 서포트(metal support)
④ 스터드(stud)

해설

철골조와 Concrete조의 합성구조에서 양자간 발생되는 전단력에 대한 보강용으로 Shear Connector를 시공하는데 주로 Stud Bolt 등이 이용된다.

리인포싱 바	콘크리트 구조체에서 콘크리트의 균열을 방지하기 위해 배근하는 철근(보강철근)
가이데릭	철골을 조립할 때 사용되는 기중기의 일종
메탈 서포트	금속 받침대
스터드	철골보와 콘크리트 슬래브를 연결하는 부속으로 전단력을 보강한다.

□□□ 11년2회, 14년1회, 20년4회

6. 철골공사의 내화피복공법에 해당하지 않는 것은?

① 표면탄화법　　　　② 뿜칠공법
③ 타설공법　　　　　④ 조적공법

문제 6 ~ 8 해설	
습식 내화 피복공법	
타설공법	철골구조체 주위에 거푸집을 설치하고 보통 Con'c, 경량 Con'c를 타설하는 공법
뿜칠공법	철골표면에 접착제를 도포한 후 내화재를 도포하는 공법 (뿜칠암면, 습식뿜칠암면, 뿜칠Mortar, 뿜칠 Plaster)
미장공법	철골에 용접철망을 부착하여 모르타르로 미장하는 방법(철망 Mortar, 철망펄라이트 모르타르)
조적공법	Con'c 블록, 경량 Con'c 블록, 돌, 벽돌

□□□ 16년1회, 20년1,2회

7. 철골 내화피복공법의 종류와 사용되는 재료가 올바르게 연결되지 않은 것은?

① 타설공법 – 경량콘크리트
② 뿜칠공법 – 암면 흡음판
③ 조적공법 – 경량콘크리트 블록
④ 성형판붙임공법 – ALC판

□□□ 14년2회, 19년1회

8. 내화피복의 공법과 재료와의 연결이 옳지 않은 것은?

① 타설공법 – 콘크리트, 경량콘크리트
② 조적공법 – 콘크리트, 경량콘크리트 블록, 돌, 벽돌
③ 미장공법 – 뿜칠 플라스터, 알루미나 계열 모르타르
④ 뿜칠공법 – 뿜칠 암면, 습식 뿜칠 암면, 뿜칠 모르타르

□□□ 11년1회, 17년2회

9. 다음 중 철골구조의 내화피복공법이 아닌 것은?

① 락울(rockwool)뿜칠 공법
② 성형판붙임공법
③ 콘크리트 타설공법
④ 메탈라스(metal lath)공법

해설
메탈라스
① 얇은 철판에 마름모꼴의 구멍을 연속적으로 뚫어 그물처럼 만든 것
② 천장, 벽의 미장바탕에 사용

□□□ 10년4회, 15년2회, 21년2회

10. 다음 중 철골세우기용 기계설비가 아닌 것은?

① 가이데릭　　　　　② 스티프레그 데릭
③ 진폴　　　　　　　④ 드래그라인

해설
드래그 라인(Drsg Line)
① 기계가 서있는 위치보다 낮은 곳의 굴착
② 파는 힘이 강력하지 못하여 연질지반 굴착에 적합
③ 굴삭깊이 : 약 8m 정도

□□□ 18년1회

11. 수평이동이 가능하여 건물의 층수가 적은 긴 평면에 사용되며 회전범위가 270°인 특징을 갖고 있는 철골세우기용 장비는?

① 가이데릭(Guy derrick)
② 스티프레그 데릭(Stiff-leg derrick)
③ 트럭 크레인(Truck crane)
④ 플레이트 스트레이닝 롤(Plate straining roll)

문제 11 ~ 12 해설
스티프레그 데릭(Stiff Leg Derrick)
① 수평이동이 가능하고 층수가 낮고 긴 평면에 유리
② 당김줄을 마음대로 맬 수 없을 때 사용
③ 회전각도 270°

□□□ 11년4회

12. 철골세우기용 기계설비 중 수평이동이 용이하고 건물의 층수가 적을 때 또는 당김줄을 마음대로 맬 수 없을 때 가장 유리한 것은?

① 가이데릭(guy derrick)
② 스티프 레그데릭(stiff leg derrick)
③ 진폴(gin pole)
④ 타워크레인(tower crane)

□□□ 18년2회

13. 다음 중 철골세우기용 기계가 아닌 것은?

① Stiff leg derrick　　② Guy derrick
③ Pneumatic hammer　④ Truck crane

해설
Pneumatic hammer는 공기 착암기로 압축공기를 이용하여 바위나 콘크리트 등을 파쇄하는 공구이다.

Chapter 06

조적공사

이 장은 벽돌공사, 블록공사, 석공사로 구성되며 벽돌의 규격과 쌓기방법, 보강블록조의 특징 등에 대해 주로 출제된다.

01 벽돌공사

(1) 벽돌의 종류 및 규격

① 벽돌의 종류

구분	종류
보통벽돌	빨강벽돌, 시멘트 벽돌, 블록벽돌
특수벽돌	검정벽돌, 이형벽돌, 오지벽돌, 변색혼용벽돌
경량벽돌	구멍벽돌, 다공벽돌
내화벽돌	굴뚝쌓기

② 벽돌의 규격

구 분	길 이	나 비	두 께
일반형	210	100	60
표준형	190	90	57
허용값	±5%	±3%	±2.5%

③ 벽돌공사 적산

㉠ 벽돌 단위수량(매/m²)

구 분	0.5B	1.0B	1.5B	2.0B
일반형	65	130	195	260
표준형	75	149	224	298

㉡ 모르타르량(m³/1000매)

구 분	0.5B	1.0B	1.5B	2.0B
일반형	0.3	0.37	0.4	0.42
표준형	0.25	0.33	0.35	0.36

[벽돌의 소요량(매)]
단위면적 × 벽돌의 단위수량 × 할증률

[모르타르의 소요량(m³)]
벽돌수량 × 단위 모르타르량

④ 벽돌의 품질기준(흡수율, 압축강도)

종류	등급	압축강도(N/mm²)	흡수율(%)
붉은벽돌 (소성벽돌, 점토벽돌)	1종	24.50 이상	10% 이하
	2종	20.59 이상	13% 이하
	3종	10.78 이상	15% 이하

⑤ 벽돌의 크기와 명칭

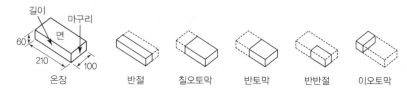

온장 / 반절 / 칠오토막 / 반토막 / 반반절 / 이오토막

(2) 조적조 건축물의 구조제한

구분	내용
내력벽	벽체, 바닥, 지붕 등의 하중을 받아 기초에 전달하는 벽 (가장 튼튼한 영식 쌓기, 화란식 쌓기를 한다.)
조적조 건축물의 높이	주요구조부(바닥·지붕 및 계단을 제외한다)가 조적조인 건축물은 높이를 13미터(처마높이는 9미터)미만으로 건축하여야 한다.
내력벽의 높이 및 길이 등	• 조적식구조인 건축물중 2층 또는 3층인 건축물에 있어서 최상층부분의 조적식구조인 내력벽의 높이는 4미터를 넘을 수 없다. • 조적식구조인 내력벽의 길이는 10미터를 넘을 수 없다. • 조적식구조인 내력벽으로 둘러쌓인 부분의 바닥면적은 80제곱미터를 넘을 수 없다.
내력벽의 두께	조적식구조인 내력벽의 두께(마감재료의 두께는 포함하지 아니한다)는 바로 윗층의 내력벽의 두께이상이어야 한다.
조적식 구조인 담	높이는 3미터 이하로 하여야 한다.

(3) 쌓기법

구분	내용
미식 쌓기	치장벽돌로 벽체의 앞면 5켜는 길이쌓기로 하고 그 위 한 켜는 마구리 쌓기로 하여 본 벽돌에 물려쌓고 뒷면은 영식쌓기
영식 쌓기	한 켜는 길이쌓기, 다음 켜는 마구리쌓기로 하면서 벽의 모서리나 끝을 쌓을 때 이오토막을 사용한다.(벽돌쌓기 중 가장 튼튼하다)
네덜란드식 쌓기 (화란식)	영식 쌓기와 거의 같으나 모서리 끝에는 칠오토막을 사용한다.

[영식 쌓기]

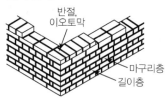

1.0B쌓기

[화란식 쌓기]

1.5B쌓기

구분	내용
불식쌓기	매 켜에 길이와 마구리가 번갈아 나오는 쌓기 법
마구리 쌓기	마구리가 보이도록 쌓는 법으로 원형굴뚝, 사일로(Silo) 등에 쓰이고 벽두께 1.0B 이상 쌓기에 쓰인다.
길이 쌓기	길이방향으로 쌓는 법, 0.5B 두께의 칸막이 벽에 쓰인다.
공간 쌓기	• 외벽과 내벽 사이에 공간을 두고 벽체를 이중으로 쌓는 법 • 목적 : 방한, 방습, 방음 • 안팎면의 간격은 0.5B 이내(보통 5~10cm) • 내벽과 외벽사이를 연결철물로 긴결하여 일체성을 확보한다.

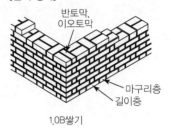

[불식 쌓기]

1.0B쌓기

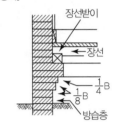

[내 쌓기]

(4) 벽돌쌓기의 일반사항

① 쌓기

  ㉠ 벽돌벽은 가급적 동일한 높이로 쌓는다.

  ㉡ 하루의 쌓기 높이는 1.2m(18켜 정도)를 표준으로 하고, 최대 1.5m (22켜) 이하로 한다.

  ㉢ 벽돌쌓기는 도면 또는 공사시방서에 정한바가 없을 때는 영식쌓기 또는 화란식 쌓기로 한다.

  ㉣ 벽돌쌓기는 모서리, 구석, 중간요소에 먼저 기준쌓기를 하고 통줄눈이 생기지 않도록 한다.(막힌줄눈으로 한다.)

  ㉤ 사춤모르타르는 매 켜마다 빈틈없이 하는 것이 좋다.

  ㉥ 굳기 시작한 모르타르는 사용하지 않는다.

  ㉦ 모서리 쌓기는 통줄눈이 발생하지 않도록 켜 걸름 들여쌓기(1/4B)로 한다.

  ㉧ 연속되는 벽면의 일부를 트이게 하여 나중쌓기로 할 때에는 그 부분을 층단 들여쌓기로 한다.

  ㉨ 세로규준틀은 건물의 모서리나 구석에 설치함을 원칙으로 한다.

  ㉩ 내쌓기

    • 벽면의 중간에서 벽을 내밀어 쌓는 것

    • 내쌓기는 2켜씩 1/4B 내쌓고, 또는 1/8B 내쌓기 한다.

    • 내쌓기 한도는 2.0B 이다.

    • 내쌓기는 마구리 쌓기로 하는 것이 강도와 시공 상 좋다.

  ㉪ 교차부 쌓기

    직교하는 벽돌벽의 한편을 나중 쌓을 때에는 층단 들여쌓기로 1/4B를 들여 쌓는다.

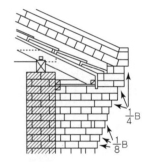

■ 모르타르의 배합표준

모르타르의 종류		용적배합비(세골재/결합제)
줄눈 모르타르	벽용	2.5~3.0
	바닥용	3.0~3.5
붙임 모르타르	벽용	1.5~2.5
	바닥용	0.5~1.5
깔 모르타르	바탕 모르타르 바닥용 모르타르	2.5~3.0 3.0~6.0
안 채움 모르타르		2.5~3.0
치장줄눈용 모르타르		0.5~1.5

③ 줄눈

　　㉠ 줄눈모르타르는 쌓은 후 곧바로 줄눈누르기 및 줄눈파기를 한다.

　　㉡ 줄눈의 너비는 10mm(내화벽돌 : 6mm)를 표준으로 하며, 세로줄눈에 통줄눈이 생기지 않도록 한다.

　　㉢ 줄눈 모르타르의 강도는 벽돌강도보다 크게 한다.

　　㉣ 치장줄눈을 할 때에는 줄눈이 완전히 굳기 전에 가급적 빠른 시간 안에 줄눈파기를 하여 치장줄눈을 바른다

　　㉤ 일반적으로 가장 많이 사용되는 줄눈은 평줄눈이고 방습상 가장 유효한 줄눈은 빗줄눈이다.

■ 줄눈의 종류

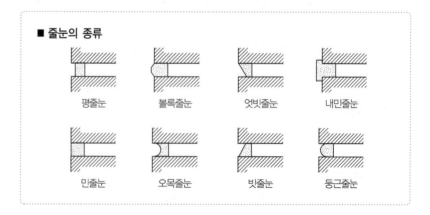

평줄눈　볼록줄눈　엇빗줄눈　내민줄눈

민줄눈　오목줄눈　빗줄눈　둥근줄눈

④ 물 축이기

　　㉠ 시멘트 벽돌은 쌓기 전에 물 축이기를 하지 않고 쌓으면서 물을 뿌린다.

　　㉡ 붉은 벽돌은 쌓기 전에 충분한 물 축임을 한다.(※내화벽돌은 물 축이기를 하지 않는다).

(5) 벽돌쌓기 이상현상

① 백화현상

구분	내용
정의	벽에 빗물이 침투하여 모르타르 중의 석회분과 공기 중의 탄산가스와 결합하여 생기는 하얀 결정체
대책	• 잘 구워진 양질의 벽돌 사용 • 줄눈모르타르에 방수제를 넣는다. • 차양, 루버, 돌림띠 등 비막이 설치 • 벽 표면에 파라핀도료나 실리콘 뿜칠 • 깨끗한 물 사용 • 우중시공 금지

[백화현상]

② 벽돌벽의 균열

구분	내용
계획 설계상의 결함	• 기초의 부동침하 • 건물의 평면, 입면이 불균형 및 벽의 불합리한 배치 • 불균형 하중, 큰 집중하중, 횡력 및 충격 • 벽돌벽의 길이, 높이, 두께에 대한 벽돌 벽체의 강도 부족 • 문꼴 크기의 불합리 및 불균형 배치
시공상의 결함	• 벽돌 및 모르타르의 강도부족 • 재료의 신축성 • 이질재와의 접합부 불완전 시공 • 콘크리트보 밑의 모르타르 채우기의 부족 • 모르타르, 회반죽 바름의 신축 및 들뜨기

01 핵심문제
1. 벽돌공사

☐☐☐ 16년4회, 20년1,2회
1. 벽돌벽 두께 1.0B, 벽 높이 2.5m, 길이 8m인 벽면에 소요되는 점토벽돌의 매수는 얼마인가? (단, 규격은 190×90×57mm 할증은 3%로 하며, 소수점 이하 결과는 올림하여 정수매로 표기)

① 2980매   ② 3070매
③ 3278매   ④ 3542매

해설				
① 벽돌 단위수량(매/m²)				

구 분	0.5B	1.0B	1.5B	2.0B
일반형	65	130	195	260
표준형	75	149	224	298

② 벽돌수량 = 단위면적 × 단위벽돌 수량 × (1+할증률)
= (2.5m×8m) × 149 × (1+0.03) = 3069.4 매

☐☐☐ 15년4회
2. 기본벽돌(190×90×57)을 기준으로 1.5B 쌓기 할 때 벽돌 2,000매 쌓는 데 필요한 모르타르 량으로 옳은 것은?

① 0.35m³   ② 0.7m³
③ 0.45m³   ④ 0.8m³

해설				
① 모르타르량(㎥/1000매)				

구 분	0.5B	1.0B	1.5B	2.0B
일반형	0.3	0.37	0.4	0.42
표준형	0.25	0.33	0.35	0.36

② 표준형 1.5B의 모르타르량 : 0.35㎥(1000매)
2(2000매) × 0.35 = 0.7㎥

☐☐☐ 13년1회
3. 벽돌의 품질을 결정하는데 가장 중요한 사항은?

① 흡수율 및 인장강도
② 흡수율 및 전단강도
③ 흡수율 및 휨강도
④ 흡수율 및 압축강도

해설			
※ 벽돌의 품질기준(흡수율, 압축강도)(KS L 4201)			

종류	등급	압축강도(N/mm²)	흡수율(%)
붉은벽돌 (소성벽돌, 점토벽돌)	1종	24.50 이상	10% 이하
	2종	20.59 이상	13% 이하
	3종	10.78 이상	15% 이하

☐☐☐ 16년4회, 22년1회
4. 소규모 건축물의 구조기준에 따라 조적조로 담을 쌓을 경우 최대 높이 기준으로 옳은 것은?

① 2m 이하   ② 2.5m 이하
③ 3m 이하   ④ 3.5m 이하

해설
조적식 구조인 담의 높이는 3미터이하로 하여야 한다.

☐☐☐ 12년1회
5. 다음은 벽돌쌓기 공사에 대한 설명이다. ( ) 안에 적당한 용어는?

> 벽돌쌓기 공사에 있어 내력벽쌓기의 경우 세워쌓기나 (①)는 피하는 것이 좋으며 세로줄눈은 (②)이 되지 않도록 하고 한 켜 걸름으로 수직일직선상에 오도록 배치한다.

① ① 마구리쌓기   ② 막힌줄눈
② ① 옆쌓기   ② 통줄눈
③ ① 길이쌓기   ② 통줄눈
④ ① 영롱쌓기   ② 막힌줄눈

문제 5 ~ 6 해설
벽돌공사의 내력벽 쌓기는 세워쌓기나 옆쌓기를 하면 힘을 받지 못하여 무너지기 쉽고 통줄눈이 되어도 내력을 못 받기 때문에 막힌줄눈으로 쌓아야 한다.

☐☐☐ 16년1회
6. 벽돌공사에 관한 일반적인 주의사항으로 옳지 않은 것은?

① 벽돌은 품질, 등급별로 정리하여 사용하는 순서별로 쌓아둔다.
② 규준틀에 의하여 벽돌나누기를 정확히 하고 토막벽돌이 생기지 않게 한다.
③ 내력벽 쌓기에서는 세워쌓기나 옆쌓기로 쌓는 것이 좋다.
④ 벽돌벽은 균일한 높이로 쌓아 올라간다.

□□□ 18년4회

7. 한켜는 길이로 쌓고 다음켜는 마구리 쌓기로 하는 것으로 통줄눈이 생기지 않고 모서리벽 끝에 이오토막을 사용하는 가장 튼튼한 쌓기 방식은?

① 영식 쌓기
② 화란식 쌓기
③ 불식 쌓기
④ 미식 쌓기

해설

영식쌓기
한 켜는 길이쌓기, 다음 켜는 마구리쌓기로 하면서 벽의 모서리나 끝을 쌓을 때 이오토막을 사용한다(벽돌쌓기 중 가장 튼튼하다)

□□□ 18년4회, 22년2회

8. 벽돌쌓기법 중에서 마구리를 세워 쌓는 방식으로 옳은 것은?

① 옆세워 쌓기
② 허튼 쌓기
③ 영롱 쌓기
④ 길이 쌓기

해설

마구리 쌓기는 옆세워 쌓기라고도 하며 마구리가 보이도록 쌓는법으로 원형굴뚝, 사일로(Silo) 등에 쓰이고 벽두께 1.0B 이상 쌓기에 쓰인다.

□□□ 14년2회, 19년4회

9. 벽돌을 내쌓기 할 때 일반적으로 이용되는 벽돌쌓기 방법은?

① 길이 쌓기
② 마구리 쌓기
③ 옆세워 쌓기
④ 길이세워 쌓기

해설

내쌓기
① 벽면의 중간에서 벽을 내밀어 쌓는 것
② 내쌓기는 2켜씩 1/4B 내쌓고, 또는 1/8B 내쌓기 한다.
③ 내쌓기 한도는 2.0B 이다.
④ 내쌓기는 마구리 쌓기로 하는 것이 강도와 시공상 좋다.

□□□ 12년4회

10. 벽돌공사에서 직교하는 벽돌벽의 한편을 나중쌓기로 할 때에는 그 부분에 벽돌물림 자리를 벽돌 한켜 걸름으로 어느 정도 들여쌓는가?

① 1/8B
② 1/4B
③ 1/2B
④ 1B

해설

직교하는 벽돌벽의 한편을 나중쌓기로 할 때에는 그 부분에 벽돌물림 자리를 벽돌 한켜 걸름으로 1/4B 를 들여쌓는다.

□□□ 17년2회

11. 벽돌공사에 관한 설명으로 옳은 것은?

① 연속되는 벽면의 일부를 트이게 하여 나중쌓기로 할 때에는 그 부분을 층단 들여쌓기로 한다.
② 모르타르는 벽돌강도 이하의 것을 사용한다.
③ 1일 쌓기 높이는 1.5~3.0m를 표준으로 한다.
④ 세로줄눈은 통줄눈이 구조적으로 우수하다.

문제 11 ~ 12 해설

벽돌쌓기 일반사항
① 벽돌벽은 가급적 동일한 높이로 쌓는다.
② 하루의 쌓기 높이는 1.2m(18켜 정도)를 표준으로 하고, 최대 1.5m (22켜) 이하로 한다.
③ 벽돌쌓기는 도면 또는 공사시방서에 정한바가 없을 때는 영식쌓기 또는 화란식 쌓기로 한다.
④ 벽돌쌓기는 모서리, 구석, 중간요소에 먼저 기준쌓기를 하고 통줄눈이 생기지 않도록 한다.(막힌줄눈으로 한다.)
⑤ 사춤모르타르는 매 켜마다 빈틈없이 하는 것이 좋다.
⑥ 굳기 시작한 모르타르는 사용하지 않는다.
⑦ 모서리 쌓기는 통줄눈이 발생하지 않도록 켜 걸름 들여쌓기(1/4B)로 한다.
⑧ 연속되는 벽면의 일부를 트이게 하여 나중쌓기로 할 때에는 그 부분을 층단 들여쌓기로 한다.
⑨ 세로규준틀은 건물의 모서리나 구석에 설치함을 원칙으로 한다.

□□□ 15년2회

12. 벽돌쌓기에서 도면 또는 공사시방서에서 정한 바가 없을 때에 적용하는 쌓기법으로 옳은 것은?

① 미식 쌓기
② 영롱 쌓기
③ 불식 쌓기
④ 영식 쌓기

□□□ 18년2회

13. 쌓기에 관한 설명으로 옳지 않은 것은?

① 붉은 벽돌은 쌓기 전 벽돌을 완전히 건조시켜야 한다.
② 하루 벽돌의 쌓는 높이는 1.2m를 표준으로 하고 최대 1.5m 이내로 한다.
③ 벽돌벽이 블록벽과 서로 직각으로 만날 때는 연결 철물을 만들어 블록 3단마다 보강하며 쌓는다.
④ 연속되는 벽면의 일부를 트이게 하여 나중쌓기로 할 때에는 그 부분을 층단 들여쌓기로 한다.

해설

붉은 벽돌은 쌓기 전에 충분한 물 축임을 한다.

□□□ 14년4회

14. 벽돌공사에서 치장줄눈용 모르타르 용적배합비(잔골재/결합재) 비율로 가장 적정한 것은?

① 0.5 ~ 1.5   ② 1.5 ~ 2.5
③ 2.5 ~ 3.5   ④ 3.5 ~ 4.5

해설

모르타르 배합비

모르타르의 종류		용적배합비 (세골재/결합제)
줄눈 모르타르	벽용	2.5~3.0
	바닥용	3.0~3.5
붙임 모르타르	벽용	1.5~2.5
	바닥용	0.5~1.5
깔 모르타르	바탕 모르타르	2.5~3.0
	바닥용 모르타르	3.0~6.0
안 채움 모르타르		2.5~3.0
치장줄눈용 모르타르		0.5~1.5

□□□ 12년1회, 19년2회

15. 벽돌, 블록 등 조적공사에서 일반적으로 가장 많이 이용되는 치장줄눈 형태는?

① 평줄눈   ② 볼록줄눈
③ 오목줄눈   ④ 민줄눈

해설

조적공사에서 가장 많이 사용하는 줄눈은 평줄눈이다.

□□□ 13년4회, 17년4회

16. 벽돌치장면의 청소방법 중 옳지 않은 것은?

① 산세척은 다른 방법으로 오염물을 제거하기 곤란한 장소에 적용하고, 그 범위는 가능한 작게 한다.
② 벽동 치장면에 부착된 모르타르 등의 오염은 물과 솔을 사용하여 제거하며 필요에 따라 온수를 사용하는 것이 좋다.
③ 세제세척은 물 또는 온수에 중성세제를 사용하여 세정한다.
④ 산세척은 오염물을 제거한 후 물세척을 하지 않는 것이 좋다.

해설

벽돌치장면의 청소방법
1. 벽돌 치장면에 부착된 모르타르 등의 오염은 물과 솔을 사용하여 제거하며 필요에 따라 온수를 사용하는 것이 좋다.
2. 세제세척은 물 또는 온수에 중성세제를 사용하여 세정한다.
3. 산세척은 모르타르와 매입 철물을 부식시키는 것이 있기 때문에 일반적으로 사용하지 않는다.
4. 산세척은 다른 방법으로 오염물을 제거하기 곤란한 장소에 적용하고, 그 범위는 가능한 작게 한다.
5. 부득이하게 산세척을 실시하는 경우는 담당원 입회하에 매입 철물 등의 금속부를 적절히 보양하고, 벽돌을 표면수가 안정하게 잔류하도록 물축임을 한 후에 3% 이하의 묽은 염산을 사용하여 실시한다.
6. 오염물을 제거 한 후에는 즉시 충분히 물 세척을 반복한다.

□□□ 13년1회, 17년1회

17. 점토벽돌벽을 쌓은 후 외부에 흰가루가 돋는 백화현상을 방지하기 위한 대책이 아닌 것은?

① 10% 이하의 흡수율을 가진 양질의 벽돌을 사용한다.
② 벽돌면 상부에 빗물막이를 설치한다.
③ 쌓기 후 전용발수제를 발라 벽면에 수분흡수를 방지한다.
④ 염분을 함유한 모래나 석회질이 섞인 모래를 사용한다.

문제 17 ~ 18 해설

백화현상

1) 정의		벽에 빗물이 침투하여 모르타르 중의 석회분과 공기 중의 탄산가스와 결합하여 생기는 하얀결정체
2) 대책		① 잘 구워진 양질의 벽돌 사용 ② 줄눈 모르타르에 방수제를 넣는다. ③ 차양, 루버, 돌림띠 등 비막이 설치 ④ 벽표면에 파라핀도료나 실리콘 뿜칠 ⑤ 깨끗한 물 사용 ⑥ 우중시공 금지

□□□ 19년4회

18. 조적공사의 백화현상을 방지하기 위한 대책으로 옳지 않은 것은?

① 석회를 혼합한 줄눈 모르타르를 활용하여 바른다.
② 흡수율이 낮은 벽돌을 사용한다.
③ 쌓기용 모르타르에 파라핀 도료와 같은 혼화제를 사용한다.
④ 돌림대, 차양 등을 설치하여 빗물이 벽체에 직접 흘러내리지 않게 한다.

정답 14 ① 15 ① 16 ④ 17 ④ 18 ①

블록공사

(1) 블록의 형상 및 치수

① 블록의 치수

형 상	치 수(단위 : mm)		
	길이	높이	두께
기본형 블록	390	190	190 150 100
이형블록	길이, 높이, 두께의 최소 크기를 90mm 이상으로 한다.		

② 블록의 등급

구분	기건비중	전단면에 대한 압축강도 N/mm²(kgf/cm²)	흡수율(%)
A종 블록	1.7 미만	4.0 이상	–
B종 블록	1.9 미만	6.0 이상	–
C종 블록	–	8.0 이상	10 이하

(2) 블록 쌓기

① 블록 쌓기 시공순서

> 접착면 청소 → 세로규준틀 설치 → 규준쌓기 → 중간부 쌓기
> → 줄눈파기 → 치장줄눈 넣기

② 블록 쌓기 일반사항

ㄱ 단순조적 블록 쌓기는 막힌줄눈이고 보강줄눈 쌓기는 통줄눈으로 쌓는다.

ㄴ 블록은 살 두께가 두꺼운 편이 위로 하여 쌓는다.

ㄷ 블록 쌓기 직후 줄눈누름, 줄눈파기, 치장줄눈을 한다.

ㄹ 1일 쌓기 높이는 1.5m(7켜 정도) 이내를 표준으로 한다.

ㅁ 줄눈너비는 가로, 세로 각각 10mm가 되게 한다.

ㅂ 와이어메쉬는 3단마다 배치하고, 이음을 한눈이상 겹친다.

ㅅ 콘크리트 블록은 물 축임 하지 않는다.

ㅇ 모르타르 또는 그라우트의 사춤 높이는 3켜 이내로 한다.

ㅈ 하루의 작업 종료시의 세로줄눈 공동부에 모르타르 또는 그라우트의 타설 높이는 블록의 상단에서 약 5cm 아래로 둔다.

[와이어메쉬의 역할]
① 블록벽체의 균열방지
② 횡력 및 집중하중에 대한 하중 분산
③ 교차부, 모서리의 보강

③ 공간 쌓기(긴결 철물) 간격

공간쌓기의 경우 공사시방서 또는 도면에서 규정한 사항이 없으면 바깥쪽을 주벽체로 하고 내부공간은 50~70mm 정도로 하고, 긴결철물은 수평거리 90cm, 수직거리 45cm이하로 서로 엇갈리게 배치한다.

④ 인방보

㉠ 창문 등의 문꼴위에 설치하여 상부의 하중을 벽체로 전달하는 역할을 한다.

㉡ 인방블록은 창문틀의 좌우 옆 턱에 20cm 이상 물리고, 도면 또는 공사시방에서 정한 바가 없을 때에는 40cm 정도로 한다.

㉢ 기성철근 콘크리트 제품은 인방보의 양끝을 벽체의 블록에 200mm 이상 걸친다.

㉣ 현장타설 인방보는 주근을 문꼴의 양측벽에 40d 이상 정착한다.

㉤ 개구부 폭이 1.8m 이상인 경우는 철근콘크리트구조의 인방을 설치한다.

(3) 보강콘크리트 블록조

[보강콘크리트 블록조]

① 시공기준

구분	내용
세로근	• 세로근은 원칙적으로 기초 및 테두리보에서 위층의 테두리보까지 잇지 않고 정착길이는 40d 이상 정착한다. • 상단부는 180° 갈구리 내어 벽 상부 보강근에 걸친다. • 그라우트 및 모르타르 세로 피복두께 : 2cm 이상
가로근	• 가로근 단부는 180° 갈고리 내어 세로근에 연결한다. • 모서리에 가로근의 단부는 수평방향으로 구부려서 세로근의 바깥쪽으로 두르고 정착길이는 40d 이상 정착 • 피복두께는 2cm 이상으로 하며, 세로근과의 교차부는 모두 결속선으로 결속한다. • 가로근의 설치간격은 60~80cm 마다 단부는 갈고리 만들어 배근 • 가로근은 그와 동등 이상의 유효단면적을 가진 블록보강용 철망으로 대신 사용할 수 있다.
사춤	이어붓기는 블록 윗면에서 5cm 하부에 둔다.
줄눈	보강블록조는 원칙적으로 통줄눈 쌓기로 한다.

② 테두리보(Wall girder) 사용목적

㉠ 수직균열방지

㉡ 벽체의 일체성 확보

㉢ 상부 집중하중의 분산

㉣ 세로근의 정착및 이음자리 제공

㉤ 지붕, 바닥틀 등에 의한 집중하중에 대한 보강

㉥ 벽체의 강성 증대

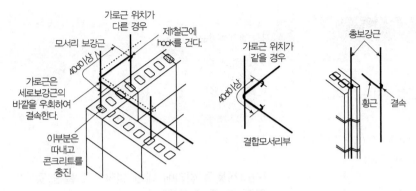

세로근과 가로근 긴결

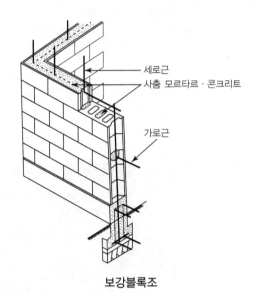

보강블록조

(4) A.L.C블록공사

① A.L.C는 석회질, 규산질 원료와 기포제 및 혼화제를 물과 혼합하여 고온 고압증기 양생하여 만든 경량콘크리트의 일종이다.

② 쌓기 모르타르는 교반기를 사용하여 배합하며 1시간 이내에 사용해야 한다.

③ 줄눈의 두께는 1~3mm 정도로 한다.

④ 블록 상하단의 겹침 길이는 블록길이의 1/3~1/2를 원칙으로 하고 최소 100mm 이상으로 한다.

⑤ 하루 쌓기 높이는 1.8m를 표준으로 하고 최대 2.4m 이내로 한다.

⑥ 연속되는 벽면의 일부를 트이게 하여 나중 쌓기로 할 때에는 그 부분을 층단 떼어쌓기로 한다.

⑦ 공간 쌓기의 경우 바깥쪽을 주벽체로 하고 내부공간은 50~90mm 정도로 하고, 수평거리 900mm, 수직거리 600mm 마다 철물연결재로 긴결한다.

[ALC 블록]

02 핵심문제 2. 블록공사

□□□ 15년4회, 18년4회, 21년1회

1. 속빈 콘크리트블록의 규격 중 기본블록치수가 아닌 것은? (단, 단위 : mm)

① 390×190×190
② 390×190×150
③ 390×190×100
④ 390×190×80

해설

속빈 콘크리트블록의 규격

형 상	치수 (단위 : mm)		
	길이	높이	두께
기본형 블록	390	190	190 150 100

□□□ 17년4회

2. 콘크리트 블록에서 A종 블록의 압축강도 기준은?

① 2N/mm² 이상
② 4N/mm² 이상
③ 6N/mm² 이상
④ 8N/mm² 이상

해설

블록의 등급

구분	기건비중	전단면에 대한 압축강도 N/mm²	흡수율(%)
A종 블록	1.7 미만	4.0 이상	–
B종 블록	1.9 미만	6.0 이상	–
C종 블록		8.0 이상	10 이하

□□□ 17년2회, 20년3회

3. 다음 [보기]의 블록쌓기 시공순서로 옳은 것은?

[보기]
A. 접착면 청소   B. 세로규준틀 설치
C. 규준쌓기   D. 중간부쌓기
E. 줄눈누르기 및 파기 F. 치장줄눈

① A-D-B-C-F-E
② A-B-D-C-F-E
③ A-C-B-D-E-F
④ A-B-C-D-E-F

해설

블록쌓기 시공순서
1. 접착면 청소
2. 세로규준틀 설치
3. 규준쌓기
4. 중간부 쌓기
5. 줄눈파기
6. 치장줄눈 넣기

□□□ 15년1회

4. 콘크리트블록 쌓기에 대한 설명으로 틀린 것은?

① 보강근은 모르타르 또는 그라우트를 사춤하기 전에 배근하고 고정한다.
② 블록은 살두께가 작은 편을 위로 하여 쌓는다.
③ 인방블록은 창문틀의 좌우 옆 턱에 200mm 이상 물린다.
④ 모서리 등 기준이 되는 부분을 정확하게 쌓은 다음 수평실을 친다.

문제 4 ~ 5 해설

블록쌓기
1. 단순조적블럭쌓기는 막힌줄눈이고 보강줄눈쌓기는 통줄눈으로 쌓는다.
2. 블록은 살두께가 두꺼운 편이 위로 하여 쌓는다.
3. 블록 쌓기 직후 줄눈누름, 줄눈파기, 치장줄눈을 한다.
4. 1일 쌓기높이는 1.5m(7켜 정도) 이내를 표준으로 한다.
5. 줄눈너비는 가로, 세로 각각 10mm가 되게 한다.
6. 와이어메쉬는 3단마다 배치하고, 이음을 한눈이상 겹친다.
7. 콘크리트 블록은 물축임 하지 않는다.
8. 모르터 또는 그라우트를 사춤하는 높이는 3켜 이내로 한다.
9. 하루의 작업 종료시의 세로줄눈 공동부에 모르터 또는 그라우트의 타설높이는 블록의 상단에서 약 5cm 아래로 둔다.

□□□ 18년1회

5. 블록의 하루 쌓기 높이는 최대 얼마를 표준으로 하는가?

① 1.5m 이내
② 1.7m 이내
③ 1.9m 이내
④ 2.1m 이내

□□□ 16년2회

6. 보강콘크리트 블록조에 관한 설명으로 옳지 않은 것은?

① 블록은 살두께가 두꺼운 쪽을 위로 하여 쌓는다.
② 보강블록은 모르타르, 콘크리트 사춤이 용이하도록 원칙적으로 막힌줄눈 쌓기로 한다.
③ 블록 1일 쌓기 높이는 6~7켜 이하로 한다.
④ 2층 건축물인 경우 세로근은 원칙으로 기초 테두리보에서 윗층의 테두리보까지 잇지 않게 배근한다.

정답 1 ④ 2 ② 3 ④ 4 ② 5 ① 6 ②

해설

보강블록은 모르타르, 콘크리트 사춤이 용이하도록 원칙적으로 통줄눈 쌓기로 한다.

□□□ 11년4회, 16년1회, 19년1회

7. 보강 콘크리트 블록조 공사에서 원칙적으로 기초 및 테두리보에서 위층의 테두리보까지 잇지 않고 배근하는 것은?

① 세로근
② 가로근
③ 철선
④ 수평횡근

문제 7 ~ 8 해설	
보강콘크리트 블록조	
1) 세로근	① 세로근은 원칙적으로 기초 및 테두리보에서 위층의 테두리보까지 잇지 않고 정착길이는 40d 이상 정착한다. ② 상단부는 180° 갈구리 내어 벽 상부 보강근에 걸친다. ③ 그라우트 및 모르타르 세로 피복두께 : 2cm 이상
2) 가로근	① 가로근 단부는 180° 갈고리 내어 세로근에 연결한다. ② 모서리에 가로근의 단부는 수평방향으로 구부려서 세로근의 바깥쪽으로 두르고 정착길이는 40d 이상 정착 ③ 피복두께는 2cm 이상으로 하며, 세로근과의 교차부는 모두결속선으로 결속한다. ④ 가로근의 설치간격은 60~80cm 마다 단부는 갈고리 만들어 배근 ⑤ 가로근은 그와 동등 이상의 유효단면적을 가진 블록보강용 철망으로 대신 사용할 수 있다.
3) 사춤	이어붓기는 블록 윗면에서 5cm 하부에 둔다.
4) 줄눈	보강블록조는 원칙적으로 통줄눈 쌓기로 한다.

□□□ 20년1,2회

8. 보강블록 공사 시 벽 가로근의 시공에 관한 설명으로 옳지 않은 것은?

① 가로근은 배근 상세도에 따라 가공하되 그 단부는 90°의 갈구리로 구부려 배근한다.
② 모서리에 가로근의 단부는 수평방향으로 구부려서 세로근의 바깥쪽으로 두르고, 정착길이는 공사시방서에 정한 바가 없는 한 40d 이상으로 한다.
③ 창 및 출입구 등의 모서리 부분에 가로근의 단부를 수평방향으로 정착할 여유가 없을 때에는 갈구리로 하여 단부 세로근에 걸고 결속선으로 결속한다.
④ 개구부 상하부의 가로근을 양측 벽부에 묻을 때의 정착길이는 40d 이상으로 한다.

□□□ 18년2회

9. 조적조의 벽체 상부에 철근 콘크리트 테두리보를 설치하는 가장 중요한 이유는?

① 벽체에 개구부를 설치하기 위하여
② 조적조의 벽체와 일체가 되어 건물의 강도를 높이고 하중을 균등하게 전달하기 위하여
③ 조적조의 벽체의 수직하중을 특정부위에 집중시키고 벽돌 수량을 절감하기 위하여
④ 상층부 조적조 시공을 편리하게 하기 위하여

해설

테두리보 설치목적
1. 분산된벽체의 일체화(수축균열의 최소화, 강도증진)
2. 집중하중의 균등분산
3. 세로철근의 정착
4. 지붕슬래브의 하중보강 역할

□□□ 12년2회

10. ALC 블록공사의 비내력벽쌓기에 대한 기준으로 옳지 않은 것은?

① 슬래브나 방습턱 위에 고름 모르타르를 10~20mm 두께로 깐 후 첫단 블록을 올려놓고 고무망치 등을 이용하여 수평을 잡는다.
② 쌓기 모르타르는 교반기를 사용하여 배합하며 2시간 이내에 사용해야 한다.
③ 줄눈의 두께는 1~3mm 정도로 한다.
④ 블록 상·하단 겹침길이는 블록길이의 1/3~1/2을 원칙으로 하고 100mm 이상으로 한다.

문제 10 ~ 12 해설
A.L.C블록공사
1. A.L.C는 석회질, 규산질 원료와 기포제 및 혼화제를 물과 혼합하여 고온고압증기 양생 하여 만든 경량콘크리트의 일종이다
2. 쌓기 모르타르는 교반기를 사용하여 배합하며 <u>1시간 이내에 사용해야 한다.</u>
3. 줄눈의 두께는 1~3mm 정도로 한다.
4. 블록 상하단의 겹침길이는 블록길이의 1/3~1/2를 원칙으로 하고 최소 100mm 이상으로 한다.
5. 하루 쌓기높이는 1.8m를 표준으로 하고 최대 2.4m 이내로 한다.
6. 연속되는 벽면의 일부를 트이게 하여 나중쌓기로 할 때에는 그 부분을 층단 떼어 쌓기로 한다.

□□□ 17년1회

11. ALC 블록공사에 관한 내용으로 옳지 않은 것은?

① 쌓기 모르타르는 교반기를 사용하여 배합하며, 1시간 이내에 사용해야 한다.

② 줄눈의 두께는 3~5mm 정도로 한다.

③ 하루 쌓기 높이는 1.8m를 표준으로 하며, 최대 2.4m 이내로 한다.

④ 연속되는 벽면의 일부를 트이게 하여 나중쌓기로 할 경우 그 부분을 층단 떼어쌓기로 한다.

□□□ 13년4회, 17년2회

12. ALC의 특징에 관한 설명으로 옳지 않은 것은?

① 흡수율이 낮은 편이며, 동해에 대해 방수·방습처리가 불필요하다.

② 열전도율은 보통콘크리트의 약 1/10 정도로 단열성의 우수하다.

③ 건조수축률이 작으므로 균열 발생이 적다.

④ 경량으로 인력에 의한 취급이 가능하고, 필요에 따라 현장에서 절단 및 가공이 용이하다.

03 석 공사

(1) 암석의 분류 및 특성

① 화성암

종 류	특 성
화강암	• 경도, 강도, 내마모성, 내구성, 색채, 광택 등의 우수하고 흡수성이 적으며 가공이 쉬우나 불에 약하다. • 큰 재료를 얻기 쉽고 내산성이 강하다.
안산암	강도와 경도가 커서 구조재로 사용되나, 장대재를 얻기 어렵다.
현무암	판석재로 용이 하다.

② 수성암

종 류	특 성
점판암	흡수율이 아주 적어 천연슬레이트, 비석, 숫돌로 사용
석회암	시멘트의 주원료
사암	흡수율이 높고 가공성이 좋다.
응회암	불에 강하여 내화재, 경량골재로 사용

③ 변성암

종 류	특 성
대리석	• 석질이 치밀하고 굳다. • 색채와 반점이 아름답고 광택이 좋다. • 산과 열에 약하다. • 외장용으로 부적당하다.(풍화하기 쉽다.) • 장식재(실내용), 조각용 • 석회암이 열을 받아 변성된 것으로 주성분은 탄산석회로 되어 있다.
석면	단열, 보온, 흡음 등이 우수하나 폐암을 유발 할 수 있다.
사문암	• 감람암 등이 변성작용을 받아 변화하여 생선된 것이다. • 건축석재, 조각 등에 사용
트레버틴	대리석의 일종으로 특수 실내장식에 사용한다.

(2) 석재 작업 시 주의점

① 취급상 치수는 최대 $1m^3$ 이내로 하며 중량이 큰 것은 높은 곳에 사용하지 않는다.
② 석재의 최대치수는 운반상, 가공상 등의 제반조건을 고려하여 정해야 한다.

③ 석재는 압축력을 받는 곳에만 사용한다.(인장 및 휨모멘트 받는 곳은 사용금지)

④ 석재의 예각을 피할 것

⑤ 동일건축물에는 동일석재로 시공한다.

⑥ 석재는 석질이 균질한 것을 쓰도록 한다.

⑦ 1일 시공단수는 3~4단 정도로 한다.

⑧ 오염된 곳은 물 씻기를 원칙으로 하고, 부득이한 경우 염산으로 닦아내고 즉시 물로 씻어내어 산분이 남아있지 않게 한다.

⑨ 찰쌓기의 하루에 쌓는 높이는 1.2m를 넘지 않아야 한다.

⑩ 신축이음은 약 20mm 간격으로 두어야 하며, 설계도서 또는 감리자의 지시에 따라야 한다.

⑪ 바닥은 톱밥으로 벽면은 종이로 보양한다(호분, 한지, 널 등)

(3) 석 공사 습식공법

① 석 공사 습식공법의 종류

　㉠ 전체주입공법

　㉡ 부분주입공법

　㉢ 절충주입공법

② 석 공사 습식공법의 특징(시멘트, 아교, 고무풀, 합성수지 등)

구분	내용
장점	• 공사비가 저렴하다. • 소규모건축물에 적합하다. • 고도의 기술이 필요하지 않다. • 얇은 부재에도 시공이 가능하다. • 방수도 완벽하게 할 수 있다.
단점	• 하중 분산이 안 되므로 대규모, 고층건물에 부적합 • 장기시공에 부적합하다. • 백화현상의 우려가 있다. • 시공속도가 느리다.

> ■ **모르타르 배합**
>
> ① 조적용 모르타르 – 1:3
> ② 사춤용 모르타르 – 1:2
> ③ 치장용 모르타르 – 1:1
> ④ 대리석 붙이기용 모르타르 – 1:1(시멘트 : 석고)

(4) 석 공사 건식공법

① 건식공법의 종류
ㄱ 앵글지지 공법
ㄴ 앵글과 Plate 지지공법
ㄷ 강재 트러스 지지공법

② 석 공사 건식공법의 특징

구분	내용
장점	• 고층건물에 유리하다. • 동결, 백화현상이 없다. • 겨울철공사가 가능하다. • 시공속도가 빠르고 노동비가 절감된다. • 공기단축이 되며, 전천후 공법이다.
단점	• 재료의 손실이 많다. • 구조체와의 연결이 어렵다. • 줄눈부위의 처리가 어렵다.

③ 건식 석재 공사 일반사항
ㄱ 건식 석재공사는 석재의 하부는 지지용으로, 석재의 상부는 고정용으로 설치한다.
ㄴ 상부석제의고정용 조정판에서 하부 석재와의 간격을 1mm로 유지한다.
ㄷ 촉구멍 깊이는 기준보다 3mm 이상 더 깊이 천공하여 상부 석재의 중량이 하부석재로 전달되지 않도록 한다.
ㄹ 석재의 색상, 성질, 가공형상, 마감정도, 물리적 성질 등이 동일한 것으로 한다.
ㅁ 건식 석재 붙임공사에는 석재두께 30mm 이상을 사용하며,
ㅂ 건식 석재 붙임공사에 사용되는 모든 구조재 또는 트러스 철물은 반드시 녹막이 처리한다.

> ■ 석재의 표면 가공 마무리순서와 장비
> ① 혹두기(쇠메) → ② 정다듬(정) → ③ 도드락다듬(도드락 망치)
> → ④ 잔다듬(양날 망치) → ⑤ 물갈기(연마기) → ⑥ 광내기(왁스)

[돌 붙임 시 앵커긴결 공법에서 사용하는 철물]
① 앵커
② 볼트
③ 촉
④ 연결철물(fastener)

[GPC 공법]
공장에서 석재와 콘크리트를 일체화하여 현장에서 조립식 판넬방법으로 시공하는 방법

□□□ 10년4회, 15년1회

1. 석공사에서 대리석붙이기에 관한 내용으로 옳지 않은 것은?

① 대리석은 주로 실내보다는 외장용으로 많이 사용한다.
② 대리석 붙이기 연결철물은 10#~20#의 황동쇠선을 사용한다.
③ 대리석 붙이기 최하단은 충격에 쉽게 파손되므로 충진재를 넣는다.
④ 대리석은 시멘트 모르타르로 붙이면 알칼리성분에 의하여 변색·오염될 수 있다.

해설

대리석은 풍화하기 쉬우므로 외장용에는 사용하지 않는다.

□□□ 13년1회, 17년1회

2. 석재 사용상 주의사항으로 옳지 않은 것은?

① 압축 및 인장응력을 크게 받는 곳에 사용한다.
② 석재는 중량이 크고 운반에 제한이 따르므로 최대치수를 정한다.
③ 되도록 흡수율이 낮은 석재를 사용한다.
④ 가공 시 예각은 피한다.

문제 2 ~ 3 해설

석재 사용시 주의점
1. 취급상 치수는 최대 1[m³]이내로 하며 중량이 큰 것은 높은 곳에 사용하지 않는다.
2. 석재의 최대치수는 운반상, 가공상 등의 제반조건을 고려하여 정해야 한다.
3. 석재는 압축력을 받는 곳에만 사용한다(인장 및 휨모멘트 받는 곳은 사용금지)
4. 석재의 예각을 피할 것
5. 동일건축물에는 동일석재로 시공한다.
6. 석재는 석질이 균질한 것을 쓰도록 한다.
7. 1일 시공단수는 3~4단정도로 한다.
8. 오염된 곳은 물 씻기를 원칙으로 하고, 부득이한 경우 염산으로 닦아내고 즉시 물로 씻어내어 산분이 남아있지 않게 한다.

□□□ 12년4회, 15년4회

3. 석재 사용상의 주의사항 중 옳지 않은 것은?

① 동일건축물에는 동일석재로 시공하도록 한다.
② 석재를 다듬어 사용할 때는 그 질이 균질한 것을 사용하여야 한다.
③ 인장 및 휨모멘트를 받는 곳에 보강용으로 사용한다.
④ 외벽, 도로포장용 석제는 연석 사용을 피한다.

□□□ 16년4회

4. 석공사 건식공법의 종류가 아닌 것은?

① 앵커긴결공법　② 개량압착공법
③ 강제트러스 지지공법　④ GPC공법

해설

석공사 건식공법의 종류
① 앵글지지 공법
② 앵글과 Plate 지지공법
③ 강재 트러스 지지공법
④ GPC 공법

□□□ 12년1회, 18년1회, 22년1회

5. 석재붙임을 위한 앵커긴결공법에서 일반적으로 사용하지 않는 재료는?

① 앵커　② 볼트
③ 연결철물　④ 모르타르

해설

돌붙임 시 앵커긴결공법에서 사용하는 철물
1. 앵커
2. 볼트
3. 촉
4. 연결철물(fastener)

□□□ 12년1회, 14년4회

6. 석공사의 건식석재공사에 대한 설명 중 옳지 않은 것은?

① 석재의 건식 붙임에 사용되는 모든 구조재 또는 긴결철물은 녹막이 처리를 한다.
② 석재의 색상, 석질, 가공형상, 마감 정도, 물리적 성질 등이 동일한 것으로 한다.
③ 건식 석재 붙임에 사용되는 앵커볼트, 너트, 와셔 등은 주철제를 사용한다.
④ 화강석 특유의 무늬를 제외한 눈에 띄는 반점 등을 제거한다.

□□□ 17년4회

7. 건식 석재공사에 관한 설명으로 옳지 않은 것은?

① 촉구멍 깊이는 기준보다 3mm 이상 더 깊이 천공한다.

② 석재는 두께 30mm 이상을 사용한다.

③ 석재의 하부는 고정용으로, 석재의 상부는 지지용으로 설치한다.

④ 모든 구조재 또는 트러스 철물은 반드시 녹막이 처리한다.

□□□ 14년1회, 19년1회

8. 석공사에서 건식공법 시공에 대한 설명으로 옳지 않은 것은?

① 하지철물의 부식문제와 내부단열재 설치문제 등이 나타날 수 있다.

② 긴결 철물과 채움 모르타르로 붙여 대는 것으로 외벽공사 시 빗물이 스며들어 들뜸, 백화현상 등이 발생하지 않도록 한다.

③ 실런트(Sealant) 유성분에 의한 석재면의 오염문제는 비오염성 실런트로 대체하거나, Open Joint 공법으로 대체하기도 한다.

④ 강재트러스, 트러스지지공법 등 건식공법은 시공정밀도가 우수하고, 작업능률이 개선되며, 공기단축이 가능하다.

PART

05

건설재료학

핵심암기

건설안전기사
핵심암기모음집
건설재료학
한솔아카데미

01. 건설재료 일반

01 건설재료의 분류

❶ 건설재료의 분류

구분	내용
제조형태에 의한 분류	천연재료(자연재료), 인공재료(공업재료)
사용목적에 의한 분류	구조재료, 마감재료, 차단재료
화학조성	무기재료, 유기재료

02 건설재료의 성능

❶ 재료의 역학적 성질

구분	내용
탄성 (elasticity)	외력이 작용하면 순간적으로 변형이 생기지만 외력을 제거하면 원래의 형태로 회복되는 성질
소성 (plasticity)	재료에 작용하는 외력이 어느 한도에 도달하면 외력의 증감 없이 변형만이 증대하는 성질
인성 (toughness)	재료가 하중을 받아 파괴될 때까지 에너지를 흡수하는 능력
취성 (brittleness)	작은 변형에도 재료가 갑자기 파괴되는 성질
연성 (ductility)	재료에 인장력을 주어 가늘고 길게 늘일 수 있는 성질
전성 (malleability)	재료를 얇게 펴서 늘일 수 있는 성질
경도 (hardness)	재료의 단단하고 무른 정도
크리프 (creep)	재료에 외력이 작용하면 외력의 증가가 없어도 시간이 경과함에 따라 변형이 증대되는 현상 $\phi_t = \dfrac{\varepsilon c \,(크리프\ 변형량)}{\varepsilon e \,(탄성\ 변형량)}$ ϕ_t : 크리프 계수 εc : 크리프 변형량, εe : 탄성변형량

02. 목재

01 목재의 특징

❶ 목재의 공극률

$$공극률(\%) = (1 - \frac{w}{1.54}) \times 100$$

w : 목재의 절건비중, 1.54 : 진비중

❷ 목재의 함수율

$$함수율 = \frac{W - W_0}{W_0} \times 100$$

W : 건조 전의 중량(g), W_0 : 절대건조 중량(g)

❸ 함수율과 강도
① 섬유포화점 이하에서는 건조수축이 크다.
② 섬유포화점 이하에서는 함수율 감소에 따라 강도가 증대한다.
③ 함수율이 30% 이하로 감소될수록 강도는 급격히 증가하고, 전건상태에 이르면 섬유포화점 강도의 3배로 증가
④ 섬유포화점 이상에서는 함수율이 변화해도 목재의 강도는 일정하다.
⑤ 건조재의 함수율이 적을수록 강도는 커진다.

02 목재의 건조 · 방부 · 방화

❶ 목재의 건조 방법

구분	건조방법
자연건조법	공기건조법, 수침법
인공건조법	자비법, 증기법, 열기법, 훈연법, 고주파건조법, 진공법, 전기건조법

❷ 목재 방부제의 종류

구분	내용
유성	콜타르, 크레오소트
수용성	황산동 1% 용액, 염화아연 4% 용액, 염화 제2수은 1% 용액, 불화소다 2% 용액
유용성	PCP

03 목재 가공제품

❶ 목재 가공제품의 종류

구분	내용
합판	① 3매 이상의 얇은 판을 섬유방향이 서로 직교되도록 3, 5, 7 등의 홀수로 접착제로 겹치도록 붙여서 만든 것 ② 제조법 : 로터리 베니어, 슬라이스트 베니어, 소드 베니어
집성목재	두께 1.5~3cm의 널을 접착제를 사용하여 섬유 평행방향으로 여러 장을 겹쳐 붙여서 만든 목재
파티클보드 (칩보드)	목재를 작은 조각으로 만들고 건조시킨 후 합성수지 접착제를 첨가하여 가열, 압착 성형한 제품으로 칩보드라고도 한다.
벽 및 천정재	코펜하겐리브, 코르크판
섬유판 (fiber board)	연질 섬유판, 경질 섬유판, 반경질 섬유판
마루판(flooring)	플로어링 보드, 파키트리 보드, 파키트리 블록, 파키트리 판넬

03. 점토

01 점토의 성질 및 특성

❶ 점토의 주성분
① 규산(SiO_2 : 50~70%)
② 알루미나(Al_2O_3 : 15~35%)
③ 그 외 Fe_2O_3, CaO, K_2O, Na_2O 등

❷ 점토의 종류

구분	내용
내화점토	회백색, 담색으로 내화도 1,580℃ 이상으로 가소성이 있다. (도자기 및 내화벽돌의 원료)
자토	순백색으로 내화성이 있고 가소성이 부족 (도자기의 원료)
사질점토	적갈색으로 내화성이 부족하고 세사 및 불순물을 포함 (기와 보통벽돌, 토관 등의 원료)
석회질점토	백색으로 용해되기 쉽고 백회질을 많이 포함한다. (연질도기의 원료)
석기점토	내화도가 높고 가소성이 있으며, 견고·치밀하고 유색이다. (유색도기의 원료)

02 점토 제품

❶ 점토제품의 분류

종 류	소성온도(℃)	흡수율(%)	건축재료	비고
토 기	700~900	20% 이상	기와, 적벽돌, 토관	저급점토 사용
도 기	1,100~1,250	10%	내장타일, 테라코타	
석 기	1,200~1,350	3~10%	마루타일, 클링커 타일	시유약을 사용하지 않고 식염유를 쓴다.
자 기	1,230~1,460	1% 이하	내장타일, 외장 타일, 바닥타일, 위생도기 모자이크 타일	양질의 도토 또는 장석분을 원료로 하며 두드리면 청음이 난다.

04. 시멘트 및 콘크리트

01 시멘트의 특성

❶ 시멘트의 제조

① 시멘트는 석회석과 점토를 혼합하여 소성한 클링커에 적당량의 석고(3~5%)를 가하여 분쇄한 것

② 시멘트의 화학성분

성분	CaO (석회)	SiO_2 (실리카)	Al_2O_3 (알루미나)	Fe_2O_3 (산화철)	MgO (마그네시아)	SO_3 (무수황산)
포틀랜드 시멘트	63.0~66.0	21.0~22.5	4.5~6.0	2.5~3.5	0.9~3.3	1.0~2.0

❷ 시멘트의 주요 구성화합물

화합물	특징
$3CaO \cdot SiO_2(C_3S)$ = 규산 3석회	• 수화반응이 빠르고, 28일 이내의 초기강도를 지배한다.
$2CaO \cdot SiO_2(C_2S)$ = 규산 2석회	• 장기에 걸쳐 강도 상승, 건조수축과 수화열이 적다.
$3CaO \cdot Al_2O_3(C_3A)$ = 알루민산 3석회	• 수화속도가 가장 빠르며, 재령 1일이내 초기 강도에 기여한다.
$4CaO \cdot Al_2O_3 \cdot Fe_2O_3(C_4AF)$ = 알루민산 4석회	• 수화반응이 빠르다. • 수화열, 수축률이 작고 내황산성이 크다.

02 시멘트의 종류와 특징

❶ 시멘트의 종류

구분	내용
포틀랜드 시멘트	보통 포틀랜드 시멘트, 조강 포틀랜드시멘트, 중용열 포틀랜드시멘트(저열시멘트), 백색 포틀랜드시멘트
혼합시멘트	고로시멘트(슬래그시멘트), 실리카(포졸란) 시멘트, 플라이애쉬 시멘트
특수시멘트	알루미나 시멘트, 폴리머 시멘트

03 골재

❶ 골재의 공극률

$$공극률 = \left(1 - \frac{단위용적중량}{골재의\ 비중}\right) \times 100(\%)$$

❷ 골재의 함수상태

① 함수상태의 구분

구분	함수상태 기준
절건상태	110℃ 정도의 온도에서 24시간 이상 골재를 건조시킨 상태
기건상태	실내에 방치한 경우 골재입자의 표면과 내부의 일부가 건조한 상태
표건상태	골재입자의 표면에 물은 없으나 내부의 공극에는 물이 꽉 차 있는 상태
습윤상태	골재입자의 내부에 물이 채워져 있고 표면에도 물이 부착되어 있는 상태

② 골재의 함수량

구분	내용
전함수량	습윤상태 수량 – 절건상태 수량
표면수량	습윤상태 수량 – 표건상태 수량
흡수량	표건상태 수량 – 절건상태 수량
기건 함수량	기건상태 수량 – 절건상태 수량
유효 흡수량	표건상태 수량 – 기건상태 수량

04 혼화재료

❶ 혼화재료의 구분

구분	내용
혼화제	• 사용량이 적어 배합설계에서 무시 • 콘크리트속의 시멘트 중량에 대해 5% 이하, 보통은 1% 이하 사용 • AE제, 분산제(감수제), 응결경화촉진제, 급결제 및 지연제, 유동화제, 기포제, 방청제, 방수제, 방동제 등
혼화재	• 사용량이 많아서 배합설계에서 중량을 고려 • 시멘트 중량의 5% 정도 이상 사용 • 팽창제, 고로슬래그, 플라이애시, 실리카 흄, 팽창재 등

05 콘크리트

❶ 굳지 않은 콘크리트(용어)

용어	내용
워커빌리티(workability) = 시공연도	콘크리트의 부어넣기 작업의 난이도 정도 및 재료분리의 저항정도를 나타내는 것 (콘크리트의 작업성의 난이도)
컨시스턴시(consistency) = 반죽질기	수량에 의해서 변화하는 콘크리트의 유동성의 정도 (반죽의 질기)
플라스티시티(plasticity) = 성형성	거푸집에 채우기 쉽고, 재료분리가 발생하지 않는 성질
피니셔빌리티(finishability) = 마무리정도	굵은골재의 최대치수, 잔골재율, 잔골재 입도 등에 따른 마무리하기 쉬운 정도 (도로포장 등 표면정리의 난이도)
펌퍼빌리티(pumpability) = 압송성	펌프에 콘크리트가 잘 밀려가는지의 난이정도

❷ 콘크리트의 강도

① 압축강도 (표준양생을 한 재령 28일의 압축강도를 기준으로 한다.)
② 압축강도에 영향을 미치는 요인

구분	내용
배합	물/시멘트 비, 시멘트 공극비, 공기량
시공방법	• 비빔 : 손비빔이 기계비빔보다 강도가 증대된다. • 다짐 : 진동기를 사용하면 된 반죽에서는 강도가 커진다.
양생방법	• 습윤 양생 후 공기 중에서 건조시키면 강도가 증가한다. • 양생온도 4~40℃ 범위에서는 온도가 높을수록 재령 28일까지의 강도는 커진다.
재령	재령(경과시간)에 따라 강도는 증가한다.

③ 물시멘트비(W/C)

물/시멘트 비는 콘크리트 강도에 가장 큰 영향을 미치는 요인이다.

$$물시멘트비(W/C) = \frac{물의 \ 중량}{시멘트의 \ 중량} \times 100(\%)$$

❶ 특수 콘크리트의 종류 및 특징

구분	내용
AE 콘크리트	콘크리트속에 AE제를 혼합하여 시공연도를 좋게 한 콘크리트
경량 콘크리트	보통경량 콘크리트, 경량기포 콘크리트ALC(Autoclaved Lightweight Concrete)
중량콘크리트 (차폐용 콘크리트)	중량골재를 사용하여 만든 콘크리트로서 주로 방사선의 차폐를 목적으로 사용한다.
한중콘크리트	하루의 평균기온이 4℃ 이하가 예상되는 기상조건에서 콘크리트가 동결할 염려가 있을 때 시공하는 콘크리트
수밀콘크리트	콘크리트자체를 밀도가 높고 내구적, 방수적으로 만들어 물의 침투를 방지하는 콘크리트
프리플레이스트 콘크리트	미리 거푸집에 굵은 골재를 넣고 그 사이에 특수모르타르를 적당한 압력으로 주입하여 만든 콘크리트
프리스트레스트 콘크리트	고강도 PC 강선에 미리 인장력을 부여하여 적은 단면으로 큰 응력을 받도록 만든 콘크리트
폴리머함침 콘크리트	콘크리트를 건조시켜 그 내부의 공극에 모노머를 합침 또는 중합시켜 콘크리트와 일체화 시킨 것
서중콘크리트	높은 외부기온으로 콘크리트의 슬럼프 저하나 수분의 급격한 증발 등의 염려가 있을 경우에 시공되는 콘크리트로서, 하루 평균기온이 25℃를 초과하는 경우 서중 콘크리트로 시공
매스콘크리트	부재, 구조물의 치수가 80cm 이상으로 커서 시멘트의 수화반응으로 인한 수화열의 상승을 고려하여 시공하는 콘크리트
섬유보강콘크리트	콘크리트 속에 강섬유, 유리섬유, 합성섬유 등을 혼합하여 만든 콘크리트

05. 금속재료

01 철강

❶ 강의 물리적성질

① 탄소강의 물리적 성질은 탄소량에 따라 직선적으로 변한다.
② 탄소량이 증가하면 열팽창계수, 열전도율, 신율, 내식성, 비중은 떨어진다.
③ 탄소량이 증가하면 비열, 인장강도, 경도, 전기저항은 증가한다.
④ 탄소함유량 0.9%까지는 인장강도, 경도가 증가하지만 0.9% 이상 증가하면 강도가 감소한다.
⑤ 탄소함유량 0.85% 정도일 때 인장강도가 최대가 된다.

❷ 강의 분류

구분	내용
탄소강	0.3~1.7%의 탄소를 함유한 강
구조용 특수강	① 특수한 성질을 얻기 위해 탄소강에 규소, 망간, 텅스텐, 구리 등을 첨가한 것 ② 종류 : 크롬강, 니켈강, 니켈·크롬강, 크롬·몰리브덴강 등
스테인레스강	① 탄소강에 니켈, 크롬 등을 포함시킨 특수강 ② 전기저항이 크고 열전도율이 낮다. ③ 물 속이나 대기 중에서 녹슬지 않는다.
주철	① 선철에 철 조각을 넣어서 만든다. ② 주조성이 양호하다. ③ 취성이 크다. ④ 용도 : 맨홀뚜껑, 방열기, 자물쇠 등

02 비철금속

❶ 비철금속의 종류

구분	내용	
알루미늄(Al)	① 비중(2.7)이 철의 1/3로 경량이다.	② 융점(660℃)이 낮고 내화성이 나쁘다.
구리(Cu), 동	① 열 및 전기전도율이 가장 크다.	② 알칼리, 암모니아에 부식된다.
아연(Zn)	① 청백색을 띤 금속	② 내식성이 좋고 알칼리에 침식된다.
주석(Sn)	① 납과 청동의 합금	② 주조성, 단조성이 우수하다.
황동(놋쇠)	① 구리+아연	② 가공성, 내식성이 우수
청동	① 구리+주석	② 내식성이 강하고, 주조성이 우수
납(Pb)	① 융점(327℃)이 낮고 가공이 쉽다.	② 비중(11.4)이 매우 크고 연질이다.

❶ 금속제품의 종류

구분	내용
긴결, 고정, 목 구조용 철물	듀벨(Dubel), 인서트(Insert), 익스팬션볼트(Expansion bolt), 드라이브 핀(Drive Pin)
수장, 장식용 철물	조이너(Joinner), 코너비드(Corner bead), 논슬립(Non-Slop), 펀칭메탈(Punching Metal)
미장용 철물	메탈라스(Metal Lath), 와이어라스(Wire Lath)
콘크리트 타설용 철물	와이어 메쉬(Wire Mesh), 데크플레이트
창호철물	자유정첩, 래버터리 힌지, 플로어 힌지, 피벗 힌지, 도어클로저, 함자물쇠, 실린더 자물쇠, 나이트래치, 도어홀더, 도어스톱, 오르내리 꽂이쇠, 크리센트

06. 미장재료

01 미장의 특징과 공정

❶ 경화방식에 따른 미장재료의 분류

구분	특징
수경성	• 물과 화학반응하여 경화하는 재료 • 시멘트 모르타르, 석고 플라스터, 킨즈시멘트, 마그네시아 시멘트, 인조석 및 테라조 바름재 등
기경성	• 공기 중의 탄산가스와 결합하여 경화하는 재료 • 돌로마이트 플라스터, 소석회, 회사벽 등

❷ 미장 바탕의 성능조건

① 미장층보다 강도, 강성이 클 것
② 미장층과 유효한 접착강도를 얻을 수 있을 것
③ 미장층의 경화, 건조에 지장을 주지 않을 것
④ 미장층과 유해한 화학반응을 하지 않을 것
⑤ 미장층의 시공에 적합한 평면상태, 흡수성을 가질 것

02 미장재료의 종류

❶ 수경성 미장재료

구분	특징
시멘트 모르타르	보통시멘트 모르타르, 방수 모르타르, 특수 모르타르
석고플라스터	혼합석고 플라스터, 보드용 석고 플라스터, 크림용 석고 플라스터(순석고 플라스터), 경석고 플라스터(킨즈시멘트)
석고	이수석고, 무수석고, 반수석고(소석고)

❷ 기경성 미장재료

구분	특징
회반죽	소석회에 모래, 해초풀, 여물 등을 혼합하여 만든 미장재료
돌로마이트 플라스터	돌로마이트에 석회암, 모래, 여물 등을 혼합하여 만든다

07. 합성수지

01 합성수지의 특징

❶ 합성수지의 분류

열가소성 수지	열경화성 수지
① 폴리비닐수지(염화비닐수지=P.V.C)	① 폴리에스테르수지(불포화 폴리에스테르수지)
② 아크릴수지	② 페놀수지
③ 폴리스티렌수지	③ 요소수지
④ 폴리에틸렌수지	④ 멜라민수지
⑤ 폴리프로필렌	⑤ 알키드수지
⑥ 폴리아미드수지	⑥ 에폭시수지
⑦ 셀룰로이드	⑦ 우레탄수지
⑧ A.B.S 수지	⑧ 실리콘수지
⑨ 초산비닐수지	⑩ 프란수지

02 합성수지의 종류와 특징

❶ 합성수지의 종류와 특징

구분	특징
열가소성수지	열을 가하면 변형되고 냉각되면 굳어지며 다시 가열하면 변형되는 수지
열경화성수지	한번 경화된 수지는 다시 열을 가해도 변하지 않는다.
유리섬유	① 고온에 견디며, 불에 타지 않는다. ② 흡수성이 없고, 흡습성이 적다. ③ 화학적 내구성이 있기 때문에 부식하지 않는다. ④ 강도, 특히 인장강도가 강하다.
실(seal)재	① 코킹재 : 수축율이 작고 외기온도 변화에 변질되지 않는다. ② 실링재 : 사용 시는 유동성이 있는 상태이나 공기 중에서 시간이 경과하면 탄성이 높은 고무상태가 된다. ③ 개스킷 : 부재의 접합수 사이에 압축, 충전시키면 용적의 복원성으로 기밀, 수밀하게 되는 성질을 이용하여 물, 가스 등이 누설되는 것을 방지

08. 도료 및 접착제

01 도장재료

❶ 페인트의 종류

구분	특징
유성페인트	• 안료와 보일드유를 주원료로 하고 희석제, 건조제를 첨가한 것 • 건조시간이 길며 내수성 및 내마모성이 좋다.
수성페인트	• 안료를 물로 용해하고 수용성 교착제(전분, 카제인, 아교)와 혼합한 도료 • 내수성, 내마모성이 나쁘다.
에멀션페인트	• 수성페인트에 합성수지와 유화제를 섞은 것 • 내수성, 내구성이 있다.
에나멜페인트	• 유성바니시에 안료를 혼합하여 만든 페인트 • 도막이 견고하고 광택이 좋다.

❷ 바니시

구분	내용
유성바니시	• 유용성 수지를 건조성 오일에 가열 · 용해하여 휘발성 용제로 희석한 것 • 내수성, 내마모성이 크다.
휘발성 바니시	• 수지류를 휘발성 용제에 녹인 것 • 건조가 빠르고 광택이 좋다.

02 접착제

❶ 접착제의 종류

구분	종류
단백질계 접착제	카세인, 아교, 알부민
전분계 접착제	감자, 고구마, 옥수수, 쌀, 보리 등
합성수지계 접착제	에폭시수지, 페놀수지, 요소수지. 멜라민수지, 폴리에스테르수지 등
고무계 접착제	천연고무, 네오프렌, 치오콜 등
섬유소계 접착제	초화면접착제, 나트륨 칼폭시 메틸셀룰로오스
아스팔트계 접착제	아스팔트 프라이머

09. 석재

01 석재의 성질

❶ 석재의 장·단점

구분	내용
장점	• 압축강도가 크고 불연성이다. • 내화학성, 내구성, 내마모성이 우수하다. • 외관이 장중하고 미려하다.
단점	• 인장강도가 압축강도에 비해 매우 작다. (1/10~1/40) • 장대재를 얻기 어려워 큰 간사이 구조에 부적합하다. • 비중이 크고 가공성이 나쁘다. • 장스팬 구조에는 부적합하다. • 열에 약하다.

02 암석의 종류와 특징

❶ 화성암

종류	특징
화강암	• 석영, 장석, 운모가 주성분 • 내화성이 약하다. • 외장재, 내장재, 구조재, 콘크리트용 골재, 도로포장재
화산암 (부석)	• 내화성, 내산성이 크다. • 경량이며 열전도율이 작아 단열재로서 우수하다. • 내화재, 경량콘크리트 골재
안산암	• 경도, 강도, 비중, 내화성이 크다. • 도로포장재, 구조용 석재 등
현무암	• 내화성이 좋다. • 암면의 원료, 석축 등

❷ 수성암

종류	특징
점판암	• 재질이 치밀하고 흡수율이 작다. • 지붕재(천연슬레이트), 외벽, 비석 등
응회암	• 석질이 연하고 다공질이다. • 토목용 석재, 특수장식용, 실내용, 조각용
석회암	• 내화성, 내산성 부족 • 시멘트의 주원료

❸ 변성암

종류	특징
대리석	• 외관이 아름답고 광택이 좋다. • 내화성, 내산성이 낮고 풍화되기 쉽다. • 실내장식재, 조각재료
트래버틴	• 황갈색의 반문이 있다. • 물갈기 하면 광택이 난다. • 실내장식재
석면	• 열전도율이 작다. • 인체에 유해하고, 흡수율이 크다. • 단열재, 보온재, 흡음재 등
사문암	• 감람석, 섬록암이 변질된 것 • 강도가 약하고 풍화성이 있다. • 장식용 석재로 사용한다.
중정석	• 비중은 4.5로 매우 높고 무겁다 • 백색 안료, 도료의 원료 • 종이의 충진제, 화장품의 원료로, 페인트의 색소로, 방사선 촬영을 위한 조영제 등으로 사용

03 석재의 가공과 제품

❶ 석재 시공 시 주의사항

① 석재의 치수는 $1m^3$ 이내로 하며 중량석재는 높은 곳에 사용하지 말 것

② 콘크리트표면의 첨부용 석재는 연석을 쓰지 않는다.

③ 구조재는 수직압력만을 받도록 한다.

④ 석재에 예각부가 생기면 훼손되어 결손되기 쉽고 풍화방지에 좋지 않다.

⑤ 동일건축물에는 동일석재로 시공한다.

⑥ 내화구조물에는 열에 강한 석재를 사용한다.

⑦ 외장용이나 바닥에 사용하는 석재는 내수성, 내구성이 강한 석재를 사용한다.

10. 유리 및 단열재

01 유리

❶ 유리 성분에 의한 분류

구분	내용
소다석회유리 (소다유리, 보통유리, 크라운유리)	• 용융하기 쉽고 산에는 강하지만 알칼리에 약함 • 풍화되기 쉽고 비교적 팽창률이 크고 강도도 큼 • 일반 건축용 채광 창유리, 병류 등에 사용
칼륨석회유리	• 용융하기 어렵고 약품에 침식되지 않음 • 화학기구, 장식품, 공예품, 식기 등에 사용
칼륨납유리	• 열에 약하고 가공하기 쉽다. • 비중이 크고 굴절, 분산율이 크다. • 광학용 렌즈, 모조보석, 진공관 등에 사용
붕규산유리	• 가장 용융하기 어려움 • 내산성, 전기절연성이 크다 • 내열기구, 고주파용 전기절연용 등에 사용
고규산유리 (석영유리)	• 내열성, 내식성, 자외선 투과성이 크다. • 전구, 살균등 에 사용

02 단열재

❶ 단열재의 종류

구분	내용
무기질 단열재료	유리면, 암면, 세라믹 파이버(섬유), 펄라이트판, 규산칼슘판, 경량 기포콘크리트
유기질 단열재료	셀룰로즈 섬유판, 연질섬유판, 폴리스틸렌 폼, 경질 우레탄 폼

❷ 벽지의 종류

종류	특징
종이벽지	• 종이위에 무늬와 색상을 인쇄한 싸고 시공이 편리한 벽지 • 통기성이 좋아 습도조절이 된다. • 오염과 습기에 약하며 청소가 어려워 변색, 퇴색이 쉽다. • 내구성이 약하다.
비닐벽지	• 종이벽지에 비닐막을 입힌 벽지 • 색상과 디자인, 질감이 다양하다. • 오염과 퇴색에 강하여 청소가 쉬우며 종이벽지에 비해 수명이 길다. • 통기성과 흡수성이 부족하다.

11. 방수재료

01 아스팔트 방수

❶ 아스팔트의 종류

종류	특징
천연 아스팔트	록 아스팔트(Rock Asphalt), 레이크 아스팔트(Lake Asphalt), 아스팔트 타이트(Asphalt Tite)
석유아스팔트	스트레이트 아스팔트(straight asphalt), 블론 아스팔트(Blown asphalt), 아스팔트 컴파운드(Asphalt compound)

❷ 아스팔트 제품

구분	내용
아스팔트 프라이머 (Asphalt primer)	• 아스팔트를 휘발성 용제에 녹인 것으로 흑갈색 액체형태이다. • 모체와 아스팔트방수층의 방수시공의 첫째 공정이다.
아스팔트 유제 (Asphalt emulsion)	• 스트레이트 아스팔트를 가열하여 액상으로 만들고 유화제와 안정제를 혼합하여 물속에 분산시켜 혼탁액으로 만든 것
아스팔트 루핑 (Asphalt roofing)	• 아스팔트 펠트의 양면에 블론 아스팔트를 피복한 다음, 그 표면에 활석, 운모, 석회석, 규조토 등의 미분말을 부착한 시트상의 제품 • 평지붕의 방수층, 금속판의 지붕깔기 바탕 등에 이용
아스팔트 펠트 (Asphalt felt)	• 유기섬유(목면, 마사, 양모 폐지 등)를 펠트모양으로 만든 원지에 스트레이트 아스팔트를 흡수시켜 만든 두루마리 형태의 방수지 • 아스팔트 방수층의 중간층재로 이용
아스팔트 성형 바닥재	• 아스팔트 타일 : 아스팔트에 합성수지, 석면, 안료 등을 혼합하여 만든 재료 • 아스팔트 블록 : 판재로 만들어 화학공장의 내약품 바닥제로 사용

MEMO

건설재료의 분류와 성능으로 구성되며, 재료의 역학적 성질을 나타내는 용어에 대한 문제가 주로 출제된다.

01 건설재료의 분류

(1) 제조형태에 의한 분류

구분	내용
천연재료 (자연재료)	목재, 석재, 자갈, 모래, 점토, 천연아스팔트 등
인공재료 (공업재료)	벽돌, 시멘트, 금속, 석유아스팔트 등

(2) 사용목적에 의한 분류

구분	내용
구조재료	목재, 석재, 콘크리트, 철강 등(건축물의 기둥, 보, 벽체 등 내력을 담당하는 재료)
마감재료	타일, 유리, 금속판, 도료 등(내력부이외에 칸막이, 장식 등을 목적으로 하는 재료)
차단재료	아스팔트, 실링재, 글라스 등(방수, 단열, 차음 등을 목적으로 하는 재료)

[유기재료]
유기 재료는 C, N, O, H, S, F 등이 주 구성원소이며, 천연섬유, 고분자, 종이, 목재 등을 말한다.

(3) 화학조성에 의한 분류

구분	내용
무기재료	• 금속 : 철재, 비철금속(알루미늄, 구리, 합금류) • 비금속 : 석재, 시멘트, 콘크리트, 점토제품
유기재료	• 천연재료 : 목재, 아스팔트, 섬유판 • 합성수지 : 플라스틱, 도료, 접착제

02 건설재료의 성능

(1) 건설재료의 요구 성능

구분	내용
역학적 성능	강도, 변형, 탄성계수, 크리프, 인성, 피로강도
물리적 성능	비중, 경도, 수축, 열·소리·빛의 투과 및 반사
화학적 성능	산·알칼리 약품에 대한 부식, 용해성
내구성	산화, 변질, 열화, 풍화, 충해
내화성	연소, 인화, 용융, 발화에 대한 성능
감각적 성능	색채, 명도, 촉감, 오염성
생산성	자원, 생산효율, 가공성, 시공성, 운반성

(2) 재료의 역학적 성질

구분	내용
강도(strength)	외력을 받았을 때 절단·좌굴과 같은 변형을 일으키지 않고 이에 저항할 수 있는 능력
탄성(elasticity)	외력이 작용하면 순간적으로 변형이 생기지만 외력을 제거하면 원래의 형태로 회복되는 성질
소성(plasticity)	재료에 작용하는 외력이 어느 한도에 도달하면 외력의 증감 없이 변형만이 증대하는 성질(외력을 제거해도 원형으로 회복하지 않는다.)
인성(toughness)	재료가 하중을 받아 파괴될 때까지 에너지를 흡수하는 능력
취성(brittleness)	작은 변형에도 재료가 갑자기 파괴되는 성질
연성(ductility)	재료에 인장력을 주어 가늘고 길게 늘일 수 있는 성질
전성(malleability)	재료를 얇게 펴서 늘일 수 있는 성질
강성(rigidity)	재료가 외력을 받았을 때 변형에 저항하는 성질
경도(hardness)	재료의 단단하고 무른 정도
크리프(creep)	재료에 외력이 작용하면 외력의 증가가 없어도 시간이 경과함에 따라 변형이 증대되는 현상

> ■ 크리프 계수(creep coefficient)
>
> $$\phi_t = \frac{\varepsilon c \,(\text{크리프 변형량})}{\varepsilon e \,(\text{탄성 변형량})}$$
>
> ϕ_t : 크리프 계수 εc : 크리프 변형량, εe : 탄성변형량

[환경표지]

환경마크제도는 동일 용도의 제품·서비스 가운데 생산〉유통〉사용〉폐기 등 전과정 각 단계에 걸쳐 에너지 및 자원의 소비를 줄이고 오염물질의 발생을 최소화 할 수 있는 친환경 제품을 선별해 정해진 형태의 로고(환경표지)와 간단한 설명을 표시토록 하는 자발적 인증제도.

[피로파괴]

어떤 재료가 반복하중을 받아 적정강도보다 훨씬 낮은 응력에서 재료가 파괴되는 성질

01 핵심문제 1. 건설재료의 분류, 2.건설재료의 성능

□□□ 14년1회
1. 건축재료의 화학조성에 의한 분류 중, 무기재료에 포함되지 않는 것은?

① 콘크리트 ② 철강
③ 목재 ④ 석재

해설	
재료의 화학조성에 의한 분류	
구분	내용
무기재료	• 금속 : 철재, 비철금속(알루미늄, 구리, 합금류) • 비금속 : 석재, 시멘트, 콘크리트, 점토제품
유기재료	• 천연재료 : 목재, 아스팔트, 섬유판 • 합성수지 : 플라스틱, 도료, 접착제

□□□ 15년2회, 18년1회
2. 건설자재의 환경성에 대한 일정기준을 정하여 에너지 절약, 유해물질 저감, 자원의 절약 등을 유도하기 위하여 제품에 부여하는 인증제도로 옳은 것은?

① 환경표지 ② NEP인증
③ GD마크 ④ KS마크

해설
환경표지 환경마크제도는 동일 용도의 제품·서비스 가운데 생산〉유통〉사용〉폐기 등 전과정 각 단계에 걸쳐 에너지 및 자원의 소비를 줄이고 오염물질의 발생을 최소화 할 수 있는 친환경 제품을 선별해 정해진 형태의 로고(환경표지)와 간단한 설명을 표시토록 하는 자발적 인증제도.

□□□ 14년4회, 21년4회
3. 건축재료의 역학적 성질에 속하지 않는 항목은?

① 탄성 ② 비중
③ 강성 ④ 소성

문제 3 ~ 5 해설	
구분	내용
역학적 성능	강도, 변형, 탄성계수, 크리프, 인성, 피로강도
물리적 성능	비중, 경도, 수축, 열·소리·빛의 투과 및 반사

□□□ 12년4회, 15년1회
4. 건축 구조재료의 요구성능에는 역학적 성능, 화학적 성능, 내화 성능 등이 있는데 그 중 역학적 성능에 해당되지 않는 것은?

① 내열성 ② 강도
③ 강성 ④ 내피로성

□□□ 17년2회, 22년1회
5. 건축재료의 요구성능 중 마감재료에서 필요성이 가장 적은 항목은?

① 화학적 성능 ② 역학적 성능
③ 내구성능 ④ 방화·내화 성능

□□□ 13년1회, 17년1회
6. 재료의 기계적 성질 중 작은 변형에도 파괴되는 성질을 무엇이라 하는가?

① 강성 ② 소성
③ 탄성 ④ 취성

해설
취성(brittleness) 작은 변형에도 재료가 갑자기 파괴되는 성질

□□□ 12년4회, 17년1회, 20년3회
7. 어떤 재료의 초기 탄성변형량이 2.0cm이고 크리프(creep) 변형량이 4.0cm라면 이 재료의 크리프 계수는 얼마인가?

① 0.5 ② 1.0
③ 2.0 ④ 4.0

해설
크리프 계수(creep coefficient) $\phi_t = \dfrac{\varepsilon c\,(\text{크리프 변형량})}{\varepsilon e\,(\text{탄성 변형량})} = \dfrac{4.0}{2.0} = 2$ ϕ_t : 크리프 계수 εc : 크리프 변형량, εe : 탄성변형량

Chapter 02

목재

이 장은 목재의 특징, 건조·방부, 목재가공제품 등으로 구성되며 목재의 함수율과 강도, 방부제의 종류, 가공제품의 특징 등이 주로 출제된다.

01 목재의 특징

(1) 목재의 특징

① 활엽수가 침엽수보다 비중이 크고 강도도 크다.
② 추재는 춘재에 비해 강도가 크다.
③ 벌목의 계절은 목재의 강도에 영향을 끼친다.
④ 생목은 도장이 곤란하다.

(2) 목재의 장·단점

구분	내용
장점	• 열전도율이 작아 단열, 보온, 방한, 방서성이 좋다. • 가공성이 좋다. • 음의 흡수, 차단성이 좋다. • 산, 약품, 염분에 강하다. • 비중에 비해 강도, 탄성이 크다. (비강도가 크다.) • 보수유지의 경제성이 크다. • 마감질 등 가공이 용이하고, 시공성이 우수하다. • 종류가 다양하고 외관이 아름답다.
단점	• 흡수성이 크다. • 건습에 의한 변형 및 팽창 수축이 크다. • 풍화에 의해서 부패한다. • 부패하기 쉽고 충해를 받기 쉽다. • 내화성이 약하다. • 재질 및 섬유방향에 따라 강도의 차이가 있다. • 건조한 것은 타기 쉬우며 건조가 불충분한 것은 썩기 쉽다. • 강재나 콘크리트와 같은 큰 재료를 얻기 어렵다.

[목재의 조직]

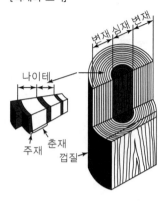

(3) 목재의 내부 조직

① 침엽수의 조직

구분	내용
가도관	• 수분의 통로, 수간을 지지 • 중공 세장한 관상세포 • 전체의 90~97%
유연세포	• 영양분의 저장 • 원통형 구조 • 전체의 1~2% 정도
방사조직	양분저장, 통로로서 작용
수선	거의 안 보인다.
수지구	수지의 분비, 이동, 저장의 역할

② 활엽수 조직

구분	내용
목섬유	• 목재의 강하고 견고함 유지 • 전체의 30~70%
도관	• 수분의 통로(활엽수에만 있음) • 중공 세밀한 관 형태 조직
수선	잘 나타나며, 양분, 수분 통로
수지관	거의 없다.

(4) 심재와 변재

① 심재와 변재의 구분

구분	내용
심 재	수심을 둘러싸고 있는 생활기능이 줄어든 세포의 집합으로 내부의 짙은 색깔 부분이다.
변 재	심재 외측과 나무껍질 사이에 엷은 색깔의 부분으로 수액의 이동통로이며 양분을 저장하는 장소이다.

② 심재와 변재의 비교

심 재	변 재
• 변재보다 내후성, 내구성이 크다. • 변재보다 비중이 크다. • 변재보다 신축성이 적다. • 일반적으로 변재보다 강도가 크다. • 수액과 수분이 적다. • 변형이 적다. • 색깔이 짙다.	• 심재보다 내후성, 내구성이 약하다 • 심재보다 비중이 적다. • 심재보다 신축성이 크다. • 일반적으로 심재보다 강도가 약하다. • 변형, 부패되기 쉽다. • 가소성이 풍부하다. • 색깔이 엷다.

(5) 목재의 결과 수축율

목재의 결 방향	수축율
무늬결(널결) 방향	가장 크다.(14%)
곧은결 방향	무늬결 방향의 1/2 정도(8%)
길이(섬유)방향	곧은결 방향의 1/20 정도(0.35%)

■ 목재의 수축율 크기의 순서

널결 〉 곧은결 〉 길이방향

(6) 목재의 결점

[목재의 결]

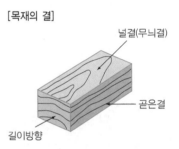

구분	내용
갈라짐(crack)	• 심재성형 갈라짐 : 벌목 후 건조수축에 의해 발생 • 변재성형 갈라짐 : 침입된 수분이 동결·팽창되어 발생 • 원형 갈라짐 : 균의 작용이나 수심의 수축에 의해 발생
옹이(knot)	나뭇가지의 자국, 성장 중의 가지가 말려 들어가서 생긴 것.
입피(껍질박이)	수목의 세로방향 외상으로 수피가 말려들어간 것.(활엽수에 많이 발생)
지선	건조 후에도 수지가 마르지 않고 계속 진이 나오는 현상
이상재	수심의 기울어진 방향으로 생장한 부분

(7) 목재의 비중

① 비중(specific gravity)

구분	내용
목재의 비중(g/cm³)	기건비중(목재의 수분을 공기 중에서 제거한 상태의 비중)으로 나타낸다.
절대건조 비중	100~110℃의 온도에서 목재의 수분을 완전히 제거했을 때의 비중
진비중(실비중)	목재가 공극을 포함하지 않은 실제부분의 비중(1.54정도)

※ 목재의 비중은 목재를 구성하는 섬유질의 비중(1.54)과 공극률에 의해 결정된다.

> ■ **목재의 공극률**
>
> $$공극률(\%) = \left(1 - \frac{w}{1.54}\right) \times 100$$
>
> w : 목재의 절건비중, 1.54 : 진비중

② 목재의 비중과 강도

  ⊙ 목재의 강도는 일반적으로 비중에 정비례한다.

  ⓒ 함수율이 일정하고 결함이 없으면 비중이 클수록 강도가 크다.

  ⓒ 목재의 진비중은 수종에 관계없이 1.54 정도이다.

  ⓒ 목재의 비중은 동일수종이라도 연륜, 밀도, 생육지, 수령, 심재와 변재에 따라서 다소 차이가 난다.

  ⓜ 비중이 클수록 팽창수축이 크다.

(8) 목재의 함수율

① 함수율의 측정

$$함수율 = \frac{W - W_0}{W_0} \times 100$$

W : 건조전의 중량(g)

W_0 : 절대건조중량(g)

② 목재 상태에 따른 함수율

구분	함수율
섬유포화점의 함수율	30%
기건상태의 함수율	15%
절건상태(전건상태)	0%

③ 함수율과 강도

  ⊙ 섬유포화점 이하에서는 건조수축이 크다.

  ⓒ 섬유포화점 이하에서는 함수율 감소에 따라 강도가 증대한다.

  ⓒ 함수율이 30% 이하로 감소될수록 강도는 급격히 증가하고, 전건상태에 이르면 섬유포화점 강도의 3배로 증가

  ⓒ 섬유포화점 이상에서는 함수율이 변화해도 목재의 강도는 일정하다.

  ⓜ 건조재는 부식될 가능성이 적다.

  ⓗ 건조재는 수축변형이 적다.

  ⓢ 건조재의 함수율이 적을수록 강도는 커진다.

◎ 생재를 건조하면 섬유포화점 이하로 될 때부터 수축하기 시작한다.
ⓩ 함수율이 크면 강도는 작다.
ⓧ 함수율이 증가할수록 전기전도율은 증가한다.

(9) 목재의 강도

구분	내용
인장강도와 압축강도	섬유에 평행방향에 대한 강도가 가장 크고 섬유의 직각방향에 대한 강도가 가장 작다.
전단강도	목재의 전단강도는 섬유의 직각방향이 평행방향보다 강하다.
휨강도	목재의 휨강도는 옹이의 위치, 크기에 따라 다르다.
경도	목재의 경도는 마구리면이 경도가 가장 크고 곧은결면과 널결면은 큰 차이가 없다.

■ 섬유에 평행할 때의 강도의 크기

인장강도 〉 휨강도 〉 압축강도 〉 전단강도

(10) 열에 대한 성질

① 목재는 섬유사이에 공간이 있어 열전도율이 작다.
② 열전도율은 비중이 클수록 함수율이 클수록 증가한다.
③ 열전도율은 섬유의 방향에 따라 차이가 있다.
④ 목재의 전기전도율은 함수율이 클수록 증가한다.

■ 목재의 인화점, 착화점, 발화점

구분	온도
수분소실, 열분해 시작, 가스방출	100℃ 내외
탄화점	160℃
인화점	평균 240℃
착화점(화재 위험온도)	평균 260℃
발화점	평균 450℃

[섬유포화점]
목재의 건조 시 먼저 유리수가 증발하고 그 뒤에 세포수의 증발이 시작되는 시점의 함수상태를 말하는 것으로, 함수율은 30% 정도이다.

01 핵심문제
1. 목재의 특징

□□□ 13년1회, 18년2회

1. 목재 조직에 관한 설명으로 옳지 않은 것은?

① 추재의 세포막은 춘재의 세포막보다 두껍고 조직이 치밀하다.

② 변재는 심재보다 수축이 크다.

③ 변재는 수심의 주위에 둘러져 있는, 생활기능이 줄어든 세포의 집합이다.

④ 침엽수의 수지구는 수지의 분비, 이동, 저장의 역할을 한다.

문제 1 ~ 2 해설

1. 변재 : 심재바깥과 나무껍질 사이에 엷은 색깔의 부분으로 수액의 이동로이며 양분을 저장하는 장소이다.
2. 심재 : 수심의 주위에 둘러져 있는, 생활기능이 줄어든 세포의 집합이다.

□□□ 18년4회

2. 목재의 심재와 변재에 관한 설명으로 옳지 않은 것은?

① 변재는 심재 외측과 수피 내측 사이에 있는 생활세포의 집합이다.

② 심재는 수액의 통로이며 양분의 저장소이다.

③ 심재는 변재보다 단단하여 강도가 크고 신축 등 변형이 적다.

④ 심재의 색깔은 짙으며 변재의 색깔은 비교적 엷다.

□□□ 19년1회

3. 목재의 신축에 관한 설명으로 옳은 것은?

① 동일 나뭇결에서 심재는 변재보다 신축이 크다.

② 섬유포화점 이상에서는 함수율의 변화에 따른 신축 변동이 크다.

③ 일반적으로 곧은결폭보다 널결폭이 신축의 정도가 크다.

④ 신축의 정도는 수종과는 상관없이 일정하다.

해설

결에 따른 수축률
널결 〉 곧은결 〉 길이방향

□□□ 13년1회, 18년2회

4. 목재의 결점에 해당되지 않는 것은?

① 옹이 　　　　② 수심

③ 껍질박이 　　④ 지선

해설

수심은 목재의 중앙 부분을 말한다.

※ 목재의 결점

구분	내용
옹이(knot)	나뭇가지의 자국, 성장 중의 가지가 말려 들어가서 생긴 것.
입피(껍질박이)	수목의 세로방향 외상으로 수피가 말려들어간 것.(활엽수에 많이 발생)
지선	건조 후에도 수지가 마르지 않고 계속 진이 나오는 현상

□□□ 15년1회, 17년2회

5. 목재의 일반적 성질에 관한 설명으로 틀린 것은?

① 섬유포화점 이상의 함수상태에서는 함수율의 증감에도 신축을 일으키지 않는다.

② 섬유포화점 이상의 함수상태에서는 함수율이 증가할수록 강도는 감소한다.

③ 기건상태란 통상 대기의 온도·습도와 평형한 목재의 수분 함유 상태를 말한다.

④ 섬유방향에 따라서 전기전도율은 다르다.

해설

함수율과 강도

1. 섬유포화점 이하에서는 건조수축이 크다.
2. 섬유포화점 이하에서는 함수율 감소에 따라 강도가 증가한다.
3. 함수율이 30% 이하로 감소될수록 강도는 급격히 증가하고, 전건상태에 이르면 섬유포화점 강도의 3배로 증가
4. 섬유포화점 이상에서는 함수율이 변화해도 목재의 강도는 일정하다.
5. 건조재는 부식될 가능성이 적다.
6. 건조재는 수축변형이 적다.
7. 건조재의 함수율이 적을수록 강도는 커진다.
8. 생재를 건조하면 섬유포화점 이하로 될 때부터 수축하기 시작한다.
9. 함수율이 크면 강도는 작다.
10. 함수율이 증가할수록 전기전도율은 증가한다.

정답　**1** ③　**2** ②　**3** ③　**4** ②　**5** ②

□□□ 17년4회, 20년3회

6. 목재의 강도에 관한 설명으로 옳지 않은 것은?

① 목재의 건조는 중량을 경감시키지만 강도에는 영향을 끼치지 않는다.
② 벌목의 계절은 목재의 강도에 영향을 끼친다.
③ 일반적으로 응력의 방향이 섬유방향에 평행인 경우 압축강도가 인장강도보다 작다.
④ 섬유포화점 이하에서는 함수율 감소에 따라 강도가 증대한다.

해설

함수율이 30% 이하로 감소될수록 강도는 급격히 증가하고, 전건상태에 이르면 섬유포화점 강도의 3배로 증가

□□□ 11년2회, 16년4회

7. 목재의 절대건조비중이 0.8일 때 이 목재의 공극률은?

① 약 42%
② 약 48%
③ 약 52%
④ 약 58%

해설

$$공극율(\%) = \left(1 - \frac{w}{1.54}\right) \times 100$$

w : 목재의 절건비중 1.54 : 진비중

$$= \left(1 - \frac{0.8}{1.54}\right) \times 100 = 48\%$$

□□□ 17년4회

8. 목재의 용적변화, 팽창수축에 관한 설명으로 옳지 않은 것은?

① 변재는 일반적으로 심재보다 용적변화가 크다.
② 비중이 큰 목재일수록 팽창 수축이 적다.
③ 연륜에 접선 방향(널결)이 연륜에 직각 방향(곧은 결)보다 수축이 크다.
④ 급속하게 건조된 목재는 완만히 건조된 목재보다 수축이 크다.

해설

비중과 강도
1. 목재의 강도는 비중에 일반적으로 정비례한다.
2. 함수율이 일정하고 결함이 없으면 비중이 클수록 강도가 크다.
3. 목재의 진비중은 수종에 관계없이 1.54 정도이다.
4. 목재의 비중은 동일수종이라도 연륜, 밀도, 생육지, 수령, 심재와 변재에 따라서 다소 차이가 난다.
5. 비중이 클수록 팽창수축이 크다.

□□□ 11년4회, 14년1회, 14년2회, 21년2회

9. 중량 5kg인 목재를 건조시켜 전건중량이 4kg이 되었다. 건조 전 목재의 함수율은 몇 %인가?

① 20%
② 25%
③ 30%
④ 40%

해설

$$함수율 = \frac{W - W_0}{W_0} \times 100 = \frac{5 - 4}{4} \times 100 = 25\%$$

W : 건조전의 질량(g), W_0 : 절대건조질량(g)

□□□ 12년4회, 16년2회, 18년1회

10. 목재에서 흡착수만이 최대한도로 존재하고 있는 상태인 섬유포화점의 함수율은 중량비로 몇 % 정도인가?

① 15% 정도
② 20% 정도
③ 30% 정도
④ 40% 정도

문제 10 ～ 11 해설	
목재의 함수율	
1. 섬유포화점의 함수율	30%
2. 기건상태의 함수율	15%
3. 절건상태(전건상태)의 함수율	0%

□□□ 13년2회, 19년2회

11. 목재가 대기의 온도와 습도에 맞게 평형에 도달한 상태를 의미하는 기건상태의 함수율은 약 얼마인가?

① 약 35%
② 약 15%
③ 약 5%
④ 약 25%

□□□ 18년4회

12. 목재의 강도 중에서 가장 작은 것은?

① 섬유방향의 인장강도
② 섬유방향의 압축강도
③ 섬유 직각방향의 인장강도
④ 섬유방향의 휨강도

정답 6 ① 7 ② 8 ② 9 ② 10 ③ 11 ② 12 ③

섬유에 평행방향에 대한 강도가 가장 크고 섬유의 직각방향에 대한 강도가 가장 작다.

[참고] 응력방향이 섬유방향에 평행한 경우 목재의 강도

인장강도 > 휨강도 > 압축강도 > 전단강도

□□□ 19년2회
13. 목재의 강도에 관한 설명으로 옳지 않은 것은?

① 함수율이 섬유포화점 이상에서는 함수율이 증가하더라도 강도는 일정하다.

② 함수율이 섬유포화점 이하에서는 함수율이 감소할수록 강도가 증가한다.

③ 목재의 비중과 강도는 대체로 비례한다.

④ 전단강도의 크기가 인장강도 등 다른 강도에 비하여 크다.

□□□ 18년2회
14. 목재의 화재 시 온도별 대략적인 상태변화에 관한 설명으로 옳지 않은 것은?

① 100℃ 이상 : 분자 수준에서 분해

② 100~150℃ : 열 발생률이 커지고 불이 잘 꺼지지 않게 됨

③ 200℃ 이상 : 빠른 열분해

④ 260~350℃ : 열분해 가속화

불이 잘 꺼지지 않는 온도는 착화점(약 260℃)이상이다.

※ 목재의 인화점, 착화점, 발화점

수분소실, 열분해 시작, 가스방출	100℃ 내외
탄화점	160℃
인화점	평균 240℃
착화점(화재 위험온도)	평균 260℃
발화점	평균 450℃

□□□ 19년1회, 22년2회
15. 목재의 내연성 및 방화에 관한 설명으로 옳지 않은 것은?

① 목재의 방화는 목재 표면에 불연소성 피막을 도포 또는 형성시켜 화염의 접근을 방지하는 조치를 한다.

② 방화제로는 방화페인트, 규산나트륨 등이 있다.

③ 목재가 열에 닿으면 먼저 수분이 증발하고 160℃ 이상이 되면 소량의 가연성가스가 유출된다.

④ 목재는 450℃에서 장시간 가열하면 자연발화 하게 되는데, 이 온도를 화재위험온도라고 한다.

02 목재의 건조 · 방부 · 방화

(1) 목재의 건조

① 건조 목적
  ㉠ 도장성 개선 및, 약제주입 용이
  ㉡ 목재 수축에 의한 균열 및 변형 방지
  ㉢ 목재의 강도 및 전기절연성의 증진
  ㉣ 단열성 및 강도 증진
  ㉤ 균류에 의한 부식방지

② 건조 방법
  ㉠ 자연건조법

구분	건조방법
공기건조법	직사광선과 비를 막고 실외에 목재를 쌓아두고 건조
수침법	목재를 3~4주 물속에 담가두어 수액을 수중에 방출시켜 공기 건조시간을 단축

  ㉡ 인공건조법

구분	건조방법
자비법	목재를 뜨거운 물로 끓여 수액을 추출시켜 건조하는 법
증기법	증기 가마속에 목재를 넣고 압력증기를 보내 건조
열기법	건조실내에 목재를 넣고 가열한 공기를 보내 건조
훈연법	짚, 톱밥 등을 태워 연기를 이용하여 건조
고주파건조법	고주파에너지를 이용하여 건조
진공법	가열공기의 수증기 압력저하로 건조
전기건조법	고압전류를 목재에 통하게 하여 건조

[목재의 인공건조]

(2) 목재의 방부

① 방부법

구분	내용
도포법	목재표면에 방부제 칠을 하는 것으로 가장 간단한 방법 (유성페인트, 니스, 아스팔트, 콜타르칠)
침지법	크레오소트 등의 방부액이나 물에 담가 산소공급을 차단
표면탄화법	나무의 표면을 태워서 탄화시키는 법
가압주입법	압력 용기속에 목재를 넣어 압력을 가하여 방부제를 주입하는 것으로 효과가 좋다.

② 방부제의 종류 및 특징

㉠ 유성

구분	특징
콜타르	• 방부성우수, 흑갈색으로 페인트칠 불가능하다. • 보이지 않는 곳, 가설재 등에 사용
크레오소트	• 방부성 우수, 철류부식 적다. • 악취, 실내사용 곤란, 흑갈색으로 외부에 사용 • 토대, 기둥, 도리 등에 사용

㉡ 수용성

구분	내용
황산동 1% 용액	방부성 우수, 철재 부식, 인체에 유해
염화아연 4% 용액	방부성 우수, 목질부 약화, 전기전도율 증가, 비내구성
염화제2수은 1% 용액	방부성 우수, 철재부식, 인체에 유해
불화소다 2% 용액	방부성 우수, 철재, 인체 무해, 페인트 도장 가능, 내구성 부족, 값이 비싸다.

㉢ 유용성

PCP : 방부력 가장 우수, 페인트 칠 가능

(3) 목재의 방화법

구분	내용
표면처리법	목재의 표면을 불연재료로 도포하는 법 (방화페인트, 규산나트륨, 인산암모늄, 붕사 등)
방화제 주입법	방화제를 주입하여 가연성 가스의 발생을 억제 (황산암모니아, 제2인산암모늄, 염화암모늄, 황산암모늄, 탄산나트륨 등)
피복법	목재표면에 불연, 단열재를 피복하는 법 (모르타르, 플라스터, 금속판 등)

02 핵심문제   2. 목재의 건조 · 방부 · 방화

□□□ 16년4회

1. 다음 중 목재의 건조 목적이 아닌 것은?

① 전기절연성의 감소
② 목재수축에 의한 손상방지
③ 목재강도의 증가
④ 균류에 의한 부식 방지

해설
목재의 건조목적 ① 도장성 개선 및, 약제주입 용이 ② 목재 수축에 의한 균열 및 변형 방지 ③ 목재의 강도 및 전기절연성의 증진 ④ 단열성 및 강도 증진 ⑤ 균류에 의한 부식방지

□□□ 10년1회, 13년2회, 14년2회

2. 목재의 방부법으로 옳지 않은 것은?

① 침지법   ② 표면탄화법
③ 가압주입법   ④ 훈연법

해설
훈연법은 목재의 건조법이다.

※ 목재의 방부법

도포법	목재표면에 방부제 칠을 하는 것(유성페인트, 니스, 아스팔트, 콜타르칠)
침지법	크레오소트 등의 방부액이나 물에 담가 산소공급을 차단
표면탄화법	나무의 표면을 태워서 탄화시키는 법
가압주입법	압력용기속에 목재를 넣어 압력을 가하여 방부제를 주입하는 것으로 효과가 좋다

□□□ 10년2회, 16년1회, 18년2회, 20년1,2회

3. 목재의 방부 처리법 중 압력용기 속에 목재를 넣어서 처리하는 방법으로 가장 신속하고 효과적인 것은?

① 침지법   ② 표면탄화법
③ 가압주입법   ④ 생리적 주입법

해설
가압주입법 압력 용기속에 목재를 넣어 7~12기압의 고압으로 방부제를 주입하므로 신속하고 효과적이다.

□□□ 13년4회, 14년4회, 17년1회, 17년4회, 20년3회

4. 목재용 유성 방부제의 대표적인 것으로 방부성이 우수하나, 악취가 나고 흑갈색으로 외관이 불미하여 눈에 보이지 않는 토대, 기둥, 도리 등에 이용되는 것은?

① 유성페인트   ② 크레오소트 오일
③ 염화아연 4% 용액   ④ 불화소다 2% 용액

해설
방부액의 종류 및 특징		

유성	콜타르	㉠ 방부성우수, 흑갈색으로 페인트칠 불가능하다 ㉡ 보이지 않는 곳, 가설재 등에 사용
	크레오소트	㉠ 방부성 우수, 철류부식 적다. ㉡ 악취, 실내사용 곤란, 흑갈색으로 외부에 사용 ㉢ 토대, 기둥, 도리 등에 사용
수용성	황산동 1% 용액	방부성 우수, 철재 부식, 인체에 유해
	염화아연 4% 용액	방부성 우수, 목질부 약화, 전기전도율 증가, 비내구성
	염화제2수은 1% 용액	방부성 우수, 철재부식, 인체에 유해
	불화소다 2% 용액	방부성 우수, 철재, 인체 무해, 페인트 도장 가능, 내구성 부족, 값이 비싸다
유용성	PCP	방부력 가장 우수, 페인트 칠 가능

□□□ 14년1회

5. 목재의 방부제에 대한 설명 중 옳지 않은 것은?

① 유성 및 유용성 방부제는 물에 의해 용출하는 경우가 많으므로 습윤의 장소에는 사용하지 않는다.
② 유성페인트를 목재에 도포하면 방습, 방부효과가 있고 착색이 자유로우므로 외관을 미화하는데 효과적이다.
③ 황산동 1% 용액은 방부성은 좋으나 철재를 부식시키며 인체에 유해하다.
④ 크레오소트 오일은 방부성은 우수하나 악취가 있고 흑갈색이므로 외관이 미려하지 않아 토대, 기둥 등에 주로 사용된다.

해설
유성 및 유용성 방부제는 물에 의해 용출(녹아나옴)되지 않는다.

정답 1 ①   2 ④   3 ③   4 ②   5 ①

6. 목재의 방부제에 대한 설명 중 틀린 것은?

① PCP는 방부력이 매우 우수하나, 자극적인 냄새가 난다.
② 크레오소트유는 방부성은 우수하나, 악취가 나고 외관이 좋지 않다.
③ 아스팔트는 가열 용해하여 목재에 도포하면 미관이 뛰어나 자주 활용된다.
④ 유성페인트는 방부, 방습효과가 있고, 착색이 자유롭다.

해설

아스팔트 콜타르
① 방부성우수, 흑갈색으로 페인트칠 불가능하다
② 보이지 않는 곳, 가설재 등에 사용

7. 목재의 방화제 종류에 해당되지 않은 것은?

① 방화페인트　　　② 규산나트륨
③ 불화소다 2% 용액　　　④ 제2 인산암모늄

해설

불화소다 2% 용액은 수용성 방부제이다.

※ 목재의 방화제

① 표면처리법	방화페인트, 규산나트륨, 인산암모늄, 붕사 등
② 방화제 주입법	황산암모니아, 제2 인산암모늄, 염화암모늄, 황산암모늄, 탄산나트륨 등
③ 피복법	모르타르, 플라스터, 금속판 등

03 목재 가공제품

(1) 합판

[합판]

① 3매 이상의 얇은 판을 섬유방향이 서로 직교되도록 3, 5, 7 등의 홀수로 접착제로 겹치도록 붙여서 만든 것

② 특징

　㉠ 함수율 변화에 따른 신축 변형이 적고, 방향성이 없다.

　㉡ 뒤틀림이나 변형이 적은 비교적 큰 면적의 평면재료를 얻을 수 있다.

　㉢ 균일한 강도의 재료를 얻을 수 있다.

　㉣ 곡면가공이 가능하다.

③ 제조법

구분	제조방법
로터리 베니어	원목을 회전시키면서 연속적으로 얇게 벗기는 것으로 넓은 단판을 얻을 수 있고 원목낭비가 적다.
슬라이스트 베니어	원목을 적당한 각재로 만든 다음 칼날로 얇게 커는 방법
소드 베니어	원목을 각재로 만든 후 톱으로 얇게 커는 방법

(2) 집성목재

[집성목재]

① 두께 1.5~3cm의 널을 접착제를 사용하여 섬유 평행방향으로 여러 장을 겹쳐 붙여서 만든 목재

② 특징

　㉠ 응력에 따라 필요한 치수, 단면을 만들 수 있다.

　㉡ 목재의 강도를 자유롭게 조절할 수 있다.

　㉢ 균질한 조직의 목재를 제조할 수 있다.

　㉣ 건조균열, 비틀림, 변형 등이 생기지 않는다.

　㉤ 길이, 단면 등이 큰 부재를 만들 수 있다.

(3) 파티클보드(칩보드)

[파티클 보드]

① 목재를 작은 조각으로 만들고 건조시킨 후 합성수지 접착제를 첨가하여 가열, 압착 성형한 제품으로 칩보드라고도 한다.(선반, 칸막이벽, 가구 등에 이용)

② 특징

　㉠ 섬유방향에 따른 방향성이 없다.

　㉡ 넓은 판을 만들 수 있다.

ⓒ 변형이 적고, 음 및 열의 차단성이 우수하다.
ⓔ 강도가 크다.
ⓜ 습기에 약하다.

[음향 조절용 목재]
① 코펜하겐리브
② 코르크판
③ 연질섬유판

[코펜하겐 리브]

(4) 벽 및 천정재

구분	특징
코펜하겐리브	• 강당, 집회장, 영화관 등의 천장, 벽에 붙여 음향조절용으로 사용하거나 일반 건물의 벽의 수장재로 사용한다. • 두께 50mm, 나비 100mm 정도의 긴 판에 표면을 리브로 요철 처리한 것
코르크판	• 코르크 나무의 표피를 분말로 만들어 가열, 성형하여 판형으로 열압한 것 • 탄성, 단열성, 흡음성이 우수하여 방송실 등의 흡음재로 사용한다.

(5) 섬유판(fiber board)

구분	특징
연질 섬유판	• 침엽수 등의 식물섬유가 주원료 • 건축의 내장 및 보온을 주목적으로 사용 • 비중 0.4 미만, 함수율 16% 이하, 휨강도 10kg/㎠ 이상
경질 섬유판	• 펄프를 접착제로 제판하여 양면을 열압 건조시킨 것 • 가로·세로의 신축이 같아 비틀림이 작다. • 강도·경도가 크고 내마모성이 크다. • 실내 수장재, 천장재, 보온재로 사용 • 본뜨기, 구부림, 구멍 뚫기 등의 2차 가공이 용이 • 비중 0.8 이상, 함수율 5~13% 이상, 휨강도 350 kg/㎠ 이상
반경질 섬유판	• 내수성이 적고 팽창이 심하다. • 재질이 약하고 습도에 의한 신축이 크다. • 흡음재·수장재로 사용되며 가격이 저렴하다. • 비중 0.4 ~ 0.8, 함수율 14% 이상, 휨강도 50 kg/㎠ 이상

(6) 마루판(flooring)

구분	특징
플로어링 보드	참나무, 미송등 무늬가 아름다운 목재를 판재로 만들어 표면은 대패로 곱게 마감하고 양측면을 제혀쪽매로 마감한 것
파키트리 보드	두께 9~15mm, 너비 60mm 길이는 너비의 3~5배 한 것, 표면은 상대패 마감
파키트리 블록	파키트리 보드를 3장~5장씩 붙여 각판으로 만들어 방습처리한 것
파키트리 판넬	두께 15mm 파키트리보드를 4매씩 조합하여 24cm 각판으로 만들어 방습처리한 것

[플로어링 보드]

(7) 목재의 치수표시

단위	취급 목재
제재치수 (Dressed size)	제재소에서 톱으로 제재한 치수를 말하며 구조재, 수장재에 적용한다.
마무리 치수 (Finishing size)	제재목을 다시 대패질하여 마무리한 치수로 창호재, 가구재에 적용한다.

03 핵심문제

3. 목재 가공제품

□□□ 16년1회, 20년3회

1. 목재 제품 중 합판에 관한 설명으로 옳지 않은 것은?

① 방향에 따른 강도차가 적다.
② 곡면가공을 하여도 균열이 생기지 않는다.
③ 여러 가지 아름다운 무늬를 얻을 수 있다.
④ 함수율 변화에 의한 신축변형이 크다.

해설

합판
① 함수율 변화에 따른 신축 변형이 적고, 방향성이 없다.
② 뒤틀림이나 변형이 적은 비교적 큰 면적의 평면재료를 얻을 수 있다.
③ 균일한 강도의 재료를 얻을 수 있다.
④ 곡면가공이 가능하다.

□□□ 13년1회

2. 제재판재 또는 소각재 등의 부재를 섬유평행방향으로 접착시킨 것은?

① 파티클 보드
② 코펜하겐 리브
③ 합판
④ 집성목재

문제 2 ~ 3 해설

집성목재	
1) 제조	두께 1.5~3cm의 널을 접착제를 사용하여 섬유 평행방향으로 여러 장을 겹쳐 붙여서 만든 목재
2) 특징	① 응력에 따라 필요한 치수, 단면을 만들 수 있다. ② 목재의 강도를 자유롭게 조절할 수 있다. ③ 균질한 조직의 목재를 제조할 수 있다. ④ 건조균열, 비틀림, 변형 등이 생기지 않는다. ⑤ 길이, 단면 등이 큰 부재를 만들 수 있다.

□□□ 19년4회

3. 집성목재의 사용에 관한 설명으로 옳지 않은 것은?

① 판재와 각재를 접착제로 결합시켜 대재(大材)를 얻을 수 있다.
② 보, 기둥 등의 구조재료로 사용할 수 없다.
③ 옹이, 균열 등의 결점을 제거하거나 분산시켜 균질의 인공목재로 사용할 수 있다.
④ 임의의 단면 형상을 갖도록 제작할 수 있어 목재 활용 면에서 경제적이다.

□□□ 10년2회, 20년3회

4. 목재 또는 기타 식물질을 절삭 또는 파쇄하고 소편으로 하여 충분히 건조시킨 후 합성수지 접착제와 같은 유기질의 접착제를 첨가하여 열압제판한 보드로써 상판, 칸막이벽, 가구 등에 사용되는 것은?

① 파키트리 보드
② 파티클 보드
③ 플로링 보드
④ 파키트리 블록

문제 4 ~ 5 해설

목재를 작은 조각으로 만들고 건조시킨 후 합성수지 접착제를 첨가하여 가열, 압착 성형한 제품으로 칩보드라고도 한다.(선반, 칸막이벽, 가구 등에 이용)

□□□ 11년2회, 12년4회, 17년2회, 18년1회, 22년1회

5. 목재를 작은 조각으로 하여 충분히 건조시킨 후 합성수지와 같은 유기질의 접착제를 첨가하여 열압 제판한 목재 가공품은?

① 섬유판(Fiber board)
② 파티클 보드(Particle board)
③ 코르크판(Cork board)
④ 집성목재(Glulam)

□□□ 15년2회

6. 목재의 가공품 중 펄프를 접착제로 제판하여 양면을 열압건조시킨 것으로 비중이 0.8 이상이며 수장판으로 사용하는 것은?

① 경질섬유판
② 파키트리보드
③ 반경질섬유판
④ 연질섬유판

문제 6 ~ 7 해설

경질섬유판
① 펄프를 접착제로 제판하여 양면을 열압 건조시킨 것
② 가로·세로의 신축이 같아 비틀림이 작다.
③ 강도·경도가 크고 내마모성이 크다.
④ 실내 수장재, 천장재, 보온재로 사용
⑤ 본뜨기, 구부림, 구멍 뚫기 등의 2차 가공이 용이
⑥ 비중 0.8 이상, 함수율 5~13% 이상, 휨강도 350 kg/cm² 이상

□□□ 14년2회, 19년4회

7. 경질섬유판(hard fiber board)에 대한 설명으로 옳은 것은?

① 밀도가 0.3g/cm³ 정도이다

② 소프트 텍스라고도 불리며 수장판으로 사용된다.

③ 소판이나 소각재의 부산물 등을 이용하여 접착, 접합에 의해 소요 형상의 인공목재를 제조할 수 있다.

④ 펄프를 접착제로 제판하여 양면을 열압 건조시킨 것이다.

□□□ 16년1회

8. 마루판 재료 중 파키트리 보드를 3~5장씩 상호 접합하여 각판으로 만들어 방습처리 한 것으로 모르타르나 철물을 사용하여 콘크리트 마루 바닥용으로 사용되는 것은?

① 파키트리 패널

② 파키트리 블록

③ 플로링 보드

④ 플로링 블록

해설

마루판(flooring)	
① 플로어링 보드	참나무, 미송등 무늬가 아름다운 목재를 판재로 만들어 표면은 대패로 곱게 마감하고 양측면을 제혀쪽매로 마감한 것
② 파키트리 보드	두께 9~15mm, 너비 60mm 길이는 너비의 3~5배 한 것, 표면은 상대패 마감
③ 파키트리 블록	파키트리 보드를 3장~5장씩 붙여 각판으로 만들어 방습처리한 것
④ 파키트리 판넬	두께 15mm 파키트리보드를 4매씩 조합하여 24cm 각판으로 만들어 방습처리한 것

□□□ 19년2회

9. 다음 목재가공품 중 주요 용도가 나머지 셋과 다른 것은?

① 플로어링블록(flooring block)

② 연질섬유판(soft fiber insulation board)

③ 코르크판(cork board)

④ 코펜하겐 리브판(copenhagen rib board)

해설

플로어링 블록	바닥용
연질섬유판(텍스)	
코르크판(Cork Board)	벽, 천장용
코펜하겐리브(Copenhagen Rib)	

□□□ 17년4회

10. 목재의 치수표시로 제재치수(Dressed size)와 마무리 치수(Finishing size)에 관한 설명으로 옳은 것은?

① 창호재와 가구재 치수는 제재치수로 한다.

② 구조재는 단면을 표시한 지정치수에 특기가 없으면 마무리 치수로 한다.

③ 제재치수는 제재된 목재의 실제 치수를 말한다.

④ 수장재는 단면을 표시한 지정치수에 특기가 없으면 마무리 치수로 한다.

해설

1. 제재치수는 제재소에서 톱으로 제재한 치수를 말하며 구조재, 수장재에 적용한다.
2. 마무리치수는 제재목을 다시 대패질하여 마무리한 치수로 창호재, 가구재에 적용한다.

Chapter 03

점토

이 장은 점토의 성질과 점토제품으로 구성되며 점토의 성질과 점토벽돌의 기준이 주로 출제된다.

01 점토의 성질 및 특성

(1) 점토의 성분

① 점토의 주성분

규산(SiO_2 : 50~70%), 알루미나(Al_2O_3 : 15~35%)이고, 그 외에 Fe_2O_3, CaO, K_2O, Na_2O 등

② 알루미나를 많이 함유한 점토는 가소성이 좋다.

③ 점토의 종류

구분	내용
내화점토	회백색, 담색으로 내화도 1,580℃ 이상으로 가소성이 있다. (도자기 및 내화벽돌의 원료)
자토	순백색으로 내화성이 있고 가소성이 부족 (도자기의 원료)
사질점토	적갈색으로 내화성이 부족하고 세사 및 불순물을 포함 (기와 보통벽돌, 토관 등의 원료)
석회질점토	백색으로 용해되기 쉽고 백회질을 많이 포함한다. (연질도기의 원료)
석기점토	내화도가 높고 가소성이 있으며, 견고·치밀하고 유색이다. (유색도기의 원료)

[점토의 명칭]
① 카오린(kaolin) : 화학적으로 순수한 점토
② 샤모트(chamotte) : 구운 점토분말

(2) 점토의 특징

① 점토의 성질

구분	내용
비중 및 입도	• 비중은 2.5~2.6 정도이고 Al_2O_3가 많은 점토는 3 정도이다. • 입도는 $0.1\mu m$ 정도의 미립자가 많지만, 모래알 정도의 조립을 포함하는 것도 있다.
색상	• 점토의 색상은 철산화물, 석회물질에 의해 나타난다. • 철산화물이 많으면 적색, 석회물질이 많으면 황색을 띤다.
기공률	• 기공률은 점토의 입자 간에 존재하는 모공용적으로 입자의 형상, 크기에 관계한다. • 기공률은 점토 전 용적의 백분율로 표시하며, 평균적으로 50% 내외이다.
용융점	• 순수한 점토일수록 용융점이 높고 강도도 크다. • 불순물이 포함된 저급 점토는 비교적 저온에서 녹는다.
가소성	• 양질의 점토는 습윤 상태에서 현저한 가소성을 나타낸다. • 점토입자가 미세할수록 가소성이 좋아진다. • 가소성이 너무 클 때에는 모래나 샤모트 등을 첨가하여 조절한다.

② 강도

㉠ 압축응력이 크고 인장응력이 작으며, 미립점토의 인장강도는 $3~10kg/cm^2$ (압축강도는 인장강도의 약 5배이다.)

㉢ 인장강도는 점토의 종류, 입자, 크기 등에 의해서 크게 영향 받는다.

㉣ 순도가 높은 점토 소성품은 강도가 크고 불순물이 많을수록 강도가 낮아진다.

③ 건조와 수축

㉠ 점토가 건조하면 수분이 방출되어 수축하게 된다

㉡ 수축율은 길이방향으로 5~15% 정도이다.

㉢ 수축은 건조 및 소성시 발생하며 건조수축은 점토의 조직에 관계하는 이외에 첨가하는 수량도 영향을 준다.

㉣ 소성수축은 점토 중 휘발분의 양, 점토의 조직, 용융도 등과 관계있다.

㉤ 점토를 소성하면 용적, 비중, 색조 등의 변화가 일어나며 냉각하면 강도가 현저히 증가한다.

㉥ 소성온도는 점토의 성분이나 제품의 종류에 따라 다르다.

④ 함수율

㉠ 점토의 함수율은 모래가 포함되지 않은 것은 30~100%, 모래가 포함된 것은 10~40%의 정도이다.

㉡ 함수율은 기건상태에서 작은 것은 10% 이하, 큰 것은 40~50% 정도

㉢ 흡수량은 내부의 공극률과 관계있다.

01 핵심문제　　　　　1. 점토의 성질 및 특성

□□□ 13년4회, 20년3회

1. 다음 중 점토의 성분 및 성질에 대한 설명으로 옳지 않은 것은?

① 점토의 주성분은 실리카, 알루미나이다.
② 가소성은 점토입자가 미세할수록 좋다.
③ 소성 색상은 석회물질이 많을수록 짙은 적색이 된다.
④ Fe_2O_3등의 부성분이 많으면 제품의 건조 수축이 크다.

해설

점토의 색상
① 점토의 색상은 철산화물, 석회물질에 의해 나타난다.
② 철산화물이 많으면 적색, 석회물질이 많으면 황색을 띤다.

□□□ 17년1회

2. 점토의 공학적 특성에 관한 설명으로 옳지 않은 것은?

① 인장강도는 점토의 조직에 관계하며 입자의 크기가 큰 영향을 준다.
② 점토제품의 색상은 철산화물 또는 석회질물질에 의해 나타난다.
③ 점토를 가공 소성하여 냉각하면 금속성의 강성을 나타낸다.
④ 사질점토는 적갈색으로 내화성이 높은 특성이 있다.

해설

사질점토
적갈색이며 내화성이 부족하다.

□□□ 18년4회

3. 점토에 관한 설명으로 옳지 않은 것은?

① 가소성은 점토입자가 클수록 좋다.
② 소성된 점토제품의 색상은 철화합물, 망간화합물, 소성온도 등에 의해 나타난다.
③ 저온으로 소성된 제품은 화학변화를 일으키기 쉽다.
④ Fe_2O_3 등의 성분이 많으면 건조수축이 커서 고급 도자기 원료로 부적합하다.

해설

가소성
1. 양질의 점토는 습윤 상태에서 현저한 가소성을 나타낸다.
2. 점토입자가 미세할수록 가소성이 좋아진다.
3. 가소성이 너무 클 때에는 모래나 샤모트 등을 첨가하여 조절한다.

□□□ 15년2회

4. 점토에 관한 설명 중 틀린 것은?

① 점토의 색상은 철산화물 또는 석회물질에 의해 나타난다.
② 점토의 가소성은 점토입자가 미세할수록 좋다.
③ 압축강도와 인장강도는 거의 비슷하다.
④ 소성수축은 점토 내 휘발분의 양, 조직, 용융도 등이 영향을 준다.

해설

압축응력이 크고 인장응력이 작으며, 미립점토의 인장강도는 3~10kg/cm² (압축강도는 인장강도의 약 5배이다.)

02 점토 제품

(1) 점토제품의 분류

종 류	소성온도(℃)	흡수율(%)	건축재료	비고
토 기	700~900	20% 이상	기와, 적벽돌, 토관	저급점토 사용
도 기	1,100~1,250	10%	내장타일, 테라코타	
석 기	1,200~1,350	3~10%	마루타일, 클링커 타일	시유약을 사용하지 않고 식염유를 쓴다.
자 기	1,230~1,460	1% 이하	내장타일, 외장 타일, 바닥타일, 위생도기 모자이크 타일	양질의 도토 또는 장석분을 원료로 하며 두드리면 청음이 난다.

- **흡수율 크기순서**

  토기(20% 이상) 〉도기(10%) 〉석기(3~10%) 〉자기(1% 이하)

[점토제품의 제조공정 순서]
① 원료배합
② 반죽
③ 숙성
④ 성형
⑤ 건조
⑥ 시유 및 소성

(2) 점토벽돌

① 보통 점토벽돌

저급점토에 모래를 섞거나 색깔을 조절하기 위해 석회를 가하여 구워서 만든다.

② 점토벽돌의 품질

품질 \ 종류	1종	2종	3종
흡수율(%)	10 이하	13 이하	15 이하
압축강도(N/mm²)	24.50N/mm² 이상	20.59N/mm² 이상	10.78N/mm² 이상

③ 점토벽돌의 치수와 허용차

구 분	길 이	나 비	두 께
치수	190	90	57
허용차	±5.0mm	±3.0mm	±2.5mm

[점토벽돌의 색채에 영향을 주는 요소]
① 산화철 - 적색(붉은색)
② 석회 - 황색
③ 망간화합물
④ 소성온도

(3) 내화벽돌

① 주원료는 납석, 규조토
② 제게르 콘(S.K) 26 이상으로 1,500~2,000℃ 정도의 내화도를 가진 벽돌

[제게르 콘을 이용한 내화도 측정]

③ 내화도 기준

등급	S.K-No	내화도	용도
저급	26~29	1,580° ~ 1,650℃	굴뚝 등의 안 쌓기용
보통	30~33	1,670° ~ 1,730℃	
고급	34~42	1,750° ~ 2,000℃	보일러 내부

> ■ 제게르 콘(Seger Keger cone, S.K)
> 1. 소성온도를 표시하기 위한 것으로 규사, 장석, 탄산칼슘을 혼합하여 만든 삼각추이다. 내화벽돌 등의 내화도를 측정하기 위해 사용 한다.
> 2. 600~2000 ℃ 범위를 20~50 ℃의 간격으로 59구간으로 나누어 번호를 부여한다.

(4) 특수벽돌

종류	특징
이형벽돌	• 벽돌의 형상 치수가 특별한 모양으로 제작된 벽돌
오지벽돌	• 벽돌에 오지물을 칠해 구운 치장벽돌
포도벽돌	• 도로나 바닥에 까는 두꺼운 벽돌 • 경질이며 흡수성이 적고 내마모성, 방습, 내구성이 좋다 • 복도, 창고, 공장 등의 바닥면에 사용
경량벽돌	• 저급점토, 목탄가루, 톱밥 등으로 혼합, 성형한 후 소성한 것 • 점토벽돌보다 가벼운 벽돌 • 단열, 흡음, 방음, 보온 등의 효과가 좋다 • 가공이 용이하고 건물의 자중을 줄일 목적으로 사용 • 종류 : 구멍벽돌(중공벽돌), 다공벽돌

[테라코타]
① 흙을 반죽하여 형틀로 찍어내어 소성한 속이 빈 점토제품
② 난간벽, 주두, 돌림띠, 창대 등에 많이 쓰인다.

(5) 타일

종류	특징
스크래치 타일	• 표면이 긁힌 모양의 외장용 타일
클링커 타일	• 타일 표면에 요철무늬나 홈줄을 넣은 외부바닥용 타일 • 외부바닥 등에 사용
논슬립 타일	• 계단디딤판 끝에 붙여 미끄러짐 방지용 • 내마모성은 금속보다 우수
모자이크 타일	• 11mm각 정도의 작은타일 여러개가 한장으로 구성된 타일 • 다수의 색을 조합하여 화려한 무늬가 특징 • 자기질로서 주로 바닥용으로 사용
폴리싱타일	• 강도가 높고 내구성, 내마모성이 우수 • 천연화강석과 같은 질감 표현이 가능하다.

02 핵심문제

2. 점토 제품

□□□ 14년4회, 18년2회, 20년4회

1. 양질의 도토 또는 장석분을 원료로 하며, 흡수율이 1% 이하로 거의 없고 소성온도가 약 1,230~1,460℃인 점토 제품은?

① 토기 ② 석기
③ 자기 ④ 도기

문제 1 ~ 3 해설

점토 소성제품의 분류

종류	소성온도(℃)	흡수율(%)	건축재료	비고
토기	700~900	20% 이상	기와, 적벽돌, 토관	저급점토 사용
도기	1,100~1,250	10%	내장타일, 테라코타	
석기	1,200~1,350	3~10%	마루타일, 클링커 타일	시유약을 사용하지 않고 식염유를 쓴다
자기	1,230~1,460	1% 이하	내장타일, 외장 타일, 바닥타일, 위생도기 모자이크 타일	양질의 도토 또는 장석분을 원료로 하며 두드리면 청음이 난다.

□□□ 18년4회

2. 바닥용으로 사용되는 모자이크 타일의 재질로서 가장 적당한 것은?

① 도기질 ② 자기질
③ 석기질 ④ 토기질

□□□ 16년4회

3. 소지의 질에 의한 타일의 구분에서 흡수율이 가장 낮은 것은?

① 토기질 타일 ② 석기질 타일
③ 자기질 타일 ④ 도기질 타일

□□□ 17년2회, 20년1,2회

4. 점토벽돌 1종의 압축강도는 최소 얼마 이상인가?

① 17.85MPa ② 19.53MPa
③ 20.59MPa ④ 24.50MPa

문제 4 ~ 5 해설

점토벽돌의 품질

품질 \ 종류	1종	2종	3종
흡수율(%)	10 이하	13 이하	15 이하
압축강도	24.50 N/mm² 이상	20.59 N/mm² 이상	10.78 N/mm² 이상

□□□ 18년1회

5. 1종 점토벽돌의 흡수율 기준으로 옳은 것은?

① 5% 이하 ② 10% 이하
③ 12% 이하 ④ 15% 이하

□□□ 17년2회

6. 내화벽돌의 내화도의 범위로 가장 적절한 것은?

① 500 ~ 1000℃ ② 1500 ~ 2000℃
③ 2500 ~ 3000℃ ④ 3500 ~ 4000℃

해설

내화도 : 1,500~2,000℃ 정도

□□□ 15년4회, 19년1회

7. 점토제품에서 SK번호란 무엇을 뜻하는가?

① 소성온도를 표시
② 점토원료를 표시
③ 점토제품의 종류를 표시
④ 점토제품 제법 순서를 표시

해설

제게르 콘(Seger Keger cone, S.K)
소성온도를 표시하기 위한 것으로 규사, 장석, 탄산칼슘을 혼합하여 만든 삼각추이다. 내화벽돌 등의 내화도를 측정하기 위해 사용 한다.

□□□ 12년1회, 18년1회

8. 경질이며 흡습성이 적은 특성이 있으며 도로나 마룻바닥에 까는 두꺼운 벽돌로서 원료로 연와토 등을 쓰고 식염유로 시유소성한 벽돌은?

① 검정벽돌 ② 광재벽돌
③ 날벽돌 ④ 포도벽돌

정답 1 ③ 2 ② 3 ③ 4 ④ 5 ② 6 ② 7 ① 8 ④

포도벽돌
1. 도로나 바닥에 까는 두꺼운 벽돌
2. 경질이며 흡수성이 적고 내마모성, 방습, 내구성이 좋다.
3. 복도, 창고, 공장 등의 바닥면에 사용

□□□ 19년1회

9. 표면을 연마하여 고광택을 유지하도록 만든 시유타일로 대형 타일에 많이 사용되며, 천연화강석의 색깔과 무늬가 표면에 나타나게 만들 수 있는 것은?

① 모자이크 타일　　② 징크판넬
③ 논슬립타일　　　④ 폴리싱타일

해설

폴리싱타일
1. 강도가 높고 내구성, 내마모성이 우수
2. 천연화강석과 같은 질감 표현이 가능하다.

이 장은 시멘트의 특성과 종류, 골재, 혼화재료, 콘크리트의 종류와 특성으로 구성되며
시멘트의 분말도, 골재의 함수상태, 굳지 않은 콘크리트의 특성 등이 주로 출제된다.

01 시멘트의 특성

(1) 시멘트의 제조

① 시멘트는 석회석과 점토를 혼합하여 소성한 클링커에 적당량의 석고
(3~5%)를 가하여 분쇄한 것

② **원료의 배합** : 석회질과 점토질 원료의 비율은 4 : 1 정도

③ 시멘트의 화학성분

성분	CaO (석회)	SiO₂ (실리카)	Al₂O₃ (알루미나)	Fe₂O₃ (산화철)	MgO (마그네시아)	SO₃ (무수황산)
포틀랜드 시멘트	63.0~ 66.0	21.0~ 22.5	4.5~6.0	2.5~ 3.5	0.9~3.3	1.0~2.0

④ 수경률

㉠ 포틀랜드 시멘트의 적정(適正)한 화학 성분의 비율. 시멘트속의 염기
(鹽基) 성분과 산(酸) 성분의 비율

㉡ 수경률이 클수록 수화작용이 빠르다.

㉢ 시멘트 종류별 수경률

종류	수경률
보통포틀랜드시멘트	2.05~2.15
조강포틀랜드시멘트	2.20~2.26
초조강포틀랜드시멘트	2.27~2.40
중용열포틀랜드시멘트	1.95~2.00

$$HM(수경률) = \frac{CaO - 0.7SO_3}{SiO_2 + Al_2O_3 + Fe_2O_3}$$

[시멘트 제조 시 석고의 혼합 목적]
시멘트의 응결시간을 조절

(2) 시멘트의 주요 구성화합물

화합물	특징
$3CaO \cdot SiO_2(C_3S)$ = 규산 3석회 = 규산 제3칼슘	• 아리트 • 수화반응이 빠르고, 28일 이내의 초기강도를 지배한다. • 공기중 수축이 적다.
$2CaO \cdot SiO_2(C_2S)$ = 규산 2석회 = 규산 제2칼슘	• 베리트 • 장기에 걸쳐 강도 상승, 건조수축과 수화열이 적다. • 28일 이후의 강도를 결정한다.
$3CaO \cdot Al_2O_3(C_3A)$ = 알루민산 3석회 = 알루민산 제3칼슘	• 수화속도가 가장 빠르며, 재령 1일이내 초기 강도에 기여한다. • 수화열과 수축률이 매우 크다. • 수화속도가 가장 빠르므로 일주일 이내에 강도가 생긴다.
$4CaO \cdot Al_2O_3 \cdot Fe_2O_3(C_4AF)$ = 알루민산 4석회 = 알루민산 제4칼슘	• 세리트 • 수화반응이 빠르다. • 수화열, 수축률이 작고 내황산성이 크다.

[시멘트의 각종 시험법]

종 류	시험법
비중시험	르샤틀리에 비중병
분말도 시험	• 블레인 법 • 표준체 법(체분석법)
응결시험	• 길모어 침 시험 • 비이카 침 시험
안전성시험	오토클레이브 팽창도 시험

(3) 시멘트의 성질

구분	내용
비 중	• 비중 : 3.15 • 단위용적 중량 : $1500kg/m^3$ • 비중은 소성온도나 성분에 따라 다르다. • 동일시멘트인 경우에 풍화될수록 비중이 작아진다.
강도의 영향요소	• 물시멘트비 • 시멘트의 조성 • 골재혼합비 • 골재의 성질과 입도 • 양생방법과 재령 • 시험방법 등에 의해 변한다.
수화열	• 수화반응 : 시멘트가 물과 화학반응 하는 것 • 수화열 : 시멘트가 물과 결합하여 수화반응을 일으킬 때 발생하는 열 • 수화열은 시멘트종류, 물시멘트비, 화학조성, 분말도 등에 영향을 받는다.
안정성	시멘트가 경화될 때 용적이 팽창하는 정도
균 열	시멘트의 균열은 건조에 의한 수축성 균열이 발생한다.

(4) 분말도

① 시멘트의 분말도는 단위중량에 대한 표면적, 즉 비표면적에 의하여 표시한다.

② 분말이 미세할수록 비표면적 값은 크다.

③ 시멘트 분말도가 높을 때의 특징

구분	내용
장점	• 수화작용이 빠르고 조기강도가 크다.(수화열은 커진다.) • 워커빌리티가 좋아진다.(시공연도가 좋다.) • 수밀성이 우수하다.(투수성이 적다.) • 블리딩 현상감소(재료분리 감소) • 시멘트 페이스트의 점성이 높다.
단점	• 풍화되기 쉽다. • 응결 시 초기균열 • 건조수축, 균열이 생기기 쉽다.

(5) 풍화(중성화)

① 시멘트가 공기중의 수분과 결합하여 미세한 수화반응으로 생긴 수산화칼슘과 공기중의 탄산가스(이산화탄소)가 결합하여 탄산칼슘이 생기는 것

$$Ca(OH)_2(수산화 칼슘) + CO_2 \rightarrow CaCO_3(탄산칼슘) + H_2O$$

② 풍화시멘트의 특징

ㄱ 강도저하 ㄴ 응결지연

ㄷ 비중감소 ㄹ 내구성 저하

ㅁ 강열감량증가

> ■ 강열감량
> 1. 시멘트를 1,000℃ 정도의 강한 열을 가했을 때의 감량을 강열감량이라 한다.
> 2. 시멘트의 풍화된 정도를 판정하는데 이용한다.

③ 중성화 방지대책

ㄱ 물–시멘트 비(W/C)를 작게 한다.

ㄴ 밀실한 콘크리트 타설

ㄷ 철근의 피복두께 확보

ㄹ AE제 또는 AE 감수제 등의 혼화재료 사용

ㅁ 콘크리트의 다짐 및 양생 철저

ㅂ 콘크리트 표면에 기밀성이 좋은 뿜칠재 시공

ㅅ 타일, 돌붙임 등의 마감재의 시공 철저

[시멘트의 분말도 시험 목적]
시멘트 수화작용과 강도를 측정

[시멘트의 풍화]

(6) 시멘트와 응결

① 응결

ㄱ 시멘트와 물이 혼합되어 만들어진 시멘트 페이스트가 시간이 경과함에 따라 유동성을 잃고 고체화하는 현상

ㄴ 초결은 가수 후 1시간 후, 종결은 가수 후 10시간 이하에 이루어 진다.

② 경화

응결 후 시간이 경과함에 따라 강도가 증진되는 현상

③ 응결의 변화

ㄱ 분말도가 클수록 응결이 빠르다

ㄴ 온도가 높을수록 응결이 빠르다.

ㄷ 수량이 작을수록 응결이 빠르다.

ㄹ 알칼리가 많을수록 응결이 빠르다.

ㅁ 물시멘트비가 적을수록 빠르다.

ㅂ 풍화가 적게 될수록 빠르다.

ㅅ 혼화재를 많이 넣을수록 응결이 빠르다.

ㅇ 석고량이 많을수록 응결이 지연된다.

01 핵심문제   1. 시멘트의 특성

□□□ 11년4회, 14년2회

1. 보통포틀랜드 시멘트의 주성분 중 함유량이 가장 적은 것은?

① SiO_2 ② CaO

③ Al_2O_3 ④ Fe_2O_3

		해설		
시멘트의 화학성분				
성분	CaO (석회)	SiO_2 (실리카)	Al_2O_3 (알루미나)	Fe_2O_3 (산화철)
포틀랜드 시멘트	63.0~66.0	21.0~22.5	4.5~6.0	2.5~3.5

□□□ 20년1,2회

2. 시멘트의 분말도에 관한 설명으로 옳지 않은 것은?

① 분말도가 클수록 수화반응이 촉진된다.
② 분말도가 클수록 초기강도는 작으나 장기강도는 크다.
③ 분말도가 클수록 시멘트 분말이 미세하다.
④ 분말도가 너무 크면 풍화되기 쉽다.

문제 2 ~ 4 해설	
시멘트 분말도가 높을 때의 특징	
구분	내용
장점	• 수화작용이 빠르고 조기강도가 크다.(수화열은 커진다.) • 워커빌리티가 좋아진다.(시공연도가 좋다.) • 수밀성이 우수하다.(투수성이 적다.) • 블리딩 현상감소(재료분리 감소)
단점	• 풍화되기 쉽다. • 응결 시 초기균열 • 건조수축, 균열이 생기기 쉽다.

□□□ 17년2회

3. 시멘트의 분말도에 관한 설명으로 옳지 않은 것은?

① 시멘트 분발도의 측정은 블레인시험으로 행한다.
② 비표면적이 클수록 초기강도의 발현이 빠르다.
③ 분말도가 지나치게 크면 풍화되기 쉽다.
④ 분말도가 큰 시멘트일수록 수화열이 낮다.

□□□ 18년4회

4. 시멘트의 분말도가 높을수록 나타나는 성질변화에 관한 설명으로 옳은 것은?

① 시멘트 입자 표면적의 증대로 수화반응이 늦다.
② 풍화작용에 대하여 내구적이다.
③ 건조수축이 적다.
④ 초기강도 발현이 빠르다.

□□□ 17년4회

5. 콘크리트의 중성화에 관한 설명으로 옳지 않은 것은?

① 콘크리트 중의 수산화석회가 탄산가스에 의해서 중화되는 현상이다.
② 물시멘트비가 크면 클수록 중성화의 진행속도는 빠르다.
③ 중성화되면 콘크리트는 알칼리성이 된다.
④ 중성화되면 콘크리트 내 철근은 녹이 슬기 쉽다.

해설
중성화 ① 콘크리트가 공기 중 탄산가스의 작용을 받아 콘크리트 중의 수산화칼슘(강알칼리)이 서서히 탄산칼슘(약알칼리)으로 되어 콘크리트가 알칼리성을 상실하여 중성화되는 현상이다. ② 화학식 $Ca(OH)_2$ (수산화 칼슘)$+ CO_2 \rightarrow CaCO_3$ (탄산칼슘)$+ H_2O \uparrow$

□□□ 13년1회

6. 콘크리트 내구성에 영향을 주는 아래 화학반응식의 현상은?

$$Ca(OH)_2 + CO_2 \rightarrow CaCO_3 + H_2O \uparrow$$

① 콘크리트 염해   ② 동결융해현상
③ 콘크리트 중성화   ④ 알칼리 골재반응

□□□ 12년2회, 16년2회

7. 다음 중 시멘트 풍화의 척도로 사용되는 것은?

① 불용해 잔분   ② 강열감량
③ 수경률   ④ 규산율

해설
강열감량 ① 시멘트를 1,000℃ 정도의 강한 열을 가했을 때의 감량을 강열감량이라 한다 ② 시멘트의 풍화된 정도를 판정하는데 이용한다.

정답 1 ④ 2 ② 3 ④ 4 ④ 5 ③ 6 ③ 7 ②

□□□ 13년4회

8. 콘크리트의 중성화에 대한 저감대책으로 옳지 않은 것은?

① AE감수제나 고성능감수제를 사용한다.
② 물-시멘트비(W/C)를 낮춘다.
③ 혼합시멘트를 사용한다.
④ 단위시멘트량을 증대시킨다.

해설

중성화 방지대책
① 물-시멘트비(W/C)를 작게 한다.
② 밀실한 콘크리트 타설
③ 철근의 피복두께 확보
④ AE제 또는 AE 감수제 등의 혼화재료 사용
⑤ 콘크리트의 다짐 및 양생 철저
⑥ 콘크리트 표면에 기밀성이 좋은 뿜칠재 시공
⑦ 타일, 돌붙임 등의 마감재의 시공 철저

해설

응결의 변화
㉠ 분말도가 클수록 응결이 빠르다
㉡ 온도가 높을수록 응결이 빠르다.
㉢ 수량이 작을수록 응결이 빠르다.
㉣ 알칼리가 많을수록 응결이 빠르다.
㉤ 물시멘트비가 적을수록 빠르다.
㉥ 풍화가 적게 될수록 빠르다.
㉦ 혼화재를 많이 넣을수록 응결이 빠르다.
㉧ 석고량이 많을수록 응결이 지연된다.

□□□ 13년4회

9. 시멘트에 약간의 물을 첨가하여 혼합시키면 가소성 있는 페이스트가 얻어지나 시간이 지나면 유동성을 잃고 응고하는데 이러한 현상을 무엇이라 하는가?

① 응결   ② 백화
③ 풍화   ④ 알칼리 골재 반응

해설

응결 : 시멘트와 물이 혼합되어 만들어진 시멘트 페이스트가 시간이 경과함에 따라 유동성을 잃고 고체화하는 현상

□□□ 10년2회, 19년4회

10. 보통포틀랜드시멘트에 관한 설명으로 옳지 않은 것은?

① 시멘트의 응결시간은 분말도가 작을수록, 또 수량이 많고 온도가 낮을수록 짧아진다.
② 시멘트의 안정성 측정법으로 오토클레이브 팽창도 시험방법이 있다.
③ 시멘트의 비중은 소성온도나 성분에 따라 다르며, 동일 시멘트인 경우에 풍화한 것일수록 작아진다.
④ 시멘트의 비표면적이 너무 크면 풍화하기 쉽고 수화열에 의한 축열량이 커진다.

02 시멘트의 종류와 특징

(1) 포틀랜드 시멘트

종류	특징
보통 포틀랜드 시멘트	• 가장 많이 사용되며 보편화된 시멘트 • 주성분: 실리카(SiO_2), 알루미나(Al_2O_3), 석회(CaO) • 비중 : 3.05 이상, 단위용적중량 : $1,500kg/m^3$ • 해수에는 부적당
조강 포틀랜드시멘트	• 보통 Portland Cement보다 규산3석회 성분이 많고 　분말도를 크게 하여 초기에 강도를 발현하게 한 시멘트 • 28일 강도를 7일 만에 발현시킬 수 있다. • 조기강도가 높고 장기강도는 비슷하다. • 수밀성이 높고, 수화발열량이 크다. • 낮은 온도에서도 강도의 발생이 크다. • 매스콘크리트에는 부적당 • 긴급공사, 한중공사, 수중공사, 공기단축공사에 쓰인다.
중용열 포틀랜드시멘트 (저열시멘트)	• 초기강도 발현은 늦으나 장기강도는 보통시멘트와 같거나 크다. • 시멘트의 발열량이 작다.(수화열이 작다.) • 건조수축이 작고 화학저항성이 크다. • 큰 단면 공사에 유리하다 • 안정성이 높다. • 방사선차폐용콘크리트, 건축용 매스콘크리트, 댐공사, 　대형단면 등에 사용
백색 포틀랜드시멘트	• 흰색의 석회석을 사용하고 산화철을 가능한 적게 하여 　백색을 띠는 시멘트 • 각종 안료를 첨가하면 필요로 하는 색을 만들 수 있다. • 보통포틀랜드시멘트보다 조기강도는 약간 높다. • 산화철성분을 작게 하여 내구성, 내마모성이 우수 • 건축물 내·외장면의 마감, 인조석 제조, 타일줄눈, 　안전지대, 횡단보도 등 교통관계표식용 등에 사용된다.

(2) 혼합시멘트

종류	특징
고로시멘트 (슬래그시멘트)	• 철 용광로에서 나오는 고로슬래그를 물로 급냉시켜 잘게 　부순 광재를 포틀랜드시멘트와 혼합하여 만든다. • 비중(2.9)이 작다. • 바닷물, 하수에 대한 화학저항성이 우수하다. • 내열성이 크고 수밀성 양호하다. • 수화열이 작다. • 초기강도는 작으나 장기강도는 크다. • 동결융해 저항성이 크고, 알칼리 골재반응 방지효과가 있다. • 해안공사, 지중공사, 매스콘크리트 등에 사용

종류	특징
실리카(포졸란) 시멘트	• 포틀랜드시멘트 클링커에 포졸란을 혼합하여 석고를 가해 만듦 • 장기강도 증가, 수밀성증가, 화학저항성이 크다. • 워커빌러티 향상, 블리딩 감소 • 내해수성이 향상된다. • 수화열이 적다. • 단면이 큰 구조물, 해안공사, 하수구 공사에 사용
플라이애쉬 시멘트	• 포틀랜드 시멘트에 플라이애시를 혼합하여 만든 시멘트 • 초기강도가 작고, 장기 강도 증진이 크다. • 화학저항성이 크다. • 수밀성이 크다. • 워커빌리티가 좋아진다. • 수화열과 건조수축이 적다. • 매스콘크리트용 등에 사용

(3) 특수시멘트

종류	특징
알루미나 시멘트	• 보크사이트와 석회석을 혼합하여 만든 시멘트 • 조기강도가 대단히 크다. • 발열량이 크므로 한중공사에 이용된다. • 내화학성, 내수성, 내해수성, 내화성이 크다. • 수화열량이 커서 대형단면에는 부적합 • 긴급공사, 해안공사, 동절기공사에 적합
폴리머 시멘트	• 시멘트에 폴리머(고분자재료)를 혼입시킨 시멘트 • 변형성능, 방수성, 내약품성, 접착성, 내마모성, 내충격성 향상 • 내화 · 내열성이 약하다.

■ **시멘트의 보관**

① 바닥은 지면에서 30cm 이상 띄우고 방습처리한다.
② 출입구, 채광창을 제외하고는 가능한 한 개구부를 설치하지 않는다.
③ 시멘트 창고주위에는 배수도랑을 두어 우수의 침입을 방지한다.
④ 반입구와 반출구는 따로 두고 내부통로를 고려하여 넓이를 정한다.
⑤ 시멘트는 반입한 순서대로 먼저 반입한 것부터 모조리 내어 쓰도록 한다.
⑥ 시멘트의 쌓기 높이는 13포대 이하로 하며 통로를 고려하지 않은 경우 $1m^2$에
  약 50포대를 적재할 수가 있다.
⑦ 3개월 이상 지난 시멘트는 제 시험을 한 후 사용한다.

02 핵심문제 2. 시멘트의 종류와 특징

1. 다음 시멘트 중 안전성이 좋고 발열량이 적으며 내침식성, 내구성이 좋아 댐공사, 방사능차폐용 등으로 사용되는 것은?

① 조강 포틀랜드 시멘트　② 보통 포틀랜드 시멘트
③ 알루미나 시멘트　④ 중용열 포틀랜드 시멘트

문제 1 ~ 3 해설

중용열포틀랜드시멘트 (저열시멘트)
① 초기강도 발현은 늦으나 장기강도는 보통시멘트보다 같거나 크다.
② 시멘트의 발열량이 작다.(수화열이 작다.)
③ 건조수축이 작고 화학저항성이 크다.
④ 큰 단면 공사에 유리하다
⑤ 안정성이 높다.
⑥ 방사선차폐용콘크리트, 건축용 매스콘크리트, 댐공사, 대형단면 등에 사용

---

2. 중용열 포틀랜드시멘트에 관한 설명으로 옳지 않은 것은?

① C_3S나 C_3A가 적고, 장기강도를 지배하는 C_2S를 많이 함유한 시멘트이다.
② 내황산염성이 작기 때문에 댐공사에는 사용이 불가능하다.
③ 수화속도를 지연시켜 수화열을 작게 한 시멘트이다.
④ 건조수축이 작고 건축용 매스콘크리트에 사용된다.

3. 대규모 지하구조물, 댐 등 매스콘크리트의 수화열에 의한 균열발생을 억제하기 위해 벨라이트의 비율을 높인 시멘트는?

① 보통포틀랜드시멘트　② 저열포틀랜드시멘트
③ 실리카퓸 시멘트　④ 팽창시멘트

4. 다음 시멘트의 분류 중 혼합시멘트가 아닌 것은?

① 고로시멘트　② 팽창시멘트
③ 실리카시멘트　④ 플라이애쉬시멘트

해설

혼합시멘트
① 시멘트에 특수한 성질을 가지도록 혼화재를 혼합한 시멘트
② 종류 : 고로시멘트, 실리카시멘트, 플라이애시시멘트

---

5. 포틀랜드시멘트 클링커에 철용광로에서 나온 슬래그를 급랭하여 혼합하고 이에 응결시간 조절용 석고를 첨가하여 분쇄한 것으로, 수화열량이 적어 매스콘크리트용으로도 사용할 수 있는 시멘트는?

① 알루미나시멘트　② 보통포틀랜드시멘트
③ 조강시멘트　④ 고로시멘트

문제 5 ~ 6 해설

고로시멘트(슬래그시멘트)
1. 철용광로에서 나오는 고로슬래그를 물로 급랭시켜 잘게 부순 광재를 포틀랜드시멘트와 혼합하여 만든다.
2. 비중이 작다(2.9).
3. 바닷물, 하수에 대한 화학저항성이 우수하다.
4. 내열성이 크고 수밀성 양호하다.
5. 수화열이 작다.
6. 초기강도는 작으나 장기강도는 크다.
7. 동결융해 저항성이 크고, 알칼리 골재반응 방지효과가 있다.
8. 해안공사, 지중공사, 매스콘크리트 등에 사용

---

6. 고로시멘트의 특징에 대한 설명으로 옳지 않은 것은?

① 해수에 대한 내식성이 작다.
② 초기강도는 작으나 장기강도는 크다.
③ 잠재수경성의 성질을 가지고 있다.
④ 수화열량이 적어 매스콘크리트용으로 사용이 가능하다.

7. 실리카 시멘트(silica cement)의 특징에 대한 설명으로 틀린 것은?

① 저온에서는 응결이 느려진다.
② 공극 충전 효과가 없어 수밀성 콘크리트를 얻기 어렵다.
③ 콘크리트의 워커빌리티를 좋게 한다.
④ 화학적 저항성이 크므로 주로 단면이 큰 구조물, 해안공사 등에 사용된다.

정답 1 ④　2 ②　3 ②　4 ②　5 ④　6 ①　7 ②

해설

실리카(포졸란) 시멘트
① 포틀랜드시멘트 클링커에 포졸란을 혼합하여 석고를 가해 만듦
② 장기강도 증가, 수밀성증가, 화학저항성이 크다.
③ 워커빌러티 향상, 블리딩 감소
④ 내해수성이 향상된다.
⑤ 수화열이 적다.
⑥ 단면이 큰 구조물, 해안공사, 하수구 공사에 사용

□□□ 20년1,2회
8. 초기강도가 아주 크고 초기 수화발열이 커서 긴급공사나 동절기 공사에 가장 적합한 시멘트는?

① 알루미나시멘트　　② 보통포틀랜드시멘트
③ 고로시멘트　　　　④ 실리카시멘트

문제 8 ~ 9 해설

알루미나 시멘트
① 보크사이트와 석회석을 혼합하여 만든 시멘트
② 조기강도가 대단히 크다.
③ 발열량이 크므로 한중공사에 이용된다.
④ 내화학성, 내수성, 내해수성, 내화성이 크다
⑤ 수화열량이 커서 대형단면에는 부적합
⑥ 긴급공사, 해안공사, 동절기공사에 적합

□□□ 15년1회
9. 알루미나시멘트에 관한 설명 중 틀린 것은?

① 강도 발현속도가 매우 빠르다.
② 수화작용시 발열량이 매우 크다.
③ 매스콘크리트, 수밀콘크리트에 사용된다.
④ 보크사이트와 석회석을 원료로 한다.

□□□ 16년4회
10. 콘크리트의 방수성, 내약품성, 변형성능의 향상을 목적으로 다량의 고분자재료를 혼입시킨 시멘트는?

① 내황산염포틀랜드시멘트
② 초속경시멘트
③ 폴리머시멘트
④ 알루미나시멘트

문제 10 ~ 11 해설

폴리머 시멘트
① 시멘트에 폴리머(고분자재료)를 혼입시킨 시멘트
② 변형성능, 방수성, 내약품성, 접착성, 내마모성, 내충격성 향상
③ 내화 · 내열성이 약하다.

□□□ 10년3회, 13년1회
11. 폴리머시멘트란 시멘트에 폴리머를 혼합하여 콘크리트의 성능을 개선시키기 위하여 만들어진 것인데, 다음 중 개선되는 성능이 아닌 것은?

① 방수성　　　　　② 내약품성
③ 변형성　　　　　④ 내열성

03 골재

(1) 골재의 종류

① 크기에 따른 분류

구분	기준
잔골재	5mm체에서 중량으로 85% 이상 통과한 골재
굵은 골재	5mm체에서 중량으로 85% 이상 남는 골재
쇄석	암석을 부수어 만든 골재

- **부순 굵은 골재의 품질관리 항목**

  ① 입도
  ② 절대 건조 밀도(g/cm³)
  ③ 흡수율(%)
  ④ 마모감량(%)
  ⑤ 입자모양 판정실적률(%)
  ⑥ 0.08mm체 통과량 시험에서 손실된 양(%)
  ⑦ 점토덩어리량(%)
  ⑧ 알칼리골재반응
  ⑨ 안정성(%)
  ⑩ 이물질 함유량

② 조립률(Fineness Modulus : FM)

㉠ 골재의 입도를 수량적으로 나타내는 방법

㉡ 40mm, 20mm, 10mm, 5mm, 2.5mm, 1.2mm, 0.6mm, 0.3mm, 0.15mm 의 체를 1개조로 하여 체가름시험을 하여 각체에 남는 시료의 중량백분율의 합을 100으로 나눈 값

㉢ 조립률(FM)

$$조립률(FM) = \frac{각\ 체에\ 남는\ 골재의\ 중량합계}{100}$$

㉣ 조립률은 입경이 클수록 커진다.

③ 비중에 따른 분류

구분	기준
보통골재	전건비중 2.5~2.7 정도의 골재(강모래, 강자갈, 깬 자갈)
중량골재	전건비중 2.8 이상의 골재(철광석)
경량골재	전건비중 2.0 이하의 골재(경석, 인조경량골재)

[체가름 시험]
① 골재의 입도상태를 파악하여 골재 입도분포의 적정성 판정한다.
② 잔골재와 굵은 골재를 구분하는 체 눈금 크기는 5mm를 기준으로 한다.

Tip
잔골재(모래, 자갈)의 수량을 증감시키면 강도의 변화를 적게 주고 가장 바람직하게 시공연도를 조절할 수 있다.

[쇄석(깬 자갈)의 특징]
① 깬자갈은 시공연도(워커빌리티)가 나빠진다.
② 깬자갈은 부착력이 커진다.
③ 수밀성, 내구성 저하
④ 부순돌은 실적률이 작다.
⑤ 단위수량은 약 10% 정도 더 필요하다.

■ **경량골재의 종류**

구분	종류
인공경량골재	팽창혈암, 팽창점토, 소성 플라이애시, 질석 등
천연경량골재	부석, 화산자갈, 응회암, 용암 등
부산경량골재	팽창슬래그, 석탄재 등

[골재 시험방법]
① 단위중량 시험
② 체분석시험
③ 안정성시험
④ 로스엔젤레스 시험(마모도 시험)
⑤ 혼탁비색법
⑥ 흡수량시험
⑦ 입도시험
⑧ 비중시험

(2) 골재의 기준

① 골재의 품질기준
   ㉠ 골재의 강도는 경화시멘트 페이스트 강도 이상일 것
   ㉡ 골재의 입도는 조립에서 세립까지 골고루 섞여야 한다.
   ㉢ 표면이 거칠고 둥글 것(편평 세장하지 않아야 한다.)
   ㉣ 유해량의 먼지, 흙, 유기불순물, 염화물 등의 불순물이 없을 것
   ㉤ 내마모성이 있을 것
   ㉥ 잔골재는 유기불순물 시험에 합격한 것
   ㉦ 잔골재의 염분 허용 한도는 0.04%(NaCl) 이하로 한다.
   ㉧ 내구성, 내화성이 있을 것

② 골재의 염분함유량 기준
   ㉠ 골재의 염분허용한도(중량비)는 0.04% 이하로 하고 방청조치를 하면 0.1% 까지
   ㉡ 콘크리트에 포함된 염화물량 : 염소이온량(Cl^-)으로 $0.3kg/m^3$ 이하(단, 이를 초과할 때에는 철근을 방청조치하며 방청조치하여도 $0.6kg/m^3$를 초과할 수 없다.)

③ 골재의 취급 기준
   ㉠ 무근콘크리트에 바다모래를 사용할 경우 염화물 함유량의 허용한도가 없어도 된다.
   ㉡ 골재의 저장 및 취급에 있어서는 대소의 알이 분리되지 않도록 취급하고, 흙, 먼지, 불순물 등이 혼입되지 않도록 주의하여야 한다.

■ **골재의 재료분리 원인**
   ① 굵은 골재의 최대치수가 지나치게 큰 경우
   ② 골재의 입형이 부적당할 경우
   ③ 단위 골재량이 너무 많은 경우
   ④ 단위 수량이 너무 많은 경우
   ⑤ 골재 비중차이가 클 경우

(3) 골재의 공극률 및 실적률

① 공극률

㉠ 일정한 크기의 용기내에서 공극의 비율을 백분율로 나타낸 것

㉡ 공극률이 작으면 시멘트풀의 양이 적게 들고 수밀성, 내구성 및 마모 저항 등이 증가되며 건조수축에 의한 균열발생의 위험이 감소된다.

$$공극률 = \left(1 - \frac{단위용적중량}{골재 비중(밀도)}\right) \times 100(\%)$$

② 실적률

㉠ 일정한 단위용적 중 골재가 차지하는 비율

㉡ 골재의 실적률은 입도, 입형이 좋고 나쁨을 알 수 있는 지표이다.

㉢ 동일 입도일 경우 각형일수록 실적률은 낮다.

㉣ 골재의 밀도가 크면 실적률은 낮다.

㉤ 실적률이 큰 골재를 사용한 콘크리트의 특징

• 단위수량, 단위 시멘트량이 작아져 건조수축과 수화열 감소

• 수밀성, 내구성, 내마모성 증대

$$실적률 = \frac{단위용적\ 중량}{골재의\ 비중} \times 100\%$$

(4) 골재의 함수상태

① 함수상태의 구분

구분	함수상태 기준
절건상태	110℃ 정도의 온도에서 24시간 이상 골재를 건조시킨 상태
기건상태	실내에 방치한 경우 골재입자의 표면과 내부의 일부가 건조한 상태
표건상태	골재입자의 표면에 물은 없으나 내부의 공극에는 물이 꽉 차 있는 상태
습윤상태	골재입자의 내부에 물이 채워져 있고 표면에도 물이 부착되어 있는 상태

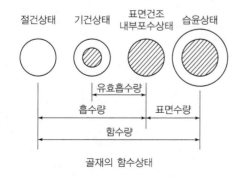

골재의 함수상태

[골재 전체 체적]
실적률 + 공극률 = 1(100%)

Tip

단위용적질량을 계산할 때는 골재의 절대건조상태를 기준으로 한다.

② 골재의 함수량

구분	내용
전함수량	습윤상태 수량 − 절건상태 수량
표면수량	습윤상태 수량 − 표건상태 수량
흡수량	표건상태 수량 − 절건상태 수량
기건 함수량	기건상태 수량 − 절건상태 수량
유효 흡수량	표건상태 수량 − 기건상태 수량

- **흡수율**

$$흡수율 = \frac{표면건조\ 내부\ 포수상태중량 - 절건상태중량}{절건상태중량} \times 100\%$$

- **표면수율**

$$표면수율 = \frac{습윤중량 - 표면건조포화상태의\ 중량}{표면건조\ 포화상태의\ 중량} \times 100$$

□□□ 10년4회, 19년2회

03 핵심문제   3. 골재

1. 부순 굵은 골재에 대한 품질규정치가 KS에 정해져 있지 않은 항목은?

① 압축강도   ② 절대건조밀도
③ 흡수율   ④ 안정성

해설

부순 굵은 골재의 품질관리 항목
① 입도
② 절대 건조 밀도(g/cm³)
③ 흡수율(%)
④ 마모감량(%)
⑤ 입자모양 판정실적률(%)
⑥ 0.08mm체 통과량 시험에서 손실된 양(%)
⑦ 점토덩어리량(%)
⑧ 알칼리골재반응
⑨ 안정성(%)
⑩ 이물질 함유량

□□□ 19년1회

2. 골재의 입도분포를 측정하기 위한 시험으로 옳은 것은?

① 플로우 시험   ② 블레인 시험
③ 체가름 시험   ④ 비카트침 시험

해설

체가름시험
골재의 입도상태를 파악하여 골재 입도분포의 적정성 판정한다.

□□□ 13년1회, 15년4회, 22년1회

3. 깬자갈을 사용한 콘크리트가 동일한 시공연도의 보통 콘크리트 보다 유리한 점은?

① 시멘트 페이스트와의 부착력 증가
② 수밀성 증가
③ 내구성 증가
④ 단위수량 감소

해설

깬자갈의 특징
① 깬자갈은 시공연도(워커빌리티)가 나빠진다.
② 깬자갈은 부착력이 커진다.
③ 수밀성, 내구성 저하
④ 부순돌은 실적률이 작다.
⑤ 단위수량은 약10% 정도 더 필요하다.

□□□ 10년4회, 16년1회

4. 콘크리트용 골재의 요구성능에 관한 설명으로 옳지 않은 것은?

① 골재의 강도는 시멘트페이스트 강도보다 클 것
② 골재의 표면은 매끄러울 것
③ 골재의 입형이 둥글고 입도가 고를 것
④ 먼지 또는 유기불순물을 포함하지 않을 것

해설

골재의 요구성능
① 골재의 강도는 경화시멘트 페이스트 강도 이상일 것
② 골재의 입도는 조립에서 세립까지 골고루 섞여야 한다.
③ 표면이 거칠고 둥글 것(편평 세장하지 않아야 한다)
④ 유해량의 먼지, 흙, 유기불순물, 염화물 등의 불순물이 없을 것
⑤ 내마모성이 있을 것
⑥ 잔골재는 유기불순물 시험에 합격한 것
⑦ 잔골재의 염분 허용 한도는 0.04%(NaCl) 이하로 한다.
⑧ 내구성, 내화성이 있을 것

□□□ 18년4회, 22년2회

5. 절대건조밀도가 2.6g/cm³이고, 단위용적질량이 1,750kg/m³인 굵은 골재의 공극률은?

① 30.5%   ② 32.7%
③ 34.7%   ④ 36.2%

해설

$$공극률 = \left(1 - \frac{단위용적중량}{비중}\right) \times 100 = \left(1 - \frac{1750}{2.6}\right) \times 100$$
$$= 32.7$$

□□□ 14년2회, 19년4회

6. 골재의 실적률에 관한 설명으로 옳지 않은 것은?

① 실적률은 골재 입형의 양부를 평가하는 지표이다.
② 부순 자갈의 실적률은 그 입형 때문에 강자갈의 실적률보다 적다.
③ 실적률 산정 시 골재의 밀도는 절대건조 상태의 밀도를 말한다.
④ 골재의 단위용적질량이 동일하면 골재의 밀도가 클수록 실적률도 크다.

해설

실적률
1. 골재의 실적률은 입도, 입형이 좋고 나쁨을 알 수 있는 지표가 되고 동일 입도일 경우 각형일수록 실적률이 낮다.
2. 골재의 밀도가 크면 실적률은 낮다.

정답   1 ①   2 ③   3 ①   4 ②   5 ②   6 ④

□□□ 14년2회, 21년2회

7. 실적률이 큰 골재로 이루어진 콘크리트의 특성이 아닌 것은?

① 시멘트 페이스트의 양이 커져 콘크리트 제조 시 경제성이 낮다.
② 내구성이 증대된다.
③ 투수성, 흡습성의 감소를 기대할 수 있다.
④ 건조수축 및 수화열이 감소된다.

해설
실적률이 큰 골재를 사용한 콘크리트의 특징
① 단위수량, 단위시멘트량이 작아져 건조수축과 수화열이 감소된다.
② 수밀성, 내구성, 내마모성이 증대된다.
※ 실적률이 큰 골재를 사용하면 골재가 차지하는 부분이많아져 시멘트 페이스트의 양이 적어져 경제성이 높아진다.

□□□ 10년1회, 17년2회

8. 자갈의 절대건조상태 질량이 400g, 습윤상태 질량이 413g, 표면건조내부포수상태 질량이 410g 일 때 흡수율은 몇 %인가?

① 2.5%   ② 1.5%
③ 1.25%   ④ 0.75%

해설
흡수율

$$= \frac{\text{표면건조 내부 포수상태중량} - \text{절건상태중량}}{\text{절건상태중량}} \times 100\%$$

$$= \frac{410g - 400g}{400g} \times 100\% = 2.5\%$$

□□□ 16년1회, 18년2회

9. 자갈 시료의 표면수를 포함한 질량이 2,100g이고 표면건조내부포화상태의 질량이 2,090g이며 절대건조상태의 질량이 2,070g 이라면 흡수율과 표면수율은 약 몇 %인가?

① 흡수율 : 0.48%, 표면수율 : 0.48%
② 흡수율 : 0.48%, 표면수율 : 1.45%
③ 흡수율 : 0.97%, 표면수율 : 0.48%
④ 흡수율 : 0.97%, 표면수율 : 1.45%

해설
1. 흡수율

$$= \frac{\text{표면건조 내부 포수상태중량} - \text{절건상태중량}}{\text{절건상태중량}} \times 100\%$$

$$= \frac{2,090 - 2,070}{2,070} \times 100\% = 0.97\%$$

2. 표면수율

$$= \frac{\text{습윤상태의 중량} - \text{표건상태의 중량}}{\text{표건상태의 중량}} \times 100$$

$$= \frac{2,100 - 2,090}{2,090} \times 100 = 0.48(\%)$$

□□□ 12년4회, 16년4회, 18년1회, 22년2회

10. 골재의 함수상태에 관한 설명으로 옳지 않은 것은?

① 유효흡수량이란 절건상태와 기건상태의 골재내에 함유된 수량의 차를 말한다.
② 함수량이란 습윤상태의 골재의 내외에 함유하는 전체수량을 말한다.
③ 흡수량이란 표면건조 내부포수상태의 골재 중에 포함하는 수량을 말한다.
④ 표면수량이란 함수량과 흡수량의 차를 말한다.

해설
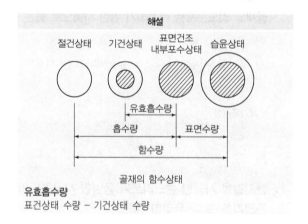
골재의 함수상태

유효흡수량
표건상태 수량 - 기건상태 수량

□□□ 17년2회

11. 골재의 단위용적질량을 계산할 때 골재는 어느 상태를 기준으로 하는가? (단, 굵은 골재가 아닌 경우)

① 습윤상태   ② 기건상태
③ 절대건조상태   ④ 표면건조내부포수상태

해설
단위용적질량을 계산할 때는 골재의 절대건조상태를 기준으로 한다.

04 혼화재료

(1) 개요

① 콘크리트를 만들 때 시멘트, 물, 골재 이외에 콘크리트의 성질을 개선하거나 향상시키기 위해 첨가하는 재료

② 혼화재료의 구분

구분	내용
혼화제	• 사용량이 적어 배합설계에서 무시 • 콘크리트속의 시멘트 중량에 대해 5% 이하, 보통은 1% 이하 사용 • AE제, 분산제(감수제), 응결경화촉진제, 급결제 및 지연제, 유동화제, 기포제, 방청제, 방수제, 방동제 등
혼화재	• 사용량이 많아서 배합설계에서 중량을 고려 • 시멘트 중량의 5% 정도 이상 사용 • 팽창재, 고로슬래그, 플라이애시, 착색제 등

[혼화재의 주요 작용]
① 기포발생
② 시멘트입자의 분산작용
③ 단위수량 감소
④ 습윤작용

(2) 혼화제

종류	특징
AE제	• 미세한 기포를 발생시켜 콘크리트의 시공연도를 개선 • 동결융해에 대한저항성 증대 • 건조수축감소 • 재료분리, 블리딩 감소 • 철근과의 부착강도 감소 • 리그닌설폰산염, 지방산, 수지산 등
감수제 AE감수제	• 표면활성제의 일종으로 시멘트 입자를 분산시켜 유동성을 증가시킴으로써 시공연도를 개선하고 단위수량을 감소시킴 • 워커빌리티 개선 • 리그닌설폰산염, 석탄산 염류, 지방산과 수지산 등
유동화제	미리 반죽된 콘크리트에 첨가하여 유동성을 증대시킴
촉진제	• 콘크리트 초기강도의 발현을 촉진 • 염화칼슘(철근콘크리트는 부식시킨다.)
지연제	• 콘크리트의 응결, 경화를 지연 • 리그닌설폰산염, 옥시칼본산염, 당류, 붕사, 마그네시아염
발포제	• 기포를 발생시켜 경량성, 단열성을 개선 • 알루미늄분말
방청제	강재(철근)의 부식방지

(3) 혼화재

종류	특징
플라이애시	• 화력발전소 연소보일러의 미분탄을 집진기로 포집한 것 • 워커빌리티 개선, 블리딩 감소 • 초기강도는 낮지만 장기강도는 증가 • 수화열의 감소, 단위수량의 감소 • 해수에 대한 화학저항성의 증가 • 수밀성의 향상
포졸란	• 주성분은 실리카 및 알루미나로 이루어짐 • 시공연도가 좋아지고 블리딩 및 재료분리가 줄어든다. • 수밀성 증대 • 수화작용이 늦어 발열량이 감소되며 장기강도는 증가 • 해수 저항성이 커진다. • 인장강도와 신율이 증가되며 건조수축은 작아진다. • 천연산 : 화산재, 규조토, 규산백토 • 인공산 : 고로슬래그, 소성점토, 혈암, 플라이애시
고로슬래그	• 용광로에서 선철 제조 시 석회석이 불순물과 혼합여 생긴 슬래그 미분말 • 초기강도는 낮고 장기강도 향상 • 수화열 감소, 장기강도 증진 • 화학저항성 향상 • 알칼리골재 반응 억제 • 건조수축이 크다
실리카 흄	• 실리콘 금속 등의 규소합금을 전기로에서 제조할 때 발생하는 폐가스를 집진하여 얻어지는 초미립 부산물 • 강도증진 • 수밀성 향상 • 화학적저항성 증진 • 블리딩 감소 • 단위수량을 증대시키므로 고성능 감수제 사용이 필수적
팽창재	팽창제를 포틀랜드 시멘트에 혼합하여 콘크리트 건조 시 생기는 수축, 균열 및 변형을 방지

☐☐☐ 12년2회

1. A.E제를 사용하는 콘크리트의 특성에 대한 설명 중 옳지 않은 것은?

① 강도가 증가된다.
② 동결융해에 대한 저항성이 커진다.
③ 워커빌리티가 좋아지고 재료의 분리가 감소된다.
④ 단위수량이 저감된다.

해설

AE제를 사용한 콘크리트의 특징
① 단위수량이 적게 든다.
② 워커빌리티가 향상되고 골재로서 깬자갈의 사용도 유리하게 된다.
③ 내구성 향상
④ 콘크리트 경화에 따른 발열이 적어진다.
⑤ 동결융해에 대한 저항이 크게 된다.
⑥ 블리딩 감소, 재료분리 감소
⑦ 강도는 다소 적어진다.
⑧ 지나친 공기량은(6% 이상)은 강도와 내구성을 저하시킨다

☐☐☐ 12년1회, 19년2회

2. 시멘트의 경화시간을 지연시키는 용도로 일반적으로 사용하고 있는 지연제와 거리가 먼 것은?

① 리그닌설폰산염   ② 옥시카르본산
③ 알루민산소다   ④ 인산염

해설

일루민산은 수화속도를 빠르게 하여 촉진제로 사용된다.

※ 지연제
① 콘크리트의 응결, 경화를 지연시키는 혼화제
② 리그닌설폰산염, 옥시카르본산염, 당류, 붕사, 마그네시아염

☐☐☐ 18년4회

3. 콘크리트의 성질을 개선하기 위해 사용하는 각종 혼화제의 작용에 포함되지 않는 것은?

① 기포작용   ② 분산작용
③ 건조작용   ④ 습윤작용

해설

혼화제 작용
1. 기포발생
2. 시멘트입자 분산작용
3. 단위수량 감소
4. 습윤작용

☐☐☐ 11년4회, 16년2회

4. 콘크리트 혼화재 중 하나인 플라이애시가 콘크리트에 미치는 작용에 관한 설명으로 옳지 않은 것은?

① 콘크리트 내부의 알칼리성을 감소시키고 때문에 중성화를 촉진시킬 염려가 있다.
② 콘크리트 수화초기시의 발열량을 감소시키고 장기적으로 시멘트의 석회와 결합하여 장기강도를 증진시키는 효과가 있다.
③ 입자가 구형이므로 유동성이 증가되어 단위수량을 감소시키므로 콘크리트의 워커빌리티의 개선, 펌핑성을 향상시킨다.
④ 알칼리골재반응에 의한 팽창을 증가시키고 콘크리트의 수밀성을 약화시킨다.

문제 4 ~ 6 해설

플라이애시
1. 화력발전소 연소보일러의 미분탄을 집진기로 포집한 것
2. 워커빌리티 개선, 블리딩 감소
3. 초기강도는 낮지만 장기강도는 증가
4. 수화열의 감소
5. 해수에 대한 화학저항성의 증가
6. 수밀성의 향상

☐☐☐ 17년1회, 21년4회

5. 각종 혼화 재료에 관한 설명으로 옳지 않은 것은?

① 플라이애시는 콘크리트의 장기강도를 증진하는 효과는 있으나 수밀성은 감소된다.
② 감수제를 이용하여 시멘트의 분산작용의 효과를 얻을 수 있다.
③ 염화칼슘은 경화촉진을 목적으로 이용되는 혼화제이다.
④ 발포제는 시멘트에 혼입시켜 화학반응에 의해 발생하는 가스를 이용하여 기포를 발생시키는 혼화제이다.

☐☐☐ 19년4회

6. 콘크리트에 사용되는 혼화재인 플라이애쉬에 관한 설명으로 옳지 않은 것은?

① 단위 수량이 커져 블리딩 현상이 증가한다.
② 초기 재령에서 콘크리트 강도를 저하시킨다.
③ 수화 초기의 발열량을 감소시킨다.
④ 콘크리트의 수밀성을 향상시킨다.

정답   1 ①   2 ③   3 ③   4 ④   5 ①   6 ①

05 콘크리트

(1) 콘크리트의 장·단점

구분	내용
장점	• 압축강도가 크다. • 내화성, 내구성, 차음성이 양호하다. • 콘크리트와 철근의 열팽창계수가 거의 같다. • 알칼리성분인 콘크리트가 산성인 철근을 둘러싸 방청상 유효하다. • 임의의 치수와 형상을 만들 수 있다.
단점	• 자중이 크다. • 압축강도에 비해 인장강도와 휨강도가 작다. • 경화 시 건조수축 균열이 발생한다. • 공기가 길다.

(2) 굳지 않은 콘크리트

① 용어

용어	내용
워커빌리티(workability) = 시공연도	콘크리트의 부어넣기 작업의 난이도 정도 및 재료분리의 저항정도를 나타내는 것 (모르타르나 콘크리트의 작업성의 난이도)
컨시스턴시(consistency) = 반죽질기	수량에 의해서 변화하는 콘크리트의 유동성의 정도(반죽의 질기)
플라스티시티(plasticity) = 성형성	거푸집에 채우기 쉽고, 재료분리가 발생하지 않는 성질
피니셔빌리티(finishability) = 마무리정도	굵은골재의 최대치수, 잔골재율, 잔골재 입도 등에 따른 마무리하기 쉬운 정도 (도로포장 등 표면정리의 난이도)
펌퍼빌리티(pumpability) = 압송성	펌프에 콘크리트가 잘 밀려가는지의 난이정도

② 워커빌리티(workability)

㉠ 워커빌리티에 영향을 주는 요인

구분	내용
시멘트의 품질과 양	• 혼합시멘트가 보통 포틀랜드 시멘트보다 품질이 좋다. • 시멘트의 양이 적으면 재료 분리가 되기 쉽다.
모래와 골재의 입도	• 입도는 연속적이고 둥근 모래와 골재가 워너빌리티가 좋다 • 깬 자갈은 워커빌리티가 나빠진다.
단위수량	• 단위수량이 너무 적으면 유동성이 떨어져 타설이 어렵다. • 단위수량이 너무 증가시키면 재료분리를 일으키기 쉽고 워커빌리티도 나빠진다.
배합	• 부배합이 워커빌리티에 좋다. • 비빔을 잘하면 워커빌리티가 좋아지지만 비빔시간이 너무 길고 비빔온도가 높으면 워커빌리티는 오히려 저하한다.
혼화재료	AE제, 감수제, 플라이애시 등의 혼화재를 사용하면 워커빌리티를 향상시킬 수 있다.

㉡ 워커빌리티의 측정

측정방법	내용
슬럼프 시험 (slump test)	시험통에 콘크리트를 다져넣고 시험통을 벗겨 무너져 내린 콘크리트의 높이를 측정하여 시공연도를 확인한다.
다짐계수 시험 (compacting factor test)	슬럼프시험보다 정확하며 진동다짐을 하는 된비빔 콘크리트에 적용한다.
비비 시험 (vee-bee test)	슬럼프시험 측정이 어려운 된비빔 콘크리트의 침하도를 측정한다.

■ 슬럼프 시험 방법

① 수평평판을 수평으로 설치하고 슬럼프 콘을 중앙에 설치한다.
② 슬럼프콘의 치수는 윗지름 10cm, 아랫지름 20cm, 높이 30cm
③ 슬럼프콘 용적의 1/3의 콘크리트를 넣고 다짐 막대로 25회 다진다.
④ 슬럼프콘 용적의 2/3의 콘크리트를 넣고 다짐 막대로 25회 다진다.
⑤ 슬럼프콘 최고높이까지 콘크리트를 넣고 다짐 막대로 25회 다진다.
⑥ 슬럼프콘의 윗면을 평평하게 고른 후 통을 수직으로 끌어 올린다.
⑦ 이 때 콘크리트가 주저앉은 높이를 측정한 값을 슬럼프값(cm)이라 한다.

[워커빌리티 측정]
① 다짐계수시험
② 슬럼프시험
③ 비비 시험(vee bee test)
④ 구관입시험(캐리볼)
⑤ 플로우시험(Flow test)
⑥ Remolding 시험

[슬럼프 테스트]

(3) 콘크리트 재료분리

① 콘크리트 재료분리의 원인

㉠ 최소 단위 시멘트량 부족

㉡ 굵은 골재최대치수가 지나치게 큰 경우(잔 골재율을 증가시켜 재료분리를 줄인다.)

㉢ 시공연도 불량

㉣ 단위수량이 클 때

㉤ 비빔시간의 지연

㉥ 물시멘트비가 클 때

㉦ bleeding현상

㉧ 슬럼프가 클 때

② 콘크리트 타설 후 재료분리

구분	내용
블리딩(Bleeding)	• 콘크리트를 타설한 후 무거운 골재나 시멘트는 침하하고 가벼운 물이 상승하는 현상 • 블리딩에 의한 성능저하 　– 골재와 페이스트의 부착력 저하 　– 철근과 페이스트의 부착력 저하 　– 콘크리트의 내구성, 수밀성 저하 　– 콘크리트의 강도 저하 • 블리딩 방지대책 　– 단위수량을 적게 한다. 　– 골재입도를 적당하게 한다. 　– AE제, 분산감수제, 플라이애시, 혼화제 사용
레이턴스(Laitance)	• 블리딩에 의하여 떠오른 미립물이 콘크리트 표면에 얇은막으로 침적되는 미립물 • 피해현상 : 콘크리트와의 부착력이 저하된다.

(4) 경화된 콘크리트

① 압축강도

㉠ 표준양생을 한 재령 28일의 압축강도를 기준으로 한다.

㉡ 압축강도에 영향을 미치는 요인

구분	내용
배합	물/시멘트 비, 시멘트 공극비, 공기량
시공방법	• 비빔 : 손비빔이 기계비빔보다 강도가 증대된다. • 다짐 : 진동기를 사용하면 된 반죽에서는 강도가 커진다.
양생방법	• 습윤 양생 후 공기 중에서 건조시키면 강도가 증가한다. • 양생온도 4~40℃ 범위에서는 온도가 높을수록 재령 28일까지의 강도는 커진다.
재령	재령(경과시간)에 따라 강도는 증가한다.

■ 콘크리트의 강도비교

구분	강도의 비교
인장강도	압축강도의 약 1/10~1/13
휨강도	압축강도의 약 1/5~1/8
전단강도	압축강도의 약 1/4~1/6

② 크리프

구분	내용
정 의	콘크리트에 일정한 하중이 지속적으로 작용할 때 하중의 증가가 없어도 시간이 경과함에 따라 콘크리트의 변형이 증가하는 현상
크리프의 증가요인	• 부재의 건조정도가 높을수록 • 물시멘트비가 클수록 • 재하시기가 빠를수록 • 하중이 클수록 • 시멘트량, 단위수량이 많을수록 • 온도가 높을수록 • 습도가 낮을수록 • 부재 치수가 작을수록
크리프 계수	$\phi_t = \dfrac{\varepsilon c \, (크리프 변형량)}{\varepsilon e \, (탄성 변형량)}$ εc : 크리프 변형량, εe : 탄성변형량

③ 콘크리트의 비파괴 시험

콘크리트의 압축강도를 추정하고, 내구성, 균열의 위치, 철근의 위치를 파악하기 위해 콘크리트 구조물을 파괴하지 않고 측정하는 검사방법

[콘크리트 비파괴 시험의 종류]
① 슈미트 해머(타격법, 표면경도법)
② 방사선 투과시험법
③ 초음파 시험
④ 철근탐사 시험법

(5) 배합설계

① 배합설계 요구사항(콘크리트가 구비해야 할 조건)
  ㉠ 소요의 강도를 가질 것
  ㉡ 소요의 워커빌리티를 가질 것
  ㉢ 수밀성, 균일성을 확보 할 것
  ㉣ 소정의 내구성을 확보할 것
  ㉤ 수요자가 요구하는 성능을 만족시킬 것
  ㉥ 경제적일 것

② 배합방법의 종류

구분		내용
용적배합	절대 용적배합	1m³콘크리트 제조에 소요되는 각 재료량을 절대용적(ℓ)으로 표시
	표준계량 용적배합	1m³콘크리트 제조에 소요되는 각 재료량을 표준계량 용적(m³)으로 표시한 배합
	현장계량 용적배합	1m³콘크리트 제조에 소요되는 각 재료량을 시멘트는 포대수로 골재는 현장계량에 의한 용적(m³)으로 표시한 배합
중량배합		1m³의 콘크리트 제조에 소요되는 각 재료량을 중량(kg)으로 표시한 배합

③ 배합설계의 순서

> 설계강도 결정 → 배합강도 결정 → 시멘트 강도 결정 → 물/시멘트비의 결정 → 슬럼프값 결정 → 굵은 골재 최대치수 결정 → 잔골재율 결정 → 단위수량 결정 → 시방배합 산출 → 현장배합의 조정

④ 물시멘트비(W/C)

물/시멘트 비는 콘크리트 강도에 가장 큰 영향을 미치는 요인이다.

$$물시멘트비(W/C) = \frac{물의\ 중량}{시멘트의\ 중량} \times 100(\%)$$

■ **콘크리트의 건조수축에 영향을 미치는 요소**

① 시멘트의 종류, 분말도, 골재에 영향을 받는다
② 골재에 함유된 미립분, 점토, 실트는 건조수축을 증대시킨다.
③ 단위수량과 단위시멘트량이 많을수록 수축량이 크다
④ W/C 비가 크면 수축량이 커진다.(W/C 비가 같은 경우 사용 단위시멘트량이 클수록 크다)
⑤ 건조개시 재령은 건조수축에 큰 영향이 없다.
⑥ 골재가 단단하고 탄성계수가 클수록 적게 된다.

[설계강도]

① 설계강도 : 콘크리트의 28일 압축강도를 말한다.
② 설계강도 : 3×장기허용응력도, 1.5×단기허용응력도
③ 배합강도는 일반적으로 설계강도보다 크게 한다.

[알칼리골재반응]

① 시멘트 중의 알칼리성분과 골재중의 실리카 성분이 화학반응을 일으켜 팽창을 유발시키는 반응
② 알칼리골재 반응에 의해 새롭게 생성된 반응생성물은 수분을 흡수, 팽창하여 콘크리트에 균열을 발생시킨다.

05 **핵심문제**   5. 콘크리트

Workability에 영향을 미치는 요인
1. 분말도가 높은 시멘트 일수록 워커빌리티가 좋다.
2. 공기량을 증가시키면 워커빌리티가 좋아진다.
3. 비빔온도가 높을수록 워커빌리티가 저하한다.
4. 시멘트 분말도가 높을수록 수화작용이 빠르다.
5. 단위수량을 과도하게 증가시키면 재료분리가 쉬워 워커빌리티가 좋아진다고 볼 수 없다.
6. 비빔시간이 길수록 수화작용을 촉진시켜 워커빌리티가 저하한다.
7. 쇄석을 사용하면 워커빌리티가 저하한다.
8. 부배합이 워커빌리티가 좋다.

□□□ 15년2회
1. 굳지 않은 콘크리트의 성질을 표시하는 용어 중 컨시스턴시에 의한 부어넣기의 난이도 정도 및 재료분리에 저항하는 정도를 나타내는 것은?

① 플라스티시티   ② 피니셔빌리티
③ 펌퍼빌리티   ④ 워커빌리티

문제 1 ~ 2 해설	
굳지않은 콘크리트의 성질을 표시하는 용어	
워커빌리티(workability) = 시공연도	콘크리트의 부어넣기 작업의 난이도 정도 및 재료분리의 저항정도를 나타내는 것(모르터나 콘크리트의 작업성의 난이도)
콘시스턴시(consistency) = 반죽질기	수량에 의해서 변화하는 콘크리트의 유동성의 정도(반죽의 질기)
플라스티시티(plasticity) = 성형성	거푸집에 채우기 쉽고, 재료분리가 발생하지 않는 성질
피니셔빌리티(finishability) = 마무리정도	굵은골재의 최대치수, 잔골재율, 잔골재 입도 등에 따른 마무리하기 쉬운정도(도로포장 등 표면정리의 난이도)
펌퍼빌리티(pumpability) = 압송성	펌프에 콘크리트가 잘 밀려가는지의 난이정도

□□□ 17년2회
4. 콘크리트의 워커빌리티에 영향을 주는 인자에 관한 설명으로 옳지 않은 것은?

① 골재의 입도가 적당하면 워커빌리티가 좋다.
② 시멘트의 성질에 따라 워커빌리티가 달라진다.
③ 단위수량이 증가할수록 재료분리를 예방할 수 있다.
④ AE제를 혼입하면 워커빌리티가 좋게 된다.

□□□ 16년2회
5. 콘크리트 슬럼프 시험에 관한 설명 중 옳지 않은 것은?

① 슬럼프 콘의 치수는 윗지름 10cm, 밑지름 30cm, 높이가 20cm이다.
② 수밀한 철판을 수평으로 놓고 슬럼프 콘을 놓는다.
③ 혼합한 콘크리트를 1/3씩 3층으로 나누어 채운다.
④ 매 회마다 표준철봉으로 25회 다진다.

해설
슬럼프 콘의 치수는 윗지름 10cm, 밑지름 20cm, 높이가 30cm이다.

□□□ 17년2회
2. 굳지 않은 콘크리트의 성질을 표시한 용어가 아닌 것은?

① 워커빌리티(workability)
② 펌퍼빌리티(pumpability)
③ 플라스티시티(plasticity)
④ 크리프(creep)

□□□ 14년4회, 18년1회, 20년4회
3. 콘크리트의 워커빌리티(workability)에 관한 설명으로 옳지 않은 것은?

① 과도하게 비빔시간이 길면 시멘트의 수화를 촉진하여 워커빌리티가 나빠진다.
② 단위수량을 너무 증가시키면 재료분리가 생기기 쉽기 때문에 워커빌리티가 좋아진다고 볼 수 없다.
③ AE제를 혼입하면 워커빌리티가 좋아진다.
④ 깬자갈이나 깬모래를 사용할 경우, 잔골재율을 작게 하고 단위수량을 감소시키면 워커빌리티가 좋아진다.

□□□ 14년2회
6. 콘크리트 재료분리의 원인으로 옳지 않은 것은?

① 콘크리트의 플라스티시티(plasticity)가 작은 경우
② 잔골재율이 큰 경우
③ 단위수량이 지나치게 큰 경우
④ 굵은골재의 최대치수가 지나치게 큰 경우

해설

콘크리트 재료분리의 원인
① 최소 단위 시멘트량 부족
② 굵은 골재최대치수가 지나치게 큰 경우
③ 시공연도 불량
④ 단위수량이 클 때
⑤ 비빔시간의 지연
⑥ 물시멘트비가 클 때
⑦ bleeding현상
⑧ 슬럼프가 클 때

□□□ 14년1회, 14년2회, 18년1회

7. 콘크리트의 블리딩 현상에 의한 성능저하와 가장 거리가 먼 것은?

① 골재와 페이스트의 부착력 저하
② 철근과 페이스트의 부착력 저하
③ 콘크리트의 수밀성 저하
④ 콘크리트의 응결성 저하

해설

블리딩 현상
1) 콘크리트 타설 후 무거운 골재나 시멘트는 침하하고 가벼운 물과 미세물질이 상승하는 현상
2) 블리딩에 의한 성능저하
 ① 골재와 페이스트의 부착력 저하
 ② 철근과 페이스트의 부착력 저하
 ③ 콘크리트의 내구성, 수밀성 저하
 ④ 콘크리트의 강도 저하

□□□ 15년1회

8. 콘크리트에 발생하는 크리프에 대한 설명으로 틀린 것은?

① 시멘트 페이스트가 묽을수록 크리프는 크다.
② 작용응력이 클수록 크리프는 크다.
③ 재하재령이 느릴수록 크리프는 크다.
④ 물시멘트비가 클수록 크리프는 크다.

문제 8 ~ 9 해설

크리프 현상 증가요인
① 부재의 건조정도가 높을수록
② 물시멘트비가 클수록
③ 재하시기가 빠를수록
④ 하중이 클수록
⑤ 시멘트량, 단위수량이 많을수록
⑥ 온도가 높을수록
⑦ 습도가 낮을수록
⑧ 부재 치수가 작을수록

□□□ 13년1회

9. 콘크리트구조물의 크리프현상에 대한 설명 중 옳지 않은 것은?

① 하중이 클수록 크다.
② 단위수량이 작을수록 크다.
③ 부재의 건조 정도가 높을수록 크다.
④ 구조부재 치수가 클수록 적다.

□□□ 18년2회

10. 다음 중 콘크리트의 비파괴 시험에 해당되지 않는 것은?

① 방사선 투과 시험 　② 초음파 시험
③ 침투탐상 시험 　④ 표면경도 시험

해설

콘크리트의 비파괴 시험
1. 콘크리트의 압축강도를 추정하고, 내구성, 균열의 위치, 철근의 위치를 파악하기 위해 콘크리트 구조물을 파괴하지 않고 측정하는 검사방법
2. 비파괴 시험의 종류
 ① 슈미트 해머(타격법, 표면경도법)
 ② 방사선 투과시험법
 ③ 초음파 시험
 ④ 철근탐사 시험법
 ※ 침투탐상 시험 : 철골의 비파괴 검사법

□□□ 15년1회

11. 콘크리트 배합시 시멘트 1m³, 물 2000L인 경우 물-시멘트비는? (단, 시멘트의 밀도는 3.15g/cm³이다.)

① 약 15.7% 　② 약 20.5%
③ 약 50.4% 　④ 약 63.5%

해설

물시멘트 비 : 물과 시멘트의 중량의 비

$$물시멘트비 = \frac{2000}{1000 \times 3.15} = 63.5\%$$

정답 7 ④ 8 ③ 9 ② 10 ③ 11 ④

□□□ 13년2회, 19년2회
12. 콘크리트의 강도 및 내구성 증가에 가장 큰 영향을 주는 것은?

① 물과 시멘트의 배합비
② 시멘트와 자갈의 배합비
③ 시멘트와 모래의 배합비
④ 모래와 자갈의 배합비

해설
콘크리트 강도, 내구성 증가에 가장 큰 영향을 주는 것은 물과 시멘트의 배합비이다.

□□□ 16년4회, 19년2회, 20년1,2회
13. 콘크리트의 건조수축에 관한 설명으로 옳지 않은 것은?

① 시멘트의 제조성분에 따라 수축량이 다르다.
② 골재의 설질에 따라 수축량이 다르다.
③ 시멘트량의 다소에 따라 수축량이 다르다.
④ 된비빔일수록 수축량이 많다.

해설
된 비빔은 물시멘트비가 작은 것을 의미한다.
W/C 비가 크면 수축량이 커진다.(W/C 비가 같은 경우 사용 단위시멘트량이 클수록 크다)

06 특수콘크리트

(1) AE 콘크리트

① 콘크리트속에 AE제를 혼합하여 시공연도를 좋게 한 콘크리트

② AE 콘크리트의 특징

   ⊙ 단위수량이 적게 든다.

   ○ 워커빌리티가 향상되고 골재로서 깬 자갈의 사용도 유리하게 된다.

   ○ 내구성 향상

   ○ 콘크리트 경화에 따른 발열이 적어진다.

   ○ 동결융해에 대한 저항이 크게 된다.

   ○ 블리딩 감소, 재료분리 감소

   ○ 보통 콘크리트에 비해 압축강도와 철근과 부착강도가 작다.

   ○ 적정한 AE(콘크리트 용적의4~7%)는 내구성을 증대시키나 지나친 공기량은(6% 이상)은 강도와 내구성을 저하시킨다.

> ■ **콘크리트 공기량의 변화**
> ① AE제를 넣을수록 공기량은 증가한다.
> ② 기계비빔이 손비빔보다 증가한다.
> ③ 비빔시간은 3~5분까지는 공기량이 증가하고 그 이상은 감소
> ④ 온도가 높아질수록 감소한다.
> ⑤ 진동기 사용하면 감소한다.
> ⑥ 공기량 1% 증가에 대하여 압축강도 4~5% 저하한다.

(2) 경량 콘크리트

① 보통경량 콘크리트

   보통 포틀랜드 시멘트에 경량골재를 사용하여 만든 콘크리트

② 경량기포 콘크리트ALC(Autoclaved Lightweight Concrete)

   ⊙ 규사, 생석회, 시멘트 등에 발포제(알루미늄 분말)와 기포안정제를 넣고 오토클레이브 내에서 고온·고압으로 양생시킨 다공질 기포콘크리트

ⓛ 장·단점

구분	내용
장 점	• 인력취급이 가능하다. • 현장에서 절단 및 가공용이 • 열전도율이 낮다. • 단열성, 내화성, 차음성, 경량성이 우수 • 치수정밀도가 높다. • 사용 후 변형이나 균열이 작다. • 비중이 적다.(보통 콘크리트의 1/4)
단 점	• 흡수성이 크다(방수처리가 문제) • 중성화 우려가 높다. • 압축강도가 작다. • 부서지기 쉽다. • 압축강도에 비하여 휨강도, 인장강도가 약하다.

(3) 중량콘크리트(차폐용 콘크리트)

① 중량골재를 사용하여 만든 콘크리트로서 주로 방사선의 차폐를 목적으로 사용한다.

② 사용골재 : 중정석, 자철광 갈철광, 사철 등

(4) 한중콘크리트

① 하루의 평균기온이 4℃ 이하가 예상되는 기상조건에서 콘크리트가 동결할 염려가 있을 때 시공하는 콘크리트

② 특징

구분	내용
물시멘트비	60% 이하
표면활성제	AE제를 사용
골재 가열	재료를 가열할 경우 물 또는 골재를 가열 (재료가열온도 60℃ 이하 시멘트는 절대 가열금지)
비빔온도	40℃ 이하
타설온도	10℃ ~ 20℃
시공 방법	① 골재가 동결되어 있거나 골재에 빙설이 혼입되어 있는 　골재는 그대로 사용할 수 없다. ② 단위수량은 초기동해를 적게 하기 위하여 소요의 　워커빌리티를 유지할 수 있는 범위 내에서 되도록 적게 　하여야 한다. ③ 한중 콘크리트에는 AE콘크리트를 사용하는 것을 원칙으로 　한다. ④ 콘크리트 타설이 종료된 후 초기동해를 받지 않도록 　초기양생을 실시하여야 한다.

[중량콘크리트의 시공]
① 차폐용은 단면이 크므로 수화발열이 적은 것을 사용한다.(중용열 포틀랜드 시멘트 등)
② 콘크리트의 공극과 균열은 방사선차폐에 큰 영향을 미치므로 균질하고 밀실하게 시공한다.

구분	내용
	⑤ 한중 콘크리트는 소요 압축강도가 얻어질 때까지 콘크리트의 온도를 5℃ 이상으로 유지하여야 하며, 또한 소요 압축강도에 도달한 후 2일간은 구조물의 어느 부분이라도 0℃ 이상이 되도록 유지하여야 한다. ⑥ 한중 콘크리트의 보온양생 방법은 급열양생, 단열양생, 피복양생 및 이들을 복합한 방법 중 한 가지 방법을 선택하여야 한다.

(5) 수밀콘크리트

① 콘크리트자체를 밀도가 높고 내구적, 방수적으로 만들어 물의 침투를 방지하는 콘크리트

② 수밀콘크리트의 특징

구분	내용
재료	양질의 골재와 혼화재 사용
물시멘트비	50% 이하
슬럼프	소요슬럼프는 가능한 작게 하되 18cm 이하로 하며 콘크리트 타설이 용이한 경우는 12cm로 한다.
시공	• 굵은 골재의 최대치수는 되도록 크게 한다. • 단위수량 및 물시멘트비는 되도록 작게 한다. • 진동다짐을 원칙으로 한다. • 워커빌리티를 개선하기 위해 AE제를 사용한다. • 슬럼프는 가능한 한 적게 한다

(6) 프리플레이스트 콘크리트

① 미리 거푸집에 굵은 골재를 넣고 그 사이에 특수모르타르를 적당한 압력으로 주입하여 만든 콘크리트

② 프리플레이스트 콘크리트 특징
  ㉠ 재료분리나 건조수축이 보통콘크리트에 1/2 정도 적다.
  ㉡ 부착력이 크다.
  ㉢ 내수성, 내구성, 수밀성이 높고, 염류에 대한 내구성이 크다.
  ㉣ 초기강도는 낮으나 장기강도는 비슷하다.
  ㉤ 동결·융해에 대한 저항성이 크다.
  ㉥ 수중콘크리트타설, 지수벽, 보수공사 등에 적합

(7) 프리스트레스트(Pre-Stressed) 콘크리트

① 고강도 PC 강선에 미리 인장력을 부여하여 적은 단면으로 큰 응력을 받도록 만든 콘크리트

② 종류 : Pre-tension 공법, Post-tension 공법

[프리스트레스트 콘크리트]

(8) 폴리머함침 콘크리트

① 콘크리트를 건조시켜 그 내부의 공극에 모노머를 합침 또는 중합시켜 콘크리트와 일체화 시킨 것

② 장 · 단점

구분	내용
장 점	• 동결융해에 대한 저항성 우수 • 수밀성 양호 • 내마모성, 내충격성 우수 • 내구성, 내약품성 우수
단 점	내화성이 약하다.

(9) 서중콘크리트

① 높은 외부기온으로 콘크리트의 슬럼프 저하나 수분의 급격한 증발 등의 염려가 있을 경우에 시공되는 콘크리트로서, 하루 평균기온이 25℃를 초과하는 경우 서중 콘크리트로 시공

② 특징

㉠ 슬럼프 저하 등 워커빌리티(workability)의 변화가 생기기 쉽다.

㉡ 콜드조인트(cold joint)가 발생하기 쉽다.

㉢ 동일슬럼프를 얻기 위해 단위수량이 많아진다.

㉣ 초기강도의 발현은 빠르지만 장기적인 강도증진이 작다

㉤ 콘크리트 단위수량이 증가한다.

㉥ 콘크리트 응결이 촉진된다.

㉦ 균열이 발생하기 쉽다

㉧ 콘크리트의 온도가 높아져 수화반응이 빨라지므로 이상응결이 발생하기 쉽다

③ 시공방법

㉠ 물과 시멘트는 되도록 저온의 것을 사용한다.

㉡ 부어넣을 때의 콘크리트의 온도는 35℃ 이하로 한다.

㉢ 부어넣을 콘크리트 중의 수분이 거푸집에 의해 흡수되지 않도록 미리 거푸집에 물을 뿌려 두어야 한다.

  ⓔ 타설 후 24시간은 노출면이 건조해지지 않도록 하고 양생은 최소 5일 이상 실시

  ⓜ Precooling 등의 냉각공법 검토

  ⓗ 혼화제는 AE감수제 지연형, 감수제 지연형 등을 사용

  ⓢ 중용열시멘트 등 분말도가 낮은 시멘트 사용

  ⓞ 슬럼프는 180mm 이하

(10) 매스콘크리트

① 부재, 구조물의 치수가 80cm 이상으로 커서 시멘트의 수화반응으로 인한 수화열의 상승을 고려하여 시공하는 콘크리트

② 매스콘크리트 균열방지대책

  ㉠ 저 발열성(중용열) 시멘트 사용

  ㉡ 물시멘트비를 낮게 한다.

  ㉢ 골재치수를 크게 한다.

  ㉣ 혼화재의 사용(포졸란)

  ㉤ 파이프 쿨링, 프리 쿨링 등의 실시

  ㉥ 단위 시멘트량은 가능한 한 적게 한다.

(11) 섬유보강콘크리트(FRC : Fiber Reinforced Concrete)

① 콘크리트 속에 강섬유, 유리섬유, 합성섬유 등을 혼합하여 만든 콘크리트

② 인장강도, 휨강도, 전단강도가 크다.

[속빈 콘크리트 블록]

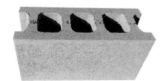

(12) 시멘트, 콘크리트 제품

① 속빈 콘크리트 블록의 규격(mm)

형 상	치수			허용차	
	길이	높이	두께	길이 및 두께	높이
기본 블록	390	190	190 150 100	±2	
이형 블록	횡근용 블록, 모서리용 블록과 같이 기본블록과 동일한 크기인 것의 치수 및 허용차는 기본 블록에 준한다.				

② 속빈 콘크리트 블록의 품질

종류	기건비중	전단면적에 대한 압축강도(MPa)	흡수율(%)	투수성(ml/m³)
A종블록	1.7 미만	4 이상	–	–
B종블록	1.9 미만	6 이상	–	–
C종블록	–	8 이상	10 이하	10 이하

※ 전 단면적이란 가압면(길이×두께)으로서, 속빈 부분 및 블록 양끝의 오목하게 들어간 부분의 면적도 포함한다.

③ 시멘트 벽돌

종류	치수(mm)			허용차 (mm)
	길이	너비	두께	
A형	210	100	60	+3 −2
B형	190	90	57	
C형	190	90	90	

※ 표준형벽돌의 규격 : 190(길이)×90(너비)×57(두께)

06 핵심문제　　　　　　　　6. 특수콘크리트

□□□ 16년2회

1. 보통 콘크리트와 비교한 AE콘크리트의 성질에 관한 설명으로 옳지 않은 것은?

① 콘크리트의 워커빌리티가 양호하다.
② 동일 물시멘트비인 경우 압축강도가 높다.
③ 동결 융해에 대한 저항이 크다.
④ 블리딩 등의 재료분리가 적다.

문제 1 ~ 2 해설

AE 콘크리트의 특징
1. 단위수량이 적게 든다.
2. 워커빌리티가 향상되고 골재로서 깬 자갈의 사용도 유리하게 된다.
3. 내구성 향상
4. 콘크리트 경화에 따른 발열이 적어진다.
5. 동결융해에 대한 저항이 크게 된다.
6. 블리딩 감소, 재료분리 감소
7. 보통 콘크리트에 비해 압축강도와 철근과 부착강도가 작다.
8. 적정한 AE(콘크리트 용적의 4~7%)는 내구성을 증대시키나 지나친 공기량은(6% 이상)은 강도와 내구성을 저하시킨다.

□□□ 19년2회

2. AE콘크리트에 관한 설명으로 옳지 않은 것은?

① 시공연도가 좋고 재료분리가 적다.
② 단위수량을 줄일 수 있다.
③ 제물치장 콘크리트 시공에 적당하다.
④ 철근에 대한 부착강도가 증가한다.

□□□ 18년4회

3. 콘크리트 공기량에 관한 설명으로 옳지 않은 것은?

① AE 콘크리트의 공기량은 보통 3~6%를 표준으로 한다.
② 콘크리트를 진동시키면 공기량이 감소한다.
③ 콘크리트의 온도가 높으면 공기량이 줄어든다.
④ 비빔시간이 길면 길수록 공기량은 증가한다.

해설

공기량의 성질
1. AE제를 넣을수록 공기량은 증가한다.
2. 기계비빔이 손비빔보다 증가하고
3. 비빔시간은 3~5분까지는 공기량이 증가하고 그 이상은 감소
4. 온도가 높아질수록 감소한다.
5. 진동기 사용하면 감소한다.
6. 공기량 1% 증가에 대하여 압축강도 4~5% 저하한다.

□□□ 12년1회, 16년1회

4. 경량기포콘크리트(Autoclaved Lightweight Concrete)에 관한 설명 중 옳지 않은 것은?

① 단열성이 낮아 결로가 발생한다.
② 강도가 낮아 주로 비내력용으로 사용된다.
③ 내화성능을 일부 보유하고 있다.
④ 다공질이기 때문에 흡수성이 높다.

문제 4 ~ 7 해설

경량기포 콘크리트(ALC : Autoclaved Lightweight Concrete)

개요	규사, 생석회, 시멘트 등에 알루미늄 분말 등과 같은 발포제와 기포안정제를 넣고 오토클레이브 내에서 고온·고압으로 양생시킨 다공질 기포콘크리트
원료	석회질, 규산질 원료, 기포제, 혼화제
규산질 원료	규석, 규사, 고로슬래그, 플라이애쉬
기포제	알루미늄분말
장점	① 인력취급이 가능하다. ② 현장에서 절단 및 가공용이 ③ 열전도율이 낮다. ④ 단열성, 내화성, 차음성, 경량성이 우수 ⑤ 치수정밀도가 높다. ⑥ 사용 후 변형이나 균열이 작다. ⑦ 비중이 적다.(보통 콘크리트의 1/4)
단점	① 흡수성이 크다.(방수처리가 문제) ② 중성화 우려가 높다. ③ 압축강도가 작다. ④ 부서지기 쉽다. ⑤ 압축강도에 비하여 휨강도, 인장강도가 약하다.

□□□ 18년1회

5. ALC(Autoclaved Lightweight Concrete)에 관한 설명으로 옳지 않은 것은?

① 규산질, 석회질 원료를 주원료로 하여 기포제와 발포제를 첨가하여 만든다.
② 경량이며 내화성이 상대적으로 우수하다.
③ 별도의 마감 없이도 수분이 차단되어 주로 외벽에 사용된다.
④ 동일용도의 건축자재 중 상대적으로 우수한 단열성능을 가지고 있다.

□□□ 15년1회

6. ALC(Autoclaved Lightweight Concrete) 제조시 기포제로 사용되는 것은?

① 알루미늄 분말　　　② 플라이애쉬
③ 규산백토　　　　　④ 실리카 시멘트

□□□ 19년1회

7. 오토클레이브(auto clave)에 포화증기 양생한 경량기포콘크리트의 특징으로 옳은 것은?

① 열전도율은 보통 콘크리트와 비슷하여 단열성은 약한 편이다.
② 경량이고 다공질이어서 가공 시 톱을 사용할 수 있다.
③ 불연성 재료로 내화성이 매우 우수하다.
④ 흡음성과 차음성은 비교적 약한 편이다.

□□□ 10년2회, 18년2회

8. 콘크리트의 종류 중 방사선 차폐용으로 주로 사용되는 것은?

① 경량콘크리트
② 한중콘크리트
③ 매스콘크리트
④ 중량콘크리트

해설

중량콘크리트(차폐용 콘크리트)
① 중량골재를 사용하여 만든 콘크리트로서 주로 방사선의 차폐를 목적으로 사용한다.
② 사용골재 : 중정석, 자철광 갈철광, 사철 등

□□□ 17년1회

9. 한중콘크리트에 관한 설명으로 옳지 않은 것은?(단, 콘크리트표준시방서 기준)

① 한중콘크리트에는 공기연행 콘크리트를 사용하는 것을 원칙으로 한다.
② 단위수량은 초기동해를 적게 하기 위하여 소요의 워커빌리티를 유지할 수 있는 범위 내에서 되도록 적게 정하여야 한다.
③ 물 결합재 비는 원칙적으로 50% 이하로 하여야 한다.
④ 배합강도 및 물-결합재비는 적산온도 방식에 의해 결정할 수 있다.

해설

물시멘트 비는 원칙적으로 60% 이하로 한다.

□□□ 17년1회

10. 서중콘크리트에 대한 설명으로 옳지 않은 것은?

① 시멘트는 고온의 것을 사용하지 않아야 하고 골재 및 물은 가능한 한 낮은 온도의 것을 사용한다.
② 표면활성제는 공사시방서에 정한 바가 없을 때에는 AE감수제 지연형 등을 사용한다.
③ 콘크리트를 부어 넣은 후 수분의 급격한 증발이나 직사광선에 의한 온도 상승을 막고 습윤상태가 유지되도록 양생한다.
④ 거푸집 해체시기 검토를 위하여 적산온도를 활용한다.

해설

서중콘크리트의 시공
① 물과 시멘트는 되도록 저온의 것을 사용한다.
② 부어넣을 때의 콘크리트의 온도는 35℃ 이하로 한다.
③ 부어넣을 콘크리트 중의 수분이 거푸집에 의해 흡수되지 않도록 미리거푸집에 물을 뿌려 두어야 한다.
④ 타설 후 24시간은 노출면이 건조해지지 않도록 하고 양생은 최소 5일 이상 실시
⑥ Precooling 등의 냉각공법 검토
⑦ 혼화제는 AE감수제 지연형, 감수제 지연형 등을 사용
⑧ 중용열시멘트 등 분말도가 낮은 시멘트 사용
⑨ 슬럼프는 180mm 이하
※ 거푸집 해체시기 검토 : 콘크리트 압축강도
※ 적산온도 : 일평균 양생온도와 그 온도에서의 양생시간을 곱하여 계산한 온도

□□□ 19년1회

11. 부재 혹은 구조물의 치수가 커서 시멘트의 수화열에 의한 온도상승 및 강하를 고려하여 설계·시공해야 하는 콘크리트를 무엇이라 하는가?

① 매스콘크리트
② 한중콘크리트
③ 고강도콘크리트
④ 수밀콘크리트

해설

매스콘크리트
부재, 구조물의 치수가 80cm 이상으로 커서 시멘트의 수화반응으로 인한 수화열의 상승을 고려하여 시공하는 콘크리트

정답 7 ② 8 ④ 9 ③ 10 ④ 11 ①

□□□ 19년1회

12. 매스콘크리트의 균열을 방지 또는 감소시키기 위한 대책으로 옳은 것은?

① 중용열 포틀랜드시멘트를 사용한다.
② 수밀하게 타설하기 위해 슬럼프값은 될 수 있는 한 크게 한다.
③ 혼화제로서 조기 강도발현을 위해 응결경화 촉진제를 사용한다.
④ 골재치수를 작게 함으로써 시멘트량을 증가시켜 고강도화를 꾀한다.

문제 12 ～ 13 해설

매스콘크리트 균열방지대책
1. 저 발열성(중용열) 시멘트 사용
2. 물시멘트비를 낮게 한다.
3. 골재치수를 크게 한다.
4. 혼화재의 사용(포졸란)
5. 파이프 쿨링, 프리 쿨링 등의 실시
6. 단위 시멘트량은 가능한 한 적게 한다.

□□□ 19년1회

13. 매스콘크리트에 발생하는 균열의 제어방법이 아닌 것은?

① 고발열성 시멘트를 사용한다.
② 포졸란계 혼화재를 사용한다.
③ 파이프 쿨링을 실시한다.
④ 온도균열지수에 의한 균열발생을 검토한다.

Chapter
05
제5편 건설재료학

이 장은 철강, 비철금속, 금속제품으로 구성된다. 여기서는 강의 응력, 철의 부식, 알루미늄의 특성, 철물의 종류 등에 관한 내용이 주로 출제된다.

금속재료

01 철강

(1) 강의 물리적 성질

① 탄소강의 물리적 성질은 탄소량에 따라 직선적으로 변한다.

② 탄소량이 증가하면 열팽창계수, 열전도율, 신율, 내식성, 비중은 떨어진다.

③ 탄소량이 증가하면 비열, 인장강도, 경도, 전기저항은 증가한다.

④ 탄소함유량 0.9%까지는 인장강도, 경도가 증가하지만 0.9% 이상 증가하면 강도가 감소한다.

⑤ 탄소함유량 0.85% 정도일 때 인장강도가 최대가 된다.

⑥ 저탄소강은 구조용으로 사용한다.

⑦ 성분이 동일한 탄소강이라도 온도에 따라 기계적 특성이 달라진다.

[금속재료의 특성]
① 비중이 크다.
② 열과 전기를 잘 통한다.
③ 소성변형이 된다.
④ 강도와 탄성계수가 크다.
⑤ 경도 및 내마모성이 크다.

(2) 강의 응력-변형도 곡선

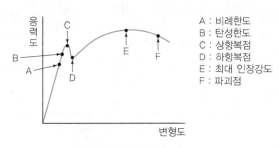

A : 비례한도
B : 탄성한도
C : 상항복점
D : 하항복점
E : 최대 인장강도
F : 파괴점

강의 하중 변형곡선

① A점 : 응력과 변형률사이에 비례관계(비례한도)

② B점 : 하중을 제거하면 원점으로 돌아가는 점(탄성한도)

③ C점 : 탄성에서 소성으로 변하는 지점

④ D점 : 소성상태에서 변형만 진행되는 지점

⑤ E점 : 응력을 증가시켜 최대응력 E점에 도달하면 국부가 늘어나기 시작함

⑥ F점 : 파괴점

(3) 철강의 제조와 가공

① 강의 제조과정

[제강방법]
① 평로제강법
② 전기로제강법
③ 전로제강법
④ 도가니제강법

제선 → 제강 → 조괴 → 압연

구분	내용
제선	용광로속에 철광석과 코크스, 석회석 등을 넣고 녹여서 선철을 제조하는 것
제강	선철중 불필요한 탄소, 황, 규소, 망간 등을 제거하고 정제한 후 필요한 탄소 및 기타성분을 첨가하여 강을 만드는 것
조괴	용융된 강을 주형에 주입하여 강괴를 만드는 것
압연	강괴에 열을 가하면서 롤러 사이에 통과시켜 제품을 만드는 것(구조용 강재 가공)

② 강의 열처리 방법

[강의 표준조직과 상온에서 기계적 성질]
① 페라이트 : 극히 연성이 크고, 인장강도는 비교적 작다.
② 펄라이트 : 페라이트에 비하여 인장강도가 가장 크고 경도가 높다.
③ 시멘타이트 : 경도가 대단히 높고 취약하여 인장강도가 거의 없다.

열처리 종류	방법 및 특징	목 적
불림(소준) (normalizing)	800~1,000℃로 가열하여 소정의 시간까지 유지한 후 공기 중에서 냉각	• 조직을 개선 • 결정의 미세화
풀림(소둔) (annealing)	800~1,000℃로 가열하여 소정의 시간까지 유지한 후 로 안에서 서서히 냉각	• 강을 연화 • 내부응력 제거
담금질(소입) (quenching)	고온으로 가열하여 소정의 시간동안 유지한 후에 냉수, 온수 또는 기름에 담가 냉각하는 처리	• 강도, 경도증가 • 내마모성 증진
뜨임질(소려) (tempering)	불림하거나 담금질한 강을 다시 200~600℃로 수십 분 가열한 후에 공기중에서 냉각하는 처리	• 경도 감소 • 내부응력 제거 • 연성, 인성 증가

■ 온도에 따른 인장강도 변화

온 도	인장강도
상온에서 100℃ 이내	강도의 변화가 없다.
200~300℃ (250℃)	최대로 된다.
500℃ 정도	상온 강도의 1/2로 감소
600℃ 정도	상온 강도의 1/3로 감소
1,000℃	강도가 소멸된다.

③ 강의 소성가공

구분	내용
압 연	• 회전하는 롤러 사이를 강이 반복 왕복하면서 소정의 형태를 만드는 방법 • 판재, 형강, 봉강 등을 제작
압 출	• 다이스라고 하는 가는 구멍을 통하여 강을 소요의 단면으로 뽑아내는 방법 • 못, 철사 등 지름 5mm 이하의 철선을 상온에서 제조
단 조	• 가열한 강을 해머로 두드려서 기계적 성질을 개선하는 가공 • 볼트, 너트 등

[강의 소성가공]

① 압연

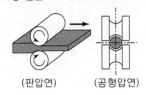

(판압연)　(공형압연)

② 압출

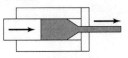

③ 단조

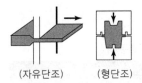

(자유단조)　(형단조)

(4) 강의 분류

① 탄소강

㉠ 0.3~1.7%의 탄소를 함유한 강

㉡ 탄소강의 구분

구분	탄소 함유량
저탄소강	0.3% 이하
중탄소강	0.3~0.6%
고탄소강	0.6% 이상

㉢ 경도에 따른 탄소강의 분류와 용도

종 류	탄 소 량	용 도
특별 극연강	0.08% 이하	전선관
극연강	0.08~0.12%	박철판, 철선, 리벳, 관, 전신선
연강	0.12~0.2%	건축, 리벳, 관, 볼트, 철근, 조선용 형강, 강판
반연강	0.20~0.30%	레일, 차량, 기계용 형강, 교량, 조선용판
반경강	0.30~0.40%	레일, 축재, 보울트, 강널말뚝, 시트파일
경강	0.40~0.50%	공구, 샤프트, 스프링, 실린더, 레일, 차륜, 피아노선
최경강	0.50~0.60%	스프링, 칼날, 공구, 나사

② **구조용 특수강**

    ㉠ 특수한 성질을 얻기 위해 탄소강에 규소, 망간, 텅스텐, 구리 등을 첨가한 것

    ㉡ 종류 : 크롬강, 니켈강, 니켈·크롬강, 크롬·몰리브덴강 등

③ **스테인레스강**

    ㉠ 탄소강에 니켈, 크롬 등을 포함시킨 특수강

    ㉡ 탄소량이 적을수록 내식성이 커진다.

    ㉢ 전기저항이 크고 열전도율이 낮다.

    ㉣ 경도에 비해 가공성이 좋다.

    ㉤ 물 속이나 대기 중에서 녹슬지 않는다.

    ㉥ 납땜을 할 수 있다.

    ㉦ 고탄소일수록 강도는 커지지만 녹슬기 쉽다.

④ **주철**

    ㉠ 선철에 철 조각을 넣어서 만든다.

    ㉡ 탄소량 : 1.7% 이상(2.5~4.5%)

    ㉢ 성분 : 철이 92~96%, 기타 크롬, 규소, 망간 등

    ㉣ 주조성이 양호하다.

    ㉤ 취성이 크다.

    ㉥ 기계가공이 쉽다.

    ㉦ 마모, 연삭작용, 부식에 대한 저항성 우수

    ㉧ 복잡한 형상의 제품을 주조할 수 있다.

    ㉨ 압연, 단조 등의 가공이 불가능하다.

    ㉩ 주철의 압축강도는 인장강도에 비하여 매우 높다 (약 3~4배)

    ㉪ 용도 : 맨홀뚜껑, 방열기, 자물쇠 등

(5) 철의 부식과 방식

① **부식**

    ㉠ 철은 공기 중의 습기, 탄산가스와 결합하여 녹이 발생한다.

    ㉡ 철은 산에는 부식되고 알칼리에는 부식되지 않는다.

    ㉢ 이종금속이 접촉하면 이온화 경향이 큰 금속이 부식된다.

> ■ **이온화 경향이 큰 순서**
>
> K 〉 Ca 〉 Na 〉 Mg 〉 Al 〉 Mn 〉 Zn 〉 Fe 〉 Ni 〉 Sn 〉 Pb 〉 H 〉 Cu 〉 Hg 〉Ag 〉 Au

    ㉣ 철강은 바닷물 속에서는 빨리 부식 된다.

    ㉤ 철강은 물과 공기에 교대로 접촉시키면 부식이 더 빠르다.

    ㉥ 땅 속과 물 속에서는 공기 중보다 부식이 덜 된다.

[주철 맨홀뚜껑]

[금속의 이온화 경향]

금속이 전해질 용액 중에 들어가면 양이온으로 되려고 하는 경향이 있다. 이러한 대소를 금속의 이온화 경향이라고 하며, 이것이 클수록 이온화되어 용액에 잘 용해된다.

② 방식

    ㉠ 서로 다른 금속은 인접 또는 접촉시키지 않는다.

    ㉡ 균질한 것을 선택하고 사용할 때 큰 변형을 주지 않도록 주의한다.

    ㉢ 표면을 평활, 청결하게 하고 건조상태를 유지한다.

    ㉣ 부분적인 녹은 빨리 제거한다.

    ㉤ 큰 변형을 받은 것은 풀림하여 사용한다.

    ㉥ 철의 표면을 아연, 주석 등 내식성이 있는 금속으로 도금한다.

    ㉦ 철의 표면에 피막을 만든다.

    ㉧ 철의 표면을 방청도료, 아스팔트, 콜타르로 칠한다.

    ㉨ 철의 표면을 모르타르, 콘크리트로 피복한다.

01 핵심문제   1. 철강

□□□ 16년1회

1. 금속재료의 일반적 성질에 대한 설명으로 옳지 않은 것은?

① 강도와 탄성계수가 크다.
② 경도 및 내마모성이 크다.
③ 열전도율이 작고 부식성이 크다.
④ 비중이 큰 편이다.

해설

금속재료의 특성
① 비중이 크다.
② 열과 전기가 잘 통한다.
③ 소성변형이 된다.
④ 강도와 탄성계수가 크다.
⑤ 경도 및 내마모성이 크다.

□□□ 14년1회

2. 강을 제조할 때 사용하는 제강법의 종류가 아닌 것은?

① 평로 제강법
② 전기로 제강법
③ 반사로 제강법
④ 도가니 제강법

해설

강의 제조
① 평로제강법
② 전기로제강법
③ 전로제강법
④ 도가니제강법

□□□ 16년4회

3. 상온에서 인장강도가 3,600kg/cm²인 강재가 500℃로 가열되었을 때 강재의 인장강도는 얼마 정도인가?

① 약 $1,200 \text{kg/cm}^2$
② 약 $1,800 \text{kg/cm}^2$
③ 약 $2,400 \text{kg/cm}^2$
④ 약 $3,600 \text{kg/cm}^2$

해설

인장강도는 500℃에서 상온강도의 1/2로 감소되므로
3600×1/2=1800 이 된다.
※ 강의 인장강도와 온도에 따른 변화

온 도	인장강도
① 상온에서 100℃ 이내	강도의 변화가 없다.
② 200~300℃(250℃)	최대로 된다
③ 500℃ 정도	상온 강도의 1/2로 감소
④ 600℃ 정도	상온 강도의 1/3로 감소
⑤ 1,000℃	강도가 소멸된다.

□□□ 13년2회, 17년2회

4. 강의 가공과 처리에 대한 설명 중 옳지 않은 것은?

① 압연은 구조용 강재의 가공에 주로 쓰인다.
② 열처리에는 단조, 불림, 풀림 등의 처리방식이 있다.
③ 압출가공은 재료의 움직이는 방향에 따라 전방압출과 후방압출로 분류할 수 있다.
④ 소정의 성질을 얻기 위해 가열과 냉각을 조합반복하여 행한 조작을 열처리라고 한다.

문제 4 ~ 5 해설

단조는 강의 소성가공 방법이다.
※ 강재의 열처리 방법
담금질, 뜨임, 불림, 풀림

□□□ 12년4회, 16년2회, 19년4회

5. 다음 중 강(鋼)의 열처리와 관계없는 용어는?

① 불림
② 담금질
③ 단조
④ 뜨임

□□□ 15년2회

6. 강의 열처리 중에서 조직을 개선하고 결정을 미세화하기 위해 800 ~ 1,000℃로 가열하여 소정의 시간까지 유지한 후에 대기 중에서 냉각시키는 처리는?

① 담금질(quenching)
② 뜨임(tempering)
③ 불림(normalizing)
④ 풀림(annealing)

해설

불림(소준) (normalizing)
800~1,000℃로 가열하여 소정의 시간까지 유지한 후 공기 중에서 냉각, 조직개선과 결정의 미세화

정답 1 ③   2 ③   3 ②   4 ②   5 ③   6 ③

□□□ 10년1회, 13년4회

7. 다음 중 이온화경향이 가장 큰 금속은?

① Zn　　　　　　　② Mg
③ Ni　　　　　　　④ Al

해설
이온화 경향이 큰 순서 K 〉 Ca 〉 Na 〉 Mg 〉 Al 〉 Mn 〉 Zn 〉 Fe 〉 Ni 〉 Sn 〉 Pb 〉 H 〉 Cu 〉 Hg 〉 Ag 〉 Au

□□□ 11년4회, 14년4회, 21년1회

8. 금속부식에 대한 대책으로 틀린 것은?

① 가능한 한 이종 금속은 이를 인접, 접속시켜 사용하지 않을 것
② 균질한 것을 선택하고 사용할 때 큰 변형을 주지 않도록 할 것
③ 큰 변형을 준 것은 가능한 한 풀림하여 사용할 것
④ 표면을 거칠게 하고 가능한 한 습윤상태로 유지할 것

해설
표면을 평활, 청결하게 하고 건조상태를 유지한다.

□□□ 17년4회

9. 금속재의 방식 방법으로 옳지 않은 것은?

① 상이한 금속은 두 금속을 인접 또는 접촉시켜 사용한다.
② 균질의 것을 선택하고 사용할 때 큰 변형을 주지 않는다.
③ 표면을 평활, 청결하게 하고 가능한 한 건조상태로 유지한다.
④ 큰 변형을 준 것은 가능한 한 풀림하여 사용한다.

해설
방식 1. 서로 다른 금속은 인접 또는 접촉시키지 않는다. 2. 균질한 것을 선택하고 사용할 때 큰 변형을 주지 않도록 주의한다. 3. 표면을 평활, 청결하게 하고 건조 상태를 유지한다. 4. 부분적인 녹은 빨리 제거한다. 5. 큰 변형을 받은 것은 풀림 하여 사용한다.

02 비철금속

(1) 알루미늄(Al)

① 비중(2.7)이 철의 1/3로 경량이다.
② 열과 전기의 전도성이 크고 반사율이 크다.
③ 융점(660℃)이 낮고 내화성이 나쁘다.
④ 열팽창계수가 철의 2배이다.
⑤ 내식성이 크다.(순도가 높을수록 내식성이 크다.)
⑥ 전성, 연성이 좋아 가공성이 좋다.
⑦ 산, 알칼리, 해수에 부식된다.
⑧ 콘크리트와 접하거나 흙 속에 묻히면 부식된다.

[구리의 지붕재 사용]
구리(Cu)지붕재는 산화작용으로 생긴 피막이 방수역할을 하며 자연스러운 색상을 나타낸다. 또 중량이 가볍고 연성이 있어 지붕재로 많이 사용된다.

(2) 구리(Cu), 동

① 열 및 전기전도율이 가장 크다.
② 알칼리, 암모니아에 부식된다.
③ 염수, 해수에 부식된다.
④ 전성, 연성이 우수하고 가공성이 좋다.

(3) 아연(Zn)

① 청백색을 띤 금속
② 내식성이 좋다.
③ 알칼리 침식된다.
④ 건조한 공기 중에서는 산화하지 않으나 공기 중 습기, 탄산가스에 의해 표면에 염기성 탄산아연 피막을 만들어 부식을 방지한다.
⑤ 묽은 산류에 쉽게 용해된다.
⑥ 불순물인 철(Fe) · 카드뮴(cd) · 주석(Sn) 등을 소량 함유하게 되면 광택이 매우 떨어진다.
⑦ 철제품의 피복재, 내식도금재, 함석판으로 사용

(4) 주석(Sn)

① 납과 청동의 합금
② 주조성, 단조성이 우수하다.
③ 인체에 무해하고 통조림통 등의 식품보관용기에 이용된다.
④ 내식성이 우수하며 유기산에는 침식이 안 된다.
⑤ 장식철물, 의약품, 그림물감의 튜브, 식료품 용기로 사용

(5) 황동(놋쇠)

① 구리+아연
② 가공성, 내식성이 우수
③ 산, 알칼리, 암모니아에 약하다.
④ 논슬립, 줄눈, 난간, 코너비드, 파이프류 등

(6) 청동

① 구리+주석
② 내식성이 강하고, 주조성이 우수
③ 건축장식물, 미술 공예재료에 사용

(7) 납(Pb), 연

① 융점(327℃)이 낮고 가공이 쉽다.
② 비중(11.4)이 매우 크고 연질이다.
③ 인장강도가 매우 작고 전·연성이 크다.
④ 내식성이 우수하다.
⑤ 방사선 차폐용 벽체에 이용된다.
⑥ 알칼리에 침식되며 콘크리트에 침식된다.
⑦ 염산, 황산, 농질산에는 강하나 묽은질산에는 녹는다.
⑧ 공기 중의 습기와 CO_2에 의해 표면에 피막이 생겨 내부를 보호한다.
⑨ 급배수관, 가스관, X선실 등

02 핵심문제
2. 비철금속

□□□ 12년1회, 18년1회
1. 알루미늄의 특성으로 옳지 않은 것은?

① 순도가 높을수록 내식성이 좋지 않다.
② 알칼리나 해수에 침식되기 쉽다.
③ 콘크리트에 접하거나 흙 중에 매몰된 경우에 부식되기 쉽다.
④ 내화성이 부족하다.

문제 1 ~ 2 해설

알루미늄(Al)
① 경량이다.
② 열과 전기의 전도성이 크고 반사율이 크다.
③ 융점(660℃)이 낮고 내화성이 나쁘다.
④ 열팽창계수가 철의 2배이다.
⑤ 내식성이 크다.(순도가 높을수록 내식성이 크다.)
⑥ 전성, 연성이 좋아 가공성이 좋다.
⑦ 산, 알칼리, 해수에 부식된다.(콘크리트에 부식된다.)

□□□ 10년2회, 15년4회
2. 강(鋼)과 비교한 알루미늄의 특징에 대한 내용 중 옳지 않은 것은?

① 강도가 작다.
② 전기 전도율이 높다.
③ 열팽창률이 작다.
④ 비중이 작다.

□□□ 17년4회
3. 알루미늄 창호의 특징으로 가장 거리가 먼 것은?

① 공작이 자유롭고 기밀성이 우수하다.
② 도장 등 색상의 자유도가 있다.
③ 이종금속과 접촉하면 부식되고 알칼리에 약하다.
④ 내화성이 높아 방화문으로 주로 사용된다.

해설

알루미늄은 내화성이 좋지 않으므로 방화문으로 사용할 수 없다.

□□□ 19년2회
4. 건축용으로 판재지붕에 많이 사용되는 금속재는?

① 철
② 동
③ 주석
④ 니켈

해설

동 지붕재는 산화작용으로 생긴 피막으로 방수역할을 하며 자연스러운 색상을 나타낸다. 중량이 가벼워 구부리거나 용접이 용이하다.

□□□ 13년4회
5. 비철금속 중 아연에 대한 설명으로 옳지 않은 것은?

① 묽은 산류에 쉽게 용해된다.
② 주용도는 철판의 아연도금이다.
③ 건조한 공기 중에서는 거의 산화되지 않는다.
④ 불순물인 철(Fe) · 카드뮴(cd) · 주석(Sn) 등을 소량 함유하게 되면 광택이 매우 우수해진다.

해설

아연(Zn)
① 내식성이 좋다.
② 알칼리 침식된다.
③ 건조한 공기 중에서는 산화하지 않으나 공기 중 습기, 탄산가스에 의해 표면에 염기성 탄산아연 피막을 만들어 부식을 방지한다.
④ 아연은 묽은 산류에 쉽게 용해된다.
⑤ 불순물인 철(Fe) · 카드뮴(cd) · 주석(Sn) 등을 소량 함유하게 되면 광택이 매우 떨어진다.
⑥ 철제품의 피복재, 내식도금재, 함석판으로 사용

□□□ 18년2회
6. 다음 각 비철금속에 관한 설명으로 옳지 않은 것은?

① 알루미늄 – 용점이 낮기 때문에 용해주조도는 좋으나 내화성이 부족하다.
② 납 – 비중이 11.4로 아주 크고 연질이며 전·연성이 크다.
③ 구리 – 건조한 공기 중에서는 산화하지 않으나, 습기가 있거나 탄산가스가 있으면 녹이 발생한다.
④ 주석 – 주조성·단조성은 좋지 않으나 인장강도가 커서 선재(線材)로 주로 사용된다.

해설

주석(Sn)
1. 납과 청동의 합금
2. 주조성, 단조성이 우수하다.
3. 인체에 무해하고 통조림통 등의 식품보관용기에 이용된다.
4. 내식성이 우수하며 유기산에는 침식이 안된다.
5. 장식철물, 의약품, 그림물감의 튜브, 식료품 용기로 사용

□□□ 20년3회

7. 비철금속에 관한 설명으로 옳지 않은 것은?

① 청동은 구리와 아연을 주체로 한 합금으로 건축용 장식철물에 사용된다.

② 알루미늄은 산 및 알칼리에 약하다.

③ 아연은 산 및 알칼리에 약하나 일반대기나 수중에서는 내식성이 크다.

④ 동은 전기 및 열전도율이 매우 크다.

해설
청동은 구리와 주석의 합금으로 건축장식물등에 사용된다.

□□□ 10년1회, 12년2회, 15년1회, 18년2회

8. 비중이 크고 연성이 크며, 방사선실의 방사선 차폐용으로 사용되는 금속재료는?

① 주석　　　　　② 납

③ 철　　　　　　④ 크롬

문제 8 ~ 9 해설
납(Pb)
① 융점(327℃)이 낮고 가공이 쉽다.
② 비중(11.4)이 매우 크고 연질이다.
③ 인장강도가 매우작고 전성, 연성이 크다.
④ 내식성이 우수하다.
⑤ 방사선 차폐용 벽체에 이용된다.
⑥ 알칼리에 약하며 콘크리트에 침식된다.
⑦ 염산, 황산, 농질산에는 강하나 묽은 질산에는 녹는다.
⑧ 급·배수관, 가스관, 병원의 방사선실 등

□□□ 11년4회, 13년2회, 15년4회

9. 다음 각종 금속의 성질에 관한 설명으로 옳지 않은 것은?

① 납은 융점이 높아 가공은 어려우나, 내알칼리성이 커서 콘크리트 중에 매입하여도 침식되지 않는다.

② 주석은 인체에 무해하며 유기산에 침식되지 않는다.

③ 동은 건조한 공기중에서는 산화하지 않으나, 습기가 있거나 탄산가스가 있으면 녹이 발생한다.

④ 아연은 인장강도나 연신율이 낮기 때문에 열간 가공하여 결정을 미세화하여 가공성을 높일 수 있다.

03 금속제품

(1) 긴결, 고정, 목 구조용 철물

종류	특징
듀벨 (Dubel)	• 목재의 접합부연결시 2개의 접합부에 끼워 볼트와 함께 사용되어 주로 전단력에 저항하는 금속제품 • 듀벨은 전단력, 볼트는 주로 인장력을 부담한다. 각종 듀벨
인서트 (Insert)	• 달대를 매달기 위해 콘크리트를 부어넣기 전에 묻어 넣은 고정철물이다. • 재료는 주철, 합성수지, 스테인리스 등을 사용 인서트(Insert)
익스팬션볼트 (Expansion bolt)	• 콘크리트표면, 벽면 등에 문틀, 띠장 등을 설치하기 위해 미리 묻어두는 특수볼트 • 콘크리트면의 구멍에 볼트를 박으면 볼트 끝이 벌어져 고정시킨다. 익스팬션볼트(Expansion bolt)
드라이브 핀 (Drive Pin)	화약을 사용하는 발사총으로 콘크리트 벽이나, 강재 등에 처박는 못 드라이브 핀

(2) 수장, 장식용 철물

종류	특징
조이너 (Joinner)	• 벽, 천장, 바닥에 판재를 붙일 때 이음부분을 감추거나 이질재와의 접합부 등에 사용 • 재료는 아연도금철판재, 황동재 등으로 만든다. 조이너
코너비드 (Corner bead)	벽, 기둥 등의 모서리에 대어 미장바름을 보호하는 철물 코너비드
논슬립 (Non-Slop)	• 계단 디딤판의 끝에 붙여서 미끄러짐을 방지하기 위하여 사용하는 것 • 황동제, 석재, 접착시트 등
펀칭메탈 (Punching Metal)	• 얇은 철판에 각종 무늬의 구멍을 펀치로 뚫은 것 • 라디에이터 커버(방열기 덮개), 환기구멍 등에 사용

(3) 미장용 철물

종류	특징
메탈라스 (Metal Lath)	• 얇은 철판에 일정간격으로 구멍을 뚫어 철망처럼 만든 것 • 천장, 벽의 미장바탕에 사용 metal lath

[논슬립]

종류	특징
와이어라스 (Wire Lath)	• 철선을 원형, 마름모꼴, 갑형 형태로 꼬아서 만든 것 • 벽, 천정의 미장바름 바탕에 사용 평면도　능형　　단면도　　　평면도　원형　　단면도 wire lath

(4) 콘크리트 타설용 철물

종류	특징
와이어 메쉬 (Wire Mesh)	• 연강철선을 전기용접하여 정방형이나 장방형으로 만든 것 • 콘크리트 바닥판, 콘크리트 포장 등에 균열을 방지하기 　위해 사용 • 블록을 쌓을 때 벽체의 균열방지를 목적으로 사용
데크플레이트	• 얇은 강판을 골 모양을 내어 성형한 것 • 콘크리트 슬래브의 거푸집판넬, 바닥판 및 지붕판으로 　사용한다.

(5) 창호철물

구분	내용
자유정첩(경첩)	문이 180도로 회전하여 안팎으로 개폐할 수 있는 정첩
래버터리 힌지 (Lavatory Hinge)	공중전화 Box, 공중변소 출입문에 사용, 15cm 정도 열리게 한다.
플로어 힌지 (Floor Hinge)	열린 문을 자동으로 닫히게 하는 장치를 바닥에 설치하는 철물로 무거운 자재 여닫이문에 사용
피벗 힌지 (Pivot Hinge)	① 정첩 대신 축을 사용하여 여닫이문을 회전시킨다. ② 일반 정첩으로 지지할 수 없는 중량이 큰 문에 　사용한다.
도어클로저 (Door Closer) 도어체크 (Door Check)	문을 열면 자동으로 닫히는 장치
함자물쇠	문손잡이의 작은 상자에　자물쇠를 장치한 것
실린더 자물쇠	함자물쇠의 일종으로 둥근손잡이 중심에 단추를 눌러서 잠겨진다.
나이트래치 (Night Latch)	외부에서는 열쇠로 열고, 내부에서는 열쇠 없이 손잡이를 돌려 열 수 있는 자물쇠

[와이어 메쉬]

[잠금 창호철물]

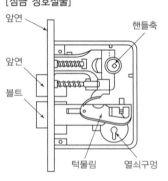

함자물쇠

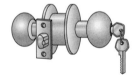

실린더 자물쇠

구분	내용
도어홀더	열린 상태로 문을 고정해 주는 철물
도어스톱	문을 더 열지 못하도록 지지하는 장치(벽이나 문을 보호하는 장치)
오르내리 꽂이쇠	쌍여닫이문(주로 현관문)에 상하고정용으로 달아서 개폐방지
크리센트(Crescent)	미서기창이나 오르내리창의 잠금장치

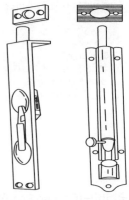

나이트 래치

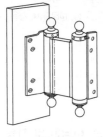

자유경첩

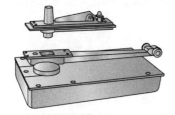

플로어 힌지

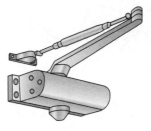

도어 클로저

오르내리꽂이쇠

갈고리 도어홀더
(벽붙이식)

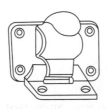

갈고리 도어홀더
(바닥붙이식)

벽붙이식
도어스톱

도움형
도어스톱

바닥붙이식
도어스톱

크레센트

03 핵심문제　　　　　3. 금속제품

□□□ 11년1회, 12년2회, 20년1,2회
1. 조이너(joiner)의 설치목적으로 옳은 것은?

① 벽, 기둥 등의 모서리에 미장바름의 보호
② 인조석깔기의 신축균열방지나 의장효과
③ 천장에 보드를 붙인 후 그 이음새를 감추기 위한 목적
④ 환기구멍이나 라디에이터의 덮개역할

해설

조이너(Joinner)
① 벽, 천장, 바닥에 판재를 붙일 때 이음부분을 감추거나 이질재와의 접합부 등에 사용
② 재료는 아연도금철판재, 황동재 등으로 만든다

□□□ 12년4회, 19년2회
2. 코너비드(Corner Bead)의 설치위치로 옳은 것은?

① 벽의 모서리　　② 천장 달대
③ 거푸집　　④ 계단 손잡이

해설

코너비드(Corner bead)
벽, 기둥 등의 모서리에 대어 미장바름을 보호하는 철물

□□□ 10년4회, 12년1회, 14년1회, 22년2회
3. 연 강판에 일정한 간격으로 그물눈을 내고 늘여 철망 모양으로 만든 것으로 천장·벽 등의 모르타르바름 바탕용으로 사용되는 재료로 옳은 것은?

① 메탈라스(metal lath)
② 와이어메시(wire mesh)
③ 인서트(insert)
④ 코너비드(corner bead)

해설

메탈라스(Metal Lath)
① 얇은 강판에 마름모꼴의 구멍을 일정간격으로 구멍을 뚫어 철망처럼 만든 것
② 천장, 벽의 미장바탕에 사용

□□□ 13년2회
4. 콘크리트 다짐바닥, 콘크리트 도로포장의 균열방지를 위해 사용되는 것은?

① PC강선
② 펀칭메탈(punching metal)
③ 와이어메시(wire mesh)
④ 코너비드(corner bead)

해설

와이어 메쉬(Wire Mesh)
① 연강철선을 전기용접하여 정방형이나 장방형으로 만든 것
② 콘크리트 바닥판, 콘크리트 포장 등에 균열을 방지하기위해 사용

□□□ 13년4회
5. 콘크리트 슬래브의 거푸집 패널 또는 바닥판 및 지붕판으로 사용하는 것은?

① 메탈 폼
② 데크 플레이트
③ 코너 비드
④ 익스펜디드 메탈

해설

데크플레이트
얇은 강판을 골 모양을 내어 성형한 것으로 콘크리트 슬래브의 거푸집판넬, 바닥판 및 지붕판으로 사용한다.

□□□ 16년2회
6. 장부가 구멍에 들어 끼어 돌게 만든 철물로서 회전창에 사용되는 것은?

① 크레센토
② 스프링힌지
③ 지도리
④ 도어체크

해설

지도리
회전창에 사용하는 것으로 장부가 구멍에 끼어 돌게 된 철물

□□□ 19년1회

7. 창호용 철물 중 경첩으로 유지할 수 없는 무거운 자재 여닫이문에 쓰이는 철물은?

① 도어 스톱　　　　② 래버터리 힌지
③ 도어 체크　　　　④ 플로어 힌지

해설

플로어 힌지(Floor Hinge)
중량이 큰 문에 쓰이는 것으로, 문을 열면 저절로 닫히게 하고 축대로 돌게 하는 철물

□□□ 16년4회, 19년4회, 22년1회

8. 각 창호철물에 대한 설명 중 옳지 않은 것은?

① 피벗 힌지(pivot hinge) : 경첩 대신 축을 사용하여 여닫이문을 회전시킨다.
② 나이트 래치(night latch) : 외부에서는 열쇠, 내부에서는 작은 손잡이를 틀어 열 수 있는 실린더장치로 된 것이다.
③ 크레센트(crescent) : 여닫이문의 상하단에 붙여 경첩과 같은 역할을 한다.
④ 래버터리 힌지(lavatory hinge) : 스프링 힌지의 일종으로 공중용 화장실 등에 사용된다.

해설

크레센트(crescent)
오르내리창이나 미서기창의 잠금장치(자물쇠)

Chapter 06

미장재료

이 장은 미장의 특징과 미장재료의 종류로 구성되며, 수경성재료, 기경성재료의 종류와 특징이 주로 출제된다.

01 미장의 특징과 공정

(1) 미장재료의 분류

① 구성 재료에 따른 분류

구분	특징
결합재료	• 다른 미장재료를 결합하여 경화시키는 재료(바름벽의 기본 소재) • 시멘트, 소석회, 돌로마이트 플라스터, 점토, 합성수지 등
혼화재료	• 결합 재료에 방수, 착색, 내화, 단열, 차음 등의 성능을 갖도록 하거나, 응결시간을 단축, 지연, 촉진시키기 위해 첨가하는 재료 • 방수제, 촉진제, 급결제, 지연제, 안료, 방동제, 착색제 등
보강재료	• 자신은 고체화에 직접 관계하지 않으며 균열방지 등을 보강하는 재료 • 여물, 풀, 수염 등
부착재료	바름벽과 바탕재료를 붙이는 역할을 하는 재료 (못, 스테이플, 커터침 등)

② 경화방식에 따른 미장재료의 분류

구분	특징
수경성	• 물과 화학반응하여 경화하는 재료 • 시멘트 모르타르, 석고 플라스터, 킨즈시멘트, 마그네시아 시멘트, 인조석 및 테라조 바름재 등
기경성	• 공기 중의 탄산가스와 결합하여 경화하는 재료 • 돌로마이트 플라스터, 소석회, 회사벽 등

(2) 미장 공정

① 미장바름 공정

구분	내용
초벌바름	• 바탕과의 접착을 주목적으로 하며 바탕의 요철을 조정한다. • 초벌바름 두께는 4.5~6mm 정도이다. • 바름면을 거친면으로 처리하여 위층과의 접착이 좋게 한다. • 2주이상 장기간 방치한다.
재벌바름	• 초벌바름 후 평활도 및 수직도를 유지하며 바른다. • 면을 거칠게 처리한다.
정벌바름	• 재벌바름면이 경화한 후 물 적시기를 하고 정벌바름을 한다.

[고름질]
바름두께 또는 마감두께가 두꺼울 때 혹은 요철이 심할 때 초벌바름 위에 발라 붙여주는 것, 또는 그 바름 층

② 인조석 바름

ㄱ 시멘트, 모래, 종석, 안료, 돌가루를 배합 반죽하여 바른 후에 씻어내기, 갈기, 잔다듬으로 마무리하여 천연석과 같은 느낌을 가지도록 만든 것

ㄴ 특징

구분	내용	
종석	화강석, 백회석, 대리석 등의 자연석을 부수어 만든 것	
종석의 크기	5.0mm 체	100% 통과 한 것
	2.5mm 체	약 50% 통과 한 것
	1.7mm 체	통과분이 없는 것
돌가루	균열을 방지하기 위해 혼합	
안료	• 물에 녹지 않고, 내식성, 내알칼리성을 가질 것 • 태양광선 또는 1000℃ 이하에서는 변질되지 않는 것 • 퇴색하지 않는 안정하고 미세분말인 것일수록 고급이다.	

ㄷ 인조석 바름의 종류

구분	특징
인조석 씻어내기	정벌 바름 후 인조석이 굳기 전에 솔, 분무기로 인조석 바름면의 시멘트풀을 씻어내어 표면에 종석만을 나타나게 한 것
인조석 갈기	인조석을 정벌바름 후 숫돌이나, 금강석으로 갈아내어 매끈하게 마감하는 방법

③ 미장 바탕의 성능조건

ㄱ 미장층보다 강도, 강성이 클 것

ㄴ 미장층과 유효한 접착강도를 얻을 수 있을 것

ㄷ 미장층의 경화, 건조에 지장을 주지 않을 것

ㄹ 미장층과 유해한 화학반응을 하지 않을 것

ㅁ 미장층의 시공에 적합한 평면상태, 흡수성을 가질 것

01 핵심문제　　　　　1. 미장의 특징과 공정

□□□ 10년2회, 13년4회, 20년3회

1. 통풍이 좋지 않은 지하실에 사용하는데 적합한 미장 재료는?

① 회사벽　　　　　② 회반죽
③ 시멘트 모르타르　④ 돌로마이트 플라스터

문제 1 ~ 3 해설

회반죽, 회사벽, 돌로마이트 플라스터 등은 기경성 재료로 통풍이 안좋은 지하실 등에서는 사용이 부적당하다.

※ 기경성, 수경성 미장재료의 비교

수경성	① 물과 화학반응하여 경화하는 재료 ② 시멘트 모르타르, 석고 플라스터, 킨즈시멘트, 마그네시아 시멘트, 인조석 및 테라조 바름재 등
기경성	① 공기 중의 탄산가스와 결합하여 경화하는 재료 ② 돌로마이트 플라스터, 소석회, 회사벽 등

□□□ 20년1,2회

2. 통풍이 잘 되지 않는 지하실의 미장재료로서 가장 적합하지 않은 것은?

① 시멘트 모르타르　② 석고 플라스터
③ 킨즈 시멘트　　　④ 돌로마이트 플라스터

□□□ 19년1회

3. 다음 미장재료 중 기경성(氣硬性)이 아닌 것은?

① 회반죽　　　　　② 경석고 플라스터
③ 회사벽　　　　　④ 돌로마이트플라스터

□□□ 14년2회

4. 바탕과의 접착을 주목적으로 하며, 바탕의 요철을 완화시키는 바름공정에 해당되는 것은?

① 마감바름　　　　② 초벌바름
③ 재벌바름　　　　④ 정벌바름

해설

미장바름

초벌바름	① 바탕과의 접착을 주목적으로 하며 바탕의 요철을 조정한다. ② 초벌바름 두께는 4.5~6mm 정도이다. ③ 바름면을 거친면으로 처리하여 위층과의 접착이 좋게 한다. ④ 2주이상 장기간 방치한다.
재벌바름	① 초벌바름 후 평활도 및 수직도를 유지하며 바른다. ② 면을 거칠게 처리한다.
정벌바름	재벌바름면이 경화한 후 물적시기를 하고 정벌바름을 한다.

□□□ 14년4회, 17년1회, 18년2회, 22년2회

5. 미장바탕이 갖추어야 할 조건에 관한 설명으로 옳지 않은 것은?

① 미장층보다 강도, 강성이 작을 것
② 미장층과 유효한 접착강도를 얻을 수 있을 것
③ 미장층의 경화, 건조에 지장을 주지 않을 것
④ 미장층과 유해한 화학반응을 하지 않을 것

해설

미장바탕의 성능조건
1. 미장층보다 강도, 강성이 클 것
2. 미장층과 유효한 접착강도를 얻을 수 있을 것
3. 미장층의 경화, 건조에 지장을 주지 않을 것
4. 미장층과 유해한 화학반응을 하지 않을 것
5. 미장층의 시공에 적합한 평면상태, 흡수성을 가질 것

정답　1 ③　2 ④　3 ②　4 ②　5 ①

02 미장재료의 종류

(1) 수경성 미장재료

① 시멘트 모르타르(수경성)

구분	특징
보통시멘트 모르타르	• 시멘트 + 모래 물을 혼합 한 것 • 1회 바름 두께의 표준은 6mm • 천장, 차양은 15mm, 내벽 18mm, 외벽과 바닥 24mm로 한다. • 초벌 바름 후 2주일 이상 방치하여 충분히 균열이 발생 후 고름질 하고 재벌 바름을 한다.
방수 모르타르	• 액체방수모르타르 • 발수제모르타르 • 규산질모르타르
특수 모르타르	• 바라이트모르타르 : 방사선 방호용 • 질석모르타르 : 내회피복용 • 석면 모르타르 : 단열, 보온용 • 합성수지혼화모르타르 : 광택, 특수치장용

② 석고플라스터(수경성)

㉠ 주재료 : 석고＋혼화재＋접착제＋응결시간 조절제

㉡ 경화가 매우 빠르다.

㉢ 내화성이 크다.

㉣ 무수축성이며, 여물을 사용할 필요가 없다.

㉤ 경화·건조 시 치수 안정성 우수

㉥ 점성이 크다.

㉦ 목재의 부식을 막으며 유성페인트를 즉시 칠할 수 있다.

㉧ 종류 및 특징

종류	특징
혼합석고 플라스터	• 소석고에 소석회, 돌로마이트 플라스터, 점토, 접착제, 아교질재 등을 혼합한 플라스터 • 중성 • 가격이 저렴, 물, 모래 등을 혼합하면 즉시 사용가능
보드용 석고 플라스터	• 혼합석고 플라스터 보다 소석고의 함유량을 많이 하여 접착성, 강도를 크게 한 제품 • 부착성이 좋다. • 석고보드 바탕의 초벌바름용으로 사용

종류	특징
크림용 석고 플라스터 (순석고 플라스터)	• 소석고와 생석회 죽을 혼합한 플라스터
경석고 플라스터 (킨즈시멘트)	• 무수석고를 화학처리하여 만든 것으로 경화 한 후 매우 단단하다. • 강도가 크다. • 경화가 빠르다. • 경화 시 팽창한다. • 경화촉진제 : 백반(백반은 산성(酸性)이므로 금속을 녹슬게 하는 결점이 있다.) • 수축이 매우 작다. • 표면강도가 크고 광택이 있다.

③ 석고(수경성)

   ㉠ 황산칼슘($CaSO_4$)이 주성분인 광물

   ㉡ 수경성, 급결성

   ㉢ 물에 약하다.

   ㉣ 종류 및 특징

종 류	특징
이수석고	• 습식, 건식가열하여 무수석고로 만들어 물과 반응시켜 미장재료로 사용 • 용도 : 시멘트 응결지연제, 반수석고, 무수석고의 원료
무수석고	• 경화가 늦으므로 경화촉진제가 필요 • 팽창시멘트, 경석고 플라스터
반수석고 (소석고)	• 가수 후 20~30분후 급속 경화한다. • 강도, 방화성, 방음성, 단열성이 우수하다. • 용도 : 석고판넬, 응결지연제, 반수 무수석고의 원료, 석고보드, 치장석고보드, 혼합석고 플라스터, 보드용 플라스터

(2) 기경성 미장재료

① 회반죽(기경성)

[석회(소석회)]
① 소석회 : 생석회에 물을 가하여 만들며 가소성이 좋다.
② 생석회 : 석회석을 불에 구워 만든다. 가볍고 잘 부스러지며 물과 만나면 끓는다.

구분	특징
원 료	소석회에 모래, 해초풀, 여물 등을 혼합하여 만든 미장재료
특 징	• 기경성 • 비 내수성이다. • 경화건조 시 수축성이 커서 균열을 여물로 분산, 경감시킨다. • 건조에 시간이 걸린다. • 회반죽에 석고를 혼합하면 수축균열 방지효과가 있다.

② 돌로마이트 플라스터(기경성)

구분	특징
원료	돌로마이트에 석회암, 모래 등을 혼합하여 만든다
특징	• 기경성으로 지하실 등의 마감에는 좋지 않다. • 점성이 높고 작업성이 좋다. • 소석회보다 점성이 커서 풀이 필요 없으며 변색, 냄새, 곰팡이가 없다. • 석회보다 보수성, 시공성이 우수 • 해초풀을 사용하지 않는다. • 여물을 혼합하여도 건조수축이 커서 수축 균열이 발생하기 쉽다.

(3) 혼화재료

구분	내용
응결시간 조정제	• 촉진제 : 응결시간의 단축(염화석회, 식염, 물유리 등) • 급결제 : 응결시간의 급격히 단축(염화칼슘, 규산소다 등) • 지연제 : 응결시간의 지연(해초풀, 아교, 붕사 등)
여물	• 균열방지 • 재료분리를 방지 • 흙손질이 잘 퍼져나가게 함 • 보수성 향상 • 질기고 가늘며 부드럽고 흰 색일수록 좋은 재료이다.
수염	• 바름벽이 바탕에서 탈락되는 것을 방지 • 잘 건조되고 질긴 삼, 종려털, 마닐라 삼을 사용한다.
해초풀	• 흙손질의 작업성을 증진시킨다. • 부착력, 점도 증대
착색제	합성산화철, 카본블랙, 이산화망간, 산화크롬

02 핵심문제 　　　　　2. 미장재료의 종류

□□□ 16년1회, 20년1,2회
1. 킨즈시멘트 제조시 무수석고의 경화를 촉진시키기 위해 사용하는 혼화재료는?

① 규산백토　　　　② 플라이애쉬
③ 화산회　　　　　④ 백반

문제 1 ~ 2 해설

경석고 플라스터(킨즈시멘트)
① 무수석고를 화학 처리하여 만든 것으로 경화 한 후 매우 단단하다.
② 강도가 크다.
③ 경화가 빠르다.
④ 경화 시 팽창한다.
⑤ 경화촉진제 : 백반
⑥ 수축이 매우 작다.
⑦ 표면강도가 크고 광택이 있다.

□□□ 17년4회
2. 미장재료 중 고온소성의 무수석고를 특별한 화학처리를 한 것으로 킨즈시멘트라고도 불리우는 것은?

① 경석고 플라스터　　② 혼합석고 플라스터
③ 보드용 플라스터　　④ 돌로마이트 플라스터

□□□ 13년1회, 16년2회
3. 다음 미장재료 중 건조 시 무수축성의 성질을 가진 재료는?

① 시멘트 모르타르　　② 돌로마이트 플라스터
③ 회반죽　　　　　　④ 석고 플라스터

해설

석고플라스터
① 수경성
② 경화가 매우 빠르다.
③ 내화성이 크다.
④ 무수축성이며, 여물을 사용할 필요가 없다.
⑤ 경화 · 건조 시 치수 안정성 우수

□□□ 15년1회, 16년4회
4. 소석회에 모래, 해초풀, 여물 등을 혼합하여 바르는 미장재료로서 목조바탕, 콘크리트블록 및 벽돌 바탕 등에 사용되는 것은?

① 회반죽　　　　　② 돌로마이트 플라스터
③ 석고 플라스터　　④ 시멘트 모르타르

문제 4 ~ 5 해설

회반죽(기경성)

원료	소석회에 모래, 해초풀, 여물 등을 혼합하여 만든 미장재료
특징	① 기경성 ② 비내수성이다. ③ 경화건조시 수축성이 커서 균열을 여물로 분산, 경감시킨다. ④ 건조에 시간이 걸린다. ⑤ 회반죽에 석고를 혼합하면 수축균열 방지효과가 있다.

□□□ 19년1회
5. 회반죽에 여물을 넣는 가장 주된 이유는?

① 균열을 방지하기 위하여
② 점성을 높이기 위하여
③ 경화를 촉진하기 위하여
④ 내수성을 높이기 위하여

□□□ 17년2회
6. 풀 또는 여물을 사용하지 않고 물로 연화하여 사용하는 것으로 공기 중의 탄산가스와 결합하여 경화하는 미장재료는?

① 회반죽　　　　　② 돌로마이트 플라스터
③ 혼합 석고플라스터　④ 보드용 석고플라스터

문제 6 ~ 7 해설

돌로마이트 플라스터(기경성)

원료	돌로마이트에 석회암, 모래 등을 혼합하여 만든다.
특징	① 기경성으로 지하실 등의 마감에는 좋지 않다. ② 점성이 높고 작업성이 좋다. ③ 소석회보다 점성이 커서 풀이 필요 없으며 변색, 냄새, 곰팡이가 없다 ④ 석회보다 보수성, 시공성이 우수 ⑤ 해초풀을 사용하지 않는다. ⑥ 여물을 혼합하여도 건조수축이 커서 수축 균열이 발생하기 쉽다.

정답　**1** ④　**2** ①　**3** ④　**4** ①　**5** ①　**6** ②

7. 돌로마이트 플라스터에 관한 설명으로 옳지 않은 것은?

① 건조수축에 대한 저항성이 크다.
② 소석회에 비해 점성이 높고 작업성이 좋다.
③ 변색, 냄새, 곰팡이가 없으며 보수성이 크다.
④ 회반죽에 비해 조기강도 및 최종강도가 크다.

8. 미장공사에서 사용되는 바름재료 중 여물에 관한 설명으로 옳지 않은 것은?

① 바름에 있어서 재료에 끈기를 주어 흘러내림을 방지한다.
② 흙손질을 용이하게 하는 효과가 있다.
③ 바름 중에는 보수성을 향상시키고, 바름 후에는 건조에 따라 생기는 균열을 방지한다.
④ 여물의 섬유는 질기고 굵으며 색이 짙고 빳빳한 것일수록 양질의 제품이다.

해설
여물
1. 균열방지
2. 재료분리를 방지
3. 흙손질이 잘 퍼져나가게 함
4. 보수성 향상
5. 질기고 가늘며 부드럽고 흰색일수록 양질이 제품이다.

이 장은 합성수지의 특징과 종류를 중심으로 구성되며 열가소성 수지와 열경화성 수지의 종류와 용도에 대해 주로 출제된다.

01 합성수지의 특징

[플라스틱 건축자재]

(1) 플라스틱의 장단점

구분	내용
장점	① 가볍고, 고강도이다. ② 가공성, 성형성이 좋다 ③ 투명하며 착색이 용이하다. ④ 내수성, 내산성, 내알칼리성, 내유성이 우수하다 ⑤ 접착성, 기밀성, 안정성이 커서 접착제, 실링재로 사용된다. ⑥ 전기절연성이 우수하다. ⑦ 전성, 연성이 크고 피막이 강하다.
단점	① 내화성, 내열성, 내후성이 적다. ② 내마모성, 표면강도가 약하다 ③ 열에 의한 팽창, 수축이 크다. ④ 인장강도가 압축강도보다 적다. ⑤ 구조재료로서 강도나 탄성계수는 적다. ⑥ 내후성이 작다. ⑦ 수명이 반영구적이어서 환경오염의 우려가 있다.

- **플라스틱 건설재료의 현장 적용 시 고려사항**
  1. 열가소성 플라스틱 재료들은 열팽창계수가 크므로 경질판의 정착에 있어서 열에 의한 수축과 팽창에 따른 여유를 고려해야 한다.
  2. 열가소성재료는 열에 따른 정도의 변화가 있으므로 50℃ 이상을 넘지 않도록 한다.
  3. 마감부분에 사용하는 경우 표면의 흠, 얼룩 변형이 생기지 않도록 하고 필요에 따라 종이, 천 등으로 보호하여 양생한다.
  4. 열경화성 재료가 두께 2mm 이상일 경우에는 가소성수지를 사용하거나 성형 시에 필요한 곡률이 유지되도록 하고 현장에서 가열가공을 해서는 안 된다.
  5. 열가소성 평판을 곡면가공 할 때에는 반지름을 판 두께의 300배 이내로 하고, 휠 때에는 가열온도(110~130℃)를 준수한다.

(2) 합성수지의 분류

열가소성 수지	열경화성 수지
① 폴리비닐수지 　(염화비닐수지=P.V.C)	① 폴리에스테르수지 　(불포화 폴리에스테르수지)
② 아크릴수지	② 페놀수지
③ 폴리스티렌수지	③ 요소수지
④ 폴리에틸렌수지	④ 멜라민수지
⑤ 폴리프로필렌	⑤ 알키드수지
⑥ 폴리아미드수지	⑥ 에폭시수지
⑦ 셀룰로이드	⑦ 우레탄수지
⑧ A.B.S 수지	⑧ 실리콘수지
⑨ 초산비닐수지	⑩ 프란수지

Tip

합성수지와 관련한 문제에서 열가소성수지와 열경화성 수지를 구분하는 문제가 가장 많이 출제된다.
반드시 암기할 내용이다.

01 핵심문제　　　　1. 합성수지의 특징

1. 합성수지에 관한 설명으로 옳지 않은 것은?

① 투광률이 비교적 큰 것이 있어 유리대용의 효과를 가진 것이 있다.

② 착색이 자유로우며 형태와 표면이 매끈하고 미관이 좋다.

③ 흡수율, 투수율이 작으므로 방수효과가 좋다.

④ 경도가 높아서 마멸되기 쉬운 곳에 사용하면 효과적이다.

해설	
합성수지의 장·단점	
장점	단점
① 가볍고, 고강도이다	① 내화성, 내열성이 적다.
② 가공성, 성형성이 좋다	② 내마모성, 표면강도가 약하다
③ 투명하며 착색이 용이하다.	③ 열에 의한 팽창, 수축이 크다.
④ 내수성, 내산성, 내알칼리성, 내유성이 우수하다	④ 인장강도가 압축강도보다 적다.
⑤ 착색이 자유롭다	⑤ 구조재료로서 강도나 탄성계수는 적다.
⑥ 접착성, 기밀성, 안정성이 커서 접착제, 실링재로 사용된다.	⑥ 내후성이 작다.
⑦ 전기절연성이 우수하다.	⑦ 수명이 반영구적이어서 환경오염의 우려가 있다.
⑧ 전성, 연성이 크고 피막이 강하다.	

2. 플라스틱 건설재료의 현장적용 시 고려사항에 관한 설명으로 옳지 않은 것은?

① 열가소성 플라스틱 재료들은 열팽창계수가 작으므로 경질판의 정착에 있어서 열에 의한 팽창 및 수축 여유는 고려하지 않아도 좋다.

② 마감부분에 사용하는 경우 표면의 흠, 얼룩 변형이 생기지 않도록 하고 필요에 따라 종이, 천 등으로 보호하여 양생한다.

③ 열경화성 접착제에 경화제 및 촉진제 등을 혼입하여 사용할 경우, 심한 발열이 생기지 않도록 적정량의 배합을 한다.

④ 두께 2mm 이상의 열경화성 평판을 현장에서 가공할 경우, 가열가공하지 않도록 한다.

해설
플라스틱 건설재료의 현장 적용 시 고려사항
1. 열가소성 플라스틱 재료들은 열팽창계수가 크므로 경질판의 정착에 있어서 열에 의한 수축과 팽창에 따른 여유를 고려해야 한다.
2. 열가소성재료는 열에 따른 정도의 변화가 있으므로 50℃ 이상을 넘지 않도록 한다.
3. 마감부분에 사용하는 경우 표면의 흠, 얼룩 변형이 생기지 않도록 하고 필요에 따라 종이, 천 등으로 보호하여 양생한다.
4. 열경화성 재료가 두께 2mm 이상일 경우에는 가소성수지를 사용하거나 성형 시에 필요한 곡률이 유지되도록 하고 현장에서 가열가공을 해서는 안 된다.
5. 열가소성 평판을 곡면가공 할 때에는 반지름을 판 두께의 300배 이내로 하고, 휠 때에는 가열온도(110~130℃)를 준수한다.

3. 다음 중 열경화성 수지에 속하지 않는 것은?

① 멜라민 수지　　　　② 요소 수지

③ 폴리에틸렌 수지　　④ 에폭시 수지

문제 3 ~ 5 해설	
합성수지의 분류	
열가소성 수지	열경화성 수지
① 폴리비닐수지 (염화비닐수지=P.V.C)	① 폴리에스테르수지 (불포화 폴리에스테르수지)
② 아크릴수지	② 페놀수지
③ 폴리스티렌수지	③ 요소수지
④ 폴리에틸렌수지	④ 멜라민수지
⑤ 폴리프로필렌	⑤ 알키드수지
⑥ 폴리아미드수지	⑥ 에폭시수지
⑦ 셀룰로이드	⑦ 우레탄수지
⑧ A.B.S 수지	⑧ 실리콘수지
⑨ 초산비닐수지	⑨ 프란수지

4. 다음 중 열경화성수지에 속하지 않는 것은?

① 에폭시수지　　　　② 페놀수지

③ 아크릴수지　　　　④ 요소수지

5. 다음 중 열경화성 수지에 속하는 것은?

① 폴리에틸렌수지　　② 알키드수지

③ 염화비닐수지　　　④ 불소수지

02 합성수지의 종류와 특징

(1) 열가소성수지

열을 가하면 변형되고 냉각되면 굳어지며 다시 가열하면 변형되는 수지

종류	특징
염화비닐수지 (P.V.C)	• 내수성, 내약품성, 내화학성, 전기절연성이 우수하다. • 시멘트, 석면을 혼합하여 수지시멘트로 사용 • 사용온도 −10℃~60℃ 정도 • 필름, 시트, 도료, 판재, 급·배수용 파이프, 타일, 지붕재, 벽재, 내벽, 등에 이용
아크릴수지	• 가열하면 연화 또는 융해하여 가소성이 되고, 냉각하면 경화한다. • 투명도가 높고 착색이 자유롭다. • 유기유리라 불리며 내충격 강도가 무기유리의 8~10배 정도로 크다. • 내후성, 내약품성, 전기 절연성이 좋다. • 평판으로 만들어 유리 대신 사용된다. • 평판, 골판형태로 만들어 채광판, 도어판, 칸막이판으로 사용
폴리스티렌수지	• 무색투명하고, 착색하기 쉽다. • 내수성, 내약품성, 가공성, 전기절연성, 단열성 우수 • 부서지기 쉽고, 충격에 약하고, 내열성이 작다. • 발포제를 이용하여 보드형태로 만들어 단열재로 이용 • 블라인드, 전기용품, 냉장고의 내부상자, 절연재, 방음재 등
폴리에틸렌수지	• 유백색의 왁스상 고체 • 내약품성, 전기절연성, 내수성이 우수하다. • 인장강도는 약간 작지만 내충격성이 보통수지의 4~6배이다. • 가소제가 없이도 얇게 늘어나 얇은 시트로 이용 • 방수시트, 내화학성 파이프, 방수필름, 전선피복, 표면코팅재, 내약품 용기
폴리프로필렌수지	• 플라스틱중 가장 가볍다. • 기계적 강도가 양호하다. • 전기절연성, 내약품성, 내수성, 내열성이 우수하다. • 섬유, 필름, 내열파이프, 내열용기, 가전용품 등
메타크릴 수지	• 투명도가 매우 좋고 착색이 자유롭다. • 내약품성, 가공성 우수 • 항공기 방풍유리, 조명기구, 광고표시판, 채광창, 도료 등
초산비닐수지	• 무색, 무취하다. • 접착성이 크고 강인하고 가소성을 가진다. • 도막은 투명성, 내광성, 접착성 등이 뛰어나지만 내수, 내알칼리, 내후성이 약하다. • 접착제, 도료, 인쇄용 잉크 등에 사용
폴리우레탄수지	• 기포성 보온재로 단열성이 있다. • 내충격성, 내마모성, 내구성이 우수하다. • 도막 방수재 및 실링재로 이용된다.

[비닐 레더(vinyl leather)]
① 염화비닐 수지를 사용해서 만든 인조 피혁.
② 면포(綿布), 마포(麻布)를 바탕천으로 하여 염화비닐을 도장한 것.
내열성이 낮고 뜨거워 연화수축(軟化收縮)되는 성질이 있다.
③ 색채, 모양, 무늬 등을 자유롭게 할 수 있다.
④ 면포로 된 것은 찢어지지 않고 튼튼하다.
⑤ 두께는 0.5~1mm이고, 길이는 10m 두루마리로 만든다.
⑥ 벽지, 천장지, 가구 등에 사용된다.

[FRP를 사용한 수조]

(2) 열경화성수지

한번 경화된 수지는 다시 열을 가해도 변하지 않는다.

종류	특징
불포화 폴리에스테르수지 FRP(Fiber Reinforceed Plastics)	• 유리섬유와 혼합하여 강화플라스틱(F.R.P)을 만든다. • 전기절연성, 내열성, 내약품성이 우수하다. • 강도는 강철과 비슷하고 비중은 강철의 1/3 정도 • 투명하고, 착색이 용이, 경화시간 조절이 용이하다. • 항공기, 차량 등의 구조재, 욕조, 레진콘크리트, 창호재, 접착제, 도료 등으로 이용
알키드 수지 (포화 폴리에스테르 수지)	• 내후성, 접착성, 가소성이 좋다. • 내수성, 내알칼리성이 약하다. • 락카, 바니쉬 등 도료의 원료
페놀수지 (베이클라이트)	• 매우 견고하며 전기절연성 및 내후성이 우수하다. • 접착성, 내열성, 내약품성, 내수성 우수하다 • 내알칼리성이 약하다. • 내수합판의 접착제, 전기배전판, 도료 등에 사용
요소수지	• 무색으로 착색이 자유롭다 • 내수성이 약하다. • 전기절연성, 내열성, 불연성, 내용제성 • 접착제, 도료, 식기, 완구, 장식재로 쓰인다.
멜라민수지	• 무색 투명하고 착색이 자유롭다. • 표면경도가 높고 전기절연성, 내열성, 불연성, 내약품성 우수 • 내열성능은 120℃ 정도 • 가공성이 좋고 광택이 좋다. • 마감재, 전기부품, 치장판, 내장용 가구재, 식기, 접착제, 도료 등
에폭시수지	• 접착성이 아주 강하다. • 방수성, 내약품성, 전기절연성, 내열성, 내용제성이 우수하다. • 경화시 휘발성 물질의 발생 및 부피의 수축이 없다. • 접착제, 도료, 금속, 유리, 목재나 콘크리트 등의 접착, 콘크리트 균열 보수제, 방수제 등에 사용된다.
실리콘수지	• 무색무취 • 내수성, 내후성, 내화학성, 전기절연성이 우수 • 내열성, 내한성이 우수하여 −60~260℃의 범위에서 안정하고 탄성을 가진다. • 발수성이 있어 건축물 등의 방수제로 쓰인다. • 방수재, 접착제, 도료, 실링재, 가스켓, 패킹재로 사용
프란수지	• 내산성, 내알칼리성, 내약품성이 우수하다. • 화학장치, 저장탱크, 공장배수구, 약품공장 등의 설비재 보호 도료로 사용 • 접착제, 도료, 화학공장의 바닥재 등

(3) 유리섬유

① 고온에 견디며, 불에 타지 않는다.
② 흡수성이 없고, 흡습성이 적다.
③ 화학적 내구성이 있기 때문에 부식하지 않는다.
④ 강도, 특히 인장강도가 강하다.
⑤ 신장률이 적다.
⑥ 전기 절연성이 크다.
⑦ 내마모성이 적고, 부서지기 쉬우며 부러진다.

■ **콘크리트 구조물의 강도 보강용 섬유소재**

1. 유리섬유
2. 탄소섬유
3. 아라미드섬유

---

(4) 실(seal)재

① 퍼티(Putty), 코킹(Caulking)재, 실링(Sealing)재의 총칭
② 기밀성, 수밀성이 있어 접합부, 균열, 틈새를 메우는 재료

③ **코킹재**

ㄱ 수축율이 작고 외기온도 변화에 변질되지 않는다.
ㄴ 적당한 점성을 유지하며 내후성이 있다.
ㄷ 내산·내알칼리성이 있다.
ㄹ 피막은 내수성과 발수성이 있다.
ㅁ 각종재료에 접착이 잘 된다.
ㅂ 침식과 오염이 되지 않는다.
ㅅ 종류

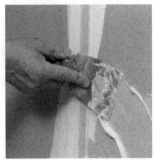

[퍼티(putty)]

종류	특징
유성 코킹재	• 광물충전제(석면, 탄산칼슘)와 전색제(유지, 수지)를 주원료로 하여 혼합한 것 • 오랫동안 점성이 있고 균열이 발생하지 않는다.
아스팔트 코킹재	• 전색제로 유지, 수지 대신 블론 아스팔트를 용제로 용융시켜 사용한 것 • 색이 까맣고 고온에 녹아내리므로 주로 평지붕의 비막이 공사 등에 사용된다. • 락카, 바니쉬 등 도료의 원료

[1액형 실링재]

④ 실링재

㉠ 사용 시는 유동성이 있는 상태이나 공기 중에서 시간이 경과하면 탄성이 높은 고무상태가 된다.

㉡ 접착력이 크고 수밀, 기밀성이 풍부하다.

㉢ 커튼월, 건축자재 등의 접합부 충전재로 사용

㉣ 종류

종류	특징
1액형 실링재	사용 시 1액상을 카트리지에 포장된 그대로 건에 넣어 압출한다.
2액형 실링재	기제(주성분)와 경화제, 즉 2종 성분을 시공 직전에 현장에서 배합하여 사용한다.

⑤ 개스킷(gasket)

㉠ 부재의 접합수 사이에 압축, 충전시키면 용적의 복원성으로 기밀, 수밀하게 되는 성질을 이용하여 물, 가스 등이 누설되는 것을 방지

㉡ 내후성이 우수하고 부착이 용이하다.

㉢ 고무, 실리콘, 금속, 합성수지, 코르크 등을 원료로 사용

㉣ 형상에 따라 H형, Y형, ㄷ형으로 분류

02 핵심문제　　2. 합성수지의 종류와 특징

□□□ 15년2회, 18년1회

1. 다음과 같은 특성을 가진 플라스틱의 종류는?

> • 가열하면 연화 또는 융해하여 가소성이 되고, 냉각하면 경화하는 재료이다.
> • 분자구조가 쇄상구조로 이루어져 있다.

① 멜라민수지　　　　② 아크릴수지
③ 요소수지　　　　　④ 페놀수지

문제 1 ~ 2 해설

아크릴수지(열가소성 수지)
① 가열하면 연화 또는 융해하여 가소성이 되고, 냉각하면 경화한다.
② 투명도가 높고 착색이 자유롭다.
③ 유기유리라 불리우며 내충격 강도가 무기유리의 8~10배 정도로 크다.
④ 내후성, 내약품성, 전기 절연성이 좋다
⑤ 평판으로 만들어 유리 대신 사용된다.
⑥ 평판, 골판 형태로 만들어 채광판, 도어판, 칸막이판으로 사용

□□□ 18년4회, 19년1회

2. 투명도가 높으므로 유기유리라고도 불리며 무색 투명하여 착색이 자유롭고 상온에서도 절단·가공이 용이한 합성수지는?

① 폴리에틸렌 수지　　② 스티롤 수지
③ 멜라민 수지　　　　④ 아크릴 수지

□□□ 13년4회, 17년4회, 20년4회

3. 플라스틱 제품 중 비닐 레더(vinyl leather)에 관한 설명으로 옳지 않은 것은?

① 색채, 모양, 무늬 등을 자유롭게 할 수 있다.
② 면포로 된 것은 찢어지지 않고 튼튼하다.
③ 두께는 0.5~1mm이고, 길이는 10m 두루마리로 만든다.
④ 커튼, 테이블크로스, 방수막으로 사용된다.

해설

비닐 레더(vinyl leather)
1. 염화비닐 수지를 사용해서 만든 인조 피혁.
2. 면포(綿布), 마포(麻布)를 바탕천으로 하여 염화비닐을 도장한 것. 내열성이 낮고 뜨거워 연화수축(軟化收縮)되는 성질이 있다.
3. 색채, 모양, 무늬 등을 자유롭게 할 수 있다.
4. 면포로 된 것은 찢어지지 않고 튼튼하다.
5. 두께는 0.5~1mm이고, 길이는 10m 두루마리로 만든다.
6. 벽지, 천장지, 가구 등에 사용된다.

□□□ 12년1회, 12년4회, 13년4회, 17년1회, 17년4회

4. 열가소성수지 제품으로 전기절연성, 가공성이 우수하며 발포제품은 저온 단열재로서 널리 쓰이는 것은?

① 폴리스티렌수지　　② 폴리프로필렌수지
③ 폴리에틸렌수지　　④ ABS수지

해설

폴리스티렌수지
① 무색투명하고, 착색하기 쉽다
② 내수성, 내약품성, 가공성, 전기절연성, 단열성 우수
③ 부서지기 쉽고, 충격에 약하고, 내열성이 작다.
④ 발포제를 이용하여 보드형태로 만들어 단열재로 이용
⑤ 블라인드, 전기용품, 냉장고의 내부상자, 절연재, 방음재, 장식품, 일용품 등

□□□ 18년1회

5. 도막방수재 및 실링재로써 이용이 증가하고 있는 합성수지로서 기포성 보온재로도 사용되는 것은?

① 실리콘수지　　　　② 폴리우레탄수지
③ 폴리에틸렌수지　　④ 멜라민수지

해설

폴리우레탄수지
1. 기포성 보온재로 단열성이 있다.
2. 내충격성, 내마모성, 내구성이 우수하다.
3. 도막 방수재, 실링재, 우레탄 접착제로 이용된다.

□□□ 10년1회, 15년4회, 18년4회

6. 유리섬유를 폴리에스테르수지에 혼입하여 가압·성형한 판으로 내구성이 좋아 내·외수장재로 사용하는 것은?

① 아크릴평판　　　　② 멜라민치장판
③ 폴리스티렌투명판　④ 폴리에스테르강화판

정답 1 ② 2 ④ 3 ④ 4 ① 5 ② 6 ④

문제 6 ~ 7 해설

폴리에스테르수지
① 유리섬유와 혼합하여 강화플라스틱(F.R.P)를 만든다.
② 전기절연성, 내열성, 내약품성이 우수하다.
③ 강도는 강철과 비슷하고 비중은 강철의 1/3 정도
④ 투명하고, 착색이 용이, 경화시간 조절이 용이하다.
⑤ 항공기, 차량 등의 구조재, 욕조, 레진콘크리트, 창호재, 접착제, 도료 등으로 이용

□□□ 15년1회
7. 보통 F.R.P 판이라고 하며, 내외장재, 가구재 등으로 사용되며 구조재로도 사용가능한 것은?

① 아크릴판   ② 강화 폴리에스테르판
③ 페놀수지판   ④ 경질염화비닐판

□□□ 15년4회
8. 플라스틱 재료에 관한 설명으로 옳지 않은 것은?

① 실리콘수지는 내열성, 내한성이 우수한 수지로 콘크리트의 발수성 방수도료에 적당하다.
② 불포화 폴리에스테르수지는 유리섬유로 보강하여 사용되는 경우가 많다.
③ 아크릴수지는 투명도가 높아 유기유리로 불린다.
④ 멜라민수지는 내수, 내약품성은 우수하나 표면경도가 낮다.

해설

멜라민수지
① 무색 투명하고 착색이 자유롭다
② 표면경도가 크고 전기절연성, 불연성, 접착성, 내약품성 우수
③ 내열성능은 120℃정도
④ 가공성이 좋고 광택이 좋다.
⑤ 마감재, 전기부품, 치장판, 내장재, 가구재, 식기, 접착제, 도료, 화장판 등

□□□ 16년2회
9. 플라스틱 재료에 관한 설명으로 옳지 않은 것은?

① 아크릴수지의 성형품은 색조가 선명하고 광택이 있어 아름다우나 내용제성이 약하므로 상처나기 쉽다.
② 폴리에틸렌수지는 상온에서 유백색의 탄성이 있는 수지로서 얇은 시트로 이용된다.
③ 실리콘수지는 발포제로서 보드상으로 성형하여 단열재로 널리 사용된다.
④ 염화비닐수지는 P.V.C라고 칭하며 내산·알칼리성 및 내후성이 우수하다.

문제 9 ~ 10 해설

실리콘수지
① 무색무취
② 내수성, 내후성, 내화학성, 전기절연성이 우수
③ 내열성, 내한성이 우수하여 −60~260℃의 범위에서 안정하고 탄성을 가진다.
④ 발수성이 있어 건축물 등의 방수제로 쓰인다.
⑤ 방수재, 접착제, 도료, 실링재, 가스켓, 패킹재로 사용

□□□ 13년2회, 19년2회
10. 내열성이 크고 발수성을 나타내어 방수제로 쓰이며 저온에서도 탄성이 있어 gasket, packing의 원료로 쓰이는 합성수지는?

① 페놀수지   ② 폴리에스테르수지
③ 실리콘수지   ④ 멜라민수지

□□□ 12년2회
11. 콘크리트 보강용으로 사용되고 있는 유리섬유에 대한 설명으로 옳지 않은 것은?

① 고온에 견디며, 불에 타지 않는다.
② 화학적 내구성이 있기 때문에 부식하지 않는다.
③ 전기절연성이 크다.
④ 내마모성이 크고, 잘 부서지거나 부러지지 않는다.

해설

유리섬유
① 고온에 견디며, 불에 타지 않는다.
② 흡수성이 없고, 흡습성이 적다.
③ 화학적 내구성이 있기 때문에 부식하지 않는다.
④ 강도, 특히 인장강도가 강하다.
⑤ 신장률이 적다.
⑥ 전기 절연성이 크다.
⑦ 내마모성이 적고, 부서지기 쉬우며 부러진다.

□□□ 16년1회, 19년4회
12. 콘크리트 구조물의 강도 보강용 섬유소재로 적당하지 않은 것은?

① PCP   ② 유리섬유
③ 탄소섬유   ④ 아라미드섬유

해설

콘크리트 구조물의 강도 보강용 섬유소재
1. 유리섬유
2. 탄소섬유
3. 아라미드섬유

15년4회, 18년2회

13. 건축용 코킹재의 일반적인 특징에 관한 설명으로 옳지 않은 것은?

① 수축률이 크다.
② 내부의 점성이 지속된다.
③ 내산·내알칼리성이 있다.
④ 각종 재료에 접착이 잘 된다.

해설

코킹재의 특징
① 수축율이 작다.
② 내부의 점성이 지속된다.
③ 외기온도 변화에 변질되지 않는다.
④ 적당한 점성을 유지하며 내후성이 있다.
⑤ 내산·내알칼리성이 있다.
⑥ 피막은 내수성과 발수성이 있다.
⑦ 각종재료에 접착이 잘 된다.
⑧ 침식과 오염이 되지 않는다.

16년1회

14. 건축물의 창호나 조인트의 충전재로서 사용되는 실(seal)재에 대한 설명 중 옳지 않은 것은?

① 퍼티 : 탄산칼슘, 연백, 아연화 등의 충전재를 각종 건성유로 반죽한 것을 말한다.
② 유성 코킹재 : 석면, 탄산칼슘 등의 충전재와 천연 유지 등을 혼합한 것을 말하며 접착성, 가소성이 풍부하다.
③ 2액형 실링재 : 휘발성분이 거의 없어 충전 후의 체적변화가 적고 온도변화에 따른 안정성도 우수하다.
④ 아스팔트성 코킹재 : 전색재로서 유지나 수지 대신에 블로운 아스팔트를 사용한 것으로 고온에 강하다.

해설

아스팔트성 코킹재
1. 전색제로 유지, 수지 대신 블론 아스팔트를 용제로 용융시켜 사용한 것
2. 색이 까맣고 고온에 녹아내리므로 주로 평지붕의 비막이 공사 등에 사용된다.
3. 락카, 바니쉬 등 도료의 원료

19년4회

15. 수밀성, 기밀성 확보를 위하여 유리와 새시의 접합부, 패널의 접합부 등에 사용되는 재료로서 내후성이 우수하고 부착이 용이한 특징이 있으며, 형상이 H형, Y형, ⊏형으로 나누어지는 것은?

① 유리퍼티(glass putty)
② 2액형 실링재(two-part liquid sealing compound)
③ 개스킷(gasket)
④ 아스팔트코킹(asphalt caulking materials)

해설

개스킷(gasket)
1. 부재의 접합수 사이에 압축, 충전시키면 용적의 복원성으로 기밀, 수밀하게 되는 성질을 이용하여 물, 가스 등이 누설되는 것을 방지
2. 내후성이 우수하고 부착이 용이하다.
3. 고무, 실리콘, 금속, 합성수지, 코르크 등을 원료로 사용
4. 형상에 따라 H형, Y형, ⊏형으로 분류

Chapter 08

도료 및 접착제

이 장은 도장재료와 접착제로 구성되며, 합성수지 도료의 특징과 단백질계와 합성수지계 접착제의 특성을 구분하는 문제가 자주 출제된다.

01 도장재료

(1) 도장재료의 구성요소

구분	내용
안료	도료의 색을 내는 재료
가소제	건조된 도막에 탄성, 가소성을 주어 내구성을 증진시키는 재료
수지	도장 후에 도막을 형성하는 요소
유지	도장 후 공기 중의 산소와 화합하여 경화 되고 건조 후에는 견고한 도막의 일부가 된다.
희석제	기름의 점도를 작게 하여 솔질이 잘 되도록 하는 것
용제	도막의 주요소를 용해시켜 유동성을 주기하기 위해 사용
건조제	• 도료의 건조를 촉진시키기 위해 사용 • 상온에서 기름에 용해되는 건조제 : 일산화연(리사지), 연단, 이산화망간, 붕산, 망간 • 가열하여 기름에 용해되는 건조제 : 연, 망간, 코발트의 수지산, 지방산의 염류

(2) 페인트

구분	내용
유성페인트	• 안료와 보일드유를 주원료로 하고 희석제, 건조제를 첨가한 것 • 붓바름 작업성과 내후성이 좋고, 두꺼운 도막을 만들 수 있다. • 건조시간이 길다. • 내수성 및 내마모성이 좋다. • 내알칼리성이 약하다. • 미경화 콘크리트, 모르타르에 도색하면 변질된다.
수성페인트	• 안료를 물로 용해하고 수용성 교착제(전분, 카제인, 아교)와 혼합한 도료 • 내수성, 내마모성이 나쁘다. • 내알칼리성이 있다. • 건조가 빠르고 작업성이 좋다. • 광택이 없다. • 독성, 화재 발생위험이 없다. • 모르타르면, 회반죽면에 사용할 수 있다.

구분	내용
에멀션페인트	• 수성페인트에 합성수지와 유화제를 섞은 것 • 내수성, 내구성이 있다. • 실내·외 모두 사용 가능 • 건조가 빠르다. • 광택이 없다. • 콘크리트면, 모르타르면에 사용 가능
에나멜페인트	• 유성바니시에 안료를 혼합하여 만든 페인트 • 건조가 빠르다. • 도막이 견고하고 광택이 좋다. • 내수성, 내열성, 내약품성이 좋다. • 내후성, 내알칼리성이 약하다. • 종류 : 목재면 초벌용 에나멜, 무광택에나멜, 은색에나멜, 알루미늄페인트

■ **염화비닐수지 에나멜**

1. 폴리염화비닐로 도막형성을 하며 휘발건조성 도료로 자연건조되어 표면에 피막을 형성한다.
2. 내약품성이 우수하다.
3. 콘크리트면, 몰탈면, 목재, 금속 등의 도장용으로 쓰인다.
4. 염화비닐 수지 바니시, 염화비닐 수지 에나멜, 염화비닐 수지 프라이머

(3) 바니시

① 종류 및 특징

구분	내용
유성바니시	• 유용성 수지를 건조성 오일에 가열·용해하여 휘발성 용제로 희석한 것 • 무색, 담갈색의 투명도료로 광택이 있고 강인하다. • 내수성, 내마모성이 크다. • 내후성이 작아 실내의 목재의 투명도장에 사용한다. • 건물 외장에는 사용하지 않는다.
휘발성 바니시	• 수지류를 휘발성 용제에 녹인 것 • 건조가 빠르고 광택이 좋다. • 내구성, 내후성, 내수성이 좋다. • 래크(Lack) : 천연수지를 주체로 함(피막이 약하다.) • 래커(Lacquer) : 합성수지를 주체로 함

[클리어락카]
안료를 가하지 않은 무색 투명한 것으로 바탕무늬가 투명하게 보이므로 목재의 무늬결을 살릴 수 있다.

[락카에나멜]
불투명 도료로서 클리어 락카에 안료를 혼합한 것

② 래커의 특징
　㉠ 뉴트로셀룰로오스 + 수지 + 가소제를 기본으로 안료를 첨가하지 않으면 투명래커, 안료를 첨가하면 락카에나멜이다.
　㉡ 건조가 빠르고 도막이 견고하다.
　㉢ 광택이 좋고 연마가 용이
　㉣ 내수성, 내유성 등이 좋다.
　㉤ 도막이 얇고 부착력이 약하다.
　㉥ 건조가 빠르므로 스프레이로 뿌린다.

(4) 합성수지 도료
① 합성수지를 주체로 하여 만든 도료의 총칭
② 건조시간이 빠르고 도막이 단단하다.
③ 내산, 내알칼리성이 있어 콘크리트면에 바를 수 있다.
④ 내방화성이 있다.
⑤ 투명한 합성수지를 이용하면 더욱 선명한 색을 낼 수 있다.

(5) 방청도료
① 광명단(연단) 도료 : 광면단과 보일드유를 혼합하여 금속재료 녹막이로 사용
② 알루미늄 도료 : 알루미늄 분말 사용, 방청효과, 열반사효과
③ 역청질 도료 : 아스팔트, 타르에 건성유, 수지류를 첨가한 것
④ 징크로메이트 도료 : 알키드수지를 전색제로 하고 크롬산 아연을 안료로 한 것
⑤ 워시프라이머 : 합성수지를 전색제로 안료와 인산을 첨가한 도료
⑥ 방청 산화철 도료
⑦ 규산염도료 : 규산염, 방청안료 등을 혼합한 것

(6) 도장결함
① 흘러내림
　㉠ 도료를 일시에 두껍게 도장하였을 때
　㉡ 지나친 희석으로 점도가 낮을 때
　㉢ 저온으로 건조시간이 길 때
　㉣ airless 도장 시 팁이 크거나 2차압이 낮아 분무가 잘 안되었을 때
　㉤ 도료가 오래되어 흐름방지제의 효과가 저하되었을 때

② 주름발생

구분	내용
발생원인	• 두껍게 도포, 겹칠을 하였을 때 • 바탕의 도료가 적당치 않을 때 • 급격한 가열 또는 직사광선을 쬐었을 때 • 산성가스와 접촉 했을 때
방지대책	• 필요이상 두껍게 도포하지 않는다. • 적정용제 사용 • 도포 후 급격한 온도상승, 가열피함 • 도포 후 즉시 직사광선을 쬐지 않도록 함 • 산성가스와 도막과의 접촉을 방지

③ 피막발생

　㉠ 뚜껑의 봉함불량

　㉡ 용기내에 공간이 있을 때 산소의 양이 많을 경우

　㉢ 피막방지제의 부족, 건조제 과잉일 때

④ seeding

구분	내용
현상	도료의 저장 중 도료 에 작은 결정이 무수히 발생하며 도장 시 도막에 좁쌀 같은 것이 생기는 현상
원인	도료의 저장 중 온도의 상승, 저하를 반복 했을 때 첨가제 등이 미세한 핵으로 되어 결정이 생긴다
방지대책	• 오래된 것부터 사용 • 온도차가 심하지 않는 조건에 저장 • 사용하는 첨가제의 특성을 파악하며 종류 및 양에 주의 한다

01 핵심문제

1. 도장재료

□□□ 18년4회

1. 다음 중 도료의 도막을 형성하는데 필요한 유동성을 얻기 위하여 첨가하는 것은?

① 수지   ② 안료
③ 가소제   ④ 용제

해설

①항, 수지 : 도장 후에 피막을 형성하는 요소
②항, 안료 : 도료의 색을 내는 재료
③항, 가소제 : 건조된 도막에 탄성, 가소성을 주어 내구성을 증진시키는 재료
④항, 용제 : 도막의 주요소를 용해시켜 유동성을 주기 위해 사용

□□□ 18년2회

2. 다음 중 도료의 건조제로 사용하지 않는 것은?

① 리사지   ② 나프타
③ 연단   ④ 이산화망간

문제 2 ~ 3 해설

건조제
1. 도료의 건조를 촉진하는 물질
2. 상온에서 기름에 용해되는 건조제 : 일산화연(리사지), 연단, 초산염, 이산화망간, 붕산, 망간, 수산화망간
3. 가열하여 기름에 용해되는 건조제 : 연, 망간, 코발트의 수지산, 지방산의 염류

□□□ 20년1,2회

3. 도료의 건조제 중 상온에서 기름에 용해되지 않는 것은?

① 붕산망간   ② 이산화망간
③ 초산염   ④ 코발트의 수지산

□□□ 17년1회

4. 건축용 뿜칠마감재의 조성에 관한 설명 중 옳지 않은 것은?

① 안료 : 내알칼리성, 내후성, 착색력, 색조의 안정
② 유동화제 : 재료를 유동화시키는 재료(물이나 유기용제 등)
③ 골재 : 치수안정성을 향상시키고 흡음성, 단열성 등의 성능개선(모래, 석분, 펄프입자, 질석 등)
④ 결합재 : 바탕재의 강도를 우지하기 위한 재료(골재, 시멘트 등)

해설

결합재료
1. 자신이 경화되어 시멘트, 소석회 등을 결합시켜 강도를 발휘시키기 위한 재료(바름벽의 기본 소재)
2. 시멘트, 소석회, 돌로마이트 플라스터, 점토, 합성수지 등

□□□ 17년4회

5. 도장공사에 사용되는 유성도료에 관한 설명으로 옳지 않은 것은?

① 아마인유 등의 건조성 지방유를 가열 연화시켜 건조제를 첨가한 것을 보일유라 한다.
② 보일유와 안료를 혼합한 것이 유성페인트이다.
③ 유성페인트는 내알칼리성이 우수하다.
④ 유성페인트는 내후성이 우수하다.

해설

유성페인트
1. 안료와 보일유를 주원료로 하고 희석제, 건조제를 첨가한 것
2. 붓바름 작업성과 내후성이 좋고, 두꺼운 도막을 만들 수 있다.
3. 건조시간이 길다.
4. 내수성 및 내마모성이 좋다.
5. 내알칼리성이 약하다.
6. 미경화 콘크리트, 모르타르에 도색하면 변질된다.

□□□ 19년4회

6. 안료를 적은 양의 물로 용해하여 수용성 교착제와 혼합한 분말상태의 도료는?

① 수성 페인트   ② 바니시
③ 래커   ④ 에나멜페인트

문제 6 ~ 7 해설

수성페인트
1. 안료를 적은 양의 물로 용해하여 수용성 교착제와 혼합한 분말상태의 도료
2. 내수성, 내마모성이 나쁘다.
3. 내알칼리성이 있다.
4. 건조가 빠르고 작업성이 좋다.
5. 광택이 없다.
6. 독성, 화재 발생위험이 없다.
7. 모르타르면, 회반죽 면에 사용할 수 있다.

□□□ 16년4회

7. 다음 도료 중 광택이 없는 것은?

① 수성페인트   ② 유성페인트
③ 래커   ④ 에나멜페인트

정답 1 ④   2 ②   3 ④   4 ④   5 ③   6 ①   7 ①

□□□ 16년1회, 22년2회

8. 수성페인트에 합성수지와 유화제를 섞은 페인트는?

① 에멀션 페인트　② 조합 페인트
③ 견련 페인트　④ 방청 페인트

해설

에멀션페인트
① 수성페인트에 합성수지와 유화제를 섞은 것
② 내수성, 내구성
③ 실내·외 모두 사용 가능
④ 건조가 빠르다.
⑤ 광택이 없다.
⑥ 콘크리트면, 모르타르면에 사용 가능

□□□ 15년4회, 18년4회

9. 다음 중 자연에서 용제가 증발하여 표면에 피막이 형성되어 굳는 도료는?

① 유성조합페인트
② 염화비닐수지에나멜
③ 에폭시수지 도료
④ 알키드수지 도료

해설

염화비닐수지에나멜
1. 폴리염화비닐로 도막형성을 하며 휘발건조성 도료로 자연건조되어 표면에 피막을 형성한다.
2. 내약품성이 우수하다.
3. 콘크리트면, 몰탈면, 목재, 금속 등의 도장용으로 쓰인다.
4. 염화비닐 수지 바니시, 염화비닐 수지 에나멜, 염화비닐 수지 프라이머

□□□ 13년1회, 14년4회, 16년4회

10. 건물의 외장용 도료로 가장 적합하지 않은 것은?

① 유성페인트　② 수성페인트
③ 페놀수지 도료　④ 유성바니시

해설

유성바니시
① 유성성 수지를 건조성 오일에 가열·용해하여 휘발성 용제로 희석한 것
② 무색, 담갈색의 투명도료로 광택이 있고 강인하다.
③ 내수성, 내마모성이 크다.
④ 내후성이 작아 실내의 목재의 투명도장에 사용한다.
⑤ 건물 외장에는 사용하지 않는다.

□□□ 19년1회

11. 도료 중 주로 목재면의 투명도장에 쓰이고 오일 니스에 비하여 도막이 얇으나 견고하며, 담색으로서 우아한 광택이 있고 내부용으로 쓰이는 것은?

① 클리어 래커(clear lacquer)
② 에나멜 래커(enamel lacquer)
③ 에나멜 페인트(enamel paint)
④ 하이 솔리드 래커(high solid lacquer)

해설

클리어 락카
안료를 가하지 않은 무색 투명한 것으로 바탕무늬가 투명하게 보이므로 목재의 무늬 결을 살릴 수 있다.

□□□ 20년1,2회

12. 도장재료 중 래커(lacquer)에 관한 설명으로 옳지 않은 것은?

① 내구성은 크나 도막이 느리게 건조된다.
② 클리어래커는 투명래커로 도막은 얇으나 견고하고 광택이 우수하다.
③ 클리어래커는 내후성이 좋지 않아 내부용으로 주로 쓰인다.
④ 래커에나멜은 불투명 도료로서 클리어래커에 안료를 첨가한 것을 말한다.

해설

뉴트로셀룰로오스＋수지＋가소제를 기본으로 한 것으로 건조가 빠르고 도막이 견고하나 부착력이 약해서 내구성이 떨어진다.

□□□ 16년1회

13. 녹방지용 안료와 관계 없는 것은?

① 연단　② 징크로 메이트
③ 크롬산아연　④ 탄산칼슘

문제 13 ~ 15 해설

방청도료
① 광명단(연단)도료 : 광면단과 보일드유를 혼합하여 금속재료 녹막이로 사용
② 알루미늄도료 : 알루미늄 분말 사용, 방청효과, 열반사효과
③ 역청질도료 : 아스팔트, 타르에 건성유, 수지류를 첨가한 것
④ 징크로메이트도료 : 알키드수지를 전색제로 하고 크롬산 아연을 안료로 한 것
⑤ 워시프라이머 : 합성수지를 전색제로 안료와 인산을 첨가한 도료
⑥ 방청 산화철도료
⑦ 규산염도료 : 규산염, 방청안료 등을 혼합한 것

□□□ 19년4회
14. 다음 도료 중 방청도료에 해당하지 않는 것은?

① 광명단 도료　　　② 다채무늬 도료
③ 알루미늄 도료　　④ 징크로메이트 도료

□□□ 18년4회
15. 금속재료의 녹막이를 위하여 사용하는 비탕칠 도료는?

① 알루미늄페인트　② 광명단
③ 에나멜페인트　　④ 실리콘페인트

□□□ 15년1회, 18년1회
16. 수직면으로 도장하였을 경우 도장 직후에 도막이 흘러내리는 형상의 발생 원인과 가장 거리가 먼 것은?

① 얇게 도장하였을 때
② 지나친 희석으로 점도가 낮을 때
③ 저온으로 건조시간이 길 때
④ airless 도장시 팁이 크거나 2차압이 낮아 분무가 잘 안되었을 때

해설
도장이 흘러 내리는 원인
① 도료를 일시에 두껍게 도장하였을 때
② 지나친 희석으로 점도가 낮을 때
③ 저온으로 건조시간이 길 때
④ airless 도장시 팁이 크거나 2차압이 낮아 분무가 잘 안되었을 때
⑤ 도료가 오래되어 흐름방지제의 효과가 저하되었을 때

□□□ 14년1회, 20년1,2회
17. 도료의 저장 중 또는 용기 내 방치 시 도료의 표면에 피막이 형성되는 현상의 발생 원인과 가장 관계가 먼 것은?

① 피막방지제의 부족이나 건조제가 과잉일 경우
② 용기내의 공간이 커서 산소의 양이 많을 경우
③ 부적당한 시너로 희석하였을 경우
④ 사용잔량을 뚜껑을 열어둔 채 방치하였을 경우

해설
도료의 저장 중 또는 방치시 도료표면에 피막이 발생하는 현상
① 뚜껑의 봉함불량
② 용기내에 공간이 있을 때 산소의 양이 많을 경우
③ 피막방지제의 부족, 건조제 과잉일 때

정답　14 ②　15 ②　16 ①　17 ③

02 접착제

(1) 접착제의 종류

구분	종류
단백질계 접착제	카세인, 아교, 알부민
전분계 접착제	감자, 고구마, 옥수수, 쌀, 보리 등
합성수지계 접착제	에폭시수지, 페놀수지, 요소수지. 멜라민수지, 폴리에스테르수지 등
고무계 접착제	천연고무, 네오프렌, 치오콜 등
섬유소계 접착제	초화면접착제, 나트륨 칼폭시 메틸셀룰로오스
아스팔트계 접착제	아스팔트 프라이머
규산소다계 접착제	규산소다

(2) 단백질계 접착제

구분	종류
카세인	• 우유 속의 단백질 성분 • 내수성이 있으나 실외에서는 사용하지 않는다. • 목재의 접착
알부민	• 가축의 혈액, 난백 속에 알부민 접착성을 이용한다. • 아교보다 내수성, 접착력이 크다. • 접착할 때 가열, 가압해야 한다. • 합판, 가구 등에 사용
아교	• 동물의 가죽, 뼈를 처리하여 교분을 뽑아낸 것 • 내수성이 작다. • 목재, 종이, 천 등의 접합에 사용

(3) 합성수지계 접착제

구분	종류
비닐수지 접착제	• 용제형, 에멀션형의 2가지가 있다. • 여러 종류의 접착이 가능하고 작업성이 좋다. • 값이 저렴하다. • 내열성, 내수성이 가장 작다. • 실외에서는 적당하지 못하다. • 목재, 창호, 종이, 논슬립 등의 접합
페놀수지 접착제	• 용제형, 에멀젼형이 있으며 요소, 멜라민, 초산비닐 등과 공중합 시킨 것도 있다. • 내후성이 크나, 내열 및 내한성, 내수성이 크다. • 내수합판의 접합에 사용한다. • 목재, 플라스틱, 금속 접합과 이들의 이종재간의 접합에 사용한다.
에폭시수지 접착제	• 내수성, 내산성, 내알칼리성, 내약품성, 전기절연성이 우수한 접착제 • 급결성으로 피막이 단단하고 유연성이 부족하고 값이 비싸다. • 접착력이 크고 내구력이 크다. • 경화할 때 휘발물의 발생이 없고, 부피의 수축이 없다. • 금속, 도자기, 플라스틱류, 유리, 콘크리트, 석재, 목재 등 거의 모든 물질의 접착에 사용할 수 있다.
요소수지 접착제	• 무색투명하다. • 내수성, 내알칼리성, 내산성, 내열성, 내후성이 약하다. • 내수성이 비닐계 접착제보다는 크고 멜라민 수지나 페놀수지접착제보다는 적다. • 목재접합, 합판접합에 사용하며 가격이 저렴하다.
멜라민수지 접착제	• 내수성, 내열성 우수하다. • 내수합판 등의 접착제로 사용한다. • 목재 접합
실리콘수지 접착제	• 내수성, 내열성, 전기절연성이 우수하다. • 유리섬유판, 텍스, 가죽 등의 접착
폴리에스테르 수지 접착제	• 내약품성, 내충격성, 접착력이 우수하다. • 목재, 석재 접착

02 핵심문제

2. 접착제

□□□ 20년3회

1. 다음 중 단백질계 접착제에 해당하는 것은?

① 카세인 접착제
② 푸란수지 접착제
③ 에폭시수지 접착제
④ 실리콘수지 접착제

해설
단백질계 접착제 1. 카세인 2. 알부민 3. 아교

□□□ 17년1회

2. 합성수지계 접착제 중 내수성이 가장 좋지 않은 접착제는?

① 에폭시수지 접착제
② 초산비닐수지 접착제
③ 멜라민수지 접착제
④ 요소수지 접착제

문제 2 ~ 3 해설
비닐수지 접착제 1. 용제형, 에멀션형의 2가지가 있다. 2. 여러 종류의 접착이 가능하고 작업성이 좋다. 3. 값이 저렴하다. 4. 내열성, 내수성이 가장 작다. 5. 실외에서는 적당하지 못하다. 6. 목재, 창호, 종이, 논슬립 등의 접합

□□□ 19년2회

3. 비닐수지 접착제에 관한 설명으로 옳지 않은 것은?

① 용제형과 에멀션(emulsion)형이 있다.
② 작업성이 좋다.
③ 내열성 및 내수성이 우수하다.
④ 목재 접착에 사용가능하다.

□□□ 16년2회

4. 페놀수지 접착제에 관한 설명으로 옳지 않은 것은?

① 유리나 금속의 접착에 적합하다.
② 내열 · 내수성이 우수한 편이다.
③ 기온 20℃ 이하에서는 충분한 접착력을 발휘하기 어렵다.
④ 완전히 강화하면 적동색을 띤다.

해설
페놀수지 1. 용제형, 에멀전형이 있으며 요소, 멜라민, 초산비닐 등과 중합 시킨 것도 있다. 2. 내후성이 크나 내열 및 내한성, 내수성이 크다. 3. 내수합판의 접합에 사용한다. 4. 목재, 플라스틱, 금속 접합과 이들의 이종재간의 접합에 사용한다.

□□□ 17년1회, 17년2회

5. 급경성으로 내알칼리성 등의 내화학성이나 접착력이 크고 내수성이 우수한 합성수지 접착제로 금속, 석재, 도자기, 유리, 콘크리트, 플라스틱재 등의 접착에 사용되는 것은?

① 에폭시수지 접착제
② 멜라민수지 접착제
③ 요소수지 접착제
④ 폴리에스테르수지 접착제

문제 5 ~ 9 해설
에폭시수지 접착제 1. 내수성, 내약품성, 전기절연성, 접착력이 우수한 만능형 접착제 2. 급결성으로 피막이 단단하고 유연성이 부족하고 값이 비싸다. 3. 내구력이 크다 4. 경화할 때 휘발물의 발생이 없고, 부피의 수축이 없다. 5. 금속, 도자기, 플라스틱류, 유리, 콘크리트, 석재, 목재 등 거의 모든 물질의 접착에 사용할 수 있다.

□□□ 18년1회

6. 에폭수지 접착제에 관한 설명으로 옳지 않은 것은?

① 비스페놀과 에피클로로하이드린의 반응에 의해 얻을 수 있다.
② 내수성, 내습성, 전기절연성이 우수하다.
③ 접착제의 성능을 지배하는 것은 경화제라고 할 수 있다.
④ 피막이 단단하지 못하나 유연성이 매우 우수하다.

정답 1 ① 2 ② 3 ③ 4 ① 5 ① 6 ④

□□□ 19년1회
7. 합성수지 재료에 관한 설명으로 옳지 않은 것은?

① 에폭시수지는 접착성은 우수하나 경화 시 휘발성이 있어 용적의 감소가 매우 크다.

② 요소수지는 무색이어서 착색이 자유롭고 내수성이 크며 내수합판의 접착제로 사용된다.

③ 폴리에스테르수지는 전기절연성, 내열성이 우수하고 특히 내약품성이 뛰어나다.

④ 실리콘수지는 내약품성, 내후성이 좋으며 방수피막 등에 사용된다.

□□□ 16년4회
8. 에폭시수지에 관한 설명으로 옳지 않은 것은?

① 에폭시수지 접착제는 급경성으로 내알칼리성 등의 내화학성이나 접착력이 크다.

② 에폭시수지 접착제는 금속, 석재, 도자기, 글라스, 콘크리트, 플라스틱재 등의 접착에 모두 사용된다.

③ 에폭시수지 도료는 충격 및 마모에 약해 내부방청용으로 사용된다.

④ 경화시 휘발성이 없으므로 용적의 감소가 극히 적다.

□□□ 16년2회, 20년3회
9. 다음 중 알루미늄과 같은 경금속 접착에 가장 적합한 합성수지는?

① 멜라민수지 ② 실리콘수지
③ 에폭시수지 ④ 푸란수지

□□□ 12년4회, 17년2회
10. 다음 각 접착제에 관한 설명으로 옳지 않은 것은?

① 페놀수지 접착제는 용제형과 에멀전형이 있고 멜라민, 초산비닐 등과 공중합시킨 것도 있다.

② 요소수지 접착제는 내열성이 200℃이고 내수성이 매우 크며 전기절연성도 우수하다.

③ 멜라민수지 접착제는 열경화성수지 접착제로 내수성이 우수하여 내수합판용으로 사용된다.

④ 비닐수지 접착제는 값이 저렴하고 작업성이 좋으며, 에멀전형은 카세인의 대용품으로 사용된다.

문제 10 ~ 11 해설
요소수지 접착제
① 무색투명하다.
② 내수성, 내알칼리성, 내산성, 내열성, 내후성이 약하다.
③ 내수성이 비닐계 접착제보다는 크고 멜라민 수지나 페놀수지접착제보다는 적다
④ 목재접합, 합판접합에 사용하며 가격이 저렴하다.

□□□ 14년1회
11. 목재접합, 합판제조 등에 사용되며, 다른 접착제와 비교하여 내수성이 부족하고 값이 저렴한 접착제는?

① 요소수지 접착제 ② 푸란수지 접착제
③ 에폭시수지 접착제 ④ 실리콘수지 접착제

□□□ 13년4회
12. 각종 접착제에 관한 설명으로 옳지 않은 것은?

① 멜라민수지 접착제는 내수성 등이 좋고 목재의 접합에 사용된다.

② 요소수지 접착제는 목공용에 적당하며 내수합판의 제조에 사용된다.

③ 실리콘수지 접착제는 내수성은 작으나 열에는 매우 강하다.

④ 에폭시수지 접착제는 금속, 플라스틱, 도자기, 유리, 콘크리트 등의 적합에 사용된다.

해설

실리콘수지 접착제
① 내수성, 내열성, 전기절연성이 우수하다.
② 유리섬유판, 텍스, 가죽 등의 접착

Chapter 09

석재

이 장에서는 석재의 성질, 암석의 종류, 석재 가공제품 등으로 구성되며, 석재의 압축강도, 암석의 종류 구분, 석재 시공 시 주의사항 등이 주로 출제된다.

01 석재의 성질

(1) 석재의 장·단점

구분	내용
장점	• 압축강도가 크고 불연성이다. • 내화학성, 내구성, 내마모성이 우수하다. • 외관이 장중하고 미려하다. • 동일 석재라도 산지나 조직에 따라 여러가지 색조와 외관을 나타낸다.
단점	• 인장강도가 압축강도에 비해 매우 작다. (1/10~1/40) • 장대재를 얻기 어려워 큰 간사이 구조에 부적합하다. • 비중이 크고 가공성이 나쁘다. • 장스팬 구조에는 부적합하다. • 열에 약하다.

[석재의 내산성]
1. 규산분이 많은 석재는 내산성이 크며 석회분이 있는 석재는 내산성이 작다.
2. 산을 사용하는 곳의 바닥석재는 내산성이 떨어지는 석재는 사용하지 않는다.

(2) 석재의 강도

① 압축강도
  ㉠ 석재의 강도는 압축강도를 기준으로 한다.
  ㉡ 압축강도는 중량이 클수록 크다.
  ㉢ 공극과 입자가 작을수록 크다.
  ㉣ 결합상태가 좋을수록 크다.
  ㉤ 함수율이 클수록 강도는 저하된다.
  ㉥ 석재의 압축강도 크기 비교

> 화강암 〉 대리석 〉 안산암 〉 사문암 〉 응회암

② 흡수율 비교

> 응회암 〉 사암 〉 안산암 〉 화강암 〉 점판암 〉 대리석

③ 내화도

> 응회암(1,200℃) 〉 안산암(1,000℃) 〉 대리석(700℃) 〉 화강암(600℃)

[석재의 강도 순서]
압축강도 〉 휨강도 〉 인장강도

④ 내구성

　　㉠ 조성광물의 입자가 미립자, 등입자 일수록 내구성이 크다

　　㉡ 사암경질(200년 정도), 화강석(200년 정도), 대리석(100년 정도), 석
　　　회암(40년 정도)

[암석의 층리]

(3) 암석의 구조(용어)

용어	내용
절 리	암석 특유의 자연적으로 갈라진 금
층 리	퇴적암 및 변성암에 나타나는 지표면과 거의 평행한 절리
석 리	암석을 구성하고 있는 조암 광물의 집합상태에 따라 생기는 모양으로 암석조직상의 갈라진 금
편 리	변성암에서 발생하는 절리로서 그 방향이 불규칙하고 암석이 얇은 판자 모양으로 갈라지는 성질
석 목	암석이 가장 쪼개지기 쉬운 면

(4) 암석의 분류(성인에 의한 분류)

용어	내용
화성암	• 마그마가 냉각, 고결된 것 • 종류 : 화강암, 안산암, 현무암, 화산암(부석), 감람석 등
수성암 (퇴적암)	• 암석이 풍화, 침식, 운반, 퇴적작용에 의해 발생한 암석 • 종류 : 석회암, 점판암, 응회암, 사암 등
변성암	• 화성암, 수성암이 압력, 화학적 변화, 지열을 받아 변질되어 발생한 암석 • 종류 : 대리석, 트래버틴, 석면, 사문암 등

01 핵심문제

1. 석재의 성질

□□□ 12년2회

1. 건축용 석재의 장점으로 옳지 않은 것은?

① 내화성이 뛰어나다.
② 내구성 및 내마모성이 우수하다.
③ 외관이 장중, 미려하다.
④ 압축강도가 크다.

해설

석재의 장·단점

구분	내용
장점	• 압축강도가 크고 불연성이다. • 내화학성, 내구성, 내마모성이 우수하다. • 외관이 장중하고 미려하다. • 동일 석재라도 산지나 조직에 따라 여러가지 색조와 외관을 나타낸다.
단점	• 인장강도가 압축강도에 비해 매우 작다. (1/10~1/40) • 장대재를 얻기 어려워 큰 간사이 구조에 부적합하다. • 비중이 크고 가공성이 나쁘다. • 장스팬 구조에는 부적합하다. • 열에 약하다.

□□□ 13년1회, 21년2회

2. 석재의 화학적 성질에 대한 설명 중 옳지 않은 것은?

① 규산분을 많이 함유한 석재는 내산성이 약하므로 산을 접하는 바닥은 피한다.
② 대리석, 사문암 등은 내장재로 사용하는 것이 바람직하다.
③ 조암광물 중 장석, 방해석 등은 산류의 침식을 쉽게 받는다.
④ 산류를 취급하는 곳의 바닥재는 황철광, 갈철광 등을 포함하지 않아야 한다.

해설

규산분이 많은 석재는 내산성이 크며 석회분이 있는 석재는 내산성이 작다.

□□□ 17년1회

3. 석재의 일반적인 성질에 관한 설명으로 옳지 않은 것은?

① 화강암의 내구연한은 75~200년 정도로서 다른 석재에 비하여 비교적 수명이 길다.
② 흡수율은 동결과 융해에 대한 내구성의 지표가 된다.
③ 인장강도는 압축강도의 1/10~1/30 정도이다.
④ 비중이 클수록 강도가 크며, 공극률이 클수록 내화성이 적다.

해설

석재의 내화성은 공극률이 클수록 크다.

□□□ 13년2회

4. 석재의 일반적 강도에 관한 설명으로 옳지 않은 것은?

① 석재의 구성입자가 작을수록 압축강도가 크다.
② 석재의 강도는 중량에 비례한다.
③ 석재의 강도의 크기는 휨강도 〉 압축강도 〉 인장강도이다.
④ 석재의 함수율이 클수록 강도는 저하된다.

해설

석재의 강도 크기순서 : 압축강도 〉 휨강도 〉 인장강도

□□□ 10년1회, 20년1,2회

5. 암석의 구조를 나타내는 용어에 대한 설명 중 옳지 않은 것은?

① 절리란 암석 특유의 천연적으로 갈라진 금을 말하며, 규칙적인 것과 불규칙적인 것이 있다.
② 층리란 퇴적암 및 변성암에 나타나는 퇴적할 당시의 지표면과 방향이 거의 평행한 절리를 말한다.
③ 석리란 암석이 가장 쪼개지기 쉬운 면을 말하며, 절리보다 불분명하지만 방향이 대체로 일치되어 있다.
④ 편리란 변성암에 생기는 절리로서 방향이 불규칙하고 얇은 판자모양으로 갈라지는 성질을 말한다.

해설

석리 : 조암광물의 조성, 집합상태에 따라 생기는 암석조직상 갈라진 금으로, 생성시 냉각 상태에 따라 다르다.

정답 1 ① 2 ① 3 ④ 4 ③ 5 ③

6. 석재를 성인에 의해 분류하면 크게 화성암, 수성암, 변성암으로 대별하는데 다음 중 수성암에 속하는 것은?

① 사문암 ② 대리암
③ 현무암 ④ 응회암

해설

①항, 사문암 - 변성암
②항, 대리암 - 변성암
③항, 현무암 - 화성암
④항, 응회암 - 수성암

7. 다음 석재 중 변성암에 속하지 않는 석재는?

① 트래버틴 ② 대리석
③ 펄라이트 ④ 사문석

해설

암석의 분류

1) 화성암	화강암, 안산암, 현무암, 화산암(부석), 감람석 등
2) 수성암	석회암, 점판암, 응회암, 사암 등
3) 변성암	대리석, 트래버틴, 석면, 사문암 등

02 암석의 종류와 특징

(1) 화성암

종류	특징
화강암	• 석영, 장석, 운모가 주성분(색은 주로 장석의 색조에 좌우된다) • 석질이 단단하다. • 내구성 및 강도가 크다. • 외관이 아름다워 장식재료로 사용 • 큰 재를 만들 수 있다. • 내화성이 약하다. • 외장재, 내장재, 구조재, 콘크리트용 골재, 도로포장재
화산암 (부석)	• 내화성, 내산성이 크다. • 열전도율이 적다. • 경량이며 단열재로서 우수하다. • 내화재, 경량콘크리트 골재
안산암	• 경도, 강도, 비중, 내화성이 크다. • 조직 및 색조가 불균일하고 큰 재료를 얻기 어렵다. • 구조용석재로 사용한다. • 도로포장재, 구조용 석재 등
현무암	• 기둥모양의 주상절리가 발달 • 내화성이 좋다. • 암면의 원료, 석축 등 • 입자가 치밀하고 견고하여 토대석, 석축으로 사용된다.

(2) 수성암(퇴적암)

종류	특징
점판암	• 재질이 치밀하고 흡수율이 작다. • 얇은 판으로 만들 수 있다. • 지붕재(천연슬레이트), 외벽, 비석 등
응회암	• 석질이 연하고 다공질이다. • 흡수율이 크다. • 내화성 우수하다. • 건축 구조재로는 부적당 • 토목용 석재, 특수장식용, 실내용, 조각용
석회암	• 주성분 : 탄산석회 • 내화성, 내산성 부족 • 시멘트의 주원료

(3) 변성암

종류	특징
대리석	• 주성분 : 탄산석회 • 석질이 치밀하고 견고하다. • 외관이 아름답고 광택이 좋다. • 내화성, 내산성이 낮고 풍화되기 쉽다. • 실외용으로 부적합 • 실내장식재, 조각재료
트래버틴	• 석질이 불균일하고 다공질이다. • 황갈색의 반문이 있다. • 물갈기 하면 광택이 난다. • 실내장식재(외부사용 불가)
석면	• 감람석, 각섬암이 변질된 것 • 내화성, 보온성, 단열성 우수 • 열전도율이 작다. • 인체에 유해하고, 흡수율이 크다. • 단열재, 보온재, 흡음재 등
사문암	• 감람석, 섬록암이 변질된 것 • 암녹색 바탕에 흑백색의 무늬 • 강도가 약하고 풍화성이 있다. • 장식용 석재로 사용한다.
중정석	• 비중은 4.5로 매우 높고 무겁다 • 색깔은 무색 투명하거나 백색 반투명한 것이 대부분 • 백색 안료, 도료의 원료 • 종이의 충진제, 화장품의 원료로, 페인트의 색소로, 방사선 촬영을 위한 조영제 등으로 사용 • 바륨(Ba)을 추출하는 데 사용

02 핵심문제　　2. 암석의 종류와 특징

□□□ 12년2회, 14년4회

1. 내구성 및 강도가 크고 외관이 수려하나 함유광물의 열팽창계수가 달라 내화성이 약한석재로 외장, 내장, 구조재, 도로포장재, 콘크리트 골재 등에 사용되는 것은?

① 응회암　　　② 화강암
③ 화산암　　　④ 대리석

문제 1 ~ 2 해설

화강암
① 석영, 장석, 운모가 주성분(색은 주로 장석의 색조에 좌우된다)
② 석질이 단단하다.
③ 내구성 및 강도가 크다.
④ 외관이 아름다워 장식재료로 사용
⑤ 큰 재를 만들 수 있다.
⑥ 내화성이 약하다.
⑦ 외장재, 내장재, 구조재, 콘크리트용 골재, 도로포장재

□□□ 16년1회

2. 화강암의 색상에 관한 설명으로 옳지 않은 것은?

① 전반적인 색상은 밝은 회백색이다.
② 흑운모, 각섬석, 휘석 등은 검은색을 띤다.
③ 산화철을 포함하면 미홍색을 띤다.
④ 화강암의 색은 주로 석영에 좌우된다.

□□□ 16년1회

3. 석재에 관한 설명으로 옳지 않은 것은?

① 석회암은 석질이 치밀하나 내화성이 부족하다.
② 현무암은 석질이 치밀하여 토대석, 석축에 쓰인다.
③ 테라조는 대리석을 종석으로한 인조석의 일종이다.
④ 화강암은 석회, 시멘트의 원료로 사용된다.

해설

시멘트의 원료로 쓰이는 석재는 석회석

□□□ 15년1회

4. 석재에 관한 설명으로 옳지 않은 것은?

① 대리석은 석회암이 변화되어 결정화된 것으로 치밀, 견고하고 외관이 아름답다.
② 화강암은 건축 내·외장재로 많이 쓰이며 견고하고 대형재가 생산되므로 구조재로 사용된다.
③ 응회석은 다공질이고 내화도가 높으므로 특수 장식재나 경량골재, 내화재 등에 사용된다.
④ 안산암은 크롬, 철광으로 된 흑록색의 치밀한 석질의 화성암으로 건축 장식재로 이용된다.

해설

안산암
① 경도, 강도, 비중, 내화성이 크다
② 조직 및 색조가 불균일하고 큰 재료를 얻기 어렵다.
③ 구조용 석재로 사용한다.
④ 도로포장재, 구조용 석재

□□□ 14년4회

5. 입자가 잘거나 치밀하며 색은 검은색·암회색이고 석질이 견고하여 토대석·석축으로 쓰이는 석재는?

① 안산암　　　② 현무암
③ 점판암　　　④ 사문암

해설

현무암
입자가 견고하고 치밀하여 토대석·석축으로 사용된다.

□□□ 12년1회, 15년2회, 21년1회

6. 석재의 종류와 용도가 잘못 연결된 것은?

① 화산암 – 경량골재
② 화강암 – 콘크리트용 골재
③ 대리석 – 조각재
④ 응회암 – 건축용 구조재

해설

응회암은 석질이 연하고 다공질이어서 구조재로는 부적당하다.

□□□ 20년1,2회

7. 각 석재별 주용도를 표기한 것으로 옳지 않은 것은?

① 화강암 : 외장재　　② 석회암 : 구조재

③ 대리석 : 내장재　　④ 점판암 : 지붕재

해설

석회암은 수성암의 한 종류로 시멘트의 주원료이다. 내화성과 내산성이 부족해 구조재로는 적합하지 않다.

□□□ 14년1회

8. 트래버틴(travertine)에 대한 설명으로 옳지 않은 것은?

① 석질이 불균일하고 다공질이다.

② 특수 외장용 장식재로서 주로 사용된다.

③ 변성암으로 황갈색의 반문이 있다.

④ 탄산석회를 포함한 물에서 침전, 생성된 것이다.

해설

트래버틴
① 석질이 불균일하고 다공질이다.
② 황갈색의 반문이 있다.
③ 물갈기 하면 광택이 난다.
④ 실내장식재(외부사용 불가)

□□□ 12년4회, 13년1회

9. 암녹색 바탕에 흑백색의 아름다운 무늬가 있고 경질이나 풍화성이 있어 외장재보다는 내장 마감용 석재로 이용되는 것은?

① 사문암　　　　② 안산암

③ 화강암　　　　④ 점판암

해설

사문암
① 감람석, 섬록암이 변질된 것
② 암녹색 바탕에 흑백색의 무늬
③ 풍화성이 있다.
④ 실내 장식용에 사용한다.

03 석재의 가공과 제품

(1) 석재 표면가공의 순서

혹두기(쇠메) → 정다듬(정) → 도드락다듬(도드락 망치) →
잔다듬(양날망치) → 물갈기(금강사)

(2) 석재 시공 시 주의사항

① 석재의 치수는 $1m^3$ 이내로 하며 중량석재는 높은 곳에 사용하지 말 것
② 콘크리트표면의 첨부용 석재는 연석을 쓰지 않는다.
③ 구조재는 직압력만을 받도록 한다.
④ 석재에 예각부가 생기면 훼손되어 결손되기 쉽고 풍화방지에 좋지 않다.
⑤ 동일건축물에는 동일석재로 시공한다.
⑥ 내화구조물에는 열에 강한 석재를 사용한다.
⑦ 외장용이나 바닥에 사용하는 석재는 내수성, 내구성이 강한 석재를 사용한다.

(3) 인조석 및 석재 제품

종류	특징
인조석	대리석, 사문암, 화강암 등의 쇄석을 종석으로 하여 백색포틀랜드 시멘트와 안료를 섞어 반죽하여 경화된 후 물갈기 하여 만든 제품
테라조	대리석의 쇄석과 백색 포틀랜드시멘트, 안료를 섞어 다지고 경화한 후 표면을 잔다듬, 물갈기 등을 하여 마감한 것
질석	• 흑운모를 800~1,000℃ 정도로 가열 팽창시켜 체적이 5~6배로 된 다공질의 경석 • 경량이고 단열성 우수 • 단열재, 내화재, 보온재, 흡음재 등
펄라이트	• 진주석, 흑요석, 송지석 등을 분쇄하여 약 1,000℃ 정도로 가열 팽창시켜 만든 경량골재 • 경량골재, 보온재, 방음재, 결로방지
암면(석면)	• 현무암, 안산암, 사문암, 광재 등을 높은 온도로 녹여 미세한 구멍으로 분출시키면서 고압공기로 불어날려 가는 선으로 만든 후 냉수로 냉각시켜 섬유로 만든 것 • 단열성, 보온성, 흡음성, 내화성이 좋다. • 열전도율이 작고 절연성이 있다. • 값이 싸다.

03 핵심문제   3. 석재의 가공과 제품

□□□ 10년4회, 18년1회

1. 석재 시공 시 유의하여야 할 사항으로 옳지 않은 것은?

① 외벽 특히 콘크리트 표면 첨부용 석재는 연석을 사용하여야 한다.
② 동일건축물에는 동일석재로 시공하도록 한다.
③ 석재를 구조재로 사용할 경우 직압력재로 사용하여야 한다.
④ 중량이 큰 것은 높은 곳에 사용하지 않도록 한다.

해설

석재 시공 시 주의사항
① 석재의 치수는 1m³ 이내로 하며 중량석재는 높은 곳에 사용하지 말 것
② 콘크리트표면의 첨부용 석재는 연석을 쓰지 않는다.
③ 구조재는 직압력만을 받도록 한다.
④ 석재에 예각부가 생기면 훼손되어 결손되기 쉽고 풍화방지에 좋지 않다.
⑤ 동일건축물에는 동일석재로 시공한다.
⑥ 내화구조물에는 열에 강한 석재를 사용한다.
⑦ 외장용이나 바닥에 사용하는 석재는 내수성, 내구성이 강한 석재를 사용한다.

□□□ 11년2회

2. 다음 석재의 가공작업 중 양날망치를 사용하는 작업은?

① 정다듬   ② 도드락다듬
③ 잔다듬   ④ 혹두기

해설

석재 가공의 순서와 장비
혹두기(쇠메) → 정다듬(정) → 도드락다듬(도드락 망치) → 잔다듬(양날망치) → 물갈기(금강사)

□□□ 13년2회

3. 시멘트 제품 중 테라죠판의 정의에 대해 옳게 설명한 것은?

① 시멘트와 모래를 주원료로 하여 가압성형한 시멘트판 기와 제품
② 목재의 단열성과 경량의 특성에 시멘트의 난연성이 조합된 제품
③ 대리석, 화강암 등의 부순골재, 안료, 시멘트 등을 혼합한 콘크리트로 성형하고 경화한 후 표면을 연마하고 광택을 내어 마무리한 제품
④ 시멘트, 펄라이트를 주원료로 하고 섬유 등으로 오토클레이브 양생 및 상압 양생하여 판재로 만든 제품

해설

테라조
대리석의 쇄석과 백색 포틀랜드시멘트, 안료를 혼합하여 경화한 후 표면을 잔다듬, 물갈기 등을 하여 마감한 것

□□□ 11년1회

4. 운모계 광석을 800~1,000℃정도로 가열 팽창시켜 체적이 5~6배로 된 다공질 경석으로 시멘트와 배합하여 콘크리트블록, 벽돌 등을 제조하는데 사용되는 것은?

① 암면(rock wool)   ② 질석(vermiculite)
③ 트래버틴(travertine)   ④ 석면(asbestos)

해설

질석
① 흑운모를 800~1,000℃ 정도로 가열 팽창시켜 체적이 5~6배로 된 다공질의 경석
② 경량이고 단열성 우수
③ 단열재, 내화재, 보온재, 흡음재 등

□□□ 19년2회

5. 진주석 등을 800~1,200℃로 가열 팽창시킨 구상입자 제품으로 단열, 흡음, 보온목적으로 사용되는 것은?

① 암면 보온판   ② 유리면 보온판
③ 카세인   ④ 펄라이트 보온재

해설

펄라이트(Perlite)
진주석, 흑요석, 송지석 등을 분쇄하여 약 1,000℃ 정도로 가열 팽창시켜 만든 것으로 경량골재, 보온재, 방음재, 결로방지에 쓰인다.

유리 및 단열재

이 장은 유리, 단열재로 구성되며, 유리제품의 특징, 단열재의 조건 등이 주로 출제된다.

01 유리

(1) 유리의 일반적 성질

구분	내용
비중 및 강도	• 보통유리의 비중은 2.5 정도이다. • 보통 유리의 강도는 휨강도를 말한다.
열전도율	• 유리의 열전도율과 열팽창률은 작다. • 유리의 열전도율은 콘크리트의 1/2 정도이다.
화학적 성질	• 약한 산에는 침식되지 않으나 염산, 황산, 질산 등에는 서서히 침식되며 알칼리에는 쉽게 침식된다.
투과율	• 일반 유리는 가시광선의 투과율이 크고, 자외선투과율은 작다. • 광선에 대한 성질은 유리의 성분, 두께, 표면의 평활도, 맑은정도, 광선의 파장 등에 따라 다르다.
굴절률	• 유리의 굴절률은 1.5~1.9 정도이고 납성분이 있으면 높아진다. • 반사는 굴절률이 클수록 입사각이 큰 것일수록 반사가 크다.

(2) 유리성분에 의한 분류

[유리의 풍화작용]
① 풍우 등이 반복되는 충격작용
② 공중의 탄산가스나 암모니아, 황화수소, 아황산가스 등에 의한 표면변색 발생, 감모 발생

구분	내용
소다석회유리 (소다유리, 보통유리, 크라운유리)	• 용융하기 쉽고 산에는 강하지만 알칼리에 약함 • 풍화되기 쉽고 비교적 팽창률이 크고 강도도 큼 • 일반 건축용 채광 창유리, 병류 등에 사용
칼륨석회유리	• 용융하기 어렵고 약품에 침식되지 않음 • 투명도가 큼 • 화학기구, 장식품, 공예품, 식기 등에 사용
칼륨납유리	• 소다 유리보다 용융하기 쉽고 산성에 약하다. • 열에 약하고 가공하기 쉽다. • 비중이 크고 굴절, 분산율이 크다. • 광학용 렌즈, 모조보석, 진공관 등에 사용
붕규산유리	• 가장 용융하기 어려움 • 내산성, 전기절연성이 크다 • 내열성이 크고 팽창성은 작다. • 내열기구, 고주파용 전기절연용 등에 사용
고규산유리 (석영유리)	• 내열성, 내식성, 자외선 투과성이 크다. • 전구, 살균 등에 사용

[결로현상]

재료의 내외부의 온도차이에 의한 이슬 맺힘 현상

[강화유리 검사방법]

① 치수, 두께, 겉모양, 만곡등 외형검사
② 파쇄시험
③ 쇼트백시험
④ 내충격성시험
⑤ 투영시험

[안전유리의 종류]

망입유리, 강화유리, 접합유리

(3) 유리제품

종류	특징
보통 판유리	• 평활한 면을 가진 유리 • 가시광선 투과율이 높고 자외선 투과율이 낮다. • 채광용, 투시용 창 등
복층유리	• 유리를 2장, 3장 겹치고 유리사이에 건조기체를 넣어 만든 유리 • 열관류율이 작다. • 단열, 방음, 방서, 결로방지 효과가 크다.
망입유리	• 유리내부에 금속망을 삽입하여 압착성형한 유리 • 깨져도 파편이 튀지 않아 상처를 입지 않는 안전유리 • 유리파손방지, 파편비산방지, 도난방지, 연소방지 목적
열선반사유리	• 유리표면에 얇은반사막을 입힌 유리 • 복사열차단, 눈부심 방지, 단열성 우수
열선흡수유리	• 판유리성형시 산화철, Ni, Cr 등의 금속산화물을 첨가하여 태양광선 중 열선을 흡수하도록 한 착색유리 • 여름철의 냉방부하를 경감시킬 수 있다. • 열에 의한 온도차에 의해 파손될 수 있다.
강화유리	• 600℃까지 가열하였다가 양면을 찬공기로 급냉시킨 것 • 강도가 보통유리의 3~5배 정도 • 파괴될 때도 파편이 날카롭지 않고 둥글게 깨져 사람이 다치지 않아 안전하다. • 안전유리의 일종(자동차, 현관문 등)
접합유리	• 두 장의 판유리 사이에 인장강도가 뛰어난 PVB Film을 삽입 후 고온고압으로 접착한 제품 • 필름의 인장력으로 인한 충격흡수력이 높다. • 안전유리의 일종
유리블록	• 2개의 상자형 유리를 맞대어 고열로 융착시켜 맞추고 내부에 건조공기를 봉입한 것 • 균일한 확산광이 얻어진다. • 열전도도가 낮아 실내에 냉난방효과가 있다.
스테인드 글라스	• 색유리 조각을 다양한 무늬로 조합하여 만든 유리 • 장식용으로 사용 • 교회의 창, 천장 등

- **로이(LOW-E)유리(저반사유리)**

1. 유리 표면에 금속산화물을 얇게 코팅하여 창을 통해 들어오는 가시광선은 대부분 안으로 투과시켜 실내를 밝게 유지하고 적외선은 차단한다.
2. 안에서 발생한 난방열이 밖으로 빠져나가지 못하도록 차단하고, 여름에는 뜨거운 공기가 실내로 들어오는 것을 차단하는 역할을 한다.

- **프리즘 유리**

1. 투사광선의 방향을 변화시키거나 집중, 확산시키기 위해 프리즘 이론을 적용하여 만든 유리
2. 지하실, 지붕 등의 채광용으로 사용

- **에칭 유리**

유리가 불화수소에 부식되는 성질을 이용하여 화학적인 처리과정을 거쳐 유리 표면에 그림, 문양, 문자 등을 새긴 유리

01 핵심문제
1. 유리

□□□ 17년2회
1. 다음 중 내열성이 좋아서 내열식기에 사용하기에 가장 적합한 유리는?

① 소다석회유리 ② 칼륨연 유리
③ 붕규산 유리 ④ 물유리

해설

붕규산 유리
1. 붕산을 5% 이상 함유하며, 붕소를 첨가하면 팽창계수가 저하하여 화학적 내성(耐性), 특히 내산성·내후성이 향상되고, 내열충격성이 큰 것이 특징
2. 이화학용·내열용기용 유리로 사용된다.

□□□ 16년1회
2. 다음 유리 중 결로 현상의 발생이 가장 적은 것은?

① 보통유리 ② 후판유리
③ 복층유리 ④ 형판유리

해설

결로현상 : 재료의 내외부의 온도차이에 의한 이슬맺힘 현상
① 결로현상을 방지하려면 재료의 내외부의 온도차이를 작게 한다.
② 단열층을 만들면 결로현상을 줄일 수 있다.
③ 복층유리는 유리와 유리사이에 진공층이 있어 열전달을 차단하므로 내외부의 온도차이를 줄이는 역할을 한다.

□□□ 19년4회
3. 강화유리에 관한 설명으로 옳지 않은 것은?

① 유리 표면에 강한 압축응력층을 만들어 파괴강도를 증가시킨 것이다.
② 강도는 플로트 판유리에 비해 3~5배 정도이다.
③ 주로 출입문이나 계단 난간, 안전성이 요구되는 칸막이 등에 사용된다.
④ 깨어질 때는 판유리 전체가 파편으로 잘게 부서지지 않는다.

해설

강화유리
1. 600℃까지 가열하였다가 양면을 찬공기로 급랭시킨 것
2. 강도가 보통유리의 3~5배 정도
3. 파괴될 때도 파편이 날카롭지 않고 둥글게 깨져 사람이 다치지 않아 안전하다.
4. 안전유리의 일종(자동차, 현관문 등)

□□□ 19년1회
4. 강화유리의 검사항목과 거리가 먼 것은?

① 파쇄시험 ② 쇼트백시험
③ 내충격성시험 ④ 촉진노출시험

해설

강화유리 검사방법
1. 치수, 두께, 겉모양, 만곡등 외형검사
2. 파쇄시험
3. 쇼트백시험
4. 내충격성시험
5. 투영시험

□□□ 16년2회
5. 적외선을 반사하는 도막을 코팅하여 반사율을 낮춘 고단열 유리로 일반적으로 복층유리로 제조되는 것은?

① 로이(LOW-E)유리 ② 망입유리
③ 강화유리 ④ 배강도유리

해설

로이(LOW-E)유리(저반사유리)
유리 표면에 금속산화물을 얇게 코팅하여 창을 통해 들어오는 가시광선은 대부분 안으로 투과시켜 실내를 밝게 유지하고 적외선은 차단한다. 안에서 발생한 난방열이 밖으로 빠져나가지 못하도록 차단하고, 여름에는 뜨거운 공기가 실내로 들어오는 것을 차단하는 역할을 한다.

□□□ 18년2회
6. 다음 중 특수유리와 사용장소의 조합이 적절하지 않은 것은?

① 전열용 창-무늬유리
② 병원의 일광용실-자외선투과유리
③ 채광용 지붕-프리즘유리
④ 형틀 없는 문-강화유리

해설

무늬 유리 : 주택이나 사무실의 인테리어용, 칸막이용

정답 1 ③ 2 ③ 3 ④ 4 ④ 5 ① 6 ①

□□□ 19년1회, 21년2회

7. 유리가 불화수소에 부식하는 성질을 이용하여 5mm 이상 판유리면에 그림, 문자 등을 새긴 유리는?

① 스테인드유리　　② 망입유리
③ 에칭유리　　　　④ 내열유리

해설

에칭유리
유리가 불화수소에 부식되는 성질을 이용하여 화학적인 처리과정을 거쳐 유리 표면에 그림, 문양, 문자 등을 새긴 유리

02 단열재

(1) 단열재의 선정조건

① 열전도율, 흡수율이 작을 것(습기가 침투하면 단열성능이 떨어진다.)
② 비중, 투기성이 작을 것
③ 내화성이 크고 내 부식성이 좋을 것
④ 시공성이 좋고 기계적인 강도가 있을 것
⑤ 재질의 변질이 없고 균일한 품질일 것
⑥ 가격이 저렴하고 연소시 유독가스발생이 없을 것

[유리섬유 단열재]

(2) 단열재의 종류

① 무기질 단열재료

종류	특징
유리면	• 용융시킨 유리를 압축공기로 불어 섬유형태로 만든 것 • 보온성, 단열성, 흡음성, 방음성, 내식성, 내수성, 전기절연성 우수 • 단열재, 보온재, 방음재, 전기절연재, 축전지용 격벽재 등에 사용
암면	• 안산암, 현무암, 사문암 등을 용융시킨 후 급랭하여 섬유상태로 만든 것 • 내화성 우수, 열전도율이 작고, 흡음율이 높다. • 보온재, 단열재, 흡음재 등에 사용
세라믹 파이버(섬유)	• 원료 : 실리카, 알루미나 • 내열성이 높아 1,000℃ 이상에서도 사용할 수 있다. • 열전도율이 매우 낮다. • 단열재, 내열성 보온재, 우주항공기 등에 사용
펄라이트판	• 펄라이트 입자를 압축성형하여 만든다. • 내열성이 높아 배관단열재 등에 사용
규산칼슘판	• 규산질분말과 석회분말을 주원료로 오토클레이브 처리하여 보강섬유를 첨가하여 만든다. • 가볍고 내열성, 단열성, 내수성이 우수하다. • 단열재, 철골 내화피복재 등에 사용
경량 기포콘크리트	규사, 생석회, 시멘트 등에 발포제를 넣고 고온·고압으로 양생시킨 다공질 기포콘크리트

② 유기질 단열재료

종류	특징
셀룰로즈 섬유판	• 천연의 목질섬유를 가공처리하여 만든다. • 단열성, 보온성 우수
연질섬유판	• 식물섬유를 물리적, 화학적 처리하여 섬유화하여 열압성형하여 만든다. • 단열, 보온, 흡음성이 있다.
폴리스틸렌 폼	• 무색투명한 수지로 전기절연성, 단열성이 좋다. • 단열재, 보온재로 사용
경질 우레탄 폼	• 단열성이 매우 뛰어나다. • 전기냉장고, 냉동선 등에 사용

Tip
단열재 부분에서는 무기질과 유기질 단열재를 먼저 구분하고 특성을 파악하도록 하자

(3) 벽지

종류	특징
종이벽지	• 주성분이 모두 종이 • 종이위에 무늬와 색상을 인쇄한 싸고 시공이 편리한 벽지 • 통기성이 좋아 습도조절이 된다. • 값이 싸고 재도배시 벽지를 뜯어내지 않아도 된다. • 오염과 습기에 약하며 청소가 어려워 변색, 퇴색이 쉽다. • 벽지가 얇아 벽면이 평활하지 않으면 시공시 어려움 • 내구성이 약하다.
비닐벽지	• 종이벽지에 비닐막을 입힌 벽지 • 색상과 디자인, 질감이 다양하다. • 오염과 퇴색에 강하여 청소가 쉬우며 종이벽지에 비해 수명이 길다. • 이음매 부분을 맞물림 이음으로 시공하여 겹친 부분이 없이 깔끔하다. • 종이벽지에 비해 비싸다. • 시공 시 기술력이 필요하다. • 통기성과 흡수성이 부족하다. • 재도배 시 비닐막을 벗겨야 재도배가 가능하다.

01 핵심문제
2. 단열재

□□□ 13년2회, 15년4회, 20년1,2회

1. 일반적으로 단열재에 습기나 물기가 침투하면 어떤 현상이 발생하는가?

① 열전도율이 높아져 단열성능이 좋아진다.
② 열전도율이 높아져 단열성능이 나빠진다.
③ 열전도율이 낮아져 단열성능이 좋아진다.
④ 열전도율이 낮아져 단열성능이 나빠진다.

해설
단열재에 물이 침투하면 물에 의해 열전달이 잘 되므로 단열성이 떨어진다.

□□□ 20년1,2회

2. 다음 중 무기질 단열재에 해당하는 것은?

① 발포폴리스티렌 보온재
② 셀룰로스 보온재
③ 규산칼슘판
④ 경질폴리우레탄폼

문제 2 ~ 4 해설
① 무기질 단열재 : 유리섬유, 암면, 규산칼슘, 펄라이트, 세라믹 파이버
② 유기질 단열재 : 코르크, 면, 우레탄폼, 폴리스틸렌 폼, 연질 섬유판, 셀룰로스 섬유판

□□□ 12년2회, 21년2회

3. 다음 중 건축용 단열재와 거리가 먼 것은?

① 유리면(glass wool)
② 암면(rock wool)
③ 펄라이트판
④ 테라코타

□□□ 11년4회

4. 다음 중 유기질 단열재료가 아닌 것은?

① 연질 섬유판
② 세라믹 파이버
③ 폴리스틸렌 폼
④ 셀룰로즈 섬유판

□□□ 11년2회

5. 무기질 단열 재료 중 송풍 덕트 등에 감아서 열손실을 막는 용도로 쓰이는 것은?

① 셀룰로즈 섬유판
② 연질 섬유판
③ 유리면
④ 경질 우레탄 폼

해설
유리면
① 용융시킨 유리를 압축공기로 불어 섬유형태로 만든 것
② 보온성, 단열성, 흡음성, 방음성, 전기절연성 우수
③ 송풍 덕트 등에 등에 감아서 열손실을 방지하는 데 사용

□□□ 15년1회

6. 1000℃ 이상의 고온에서도 잘 견디는 섬유로 본래 공업용 가열로의 내화 단열재로 사용되었으나 최근에는 철골의 내화 피복재로 쓰이는 단열재는?

① 펄라이트판
② 세라믹 파이버
③ 규산칼슘판
④ 경량기포콘크리트

해설
세라믹 파이버
① 원료 : 실리카와 알루미나
② 1000℃ 이상의 고온에서도 변형 없다
③ 용도 : 철골의 내화피복재

7. 다음 벽지에 관한 설명으로 옳은 것은?

① 종이벽지는 자연적 감각 및 방음효과가 우수하다.

② 비닐벽지는 물청소가 가능하고 시공이 용이하며, 색상과 디자인이 다양하다.

③ 직물벽지는 벽지 표면을 코팅 처리함으로서 내오염, 내수, 내마찰성이 우수하다.

④ 초경벽지는 먼지를 많이 흡수하고 퇴색하기 쉽지만 단열 효과 및 통기성이 우수하다.

문제 7 ~ 8 해설	
벽지의 종류 및 특징	
1. 종이벽지	2. 비닐벽지
① 주성분이 모두 종이 ② 종이위에 무늬와 색상을 인쇄한 싸고 시공이 편리한 벽지 ③ 통기성이 좋아 습도조절이 된다. ④ 값이 싸고 재도배시 벽지를 뜯어내지 않아도 된다. ⑤ 오염과 습기에 약하며 청소가 어려워 변색, 퇴색이 쉽다. ⑥ 벽지가 얇아 벽면이 평활하지 않으면 시공시 어려움 ⑦ 내구성이 약하다.	① 종이벽지에 비닐막을 입힌 벽지 ② 색상과 디자인, 질감이 다양하다. ③ 오염과 퇴색에 강하여 청소가 쉬우며 종이벽지에 비해 수명이 길다. ④ 이음매 부분을 맞물림이음으로 시공하여 겹친 부분이 없이 깔끔하다. ⑤ 종이벽지에 비해 비싸다. ⑥ 시공시 기술력이 필요하다. ⑦ 통기성과 흡수성이 부족하다. ⑧ 재도배시 비닐막을 벗겨야 재도배가 가능하다.

방수재료

이 장은 아스팔트와 도막방수로 구성되며, 아스팔트의 종류와 제품의 특징이 주로 출제된다.

01 아스팔트 방수

(1) 아스팔트의 종류

① 천연 아스팔트

[천연 아스팔트]

종류	특징
록 아스팔트 (Rock Asphalt)	천연 아스팔트가 암석의 틈새에 형성된 것으로 역청분의 함유량이 5~40% 정도이다.
레이크 아스팔트 (Lake Asphalt)	지표에 호수 모양으로 퇴적되어 형성된 반유동체의 아스팔트, 역청분의 함유량이 50% 정도이다.
아스팔트 타이트 (Asphalt Tite)	천연 아스팔트가 암맥 사이에 침투되어 지열이나 공기 등에 의해 화학반응으로 만들어진 아스팔트

② 석유아스팔트

종류	특징
스트레이트 아스팔트 (straight asphalt)	• 신장성이 우수하고 접착력과 방수성이 좋다. • 연화점이 낮으며 온도에 의한 감온성이 크다. • 지하실방수에 주로 쓰이고, 아스팔트루핑, 아스팔트펠트의 삼투용으로 사용된다.
블론 아스팔트 (Blown asphalt)	• 스트레이트아스팔트에 비해 신축성, 침입도, 방수성은 적다. • 연화점이 높고 온도에 의한 신도가 적다. • 내구력, 탄성이 크다. • 감온비가 적다. • 아스팔트콤파운드, 아스팔트프라이머 제조
아스팔트 컴파운드 (Asphalt compound)	• 블론 아스팔트의 성질을 개량하기 위해 동·식물성 유지나 광물성 분말 등을 혼합하여 내한성, 내열성, 내구성, 접착성을 개량한 것 • 방수층에 쓰인다.

(2) 아스팔트의 성능 기준

구분	내용
연화점	• 소정의 시료 위에 강구를 올려놓고 시료가 녹아서 구가 낙하되는 때의 온도를 측정한 것을 연화점이라 한다. • 침입도가 일정할 때 연화점이 높은 것이 양질의 제품이라 할 수 있다.
신도	• 아스팔트의 신장의 정도를 신도라 한다. • 시료의 양단을 25℃에서 인장하여 이것이 끊어질 때의 길이(cm)로서 나타낸다.
감온비	• 시료의 온도가 변화면 침입도가 달라지는데 이를 감온비라 한다. • 변화의 정도가 적은 것이 좋다.
침입도	• 아스팔트의 견고성을 나타내는 연도의 단위 • 시험기를 사용하여 25℃에서 100g의 추를 5초 동안 바늘을 누를 때 0.1mm 들어갈 때를 침입도 1로 한다. • 침입도가 적을수록 경질이다. • 침입도와 연화점은 반비례관계를 갖는다.

(3) 아스팔트 제품

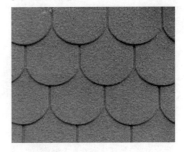

[아스팔트 루핑]

구분	내용
아스팔트 프라이머 (Asphalt primer)	• 아스팔트를 휘발성 용제에 녹인 것으로 흑갈색 액체형태이다. • 아스팔트 방수의 바탕처리재로서 모체 바탕과 방수층의 점착성을 향상시킨다. • 모체와 아스팔트방수층의 방수시공의 첫째 공정이다.
아스팔트 유제 (Asphalt emulsion)	• 스트레이트 아스팔트를 가열하여 액상으로 만들고 유화제와 안정제를 혼합하여 물속에 분산시켜 혼탁액으로 만든 것 • 스프레이건으로 뿌려서 도포한다.
아스팔트 루핑 (Asphalt roofing)	• 아스팔트 펠트의 양면에 블론 아스팔트를 피복한 다음, 그 표면에 활석, 운모, 석회석, 규조토 등의 미분말을 부착한 시트상의 제품 • 평지붕의 방수층, 금속판의 지붕깔기 바탕 등에 이용
아스팔트 펠트 (Asphalt felt)	• 유기섬유(목면, 마사, 양모 폐지 등)를 펠트모양으로 만든 원지에 스트레이트 아스팔트를 흡수시켜 만든 두루마리 형태의 방수지 • 아스팔트 방수층의 중간층재로 이용
아스팔트 성형 바닥재	• 아스팔트 타일 : 아스팔트에 합성수지, 석면, 안료 등을 혼합하여 만든 재료 • 아스팔트 블록 : 판재로 만들어 화학공장의 내약품 바닥제로 사용

(4) 아스팔트 부산물

구분	내용
콜타르 (Coal tar)	• 석탄을 건류하여 얻는 흑갈색, 흑색 점액체 • 비중은 1.2~1.25 • 인화점은 60~160℃ • 방수포장, 목재, 철재의 방부제
피치 (Pitch)	• 콜타르를 증류시키고 남아 있는 흑색의 고체물질 • 비휘발성이며 가열하면 유동체로 된다. • 아스팔트보다 냄새가 강하다. • 내구성이 떨어진다. • 지붕, 지하실 방수재로 사용, 코크스의 원료

02 도막 방수

[도막방수 시공]

(1) 도막방수 방법

방수도료를 바탕면에 여러 번에 걸쳐 칠하여 방수막을 만드는 공법(유제형 도막방수, 용제형 도막방수, 에폭시계 도막방수)

(2) 도막방수재의 종류

구분	내용
우레탄고무계 도막재	• 지붕, 일반 바닥, 벽 및 치켜올림부위에 주로 사용한다. • 종류 : 1성분형, 2성분형
아크릴고무 도막재	아크릴고무 에멀젼에 충전제, 증점제, 안정제 및 착색제 등을 배합한 1성분형의 제품
고무아스팔트 도막재	아스팔트와 천연고무 및 합성고무를 수중에 유화 분산한 고무화 아스팔트
FRP 도막방수제	• 연질 폴리에스테르 수지와 유리섬유를 기본으로 하고 인장 및 신장률을 조정하여 제조한 것 • 내마모성이 우수하고 도막이 강인하고 경량이다. • 내수성, 내식성, 내후성이 우수하다. • 콘크리트, 모르터, 목재, 금속판 등과의 접착성이 우수하다.

01 핵심문제   1. 아스팔트 방수, 2. 도막방수

1. 다음 중 원유에서 인위적으로 만든 아스팔트에 해당하는 것은?

① 블론 아스팔트
② 로크 아스팔트
③ 레이크 아스팔트
④ 아스팔타이트

해설
1. 천연 아스팔트 : 록 아스팔트, 레이크 아스팔트, 아스팔트 타이트 2. 석유 아스팔트 : 스트레이트 아스팔트, 블론 아스팔트, 아스팔트 컴파운드, 아스팔트 프라이머, 코울타르, 피치

2. 아스팔트의 물리적 성질에 관한 설명으로 옳은 것은?

① 감온성은 블로운 아스팔트가 스트레이트 아스팔트보다 크다.
② 연화점은 블로운 아스팔트가 스트레이트 아스팔트보다 낮다.
③ 신장성은 스트레이트 아스팔트가 블로운 아스팔트보다 크다.
④ 점착성은 블로운 아스팔트가 스트레이트 아스팔트보다 크다.

문제 2 ~ 3 해설	
감온성, 신장성, 점착성은 스트레이트 아스팔트가 블로운 아스팔트보다 크고 연화점은 낮다.	
종류	**특징**
스트레이트 아스팔트	• 신장성이 우수하고 접착력과 방수성이 좋다. • 연화점이 낮으며 온도에 의한 감온성이 크다. • 지하실방수에 주로 쓰이고, 아스팔트루핑, 아스팔트펠트의 삼투용으로 사용된다.
블론 아스팔트	• 스트레이트아스팔트에 비해 신축성, 침입도, 방수성은 적다. • 연화점이 높고 온도에 의한 신도가 적다. • 내구력, 탄성이 크다. • 감온비가 적다. • 아스팔트콤파운드, 아스팔트프라이머 제조

3. 석유계 아스팔트로 점착성, 방수성은 우수하지만 연화점이 비교적 낮고 내후성 및 온도에 의한 변화 정도가 커 지하실 방수공사이외에 사용하지 않는 것은?

① 락 아스팔트(Rock asphalt)
② 블로운 아스팔트(Blown asphalt)
③ 아스팔트 컴파운드(Asphalt compound)
④ 스트레이트 아스팔트(Straight asphalt)

4. 방수공사에서 쓰이는 아스팔트의 양부(良否)를 판별하는 주요 성질과 거리가 먼 것은?

① 마모도
② 침입도
③ 신도(伸度)
④ 연화점

해설
아스팔트의 양부를 판별하는 시험 1. 연화점 2. 신도 3. 감온비 4. 침입도

5. 다음 중 역청재료의 침입도 값과 비례하는 것은?

① 역청재의 중량
② 역청재의 온도
③ 대기압
④ 역청재의 비중

해설
침입도 1. 아스팔트의 견고성을 나타내는 연도의 단위 2. 시험기를 사용하여 25℃에서 100g의 추를 5초 동안 바늘을 누를 때 0.1mm 들어 갈 때를 침입도 1로 한다. 3. 침입도가 적을수록 경질이다.

6. 역청재료의 침입도 시험에서 중량 100g의 표준침이 5초 동안에 10mm 관입했다면 이 재료의 침입도는?

① 1
② 10
③ 100
④ 1000

해설
① 시험기를 사용하여 25℃에서 100g의 추를 5초동안 바늘을 누를 때 0.1mm 들어 갈 때를 침입도 1로 한다. ② 0.1 : 1 = 10 : x   ∴ x = 100

정답 1 ① 2 ③ 3 ④ 4 ① 5 ② 6 ③

□□□ 12년4회, 15년1회, 18년4회, 21년2회

7. 아스팔트 방수시공을 할 때 바탕재와의 밀착용으로 사용하는 것은?

① 아스팔트 컴파운드　　② 아스팔트 모르타르
③ 아스팔트 프라이머　　④ 아스팔트 루핑

해설

아스팔트 프라이머
① 아스팔트를 휘발성 용제에 녹인 것으로 흑갈색 액체형태이다.
② 아스팔트 방수의 바탕처리재로서 모체 바탕과 방수층의 접착성을 향상시킨다.
③ 모체와 아스팔트방수층의 방수시공의 첫째 공정이다.

□□□ 19년2회

8. 아스팔트 제품에 관한 설명으로 옳지 않은 것은?

① 아스팔트 프라이머－블로운 아스팔트를 용제에 녹인 것으로 아스팔트 방수, 아스팔트 타일의 바탕처리재로 사용된다.
② 아스팔트 유제－블로운 아스팔트를 용제에 녹여 석면, 광물질분말, 안정제를 가하여 혼합한 것으로 점도가 높다.
③ 아스팔트 블록－아스팔트모르타르를 벽돌형으로 만든 것으로 화학공장의 내약품 바닥마감재로 이용된다.
④ 아스팔트 펠트－유기천연섬유 또는 석면섬유를 결합한 원지에 연질의 스트레이트 아스팔트를 침투시킨 것이다.

해설

아스팔트 유제
1. 스트레이트 아스팔트를 가열하여 액상으로 만들고 유화제와 안정제를 혼합하여 물속에 분산시켜 혼탁액으로 만든 것
2. 스프레이건으로 뿌려서 도포한다.

□□□ 18년1회

9. 아스팔트 루핑의 생산에 사용되는 아스팔트는?

① 록 아스팔트　　　　② 유제 아스팔트
③ 컷백 아스팔트　　　④ 블로운 아스팔트

해설

아스팔트 루핑
1. 아스팔트 펠트의 양면에 블로운 아스팔트를 피복한 다음, 그 표면에 활석, 운모, 석회석, 규조토 등의 미분말을 부착한 시트상의 제품
2. 평지붕의 방수층, 금속판 지붕깔기 바탕 등에 이용

□□□ 14년4회

10. 아스팔트계 방수재료에 대한 설명 중 틀린 것은?

① 아스팔트 프라이머는 블로운 아스팔트를 용제에 녹인 것으로 액상을 하고 있다.
② 아스팔트 펠트는 유기천연섬유 또는 석면섬유를 결합한 원지에 연질의 블로운 아스팔트를 침투시킨 것이다.
③ 아스팔트 루핑은 아스팔트 펠트의 양면에 블로운 아스팔트를 가열·용융시켜 피복한 것이다.
④ 아스팔트 컴파운드는 블로운 아스팔트의 성능을 개량하기 위해 동식물성 유지와 광물질분말을 혼입한 것이다.

해설

아스팔트 펠트는 유기천연섬유 또는 석면섬유를 결합한 원지에 스트레이트 아스팔트를 침투시킨 것이다.

□□□ 12년1회, 22년1회

11. 도료상태의 방수재를 바탕면에 여러 번 칠하여 얇은 수지피막을 만들어 방수효과를 얻는 것으로 에멜션형, 용제형, 에폭시계 형태의 방수공법은?

① 시트방수
② 도막방수
③ 침투성 도포방수
④ 시멘트 모르타르 방수

해설

도막방수
방수도료를 바탕면에 여러 번 칠하여 방수막을 만들어 방수효과를 얻는 것

□□□ 12년1회, 15년2회, 19년4회

12. 도막방수에 사용되지 않는 재료는?

① 염화비닐 도막재　　② 아크릴고무 도막재
③ 고무아스팔트 도막재　　④ 우레탄고무 도막재

해설

도막방수
① 방수도료를 여러번 칠하여 방수도막을 만드는 공법
② 도막재료 : 우레탄 고무계, 아크릴고무계, 고무아스팔트계, FRP 도막방수제

13. 지붕 및 일반바닥에 가장 일반적으로 사용되는 것으로 주제와 경화제를 일정 비율 혼합하여 사용하는 2성분형과 주제와 경화제가 이미 혼합된 1성분형으로 나누어지는 도막방수재는?

① 우레탄고무계 도막재
② FRP 도막재
③ 고무아스팔트계 도막재
④ 클로로프렌고무계 도막재

해설
우레탄고무계 도막재 ① 지붕, 일반 바닥, 벽 및 치켜올림 부위에 주로 사용한다. ② 종류 : 1성분형, 2성분형

핵심암기

건설안전기사
핵심암기모음집
건설안전기술

한솔아카데미

01. 건설안전 개요

01 건설공사의 안전관리

❶ 유해위험방지계획서를 제출해야 될 건설공사

① 지상높이가 31m 이상인 건축물 또는 인공구조물

② 연면적 30,000㎡ 이상인 건축물

③ 연면적 5,000㎡ 이상의 대상 시설

   ㉠ 문화 및 집회시설(전시장 및 동물원·식물원은 제외)

   ㉡ 판매시설, 운수시설(고속철도의 역사 및 집배송시설은 제외)

   ㉢ 종교시설, 의료시설 중 종합병원, 숙박시설 중 관광숙박시설, 지하도상가 또는 냉동·냉장창고시설의 건설·개조 또는 해체

   ㉣ 냉동·냉장창고시설의 설비공사 및 단열공사

④ 최대지간길이가 50m 이상인 교량건설 등 공사

⑤ 터널건설 등의 공사

⑥ 다목적댐·발전용댐 및 저수용량 2천만톤 이상의 용수전용댐·지방상수도 전용댐 건설 등의 공사

⑦ 깊이 10m 이상인 굴착공사

❷ 유해위험방지계획서의 확인 사항

① 유해·위험방지계획서의 내용과 실제공사 내용이 부합하는지 여부

② 유해·위험방지계획서 변경내용의 적정성

③ 추가적인 유해·위험요인의 존재 여부

  ※ 건설공사 중 6개월 이내마다 공단의 확인을 받아야 한다.

❸ 유해위험방지계획서의 첨부서류

① 공사개요 및 안전보건관리계획

   ㉠ 공사 개요서

   ㉡ 공사현장의 주변 현황 및 주변과의 관계를 나타내는 도면(매설물 현황을 포함한다)

   ㉢ 건설물, 사용 기계설비 등의 배치를 나타내는 도면

   ㉣ 전체 공정표

   ㉤ 산업안전보건관리비 사용계획

   ㉥ 안전관리 조직표

   ㉦ 재해 발생 위험 시 연락 및 대피방법

② 작업 공사 종류별 유해위험방지계획

02 지반의 안정성

❶ 현장의 토질시험방법

구분	내용
표준관입 시험	63.5kg의 추를 70~80cm(보통 75cm) 정도의 높이에서 자유 낙하시켜 sampler를 30cm 관입시킬 때의 타격회수(N)을 측정 하여 흙의 경·연 정도를 판정한다.
베인시험	연한 점토질 시험에 주로 쓰이는 방법으로 4개의 날개가 달린 베인테스터를 지반에 때려박고 회전시켜 저항 모멘트를 측정, 전단강도를 산출한다.
평판재하 시험	지반의 지지력을 알아보기 위한 방법으로 기초저면의 위치까지 굴착하고, 지반면에 평판을 놓고 직접 하중을 가하여 하중과 침하를 측정한다.

❷ 지반의 이상현상

① 보일링(Boiling)

구분	내용
현상	• 저면에 액상화현상(Quick Sand)이 일어난다. • 굴착면과 배면토의 수두차에 의한 침투압이 발생한다.
대책	• 주변수위를 저하시킨다. • 흙막이벽 근입도를 증가하여 동수구배를 저하시킨다. • 굴착토를 즉시 원상 매립한다. • 작업을 중지시킨다.

② 히빙(Heaving)

구분	내용
현상	• 지보공 파괴 • 배면 토사붕괴 • 굴착저면의 솟아오름
대책	• 굴착주변의 상재하중을 제거한다. • 시트 파일(Sheet Pile) 등의 근입심도를 검토한다. • 1.3m 이하 굴착시에는 버팀대(Strut)를 설치한다. • 버팀대, 브라켓, 흙막이를 점검한다. • 굴착방식을 개선(Island Cut 공법 등)한다.

03 산업안전보건관리비

❶ 안전관리비 대상액

구분	내용
대상액	직접재료비+간접재료비+직접노무비 ※ 발주자가 재료를 제공할 경우, 해당 재료비 포함
대상액이 구분되어 있지 않은 공사	도급계약 또는 자체사업계획 상의 총공사금액의 70%를 대상액으로 하여 안전관리비를 계상
발주자가 재료를 제공하거나 물품이 완제품의 형태로 제작 또는 납품되어 설치되는 경우	해당 재료비 또는 완제품 가액이 미포함된 대상액으로 계상한 안전관리비의 1.2배를 초과할 수 없다.

❷ 산업안전보건관리비의 계상기준표

대상액 공사종류	5억원 미만	5억원 이상 50억원 미만		50억원 이상	보건관리자 선임대상 공사
		비율	기초액		
일반건설공사(갑)	2.93(%)	1.86%	5,349,000원	1.97(%)	2.15(%)
일반건설공사(을)	3.09(%)	1.99%	5,499,000원	2.10(%)	2.29(%)
중 건 설 공 사	3.43(%)	2.35%	5,400,000원	2.44(%)	2.66(%)
철도·궤도신설공사	2.45(%)	1.57%	4,411,000원	1.66(%)	1.81(%)
특수및기타건설공사	1.85(%)	1.20%	3,250,000원	1.27(%)	1.38(%)

❸ 산업안전보건관리비의 사용기준
① 안전관리자 등의 인건비 및 각종 업무 수당 등
② 안전시설비 등
③ 개인보호구 및 안전장구 구입비 등
④ 사업장의 안전진단비
⑤ 안전보건교육비 및 행사비 등
⑥ 근로자의 건강관리비 등
⑦ 기술지도비
⑧ 본사 사용비

02. 건설 장비

01 굴삭 장비 등

❶ 주요 굴삭장비

종류	내용
드레그라인 (drag line)	작업범위가 광범위하고 수중굴착 및 연약한 지반의 굴착에 적합하고 기계가 위치한 면보다 낮은 곳 굴착에 가능하다.
클램쉘 (clamshell)	버킷의 유압호스를 클램셀장치의 실린더에 연결하여 작동시키며 수중굴착, 건축구조물의 기초 등 정해진 범위의 깊은 굴착 및 호퍼작업에 적합하다.
파워쇼벨 (Power shovel)	중기가 위치한 지면보다 높은 장소의 땅을 굴착하는데 적합하며, 산지에서의 토공사, 암반으로부터 점토질까지 굴착할 수 있다.
드레그쇼벨 (back hoe)	중기가 위치한 지면보다 낮은 곳의 땅을 파는데 적합하며, 수중굴착도 가능하다.

02 차량계 건설기계의 안전

❶ 차량계 건설기계의 안전조치

① 전조등의 설치(작업을 안전하게 수행하기 위하여 필요한 조명이 있는 장소에서 사용하는 경우 제외)

② 헤드가드의 설치

암석이 떨어질 우려가 있는 등 장소는 헤드가드를 설치한다.

③ 작업 시 승차석이 아닌 위치에 근로자를 탑승시켜서는 안된다.

④ 붐·암 등의 작업시 안전조치

구분	내용
수리·점검작업 작업시	안전지주 또는 안전블록 등을 사용
건설기계가 넘어지거나 붕괴될 위험 또는 붐·암의 파괴 위험방지	기계의 구조 및 사용상 안전도 및 최대사용하중을 준수

② 차량계 건설기계와 하역운반기계의 전도방지 조치

차량계 건설기계	차량계 하역운반기계
• 유도자 배치 • 지반의 부동침하 방지 • 갓길의 붕괴 방지 • 도로 폭의 유지	• 유도자 배치 • 지반의 부동침하 방지 • 갓길 붕괴 방지

③ 차량계 건설기계의 사전조사 및 작업계획서 내용

구분	내용
사전조사 내용	해당 기계의 전락(轉落), 지반의 붕괴 등으로 인한 근로자의 위험을 방지하기 위한 해당 작업장소의 지형 및 지반상태
작업계획서 내용	• 사용하는 차량계 건설기계의 종류 및 능력 • 차량계 건설기계의 운행경로 • 차량계 건설기계에 의한 작업방법

03 차량계 하역운반기계의 안전

❶ 차량계 하역운반 기계의 안전수칙

① 운전위치 이탈 시의 조치

㉠ 포크, 버킷, 디퍼 등의 장치를 가장 낮은 위치 또는 지면에 내려 둘 것

㉡ 원동기를 정지시키고 브레이크를 확실히 거는 등 갑작스러운 주행이나 이탈을 방지하기 위한 조치를 할 것

㉢ 운전석을 이탈하는 경우에는 시동키를 운전대에서 분리시킬 것. 다만, 운전석에 잠금장치를 하는 등 운전자가 아닌 사람이 운전하지 못하도록 조치한 경우에는 그러하지 아니하다.

② 차량계 하역운반기계등에 단위화물의 무게가 100kg 이상인 화물을 싣는 작업(로프 걸이 작업 및 덮개 덮기 작업을 포함) 또는 내리는 작업(로프 풀기 작업 또는 덮개 벗기기 작업을 포함)을 하는 경우, 해당 작업의 지휘자의 준수사항

㉠ 작업순서 및 그 순서마다의 작업방법을 정하고 작업을 지휘할 것

㉡ 기구와 공구를 점검하고 불량품을 제거할 것

㉢ 해당 작업을 장소에 관계 근로자가 아닌 사람의 출입을 금지시킬 것

㉣ 로프 풀기 작업 또는 덮개 벗기기 작업은 적재함의 화물이 떨어질 위험이 없음을 확인한 후에 하도록 할 것

❷ **구내운반차**

① 주행을 제동하거나 정지상태를 유지하기 위한 제동장치를 갖출 것

② 경음기를 갖출 것

③ 핸들의 중심에서 차체 바깥 측까지의 거리가 65cm 이상일 것

④ 운전석이 차 실내에 있는 것은 좌우에 한개씩 방향지시기를 갖출 것

⑤ 전조등과 후미등을 갖출 것(작업을 안전하게 하기 위하여 필요한 조명이 있는 장소에서 사용하는 경우 제외)

⑥ 구내운반차에 피견인차를 연결하는 경우에는 적합한 연결장치를 사용

03. 양중 및 해체공사의 안전

01 양중기의 종류 및 안전수칙

❶ 양중기의 종류와 방호장치

양중기의 종류	세부종류	방호장치
크레인	[호이스트(hoist) 포함]	과부하방지장치, 비상정지장치 및 제동장치, 그 밖의 방호장치[파이널 리미트 스위치, 속도조절기(조속기), 출입문인터록]
이동식 크레인	–	
리프트 (이삿짐운반용 리프트의 경우 적재하중이 0.1톤 이상인 것으로 한정한다.)	• 건설작업용 리프트 • 자동차 정비용 리프트 • 이삿짐운반용 리프트	
곤돌라	–	
승강기	• 승객용 엘리베이터 • 승객화물용 엘리베이터 • 화물용 엘리베이터 • 소형화물용 엘리베이터	

❷ 양중기의 안전 수칙

① 양중기(승강기는 제외한다.) 및 달기구를 사용하여 작업하는 운전자 또는 작업자가 보기 쉬운 곳에 해당 기계의 정격하중, 운전속도, 경고표시 등을 부착하여야 한다.

② 작업별 풍속에 따른 조치

기기의 종류	조 치
크레인, 양중기	• 순간풍속이 30m/s 초과 시 주행크레인의 이탈방지장치 작동
타워크레인	• 순간풍속 10m/s 초과 타워크레인의 설치, 수리, 점검, 해체작업 중지 • 순간풍속 15m/s 초과하는 경우에는 타워크레인 운전 작업 중지
리프트	• 순간풍속이 35m/s 초과 시 받침수의 증가(붕괴방지)
승강기	• 순간풍속이 35m/s 초과 시 옥외에 설치된 승강기에 대하여 도괴방지 조치

③ 크레인의 작업시작 전 점검사항

구분	내용
크레인	• 권과방지장치 · 브레이크 · 클러치 및 운전장치의 기능 • 주행로의 상측 및 트롤리(trolley)가 횡행하는 레일의 상태 • 와이어로프가 통하고 있는 곳의 상태
이동식 크레인	• 권과방지장치나 그 밖의 경보장치의 기능 • 브레이크 · 클러치 및 조정장치의 기능 • 와이어로프가 통하고 있는 곳 및 작업장소의 지반상태

❸ 양중기 와이어로프 등

① 와이어로프의 안전계수

   ㉠ 근로자가 탑승하는 운반구를 지지하는 달기와이어로프 또는 달기체인의 경우 : 10 이상

   ㉡ 화물의 하중을 직접 지지하는 달기와이어로프 또는 달기체인의 경우 : 5 이상

   ㉢ 훅, 샤클, 클램프, 리프팅 빔의 경우 : 3 이상

   ㉣ 그 밖의 경우 : 4 이상

② 와이어로프, 달기체인의 사용금지

구분	내용
이음매가 있는 와이어로프 등의 사용 금지	• 이음매가 있는 것 • 와이어로프의 한 꼬임에서 끊어진 소선(素線)의 수가 10퍼센트 이상(비자전 로프의 경우에는 끊어진 소선의 수가 와이어로프 호칭지름의 6배 길이 이내에서 4개 이상이거나 호칭지름 30배 길이 이내에서 8개 이상)인 것 • 지름의 감소가 공칭지름의 7퍼센트를 초과하는 것 • 꼬인 것 • 심하게 변형되거나 부식된 것 • 열과 전기충격에 의해 손상된 것
늘어난 달기체인의 사용 금지	• 달기 체인의 길이가 달기 체인이 제조된 때의 길이의 5퍼센트를 초과한 것 • 링의 단면지름이 달기 체인이 제조된 때의 해당 링의 지름의 10퍼센트를 초과하여 감소한 것 • 균열이 있거나 심하게 변형된 것

---

02 해체 작업의 안전

❶ 건물 해체공사의 사전조사 및 작업계획서

구분	내용
사전조사	해체건물 등의 구조, 주변 상황 등
작업계획서	• 해체의 방법 및 해체 순서도면 • 가설설비 · 방호설비 · 환기설비 및 살수 · 방화설비 등의 방법 • 사업장 내 연락방법 • 해체물의 처분계획 • 해체작업용 기계 · 기구 등의 작업계획서 • 해체작업용 화약류 등의 사용계획서 • 그 밖에 안전 · 보건에 관련된 사항

04. 건설재해 및 대책

01 추락 및 낙하 · 비래 재해예방

❶ 추락방호망의 설치 기준

① 추락방호망의 설치위치는 가능하면 작업 면으로부터 가까운 지점에 설치하여야 하며, 작업 면으로부터 망의 설치지점까지의 수직거리는 10m를 초과하지 아니할 것

② 추락방호망은 수평으로 설치하고, 망의 처짐은 짧은 변 길이의 12% 이상이 되도록 할 것

③ 건축물 등의 바깥쪽으로 설치하는 경우 망의 내민 길이는 벽면으로부터 3m 이상 되도록 할 것. 다만, 그물코가 20mm 이하인 추락방호망을 사용한 경우에는 낙하물방지망을 설치한 것으로 본다.

> **■ 낙하물 방지망의 설치기준**
>
> ① 설치높이는 10m 이내마다 설치하고, 내민길이는 벽면으로부터 2m 이상으로 할 것
> ② 수평면과의 각도는 20도 내지 30도를 유지할 것
> ③ 방지망의 겹침길이는 30cm 이상으로 하고 방지망과 방지망 사이에는 틈이 없도록 한다.

❷ 안전방망의 강도

방망사의 신품에 대한 인장강도

그물코의 크기 (단위 cm)	방망의 종류(단위:kg)	
	매듭없는 방망	매듭있는 방망
10	240	200
5		110

방망의 폐기시 인장 강도의 기준

그물코의 크기 (단위 : cm)	방망의 종류(단위:kg)	
	매듭없는 방망	매듭있는 방망
10	150	135
5		60

❸ 개구부 등의 방호조치

① 작업발판 및 통로의 끝이나 개구부로서 근로자가 추락할 위험이 있는 장소에는 안전난간, 울타리, 수직형 추락방망 또는 덮개 등의 방호 조치를 충분한 강도를 가진 구조로 튼튼하게 설치하여야 한다.

② 덮개를 설치하는 경우에는 뒤집히거나 떨어지지 않도록 설치하고 어두운 장소에서도 알아볼 수 있도록 개구부임을 표시하여야 한다.

③ 안전난간을 설치하기 곤란하거나 난간을 해체하는 경우 안전방망을 치거나 근로자에게 안전대를 착용하도록 하여야 한다.

④ 낙하 · 비래 재해의 예방대책

① 낙하물에 의한 위험의 방지

㉠ 낙하물 방지망, 수직보호망, 방호선반 설치

㉡ 출입금지구역의 설정

㉢ 보호구의 착용 등

② 투하설비

㉠ 높이가 3m 이상에서 물체를 투하하는 경우 투하설비를 설치

㉡ 감시인의 배치 등 필요한 조치를 하여야 한다.

02 붕괴재해의 예방

❶ 토석붕괴의 원인

구분	내용
외적 원인	• 사면, 법면의 경사 및 기울기의 증가 • 절토 및 성토 높이의 증가 • 공사에 의한 진동 및 반복 하중의 증가 • 지표수 및 지하수의 침투에 의한 토사 중량의 증가 • 지진, 차량, 구조물의 하중작용 • 토사 및 암석의 혼합층두께
내적 원인	• 절토 사면의 토질 · 암질 • 성토 사면의 토질구성 및 분포 • 토석의 강도 저하

❷ 굴착면의 기울기 기준

구분	지반의 종류	기울기	구분	지반의 종류	기울기
보통 흙	습지 건지	1 : 1 ~ 1 : 1.5 1 : 0.5 ~ 1 : 1	암반	풍화암 연암 경암	1 : 1.0 1 : 1.0 1 : 0.5

❸ **굴착작업의 사전조사와 작업계획서**

구분	내용
사전조사	• 형상 · 지질 및 지층의 상태 • 균열 · 함수(含水) · 용수 및 동결의 유무 또는 상태 • 매설물 등의 유무 또는 상태 • 지반의 지하수위 상태
작업계획서	• 굴착방법 및 순서, 토사 반출 방법 • 필요한 인원 및 장비 사용계획 • 매설물 등에 대한 이설 · 보호대책 • 사업장 내 연락방법 및 신호방법 • 흙막이 지보공 설치방법 및 계측계획 • 작업지휘자의 배치계획 • 그 밖에 안전 · 보건에 관련된 사항

❹ **터널굴착**

① 터널굴착 작업 시 자동경보장치의 작업 시작 전 점검 사항

　㉠ 계기의 이상 유무

　㉡ 검지부의 이상 유무

　㉢ 경보장치의 작동 상태

② 낙반 등에 의한 위험의 방지 조치

　㉠ 터널 지보공 및 록볼트의 설치

　㉡ 부석(浮石)의 제거

③ 출입구 부근 등의 지반 붕괴에 의한 위험의 방지

　㉠ 흙막이 지보공 설치

　㉡ 방호망을 설치

05. 건설 가시설물 설치기준

01 비계

❶ 비계의 벽이음 조립간격

비계의 종류	조립간격(단위 : m)	
	수직방향	수평방향
단관비계	5	5
틀비계	6	8
통나무 비계	5.5	7.5

❷ 통나무 비계

구 분	설치 기준 및 준수사항
비계기둥의 이음	• 겹침 이음 :이음 부분에서 1m 이상을 서로 겹쳐서 두 군데 이상을 묶는다. • 맞댄이음 : 비계 기둥을 쌍기둥틀로 하거나 1.8m 이상의 덧댐목으로 네 군데 이상을 묶을 것
작업발판	작업발판의 폭은 40cm 이상으로 할 것
침하방지	비계기둥의 하단부를 묻고, 밑둥잡이를 설치하거나 깔판을 사용하는 등의 조치를 할 것
비계 설치	지상높이 4층 이하 또는 12m 이하인 건축물·공작물 등의 건조·해체 및 조립 등의 작업

❸ 강관 비계

구 분	설치 기준 및 준수사항
비계기둥 간격	띠장 방향에서 1.85m 이하, 장선(長線)방향에서 1.5m 이하
띠장 간격	2m 이하(다만, 작업의 성질상 이를 준수하기 곤란하여 쌍기둥틀 등에 의하여 해당 부분을 보강한 경우 제외)
비계기둥 보강	제일 윗부분으로부터 31미터되는 지점 밑부분의 비계기둥은 2개의 강관으로 묶어 세울 것
비계기둥 간의 적재하중	400kg을 초과하지 않도록 할 것

❹ 달비계(곤돌라의 달비계는 제외)의 최대 적재하중을 정하는 경우 안전계수

분류	안전 계수
달기 와이어로프 및 달기 강선의 안전계수	10이상
달기 체인 및 달기 훅의 안전계수	5이상
달기 강대와 달비계의 하부 및 상부 지점의 안전계수	• 강재 : 2.5 이상 • 목재 : 5 이상

02 작업통로

❶ 계단참의 설치 간격
  ① 수직갱에 가설된 통로 : 길이가 15m 이상인 경우 10m 이내마다
  ② 건설공사에 사용하는 비계다리 : 높이 8m 이상인 경우 7m 이내마다
  ③ 경사로 : 높이 7m 이내마다
  ④ 사다리식 통로 : 길이가 10m 이상인 경우 5m 이내마다
  ⑤ 계단 : 높이 3m를 초과 시 3m이내마다(너비 1.2m)

❷ 작업통로의 설치기준
  ① 근로자가 안전하게 통행할 수 있도록 통로에 75럭스 이상의 채광 또는 조명시설을 하여야 한다.
  ② 안전한 통로를 설치하고 항상 사용할 수 있는 상태로 유지해야 한다.
  ③ 통로의 주요 부분에는 통로표시를 한다.
  ④ 통로면으로부터 높이 2m 이내에는 장애물이 없도록 하여야 한다.

❸ 경사로 설치, 사용시 준수 사항

① 시공하중 또는 폭풍, 진동 등 외력에 대하여 안전하도록 설계해야 한다.

② 경사로의 폭은 최소 90cm 이상이어야 한다.

③ 높이 7m 이내마다 계단참을 설치하여야 한다.

④ 추락방지용 안전난간을 설치하여야 한다.

⑤ 목재는 미송, 육송 또는 그 이상의 재질을 가진 것이어야 한다.

⑥ 경사로 지지기둥은 3m 이내마다 설치하여야 한다.

⑦ 발판은 폭 40cm 이상으로 하고, 틈은 3cm 이내로 설치하여야 한다.

⑧ 발판은 이탈하거나 한쪽 끝을 밟으면 다른쪽이 들리지 않게 장선에 결속

⑨ 결속용 못이나 철선이 발에 걸리지 않아야 한다.

⑩ 비탈면의 경사각은 30° 이내로 한다.

❹ 안전난간

① 안전난간의 구성

상부 난간대, 중간 난간대, 발끝막이판 및 난간기둥

② 난간의 설치 기준

㉠ 상부 난간대는 바닥면·발판 또는 경사로의 바닥면으로부터 90센티미터 이상 지점에 설치한다.

㉡ 상부 난간대를 120센티미터 이하에 설치하는 경우 : 중간 난간대는 상부 난간대와 바닥면등의 중간에 설치

㉢ 상부 난간대를 120센티미터 이상 지점에 설치하는 경우 : 중간 난간대를 2단 이상으로 균등하게 설치하고 난간의 상하 간격은 60센티미터 이하가 되도록 할 것

㉣ 계단의 개방된 측면에 설치된 난간 기둥 사이가 25cm 이하인 경우에는 중간 난간대를 설치하지 아니할 수 있다.

㉤ 상부 난간대와 중간 난간대는 난간 길이 전체에 걸쳐 바닥면등과 평행을 유지할 것

㉥ 난간대는 지름 2.7cm 이상의 금속제 파이프나 그 이상의 강도가 있는 재료일 것

㉦ 안전난간은 구조적으로 가장 취약한 지점에서 가장 취약한 방향으로 작용하는 100kg 이상의 하중에 견딜 수 있는 튼튼한 구조일 것

03 거푸집 및 동바리

❶ 거푸집동바리등의 안전조치 사항

① 침하의 방지 : 깔목의 사용, 콘크리트 타설, 말뚝박기 등

② 개구부 상부에 동바리를 설치하는 경우에는 상부하중을 견딜 수 있는 견고한 받침대를 설치할 것

③ 동바리의 상하 고정 및 미끄러짐 방지 조치를 하고, 하중의 지지상태를 유지할 것

④ 동바리의 이음은 맞댄이음이나 장부이음으로 하고 같은 품질의 재료를 사용할 것

⑤ 강재와 강재의 접속부 및 교차부는 볼트·클램프 등 전용철물을 사용하여 단단히 연결할 것

⑥ 거푸집이 곡면인 경우에는 버팀대의 부착 등 그 거푸집의 부상(浮上)을 방지하기 위한 조치를 할 것

⑦ 동바리로 사용하는 강관 [파이프 서포트(pipe support) 제외한다]

  ㉠ 높이 2m 이내마다 수평연결재를 2개 방향으로 만들고 수평연결재의 변위를 방지할 것

  ㉡ 멍에 등을 상단에 올릴 경우에는 해당 상단에 강재의 단판을 붙여 멍에 등을 고정시킬 것

⑧ 동바리로 사용하는 파이프 서포트

  ㉠ 파이프 서포트를 3개 이상이어서 사용하지 않도록 할 것

  ㉡ 파이프 서포트를 이어서 사용하는 경우에는 4개 이상의 볼트 또는 전용철물을 사용하여 이을 것

  ㉢ 높이가 3.5m를 초과하는 경우에는 높이 2m 이내마다 수평연결재를 2개 방향으로 만들고 수평연결재의 변위를 방지할 것

⑨ 동바리로 사용하는 강관틀

  ㉠ 강관틀과 강관틀 사이에 교차가새를 설치할 것

  ㉡ 최상층 및 5층 이내마다 거푸집 동바리의 측면과 틀면의 방향 및 교차가새의 방향에서 5개 이내마다 수평연결재를 설치하고 수평연결재의 변위를 방지할 것

  ㉢ 최상층 및 5층 이내마다 거푸집동바리의 틀면의 방향에서 양단 및 5개틀 이내마다 교차가새의 방향으로 띠장틀을 설치할 것

  ㉣ 멍에 등을 상단에 올릴 경우에는 해당 상단에 강재의 단판을 붙여 멍에 등을 고정시킬 것

01 콘크리트 구조물공사의 안전

❶ 콘크리트의 타설작업 시 준수사항

① 당일 작업을 시작하기 전에 해당 작업에 관한 거푸집동바리등의 변형·변위 및 지반의 침하 유무 등을 점검하고 이상이 있으면 보수할 것

② 작업 중에는 거푸집동바리등의 변형·변위 및 침하 유무 등을 감시할 수 있는 감시자를 배치하여 이상이 있으면 작업을 중지하고 근로자를 대피시킬 것

③ 콘크리트 타설작업 시 거푸집 붕괴의 위험이 발생할 우려가 있으면 충분한 보강조치를 할 것

④ 설계상의 콘크리트 양생기간을 준수하여 거푸집동바리등을 해체할 것

⑤ 콘크리트를 타설하는 경우에는 편심이 발생하지 않도록 골고루 분산하여 타설할 것

❷ 측압이 커지는 조건

① 기온이 낮을수록(대기중의 습도가 낮을수록) 크다.

② 치어 붓기 속도가 클수록 크다.

③ 묽은 콘크리트 일수록(물·시멘트비가 클수록, 슬럼프 값이 클수록, 시멘트·물비가 적을수록) 크다.

④ 콘크리트의 비중이 클수록 크다.

⑤ 콘크리트의 다지기가 강할수록 크다.

⑥ 철근양이 작을수록 크다.

⑦ 거푸집의 수밀성이 높을수록 크다.

⑧ 거푸집의 수평단면이 클수록(벽 두께가 클수록) 크다.

⑨ 거푸집의 강성이 클수록 크다.

⑩ 거푸집의 표면이 매끄러울수록 크다.

⑪ 생콘크리트의 높이가 높을수록 커진다.

⑫ 응결이 빠른 시멘트를 사용할 경우 크다.

02 철골 공사의 안전

❶ 구조안전의 위험이 큰 철골구조물로 건립 중 강풍에 의한 풍압등 외압에 대한 내력이 설계에 고려되었는지 확인 사항

① 높이 20m 이상의 구조물
② 구조물의 폭과 높이의 비가 1 : 4 이상인 구조물
③ 단면구조에 현저한 차이가 있는 구조물
④ 연면적당 철골량이 50kg/㎡ 이하인 구조물
⑤ 기둥이 타이플레이트(tie plate)형인 구조물
⑥ 이음부가 현장용접인 구조물

❷ 철골작업 시 위험방지

구분	내용
조립 시의 위험방지	철골을 조립하는 경우에 철골의 접합부가 충분히 지지되도록 볼트를 체결하거나 이와 같은 수준 이상의 견고한 구조가 되기 전에는 들어 올린 철골을 걸이로프 등으로부터 분리해서는 아니 된다.
승강로의 설치	근로자가 수직방향으로 이동하는 철골부재(鐵骨部材)에는 답단(踏段) 간격이 30센티미터 이내인 고정된 승강로를 설치하여야 하며, 수평방향 철골과 수직방향 철골이 연결되는 부분에는 연결작업을 위하여 작업발판 등을 설치하여야 한다.
가설통로의 설치	철골작업을 하는 경우에 근로자의 주요 이동통로에 고정된 가설통로를 설치하여야 한다. (다만, 안전대의 부착설비 등을 갖춘 경우에는 그러하지 아니하다.)
철골작업의 제한	• 풍속이 초당 10m 이상인 경우 • 강우량이 시간당 1mm 이상인 경우 • 강설량이 시간당 1cm 이상인 경우

07. 운반 및 하역작업

❶ 취급운반의 원칙

구분	내용
3원칙	• 운반거리를 단축시킬 것 • 운반을 기계화 할 것 • 손이 닿지 않는 운반방식으로 할 것
5원칙	• 직선운반을 할 것 • 연속운반을 할 것 • 운반 작업을 집중화시킬 것 • 생산을 최고로 하는 운반을 생각할 것 • 최대한 시간과 경비를 절약할 수 있는 운반방법을 고려할 것

❷ 인력으로 철근을 운반할 때의 준수사항

① 1인당 무게는 25kg 정도가 적절하며, 무리한 운반을 삼가 한다.

② 2인 이상이 1조가 되어 어깨메기로 하여 운반한다.

③ 긴 철근을 부득이 한 사람이 운반할 때에는 한쪽을 어깨에 메고 한쪽 끝을 끌면서 운반하여야 한다.

④ 운반할 때에는 양끝을 묶어 운반하여야 한다.

⑤ 내려놓을 때는 천천히 내려놓고 던지지 않아야 한다.

⑥ 공동 작업을 할 때에는 신호에 따라 작업을 하여야 한다.

02 하역작업의 안전

❶ 하역작업 시 안전

① 섬유로프 등의 꼬임이 끊어진 것이나 심하게 손상 또는 부식된 것을 사용하지 않는다.

② 바닥으로부터의 높이가 2m 이상 되는 하적단은 인접 하적단의 간격을 하적단의 밑 부분에서 10cm 이상으로 하여야 한다.

③ 바닥으로부터 높이가 2m 이상인 하적단 위에서 작업을 하는 때에는 추락 등에 의한 근로자의 위험을 방지하기 위하여 해당 작업에 종사하는 근로자로 하여금 안전모 등의 보호구를 착용하도록 하여야 한다.

❷ 항만하역작업

① 통행설비의 설치 등

갑판의 윗면에서 선창(船倉) 밑바닥까지의 깊이가 1.5미터를 초과하는 선창의 내부에서 화물취급작업을 하는 경우에 그 작업에 종사하는 근로자가 안전하게 통행할 수 있는 설비를 설치하여야 한다.(안전하게 통행할 수 있는 설비가 선박에 설치되어 있는 경우제외)

② 선박승강설비의 설치

㉠ 300톤급 이상의 선박에서 하역작업을 하는 경우에 근로자들이 안전하게 오르내릴 수 있는 현문(舷門) 사다리를 설치하여야 하며, 이 사다리 밑에 안전망을 설치하여야 한다.

㉡ 현문 사다리는 견고한 재료로 제작된 것으로 너비는 55센티미터 이상이어야 하고, 양측에 82센티미터 이상의 높이로 방책을 설치하여야 하며, 바닥은 미끄러지지 않도록 적합한 재질로 처리되어야 한다.

㉢ 현문 사다리는 근로자의 통행에만 사용하여야 하며, 화물용 발판 또는 화물용 보판으로 사용하도록 해서는 아니 된다.

MEMO

건설안전 개요

이 장은 건설공사의 일반적 안전관리와 유해위험방지계획서의 작성, 토공계획 및 지반의 이상현상과 대책, 건설업산업안전보건관리비의 사용 등으로 구성되며 유해위험방지계획서의 작성기준과 지반의 특성 등에 대해 주로 출제된다.

01 건설공사의 안전관리

[건설공사관리의 5요소]

(1) 공정관리
(2) 품질관리
(3) 원가관리
(4) 환경관리
(5) 안전관리

(1) 건설공사 재해분석

① 건설재해의 발생 유형 비교

작업형태	재해유형의 발생 비율
전체 건설현장의 재해	추락 〉 감김 〉 끼임 〉 충돌
비계 · 구조물 해체공사	낙하 〉 비래 〉 전도 〉 추락
지붕판금 · 건축물 설치공사	낙하 〉 비래 〉 작업관련 질병 〉 전도

[관련법령]

산업안전보건법 시행규칙 별표1【건설업체 산업재해발생률 및 산업재해 발생 보고 의무 위반건수의 산정기준과 방법】

② 건설업의 산업재해발생률

건설업의 산업재해발생률은 사고사망만인율로 산출한다.

$$사고사망만인율(‰) = \frac{사고사망자수}{상시\,근로자수} \times 10,000$$

① 사고사망자 수의 산정

1) 산정 대상 연도의 1월 1일부터 12월 31일까지의 기간 동안 해당 업체가 시공하는 국내의 건설 현장(자체사업의 건설 현장은 포함한다. 이하 같다)에서 사고사망재해를 입은 근로자 수를 합산하여 산출한다.

2) 산업재해조사표를 제출하지 않아 고용노동부장관이 산업재해 발생연도 이후에 산업재해가 발생한 사실을 알게 된 경우에는 그 알게 된 연도의 사고사망자 수로 산정한다.

② 상시 근로자수의 산정

$$상시\,근로자수 = \frac{연간\,국내공사\,실적액 \times 노무비율}{건설업\,월평균\,임금 \times 12}$$

③ 건설업의 위험도 산정

구분	내용
위험도 산정	위험도＝사고 발생빈도×사고 발생강도
건설업 위험도 산정방법	• 발생빈도 ＝ $\dfrac{해당공종재해자수}{당해연도전체재해자수} \times 100\%$ • 발생강도 ＝ $\dfrac{요양일수환산지수합계}{해당공종재해자수} \times 100\%$
신 위험도 산정방법	위험도 ＝ $\dfrac{해당공종재해자수}{해당공종별총근로자수} \times \dfrac{해당공종총요양일수}{해당공종재해자수}$ ＝ $\dfrac{해당공정총요양일수}{해당공종별근로자수}$

(2) 건설재해의 일반적 예방대책

① 안전을 고려한 설계를 할 것
② 무리하지 않는 공정계획으로 할 것
③ 안전관리 체제를 확립할 것
④ 작업지시 단계에서 안전사항을 철저히 할 것
⑤ 작업자의 안전의식을 강화할 것
⑥ 관리 · 감독자를 지정할 것
⑦ 악천후 시 작업을 중지할 것
⑧ 작업자 외의 자의 출입을 금지할 것
⑨ 고소작업 시 방호조치를 할 것
⑩ 건설기계의 충돌 · 협착 방지할 것
⑪ 거푸집 동바리 및 비계 등 가설 구조물의 붕괴 · 도괴를 방지할 것
⑫ 낙하 · 비래에 의한 위험방지 조치를 할 것
⑬ 전기기계 · 기구에 의한 감전예방 조치를 할 것
⑭ 상 · 하부의 동시작업을 금지할 것

(3) 안전관리계획

건설업자와 주택건설등록업자는 안전점검 및 안전관리조직 등 건설공사의 안전관리계획을 수립하고, 착공 전에 이를 발주자에게 제출하여 승인을 받아야 한다. (발주청이 아닌 발주자는 미리 안전관리계획의 사본을 인 · 허가 기관의 장에게 제출하여 승인을 받아야 한다.)

① 안전관리계획 수립 대상 건설공사
  ㉠ 1종시설물 및 2종시설물의 건설공사
  ㉡ 지하 10미터 이상을 굴착하는 건설공사
  ㉢ 폭발물을 사용하는 건설공사로서 20미터 안에 시설물이 있거나 100미터 안에 사육하는 가축이 있어 해당 건설공사로 인한 영향을 받을 것이 예상되는 건설공사

[건설공사 안전관리(安全管理)순서]
계획(Plan) → 실시(Do) → 검토(Check) → 조치(Action)

[관련법령]
건설기술 진흥법 제62조【건설공사의 안전관리】

[시설물의 정의]
시설물의 안전 및 유지관리에 관한 특별법상 시설물의 정의

구분	내용
1종 시설물	도로 · 철도 · 항만 · 댐 · 교량 · 터널 · 건축물 등 공중의 이용편의와 안전을 도모하기 위하여 특별히 관리할 필요가 있거나 구조상 유지관리에 고도의 기술이 필요하다고 인정하여 대통령령으로 정하는 시설물
2종 시설물	1종시설물 외의 시설물로서 대통령령으로 정하는 시설물

ⓔ 10층 이상 16층 미만인 건축물의 건설공사

ⓜ 10층 이상인 건축물의 리모델링 또는 해체공사

ⓑ 수직증축형 리모델링

ⓢ 다음에 해당하는 건설기계가 사용되는 건설공사

- 천공기(높이가 10미터 이상인 것만 해당한다)
- 항타 및 항발기
- 타워크레인

ⓞ 다음의 가설구조물을 사용하는 건설공사

- 높이가 31미터 이상인 비계
- 작업발판 일체형 거푸집 또는 높이가 5미터 이상인 거푸집 및 동바리
- 터널의 지보공(支保工) 또는 높이가 2미터 이상인 흙막이 지보공
- 동력을 이용하여 움직이는 가설구조물
- 그 밖에 발주자 또는 인·허가기관의 장이 필요하다고 인정하는 가설구조물

ⓩ 발주자가 안전관리가 특히 필요하다고 인정하는 건설공사

ⓒ 해당 지방자치단체의 조례로 정하는 건설공사 중에서 인·허가기관의 장이 안전관리가 특히 필요하다고 인정하는 건설공사

[관련법령]
건설기술 진흥법 시행령 제99조【안전관리 계획의 수립 기준】

② 안전관리계획 수립 기준

㉠ 건설공사의 개요 및 안전관리조직

㉡ 공정별 안전점검계획(계측장비 및 폐쇄회로 텔레비전 등 안전 모니터링 장비의 설치 및 운용계획이 포함되어야 한다)

㉢ 공사장 주변의 안전관리대책(건설공사 중 발파·진동·소음이나 지하수 차단 등으로 인한 주변지역의 피해방지대책과 굴착공사로 인한 위험징후 감지를 위한 계측계획을 포함한다)

㉣ 통행안전시설의 설치 및 교통 소통에 관한 계획

㉤ 안전관리비 집행계획

㉥ 안전교육 및 비상시 긴급조치계획

㉦ 공종별 안전관리계획(대상 시설물별 건설공법 및 시공절차를 포함한다)

[건설 공사의 안전성(安全性)검토]
근로자의 안전을 확보하기 위하여 유해·위험 방지 계획서에 의하여 안전에 관한 사전 검토를 실시하는 것

(4) 유해위험방지계획서

① 유해위험방지계획서를 제출해야 될 건설공사

㉠ 지상높이가 31m 이상인 건축물 또는 인공구조물

㉡ 연면적 30,000㎡ 이상인 건축물

㉢ 연면적 5,000㎡ 이상의 대상 시설

- 문화 및 집회시설(전시장 및 동물원·식물원은 제외)
- 판매시설, 운수시설(고속철도의 역사 및 집배송시설은 제외)
- 종교시설, 의료시설 중 종합병원, 숙박시설 중 관광숙박시설, 지하도상가 또는 냉동·냉장창고시설의 건설·개조 또는 해체
- 냉동·냉장창고시설의 설비공사 및 단열공사

[유해·위험방지 계획의 제출]
사업주는 공사의 착공전일까지 유해·위험방지 계획서를 한국산업안전보건공단 관할 지역본부 및 지도원에 2부를 제출하여야 한다.

ㄹ. 최대지간길이가 50m 이상인 교량건설 등 공사

ㅁ. 터널건설 등의 공사

ㅂ. 다목적댐 · 발전용댐 및 저수용량 2천만톤 이상의 용수전용댐 · 지방상수도 전용댐 건설 등의 공사

ㅅ. 깊이 10m 이상인 굴착공사

② 유해위험방지계획서의 확인 사항

ㄱ. 유해 · 위험방지계획서의 내용과 실제공사 내용이 부합하는지 여부

ㄴ. 유해 · 위험방지계획서 변경내용의 적정성

ㄷ. 추가적인 유해 · 위험요인의 존재 여부

※ 건설공사 중 6개월 이내마다 공단의 확인을 받아야 한다.

③ 유해 위험방지계획서의 첨부서류

ㄱ. 공사개요 및 안전보건관리계획

- 공사 개요서
- 공사현장의 주변 현황 및 주변과의 관계를 나타내는 도면(매설물 현황을 포함한다)
- 건설물, 사용 기계설비 등의 배치를 나타내는 도면
- 전체 공정표
- 산업안전보건관리비 사용계획
- 안전관리 조직표
- 재해 발생 위험 시 연락 및 대피방법

ㄴ. 작업 공사 종류별 유해위험방지계획

대상공사	작업 공사 종류	대상공사	작업 공사 종류
1. 건축물, 인공구조물 건설 등의 공사	• 가설공사 • 구조물공사 • 마감공사 • 기계설비공사 • 해체공사 등	4. 터널건설 등의 공사	• 가설공사 • 굴착 및 발파공사 • 구조물공사
2. 냉동 · 냉장 창고 시설의 설비공사 및 단열공사	• 가설공사 • 단열공사 • 기계설비공사	5. 댐 건설 등의 공사	• 가설공사 • 굴착 및 발파공사 • 댐 축조공사
3. 교량 건설 등의 공사	• 가설공사 • 하부공공사 • 상부공공사	6. 굴착공사	• 가설공사 • 굴착 및 발파공사 • 흙막이 지보공 공사

[관련법령]
• 산업안전보건법 시행령 제42조【유해위험방지계획서 제출 대상】
• 산업안전보건법 시행규칙 제46조【확인】
• 산업안전보건법 시행규칙 별표10【유해위험방지계획서 첨부서류】

01 핵심문제   1. 건설공사의 안전관리

□□□ 12년4회, 17년1회

1. 건설공사 시공단계에 있어서 안전관리의 문제점에 해당되는 것은?

① 발주자의 조사, 설계 발주능력 미흡
② 용역자의 조사, 설계능력 부실
③ 발주자의 감독 소홀
④ 사용자의 시설 운영관리 능력 부족

해설

①항, 계획단계
②항, 설계단계
③항, 시공단계에서는 발주자의 감리, 안전관리 감독 소홀로 인하여 재해가 발생될 수 있다.
④항, 운영단계

□□□ 10년1회, 11년4회, 19년4회

2. 공사용 가설도로를 설치하는 경우 준수해야 할 사항으로 옳지 않은 것은?

① 도로는 장비와 차량이 안전하게 운행할 수 있도록 견고하게 설치한다.
② 도로는 배수에 관계없이 평탄하게 설치한다.
③ 도로와 작업장이 접하여 있을 경우에는 방책 등을 설치한다.
④ 차량의 속도제한 표지를 부착한다.

해설

사업주는 공사용 가설도로를 설치하는 경우에 다음 각 호의 사항을 준수하여야 한다.
1. 도로는 장비와 차량이 안전하게 운행할 수 있도록 견고하게 설치할 것
2. 도로와 작업장이 접하여 있을 경우에는 방책 등을 설치할 것
3. 도로는 배수를 위하여 경사지게 설치하거나 배수시설을 설치할 것
4. 차량의 속도제한 표지를 부착할 것

[참고] 산업안전보건기준에 관한 규칙 제379조 [가설도로]

□□□ 08년2회, 11년2회, 11년4회, 16년1회, 16년2회, 18년4회

3. 유해 · 위험방지계획서를 제출해야 할 대상 공사에 대한 설명으로 잘못된 것은?

① 지상 높이가 31m 이상인 건축물 또는 공작물의 건설, 개조 또는 해체공사
② 최대지간 길이가 50m 이상인 교량건설 등의 공사

③ 다목적댐 · 발전용댐 및 저수용량 2천만톤 이상의 용수전용댐 건설 등의 공사
④ 깊이가 5m 이상인 굴착공사

해설

위험방지계획서를 제출해야 될 건설공사
1. 지상높이가 31미터 이상인 건축물 또는 인공구조물, 연면적 3만 제곱미터 이상인 건축물 또는 연면적 5천 제곱미터 이상의 문화 및 집회시설(전시장 및 동물원 · 식물원은 제외한다), 판매시설, 운수시설(고속철도의 역사 및 집배송시설은 제외한다), 종교시설, 의료시설 중 종합병원, 숙박시설 중 관광숙박시설, 지하도상가 또는 냉동 · 냉장창고시설의 건설 · 개조 또는 해체
2. 연면적 5천제곱미터 이상의 냉동 · 냉장창고시설의 설비공사 및 단열공사
3. 최대지간길이가 50미터 이상인 교량건설 등 공사
4. 터널건설 등의 공사
5. 다목적댐 · 발전용댐 및 저수용량 2천만 톤 이상의 용수전용댐 · 지방상수도 전용댐 건설 등의 공사
6. 깊이 10미터 이상인 굴착공사

[참고] 산업안전보건법 시행령 제42조 [유해위험방지계획서 제출 대상]

□□□ 19년1회, 19년4회, 21년2회

4. 건설업 중 교량건설 공사의 경우 유해위험방지계획서를 제출하여야 하는 기준으로 옳은 것은?

① 최대 지간길이가 70m 이상인 교량건설 공사
② 최대 지간길이가 50m 이상인 교량건설 공사
③ 최대 지간길이가 60m 이상인 교량건설 공사
④ 최대 지간길이가 40m 이상인 교량건설 공사

□□□ 20년1,2회

5. 사업주가 유해 · 위험방지 계획서 제출 후 건설공사 중 6개월 이내마다 안전보건공단의 확인사항을 받아야 할 내용이 아닌 것은?

① 유해 · 위험방지 계획서의 내용과 실제공사 내용이 부합하는지 여부
② 유해 · 위험방지 계획서 변경 내용의 적정성
③ 자율안전관리 업체 유해 · 위험방지 계획서 제출 · 심사 면제
④ 추가적인 유해 · 위험요인의 존재 여부

해설

사업주가 유해 · 위험방지 계획서 제출 후 건설공사 중 6개월 이내마다 안전보건공단의 확인사항을 받아야 할 내용
1. 유해 · 위험방지 계획서의 내용과 실제공사 내용이 부합하는지 여부
2. 유해 · 위험방지 계획서 변경 내용의 적정성
3. 추가적인 유해 · 위험요인의 존재 여부

[참고] 산업안전보건법 시행규칙 제124조 [확인]

정답 1 ③ 2 ② 3 ④ 4 ② 5 ③

□□□ 13년4회, 16년1회, 21년4회

6. 유해 · 위험방지 계획서 제출 시 첨부서류에 해당하지 않는 것은?

① 교통처리계획
② 안전관리 조직표
③ 공사개요서
④ 공사현장의 주변현황 및 주변과의 관계를 나타내는 도면

문제 6 ~ 8 해설

유해 · 위험방지 계획서 제출 시 첨부서류
1. 공사 개요서
2. 공사현장의 주변 현황 및 주변과의 관계를 나타내는 도면(매설물 현황을 포함한다)
3. 건설물, 사용 기계설비 등의 배치를 나타내는 도면
4. 전체 공정표
5. 산업안전보건관리비 사용계획
6. 안전관리 조직표
7. 재해 발생 위험 시 연락 및 대피방법

□□□ 17년2회

7. 유해 · 위험방지계획서 첨부서류에 해당되지 않는 것은?

① 안전관리를 위한 교육자료
② 안전관리 조직표
③ 건설물, 사용 기계설비 등의 배치를 나타내는 도면
④ 재해 발생 위험 시 연락 및 대피방법

□□□ 17년1회, 20년4회

8. 유해위험방지 계획서를 제출하려고 할 때 그 첨부서류와 가장 거리가 먼 것은?

① 공사개요서
② 산업안전보건관리비 작성요령
③ 전체공정표
④ 재해 발생 위험 시 연락 및 대피방법

해설

산업안전보건관리비 작성요령이 아니라 사용계획이 포함된다.

02 지반의 안정성

[토공사]

[아터버그 한계]

토양의 수분함량에 따라 외력과 변형에 대한 저항성이 달라진다. 이 때 형태변화를 수분함량을 기준으로 액성한계, 소성한계 등으로 구분하는 것을 Albert Atterberg의 이름을 따서 아터버그 한계라고 한다.

(1) 토공사의 진행

구분	내용
시공계획	공사계획을 파악하고 지형, 지질, 기상, 주변환경 등의 현지조사
시공작업	조건에 적합한 시공법, 적절한 공정을 설정하고 경제적인 작업
시공법	가설계획, 사용장비, 장비의 종류, 작업계획 등을 검토, 선정

(2) 흙의 특성

① 흙의 간극비, 함수비, 포화도의 관계식

- 간극비 $= \dfrac{\text{공극(공기와 물)의 체적}}{\text{토립자(흙)의 체적}}$

- 함수비 $= \dfrac{\text{물의 중량}}{\text{토립자(흙)의 중량}}, \left(\dfrac{\text{흙의 습윤단위중량}}{\text{흙의 건조단위중량}} - 1\right) \times 100$

- 함수율 $= \dfrac{\text{물의 중량}}{\text{토립자 + 물의 중량}} \times 100\%$

- 포화도 $= \dfrac{\text{물의 체적}}{\text{공극의 체적}}$

- 예민비 $= \dfrac{\text{자연시료의 강도}}{\text{이긴시료의 강도}}$

[흙의 휴식각]

흙의 휴식각

② 흙의 休息角(Angle of repose) 안식각, 자연경사각

흙 입자간의 응집력, 부착력을 무시한때 즉, 마찰력만으로써 중력에 의하여 정지되는 흙의 사면각도 (터파기 경사각은 휴식각의 2배로 한다.)

토 질	휴식각	파기경사각
모 래	30~45°	60°
보통흙	25~45°	50°
자 갈	30~38°	60°
진 흙	35°	70°
암 반	−	−

(3) 지반의 조사

기초의 설계 및 기초 시공하는데 필요한 지하수위, 토질 등의 자료를 얻기 위하여 조사를 실시한다.

① 지반의 조사방법

구분	내용
터파보기	비교적 가벼운 건물 또는 지층이 매우 단단한 지반을 지름 60~90cm, 깊이 2~3m 정도로 우물을 파듯이 파보아 지층 및 용수량 등을 조사한다.
짚어보기 (철봉에 의한 검사)	소규모 건축물의 조사 방법으로 끝이 뾰족한 지름 9mm 정도의 철봉을 인력으로 꽂아 내리고 그 때의 손의 촉감으로 지반의 경·연질 상태, 지내력 등을 측정한다.
시추조사(Boring)	굴착용 기계를 이용하여 지반에 구멍을 뚫고 지층 각 부분의 흙을 채취, 흙의 성질 및 지층상태를 판단

② 시추조사(Boring)방법의 종류

종류	내용
충격식 보링 (Percussion boring)	와이어로프 끝에 비트(Bit)를 달아 60~70cm, 정도로 움직여 구멍 밑에 낙하충격을 주어 파쇄된 토사를 베일러 (Bailer)로 퍼내어 지층상태를 판단한다.
수세식 보링 (Wash boring)	30m 정도의 연질층에 사용되는 방법으로 외관 50~65mm, 내관 25mm 정도인 관을 땅속에 때려박고 내관 끝의 압축기를 구동, 물을 뿜게 함으로써 내관 밑의 토사를 씻어 올려 지상의 침전통에 침전시켜 지층상태를 판단 한다.
회전식 보링 (Rotary boring)	비트(Bit)를 약 40~150rpm의 속도로 회전시켜, 흙을 펌프를 이용하여 지상으로 퍼내 지층상태를 판단하는 가장 정확한 방법이다.
오우거 보링 (Auger boring)	작업현장에서 인력으로 간단하게 실시할 수 있는 방법으로 사질토의 경우에는 3~4m, 보통 지층에서는 10m 정도의 깊이로 토사를 채취한다.

[입자에 따른 흙의 분류]

(1) 조립토
  ① 자갈 : 2.0mm 이상
  ② 굵은 모래 : 0.25~2.0mm
  ③ 잔모래 : 0.5~0.25mm
(2) 세립토
  ① 실트 : 0.001~0.075mm
  ② 점토 : 0.001~0.005mm
  ③ 콜로이드 : 0.001mm 이하

[쿨롱의 방정식]

$\tau = C + \sigma \tan\phi$

τ : 흙의 전단강도(kg/cm^2)

C : 흙의 점착력(kg/cm^2)

σ : 유효 수직응력(kg/cm^2)

ϕ : 흙의 내부 마찰각(전단 저항각)

※ 점토 $\tau = C$

  사질토 $\tau = \sigma \tan\phi$

[흙의 전단응력을 증대시키는 원인]

① 인공 또는 자연력에 의한 지하공동의 형성
② 사면의 구배가 자연구배보다 급경사일 때
③ 지진, 폭파, 기계 등에 의한 진동 및 충격
④ 함수량의 증가에 따른 흙의 단위체적 중량의 증가

[전단시험의 종류]
(1) 직접전단시험
    ① 일면전단시험
    ② 베인테스트시험
(2) 간접전단시험
    ① 일축압축시험
    ② 삼축압축시험

[표준관입시험]

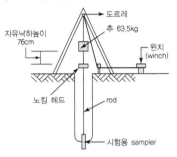

[베인테스트]

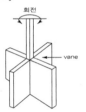

[표준관입시험 표기방법]
(1) 타입횟수(회) / 관입깊이(cm)
(2) 예) 3/30
    - 3회 타입으로 30cm 관입

(4) 토질시험방법

채취한 흙시료로 토질시험을 실시하여 그 시험조사를 기초로 비탈면의 안정 해석으로 토압을 산정하여 설계, 시공에 직접 필요한 흙의 성질을 구하기 위한 것이 토질시험이다.

① 토질시험의 분류

구분	내용
밀도시험	입도, 밀도, 함수비, 진비중, 액성 및 소성한계, 현장함수당량, 원심함수당량시험등
화학시험	함유수분의 시험 등을 필요에 따라 화학분석으로 행한다.
역학시험	표준관입시험, 전단시험, 압밀시험, 투수시험, 다짐시험, 단순압축시험, 지반의 지지력시험등
기타 시험	물리적 지하탐사시험, 전기적 지하탐사시험등

② 현장의 토질시험방법

구분	내용
표준관입시험	63.5kg의 추를 70~80cm(보통 75cm) 정도의 높이에서 자유 낙하시켜 sampler를 30cm 관입시킬 때의 타격회수(N)을 측정하여 흙의 경·연 정도를 판정한다.
베인시험	연한 점토질 시험에 주로 쓰이는 방법으로 4개의 날개가 달린 베인테스터를 지반에 때려박고 회전시켜 저항 모멘트를 측정, 전단강도를 산출한다.
평판재하시험	지반의 지지력을 알아보기 위한 방법으로 기초저면의 위치까지 굴착하고, 지반면에 평판을 놓고 직접 하중을 가하여 하중과 침하를 측정한다.

표준 관입 시험의 N값과 상대밀도

모래 지반의 N값	점토질 지반의 N값	상대 밀도(g/cm²)
0~4	0~2	매우 느슨하다.
4~10	2~4	느슨하다.
10~30	4~8	보통이다.
30~50	8~15	단단하다
50 이상	15~30	매우 다진 상태이다.
~	30 이상	경질(hard)

- **평판 재하 시험방법**
  ① 시험은 예정기초의 저면에서 행한다.
  ② 시험용 재하판은 정방형 또는 원형의 면적 0.2m² 의 것을 표준으로 한다.
  ③ 매회 재하는 1t 이하 또는 예정파괴하중의 1/5 이하로 하고 침하가 멎을 때까지의 그 침하량을 측정한다.
  ④ 침하의 증가가 2시간에 0.1mm의 비율 이하일 때는 침하가 정지된 것으로 본다.
  ⑤ 단기하중에 대한 허용내력은 총침하량이 2cm에 도달했을때 또는 침하량이 2cm 이하라도 침하곡선이 항복상태를 보일 때로 한다.
  ⑥ 장기하중에 대한 허용내력은 단기하중이 1/20이다.

[언더 피닝 공법]
기존 구조물에 근접하여 시공할 때 기존 구조물을 보호하기 위한 공법으로 기초 하부를 보강하는 공법

(5) 연약지반 개량공법

구분	내용
점성토 지반개량공법	• 치환공법 : 폭파치환, 굴착공법 • 압밀공법(재하공법) : 프리로딩, 압성토, 사면선단 재하공법 • 탈수공법 : 페이퍼드레인, 샌드드레인, 팩드레인, 모래말뚝공법 • 배수공법 : Deep Well, Well Point • 고결공법 : 생석회 말뚝, 동결, 소결공법
사질토 지반개량공법	• Vibro Floatation(진동다짐공법) • 폭파다짐공법 • 동(압밀)다짐공법 • 약액주입공법 • 전기충격공법 • 다짐모래말뚝공법

[보일링(Boiling)]

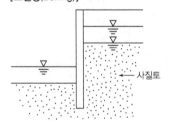

사질토

(6) 지반의 이상현상

① 보일링(Boiling)
사질토 지반을 굴착시, 굴착부와 지하수위차가 있을 경우, 수두차에 의하여 침투압이 생겨 흙막이벽 근입부분을 침식하는 동시에, 모래가 액상화되어 솟아오르며 흙막이벽의 근입부가 지지력을 상실하여 흙막이공의 붕괴를 초래하는 현상

구분	내용
현상	• 저면에 액상화현상(Quick Sand)이 일어난다. • 굴착면과 배면토의 수두차에 의한 침투압이 발생한다.
대책	• 주변수위를 저하시킨다. • 흙막이벽 근입도를 증가하여 동수구배를 저하시킨다. • 굴착토를 즉시 원상 매립한다. • 작업을 중지시킨다.

[히빙(Heaving)]

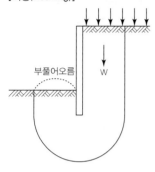

부풀어오름

W

[파이핑]

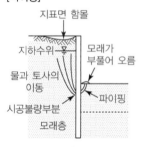

지표면 함몰
지하수위
물과 토사의 이동
시공불량부분
모래가 부풀어 오름
파이핑
모래층

[동상현상]

기온이 영하로 내려가면 흙속의 빈틈에 있는 물이 동결하여 흙속에 빙층이 형성되기 때문에 지표면이 떠오르는 현상

② 히빙(Heaving)

연약성 점토지반 굴착시 흙막이 벽 뒤쪽 흙의 중량이 굴착부 바닥의 지지력 이상이 되면서 흙막이벽 근입(根入) 부분의 지반 이동이 발생하여 굴착부 저면이 솟아오르는 현상

구분	내용
현상	• 지보공 파괴 • 배면 토사붕괴 • 굴착저면의 솟아오름
대책	• 굴착주변의 상재하중을 제거한다. • 시트 파일(Sheet Pile) 등의 근입심도를 검토한다. • 1.3m 이하 굴착시에는 버팀대(Strut)를 설치한다. • 버팀대, 브라켓, 흙막이를 점검한다. • 굴착방식을 개선(Island Cut 공법 등)한다.

③ 파이핑(piping)

㉠ 흙막이 벽이 수밀성이 부족하여 흙막이 벽에 파이프 모양으로 물의 통로가 생겨 매면의 흙이 물과 함께 유실되는 현상

㉡ 방지 대책
• 치수성 높은 흙막이 설치
• 지하수위 저하

02 핵심문제　　　2. 지반의 안정성

□□□ 18년2회

1. 흙의 간극비를 나타낸 식으로 옳은 것은?

① $\dfrac{공기+물의\ 체적}{흙+물의\ 체적}$

② $\dfrac{공기+물의\ 체적}{흙의\ 체적}$

③ $\dfrac{물의\ 체적}{물+흙의\ 체적}$

④ $\dfrac{공기+물의\ 체적}{공기+흙+물의\ 체적}$

해설

흙은 토립자 간극으로 구성되고 간극은 물과 공기로 구성되어 있으며, 간극비란 흙 입자의 용적에 대한 간극용적의 비를 말한다.

$$간극비 = \dfrac{간극(공기와\ 물)의\ 체적}{토립자(흙)의\ 체적}$$

□□□ 14년2회, 17년1회, 21년1회

2. 흙의 투수계수에 영향을 주는 인자에 대한 내용으로 옳지 않은 것은?

① 공극비 : 공극비가 클수록 투수계수는 작다.
② 포화도 : 포화도가 클수록 투수계수도 크다.
③ 유체의 점성계수 : 점성계수가 클수록 투수계수는 작다.
④ 유체의 밀도 : 유체의 밀도가 클수록 투수계수는 크다.

해설

공극비란 전체 부피에 대한 입자 사이의 빈 공간의 부피이므로, 공극비가 클수록 투수계수는 크다.

□□□ 16년2회, 19년4회

3. 토질시험 중 액체 상태의 흙이 건조되어 가면서 액성, 소성, 반고체, 고체 상태의 경계선과 관련된 시험의 명칭은?

① 아터버그 한계시험　　② 압밀 시험
③ 삼축압축시험　　④ 투수시험

해설

토양의 수분함량에 따라 외력과 변형에 대한 저항성이 달라진다. 이 때 형태변화를 수분함량을 기준으로 액성한계, 소성한계 등으로 구분하는 것을 Albert Atterberg의 이름을 따서 아터버그한계라고 한다.

□□□ 11년2회, 11년4회, 16년4회

4. 흙속의 전단응력을 증대시키는 원인이 아닌 것은?

① 굴착에 의한 흙의 일부 제거
② 지진, 폭파에 의한 진동
③ 함수비의 감소에 따른 흙의 단위체적 중량의 감소
④ 외력의 작용

해설

흙의 전단응력을 증대시키는 원인
① 인공 또는 자연력에 의한 지하공동의 형성
② 사면의 구배가 자연구배보다 급경사일 때
③ 지진, 폭파, 기계 등에 의한 진동 및 충격
④ 함수량의 증가에 따른 흙의 단위체적 중량의 증가

□□□ 12년1회, 20년3회

5. 토질시험 중 연약한 점토 지반의 점착력을 판별하기 위하여 실시하는 현장시험은?

① 베인테스트　　② 표준관입시험
③ 하중재하시험　　④ 삼축압축시험

해설

베인시험(Vane test)시험이란 연한 점토질 시험에 주로 쓰이는 방법으로 4개의 날개가 달린 베인테스터를 지반에 때려박고 회전시켜 저항 모멘트를 측정, 전단강도를 산출한다.

□□□ 15년4회

6. 표준관입시험에서 30cm 관입에 필요한 타격회수(N)가 50 이상일 때 모래의 상대밀도는 어떤 상태인가?

① 몹시 느슨하다.　　② 느슨하다.
③ 보통이다.　　④ 대단히 조밀하다.

해설

표준관입시험

모래 지반의 N값	점토질 지반의 N값	상대 밀도(g/cm²)
0~4	0~2	매우 느슨하다.
4~10	2~4	느슨하다.
10~30	4~8	보통이다.
30~50	8~15	단단하다
50 이상	15~30	매우 다진 상태이다.
~	30 이상	경질(hard)

정답 1 ② 2 ① 3 ① 4 ③ 5 ① 6 ④

□□□ 14년1회
7. 표준관입시험에 대한 내용으로 옳지 않은 것은?

① N치(N-value)는 지반을 30cm 굴진하는데 필요한 타격횟수를 의미한다.
② 50/3의 표기에서 50은 굴진수치, 3은 타격횟수를 의미한다.
③ 63.5kg 무게의 추를 76cm 높이에서 자유낙하 하여 타격하는 시험이다.
④ 사질지반에 적용하며, 점토지반에서는 편차가 커서 신뢰성이 떨어진다.

해설

50/3의 표기에서 50은 타격횟수, 3은 굴진수치를 의미한다.

□□□ 08년4회, 09년2회, 13년2회, 15년1회, 16년1회
8. 연약한 점토지반의 개량 공법으로 적절하지 않은 것은?

① 샌드드레인(Sand drain) 공법
② 생석회 말뚝(Chemico pile) 공법
③ 페이퍼드레인(Paper drain) 공법
④ 바이브로 플로테이션(Vibro flotation) 공법

해설

연약지반 개량 공법	
점성토 지반개량공법	• 치환공법 : 폭파치환, 굴착공법 • 압밀공법(재하공법) : 프리로딩, 압성토, 사면선단 재하공법 • 탈수공법 : 페이퍼드레인, 샌드드레인, 팩드레인, 모래말뚝공법 • 배수공법 : Deep Well, Well Point • 고결공법 : 생석회 말뚝, 동결, 소결공법
사질토 지반개량공법	• Vibro Floatation(진동다짐공법) • 동(압밀)다짐공법 • 폭파다짐공법 • 전기충격공법 • 약액주입공법 • 다짐모래말뚝공법

□□□ 08년1회, 15년1회
9. 흙막이공의 파괴 원인 중 보일링(boiling) 현상이 주된 원인이 되는 경우가 있다. 보일링 현상에 관한 설명으로 틀린 것은?

① 지하수위가 높은 지반을 굴착할 때 주로 발생한다.
② 연약 사질토 지반에서 주로 발생한다.

③ 시트파일(sheet pile) 등의 저면에 분사현상이 발생한다.
④ 연약 점토지반에서 굴착면의 융기로 발생한다.

문제 9 ~ 10 해설

보일링은 사질토지반의 이상현상이다.

[참고] 보일링이란 사질토 지반을 굴착시, 굴착부와 지하수위차가 있을 경우, 수두차에 의하여 침투압이 생겨 흙막이벽 근입부분을 침식하는 동시에, 모래가 액상화되어 솟아오르며 흙막이벽의 근입부가 지지력을 상실하여 흙막이공의 붕괴를 초래하는 현상이다.

□□□ 18년2회
10. 지반에서 나타나는 보일링(boiling) 현상의 직접적인 원인으로 볼 수 있는 것은?

① 굴착부와 배면부의 지하수위의 수두차
② 굴착부와 배면부의 흙의 중량차
③ 굴착부와 배면부의 흙의 함수비차
④ 굴착부와 배면부의 흙의 토압차

□□□ 10년4회, 13년2회
11. 흙막이 붕괴원인 중 보일링(boiling) 현상이 발생하는 원인에 관한 설명으로 틀린 것은?

① 지반을 굴착 시, 굴착부와 지하수위 차가 있을 때 주로 발생한다.
② 굴착저면에서 액상화 현상에 기인하여 발생한다.
③ 연약 사질토 지반의 경우 주로 발생한다.
④ 연약 점토질 지반에서 배면토의 중량이 굴착부 바닥의 지지력 이상이 되었을 때 주로 발생한다.

해설

④항, 히빙(Heaving)현상에 관한 사항이다.

□□□ 09년2회, 13년1회
12. 점토지반의 토공사에서 흙막이 밖에 있는 흙이 안으로 밀려 들어와 내측흙이 부풀어 오르는 현상은?

① 보일링(boiling)　　② 히빙(heaving)
③ 파이핑(piping)　　④ 액상화

해설

히빙(Heaving)이란 굴착이 진행됨에 따라 흙막이 벽 뒤쪽 흙의 중량이 굴착부 바닥의 지지력 이상이 되면 흙막이벽 근입(根入) 부분의 지반 이동이 발생하여 굴착부 저면이 솟아오르는 현상이다.

정답　7 ②　8 ④　9 ④　10 ①　11 ④　12 ②

13. 흙막이 벽을 설치하여 기초 굴착작업 중 굴착부 바닥이 솟아올랐다. 이에 대한 대책으로 옳지 않은 것은?

① 굴착주변의 상재하중을 증가시킨다.
② 흙막이 벽의 근입깊이를 깊게 한다.
③ 토류벽의 배면토압을 경감시킨다.
④ 지하수 유입을 막는다.

문제 13 ~ 14 해설

히빙(Heaving) 현상 방지대책
1. 굴착주변의 상재하중을 제거한다.
2. 시트 파일(Sheet Pile) 등의 근입심도를 검토한다.
3. 1.3m 이하 굴착 시에는 버팀대(Strut)를 설치한다.
4. 버팀대, 브라켓, 흙막이를 점검한다.
5. 굴착주변을 웰 포인트(Well Point) 공법과 병행한다.
6. 굴착방식을 개선(Island Cut 공법 등)한다.

---

14. 히빙(Heaving) 현상 방지대책으로 옳지 않은 것은?

① 흙막이 벽체의 근입깊이를 깊게 한다.
② 흙막이 벽체 배면의 지반을 개량하여 흙의 전단강도를 높인다.
③ 부풀어 솟아오르는 바닥면의 토사를 제거한다.
④ 소단을 두면서 굴착한다.

15. 연약지반에서 발생하는 히빙(Heaving)현상에 관한 설명 중 옳지 않은 것은?

① 저면에 액상화 현상이 나타난다.
② 배면의 토사가 붕괴된다.
③ 지보공이 파괴된다.
④ 굴착저면이 솟아오른다.

해설

④항. 저면이 액상화되는 것은 보일링(Boiling)현상이다.

---

16. 물이 결빙되는 위치로 지속적으로 유입되는 조건에서 온도가 하강함에 따라 토중수가 얼어 생성된 결빙 크기가 계속 커져 지표면이 부풀어 오르는 현상은?

① 압밀침하(consolidation settlement)
② 연화(frost boil)
③ 지반경화(hardening)
④ 동상(frost heave)

해설

동상현상이란 기온이 영하로 내려가면 흙속의 빈틈에 있는 물이 동결하여 흙속에 빙층이 형성되고 지표면에 떠오르는 현상이다.

---

03 산업안전보건관리비

(1) 안전관리비의 적용

① 안전관리비 대상액

구분	내용
대상액	직접재료비+간접재료비+직접노무비 ※ 발주자가 재료를 제공할 경우, 해당 재료비 포함
대상액이 구분되어 있지 않은 공사	도급계약 또는 자체사업계획 상의 총공사금액의 70%를 대상액으로 하여 안전관리비를 계상
발주자가 재료를 제공하거나 물품이 완제품의 형태로 제작 또는 납품되어 설치되는 경우	해당 재료비 또는 완제품 가액이 미포함된 대상액으로 계상한 안전관리비의 1.2배를 초과할 수 없다.

② 안전관리비 적용범위

㉠ 총공사금액 2,000만원 이상인 공사에 적용

㉡ 단가계약에 의해 행하는 공사로 총계약금액 기준적용대상
- 전기공사업법에 따른 전기공사로서 고압 또는 특별고압 작업으로 이루어지는 공사
- 정보통신공사업법에 따른 정보통신공사로서 지하맨홀, 관로 또는 통신주에서 작업이 이루어지는 정보통신 설비공사

(2) 산업안전보건관리비의 계상 및 사용

① 공사종류 및 규모별 안전관리비 계상기준표

대상액 공사종류	5억원 미만	5억원 이상 50억원 미만		50억원 이상	보건 관리자 선임대상 공사
		비율	기초액		
일반건설공사(갑)	2.93(%)	1.86%	5,349,000원	1.97(%)	2.15(%)
일반건설공사(을)	3.09(%)	1.99%	5,499,000원	2.10(%)	2.29(%)
중건설공사	3.43(%)	2.35%	5,400,000원	2.44(%)	2.66(%)
철도·궤도신설공사	2.45(%)	1.57%	4,411,000원	1.66(%)	1.81(%)
특수및기타건설공사	1.85(%)	1.20%	3,250,000원	1.27(%)	1.38(%)

② 공사진척에 따른 안전관리비 사용기준

공정율	50% 이상 70% 미만	70% 이상 90% 미만	90% 이상
사용기준	50% 이상	70% 이상	90% 이상

[건설공사의 종류]

(1) 일반건설공사(갑)
- 건축물 등의 건설공사
- 도로신설공사
- 기타 건설공사

(2) 일반건설공사(을)
각종의 기계·기구장치 등의 설치 공사

(3) 중 건설공사
고제방(댐), 수력발전시설, 터널 등을 신설하는 공사

(4) 철도·궤도신설공사

(5) 특수 및 기타 건설공사
- 건설산업기본법에 의한 준설공사, 조경공사, 택지조성공사(경지정리공사 포함), 포장공사
- 전기공사업법에 의한 전기공사
- 정보통신공사업법에 의한 정보통신공사

[산업안전보건관리비 사용명세서]

산업안전보건관리비를 사용하는 건설공사의 금액이 4천만원 이상일 때에는 매월 사용명세서를 작성하고 건설공사 종료 후 1년 동안 보존해야 한다.

[보건관리자 선임대상 건설공사]

(1) 공사금액 800억원(토목공사업 1천억이상) 이상 또는 상시근로자 600명이상

(2) 1,400억원 증가할 때마다 또는 상시근로자 600명이 추가될 때마다 1명씩 추가

(3) 산업안전보건관리비의 사용기준

① 안전관리자 등의 인건비 및 각종 업무 수당 등

  ㉠ 전담 안전·보건관리자의 인건비, 업무수행 출장비

  ㉡ 건설용리프트의 운전자 인건비

  ㉢ 공사장 내의 양중기·건설기계 등의 움직임으로부터 주변 작업자를 보호하기 위한 유도자 또는 신호자의 인건비

  ㉣ 비계 설치 또는 해체, 고소작업대 작업 시 낙하물 위험예방을 위한 하부통제 등 공사현장의 특성에 따라 근로자 보호만을 목적으로 배치된 유도자 및 신호자의 인건비

  ㉤ 작업을 직접 지휘·감독하는 관리감독자가 안전보건업무를 수행하는 경우에 지급하는 업무수당(월 급여액의 10% 이내)

[산업안전보건관리비의 효율적인 사용을 위해 고용노동부 장관이 정하는 사항]

(1) 사업의 규모별·종류별 계상 기준

(2) 건설공사의 진척 정도에 따른 사용비율 등 기준

(3) 그 밖에 산업안전보건관리비의 사용에 필요한 사항

산업안전보건법 제72조【건설공사 등의 산업안전보건관리 계상 등】

■ **관리·감독자 안전보건업무 수행 시 수당지급 작업**

- 건설용 리프트·곤돌라를 이용한 작업
- 콘크리트 파쇄기를 사용하는 파쇄작업 (2m 이상인 구축물 파쇄에 한정)
- 굴착 깊이가 2m 이상인 지반의 굴착작업
- 흙막이지보공의 보강, 동바리 설치 또는 해체작업
- 터널 안에서의 굴착작업, 터널거푸집의 조립 또는 콘크리트 작업
- 굴착면의 깊이가 2m 이상인 암석 굴착 작업
- 거푸집지보공의 조립 또는 해체작업
- 비계의 조립, 해체 또는 변경작업
- 건축물의 골조, 교량의 상부구조 또는 탑의 금속제의 부재에 의하여 구성되는 것(5m 이상에 한정)의 조립, 해체 또는 변경작업
- 콘크리트 공작물(높이 2m 이상에 한정)의 해체 또는 파괴 작업
- 전압이 75V 이상인 정전 및 활선작업
- 맨홀작업, 산소결핍장소에서의 작업
- 도로에 인접하여 관로, 케이블 등을 매설하거나 철거하는 작업
- 전주 또는 통신주에서의 케이블 공중가설작업
- 위험방지가 특히 필요한 작업

---

② 안전시설비 등

각종 안전표지·경보 및 유도시설, 감시 시설, 방호장치, 안전·보건시설 및 그 설치비용(시설의 설치·보수·해체 시 발생하는 인건비 등 경비를 포함)

③ 개인보호구 및 안전장구 구입비 등

  ㉠ 각종 개인 보호장구의 구입·수리·관리 등에 소요되는 비용

  ㉡ 안전보건 관계자 식별용 의복 및 안전·보건관리자 및 안전보건보조원 전용 업무용 기기에 소요되는 비용(근로자가 작업에 필요한 안전화·안전대·안전모를 직접 구입·사용하는 경우 지급하는 보상금을 포함한다.)

④ 사업장의 안전진단비
 ㉠ 자율적으로 외부전문가 또는 전문기관을 활용하여 실시하는 각종 진단, 검사, 심사, 시험, 자문, 작업환경측정, 유해·위험방지계획서의 작성·심사·확인에 소요되는 비용
 ㉡ 자체적으로 실시하기 위한 작업환경 측정장비 등의 구입·수리·관리 등에 소요되는 비용
 ㉢ 전담 안전·보건관리자용 안전순찰차량의 유류비·수리비·보험료 등의 비용

⑤ 안전보건교육비 및 행사비 등
 ㉠ 안전보건교육에 소요되는 비용(현장내 교육장 설치비용을 포함)
 ㉡ 안전보건관계자의 교육비, 자료 수집비 및 안전기원제·안전보건행사에 소요되는 비용(기초안전보건교육에 소요되는 교육비·출장비·수당을 포함 단, 수당은 교육에 소요되는 시간의 임금을 초과할 수 없다.)

⑥ 근로자의 건강관리비 등
 ㉠ 근로자의 건강관리에 소요되는 비용
 ㉡ 작업의 특성에 따라 근로자 건강보호를 위해 소요되는 비용

⑦ 기술지도비
재해예방전문지도기관에 지급하는 기술지도 비용

■ 기술지도의 횟수
기술지도는 공사기간 중 월 2회 이상 실시하여야 하고, 건설재해예방 기술지도비가 계상된 안전관리비 총액의 20%를 초과하는 경우에는 그 이내에서 기술지도 횟수를 조정할 수 있다.

⑧ 본사 사용비
 ㉠ 안전만을 전담으로 하는 별도 조직을 갖춘 건설업체의 본사에서 사용하는 사용항목
 ㉡ 본사 안전전담부서의 안전전담직원 인건비·업무수행 출장비(계상된 안전관리비의 5%를 초과할 수 없다.)

■ 안전전담부서
안전관리자의 자격을 갖춘 사람 1명 이상을 포함하여 3명 이상의 안전전담직원으로 구성된 안전만을 전담하는 과 또는 팀 이상의 별도조직

■ 본사 사용비 총액
본사에서 안전관리비를 사용하는 경우 1년간(1.1~12.31) 본사 안전관리비 실행예산과 사용금액은 전년도 미사용금액을 합하여 5억원을 초과할 수 없다.

(4) 산업안전보건관리비의 사용불가

① 공사 도급내역서 상에 반영되어 있는 경우

② 다른 법령에서 의무사항으로 규정하고 있는 경우

③ 작업방법 변경, 시설 설치 등이 근로자의 안전·보건을 일부 향상시킬 수 있는 경우라도 시공이나 작업을 용이하게 하기 위한 목적이 포함된 경우

④ 환경관리, 민원 또는 수방대비 등 다른 목적이 포함된 경우

⑤ 근로자의 근무여건 개선, 복리·후생 증진, 사기진작 등의 목적이 포함된 경우

(5) 안전관리비의 항목별 사용 불가내역

1. 안전관리자 등의 인건비 및 각종 업무 수당 등

(1) 안전·보건관리자의 인건비 등
- 안전·보건관리자의 업무를 전담하지 않는 경우(유해·위험방지계획서 제출 대상 건설공사에 배치하는 안전관리자가 다른 업무와 겸직하는 경우의 인건비는 제외)
- 지방고용노동관서에 선임 신고하지 아니한 경우
- 안전관리자의 자격을 갖추지 아니한 경우
- ※ 선임의무가 없는 경우에도 실제 선임·신고한 경우에는 사용할 수 있음

(2) 유도자 또는 신호자의 인건비
- 시공, 민원, 교통, 환경관리 등 다른 목적을 포함하는 등의 인건비
  - 공사 도급내역서에 유도자 또는 신호자 인건비가 반영된 경우
  - 타워크레인 등 양중기를 사용할 경우 자재운반을 위한 유도 또는 신호
  - 원활한 공사수행을 위하여 사업장 주변 교통정리, 민원 및 환경 관리 등의 목적이 포함되어 있는 경우
  - ※ 도로 확·포장 공사 등에서 차량의 원활한 흐름을 위한 유도자 또는 신호자, 공사현장 진·출입로 등에서 차량의 원활한 흐름 또는 교통통제를 위한 교통정리 신호수 등

(3) 안전·보건보조원의 인건비
- 전담 안전·보건관리자가 선임되지 아니한 현장의 경우
- 보조원이 안전·보건관리업무 외의 업무를 겸임하는 경우
- 경비원, 청소원, 폐자재 처리원 등 산업안전·보건과 무관하거나 사무보조원(안전보건관리자의 사무를 보조하는 경우를 포함한다)의 인건비

2. 안전시설비 등

원활한 공사수행을 위해 공사현장에 설치하는 시설물, 장치, 자재, 안내·주의·경고 표지 등과 공사 수행 도구·시설이 안전장치와 일체형인 경우 등에 해당하는 경우 그에 소요되는 구입·수리 및 설치·해체 비용 등

(1) 원활한 공사수행을 위한 가설시설, 장치, 도구, 자재 등
  • 외부인 출입금지, 공사장 경계표시를 위한 가설울타리
  • 각종 비계, 작업발판, 가설계단·통로, 사다리 등
  ※ 안전발판, 안전통로, 안전계단 등과 같이 명칭에 관계없이 공사 수행에 필요한 가시설들은 사용 불가. (비계·통로·계단에 추가 설치하는 추락 방지용 안전난간, 사다리 전도방지장치, 틀비계에 별도로 설치하는 안전난간·사다리, 통로의 낙하물방호선반 등은 사용 가능)
  • 절토부 및 성토부 등의 토사유실 방지를 위한 설비
  • 작업장 간 상호 연락, 작업 상황 파악 등 통신수단으로 활용되는 통신시설·설비
  • 공사 목적물의 품질 확보 또는 건설장비 자체의 운행 감시, 공사 진척상황 확인, 방법 등의 목적을 가진 CCTV 등 감시용 장비

(2) 소음·환경관련 민원예방, 교통통제 등을 위한 각종 시설물, 표지
  • 건설현장 소음방지를 위한 방음시설, 분진망 등 먼지·분진 비산 방지시설
  • 도로 확·포장공사, 관로공사, 도심지 공사 등에서 공사차량 외의 차량유도, 안내·주의·경고 등을 목적으로 하는 교통안전시설물
  ※ 공사안내·경고 표지판, 차량유도등·점멸등, 라바콘, 현장경계휀스, PE드럼 등
  • 기계·기구 등과 일체형 안전장치의 구입비용
  ※ 기성제품에 부착된 안전장치 고장 시 수리 및 교체비용은 사용 가능.
  ※ 기성제품에 부착된 안전장치 : 톱날과 일체식으로 제작된 목재가공용 둥근톱의 톱날접촉예방장치, 플러그와 접지 시설이 일체식으로 제작된 접지형플러그 등
  • 공사수행용 시설과 일체형인 안전시설

(3) 동일 시공업체 소속의 타 현장에서 사용한 안전시설물을 전용하여 사용할 때의 자재비(운반비는 안전관리비로 사용할 수 있다)

3. 개인보호구 및 안전장구 구입비 등

근로자 재해나 건강장해 예방 목적이 아닌 근로자 식별, 복리·후생적 근무여건 개선·향상, 사기 진작, 원활한 공사수행을 목적으로 하는 장구의 구입·수리·관리 등에 소요되는 비용

(1) 안전·보건관리자가 선임되지 않은 현장에서 안전·보건업무를 담당하는 현장관계자용 무전기, 카메라, 컴퓨터, 프린터 등 업무용 기기

(2) 근로자 보호 목적으로 보기 어려운 피복, 장구, 용품 등
  • 작업복, 방한복, 면장갑, 코팅장갑 등
  • 근로자에게 일률적으로 지급하는 보냉·보온장구(핫팩, 장갑, 아이스조끼, 아이스팩 등을 말한다) 구입비
  ※ 다만, 혹한·혹서에 장기간 노출로 인해 건강장해를 일으킬 우려가 있는 경우 특정 근로자에게 지급하는 기능성 보호 장구는 사용 가능함
  • 감리원이나 외부에서 방문하는 인사에게 지급하는 보호구

4. 사업장의 안전진단비

다른 법 적용사항이거나 건축물 등의 구조안전, 품질관리 등을 목적으로 하는 점검 등에 소요되는 비용

- 「건설기술진흥법」, 「건설기계관리법」 등 다른 법령에 따른 가설구조물 등의 구조검토, 안전점검 및 검사, 차량계 건설기계의 신규등록·정기·구조변경·수시·확인검사 등
- 「전기사업법」에 따른 전기안전대행 등
- 「환경법」에 따른 외부 환경 소음 및 분진 측정 등
- 민원 처리 목적의 소음 및 분진 측정 등 소요비용
- 매설물 탐지, 계측, 지하수 개발, 지질조사, 구조안전검토 비용 등 공사 수행 또는 건축물 등의 안전 등을 주된 목적으로 하는 경우
- 공사도급내역서에 포함된 진단비용
- 안전순찰차량(자전거, 오토바이를 포함한다) 구입·임차 비용
   ※ 안전·보건관리자를 선임·신고하지 않은 사업장에서 사용하는 안전순찰차량의 유류비, 수리비, 보험료 또한 사용할 수 없음

5. 안전보건교육비 및 행사비 등

산업안전보건법령에 따른 안전보건교육, 안전의식 고취를 위한 행사와 무관한 항목에 소요되는 비용

(1) 해당 현장과 별개 지역의 장소에 설치하는 교육장의 설치·해체·운영비용
   ※ 다만, 교육장소 부족, 교육환경 열악 등의 부득이한 사유로 해당 현장 내에 교육장 설치 등이 곤란하여 현장 인근지역의 교육장 설치 등에 소요되는 비용은 사용 가능

(2) 교육장 대지 구입비용

(3) 교육장 운영과 관련이 없는 태극기, 회사기, 전화기, 냉장고 등 비품 구입비

(4) 안전관리 활동 기여도와 관계없이 지급하는 다음과 같은 포상금(품)
   - 일정 인원에 대한 할당 또는 순번제 방식으로 지급하는 경우
   - 단순히 근로자가 일정기간 사고를 당하지 아니하였다는 이유로 지급하는 경우
   - 무재해 달성만을 이유로 전 근로자에게 일률적으로 지급하는 경우
   - 안전관리 활동 기여도와 무관하게 관리사원 등 특정 근로자, 직원에게만 지급하는 경우

(5) 근로자 재해예방 등과 직접 관련이 없는 안전정보 교류 및 자료수집 등에 소요되는 비용
   - 신문 구독 비용
   ※ 다만, 안전보건 등 산업재해 예방에 관한 전문적, 기술적 정보를 60% 이상 제공하는 간행물 구독에 소요되는 비용은 사용 가능
   - 안전관리 활동을 홍보하기 위한 광고비용
   - 정보교류를 위한 모임의 참가회비가 적립의 성격을 가지는 경우

(6) 사회통념에 맞지 않는 안전보건 행사비, 안전기원제 행사비
   - 현장 외부에서 진행하는 안전기원제
   - 사회통념상 과도하게 지급되는 의식 행사비(기도비용 등을 말한다)
   - 준공식 등 무재해 기원과 관계없는 행사
   - 산업안전보건의식 고취와 무관한 회식비

(7) 「산업안전보건법」에 따른 안전보건교육 강사 자격을 갖추지 않은 자가 실시한 산업안전보건 교육비용

6. 근로자의 건강관리비 등

근무여건 개선, 복리·후생 증진 등의 목적을 가지는 항목에 소요되는 비용

(1) 복리후생 등 목적의 시설·기구·약품 등
- 간식·중식 등 휴식 시간에 사용하는 휴게시설, 탈의실, 이동식 화장실, 세면·샤워시설
  ※ 분진·유해물질사용·석면해체제거 작업장에 설치하는 탈의실, 세면·샤워시설 설치비용은 사용 가능
- 근로자를 위한 급수시설, 정수기·제빙기, 자외선차단용품(로션, 토시 등)
  ※ 작업장 방역 및 소독비, 방충비 및 근로자 탈수방지를 위한 소금정제 비용은 사용 가능
- 혹서·혹한기에 근로자 건강 증진을 위한 보양식·보약 구입비용
  ※ 작업 중 혹한·혹서 등으로부터 근로자를 보호하기 위한 간이 휴게시설 설치·해체·유지비용은 사용 가능
- 체력단련을 위한 시설 및 운동 기구 등
- 병·의원 등에 지불하는 진료비, 암 검사비, 국민건강보험 제공비용 등
  ※ 다만, 해열제, 소화제 등 구급약품 및 구급용구 등의 구입비용은 가능

(2) 파상풍, 독감 등 예방을 위한 접종 및 약품(신종플루 예방접종 비용을 포함)

(3) 기숙사 또는 현장사무실 내의 휴게시설 설치·해체·유지비, 기숙사 방역 및 소독·방충비용

(4) 다른 법에 따라 의무적으로 실시해야하는 건강검진 비용 등

7. 건설재해예방기술지도비

–

8. 본사 사용비

- 본사에 안전보건관리만을 전담하는 부서가 조직되어 있지 않은 경우
- 전담부서에 소속된 직원이 안전보건관리 외의 다른 업무를 병행하는 경우

03 핵심문제   3. 산업안전보건관리비

□□□ 10년1회, 13년2회, 19년1회, 20년3회, 21년4회
1. 산업안전 보건관리비계상 기준으로 일반건설공사(갑) "5억원 이상~50억원 미만"의 비율 및 기초액으로 옳은 것은?

① 비율 : 1.86%, 기초액 : 5,349,000원
② 비율 : 1.95%, 기초액 : 5,499,000원
③ 비율 : 2.15%, 기초액 : 5,148,000원
④ 비율 : 1.49%, 기초액 : 4,211,000원

문제 1 ~ 2 해설				
공사종류 및 규모별 안전관리비 계상기준표				
대상액 공사종류	5억원 미만	5억원 이상 50억원 미만		50억원 이상
		비율(X)	기초액(C)	
일반건설공사(갑)	2.93(%)	1.86(%)	5,349,000원	1.97(%)
일반건설공사(을)	3.09(%)	1.99(%)	5,499,000원	2.10(%)
중 건 설 공 사	3.43(%)	2.35(%)	5,400,000원	2.44(%)
철도·궤도신설공사	2.45(%)	1.57(%)	4,411,000원	1.66(%)
특수및기타건설공사	1.85(%)	1.20(%)	3,250,000원	1.27(%)

[참고] 건설업 산업안전보건관리비 계상 및 사용기준 별표 1 [공사종류 및 규모별 안전관리비 계상기준표]

□□□ 17년1회
2. 산업안전보건관리비 계상 및 사용기준에 따른 공사종류별 계상기준으로 옳은 것은? (단, 철도·궤도신설공사이고, 대상액이 5억원 미만인 경우)

① 1.85%   ② 2.45%
③ 3.09%   ④ 3.43%

□□□ 11년2회, 20년4회
3. 건설공사의 산업안전보건관리비 계상 시 대상액이 구분되어 있지 않은 공사는 도급계약 또는 자체사업 계획상의 총공사금액 중 얼마를 대상액으로 하는가?

① 50%   ② 60%
③ 70%   ④ 80%

해설
건설공사의 산업안전보건관리비 계상 시 대상액이 구분되어 있지 않은 공사는 도급계약 또는 자체사업 계획상의 총공사금액 70%를 대상액으로 한다.

□□□ 16년1회
4. 사급자재비가 30억, 직접노무비가 35억, 관급자재비가 20억인 빌딩신축공사를 할 경우 계상해야 할 산업안전보건관리비는 얼마인가? (단, 공사종류는 일반건설공사(갑)임)

① 122,000,000원   ② 153,660,000원
③ 153,850,000원   ④ 159,800,000원

해설
① 대상액 : 직접재료비+간접재료비+직접노무비 =사급자재비 30억+직접노무비35억
② 일반건설공사(갑)의 50억이상 요율 : 1.97%
③ 발주자가 재료를 제공하거나 물품이 완제품의 형태로 제작 또는 납품되어 설치되는 경우 해당 재료비 또는 완제품 가액이 미포함된 대상액으로 계상한 안전관리비의 1.2배를 초과할 수 없다.
④ (30억+35억)×0.0197×1.2=153,660,000원

□□□ 17년2회, 20년1,2회
5. 공정율이 65%인 건설현장의 경우 공사 진척에 따른 산업안전보건관리비의 최소 사용기준은 얼마 이상인가?

① 60%   ② 50%
③ 40%   ④ 70%

해설			
공사진척에 따른 안전관리비 사용기준			
공정율	50퍼센트 이상 70퍼센트 미만	70퍼센트 이상 90퍼센트 미만	90퍼센트 이상
사용기준	50퍼센트 이상	70퍼센트 이상	90퍼센트 이상

□□□ 16년2회
6. 산업안전보건관리비의 효율적인 집행을 위하여 고용노동부장관이 정할 수 있는 기준에 해당되지 않는 것은?

① 안전·보건에 관한 협의체 구성 및 운영
② 공사의 진척 정도에 따른 사용기준
③ 사업의 규모별 사용방법 및 구체적인 내용
④ 사업의 종류별 사용방법 및 구체적인 내용

해설
산업안전보건관리비의 효율적인 사용을 위해 고용노동부 장관이 정하는 사항
(1) 사업의 규모별·종류별 계상 기준
(2) 건설공사의 진척 정도에 따른 사용비율 등 기준
(3) 그 밖에 산업안전보건관리비의 사용에 필요한 사항
[참고] 산업안전보건법 제72조 [건설공사 등의 산업안전보건관립 계상 등]

□□□ 17년2회

7. 건설업의 산업안전보건관리비 사용항목에 해당되지 않는 것은?

① 안전시설비   ② 근로자 건강관리비

③ 운반기계 수리비   ④ 안전진단비

해설

건설업 산업안전보건관리비 사용항목
- 안전관리자 등의 인건비 및 각종 업무 수당 등
- 안전시설비 등
- 개인보호구 및 안전장구 구입비 등
- 사업장의 안전진단비
- 안전보건교육비 및 행사비 등
- 근로자의 건강관리비 등
- 기술지도비
- 본사 사용비

□□□ 12년4회, 15년1회

8. 건설업 산업안전보건 관리비 중 계상비용에 해당되지 않는 것은?

① 외부비계, 작업발판 등의 가설구조물 설치 소요비

② 근로자 건강관리비

③ 건설재해예방 기술지도비

④ 개인보호구 및 안전장구 구입비

문제 8 ~ 9 해설

안전시설비로 사용할 수 없는 항목과 사용가능한 항목
1. 사용불가능 항목 : 안전발판, 안전통로, 안전계단 등과 같이 명칭에 관계없이 공사 수행에 필요한 가시설물
2. 사용가능한 항목 : 비계·통로·계단에 추가 설치하는 추락방지용 안전난간, 사다리 전도방지장치, 틀비계에 별도로 설치하는 안전난간·사다리, 통로의 낙하물방호선반 등은 사용 가능함

□□□ 15년2회, 18년1회

9. 건설업 산업안전보건관리비 중 안전시설비로 사용할 수 없는 것은?

① 안전통로

② 비계에 추가 설치하는 추락방지용 안전난간

③ 사다리 전도방지장치

④ 통로의 낙하물 방호선반

□□□ 12년4회, 19년2회

10. 건설업 산업안전 보건관리비의 사용내역에 대하여 수급인 또는 자기공사자는 공사 시작 후 몇 개월 마다 1회 이상 발주자 또는 감리원의 확인을 받아야 하는가?

① 3개월   ② 4개월

③ 5개월   ④ 6개월

해설

수급인 또는 자기공사자는 안전관리비 사용내역에 대하여 공사 시작 후 6개월마다 1회 이상 발주자 또는 감리원의 확인을 받아야 한다. 다만, 6개월 이내에 공사가 종료되는 경우에는 종료시 확인을 받아야 한다.

[참고] 건설업 산업안전보건관리비 계상 및 사용기준 고시 제 9조 [확인]

Chapter 02

건설 장비

건설장비는 굴삭장비, 다짐장비(롤러), 차량계 건설기계, 차량계 하역운반기계로 구성되며 굴삭장비의 종류와 특징, 차량계 건설기계와 하역운반기계의 작업안전수칙에 관한 사항이 주로 출제된다.

01 굴삭 장비 등

(1) 주요 굴착장비

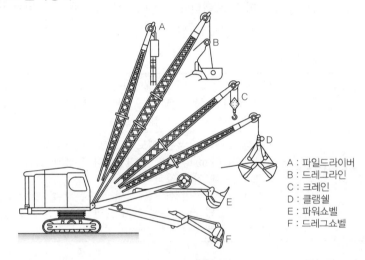

굴착기의 앞부속장치

A : 파일드라이버
B : 드레그라인
C : 크레인
D : 클램쉘
E : 파워쇼벨
F : 드레그쇼벨

[클램쉘]

종류	내용
드레그라인 (drag line)	작업범위가 광범위하고 수중굴착 및 연약한 지반의 굴착에 적합하고 기계가 위치한 면보다 낮은 곳 굴착에 가능하다. [그림 B]
클램쉘 (clamshell)	버킷의 유압호스를 클램셀장치의 실린더에 연결하여 작동시키며 수중굴착, 건축구조물의 기초 등 정해진 범위의 깊은 굴착 및 호퍼작업에 적합하다.[그림 D]
파워쇼벨 (Power shovel)	중기가 위치한 지면보다 높은 장소의 땅을 굴착하는데 적합하며, 산지에서의 토공사, 암반으로부터 점토질까지 굴착할 수 있다. [그림 E]
드레그쇼벨 (back hoe)	중기가 위치한 지면보다 낮은 곳의 땅을 파는데 적합하며, 수중굴착도 가능하다. [그림 F]

(2) 트랙터

① 작업 조종장치를 설치하지 않고 기관의 동력을 견인력으로 전환하는 견인차

② 농업기계나 건설 공사용 기계와 조합해서 사용하는 외에 작업 장치를 장착하여 각종 건설 공사에 사용하고 있다.

③ 단독적인 작업을 할 수 없고 각종 장비를 부착하여서 사용되며, 앞면에 블레이드(Blade : 배토판, 토공판)를 붙인 것을 불도저라 하며, 견인장치와 운반기를 부착한 것을 스크레이퍼라고 한다.

(3) 도저

작업조건과 작업능력에 따라 트랙터에 브레이드를 장착하여 송토(送土), 절토(切土), 성토(盛土), 메움 작업을 할 수 있다.

① 형태에 의한 분류

[앵글도저]

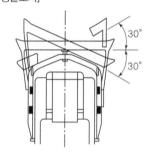

무한 궤도식 (크롤러)	트랙이 지면과 접촉되어 있고 트랙터의 길이와 무게는 넓은 접지면적을 갖고 있으므로 접지압이 낮은 비교적 연약한 땅위에서도 작업을 할 수 있다.
휠식(차륜식, 타이어식, Wheel type)	• 휠식 트랙터는 무한 궤도식 트랙터에 비해 속도가 빠르며(50km/h) 평탄한 지면이나 포장된 도로에서 작업하는데 가장 효과적이다. • 견인력이 약하여 험악한 작업장 또는 무른 땅에서는 적합하지 않으나, 운행 거리가 먼 작업장은 무한궤도식 트랙터에 비하여 작업능률이 좋다.

[틸트도저]

② 작업 형태(블레이드)에 의한 분류

스트레이트 도저	블레이드가 수평이고 불도저의 진행방향에 직각으로 브레이드면을 부착한 것으로 중 굴착작업에 사용된다.
앵글도저	블레이드면의 방향이 진행방향의 중심선에 대하여 20~30°의 경사 각도로 회전시켜 이것으로 사면굴착, 정지, 흙메우기 등 작업이 가능하다.
틸트도저	블레이드 좌우의 높이를 변경할 수 있는 것으로서 단단한 흙의 도랑파기 절삭(切削)에 적당하다.

[스크레이퍼]

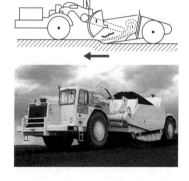

(4) 스크레이퍼

① 스크레이퍼는 굴착, 싣기, 운반, 하역 등의 일관작업을 하나의 기계로서 연속적으로 행할 수 있으므로 굴착기와 운반기를 조합한 토공 만능기라 불린다.

② 특히 비행장이나 도로의 신설 등과 같은 대규모 정지작업에 적합하며, 또 얇게 깎으면서 흙을 싣고 주어진 거리에서 높은 속도비로 하중의 중량물을 운반하거나 일정한 두께로 얇게 깔기도 한다.

(5) 모터 그레이더(Motor grader)

① 토공 기계의 대패라고 하며, 지면을 절삭하여 평활하게 다듬는 것이 목적이다.

② 노면의 성형, 정지용 기계이므로 굴착이나 흙을 운반하는 것이 주된 작업이지만 하수구 파기, 경사면 다듬기, 제방작업, 제설작업, 아스팔트 포장재료 배합 등의 작업을 할 수도 있다.

[모터그레이더]

(6) 롤러(roller)

① 롤러의 특징

롤러는 2개 이상의 매끈한 드럼 롤러를 바퀴로 하는 다짐기계로 전압기계(轉壓機械)라고도 하는데, 주로 도로, 제방, 활주로 등의 노면에 전압을 가하기 위하여 사용된다. 다짐력을 가하는 방법에 따라 전압식, 진동식, 충격식 등이 있다.

② 롤러의 종류

종류	특징
머캐덤 롤러 (macadam roller)	• 3개의 롤러를 자동 3륜차처럼 배치한 롤러로써 6ton에서 16ton 정도로 분류되고 가장 많이 사용되는 것은 자중이 8~12ton이다. • 주 용도로는 하중 로반전압용 이지만 최근에는 아스팔트 포장의 전압에도 사용된다.
탠덤 롤러 (tandem roller)	• 차륜의 배열이 전후, 즉 탠덤에 배열된 것으로 2륜인 것을 단순히 탠덤롤러, 3축을 3축탠덤롤러라 한다. 탠덤은 메캐덤롤러보다 중량이나 선압이 작고 자중은 2~10ton 정도이다. • 주 용도는 머캐덤 작업후 끝손질 작업을 하거나 노면의 평탄성을 높이기 위한 작업을 한다.
탬핑 롤러 (tamping roller)	• 롤러의 표면에 돌기를 만들어 부착한 것으로 전압층에 매입됨에 의해 풍화암을 파쇄함에 사용되며 흙속의 간극수압을 소산하게 된다. • 큰 점질토의 다짐에 적당하고 다짐깊이가 대단히 크다.
타이어 롤러 (tire roller)	• 공기가 들어 있는 타이어의 특성을 이용한 다짐작업을 하는 기계 • 아스팔트 포장의 끝마무리 전압을 주로한 대부분의 작업과 성토의 전압 등에 사용된다.
진동 롤러 (vibrating roller)	편심축을 회전하여 발진되는 기진기에 의해 다짐차륜을 진동시켜 토입자 간의 마찰저항을 감소시켜 진동과 자중을 다지기에 이용한다.

3륜 롤러(머캐덤 롤러)

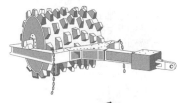
탠덤 롤러

탬핑 롤러

진동롤러

01 핵심문제
1. 굴삭 장비 등

□□□ 16년1회

1. 다음 토공기계 중 굴착기계와 가장 관계있는 것은?

① Clam shell
② Road Roller
③ Shovel loader
④ Belt conveyer

해설

②항, 다짐용 기계
③항, 상차용 및 운반용 기계
④항 운반용 기계

□□□ 14년2회, 20년3회

2. 다음 중 장비 자체보다 높은 장소의 땅을 굴착하는데 적합한 장비는?

① 불도저(Bulldozer)
② 파워쇼벨(Power Shovel)
③ 드래그라인(Drag line)
④ 그램쉘(Clam Shell)

해설

파워쇼벨(Power shovel)은 쇼벨계 굴착기계로서 중기가 위치한 지면보다 높은 장소의 땅을 굴착하는데 적합하며, 산지에서의 토공사, 암반으로부터 점토질까지 굴착할 수 있다

□□□ 13년4회, 15년1회, 20년1,2회

3. 지면보다 낮은 땅을 파는데 적합하고 수중굴착도 가능한 굴착기계로 알맞은 것은?

① 가이데릭
② 백호우
③ 파일드라이버
④ 파워쇼벨

해설

백호우(back hoe)는 기계가 위치한 지면보다 낮은 장소를 굴착하는데 적합하고 연약지반과 비교적 굳은 지반의 토질에서도 사용 가능한 장비이다.

□□□ 15년2회

4. 토공기계 중 클램쉘(clam shell)의 용도에 대해 가장 잘 설명한 것은?

① 단단한 지반에 작업하기 쉽고 작업속도가 빠르며 특히 암반굴착에 적합하다.

② 수면하의 자갈, 실트 혹은 모래를 굴착하고 준설선에 많이 사용된다.
③ 상당히 넓고 얕은 범위의 점토질 지반 굴착에 적합하다.
④ 기계위치보다 높은 곳의 굴착, 비탈면 절취에 적합하다.

해설

버킷의 유압호스를 클램셀장치의 실린더에 연결하여 작동시키며 수중굴착, 건축구조물의 기초 등 정해진 범위의 깊은 굴착 및 호퍼작업에 적합하며, 자갈, 실트 혹은 모래를 굴착하고 준설선에 많이 사용된다.

□□□ 12년2회, 16년1회

5. 굴착기계의 운행 시 안전대책으로 옳지 않은 것은?

① 버킷에 사람의 탑승을 허용해서는 안된다.
② 운전반경 내에 사람이 있을 때 회전은 10rpm 이하의 느린 속도로 하여야 한다.
③ 장비의 주차 시 경사지나 굴착작업장으로부터 충분히 이격시켜 주차한다.
④ 전선이나 구조물 등에 인접하여 붐을 선회해야 될 작업에는 사전에 회전반경, 높이제한 등 방호조치를 강구한다.

해설

운전반경 내에 사람이 있을 때에는 버킷을 회전하여서는 아니되며, 작업반경 내에 근로자가 출입하지 않도록 방호설비를 하거나 감시인을 배치하여야 한다.

□□□ 11년1회, 13년2회

6. 백호우(Backhoe)의 운행방법에 대한 설명에 해당되지 않는 것은?

① 경사로나 연약지반에서는 무한궤도식보다는 타이어식이 안전하다.
② 작업계획서를 작성하고 계획에 따라 작업을 실시하여야 한다.
③ 작업 중 승차석 외의 위치에 근로자를 탑승시켜서는 안된다.
④ 작업장소의 지형 및 지반상태 등에 적합한 제한속도를 정하고 운전자로 하여금 이를 준수하도록 하여야 한다.

경사로나 연약지반에서는 무한궤도식이 안전하고, 타이어식은 기동력을 목적으로 사용한다.

탬핑 롤러(tamping roller)
롤러의 표면에 돌기를 만들어 부착한 것으로 전압층에 매입됨에 의해 풍화암을 파쇄함에 사용되며 흙속의 간극수압을 소산하게 된다. 또한, 큰 점질토의 다짐에 적당하고 다짐깊이가 대단히 크다.

□□□ 17년1회, 17년4회, 20년1,2회
7. 굴착과 싣기를 동시에 할 수 있는 토공기계가 아닌 것은?

① 트랙터 셔블(tractor shovel)
② 백호(back hoe)
③ 파워 셔블(power shovel)
④ 모터 그레이더(motor grader)

모터 그레이더(Motor grader)는 토공 기계의 대패라고 하며, 지면을 절삭하여 평활하게 다듬는 것이 목적이다. 이 장비는 노면의 성형, 정지용 기계이므로 굴착이나 흙을 운반하는 것이 주된 작업이지만 하수구 파기, 경사면 다듬기, 제방작업, 제설작업, 아스팔트 포장재료 배합 등의 작업을 할 수도 있다.

□□□ 13년1회
8. 굴착, 싣기, 운반, 흙깔기 등의 작업을 하나의 기계로서 연속적으로 행할 수 있으며 비행장과 같이 대규모 정지 작업에 적합하고 피견인식과 자주식으로 구분할 수 있는 차량계 건설 기계는?

① 크램쉘(clamshell)　　② 로우더(loader)
③ 불도저(buldozer)　　④ 스크레이퍼(scraper)

스크레이퍼는 굴착, 싣기, 운반, 하역 등의 일관작업을 하나의 기계로서 연속적으로 행할 수 있으므로 굴착기와 운반기를 조합한 토공만능기라 할 수 있는 기계이다. 특히 비행장이나 도로의 신설 등과 같은 대규모 정지작업에 적합하며, 또 얇게 깎으면서 흙을 싣고 주어진 거리에서 높은 속도비로 하중의 중량물을 운반하거나 일정한 두께로 얇게 깔기도 한다.

□□□ 08년1회, 08년2회, 09년1회, 11년2회, 14년4회, 15년2회
9. 철륜 표면에 다수의 돌기를 붙여 접지면적을 작게 하여 접지압을 증가시킨 롤러로서 고함수비의 점성토의 지반의 다짐작업에 적합한 롤러는?

① 탠덤롤러　　　　② 로드롤러
③ 타이어롤러　　　④ 탬핑롤러

[관련법령]
산업안전보건기준에 관한 규칙 제196조
관련【차량계 건설기계】

02 차량계 건설기계의 안전

(1) 차량계 건설기계의 종류

① 도저형 건설기계(불도저, 스트레이트도저, 틸트도저, 앵글도저, 버킷도저 등)
② 모터그레이더
③ 로더(포크 등 부착물 종류에 따른 용도 변경 형식을 포함)
④ 스크레이퍼
⑤ 크레인형 굴착기계(크램쉘, 드래그라인 등)
⑥ 굴삭기(브레이커, 크러셔, 드릴 등 부착물 종류에 따른 용도 변경 형식을 포함)
⑦ 항타기 및 항발기
⑧ 천공용 건설기계(어스드릴, 어스오거, 크롤러드릴, 점보드릴 등)
⑨ 지반 압밀침하용 건설기계(샌드드레인머신, 페이퍼드레인머신, 팩드레인머신 등)
⑩ 지반 다짐용 건설기계(타이어롤러, 매커덤롤러, 탠덤롤러 등)
⑪ 준설용 건설기계(버킷준설선, 그래브준설선, 펌프준설선 등)
⑫ 콘크리트 펌프카
⑬ 덤프트럭
⑭ 콘크리트 믹서 트럭
⑮ 도로포장용 건설기계(아스팔트 살포기, 콘크리트 살포기, 아스팔트 피니셔, 콘크리트 피니셔 등)
⑯ 골재 채취 및 살포용 건설기계(쇄석기, 자갈채취기, 골재살포기 등)
⑰ 제1호부터 제16호까지와 유사한 구조 또는 기능을 갖는 건설기계로서 건설작업에 사용하는 것

[차량계 건설기계의 제한속도]
차량계 하역운반기계, 차량계 건설기계(최대제한속도가 시속 10킬로미터 이하인 것은 제외한다)를 사용하여 작업을 하는 경우 미리 작업장소의 지형 및 지반 상태 등에 적합한 제한속도를 정하고, 운전자로 하여금 준수하도록 하여야 한다.

산업안전보건기준에 관한 규칙 제98조
【제한속도의 지정 등】

(2) 차량계 건설기계의 안전조치

① 전조등의 설치(작업을 안전하게 수행하기 위하여 필요한 조명이 있는 장소에서 사용하는 경우 제외)
② 헤드가드의 설치
   암석이 떨어질 우려가 있는 등 장소에서는 견고한 낙하물 보호구조를 갖춰야 한다.

> ■ 헤드가드 설치대상
> 불도저, 트랙터, 굴착기, 로더(loader), 스크레이퍼(scraper), 덤프트럭, 모터 그레이더(motor grader), 롤러, 천공기, 항타기 및 항발기

③ 작업 시 승차석이 아닌 위치에 근로자를 탑승시켜서는 안된다.

④ 붐·암 등의 작업시 안전조치

구분	내용
수리·점검작업 작업시	안전지주 또는 안전블록 등을 사용
건설기계가 넘어지거나 붕괴될 위험 또는 붐·암의 파괴 위험방지	기계의 구조 및 사용상 안전도 및 최대사용하중을 준수

(3) 차량계 건설기계와 하역운반기계의 안전조치

① 전도의 방지

차량계 건설기계	차량계 하역운반기계
• 유도자 배치 • 지반의 부동침하 방지 • 갓길의 붕괴 방지 • 도로 폭의 유지	• 유도자 배치 • 지반의 부동침하와 방지 • 갓길 붕괴 방지

② 접촉의 방지

㉠ 기계에 접촉되어 근로자가 부딪칠 위험이 있는 장소는 근로자의 출입을 금지한다.(유도자를 배치하고 유도하는 경우 제외)

㉡ 기계의 운전자는 작업지휘자 또는 유도자의 유도를 따라야 한다.

③ 기계의 이송

차량계 건설기계 및 하역운반기계를 이송하기 위하여 자주 또는 견인에 의하여 화물자동차 등에 싣거나 내리는 작업을 할 때에 발판·성토 등을 사용하는 경우 기계의 전도 또는 전락 방지를 위한 준수사항

차량계 건설기계	차량계 하역운반기계
• 마대·가설대 등을 사용하는 경우에는 충분한 폭 및 강도와 적당한 경사를 확보할 것	• 가설대 등을 사용하는 경우에는 충분한 폭 및 강도와 적당한 경사를 확보할 것 • 지정운전자의 성명·연락처 등을 보기 쉬운 곳에 표시하고 지정운전자 외에는 운전하지 않도록 할 것
• 싣거나 내리는 작업은 평탄하고 견고한 장소에서 할 것 • 발판을 사용하는 경우에는 충분한 길이·폭 및 강도를 가진 것을 사용하고 적당한 경사를 유지하기 위하여 견고하게 설치할 것	

④ 차량계 건설기계 및 하역운반기계의 주된 용도에만 사용하여야 한다. 다만, 근로자가 위험해질 우려가 없는 경우에는 그러하지 아니하다.

Tip

전도의 방지 방법에서 '도로폭의 유지'는 차량계 건설기계에만 해당된다. 주의하자.

[관련법령]
산업안전보건기준에 관한 규칙 제10절
【차량계 하역운반기계등】

[공기압축기를 가동하는 때의 작업시작 전 점검사항]
① 공기저장 압력용기의 외관 상태
② 드레인밸브(drain valve)의 조작 및 배수
③ 압력방출장치의 기능
④ 언로드밸브(unloading valve)의 기능
⑤ 윤활유의 상태
⑥ 회전부의 덮개 또는 울
⑦ 그 밖의 연결 부위의 이상 유무

⑤ 차량계 건설기계 및 하역운반기계의 수리나 부속장치의 장착 및 제거작업을 하는 경우 그 작업의 지휘자를 지정한다.

> ■ 작업지휘자의 업무
>
> ① 작업순서를 결정하고 작업을 지휘할 것
> ② 안전지주 또는 안전블록 등의 사용상황 등을 점검할 것

(4) 차량계 건설기계의 사전조사 및 작업계획서 내용

구분	내용
사전조사 내용	해당 기계의 전락(轉落), 지반의 붕괴 등으로 인한 근로자의 위험을 방지하기 위한 해당 작업장소의 지형 및 지반상태
작업계획서 내용	• 사용하는 차량계 건설기계의 종류 및 능력 • 차량계 건설기계의 운행경로 • 차량계 건설기계에 의한 작업방법

02 핵심문제　　2. 차량계 건설기계의 안전

☐☐☐ 09년2회, 16년4회, 17년1회

1. 다음 중 차량계 건설기계에 속하지 않는 것은?

① 불도저　　　　② 스크레이퍼
③ 타워크레인　　④ 항타기

> **해설**
>
> 크레인은 양중기에 해당된다.
>
> [참고] "차량계 건설기계"란 동력원을 사용하여 특정되지 아니한 장소로 스스로 이동할 수 있는 건설기계를 말한다.

☐☐☐ 10년1회, 11년1회, 12년4회, 15년4회, 18년2회

2. 차량계 건설기계를 사용하여 작업할 때에 기계가 넘어지거나 굴러떨어짐으로써 근로자가 위험해질 우려가 있는 경우에 조치하여야 할 사항과 거리가 먼 것은?

① 갓길의 붕괴 방지
② 작업반경 유지
③ 지반의 부동침하 방지
④ 도로 폭의 유지

> **문제 2 ~ 3 해설**
>
> 사업주는 차량계 건설기계를 사용하는 작업할 때에 그 기계가 넘어지거나 굴러떨어짐으로써 근로자가 위험해질 우려가 있는 경우에는 유도하는 사람을 배치하고 지반의 부동침하 방지, 갓길의 붕괴 방지 및 도로 폭의 유지 등 필요한 조치를 하여야 한다.
>
> [참고] 산업안전보건기준에 관한 규칙 제199조 [전도 등의 방지]

☐☐☐ 15년1회, 19년4회

3. 차량계 건설기계 작업 시 그 기계가 넘어지거나 굴러떨어짐으로써 근로자가 위험해질 우려가 있는 경우에 필요한 조치사항으로 거리가 먼 것은?

① 변속기능의 유지
② 갓길의 붕괴방지
③ 도로 폭의 유지
④ 지반의 부동침하방지

☐☐☐ 12년1회, 17년4회

4. 차량계 하역운반기계, 차량계 건설기계의 안전조치사항 중 옳지 않은 것은?

① 최대제한속도가 시속 10km를 초과하는 차량계 건설기계를 사용하여 작업을 하는 경우 미리 작업장소의 지형 및 지반상태 등에 적합한 제한속도를 정하고, 운전자로 하여금 준수하도록 할 것
② 차량계 건설기계의 운전자가 운전위치를 이탈하는 경우 해당 운전자로 하여금 포크 및 버킷 등의 하역장치를 가장 높은 위치에 두도록 할 것
③ 차량계 하역운반기계 등에 화물을 적재하는 경우 하중이 한쪽으로 치우치지 않도록 적재할 것
④ 차량계 건설기계를 사용하여 작업을 하는 경우 승차석이 아닌 위치에 근로자를 탑승시키지 말 것

> **해설**
>
> 사업주는 차량계 하역운반기계등, 차량계 건설기계의 운전자가 운전위치를 이탈하는 경우 해당 운전자에게 다음 각 호의 사항을 준수하도록 하여야 한다.
> 1. 포크, 버킷, 디퍼 등의 장치를 가장 낮은 위치 또는 지면에 내려둘 것
> 2. 원동기를 정지시키고 브레이크를 확실히 거는 등 갑작스러운 주행이나 이탈을 방지하기 위한 조치를 할 것
> 3. 운전석을 이탈하는 경우에는 시동키를 운전대에서 분리시킬 것. 다만, 운전석에 잠금장치를 하는 등 운전자가 아닌 사람이 운전하지 못하도록 조치한 경우에는 그러하지 아니하다.
>
> [참고] 산업안전보건기준에 관한 규칙 제99조 [운전위치 이탈 시의 조치]

☐☐☐ 08년1회, 09년4회, 12년2회, 16년2회

5. 차량계 건설기계를 사용하여 작업하고자 할 때 작업계획서 내용에 포함되어야 할 사항으로 적합하지 않은 것은?

① 사용하는 차량계 건설기계의 종류
② 차량계 건설기계의 운행경로
③ 차량계 건설기계에 의한 작업방법
④ 차량계 건설기계의 유지보수방법

> **해설**
>
> 차량계 건설기계의 작업계획서 내용
> 1. 사용하는 차량계 건설기계의 종류 및 능력
> 2. 차량계 건설기계의 운행경로
> 3. 차량계 건설기계에 의한 작업방법
>
> [참고] 산업안전보건기준에 관한 별표 4 [사전조사 및 작업계획서 내용]

정답 1 ③　2 ②　3 ①　4 ②　5 ④

□□□ 11년4회, 18년1회, 21년1회

6. 미리 작업장소의 지형 및 지반상태 등에 적합한 제한
속도를 정하지 않아도 되는 차량계 건설기계의 속도
기준은?

① 최대 제한 속도가 10km/h 이하
② 최대 제한 속도가 20km/h 이하
③ 최대 제한 속도가 30km/h 이하
④ 최대 제한 속도가 40km/h 이하

해설

차량계 하역운반기계, 차량계 건설기계(최대제한속도가 시속 10킬로미터 이하인 것은 제외한다)를 사용하여 작업을 하는 경우 미리 작업장소의 지형 및 지반 상태 등에 적합한 제한속도를 정하고, 운전자로 하여금 준수하도록 하여야 한다.

[참고] 산업안전보건기준에 관한 규칙 제98조 [제한속도의 지정 등]

03 차량계 하역운반기계의 안전

(1) 차량계 하역운반 기계의 종류

① 지게차
② 구내운반차
③ 고소작업대
④ 화물자동차

(2) 차량계 하역운반 기계의 안전수칙

① 화물적재 시의 준수사항

㉠ 하중이 한쪽으로 치우치지 않도록 적재할 것
㉡ 구내운반차 또는 화물자동차의 경우 화물의 붕괴 또는 낙하에 의한 위험
   을 방지하기 위하여 화물에 로프를 거는 등 필요한 조치를 할 것
㉢ 운전자의 시야를 가리지 않도록 화물을 적재할 것
㉣ 화물을 적재하는 경우에는 최대적재량을 초과해서는 아니 된다.

② 운전위치 이탈 시의 조치

㉠ 포크, 버킷, 디퍼 등의 장치를 가장 낮은 위치 또는 지면에 내려 둘 것
㉡ 원동기를 정지시키고 브레이크를 확실히 거는 등 갑작스러운 주행이나
   이탈을 방지하기 위한 조치를 할 것
㉢ 운전석을 이탈하는 경우에는 시동키를 운전대에서 분리시킬 것. 다만,
   운전석에 잠금장치를 하는 등 운전자가 아닌 사람이 운전하지 못하도록
   조치한 경우에는 그러하지 아니하다.

③ 전도의 방지

차량계 건설기계	차량계 하역운반기계
• 유도자 배치	• 유도자 배치
• 지반의 부동침하 방지	• 지반의 부동침하와 방지
• 갓길의 붕괴 방지	• 갓길 붕괴 방지
• 도로 폭의 유지	

④ 차량계 하역운반기계등에 단위화물의 무게가 100kg 이상인 화물을 싣는
   작업(로프 걸이 작업 및 덮개 덮기 작업을 포함) 또는 내리는 작업(로프
   풀기 작업 또는 덮개 벗기기 작업을 포함)을 하는 경우, 해당 작업의 지
   휘자의 준수사항

㉠ 작업순서 및 그 순서마다의 작업방법을 정하고 작업을 지휘할 것
㉡ 기구와 공구를 점검하고 불량품을 제거할 것
㉢ 해당 작업 장소에 관계 근로자가 아닌 사람의 출입을 금지시킬 것

[팔레트(pallet), 스키드(skid)의 사용]
(1) 적재하는 화물의 중량에 따른 충분한
    강도를 가질 것
(2) 심한 손상·변형 또는 부식이 없을 것

[지게차의 안정조건]

$W \times a \le G \times b$

W : 화물 중심에서 화물의 중량

G : 지게차 중심에서 지게차 중량

a : 앞바퀴에서 화물 중심까지의 거리

b : 앞바퀴에서 지게차 중심까지의 거리

[지게차의 안정도]

(1) 하역작업 시 전후안정도 : 4%

(2) 주행 시 전후안정도 : 18%

(3) 하역작업 시 좌우안정도 : 6%

(4) 주행 시 좌우안정도 : $(15 + 1.1V)\%$

　　V는 최고속도(km/h)

[고소작업대]

ⓔ 로프 풀기 작업 또는 덮개 벗기기 작업은 적재함의 화물이 떨어질 위험이 없음을 확인한 후에 하도록 할 것

⑤ 지게차의 허용하중을 초과하여 사용해서는 아니 되며, 안전한 운행을 위한 유지·관리 및 그 밖의 사항에 대하여 해당 지게차를 제조한 자가 제공하는 제품설명서에서 정한 기준을 준수하여야 한다.

> ■ 지게차의 허용하중
>
> 지게차의 구조, 재료 및 포크·램 등 화물을 적재하는 장치에 적재하는 화물의 중심위치에 따라 실을 수 있는 최대하중을 말한다.

⑥ 구내운반차, 화물자동차를 사용할 때에는 그 최대적재량을 초과해서는 아니 된다.

(3) 구내운반차

① 주행을 제동하거나 정지상태를 유지하기 위한 제동장치를 갖출 것

② 경음기를 갖출 것

③ 핸들의 중심에서 차체 바깥 측까지의 거리가 65cm 이상일 것

④ 운전석이 차 실내에 있는 것은 좌우에 한개씩 방향지시기를 갖출 것

⑤ 전조등과 후미등을 갖출 것(작업을 안전하게 하기 위하여 필요한 조명이 있는 장소에서 사용하는 경우 제외)

⑥ 구내운반차에 피견인차를 연결하는 경우에는 적합한 연결장치를 사용

(4) 고소작업대

① 작업대를 와이어로프 또는 체인으로 올리거나 내릴 경우에는 끊어져 작업대가 떨어지지 아니하는 구조여야 한다.

　※ 와이어로프 또는 체인의 안전율은 5 이상일 것

② 작업대를 유압에 의해 올리거나 내릴 경우에는 일정한 위치에 유지할 수 있는 장치를 갖추고 압력의 이상저하를 방지할 수 있는 구조일 것

③ 권과방지장치를 갖추거나 압력의 이상상승을 방지할 수 있는 구조일 것

④ 붐의 최대 지면경사각을 초과 운전하여 전도되지 않도록 할 것

⑤ 작업대에 정격하중(안전율 5 이상)을 표시할 것

⑥ 작업대에 끼임·충돌 등 재해를 예방하기 위한 가드 또는 과상승방지장치를 설치할 것

⑦ 조작반의 스위치는 눈으로 확인할 수 있도록 명칭 및 방향표시를 유지

⑧ 고소작업대 설치 시 준수사항

　㉠ 바닥과 고소작업대는 가능하면 수평을 유지하도록 할 것

　㉡ 갑작스러운 이동을 방지하기 위하여 아웃트리거 또는 브레이크 등을 확실히 사용할 것

⑨ 고소작업대의 이동 시 준수사항
  ㉠ 작업대를 가장 낮게 내릴 것
  ㉡ 작업대를 올린 상태에서 작업자를 태우고 이동하지 말 것. (이동 중 전도 등의 위험예방을 위하여 유도자를 배치하고 짧은 구간을 이동하는 경우 제외)
  ㉢ 이동통로의 요철상태 또는 장애물의 유무 등을 확인할 것

⑩ 고소작업대의 사용 시 준수사항
  ㉠ 작업자가 안전모 · 안전대 등의 보호구를 착용하도록 할 것
  ㉡ 관계자가 아닌 사람이 작업구역에 들어오는 것을 방지하기 위하여 필요한 조치를 할 것
  ㉢ 안전한 작업을 위하여 적정수준의 조도를 유지할 것
  ㉣ 전로(電路)에 근접하여 작업을 하는 경우에는 작업감시자를 배치하는 등 감전사고를 방지하기 위하여 필요한 조치를 할 것
  ㉤ 작업대를 정기적으로 점검하고 붐 · 작업대 등 각 부위의 이상 유무를 확인할 것
  ㉥ 전환스위치는 다른 물체를 이용하여 고정하지 말 것
  ㉦ 작업대는 정격하중을 초과하여 물건을 싣거나 탑승하지 말 것
  ㉧ 작업대의 붐대를 상승시킨 상태에서 탑승자는 작업대를 벗어나지 말 것(작업대에 안전대 부착설비를 설치하고 안전대를 연결한 경우 제외)

(5) 화물자동차

① 바닥으로부터 짐 윗면까지의 높이가 2m 이상인 화물자동차에 짐을 싣는 작업 또는 내리는 작업을 하는 경우에는 해당 작업에 종사하는 근로자가 바닥과 적재함의 짐 윗면 간을 안전하게 오르내리기 위한 설비를 설치하여야 한다.

② 화물자동차의 짐걸이로 사용하는 섬유로프의 사용금지
  ㉠ 꼬임이 끊어진 것
  ㉡ 심하게 손상되거나 부식된 것

③ 섬유로프 등을 화물자동차의 짐걸이에 사용하는 경우에는 해당 작업을 시작하기 전 준수사항
  ㉠ 작업순서와 순서별 작업방법을 결정하고 작업을 직접 지휘하는 일
  ㉡ 기구와 공구를 점검하고 불량품을 제거하는 일
  ㉢ 해당 작업을 하는 장소에 관계 근로자 외 출입을 금지하는 일
  ㉣ 로프 풀기 작업 및 덮개 벗기기 작업을 하는 경우에는 적재함의 화물에 낙하 위험이 없음을 확인한 후에 해당 작업의 착수를 지시

④ 섬유로프 등에 대하여 이상 유무를 점검하고 이상 발견 시 교체한다.

⑤ 화물자동차에서 화물을 내리는 작업을 하는 경우에는 그 작업을 하는 근로자에게 쌓여있는 화물의 중간에서 화물을 빼내도록 해서는 아니 된다.

03 핵심문제　　3. 차량계 하역운반기계의 안전

□□□ 18년4회
1. 차량계 하역운반기계를 사용하여 작업을 할 때 기계의 전도, 전락에 의해 근로자에게 위험을 미칠 우려가 있는 경우에 사업주가 조치하여야 할 사항 중 옳지 않은 것은?

① 운전자의 시야를 살짝 가리는 정도로 화물을 적재
② 하역운반기계를 유도하는 사람을 배지
③ 지반의 부동침하방지 조치
④ 갓길의 붕괴를 방지하기 위한 조치

문제 1 ~ 3 해설

차량계 하역운반기계 등을 사용하는 작업을 할 때에 그 기계가 넘어지거나 굴러 떨어짐으로써 근로자에게 위험을 미칠 우려가 있는 경우 조치사항
1. 기계를 유도하는 사람을 배치
2. 지반의 부동침하와 방지 조치
3. 갓길 붕괴를 방지하기 위한 조치
[참고] 산업안전보건기준에 관한 규칙 제171조 [전도 등의 방지]

□□□ 19년2회
2. 차량계 하역운반기계를 사용하는 작업을 할 때 그 기계가 넘어지거나 굴러떨어짐으로써 근로자에게 위험을 미칠 우려가 있는 경우에 우선적으로 조치하여야 할 사항과 가장 거리가 먼 것은?

① 해당 기계에 대한 유도자 배치
② 지반의 부동침하 방지 조치
③ 갓길 붕괴 방지 조치
④ 경보 장치 설치

□□□ 16년1회, 16년4회
3. 차량계 하역운반기계를 사용하여 작업을 할 때에 그 기계의 전도 또는 전락 등에 의한 근로자의 위험을 방지하기 위해 취해야할 조치와 거리가 먼 것은?

① 갓길의 붕괴방지
② 지반의 침하방지
③ 유도자 배치
④ 브레이크 및 클러치 등의 기능점검

□□□ 17년2회, 19년2회
4. 차량계 하역운반기계등에 화물을 적재하는 경우에 준수하여야 할 사항으로 옳지 않은 것은?

① 하중이 한쪽으로 치우쳐서 효율적으로 적재되도록 할 것
② 구내운반차 또는 화물자동차의 경우 화물의 붕괴 또는 낙하에 의한 위험을 방지하기 위하여 화물에 로프를 거는 등 필요한 조치를 할 것
③ 운전자의 시야를 가리지 않도록 화물을 적재할 것
④ 최대적재량을 초과하지 않도록 할 것

문제 4 ~ 5 해설

차량계 하역운반기계등에 화물을 적재하는 경우 준수사항
1. 하중이 한쪽으로 치우치지 않도록 적재할 것
2. 구내운반차 또는 화물자동차의 경우 화물의 붕괴 또는 낙하에 의한 위험을 방지하기 위하여 화물에 로프를 거는 등 필요한 조치를 할 것
3. 운전자의 시야를 가리지 않도록 화물을 적재할 것
4. 화물을 적재하는 경우에는 최대적재량을 초과해서는 아니 된다.
[참고] 산업안전보건기준에 관한 규칙 제173조 [화물적재 시의 조치]

□□□ 10년4회, 13년1회
5. 차량계 하역운반기계에 화물을 적재하는 때의 준수사항으로 옳지 않은 것은?

① 하중이 한쪽으로 치우치지 않도록 적재할 것
② 구내운반차 또는 화물자동차의 경우 화물의 붕괴 또는 낙하에 의한 위험을 방지하기 위하여 화물에 로프를 거는 등 필요한 조치를 할 것
③ 운전자의 시야를 가리지 않도록 화물을 적재할 것
④ 차륜의 이상 유무를 점검할 것

□□□ 08년2회, 10년2회, 12년1회, 13년2회
6. 산업안전보건법상 차량계 하역운반기계 등에 단위화물의 무게가 100kg 이상인 화물을 싣는 작업 또는 내리는 작업을 하는 경우에 해당 작업 지휘자가 준수하여야 할 사항으로 틀린 것은?

① 로프 풀기 작업 또는 덮개 벗기기 작업은 적재함의 화물이 떨어질 위험이 없음을 확인한 후에 하도록 할 것
② 기구와 공구를 점검하고 불량품을 제거할 것

정답　1 ① 2 ④ 3 ④ 4 ① 5 ④ 6 ③

③ 대피방법을 미리 교육하는 일
④ 작업순서 및 그 순서마다의 작업방법을 정하고 작업을 지휘할 것

해설

차량계 하역운반기계에 단위화물의 무게가 100킬로그램 이상인 화물을 싣는 작업 또는 내리는 작업을 하는 때에는 당해 작업의 지휘자를 지정하여 준수하여야 할 사항
1. 작업순서 및 그 순서마다의 작업방법을 정하고 작업을 지휘할 것
2. 기구 및 공구를 점검하고 불량품을 제거할 것
3. 당해 작업을 행하는 장소에 관계근로자외의 자의 출입을 금지시킬 것
4. 로프를 풀거나 덮개를 벗기는 작업을 행하는 때에는 적재함의 화물이 낙하할 위험이 없음을 확인한 후에 당해 작업을 하도록 할 것

[참고] 산업안전보건기준에 관한 규칙 제177조 [싣거나 내리는 작업]

Chapter 03

양중 및 해체공사의 안전

양중 및 해체공사의 안전에서는 양중기의 종류 및 안전수칙, 해체용 공법 및 장비의 취급안전으로 구성되며 양중기의 종류와 방호장치에 관한 내용이 주로 출제된다.

01 양중기의 종류 및 안전수칙

(1) 양중기의 종류와 방호장치

양중기의 종류	세부종류	방호장치
크레인	[호이스트(hoist) 포함]	과부하방지장치, 비상정지장치 및 제동장치, 그 밖의 방호장치[파이널 리미트 스위치, 속도조절기(조속기), 출입문인터록]
이동식 크레인	–	
리프트 (이삿짐운반용 리프트의 경우 적재하중이 0.1톤 이상인 것으로 한정한다.)	• 건설작업용 리프트 • 자동차 정비용 리프트 • 이삿짐운반용 리프트	
곤돌라	–	
승강기	• 승객용 엘리베이터 • 승객화물용 엘리베이터 • 화물용 엘리베이터 (적재용량 300kg 미만 제외) • 소형화물용 엘리베이터 • 에스컬레이터	

■ **주요 방호장치**

① 권과(捲過)방지장치 : 와이어로프를 감아서 물건을 들어올리는 기계장치(엘리베이터, 호이스트, 리프트, 크레인 등)에서 로프가 너무 많이 감기거나 풀리는 것을 방지하는 장치

② 과부하방지장치 : 양중기에 있어서 정격하중 이상의 하중이 부하되었을 경우 자동적으로 상승이 정지되면서 경보음 또는 경보등을 발생하는 장치

③ 비상정지장치 : 돌발적인 상태가 발생되었을 경우 안전을 유지하기 위하여 모든 전원을 차단하는 장치

④ 해지장치 : 와이어 로프의 이탈을 방지하기 위한 방호장치로 후크 부위에 와이어 로프를 걸었을 때 벗겨지지 않도록 후크 안쪽으로 스프링을 이용하여 설치하는 장치

[해지장치]

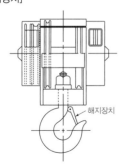

해지장치

(2) 양중기의 안전 수칙

① 양중기(승강기는 제외한다.) 및 달기구를 사용하여 작업하는 운전자 또는 작업자가 보기 쉬운 곳에 해당 기계의 정격하중, 운전속도, 경고표시 등을 부착하여야 한다.

■ **용어의 정의**

① 정격하중 : 들어올리는 하중에서 크레인, 리프트, 곤돌라의 경우에는 후크, 권상용와이어로프, 권상부속품 및 운반구, 달기발판 등 달기기구의 중량을 공제한 하중
② 적재하중 : 리프트의 구조나 재료에 따라 운반구에 하물을 적재하고 상승할 수 있는 최대하중
③ 정격속도 : 운반구에 적재하중으로 상승할 때의 최고속도
④ 임계하중 : 크레인 붐에 물건을 달고 크레인이 전복될 순간까지의 하중
⑤ 작업하중 : 하물을 들어올려 안전하게 작업 할 수 있는 하중을 말한다.

---

② 작업별 풍속에 따른 조치

기기의 종류	조 치
크레인, 양중기	순간풍속이 30m/s 초과 시 주행크레인의 이탈방지장치 작동
타워크레인	• 순간풍속 10m/s 초과 타워크레인의 설치, 수리, 점검, 해체작업 중지 • 순간풍속 15m/s 초과하는 경우에는 타워크레인 운전 작업 중지
리프트	순간풍속이 35m/s 초과 시 받침수의 증가(붕괴방지)
승강기	순간풍속이 35m/s 초과 시 옥외에 설치된 승강기에 대하여 도괴방지 조치

③ 조립 등 작업

구분	내용
승강기, 리프트의 설치 · 조립 · 수리 · 점검 또는 해체작업 시 조치사항	• 작업을 지휘하는 사람을 선임하여 그 사람의 지휘하에 작업을 실시할 것 • 작업을 할 구역에 관계 근로자가 아닌 사람의 출입을 금지하고 그 취지를 보기 쉬운 장소에 표시할 것 • 비, 눈, 그 밖에 기상상태의 불안정으로 날씨가 몹시 나쁜 경우에는 그 작업을 중지시킬 것
승강기, 리프트의 설치 · 조립 · 수리 · 점검 또는 해체작업시 작업지휘자의 직무사항	• 작업방법과 근로자의 배치를 결정하고 해당 작업을 지휘하는 일 • 재료의 결함 유무 또는 기구 및 공구의 기능을 점검하고 불량품을 제거하는 일 • 작업 중 안전대 등 보호구의 착용 상황을 감시

[폭풍등으로 인한 이상유무 점검]
순간풍속이 매초당 30미터를 초과하는 바람이 불어온 후에 옥외에 설치되어 있는 크레인을 사용하여 작업을 하는 때 또는 중진 이상의 진도의 지진 후에 크레인을 사용하여 작업을 하는 때에는 미리 그 크레인의 각 부위의 이상유무를 점검하여야 한다.

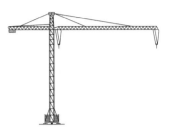

타워 크레인(수평형)

크롤러 크레인

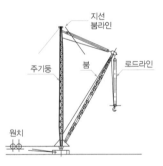

삼각 데릭

가이 데릭

진폴 데릭

(3) 크레인의 선정

① 타워크레인 선정 시 검토사항
- ㉠ 입지조건
- ㉡ 건립기계의 소음영향
- ㉢ 건물형태
- ㉣ 인양능력(하중)
- ㉤ 작업반경

② 크레인의 종류

종류	특징
타워 크레인	타워 크레인은 초고층 작업이 용이하고 360° 회전이 가능하고 가장 안전성이 높고, 능률이 좋은 기계이다.
크롤러 크레인	트럭크레인이 타이어 대신 크롤러를 장착한 것으로 작업장치를 갖고 있지 않아 트럭크레인 보다 약간의 흔들림이 크며 하중인양시 안전성이 약하다. 크롤러식 타워 크레인의 자체는 크롤러 크레인과 같지만 직립 고정된 붐 끝에 기복이 가능한 보조 붐을 가지고 있다.
트럭 크레인	장거리 기동성이 있고 붐을 현장에서 조립하여 소정의 길이를 얻을 수 있다. 붐의 신축과 기복을 유압에 의하여 조작하는 유압식이 있고, 한 장소에서 360° 선회작업이 가능하며 기계종류도 소형에서 대형까지 다양하다.

③ 데릭의 종류

종류	특징
삼각 데릭	가이 데릭과 비슷하나 주기둥을 지탱하는 지선 대신에 2본의 다리에 의해 고정된 것으로 작업회전 반경이 약 270° 정도로 가이데릭과 성능은 거의 동일하다. 이것은 비교적 높이가 낮고 넓은 면적의 건물에 유리하다. 초고층 철골 위에 설치하여 타워크레인 해체 후 사용하거나 또 증축공사인 경우 기존건물 옥상 등에 설치하여 사용되고 있다.
가이 데릭	주기둥과 붐으로 구성되어 있고 6~8본의 지선으로 주기둥이 지탱되며 주각부에 붐을 설치하면 360° 선회가 가능하다. 인양하중이 크고 경우에 따라 쌓아 올림도 가능하지만 타워크레인에 비하여 선회성이 떨어지므로 인양하중량이 특히 클 때 필요하다.
진폴 데릭	통나무, 철 파이프 또는 철골 등으로 기둥을 세우고 난 뒤 3본 이상 지선을 매어 기둥을 경사지게 세워 기둥 끝에 활차를 달고 원치에 연결시켜 권상시키는 장치이다. 간단하게 설치 할 수 있으며 경미한 건물의 철골건립에 주로 사용된다.

(4) 크레인의 안전수칙

① 타워크레인을 와이어로프로 지지하는 경우 준수사항

　㉠ 와이어로프를 고정하기 위한 <u>전용 지지프레임</u>을 사용할 것

　㉡ <u>와이어로프 설치각도는 수평면에서 60도 이내로 하되, 지지점은 4개소 이상으로 하고, 같은 각도로 설치할 것</u>

　㉢ 와이어로프와 그 고정부위는 충분한 강도와 장력을 갖도록 설치하고, 와이어로프를 클립 · 샤클(shackle) 등의 고정기구를 사용하여 견고하게 고정시켜 풀리지 아니하도록 하며, 사용 중에는 충분한 강도와 장력을 유지하도록 할 것

　㉣ 와이어로프가 <u>가공전선(架空電線)</u>에 근접하지 않도록 할 것

② 건설물 등과의 사이의 통로

　㉠ 주행 크레인 또는 선회 크레인과 건설물 또는 설비와의 사이에 통로를 설치하는 경우 그 <u>폭을 0.6m 이상</u>으로 하여야 한다.(다만, 그 통로 중 건설물의 기둥에 접촉하는 부분에 대해서는 0.4m 이상으로 할 수 있다.)

　㉡ 건설물 등의 <u>벽체와 통로의 간격을 0.3미터 이하</u>로 유지하여야 한다.

③ 해지장치의 구비

　와이어로프 등이 훅으로부터 벗겨지는 것을 방지하기 위한 해지장치를 구비한 크레인을 사용하여야 한다.

④ 크레인의 작업시작 전 점검사항

구분	내용
크레인	• 권과방지장치 · 브레이크 · 클러치 및 운전장치의 기능 • 주행로의 상측 및 트롤리(trolley)가 횡행하는 레일의 상태 • 와이어로프가 통하고 있는 곳의 상태
이동식 크레인	• 권과방지장치나 그 밖의 경보장치의 기능 • 브레이크 · 클러치 및 조정장치의 기능 • 와이어로프가 통하고 있는 곳 및 작업장소의 지반상태

(5) 항타기 및 항발기의 안전

① 항타기 또는 항발기를 조립하는 경우 점검사항

　㉠ 본체 연결부의 풀림 또는 손상의 유무

　㉡ 권상용 와이어로프 · 드럼 및 도르래의 부착상태의 이상 유무

　㉢ 권상장치의 브레이크 및 쐐기장치 기능의 이상 유무

　㉣ 권상기의 설치상태의 이상 유무

　㉤ 리더(leader)의 버팀 방법 및 고정상태의 이상 유무

　㉥ 본체 · 부속장치 및 부속품의 강도가 적합한지 여부

　㉦ 본체 · 부속장치 및 부속품에 심한 손상 · 마모 · 변형 또는 부식이 있는지 여부

[관련법령]
산업안전보건기준에 관한 규칙 제142조 【타워크레인의 지지】

[크레인의 작업계획서 내용]
(1) 타워크레인의 종류 및 형식
(2) 설치 · 조립 및 해체순서
(3) 작업도구 · 장비 · 가설설비 및 방호설비
(4) 작업인원의 구성 및 작업근로자의 역할범위
(5) 타워크레인의 지지규정에 의한 지지방법

Tip
크레인의 작업시작 전 점검사항을 크레인, 이동식 크레인에 있어 차이가 있다. 주의하자.

[항타기]

[관련법령]
산업안전보건기준에 관한 규칙 제209조
【무너짐의 방지】

[항타기의 종류]
(1) 드롭해머
(2) 공기해머
(3) 디젤해머
(4) 진동식 항타기

② 무너짐의 방지
　㉠ 연약한 지반에 설치하는 경우에는 각부(脚部)나 가대(架臺)의 침하를 방지하기 위하여 <u>깔판 · 깔목 등을 사용할 것</u>
　㉡ 시설 또는 가설물 등에 설치하는 경우에는 그 내력을 확인하고 내력이 부족하면 그 내력을 보강할 것
　㉢ 아웃트리거 · 받침 등 지지구조물이 미끄러질 우려가 있는 경우에는 말뚝 또는 쐐기 등을 사용하여 해당 지지구조물을 고정시킬 것
　㉣ 궤도 또는 차로 이동하는 항타기 또는 항발기에 대해서는 불시에 이동하는 것을 방지하기 위하여 레일 클램프(rail clamp) 및 쐐기 등으로 고정시킬 것
　㉤ 상단 부분은 버팀대 · 버팀줄로 고정하여 안정시키고, 그 하단 부분은 견고한 버팀 · 말뚝 또는 철골 등으로 고정시킬 것

③ 항타기, 항발기의 안전계수

구분	내용
안전계수	<u>권상용 와이어로프의 안전계수는 5 이상</u>
권상용 와이어로프의 길이	• 권상용 와이어로프는 추 또는 해머가 최저의 위치에 있을 때 또는 널말뚝을 빼내기 시작할 때를 기준으로 권상장치의 드럼에 적어도 2회 감기고 남을 수 있는 충분한 길이일 것 • 권상용 와이어로프는 권상장치의 드럼에 클램프 · 클립 등을 사용하여 견고하게 고정할 것 • 항타기의 권상용 와이어로프에서 추 · 해머 등과의 연결은 클램프 · 클립 등을 사용하여 견고하게 할 것

④ 도르래의 부착
　㉠ 항타기나 항발기에 도르래나 도르래 뭉치를 부착하는 경우에는 부착부가 받는 하중에 의하여 파괴될 우려가 없는 브라켓 · 샤클 및 와이어로프 등으로 견고하게 부착하여야 한다.
　㉡ 항타기 또는 항발기의 권상장치의 <u>드럼축과 권상장치로부터 첫 번째 도르래의 축 간의 거리를 권상장치 드럼폭의 15배 이상</u>으로 하여야 한다.
　㉢ 도르래는 권상장치의 드럼 중심을 지나야 하며 축과 수직면상에 있어야 한다.

[도르래의 부착]

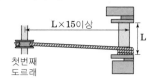

L×15이상

L

첫번째
도르래

(6) 양중기 와이어로프 등

① 와이어로프의 안전계수

구분	내용
와이어로프 안전계수 식	$$안전계수 = \frac{절단하중}{최대하중}$$
와이어로프 안전계수 기준	• 근로자가 탑승하는 운반구를 지지하는 달기와이어로프 　또는 달기체인의 경우 : 10 이상 • 화물의 하중을 직접 지지하는 달기와이어로프 또는 　달기체인의 경우 : 5 이상 • 훅, 샤클, 클램프, 리프팅 빔의 경우 : 3 이상 • 그 밖의 경우 : 4 이상

② 와이어로프, 달기체인의 사용금지

구분	내용
이음매가 있는 와이어로프 등의 사용 금지	• 이음매가 있는 것 • 와이어로프의 한 꼬임에서 끊어진 소선(素線)의 수가 　10퍼센트 이상(비자전 로프의 경우에는 끊어진 소선의 　수가 와이어로프 호칭지름의 6배 길이 이내에서 4개 　이상이거나 호칭지름 30배 길이 이내에서 8개 이상)인 것 • 지름의 감소가 공칭지름의 7퍼센트를 초과하는 것 • 꼬인 것 • 심하게 변형되거나 부식된 것 • 열과 전기충격에 의해 손상된 것
늘어난 달기체인의 사용 금지	• 달기 체인의 길이가 달기 체인이 제조된 때의 길이의 　5퍼센트를 초과한 것 • 링의 단면지름이 달기 체인이 제조된 때의 해당 링의 　지름의 10퍼센트를 초과하여 감소한 것 • 균열이 있거나 심하게 변형된 것

(7) 와이어로프에 걸리는 하중

① 크레인 작업 시 와이어로프에 걸리는 총 하중

$$총하중(W) = 정하중(W_1) + 동하중(W_2)$$

$$W_2(동하중) = \frac{W_1}{g}a$$

여기서, g : 중력가속도(9.8m/s²)
　　　a : 가속도(m/s²)

[용어의 정의]

(1) 소선 : 스트랜드를 구성하는 강선
(2) 스트랜드 : 여러 개의 소선을 꼬아놓은 로프의 구성요소

[와이어로프의 사용금지]

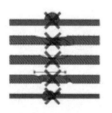

② 와이어로프 한줄에 걸리는 하중

$$W_1 = \dfrac{\dfrac{W}{2}}{\cos\left(\dfrac{\theta}{2}\right)}$$

여기서 W_1 : 한줄에 걸리는 하중
W : 로프에 걸리는 하중

01 핵심문제   1. 양중기의 종류 및 안전수칙

□□□ 08년1회, 15년1회
1. 다음 중 양중기에 해당되지 않는 것은?

① 어스드릴　　　　② 크레인
③ 리프트　　　　　④ 곤돌라

문제 1 ~ 2 해설

양중기의 종류
1. 크레인[호이스트를 포함한다.]
2. 이동식 크레인
3. 리프트(이삿짐운반용의 경우 0.1톤 이상인 것)
4. 곤돌라
5. 승강기

[참고] 산업안전보건기준에 관한 규칙 제132조 [양중기]

□□□ 16년2회
2. 다음 기계 중 양중기에 포함되지 않는 것은?

① 리프트　　　　　② 곤돌라
③ 크레인　　　　　④ 트롤리 컨베이어

□□□ 10년2회, 19년1회
3. 승강기 강선의 과다감기를 방지하는 장치는?

① 비상정지장치　　　② 권과방지장치
③ 해지장치　　　　　④ 과부하방지장치

해설

권과(捲過)방지장치란 와이어로프를 감아서 물건을 들어올리는 기계장치(엘리베이터, 호이스트, 리프트, 크레인 등)에서 로프가 너무 많이 감기거나 풀리는 것을 방지하는 장치를 말한다.

□□□ 11년4회, 15년2회
4. 혹걸이용 와이어로프 등이 혹으로부터 벗겨지는 것을 방지하기 위한 장치는?

① 해지장치　　　　　② 권과방지장치
③ 과부하방지장치　　④ 턴버클

해설

해지장치란 와이어로프의 이탈을 방지하기 위한 방호장치로 후크 부위에 와이어로프를 걸었을 때 벗겨지지 않도록 후크 안쪽으로 스프링을 이용하여 설치한 것

□□□ 09년1회, 11년1회, 13년2회, 15년4회, 19년2회
5. 크레인 또는 데릭에서 붐각도 및 작업반경별로 작용시킬 수 있는 최대하중에서 후크(Hook), 와이어로프 등 달기구의 중량을 공제한 하중은?

① 작업하중　　　　　② 정격하중
③ 이동하중　　　　　④ 적재하중

해설

정격하중이란 들어올리는 하중에서 크레인, 리프트, 곤돌라의 경우에는 후크, 권상용와이어로프, 권상부속품 및 운반구, 달기발판 등 달기기구의 중량을 공제한 하중이다.
1. "적재하중"이라 함은 리프트의 구조나 재료에 따라 운반구에 하물을 적재하고 상승할 수 있는 최대하중을 말한다.
2. "정격속도"라 함은 운반구에 적재하중으로 상승할 때의 최고 속도를 말한다.
3. 임계하중이란 크레인 붐에 물건을 달고 크레인이 전복될 순간까지의 하중을 말한다.
4. 작업하중이란 하물을 들어올려 안전하게 작업 할 수 있는 하중을 말한다.

□□□ 10년1회, 12년2회, 14년1회, 15년1회, 18년2회
6. 강풍 시 타워크레인의 작업제한과 관련된 사항으로 타워크레인의 운전작업을 중지해야 하는 순간풍속기준으로 옳은 것은?

① 순간풍속이 매초 당 10미터 초과
② 순간풍속이 매초 당 15미터 초과
③ 순간풍속이 매초 당 30미터 초과
④ 순간풍속이 매초 당 40미터 초과

해설

사업주는 순간풍속이 매초당 10미터를 초과하는 경우에는 타워크레인의 설치·수리·점검 또는 해체작업을 중지하여야 하며, 순간풍속이 매초당 15미터를 초과하는 경우에는 타워크레인의 운전작업을 중지하여야 한다.
[참고] 산업안전보건기준에 관한 규칙 제37조 [악천후 및 강풍 시 작업 중지]

정답 1 ① 2 ④ 3 ② 4 ① 5 ② 6 ②

□□□ 09년2회, 09년4회, 10년1회, 13년4회, 14년1회, 18년4회, 22년1회

7. 옥외에 설치되어 있는 주행크레인에 대하여 이탈방지 장치를 작동시키는 등 그 이탈을 방지하기 위한 조치를 하여야 하는 순간풍속에 대한 기준으로 옳은 것은?

① 순간풍속이 초당 10m를 초과하는 바람이 불어올 우려가 있는 경우

② 순간풍속이 초당 20m를 초과하는 바람이 불어올 우려가 있는 경우

③ 순간풍속이 초당 30m를 초과하는 바람이 불어올 우려가 있는 경우

④ 순간풍속이 초당 40m를 초과하는 바람이 불어올 우려가 있는 경우

해설

사업주는 순간풍속이 초당 30미터를 초과하는 바람이 불어올 우려가 있는 경우 옥외에 설치되어 있는 주행 크레인에 대하여 이탈방지 장치를 작동시키는 등 이탈 방지를 위한 조치를 하여야 한다.

[참고] 산업안전보건기준에 관한 규칙 제37조 [악천후 및 강풍 시 작업 중지]

□□□ 10년1회, 16년4회

8. 사업주는 리프트를 조립 또는 해체 작업할 때 작업을 지휘하는 자를 선임하여야 한다. 이 때 작업을 지휘하는 자가 이행하여야 할 사항으로 거리가 먼 것은?

① 작업방법과 근로자의 배치를 결정하고 당해 작업을 지휘하는 일

② 재료의 결함유무 또는 기구 및 공구의 기능을 점검하고 불량품을 제거하는 일

③ 운전방법 또는 고장났을 때의 처치방법 등을 근로자에게 주지시키는 일

④ 작업 중 안전대 등 보호구의 착용상황을 감시하는 일

해설

① 사업주는 리프트의 설치·조립·수리·점검 또는 해체 작업을 하는 경우 다음 각 호의 조치를 하여야 한다.
1. 작업을 지휘하는 사람을 선임하여 그 사람의 지휘하에 작업을 실시할 것
2. 작업을 할 구역에 관계 근로자가 아닌 사람의 출입을 금지하고 그 취지를 보기 쉬운 장소에 표시할 것
3. 비, 눈, 그 밖에 기상상태의 불안정으로 날씨가 몹시 나쁜 경우에는 그 작업을 중지시킬 것

---

② 사업주는 제1항제1호의 작업을 지휘하는 사람에게 다음 각 호의 사항을 이행하도록 하여야 한다.
1. 작업방법과 근로자의 배치를 결정하고 해당 작업을 지휘하는 일
2. 재료의 결함 유무 또는 기구 및 공구의 기능을 점검하고 불량품을 제거하는 일
3. 작업 중 안전대 등 보호구의 착용 상황을 감시하는 일

[참고] 산업안전보건기준에 관한 규칙 제156조 [조립등의 작업]

□□□ 19년1회

9. 타워 크레인(Tower Crane)을 선정하기 위한 사전 검토사항으로서 가장 거리가 먼 것은?

① 붐의 모양   ② 인양 능력

③ 작업반경   ④ 붐의 높이

해설

타워크레인 선정 시 검토사항
• 입지 조건
• 건립기계의 소음영향
• 건물 형태
• 인양하중(능력)
• 작업반경

□□□ 10년2회, 18년1회

10. 타워크레인을 와이어로프로 지지하는 경우에 준수해야 할 사항으로 옳지 않은 것은?

① 와이어로프를 고정하기 위한 전용 지지프레임을 사용할 것

② 와이어로프 설치각도는 수평면에서 60° 이상으로 할 것

③ 와이어로프의 고정부위는 충분한 강도와 장력을 갖도록 설치할 것

④ 와이어로프가 가공전선에 접근하지 아니하도록 할 것

문제 10 ~ 12 해설

타워크레인을 와이어로프로 지지하는 경우 준수사항
1. 와이어로프를 고정하기 위한 전용 지지프레임을 사용할 것
2. 와이어로프 설치각도는 수평면에서 60도 이내로 하되, 지지점은 4개소 이상으로 하고, 같은 각도로 설치할 것
3. 와이어로프와 그 고정부위는 충분한 강도와 장력을 갖도록 설치하고, 와이어로프를 클립·샤클(shackle, 연결고리) 등의 고정기구를 사용하여 견고하게 고정시켜 풀리지 아니하도록 하며, 사용 중에는 충분한 강도와 장력을 유지하도록 할 것
4. 와이어로프가 가공전선(架空電線)에 근접하지 않도록 할 것

[참고] 산업안전보건기준에 관한 규칙 제142조 [타워크레인의 지지]

☐☐☐ 17년2회, 20년3회

11. 타워크레인을 자립고(自立高) 이상의 높이로 설치할 때 지지벽체가 없어 와이어로프로 지지하는 경우의 준수사항으로 옳지 않은 것은?

① 와이어로프를 고정하기 위한 전용 지지프레임을 사용할 것

② 와이어로프 설치각도는 수평면에서 60° 이내로 하되, 지지점은 4개소 이상으로 하고, 같은 각도로 설치할 것

③ 와이어로프와 그 고정부위는 충분한 강도와 장력을 갖도록 설치하되, 와이어로프를 클립·샤클(shackle) 등의 기구를 사용하여 고정하지 않도록 유의할 것

④ 와이어로프가 가공전선(架空電線)에 근접하지 않도록 할 것

☐☐☐ 15년2회

12. 다음은 타워크레인을 와이어로프로 지지하는 경우의 준수해야 할 기준이다. 빈칸에 들어갈 알맞은 내용을 순서대로 옳게 나타낸 것은?

> 와이어로프 설치각도는 수평면에서 (   )도 이내로 하되, 지지점은 (   )개소 이상으로 하고, 같은 각도로 설치할 것

① 45, 4   ② 45, 5
③ 60, 4   ④ 60, 5

☐☐☐ 11년4회, 17년1회, 20년1,2회

13. 크레인의 운전실 또는 운전대를 통하는 통로의 끝과 건설물 등의 벽체의 간격은 최대 얼마 이하로 하여야 하는가?

① 0.2m   ② 0.3m
③ 0.4m   ④ 0.5m

해설
사업주는 다음 각 호의 간격을 0.3미터 이하로 하여야 한다. 다만, 근로자가 추락할 위험이 없는 경우에는 그 간격을 0.3미터 이하로 유지하지 아니할 수 있다. 1. 크레인의 운전실 또는 운전대를 통하는 통로의 끝과 건설물 등의 벽체의 간격 2. 크레인 거더(girder)의 통로 끝과 크레인 거더의 간격 3. 크레인 거더의 통로로 통하는 통로의 끝과 건설물 등의 벽체의 간격 **[참고]** 산업안전보건기준에 관한 규칙 제145조 [건설물 등의 벽체와 통로의 간격 등]

☐☐☐ 09년1회, 12년1회, 16년1회, 17년1회

14. 크레인을 사용하여 작업을 할 때 작업시작 전에 점검하여야 하는 사항에 해당하지 않는 것은?

① 권과방지장치·브레이크·클러치 및 운전장치의 기능
② 주행로의 상측 및 트롤리가 횡행하는 레일의 상태
③ 와이어로프가 통하고 있는 곳의 상태
④ 압력방출장치의 기능

해설
크레인 작업시작 전 점검사항 1. 권과방지장치·브레이크·클러치 및 운전장치의 기능 2. 와이어로프가 통하고 있는 곳의 상태 3. 주행로 상측 트롤리가 횡행하는 레일의 상태

☐☐☐ 18년1회

15. 이동식 크레인을 사용하여 작업을 할 때 작업시작 전 점검사항이 아닌 것은?

① 주행로의 상측 및 트롤리(trolley)가 횡행하는 레일의 상태
② 권과방지장치 그 밖의 경보장치의 기능
③ 브레이크·클러치 및 조정장치의 기능
④ 와이어로프가 통하고 있는 곳 및 작업장소의 지반 상태

해설
이동식크레인 작업시작 전 점검사항 1. 권과방지장치 그 밖의 경보장치의 기능 2. 브레이크·클러치 및 조정장치의 기능 3. 와이어로프가 통하고 있는 곳 및 작업장소의 지반상태

☐☐☐ 08년4회, 18년4회, 20년3회

16. 동력을 사용하는 항타기 또는 항발기의 도괴를 방지하기 위하여 준수하여야 할 기준으로 옳지 않은 것은?

① 연약한 지반에 설치할 경우에는 각부나 가대의 침하를 방지하기 위하여 깔판·깔목 등을 사용한다.

② 평형추를 사용하여 안정시키는 경우에는 평형추의 이동을 방지하기 위하여 가대에 견고하게 부착시킨다.

③ 버팀대만으로 상단부분을 안정시키는 경우에는 버팀대는 3개 이상으로 한다.

④ 버팀줄만으로 상단부분을 안정시키는 경우에는 버팀줄을 2개 이상으로 한다.

버팀줄만으로 상단부분을 안정시키는 경우에는 버팀줄을 3개 이상으로 하고 같은 간격으로 배치할 것
[참고] 산업안전보건기준에 관한 규칙 제209조 [무너짐의 방지]

해설
사업주는 항타기 또는 항발기의 권상장치의 드럼축과 권상장치로부터 첫 번째 도르래의 축과의 거리를 권상장치의 드럼폭의 15배 이상으로 하여야 한다.
[참고] 산업안전보건기준에 관한 규칙 제216조 [도르래의 부착 등]

□□□ 08년2회, 17년1회
17. 항타기 및 항발기에 대한 설명으로 잘못된 것은?

① 도괴방지를 위해 시설 또는 가설물 등에 설치하는 때에는 그 내력을 확인하고 내력이 부족한 때에는 그 내력을 보강해야 한다.
② 와이어로프의 한 꼬임에서 끊어진 소선(필러선을 제외한다)의 수가 10% 이상인 것은 권상용 와이어로프로 사용을 금한다.
③ 지름 감소가 호칭 지름의 7%를 초과하는 것은 권상용 와이어로프로 사용을 금한다.
④ 권상용 와이어로프의 안전계수가 4이상이 아니면 이를 사용하여서는 안된다.

해설
사업주는 항타기 또는 항발기의 권상용 와이어로프의 안전계수가 5 이상이 아니면 이를 사용하여서는 아니된다.
[참고] 산업안전보건기준에 관한 규칙 제211조 [권상용 와이어로프의 안전계수]

□□□ 10년1회
18. 항타기 또는 항발기의 권상용 와이어로프의 절단하중이 100ton일 때 와이어로프에 걸리는 최대하중을 얼마까지 할 수 있는가?

① 20ton ② 33.3ton
③ 40ton ④ 50ton

해설
$$최대하중 = \frac{절단하중}{안전계수} = \frac{100}{5} = 20$$
여기서 안전계수는 5이다.

□□□ 08년1회, 12년1회
19. 항타기 또는 항발기의 권상장치의 드럼축과 권상장치로부터 첫 번째 도르래의 축과의 거리는 권상장치의 드럼폭의 최소 몇 배 이상으로 하여야 하는가?

① 5배 ② 10배
③ 15배 ④ 20배

□□□ 12년1회, 15년2회
20. 안전계수가 4이고 2,000kg/cm²의 인장강도를 갖는 강선의 최대허용응력은?

① 500kg/cm² ② 1,000kg/cm²
③ 1,500kg/cm² ④ 2,000kg/cm²

해설
$$안전계수 = \frac{인장강도}{허용응력} 이므로,$$
$$허용응력 = \frac{인장강도}{안전계수} = \frac{2,000}{4} = 500[kg/cm^2]$$

□□□ 09년2회, 13년4회
21. 정격하중이 10톤인 크레인의 화물용 와이어로프에 대한 절단하중으로 맞는 것은? (단, 화물용 와이어로프의 안전계수는 5이다.)

① 15톤 ② 2톤
③ 5톤 ④ 50톤

해설
$$안전계수 = \frac{절단하중}{정격하중} 이므로$$
절단하중= 안전계수 ×정격하중 = 5×10=50

□□□ 09년4회, 10년4회, 17년2회
22. 양중기에 사용하는 와이어로프에서 화물의 하중을 직접 지지하는 달기와이어로프 또는 달기체인의 안전계수 기준은?

① 3 이상 ② 4 이상
③ 5 이상 ④ 10 이상

정답 17 ④ 18 ① 19 ③ 20 ① 21 ④ 22 ③

문제 22 ~ 23 해설

사업주는 양중기의 와이어로프 등 달기구의 안전계수(달기구 절단 하중의 값을 그 달기구에 걸리는 하중의 최대값으로 나눈 값을 말한다)가 다음 각 호의 구분에 따른 기준에 맞지 아니한 경우에는 이를 사용해서는 아니 된다.

1. 근로자가 탑승하는 운반구를 지지하는 달기와이어로프 또는 달기체인의 경우 : 10 이상
2. 화물의 하중을 직접 지지하는 달기와이어로프 또는 달기체인의 경우 : 5 이상
3. 훅, 샤클, 클램프, 리프팅 빔의 경우 : 3 이상
4. 그 밖의 경우 : 4 이상

[참고] 산업안전보건기준에 관한 규칙 제163조 [와이어로프 등 달기구의 안전계수]

□□□ 17년4회

23. 화물의 하중을 직접 지지하는 경우 양중기의 와이어 로프에 대한 최대허용하중은? (단, 1줄걸이 기준)

① 최대허용하중 $= \dfrac{\text{절단하중}}{2}$

② 최대허용하중 $= \dfrac{\text{절단하중}}{3}$

③ 최대허용하중 $= \dfrac{\text{절단하중}}{4}$

④ 최대허용하중 $= \dfrac{\text{절단하중}}{5}$

□□□ 10년2회, 10년4회, 17년2회

24. 항타기 또는 항발기의 권상용 와이어로프의 사용금 지기준에 해당하지 않는 것은?

① 이음매가 없는 것
② 지름의 감소가 공칭지름의 7%를 초과하는 것
③ 꼬인 것
④ 열과 전기충격에 의해 손상된 것

해설

이음매가 있는 와이어로프 등의 사용 금지
• 이음매가 있는 것
• 와이어로프의 한 꼬임에서 끊어진 소선(素線)의 수가 10퍼센트 이상(비자전 로프의 경우에는 끊어진 소선의 수가 와이어로프 호칭 지름의 6배 길이 이내에서 4개 이상이거나 호칭 지름 30배 길이 이내에서 8개 이상)인 것
• 지름의 감소가 공칭지름의 7퍼센트를 초과 하는 것
• 꼬인 것
• 심하게 변형되거나 부식된 것
• 열과 전기충격에 의해 손상된 것

□□□ 10년2회, 19년4회

25. 체인(Chain)의 폐기 대상이 아닌 것은?

① 균열, 흠이 있는 것
② 뒤틀림 등 변형이 현저한 것
③ 전장이 원래 길이의 5%를 초과하여 늘어난 것
④ 링(Ring)의 단면 지름의 감소가 원래 지름의 5% 정도 마모된 것

해설

달기 체인의 사용금지 기준
1. 달기 체인의 길이가 달기 체인이 제조된 때의 길이의 5퍼센트를 초과한 것
2. 링의 단면지름이 달기 체인이 제조된 때의 해당 링의 지름의 10퍼센트를 초과하여 감소한 것
3. 균열이 있거나 심하게 변형된 것

02 해체 작업의 안전

(1) 해체용 기구의 종류

[브레이커 공법]

공법		원리	특징	단점
압쇄 공법	자주식 현수식	유압압쇄날에 의한 해체	취급과 조작이 용이하고 철근, 철골절단이 가능하며, 저소음이다.	20m 이상은 불가능, 분진비산을 막기 위해 살수설비가 필요하다.
대형 브레이커 공법	압축 공기식	압축공기에 의한 타격 파쇄	능률이 높으며 높은 곳 사용이 가능하다. 보, 기둥, 슬래브, 벽체 파쇄에 유리	소음과 진동이 크며, 분진발생에 주의하여야 한다.
	유압식	유압에 의한 타격 파쇄		
핸드 브레이커 공법		–	광범위한 작업이 가능하고 좁은 장소나 작은 구조물 파쇄에 유리, 진동은 작다.	방진 마스크, 보안경 등 보호구 필요, 소음이 크고 소음 발생에 주의를 요한다.
전도 공법		부재를 절단하여 쓰러뜨린다.	원칙적으로 한층씩 해체하고 전도축과 전도방향에 주의해야 한다.	전도에 의한 진동과 매설물에 대한 배려가 필요
철 해머에 의한 공법		무거운 철재 해머로 타격	능률이 좋으나 지하매설 콘크리트 해체에는 효율이 낮다. 기둥, 보, 슬래브 벽파쇄에 유리	소음과 진동이 크고, 파편이 많이 비산된다.
화약발파공법		발파충격과 가스 압력으로 파쇄	파괴력이 크고 공기를 단축할 수 있으며, 노동력 절감에 기여	발파 전문자격자가 필요, 비산물 방호장치설치, 폭음과 진동이 있으며 지하매설물에 영향 초래, 슬래브, 벽 파쇄에 불리
팽창압공법		가스압력과 팽창압력에 의거 파쇄	보관 취급이 간단, 책임자 불필요, 무근콘크리트에 유효, 공해가 거의 없다.	천공 때 소음과 분진발생, 슬래브와 벽 등에는 불리

공 법	원 리	특 징	단 점
절단공법	회전톱에 의한 절단	질서정연한 해체나 무진동이 요구될 때에 유리하고 최대 절단 길이는 30cm	절단기, 냉각수가 필요하며, 해체물 운반크레인이 필요
재키공법	유압식재키로 들어 올려 파쇄	소음진동이 없다.	기둥과 기초에는 사용불가, 슬래브와 보 해체 시 재키를 받쳐줄 발판 필요
쐐기타입공법	구멍에 쐐기를 밀어 넣어 파쇄	균열이 직선적이므로 계획적으로 해체할 수 있다. 무근콘크리트에 유리	1회 파괴량이 적다. 코어보링시 물을 필요로 한다. 천공시 소음과 분진에 주의
화염공법	연소시켜서 용해하여 파쇄	강제 절단이 용이, 거의 실용화되어 있지 못하다.	방열복 등 개인보호구가 필요하며 용융물, 불꽃처리 대책 필요
통전공법	구조체에 전기쇼트를 이용 파쇄한다.	거의 실용화되어 있지 못하다.	

(2) 해체용 기구의 취급안전

① 압쇄기

압쇄기는 쇼벨에 설치하며 유압조작에 의해 콘크리트등에 강력한 압축력을 가해 파쇄하는 것

㉠ 차체 지지력을 초과하는 중량의 압쇄기부착을 금지하여야 한다.

㉡ 압쇄기 부착과 해체는 경험이 많은 사람으로서 선임된 자가 실시

㉢ 압쇄기 연결구조부는 보수점검을 수시로 하여야 한다.

㉣ 배관 접속부의 핀, 볼트 등 연결구조의 안전 여부를 점검 한다.

㉤ 절단날은 마모가 심하므로 교환대체품목을 항상 비치하여 교환한다.

> ■ 압쇄기에 의한 건물 해체 순서
> 슬래브 → 보 → 벽체 → 기둥

[압쇄기]

② 브레이커

대형 브레이커는 통상 쇼벨에 설치하여 사용한다.

㉠ 차체 지지력을 초과하는 중량의 브레이커부착을 금지하여야 한다.

[철제햄머 해체]

ⓛ 대형 브레이커의 부착과 해체에는 경험이 많은 사람으로서 선임된 자에 한하여 실시한다.

ⓒ 유압작동구조, 연결구조 등의 주요구조는 보수점검을 수시로 한다.

ⓔ 수시로 유압호스가 새거나 막힌 곳이 없는가를 점검하여야 한다.

③ 철제햄머

햄머를 크레인 등에 부착하여 구조물에 충격을 주어 파쇄하는 것

ⓖ 햄머는 중량과 작압반경을 고려하여 차체의 붐, 후레임 및 차체 지지력을 초과하지 않도록 설치하여야 한다.

ⓛ 햄머와 와이어로프의 결속은 경험이 많은 사람으로서 선임된 자에 한하여 실시하도록 하여야 한다.

ⓒ 킹크, 소선절단, 단면이 감소된 와이어로프는 즉시 교체하여야 하며 결속부는 사용 전 후 항상 점검하여야 한다.

④ 화약류에 의한 발파파쇄

ⓖ 사전에 시험발파에 의한 폭력, 폭속, 진동치속도 등에 파쇄능력과 진동, 소음의 영향력을 검토하여야 한다.

ⓛ 소음, 분진, 진동으로 인한 공해대책, 파편에 대한 예방대책을 수립하여야 한다.

ⓒ 화약류 취급에 대하여는 법, 총포도검화약류단속법 등 관계법에서 규정하는 바에 의하여 취급하여야 하며 화약저장소 설치기준을 준수하여야 한다.

ⓔ 시공순서는 화약취급절차에 의한다.

⑤ 핸드브레이커

압축공기, 유압의 급속한 충격력에 의거 콘크리트 등을 해체할 때 사용하는 것

ⓖ 끌의 부러짐을 방지하기 위하여 작업자세는 하향 수직방향으로 유지하도록 하여야 한다.

ⓛ 기계는 항상 점검하고, 호스의 꼬임·교차 및 손상여부를 점검하여야 한다.

⑥ 팽창제

광물의 수화반응에 의한 팽창압을 이용하여 파쇄하는 공법

ⓖ 팽창제와 물과의 시방 혼합비율을 확인하여야 한다.

ⓛ 천공직경 : 30~50mm 정도를 유지

ⓒ 천공간격 : 콘크리트 강도에 의하여 결정되나 30~70cm 정도를 유지

ⓔ 팽창제의 저장 : 건조한 장소에 보관하고 직접 바닥에 두지말고 습기를 피하여야 한다.

ⓜ 개봉된 팽창제는 사용하지 말아야 하며 쓰다 남은 팽창제 처리에 유의하여야 한다.

⑦ 절단톱

회전날 끝에 다이아몬드 입자를 혼합 경화하여 제조된 절단톱으로 기둥, 보, 바닥, 벽체를 적당한 크기로 절단하여 해체하는 공법

㉠ 절단기에 사용되는 전기시설과 급수, 배수설비를 수시로 정비 점검한다.

㉡ 회전날에는 접촉방지 커버를 부착토록 하여야 한다.

㉢ 회전날의 조임상태는 안전한지 작업 전에 점검하여야 한다.

㉣ 절단 중 회전날을 냉각시키는 냉각수는 충분한지 점검하고 불꽃이 많이 비산되거나 수증기 등이 발생되면 과열된 것이므로 일시중단 한 후 작업을 실시하여야 한다.

㉤ 절단방향을 직선을 기준하여 절단하고 부재중에 철근 등이 있어 절단이 안될 경우에는 최소단면으로 절단하여야 한다.

㉥ 절단기는 매일 점검하고 정비해 두어야 하며 회전 구조부에는 윤활유를 주유해 두어야 한다.

⑧ 재키

구조물의 부재 사이에 재키를 설치한 후 국소부에 압력을 가해 해체하는 공법

㉠ 설치하거나 해체할 때는 경험이 많은 사람으로서 선임된 자가 실시

㉡ 유압호스 부분에서 기름이 새거나, 접속부에 이상을 확인한다.

㉢ 장시간 작업 시 호스의 커플링과 고무가 연결된 곳에 균열이 발생될 우려가 있으므로 마모율과 균열에 따라 적정한 시기에 교환한다.

㉣ 정기, 특별, 수시점검을 실시하고 결함 사항은 즉시 개선, 보수, 교체하여야 한다.

⑨ 쐐기타입기

직경 30~40mm 정도의 구멍속에 쐐기를 박아 넣어 구멍을 확대하여 해체하는 것

㉠ 구멍에 굴곡이 있으면 타입기 자체에 큰 응력이 발생하여 쐐기가 휠 우려가 있으므로 굴곡이 없도록 천공하여야 한다.

㉡ 천공구멍은 타입기 삽입부분의 직경과 거의 같도록 하여야 한다.

㉢ 쐐기가 절단 및 변형된 경우는 즉시 교체하여야 한다.

㉣ 보수점검은 수시로 하여야 한다.

⑩ 화염방사기

구조체를 고온으로 용융시키면서 해체하는 것

㉠ 고온의 용융물이 비산하고 연기가 많이 발생되므로 화재발생에 주의

㉡ 소화기를 준비하여 불꽃비산에 의한 발화에 대비 한다.

㉢ 작업자는 방열복, 마스크, 장갑 등의 보호구를 착용하여야 한다.

㉣ 산소용기가 넘어지지 않도록 밑받침 등으로 고정시키고 빈용기와 채워진 용기의 저장을 분리하여야 한다.

       ⑩ 용기내 압력은 온도에 의해 상승하기 때문에 항상 섭씨 40도 이하로 보존하여야 한다.

       ⓑ 호스는 결속물로 확실하게 결속하고, 균열되었거나 노후된 것은 사용하지 말아야 한다.

       ⓢ 게이지의 작동을 확인하고 고장 및 작동불량품은 교체하여야 한다.

⑪ **절단줄톱**

와이어에 다이아몬드 절삭날을 부착하여, 고속회전시켜 절단 해체하는 공법

    ⊙ 절단작업 중 줄톱이 끊어지거나, 수명이 다할 경우에는 줄톱의 교체가 어려우므로 작업 전에 충분히 와이어를 점검하여야 한다.

    ⓛ 절단대상물의 절단면적을 고려하여 줄톱의 크기와 규격을 결정하여야 한다.

    ⓒ 절단면에 고온이 발생하므로 냉각수 공급을 적절히 하여야 한다.

    ⓡ 구동축에는 접촉방지 커버를 부착하도록 하여야 한다.

(3) 건물 해체공사의 사전조사 및 작업계획서

구분	내용
사전조사	해체건물 등의 구조, 주변 상황 등
작업계획서	• 해체의 방법 및 해체 순서도면 • 가설설비 · 방호설비 · 환기설비 및 살수 · 방화설비 등의 방법 • 사업장 내 연락방법 • 해체물의 처분계획 • 해체작업용 기계 · 기구 등의 작업계획서 • 해체작업용 화약류 등의 사용계획서 • 그 밖에 안전 · 보건에 관련된 사항

02 핵심문제 　　　　2. 해체작업의 안전

□□□ 16년2회
1. 구조물 해체작업으로 사용되는 공법이 아닌 것은?

① 압쇄공법　　　　② 잭공법
③ 절단공법　　　　④ 진공공법

해설

진공공법은 연약지반 개량공법이다.
[참고] 구조물 해체공법
1. 압쇄공법　　　　2. 잭공법
3. 절단공법　　　　4. 대형브레이커공법
5. 전도공법　　　　6. 철 해머공법
7. 화약발파공법　　8. 핸드브레이커공법
9. 팽창공법

□□□ 11년4회, 14년1회
2. 철근콘크리트 구조물의 해체를 위한 장비가 아닌 것은?

① 램머(Rammer)
② 압쇄기
③ 철제 해머
④ 핸드 브레이커(Hand Breaker)

해설

램머(Rammer)란 흙이나 자갈을 다지는 기계이다.

□□□ 14년2회, 18년2회
3. 다음 중 압쇄기를 사용하여 건물해체 시 그 순서로 옳은 것은?

[보기]
A : 보, B : 기둥, C : 슬래브, D : 벽체

① A – B – C – D　　② A – C – B – D
③ C – A – D – B　　④ D – C – B – A

해설

압쇄기는 쇼벨에 설치하며 유압조작에 의해 콘크리트 등에 강력한 압축력을 가해 파쇄하는 것으로 파쇄순서는 슬래브 → 보 → 벽체 → 기둥 순으로 해체한다.

□□□ 13년1회
4. 해체용 장비로서 작은 부재의 파쇄에 유리하고 소음, 진동 및 분진이 발생되므로 작업원은 보호구를 착용하여야 하고 특히 작업원의 작업시간을 제한하여야 하는 장비는?

① 천공기　　　　② 쇄석기
③ 철재해머　　　④ 핸드 브레이커

해설

핸드 브레이커 작업은 신체에 강렬한 진동을 주는 작업이므로 작업시간을 제한하여야 한다.
[참고] 유해·위험작업에 대한 근로시간 제한 등
1. 갱(坑) 내에서 하는 작업
2. 다량의 고열물체를 취급하는 작업과 현저히 덥고 뜨거운 장소에서 하는 작업
3. 다량의 저온물체를 취급하는 작업과 현저히 춥고 차가운 장소에서 하는 작업
4. 라듐방사선이나 엑스선, 그 밖의 유해 방사선을 취급하는 작업
5. 유리·흙·돌·광물의 먼지가 심하게 날리는 장소에서 하는 작업
6. 강렬한 소음이 발생하는 장소에서 하는 작업
7. 착암기 등에 의하여 신체에 강렬한 진동을 주는 작업
8. 인력으로 중량물을 취급하는 작업
9. 납·수은·크롬·망간·카드뮴 등의 중금속 또는 이황화탄소·유기용제, 그 밖에 고용노동부령으로 정하는 특정 화학물질의 먼지·증기 또는 가스가 많이 발생하는 장소에서 하는 작업

□□□ 12년4회, 15년1회
5. 건축물의 해체공사에 대한 설명으로 틀린 것은?

① 압쇄기와 대형 브레이커(Breaker)는 파워쇼벨 등에 설치하여 사용한다.
② 철제 햄머(Hammer)는 크레인 등에 설치하여 사용한다.
③ 핸드 브레이커(Hand breaker) 사용 시 수직보다는 경사를 주어 파쇄하는 것이 좋다.
④ 절단톱의 회전날에는 접촉방지 커버를 설치하여야 한다.

해설

핸드 브레이커(Hand breaker)작업에서 작업자가 손으로 브레이커를 잡고 작업을 하여야 하므로 파쇄시에는 경사를 주어 파쇄하는 것보다 수직으로 파쇄하는 것이 작업상 안전하고 유리하다.

□□□ 20년1,2회

6. 해체공사 시 작업용 기계기구의 취급 안전기준에 관한 설명으로 옳지 않은 것은?

① 철제햄머와 와이어로프의 결속은 경험이 많은 사람으로서 선임된 자에 한하여 실시하도록 하여야 한다.
② 팽창제 천공간격은 콘크리트 강도에 의하여 결정되나 70~120cm 정도를 유지하도록 한다.
③ 쐐기타입으로 해체 시 천공구멍은 타입기 삽입부분의 직경과 거의 같아야 한다.
④ 화염방사기로 해체작업 시 용기 내 압력은 온도에 의해 상승하기 때문에 항상 40℃ 이하로 보존해야 한다.

해설

팽창제의 천공간격은 콘크리트 강도에 의하여 결정되나 30~70cm 정도를 유지한다.

□□□ 09년4회, 18년4회

7. 구조물의 해체작업 시 해체 작업 계획서에 포함하여야 할 사항으로 옳지 않은 것은?

① 해체의 방법 및 해체순서 도면
② 해체물의 처분계획
③ 주변 민원 처리계획
④ 사업장 내 연락방법

해설

건물등 해체작업 시 작업계획서 내용
1. 해체의 방법 및 해체 순서도면
2. 가설설비 · 방호설비 · 환기설비 및 살수 · 방화설비 등의 방법
3. 사업장내 연락방법
4. 해체물의 처분계획
5. 해체작업용 기계 · 기구 등의 작업계획서
6. 해체작업용 화약류 등의 사용계획서
7. 기타 안전 · 보건에 관련된 사항

[참고] 산업안전보건기준에 관한 규칙 별표 4 [사전조사 및 작업계획서 내용]

Chapter 04

건설재해 및 대책

건설재해 및 대책은 추락재해 및 대책, 낙하·비래재해 및 대책, 붕괴재해 및 대책으로 구성되며 추락재해 대책을 위한 법적 시설기준과 붕괴재해를 위한 시설의 구조 등이 주로 출제되고 있다.

01 추락 및 낙하·비래 재해예방

(1) 추락재해의 특징 발생형태

구분	내용
발생형태	• 고소 작업에서의 추락 • 개구부 및 작업대 끝에서의 추락 • 비계로부터의 추락 • 사다리 및 작업대에서의 추락 • 철골 등의 조립작업시 추락 • 해체작업 중의 추락 등
방지대책	• 작업발판의 설치 • 안전방망의 설치 • 안전대의 착용

(2) 추락방호망의 설치 기준

① 추락방호망의 설치위치는 가능하면 작업 면으로부터 가까운 지점에 설치하여야 하며, 작업 면으로부터 망의 설치지점까지의 수직거리는 10m를 초과하지 아니할 것

② 추락방호망은 수평으로 설치하고, 망의 처짐은 짧은 변 길이의 12% 이상이 되도록 할 것

③ 건축물 등의 바깥쪽으로 설치하는 경우 망의 내민 길이는 벽면으로부터 3m 이상 되도록 할 것. 다만, 그물코가 20mm 이하인 망을 사용한 경우에는 낙하물방지망을 설치한 것으로 본다.

> ■ **낙하물 방지망의 안전기준**
>
> ① 설치높이는 10m 이내마다 설치하고, 내민길이는 벽면으로부터 2m 이상으로 할 것
> ② 수평면과의 각도는 20도 내지 30도를 유지할 것
> ③ 방지망의 겹침길이는 30cm 이상으로 하고 방지망과 방지망 사이에는 틈이 없도록 한다.

[추락방지를 위한 작업발판의 폭]

(1) 일반작업 : 40cm 이상
(2) 슬레이트 지붕 등 : 30cm 이상
(3) 비계의 연결·해체작업 : 20cm 이상

[추락방호망]

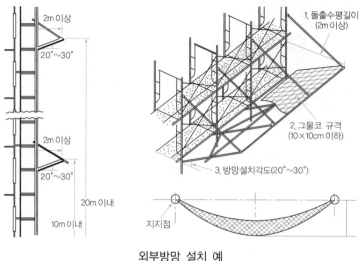

외부방망 설치 예

■ **안전방망의 표시사항**

① 제조자 명
② 제조년월
③ 제봉치수
④ 그물코
⑤ 신품인 때의 방망의 강도

[테두리로프 시험편의 유효길이]

로프 직경의 30배 이상으로 시험편수는 5개 이상으로 하고, 산술평균하여 로프의 인장강도를 산출한다.

[방망의 그물코]

그물코는 사각 또는 마름모 형상으로 하고 그물코 한 변의 길이는 10cm 이하로 한다.

(3) 추락방호망의 강도

① 테두리로프 및 달기로프의 강도

  ㉠ 방망에 사용되는 로프와 동일한 시험편의 양단을 인장 시험기로 체크
  ㉡ 인장속도가 매분 20cm 이상 30cm 이하의 등속인장시험을 행한 경우 인장강도가 1,500kg 이상이어야 한다.

② 방망사의 강도

방망사의 신품에 대한 인장강도

그물코의 크기 (단위 : cm)	방망의 종류(단위 : kg)	
	매듭없는 방망	매듭있는 방망
10	240	200
5		110

방망의 폐기시 인장 강도의 기준

그물코의 크기 (단위 : cm)	방망의 종류(단위 : kg)	
	매듭없는 방망	매듭있는 방망
10	150	135
5		60

③ 허용낙하 높이

작업발판과 방망 부착위치의 수직거리(낙하높이)

방망의 허용 낙하높이

높이	낙하높이(H_1)		방망과 바닥면 높이(H_2)		방망의 처짐길이 (S)
종류 조건	단일방망	복합방망	10cm 그물코	5cm 그물코	
$L < A$	$\frac{1}{4}(L+2A)$	$\frac{1}{5}(L+2A)$	$\frac{0.85}{4}(L+3A)$	$\frac{0.95}{4}(L+3A)$	$\frac{1}{4}(L+2A)$ $\times \frac{1}{3}$
$L \geq A$	$\frac{3}{4}L$	$\frac{3}{5}L$	$0.85L$	$0.95L$	$\frac{3}{4}L \times \frac{1}{3}$

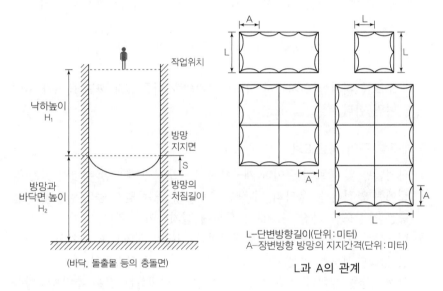

L–단변방향길이(단위 : 미터)
A–장변방향 방망의 지지간격(단위 : 미터)

L과 A의 관계

④ 방망의 지지점의 강도

㉠ 방망 지지점은 600킬로그램의 외력에 견딜 수 있는 강도를 보유하여야 한다.

㉡ 연속적인 구조물이 방망 지지점인 경우

$$F = 200B$$

F : 외력(단위 : 킬로그램)
B : 지지점간격(단위 : 미터)

[관련법령]
산업안전보건기준에 관한 규칙
• 제43조【개구부 등의 방호조치】
• 제44조【안전대의 부착설비 등】

(4) 안전대의 착용

① 안전대 부착설비
   ㉠ 추락할 위험이 있는 높이 2m 이상의 장소에서 근로자에게 안전대를 착용시킨 경우 안전대를 안전하게 걸어 사용할 수 있는 설비 등을 설치하여야 한다.
   ㉡ 안전대 부착설비로 지지로프 등을 설치하는 경우에는 처지거나 풀리는 것을 방지하기 위하여 필요한 조치를 하여야 한다.
   ㉢ 안전대 및 부속설비의 이상 유무를 작업을 시작 전에 점검하여야 한다.

② 안전대 준수사항(1개 걸이용)
   ㉠ 로프 길이가 2.5m 이상인 안전대는 반드시 2.5m 이내의 범위에서 사용하도록 하여야 한다.
   ㉡ 추락시에 로프를 지지한 위치에서 신체의 최하사점까지의 거리

$$h = \text{rope 길이} + (\text{rope 길이} \times \text{신율}) + \left(\frac{\text{신장}}{2}\right)$$

   로프를 지지한 위치에서 바닥면까지의 거리를 H라 하면 H>h가 되어야만 한다.

[개구부 덮개]

(5) 개구부 등의 방호조치

① 작업발판 및 통로의 끝이나 개구부로서 근로자가 추락할 위험이 있는 장소에는 안전난간, 울타리, 수직형 추락방망 또는 덮개 등의 방호 조치를 충분한 강도를 가진 구조로 튼튼하게 설치하여야 한다.
② 덮개를 설치하는 경우에는 뒤집히거나 떨어지지 않도록 설치하고 어두운 장소에서도 알아볼 수 있도록 개구부임을 표시하여야 한다.
③ 안전난간을 설치하기 곤란하거나 난간을 해체하는 경우 추락방호망을 치거나 근로자에게 안전대를 착용하도록 하여야 한다.

(6) 낙하·비래 재해의 발생원인

① 안전모를 착용하지 않았다.
② 작업 중 작업원이 재료, 공구 등을 떨어뜨렸다.
③ 안전망 등의 유지관리가 나빴다.
④ 높은 위치에 놓아둔 물건의 정리정돈이 나빴다.
⑤ 물건을 버릴 때 투하설비를 하지 않았다.
⑥ 위험개소의 출입금지와 감시인의 배치 등의 조치를 하지 않았다.
⑦ 작업바닥의 폭, 간격 등 구조가 나빴다.

(7) 낙하·비래 재해의 예방대책

① 낙하·비래 재해 예방설비

구 분	용도, 사용장소, 조건	방호설비
1. 상부에서 낙하해오는 것으로부터 보호	철골건립 및 볼트 체결, 기타 상하작업	방호철망, 방호울타리, 가설앵커설비
2. 제3자의 위험행동 으로 인한 보호	볼트, 콘크리트 제품, 형틀재, 일반자재, 먼지 등 낙하비산 할 우려가 있는 작업	방호철망, 방호시트, 울타리, 방호선반, 안전망
3. 불꽃의 비산방지	용접, 용단을 수반하는 작업	석면포

② 낙하물에 의한 위험의 방지
㉠ 낙하물 방지망, 수직보호망, 방호선반 설치
㉡ 출입금지구역의 설정
㉢ 보호구의 착용 등

③ 투하설비
㉠ 높이가 3m 이상에서 물체를 투하하는 경우 투하설비를 설치
㉡ 감시인의 배치 등 필요한 조치를 하여야 한다.

[관련법령]
산업안전보건기준에 관한 규칙 제14조 【낙하물에 의한 위험의 방지】

[방호선반]
작업 중 재료나 공구 등의 낙하로 인한 피해를 방지하기 위하여 강판 등의 재료를 사용하여 비계 내측 및 외측 그리고 낙하물의 위험이 있는 장소에 설치하는 가시설물

핵심문제   1. 추락 및 낙하·비래 재해예방

□□□ 08년1회, 18년2회

1. 추락의 위험이 있는 개구부에 대한 방호조치로서 적합하지 않은 것은?

① 안전난간·울 및 손잡이 등으로 방호조치를 한다.
② 충분한 강도를 가진 구조의 덮개를 뒤집히거나 떨어지지 아니하도록 설치한다.
③ 어두운 장소에서도 식별이 가능한 개구부 주의 표지를 부착한다.
④ 폭 30cm 이상의 발판을 설치한다.

> **문제 1 ~ 2 해설**
> 추락의 위험이 있는 개구부에 대한 방호조치
> 1. 사업주는 작업발판의 끝이나 개구부로서 추락에 의하여 근로자에게 위험 장소에는 안전난간·울타리, 수직형추락방망 또는 덮개 등(이하 "난간등"이라 한다)으로 방호조치를 하거나 충분한 강도를 가진 구조의 덮개를 뒤집히거나 떨어지지 아니하도록 설치하고, 어두운 장소에서도 식별이 가능하도록 개구부임을 표시하여야 한다.
> 2. 사업주는 제항의 규정에 의한 난간 등을 설치하는 것이 심히 곤란하거나 작업의 필요상 임시로 난간 등을 해체하여야 하는 때에는 추락방호망을 치거나 근로자에게 안전대를 착용하도록 하는 등 추락에 의한 위험을 방지하기 위하여 필요한 조치를 하여야 한다.
>
> [참고] 산업안전보건기준에 관한 규칙 제43조 [개구부 등의 방호조치]

□□□ 13년4회, 17년1회, 20년4회

2. 작업발판 및 통로의 끝이나 개구부로서 근로자가 추락할 위험이 있는 장소에서 난간등의 설치가 매우 곤란하거나 작업의 필요상 임시로 난간등을 해체하여야 하는 경우에 설치하여야 하는 것은?

① 구명구   ② 수직보호망
③ 추락방호망   ④ 석면포

□□□ 11년4회, 15년2회

3. 추락재해 방지를 위한 방망의 그물코 규격 기준으로 옳은 것은?

① 사각 또는 마름모로서 크기가 5cm 이하
② 사각 또는 마름모로서 크기가 10cm 이하
③ 사각 또는 마름모로서 크기가 15cm 이하
④ 사각 또는 마름모로서 크기가 20cm 이하

> **해설**
> 추락재해 방지를 위한 방망의 그물코 규격기준으로 사각 또는 마름모로서 크기가 10센티미터 이하이다.

□□□ 08년2회, 11년1회, 12년1회, 13년2회, 14년1회, 15년4회, 19년1회, 20년3회

4. 추락방지망 설치 시 그물코의 크기가 10cm인 매듭 있는 방망의 신품에 대한 인장강도 기준으로 알맞은 것은?

① 300kgf 이상   ② 200kgf 이상
③ 100kgf 이상   ④ 400kgf 이상

> **문제 4 ~ 5 해설**
> 방망사의 신품에 대한 인장강도
>
> | 그물코의 크기 (단위 cm) | 방망의 종류(단위:kg) | |
> | --- | --- | --- |
> | | 매듭없는 방망 | 매듭있는 방망 |
> | 10 | 240 | 200 |
> | 5 | – | 110 |

□□□ 09년4회, 17년1회

5. 그물코의 크기가 10cm인 매듭없는 방망사 신품의 인장강도는 최소 얼마 이상이어야 하는가?

① 240kg   ② 320kg
③ 400kg   ④ 500kg

□□□ 20년1,2회

6. 다음 중 방망사의 폐기 시 인장강도에 해당하는 것은? (단, 그물코의 크기는 10cm이며 매듭없는 방망)

① 50kg   ② 100kg
③ 150kg   ④ 200kg

> **문제 6 ~ 7 해설**
> 방망 폐기 시 인장강도
>
> | 그물코의 크기 (단위 : cm) | 방망의 종류(단위 : kg) | |
> | --- | --- | --- |
> | | 매듭 없는 방망 | 매듭 방망 |
> | 10 | 150 | 135 |
> | 5 | – | 60 |

□□□ 12년2회, 19년2회

7. 다음 중 그물코의 크기가 5cm인 매듭방망의 폐기기준 인장강도는?

① 200kg   ② 100kg

③ 60kg   ④ 30kg

□□□ 10년4회, 15년1회, 19년1회

8. 다음 중 방망에 표시해야할 사항이 아닌 것은?

① 제조자명

② 제조년월

③ 재봉 치수

④ 방망의 신축성

해설
방망의 표시사항

1. 제조자 명   2. 제조년월
3. 재봉치수   4. 그물코
5. 신품인 때의 방망의 강도

□□□ 19년2회

9. 근로자에게 작업 중 또는 통행 시 전락(轉落)으로 인하여 근로자가 화상·질식 등의 위험에 처할 우려가 있는 케틀(kettle), 호퍼(hopper), 피트(pit) 등이 있는 경우에 그 위험을 방지하기 위하여 최소높이 얼마 이상의 울타리를 설치하여야 하는가?

① 80cm 이상   ② 85cm 이상

③ 90cm 이상   ④ 95cm 이상

해설
사업주는 근로자에게 작업 중 또는 통행 시 전락(轉落)으로 인하여 근로자가 화상·질식 등의 위험에 처할 우려가 있는 케틀(kettle), 호퍼(hopper), 피트(pit) 등이 있는 경우에 그 위험을 방지하기 위하여 필요한 장소에 높이 90센티미터 이상의 울타리를 설치하여야 한다.

[참고] 산업안전보건기준에 관한 규칙 제48조 [울타리의 설치]

□□□ 18년2회

10. 철골기둥, 빔 및 트러스 등의 철골구조물을 일체화 또는 지상에서 조립하는 이유로 가장 타당한 것은?

① 고소작업의 감소

② 화기사용의 감소

③ 구조체 강성 증가

④ 운반물량의 감소

해설
철골구조물을 일체화하거나 지상에서 조립하는 경우 철골 접합시 용접작업등의 고소작업이 감소된다.

□□□ 12년1회, 13년1회

11. 높이 또는 깊이 2m 이상의 추락할 위험이 있는 장소에서 작업을 할 때의 필수 착용 보호구는?

① 보안경   ② 방진마스크

③ 방열복   ④ 안전대

해설
높이 또는 깊이 2미터 이상의 추락할 위험이 있는 장소에서 하는 작업 : 안전대(安全帶)

[참고] 산업안전보건기준에 관한 규칙 제32조 [보호구의 지급 등]

□□□ 09년1회, 16년4회, 19년2회

12. 안전대의 종류는 사용구분에 따라 벨트식과 안전그네식으로 구분되는데 이 중 안전그네식에만 적용하는 것으로 나열한 것은?

① 1개 걸이용, U자 걸이용

② 1개 걸이용, 추락방지대

③ U자 걸이용, 안전블록

④ 추락방지대, 안전블록

해설	
안전대의 종류 및 사용구분	
종류	사용 구분
벨트식	1개 걸이용
	U자 걸이용
안전그네식	추락방지대
	안전블록

□□□ 18년2회

13. 로프길이 2m의 안전대를 착용한 근로자가 추락으로 인한 부상을 당하지 않기 위한 지면으로부터 안전대 고정점까지의 높이(H)의 기준으로 옳은 것은? (단, 로프의 신율 30%, 근로자의 신장 180cm)

① H 〉 1.5m   ② H 〉 2.5m
③ H 〉 3.5m   ④ H 〉 4.5m

해설

추락시에 로프를 지지한 위치에서 신체의 최하사점까지의 거리

$h = rope길이 + (rope길이 \times 신율) + \left(\dfrac{신장}{2}\right)$

$2m + (2m \times 0.3) + \left(\dfrac{1.8}{2}\right) = 3.5m$

□□□ 09년4회, 10년1회, 10년2회, 13년2회, 19년4회

14. 작업으로 인하여 물체가 떨어지거나 날아올 위험이 있는 경우 그 위험을 방지하기 위하여 필요한 조치사항으로 거리가 먼 것은?

① 낙하물방지망의 설치
② 출입금지구역의 설정
③ 보호구의 착용
④ 작업지휘자 선정

문제 14 ~ 16 해설

사업주는 작업으로 인하여 물체가 떨어지거나 날아올 위험이 있는 때에는 낙하물방지망, 수직보호망 또는 방호선반의 설치, 출입금지구역의 설정, 보호구의 착용 등 위험방지를 위하여 필요한 조치를 하여야 한다.

[참고] 산업안전보건기준에 관한 규칙 제14조 [낙하물에 의한 위험의 방지]

□□□ 10년4회, 18년1회, 21년4회

15. 작업중이던 미장공이 상부에서 떨어지는 공구에 의해 상해를 입었다면 어느 부분에 대한 결함이 있었겠는가?

① 작업대 설치
② 작업방법
③ 낙하물 방지시설 설치
④ 비계설치

□□□ 15년4회, 20년1,2회

16. 작업으로 인하여 물체가 떨어지거나 날아올 위험이 있는 경우 필요한 조치와 가장 거리가 먼 것은?

① 투하설비 설치
② 낙하물 방지망 설치
③ 수직보호망 설치
④ 출입금지구역 설정

□□□ 10년1회, 12년2회, 14년1회, 16년1회, 19년4회

17. 물체가 떨어지거나 날아올 위험을 방지하기 위한 낙하물 방지망 또는 방호선반을 설치할 때 수평면과의 적정한 각도는?

① 10°~20°   ② 20°~30°
③ 30°~40°   ④ 40°~45°

해설

낙하물 방지망 또는 방호선반을 설치하는 경우에는 다음 각 호의 사항을 준수하여야 한다.
1. 높이 10미터 이내마다 설치하고, 내민 길이는 벽면으로부터 2미터 이상으로 할 것
2. 수평면과의 각도는 20도 이상 30도 이하를 유지할 것

[참고] 산업안전보건기준에 관한 규칙 제14조 [낙하물에 의한 위험의 방지]

□□□ 09년4회, 13년2회, 13년4회

18. 물체를 투하하는 경우 위험 방지를 위하여 필요한 조치를 하여야 하는데 투하설비를 설치하여야 하는 물체 투하 장소의 최소 높이 기준으로 맞는 것은?

① 5m 이상   ② 3m 이상
③ 4m 이상   ④ 2m 이상

해설

사업주는 높이가 3m 이상인 장소로부터 물체를 투하하는 경우 적당한 투하설비를 설치하거나 감시인을 배치하는 등 위험을 방지하기 위하여 필요한 조치를 하여야 한다.

[참고] 산업안전보건기준에 관한 규칙 제15조 [투하설비 등]

02 붕괴재해의 예방

(1) 토석붕괴의 원인

구분	내용
외적 원인	• 사면, 법면의 경사 및 기울기의 증가 • 절토 및 성토 높이의 증가 • 공사에 의한 진동 및 반복 하중의 증가 • 지표수 및 지하수의 침투에 의한 토사 중량의 증가 • 지진, 차량, 구조물의 하중작용 • 토사 및 암석의 혼합층두께
내적 원인	• 절토 사면의 토질 · 암질 • 성토 사면의 토질구성 및 분포 • 토석의 강도 저하

(2) 토석붕괴의 예방 조치사항

① 굴착면의 기울기 기준

구분	지반의 종류	기울기	구분	지반의 종류	기울기
보통 흙	습지 건지	1 : 1 ~ 1 : 1.5 1 : 0.5 ~ 1 : 1	암반	풍화암 연암 경암	1 : 1.0 1 : 1.0 1 : 0.5

② 사질의 지반(점토질을 포함하지 않은 것)은 굴착면의 기울기를 1:1.5 이상으로 하고 높이는 5m 미만으로 하여야 한다.

③ 발파 등에 의해서 붕괴하기 쉬운 상태의 지반 및 매립하거나 반출시켜야 할 지반의 굴착면의 기울기는 1:1 이하 또는 높이는 2m 미만으로 하여야 한다.

(3) 토사붕괴의 예방 조치사항

① 흙막이지보공의 점검

구분	내용
설치 시 점검사항	• 부재의 손상 · 변형 · 부식 · 변위 및 탈락의 유무와 상태 • 버팀대의 긴압의 정도 • 부재의 접속부 · 부착부 및 교차부의 상태 • 침하의 정도
조립도 명시사항	흙막이판 · 말뚝 · 버팀대 및 띠장등 부재의 배치 · 치수 · 재질 및 설치방법과 순서

[사면의 붕괴형태]
(1) 사면선 파괴
(2) 사면내 파괴
(3) 바닥면 파괴

[사면의 안정을 지배하는 요인]
(1) 사면의 구배
(2) 흙의 단위 중량
(3) 흙의 내부 마찰각
(4) 흙의 점착력
(5) 성토 및 점토 높이

[관련법령]
산업안전보건기준에 관한 규칙 별표11
【굴착면의 기울기 기준】

[토석붕괴 위험방지]
관리감독자로 하여금 작업시작 전에 작업 장소 및 그 주변의 부석·균열의 유무, 함수·용수 및 동결상태의 변화를 점검하도록 하여야 한다.

[지반의 붕괴 등에 의한 위험방지]
(1) 흙막이 지보공 및 방호망의 설치
(2) 근로자의 출입금지
(3) 비가 올 경우를 대비하여 측구를 설치하거나 굴착사면에 비닐을 덮는 등 빗물의 침투방지

② 주요작업 시 조치사항

구분	내용
동시작업의 금지	붕괴토석의 최대 도달거리 범위내에서 굴착공사, 배수관의 매설, 콘크리트 타설작업 등을 할 경우에는 적절한 보강대책을 강구하여야 한다.
대피공간의 확보 등	붕괴의 속도는 높이에 비례하므로 수평방향의 활동에 대비하여 작업장 좌우에 피난통로 등을 확보하여야 한다.
2차재해의 방지	작은규모의 붕괴가 발생되어 인명구출 등 구조작업 도중에 대형붕괴의 재차 발생을 방지하기 위하여 붕괴면의 주변상황을 충분히 확인하고 2중 안전조치를 강구한 후 복구작업에 임하여야 한다.

(4) 붕괴 예방 조치사항과 점검사항

구분	내용
붕괴예방 조치사항	• 적절한 경사면의 기울기를 계획하여야 한다. • 경사면의 기울기가 당초 계획과 차이가 발생되면 즉시 재검토하여 계획을 변경시켜야 한다. • 활동할 가능성이 있는 토석은 제거하여야 한다. • 경사면의 하단부에 압성토 등 보강공법으로 활동에 대한 저항대책을 강구하여야 한다. • 말뚝(강관, H형강, 철근 콘크리트)을 타입하여 지반을 강화시킨다.
붕괴예방 점검사항	• 전 지표면의 답사 • 경사면의 지층 변화부 상황 확인 • 부석의 상황 변화의 확인 • 용수의 발생 유·무 또는 용수량의 변화 확인 • 결빙과 해빙에 대한 상황의 확인 • 각종 경사면 보호공의 변위, 탈락 유·무

■ 붕괴 예방 점검시기
① 작업 전·중·후
② 비온 후
③ 인접 작업구역에서 발파한 경우

(5) 비탈면 보호공법

비탈면 보호공법이란 사면 파괴를 발생시키는 붕괴의 원인을 제거하여 사면을 보호하는 억제공(抑制工)을 말한다.

구분	내용
식생공	떼붙임공, 식생 Mat공, 식수공, 파종공
뿜어 붙이기공	콘크리트 또는 콘크리트 모르타를 뿜어 붙임

구분	내용
블록공	사면을 Block이나 격자 모양 Block으로 덮어서 안정을 도모
돌 쌓기공	견치석 또는 con'c Block을 쌓아서 보호한다.
배수공	지반의 강도를 저하시키는 물을 배제시켜 사면의 안전 유지
표층 안전공	약액 또는 Cement를 지반에 Groutiong한다.

(6) 흙막이공법

① 흙막이 공법의 분류

구분	종류
지지 방식	• 자립 흙막이 공법 • 버팀대(strut)식 흙막이 공법(수평, 빗 버팀대) • Earth Anchor 또는 타이로드식 흙막이 공법(마찰형, 지압형, 복합형)
구조 방식	• 엄지 말뚝(H-pile)공법 • 강재 널말뚝(Steel sheet pile)공법 • 지중 연속식(slurry wall)공법

[earth anchor 공법]

[slurry wall 공법]

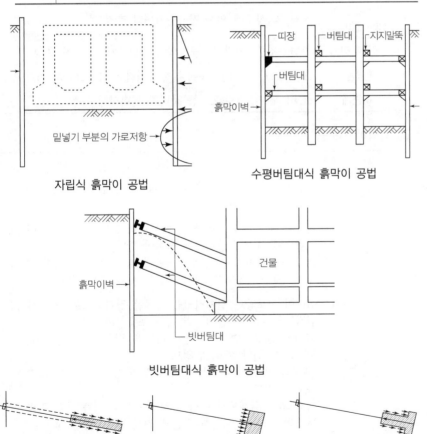

자립식 흙막이 공법

수평버팀대식 흙막이 공법

빗버팀대식 흙막이 공법

마찰형 지지방식　　지압형 지지방식　　복합형 지지방식

어스앵커의 지지방식별 분류

[굴착 시 계측기기 설치]

깊이 10.5m 이상의 굴착의 경우 아래 각 목의 계측기기의 설치에 의하여 흙막이 구조의 안전을 예측하여야 하며, 설치가 불가능할 경우 트랜싯 및 레벨 측량기에 의해 수직·수평 변위 측정을 실시하여야 한다.
① 수위계
② 경사계
③ 하중 및 침하계
④ 응력계

참고 굴착공사표준안전작업지침 제15조 【착공전 조사】

② 흙막이 공사의 계측기 사용

  ㉠ 연약지반에 축조된 구조물의 안전성을 평가하고 안전성유지를 위한 시공절차 판단여부

  ㉡ 구조물 설계의 적합성 평가 및 설계변경의 가능성 예측

  ㉢ 지반변위가 발생하는 원인, 변화의 크기 및 분포가 주변 구조물에 미치는 영향 판단

  ㉣ 계측결과 분석 및 적절한 공법 선정

  ㉤ 계측기의 종류

종류	용도
침하계	흙댐의 성토와 기초 사이의 내부침하를 측정하는 장치
경사계	지표면의 경사가 변해가는 상태를 측정하는 장치 및 지면의 경사나 지층의 주향 등을 측량하는 장치
지하수위계	표층수의 변화에 대한 측정
지중침하계	침하로 인한 각 지층의 침하량을 계측하여 흙과 암반의 거동 및 안전성을 판단
간극수압계 (피에죠미터)	굴착 및 성토에 의한 간극수압변화 측정
균열측정기	주변구조물, 지반 등 균열의 크기와 변화에 대한 측정
변형률계	H-pile strut, 띠장 등에 부착 굴착작업 시 구조물의 변형 측정
하중계	strut, earth anchor 등 축하중 변화상태 측정

③ 흙막이 지보공

구분	내용
재료	흙막이 지보공의 재료로 변형·부식되거나 심하게 손상된 것을 사용해서는 아니 된다.
조립도	(1) 흙막이 지보공을 조립하는 경우 미리 조립도를 작성하여 그 조립도에 따라 조립하도록 하여야 한다. (2) 조립도는 흙막이판·말뚝·버팀대 및 띠장 등 부재의 배치·치수·재질 및 설치방법과 순서가 명시되어야 한다.
붕괴위험 방지	(1) 흙막이 지보공을 설치하였을 때에는 정기적으로 다음 사항을 점검하고 이상을 발견하면 즉시 보수하여야 한다. • 부재의 손상·변형·부식·변위 및 탈락의 유무와 상태 • 버팀대의 긴압(緊壓)의 정도 • 부재의 접속부·부착부 및 교차부의 상태 • 침하의 정도 (2) 점검 외에 설계도서에 따른 계측을 하고 계측 분석 결과 토압의 증가 등 이상한 점을 발견한 경우에는 즉시 보강조치를 하여야 한다.

(7) 콘크리트구조물 붕괴안전대책

① 옹벽의 안정조건의 검토

종 류	식
활동(Slding)에 대한 검토	$F_s = \dfrac{\text{활동에 저항하려는 힘}}{\text{활동하려는 힘}} \geq 1.5$
전도(Over Turning)에 대한 검토	$F_s = \dfrac{\text{저항모멘트}}{\text{전도모멘트}} \geq 2.0$
지반(Bearing Power)의 지지력에 대한 검토	$F_s = \dfrac{\text{지반의 극한 지지력}}{\text{지반의 최대반력}} \geq 3.0$

② 붕괴 · 낙하에 의한 위험 방지
  ㉠ 지반은 안전한 경사로 하고 낙하의 위험이 있는 토석을 제거하거나 옹벽, 흙막이 지보공 등을 설치할 것
  ㉡ 지반의 붕괴 또는 토석의 낙하 원인이 되는 빗물이나 지하수 등을 배제할 것
  ㉢ 갱내의 낙반 · 측벽(側壁) 붕괴의 위험이 있는 경우에는 지보공을 설치하고 부석을 제거하는 등 필요한 조치를 할 것

③ 구축물 또는 이와 유사한 시설물 등의 안전 유지
  지반의 붕괴, 구축물의 붕괴 또는 토석의 낙하 등에 의하여 근로자가 위험해질 우려가 있는 경우 그 위험을 방지하기 위하여 다음의 조치를 하여야 한다.
  ㉠ 설계도서에 따라 시공했는지 확인
  ㉡ 건설공사 시방서(示方書)에 따라 시공했는지 확인
  ㉢ 「건축물의 구조기준 등에 관한 규칙」에 따른 구조기준을 준수했는지 확인

④ 구축물 또는 이와 유사한 시설물의 안전성 평가
  ㉠ 구축물 또는 이와 유사한 시설물의 인근에서 굴착 · 항타작업 등으로 침하 · 균열 등이 발생하여 붕괴의 위험이 예상될 경우
  ㉡ 구축물 또는 이와 유사한 시설물에 지진, 동해(凍害), 부동침하(불동침하) 등으로 균열 · 비틀림 등이 발생하였을 경우
  ㉢ 구조물, 건축물, 그 밖의 시설물이 그 자체의 무게 · 적설 · 풍압 또는 그 밖에 부가되는 하중 등으로 붕괴 등의 위험이 있을 경우
  ㉣ 화재 등으로 구축물 또는 이와 유사한 시설물의 내력(耐力)이 심하게 저하되었을 경우
  ㉤ 오랜 기간 사용하지 아니하던 구축물 또는 이와 유사한 시설물을 재사용하게 되어 안전성을 검토하여야 하는 경우
  ㉥ 그 밖의 잠재위험이 예상될 경우

[시방서]
공사에서 일정한 순서를 적은 문서로 제품 또는 공사에 필요한 재료의 종류와 품질, 사용처, 시공방법 등 설계 도면에 나타내기 어려운 사항을 명확하게 기록하는 설계도서

[관련법령]
산업안전보건기준에 관한 규칙
• 제51조【구축물 또는 이와 유사한 시설물 등의 안전유지】
• 제52조【구축물 또는 이와 유사한 시설물의 안전성 평가】

(8) 굴착작업의 사전조사와 작업계획서

구분	내용
사전조사	• 형상·지질 및 지층의 상태 • 균열·함수(含水)·용수 및 동결의 유무 또는 상태 • 매설물 등의 유무 또는 상태 • 지반의 지하수위 상태
작업계획서	• 굴착방법 및 순서, 토사 반출 방법 • 필요한 인원 및 장비 사용계획 • 매설물 등에 대한 이설·보호대책 • 사업장 내 연락방법 및 신호방법 • 흙막이 지보공 설치방법 및 계측계획 • 작업지휘자의 배치계획 • 그 밖에 안전·보건에 관련된 사항

[관련법령]
산업안전보건기준에 관한 규칙 제377조
【잠함 등 내부에서의 작업】

(9) 잠함 내 작업 시 준수사항

구분	내용
잠함 또는 우물통의 내부에서 근로자가 굴착작업을 하는 경우 급격한 침하에 의한 위험 방지	• 침하관계도에 따라 굴착방법 및 재하량(載荷量) 등을 정할 것 • 바닥으로부터 천장 또는 보까지의 높이는 1.8미터 이상으로 할 것
잠함, 우물통, 수직갱, 그 밖에 이와 유사한 건설물 또는 설비의 내부에서 굴착작업을 하는 경우	• 산소 결핍 우려가 있는 경우에는 산소의 농도를 측정하는 사람을 지명하여 측정하도록 할 것 (※ 측정결과 산소 결핍이 인정되거나 굴착 깊이가 20미터를 초과하는 경우에는 송기(送氣)를 위한 설비를 설치하여 필요한 양의 공기를 공급해야 한다.) • 근로자가 안전하게 오르내리기 위한 설비를 설치할 것 • 굴착 깊이가 20미터를 초과하는 경우에는 해당 작업장소와 외부와의 연락을 위한 통신설비 등을 설치할 것

(10) 터널굴착

① 터널굴착 작업 시 자동경보장치의 작업 시작 전 점검 사항

　㉠ 계기의 이상 유무

　㉡ 검지부의 이상 유무

　㉢ 경보장치의 작동 상태

② 낙반 등에 의한 위험의 방지 조치

　㉠ 터널 지보공 및 록볼트의 설치

　㉡ 부석(浮石)의 제거

③ 출입구 부근 등의 지반 붕괴에 의한 위험의 방지
　㉠ 흙막이 지보공 설치
　㉡ 방호망 설치

④ 시계의 유지
　터널건설작업 시 터널 내부의 시계(視界)가 배기가스나 분진 등에 의하여 현저하게 제한되는 경우에는 환기를 하거나 물을 뿌리는 등 시계를 유지하기 위하여 필요한 조치를 하여야 한다.

⑤ 터널 내부의 화기나 아크를 사용하는 장소 또는 배전반, 변압기, 차단기 등을 설치하는 장소에 소화설비를 설치하여야 한다.

⑥ 낙반·출수(出水) 등에 의하여 산업재해가 발생할 급박한 위험이 있는 경우에는 즉시 작업을 중지하고 근로자를 안전한 장소로 대피시켜야 한다.

⑦ 재해발생위험을 관계 근로자에게 신속히 알리기 위한 비상벨 등 통신설비 등을 설치하고, 그 설치장소를 관계 근로자에게 알려 주어야 한다.

⑧ 터널 지보공을 조립하는 경우에는 미리 그 구조를 검토한 후 조립도를 작성하고, 그 조립도에 따라 조립하도록 하여야 한다.

> ■ **터널 지보공 조립도 명시사항**
> ① 재료의 재질
> ② 단면규격
> ③ 설치간격 및 이음방법

⑨ 터널 지보공 조립 또는 변경시의 조치
　㉠ 주재(主材)를 구성하는 1세트의 부재는 동일 평면 내에 배치할 것
　㉡ 목재의 터널 지보공은 그 터널 지보공의 각 부재의 긴압 정도가 균등하게 되도록 할 것
　㉢ 기둥에는 침하를 방지하기 위하여 받침목을 사용한다.
　㉣ 강아치 지보공 및 목재지주식 지보공 외의 터널 지보공에 대해서는 터널 등의 출입구 부분에 받침대를 설치할 것
　㉤ 지보공의 조립

구분	내용
강아치 지보공의 조립	• 조립간격은 조립도에 따를 것 • 주재가 아치작용을 충분히 할 수 있도록 쐐기를 박는 등 필요한 조치를 할 것 • 연결볼트 및 띠장 등을 사용하여 주재 상호간을 튼튼하게 연결할 것 • 터널 등의 출입구 부분에는 받침대를 설치할 것 • 낙하물이 근로자에게 위험을 미칠 우려가 있는 경우에는 널판 등을 설치할 것

[인화성 가스의 농도측정]
터널공사 등의 건설작업을 할 때에 인화성 가스가 발생할 위험이 있는 경우에는 폭발이나 화재를 예방하기 위하여 인화성 가스의 농도를 측정할 담당자를 지명하고, 그 작업을 시작하기 전에 가스가 발생할 위험이 있는 장소에 대하여 그 인화성 가스의 농도를 측정하여야 한다.
(1) 측정한 결과 인화성 가스가 존재하여 폭발이나 화재가 발생할 위험이 있는 경우에는 인화성 가스 농도의 이상 상승을 조기에 파악하기 위하여 그 장소에 자동경보장치를 설치하여야 한다.
(2) 자동경보장치에 대하여 당일 작업 시작 전 다음 각 호의 사항을 점검하고 이상을 발견하면 즉시 보수하여야 한다.
① 계기의 이상 유무
② 검지부의 이상 유무
③ 경보장치의 작동상태

[관련법령]
산업안전보건기준에 관한 규칙 제364조 【조립 또는 변경시의 조치】

구분	내용
목재 지주식 지보공의 조립	• 주기둥은 변위를 방지하기 위하여 쐐기 등을 사용하여 지반에 고정시킬 것 • 양끝에는 받침대를 설치할 것 • 터널 등의 목재 지주식 지보공에 세로방향의 하중이 걸림으로써 넘어지거나 비틀어질 우려가 있는 경우에는 양끝 외의 부분에도 받침대를 설치할 것 • 부재의 접속부는 꺾쇠 등으로 고정시킬 것

⑩ 터널 지보공의 수시 점검사항

  ㉠ 부재의 손상·변형·부식·변위 탈락의 유무 및 상태

  ㉡ 부재의 긴압 정도

  ㉢ 부재의 접속부 및 교차부의 상태

  ㉣ 기둥침하의 유무 및 상태

⑪ 터널굴착작업 시 사전조사 및 작업계획서

구분	내용
사전조사	보링(boring) 등 적절한 방법으로 낙반·출수(出水) 및 가스폭발 등으로 인한 근로자의 위험을 방지하기 위하여 미리 지형·지질 및 지층상태를 조사
작업계획서	• 굴착의 방법 • 터널지보공 및 복공(覆工)의 시공방법과 용수(湧水)의 처리방법 • 환기 또는 조명시설을 설치할 때에는 그 방법

[관련법령]
발파작업 표준 안전작업 지침

[관련법령]
산업안전보건기준에 관한 규칙 제348조
【발파의 작업기준】

(11) 발파작업의 위험방지

① 건물기초에서 발파진동 허용치

건물 분류	문화재	주택, 아파트	상 가 (금이 없는 상태)	철골 콘크리트빌딩 및 상가
건물기초에서의 허용 진동치(cm/sec)	0.2	0.5	1.0	1.0~4.0

② 발파 작업기준

  ㉠ 얼어붙은 다이나마이트는 화기에 접근시키거나 그 밖의 고열물에 직접 접촉시키는 등 위험한 방법으로 융해되지 않도록 할 것

  ㉡ 화약이나 폭약을 장전하는 경우에는 그 부근에서 화기를 사용하거나 흡연을 하지 않도록 할 것

  ㉢ 장전구(裝塡具)는 마찰·충격·정전기 등에 의한 폭발의 위험이 없는 안전한 것을 사용할 것

  ㉣ 발파공의 충진재료는 점토·모래 등 발화성 또는 인화성의 위험이 없는 재료를 사용할 것

　　ⓜ 점화 후 장전된 화약류가 폭발하지 아니한 경우 또는 장전된 화약류의 폭발 여부를 확인하기 곤란한 경우에는 다음 각 목의 사항을 따를 것
　　　• 전기뇌관에 의한 경우에는 발파모선을 점화기에서 떼어 그 끝을 단락시켜 놓는 등 재점화되지 않도록 조치하고 그 때부터 5분 이상 경과한 후가 아니면 화약류의 장전장소에 접근시키지 않도록 할 것
　　　• 전기뇌관 외의 것에 의한 경우에는 점화한 때부터 15분 이상 경과한 후가 아니면 화약류의 장전장소에 접근시키지 않도록 할 것
　　ⓗ 전기뇌관에 의한 발파의 경우 점화하기 전에 화약류를 장전한 장소로부터 30미터 이상 떨어진 안전한 장소에서 전선에 대하여 저항측정 및 도통(導通)시험을 할 것

02 핵심문제
2. 붕괴재해의 예방

④항, 경보장치 작동상태는 차량계 하역운반 기계의 작업 전 점검사항이다.

□□□ 08년1회, 08년4회, 11년1회, 12년2회, 13년1회, 13년2회, 15년2회, 17년4회

1. 토사 붕괴의 외적 원인으로 볼 수 없는 것은?

① 사면, 법면의 경사 증가
② 절토 및 성토높이의 증가
③ 토사의 강도저하
④ 공사에 의한 진동 및 반복하중의 증가

문제 1 ~ 3 해설

토석붕괴 원인
1. 토석이 붕괴되는 외적 원인
   (1) 사면, 법면의 경사 및 기울기의 증가
   (2) 절토 및 성토 높이의 증가
   (3) 공사에 의한 진동 및 반복 하중의 증가
   (4) 지표수 및 지하수의 침투에 의한 토사 중량의 증가
   (5) 지진, 차량, 구조물의 하중작용
   (6) 토사 및 암석의 혼합층 두께
2. 토석이 붕괴되는 내적 원인
   (1) 절토 사면의 토질·암질
   (2) 성토 사면의 토질구성 및 분포
   (3) 토석의 강도 저하

□□□ 08년2회, 12년1회

2. 다음의 토사붕괴 원인 중 외부의 힘이 작용하여 토사붕괴가 발생되는 외적요인이 아닌 것은?

① 사면, 법면의 경사 및 기울기 증가
② 공사에 의한 진동 및 반복하중 증가
③ 지표수 및 지하수 침투에 의한 토사중량의 증가
④ 함수비 증가로 인한 점착력 증가

□□□ 10년2회, 18년4회

3. 건설현장 토사붕괴 원인으로 옳지 않은 것은?

① 지하수위의 증가
② 내부마찰각의 증가
③ 점착력의 감소
④ 차량에 의한 진동하중 증가

□□□ 09년1회, 13년4회, 18년4회

4. 굴착공사에서 경사면의 안정성을 확인하기 위한 검토사항에 해당되지 않는 것은?

① 지질조사   ② 토질시험
③ 풍화의 정도   ④ 경보장치 작동상태

□□□ 10년2회, 15년4회, 19년2회, 20년1,2회

5. 산업안전보건기준에 관한 규칙에 따른 굴착면의 기울기 기준으로 옳지 않은 것은?

① 보통흙 습지 – 1 : 1 ~ 1 : 1.5
② 보통흙 건지 – 1 : 0.3 ~ 1 : 1
③ 풍화암 – 1 : 1
④ 연암 – 1 : 1

문제 5 ~ 8 해설

굴착면의 기울기기준

구분	지반의 종류	구배
보통 흙	습지	1 : 1 ~ 1 : 1.5
	건지	1 : 0.5 ~ 1 : 1
	–	–
암반	풍화암	1 : 1
	연암	1 : 1
	경암	1 : 0.5

□□□ 17년4회, 20년3회

6. 지반의 종류가 다음과 같을 때 굴착면의 기울기 기준으로 옳은 것은?

> 보통흙 : 습지

① 1 : 0.5 ~ 1 : 1   ② 1 : 1 ~ 1 : 1.5
③ 1 : 0.8   ④ 1 : 0.5

□□□ 11년2회, 14년4회

7. 산업안전보건기준에 관한 규칙에 따른 굴착면의 기울기 기준으로 틀린 것은?

① 보통흙(건지) 1 : 0.5 ~ 1 : 1
② 연암 1 : 1
③ 경암 1 : 0.2
④ 풍화암 1 : 1

정답 1 ③ 2 ④ 3 ② 4 ④ 5 ② 6 ② 7 ③

□□□ 09년2회, 12년4회, 16년2회, 17년1회, 21년4회

8. 풍화암의 굴착면 붕괴에 따른 재해를 예방하기 위한 굴착면의 적정한 기울기 기준은?

① 1 : 1
② 1 : 0.8
③ 1 : 0.5
④ 1 : 0.3

□□□ 18년1회

9. 보통 흙의 건지를 다음 그림과 같이 굴착하고자 한다. 굴착면의 기울기를 1:0.5로 하고자 할 경우 L의 길이로 옳은 것은?

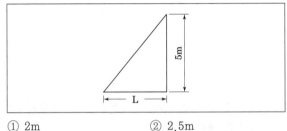

① 2m
② 2.5m
③ 5m
④ 10m

해설

1 : 0.5 = 5 : L
L = 0.5 × 5 = 2.5

□□□ 09년1회, 09년2회, 13년1회, 17년1회, 17년4회, 19년1회, 20년1,2회

10. 흙막이 지보공을 설치하였을 때 정기적으로 점검하여 이상 발견 시 즉시 보수하여야 할 사항이 아닌 것은?

① 굴착 깊이의 정도
② 버팀대의 긴압의 정도
③ 부재의 접속부·부착부 및 교차부의 상태
④ 부재의 손상·변형·부식·변위 및 탈락의 유무와 상태

해설

흙막이지보공을 설치한 때에는 정기적으로 점검하고 이상을 발견한 때에 즉시 보수하여야 할 사항
1. 부재의 손상·변형·부식·변위 및 탈락의 유무와 상태
2. 버팀대의 긴압의 정도
3. 부재의 접속부·부착부 및 교차부의 상태
4. 침하의 정도

[참고] 산업안전보건기준에 관한 규칙 제347조 [붕괴등의 위험 방지]

□□□ 16년1회

11. 토석붕괴 방지방법에 대한 설명으로 옳지 않은 것은?

① 말뚝(강관, H형강, 철근콘크리트)을 박아 지반을 강화시킨다.
② 활동의 가능성이 있는 토석은 제거한다.
③ 지표수가 침투되지 않도록 배수시키고 지하수위 저하를 위해 수평보링을 하여 배수시킨다.
④ 활동에 의한 붕괴를 방지하기 위해 비탈면, 법면의 상단을 다진다.

문제 11 ~ 12 해설

토석붕괴 방지방법
1. 적절한 경사면의 기울기를 계획하여야 한다.
2. 경사면의 기울기가 당초 계획과 차이가 발생되면 즉시 재검토하여 계획을 변경시켜야 한다.
3. 활동할 가능성이 있는 토석은 제거하여야 한다.
4. 경사면의 하단부에 압성토 등 보강공법으로 활동에 대한 저항대책을 강구하여야 한다.
5. 말뚝(강관, H형강, 철근 콘크리트)을 타입하여 지반을 강화시킨다.

□□□ 14년4회

12. 토사붕괴의 예방대책으로 틀린 것은?

① 적절한 경사면의 기울기를 계획한다.
② 활동할 가능성이 있는 토석은 제거하여야 한다.
③ 지하수위를 높인다.
④ 말뚝(강관, H형강, 철근 콘크리트)을 타입하여 지반을 강화시킨다.

□□□ 15년2회, 18년2회, 21년1회

13. 사면 보호 공법 중 구조물에 의한 보호 공법에 해당되지 않는 것은?

① 현장타설 콘트리트 격자공
② 식생구멍공
③ 블럭공
④ 돌쌓기공

해설

사면보호공의 종류
1. 식생공
2. 뿜어 붙이기공
3. 블록공
4. 표층 안전공
5. 돌 쌓기공
6. 배수공

□□□ 12년4회, 20년1,2회
14. 굴착공사에서 비탈면 또는 비탈면 하단을 성토하여 붕괴를 방지하는 공법은?

① 배수공
② 배토공
③ 공작물에 의한 방지공
④ 압성토공

해설

굴착 시 비탈면의 붕괴를 방지하기 위해 비탈면하단을 성토하여 압밀하는 공법을 압성토공법이라 한다.

□□□ 16년1회
15. 다음 중 건설재해대책의 사면보호공법에 해당하지 않는 것은?

① 식생공
② 뿜어 붙이기공
③ 블록공
④ 쉴드공

해설

쉴드공이란 연약지반이나 대수지반(帶水地盤)에 터널을 만들 때 사용되는 굴착공법이다.

□□□ 17년1회
16. 흙막이 공법을 흙막이 지지방식에 의한 분류와 구조방식에 의한 분류로 나눌 때 다음 중 지지방식에 의한 분류에 해당하는 것은?

① 수평 버팀대식 흙막이 공법
② H-Pile 공법
③ 지하연속벽 공법
④ Top down method 공법

해설

지지방식과 구조 방식	
지지방식	• 자립 흙막이 공법 • 버팀대(strut)식 흙막이 공법(수평, 빗 버팀대) • Earth Anchor 또는 타이로드식 흙막이 공법 (마찰형, 지압형, 복합형)
구조방식	• 엄지 말뚝(H-pile)공법 • 강재 널말뚝(Steel sheet pile)공법 • 지중 연속식(slurry wall)공법

□□□ 11년4회, 17년2회
17. 흙막이 계측기의 종류 중 주변 지반의 변형을 측정하는 기계는?

① Tilt meter
② Inclino meter
③ Strain gauge
④ Load cell

문제 17 ~ 19 해설

1. "건물경사계(Tiltmeter)"라 함은 인접한 구조물에 설치하여 구조물의 경사 및 변형상태를 측정하는 기구를 말한다.
2. "지중경사계(Inclinometer)"라 함은 지반 변위의 위치, 방향, 크기 및 속도를 계측하여 지반의 이완 영역 및 흙막이 구조물의 안전성을 계측하는 기구를 말한다.
3. "변형률계(Strain gauge)"라 함은 흙막이 구조물 각 부재와 인접 구조물의 변형률을 측정하는 기구를 말한다.
4. "하중계(Load cell)"라 함은 스트럿(Strut) 또는 어스앵커(Earth anchor)등의 축 하중 변화를 측정하는 기구를 말한다.

□□□ 14년1회, 16년2회, 19년2회, 21년4회
18. 흙막이 가시설 공사 시 사용되는 각 계측기 설치 목적으로 옳지 않은 것은?

① 지표침하계 – 지표면 침하량 측정
② 수위계 – 지반 내 지하수위의 변화 측정
③ 하중계 – 상부 적재하중 변화 측정
④ 지중경사계 – 지중의 수평 변위량 측정

□□□ 18년4회
19. 버팀보, 앵커 등의 축하중 변화상태를 측정하여 이들 부재의 지지효과 및 그 변화 추이를 파악하는데 사용되는 계측기기는?

① water level meter
② load cell
③ piezo meter
④ strain gauge

□□□ 18년1회
20. 흙막이 지보공을 조립하는 경우 미리 조립도를 작성하여야 하는데 이 조립도에 명시되어야 할 사항과 가장 거리가 먼 것은?

① 부재의 배치
② 부재의 치수
③ 부재의 긴압정도
④ 설치방법과 순서

해설

1. 사업주는 흙막이 지보공을 조립하는 경우 미리 조립도를 작성하여 그 조립도에 따라 조립하도록 하여야 한다.
2. 조립도에는 흙막이판·말뚝·버팀대 및 띠장 등 부재의 배치·치수·재질 및 설치방법과 순서가 명시되어야 한다.

[참고] 산업안전보건기준에 관한 규칙 제346조 [조립도]

□□□ 11년1회, 15년1회, 22년2회

21. 다음 중 토사붕괴로 인한 재해를 방지하기 위한 **흙막이 지보공 설비**가 아닌 것은?

① 흙막이판   ② 말뚝
③ 턴버클   ④ 띠장

해설

두 점 사이에 연결된 강삭(鋼索) 등을 죄는 데 사용하는 죔기구의 하나로서 좌우에 나사막대가 있고 나사부가 너트로 연결되어 있다.

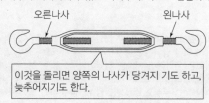

오른나사   왼나사

이것을 돌리면 양쪽의 나사가 당겨지 기도 하고, 늦추어지기도 한다.

□□□ 11년4회, 16년4회, 19년1회, 19년4회

22. 구축물이 풍압·지진 등에 의하여 붕괴 또는 전도하는 위험을 예방하기 위한 조치와 가장 거리가 먼 것은?

① 설계도서에 따라 시공했는지 확인
② 건설공사 시방서에 따라 시공했는지 확인
③ 「건축물의 구조기준 등에 관한 규칙」에 따른 구조기준을 준수했는지 확인
④ 보호구 및 방호장치의 성능검정 합격품을 사용했는지 확인

해설

사업주는 구축물 또는 이와 유사한 시설물에 대하여 자중(自重), 적재하중, 적설, 풍압(風壓), 지진이나 진동 및 충격 등에 의하여 붕괴·전도·도괴·폭발하는 등의 위험을 예방하기 위하여 다음 각 호의 조치를 하여야 한다.
1. 설계도서에 따라 시공했는지 확인
2. 건설공사 시방서(示方書)에 따라 시공했는지 확인
3. 「건축물의 구조기준 등에 관한 규칙」에 따른 구조기준을 준수했는지 확인

[참고] 산업안전보건기준에 관한 규칙 제51조 [구축물 또는 이와 유사한 시설물 등의 안전 유지]

□□□ 13년4회, 16년1회, 20년1,2회

23. 구축물에 안전진단 등 안전성 평가를 실시하여 근로자에게 미칠 위험성을 미리 제거하여야 하는 경우가 아닌 것은?

① 구축물 또는 이와 유사한 시설물의 인근에서 굴착·항타작업 등으로 침하·균열 등이 발생하여 붕괴의 위험이 예상될 경우
② 구조물, 건축물, 그 밖의 시설물이 그 자체의 무게·적설·풍압 또는 그밖에 부가되는 하중 등으로 붕괴 등의 위험이 있을 경우
③ 화재 등으로 구축물 또는 이와 유사한 시설물의 내력(內力)이 심하게 저하되었을 경우
④ 구축물의 구조체가 과도한 안전측으로 설계가 되었을 경우

해설

사업주는 구축물 또는 이와 유사한 시설물이 다음 각 호의 어느 하나에 해당하는 경우 안전진단 등 안전성 평가를 하여 근로자에게 미칠 위험성을 미리 제거하여야 한다.
1. 구축물 또는 이와 유사한 시설물의 인근에서 굴착·항타작업 등으로 침하·균열 등이 발생하여 붕괴의 위험이 예상될 경우
2. 구축물 또는 이와 유사한 시설물에 지진, 동해(凍害), 부동침하(不同沈下) 등으로 균열·비틀림 등이 발생하였을 경우
3. 구조물, 건축물, 그 밖의 시설물이 그 자체의 무게·적설·풍압 또는 그 밖에 부가되는 하중 등으로 붕괴 등의 위험이 있을 경우
4. 화재 등으로 구축물 또는 이와 유사한 시설물의 내력(耐力)이 심하게 저하되었을 경우
5. 오랜 기간 사용하지 아니하던 구축물 또는 이와 유사한 시설물을 재사용하게 되어 안전성을 검토하여야 하는 경우
6. 그 밖의 잠재위험이 예상될 경우

[참고] 산업안전보건기준에 관한 규칙 제52조 [구축물 또는 이와 유사한 시설물의 안전성 평가]

□□□ 09년4회, 10년1회, 11년2회, 19년4회

24. 굴착작업을 하는 경우 근로자의 위험을 방지하기 위하여 작업장의 지형·지반 및 지층상태 등에 대하여 실시하여야 하는 사전조사의 내용으로 옳지 않은 것은?

① 형상·지질 및 지층의 상태
② 균열·함수(含水)·용수 및 동결의 유무 또는 상태
③ 지상의 배수 상태
④ 매설물 등의 유무 또는 상태

해설

굴착작업 시 사전조사 내용
1. 형상·지질 및 지층의 상태
2. 균열·함수(함수)·용수 및 동결의 유무 또는 상태
3. 매설물 등의 유무 또는 상태
4. 지반의 지하수위 상태

[참고] 산업안전보건기준에 관한 규칙 별표 4 [사전조사 및 작업계획서 내용]

□□□ 13년1회

25. 잠함 또는 우물통의 내부에서 굴착작업을 하는 경우에 잠함 또는 우물통의 급격한 침하에 의한 위험방지를 위해 바닥으로부터 천장 또는 보까지의 높이는 최소 얼마 이상으로 하여야 하는가?

① 1.8m   ② 2m
③ 2.5m   ④ 3m

해설

사업주는 잠함 또는 우물통의 내부에서 근로자가 굴착작업을 하는 경우에 잠함 또는 우물통의 급격한 침하에 의한 위험을 방지하기 위하여 다음 각 호의 사항을 준수하여야 한다.
1. 침하관계도에 따라 굴착방법 및 재하량(載荷量) 등을 정할 것
2. 바닥으로부터 천장 또는 보까지의 높이는 1.8미터 이상으로 할 것

[참고] 산업안전보건기준에 관한 규칙 제376조 [급격한 침하로 인한 위험 방지]

□□□ 11년1회, 16년4회

26. 토류벽의 붕괴예방에 관한 조치 중 옳지 않은 것은?

① 웰 포인트(well point)공법 등에 의해 수위를 저하시킨다.
② 근입깊이를 가급적 짧게 한다.
③ 어스앵커(earth anchor)시공을 한다.
④ 토류벽 인접지반에 중량물 적치를 피한다.

해설

근입깊이를 가급적 길게 하여야 토류벽의 붕괴를 예방할 수가 있다.

□□□ 08년4회, 12년4회, 17년4회

27. 구축하고자 하는 지하구조물이 인접구조물보다 깊은 위치에 근접하여 건설할 경우에 주변지반과 인접건축물 기초의 침하에 대한 우려 때문에 실시하는 기초보강공법은?

① H - 말뚝 토류판공법   ② S.C.W공법
③ 지하연속벽공법   ④ 언더피닝공법

해설

언더피닝(Underpinning)공법이란 구조물에 인접하여 새로운 기초를 건설하기 위해서 인접한 구조물의 기초보다 더 깊게 지반을 굴착할 경우에 기존의 구조물을 보호하기 위하여 그 기초를 보강하는 대책을 말한다.

[참고] 언더피닝 공법의 적용범위
① 지하구조물의 밑에 지중구조물을 만드는 경우
② 기존구조물의 지지력이 부족한 경우
③ 기존구조물에 근접해서 굴착을 실시하는 경우
④ 지상구조물을 이동하는 경우

□□□ 09년2회, 16년4회, 20년3회

28. 본 터널(main tunnel)을 시공하기 전에 터널에서 약간 떨어진 곳에 지질조사, 환기, 배수, 운반 등의 상태를 알아보기 위하여 설치하는 터널은?

① 파일럿(pilot) 터널   ② 프리패브(prefab) 터널
③ 사이드(side) 터널   ④ 쉴드(shield) 터널

해설

파일럿(pilot)터널이란 본 터널(main tunnel)을 시공하기 전에 터널에서 약간 떨어진 곳에 지질조사, 환기, 배수, 운반 등의 상태를 알아보기 위하여 설치하는 터널이다.
②항, 프리패브(prefab) 터널이란 콘크리트 구조물 중 터널방수공사를 대상으로「부직포 일체형 투명 VE 방수시트」를 적용하는 기술이다. 즉, 하향식 압출타입으로 성형되는 투명 VE(VLDPE+EVA수지 혼합) 방수시트를 배수용 부직포와 고정용 부직포 날개를 특수미싱기로 재봉한 후 열풍점 융착시킨 "프리패브(prefab) 방수시트"를 적용함으로써, 기존 터널 방수공법에 비해 공정을 간소화시킴은 물론, 일체화 시공이 가능하다.
③항, 터널저부 양측에 설치하는 공법이다.
④항, SHIELD 공법은 SHIELD라는 강재원통형의 기계를 수직 작업구내에 투입시켜 CUTTER HEAD를 회전시키면서 지반을 굴착하고 막장면은 각종 보조공법으로 막장면의 붕괴를 방지하면서 실드기계 후방부에 지보공을 설치하는 것을 반복해가면서 TUNNEL을 굴착하는 공법이다.

□□□ 12년1회, 16년1회, 20년3회, 21년4회

29. 터널작업 시 자동경보장치에 대하여 당일의 작업시작 전 점검하여야 할 사항으로 옳지 않은 것은?

① 검지부의 이상 유무   ② 조명시설의 이상 유무
③ 경보장치의 작동 상태   ④ 계기의 이상 유무

해설

자동경보장치에 대하여 당일의 작업시작 전 아래 각호의 사항을 점검하고 이상을 발견한 때에는 즉시 보수하여야 한다.
1. 계기의 이상유무
2. 검지부의 이상유무
3. 경보장치의 작동상태

[참고] 산업안전보건기준에 관한 규칙 제350조 [인화성 가스의 농도측정 등]

정답 25 ① 26 ② 27 ④ 28 ① 29 ②

□□□ 10년1회, 11년2회, 12년4회, 14년1회, 18년1회

30. 터널붕괴를 방지하기 위한 지보공 점검사항과 가장 거리가 먼 것은?

① 부재의 긴압의 정도
② 부재의 손상 · 변형 · 부식 · 변위 탈락의 유무 및 상태
③ 기둥침하의 유무 및 상태
④ 경보장치의 작동상태

문제 30 ~ 31 해설

사업주는 터널지보공을 설치한 때에는 다음 각호의 사항을 수시로 점검하여야 하며 이상을 발견한 때에는 즉시 보강하거나 보수하여야 한다.
1. 부재의 손상 · 변형 · 부식 · 변위 탈락의 유무 및 상태
2. 부재의 긴압의 정도
3. 부재의 접속부 및 교차부의 상태
4. 기둥침하의 유무 및 상태

[참고] 산업안전보건기준에 관한 규칙 제366조 [붕괴 등의 방지]

□□□ 13년2회, 19년2회

31. 터널 지보공을 설치한 때 수시 점검하여 이상을 발견 시 즉시 보강하거나 보수해야 할 사항으로 틀린 것은?

① 부재의 긴압의 정도
② 부재의 손상 · 변형 · 부식 · 변위 · 탈락의 유무 및 상태
③ 부재의 접속부 및 교차부의 상태
④ 계측기 설치상태

□□□ 12년1회, 14년1회, 18년2회

32. 터널 지보공을 조립하거나 변경하는 경우에 조치하여야하는 사항으로 옳지 않은 것은?

① 주재(主材)를 구성하는 1세트의 부재는 동일 평면 내에 배치할 것
② 목재의 터널 지보공은 그 터널지보공의 각 부재의 긴압 정도가 위치에 따라 차이나도록 할 것
③ 기둥에는 침하를 방지하기 위하여 받침목을 사용하는 등의 조치를 할 것
④ 강(鋼)아치 지보공의 조립은 연결볼트 및 띠장 등을 사용하여 주재 상호간을 튼튼하게 연결할 것

해설

목재의 터널 지보공은 그 터널 지보공의 각 부재의 긴압 정도가 균등하게 되도록 할 것

[참고] 산업안전보건기준에 관한 규칙 제364조 [조립 또는 변경 시의조치]

□□□ 20년3회

33. 터널 등의 건설작업을 하는 경우에 낙반 등에 의하여 근로자가 위험해질 우려가 있는 경우에 필요한 조치와 가장 거리가 먼 것은?

① 터널 지보공을 설치한다.
② 록볼트를 설치한다.
③ 환기, 조명시설을 설치한다.
④ 부석을 제거한다.

해설

사업주는 터널 등의 건설작업을 하는 경우에 낙반 등에 의하여 근로자가 위험해질 우려가 있는 경우에 터널 지보공 및 록볼트의 설치, 부석의 제거등 위험을 방지하기 위하여 필요한 조치를 하여야 한다.

[참고] 산업안전보건기준에 관한 규칙 제351조 [낙반 등에 의한 위험의 방지]

□□□ 18년4회, 19년2회

34. 터널굴착작업 작업계획서에 포함해야 할 사항으로 가장 거리가 먼 것은?

① 암석의 분할방법
② 터널지보공 및 복공(覆工)의 시공방법
③ 용수(湧水)의 처리방법
④ 환기 또는 조명시설을 설치할 때에는 그 방법

해설

터널굴착 시 작업계획서 내용
1. 굴착의 방법
2. 터널지보공 및 복공(覆工)의 시공방법과 용수(湧水)의 처리방법
3. 환기 또는 조명시설을 설치할 때에는 그 방법

[참고] 산업안전보건기준에 관한 규칙 별표 4 [사전조사 및 작업계획서 내용]

정답 30 ④ 31 ④ 32 ② 33 ③ 34 ①

□□□ 12년1회

35. 발파구간 인접 구조물에 대한 피해 및 손상을 예방하기 위한 건물기초에서 허용 진동치로 옳은 것은? (단, 아파트일 경우임)

① 0.2 cm/sec   ② 0.3 cm/sec

③ 0.4 cm/sec   ④ 0.5 cm/sec

해설

발파구간 인접 구조물에 대한 피해 및 손상을 예방하기 위하여 다음 〈표〉에 의한 값을 준용한다.

건물분류	문화재	주택 아파트	상가 (금이 없는 상태)	철골 콘크리트 빌딩 및 상가
건물기초에서의 허용 진동치 (쎈티미터/초)	0.2	0.5	1.0	1.0~4.0

□□□ 12년1회, 15년2회, 18년1회, 22년2회

36. 다음 중 터널공사에서 발파작업 시 안전대책으로 옳지 않은 것은?

① 발파용 점화회선은 타동력선 및 조명회선과 한 곳으로 통합하여 관리
② 동력선은 발원점으로부터 최소한 15m 이상 후방으로 옮길 것
③ 지질, 암의 절리 등에 따라 화약량 검토 및 시방기준과 대비하여 안전조치 실시
④ 발파전 도화선 연결상태, 저항치 조사 등의 목적으로 도통시험 실시 및 발파기의 작동상태를 사전에 점검

해설

터널공사에서 발파작업 시 안전대책
1. 발파는 선임된 발파책임자의 지휘에 따라 시행하여야 한다.
2. 발파작업에 대한 특별시방을 준수하여야 한다.
3. 굴착단면 경계면에는 모암에 손상을 주지 않도록 시방에 명기된 정밀폭약 (FINEX Ⅰ, Ⅱ) 등을 사용하여야 한다.
4. 지질, 암의 절리 등에 따라 화약량을 충분히 검토하여야 하며 시방기준과 대비하여 안전조치를 하여야 한다.
5. 발파책임자는 모든 근로자의 대피를 확인하고 지보공 및 복공에 대하여 필요한 조치의 방호를 한 후 발파하도록 하여야 한다.
6. 발파 시 안전한 거리 및 위치에서의 대피가 어려울 때에는 전면과 상부를 견고하게 방호한 임시대피장소를 설치하여야 한다.
7. 화약류를 장진하기 전에 모든 동력선 및 활선은 장진기기로 부터 분리시키고 조명회선을 포함한 모든 동력선은 발원점으로부터 최소한 15m이상 후방으로 옮겨 놓도록 하여야 한다.
8. 발파용 점화회선은 타동력선 및 조명회선으로부터 분리되어야 한다.
9. 발파전 도화선 연결상태, 저항치 조사 등의 목적으로 도통시험을 실시하여야 하며 발파기 작동상태를 사전 점검하여야 한다.

Chapter 05

건설 가시설물 설치기준

이 장은 비계, 작업통로, 거푸집 및 동바리로 구성되며 비계의 종류별 특징과 설치기준, 작업통로의 안전난간, 작업발판, 거푸집의 특징과 동바리 설치의 기준등이 주로 출제된다.

01 비계

(1) 비계의 종류 및 기준

구분	내용
기준	안전성, 작업성, 경제성
구비 요건	• 작업 또는 통행 할 때 충분한 면적일 것 • 재료의 운반과 적치가 가능할 것(본 비계) • 작업대상물에 가능한 한 접근, 설치할 수 있을 것 • 근로자의 추락방지와 재료의 낙하방지조치가 있을 것 • 작업과 통행에 방해되는 부재가 없을 것 • 조립과 해체가 수월할 것 • 사람과 재료의 하중에 대하여 충분한 강도가 있을 것 • 작업 또는 통행할 때 움직이지 않을 정도의 안전성이 있을 것

(2) 통나무 비계

구 분	설치 기준 및 준수사항
비계기둥 간격	간격 2.5m 이하에 설치
띠장	지상 첫 번째 띠장 3m 이하에 설치
비계기둥의 이음	• 겹침 이음 : 이음 부분에서 1m 이상을 서로 겹쳐서 두 군데 이상을 묶는다. • 맞댄이음 : 비계 기둥을 쌍기둥틀로 하거나 1.8m 이상의 덧댐목으로 네 군데 이상을 묶을 것
이음(연결)방법	• 비계 기둥 · 띠장 · 장선 등의 접속부 및 교차부는 철선 이나 그 밖의 튼튼한 재료로 견고하게 묶을 것 • 교차 가새로 보강할 것
벽 이음(연결)	• 수직 방향에서 5.5m 이하 • 수평 방향에서는 7.5m 이하로 할 것
작업발판	작업발판의 폭은 40cm 이상으로 할 것
침하방지	비계기둥의 하단부를 묻고, 밑둥잡이를 설치하거나 깔판을 사용하는 등의 조치를 할 것
비계 설치	지상높이 4층 이하 또는 12m 이하인 건축물 · 공작물 등의 건조 · 해체 및 조립 등의 작업

[가설구조물의 특징]
(1) 연결재가 부족한 구조가 되기 쉽다.
(2) 부재결합이 간략하여 불완전결합이 되기 쉽다.
(3) 구조물의 개념이 확고하지 않아 조립의 정밀도가 낮다.

[비계의 벽이음 조립간격]

비계의 종류	조립간격(단위 : m)	
	수직방향	수평방향
단관비계	5	5
틀비계	6	8
통나무 비계	5.5	7.5

[관련법령]
산업안전보건기준에 관한 규칙 제3절
【강관비계 및 강관틀 비계】

(3) 강관 비계

구 분	설치 기준 및 준수사항
비계기둥 간격	띠장 방향에서 1.85m 이하, 장선(長線)방향에서 1.5m 이하
띠장 간격	2m 이하로 설치할 것. 다만, 작업의 성질상 이를 준수하기가 곤란하여 쌍기둥틀 등에 의하여 해당 부분을 보강한 경우에는 그러하지 않다.
비계기둥 보강	• 교차 가새로 보강할 것 • 제일 윗부분으로부터 31미터되는 지점 밑부분의 비계기둥은 2개의 강관으로 묶어 세울 것
비계기둥 간의 적재하중	400kg을 초과하지 않도록 할 것
벽 연결	수직 방향 5m 이하, 수평 방향 5m 이하로 할 것

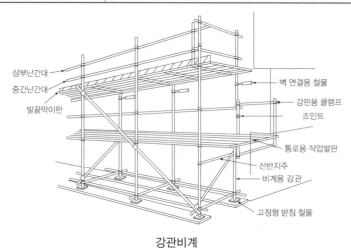

강관비계

(4) 강관틀 비계

구 분	설치 기준 및 준수사항
밑받침 철물	• 밑둥에는 밑받침 철물을 사용 • 밑받침에 고저차(高低差)가 있는 경우에는 조절형 밑받침철물을 사용하여 각각의 강관틀비계가 항상 수평 및 수직을 유지하도록 할 것
높이 및 주틀간의 간격	• 높이가 20미터를 초과하거나 중량물의 적재를 수반하는 작업을 할 경우에는 주틀 간의 간격을 1.8미터 이하로 할 것 • 주틀 간에 교차 가새를 설치하고 최상층 및 5층 이내마다 수평재를 설치할 것
벽이음	수직 방향 6m 이하, 수평 방향 8m 이하로 할 것
버팀기둥	길이가 띠장 방향으로 4미터 이하이고 높이가 10미터를 초과하는 경우에는 10미터 이내마다 띠장 방향으로 버팀기둥을 설치할 것

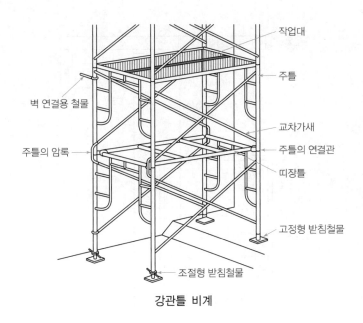

작업대

주틀

벽 연결용 철물

교차가새

주틀의 암록

주틀의 연결관

띠장틀

고정형 받침철물

조절형 받침철물

강관틀 비계

(5) 달비계 및 달대비계

[관련법령]
산업안전보건기준에 관한 규칙 제4절
【달비계, 달대비계 및 걸침비계】

구 분	설치 기준 및 준수사항
작업발판	• 폭을 40cm 이상으로 하고 틈새가 없도록 할 것 • 발판의 재료는 뒤집히거나 떨어지지 않도록 비계의 보 등에 연결하거나 고정시킬 것
흔들림 등의 방지	흔들리거나 뒤집히는 것을 방지하기 위하여 비계의 보·작업 발판 등에 버팀을 설치하는 등 필요한 조치를 할 것
비계의 연결	선반 비계에서는 보의 접속부 및 교차부를 철선·이음철물 등을 사용하여 확실하게 접속시키거나 단단하게 연결시킬 것
버팀기둥	근로자의 추락 위험을 방지하기 위하여 달비계에 안전대 및 구명줄을 설치하고, 안전난간을 설치할 수 있는 구조인 경우 에는 안전난간을 설치할 것

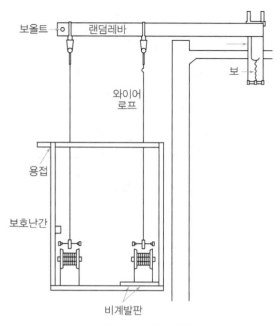

보올트 · 랜덤레바
보
와이어 로프
용접
보호난간
비계발판

달비계 및 달대비계

[관련법령]
산업안전보건기준에 관한 규칙 제5절
【말비계 및 이동식 비계】

(6) 말비계

구분	설치 기준 및 준수사항
작업발판	높이 2m를 초과하는 경우 발판의 폭을 40cm 이상으로 할 것
조립, 사용 시 준수사항	• 지주부재(支柱部材)의 하단에는 미끄럼 방지장치를 하고, 근로자가 양측 끝부분에 올라서서 작업하지 않도록 할 것 • 지주부재와 수평면의 기울기를 75° 이하로 하고, 지주부재와 지주부재 사이를 고정시키는 보조부재를 설치할 것

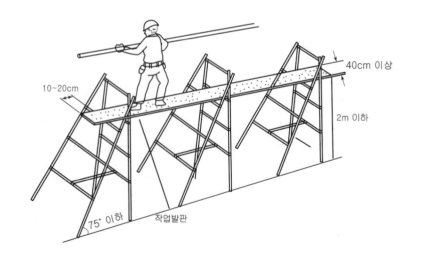

10~20cm
40cm 이상
2m 이하
75° 이하
작업발판

(7) 이동식비계

구분	설치 기준 및 준수사항
작업발판	작업발판의 최대적재하중은 <u>250kg</u>을 초과하지 않도록 할 것
전도의 방지	이동식비계의 바퀴에는 갑작스러운 이동 또는 전도를 방지하기 위하여 브레이크·쐐기 등으로 바퀴를 고정시킨 다음 비계의 일부를 견고한 시설물에 고정하거나 <u>아웃트리거(outrigger)</u>를 설치하는 등 필요한 조치를 할 것
안전수칙	• 승강용사다리는 견고하게 설치할 것 • 비계의 최상부에서 작업을 하는 경우에는 안전난간을 설치 • 작업발판은 항상 수평을 유지하고 작업발판 위에서 안전난간을 딛고 작업을 하거나 받침대 또는 사다리를 사용하여 작업하지 않도록 할 것

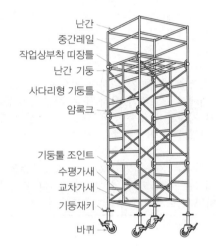

난간
중간레일
작업상부착 띠장틀
난간 기둥
사다리형 기둥틀
암록크
기둥틀 조인트
수평가새
교차가새
기둥재키
바퀴

[이동식 비계의 최대높이]

비계의 최대 높이는 밑변 최소 폭의 4배 이하이어야 한다.

[시스템비계]

[관련법령]
산업안전보건기준에 관한 규칙 제6절
【시스템비계】

(8) 시스템비계

구분	설치 기준 및 준수사항
구조	• 수직재 · 수평재 · 가새재를 견고하게 연결 되도록 할 것 • 비계 밑단의 수직재와 받침철물은 밀착되도록 설치하고, 수직재와 받침철물의 연결부의 겹침길이는 받침철물 전체길이의 3분의 1 이상이 되도록 할 것 • 수평재는 수직재와 직각으로 설치하여야 하며, 체결 후 흔들림이 없도록 견고하게 설치할 것 • 수직재와 수직재의 연결철물은 이탈되지 않도록 견고한 구조로 할 것 • 벽 연결재의 설치간격은 제조사가 정한 기준에 따라 설치할 것
조립 시 준수사항	• 비계 기둥의 밑둥에는 밑받침 철물을 사용하여야 하며, 밑받침에 고저차가 있는 경우에는 조절형 밑받침 철물을 사용하여 시스템 비계가 항상 수평 및 수직을 유지하도록 할 것 • 경사진 바닥에 설치하는 경우에는 피벗형 받침 철물 또는 쐐기 등을 사용하여 밑받침 철물의 바닥면이 수평을 유지하도록 할 것 • 가공전로에 근접하여 비계를 설치하는 경우에는 가공전로를 이설하거나 가공전로에 절연용 방호구를 설치하는 등 가공전로와의 접촉을 방지하기 위하여 필요한 조치를 할 것 • 비계 내에서 근로자가 상하 또는 좌우로 이동하는 경우에는 반드시 지정된 통로를 이용하도록 주지시킬 것 • 비계 작업 근로자는 같은 수직면상의 위와 아래 동시 작업을 금지할 것 • 작업발판에는 제조사가 정한 최대적재하중을 초과하여 적재해서는 아니 되며, 최대적재하중이 표기된 표지판을 부착하고 근로자에게 주지시키도록 할 것

(9) 비계작업 시 안전조치 사항

① 비계의 재료

비계의 재료로 변형 · 부식 또는 심하게 손상된 것을 사용해서는 안된다.

② 달비계(곤돌라의 달비계는 제외)의 최대 적재하중을 정하는 경우 안전계수

분 류	안전 계수
달기 와이어로프 및 달기 강선의 안전계수	10 이상
달기 체인 및 달기 훅의 안전계수	5 이상
달기 강대와 달비계의 하부 및 상부 지점의 안전계수	• 강재 : 2.5 이상 • 목재 : 5 이상

③ 비계(달비계, 달대비계 및 말비계는 제외)의 높이가 2m 이상인 작업장소의 작업발판 설치 기준

구분	설치 기준 및 준수사항
발판재료	발판재료는 작업할 때의 하중을 견딜 수 있도록 견고한 것으로 할 것
발판의 폭	• 작업발판의 폭 : 40cm 이상 • 발판재료 간의 틈 : 3cm 이하로 할 것. • 외줄비계의 경우 : 고용노동부장관이 별도로 정하는 기준

추락의 방지	• 추락의 위험이 있는 장소에는 안전난간을 설치할 것.
	  (작업의 성질상 안전난간을 설치하는 것이 곤란한 경우,
	  작업의 필요상 임시로 안전난간을 해체할 때에 안전 방망을
	  설치하거나 근로자로 하여금 안전대를 사용하도록 하는 등
	  추락위험 방지 조치를 한 경우 제외)
	• 작업발판을 작업에 따라 이동시킬 경우에는 위험 방지에
	  필요한 조치를 할 것

발판의 지지물	하중에 의하여 파괴될 우려가 없는 것을 사용할 것
발판의 연결	작업발판재료는 뒤집히거나 떨어지지 않도록 둘 이상의 지지물에 연결하거나 고정시킬 것

④ 달비계 또는 높이 5m 이상의 비계를 조립·해체하거나 변경하는 작업을 하는 경우 준수사항

구분	내용

근로자의
작업수칙
	• 근로자가 관리감독자의 지휘에 따라 작업하도록 할 것
	• 조립·해체 또는 변경의 시기·범위 및 절차를 그 작업에
	  종사하는 근로자에게 주지시킬 것
	• 작업구역에는 해당 작업에 종사하는 근로자가 아닌 사람의
	  출입을 금지하고 그 내용을 보기 쉬운 장소에 게시할 것
	• 비, 눈, 그 밖의 기상상태의 불안정으로 날씨가 몹시 나쁜
	  경우에는 그 작업을 중지시킬 것

추락의 방지	비계재료의 연결·해체작업을 하는 경우에는 폭 20cm 이상의 발판을 설치하고 근로자로 하여금 안전대를 사용하도록 한다.
낙하의 방지	재료·기구 또는 공구 등을 올리거나 내리는 경우에는 근로자가 달줄 또는 달포대 등을 사용하게 할 것

⑤ 비, 눈, 그 밖의 기상상태의 악화로 작업을 중지시킨 후 또는 비계를 조립·해체하거나 변경한 후 작업을 하는 경우 점검사항
• 발판 재료의 손상 여부 및 부착 또는 걸림 상태
• 해당 비계의 연결부 또는 접속부의 풀림 상태
• 연결 재료 및 연결 철물의 손상 또는 부식 상태
• 손잡이의 탈락 여부
• 기둥의 침하, 변형, 변위(變位) 또는 흔들림 상태
• 로프의 부착 상태 및 매단 장치의 흔들림 상태

[관련법령]
산업안전보건기준에 관한 규칙 제56조
【작업발판의 구조】

[지붕 위에서의 위험방지]
사업주는 슬레이트, 선라이트(sunlight) 등 강도가 약한 재료로 덮은 지붕 위에서 작업을 할 때에 발이 빠지는 등 근로자가 위험해질 우려가 있는 경우 폭 30센티미터 이상의 발판을 설치하거나 추락방호망을 치는 등 위험을 방지하기 위하여 필요한 조치를 하여야 한다.

01 핵심문제

1. 비계

□□□ 10년2회, 13년2회, 16년2회, 19년4회

1. 단관비계를 조립하는 경우 벽이음 및 버팀을 설치할 때의 수평방향 조립간격 기준으로 옳은 것은?

① 3m ② 5m
③ 6m ④ 8m

문제 1 ~ 2 해설		
비계의 벽이음 조립간격		
비계의 종류	조립간격(단위 : m)	
	수직방향	수평방향
단관비계	5	5
틀비계(높이가 5m 미만의 것을 제외한다)	6	8
통나무 비계	5.5	7.5

□□□ 12년1회, 20년1,2회

2. 강관비계의 수직방향 벽이음 조립간격(m)으로 옳은 것은? (단, 틀비계이며 높이는 10m이다.)

① 2m ② 4m
③ 6m ④ 9m

□□□ 08년2회, 12년2회, 18년4회, 19년2회

3. 강관비계를 사용하여 비계를 구성하는 경우 준수해야 할 기준으로 옳지 않은 것은?

① 비계기둥의 간격은 띠장 방향에서는 1.85m 이하 장선(長線) 방향에서는 1.5m 이하로 할 것
② 띠장 간격은 2m 이하로 설치할 것
③ 비계기둥의 제일 윗부분으로부터 31m되는 지점 밑부분의 비계기둥은 2개의 강관으로 묶어 세울 것
④ 비계기둥 간의 적재하중은 600kg을 초과하지 않도록 할 것

해설	

1. 비계기둥의 간격은 띠장 방향에서는 1.85m 이하, 장선(長線) 방향에서는 1.5m 이하로 할 것
2. 띠장 간격은 2m 이하로 설치할 것. 다만, 작업의 성질상 이를 준수하기가 곤란하여 쌍기둥틀 등에 의하여 해당 부분을 보강한 경우에는 그러하지 아니하다.
3. 비계기둥의 제일 윗부분으로부터 31m되는 지점 밑부분의 비계기둥은 2개의 강관으로 묶어 세울 것. 다만, 브라켓(bracket) 등으로 보강하여 2개의 강관으로 묶을 경우 이상의 강도가 유지되는 경우에는 그러하지 아니하다.
4. 비계기둥 간의 적재하중은 400kg을 초과하지 않도록 할 것

[참고] 산업안전보건기준에 관한 규칙 제60조 [강관비계의 구조]

□□□ 12년4회, 14년1회, 16년4회, 19년4회

4. 52m 높이로 강관비계를 세우려면 지상에서 몇 미터까지 2개의 강관으로 묶어 세워야 하는가?

① 11m ② 16m
③ 21m ④ 26m

해설	

52m–31m=21m

※ 제일 윗부분으로부터 31미터 되는 지점 밑부분의 비계기둥은 2개의 강관으로 묶어 세울 것

□□□ 19년1회

5. 다음 중 강관비계 조립 시의 준수사항과 관련이 없는 것은?

① 비계기둥에는 미끄러지거나 침하하는 것을 방지하기 위하여 밑받침철물을 사용한다.
② 지상높이 4층 이하 또는 12층 이하인 건축물의 해체 및 조립 등의 작업에서만 사용한다.
③ 교차가새로 보강한다.
④ 쌍줄비계 또는 돌출비계에 대하여는 벽이음 및 버팀을 설치한다.

문제 5 ~ 6 해설	

1. 비계기둥에는 미끄러지거나 침하하는 것을 방지하기 위하여 밑받침철물을 사용하거나 깔판·깔목등을 사용하여 밑둥잡이를 설치하는 등의 조치를 할 것
2. 강관의 접속부 또는 교차부는 적합한 부속철물을 사용하여 접속하거나 단단히 묶을 것
3. 교차가새로 보강할 것
4. 외줄비계·쌍줄비계 또는 돌출비계에 대하여는 다음 각목의 정

하는 바에 따라 벽이음 및 버팀을 설치할 것
　가. 강관비계의 조립간격은 별표5의 기준에 적합하도록 할 것
　나. 강관·통나무 등의 재료를 사용하여 견고한 것으로 할 것
　다. 인장재와 압축재로 구성되어 있는 때에는 인장재와 압축재의 간격을 1미터 이내로 할 것
5. 가공전로에 근접하여 비계를 설치하는 때에는 가공전로를 이설하거나 가공전로에 절연용 방호구를 장착하는 등 가공전로와의 접촉을 방지하기 위한 조치를 할 것

[참고] 산업안전보건기준에 관한 규칙 제59조 [강관비계 조립 시의 준수사항]

문제 7 ~ 8 해설

사업주는 강관틀 비계를 조립하여 사용하는 경우 다음 각 호의 사항을 준수하여야 한다.
1. 비계기둥의 밑둥에는 밑받침 철물을 사용하여야 하며 밑받침에 고저차(高低差)가 있는 경우에는 조절형 밑받침철물을 사용하여 각각의 강관틀비계가 항상 수평 및 수직을 유지하도록 할 것
2. 높이가 20미터를 초과하거나 중량물의 적재를 수반하는 작업을 할 경우에는 주틀 간의 간격을 1.8미터 이하로 할 것
3. 주틀 간에 교차 가새를 설치하고 최상층 및 5층 이내마다 수평재를 설치할 것
4. 수직방향으로 6미터, 수평방향으로 8미터 이내마다 벽이음을 할 것
5. 길이가 띠장 방향으로 4미터 이하이고 높이가 10미터를 초과하는 경우에는 10미터 이내마다 띠장 방향으로 버팀기둥을 설치할 것

[참고] 산업안전보건기준에 관한 규칙 제62조 [강관틀비계]

□□□ 17년4회

6. 강관비계 조립 시 준수사항으로 옳지 않은 것은?

① 비계기둥에는 미끄러지거나 침하하는 것을 방지하기 위하여 밑받침철물을 사용하거나 깔판·깔목 등을 사용하여 밑둥잡이를 설치하는 등의 조치를 할 것
② 강관의 접속부 또는 교차부(交叉部)는 적합한 부속철물을 사용하여 접속하거나 단단히 묶을 것
③ 교차가새의 설치를 금하고 한 방향 가새로 설치할 것
④ 가공전로(架空電路)에 근접하여 비계를 설치하는 경우에는 가공전로를 이설(移設)하거나 가공전로에 절연용 방호구를 장착하는 등 가공전로와의 접촉을 방지하기 위한 조치를 할 것

□□□ 14년4회, 20년3회

7. 다음은 강관틀비계를 조립하여 사용할 때 준수해야 하는 기준이다. (　) 안에 알맞은 숫자를 나열한 것은?

> 길이가 띠장방향으로 (A)미터 이하이고 높이가 (B)미터를 초과하는 경우에는 (C)미터 이내마다 띠장방향으로 버팀기둥을 설치할 것

① A : 4　B : 10　C : 5
② A : 4　B : 10　C : 10
③ A : 5　B : 10　C : 5
④ A : 5　B : 10　C : 10

□□□ 09년4회, 18년2회

8. 강관틀 비계를 조립하여 사용하는 경우 준수해야 하는 사항으로 옳지 않은 것은?

① 길이가 띠장 방향으로 4m 이하이고 높이가 10m를 초과하는 경우에는 10m 이내마다 띠장 방향으로 버팀기둥을 설치할 것
② 높이가 20m를 초과하거나 중량물의 적재를 수반하는 작업을 할 경우에는 주틀 간의 간격을 1.8m 이하로 할 것
③ 주틀 간에 교차가새를 설치하고 최상층 및 10층 이내마다 수평재를 설치할 것
④ 수직방향으로 6m, 수평방향으로 8m 이내마다 벽이음을 할 것

□□□ 14년4회, 17년2회

9. 말비계를 조립하여 사용할 때에 준수하여야 할 사항으로 옳지 않은 것은?

① 말비계의 높이가 2m를 초과할 경우에는 작업발판의 폭을 30cm 이상으로 할 것
② 지주부재와 수평면과의 기울기는 75° 이하로 할 것
③ 지주부재의 하단에는 미끄럼 방지장치를 할 것
④ 지주부재와 지주부재 사이를 고정시키는 보조부재를 설치할 것

③ 승강용 사다리는 견고하게 설치하여야 한다.

문제 9 ~ 10 해설

사업주는 말비계를 조립하여 사용할 때에는 다음 각호의 사항을 준수하여야 한다.
1. 지주부재의 하단에는 미끄럼 방지장치를 하고, 양측 끝부분에 올라서서 작업하지 아니하도록 할 것
2. 지주부재와 수평면과의 기울기를 75도 이하로 하고, 지주부재와 지주부재 사이를 고정시키는 보조부재를 설치할 것
3. 말비계의 높이가 2미터를 초과할 경우에는 작업발판의 폭을 40센터미터 이상으로 할 것

[참고] 산업안전보건기준에 관한 규칙 제67조

③ 승강용 사다리는 견고하게 설치하여야 한다.
④ 작업발판은 항상 수평을 유지하고 작업발판 위에서 안전난간을 딛고 작업을 하거나 받침대 또는 사다리를 사용하여 작업하지 않도록 한다.

해설

작업발판의 최대적재하중은 250킬로그램을 초과하지 않도록 할 것

[참고] 산업안전보건기준에 관한 규칙 제68조 [이동식비계]

□□□ 12년1회, 17년4회, 18년2회, 20년3회

10. 다음은 말비계를 조립하여 사용하는 경우에 관한 준수사항이다. (   )안에 들어갈 내용으로 옳은 것은?

> - 지주부재와 수평면의 기울기를 (A)° 이하로 하고 지주부재와 지주부재 사이를 고정시키는 보조부재를 설치할 것
> - 말비계의 높이가 2m를 초과하는 경우에는 작업발판의 폭을 (B)cm 이상으로 할 것

① A : 75, B : 30 ② A : 75, B : 40
③ A : 85, B : 30 ④ A : 85, B : 40

□□□ 08년4회, 13년1회, 15년4회

11. 이동식 비계를 조립하여 사용할 때 밑변 최소폭의 길이가 2m라면 이 비계의 사용가능한 최대 높이는?

① 4m ② 8m
③ 10m ④ 14m

해설

비계의 최대 높이는 밑변 최소 폭의 4배를 초과하지 않아야 하므로, 2m × 4배=8m이하로 해야 한다.

□□□ 12년2회, 14년2회, 21년1회, 22년2회

12. 이동식 비계를 조립하여 작업을 하는 경우의 준수기준으로 옳지 않은 것은?

① 비계의 최상부에서 작업을 할 때에는 안전난간을 설치하여야 한다.
② 작업발판의 최대적재하중은 400kg을 초과하지 않도록 한다.

□□□ 18년1회, 21년4회

13. 이동식 비계를 조립하여 작업을 하는 경우의 준수사항으로 틀린 것은?

① 승강용사다리는 견고하게 설치할 것
② 작업발판의 최대적재하중은 250kg을 초과하지 않도록 할 것
③ 비계의 최상부에서 작업을 하는 경우에는 안전난간을 설치할 것
④ 작업발판은 항상 수평을 유지하고 작업발판 위에서 안전난간을 딛고 작업을 하거나 받침대 또는 사다리를 사용하여 작업하도록 할 것

해설

작업발판은 항상 수평을 유지하고 작업발판 위에서 안전난간을 딛고 작업을 하거나 받침대 또는 사다리를 사용하여 작업하지 않도록 할 것

[참고] 산업안전보건기준에 관한 사항 제68조 [이동식비계]

□□□ 13년2회, 17년4회

14. 시스템비계를 사용하여 비계를 구성하는 경우의 준수사항으로 옳지 않은 것은?

① 수직재 · 수평재 · 가새재를 견고하게 연결하는 구조가 되도록 할 것
② 비계 밑단의 수직재와 받침철물은 밀착되도록 설치하고, 수직재와 받침철물의 연결부의 겹침길이는 받침철물 전체길이의 4분의 1이상이 되도록 할 것
③ 수평재는 수직재와 직각으로 설치하여야 하며, 체결 후 흔들림이 없도록 견고하게 설치할 것
④ 수직재와 수직재의 연결철물은 이탈되지 않도록 견고한 구조로 할 것

정답 10 ② 11 ② 12 ② 13 ④ 14 ②

해설

비계 밑단의 수직재와 받침철물은 밀착되도록 설치하고, 수직재와 받침철물의 연결부의 겹침길이는 받침철물 전체길이의 3분의 1 이상이 되도록 할 것

[참고] 산업안전보건기준에 관한 규칙 제69조 [시스템 비계의 구조]

□□□ 11년2회, 20년1,2회

15. 달비계의 최대 적재하중을 정함에 있어 그 안전계수 기준으로 옳지 않은 것은?

① 달기와이어로프 및 달기강선의 안전계수는 10이상
② 달기체인 및 달기훅의 안전계수는 5 이상
③ 달기강대와 달비계의 하부 및 상부지점의 안전계수는 강재의 경우 3 이상
④ 달기강대와 달비계의 하부 및 상부지점의 안전계수는 목재의 경우 5이상

문제 15 ~ 17 해설

달비계(곤돌라의 달비계를 제외한다)의 최대 적재하중의 안전계수
1. 달기와이어로프 및 달기강선의 안전계수는 10이상
2. 달기체인 및 달기훅의 안전계수는 5이상
3. 달기강대와 달비계의 하부 및 상부지점의 안전계수는 강재의 경우 2.5이상, 목재의 경우 5이상

[참고] 산업안전보건기준에 관한 규칙 제55조 [작업발판의 최대적재하중]

□□□ 09년2회, 16년1회, 19년1회

16. 달비계(곤돌라의 달비계는 제외)의 최대적재하중을 정할 때 사용하는 안전계수의 기준으로 옳은 것은?

① 달기체인의 안전계수는 10 이상
② 달기강대와 달비계의 하부 및 상부지점의 안전계수는 목재의 경우 2.5 이상
③ 달기와이어로프의 안전계수는 5 이상
④ 달기강선의 안전계수는 10 이상

□□□ 15년1회, 18년1회

17. 다음 중 달비계의 최대적재하중을 정함에 있어서 활용하는 안전계수의 기준으로 옳은 것은? (단, 곤돌라의 달비계를 제외한다.)

① 달기와이어로프 : 5 이상
② 달기강선 : 5 이상
③ 달기체인 : 3 이상
④ 달기훅 : 5 이상

□□□ 15년4회, 17년1회, 18년2회, 19년1회, 21년4회

18. 달비계를 설치할 때 작업발판의 폭은 최소 얼마 이상으로 하여야 하는가?

① 30cm
② 40cm
③ 50cm
④ 60cm

해설

작업발판은 폭을 40센티미터 이상으로 하고 틈새가 없도록 할 것

[참고] 산업안전보건기준에 관한 규칙 제63조 [달비계의 구조]

□□□ 11년4회, 12년1회, 15년2회, 19년2회

19. 다음은 달비계 또는 높이 5미터 이상의 비계를 조립·해체하거나 변경하는 작업을 하는 경우에 대한 내용이다. ( )안에 알맞은 숫자는?

비계재료의 연결·해체작업을 하는 경우에는 폭 ( ) 센티미터 이상의 발판을 설치하고 근로자로 하여금 안전대를 사용하도록 하는 등 추락을 방지하기 위한 조치를 할 것

① 15
② 20
③ 25
④ 30

해설

비계재료의 연결·해체작업을 하는 경우에는 폭 20센티미터 이상의 발판을 설치하고 근로자로 하여금 안전대를 사용하도록 하는 등 추락을 방지하기 위한 조치를 할 것

[참고] 산업안전보건기준에 관한 규칙 제57조 [비계 등의 조립·해체 및 변경]

□□□ 13년4회, 16년4회

20. 관리감독자의 유해·위험 방지 업무에서 달비계 또는 높이 5m 이상의 비계를 조립·해체하거나 변경하는 작업과 관련된 직무수행 내용으로 틀린 것은?

① 작업방법 및 근로자 배치를 결정하고 작업 진행상태를 감시하는 일
② 재료의 결함 유무를 점검하고 불량품을 제거하는 일
③ 기구·공구·안전대 및 안전모 등의 기능을 점검하고 불량품을 제거하는 일
④ 작업에 종사하는 근로자의 보안경 및 안전장갑의 착용상황을 감시하는 일

해설

달비계 또는 높이 5미터 이상의 비계(飛階)를 조립·해체하거나 변경하는 작업 시 관리감독자 업무
가. 재료의 결함 유무를 점검하고 불량품을 제거하는 일
나. 기구·공구·안전대 및 안전모 등의 기능을 점검하고 불량품을 제거하는 일
다. 작업방법 및 근로자 배치를 결정하고 작업 진행 상태를 감시하는 일
라. 안전대와 안전모 등의 착용 상황을 감시하는 일

[참고] 산업안전보건기준에 관한 규칙 별표 2 [관리감독자의 유해위험방지]

□□□ 10년1회, 13년2회, 19년2회
21. 비계(달비계, 달대비계 및 말비계는 제외한다)의 높이가 2m 이상인 작업장소에 설치하여야 하는 작업발판의 기준으로 옳지 않은 것은?

① 작업발판의 폭은 40cm 이상으로 하고, 발판재료 간의 틈은 3cm 이하로 할 것
② 추락의 위험이 있는 장소에는 안전난간을 설치할 것
③ 작업발판의 지지물은 하중에 의하여 파괴될 우려가 없는 것을 사용할 것
④ 작업발판재료는 뒤집히거나 떨어지지 않도록 1개 이상의 지지물에 연결하거나 고정시킬 것

문제 21 ~ 23 해설

작업발판의 구조
1. 발판재료는 작업 시의 하중을 견딜 수 있도록 견고한 것으로 할 것
2. 작업발판의 폭은 40cm 이상(외줄비계의 경우에는 노동부장관이 별도로 정하는 기준에 따른다)으로 하고, 발판재료간의 틈은 3cm 이하로 할 것
3. 추락의 위험성이 있는 장소에는 안전난간을 설치할 것(작업의 성질상 안전난간을 설치하는 것이 곤란한 때 및 작업의 필요상 임시로 안전난간을 해체함에 있어서 안전방망을 치거나 근로자로 하여금 안전대를 사용하도록 하는 등 추락에 의한 위험방지조치를 한 때에는 그러하지 아니하다)
4. 작업발판의 지지물은 하중에 의하여 파괴될 우려가 없는 것을 사용할 것
5. 작업발판재료는 뒤집히거나 떨어지지 아니하도록 2 이상의 지지물에 연결하거나 고정시킬 것
6. 작업발판을 작업에 따라 이동시킬 때에는 위험방지에 필요한 조치를 할 것

[참고] 산업안전보건기준에 관한 규칙 제56조 [작업발판의 구조]

□□□ 09년2회, 12년2회, 14년2회, 14년4회, 22년1회
22. 비계의 높이가 2m 이상인 작업장소에 작업발판을 설치할 경우 준수하여야 할 기준으로 틀린 것은?

① 작업발판의 폭은 30cm 이상으로 할 것
② 발판재료간의 틈은 3cm 이하로 할 것
③ 추락의 위험성이 있는 장소에는 안전난간을 설치할 것
④ 발판재료는 뒤집히거나 떨어지지 아니하도록 2 이상의 지지물에 연결하거나 고정시킬 것

□□□ 13년1회, 20년4회
23. 비계의 높이가 2m 이상인 작업장소에는 작업발판을 설치해야 하는데 이 작업발판의 설치기준으로 옳지 않은 것은? (단, 달비계·달대비계 및 말비계를 제외한다.)

① 작업발판의 폭은 40cm 이상으로 설치한다.
② 작업발판재는 뒤집히거나 떨어지지 않도록 둘 이상의 지지물에 연결하거나 고정한다.
③ 추락의 위험성이 있는 장소에는 안전난간을 설치한다.
④ 발판재료 간의 틈은 5cm 이하로 한다.

정답 21 ④ 22 ① 23 ④

02 작업통로

(1) 작업통로의 설치기준

[관련법령]
산업안전보건기준에 관한 규칙 제3장
【통로】

① 근로자가 안전하게 통행할 수 있도록 통로에 75럭스 이상의 채광 또는 조명시설을 하여야 한다.
② 안전한 통로를 설치하고 항상 사용할 수 있는 상태로 유지해야 한다.
③ 통로의 주요 부분에는 통로표시를 한다.
④ 통로면으로부터 높이 2m 이내에는 장애물이 없도록 하여야 한다.
⑤ 가설통로의 구조

구분	내용
구조	• 견고한 구조로 할 것 • 추락할 위험이 있는 장소에는 안전난간을 설치할 것. (작업상 부득이한 경우에는 필요한 부분만 임시로 해체할 수 있다.)
통로의 경사	• 경사는 30도 이하로 할 것.(계단을 설치하거나 높이 2m 미만의 가설통로로서 튼튼한 손잡이를 설치한 경우 제외) • 경사가 15도를 초과하는 경우 미끄러지지 않는 구조로 할 것
계단참의 설치	• 수직갱에 가설된 통로의 길이가 15m 이상인 경우에는 10m 이내마다 계단참을 설치할 것 • 건설공사에 사용하는 높이 8m 이상인 비계다리에는 7m 이내마다 계단참을 설치할 것

(2) 경사로 설치, 사용시 준수 사항

① 시공하중 또는 폭풍, 진동 등 외력에 대하여 안전하도록 설계해야 한다.
② 경사로의 폭은 최소 90cm 이상이어야 한다.
③ 높이 7m 이내마다 계단참을 설치하여야 한다.
④ 추락방지용 안전난간을 설치하여야 한다.
⑤ 목재는 미송, 육송 또는 그 이상의 재질을 가진 것이어야 한다.
⑥ 경사로 지지기둥은 3m 이내마다 설치하여야 한다.
⑦ 발판은 폭 40cm 이상으로 하고, 틈은 3cm 이내로 설치하여야 한다.
⑧ 발판은 이탈하거나 한쪽 끝을 밟으면 다른쪽이 들리지 않게 장선에 결속
⑨ 결속용 못이나 철선이 발에 걸리지 않아야 한다.
⑩ 비탈면의 경사각은 30° 이내로 한다.

[경사로의 설치기준]

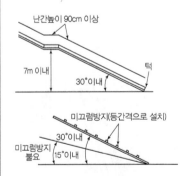

경사로의 미끄럼막이 간격

경사각	미끄럼막이 간격	경사각	미끄럼막이 간격
30도	30cm	22도	40cm
29도	33cm	19도20분	43cm
27도	35cm	17도	45cm
24도15분	37cm	14도	47cm

(3) 사다리식 통로 등의 구조

① 견고한 구조로 할 것
② 심한 손상·부식 등이 없는 재료를 사용할 것
③ 발판의 간격은 일정하게 할 것
④ 발판과 벽과의 사이는 15cm 이상의 간격을 유지할 것
⑤ 폭은 30cm 이상으로 할 것
⑥ 사다리가 넘어지거나 미끄러지는 것을 방지하기 위한 조치를 할 것
⑦ 사다리의 상단은 걸쳐놓은 지점으로부터 60cm 이상 올라가도록 할 것
⑧ 사다리식 통로의 길이가 10m 이상인 경우에는 5m 이내마다 계단참을 설치할 것
⑨ 사다리식 통로의 기울기는 75° 이하로 할 것. 다만, 고정식 사다리식 통로의 기울기는 90° 이하로 하고, 그 높이가 7m 이상인 경우에는 바닥으로부터 높이가 2.5m 되는 지점부터 등받이울을 설치할 것
⑩ 접이식 사다리 기둥은 사용 시 접혀지거나 펼쳐지지 않도록 철물 등을 사용하여 견고하게 조치할 것

⑪ 사다리의 종류별 설치 준수사항

구분	내용
옥외용 사다리	• 옥외용 사다리는 철재를 원칙으로 한다. • 길이가 10m 이상인 때는 5m 이내의 간격으로 계단참을 둔다. • 사다리 전면의 사방 75cm 이내에는 장애물이 없어야 한다.
목재사다리	• 재질은 건조된 것으로 옹이, 갈라짐, 흠 등의 결함이 없고 곧은 것이어야 한다. • 수직재와 발 받침대는 장부촉 맞춤으로 하고 사개를 파서 제작하여야 한다. • 발 받침대의 간격은 25~35cm로 하여야 한다. • 이음 또는 맞춤부분은 보강하여야 한다. • 벽면과의 이격거리는 20cm 이상으로 하여야 한다.

[이동식 사다리]

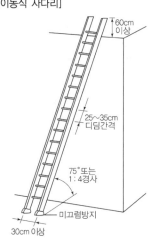

구분	내용
철재사다리	• 수직재와 발 받침대는 횡좌굴을 일으키지 않도록 충분한 강도를 가진 것으로 하여야 한다. • 발 받침대는 미끄러짐을 방지하기 위한 미끄럼방지장치를 하여야 한다. • 받침대의 간격은 25~35cm로 하여야 한다. • 사다리 몸체 또는 전면에 기름 등과 같은 미끄러운 물질이 묻어 있어서는 아니된다.
이동식 사다리	• 길이가 6m를 초과해서는 안된다. • 다리의 벌림은 벽 높이의 1/4정도가 적당하다. • 벽면 상부로부터 60cm 이상의 연장길이가 있어야 한다.

⑫ 미끄럼방지 장치 설치, 사용시 준수 사항
* 사다리 지주의 끝에 고무, 코르크, 가죽, 강스파이크 등을 부착시켜 바닥과의 미끄럼을 방지하는 안전장치가 있어야 한다.
* 쐐기형 강스파이크는 지반이 평탄한 맨땅위에 세울 때 사용한다.
* 미끄럼방지 판자 및 미끄럼 방지 고정쇠는 돌마무리 또는 인조석 깔기마감 한 바닥용으로 사용하여야 한다.
* 미끄럼방지 발판은 인조고무 등으로 마감한 실내용을 사용해야 한다.

⑬ 연장사다리는 총 길이는 15m를 초과할 수 없고, 사다리 작업 시 작업장에서 위로 60cm 이상 연장되어 있어야 한다.

(4) 계단의 설치기준

구분	내용
낙하의 방지	계단 및 승강구 바닥을 구멍이 있는 재료로 만드는 경우 렌치나 그 밖의 공구 등이 낙하할 위험이 없는 구조로 한다.
계단의 강도	• m² 당 500kg 이상의 하중에 견딜 수 있는 구조로 설치 • 안전율 : 4 이상
계단의 폭	계단의 폭 : 1m 이상(급유용 · 보수용 · 비상용 계단 및 나선형 계단인 경우 제외)
계단참의 높이	높이가 3m를 초과하는 계단에 높이 3m 이내마다 너비 1.2m 이상의 계단참을 설치하여야 한다.

> ■ 계단참의 설치 간격
> * 수직갱에 가설된 통로 : 길이가 15m 이상인 경우 10m 이내마다
> * 건설공사에 사용하는 비계다리 : 높이 8m 이상인 경우 7m 이내마다
> * 경사로 : 높이 7m 이내마다
> * 사다리식 통로 : 길이가 10m 이상인 경우 5m 이내마다
> * 계단 : 높이 3m를 초과 시 3m이내마다(너비 1.2m)

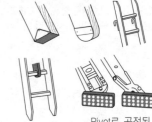

[이동식 사다리의 미끄럼 방지장치]

쐐기 형강 스파크

Pivot로 공정된 미끄럼 장치용 판자

미끄럼 방지용 판자

미끄럼 방지용 고정쇠

[관련법령]
산업안전보건기준에 관한 규칙 제13조
【안전난간의 구조 및 설치요건】

(5) 안전난간

① 안전난간의 구성
상부 난간대, 중간 난간대, 발끝막이판 및 난간기둥

② 난간의 설치 기준

구분	내용
난간대	• 상부 난간대는 바닥면·발판 또는 경사로의 바닥면으로부터 90센티미터 이상 지점에 설치한다. • 상부 난간대를 120센티미터 이하에 설치하는 경우 : 중간 난간대는 상부 난간대와 바닥면등의 중간에 설치 • 상부 난간대를 120센티미터 이상 지점에 설치하는 경우 : 중간 난간대를 2단 이상으로 균등하게 설치하고 난간의 상하 간격은 60센티미터 이하가 되도록 할 것 • 계단의 개방된 측면에 설치된 난간 기둥 사이가 25cm 이하인 경우에는 중간 난간대를 설치하지 아니할 수 있다. • 상부 난간대와 중간 난간대는 난간 길이 전체에 걸쳐 바닥면등과 평행을 유지할 것 • 난간대는 지름 2.7cm 이상의 금속제 파이프나 그 이상의 강도가 있는 재료일 것 • 안전난간은 구조적으로 가장 취약한 지점에서 가장 취약한 방향으로 작용하는 100kg 이상의 하중에 견딜 수 있는 튼튼한 구조일 것
난간기둥	상부 난간대와 중간 난간대를 견고하게 떠받칠 수 있도록 적정한 간격을 유지할 것
발끝막이판	바닥면 등으로부터 10cm 이상의 높이를 유지할 것. 다만, 물체가 떨어지거나 날아올 위험이 없거나 그 위험을 방지할 수 있는 망을 설치하는 등 필요한 예방 조치를 한 장소는 제외한다.

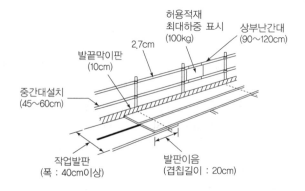

(6) 통로발판 설치, 사용시 준수 사항

① 근로자가 작업 및 이동하기에 충분한 넓이가 확보되어야 한다.

② 추락의 위험이 있는 곳에는 안전난간이나 철책을 설치하여야 한다.

③ 발판을 겹쳐 이음하는 경우 장선 위에서 이음을 하고 겹침길이는 20cm 이상으로 하여야 한다.

④ 발판 1개에 대한 지지물은 2개 이상이어야 한다.

⑤ 작업발판의 최대폭은 1.6m 이내이어야 한다.

⑥ 작업발판 위에는 돌출된 못, 옹이, 철선 등이 없어야 한다.

⑦ 비계발판의 구조에 따라 최대 적재하중을 정하고 이를 초과하지 않도록 하여야 한다.

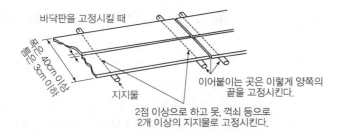

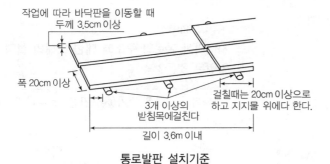

통로발판 설치기준

⑧ 가설발판의 지지력 계산

- 집중하중$(M_{\max}) = \frac{1}{4}pl$,

- 등분포하중(자중)$(M_{\max}) = \frac{1}{8}wl^2$

$$M_{\max} = \frac{1}{4}pl + \frac{1}{8}wl^2, \ Z = \frac{bh^2}{6}, \ \sigma_{\max} = \frac{M_{\max}}{Z}$$

여기서, Z : 단면개수, b : 폭, h : 높이, $\sigma_{\max}$: 작용응력

02 핵심문제　　　　　　　　　　　　2. 작업통로

□□□ 08년1회, 11년2회, 12년4회, 15년2회, 18년4회

1. 가설통로를 설치하는 경우 준수해야 할 기준으로 옳지 않은 것은?

① 견고한 구조로 할 것
② 경사는 30° 이하로 할 것
③ 추락할 위험이 있는 장소에는 안전난간을 설치 할 것
④ 건설공사에 사용하는 높이 8m 이상인 비계다리에는 4m 이내마다 계단참을 설치할 것

문제 1 ~ 5 해설

가설통로를 설치하는 때의 준수사항
1. 견고한 구조로 할 것
2. 경사는 30도 이하로 할 것(계단을 설치하거나 높이 2미터 미만의 가설통로로서 튼튼한 손잡이를 설치한 때에는 그러하지 아니하다)
3. 경사가 15도를 초과하는 때에는 미끄러지지 아니하는 구조로 할 것
4. 추락의 위험이 있는 장소에는 안전난간을 설치할 것(작업상 부득이한 때에는 필요한 부분에 한하여 임시로 이를 해체할 수 있다)
5. 수직갱에 가설된 통로의 길이가 15미터 이상인 때에는 10미터 이내마다 계단참을 설치할 것
6. 건설공사에 사용하는 높이 8미터 이상인 비계다리에는 7미터 이내마다 계단참을 설치할 것

[참고] 산업안전보건기준에 관한 규칙 제23조 [가설통로의 구조]

□□□ 09년4회, 15년4회, 20년1,2회

2. 가설통로의 설치에 관한 기준으로 옳지 않은 것은?

① 일반적으로 경사는 30° 이하로 한다.
② 건설공사에 사용하는 높이 8m 이상의 비계다리에는 7m 이내마다 계단참을 설치하여야 한다.
③ 작업상 부득이한 때에는 필요한 부분에 한하여 안전난간을 임시로 해체할 수 있다.
④ 수직갱에 가설된 통로의 길이가 10m 이상인 때에는 5m 이내마다 계단참을 설치하여야 한다.

□□□ 15년1회

3. 가설통로를 설치하는 경우 경사는 최대 몇 도 이하로 하여야 하는가?

① 20　　　　　　　　② 25
③ 30　　　　　　　　④ 35

□□□ 11년4회, 17년4회, 22년2회

4. 가설통로를 설치하는 경우 준수해야할 기준으로 옳지 않은 것은?

① 경사는 30° 이하로 할 것
② 경사가 25°를 초과하는 경우에는 미끄러지지 아니하는 구조로 할 것
③ 건설공사에 사용하는 높이 8m 이상인 비계다리에는 7m 이내마다 계단참을 설치할 것
④ 수직갱에 가설된 통로의 길이가 15m 이상인 때에는 10m 이내마다 계단참을 설치할 것

□□□ 09년1회, 13년1회, 17년2회, 18년2회

5. 다음 중 가설통로의 설치 기준으로 옳지 않은 것은?

① 경사는 30° 이하로 한다.
② 경사가 10°를 초과하는 경우에는 미끄러지지 않는 구조로 한다.
③ 추락위험이 있는 장소에는 안전난간을 설치한다.
④ 건설공사에서 사용되는 높이 8m 이상인 비계다리에는 7m 이내마다 계단참을 설치한다.

□□□ 11년1회, 19년2회

6. 사다리식 통로의 구조에 대한 아래의 설명 중 ( )에 알맞은 것은?

사다리의 상단은 걸쳐놓은 지점으로부터 ( )cm 이상 올라가도록 할 것

① 30　　　　　　　　② 40
③ 50　　　　　　　　④ 60

문제 6 ~ 9 해설

사다리식 통로의 구조
1. 견고한 구조로 할 것
2. 심한 손상·부식 등이 없는 재료를 사용할 것
3. 발판의 간격은 일정하게 할 것
4. 발판과 벽과의 사이는 15센티미터 이상의 간격을 유지할 것
5. 폭은 30센티미터 이상으로 할 것
6. 사다리가 넘어지거나 미끄러지는 것을 방지하기 위한 조치를 할 것
7. 사다리의 상단은 걸쳐놓은 지점으로부터 60센티미터 이상 올라가도록 할 것
8. 사다리식 통로의 길이가 10미터 이상인 경우에는 5미터 이내마다 계단참을 설치할 것
9. 사다리식 통로의 기울기는 75도 이하로 할 것. 다만, 고정식 사다리식 통로의 기울기는 90도 이하로 하고, 그 높이가 7미터 이상인 경우에는 바닥으로부터 높이가 2.5미터 되는 지점부터 등받이울을 설치할 것

정답　1 ④　2 ④　3 ③　4 ②　5 ②　6 ④

10. 접이식 사다리 기둥은 사용 시 접혀지거나 펼쳐지지 않도록 철물 등을 사용하여 견고하게 조치할 것

[참고] 산업안전보건기준에 관한 규칙 제24조 [사다리식 통로 등의 구조]

□□□ 19년1회

7. 사다리식 통로 등을 설치하는 경우 고정식 사다리식 통로의 기울기는 최대 몇 도 이하로 하여야 하는가?

① 60도
② 75도
③ 80도
④ 90도

□□□ 13년4회, 18년4회, 20년3회

8. 사다리식 통로 설치 시 사다리식 통로의 길이가 10m 이상인 경우에는 몇 m 이내마다 계단참을 설치하여야 하는 것으로 알맞은 것은?

① 5m
② 10m
③ 7m
④ 9m

□□□ 11년4회, 17년2회, 20년4회

9. 사다리식 통로에 대한 설치기준으로 틀린 것은?

① 발판의 간격은 일정하게 할 것
② 발판과 벽과의 사이는 15cm 이상의 간격을 유지할 것
③ 사다리식 통로의 길이가 10m 이상인 때에는 3m 이내마다 계단참을 설치할 것
④ 사다리의 상단은 걸쳐놓은 지점으로부터 60cm 이상 올라가도록 할 것

□□□ 09년1회, 11년2회, 14년2회, 16년4회, 19년2회, 20년1,2회

10. 가설계단 및 계단참을 설치하는 때에는 매 m²당 몇 kg 이상의 하중에 견딜 수 있는 강도를 가진 구조로 설치하여야 하는가?

① 200kg
② 300kg
③ 400kg
④ 500kg

해설

계단 및 계단참을 설치하는 때에는 매제곱미터당 500킬로그램 이상의 하중에 견딜 수 있는 강도를 가진 구조로 설치하여야 하며, 안전율(안전의 정도를 표시하는 것으로서 재료의 파괴응력도와 허용응력도와의 비를 말한다)은 4이상으로 하여야 한다.

[참고] 산업안전보건기준에 관한 규칙 제26조 [계단의 강도]

□□□ 11년1회

11. 사업주는 높이가 3m를 초과하는 계단에는 높이 3m 이내마다 최소 얼마 이상의 너비를 가진 계단참을 설치하여야 하는가?

① 3.5m
② 2.5m
③ 1.2m
④ 1.0m

해설

사업주는 높이가 3m를 초과하는 계단에 높이 3m 이내마다 너비 1.2m 이상의 계단참을 설치하여야 한다.

[참고] 산업안전보건기준에 관한 규칙 제28조 [계단참의 높이]

□□□ 11년1회, 16년1회

12. 다음 중 근로자의 추락위험을 방지하기 위한 안전난간의 설치기준으로 옳지 않은 것은?

① 상부난간대는 바닥면·발판 또는 경사로의 표면으로부터 90cm이상 120cm 이하에 설치하고, 중간난간대는 상부난간대와 바닥면 등의 중간에 설치할 것
② 발끝막이판은 바닥면 등으로부터 20cm 이하의 높이를 유지할 것
③ 난간대는 지름 2.7cm 이상의 급속제파이프나 그 이상의 강도를 가진 재료일 것
④ 안정난간은 임의의 점에서 임의의방향으로 움직이는 100kg 이상의 하중에 견딜 수 있는 튼튼한 구조일 것

문제 12 ~ 14 해설

안전난간의 구조

1. 상부 난간대, 중간 난간대, 발끝막이판 및 난간기둥으로 구성할 것.
2. 상부 난간대는 바닥면·발판 또는 경사로의 표면으로부터 90센티미터 이상 지점에 설치하고, 상부 난간대를 120센티미터 이하에 설치하는 경우에는 중간 난간대는 상부 난간대와 바닥면등의 중간에 설치하여야 하며, 120센티미터 이상 지점에 설치하는 경우에는 중간 난간대를 2단 이상으로 균등하게 설치하고 난간의 상하 간격은 60센티미터 이하가 되도록 할 것
3. 발끝막이판은 바닥면등으로부터 10센티미터 이상의 높이를 유지할 것.
4. 난간기둥은 상부 난간대와 중간 난간대를 견고하게 떠받칠 수 있도록 적정한 간격을 유지할 것
5. 상부 난간대와 중간 난간대는 난간 길이 전체에 걸쳐 바닥면등과 평행을 유지할 것
6. 난간대는 지름 2.7센티미터 이상의 금속제 파이프나 그 이상의 강도가 있는 재료일 것
7. 안전난간은 구조적으로 가장 취약한 지점에서 가장 취약한 방향으로 작용하는 10킬로그램 이상의 하중에 견딜 수 있는 튼튼한 구조일 것.

[참고] 산업안전보건기준에 관한 규칙 제13조 [안전난간의 구조 및 설치요건]

□□□ 12년1회

13. 안전난간의 구조 및 설치 요건에 대한 기준으로 옳지 않은 것은?

① 상부난간대는 바닥면·발판 또는 경사로의 표면으로 부터 90cm 이상 지점에 설치 할 것
② 발끝막이판은 바닥면 등으로부터 10cm 이상의 높이를 유지 할 것
③ 난간대는 지름 1.5cm 이상의 금속제파이프나 그 이상의 강도를 가진 재료일 것
④ 안전난간은 구조적으로 가장 취약한 지점에서 가장 취약한 방향으로 작용하는 100kg 이상의 하중에 견딜 수 있는 튼튼한 구조일 것

□□□ 19년1회

14. 건설현장에서 근로자의 추락재해를 예방하기 위한 안전난간을 설치하는 경우 그 구성요소와 거리가 먼 것은?

① 상부난간대 ② 중간난간대
③ 사다리   ④ 발끝막이판

□□□ 11년2회, 15년1회

15. 안전난간대에 폭목(toe board)을 대는 이유는?

① 작업자의 손을 보호하기 위하여
② 작업자의 작업능률을 높이기 위하여
③ 안전난간대의 강도를 높이기 위하여
④ 공구 등 물체가 작업발판에서 지상으로 낙하되지 않도록 하기 위하여

해설

발끝막이판 또는 폭목은 바닥면 등으로부터 10센티미터 이상의 높이를 유지하며, 공구 등 물체가 작업발판에서 지상으로 낙하되지 않도록 하기 위하여 설치한다.

03 거푸집 및 동바리

(1) 거푸집의 특징

① 거푸집의 정의

거푸집은 콘크리트가 응결, 경화하는 동안 소요 강도를 얻기까지 콘크리트를 일정한 형상과 치수로 유지시키는 역할을 할 뿐 아니라 콘크리트가 변화하는데 필요한 수분의 누출을 방지하여 외기의 영향을 방호하는 가설물을 말한다.

② 거푸집의 필요조건

㉠ 수분이나 모르타르(Mortar)등의 누출을 방지할 수 있도록 수밀성이 있을 것

㉡ 시공정도에 알맞은 수평, 수직, 직각을 견지하고 변형이 생기지 않는 구조로 할 것

㉢ 콘크리트의 자중 및 부어넣기 할 때의 충격과 작업하중에 견디며(변형·처짐, 배부름, 뒤틀림)을 일으키지 않을 강도를 가질 것

㉣ 거푸집은 조립, 해체, 운반이 용이할 것

㉤ 최소한의 재료로 여러 번 사용할 수 있는 형상과 크기로 할 것

(2) 거푸집 및 지보공(동바리)의 하중

① 하중의 종류

구분	내용
연직방향 하중	거푸집, 지보공(동바리), 콘크리트, 철근, 작업원, 타설용 기계기구, 가설설비 등의 중량 및 충격하중
횡방향 하중	작업할 때의 진동, 충격, 시공오차 등에 기인되는 횡방향 하중이외에 필요에 따라 풍압, 유수압, 지진 등
콘크리트의 측압	굳지 않은 콘크리트의 측압
특수하중	시공중에 예상되는 특수한 하중
추가하중	상기의 하중에 안전율을 고려한 하중

[바닥거푸집]
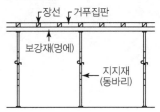

② Slab 거푸집에 작용하는 연직 방향의 하중

$$W = 고정하중(r \cdot t) + 충격하중(0.5 \cdot r \cdot t) + 작업하중(150\text{kgf/m}^2)$$

t : Slab 두께(m)
r : 철근 콘크리트 단위중량(kgf/m³)

[거푸집의 구조 검토 순서]
• 1단계(하중계산) : 거푸집 동바리에 작용하는 하중 및 외력의 종류·크기를 산정한다.
• 2단계(횡방향하중) : 하중·외력에 의하여 각 부재에서 발생하는 응력을 구한다.
• 3단계(단면결정) : 각 부재에서 발생하는 응력에 대하여 안전한 단면을 결정한다.

[거푸집 재료의 선정시 고려사항]
(1) 강도
(2) 강성
(3) 내구성
(4) 작업성
(5) 타설콘크리트에 대한 영향력
(6) 경제성

③ 하중의 구분

구분	내용
고정하중	철근을 포함한 콘크리트 자중 • 보통콘크리트 : 2,400kg/m³ • 제1종 경량콘크리트 : 2,000kg/m³ • 제2종 경량콘크리트 : 1,700kg/m³
충격하중	고정하중의 50%(타설높이, 장비의 고려하중) → 1,200kg/m³
작업하중 (활하중)	• 충격하중 및 작업하중을 합한 값이 250kgf/m² 이상 되는 경우 작업자의 하중(150kgf/m²)은 제외할 수 있다. • 전동식 카트(motorized carts)장비를 이용하여 타설시 : 3.75kN/m²(375kgf/m²) 고려하여 설계한다.

※ 총 하중(w)은 고정하중, 충격하중, 작업하중을 합친 값으로 거푸집 자체의 무게는 무시한다.

(3) 거푸집의 재료

구분	내용
목재 거푸집	• 흠집 및 옹이가 많은 거푸집과 합판의 접착부분이 떨어져 구조적으로 약한 것은 사용하여서는 안된다. • 띠장은 부러지거나 균열이 있는 것을 사용하여서는 안된다.
강재 거푸집	• 형상이 찌그러지거나, 비틀림 등 변형이 있는 것은 교정한 다음 사용하여야 한다. • 강재 거푸집의 표면에 녹이 많이 나 있는 것은 쇠솔(Wire Brush) 또는 샌드 페이퍼(SandPaper) 등으로 닦아내고 박리제(Form pil)를 엷게 칠해 두어야 한다.
지보공 (동바리)	• 현저한 손상, 변형, 부식이 있는 것과 옹이가 깊숙이 박혀있는 것은 사용하지 말아야 한다. • 각재 또는 강관 지주는 (그림)과 같이 양끝을 일직선으로 그은 선 안에 있어야 하고, 일직선 밖으로 굽어져 있는 것은 사용을 금하여야 한다. 중심축 —[- - - - - - - - - - - - - - - - - - -]— 중심축 **지보공재로 사용되는 각재 또는 강관의 중심축 예** • 강관지주(동바리), 보 등을 조합한 구조는 최대 허용하중을 초과하지 않는 범위에서 사용하여야 한다.
연결재	• 정확하고 충분한 강도가 있는 것이어야 한다. • 회수, 해체하기가 쉬운 것이어야 한다. • 조합 부품수가 적은 것이어야 한다.

(4) 작업발판 일체형 거푸집

구분	내용
갱 폼(gang form)	콘크리트 공사에서 주로 기둥이나 벽체와 같은 수직부재의 거푸집과 마감공사를 위한 발판을 일체로 조립해 타워 크레인 등으로 한꺼번에 인양시켜 사용하는 거푸집
슬립 폼(slip form), 슬라이딩 폼	내외가 일체화된 set로 구성된 거푸집을 유압잭을 이용하여 거푸집의 탈부착 없이 수직으로 상승 시키면서 연속적으로 콘크리트를 타설하는 Sliding 공법에 사용되는 System Form으로 작업대와 마감용 비계를 일체로 하여 제작된 거푸집
클라이밍 폼 (climbing form)	벽체전용 거푸집으로 거푸집과 벽체 마감공사를 위한 비계틀을 일체로 조립하여 한번에 인양시켜 거푸집을 설치하는 공법
터널 라이닝 폼 (tunnel lining form)	벽식 철근콘크리트 구조를 시공할 때 벽과 바닥의 콘크리트 타설을 한번에 하기 위해 설치 해체하는 거푸집

(5) 거푸집동바리등의 안전조치 사항

① 침하의 방지 : 깔목의 사용, 콘크리트 타설, 말뚝박기 등
② 개구부 상부에 동바리를 설치하는 경우에는 상부하중을 견딜 수 있는 견고한 받침대를 설치할 것
③ 동바리의 상하 고정 및 미끄러짐 방지 조치를 하고, 하중의 지지상태를 유지할 것
④ 동바리의 이음은 맞댄이음이나 장부이음으로 하고 같은 품질의 재료를 사용할 것
⑤ 강재와 강재의 접속부 및 교차부는 볼트·클램프 등 전용철물을 사용하여 단단히 연결할 것
⑥ 거푸집이 곡면인 경우에는 버팀대의 부착 등 그 거푸집의 부상(浮上)을 방지하기 위한 조치를 할 것
⑦ 동바리로 사용하는 강관 [파이프 서포트(pipe support) 제외한다]
　㉠ 높이 2m 이내마다 수평연결재를 2개 방향으로 만들고 수평연결재의 변위를 방지할 것
　㉡ 멍에 등을 상단에 올릴 경우에는 해당 상단에 강재의 단판을 붙여 멍에 등을 고정시킬 것

[일체형 거푸집]

갱 폼

슬립 폼

클라이밍 폼

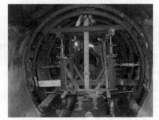

터널라이닝 폼

[거푸집 동바리 조립도의 명시사항]

동바리·멍에 등의
(1) 부재의 재질
(2) 단면규격
(3) 설치간격 및 이음방법

[거푸집의 조립순서]

기둥 → 내력벽 → 큰 보 → 작은 보 → 바닥 → 내벽 → 외벽

※ 해체는 조립의 역순으로 시행한다.

[관련법령]

산업안전보건기준에 관한 규칙 제332조 【거푸집동바리등의 안전조치】

[파이프서포트]

⑧ 동바리로 사용하는 파이프 서포트
ㄱ 파이프 서포트를 3개 이상이어서 사용하지 않도록 할 것
ㄴ 파이프 서포트를 이어서 사용하는 경우에는 <u>4개 이상의 볼트</u> 또는 전용철물을 사용하여 이을 것
ㄷ 높이가 <u>3.5m를 초과하는 경우에는 높이 2m 이내마다 수평연결재를 2개 방향으로</u> 만들고 수평연결재의 변위를 방지할 것

⑨ 동바리로 사용하는 강관틀
ㄱ <u>강관틀과 강관틀 사이에 교차가새를 설치할 것</u>
ㄴ <u>최상층 및 5층 이내마다</u> 거푸집 동바리의 측면과 틀면의 방향 및 교차가새의 방향에서 <u>5개 이내마다 수평연결재를 설치</u>하고 수평연결재의 변위를 방지할 것
ㄷ 최상층 및 5층 이내마다 거푸집동바리의 틀면의 방향에서 양단 및 5개틀 이내마다 교차가새의 방향으로 띠장틀을 설치할 것
ㄹ 멍에 등을 상단에 올릴 경우에는 해당 상단에 강재의 단판을 붙여 멍에 등을 고정시킬 것

⑩ 동바리로 사용하는 조립강주
높이가 4m를 초과하는 경우에는 높이 4m 이내마다 수평연결재를 2개 방향으로 설치하고 수평연결재의 변위를 방지할 것

⑪ 시스템 동바리(규격화·부품화된 수직재, 수평재 및 가새재 등의 부재를 현장에서 조립하여 거푸집으로 지지하는 동바리 형식)
ㄱ 수평재는 수직재와 직각으로 설치하여야 하며, 흔들리지 않도록 견고하게 설치할 것
ㄴ 연결철물을 사용하여 수직재를 견고하게 연결하고, 연결 부위가 탈락 또는 꺾어지지 않도록 할 것
ㄷ 수직 및 수평하중에 의한 동바리 본체의 변위가 발생하지 않도록 각각의 단위 수직재 및 수평재에는 가새재를 견고하게 설치 할 것
ㄹ 동바리 최상단과 최하단의 수직재와 받침철물은 서로 밀착되도록 설치하고 수직재와 받침철물의 연결부의 겹침길이는 받침철물 전체 길이의 3분의 1 이상 되도록 할 것

[시스템동바리]

⑫ 동바리로 사용하는 목재
목재를 이어서 사용하는 경우에는 <u>2개 이상의 덧댐목</u>을 대고 네 군데 이상 견고하게 묶은 후 상단을 보나 멍에에 고정시킬 것

⑬ 보로 구성된 것
ㄱ 보의 양끝을 지지물로 고정시켜 보의 미끄러짐 및 탈락을 방지할 것
ㄴ 보와 보 사이에 수평연결재를 설치하여 보가 옆으로 넘어지지 않도록 견고하게 할 것

⑭ 거푸집을 조립하는 경우에는 거푸집이 콘크리트 하중이나 그 밖의 외력에 견딜 수 있거나, 넘어지지 않도록 견고한 구조의 긴결재, 버팀대 또는 지지대를 설치하는 등 필요한 조치를 할 것

⑮ 계단 형상으로 조립하는 거푸집 동바리

㉠ 거푸집의 형상에 따른 부득이한 경우를 제외하고는 깔판·깔목 등을 2단 이상 끼우지 않도록 할 것

㉡ 깔판·깔목 등을 이어서 사용하는 경우에는 그 깔판·깔목 등을 단단히 연결할 것

㉢ 동바리는 상·하부의 동바리가 동일 수직선상에 위치하도록 하여 깔판·깔목 등에 고정시킬 것

03 핵심문제　　　3. 거푸집 및 동바리

1. 콘크리트 타설을 위한 거푸집동바리의 구조검토 시 가장 선행되어야 할 작업은?

① 각 부재에 생기는 응력에 대하여 안전한 단면을 산정한다.
② 하중·외력에 의하여 각 부재에 생기는 응력을 구한다.
③ 가설물에 작용하는 하중 및 외력의 종류, 크기를 산정한다.
④ 사용할 거푸집동바리의 설치간격을 결정한다.

해설
콘크리트 타설을 위한 거푸집동바리의 구조검토 시 가장 선행되어야 할 작업은 가설물에 작용하는 하중 및 외력의 종류, 크기의 산정이다.

2. 건설현장에서 사용되는 작업발판 일체형 거푸집의 종류에 해당되지 않는 것은?

① 갱폼(gang form)
② 슬립폼(slip form)
③ 클라이밍 폼(climbing form)
④ 테이블폼(table form)

해설
"작업발판 일체형 거푸집"이란 거푸집의 설치·해체, 철근 조립, 콘크리트 타설, 콘크리트 면처리 작업 등을 위하여 거푸집을 작업발판과 일체로 제작하여 사용하는 거푸집으로서 다음 각 호의 거푸집을 말한다.
1. 갱 폼(gang form)
2. 슬립 폼(slip form)
3. 클라이밍 폼(climbing form)
4. 터널 라이닝 폼(tunnel lining form)
5. 그밖에 거푸집과 작업발판이 일체로 제작된 거푸집 등
[참고] 산업안전보건기준에 관한 규칙 제337조 [작업발판 일체형 거푸집의 안전조치]

3. 로드(rod)·유압잭(jack) 등을 이용하여 거푸집을 연속적으로 이동시키면서 콘크리트를 타설할 때 사용되는 것으로 silo 공사 등에 적합한 거푸집은?

① 메탈폼
② 슬라이딩폼
③ 워플폼
④ 페코빔

해설
Sliding Form 이란 수평적 또는 수직적으로 반복된 구조물을 시공이음 없이 균일한 형상으로 시공하기 위하여 거푸집을 연속적으로 이동시키면서 콘크리트를 타설하여 구조물을 시공하는 거푸집공법으로 주로 사일로, 교각, 건물의 코아부분 등 단면형상의 변화가 없는 수직으로 연속된 콘크리트 구조물에 사용된다. Yoke와 Oil Jack, 체인블록 등으로 상승되며 작업대와 비계틀이 동시에 상승되어 안전성이 높다.

4. 거푸집동바리 등을 조립하는 경우에 준수하여야 할 사항으로 옳지 않은 것은?

① 깔목의 사용, 콘크리트 타설, 말뚝박기 등 동바리의 침하를 방지하기 위한 조치를 할 것
② 개구부 상부에 동바리를 설치하는 경우에는 상부하중을 견딜 수 있는 견고한 받침대를 설치할 것
③ 거푸집이 곡면인 경우에는 버팀대의 부착 등 그 거푸집의 부상(浮上)을 방지하기 위한 조치를 할 것
④ 동바리의 이음은 맞댄이음이나 장부이음을 피할 것

해설
거푸집 동바리의 이음은 맞댄이음이나 장부이음으로 하고 같은 품질의 재료를 사용하여야 한다.
[참고] 산업안전보건기준에 관한 규칙 제332조 [거푸집동바리 등의 안전조치]

5. 거푸집 동바리의 침하를 방지하기 위한 직접적인 조치와 가장 거리가 먼 것은?

① 깔목의 사용
② 수평연결재 사용
③ 콘크리트의 타설
④ 말뚝박기

해설
깔목의 사용, 콘크리트 타설, 말뚝박기 등 동바리의 침하를 방지하기 위한 조치를 할 것
[참고] 산업안전보건기준에 관한 규칙 제332조 [거푸집동바리 등의 안전조치]

6. 산업안전보건기준에 관한 규칙에 따른 거푸집동바리를 조립하는 경우의 준수사항으로 옳지 않은 것은?

① 개구부 상부에 동바리를 설치하는 경우에는 상부하중을 견딜 수 있는 견고한 받침대를 설치할 것
② 동바리의 이음은 맞댄이음이나 장부이음으로 하고 같은 품질의 제품을 사용할 것
③ 강재와 강재의 접속부 및 교차부는 철선을 사용하여 단단히 연결할 것
④ 거푸집이 곡면인 경우에는 버팀대의 부착 등 그 거푸집의 부상(浮上)을 방지하기 위한 조치를 할 것

해설
강재와 강재의 접속부 및 교차부는 볼트·클램프 등 전용철물을 사용하여 단단히 연결할 것
[참고] 산업안전보건기준에 관한 규칙 제332조 [거푸집동바리 등의 안전조치]

7. 거푸집동바리 등을 조립하는 경우에 준수하여야 할 안전조치기준으로 옳지 않은 것은?

① 동바리로 사용하는 강관은 높이 2m 이내마다 수평연결재를 2개 방향으로 만들고 수평연결재의 변위를 방지할 것
② 동바리로 사용하는 파이프 서포트는 3개 이상 이어서 사용하지 않도록 할 것
③ 동바리로 사용하는 파이프 서포트를 이어서 사용하는 경우에는 3개 이상의 볼트 또는 전용철물을 사용하여 이을 것
④ 동바리로 사용하는 강관틀과 강관틀 사이에 교차가새를 설치할 것

해설
파이프서포트를 이어서 사용할 때에는 4개 이상의 볼트 또는 전용철물을 사용하여 이을 것
[참고] 산업안전보건기준에 관한 규칙 제332조 [거푸집동바리 등의 안전조치]

8. 다음 보기의 ( ) 안에 알맞은 내용은?

동바리로 사용하는 파이프 서포트의 높이가 ( )m를 초과하는 경우에는 높이 2m 이내마다 수평연결재를 2개 방향으로 만들고 수평연결재의 변위를 방지할 것

① 3　　② 3.5
③ 4　　④ 4.5

해설
높이가 3.5미터를 초과할 때에는 높이 2미터 이내마다 수평연결재를 2개 방향으로 만들고 수평연결재의 변위를 방지할 것
[참고] 산업안전보건기준에 관한 규칙 제332조 [거푸집동바리 등의 안전조치]

9. 동바리로 사용하는 파이프 서포트는 최대 몇 개 이상 이어서 사용하지 않아야 하는가?

① 2개　　② 3개
③ 4개　　④ 5개

해설
파이프 서포트를 3개 이상이어서 사용하지 않도록 할 것

10. 시스템 동바리를 조립하는 경우 수직재와 받침철물 연결부의 겹침길이 기준으로 옳은 것은?

① 받침철물 전체길이 1/2 이상
② 받침철물 전체길이 1/3 이상
③ 받침철물 전체길이 1/4 이상
④ 받침철물 전체길이 1/5 이상

해설
비계 밑단의 수직재와 받침철물은 밀착되도록 설치하고, 수직재와 받침철물의 연결부의 겹침길이는 받침철물 전체길이의 3분의 1 이상이 되도록 할 것
[참고] 산업안전보건기준에 관한 규칙 제69조 [시스템 비계의 구조]

□□□ 14년4회, 19년2회, 22년1회

11. 거푸집 해체작업 시 유의사항으로 옳지 않은 것은?

① 일반적으로 수평부재의 거푸집은 연직부재의 거푸집보다 빨리 떼어낸다.

② 해체된 거푸집이나 각목 등에 박혀있는 못 또는 날카로운 돌출물은 즉시 제거하여야 한다.

③ 상하 동시 작업은 원칙적으로 금지하여 부득이한 경우에는 긴밀히 연락을 위하며 작업을 하여야 한다.

④ 거푸집 해체작업장 주위에는 관계자를 제외하고는 출입을 금지시켜야 한다.

해설

1. 거푸집의 수평부재 해체는 연직부재를 떼어내고 수평부재를 떼어낸다.
2. 거푸집의 해체는 조립순서의 역순으로 시행한다.
   조립순서 : 기둥 → 내력벽 → 큰 보 → 작은 보 → 바닥 → 내벽 → 외벽

건설 구조물공사의 안전은 콘크리트 구조물공사의 안전, 철골공사의 안전으로 구성되며 콘크리트의 타설시 준수사항, 콘크리트의 측압발생원인, 철골공사 작업 시 기준사항 등이 주로 출제되고 있다.

01 콘크리트 구조물공사의 안전

(1) 콘크리트 구조물의 특징

① 콘크리트는 소요의 강도, 내구성, 수밀성 및 강재를 보호하는 성능 등을 가지며 품질이 균일한 것이어야 한다.

② 강도는 일반적으로 표준양생한 콘크리트 공시체의 재령 28일에서의 시험값을 기준으로 한다.

③ 콘크리트 구조물의 설계에서 사용하는 콘크리트의 강도로서는 압축강도 이외에 인장강도, 휨강도, 전단강도, 지압강도, 강재와의 부착강도 등이 있다. (콘크리트 구조물은 주로 콘크리트의 압축강도를 기준으로 한다.)

(2) 콘크리트의 타설

① 콘크리트 타설작업 시 준수사항

㉠ 당일 작업을 시작하기 전에 해당 작업에 관한 거푸집동바리등의 변형·변위 및 지반의 침하 유무 등을 점검하고 이상이 있으면 보수할 것

㉡ 작업 중에는 거푸집동바리등의 변형·변위 및 침하 유무 등을 감시할 수 있는 감시자를 배치하여 이상이 있으면 작업을 중지하고 근로자를 대피시킬 것

㉢ 콘크리트 타설작업 시 거푸집 붕괴의 위험이 발생할 우려가 있으면 충분한 보강조치를 할 것

㉣ 설계상의 콘크리트 양생기간을 준수하여 거푸집동바리 등을 해체할 것

㉤ 콘크리트를 타설하는 경우에는 편심이 발생하지 않도록 골고루 분산하여 타설할 것

② 콘크리트 펌프 등 사용 시 준수사항

㉠ 작업을 시작하기 전에 콘크리트 펌프용 비계를 점검하고 이상을 발견하였으면 즉시 보수할 것

㉡ 건축물의 난간 등에서 작업하는 근로자가 호스의 요동·선회로 인하여 추락하는 위험을 방지하기 위하여 안전난간 설치 등 필요한 조치를 할 것

[관련법령]
산업안전보건기준에 관한 규칙 제334조
【콘크리트의 타설작업】

ⓒ 콘크리트 펌프카의 붐을 조정하는 경우에는 주변의 전선 등에 의한 위험을 예방하기 위한 적절한 조치를 할 것

ⓔ 작업 중에 지반의 침하, 아웃트리거의 손상 등에 의하여 콘크리트 펌프카가 넘어질 우려가 있는 경우에는 이를 방지하기 위한 적절한 조치를 할 것

[콘크리트 타설용 기계·기구]
(1) 손수레
(2) 슈트(Chute)
(3) 벨트 컨베이어(Belt Conveyor)
(4) 버킷(Bucket)
(5) 콘크리트 펌프

(3) 콘크리트의 타설과 양생

① 콘크리트 타설방법

㉠ 콘크리트는 신속하게 운반하여 즉시 치고, 충분히 다져야 한다. 비비기로부터 치기가 끝날 때까지의 시간은 원칙적으로 외기온도가 25℃를 넘었을 때는 1.5시간, 25℃ 이하일 때에는 2시간을 넘어서는 안된다.

㉡ 운반 및 치기는 콘크리트의 재료분리가 적게 일어나도록 해야 한다.

㉢ 콘크리트 다지기에는 내부진동기의 사용을 원칙으로 하나, 얇은 벽 등 내부진동기의 사용이 곤란한 장소에서는 거푸집진동기를 사용해도 좋다.

㉣ 콘크리트는 친 직후 바로 충분히 다져서 콘크리트가 철근 및 매설물 등의 주위와 거푸집의 구석구석까지 잘 채워져 밀실한 콘크리트가 되도록 해야 한다.

㉤ 진동다짐을 할 때에는 진동기를 아래층의 콘크리트 속에 10cm 정도 찔러 넣어야 한다.

㉥ 내부진동기의 찔러 넣는 간격 및 한 장소에서의 진동시간 등은 콘크리트를 충분히 잘 다질 수 있도록 정해야 한다. 또 진동기는 콘크리트로부터 천천히 빼내어 구멍이 남지 않도록 해야 한다.

㉦ 재진동을 할 경우에는 콘크리트에 나쁜 영향이 생기지 않도록 초결이 일어나기 전에 실시해야 한다.

② 양생작업 시 유의사항

㉠ 콘크리트의 온도는 항상 2℃ 이상으로 유지하도록 할 것

㉡ 콘크리트 타설 후 수화작용을 돕기 위하여 최소 5일간은 수분을 보존할 것

㉢ 일광의 직사, 급격한 건조 및 한냉에 대하여 보호할 것

㉣ 콘크리트가 충분히 경화될 때까지는 충격 및 하중을 가하지 않게 주의 할 것

㉤ 콘크리트 타설 후 1일간은 그 위를 보행하거나 공기구 등 기타 중량물을 올려놓아서는 안 된다.

(4) 거푸집 존치기간

① 콘크리트의 압축강도를 시험할 경우 거푸집널의 해체 시기

부재		콘크리트 압축강도
기초, 보, 기둥, 벽 등의 측면		5MPa 이상
슬래브 및 보의 밑면, 아치 내면	단층구조인 경우	설계기준압축강도의 2/3배 이상 또한, 최소 14MPa 이상
	다층구조인 경우	설계기준압축강도 이상(필러 동바리 구조를 이용할 경우는 구조계산에 의해 기간을 단축할 수 있음. 단, 이 경우라도 최소강도는 14MPa 이상으로 함.)

② 콘크리트의 압축강도를 시험하지 않을 경우 거푸집널의 해체 시기(기초, 보, 기중 및 벽의 측면)

평균기온	조강 포틀랜드 시멘트	보통보틀랜드 시멘트 고로 슬래그 시멘트(1종) 플라이 애시 시멘트(1종) 포틀랜드 포졸란 시멘트(A종)	고로 슬래그 시멘트(2종) 플라이 애시 시멘트(2종) 포틀랜드 포졸란 시멘트(B종)
20℃ 이상	2일	4일	5일
10℃ 이상 20℃ 미만	3일	6일	8일

■ **콘크리트의 압축강도 계산**

$$압축강도(F_c) = \frac{공시체파괴하중(P)}{공시체의\ 단면적(A)} = \frac{P}{\frac{\pi d^2}{4}}$$

③ 슬럼프 테스트

거푸집 속에는 철근, 철골, 배관, 기타 매설물이 있으므로 콘크리트가 거푸집의 모서리 구석 또는 철근 등의 주위에 가득 채워져 밀착 되도록 다져 넣으려면 충분한 유동성을 주어서 작업의 용이성, 즉 <u>시공연도(workability)가</u> 있어야 된다.

(5) 콘크리트의 측압

① 콘크리트의 측압이란 콘크리트를 타설시 거푸집의 수직 부재는 콘크리트의 유동성으로 인하여 수평방향의 압력(측압)을 받게 된다.
② 응결 · 경화시에 그 압력은 감소하게 된다.
③ 측압은 경화되지 않는 콘크리트의 윗면으로부터의 거리(m)와 단위용적 중량(t/m³)의 곱으로 나타낸다.

[슬럼프 테스트]

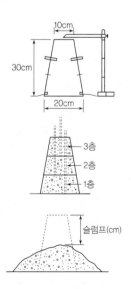

④ 측압은 주로 콘크리트 내에 포함된 물(水)의 영향을 받아서 그 측압의 크기가 결정된다.

> ■ **측압이 커지는 조건**
> ① 기온이 낮을수록(대기중의 습도가 낮을수록) 크다.
> ② 치어 붓기 속도가 클수록 크다.
> ③ 묽은 콘크리트 일수록(물·시멘트비가 클수록, 슬럼프 값이 클수록, 시멘트·물비가 적을수록) 크다.
> ④ 콘크리트의 비중이 클수록 크다.
> ⑤ 콘크리트의 다지기가 강할수록 크다.
> ⑥ 철근양이 작을수록 크다.
> ⑦ 거푸집의 수밀성이 높을수록 크다.
> ⑧ 거푸집의 수평단면이 클수록(벽 두께가 클수록) 크다.
> ⑨ 거푸집의 강성이 클수록 크다.
> ⑩ 거푸집의 표면이 매끄러울수록 크다.
> ⑪ 생콘크리트의 높이가 높을수록 커진다.
> ⑫ 응결이 빠른 시멘트를 사용할 경우 크다.

[프리캐스트 콘크리트]

(6) PC(precast concrete)공사 안전

① PC공법

공장에서 부재를 제작하고, 현장에서 양중장비를 이용하여 조립하는 공사로 공업화, 대량화에 적용되는 공사이다.

② PC부재 조립

㉠ PC부재는 대형이고 중량이 크므로 운반 및 양중시 운반로의 확보, 안전에 주의해야 한다.
㉡ PC부재의 야적 시 충분한 공간 확보
㉢ PC부재의 야적 시 양중장비 능력을 고려
㉣ PC부재의 조립 시 정밀도를 고려
㉤ PC부재의 접합 시 접합부의 시공에 주의를 기울여야 한다.
㉥ PC부재는 단열에 취약하여 결로가 발생하기 쉬우므로 결로 방지대책 수립

③ PC부재의 장·단점

구분	내용
장점	• 기후에 영향이 적어 동절기 시공 가능, 공사기간 단축 • 현장작업 감소, 생산성 향상되어 인력절감 가능 • 공장제작으로 양질의 제품이 가능(장기처짐, 균열발생 적다.) • 현장작업의 감소
단점	• 현장타설공법처럼 자유로운 형상이 어렵다. • 운반비가 상승한다. • 공장제작이므로 초기 시설 투자비의 증가 • 중량이 무거워서 장비비가 많이 든다.

01 핵심문제   1. 콘크리트 구조물공사의 안전

□□□ 10년4회, 13년2회, 14년1회, 18년2회

1. 콘크리트 타설작업 시 안전에 대한 유의사항으로 틀린 것은?

① 높은 곳으로부터 콘크리트를 타설할 때는 호퍼로 받아 거푸집 내에 꽂아 넣는 슈트를 통해서 부어넣어야 한다.

② 콘크리트를 치는 도중에는 지보공·거푸집 등의 이상 유무를 확인한다.

③ 진동기를 가능한 한 많이 사용할수록 거푸집에 작용하는 측압상 안전하다.

④ 콘크리트를 한 곳에만 치우쳐서 타설하지 않도록 주의한다.

해설

진동기는 슬럼프값 15cm 이하에만 사용하며, 묽은비빔 콘크리트에 진동기를 사용하면 재료의 분리가 생긴다. 특히 내부진동기는 수직으로 사용하는 것이 좋으며 콘크리트로부터 급히 빼내지 않으며 작업시간은 보통 15~60초에서 30~40초 정도가 적당하다.

□□□ 14년4회, 16년1회, 19년4회

2. 콘크리트 타설작업을 하는 경우 안전대책으로 옳지 않은 것은?

① 당일의 작업을 시작하기 전에 해당 작업에 관한 거푸집동바리등의 변형·변위 및 지반의 침하 유무 등을 점검하고 이상이 있으면 보수할 것

② 작업 중에는 거푸집동바리등의 변형·변위 및 침하 유무 등을 감사할 수 있는 감시자를 배치하여 이상이 있으면 작업을 중지하고 근로자를 대피시킬 것

③ 설계도서상의 콘크리트 양생기간을 준수하여 거푸집동바리등을 해체할 것

④ 슬래브의 경우 한쪽부터 순차적으로 콘크리트를 타설하는 등 편심을 유발하여 빠른 시간 내 타설이 완료되도록 할 것

문제 2 ~ 4 해설

콘크리트의 타설작업 시 준수사항
1. 당일의 작업을 시작하기 전에 해당 작업에 관한 거푸집동바리등의 변형·변위 및 지반의 침하 유무 등을 점검하고 이상이 있으면 이를 보수할 것

2. 작업중에는 거푸집동바리 등의 변형·변위 및 침하유무 등을 감시할 수 있는 감시자를 배치하여 이상이 있으면 작업을 중지하고 근로자를 대피시킬 것
3. 콘크리트의 타설작업 시 거푸집붕괴의 위험이 발생할 우려가 있으면 충분한 보강조치를 할 것
4. 설계도서상의 콘크리트 양생기간을 준수하여 거푸집동바리 등을 해체할 것
5. 콘크리트를 타설하는 경우에는 편심이 발생하지 않도록 골고루 분산하며 타설할 것

[참고] 산업안전보건기준에 관한 규칙 제334조 [콘크리트의 타설작업]

□□□ 16년2회, 22년1회

3. 콘크리트 타설작업을 하는 경우에 준수해야 할 사항으로 옳지 않은 것은?

① 당일의 작업을 시작하기 전에 해당작업에 관한 거푸집동바리 등의 변형·변위 및 지반의 침하 유무 등을 점검하고 이상이 있으면 보수 할 것

② 작업 중에는 거푸집동바리 등의 변형·변위 및 침하 유무 등을 감시 할 수 있는 감시자를 배치하여 이상이 있으면 작업을 빠른 시간 내 우선 완료하고 근로자를 대피시킬 것

③ 콘크리트 타설 작업 시 거푸집 붕괴의 위험이 발생할 우려가 있으면 충분한 보강조치를 할 것

④ 콘크리트를 타설하는 경우에는 편심이 발생하지 않도록 골고루 분산하여 타설할 것

□□□ 12년1회

4. 콘크리트 타설작업을 하는 경우에 준수해야 할 사항으로 옳지 않는 것은?

① 당일의 작업을 시작하기 전에 해당 작업에 관한 거푸집 동바리 등의 변형·변위 및 지반의 침하유무 등을 점검하고 이상이 있으면 보수할 것

② 작업중에는 거푸집 동바리 등의 변형·변위 및 침하 유무 등을 감시할 수 있는 감시자를 배치하여 이상이 있으면 작업을 중지하고 근로자를 대피시킬 것

③ 설계도서상의 콘크리트 양생기간을 준수하여 거푸집 동바리 등을 해체할 것

④ 거푸집 붕괴의 위험이 발생할 우려가 있는 때에는 보강조치 없이 즉시 해체할 것

□□□ 10년2회, 12년2회

5. 지름이 15cm이고 높이가 30cm인 원기둥 콘크리트 공시체에 대해 압축강도시험을 한 결과 460kN에 파괴되었다. 이 때 콘크리트 압축강도는?

① 16.2MPa   ② 21.5MPa

③ 26MPa   ④ 31.2MPa

해설

$$압축강도 = \frac{P}{A} = \frac{P}{\frac{\pi D^2}{4}} = \frac{460 \times 10^3 N}{\frac{\pi \times (150mm)^2}{4}}$$

$$= 26.03 N/mm^2$$

$$\fallingdotseq 26 MPa$$

[참고]
1. P : 파괴강도(압력)
2. A : 공시체 단면적
3. $N/mm^2 = MPa$

□□□ 15년2회, 16년2회, 18년4회, 20년1,2회

6. 콘크리트 타설시 거푸집 측압에 대한 설명으로 옳지 않은 것은?

① 기온이 높을수록 측압은 크다.
② 타설속도가 클수록 측압은 크다.
③ 슬럼프가 클수록 측압은 크다.
④ 다짐이 과할수록 측압은 크다.

문제 6 ~ 8 해설

거푸집 측압이 커지는 조건
1. 기온이 낮을수록(대기중의 습도가 낮을수록) 크다.
2. 치어 붓기 속도가 클수록 크다.
3. 묽은 콘크리트 일수록 크다.
4. 콘크리트의 비중이 클수록 크다.
5. 콘크리트의 다지기가 강할수록 크다.
6. 철근양이 작을수록 크다.
7. 거푸집의 수밀성이 높을수록 크다.
8. 거푸집의 수평단면이 클수록(벽 두께가 클수록) 크다.
9. 거푸집의 강성이 클수록 크다.
10. 거푸집의 표면이 매끄러울수록 크다.

□□□ 08년1회, 14년2회, 16년4회

7. 콘크리트의 측압에 관한 설명으로 옳은 것은?

① 거푸집 수밀성이 크면 측압은 작다.
② 철근의 양이 적으면 측압은 작다.
③ 부어넣기 속도가 빠르면 측압은 작아진다.
④ 외기의 온도가 낮을수록 측압은 크다.

□□□ 09년2회, 17년1회

8. 콘크리트 타설 시 거푸집의 측압에 영향을 미치는 인자들에 대한 설명 중 적당하지 않은 것은?

① 슬럼프가 클수록 작다.
② 타설속도가 빠를수록 크다.
③ 거푸집 속의 콘크리트 온도가 낮을수록 크다.
④ 콘크리트의 타설높이가 높을수록 크다.

□□□ 14년2회

9. 말뚝을 절단할 때 내부응력에 가장 큰 영향을 받는 말뚝은?

① 나무말뚝   ② PC말뚝
③ 강말뚝   ④ RC말뚝

해설

PC말뚝은 내부의 인장강선을 통해 인장강도가 향상되므로 절단하게 되면 인장력이 급격히 저하된다.

[참고] PC말뚝이란 PC강선(강봉)을 미리 인장하여 그 주위에 콘크리트를 쳐서 굳은 후 PC강선의 인장 장치를 풀어서 콘크리트 말뚝에 Prestress를 넣는 Pretention 방법과 콘크리트에 구멍을 뚫어 놓고 콘크리트가 굳은 후 구멍 속에 PC강선을 넣고 인장하여 그 끝을 콘크리트 단부에 장착하여 Prestress을 넣은 Post-tention 방법이 있다.

02 철골 공사의 안전

(1) 철골공사 작업의 안전

① 설계도 및 공작도 확인사항

　㉠ 부재의 형상 및 치수(길이, 폭 및 두께), 접합부의 위치, 브라켓의 내민 치수, 건물의 높이 등

　㉡ 부재의 최대중량의 검토결과에 따라 건립기계의 종류를 선정하고 부재수량에 따라 건립공정을 검토하여 시공기간 및 건립기계의 대수를 결정

　㉢ 현장용접의 유무, 이음부의 시공난이도를 확인하고 건립작업방법을 결정

　㉣ 철골철근콘크리트조의 경우 철골계단이 있으면 작업이 편리하므로 건립순서 등을 검토하고 안전작업에 이용

　㉤ 한쪽만 내민 보가 있는 기둥은 취급이 곤란하므로 보를 절단하거나 또는 무게중심의 위치를 명확히 하는 등의 필요한 조치

② 사전안정성 확보를 위해 공작도에 반영해야할 사항

　㉠ 외부비계받이 및 화물승강설비용 브라켓

　㉡ 기둥 승강용 트랩

　㉢ 구명줄 설치용 고리

　㉣ 건립에 필요한 와이어 걸이용 고리

　㉤ 난간 설치용 부재

　㉥ 기둥 및 보 중앙의 안전대 설치용 고리

　㉦ 방망 설치용 부재

　㉧ 비계 연결용 부재

　㉨ 방호선반 설치용 부재

　㉩ 양중기 설치용 보강재

③ 구조안전의 위험이 큰 철골구조물로 건립 중 강풍에 의한 풍압등 외압에 대한 내력이 설계에 고려되었는지 확인 사항

　㉠ 높이 20m 이상의 구조물

　㉡ 구조물의 폭과 높이의 비가 1 : 4 이상인 구조물

　㉢ 단면구조에 현저한 차이가 있는 구조물

　㉣ 연면적당 철골량이 50kg/㎡ 이하인 구조물

　㉤ 기둥이 타이플레이트(tie plate)형인 구조물

　㉥ 이음부가 현장용접인 구조물

[관련법령]
철골공사표준안전작업 지침

[철골공사]

[철골부재 승강로의 답단간격]

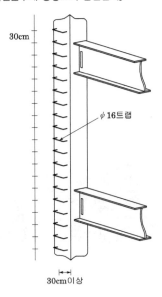

30cm

φ16트랩

30cm이상

④ 철골작업 시 위험방지

구분	내용
조립 시의 위험방지	철골을 조립하는 경우에 철골의 접합부가 충분히 지지되도록 볼트를 체결하거나 이와 같은 수준 이상의 견고한 구조가 되기 전에는 들어 올린 철골을 걸이로프 등으로부터 분리해서는 아니 된다.
승강로의 설치	근로자가 수직방향으로 이동하는 철골부재(鐵骨部材)에는 답단(踏段) 간격이 30센티미터 이내인 고정된 승강로를 설치하여야 하며, 수평방향 철골과 수직방향 철골이 연결되는 부분에는 연결작업을 위하여 작업발판 등을 설치하여야 한다.
가설통로의 설치	철골작업을 하는 경우에 근로자의 주요 이동통로에 고정된 가설통로를 설치하여야 한다. (다만, 안전대의 부착설비 등을 갖춘 경우에는 그러하지 아니하다.)
철골작업의 제한	• 풍속이 초당 10m 이상인 경우 • 강우량이 시간당 1mm 이상인 경우 • 강설량이 시간당 1cm 이상인 경우

(2) 앵커 볼트의 매립

① 앵커 볼트는 매립 후에 수정하지 않도록 설치하여야 한다.

② 앵커 볼트는 견고하게 고정시키고 이동, 변형이 발생하지 않도록 주의하면서 콘크리트를 타설해야 한다.

③ 앵커 볼트의 매립 정밀도

구분	그림
① 기둥중심은 기준선 및 인접 기둥의 중심에서 5밀리미터 이상 벗어나지 않을 것	5mm 5mm 기준선 [그림 1]
② 인접기둥간 중심거리의 오차는 3밀리리터 이하일 것	L±3mm [그림 2]
③ 앵커 볼트는 기둥중심에서 2밀리미터 이상 벗어나지 않을 것	2mm 2mm [그림 3]
④ 베이스 플레이트의 하단은 기준 높이 및 인접기둥의 높이에서 3미리미터 이상 벗어나지 않을 것	3mm 3mm 기준높이 [그림 4]

(3) 철골건립준비 시 준수사항

① 지상 작업장에서 건립준비 및 기계기구를 배치할 경우에는 낙하물의 위험이 없는 평탄한 장소를 선정하여 정비하고 경사지에서는 작업대나 임시발판 등을 설치하는 등 안전하게 한 후 작업하여야 한다.

② 건립작업에 지장이 되는 수목은 제거하거나 이설하여야 한다.

③ 인근에 건축물 또는 고압선 등이 있는 경우에는 이에 대한 방호조치 및 안전조치를 하여야 한다.

④ 사용전에 기계기구에 대한 정비 및 보수를 철저히 실시하여야 한다.

⑤ 기계가 계획대로 배치되어 있는가, 윈치는 작업구역을 확인할 수 있는 곳에 위치하였는가, 기계에 부착된 앵커 등 고정장치와 기초구조 등을 확인하여야 한다.

(4) 철골보의 인양

① 인양 와이어 로우프의 매달기 각도는 양변 60°를 기준으로 2열로 매달고 와이어 체결지점은 수평부재의 1/3기점을 기준하여야 한다.

② 조립되는 순서에 따라 사용될 부재가 하단부에 적치되어 있을 때에는 상단부의 부재를 무너뜨리는 일이 없도록 주의하여 옆으로 옮긴 후 부재를 인양하여야 한다.

구분	내용
크램프로 부재를 체결할 때의 준수사항	• 크램프는 부재를 수평으로 하는 두 곳의 위치에 사용하여야 하며 부재 양단방향은 등간격이어야 한다. • 부득이 한군데 만을 사용할 때는 위험이 적은 장소로서 간단한 이동을 하는 경우에 한하여야 하며 부재길이의 1/3지점을 기준하여야 한다. • 두곳을 매어 인양시킬 때 와이어 로프의 내각은 60도 이하이어야 한다. • 크램프의 정격용량 이상 매달지 않아야 한다. • 체결작업중 크램프 본체가 장애물에 부딪치지 않게 주의하여야 한다. • 크램프의 작동상태를 점검한 후 사용하여야 한다.
인양할 때의 준수사항	• 인양 와이어 로우프는 후크의 중심에 걸어야 하며 후크는 용접의 경우 용접장등 용접규격을 확인하여 인양 시 취성파괴에 의한 탈락을 방지하여야 한다. • 신호자는 운전자가 잘 보이는 곳에서 신호하여야 한다. • 불안정하거나 매단 부재가 경사지면 지상에 내려 다시 체결하여야 한다. • 부재의 균형을 확인하면 서서히 인양하여야 한다. • 흔들리거나 선회하지 않도록 유도 로프로 유도하며 장애물에 닿지 않도록 주의하여야 한다.

[철골 건립기계 선정 시 사전 검토사항]

(1) 건립기계의 출입로, 설치장소, 기계조립에 필요한 공간과 면적 등을 검토

(2) 학교, 병원, 주택 등이 근접되어 있는 경우에는 소음을 측정 조사하고 소음 진동 허용치는 관계법에서 정하는 바에 따라 처리

(3) 건물의 길이 또는 높이 등 건물의 형태에 적합한 건립기계를 선정

(4) 기계의 작업반경이 건물전체를 수용할 수 있는지의 여부, 또 붐이 안전하게 인양할 수 있는 하중범위, 수평거리, 수직높이 등을 검토

(5) 철골의 좌굴

주재(主材)에 하중 P를 가하면 중앙에 인장력을 가한 것과 같이 기둥이 수평으로 변곡하게 된다. 하중 P가 작으면 기둥은 쉽게 원상태로 복원되지만 일정한도 이상이 되면 복원은 되지 못하고 변곡이 계속 진행되어 파괴에 이르게 된다, 이 복원의 한계점 부근에서의 상태가 존재하게 되는데, 이 상태를 좌굴이라 하고 이때의 하중을 좌굴하중(한계하중)이라 한다.

기 호	a	b	c	d
양끝의 상태				

- 오일러의 한계하중(좌굴하중)

$$P_K = \frac{\pi^2 EI}{(lK)^2}$$

P_k : 좌굴하중(kg) 　　　　　E : 탄성계수(kg/cm^2)

I : 모멘트(cm^4) 　　　　　l : 기둥의 길이(cm)

K : 좌굴계수

※ 좌굴계수 값

지지 형태	좌굴계수(K)	지지 형태	좌굴계수(K)
1단고정 1단자유	2.0	양단힌지	1.0
1단고정 1단힌지	0.7	양단고정	0.5

> ☑ 예제
>
> 거푸집동바리 구조에서 높이가 $l = 3.5$m인 파이프서포트의 좌굴하중은?
> (단, 상부받이판과 하부받이판은 힌지로 가정하고, 단면2차모멘트
> $I = 8.31$cm^4, 탄성계수 $E = 2.1 \times 10^6$kg/cm^2)
>
> 오일러의 좌굴하중 $Pk = \dfrac{\pi^2 EI}{lk^2}$
>
> ① 양단힌지이므로 $k = 1.0$, $l = 3.5$m $= 350$cm
>
> ② $Pk = \dfrac{\pi^2 \times (2.1 \times 10^6) \times 8.31}{1 \times (350)^2} = 1405.9$kg

02 핵심문제
2. 철골 공사의 안전

□□□ 09년1회, 10년4회, 12년2회, 17년4회

1. 철골공사 시 사전안전성 확보를 위해 공작도에 반영하여야 할 사항이 아닌 것은?

① 주변 고압전주　　② 외부비계받이
③ 기둥승강용 트랩　④ 방망 설치용 부재

해설
철골공사 시 사전안전성 확보를 위해 공작도에 반영하여야 할 사항 1. 외부비계 및 화물 승강장치 2. 기둥승강용 트랩 3. 구명줄설치용 고리 4. 건립 때 필요한 와이어 걸이용 고리 5. 난간설치용 부재 6. 기둥 및 보 중앙의 안전대 설치용 고리 7. 방망설치용 부재 8. 비계연결용 부재 9. 방호선반설치용 부재 10. 인양기 설치용 보강재

□□□ 15년4회, 19년2회

2. 건립 중 강풍에 의한 풍압 등 외압에 대한 내력이 설계에 고려되었는지 확인하여야 하는 철골구조물이 아닌 것은?

① 높이 20m 이상인 구조물
② 폭과 높이의 비가 1 : 4 이상인 구조물
③ 연면적 당 철골량이 50kg/m² 이상인 구조물
④ 이음부가 현장용접인 구조물

문제 2 ~ 3 해설
구조안전의 위험이 큰 다음 각 목의 철골구조물은 건립 중 강풍에 의한 풍압등 외압에 대한 내력이 설계에 고려되었는지 확인하여야 할 사항 1. 높이 20미터 이상의 구조물 2. 구조물의 폭과 높이의 비가 1 : 4 이상인 구조물 3. 단면구조에 현저한 차이가 있는 구조물 4. 연면적당 철골량이 50킬로그램/평방미터 이하인 구조 5. 기둥이 타이플레이트(tie plate)형인 구조물 6. 이음부가 현장용접인 구조물

□□□ 10년1회, 11년2회, 15년2회, 17년4회

3. 건립 중 강풍에 의한 풍압 등 외압에 대한 내력이 설계에 고려되었는지 확인하여야 할 철골구조물이 아닌 것은?

① 구조물의 폭과 높이의 비가 1:4 이상인 구조물
② 이음부가 현장용접인 구조물
③ 높이 10m 이상의 구조물
④ 단면구조에 현저한 차이가 있는 구조물

□□□ 11년2회, 12년4회, 14년2회, 16년2회, 18년4회, 22년1회

4. 철골작업 시 철골부재에서 근로자가 수직방향으로 이동하는 경우에 설치하여야 하는 고정된 승강로의 최소 답단 간격은 얼마 이내인가?

① 20cm　　　② 25cm
③ 30cm　　　④ 40cm

해설
사업주는 근로자가 수직방향으로 이동하는 철골부재(鐵骨部材)에는 답단(踏段) 간격이 30센티미터 이내인 고정된 승강로를 설치하여야 하며, 수평방향 철골과 수직방향 철골이 연결되는 부분에는 연결작업을 위하여 작업발판 등을 설치하여야 한다. [참고] 산업안전보건기준에 관한 규칙 제381조 [승강로의 설치]

□□□ 08년2회, 11년1회, 14년2회, 15년2회, 18년4회

5. 근로자의 위험방지를 위해 철골작업을 중지하여야 하는 기준으로 옳은 것은?

① 풍속이 초당 1m 이상인 경우
② 강우량이 시간당 1cm 이상인 경우
③ 강설량이 시간당 1cm 이상인 경우
④ 10분간 평균풍속이 초당 5m 이상인 경우

문제 5 ~ 7 해설
철골작업을 중지하여야 할 사항 1. 풍속이 초당 10미터 이상인 경우 2. 강우량이 시간당 1mm 이상인 경우 3. 강설량이 시간당 1cm 이상인 경우 [참고] 산업안전보건기준에 관한 규칙 제383조 [작업의 제한]

정답　1 ①　2 ③　3 ③　4 ③　5 ③

□□□ 09년4회, 12년4회, 13년1회, 14년4회, 17년2회, 19년4회

6. 철골 작업을 할 때 악천후에는 작업을 중지하도록 하여야 하는데 그 기준으로 옳은 것은?

① 강설량이 분당 1cm 이상인 경우
② 강우량이 시간당 1cm 이상인 경우
③ 풍속이 초당 10m 이상인 경우
④ 기온이 28℃ 이상인 경우

□□□ 08년4회, 11년4회, 14년1회

7. 산업안전보건기준에 관한 규칙에 따른 철골공사 작업 시 작업을 중지해야 할 경우는?

① 강우량 1.5mm/hr ② 풍속 8m/sec
③ 강설량 5mm/hr ④ 지진 진도 1.0

□□□ 10년4회, 14년1회

8. 철골구조의 앵커볼트매립과 관련된 사항 중 옳지 않은 것은?

① 기둥중심은 기준선 및 인접기둥의 중심에서 3mm 이상 벗어나지 않을 것
② 앵커 볼트는 매립 후에 수정하지 않도록 설치할 것
③ 베이스플레이트의 하단은 기준 높이 및 인접기둥의 높이에서 3mm 이상 벗어나지 않을 것
④ 앵커 볼트는 기둥중심에서 2mm 이상 벗어나지 않을 것

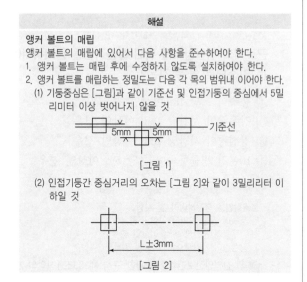

해설

앵커 볼트의 매립
앵커 볼트의 매립에 있어서 다음 사항을 준수하여야 한다.
1. 앵커 볼트는 매립 후에 수정하지 않도록 설치하여야 한다.
2. 앵커 볼트를 매립하는 정밀도는 다음 각 목의 범위내 이어야 한다.
(1) 기둥중심은 [그림]과 같이 기준선 및 인접기둥의 중심에서 5밀리미터 이상 벗어나지 않을 것

[그림 1]

(2) 인접기둥간 중심거리의 오차는 [그림 2]와 같이 3밀리미터 이하일 것

[그림 2]

---

(3) 앵커 볼트는 [그림 3]과 같이 기둥중심에서 2밀리미터 이상 벗어나지 않을 것

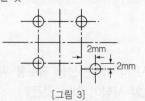

[그림 3]

(4) 베이스 플레이트의 하단은 [그림 4]와 같이 기준 높이 및 인접 기둥의 높이에서 3밀리미터 이상 벗어나지 않을 것

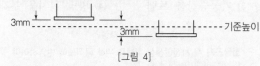

[그림 4]

3. 앵커 볼트는 견고하게 고정시키고 이동, 변형이 발생하지 않도록 주의하면서 콘크리트를 타설해야 한다.

□□□ 15년1회, 19년1회, 22년2회

9. 철골건립준비를 할 때 준수하여야 할 사항과 거리가 먼 것은?

① 지상 작업장에서 건립준비 및 기계기구를 배치할 경우에는 낙하물의 위험이 없는 평탄한 장소를 선정하여 정비하고 경사지에는 작업대나 임시발판 등을 설치하는 등 안전하게 한 후 작업하여야 한다.
② 건립작업에 다소 지장이 있다하더라도 수목은 제거하여서는 안된다.
③ 사용전에 기계기구에 대한 정비 및 보수를 철저히 실시하여야 한다.
④ 기계에 부착된 앵커 등 고정장치와 기초구조 등을 확인하여야 한다.

해설

철골건립준비를 할 때 준수하여야 할 사항
1. 지상 작업장에서 건립준비 및 기계기구를 배치할 경우에는 낙하물의 위험이 없는 평탄한 장소를 선정하여 정비하고 경사지에서는 작업대나 임시발판 등을 설치하는 등 안전하게 한 후 작업하여야 한다.
2. 건립작업에 지장이 되는 수목은 제거하거나 이설하여야 한다.
3. 인근에 건축물 또는 고압선 등이 있는 경우에는 이에 대한 방호조치 및 안전조치를 하여야 한다.
4. 사용전에 기계기구에 대한 정비 및 보수를 철저히 실시하여야 한다.
5. 기계가 계획대로 배치되어 있는가, 윈치는 작업구역을 확인할 수 있는 곳에 위치하였는가, 기계에 부착된 앵카 등 고정장치와 기초구조 등을 확인하여야 한다.

□□□ 11년2회, 16년2회, 18년4회

10. 철골보 인양 시 준수해야 할 사항으로 옳지 않은 것은?

① 인양 와이어로프의 매달기 각도는 양변 60°를 기준으로 한다.
② 크램프로 부재를 체결할 때는 크램프의 정격용량 이상 매달지 않아야 한다.
③ 크램프는 부재를 수평으로 하는 한 곳의 위치에만 사용하여야 한다.
④ 인양 와이어로프는 후크의 중심에 걸어야 한다.

해설

철골보를 인양 시 준수사항
1. 인양 와이어 로프의 매달기 각도는 양변 60°를 기준으로 2열로 매달고 와이어 체결지점은 수평부재의 1/3기점을 기준하여야 한다.
2. 조립되는 순서에 따라 사용될 부재가 하단부에 적치되어 있을 때에는 상단부의 부재를 무너뜨리는 일이 없도록 주의하여 옆으로 옮긴 후 부재를 인양하여야 한다.
3. 크램프로 부재를 체결할 때는 다음 각 목의 사항을 준수하여야 한다.
　(1) 크램프는 부재를 수평으로 하는 두 곳의 위치에 사용하여야 하며 부재 양단방향은 등간격이어야 한다.
　(2) 부득이 한군데 만을 사용할 때는 위험이 적은 장소로서 간단한 이동을 하는 경우에 한하여야 하며 부재길이의 1/3지점을 기준하여야 한다.
　(3) 두곳을 매어 인양시킬 때 와이어 로프의 내각은 60도 이하이어야 한다.
　(4) 크램프의 정격용량 이상 매달지 않아야 한다.
　(5) 체결작업중 크램프 본체가 장애물에 부딪치지 않게 주의하여야 한다.
　(6) 크램프의 작동상태를 점검한 후 사용하여야 한다.
4. 유도 로프는 확실히 매야 한다.
5. 인양할 때는 다음 각 목의 사항을 준수하여야 한다.
　(1) 인양 와이어 로프는 후크의 중심에 걸어야 하며 후크는 용접의 경우 용접장등 용접규격을 확인하여 인양 시 취성파괴에 의한 탈락을 방지하여야 한다.
　(2) 신호자는 운전자가 잘 보이는 곳에서 신호하여야 한다.
　(3) 불안정하거나 매단 부재가 경사지면 지상에 내려 다시 체결하여야 한다.
　(4) 부재의 균형을 확인하면 서서히 인양하여야 한다.
　(5) 흔들리거나 선회하지 않도록 유도 로프로 유도하며 장애물에 닿지 않도록 주의하여야 한다.

□□□ 12년2회, 20년1,2회

11. 철골공사 시 안전작업방법 및 준수사항으로 옳지 않은 것은?

① 강풍, 폭우 등과 같은 악천우시에는 작업을 중지하여야 하며 특히 강풍시에는 높은 곳에 있는 부재나 공구류가 낙하비래하지 않도록 조치하여야 한다.
② 철골부재 반입 시 시공순서가 빠른 부재는 상단부에 위치하도록 한다.
③ 구명줄 설치 시 마닐라 로프 직경 10mm를 기준하여 설치하고 작업방법을 충분히 검토하여야 한다.
④ 철골보의 두곳을 매어 인양시킬 때 와이어로프의 내각은 60°이하이어야 한다.

해설

구명줄을 설치할 경우에는 1가닥의 구명줄을 여러 명이 동시에 사용하지 않도록 하여야 하며 구명줄을 마닐라 로프 직경 16밀리미터를 기준하여 설치하고 작업방법을 충분히 검토하여야 한다.

운반 및 하역작업

이 장은 운반작업, 하역작업 시 안전수칙으로 구성되며 하역작업 시 안전수칙과 항만 하역작업의 기준 등이 주로 출제된다.

01 운반작업의 안전

(1) 운반작업의 안전수칙

① 짐을 몸 가까이 접근하여 물건을 들어 올린다.
② 몸에는 대칭적으로 부하가 걸리게 한다.
③ 물건을 운반시에는 몸을 반듯이 편다.
④ 물건을 올리고 내릴 때에는 움직이는 높이의 차이를 피한다.
⑤ 등을 반드시 편 상태에서 물건을 들어 올린다.
⑥ 필요한 경우 운반작업은 대퇴부 및 둔부 근육에만 부하를 주는 상태에서 무릎을 쪼그려 수행한다.
⑦ 가능하면 벨트, 운반대, 운반멜대 등과 같은 보조기구를 사용한다.

> ■ **공동 작업시 운반**
> ① 긴 물건은 같은 쪽의 어깨에 메고 운반한다.
> ② 모든 사람에게 무게가 균등한 부하가 걸리게 한다.
> ③ 물건을 올리고 내릴 때에는 행동을 동시에 취한다.
> ④ 명령과 지시는 한사람 만이 내린다.
> ⑤ 3명 이상이 운반시에는 한 동작으로 발을 맞추어 운반한다.

(2) 취급운반의 원칙

구분	내용
3원칙	• 운반거리를 단축시킬 것 • 운반을 기계화 할 것 • 손이 닿지 않는 운반방식으로 할 것
5원칙	• 직선운반을 할 것 • 연속운반을 할 것 • 운반 작업을 집중화시킬 것 • 생산을 최고로 하는 운반을 생각할 것 • 최대한 시간과 경비를 절약할 수 있는 운반방법을 고려할 것

[인력운반시 발생 재해]
요통, 협착, 낙하, 충돌재해 등

[요통을 일으키는 인자]
(1) 물건의 중량
(2) 작업자세
(3) 작업시간

(3) 인력운반

① 중량 및 운반속도

구분	내용
인력운반 하중기준	보통 체중의 40% 정도의 운반물을 60~80m/min의 속도로 운반하는 것이 바람직하다.
안전 하중기준	일반적으로 성인남자의 경우 25kg 정도, 성인여자의 경우에는 15kg 정도가 무리하게 힘이 들지 않는 안전하중이 된다.

② 인력으로 철근을 운반할 때의 준수사항

㉠ 1인당 무게는 25kg 정도가 적절하며, 무리한 운반을 삼가 한다.

㉡ 2인 이상이 1조가 되어 어깨메기로 하여 운반한다.

㉢ 긴 철근을 부득이 한 사람이 운반할 때에는 한쪽을 어깨에 메고 한쪽 끝을 끌면서 운반하여야 한다.

㉣ 운반할 때에는 양끝을 묶어 운반하여야 한다.

㉤ 내려놓을 때는 천천히 내려놓고 던지지 않아야 한다.

㉥ 공동 작업을 할 때에는 신호에 따라 작업을 하여야 한다.

③ 기계화해야 될 인력작업

㉠ 3~4인 정도가 상당한 시간 계속해서 작업해야 되는 운반 작업

㉡ 발밑에서부터 머리 위까지 들어 올려야 되는 작업

㉢ 발밑에서부터 어깨까지 25kg 이상의 물건을 들어 올려야 되는 작업

㉣ 발밑에서부터 허리까지 50kg 이상의 물건을 들어 올려야 되는 작업

㉤ 발밑에서부터 무릎까지 75kg 이상의 물건을 들어 올려야 되는 작업

(4) 중량물 취급운반

① 중량물의 분류

중량물 ┬ 소형 중량물 : 총 무게 50톤 미만
　　　　├ 중형 중량물 : 총 무게 50~150톤
　　　　└ 대형 중량물 : 총 무게 150톤 이상

② 중량물 운반 공동 작업시 안전수칙

㉠ 작업지휘자를 반드시 정할 것

㉡ 체력과 기량이 같은 사람을 골라 보조와 속도를 맞출 것

㉢ 운반 도중 서로 신호 없이 힘을 빼지 말 것

㉣ 긴 목재를 둘이서 메고 운반할 때 서로 소리를 내어 동작을 맞출 것

㉤ 들어올리거나 내릴 때에는 서로 신호를 하여 동작을 맞출 것

[무게로 인해 신체의 각 관절에 걸리는 부하]

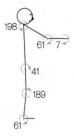

③ 올바른 중량물 작업자세

중량물의 취급 시에는 다음과 같이 어깨와 등을 펴고 무릎을 굽힌 다음 가능한 중량물을 몸체에 가깝게 잡아 당겨 들어 올리는 자세를 취하여야 한다.

ⓐ 중량물은 몸에 가깝게 할 것

ⓑ 발을 어깨넓이 정도로 벌리고 몸은 정확하게 균형을 유지할 것

ⓒ 무릎을 굽힐 것

ⓓ 목과 등이 거의 일직선이 되도록 할 것

ⓔ 등을 반듯이 유지하면서 다리를 펼 것

ⓕ 가능하면 중량물을 양손으로 잡을 것

④ 요통 방지대책

ⓐ 단위 시간당 작업량을 적절히 한다.

ⓑ 작업전 체조 및 휴식을 부여한다.

ⓒ 적정배치 및 교육훈련을 실시한다.

ⓓ 운반 작업을 기계화한다.

ⓔ 취급중량을 적절히 한다.

ⓕ 작업자세의 안전화를 도모한다.

⑤ 중량물의 취급작업 시 작업계획서 내용

ⓐ 추락위험을 예방할 수 있는 대책

ⓑ 낙하위험을 예방할 수 있는 대책

ⓒ 전도위험을 예방할 수 있는 대책

ⓓ 협착위험을 예방할 수 있는 대책

ⓔ 붕괴위험을 예방할 수 있는 대책

01 핵심문제
1. 운반작업의 안전

□□□ 11년1회, 13년2회, 18년2회, 22년1회
1. 취급·운반의 원칙으로 옳지 않은 것은?

① 연속운반을 할 것
② 생산을 최고로 하는 운반을 생각할 것
③ 운반작업을 집중하여 시킬 것
④ 곡선운반을 할 것

해설

취급·운반 5원칙
1. 직선운반을 할 것
2. 연속운반을 할 것
3. 운반 작업을 집중화시킬 것
4. 생산을 최고로 하는 운반을 생각할 것
5. 최대한 시간과 경비를 절약할 수 있는 운반방법을 고려할 것

□□□ 08년1회, 12년4회, 15년4회
2. 다음 중 운반작업 시 주의사항으로 옳지 않은 것은?

① 단독으로 긴 물건을 어깨에 메고 운반할 때에는 뒤쪽을 위로 올린 상태로 운반한다.
② 운반시의 시선은 진행방향을 향하고 뒷걸음 운반을 하여서는 안된다.
③ 무거운 물건을 운반할 때 무게 중심이 높은 하물은 인력으로 운반하지 않는다.
④ 어깨높이보다 높은 위치에서 하물을 들고 운반하여서는 안된다.

문제 2 ~ 4 해설

인력으로 철근을 운반할 때에는 다음 각목의 사항을 준수하여야 한다.
1. 1인당 무게는 25kg 정도가 적절하며, 무리한 운반을 삼가야 한다.
2. 2인 이상이 1조가 되어 어깨메기로 하여 운반하는 등 안전을 도모하여야 한다.
3. 긴 철근을 부득이 한 사람이 운반할 때에는 한쪽을 어깨에 메고 한 쪽 끝을 끌면서 운반하여야 한다.
4. 운반할 때에는 양끝을 묶어 운반하여야 한다.
5. 내려놓을 때는 천천히 내려놓고 던지지 않아야 한다.
6. 공동 작업을 할 때에는 신호에 따라 작업을 하여야 한다.

□□□ 08년4회, 10년1회, 14년2회
3. 다음 중 철근인력운반에 대한 설명으로 옳지 않은 것은?

① 긴 철근은 두 사람이 한 조가 되어 어깨메기로 운반하는 것이 좋다.
② 운반할 때에는 중앙부를 묶어 운반한다.
③ 운반 시 1인당 무게는 25kg 정도가 적당하다.
④ 긴 철근을 한사람이 운반할 때는 한쪽을 어깨에 메고 한쪽 끝을 땅에 끌면서 운반한다.

□□□ 15년2회, 19년4회
4. 인력운반 작업에 대한 안전 준수사항으로 옳지 않은 것은?

① 보조기구를 효과적으로 사용한다.
② 긴 물건은 뒤쪽으로 높이고 원통인 물건은 굴려서 운반한다.
③ 물건을 들어올릴 때에는 팔과 무릎을 이용하며 척추는 곧게 한다.
④ 무거운 물건은 공동작업으로 실시한다.

□□□ 19년1회
5. 다음 중 중량물을 운반할 때의 바른 자세는?

① 길이가 긴 물건은 앞쪽을 높게 하여 운반한다.
② 허리를 구부리고 양손으로 들어올린다.
③ 중량은 보통 체중의 60%가 적당하다.
④ 물건은 최대한 몸에서 멀리 떼어서 들어올린다.

해설

②항, 등을 반드시 편 상태에서 물건을 들어 올린다.
③항, 중량은 보통 체중의 40%가 적당하다.
④항, 물건은 몸 가까이 최대한 접근하여 물건을 들어 올린다.

[참고] 중량물을 운반할 때의 바른 자세
1. 등은 직립을 유지하고 발은 움직이지 않는 상태에서 다리를 구부려 가능한 낮은 자세로서 한쪽면을 바닥에 놓은 다음 다른 면을 내려놓아야 한다.
2. 조급하게 던져서 하역하여서는 아니된다.
3. 중량물을 어깨 또는 허리 높이에서 하역할 때에는 도움을 받아 안전하게 하역하여야 한다.

02 하역작업의 안전

[관련법령]
산업안전보건기준에 관한 규칙
• 제10절【차량계 하역운반기계등】
• 제6장【하역작업등에 의한 위험방지】

(1) 하역작업 시 안전

구분	내용
하역작업	• 섬유로프 등의 꼬임이 끊어진 것이나 심하게 손상 또는 부식된 것을 사용하지 않는다. • 바닥으로부터의 높이가 2m 이상 되는 하적단은 인접 하적단의 간격을 하적단의 밑 부분에서 10cm 이상으로 하여야 한다. • 바닥으로부터 높이가 2m 이상인 하적단 위에서 작업을 하는 때에는 추락 등에 의한 근로자의 위험을 방지하기 위하여 해당 작업에 종사하는 근로자로 하여금 안전모 등의 보호구를 착용하도록 하여야 한다.
화물의 취급	• 침하의 우려가 없는 튼튼한 기반 위에 적재할 것 • 건물의 칸막이나 벽 등에 화물의 압력에 견딜 만큼의 강도를 지니지 아니한 때에는 칸막이나 벽에 기대어 적재하지 아니하도록 할 것 • 불안정할 정도로 높이 쌓아 올리지 말 것 • 편하중이 생기지 아니하도록 적재할 것

(2) 차량계 하역운반기계의 사용

구분	내용
화물적재 시의 조치	• 하중이 한쪽으로 치우치지 않도록 적재할 것 • 구내운반차 또는 화물자동차의 경우 화물의 붕괴 또는 낙하에 의한 위험을 방지하기 위하여 화물에 로프를 거는 등 필요한 조치를 할 것 • 운전자의 시야를 가리지 않도록 화물을 적재할 것 • 화물을 적재하는 경우에는 최대적재량을 초과해서는 아니 된다.
싣거나 내리는 작업	차량계 하역운반기계등에 단위화물의 무게가 100킬로그램 이상인 화물을 싣는 작업 또는 내리는 작업을 하는 경우에 해당 작업의 지휘자의 준수사항 • 작업순서 및 그 순서마다의 작업방법을 정하고 작업을 지휘할 것 • 기구와 공구를 점검하고 불량품을 제거할 것 • 해당 작업을 하는 장소에 관계 근로자가 아닌 사람이 출입하는 것을 금지할 것 • 로프 풀기 작업 또는 덮개 벗기기 작업은 적재함의 화물이 떨어질 위험이 없음을 확인한 후에 하도록 할 것

(3) 작업장의 출입구

① 출입구의 위치, 수 및 크기가 작업장의 용도와 특성에 맞도록 할 것
② 출입구에 문을 설치하는 경우에는 근로자가 쉽게 열고 닫을 수 있도록 할 것
③ 주된 목적이 하역운반기계용인 출입구에는 인접하여 <u>보행자용 출입구를</u> <u>따로 설치할 것</u>
④ 하역운반기계의 통로와 인접하여 있는 출입구에서 접촉에 의하여 근로자에게 위험을 미칠 우려가 있는 경우에는 비상등·비상벨 등 경보장치를 할 것
⑤ <u>계단이 출입구와 바로 연결된 경우에는 작업자의 안전한 통행을 위하여</u> 그 사이에 1.2미터 이상 거리를 두거나 안내표지 또는 비상벨 등을 설치할 것. 다만, 출입구에 문을 설치하지 아니한 경우에는 그러하지 아니하다.

[작업장의 출입구]

(4) 관리감독자의 유해·위험방지 업무

① 작업방법 및 순서를 결정하고 작업을 지휘하는 일
② 기구 및 공구를 점검하고 불량품을 제거하는 일
③ 그 작업장소에는 관계 근로자가 아닌 사람의 출입을 금지하는 일
④ 로프 등의 해체작업을 할 때에는 하대(荷臺) 위의 화물의 낙하위험 유무를 확인하고 작업의 착수를 지시하는 일

(5) 하역작업 등에 의한 위험방지

① 하역작업장의 조치기준
  ㉠ 작업장 및 통로의 위험한 부분에는 안전하게 작업할 수 있는 조명을 유지할 것
  ㉡ <u>부두 또는 안벽의 선을 따라 통로를 설치하는 경우에는 폭을 90센티</u> <u>미터 이상으로 할 것</u>
  ㉢ 육상에서의 통로 및 작업장소로서 다리 또는 선거(船渠) 갑문(閘門)을 넘는 보도(步道) 등의 위험한 부분에는 안전난간 또는 울타리 등을 설치할 것
② 바닥으로부터의 높이가 2미터 이상 되는 하적단과 인접 하적단 사이의 간격을 하적단의 밑부분을 기준하여 10센티미터 이상으로 하여야 한다.

(6) 항만하역작업

① 통행설비의 설치 등
  <u>갑판의 윗면에서 선창(船倉) 밑바닥까지의 깊이가 1.5미터를 초과하는</u> 선창의 내부에서 화물취급작업을 하는 경우에 그 작업에 종사하는 근로자가 <u>안전하게 통행할 수 있는 설비를 설치하여야 한다.</u>(안전하게 통행할 수 있는 설비가 선박에 설치되어 있는 경우제외)

② 선박승강설비의 설치

　㉠ 300톤급 이상의 선박에서 하역작업을 하는 경우에 근로자들이 안전하게 오르내릴 수 있는 현문(舷門) 사다리를 설치하여야 하며, 이 사다리 밑에 안전망을 설치하여야 한다.

　㉡ 현문 사다리는 견고한 재료로 제작된 것으로 너비는 55센티미터 이상이어야 하고, 양측에 82센티미터 이상의 높이로 방책을 설치하여야 하며, 바닥은 미끄러지지 않도록 적합한 재질로 처리되어야 한다.

　㉢ 현문 사다리는 근로자의 통행에만 사용하여야 하며, 화물용 발판 또는 화물용 보판으로 사용하도록 해서는 아니 된다.

02 핵심문제

2. 하역작업의 안전

1. 부두·안벽 등 하역작업을 하는 장소에서는 부두 또는 안벽의 선을 따라 통로를 설치하는 경우에는 폭을 최소 얼마 이상으로 해야 하는가?

① 70cm   ② 80cm

③ 90cm   ④ 100cm

해설

부두 또는 안벽의 선을 따라 통로를 설치하는 때에는 폭을 90cm 이상으로 할 것
[참고] 산업안전보건기준에 관한 규칙 제390조 [하역작업장의 조치기준]

2. 다음은 항만하역작업 시 통행설비의 설치에 관한 내용이다. ( ) 안에 알맞은 숫자는?

> 사업주는 갑판의 윗면에서 선창 밑바닥까지의 깊이가 ( )를 초과하는 선창의 내부에서 화물취급작업을 하는 경우에 그 작업에 종사하는 근로자가 안전하게 통행할 수 있는 설비를 설치하여야 한다.

① 1.0m   ② 1.2m

③ 1.3m   ④ 1.5m

해설

사업주는 갑판의 윗면에서 선창(船倉) 밑바닥까지의 깊이가 1.5미터를 초과하는 선창의 내부에서 화물취급작업을 하는 경우에 그 작업에 종사하는 근로자가 안전하게 통행할 수 있는 설비를 설치하여야 한다.
[참고] 산업안전보건기준에 관한 규칙 제394조 [통행설비의 설치 등]

3. 항만하역 작업 시 근로자 승강용 현문사다리 및 안전망을 설치하여야 하는 선박은 최소 몇 톤 이상일 경우인가?

① 500톤   ② 300톤

③ 200톤   ④ 100톤

해설

1. 사업주는 300톤급 이상의 선박에서 하역작업을 하는 경우에 근로자들이 안전하게 오르내릴 수 있는 현문(舷門) 사다리를 설치하여야 하며, 이 사다리 밑에 안전망을 설치하여야 한다.
2. 제1항에 따른 현문 사다리는 견고한 재료로 제작된 것으로 너비는 55센티미터 이상이어야 하고, 양측에 82센티미터 이상의 높이로 방책을 설치하여야 하며, 바닥은 미끄러지지 않도록 적합한 재질로 처리되어야 한다.
3. 제1항의 현문 사다리는 근로자의 통행에만 사용하여야 하며, 화물용 발판 또는 화물용 보판으로 사용하도록 해서는 아니 된다.
[참고] 산업안전보건기준에 관한 규칙 제397조 [선박승강설비의 설치]

4. 항만하역작업에서의 선박승강설비 설치기준으로 옳지 않은 것은?

① 200톤급 이상의 선박에서 하역작업을 하는 경우에 근로자들이 안전하게 오르내릴 수 있는 현문(舷門) 사다리를 설치하여야 하며, 이 사다리 밑에 안전망을 설치하여야 한다.

② 현문 사다리는 견고한 재료로 제작된 것으로 너비는 55cm 이상이어야 한다.

③ 현문 사다리의 양측에는 82cm 이상의 높이로 방책을 설치하여야 한다.

④ 현문 사다리는 근로자의 통행에만 사용하여야 하며, 화물용 발판 또는 화물용 보판으로 사용하도록 해서는 아니 된다.

저자 프로필

저자 **지 준 석** 공학박사
　　　　　　대림대학교 보건안전과 교수

저자 **조 태 연** 공학박사
　　　　　　대림대학교 보건안전과 교수

건설안전기사 4주완성 ❷

발행인 지준석 · 조태연
발행인 이　종　권

2020年　2月　5日　초 판 발 행
2021年　4月　20日　2차개정발행
2022年　1月　10日　3차개정발행
2023年　1月　17日　4차개정발행
2024年　1月　4日　5차개정발행

發行處　**(주) 한솔아카데미**

(우)06775 서울시 서초구 마방로10길 25 트윈타워 A동 2002호
TEL : (02)575-6144/5　FAX : (02)529-1130
〈1998. 2. 19 登錄 第16-1608號〉

ISBN 979-11-6654-406-4 13540

본 도서를 구매하신 분께 드리는 혜택

01
365일 학습질의응답

■ 본 도서 학습시 궁금한 사항은 전용홈페이지를 통해 질문하시면 담당 교수님으로부터 365일 학습질의응답을 받아 볼 수 있습니다.

> 전용홈페이지(www.inup.co.kr) – 건설안전기사 학습게시판

02
무료 동영상 강좌 ①

■ 1단계, 교재구매 회원께는 핵심암기모음집 무료수강을 제공합니다.

> ① 전과목 핵심정리 동영상강좌 무료수강 제공
> ② 각 과목별 가장 중요한 전과목 핵심암기모음집 시험전에 활용

03
무료 동영상 강좌 ②

■ 2단계, 교재구매 회원께는 아래의 동영상강좌 무료수강을 제공합니다.

> ① 각 과목별 최신 출제경향분석을 통한 학습방향 무료수강
> ② 각 과목별 최근(2019~2023) 기출문제 해설 무료수강

04
CBT대비 실전테스트

■ 교재구매 회원께는 CBT대비 온라인 실전테스트를 제공합니다.

> ① 큐넷(Q-net)홈페이지 실제 컴퓨터 환경과 동일한 시험
> ② 자가학습진단 모의고사를 통한 실력 향상
> ③ 장소, 시간에 관계없이 언제든 모바일 접속 이용 가능

INUP `2024/365`

전용 홈페이지를 통한 2024/365일 학습질의응답

교재 구매자를 위한 6개월 무료동영상 제공

도서구매 후 인터넷 홈페이지(www.inup.co.kr)에 회원등록을 하시면 다음과 같은 혜택을 드립니다.

❶ 인터넷 게시판을 통한 365일 학습질의응답
❷ 전과목 핵심정리 동영상강좌 무료수강
❸ 최신 출제경향분석 및 최근 기출문제 해설 무료수강
❹ CBT대비 온라인 실전테스트 무료제공

※ 본 교재의 학습관리시스템 혜택은 2024년 11월 30일까지이며, 이후 서비스 제공이 중단될 수 있습니다.

2024 완벽대비

▶ 핵심정리 및 기출문제 무료강의 제공

건설안전기사
4주완성 필기

지준석 · 조태연 공저

INUP
2024/365

전용 홈페이지를 통한
2024/365일 학습질의응답

24년간 기출문제 분석

3

제 **3** 권

2024 CBT시험 최고의 적중률!

과년도 2023년 기출문제
2022년 기출문제
2021년 기출문제
2020년 기출문제
2019년 기출문제

무료쿠폰
CBT
실전테스트

관련법개정
2024 대비
5차개정적용

한솔아카데미

건설안전기사
경향분석

건설안전기사
365일 학습질의응답
2024 합격 솔루션

70점 목표
4주학습

100%
저자 직강
동영상 강의

CBT시험 동일 환경
CBT실전테스트

관련법 개정
강의 업데이트

지 준 석 교수

건설안전기사
한솔아카데미가 답이다!

한솔아카데미가 답이다!
건설안전기사 4주완성 인터넷 강좌

정규이론

전과목
핵심암기
모음

5개년
기출문제

강의수강 중 학습관련 문의사항, 성심성의껏 답변드리겠습니다.

건설안전기사 4주완성 유료 동영상 강의

구 분	과 목	담당강사	강의시간	동영상	교 재
필 기	산업안전관리론	지준석	약 11시간		
	산업심리 및 교육	지준석	약 7시간		
	인간공학 및 시스템안전	지준석	약 11시간		
	건설안전기술	지준석	약 10시간		
	건설시공학	지준석	약 12시간		
	건설재료학	지준석	약 8시간		
	핵심암기모음집	지준석	약 7시간		
	과년도기출	지준석	약 24시간		

• 할인혜택 : 동일강좌 재수강시 **50%** 할인, 다른 강좌 수강시 **10%** 할인

건설안전기사 4주완성
본 도서를 구매하신 분께 드리는 혜택

1 출제경향분석 무료동영상

각 과목별 기출문제 분석을 통한 출제빈도
분석 및 학습방법

2 핵심암기모음집 무료동영상

각 과목별 가장 중요한 전과목 핵심암기모음
집 시험 전 마무리 총정리 활용

3 5개년 기출문제 무료동영상

각 과목별 최근 5개년(2019년~2023년)
기출문제 상세해설

4 CBT대비 온라인 실전테스트

- 큐넷(Q-net) 홈페이지 실제 컴퓨터 환경과
  동일한 시험
- 자가학습진단 모의고사를 통한 실력 향상

교재 인증번호 등록을 통한 학습관리 시스템

❶ 출제경향분석 무료동영상   ❷ 핵심암기모음집 무료동영상
❸ 기출문제 해설 무료동영상   ❹ CBT대비 온라인 실전테스트

01 사이트 접속

인터넷 주소창에 https://www.inup.co.kr 을 입력하여 한솔아카데미 홈페이지에 접속합니다.

02 회원가입 로그인

홈페이지 우측 상단에 있는 **회원가입** 또는 아이디로 **로그인**을 한 후, **건설안전기사** 사이트로 접속을 합니다.

03 나의 강의실

나의강의실로 접속하여 왼쪽 메뉴에 있는 [**쿠폰/포인트관리**]–[**쿠폰등록/내역**]을 클릭합니다.

04 쿠폰 등록

도서에 기입된 **인증번호 12자리** 입력(–표시 제외)이 완료되면 [**나의강의실**]에서 학습가이드 관련 응시가 가능합니다.

■ **모바일 동영상 수강방법 안내**

❶ QR코드 이미지를 모바일로 촬영합니다.
❷ 회원가입 및 로그인 후, 쿠폰 인증번호를 입력합니다.
❸ 인증번호 입력이 완료되면 [나의강의실]에서 강의 수강이 가능합니다.

※ 인증번호는 ③권 표지 뒷면에서 확인하시길 바랍니다.
※ QR코드를 찍을 수 있는 앱을 다운받으신 후 진행하시길 바랍니다.

머리말

건설현장은 기계설비의 대형화, 생산단위의 대형화, 에너지 소비량의 증대, 그리고 다양한 생산환경 등으로 인해 건설현장에서의 재해 역시 시간이 갈수록 대형화, 다양화하는 추세에 있습니다.

산업재해는 인적, 물적 피해가 막대하여 개인과 기업뿐만 아니라 막대한 국가적 손실을 초래합니다. 이러한 산업현장에서의 재해를 감소시키고 안전사고를 예방하기 위해서는 그 무엇보다 안전관리전문가가 필요합니다. 정부에서는 안전관리에 대한 대책과 규제를 시간이 갈수록 강화하고 있으며 이에 따라 안전관리자의 수요는 계속해서 증가하고 있습니다.

건설안전기사 자격은 국기기술자격으로 안전관리자의 선임자격일 뿐 아니라 건설회사 내에서 다양한 활용이 가능한 매우 유용한 자격증입니다.

본 교재는 이러한 건설안전기사 시험을 대비하여 출제기준과 출제성향을 분석하여 새롭게 개정된 내용으로 출간하게 되었습니다.

이 책의 특징

1. 최근 출제기준에 따라 체계적으로 구성하였습니다.
2. 제·개정된 법령을 바탕으로 이론·문제를 구성하였습니다.
3. 최근 출제문제의 정확한 분석과 해설을 수록하였습니다.
4. 교재의 좌·우측에 본문 내용을 쉽게 파악할 수 있도록 부가적인 설명을 하였습니다.
5. 각 과목별로 앞부분에 핵심암기내용을 별도로 정리하여 시험에 가장 많이 출제된 내용을 확인할 수 있도록 하였습니다.

본 교재의 지면 여건상 수많은 모든 내용을 수록하지 못한 점은 아쉽게 생각하고 있으며, 앞으로도 수험생의 입장에서 노력하여 부족한 내용이 있다면 지속적으로 보완하겠다는 점을 약속드리도록 하겠습니다.

본 교재를 출간하기 위해 노력해 주신 한솔아카데미 대표님과 임직원의 노력에 진심으로 감사드리며 본 교재를 통해 열심히 공부하신 수험생들께 반드시 자격취득의 영광이 있으시기를 진심으로 기원합니다.

저자 드림

Contents

제7편　과년도 출제문제

CBT대비 7회 실전테스트

홈페이지(www.inup.co.kr)에서 필기시험 문제를 CBT 모의 TEST로 체험하실 수 있습니다.

PART

07

과년도 출제문제

CBT대비 7회 실전테스트

홈페이지(www.inup.co.kr)에서 필기시험 문제를
CBT 모의 TEST로 체험하실 수 있습니다.

- CBT 필기시험문제 제1회 (2022년 제1회 과년도)
- CBT 필기시험문제 제2회 (2022년 제2회 과년도)
- CBT 필기시험문제 제3회 (2022년 제4회 과년도)
- CBT 필기시험문제 제4회 (2023년 제1회 과년도)
- CBT 필기시험문제 제5회 (2023년 제2회 과년도)
- CBT 필기시험문제 제6회 (2023년 제4회 과년도)
- CBT 필기시험문제 제7회 (실전모의고사)

■■■ **제1과목 산업안전관리론**

1. 건설기술 진흥법상 안전관리계획을 수립해야 하는 건설공사에 해당하지 않는 것은?

① 15층 건축물의 리모델링
② 지하 15m를 굴착하는 건설공사
③ 항타 및 항발기가 사용되는 건설공사
④ 높이가 21m인 비계를 사용하는 건설공사

④항. 높이가 31m 이상인 비계를 사용하는 건설공사가 해당된다.

안전관리계획의 수립대상
1. 1종시설물 및 2종시설물의 건설공사(유지관리를 위한 건설공사는 제외한다)
2. 지하 10미터 이상을 굴착하는 건설공사
3. 폭발물을 사용하는 건설공사로서 20미터 안에 시설물이 있거나 100미터 안에 사육하는 가축이 있어 해당 건설공사로 인한 영향을 받을 것이 예상되는 건설공사
4. 10층 이상 16층 미만인 건축물의 건설공사
4의 2. 다음 각 목의 리모델링 또는 해체공사
 가. 10층 이상인 건축물의 리모델링 또는 해체공사
 나. 수직증축형 리모델링
5. 다음 각 목의 어느 하나에 해당하는 건설기계가 사용되는 건설공사
 가. 천공기(높이가 10미터 이상인 것만 해당한다)
 나. 항타 및 항발기
 다. 타워크레인
5의 2. 다음의 가설구조물을 사용하는 건설공사
 1) 높이가 31미터 이상인 비계
 2) 작업발판 일체형 거푸집 또는 높이가 5미터 이상인 거푸집 및 동바리
 3) 터널의 지보공(支保工) 또는 높이가 2미터 이상인 흙막이 지보공
 4) 동력을 이용하여 움직이는 가설구조물
 5) 그 밖에 발주자 또는 인·허가기관의 장이 필요하다고 인정하는 가설구조물
6. 다음 각 목의 어느 하나에 해당하는 공사
 가. 발주자가 안전관리가 특히 필요하다고 인정하는 건설공사
 나. 해당 지방자치단체의 조례로 정하는 건설공사 중에서 인·허가기관의 장이 안전관리가 특히 필요하다고 인정하는 건설공사
 참고 건설기술 진흥법 시행령 제98조【안전관리계획의 수립】

2. 무재해운동 추진의 3대 기둥으로 볼 수 없는 것은?

① 최고경영자의 경영자세
② 노동조합의 협의체 구성
③ 직장 소집단 자주 활동의 활성화
④ 관리감독자에 의한 안전보건의 추진

무재해운동 추진의 3기둥
1. 최고 경영자의 경영자세
2. 관리 감독자에 의한 안전보건의 추진
3. 직장 소집단 자주활동의 활발화

3. 산업안전보건법상 지방고용노동관서의 장이 사업주에게 안전관리자나 보건관리자를 정수 이상으로 증원하게 하거나 교체하여 임명할 것을 명령할 수 있는 경우는?

① 사망재해가 연간 1건 발생한 경우
② 중대재해가 연간 2건 발생한 경우
③ 관리자가 질병의 사유로 3개월 이상 해당 직무를 수행할 수 없게 된 경우
④ 해당 사업장의 연간재해율이 같은 업종의 평균재해율의 1.5배 이상인 경우

안전관리자등의 증원·교체임명
1. 해당 사업장의 연간재해율이 같은 업종의 평균재해율의 2배 이상인 경우
2. 중대재해가 연간 2건 이상 발생한 경우
3. 관리자가 질병이나 그 밖의 사유로 3개월 이상 직무를 수행할 수 없게 된 경우
4. 화학적 인자로 인한 직업성질병자가 연간 3명 이상 발생한 경우
참고 산업안전보건법 시행규칙 제12조【안전관리자 등의 증원·교체임명 명령】

※ 해당 문제는 법령개정 전 출제된 문제로 법령개정 후로 보면 ②,③번 모두 정답임
 • 개정 전 : 중대재해가 연간 3건 이상 발생한 경우
 • 개정 후 : 중대재해가 연간 2건 이상 발생한 경우

4. 안전표지 종류 중 금지표지에 대한 설명으로 옳은 것은?

① 바탕은 노랑색, 기본모양은 흰색, 관련부호 및 그림은 파랑색
② 바탕은 노랑색, 기본모양은 흰색, 관련부호 및 그림은 검정색
③ 바탕은 흰색, 기본모양은 빨강색, 관련부호 및 그림은 파랑색
④ 바탕은 흰색, 기본모양은 빨강색, 관련부호 및 그림은 검정색

안전표지 색체의 종류
1. 금지표지 : 바탕은 흰색, 기본 모형은 빨간색, 관련 부호 및 그림은 검정색
2. 경고표지 : 바탕은 노란색, 기본모형·관련부호 및 그림은 검정색. 다만, 인화성물질경고·산화성물질경고·폭발성물질경고·급성독성물질경고·부식성물질경고 및 발암성·변이원성·생식독성·전신독성·호흡기과민성물질경고의 경우 바탕은 무색, 기본모형은 적색(흑색도 가능)
3. 지시표지 : 바탕은 파란색, 관련 그림은 흰색
4. 안내표지 : 바탕은 흰색, 기본모형 및 관련 부호 및 그림은 녹색 또는 바탕은 녹색, 관련부호 및 그림은 흰색

5. 하베이(Harvey)가 제시한 '안전의 3E'에 해당하지 않는 것은?

① Education
② Enforcement
③ Economy
④ Engineering

재해예방을 위한 시정책인 "3E"
1. Engineering
2. Education
3. Enforcement

6. 사고예방대책의 기본원리 5단계 중 3단계의 분석평가에 대한 내용으로 옳은 것은?

① 위험 확인
② 현장 조사
③ 사고 및 활동 기록 검토
④ 기술의 개선 및 인사조정

참고 하인리히의 사고예방대책 기본원리 5단계

제1단계	제2단계	제3단계
안전 조직	사실의 발견	분석
• 경영층의 참여 • 안전관리자의 임명 • 안전의 라인(line) 및 참모조직 • 안전활동 방침 및 계획수립 • 조직을 통한 안전활동	• 사고 및 활동 기록의 검토 • 작업분석 • 안전점검 • 사고조사 • 각종 안전회의 및 토의회 • 종업원의 건의 및 여론조사	• 사고보고서 및 현장조사 • 사고기록 • 인적 물적조건 • 작업공정 • 교육 및 훈련 관계 • 안전수칙 및 기타

제4단계	제5단계
시정방법의 선정	시정책의 적용
• 기술의 개선 • 인사조정 • 교육 및 훈련 개선 • 안전기술의 개선 • 규정 및 수칙의 개선 • 이행의 감독 체제 강화	• 교육 • 기술 • 독려 • 목표설정 실시 • 재평가 • 시정(후속 조치)

7. 재해사례연구를 할 때 유의해야 될 사항으로 틀린 것은?

① 과학적이어야 한다.
② 논리적인 분석이 가능해야 한다.
③ 주관적이고 정확성이 있어야 한다.
④ 신뢰성이 있는 자료수집이 있어야 한다.

③항. 객관적인 연구가 되어야 한다.

8. 천재지변 발생 직후 기계설비의 수리 등을 할 경우 또는 중대재해 발생 직후 등에 행하는 안전점검을 무엇이라 하는가?

① 임시점검
② 자체점검
③ 수시점검
④ 특별점검

특별점검이란 기계·기구·설비의 신설시·변경내지 고장 수리 시 실시하는 점검 또는 천재지변 발생 후 실시하는 점검, 안전강조 기간 내에 실시하는 점검이다.

참고
1. 수시점검이란 작업전·중·후에 실시하는 점검으로 작업자가 일상적으로 실시하는 점검이다.

2. 정기점검이란 일정기간마다 정기적으로 실시하는 점검으로 매주 또는 매월, 분기마다, 반기마다, 년도별로 실시하는 점검이다.
3. 임시점검이란 이상 발견 시 임시로 실시하는 점검 또는 정기점검과 정기점검사이에 실시하는 점검에 실시하는 점검이다.

9. 아담스(Adams)의 재해연쇄이론에서 작전적 에러(Operational Error)로 정의한 것은?

① 선천적 결함
② 불안전한 상태
③ 불안전한 행동
④ 경영자나 감독자의 행동

아담스(Adams)의 연쇄이론

단계의 분류
1단계 : 관리구조
2단계 : 작전적(전략적) 에러 : 관리감독자의 실수
3단계 : 전술적(불안전한 행동 또는 조작) 에러 : 작업자의 실수
4단계 : 사고(물적 사고)
5단계 : 상해 또는 손실

10. 다음과 같은 재해가 발생하였을 경우 재해의 원인분석으로 옳은 것은?

> 건설현장에서 근로자가 비계에서 마감작업을 하던 중 바닥으로 떨어져 머리가 바닥에 부딪혀 사망하였다.

① 기인물 : 비계, 가해물 : 마감작업, 사고유형 : 낙하
② 기인물 : 바닥, 가해물 : 비계, 사고유형 : 추락
③ 기인물 : 비계, 가해물 : 바닥, 사고유형 : 낙하
④ 기인물 : 비계, 가해물 : 바닥, 사고유형 : 추락

기인물과 가해물

기인물	불안전한 상태에 있는 물체(환경 포함)
가해물	직접 사람에게 접촉되어 위해를 가한 물체

11. 안전보건관리계획의 개요에 관한 설명으로 틀린 것은?

① 타 관리계획과 균형이 되어야 한다.
② 안전보건의 저해요인을 확실히 파악해야 한다.
③ 계획의 목표는 점진적으로 낮은 수준의 것으로 한다.
④ 경영층의 기본방침을 명확하게 근로자에게 나타내야 한다.

안전보건 관리계획 수립시의 유의사항
1. 사업장의 실태에 맞도록 독자적으로 수립하되, 실현 가능성이 있도록 한다.
2. 직장 단위로 구체적 계획을 작성한다.
3. 계획상의 재해 감소 목표는 점진적으로 수준을 높이도록 한다.
4. 현재의 문제점을 검토하기 위해 자료를 조사 수집한다.
5. 계획에서 실시까지의 미비점, 잘못된 점을 피드백(Feed back)할 수 있는 조정기능을 찾고 있을 것
6. 적극적인 선취안전을 취하여 새로운 착상과 정보를 활용한다.
7. 계획안이 효과적으로 실시되도록 Line-staff 관계자에게 충분히 납득시킨다.

12. 재해손실비용에 있어 직접손실비용이 아닌 것은?

① 요양급여
② 장해급여
③ 상병보상연금
④ 생산중단손실비용

1. 직접비 : 보험회사에서 피해자에게 지급되는 보상금의 총액
2. 간접비 : 직접비를 제외한 모든 비용을 간접비라고 한다.

구분	내용
인적손실	본인 및 제3자에 관한 것을 포함한 시간손실
물적손실	기계·기구, 공구, 재료, 시설의 복구에 소비된 시간손실 및 재산손실
생산손실	생산감소, 생산중단, 판매감소, 등에 의한 손실
특수손실	근로자의 신규채용, 교육 훈련비, 섭외비 등에 의한 손실
기타손실	병상 위문금, 여비 및 통신비, 입원 중의 잡비, 장의비용 등

13. 재해발생원인의 연쇄관계상 재해의 발생 원인을 관리적인 면에서 분류한 것과 가장 관계가 먼 것은?

① 인적 원인
② 기술적 원인
③ 교육적 원인
④ 작업관리상 원인

> 인적원인, 물적원인은 재해발생 원인의 분류상 직접원인이며, 기술적원인, 교육적원인, 작업관리상원인은 간접원인으로 분류한다.

14. 위험예지훈련 4라운드(Round) 중 목표설정 단계의 내용으로 가장 적절한 것은?

① 위험 요인을 찾아내고, 가장 위험한 것을 합의하여 결정한다.
② 가장 우수한 대책에 대하여 합의하고, 행동계획을 결정한다.
③ 브레인스토밍을 실시하여 어떤 위험이 존재하는가를 파악한다.
④ 가장 위험한 요인에 대하여 브레인스토밍 등을 통하여 대책을 세운다.

위험예지훈련의 4R(라운드)와 8단계

문제해결 4단계(4R)	문제해결의 8단계
1R – 현상파악	1단계 – 문제제기 2단계 – 현상파악
2R – 본질추구	3단계 – 문제점 발견 4단계 – 중요 문제 결정
3R – 대책수립	5단계 – 해결책 구상 6단계 – 구체적 대책 수립
4R – 행동목표 설정	7단계 – 중점사항 결정 8단계 – 실시계획 책정

15. 다음 중 소규모 사업장에 가장 적합한 안전관리조직의 형태는?

① 라인형 조직
② 스탭형 조직
③ 라인-스탭 혼합형 조직
④ 복합적 조직

> 1. 라인형 조직 : 100인 미만 소규모 사업장
> 2. 스탭형 조직 : 100인~1,000인 중규모 사업장
> 3. 라인-스탭형 조직 : 1,000인 이상 대규모 사업장

16. 크레인(이동식은 제외한다)은 사업장에 설치한 날로부터 몇 년 이내에 최초 안전검사를 실시하여야 하는가?

① 1년
② 2년
③ 3년
④ 5년

> 크레인(이동식 크레인은 제외한다), 리프트(이삿짐운반용 리프트는 제외한다) 및 곤돌라의 안전검사 주기
> 사업장에 설치가 끝난 날부터 3년 이내에 최초 안전검사를 실시하되, 그 이후부터 2년마다(건설현장에서 사용하는 것은 최초로 설치한 날부터 6개월마다)
> **참고** 산업안전보건법 시행규칙 제126조【안전검사의 주기 및 합격표시·표시방법】

17. 상시 근로자수가 100명인 사업장에서 1년간 6건의 재해로 인하여 10명의 부상자가 발생하였고, 이로 인한 근로손실일수는 120일, 휴업일수는 68이었다. 이 사업장의 강도율은 약 얼마인가? (단, 1일 9시간씩 연간 290일 근무하였다.)

① 0.58
② 0.67
③ 22.99
④ 100

$$강도율 = \frac{근로손실일수}{연평균근로총시간수} \times 1,000$$

$$강도율 = \frac{120 + \left(68 \times \dfrac{290}{365}\right)}{100 \times (9 \times 290)} \times 1,000 = 0.667$$

18. 보호구 안전인증 고시에 따른 안전화 종류에 해당하지 않는 것은?

① 경화안전화
② 발등안전화
③ 정전기안전화
④ 고무제안전화

> 1. 안전화의 종류 : 가죽제안전화, 고무제안전화, 정전기안전화, 발등안전화, 절연화, 절연장화, 화학물질용안전화
> 2. 안전화의 등급 : 중작업용, 보통작업용, 경작업용
> **참고** 보호구 안전인증 고시 별표2【안전화의 명칭, 종류, 등급 및 가죽제안전화의 성능기준】

19. 산업안전보건법령에 따른 산업안전보건위원회의 구성에 있어 사용자 위원에 해당하지 않는 것은?

① 안전관리자
② 명예산업안전감독관
③ 해당 사업의 대표자가 지명한 9인 이내 해당 사업장 부서의 장
④ 보건관리자의 업무를 위탁한 경우 대행기관의 해당 사업장 담당자

④항, 명예산업안전 감독관은 근로자 위원에 해당한다.

참고 산업안전·보건위원회 위원

사용자측 위원	근로자측 위원
사업주 1명	근로자 대표 1명
안전 관리자 1명	근로자 대표가 지명하는 1명 이상의 명예 산업안전감독관
산업 보건의 (선임되어 있는 경우)	
보건 관리자 1명	근로자 대표가 지명하는 9명 이내의 당해 사업장 근로자 (현장 근로자 9명 이내)
당해 사업주가 지명하는 9명 이내의 부서의 장 (현장감독자 9명 이내)	

참고 산업안전보건법 시행령 제35조【산업안전보건위원회의 구성】

20. 산업안전보건법령상 안전관리자를 2인 이상 선임하여야 하는 사업에 해당하지 않는 것은?

① 공사금액이 1,000억인 건설업
② 상시 근로자가 500명인 통신업
③ 상시 근로자가 1,500명인 운수업
④ 상시 근로자가 600명인 식료품 제조업

안전관리자 2명이상 선임대상 사업장
①항, 건설업 : 공사금액 800억원 이상 1,500억원 미만
②항, 우편 및 통신업 : 상시 근로자 1,000명 이상
③항, 운수 및 창고업 : 상시 근로자 1,000명 이상
④항, 식료품 제조업, 음료 제조업 : 상시 근로자 500명 이상

참고 산업안전보건법 시행령 별표3【안전관리자를 두어야 할 사업의 종류·규모, 안전관리자의 수 및 선임방법】

21. 주의(attention)에 대한 특성으로 가장 거리가 먼 것은?

① 고도의 주의는 장시간 지속할 수 없다.
② 주의와 반응의 목적은 대부분의 경우 서로 독립적이다.
③ 동시에 두 가지 일에 중복하여 집중하기 어렵다.
④ 여러 종류의 자극을 지각할 때 소수의 특정한 것을 선택하여 집중한다.

참고 주의의 특성
1. 주의력의 중복집중의 곤란 : 주의는 동시에 2개 방향에 집중하지 못한다.(선택성)
2. 주의력의 단속성 : 고도의 주의는 장시간 지속 할 수 없다.(변동성)
3. 한 지점에 주의를 집중하면 다른데 주의는 약해진다.(방향성)

22. O.J.T(On the Job training)의 특징에 관한 설명으로 틀린 것은?

① 다수의 근로자에게 조직적 훈련이 가능하다.
② 상호 신뢰 및 이해도가 높아진다.
③ 개개인에게 적절한 지도훈련이 가능하다.
④ 직장의 실정에 맞게 실제적 훈련이 가능하다.

①항은 Off·J·T(Off the Job training)훈련의 특징이다.

참고 O.J.T와 off.J.T의 특징

O.J.T	off.J.T
• 개개인에게 적합한 지도훈련을 할 수 있다.	• 다수의 근로자에게 조직적 훈련이 가능하다.
• 직장의 실정에 맞는 실체적 훈련을 할 수 있다.	• 훈련에만 전념하게 된다.
• 훈련에 필요한 업무의 계속성이 끊어지지 않는다.	• 특별 설비 기구를 이용할 수 있다.
• 즉시 업무에 연결되는 관계로 신체와 관련이 있다.	• 전문가를 강사로 초청할 수 있다.
• 효과가 곧 업무에 나타나며 훈련의 좋고 나쁨에 따라 개선이 용이하다.	• 각 직장의 근로자가 많은 지식이나 경험을 교류할 수 있다.
• 교육을 통한 훈련 효과에 의해 상호 신뢰도 및 이해도가 높아진다.	• 교육 훈련 목표에 대해서 집단적 노력이 흐트러질 수 있다.

23. 목표를 설정하고 그에 따르는 보상을 약속함으로써 부하를 동기화하려는 리더십은?

① 교환적 리더십   ② 변혁적 리더십
③ 참여적 리더십   ④ 지시적 리더십

> **교환적 리더쉽**
> 거래적 리더쉽(Transactional leadership)이라고도 하며 좋은 성과를 내거나 어떤 특정 업무를 수행하는데 따른 적절한 보상 (Contingent Reward)을 약속한다.

24. 적응기제(adjustment mechanism) 중 도피기제에 해당하는 것은?

① 투사   ② 보상
③ 승화   ④ 고립

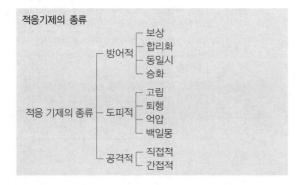

25. 현대 조직이론에서 작업자의 수직적 직무권한을 확대하는 방안에 해당하는 것은?

① 직무순환(job rotation)
② 직무분석(job analysis)
③ 직무확충(job enrichment)
④ 직무평가(job evaluation)

> 직무확충은 과업의 수를 증가시키는 직무확대와 추가로 책임에 대한 선택을 부여하는 직무충실이 있으며 수직적으로 권한을 확대시키는 직무 설계 방식이다.

26. 다음은 각기 다른 조직 형태의 특성을 설명한 것이다. 각 특징에 해당하는 조직형태를 연결한 것으로 맞는 것은?

> [다음]
> a. 중규모 형태의 기업에서 시장 상황에 따라 인적 자원을 효과적으로 활용하기 위한 형태이다.
> b. 목적 지향적이고 목적 달성을 위해 기존의 조직에 비해 효율적이며 유연하게 운영될 수 있다.

① a : 위원회 조직, b : 프로젝트 조직
② a : 사업부제 조직, b : 위원회 조직
③ a : 매트릭스형 조직, b : 사업부제 조직
④ a : 매트릭스형 조직, b : 프로젝트 조직

> 1. 매트릭스 조직 : 조직구성원들이 소속되어 있는 기능부서외에도 그들이 맡고 있는 용역의 형태별로도 팀에 배치되어 있어 두 개의 단위조직에 속한 형태로 상황에 맞게 인적자원을 효과적으로 활용할 수 있다.
> 2. 프로젝트 조직 : 조직의 새로운 목적과 과제를 달성하기 위해 각 부서로부터 전문가를 차출하여 프로젝트를 진행하고 프로젝트가 마무리되면 원래 기능부서로 돌아가는 형태로 목적에 효율적인 조직으로 활용된다.

27. 토의식 교육지도에서 시간이 가장 많이 소요되는 단계는?

① 도입   ② 제시
③ 적용   ④ 확인

단계별 교육시간

교육법의 4단계	강의식	토의식
1단계-도입	5분	5분
2단계-제시	40분	10분
3단계-적용	10분	40분
4단계-확인	5분	5분

해답   **23** ①   **24** ④   **25** ③   **26** ④   **27** ③

28. 맥그리거(Douglas McGregor)의 Y이론에 해당되는 것은?

① 인간은 게으르다.
② 인간은 남을 잘 속인다.
③ 인간은 남에게 지배받기를 즐긴다.
④ 인간은 부지런하고 근면하며, 적극적이고 자주적이다.

참고 McGregor의 X, Y 이론

X 이론	Y 이론
• 인간 불신감	• 상호 신뢰감
• 성악설	• 성선설
• 인간은 원래 게으르고 태만하여 남의 지배 받기를 즐긴다.	• 인간은 부지런하고 근면, 적극적이며, 자주적이다.
• 물질 욕구(저차적 욕구)	• 정신 욕구(고차적 욕구)
• 명령 통제에 의한 관리	• 목표통합과 자기 통제에 의한 자율관리
• 저개발국 형	• 선진국 형

29. 학습경험 조직의 원리와 가장 거리가 먼 것은?

① 가능성의 원리   ② 계속성의 원리
③ 계열성의 원리   ④ 통합성의 원리

타일러의 학습경험의 조직 원리
교육목표는 한 번의 학습으로 성취되지 않기 때문에 학습은 여러 차례 반복되고 상호 연계성을 갖는 것이 좋다.
1. 계속성(연속성)의 원리 : 학습의 시간적·지속적 반복이 중요하다.
2. 계열성의 원리 : 학습의 시간이 지나면서 기본내용에 폭과 깊이를 더한다.
3. 통합성의 원리 : 학습내용 간의 연계성으로

30. 사고 경향성 이론에 관한 설명으로 틀린 것은?

① 개인의 성격보다는 특정 환경에 의해 훨씬 더 사고가 일어나기 쉽다.
② 어떠한 사람이 다른 사람보다 사고를 더 잘 일으킨다는 이론이다.
③ 사고를 많이 내는 여러 명의 특성을 측정하여 사고를 예방하는 것이다.
④ 검증하기 위한 효과적인 방법은 다른 두 시기 동안에 같은 사람의 사고기록을 비교하는 것이다.

사고의 경향성에서 "재해빈발 경향자설"은 소질적인 결함을 가지고 있기 때문에 재해가 빈발하게 된다는 설로 개인의 성격 등이 재해 빈발에 영향을 미친다는 이론이다.

31. 반복적인 재해발생자를 상황성누발자와 소질성누발자로 나눌 때, 상황성누발자의 재해유발 원인에 해당하는 것은?

① 저지능인 경우
② 소심한 성격인 경우
③ 도덕성이 결여된 경우
④ 심신에 근심이 있는 경우

사고경향성자의 유형

구분	내용
상황성 누발자	작업의 어려움, 기계설비의 결함, 환경상 주의력의 집중 혼란, 심신의 근심 등 때문에 재해를 누발하는 자
습관성 누발자	재해의 경험으로 겁쟁이가 되거나 신경과민이 되어 재해를 누발하는 자와 일종의 슬럼프(slump)상태에 빠져서 재해를 누발하는 자
소질성 누발자	재해의 소질적 요인을 가지고 있는 재해자로서 사고요인은 지능, 성격, 감각(시각)기능으로 분류한다.
미숙성 누발자	기능 미숙이나 환경에 익숙하지 못하기 때문에 재해를 누발하는 자

32. 사회행동의 기본형태와 내용이 잘못 연결된 것은?

① 대립 – 공격, 경쟁
② 조직 – 경쟁, 통합
③ 협력 – 조력, 분업
④ 도피 – 정신병, 자살

사회행동의 기본형태

내용	구분
협력	조력, 분업
대립	공격, 경쟁
도피	고립, 정신병, 자살
융합	강제, 타협, 통합

33. 관리감독자 훈련(TWI)에 관한 내용이 아닌 것은?

① Job Relation
② Job Method
③ Job Synergy
④ Job Instruction

> 관리감독자 TWI(training within industry) 교육내용
> 1. JIT(job instruction training) : 작업을 가르치는 법
> 2. JMT(job method training) : 작업의 개선 방법
> 3. JRT(job relation training) : 사람을 다루는 법
> 4. JST(job safety training) : 작업안전 지도 기법

34. 어느 철강회사의 고로작업라인에 근무하는 A씨의 작업강도가 힘든 중작업으로 평가되었다면 해당되는 에너지대사율(RMR)의 범위로 가장 적절한 것은?

① 0~1　　　　　② 2~4
③ 4~7　　　　　④ 7~10

> 에너지대사율에 따른 작업강도구분
> 1. 0~2RMR : 경(輕)작업
> 2. 2~4RMR : 보통, 중(中)작업
> 3. 4~7RMR : 중(重)작업
> 4. 7RMR 이상 : 초중(超重)작업

35. 수업의 중간이나 마지막 단계에 행하는 것으로써 언어학습이나 문제해결 학습에 효과적인 학습법은?

① 강의법　　　　② 실연법
③ 토의법　　　　④ 프로그램법

> 실연법(Performance method)
> 학습자가 이미 설명을 듣거나 시범을 보고 알게 된 지식이나 기능을 교사의 지휘나 감독아래 연습에 적용을 해보게 하는 교육방법

36. 안전보건교육의 종류별 교육요점으로 틀린 것은?

① 태도교육은 의욕을 갖게 하고 가치관 형성교육을 한다.
② 기능교육은 표준작업 방법대로 시범을 보이고 실습을 시킨다.
③ 추후지도교육은 재해발생원리 및 잠재위험을 이해시킨다.
④ 지식교육은 작업에 관련된 취약점과 이에 대응되는 작업방법을 알도록 한다.

> 재해발생원리 및 잠재위험의 이해는 지식교육 단계에서 실시한다.
> **기본교육 훈련방식**

구분	내용
지식 형성(knowledge building)	제시방식
기능 숙련(skill training)	실습 방식
태도 개발(attitude development)	참가 방식

37. 매슬로우(Maslow)의 욕구위계를 바르게 나열한 것은?

① 안전의 욕구 – 생리적 욕구 – 사회적 욕구 – 자아실현의 욕구 – 인정받으려는 욕구
② 안전의 욕구 – 생리적 욕구 – 사회적 욕구 – 인정받으려는 욕구 – 자아실현의 욕구
③ 생리적 욕구 – 사회적 욕구 – 안전의 욕구 – 인정받으려는 욕구 – 자아실현의 욕구
④ 생리적 욕구 – 안전의 욕구 – 사회적 욕구 – 인정받으려는 욕구 – 자아실현의 욕구

> **Maslow의 욕구단계이론**

분류	내용
1단계 (생리적 욕구)	기아, 갈증, 호흡, 배설, 성욕 등 인간의 가장 기본적인 욕구(종족 보존)
2단계(안전욕구)	안전을 구하려는 욕구(기술적 능력)
3단계 (사회적 욕구)	애정, 소속에 대한 욕구(애정적, 친화적 욕구)
4단계 (인정을 받으려는 욕구)	자기 존경의 욕구로 자존심, 명예, 성취, 지위에 대한 욕구(포괄적 능력, 승인의 욕구)
5단계 (자아실현의 욕구)	잠재적인 능력을 실현하고자 하는 욕구(종합적능력, 성취욕구)

38. 부주의가 발생하는 경우에 있어 자동차를 운전할 때 신호가 바뀌기 전에 신호가 바뀔 것을 예상하고 자동차를 출발시키는 행동과 관련된 것은?

① 억측판단   ② 근도반응
③ 착시현상   ④ 의식의 우회

> **억측판단**
> 어떠한 행동에 대해 규정대로 행하지 않고 "괜찮다"고 생각하여 자신의 주관대로 하는 행동

39. 평가도구의 기본적인 기준이 아닌 것은?

① 실용도(實用度)   ② 타당도(妥當度)
③ 신뢰도(信賴度)   ④ 습숙도(習熟度)

> **평가도구의 기준**
> 표준화(Standardization), 객관성(Objectivity), 규준(norms), 신뢰성(reliability), 타당성(validity), 실용성(practicability)

40. 어느 부서의 직원 6명의 선호 관계를 분석한 결과 다음과 같은 소시오그램이 작성되었다. 이 부서의 집단 응집성 지수는 얼마인가? (단, 그림에서 실선은 선호 관계, 점선은 거부관계를 나타낸다.)

① 0.13
② 0.27
③ 0.33
④ 0.47

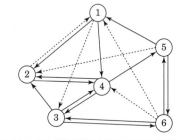

1. 소시오 매트릭스 작성

구성원	①	②	③	④	⑤	⑥
①	–	-1			1	-1
②	1	–	1	①	-1	
③	-1		–	①		①
④	1	①	①	–		-1
⑤				1		①
⑥			①	-1	①	–
선호총계	1	0	3	2	1	0
선호신분계수	0.2	0	0.6	0.4	0.2	0

※ 선호 : 1, 거부 : -1, 상호선호 : ①

※ 선호신분지수 = $\dfrac{\text{선호총수}}{\text{구성원수}-1}$

2. 응집성지수 = $\dfrac{\text{실제상호선호수}}{\text{가능한 상호 선호관계수}}$

$$= \frac{4}{{}_6C_2} = \frac{4}{15} = 0.266 = 0.27$$

※ ${}_6C_2 = \dfrac{6\times5}{2} = 15$

■■■ **제3과목 인간공학 및 시스템안전공학**

41. 음량수준을 측정할 수 있는 3가지 척도에 해당되지 않는 것은?

① sone   ② 럭스
③ phon   ④ 인식소음 수준

> **럭스(lux)**
> 1촉광의 점광원으로부터 1m 떨어진 곡면에 비추는 광의 밀도($1\ \text{lumen/m}^2$)로 조도의 단위이다.

42. FTA에서 시스템의 기능을 살리는데 필요한 최소 요인의 집합을 무엇이라 하는가?

① critical set
② minimal gate
③ minimal path
④ Boolean indicated cut set

> **미니멀 패스셋(minimal path)**
> 어떤 고장이나 실수를 일으키지 않으면 재해는 잃어나지 않는다고 하는 것으로 시스템의 신뢰성을 나타낸다.

43. 시스템 수명주기 단계 중 마지막 단계인 것은?

① 구상단계   ② 개발단계
③ 운전단계   ④ 생산단계

해답 38 ①   39 ④   40 ②   41 ②   42 ③   43 ③

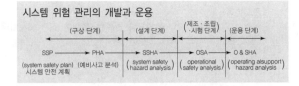
시스템 위험 관리의 개발과 운용

정성적 평가의 주요 진단항목

1. 설계 관계	항목수	2. 운전 관계	항목수
① 입지 조건	5	① 원재료, 중간체 제품	7
② 공장내 배치	9	② 공 정	7
③ 건 조 물	8	③ 수송, 저장 등	9
④ 소방설비	5	④ 공정기기	11

44. 생명유지에 필요한 단위시간당 에너지량을 무엇이라 하는가?

① 기초 대사량
② 산소 소비율
③ 작업 대사량
④ 에너지 소비율

> **기초대사(basal metabolism)**
> 생체의 생명 유지에 필요한 최소한의 에너지 대사로 정신적으로나 육체적으로 에너지 소비가 없는 상태에서 일정시간에 소비하는 에너지

45. 인간 – 기계시스템의 설계를 6단계로 구분할 때, 첫 번째 단계에서 시행하는 것은?

① 기본설계
② 시스템의 정의
③ 인터페이스 설계
④ 시스템의 목표와 성능명세 결정

> 1단계 : 목표 및 성능명세의 결정
> 2단계 : 시스템의 정의
> 3단계 : 기본설계
> 4단계 : 인터페이스(계면) 설계
> 5단계 : 촉진물(보조물, 편의수단)설계
> 6단계 : 시험 및 평가

46. 염산을 취급하는 A업체에서는 신설 설비에 관한 안전성 평가를 실시해야 한다. 정성적 평가단계의 주요 진단 항목에 해당하는 것은?

① 공장 내의 배치
② 제조공정의 개요
③ 재평가 방법 및 계획
④ 안전·보건교육 훈련계획

47. 실린더 블록에 사용하는 가스켓의 수명은 평균 10,000시간이며, 표준편차는 200시간으로 정규분포를 따른다. 사용시간이 9,600 시간일 경우에 신뢰도는 약 얼마인가? (단, 표준정규분포표에서 $u_{0.8413} = 1$, $u_{0.9772} = 2$이다.)

① 84.13%
② 88.73%
③ 92.72%
④ 97.72%

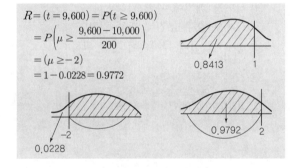

$$R = (t = 9,600) = P(t \geq 9,600)$$
$$= P\left(\mu \geq \frac{9,600 - 10,000}{200}\right)$$
$$= (\mu \geq -2)$$
$$= 1 - 0.0228 = 0.9772$$

48. FMEA의 장점이라 할 수 있는 것은?

① 분석방법에 대한 논리적배경이 강하다.
② 물적, 인적요소 모두가 분석대상이 된다.
③ 서식이 간단하고 비교적 적은 노력으로 분석이 가능하다.
④ 두 가지 이상의 요소가 동시에 고장 나는 경우에도 분석이 용이하다.

> **FMEA 기법의 장단점**
>
> | 장점 | 서식이 간단하고 비교적 적은노력으로 특별한 훈련 없이 분석가능 |
> |---|---|
> | 단점 | • 논리성이 부족하고 특히 각 요소간의 영향을 분석하기 어렵기 때문에 동시에 두 가지 이상의 요소가 고장 날 경우 분석이 곤란
• 요소가 물체로 한정되어 있어 인적원인을 분석하는 데 곤란 |

49. 의도는 올바른 것이었지만, 행동이 의도한 것과는 다르게 나타나는 오류를 무엇이라 하는가?

① Slip
② Mistake
③ Lapse
④ Violation

1. 실수(Slip) : 상황이나 목표의 해석은 정확하나 의도와는 다른 행동을 한 경우
2. 착오(Mistake) : 주관적 인식(主觀的 認識)과 객관적 실재(客觀的 實在)가 일치하지 않는 것을 의미한다.
3. 건망증(Lapse) : 기억장애의 하나로 잘 기억하지 못하거나 잊어버리는 정도
4. 위반(Violation) : 법, 규칙 등을 범하는 것이다.

50. 동작 경제 원칙에 해당되지 않는 것은?

① 신체사용에 관한 원칙
② 작업장 배치에 관한 원칙
③ 사용자 요구 조건에 관한 원칙
④ 공구 및 설비 디자인에 관한 원칙

동작경제의 원칙(22가지)
1. 신체 사용에 관한 원칙(9가지)
2. 작업장의 배치에 관한 원칙(8가지)
3. 공구 및 설비 디자인에 관한 원칙(5가지)

51. 음압수준이 70dB인 경우, 1,000Hz에서 순음의 phon치는?

① 50phon
② 70phon
③ 90phon
④ 100phon

동일한 음의 수준
1,000Hz = 40dB = 40phon = 1sone

52. 인체계측자료의 응용원칙 중 조절 범위에서 수용하는 통상의 범위는 얼마인가?

① 5~95%tile
② 20~80%tile
③ 30~70%tile
④ 40~60%tile

조절범위
체격이 다른 여러 사람에 맞도록 만드는 것(보통 집단 특성치의 5%치~95%치까지의 90% 조절범위를 대상)

53. 산업안전보건법령에 따라 제조업 중 유해·위험방지계획서 제출대상 사업의 사업주가 유해·위험방지계획서를 제출하고자 할 때 첨부하여야 하는 서류에 해당하지 않는 것은? (단, 기타 고용노동부장관이 정하는 도면 및 서류 등은 제외한다.)

① 공사개요서
② 기계·설비의 배치도면
③ 기계·설비의 개요를 나타내는 서류
④ 원재료 및 제품의 취급, 제조 등의 작업방법의 개요

제조업 등 유해·위험방지계획서의 첨부 서류
1. 건축물 각 층의 평면도
2. 기계·설비의 개요를 나타내는 서류
3. 기계·설비의 배치도면
4. 원재료 및 제품의 취급, 제조 등의 작업방법의 개요
5. 그 밖에 고용노동부장관이 정하는 도면 및 서류
참고 산업안전보건법 시행규칙 제121조【제출서류 등】

54. 수리가 가능한 어떤 기계의 가용도(availability)는 0.9이고, 평균수리시간(MTTR)이 2시간일 때, 이 기계의 평균수명(MTBF)은?

① 15시간
② 16시간
③ 17시간
④ 18시간

$$가용도(A) = \frac{MTTF}{MTTF + MTTR}$$
$$= \frac{MTBF}{MTBF + MTTR} = \frac{MTTF}{MTBF} \text{에서}$$
$$가용도 = \frac{MTBF}{MTBF + MTTR}, \ 0.9 = \frac{MTBF}{MTBF + 2} \text{ 이므로}$$
$$MTBF = 18$$

해답 49 ① 50 ③ 51 ② 52 ① 53 ① 54 ④

55. 다음의 각 단계를 결함수분석법(FTA)에 의한 재해사례의 연구 순서대로 나열한 것은?

[다음]
㉠ 정상사상의 선정
㉡ FT도 작성 및 분석
㉢ 개선 계획의 작성
㉣ 각 사상의 재해원인 규명

① ㉠→㉡→㉢→㉣   ② ㉠→㉣→㉢→㉡
③ ㉠→㉢→㉡→㉣   ④ ㉠→㉣→㉡→㉢

FTA에 의한 재해사례 연구순서 4단계
1. 1단계 : TOP 사상의 선정
2. 2단계 : 사상의 재해 원인 규명
3. 3단계 : FT도 작성
4. 4단계 : 개선 계획의 작성

56. 점광원으로부터 0.3m 떨어진 구면에 비추는 광량이 5Lumen일 때, 조도는 약 몇 럭스인가?

① 0.06   ② 16.7
③ 55.6   ④ 83.4

$$조도 = \frac{광도}{거리^2} = \frac{5}{0.3^2} = 55.555$$

57. 쾌적환경에서 추운환경으로 변화 시 신체의 조절작용이 아닌 것은?

① 피부온도가 내려간다.
② 직장온도가 약간 내려간다.
③ 몸이 떨리고 소름이 돋는다.
④ 피부를 경유하는 혈액 순환량이 감소한다.

적온 → 한냉 환경으로 변화 시 신체작용
1. 피부 온도가 내려간다.
2. 혈액은 피부를 경유하는 순환량이 감소하고, 많은 양의 혈액이 몸의 중심부를 순환한다.
3. 직장(直腸) 온도가 약간 올라간다.
4. 소름이 돋고 몸이 떨린다.

58. FT도에 사용되는 다음 게이트의 명칭은?

① 부정 게이트
② 억제 게이트
③ 배타적 OR 게이트
④ 우선적 AND 게이트

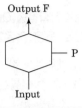

억제 게이트
수정 gate의 일종으로 억제 모디화이어(Inhibit Modifier) 라고도 하며 입력현상이 일어나 조건을 만족하면 출력이 생기고, 조건이 만족되지 않으면 출력이 생기지 않는다.

59. 정신적 작업 부하에 관한 생리적 척도에 해당하지 않는 것은?

① 부정맥 지수   ② 근전도
③ 점멸융합주파수   ④ 뇌파도

②항, 근전도(EMG ; electromyogram)는 근육활동의 부하에 관한 생리적 척도이다.

60. 인간 - 기계시스템의 연구 목적으로 가장 적절한 것은?

① 정보 저장의 극대화
② 운전시 피로의 평준화
③ 시스템의 신뢰성 극대화
④ 안전의 극대화 및 생산능률의 향상

인간공학의 목적
1. 안전성 향상과 사고방지
2. 기계조작의 능률성과 생산성의 향상
3. 쾌적성

해답 55 ④ 56 ③ 57 ② 58 ② 59 ② 60 ④

61. 개방잠함공법(Open caisson method)에 관한 설명으로 옳은 것은?

① 건물외부 작업이므로 기후의 영향을 많이 받는다.
② 지하수가 많은 지반에서는 침하가 잘 되지 않는다.
③ 소음발생이 크다.
④ 실의 내부 갓 둘레부분을 중앙 부분보다 먼저 판다.

> **개방잠함공법**
> 1. 지하 구조체의 바깥벽 밑에 끝날(cutting edge)을 붙이고 지하 구조체를 지상에서 구축하여 중앙하부 흙을 파내어 구조체의 자중으로 침하시키는 공법으로 압축공기를 사용하지 않는다.
> 2. 소음발생이 적다.
> 3. 실의 내부 중앙부분부터 판다.
> ※ 지하수가 많은 지반에서는 용기잠함 공법을 사용한다.

62. 석공사에서 건식공법에 관한 설명으로 옳지 않은 것은?

① 하지철물의 부식문제와 내부단열재 설치문제 등이 나타날 수 있다.
② 긴결 철물과 채움 모르타르로 붙여 대는 것으로 외벽공사 시 빗물이 스며들어 들뜸, 백화현상 등이 발생하지 않도록 한다.
③ 실런트(Sealant) 유성분에 의한 석재면의 오염문제는 비오염성 실런트로 대체하거나, Open Joint 공법으로 대체하기도 한다.
④ 강재트러스, 트러스지지공법 등 건식공법은 시공 정밀도가 우수하고, 작업능률이 개선되며, 공기단축이 가능하다.

> ②번은 습식공법을 설명한 것으로 석재와 석재를 모르타르를 이용하여 시공하는 방법으로 백화 현상이 발생할 우려가 있다.

63. 철근콘크리트에서 염해로 인한 철근부식 방지대책으로 옳지 않은 것은?

① 콘크리트중의 염소 이온량을 적게 한다.
② 에폭시 수지 도장 철근을 사용한다.
③ 방청제 투입을 고려한다.
④ 물-시멘트비를 크게 한다.

> 철근부식을 방지하기 위해서는 물시멘트비를 낮게 하여 염화물의 침투 및 탄산화의 진행이 늦어지도록 해야 한다. 탄산화를 늦게 하기 위해서는 물시멘트비를 50% 이하로, 염화물 침투를 최소화하기 위해서는 40% 이하로 하는 것이 좋다.

64. 분할도급 발주 방식 중 지하철공사, 고속도로공사 및 대규모 아파트단지 등의 공사에 채용하면 가장 효과적인 것은?

① 직종별 공종별 분할도급
② 공정별 분할도급
③ 공구별 분할도급
④ 전문공종별 분할도급

> **공구별 분할도급**
> • 대규모 공사에서 구역별, 지역별로 분리하여 발주
> • 도급업자에게 균등기회 부여
> • 업자 상호간 경쟁으로 공기단축, 시공기술 향상에 유리하다.
> • 지하철공사, 고속도로공사, 대규모아파트단지 등의 공사에 적용

65. 철골공사의 기초상부 고름질 방법에 해당되지 않는 것은?

① 전면바름 마무리법
② 나중 채워넣기 중심바름법
③ 나중 매입공법
④ 나중 채워넣기법

> **철골 기초상부고름질법의 종류**
> 1. 전면에 바름 방법
> 2. 나중 채워넣기 중심 바름법
> 3. 나중 채워넣기+자바름법
> 4. 완전 나중 채워넣기 방법

66. 말뚝재하시험의 주요목적과 거리가 먼 것은?

① 말뚝길이의 결정   ② 말뚝 관입량 결정
③ 지하수위 추정   ④ 지지력 추정

> 말뚝재하시험을 실시하는 목적은 단순히 지지력을 확인하는 것 외에 변위량, 건전도, 시공방법 및 시공장비의 적합성, 시간경과에 따른 말뚝 지지력의 변화, 하중전이 특성 등 다양한 내용들을 확인하기 위함이다.

67. 건축시공의 현대화 방안 중 3S system과 거리가 먼 것은?

① 작업의 표준화　　② 작업의 단순화
③ 작업의 전문화　　④ 작업의 기계화

> 건축시공의 현대화 방안 3S system
> 1. 작업의 전문화(Specialization)
> 2. 단순화(Simplification)
> 3. 표준화(Standardization)

68. 보강 콘크리트 블록조 공사에서 원칙적으로 기초 및 테두리보에서 위층의 테두리보까지 잇지 않고 배근하는 것은?

① 세로근　　　　　② 가로근
③ 철선　　　　　　④ 수평횡근

> 보강콘크리트 블록조의 세로근
> 1. 세로근은 원칙적으로 기초 및 테두리보에서 위층의 테두리보까지 잇지 않고 정착길이는 40d 이상 정착한다.
> 2. 상단부는 180° 갈구리 내어 벽 상부 보강근에 걸친다.
> 3. 그라우트 및 모르타르 세로 피복두께 : 2cm 이상

69. 프리플레이스트 콘크리트의 서중 시공 시 유의사항으로 옳지 않은 것은?

① 애지테이터 안의 모르타르 저류시간을 짧게 한다.
② 수송관 주변의 온도를 높여 준다.
③ 응결을 지연시키며 유동성을 크게 한다.
④ 비빈 후 즉시 주입한다.

> 프리플레이스트 콘크리트의 서중 시공 시 유의사항
> 1. 애지테이터 안의 모르타르 저류시간을 짧게 한다.
> 2. 비빈 후 즉시 주입한다.
> 3. 수송관 주변의 온도를 낮추어 준다.
> 4. 응결을 지연시키며 유동성을 크게 한다.
> 5. 유동성과 유동경사의 관리를 엄격히 하며 주입의 중단을 막는다.
> 6. 유동성을 유지시킬 수 있는 혼화제를 추가 혼입한다. 다만 책임기술자가 품질확인 후 시행하여야 한다.

70. 잡석지정의 다짐량이 5m³일 때 틈막이로 넣는 자갈의 양으로 가장 적당한 것은?

① 0.5m³　　　　　② 1.5m³
③ 3.0m³　　　　　④ 5.0m³

> 틈막이 사춤자갈량은 잡석량의 20~30%가 적당하다.
> 따라서 5m³×(0.2~0.3)=1m³~1.5m³
>
> **참고** 사춤자갈의 사용목적
> ㉠ 콘크리트의 두께를 절약
> ㉡ 기초 또는 바닥밑의 방습 및 배수처리에 이용된다.
> ㉢ 이완된 지표면을 다짐

71. 철근콘크리트부재의 피복두께를 확보하는 목적과 거리가 먼 것은?

① 철근이음 시 편의성　② 내화성 확보
③ 철근의 방청　　　　④ 콘크리트의 유동성 확보

> 피복두께 목적
> 1. 내화성 확보　　　2. 내구성 확보
> 3. 유동성 확보　　　4. 부착강도 확보

72. 지반개량공법 중 강제압밀 또는 강제압밀탈수공법에 해당하지 않는 것은?

① 프리로딩공법　　② 페이퍼드레인공법
③ 고결공법　　　　④ 샌드드레인공법

> 고결공법
> 시멘트나 약액을 주입하여 견고하게 하는 공법

73. 연질의 점토지반에서 흙막이 바깥에 있는 흙의 중량과 지표위에 적재하중의 중량에 못 견디어 저면 흙이 붕괴되고 흙막이 바깥에 있는 흙이 안으로 밀려 불룩하게 되는 현상을 무엇이라고 하는가?

① 보일링 파괴　　　② 히빙 파괴
③ 파이핑 파괴　　　④ 언더 피닝

> 히빙(heaving)이란 굴착이 진행됨에 따라 흙막이 벽 뒤쪽 흙의 중량이 굴착부 바닥의 지지력 이상이 되면 흙막이벽 근입(根入) 부분의 지반 이동이 발생하여 굴착부 저면이 솟아오르는 현상이다. 이 현상이 발생하면 흙막이 벽의 근입부분이 파괴되면서 흙막이벽 전체가 붕괴되는 경우가 많다.

해답 67 ④　68 ①　69 ②　70 ②　71 ①　72 ③　73 ②

74. 콘크리트 타설 시 거푸집에 작용하는 측압에 관한 설명으로 옳지 않은 것은?

① 기온이 낮을수록 측압은 작아진다.
② 거푸집의 강성이 클수록 측압은 커진다.
③ 진동기를 사용하여 다질수록 측압은 커진다.
④ 조강시멘트 등을 활용하면 측압은 작아진다.

거푸집 측압의 증가에 영향을 미치는 요소(측압이 큰 경우)	
① 거푸집 부재단면	클수록
② 거푸집 수밀성	클수록
③ 거푸집 강성	클수록
④ 콘크리트의 슬럼프	클수록
⑤ 콘크리트의 비중	클수록
⑥ 콘크리트의 다짐	좋을수록
⑦ 콘크리트의 타설속도	빠를수록
⑧ 진동기	사용할수록
⑨ 시공연도	좋을수록
⑩ 타설높이	높을수록
⑪ 거푸집 표면	평활할수록
⑫ 습도	높을수록
⑬ 철골, 또는 철근량	적을수록
⑭ 외기온도	낮을수록

75. 내화피복의 공법과 재료와의 연결이 옳지 않은 것은?

① 타설공법 – 콘크리트, 경량콘크리트
② 조적공법 – 콘크리트, 경량콘크리트 블록, 돌, 벽돌
③ 미장공법 – 뿜칠 플라스터, 알루미나 계열 모르타르
④ 뿜질공법 – 뿜질 암면, 습식 뿜칠 암면, 뿜칠 모르타르

내화피복공법과 재료		
습식 내화 피복공법	① 타설공법	철골구조체 주위에 거푸집을 설치하고 보통 Con'c, 경량 Con'c를 타설하는 공법
	② 뿜칠공법	철골표면에 접착제를 도포한 후 내화재를 도포하는 공법(뿜칠암면, 습식 뿜칠암면, 뿜칠Mortar, 뿜칠 Plaster)
	③ 미장공법	철골에 용접철망을 부착하여 모르타르로 미장하는 방법(철망 Mortar, 철망펄라이트 모르타르)
	④ 조적공법	Con'c 블록, 경량 Con'c 블록, 돌, 벽돌

건식 내화 피복공법	내화단열이 우수한 성형판의 접착제나 연결철물을 이용하여 부착하는 공법(P.C판, A.L.C판, 석면시멘트판, 석면규산칼슘판, 석면성형판)
합성 내화 피복공법	이종재료를 적층하거나, 이질재료의 접합으로 일체화하여 내화성능을 발휘하는 공법 ① 이종재료 적층공법 ② 이질재료 접합공법

76. PERT/CPM의 장점이 아닌 것은?

① 변화에 대한 신속한 대책수립이 가능하다.
② 비용과 관련된 최적안 선택이 가능하다.
③ 작업선후 관계가 명확하고 책임소재 파악이 용이하다.
④ 주공정(Critical path)에 의해서만 공기관리가 가능하다.

네트워크 공정표의 장점
1. 개개의 관련 작업이 도시되어 있어 내용을 파악하기 쉽다.
2. 계획관리면에서 신뢰도가 높으며 전자계산기의 이용이 가능하다.
3. 공정이 원활하게 추진되며, 여유시간 관리가 편리하다.
4. 상호관계가 명확하여 주공정선의 일에는 현장인원의 중점배치가 가능하다.
5. 건축주, 관련업자의 공정회의에 대단히 편리(이해가 용이)

77. 공사 중 시방서 및 설계도서가 서로 상이할 때의 우선순위에 관한 설명으로 옳지 않은 것은?

① 설계도면과 공사시방서가 상이할 때는 설계도면을 우선한다.
② 설계도면과 내역서가 상이할 때는 설계도면을 우선한다.
③ 일반시방서와 전문시방서가 상이할 때는 전문시방서를 우선한다.
④ 설계도면과 상세도면이 상이할 때는 상세도면을 우선한다.

설계도면과 시방서가 상이할 때에는 감리자와 협의

해답 74 ① 75 ③ 76 ④ 77 ①

78. 거푸집이 콘크리트 구조체의 품질에 미치는 영향과 역할이 아닌 것은?

① 콘크리트가 응결하기까지의 형상, 치수의 확보
② 콘크리트 수화반응의 원활한 진행을 보조
③ 철근의 피복두께 확보
④ 건설 폐기물의 감소

거푸집의 역할
1. 콘크리트의 경화시까지 일정형상, 치수 유지
2. 콘크리트의 수분누출방지
3. 콘크리트의 양생시 외기영향 방지
4. 철근의 피복두께 확보

79. 철골공사에서 철골 세우기 순서가 옳게 연결된 것은?

    A. 기초 볼트위치 재점검
    B. 기둥 중심선 먹매김
    C. 기둥 세우기
    D. 주각부 모르타르 채움
    E. Base plate의 높이 조정용 plate 고정

① A → B → C → D → E
② B → A → E → C → D
③ B → A → C → D → E
④ E → D → B → A → C

철골기초부 세우기 순서
기둥중심선먹매김 → 기초보울트위치 재점검 → Base Plate 높이 조정용 Liner Plate고정 → 기둥세우기 → 주각부 모르타르채움

80. 다음 중 철근공사의 배근순서로 옳은 것은?

① 벽 → 기둥 → 슬래브 → 보
② 슬래브 → 보 → 벽 → 기둥
③ 벽 → 기둥 → 보 → 슬래브
④ 기둥 → 벽 → 보 → 슬래브

철근콘크리트조 조립순서
기초 → 기둥 → 벽 → 보 → 슬라브

■■■■ 제5과목 건설재료학

81. 목재의 신축에 관한 설명으로 옳은 것은?

① 동일 나뭇결에서 심재는 변재보다 신축이 크다.
② 섬유포화점 이상에서는 함수율의 변화에 따른 신축 변동이 크다.
③ 일반적으로 곧은결폭보다 널결폭이 신축의 정도가 크다.
④ 신축의 정도는 수종과는 상관없이 일정하다.

결에 따른 수축률
널결 〉 곧은결 〉 길이방향

82. 오토클레이브(auto clave)에 포화증기 양생한 경량 기포콘크리트의 특징으로 옳은 것은?

① 열전도율은 보통 콘크리트와 비슷하여 단열성은 약한 편이다.
② 경량이고 다공질이어서 가공 시 톱을 사용할 수 있다.
③ 불연성 재료로 내화성이 매우 우수하다.
④ 흡음성과 차음성은 비교적 약한 편이다.

경량기포 콘크리트(ALC:Autoclaved Lightweight Concrete)
1. 발포제에 의하여 콘크리트 내부에 무수한 기포를 독립적으로 분산시켜 중량을 가볍게 한 기포콘크리트
2. 오토클레이브 내에서 고온, 고압 상태로 양생된다.

장점	단점
• 가볍다. • 단열성이 우수하다. • 내화성이 좋다. • 시공성이 좋다.(경량으로 인력으로 취급이 가능하고, 현장에서 절단 및 가공이 가능하다.) • 방음성능이 우수하다. • 용적변형이 적다. • 양생시간이 짧다. • 백화발생이 적다.	• 투수성, 흡수율이 높다.(방수 처리가 문제) • 부서지기 쉽다. • 강도, 탄성이 낮다. • 내진성능이 나쁘다. • 중성화 우려가 높다. • 동결융해에 대한 저항성이 적다.

83. 유리가 불화수소에 부식하는 성질을 이용하여 5mm 이상 판유리면에 그림, 문자 등을 새긴 유리는?

① 스테인드유리　　　② 망입유리
③ 에칭유리　　　　　④ 내열유리

에칭유리
유리가 불화수소에 부식되는 성질을 이용하여 화학적인 처리과정을 거쳐 유리 표면에 그림, 문양, 문자 등을 새긴 유리

84. 다음 미장재료 중 기경성(氣硬性)이 아닌 것은?

① 회반죽
② 경석고 플라스터
③ 회사벽
④ 돌로마이트플라스터

수경성	• 물과 화학반응하여 경화하는 재료 • 시멘트 모르타르, 석고 플라스터, 킨즈시멘트, 마그네시아 시멘트, 인조석 및 테라조 바름재 등
기경성	• 공기 중의 탄산가스와 결합하여 경화하는 재료 • 돌로마이트 플라스터, 소석회, 회반죽, 회사벽 등

85. 다음 중 원유에서 인위적으로 만든 아스팔트에 해당하는 것은?

① 블론 아스팔트　　　② 로크 아스팔트
③ 레이크 아스팔트　　④ 아스팔타이트

1. 천연 아스팔트 : 록 아스팔트, 레이크 아스팔트, 아스팔트 타이트
2. 석유 아스팔트 : 스트레이트 아스팔트, 블론 아스팔트, 아스팔트 컴파운드, 아스팔트 프라이머, 코울타르, 피치

86. 기성 배합 모르타르 바름에 관한 설명으로 옳지 않은 것은?

① 현장에서의 시공이 간편하다.
② 공장에서 미리 배합하므로 재료가 균질하다.
③ 접착력 강화제가 혼입되기도 한다.
④ 주로 바름 두께가 두꺼운 경우에 많이 쓰인다.

기성배합모르타르
1. 공장에서 시멘트와 모래를 혼합하여 만든 것으로 시중에서 레미탈이라는 명칭으로 판매되는 제품
2. 바름두께와 상관없이 사용한다.

87. 합성수지 재료에 관한 설명으로 옳지 않은 것은?

① 에폭시수지는 접착성은 우수하나 경화 시 휘발성이 있어 용적의 감소가 매우 크다.
② 요소수지는 무색이어서 착색이 자유롭고 내수성이 크며 내수합판의 접착제로 사용된다.
③ 폴리에스테르수지는 전기절연성, 내열성이 우수하고 특히 내약품성이 뛰어나다.
④ 실리콘수지는 내약품성, 내후성이 좋으며 방수피막 등에 사용된다.

에폭시 수지
1. 접착성이 아주 강하다.
2. 방수성, 내약품성, 전기절연성, 내열성, 내용제성이 우수하다.
3. 경화시 휘발성 물질의 발생 및 부피의 수축이 없다.
4. 경화제, 충전제, 보강제 등을 조합하여 사용한다.
5. 접착제, 도료, 금속, 유리, 목재나 콘크리트 등의 접착, 콘크리트 균열 보수제, 방수제 등에 사용된다.

88. 회반죽에 여물을 넣는 가장 주된 이유는?

① 균열을 방지하기 위하여
② 점성을 높이기 위하여
③ 경화를 촉진하기 위하여
④ 내수성을 높이기 위하여

회반죽은 경화건조시 수축성이 커서 균열을 여물로 분산, 경감시킨다.

89. 부재 혹은 구조물의 치수가 커서 시멘트의 수화열에 의한 온도상승 및 강하를 고려하여 설계·시공해야 하는 콘크리트를 무엇이라 하는가?

① 매스콘크리트　　　② 한중콘크리트
③ 고강도콘크리트　　④ 수밀콘크리트

90. 창호용 철물 중 경첩으로 유지할 수 없는 무거운 자
재여닫이문에 쓰이는 철물은?

① 도어 스톱 　　　　② 래버터리 힌지

③ 도어 체크 　　　　④ 플로어 힌지

91. 골재의 입도분포를 측정하기 위한 시험으로 옳은
것은?

① 플로우 시험 　　　　② 블레인 시험

③ 체가름 시험 　　　　④ 비카트침 시험

92. 강재 시편의 인장시험 시 나타나는 응력–변형률 곡
선에 관한 설명으로 옳지 않은 것은?

① 하위항복점까지 가력한 후 외력을 제거하면 변형
　은 원상으로 회복된다.

② 인장강도 점에서 응력값이 가장 크게 나타난다.

③ 냉간성형한 강재는 항복점이 명확하지 않다.

④ 상위항복점 이후에 하위항복점이 나타난다.

93. 투명도가 높으므로 유기유리라고도 불리며 무색 투
명하여 착색이 자유롭고 상온에서도 절단·가공이 용
이한 합성수지는?

① 폴리에틸렌 수지 　　　　② 스티롤 수지

③ 멜라민 수지 　　　　④ 아크릴 수지

94. 점토제품에서 SK번호가 의미하는 바로 옳은 것은?

① 점토원료를 표시

② 소성온도를 표시

③ 점토제품의 종류를 표시

④ 점토제품 제법 순서를 표시

95. 표면을 연마하여 고광택을 유지하도록 만든 시유타
일로 대형 타일에 많이 사용되며, 천연화강석의 색깔
과 무늬가 표면에 나타나게 만들 수 있는 것은?

① 모자이크 타일 　　　　② 징크판넬

③ 논슬립타일 　　　　④ 폴리싱타일

해답 **90** ④ **91** ③ **92** ① **93** ④ **94** ② **95** ④

96 다음 중 역청재료의 침입도 값과 비례하는 것은?

① 역청재의 중량　　② 역청재의 온도
③ 대기압　　　　　④ 역청재의 비중

> **침입도**
> 1. 아스팔트의 견고성을 나타내는 연도의 단위
> 2. 시험기를 사용하여 25℃에서 100g의 추를 5초 동안 바늘을 누를 때 0.1mm 들어 갈 때를 침입도 1로 한다.
> 3. 침입도가 적을수록 경질이다.

97 목재의 내연성 및 방화에 관한 설명으로 옳지 않은 것은?

① 목재의 방화는 목재 표면에 불연소성 피막을 도포 또는 형성시켜 화염의 접근을 방지하는 조치를 한다.
② 방화제로는 방화페인트, 규산나트륨 등이 있다.
③ 목재가 열에 닿으면 먼저 수분이 증발하고 160℃ 이상이 되면 소량의 가연성가스가 유출된다.
④ 목재는 450℃에서 장시간 가열하면 자연발화 하게 되는데, 이 온도를 화재위험온도라고 한다.

> 열이 발화하게 되어 불이 붙는 온도는 착화점으로 화재위험온도라고 한다.
>
> **참고** 목재의 인화점, 착화점, 발화점
>
> | ① 수분소실, 열분해 시작, 가스방출 | 100℃내외 |
> |---|---|
> | ② 탄화점 | 160℃ |
> | ③ 인화점 | 평균 240℃ |
> | ④ 착화점(화재 위험온도) | 평균 260℃ |
> | ⑤ 발화점 | 평균 450℃ |

98 강화유리의 검사항목과 거리가 먼 것은?

① 파쇄시험　　　　② 쇼트백시험
③ 내충격성시험　　④ 촉진노출시험

> **강화유리 검사방법**
> 1. 치수, 두께, 겉모양, 만곡등 외형검사
> 2. 파쇄시험
> 3. 쇼트백시험
> 4. 내충격성시험
> 5. 투영시험

99 도료 중 주로 목재면의 투명도장에 쓰이고 오일 니스에 비하여 도막이 얇으나 견고하며, 담색으로서 우아한 광택이 있고 내부용으로 쓰이는 것은?

① 클리어 래커(clear lacquer)
② 에나멜 래커(enamel lacquer)
③ 에나멜 페인트(enamel paint)
④ 하이 솔리드 래커(high solid lacquer)

> **클리어 락카**
> 안료를 가하지 않은 무색 투명한 것으로 바탕무늬가 투명하게 보이므로 목재의 무늬결을 살릴 수 있다.

100 목재의 건조특성에 관한 설명으로 옳지 않은 것은?

① 온도가 높을수록 건조속도는 빠르다.
② 풍속이 빠를수록 건조속도는 빠르다.
③ 목재의 비중이 클수록 건조속도는 빠르다.
④ 목재의 두께가 두꺼울수록 건조시간이 길어진다.

> 1. 비중: 어떤 물체의 밀도와 순수한 물의 밀도 비율
> 2. 비중이 클수록 건조속도는 느리다

■■■ 제6과목 건설안전기술

101 승강기 강선의 과다감기를 방지하는 장치는?

① 비상정지장치　　② 권과방지장치
③ 해지장치　　　　④ 과부하방지장치

> 권과(捲過)방지장치란 와이어로프를 감아서 물건을 들어 올리는 기계장치(엘리베이터, 호이스트, 리프트, 크레인 등)에서 로프가 너무 많이 감기거나 풀리는 것을 방지하는 장치를 말한다.
>
> **참고** 안전장치의 종류
> 1. 과부하방지장치란 양중기에 있어서 정격하중 이상의 하중이 부하되었을 경우 자동적으로 상승이 정지되면서 경보음 또는 경보등을 발생하는 장치.
> 2. 비상정지장치란 돌발적인 상태가 발생되었을 경우 안전을 유지하기 위하여 모든 전원을 차단하는 장치.
> 3. 해지장치란 와이어 로프의 이탈을 방지하기 위한 방호장치로 후크 부위에 와이어 로프를 걸었을 때 벗겨지지 않도록 후크 안쪽으로 스프링을 이용하여 설치하는 장치.

102. 중량물을 운반할 때의 바른 자세로 옳은 것은?

① 허리를 구부리고 양손으로 들어올린다.
② 중량은 보통 체중의 60%가 적당하다.
③ 물건은 최대한 몸에서 멀리 떼어서 들어올린다.
④ 길이가 긴 물건은 앞쪽을 높게 하여 운반한다.

①항, 등을 반드시 편 상태에서 물건을 들어 올린다.
②항, 중량은 보통 체중의 40%가 적당하다.
③항, 물건은 몸 가까이 최대한 접근하여 물건을 들어 올린다.

103. 부두·안벽 등 하역작업을 하는 장소에서 부두 또는 안벽의 선을 따라 통로를 설치하는 경우에는 폭을 최소 얼마 이상으로 해야 하는가?

① 70cm   ② 80cm
③ 90cm   ④ 100cm

부두 또는 안벽의 선을 따라 통로를 설치하는 때에는 폭을 90cm 이상으로 할 것
[참고] 산업안전보건기준에 관한 규칙 제390조【하역작업장의 조치기준】

104. 건설현장에서 높이 5m 이상인 콘크리트 교량의 설치작업을 하는 경우 재해예방을 위해 준수해야 할 사항으로 옳지 않은 것은?

① 작업을 하는 구역에는 관계 근로자가 아닌 사람의 출입을 금지할 것
② 재료, 기구 또는 공구 등을 올리거나 내릴 경우에는 근로자로 하여금 크레인을 이용하도록 하고 달줄, 달포대 등의 사용을 금하도록 할 것
③ 중량물 부재를 크레인 등으로 인양하는 경우에는 부재에 인양용 고리를 견고하게 설치하고, 인양용 로프는 부재에 두 군데 이상 결속하여 인양하여야 하며, 중량물이 안전하게 거치되기 전까지는 걸이로프를 해제시키지 아니할 것
④ 자재나 부재의 낙하·전도 또는 붕괴 등에 의하여 근로자에게 위험을 미칠 우려가 있을 경우에는 출입금지구역의 설정, 자재 또는 가설시설의 좌굴(挫屈) 또는 변형 방지를 위한 보강재 부착 등의 조치를 할 것

교량의 설치·해체 또는 변경작업을 하는 경우 준수사항
1. 작업을 하는 구역에는 관계 근로자가 아닌 사람의 출입을 금지할 것
2. 재료, 기구 또는 공구 등을 올리거나 내릴 경우에는 근로자로 하여금 달줄, 달포대 등을 사용하도록 할 것
3. 중량물 부재를 크레인 등으로 인양하는 경우에는 부재에 인양용 고리를 견고하게 설치하고, 인양용 로프는 부재에 두 군데 이상 결속하여 인양하여야 하며, 중량물이 안전하게 거치되기 전까지는 걸이로프를 해제시키지 아니할 것
4. 자재나 부재의 낙하·전도 또는 붕괴 등에 의하여 근로자에게 위험을 미칠 우려가 있을 경우에는 출입금지구역의 설정, 자재 또는 가설시설의 좌굴(挫屈) 또는 변형 방지를 위한 보강재 부착 등의 조치를 할 것
[참고] 산업안전보건기준에 관한 규칙 제369조【작업 시 준수사항】

105. 건설현장에서 근로자의 추락재해를 예방하기 위한 안전난간을 설치하는 경우 그 구성요소와 거리가 먼 것은?

① 상부난간대   ② 중간난간대
③ 사다리   ④ 발끝막이판

안전난간의 구성
상부 난간대, 중간 난간대, 발끝막이판 및 난간기둥으로 구성할 것. 다만, 중간 난간대, 발끝막이판 및 난간기둥은 이와 비슷한 구조와 성능을 가진 것으로 대체할 수 있다.
[참고] 산업안전보건기준에 관한 규칙 제13조【안전난간의 구조 및 설치요건】

106. 건설업 중 교량건설 공사의 경우 유해위험방지계획서를 제출하여야 하는 기준으로 옳은 것은?

① 최대 지간길이가 40m 이상인 교량건설등 공사
② 최대 지간길이가 50m 이상인 교량건설등 공사
③ 최대 지간길이가 60m 이상인 교량건설등 공사
④ 최대 지간길이가 70m 이상인 교량건설등 공사

위험방지계획서를 제출해야 될 건설공사
1. 지상높이가 31미터 이상인 건축물 또는 인공구조물, 연면적 3만제곱미터 이상인 건축물 또는 연면적 5천제곱미터 이상의 문화 및 집회시설(전시장 및 동물원·식물원은 제외한다), 판매시설, 운수시설(고속철도의 역사 및 집배송시설은 제외한다), 종교시설, 의료시설 중 종합병원, 숙박시설 중 관광숙박시설, 지하상가 또는 냉동·냉장창고시설의 건설·개조 또는 해체
2. 연면적 5천제곱미터 이상의 냉동·냉장창고시설의 설비공사 및 단열공사

해답 102 ④   103 ③   104 ②   105 ③   106 ②

3. 최대 지간길이가 50미터 이상인 교량 건설등 공사
4. 터널 건설등의 공사
5. 다목적댐, 발전용댐 및 저수용량 2천만톤 이상의 용수 전용 댐, 지방상수도 전용 댐 건설 등의 공사
6. 깊이 10미터 이상인 굴착공사

참고 산업안전보건법 시행규칙 제120조 【대상 사업장의 종류 등】

107. 구축물이 풍압·지진 등에 의하여 붕괴 또는 전도 하는 위험을 예방하기 위한 조치와 가장 거리가 먼 것은?

① 설계도서에 따라 시공했는지 확인
② 건설공사 시방서에 따라 시공했는지 확인
③ 「건축물의 구조기준 등에 관한 규칙」에 따른 구조 기준을 준수했는지 확인
④ 보호구 및 방호장치의 성능검정 합격품을 사용했 는지 확인

구축물의 안전 유지 조치
사업주는 구축물 또는 이와 유사한 시설물에 대하여 자중(自重), 적재하중, 적설, 풍압(風壓), 지진이나 진동 및 충격 등에 의하여 붕괴·전도·도괴·폭발하는 등의 위험을 예방하기 위하여 다음 각 호의 조치를 하여야 한다.
1. 설계도서에 따라 시공했는지 확인
2. 건설공사 시방서(示方書)에 따라 시공했는지 확인
3. 「건축물의 구조기준 등에 관한 규칙」에 따른 구조기준을 준수 했는지 확인

참고 산업안전보건기준에 관한 규칙 제51조 【구축물 또는 이와 유사한 시설물 등의 안전 유지】

108. 추락방지용 방망의 그물코의 크기가 10cm인 신품 매듭방망사의 인장강도는 몇 킬로그램 이상이어야 하는가?

① 80
② 110
③ 150
④ 200

방망사의 신품에 대한 인장강도

그물코의 크기 (단위 : cm)	방망의 종류(단위 : kg)	
	매듭 없는 방망	매듭 방망
10	240	200
5		110

109. 일반건설공사(갑)로서 대상액이 5억원 이상 50억 원 미만인 경우에 산업안전보건관리비의 비율(가) 및 기초액(나)으로 옳은 것은?

① (가) 1.86%, (나) 5,349,000원
② (가) 1.99%, (나) 5,499,000원
③ (가) 2.35%, (나) 5,400,000원
④ (가) 1.57%, (나) 4,411,000원

공사종류 및 규모별 안전관리비 계상기준표

대상액 공사종류	5억원 미만	5억원 이상 50억원 미만		50억원 이상
		비율(X)	기초액(C)	
일반건설공사(갑)	2.93(%)	1.86(%)	5,349,000원	1.97(%)
일반건설공사(을)	3.09(%)	1.99(%)	5,499,000원	2.10(%)
중건설공사	3.43(%)	2.35(%)	5,400,000원	2.44(%)
철도·궤도신설공사	2.45(%)	1.57(%)	4,411,000원	1.66(%)
특수및기타건설공사	1.85(%)	1.20(%)	3,250,000원	1.27(%)

110. 다음 중 방망에 표시해야할 사항이 아닌 것은?

① 방망의 신축성
② 제조자명
③ 제조년월
④ 재봉 치수

방망의 표시사항
1. 제조자 명
2. 제조년월
3. 제봉치수
4. 그물코
5. 신품인 때의 방망의 강도

111. 달비계(곤돌라의 달비계는 제외)의 최대적재 하중 을 정하는 경우에 사용하는 안전계수의 기준으로 옳은 것은?

① 달기체인의 안전계수 : 10 이상
② 달기강대와 달비계의 하부 및 상부지점의 안전계 수(목재의 경우) : 2.5 이상
③ 달기와이어로프의 안전계수 : 5 이상
④ 달기강선의 안전계수 : 10 이상

112. 강관비계 조립시의 준수사항으로 옳지 않은 것은?

① 비계기둥에는 미끄러지거나 침하하는 것을 방지하기 위하여 밑받침철물을 사용한다.
② 지상높이 4층 이하 또는 12m 이하인 건축물의 해체 및 조립등의 작업에서만 사용한다.
③ 교차가새로 보강한다.
④ 외줄비계·쌍줄비계 또는 돌출비계에 대해서는 벽이음 및 버팀을 설치한다.

113. 산업안전보건법령에 따른 거푸집동바리를 조립하는 경우의 준수사항으로 옳지 않은 것은?

① 개구부 상부에 동바리를 설치하는 경우에는 상부하중을 견딜 수 있는 견고한 받침대를 설치할 것
② 동바리의 이음은 맞댄이음이나 장부이음으로 하고 같은 품질의 제품을 사용할 것
③ 강재와 강재의 접속부 및 교차부는 철선을 사용하여 단단히 연결할 것
④ 거푸집이 곡면인 경우에는 버팀대의 부착 등 그 거푸집의 부상(浮上)을 방지하기 위한 조치를 할 것

114. 달비계의 구조에서 달비계 작업발판의 폭은 최소 얼마 이상이어야 하는가?

① 30cm
② 40cm
③ 50cm
④ 60cm

115. 철골건립준비를 할 때 준수하여야 할 사항과 가장 거리가 먼 것은?

① 지상 작업장에서 건립준비 및 기계기구를 배치할 경우에는 낙하물의 위험이 없는 평탄한 장소를 선정하여 정비하고 경사지에는 작업대나 임시발판 등을 설치하는 등 안전조치를 한 후 작업하여야 한다.
② 건립작업에 다소 지장이 있다하더라도 수목은 제거하여서는 안 된다.
③ 사용 전에 기계기구에 대한 정비 및 보수를 철저히 실시하여야 한다.
④ 기계에 부착된 앵커 등 고정장치와 기초구조 등을 확인 하여야 한다.

116. 사질지반 굴착 시, 굴착부와 지하수위차가 있을 때 수두차에 의하여 삼투압이 생겨 흙막이벽 근입부분을 침식하는 동시에 모래가 액상화되어 솟아오르는 현상은?

① 동상현상　　　　② 연화현상
③ 보일링현상　　　④ 히빙현상

보일링(Boiling)
사질토 지반을 굴착시, 굴착부와 지하수위차가 있을 경우, 수두차에 의하여 침투압이 생겨 흙막이벽 근입부분을 침식하는 동시에, 모래가 액상화되어 솟아오르며 흙막이벽의 근입부가 지지력을 상실하여 흙막이공의 붕괴를 초래하는 현상

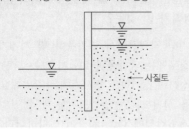

117. 건설작업장에서 근로자가 상시 작업하는 장소의 작업면 조도기준으로 옳지 않은 것은? (단, 갱내 작업장과 감광재료를 취급하는 작업장의 경우는 제외)

① 초정밀 작업 : 600럭스(lux) 이상
② 정밀작업 : 300럭스(lux) 이상
③ 보통작업 : 150럭스(lux) 이상
④ 초정밀, 정밀, 보통 작업을 제외한 기타 작업 : 75 럭스(lux) 이상

작업별 조도기준
1. 초정밀작업 : 750Lux 이상
2. 정밀작업 : 300Lux 이상
3. 일반작업 : 150Lux 이상
4. 기타작업 : 75Lux 이상

118. 흙막이 지보공을 설치하였을 때 정기적으로 점검하여야할 사항과 거리가 먼 것은?

① 경보장치의 작동상태
② 부재의 손상·변형·부식·변위 및 탈락의 유무와 상태
③ 버팀대의 긴압(緊壓)의 정도
④ 부재의 접속부·부착부 및 교차부의 상태

흙막이 지보공 설치시 점검사항
1. 부재의 손상·변형·부식·변위 및 탈락의 유무와 상태
2. 버팀대의 긴압(緊壓)의 정도
3. 부재의 접속부·부착부 및 교차부의 상태
4. 침하의 정도
참고　산업안전보건기준에 관한 규칙 제347조【붕괴 등의 위험 방지】

119. 사다리식 통로 등을 설치하는 경우 고정식 사다리식 통로의 기울기는 최대 몇 도 이하로 하여야 하는가?

① 60도　　　　② 75도
③ 80도　　　　④ 90도

사다리식 통로의 기울기는 75도 이하로 할 것. 다만, 고정식 사다리식 통로의 기울기는 90도 이하로 하고, 그 높이가 7미터 이상인 경우에는 바닥으로부터 높이가 2.5미터 되는 지점부터 등받이울을 설치할 것
참고　산업안전보건기준에 관한 규칙 제24조【사다리식 통로 등의 구조】

120. 타워 크레인(Tower Crane)을 선정하기 위한 사전 검토사항으로서 가장 거리가 먼 것은?

① 붐의 모양　　　　② 인양능력
③ 작업반경　　　　④ 붐의 높이

타워크레인 선정 시 검토사항
1. 입지 조건　　　　2. 건립기계의 소음영향
3. 건물 형태　　　　4. 인양하중(능력)
5. 작업반경

■■■■ 제1과목 산업안전관리론

1. 산업안전보건법령상 담배를 피워서는 안 될 장소에 사용되는 금연 표지에 해당하는 것은?

① 지시표지
② 경고표지
③ 금지표지
④ 안내표지

금지표지의 종류			
101 출입금지	102 보행금지	103 차량통행금지	104 사용금지
105 탑승금지	106 금연	107 화기금지	108 물체이동 금지

2. 시설물의 안전관리에 관한 특별법령에 제시된 등급별 정기안전점검의 실시 시기로 옳지 않은 것은?

① A등급인 경우 반기에 1회 이상이다.
② B등급인 경우 반기에 1회 이상이다.
③ C등급인 경우 1년에 3회 이상이다.
④ D등급인 경우 1년에 3회 이상이다.

안전 등급	정기 안전 점검	정밀안전점검		정밀 안전 진단	성능 평가
		건축물	건축물 외 시설물		
A등급	반기에 1회 이상	4년에 1회 이상	3년에 1회 이상	6년에 1회 이상	
B·C 등급		3년에 1회 이상	2년에 1회 이상	5년에 1회 이상	5년에 1회 이상
D·E 등급	1년에 3회 이상	2년에 1회 이상	1년에 1회 이상	4년에 1회 이상	

참고 시설물의 안전 및 유지관리에 관한 특별법 시행령 별표 3(안전점검, 정밀안전진단 및 성능평가의 실시시기)

3. 산업안전보건법령상 내전압용절연장갑의 성능기준에 있어 절연장갑의 등급과 최대사용전압이 옳게 연결된 것은? (단, 전압은 교류로 실효값을 의미한다.)

① 00등급 : 500V
② 0등급 : 1,500V
③ 1등급 : 11,250V
④ 2등급 : 25,500V

절연장갑의 등급		
등급	최대사용전압	
	교류(V, 실효값)	직류(V)
00	500	750
0	1,000	1,500
1	7,500	11,250
2	17,000	25,500
3	26,500	39,750
4	36,000	54,000

참고 보호구 안전인증 고시 별표 3【내전압용 절연장갑의 성능기준】

4. 다음 중 안전관리의 근본이념에 있어 그 목적으로 볼 수 없는 것은?

① 사용자의 수용도 향상
② 기업의 경제적 손실 예방
③ 생산성 향상 및 품질 향상
④ 사회복지의 증진

안전관리의 이념
1. 생산성의 향상과 재해로부터의 손실을 최소화하는 행위
2. 비능률적 요소인 재해가 발생하지 않는 상태를 유지하기 위한 활동
3. 재해로부터 인간의 생명과 재산을 보호하기 위한 체계적인 활동

해답 1 ③   2 ③   3 ①   4 ①

5. 다음 설명에 가장 적합한 조직의 형태는?

- 과제중심의 조직
- 특정과제를 수행하기 위해 필요한 자원과 재능을 여러 부서로부터 임시로 집중시켜 문제를 해결하고, 완료 후 다시 본래의 부서로 복귀하는 형태
- 시간적 유한성을 가진 일시적이고 잠정적인 조직

① 스탭(Staff)형 조직
② 라인(Line)식 조직
③ 기능(Functional)식 조직
④ 프로젝트(Project) 조직

프로젝트 조직
조직의 새로운 목적과 과제를 달성하기 위해 각 부서로부터 전문가를 차출하여 프로젝트를 진행하고 프로젝트가 마무리되면 원래 기능부서로 돌아가는 형태로 목적에 효율적인 조직으로 활용된다.

6. 통계적 재해원인분석방법 중 특성과 요인관계를 도표로 하여 어골상으로 세분화한 것으로 옳은 것은?

① 관리도
② cross도
③ 특성요인도
④ 파레토(Pareto)도

특성요인도의 뜻
1. 「특성」이란 다른 것과는 다른 특유의 성질을 말하며, 재해요인 분석에 있어서 「특성」이란 작업의 결과 나타나는 안전보건의 상황 가운데 재해요인을 포함한 문제점이라는 뜻이며, 사고의 형이나 재해의 현상으로 포착된다.
2. 「요인」이란 재해를 일으키게 된 직접원인 및 간접원인을 총칭하는 재해요인을 뜻한다.
3. 「특성요인도」는 특성과 요인관계도를 도표로 하여 어골상(魚骨狀)으로 나타내어 재해요인을 분석하는데 사용한다.

7. 근로자수가 400명, 주당 45시간씩 연간 50주를 근무하였고, 연간재해건수는 210건으로 근로손실일수가 800일이었다. 이 사업장의 강도율은 약 얼마인가? (단, 근로자의 출근율은 95%로 계산한다.)

① 0.42
② 0.52
③ 0.88
④ 0.94

$$강도율 = \frac{근로손실일수}{연평균근로총시간수} \times 1,000$$

$$강도율 = \frac{800}{(400 \times 45 \times 50) \times 0.95} \times 1,000 = 0.9356$$

8. 다음 중 재해조사를 할 때의 유의사항으로 가장 적절한 것은?

① 재발방지 목적보다 책임 소재 파악을 우선으로 하는 기본적 태도를 갖는다.
② 목격자 등이 증언하는 사실 이외의 추측하는 말도 신뢰성있게 받아들인다.
③ 2차 재해예방과 위험성에 대한 보호구를 착용한다.
④ 조사자의 전문성을 고려하여, 단독으로 조사하며, 사고 정황을 주관적으로 추정한다.

참고 재해조사 시 유의사항
1. 사실을 수집한다.
2. 목격자 등이 증언하는 사실 이외의 추측의 말은 참고한다.
3. 조사는 신속하게 행하고 긴급 조치하여, 2차 재해의 방지를 도모한다.
4. 사람, 기계 설비 양면의 재해 요인을 모두 도출한다.
5. 객관적인 입장에서 공정하게 조하며, 조사는 2인 이상이 한다.
6. 책임 추궁보다 재발 방지를 우선하는 기본 태도를 갖는다.
7. 피해자에 대한 구급 조치를 우선한다.
8. 2차 재해의 예방과 위험성에 대한 보호구를 착용한다.

9. 산업안전보건법령상 사업주가 안전관리자를 선임한 경우, 선임한 날부터 며칠 이내에 고용노동부장관에게 증명할 수 있는 서류를 제출하여야 하는가?

① 7일
② 14일
③ 30일
④ 60일

사업주는 안전관리자를 선임하거나 안전관리자의 업무를 안전관리전문기관에 위탁한 경우에는 고용노동부령으로 정하는 바에 따라 선임하거나 위탁한 날부터 14일 이내에 고용노동부장관에게 증명할 수 있는 서류를 제출하여야 한다.
참고 산업안전보건법 시행령 제16조【안전관리자의 선임 등】

10. 재해손실비 평가방식 중 시몬즈(Simonds)방식에서 재해의 종류에 관한 설명으로 옳지 않은 것은?

① 무상해사고는 의료조치를 필요로 하지 않은 상해 사고를 말한다.

② 휴업상해는 영구 일부 노동불능 및 일시전노동 불능 상해를 말한다.

③ 응급조치상해는 응급조치 또는 8시간이상의 휴업 의료 조치 상해를 말한다.

④ 통원상해는 일시 일부 노동불능 및 의사의 통원 조치를 요하는 상해를 말한다.

응급조치상해는 응급조치 등을 통해 8시간 이내에 업무에 복귀할 수 있는 상해를 말한다.

11. 위험예지훈련에 대한 설명으로 옳지 않은 것은?

① 직장이나 작업의 상황 속 잠재 위험요인을 도출한다.

② 행동하기에 앞서 위험요소를 예측하는 것을 습관화하는 훈련이다.

③ 위험의 포인트나 중점실시 사항을 지적 확인한다.

④ 직장 내에서 최대 인원의 단위로 토의하고 생각하며 이해한다.

위험예지훈련은 직장, 현장에서 팀 인원 5~6명 정도가 작업개시 전, 작업중, 작업완료시에 행하는 위험예지활동 또는 안전미팅을 말한다.

12. 산업안전보건법령상 건설업의 도급인 사업주가 작업장을 순회점검하여야 하는 주기로 올바른 것은?

① 1일에 1회 이상　　② 2일에 1회 이상

③ 3일에 1회 이상　　④ 7일에 1회 이상

도급사업시의 순회점검
도급인인 사업주는 작업장을 다음 각 호의 구분에 따라 순회점검하여야 한다.
1. 다음 각 목의 사업의 경우 : 2일에 1회 이상
　가. 건설업
　나. 제조업
　다. 토사석 광업
　라. 서적, 잡지 및 기타 인쇄물 출판업

　마. 음악 및 기타 오디오물 출판업
　바. 금속 및 비금속 원료 재생업
2. 제1호 각 목의 사업을 제외한 사업의 경우 : 1주일에 1회 이상
참고　산업안전보건법 시행규칙 제80조【도급사업 시의 안전·보건조치 등】

13. 산업안전보건법령상 안전보건관리규정에 포함해야 할 내용이 아닌 것은?

① 안전보건교육에 관한 사항

② 사고조사 및 대책수립에 관한 사항

③ 안전보건관리 조직과 그 직무에 관한 사항

④ 산업재해보상보험에 관한 사항

안전관리규정 포함내용
1. 안전·보건 관리조직과 그 직무에 관한 사항
2. 안전·보건교육에 관한 사항
3. 작업장 안전관리에 관한 사항
4. 작업장 보건관리에 관한 사항
5. 사고 조사 및 대책 수립에 관한 사항
6. 그 밖에 안전·보건에 관한 사항
참고　산업안전보건법 제25조【안전보건관리규정의 작성】

14. 다음에서 설명하는 무재해운동 추진기법으로 옳은 것은?

작업현장에서 그때 그 장소의 상황에 즉응하여 실시하는 위험예지활동으로서 즉시즉응법이라고도 한다.

① TBM(Tool Box Meeting)

② 삼각 위험예지 훈련

③ 자문자답카드 위험예지훈련

④ 터치 앤드 콜(Touch and call)

Tool Box Meeting이란 인원 5~6명 정도가 작업개시 전에 5~15분 정도, 작업중 5~10분 작업완료시에 3~5분 정도의 시간을 들여 현장에서 그 때의 상황에 적응하여 실시하는 위험예지활동으로 즉시 즉응법이라고 한다.

해답　10 ③　11 ④　12 ②　13 ④　14 ①

15. 재해의 원인 중 물적 원인(불안전한 상태)에 해당하지 않는 것은?

① 보호구 미착용
② 보호장치의 결함
③ 조명 및 환기 불량
④ 불량한 정리 정돈

> 보호구 미착용은 인적 원인(불안전한 행동)에 해당한다.

16. 산업안전보건법령상 양중기의 종류에 포함되지 않는 것은?

① 곤돌라　　　　② 호이스트
③ 컨베이어　　　④ 이동식 크레인

> **양중기의 종류**
> 1. 크레인[호이스트(hoist)를 포함한다]
> 2. 이동식 크레인
> 3. 리프트(이삿짐운반용 리프트의 경우에는 적재하중이 0.1톤 이상인 것으로 한정한다)
> 4. 곤돌라
> 5. 승강기(최대하중이 0.25톤 이상인 것으로 한정한다)
> **참고** 산업안전보건기준에 관한 규칙 제132조【양중기】

17. 산업안전보건법령상 공사 금액이 얼마 이상인 건설업 사업장에서 산업안전보건위원회를 설치·운영하여야 하는가?

① 80억원　　　　② 120억원
③ 250억원　　　④ 700억원

18. 산업안전보건법령상 자율안전확인대상 기계·기구등에 포함되지 않는 것은?

① 곤돌라
② 연삭기
③ 컨베이어
④ 자동차정비용 리프트

> ①항, 곤돌라는 안전인증대상 기계·기구등에 해당한다.
> **자율안전확인대상 기계·기구 및 설비**
> 가. 연삭기 또는 연마기(휴대형은 제외한다)
> 나. 산업용 로봇
> 다. 혼합기
> 라. 파쇄기 또는 분쇄기
> 마. 식품가공용기계(파쇄·절단·혼합·제면기만 해당한다)
> 바. 컨베이어
> 사. 자동차정비용 리프트
> 아. 공작기계(선반, 드릴기, 평삭·형삭기, 밀링만 해당한다)
> 자. 고정형 목재가공용기계(둥근톱, 대패, 루타기, 띠톱, 모떼기 기계만 해당한다)
> 차. 인쇄기
> 카. 기압조절실(chamber)
> **참고** 산업안전보건법 시행령 제28조의 5【자율안전확인대상 기계·기구등】

19. 사고예방대책의 기본원리 5단계 중 제2단계인 사실의 발견에 관한 사항으로 옳지 않은 것은?

① 사고조사
② 안전회의 및 토의
③ 교육과 훈련의 분석
④ 사고 및 안전활동기록의 검토

> ③항, 교육과 훈련의 분석은 제3단계 분석에 해당한다.

제1단계	제2단계	제3단계
안전 조직	사실의 발견	분석
• 경영층의 참여 • 안전관리자의 임명 • 안전의 라인(line) 및 참모조직 • 안전활동 방침 및 계획수립 • 조직을 통한 안전활동	• 사고 및 활동 기록의 검토 • 작업분석 • 안전점검 • 사고조사 • 각종 안전회의 및 토의회 • 종업원의 건의 및 여론조사	• 사고보고서 및 현장조사 • 사고기록 • 인적 물적조건 • 작업공정 • 교육 및 훈련 관계 • 안전수칙 및 기타

제4단계	제5단계
시정방법의 선정	시정책의 적용
• 기술의 개선 • 인사조정 • 교육 및 훈련 개선 • 안전기술의 개선 • 규정 및 수칙의 개선 • 이행의 감독 체제 강화	• 교육 • 기술 • 독려 • 목표설정 실시 • 재평가 • 시정(후속 조치)

20. 산업안전보건법령에 따른 안전검사 대상 유해·위험 기계등에 포함되지 않는 것은?

① 리프트
② 전단기
③ 압력용기
④ 밀폐형 구조 롤러기

> **안전검사 대상 유해·위험기계등**
> 1. 프레스
> 2. 전단기
> 3. 크레인(정격 하중이 2톤 미만인 것은 제외한다)
> 4. 리프트
> 5. 압력용기
> 6. 곤돌라
> 7. 국소 배기장치(이동식은 제외한다)
> 8. 원심기(산업용만 해당한다)
> 9. 화학설비 및 그 부속설비
> 10. 건조설비 및 그 부속설비
> 11. 롤러기(밀폐형 구조는 제외한다)
> 12. 사출성형기[형 체결력(型 締結力) 294킬로뉴턴(kN) 미만은 제외한다]
> 13. 고소작업대「자동차관리법」에 따른 화물자동차 또는 특수자동차에 탑재한 고소작업대(高所作業臺)로 한정한다]
> 14. 컨베이어
> 15. 산업용 로봇
> **참고** 산업안전보건법 시행령 제28조의 6 【안전검사 대상 유해·위험기계등】

■■■ **제2과목 산업심리 및 교육**

21. 리더의 기능수행과 리더로서의 지위 획득 및 유지가 리더 개인의 성격이나 자질에 의존한다는 리더십 이론은?

① 행동이론   ② 상황이론
③ 관리이론   ④ 특성이론

> **특성이론**
> 리더가 될 수 있는 고유한 개인적 자질 또는 특성이 존재한다는 가정 하에 리더의 외양이나 개인적 개성에서 공통적인 특성을 찾아내고자 하는 리더십 연구

22. 직무분석을 위한 자료수집 방법에 관한 설명으로 맞는 것은?

① 관찰법은 직무의 시작에서 종료까지 많은 시간이 소요되는 직무에 적용하기 쉽다.
② 면접법은 자료의 수집에 많은 시간과 노력이 들고, 수량화된 정보를 얻기가 힘들다.
③ 중요사건법은 일상적인 수행에 관한 정보를 수집하므로 해당 직무에 대한 포괄적인 정보를 얻을 수 있다.
④ 설문지법은 많은 사람들로부터 짧은 시간내에 정보를 얻을 수 있으며, 양적인 자료보다 질적인 자료를 얻을 수 있다.

> ①항, 관찰법은 수동적이고 표준화되어 있고 작업주기가 짧은 직무에 적합한 직무분석 기법이다.
> ③항, 중요사건법은 반복적이거나 일상적이지 않은 행동을 이해하는데 장점이 있다.
> ④항, 설문지법은 넓게 적용할 수 있고 다른 직무에 대한 자료 비교는 쉬우나 질보다 양적인 자료에 치우친다.

23. 생활하고 있는 현실적인 장면에서 당면하는 여러 문제들에 대한 해결방안을 찾아내는 것으로 지식, 기능, 태도, 기술 등을 종합적으로 획득하도록 하는 학습방법으로 옳은 것은?

① 롤 플레잉(Role Playing)
② 문제법(Problem Method)
③ 버즈 세션(Buzz session)
④ 케이즈 메소드(Case Method)

> 1. 문제법(problem method) : 실존하는 문제점을 해결하는 과정을 통해 지식, 기능, 태도에 필요한 요소들을 학습하는 교육방법이다.
> 2. 문제법의 단계 : 첫째 문제의 인식, 둘째 해결방법의 연구계획, 셋째 자료의 수집, 넷째 해결방법의 실시, 다섯째 정리와 결과의 검토단계

해답 20 ④   21 ④   22 ②   23 ②

24. 교재의 선택 기준으로 옳지 않은 것은?

① 정적이며 보수적이어야 한다.
② 사회성과 시대성에 걸맞은 것이어야 한다.
③ 설정된 교육목적을 달성할 수 있는 것이어야 한다.
④ 교육대상에 따라 흥미, 필요, 능력 등에 적합해야 한다.

좋은 교재는 교육의 목표, 내용 등의 내적요소와 학습자, 학습환경 등의 외적요소가 서로 상호작용을 할 수 있도록 상황에 맞는 능동적인 학습자료가 되어야 한다.

25. 안전교육방법 중 수업의 도입이나 초기단계에 적용하며, 많은 인원에 대하여 단시간에 많은 내용을 동시 교육하는 경우에 사용되는 방법으로 가장 적절한 것은?

① 시범
② 반복법
③ 토의법
④ 강의법

강의식 교육방법은 교육 자료와 순서에 의해 지식 전달을 주요 목표로 하고 단시간에 많은 내용을 교육하는 경우에 적절한 방법이다.

26. 인간 부주의의 발생원인 중 외적 조건에 해당하지 않는 것은?

① 작업조건 불량
② 작업순서 부적당
③ 경험 부족 및 미숙련
④ 환경조건 불량

부주의 발생원인 및 대책

외적 원인 및 대책	내적 원인 및 대책
• 작업, 환경조건 불량 : 환경정비 • 작업순서의 부적당 : 작업 순서의 정비	• 소질적(작업) 조건 : 적성배치 • 의식의 우회 : 상담(counseling) • 경험, 미경험 : 교육 • 작업순서의 부자연성 : 인간 공학적 접근방법

27. 합리화의 유형 중 자기의 실패나 결함을 다른 대상에게 책임을 전가시키는 유형으로, 자신의 잘못에 대해 조상 탓을 하거나 축구 선수가 공을 잘못 찬 후 신발 탓을 하는 등에 해당하는 것은?

① 망상형
② 신포도형
③ 투사형
④ 달콤한 레몬형

투사(投射 : projection)
방어기제(defense mechanism)의 하나로 자신이 용납할 수 없는 욕구를 남의 탓으로 책임전가시킴으로써 자기 열등감에서 탈피하려는 기제이다.

28. 인간의 경계(vigilance)현상에 영향을 미치는 조건의 설명으로 가장 거리가 먼 것은?

① 작업시작 직후의 검출률이 가장 낮다.
② 오래 지속되는 신호는 검출률이 높다.
③ 발생빈도가 높은 신호는 검출률이 높다.
④ 불규칙적인 신호에 대한 검출률이 낮다.

①항, 작업시작 30~40분후 검출능력은 50% 이하로 저하된다.

29. 아담스(Adams)의 형평이론(공평성)에 대한 설명으로 틀린 것은?

① 성과(outcome)란 급여, 지위, 인정 및 기타 부가 보상 등을 의미한다.
② 투입(input)이란 일반적인 자격, 교육수준, 노력 등을 의미한다.
③ 작업동기는 자신의 투입대비 성과결과만으로 비교한다.
④ 지각에 기초한 이론이므로 자기 자신을 지각하고 있는 사람을 개인(person)이라 한다.

③항, 작업동기는 자신과 비교의 대상이 되는 개인이나 집단의 투입, 산출의 비를 비교하여 공정성을 인지함으로써 발생한다.

30. 교육훈련을 통하여 기업의 차원에서 기대할 수 있는 효과로 옳지 않은 것은?

① 리더십과 의사소통기술이 향상된다.
② 작업시간이 단축되어 노동비용이 감소된다.
③ 인적자원의 관리비용이 증대되는 경향이 있다.
④ 직무만족과 직무충실화로 인하여 직무태도가 개선된다.

③항, 적절한 교육훈련은 인적자원의 관리비용을 감소시킬 수 있다.

31. 집단 간의 갈등 요인으로 옳지 않은 것은?

① 욕구 좌절
② 제한된 자원
③ 집단간의 목표 차이
④ 동일한 사안을 바라보는 집단간의 인식 차이

집단 간의 갈등 요인
1. 상호의존성(자원의 사용)   2. 목표의 차이
3. 지각(인식)의 차이   4. 행동의 차이

32. 스텝 테스트, 슈나이더 테스트는 어떠한 방법의 피로 판정 검사인가?

① 타액검사   ② 반사검사
③ 전신적 관찰   ④ 심폐검사

스텝 테스트, 슈나이더 테스트는 운동을 통해 산소소모량을 측정하는 심폐검사 방법이다.

33. 안전교육 시 강의안의 작성 원칙에 해당되지 않는 것은?

① 구체적   ② 논리적
③ 실용적   ④ 추상적

강의안 작성의 원칙
1. 구체적으로   2. 논리적으로
3. 명확하게   4. 독창적으로
5. 재미있게

34. S-R이론 중에서 긍정적 강화, 부정적 강화, 처벌 등이 이론의 원리에 속하며, 사람들이 바람직한 경과를 이끌어 내기 위해 단지 어떤 자극에 대해 수동적으로 반응하는 것이 아니라 환경상의 어떤 능동적인 행위를 한다는 이론으로 옳은 것은?

① 파블로프(Pavlov)의 조건반사설
② 손다이크(Thorndike)의 시행착오설
③ 스키너(Skinner)의 조작적 조건화설
④ 구쓰리에(Guthrie)의 접근적 조건화설

스키너의 조작적 조건화설
자극에 의해 유발된 반응보다 유기체에 의해 스스로 방출된다는 이론을 바탕으로 한다. 특정 행동이나 반응을 더욱 빈번하게 일어나도록 작동적 개념을 도입하여 자극이나 보상을 함으로써 반응을 강화한다는 이론이다.

35. 산업안전보건법령상 산업안전·보건 관련 교육과정별 교육시간 중 교육대상별 교육시간이 맞게 연결된 것은?

① 일용근로자의 채용 시 교육 : 2시간 이상
② 일용근로자의 작업내용 변경 시 교육 : 1시간 이상
③ 사무직 종사 근로자의 정기교육: 매분기 2시간 이상
④ 관리감독자의 지위에 있는 사람의 정기교육 : 연간 6시간 이상

교육과정	교육대상		교육시간
정기 교육	사무직 종사 근로자		매분기 3시간 이상
	사무직 종사 근로자 외의 근로자	판매업무에 직접 종사하는 근로자	매분기 3시간 이상
		판매업무에 직접 종사하는 근로자 외의 근로자	매분기 6시간 이상
	관리감독자의 지위에 있는 사람		연간 16시간 이상
채용시의 교육	일용근로자		1시간 이상
	일용근로자를 제외한 근로자		8시간 이상

해답 **30** ③ **31** ① **32** ④ **33** ④ **34** ③ **35** ②

36. 안전교육의 3단계 중, 현장실습을 통한 경험체득과 이해를 목적으로 하는 단계는?

① 안전지식교육 ② 안전기능교육
③ 안전태도교육 ④ 안전의식교육

안전교육의 3단계
1. 제1단계 : 지식교육이란 강의, 시청각 교육을 통한 지식의 전달과 이해하는 단계
2. 제2단계 : 기능교육이란 시범, 견학, 실습, 현장실습교육을 통한 경험 체득과 이해를 한다.
3. 제3단계 : 태도교육이란 작업동작지도, 생활지도 등을 통한 안전의 습관화를 한다.

37. 실제로는 움직임이 없으나 시각적으로 움직임이 있는 것처럼 느끼는 심리적 현상으로 옳은 것은?

① 잔상 효과 ② 가현 운동
③ 후광 효과 ④ 기하학적 착시

가현운동(apparent movement)

구분	내용
자동운동	암실 내에서 정지된 소 광점을 응시하고 있으면 그 광점의 움직임을 볼 수 있는데 이것을 자동운동이라 한다.
유도운동	실제로는 움직이지 않는 것이 어느 기준의 이동에 유도되어 움직이는 것처럼 느껴지는 현상
β운동	객관적으로 정지하고 있는 대상물이 급속히 나타난다거나 소멸하는 것으로 인하여 일어나는 운동으로 마치 대상물이 운동하는 것처럼 인식되는 현상(영화 영상의 방법)

38. 조직 구성원의 태도는 조직성과와 밀접한 관계가 있다. 태도(attitude)의 3가지 구성요소에 포함되지 않는 것은?

① 인지적 요소 ② 정서적 요소
③ 행동경향 요소 ④ 성격적 요소

태도(attitude)의 구성요소
1. 인지적 요소 : 어떤 대상에 대한 개인의 주관적 지식·신념
2. 감정적(정서적) 요소 : 대상에 대한 긍정적, 부정적 느낌
3. 행동경향적 요소 : 대상에 대한 행동성향

39. 작업 환경에서 물리적인 작업조건보다는 근로자의 심리적인 태도 및 감정이 직무수행에 큰 영향을 미친다는 결과를 밝혀낸 대표적인 연구로 옳은 것은?

① 호손 연구 ② 플래시보 연구
③ 스키너 연구 ④ 시간-동작 연구

호손 실험(Hawthorne Experiment)
엘튼 메이요(Elton Mayor)가 호손의 공장에서 실행한 실험으로 조직에 있어서 물리적 조건보다 인간의 사회심리적 변화가 생산능률에 변화를 가져온다는 연구결과를 가져왔다.

40. 심리검사 종류에 관한 설명으로 맞는 것은?

① 성격 검사 : 인지능력이 직무수행을 얼마나 예측하는지 측정한다.
② 신체능력 검사 : 근력, 순발력, 전반적인 신체조정 능력, 체력 등을 측정한다.
③ 기계적성 검사 : 기계를 다루는데 있어 예민성, 색채 시각, 청각적 예민성을 측정한다.
④ 지능 검사 : 제시된 진술문에 대하여 어느 정도 동의하는지에 관해 응답하고, 이를 척도점수로 측정한다.

참고 심리학적 검사 분류
1. 직업적성 검사   2. 지능(intelligence) 검사
3. 성격 또는 흥미(interest)검사   4. 인간성(personality)

■■■■ 제3과목 인간공학 및 시스템안전공학

41. FT도에 사용하는 기호에서 3개의 입력현상중 임의의 시간에 2개가 발생하면 출력이 생기는 기호의 명칭은?

① 억제 게이트
② 조합 AND 게이트
③ 배타적 OR 게이트
④ 우선적 AND 게이트

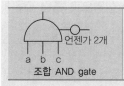

언제나 2개 a b c 조합 AND gate	3개 이상의 입력사상 가운데 어느 것이던 2개가 일어나면 출력 사상이 생긴다.

42. 고장형태와 영향분석(FMEA)에서 평가요소로 틀린 것은?

① 고장발생의 빈도
② 고장의 영향 크기
③ 고장방지의 가능성
④ 기능적 고장 영향의 중요도

> **FMEA 고장 평점을 결정하는 5가지 평가요소**
> 고장등급의 평가(평점)로는 각 Item의 고장 Mode가 어느 정도 치명적인가를 종합적으로 평가하기 위해 중요도 혹은 C_r를 식을 사용하여 평가한다.
>
> $$C_r = C_1 \cdot C_2 \cdot C_3 \cdot C_4 \cdot C_5$$
>
> 여기서, C_1 : 고장영향의 중대도
> C_4 : 고장방지의 곤란도(가능성)
> C_2 : 고장의 발생빈도
> C_5 : 고장 시정시간의 여유도
> C_3 : 고장 검출의 곤란도

43. 소음방지 대책에 있어 가장 효과적인 방법은?

① 음원에 대한 대책
② 수음자에 대한 대책
③ 전파경로에 대한 대책
④ 거리감쇠와 지향성에 대한 대책

> **참고** **소음대책**
> 1. 소음원의 통제 : 기계의 적절한 설계, 적절한 정비 및 주유, 기계에 고무 받침대(mounting)부착, 차량에는 소음기(muffler)사용
> 2. 소음의 격리 : 씌우개(enclosure), 방, 장벽을 사용(집의 창문을 닫으면 약 10dB 감음됨)
> 3. 차폐장치(baffle) 및 흡음재료 사용
> 4. 음향처리제(acoustical treatment) 사용
> 5. 적절한 배치(layout)
> 6. 방음보호구 사용 : 개인-귀마개(이전)(2,000Hz에서 20dB, 4,000Hz에서 25dB 차음 효과), 기계-차단벽, 소음기, 흡음제 사용
> 7. BGM(back ground music)) : 배경음악(60±3dB), 긴장 완화와 안정감. 작업 종류에 따른 리듬의 일치가 중요(정신노동-연주곡)

44. 그림과 같이 7개의 부품으로 구성된 시스템의 신뢰도는 약 얼마인가? (단, 네모안의 숫자는 각 부품의 신뢰도이다.)

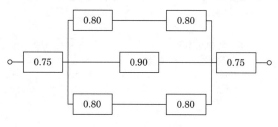

① 0.5552
② 0.5427
③ 0.6234
④ 0.9740

$$= 0.75 \times \{1 - (1 - 0.8^2)(1 - 0.9)(1 - 0.8^2)\} \times 0.75$$
$$= 0.75^2 \times \{1 - (1 - 0.8^2)^2(1 - 0.9)\}$$
$$= 0.5552$$

45. 산업안전보건법령에 따라 유해위험방지 계획서의 제출대상 사업은 해당 사업으로서 전기 계약용량이 얼마 이상인 사업인가?

① 150kW
② 200kW
③ 300kW
④ 500kW

> 유해·위험방지 계획서 제출대상 사업은 다음 각 호의 어느 하나에 해당하는 사업으로서 전기 계약용량이 300킬로와트 이상인 사업을 말한다.
> 1. 금속가공제품(기계 및 가구는 제외한다) 제조업
> 2. 비금속 광물제품 제조업
> 3. 기타 기계 및 장비 제조업
> 4. 자동차 및 트레일러 제조업
> 5. 식료품 제조업
> 6. 고무제품 및 플라스틱제품 제조업
> 7. 목재 및 나무제품 제조업
> 8. 기타 제품 제조업
> 9. 1차 금속 제조업
> 10. 가구 제조업
> 11. 화학물질 및 화학제품 제조업
> 12. 반도체 제조업
> 13. 전자부품 제조업
> **참고** 산업안전보건법 시행령 제42조【유해·위험방지계획서 제출 대상】

해답 42 ② 43 ① 44 ① 45 ③

46. 화학설비에 대한 안정성 평가(safety assessment) 에서 정량적 평가 항목이 아닌 것은?

① 습도 　　　　② 온도
③ 압력 　　　　④ 용량

정량적 평가 항목
1. 당해 화학설비의 취급물질　　2. 용량
3. 온도　　　　　　　　　　　　4. 압력
5. 조작

47. 인간의 오류모형에서 "알고 있음에도 의도적으로 따르지 않거나 무시한 경우"를 무엇이라 하는가?

① 실수(Slip)
② 착오(Mistake)
③ 건망증(Lapse)
④ 위반(Violation)

1. 실수(Slip) : 상황이나 목표의 해석은 정확하나 의도와는 다른 행동을 한 경우
2. 착오(Mistake) : 주관적 인식(主觀的 認識)과 객관적 실재(客觀的 實在)가 일치하지 않는 것
3. 건망증(Lapse) : 기억장애의 하나로 잘 기억하지 못하거나 잊어버리는 정도
4. 위반(Violation) : 알고 있음에도 의도적으로 법, 규칙 등을 무시하는 경우

48. 아령을 사용하여 30분간 훈련한 후, 이두근의 근육 수축작용에 대한 전기적인 신호 데이터를 모았다. 이 데이터들을 이용하여 분석할 수 있는 것은 무엇인가?

① 근육의 질량과 밀도
② 근육의 활성도와 밀도
③ 근육의 피로도와 크기
④ 근육의 피로도와 활성도

근육이 수축하기 위해서는 에너지가 필요하므로 근육 수축작용에 대한 전기적 신호 데이터는 근육 활동 에너지를 통해 피로도와 활성도를 분석할 수 있다.

49. 신체부위의 운동에 대한 설명으로 틀린 것은?

① 굴곡(flexion)은 부위간의 각도가 증가하는 신체의 움직임을 의미한다.
② 외전(abduction)은 신체 중심선으로부터 이동하는 신체의 움직임을 의미한다.
③ 내전(adduction)은 신체의 외부에서 중심선으로 이동하는 신체의 움직임을 의미한다.
④ 외선(lateral rotation)은 신체의 중심선으로부터 회전하는 신체의 움직임을 의미한다.

굴곡(flexion)은 관절에서의 각도가 감소하는 신체 부분 동작을 말한다.

50. 공정안전관리(process safety management : PSM)의 적용대상 사업장이 아닌 것은?

① 복합비료 제조업
② 농약 원제 제조업
③ 차량 등의 운송설비업
④ 합성수지 및 기타 플라스틱물질 제조업

공정안전보고서의 제출 대상
1. 원유 정제처리업
2. 기타 석유정제물 재처리업
3. 석유화학계 기초화학물질 제조업 또는 합성수지 및 기타 플라스틱물질 제조업. 다만, 합성수지 및 기타 플라스틱물질 제조업은 별표 10의 제1호 또는 제2호에 해당하는 경우로 한정한다.
4. 질소 화합물, 질소·인산 및 칼리질 화학비료 제조업 중 질소질 화학비료 제조업
5. 복합비료 및 기타 화학비료 제조업 중 복합비료 제조업(단순 혼합 또는 배합에 의한 경우는 제외한다)
6. 화학 살균·살충제 및 농업용 약제 제조업(농약 원제 제조만 해당한다)
7. 화약 및 불꽃제품 제조업
참고 산업안전보건법 시행령 제43조 【공정안전보고서의 제출 대상】

51. 어떤 결함수를 분석하여 minimal cut set을 구한 결과 다음과 같았다. 각 기본사상의 발생확률을 = 1, 2, 3라 할 때, 정상사상의 발생확률함수로 맞는 것은?

[다음]
$k_1 = [1, 2], k_2 = [1, 3], k_3 = [2, 3]$

① $q_1q_2 + q_1q_2 - q_2q_3$
② $q_1q_2 + q_1q_3 - q_2q_3$
③ $q_1q_2 + q_1q_3 + q_2q_3 - q_1q_2q_3$
④ $q_1q_2 + q_1q_3 + q_2q_3 - 2q_1q_2q_3$

발생확률 조건식
$q = 1 - (1-X_1X_2)(1-X_1X_3)(1-X_2X_3)$ 에서 불대수를 사용하여 전개
$[A \cdot A = A]$
$q = 1 - (1-X_1X_2)(1-X_1X_3)(1-X_2X_3)$
$= 1 - (1-X_1X_2-X_1X_3+1-X_1X_1X_2X_3)(1-X_2X_3)$
$= 1 - (1-X_1X_2-X_1X_3+1-X_1X_2X_3)(1-X_2X_3)$
$= 1 - (1-X_1X_2-X_1X_3+X_1X_2X_3-X_2X_3+X_1X_2X_2X_3$
$\quad +X_1X_2X_3X_3-X_1X_2X_2X_3X_3)$
$= 1 - (1-X_1X_2-X_1X_3+X_1X_2X_3-X_2X_3+X_1X_2X_3$
$\quad +X_1X_2X_3-X_1X_2X_3)$
$= 1 - (1-X_1X_2-X_1X_3-X_2X_3+2X_1X_2X_3)$
$= 1-1+X_1X_2+X_1X_3+X_2X_3-2X_1X_2X_3$
$= X_1X_2+X_1X_3+X_2X_3-2X_1X_2X_3$
$= q_1q_2+q_1q_3+q_1q_3-2q_1q_2q_3$

52. n개의 요소를 가진 병렬 시스템에 있어 요소의 수명을 구하는 식으로 맞는 것은?

① $MTTF \times n$
② $MTTF \times \dfrac{1}{n}$
③ $MTTF \left(1 + \dfrac{1}{2} + \cdots + \dfrac{1}{n}\right)$
④ $MTTF \left(1 \times \dfrac{1}{2} \times \cdots \times \dfrac{1}{n}\right)$

1. 직렬계
   계의 수명 = $\dfrac{MTTF}{n}$
2. 병렬계
   계의 수명 = $MTTF \left(1 + \dfrac{1}{2} + \cdots + \dfrac{1}{n}\right)$
   여기서, $MTTF$: 평균고장시간
   n : 직렬 및 병렬계의 구성요소

53. 결함수분석의 기대효과와 가장 관계가 먼 것은?

① 시스템의 결함 진단
② 시간에 따른 원인 분석
③ 사고원인 규명의 간편화
④ 사고원인 분석의 정량화

결함수 분석법(FTA)의 활용 및 기대효과
1. 사고원인 규명의 간편화　　2. 사고원인 분석의 일반화
3. 사고원인 분석의 정량화　　4. 노력시간의 절감
5. 시스템의 결함 진단　　　　6. 안전점검표 작성

54. 인간 전달 함수(Human Transfer Function)의 결점이 아닌 것은?

① 입력의 협소성　　　② 시점적 제약성
③ 정신운동의 묘사성　④ 불충분한 직무 묘사

인간 전달함수의 단점
1. 입력의 협소성　　　　　　2. 시점적 제약성
3. 불충분한 직무 묘사

55. 다음과 같은 실내 표면에서 일반적으로 추천반사율의 크기를 맞게 나열한 것은?

[다음]
㉠ 바닥　　㉡ 천정　　㉢ 가구　　㉣ 벽

① ㉠ < ㉣ < ㉢ < ㉡　　② ㉣ < ㉠ < ㉡ < ㉢
③ ㉠ < ㉢ < ㉣ < ㉡　　④ ㉣ < ㉡ < ㉠ < ㉢

해답 51 ④　52 ③　53 ②　54 ③　55 ③

56. 인간공학에 대한 설명으로 틀린 것은?

① 인간이 사용하는 물건, 설비, 환경의 설계에 적용된다.
② 인간을 작업과 기계에 맞추는 설계 철학이 바탕이 된다.
③ 인간 – 기계 시스템의 안정성과 편리성, 효율성을 높인다.
④ 인간의 생리적, 심리적인 면에서의 특성이나 한계점을 고려한다.

인간공학은 인간이 만들어 사용하는 물건, 기구 또는 환경을 설계하는 과정에서 인간을 고려하여 주는 데 주목적을 가지고 있다.

57. 정성적 표시장치의 설명으로 틀린 것은?

① 정성적 표시장치의 근본 자료 자체는 정량적인 것이다.
② 전력계에서와 같이 기계적 혹은 전자적으로 숫자가 표시된다.
③ 색채 부호가 부적합한 경우에는 계기판 표시 구간을 형상 부호화하여 나타낸다.
④ 연속적으로 변하는 변수의 대략적인 값이나 변화 추세, 변화율 등을 알고자 할 때 사용된다.

전력계와 같이 숫자가 표시되는 계수(digital)형은 정량적 표시장치이다.

58. 착석식 작업대의 높이 설계를 할 경우 고려해야 할 사항과 가장 관계가 먼 것은?

① 의자의 높이   ② 대퇴 여유
③ 작업의 성격   ④ 작업대의 형태

작업대 높이 설계시 고려사항
1. 작업의 성격(정밀작업, 거친작업 등)   2. 의자의 높이
3. 작업대 두께   4. 대퇴 여유

59. 음량수준을 평가하는 척도와 관계없는 것은?

① HSI   ② phon
③ dB   ④ sone

HSI(Heat stress index)는 열압박 지수로 온도환경과 관련된 지수이다.

60. 빨강, 노랑, 파랑의 3가지 색으로 구성된 교통신호등이 있다. 신호등은 항상 3가지 색 중 하나가 켜지도록 되어 있다. 1시간 동안 조사한 결과, 파란등은 총 30분 동안, 빨간등과 노란등은 각각 총 15분 동안 켜진 것으로 나타났다. 이 신호등의 총 정보량은 몇 bit인가?

① 0.5   ② 0.75
③ 1.0   ④ 1.5

$$H_{av} = \sum_{i=1}^{N} p_i \log_2 \frac{1}{p_i}$$
$$H_{av} = \frac{1}{2}\log_2 \frac{1}{1/2} + \frac{1}{4}\log_2 \frac{1}{1/4} + \frac{1}{4}\log_2 \frac{1}{1/4}$$
$$= \frac{1}{2}\log_2 2 + \left(\frac{1}{4}\log_2 4\right) \times 2 = 1.5$$

■■■■ 제4과목 건설시공학

61. 강말뚝의 특징에 관한 설명으로 옳지 않은 것은?

① 휨강성이 크고 자중이 철근콘크리트말뚝보다 가벼워 운반취급이 용이하다.
② 강재이기 때문에 균질한 재료로서 대량생산이 가능하고 재질에 대한 신뢰성이 크다.
③ 표준관입시험 N값 50정도의 경질지반에도 사용이 가능하다.
④ 지중에서 부식되지 않으며 타 말뚝에 비하여 재료비가 저렴한 편이다.

해답 56 ② 57 ② 58 ④ 59 ① 60 ④ 61 ④

강관말뚝지정의 장점, 단점	
장점	단점
· 깊은 지지층까지 박을 수 있다. · 경량이므로 운반취급이 편리하다 · 휨모멘트 저항이 크고 길이조절이 가능하다. · 말뚝의 절단가공 및 현장 용접이 가능하다. · 중량이 가볍고, 단면적이 작다. · 강한타격에도 견디며 다져진 중간지층의 　관통도 가능하다. · 지지력이 크고 이음이 안전하고 강하여 　장척이 가능하다.	· 재료비가 비싸다. · 부식되기 쉽다.

62. 바닥판 거푸집의 구조계산 시 고려해야하는 연직하중에 해당하지 않는 것은?

① 굳지 않은 콘크리트의 중량
② 작업하중
③ 충격하중
④ 굳지 않은 콘크리트의 측압

연직하중이란 수평거푸집을 말하는 것으로 바닥판, 보의 밑면 거푸집, 계단거푸집 등에 작용하는 하중을 말하며 이때 고려해야할 하중은
1. 생콘크리트 중량　　　　　2. 작업하중
3. 충격하중

63. 원가절감에 이용되는 기법 중 VE(Value Engineering)에서 가치를 정의하는 공식은?

① 품질/비용　　　　② 비용/기능
③ 기능/비용　　　　④ 비용/품질

VE(가치공학)
$$V(\text{Value, 가치}) = \frac{F(\text{Function, 기능})}{C(\text{Cost, 비용})}$$

64. 실비에 제한을 붙이고 시공자에게 제한된 금액이내에 공사를 완성할 책임을 주는 공사방식은?

① 실비 비율 보수가산식
② 실비 정액 보수 가산식
③ 실비 한정비율 보수가산식
④ 실비 준동률 보수가산식

③항, 실비 한정비율 보수가산식은 실비정산보수 가산도급방식으로 실비를 한정하고 그에 가산된 총공사비를 지불하는 방식이다.

65. 그림과 같이 H-400×400×30×50인 형강재의 길이가 10m 일 때 이 형강의 개산 중량으로 가장 가까운 값은? (단, 철의 비중은 7.85ton/m³임)

① 1ton
② 4ton
③ 8ton
④ 12ton

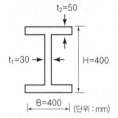

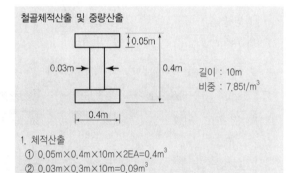

철골체적산출 및 중량산출

1. 체적산출
① 0.05m×0.4m×10m×2EA=0.4m³
② 0.03m×0.3m×10m=0.09m³
①＋②=0.49m³
2. 중량산출 : 0.49×7.85ton=3.85ton

66. 다음 보기에서 일반적인 철근의 조립순서로 옳은 것은?

[보기]
A. 계단철근　　B. 기둥철근
C. 벽철근　　　D. 보철근　　　E. 바닥철근

① A-B-C-D-E　　　② B-C-D-E-A
③ A-B-C-E-D　　　④ B-C-A-D-E

철근콘크리트조 조립순서
기초 → 기둥 → 벽 → 보 → 슬라브 → 계단

해답　62 ④　　63 ③　　64 ③　　65 ②　　66 ②

67. 깊이 7m 정도의 우물을 파고 이곳에 수중모터펌프를 설치하여 지하수를 양수하는 배수공법으로 지하용수량이 많고 투수성이 큰 사질지반에 적합한 것은?

① 집수정(sump pit)공법
② 깊은 우물(deep well)공법
③ 웰 포인트(well point)공법
④ 샌드 드레인(sand drain)공법

> **깊은 우물(deep well)공법**
> 깊이 약 7m 이상의 우물을 파고 지하수를 이곳으로 모아서 수중 모터펌프로 지하수를 양수하는 방법

68. 벽돌, 블록 등 조적공사에서 일반적으로 가장 많이 이용되는 치장줄눈 형태는?

① 평줄눈
② 볼록줄눈
③ 오목줄눈
④ 민줄눈

> 조적공사에서 가장 많이 사용하는 줄눈은 평줄눈이다.

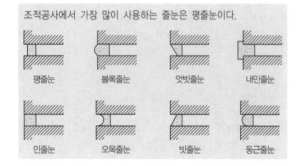

평줄눈　볼록줄눈　엇빗줄눈　내민줄눈
민줄눈　오목줄눈　빗줄눈　둥근줄눈

69. 철골작업용 장비 중 절단용 장비로 옳은 것은?

① 프릭션 프레스(friction press)
② 플레이트 스트레이닝 롤(plate straining roll)
③ 파워 프레스(power press)
④ 핵 소우(hack saw)

> 철골 절단용 장비는 핵소우를 사용한 톱절단과 가스절단이 주로 사용된다.
> ①항, 프릭션 프레스 : 회전운동을 이용한 마찰 소성 가공장치
> ②항, 플레이트 스트레이닝 롤 : 강판의 변형을 바로잡는 장치
> ③항, 파워 프레스 : 동력을 활용한 소성 가공장치

70. 어스앵커 공법에 관한 설명으로 옳지 않은 것은?

① 인근구조물이나 지중매설물에 관계없이 시공이 가능하다 .
② 앵커체가 각각의 구조체이므로 적용성이 좋다.
③ 앵커에 프리스트레스를 주기 때문에 흙막이벽의 변형을 방지하고 주변 지반의 침하를 최소한으로 억제할 수 있다.
④ 본 구조물의 바닥과 기둥의 위치에 관계없이 앵커를 설치할 수도 있다.

어스앵커공법	
개요	흙막이벽의 배면 흙속에 앵커체를 삽입하여 흙막이를 지지하는 공법
이점	• 버팀대가 없기 때문에 굴착하는 공간을 넓게 활용 • 대형기계의 반입이 용이 • 작업공간이 좁은 곳에서도 시공가능 • 공기단축이 용이
주의점	• 주변대지 사용시 민원인의 동의가 필요 • 인접구조물이나 지중구조물이 있을 경우 시공이 곤란하다. • 어스앵커 정착장 부위가 토질이 불확실한 경우는 위험 • 지하수위가 높은 경우는 시공 중 지하수위 저하 우려

71. 건설현장에서 시멘트벽돌쌓기 시공 중에 붕괴사고가 가장 많이 일어날 것으로 예상할 수 있는 경우는?

① 0.5B쌓기를 1.0B쌓기로 변경하여 쌓을 경우
② 1일 벽돌쌓기 기준높이를 초과하여 높게 쌓을 경우
③ 습기가 있는 시멘트벽돌을 사용할 경우
④ 신축줄눈을 설치하지 않고 시공할 경우

> 하루의 쌓기 높이는 1.2m(18켜 정도)를 표준으로 한다. 1일 쌓기 기준을 초과할 경우 상부하중에 대한 충분한 강도가 확보되지 않아 붕괴될 우려가 있다.

72. 시간이 경과함에 따라 콘크리트에 발생되는 크리프 (Creep)의 증가원인으로 옳지 않은 것은?

① 단위 시멘트량이 적을 경우
② 단면의 치수가 작을 경우
③ 재하시기가 빠를 경우
④ 재령이 짧을 경우

73. 콘크리트 타설과 관련하여 거푸집 붕괴사고 방지를 위하여 우선적으로 검토·확인하여야 할 사항 중 가장 거리가 먼 것은?

① 콘크리트 측압 확인
② 조임철물 배치간격 검토
③ 콘크리트의 단기 집중타설 여부 검토
④ 콘크리트의 강도 측정

거푸집 붕괴사고 방지를 위한 검토사항
1. 콘크리트 측압 파악
2. 조임철물 배치간격 검토
3. 콘크리트의 단기 집중타설 여부 검토
4. 거푸집의 긴결상태
※ 콘크리트의 강도 측정은 콘크리트 양생 후 거푸집 해체 전에 강도를 확인하기 위한 시험

74. 건설기계 중 기계의 작업면보다 상부의 흙을 굴삭하는데 적합한 것은?

① 불도저(bull dozer)
② 모터 그레이더(moter grader)
③ 클램쉘(clam shell)
④ 파워쇼벨(power shovel)

파워쇼벨 (Power Shovel)	• 기계가 서 있는 지반보다 높은 곳의 굴착 • 디퍼로 굴착 • 파기면은 높이 1.5m가 가장 적당하고 높이 3m까지 굴착할 수 있다.

75. 다음 중 콘크리트에 AE제를 넣어주는 가장 큰 목적은?

① 압축강도 증진
② 부착강도 증진
③ 워커빌리티 증진
④ 내화성 증진

AE제의 특징 : 성질
1. 시공연도의 증진(기포의 볼 베어링 역할)
2. 동결융해 저항성 증가(연행공기가 체적 팽창 압력 완화)
3. 단위수량 감소 효과(AE제, AE감수제 병용시 10~15% 감수효과 기대)
4. 내구성, 수밀성 증대
5. 재료분리 저항성 증진, Bleeding 현상 감소
6. 쇄석사용시 현저한 수밀성개선
7. 응결시간의 조절(표준형, 지연형, 촉진형)
※ 대표적인 혼화제인 AE제는 철근과 Concrete 또는 골재간의 부착력을 저하시킨다. 또한 다량사용시 콘크리트의 압축강도를 저하시킨다.

76. 다음 설명에 해당하는 공사낙찰자 선정방식은?

예정가격 대비 85% 이상 입찰자 중 가장 낮은 금액으로 입찰한 자를 선정하는 방식으로, 최저가 낙찰자를 통한 덤핑의 우려를 방지할 목적을 지니고 있다.

① 부찰제
② 최저가 낙찰제
③ 제한적 낙찰제
④ 최적격 낙찰제

1. 부찰제 : 예정가격의 일정 비율 이상에 해당하는 업체들이 제시한 입찰가격의 평균치에 가장 가까운 가격을 제시한 입찰자로 낙찰하는 것
2. 최저가 낙찰제 : 가장 낮은 가격을 써낸 업체를 낙찰자로 선정하는 것
3. 제한적 최저가 낙찰제 : 일정 비율 이상의 금액으로 입찰한 자 중에서 최저가격을 제시한 입찰자로 낙찰하는 것
4. 최적격 낙찰제 : 최저가를 제시한 업체가 입찰한 금액으로 제대로 시공할 수 있는지를 사전에 심사하는 제도

77. 철근콘크리트 구조의 철근 선조립 공법의 순서로 옳은 것은?

① 시공도 작성 → 공장절단 → 가공 → 이음·조립 → 운반 → 현장부재양중 → 이음·설치
② 공장절단 → 시공도작성 → 가공 → 이음·조립 → 이음·설치 → 운반 → 현장부재양중
③ 시공도 작성 → 가공 → 공장절단 → 운반 → 현장부재양중 → 이음·조립 → 이음·설치
④ 시공도 작성 → 공장절단 → 운반 → 가공 → 이음·조립 → 현장부재양중 → 이음·설치

78. 용접불량의 일종으로 용접의 끝부분에서 용착금속이 채워지지 않고 홈처럼 우묵하게 남아 있는 부분을 무엇이라 하는가?

① 언더컷   ② 오버랩
③ 크레이터   ④ 크랙

언더컷 (Under Cut)	• 모재가 녹아 용착금속이 채워지지 않고 흠으로 남게 된 부분 • 운봉불량, 전류 과대, 용접봉의 부적당에 기인한다.
크레이터	• 아크용접시 끝부분이 항아리모양으로 움푹 패인 것 • 운봉부족, 과다 전류
크랙(Crack)	용접금속에 금이 간 상태
오버랩 (Over Lap)	• 용접금속과 모재가 융합되지 않고 겹쳐지는 것 • 용접속도가 늦고 전류가 낮을 때

79. 기초공사 중 언더피닝(Under pinning)공법에 해당하지 않는 것은?

① 2중 널말뚝 공법   ② 전기침투 공법
③ 강재말뚝 공법   ④ 약액주입법

80. 네트워크 공정표의 주공정(Critical Path)에 관한 설명으로 옳지 않은 것은?

① TF가 0(Zero)인 작업을 주공정이라 한다.
② 총 공기는 공사착수에서부터 공사완공까지 소요시간의 합계이며, 최장시간이 소요되는 경로이다.
③ 주공정은 고정적이거나 절대적인 것이 아니고 가변적이다.
④ 주공정에 대한 공기단축은 불가능하다.

■■■ 제5과목 건설재료학

81. 콘크리트의 건조수축에 관한 설명으로 옳지 않은 것은?

① 시멘트의 조성분에 따라 수축량이 다르다.
② 시멘트량의 다소에 따라 일반적으로 수축량이 다르다.
③ 된비빔일수록 수축량이 크다.
④ 골재의 탄성계수가 크고 경질인 만큼 작아진다.

해답   78 ①   79 ②   80 ④   81 ③

82. 플라스틱 건설재료의 현장적용 시 고려사항에 관한 설명으로 옳지 않은 것은?

① 열가소성 플라스틱 재료들은 열팽창계수가 작으므로 경질판의 정착에 있어서 열에 의한 팽창 및 수축 여유는 고려하지 않아도 좋다.

② 마감부분에 사용하는 경우 표면의 흠, 얼룩 변형이 생기지 않도록 하고 필요에 따라 종이, 천 등으로 보호하여 양생한다.

③ 열경화성 접착제에 경화제 및 촉진제 등을 혼입하여 사용할 경우, 심한 발열이 생기지 않도록 적정량의 배합을 한다.

④ 두께 2mm 이상의 열경화성 평판을 현장에서 가공할 경우, 가열가공하지 않도록 한다.

플라스틱 건설재료의 현장 적용시 고려사항
1. 열가소성 플라스틱 재료들은 열팽창계수가 크므로 경질판의 정착에 있어서 열에 의한 수축과 팽창에 따른 여유를 고려해야 한다.
2. 열가소성재료는 열에 따른 정도의 변화가 있으므로 50℃ 이상을 넘지 않도록 한다.
3. 마감부분에 사용하는 경우 표면의 흠, 얼룩 변형이 생기지 않도록 하고 필요에 따라 종이, 천 등으로 보호하여 양생한다.
4. 열경화성 재료가 두께 2mm 이상일 경우에는 가소성수지를 사용하거나 성형 시에 필요한 곡률이 유지되도록 하고 현장에서 가열가공을 해서는 안 된다.
5. 열가소성 평판을 곡면가공 할 때에는 반지름을 판 두께의 300배 이내로 하고, 휠 때에는 가열온도(110~130℃)를 준수한다.

83. 내열성이 크고 발수성을 나타내어 방수제로 쓰이며 저온에서도 탄성이 있어 gasket, packing의 원료로 쓰이는 합성수지는?

① 페놀수지   ② 폴리에스테르수지
③ 실리콘수지   ④ 멜라민수지

실리콘수지의 성질·특징
1. 실리콘 Oil, 고무, 수지 등 여러 형태로 제작된다.
2. 내열성과 내한성능이 가장 우수한 수지로써 −60℃에서 +260℃에서 안정되며, 탄력성, 내수성, 발수성이 크다.
   ※ 270℃의 고온에서도 수시간 사용이 가능하다.
3. 발수성이 커서 방수제, 코킹재로 사용된다.
4. 전기 절연성능도 우수하며, 접착제로도 성능이 우수하다. 내알카리성, 내후성도 우수하다.

84. ALC 제품에 관한 설명으로 옳지 않은 것은?

① 보통콘크리트에 비하여 중성화의 우려가 높다.

② 열전도율은 보통 콘크리트의 1/10 정도이다.

③ 압축강도에 비해서 휨강도나 인장강도는 상당히 약하다.

④ 흡수율이 낮고 동해에 대한 저항성이 높다.

ALC(Autoclaved Light Weight Concrete)의 단점
1. 흡수율이 크다 : 동결·융해에 대한 저항성이 작다.
   ※ 취급시 지면에 닿지 않도록 한다. 외벽사용시 방수코팅 필요
2. 중성화가 빠르다 : 철근에 코팅 필요
3. 보통 콘크리트와 같이 강도의 편차가 있다.(압축강도에 비해 휨, 인장강도는 약함)

85. 시멘트의 경화시간을 지연시키는 용도로 일반적으로 사용하고 있는 지연제와 거리가 먼 것은?

① 리그닌설폰산염

② 옥시카르본산

③ 알루민산소다

④ 인산염

콘크리트 수화 작용 지연제
1. 옥시카본산계의 화합물이나 그 계통의 염(글루콘산, 구연산, 옥시칼폰산염 등)
2. 당, 당·알콜 계통의 종류
3. 리그닌설폰산염(잔유성분 중 당류의 작용)
4. 마그네시아염 등

86. 부순굵은골재에 대한 품질규정치가 KS에 정해져 있지 않은 항목은?

① 압축강도

② 절대건조밀도

③ 흡수율

④ 인산염

부순 굵은골재의 품질관리

항 목		시험 및 검사방법	시기 및 횟수
입 도		KS F 2502	공사 시작 전, 공사 중 1회/월 이상 및 산지(순환골재 제조전의 폐콘크리트)가 바뀐 경우
절대 건조 밀도(g/㎤)		KS F 2503	
흡수율(%)			
마모감량(%)		KS F 2508	
입자모양 판정실적률(%)		KS F 2527	
0.08mm체 통과량 시험에서 손실된 양(%)		KS F 2511	
점토덩어리량(%)		KS F 2512	
알칼리골재반응		KS F 2545	공사 시작 전, 공사 중 1회/6개월 이상 및 산지가 바뀐 경우
안정성(%)		KS F 2507	
이물질 함유량	유기이물질	KS F 2576	공사 시작 전, 공사 중 1회/월 이상 및 산지가 바뀐 경우
	무기 이물질	KS F 2576에 의한 이물질 분리·선별 후, 질량 측정	

87. 다음 목재가공품 중 주요 용도가 나머지 셋과 다른 것은?

① 플로어링블록(flooring block)
② 연질섬유판(soft fiber insulation board)
③ 코르크판(cork board)
④ 코펜하겐 리브판(copenhagen rib board)

플로어링 블록	바닥용
연질섬유판(텍스)	벽, 천장용
코르크판(Cork Board)	
코펜하겐리브(Copenhagen Rib)	

88. 특수도료의 목적상 방청도료에 속하지 않는 것은?

① 알루미늄 도료
② 징크로메이트 도료
③ 형광도료
④ 에칭프라이머

방청도료
1. 광명단(연단)도료 : 광면단과 보일드유를 혼합
2. 알루미늄도료 : 알루미늄 분말 사용, 방청효과, 열반사효과
3. 역청질도료 : 아스팔트, 타르에 건성유, 수지류를 첨가한 것
4. 징크로메이트도료 : 알키드수지를 전색제로 하고 크롬산 아연을 안료로 한 것
5. 워시프라이머 : 합성수지를 전색제로 안료와 인산을 첨가한 도료
6. 방청 산화철도료
7. 규산염도료: 규산염, 방청안료 등을 혼합한 것

89. 건축용으로 판재지붕에 많이 사용되는 금속재는?

① 철   ② 동
③ 주석   ④ 니켈

동 지붕재는 산화작용으로 생긴 피막으로 방수역할을 하며 자연스러운 색상을 나타낸다. 중량이 가벼워 구부리거나 용접이 용이하다.

90. 대규모 지하구조물, 댐 등 매스콘크리트의 수화열에 의한 균열발생을 억제하기 위해 벨라이트의 비율을 높인 시멘트는?

① 보통포틀랜드시멘트   ② 저열포틀랜드시멘트
③ 실리카퓸 시멘트   ④ 팽창시멘트

중용열포틀랜드시멘트(저열시멘트)
1. 초기강도 발현은 늦으나 장기강도는 보통시멘트보다 같거나 크다.
2. 시멘트의 발열량이 작다.(수화열이 작다.)
3. 건조수축이 작고 화학저항성이 크다.
4. 큰 단면 공사에 유리하다
5. 안정성이 높다.
6. 방사선차폐용 콘크리트, 건축용 매스콘크리트, 댐공사, 대형단면 등에 사용

91. 콘크리트의 강도 및 내구성 증가에 가장 큰 영향을 주는 것은?

① 물과 시멘트의 배합비
② 모래와 자갈의 배합비
③ 시멘트와 자갈의 배합비
④ 시멘트와 모래의 배합비

$$물시멘트비(W/C) = \frac{물의\ 중량}{시멘트의\ 중량} \times 100(\%)$$

콘크리트 강도에 가장 큰 영향을 미치는 요인 : 물/시멘트비

92. 금속 중 연(鉛)에 관한 설명으로 옳지 않은 것은?

① X선 차단효과가 큰 금속이다.
② 산, 알칼리에 침식되지 않는다.
③ 공기 중에서는 탄산연($PbCO_2$) 등이 표면에 생겨 내부를 보호한다.
④ 인장강도가 극히 작은 금속이다.

> 납(Pb)
> 1. 용점(327℃)이 낮고 가공이 쉽다.
> 2. 비중(11.4)이 매우 크고 연질이다.
> 3. 전·연성이 크다.
> 4. 내식성이 우수하다.
> 5. 방사선 차폐용 벽체에 이용된다.
> 6. 알칼리에 침식되며 콘크리트에 침식된다.
> 7. 염산, 황산, 농질산에는 강하나 묽은질산에는 녹는다.
> 8. 공기 중의 습기와 CO_2에 의해 표면에 피막이 생겨 내부를 보호한다.
> 9. 급배수관, 가스관, X선실 등

93. 비닐수지 접착제에 관한 설명으로 옳지 않은 것은?

① 용제형과 에멀션(emulsion)형이 있다.
② 작업성이 좋다.
③ 내열성 및 내수성이 우수하다.
④ 목재 접착에 사용가능하다.

> 비닐수지 접착제
> 1. 용제형, 에멀션형의 2가지가 있다.
> 2. 여러 종류의 접착이 가능하고 작업성이 좋다.
> 3. 값이 저렴하다.
> 4. 내열성, 내수성이 적다.
> 5. 실외에서는 적당하지 못하다.
> 6. 목재, 창호, 종이, 논슬립 등의 접합

94. 기건상태에서의 목재의 함수율은 약 얼마인가?

① 5% 정도
② 15% 정도
③ 30% 정도
④ 45% 정도

목재의 함수율

섬유포화점의 함수율	30%
기건상태의 함수율	15%
절건상태(전건상태)	0%

95. 진주석 등을 800~1,200℃로 가열 팽창시킨 구상입자 제품으로 단열, 흡음, 보온목적으로 사용되는 것은?

① 암면 보온판
② 유리면 보온판
③ 카세인
④ 펄라이트 보온재

> 펄라이트(Perlite)
> 진주석, 흑요석, 송지석 등을 분쇄하여 약 1,000℃ 정도로 가열 팽창시켜 만든 것으로 경량골재, 보온재, 방음재, 결로방지에 쓰인다.

96. 아스팔트 제품에 관한 설명으로 옳지 않은 것은?

① 아스팔트 프라이머 – 블로운 아스팔트를 용제에 녹인 것으로 아스팔트 방수, 아스팔트 타일의 바탕처리재로 사용된다.
② 아스팔트 유제 – 블로운 아스팔트를 용제에 녹여 석면, 광물질분말, 안정제를 가하여 혼합한 것으로 점도가 높다.
③ 아스팔트 블록 – 아스팔트모르타르를 벽돌형으로 만든 것으로 화학공장의 내약품 바닥마감재로 이용된다.
④ 아스팔트 펠트 – 유기천연섬유 또는 석면섬유를 결합한 원지에 연질의 스트레이트 아스팔트를 침투시킨 것이다.

> 아스팔트 유제
> 1. 스트레이트 아스팔트를 가열하여 액상으로 만들고 유화제와 안정제를 혼합하여 물속에 분산시켜 혼탁액으로 만든 것
> 2. 스프레이건으로 뿌려서 도포한다.

97. 목재의 강도에 관한 설명으로 옳지 않은 것은?

① 함수율이 섬유포화점 이상에서는 함수율이 증가하더라도 강도는 일정하다.
② 함수율이 섬유포화점 이하에서는 함수율이 감소할수록 강도가 증가한다.
③ 목재의 비중과 강도는 대체로 비례한다.
④ 전단강도의 크기가 인장강도 등 다른 강도에 비하여 크다.

> 응력방향이 섬유방향에 평행한 경우 목재의 강도
> 인장강도 > 휨강도 > 압축강도 > 전단강도

98. 코너비드(Corner Bead)의 설치위치로 옳은 것은?

① 벽의 모서리   ② 천장 달대
③ 거푸집   ④ 계단 손잡이

> 코너비드(Corner bead)
> 벽, 기둥 등의 모서리에 대어 미장바름을 보호하는 철물

99. 공시체(천연산 석재)를 (105±2)℃로 24시간 건조한 상태의 질량이 100g, 표면건조포화상태의 질량이 110g, 물 속에서 구한 질량이 60g일 때 이 공시체의 표면건조포화상태의 비중은?

① 2.2   ② 2
③ 1.8   ④ 1.7

> 표면건조포화상태의 비중
> $$= \frac{절건상태질량}{표면건조포화상태질량 - 공시체수중무게} = \frac{100}{110-60} = 2$$

100. AE콘크리트에 관한 설명으로 옳지 않은 것은?

① 시공연도가 좋고 재료분리가 적다.
② 단위수량을 줄일 수 있다.
③ 제물치장 콘크리트 시공에 적당하다.
④ 철근에 대한 부착강도가 증가한다.

> AE콘크리트는 콘크리트속에 AE제를 혼합하여 시공연도를 좋게 한 콘크리트로 시공연도는 좋지만 철근과의 부착력은 다소 떨어진다.

■■■ **제6과목 건설안전기술**

101. 건설업 산업안전 보건관리비의 사용내역에 대하여 수급인 또는 자기공사자는 공사시작 후 몇 개월 마다 1회 이상 발주자 또는 감리원의 확인을 받아야 하는가?

① 3개월   ② 4개월
③ 5개월   ④ 6개월

> 수급인 또는 자기공사자는 안전관리비 사용내역에 대하여 공사시작 후 6개월마다 1회 이상 발주자 또는 감리원의 확인을 받아야 한다. 다만, 6개월 이내에 공사가 종료되는 경우에는 종료시 확인을 받아야 한다.
> **참고** 건설업 산업안전보건관리비 계상 및 사용기준 고시 제9조 【확인】

102. 거푸집 해체작업 시 유의사항으로 옳지 않은 것은?

① 일반적으로 수평부재의 거푸집은 연직부재의 거푸집보다 빨리 떼어낸다.
② 해체된 거푸집이나 각목 등에 박혀있는 못 또는 날카로운 돌출물은 즉시 제거하여야 한다.
③ 상하 동시 작업은 원칙적으로 금지하여 부득이한 경우에는 긴밀히 연락을 위하며 작업을 하여야 한다.
④ 거푸집 해체작업장 주위에는 관계자를 제외하고는 출입을 금지시켜야 한다.

> 거푸집의 해체는 조립순서의 역순으로 시행한다.
> 조립순서 : 기둥 → 내력벽 → 큰 보 → 작은 보 → 바닥 → 내벽 → 외벽

103. 그물코의 크기가 5cm인 매듭 방망사의 폐기 시 인장강도 기준으로 옳은 것은?

① 200kg   ② 100kg

③ 60kg   ④ 30kg

방망사의 폐기기준

그물코의 크기 (단위 : cm)	방망의 종류(단위 : kg)	
	매듭 없는 방망	매듭 방망
10	150	135
5		60

104. 다음은 가설통로를 설치하는 경우의 준수사항이다. ( ) 안에 알맞은 숫자를 고르면?

> 건설공사에 사용하는 높이 8m 이상인 비계다리에는 ( )m 이내마다 계단참을 설치할 것

① 7   ② 6

③ 5   ④ 4

건설공사에 사용하는 높이 8미터 이상인 비계다리에는 7미터 이내마다 계단참을 설치할 것
참고 산업안전보건기준에 관한 규칙 제23조【가설통로의 구조】

105. 흙막이 가시설 공사 시 사용되는 각 계측기 설치목적으로 옳지 않은 것은?

① 지표침하계 – 지표면 침하량 측정
② 수위계 – 지반 내 지하수위의 변화 측정
③ 하중계 – 상부 적재하중 변화 측정
④ 지중경사계 – 지중의 수평 변위량 측정

하중계
strut, earth anchor 등 축하중 변화상태 측정한다.

106. 차량계 하역운반기계등에 화물을 적재하는 경우에 준수하여야 할 사항으로 옳지 않은 것은?

① 하중이 한쪽으로 치우쳐서 효율적으로 적재되도록 할 것
② 구내운반차 또는 화물자동차의 경우 화물의 붕괴 또는 낙하에 의한 위험을 방지하기 위하여 화물에 로프를 거는 등 필요한 조치를 할 것
③ 운전자의 시야를 가리지 않도록 화물을 적재할 것
④ 최대적재량을 초과하지 않도록 할 것

차량계 하역운반기계등에 화물을 적재하는 경우 준수사항
1. 하중이 한쪽으로 치우치지 않도록 적재할 것
2. 구내운반차 또는 화물자동차의 경우 화물의 붕괴 또는 낙하에 의한 위험을 방지하기 위하여 화물에 로프를 거는 등 필요한 조치를 할 것
3. 운전자의 시야를 가리지 않도록 화물을 적재할 것
4. 화물을 적재하는 경우에는 최대적재량을 초과해서는 아니 된다.
참고 산업안전보건기준에 관한 규칙 제173조【화물적재 시의 조치】

107. 다음 중 유해·위험방지계획서를 작성 및 제출하여야 하는 공사에 해당되지 않는 것은?

① 지상높이가 31m인 건축물의 건설·개조 또는 해체
② 최대 지간길이가 50m인 교량건설등 공사
③ 깊이가 9m 인 굴착공사
④ 터널 건설등의 공사

위험방지계획서를 제출해야 될 건설공사
1. 지상높이가 31미터 이상인 건축물 또는 인공구조물, 연면적 3만제곱미터 이상인 건축물 또는 연면적 5천제곱미터 이상의 문화 및 집회시설(전시장 및 동물원·식물원은 제외한다), 판매시설, 운수시설(고속철도의 역사 및 집배송시설은 제외한다), 종교시설, 의료시설 중 종합병원, 숙박시설 중 관광숙박시설, 지하도상가 또는 냉동·냉장창고시설의 건설·개조 또는 해체
2. 연면적 5천제곱미터 이상의 냉동·냉장창고시설의 설비공사 및 단열공사
3. 최대 지간길이가 50미터 이상인 교량 건설등 공사
4. 터널 건설등의 공사
5. 다목적댐, 발전용댐 및 저수용량 2천만톤 이상의 용수 전용 댐, 지방상수도 전용 댐 건설 등의 공사
6. 깊이 10미터 이상인 굴착공사
참고 산업안전보건법 시행령 제42조【유해위험방지계획서 제출 대상】

해답 103 ③   104 ①   105 ③   106 ①   107 ③

108. 차량계 하역운반기계를 사용하는 작업을 할 때 그 기계가 넘어지거나 굴러떨어짐으로써 근로자에게 위험을 미칠 우려가 있는 경우에 우선적으로 조치하여야 할 사항과 가장 거리가 먼 것은?

① 해당 기계에 대한 유도자 배치
② 지반의 부동침하 방지 조치
③ 갓길 붕괴 방지 조치
④ 경보 장치 설치

사업주는 차량계 하역운반기계등을 사용하는 작업을 할 때에 그 기계가 넘어지거나 굴러떨어짐으로써 근로자에게 위험을 미칠 우려가 있는 경우 조치사항
1. 기계를 유도하는 사람을 배치
2. 지반의 부동침하와 방지 조치
3. 갓길 붕괴를 방지하기 위한 조치
참고 산업안전보건기준에 관한 규칙 제171조【전도 등의 방지】

109. 안전대의 종류는 사용구분에 따라 벨트식과 안전그네식으로 구분되는데 이 중 안전그네식에만 적용하는 것은?

① 추락방지대, 안전블록
② 1개 걸이용, U자 걸이용
③ 1개 걸이용, 추락방지대
④ U자 걸이용, 안전블록

종류 및 등급

종류	사용구분
벨트식(B식)	U자걸이 전용
	1개걸이 전용
안전그네식(H식)	안전블록
	추락 방지대

110. 건설현장의 가설계단 및 계단참을 설치하는 경우 얼마 이상의 하중에 견딜 수 있는 강도를 가진 구조로 설치하여야 하는가?

① $200kg/m^2$
② $300kg/m^2$
③ $400kg/m^2$
④ $500kg/m^2$

계단 및 계단참을 설치하는 때에는 매제곱미터당 500킬로그램 이상의 하중에 견딜 수 있는 강도를 가진 구조로 설치하여야 하며, 안전율(안전의 정도를 표시하는 것으로서 재료의 파괴응력도와 허용응력도와의 비를 말한다)은 4이상으로 하여야 한다.
참고 산업안전보건기준에 관한 규칙 제26조【계단의 강도】

111. 다음은 달비계 또는 높이 5m 이상의 비계를 조립·해체하거나 변경하는 작업을 하는 경우에 대한 내용이다. ( )에 알맞은 숫자는?

비계재료의 연결·해체작업을 하는 경우에는 폭 (   )cm 이상의 발판을 설치하고 근로자로 하여금 안전대를 사용하도록 하는 등 추락을 방지하기 위한 조치를 할 것

① 15
② 20
③ 25
④ 30

비계재료의 연결·해체작업을 하는 경우에는 폭 20센티미터 이상의 발판을 설치하고 근로자로 하여금 안전대를 사용하도록 하는 등 추락을 방지하기 위한 조치를 할 것
참고 산업안전보건기준에 관한 규칙 제57조【비계 등의 조립·해체 및 변경】

112. 다음은 사다리식 통로 등을 설치하는 경우의 준수사항이다. ( ) 안에 들어갈 숫자로 옳은 것은?

사다리의 상단은 걸쳐놓은 지점으로부터 (   )cm 이상 올라가도록 할 것

① 30
② 40
③ 50
④ 60

사다리의 상단은 걸쳐놓은 지점으로부터 60센티미터 이상 올라가도록 할 것
참고 산업안전보건기준에 관한 규칙 제24조【사다리식 통로 등의 구조】

113. 보통흙의 건조된 지반을 흙막이지보공 없이 굴착하려 할 때 적합한 굴착면의 기울기 기준으로 옳은 것은?

① 1 : 1~1 : 1.5
② 1 : 0.5~1 : 1
③ 1 : 1.8
④ 1 : 2

114. 터널 지보공을 설치한 경우에 수시로 점검하여 이상을 발견 시 즉시 보강하거나 보수해야 할 사항이 아닌 것은?

① 부재의 손상·변형·부식·변위·탈락의 유무 및 상태
② 부재의 긴압의 정도
③ 부재의 접속부 및 교차부의 상태
④ 계측기 설치상태

115. 크레인 또는 데릭에서 붐각도 및 작업반경별로 작용시킬 수 있는 최대하중에서 후크(Hook), 와이어로프 등 달기구의 중량을 공제한 하중은?

① 작업하중
② 정격하중
③ 이동하중
④ 적재하중

116. 근로자에게 작업 중 또는 통행 시 전락(轉落)으로 인하여 근로자가 화상·질식 등의 위험에 처할 우려가 있는 케틀(kettle), 호퍼(hopper), 피트(pit)등이 있는 경우에 그 위험을 방지하기 위하여 최소 높이 얼마 이상의 울타리를 설치하여야 하는가?

① 80cm 이상
② 85cm 이상
③ 90cm 이상
④ 95cm 이상

117. 강관비계의 설치 기준으로 옳은 것은?

① 비계기둥의 간격은 띠장방향에서는 1.5m 이상 1.8m 이하로 하고, 장선방향에서는 2.0m 이하로 한다.
② 띠장 간격은 1.8m 이하로 설치하되, 첫 번째 띠장은 지상으로부터 2m 이하의 위치에 설치한다.
③ 비계기둥 간의 적재하중은 400kg을 초과하지 않도록 한다.
④ 비계기둥의 제일 윗부분으로부터 21m되는 지점 밑부분의 비계기둥은 2개의 강관으로 묶어 세운다.

해답 113 ② 114 ④ 115 ② 116 ③ 117 ③

118. 터널굴착작업을 하는 때 미리 작성하여야 하는 작업계획서에 포함되어야 할 사항이 아닌 것은?

① 굴착의 방법
② 암석의 분할방법
③ 환기 또는 조명시설을 설치할 때에는 그 방법
④ 터널지보공 및 복공의 시공방법과 용수의 처리방법

사전조사 및 작업계획서 내용

작업명	사전조사 내용	작업계획서 내용
7. 터널 굴착 작업	보링(boring) 등 적절한 방법으로 낙반·출수(出水) 및 가스폭발 등으로 인한 근로자의 위험을 방지하기 위하여 미리 지형·지질 및 지층 상태를 조사	가. 굴착의 방법 나. 터널지보공 및 복공(覆工)의 시공방법과 용수(湧水)의 처리방법 다. 환기 또는 조명시설을 설치할 때에는 그 방법

참고 산업안전보건기준에 관한 규칙 별표 4【사전조사 및 작업계획서 내용】

119. 비계(달비계, 달대비계 및 말비계는 제외한다)의 높이가 2m 이상인 작업장소에 설치하여야 하는 작업발판의 기준으로 옳지 않은 것은?

① 작업발판의 폭은 40cm 이상으로 하고, 발판재료 간의 틈은 3cm 이하로 할 것
② 추락의 위험이 있는 장소에는 안전난간을 설치할 것
③ 작업발판의 지지물은 하중에 의하여 파괴될 우려가 없는 것을 사용할 것
④ 작업발판재료는 뒤집히거나 떨어지지 않도록 1개 이상의 지지물에 연결하거나 고정시킬 것

참고 산업안전보건기준에 관한 규칙 제56조【작업발판의 구조】
비계(달비계·달대비계 및 말비계를 제외한다)의 높이가 2m 이상인 작업장소에서의 작업발판을 설치하여야 할 사항
1. 발판재료는 작업 시의 하중을 견딜 수 있도록 견고한 것으로 할 것
2. 작업발판의 폭은 40cm 이상(외줄비계의 경우에는 노동부장관이 별도로 정하는 기준에 따른다)으로 하고, 발판재료간의 틈은 3cm 이하로 할 것

3. 추락의 위험성이 있는 장소에는 안전난간을 설치할 것(작업의 성질상 안전난간을 설치하는 것이 곤란한 때 및 작업의 필요상 임시로 안전난간을 해체함에 있어서 안전방망을 치거나 근로자로 하여금 안전대를 사용하도록 하는 등 추락에 의한 위험방지조치를 한 때에는 그러하지 아니하다)
4. 작업발판의 지지물은 하중에 의하여 파괴될 우려가 없는 것을 사용할 것
5. 작업발판재료는 뒤집히거나 떨어지지 아니하도록 2 이상의 지지물에 연결하거나 고정시킬 것
6. 작업발판을 작업에 따라 이동시킬 때에는 위험방지에 필요한 조치를 할 것

120. 건립 중 강풍에 의한 풍압 등 외압에 대한 내력이 설계에 고려되었는지 확인하여야 하는 철골구조물의 기준으로 옳지 않은 것은?

① 높이 20m 이상의 구조물
② 구조물의 폭과 높이의 비가 1 : 4 이상인 구조물
③ 이음부가 공장 제작인 구조물
④ 연면적당 철골량이 50kg/m^2 이하인 구조물

철골구조물은 건립 중 강풍에 의한 풍압등 외압에 대한 내력이 설계에 고려되었는지 확인 대상
1. 높이 20m 이상의 구조물
2. 구조물의 폭과 높이의 비가 1 : 4 이상인 구조물
3. 단면구조에 현저한 차이가 있는 구조물
4. 연면적당 철골량이 50kg/m^2 이하인 구조물
5. 기둥이 타이플레이트(tie plate)형인 구조물
6. 이음부가 현장용접인 구조물

■■■ 제1과목 산업안전관리론

1. 산업안전보건법령상 안전보건개선계획서에 포함되어야 하는 사항이 아닌 것은?

① 시설의 개선을 위하여 필요한 사항
② 작업환경의 개선을 위하여 필요한 사항
③ 작업절차의 개선을 위하여 필요한 사항
④ 안전·보건교육의 개선을 위하여 필요한 사항

안전보건개선계획서에는 시설, 안전·보건관리체제, 안전·보건교육, 산업재해 예방 및 작업환경의 개선을 위하여 필요한 사항이 포함되어야 한다.
참고 산업안전보건법 시행규칙 제61조 【안전보건개선계획의 제출】

2. 상해의 종류 중, 스치거나 긁히는 등의 마찰력에 의하여 피부 표면이 벗겨진 상해는?

① 자상 　　　　　② 타박상
③ 창상 　　　　　④ 찰과상

1. 자상 : 칼날 등 날카로운 물건에 찔린 상해
2. 타박상 : 타박, 충돌, 추락 등으로 피부표면보다는 피하조직 또는 근육부를 다친 상해(삔 것 포함)
3. 창상 : 창, 칼 등에 베인 상해
4. 찰과상 : 스치거나 문질러서 벗겨진 상해

3. 다음 재해사례의 분석 내용으로 옳은 것은?

> 작업자가 벽돌을 손으로 운반하던 중, 벽돌을 떨어뜨려 발등을 다쳤다.

① 사고유형 : 낙하, 기인물 : 벽돌, 가해물 : 벽돌
② 사고유형 : 충돌, 기인물 : 손, 가해물 : 벽돌
③ 사고유형 : 비래, 기인물 : 사람, 가해물 : 손
④ 사고유형 : 추락, 기인물 : 손, 가해물 : 벽돌

용어의 정의

용어	내용
발생형태	재해 및 질병이 발생된 형태 또는 근로자(사람)에게 상해를 입힌 기인물과 상관된 현상
기인물	직접적으로 재해를 유발하거나 영향을 끼친 에너지원(운동, 위치, 열, 전기 등)을 지닌 기계·장치, 구조물, 물체·물질, 사람 또는 환경 등
가해물	근로자(사람)에게 직접적으로 상해를 입힌 기계, 장치, 구조물, 물체·물질, 사람 또는 환경 등

4. 근로자 150명이 작업하는 공장에서 50건의 재해가 발생했고, 총 근로손실일수가 120일 일 때의 도수율은 약 얼마인가? (단, 하루 8시간씩 연간 300일을 근무한다.)

① 0.0 　　　　　② 0.3
③ 138.9 　　　　④ 333.3

$$도수율 = \frac{재해발생건수}{근로총시간수} \times 10^6$$
$$= \frac{50}{150 \times 8 \times 300} \times 10^6 = 138.9$$

5. 산업안전보건법령상 안전관리자의 업무와 거리가 먼 것은?

① 물질안전보건자료의 게시 또는 비치에 관한 보좌 및 조언·지도
② 해당 사업장 안전교육계획의 수립 및 안전교육 실시에 관한 보좌 및 조언·지도
③ 사업장 순회점검·지도 및 조치의 건의
④ 산업재해 발생의 원인 조사·분석 및 재발 방지를 위한 기술적 보좌 및 조언·지도

해답 1 ③　2 ④　3 ①　4 ③　5 ①

6. 시몬즈 방식으로 재해코스트를 산정할 때, 재해의 분류와 설명의 연결로 옳은 것은?

① 무상해사고 – 20달러 미만의 재산손실이 발생한 사고
② 휴업상해 – 영구 전노동 불능
③ 응급조치상해 – 일시 전노동 불능
④ 통원상해 – 일시 일부노동 불능

7. 안전·보건에 관한 노사협의체의 구성·운영에 대한 설명으로 틀린 것은?

① 노사협의체는 근로자와 사용자가 같은 수로 구성되어야 한다.
② 노사협의체의 회의 결과는 회의록으로 작성하여 보존하여야 한다.
③ 노사협의체의 회의는 정기회의와 임시회의로 구분하되, 정기회의는 3개월마다 소집한다.
④ 노사협의체는 산업재해 예방 및 산업재해가 발생한 경우의 대피방법 등에 대하여 협의하여야 한다.

8. 시설물안전법령에 명시된 안전점검의 종류에 해당하는 것은?

① 일반안전점검   ② 특별안전점검
③ 정밀안전점검   ④ 임시안전점검

9. 산업안전보건법령상 사업주의 책무와 가장 거리가 먼 것은?

① 쾌적한 작업환경을 조성하고 근로조건을 개선할 것
② 해당 사업장의 안전·보건에 관한 정보를 근로자에게 제공할 것
③ 안전·보건의식을 북돋우기 위한 홍보·교육 및 무재해운동 등 안전문화를 추진할 것
④ 관련 법과 법에 따른 명령에서 정하는 산업재해 예방을 위한 기준을 지킬 것

③항은 정부의 책무에 해당한다.

사업주는 다음 각 호의 사항을 이행함으로써 근로자의 안전 및 건강을 유지·증진시키고 국가의 산업재해 예방정책을 따라야 한다.
1. 이 법과 이 법에 따른 명령으로 정하는 산업재해 예방을 위한 기준
2. 근로자의 신체적 피로와 정신적 스트레스 등을 줄일 수 있는 쾌적한 작업환경의 조성 및 근로조건 개선
3. 해당 사업장의 안전 및 보건에 관한 정보를 근로자에게 제공
참고 산업안전보건법 제5조【사업주 등의 의무】

10. 각 계층의 관리감독자들이 숙련된 안전 관찰을 행할 수 있도록 훈련을 실시함으로써 사고의 발생을 미연에 방지하여 안전을 확보하는 안전관찰훈련기법은?

① THP 기법　　　② TBM 기법
③ STOP 기법　　④ TD-BU 기법

안전관찰과정(STOP:Safety Training Observation Program)
감독자를 대상으로 하고 안전 관찰 훈련 과정으로 사고 발생을 미연에 방지하기 위함(실시법 : 결심 - 정지 - 관찰 - 조치 - 보고)

11. 산업안전보건법령상 AB형 안전모에 관한 설명으로 옳은 것은?

① 물체의 낙하 또는 비래에 의한 위험을 방지 또는 경감하기 위한 것
② 물체의 낙하 또는 비래 및 추락에 의한 위험을 방지 또는 경감시키기 위한 것
③ 물체의 낙하 또는 비래에 의한 위험을 방지 또는 경감하고, 머리부위 감전에 의한 위험을 방지하기 위한 것
④ 물체의 낙하 또는 비래 및 추락에 의한 위험을 방지 또는 경감하고, 머리부위 감전에 의한 위험을 방지하기 위한 것

아래의 영어 약자의 조합이다.
A : 낙하·비래 위험 방지
B : 추락위험 방지
E : 감전위험 방지

12. 재해예방의 4원칙이 아닌 것은?

① 손실 우연의 원칙
② 예방 가능의 원칙
③ 사고 연쇄의 원칙
④ 원인 계기의 원칙

재해 예방의 4원칙
1. 손실 우연의 원칙 : 재해 손실은 사고 발생 시 사고 대상의 조건에 따라 달라지므로 한 사고의 결과로서 생긴 재해 손실은 우연성에 의하여 결정된다. 따라서 재해 방지의 대상은 우연성에 좌우되는 손실의 방지보다는 사고 발생 자체의 방지가 되어야 한다.
2. 원인 계기(연계)의 원칙 : 재해 발생은 반드시 원인이 있다. 즉 사고와 손실과의 관계는 우연적이지만 사고와 원인관계는 필연적이다.
3. 예방 가능의 원칙 : 재해는 원칙적으로 원인만 제거되면 예방이 가능하다.
4. 대책 선정의 원칙 : 재해 예방을 위한 가능한 안전 대책은 반드시 존재한다.

13. 산업안전보건법령상 안전·보건표지의 색채와 사용 사례의 연결이 틀린 것은?

① 빨간색(7.5R 4/14) - 탑승금지
② 파란색(2.5PB 4/10) - 방진마스크 착용
③ 녹색(2.5G 4/10) - 비상구
④ 노란색(5Y 6.5/12) - 인화성물질 경고

④항. 인화성 물질 경고는 빨간색 모형을 사용한다.

안전·보건표지의 색체 및 색도기준 및 용도

색채	색도기준	용도	사용례
빨간색	7.5R 4/14	금지	정지신호, 소화설비 및 그 장소, 유해행위의 금지
		경고	화학물질 취급장소에서의 유해·위험 경고
노란색	5Y 8.5/12	경고	화학물질 취급장소에서의 유해·위험 경고 이외의 위험경고, 주의표지 또는 기계 방호물
파란색	2.5PB 4/10	지시	특정행위의 지시, 사실의 고지
녹색	2.5G 4/10	안내	비상구 및 피난소, 사람 또는 차량의 통행표지
흰색	N9.5		파란색 또는 녹색에 대한 보조색
검은색	N0.5		문자 및 빨간색 또는 노란색에 대한 보조색

14. 일상점검 내용을 작업 전, 작업 중, 작업 종료로 구분할 때, 작업 중 점검 내용으로 거리가 먼 것은?

① 품질의 이상 유무
② 안전수칙 준수 여부
③ 이상소음 발생 유무
④ 방호장치의 작동 여부

④항, 방호장치의 작동 여부는 작업 전 점검해야 할 사항이다.

15. 참모식 안전조직의 특징으로 옳은 것은?

① 100명 미만의 소규모 사업장에 적합하다.
② 생산부분은 안전에 대한 책임과 권한이 없다.
③ 명령과 보고가 상하관계 뿐이므로 간단명료하다.
④ 조직원 전원을 자율적으로 안전 활동에 참여시킬 수 있다.

참모식(Staff) 조직의 특징
100인~1,000인의 중규모 사업장에 적용

장점	단점
• 안전 지식 및 기술축적 가능	• 안전과 생산을 별개로 취급한다.
• 사업장에 적합한 기술개발 또는 개선안을 마련할 수 있다.	• 통제 수속이 복잡해지며, 시간과 노력이 소모된다.
• 안전정보수집이 신속하다.	• 안전지시나 명령과 보고가 신속·정확하지 못하다.
• 경영자의 조언 또는 자문역할을 할 수 있다.	• 생산은 안전에 대한 책임과 권한이 없다.

16. 무재해 운동 기본이념의 3대 원칙이 아닌 것은?

① 무의 원칙
② 선취의 원칙
③ 합의의 원칙
④ 참가의 원칙

무재해운동 이념 3원칙
1. 무의 원칙 : 무재해란 단순히 사망 재해, 휴업재해만 없으면 된다는 소극적인 사고(思考)가 아니라 불휴 재해는 물론 일체의 잠재위험 요인을 사전에 발견, 파악, 해결함으로서 근원적으로 산업재해를 없애는 것이다.
2. 참가의 원칙 : 참가란 작업에 따르는 잠재적인 위험요인을 발견, 해결하기 위하여 전원이 일일이 협력하여 각각의 처지에서 할 생각(의욕)으로 문제해결 등을 실천하는 것을 뜻한다.
3. 선취 해결의 원칙 : 선취란 궁극의 목표로서의 무재해, 무질병의 직장을 실현하기 위하여 일체의 직장의 위험요인을 행동하기 전에 발견, 파악, 해결하여 재해를 예방하거나 방지하는 것을 말한다.

17. 다음 설명에 해당하는 법칙은?

> 어떤 공장에서 330회의 전도 사고가 일어났을 때, 그 가운데 300회는 무상해 사고, 29회는 경상, 중상 또는 사망은 1회의 비율로 사고가 발생한다.

① 버드 법칙
② 하인리히 법칙
③ 더글라스 법칙
④ 자베타키스 법칙

하인리히(Heinrich)의 재해구성비율

18. 재해원인분석에 사용되는 통계적 원인분석 기법의 하나로, 사고의 유형이나 기인물 등의 분류항목을 큰 순서대로 도표화하는 기법은?

① 관리도
② 파렛트도
③ 특성요인도
④ 크로즈분석도

파레토도는 사고의 유형, 기인물 등을 큰 순서대로 도표화하여 문제나 목표의 이해가 편리한 통계분석 방법이다.

19. 신규 채용 시의 근로자 안전·보건교육은 몇 시간 이상 실시해야 하는가? (단, 일용근로자를 제외한 근로자인 경우이다.)

① 3시간
② 8시간
③ 16시간
④ 24시간

> **채용 시의 교육시간**
> 1. 일용근로자 : 1시간 이상
> 2. 일용근로자를 제외한 근로자 : 8시간 이상

20. 산업안전보건법상 산업안전보건위원회 정기회의 개최 주기로 올바른 것은?

① 1개월마다
② 분기마다
③ 반년마다
④ 1년마다

> 산업안전보건위원회의 회의는 정기회의와 임시회의로 구분하되, 정기회의는 분기마다 산업안전보건위원회의 위원장이 소집하며, 임시회의는 위원장이 필요하다고 인정할 때에 소집한다.
> **참고** 산업안전보건법 시행령 제37조【산업안전보건위원회의 회의 등】

■■■■ **제2과목 산업심리 및 교육**

21. 굴착면의 높이가 2m 이상인 암석의 굴착 작업에 대한 특별안전보건교육 내용에 포함되지 않는 것은? (단, 그 밖의 안전·보건관리에 필요한 사항은 제외한다.)

① 지반의 붕괴재해 예방에 관한 사항
② 보호구 및 신호방법 등에 관한 사항
③ 안전거리 및 안전기준에 관한 사항
④ 폭발물 취급 요령과 대피 요령에 관한 사항

> **굴착면의 높이가 2미터 이상이 되는 암석의 굴착작업 시 특별안전보건교육 내용**
> 1. 폭발물 취급 요령과 대피 요령에 관한 사항
> 2. 안전거리 및 안전기준에 관한 사항
> 3. 방호물의 설치 및 기준에 관한 사항
> 4. 보호구 및 신호방법 등에 관한 사항
> 5. 그 밖에 안전·보건관리에 필요한 사항

22. 인간의 착각현상 중 실제로 움직이지 않지만 어느 기준의 이동에 의하여 움직이는 것처럼 느껴지는 착각현상의 명칭으로 적합한 것은?

① 자동운동
② 잔상현상
③ 유도운동
④ 착시현상

> 유도운동이란 실제로는 움직이지 않는 것이 어느 기준의 이동에 유도되어 움직이는 것처럼 느껴지는 현상을 말한다.(하행선 기차역에 정지하고 있는 열차 안의 승객이 반대편 상행선 열차의 출발로 인하여 하행선 열차가 움직이는 것 같은 착각을 일으키는 현상)

23. 피로의 측정분류 시 감각기능검사(정신·신경기능검사)의 측정대상 항목으로 가장 적합한 것은?

① 혈압
② 심박수
③ 에너지대사율
④ 플리커

> **피로의 측정법(플리커법(Flicker test))이란**
> 광원 앞에 사이가 벌어진 원판을 놓고 그것을 회전함으로서 눈에 들어오는 빛을 단속 시킨다. 원판의 회전 속도를 바꾸면 빛의 주기가 변하는데 회전 속도가 적으면 빛이 아른거리다가 빨라지면 융합(Fusion)되어 하나의 광점으로 보인다. 이 단속과 융합의 경계에서 빛의 단속 주기를 Flicker치라고 하는데 이것을 피로도 검사에 이용된다.

24. 동일 부서 직원 6명의 선호 관계를 분석한 결과 다음과 같은 소시오그램이 작성되었다. 이 소시오그램에서 실선은 선호관계, 점선은 거부관계를 나타낼 때, 4번 직원의 선호신분 지수는 얼마인가?

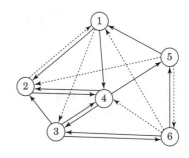

① 0.2
② 0.33
③ 0.4
④ 0.6

$$선호신분지수 = \frac{선호총계}{구성원수-1} = \frac{2}{6-1} = 0.4$$

실선 : 선호, 점선 : 거부

25. 강의식 교육에 대한 설명으로 틀린 것은?

① 기능적, 태도적인 내용의 교육이 어렵다.
② 사례를 제시하고 그 문제점에 대해서 검토하고 대책을 토의한다.
③ 수강자의 주의집중도나 흥미의 정도가 낮다.
④ 짧은 시간동안 많은 내용을 전달해야 하는 경우에 적합하다.

먼저 사례를 제시하고 문제적 사실들과 그의 상호관계에 대해서 검토하고 대책을 토의하는 것은 case study(case method)로 토의법의 종류이다.

26. 상호신뢰 및 성선설에 기초하여 인간을 긍정적 측면으로 보는 이론에 해당하는 것은?

① T-이론
② X-이론
③ Y-이론
④ Z-이론

McGregor의 X, Y 이론

X 이론	Y 이론
• 인간 불신감	• 상호 신뢰감
• 성악설	• 성선설
• 인간은 원래 게으르고 태만하여 남의 지배 받기를 즐긴다.	• 인간은 부지런하고 근면, 적극적이며, 자주적이다.
• 물질 욕구(저차적 욕구)	• 정신 욕구(고차적 욕구)
• 명령 통제에 의한 관리	• 목표통합과 자기 통제에 의한 자율관리
• 저개발국 형	• 선진국 형

27. 직장규율, 안전규율 등을 몸에 익히기에 적합한 교육의 종류에 해당하는 것은?

① 지능 교육
② 기능 교육
③ 태도 교육
④ 문제해결 교육

태도교육의 특징
1. 목표 : 가치관의 형성, 작업동작의 정확화, 사용설비 공구 보호구 등에 대한 안전화 도모, 점검태도 방법
2. 교육내용
① 작업방법의 습관화
② 공구 및 보호구의 취급 관리
③ 안전작업의 습관화 및 정확화
④ 작업 전, 중, 후의 정확한 습관화

28. MTP(Management Training Program) 안전교육 방법의 총 교육시간으로 가장 적합한 것은?

① 10시간
② 40시간
③ 80시간
④ 120시간

MTP(Management Training Program), FEAF(Far East Air Forces)

대상	TWI보다 약간 높은 계층
교육방법	TWI와는 달리 관리문제에 보다 더 치중하며 한 클라스는 10~15명, 2시간씩 20회에 걸쳐 40시간 훈련
교육내용	관리의 기능, 조직원 원칙, 조직의 운영, 시간관리학습의 원칙과 부하지도법, 훈련, 신인을 맞이하는 방법과 대행자를 육성하는 요령, 회의의 주관, 직업의 개선, 안전한 작업, 과업관리, 사기 양양

29. 레윈(Lewin)의 행동방정식 $B = f(P \cdot E)$에서 P의 의미로 맞는 것은?

① 주어진 환경
② 인간의 행동
③ 주어진 직무
④ 개인적 특성

Lewin은 인간의 행동(B)은 그 사람이 가진 자질 즉, 개체(P)와 심리학적 환경(E)과의 상호 함수관계에 있다고 하였다.
∴ $B = f(P \cdot E)$
여기서, B : behavior(인간의 행동)
　　　　 f : function(함수관계)
　　　　 P : person(개체 : 연령, 경험, 심신상태, 성격, 지능 등)
　　　　 E : environment(심리적 환경 : 인간관계, 작업환경 등)

해답 25 ② 26 ③ 27 ③ 28 ② 29 ④

30. 리더십의 권한 역할 중 "부하를 처벌할 수 있는 권한"에 해당하는 것은?

① 위임된 권한 ② 합법적 권한
③ 강압적 권한 ④ 보상적 권한

조직이 지도자에게 부여한 권한	
구분	내용
보상적 권한	지도자가 부하들에게 보상할 수 있는 능력으로 인해 부하직원들을 통제할 수 있으며 부하들의 행동에 대해 영향을 끼칠 수 있는 권한
강압적 권한	부하직원들을 처벌할 수 있는 권한
합법적 권한	조직의 규정에 의해 지도자의 권한이 공식화된 것

31. 그림과 같이 수직 평행인 세로의 선들이 평행하지 않은 것으로 보이는 착시현상에 해당하는 것은?

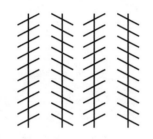

① 쵤러(Zőller)의 착시
② 쾰러(Kőhler)의 착시
③ 헤링(Hering)의 착시
④ 포겐도르프(Poggendorf)의 착시

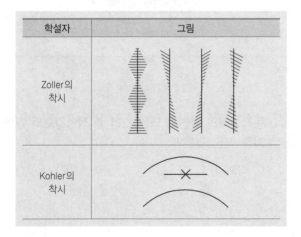

학설자	그림
Zoller의 착시	
Kohler의 착시	

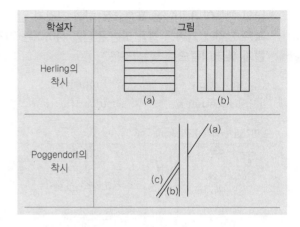

학설자	그림
Herling의 착시	(a) (b)
Poggendorf의 착시	(a) (c) (b)

32. 과업과 직무를 수행하는 데 요구되는 인적 자질에 의해 직무의 내용을 정의하는 절차에 해당하는 것은?

① 직무분석(job analysis)
② 직무평가(job evaluation)
③ 직무확충(job enrichment)
④ 직무만족(job satisfaction)

직무분석
직무의 내용과 성격에 관련된 모든 중요한 정보를 수집하고, 이들 정보를 관리목적에 적합하게 정리하는 체계적 과정으로 일의 내용 또는 요건을 정리·분석하는 과정

33. 동기부여에 관한 이론 중 동기부여 요인을 중요시하는 내용이론에 해당하지 않는 것은?

① 브룸의 기대이론
② 알더퍼의 ERG 이론
③ 매슬로우의 욕구위계설
④ 허츠버그의 2요인 이론(이원론)

Vroom의 기대이론
의사결정을 하는 인지적 요소와 사람이 의사결정을 위해 이 요소들을 처리해 가는 방법들을 나타내주는 것

참고 주요 동기부여 이론과 상호관계

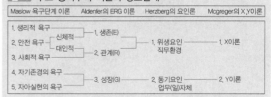

34. 남의 행동이나 판단을 표본으로 하여 그것과 같거나 혹은 그것에 가까운 행동 또는 판단을 취하려는 인간관계 메커니즘으로 맞는 것은?

① Projection ② Imitation
③ Suggestion ④ Identification

인간관계 메커니즘(mechanism)

구분	내용
동일화 (identification)	다른 사람의 행동 양식이나 태도를 투입시키거나, 다른 사람 가운데서 자기와 비슷한 것을 발견하는 것
투사 (投射 : projection)	자기 속의 억압된 것을 다른 사람의 것으로 생각하는 것을 투사(또는 투출)
커뮤니케이션 (communication)	갖가지 행동 양식이나 기호를 매개로 하여 어떤 사람으로부터 다른 사람에게 전달되는 과정
모방 (imitation)	남의 행동이나 판단을 표본으로 하여 그것과 같거나 또는 그것에 가까운 행동 또는 판단을 취하려는 것
암시 (suggestion)	다른 사람으로부터의 판단이나 행동을 무비판적으로 논리적, 사실적 근거 없이 받아들이는 것

35. 집단 심리요법의 하나로 자기 해방과 타인 체험을 목적으로 하는 체험활동을 통해 대인관계에서의 태도 변용이나 통찰력, 자기이해를 목표로 개발된 교육 기법에 해당하는 것은?

① 롤플레잉(Role Playing)
② OJT(On the Job Training)
③ ST(Sensitivity Training) 훈련
④ TA(Transactional Analysis) 훈련

역할연기법(Role playing)
1. 참가자에게 일정한 역할을 주어 실제적으로 연기를 시켜봄으로써 자기의 역할을 보다 확실히 인식하도록 체험하는 교육방법
2. 인간관계 등에 관한 사례를 몇 명의 피훈련자가 나머지 피훈련자들 앞에서 실제의 행동으로 연기하고, 사회자가 청중들에게 그 연기 내용을 비평·토론하도록 한 후 결론적인 설명을 하는 교육훈련 방법으로서 역할연기 방법은 주로 대인관계, 즉 인간관계 훈련에 이용된다.

36. 비통제의 집단행동에 해당하는 것은?

① 관습 ② 유행
③ 모브 ④ 제도적 행동

집단행동의 분류
1. 통제있는 집단행동 : 관습, 제도적 행동, 유행
2. 비통제적 집단행동 : 군중, 모브, 패닉, 심리적 전염

37. 작업지도 기법의 4단계 중 그 작업을 배우고 싶은 의욕을 갖도록 하는 단계로 맞는 것은?

① 제1단계 : 학습할 준비를 시킨다.
② 제2단계 : 작업을 설명한다.
③ 제3단계 : 작업을 시켜 본다.
④ 제4단계 : 작업에 대해 가르친 뒤 살펴본다.

교육지도기법의 단계

단계	내용
1단계 : 도입(준비)	• 마음을 안정시킨다. • 무슨 작업을 할 것인가를 말해준다. • 작업에 대해 알고있는 정도를 확인한다. • 작업을 배우고 싶은 의욕을 갖게 한다. • 정확한 위치에 자리잡게 한다.
2단계 : 제시(설명)	• 주요단계를 하나하나씩 나누어 설명해주고 이해시켜 보인다. • 급소를 강조한다. • 확실하게, 빠짐없이, 끈기있게 지도한다. • 이해할 수 있는 능력이상으로 강요하지 않는다.
3단계 : 적용(응용)	이해시킨 내용을 구체적인 문제 또는 실제문제로 활용시키거나 응용시킨다. 이때 작업습관의 확립과 토론을 통한 공감을 가지도록 한다.
4단계 : 확인(총괄)	교육내용을 정확하게 이해하고 있는가를 시험, 과제 등으로 확인한다. 결과에 따라 교육방법을 개선한다.

38. 동작실패의 원인이 되는 조건 중 작업강도와 관련이 가장 적은 것은?

① 작업량 ② 작업속도
③ 작업시간 ④ 작업환경

④항, 작업 환경은 작업자체에 대한 강도와는 직접적인 관계가 없다.

39. 작업장에서의 사고예방을 위한 조치로 틀린 것은?

① 감독자와 근로자는 특수한 기술뿐 아니라 안전에 대한 태도도 교육을 받아야 한다.
② 모든 사고는 사고 자료가 연구될 수 있도록 철저히 조사되고 자세히 보고되어야 한다.
③ 안전의식고취 운동에서 포스터는 긍정적인 문구보다 부정적인 문구를 사용하는 것이 더 효과적이다.
④ 안전장치는 생산을 방해해서는 안 되고, 그것이 제 위치에 있지 않으면 기계가 작동되지 않도록 설계되어야 한다.

③항, 안전의식고취 포스터는 긍정적인 문구를 사용하는 것이 더 효과적이다.

40. 에빙하우스(Ebbinghaus)의 연구결과에 따른 망각률이 50%를 초과하게 되는 최초의 경과시간은 얼마인가?

① 30분
② 1시간
③ 1일
④ 2일

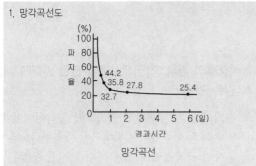

1. 망각곡선도

망각곡선

2. 파지와 망각률

경과시간	파지율	망각률
0.33	58.2%	41.8%
1	44.2	55.8
8.8	35.8	64.2
24(1일)	33.7	66.3
48(2일)	27.8	72.2
6×24	25.4	74.6
31×24	21.1	78.9

■■■ 제3과목 인간공학 및 시스템안전공학

41. 다음 FT도에서 각 요소의 발생확률이 요소 ①과 요소 ②는 0.2, 요소 ③은 0.25, 요소 ④는 0.3일 때, A 사상의 발생확률은 얼마인가?

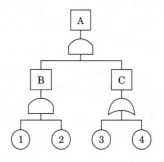

① 0.007
② 0.014
③ 0.019
④ 0.071

A=B×C=0.04×0.475=0.019
1. B=0.2×0.2=0.04
2. C=1−(1−0.25)(1−0.3)=0.475

42. 정성적 시각 표시장치에 관한 사항 중 다음에서 설명하는 특성은?

[다음]
복잡한 구조 그 자체를 완전한 실체로 지각하는 경향이 있기 때문에, 이 구조와 어긋나는 특성은 즉시 눈에 띈다.

① 양립성
② 암호화
③ 형태성
④ 코드화

정성적 표시장치는 온도, 압력, 속도와 같이 연속적으로 변하는 변수의 대략적인 값이나, 변화추세, 비율 등을 알고자 할 때 주로 사용하는 표시장치로 직관적으로 내용을 바로 알 수 있도록 형태성 특성을 가지도록 해야 한다.

43. 산업안전보건법령에 따라 기계·기구 및 설비의 설치·이전 등으로 인해 유해·위험 방지계획서를 제출하여야 하는 대상에 해당하지 않는 것은?

① 건조설비
② 공기압축기
③ 화학설비
④ 가스집합 용접장치

44. 인체측정자료에서 극단치를 적용하여야 하는 설계에 해당하지 않는 것은?

① 계산대
② 문 높이
③ 통로 폭
④ 조종장치까지의 거리

45. 작위실수(commission error)의 유형이 아닌 것은?

① 선택착오
② 순서착오
③ 시간착오
④ 직무누락착오

46. 인간-기계 통합체계의 유형에서 수동체계에 해당하는 것은?

① 자동차
② 공작기계
③ 컴퓨터
④ 장인과 공구

47. 각 기본사상의 발생확률이 증감하는 경우 정상사상의 발생확률에 어느 정도 영향을 미치는가를 반영하는 지표로서 수리적으로는 편미분계수와 같은 의미를 갖는 FTA의 중요도 지수는?

① 확률 중요도
② 구조 중요도
③ 치명 중요도
④ 비구조 중요도

48. 동작경제의 원칙 중 신체사용에 관한 원칙에 해당하지 않는 것은?

① 손의 동작은 유연하고 연속적인 동작이어야 한다.
② 두 손의 동작은 같이 시작해서 동시에 끝나도록 한다.
③ 동작이 급작스럽게 크게 바뀌는 직선 동작은 피해야 한다.
④ 공구, 재료 및 제어장치는 사용하기 용이하도록 가까운 곳에 배치한다.

49. 일반적으로 재해 발생 간격은 지수분포를 따르며, 일정기간 내에 발생하는 재해발생 건수는 푸아송분포를 따른다고 알려져 있다. 이러한 확률변수들의 발생과정을 무엇이라 하는가?

① Poisson 과정 ② Bernoulli 과정
③ Wiener 과정 ④ Binomial 과정

포아송과정(Poisson Process)
단위 시간에서 사건 발생 수를 표현하는 이상 확률분포

50. 한 화학공장에 24개의 공정제어회로가 있다. 4000시간의 공정 가동 중 이 회로에서 14건의 고장이 발생하였고, 고장이 발생하였을 때마다 회로는 즉시 교체되었다. 이 회로의 평균고장시간은 약 얼마인가?

① 6857시간 ② 7571시간
③ 8240시간 ④ 9800시간

$$평균고장시간(MTTF) = \frac{24 \times 4000}{14} = 6857$$

51. 압박이나 긴장에 대한 척도 중 생리적 긴장의 화학적 척도에 해당하는 것은?

① 혈압 ② 호흡수
③ 혈액 성분 ④ 심전도

스트레인의 생리적 긴장 척도

화학적	전기적	신체적
• 혈액성분	• 뇌전도(EEG)	• 혈압
• 요 성분	• 심전도(ECG)	• 심박수
• 산소 소비량	• 근전도(EMG)	• 부정맥
• 산소 결손	• 안전도(EOG)	• 박동량
• 산소 회복 곡선	• 전기 피부반응(GSR)	• 박동 결손
• 열량		• 신체온도
		• 호흡수

52. 사용조건을 정상사용조건보다 강화하여 적용함으로써 고장발생 시간을 단축하고, 검사비용의 절감효과를 얻고자 하는 수명 시험은?

① 중도중단시험 ② 가속수명시험
③ 감속수명시험 ④ 정시중단시험

가속수명시험
보다 짧은 시간 내 가혹한 조건으로 평가하여 제품의 수명, 신뢰도를 추정 예측하는 방법으로 사용된다.

53. 다음 중 안전성 평가 단계가 순서대로 올바르게 나열된 것으로 옳은 것은?

① 정성적 평가 – 정량적 평가 – FTA에 의한 재평가 – 재해정보로부터의 재평가 – 안전대책
② 정량적 평가 – 재해정보로부터의 재평가 – 관계 자료의 작성준비 – 안전대책 – FTA에 의한 재평가
③ 관계 자료의 작성준비 – 정성적 평가 – 정량적 평가 – 안전대책 – 재해정보로부터의 재평가 – FTA에 의한 재평가
④ 정량적 평가 – 재해정보로부터의 재평가 – FTA에 의한 재평가 – 관계 자료의 작성준비 - 안전대책

안전성 평가의 6단계
1. 1단계 : 관계자료의 정비검토
2. 2단계 : 정성적 평가
3. 3단계 : 정량적 평가
4. 4단계 : 안전대책
5. 5단계 : 재해정보에 의한 재평가
6. 6단계 : FTA에 의한 재평가

54. A 작업장에서 1시간 동안에 480Btu의 일을 하는 근로자의 대사량은 900Btu이고, 증발 열손실이 2,250Btu, 복사 및 대류로부터 열이득이 각각 1,900Btu 및 80Btu라 할 때, 열축적은 얼마인가?

① 100 ② 150
③ 200 ④ 250

S(열축적) = M(대사열) − E(증발) ± R(복사) ± C(대류) − W(한일)
S는 열 이득 및 열손실량이며 열평형 상태에서는 0이 된다.
S(열축적) = 900[Btu] − 2,250[Btu] + 1,900[Btu] + 80[Btu] − 480[Btu]
　　　　　= 150

55. 국제표준화기구(ISO)의 수직진동에 대한 피로-저감숙달경계 (fatigue-decreased proficiency boundary)표준 중 내구수준이 가장 낮은 범위로 옳은 것은?

① 1~3Hz
② 4~8Hz
③ 9~13Hz
④ 14~18Hz

> 진동수에 따른 등감각 곡선은 수직진동은 4~8Hz 범위, 수평진동은 1~2Hz범위에서 가장 민감하다.

56. 산업 현장에서는 생산설비에 부착된 안전장치를 생산성을 위해 제거하고 사용하는 경우가 있다. 이와 같이 고의로 안전장치를 제거하는 경우에 대비한 예방 설계 개념으로 옳은 것은?

① Fail safe
② Fool proof
③ Lock out
④ Tamper proof

> tamper proof
> 위험한 설비의 안전장치를 제거하는 경우 제품이 작동을 멈추게 하여 안전을 확보하는 기능

57. FT도에 사용되는 다음 기호의 명칭으로 맞는 것은?

① 부정게이트
② 수정기호
③ 위험지속기호
④ 배타적 OR 게이트

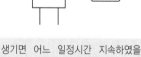

> 위험지속기호란 입력사상이 생기면 어느 일정시간 지속하였을 때에 출력사상이 생긴다. 예를 들면 「위험지속시간」과 같이 기입한다.

58. 음의 은폐(masking)에 대한 설명으로 옳지 않은 것은?

① 은폐음 때문에 피은폐음의 가청역치가 높아진다.
② 배경음악에 실내소음이 묻히는 것은 은폐효과의 예시이다.

③ 음의 한 성분이 다른 성분에 대한 귀의 감수성을 감소시키는 작용이다.
④ 순음에서 은폐효과가 가장 큰 것은 은폐음과 배음 (harmonic overtone)의 주파수가 멀 때이다.

> 두 가지의 음이 가까운 주파수 일 때 서로 영향을 주어 안들리게 되므로 은폐효과가 더 커진다.

59. 기계 시스템은 영구적으로 사용하며, 조작자는 한 시간마다 스위치를 작동해야 되는데 인간오류확률(HEP)은 0.001이다. 2시간에서 4시간까지 인간-기계 시스템의 신뢰도로 옳은 것은?

① 91.5%
② 96.6%
③ 98.7%
④ 99.8%

> 인간-기계 시스템의 신뢰도
> $R = (1 - HEP)^n = (1 - 0.001)^2 = 0.9980$

60. 예비위험분석(PHA)은 어느 단계에서 수행되는가?

① 구상 및 개발단계
② 운용단계
③ 발주서 작성단계
④ 설치 또는 제조 및 시험단계

> 예비위험분석(PHA)은 시스템을 설계, 가동하기 전의 구상단계에서 시스템의 근본적인 위험성을 평가하는 가장 기초적인 단계이다.

■■■ **제4과목 건설시공학**

61. 벽돌을 내쌓기 할 때 일반적으로 이용되는 벽돌쌓기 방법은?

① 마구리 쌓기
② 길이 쌓기
③ 옆세워 쌓기
④ 길이세워 쌓기

해답 55 ② 56 ④ 57 ③ 58 ④ 59 ④ 60 ① 61 ①

62. 조적공사의 백화현상을 방지하기 위한 대책으로 옳지 않은 것은?

① 석회를 혼합한 줄눈 모르타르를 활용하여 바른다.
② 흡수율이 낮은 벽돌을 사용한다.
③ 쌓기용 모르타르에 파라핀 도료와 같은 혼화제를 사용한다.
④ 돌림대, 차양 등을 설치하여 빗물이 벽체에 직접 흘러내리지 않게 한다.

석회는 백화현상을 발생하는 주요요인이다.

참고 백화현상
1) 정의
벽에 빗물이 침투하여 모르타르 중의 석회분과 공기 중의 탄산가스와 결합하여 생기는 하얀 결정체

2) 대책
① 잘 구워진 양질의 벽돌 사용
② 줄눈모르타르에 방수제를 넣는다.
③ 차양, 루버, 돌림띠 등 비막이 설치
④ 벽표면에 파라핀도료나 실리콘 뿜칠
⑤ 깨끗한 물 사용
⑥ 우중시공 금지

63. 강관말뚝지정의 특징에 해당되지 않는 것은?

① 강한 타격에도 견디며 다져진 중간지층의 관통도 가능하다.
② 지지력 이 크고 이음이 안전하고 강하므로 장척말뚝에 적당하다.
③ 상부구조와의 결합이 용이하다.
④ 길이조절이 어려우나 재료비가 저렴한 장점이 있다.

강재말뚝 지정
1. 장점
① 깊은 지지층까지 박을 수 있다.
② 길이조정이 용이하며 경량이므로 운반취급이 편리하다.

③ 휨모멘트 저항이 크고 길이조절이 가능하다.
④ 말뚝의 절단·가공 및 현장 용접이 가능하다.
⑤ 중량이 가볍고, 단면적이 작다.
⑥ 강한타격에도 견디며 다져진 중간지층의 관통도 가능하다.
⑦ 지지력이 크고 이음이 안전하고 강하여 장척이 가능하다.

2. 단점
① 재료비가 비싸다.
② 부식되기 쉽다.

64. 지하수위 저하공법 중 강제배수공법이 아닌 것은?

① 전기침투 공법
② 웰포인트 공법
③ 표면배수 공법
④ 진공 Deep well 공법

표면배수는 표면의 구배를 이용하는 자연배수법이다

65. 콘크리트의 압축강도를 시험하지 않을 경우 거푸집널의 해체시기로 옳은 것은? (단, 기타 조건은 아래와 같음)

• 평균기온 : 20℃ 이상
• 보통포틀랜드 시멘트 사용
• 대상 : 기초, 보, 기둥 및 벽의 측면

① 2일   ② 3일
③ 4일   ④ 6일

콘크리트의 압축강도를 시험하지 않을 경우(기초, 보옆, 기둥 및 벽의 거푸집널의 존치기간)

평균기온 \ 시멘트 종류	조강포틀랜드 시멘트	보통포틀랜드 시멘트 고로슬래그 시멘트(특급) 포틀랜드포졸란 시멘트(A종) 플라이애시 시멘트(A종)	고로슬래그 시멘트 포틀랜드포졸란 시멘트(B종) 플라이애시 시멘트(B종)
20℃ 이상	2일	3일	4일
20℃ 미만 10℃ 이상	3일	4일	6일

해답 62 ①   63 ④   64 ③   65 ②

66. 거푸집 공사에 적용되는 슬라이딩폼 공법에 관한 설명으로 옳지 않은 것은?

① 형상 및 치수가 정확하며 시공오차가 적다.
② 마감작업이 동시에 진행되므로 공정이 단순화된다.
③ 1일 5~10m 정도 수직시공이 가능하다.
④ 일반적으로 돌출물이 있는 건축물에 많이 적용된다.

> 슬라이딩폼은 돌출물 등 단면변화가 있는 곳에서는 사용이 어렵다.
>
> **참고** 슬라이딩 폼(Sliding Form)
> 1. 수평, 수직적으로 반복된 구조물을 시공이음 없이 균일한 형상으로 시공하기 위하여 거푸집을 연속적으로 이동시키면서 콘크리트를 타설하여 시공하는 시스템거푸집
> 2. 사일로(Silo), 코어, 굴뚝, 교각 등 단면변화가 없이 수직으로 연속된 구조물에 사용된다.
> 3. 공기가 단축된다.
> 4. 연속적인 타설로 일체성을 확보할 수 있다.
> 5. 자재 및 노무비의 절약
> 6. 형상 및 치수가 정확하다.
> 7. 1일 5~10m 수직시공 가능
> 8. 돌출물이 없는 곳에 사용 가능
> 9. 슬립폼 = 단면변화 있는 곳에 사용

67. 강구조용 강재의 절단 및 개선가공에 관한사항으로 옳지 않은 것은?

① 주요 부재의 강판 절단은 주된 응력의 방향과 압연방향을 직각으로 교차하여 절단함을 원칙으로 한다.
② 절단할 강재의 표면에 녹, 기름, 도료가 부착되어 있는 경우에는 제거 후 절단해야 한다.
③ 용접선의 교차부분 또는 한 부재를 다른 부재에 접합시킬 때 불필요한 접촉을 피하기 위하여 모퉁이따기를 할 경우에는 10mm 이상 둥글게 해야 한다.
④ 스캘럽 가공은 절삭 가공기 또는 부속장치가 달린 수동가스 절단기를 사용한다.

> **강구조용 강재의 절단 및 개선(그루브)가공에 관한 일반사항**
> 1. 주요 부재의 강판 절단은 주된 응력의 방향과 압연방향을 일치시켜 절단함을 원칙으로 하며 절단작업 착수 전 재단도를 작성해야한다.
> 2. 강재의 절단은 강재의 형상, 치수를 고려하여 기계절단, 가스절단, 플라즈마절단, 레이저절단 등을 적용한다.
> 3. 절단할 강재의 표면에 녹, 기름, 도료가 부착되어 있는 경우에는 제거 후 절단해야 한다.
> 4. 용접선의 교차 부분 또는 한 부재를 다른 부재에 접합시킬 때 불필요한 접촉을 피하기 위하여 모퉁이따기를 할 경우에는 10mm 이상 둥글게 해야 한다.

> 5. 설계도서에서 메탈 터치가 지정되어 있는 부분은 페이싱 머신 또는 로터리 플래너 등의 절삭가공기를 사용하여 부재 상호간 충분히 밀착하도록 가공한다.
> 6. 절단면의 정밀도가 절삭가공기의 경우와 동일하게 확보할 수 있는 기계절단기(cold saw)를 이용한 경우, 절단연단부는 그대로 두어도 좋다.
> 7. 스캘럽 가공은 절삭가공기 또는 부속장치가 달린 수동가스절단기를 사용한다.
> 8. 가공 정밀도를 확보할 수 없는 것은 그라인더 등으로 수정해야 한다.

68. 콘크리트 타설에 관한 설명으로 옳은 것은?

① 콘크리트 타설은 바닥판 → 보 → 계단 → 벽체 → 기둥의 순서로 한다.
② 콘크리트 타설은 운반거리가 먼 곳부터 시작한다.
③ 콘크리트를 타설할 때에는 다짐이 잘 되도록 타설 높이를 최대한 높게 한다.
④ 콘크리트 타설 준비 시 콘크리트가 닿았을 때 흡수할 우려가 있는 곳은 미리 건조시켜 두어야 한다.

> **콘크리트 부어넣기**
> 1. 타설구획 내의 먼 곳부터 타설한다.
> 2. 낙하높이는 될 수 있는 대로 낮게 한다.
> 3. 타설위치의 가까운 곳까지 펌프, 버킷 등으로 운반하여 타설한다.
> 4. 콘크리트를 수직으로 낙하시킨다.
> 5. 타설구획 내의 콘크리트는 휴식시간 없이 계속해서 부어넣는다.
> 6. 보, 벽은 양쪽에서 중앙을 향해 동시에 타설한다.
> 7. 기둥과 같이 깊이가 깊을수록 묽게하고 상부로 갈수록 된비빔으로 하여 기포가 생기지 않게 한다.
> 8. 콘크리트는 낮은 곳에서부터 기둥, 벽, 계단, 보, 바닥판의 순서로 부어나간다.

69. 기성콘크리트 말뚝의 특징에 관한 설명으로 옳지 않은 것은?

① 말뚝이음 부위에 대한 신뢰성이 떨어진다.
② 재료의 균질성이 부족하다.
③ 자재하중이 크므로 운반과 시공에 각별한 주의가 필요하다.
④ 시공과정상의 항타로 인하여 자재균열의 우려가 높다.

---

70. 설계도와 시방서가 명확하지 않거나 설계는 명확하지만 공사비 총액을 산출하기 곤란하고 발주자가 양질의 공사를 기대할 때 채택될 수 있는 가장 타당한 방식은?

① 실비정산 보수가산식 도급
② 단가 도급
③ 정액 도급
④ 턴키 도급

71. 철골공사에서 용접접합의 장점과 거리가 먼 것은?

① 강재량을 절약할 수 있다.
② 소음을 방지할 수 있다.
③ 일체성 및 수밀성을 확보할 수 있다.
④ 접합부의 품질검사가 매우 간단하다.

72. 웰포인트 공법에 관한 설명으로 옳지 않은 것은?

① 지하수위를 낮추는 공법이다.
② 1~3m의 간격으로 파이프를 지중에 박는다.
③ 주로 사질지반에 이용하면 유효하다.
④ 기초파기에 히빙 현상을 방지하기 위해 사용한다.

73. 프리스트레스 하지 않는 부재의 현장치기 콘크리트의 최소 피복 두께 기준 중 가장 큰 것은?

① 수중에서 치는 콘크리트
② 흙에 접하여 콘크리트를 친 후 영구히 흙에 묻혀 있는 콘크리트
③ 옥외의 공기나 흙에 직접 접하지 않는 콘크리트 중 슬래브
④ 옥외의 공기나 흙에 직접 접하지 않는 콘크리트 중 벽체

74. 품질관리(TQC)를 위한 7가지 도구 중에서 불량수, 결점수 등 셀 수 있는 데이터가 분류항목별로 어디에 집중되어 있는가를 알기 쉽도록 나타낸 그림은?

① 히스토그램   ② 파레토도
③ 체크 시트   ④ 산포도

> **체크시트**
> 제품의 불량수, 결점수와 같은 수치가 어디에 집중되어 있는가를
> 나타낸 그림이나 표

75. 시방서의 작성원칙으로 옳지 않은 것은?

① 지정고시된 신재료 또는 신기술을 적극 활용한다.
② 공사 전반에 대한 지침을 세밀하고 간단명료하게 서술한다.
③ 공종을 세밀하게 나누고, 단위 시방의 수를 최대한 늘려 상세히 서술한다.
④ 시공자가 정확하게 시공하도록 설계자의 의도를 상세히 기술한다.

> **시방서 작성 원칙**
> ① 시방서의 작성순서는 공사진행순서 따라 기재한다.
> ② 공사의 전반에 걸쳐 빠짐없이 기재한다.
> ③ 공법의 정밀도와 손질의 정밀도를 명확하게 규정한다.
> ④ 간단명료하게 규격의 기입은 도면에 미루고, 시방서에는 가급적 피하여 기재한다.
> ⑤ 오자, 오기가 없고, 도면과 중복되지 않게
> ⑥ 기술은 명령법이 아니고 서술법에 의한다.
> ⑦ 중요한 사항은 도면에 명기되어 있어도 보충 설명한다.

76. 슬래브에서 4변 고정인 경우 철근배근을 가장 많이 하여야 하는 부분은?

① 단변 방향의 주간대   ② 단변 방향의 주열대
③ 장변 방향의 주간대   ④ 장변 방향의 주열대

> **슬래브 배근에서 4변 고정인 경우 철근을 많이 배근하여야 하는 순서**
> 단변방향 주열대 → 단변방향 주간대 → 장변방향 주열대 → 장변방향 주간대

	주열대(X1)	
주열대 (Y1)	주간대(X2) (Y2)	주열대 (Y1)
	주열대(X1)	

77. Top Down 공법 의 특징으로 옳지 않은 것은?

① 1층 바닥 기준으로 상방향, 하방향 중 한쪽 방향으로만 공사가 가능하다.
② 공기단축이 가능하다.
③ 타 공법 대비 주변지반 및 인접건물에 미치는 영향이 작다.
④ 소음 및 진동이 적어 도심지 공사로 적합하다.

> **Top Down 공법(역타공법)**
> 흙막이벽으로 설치한 지하연속벽(Slurry Wall)을 본구조체의 벽체로 이용하고 기둥과 기초를 시공한 후 지하층과 지상층을 동시에 작업하는 공법

78. 철재 거푸집에서 사용되는 철물로 지주를 제거하지 않고 슬래브 거푸집만 제거할 수 있도록 한 철물은?

① 와이어클리퍼(Wire Clipper)
② 캠버 (Camber)
③ 드롭헤드(Drop Head)
④ 베이스플레이트(Base Plate)

> 철재거푸집(euro form)에서 지주를 제거하지 않고 슬래브 거푸집만 제거 할 수 있도록 사용하는 철물

79. 콘크리트 다짐 시 진동기의 사용에 관한 설명으로 옳지 않은 것은?

① 진동다지기를 할 때에는 내부진동기를 하층의 콘크리트 속으로 0.1m 정도 찔러 넣는다.
② 1개소당 진동시간은 다짐할 때 시멘트풀이 표면 상부로 약간 부상하기까지가 적절하다.
③ 내부진동기는 콘크리트로부터 천천히 빼내어 구멍이 남지 않도록 한다.
④ 내부진동기는 콘크리트를 횡방향으로 이동시킬 목적으로 사용한다.

진동기 사용시 주의사항(진동기 사용목적 : 콘크리트 밀실화)
1. 수직으로 사용한다.
2. 철근 및 거푸집에 직접 닿지 않도록 한다.
3. 사용간격은 진동이 중복되지 않게 500mm 이하로 한다.
4. 사용시간 : 시멘트 페이스트가 떠오를 때까지
5. 콘크리트에 구멍이 남지 않도록 서서히 빼낸다.
6. 굳기 시작한 콘크리트는 사용하지 않는다.
7. 진동기는 슬럼프값 15cm 이하에서만 사용
8. 진동기수는 1일 콘크리트 작업량 20㎥마다 3대, 예비진동기 1대 준비
※ 진동기는 콘크리트가 골고루 펴지도록 전, 후, 좌, 우 방향으로 일정간격으로 사용한다.

80. 다음과 같이 정상 및 특급공기와 공비가 주어 질 경우 비용구배(cost slope)는?

정상		특급	
공기	공비	공기	공비
20일	120,000원	15일	180,000원

① 9,000원/일
② 12,000원/일
③ 15,000원/일
④ 18,000원/일

비용구배 곡선
각 작업의 공기와 비용의 관계를 조사하여 최소비용으로 공기를 단축하기 위한 방법

1. 비용구배(1일 비용 증가액)
공기를 1일 단축하는 데 추가되는 비용(공기단축일수와 비례하여 비용이 증가)

$$\text{cost slope} = \frac{(급속비용-정상비용)}{(정상공기-급속공기)}$$

$$\text{cost slope} = \frac{(180,000-120,000)}{(20-15)} = 12,000/일$$

81. 목재의 수축팽창에 관한 설명으로 옳지 않은 것은?

① 변재는 심재보다 수축률 및 팽창률이 일반적으로 크다.
② 섬유포화점 이상의 함수상태에서는 함수율이 클수록 수축률 및 팽창률이 커진다.
③ 수종에 따라 수축률 및 팽창률에 상당한 차이가 있다.
④ 수축이 과도하거나 고르지 못하면 할렬, 비틀림 등이 생긴다.

함수율과 수축 팽창
1. 목재의 함수율이 섬유포화점이하가 되면 목재가 수축하기 시작한다.
2. 섬유포화점 이상에서는 수축팽창이 일어나지 않는다.

82. 경질섬유판(hard fiber board)에 관한 설명으로 옳은 것은?

① 밀도가 0.3g/cm^3 정도이다.
② 소프트 텍스라고도 불리며 수장판으로 사용된다.
③ 소판이나 소각재의 부산물 등을 이용하여 접착, 접합에 의해 소요 형상의 인공목재를 제조할 수 있다.
④ 펄프를 접착제로 제판하여 양면을 열압 건조시킨 것이다.

경질섬유판
1. 목재펄프 접착제로 제판하여 양면을 열압 건조시킨 것
2. 비중이 0.8 이상
3. 강도, 경도가 비교적 크다.

83. 다음 중 열경화성 수지에 속하지 않는 것은?

① 멜라민 수지
② 요소 수지
③ 폴리에틸렌 수지
④ 에폭시 수지

점토의 소성온도는 점토의 성분이나 제품의 종류에 따라 다르다.

점토 소성제품의 분류

종류	소성온도 (℃)	흡수율 (%)	건축재료	비고
토기	700~900	20% 이상	기와, 적벽돌, 토관	저급점토 사용
도기	1,100 ~1,250	10%	내장타일, 테라코타	
석기	1,200 ~1,350	3~10%	마루타일, 클링커 타일	시유약을 사용하지 않고 식염유를 쓴다.
자기	1,230 ~1,460	1% 이하	내장타일, 외장타일, 바닥타일, 위생기기, 모자이크 타일	양질의 도토 또는 장석분을 원료로 하며 두드리면 청음이 난다.

84. 콘크리트에 사용되는 혼화재인 플라이애쉬에 관한 설명으로 옳지 않은 것은?

① 단위 수량이 커져 블리딩 현상이 증가한다.
② 초기 재령에서 콘크리트 강도를 저하시킨다.
③ 수화 초기의 발열량을 감소시킨다.
④ 콘크리트의 수밀성을 향상시킨다.

85. 점토에 관한 설명으로 옳지 않은 것은?

① 습윤상태에서 가소성이 좋다.
② 압축강도는 인장강도의 약 5배 정도이다.
③ 점토를 소성하면 용적, 비중 등의 변화가 일어나며 강도가 현저히 증대된다.
④ 점토의 소성온도는 점토의 성분이나 제품의 종류에 상관없이 같다.

86. 도막방수에 사용되지 않는 재료는?

① 염화비닐 도막재
② 아크릴고무 도막재
③ 고무아스팔트 도막재
④ 우레탄고무 도막재

87. 각 창호철물에 관한 설명으로 옳지 않은 것은?

① 피벗힌지 (pivot hinge): 경첩 대신 축을 사용하여 여닫이문을 회전시킨다.

② 나이트래치(night latch): 외부에서는 열쇠, 내부에서는 작은 손잡이를 틀어 열 수 있는 실린더장치로 된 것이다.

③ 크레센트(crescent): 여닫이문의 상하단에 붙여 경첩과 같은 역할을 한다.

④ 래버터리힌지 (lavatory hinge): 스프링 힌지의 일종으로 공중용 화장실 등에 사용된다.

> 크리센트(Crescent)
> 미서기창이나 오르내리창의 잠금장치

88. 집성목재의 사용에 관한 설명으로 옳지 않은 것은?

① 판재와 각재를 접착제로 결합시켜 대재(大材)를 얻을 수 있다.

② 보, 기둥 등의 구조재료로 사용할 수 없다.

③ 옹이, 균열 등의 결점을 제거하거나 분산시켜 균질의 인공목재로 사용할 수 있다.

④ 임의의 단면 형상을 갖도록 제작할 수 있어 목재 활용 면에서 경제적이다.

> 집성목재
> 1. 두께 1.5~3cm의 널을 접착제를 사용하여 섬유 평행방향으로 여러 장을 겹쳐 붙여서 만든 목재
> 2. 응력에 따라 필요한 치수, 단면을 만들 수 있다.
> 3. 목재의 강도를 자유롭게 조절할 수 있다.
> 4. 균질한 조직의 목재를 제조할 수 있다.
> 5. 건조균열, 비틀림, 변형 등이 생기지 않는다.
> 6. 길이, 단면 등이 큰 부재를 만들 수 있다.

89. 다음 도료 중 방청도료에 해당하지 않는 것은?

① 광명단 도료
② 다채무늬 도료
③ 알루미늄 도료
④ 징크로메이트 도료

> 방청도료
> 1. 광명단(연단)도료 : 광면단과 보일드유를 혼합
> 2. 알루미늄도료 : 알루미늄 분말 사용, 방청효과, 열반사효과
> 3. 역청질도료 : 아스팔트, 타르에 건성유, 수지류를 첨가한 것
> 4. 징크로메이트도료 : 알키드수지를 전색제로 하고 크롬산 아연을 안료로 한 것
> 5. 워시프라이머 : 합성수지를 전색제로 안료와 인산을 첨가한 도료
> 6. 방청 산화철도료
> 7. 규산염도료: 규산염, 방청안료 등을 혼합한 것

90. 강화유리에 관한 설명으로 옳지 않은 것은?

① 유리 표면에 강한 압축응력층을 만들어 파괴강도를 증가시킨 것이다.

② 강도는 플로트 판유리에 비해 3~5배 정도이다.

③ 주로 출입문이나 계단 난간, 안전성이 요구되는 칸막이 등에 사용된다.

④ 깨어질 때는 판유리 전체가 파편으로 잘게 부서지지 않는다.

> 강화유리
> 1. 600℃까지 가열하였다가 양면을 찬공기로 급냉시킨 것
> 2. 강도가 보통유리의 3~5배 정도
> 3. 파괴될 될 때도 파편이 날카롭지 않고 둥글게 깨져 사람이 다치지 않아 안전하다.
> 4. 안전유리의 일종(자동차, 현관문 등)

91. 수밀성, 기밀성 확보를 위하여 유리와 새시의 접합부, 패널의 접합부 등에 사용되는 재료로서 내후성이 우수하고 부착이 용이한 특징이 있으며, 형상이 H형, Y형, ㄷ형으로 나누어지는 것은?

① 유리퍼티(glass putty)
② 2액형 실링재(two-part liquid sealing compound)
③ 개스킷(gasket)
④ 아스팔트코킹(asphalt caulking materials)

> 1. 부재의 접합부 사이에 끼워 물, 기름, 가스가 누설되는 것을 방지
> 2. 고무, 실리콘, 석면, 금속, 합성수지, 종이 코르크 등

해답 87 ③ 88 ② 89 ② 90 ④ 91 ③

92. 콘크리트의 탄산화에 관한 설명으로 옳지 않은 것은?

① 탄산가스의 농도, 온도, 습도 등 외부 환경조건도 탄산화 속도에 영향을 준다.
② 물-시멘트비가 클수록 탄산화의 진행속도가 빠르다.
③ 탄산화된 부분은 페놀프탈레인액을 분무해도 착색되지 않는다.
④ 일반적으로 보통 콘크리트가 경량골재 콘크리트보다 탄산화 속도가 빠르다.

> 일반적으로 보통 콘크리트가 경량골재 콘크리트보다 탄산화 속도가 느리다.

93. 골재의 실적률에 관한 설명으로 옳지 않은 것은?

① 실적률은 골재 입형의 양부를 평가하는 지표이다.
② 부순 자갈의 실적률은 그 입형 때문에 강자갈의 실적률보다 적다.
③ 실적률 산정 시 골재의 밀도는 절대건조 상태의 밀도를 말한다.
④ 골재의 단위용적질량이 동일하면 골재의 밀도가 클수록 실적률도 크다.

> **실적률**
> 1. 일정한 단위용적 중 골재가 차지하는 비율
> 2. 골재의 실적률은 입도, 입형이 좋고 나쁨을 알 수 있는 지표가 되고 동일 입도일 경우 각형일수록 실적률이 낮다.
> ※ 골재의 단위용적질량이 동일하면 골재의 밀도가 동일하다.

94. 다음 중 강(鋼)의 열처리와 관계없는 용어는?

① 불림　　　　　② 담금질
③ 단조　　　　　④ 뜨임

강의 열처리		
열처리 종류	방법 및 특징	목적
불림(소준) (normalizing)	800~1,000℃로 가열하여 소정의 시간까지 유지한 후 공기 중에서 냉각	• 조직을 개선 • 결정의 미세화
풀림(소둔) (annealing)	800~1,000℃로 가열하여 소정의 시간까지 유지한 후 로 안에서 서서히 냉각	• 강을 연화 • 내부응력 제거
담금질(소입) (quenching)	고온으로 가열하여 소정의 시간동안 유지한 후에 냉수, 온수 또는 기름에 담가 냉각하는 처리	• 강도, 경도증가 • 내마모성 증진
뜨임질(소려) (tempering)	불림하거나 담금질한 강을 다시 200~600℃로 수십분 가열한 후에 공기중에서 냉각하는 처리	• 경도 감소 • 내부응력 제거 • 연성, 인성 증가

95. 석고보드의 특성에 관한 설명으로 옳지 않은 것은?

① 흡수로 인해 강도가 현저하게 저하된다.
② 신축변형이 커서 균열의 위험이 크다.
③ 부식이 안 되고 충해를 받지 않는다.
④ 단열성이 높다.

> **석고보드의 특성**
> 1. 단열성　　　　2. 방화성
> 3. 차음성　　　　4. 치수안정성

96. 보통포틀랜드시멘트에 관한 설명으로 옳지 않은 것은?

① 시멘트의 응결시간은 분말도가 작을수록, 또 수량이 많고 온도가 낮을수록 짧아진다.
② 시멘트의 안정성 측정법으로 오토클레이브 팽창도 시험방법이 있다.
③ 시멘트의 비중은 소성온도나 성분에 따라 다르며, 동일 시멘트인 경우에 풍화한 것일수록 작아진다.
④ 시멘트의 비표면적이 너무 크면 풍화하기 쉽고 수화열에 의한 축열량이 커진다.

> 시멘트의 응결시간은 분말도가 작을수록, 또 수량이 많고 온도가 낮을수록 길어진다.

해답　92 ④　93 ④　94 ③　95 ②　96 ①

97. 안료를 적은 양의 물로 용해하여 수용성 교착제와 혼합한 분말상태의 도료는?

① 수성 페인트   ② 바니시
③ 래커   ④ 에나멜페인트

수성페인트
1. 안료를 적은 양의 물로 용해하여 수용성 교착제와 혼합한 분말상태의 도료
2. 내수성, 내마모성이 나쁘다.
3. 내알칼리성이 있다.
4. 건조가 빠르고 작업성이 좋다.
5. 광택이 없다.
6. 독성, 화재 발생위험이 없다.
7. 모르타르면, 회반죽면에 사용할 수 있다.

98. 프리플레이스트 콘크리트에 사용되는 골재에 관한 설명으로 옳지 않은 것은?

① 굵은 골재의 최소 치수는 15mm 이상, 굵은 골재의 최대 치수는 부재단면 최소 치수의 1/4 이하, 철근콘크리트의 경우 철근 순간격의 2/3 이하로 하여야 한다.
② 굵은 골재의 최대 치수와 최소 치수와의 차이를 작게 하면 굵은 골재의 실적률이 커지고 주입모르타르의 소요량이 적어진다.
③ 대규모 프리플레이스트 콘크리트를 대상으로 할 경우, 굵은 골재의 최소 치수를 크게 하는 것이 효과적이다.
④ 골재의 적절한 입도 분포를 위해 일반적으로 굵은 골재의 최대 치수는 최소 치수의 2~4배 정도로 한다.

프리플레이스트 콘크리트
1. 미리 거푸집에 굵은 골재를 넣고 그 사이에 특수모르타르를 적당한 압력으로 주입하여 만든 콘크리트
2. 굵은 골재의 최대 치수와 최소 치수와의 차이를 작게 하면 굵은 골재의 실적률이 작아지고 주입모르타르의 소요량이 많아진다.

99. 콘크리트 구조물의 강도 보강용 섬유소재로 적당하지 않은 것은?

① PCP   ② 유리섬유
③ 탄소섬유   ④ 아라미드섬유

콘크리트 구조물의 강도 보강용 섬유소재
1. 유리섬유   2. 탄소섬유
3. 아라미드섬유

※ PCP
① 목재의 방부재
② 유기 염소계의 살충제로서 살충력이 매우 강하다. 방부력 가장 우수, 페인트 칠 가능

100. 내약품성, 내마모성이 우수하여 화학공장의 방수층을 겸한 바닥 마무리로 가장 적합한 것은?

① 에폭시 도막방수   ② 아스팔트 방수
③ 무기질 침투방수   ④ 합성고분자 방수

에폭시수지
1. 접착성이 매우 우수하다.
2. 내수성, 내약품성, 내약품성이 우수하고 산, 알칼리에 강하다.
3. 화학공장의 방수층을 겸한 바닥 마감재로 적합

■■■■ 제6과목 건설안전기술

101. 거푸집동바리등을 조립하는 경우에 준수하여야 할 사항으로 옳지 않은 것은?

① 거푸집이 곡면인 경우에는 버팀대의 부착 등 그 거푸집의 부상(浮上)을 방지하기 위한 조치를 할 것
② 동바리의 이음은 맞댄이음이나 장부이음으로 하고 같은 품질의 재료를 사용할 것
③ 동바리로 사용하는 강관(파이프 서포트는 제외)은 높이 2m 이내마다 수평연결재를 4개 방향으로 만들고 수평연결재의 변위를 방지할 것
④ 동바리로 사용하는 파이프 서포트는 3개 이상 이어서 사용하지 않도록 할 것

높이 2미터 이내마다 수평연결재를 2개 방향으로 만들고 수평연결재의 변위를 방지할 것
참고 산업안전보건기준에 관한 규칙 제332조 【거푸집동바리등의 안전조치】

102. 공사용 가설도로를 설치하는 경우 준수해야 할 사항으로 옳지 않은 것은?

① 도로는 장비와 차량이 안전하게 운행할 수 있도록 견고하게 설치한다.
② 도로는 배수에 관계없이 평탄하게 설치한다.
③ 도로와 작업장이 접하여 있을 경우에는 방책 등을 설치한다.
④ 차량의 속도제한 표지를 부착한다.

> 사업주는 공사용 가설도로를 설치하는 경우에 다음 각 호의 사항을 준수하여야 한다.
> 1. 도로는 장비와 차량이 안전하게 운행할 수 있도록 견고하게 설치할 것
> 2. 도로와 작업장이 접하여 있을 경우에는 방책 등을 설치할 것
> 3. 도로는 배수를 위하여 경사지게 설치하거나 배수시설을 설치할 것
> 4. 차량의 속도제한 표지를 부착할 것
> **참고** 산업안전보건기준에 관한 규칙 제379조【가설도로】

103. 단관비계를 조립하는 경우 벽이음 및 버팀을 설치할 때의 수평방향 조립간격 기준으로 옳은 것은?

① 3m
② 5m
③ 6m
④ 8m

> 단관비계의 조립간격은 수직, 수평 5m 이하로 한다.
> **참고** 산업안전보건기준에 관한 규칙 제59조【강관비계 조립 시의 준수사항】

104. 유해·위험방지 계획서를 제출해야 될 대상 공사의 기준으로 옳은 것은?

① 최대 지간길이가 50m 이상인 교량 건설 등 공사
② 다목적댐, 발전용댐 및 저수용량 1천만톤 이상의 용수 전용 댐, 지방상수도 전용 댐 건설 등의 공사
③ 깊이가 8m 이상인 굴착공사
④ 연면적 3000m² 이상의 냉동·냉장창고시설의 설비공사 및 단열공사

> 위험방지계획서를 제출해야 될 건설공사
> 1. 지상높이가 31미터 이상인 건축물 또는 인공구조물, 연면적 3만 제곱미터 이상인 건축물 또는 연면적 5천 제곱미터 이상의 문화 및 집회시설(전시장 및 동물원·식물원은 제외한다), 판매시설, 운수시설(고속철도의 역사 및 집배송시설은 제외한다), 종교시설, 의료시설 중 종합병원, 숙박시설 중 관광숙박시설, 지하도상가 또는 냉동·냉장창고시설의 건설·개조 또는 해체(이하 "건설등"이라 한다)
> 2. 연면적 5천제곱미터 이상의 냉동·냉장창고시설의 설비공사 및 단열공사
> 3. 최대지간길이가 50m 이상인 교량건설 등 공사
> 4. 터널건설 등의 공사
> 5. 다목적댐·발전용댐 및 저수용량 2천만 톤 이상의 용수전용댐·지방상수도 전용댐 건설 등의 공사
> 6. 깊이 10미터 이상인 굴착공사
> **참고** 산업안전보건법 시행령 제42조【유해위험방지계획서 제출 대상】

105. 토질시험 중 액체 상태의 흙이 건조되어 가면서 액성, 소성, 반고체, 고체 상태의 경계선과 관련된 시험의 명칭은?

① 아터버그 한계시험
② 압밀 시험
③ 삼축압축시험
④ 투수시험

> 토양의 수분함량에 따라 외력과 변형에 대한 저항성이 달라진다. 이 때 형태변화를 수분함량을 기준으로 액성한계, 소성한계 등으로 구분하는 것을 Albert Atterberg의 이름을 따서 아터버그한계라고 한다.

106. 인력운반 작업에 대한 안전 준수사항으로 옳지 않은 것은?

① 보조기구를 효과적으로 사용한다.
② 긴 물건은 뒤쪽으로 높이고 원통인 물건은 굴려서 운반한다.
③ 물건을 들어올릴 때에는 팔과 무릎을 이용하며 척추는 곧게 한다.
④ 무거운 물건은 공동작업으로 실시한다.

> 길이가 긴 물건을 단독으로 어깨에 메고 운반할 때에는 하물 앞부분 끝을 근로자 신장보다 약간 높게 하여 모서리, 곡선 등에 충돌하지 않도록 주의하여야 한다.

해답 102 ② 103 ② 104 ① 105 ① 106 ②

107. 철골 작업을 할 때 악천후에는 작업을 중지하도록 하여야 하는데 그 기준으로 옳은 것은?

① 강설량이 분당 1cm 이상인 경우
② 강우량이 시간당 1cm 이상인 경우
③ 풍속이 초당 10m 이상인 경우
④ 기온이 28℃ 이상인 경우

> 철골작업을 중지하여야 하는 기준
> 1. 풍속이 초당 10미터 이상인 경우
> 2. 강우량이 시간당 1밀리미터 이상인 경우
> 3. 강설량이 시간당 1센티미터 이상인 경우
> [참고] 산업안전보건기준에 관한 규칙 제383조【작업의 제한】

108. 굴착작업을 하는 경우 근로자의 위험을 방지하기 위하여 작업장의 지형·지반 및 지층상태 등에 대하여 실시하여야 하는 사전조사의 내용으로 옳지 않은 것은?

① 형상·지질 및 지층의 상태
② 균열·함수(含水)·용수 및 동결의 유무 또는 상태
③ 지상의 배수 상태
④ 매설물 등의 유무 또는 상태

> 굴착작업시 사전조사 내용
> 1. 형상·지질 및 지층의 상태
> 2. 균열·함수(함수)·용수 및 동결의 유무 또는 상태
> 3. 매설물 등의 유무 또는 상태
> 4. 지반의 지하수위 상태
> [참고] 산업안전보건기준에 관한 규칙 별표 4【사전조사 및 작업계획서 내용】

109. 건설업 산업안전보건관리비 중 안전시설비로 사용할 수 있는 항목에 해당하는 것은?

① 각종 비계, 작업발판, 가설계단·통로, 사다리 등
② 비계·통로·계단에 추가 설치하는 추락방지용 안전난간
③ 절토부 및 성토부 등의 토사유실 방지를 위한 설비
④ 작업장 간 상호 연락, 작업 상황 파악 등 통신수단으로 활용되는 통신시설·설비

> 안전시설비로 사용할 수 없는 항목과 사용가능한 항목
> 1. 사용불가능 항목 : 안전발판, 안전통로, 안전계단 등과 같이 명칭에 관계없이 공사 수행에 필요한 가시설물
> 2. 사용가능한 항목 : 비계·통로·계단에 추가 설치하는 추락방지용 안전난간, 사다리 전도방지장치, 틀비계에 별도로 설치하는 안전난간·사다리, 통로의 낙하물방호선반 등은 사용 가능함

110. 작업으로 인하여 물체가 떨어지거나 날아올 위험이 있는 경우 그 위험을 방지하기 위하여 필요한 조치사항으로 거리가 먼 것은?

① 낙하물방지망의 설치
② 출입금지구역의 설정
③ 보호구의 착용
④ 작업지휘자 선정

> 사업주는 작업으로 인하여 물체가 떨어지거나 날아올 위험이 있는 때에는 낙하물방지망·수직보호망 또는 방호선반의 설치, 출입금지구역의 설정, 보호구의 착용 등 위험방지를 위하여 필요한 조치를 하여야 한다.
> [참고] 산업안전보건기준에 관한 규칙 제14조【낙하물에 의한 위험의 방지】

111. 구축물 또는 이와 유사한 시설물에 대하여 자중(自重), 적재하중, 적설, 풍압(風壓), 지진이나 진동 및 충격 등에 의하여 붕괴·전도·도괴·폭발하는 등의 위험을 예방하기 위하여 필요한 조치로 거리가 먼 것은?

① 설계도서에 따라 시공했는지 확인
② 건설공사 시방서(示方書)에 따라 시공했는지 확인
③ 소방시설법령에 의해 소방시설을 설치했는지 확인
④ 「건축물의 구조기준 등에 관한 규칙」에 따른 구조기준을 준수했는지 확인

> 사업주는 구축물 또는 이와 유사한 시설물에 대하여 자중(自重), 적재하중, 적설, 풍압(風壓), 지진이나 진동 및 충격 등에 의하여 붕괴·전도·도괴·폭발하는 등의 위험을 예방하기 위하여 다음 각 호의 조치를 하여야 한다.
> 1. 설계도서에 따라 시공했는지 확인
> 2. 건설공사 시방서(示方書)에 따라 시공했는지 확인
> 3. 「건축물의 구조기준 등에 관한 규칙」에 따른 구조기준을 준수했는지 확인
> [참고] 산업안전보건기준에 관한 규칙 제51조【구축물 또는 이와 유사한 시설물 등의 안전 유지】

112. 건설작업장에서 재해예방을 위해 작업조건에 따라 근로자에게 지급하고 착용하도록 하여야 할 보호구로 옳지 않은 것은?

① 물체가 떨어지거나 날아올 위험 또는 근로자가 추락할 위험이 있는 작업 : 안전모
② 높이 또는 깊이 2m 이상의 추락할 위험이 있는 장소에서 하는 작업 : 안전대
③ 용접 시 불꽃이나 물체가 흩날릴 위험이 있는 작업 : 보안경
④ 물체의 낙하·충격, 물체에의 끼임, 감전 또는 정전기의 대전에 의한 위험이 있는 작업 : 안전화

> **보호구의 지급**
> 1. 물체가 떨어지거나 날아올 위험 또는 근로자가 추락할 위험이 있는 작업 : 안전모
> 2. 높이 또는 깊이 2미터 이상의 추락할 위험이 있는 장소에서 하는 작업 : 안전대(安全帶)
> 3. 물체의 낙하·충격, 물체에의 끼임, 감전 또는 정전기의 대전(帶電)에 의한 위험이 있는 작업 : 안전화
> 4. 물체가 흩날릴 위험이 있는 작업 : 보안경
> 5. 용접 시 불꽃이나 물체가 흩날릴 위험이 있는 작업: 보안면
> 6. 감전의 위험이 있는 작업 : 절연용 보호구
> 7. 고열에 의한 화상 등의 위험이 있는 작업: 방열복
> 8. 선창 등에서 분진(粉塵)이 심하게 발생하는 하역작업 : 방진마스크
> 9. 섭씨 영하 18도 이하인 급냉동어창에서 하는 하역작업 : 방한모·방한복·방한화·방한장갑
> 참고 산업안전보건기준에 관한 규칙 제32조【보호구의 지급 등】

113. 차량계 건설기계 작업 시 그 기계가 넘어지거나 굴러떨어짐으로써 근로자가 위험해질 우려가 있는 경우에 필요한 조치사항으로 거리가 먼 것은?

① 변속기능의 유지　② 갓길의 붕괴방지
③ 도로 폭의 유지　④ 지반의 부동침하방지

> **차량 건설기계 작업 시 기계의 전도, 전락 등에 의한 근로자의 위험을 방지하기 위한 유의사항**
> 1. 유도하는 사람을 배치
> 2. 지반의 부동침하 방지
> 3. 갓길의 붕괴 방지
> 4. 도로 폭의 유지
> 참고 산업안전보건기준에 관한 규칙 제199조【전도 등의 방지】

114. 갱내에 설치한 사다리식 통로에 권상장치가 설치된 경우 권상장치와 근로자의 접촉에 의한 위험이 있는 장소에 설치해야 하는 것은?

① 판자벽　　　② 울
③ 건널다리　　④ 덮개

> 사업주는 갱내에 설치한 통로 또는 사다리식 통로에 권상장치(卷上裝置)가 설치된 경우 권상장치와 근로자의 접촉에 의한 위험이 있는 장소에 판자벽이나 그 밖에 위험 방지를 위한 격벽(隔壁)을 설치하여야 한다.
> 참고 산업안전보건기준에 관한 규칙 제25조【갱내통로 등의 위험 방지】

115. 52m 높이로 강관비계를 세우려면 지상에서 몇 미터까지 2개의 강관으로 묶어 세워야 하는가?

① 11m　　　② 16m
③ 21m　　　④ 26m

> 52m–31m = 21m
> 제일 윗부분으로부터 31미터 되는 지점 밑부분의 비계기둥은 2개의 강관으로 묶어 세울 것

116. 보호구 자율안전확인 고시에 따른 안전모의 시험 항목에 해당되지 않는 것은?

① 전처리　　　② 착용높이측정
③ 충격흡수성시험　④ 절연시험

> **안전모(자율안전확인) 시험항목**
> 1. 전처리
> 2. 착용높이측정
> 3. 내관통성시험
> 4. 난연성시험
> 5. 충격흡수성시험
> 6. 턱끈풀림시험
> 7. 측면변형시험

117. 강관틀비계를 조립하여 사용하는 경우 준수해야 할 기준으로 옳지 않은 것은?

① 비계기둥의 밑둥에는 밑받침 철물을 사용하여야 하며 밑받침에 고저차(高低差)가 있는 경우에는 조절형 밑받침철물을 사용하여 각각의 강관틀비계가 항상 수평 및 수직을 유지하도록 할 것

② 높이가 20m를 초과하거나 중량물의 적재를 수반하는 작업을 할 경우에는 주틀 간의 간격을 1.8m 이하로 할 것

③ 주틀 간에 교차 가새를 설치하고 최상층 및 5층 이내마다 수평재를 설치할 것

④ 수직방향으로 5m, 수평방향으로 5m 이내마다 벽이음을 할 것

> 강관틀비계의 벽이음에 대한 조립간격 기준으로 수직방향 6m, 수평방향 8m 이내이다.
> **참고** 산업안전보건기준에 관한 규칙 제62조【강관틀비계】

118. 체인(Chain)의 폐기 대상이 아닌 것은?

① 균열, 흠이 있는 것
② 뒤틀림 등 변형이 현저한 것
③ 전장이 원래 길이의 5%를 초과하여 늘어난 것
④ 링(Ring)의 단면 지름의 감소가 원래 지름의 5% 정도 마모된 것

> 다음 어느 하나에 해당하는 달기 체인을 달비계에 사용해서는 아니 된다.
> 1. 달기 체인의 길이가 달기 체인이 제조된 때의 길이의 5퍼센트를 초과한 것
> 2. 링의 단면지름이 달기 체인이 제조된 때의 해당 링의 지름의 10퍼센트를 초과하여 감소한 것
> 3. 균열이 있거나 심하게 변형된 것
> **참고** 산업안전보건기준에 관한 규칙 제63조【달비계의 구조】

119. 물체가 떨어지거나 날아올 위험을 방지하기 위한 낙하물 방지망 또는 방호선반을 설치할 때 수평면과의 적정한 각도는?

① 10°∼20° ② 20°∼30°
③ 30°∼40° ④ 40°∼45°

> 낙하물 방지망 또는 방호선반을 설치하는 경우에는 다음 각 호의 사항을 준수하여야 한다.
> 1. 높이 10미터 이내마다 설치하고, 내민 길이는 벽면으로부터 2미터 이상으로 할 것
> 2. 수평면과의 각도는 20도 이상 30도 이하를 유지할 것
> **참고** 산업안전보건기준에 관한 규칙 제14조【낙하물에 의한 위험의 방지】

120. 콘크리트 타설작업을 하는 경우 안전대책으로 옳지 않은 것은?

① 당일의 작업을 시작하기 전에 해당 작업에 관한 거푸집동바리등의 변형·변위 및 지반의 침하 유무 등을 점검하고 이상이 있으면 보수할 것

② 작업 중에는 거푸집동바리등의 변형·변위 및 침하 유무 등을 감사할 수 있는 감시자를 배치하여 이상이 있으면 작업을 중지하고 근로자를 대피시킬 것

③ 설계도서상의 콘크리트 양생기간을 준수하여 거푸집동바리등을 해체할 것

④ 슬래브의 경우 한쪽부터 순차적으로 콘크리트를 타설하는 등 편심을 유발하여 빠른 시간 내 타설이 완료되도록 할 것

> **콘크리트의 타설작업 시 준수사항**
> 1. 당일의 작업을 시작하기 전에 해당 작업에 관한 거푸집동바리 등의 변형·변위 및 지반의 침하 유무 등을 점검하고 이상이 있으면 이를 보수할 것
> 2. 작업중에는 거푸집동바리 등의 변형·변위 및 침하유무 등을 감시할 수 있는 감시자를 배치하여 이상이 있으면 작업을 중지하고 근로자를 대피시킬 것
> 3. 콘크리트의 타설작업 시 거푸집붕괴의 위험이 발생할 우려가 있으면 충분한 보강조치를 할 것
> 4. 설계도서상의 콘크리트 양생기간을 준수하여 거푸집동바리 등을 해체할 것
> 5. 콘크리트를 타설하는 경우에는 편심이 발생하지 않도록 골고루 분산하며 타설할 것
> **참고** 산업안전보건기준에 관한 규칙 제334조【콘크리트의 타설작업】

해답 117 ④ 118 ④ 119 ② 120 ④

■■■ **제1과목 산업안전관리론**

1. 다음은 산업안전보건법령상 공정안전보고서의 제출 시기에 관한 기준 내용이다. ( ) 안에 들어갈 내용을 올바르게 나열한 것은?

> 사업주는 산업안전보건법 시행령에 따라 유해하거나 위험한 설비의 설치·이전 또는 주요 구조부분의 변경공사의 착공일 (㉠) 전까지 공정안전보고서를 (㉡) 작성하여 공단에 제출해야 한다.

① ㉠ 1일, ㉡ 2부   ② ㉠ 15일, ㉡ 1부
③ ㉠ 15일, ㉡ 2부   ④ ㉠ 30일, ㉡ 2부

사업주는 유해하거나 위험한 설비의 설치·이전 또는 주요 구조부분의 변경공사의 착공일(기존 설비의 제조·취급·저장 물질이 변경되거나 제조량·취급량·저장량이 증가하여 유해·위험물질 규정량에 해당하게 된 경우에는 그 해당일을 말한다) 30일 전까지 공정안전보고서를 2부 작성하여 공단에 제출해야 한다.
참고 산업안전보건법 시행규칙 제51조 【공정안전보고서의 제출시기】

2. 안전보건관리조직 중 스탭(Staff)형 조직에 관한 설명으로 옳지 않은 것은?

① 안전정보수집이 신속하다.
② 안전과 생산을 별개로 취급하기 쉽다.
③ 권한 다툼이나 조정이 용이하여 통제수속이 간단하다.
④ 스탭 스스로 생산라인의 안전업무를 행하는 것은 아니다.

스탭형 조직의 장단점

장 점	단 점
• 안전 지식 및 기술축적 가능 • 사업장에 적합한 기술개발 또는 개선안을 마련할 수 있다. • 안전정보수집이 신속하다. • 경영자의 조언 또는 자문역할을 할 수 있다.	• 안전과 생산을 별개로 취급한다. • 통제 수속이 복잡해지며, 시간과 노력이 소모된다. • 안전지시나 명령과 보고가 신속·정확하지 못하다. • 생산은 안전에 대한 책임과 권한이 없다.

3. 다음 중 시설물의 안전 및 유지관리에 관한 특별법상 시설물 정기안전점검의 실시 시기로 옳은 것은? (단, 시설물의 안전등급이 A등급인 경우)

① 반기에 1회 이상   ② 1년에 1회 이상
③ 2년에 1회 이상   ④ 3년에 1회 이상

안전점검의 실시시기

안전등급	정기안전점검
A등급	반기에 1회 이상
B·C등급	
D·E등급	1년에 3회 이상

참고 시설물의 안전 및 유지관리에 관한 특별법 시행령 별표3 【안전점검, 정밀안전진단 및 성능평가의 실시시기】

4. 정보서비스업의 경우, 상시근로자의 수가 최소 몇 명 이상일 때 안전보건관리규정을 작성하여야 하는가?

① 50명 이상   ② 100명 이상
③ 200명 이상   ④ 300명 이상

안전보건관리규정을 작성해야 할 사업의 종류 및 상시근로자 수

사업의 종류	상시근로자 수
1. 농업 2. 어업 3. 소프트웨어 개발 및 공급업 4. 컴퓨터 프로그래밍, 시스템 통합 및 관리업 5. 정보서비스업 6. 금융 및 보험업 7. 임대업; 부동산 제외 8. 전문, 과학 및 기술 서비스업(연구개발업은 제외한다) 9. 사업지원 서비스업 10. 사회복지 서비스업	300명 이상
11. 제1호부터 제10호까지의 사업을 제외한 사업	100명 이상

참고 산업안전보건법 시행규칙 별표2 【안전보건관리규정을 작성해야 할 사업의 종류 및 상시근로자 수】

해답   1 ④   2 ③   3 ①   4 ④

5. 100명의 근로자가 근무하는 A기업체에서 1주일에 48시간, 연간 50주를 근무하는데 1년에 50건의 재해로 총 2400일의 근로손실일수가 발생하였다. A기업체의 강도율은?

① 10
② 24
③ 100
④ 240

$$강도율 = \frac{근로손실일수}{연평균근로총시간수} \times 10^3$$
$$= \frac{2400}{100 \times 48 \times 50} \times 10^3 = 10$$

6. 아파트 신축 건설현장에 산업안전보건법령에 따른 안전·보건표지를 설치하려고 한다. 용도에 따른 표지의 종류를 올바르게 연결한 것은?

① 금연 – 지시표지
② 비상구 – 안내표지
③ 고압전기 – 금지표지
④ 안전모 착용 – 경고표지

①항, 금연 - 금지표지
③항, 고압전기경고 - 경고표지
④항, 안전모 착용 - 지시표지

7. 기계설비의 안전에 있어서 중요 부분의 피로, 마모, 손상, 부식 등에 대한 장치의 변화 유무 등을 일정 기간마다 점검하는 안전점검의 종류는?

① 수시점검
② 임시점검
③ 정기점검
④ 특별점검

1. 수시점검 : 작업 전·중·후에 실시하는 점검으로 작업자가 일상적으로 실시하는 점검
2. 임시점검 : 이상 발견 시 임시로 실시하는 점검 또는 정기점검과 정기점검사이에 실시하는 점검에 실시하는 점검
3. 정기점검 : 일정기간마다 정기적으로 실시하는 점검으로 매주 또는 매월, 분기마다, 반기마다, 년도별로 실시하는 점검
4. 특별점검이란 기계·기구·설비의 신설시·변경내지 고장 수리 시 실시하는 점검 또는 천재지변 발생 후 실시하는 점검, 안전강조 기간내에 실시하는 점검이다.

8. 하인리히 사고예방대책 5단계의 각 단계와 기본원리가 잘못 연결된 것은?

① 제1단계 – 안전조직
② 제2단계 – 사실의 발견
③ 제3단계 – 점검 및 검사
④ 제4단계 – 시정 방법의 선정

하인리히의 사고예방대책 기본원리 5단계
제1단계 : 안전조직
제2단계 : 사실의 발견
제3단계 : 분석·평가
제4단계 : 시정방법의 선정
제5단계 : 시정책의 적용

9. 산업안전보건법령상 사업주의 의무에 해당하지 않는 것은?

① 산업재해 예방을 위한 기준 준수
② 사업장의 안전 및 보건에 관한 정보를 근로자에게 제공
③ 산업 안전 및 보건 관련 단체 등에 대한 지원 및 지도·감독
④ 근로자의 신체적 피로와 정신적 스트레스 등을 줄일 수 있는 쾌적한 작업환경의 조성 및 근로조건 개선

사업주는 다음 각 호의 사항을 이행함으로써 근로자의 안전 및 건강을 유지·증진시키고 국가의 산업재해 예방정책을 따라야 한다.
1. 이 법과 이 법에 따른 명령으로 정하는 산업재해 예방을 위한 기준
2. 근로자의 신체적 피로와 정신적 스트레스 등을 줄일 수 있는 쾌적한 작업환경의 조성 및 근로조건 개선
3. 해당 사업장의 안전 및 보건에 관한 정보를 근로자에게 제공
참고 산업안전보건법 제5조【사업주 등의 의무】

10. 시몬즈(Simonds)의 총재해 코스트 계산방식 중 비보험 코스트 항목에 해당하지 않는 것은?

① 사망재해 건수
② 통원상해 건수
③ 응급조치 건수
④ 무상해 사고 건수

11. 위험예지훈련의 4라운드 기법에서 문제점을 발견하고 중요 문제를 결정하는 단계는?

① 현상파악 ② 본질추구
③ 목표설정 ④ 대책수립

12. 재해조사의 주된 목적으로 옳은 것은?

① 재해의 책임소재를 명확히 하기 위함이다.
② 동일 업종의 산업재해 통계를 조사하기 위함이다.
③ 동종 또는 유사재해의 재발을 방지하기 위함이다.
④ 해당 사업장의 안전관리 계획을 수립하기 위함이다.

13. 위험예지훈련의 기법으로 활용하는 브레인스토밍(Brain Storming)에 관한 설명으로 옳지 않은 것은?

① 발언은 누구나 자유분방하게 하도록 한다.
② 가능한 한 무엇이건 많이 발언하도록 한다.
③ 타인의 아이디어를 수정하여 발언할 수 없다.
④ 발표된 의견에 대하여는 서로 비판을 하지 않도록 한다.

14. 버드(Frank Bird)의 도미노 이론에서 재해발생 과정에 있어 가장 먼저 수반되는 것은?

① 관리의 부족
② 전술 및 전략적 에러
③ 불안전한 행동 및 상태
④ 사회적 환경과 유전적 요소

15. 재해사례연구의 진행순서로 옳은 것은?

① 재해 상황의 파악 → 사실의 확인 → 문제점 발견 → 근본적 문제점 결정 → 대책수립
② 사실의 확인 → 재해 상황의 파악 → 근본적 문제점 결정 → 문제점 발견 → 대책수립
③ 문제점 발견 → 사실의 확인 → 재해 상황의 파악 → 근본적 문제점 결정 → 대책수립
④ 재해 상황의 파악 → 문제점 발견 → 근본적 문제점 결정 → 대책수립 → 사실의 확인

16. 사고예방대책의 기본원리 5단계 시정책의 적용 중 3E에 해당하지 않는 것은?

① 교육(Education) ② 관리(Enforcement)
③ 기술(Engineering) ④ 환경(Environment)

해답 11 ② 12 ③ 13 ③ 14 ① 15 ① 16 ④

17. 다음 중 산업재해발생의 기본 원인 4M에 해당하지 않는 것은?

① Media
② Material
③ Machine
④ Management

> **재해(인간과오)의 기본원인 4M**
> 1. Man : 본인 이외의 사람
> 2. Machine : 장치나 기기 등의 물적 요인
> 3. Media : 인간과 기계를 잇는 매체란 뜻으로 작업의 방법이나 순서, 작업정보의 상태나 환경과의 관계를 말한다.
> 4. Management : 안전법규의 준수방법, 단속, 점검관리 외에 지휘감독, 교육훈련 등이 속한다.

18. 산업안전보건법령상 안전보건총괄책임자의 직무에 해당하지 않는 것은?

① 도급 시 산업재해 예방조치
② 위험성평가의 실시에 관한 사항
③ 해당 사업장 안전교육계획의 수립에 관한 보좌 및 지도·조언
④ 산업안전보건관리비의 관계수급인 간의 사용에 관한 협의·조정 및 그 집행의 감독

> **안전보건총괄책임자의 직무**
> 1. 위험성평가의 실시에 관한 사항
> 2. 도급작업 시 작업의 중지
> 3. 도급 시 산업재해 예방조치
> 4. 산업안전보건관리비의 관계수급인 간의 사용에 관한 협의·조정 및 그 집행의 감독
> 5. 안전인증대상기계등과 자율안전확인대상기계등의 사용 여부 확인
> **참고** 산업안전보건법 시행령 제53조【안전보건총괄책임자의 직무 등】

19. 보호구 안전인증제품에 표시할 사항으로 옳지 않은 것은?

① 규격 또는 등급
② 형식 또는 모델명
③ 제조번호 및 제조연월
④ 성능기준 및 시험방법

> **안전인증제품의 표시사항**
> 1. 형식 또는 모델명
> 2. 규격 또는 등급 등
> 3. 제조자명
> 4. 제조번호 및 제조연월
> 5. 안전인증 번호
> **참고** 보호구 안전인증 고시 제34조【안전인증 제품표시의 붙임】

20. 산업안전보건법령상 자율안전확인대상 기계등에 해당하지 않는 것은?

① 연삭기
② 곤돌라
③ 컨베이어
④ 산업용 로봇

> **자율안전확인대상기계 또는 설비**
> 가. 연삭기(研削機) 또는 연마기. 이 경우 휴대형은 제외한다.
> 나. 산업용 로봇
> 다. 혼합기
> 라. 파쇄기 또는 분쇄기
> 마. 식품가공용 기계(파쇄·절단·혼합·제면기만 해당한다)
> 바. 컨베이어
> 사. 자동차정비용 리프트
> 아. 공작기계(선반, 드릴기, 평삭·형삭기, 밀링만 해당한다)
> 자. 고정형 목재가공용 기계(둥근톱, 대패, 루타기, 띠톱, 모떼기 기계만 해당한다)
> 차. 인쇄기
> **참고** 산업안전보건법 시행령 제77조【자율안전확인대상기계등】

■■■ **제2과목 산업심리 및 교육**

21. 집단간 갈등의 해소방안으로 틀린 것은?

① 공동의 문제 설정
② 상위 목표의 설정
③ 집단간 접촉 기회의 증대
④ 사회적 범주화 편향의 최대화

> 집단간의 갈등을 해소하기 위해서는 집단간의 공통점을 찾아 편향을 최소화해야 한다.

22. 의사소통의 심리구조를 4영역으로 나누어 설명한 조하리의 창(Johari's Windows)에서 "나는 모르지만 다른 사람은 알고 있는 영역"을 무엇이라 하는가?

① Blind area ② Hidden area
③ Open area ④ Unknown area

조하리의 창의 영역구분

	자신이 아는 부분	자신이 모르는 부분
다른사람이 아는 부분	열린창 (Open area)	보이지 않는 창 (Blind area)
다른사람이 모르는 부분	숨겨진창 (Hidden area)	미지의 창 (Unknown area)

23. Project method의 장점으로 볼 수 없는 것은?

① 창조력이 생긴다.
② 동기부여가 충분하다.
③ 현실적인 학습방법이다.
④ 시간과 에너지가 적게 소비된다.

④항. 시간과 에너지가 많이 소비된다.
교수자가 과제를 주어 학생의 자주적 학습을 유도하는 학습방법으로 학생이 마음속에 생각하고 있는 것을 외부에 구체적으로 실현하고 형상화하기 위해서 자기 스스로가 계획을 세워 수행하는 학습 활동으로 이루어지는 형태이다.

24. 존 듀이(John Dewey)의 5단계 사고과정을 순서대로 나열한 것으로 맞는 것은?

┌─────────────────────────────────┐
│ ㉠ 행동에 의하여 가설을 검토한다. │
│ ㉡ 가설(hypothesis)을 설정한다. │
│ ㉢ 지식화(intellectualization)한다. │
│ ㉣ 시사(suggestion)을 받는다. │
│ ㉤ 추론(reasoning)한다. │
└─────────────────────────────────┘

① ㉤ → ㉡ → ㉣ → ㉠ → ㉢
② ㉣ → ㉢ → ㉡ → ㉤ → ㉠
③ ㉤ → ㉢ → ㉡ → ㉣ → ㉠
④ ㉣ → ㉠ → ㉡ → ㉢ → ㉤

존 듀이(J.Dewey)의 사고과정의 5단계
1. 시사를 받는다.
2. 머리로 생각한다.
3. 가설을 설정한다.
4. 추론한다.
5. 행동에 의하여 가설을 검토한다.

25. 주의(attention)에 대한 설명으로 틀린 것은?

① 주의력의 특성은 선택성, 변동성, 방향성으로 표현된다.
② 한 자극에 주의를 집중하여도 다른 자극에 대한 주의력은 약해지지 않는다.
③ 여러 종류의 자극을 지각할 때 소수의 특정한 것을 선택하여 집중하는 특성을 갖는다.
④ 의식작용이 있는 일에 집중하거나 행동의 목적에 맞추어 의식수준이 집중되는 심리상태를 말한다.

주의의 특성
1. 주의력의 중복집중의 곤란 : 주의는 동시에 2개 방향에 집중하지 못한다.(선택성)
2. 주의력의 단속성 : 고도의 주의는 장시간 지속 할 수 없다.(변동성)
3. 한 지점에 주의를 집중하면 다른데 주의는 약해진다.(방향성)

26. 안전교육 계획수립 및 추진에 있어 진행순서를 나열한 것으로 맞는 것은?

① 교육의 필요점 발견 → 교육 대상 결정 → 교육 준비 → 교육 실시 → 교육의 성과를 평가
② 교육 대상 결정 → 교육의 필요점 발견 → 교육 준비 → 교육 실시 → 교육의 성과를 평가
③ 교육의 필요점 발견 → 교육 준비 → 교육 대상 결정 → 교육 실시 → 교육의 성과를 평가
④ 교육 대상 결정 → 교육 준비 → 교육의 필요점 발견 → 교육 실시 → 교육의 성과를 평가

안전교육 계획수립 및 추진
1. 교육의 목적 설정(필요성)
2. 교육 대상 결정
3. 교육 준비
4. 교육 실시
5. 교육 성과의 평가

27. 인간의 동작 특성을 외적조건과 내적조건으로 구분할 때 내적조건에 해당하는 것은?

① 경력
② 대상물의 크기
③ 기온
④ 대상물의 동적성질

> 부주의 발생원인
> 1. 외적조건 : 작업순서의 부적당, 작업 및 환경조건 불량
> 2. 내적조건 : 소질적 조건, 의식의 우회, 경험 및 미경험

28. 산업안전보건법령상 사업내 안전보건교육 중, 관리감독자의 지위에 있는 사람을 대상으로 실시하여야할 정기교육의 교육시간으로 맞는 것은?

① 연간 1시간 이상
② 매분기 3시간 이상
③ 연간 16시간 이상
④ 매분기 6시간 이상

> 관리감독자의 지위에 있는 사람의 정기교육은 연간 16시간 이상이다.

29. 교육방법에 있어 강의방식의 단점으로 볼 수 없는 것은?

① 학습내용에 대한 집중이 어렵다.
② 학습자의 참여가 제한적일 수 있다.
③ 인원대비 교육에 필요한 비용이 많이 든다.
④ 학습자 개개인의 이해도를 파악하기 어렵다.

> ③항. 강의법은 학생의 다소에 제한을 받지 않아 인원대비 교육에 필요한 비용은 적게 든다.

30. 리더십의 행동이론 중 관리 그리드(managerial grid)에서 인간에 대한 관심보다 업무에 대한 관심이 매우 높은 유형은?

① (1,1)형
② (1,9)형
③ (5,5)형
④ (9,1)형

관리 그리드(Managerial grid)	
1.1형 : 무관심형	• 생산, 사람에 대한 관심도가 모두 낮음 • 리더 자신의 직분 유지에 필요한 노력만 함
1.9형 : 인기형	• 생산, 사람에 대한 관심도가 매우 높음 • 구성원간의 친밀감에 중점을 둠
9.1형 : 과업형	• 생산에 대한 관심도 매우 높음, 사람에 대한 관심도 낮음 • 업무상 능력을 중시 함
5.5형 : 타협형	• 사람과 업무의 절충형 • 적당한 수준성과를 지향 함
9.9형 : 이상형	• 구성원과의 공동목표, 상호 의존관계를 중요시함 • 상호신뢰, 상호존경, 구성원을 통한 과업 달성함

31. 교육의 3요소로만 나열된 것은?

① 강사, 교육생, 사회인사
② 강사, 교육생, 교육자료
③ 교육자료, 지식인, 정보
④ 교육생, 교육자료, 교육장소

> 안전교육의 3요소
> • 교육의 주체 : 교도자, 강사
> • 교육의 객체 : 학생, 수강자
> • 교육의 매개체 : 교육내용(교재)

32. 판단과정 착오의 요인이 아닌 것은?

① 자기 합리화
② 능력 부족
③ 작업경험 부족
④ 정보 부족

인간의 동작특성 중 착오요인의 분류	
인지과정 착오	• 생리, 심리적 능력의 한계 • 정보량 저장 능력의 한계 • 감각 차단현상 : 단조로운 업무, 반복 작업 • 정서 불안정 : 공포, 불안, 불만
판단과정 (중추처리과정) 착오	• 능력부족 • 정보부족 • 자기합리화 • 환경조건의 불비
조치과정 (행동과정) 착오	• 피로 • 작업 경험부족 • 작업자의 기능미숙(지식, 기술부족)

해답 27 ① 28 ③ 29 ③ 30 ④ 31 ② 32 ③

33. 직업적성검사 중 시각적 판단 검사에 해당하지 않는 것은?

① 조립검사
② 명칭판단검사
③ 형태비교검사
④ 공구판단검사

적성검사의 종류

구분	세부 검사 내용
시각적 판단검사	• 언어의 판단검사(vocabulary) • 형태 비교 검사(form matching) • 평면도 판단검사(two dimension space) • 입체도 판단검사(three dimension space) • 공구 판단검사(tool matching) • 명칭 판단검사(name comparison)
정확도 및 기민성 검사 (정밀성 검사)	• 교환검사(place) • 회전검사(turn) • 조립검사(assemble) • 분해검사(disassemble)
계산에 의한 검사	• 계산검사(computation) • 수학 응용검사(arithmetic reason) • 기록검사(기호 또는 선의 기입)

34. 조직에 의한 스트레스 요인으로, 역할 수행자에 대한 요구가 개인의 능력을 초과하거나, 주어진 시간과 능력이 허용하는 것 이상을 달성하도록 요구받고 있다고 느끼는 상황을 무엇이라 하는가?

① 역할 갈등
② 역할 과부하
③ 업무수행 평가
④ 역할 모호성

역할과부하는 주어진 시간, 능력 그리고 상황적 조건에 비해 너무 많은 책임과 업무가 주어지는 것을 의미한다. 역할과부하는 크게 양적과부하(quantitative overload)와 질적과 부하(qualitative overload)로 구분이 된다.

35. 매슬로우(Abraham Maslow)의 욕구위계설에서 제시된 5단계의 인간의 욕구 중 허츠버그(Herzberg)가 주장한 2요인(인자)이론의 동기요인에 해당하지 않는 것은?

① 성취 욕구
② 안전의 욕구
③ 자아실현의 욕구
④ 존경의 욕구

매슬로우의 욕구단계이론	허츠버그의 위생-동기요인
1단계 : 생리적 욕구	위생요인
2단계 : 안전 욕구	
3단계 : 사회적 욕구	
4단계 : 인정받으려는 욕구	동기요인
5단계 : 자아실현의 욕구	

36. 인간의 행동특성에 있어 태도에 관한 설명으로 맞는 것은?

① 인간의 행동은 태도에 따라 달라진다.
② 태도가 결정되면 단시간 동안만 유지된다.
③ 집단의 심적 태도교정보다 개인의 심적 태도교정이 용이하다.
④ 행동결정을 판단하고, 지시하는 외적행동체계라고 할 수 있다.

인간변용의 4단계(인간변용의 메커니즘)

단계	내용
1단계	지식의 변용
2단계	태도의 변용
3단계	행동의 변용
4단계	집단 또는 조직에 대한 성과 변용

37. 손다이크(Thorndike)의 시행착오설에 의한 학습법칙과 관계가 가장 먼 것은?

① 효과의 법칙
② 연습의 법칙
③ 동일성의 법칙
④ 준비성의 법칙

Thorndike의 시행착오설에 의한 학습의 법칙
1. 연습의 법칙 : 모든 학습은 연습을 통하여 진보향상되고 바람직한 행동의 변화를 가져오게 된다.
2. 효과의 법칙 : 『결과의 법칙』이라고도 한다. 어떤 일을 계획하고 실천해서 그 결과가 자기에게 만족스러운 상태에 이르면 더욱 그 일을 계속하려는 의욕이 생긴다.
3. 준비성의 법칙 : 준비성이란 학습을 하려고 하는 모든 행동의 준비적 상태를 말한다. 준비성이 사전에 충분히 갖추어진 학습활동은 학습이 만족스럽게 잘되지만, 준비성이 되어 있지 않을 때에는 실패하기 쉽다.

해답 33 ① 34 ② 35 ② 36 ① 37 ③

38. 산업안전보건법령상 근로자 정기안전·보건교육의 교육내용이 아닌 것은?

① 산업안전 및 사고 예방에 관한 사항
② 건강증진 및 질병 예방에 관한 사항
③ 산업보건 및 직업병 예방에 관한 사항
④ 작업공정의 유해·위험과 재해 예방대책에 관한 사항

> **근로자의 정기교육 내용**
> • 산업안전 및 사고 예방에 관한 사항
> • 산업보건 및 직업병 예방에 관한 사항
> • 건강증진 및 질병 예방에 관한 사항
> • 유해·위험 작업환경 관리에 관한 사항
> • 산업안전보건법령 및 일반관리에 관한 사항
> • 직무스트레스 예방 및 관리에 관한 사항
> • 산업재해보상보험 제도에 관한 사항
> **참고** 산업안전보건법 시행규칙 별표5【안전보건교육 교육대상별 교육내용】

39. 에너지소비량(RMR)의 산출방법으로 맞는 것은?

① $\dfrac{\text{작업시의 소비에너지} - \text{기초대사량}}{\text{안정시의 소비에너지}}$

② $\dfrac{\text{전체 소비에너지} - \text{작업시의 소비에너지}}{\text{기초대사량}}$

③ $\dfrac{\text{작업시의 소비에너지} - \text{안정시의 소비에너지}}{\text{기초대사량}}$

④ $\dfrac{\text{작업시의 소비에너지} - \text{안정시의 소비에너지}}{\text{안정시의 소비에너지}}$

> $\text{RMR} = \dfrac{\text{작업시 소비에너지} - \text{안정시 소비에너지}}{\text{기초대사량}}$
>
> $= \dfrac{\text{활동대사량}}{\text{기초대사량}}$

40. 레윈의 3단계 조직변화모델에 해당되지 않는 것은?

① 해빙단계   ② 체험단계
③ 변화단계   ④ 재동결단계

> **레윈의 조직변화의 3단계 모델**
> 제1단계 : 해빙(unfreezing)
> 제2단계 : 변화(changing)
> 제3단계 : 재동결(refreezing)

■■■ 제3과목 인간공학 및 시스템안전공학

41. 인체에서 뼈의 주요 기능이 아닌 것은?

① 인체의 지주   ② 장기의 보호
③ 골수의 조혈   ④ 근육의 대사

> **인체에서 뼈의 주요 기능**
> 1. 인체의 지주
> 2. 장기의 보호
> 3. 골수의 조혈
> 4. 인체의 운동기능.
> 5. 인과 칼슘의 저장 공급

42. FT도에서 사용하는 기호 중 다음 그림과 같이 OR 게이트이지만 2개 또는 그 이상의 입력이 동시에 존재할 때 출력이 생기지 않는 경우 사용하는 것은?

① 부정 OR 게이트
② 배타적 OR 게이트
③ 억제 게이트
④ 조합 OR 게이트

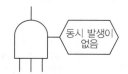

> 위 문제는 배타적 OR게이트와 관련한 문제로 해당문제의 그림이 AND게이트로 제시되어 전항이 정답.
> **참고** 배타적 OR Gate : OR Gate로 2개 이상의 입력이 동시에 존재한 때에는 출력사상이 생기지 않는다. 예를 들면「동시에 발생하지 않는다.」라고 기입한다.

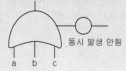

43. 손이나 특정 신체부위에 발생하는 누적손상장애(CTD)의 발생인자와 가장 거리가 먼 것은?

① 무리한 힘
② 다습한 환경
③ 장시간의 진동
④ 반복도가 높은 작업

CTDs 발생요인(원인)
• 반복성
• 부자연스런 또는 취하기 어려운 자세
• 과도한 힘
• 접촉 스트레스
• 진동
• 온도, 조명 등 기타 요인

44. FTA에 의한 재해사례 연구순서 중 2단계에 해당하는 것은?

① FT도의 작성
② 톱 사상의 선정
③ 개선계획의 작성
④ 사상의 재해원인을 규명

FTA에 의한 재해사례 연구순서 4단계
1. 1단계 : TOP 사상의 선정
2. 2단계 : 사상의 재해 원인 규명
3. 3단계 : FT도 작성
4. 4단계 : 개선 계획의 작성

45. 산업안전보건법령상 사업주가 유해위험방지계획서를 제출할 때에는 사업장 별로 관련서류를 첨부하여 해당 작업 시작 며칠 전까지 해당 기관에 제출하여야 하는가?

① 7일
② 15일
③ 30일
④ 60일

사업주가 유해위험방지계획서를 제출할 때에는 사업장별로 별지 제16호서식의 제조업 등 유해위험방지계획서에 다음 각 호의 서류를 첨부하여 해당 작업 시작 15일 전까지 공단에 2부를 제출해야 한다. 이 경우 유해위험방지계획서의 작성기준, 작성자, 심사기준, 그 밖에 심사에 필요한 사항은 고용노동부장관이 정하여 고시한다.
1. 건축물 각 층의 평면도
2. 기계·설비의 개요를 나타내는 서류
3. 기계·설비의 배치도면
4. 원재료 및 제품의 취급, 제조 등의 작업방법의 개요
5. 그 밖에 고용노동부장관이 정하는 도면 및 서류
참고 산업안전보건법 시행규칙 제42조 【제출서류 등】

46. 반사율이 85%, 글자의 밝기가 400cd/m² 인 VDT화면에 350lux의 조명이 있다면 대비는 약 얼마인가?

① −6.0
② −5.0
③ −4.2
④ −2.8

① VDT화면(배경)의 광속발산도
$$= \frac{조명 \times 반사율}{\pi} = \frac{350 \times 0.85}{\pi} = 94.7$$
② 글자(표적)의 광속발산도
$$= 배경밝기 + 글자밝기 = 94.7 + 400 = 494.7$$
③ 대비$$= \frac{Lb - Lt}{Lb} = \frac{94.7 - 494.7}{94.7} = -4.22$$

47. 휴먼 에러(Human Error)의 요인을 심리적 요인과 물리적 요인으로 구분할 때, 심리적 요인에 해당하는 것은?

① 일이 너무 복잡한 경우
② 일의 생산성이 너무 강조될 경우
③ 동일 형상의 것이 나란히 있을 경우
④ 서두르거나 절박한 상황에 놓여있을 경우

휴먼에러(Human Error)의 심리적 요인으로는 서두르거나 절박한 상황에 놓여 있을 경우에 해당되고, ①, ②, ③항은 외부의 환경적 요인이다.

48. 각 부품의 신뢰도가 다음과 같을 때 시스템의 전체 신뢰도는 약 얼마인가?

① 0.8123
② 0.9453
③ 0.9553
④ 0.9953

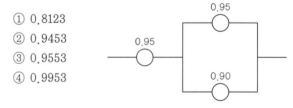

$$R = 0.95 \times [1 - (1 - 0.95) \times (1 - 0.90)] = 0.94525$$

49. 시스템안전 MIL-STD-882B 분류기준의 위험성 평가 매트릭스에서 발생빈도에 속하지 않는 것은?

① 거의 발생하지 않는(remote)
② 전혀 발생하지 않는(impossible)
③ 보통 발생하는(reasonably probable)
④ 극히 발생하지 않을 것 같은(extremely improbable)

MIL-STD-882 재해확률수준	
분류	**수준**
자주발생(Frequent)	A
보통발생(probable)	B
가끔발생(Occasionl)	C
거의 발생하지 않음(Remote)	D
극히 발생하지 않음(Improbable)	E
제거됨(Eliminated)	F

50. 적절한 온도의 작업환경에서 추운 환경으로 온도가 변할 때 우리의 신체가 수행하는 조절작용이 아닌 것은?

① 발한(發汗)이 시작된다.
② 피부의 온도가 내려간다.
③ 직장(直腸)온도가 약간 올라간다.
④ 혈액의 많은 양이 몸의 중심부를 위주로 순환한다.

적온 → 한냉 환경으로 변화 시 신체작용
• 피부 온도가 내려간다.
• 혈액은 피부를 경유하는 순환량이 감소하고, 많은 양의 혈액이 몸의 중심부를 순환한다.
• 직장(直腸) 온도가 약간 올라간다.
• 소름이 돋고 몸이 떨린다.

51. 의자 설계 시 고려해야할 일반적인 원리와 가장 거리가 먼 것은?

① 자세고정을 줄인다.
② 조정이 용이해야 한다.
③ 디스크가 받는 압력을 줄인다.
④ 요추 부위의 후만곡선을 유지한다.

의자설계의 일반적인 원칙
1. 요부 전만을 유지한다.(허리부분은 정상상태에서 자연적으로 앞쪽으로 휘는 형태)
2. 디스크가 받는 압력을 줄인다.
3. 등근육의 정적 부하를 줄인다.
4. 자세고정을 줄인다.
5. 조정이 용이해야 한다.

52. 인체 계측 자료의 응용 원칙이 아닌 것은?

① 기존 동일 제품을 기준으로 한 설계
② 최대치수와 최소치수를 기준으로 한 설계
③ 조절범위를 기준으로 한 설계
④ 평균치를 기준으로 한 설계

인체계측 자료의 응용원칙	
종 류	**내 용**
최대치수와 최소치수	최대 치수 또는 최소치수를 기준으로 하여 설계
조절범위(조절식)	체격이 다른 여러 사람에 맞도록 만드는 것 (보통 집단 특성치의 5%치~95%치까지의 90%조절범위를 대상)
평균치를 기준으로 한 설계	최대치수나 최소치수, 조절식으로 하기가 곤란할 때 평균치를 기준으로 하여 설계

53. 컷셋(cut set)과 패스셋(path set)에 관한 설명으로 옳은 것은?

① 동일한 시스템에서 패스셋의 개수와 컷셋의 개수는 같다.
② 패스셋은 동시에 발생했을 때 정상사상을 유발하는 사상들의 집합이다.
③ 일반적으로 시스템에서 최소 컷셋의 개수가 늘어나면 위험 수준이 높아진다.
④ 최소 컷셋은 어떤 고장이나 실수를 일으키지 않으면 재해는 일어나지 않는다고 하는 것이다.

최소컷셋(minimal cut set)은 어떤 고장이나 실수를 일으키면 재해가 일어날까 하는 식으로 결국은 시스템의 위험성을 표시하는 것으로 최소 컷셋의 개수가 늘어나면 위험 수준이 높아진다.

54. 모든 시스템 안전분석에서 제일 첫 번째 단계의 분석으로, 실행되고 있는 시스템을 포함한 모든 것의 상태를 인식하고 시스템의 개발단계에서 시스템 고유의 위험상태를 식별하여 예상되고 있는 재해의 위험수준을 결정하는 것을 목적으로 하는 위험분석기법은?

① 결함위험분석(FHA : Fault Hazard Analysis)
② 시스템위험분석(SHA : System Hazard Analysis)
③ 예비위험분석(PHA : Preliminary Hazard Analysis)
④ 운용위험분석(OHA : Operating Hazard Analysis)

> PHA분석이란 대부분 시스템안전 프로그램에 있어서 최초단계의 분석으로 시스템 내의 위험한 요소가 얼마나 위험한 상태에 있는가를 정성적·귀납적으로 평가하는 것이다.

55. 다음 FT도에서 시스템에 고장이 발생할 확률은 약 얼마인가?(단, X_1과 X_2의 발생확률은 각각 0.05, 0.03이다.)

① 0.0015
② 0.0785
③ 0.9215
④ 0.9985

> $T = 1-(1-X_1)(1-X_2) = 1-(1-0.05)(1-0.03) = 0.0785$

56. 조종장치를 촉각적으로 식별하기 위하여 사용되는 촉각적 코드화의 방법으로 옳지 않은 것은?

① 색감을 활용한 코드화
② 크기를 이용한 코드화
③ 조종장치의 형상 코드화
④ 표면 촉감을 이용한 코드화

> ①항은 색깔에 의한 코드화 방법이다.
> **참고** 제어장치의 코드화의 방법에는 형상, 촉감, 크기, 위치, 조작법, 색깔, 라벨 등이 있다.

57. 인간 - 기계 시스템을 설계할 때에는 특정기능을 기계에 할당하거나 인간에서 할당하게 된다. 이러한 기능할당과 관련된 사항으로 옳지 않은 것은?(단, 인공지능과 관련된 사항은 제외한다.)

① 인간은 원칙을 적용하여 다양한 문제를 해결하는 능력이 기계에 비해 우월하다.
② 일반적으로 기계는 장시간 일관성이 있는 작업을 수행하는 능력이 인간에 비해 우월하다.
③ 인간은 소음, 이상온도 등의 환경에서 작업을 수행하는 능력이 기계에 비해 우월하다.
④ 일반적으로 인간은 주위가 이상하거나 예기치 못한 사건을 감지하여 대처하는 능력이 기계에 비해 우월하다.

> ③항, 소음, 이상온도 등의 환경에서 작업을 수행하는 능력은 기계가 인간에 비해 우월하다.

58. 화학설비에 대한 안전성 평가 중 정량적 평가항목에 해당되지 않는 것은?

① 공정   ② 취급물질
③ 압력   ④ 화학설비용량

> 정량적 평가 항목
> 1. 당해 화학설비의 취급물질
> 2. 용량
> 3. 온도
> 4. 압력
> 5. 조작

59. 시각 장치와 비교하여 청각 장치 사용이 유리한 경우는?

① 메시지가 길 때
② 메시지가 복잡할 때
③ 정보 전달 장소가 너무 소란할 때
④ 메시지에 대한 즉각적인 반응이 필요할 때

표시장치의 선택

청각장치의 사용	시각장치의 사용
1. 전언이 간단하고 짧다.	1. 전언이 복잡하고 길다.
2. 전언이 후에 재참조 되지 않는다.	2. 전언이 후에 재참조 된다.
3. 전언이 시간적인 사상 (event)을 다룬다.	3. 전언이 공간적인 위치를 다룬다.
4. 전언이 즉각적인 행동을 요구한다.	4. 전언이 즉각적인 행동을 요구하지 않는다.
5. 수신자의 시각계통이 과부하 상태일 때	5. 수신자의 청각계통이 과부하 상태일 때
6. 수신 장소가 너무 밝거나 암조응 유지가 필요할 때	6. 수신장소가 너무 시끄러울 때
7. 직무상 수신자가 자주 움직이는 경우	7. 직무상 수신자가 한 곳에 머무르는 경우

60. 인간공학 연구조사에서 사용되는 기준의 구비조건과 가장 거리가 먼 것은?

① 다양성
② 적절성
③ 무오염성
④ 기준 척도의 신뢰성

인간공학 연구기준요건

기준요건	내용
표준화	검사를 위한 조건과 검사 절차의 일관성과 통일성을 표준화한다.
객관성	검사결과를 채점하는 과정에서 채점자의 편견이나 주관성이 배제되어 어떤 사람이 채점하여도 동일한 결과를 얻어야 한다.
규준	검사의 결과를 해석하기 위해서 비교할 수 있는 참조 또는 비교의 틀을 제공하는 것이다.
신뢰성	검사응답의 일관성, 즉 반복성을 말하는 것이다.
타당성	측정하고자 하는 것을 실제로 측정하는 것을 타당성이라 한다.
민감도	피실험자 사이에서 볼 수 있는 예상 차이점에 비례하는 단위로 측정해야 하는 것.
검출성	정보를 암호화한 자극은 주어진 상황하의 감지 장치나 사람이 감지할 수 있어야 한다.
적절성	연구방법, 수단의 적합도
변별성	다른 암호표시와 구별되어야 한다.
무오염성	측정하고자 하는 변수 외의 다른 변수들의 영향을 받아서는 안된다.

■■■ **제4과목 건설시공학**

61. 흙을 이김에 의해서 약해지는 정도를 나타내는 흙의 성질은?

① 간극비
② 함수비
③ 예민비
④ 항복비

예민비(Sensitivity Ratio)란 흙의 이김에 의해 약해지는 정도를 말하는 것으로 자연시료의 강도에 이긴 시료의 강도를 나눈 값으로 나타낸다.

62. 콘크리트 타설 중 응결이 어느 정도 진행된 콘크리트에 새로운 콘크리트를 이어치면 시공불량이음부가 발생하여 경화 후 누수의 원인 및 철근의 녹 발생 등 내구성에 손상을 일으키는 것은?

① Expansion joint
② Construction joint
③ Cold joint
④ Sliding joint

콜드조인트(Cold Joint)
① 콘크리트를 연속해서 타설할 때 먼저 타설한 콘크리트와 나중에 타설한 콘크리트 사이에 완전히 일체화가 되지 않은 시공불량에 의한 이음부(계획하지 않은 이음)
② 콘크리트 불량 품질 현상

63. 표준관입시험의 N치에서 추정이 곤란한 사항은?

① 사질토의 상대밀도와 내부 마찰각
② 선단지지층이 사질토지반일 때 말뚝 지지력
③ 점성토의 전단강도
④ 점성토의 지반의 투수 계수와 예민비

표준관입시험은 주로 사질지반(모래지반)의 밀도(지내력)을 측정한다.

해답 60 ① 61 ③ 62 ③ 63 ④

64. 공동도급(Joint Venture Contract)의 장점이 아닌 것은?

① 융자력의 증대　　② 위험의 분산
③ 이윤의 증대　　　④ 시공의 확실성

공동도급의 장단점	
장점	단점
① 신용도의 증대	① 일식도급보다 경비증가
② 융자력 증대	② 도급자간의 의견 불일치
③ 위험분산	③ 책임회피 우려
④ 기술력 확충	④ 하자부분의 책임한계 불분명
⑤ 시공의 확실성	⑤ 사무관리, 현장관리 혼란 우려
⑥ 도급의 경쟁완화	

65. 철골 내화피복공법의 종류에 따른 사용재료의 연결이 옳지 않은 것은?

① 타설공법 – 경량콘크리트
② 뿜칠공법 – 암면 흡음판
③ 조적공법 – 경량콘크리트 블록
④ 성형판붙임공법 – ALC판

철골의 내화 피복 공법의 종류와 재료	
공 법	사용재료
타설공법	콘크리트, 경량 Concrete를 타설 (두께 5cm 이상)
조적공법	벽돌, Concrete 블록, 경량 Concrete 블록, 돌
미장공법	철망모르터, 철망 펄라이트 Mortar를 바른다.
뿜칠공법	석면, 암면, 버미큘라이트
성형판 붙임공법	ALC판, 석고보드, 석면시멘트판, PC, Concrete판 등을 붙인다.
멤브레인 공법	암면 흡음판을 이용한다.

66. 기초공사 시 활용되는 현장타설 콘크리트 말뚝공법에 해당되지 않는 것은?

① 어스드릴(earth drill)공법
② 베노트 말뚝(benoto pile)
③ 리버스서큘레이션(reverse circulation pile)공법
④ 프리보링(preboring)공법

현장 타설 콘크리트 말뚝공법
① 어스드릴(earth drill)공법
② 베노토 말뚝(benoto pile)공법
③ 리버스서큘레이션(reverse circulation pile)공법
④ 페데스탈 파일(Pedestal Pile)
⑤ 심플렉스 파일(Simplx Pile)
⑥ 프랭키 파일(Franky Pile)
⑦ 레이몬드 파일(Raymond Pile)
⑧ 콤프레솔 파일(Compressol Pile)
⑨ 프리팩트 콘크리트말뚝 공법(Prepacked Concrete Pile): CIP, PIP, MIP

프리보링공법(Pre boring)
파일이나 말뚝을 박을 때 진동이나 소음을 피하기 위해 오거로 미리 구멍을 뚫고 그 구멍속에 말뚝이나 파일을 박는 공법

67. 벽돌벽 두께 1.0B, 벽높이 2.5m, 길이8m인 벽면에 소요되는 점토벽돌의 매수는 얼마인가? (단, 규격은 190×90×57mm, 할증은 3%로 하며, 소수점 이하 결과는 올림하여 정수매로 표기)

① 2980매　　　　② 3070매
③ 3278매　　　　④ 3542매

표준형쌓기 1.0B 쌓기(할증률 3%)는 149매/m² 필요
2.5×8＝20m²
∴ 20×149＝2980매×0.03＝89.4매
∴ 89.4＋2980＝3070매

68. 금속제 천장틀 공사 시 반자틀의 적정한 간격으로 옳은 것은? (단, 공사시방서가 없는 경우)

① 450mm 정도　　② 600mm 정도
③ 900mm 정도　　④ 1200mm 정도

반자틀 간격은 공사시방서에 의한다. 공사시방서가 없는 경우는 900mm 정도로 한다.

69. 철근이음에 관한 설명으로 옳지 않은 것은?

① 철근의 이음부는 구조내력상 취약점이 되는 곳이다.
② 이음위치는 되도록 응력이 큰 곳을 피하도록 한다.
③ 이음이 한 곳에 집중되지 않도록 엇갈리게 교대로 분산시켜야 한다.
④ 응력 전달이 원활하도록 한 곳에서 철근수의 반 이상을 이어야 한다.

해답　64 ③　65 ②　66 ④　67 ②　68 ③　69 ④

④항, 이음의 위치는 응력이 큰 곳을 피하고 동일개소에 철근수의 반 이상을 이어서는 안된다.

70. 철골용접이음 후 용접부의 내부결함 검출을 위하여 실시하는 검사로써 빠르고 경제적이어서 현장에서 주로 사용하는 초음파를 이용한 비파괴 검사법은?

① MT(Magnetic particle Testing)
② UT(Ultrasonic Testing)
③ RT(Radiography Testing)
④ PT(Liquid Penetrant Testing)

초음파탐상시험(Ultrasonic Testing)
① 인간이 들을 수 없는 주파수가 20KHz를 넘는 진동수를 갖는 초음파(超音波)를 사용하여 결함을 탐지
② 5mm 이상의 두꺼운 판에는 부적당
③ 초음파 5~10MHZ 범위의 주파수 사용

71. 건설의 전 과정에 걸쳐 프로젝트를 보다 효율적이고 경제적으로 수행하기 위하여 각 부문의 전문가들로 구성된 통합관리기술을 발주자에게 서비스하는 것을 무엇이라고 하는가?

① Cost Management
② Cost Manpower
③ Construction Manpower
④ Construction Management

건설사업관리(CM(Construction Management))방식
전문가 집단에 의한 설계와 시공을 통합관리하는 조직을 C.M조직이라 하며, 기획, 설계, 시공, 유지관리의 건설업 전과정에서 사업수행을 효율적, 경제적으로 수행하기 위해 각 부분 전문가 집단의 통합관리기술을 건축주에게 서비스하는 것으로 발주처와의 계약으로 수행된다.

72. 네트워크공정표에서 후속작업의 가장 빠른 개시시간(EST)에 영향을 주지 않는 범위내에서 한 작업이 가질 수 있는 여유시간을 의미하는 것은?

① 전체여유(TF)　　② 자유여유(FF)
③ 간섭여유(IF)　　④ 종속여유(DF)

Net Work 공정표의 여유시간의 종류

Total float (전체여유)	TF	최초의 개시일에 작업을 시작하여 가장 늦은 종료일에 완료할 때 생기는 여유일
Free float (자유여유)	FF	최초의 개시일에 작업을 시작하고, 후속작업을 최초개시일에 시작하여도 생기는 여유일
Dependent float (간섭여유)	DF	후속작업의 TF에 영향을 주는 플루우트

73. 강구조물 제작 시 절단 및 개선(그루브)가공에 관한 일반사항으로 옳지 않은 것은?

① 주요 부재의 강판 절단은 주된 응력의 방향과 압연 방향을 직각으로 교차시켜 절단함을 원칙으로 하며, 절단작업 착수 전 재단도를 작성해야 한다.
② 강재의 절단은 강재의 형상, 치수를 고려하여 기계 절단, 가스절단, 플라즈마 절단 등을 적용한다.
③ 절단할 강재의 표면에 녹, 기름, 도료가 부착되어 있는 경우에는 제거 후 절단해야 한다.
④ 용접선의 교차부분 또는 한 부재를 다른 부재에 접합시킬 때 불필요한 접촉을 피하기 위하여 모퉁이 따기를 할 경우에는 10mm 이상 둥글게 해야 한다.

주요 부재의 강판 절단은 주된 응력의 방향과 압연방향을 일치시켜 절단함을 원칙으로 하며 절단작업 착수 전 재단도를 작성해야 한다.

74. 공사계약방식 중 직영공사방식에 관한 설명으로 옳은 것은?

① 사회간접자본(SOC : Social Overhead Capital)의 민간투자유치에 많이 이용되고 있다.
② 영리목적의 도급공사에 비해 저렴하고 재료선정이 자유로운 장점이 있으나, 고용기술자 등에 의한 시공관리능력이 부족하면 공사비 증대, 시공성의 결함 및 공기가 연장되기 쉬운 단점이 있다.
③ 도급자가 자금을 조달하고 설계, 엔지니어링, 시공의 전부를 도급받아 시설물을 완성하고 그 시설을 일정기간 운영하는 것으로, 운영수입으로부터 투자자금을 회수한 후 발주자에게 그 시설을 인도하는 방식이다.
④ 수입을 수반한 공공 혹은 공익 프로젝트(유료도로, 도시철도, 발전소 등)에 많이 이용되고 있다.

해답　70 ②　71 ④　72 ②　73 ①　74 ②

직영공사의 장단점	
장 점	단 점
• 영리를 도외시한 확실성 있는 공사 가능 • 임기응변 처리가 가능 • 발주, 계약 등이 간편	• 공사기간 연장 우려 • 재료의 낭비, 잉여 • 공사비 증대

75. 보강블록 공사 시 벽 가로근의 시공에 관한 설명으로 옳지 않은 것은?

① 가로근은 배근 상세도에 따라 가공하되 그 단부는 90°의 갈구리로 구부려 배근한다.
② 모서리에 가로근의 단부는 수평방향으로 구부려서 세로근의 바깥쪽으로 두르고, 정착길이는 공사시 방서에 정한 바가 없는 한 40d 이상으로 한다.
③ 창 및 출입구 등의 모서리 부분에 가로근의 단부를 수평방향으로 정착할 여유가 없을 때에는 갈구리로 하여 단부 세로근에 걸고 결속선으로 결속한다.
④ 개구부 상하부의 가로근을 양측 벽부에 묻을 때의 정착길이는 40d 이상으로 한다.

보강콘크리트 블록조	
1) 세로근	① 세로근은 원칙적으로 기초 및 테두리보에서 위층의 테두리보까지 잇지 않고 정착길이는 40d 이상 정착한다. ② 상단부는 180° 갈구리 내어 벽 상부 보강근에 걸친다. ③ 그라우트 및 모르타르 세로 피복두께 : 2cm 이상
2) 가로근	① 가로근 단부는 180° 갈고리 내어 세로근에 연결한다. ② 모서리에 가로근의 단부는 수평방향으로 구부려서 세로근의 바깥쪽으로 두르고 정착 길이는 40d 이상 정착 ③ 피복두께는 2cm 이상으로 하며, 세로근과의 교차부는 모두결속선으로 결속한다. ④ 가로근의 설치간격은 60~80cm 마다 단부는 갈고리 만들어 배근 ⑤ 가로근은 그와 동등 이상의 유효단면적을 가진 블록보강용 철망으로 대신 사용할 수 있다.
3) 사춤	이어붓기는 블록 윗면에서 5cm 하부에 둔다.
4) 줄눈	보강블록조는 원칙적으로 통줄눈 쌓기로 한다.

76. 철근배근 시 콘크리트의 피복두께를 유지해야 되는 가장 큰 이유는?

① 콘크리트의 인장강도 증진을 위하여
② 콘크리트의 내구성, 내화성 확보를 위하여
③ 구조물의 미관을 좋게 하기 위하여
④ 콘크리트 타설을 쉽게 하기 위하여

피복두께 목적
① 내화성 확보 ② 내구성 확보 ③ 유동성 확보 ④ 부착강도 확보

77. 흙막이 지지공법 중 수평버팀대 공법의 지지에 관한 설명으로 옳지 않은 것은?

① 가설구조물이 적어 중장비작업이나 토량제거작업의 능률이 좋다.
② 토질에 대해 영향을 적게 받는다.
③ 인근 대지로 공사범위가 넘어가지 않는다.
④ 고저차가 크거나 상이한 구조인 경우 균형을 잡기 어렵다.

수평버팀대 공법
① 흙막이벽을 설치하고 버팀대를 수평으로 설치하는 공법 ② 좁은 면적에서 깊은 기초파기를 할 경우에 적용 ③ 가설구조물이 많아 중장비가 들어가기가 곤란하여 작업능률이 좋지 않다 ④ 건물 평면이 복잡할 때 적용이 어렵다.

78. 터널 폼에 관한 설명으로 옳지 않은 것은?

① 거푸집의 전용횟수는 약 10회 정도로 매우 적다.
② 노무 절감, 공기단축이 가능하다.
③ 벽체 및 슬래브거푸집을 일체로 제작한 거푸집이다.
④ 이 폼의 종류에는 트윈 쉘(twin shell)과 모노 쉘(mono shell)이 있다.

> **터널 폼 (Tunnel Form)**
> ① 벽과 바닥의 콘크리트 타설을 한 번에 가능하게 하기 위하여 벽체용 거푸집과 슬래브 거푸집을 일체로 제작하여 한번에 설치하고 해체할 수 있도록 한 시스템거푸집
> ② 한 구획 전체 벽과 바닥판을 ㄱ자형 ㄷ자형으로 만들어 이동시키는 거푸집
> ③ 종류 : 트윈 쉘(Twin shell), 모노 쉘(Mono shell)
> *터널폼 : 전용회수 약 100회

79. 철근콘크리트 공사에서 거푸집의 간격을 일정하게 유지시키는데 사용되는 것은?

① 클램프
② 쉐어 커넥터
③ 세퍼레이터
④ 인서트

> **세퍼레이터(Seperater)**
> 측압력을 부담하지 않고 거푸집판의 간격이 좁아지지 않게 상호 간의 간격을 일정하게 유지

80. 지정에 관한 설명으로 옳지 않은 것은?

① 잡석지정 – 기초 콘크리트 타설 시 흙의 혼입을 방지하기 위해 사용한다.
② 모래지정 – 지반이 단단하며 건물이 중량일 때 사용한다.
③ 자갈지정 – 굳은 지반에 사용되는 지정이다.
④ 밑창 콘크리트 지정 – 잡석이나 자갈 위 기초부분의 먹매김을 위해 사용한다.

> **모래지정**
> 양호한 지반 위에 직접 기초를 할 때 굴착 밑자리가 흐트러진 것을 보강하기 위해 사용한다. 일반적으로 경량건물에 사용한다.

■■■ **제5과목 건설재료학**

81. 도료의 저장 중 또는 용기 내 방치 시 도료의 표면에 피막이 형성되는 현상의 발생 원인과 가장 관계가 먼 것은?

① 피막방지제의 부족이나 건조제가 과잉일 경우
② 용기내의 공간이 커서 산소의 양이 많을 경우
③ 부적당한 신너로 희석하였을 경우
④ 사용잔량을 뚜껑을 열어둔 채 방치하였을 경우

> **도료의 저장 중 또는 방치시 도료표면에 피막이 발생하는 현상**
> ① 뚜껑의 봉함불량
> ② 용기내에 공간이 있을 때 산소의 양이 많을 경우
> ③ 피막방지제의 부족, 건조제 과잉일 때

82. 다음 중 무기질 단열재에 해당하는 것은?

① 발포폴리스티렌 보온재
② 셀룰로스 보온재
③ 규산칼슘판
④ 경질폴리우레탄폼

> **무기질 단열재의 종류**
> 1. 유리면
> 2. 암면
> 3. 세라믹 파이버
> 4. 펄라이트판
> 5. 규산칼슘판
> 6. 경량 기포콘크리트

83. 통풍이 잘 되지 않는 지하실의 미장재료로서 가장 적합하지 않은 것은?

① 시멘트 모르타르
② 석고 플라스터
③ 킨즈 시멘트
④ 돌로마이트 플라스터

> 통풍이 되지 않는 지하실은 수경성 재료를 사용한다.
>
> | | |
> |---|---|
> | 1) 수경성 | ① 물과 화학반응하여 경화하는 재료
② 시멘트 모르타르, 석고 플라스터, 킨즈시멘트, 마그네시아 시멘트, 인조석 및 테라조 바름재 등 |
> | 2) 기경성 | ① 공기 중의 탄산가스와 결합하여 경화하는 재료
② 돌로마이트 플라스터, 소석회, 회사벽 등 |

---

84. 지붕공사에 사용되는 아스팔트 싱글제품 중 단위 중량이 10.3kg/m² 이상 12.5kg/m² 미만인 것은?

① 경량 아스팔트 싱글
② 일반 아스팔트 싱글
③ 중량 아스팔트 싱글
④ 초중량 아스팔트 싱글

아스팔트 싱글

구분	단위중량
일반 아스팔트 싱글	10.3kg/m² 이상 12.5kg/m² 미만
중량 아스팔트 싱글	12.5kg/m² 이상 14.2kg/m² 미만
초중량 아스팔트 싱글	14.2kg/m² 이상

85. 점토벽돌 1종의 압축강도는 최소 얼마 이상인가?

① 17.85MPa
② 19.53MPa
③ 20.59MPa
④ 24.50MPa

점토벽돌의 품질

종류 품질	1종	2종	3종
흡수율(%)	10 이하	13 이하	15 이하
압축 강도(N/mm²)	24.50N/mm² 이상	20.59mm² 이상	10.78N/mm² 이상

86. 골재의 함수상태에 따른 질량이 다음과 같을 경우 표면수율은?

- 절대건조상태 : 490g
- 표면건조상태 : 500g
- 습윤상태 : 550g

① 2%
② 3%
③ 10%
④ 15%

표면수율
$$= \frac{\text{습윤중량} - \text{표면건조 포화상태의 중량}}{\text{표면건조 포화상태의 중량}} \times 100$$
$$= \frac{550 - 500}{500} \times 100 = 10\%$$

87. 콘크리트의 건조수축에 관한 설명으로 옳지 않은 것은?

① 시멘트의 제조성분에 따라 수축량이 다르다.
② 골재의 성질에 따라 수축량이 다르다.
③ 시멘트량의 다소에 따라 수축량이 다르다.
④ 된비빔일수록 수축량이 많다.

된비빔은 물의 사용량이 적으므로 건조수축이 적다.

88. 목재의 나뭇결 중 아래의 설명에 해당하는 것은?

나이테에 직각방향으로 켠 목재면에 나타나는 나뭇결로, 일반적으로 외관이 아름답고 수축변형이 적으며 마모율도 낮다.

① 무 결
② 곧은결
③ 널결
④ 엇결

곧은결 : 나이테에 직각방향 나뭇결로, 일반적으로 수축율은 무 늬결 나비방향의 1/2정도 이다.

나무결 그림

89. 조이너(joiner)의 설치목적으로 옳은 것은?

① 벽, 기둥 등의 모서리에 미장 바름의 보호
② 인조석깔기에서의 신축균열방지나 의장효과
③ 천장에 보드를 붙인 후 그 이음새를 감추기 위한 목적
④ 환기구멍이나 라디에이터의 덮개역할

조이너(Joinner)
• 벽, 천장, 바닥에 판재를 붙일 때 이음부분을 감추거나 이질재와의 접합부 등에 사용
• 재료는 아연도금철판재, 황동재 등으로 만든다.

해답 84 ② 85 ④ 86 ③ 87 ④ 88 ② 89 ③

90. 각 석재별 주용도를 표기한 것으로 옳지 않은 것은?

① 화강암 : 외장재
② 석회암 : 구조재
③ 대리석 : 내장재
④ 점판암 : 지붕재

> 석회암은 수성암의 한 종류로 시멘트의 주원료이다. 내화성과 내산성이 부족해 구조재로는 적합하지 않다.

91. 암석의 구조를 나타내는 용어에 관한 설명으로 옳지 않은 것은?

① 절리란 암석 특유의 천연적으로 갈라진 금을 말하며, 규칙적인 것과 불규칙적인 것이 있다.
② 층리란 퇴적암 및 변성암에 나타나는 퇴적할 당시의 지표면과 방향이 거의 평행한 절리를 말한다.
③ 석리란 암석이 가장 쪼개지기 쉬운 면을 말하며, 절리보다 불분명하지만 방향이 대체로 일치되어 있다.
④ 편리란 변성암에 생기는 절리로서 방향이 불규칙하고 얇은 판자모양으로 갈라지는 성질을 말한다.

> **석리**
> 암석을 구성하고 있는 조암 광물의 집합상태에 따라 생기는 모양으로 암석조직상의 갈라진 금

92. 강은 탄소 함유량의 증가에 따라 인장강도가 증가하지만 어느 이상이 되면 다시 감소한다. 이때 인장강도가 가장 큰 시점의 탄소 함유량은?

① 약 0.9%
② 약 1.8%
③ 약 2.7%
④ 약 3.6%

> 강은 탄소함유량 0.9%까지는 인장강도, 경도가 증가하지만 0.9% 이상 증가하면 강도가 감소한다.

93. 아스팔트의 물리적 성질에 관한 설명으로 옳은 것은?

① 감온성은 블로운 아스팔트가 스트레이트 아스팔트보다 크다.
② 연화점은 블로운 아스팔트가 스트레이트 아스팔트보다 낮다.
③ 신장성은 스트레이트 아스팔트가 블로운 아스팔트보다 크다.
④ 점착성은 블로운 아스팔트가 스트레이트 아스팔트보다 크다.

> 감온성, 신장성, 점착성은 스트레이트 아스팔트가 블로운 아스팔트보다 크고 연화점은 낮다.

94. 킨즈시멘트 제조 시 무수석고의 경화를 촉진시키기 위해 사용하는 혼화재료는?

① 규산백토
② 플라이애쉬
③ 화산회
④ 백반

> 무수석고는 경화가 늦어 경화촉진제를 사용하며 경화촉진제로 사용되는 백반은 산성(酸性)이므로 금속을 녹슬게 하는 결점이 있다.

95. 초기강도가 아주 크고 초기 수화발열이 커서 긴급공사나 동절기 공사에 가장 적합한 시멘트는?

① 알루미나시멘트
② 보통포틀랜드시멘트
③ 고로시멘트
④ 실리카시멘트

> **알루미나 시멘트**
> ① 보크사이트와 석회석을 혼합하여 만든 시멘트
> ② 조기강도가 대단히 크다.
> ③ 발열량이 크므로 한중공사에 이용된다.

96. 일반적으로 단열재에 습기나 물기가 침투하면 어떤 현상이 발생하는가?

① 열전도율이 높아져 단열성능이 좋아진다.
② 열전도율이 높아져 단열성능이 나빠진다.
③ 열전도율이 낮아져 단열성능이 좋아진다.
④ 열전도율이 낮아져 단열성능이 나빠진다.

단열재에 습기나 물기가 침투하면 습기로 인해 열전도율이 훨씬 높아지므로 단열성능이 떨어진다.

97. 도장재료 중 래커(lacquer)에 관한 설명으로 옳지 않은 것은?

① 내구성은 크나 도막이 느리게 건조된다.
② 클리어래커는 투명래커로 도막은 얇으나 견고하고 광택이 우수하다.
③ 클리어래커는 내후성이 좋지 않아 내부용으로 주로 쓰인다.
④ 래커에나멜은 불투명 도료로서 클리어래커에 안료를 첨가한 것을 말한다.

뉴트로셀룰로오스 + 수지 + 가소제를 기본으로 한 것으로 건조가 빠르고 도막이 견고하나 부착력이 약해서 내구성이 떨어진다.

98. 도료의 건조제 중 상온에서 기름에 용해되지 않는 것은?

① 붕산망간
② 이산화망간
③ 초산염
④ 코발트의 수지산

건조제(dryer)
(1) 도료의 건조를 빠르게 하는 재료
(2) 종류
　① 상온에서 기름에 용해되는 건조제
　　일산화연, 연단, 이산화망간, 붕산, 망간, 수산망간
　② 가열하여 기름에 용해되는 건조제
　　연, 망간, 코발트의 수지산 또는 지방산의 염류

99. 시멘트의 분말도에 관한 설명으로 옳지 않은 것은?

① 분말도가 클수록 수화반응이 촉진된다.
② 분말도가 클수록 초기강도는 작으나 장기강도는 크다.
③ 분말도가 클수록 시멘트 분말이 미세하다.
④ 분말도가 너무 크면 풍화되기 쉽다.

시멘트의 분말도가 높을수록 수화작용이 빠르고 조기강도가 크다.

100. 목재의 방부 처리법 중 압력용기 속에 목재를 넣어 처리하는 방법으로 가장 신속하고 효과적인 방법은?

① 가압주입법
② 생리적 주입법
③ 표면탄화법
④ 침지법

가압주입법
압력용기속에 목재를 넣어 압력을 가하여 방부제를 주입하는 법으로 신속하고 효과적

■■■ 제6과목 건설안전기술

101. 지면보다 낮은 땅을 파는데 적합하고 수중굴착도 가능한 굴착기계는?

① 백호우
② 파워쇼벨
③ 가이데릭
④ 파일드라이버

백호우(back hoe)는 기계가 위치한 지면보다 낮은 장소를 굴착하는데 적합하고 연약지반과 비교적 굳은 지반의 토질에서도 사용 가능한 장비이다.

102. 굴착공사에서 비탈면 또는 비탈면 하단을 성토하여 붕괴를 방지하는 공법은?

① 배수공
② 배토공
③ 공작물에 의한 방지공
④ 압성토공

굴착 시 비탈면의 붕괴를 방지하기 위해 비탈면하단을 성토하여 압밀하는 공법을 압성토공법이라 한다.

103. 작업장에 계단 및 계단참을 설치하는 경우 매 제곱미터 당 최소 몇 킬로그램 이상의 하중에 견딜 수 있는 강도를 가진 구조로 설치하여야 하는가?

① 300kg ② 400kg
③ 500kg ④ 600kg

사업주는 계단 및 계단참을 설치하는 경우 매제곱미터당 500킬로그램 이상의 하중에 견딜 수 있는 강도를 가진 구조로 설치하여야 하며, 안전율[안전의 정도를 표시하는 것으로서 재료의 파괴응력도(破壞應力度)와 허용응력도(許容應力度)의 비율을 말한다)]은 4 이상으로 하여야 한다.
참고 산업안전보건기준에 관한 규칙 제26조【계단의 강도】

104. 작업으로 인하여 물체가 떨어지거나 날아올 위험이 있는 경우 필요한 조치와 가장 거리가 먼 것은?

① 투하설비 설치
② 낙하물 방지망 설치
③ 수직보호망 설치
④ 출입금지구역 설정

사업주는 작업으로 인하여 물체가 떨어지거나 날아올 위험이 있는 경우에는 낙하물방지망, 수직보호망 또는 방호선반의 설치, 출입금지구역의 설정, 보호구의 착용 등 위험방지를 위하여 필요한 조치를 하여야 한다.
참고 산업안전보건기준에 관한 규칙 제14조【낙하물에 의한 위험의 방지】

105. 크레인의 운전실 또는 운전대를 통하는 통로의 끝과 건설물 등의 벽체의 간격은 최대 얼마 이하로 하여야 하는가?

① 0.2m ② 0.3m
③ 0.4m ④ 0.5m

사업주는 다음 각 호의 간격을 0.3미터 이하로 하여야 한다. 다만, 근로자가 추락할 위험이 없는 경우에는 그 간격을 0.3미터 이하로 유지하지 아니할 수 있다.
1. 크레인의 운전실 또는 운전대를 통하는 통로의 끝과 건설물 등의 벽체의 간격
2. 크레인 거더(girder)의 통로 끝과 크레인 거더의 간격
3. 크레인 거더의 통로로 통하는 통로의 끝과 건설물 등의 벽체의 간격
참고 산업안전보건기준에 관한 규칙 제145조【건설물 등의 벽체와 통로의 간격 등】

106. 철골공사 시 안전작업방법 및 준수사항으로 옳지 않은 것은?

① 강풍, 폭우 등과 같은 악천우시에는 작업을 중지하여야 하며 특히 강풍시에는 높은 곳에 있는 부재나 공구류가 낙하비래하지 않도록 조치하여야 한다.
② 철골부재 반입 시 시공순서가 빠른 부재는 상단부에 위치하도록 한다.
③ 구명줄 설치 시 마닐라 로프 직경 10mm를 기준하여 설치하고 작업방법을 충분히 검토하여야 한다.
④ 철골보의 두곳을 매어 인양시킬 때 와이어로프의 내각은 60° 이하이어야 한다.

③항, 구명줄을 설치할 경우에는 1가닥의 구명줄을 여러 명이 동시에 사용하지 않도록 하여야 하며 구명줄을 마닐라 로프 직경 16밀리미터를 기준하여 설치하고 작업방법을 충분히 검토하여야 한다.

107. 강관비계의 수직방향 벽이음 조립간격(m)으로 옳은 것은? (단, 틀비계이며 높이가 5m 이상인 경우)

① 2m ② 4m
③ 6m ④ 9m

비계의 벽이음 조립간격

비계의 종류	조립간격(단위 : m)	
	수직방향	수평방향
단관비계	5	5
틀비계(높이가 5m 미만의 것을 제외한다)	6	8
통나무 비계	5.5	7.5

해답 103 ③ 104 ① 105 ② 106 ③ 107 ③

108. 공정율이 65%인 건설현장의 경우 공사 진척에 따른 산업안전보건관리비의 최소 사용기준으로 옳은 것은? (단, 공정율은 기성공정율을 기준으로 함)

① 40% 이상
② 50% 이상
③ 60% 이상
④ 70% 이상

공사진척에 따른 안전관리비 사용기준

공정율	50퍼센트 이상 70퍼센트 미만	70퍼센트 이상 90퍼센트 미만	90퍼센트 이상
사용기준	50퍼센트 이상	70퍼센트 이상	90퍼센트 이상

109. 달비계에 사용이 불가한 와이어로프의 기준으로 옳지 않은 것은?

① 이음매가 있는 것
② 와이어로프의 한 꼬임에서 끊어진 소선의 수가 7% 이상인 것
③ 지름의 감소가 공칭지름의 7%를 초과하는 것
④ 심하게 변형되거나 부식된 것

와이어로프 등의 사용금지
1. 이음매가 있는 것
2. 와이어로프의 한 꼬임[스트랜드(strand)를 의미한다. 이하 같다]에서 끊어진 소선[素線, 필러(pillar)선을 제외한다]의 수가 10퍼센트 이상인 것
3. 지름의 감소가 공칭지름의 7퍼센트를 초과하는 것
4. 꼬인 것
5. 심하게 변형 또는 부식된 것

110. 구축물에 안전진단 등 안전성 평가를 실시하여 근로자에게 미칠 위험성을 미리 제거하여야 하는 경우가 아닌 것은?

① 구축물 또는 이와 유사한 시설물의 인근에서 굴착·항타작업 등으로 침하·균열 등이 발생하여 붕괴의 위험이 예상될 경우
② 구조물, 건축물, 그 밖의 시설물이 그 자체의 무게·적설·풍압 또는 그 밖에 부가되는 하중 등으로 붕괴 등의 위험이 있을 경우
③ 화재 등으로 구축물 또는 이와 유사한 시설물의 내력(耐力)이 심하게 저하되었을 경우
④ 구축물의 구조체가 안전측으로 과도하게 설계가 되었을 경우

사업주는 구축물 또는 이와 유사한 시설물이 다음 각 호의 어느 하나에 해당하는 경우 안전진단 등 안전성 평가를 하여 근로자에게 미칠 위험성을 미리 제거하여야 한다.
1. 구축물 또는 이와 유사한 시설물의 인근에서 굴착·항타작업 등으로 침하·균열 등이 발생하여 붕괴의 위험이 예상될 경우
2. 구축물 또는 이와 유사한 시설물에 지진, 동해(凍害), 부동침하(不同沈下) 등으로 균열·비틀림 등이 발생하였을 경우
3. 구조물, 건축물, 그 밖의 시설물이 그 자체의 무게·적설·풍압 또는 그 밖에 부가되는 하중 등으로 붕괴 등의 위험이 있을 경우
4. 화재 등으로 구축물 또는 이와 유사한 시설물의 내력(耐力)이 심하게 저하되었을 경우
5. 오랜 기간 사용하지 아니하던 구축물 또는 이와 유사한 시설물을 재사용하게 되어 안전성을 검토하여야 하는 경우
6. 그 밖의 잠재위험이 예상될 경우
참고 산업안전보건기준에 관한 규칙 제52조【구축물 또는 이와 유사한 시설물의 안전성 평가】

111. 흙막이 지보공을 설치하였을 때 정기적으로 점검하여 이상 발견 시 즉시 보수하여야 할 사항이 아닌 것은?

① 굴착 깊이의 정도
② 버팀대 긴압의 정도
③ 부재의 접속부·부착부 및 교차부의 상태
④ 부재의 손상·변형·부식·변위 및 탈락의 유무와 상태

흙막이지보공을 설치한 때 정기적으로 점검하고 이상을 발견한 때에는 즉시 보수하여야 할 사항
1. 부재의 손상·변형·부식·변위 및 탈락의 유무와 상태
2. 버팀대의 긴압의 정도
3. 부재의 접속부·부착부 및 교차부의 상태
4. 침하의 정도

112. 달비계의 최대 적재하중을 정하는 경우 그 안전계수 기준으로 옳지 않은 것은?

① 달기와이어로프 및 달기강선의 안전계수 : 10 이상
② 달기체인 및 달기 훅의 안전계수 : 5 이상
③ 달기강대와 달비계의 하부 및 상부지점의 안전계수 : 강재의 경우 3 이상
④ 달기강대와 달비계의 하부 및 상부지점의 안전계수 : 목재의 경우 5 이상

113. 다음은 안전대와 관련된 설명이다. 아래 내용에 해당되는 용어로 옳은 것은?

> 로프 또는 레일 등과 같은 유연하거나 단단한
> 고정줄로서 추락발생시 추락을 저지시키는 추
> 락방지대를 지탱해 주는 줄모양의 부품

① 안전블록　　　　② 수직구명줄
③ 죔줄　　　　　　④ 보조죔줄

"수직구명줄"이란 로프 또는 레일 등과 같은 유연하거나 단단한
고정줄로서 추락발생시 추락을 저지시키는 추락방지대를 지탱해
주는 줄모양의 부품을 말한다.
참고 보호구 안전인증 고시 제26조【정의】

114. 사업주가 유해위험방지 계획서 제출 후 건설공사 중 6개월 이내마다 안전보건공단의 확인을 받아야 할 내용이 아닌 것은?

① 유해위험방지 계획서의 내용과 실제공사 내용이
　부합하는지 여부
② 유해위험방지 계획서 변경 내용의 적정성
③ 자율안전관리 업체 유해·위험방지 계획서 제출·
　심사 면제
④ 추가적인 유해·위험요인의 존재여부

사업주가 유해·위험방지 계획서 제출 후 건설공사 중 6개월 이내마
다 안전보건공단의 확인사항을 받아야 할 내용
1. 유해·위험방지 계획서의 내용과 실제공사 내용이 부합하는지
   여부
2. 유해·위험방지 계획서 변경 내용의 적정성
3. 추가적인 유해·위험요인의 존재 여부

115. 다음 중 방망사의 폐기 시 인장강도에 해당하는 것은? (단, 그물코의 크기는 10cm이며 매듭없는 방망의 경우임)

① 50kg　　　　　② 100kg
③ 150kg　　　　　④ 200kg

방망 폐기 시 인장강도

그물코의 크기 (단위 : cm)	방망의 종류(단위 : kg)	
	매듭 없는 방망	매듭 방망
10	150	135
5		60

116. 산업안전보건법령에 따른 지반의 종류별 굴착면의 기울기 기준으로 옳지 않은 것은?

① 보통흙 습지 – 1 : 1 ~ 1 : 1.5
② 보통흙 건지 – 1 : 0.3 ~ 1 : 1
③ 풍화암 – 1 : 0.8
④ 연암 – 1 : 0.5

참고 굴착면의 기울기기준

구분	지반의 종류	구배	구분	지반의 종류	구배
보통 흙	습지	1 : 1 ~ 1 : 1.5	암반	풍화암	1 : 0.8
	건지	1 : 0.5 ~ 1 : 1		연암	1 : 0.5
	–	–		경암	1 : 0.3

117. 가설통로의 설치에 관한 기준으로 옳지 않은 것은?

① 경사는 30° 이하로 한다.
② 건설공사에 사용하는 높이 8m 이상인 비계다리에
　는 7m 이내마다 계단참을 설치한다.
③ 작업상 부득이한 경우에는 필요한 부분에 한하여
　안전난간을 임시로 해체할 수 있다.
④ 수직갱에 가설된 통로의 길이가 10m 이상인 경우
　에는 5m 이내마다 계단참을 설치한다.

수직갱에 가설된 통로의 길이가 15미터 이상인 경우에는 10미터
이내마다 계단참을 설치할 것

118. 콘크리트 타설 시 거푸집 측압에 관한 설명으로 옳지 않은 것은?

① 기온이 높을수록 측압은 크다.
② 타설속도가 클수록 측압은 크다.
③ 슬럼프가 클수록 측압은 크다.
④ 다짐이 과할수록 측압은 크다.

측압이 커지는 조건
1. 기온이 낮을수록(대기중의 습도가 낮을수록) 크다.
2. 치어 붓기 속도가 클수록 크다.
3. 묽은 콘크리트 일수록(물·시멘트비가 클수록, 슬럼프 값이 클수록, 시멘트·물비가 적을수록) 크다.
4. 콘크리트의 비중이 클수록 크다.
5. 콘크리트의 다지기가 강할수록 크다.
6. 철근양이 작을수록 크다.
7. 거푸집의 수밀성이 높을수록 크다.
8. 거푸집의 수평단면이 클수록(벽 두께가 클수록) 크다.
9. 거푸집의 강성이 클수록 크다.

119. 해체공사 시 작업용 기계기구의 취급 안전기준에 관한 설명으로 옳지 않은 것은?

① 철제햄머와 와이어로프의 결속은 경험이 많은 사람으로서 선임된 자에 한하여 실시하도록 하여야 한다.
② 팽창제 천공간격은 콘크리트 강도에 의하여 결정되나 70~120cm 정도를 유지하도록 한다.
③ 쐐기타입으로 해체 시 천공구멍은 타입기 삽입부분의 직경과 거의 같아야 한다.
④ 화염방사기로 해체작업 시 용기 내 압력은 온도에 의해 상승하기 때문에 항상 40℃ 이하로 보존해야 한다.

팽창제의 천공간격은 콘크리트 강도에 의하여 결정되나 30~70cm 정도를 유지한다.

120. 굴착과 싣기를 동시에 할 수 있는 토공기계가 아닌 것은?

① Power shovel ② Tractor shovel
③ Back hoe ④ Motor grader

모터 그레이더(Motor grader)는 토공 기계의 대패라고 하며, 지면을 절삭하여 평활하게 다듬는 것이 목적이다. 이 장비는 노면의 성형, 정지용 기계이므로 굴착이나 흙을 운반하는 것이 주된 작업이지만 하수구 파기, 경사면 다듬기, 제방작업, 제설작업, 아스팔트 포장재료 배합 등의 작업을 할 수도 있다.

■■■ 제1과목 산업안전관리론

1. 재해손실비의 평가방식 중 시몬즈 방식에서 비보험 코스트에 반영되는 항목에 속하지 않는 것은?

① 휴업상해 건수
② 통원상해 건수
③ 응급조치 건수
④ 무손실사고 건수

시몬즈(simonds)의 재해 코스트 계산방식에 있어 비보험 코스트 항목으로는 휴업상해 건수, 통원상해 건수, 응급조치 건수, 무상해 사고 건수가 있다.

2. 산업안전보건법령상 중대재해에 속하지 않는 것은?

① 사망자가 2명 발생한 재해
② 부상자가 동시에 7명 발생한 재해
③ 직업성 질병자가 동시에 11명 발생한 재해
④ 3개월 이상의 요양이 필요한 부상자가 동시에 3명 발생한 재해

중대재해의 종류
① 사망자가 1명 이상 발생한 재해
② 3개월 이상의 요양이 필요한 부상자가 동시에 2명 이상 발생한 재해
③ 부상자 또는 직업성 질병자가 동시에 10명 이상 발생한 재해
참고 산업안전보건법 시행규칙 제3조【중대재해의 범위】

3. 산업안전보건법령상 공정안전보고서에 포함되어야 하는 내용 중 공정안전자료의 세부 내용에 해당하는 것은?

① 안전운전지침서
② 공정위험성평가서
③ 도급업체 안전관리계획
④ 각종 건물·설비의 배치도

[공정안전 보고서 세부내용]
공정안전자료
① 취급·저장하고 있거나 취급·저장하려는 유해·위험물질의 종류 및 수량
② 유해·위험물질에 대한 물질안전보건자료
③ 유해·위험설비의 목록 및 사양
④ 유해·위험설비의 운전방법을 알 수 있는 공정도면
⑤ 각종 건물·설비의 배치도
⑥ 폭발위험장소 구분도 및 전기단선도
⑦ 위험설비의 안전설계·제작 및 설치 관련 지침서
참고 산업안전보건법 시행규칙 제50조【공정안전보고서의 세부내용 등】

4. 산업안전보건법령상 금지표시에 속하는 것은?

①
②
③
④

①항, 산화성물질 경고 - 경고표지
②항, 방독마스크 착용 - 지시표지
③항, 급성독성물질 경고 - 경고표지
④항, 탑승금지 - 금지표지

5. 도수율이 25인 사업장의 연간 재해발생 건수는 몇 건인가? (단, 이 사업장의 댱해 연도 총근로시간은 80000시간이다.)

① 1건
② 2건
③ 3건
④ 4건

$$도수율 = \frac{재해발생건수}{연평균 근로자 총 시간수} \times 10^6 \text{ 이므로,}$$

$$재해발생건수 = \frac{도수율 \times 연평균 근로총 시간수}{10^6}$$

$$= \frac{25 \times 80000}{10^6} = 2$$

해답 1 ④ 2 ② 3 ④ 4 ④ 5 ②

6. 산업안전보건법령상 건설공사도급인은 산업안전보건관리비의 사용명세서를 건설공사 종료 후 몇 년간 보존해야 하는가?

① 1년 　　　　　② 2년
③ 3년 　　　　　④ 5년

> 건설공사도급인은 고용노동부장관이 정하는 바에 따라 해당 건설공사를 위하여 계상된 산업안전보건관리비를 그가 사용하는 근로자와 그의 관계수급인이 사용하는 근로자의 산업재해 및 건강장해 예방에 사용하고, 그 사용명세서를 매월(공사가 1개월 이내에 종료되는 사업의 경우에는 해당 공사 종료 시를 말한다) 작성하고 건설공사 종료 후 1년간 보존해야 한다.
> **참고** 산업안전보건법 시행규칙 제89조【산업안전보건관리비의 사용】

7. 산업안전보건법령에 따른 안전보건총괄책임자의 직무에 속하지 않는 것은?

① 도급 시 산업재해 예방조치
② 위험성평가의 실시에 관한 사항
③ 안전인증대상기계와 자율안전확인대상기계 구입 시 적격품의 선정에 관한 지도
④ 산업안전보건관리비의 관계수급인 간의 사용에 관한 협의·조정 및 그 집행의 감독

> [안전보건총괄책임자의 직무]
> 1. 위험성평가의 실시에 관한 사항
> 2. 작업의 중지
> 3. 도급 시 산업재해 예방조치
> 4. 산업안전보건관리비의 관계수급인 간의 사용에 관한 협의·조정 및 그 집행의 감독
> 5. 안전인증대상기계등과 자율안전확인대상기계등의 사용 여부 확인
> **참고** 산업안전보건법 시행령 제53조【안전보건총괄책임자의 직무 등】

8. 다음 중 재해 발생 시 긴급조치사항을 올바른 순서로 배열한 것은?

> ㉠ 현장보존 　　　㉡ 2차 재해방지
> ㉢ 피재기계의 정지 　㉣ 관계자에게 통보
> ㉤ 피해자의 응급처리

① ㉤ → ㉢ → ㉡ → ㉠ → ㉣
② ㉢ → ㉤ → ㉣ → ㉡ → ㉠
③ ㉢ → ㉤ → ㉣ → ㉠ → ㉡
④ ㉢ → ㉤ → ㉠ → ㉣ → ㉡

> 재해발생시 긴급처리 순서
> ① 피재기계의 정지 및 피해확산 방지
> ② 피해자의 응급조치
> ③ 관계자에게 통보
> ④ 2차 재해방지
> ⑤ 현장보존

9. 직계(Line)형 안전조직에 관한 설명으로 옳지 않은 것은?

① 명령과 보고가 간단명료하다.
② 안전정보의 수집이 빠르고 전문적이다.
③ 안전업무가 생산현장 라인을 통하여 시행된다.
④ 각종 지시 및 조치사항이 신속하게 이루어진다.

> ②항. 안전정보 수집이 빠르고 전문적인 것은 참모식 조직의 특징이다.

10. 보호구 안전인증 고시에 따른 가죽제안전화의 성능시험방법에 해당되지 않는 것은?

① 내답발성시험 　　　② 박리저항시험
③ 내충격성시험 　　　④ 내전압성시험

> [가죽제 안전화의 시험방법]
> 1. 은면결렬 시험
> 2. 인열강도 시험
> 3. 내부식성 시험
> 4. 인장강도 시험
> 5. 내유성 시험
> 6. 내압박성 시험
> 7. 내충격성 시험
> 8. 박리저항 시험
> 9. 내답발성 시험
> **참고** 보호구 안전인증 고시 별표2의9【가죽제안전화의 시험방법】

11. 위험예지훈련 4R(라운드) 중 2R(라운드)에 해당하는 것은?

① 목표설정 ② 현상파악
③ 대책수립 ④ 본질추구

[위험예지훈련 4라운드]
제1라운드 : 현상파악
제2라운드 : 본질추구
제3라운드 : 대책수립
제4라운드 : 목표설정

12. 기계, 기구 또는 설비를 신설하거나 변경 또는 고장수리 시 실시하는 안전점검의 종류는?

① 정기점검 ② 수시점검
③ 특별점검 ④ 임시점검

1. 수시점검 : 작업전·중·후에 실시하는 점검으로 작업자가 일상적으로 실시하는 점검
2. 임시점검 : 이상 발견 시 임시로 실시하는 점검 또는 정기점검과 정기점검사이에 실시하는 점검에 실시하는 점검
3. 정기점검 : 일정기간마다 정기적으로 실시하는 점검으로 매주 또는 매월, 분기마다, 반기마다, 년도별로 실시하는 점검
4. 특별점검 : 기계·기구·설비의 신설 시·변경내지 고장 수리 시 실시하는 점검 또는 천재지변 발생 후 실시하는 점검

13. 산업안전보건법령상 안전인증대상 기계 또는 설비에 속하지 않는 것은?

① 리프트 ② 압력용기
③ 곤돌라 ④ 파쇄기

[안전인증대상 기계]
1. 프레스   2. 전단기 및 절곡기
3. 크레인   4. 리프트
5. 압력용기   6. 롤러기
7. 사출성형기   8. 고소작업대
9. 곤돌라
참고 산업안전보건법 시행령 제74조【안전인증대상기계 등】

14. 브레인 스토밍의 4가지 원칙 내용으로 옳지 않은 것은?

① 비판하지 않는다.
② 자유롭게 발언한다.
③ 가능한 정리된 의견만 발언한다.
④ 타인의 생각에 동참하거나 보충발언 해도 좋다.

[브레인스토밍(Brain storming ; BS)의 4원칙]
1. 비평(비판)금지 : 좋다, 나쁘다고 비평하지 않는다.
2. 자유분방 : 마음대로 편안히 발언한다.
3. 대량발언 : 무엇이건 좋으니 많이 발언하게 한다.
4. 수정발언 : 타인의 아이디어에 수정하거나 덧붙여 말하여도 좋다.

15. 안전관리는 PDCA 사이클의 4단계를 거쳐 지속적인 관리를 수행하여야 한다. 다음 중 PDCA 사이클의 4단계를 잘못 나타낸 것은?

① P : Plan   ② D : Do
③ C : Check   ④ A : Analysis

관리의 4 cycle
P(plan 계획) ⇒ D(do 실시) ⇒ C(check 검토) ⇒ A(action 조치)

16. 재해의 발생형태 중 재해가 일어난 장소나 그 시점에 일시적으로 요인이 집중되어 사고가 발생하는 유형은?

① 연쇄형 ② 복합형
③ 결합형 ④ 단순 자극형

재해의 발생형태에 있어 일어난 장소나 그 시점에 일시적으로 요인이 집중하여 재해가 발생하는 경우를 단순 자극형이라 한다.

○는 재해 발생의 각종요소

17. 안전보건관리계획 수립 시 고려할 사항으로 옳지 않은 것은?

① 타 관리계획과 균형이 맞도록 한다.
② 안전보건을 저해하는 요인을 확실히 파악해야 한다.
③ 수립된 계획은 안전보건관리활동의 근거로 활용된다.
④ 과거실적을 중요한 것으로 생각하고, 현재 상태에 만족해야 한다.

18. 다음은 안전보건개선계획의 제출에 관한 기준 내용이다. ( ) 안에 알맞은 것은?

> 안전보건개선계획서를 제출해야 하는 사업주는 안전보건개선계획서 수립·시행 명령을 받은 날부터 ( )일 이내에 관할 지방고용노동관서의 장에게 해당 계획서를 제출(전자 문서로 제출하는 것을 포함한다)해야 한다.

① 15   ② 30
③ 45   ④ 60

안전보건개선계획서를 제출해야 하는 사업주는 안전보건개선계획서 수립·시행 명령을 받은 날부터 60일 이내에 관할 지방고용노동관서의 장에게 해당 계획서를 제출(전자문서로 제출하는 것을 포함한다)해야 한다.

참고 산업안전보건법 시행규칙 제61조【안전보건개선계획의 제출 등】

19. 재해의 간접적 원인과 관계가 가장 먼 것은?

① 스트레스   ② 안전수칙의 오해
③ 작업준비 불충분   ④ 안전방호장치 결함

안전방호장치 결함은 불안전한 상태로 직접원인에 해당한다.

참고 직접원인의 종류

1. 불안전한 행동	2. 불안전한 상태
① 위험장소 접근	① 물 자체 결함
② 안전장치의 기능 제거	② 안전 방호장치 결함
③ 복장 보호구의 잘못사용	③ 복장 보호구 결함
④ 기계 기구 잘못 사용	④ 물의 배치 및 작업 장소 결함
⑤ 운전중인 기계장치의 손질	⑤ 작업환경의 결함
⑥ 불안전한 속도 조작	⑥ 생산공정의 결함
⑦ 위험물 취급 부주의	⑦ 경계표시, 설비의 결함
⑧ 불안전한 상태 방치	⑧ 기타
⑨ 불안전한 자세 동작	
⑩ 감독 및 연락 불충분	

20. 재해예방의 4원칙에 해당하지 않는 것은?

① 예방가능의 원칙   ② 원인계기의 원칙
③ 손실필연의 원칙   ④ 대책선정의 원칙

재해예방의 4원칙
1. 손실 우연의 원칙
   재해 손실은 사고 발생시 사고 대상의 조건에 따라 달라지므로 한 사고의 결과로서 생긴 재해 손실은 우연성에 의하여 결정된다. 따라서 재해 방지의 대상은 우연성에 좌우되는 손실의 방지보다는 사고 발생 자체의 방지가 되어야 한다.
2. 원인 계기(연계)의 원칙
   재해 발생은 반드시 원인이 있다. 즉 사고와 손실과의 관계는 우연적이지만 사고와 원인관계는 필연적이다.
3. 예방 가능의 원칙
   재해는 원칙적으로 원인만 제거되면 예방이 가능하다.
4. 대책 선정의 원칙
   재해 예방을 위한 가능한 안전 대책은 반드시 존재한다.

■■■ 제2과목 산업심리 및 교육

21. 다음 중 학습전이의 조건으로 가장 거리가 먼 것은?

① 학습 정도   ② 시간적 간격
③ 학습 분위기   ④ 학습자의 지능

전이(transference)란 어떤 내용을 학습한 결과가 다른 학습이나 반응에 영향을 주는 현상을 의미하는 것으로 학습효과를 전이라고도 하며, 학습전이의 조건은 아래와 같다.
① 학습정도   ② 유이성
③ 시간적 간격   ④ 학습자의 태도
⑤ 학습자의 지능

22. 인간의 동기에 대한 이론 중 자극, 반응, 보상의 3가지 핵심변인을 가지고 있으며, 표출된 행동에 따라 보상을 주는 방식에 기초한 동기이론은?

① 강화이론   ② 형평이론
③ 기대이론   ④ 목표성절이론

강화이론이란 적극적 강화(positive reinforcement), 회피(avoidance), 소거(extinction), 처벌(punishment)의 네 가지 범주로 구분된다. 적극적 강화는 칭찬·보상·승진 등과 같이 바람직한 행동에 대해 바람직한 결과를 제공함으로써 행동의 빈도를 높이는 것을 말한다.

23. 다음 중 산업안전 심리의 5대요소가 아닌 것은?

① 동기　　　　　　② 감정
③ 기질　　　　　　④ 지능

안전심리의 5요소로 동기, 기질, 감정, 습관, 습성이 있다.

24. 다음 중 사고에 관한 표현으로 틀린 것은?

① 사고는 비변형된 사상(unstrained event)이다.
② 사고는 비계획적인 사상(unplaned event)이다.
③ 사고는 원하지 않는 사상(undesired event)이다.
④ 사고는 비효율적인 사상(ineffcient event)이다.

사고(Accident)
원하지 않는 사상, 비효율적 사상, 변형된 사상으로 스트레스
(Stress)의 한계를 넘어선 변형된 사상

25. 집단이 가지는 효과로 두 개 이상의 서로 다른 개체가 힘을 합쳐 둘이 지닌 힘 이상의 효과를 내는 현상은?

① 시너지 효과　　　② 동조 효과
③ 응집성 효과　　　④ 자생적 효과

시너지(synergy) : system+energy
시너지 효과란 집단이 가지는 효과로 두 개 이상의 서로 다른
개체가 힘을 합쳐 둘이 지닌 힘 이상의 효과를 내는 현상이다.

26. 교육방법 중 하나인 사례연구법의 장점으로 볼 수 없는 것은?

① 의사소통 기술이 향상된다.
② 무의식적인 내용의 표현 기회를 준다.
③ 문제를 다양한 관점에서 바라보게 된다.
④ 강의법에 비해 현실적인 문제에 대한 학습이 가능하다.

[사례연구법의 장점]
① 의사소통 기술이 향상된다.
② 강의법에 비해 실제 업무 현장에의 전이를 촉진시킨다.
③ 문제를 다양한 관점에서 바라보게 된다.
④ 강의법에 비해 현실적인 문제에 대한 학습이 가능하다.
⑤ 커뮤니케이션 스킬이 향상된다.

27. 직무와 관련한 정보를 직무명세서(job specification)와 직무기술서(job description)로 구분할 경우 직무기술서에 포함되어야 하는 내용과 가장 거리가 먼 것은?

① 직무의 직종　　　② 수행되는 과업
③ 직무수행 방법　　④ 작업자의 요구되는 능력

1. 직무기술서(job description)란 직무수행의 과업요건에 초점을 두어 기술한 문서이다.
2. 직무기술서(job description)에 포함되어야 하는 내용
① 직무의 분류
② 직무의 직종
③ 수행되는 과업
④ 직무수행 방법

28. 판단과정에서의 착오원인이 아닌 것은?

① 능력부족　　　　② 정보부족
③ 감각차단　　　　④ 자기합리화

감각차단 현상은 인지과정의 착오이다.

과정구분	착오원인
인지과정 착오	• 생리, 심리적 능력의 한계 • 정보량 저장 능력의 한계 • 감각 차단현상 : 단조로운 업무, 반복 작업 • 정서적 불안정 : 공포, 불안, 불만
판단과정 착오	• 능력부족　• 정보부족 • 자기합리화　• 환경조건의 불비
조치과정 착오	• 피로 • 작업 경험부족 • 작업자의 기능미숙(지식, 기술부족)

29. 다음 중 ATT(American Telephone &Telegram) 교육훈련기법의 내용이 아닌 것은?

① 인사관계　　　　② 고객관계
③ 회의의 주관　　　④ 종업원의 향상

ATT 교육내용
계획적 감독, 작업의 계획 및 인원배치, 작업의 감독, 공구 및 자료
보고 및 기록, 개인 작업의 개선, 종업원의 향상, 인사관계, 훈련,
고객관계, 안전부대 군인의 복무조정 등 12가지로 되어 있다.

30. 미국 국립산업안전보건연구원(NIOSH)이 제시한 직무스트레스 모형에서 직무스트레스 요인을 작업요인, 조직요인, 환경요인으로 구분할 때 조직요인에 해당하는 것은?

① 관리유형   ② 작업속도
③ 교대근무   ④ 조명 및 소음

NIOSH 직무스트레스 모형

구분		
직무스트레스 요인	환경 요인	조명, 소음, 진동
	작업 요인	직무요구도, 직무자율성, 역할모호성, 교대근무
	조직 요인	관리유형, 대인관계, 조직문화, 고용불안정
간접적 요인	개인적요소	연령, 성별, 성격, 건강, 자기존중감
	비직무적 요소	재정상태, 가족상태
	완충요소	사회적지지, 대처방식, 여가활동, 건강관리

31. 다음 중 안전교육의 목적과 가장 거리가 먼 것은?

① 생산성이나 품질의 향상에 기여한다.
② 작업자를 산업재해로부터 미연에 방지한다.
③ 재해의 발생으로 인한 직접적 및 간접적 경제적 손실을 방지한다.
④ 작업자에게 작업의 안전에 대한 자신감을 부여하고 기업에 대한 충성도를 증가시킨다.

> 안전교육은 작업에 대한 안심감을 부여하고 산업재해로부터 작업자를 보호하여 결과적으로 기업에 대한 신뢰가 증대된다.

32. 안전교육에서 안전기술과 방호장치관리를 몸으로 습득시키는 교육방법으로 가장 적절한 것은?

① 지식교육   ② 기능교육
③ 해결교육   ④ 태도교육

> 안전교육의 3단계
> 1. 제1단계 : 지식교육이란 강의, 시청각 교육을 통한 지식의 전달과 이해하는 단계
> 2. 제2단계 : 기능교육이란 시범, 견학, 실습, 현장실습교육을 통한 경험 체득과 이해를 한다.
> 3. 제3단계 : 태도교육이란 작업동작지도, 생활지도 등을 통한 안전의 습관화를 한다.

33. 안전교육의 형태와 방법 중 Off.J.T(Off the Job Training)의 특징이 아닌 것은?

① 공통된 대상자를 대상으로 일관적으로 교육할 수 있다.
② 업무 및 사내의 특성에 맞춘 구체적이고 실제적인 지도교육이 가능하다.
③ 외부의 전문가를 강사로 초청할 수 있다.
④ 다수의 근로자에게 조직적 훈련이 가능하다.

O.J.T와 off.J.T의 특징

O.J.T	off.J.T
• 개개인에게 적합한 지도훈련을 할 수 있다. • 직장의 실정에 맞는 실체적 훈련을 할 수 있다. • 훈련에 필요한 업무의 계속성이 끊어지지 않는다. • 즉시 업무에 연결되는 관계로 신체와 관련이 있다. • 효과가 곧 업무에 나타나며 훈련의 좋고 나쁨에 따라 개선이 용이하다. • 교육을 통한 훈련 효과에 의해 상호 신뢰도 및 이해도가 높아진다.	• 다수의 근로자에게 조직적 훈련이 가능하다. • 훈련에만 전념하게 된다. • 특별 설비 기구를 이용할 수 있다. • 전문가를 강사로 초청할 수 있다. • 각 직장의 근로자가 많은 지식이나 경험을 교류할 수 있다. • 교육 훈련 목표에 대해서 집단적 노력이 흐트러질 수 있다.

34. 레윈(Lewin)이 제시한 인간의 행동특성에 관한 법칙에서 인간의 행동(B)은 개체(P)와 환경(E)의 함수관계를 가진다고 하였다. 다음 중 개체(P)에 해당하는 요소가 아닌 것은?

① 연령   ② 지능
③ 경험   ④ 인간관계

해답 30 ①   31 ④   32 ②   33 ②   34 ④

35. 다음 중 피들러(Fiedler)의 상황 연계성 리더쉽 이론에서 중요시 하는 상황적 요인에 해당하지 않는 것은?

① 과제의 구조화
② 부하의 성숙도
③ 리더의 직위상 권한
④ 리더와 부하간의 관계

피들러(Fiedler)의 상황적합성 리더십 이론
① 리더-구성원 관계(Leader-Member Relationship)
부하가 리더를 신뢰하고, 리더가 지시하는 바를 기꺼이 따르는 정도. 집단분위기를 통해 측정. 리더가 집단 구성원으로부터 지지와 신뢰를 얻게 되면 상황에 대한 통제력도 높아지게 되므로 리더십 효과가 증대된다.
② 직위 권력(Position Power)
과업의 목표, 달성방법, 성과기준 등이 분명하게 명시되어 있는 정도. 과업의 구조화 정도가 높을수록 리더가 부하의 과업 행동을 감독하고 영향력을 행사하기가 용이하다.
③ 과업 구조(Task Structure)
리더가 부하들을 지도·평가하고, 필요한 상과 벌을 제시할 수 있는 권한을 지니고 있는 정도. 리더의 직위권력이 클수록 자신의 정책 및 통제에 순응하도록 할 수 있으며, 보상과 벌을 적절히 조절할 수가 있다.

36. 조직에 있어 구성원들의 역할에 대한 기대와 행동은 항상 일치하지는 않는다. 역할 기대와 실제 역할 행동 간에 차이가 생기면 역할 갈등이 발생하는데, 역할 갈등이 원인으로 가장 거리가 먼 것은?

① 역할 마찰
② 역할 민첩성
③ 역할 부적합
④ 역할 모호성

• 역할은 어떤지휘에 대하여 기대되는 행동양식으로 역할 행동, 역할 갈등, 역할 모순, 역할 긴장으로 분류한다.
• 역할 갈등이란 역할수행자에게 전달된 역할기대들이 개인이 느끼는 역할과 양립 불가능하거나 상충되는 현상으로 역할 갈등의 형태로는 전달자의 내적 갈등, 전달자간의 갈등, 역할간 갈등(부적합), 역할 과중, 개인과 역할간의 갈등(마찰), 역할 모호성이 있다.

37. 다음 중 안전교육방법에 있어 도입단계에서 가장 적합한 방법은?

① 강의법
② 실연법
③ 반복법
④ 자율학습법

안전교육에서 도입단계와 제시단계에서 가장 적합한 방법은 강의법이다.

38. 부주의의 발생방지 방법은 발생 원인별로 대책을 강구해야 하는데 다음 중 발생 원인의 외적요인에 속하는 것은?

① 의식의 우회
② 소질적 문제
③ 경험·미경험
④ 작업순서의 부자연성

부주의 발생원인

외적 원인	내적 원인
• 작업, 환경조건 불량 • 작업순서의 부적당	• 소질적(작업) 조건 • 의식의 우회 • 경험, 미경험

39. 다음 중 역할연기(role playing)에 의한 교육의 장점으로 틀린 것은?

① 관찰능력을 높이고 감수성이 향상된다.
② 자기의 태도에 반성과 창조성이 생긴다.
③ 정도가 높은 의사결정의 훈련으로서 적합하다.
④ 의견 발표에 자신이 생기고 고착력이 풍부해진다.

role playing(역할연기법)의 장·단점

장 점	단 점
① 하나의 문제에 대해 관찰 능력을 높인다. ② 자기 반성과 창조성이 개발된다. ③ 의견발표에 자신이 생긴다. ④ 문제에 적극적으로 참가하여 흥미를 갖게 하여, 타인의 장점과 단점이 잘 나타난다. ⑤ 사람을 보는 눈이 신중하게 되고 관대하게 되며 자신의 능력을 알게 된다.	① 목적이 명확하지 않고 계획적으로 실시하지 않으면 학습에 연계되지 않는다. ② 높은 의사결정의 훈련으로는 기대할 수 없다.

해답 35 ② 36 ② 37 ① 38 ④ 39 ③

40. 상황성 누발자의 재해유발원인으로 가장 적절한 것은?

① 소심한 성격
② 주의력의 산만
③ 기계설비의 결함
④ 침착성 및 도덕성의 결여

> **재해 누발자의 유형**
> ① 미숙성 누발자 : 환경에 익숙치 못하거나 기능 미숙으로 인한 재해누발자를 말한다.
> ② 소질성 누발자 : 지능·성격·감각운동에 의한 소질적 요소에 의해 결정된다.
> ③ 상황성 누발자 : 작업의 어려움, 기계설비의 결함, 환경상 주의집중의 혼란, 심신의 근심 등에 의한 것이다.
> ④ 습관성 누발자 : 재해의 경험으로 신경과민이 되거나 슬럼프(slump)에 빠지기 때문이다.

■■■ 제3과목 인간공학 및 시스템안전공학

41. 후각적 표시장치(olfactory display)와 관련된 내용으로 옳지 않은 것은?

① 냄새의 확산을 제어할 수 없다.
② 시각적 표시장치에 비해 널리 사용되지 않는다.
③ 냄새에 대한 민감도의 개별적 차이가 존재한다.
④ 경보 장치로서 실용성이 없기 때문에 사용되지 않는다.

> 후각적 표시장치는 가스의 누출과 같은 위험 상황에서 부취제등을 첨가하여 경보장치로 사용된다.

42. HAZOP 기법에서 사용하는 가이드 워드와 의미가 잘못 연결된 것은?

① No/Not - 설계 의도의 완전한 부정
② More/Less - 정량적인 증가 또는 감소
③ Part of - 성질상의 감소
④ Other than - 기타 환경적인 요인

> ④항, Other than : 완전한 대체(통상 운전과 다르게 되는 상태)

43. 그림과 같은 FT도에서 F1=0.015, F2=0.02, F3=0.05이면, 정상사상 T가 발생할 확률은 약 얼마인가?

① 0.0002
② 0.0283
③ 0.0503
④ 0.9500

> $A = ① \times ② = 0.015 \times 0.02 = 0.0003$
> $T = 1 - (1-A)(1-③)$
> $\quad = 1 - (1-0.0003)(1-0.05)$
> $\quad = 0.0503$

44. 다음은 유해위험방지계획서의 제출에 관한 설명이다. ( )안의 들어갈 내용으로 옳은 것은?

> 산업안전보건법령상 "대통령령으로 정하는 사업의 종류 및 규모에 해당하는 사업으로서 해당 제품의 생산 공정과 직접적으로 관련된 건설물·기계·기구 및 설비 등 일체를 설치·이전하거나 그 주요 구조 부분을 변경하려는 경우"에 해당하는 사업주는 유해위험방지계획서에 관련 서류를 첨부하여 해당 작업 시작 (㉠)까지 공단에 (㉡)부를 제출하여야 한다.

① ㉠ : 7일전, ㉡ : 2
② ㉠ : 7일전, ㉡ : 4
③ ㉠ : 15일전, ㉡ : 2
④ ㉠ : 15일전, ㉡ : 4

> 사업주가 유해위험방지계획서를 제출할 때에는 사업장별로 별지 제16호서식의 제조업 등 유해위험방지계획서에 다음 각 호의 서류를 첨부하여 <u>해당 작업 시작 15일 전까지 공단에 2부를 제출</u>해야 한다. 이 경우 유해위험방지계획서의 작성기준, 작성자, 심사기준, 그 밖에 심사에 필요한 사항은 고용노동부장관이 정하여 고시한다.
> 1. 건축물 각 층의 평면도
> 2. 기계·설비의 개요를 나타내는 서류
> 3. 기계·설비의 배치도면
> 4. 원재료 및 제품의 취급, 제조 등의 작업방법의 개요
> 5. 그 밖에 고용노동부장관이 정하는 도면 및 서류
> **참고** 산업안전보건법 시행규칙 제42조【제출서류 등】

45. 차폐효과에 대한 설명으로 옳지 않은 것은?

① 차폐음과 배음의 주파수가 가까울 때 차폐효과가 크다.
② 헤어드라이어 소음 때문에 전화 음을 듣지 못한 것과 관련이 있다.
③ 유의적 신호와 배경 소음의 차이를 신호/소음(S/N) 비로 나타낸다.
④ 차폐효과는 어느 한 음 때문에 다른 음에 대한 감도가 증가되는 현상이다.

④항, 차폐효과는 어느 한 음 때문에 다른 음에 대한 감도가 감소되는 현상이다.

46. 그림과 같이 FTA로 분석된 시스템에서 현재 모든 기본사상에 대한 부품이 고장난 상태이다. 부품 X1부터 부품 X5까지 순서대로 복구한다면 어느 부품을 수리 완료하는 시점에서 시스템이 정상가동 되는가?

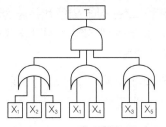

① 부품 X_2
② 부품 X_3
③ 부품 X_4
④ 부품 X_5

X_1에서부터 X_3까지가 순서대로 복구될 때 X_3가 수리 완료 시 시스템은 정상가동 된다.
X_1, X_2, X_3까지 수리가 되면 세 번째인 OR gate 시스템이 작동할 수 있으며 전체 AND gate에서는 모든 사상이 고장 나지 않으면 고장이 나지 않는 사상이므로 하나의 시스템만 작동하면 정상작동하게 된다.

47. 인간이 기계보다 우수한 기능으로 옳지 않은 것은? (단, 인공지능은 제외한다.)

① 암호화된 정보를 신속하게 대량으로 보관할 수 있다.
② 관찰을 통해서 일반화하여 귀납적으로 추리한다.
③ 항공사진의 파시체나 말소리처럼 상황에 따라 변화하는 복잡한 자극의 형태를 식별할 수 있다.
④ 수신 상태가 나쁜 음극선관에 나타나는 영상과 같이 배경 잡음이 심한 경우에도 신호를 인지할 수 있다.

①항, 암호화된 정보를 신속하게 대량으로 보관하는 기능은 기계가 우수한 기능이다.

48. THERP(Technique for Human Error Rate Prediction)의 특징에 대한 설명으로 옳은 것을 모두 고른 것은?

> ㉠ 인간-기계 계(system)에서 여러 가지의 인간의 에러와 이에 의해 발생할 수 있는 위험성의 예측과 개선을 위한 기법
> ㉡ 인간의 과오를 정성적으로 평가하기 위하여 개발된 기법
> ㉢ 가지처럼 갈라지는 형태의 논리구조와 나무 형태의 그래프를 이용

① ㉠, ㉡
② ㉠, ㉢
③ ㉡, ㉢
④ ㉠, ㉡, ㉢

THERP법은 인간의 과오(human error)를 정량적으로 평가하기 위하여 개발된 기법이다.
사고원인 가운데 인간의 과오에 기인된 원인분석, 확률을 계산함으로써 제품의 결함을 감소시키고, 인간공학적 대책을 수립하는데 사용된다.

49. 설비의 고장과 같이 발생확률이 낮은 사건의 특정시간 또는 구간에서의 발생횟수를 측정하는데 가장 적합한 확률분포는?

① 이항분포(binomial distribution)
② 푸아송분포(Poisson distribution)
③ 와이블분포(Welbull distribution)
④ 지수분포(exponential distribution)

포아송 분포(Poisson distribution)란 단위 시간 안에 어떤 사건이 몇 번 발생할 것인지를 표현하는 이산 확률 분포로 특정시간이나 구간에서 발생횟수를 측정하는데 적합하다.

50. 인간공학을 기업에 적용할 때의 기대효과로 볼 수 없는 것은?

① 노사 간의 신뢰 저하
② 작업손실시간의 감소
③ 제품과 작업의 질 향상
④ 작업자의 건강 및 안전 향상

> 인간공학의 적용은 성능의 향상을 가져옴으로써 노사 간의 신뢰가 향상된다.

51. 인간 에러(human error)에 관한 설명으로 틀린 것은?

① omission error : 필요한 작업 또는 절차를 수행하지 않는데 기인한 에러
② commission error : 필요한 작업 또는 절차의 수행지연으로 인한 에러
③ extraneous error : 불필요한 작업 또는 절차를 수행함으로써 기인한 에러
④ sequential error : 필요한 작업 또는 절차의 순서착오로 인한 에러

> **Human Error의 심리적 분류**
> 1. omission error : 필요한 task(작업) 또는 절차를 수행하지 않는 데 기인한 과오
> 2. time error : 필요한 task 또는 절차의 수행지연으로 인한 과오
> 3. commission error : 필요한 task나 절차의 불확실한 수행으로 인한 과오로서 작위 오류(作僞 誤謬, commission)에 해당된다.
> 4. sequential error : 필요한 task나 절차의 순서착오로 인한 과오
> 5. extraneous error : 불필요한 task 또는 절차를 수행함으로서 기인한 과오

52. 눈과 물체의 거리가 23cm, 시선과 직각으로 측정한 물체의 크기가 0.03cm 일 때 시각(분)은 얼마인가? (단, 시각은 60이이하이며, radian 단위를 분으로 환산하기 위한 상수값은 57.3가 60을 모두 적용하여 계산하도록 한다.)

① 0.001
② 0.007
③ 4.48
④ 24.55

> 시각(Visual angle)
> $= \dfrac{(57.3 \times 60) \times L}{D} = \dfrac{(57.3 \times 60) \times 0.03}{23} = 4.4843$

53. 산업안전보건기준에 관한 규칙상 "강렬한 소음 작업"에 해당하는 기준은?

① 85데시벨 이상의 소음이 1일 4시간 이상 발생하는 작업
② 85데시벨 이상의 소음이 1일 8시간 이상 발생하는 작업
③ 90데시벨 이상의 소음이 1일 4시간 이상 발생하는 작업
④ 90데시벨 이상의 소음이 1일 8시간 이상 발생하는 작업

> "강렬한 소음작업"이란 다음 각목의 어느 하나에 해당하는 작업을 말한다.
> 가. 90데시벨 이상의 소음이 1일 8시간 이상 발생하는 작업
> 나. 95데시벨 이상의 소음이 1일 4시간 이상 발생하는 작업
> 다. 100데시벨 이상의 소음이 1일 2시간 이상 발생하는 작업
> 라. 105데시벨 이상의 소음이 1일 1시간 이상 발생하는 작업
> 마. 110데시벨 이상의 소음이 1일 30분 이상 발생하는 작업
> 바. 115데시벨 이상의 소음이 1일 15분 이상 발생하는 작업
> **참고** 산업안전보건기준에 관한 규칙 제512조(정의)

54. 컴퓨터 스크린 상에 있는 버튼을 선택하기 위해 커서를 이동시키는데 걸리는 시간을 예측하는데 가장 적합한 법칙은?

① Fitts의 법칙
② Lewin의 법칙
③ Hick의 법칙
④ Weber의 법칙

> Fitts의 법칙에 따르면 동작 시간은 과녁이 일정할 때 거리의 로그 함수이고, 거리가 일정할 때는 동작거리의 로그 함수이다.
> 동작 거리와 동작 대상인 과녁의 크기에 따라 요구되는 정밀도를 요구되는 정밀도가 동작시간에 영향을 미칠 것임을 직관적으로 알 수 있다. 거리가 멀고 과녁이 작을수록 동작에 걸리는 시간이 길어진다.
> 대표적으로 컴퓨터의 모니터에서 커서와 아이콘의 관계를 들 수 있다.

55. 직무에 대하여 청각적 자극 제시에 대한 음성 응답을 하도록 할 때 가장 관련 있는 양립성은?

① 공간적 양립성
② 양식 양립성
③ 운동 양립성
④ 개념적 양립성

해답 **50** ① **51** ② **52** ③ **53** ④ **54** ① **55** ②

양식 양립성(modality compatibility) : 직무에 알맞은 자극과 응답의 양식의 존재에 대한 양립성이다. 예를 들어 음성 과업에 대해서는 청각적 작극 제시와 이에 대한 음성 응답 등을 들 수 있다.

56. NIOSH lifting guideline에서 권장무게한계(RWL) 산출에 사용되는 계수가 아닌 것은?

① 휴식 계수   ② 수평 계수
③ 수직 계수   ④ 비대칭 계수

NIOSH lifting guideline에서 권장무게한계(RWL)산출에 사용되는 평가 요소
1. 무게 : 들기 작업 물체의 무게
2. 수평위치 : 두 발목의 중점에서 손까지의 거리
3. 수직위치 : 바닥에서 손까지의 거리
4. 수직이동거리 : 들기작업에서 수직으로 이동한 거리
5. 비대칭 각도 : 작업자의 정시상면으로부터 물체가 어느 정도 떨어져 있는가를 나타내는 각도
6. 들기빈도 : 15분 동안의 평균적인 분당 들어 올리는 횟수(회/분)이다.
7. 커플링 분류 : 드는 물체와 손과의 연결상태, 혹은 물체를 들 때에 미끄러지거나 떨어뜨리지 않도록 하는 손잡이 등의 상태

57. Sanders 와 McCormick의 의자 설계의 일반적인 원칙으로 옳지 않은 것은?

① 요부 후만을 유지한다.
② 조정이 용이해야 한다.
③ 등근육의 정적부하를 줄인다.
④ 디스크가 받는 압력을 줄인다.

의자설계의 일반적인 원칙
1. 요부 전만을 유지한다.(허리부분이 정상상태에서 자연적으로 앞쪽으로 휘는 형태)
2. 디스크가 받는 압력을 줄인다.
3. 등근육의 정적 부하를 줄인다.
4. 자세고정을 줄인다.
5. 조정이 용이해야 한다.

58. 화학설비의 안정성 평가에서 정량적 평가의 항목에 해당되지 않는 것은?

① 훈련   ② 조작
③ 취급물질   ④ 화학설비용량

안전성 평가의 정량적 평가 항목
1. 당해 화학설비의 취급물질
2. 용량
3. 온도
4. 압력
5. 조작

59. 그림과 같이 신뢰도 95%인 펌프 A가 각각 신뢰도 90%인 밸브 B와 밸브 C의 병렬밸브계와 직렬계를 이룬 시스템의 실패확률은 약 얼마인가?

① 0.0091
② 0.0595
③ 0.9405
④ 0.9811

① 신뢰도 $= A \times [1-(1-B)(1-C)]$
$\qquad = 0.95 \times [1-(1-0.9)(1-0.9)]$
$\qquad = 0.9405$
② 불신뢰도 $= 1 -$ 신뢰도 $= 1 - 0.9405 = 0.595$

60. FTA에서 사용되는 최소 컷셋에 관한 설명으로 옳지 않은 것은?

① 일반적으로 Fussell Algorithm을 이용한다.
② 정상사상(Top event)을 일으키는 최소한의 집합이다.
③ 반복되는 사건이 많은 경우 Limnios와 Ziani Algorithm을 이용하는 것이 유리하다.
④ 시스템에 고장이 발생하지 않도록 하는 모든 사상의 집합이다.

최소컷셋(minimal cut set)은 그 속에 포함되어 있는 모든 기본사상이 일어났을 때 정상사상을 일으키는 기본사상의 집합을 말한다. 어떤 고장이나 실수를 일으킬 때 재해가 일어나는 가를 알 수 있는 것으로 시스템의 위험성을 표시하는 것이다.

61. 지하연속벽 공법에 관한 설명으로 옳지 않은 것은?

① 흙막이벽의 강성이 적어 보강재를 필요로 한다.
② 차수벽의 기능도 갖고 있다.
③ 인접건물의 경계선까지 시공이 가능하다.
④ 암반을 포함한 대부분의 지반에 시공이 가능하다.

> 지중연속벽(Slurry wall)은 강성이 높고 변형이 적어 주변지반에 영향이 없고 별도의 보강재가 필요하지 않다.

62. 벽돌공사 중 벽돌쌓기에 관한 설명으로 옳지 않은 것은?

① 가로 및 세로줄눈의 너비는 도면 또는 공사시방서에 정한 바가 없을 때에는 10mm를 표준으로 한다.
② 벽돌쌓기는 도면 또는 공사시방서에서 정한 바가 없을 때에는 불식쌓기 또는 미식쌓기로 한다.
③ 연속되는 벽면의 일부를 트이게 하여 나중쌓기로 할 때에는 그 부분을 층단 들여쌓기로 한다.
④ 벽돌은 각부를 가급적 동일한 높이로 쌓아 올라가고, 벽면의 일부 또는 국부적으로 높게 쌓지 않는다.

> **벽돌쌓기**
> ① 벽돌벽은 가급적 동일한 높이로 쌓고
> ② 하루의 쌓기 높이는 1.2m(18켜 정도)를 표준으로 하고, 최대 1.5m(22켜)이하로 한다.
> ③ 벽돌쌓기는 도면 또는 공사시방서에 정한바가 없을 때는 영식쌓기 또는 화란식 쌓기로 한다.
> ④ 벽돌쌓기는 모서리, 구석, 중간요소에 먼저 기준쌓기를 하고 통줄눈이 생기지 않도록 한다(막힌줄눈으로 한다).
> ④ 사춤모르타르는 매 켜마다 빈틈없이 하는 것이 좋다.

63. 프리플레이스트 콘크리트 말뚝으로 구멍을 뚫어 주입관과 굵은 골재를 채워 넣고 관을 통하여 모르타르를 주입하는 공법은?

① MIP 파일(Mixed In Place pile)
② CIP 파일(Cast In Place pile)
③ PIP 파일(Packed In Place pile)
④ NIP 파일(Nail In Place pile)

> **CIP(Cast in Place Pile)**
> 1. 어스오거로 굴착한 후에 그 내부에 철근 및 골재를 넣고 미리 삽입해 둔 파이프를 통해 저면에서부터 모르타르를 주입하여 현장에서 말뚝을 만드는 공법
> 2. 특징
> ① 저소음, 저진동
> ② 도심지 근접시공유리
> ③ 흙막이, 구조체, 옹벽, 차수벽 역할
> ④ 강성, 차수성 우수
> ⑤ 깊은 심도까지 가능

64. 철근 이음의 종류 중 기계적 이음의 검사 항목에 해당되지 않는 것은?

① 위치
② 초음파 탐사검사
③ 인장시험
④ 외관 검사

> **기계적 이음의 시험항목**
>
> | 시험종목 | 시험방법 |
> |---|---|
> | 위치 | 육안관찰, 필요에 따라 스케일, 버니어캘리퍼스 등에 의한 측정(커플러 |
> | 외관검사 | 이음의 헐거움 여부를 중심으로 커플러 내·외경 및 길이, 철근 가공 치수 등이 이상이 없을 것 |
> | 인장시험 | KS D 0249에 의한 방법 |

65. 강구조 건축물의 현장조립 시 볼트시공에 관한 설명으로 옳지 않은 것은?

① 마찰내력을 저감시킬 수 있는 틈이 있는 경우에는 끼움판을 삽입해야 한다.
② 볼트조임 작업 전에 마찰접합면의 흙, 먼지 또는 유해한 도료, 유류, 녹, 밀스케일 등 마찰력을 저감시키는 불순물을 제거해야 한다.
③ 1군의 볼트조임은 가장자리에서 중앙부의 순으로 한다.
④ 현장조립은 1차 조임, 마킹, 2차 조임(본조임), 육안검사의 순으로 한다.

> ③항, 볼트조임은 볼트 군마다 이음의 중앙부에서 판 단부쪽으로 조여간다.

---

66. 거푸집 설치와 관련하여 다음 설명에 해당하는 것으로 옳은 것은?

> 보, 슬래브 및 트러스 등에서 그의 정상적 위치 또는 형상으로부터 처짐을 고려하여 상향으로 들어올리는 것 또는 들어 올린 크기

① 폼타이
② 캠버
③ 동바리
④ 턴버클

캠버(camber)는 보, 슬래브 등의 수평부재가 하중으로 인한 처짐을 고려하여 상향으로 들어올리는 것을 말한다.
굳지 않은 콘크리트의 무게와 압력 및 시공하중으로 인하여 과다한 변형이 예상되는 경우에는 침하량 보정을 위한 캠버 (camber)를 두어야 한다.

67. 품질관리를 위한 통계 수법으로 이용되는 7가지 도구(Tools)를 특징별로 조합한 것 중 잘못 연결된 것은?

① 히스토그램 - 분포도
② 파레토그램 - 영향도
③ 특성요인도 - 원인결과도
④ 체크시트 - 상관도

체크 시트
계수치의 데이타가 분류항목의 어디에 집중되어 있는지 알아보기 쉽게 나타낸 그림이나 표, 문제점을 판단할 수 있다.

68. 말뚝지정 중 강재말뚝에 관한 설명으로 옳지 않은 것은?

① 기성콘크리트말뚝에 비해 중량으로 운반이 쉽지 않다.
② 자재의 이음 부위가 안전하여 소요길이의 조정이 자유롭다.
③ 지중에서의 부식 우려가 높다.
④ 상부구조물과의 결합이 용이하다.

①항, 기성콘크리트말뚝에 비해 중량이 가벼워 운반이 쉽다.
강관말뚝지정의 장점, 단점

장점	단점
① 깊은 지지층까지 박을 수 있다. ② 경량이므로 운반취급이 편리하다 ③ 휨모멘트 저항이 크고 길이조절이 가능하다. ④ 말뚝의 절단·가공 및 현장 용접이 가능하다. ⑤ 중량이 가볍고, 단면적이 작다. ⑤ 강한타격에도 견디며 다져진 중간지층의 관통도 가능하다. ⑥ 지지력이 크고 이음이 안전하고 강하여 장척이 가능하다.	① 재료비가 비싸다 ② 부식되기 쉽다

69. 지반조사 시 시추주상도 보고서에서 확인사항과 거리가 먼 것은?

① 지층의 확인
② Slime의 두께 확인
③ 지하수위 확인
④ N값의 확인

시추주상도 확인사항
1. 토질 및 토층
2. 지내력(N값)
3. 지하수위
4. 지하매설물
5. 지반공동구

70. 철골부재 절단 방법 중 가장 정밀한 절단방법으로 앵글커터(angle cutter) 등으로 작업하는 것은?

① 가스절단
② 전단절단
③ 톱절단
④ 전기절단

톱절단
철골 절단방법 중 가장 정밀한 방법으로 앵글커터(angle cutter), 프릭션 소(friction saw)등으로 작업을 한다.
[철골부재 절단 정밀도 순서 : 톱절단 〉 전단절단 〉 가스절단]

해답 66 ② 67 ④ 68 ① 69 ② 70 ③

71. CM 제도에 관한 설명으로 옳지 않은 것은?

① 대리인형 CM(CM for fee) 방식은 프로젝트 전반에 걸쳐 발주자의 컨설턴트 역할을 수행한다.
② 시공자형 CM(CM at risk) 방식은 공사관리자의 능력에 의해 사업의 성패가 좌우된다.
③ 대리인형 CM(CM for fee) 방식에 있어서 독립된 공종별 수급자는 공사관리자와 공사계약을 한다.
④ 시공자형 CM(CM at risk) 방식에 있어서 CM조직이 직접 공사를 수행하기도 한다.

CM(Construction Management) 제도

구분	특징
대리인형 CM (CM for fee)	① 설계 및 시공에 직접 관여하지 않으며, 프로젝트 전반에 관한 발주자에 대한 조언자로서의 역할을 수행한다. ② CM업자는 공사비용, 품질 등 공사결과에 대한 책임 없음 ③ 공기단축 ④ CM업자의 책임감 부실우려 ⑤ 발주자 리스크 증대
시공자형 CM (CM at risk)	① CM 이 하도급 업자와 직접 계약하여 시공의 일부 또는 전부를 맡아 공사를 수행하는 것 ② 해당공사의 공사비용과 공사기간에 책임과 부담 ③ 책임형 CM ④ CM의 기술개발 축적 가능 ⑤ 발주자의 시공에 대한 경험 습득 저해

72. 다음 보기의 블록쌓기 시공순서로 옳은 것은?

A. 접착면 청소	B. 세로규준틀 설치
C. 규준쌓기	D. 중간부쌓기
E. 줄눈누르기 및 파기	F. 치장줄눈

① A→D→B→C→F→E
② A→B→D→C→F→E
③ A→C→B→D→E→F
④ A→B→C→D→E→F

블록쌓기 시공순서
1. 접착면 청소
2. 세로규준틀 설치
3. 규준쌓기
4. 중간부 쌓기
5. 줄눈파기
6. 치장줄눈 넣기

73. 강구조부재의 내화피복공법이 아닌 것은?

① 조적공법
② 세라믹울 피복공법
③ 타설공법
④ 메탈라스 공법

내화피복 공법

1) 습식 내화 피복공법	① 타설공법		철골구조체 주위에 거푸집을 설치하고 보통 Con'c, 경량 Con'c를 타설하는 공법
	② 뿜칠공법		철골표면에 접착제를 도포한 후 내화재를 도포하는 공법 (뿜칠암면, 습식뿜칠암면, 뿜칠Mortar, 뿜칠Plaster)
	③ 미장공법		철골에 용접철망을 부착하여 모르타르로 미장하는 방법(철망Mortar, 철망펄라이트 모르타르)
	④ 조적공법		Con'c 블록, 경량 Con'c 블록, 돌, 벽돌
2) 건식 내화 피복공법 (성형판 붙임공법)			내화단열이 우수한 성형판의 접착제나 연결철물을 이용하여 부착하는 공법(P.C판, A.L.C판, 석면시멘트판, 석면규산칼슘판, 석면성형판)

74. 콘크리트 공사 시 콘크리트를 2층 이상으로 나누어 타설할 경우 허용 이어치기 시간간격의 표준으로 옳은 것은? (단, 외기온도가 25℃ 이하일 경우이며, 허용이어치기 시간간격은 하층 콘크리트 비비기 시작에서부터 콘크리트 타설 완료한 후, 상층 콘크리트가 타설되기까지의 시간을 의미)

① 2.0 시간
② 2.5 시간
③ 3.0 시간
④ 3.5 시간

허용 이어치기 시간간격

외기온도	시간간격
25℃ 초과	2.0 시간
25℃ 이하	2.5 시간

75. 대규모공사에서 지역별로 공사를 분리하여 발주하는 방식이며 공사기일단축, 시공기술향상 및 공사의 높은 성과를 기대할 수 있어 유리한 도급방법은?

① 전문공종별 분할도급
② 공정별 분할도급
③ 공구별 분할도급
④ 직종별 공종별 분할도급

76. 단순조적 블록공사 시 방수 및 방습처리에 관한 설명으로 옳지 않은 것은?

① 방습층은 도면 또는 공사시방서에서 정한 바가 없을 때에는 마루밑이나 콘크리트 바닥판 밑에 접근되는 세로줄눈의 위치에 둔다.

② 물빼기 구멍은 콘크리트의 윗면에 두거나 물끊기 및 방습층 등의 바로 위에 둔다.

③ 도면 또는 공사시방서에서 정한 바가 없을 때 물빼기 구멍의 직경은 10mm 이내, 간격 1.2m 마다 1개소로 한다.

④ 물빼기 구멍에는 다른 지시가 없는 한 직경 6mm, 길이 100mm되는 폴리에틸렌 플라스틱 튜브를 만들어 집어넣는다.

블록 벽체가 지반면에 접촉하는 부분에는 수평 방습층을 두고 그 위치·재료 및 공법은 도면 또는 공사시방에 따르고, 그 정함이 없을 때에는 마루 밑이나 콘크리트 바닥판 밑에 접근되는 가로줄눈의 위치에 두고 액체방수 모르타르를 10mm 두께로 블록 윗면 전체에 바른다.

77. 기초굴착 방법 중 굴착 공에 철근망을 삽입하고 콘크리트를 타설하여 말뚝을 형성하는 공법이며, 안정액으로 벤토나이트 용액을 사용하고 표층부에서만 케이싱을 사용하는 것은?

① 리버스 서큘레이션 공법

② 베노토공법

③ 심초공법

④ 어스드릴공법

Earth drill 공법(Calweld 공법=표층부에서만 케이싱 사용)
회전식 드릴버켓(어스드릴)으로 필요한 깊이까지 굴착한 다음 그 굴착구멍에 철근망을 삽입하고 트레미관을 사용하여 콘크리트를 타설하여 지름 1~2m 정도의 대구경 제자리 말뚝을 만드는 공법

78. 철근콘크리트의 부재별 철근의 정착위치로 옳지 않은 것은?

① 작은 보의 주근은 기둥에 정착한다.

② 기둥의 주근은 기초에 정착한다.

③ 바닥철근은 보 또는 벽체에 정착한다.

④ 지중보의 주근은 기초 또는 기둥에 정착한다.

철근의 정착위치
① 기둥의 주근은 기초에 정착
② 보의 주근은 기둥에 정착
③ 작은 보의 주근은 큰 보에 정착
④ 벽철근은 기둥, 보 또는 바닥판에
⑤ 바닥철근은 보 또는 벽체에 정착한다.
⑥ 지중보의 주근은 기초 또는 기둥에 정착
⑦ 직교하는 단부보 밑에 기둥이 없을 때는 상호간에 정착한다.

79. 콘크리트를 타설 시 주의사항으로 옳지 않은 것은?

① 콘크리트는 그 표면이 한 구획 내에서는 거의 수평이 되도록 타설하는 것을 원칙으로 한다.

② 한 구획내의 콘크리트는 타설이 완료될 때까지 연속해서 타설하여야 한다.

③ 타설한 콘크리트를 거푸집 안에서 횡방향으로 이동시켜 밀실하게 채워질 수 있도록 한다.

④ 콘크리트 타설의 1층 높이는 다짐능력을 고려하여 결정하여야 한다.

타설한 콘크리트를 거푸집 안에서 횡방향으로 이동시켜서는 안 된다.

80. 각 거푸집 공법에 관한 설명으로 옳지 않은 것은?

① 플라잉 폼 : 벽체 전용거푸집으로 거푸집과 벽체마감공사를 위한 비계틀을 일체로 조립한 거푸집을 말한다.

② 갱 폼 : 대형벽체거푸집으로써 인력절감 및 재사용이 가능한 장점이 있다.

③ 터널 폼 : 벽체용, 바닥용 거푸집을 일체로 제작하여 벽과 바닥 콘키르트를 일체로 하는 거푸집공법이다.

④ 트래블링 폼 : 수평으로 연속된 구조물에 적용되며 해체 및 이동에 편리하도록 제작된 이동식 거푸집 공법이다.

해답 76 ① 77 ④ 78 ① 79 ③ 80 ①

■■■■ 제5과목 건설재료학

81. 통풍이 좋지 않은 지하실에 사용하는데 가장 적합한 미장재료는?

① 시멘트 모르타르　　　② 회사벽
③ 회반죽　　　　　　　　④ 돌로마이트 플라스터

1) 수경성	① 물과 화학반응하여 경화하는 재료 ② 시멘트 모르타르, 석고 플라스터, 킨즈시멘트, 마그네시아 시멘트, 인조석 및 테라조 바름재 등
2) 기경성	① 공기 중의 탄산가스와 결합하여 경화하는 재료 ② 돌로마이트 플라스터, 소석회, 회사벽 등

82. 점토의 성분 및 성질에 관한 설명으로 옳지 않은 것은?

① Fe_2O_3 등의 부성분이 많으면 제품의 건조수축이 크다.
② 점토의 주성분은 실리카, 알루미나이다.
③ 소성 색상은 석회물질이 많을수록 짙은 적색이 된다.
④ 가소성은 점토입자가 미세할수록 좋다.

점토의 색상은 철산화물 또는 석회물질에 의해 나타나며, 철산화물이 많으면 적색이 되고 석회물질이 많으면 황색을 띠게 된다.

83. 석재를 성인에 의해 분류하면 크게 화성암, 수성암, 변성암으로 대별하는데 다음 중 수성암에 속하는 것은?

① 사문암　　　　　　　② 대리암
③ 현무암　　　　　　　④ 응회암

①항, 사문암 - 변성암
②항, 대리암 - 변성암
③항, 현무암 - 화성암
④항, 응회암 - 수성암

84. 블리딩현상이 콘크리트에 미치는 가장 큰 영향은?

① 공기량이 증가하여 결과적으로 강도를 저하시킨다.
② 수화열을 발생시켜 콘크리트에 균열을 발생시킨다.
③ 콜드조인트의 발생을 방지한다.
④ 철근과 콘크리트의 부착력 저하, 수밀성 저하의 원인이 된다.

블리딩(Bleeding)현상은 콘크리트를 타설한 후 무거운 골재나 시멘트는 침하하고 가벼운 물이 상승하는 현상으로 철근과 콘크리트의 부착력이 저하되고 수밀성이 저하되는 주요 원인이 된다.

85. 미장공사에서 사용되는 바름재료 중 여물에 관한 설명으로 옳지 않은 것은?

① 바름에 있어서 재료에 끈기를 주어 흘러내림을 방지한다.
② 흙손질을 용이하게 하는 효과가 있다.
③ 바름 중에는 보수성을 향상시키고, 바름 후에는 건조에 따라 생기는 균열을 방지한다.
④ 여물의 섬유는 질기고 굵으며, 색이 짙고 빳빳한 것일수록 양질의 제품이다.

정벌용 여물은 가늘고 부드러운 순백색으로 하고 재벌용 여물은 질기고 불순물이 섞이지 않은 것을 사용하여야 한다.

86. 플로트판유리를 연화점부근까지 가열 후 양 표면에 냉각공기를 흡착시켜 유리의 표면에 20 이상 60 이하(N/mm^2)의 압축응력층을 갖도록 한 가공유리는?

① 강화유리　　　　　　② 열선반사유리
③ 로이유리　　　　　　④ 배강도 유리

배강도 유리 : 압축응력 20 이상 60 이하(N/mm^2)에 견디도록 열처리 가공한 유리로 일반 강화유리에 비해 안정성이 우수하여 외장 마감재로 많이 사용된다.

해답　81 ①　82 ③　83 ④　84 ④　85 ④　86 ④

87. 고로슬래그 쇄석에 관한 설명으로 옳지 않은 것은?

① 철을 생산하는 과정에서 용광로에서 생기는 광재를 공기중에서 서서히 냉각시켜 경화된 것을 파쇄하여 입도를 고른 것이다.
② 다른 암석을 사용한 콘크리트보다 고로슬래그 쇄석을 사용한 콘크리트가 건조수축이 매우 큰 편이다.
③ 투수성은 보통골재를 사용한 콘크리트보다 크다.
④ 다공질이기 때문에 흡수율이 높다.

> 고로슬래그 쇄석을 사용한 콘크리트는 다른 암석을 사용한 콘크리트에 비해 건조수축이 작다.

88. 유리공사에 사용되는 자재에 관한 설명으로 옳지 않은 것은?

① 흡습제는 작은 기공을 수억 개 갖고 있는 입자로 기체분자를 흡착하는 성질에 의해 밀폐공간에 건조상태를 유지하는 재료이다.
② 세팅 블록은 새시 하단부의 유리끼움용 부재료로서 유리의 자중을 지지하는 고임재이다.
③ 단열간봉은 복층유리의 간격을 유지하는 재료로 알루미늄간봉을 말한다.
④ 백업재는 실링 시공인 경우에 부재의 측면과 유리면 사이에 연속적으로 충전하여 유리를 고정하는 재료이다.

> 단열간봉은 복층유리의 간격유지와 단열성이 매우 중요해 알루미늄이외에도 다양한 재료가 사용되고 있다.

89. 목재 또는 기타 식물질을 절삭 또는 파쇄하고 소편으로 하여 충분히 건조시킨 후 합성수지 접착제와 같은 유기질의 접착제를 첨가하여 열압제판한 보드로써 상판, 칸막이벽, 가구 등에 사용되는 것은?

① 파키트리 보드　　② 파티클 보드
③ 플로링 보드　　　④ 파키트리 블록

> 파티클보드(칩보드)는 목재를 작은 조각으로 만들어 건조시켜 접착제로 압착 성형한 제품으로 넓은 판을 만들 수 있고 음 및 열의 차단성이 우수하다.

90. 금속재료의 일반적인 부식 방지를 위한 대책으로 옳지 않은 것은?

① 가능한 다른 종류의 금속을 인접 또는 접촉시켜 사용한다.
② 가공 중에 생긴 변형은 뜨임질, 풀림 등에 의해서 제거한다.
③ 표면은 깨끗하게 하고, 물기나 습기가 없도록 한다.
④ 부분적으로 녹이 나면 즉시 제거한다.

> 다른 종류의 금속이 접촉할 경우 전위차에 의한 전식으로 부식이 발생한다.

91. 목재용 유성 방부제의 대표적인 것으로 방부성이 우수하나, 악취가 나고 흑갈색으로 외관이 불미하여 눈에 보이지 않는 토대, 기둥, 도리 등에 이용되는 것은?

① 유성페인트　　　② 크레오소트 오일
③ 염화아연 4% 용액　④ 불화소다 2% 용액

> 크레오소트 오일은 타르를 열분해하여 만든 방부제로 방부성이 우수하고 철류부식이 적다.

92. 다음 중 알루미늄과 같은 경금속 접착에 가장 적합한 합성수지는?

① 멜라민수지　　　② 실리콘수지
③ 에폭시수지　　　④ 푸란수지

> 에폭시 수지는 내산성, 내알칼리성, 내약품성, 전기절연성 등이 우수하여 금속, 도자기, 플라스틱류 등 거의 모든 물질의 접착에 사용할 수 있다.

93. 리녹신에 수지, 고무물질, 코르크분말 등을 섞어 마포(hemp cloth) 등에 발라 두꺼운 종이모양으로 압면·성형한 제품은?

① 스펀지 시트　　　② 리놀륨
③ 비닐 시트　　　　④ 아스팔트 타일

> 리놀륨은 리녹신에 수지, 고무물질, 코르크분말 등을 섞어 마포 등에 발라 두꺼운 종이모양으로 만든 것으로 건축물의 벽, 바닥, 가구 등에 사용한다.

94. 다음 중 단백질계 접착제에 해당하는 것은?

① 카세인 접착제   ② 푸란수지 접착제

③ 에폭시수지 접착제   ④ 실리콘수지 접착제

> 단백질계 접착제
> 1. 카세인
> 2. 알부민
> 3. 아교

95. 고로시멘트의 특성에 관한 설명으로 옳지 않은 것은?

① 수화열이 낮고 수축률이 적어 댐이나 항만공사 등에 적합하다.

② 보통포틀랜드시멘트에 비하여 비중이 크고 풍화에 대한 저항성이 뛰어나다.

③ 응결시간이 느리기 때문에 특히 겨울철 공사에 주의를 요한다.

④ 다량으로 사용하게 되면 콘크리트의 화학저항성 및 수밀성, 알칼리골재반응 억제 등에 효과적이다.

> 고로시멘트는 고로슬래그와 포틀랜드시멘트를 혼합하여 만든 것으로 보통포틀랜드시멘트에 비해 비중이 작다.

96. 비철금속에 관한 설명으로 옳지 않은 것은?

① 청동은 구리와 아연을 주체로 한 합금으로 건축용 장식철물에 사용된다.

② 알루미늄은 산 및 알칼리에 약하다.

③ 아연은 산 및 알칼리에 약하나 일반대기나 수중에서는 내식성이 크다.

④ 동은 전기 및 열전도율이 매우 크다.

> 청동은 구리와 주석의 합금으로 건축장식물 등에 사용된다.

97. 콘크리트의 압축강도에 영향을 주는 요인에 관한 설명으로 옳지 않은 것은?

① 양생온도가 높을수록 콘크리트의 초기강도는 낮아진다.

② 일반적으로 물–시멘트비가 같으면 시멘트의 강도가 큰 경우 압축강도가 크다.

③ 동일한 재료를 사용하였을 경우에 물–시멘트비가 작을수록 압축강도가 크다.

④ 습윤양생을 실시하게 되면 일반적으로 압축강도는 증진된다.

> 콘크리트의 압축강도를 유지하기 위해서는 양생 시 급격한 건조, 급격한 온도변화가 되지 않게 하여야 한다.

98. 목재의 강도에 관한 설명으로 옳지 않은 것은?

① 목재의 건조는 중량을 경감시키지만 강도에는 영향을 끼치지 않는다.

② 벌목의 계절은 목재의 강도에 영향을 끼친다.

③ 일반적으로 응력의 방향이 섬유방향에 평행인 경우 압축강도가 인장강도보다 작다.

④ 섬화포화점 이하에서는 함수율 감소에 따라 강도가 증대한다.

> 목재의 함수율이 30% 이하로 감소될수록 강도는 급격히 증가하고, 전건상태에 이르면 섬유포화점 강도의 3배로 증가한다.

99. 목제 제품 중 합판에 관한 설명으로 옳지 않은 것은?

① 방향에 따른 강도차가 작다.

② 곡면가공을 하여도 균열이 생기지 않는다.

③ 여러 가지 아름다운 무늬를 얻을 수 있다.

④ 함수율 변화에 의한 신축변형이 크다.

> 합판은 3매 이상의 얇은 판을 섬유방향이 서로 직교되도록 3, 5, 7 등의 홀수로 접착제로 겹치도록 붙여서 만든 것으로 함수율 변화에 따른 신축 변형이 적고, 방향성이 없다.

100. 어떤 재료의 초기 탄성변형량이 2.0cm이고, 크리프(creep) 변형량이 4.0cm 라면 이 재료의 크리프 계수는 얼마인가?

① 0.5 　　　　② 1.0
③ 2.0 　　　　④ 4.0

1. Davis-Glanville의 법칙 : 크리프 변형률은 작용응력에 비례하며, 그 비례상수는 압축응력의 경우나 인장응력의 경우나 모두 같다. 즉 크리프 변형률은 탄성변형률에 비례한다.
2. 크리프 계수(creep coefficient)

$$C_u = \frac{\epsilon_c}{\epsilon_e} \quad \text{크리프 계수} = \frac{4}{2} = 2$$

여기서, 크리프 변형률 ϵ_c, 탄성변형률 ϵ_e, 크리프 계수 C_u

■■■ **제6과목 건설안전기술**

101. 다음 중 해체작업용 기계 기구로 가장 거리가 먼 것은?

① 압쇄기 　　　② 핸드 브레이커
③ 철체햄머 　　④ 진동롤러

진동롤러는 토공사나 도로공사에 사용되는 장비이다.

102. 산업안전보건관리비계상기준에 따른 일반건설공사(갑), 대상액 「5억원 이상 ~ 50억원 미만」의 안전관리비 비율 및 기초액으로 옳은 것은?

① 비율 : 1.86%, 기초액 : 5,349,000원
② 비율 : 1.99%, 기초액 : 5,449,000원
③ 비율 : 2.35%, 기초액 : 5,400,000원
④ 비율 : 1.57%, 기초액 : 4,411,000원

공사종류 및 규모별 안전관리비 계상기준표				
대상액 공사종류	5억원 미만	5억원 이상 50억원 미만		50억원 이상
		비율(X)	기초액(C)	
일반건설공사(갑)	2.93(%)	1.86(%)	5,349,000원	1.97(%)
일반건설공사(을)	3.09(%)	1.99(%)	5,499,000원	2.10(%)
중 건 설 공 사	3.43(%)	2.35(%)	5,400,000원	2.44(%)
철도·궤도신설공사	2.45(%)	1.57(%)	4,411,000원	1.66(%)
특수및기타건설공사	1.85(%)	1.20(%)	3,250,000원	1.27(%)

참고 건설업 산업안전보건관리비 계상 및 사용기준 별표 1【공사종류 및 규모별 안전관리비 계상기준표】

103. 다음은 말비계를 조립하여 사용하는 경우에 관한 준수사항이다. ( )안에 들어갈 내용으로 옳은 것은?

- 지주부재와 수명편의 기울기를 (A)° 이하로 하고 지주부재와 지주부재 사이를 고정시키는 보조부재를 설치할 것
- 말비계의 높이가 2m를 초과하는 경우에는 작업 발판의 폭을 (B)cm 이상으로 할 것

① A : 75, B : 30 　　② A : 75, B : 40
③ A : 85, B : 30 　　④ A : 85, B : 40

사업주는 말비계를 조립하여 사용할 때에는 다음 각호의 사항을 준수하여야 한다.
1. 지주부재의 하단에는 미끄럼 방지장치를 하고, 양측 끝부분에 올라서서 작업하지 아니하도록 할 것
2. 지주부재와 수평면과의 기울기를 75도 이하로 하고, 지주부재와 지주부재 사이를 고정시키는 보조부재를 설치할 것
3. 말비계의 높이가 2미터를 초과할 경우에는 작업발판의 폭을 40센티미터 이상으로 할 것

참고 산업안전보건기준에 관한 규칙 제67조【말비계】

해답 100 ③　101 ④　102 ①　103 ②

104. 토질시험 중 연약한 점토 지반의 점착력을 판별하기 위하여 실시하는 현장시험은?

① 베인테스트(Vane Test)
② 표준관입시험(SPT)
③ 하중재하시험
④ 삼축압축시험

베인시험(Vane test)시험이란 연한 점토질 시험에 주로 쓰이는 방법으로 4개의 날개가 달린 베인테스터를 지반에 때려박고 회전시켜 저항 모멘트를 측정, 전단강도를 산출한다.

105. 터널등의 건설작업을 하는 경우에 낙반 등에 의하여 근로자가 위험해질 우려가 있는 경우에 필요한 직접적인 조치사항과 거리가 먼 것은?

① 터널지보공 설치   ② 부석의 제거
③ 울 설치   ④ 록볼트 설치

사업주는 터널 등의 건설작업을 하는 경우에 낙반 등에 의하여 근로자가 위험해질 우려가 있는 경우에 터널 지보공 및 록볼트의 설치, 부석의 제거등 위험을 방지하기 위하여 필요한 조치를 하여야 한다.
참고 산업안전보건기준에 관한 규칙 제351조【낙반 등에 의한 위험의 방지】

106. 다음 중 유해위험방지계획서 제출 대상공사가 아닌 것은?

① 지상높이가 30m인 건축물 건설공사
② 최대지간길이가 50m인 교량건설공사
③ 터널 건설공사
④ 깊이가 11m인 굴착공사

[유해위험방지계획서 제출대상 건설공사]
1. 다음 각 목의 어느 하나에 해당하는 건축물 또는 시설 등의 건설·개조 또는 해체(이하 "건설등"이라 한다) 공사
   가. 지상높이가 31미터 이상인 건축물 또는 인공구조물
   나. 연면적 3만제곱미터 이상인 건축물
   다. 연면적 5천제곱미터 이상인 시설로서 다음의 어느 하나에 해당하는 시설
      1) 문화 및 집회시설(전시장 및 동물원·식물원은 제외한다)
      2) 판매시설, 운수시설(고속철도의 역사 및 집배송시설은 제외한다)
      3) 종교시설
      4) 의료시설 중 종합병원
      5) 숙박시설 중 관광숙박시설
      6) 지하도상가
      7) 냉동·냉장 창고시설
2. 연면적 5천제곱미터 이상인 냉동·냉장 창고시설의 설비공사 및 단열공사
3. 최대 지간(支間)길이(다리의 기둥과 기둥의 중심사이의 거리)가 50미터 이상인 다리의 건설등 공사
4. 터널의 건설등 공사
5. 다목적댐, 발전용댐, 저수용량 2천만톤 이상의 용수 전용 댐 및 지방상수도 전용 댐의 건설등 공사
6. 깊이 10미터 이상인 굴착공사
참고 산업안전보건법 시행령 제42조【유해위험방지계획서 제출대상】

107. 사다리식 통로의 길이가 10m 이상일 때 얼마 이내마다 계단참을 설치하여야 하는가?

① 3m 이내마다   ② 4m 이내마다
③ 5m 이내마다   ④ 6m 이내마다

사다리식 통로의 길이가 10미터 이상인 경우에는 5미터 이내마다 계단참을 설치할 것
참고 산업안전보건기준에 관한 규칙 제24조【사다리식 통로 등의 구조】

108. 비계의 부재 중 기둥과 기둥을 연결시키는 부재가 아닌 것은?

① 띠장   ② 장선
③ 가새   ④ 작업발판

작업발판은 고소작업 중 추락이나 발이 빠질 위험이 있는 장소에 근로자가 안전하게 작업하고 자재운반 등이 용이하도록 공간확보를 위해 설치해 놓은 것으로 장선 위에 고정된다.

109. 지반의 종류가 다음과 같을 때 굴착면의 기울기 기준으로 옳은 것은?

보통흙의 습지

① 1 : 0.5 ~ 1 : 1　　　② 1 : 1 ~ 1 : 1.5
③ 1 : 0.8　　　　　　　④ 1 : 0.5

굴착면의 기울기기준

구분	지반의 종류	구배	구분	지반의 종류	구배
보통 흙	습지	1:1~1:1.5	암반	풍화암	1:0.8
	건지	1:0.5~1:1		연암	1:0.5
	-			경암	1:0.3

참고 산업안전보건기준에 관한 규칙 별표 11【굴착면의 기울기 기준】

110. 콘크리트 타설을 위한 거푸집동바리의 구조검토 시 가장 선행되어야 할 작업은?

① 각 부재에 생기는 응력에 대하여 안전한 단면을 산정한다.
② 가설물에 작용하는 하중 및 외력의 종류, 크기를 산정한다.
③ 하중 및 외력에 의하여 각 부재에 생기는 응력을 구한다.
④ 사용할 거푸집동바리의 설치간격을 결정한다.

콘크리트 타설을 위한 거푸집동바리의 구조검토 시 가장 선행되어야 할 작업은 가설물에 작용하는 하중 및 외력의 종류, 크기의 산정이다.

111. 항만하역작업에서의 선박승강설비 설치기준으로 옳지 않은 것은?

① 200톤급 이상의 선박에서 하역작업을 하는 경우에 근로자들의 안전하게 오르내릴 수 있는 현문(舷門) 사다리를 설치하여야 하며, 이 사다리 밑에 안전망을 설치하여야 한다.
② 현문 사다리는 견고한 재료로 제작된 것으로 너비는 55cm 이상이어야 한다.
③ 현문 사다리의 양측에는 82cm 이상의 높이로 울타리를 설치하여야 한다.

④ 현문 사다리는 근로자의 통행에만 사용하여야 하며, 화물용 발판 또는 화물용 보관으로 사용하도록 해서는 아니 된다.

300톤급 이상의 선박에서 하역작업을 하는 경우에 근로자들이 안전하게 오르내릴 수 있는 현문(舷門) 사다리를 설치하여야 하며, 이 사다리 밑에 안전망을 설치하여야 한다.
참고 산업안전보건기준에 관한 규칙 제397조【선박승강설비의 설치】

112. 장비 자체보다 높은 장소의 땅을 굴착하는데 적합한 장비는?

① 파워쇼벨(Power Shovel)
② 불도저(Bulldozer)
③ 드래그라인(Drag line)
④ 클램쉘(Clam Shell)

파워쇼벨(Power shovel)은 중기가 위치한 지면보다 높은 장소의 땅을 굴착하는데 적합하며, 산지에서의 토공사, 암반으로부터 점토질까지 굴착할 수 있다.

113. 터널작업 시 자동경보장치에 대하여 당일의 작업시작 전 점검하여야 할 사항으로 옳지 않은 것은?

① 검지부의 이상 유무
② 조명시설의 이상 유무
③ 경보장치의 작동 상태
④ 계기의 이상 유무

자동경보장치에 대하여 당일의 작업시작 전 아래 각호의 사항을 점검하고 이상을 발견한 때에는 즉시 보수하여야 한다.
1. 계기의 이상유무
2. 검지부의 이상유무
3. 경보장치의 작동상태
참고 산업안전보건기준에 관한 규칙 제350조【인화성 가스의 농도측정 등】

해답 109 ② 　110 ② 　111 ① 　112 ① 　113 ②

114. 타워크레인을 자립고(自立高) 이상의 높이로 설치할 때 지지벽체가 없어 와이어로프로 지지하는 경우의 준수사항으로 옳지 않은 것은?

① 와이어로프를 고정하기 위한 전용지지프레임을 사용할 것
② 와이어로프 설치각도를 수평면에서 60° 이내로 하되, 지지점은 4개소 이상으로 하고, 같은 각도로 설치할 것
③ 와이어로프와 그 고정부위는 충분한 강도와 장력을 갖도록 설치하되, 와이어로프를 클립·샤클(shackle) 등의 기구를 사용하여 고정하지 않도록 유의할 것
④ 와이어로프가 가공전선(架空電線)에 근접하지 않도록 할 것

> 와이어로프와 그 고정부위는 충분한 강도와 장력을 갖도록 설치하고, 와이어로프를 클립·샤클(shackle, 연결고리) 등의 고정기구를 사용하여 견고하게 고정시켜 풀리지 아니하도록 하며, 사용 중에는 충분한 강도와 장력을 유지하도록 할 것
> **참고** 산업안전보건기준에 관한 규칙 제142조【타워크레인의지지】

115. 다음은 강관틀비계를 조립하여 사용하는 경우 준수해야할 기준이다. ( )안에 알맞은 숫자를 나열한 것은?

> 길이가 띠장방향으로 (A)미터 이하이고 높이가 (B)미터를 초과하는 경우에는 (C)미터 이내마다 띠장방향으로 버팀기둥을 설치할 것

① A : 4, B : 10, C : 5
② A : 4, B : 10, C : 10
③ A : 5, B : 10, C : 5
④ A : 5, B : 10, C : 10

> 길이가 띠장 방향으로 4미터 이하이고 높이가 10미터를 초과하는 경우에는 10미터 이내마다 띠장 방향으로 버팀기둥을 설치할 것
> **참고** 산업안전보건기준에 관한 규칙 제62조【강관틀비계】

116. 동력을 사용하는 항타기 또는 항발기에 대하여 무너짐을 방지하기 위하여 준수하여야 할 기준으로 옳지 않은 것은?

① 연약한 지반에 설치하는 경우에는 각부(脚部)나 가대(架臺)의 침하를 방지하기 위하여 깔판·깔목 등을 사용할 것
② 각부나 가대가 미끄러질 우려가 있는 경우에는 말뚝 또는 쐐기 등을 사용하여 각부나 가대를 고정시킬 것
③ 버팀대만으로 상단부분을 안정시키는 경우에는 버팀대는 3개 이상으로 하고 그 하단 부분은 견고한 버팀·말뚝 또는 철골 등으로 고정시킬 것
④ 버팀줄만으로 상단 부분을 안정시키는 경우에는 버팀줄을 2개 이상으로 하고 같은 간격으로 배치할 것

> 버팀줄만으로 상단부분을 안정시키는 경우에는 버팀줄을 3개 이상으로 하고 같은 간격으로 배치할 것
> **참고** 산업안전보건기준에 관한 규칙 제209조【무너짐의 방지】

117. 운반작업을 인력운반작업과 기계운반작업으로 분류할 때 기계운반작업으로 실시하기에 부적당한 대상은?

① 단순하고 반복적인 작업
② 표준화되어 있어 지속적이고 운반량이 많은 작업
③ 취급물의 형상, 성질, 크기 등이 다양한 작업
④ 취급물이 중량인 작업

> 기계운반 작업은 중량물이며 취급물의 크기 등이 표준화 되어있는 작업에 적합하다.

118. 거푸집동바리 등을 조립하는 경우에 준수하여야 할 안전조치기준으로 옳지 않은 것은?

① 동바리로 사용하는 강관은 높이 2m 이내마다 수평연결재를 2개 방향으로 만들고 수평연결재의 변위를 방지할 것
② 동바리로 사용하는 파이프 서포트는 3개 이상 이어서 사용하지 않도록 할 것
③ 동바리로 사용하는 파이프 서포트를 이어서 사용하는 경우에는 3개 이상의 볼트 또는 전용철물을 사용하여 이을 것
④ 동바리로 사용하는 강관틀과 강관틀 사이에 교차가새를 설치할 것

파이프서포트를 이어서 사용할 때에는 4개 이상의 볼트 또는 전용철물을 사용하여 이을 것

참고 산업안전보건기준에 관한 규칙 제332조【거푸집동바리 등의 안전조치】

119. 본 터널(main tunnel)을 시공하기 전에 터널에서 약간 떨어진 곳에 지질조사, 환기, 배수, 운반 등의 상태를 알아보기 위하여 설치하는 터널은?

① 프리패브(prefab) 터널
② 사이드(side) 터널
③ 쉴드(shield) 터널
④ 파일럿(pilot) 터널

파일럿(pilot)터널이란 본 터널(main tunnel)을 시공하기 전에 터널에서 약간 떨어진 곳에 지질조사, 환기, 배수, 운반 등의 상태를 알아보기 위하여 설치하는 터널이다.

①항, 프리패브(prefab) 터널 : 콘크리트 구조물 중 터널방수공사를 대상으로 『부직포 일체형 투명 VE 방수시트』 를 적용하는 기술이다. 즉, 하향식 압출타입으로 성형되는 투명 VE(VLDPE+EVA수지 혼합) 방수시트를 배수용 부직포와 고정용 부직포 날개를 특수미싱기로 재봉한 후 열풍점 융착시킨 "프리패브(prefab) 방수시트)를 적용함으로써, 기존 터널 방수공법에 비해 공정을 간소화시킴은 물론, 일체화 시공이 가능하다.

②항, 사이드(side) : 터널터널저부 양측에 설치하는 공법이다.

③항, SHIELD 공법 : SHIELD라는 강재원통형의 기계를 수직 작업구내에 투입시켜 CUTTER HEAD를 회전시키면서 지반을 굴착하고 막장면은 각종 보조공법으로 막장면의 붕괴를 방지하면서 실드기계 후방부에 지보공을 설치하는 것을 반복해가면서 TUNNEL을 굴착하는 공법이다.

120. 추락방지용 설치 시 그물코의 크기가 10cm인 매듭 있는 방망의 신품에 대한 인장강도 기준으로 옳은 것은?

① 100kgf 이상
② 200kgf 이상
③ 300kgf 이상
④ 400kgf 이상

방망사의 신품에 대한 인장강도

그물코의 크기 (단위 cm)	방망의 종류(단위:kg)	
	매듭없는 방망	매듭있는 방망
10	240	200
5		110

■■■ **제1과목 산업안전관리론**

1. 위험예지훈련 4라운드의 진행방법을 올바르게 나열한 것은?

① 현상파악 → 목표설정 → 대책수립 → 본질추구
② 현상파악 → 본질추구 → 대책수립 → 목표설정
③ 현상파악 → 본질추구 → 목표설정 → 대책수립
④ 본질추구 → 현상파악 → 목표설정 → 대책수립

> **위험예훈련의 4R(라운드)**
> ① 1R(1단계) – 현상파악 : 사실(위험요인)을 파악하는 단계
> ② 2R(2단계) – 본질추구 : 위험요인 중 위험의 포인트를 결정하는 단계(지적확인)
> ③ 3R(3단계) – 대책수립 : 대책을 세우는 단계
> ④ 4R(4단계) – 목표설정 : 행동계획(중점 실시항목)을 정하는 단계

2. 재해예방의 4원칙에 속하지 않는 것은?

① 손실우연의 원칙   ② 예방교육의 원칙
③ 원인계기의 원칙   ④ 예방가능의 원칙

> **재해예방의 4원칙**
> ① 손실 우연의 원칙
>   재해 손실은 사고 발생시 사고 대상의 조건에 따라 달라지므로 한 사고의 결과로서 생긴 재해 손실은 우연성에 의하여 결정된다. 따라서 재해 방지의 대상은 우연성에 좌우되는 손실의 방지보다는 사고 발생 자체의 방지가 되어야 한다.
> ② 원인 계기(연계)의 원칙
>   재해 발생은 반드시 원인이 있다. 즉 사고와 손실과의 관계는 우연적이지만 사고와 원인관계는 필연적이다.
> ③ 예방 가능의 원칙
>   재해는 원칙적으로 원인만 제거되면 예방이 가능하다.
> ④ 대책 선정의 원칙
>   재해 예방을 위한 가능한 안전 대책은 반드시 존재한다.

3. A사업장의 도수율이 18.9일 때 연천인율은 얼마인가?

① 4.53   ② 9.46
③ 37.86   ④ 45.36

> 연천인율 = 도수율 × 2.4 = 18.9 × 2.4 = 45.36

4. 산업안전보건법령상 관리감독자가 수행하는 안전 및 보건에 관한 업무에 속하지 않는 것은?

① 해당 작업의 작업장 정리·정돈 및 통로 확보에 대한 확인·감독
② 해당 작업에서 발생한 산업재해에 관한 보고 및 이에 대한 응급조치
③ 해당 사업장 안전교육계획의 수립 및 안전 교육 실시에 관한 보좌 및 지도·조언
④ 관리감독자에게 소속된 근로자의 작업복·보호구 및 방호장치의 점검과 그 착용·사용에 관한 교육·지도

> ③항은 안전관리자의 업무에 해당한다.
> **관리감독자의 업무**
> ① 사업장 내 관리감독자가 지휘·감독하는 작업과 관련된 기계·기구 또는 설비의 안전·보건 점검 및 이상 유무의 확인
> ② 관리감독자에게 소속된 근로자의 작업복·보호구 및 방호장치의 점검과 그 착용·사용에 관한 교육·지도
> ③ 해당작업에서 발생한 산업재해에 관한 보고 및 이에 대한 응급조치
> ④ 해당작업의 작업장 정리·정돈 및 통로 확보에 대한 확인·감독
> ⑤ 사업장의 다음의 어느 하나에 해당하는 사람의 지도·조언에 대한 협조
>   가. 안전관리자 또는 안전관리자의 업무를 같은 항에 따른 안전관리전문기관에 위탁한 사업장의 경우에는 그 안전관리전문기관의 해당 사업장 담당자
>   나. 보건관리자 또는 보건관리자의 업무를 같은 항에 따른 보건관리전문기관에 위탁한 사업장의 경우에는 그 보건관리전문기관의 해당 사업장 담당자
>   다. 안전보건관리담당자 또는 안전보건관리담당자의 업무를 안전관리전문기관 또는 보건관리전문기관에 위탁한 사업장의 경우에는 그 안전관리전문기관 또는 보건관리전문기관의 해당 사업장 담당자
>   라. 산업보건의
> ⑥ 위험성평가에 관한 다음의 업무
>   가. 유해·위험요인의 파악에 대한 참여
>   나. 개선조치의 시행에 대한 참여
> ⑦ 그 밖에 해당작업의 안전 및 보건에 관한 사항으로서 고용노동부령으로 정하는 사항
> **참고** 산업안전보건법 시행령 제15조【관리감독자의 업무 등】

해답 1 ②   2 ②   3 ④   4 ③

5. 산업안전보건법령상 안전 및 보건에 관한 노사협의체의 근로자위원 구성 기준 내용으로 옳지 않은 것은? (단, 명예산업안전감독관이 위촉되어 있는 경우)

① 근로자대표가 지명하는 안전관리자 1명
② 근로자대표가 지명하는 명예산업안전감독관 1명
③ 도급 또는 하도급 사업을 포함한 전체 사업의 근로자대표
④ 공사금액이 20억원 이상인 공사의 관계수급인의 각 근로자대표

노사협의체 구성
① 근로자위원
　가. 도급 또는 하도급 사업을 포함한 전체 사업의 근로자대표
　나. 근로자대표가 지명하는 명예산업안전감독관 1명. 다만, 명예산업안전감독관이 위촉되어 있지 않은 경우에는 근로자대표가 지명하는 해당 사업장 근로자 1명
　다. 공사금액이 20억원 이상인 공사의 관계수급인의 각 근로자대표
② 사용자위원
　가. 도급 또는 하도급 사업을 포함한 전체 사업의 대표자
　나. 안전관리자 1명
　다. 보건관리자 1명
　라. 공사금액이 20억원 이상인 공사의 관계수급인의 각 대표자
　참고 산업안전보건법 시행령 제64조【노사협의체의 구성】

6. 브레인스토밍(Brain Storming)의 원칙에 관한 설명으로 옳지 않은 것은?

① 최대한 많은 양의 의견을 제시한다.
② 누구나 자유롭게 의견을 제시할 수 있다.
③ 타인의 의견에 대하여 비판하지 않도록 한다.
④ 타인의 의견을 수정하여 본인의 의견으로 제시하지 않도록 한다.

브레인스토밍(Brain storming ; BS)의 4원칙
① 비평(비판)금지 : 좋다, 나쁘다고 비평하지 않는다.
② 자유분방 : 마음대로 편안히 발언한다.
③ 대량발언 : 무엇이건 좋으니 많이 발언하게 한다.
④ 수정발언 : 타인의 아이디어에 수정하거나 덧붙여 말하여도 좋다.

7. 안전관리의 수준을 평가하는데 사고가 일어나는 시점을 전후하여 평가를 한다. 다음 중 사고가 일어나기 전의 수준을 평가하는 사전평가활동에 해당하는 것은?

① 재해율 통계
② 안전활동율 관리
③ 재해손실 비용 산정
④ Safe-T-Score 산정

재해율 통계와 재해손실비의 산정 등은 재해발생 이후 분석평가에 해당하지만, 안전활동율은 재해예방을 위한 관리활동으로 안전관리에 있어서 사전평가활동으로 구분한다.

8. 시설물의 안전 및 유지관리에 관한 특별법상 국토교통부장관은 시설물이 안전하게 유지관리 될 수 있도록 하기 위하여 몇 년마다 시설물의 안전 및 유지관리에 관한 기본계획을 수립·시행하여야 하는가?

① 2년　　　　② 3년
③ 5년　　　　④ 10년

시설물의 안전 및 유지관리 기본계획
국토교통부장관은 시설물이 안전하게 유지관리 될 수 있도록 하기 위하여 5년마다 시설물의 안전과 유지관리에 관한 기본계획을 수립·시행하여야 한다.
참고 시설물의 안전 및 유지관리에 관한 특별법 제5조【시설물의 안전 및 유지관리 기본계획의 수립·시행】

9. 산업안전보건법령상 해당 사업장의 연간 재해율이 같은 업종의 평균재해율의 2배 이상인 경우 사업주에게 관리자를 정수 이상으로 증원하게 하거나 교체하여 임명할 것을 명할 수 있는 자는?

① 시·도지사
② 고용노동부장관
③ 국토교통부장관
④ 지방고용노동관서의 장

해답　5 ①　6 ④　7 ②　8 ③　9 ④

10. 재해의 간접원인 중 기술적 원인에 속하지 않는 것은?

① 경험 및 훈련의 미숙
② 구조, 재료의 부적합
③ 점검, 정비, 보존 불량
④ 건물, 기계장치의 설계 불량

간접원인의 분류

	항목	세부항목
2차 원인	1. 정신적 원인	태만, 불만, 초조, 긴장, 공포, 반항 기타
	2. 신체적 원인	스트레스, 피로, 수면부족, 질병 등
	3. 기술적 원인	• 건물, 기계장치 설계 불량 • 구조, 재료의 부적합 • 생산 공정의 부적당 • 점검, 정비보존의 불량
	4. 교육적 원인	• 안전의식의 부족 • 안전수칙의 오해 • 경험훈련의 미숙 • 작업방법의 교육 불충분 • 유해위험 작업의 교육 불충분
기초 원인	5. 관리적 원인	• 안전관리 조직 결함 • 안전수칙 미제정 • 작업준비 불충분 • 인원배치 부적당 • 작업지시 부적당
	6. 학교 교육적 원인	

11. 보호구 안전인증 고시에 따른 추락 및 감전위험방
지용 안전모의 성능시험대상에 속하지 않는 것은?

① 내유성   ② 내수성
③ 내관통성   ④ 턱끈풀림

안전모의 시험성능기준

항목	시험성능기준
내관통성	AE, ABE종 안전모는 관통거리가 9.5mm 이하이고, AB종 안전모는 관통거리가 11.1mm 이하이어야 한다.
충격흡수성	최고전달충격력이 4,450N을 초과해서는 안되며, 모체와 착장체의 기능이 상실되지 않아야 한다.
내전압성	AE, ABE종 안전모는 교류 20kV에서 1분간 절연 파괴 없이 견뎌야 하고, 이때 누설되는 충전전류는 10mA 이하이어야 한다.
내수성	AE, ABE종 안전모는 질량증가율이 1% 미만이어야 한다.
난연성	모체가 불꽃을 내며 5초 이상 연소되지 않아야 한다.
턱끈풀림	150N 이상 250N 이하에서 턱끈이 풀려야 한다.

12. 재해의 통계적 원인분석 방법 중 사고의 유형, 기인
물 등 분류 항목을 큰 순서대로 도표화한 것은?

① 관리도   ② 파레토도
③ 크로스도   ④ 특성요인도

파레토도(pareto diagram) : 사고의 유형, 기인물 등 분류 항목을
큰 순서대로 도표화 하므로 문제나 목표의 이해가 편리하다.

13. 시설물의 안전 및 유지관리에 관한 특별법상 다음
과 같이 정의되는 용어는?

> 시설물의 물리적·기능적 결함을 발견하고 그에
> 대한 신속하고 적절한 조치를 하기 위하여 구조
> 적 안전성과 결함의 원인 등을 조사·측정·평가
> 하여 보수·보강 등의 방법을 제시하는 행위

① 성능평가   ② 정밀안전진단
③ 긴급안전점검   ④ 정기안전진단

해답 10 ①   11 ①   12 ②   13 ②

"정밀안전진단"이란 시설물의 물리적·기능적 결함을 발견하고 그에 대한 신속하고 적절한 조치를 하기 위하여 구조적 안전성과 결함의 원인 등을 조사·측정·평가하여 보수·보강 등의 방법을 제시하는 행위를 말한다.

참고 시설물의 안전 및 유지관리에 관한 특별법 제2조【정의】

14. 다음 중 재해조사의 목적 및 방법에 관한 설명으로 적절하지 않는 것은?

① 재해조사는 현장보존에 유의하면서 재해발생 직후에 행한다.
② 피해자 및 목격자 등 많은 사람으로부터 사고시의 상황을 수집한다.
③ 재해조사의 1차적 목표는 재해로 인한 손실 금액을 추정하는데 있다.
④ 재해조사의 목적은 동종재해 및 유사재해의 발생을 방지하기 위함이다.

재해조사의 주된 목적은 재해원인을 찾아내 동종재해 및 유사재해의 발생을 막기 위한 예방 대책을 세우는 것이다.

15. 사업장의 안전·보건관리계획 수립 시 유의사항으로 옳은 것은?

① 사고발생 후의 수습대책에 중점을 둔다.
② 계획의 실시 중에는 변동이 없어야 한다.
③ 계획의 목표는 점진적으로 수준을 높이도록 한다.
④ 대기업의 경우 표준계획서를 작성하여 모든 사업장에 동일하게 적용시킨다.

안전보건 관리계획 수립시의 유의사항
① 사업장의 실태에 맞도록 독자적으로 수립하되, 실현 가능성이 있도록 한다.
② 직장 단위로 구체적 계획을 작성한다.
③ 계획상의 재해 감소 목표는 점진적으로 수준을 높이도록 한다.
④ 현재의 문제점을 검토하기 위해 자료를 조사 수집한다.
⑤ 계획에서 실시까지의 미비점, 잘못된 점을 피드백(Feed back)할 수 있는 조정기능을 찾고 있을 것
⑥ 적극적인 선취안전을 취하여 새로운 착상과 정보를 활용한다.
⑦ 계획안이 효과적으로 실시되도록 Line-staff 관계자에게 충분히 납득시킨다.

16. 안전보건관리조직의 유형 중 직계(Line)형에 관한 설명으로 옳은 것은?

① 대규모의 사업장에 적합하다.
② 안전지식이나 기술축적이 용이하다.
③ 안전지시나 명령이 신속히 수행된다.
④ 독립된 안전참모 조직을 보유하고 있다.

직계식(Line) 조직
100인 미만의 소규모 사업장에 적용

장점	단점
• 명령과 보고가 상하관계뿐이므로 간단명료하다.	• 생산업무와 같이 안전대책이 실시되므로 불충분하다.
• 신속·정확한 조직	• 안전 Staff이 없어 내용이 빈약하다.
• 안전지시나 개선조치가 철저하고 신속하다.	• Line에 과중한 책임 부여

17. 다음 중 웨버(D.A.Weaver)의 사고 발생 도미노 이론에서 "작전적 에러"를 찾아내기 위한 질문의 유형과 가장 거리가 먼 것은?

① what   ② why
③ where   ④ whether

웨버는 무엇이 사고의 원인인지를 질문하고[what], 관리 기술적 차원에서의 해답을 구하고, 왜 불안전한 행동이나 상태가 허용되었는지[why], 관리자나 경영자 어느 쪽이 사고예방에 관한 지식을 가지고 있는지의 여부[whether]를 물어봄으로써 관리기술적 실수를 분명히 하고자 했다.

18. 산업안전보건법령에 따른 안전보건표지의 종류 중 지시표시에 속하는 것은?

① 화기 금지   ② 보안경 착용
③ 낙하물 경고   ④ 응급구호표지

안전·보건표지 중 지시표지의 종류
① 보안경 착용   ② 방독 마스크 착용
③ 방진 마스크 착용   ④ 보안면 착용
⑤ 안전모 착용   ⑥ 귀마개 착용
⑦ 안전화 착용   ⑧ 안전장갑 착용
⑨ 안전복 착용

19. 산업안전보건기준에 관한 규칙상 공기압축기를 가동할 때의 작업시작 전 점검사항에 해당하지 않는 것은?

① 윤활유의 상태
② 언로드밸브의 기능
③ 압력방출장치의 기능
④ 비상정지장치 기능의 이상 유무

20. 다음 중 하인리히(H.W. Heinrich)의 재해코스트 산정방법에서 직접손실비와 간접손실비의 비율로 옳은 것은? (단, 비율은 "직접손실비 : 간접손실비"로 표현한다.)

① 1 : 2　　　　② 1 : 4
③ 1 : 8　　　　④ 1 : 10

■■■ 제2과목 산업심리 및 교육

21. 안전보건교육을 향상시키기 위한 학습지도의 원리에 해당되지 않는 것은?

① 통합의 원리　　② 자기활동의 원리
③ 개별화의 원리　④ 동기유발의 원리

22. 생체리듬(biorhythm)에 대한 설명으로 옳은 것은?

① 각각의 리듬이 (−)에서의 최저점에 이르렀을 때를 위험일이라 한다.
② 감성적 리듬은 영문으로 S라 표시하며, 23일을 주기로 반복된다.
③ 육체적 리듬은 영문으로 P라 표시하며, 28일을 주기로 반복된다.
④ 지성적 리듬은 영문으로 I라 표시하며, 33일을 주기로 반복된다.

23. 다음 중 안전교육을 위한 시청각교육법에 대한 설명으로 가장 적절한 것은?

① 지능, 적성, 학습속도 등 개인차를 충분히 고려할 수 있다.
② 학습자들에게 공통의 경험을 형성시켜줄 수 있다.
③ 학습의 다양성과 능률화에 기여할 수 없다.
④ 학습자료를 시간과 장소에 제한없이 제시할 수 있다.

24. 새로운 기술과 학습에서는 연습이 매우 중요하다. 연습 방법과 관련된 내용으로 틀린 것은?

① 새로운 기술을 학습하는 경우에는 일반적으로 배분연습보다 집중연습이 더 효과적이다.
② 교육훈련과정에서는 학습자료를 한꺼번에 묶어서 일괄적으로 연습하는 방법을 집중연습이라고 한다.
③ 충분한 연습으로 완전학습한 후에도 일정량 연습을 계속하는 것을 초과학습이라고 한다.
④ 기술을 배울 때는 적극적 연습과 피드백이 있어야 부적절하고 비효과적인 반응을 제거할 수 있다.

새로운 기술을 학습하는 경우에는 일반적으로 집중연습보다 배분연습이 더 효과적이다.

25. 다음 중 교육지도의 원칙과 가장 거리가 먼 것은?

① 반복적인 교육을 실시한다.
② 학습자에게 동기부여를 한다.
③ 쉬운 것부터 어려운 것으로 실시한다.
④ 한 번에 여러 가지의 내용을 실시한다.

교육지도의 원칙
① 피 교육자 중심 교육(상대방 입장에서 교육)
② 동기부여(motivation)
③ 쉬운 부분에서 어려운 부분으로 진행
④ 반복(repeat)
⑤ 한 번에 하나씩 교육
⑥ 인상의 강화(오래기억)
⑦ 5관의 활용
⑧ 기능적 이해

26. 직무수행평가 시 평가자가 특정 피평가자에 대해 구체적으로 잘 모름에도 불구하고 모든 부분에 대해 좋게 평가하는 오류는?

① 후광오류
② 엄격화오류
③ 중앙집중오류
④ 관대화오류

후광효과란 어떤 대상이나 사람에 대한 일반적인 견해가 그 대상이나 사람의 구체적인 특성을 평가하는 데 영향을 미치는 현상으로, 미국의 심리학자 손다이크(Edward Lee Thorndike)는 어떤 대상에 대해 일반적으로 좋거나 나쁘다고 생각하고 그 대상의 구체적인 행위들을 일반적인 생각에 근거하여 평가하는 경향이라고 설명하였다.

27. 다음 중 정상적 상태이지만 생리적 상태가 휴식할 때에 해당하는 의식수준은?

① phase Ⅰ
② phase Ⅱ
③ phase Ⅲ
④ phase Ⅳ

의식수준이 정상적 상태이지만 생리적 상태가 안정을 취하거나 휴식할 때는 phase Ⅱ 단계이다.
의식 level의 단계별 생리적 상태
① 범주(Phase) O : 수면, 뇌발작
② 범주(Phase) Ⅰ : 피로, 단조, 졸음, 술취함
③ 범주(Phase) Ⅱ : 안정기거, 휴식시, 정례작업시
④ 범주(Phase) Ⅲ : 적극활동시
⑤ 범주(Phase) Ⅳ : 긴급방위반응, 당황해서 panic

28. 다음 중 하버드 학과의 5단계 교수법에 해당되지 않는 것은?

① 추론한다.
② 교시한다.
③ 연합시킨다.
④ 총괄시킨다.

하버드학파의 5단계
1단계 : 준비시킨다.(preparation)
2단계 : 교시한다.(presentation)
3단계 : 연합한다.(association)
4단계 : 총괄시킨다.(generalization)
5단계 : 응용시킨다.(application)

29. 다음 중 리더십과 헤드십에 관한 설명으로 옳은 것은?

① 헤드십은 부하와의 사회적 간격이 좁다.
② 헤드십에서의 책임은 상사에 있지 않고 부하에 있다.
③ 리더십의 지휘형태는 권위주의적인 반면, 헤드십의 지휘형태는 민주적이다.
④ 권한행사 측면에서 보면 헤드십은 임명에 의하여 권한을 행사할 수 있다.

리더십과 헤드십의 특징

개인과 상황변수	헤드십	리더십
권한행사	임명된 헤드	선출된 리더
권한부여	위에서 임명	밑으로 부터 동의
권한근거	법적 또는 공식적	개인적
권한귀속	공식화된 규정	집단에 기여한 공로
상관과 부하의 관계	지배적	개인적인 영향
책임귀속	상사	상사와 부하
부하와의 사회적 간격	넓음	좁음
지휘형태	권위주의적	민주주의적

30. 다음 중 산업안전심리의 5대 요소에 속하지 않는 것은?

① 감정
② 습관
③ 동기
④ 시간

산업심리 요소

종류	내용
심리의 5요소	습관, 동기, 기질, 감정, 습성
습관의 4요소	동기, 기질, 감정, 습성

31. 인간의 착각현상 가운데 암실 내에서 하나의 광점을 보고 있으면 그 광점이 움직이는 것처럼 보이는 것을 자동운동이라 하는데 다음 중 자동운동이 생기기 쉬운 조건이 아닌 것은?

① 광점이 작을 것
② 대상이 단순할 것
③ 광의 강도가 클 것
④ 시야의 다른 부분이 어두울 것

자동운동이 생기기 쉬운 조건
① 광점이 작을 것
② 시야의 다른 부분이 어두울 것
③ 광의 강도가 작을 것
④ 대상이 단순할 것

32. 다음 중 데이비스(K. Davis)의 동기부여 이론에서 "능력(ability)"을 올바르게 표현한 것은?

① 기능(skill) × 태도(attitude)
② 지식(knowledge) × 기능(skill)
③ 상황(situation) × 태도(attitude)
④ 지식(knowledge) × 상황(situation)

Davis의 이론

경영성과 = 인간성과 × 물적성과

① 인간의 성과(human perform-ance) = 능력 × 동기유발
② 능력(ability) = 지식(Knowledge) × 기능(skill)
③ 동기유발(motivation) = 상황(situation) × 태도(attitude)

33. 인간이 충족시키고자 추구하는 욕구에 있어 가장 강력한 욕구는?

① 생리적 욕구
② 안전의 욕구
③ 자아실현의 욕구
④ 애정 및 귀속의 욕구

Maslow의 욕구단계이론
① 1단계 생리적 욕구 : 기아, 갈증, 호흡, 배설, 성욕 등 인간의 가장 기본적인 욕구(종족 보존)
② 2단계 안전욕구 : 안전을 구하려는 욕구
③ 3단계 사회적 욕구 : 애정, 소속에 대한 욕구 (친화 욕구)
④ 4단계 인정을 받으려는 욕구 : 자기 존경의 욕구로 자존심, 명예, 성취, 지위에 대한 욕구(승인의 욕구)
⑤ 5단계 자아실현의 욕구 : 잠재적인 능력을 실현하고자 하는 욕구(성취욕구)

34. 다음 중 면접 결과에 영향을 미치는 요인들에 관한 설명으로 틀린 것은?

① 한 지원자에 대한 평가는 바로 앞의 지원자에 의해 영향을 받는다.
② 면접자는 면접 초기와 마지막에 제시된 정보에 의해 많은 영향을 받는다.
③ 지원자에 대한 부정적 정보보다 긍정적 정보가 더 중요하게 영향을 미친다.
④ 지원자의 성과 직업에 있어서 전통적 고정관념은 지원자와 면접자간의 성의 일치여부보다 더 많은 영향을 미친다.

> 지원자에 대한 긍정적 정보보다 부정적 정보가 더 중요하게 영향을 미친다.

35. 안전사고와 관련하여 소질적 사고 요인이 아닌 것은?

① 시각기능　　　② 지능
③ 작업자세　　　④ 성격

소질적인 사고요인

구분	내용
지능 (intelligence)	• 지능과 사고의 관계는 비례적 관계에 있지 않으며 그보다 높거나 낮으면 부적응을 초래한다. • Chiseli Brown은 지능 단계가 낮을수록 또는 높을수록 이직률 및 사고 발생률이 높다고 지적하였다.
성격 (personality)	사람은 그 성격이 작업에 적응되지 못할 경우 안전사고를 발생 시킨다.
감각기능	감각기능의 반응 정확도에 따라 재해발생과 관계가 있다.

36. 교육 및 훈련방법 중 [다음]의 특징을 갖는 방법은?

> [다음]
> –다른 방법에 비해 경제적이다.
> –교육 대상 집단 내 수준차로 인해 교육의 효과가 감소할 가능성이 있다.
> –상대적으로 피드백이 부족하다.

① 강의법　　　② 사례연구법
③ 세미나법　　　④ 감수성 훈련

강의법의 장·단점

장점	단점
• 수업의 도입, 초기단계 적용 • 여러 가지 수업 매체를 동시에 활용가능 • 시간의 부족 또는 내용이 많은 경우 또는 강사가 임의로 시간조절, 중요도 강조 가능 • 학생의 다소에 제한을 받지 않는다. • 학습자의 태도, 정서 등의 감화를 위한 학습에 효과적이다.	• 학생의 참여가 제한됨 • 학생의 주의 집중도나 흥미정도가 낮음 • 학습정도를 측정하기가 곤란함 • 한정된 학습과제에만 가능하다. • 개인의 학습속도에 맞추기 어렵다. • 대부분 일반 통행적인 지식의 배합 형식이다.

37. 다음 중 관계지향적 리더가 나타내는 대표적인 행동 특징으로 볼 수 없는 것은?

① 우호적이며 가까이 하기 쉽다.
② 집단구성원들을 동등하게 대한다.
③ 집단구성원들의 활동을 조정한다.
④ 어떤 결정에 대해 자세히 설명해준다.

> 집단구성원들의 활동을 조정하는 것은 과업지향적 리더이다.

38. 다음 중 주의의 특성에 관한 설명으로 틀린 것은?

① 변동성이란 주의집중 시 주기적으로 부주의의 리듬이 존재함을 말한다.
② 방향성이란 주의는 항상 일정한 수준을 유지할 수 있으므로 장시간 고도의 주의집중이 가능함을 말한다.
③ 선택성이란 인간은 한 번에 여러 종류의 자극을 지각·수용하지 못함을 말한다.
④ 선택성이란 소수의 특정 자극에 한정해서 선택적으로 주의를 기울이는 기능을 말한다.

> **주의의 특성**
> 1. 주의력의 중복집중의 곤란 : 주의는 동시에 2개 방향에 집중하지 못한다.(선택성)
> 2. 주의력의 단속성 : 고도의 주의는 장시간 지속 할 수 없다.(변동성)
> 3. 한 지점에 주의를 집중하면 다른데 주의는 약해진다.(방향성)

39. 안전교육의 강의안 작성 시 교육할 내용을 항목별로 구분하여 핵심 요점사항만을 간결하게 정리하여 기술하는 방법은?

① 게임 방식　　　　② 시나리오식
③ 조목열거식　　　　④ 혼합형 방식

조목열거식이란 교육할 내용을 항목별로 구분하여 핵심 요점사항만을 간결하게 정리하여 기술하는 것으로 "첫째~,둘째~" 하는 식으로 간결하고 명확한 메시지를 전달할 수 있다.

40. 교육방법 중 O.J.T(On the Job Training)에 속하지 않는 교육방법은?

① 코칭　　　　　　② 강의법
③ 직무순환　　　　④ 멘토링

강의법은 OFF·J·T(off the Job training)의 한 형태로 계층별 또는 직능별등과 같이 공통된 교육대상자를 현장외의 한 장소에 모아 집체 교육 훈련을 실시하는 방법에 적절하다.

■■■ 제3과목 인간공학 및 시스템안전공학

41. 결함수분석법에서 path set 에 관한 설명으로 옳은 것은?

① 시스템의 약점을 표현한 것이다.
② Top사상을 발생시키는 조합이다.
③ 시스템이 고장 나지 않도록 하는 사상의 조합이다.
④ 시스템고장을 유발시키는 필요불가결한 기본사상들의 집합이다.

최소 패스셋(minimal path set)은 어떤 고장이나 실수를 일으키지 않으면 재해는 잃어나지 않는다고 하는 것, 즉 시스템의 신뢰성을 나타낸다.

42. 촉감의 일반적인 척도의 하나인 2점 문턱값(two-point threshold)이 감소하는 순서대로 나열된 것은?

① 손가락 → 손바닥 → 손가락 끝
② 손바닥 → 손가락 → 손가락 끝
③ 손가락 끝 → 손가락 → 손바닥
④ 손가락 끝 → 손바닥 → 손가락

2점 문턱값(two-point threshold)은 두 점을 눌렀을 때 따로 따로 지각할 수 있는 두 점 사이의 최소거리를 말한다. 손바닥에서 손가락 끝으로 갈수록 감도는 증가를 하게 된다. 즉 2점 문턱값은 감소하게 된다.

43. 결함수분석의 기호 중 입력사상이 어느 하나라도 발생할 경우 출력사상이 발생하는 것은?

① NOR GATE　　　② AND GATE
③ OR GATE　　　　④ NAND GATE

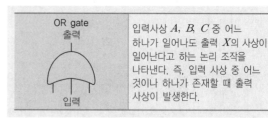

입력사상 A, B, C 중 어느 하나가 일어나도 출력 X의 사상이 일어난다고 하는 논리 조작을 나타낸다. 즉, 입력 사상 중 어느 것이나 하나가 존재할 때 출력 사상이 발생한다.

44. FTA 결과 다음과 같은 패스셋을 구하였다. 최소 패스셋(minimal path set)으로 옳은 것은?

[다음]
$\{X_2,\ X_3,\ X_4\}$
$\{X_1,\ X_3,\ X_4\}$
$\{X_3,\ X_4\}$

① $\{X_3,\ X_4\}$
② $\{X_1,\ X_3,\ X_4\}$
③ $\{X_2,\ X_3,\ X_4\}$
④ $\{X_2,\ X_3,\ X_4\}$와 $\{X_3,\ X_4\}$

최소 패스셋(minimal path sets)은 컷셋 중 중복된 사상인 $\{X_3, X_4\}$가 된다.

45. 인체측정에 대한 설명으로 옳은 것은?

① 인체측정은 동적측정과 정적측정이 있다.
② 인체측정학은 인체의 생화학적 특징을 다룬다.
③ 자세에 따른 인체지수의 변화는 없다고 가정한다.
④ 측정항목에 무게, 둘레, 두께, 길이는 포함되지 않는다.

①항. 신체측정은 동적측정(기능적 치수)과 정적측정(구조적 치수)으로 분류한다.
②항. 인체측정학은 신체의 구조와 물리적 특징을 다룬다.
③항. 자세에 따른 신체치수는 기능적치수로 자세의 변화에 따라 치수가 다르다.
④항. 측정항목은 주로 길이, 직경, 두께 등이며 상황에 따라 무게 등도 포함된다.

46. 시스템 안전분석 방법 중 예비위험분석(PHA) 단계에서 식별하는 4가지 범주에 속하지 않는 것은?

① 위기상태   ② 무시가능상태
③ 파국적상태   ④ 예비조처상태

예비위험분석(PHA)에서 식별하는 4가지 범주(category)
1. category(범주) Ⅰ : 파국적(catastrophic)
2. catagory(범주) Ⅱ : 중대(critical)
3. catagory(범주) Ⅲ : 한계적(marginal)
4. catagory(범주) Ⅳ : 무시가능(negligible)

47. 다음은 불꽃놀이용 화학물질취급설비에 대한 정량적 평가이다. 해당 항목에 대한 위험등급이 올바르게 연결된 것은?

항목	A (10점)	B (5점)	C (2점)	D (0점)
취급물질	○	○	○	
조작		○		○
화학설비의 용량	○		○	
온도	○	○		
압력		○	○	○

① 취급물질-Ⅰ등급,   화학설비의 용량-Ⅰ등급
② 온도-Ⅰ등급,   화학설비의 용량-Ⅱ등급
③ 취급물질-Ⅰ등급,   조작-Ⅳ등급
④ 온도-Ⅱ등급,   압력-Ⅲ등급

1. 취급물질 – Ⅰ등급(17점)
2. 조작 – Ⅲ등급(5점)
3. 화학설비의 용량 – Ⅱ등급(12점)
4. 온도 – Ⅱ등급(15점)
5. 압력 – Ⅲ등급(7점)

참고 위험도 등급
1. Ⅰ등급(16점 이상) : 위험도가 높다.
2. Ⅱ등급(11~15점 이하) : 주위 상황, 다른 설비와 관련해서 평가한다.
3. Ⅲ등급(10점 이하) : 위험도가 낮다.

48. 인간-기계 시스템에서 시스템의 설계를 다음과 같이 구분할 때 제3단계인 기본설계에 해당되지 않는 것은?

1단계 : 시스템의 목표와 성능 명세 결정
2단계 : 시스템의 정의
3단계 : 기본설계
4단계 : 인터페이스설계
5단계 : 보조물 설계
6단계 : 시험 및 평가

① 화면 설계   ② 작업 설계
③ 직무 분석   ④ 기능 할당

3단계 기본설계 단계는 시스템의 모양을 갖추기 시작되는 단계로서 인간공학적 활동은 다음이 있다.
1. 인간, 하드웨어 및 소프트웨어에 대한 기능 할당
2. 인간 퍼포먼스 요건의 규정
3. 과업 분석(작업 설계)
4. 직무 분석 등

49. 어떤 소리가 1000Hz, 60dB인 음과 같은 높이임에도 4배 더 크게 들린다면, 이 소리의 음압수준은 얼마인가?

① 70dB   ② 80dB
③ 90dB   ④ 100dB

① 기준음의 sone치 $= 2^{\frac{(60-40)}{10}} = 4$
② 기준음의 4배 : 4×4=16sone 이므로
③ 4배의 sone치 : $16 = 2^{\frac{(x-40)}{10}}$ 으로 정리할 수 있다.
④ $\log_2 16 = \frac{x-40}{10}$ 으로 다시 정리하면
   $x = 10(\log_2 16) + 40 = 80$

해답 45 ①   46 ④   47 ④   48 ①   49 ②

50. 연구 기준의 요건과 내용이 옳은 것은?

① 무오염성 : 실제로 의도하는 바와 부합해야 한다.
② 적절성 : 반복 실험 시 재현성이 있어야 한다.
③ 신뢰성 : 측정하고자 하는 변수 이외의 다른 변수의 영향을 받아서는 안 된다.
④ 민감도 : 피실험자 사이에서 볼 수 있는 예상 차이점에 비례하는 단위로 측정해야 한다.

①항, 무오염성 : 측정하고자 하는 변수 외에 다른 변수들의 영향을 받아서는 안된다.
②항, 적절성 : 측정하고자 하는 내용을 얼마나 잘 측정하고 있는가를 의미하는 것
③항, 신뢰성 : 검사응답의 일관성, 즉 반복성을 말하는 것이다.

51. 어느 부품 1000개를 100000시간 동안 가동하였을 때 5개의 불량품이 발생하였을 경우 평균동작시간(MTTF)은?

① 1×10^6 시간   ② 2×10^7 시간
③ 1×10^8 시간   ④ 2×10^9 시간

$$MTTF = \frac{T(\text{총작동시간})}{r(\text{고장개수})}$$
$$= \frac{1{,}000 \times 100{,}000}{5} = 2 \times 10^7 \text{시간}$$

52. 시스템 안전분석 방법 중 HAZOP에서 "완전 대체"를 의미하는 것은?

① NOT   ② REVERSE
③ PART OF   ④ OTHER THAN

Other than : 완전한 대체(통상 운전과 다르게 되는 상태)

53. 실리콘 블록에 사용하는 가스켓의 수명 분포는 X ~ N(10000, 200²)인 정규분포를 따른다. t = 9600시간일 경우에 신뢰도(R(t))는? (단, P(Z≤ 1)=0.8413, P(Z≤ 1.5)=0.9332, P(Z≤ 2)=0.9772, P(Z≤ 1.5)= 0.9987이다.)

① 84.13%   ② 93.32%
③ 97.72%   ④ 99.87%

① 확률변수분포 $= \dfrac{\text{사용시간}-\text{평균}}{\text{편차}}$
$= \dfrac{9600 - 10{,}000}{200} = -2$

② 정규분포곡선

③ $p(Z \leq 2) = 0.9772$를 선택하여 97.72%

54. 신체활동의 생리학적 측정법 중 전신의 육체적인 활동을 측정하는데 가장 적합한 방법은?

① Flicker 측정
② 산소 소비량 측정
③ 근전도(EMG) 측정
④ 피부전기반사(GSR) 측정

육체적 활동 강도는 에너지대사율(RMR)로 확인할 수 있다. 에너지 대사율을 확인하는 방법으로는 산소소비량의 측정을 통해 알 수 있다.

55. 신호검출이론(SDT)의 판정결과 중 신호가 없었는데도 있었다고 말하는 경우는?

① 긍정(hit)
② 누락(miss)
③ 허위(false alarm)
④ 부정(correct rejection)

신호의 유무 판정
1. 신호의 정확한 판정(Hit) : 신호가 나타났을 때 신호라고 판정, P(S/S)
2. 허위경보(False Alarm) : 잡음만 있을 때 신호로 판정, P(S/N)
3. 신호검출 실패(Miss) : 신호가 나타났는데도 잡음으로 판정, P(N/S)
4. 잡음을 제대로 판정(Correct Noise) : 잡음만 있을 때 잡음이라고 판정, P(N/N)

해답   50 ④   51 ②   52 ④   53 ③   54 ②   55 ③

56. 가스밸브를 잠그는 것을 잊어 사고가 발생했다면 작업자는 어떤 인적오류를 범한 것인가?

① 생략 오류(omission error)
② 시간지연 오류(time error)
③ 순서 오류(sequential error)
④ 작위적 오류(commission error)

Human Error의 심리적 분류
1. omission error : 필요한 task(작업) 또는 절차를 수행하지 않는 데 기인한 과오
2. time error : 필요한 task 또는 절차의 지연수행으로 인한 과오
3. commission error : 필요한 task나 절차의 불확실한 수행으로 인한 과오로서 작위 오류(作僞 誤謬, commission)에 해당된다.
4. sequential error : 필요한 task나 절차의 순서착오로 인한 과오
5. extraneous error : 불필요한 task 또는 절차를 수행함으로서 기인한 과오

57. 산업안전보건법령상 유해위험방지계획서의 제출 대상 제조업은 전기 계약 용량이 얼마 이상인 경우에 해당되는가? (단, 기타 예외사항은 제외한다.)

① 50kW
② 100kW
③ 200kW
④ 300kW

유해·위험방지계획서 제출 대상 사업장은 "대통령령으로 정하는 업종 및 규모에 해당하는 사업"으로 전기사용설비의 정격용량의 합이 300킬로와트 이상인 사업을 말한다.
참고 산업안전보건법 시행령 제42조【유해위험방지계획서 제출 대상】

58. 다음 중 열 중독증(heat illness)의 강도를 올바르게 나열한 것은?

ⓐ 열소모(heat exhaustion)
ⓑ 열발진(heat rash)
ⓒ 열경련(heat cramp)
ⓓ 열사병(heat stroke)

① ⓒ 〈 ⓑ 〈 ⓐ 〈 ⓓ
② ⓒ 〈 ⓑ 〈 ⓓ 〈 ⓐ
③ ⓑ 〈 ⓒ 〈 ⓐ 〈 ⓓ
④ ⓑ 〈 ⓓ 〈 ⓐ 〈 ⓒ

열중독증(heat illness)의 강도
열발진(heat rash) 〈 열경련(heat cramp) 〈 열소모(heat exhaustion) 〈 열사병(heat stroke)

59. 암호체계의 사용 시 고려해야 될 사항과 거리가 먼 것은?

① 정보를 암호화한 자극은 검출이 가능하여야 한다.
② 다 차원의 암호보다 단일 차원화된 암호가 정보 전달이 촉진된다.
③ 암호를 사용할 때는 사용자가 그 뜻을 분명히 알 수 있어야 한다.
④ 모든 암호 표시는 감지장치에 의해 검출될 수 있고, 다른 암호 표시와 구별될 수 있어야 한다.

암호체계 사용상의 일반적인 지침

구분	내용
암호의 검출성	검출이 가능해야 한다.
암호의 변별성	다른 암호표시와 구별되어야 한다.
부호의 양립성	양립성이란 자극들간, 반응들 간, 자극-반응 조합에서의 관계에서 인간의 기대와 모순되지 않는다.
부호의 의미	사용자가 그 뜻을 분명히 알아야 한다.
암호의 표준화	암호를 표준화 하여야 한다.
다차원 암호의 사용	2가지 이상의 암호차원을 조합해서 사용하면 정보전달이 촉진된다.

60. 사무실 의자나 책상에 적용할 인체 측정 자료의 설계 원칙으로 가장 적합한 것은?

① 평균치 설계
② 조절식 설계
③ 최대치 설계
④ 최소치 설계

의자나 책상은 개인의 체격에 맞도록 조절할 수 있는 조절식 설계가 적합하다.
참고 인체계측 자료의 응용원칙

종류	내용
최대치수와 최소치수	최대 치수 또는 최소치수를 기준으로 하여 설계
조절범위 (조절식)	체격이 다른 여러 사람에 맞도록 만드는 것 (보통 집단 특성치의 5%치~95%치까지의 90%조절범위를 대상)
평균치를 기준으로 한 설계	최대치수나 최소치수, 조절식으로 하기가 곤란할 때 평균치를 기준으로 하여 설계

61. 철골공사의 내화피복공법에 해당하지 않는 것은?

① 표면탄화법　　② 뿜칠공법
③ 타설공법　　　④ 조적공법

> 표면탄화법은 목재의 방부법에 해당한다.
> **참고** 철골공사의 내화피복공법
> 1. 습식 내화피복공법
>   ① 타설공법
>   ② 뿜칠공법
>   ③ 미장공법
>   ④ 조적공법
> 2. 건식 내화피복공법
> 3. 합성 내화피복공법

62. 강관틀비계에서 주틀의 기둥관 1개당 수직하중의 한도는 얼마인가? (단, 견고한 기초 위에 설치하게 될 경우)

① 16.5kN　　　② 24.5kN
③ 32.5kN　　　④ 38.5kN

> 강관틀비계의 기둥관 1개의 수직하중 한도는 두꺼운 콘크리트판 등의 견고한 기초 위에 설치하게 될 때는 24,500N으로 한다.

63. 고압증기양생 경량기포콘크리트(ALC)의 특징으로 거리가 먼 것은?

① 열전도율이 보통 콘크리트의 1/10 정도이다.
② 경량으로 인력에 의한 취급이 가능하다.
③ 흡수율이 매우 낮은 편이다.
④ 현장에서 절단 및 가공이 용이하다.

> 경량기포콘크리트는 흡수율이 높아 동해 등에 대한 저항성이 낮다.
> **참고** 경량 콘크리트의 장단점

장점	• 자중이 적고 건물 중량이 경감된다. • 내화성이 크고, 열전도율이 적으며 방음효과가 크다. • 콘크리트의 운반, 부어넣기의 노력이 절감된다.
단점	• 시공이 번거롭고 사전에 재료처리가 필요하다. • 강도가 작다. • 건조수축이 크다. • 흡수성이 크므로 동해에 대한 저항성이 낮다. • 다공질, 투수성, 중성화 속도가 빠르다.

64. 콘크리트 타설 시 진동기를 사용하는 가장 큰 목적은?

① 콘크리트 타설 시 용이함
② 콘크리트의 응결, 경화 촉진
③ 콘크리트의 밀실화 유지
④ 콘크리트의 재료 분리 촉진

> 진동기의 사용목적 : 콘크리트를 밀실하게 만들기 위함

65. 철골용접 부위의 비파괴검사에 관한 설명으로 옳지 않은 것은?

① 방사선검사는 필름의 밀착성이 좋지 않은 건축물에서도 검출이 우수하다.
② 침투탐상검사는 액체의 모세관현상을 이용한다.
③ 초음파탐상검사는 인간의 귀로 들을 수 없는 주파수를 갖는 초음파를 사용하여 결함을 검출하는 방법이다.
④ 외관검사는 용접을 한 용접공이나 용접관리 기술자가 하는 것이 원칙이다.

> 철골의 비파괴 검사법

철골의 비파괴 검사법	
① 방사선투과시험 RT(Radiography Testing)	X선·r 선을 용접부에 투과하고 그 상태를 필름에 촬영하여 내부결함 검출(필름의 밀착성이 좋지 않은 건축물에서는 검출이 어렵다)
② 초음파탐상시험 UT(Ultrasonic Testing)	① 인간이 들을 수 없는 주파수가 20KHz를 넘는 진동수를 갖는 초음파(超音波)를 사용하여 결함을 탐지 ② 5mm 이상의 두꺼운 판에는 부적당 ③ 초음파 5~10MH2 법위의주파수 사용
③ 자기분말탐상시험 MT (Magnetic particle Testing)	용접부위에 자력선을 통과하여 결함에서 생기는 자장에 의해 표면결함 검출
④ 침투탐상시험 PT(Penetrant Testing)	용접부위에 침투액을 도포하고 표면을 닦은 후 검사약을 도포하여 표면결함 검출(모세관현상이용)

66. 단순조적 블록쌓기의 관한 설명으로 옳지 않은 것은?

① 단순조적 블록쌓기의 세로줄눈은 도면 또는 공사시방서에서 정한 바가 없을 때에는 막힌 줄눈으로 한다.
② 살두께가 작은 편을 위로 하여 쌓는다.
③ 줄눈 모르타르는 쌓은 후 줄눈누르기 및 줄눈파기를 한다.
④ 특별한 지정이 없으면 줄눈은 10mm가 되게 한다.

> **블록쌓기**
> 1. 단순조적 블럭쌓기는 막힌줄눈이고 보강줄눈쌓기는 통줄눈으로 쌓는다.
> 2. 블록은 살두께가 두꺼운 편이 위로 하여 쌓는다.
> 3. 블록 쌓기 직후 줄눈누름, 줄눈파기, 치장줄눈을 한다.
> 4. 1일 쌓기높이는 1.5m(7켜 정도) 이내를 표준으로 한다.
> 5. 줄눈너비는 가로, 세로 각각 10mm가 되게 한다.

67. 네트워크공정표의 단점이 아닌 것은?

① 다른 공정표에 비하여 작성시간이 많이 필요하다.
② 작성 및 검사에 특별한 기능이 요구된다.
③ 진척관리에 있어서 특별한 연구가 필요하다.
④ 개개의 관련작업이 도시되어 있지 않아 내용을 알기 어렵다.

> 개개의 관련작업이 도시되어 있어 내용을 알기 쉽다.
> **네트워크 공정표의 장·단점**

장점	① 개개의 관련작업이 도시되어 있어 내용을 알기 쉽다. ② 공정계획, 관리면에서 신뢰도가 높으며 전자계산기의 사용이 가능하다. ③ 개개 공사의 상호관계가 명확하여 주공정선에는 작업인원의 중점배치가 가능하다. ④ 작성자 이외의 사람도 이해하기 쉬워 건축주, 공사관계자의 공정회의에 대단히 편리
단점	① 다른 공정표에 비해 작성하는 데 시간이 많이 걸린다. ② 작성 과 검사에 특별한 기능이 필요하다. ③ 작업을 세분화하기에는 한계가 있다. ④ 공정표를 수정하기가 어렵다.

68. 주문받은 건설업자가 대상 계획의 기업, 금융, 토지조달, 설계, 시공 등을 포괄하는 도급계약방식을 무엇이라 하는가?

① 실비청산 보수가산도급
② 정액도급
③ 공동도급
④ 턴키도급

> **턴키 도급(Turn Key base contract)**
> 도급자가 대상계획의 기업, 자금조달, 토지확보, 설계, 시공, 기계기구설치, 시운전, 조업지도에 이르기까지 주문자가 필요한 것을 모두 조달하여 주문자에게 인도하는 도급계약방식

69. ALC 블록공사 시 내력벽 쌓기에 관한 내용으로 옳지 않은 것은?

① 쌓기 모르타르는 교반기를 사용하여 배합하며, 1시간 이내에 사용해야 한다.
② 가로 및 세로줄눈의 두께는 3~5mm 정도로 한다.
③ 하루 쌓기 높이는 1.8m를 표준으로 하며, 최대 2.4m 이내로 한다.
④ 연속되는 벽면의 일부를 나중쌓기로 할 때에는 그 부분을 층단 떼어쌓기로 한다.

> **A.L.C블록공사**
> 1. A.L.C는 석회질, 규산질 원료와 기포제 및 혼화제를 물과 혼합하여 고온고압증기 양생 하여 만든 경량콘크리트의 일종이다.
> 2. 쌓기 모르타르는 교반기를 사용하여 배합하며 1시간 이내에 사용해야 한다.
> 3. 줄눈의 두께는 1~3mm 정도로 한다.
> 4. 블록 상하단의 겹침길이는 블록길이의 1/3~1/2를 원칙으로 하고 최소 100mm 이상으로 한다.
> 5. 하루 쌓기높이는 1.8m를 표준으로 하고 최대 2.4m 이내로 한다.
> 6. 연속되는 벽면의 일부를 티게 하여 나중쌓기로 할 때에는 그 부분을 층단 떼어 쌓기로 한다.

70. 시험말뚝에 변형률계(srtain gauge)와 가속도계(accelerometer)를 부착하여 말뚝항타에 의한 파형으로부터 지지력을 구하는 시험은?

① 정적재하시험　　② 동적재하시험
③ 비비시험　　　　④ 인발 시험

동적재하시험

시험말뚝 상단에 가속도계(accelerometer)와 변형률계(strain gauge)를 설치하여 항타와 동시에 파일에 전달되는 가속도와 변형률을 신호조정기로 디지털신호로 전환하고 이때 발생한 신호를 이용하여 속도, 변위, 에너지 등을 구하여 지지력을 산정한다.

71. 지하 합벽거푸집에서 측압에 대비하여 버팀대를 삼각형으로 일체화한 공법은?

① 1회용 리브라스 거푸집
② 와플 거푸집
③ 무폼타이 거푸집
④ 단열 거푸집

무폼타이 거푸집

1. 정의
① 지하층 공사시 한 쪽 면은 거푸집을 설치하지 못하는 지반이고 다른 한 면에만 거푸집을 설치할 경우 폼타이 없이 한쪽면의 거푸집에 작용하는 측압을 지지하도록 한 거푸집
② 무폼타이 거푸집은 폼타이를 설치하지 않고 거푸집을 지지하는 브레이스프레임(Brace Frame)을 사용하므로 브레이스 공법이라고도 한다.

2. 무폼타이 거푸집 도해

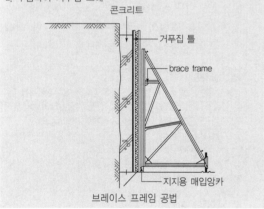

브레이스 프레임 공법

72. 부재별 철근의 정착위치에 관한 설명으로 옳지 않은 것은?

① 작은보의 주근은 슬래브에 정착한다.
② 기둥의 주근은 기초에 정착한다.
③ 바닥철근은 보 또는 벽체에 정착한다.
④ 벽철근은 기둥, 보 또는 바닥판에 정착한다.

작은 보의 주근은 큰 보에 정착한다.

참고 철근의 정착위치

① 기둥의 주근은 기초에 정착
② 보의 주근은 기둥에 정착
③ 작은 보의 주근은 큰 보에 정착
④ 벽철근은 기둥, 보 또는 바닥판에
⑤ 바닥철근은 보 또는 벽체에 정착한다.
⑥ 지중보의 주근은 기초 또는 기둥에 정착
⑦ 직교하는 단부보 밑에 기둥이 없을 때는 상호간에 정착한다.

73. 다음은 표준시방서에 따른 기성말뚝 세우기 작업 시 준수사항이다. ( )안에 들어갈 내용으로 옳은 것은? (단, 보기항의 D는 말뚝의 바깥지름임)

> 말뚝의 연직도나 경사도는 (A)이내로 하고, 말뚝박기 후 평면상의 위치가 설계도면의 위치로부터 (B)와 100mm 중 큰 값 이상으로 벗어나지 않아야 한다.

① A : 1/100, B : D/4
② A : 1/150, B : D/4
③ A : 1/100, B : D/2
④ A : 1/150, B : D/2

기성말뚝세우기

1. 시공기계는 말뚝이 소정의 위치에 정확하게 설치될 수 있도록 견고한 지반 위의 정확한 위치에 설치하여야 한다.
2. 말뚝을 정확하고도 안전하게 세우기 위해서는 정확한 규준틀을 설치하고 중심선 표시를 용이하게 하여야 하며, 말뚝을 세운 후 검측은 직교하는 2방향으로부터 하여야 한다.
3. 말뚝의 연직도나 경사도는 1/100 이내로 하고, 말뚝박기 후 평면상의 위치가 설계도면의 위치로부터 D/4(D는 말뚝의 바깥 지름)와 100mm 중 큰 값 이상으로 벗어나지 않아야 한다.

74. 제자리 콘크리트 말뚝지정 중 베노트 파일의 특징에 관한 설명으로 옳지 않은 것은?

① 기계가 저가이고 굴착속도가 비교적 빠르다.
② 케이싱을 지반에 압입해 가면서 관 내부 토사를 특수한 버킷으로 굴착 배토한다.
③ 말뚝구멍의 굴착 후에는 철근콘크리트 말뚝을 제자리치기 한다.
④ 여러 지질에 안전하고 정확하게 시공할 수 있다.

해답 71 ③ 72 ① 73 ① 74 ①

75. 철골 공사 중 현장에서 보수도장이 필요한 부위에 해당되지 않는 것은?

① 현장 용접을 한 부위
② 현장접합 재료의 손상부위
③ 조립상 표면접합이 되는 면
④ 운반 또는 양중 시 생긴 손상부위

76. 웰포인트(well point)공법에 관한 설명으로 옳지 않은 것은?

① 강제배수공법의 일종이다.
② 투수성이 비교적 낮은 사질실트층까지도 배수가 가능하다.
③ 흙의 안전성을 대폭 향상시킨다.
④ 인근 건축물의 침하에 영향을 주지 않는다.

77. 갱폼(Gang Form)에 관한 설명으로 옳지 않은 것은?

① 타워크레인, 이동식 크레인 같은 양중장비가 필요하다.
② 벽과 바닥의 콘크리트 타설을 한번에 가능하게 하기 위하여 벽체 및 슬래브거푸집을 일체로 제작한다.
③ 공사초기 제작기간이 길고 투자비가 큰 편이다.
④ 경제적인 전용횟수는 30~40회 정도이다.

78. 철골기둥의 이음부분 면을 절삭가공기를 사용하여 마감하고 충분히 밀착시킨 이음에 해당하는 용어는?

① 밀 스케일(mill scale)
② 스캘럽(scallop)
③ 스패터(spatter)
④ 메탈 터치(metal touch)

79. 공사의 도급계약에 명시하여야 할 사항과 가장 거리가 먼 것은? (단, 첨부서류가 아닌 계약서 상 내용을 의미)

① 공사내용
② 구조설계에 따른 설계방법의 종류
③ 공사착수의 시기와 공사완성의 시기
④ 하자담보책임기간 및 담보방법

도급계약서 명시사항
① 공사내용
② 공사착수시기, 완공시기
③ 도급액 지불방법과 시기
④ 인도, 검사 및 검사시기
⑤ 설계변경, 공사중지에 대한 도급액 변경, 손해부담에 관한 사항

80. 지하연속벽(Slurry Wall) 굴착 공사 중 공벽붕괴의 원인으로 보기 어려운 것은?

① 지하수위의 급격한 상승
② 안정액의 급격한 점도 변화
③ 물다짐하여 매립한 지반에서 시공
④ 공사 시 공법의 특성으로 발생하는 심한 진동

지하연속벽 공법은 저소음, 저진동 공법이다.
참고 슬러리월 공법(Slurry Wall)
1. 안정액을 사용하여 지반의 붕괴를 방지하면서 굴착하여 철근망을 넣고 콘크리트를 타설하여 콘크리트벽체를 연속적으로 축조하여 지수벽, 흙막이벽, 구조체벽 등의 지하구조물을 설치하는 공법
2. 장점
   ① 저소음, 저진동 공법
   ② 주변지반에 영향이 적다
   ③ 인접건물 근접시공가능
   ④ 차수성이 높다
   ⑤ 벽체 강성이 매우 크다
   ⑥ 임의의 치수와 형상이 가능하다
   ⑦ 길이, 깊이 조절가능
   ⑧ 가설 흙막이벽, 본구조물의 옹벽으로 사용가능하다
3. 단점
   ① 공사비가 고가이다
   ② 벤토나이트 용액처리가 곤란
   ③ 고도의 경험과 기술필요
   ④ 수평연속성 부족, 품질관리유의

81. 다음 미장재료 중 수경성 재료인 것은?

① 회반죽
② 회사벽
③ 석고 플라스터
④ 돌로마이트 플라스터

수경성 재료	① 물과 화학반응하여 경화하는 재료 ② 시멘트 모르타르, 석고 플라스터, 킨즈시멘트, 마그네시아 시멘트, 인조석 및 테라조 바름재 등
기경성 재료	① 공기 중의 탄산가스와 결합하여 경화하는 재료 ② 돌로마이트 플라스터, 소석회, 회사벽 등

82. 부재 두께의 증가에 따른 강도저하, 용접성 확보 등에 대응하기 위해 열간압연 시 냉각조건을 조절하여 냉각속도에 의해 강도를 상승시킨 구조용 특수강재는?

① 일반구조용 압연강재
② 용접구조용 압연강재
③ TMC 강재
④ 내후성 강재

TMC 강재(thermo mechanical control process steel)
소성가공과 열처리를 결합한 처리방법을 이용하여 가공한 것으로, 압연상태에서 높은 강도와 인성을 갖는 강재

83. 다음 중 고로시멘트의 특징으로 옳지 않은 것은?

① 고로시멘트는 포틀랜드시멘트 클링커에 급랭한 고로슬래그를 혼합한 것이다.
② 초기강도는 약간 낮으나 장기강도는 보통포틀랜드시멘트와 같거나 그 이상이 된다.
③ 보통포틀랜드시멘트에 비해 화학저항성이 매우 낮다.
④ 수화열이 적어 매스콘크리트에 적합하다.

84. 목재를 이용한 가공제품에 관한 설명으로 옳은 것은?

① 집성재는 두께 1.5~3cm의 널을 접착제로 섬유평행방향으로 겹쳐 붙여서 만든 제품이다.
② 합판은 3매이상의 얇은 판을 1매마다 접착제로 섬유평행방향으로 겹쳐 붙여서 만든 제품이다.
③ 연질섬유판은 두께 50mm, 나비 100mm의 긴 판에 표면을 리브로 가공하여 만든 제품이다.
④ 파티클보드는 코르크나무의 수피를 분말로 가열, 성형, 접착하여 만든 제품이다.

85. 플라스틱 제품 중 비닐 레더(vinyl leather)에 관한 설명으로 옳지 않은 것은?

① 색체, 모양, 무늬 등을 자유롭게 할 수 있다.
② 면포로 된 것은 찢어지지 않고 튼튼하다.
③ 두께는 0.5~1mm이고, 길이는 10m의 두루마리로 만든다.
④ 커튼, 테이블크로스, 방수막으로 사용된다.

86. 알루미늄의 성질에 관한 설명으로 옳지 않은 것은?

① 비중이 철에 비해 약 1/3정도이다.
② 황산, 인산 중에서는 침식되지만 염산 중에서는 침식되지 않는다.
③ 열, 전기의 양도체이며 반사율이 크다.
④ 부식률은 대기 중의 습도와 염분함유량, 불순물의 양과 질 등에 관계되며 0.08mm/년 정도이다.

87. 목재 건조 시 생재를 수중에 일정기간 침수시키는 주된 이유는?

① 재질을 연하게 만들어 가공하기 쉽게 하기 위하여
② 목재의 내화도를 높이기 위하여
③ 강도를 크게 하기 위하여
④ 건조기간을 단축시키기 위하여

88. 다음 중 방청도료에 해당되지 않는 것은?

① 광명단조합페인트
② 클리어 래커
③ 에칭프라이머
④ 징크로메이트 도료

해답 84 ① 85 ④ 86 ② 87 ④ 88 ②

89. 보통시멘트콘크리트와 비교한 폴리머 시멘트콘크리트의 특징으로 옳지 않은 것은?

① 유동성이 감소하여 일정 워커빌리티를 얻는데 필요한 물-시멘트비가 증가한다.
② 모르타르, 강재, 목재 등의 각종 재료와 잘 접착한다.
③ 방수성 및 수밀성이 우수하고 동결융해에 대한 저항성이 양호하다.
④ 휨, 인장강도 및 신장능력이 우수하다.

> 폴리머 시멘트 콘크리트는 물의 일부를 고분자화합물로 대체한 것으로 물-시멘트비가 증가하지 않는다.

90. 실리콘(silicon)수지에 관한 설명으로 옳지 않은 것은?

① 실리콘수지는 내열성, 내한성이 우수하여 -60~260℃의 범위에서 안정하다.
② 탄성을 지니고 있고, 내후성도 우수하다.
③ 발수성이 있기 때문에 건축물, 전기 절연물 등의 방수에 쓰인다.
④ 도료로 사용할 경우 안료로서 알루미늄 분말을 혼합한 것은 내화성이 부족하다.

> **실리콘수지**
> ① 무색무취
> ② 내수성, 내후성, 내화학성, 전기절연성이 우수
> ③ 내열성, 내한성이 우수하여 -60~260℃의 범위에서 안정하고 탄성을 가진다.
> ④ 발수성이 있어 건축물 등의 방수제로 쓰인다.
> ⑤ 방수재, 접착제, 도료, 실링재, 가스켓, 패킹재로 사용

91. 다음 제품 중 점토로 제작된 것이 아닌 것은?

① 경량벽돌　　② 테라코타
③ 위생도기　　④ 파키트리 패널

> 파키트리 패널은 목재로서 파키트리보드를 3~5매씩 조합하여 만든 마루판재이다.

92. 다음 각 도료에 관한 설명으로 옳지 않은 것은?

① 유성페인트 : 건조시간이 길고 피막이 튼튼하고 광택이 있다.
② 수성페인트 : 유성페인트에 비하여 광택이 매우 우수하고 내구성 및 내마모성이 크다.
③ 합성수지 페인트 : 도막이 단단하고 내산성 및 내알칼리성이 우수하다.
④ 에나멜페인트 : 건조가 빠르고, 내수성 및 내약품성이 우수하다.

> **수성페인트**
> 1. 안료를 적은 양의 물로 용해하여 수용성 교착제와 혼합한 분말상태의 도료
> 2. 내수성, 내마모성이 나쁘다.
> 3. 내알칼리성이 있다.
> 4. 건조가 빠르고 작업성이 좋다.
> 5. 광택이 없다.
> 6. 독성, 화재 발생위험이 없다.
> 7. 모르타르면, 회반죽면에 사용할 수 있다.

93. 경질우레탄폼 단열재에 관한 설명으로 옳지 않은 것은?

① 규격은 한국산업표준(KS)에 규정되어 있다.
② 공사현장에서 발포시공이 가능하다.
③ 사용시간이 경과함에 따라 부피가 팽창하는 결점이 있다.
④ 초저온 장치용 보냉재로 사용된다.

> 경질우레탄폼은 시간의 경과가 아니라 열의 영향에 따라 팽창한다.

94. 콘크리트용 골재의 요구성능에 관한 설명으로 옳지 않은 것은?

① 골재의 강도는 경화한 시멘트페이스트 강도보다 클 것
② 골재의 형태가 예각이며, 표면은 매끄러울 것
③ 골재의 입형이 둥글고 입도가 고를 것
④ 먼지 또는 유기불순물을 포함하지 않을 것

---

95. 양질의 도토 또는 장석분을 원료로 하며, 흡수율이 1% 이하로 거의 없고 소성온도가 약 1230~1460℃인 점토 제품은?

① 토기 ② 석기
③ 자기 ④ 도기

점토 소성제품의 분류

종류	소성온도 (℃)	흡수율 (%)	건축재료	비고
토기	700~900	20% 이상	기와, 적벽돌, 토관	저급점토 사용
도기	1,100 ~1,250	10%	내장타일, 테라코타	
석기	1,200 ~1,350	3~10%	마루타일, 클링커 타일	시유약을 사용하지 않고 식염유를 쓴다.
자기	1,230 ~1,460	1% 이하	내장타일, 외장 타일, 바닥타일, 위생도기, 모자이크 타일	양질의 도토 또는 장석분을 원료로 하며 두드리면 청음이 난다.

96. 콘크리트의 워커빌리티(workability)에 관한 설명으로 옳지 않은 것은?

① 과도하게 비빔시간이 길면 시멘트의 수화를 촉진하여 워커빌리티가 나빠진다.
② 단위수량을 너무 증가시키면 재료분리가 생기기 쉽기 때문에 워커빌리티가 좋아진다고 볼 수 없다.
③ AE제를 혼입하면 워커빌리티가 좋아진다.
④ 깬자갈이나 깬모래를 사용할 경우, 잔골재율을 작게 하고 단위수량을 감소시켜 워커빌리티가 좋아진다.

97. 건축물에 사용되는 천장마감재의 요구성능으로 옳지 않은 것은?

① 내충격성 ② 내화성
③ 흡음성 ④ 차음성

①항, 내충격성은 바닥재의 요구 성능이다.

98. 세라믹재료의 일반적인 특성에 관한 설명으로 옳지 않은 것은?

① 내열성, 화학저항성이 우수하다.
② 전·연성이 매우 뛰어나 가공이 용이하다.
③ 단단하고, 압축강도가 높다.
④ 전기절연성이 있다.

세라믹재료는 전·연성이 없어 높은 온도에서도 변형이 생기지 않는다.

99. 한중 콘크리트의 배합에 관한 설명으로 옳지 않은 것은?

① 한중 콘크리트에는 일반콘크리트만을 사용하고, AE콘크리트의 사용을 금한다.
② 단위수량은 초기동해를 적게 하기 위하여 소요의 워커빌리티를 유지할 수 있는 범위 내에서 되도록 적게 정하여야 한다.
③ 물-결합재비는 원칙적으로 60% 이하로 하여야 한다.
④ 배합강도 및 물-결합재비는 적산온도방식에 의해 결정할 수 있다.

해답 95 ③ 96 ④ 97 ① 98 ② 99 ①

한중 콘크리트는 하루의 평균기온이 4℃ 이하가 예상되는 기상 조건에서 콘크리트가 동결할 염려가 있을 때 시공하는 콘크리트로 동결을 방지하기 위해 AE제를 사용하는 것을 원칙으로 한다.

100. 유리의 주성분 중 가장 많이 함유되어 있는 것은?

① CaO
② SiO_2
③ Al_2O_3
④ MgO

유리의 주성분은 이산화규소(SiO_2)이며, Na_2O, CaO등을 첨가하여 만든다.

■■■ 제6과목 건설안전기술

101. 비계의 높이가 2m 이상인 작업장소에 설치하는 작업발판의 설치기준으로 옳지 않은 것은? (단, 달비계, 달대비계 및 말비계는 제외)

① 작업발판의 폭은 40cm 이상으로 한다.
② 작업발판재료는 뒤집히거나 떨어지지 않도록 하나 이상의 지지물에 연결하거나 고정시킨다.
③ 발판재료 간의 틈은 3cm 이하로 한다.
④ 작업발판의 지지물은 하중에 의하여 파괴될 우려가 없는 것을 사용한다.

작업발판재료는 뒤집히거나 떨어지지 아니하도록 2 이상의 지지물에 연결하거나 고정시킬 것
참고 산업안전보건기준에 관한 규칙 제56조 【작업발판의 구조】

102. NATM공법 터널공사의 경우 록 볼트 작업과 관련된 계측결과에 해당되지 않은 것은?

① 내공변위 측정 결과
② 천단침하 측정 결과
③ 인발시험 결과
④ 진동 측정 결과

록 볼트 작업의 표준시공방식으로서 시스템 볼팅을 실시하여야 하며 인발시험, 내공 변위측정, 천단침하측정, 지중변위측정 등의 계측결과로부터 다음 각 목에 해당될 때에는 록 볼트의 추가시공을 하여야 한다.
가. 터널벽면의 변형이 록 볼트 길이의 약 6% 이상으로 판단되는 경우
나. 록 볼트의 인발시험 결과로부터 충분한 인발내력이 얻어지지 않는 경우
다. 록 볼트 길이의 약 반이상으로부터 지반 심부까지의 사이에 축력분포의 최대치가 존재하는 경우
라. 소성영역의 확대가 록 볼트 길이를 초과한 것으로 판단되는 경우
참고 터널공사표준안전작업지침-NATM공법 제21조 【시공】

103. 거푸집동바리 등을 조립하는 경우에 준수하여야 할 사항으로 옳지 않은 것은?

① 깔목의 사용, 콘크리트 타설, 말뚝박기 등 동바리의 침하를 방지하기 위한 조치를 할 것
② 개구부 상부에 동바리를 설치하는 경우에는 상부하중을 견딜 수 있는 견고한 받침대를 설치할 것
③ 거푸집이 곡면인 경우에는 버팀대의 부착 등 그 거푸집의 부상(浮上)을 방지하기 위한 조치를 할 것
④ 동바리의 이음은 맞댄이음이나 장부이음을 피할 것

동바리의 이음은 맞댄이음이나 장부이음으로 하고 같은 품질의 재료를 사용할 것
참고 산업안전보건기준에 관한 규칙 제332조 【거푸집동바리등의 안전조치】

104. 불도저를 이용한 작업 중 안전조치사항으로 옳지 않은 것은?

① 작업종료와 동시에 삽날을 지면에서 띄우고 주차제동장치를 건다.
② 모든 조종간은 엔진 시동전에 중립 위치에 놓는다.
③ 장비의 승차 및 하차 시 뛰어내리거나 오르지 말고 안전하게 잡고 오르내린다.
④ 야간작업 시 자주 장비에서 내려와 장비 주위를 살피며 점검하여야 한다.

차량계 건설기계는 운전자가 운전위치 이탈 시에 삽날(버킷 또는 디퍼 등)를 지면에 내려놓아야 한다.

---

105. 콘크리트 타설작업과 관련하여 준수하여야 할 사항으로 가장 거리가 먼 것은?

① 당일의 작업을 시작하기 전에 해당 작업에 관한 거푸집 동바리 등의 변형·변이 및 지반의 침하 유무 등을 점검하고 이상이 있으면 보수할 것

② 콘크리트를 타설하는 경우에는 편심이 발생하지 않도록 골고루 분산하여 타설할 것

③ 진동기의 사용은 많이 할수록 균일한 콘크리트를 얻을 수 있으므로 가급적 많이 사용할 것

④ 설계도서상의 콘크리트 양생기간을 준수하여 거푸집동바리 등을 해체할 것

> 진동기는 적절히 사용되어야 하며, 지나친 진동은 거푸집 도괴의 원인이 될 수 있으므로 각별히 주의하여야 한다.

106. 화물취급작업과 관련한 위험방지를 위해 조치하여야 할 사항으로 옳지 않은 것은?

① 하역작업을 하는 장소에서 작업장 및 통로의 위험한 부분에는 안전하게 작업할 수 있는 조명을 유지할 것

② 하역작업을 하는 장소에는 부두 또는 안벽의 선을 따라 통로를 설치하는 경우에는 폭을 50cm 이상으로 할 것

③ 차량 등에서 화물을 내리는 작업을 하는 경우에 해당 작업에 종사하는 근로자에게 쌓여 있는 화물 중간에서 화물을 빼내도록 하지 말 것

④ 꼬임이 끊어진 섬유로프 등을 화물운반용 또는 고정용으로 사용하지 말 것

> 부두 또는 안벽의 선을 따라 통로를 설치하는 때에는 폭을 90cm 이상으로 할 것
> [참고] 산업안전보건기준에 관한 규칙 제390조 【하역작업장의 조치기준】

107. 유해위험방지 계획서를 제출하려고 할 때 그 첨부서류와 가장 거리가 먼 것은?

① 공사개요서
② 산업안전보건관리비 작성요령
③ 전체 공정표
④ 재해 발생 위험 시 연락 및 대피방법

> 산업안전보건관리비 작성요령이 아니라 사용계획이 포함된다.
> [참고] 유해·위험방지 계획서 제출 시 첨부서류
> 1. 공사 개요서
> 2. 공사현장의 주변 현황 및 주변과의 관계를 나타내는 도면(매설물 현황을 포함한다)
> 3. 건설물, 사용 기계설비 등의 배치를 나타내는 도면
> 4. 전체 공정표
> 5. 산업안전보건관리비 사용계획
> 6. 안전관리 조직표
> 7. 재해 발생 위험 시 연락 및 대피방법

108. 건설재해대책의 사면보호공법 중 식물을 생육시켜 그 뿌리로 사면의 표층토를 고정하여 빗물에 의한 침식, 동상, 이완 등을 방지하고, 녹화에 의한 경관조성을 목적으로 시공하는 것은?

① 식생공　　　　　② 쉴드공
③ 뿜어 붙이기공　　④ 블럭공

> **식생공**
> ① 식생에 의한 비탈면 보호, 녹화, 구조물에 의한 비탈면 보호공과의 병용
> ② 종류 : 씨앗 뿜어붙이기공, 식생 매트공, 식생줄떼공, 줄떼공, 식생판공, 식생망태공, 부분 객토 식생공

109. 건설현장에 설치하는 사다리식 통로의 설치기준으로 옳지 않은 것은?

① 발판과 벽과의 사이는 15cm 이상의 간격을 유지할 것
② 발판의 간격은 일정하게 할 것
③ 사다리의 상단은 걸쳐놓은 지점으로부터 60cm 이상 올라가도록 할 것
④ 사다리식 통로의 길이가 10m 이상인 경우에는 3m 이내마다 계단참을 설치할 것

사다리식 통로의 길이가 10미터 이상인 경우에는 5미터 이내마다 계단참을 설치할 것
참고 산업안전보건기준에 관한 규칙 제24조【사다리식 통로 등의 구조】

110. 표준관입시험에 관한 설명으로 옳지 않은 것은?

① N치(N-value)는 지반을 30cm 굴진하는데 필요한 타격횟수를 의미한다.
② N치가 4~10일 경우 모래의 상대밀도는 매우 단단한 편이다.
③ 63.5kg 무게의 추를 76cm 높이에서 자유낙하하여 타격하는 시험이다.
④ 사질지반에 적용하며, 점토지반에서는 편차가 커서 신뢰성이 떨어진다.

표준관입시험

모래 지반의 N값	점토질 지반의 N값	상태
0~4	0~2	매우 느슨하다.
4~10	2~4	느슨하다.
10~30	4~8	보통이다.
30~50	8~15	단단하다
50 이상	15~30	매우 다진 상태이다.
~	30 이상	경질(hard)

111. 건설공사의 산업안전보건관리비 계상 시 대상액이 구분되어 있지 않은 공사는 도급계약 또는 자체사업 계획 상의 총 공사금액 중 얼마를 대상액으로 하는가?

① 50%
② 60%
③ 70%
④ 80%

대상액이 구분되어 있지 않은 공사는 도급계약 또는 자체사업계획 상의 총공사금액의 70퍼센트를 대상액으로 하여 안전보건관리비를 계상하여야 한다.
참고 산업안전보건관리비 계상 및 사용기준 제5조【계상방법 및 계상시기 등】

112. 흙막이 지보공을 설치하였을 경우 정기적으로 점검하고 이상을 발견하면 즉시 보수하여야 하는 사항과 가장 거리가 먼 것은?

① 부재의 접속부·부착부 및 교차부의 상태
② 버팀대의 긴압(緊壓)의 정도
③ 부재의 손상·변형·부식·변위 및 탈락의 유무와 상태
④ 지표수의 흐름 상태

사업주는 흙막이 지보공을 설치하였을 때에는 정기적으로 다음 각 호의 사항을 점검하고 이상을 발견하면 즉시 보수하여야 한다.
1. 부재의 손상·변형·부식·변위 및 탈락의 유무와 상태
2. 버팀대의 긴압(緊壓)의 정도
3. 부재의 접속부·부착부 및 교차부의 상태
4. 침하의 정도
참고 산업안전보건기준에 관한 규칙 제347조【붕괴 등의 위험 방지】

113. 작업발판 및 통로의 끝이나 개구부로서 근로자가 추락할 위험이 있는 장소에서 난간등의 설치가 매우 곤란하거나 작업의 필요상 임시로 난간등을 해체하여야 하는 경우에 설치하여야 하는 것은?

① 구명구
② 수직보호망
③ 석면포
④ 추락방호망

사업주는 난간등을 설치하는 것이 매우 곤란하거나 작업의 필요상 임시로 난간등을 해체하여야 하는 경우 추락방호망을 설치하여야 한다. 다만, 추락방호망을 설치하기 곤란한 경우에는 근로자에게 안전대를 착용하도록 하는 등 추락할 위험을 방지하기 위하여 필요한 조치를 하여야 한다.
참고 산업안전보건기준에 관한 규칙 제43조【개구부 등의 방호조치】

114. 산업안전보건법령에 따른 양중기의 종류에 해당하지 않는 것은?

① 곤돌라
② 리프트
③ 클램셸
④ 크레인

해답 110 ② 111 ③ 112 ④ 113 ④ 114 ③

양중기란 다음 각 호의 기계를 말한다.
1. 크레인[호이스트(hoist)를 포함한다]
2. 이동식 크레인
3. 리프트(이삿짐운반용 리프트의 경우에는 적재하중이 0.1톤 이상인 것으로 한정한다)
4. 곤돌라
5. 승강기
참고 산업안전보건기준에 관한 규칙 제132조【양중기】

115. 철골용접부의 내부결함을 검사하는 방법으로 가장 거리가 먼 것은?

① 알칼리 반응 시험 　② 방사선 투과시험
③ 자기분말 탐상시험 ④ 침투 탐상시험

철골용접부의 내부결함 검사방법
1. 방사선 투과시험
2. 초음파 탐상시험
3. 자기분말 탐상시험
4. 침투탐상 시험

116. 도심지 폭파해체공법에 관한 설명으로 옳지 않은 것은?

① 장기간 발생하는 진동, 소음이 적다.
② 해체 속도가 빠르다.
③ 주위의 구조물에 끼치는 영향이 적다.
④ 많은 분진 발생으로 민원을 발생시킬 우려가 있다.

도심지는 주변 건축물에 소음, 진동 등 폭파의 영향이 매우 크므로 사전에 대비하여야 한다.

117. 근로자의 추락 등의 위험을 방지하기 위한 안전난간의 설치요건에서 상부난간대를 120cm 이상 지점에 설치하는 경우 중간난간대를 최소 몇 단 이상 균등하게 설치하여야 하는가?

① 2단 　　　② 3단
③ 4단 　　　④ 5단

상부 난간대는 바닥면·발판 또는 경사로의 표면으로부터 90센티미터 이상 지점에 설치하고, 상부 난간대를 120센티미터 이하에 설치하는 경우에는 중간 난간대는 상부 난간대와 바닥면등의 중간에 설치하여야 하며, 120센티미터 이상 지점에 설치하는 경우에는 중간 난간대를 2단 이상으로 균등하게 설치하고 난간의 상하 간격은 60센티미터 이하가 되도록 할 것. 다만, 계단의 개방된 측면에 설치된 난간기둥 간의 간격이 25센티미터 이하인 경우에는 중간 난간대를 설치하지 아니할 수 있다.
참고 산업안전보건기준에 관한 규칙 제13조【안전난간의 구조 및 설치요건】

118. 말비계를 조립하여 사용하는 경우 지주부재와 수평면의 기울기는 얼마 이하로 하여야 하는가?

① 65° 　　　② 70°
③ 75° 　　　④ 80°

말비계 조립 시 지주부재와 수평면의 기울기를 75도 이하로 하고, 지주부재와 지주부재 사이를 고정시키는 보조부재를 설치할 것
참고 산업안전보건기준에 관한 규칙 제67조【말비계】

119. 지반 등의 굴착 시 위험을 방지하기 위한 연암 지반 굴착면의 기울기 기준으로 옳은 것은?

① 1 : 0.3 　　② 1 : 0.4
③ 1 : 0.5 　　④ 1 : 0.6

굴착면 기울기기준		
구분	지반의 종류	기울기
보통흙	습지	1 : 1 ~ 1 : 1.5
	건지	1 : 0.5 ~ 1 : 1
암반	풍화암	1 : 0.8
	연암	1 : 0.5
	경암	1 : 0.3

120. 흙막이 공법을 흙막이 지지방식에 의한 분류와 구조방식에 의한 분류로 나눌 때 다음 중 지지방식에 의한 분류에 해당하는 것은?

① 수평 버팀대식 흙막이 공법
② H-Pile 공법
③ 지하연속벽 공법
④ Top down method 공법

지지방식과 구조 방식

지지방식	• 자립 흙막이 공법 • 버팀대(strut)식 흙막이 공법(수평, 빗 버팀대) • Earth Anchor 또는 타이로드식 흙막이 공법 (마찰형, 지압형, 복합형)
구조방식	• 엄지 말뚝(H-pile)공법 • 강재 널말뚝(Steel sheet pile)공법 • 지중 연속식(slurry wall)공법

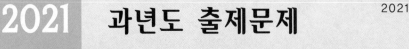
■■■ **제1과목 산업안전관리론**

1. 산업안전보건법령상 건설업의 경우 안전보건관리규정을 작성하여야 하는 상시근로자수 기준으로 옳은 것은?

① 50명 이상   ② 100명 이상
③ 200명 이상   ④ 300명 이상

안전보건관리규정을 작성해야 할 사업	
사업의 종류	**규모**
1. 농업 2. 어업 3. 소프트웨어 개발 및 공급업 4. 컴퓨터 프로그래밍, 시스템 통합 및 관리업 5. 정보서비스업 6. 금융 및 보험업 7. 임대업; 부동산 제외 8. 전문, 과학 및 기술 서비스업 (연구개발업은 제외한다) 9. 사업지원 서비스업 10. 사회복지 서비스업	상시 근로자 300명 이상을 사용하는 사업장
11. 제1호부터 제10호까지의 사업을 제외한 사업	상시 근로자 100명 이상을 사용하는 사업장

참고 산업안전보건법 시행규칙 별표 2【안전보건관리규정을 작성해야 할 사업의 종류 및 상시근로자 수】

2. 재해손실비 중 직접비에 속하지 않는 것은?

① 요양급여   ② 장해급여
③ 휴업급여   ④ 영업손실비

영업손실비는 간접비용이다.
참고 하인리히의 재해손실비
1. 직접비의 종류
  ① 휴업급여   ② 요양비
  ③ 장애 보상비   ④ 유족 보상비
  ⑤ 장의비   ⑥ 상병보상연금(일시 보상비)
2. 간접비 : 직접비를 제외한 모든 비용

3. 산업안전보건법령상 안전관리자의 업무에 명시 되지 않은 것은?

① 사업장 순회점검, 지도 및 조치 건의
② 물질안전보건자료의 게시 또는 비치에 관한 보좌 및 지도·조언
③ 산업재해에 관한 통계의 유지·관리·분석을 위한 보좌 및 지도·조언
④ 해당 사업장 안전교육계획의 수립 및 안전 교육 실시에 관한 보좌 및 지도·조언

②항은 보건관리자의 업무에 해당한다.
안전관리자의 업무
1. 산업안전보건위원회 또는 안전 및 보건에 관한 노사협의체에서 심의·의결한 업무와 해당 사업장의 안전보건관리규정 및 취업규칙에서 정한 업무
2. 위험성평가에 관한 보좌 및 지도·조언
3. 안전인증대상기계등과 자율안전확인대상기계등 구입 시 적격품의 선정에 관한 보좌 및 지도·조언
4. 해당 사업장 안전교육계획의 수립 및 안전교육 실시에 관한 보좌 및 지도·조언
5. 사업장 순회점검, 지도 및 조치 건의
6. 산업재해 발생의 원인 조사·분석 및 재발 방지를 위한 기술적 보좌 및 지도·조언
7. 산업재해에 관한 통계의 유지·관리·분석을 위한 보좌 및 지도·조언
8. 법 또는 법에 따른 명령으로 정한 안전에 관한 사항의 이행에 관한 보좌 및 지도·조언
9. 업무 수행 내용의 기록·유지
10. 그 밖에 안전에 관한 사항으로서 고용노동부장관이 정하는 사항
참고 산업안전보건법 시행령 제18조【안전관리자의 업무 등】

4. 연평균 200명의 근로자가 작업하는 사업장에서 연간 2건의 재해가 발생하여 사망이 2명, 50일의 휴업일수가 발생했을 때, 이 사업장의 강도율은? (단, 근로자 1명당 연간근로시간은 2400시간으로 한다.)

① 약 15.7   ② 약 31.3
③ 약 65.5   ④ 약 74.3

해답 1 ②   2 ④   3 ②   4 ②

$$강도율 = \frac{근로손실일수}{연평균근로 총시간수} \times 10^3$$

$$= \frac{(7,500 \times 2) + \left(50 \times \dfrac{300}{365}\right)}{200 \times 2,400} \times 10^3 = 31.33$$

5. 작업자가 기계 등의 취급을 잘못해도 사고가 발생하지 않도록 방지하는 기능은?

① Back up 기능   ② Fail safe 기능
③ 다중계화 기능   ④ Fool proof 기능

> Fool proof란 근로자가 기계 등의 취급을 잘못해도 그것이 바로 사고나 재해로 연결되는 일이 없도록 하는 안전기구를 말한다. 즉, 인간의 착오·실수 등 이른바 인간과오를 방지하기 위한 것이다.

6. 산업안전보건법령상 산업안전보건관리비 사용명세서는 건설공사 종료 후 얼마간 보존해야 하는가? (단, 공사가 1개월 이내에 종료되는 사업은 제외한다.)

① 6개월간   ② 1년간
③ 2년간   ④ 3년간

> 건설공사도급인은 고용노동부장관이 정하는 바에 따라 해당 건설공사를 위하여 계상된 산업안전보건관리비를 그가 사용하는 근로자와 그의 관계수급인이 사용하는 근로자의 산업재해 및 건강장해 예방에 사용하고, 그 사용명세서를 매월(공사가 1개월 이내에 종료되는 사업의 경우에는 해당 공사 종료 시를 말한다) 작성하고 건설공사 종료 후 1년간 보존해야 한다.
> 참고 산업안전보건법 시행규칙 제89조【산업안전보건관리비의 사용】

7. 산업안전보건기준에 관한 규칙상 지게차를 사용하는 작업을 하는 때의 작업 시작 전 점검 사항에 명시되지 않은 것은?

① 제동장치 및 조종장치 기능의 이상 유무
② 하역장치 및 유압장치 기능의 이상 유무
③ 와이어로프가 통하고 있는 곳 및 작업장소의 지반 상태
④ 전조등·후미등·방향지시기 및 경보장치 기능의 이상 유무

> 지게차 작업시작 전 점검사항
> ① 제동장치 및 조종장치 기능의 이상유무
> ② 하역장치 및 유압장치 기능의 이상유무
> ③ 바퀴의 이상유무
> ④ 전조등·후미등·방향지시기 및 경보장치 기능의 이상유무
> 참고 산업안전보건기준에 관한 규칙 별표 3 [작업시작 전 점검사항]

8. 재해의 분석에 있어 사고유형, 기인물, 불안전한 상태, 불안전한 행동을 하나의 축으로 하고, 그것을 구성하고 있는 몇 개의 분류 항목을 크기가 큰 순서대로 나열하여 비교하기 쉽게 도시한 통계 양식의 도표는?

① 직선도   ② 특성요인도
③ 파레토도   ④ 체크리스트

> 파레토도 : 사고의 유형, 기인물 등 분류 항목을 큰 순서대로 도표화 하고, 문제나 목표의 이해가 편리하다.

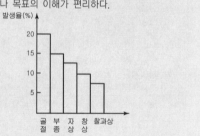

9. 산업안전 보건법령상 안전보건표지의 색채와 색도기준의 연결이 옳은 것은? (단, 색도기준은 한국산업표준(KS)에 따른 색의 3속성에 의한 표시방법에 따른다.)

① 흰색 : NO.5
② 녹색 : 5G 5.5/6
③ 빨간색 : 5R 4/12
④ 파란색 : 2.5PB 4/10

> 안전·보건표지 중 색채와 색도기준
> 1. 흰색 : N9.5
> 2. 녹색 : 2.5G 4/10
> 3. 빨간색 : 7.5R 4/14
> 참고 산업안전보건법 시행규칙 별표 8【안전보건표지의 색도기준 및 용도】

10. 위험예지훈련의 문제해결 4단계(4R)에 속하지 않는 것은?

① 현상파악 ② 본질추구
③ 대책수립 ④ 후속조치

11. 산업안전보건법령상 산업안전보건위원회의 심의·의결사항에 명시되지 않은 것은? (단, 그 밖에 해당 사업장 근로자의 안전 및 보건을 유지·증진시키기 위하여 필요한 사항은 제외)

① 사업장의 산업재해 예방계획의 수립에 관한 사항
② 산업재해에 관한 통계의 기록 및 유지에 관한 사항
③ 작업환경측정 등 작업환경의 점검 및 개선에 관한 사항
④ 안전장치 및 보호구 구입 시 적격품 여부 확인에 관한 사항

12. 안전관리조직의 유형 중 라인형에 관한 설명으로 옳은 것은?

① 대규모 사업장에 적합하다.
② 안전지식과 기술축적이 용이하다.
③ 명령과 보고가 상하관계뿐이므로 간단명료하다.
④ 독립된 안전참모 조직에 대한 의존도가 크다.

13. 산업안전보건법령상 안전인증대상기계등에 명시되지 않은 것은?

① 곤돌라 ② 연삭기
③ 사출성형기 ④ 고소 작업대

14. 보호구 안전인증고시 상 성능이 다음과 같은 방음용 귀마개(기호)로 옳은 것은?

> 저음부터 고음까지 차음하는 것

① EP-1 ② EP-2
③ EP-3 ④ EP-4

방음용 귀마개 또는 귀덮개의 종류·등급 등			
종류	등급	기호	성능
귀마개	1종	EP-1	저음부터 고음까지 차음하는 것
	2종	EP-2	주로 고음을 차음하고 저음(회화음영역)은 차음하지 않는 것
귀덮개	-	EM	

15. 안전관리에 있어 5C 운동(안전행동 실천운동)에 속하지 않는 것은?

① 통제관리(Control)
② 청소청결(Cleaning)
③ 정리정돈(Clearance)
④ 전심전력(Concentration)

> 5C 운동
> ① 복장단정(Correctness)
> ② 정리정돈(Clearance)
> ③ 청소청결(Cleaning)
> ④ 점검·확인(Checking)
> ⑤ 전심전력(Concentratiog)

16. 재해조사 시 유의사항으로 틀린 것은?

① 인적, 물적 양면의 재해요인을 모두 도출한다.
② 책임 추궁보다 재발 방지를 우선하는 기본 태도를 갖는다.
③ 목격자 등이 증언하는 사실 이외의 추측의 말은 참고만 한다.
④ 목격자의 기억보존을 위하여 조사는 담당자 단독으로 신속하게 실시한다.

> 재해조사 시 유의사항
> 1. 사실을 수집한다.
> 2. 목격자 등이 증언하는 사실 이외의 추측의 말은 참고한다.
> 3. 조사는 신속하게 행하고 긴급 조치하여, 2차 재해의 방지를 도모한다.
> 4. 사람, 기계 설비 양면의 재해 요인을 모두 도출한다.
> 5. 객관적인 입장에서 공정하게 조하며, 조사는 2인 이상이 한다.
> 6. 책임 추궁보다 재발 방지를 우선하는 기본 태도를 갖는다.
> 7. 피해자에 대한 구급 조치를 우선한다.
> 8. 2차 재해의 예방과 위험성에 대한 보호구를 착용한다.

17. 브레인스토밍(Brain Storming) 4원칙에 속하지 않는 것은?

① 비판수용
② 대량발언
③ 자유분방
④ 수정발언

> 브레인스토밍(Brain storming ; BS)의 4원칙
> 1. 비평(비판)금지 : 좋다, 나쁘다고 비평하지 않는다.
> 2. 자유분방 : 마음대로 편안히 발언한다.
> 3. 대량발언 : 무엇이건 좋으니 많이 발언하게 한다.
> 4. 수정발언 : 타인의 아이디어에 수정하거나 덧붙여 말하여도 좋다.

18. 시설물의 안전 및 유지관리에 관한 특별법상 다음과 같이 정의되는 것은?

> 시설물의 붕괴, 전도 등으로 인한 재난 또는 재해가 발생할 우려가 있는 경우에 시설물의 물리적·기능적 결함을 신속하게 발견하기 위하여 실시하는 점검

① 긴급안전점검
② 특별안전점검
③ 정밀안전점검
④ 정기안전검검

> "긴급안전점검"이란 시설물의 붕괴·전도 등으로 인한 재난 또는 재해가 발생할 우려가 있는 경우에 시설물의 물리적·기능적 결함을 신속하게 발견하기 위하여 실시하는 점검을 말한다.
> 참고 시설물의 안전 및 유지관리에 관한 특별법 제2조【정의】

19. 재해발생의 간접원인 중 교육적 원인에 속하지 않는 것은?

① 안전수칙의 오해
② 경험훈련의 미숙
③ 안전지식의 부족
④ 작업지시 부적당

해답 15 ① 16 ④ 17 ① 18 ① 19 ④

간접원인의 분류

	항목	세부항목
2차 원인	1. 정신적 원인	태만, 불만, 초조, 긴장, 공포, 반항 기타
	2. 신체적 원인	스트레스, 피로, 수면부족, 질병 등
	3. 기술적 원인	• 건물, 기계장치 설계 불량 • 구조, 재료의 부적합 • 생산 공정의 부적당 • 점검, 정비보존의 불량
	4. 교육적 원인	• 안전의식의 부족 • 안전수칙의 오숙 • 경험훈련의 미숙 • 작업방법의 교육 불충분 • 유해위험 작업의 교육 불충분
기초 원인	5. 관리적 원인	• 안전관리 조직 결함 • 안전수칙 미제정 • 작업준비 불충분 • 인원배치 부적당 • 작업지시 부적당
	6. 학교 교육적 원인	

20. 버드(F. Bird)의 사고 5단계 연쇄성 이론에서 제3단계에 해당하는 것은?

① 상해(손실)
② 사고(접촉)
③ 직접원인(징후)
④ 기본원인(기원)

> 버드의 신 도미노 이론(Frank Bird의 신 Domino 이론)
> 1단계 : 통제부족(관리, 경영)
> 2단계 : 기본원인(기원, 원이론)
> 3단계 : 직접원인(징후)
> 4단계 : 사고(접촉)
> 5단계 : 상해(손해, 손실)

21. 매슬로우(Maslow)의 욕구 5단계를 낮은 단계에서 높은 단계의 순서대로 나열한 것은?

① 생리적 욕구 → 안전 욕구 → 사회적 욕구 → 자아실현의 욕구 → 인정의 욕구
② 생리적 욕구 → 안전 욕구 → 사회적 욕구 → 인정의 욕구 → 자아실현의 욕구
③ 안전 욕구 → 생리적 욕구 → 사회적 욕구 → 자아실현의 욕구 → 인정의 욕구
④ 안전 욕구 → 생리적 욕구 → 사회적 욕구 → 인정의 욕구 → 자아실현의 욕구

> Maslow의 욕구단계이론
> ① 1단계 : 생리적 욕구
> ② 2단계 : 안전욕구
> ③ 3단계 : 사회적 욕구
> ④ 4단계 : 인정을 받으려는 욕구(승인의 욕구)
> ⑤ 5단계 : 자아실현의 욕구(성취욕구)

22. 산업안전심리학에서 산업안전심리의 5대 요소에 해당되지 않는 것은?

① 감정
② 습성
③ 동기
④ 피로

> 산업심리 요소
>
> | 종류 | 내용 |
> |---|---|
> | 심리의 5요소 | 습관, 동기, 기질, 감정, 습성 |
> | 습관의 4요소 | 동기, 기질, 감정, 습성 |

23. 학습이론 중 S-R 이론에서 조건반사설에 의한 학습이론의 원리에 해당되지 않는 것은?

① 시간의 원리
② 일관성의 원리
③ 기억의 원리
④ 계속성의 원리

> S-R 이론에서 조건반사설에 의한 학습이론
> ① 시간의 원리
> ② 강도의 원리
> ③ 일관성의 원리
> ④ 계속성의 원리

해답 20 ③ 21 ② 22 ④ 23 ③

24. 안전보건교육의 단계별 교육 중 태도교육의 내용과 가장 거리가 먼 것은?

① 작업동작 및 표준작업방법의 습관화
② 안전장치 및 장비 사용 능력의 빠른 습득
③ 공구·보호구 등의 관리 및 취급태도의 확립
④ 작업지시·전달·확인 등의 언어·태도의 정확화 및 습관화

태도교육의 특징
1. 목표 : 가치관의 형성, 작업동작의 정확화, 사용설비 공구 보호구 등에 대한 안전화 도모, 점검태도 방법
2. 교육내용
① 작업방법의 습관화
② 공구 및 보호구의 취급 관리
③ 안전작업의 습관화 및 정확화
④ 작업 전, 중, 후의 정확한 습관화

25. 집단과 인간관계에서 집단의 효과에 해당하지 않는 것은?

① 동조효과
② 견물효과
③ 암시효과
④ 시너지 효과

암시(Suggestion)란 다른 사람으로부터의 판단이나 행동을 무비판적으로 받아들이는 것으로 개인의 행동 매커니즘이다.

26. O.J.T(On the Job Training)의 장점이 아닌 것은?

① 개개인에게 적절한 지도훈련이 가능하다.
② 전문가를 강사로 초빙하는 것이 가능하다.
③ 훈련에 필요한 업무의 계속성이 끊어지지 않는다.
④ 직장의 실정에 맞게 실제적 훈련이 가능하다.

O.J.T와 off.J.T의 특징

O.J.T	off.J.T
• 개개인에게 적합한 지도훈련을 할 수 있다. • 직장의 실정에 맞는 실체적 훈련을 할 수 있다. • 훈련에 필요한 업무의 계속성이 끊어지지 않는다. • 즉시 업무에 연결되는 관계로 신체와 관련이 있다. • 효과가 곧 업무에 나타나며 훈련의 좋고 나쁨에 따라 개선이 용이하다. • 교육을 통한 훈련 효과에 의해 상호 신뢰도 및 이해도가 높아진다.	• 다수의 근로자에게 조직적 훈련이 가능하다. • 훈련에만 전념하게 된다. • 특별 설비 기구를 이용할 수 있다. • 전문가를 강사로 초청할 수 있다. • 각 직장의 근로자가 많은 지식이나 경험을 교류할 수 있다. • 교육 훈련 목표에 대해서 집단적 노력이 흐트러질 수 있다.

27. 다음은 리더가 가지고 있는 어떤 권력의 예시에 해당하는가?

[다음]
종업원의 바람직하지 않은 행동들에 대해 해고, 임금삭감, 견책 등을 사용하여 처벌한다.

① 보상권력
② 강압권력
③ 합법권력
④ 전문권력

조직이 지도자에게 부여한 권한

구분	내용
보상적 권한	지도자가 부하들에게 보상할 수 있는 능력으로 인해 부하직원들을 통제할 수 있으며 부하들의 행동에 대해 영향을 끼칠 수 있는 권한
강압적 권한	부하직원들을 처벌할 수 있는 권한
합법적 권한	조직의 규정에 의해 지도자의 권한이 공식화된 것

28. 생산작업의 경제성과 능률제고를 위한 동작경제의 원칙에 해당하지 않는 것은?

① 신체와 사용에 의한 원칙
② 작업장의 배치에 관한 원칙
③ 작업표준 작성에 관한 원칙
④ 공구 및 설비 디자인에 관한 원칙

29. 허시(Hersey)와 브랜차드(Blanchard)의 상황적 리더십 이론에서 리더십의 4가지 유형에 해당 하지 않는 것은?

① 통제적 리더십   ② 지시적 리더십
③ 참여적 리더십   ④ 위임적 리더십

30. 구안법의(Project method)의 단계를 올바르게 나열한 것은?

① 계획 → 목적 → 수행 → 평가
② 계획 → 목적 → 평가 → 수행
③ 수행 → 평가 → 계획 → 목적
④ 목적 → 계획 → 수행 → 평가

31. 산업안전보건법령상 근로자 안전·보건교육에서 채용 시 교육 및 작업내용 변경 시의 교육에 해당되는 것은?

① 사고 발생 시 긴급조치에 관한 사항
② 건강증진 및 질병 예방에 관한 사항
③ 유해·위험 작업환경 관리에 관한 사항
④ 작업공정의 유해·위험과 재해 예방대책에 관한 사항

32. 몹시 피로하거나 단조로운 작업으로 인하여 의식이 뚜렷하지 않은 상태의 의식 수준으로 옳은 것은?

① Phase I   ② Phase Ⅱ
③ Phase Ⅲ   ④ Phase Ⅳ

33. 안전교육 훈련의 기술교육 4단계에 해당하지 않는 것은?

① 준비단계
② 보습지도의 단계
③ 일을 완성하는 단계
④ 일을 시작하는 단계

34. 휴먼에러의 심리적 분류에 해당하지 않는 것은?

① 입력 오류(input error)

② 시간지연 오류(time error)

③ 생략 오류(omission error)

④ 순서 오류(sequential error)

인간 실수의 독립행동(심리적)에 의한 분류	
분류	내용
생략 오류 (error of omission)	어떤 일에 태만(怠慢)에 관한 것
실행 오류 (commission)	잘못된 행위의 실행에 관한 것
순서 오류 (sequence error)	잘못된 순서로 어떤 과업을 실행 하거나 과업에 들어갔을 때 생기는 것
시간 오류 (timing error)	할당된 시간 안에 동작을 실행하지 못하거나 너무 빠르거나 또는 너무 느리게 실행했을 때 생기는 것
불필요한 오류 (Extraneous Error)	불필요한 작업을 수행함으로 인하여 발생한 오류이다.

35. 강의계획 시 설정하는 학습목적의 3요소에 해당하는 것은?

① 학습방법　　　② 학습성과

③ 학습자료　　　④ 학습정도

학습목적의 3요소
① 목표(goal)
② 주제(subject)
③ 학습정도(level of learning)

36. 선발용으로 사용되는 적성검사가 잘 만들어졌는지를 알아보기 위한 분석방법과 관련이 없는 것은?

① 구성타당도　　　② 내용타당도

③ 동등타당도　　　④ 검사–재검사 신뢰도

적성검사의 타당도
① 내용타당도
② 구성타당도
③ 준거타당도
③ 안면타당도(검사 신뢰도)

37. 다음 설명에 해당하는 안전교육방법은?

> [다 음]
> ATP라고도 하며, 당초 일부 회사의 톱 매니지먼트(top management)에 대하여만 행하여졌으나, 그 후 널리 보급되었으며, 정책의 수립, 조직, 통제 및 운영 등의 교육내용을 다룬다.

① TWI(Training Within Industry)

② CCS(Civil communication section)

③ MTP(Management Training Program)

④ ATT(American Telephon & Telegram Co.)

CCS(Civil Communication Section) 또는 ATP(Administration Training Program)교육으로 당초에는 일부 회사의 톱 매니지먼트에 대해서만 행하여졌던 것이 널리 보급된 것으로 정책의 수립, 조직(경영부분, 조직형태, 구조 등), 통제(조직통제의 적용, 품질관리, 원가통제의 적용 등) 및 운영(운영조직, 협조에 의한 회사 운영) 등이 있다.

38. 상황성 누발자의 재해유발 원인과 가장 거리가 먼 것은?

① 기능 미숙 때문에

② 작업이 어렵기 때문에

③ 기계설비에 결함이 있기 때문에

④ 환경상 주의력의 집중이 혼란되기 때문에

①항은 미숙성 누발자에 해당한다.
상황성 누발자 : 작업의 어려움, 기계설비의 결함, 환경상 주의력의 집중 혼란, 심신의 근심 등 때문에 재해를 누발하는 자이다.

39. 정신상태 불량에 의한 사고의 요인 중 정신력과 관계되는 생리적 현상에 해당되지 않는 것은?

① 신경계통의 이상

② 육체적 능력의 초과

③ 시력 및 청각의 이상

④ 과도한 자존심과 자만심

④항, 과도한 자존심과 자만심은 사고에 있어 개성적 결함요인이다.

해답 **34** ① **35** ④ **36** ③ **37** ② **38** ① **39** ④

40. 인간의 심리 중에는 안전수단이 생략되어 불안전 행위를 나타내는 경우가 있다. 안전수단이 생략되는 경우로 가장 적절하지 않은 것은?

① 의식과잉이 있을 때
② 교육훈련을 실시할 때
③ 피로하거나 과로했을 때
④ 부적합한 업무에 배치될 때

> 안전수단이 생략되어 불안전 행위를 나타내는 경우
> 1. 의식과잉이 있을 때
> 2. 주변의 영향이 있을 때
> 3. 피로하거나 과로했을 때

■■■ 제3과목 인간공학 및 시스템안전공학

41. 작업공간의 배치에 있어 구성요소 배치의 원칙에 해당하지 않는 것은?

① 기능성의 원칙
② 사용빈도의 원칙
③ 사용순서의 원칙
④ 사용방법의 원칙

> 부품배치의 4원칙
>
> | 구분 | 내용 |
> |---|---|
> | 중요성의 원칙 | 부품을 작동하는 성능이 체계의 목표달성에 긴요한 정도에 따라 우선순위를 설정한다. |
> | 사용빈도의 원칙 | 부품을 사용하는 빈도에 따라 우선순위를 설정한다. |
> | 기능별 배치의 원칙 | 기능적으로 관련된 부품들(표시장치, 조정장치, 등)을 모아서 배치한다. |
> | 사용순서의 원칙 | 사용되는 순서에 따라 장치들을 가까이에 배치한다. |

42. 불필요한 작업을 수행함으로써 발생하는 오류로 옳은 것은?

① Command error
② Extraneous error
③ Secondary error
④ Commission error

> Extraneous error : 불필요한 task 또는 절차를 수행함으로서 기인한 과오

43. 불(Boole) 대수의 정리를 나타낸 관계식으로 틀린 것은?

① $A \cdot A = A$
② $A + \overline{A} = 0$
③ $A + AB = A$
④ $A + A = A$

> ②항, $A + \overline{A} = 1$

44. 작업면상의 필요한 장소만 높은 조도를 취하는 조명은?

① 완화조명
② 전반조명
③ 투명조명
④ 국소조명

> 국부조명(국소조명)
> 실제로 조명이 필요한 부분에만 집중적으로 조명을 하는 방식으로 다른 부분과 밝기 차이가 있어 눈이 쉽게 피로해 질 수 있다.

45. 인간이 기계보다 우수한 기능이라 할 수 있는 것은? (단, 인공지능은 제외한다.)

① 일반화 및 귀납적 추리
② 신뢰성 있는 반복 작업
③ 신속하고 일관성 있는 반응
④ 대량의 암호화된 정보의 신속한 보관

> 인간은 관찰을 통해서 일반화하여 귀납적으로 추리하는 기능이 있다.

46. 자동차를 생산하는 공장의 어떤 근로자가 95dB(A)의 소음수준에서 하루 8시간 작업하며 매 시간 조용한 휴게실에서 20분씩 휴식을 취한다고 가정하였을 때, 8시간 시간가중평균(TWA)은? (단, 소음은 누적소음노출량측정기로 측정 하였으며, OSHA 정한 95dB(A)허용시간은 4시간이라 가정한다.

① 약 91dB(A)
② 약 92dB(A)
③ 약 93dB(A)
④ 약 94dB(A)

해답 40 ② 41 ④ 42 ② 43 ② 44 ④ 45 ① 46 ②

1. 누적소음노출량 $D(\%) = \dfrac{C}{T} \times 100$

  C : 하루작업시간

  T : 소음노출허용시간

  ① 하루작업시간(C) : 8시간 작업시 시간당 20분 휴식

  $C = \dfrac{8 \times 40}{60} = 5.33$ 시간

  ② 소음허용노출시간(T) : 95$dB(A)$, 4시간

  ③ $D = \dfrac{5.33}{4} \times 100 = 133.25$

2. 시간가중평균 소음수준(TWA)

  $TWA = 16.61 \log\left(\dfrac{D}{100}\right) + 90$

  $= 16.61 \log\left(\dfrac{133.25}{100}\right) + 90 = 92\text{dB(A)}$

참고 작업환경측정 및 정도관리 등에 관한 고시 제36조 【소음 수준의 평가】

특정감관의 변화감지역은 사용되는 표준자극에 비례한다는 관계를 Weber 법칙이라 한다.

Weber 법칙 : $\dfrac{\Delta L}{I} = \text{const(일정)}$

  (ΔL) : 특정감관의 변화감지역

  (I) : 표준자극

---

49. 정신작업 부하를 측정하는 척도를 크게 4가지로 분류할 때 심박수의 변동, 뇌 전위, 동공 반응 등 정보 처리에 중추신경계 활동이 관여하고 그 활동이나 징후를 측정하는 것은?

① 주관적(subjective) 척도

② 생리적(physiological) 척도

③ 주 임무(primary task) 척도

④ 부 임무(secondary task) 척도

정신적 작업부하의 척도

① 주 임무(primary task) 척도 : 직무에 필요한 시간과 직무수행에 쓸 수 있는 시간의 비를 통한 작업부하 측정

② 부 임무(secondary task) 척도 : 주 임무에서 사용하지 않은 예비용량을 부 임무에 이용

③ 생리적(phsiological) 척도 : 심박수, 뇌전위, 동공반응, 호흡속도 등의 중추신경계의 활동을 측정

④ 주관적(subjective) 척도 : 설문평가를 통한 개인의 주관적 척도를 측정

---

47. 그림과 같은 FT도에서 정상사상 T의 발생 확률은? (단, X_1, X_2, X_3의 발생 확률은 각각 0.1, 0.15, 0.1이다.)

① 0.3115

② 0.35

③ 0.496

④ 0.9985

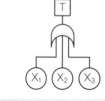

$1 - [(1-0.1) \times (1-0.15) \times (1-0.1)] = 0.3115$

---

50. 서브시스템, 구성요소, 기능 등의 잠재적 고장 형태에 따른 시스템의 위험을 파악하는 위험 분석 기법으로 옳은 것은?

① ETA(Event Tree Analysis)

② HEA(Human Error Analysis)

③ PHA(Preliminary Hazard Analysis)

④ FMEA(Failure Mode and Effect Analysis)

FMEA(고장의 형과 영향 분석 : failue modes and effects analysis)의 특징

① 시스템에 영향을 미치는 전체요소의 고장을 형별로 분석하여 그 영향을 검토

② 각 요소의 1항식 고장이 시스템의 1영향에 대응하는 방식

③ 시스템 내의 위험 상태 요소에 대해 정성적·귀납적으로 평가

---

48. 다음 현상을 설명한 이론은?

인간이 감지할 수 있는 외부의 물리적 자극 변화의 최소범위는 표준 자극의 크기에 비례한다.

① 피츠(Fitts) 법칙

② 웨버(Weber)법칙

③ 신호검출이론(SDT)

④ 힉-하이만(Hick-Hyman) 법칙

---

51. 산업안전보건법령상 해당 사업주가 유해위험방지 계획서를 작성하여 제출해야하는 대상은?

① 시·도지사
② 관할 구청장
③ 고용노동부장관
④ 행정안전부장관

사업주는 법령에 따라 해당하는 경우 유해·위험 방지에 관한 사항을 적은 계획서를 작성하여 고용노동부령으로 정하는 바에 따라 고용노동부장관에게 제출하고 심사를 받아야 한다.

참고 산업안전보건법 제42조 【유해위험방지계획서의 작성·제출 등】

52. 컷셋(Cut Sets)과 최소 패스셋(Minimal Path Sets)의 정의로 옳은 것은?

① 컷셋은 시스템 고장을 유발시키는 필요 최소한의 고장들의 집합이며, 최소 패스셋은 시스템의 신뢰성을 표시한다.
② 컷셋은 시스템 고장을 유발시키는 기본고장들의 집합이며, 최소 패스셋은 시스템의 불신뢰도를 표시한다.
③ 컷셋은 그 속에 포함되어 있는 모든 기본 사상이 일어났을 때 정상사상을 일으키는 기본사상의 집합이며, 최소 패스셋은 시스템의 신뢰성을 표시한다.
④ 컷셋은 그 속에 포함되어 있는 모든 기본 사상이 일어났을 때 정상사상을 일으키는 기본사상의 집합이며, 최소 패스셋은 시스템의 성공을 유발하는 기본사상의 집합이다.

1. 컷셋(cut sets)이란 그 속에 포함되어 있는 모든 기본사상이 일어났을 때 정상사상을 일으키는 기본사상의 집합을 말한다.
2. 최소 패스셋(Minimal path sets)이란 어떤 고장이나 실수를 일으키지 않으면 재해가 일어나지 않는다고 하는 것으로 시스템의 신뢰성을 나타낸다.

53. 시각적 표시장치보다 청각적 표시장치를 사용하는 것이 더 유리한 경우는?

① 정보의 내용이 복잡하고 긴 경우
② 정보가 공간적인 위치를 다룬 경우
③ 직무상 수신자가 한 곳에 머무르는 경우
④ 수신 장소가 너무 밝거나 암순응이 요구될 경우

표시장치의 선택

청각장치의 사용	시각장치의 사용
1. 전언이 간단하고 짧다.	1. 전언이 복잡하고 길다.
2. 전언이 후에 재참조 되지 않는다.	2. 전언이 후에 재참조 된다.
3. 전언이 시간적인 사상 (event)을 다룬다.	3. 전언이 공간적인 위치를 다룬다.
4. 전언이 즉각적인 행동을 요구한다.	4. 전언이 즉각적인 행동을 요구하지 않는다.
5. 수신자의 시각계통이 과부하 상태일 때	5. 수신자의 청각계통이 과부하 상태일 때
6. 수신 장소가 너무 밝거나 암조응 유지가 필요할 때	6. 수신장소가 너무 시끄러울 때
7. 직무상 수신자가 자주 움직이는 경우	7. 직무상 수신자가 한 곳에 머무르는 경우

54. 인간의 위치 동작에 있어 눈으로 보지 않고 손을 수평면상에서 움직이는 경우 짧은 거리는 지나치고, 긴 거리는 못 미치는 경향이 있는데 이를 무엇이라고 하는가?

① 사정효과(range effect)
② 반응효과(reaction effect)
③ 간격효과(distance effect)
④ 손동작효과(hand action effect)

사정효과(Range effect)
눈으로 보지 않고 손을 수평면상에서 움직이는 경우에 짧은 거리는 지나치고 긴 거리는 못 미치는 경향을 말하며 조작자가 작은 오차에는 과잉반응, 큰 오차에는 과소 반응을 하는 것이다.

해답 51 ③ 52 ③ 53 ④ 54 ①

55. Chapanis가 정의한 위험의 확률수준과 그에 따른 위험발생률로 옳은 것은?

① 전혀 발생하지 않는(impossible) 발생빈도 : 10^{-8} /day

② 극히 발생할 것 같지 않는(extremely unlikely) 발생빈도 : 10^{-6}/day

③ 거의 발생하지 않은(remote) 발생빈도 : 10^{-6} /day

④ 가끔 발생하는(occasional) 발생빈도 : 10^{-5}/day

chapanis의 위험 수준과 위험발생률

위험 수준	발생빈도(위험 발생률)
자주 발생하는(frequent)	10^{-2}/day
가끔 발생하는(occasional)	10^{-4}/day
거의 발생하지 않는(remote)	10^{-5}/day
전혀 발생하지 않는(impossible)	10^{-8}/day

56. 인체측정 자료를 장비, 설비 등의 설계에 적용하기 위한 응용원칙에 해당하지 않는 것은?

① 조절식 설계
② 극단치를 이용한 설계
③ 구조적 치수 기준의 설계
④ 평균치를 기준으로 한 설계

인체계측 자료의 응용원칙

종 류	내 용
최대치수와 최소치수	최대 치수 또는 최소치수를 기준으로 하여 설계
조절범위 (조절식)	체격이 다른 여러 사람에 맞도록 만드는 것(보통 집단 특성치의 5%치~95%치까지의 90%조절범위를 대상)
평균치를 기준으로 한 설계	최대치수나 최소치수, 조절식으로 하기가 곤란할 때 평균치를 기준으로 하여 설계

57. 화학설비에 대한 안전성 평가 중 정성적 평가방법의 주요 진단 항목으로 볼 수 없는 것은?

① 건조물   ② 취급물질
③ 입지 조건   ④ 공장 내 배치

정성적 평가 항목

1. 설계 관계	2. 운전 관계
① 입지 조건	① 원재료, 중간체 제품
② 공장내 배치	② 공 정
③ 건 조 물	③ 수송, 저장 등
④ 소방설비	④ 공정기기

58. 시스템의 수명 및 신뢰성에 관한 설명으로 틀린 것은?

① 병렬설계 및 디레이팅 기술로 시스템의 신뢰성을 증가시킬 수 있다.
② 직렬시스템에서는 부품들 중 최소 수명을 갖는 부품에 의해 시스템 수명이 정해진다.
③ 수리가 가능한 시스템의 평균 수명(MTBF)은 평균 고장률(λ)과 정비례 관계가 성립한다.
④ 수리가 불가능한 구성요소로 병렬구조를 갖는 설비는 중복도가 늘어날수록 시스템 수명이 길어진다.

③항, 평균수명(MTBF)은 고장율(λ)과 반비례 관계가 성립한다.

$$MTBF = \frac{1}{\lambda},$$

$$고장률(\lambda) = \frac{고장건수(r)}{총가동시간(t)}$$

59. 동작경제의 원칙에 해당하지 않는 것은?

① 공구의 기능을 각각 분리하여 사용하도록 한다.
② 두 팔의 동작은 동시에 서로 반대방향으로 대칭적으로 움직이도록 한다.
③ 공구나 재료는 작업동작이 원활하게 수행되도록 그 위치를 정해준다.
④ 가능하다면 쉽고도 자연스러운 리듬이 작업동작에 생기도록 작업을 배치한다.

①항, 공구의 기능을 결합하여 사용하도록 한다.

해답 55 ①   56 ③   57 ②   58 ③   59 ①

60. 다음 시스템의 신뢰도 값은?

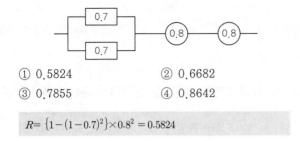

① 0.5824
② 0.6682
③ 0.7855
④ 0.8642

$R = \{1-(1-0.7)^2\} \times 0.8^2 = 0.5824$

■■■■ 제4과목 건설시공학

61. 콘크리트 구조물의 품질관리에서 활용되는 비파괴 시험(검사) 방법으로 경화된 콘크리트 표면의 반발 정도를 측정하는 것은?

① 슈미트해머 시험
② 방사선 투과 시험
③ 자기분말 탐상시험
④ 침투 탐상시험

슈미트해머 시험
1. 굳은 콘크리트 표면을 스프링 힘으로 타격하여 반발되는 거리를 통해 콘크리트의 압축강도를 측정하는 비파괴 시험의 일종이다.
2. 슈미트해머 강도측정 시 다음의 보정값을 적용하여 강도를 산정한다.
   ① 타격방향에 따른 보정
   ② 콘크리트 습윤상태에 따른 보정
   ③ 재령(압축응력)에 따른 보정

62. 시공의 품질관리를 위한 7가지 도구에 해당되지 않는 것은?

① 파레토그램
② LOB기법
③ 특성요인도
④ 체크시트

품질관리도구
① 파레토도 (Pareto Diagram)
② 특성 요인도 (Causes Effects Diagram)
③ 관리도(Control Chart) ④ 히스토그램
⑤ 체크시트 ⑥ 산점도 ⑦ 층별

63. 다음 조건에 따른 백호의 단위시간당 추정 굴삭량으로 옳은 것은?

> 버켓용량 0.5m^3, 사이클타임 20초,
> 작업효율 0.9, 굴삭계수 0.7,
> 굴삭토의 용적변화계수 1.25

① 94.5m^3
② 80.5m^3
③ 76.3m^3
④ 70.9m^3

굴삭기계에 의한 단위작업시간당 굴삭토량(m^3/hr)
$$V = Q \times \frac{3600}{Cm} \times E \times K \times T$$
$$= 0.5 \times \frac{3600}{20} \times 0.9 \times 0.7 \times 1.25 = 70.9$$
Q : 버킷용량(m^3)
C_m : 싸이클 타임
E : 작업효율
K : 굴삭계수
f : 굴삭토의 용적변화계수

64. 벽돌공사 시 벽돌쌓기에 관한 설명으로 옳은 것은?

① 연속되는 벽면의 일부를 트이게 하여 나중쌓기로 할 때에는 그 부분을 충단 들여쌓기로 한다.
② 벽돌쌓기는 도면 또는 공사시방서에서 정한 바가 없을 때에는 미식 쌓기 또는 불식 쌓기로 한다.
③ 하루의 쌓기 높이는 1.8m를 표준으로 한다.
④ 세로줄눈은 구조적으로 우수한 통줄눈이 되도록 한다.

②항. 벽돌쌓기는 도면 또는 공사시방서에서 정한 바가 없을 때에는 영식 쌓기 또는 화란식 쌓기로 한다.
③항. 하루의 쌓기 높이는 1.2m(18켜 정도)를 표준으로 하고, 최대 1.5m(22켜 정도) 이하로 한다.
④항. 세로줄눈은 통줄눈이 되지 않도록 하고, 수직 일직선상에 오도록 벽돌 나누기를 한다.

해답 60 ① 61 ① 62 ② 63 ④ 64 ①

65. 콘크리트 공사 시 철근의 정착위치에 관한 설명으로 옳지 않은 것은?

① 작은보의 주근은 벽체에 정착한다.
② 큰 보의 주근은 기둥에 정착한다.
③ 기둥의 주근은 기초에 정착한다.
④ 지중보의 주근은 또는 기둥에 정착한다.

> 작은 보의 주근은 큰 보에 정착한다.
> **참고** 철근의 정착위치
> ① 기둥의 주근은 기초에 정착
> ② 보의 주근은 기둥에 정착
> ③ 작은 보의 주근은 큰 보에 정착
> ④ 벽철근은 기둥, 보 또는 바닥판에
> ⑤ 바닥철근은 보 또는 벽체에 정착한다.
> ⑥ 지중보의 주근은 기초 또는 기둥에 정착
> ⑦ 직교하는 단부보 밑에 기둥이 없을 때는 상호간에 정착한다.

66. 강구조 부재의 용접 시 예열에 관한 설명으로 옳지 않은 것은?

① 모재의 표면온도가 0℃ 미만인 경우는 적어도 20℃ 이상 예열한다.
② 이종금속간에 용접을 할 경우는 예열과 층간온도는 하위등급을 기준으로 하여 실시한다.
③ 버너로 예열하는 경우에는 개선면에 직접 가열해서는 안 된다.
④ 온도관리는 용접선에서 75mm 떨어진 위치에서 표면온도계 또는 온도쵸크 등에 의하여 온도관리를 한다.

> ②항, 이종금속간에 용접을 할 경우는 예열과 층간온도는 상위등급을 기준으로 하여 실시한다.
> **참고** 강구조공사 표준시방서

67. 미장공법, 뿜칠공법을 통한 강구조부재의 내화피복 시공 시 시공면적 얼마 당 1개소 단위로 핀 등을 이용하여 두께를 확인하여야 하는가?

① $2m^2$
② $3m^2$
③ $4m^2$
④ $5m^2$

> 시공 시에는 시공면적 $5m^2$당 1개소 단위로 핀 등을 이용하면서 두께를 확인하면서 시공한다.
> **참고** 강구조공사 표준시방서

68. 다음 설명에 해당하는 공정표의 종류로 옳은 것은?

> 한 공종의 작업이 하나의 숫자로 표기되고 컴퓨터에 적용하기 용이한 이점 때문에 많이 사용되고 있다. 각 작업은 node로 표기하고 더미의 사용이 불필요하며 화살표는 단순히 작업의 선후관계만을 나타낸다.

① 횡선식 공정표
② CPM
③ PDM
④ LOB

> PDM기법(Precedence Diagraming Method)
> ① 반복적이고 많은 작업이 동시에 일어날 때 효율적인 NETWORK 공정표
> ② 각 작업은 node로 표기
> ③ 더미는 불필요
> ④ 화살표는 작업의 선후관계만 표시
> ⑤ 정확한 Scheduling이 가능
> ⑥ 컴퓨터에 적용하기 쉽다

69. 속빈 콘크리트 블록의 규격 중 기본블록치수가 아닌 것은? (단, 단위 : mm)

① $390 \times 190 \times 190$
② $390 \times 190 \times 150$
③ $390 \times 190 \times 100$
④ $390 \times 190 \times 80$

속빈 콘크리트 블록의 규격

형상	치수 (단위 : mm)		
	길이	높이	두께
기본형 블록	390	190	190 150 100

70. 지반개량 지정공사 중 응결공법이 아닌 것은?

① 플라스틱 드레인공법
② 시멘트 처리공법
③ 석회 처리공법
④ 심층혼합 처리공법

플라스틱 드레인 공법
연약지반 위에 구조물에 상당하는 무게를 일정기간 적재하여 연약지반을 압밀하여 누수되는 물을 드레인을 통하여 배수시키는 공법

71. 지하수가 없는 비교적 경질인 지층에서 어스오거로 구멍을 뚫고 그 내부에 철근과 자갈을 채운 후, 미리 삽입해 둔 파이프를 통해 저면에서부터 모르타르를 채워 올라오게 한 것은?

① 슬러리 월
② 시트 파일
③ CIP 파일
④ 프랭키 파일

CIP(Cast in Place Pile)
1. 어스오거로 굴착한 후에 그 내부에 철근 및 골재를 넣고 미리 삽입해 둔 파이프를 통해 저면에서부터 모르타르를 주입하여 현장에서 말뚝을 만드는 공법
2. 특징
① 저소음, 저진동
② 도심지 근접시공유리
③ 흙막이, 구조체, 옹벽, 차수벽 역할
④ 강성, 차수성 우수
⑤ 깊은 심도까지 가능

72. 콘트리트에서 사용하는 호칭강도의 정의로 옳은 것은?

① 레디믹스트 콘크리트 발주 시 구입자가 지정하는 강도
② 구조계산 시 기준으로 하는 콘트리트의 압축강도
③ 재령 7일의 압축강도를 기준으로 하는 강도
④ 콘크리트의 배합을 정할 때 목표로 하는 압축강도로 품질의 표준편차 및 양생온도 등을 고려하여 설계기준강도에 할증한 것

호칭강도(nominal strength)
레디믹스트 콘크리트 주문시 KS F 4009의 규정에 따라 사용되는 콘크리트 강도로서, 구조물 설계에서 사용되는 설계기준압축강도나 배합 설계 시 사용되는 배합강도와는 구분되며, 기온, 습도, 양생 등 시공적인 영향에 따른 보정값을 고려하여 주문한 강도
참고 콘크리트 표준시방서

73. 일명 테이블 폼(table form)로 불리는 것으로 거푸집널에 장선, 멍에, 서포트 등을 기계적인 요소로 부재화한 대형 바닥판거푸집은?

① 갱 폼(Gang form)
② 플라잉 폼(Flying form)
③ 유로 폼(Euro form)
④ 트래블링 폼(Traveling form)

Flying Form(Table Form)
바닥에 콘크리트를 타설하기 위한 거푸집으로서 장선, 멍에, 서포트 등을 일체로 제작하여 부재화한 공법으로 Gang Form과 조합사용이 가능하며 시공정밀도, 전용성이 우수하고 처짐, 외력에 대한 안전성이 우수하다.

74. 다음은 표준시방서에 따른 철근의 이음에 관한 내용이다 빈 칸에 공통으로 들어갈 내용으로 옳은 것은?

( )를 초과하는 철근은 겹침이음을 할 수 없다. 다만, 서로 다른 크기의 철근을 압축부에서 겹침이음하는 경우 ( ) 이하의 철근과 ( )를 초과하는 철근은 겹침이음을 할 수 있다.

① D29
② D25
③ D32
④ D35

철근의 이음
D35를 초과하는 철근은 겹침이음을 할 수 없다. 다만, 서로 다른 크기의 철근을 압축부에서 겹침이음하는 경우 D35 이하의 철근과 D35를 초과하는 철근은 겹침이음을 할 수 있다.
참고 콘크리트 표준시방서

75. 공동도급방식의 장점에 해당하지 않는 것은?

① 위험의 분산　　② 시공의 확실성

③ 이윤 증대　　④ 기술 자본의 증대

> 공동도급은 경비가 증대하고 이윤이 감소된다.
>
> **참고** 공동도급의 장·단점
>
> | 장점 | 단점 |
> |---|---|
> | ① 신용도의 증대 | ① 일식도급보다 경비증가 |
> | ② 융자력 증대 | ② 도급자간의 의견 불일치 |
> | ③ 위험분산 | ③ 책임회피 우려 |
> | ④ 기술력 확충 | ④ 하자부분의 책임한계 불분명 |
> | ⑤ 시공의 확실성 | ⑤ 사무관리, 현장관리 혼란 우려 |
> | ⑥ 도급의 경쟁완화 | |

76. 슬라이딩 폼(Sliding form)에 관한 설명으로 옳지 않은 것은?

① 1일 5~10m 정도 수직시공이 가능하므로 시공속도가 빠르다.

② 타설작업과 마감작업을 병행할 수 없어 공정이 복잡하다.

③ 구조물 형태에 따른 사용 제약이 있다.

④ 형상 및 치수가 정확하며 시공오차가 적다.

> ②항, 연속적인 타설이 가능해 공정이 간편하다.
>
> **참고** 슬라이딩 폼(Sliding Form), 슬립폼
> 1. 수평, 수직적으로 반복된 구조물을 시공 이음 없이 균일한 형상으로 시공하기 위하여 요크(yoke), 로드(rod), 유압잭(jack)을 이용하여 거푸집을 연속적으로 이동시키면서 콘크리트를 타설하여 시공하는 시스템거푸집
> 2. 사일로(Silo), 코어, 굴뚝, 교각 등 단면변화가 없이 수직으로 연속된 구조물에 사용된다.
> 3. 공기가 단축된다.
> 4. 연속적인 타설로 일체성을 확보할 수 있다.
> 5. 자재 및 노무비의 절약
> 6. 형상 및 치수가 정확하다.
> 7. 1일 5~10m 수직시공 가능
> 8. 돌출물이 없는 곳에 사용 가능
> 9. 슬립폼=단면변화 있는 곳에 사용

77. 공사계약 중 재계약 조건이 아닌 것은?

① 설계도면 및 시방서(specification)의 중대결함 및 오류에 기인한 경우

② 계약상 현장조건 및 시공조건이 상이(difference)한 경우

③ 계약사항에 중대한 변경이 있는 경우

④ 정당한 이유 없이 공사를 착수하지 않은 경우

> 재계약 조건
> 1. 설계도면 및 시방서(specification)의 중대결함 및 오류에 기인한 경우
> 2. 계약상 현장조건 및 시공조건이 상이(difference)한 경우
> 3. 계약사항에 중대한 변경이 있는 경우
> ※ 정당한 이유 없이 공사를 착수하지 않은 경우는 시공자의 책임으로 재계약 조건이 아님

78. 기초의 종류 중 지정형식에 따른 분류에 속하지 않는 것은?

① 직접기초　　② 피어기초

③ 복합기초　　④ 잠함기초

> ③항, 복합기초는 기초슬래브 형식에 따른 분류에 해당한다.
>
> **참고** 기초의 분류(Slab 형식에 의한 분류)
>
> | 구분 | 내용 |
> |---|---|
> | 독립기초 | 기둥하나에 기초판이 하나인 구조 |
> | 복합기초 | 2개 이상의 기둥을 1개의 기초판으로 지지 |
> | 줄기초 | 연속된 기초판으로 기둥, 벽을 지지 |
> | 온통기초 | 건물 기초전체를 기초판으로 받치는 기초 |

79. 철골공사에서 발생할 수 있는 용접불량에 해당되지 않는 것은?

① 스캘럽(scallop)　　② 언더컷(under cut)

③ 오버랩(over lap)　　④ 피트(pit)

> 스캘럽(scallop)
> 용접 이음 할 때 이음이나 접합부위에 용접선이 겹치면 용접 금속이 여러 번 용접열을 받게 되어 취약해지는 문제가 발생한다. 이것을 방지하기 위해 모재(母材)에 부채꼴 모양의 모따기를 하여 용접선이 교차하지 않도록 하는 것

해답 75 ③　76 ②　77 ④　78 ③　79 ①

80. 시험말뚝에 변형률계(Strain gauge)와 가속도계 (Accelerometer)를 부착하여 말뚝항타에의한 파형으로부터 지지력을 구하는 시험은?

① 정재하 시험　　　② 비비 시험
③ 동재하 시험　　　④ 인발시험

> **동적재하시험**
> 시험말뚝 상단에 가속도계(accelerometer)와 변형률계(strain gauge)를 설치하여 항타와 동시에 파일에 전달되는 가속도와 변형률을 신호조정기로 디지털신호로 전환하고 이때 발생한 신호를 이용하여 속도, 변위, 에너지 등을 구하여 지지력을 산정한다.

■■■ 제5과목 건설재료학

81. 다음 합성수지 중 열가소성수지가 아닌 것은?

① 알키드수지　　　② 염화비닐수지
③ 아크릴수지　　　④ 폴리프로필렌수지

> ①항, 알키드수지는 열경화성 수지에 해당한다.
> **참고** 합성수지의 분류
>
> | 열가소성 수지 | 열경화성 수지 |
> |---|---|
> | ① 폴리비닐수지 (염화비닐수지=P.V.C) | ① 폴리에스테르수지 (불포화 폴리에스테르수지) |
> | ② 아크릴수지 | ② 페놀수지 |
> | ③ 폴리스티렌수지 | ③ 요소수지 |
> | ④ 폴리에틸렌수지 | ④ 멜라민수지 |
> | ⑤ 폴리프로필렌 | ⑤ 알키드수지 |
> | ⑥ 폴리아미드수지 | ⑥ 에폭시수지 |
> | ⑦ 셀룰로이드 | ⑦ 우레탄수지 |
> | ⑧ A.B.S 수지 | ⑧ 실리콘수지 |
> | ⑨ 초산비닐수지 | ⑩ 프란수지 |

82. 유리의 중앙부와 주변부와의 온도 차이로 인해 응력이 발생하여 파손되는 현상을 유리의 열파손이라 한다. 열파손에 관한 설명으로 옳지 않은 것은?

① 색유리에 많이 발생한다.
② 동절기의 맑은 날 오전에 많이 발생한다.
③ 두께가 얇을수록 강도가 약해 열팽창응력이 크다.
④ 균열은 프레임에 직각으로 시작하여 경사지게 진행된다.

> ③항, 유리의 두께가 두꺼울수록 열팽창 응력이 커지게 된다.

83. 점토의 성질에 관한 설명으로 옳지 않은 것은?

① 양질의 점토는 건조상태에서 현저한 가소성을 나타내며, 점토 입자가 미세할수록 가소성은 나빠진다.
② 점토의 주성분은 실리카와 알루미나이다.
③ 인장강도는 점토의 조직에 관계하며 입자의 크기가 큰 영향을 준다.
④ 점토제품의 색상은 철산화물 또는 석회물질에 의해 나타난다.

> ①항, 점토는 수분에 의한 가소성이 있으며 점토입자가 미세할수록 가소성이 좋아진다.

84. 각 미장재료별 경화형태로 옳지 않은 것은?

① 회반죽 : 수경성
② 시멘트 모르타르 : 수경성
③ 돌로마이트플라스터 : 기경성
④ 테라조 현장바름 : 수경성

> ①항, 회반죽은 기경성재료에 해당한다.
> **참고** 미장재료의 구분
>
> | | | |
> |---|---|---|
> | 1) 수경성 | ① 물과 화학반응하여 경화하는 재료 ② 시멘트 모르타르, 석고 플라스터, 킨즈시멘트, 마그네시아 시멘트, 인조석 및 테라조 바름재 등 | |
> | 2) 기경성 | ① 공기 중의 탄산가스와 결합하여 경화하는 재료 ② 돌로마이트 플라스터, 소석회, 회사벽 등 | |

85. 도료의 사용 용도에 관한 설명으로 옳지 않은 것은?

① 유성바니쉬는 투명도료이며, 목재마감에도 사용가능하다.
② 유성페인트는 모르타르, 콘크리트면에 발라 착색방수피막을 형성한다.
③ 합성수지 에멀션페인트는 콘크리트면, 석고보드 바탕 등에 사용된다.
④ 클리어래커는 목재면의 투명도장에 사용된다.

> ②항, 유성페인트를 콘크리트, 모르타르에 도색하면 변질될 우려가 있다.

해답 80 ③　81 ①　82 ③　83 ①　84 ①　85 ②

86. 목재 건조의 목적에 해당되지 않는 것은?

① 강도의 증진　　② 중량의 경감
③ 가공성의 증진　④ 균류 발생의 방지

목재의 건조목적
① 도장성 개선 및, 약제주입 용이
② 목재 수축에 의한 균열 및 변형 방지
③ 목재의 강도 및 전기절연성의 증진
④ 단열성 및 강도 증진
⑤ 균류에 의한 부식방지

87. 전기절연성, 내열성이 우수하고 특히 내약품성이 뛰어나며, 유리섬유로 보강하여 강화플라스틱(F.R.P)의 제조에 사용되는 합성수지는?

① 멜라민수지
② 불포화폴리에스테르수지
③ 페놀수지
④ 염화비닐수지

폴리에스테르수지
① 유리섬유와 혼합하여 강화플라스틱(F.R.P)을 만든다.
② 전기절연성, 내열성, 내약품성이 우수하다.
③ 강도는 강철과 비슷하고 비중은 강철의 1/3 정도
④ 투명하고, 착색이 용이, 경화시간 조절이 용이하다.
⑤ 항공기, 차량 등의 구조재, 욕조, 레진콘크리트, 창호재, 접착제, 도료 등으로 이용

88. 콘크리트용 골재의 품질요건에 관한 설명으로 옳지 않은 것은?

① 골재는 청정·견경해야 한다.
② 골재는 소요의 내화성과 내구성을 가져야 한다.
③ 골재는 표면이 매끄럽지 않으며, 예각으로 된 것이 좋다.
④ 골재는 밀실한 콘크리트를 만들 수 있는 입형과 입도를 갖는 것이 좋다.

③항, 골재는 표면이 거칠고 둥근 것으로 예각은 피해야 한다.

89. 금속부식에 관한 대책으로 옳지 않은 것은?

① 가능한 한 이종 금속은 이를 인접, 접속시켜 사용하지 않을 것
② 균질한 것을 선택하고, 사용할 때 큰 변형을 주지 않도록 할 것
③ 큰 변형을 준 것은 가능한 한 풀림하여 사용할 것
④ 표면을 거칠게 하고 가능한 한 습윤상태로 유지할 것

④항, 표면을 평활, 청결하게 하고 건조상태를 유지한다.

90. 습윤상태의 모래 780g을 건조로에서 건조시켜 절대건조상태 720g으로 되었다. 이 모래의 표면 수율은? (단, 이 모래의 흡수율은 5%이다.)

① 3.08%　　② 3.17%
③ 3.33%　　④ 3.52%

1. 흡수율 = $\dfrac{\text{표건상태중량} - \text{절건상태중량}}{\text{절건상태중량}} \times 100\%$이므로

   표건상태중량 = $\left(\dfrac{\text{흡수율} \times \text{절건상태중량}}{100}\right) + \text{절건상태중량}$

   표건상태중량 = $\left(\dfrac{5 \times 720}{100}\right) + 720 = 756$

2. 표면수율 = $\dfrac{\text{습윤상태중량} - \text{표건상태중량}}{\text{표건상태중량}} \times 100\%$

   이므로

   표면수율 = $\left(\dfrac{780 - 756}{756}\right) \times 100\% = 3.17\%$

91. 고강도 강선을 사용하여 인장응력을 미리 부여함으로서 큰 응력을 받을 수 있도록 제작된 것은?

① 매스 콘크리트
② 프리플레이스트 콘크리트
③ 프리스트레스트 콘크리트
④ AE 콘크리트

프리스트레스트(Pre-Stressed) 콘크리트
① 고강도 PC 강선에 미리 인장력을 부여하여 적은 단면으로 큰 응력을 받도록 만든 콘크리트
② 종류 : Pre-tension 공법, Post-tension 공법

해답　86 ③　87 ②　88 ③　89 ④　90 ②　91 ③

92. 석재의 종류와 용도가 잘못 연결된 것은?

① 화산암 - 경량골재
② 화강암 - 콘크리트용 골재
③ 대리석 - 조각재
④ 응회암 - 건축용 구조재

> 응회암은 석질이 연하고 다공질이어서 구조재로는 부적당하다.

93. 강의 열처리 방법 중 결정을 미립화하고 균일하게 하기 위해 800~1000℃까지 가열하여 소정의 시간까지 유지한 후에 로(爐)의 내부에서 서서히 냉각하는 방법은?

① 풀림
② 불림
③ 담금질
④ 뜨임질

강의 열처리

열처리 종류	방법 및 특징	목적
불림(소준) (normalizing)	800~1,000℃로 가열하여 소정의 시간까지 유지한 후 공기 중에서 냉각	① 조직을 개선 ② 결정의 미세화
풀림(소둔) (annealing)	800~1,000℃로 가열하여 소정의 시간까지 유지한 후 로 안에서 서서히 냉각	① 강을 연화 ② 내부응력 제거
담금질(소입) (quenching)	고온으로 가열하여 소정의 시간동안 유지한 후 냉수, 온수 또는 기름에 담가 냉각하는 처리	① 강도, 경도증가 ② 내마모성 증진
뜨임질(소려) (tempering)	불림하거나 담금질한 강을 다시 200~600℃로 수십분 가열한 후에 공기중에서 냉각하는 처리	① 경도 감소 ② 내부응력 제거 ③ 연성, 인성 증가

94. 단열재료에 관한 설명으로 옳지 않은 것은?

① 열전도율이 높을수록 단열성능이 좋다.
② 같은 두께인 경우 경량재료인 편이 단열에 더 효과적이다.
③ 일반적으로 다공질의 재료가 많다.
④ 단열재료의 대부분은 흡음성도 우수하므로 흡음재료로서도 이용된다.

> ①항, 열전도율이 낮을수록 단열성능이 좋다.

95. KS L 4201에 따른 1종 점토벽돌의 압축강도 기준으로 옳은 것은?

① 8.78MPa 이상
② 14.70MPa 이상
③ 20.59MPa 이상
④ 24.50MPa 이상

점토벽돌의 품질

품질	종류	1종	2종	3종
흡수율(%)		10이하	13이하	15이하
압축 강도 (N/mm^2)		24.50 N/mm^2 이상	20.59 N/mm^2 이상	10.78 N/mm^2 이상

96. 표면건조 포화상태 질량 500g의 잔골재를 건조시켜, 공기 중 건조상태에서 측정한 결과 460g, 절대 건조상태에서 측정한 결과 450g이었다. 이 잔골재의 흡수율은?

① 8%
② 8.8%
③ 10%
④ 11.1%

$$흡수율 = \frac{표건상태중량 - 절건상태중량}{절건상태중량} \times 100\%$$

$$흡수율 = \frac{500 - 450}{450} \times 100\% = 11.1\%$$

97. 목재의 압축강도에 영향을 미치는 원인에 관한 설명으로 옳지 않은 것은?

① 기건비중이 클수록 압축강도는 증가한다.
② 가력방향이 섬유방향과 평행일 때의 압축강도가 직각일 때의 압축강도보다 크다.
③ 섬유포화점 이상에서 목재의 함수율이 커질수록 압축강도는 계속 낮아진다.
④ 옹이가 있으면 압축강도는 저하하고 옹이 지름이 클수록 더욱 감소한다.

> **섬유포화점의 특징**
> ① 목재의 강도와 신축·팽창의 경계점이다.
> ② 섬유포화점 이상에서는 강도도 일정하고, 신축·팽창도 일정하다.
> ③ 섬유포화점 이하에서는 함수율이 감소하면 강도도 증가되며, 수축이 커진다.

해답 92 ④ 93 ① 94 ① 95 ④ 96 ④ 97 ③

98. 콘크리트용 혼화제의 사용용도와 혼화제 종류를 연결한 것으로 옳지 않은 것은?

① AE 감수제 : 작업성능이나 동결융해 저항성능의 향상
② 유동화제 : 강력한 감수효과와 강도의 대폭적인 증가
③ 방청제 : 염화물에 의한 강재의 부식억제
④ 증점제 : 점성, 응집작용 등을 향상시켜 재료분리를 억제

유동화제 : 콘크리트의 유동성을 증진시키는 혼화제

99. 아스팔트를 천연아스팔트와 석유아스팔트로 구분할 때 천연아스팔트에 해당되지 않는 것은?

① 로크아스팔트
② 레이크아스팔트
③ 아스팔타이트
④ 스트레이트아스팔트

1. 천연 아스팔트 : 록 아스팔트, 레이크 아스팔트, 아스팔트 타이트
2. 석유 아스팔트 : 스트레이트 아스팔트, 블론 아스팔트, 아스팔트 컴파운드, 아스팔트 프라이머, 코울타르, 피치

100. 미장재료 중 회반죽에 관한 설명으로 옳지 않은 것은?

① 경화속도가 느린 편이다.
② 일반적으로 연약하고, 비내수성이다.
③ 여물은 접착력 증대를, 해초풀은 균열방지를 위해 사용된다.
④ 소석회가 주원료이다.

③항, 여물은 균열을 방지하고 해초풀은 점성과 접착력을 증대시킨다.

■■■ 제6과목 건설안전기술

101. 공사진척에 따른 공정율이 다음과 같을 때 안전관리비 사용기준으로 옳은 것은? (단, 공정율은 기성공정율을 기준으로 함)

공정율 : 70퍼센트 이상, 90퍼센트 미만

① 50퍼센트 이상
② 60퍼센트 이상
③ 70퍼센트 이상
④ 80퍼센트 이상

공사진척에 따른 안전관리비 사용기준

공정율	50퍼센트 이상 70퍼센트 미만	70퍼센트 이상 90퍼센트 미만	90퍼센트 이상
사용 기준	50퍼센트 이상	70퍼센트 이상	90퍼센트 이상

102. 사면 보호 공법 중 구조물에 의한 보호 공법에 해당되지 않는 것은?

① 블록공
② 식생구멍공
③ 돌쌓기공
④ 현장타설 콘크리트 격자공

사면 보호 공법의 종류 및 목적

구 분	보 호 공	목 적
식생공	• 씨앗 뿜어붙이기공, 식생 매트공, 식생줄떼공, 줄떼공, 식생판공, 식생망태공, 부분 객토 식생공	• 식생에 의한 비탈면 보호, 녹화, 구조물에 의한 비탈면 보호공과의 병용
구조물에 의한 보호공	• 콘크리트 블럭격자공, 모르타르 뿜어붙이기공, 블럭붙임공, 돌붙임공	• 비탈표면의 풍화침식 및 동상 등의 방지
	• 현장타설 콘크리트 격자공, 콘크리트 붙임공, 비탈면 앵커공	• 비탈 표면부의 붕락방지, 약간의 토압을 받는 흙막이
	• 비탈면 돌망태공, 콘크리트 블럭 정형공	• 용수가 많은 곳 부등침하가 예상되는 곳 또는 다소 튀어 나올 우려가 있는 곳의 흙막이

103. 유해위험방지 계획서를 고용노동부장관에게 제출하고 심사를 받아야 하는 대상 건설공사 기준으로 옳지 않은 것은?

① 최대 지간길이가 50m 이상인 다리의 건설등 공사
② 지상높이 25m 이상인 건축물 또는 인공구조물의 건설등 공사
③ 깊이 10m 이상인 굴착공사
④ 다목적댐, 발전용댐, 저수용량 2천만톤 이상의 용수 전용 댐 및 지방상수도 전용 댐의 건설등 공사

> **위험방지계획서를 제출해야 될 건설공사**
> 1. 지상높이가 31미터 이상인 건축물 또는 인공구조물, 연면적 3만 제곱미터 이상인 건축물 또는 연면적 5천 제곱미터 이상의 문화 및 집회시설(전시장 및 동물원·식물원은 제외한다), 판매시설, 운수시설(고속철도의 역사 및 집배송시설은 제외한다), 종교시설, 의료시설 중 종합병원, 숙박시설 중 관광숙박시설, 지하도상가 또는 냉동·냉장창고시설의 건설·개조 또는 해체
> 2. 연면적 5천제곱미터 이상의 냉동·냉장창고시설의 설비공사 및 단열공사
> 3. 최대지간길이가 50m 이상인 교량건설 등 공사
> 4. 터널건설 등의 공사
> 5. 다목적댐·발전용댐 및 저수용량 2천만 톤 이상의 용수전용댐·지방상수도 전용댐 건설 등의 공사
> 6. 깊이 10미터 이상인 굴착공사
> **참고** 산업안전보건법 시행령 제42조【유해위험방지계획서의 작성·제출 등】

104. 터널공사 전기발파작업에 관한 설명으로 옳지 않은 것은?

① 전선은 점화하기 전에 화약류를 충전한 장소로부터 30m 이상 떨어진 안전한 장소에서 도통시험 및 저항시험을 하여야 한다.
② 점화는 충분한 허용량을 갖는 발파기를 사용하고 규정된 스위치를 반드시 사용하여야 한다.
③ 발파 후 발파기와 발파모선의 연결을 유지한 채 그 단부를 절연시킨 후 재점화가 되지 않도록 한다.
④ 점화는 선임된 발파책임자가 행하고 발파기의 핸들을 점화할 때 이외는 시건장치를 하거나 모선을 분리하여야 하며 발파책임자의 엄중한 관리하에 두어야 한다.

> 발파후 즉시 발파모선을 발파기로부터 분리하고 그 단부를 절연시킨 후 재점화가 되지 않도록 하여야 한다.

105. 미리 작업장소의 지형 및 지반상태 등에 적합한 제한속도를 정하지 않아도 되는 차량계 건설기계의 속도 기준은?

① 최대 제한 속도가 10km/h 이하
② 최대 제한 속도가 20km/h 이하
③ 최대 제한 속도가 30km/h 이하
④ 최대 제한 속도가 40km/h 이하

> 차량계 하역운반기계, 차량계 건설기계(최대제한속도가 시속 10킬로미터 이하인 것은 제외한다)를 사용하여 작업을 하는 경우 미리 작업장소의 지형 및 지반 상태 등에 적합한 제한속도를 정하고, 운전자로 하여금 준수하도록 하여야 한다.
> **참고** 산업안전보건기준에 관한 규칙 제98조【제한속도의 지정 등】

106. 차량계 건설기계를 사용하여 작업을 하는 경우 작업계획서 내용에 포함되지 않는 사항은?

① 사용하는 차량계 건설기계의 종류 및 성능
② 차량계 건설기계의 운행경로
③ 차량계 건설기계에 의한 작업방법
④ 차량계 건설기계 사용 시 유도자 배치 위치

> 차량계 건설기계를 사용하여 작업을 하는 때에 작업계획에 포함되어야 할 사항
> 1. 사용하는 차량계 건설기계의 종류 및 성능
> 2. 차량계 건설기계의 운행경로
> 3. 차량계 건설기계에 의한 작업방법
> **참고** 산업안전보건기준에 관한 규칙 별표 4【사전조사 및 작업계획서 내용】

107. 이동식비계를 조립하여 작업을 하는 경우에 준수하여야 할 기준으로 옳지 않은 것은?

① 승강용사다리는 견고하게 설치할 것
② 비계의 최상부에서 작업을 하는 경우에는 안전난간을 설치할 것
③ 작업발판의 최대적재하중은 400kg을 초과하지 않도록 할 것
④ 작업발판은 항상 수평을 유지하고 작업발판 위에서 안전난간을 딛고 작업을 하거나 받침대 또는 사다리를 사용하여 작업하지 않도록 할 것

작업발판의 최대적재하중은 250킬로그램을 초과하지 않도록 할 것

참고 산업안전보건기준에 관한 규칙 제68조【이동식비계】

108. 발파구간 인접구조물에 대한 피해 및 손상을 예방하기 위한 건물기초에서의 허용진동치(cm/sec) 기준으로 옳지 않은 것은? (단, 기존 구조물에 금이 가 있거나 노후구조물 대상일 경우 등은 고려하지 않는다).

① 문화재 : 0.2cm/sec
② 주택, 아파트 : 0.5cm/sec
③ 상가 : 1.0cm/sec
④ 철근콘크리트 빌딩 : 0.8~1.0cm/sec

발파구간 인접 구조물에 대한 피해 및 손상을 예방하기 위하여 다음 〈표〉에 의한 값을 준용한다.

건물분류	문화재	주택 아파트	상가 (금이 없는 상태)	철근 콘크리트 빌딩 및 상가
건물기초에서의 허용 진동치 (쎈티미터/초)	0.2	0.5	1.0	1.0~4.0

109. 거푸집동바리등을 조립 또는 해체하는 작업을 하는 경우의 준수사항으로 옳지 않은 것은?

① 재료 기구 또는 공구 등을 올리거나 내리는 경우에는 근로자로 하여금 달줄·달포대 등의 사용을 금하도록 할 것
② 낙하·충격에 의한 돌발적 재해를 방지하기 위하여 버팀목을 설치하고 거푸집을 동바리 등을 인양장비에 매단 후에 작업을 하도록 하는 등 필요한 조치를 할 것
③ 비, 눈, 그 밖의 기상상태의 불안정으로 날씨가 몹시 나쁜 경우에는 그 작업을 중지할 것
④ 해당 작업을 하는 구역에는 관계 근로자가 아닌 사람의 출입을 금지할 것

재료, 기구 또는 공구 등을 올리거나 내리는 경우에는 근로자로 하여금 달줄·달포대 등을 사용하도록 할 것

참고 산업안전보건기준에 관한 규칙 제336조【조립 등 작업 시의 준수사항】

110. 흙의 투수 계수에 영향을 주는 인자에 관한 설명으로 옳지 않은 것은?

① 포화도 : 포화도가 클수록 투수계수도 크다.
② 공극비 : 공극비가 클수록 투수계수는 작다.
③ 유체의 점성계수 : 점성계수가 클수록 투수계수는 작다.
④ 유체의 밀도 : 유체의 밀도가 클수록 투수계수는 크다.

공극비란 전체 부피에 대한 입자 사이의 빈 공간의 부피이므로, 공극비가 클수록 투수계수는 크다.

111. 가설통로를 설치하는 경우 준수하여야 할 기준으로 옳지 않은 것은?

① 경사는 30° 이하로 할 것
② 경사가 15°를 초과하는 경우에는 미끄러지지 아니하는 구조로 할 것
③ 추락할 위험이 있는 장소에는 안전난간을 설치할 것
④ 수직갱에 가설된 통로의 길이가 15m 이상인 경우에는 7m 이내마다 계단참을 설치할 것

수직갱에 가설된 통로의 길이가 15미터 이상일 때에는 10미터 이내마다 계단참을 설치할 것

참고 산업안전보건기준에 관한 규칙 제23조【가설통로의 구조】

112. 안전 계수가 4이고 2000MPa의 인장강도를 갖는 강선의 최대허용응력은?

① 500MPa   ② 1000MPa
③ 1500MPa   ④ 2000MPa

안전계수 = $\dfrac{\text{인장강도}}{\text{허용응력}}$ 이므로

허용응력 = $\dfrac{\text{인장강도}}{\text{안전계수}} = \dfrac{2000}{4} = 500$

해답 108 ④ 109 ① 110 ② 111 ④ 112 ①

113. 화물을 적재하는 경우의 준수사항으로 옳지 않은 것은?

① 침하 우려가 없는 튼튼한 기반 위에 적재할 것
② 건물의 칸막이나 벽 등이 화물의 압력에 견딜 만큼의 강도를 지니지 아니한 경우에는 칸막이나 벽에 기대어 적재하지 않도록 할 것
③ 불안정할 정도로 높이 쌓아 올리지 말 것
④ 하중을 한쪽으로 치우치더라도 화물을 최대한 효율적으로 적재할 것

> **차량계 하역운반기계 등에 화물을 적재하는 경우 준수사항**
> 1. 하중이 한쪽으로 치우치지 않도록 적재할 것
> 2. 구내운반차 또는 화물자동차의 경우 화물의 붕괴 또는 낙하에 의한 위험을 방지하기 위하여 화물에 로프를 거는 등 필요한 조치를 할 것
> 3. 운전자의 시야를 가리지 않도록 화물을 적재할 것
> 4. 화물을 적재하는 경우에는 최대적재량을 초과해서는 아니 된다.
> **참고** 산업안전보건기준에 관한 규칙 제173조【화물적재 시의 조치】

114. 산업안전보건법령에서 규정하는 철골작업을 중지하여야 하는 기후조건에 해당하지 않는 것은?

① 풍속이 초당 10m 이상인 경우
② 강우량이 시간당 1mm 이상인 경우
③ 강설량이 시간당 1cm 이상인 경우
④ 기온이 영하 5℃ 이하인 경우

> **철골작업을 중지하여야 하는 기준**
> 1. 풍속이 초당 10미터 이상인 경우
> 2. 강우량이 시간당 1밀리미터 이상인 경우
> 3. 강설량이 시간당 1센티미터 이상인 경우
> **참고** 산업안전보건기준에 관한 규칙 제383조【작업의 제한】

115. 지하수위 상승으로 포화된 사질토 지반의 액상화 현상을 방지하기 위한 가장 직접적이고 효과적인 대책은?

① well point 공법 적용
② 동다짐 공법 적용
③ 입도가 불량한 재료를 입도가 양호한 재료로 치환
④ 밀도를 증가시켜 한계간극비 이하로 상대밀도를 유지하는 방법 강구

> 사질지반의 지하수위의 배수에는 well point 공법이 적당하다.
>
> **참고** 웰포인트공법
> ① 지름 3~5cm 정도의 파이프를 1~2m 간격으로 때려 박고, 이를 수평으로 굵은 파이프에 연결하여 진공으로 물을 뽑아내어 지하수위를 저하 시키는 공법
> ② 비교적 지하수위가 얕은 모래지반에 주로 사용
> ③ 지반이 압밀되어 흙의 전단저항이 커진다.
> ④ 인접지반의 침하를 일으키는 경우가 있다.
> ⑤ 보일링 현상을 방지한다.
> ⑥ 점토질지반에는 적용할 수 없다.

116. 크레인 등 건설장비의 가공전선로 접근 시 안전대책으로 옳지 않은 것은?

① 안전 이격거리를 유지하고 작업한다.
② 장비를 가공전선로 밑에 보관한다.
③ 장비의 조립, 준비 시부터 가공전선로에 대한 감전 방지 수단을 강구한다.
④ 장비 사용 현장의 장애물, 위험물 등을 점검 후 작업계획을 수립한다.

> 크레인 등의 건설장비가 가공전선로 밑에 있을 경우 접촉 등에 의한 감전 위험이 있다.

117. 다음 중 지하수위 측정에 사용되는 계측기는?

① Load Cell
② Inclinometer
③ Extensometer
④ Piezometer

> ① Load cell : strut(흙막이 부재) 응력 측정
> ② Inclinometer : 지중 수평변위 계측
> ③ Extensionmeter : 지중 수직변위 계측
> ④ Piezometer : 간극수압계측

해답 113 ④ 114 ④ 115 ① 116 ② 117 ④

118. 강관을 사용하여 비계를 구성하는 경우 준수하여야 할 기준으로 옳지 않은 것은?

① 비계기둥의 간격은 띠장 방향에서는 1.85m이하, 장선(長線) 방향에서는 1.5m 이하로 할 것
② 띠장 간격은 2.0m 이하로 할 것
③ 비계기둥의 제일 윗부분으로부터 31m 되는 지점 밑부분의 비계기둥은 3개의 강관으로 묶어 세울 것
④ 비계기둥 간의 적재하중은 400kg을 초과하지 않도록 할 것

③항, 비계기둥의 제일 윗부분으로부터 31m되는 지점 밑부분의 비계기둥은 2개의 강관으로 묶어 세울 것. 다만, 브라켓 (bracket) 등으로 보강하여 2개의 강관으로 묶을 경우 이상의 강도가 유지되는 경우에는 그러하지 아니하다.
참고 산업안전보건기준에 관한 규칙 제60조【강관비계의 구조】

119. 거푸집동바리 등을 조립하는 경우에 준수하여야 하는 기준으로 옳지 않은 것은?

① 동바리로 사용하는 파이프 서포트를 이어서 사용하는 경우에는 3개 이상의 볼트 또는 전용철물을 사용하여 이을 것
② 동바리로 사용하는 강관은 높이 2m 이내마다 수평 연결재를 2개 방향으로 만들 것
③ 깔목의 사용, 콘크리트 타설, 말뚝박기 등 동바리의 침하를 방지하기 위한 조치를 할 것
④ 동바리로 사용하는 파이프 서포트를 3개 이상 이어서 사용하지 않도록 할 것

동바리로 사용하는 파이프서포트를 이어서 사용할 때에는 4개 이상의 볼트 또는 전용철물을 사용하여 이을 것
참고 산업안전보건기준에 관한 규칙 제332조【거푸집동바리 등의 안전조치】

120. 터널 지보공을 조립하거나 변경하는 경우에 조치하여야 하는 사항으로 옳지 않은 것은?

① 목재의 터널 지보공은 그 터널 지보공의 각 부재에 작용하는 긴압 정도를 체크하여 그 정도가 최대한 차이나도록 할 것
② 강(鋼)아치 지보공의 조립은 연결볼트 및 띠장 등을 사용하여 주재 상호간을 튼튼하게 연결할 것
③ 기둥에는 침하를 방지하기 위하여 받침목을 사용하는 등의 조치를 할 것
④ 주재(主材)를 구성하는 1세트의 부재는 동일 평면 내에 배치할 것

①항, 목재의 터널 지보공은 그 터널 지보공의 각 부재의 긴압 정도가 균등하게 되도록 할 것
참고 산업안전보건기준에 관한 규칙 제364조【조립 또는 변경 시의 조치】

2021 과년도 출제문제

■■■■ 제1과목 산업안전관리론

1. 산업안전보건법령상 자율안전확인 안전모의 시험성 능기준 항목으로 명시되지 않은 것은?

① 난연성　　　　　② 내관통성
③ 내전압성　　　　④ 턱끈풀림

자율안전인증대상 안전모 시험성능기준

항 목	시 험 성 능 기 준
내관통성	안전모는 관통거리가 11.1mm 이하이어야 한다.
충격 흡수성	최고전달충격력이 4,450N을 초과해서는 안되며, 모체와 착장체의 기능이 상실되지 않아야 한다.
난 연 성	모체가 불꽃을 내며 5초 이상 연소되지 않아야 한다.
턱끈풀림	150N 이상 250N 이하에서 턱끈이 풀려야 한다.

참고 보호구 자율안전확인 고시 별표1【안전모의 성능기준】

2. 산업재해의 발생형태에 따른 분류 중 단순 연쇄형에 속하는 것은? (단, O는 재해발생의 각종 요소를 나타 냄)

①항, 단순자극형
②항, 단순 연쇄형
③항, ④항, 복합연쇄형

3. 산업안전보건법령상 안전인증대상기계에 해당하지 않는 것은?

① 크레인　　　　　② 곤돌라
③ 컨베이어　　　　④ 사출성형기

안전인증대상 기계

1. 프레스	2. 전단기 및 절곡기
3. 크레인	4. 리프트
5. 압력용기	6. 롤러기
7. 사출성형기	8. 고소작업대
9. 곤돌라	

참고 산업안전보건법 시행령 제74조【안전인증대상기계 등】

4. 하인리히의 1:29:300 법칙에서 "29"가 의미하는 것 은?

① 재해　　　　　② 중상해
③ 경상해　　　　④ 무상해사고

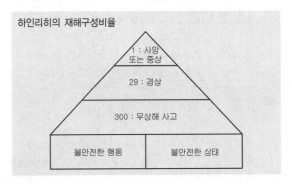

하인리히의 재해구성비율

5. A 사업장에서는 산업재해로 인한 인적·물적 손실을 줄이기 위하여 안전행동 실천운동(5C운동)을 실시 하고자 한다. 5C 운동에 해당하지 않는 것은?

① Control　　　　② Correctness
③ Cleaning　　　　④ Checking

5C 운동
① 복장단정(Correctness)
② 정리정돈(Clearance)
③ 청소청결(Cleaning)
④ 점검·확인(Checking)
⑤ 전심전력(Concentratiog)

해답　1 ③　2 ②　3 ③　4 ③　5 ①

6. 기계, 기구, 설비의 신설, 변경 내지 고장 수리 시 실시하는 안전점검의 종류로 옳은 것은?

① 특별점검   ② 수시점검
③ 정기점검   ④ 임시점검

> **안전점검의 종류**
> 1. 수시점검 : 작업 전·중·후에 실시하는 점검으로 작업자가 일상적으로 실시하는 점검이다.
> 2. 정기점검 : 일정기간마다 정기적으로 실시하는 점검으로 매주 또는 매월, 분기마다, 반기마다, 연도별로 실시하는 점검이다.
> 3. 임시점검 : 이상 발견 시 임시로 실시하는 점검 또는 정기점검과 정기점검사이에 실시하는 점검에 실시하는 점검이다.
> 4. 특별점검 : 기계·기구·설비의 신설시·변경내지 고장 수리 시 실시하는 점검 또는 천재지변 발생 후 실시하는 점검, 안전강조 기간 내에 실시하는 점검이다.

7. 건설기술 진흥법령상 건설사고조사 위원회의 구성기준 중 다음 (   )에 알맞은 것은?

> 건설사고조사위원회는 위원장 1명을 포함한 (   )명 이내의 위원으로 구성한다.

① 9   ② 10
③ 11   ④ 12

> 건설사고조사위원회는 위원장 1명을 포함한 12명 이내의 위원으로 구성한다.
> **참고** 건설기술진흥법 시행령 제106조【건설사고조사위원회의 구성·운영 등】

8. 작업자가 불안전한 작업대에서 작업 중 추락하여 지면에 머리가 부딪혀 다친 경우의 기인물과 가해물로 옳은 것은?

① 기인물 – 지면, 가해물 – 지면
② 기인물 – 작업대, 가해물 – 지면
③ 기인물 – 지면, 가해물 – 작업대
④ 기인물 – 작업대, 가해물 – 작업대

> 1. 기인물 – 작업대
> 2. 가해물 – 지면
> 3. 발생형태 – 추락

9. 무재해운동의 이념 3원칙 중 잠재적인 위험 요인을 발견·해결하기 위하여 전원이 협력하여 각자의 위치에서 의욕적으로 문제해결을 실천하는 원칙은?

① 무의원칙   ② 선취의 원칙
③ 관리의 원칙   ④ 참가의 원칙

> **무재해 운동 이념 3원칙**
> ① 무의 원칙
>   무재해란 단순히 사망 재해, 휴업 재해만 없으면 된다는 소극적인 사고(思考)가 아니고 불휴 재해는 물론 일체의 잠재 위험 요인을 사전에 발견, 파악, 해결함으로써 근원적으로 산업재해를 없애는 것
> ② 선취의 원칙
>   무재해운동에 있어서 선취란 궁극의 목표로서 무재해, 무질병의 직장을 실현하기 위하여 일체의 직장의 위험요인을 행동하기 전에 발견, 파악, 해결하여 재해를 예방하거나 방지하는 것
> ③ 참가의 원칙
>   잠재적인 위험요인을 발견·해결하기 위하여 전원이 협력하여 각자의 위치에서 의욕적으로 문제해결을 실천하는 것

10. 하인리히의 사고예방대책 기본원리에 있어 "시정방법의 선정" 바로 이전 단계에서 행하여지는 사항으로 옳은 것은?

① 분석   ② 사실의 발견
③ 안전조직 편성   ④ 시정책의 적용

> **하인리히 사고예방 원리 5단계**
> ① 1단계 : 조직
> ② 2단계 : 사실의 발견
> ③ 3단계 : 분석·평가
> ④ 4단계 : 시정방법의 선정
> ⑤ 5단계 : 시정책의 적용

11. 산업안전보건법령상 산업안전보건위원회의 심의·의결사항으로 틀린 것은? (단, 그 밖에 해당 사업장 근로자의 안전 및 보건을 유지·증진시키기 위하여 필요한 사항은 제외한다.)

① 사업장 경영체계 구성 및 운영에 관한 사항
② 작업환경측정 등 작업환경의 점검 및 개선에 관한 사항
③ 안전보건관리규정의 작성 및 변경에 관한 사항
④ 유해하거나 위험한 기계·기구·설비를 도입한 경우 안전 및 보건 관련 조치에 관한 사항

해답   6 ①   7 ④   8 ②   9 ④   10 ①   11 ①

산업안전보건위원회의 심의 · 의결사항
1. 사업장의 산업재해 예방계획의 수립에 관한 사항
2. 안전보건관리규정의 작성 및 변경에 관한 사항
3. 안전보건교육에 관한 사항
4. 작업환경측정 등 작업환경의 점검 및 개선에 관한 사항
5. 근로자의 건강진단 등 건강관리에 관한 사항
6. 중대재해의 원인 조사 및 재발 방지대책 수립에 관한 사항
7. 산업재해에 관한 통계의 기록 및 유지에 관한 사항
8. 유해하거나 위험한 기계 · 기구 · 설비를 도입한 경우 안전 및 보건 관련 조치에 관한 사항
9. 그 밖에 해당 사업장 근로자의 안전 및 보건을 유지 · 증진시키기 위하여 필요한 사항
참고 산업안전보건법 제24조【산업안전보건위원회】

명예산업안전감독관의 업무
1. 사업장에서 하는 자체점검 참여 및 근로감독관이 하는 사업장 감독 참여
2. 사업장 산업재해 예방계획 수립 참여 및 사업장에서 하는 기계 · 기구 자체검사 참석
3. 법령을 위반한 사실이 있는 경우 사업주에 대한 개선 요청 및 감독기관에의 신고
4. 산업재해 발생의 급박한 위험이 있는 경우 사업주에 대한 작업중지 요청
5. 작업환경측정, 근로자 건강진단 시의 참석 및 그 결과에 대한 설명회 참여
6. 직업성 질환의 증상이 있거나 질병에 걸린 근로자가 여러 명 발생한 경우 사업주에 대한 임시건강진단 실시 요청
7. 근로자에 대한 안전수칙 준수 지도
8. 법령 및 산업재해 예방정책 개선 건의
9. 안전 · 보건 의식을 북돋우기 위한 활동 등에 대한 참여와 지원
10. 그 밖에 산업재해 예방에 대한 홍보 등 산업재해 예방업무와 관련하여 고용노동부장관이 정하는 업무
참고 산업안전보건법 시행령 제32조【명예산업안전감독과 위촉 등】

12. 산업안전보건법령상 안전보건개선계획의 제출에 관한 사항 중 (   )에 알맞은 내용은?

> 안전보건개선계획서를 제출해야 하는 사업주는 안전보건개선계획서 수립 · 시행 명령을 받은 날부터 (   )일 이내에 관할 지방고용노동관서의 장에게 해당 계획서를 제출해야 한다.

① 15
② 30
③ 60
④ 90

안전보건개선계획서를 제출해야 하는 사업주는 안전보건개선계획서 수립 · 시행 명령을 받은 날부터 60일 이내에 관할 지방고용노동관서의 장에게 해당 계획서를 제출(전자문서로 제출하는 것을 포함한다)해야 한다.
참고 산업안전보건법 시행규칙 제61조【안전보건개선계획의 제출 등】

13. 산업안전보건법령상 명예산업안전감독관의 업무에 속하지 않는 것은? (단, 산업안전보건위원회 구성 대상 사업의 근로자 중에서 근로자대표가 사업주의 의견을 들어 추천하여 위촉된 명예산업안전감독관의 경우)

① 사업장에서 하는 자체점검 참여
② 보호구의 구입 시 적격품의 선정
③ 근로자에 대한 안전수칙 준수 지도
④ 사업장 산업재해 예방계획 수립 참여

14. 산업안전보건법령상 다음(   )에 알맞은 내용은

> 안전보건관리규정의 작성 대상 사업의 사업주는 안전보건관리규정을 작성해야 할 사유가 발생한 날부터 (   ) 이내에 안전보건관리규정의 세부 내용을 포함한 안전보건관리규정을 작성하여야 한다.

① 10일
② 15일
③ 20일
④ 30일

사업주는 안전보건관리규정을 작성해야 할 사유가 발생한 날부터 30일 이내에 안전보건관리규정을 작성해야 한다. 이를 변경할 사유가 발생한 경우에도 또한 같다.
참고 산업안전보건법 시행규칙 제25조【안전보건관리규정의 작성】

15. 산업안전보건법령상 안전보건표지의 용도가 금지일 경우 사용되는 색채로 옳은 것은?

① 흰색
② 녹색
③ 빨간색
④ 노란색

해답 12 ③ 13 ② 14 ④ 15 ③

안전·보건표지의 색체 및 색도기준 및 용도			
색채	색도기준	용도	사용례
빨간색	7.5R 4/14	금지	정지신호, 소화설비 및 그 장소, 유해행위의 금지
		경고	화학물질 취급장소에서의 유해·위험 경고
노란색	5Y 8.5/12	경고	화학물질 취급장소에서의 유해·위험 경고 이외의 위험경고, 주의표지 또는 기계 방호물
파란색	2.5PB 4/10	지시	특정행위의 지시, 사실의 고지
녹색	2.5G 4/10	안내	비상구 및 피난소, 사람 또는 차량의 통행표지
흰색	N9.5		파란색 또는 녹색에 대한 보조색
검은색	N0.5		문자 및 빨간색 또는 노란색에 대한 보조색

16. 연평균근로자수가 400명인 사업장에서 연간 2건의 재해로 인하여 4명의 사상자가 발생하였다. 근로자가 1일 8시간씩 연간 300일을 근무하였을 때 이 사업장의 연천인율은?

① 1.85
② 4.4
③ 5
④ 10

$$연천인율 = \frac{재해자수}{연평균\ 근로자수} \times 1,000 = \frac{4}{400} \times 1,000 = 10$$

17. 하인리히의 재해 손실비 평가방식에서 간접비에 속하지 않는 것은?

① 요양급여
② 시설복구비
③ 교육훈련비
④ 생산손실비

하인리히의 재해손실비
1. 직접비의 종류
 ① 휴업급여 ② 요양비
 ③ 장애 보상비 ④ 유족 보상비
 ⑤ 장의비 ⑥ 상병보상연금(일시 보상비)
2. 간접비 : 직접비를 제외한 모든 비용

18. 다음 설명하는 무재해운동추진기법은?

피부를 맞대고 같이 소리치는 것으로서 팀의 일체감, 연대감을 조성할 수 있고 동시에 대뇌 피질에 좋은 이미지를 불어 넣어 안전행동을 하도록 하는 것

① 역할연기 (Role Playing)
② TBM(Tool Box Meeting)
③ 터치 앤 콜(Touch and Call)
④ 브레인스토밍(Brain Storming)

터치 앤 콜(Touch and call)이란 작업현장에서 같이 호흡하는 동료끼리 서로의 피부를 맞대고 느낌을 교류하는 것이다. 즉 피부를 맞대고 같이 소리치는 행동은 일종의 스킨 쉽(Skinship)으로 팀의 일체감, 연대감을 조성할 수 있고 동시에 대뇌 구피질에 좋은 이미지를 불어 넣어 안전행동을 하도록 하는 것이다.

19. 시설물의 안전 및 유지관리에 관한 특별법상 제1종 시설물에 명시되지 않은 것은?

① 고속철도 교량
② 25층인 건축물
③ 연장 300m인 철도 교량
④ 연면적이 70,000m²인 건축물

③항, 연장 500m인 철도 교량이 해당된다.
참고 시설물의 안전 및 유지관리에 관한 특별법 시행령 별표1 【제1종시설물 및 제2종 시설물의 종류】

20. 산업안전보건법령상 중대재해가 아닌 것은?

① 사망자가 1명 발생한 재해
② 부상자가 동시에 10명 발생한 재해
③ 직업성 질병자가 동시에 10명 발생한 재해
④ 1개월의 요양이 필요한 부상자가 동시에 2명 발생한 재해

중대재해의 종류
① 사망자가 1명 이상 발생한 재해
② 3개월 이상의 요양이 필요한 부상자가 동시에 2명 이상 발생한 재해
③ 부상자 또는 직업성 질병자가 동시에 10명 이상 발생한 재해
참고 산업안전보건법 시행규칙 제3조 【중대재해의 범위】

해답 16 ④ 17 ① 18 ③ 19 ③ 20 ④

21. 참가자 앞에서 소수의 전문가들이 과제에 관한 견해를 자유롭게 토의한 후 참가자 전원이 참가하여 사회자의 사회에 따라 토의하는 방법은?

① 포럼(forum)
② 심포지엄(symposium)
③ 버즈 세션(buzz session)
④ 패널 디스커션(panel discussion)

패널 디스커션(panel discussion)
패널멤버(교육 과제에 정통한 전문가 4~5명)가 피교육자 앞에서 자유로이 토의를 하고 뒤에 피교육자 전부가 참가하여 사회자의 사회에 따라 토의하는 방법이다.

22. 교육법의 4단계 중 일반적으로 적용시간이 가장 긴 것은?

① 도입　　　　② 제시
③ 적용　　　　④ 확인

해당문제는 문제오류(강의식, 토의식 구분이 없음)로 2번, 3번 모두 정답처리 되었음

참고 교육법의 4단계 및 적용시간

교육법의 4단계	강의식	토의식
1단계-도입	5분	5분
2단계-제시	40분	10분
3단계-적용	10분	40분
4단계-확인	5분	5분

23. 안전심리의 5대 요소에 관한 설명으로 틀린 것은?

① 기질이란 감정적인 경향이나 반응에 관계되는 성격의 한 측면이다.
② 감정은 생활체가 어떤 행동을 할 때 생기는 객관적인 동요를 뜻한다.
③ 동기는 능동적인 감각에 의한 자극에서 일어난 사고의 결과로서 사람의 마음을 움직이는 원동력이 되는 것이다.
④ 습성은 한 종에 속하는 개체의 대부분에서 볼 수 있는 일정한 생활양식으로 본능, 학습, 조건반사 등에 따라 형성된다.

감정이란 생활체가 어떤 행동을 할 때 생기는 주관적인 동요를 뜻한다.

24. 스트레스(stress)에 영향을 주는 요인 중 환경이나 외적 요인에 해당하는 것은?

① 자존심의 손상
② 현실에의 부작용
③ 도전의 좌절과 자만심의 상충
④ 직장에서의 대인관계 갈등과 대립

스트레스의 영향요소

1. 내적 자극요인 (마음속에서 일어난다.)	2. 외적 자극요인 (외부로부터 오는 요인)
• 자존심의 손상과 공격방어 심리 • 업무상의 죄책감 • 출세욕의 좌절감과 자만심의 상충 • 지나친 경쟁심과 재물에 대한 욕심 • 지나친 과거에의 집착과 허탈 • 가족간의 대화단절 및 의견의 불일치 • 남에게 의지하고자 하는 심리	• 경제적인 어려움 • 가정에서의 가족관계의 갈등 • 가족의 죽음이나 질병 • 직장에서 대인관계사의 갈등과 대립 • 자신의 건강 문제

25. 권한의 근거는 공식적이며, 지휘형태가 권위주의적이고 임명되어 권한을 행사하는 지도자로 옳은 것은?

① 헤드십(head ship)
② 리더십(leader ship)
③ 멤버십(member ship)
④ 매니저십(manager ship)

리더쉽과 헤드쉽의 특징

개인과 상황변수	헤드쉽	리더쉽
권한행사	임명된 헤드	선출된 리더
권한부여	위에서 임명	밑으로 부터 동의
권한근거	법적 또는 공식적	개인적
권한귀속	공식화된 규정	집단에 기여한 공로
상관과 부하의 관계	지배적	개인적인 영향
책임귀속	상사	상사와 부하
부하와의 사회적 간격	넓음	좁음
지휘형태	권위적	민주적

26. 다음의 내용에서 교육지도의 5단계를 순서대로 바르게 나열한 것은?

> [다음]
> ㉠ 가설의 설정　　　㉡ 결론
> ㉢ 원리의 제시　　　㉣ 관련된 개념의 분석
> ㉤ 자료의 평가

① ㉢ → ㉣ → ㉠ → ㉤ → ㉡
② ㉠ → ㉢ → ㉣ → ㉤ → ㉡
③ ㉢ → ㉠ → ㉤ → ㉣ → ㉡
④ ㉠ → ㉢ → ㉤ → ㉣ → ㉡

교육지도의 5단계
① 원리의 제시
② 관련된 개념의 분석
③ 가설의 설정
④ 자료의 평가
⑤ 결론

27. 호손(Hawthome) 실험의 결과 생산성 향상에 영향을 준 가장 큰 요인은?

① 생산 기술　　　② 임금 및 근로시간
③ 인간 관계　　　④ 조명 등 작업환경

호손(Hawthorne)실험이란 메이오(G.E. Mayo)에 의한 실험으로, 작업자의 작업능률(생산성 향상)은 물리적인 작업조건보다는 사람의 심리적인 태도, 감정을 규제하고 있는 인간관계에 의하여 결정됨을 밝혔다.

28. 훈련에 참가한 사람들이 직무에 복귀한 후에 실제 직무수행에서 훈련효과를 보이는 정도를 나타내는 것은?

① 전이 타당도　　　② 교육 타당도
③ 조직간 타당도　　　④ 조직내 타당도

전이 타당도란 어떤 교육프로그램의 타당도가 교육에 의해 종업원들의 직무수행이 어느 정도나 향상되었는지를 나타내는 것이다.

29. 착각현상 중에서 실제로는 움직이지 않는데 움직이는 것처럼 느껴지는 심리적인 현상은?

① 잔상　　　② 원근착시
③ 가현운동　　　④ 기하학적 착시

가현운동(β 운동)이란 객관적으로 정지하고 있는 대상물이 급속히 나타나든가 소멸하는 것으로 인하여 일어나는 운동으로 마치 대상물이 운동하는 것처럼 인식되는 현상을 말한다.

30. 다음 설명의 리더십 유형은 무엇인가?

> 과업을 계획하고 수행하는데 있어서 구성원과 함께 책임을 공유하고 인간에 대하여 높은 관심을 갖는 리더십

① 권위적 리더십
② 독재적 리더십
③ 민주적 리더십
④ 자유방임형 리더십

리더쉽의 유형

유형 유효성의 변수	민주적 스타일	전제(권위)적 스타일	자유방임적 스타일
행동방식	집단의 토론, 회의 등에 의해 정책을 결정한다.	지도자가 집단의 모든 권한 행사를 단독적으로 처리	명목상의 리더가 구성원에게 완전한 자유를 주는 경우

31. 의식 수준이 정상이지만 생리적 상태가 적극적일 때에 해당하는 것은?

① Phase 0　　　② Phase Ⅰ
③ Phase Ⅲ　　　④ Phase Ⅳ

의식 level의 단계별 생리적 상태
① 범주(Phase) 0 : 수면, 뇌발작
② 범주(Phase) Ⅰ : 피로, 단조, 졸음
③ 범주(Phase) Ⅱ : 안정기거, 휴식시, 정례작업 시
④ 범주(Phase) Ⅲ : 적극활동 시
⑤ 범주(Phase) Ⅳ : 긴급방위반응, 당황해서 panic

32. 직무수행평가에 대한 효과적인 피드백의 원칙에 대한 설명으로 틀린 것은?

① 직무수행 성과에 대한 피드백의 효과가 항상 긍정적이지는 않다.
② 피드백은 개인의 수행 성과뿐만 아니라 집단의 수행 성과에도 영향을 준다.
③ 부정적 피드백을 먼저 제시하고 그 다음에 긍정적 피드백을 제시하는 것이 효과적이다.
④ 직무수행 성과가 낮을 때, 그 원인을 능력 부족의 탓으로 돌리는 것보다 노력 부족 탓으로 돌리는 것이 더 효과적이다.

직무수행평가에 대한 피드백은 먼저 긍정적 피드백을 제시하여 직원의 동기를 강화하고 이 후에 부정적 피드백을 제시하여 수행을 개선할 수 있도록 하는 것이 효과적이다.

33. 안드라고지(Andragogy) 모델에 기초한 학습자로서의 성인의 특징과 가장 거리가 먼 것은?

① 성인들은 타인 주도적 학습을 선호한다.
② 성인들은 과제 중심적으로 학습하고자 한다.
③ 성인들은 다양한 경험을 가지고 학습에 참여한다.
④ 성인들은 왜 배워야 하는지에 대해 알고자 하는 욕구를 가지고 있다.

①항, 엔드라고지의 성인학습 모델에서 성인들은 자기주도적 학습을 선호한다.

34. 안전태도교육 기본과정을 순서대로 나열한 것은?

① 청취 → 모범 → 이해 → 평가 → 장려·처벌
② 청취 → 평가 → 이해 → 모범 → 장려·처벌
③ 청취 → 이해 → 모범 → 평가 → 장려·처벌
④ 청취 → 평가 → 모범 → 이해 → 장려·처벌

안전교육의 기본과정: 청취 → 이해 → 시범(모범) → 평가 → 장려·처벌

참고 안전태도교육의 원칙
① 청취한다(hearing)
② 이해하고 납득한다.(understand)
③ 항상 모범을 보여준다.(example)
④ 권장한다.(exhortation)
⑤ 처벌한다.
⑥ 좋은 지도자를 얻도록 힘쓴다.
⑦ 적정 배치한다.
⑧ 평가한다.(evaluation)

35. 산업심리에서 활용되고 있는 개인적인 카운슬링 방법에 해당하지 않는 것은?

① 직접 충고
② 설득적 방법
③ 설명적 방법
④ 토론적 방법

개인적 카운슬링 방법
1. 직접충고
2. 설득적 방법
3. 설명적 방법

36. 맥그리거(Douglas Mcgregor)의 X,Y이론 중 X이론과 관계 깊은 것은?

① 근면 성실
② 물질적 욕구 추구
③ 정신적 욕구 추구
④ 자기통제에 의한 자율관리

McGregor의 X, Y 이론

X 이론	Y 이론
• 인간 불신감	• 상호 신뢰감
• 성악설	• 성선설
• 인간은 원래 게으르고 태만하여 남의 지배 받기를 즐긴다.	• 인간은 부지런하고 근면, 적극적이며, 자주적이다.
• 물질 욕구(저차적 욕구)	• 정신 욕구(고차적 욕구)
• 명령 통제에 의한 관리	• 목표통합과 자기 통제에 의한 자율관리
• 저개발국 형	• 선진국 형

해답 32 ③ 33 ① 34 ③ 35 ④ 36 ②

37. 교육의 3요소를 바르게 나열한 것은?

① 교사 – 학생 – 교육재료
② 교사 – 학생 – 교육환경
③ 학생 – 교육환경 – 교육재료
④ 학생 – 부모 – 사회 지식인

> **교육의 3요소**
> 1. 교육의 주체 : 교도자, 강사
> 2. 교육의 객체 : 학생, 수강자
> 3. 교육의 매개체 : 교육재료(교육내용)

38. 어느 철강회사의 고로작업라인에 근무하는 A씨의 작업강도가 힘든 중작업으로 평가되었다면 해당되는 에너지대사율(RMR)의 범위로 가장 적절한 것은?

① 0~1
② 2~4
③ 4~7
④ 7~10

> **에너지대사율에 따른 작업강도구분**
> 1. 0~2RMR : 경(輕)작업
> 2. 2~4RMR : 보통, 중(中)작업
> 3. 4~7RMR : 중(重)작업
> 4. 7RMR 이상 : 초중(超重)작업

39. Off.J.T의 특징이 아닌 것은?

① 우수한 강사를 확보할 수 있다.
② 교재, 시설 등을 효율적으로 이용할 수 있다.
③ 개개인의 능력 및 적성에 적합한 세부 교육이 가능하다.
④ 다수의 대상자를 일괄적, 체계적으로 교육을 시킬 수 있다.

> 개개인의 능력 및 적성에 적합한 세부교육이 가능한 것은 O.J.T의 특징이다.
>
> **참고** O.J.T와 off.J.T의 특징

O.J.T	off.J.T
• 개개인에게 적합한 지도훈련을 할 수 있다. • 직장의 실정에 맞는 실체적 훈련을 할 수 있다. • 훈련에 필요한 업무의 계속성이 끊어지지 않는다. • 즉시 업무에 연결되는 관계로 신체와 관련이 있다. • 효과가 곧 업무에 나타나며 훈련의 좋고 나쁨에 따라 개선이 용이하다. • 교육을 통한 훈련 효과에 의해 상호 신뢰도 및 이해도가 높아진다.	• 다수의 근로자에게 조직적 훈련이 가능하다. • 훈련에만 전념하게 된다. • 특별 설비 기구를 이용할 수 있다. • 전문가를 강사로 초청할 수 있다. • 각 직장의 근로자가 많은 지식이나 경험을 교류할 수 있다. • 교육 훈련 목표에 대해서 집단적 노력이 흐트러질 수 있다.

40. 인간의 적응기제(Adjustment mechanism)중 방어적 기제에 해당하는 것은?

① 보상
② 고립
③ 퇴행
④ 억압

> **방어적 기제(defence mechanism)**
> 자신의 약점이나 무능력, 열등감을 위장하여 유리하게 보호함으로써 안정감을 찾으려는 기제
> ① 보상(compensation)
> ② 합리화(rationalization)
> ③ 동일시(identification)
> ④ 승화(sublimation)

■■■■ **제3과목 인간공학 및 시스템안전공학**

41. FTA에서 사용하는 다음 사상기호에 대한 설명으로 맞는 것은?

① 시스템 분석에서 좀 더 발전시켜야 하는 사상
② 시스템의 정상적인 가동상태에서 일어날 것이 기대되는 사상
③ 불충분한 자료로 결론을 내릴 수 없어 더 이상 전개 할 수 없는 사상
④ 주어진 시스템의 기본사상으로 고장원인이 분석되었기 때문에 더 이상 분석할 필요가 없는 사상

이하 생략의 결함 사상 (추적 불가능한 최후 사상)		「다이아몬드」기호로 표시하며, 사상과 원인과의 관계를 충분히 알 수 없거나 또는 필요한 정보를 얻을 수 없기 때문에 이것 이상 전개할 수 없는 최후적 사상을 나타낼 때 사용한다(말단 사상)

42. FT도에서 시스템의 신뢰도는 얼마인가? (단, 모든 부품의 발생확률은 0.1 이다.)

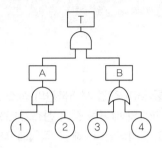

① 0.0033
② 0.0062
③ 0.9981
④ 0.9936

F : 정상사상 T의 발생확률 = 불신뢰도

$F = A \times B$
$= (① \times ②) \times (1 - (1-③)(1-④))$
$= (0.1)^2 \times (1 - (1-0.1)^2)$
$= 0.0019$

$R(신뢰도) = 1 - F$
$= 1 - 0.0019$
$= 0.9981$

43. 일반적으로 은행의 접수대 높이나 공원의 벤치를 설계할 때 가장 적합한 인체 측정 자료의 응용원칙은?

① 조절식 설계
② 평균치를 이용한 설계
③ 최대치수를 이용한 설계
④ 최소치수를 이용한 설계

최대치수나 최소치수, 조절식으로 하기가 곤란할 때 평균치를 기준으로 설계한다. 은행창구나 슈퍼마켓의 계산대 등이 이에 해당한다.

44. 감각저장으로부터 정보를 작업기억으로 전달하기 위한 코드화 분류에 해당되지 않는 것은?

① 시각코드
② 촉각코드
③ 음성코드
④ 의미코드

작업기억의 정보에 대한 코드화
1. 시각(visual)
2. 음성(phonetic)
3. 의미(semantic)

45. 작업장의 설비 3대에서 각각 80dB, 86dB, 78dB,의 소음이 발생되고 있을 때 작업장의 음압수준은?

① 약 81.3dB
② 약 85.5dB
③ 약 87.5dB
④ 약 90.3dB

설비 3대의 소음의 차가 10dB이내이므로 합성소음을 적용한다.

합성소음 $SPL = 10 \log (10^{\frac{spl1}{10}} + 10^{\frac{spl2}{10}} + \cdots + 10^{\frac{spln}{10}})$이므로

합성소음 $SPL = 10 \log (10^{\frac{80}{10}} + 10^{\frac{86}{10}} + 10^{\frac{78}{10}}) = 87.49$

46. 인간공학 연구방법 중 실제의 제품이나 시스템이 추구하는 특성 및 수준이 달성 되는지를 비교하고 분석하는 연구는?

① 조사연구
② 실험연구
③ 분석연구
④ 평가연구

인간공학의 연구방법
1. 조사연구 : 집단의 일반적 특성연구
2. 실험연구 : 특정현상의 이해와 관련한 연구
3. 평가연구 : 실제의 제품이나 시스템에 대한 영향연구

47. 위험분석기법 중 고장이 시스템의 손실과 인명의 사상에 연결되는 높은 위험도를 가진 요소나 고장의 형태에 따른 분석법은?

① CA
② ETA
③ FHA
④ FTA

CA(Criticality Analysis)
항공기의 안전성 평가에 널리 사용되는 기법으로서 각 중요 부품의 고장률, 운용형태, 보정계수, 사용시간비율 등을 고려하여 정량적, 귀납적으로 부품의 위험도를 평가하는 분석기법이다.

48. 실효 온도(effective temperature)에 영향을 주는 요인이 아닌 것은?

① 온도
② 습도
③ 복사열
④ 공기 유동

실효온도(체감온도, 감각온도)에 영향을 주는 요인
1. 온도
2. 습도
3. 공기의 유동

해답 42 ③ 43 ② 44 ② 45 ③ 46 ④ 47 ① 48 ③

49. 의도는 올바른 것이었지만, 행동이 의도한 것과는 다르게 나타나는 오류는?

① Slip　　　　　② Mistake
③ Lapse　　　　④ Violation

① 실수(Slip) : 상황이나 목표의 해석은 정확하나 의도와는 다른 행동을 한 경우
② 착오(Mistake) : 주관적 인식(主觀的 認識)과 객관적 실재(客觀的 實在)가 일치하지 않는 것을 의미한다.
③ 건망증(Lapse) : 기억장애의 하나로 잘 기억하지 못하거나 잊어버리는 정도
④ 위반(Violation) : 법, 규칙 등을 범하는 것이다.

50. 일반적인 화학설비에 대한 안전성 평가(safety assessment) 절차에 있어 안전대책 단계에 해당되지 않는 것은?

① 보전
② 위험도 평가
③ 설비적 대책
④ 관리적 대책

안전대책 단계(4단계)의 내용
1. 설비대책 : 안전장치 나 방재장치에 대한 대책
2. 관리적 대책 : 인원배치, 교육훈련 등
3. 보전대책 : 설비의 보전

참고 안전성 평가의 단계

단계	내용
1단계	관계자료의 작성준비
2단계	정성적 평가
3단계	정량적 평가
4단계	안전대책
5단계	재해정보에 의한 재평가
6단계	FTA에 의한 재평가

51. 인간-기계시스템 설계과정 중 직무분석을 하는 단계는?

① 제1단계 : 시스템이 목표와 성능명세 결정
② 제2단계 : 시스템의 정의
③ 제3단계 : 기본 설계
④ 제4단계 : 인터페이스 설계

기본설계 시의 활동
1. 인간, 하드웨어 및 소프트웨어에 대한 기능 할당
2. 인간 퍼포먼스 요건의 규정
3. 과업 분석(작업 설계)
4. 직무 분석 등

52. 중량물 들기 작업 시 5분간의 산소소비량을 측정한 결과 90L의 배기량 중에 산소가16% 이산화탄소가 4%로 분석되었다. 해당 작업에 대한 산소소비량(L/min)은 약 얼마인가? (단, 공기 중 질소는 79vo1%, 산소는 21vo1%이다.)

① 0.948
② 1.948
③ 4.74
④ 5.74

1. 분당배기량 $(V_1) = \dfrac{90L}{5분} = 18[l/분]$
2. 분당 흡기량 $(V_2) = \left(\dfrac{(100-CO_2-O_2)}{(100-산소)}\right) \times V_1$
$= \left(\dfrac{(100-4-16)}{(100-21)}\right) \times 18$
$= 18.227 = 18.23[l/분]$
3. 분당 산소소비량 $= (V_2 \times 21\%) - (V_1 \times 16\%)$
$= (18.23 \times 0.21) - (18 \times 0.16)$
$= 0.948[l/분]$

53. 시스템 수명주기에 있어서 예비위험분석(PHA)이 이루어지는 단계에 해당하는 것은?

① 구상단계
② 점검단계
③ 운전단계
④ 생산단계

시스템 위험분석 기법 중 PHA가 실행되는 사이클의 영역은 시스템의 구상 단계이다.

참고 시스템 수명주기의 PHA

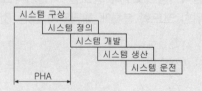

54. 어떤 설비의 시간당 고장률이 일정하다고 할 때 이 설비의 고장간격은 다음 중 어떤 확률분포를 따르는가?

① t분포
② 와이블분포
③ 지수분포
④ 아이링(Eyring)분포

> 지수 분포(exponential Distribution)란 고장률이 아이템의 사용기간에 영향을 받지 않는 일정한 수명 분포이다.

55. 정보를 전송하기 위해 청각적 표시장치보다 시각적 표시장치를 사용하는 것이 더 효과적인 경우는?

① 정보의 내용이 간단한 경우
② 정보가 후에 재참조되는 경우
③ 정보가 즉각적인 행동을 요구하는 경우
④ 정보의 내용이 시간적인 사건을 다루는 경우

표시장치의 선택

청각장치의 사용	시각장치의 사용
1. 전언이 간단하고 짧다.	1. 전언이 복잡하고 길다.
2. 전언이 후에 재참조 되지 않는다.	2. 전언이 후에 재참조 된다.
3. 전언이 시간적인 사상(event)을 다룬다.	3. 전언이 공간적인 위치를 다룬다.
4. 전언이 즉각적인 행동을 요구한다.	4. 전언이 즉각적인 행동을 요구하지 않는다.
5. 수신자의 시각계통이 과부하 상태일 때	5. 수신자의 청각계통이 과부하 상태일 때
6. 수신 장소가 너무 밝거나 암조응 유지가 필요할 때	6. 수신장소가 너무 시끄러울 때
7. 직무상 수신자가 자주 움직이는 경우	7. 직무상 수신자가 한 곳에 머무르는 경우

56. 욕조곡선에서의 고장 형태에서 일정한 형태의 고장률이 나타나는 구간은?

① 초기 고장구간
② 마모 고장구간
③ 피로 고장구간
④ 우발 고장구간

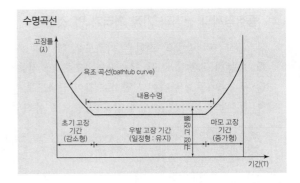

수명곡선

57. 설비보전 방법 중 설비의 열화를 방지하고 그 진행을 지연시켜 수명을 연장하기 위한 점검, 청소, 주유 및 교체 등의 활동은?

① 사후 보전
② 개량 보전
③ 일상 보전
④ 보전 예방

> 일상보전(routine maintenance : RM)
> 매일, 매주로 점검·급유·청소 등의 작업을 함으로서 열화나 마모를 가능한 한 방지하도록 하는 것

58. 두 가지 상태 중 하나가 고장 또는 결함으로 나타나는 비정상적인 사건은?

① 톱사상
② 결함사상
③ 정상적인 사상
④ 기본적인 사상

명칭	기호	해설
결함 사상		결함이 재해로 연결되는 현상 또는 사실 상황 등을 나타내며 논리 gate의 입력, 출력이 된다. FT도표의 정상에 선정되는 사상인 정상 사상(top 사상)과 중간 사상에 사용한다.

59. 동작경제의 원칙과 가장 거리가 먼 것은?

① 급작스런 방향의 전환은 피하도록 할 것
② 가능한 관성을 이용하여 작업하도록 할 것
③ 두 손의 동작은 같이 시작하고 같이 끝나도록 할 것
④ 두 팔의 동작은 동시에 같은 방향으로 움직일 것

> 두 팔의 동작은 동시에 서로 반대 방향으로 대칭적으로 움직이도록 한다.

60. 음량수준을 평가하는 척도와 관계없는 것은?

① dB ② HSI
③ phon ④ sone

> HSI(Heat stress index)는 열압박 지수로 온도환경과 관련된 지수이다.

■■■ 제4과목 건설시공학

61. 용접작업 시 주의사항으로 옳지 않은 것은?

① 용접할 소재는 수축변형이 일어나지 않으므로 치수에 여분을 두지 않아야 한다.
② 용접할 모재의 표면에 녹·유분 등이 있으면 접합부에 공기포가 생기고 용접부의 재질을 약화시키므로 와이어 브러시로 청소한다.
③ 강우 및 강설 등으로 모재의 표면이 젖어 있을 때나 심한 바람이 불 때는 용접하지 않는다.
④ 용접봉을 교환하거나 다층용접일 때는 슬래그와 스패터를 제거한다.

> 용접할 소재의 수축량이 큰 부분부터 용접한다.

62. 철근콘크리트 구조물(5~6층)을 대상으로 한 벽, 지하외벽의 철근 고임재 및 간격재의 배치표준으로 옳은 것은?

① 상단은 보 밑에서 0.5m
② 중단은 상단에서 2.0m 이내
③ 횡간격은 0.5m
④ 단부는 2.0m 이내

철근 고임재 및 간격재의 표준

부위	종류	최소수량 또는 최대 배치간격
기초	강재, 플라스틱, 콘크리트	8개/4m², 20개/16m²
지중보	강재, 플라스틱, 콘크리트	간격은 1.5m 단부는 1.5m 이내
벽, 지하외벽	**강재, 플라스틱, 콘크리트**	**상단 보밑에서 0.5m** **중단은 상단에서 1.5m 이내** **횡간격은 1.5m** **단부는 1.5m 이내**
기둥	강재, 플라스틱, 콘크리트	상단 보밑에서 0.5m 이내 중단은 주각과 상단의 중간 기둥폭 방향은 1m 미만 2개 1m 이상 3개 단부는 1.5m 이내
보	강재, 플라스틱, 콘크리트	간격은 1.5m 단부는 1.5m 이내
슬래브	강재, 플라스틱, 콘크리트	간격은 상하부 철근 각각 가로, 세로 1.3m

(주) 수량 및 배치간격은 5~6층 이내의 철근콘크리트 구조물을 대상으로 한 것으로서, 구조물의 종류, 크기, 형태 등에 따라 달라질 수 있음.

63. 벽식 철근콘크리트 구조를 시공할 경우, 벽과 바닥의 콘크리트 타설을 한 번에 가능하게 하기 위하여 벽체용 거푸집과 슬래브거푸집을 일체로 제작하여 한번에 설치하고 해체할 수 있도록 한 시스템 거푸집은?

① 유로폼 ② 클라이밍폼
③ 슬립폼 ④ 터널폼

> **터널 폼(Tunnel Form)**
> ① 벽과 바닥의 콘크리트 타설을 한 번에 가능하게 하기 위하여 벽체용 거푸집과 슬래브 거푸집을 일체로 제작하여 한 번에 설치하고 해체할 수 있도록 한 시스템거푸집
> ② 한 구획 전체 벽과 바닥판을 ㄱ자형 ㄷ자형으로 만들어 이동시키는 거푸집
> ③ 종류 : 트윈 쉘(Twin shell), 모노 쉘(Mono shell)

해답 59 ④ 60 ② 61 ① 62 ① 63 ④

64. 갱 폼(Gang Form)에 관한 설명으로 옳지 않은 것은?

① 대형화 패널 자체에 버팀대와 작업대를 부착하여 유니트화 한다.
② 수직, 수평 분할 타설 공법을 활용하여 전용도를 높인다.
③ 설치와 탈형을 위하여 대형 양중장비가 필요하다.
④ 두꺼운 벽체를 구축하기에는 적합하지 않다.

> **갱 폼(Gang Form)**
> 사용할 때마다 작은 부재의 조립, 분해를 반복하지 않고 대형화, 단순화하여 한 번에 설치하고 해체하는 거푸집 시스템으로 주로 외벽의 두꺼운 벽체나 옹벽, 피어 기초 등에 이용된다.

65. 철근콘크리트 공사 중 거푸집 해체를 위한 검사가 아닌 것은?

① 각종 배관슬리브, 매설물, 인서트, 단열재 등 부착 여부
② 수직, 수평부재의 존치기간 준수 여부
③ 소요의 강도 확보 이전에 지주의 교환 여부
④ 거푸집 해체용 콘크리트 압축강도 확인시험 실시 여부

> **거푸집 해체 시 확인할 사항**
> 1. 수직, 수평부재의 존치기간 준수여부
> 2. 소요강도 확보 이전에 지주의 교환 여부
> 3. 거푸집해체용 압축강도 확인시험 실시 여부
> 4. 시멘트 종류
> 5. 외기 온도

66. 강재 중 SN 355 B에 관한 설명으로 옳지 않은 것은?

① 건축구조물에 사용한다.
② 냉간 압연 강재이다.
③ 강재의 두께가 6mm 이상 40mm 이하일 때 최소 항복강도가 355N/mm²이다.
④ 용접성에 있어 중간 정도의 품질을 갖고 있다.

S	Steel
N	내진건축구조용 압연강재
355	최저 항복강도 355N/mm²
B	용접성에 있어 중간 정도의 품질

67. 말뚝재하시험의 주요목적과 거리가 먼 것은?

① 말뚝길이의 결정 ② 말뚝 관입량 결정
③ 지하수위 추정   ④ 지지력 추정

> 말뚝재하시험을 실시하는 목적은 단순히 지지력을 확인하는 것 외에 변위량, 건전도, 시공방법 및 시공장비의 적합성, 시간경과에 따른 말뚝 지지력의 변화, 하중전이 특성 등 다양한 내용들을 확인하기 위함이다.

68. 조적식구조에서 조적식구조인 내력벽으로 둘러쌓인 부분의 최대 바닥면적은 얼마인가?

① 60m²   ② 80m²
③ 100m²   ④ 120m²

> **조적조 내력벽의 높이 및 길이 등의 구조제한**
> • 조적식구조인 건축물중 2층 또는 3층인 건축물에 있어서 최상층부분의 조적식구조인 내력벽의 높이는 4미터를 넘을 수 없다.
> • 조적식구조인 내력벽의 길이는 10미터를 넘을 수 없다.
> • 조적식구조인 내력벽으로 둘러쌓인 부분의 바닥면적은 80제곱미터를 넘을 수 없다.

69. 철골세우기용 기계설비가 아닌 것은?

① 가이데릭   ② 스티프레그데릭
③ 진폴   ④ 드래그라인

> **드래그 라인(Drg Line)**
> 굴삭장비로 기계가 서있는 위치보다 낮은 곳의 굴착할 수 있다.

> **참고** 철골세우기용 기계

종류	특성
가이데릭 (Guy Derrick)	① 가장 많이 사용되는 기중기의 일종 ② 붐은 360˚ 회전이 가능하다. ③ 붐의 길이는 Mast보다 3~5m 짧게 한다. ④ guy 의 수 : 6~8개
스티프 레그 데릭 (Stiff Leg Derrick)	① 수평이동이 가능하고 층수가 낮고 긴 평면에 유리 ② 당김줄을 마음대로 맬 수 없을 때 사용 ③ 회전각도 270˚
진폴 (Gin Pole)	① 1개의 기둥을 수직으로 세우고 사방으로 와이어를 쳐서 지지하고 기둥정상에 체인블록 등을 부착한 것 ② 소규모 철골양중작업에 사용 ③ 옥탑 같은 돌출부에 쓰이고 중량재료를 올릴 수 있다.

해답 64 ④ 65 ① 66 ② 67 ③ 68 ② 69 ④

70. 철근의 피복두께 확보 목적과 가장 거리가 먼 것은?

① 내화성 확보
② 내구성 확보
③ 구조내력의 확보
④ 블리딩 현상 방지

> 피복두께 목적
> ① 내화성 확보
> ② 내구성 확보
> ③ 유동성 확보
> ④ 부착강도 확보

71. 유동화 콘크리트를 제조할 때 유동화제를 첨가하기 전 기본 배합 콘크리트인 베이스 콘크리트의 슬럼프 기준은? (단, 보통콘크리트의 경우)

① 150mm이하
② 180mm이하
③ 210mm이하
④ 240mm이하

> 유동화 콘크리트(건축공사표준시방서)
>
> **유동화 콘크리트의 슬럼프(mm)**
>
> | 콘크리트의 종류 | 베이스 콘크리트 | 유동화 콘크리트 |
> |---|---|---|
> | 보통 콘크리트 | 150 이하 | 210 이하 |
> | 경량골재 콘크리트 | 180 이하 | 210 이하 |

72. 분할도급 발주 방식 중 지하철공사, 고속도로공사 및 대규모 아파트단지 등의 공사에 채용하면 가장 효과적인 것은?

① 직종별 공종별 분할도급
② 공정별 분할도급
③ 공구별 분할도급
④ 전문공종별 분할도급

> 공구별 분할도급
> • 대규모 공사에서 구역별, 지역별로 분리하여 발주
> • 도급업자에게 균등기회 부여
> • 업자 상호간 경쟁으로 공기단축, 시공기술 향상에 유리하다.
> • 지하철공사, 고속도로공사, 대규모아파트단지 등의 공사에 적용

73. 흙이 소성 상태에서 반고체 상태로 바뀔 때의 함수비를 의미하는 용어는?

① 예민비
② 액성한계
③ 소성한계
④ 소성지수

> 소성한계
> ① 흙 속에 수분이 거의 없고 바삭바삭한 상태의 함수비
> ② 흙이 소성 상태에서 반고체 상태로 바뀔 때의 함수비

74. 다음 네트워크 공정표에서 주공정선에 의한 총 소요공기(일수)로 옳은 것은? (단, 결합점간 사이의 숫자는 작업일수임)

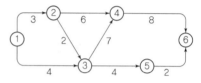

① 17일
② 19일
③ 20일
④ 22일

> 총 소요공기 : 가장 늦은 완료시간
> 1) 주공정선 : ① → ② → ③ → ④ → ⑥
> 2) 주공정 일수 : 3+2+7+8 = 20

75. 조적 벽면에서의 백화방지에 대한 조치로서 옳지 않은 것은?

① 소성이 잘 된 벽돌을 사용한다.
② 줄눈으로 비가 새어들지 않도록 방수처리한다.
③ 줄눈모르타르에 석회를 혼합한다.
④ 벽돌벽의 상부에 비막이를 설치한다.

> 석회는 백화현상을 발생하는 주요요인이다.
> **참고** 백화현상
> 1) 정의
>   벽에 빗물이 침투하여 모르타르 중의 석회분과 공기 중의 탄산가스와 결합하여 생기는 하얀 결정체
> 2) 대책
>   ① 잘 구워진 양질의 벽돌 사용
>   ② 줄눈모르타르에 방수제를 넣는다.
>   ③ 차양, 루버, 돌림띠 등 비막이 설치
>   ④ 벽표면에 파라핀도료나 실리콘 뿜칠
>   ⑤ 깨끗한 물 사용
>   ⑥ 우중시공 금지

76. 다음 각 기초에 관한 설명으로 옳은 것은?

① 온통기초 : 기둥 1개에 기초판이 1개인 기초
② 복합기초 : 2개 이상의 기둥을 1개의 기초판으로 받치게 한 기초
③ 독립기초 : 조적조의 벽을 지지하는 하부 기초
④ 연속기초 : 건물 하부 전체 또는 지하실 전체를 기초판으로 구성한 기초

기초슬래브 형식에 따른 분류

① 독립기초	기둥하나에 기초판이 하나인 구조	
② 복합기초	2개 이상의 기둥을 1개의 기초판으로 지지하는 구조	
③ 연속기초 (줄기초)	연속된 기초판으로 기둥, 벽을 지지하는 구조	
④ 온통기초	건물 기초전체를 기초판으로 받치는 기초	

77. 지반개량공법 중 배수공법이 아닌 것은?

① 집수정공법　　② 동결공법
③ 웰 포인트 공법　④ 깊은 우물 공법

동결공법
고결공법으로 흙 속에 액체질소나 프레온 가스, 드라이아이스 등으로 흙을 얼리는 공법

78. 발주자가 직접 설계와 시공에 참여하고 프로젝트 관련자들이 상호 신뢰를 바탕으로Team을 구성해서 프로젝트의 성공과 상호이익 확보를 공동 목표로 하여 프로젝트를 추진하는 공사수행 방식은?

① PM방식(Project Management)
② 파트너링 방식(Partnering)
③ CM 방식(Construction Management)
④ BOT 방식(Build Operate Transfer)

파트너링 방식(Partnering 방식)
발주자, 시공자, 설계자 등 프로젝트 관계자들이 상호신뢰를 바탕으로 하나의 팀을 구성하여 프로젝트의 성공과 상호이익확보를 목표로 공동으로 프로젝트를 수행하는 공사계약 방식

79. 지하 연속벽 공법(slurry wall)에 관한 설명으로 옳지 않은 것은?

① 저진동, 저소음의 공법이다.
② 강성이 높은 지하구조체를 만든다.
③ 타 공법에 비하여 공기, 공사비 면에서 불리한 편이다.
④ 인접 구조물에 근접하도록 시공이 불가하여 대지이용의 효율성이 낮다.

슬러리월 공법(Slurry Wall)
1. 안정액을 사용하여 지반의 붕괴를 방지하면서 굴착하여 철근망을 넣고 콘크리트를 타설하여 콘크리트벽체를 연속적으로 축조하여 지수벽, 흙막이벽, 구조체벽 등의 지하구조물을 설치하는 공법
2. 장점
　① 저소음, 저진동 공법
　② 주변지반에 영향이 적다
　③ **인접건물 근접시공가능**
　④ 차수성이 높다
　⑤ 벽체 강성이 매우 크다
　⑥ 임의의 치수와 형상이 가능하다
　⑦ 길이, 깊이 조절가능
　⑧ 가설 흙막이벽, 본구조물의 옹벽으로 사용가능하다
3. 단점
　① 공사비가 고가이다
　② 벤토나이트 용액처리가 곤란
　③ 고도의 경험과 기술필요
　④ 수평연속성 부족, 품질관리유의

80. 공사용 표준시방서에 기재하는 사항으로 거리가 먼 것은?

① 재료의 종류, 품질 및 사용처에 관한 사항
② 검상 및 시험에 관한 사항
③ 공정에 따른 공사비 사용에 관한 사항
④ 보양 및 시공 상 주의사항

공사비 사용에 관한 사항은 계약서에 표기하는 내용이다.

참고 공통시방서(표준시방서)
각 직종에 공통으로 적용되는 공사전반에 관한 규정을 기술한 시방서.(권리, 의무 보증, 행정절차, 법률관계, 재료시방, 시공방법 포함)

81. 각종 금속에 관한 설명으로 옳지 않은 것은?

① 동은 건조한 공기중에서는 산화하지 않으나, 습기가 있거나 탄산가스가 있으면 녹이 발생한다.

② 납은 비중이 비교적 작고 융점이 높아 가공이 어렵다.

③ 알루미늄은 비중이 철의 1/3 정도로 경량이며 열・전기전도성이 크다.

④ 청동은 구리와 주석을 주체로 한 합금으로 건축장식부품 또는 미술공예 재료로 사용된다.

납(Pb)
① 융점(327℃)이 낮고 가공이 쉽다.
② 비중(11.4)이 매우 크고 연질이다.
③ 전성, 연성이 크다.
④ 내식성이 우수하다.
⑤ 방사선 차폐용 벽체에 이용된다.
⑥ 알칼리에 약하며 콘크리트에 침식된다.
⑦ 염산, 황산, 농질산에는 강하나 묽은 질산에는 녹는다.
⑧ 공기 중의 습기와 CO2에 의해 표면에 피막이 생겨 내부를 보호한다.
⑨ 급배수관, 가스관, X선실 등

82. 목재의 함수율과 섬유포화점에 관한 설명으로 옳지 않은 것은?

① 섬유포화점은 세포 사이의 수분은 건조되고, 섬유에만 수분이 존재하는 상태를 말한다.

② 벌목 직후 함수율이 섬유포화점까지 감소하는 동안 강도 또한 서서히 감소한다.

③ 전건상태에 이르면 강도는 섬유포화점 상태에 비해 3배로 증가한다.

④ 섬유포화점 이하에서는 함수율의 감소에 따라 인성이 감소한다.

함수율과 강도
1. 섬유포화점 이하에서는 건조수축이 크다.
2. **섬유포화점 이하에서는 함수율 감소에 따라 강도가 증가한다.**
3. 함수율이 30% 이하로 감소될수록 강도는 급격히 증가하고, 전건상태에 이르면 섬유포화점 강도의 3배로 증가
4. 섬유포화점 이상에서는 함수율이 변화해도 목재의 강도는 일정하다.

83. 재료의 단단한 정도를 나타내는 용어는?

① 연성　　　　② 인성
③ 취성　　　　④ 경도

경도(hardness) : 재료의 단단하고 무른 정도

84. 콘크리트용 골재 중 깬자갈에 관한 설명으로 옳지 않은 것은?

① 깬자갈의 원석은 안산암・화강암 등이 많이 사용된다.

② 깬자갈을 사용한 콘크리트는 동일한 워커빌리티의 보통자갈을 사용한 콘크리트보다 단위수량이 일반적으로 약 10% 정도 많이 요구된다.

③ 깬자갈을 사용한 콘크리트는 강자갈을 사용한 콘크리트 보다 시멘트 페이스트와의 부착성능이 매우 낮다.

④ 콘크리트용 굵은 골재로 깬자갈을 사용할 때는 한국산업표준(KS F 2527)에서 정한 품질에 적합한 것으로 한다.

깬자갈은 거친면이 많아 시멘트 페이스트가 잘 붙어 부착력이 좋아진다.
참고 깬자갈의 특징
① 깬자갈은 시공연도(워커빌리티)가 나빠진다.
② 깬자갈은 부착력이 커진다.
③ 수밀성, 내구성 저하
④ 부순돌은 실적률이 작다.
⑤ 단위수량은 약10% 정도 더 필요하다.

85. 일종의 못박기총을 사용하여 콘크리트나 강재 등에 박는 특수못을 의미하는 것은?

① 드라이브핀　　　② 인서트
③ 익스팬션볼트　　④ 듀벨

드라이브 핀(Drive Pin)
화약을 사용하는 발사총으로 콘크리트 벽이나, 강재 등에 쳐박는 못

86. 다음 중 건축용 단열재와 거리가 먼 것은?

① 유리면(glass wool)　　② 암면(rock wool)
③ 테라코타　　　　　　④ 펄라이트판

87. 석고보드에 관한 설명으로 옳지 않은 것은?

① 부식이 잘되고 충해를 받기 쉽다.
② 단열성, 차음성이 우수하다.
③ 시공이 용이하여 천장, 칸막이 등에 주로 사용된다.
④ 내수성, 탄력성이 부족하다.

88. 주로 석기질 점토나 상당히 철분이 많은 점토를 원료로 사용하며, 건축물의 패러핏 주두 등의 장식에 사용되는 공동의 대형 점토제품은?

① 테라죠　　　　　　② 도관
③ 타일　　　　　　　④ 테라코타

89. 경량 기포콘크리트(autoclaved lightweight concrete)에 관한 설명으로 옳지 않은 것은?

① 보통콘크리트에 비하여 탄산화의 우려가 낮다.
② 열전도율은 보통콘크리트의 약 1/10 정도로 단열성이 우수하다.
③ 현장에서 취급이 편리하고 절단 및 가공이 용이하다.
④ 다공질이므로 흡수성이 높은 편이다.

90. KS L 4201에 따른 1종 점토벽돌의 압축강도는 최소 얼마 이상이어야 하는가?

① 9.80MPa 이상　　　② 14.70MPa 이상
③ 20.59MPa 이상　　　④ 24.50MPa 이상

91. 안료가 들어가지 않은 도료로서 목재면의 투명도장에 쓰이며, 내후성이 좋지 않아 외부에 사용하기에는 적당하지 않고 내부용으로 주로 사용하는 것은?

① 수성페인트　　　　② 클리어래커
③ 래커에나멜　　　　④ 유성에나멜

92. 중량 5kg인 목재를 건조시켜 전건중량이 4kg이 되었다. 건조 전 목재의 함수율은 몇 %인가?

① 20%　　　　　　　② 25%
③ 30%　　　　　　　④ 40%

93. 미장재료에 관한 설명으로 옳은 것은?

① 보강재는 결합재의 고체화에 직접 관계하는 것으로 여물, 풀, 수염 등이 이에 속한다.
② 수경성 미장재료에는 돌로마이트 플라스터, 소석회가 있다.
③ 소석회는 돌로마이트 플라스터에 비해 점성이 높고, 작업성이 좋다.
④ 회반죽에 석고를 약간 혼합하면 수축균열을 방지할 수 있는 효과가 있다.

①항. 보강재는 결합재료의 고체화와 직접관계는 없다.
②항. 기경성, 수경성 미장재료의 비교

기경성 재료	수경성 재료
① 진흙질	① 순석고 Plaster
② 회반죽	② 혼합석고 Plaster
③ 돌로마이트 Plaster	③ 경석고 Plaster
④ 아스팔트 Mortar	④ 시멘트 Mortar

③항. 돌로마이트 플라스터가 회반죽에 비하여 점성이 높고 작업성능이 좋다.

94. 아스팔트 침입도 시험에 있어서 아스팔트의 온도는 몇 ℃를 기준으로 하는가?

① 15℃   ② 25℃
③ 35℃   ④ 45℃

침입도
1. 아스팔트의 견고성을 나타내는 연도의 단위
2. 시험기를 사용하여 25℃에서 100g의 추를 5초 동안 바늘을 누를 때 0.1mm 들어 갈 때를 침입도 1로 한다.
3. 침입도가 적을수록 경질이다.

95. 실적률이 큰 골재로 이루어진 콘크리트의 특성이 아닌 것은?

① 시멘트 페이스트의 양이 커져 콘크리트 제조 시 경제성이 낮다.
② 내구성이 증대된다.
③ 투수성, 흡습성의 감소를 기대할 수 있다.
④ 건조수축 및 수화열이 감소한다.

실적률이 큰 골재를 사용하면 골재가 차지하는 부분이 많아져 시멘트 페이스트의 양이 적어지고 경제성이 높아진다.

참고 실적률이 큰 골재를 사용한 콘크리트의 특징
① 단위수량, 단위시멘트량이 작아져 건조수축과 수화열이 감소된다.
② 수밀성, 내구성, 내마모성이 증대된다.

96. 석재의 화학적 성질에 관한 설명으로 옳지 않은 것은?

① 규산분을 많이 함유한 석재는 내산성이 약하므로 산을 접하는 바닥은 피한다.
② 대리석, 사문암 등은 내장재로 사용하는 것이 바람직하다.
③ 조암광물 중 장석, 방해석 등은 산류의 침식을 쉽게 받는다.
④ 산류를 취급하는 곳의 바닥재는 황철광, 갈철광 등을 포함하지 않아야 한다.

규산분이 많은 석재는 내산성이 크다.

97. 수화열의 감소와 황산염 저항성을 높이려면 시멘트에 다음 중 어느 화합물질을 감소시켜야 하는가?

① 규산 3칼슘   ② 알루민산 철4칼슘
③ 규산 2칼슘   ④ 알루민산 3칼슘

알루민산3칼슘
① 수화속도가 매우 빠르므로 수화열이 많이 발생하고 수축률이 매우 크다.
② 수화속도가 빠르므로 1일이내의 초기강도에 기여한다.
③ 수화열을 감소시키려면 알루민산3칼슘의 성분을 감소시켜야 한다.

98. 유리가 불화수소에 부식하는 성질을 이용하여 5mm 이상 판유리면에 그림, 문자 등을 새긴 유리는?

① 스테인드유리   ② 망입유리
③ 에칭유리   ④ 내열유리

에칭유리
유리가 불화수소에 부식되는 성질을 이용하여 화학적인 처리과정을 거쳐 유리 표면에 그림, 문양, 문자 등을 새긴 유리

99. 아스팔트 방수시공을 할 때 바탕재와의 밀착용으로 사용하는 것은?

① 아스팔트 컴파운드 ② 아스팔트 모르타르
③ 아스팔트 프라이머 ④ 아스팔트 루핑

아스팔트 프라이머
1. 아스팔트를 휘발성 용제에 녹인 것으로 흑갈색 액체형태이다.
2. 아스팔트 방수의 바탕처리재로서 모체 바탕과 방수층의 접착성을 향상시킨다.
3. 모체와 아스팔트방수층의 방수시공의 첫째 공정이다.

100. 인조석 갈기 및 테라조 현장갈기 등에 사용되는 구획용 철물의 명칭은?

① 인서트(insert)
② 앵커볼트(anchor bolt)
③ 펀칭메탈(punching metal)
④ 줄눈대(metallic joiner)

줄눈대
테라조 등의 현장갈기에 사용하거나 바닥, 천장 및 벽에 사용하는 철물

■■■ **제6과목 건설안전기술**

101. 굴착공사에 있어서 비탈면붕괴를 방지하기 위하여 실시하는 대책으로 옳지 않은 것은?

① 지표수의 침투를 막기 위해 표면배수공을 한다.
② 지하수위를 내리기 위해 수평배수공을 설치한다.
③ 비탈면 하단을 성토한다.
④ 비탈면 상부에 토사를 적재한다.

비탈면 상부에 토사를 적재하면 무게하중으로 인한 붕괴현상이 발생된다.
참고 **비탈면붕괴를 방지하기 위한 대책**
1. 지표수의 침투를 막기 위해 표면배수공을 한다.
2. 지하수위를 내리기 위해 수평배수공을 설치한다.
3. 비탈면하단을 성토한다.

102. 다음은 산업안전보건법령에 따른 시스템 비계의 구조에 관한 사항이다. ( )안에 들어갈 내용으로 옳은 것은?

> 비계 밑단의 수직재와 받침철물은 밀착되도록 설치하고, 수직재와 받침철물의 연결부의 겹침길이는 받침철물 전체길이의 ( )이상이 되도록 할 것

① 2분의1 ② 3분의1
③ 4분의1 ④ 5분의1

비계 밑단의 수직재와 받침철물은 밀착되도록 설치하고, 수직재와 받침철물의 연결부의 겹침길이는 받침철물 전체길이의 3분의 1 이상이 되도록 할 것
참고 산업안전보건기준에 관한 규칙 제69조【시스템 비계의 구조】

103. 콘크리트 타설 시 안전수칙으로 옳지 않은 것은?

① 타설순서는 계획에 의하여 실시하여야 한다.
② 진동기는 최대한 많이 사용하여야 한다.
③ 콘크리트를 치는 도중에는 거푸집, 지보공 등의 이상유무를 확인하여야 한다.
④ 손수레로 콘크리트를 운반할 때에는 손수레를 타설하는 위치까지 천천히 운반하여 거푸집에 충격을 주지 아니하도록 타설하여야 한다.

진동기는 적절히 사용되어야 하며, 지나친 진동은 거푸집 도괴의 원인이 될 수 있으므로 각별히 주의하여야 한다.

104. 터널 지보공을 조립하는 경우에는 미리 그 구조를 검토한 후 조립도를 작성하고, 그 조립도에 따라 조립하도록, 하여야 하는데 이 조립도에 명시하여야할 사항과 가장 거리가 먼 것은?

① 이음방법 ② 단면규격
③ 재료의 재질 ④ 재료의 구입처

터널 지보공의 조립도에는 재료의 재질, 단면규격, 설치간격 및 이음방법 등을 명시하여야 한다.
참고 산업안전보건기준에 관한 규칙 제363조【조립도】

해답 99 ③ 100 ④ 101 ④ 102 ② 103 ② 104 ④

105. 산업안전보건법령에 따른 양중기의 종류에 해당하지 않는 것은?

① 고소작업차
② 이동식 크레인
③ 승강기
④ 리프트(Lift)

양중기의 종류
1. 크레인[호이스트(hoist)를 포함한다]
2. 이동식 크레인
3. 리프트(이삿짐운반용 리프트의 경우에는 적재하중이 0.1톤 이상인 것으로 한정한다)
4. 곤돌라
5. 승강기
참고 산업안전보건기준에 관한 규칙 제132조【양중기】

106. 가설통로 설치에 있어 경사가 최소 얼마를 초과하는 경우에는 미끄러지지 아니하는 구조로 하여야 하는가?

① 15도   ② 20도
③ 30도   ④ 40도

경사가 15°를 초과하는 경우에는 미끄러지지 아니하는 구조로 할 것
참고 산업안전보건기준에 관한 규칙 제23조【가설통로의 구조】

107. 부두·안벽 등 하역작업을 하는 장소에서 부두 또는 안벽의 선을 따라 통로를 설치하는 경우에는 폭을 최소 얼마 이상으로 하여야 하는가?

① 85cm   ② 90cm
③ 100cm   ④ 120cm

부두 또는 안벽의 선을 따라 통로를 설치하는 때에는 폭을 90cm 이상으로 할 것
참고 산업안전보건기준에 관한 규칙 제390조【하역작업장의 조치기준】

108. 흙막이 가시설 공사 중 발생할 수 있는 보일링(Boiling) 현상에 관한 설명으로 옳지 않은 것은?

① 이 현상이 발생하면 흙막이 벽의 지지력이 상실된다.
② 지하수위가 높은 지반을 굴착할 때 주로 발생한다.
③ 흙막이벽의 근입장 깊이가 부족할 경우 발생한다.
④ 연약한 점토지반에서 굴착면의 융기로 발생한다.

보일링 현상은 점토지반이 아닌 사질토지반의 이상 현상이다.

109. 강관틀 비계를 조립하여 사용하는 경우 준수하여야 할 사항으로 옳지 않은 것은?

① 비계기둥의 밑둥에는 밑받침 철물을 사용할 것
② 높이가 20m를 초과하거나 중량물의 적재를 수반하는 작업을 할 경우에는 주틀 간의 간격을 1.8m 이하로 할 것
③ 주틀 간에 교차 가새를 설치하고 최하층 및 3층 이내마다 수평재를 설치할 것
④ 길이가 띠장 방향으로 4m 이하이고 높이가 10m를 초과하는 경우에는 10m 이내마다 띠장 방향으로 버팀기둥을 설치할 것

주틀 간에 교차 가새를 설치하고 최상층 및 5층 이내마다 수평재를 설치할 것
참고 산업안전보건기준에 관한 규칙 제62조【강관틀비계】

110. 장비가 위치한 지면보다 낮은 장소를 굴착하는 데 적합한 장비는?

① 트럭크레인   ② 파워셔블
③ 백호   ④ 진폴

백호우(back hoe)는 기계가 위치한 지면보다 낮은 장소를 굴착하는데 적합하고 연약지반과 비교적 굳은 지반의 토질에서도 사용 가능한 장비이다.

해답 105 ①   106 ①   107 ②   108 ④   109 ③   110 ③

111. 건설공사도급인은 건설공사 중에 가설구조물의 붕괴 등 산업재해가 발생할 위험이 있다고 판단되면 건축·토목 분야의 전문가의 의견을 들어 건설공사 발주자에게 해당 건설공사의 설계변경을 요청할 수 있는데, 가설구조물의 기준으로 옳지 않은 것은?

① 높이 20m 이상인 비계
② 작업발판 일체형 거푸집 또는 높이 6m이상인 거푸집 동바리
③ 터널의 지보공 또는 높이 2m 이상인 흙막이 지보공
④ 동력을 이용하여 움직이는 가설구조물

설계변경 요청이 가능한 가설구조물
1. 높이 31미터 이상인 비계
2. 작업발판 일체형 거푸집 또는 높이 6미터 이상인 거푸집 동바리[타설(打設)된 콘크리트가 일정 강도에 이르기까지 하중 등을 지지하기 위하여 설치하는 부재(部材)]
3. 터널의 지보공(支保工: 무너지지 않도록 지지하는 구조물) 또는 높이 2미터 이상인 흙막이 지보공
4. 동력을 이용하여 움직이는 가설구조물
참고 산업안전보건법 시행령 제58조【설계변경 요청 대상 및 전문가의 범위】

112. 거푸집동바리 등을 조립하는 경우에 준수해야 할 기준으로 옳지 않은 것은?

① 동바리의 상하고정 및 미끄러짐 방지조치를 하고, 하중의 지지상태를 유지한다.
② 강재와 강재의 접속부 및 교차부는 볼트·클램프 등 전용철물을 사용하여 단단히 연결한다.
③ 파이프서포트를 제외한 동바리로 사용하는 강관은 높이 2m마다 수평연결재를 2개 방향으로 만들고 수평연결재의 변위를 방지할 것
④ 동바리로 사용하는 파이프서포트는 4개 이상 이어서 사용하지 않도록 할 것

파이프 서포트를 이어서 사용하는 경우에는 4개 이상의 볼트 또는 전용철물을 사용하여 이을 것
참고 산업안전보건기준에 관한 규칙 제332조【거푸집동바리등의 안전조치】

113. 강관틀비계(높이 5m 이상)의 넘어짐을 방지하기 위하여 사용하는 벽이음 및 버팀의 설치간격 기준으로 옳은 것은?

① 수직방향 5m, 수평방향 5m
② 수직방향 6m, 수평방향 7m
③ 수직방향 6m, 수평방향 8m
④ 수직방향 7m, 수평방향 8m

강관틀비계의 벽 이음에 대한 조립간격 기준으로 수직방향 6m, 수평방향 8m 이내이다.
참고 산업안전보건기준에 관한 규칙 제23조제62조【강관틀비계】

114. 강관을 사용하여 비계를 구성하는 경우 준수해야 할 사항으로 옳지 않은 것은?

① 비계기둥의 간격은 띠장 방향에서는 1.85m이하, 장선(長線) 방향에서는 1.5m 이하로 할 것
② 띠장 간격은 2.0m 이하로 할 것
③ 비계기둥의 제일 윗부분으로부터 31m되는 지점 밑부분의 비계기둥은 3개의 강관으로 묶어 세울 것
④ 비계기둥 간의 적재하중은 400kg을 초과하지 않도록 할 것

비계기둥의 제일 윗부분으로부터 31m되는 지점 밑부분의 비계기둥은 2개의 강관으로 묶어 세울 것. 다만, 브라켓(bracket) 등으로 보강하여 2개의 강관으로 묶을 경우 이상의 강도가 유지되는 경우에는 그러하지 아니하다.
참고 산업안전보건기준에 관한 규칙 제60조【강관비계의 구조】

115. 굴착과 싣기를 동시에 할 수 있는 토공기계가 아닌 것은?

① 트랙터 셔블(tractor shovel)
② 백호(back hoe)
③ 파워 셔블(power shovel)
④ 모터 그레이더(motor grader)

모터 그레이더(Motor grader)는 토공 기계의 대패라고 하며, 지면을 절삭하여 평활하게 다듬는 것이 목적이다. 이 장비는 노면의 성형, 정지용 기계이므로 굴착이나 흙을 운반하는 것이 주된 작업이지만 하수구 파기, 경사면 다듬기, 제방작업, 제설작업, 아스팔트 포장재료 배합 등의 작업을 할 수도 있다.

116. 지반의 굴착 작업에 있어서 비가 올 경우를 대비한 직접적인 대책으로 옳은 것은?

① 측구 설치
② 낙하물 방지망 설치
③ 추락 방호망 설치
④ 매설물 등의 유무 또는 상태 확인

> 사업주는 비가 올 경우를 대비하여 측구(側溝)를 설치하거나 굴착경사면에 비닐을 덮는 등 빗물 등의 침투에 의한 붕괴재해를 예방하기 위하여 필요한 조치를 하여야 한다.
> **참고** 산업안전보건기준에 관한 규칙 제340조【지반의 붕괴 등에 의한 위험방지】

117. 다음은 산업안전보건법령에 따른 산업안전보건관리비의 사용에 관한 규정이다. ( )안에 들어갈 내용을 순서대로 옳게 작성한 것은?

> 건설공사 도급인은 고용노동부장관이 정하는 바에 따라 해당 건설공사를 위하여 계상된 산업안전보건관리비를 그가 사용하는 근로자와 그의 관계수급인이 사용하는 근로자의 산업재해 및 건강장해 예방에 사용하고, 그 사용명세서를 ( )작성하고 건설공사 종료 후 ( )간 보존해야 한다.

① 매월, 6개월
② 매월, 1년
③ 2개월 마다, 6개월
④ 2개월 마다, 1년

> 건설공사도급인은 산업안전보건관리비를 사용하는 해당 건설공사의 금액이 4천만원 이상인 때에는 고용노동부장관이 정하는 바에 따라 매월 사용명세서를 작성하고, 건설공사 종료 후 1년 동안 보존해야 한다.
> **참고** 산업안전보건법 시행규칙 제89조【산업안전보건관리비의 사용】

118. 건설현장에서 작업으로 인하여 물체가 떨어지거나 날아올 위험이 있는 경우에 대한 안전조치에 해당하지 않는 것은?

① 수직보호망설치
② 방호선반 설치
③ 울타리설치
④ 낙하물 방지망 설치

> 사업주는 작업으로 인하여 물체가 떨어지거나 날아올 위험이 있는 경우 **낙하물 방지망, 수직보호망 또는 방호선반의 설치, 출입금지구역의 설정, 보호구의 착용** 등 위험을 방지하기 위하여 필요한 조치를 하여야 한다.
> **참고** 산업안전보건기준에 관한 규칙 제14조【낙하물에 의한 위험의 방지】

119. 산업안전보건법령에 따른 건설공사 중 다리 건설공사의 경우 유해위험방지 계획서를 제출하여야 하는 기준으로 옳은 것은?

① 최대 지간길이가 40m 이상인 다리의 건설등 공사
② 최대 지간길이가 50m 이상인 다리의 건설등 공사
③ 최대 지간길이가 60m 이상인 다리의 건설등 공사
④ 최대 지간길이가 70m 이상인 다리의 건설등 공사

> **유해위험방지계획서 제출 대상 공사**
> 1. 지상높이가 31미터 이상인 건축물 또는 인공구조물
>   ① 연면적 3만제곱미터 이상인 건축물
>   ② 연면적 5천제곱미터 이상인 시설로서 다음의 어느 하나에 해당하는 시설
>   1) 문화 및 집회시설(전시장 및 동물원·식물원은 제외한다)
>   2) 판매시설, 운수시설(고속철도의 역사 및 집배송시설은 제외한다)
>   3) 종교시설
>   4) 의료시설 중 종합병원
>   5) 숙박시설 중 관광숙박시설
>   6) 지하도상가
>   7) 냉동·냉장 창고시설
> 2. 연면적 5천제곱미터 이상인 냉동·냉장 창고시설의 설비공사 및 단열공사
> 3. **최대 지간(支間)길이(다리의 기둥과 기둥의 중심사이의 거리)가 50미터 이상인 다리의 건설등 공사**
> 4. 터널의 건설등 공사
> 5. 다목적댐, 발전용댐, 저수용량 2천만톤 이상의 용수 전용 댐 및 지방상수도 전용 댐의 건설등 공사
> 6. 깊이 10미터 이상인 굴착공사
> **참고** 산업안전보건법 시행령 제42조【유해위험방지계획서 제출 대상】

120. 산업안전보건법령에 따른 작업발판 일체형 거푸집에 해당하지 않는 것은?

① 갱 폼(Gang Form)
② 슬립 폼(Slip Form)
③ 유로 폼(Euro Form)
④ 클라이밍 폼(Climbing Form)

"작업발판 일체형 거푸집"이란 거푸집의 설치·해체, 철근 조립, 콘크리트 타설, 콘크리트 면처리 작업 등을 위하여 거푸집을 작업발판과 일체로 제작하여 사용하는 거푸집으로서 다음 각 호의 거푸집을 말한다.
1. 갱 폼(gang form)
2. 슬립 폼(slip form)
3. 클라이밍 폼(climbing form)
4. 터널 라이닝 폼(tunnel lining form)
5. 그밖에 거푸집과 작업발판이 일체로 제작된 거푸집 등
참고 산업안전보건기준에 관한 규칙 제337조【작업발판 일체형 거푸집의 안전조치】

해답 120 ③

■■■ 제1과목 산업안전관리론

1. 하인리히의 도미노 이론에서 재해의 직접원인에 해당하는 것은?

① 사회적 환경
② 유전적 요소
③ 개인적인 결함
④ 불안전한 행동 및 불안전한 상태

> 하인리히가 제시한 재해발생의 연쇄성 이론인 도미노 이론에서 3단계(핵심단계)는 직접원인으로 불안전한 행동 및 불안전한 상태이다.

2. 안전관리조직의 형태 중 직계식 조직의 특징이 아닌 것은?

① 소규모 사업장에 적합하다.
② 안전에 관한 명령지시가 빠르다.
③ 안전에 대한 정보가 불충분하다.
④ 별도의 안전관리 전담요원이 직접 통제한다.

> ④항, 직계 참모형(line-staff)조직의 특징이다.

3. 건설기술진흥법령상 안전점검의 시기·방법에 관한 사항으로 ( )에 알맞은 내용은?

> 정기안전점검 결과 건설공사의 물리적·기능적 결함 등이 발견되어 보수·보강 등의 조치를 위하여 필요한 경우에는 ( )을 할 것

① 긴급점검
② 정기점검
③ 특별점검
④ 정밀안전점검

> 정기안전점검 결과 건설공사의 물리적·기능적 결함 등이 발견되어 보수·보강 등의 조치를 위하여 필요한 경우에는 정밀안전점검을 할 것
> **참고** 건설기술 진흥법 시행령 제100조【안전점검의 시기·방법 등】

4. 산업안전보건법령상 타워크레인 지지에 관한 사항으로 ( )에 알맞은 내용은?

> 타워크레인을 와이어로프로 지지하는 경우, 설치각도는 수평면에서 (ㄱ)도 이내로 하되, 지지점은 (ㄴ)개소 이상으로 하고, 같은 각도로 설치하여야 한다.

① ㄱ:45, ㄴ:3
② ㄱ:45, ㄴ:4
③ ㄱ:60, ㄴ:3
④ ㄱ:60, ㄴ:4

> 와이어로프 설치각도는 수평면에서 60도 이내로 하되, 지지점은 4개소 이상으로 하고, 같은 각도로 설치할 것
> **참고** 산업안전보건기준에 관한 규칙 제142조【타워크레인의 지지】

5. 사고예방대책의 기본원리 5단계 중 3단계의 분석평가에 관한 내용으로 옳은 것은?

① 현장 조사
② 교육 및 훈련의 개선
③ 기술의 개선 및 인사조정
④ 사고 및 안전활동 기록 검토

> **사고예방대책 기본원리 중 3단계 분석평가의 주요내용**
> • 사고보고서 및 현장조사
> • 사고기록
> • 인적 물적조건
> • 작업공정
> • 교육 및 훈련 관계
> • 안전수칙 및 기타
> **참고** 하인리히의 사고예방대책 기본원리 5단계

제1단계	제2단계	제3단계
안전 조직	사실의 발견	분석
• 경영층의 참여 • 안전관리자의 임명 • 안전의 라인(line) 및 참모조직 • 안전활동 방침 및 계획수립 • 조직을 통한 안전 활동	• 사고 및 활동 기록의 검토 • 작업분석 • 안전점검 • 사고조사 • 각종 안전회의 및 토의회 • 종업원의 건의 및 여론조사	• 사고보고서 및 현장조사 • 사고기록 • 인적 물적조건 • 작업공정 • 교육 및 훈련 관계 • 안전수칙 및 기타

제4단계	제5단계
시정방법의 선정	시정책의 적용
• 기술의 개선 • 인사조정 • 교육 및 훈련 개선 • 안전기술의 개선 • 규정 및 수칙의 개선 • 이행의 감독 체제 강화	• 교육 • 기술 • 독려 • 목표설정 실시 • 재평가 • 시정(후속 조치)

6. 산업안전보건법령상 노사협의체에 관한 사항으로 틀린 것은?

① 노사협의체 정기회의는 1개월마다 노사협의체의 위원장이 소집한다.

② 공사금액이 20억원 이상인 공사의 관계수급인의 각 대표자는 사용자 위원에 해당된다.

③ 도급 또는 하도급 사업을 포함한 전체 사업의 근로자대표는 근로자 위원에 해당된다.

④ 노사협의체의 근로자위원과 사용자위원은 합의하여 노사협의체에 공사금액이 20억원 미만인 공사의 관계수급인 및 관계수급인 근로자대표를 위원으로 위촉할 수 있다.

노사협의체의 회의는 정기회의와 임시회의로 구분하여 개최하되, 정기회의는 2개월마다 노사협의체의 위원장이 소집하며, 임시회의는 위원장이 필요하다고 인정할 때에 소집한다.
참고 산업안전보건법 시행령 제65조【노사협의체의 운영 등】

7. 버드(Bird)의 도미노 이론에서 재해발생과정 중 직접원인은 몇 단계인가?

① 1단계 　　② 2단계
③ 3단계 　　④ 4단계

버드의 신 도미노 이론(Frank Bird의 신 Domino 이론)
1단계 : 통제부족(관리, 경영)
2단계 : 기본원인(기원, 원이론)
3단계 : 직접원인(징후) → 핵심단계
4단계 : 사고(접촉)
5단계 : 상해(손해, 손실)

8. 산업안전보건법령상 상시근로자 20명 이상 50명 미만인 사업장 중 안전보건관리담당자를 선임하여야 할 업종이 아닌 것은?

① 임업
② 제조업
③ 건설업
④ 하수, 폐수 및 분뇨 처리업

다음 각 호의 어느 하나에 해당하는 사업의 사업주는 상시근로자 20명 이상 50명 미만인 사업장에 안전보건관리담당자를 1명 이상 선임해야 한다.
1. 제조업
2. 임업
3. 하수, 폐수 및 분뇨 처리업
4. 폐기물 수집, 운반, 처리 및 원료 재생업
5. 환경 정화 및 복원업
참고 산업안전보건법 시행령 제24조【안전보건관리담당자의 선임 등】

9. 산업안전보건법령상 안전보건표지의 용도 및 색도기준이 바르게 연결된 것은?

① 지시표지 : 5N 9.5
② 금지표지 : 2.5G 4/10
③ 경고표지 : 5Y 8.5/12
④ 안내표지 : 7.5R 4/14

안전·보건표지의 색체 및 색도기준 및 용도			
색채	색도기준	용도	사용례
빨간색	7.5R 4/14	금지	정지신호, 소화설비 및 그 장소, 유해행위의 금지
		경고	화학물질 취급장소에서의 유해·위험 경고
노란색	5Y 8.5/12	경고	화학물질 취급장소에서의 유해·위험 경고 이외의 위험경고, 주의표지 또는 기계 방호물
파란색	2.5PB 4/10	지시	특정행위의 지시, 사실의 고지
녹색	2.5G 4/10	안내	비상구 및 피난소, 사람 또는 차량의 통행표지
흰색	N9.5		파란색 또는 녹색에 대한 보조색
검은색	N0.5		문자 및 빨간색 또는 노란색에 대한 보조색

10. A 사업장에서 중상이 10명 발생하였다면 버드(Bird)의 재해구성비율에 의한 경상해자는 몇 명인가?

① 50명
② 100명
③ 145명
④ 300명

> 버드(Frank Bird)의 1(중상 또는 폐질) : 10(경상) : 30(무상해사고) : 600(무상해 무사고)의 1 : 10 : 30 : 600 원칙이므로, 1 : 10 = 10 : x, $x = 10 \times 10 = 100$이 된다.

11. 산업재해 발생 시 조치 순서에 있어 긴급처리의 내용으로 볼 수 없는 것은?

① 현장 보존
② 잠재위험요인 적출
③ 관련 기계의 정지
④ 재해자의 응급조치

> **재해발생시 긴급처리 순서**
> ① 피재기계의 정지 및 피해확산 방지
> ② 피해자의 응급조치
> ③ 관계자에게 통보
> ④ 2차 재해방지
> ⑤ 현장보존

12. 산업안전보건법령상 안전보건진단을 받아 안전보건개선계획을 수립하여야 하는 대상을 모두 고른 것은?

> ㄱ. 산업재해율이 같은 업종 평균 산업 재해율의 2배 이상인 사업장
> ㄴ. 사업주가 필요한 안전조치 또는 보건조치를 이행하지 아니하여 중대재해가 발생한 사업장
> ㄷ. 상시근로자 1천명 이상 사업장에서 직업성 질병자가 연간 2명 이상 발생한 사업장

① ㄱ, ㄴ
② ㄱ, ㄷ
③ ㄴ, ㄷ
④ ㄱ, ㄴ, ㄷ

1. 산업재해율이 같은 업종 평균 산업재해율의 2배 이상인 사업장
2. 사업주가 필요한 안전조치 또는 보건조치를 이행하지 아니하여 중대재해가 발생한 사업장
3. 직업성 질병자가 연간 2명 이상(상시근로자 1천명 이상 사업장의 경우 3명 이상) 발생한 사업장
4. 그 밖에 작업환경 불량, 화재·폭발 또는 누출 사고 등으로 사업장 주변까지 피해가 확산된 사업장으로서 고용노동부령으로 정하는 사업장
> **참고** 산업안전보건법 시행령 제24조【안전보건관리담당자의 선임 등】

13. 산업안전보건법령상 중대재해에 해당하지 않는 것은?

① 사망자 1명이 발생한 재해
② 12명의 부상자가 동시에 발생한 재해
③ 2명의 직업성 질병자가 동시에 발생한 재해
④ 5개월의 요양이 필요한 부상자가 동시에 3명 발생한 재해

> **중대재해의 종류**
> ① 사망자가 1명 이상 발생한 재해
> ② 3개월 이상의 요양이 필요한 부상자가 동시에 2명 이상 발생한 재해
> ③ 부상자 또는 직업성 질병자가 동시에 10명 이상 발생한 재해
> **참고** 산업안전보건법 시행규칙 제3조【중대재해의 범위】

14. T.B.M 활동의 5단계 추진법의 진행순서로 옳은 것은?

① 도입 → 확인 → 위험예지훈련 → 작업지시 → 정비점검
② 도입 → 정비점검 → 작업지시 → 위험예지훈련 → 확인
③ 도입 → 작업지시 → 위험예지훈련 → 정비점검 → 확인
④ 도입 → 위험예지훈련 → 작업지시 → 정비점검 → 확인

> **TBM 5단계(단시간 미팅 즉시즉응훈련 5단계)**
>
> | 단계 | 내용 |
> | --- | --- |
> | 1단계 | 도입 |
> | 2단계 | 점검정비 |
> | 3단계 | 작업지시 |
> | 4단계 | 위험예지(one point 위험예지훈련) |
> | 5단계 | 확인(one point 지적 확인 연습, touch and call 실시) |

해답 10 ② 11 ② 12 ① 13 ③ 14 ②

15. 보호구 안전인증 고시상 저음부터 고음까지 차음하는 방음용 귀마개의 기호는?

① EM
② EP-1
③ EP-2
④ EP-3

방음용 귀마개 또는 귀덮개의 종류·등급 등

종 류	등 급	기 호	성 능
귀마개	1종	EP-1	저음부터 고음까지 차음하는 것
	2종	EP-2	주로 고음을 차음하고 저음(회화음영역)은 차음하지 않는 것
귀덮개	–	EM	

16. 산업재해보상보험법령상 명시된 보험급여의 종류가 아닌 것은?

① 장례비
② 요양급여
③ 휴업급여
④ 생산손실급여

보험급여의 종류
1. 요양급여
2. 휴업급여
3. 장해급여
4. 간병급여
5. 유족급여
6. 상병(傷病)보상연금
7. 장례비
8. 직업재활급여

참고 산업재해보상보험법 제36조 【보험급여의 종류와 산정 기준 등】

17. 맥그리거의 X, Y이론 중 X이론의 관리처방에 해당하는 것은?

① 조직구조의 평면화
② 분권화와 권한의 위임
③ 자체평가제도의 활성화
④ 권위주의적 리더십의 확립

X, Y이론의 관리처방
(1) X이론 관리
 • 경제적 보상체제 강화
 • 권위주의적 리더십 확립
 • 면밀한 감독과 엄격한 통제
 • 상부책임제도의 강화
(2) Y이론 관리(종합의 원리)
 • 민주적 리더십 확립
 • 분권화와 권한의 위임
 • 목표에 의한 관리
 • 직무확장
 • 비공식적 조직의 활용

18. 산업안전보건법령상 안전보건관리책임자의 업무에 해당하지 않는 것은? (단, 그 밖에 고용노동부령으로 정하는 사항은 제외한다.)

① 근로자의 적정배치에 관한 사항
② 작업환경의 점검 및 개선에 관한 사항
③ 안전보건관리규정의 작성 및 변경에 관한 사항
④ 안전장치 및 보호구 구입 시 적격품 여부 확인에 관한 사항

안전보건관리책임자의 업무
1. 사업장의 산업재해 예방계획의 수립에 관한 사항
2. 안전보건관리규정의 작성 및 변경에 관한 사항
3. 안전보건교육에 관한 사항
4. 작업환경측정 등 작업환경의 점검 및 개선에 관한 사항
5. 근로자의 건강진단 등 건강관리에 관한 사항
6. 산업재해의 원인 조사 및 재발 방지대책 수립에 관한 사항
7. 산업재해에 관한 통계의 기록 및 유지에 관한 사항
8. 안전장치 및 보호구 구입 시 적격품 여부 확인에 관한 사항
9. 그 밖에 근로자의 유해·위험 방지조치에 관한 사항으로서 고용노동부령으로 정하는 사항

참고 산업안전보건법 제15조 【안전보건관리책임자】

19. 산업안전보건법령상 명시된 안전검사대상 유해하거나 위험한 기계·기구·설비에 해당하지 않는 것은?

① 리프트
② 곤돌라
③ 산업용 원심기
④ 밀폐형 롤러기

해답 15 ② 16 ④ 17 ④ 18 ① 19 ④

20. 재해사례연구의 진행단계로 옳은 것은?

> ㄱ. 대책수립
> ㄴ. 사실의 확인
> ㄷ. 문제점의 발견
> ㄹ. 재해상황의 파악
> ㅁ. 근본적 문제점의 결정

① ㄷ → ㄹ → ㄴ → ㅁ → ㄱ
② ㄷ → ㄹ → ㅁ → ㄴ → ㄱ
③ ㄹ → ㄴ → ㄷ → ㅁ → ㄱ
④ ㄹ → ㄷ → ㅁ → ㄴ → ㄱ

■■■ 제2과목 산업심리 및 교육

21. 인간 착오의 메커니즘으로 틀린 것은?

① 위치의 착오
② 패턴의 착오
③ 느낌의 착오
④ 형(形)의 착오

22. 산업안전보건법령상 명시된 건설용 리프트·곤돌라를 이용한 작업의 특별교육 내용으로 틀린 것은? (단, 그 밖에 안전·보건관리에 필요한 사항은 제외한다.)

① 신호방법 및 공동작업에 관한 사항
② 화물의 취급 및 작업 방법에 관한 사항
③ 방호 장치의 기능 및 사용에 관한 사항
④ 기계·기구에 특성 및 동작원리에 관한 사항

23. 타일러(Taylor)의 과학적 관리와 거리가 가장 먼 것은?

① 시간-동작 연구를 적용하였다.
② 생산의 효율성을 상당히 향상시켰다.
③ 인간중심의 관점으로 일을 재설계한다.
④ 인센티브를 도입함으로써 작업자들을 동기화시킬 수 있다.

해답 20 ③ 21 ③ 22 ② 23 ③

24. 프로그램 학습법(programmed self-instruction method)의 단점은?

① 보충학습이 어렵다.
② 수강생의 시간적 활용이 어렵다.
③ 수강생의 사회성이 결여되기 쉽다.
④ 수강생의 개인적인 차이를 조절할 수 없다.

프로그램학습법의 장·단점	
장 점	단 점
• 수업의 전단계 • 학교수업, 방송수업, 직업훈련의 경우 • 학생간의 개인차를 최대로 조절할 경우 • 수강생들이 허용된 어느 시간 내에 학습할 경우 • 보충 수업의 경우	• 한번 개발된 프로그램 자료의 개조가 어렵다. • 개발비가 많이 든다. • 수강생의 사회성이 결여될 우려가 있다.

25. 작업의 어려움, 기계설비의 결함 및 환경에 대한 주의력의 집중혼란, 심신의 근심 등으로 인하여 재해를 많이 일으키는 사람을 지칭하는 것은?

① 미숙성 누발자
② 상황성 누발자
③ 습관성 누발자
④ 소질성 누발자

재해 누발자의 유형
1. 미숙성 누발자 : 환경에 익숙치 못하거나 기능 미숙으로 인한 재해누발자를 말한다.
2. 소질성 누발자 : 지능·성격·감각운동에 의한 소질적 요소에 의해 결정된다.
3. **상황성 누발자 : 작업의 어려움, 기계설비의 결함, 환경상 주의집중의 혼란, 심신의 근심 등에 의한 것이다.**
4. 습관성 누발자 : 재해의 경험으로 신경과민이 되거나 슬럼프(slump)에 빠지기 때문이다.

26. 안전사고가 발생하는 요인 중 심리적인 요인에 해당하는 것은?

① 감정의 불안정
② 극도의 피로감
③ 신경계통의 이상
④ 육체적 능력의 초과

감정의 불안정은 심리적 요인이며, 신경계통의 이상, 극도의 피로감, 육체적 능력의 초과는 생리적 현상이다.

27. 허츠버그(Herzberg)의 2 요인 이론 중 동기요인(motivator)에 해당하지 않는 것은?

① 성취
② 작업 조건
③ 인정
④ 작업 자체

Herzberg의 동기-위생 이론	
분 류	종 류
위생요인 (유지욕구)	직무환경, 정책, 관리·감독, 작업조건, 대인관계, 금전, 지휘, 등
동기요인 (만족욕구)	업무(일)자체, 성취감, 성취에 대한 인정, 도전적이고 보람있는 일, 책임감, 성장과 발달 등

28. 작업의 강도를 객관적으로 측정하기 위한 지표로 옳은 것은?

① 강도율
② 작업시간
③ 작업속도
④ 에너지 대사율(RMR)

에너지 대사율(RMR; relative metabolic rate) : 작업을 수행하기 위해 소비되는 산소소모량이 기초대사량의 몇 배에 해당하는 가를 나타내는 지수

29. 지도자가 부하의 능력에 따라 차별적으로 성과급을 지급하고자 하는 리더십의 권한은?

① 전문성 권한
② 보상적 권한
③ 합법적 권한
④ 위임된 권한

1. 조직이 지도자에게 부여한 권한	
구분	내용
보상적 권한	지도자가 부하들에게 보상할 수 있는 능력으로 인해 부하직원들을 통제할 수 있으며 부하들의 행동에 대해 영향을 끼칠 수 있는 권한
강압적 권한	부하직원들을 처벌할 수 있는 권한
합법적 권한	조직의 규정에 의해 지도자의 권한이 공식화된 것

2. 지도자 자신이 자신에게 부여한 권한	
구분	내용
전문성의 권한	부하직원들이 지도자의 성격이나 능력을 인정하고 지도자를 존경하며 자진해서 따르는 것
위임된 권한	집단의 목표를 성취하기 위해 부하직원들이 지도자가 정한 목표를 자진해서 자신의 것으로 받아들여 지도자와 함께 일하는 것

해답 **24** ③ **25** ② **26** ① **27** ② **28** ④ **29** ②

30. 인간의 욕구에 대한 적응기제(Adjustment Mechanism)를 공격적 기제, 방어적 기제, 도피적 기제로 구분할 때 다음 중 도피적 기제에 해당하는 것은?

① 보상　　　　　② 고립
③ 승화　　　　　④ 합리화

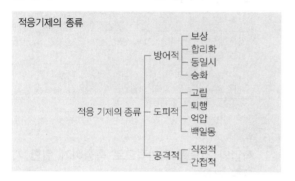

31. 알더퍼(Alderfer)의 ERG 이론에서 인간의 기본적인 3가지 욕구가 아닌 것은?

① 관계욕구　　　　② 성장욕구
③ 생리욕구　　　　④ 존재욕구

Alderfer의 ERG이론	
분류	내용
생존욕구 (Existence)	신체적인 차원에서의 생존과 유지에 관련된 욕구
관계욕구 (Relatedness)	타인과의 상호작용을 통해 만족되는 대인 욕구
성장욕구 (Growth)	개인적인 발전과 증진에 관한 욕구

32. 주의력의 특성과 그에 대한 설명으로 옳은 것은?

① 지속성 : 인간의 주의력은 2시간 이상 지속된다.
② 변동성 : 인간은 주의 집중은 내향과 외향의 변동이 반복된다.
③ 방향성 : 인간이 주의력을 집중하는 방향은 상하좌우에 따라 영향을 받는다.
④ 선택성 : 인간의 주의력은 한계가 있어 여러 작업에 대해 선택적으로 배분된다.

주의의 특성
1. 주의력의 중복집중의 곤란 : 주의는 동시에 2개 방향에 집중하지 못한다.(선택성)
2. 주의력의 단속성 : 고도의 주의는 장시간 지속 할 수 없다.(변동성)
3. 한 지점에 주의를 집중하면 다른데 주의는 약해진다.(방향성)

33. 파악하고자 하는 연구과제에 대해 언어를 매개로 구조화된 질의응답을 통하여 교육하는 기법은?

① 면접(interview)
② 카운슬링(counseling)
③ CCS(Civil Communication Section)
④ ATT(American Telephone & Telegram Co.)

면접법은 조사자와 대상자가 얼굴을 맞대고 질문과 응답을 통해 상호작용하면서 자료를 수집하거나 교육을 하는 방법으로 구조화된 질의응답에 의한 기법이다.

34. 안전교육방법 중 새로운 자료나 교재를 제시하고, 거기에서의 문제점을 피교육자로 하여금 제기하게 하거나, 의견을 여러 가지 방법으로 발표하게 하고, 다시 깊게 파고들어서 토의 하는 방법은?

① 포럼(Forum)
② 심포지엄(Symposium)
③ 버즈세션(Buzz Session)
④ 패널 디스커션(Panel Discussion)

1. 포럼(forum) : 새로운 자료나 교재를 제시하고 거기서의 문제점을 피교육자로 하여금 제기하게 하거나 의견을 여러 가지 방법으로 발표하게 하고 다시 깊이 파고들어 토의를 행하는 방법이다.
2. 심포지움(symposium) : 몇 사람의 전문가에 의하여 과제에 관한 견해를 발표한 뒤 참가자로 하여금 의견이나 질문을 하게 하여 토의하는 방법이다.
3. 버즈 세션(buzz session) : 6-6회의라고도 하며, 먼저 사회자와 기록계를 선출한 후 나머지 사람은 6명씩의 소집단으로 구분하고, 소집단별로 각각 사회자를 선발하여 6분간씩 자유토의를 행하여 의견을 종합하는 방법이다.
4. 패널 디스커션(panel discussion) : 패널멤버(교육 과제에 정통한 전문가 4~5명)가 피교육자 앞에서 자유로이 토의를 하고 뒤에 피교육자 전부가 참가하여 사회자의 사회에 따라 토의하는 방법이다.

35. 산업안전보건법령상 근로자 안전보건교육의 교육과정 중 건설 일용근로자의 건설업 기초 안전·보건교육 교육시간 기준으로 옳은 것은?

① 1시간 이상
② 2시간 이상
③ 3시간 이상
④ 4시간 이상

사업 내 안전보건교육에 있어 건설일용근로자의 건설업 기초안전·보건교육시간은 4시간이다.
참고 산업안전보건법 시행규칙 별표4【안전보건교육 교육과정별 교육시간】

36. 안전교육의 방법을 지식교육, 기능교육 및 태도교육 순서로 구분하여 맞게 나열한 것은?

① 시청각 교육 – 현장실습 교육 – 안전작업 동작지도
② 시청각 교육 – 안전작업 동작지도 – 현장실습 교육
③ 현장실습 교육 – 안전작업 동작지도 – 시청각 교육
④ 안전작업 동작지도 – 시청각 교육 – 현장실습 교육

안전교육의 3단계
1. 제1단계 : 지식교육이란 강의, 시청각 교육을 통한 지식의 전달과 이해하는 단계
2. 제2단계 : 기능교육이란 시범, 견학, 실습, 현장실습교육을 통한 경험 체득과 이해를 한다.
3. 제3단계 : 태도교육이란 작업동작지도, 생활지도 등을 통한 안전의 습관화를 한다.

37. O.J.T(On the Job Training)의 장점이 아닌 것은?

① 직장의 실정에 맞게 실제적 훈련이 가능하다.
② 교육을 통한 훈련효과에 의해 상호 신뢰이해도가 높아진다.
③ 대상자의 개인별 능력에 따라 훈련의 진도를 조정하기가 쉽다.
④ 교육훈련 대상자가 교육훈련에만 몰두할 수 있어 학습효과가 높다.

O.J.T와 off.J.T의 특징

O.J.T	off.J.T
• 개개인에게 적합한 지도훈련을 할 수 있다.	• 다수의 근로자에게 조직적 훈련이 가능하다.
• 직장의 실정에 맞는 실체적 훈련을 할 수 있다.	• **훈련에만 전념하게 된다.**
• 훈련에 필요한 업무의 계속성이 끊어지지 않는다.	• 특별 설비 기구를 이용할 수 있다.
• 즉시 업무에 연결되는 관계로 신체와 관련이 있다.	• 전문가를 강사로 초청할 수 있다.
• 효과가 곧 업무에 나타나며 훈련의 좋고 나쁨에 따라 개선이 용이하다.	• 각 직장의 근로자가 많은 지식이나 경험을 교류할 수 있다.
• 교육을 통한 훈련 효과에 의해 상호 신뢰도 및 이해도가 높아진다.	• 교육 훈련 목표에 대해서 집단적 노력이 흐트러질 수 있다.

38. 학습목적의 3요소가 아닌 것은?

① 목표(goal)
② 주제(subject)
③ 학습정도(level of learning)
④ 학습방법(method of learning)

학습목적의 3요소
① 목표(goal)
② 주제(subject)
③ 학습정도(level of learning)

39. 학습된 행동이 지속되는 것을 의미하는 용어는?

① 회상(recall)
② 파지(retention)
③ 재인(recognition)
④ 기명(memorizing)

파지란 획득된 행동이나 내용이 지속되는 것이며, 망각은 지속되지 않고 소실되는 현상을 말한다.

40. 작업자들에게 적성검사를 실시하는 가장 큰 목적은?

① 작업자의 협조를 얻기 위함
② 작업자의 인간관계 개선을 위함
③ 작업자의 생산능률을 높이기 위함
④ 작업자의 업무량을 최대로 할당하기 위함

적성검사는 작업의 개성과 특성을 파악하여 효과적인 직무배치를 함으로써 생산능률을 올리기 위하여 실시한다.

해답   35 ④   36 ①   37 ④   38 ④   39 ②   40 ③

■■■ 제3과목 인간공학 및 시스템안전공학

41. 인간공학적 수공구 설계원칙이 아닌 것은?

① 손목을 곧게 유지할 것
② 반복적인 손가락 동작을 피할 것
③ 손잡이 접촉 면적을 작게 설계할 것
④ 조직(tissue)에 가해지는 압력을 피할 것

> **수공구 설계의 기본원리**
> 1. 손잡이의 길이는 95%의 남성의 손 폭을 기준으로 하고, 최소 11cm가 되어야 한다.(장갑사용 시 최소 12.5cm)
> 2. 손바닥 부위에 압박을 주는 손잡이의 형태(form-fitting)는 피해야 한다. 손잡이의 단면이 원형을 이루어야 한다.
> 3. 손잡이의 직경은 사용용도에 따라서 다음과 같다.
>   – 힘을 요하는 작업 도구일 경우 : 2.5~4cm
>   – 정밀을 요하는 작업일 경우 : 0.75~1.5cm
> 4. 플라이어(pliers) 형태의 손잡이에는 스프링 장치 등을 이용하여 자동으로 손잡이가 열리도록 설계해야 한다.
> 5. 양손잡이를 모두 고려한 설계를 해야 한다.
> 6. 손잡이의 재질은 미끄러지지 않고, 비전도성, 열과 땀에 강한 소재로 선택해야 한다.
> 7. 손목을 꺾지 말고 손잡이를 꺾어야 한다.
> 8. 가능한 수동공구가 아닌 동력공구를 사용해야 한다.
> 9. 동력공구의 손잡이는 한 손가락이 아닌 최소 두 손가락 이상으로 작동하도록 설계해야 한다.
> 10. 최대한 공구의 무게를 줄이고 사용 시 무게의 균형(counter balancing)이 유지되도록 설계해야 한다.

42. NIOSH 지침에서 최대허용한계(MPL)는 활동한계(AL)의 몇 배인가?

① 1배   ② 3배
③ 5배   ④ 9배

> NIOSH 지침은 작업장에서 가장 빈번히 일어나는 들기작업에 있어 안전작업무게(AL : Action Limit)와 최대허용무게(MPL : Maximum Permissible Limit)를 제시하여, 들기작업에서 위험 요인을 찾아 제거할 수 있도록 하였다. 최대허용무게는 안전작업무게의 3배이며 들기작업을 할 때 요추(L5/S1) 디스크에 650kg 이상의 인간공학적 부하가 부과되는 작업물의 무게이다.

43. FMEA의 특징에 대한 설명으로 틀린 것은?

① 서브시스템 분석 시 FTA보다 효과적이다.
② 양식이 비교적 간단하고 적은 노력으로 특별한 훈련 없이 해석이 가능하다.
③ 시스템 해석기법은 정성적·귀납적 분석법 등에 사용된다.
④ 각 요소간 영향 해석이 어려워 2가지 이상 동시 고장은 해석이 곤란하다.

> ①항. 다양한 영향이 발생되는 서브시스템 분석은 FTA가 더 효과적이다.
> **참고** FMEA(고장의 형과 영향 분석 : failue modes and effects analysis)의 특징
> ① 시스템에 영향을 미치는 전체요소의 고장을 형별로 분석하여 그 영향을 검토
> ② 각 요소의 1형식 고장이 시스템의 1영향에 대응하는 방식
> ③ 시스템 내의 위험 상태 요소에 대해 정성적·귀납적으로 평가

44. 인간공학에 대한 설명으로 틀린 것은?

① 제품의 설계 시 사용자를 고려한다.
② 환경과 사람이 격리된 존재가 아님을 인식한다.
③ 인간공학의 목표는 기능적 효과, 효율 및 인간 가치를 향상시키는 것이다.
④ 인간의 능력 및 한계에는 개인차가 없다고 인지한다.

> ④항. 인간의 수용능력과 정신적 제약은 개인차가 있으므로 인간공학에서는 이를 고려하여야 한다.

45. 인간-기계시스템에서의 여러 가지 인간에러와 그것으로 인해 생길 수 있는 위험성의 예측과 개선을 위한 기법은?

① PHA   ② FHA
③ OHA   ④ THERP

> THERP 분석기법이란 사고원인 가운데 인간의 과오에 기인된 원인분석, 확률을 계산함으로써 제품의 결함을 감소시키고, 인간공학적 대책을 수립하는데 사용되는 것이다.

해답 41 ③   42 ②   43 ①   44 ④   45 ④

46. 개선의 ECRS의 원칙에 해당하지 않는 것은?

① 제거(Eliminate)
② 결합(Combine)
③ 재조정(Rearrange)
④ 안전(Safety)

개선의 ECRS의 원칙
1. 제거(Eliminate)
2. 결합(Combine)
3. 재조정(Rearrange)
4. 단순화(Simplify)

47. 표시장치로부터 정보를 얻어 조종장치를 통해 기계를 통제하는 시스템은?

① 수동 시스템
② 무인 시스템
③ 반자동 시스템
④ 자동 시스템

반자동, 기계화 체계(mechanical system)
이 체계는 변화가 별로 없는 기능들을 수행하도록 설계되어 있으며 동력은 전형적으로 기계가 제공하고, 운전자는 조정장치를 사용하여 통제한다.

48. Q10 효과에 직접적인 영향을 미치는 인자는?

① 고온 스트레스
② 한랭한 작업장
③ 중량물의 취급
④ 분진의 다량발생

Q10 법칙은 10℃의 온도상승에 호흡대사가 2배가 된다는 것을 나타내는 법칙이다.

49. 결함수분석(FTA)에 의한 재해사례의 연구 순서로 옳은 것은?

㉠ FT(Fault Tree)도 작성
㉡ 개선안 실시계획
㉢ 톱 사상의 선정
㉣ 사상마다 재해원인 및 요인 규명
㉤ 개선계획 작성

① ㉡ → ㉣ → ㉢ → ㉤ → ㉠
② ㉢ → ㉣ → ㉠ → ㉤ → ㉡
③ ㉣ → ㉤ → ㉢ → ㉠ → ㉡
④ ㉤ → ㉢ → ㉡ → ㉠ → ㉣

FTA에 의한 재해사례 연구순서 4단계
1. 1단계 : TOP 사상의 선정
2. 2단계 : 사상의 재해 원인 규명
3. 3단계 : FT도 작성
4. 4단계 : 개선 계획의 작성

50. 물체의 표면에 도달하는 빛의 밀도를 뜻하는 용어는?

① 광도
② 광량
③ 대비
④ 조도

조도 : 어떤 물체나 표면에 도달하는 광의 밀도
참고 조도의 단위

단위	내용
fc (foot-candle)	1촉광의 점광원으로부터 1foot 떨어진 곡면에 비추는 광의 밀도(1 lumen/ft²)
lux (meter-candle)	1촉광의 점광원으로부터 1m 떨어진 곡면에 비추는 광의 밀도(1 lumen/m²)

51. 시각적 표시장치와 청각적 표시장치 중 시각적 표시장치를 선택해야 하는 경우는?

① 메시지가 긴 경우
② 메시지가 후에 재참조되지 않는 경우
③ 직무상 수신자가 자주 움직이는 경우
④ 메시지가 시간적 사상(event)을 다룬 경우

표시장치의 선택

청각장치의 사용	시각장치의 사용
1. 전언이 간단하고 짧다.	1. 전언이 복잡하고 길다.
2. 전언이 후에 재참조 되지 않는다.	2. 전언이 후에 재참조 된다.
3. 전언이 시간적인 사상(event)을 다룬다.	3. 전언이 공간적인 위치를 다룬다.
4. 전언이 즉각적인 행동을 요구한다.	4. 전언이 즉각적인 행동을 요구하지 않는다.
5. 수신자의 시각계통이 과부하 상태일 때	5. 수신자의 청각계통이 과부하 상태일 때
6. 수신 장소가 너무 밝거나 암조응 유지가 필요할 때	6. 수신장소가 너무 시끄러울 때
7. 직무상 수신자가 자주 움직이는 경우	7. 직무상 수신자가 한 곳에 머무르는 경우

해답 46 ④ 47 ③ 48 ① 49 ② 50 ④ 51 ①

52. 조작과 반응과의 관계, 사용자의 의도와 실제 반응과의 관계, 조종장치와 작동결과에 관한 관계 등 사람들이 기대하는 바와 일치하는 관계가 뜻하는 것은?

① 중복성
② 조직화
③ 양립성
④ 표준화

양립성(compatibility)이란 정보입력 및 처리와 관련한 양립성은 인간의 기대와 모순되지 않는 자극들간의, 반응들 간의 또는 자극반응 조합의 관계를 말하는 것
1. 공간적 양립성 : 표시장치가 조종장치에서 물리적 형태나 공간적인 배치의 양립성
2. 운동 양립성 : 표시 및 조종장치, 체계반응의 운동 방향의 양립성
3. 개념적 양립성 : 사람들이 가지고 있는 개념적 연상(어떤 암호 체계에서 청색이 정상을 나타내듯이)의 양립성
4. 양식 양립성 : 직무에 알맞은 자극과 응답의 양식의 존재에 대한 양립성이다.

53. FT도에 사용되는 다음 기호의 명칭은?

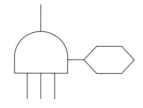

① 억제게이트
② 조합AND게이트
③ 부정게이트
④ 배타적OR게이트

조합 AND gate
3개 이상의 입력사상 가운데 어느 것이든지 2개가 일어나면 출력사상이 생긴다. 예를 들면 「어느 것이든지 2개」 라고 기입한다.

54. 일정한 고장률을 가진 어떤 기계의 고장률이 시간당 0.008 일 때 5시간 이내에 고장을 일으킬 확률은?

① $1 + e0.04$
② $1 - e-0.004$
③ $1 - e0.04$
④ $1 - e-0.04$

$F(t=10) = 1 - R(t=5) = 1 - e^{-\lambda t} = 1 - e^{-0.008 \times 5}$
$= 1 - e^{-0.04}$

55. HAZOP 기법에서 사용하는 가이드워드와 그 의미가 틀린 것은?

① Other than : 기타 환경적인 요인
② NO/Not : 디자인 의도의 완전한 부정
③ Reverse : 디자인 의도의 논리적 반대
④ More/Less : 정량적인 증가 또는 감소

Other than : 완전한 대체(통상 운전과 다르게 되는 상태)

56. 음압수준이 60dB일 때 1000Hz에서 순음의 phon의 값은?

① 50phon
② 60phon
③ 90phon
④ 100phon

동일한 음의 수준
1000Hz = 40dB = 40phon = 1sone

57. 인간의 오류모형에서 상황해석을 잘못하거나 목표를 잘못 이해하고 착각하여 행하는 경우를 뜻하는 용어는?

① 실수(Slip)
② 착오(Mistake)
③ 건망증(Lapse)
④ 위반(Violation)

착오(Mistake)란 "상황해석을 잘못하거나 목표를 잘못 이해하고 착각하여 행하는 경우"를 뜻한다.
참고 위반(Violation)이란 "알고 있음에는 의도적으로 따르지 않거나 무시한 경우"

58. 프레스기의 안전장치 수명은 지수분포를 따르며 평균 수명이 1000시간일 때 ㉠, ㉡에 알맞은 값은 약 얼마인가?

㉠ : 새로 구입한 안전장치가 향후 500시간 동안 고장 없이 작동할 확률
㉡ : 이미 1000시간을 사용한 안전장치가 향후 500시간 이상 견딜 확률

① ㉠ : 0.606, ㉡ : 0.606
② ㉠ : 0.606, ㉡ : 0.808
③ ㉠ : 0.808, ㉡ : 0.606
④ ㉠ : 0.808, ㉡ : 0.808

㉠ 신뢰도 $R = e^{-\frac{t}{t_o}} = e^{-\frac{500}{1000}} = 0.606$

㉡ 신뢰도 $R = e^{-\frac{t}{t_o}} = e^{-\frac{500}{1000}} = 0.606$

59. FT도에서 신뢰도는? (단, A발생확률은 0.01, B발생확률은 0.02이다.)

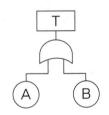

① 96.02% ② 97.02%
③ 98.02% ④ 99.02%

F : 정상사상 T의 발생확률 = 불신뢰도

$F = 1 - (1-A)(1-B)$
$\quad = 1 - (1-0.01)(1-0.02)$
$\quad = 0.0298$

$R(신뢰도) = 1 - F$
$\qquad\qquad = 1 - 0.0298$
$\qquad\qquad = 0.9702$

60. 위험성평가 시 위험의 크기를 결정하는 방법이 아닌 것은?

① 덧셈법 ② 곱셈법
③ 뺄셈법 ④ 행렬법

사업주는 유해·위험요인을 파악하여 사업장 특성에 따라 부상 또는 질병으로 이어질 수 있는 가능성 및 중대성의 크기를 추정하고 다음 각 호의 어느 하나의 방법으로 위험성을 추정하여야 한다.
1. 가능성과 중대성을 행렬을 이용하여 조합하는 방법
2. 가능성과 중대성을 곱하는 방법
3. 가능성과 중대성을 더하는 방법
4. 그 밖에 사업장의 특성에 적합한 방법
참고 사업장 위험성평가에 관한 지침 제11조【위험성 추정】

■■■ 제4과목 건설시공학

61. 기존에 구축된 건축물 가까이에서 건축공사를 실시할 경우 기존 건축물의 지반과 기초를 보강하는 공법은?

① 리버스 서큘레이션 공법
② 언더피닝 공법
③ 슬러리 월 공법
④ 탑다운 공법

언더피닝 공법(Under pinning method)
1. 정의
   기존 건축물의 기초를 보강하거나 새로운 기초를 설치하여 기존건물을 보호하는 보강공법이다
2. 종류
   ① 2중널말뚝공법 : 흙막이 널말뚝의 외측에 2중으로 말뚝을 막는 공법
   ② 현장타설콘크리트 말뚝공법 : 인접건물의 기초에 현장타설 콘크리트 말뚝을 설치
   ③ 강제말뚝공법 : 인접건물의 벽, 기둥에 따라 강제 말뚝을 설치
   ④ 모르타르 및 약액주입공법 : 사질지반에서 모르타르 등을 주입해서 지반을 고결시키는 공법

62. 다음은 기성말뚝 세우기에 관한 표준시방서 규정이다. ( )안에 순서대로 들어갈 내용으로 옳게 짝지어진 것은? (단, 보기항의 D는 말뚝의 바깥지름 임)

말뚝의 연직도나 경사도는 ( ) 이내로 하고, 말뚝박기 후 평면상의 위치가 설계도면의 위치로부터 ( )와 100mm 중 큰 값 이상으로 벗어나지 않아야 한다.

① 1/100, D/4 ② 1/100, D/3
③ 1/150, D/4 ④ 1/150, D/3

기성말뚝세우기
1. 시공기계는 말뚝이 소정의 위치에 정확하게 설치될 수 있도록 견고한 지반 위의 정확한 위치에 설치하여야 한다.
2. 말뚝을 정확하고도 안전하게 세우기 위해서는 정확한 규준틀을 설치하고 중심선 표시를 용이하게 하여야 하며, 말뚝을 세운 후 검측은 직교하는 2방향으로부터 하여야 한다.
3. 말뚝의 연직도나 경사도는 1/100 이내로 하고, 말뚝박기 후 평면상의 위치가 설계도면의 위치로부터 D/4(D는 말뚝의 바깥 지름)와 100mm 중 큰 값 이상으로 벗어나지 않아야 한다.

63. 철골공사에서 발생하는 용접 결함이 아닌 것은?

① 피트(Pit)
② 블로우 홀(Blow hole)
③ 오버 랩(Over lap)
④ 가우징(Gouging)

> **가우징(Gouging)**
> 용접부의 홈파기 : 먼저 용접한 부위의 결함 제거나 주철의 균열
> 보수를 하기 위하여 좁은 홈을 파내는 것

64. 원심력 고강도 프리스트레스트 콘크리트말뚝의 이음방법 중 가장 강성이 우수하고 안전하여 많이 사용하는 이음방법은?

① 충전식이음
② 볼트식이음
③ 용접식이음
④ 강관말뚝이음

> **고강도 프리스트레스트 콘크리트 말뚝**(PHC, Prestressed High-strength Contrete pile)
> ① 원심력을 이용하여 만든 콘크리트 압축강도가 78.5 N/㎟ 이상의 프리텐션(pretension)방식에 의한 고강도 콘크리트 말뚝
> ② 축응력이 커서 말뚝의 지지력이 크다.
> ③ 압축강도가 커 타격 저항력이 크고 항타횟수가 증가해도 파손이 적어 지지층까지 도달시킬 수 있다.
> ④ 말뚝의 이음방법 : 충전식, 용접식, bolt식, 장부식
> (용접식 이음의 강성이 우수하고 안전하여 가장 많이 사용된다.)

65. 철근이음의 종류 중 나사를 가지는 슬리브 또는 커플러, 에폭시나 모르타르 또는 용융금속 등을 충전한 슬리브, 클립이나 편체 등의 보조장치 등을 이용한 것을 무엇이라 하는가?

① 겹침이음
② 가스압접 이음
③ 기계적 이음
④ 용접이음

> 기계적 이음은 시공성의 편리와 일정한 품질, 다양한 적용성등에 따라 건설현장에서 많이 사용되는 것으로 나사를 가지는 슬리브, 커플러, 에폭시나 모르타르 또는 용용 금속 등을 충전한 슬리브 등을 이용한 이음이다.

66. R.C.D(리버스 서큘레이션 드릴)공법의 특징으로 옳지 않은 것은?

① 드릴파이프 직경보다 큰 호박돌이 있는 경우 굴착이 불가하다.
② 깊은 심도까지 굴착이 가능하다.
③ 시공속도가 빠른 장점이 있다.
④ 수상(해상)작업이 불가하다.

> **리버스 써큘레이션 공법(Reverse Circulation Drill) : 역순환공법**
> (1) 정의 : 특수비트의 회전으로 굴착토사를 Drill Rod 내의 물과 함께 배출하여 침전지에서 토사를 침전 후 물을 다시 공내에 환류시켜 굴삭 후 철근망을 삽입하고 트레미관에 의해 콘크리트를 타설하여 말뚝을 형성
> (2) 특징
> ① 점토, 실트층에 적용
> ② 굴착심도 30~70m, 직경 0.9~3m 정도
> ③ 지하수위보다 2m이상 물을 채워 정수압(2t/m²)으로 공벽유지
> (3) "점토, 실트층 등에 적용한다. 시공능률은 굴착 토량으로 환산하면 50m²/일로 보고 있다."

67. 보강블록공사 시 벽의 철근 배치에 관한 설명으로 옳지 않은 것은?

① 가로근은 배근 상세도에 따라 가공하되, 그 단부는 180°의 갈구리로 구부려 배근한다.
② 블록의 공동에 보강근을 배치하고 콘크리트를 다져 넣기 때문에 세로줄눈은 막힐줄눈으로 하는 것이 좋다.
③ 세로근은 기초 및 테두리보에서 위층의 테두리보까지 잇지 않고 배근하여 그 정착길이는 철근 직경의 40배 이상으로 한다.
④ 벽의 세로근은 구부리지 않고 항상 진동없이 설치한다.

> 보강블록은 보강근을 배치하고 모르타르, 콘크리트 사춤이 용이하도록 원칙적으로 통줄눈 쌓기로 한다.

---

68. 철근공사 시 철근의 조립과 관련된 설명으로 옳지 않은 것은?

① 철근이 바른 위치를 확보할 수 있도록 결속선으로 결속하여야 한다.
② 철근은 조립한 다음 장기간 경과한 경우에는 콘크리트의 타설 전에 다시 조립검사를 하고 청소하여야 한다.
③ 경미한 황갈색의 녹이 발생한 철근은 콘크리트와의 부착이 매우 불량하므로 사용이 불가하다.
④ 철근의 피복두께를 정확하게 확보하기 위해 적절한 간격으로 고임재 및 간격재를 배치하여야 한다.

철근표면의 황갈색 녹은 철근에 유해하지 않고 표면이 거칠어져 콘크리트와 부착효과를 다소 향상시킬 수 있다.

69. 공사계약방식에서 공사실시 방식에 의한 계약제도가 아닌 것은?

① 일식도급   ② 분할도급
③ 실비정산보수가산도급   ④ 공동도급

도급공사 계약방식의 종류

공사실시방식	도급금액 결정방법
① 일식도급 계약제도	① 정액도급 계약제도
② 분할도급 계약제도	② 단가도급 계약제도
③ 공동도급방식	③ 실비정산보수가산도급 계약제도

70. 알루미늄 거푸집에 관한 설명으로 옳지 않은 것은?

① 경량으로 설치시간이 단축된다.
② 이음매(Joint)감소로 견출작업이 감소된다.
③ 주요 시공 부위는 내부벽체, 슬래브, 계단실 벽체이며, 슬래브 필러 시스템이 있어서 해체가 간편하다.
④ 녹이 슬지 않는 장점이 있으나 전용횟수가 매우 적다.

알루미늄 거푸집은 가볍고 전용회수가 많아 최근에 거푸집으로 많이 쓰이고 있다.
알루미늄 거푸집
① 경량이므로 취급이 용이하다
② 전용회수가 높다
③ 설치 및 해체가 쉽다

71. 철거작업 시 지중장애물 사전조사항목으로 가장 거리가 먼 것은?

① 주변 공사장에 설치된 모든 계측기 확인
② 기존 건축물의 설계도, 시공기록 확인
③ 가스, 수도, 전기 등 공공매설물 확인
④ 시험굴착, 탐사 확인

철거작업 시 사전조사는 해체대상 구조물에 대한 조사를 실시한다.

72. 벽돌쌓기 시 사전준비에 관한 설명으로 옳지 않은 것은?

① 줄기초, 연결보 및 바닥 콘크리트의 쌓기면은 작업 전에 청소하고, 우묵한 곳은 모르타르로 수평지게 고른다.
② 벽돌에 부착된 흙이나 먼지는 깨끗이 제거한다.
③ 모르타르는 지정한 배합으로 하되 시멘트와 모래는 건비빔으로 하고, 사용할 때에는 쌓기에 지장이 없는 유동성이 확보되도록 물을 가하고 충분히 반죽하여 사용한다.
④ 콘크리트 벽돌은 쌓기 직전에 충분한 물축이기를 한다.

콘크리트 벽돌은 물축임을 하지않는 것을 원칙으로 하고 있다.

73. 콘크리트는 신속하게 운반하여 즉시 타설하고, 충분히 다져야 하는데 비비기로부터 타설이 끝날 때까지의 시간은 원칙적으로 얼마를 넘어서면 안 되는가? (단, 외기온도가 25℃ 이상일 경우)

① 1.5시간   ② 2시간
③ 2.5시간   ④ 3시간

콘크리트는 신속하게 운반하여 즉시 타설하고, 충분히 다져야 한다. 비비기로부터 타설이 끝날 때까지의 시간은 원칙적으로 외기온도가 25℃ 이상일 때는 1.5시간, 25℃ 미만일 때에는 2시간을 넘어서는 안 된다.

해답 68 ③   69 ③   70 ④   71 ①   72 ④   73 ①

74. 피어기초공사에 관한 설명으로 옳지 않은 것은?

① 중량구조물을 설치하는데 있어서 지반이 연약하거나 말뚝으로도 수직지지력이 부족하여 그 시공이 불가능한 경우와 기초지반의 교란을 최소화해야 할 경우에 채용한다.

② 굴착된 흙을 직접 탐사할 수 있고 지지층의 상태를 확인할 수 있다.

③ 진동과 소음이 발생하는 공법이긴 하나 여타 기초 형식에 비하여 공기 및 비용이 적게 소요된다.

④ 피어기초를 채용한 국내의 초고층 건축물에는 63 빌딩이 있다.

> 피어(pier)기초는 미리 지반을 굴착한 후 그 속에 기초를 설치하는 것으로 무소음으로 시공할 수 있으나 다른 기초형식에 비하여 공기와 비용이 많이 소모된다.

75. 다음 각 거푸집에 관한 설명으로 옳은 것은?

① 트래블링 폼(Travelling Form) : 무량판 시공시 2방향으로 된 상자형 기성재 거푸집이다.

② 슬라이딩 폼(Sliding Form) : 수평활동 거푸집이며 거푸집 전체를 그대로 떼어 다음 사용 장소로 이동시켜 사용할 수 있도록 한 거푸집이다.

③ 터널폼(Tunnel Form) : 한 구획 전체의 벽판과 바닥판을 ㄱ자형 또는 ㄷ자형으로 짜서 이동시키는 형태의 기성재 거푸집이다.

④ 워플폼(Waffle Form) : 거푸집 높이는 약 1m이고 하부가 약간 벌어진 원형 철판 거푸집을 요오크(yoke)로 서서히 끌어 올리는 공법으로 Silo 공사 등에 적당하다.

> 1. 트레블링 거푸집(Traveling form)
>   거푸집, 장선, 멍에, 동바리 등을 일체화하여 거푸집 전체를 이동하여 사용하는 대형 수평이동 거푸집(아치, 돔과 같은 지붕구조에서 적용)
> 2. 슬라이딩 폼(Sliding Form), 슬립폼
>   수평, 수직적으로 반복된 구조물을 시공 이음 없이 균일한 형상으로 시공하기 위하여 요크(yoke), 로드(rod), 유압잭(jack)을 이용하여 거푸집을 연속적으로 이동시키면서 콘크리트를 타설하여 시공하는 시스템거푸집
> 3. 터널 폼 (Tunnel Form)
>   벽과 바닥의 콘크리트 타설을 한 번에 가능하게 하기 위하여 벽체용 거푸집과 슬래브 거푸집을 일체로 제작하여 한 번에 설치하고 해체할 수 있도록 한 시스템거푸집

> 4. 와플폼(Waffle Form)
>   무량판 구조 또는 평판구조에서 특수상자 모양의 기성재 거푸집, 커다란 스팬의 공간 확보, 층고를 낮출 수 있는 거푸집

76. 강구조물 부재 제작 시 마킹(금긋기)에 관한 설명으로 옳지 않은 것은?

① 주요부재의 강판에 마킹할 때에는 펀치(punch) 등을 사용하여야 한다.

② 강판 위에 주요부재를 마킹할 때에는 주된 응력의 방향과 압연 방향을 일치시켜야 한다.

③ 마킹할 때에는 구조물이 완성된 후에 구조물의 부재로서 남을 곳에는 원칙적으로 강판에 상처를 내어서는 안된다.

④ 마킹 시 용접열에 의한 수축 여유를 고려하여 최종 교정, 다듬질 후 정확한 치수를 확보할 수 있도록 조치해야 한다.

> 주요부재의 강판에 마킹할 때에는 펀치(punch) 등을 사용하지 않아야 한다.

77. 건축공사 시 각종 분할도급의 장점에 관한 설명으로 옳지 않은 것은?

① 전문공종별 분할도급은 설비업자의 자본, 기술이 강화되어 능률이 향상된다.

② 공정별 분할도급은 후속공사를 다른 업자로 바꾸거나 후속공사 금액의 결정이 용이하다.

③ 공구별 분할도급은 중소업자에 균등기회를 주고, 업자 상호간 경쟁으로 공사기일 단축, 시공 기술향상에 유리하다.

④ 직종별, 공종별 분할도급은 전문직종으로 분할하여 도급을 주는 것으로 건축주의 의도를 철저하게 반영시킬 수 있다.

> 공정별 분할도급
> ① 토공사, 골조공사, 마무리공사 등 시공 과정별로 나누어 도급을 주는 방식
> ② 예산배정상 구분될 때 편리
> ③ 선공사 지연시 후속공사에 지장초래
> ④ 후속업자 교체 곤란

해답 74 ③ 75 ③ 76 ① 77 ②

78. 두께 110mm의 일반구조용 압연강재 SS275의 항복강도(f_y) 기준값은?

① 275MPa 이상　　② 265MPa 이상

③ 245MPa 이상　　④ 235MPa 이상

일반 구조용 압연강재-SS400 항복강도 (fy) 기준값(KS D 3503)	
항복점 또는 항복강도(N/mm²)	
16 이하	275 이상
16 초과 ~ 40 이하	265 이상
40 초과 ~ 100 이하	245 이상
100 초과	235 이상

(강재의 두께(mm))

79. 건설사업이 대규모화, 고도화, 다양화, 전문화 되어 감에 따라 종래의 단순 기술에 의한 시공만이 아닌 고부가가치를 추구하기 위하여 업무영역의 확대를 의미하는 것은?

① BTL　　　　　② EC

③ BOT　　　　　④ SOC

EC화란 종래의 단순시공에서 벗어나서 설계, 엔지니어링, Project Management(조달, 운영, 관리 등) Project 전반의 사항을 종합, 계획, 관리하는 업무 영역의 확대를 말한다.

참고 건설사업의 종류

구분	내용
BTL (Build-Transfer-Lease)	민간도급자가 사회기반시설을 설계, 시공을 하여 시설물을 완성한 후 국가, 지자체에 소유권을 이전한 후 일정기간 동안 시설물을 운영하여 투자금을 회수하는 공사계약제도 방식
EC	시공자가 단순히 시공만하는 것에서 벗어나 새로운 수익사업의 발굴, 기획, 타당성조사, 설계, 시공, 유지관리까지 업무영역을 확대하는 것을 말한다.
BOT (Built-Operate-Transfer)	민간도급자가 사회간접시설을 설계, 시공을 하여 시설물을 완성한 후 일정기간 동안 시설물을 운영하여 투자금을 회수한 후 발주자에게 소유권을 양도하는 공사계약제도 방식
SOC (Social Overhead Capital)	도로, 교량, 동력, 항만, 철도, 댐 등 생산활동에 직접적으로 사용되지는 않지만 산업발전의 기반이 되는 공공시설을 말한다.

80. 콘크리트 공사 시 시공이음에 관한 설명으로 옳지 않은 것은?

① 시공이음은 될 수 있는 대로 전단력이 작은 위치에 설치하고, 부재의 압축력이 작용하는 방향과 직각이 되도록 하는 것이 원칙이다.

② 외부의 염분에 의한 피해를 받을 우려가 있는 해양 및 항만 콘크리트 구조물 등에 있어서는 시공이음부를 최대한 많이 설치하는 것이 좋다.

③ 이음부의 시공에 있어서는 설계에 정해져 있는 이음의 위치와 구조는 지켜져야 한다.

④ 수밀을 요하는 콘크리트에 있어서는 소요의 수밀성이 얻어지도록 적절한 간격으로 시공이음부를 두어야 한다.

염해 피해를 입을 우려가 있는 해양, 항만 콘크리트 구조물에는 되도록 이음을 두지 않는다.

■■■ **제5과목 건설재료학**

81. 건축재료의 성질을 물리적 성질과 역학적 성질로 구분할 때 물체의 운동에 관한 성질인 역학적 성질에 속하지 않는 항목은?

① 비중　　　　　② 탄성

③ 강성　　　　　④ 소성

구분	내용
역학적 성능	강도, 변형, 탄성계수, 크리프, 인성, 피로강도
물리적 성능	비중, 경도, 수축, 열·소리·빛의 투과 및 반사

82. 강재(鋼材)의 일반적인 성질에 관한 설명으로 옳지 않은 것은?

① 열과 전기의 양도체이다.

② 광택을 가지고 있으며, 빛에 불투명하다.

③ 경도가 높고 내마멸성이 크다.

④ 전성이 일부 있으나 소성변형능력은 없다.

> 강재는 전성이 적고 소성변형이 잘 일어난다.
> **참고** 강의 물리적성질
> 1. 탄소강의 물리적 성질은 탄소량에 따라 직선적으로 변한다.
> 2. 탄소량이 증가하면 열팽창계수, 열전도율, 신율, 내식성, 비중은 떨어진다.
> 3. 탄소량이 증가하면 비열, 인장강도, 경도, 전기저항은 증가한다.
> 4. 탄소함유량 0.9%까지는 인장강도, 경도가 증가하지만 0.9% 이상 증가하면 강도가 감소한다.
> 5. 탄소함유량 0.85% 정도일 때 인장강도가 최대가 된다.
> 6. 저탄소강은 구조용으로 사용한다.
> 7. 성분이 동일한 탄소강이라도 온도에 따라 기계적 특성이 달라진다.

83. 콘크리트 혼화재 중 하나인 플라이애시가 콘크리트에 미치는 작용에 관한 설명으로 옳지 않은 것은?

① 내황산염에 대한 저항성을 증가시키기 위하여 사용한다.

② 콘크리트 수화초기시의 발열량을 감소시키고 장기적으로 시멘트의 석회와 결합하여 장기강도를 증진시키는 효과가 있다.

③ 입자가 구형이므로 유동성이 증가되어 단위수량을 감소시키므로 콘크리트의 워커빌리티의 개선, 압송성을 향상시킨다.

④ 알칼리골재반응에 의한 팽창을 증가시키고 콘크리트의 수밀성을 약화시킨다.

> 플라이 애시
> ① 화력발전소 연소보일러의 미분탄을 집진기로 포집한 것
> ② 워커빌리티 개선, 블리딩 감소
> ③ 초기강도는 낮지만 장기강도는 증가
> ④ 수화열의 감소
> ⑤ 해수에 대한 화학저항성의 증가
> ⑥ 수밀성의 향상
> ⑦ 알칼리 골재반응을 억제한다.

84. 대리석의 일종으로 다공질이며 황갈색의 반문이 있고 갈면 광택이 나서 우아한 실내장식에 사용되는 것은?

① 테라죠   ② 트래버틴

③ 석면   ④ 점판암

> 트래버틴
> ① 석질이 불균일하고 다공질이다.
> ② 황갈색의 반문이 있다.
> ③ 물갈기 하면 광택이 난다.
> ④ 실내장식재(외부사용 불가)

85. 비스페놀과 에피클로로히드린의 반응으로 얻어지며 주제와 경화제로 이루어진 2성분계의 접착제로서 금속, 플라스틱, 도자기, 유리 및 콘크리트 등의 접합에 널리 사용되는 접착제는?

① 실리콘수지 접착제

② 에폭시 접착제

③ 비닐수지 접착제

④ 아크릴수지 접착제

> 에폭시수지 접착제
> 1. 내수성, 내약품성, 전기절연성, 접착력이 우수한 만능형 접착제
> 2. 급결성으로 피막이 단단하고 유연성이 부족하고 값이 비싸다.
> 3. 내구력이 크다
> 4. 경화할 때 휘발물의 발생이 없고, 부피의 수축이 없다.
> 5. 금속, 도자기, 플라스틱류, 유리, 콘크리트, 석재, 목재 등 거의 모든 물질의 접착에 사용할 수 있다.

86. 외부에 노출되는 마감용 벽돌로써 벽돌면의 색깔, 형태, 표면의 질감 등의 효과를 얻기 위한 것은?

① 광재벽돌   ② 내화벽돌

③ 치장벽돌   ④ 포도벽돌

> 치장벽돌은 내부벽이나 담장 등을 제외하고 구조재로 잘 쓰이지 않고 마감용 치장효과를 얻기 위한 벽돌이다.

해답 82 ④   83 ④   84 ②   85 ②   86 ③

87. 콘크리트의 블리딩 현상에 의한 성능저하와 가장 거리가 먼 것은?

① 골재와 페이스트의 부착력 저하
② 철근과 페이스트의 부착력 저하
③ 콘크리트의 수밀성 저하
④ 콘크리트의 응결성 저하

> **블리딩 현상**
> 1) 콘크리트 타설 후 무거운 골재나 시멘트는 침하하고 가벼운 물과 미세물질이 상승하는 현상
> 2) 블리딩에 의한 성능저하
>   ① 골재와 페이스트의 부착력 저하
>   ② 철근과 페이스트의 부착력 저하
>   ③ 콘크리트의 내구성, 수밀성 저하
>   ④ 콘크리트의 강도 저하

88. 직사각형으로 자른 얇은 나뭇조각을 서로 직각으로 겹쳐지게 배열하고 방수성 수지로 강하게 압축 가공한 보드는?

① O.S.B   ② M.D.F
③ 플로어링블록   ④ 시멘트 사이딩

> OSB는 목재 스트랜드에 접착제를 넣어 일정 두께가 되게 배열하고 열과 압력으로 판상형태로 제조하는 것으로 파티클보드의 한 종류이다.

89. 발포제로서 보드상으로 성형하여 단열재로 널리 사용되며 천장재, 전기용품, 냉장고 내부상자 등으로 쓰이는 열가소성 수지는?

① 폴리스티렌수지
② 폴리에스테르수지
③ 멜라민수지
④ 메타크릴수지

> **폴리스티렌수지(열가소성 수지)**
> ① 무색투명하고, 착색하기 쉽다
> ② 내수성, 내약품성, 가공성, 전기절연성, 단열성 우수
> ③ 부서지기 쉽고, 충격에 약하고, 내열성이 작다.
> ④ 발포제를 이용하여 보드형태로 만들어 단열재로 이용
> ⑤ 블라인드, 전기용품, 냉장고의 내부상자, 절연재, 방음재 등에 사용한다.

90. 블로운 아스팔트의 내열성, 내한성 등을 개량하기 위해 동물섬유나 식물섬유를 혼합하여 유동성을 증대시킨 것은?

① 아스팔트 펠트(Asphalt felt)
② 아스팔트 루핑(Asphalt roofing)
③ 아스팔트 프라이머(Asphalt primer)
④ 아스팔트 컴파운드(Asphalt compound)

> **아스팔트 컴파운드**
> ① 블론 아스팔트의 성질을 개량하기 위해 동·식물성 유지나 광물성 분말 등을 혼합하여 내한성, 내열성, 내구성, 접착성을 개량한 것
> ② 방수층에 쓰인다.

91. 목모시멘트판을 보다 향상시킨 것으로서 폐기목재의 삭편을 화학처리하여 비교적 두꺼운 판 또는 공동블록 등으로 제작하여 마루, 지붕, 천장, 벽 등의 구조체에 사용되는 것은?

① 펄라이트시멘트판
② 후형슬레이트
③ 석면슬레이트
④ 듀리졸(durisol)

> 듀리졸은 파쇄된 목재를 블록으로 만들어 마루, 지붕, 천장, 벽 등의 구조체에 사용되는 재료이다.

92. 역청재료의 침입도 시험에서 질량 100g의 표준침이 5초 동안에 10mm 관입했다면 이 재료의 침입도는 얼마인가?

① 1   ② 10
③ 100   ④ 1000

> **침입도**
> ① 아스팔트의 견고성을 나타내는 연도의 단위
> ② 시험기를 사용하여 25℃에서 100g의 추를 5초동안 바늘을 누를 때 0.1mm 들어 갈 때를 침입도 1로 한다.
> ③ 0.1 : 1 = 10 : x   ∴ x = 100

93. 지름이 18mm인 강봉을 대상으로 인장시험을 행하여 항복하중 27kN, 최대하중 41kN을 얻었다. 이 강봉의 인장강도는?

① 약 106.3 MPa ② 약 133.9 MPa

③ 약 161.1 MPa ④ 약 182.3 MPa

인장강도 $\sigma = \dfrac{P}{A} = \dfrac{\text{최대하중}}{\dfrac{\pi d^2}{4}} = \dfrac{41\text{kN}}{\dfrac{\pi \times (0.018\text{m})^2}{4}}$

$= 161119\text{kN/m}^2$

$= 161119\text{kPa} = 161.1\text{MPa}$

참고 $\text{kN/m}^2 = \text{kPa}$

94. 열경화성 수지에 해당하지 않는 것은?

① 염화비닐 수지 ② 페놀 수지

③ 멜라민 수지 ④ 에폭시 수지

합성수지의 분류

열가소성 수지	열경화성 수지
① 폴리비닐수지 (염화비닐수지=P.V.C)	① 폴리에스테르수지 (불포화 폴리에스테르수지)
② 아크릴수지	② 페놀수지
③ 폴리스티렌수지	③ 요소수지
④ 폴리에틸렌수지	④ 멜라민수지
⑤ 폴리프로필렌	⑤ 알키드수지
⑥ 폴리아미드수지	⑥ 에폭시수지
⑦ 셀룰로이드	⑦ 우레탄수지
⑧ A.B.S 수지	⑧ 실리콘수지
⑨ 초산비닐수지	⑩ 프란수지

95. 자기질 점토제품에 관한 설명으로 옳지 않은 것은?

① 조직이 치밀하지만, 도기나 석기에 비하여 강도 및 경도가 약한 편이다.

② 1230~1460℃ 정도의 고온으로 소성한다.

③ 흡수성이 매우 낮으며, 두드리면 금속성의 맑은 소리가 난다.

④ 제품으로는 타일 및 위생도기 등이 있다.

자기질 점토는 양질의 도토, 장석분을 사용하여 도기나 석기에 비해 강도 및 경도가 강하다.

96. 접착제를 동물질 접착제와 식물질 접착제로 분류할 때 동물질 접착제에 해당되지 않는 것은?

① 아교 ② 덱스트린 접착제

③ 카세인 접착제 ④ 알부민 접착제

단백질계 접착제

1. 카세인
2. 알부민
3. 아교

97. 대규모 지하구조물, 댐 등 매스콘크리트의 수화열에 의한 균열발생을 억제하기 위해 벨라이트의 비율을 중용열포틀랜드시멘트 이상으로 높은 시멘트는?

① 저열포틀랜드시멘트

② 보통포틀랜드시멘트

③ 조강포틀랜드시멘트

④ 내황산염포틀랜드시멘트

중용열포틀랜드시멘트(저열시멘트)

1. 초기강도 발현은 늦으나 장기강도는 보통시멘트보다 같거나 크다.
2. 시멘트의 발열량이 작다.(수화열이 작다.)
3. 건조수축이 작고 화학저항성이 크다.
4. 큰 단면 공사에 유리하다
5. 안정성이 높다.
6. 방사선차폐용 콘크리트, 건축용 매스콘크리트, 댐공사, 대형단면 등에 사용

98. 목재의 방부처리법과 가장 거리가 먼 것은?

① 약제도포법 ② 표면탄화법

③ 진공탈수법 ④ 침지법

목재의 방부법

1) 도포법	목재표면에 방부제 칠을 하는 것(유성페인트, 니스, 아스팔트, 콜타르칠)
2) 침지법	크레오소트 등의 방부액이나 물에 담가 산소공급을 차단
3) 표면탄화법	나무의 표면을 태워서 탄화시키는 법
4) 가압주입법	압력용기속에 목재를 넣어 압력을 가하여 방부제를 주입하는 것으로 효과가 좋다

해답 93 ③ 94 ① 95 ① 96 ② 97 ① 98 ③

99. 2장 이상의 판유리 등을 나란히 넣고, 그 틈새에 대기압에 가까운 압력의 건조한 공기를 채우고 그 주변을 밀봉·봉착한 것은?

① 열선흡수유리
② 배강도 유리
③ 강화유리
④ 복층유리

복층유리는 유리와 유리사이에 진공층이 있어 열전달을 차단하므로 내외부의 온도차이를 줄이는 역할을 한다.

100. 미장재료의 구성재료에 관한 설명으로 옳지 않은 것은?

① 부착재료는 마감과 바탕재료를 붙이는 역할을 한다.
② 무기혼화재료는 시공성 향상 등을 위해 첨가된다.
③ 풀재는 강도증진을 위해 첨가된다.
④ 여물재는 균열방지를 위해 첨가된다.

풀재(수지분산 강화재료) : 시공성, 균열, 탈락방지를 위하여 첨가되는 재료

■■■ 제6과목 건설안전기술

101. 10cm 그물코인 방망을 설치한 경우에 망 밑부분에 충돌위험이 있는 바닥면 또는 기계설비와의 수직거리는 얼마 이상이어야 하는가? (단, L(1개의 방망일 때 단변방향길이)=12m, A(장변방향 방망의 지지간격)=6m)

① 10.2m
② 12.2m
③ 14.2m
④ 16.2m

0.85L=0.85×12=10.2(m)

참고 방망의 허용 낙하높이

높이	낙하높이(H_1)		방망과 바닥면 높이(H_2)		방망의 처짐길이 (S)
종류 조건	단일방망	복합방망	10cm 그물코	5cm 그물코	
$L < A$	$\dfrac{1}{4}(L+2A)$	$\dfrac{1}{5}(L+2A)$	$\dfrac{0.85}{4}(L+3A)$	$\dfrac{0.95}{4}(L+3A)$	
$L \geq A$	$\dfrac{3}{4}L$	$\dfrac{3}{5}L$	$0.85L$	$0.95L$	$L \times \dfrac{3}{4}$ $\times \dfrac{1}{3}$

$L \geq A = 0.85L$이므로
$L \geq A = 0.85 \times 12 = 10.2$

102. 비계의 높이가 2m 이상인 작업장청소에 작업발판을 설치할 때 그 폭은 최소 얼마 이상이어야 하는가?

① 30cm
② 40cm
③ 50cm
④ 60cm

작업발판의 폭은 40cm 이상으로 하고, 발판재료 간의 틈은 3cm 이하로 할 것.
참고 산업안전보건기준에 관한 규칙 제56조【작업발판의 구조】

해답 99 ④ 100 ③ 101 ① 102 ②

103. 크레인의 와이어로프가 감기면서 붐 상단까지 후크가 따라 올라올 때 더 이상 감기지 않도록 하여 크레인 작동을 자동으로 정지시키는 안전장치로 옳은 것은?

① 권과방지장치　　　② 후크해지장치
③ 과부하방지장치　　④ 속도조절기

> 권과(捲過)방지장치란 와이어로프를 감아서 물건을 들어올리는 기계장치(엘리베이터, 호이스트, 리프트, 크레인 등)에서 로프가 너무 많이 감기거나 풀리는 것을 방지하는 장치를 말한다.

104. 터널공사 시 자동경보장치가 설치된 경우에 이 자동경보장치에 대하여 당일 작업시간 전 점검하고 이상을 발견하면 즉시 보수하여야 하는 사항이 아닌 것은?

① 계기의 이상 유무
② 검지부의 이상 유무
③ 경보장치의 작동 상태
④ 환기 또는 조명시설의 이상 유무

> 자동경보장치에 대하여 당일의 작업시작 전 아래 각호의 사항을 점검하고 이상을 발견한 때에는 즉시 보수하여야 한다.
> 1. 계기의 이상유무
> 2. 검지부의 이상유무
> 3. 경보장치의 작동상태
> **참고** 산업안전보건기준에 관한 규칙 제350조【인화성 가스의 농도측정 등】

105. 달비계의 구조에서 달비계 작업발판의 폭과 틈새 기준으로 옳은 것은?

① 작업발판의 폭 30cm 이상, 틈새 3cm 이하
② 작업발판의 폭 40cm 이상, 틈새 3cm 이하
③ 작업발판의 폭 30cm 이상, 틈새 없도록 할 것
④ 작업발판의 폭 40cm 이상, 틈새 없도록 할 것

> 작업 발판의 폭을 40센티미터 이상으로 하고 틈새가 없도록 할 것.
> **참고** 산업안전보건기준에 관한 규칙 제63조【달비계의 구조】

106. 강관을 사용하여 비계를 구성하는 경우의 준수사항으로 옳지 않은 것은?

① 비계기둥의 간격은 띠장 방향에서는 1.85미터 이하, 장선(長線) 방향에서는 1.5미터 이하로 할 것
② 띠장 간격은 2.0미터 이하로 할 것
③ 비계기둥 간의 적재하중은 400킬로그램을 초과하지 않도록 할 것
④ 비계기둥의 제일 윗부분으로부터 31미터되는 지점 밑부분의 비계기둥은 3개의 강관으로 묶어 세울 것

> 비계기둥의 제일 윗부분으로부터 31미터되는 지점 밑부분의 비계기둥은 2개의 강관으로 묶어 세울 것
> **참고** 산업안전보건기준에 관한 규칙 제60조【강관비계의 구조】

107. 유해 · 위험방지 계획서 제출 시 첨부서류에 해당하지 않는 것은?

① 안전관리 조직표
② 전체 공정표
③ 공사현장의 주변현황 및 주변과의 관계를 나타내는 도면
④ 교통처리계획

> 유해 · 위험방지 계획서 제출 시 첨부서류
> 1. 공사 개요서
> 2. 공사현장의 주변 현황 및 주변과의 관계를 나타내는 도면(매설물 현황을 포함한다)
> 3. 건설물, 사용 기계설비 등의 배치를 나타내는 도면
> 4. 전체 공정표
> 5. 산업안전보건관리비 사용계획
> 6. 안전관리 조직표
> 7. 재해 발생 위험 시 연락 및 대피방법
> **참고** 산업안전보건법 시행규칙 별표10【유해위험방지계획서 첨부서류】

108. 흙막이 가시설 공사 시 사용되는 각 계측기 설치 목적으로 옳지 않은 것은?

① 지표침하계 – 지표면 침하량 측정
② 수위계 – 지반 내 지하수위의 변화 측정
③ 하중계 – 상부 적재하중 변화 측정
④ 지중경사계 – 인접지반의 수평 변위량 측정

> 하중계(load cell)은 strut의 축력을 측정하여, 굴착면의 안정확인, 부재의 평가 등에 사용된다.

109. 일반건설공사(갑)으로서 대상액이 5억원 이상 50억원 미만 인 경우에 산업안전보건관리비의 비율(가) 및 기초액(나)으로 옳은 것은?

① (가) 1.86%   (나) 5,349,000원
② (가) 1.99%   (나) 5,499,000원
③ (가) 2.35%   (나) 5,400,000원
④ (가) 1.57%   (나) 4,411,000원

대상액 공사종류	5억원 미만	5억원 이상 50억원 미만		50억원 이상
		비율(X)	기초액(C)	
일반건설공사(갑)	2.93(%)	1.86(%)	5,349,000원	1.97(%)
일반건설공사(을)	3.09(%)	1.99(%)	5,499,000원	2.10(%)
중 건 설 공 사	3.43(%)	2.35(%)	5,400,000원	2.44(%)
철도·궤도신설공사	2.45(%)	1.57(%)	4,411,000원	1.66(%)
특수및기타건설공사	1.85(%)	1.20(%)	3,250,000원	1.27(%)

공사종류 및 규모별 안전관리비 계상기준표

> 참고 건설업 산업안전보건관리비 계상 및 사용기준 별표 1【공사종류 및 규모별 안전관리비 계상기준표】

110. 겨울철 공사중인 건축물의 벽체 콘크리트 타설 시 거푸집이 터져서 콘크리트가 쏟아지는 사고가 발생하였다. 이 사고의 발생 원인으로 추정 가능한 사안 중 가장 타당한 것은?

① 진동기를 사용하지 않았다.
② 철근 사용량이 많았다.
③ 콘크리트의 슬럼프가 작았다.
④ 콘크리트의 타설속도가 빨랐다.

콘크리트 타설속도가 빠르거나 한 곳에 집중타설에 의한 경우에는 거푸집이 터지는 원인이 된다.
거푸집에 작용하는 측압이 커질 경우 커푸집이 터질 수 있다.

> 참고 측압이 커지는 조건
> 1. 기온이 낮을수록(대기중의 습도가 낮을수록) 크다.
> 2. **치어 붓기 속도가 클수록 크다.**
> 3. 묽은 콘크리트 일수록(물·시멘트비가 클수록, 슬럼프 값이 클수록, 시멘트·물비가 적을수록) 크다.
> 4. 콘크리트의 비중이 클수록 크다.
> 5. 콘크리트의 다지기가 강할수록 크다.
> 6. 철근양이 작을수록 크다.
> 7. 거푸집의 수밀성이 높을수록 크다.
> 8. 거푸집의 수평단면이 클수록(벽 두께가 클수록) 크다.
> 9. 거푸집의 강성이 클수록 크다.
> 10. 거푸집의 표면이 매끄러울수록 크다.
> 11. 측압은 생콘크리트의 높이가 높을수록 커지는 것이다. 어느 일정한 높이에 이르면 측압의 증대는 없게 된다.
> 12. 응결이 빠른 시멘트를 사용할 경우 크다.

111. 다음은 산업안전보건법령에 따른 투하설비 설치에 관련된 사항이다. ( ) 안에 들어갈 내용으로 옳은 것은?

> 사업주는 높이가 ( )미터 이상인 장소로부터 물체를 투하하는 때에는 적당한 투하설비를 설치하거나 감시인을 배치하는 등 위험방지를 위하여 필요한 조치를 하여야 한다.

① 1   ② 2
③ 3   ④ 4

> 사업주는 높이가 3m 이상인 장소로부터 물체를 투하하는 경우 적당한 투하설비를 설치하거나 감시인을 배치하는 등 위험을 방지하기 위하여 필요한 조치를 하여야 한다.
> 참고 산업안전보건기준에 관한 규칙 제15조【투하설비 등】

112. 작업중이던 미장공이 상부에서 떨어지는 공구에 의해 상해를 입었다면 어느 부분에 대한 결함이 있었겠는가?

① 작업대 설치   ② 작업방법
③ 낙하물 방지시설 설치   ④ 비계설치

상부에서 떨어지는 공구등에 의한 낙하재해를 예방하기 위하여 낙하물 방지망, 방호선반 등의 낙하물 방지시설을 설치하여야 한다.

113. 건설현장에서 동력을 사용하는 항타기 또는 항발기에 대하여 무너짐을 방지하기 위하여 준수하여야 할 사항으로 옳지 않은 것은?

① 버팀줄만으로 상단 부분을 안정시키는 경우에는 버팀줄을 4개 이상으로 하고 같은 간격으로 배치할 것
② 버팀대만으로 상단부분을 안정시키는 경우에는 버팀대는 3개 이상으로 하고 그 하단 부분은 견고한 버팀·말뚝 또는 철골 등으로 고정시킬 것
③ 궤도 또는 차로 이동하는 항타기 또는 항발기에 대해서는 불시에 이동하는 것을 방지하기 위하여 레일 클램프(rail clamp) 및 쐐기 등으로 고정시킬 것
④ 연약한 지반에 설치하는 경우에는 각부나 가대의 침하를 방지하기 위하여 깔판·깔목 등을 사용할 것

버팀줄만으로 상단부분을 안정시키는 경우에는 버팀줄을 3개 이상으로 하고 같은 간격으로 배치할 것
참고 산업안전보건기준에 관한 규칙 제209조【무너짐의 방지】

114. 토공사에서 성토용 토사의 일반조건으로 옳지 않은 것은?

① 다져진 흙의 전단강도가 크고 압축성이 작을 것
② 함수율이 높은 토사일 것
③ 시공장비의 주행성이 확보될 수 있을 것
④ 필요한 다짐정도를 쉽게 얻을 수 있을 것

함수율이 적은 토사를 사용하여야 흙의 흘러내림을 방지할 수가 있다.

115. 지반의 종류가 암반 중 풍화암일 경우 굴착면 기울기 기준으로 옳은 것은?

① 1 : 0.3   ② 1 : 0.5
③ 1 : 0.8   ④ 1 : 1.5

굴착면 기울기 기준		
구분	지반의 종류	기울기
보통흙	습지	1 : 1 ~ 1 : 1.5
	건지	1 : 0.5 ~ 1 : 1
암반	풍화암	1 : 0.8
	연암	1 : 0.5
	경암	1 : 0.3

116. 차량계 건설기계를 사용하는 작업을 할 때에 그 기계가 넘어지거나 굴러떨어짐으로써 근로자가 위험해질 우려가 있는 경우에 필요한 조치로 가장 거리가 먼 것은?

① 지반의 부동침하 방지
② 안전통로 및 조도 확보
③ 유도하는 사람 배치
④ 갓길의 붕괴 방지 및 도로폭의 유지

사업주는 차량계 건설기계를 사용하는 작업을 함에 있어서 그 기계가 넘어지거나 굴러 떨어짐으로써 근로자에게 위험을 미칠 우려가 있는 때에는 유도하는 자를 배치하고 지반의 부동침하방지, 갓길의 붕괴방지 및 도로의 폭의 유지 등 필요한 조치를 하여야 한다.
참고 산업안전보건기준에 관한 사항 제199조【전도 등의 방지】

117. 파쇄하고자 하는 구조물에 구멍을 천공하여 이 구멍에 가력봉을 삽입하고 가력봉에 유압을 가압하여 천공한 구멍을 확대시킴으로써 구조물을 파쇄하는 공법은?

① 핸드 브레이커(Hand Breaker)공법
② 강구(Steel Ball)공법
③ 마이크로파 공법(Microwave)공법
④ 록잭(Rock Jack)공법

록잭(rock jack)공법은 쐐기 봉을 꽂아 파괴시키는 방법으로 철근이 없는 곳에서 주로 적용된다.

해답 113 ① 114 ② 115 ③ 116 ② 117 ④

118. 이동식비계 조립 및 사용 시 준수사항으로 옳지 않은 것은?

① 비계의 최상부에서 작업을 하는 경우에는 안전난간을 설치할 것
② 승강용사다리는 견고하게 설치할 것
③ 작업발판은 항상 수평을 유지하고 작업발판 위에서 작업을 위한 거리가 부족할 경우에는 받침대 또는 사다리를 사용할 것
④ 작업발판의 최대적재하중은 250kg을 초과하지 않도록 할 것

> 작업발판은 항상 수평을 유지하고 작업발판 위에서 안전난간을 딛고 작업을 하거나 받침대 또는 사다리를 사용하여 작업하지 않도록 할 것
> **참고** 산업안전보건기준에 관한 규칙 제68조【이동식비계】

119. 산업안전보건법령에 따른 중량물 취급작업 시 작업계획서에 포함시켜야 할 사항이 아닌 것은?

① 협착위험을 예방할 수 있는 안전대책
② 감전위험을 예방할 수 있는 안전대책
③ 추락위험을 예방할 수 있는 안전대책
④ 전도위험을 예방할 수 있는 안전대책

> **중량물의 취급 작업 시 작업계획서 내용**
> 1. 추락위험을 예방할 수 있는 안전대책
> 2. 낙하위험을 예방할 수 있는 안전대책
> 3. 전도위험을 예방할 수 있는 안전대책
> 4. 협착위험을 예방할 수 있는 안전대책
> 5. 붕괴위험을 예방할 수 있는 안전대책
> **참고** 산업안전보건기준에 관한 규칙 별표4【사전조사 및 작업계획서 내용】

120. 흙막이 지보공을 설치하였을 때에 정기적으로 점검하고 이상을 발견하면 즉시 보수하여야 하는 사항과 거리가 먼 것은?

① 부재의 손상·변형·부식·변위 및 탈락의 유무와 상태
② 부재의 접속부·부착부 및 교차부의 상태
③ 침하의 정도
④ 설계상 부재의 경제성 검토

> 사업주는 흙막이 지보공을 설치하였을 때에는 정기적으로 다음 각 호의 사항을 점검하고 이상을 발견하면 즉시 보수하여야 한다.
> 1. 부재의 손상·변형·부식·변위 및 탈락의 유무와 상태
> 2. 버팀대의 긴압(緊壓)의 정도
> 3. 부재의 접속부·부착부 및 교차부의 상태
> 4. 침하의 정도
> **참고** 산업안전보건기준에 관한 규칙 제347조【붕괴 등의 위험방지】

해답 118 ③ 119 ② 120 ④

■■■ 제1과목 산업안전관리론

1. 산업안전보건법령상 안전보건표지의 종류 중 안내표지에 해당되지 않는 것은?

① 금연　　　　　② 들것
③ 세안장치　　　④ 비상용기구

①항, 금연은 금지표지이다.

참고 안내표지의 종류
녹십자 표지, 응급구호 표지, 들것, 세안장치, 비상용기구, 비상구, 좌측 비상구, 우측 비상구

2. 산업안전보건법령상 산업안전보건위원회에 관한 사항 중 틀린 것은?

① 근로자 위원과 사용자 위원은 같은 수로 구성된다.
② 산업안전보건회의의 정기 회의는 위원장이 필요하다고 인정할 때 소집한다.
③ 안전보건교육에 관한 사항은 산업안전보건위원회의 심의·의결을 거쳐야 한다.
④ 상시근로자 50인 이상의 자동차 제조업의 경우 산업안전보건위원회를 구성·운영하여야 한다.

산업안전보건위원회의 회의는 정기회의와 임시회의로 구분하되, 정기회의는 분기마다 산업안전보건위원회의 위원장이 소집하며, 임시회의는 위원장이 필요하다고 인정할 때에 소집한다.
참고 산업안전보건법 시행령 제37조【산업안전보건위원회의 회의 등】

3. 재해원인 중 간접원인이 아닌 것은?

① 물적 원인　　　② 관리적 원인
③ 사회적 원인　　④ 정신적 원인

물적원인(불안전한 상태)은 직접원인이다.

참고 간접원인의 분류

	항목
2차 원인	1. 정신적 원인
	2. 신체적 원인
	3. 기술적 원인
	4. 교육적 원인
기초 원인	5. 관리적 원인
	6. 학교 교육적 원인

4. 산업재해통계업무처리규정상 재해 통계 관련 용어로 (　　)에 알맞은 용어는?

> (　　)는 근로복지공단의 유족급여가 지급된 사망자 및 근로복지공단에 최초 요양신청서(재진 요양신청이나 전원요양 신청서는 제외)를 제출한 재해자 중 요양 승인을 받은 자 (산재 미보고 적발 사망자수를 포함)로 통상의 출퇴근으로 발생한 재해는 제외한다.

① 재해자수　　　② 사망자수
③ 휴업재해자수　④ 임금근로자수

산업재해통계(재해율)의 산출방법
재해율=(재해자수/산재보험적용근로자수)×100
"재해자수"는 근로복지공단의 유족급여가 지급된 사망자 및 근로복지공단에 최초 요양신청서(재진 요양신청이나 전원요양 신청서는 제외한다.)를 제출한 재해자 중 요양 승인을 받은 자 (산재 미보고 적발 사망자수를 포함한다.)를 말함. 다만, 통상의 출퇴근으로 발생한 재해는 제외함.
"산재보험적용근로자수"는 「산업재해보상보험법」이 적용되는 근로자수를 말함.
참고 산업재해통계업무처리규정 제3조【산업재해통계의 산출방법】

5. 시몬즈(Simonds)의 재해손실비의 평가방식 중 비보험 코스트의 산정 항목에 해당하지 않는 것은?

① 사망 사고 건수
② 통원 상해 건수
③ 응급 조치 건수
④ 무상해 사고 건수

6. 산업안전보건법령상 용어와 뜻이 바르게 연결된 것은?

① "사업주대표"란 근로자의 과반수를 대표하는 자를 말한다.
② "도급인"이란 건설공사발주자를 포함한 물건의 제조·건설·수리 또는 서비스의 제공, 그 밖의 업무를 도급하는 사업주를 말한다.
③ "안전보건평가"란 산업재해를 예방하기 위하여 잠재적 위험성을 발견하고 그 개선대책을 수립할 목적으로 조사·평가하는 것을 말한다.
④ "산업재해"란 노무를 제공하는 사람이 업무에 관계되는 건설물·설비·원재료·가스·증기·분진 등에 의하거나 작업 또는 그 밖의 업무로 인하여 사망 또는 부상하거나 질병에 걸리는 것을 말한다.

7. 재해조사 시 유의사항으로 틀린 것은?

① 피해자에 대한 구급 조치를 우선으로 한다.
② 재해조사 시 2차 재해 예방을 위해 보호구를 착용한다.
③ 재해조사는 재해자의 치료가 끝난 뒤 실시한다.
④ 책임추궁보다는 재발방지를 우선하는 기본 태도를 가진다.

8. 산업안전보건법령상 상시근로자 20명 이상 50명 미만인 사업장 중 안전보건관리담당자를 선임하여야 하는 업종이 아닌 것은? (단, 안전관리자 및 보건관리자가 선임되지 않은 사업장으로 한다.)

① 임업
② 제조업
③ 건설업
④ 환경 정화 및 복원업

9. 건설기술 진흥법령상 안전관리계획을 수립해야 하는 건설공사에 해당하지 않는 것은?

① 15층 건축물의 리모델링
② 지하 15m를 굴착하는 건설공사
③ 항타 및 항발기가 사용되는 건설공사
④ 높이가 21m인 비계를 사용하는 건설공사

> **건설기술안전관리계획의 수립대상**
> 1. 1종시설물 및 2종시설물의 건설공사(유지관리를 위한 건설공사는 제외한다)
> 2. 지하 10미터 이상을 굴착하는 건설공사
> 3. 폭발물을 사용하는 건설공사로서 20미터 안에 시설물이 있거나 100미터 안에 사육하는 가축이 있어 해당 건설공사로 인한 영향을 받을 것이 예상되는 건설공사
> 4. 10층 이상 16층 미만인 건축물의 건설공사
> 4의 2. 다음 각 목의 리모델링 또는 해체공사
>   가. 10층 이상인 건축물의 리모델링 또는 해체공사
>   나. 수직증축형 리모델링
> 5. 다음 각 목의 어느 하나에 해당하는 건설기계가 사용되는 건설공사
>   가. 천공기(높이가 10미터 이상인 것만 해당한다)
>   나. 항타 및 항발기
>   다. 타워크레인
> 5의 2. 다음의 가설구조물을 사용하는 건설공사
>   1) **높이가 31미터 이상인 비계**
>   1-2) 브라켓(bracket) 비계
>   2) 작업발판 일체형 거푸집 또는 높이가 5미터 이상인 거푸집 및 동바리
>   3) 터널의 지보공(支保工) 또는 높이가 2미터 이상인 흙막이 지보공
>   4) 동력을 이용하여 움직이는 가설구조물
>   4-2) 높이 10미터 이상에서 외부작업을 하기 위하여 작업발판 및 안전시설물을 일체화하여 설치하는 가설구조물
>   4-3) 공사현장에서 제작하여 조립·설치하는 복합형 가설구조물
>   5) 그 밖에 발주자 또는 인·허가기관의 장이 필요하다고 인정하는 가설구조물
> 6. 다음 각 목의 어느 하나에 해당하는 공사
>   가. 발주자가 안전관리가 특히 필요하다고 인정하는 건설공사
>   나. 해당 지방자치단체의 조례로 정하는 건설공사 중에서 인·허가기관의 장이 안전관리가 특히 필요하다고 인정하는 건설공사
> **참고** 건설기술 진흥법 시행령 제98조【안전관리계획의 수립】

10. 다음의 재해에서 기인물과 가해물로 옳은 것은?

> 공구와 자재가 바닥에 어지럽게 널려 있는 작업통로를 작업자가 보행 중 공구에 걸려 넘어져 통로 바닥에 머리를 부딪쳤다.

① 기인물: 바닥, 가해물: 공구
② 기인물: 바닥, 가해물: 바닥
③ 기인물: 공구, 가해물: 바닥
④ 기인물: 공구, 가해물: 공구

> ① 기인물 : 공구(불안전한 상태에 있는 물체)
> ② 가해물 : 바닥(직접 사람에게 접촉되어 위해를 가한 물체)

11. 보호구 안전인증 고시상 안전인증을 받은 보호구의 표시사항이 아닌 것은?

① 제조자명   ② 사용 유효기간
③ 안전인증 번호   ④ 규격 또는 등급

> **안전인증제품의 표시사항**
> 1. 형식 또는 모델명
> 2. 규격 또는 등급 등
> 3. 제조자명
> 4. 제조번호 및 제조연월
> 5. 안전인증 번호
> **참고** 보호구 안전인증 고시 제34조【안전인증 제품표시의 붙임】

12. 위험예지훈련 진행방법 중 대책수립에 해당하는 단계는?

① 제1라운드   ② 제2라운드
③ 제3라운드   ④ 제4라운드

> **위험예지훈련 진행방법**
> 1. 제1라운드 : 현상파악
> 2. 제2라운드 : 본질추구
> 3. 제3라운드 : 대책수립
> 4. 제4라운드 : 목표설정

13. 산업안전보건법령상 안전보건관리규정을 작성해야 할 사업의 종류를 모두 고른 것은? (단, ㄱ~ㅁ은 상시근로자 300명 이상의 사업이다.)

> ㄱ. 농업
> ㄴ. 정보서비스업
> ㄷ. 금융 및 보험업
> ㄹ. 사회복지 서비스업
> ㅁ. 과학 및 기술 연구개발업

① ㄴ, ㄹ, ㅁ   ② ㄱ, ㄴ, ㄷ, ㄹ
③ ㄱ, ㄴ, ㄷ, ㅁ   ④ ㄱ, ㄷ, ㄹ, ㅁ

안전보건관리규정을 작성해야 할 사업

사업의 종류	규모
1. 농업 2. 어업 3. 소프트웨어 개발 및 공급업 4. 컴퓨터 프로그래밍, 시스템 통합 및 관리업 5. 정보서비스업 6. 금융 및 보험업 7. 임대업; 부동산 제외 8. 전문, 과학 및 기술 서비스업 **(연구개발업은 제외한다)** 9. 사업지원 서비스업 10. 사회복지 서비스업	상시 근로자 300명 이상을 사용하는 사업장
11. 제1호부터 제10호까지의 사업을 제외한 사업	상시 근로자 100명 이상을 사용하는 사업장

[참고] 산업안전보건법 시행규칙 별표 2【안전보건관리규정을 작성해야 할 사업의 종류 및 상시근로자 수】

14. 산업안전보건법령상 중대재해의 범위에 해당하지 않는 것은?

① 사망자가 1명 발생한 재해
② 부상자가 동시에 10명 이상 발생한 재해
③ 2개월 이상의 요양이 필요한 부상자가 동시에 2명 이상 발생한 재해
④ 직업성 질병자가 동시에 10명 이상 발생한 재해

중대재해의 종류
1. 사망자가 1명 이상 발생한 재해
2. **3개월 이상**의 요양이 필요한 부상자가 동시에 **2명 이상 발생**한 재해
3. 부상자 또는 직업성 질병자가 동시에 10명 이상 발생한 재해

[참고] 산업안전보건법 시행규칙 제3조【중대재해의 범위】

15. 1000명 이상의 대규모 사업장에서 가장 적합한 안전관리조직의 형태는?

① 경영형   ② 라인형
③ 스태프형   ④ 라인-스태프형

안전관리조직의 유형
1. 라인형조직 : 소규모조직으로 100명 이하
2. 스태프형 : 중규모 조직으로 100명에서 500(1000)명 이하의 조직
3. 라인-스태프형 : 대규모 조직으로 1,000명 이상의 조직

16. A사업장의 현황이 다음과 같을 때 A사업장의 강도율은?

> · 상시근로자 : 200명
> · 요양재해건수 : 4건
> · 사망 : 1명
> · 휴업 : 1명(500일)
> · 연근로시간 : 2400시간

① 8.33   ② 14.53
③ 15.31   ④ 16.48

$$강도율 = \frac{근로\ 손실일\ 수}{연평균\ 근로\ 총\ 시간\ 수} \times 10^3$$

$$= \frac{7,500 + \left(500 \times \dfrac{300}{365}\right)}{200 \times 2,400} \times 10^3 = 16.48$$

해답 13 ②   14 ③   15 ④   16 ④

17. 산업안전보건법령상 관계수급인 근로자가 도급인의 사업장에서 작업을 하는 경우 건설업 도급인의 작업장 순회점검 주기는?

① 1일에 1회 이상   ② 2일에 1회 이상

③ 3일에 1회 이상   ④ 7일에 1회 이상

도급사업 시의 순회점검

도급인인 사업주는 작업장을 다음 각 호의 구분에 따라 순회점검하여야 한다.

1. 다음 각 목의 사업의 경우 : **2일에 1회 이상**
   가. **건설업**
   나. 제조업
   다. 토사석 광업
   라. 서적, 잡지 및 기타 인쇄물 출판업
   마. 음악 및 기타 오디오물 출판업
   바. 금속 및 비금속 원료 재생업
2. 제1호 각 목의 사업을 제외한 사업의 경우 : 1주일에 1회 이상

참고 산업안전보건법 시행규칙 제80조【도급사업 시의 안전·보건조치 등】

---

18. 재해사례연구의 진행단계로 옳은 것은?

| ㄱ. 사실의 확인 |
| ㄴ. 대책의 수립 |
| ㄷ. 문제점의 발견 |
| ㄹ. 문제점의 결정 |
| ㅁ. 재해 상황의 파악 |

① ㄷ → ㅁ → ㄱ → ㄹ → ㄴ

② ㄷ → ㅁ → ㄹ → ㄱ → ㄴ

③ ㅁ → ㄷ → ㄱ → ㄹ → ㄴ

④ ㅁ → ㄱ → ㄷ → ㄹ → ㄴ

재해사례연구의 진행단계

전제조건 : 재해상황(현상) 파악
1단계 : 사실의 확인
2단계 : 문제점 발견
3단계 : 근본적 문제점 결정
4단계 : 대책의 수립

---

19. 산업안전보건법령상 건설현장에서 사용하는 크레인의 안전검사의 주기는? (단, 이동식 크레인은 제외한다.)

① 최초로 설치한 날부터 1개월마다 실시

② 최초로 설치한 날부터 3개월마다 실시

③ 최초로 설치한 날부터 6개월마다 실시

④ 최초로 설치한 날부터 1년마다 실시

안전검사의 신청과 주기

주기	내용
사업장에 설치가 끝난 날부터 3년 이내에 최초, 그 이후부터 2년마다	크레인(이동식 크레인은 제외한다), 리프트(이삿짐운반용 리프트는 제외한다) 및 곤돌라 (**건설현장에서 사용하는 것은 최초로 설치한 날부터 6개월마다**)
	프레스, 전단기, 압력용기, 국소 배기장치, 원심기, 화학설비 및 그 부속설비, 건조설비 및 그 부속설비, 롤러기, 사출성형기, 컨베이어 및 산업용 로봇 (공정안전보고서를 제출하여 확인을 받은 압력용기는 4년마다)

참고 산업안전보건법 시행규칙 제126조【안전검사의 주기와 합격표시 및 표시방법】

---

20. 재해예방의 4원칙에 해당하지 않는 것은?

① 손실 적용의 원칙

② 원인 연계의 원칙

③ 대책 선정의 원칙

④ 예방 가능의 원칙

재해예방의 4원칙

1. **손실 우연의 원칙**
   재해 손실은 사고 발생시 사고 대상의 조건에 따라 달라지므로 한 사고의 결과로서 생긴 재해 손실은 우연성에 의하여 결정된다. 따라서 재해 방지의 대상은 우연성에 좌우되는 손실의 방지보다는 사고 발생 자체의 방지가 되어야 한다.

2. **원인 계기(연계)의 원칙**
   재해 발생은 반드시 원인이 있다. 즉 사고와 손실과의 관계는 우연적이지만 사고와 원인관계는 필연적이다.

3. **예방 가능의 원칙**
   재해는 원칙적으로 원인만 제거되면 예방이 가능하다.

4. **대책 선정의 원칙**
   재해 예방을 위한 가능한 안전 대책은 반드시 존재한다.

해답 17 ②   18 ④   19 ③   20 ①

21. 감각 현상이 하나의 전체적이고 의미 있는 내용으로 체계화되는 과정을 의미하는 용어는?

① 유추(analogy)
② 게슈탈트(gestalt)
③ 인지(cognition)
④ 근접성(proximity)

게슈탈트(gestalt)는 인간의 지각 과정에서 자극의 정보를 조직화하는 과정을 말하며, 주로 시각 정보의 조직화를 의미한다.

22. 다음에서 설명하는 리더십의 유형은?

> 과업 완수와 인간관계 모두에 있어 최대한의 노력을 기울이는 리더십 유형

① 과업형 리더십
② 이상형 리더십
③ 타협형 리더십
④ 무관심형 리더십

관리그리드(Managerial Grid)이론
리더의 행동을 생산에 대한 관심(production concern)과 인간에 대한 관심(people concern)으로 나누고 그리드로 개량화하여 분류하였다.

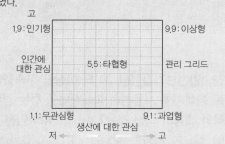

유형	설명
1.1형 : 무관심형	• 생산, 사람에 대한 관심도가 모두 낮음 • 리더 자신의 직분 유지에 필요한 노력만 함
1.9형 : 인기형	• 생산, 사람에 대한 관심도가 매우 높음 • 구성원간의 친밀감에 중점을 둠
9.1형 : 과업형	• 생산에 대한 관심도 매우 높음, 사람에 대한 관심도 낮음 • 업무상 능력을 중시함
5.5형 : 타협형	• 사람과 업무의 절충형 • 적당한 수준성과를 지향함
9.9형 : 이상형	• 구성원과의 공동목표, 상호 의존관계를 중요시함 • 상호신뢰, 상호존경, 구성원을 통한 과업 달성함

23. 집단역학에서 소시오메트리(sociometry)에 관한 설명 중 틀린 것은?

① 소시오메트리 분석을 위해 소시오매트릭스와 소시오그램이 작성된다.
② 소시오매트릭스에서는 상호작용에 대한 정량적 분석이 가능하다.
③ 소시오메트리는 집단 구성원들 간의 공식적 관계가 아닌 비공식적인 관계를 파악하기 위한 방법이다.
④ 소시오그램은 집단 구성원들 간의 선호, 거부 혹은 무관심의 관계를 기호로 표현하지만, 이를 통해 다양한 집단 내의 비공식적 관계에 대한 역학 관계는 파악할 수 없다.

소시오메트리(sociometry)란 인간관계의 그래프나 조직망을 추적하는 이론이다. 이것은 응답자들에게 좋아하는 사람과 좋아하지 않는 사람을 지명하게 하여 사람들을 서열화한다. 이 선택들은 소시오그램으로 표시된다. 소시오그램은 상호선택하는 사람들의 관계를 도표화한 것이다. 소시오그램을 통해 집단 속에서의 인간관계를 확인하고 집단 연대성이나 결속력을 계산할 수가 있다. 특히 그것은 공식집단 내에 있는 비공식집단을 구체적으로 확인할 수 있는 방법으로 유용하다.

24. 생체리듬(Biorhythm)의 종류에 해당하지 않는 것은?

① Critical rhythm
② Physical rhythm
③ Intellectual rhythm
④ Sensitivity rhythm

생체리듬(Biorhythm)의 종류
1. 지성적 리듬(Intellectual rhythm)
2. 신체적 리듬(Physical rhythm)
3. 감성적 리듬(Sensitivity rhythm)

25. 사회행동의 기본 형태에 해당하지 않는 것은?

① 협력   ② 대립
③ 모방   ④ 도피

사회행동의 기본형태

내용	구분
협력	조력, 분업
대립	공격, 경쟁
도피	고립, 정신병, 자살
융합	강제, 타협, 통합

26. O.J.T(On the Job Training)의 특징이 아닌 것은?

① 효과가 곧 업무에 나타난다.
② 직장의 실정에 맞는 실체적 훈련이다.
③ 다수의 근로자에게 조직적 훈련이 가능하다.
④ 교육을 통한 훈련 효과에 의해 상호 신뢰이해도가 높아진다.

③항은 Off·J·T(Off the Job training)훈련의 특징이다.

참고 O.J.T와 off.J.T의 특징

O.J.T	off.J.T
• 개개인에게 적합한 지도훈련을 할 수 있다. • 직장의 실정에 맞는 실체적 훈련을 할 수 있다. • 훈련에 필요한 업무의 계속성이 끊어지지 않는다. • 즉시 업무에 연결되는 관계로 신체와 관련이 있다. • 효과가 곧 업무에 나타나며 훈련의 좋고 나쁨에 따라 개선이 용이하다. • 교육을 통한 훈련 효과에 의해 상호 신뢰도 및 이해도가 높아진다.	• **다수의 근로자에게 조직적 훈련이 가능하다.** • 훈련에만 전념하게 된다. • 특별 설비 기구를 이용할 수 있다. • 전문가를 강사로 초청할 수 있다. • 각 직장의 근로자가 많은 지식이나 경험을 교류할 수 있다. • 교육 훈련 목표에 대해서 집단적 노력이 흐트러질 수 있다.

27. 어떤 과업을 성취할 수 있는 자신의 능력에 대한 스스로의 믿음을 나타내는 것은?

① 자아존중감(Self-esteem)
② 자기효능감(Self-efficacy)
③ 통제의착각(Illusion of control)
④ 자기중심적 편견(Egocentric bias)

자기 효능감(自己效能感, self-efficacy)이란 어떤 상황에서 적절한 행동을 할 수 있다는 기대와 신념이다.

참고
1. 자아존중감(Self-esteem)이란 자신이 사랑 받을 만한 가치가 있는 소중한 존재이고 어떤 성과를 이루어낼 만한 유능한 사람이라고 믿는 마음.
2. 통제소재(locus of control)란 사건의 원인을 자기 탓으로 보거나 상황의 탓으로 보게 되는 성격특성이 있다고 보는 것이다.
3. 자기통제(self-control)란 순간의 욕구충족을 억제하여 만족을 지연시킴으로써 보다 장기적이고 상위의 목표를 달성하는 능력이다.

28. 모랄서베이(Morale Survey)의 주요 방법으로 적절하지 않은 것은?

① 관찰법   ② 면접법
③ 강의법   ④ 질문지법

사기조사의 주요방법
1. 통계에 의한 방법
2. 사례연구법
3. 관찰법
4. 실험연구법
5. 태도조사법(의견조사): 질문지법, 면접법, 집단토의법, 투사법 등이 있다.

29. 산업안전보건법령상 2미터 이상인 구축물을 콘크리트 파쇄기를 사용하여 파쇄작업을 하는 경우 특별교육의 내용이 아닌 것은? (단, 그 밖의 안전·보건관리에 필요한 사항은 제외한다.)

① 작업안전조치 및 안전기준에 관한 사항
② 비계의 조립방법 및 작업 절차에 관한 사항
③ 콘크리트 해체 요령과 방호거리에 관한 사항
④ 파쇄기의 조작 및 공통작업 신호에 관한 사항

콘크리트 파쇄기를 사용하여 하는 파쇄작업(2미터 이상인 구축물의 파쇄작업만 해당한다)의 특별교육 내용
1. 콘크리트 해체 요령과 방호거리에 관한 사항
2. 작업안전조치 및 안전기준에 관한 사항
3. 파쇄기의 조작 및 공통작업 신호에 관한 사항
4. 보호구 및 방호장비 등에 관한 사항
5. 그 밖에 안전·보건관리에 필요한 사항
참고 산업안전보건법 시행규칙 별표5【안전보건교육 교육대상별 교육내용】

해답 25 ③   26 ③   27 ②   28 ③   29 ②

30. 안전보건교육에 있어 역할 연기법의 장점이 아닌 것은?

① 흥미를 갖고, 문제에 적극적으로 참가한다.
② 자기 태도의 반성과 창조성이 생기고, 발표력이 향상된다.
③ 문제의 배경에 대하여 통찰하는 능력을 높임으로써 감수성이 향상된다.
④ 목적이 명확하고, 다른 방법과 병용하지 않아도 높은 효과를 기대할 수 있다.

구분	내용
장점	• 한가지의 문제에 대하여 그 배경에는 무엇이 있는가를 통찰하는 능력을 높임으로서 감수성이 향상된다. • 역할을 맡으면 계속 말하고 듣는 입장이므로 자기태도의 반성과 창조성이 생기고 발언도 향상된다. • 문제에 적극적으로 참가하여 흥미를 갖게 하여 타인의 장점, 단점이 잘 나타난다. • 사람을 보는 눈이 신중하게 되고 관대하게 되며, 자신의 능력을 알게 된다. • 의견발표에 자신이 생기고, 사고능력이 향상된다.
단점	• 목적이 명확하지 않고, 계획적으로 실시를 하지 않으면 학습에 연계되지 않는다. • **높은 수준의 의지결정에 대한 훈련을 하는 데는 그다지 효과를 기대할 수 없다.**

역할연기법의 장단점

31. 학습정도(level of learning)의 4단계에 해당하지 않는 것은?

① 회상(to recall)
② 적용(to apply)
③ 인지(to recognize)
④ 이해(to understand)

구분	내용
학습목적의 3요소	• 목표(goal) • 주제(subject) • 학습정도(level of learning)
학습정도 (level of learning)의 4요소	• 인지(to aquaint, recognize) : ~을 인지하여야 한다. • 지각(to know) : ~을 알아야 한다. • 이해(to understand) : ~을 이해하여야 한다. • 적용(to apply) : ~을~에 적용할 줄 알아야 한다.

32. 스트레스 반응에 영향을 주는 요인 중 개인적 특성에 관한 요인이 아닌 것은?

① 심리상태
② 개인의 능력
③ 신체적 조건
④ 작업시간의 차이

④항, 작업시간의 차이는 직무특성에 따른 작업적 요인으로 구분할 수 있다.

33. 산업안전보건법령상 일용근로자의 작업내용 변경 시 교육 시간의 기준은?

① 1시간 이상
② 2시간 이상
③ 3시간 이상
④ 4시간 이상

교육과정	교육대상	교육시간
작업내용 변경 시의 교육	일용근로자	1시간 이상
	일용근로자를 제외한 근로자	2시간 이상

참고 산업안전보건법 시행규칙 별표4【안전보건교육 교육과정별 교육시간】

34. 교육심리학의 연구방법 중 인간의 내면에서 일어나고 있는 심리적 사고에 대하여 사물을 이용하여 인간의 성격을 알아보는 방법은?

① 투사법
② 면접법
③ 실험법
④ 질문지법

투사(投射 : projection)는 자기 속에 내재된 감정, 욕망을 다른 사람이나 사물에 투영하는 것을 의미한다.

35. 안전교육의 3단계 중 작업방법, 취급 및 조작행위를 몸으로 숙달시키는 것을 목적으로 하는 단계는?

① 안전지식교육 ② 안전기능교육
③ 안전태도교육 ④ 안전의식교육

안전교육의 3단계
1. 제1단계 : 지식교육이란 강의, 시청각 교육을 통한 지식의 전달과 이해하는 단계
2. 제2단계 : 기능교육이란 시범, 견학, 실습, 통해 작업방법이나 조작에 대한 숙달을 목적으로 한다.
3. 제3단계 : 태도교육이란 작업동작지도, 생활지도 등을 통한 안전의 습관화를 한다.

36. 호손(Hawthorne) 연구에 대한 설명으로 옳은 것은?

① 소비자들에게 효과적으로 영향을 미치는 광고 전략을 개발했다.
② 시간 – 동작연구를 통해서 작업도구와 기계를 설계했다.
③ 채용과정에서 발생하는 차별요인을 밝히고 이를 시정하는 법적 조치의 기초를 마련했다.
④ 물리적 작업환경보다 근로자들의 의사소통 등 인간관계가 더 중요하다는 것을 알아냈다.

호손(Hawthorne)실험
메이오(G.E. Mayo)에 의한 실험으로, 작업자의 작업능률(생산성 향상)은 물리적인 작업조건보다는 사람의 심리적인 태도, 감정을 규제하고 있는 인간관계에 의하여 결정됨을 밝혔다.
1. 인간관계는 상담, 조언에 의해서 이루어진다.
2. 종업원의 인간성을 경영자와 대등하게 본 인간관계의 기초 위에서 관리를 추진한다.

37. 지름길을 사용하여 대상물을 판단할 때 발생하는 지각의 오류가 아닌 것은?

① 후광효과 ② 최근효과
③ 결론효과 ④ 초두효과

지각의 오류는 다른 사람을 평가할 때 구체적이고 세세한 과정 없이 손쉬운 지름길에 의존할 때 발생하며 다음과 같은 요인이 인상형성에 영향을 미친다.
1. 후광효과
2. 순서효과(초두효과, 최신효과)
3. 배경효과
4. 부정적 특질효과

38. 다음은 무엇에 관한 설명인가?

다른 사람으로부터의 판단이나 행동을 무비판적으로 받아들이는 것

① 모방(Imitation) ② 투사(Projection)
③ 암시(Suggestion) ④ 동일화(Identification)

암시(suggestion)
다른 사람으로부터의 판단이나 행동을 무비판적으로 논리적, 사실적 근거 없이 받아들이는 것을 말한다.

참고
1. 모방(imitation) : 남의 행동이나 판단을 표본으로 하여 그것과 같거나 또는 그것에 가까운 행동 또는 판단을 취하려는 것이다.
2. 투사(投射 ; projection) : 자기 속의 억압된 것을 다른 사람의 것으로 생각하는 것을 투사(투출)라고 한다.
3. 동일화(identfication) : 다른 사람의 행동양식이나 태도를 투입시키거나, 다른 사람 가운데서 자기와 비슷한 것을 발견하는 것을 말한다.

39. 산업심리의 5대 요소가 아닌 것은?

① 동기 ② 기질
③ 감정 ④ 지능

산업심리 요소

종류	내용
심리의 5요소	습관, 동기, 기질, 감정, 습성
습관의 4요소	동기, 기질, 감정, 습성

40. 직무수행에 대한 예측변인 개발 시 작업표본(work sample)에 관한 사항 중 틀린 것은?

① 집단검사로 감독과 통제가 요구된다.
② 훈련생보다 경력자 선발에 적합하다.
③ 실시하는데 시간과 비용이 많이 든다.
④ 주로 기계를 다루는 직무에 효과적이다.

1. 작업표본은 해당 과업에 대한 경험이 있는 지원자에 대해 직무에 포함된 과업을 얼마나 잘 수행할 수 있는지에 대한 평가도구이다.
2. 작업표본을 개발하는 데는 많은 시간과 비용이 들며 개인간의 차이에 대한 다양성을 고려하기 때문에 집단검사가 어렵다. 다만 기계를 다루는 직무에는 매우 효과적으로 사용된다.

해답 35 ② 36 ④ 37 ③ 38 ③ 39 ④ 40 ①

41. 태양광이 내리쬐지 않는 옥내의 습구흑구 온도지수 (WBGT) 산출 식은?

① 0.6×자연습구온도+0.3×흑구온도

② 0.7×자연습구온도+0.3×흑구온도

③ 0.6×자연습구온도+0.4×흑구온도

④ 0.7×자연습구온도+0.4×흑구온도

> 습구흑구온도(WBGT : Wet Bulb Globe Temperature) 지수
> 1. 옥내 또는 옥외(빛이 내리쬐지 않는 장소)
>   WBGT(℃) = 0.7 × 습구온도(wb) + 0.3 × 흑구온도(GT)
>
> 2. 옥외(빛이 내리쬐는 장소)
>   WBGT(℃) = 0.7 × 습구온도(wb) + 0.2 × 흑구온도(GT)
>   + 0.1 × 건구온도(Db)

42. 부품 배치의 원칙 중 기능적으로 관련된 부품들을 모아서 배치한다는 원칙은?

① 중요성의 원칙

② 사용 빈도의 원칙

③ 사용 순서의 원칙

④ 기능별 배치의 원칙

> **부품배치의 4원칙**
>
> | 구분 | 내용 |
> |---|---|
> | 중요성의 원칙 | 부품을 작동하는 성능이 체계의 목표달성에 긴요한 정도에 따라 우선순위를 설정한다. |
> | 사용 빈도의 원칙 | 부품을 사용하는 빈도에 따라 우선순위를 설정한다. |
> | 기능별 배치의 원칙 | 기능적으로 관련된 부품들(표시장치, 조정장치, 등)을 모아서 배치한다. |
> | 사용 순서의 원칙 | 사용되는 순서에 따라 장치들을 가까이에 배치한다. |

43. 인간공학의 목표와 거리가 가장 먼 것은?

① 사고 감소

② 생산성 증대

③ 안전성 향상

④ 근골격계질환 증가

> 인간공학은 사고 및 오용으로부터 손실을 감소시키며 사용자의 수요도를 향상시키는 기대효과가 있어 근골격계질환은 감소한다.
>
> **참고** 인간공학의 기대효과와 가치
> 1. 성능의 향상
> 2. 훈련비용의 절감
> 3. 인력이용율의 향상
> 4. 사고 및 오용으로부터의 손실감소
> 5. 생산 및 경비유지의 경제성 증대
> 6. 사용자의 수요도 향상

44. 시각적 식별에 영향을 주는 각 요소에 대한 설명 중 틀린 것은?

① 조도는 광원의 세기를 말한다.

② 휘도는 단위 면적당 표면에 반사 또는 방출되는 광량을 말한다.

③ 반사율은 물체의 표면에 도달하는 조도와 광도의 비를 말한다.

④ 광도 대비란 표적의 광도와 배경의 광도의 차이를 배경 광도로 나눈 값을 말한다.

> 조도는 어떤 물체나 표면에 도달하는 광의 밀도이다.
>
> **참고** 조도의 단위
>
> | 단위 | 내용 |
> |---|---|
> | fc (foot-candle) | 1촉광의 점광원으로부터 1foot 떨어진 곡면에 비추는 광의 밀도(1 lumen/ft^2) |
> | lux (meter-candle) | 1촉광의 점광원으로부터 1m 떨어진 곡면에 비추는 광의 밀도(1 lumen/m^2) |

해답 41 ② 42 ④ 43 ④ 44 ①

45. A사의 안전관리자는 자사 화학 설비의 안전성 평가를 실시하고 있다. 그 중 제2단계인 정성적 평가를 진행하기 위하여 평가 항목을 설계관계 대상과 운전관계 대상으로 분류하였을 때 설계관계 항목이 아닌 것은?

① 건조물
② 공장 내 배치
③ 입지조건
④ 원재료, 중간제품

제2단계 정성적 평가 항목	
설계 관계	운전 관계
1. 입지 조건	1. 원재료, 중간체, 제품
2. 공장내 배치	2. 공정
3. 건조물	3. 수송, 저장 등
4. 소방설비	4. 공정기기

46. 양립성의 종류가 아닌 것은?

① 개념의 양립성
② 감성의 양립성
③ 운동의 양립성
④ 공간의 양립성

양립성(compatibility)
정보입력 및 처리와 관련한 양립성은 인간의 기대와 모순되지 않는 자극들간의, 반응들 간의 또는 자극반응 조합의 관계를 말하는 것
1. 공간적 양립성 : 표시장치가 조종장치에서 물리적 형태나 공간적인 배치의 양립성
2. 운동 양립성 : 표시 및 조종장치, 체계반응의 운동 방향의 양립성
3. 개념적 양립성 : 사람들이 가지고 있는 개념적 연상(어떤 암호체계에서 청색이 정상을 나타내듯이)의 양립성
4. 양식 양립성 : 직무에 알맞은 자극과 응답의 양식의 존재에 대한 양립성이다.

47. 그림과 같은 시스템에서 부품 A, B, C, D의 신뢰도가 모두 r로 동일할 때, 이 시스템의 신뢰도는?

① $r(2-r^2)$
② $r^2(2-r)^2$
③ $r^2(2-r^2)$
④ $r^2(2-r)$

신뢰도$=\{1-(1-r)^2\}\times\{1-(1-r)^2\}=r^2(2-r)^2$

48. FTA에서 사용되는 논리게이트 중 입력과 반대되는 현상으로 출력되는 것은?

① 부정 게이트
② 억제 게이트
③ 배타적 OR 게이트
④ 우선적 AND 게이트

부정gate : 부정 모디화이어라고도 하며 입력현상의 반대인 출력이 된다.

49. 어떤 결함수를 분석하여 minimal cut set을 구한 결과 다음과 같았다. 각 기본사상의 발생확률을 q_i, i=1, 2, 3라 할 때, 정상사상의 발생확률함수로 맞는 것은?

【다음】
$k_1=$ 【1, 2】 , $k_2=$ 【1, 3】 , $k_3=$ 【2, 3】

① $q_1q_2 + q_1q_2 - q_2q_3$
② $q_1q_2 + q_1q_3 - q_2q_3$
③ $q_1q_2 + q_1q_3 + q_2q_3 - q_1q_2q_3$
④ $q_1q_2 + q_1q_3 + q_2q_3 - 2q_1q_2q_3$

최소 컷셋이 주어진 경우 정상사상의 발생확률은 병렬로 표시할 수 있다.
$T = 1-(1-K_1)(1-K_2)(1-K_3)$
$= (1-q_1q_3-q_1q_2+q_1q_2q_3)(1-q_2q_3)$
$= 1-q_2q_3-q_1q_3+q_1q_2q_3-q_1q_2+q_1q_2q_3+q_1q_2q_3-q_1q_2q_3$
$= 1-q_2q_3-q_1q_3-q_1q_2+2(q_1q_2q_3)$
$= 1-1+q_2q_3+q_1q_3+_1q_2-2(q_1q_2q_3)$
$= q_2q_3+q_1q_3+q_1q_2-2(q_1q_2q_3)$

50. 부품고장이 발생하여도 기계가 추후 보수 될 때까지 안전한 기능을 유지할 수 있도록 하는 기능은?

① fail-soft　　　　② fail-active
③ fail-operational　④ fail-passive

> **페일세이프 구조의 기능적 분류**
> 1. Fail passive : 일반적인 산업기계방식의 구조이며, 성분의 고장 시 기계는 정지
> 2. Fail active : 성분의 고장 시 경보를 나타내며 단시간동안 운전가능
> 3. Fail operational : 병렬 여분계의 성분을 구성한 경우이며, 성분의 고장이 있어도 다음 정기점검 시까지 정상기능 유지

51. 반사경 없이 모든 방향으로 빛을 발하는 점광원에서 3m 떨어진 곳의 조도가 300lux라면 2m 떨어진 곳에서 조도(lux)는?

① 375　　　　② 675
③ 875　　　　④ 975

> 조도 = $\dfrac{광도}{거리^2}$ 이므로
>
> 조도2 = 조도1 $\times \left(\dfrac{거리1}{거리2}\right)^2 = 300 \times \left(\dfrac{3}{2}\right)^2 = 675$

52. 통화이해도 척도로서 통화 이해도에 영향을 주는 잡음의 영향을 추정하는 지수는?

① 명료도 지수　　　② 통화 간섭 수준
③ 이해도 점수　　　④ 통화 공진 수준

> 통화 간섭 수준이란 통화 이해도(speech intelligibility)에 끼치는 소음의 영향을 추정하는 지수로 주어진 상황에서의 통화 간섭 수준은 500, 1000, 2000Hz에 중심을 둔 3옥타브 대의 소음 dB 수준의 평균치이다.

53. 예비위험분석(PHA)에서 식별된 사고의 범주가 아닌 것은?

① 중대(critical)　　　② 한계적(marginal)
③ 파국적(catastrophic)　④ 수용가능(acceptable)

> **예비위험분석(PHA)에서 식별하는 4가지 범주(category)**
> 1. category(범주) Ⅰ : 파국적(catastrophic)
> 2. catagory(범주) Ⅱ : 중대(critical)
> 3. catagory(범주) Ⅲ : 한계적(marginal)
> 4. catagory(범주) Ⅳ : 무시가능(negligible)

54. 인간공학적 연구에 사용되는 기준 척도의 요건 중 다음 설명에 해당하는 것은?

> 기준 척도는 측정하고자 하는 변수 외의 다른 변수들의 영향을 받아서는 안 된다.

① 신뢰성　　　② 적절성
③ 검출성　　　④ 무오염성

> **인간공학 연구기준요건**
>
> | 기준요건 | 내용 |
> | --- | --- |
> | 표준화 | 검사를 위한 조건과 검사 절차의 일관성과 통일성을 표준화한다. |
> | 객관성 | 검사결과를 채점하는 과정에서 채점자의 편견이나 주관성이 배제되어 어떤 사람이 채점하여도 동일한 결과를 얻어야 한다. |
> | 규준 | 검사의 결과를 해석하기 위해서 비교할 수 있는 참조 또는 비교의 틀을 제공하는 것이다. |
> | 신뢰성 | 검사응답의 일관성, 즉 반복성을 말하는 것이다. |
> | 타당성 | 측정하고자하는 것을 실제로 측정하는 것을 타당성이라 한다. |
> | 민감도 | 피실험자 사이에서 볼 수 있는 예상 차이점에 비례하는 단위로 측정해야 하는 것. |
> | 검출성 | 정보를 암호화한 자극은 주어진 상황하의 감지 장치나 사람이 감지할 수 있어야 한다. |
> | 적절성 | 연구방법, 수단의 적합도 |
> | 변별성 | 다른 암호표시와 구별되어야 한다. |
> | 무오염성 | 측정하고자 하는 변수 외의 다른 변수들의 영향을 받아서는 안 된다. |

55. James Reason의 원인적 휴먼에러 종류 중 다음 설명의 휴먼에러 종류는?

> 자동차가 우측 운행하는 한국의 도로에 익숙해진 운전자가 좌측 운행을 해야 하는 일본에서 우측 운행을 하다가 교통사고를 냈다.

① 고의 사고(Violation)
② 숙련 기반 에러(Skill based error)
③ 규칙 기반 착오(Rule based mistake)
④ 지식 기반 착오(Knowledge based mistake)

1. **기능에 기초한 행동(skill-based behavior)** : 무의식적인 행동관례와 저장된 행동 양상에 의해 제어되는데, 이러한 행동에서의 오류는 주로 실행 오류이다.
2. **규칙에 기초한 행동(rule-based behavior)** : 균형적 행동 서브루틴(subroutin)에 관한 저장된 법칙을 적용할 수 있는 친숙한 상황에 적용된다. 이러한 행동에서의 오류는 상황에 대한 현저한 특징의 인식, 올바른 규칙의 기억과 적용에 관한 것이다.
3. **지식에 기초한 행동(knoledge-based behavior)** : 목표와 관련하여 작동을 계획해야 하는 특수하고 친숙하지 않은 상황에서 발생하는데, 부적절한 분석이나 의사결정에서 오류가 생긴다.

56. 근골격계부담작업의 범위 및 유해요인조사 방법에 관한 고시상 근골격계부담작업에 해당하지 않는 것은? (단, 상시작업을 기준으로 한다.)

① 하루에 10회 이상 25kg 이상의 물체를 드는 작업
② 하루에 총 2시간 이상 쪼그리고 앉거나 무릎을 굽힌 자세에서 이루어지는 작업
③ 하루에 총 2시간 이상 시간당 5회 이상 손 또는 무릎을 사용하여 반복적으로 충격을 가하는 작업
④ 하루에 4시간 이상 집중적으로 자료입력 등을 위해 키보드 또는 마우스를 조작하는 작업

③항, 하루에 총 **2시간 이상** 시간당 **10회 이상** 손 또는 무릎을 사용하여 반복적으로 충격을 가하는 작업이 해당된다.
참고 근골격계부담작업의 범위 및 유해요인조사 방법에 관한 고시 제3조 【근골격계부담작업】

57. HAZOP 분석기법의 장점이 아닌 것은?

① 학습 및 적용이 쉽다.
② 기법 적용에 큰 전문성을 요구하지 않는다.
③ 짧은 시간에 저렴한 비용으로 분석이 가능하다.
④ 다양한 관점을 가진 팀 단위 수행이 가능하다.

HAZOP은 전문분야의 구성원들이 규칙과 도면에 의해 체계적인 분석을 하는 방법으로 간단한 기법이지만 5~7명의 전문 인력이 필요하므로 시간과 노력이 많이 요구된다.

58. 서브시스템 분석에 사용되는 분석방법으로 시스템 수명주기에서 ㉠에 들어갈 위험분석기법은?

① PHA   ② FHA
③ FTA   ④ ETA

결함위험분석(FHA)은 시스템의 정의와 개발단계에 적용을 한다.
FHA의 실시시기

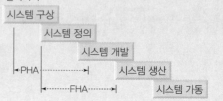

59. 불(Bool) 대수의 관계식으로 틀린 것은?

① $A + \overline{A} = 1$
② $A + AB = A$
③ $A(A + B) = A + B$
④ $A + \overline{A}B = A + B$

③항 $A \cdot (A+B) = A \cdot (1+B) = A \cdot 1 = A$

60. 정신적 작업 부하에 관한 생리적 척도에 해당하지 않는 것은?

① 근전도
② 뇌파도
③ 부정맥 지수
④ 점멸융합주파수

> 근전도(EMG : electromyogram)
> 근육활동의 전위차를 전기적 활성도를 이용해 기록한 것

■■■ 제4과목 건설시공학

61. 석재붙임을 위한 앵커긴결공법에서 일반적으로 사용하지 않는 재료는?

① 앵커
② 볼트
③ 모르타르
④ 연결철물

> 앵커긴결공법은 건식 석재붙임 공법으로 모르타르를 이용하는 것은 습식 석재붙임 공법에 해당한다.
>
> **참고** 돌붙임 시 앵커 긴결공법에서 사용하는 철물
> 1. 앵커
> 2. 볼트
> 3. 촉
> 4. 연결철물(fastener)

62. 강제 널말뚝(steel sheet pile)공법에 관한 설명으로 옳지 않은 것은?

① 무소음 설치가 어렵다.
② 타입 시 지반의 체적변형이 작아 항타가 쉽다.
③ 강제 널말뚝에는 U형, Z형, H형 등이 있다.
④ 관입, 철거 시 주변 지반침하가 일어나지 않는다.

> **강재 널말뚝**
> 1. 용수가 많고, 토압이 크고, 기초가 깊을 때 적합하다.
> 2. 수밀성이 있다.
> 3. 시공이 용이, 차수성 우수, 공사비 저렴하다.
> 4. 단면형상이 다양, 재질이 균등하다.
> 5. 전용회수가 높다.
> 6. **관입, 철거시 주변 지반 침하가 일어 날 수 있다.**
> 7. 타입시 소음이 크다.

63. 철근 조립에 관한 설명으로 옳지 않은 것은?

① 철근의 피복두께를 정확히 확보하기 위해 적절한 간격으로 고임재 및 간격재를 배치한다.
② 거푸집에 접하는 고임재 및 간격재는 콘크리트 제품 또는 모르타르 제품을 사용하여야 한다.
③ 경미한 황갈색의 녹이 발생한 철근은 일반적으로 콘크리트와의 부착을 해치므로 사용해서는 안 된다.
④ 철근의 표면에는 흙, 기름 또는 이물질이 없어야 한다.

> 철근표면의 황갈색 녹은 철근에 유해하지 않고 표면이 거칠어져 콘크리트와 부착효과를 다소 향상시킬 수 있다.

64. 소규모 건축물을 조적식 구조로 담을 쌓을 경우 최대 높이 기준으로 옳은 것은?

① 2m 이하
② 2.5m 이하
③ 3m 이하
④ 3.5m 이하

> **조적식구조인 담의 구조**
> 1. **높이는 3미터 이하로 할 것**
> 2. 담의 두께는 190밀리미터 이상으로 할 것. 다만, 높이가 2미터 이하인 담에 있어서는 90밀리미터 이상으로 할 수 있다.
> 3. 담의 길이가 2미터 이내마다 담의 벽면으로부터 그 부분의 담의 두께 이상 튀어나온 버팀벽을 설치하거나, 담의 길이가 4미터 이내마다 담의 벽면으로부터 그 부분의 담의 두께의 1.5배 이상 튀어나온 버팀벽을 설치할 것. 다만, 각 부분의 담의 두께가 제2호의 규정에 의한 담의 두께의 1.5배 이상인 경우에는 그러하지 아니하다.
> **참고** 건축물의 구조기준 등에 관한 규칙 제39조 【조적식구조인 담】

해답 60 ① 61 ③ 62 ④ 63 ③ 64 ③

65. 필릿용접(Fillet Welding)의 단면상 이론 목두께에 해당하는 것은?

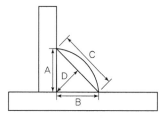

① A ② B
③ C ④ D

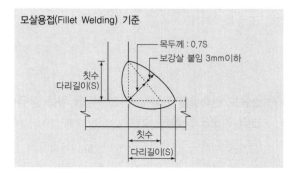

모살용접(Fillet Welding) 기준

66. 네트워크 공정표에 사용되는 용어에 관한 설명으로 옳지 않은 것은?

① 크리티컬 패스(Critical path) : 개시 결합점에서 종료 결합점에 이르는 가장 긴 경로
② 더미(Dummy) : 결합점이 가지는 여유시간
③ 플로트(Float) : 작업의 여유시간
④ 패스(Path) : 네트워크 중에서 둘 이상의 작업이 이어지는 경로

67. 콘크리트의 측압에 영향을 주는 요소에 관한 설명으로 옳지 않은 것은?

① 콘크리트 타설속도가 빠를수록 측압은 커진다.
② 콘크리트 온도가 낮으면 경화속도가 느려 측압은 작아진다.
③ 벽 두께가 얇을수록 측압은 작아진다.
④ 콘크리트의 슬럼프값이 클수록 측압은 커진다.

68. 석공사에 사용하는 석재 중에서 수성암계에 해당하지 않는 것은?

① 사암 ② 석회암
③ 안산암 ④ 응회암

암석의 성분에 따른 분류	
화성암	화강암, 안산암, 현무암
수성암	점판암, 석회암, 사암, 응회암
변성암	대리석, 트레버틴, 석면

69. 매스 콘크리트(Mass concrete) 시공에 관한 설명으로 옳지 않은 것은?

① 매스 콘크리트의 타설온도는 온도균열을 제어하기 위한 관점에서 가능한 한 낮게 한다.
② 매스 콘크리트 타설 시 기온이 높을 경우에는 콜드 조인트가 생기기 쉬우므로 응결촉진제를 사용한다.
③ 매스 콘크리트 타설 시 침하발생으로 인한 침하균열을 예방을 하기 위해 재진동 다짐 등을 실시한다.
④ 매스 콘크리트 타설 후 거푸집 탈형 시 콘크리트 표면의 급랭을 방지하기 위해 콘크리트 표면을 소정의 시간 동안 보온해 주어야 한다.

70. 거푸집공사(Form work)에 관한 설명으로 옳지 않은 것은?

① 거푸집널은 콘크리트의 구조체를 형성하는 역할을 한다.
② 콘크리트 표면에 모르타르, 플라스터 또는 타일붙임 등의 마감을 할 경우에는 평활하고 광택있는 면이 얻어질 수 있도록 철제 거푸집(metal form)을 사용하는 것이 좋다.
③ 거푸집공사비는 건축공사비에서의 비중이 높으므로 설계단계부터 거푸집 공사의 개선과 합리화 방안을 연구하는 것이 바람직하다.
④ 폼타이(Form tie)는 콘크리트를 타설할 때 거푸집이 벌어지거나 우그러들지 않게 연결, 고정하는 긴결재이다.

> 콘크리트 표면에 모르타르나, 플라스터, 타일 등을 붙일 때는 표면이 거칠어야 부착력이 좋아진다.

71. 철근콘크리트 말뚝머리와 기초와의 접합에 관한 설명으로 옳지 않은 것은?

① 두부를 커팅기계로 정리할 경우 본체에 균열이 생김으로 응력손실이 발생하여 설계내력을 상실하게 된다.
② 말뚝머리 길이가 짧은 경우는 기초저면까지 보강하여 시공한다.
③ 말뚝머리 철근은 기초에 30cm 이상의 길이로 정착한다.
④ 말뚝머리와 기초와의 확실한 정착을 위해 파일앵커링을 시공한다.

> 말뚝머리 두부 정리 시 커팅기계를 사용하면 두부 파손이 적어 응력 손실이 거의 없다. 해머로 정리하는 경우 두부 손상으로 응력손실이 발생 할 수 있다

72. 철근콘크리트 보에 사용된 굵은 골재의 최대치수가 25mm일 때, D22철근(동일 평면에서 평행한 철근)의 수평 순간격으로 옳은 것은? (단, 콘크리트를 공극 없이 칠 수 있는 다짐 방법을 사용할 경우에는 제외)

① 22.2mm   ② 25mm
③ 31.25mm   ④ 33.3mm

> 철근의 간격
> ① 25mm 이상
> ② 굵은 골재 최대치수의 4/3배 이상: 25×4/3 = 33.3mm
> ③ 철근의 공칭지름 이상
>   위 ①, ②, ③ 중 큰 값

73. 철근의 피복두께를 유지하는 목적이 아닌 것은?

① 부재의 소요 구조 내력 확보
② 부재의 내화성 유지
③ 콘크리트의 강도 증대
④ 부재의 내구성 유지

> 피복두께 목적
> 1. 내화성 확보
> 2. 내구성 및 내력 확보
> 3. 유동성 확보
> 4. 부착강도 확보

74. 불량품, 결점, 고장 등의 발생건수를 현상과 원인별로 분류하고, 여러 가지 데이터를 항목별로 분류해서 문제의 크기 순서로 나열하여, 그 크기를 막대그래프로 표기한 품질관리 도구는?

① 파레토그램   ② 특성요인도
③ 히스토그램   ④ 체크시트

> 파레토도
> 1. 결함, 불량품, 고장 등의 분류 항목을 문제의 크기 순서대로 나열하여 막대그래프로 만든 것
> 2. 결함 항목을 집중관리 감소하는 데 효과적이다.

75. 강구조 공사 시 앵커링(anchoring)에 관한 설명으로 옳지 않은 것은?

① 필요한 앵커링 저항력을 얻기 위해서는 콘크리트에 피해를 주지 않도록 적절한 대책을 수립해야 한다.
② 앵커볼트 설치 시 베이스플레이트 위치의 콘크리트는 설계도면 레벨보다 -30mm~-50mm 낮게 타설하고, 베이스플레이트 설치 후 그라우팅 처리한다.
③ 구조용 앵커볼트를 사용하는 경우 앵커볼트 간의 중심선은 기둥중심선으로부터 3mm 이상 벗어나지 않아야 한다.
④ 앵커볼트로는 구조용 혹은 세우기용 앵커볼트가 사용되어야 하고, 나중매입 공법을 원칙으로 한다.

> 나중매입 공법은 앵커볼트의 부착강도가 약해질 수 있어 소규모 건축물에 적용하며 구조용이나 세우기용에는 적합하지 않다.

76. 모래지반 흙막이 공사에서 널말뚝의 틈새로 물과 토사가 유실되어 지반이 파괴되는 현상은?

① 히빙 현상(Heaving)
② 파이핑 현상(Piping)
③ 액상화 현상(Liquefaction)
④ 보일링 현상(Boiling)

> **Piping 현상**
> 지반 내에 물의 통로가 생기면서 흙이 세굴되어가는 과정을 파이핑이라고 하며, 흙막이 벽의 부실공사로 뚫린 구멍이 원인이 되고 때론 Boiling 현상으로도 나타나며 흙이 세굴되어 지지력이 없어진다.

77. 공사관리계약(Construction Management Contract) 방식의 장점이 아닌 것은?

① 시공 시 단계별 시공법을 적용할 수 있어 설계 및 시공기간을 단축시킬 수 있다.
② 설계과정에서 설계가 시공에 미치는 영향을 예측할 수 있어 설계도서의 현실성을 향상시킬 수 있다.
③ 기획 및 설계과정에서 발주자와 설계자 간의 의견대립 없이 설계대안 및 특수공법의 적용이 가능하다.
④ 대리인형 CM(CM for fee)방식은 공사비와 품질에 직접적인 책임을 지는 공사관리계약 방식이다.

> **대리인형 CM(CM for fee)**
> 1. 설계 및 시공에 직접 관여하지 않으며, 프로젝트 전반에 관한 발주자에 대한 조언자로서의 역할을 수행한다.
> 2. CM업자는 공사비용, 품질 등 공사결과에 대한 책임 없음
> 3. 공기단축
> 4. CM업자의 책임감 부실우려
> 5. 발주자 리스크 증대

78. 철골구조의 내화피복에 관한 설명으로 옳지 않은 것은?

① 조적공법은 용접철망을 부착하여 경량모르타르, 펄라이트 모르타르와 플라스터 등을 바름하는 공법이다.
② 뿜칠공법은 철골표면에 접착제를 혼합한 내화피복재를 뿜어서 내화피복을 한다.
③ 성형판 공법은 내화단열성이 우수한 각종 성형판을 철골주위에 접착제와 철물 등을 설치하고 그 위에 붙이는 공법으로 주로 기둥과 보의 내화피복에 사용된다.
④ 타설공법은 아직 굳지 않은 경량콘크리트나 기포모르타르 등을 강재주위에 거푸집을 설치하여 타설한 후 경화시켜 철골을 내화피복하는 공법이다.

내회피복 공법

1) 습식 내화 피복공법	① 타설공법	철골구조체 주위에 거푸집을 설치하고 보통 Con'c, 경량 Con'c를 타설하는 공법
	② 뿜칠공법	철골표면에 접착제를 도포한 후 내화재를 도포하는 공법 (뿜칠암면, 습식뿜칠암면, 뿜칠Mortar, 뿜칠 Plaster)
	③ 미장공법	철골에 용접철망을 부착하여 모르타르로 미장하는 방법 (철망 Mortar, 철망펄라이트 모르타르)
	④ 조적공법	Con'c 블록, 경량 Con'c 블록, 돌, 벽돌
2) 건식 내화 피복공법 (성형판 붙임공법)		내화단열이 우수한 성형판의 접착제나 연결철물을 이용하여 부착하는 공법(P.C판, A.L.C판, 석면시멘트판, 석면규산칼슘판, 석면성형판)

79. 철근콘크리트에서 염해로 인한 철근의 부식 방지대책으로 옳지 않은 것은?

① 콘크리트 중의 염소 이온량을 적게 한다.
② 에폭시 수지 도장 철근을 사용한다.
③ 방청제 투입을 고려한다.
④ 물-시멘트비를 크게 한다.

철근부식을 방지하기 위해서는 물시멘트비를 낮게 하여 염화물의 침투 및 탄산화의 진행이 늦어지도록 해야 한다. 탄산화를 늦게 하기 위해서는 물시멘트비를 50% 이하로, 염화물 침투를 최소화하기 위해서는 40% 이하로 하는 것이 좋다.

80. 웰 포인트 공법(well point method)에 관한 설명으로 옳지 않은 것은?

① 사질지반보다 점토질 지반에서 효과가 좋다.
② 지하수위를 낮추는 공법이다.
③ 1~3m의 간격으로 파이프를 지중에 박는다.
④ 인접지 침하의 우려에 따른 주의가 필요하다.

웰포인트 공법
1. 지름 3~5cm 정도의 파이프를 1~2m 간격으로 때려 박고, 이를 수평으로 굵은 파이프에 연결하여 진공으로 물을 뽑아내어 지하수위를 저하 시키는 공법
2. 비교적 지하수위가 얕은 사질지반에 주로 사용
3. 지반이 압밀되어 흙의 전단저항이 커진다.
4. 인접지반의 침하를 일으키는 경우가 있다.
5. 보일링 현상을 방지한다.
6. **점토질지반에는 적용할 수 없다.**

81. 깬자갈을 사용한 콘크리트가 동일한 시공연도의 보통 콘크리트 보다 유리한 점은?

① 시멘트 페이스트와의 부착력 증가
② 단위수량 감소
③ 수밀성 증가
④ 내구성 증가

깬자갈을 사용하면 시공연도가 나빠지지만 동일한 시공연도인 경우라면 깬자갈의 거친면에 의해 시멘트 페이스트가 잘 붙어 부착력이 좋아진다.

82. 목재를 작은 조각으로 하여 충분히 건조시킨 후 합성수지와 같은 유기질의 접착제를 첨가하여 열압 제판한 목재 가공품은?

① 파티클 보드(Particle board)
② 코르크판(Cork board)
③ 섬유판(Fiber board)
④ 집성목재(Glulam)

파티클보드(칩보드)

1. 제조		목재를 작은 조각으로 만들고 건조시킨 후 합성수지 접착제를 첨가하여 가열, 압착 성형한 제품으로 칩보드라고도 한다.
2. 특성		• 섬유방향에 따른 방향성이 없다. • 넓은 판을 만들 수 있다. • 변형이 적고, 음 및 열의 차단성이 우수하다. • 강도가 크다. • 습기에 약하다.
3. 용도		선반, 칸막이벽, 가구 등에 이용

83. 도료상태의 방수재를 바탕면에 여러 번 칠하여 얇은 수지피박을 만들어 방수효과를 얻는 것으로 에멀션형, 용제형, 에폭시계 형태의 방수공법은?

① 시트방수   ② 도막방수
③ 침투성 도포방수   ④ 시멘트 모르타르 방수

도막방수
1. 방수도료를 여러번 칠하여 방수도막을 만드는 공법
2. 도막재료 : 우레탄 고무계, 아크릴고무계, 고무아스팔트계, 클로르 프랜 고무 용액계

84. 합성수지의 종류 중 열가소성수지가 아닌 것은?

① 염화비닐 수지　　② 멜라민 수지
③ 폴리프로필렌 수지　④ 폴리에틸렌 수지

합성수지의 분류	
열가소성 수지	열경화성 수지
• 폴리비닐수지 　(염화비닐수지=P.V.C) • 아크릴수지 • 폴리스티렌수지 • 폴리에틸렌수지 • 폴리프로필렌 • 폴리아미드수지 • 셀룰로이드 • A.B.S 수지 • 초산비닐수지	• 폴리에스테르수지 　(불포화 폴리에스테르수지) • 페놀수지 • 요소수지 • **멜라민수지** • 알키드수지 • 에폭시수지 • 우레탄수지 • 실리콘수지 • 프란수지

85. 수성페인트에 대한 설명으로 옳지 않은 것은?

① 수성페인트의 일종인 에멀션 페인트는 수성페인트에 합성수지와 유화제를 섞은 것이다.
② 수성페인트를 칠한 면은 외관은 온화하지만 독성 및 화재발생의 위험이 있다.
③ 수성페인트의 재료로 아교·전분·카세인 등이 활용된다.
④ 광택이 없으며 회반죽면 또는 모르타르면의 칠에 적당하다.

수성페인트
1. 전분, 카제인, 아교, 안료에 물을 용제로 사용하는 페인트
2. 내수성, 내마모성이 나쁘다.
3. 내알칼리성이 있다.
4. 건조가 빠르고 작업성이 좋다.
5. 광택이 없다.
6. **독성, 화재 발생위험이 없다.**
7. 모르타르면, 회반죽면에 사용할 수 있다.

86. 금속판에 관한 설명으로 옳지 않은 것은?

① 알루미늄 판은 경량이고 열반사도 좋으나 알칼리에 약하다.
② 스테인리스 강판은 내식성이 필요한 제품에 사용된다.
③ 함석판은 아연도철판이라고도 하며 외관미는 좋으나 내식성이 약하다.
④ 연판은 X선 차단효과가 있고 내식성도 크다.

함석판은 얇은 강철판에 아연을 도금한 것으로 아연도금철판이라고 하며 아연성분이 철판의 부식을 방지하기 때문에 내식성이 강하다.

87. 다음 중 열전도율이 가장 낮은 것은?

① 콘크리트　　② 코르크판
③ 알루미늄　　④ 주철

코르크판(cork bord)
코르크나무 표피를 원료로 하여 분말된 것을 판형으로 열압한 것인데 탄성, 보온, 흡음성 등이 양호하여 보온재 및 흡음재로 많이 사용하고 있다.

88. 콘크리트의 혼화재료 중 혼화제에 속하는 것은?

① 플라이애시　　② 실리카흄
③ 고로슬래그 미분말　④ 고성능 감수제

1. 혼화재 : 사용량이 비교적 많고 그 자체의 용적을 배합계산에 고려하는 것(플라이애시, 고로슬래그, 가용성 규산 미분말, 실리카 흄 등)
2. 혼화제 : 약품적인 것으로 소량을 사용해서 소요의 효과가 얻어질 수 있는 것(AE제, 감수제, 지연제, 촉진제, 급결제 등)

89. 점토의 성질에 관한 설명으로 옳지 않은 것은?

① 사질점토는 적갈색으로 내화성이 좋다.
② 자토는 순백색이며 내화성이 우수하나 가소성은 부족하다.
③ 석기점토는 유색의 견고치밀한 구조로 내화도가 높고 가소성이 있다.
④ 석회질점토는 백색으로 용해되기 쉽다.

사질점토 : 적갈색이며 내화성이 부족하다.

90. 콘크리트에 AE제를 첨가 했을 경우 공기량 증감에 큰 영향을 주지 않는 것은?

① 혼합시간　　　　② 시멘트의 사용량
③ 주위온도　　　　④ 양생방법

91. 슬럼프 시험에 대한 설명으로 옳지 않은 것은?

① 슬럼프 시험 시 각 층을 50회 다진다.
② 콘크리트의 시공연도를 측정하기 위하여 행한다.
③ 슬럼프콘에 콘크리트를 3층으로 분할하여 채운다.
④ 슬럼프 값이 높을 경우 콘크리트는 묽은 비빔이다.

92 목재 섬유포화점의 함수율은 대략 얼마 정도인가?

① 약 10%　　　　② 약 20%
③ 약 30%　　　　④ 약 40%

93. 각 창호철물에 관한 설명으로 옳지 않은 것은?

① 피벗힌지(pivot hinge): 경첩 대신 축을 사용하여 여닫이문을 회전시킨다.
② 나이트래치(night latch): 외부에서는 열쇠, 내부에서는 작은 손잡이를 틀어 열 수 있는 실린더장치로 된 것이다.
③ 크레센트(crescent): 여닫이문의 상하단에 붙여 경첩과 같은 역할을 한다.
④ 래버터리힌지(lavatory hinge): 스프링 힌지의 일종으로 공중용 화장실 등에 사용된다.

94. 건축재료 중 마감재료의 요구 성능으로 거리가 먼 것은?

① 화학적 성능　　　　② 역학적 성능
③ 내구성능　　　　④ 방화·내화 성능

95. PVC바닥재에 대한 일반적인 설명으로 옳지 않은 것은?

① 보통 두께 3mm 이상의 것을 사용한다.
② 접착제는 비닐계 바닥재용 접착제를 사용한다.
③ 바닥시트에 이용하는 용접봉, 용접액 혹은 줄눈재는 제조업자가 지정하는 것으로 한다.
④ 재료보관은 통풍이 잘 되고 햇빛이 잘 드는 곳에 보관한다.

해답　90 ④　91 ①　92 ③　93 ③　94 ②　95 ④

96. 점토기와 중 훈소와에 해당하는 설명은?

① 소소와에 유약을 발라 재소성한 기와
② 기와 소성이 끝날 무렵에 식염증기를 충만시켜 유약 피막을 형성시킨 기와
③ 저급점토를 원료로 900~1000℃로 소소하여 만든 것으로 흡수율이 큰 기와
④ 건조제품을 가마에 넣고 연료로 장작이나 솔잎 등을 써서 검은 연기로 그을려 만든 기와

1. 훈소와 : 저급기와를 솔잎 등으로 훈소한 것을 말한다.
2. 훈소 : 다공성 물질의 내부로부터 불꽃 없이 타는 연소

97. 골재의 실적률에 관한 설명으로 옳지 않은 것은?

① 실적률은 골재 입형의 양부를 평가하는 지표이다.
② 부순 자갈의 실적률은 그 입형 때문에 강자갈의 실적률보다 적다.
③ 실적률 산정 시 골재의 밀도는 절대건조 상태의 밀도를 말한다.
④ 골재의 단위용적질량이 동일하면 골재의 비중이 클수록 실적률도 크다.

실적률은 일정한 단위용적 중 골재가 차지하는 비율로 골재의 비중과는 관계가 없다.

98. 미장재료 중 돌로마이트 플라스터에 대한 설명으로 옳지 않은 것은?

① 보수성이 크고 응결시간이 길다.
② 소석회에 모래, 해초풀, 여물 등을 혼합하여 바르는 미장재료이다.
③ 회반죽에 비하여 조기강도 및 최종강도가 크고 착색이 쉽다.
④ 여물을 혼입하여도 건조수축이 크기 때문에 수축 균열이 발생한다.

돌로마이트 플라스터(기경성)	
1. 원료	돌로마이트에 석회암, 모래, 여물 등을 혼합하여 만든다.
2. 특징	• 기경성으로 지하실 등의 마감에는 좋지 않다. • 점성이 높고 작업성이 좋다. • 소석회보다 점성이 커서 풀이 필요 없으며 변색, 냄새, 곰팡이가 없다 • 석회보다 보수성, 시공성이 우수 • 해초풀을 사용하지 않는다. • 여물을 혼합하여도 건조수축이 커서 수축 균열이 발생하기 쉽다

99. 파손방지, 도난방지 또는 진동이 심한 장소에 적합한 망입(網入)유리의 제조 시 사용되지 않는 금속선은?

① 철선(철사)
② 황동선
③ 청동선
④ 알루미늄선

망입유리에 사용되는 금속선의 재료는 철, 황동, 알루미늄 등이 주로 사용되며 망형은 사각형, 육각형, 팔각형 등이 있다.

100. 목재의 결점 중 벌채시의 충격이나 그 밖의 생리적 원인으로 인하여 세로축에 직각으로 섬유가 절단된 형태를 의미하는 것은?

① 수지낭
② 미숙재
③ 컴프레션페일러
④ 옹이

컴프레션페일러
벌채시의 충격이나 그 밖의 원인으로 인하여 세로축에 직각으로 섬유가 절단된 형태

101. 유해·위험방지계획서 제출 시 첨부서류로 옳지 않은 것은?

① 공사현장의 주변 현황 및 주변과의 관계를 나타내는 도면
② 공사개요서
③ 전체공정표
④ 작업인부의 배치를 나타내는 도면 및 서류

> 유해·위험방지계획서 제출 시 첨부서류
> 1. 공사 개요 및 안전보건관리계획
> 가. 공사 개요서
> 나. 공사현장의 주변 현황 및 주변과의 관계를 나타내는 도면 (매설물 현황을 포함한다)
> 다. 건설물, 사용 기계설비 등의 배치를 나타내는 도면
> 라. 전체 공정표
> 마. 산업안전보건관리비 사용계획서
> 바. 안전관리 조직표
> 사. 재해 발생 위험 시 연락 및 대피방법
> 2. 작업 공사 종류별 유해위험방지계획

102. 추락 재해방지 설비 중 근로자의 추락재해를 방지할 수 있는 설비로 작업발판 설치가 곤란한 경우에 필요한 설비는?

① 경사로
② 추락방호망
③ 고정사다리
④ 달비계

> 사업주는 **작업발판을 설치하기 곤란한 경우 추락방호망을 설치**해야 한다. 다만, 추락방호망을 설치하기 곤란한 경우에는 근로자에게 안전대를 착용하도록 하는 등 추락위험을 방지하기 위해 필요한 조치를 해야 한다.
> **참고** 산업안전보건기준에 관한 규칙 제42조【추락의 방지】

103. 건설업 산업안전보건관리비 계상 및 사용기준에 따른 안전관리비의 개인보호구 및 안전장구 구입비 항목에서 안전관리비로 사용이 가능한 경우는?

① 안전·보건관리자가 선임되지 않은 현장에서 안전·보건업무를 담당하는 현장관계자용 무전기, 카메라, 컴퓨터, 프린터 등 업무용 기기
② 혹한·혹서에 장기간 노출로 인해 건강장해를 일으킬 우려가 있는 경우 특정 근로자에게 지급되는 기능성 보호 장구
③ 근로자에게 일률적으로 지급하는 보냉·보온장구
④ 감리원이나 외부에서 방문하는 인사에게 지급하는 보호구

> 안전관리비의 항목별 사용 불가내역
> 3. 개인보호구 및 안전장구 구입비 등
> 근로자 재해나 건강장해 예방 목적이 아닌 근로자 식별, 복리·후생적 근무여건 개선·향상, 사기 진작, 원활한 공사수행을 목적으로 하는 장구의 구입·수리·관리 등에 소요되는 비용
> • 안전·보건관리자가 선임되지 않은 현장에서 안전·보건업무를 담당하는 현장관계자용 무전기, 카메라, 컴퓨터, 프린터 등 업무용 기기
> • 근로자 보호 목적으로 보기 어려운 피복, 장구, 용품 등
>   – 작업복, 방한복, 면장갑, 코팅장갑 등
>   – 근로자에게 일률적으로 지급하는 보냉·보온장구(핫팩, 장갑, 아이스조끼, 아이스팩 등을 말한다) 구입비
>   ※ 다만, **혹한·혹서에 장기간 노출로 인해 건강장해는 일으킬 우려가 있는 경우 특정 근로자에게 지급하는 기능성 보호 장구는 사용 가능함**
>   – 감리원이나 외부에서 방문하는 인사에게 지급하는 보호구

104. 가설통로의 설치기준으로 옳지 않은 것은?

① 경사가 15°를 초과하는 때에는 미끄러지지 않는 구조로 한다.
② 건설공사에 사용하는 높이 8m 이상인 비계다리에는 7m 이내마다 계단참을 설치한다.
③ 수직갱에 가설된 통로의 길이가 15m 이내 마다 계단참을 설치한다.
④ 추락의 위험이 있는 장소에는 안전난간을 설치한다.

> 수직갱에 가설된 통로의 길이가 15미터 이상일 때에는 10미터 이내마다 계단참을 설치할 것
> **참고** 산업안전보건기준에 관한 규칙 제23조【가설통로의 구조】

해답 101 ④ 102 ② 103 ② 104 ③

105. 비계의 높이가 2m 이상인 작업장소에 작업발판을 설치할 경우 준수하여야 할 기준으로 옳지 않은 것은?

① 작업발판의 폭은 30cm 이상으로 한다.
② 발판재료간의 틈은 3cm 이하로 한다.
③ 추락의 위험성이 있는 장소에는 안전난간을 설치한다.
④ 발판재료는 뒤집히거나 떨어지지 않도록 2개 이상의 지지물에 연결하거나 고정시킨다.

> 비계(달비계, 달대비계 및 말비계는 제외한다)의 높이가 2미터 이상인 작업장소에는 작업발판의 폭은 40센티미터 이상으로 하고, 발판재료 간의 틈은 3센티미터 이하로 할 것
> **참고** 산업안전보건기준에 관한 규칙 제56조【작업발판의 구조】

106. 가설구조물의 문제점으로 옳지 않은 것은?

① 도괴재해의 가능성이 크다.
② 추락재해 가능성이 크다.
③ 부재의 결합이 간단하나 연결부가 견고하다.
④ 구조물이라는 통상의 개념이 확고하지 않으며 조립의 정밀도가 낮다.

> 가설구조물은 결합이나 조립은 간단하지만 연결재가 적은 구조가 되기 쉽고 부재의 결함이 있을 수 있다.

107. 거푸집 해체작업 시 유의사항으로 옳지 않은 것은?

① 일반적으로 수평부재의 거푸집은 연직부재의 거푸집보다 빨리 떼어낸다.
② 해체된 거푸집이나 각목 등에 박혀있는 못 또는 날카로운 돌출물은 즉시 제거하여야 한다.
③ 상하 동시 작업은 원칙적으로 금지하여 부득이한 경우에는 긴밀히 연락을 위하며 작업을 하여야 한다.
④ 거푸집 해체작업장 주위에는 관계자를 제외하고는 출입을 금지시켜야 한다.

> 1. 거푸집의 해체는 연직부재를 떼어내고 수평부재를 떼어낸다.
> 2. 거푸집의 해체는 조립순서의 역순으로 시행한다.
>   조립순서 : 기둥 → 내력벽 → 큰 보→ 작은 보 → 바닥 → 내벽 → 외벽

108. 법면 붕괴에 의한 재해 예방조치로서 옳은 것은?

① 지표수와 지하수의 침투를 방지한다.
② 법면의 경사를 증가한다.
③ 절토 및 성토높이를 증가한다.
④ 토질의 상태에 관계없이 구배조건을 일정하게 한다.

> **토사붕괴의 예방대책**
> 1. 적절한 경사면의 기울기를 계획하여야 한다.
> 2. 경사면의 기울기가 당초 계획과 차이가 발생되면 즉시 재검토하여 계획을 변경시켜야 한다.
> 3. 활동할 가능성이 있는 토석은 제거하여야 한다.
> 4. 경사면의 하단부에 압성토 등 보강공법으로 활동에 대한 저항대책을 강구하여야 한다.
> 5. 말뚝(강관, H형강, 철근 콘크리트)을 타입하여 지반을 강화시킨다.

109. 취급·운반의 원칙으로 옳지 않은 것은?

① 운반 작업을 집중하여 시킬 것
② 생산을 최고로 하는 운반을 생각할 것
③ 곡선 운반을 할 것
④ 연속 운반을 할 것

> **취급·운반 5원칙**
> 1. 직선운반을 할 것
> 2. 연속운반을 할 것
> 3. 운반 작업을 집중화시킬 것
> 4. 생산을 최고로 하는 운반을 생각할 것
> 5. 최대한 시간과 경비를 절약할 수 있는 운반방법을 고려할 것

110. 철골작업 시 철골부재에서 근로자가 수직방향으로 이동하는 경우에 설치하여야 하는 고정된 승강로의 최대 답단 간격은 얼마 이내인가?

① 20cm ② 25cm
③ 30cm ④ 40cm

> 사업주는 근로자가 수직방향으로 이동하는 철골부재(鐵骨部材)에는 답단(踏段) 간격이 30센티미터 이내인 고정된 승강로를 설치하여야 하며, 수평방향 철골과 수직방향 철골이 연결되는 부분에는 연결작업을 위하여 작업발판 등을 설치하여야 한다.
> **참고** 산업안전보건기준에 관한 규칙 제381조【승강로의 설치】

해답 105 ① 106 ③ 107 ① 108 ① 109 ③ 110 ③

111. 재해사고를 방지하기 위하여 크레인에 설치된 방호장치로 옳지 않은 것은?

① 공기정화장치   ② 비상정지장치
③ 제동장치   ④ 권과방지장치

> **크레인의 방호장치**
> 과부하방지장치, 권과방지장치(捲過防止裝置), 비상정지장치 및 제동장치, 그 밖의 방호장치

112. 작업장 출입구 설치 시 준수해야 할 사항으로 옳지 않은 것은?

① 출입구의 위치·수 및 크기가 작업장의 용도와 특성에 맞도록 한다.
② 출입구에 문을 설치하는 경우에는 근로자가 쉽게 열고 닫을 수 있도록 한다.
③ 주된 목적이 하역운반기계용인 출입구에는 보행자용 출입구를 따로 설치하지 않는다.
④ 계단이 출입구와 바로 연결된 경우에는 작업자의 안전한 통행을 위하여 그 사이에 1.2m 이상 거리를 두거나 안내표지 또는 비상벨 등을 설치한다.

> 사업주는 작업장에 출입구(비상구는 제외한다. 이하 같다)를 설치하는 경우 다음 각 호의 사항을 준수하여야 한다.
> 1. 출입구의 위치, 수 및 크기가 작업장의 용도와 특성에 맞도록 할 것
> 2. 출입구에 문을 설치하는 경우에는 근로자가 쉽게 열고 닫을 수 있도록 할 것
> 3. 주된 목적이 하역운반기계용인 출입구에는 인접하여 보행자용 출입구를 따로 설치할 것
> 4. 하역운반기계의 통로와 인접하여 있는 출입구에서 접촉에 의하여 근로자에게 위험을 미칠 우려가 있는 경우에는 비상등·비상벨 등 경보장치를 할 것
> 5. 계단이 출입구와 바로 연결된 경우에는 작업자의 안전한 통행을 위하여 그 사이에 1.2미터 이상 거리를 두거나 안내표지 또는 비상벨 등을 설치할 것. 다만, 출입구에 문을 설치하지 아니한 경우에는 그러하지 아니하다.
> **참고** 산업안전보건기준에 관한 규칙 제11조【작업장의 출입구】

113. 옥외에 설치되어 있는 주행크레인에 대하여 이탈방지장치를 작동시키는 등 그 이탈을 방지하기 위한 조치를 하여야 하는 순간풍속에 대한 기준으로 옳은 것은?

① 순간풍속이 초당 10m를 초과하는 바람이 불어올 우려가 있는 경우
② 순간풍속이 초당 20m를 초과하는 바람이 불어올 우려가 있는 경우
③ 순간풍속이 초당 30m를 초과하는 바람이 불어올 우려가 있는 경우
④ 순간풍속이 초당 40m를 초과하는 바람이 불어올 우려가 있는 경우

> 사업주는 순간풍속이 초당 30미터를 초과하는 바람이 불어올 우려가 있는 경우 옥외에 설치되어 있는 주행 크레인에 대하여 이탈방지장치를 작동시키는 등 이탈 방지를 위한 조치를 하여야 한다.
> **참고** 산업안전보건기준에 관한 규칙 제140조【폭풍에 의한 이탈 방지】

114. 지반 등의 굴착작업 시 연암의 굴착면 기울기로 옳은 것은?

① 1 : 0.3   ② 1 : 0.5
③ 1 : 0.8   ④ 1 : 1.0

굴착면 기울기 기준

구분	지반의 종류	기울기
보통흙	습지	1 : 1 ~ 1 : 1.5
	건지	1 : 0.5 ~ 1 : 1
암 반	풍화암	1 : 1.0
	연암	1 : 1.0
	경암	1 : 0.5

115. 사면지반 개량공법으로 옳지 않은 것은?

① 전기 화학적 공법
② 석회 안정처리 공법
③ 이온 교환 공법
④ 옹벽 공법

> 사면지반 개량공법으로는 전기 화학적 공법, 석회 안정처리 공법, 이온교환 공법, 재하 공법, 치환 공법, 고결 공법, 진동다짐 공법이 있다.

116. 흙막이벽의 근입 깊이를 깊게 하고, 전면의 굴착부분을 남겨두어 흙의 중량으로 대항하게 하거나, 굴착예정부분의 일부를 미리 굴착하여 기초콘크리트를 타설하는 등의 대책과 가장 관계가 깊은 것은?

① 파이핑현상이 있을 때
② 히빙현상이 있을 때
③ 지하수위가 높을 때
④ 굴착 깊이가 깊을 때

> 히빙현상은 토류판의 앞과 뒤의 지압차로 굴착저면이 부풀어 오르는 현상으로 지압차를 줄이기 위해 토류판의 뒷면을 굴착하여 압력을 줄이거나 굴착저면에 흙을 쌓아 상대적인 힘을 늘리거나, 토류판을 깊게 박아서 영향을 줄이는 방법 등의 대책이 있다.

117. 사다리식 통로 등을 설치하는 경우 통로 구조로서 옳지 않은 것은?

① 발판의 간격은 일정하게 한다.
② 발판과 벽과의 사이는 15cm 이상의 간격을 유지한다.
③ 사다리의 상단은 걸쳐놓은 지점으로부터 60cm 이상 올라가도록 한다.
④ 폭은 40cm 이상으로 한다.

사다리식 통로의 구조
1. 견고한 구조로 할 것
2. 심한 손상·부식 등이 없는 재료를 사용할 것
3. 발판의 간격은 일정하게 할 것
4. 발판과 벽과의 사이는 15센티미터 이상의 간격을 유지할 것
5. 폭은 30센티미터 이상으로 할 것
6. 사다리가 넘어지거나 미끄러지는 것을 방지하기 위한 조치를 할 것
7. 사다리의 상단은 걸쳐놓은 지점으로부터 60센티미터 이상 올라가도록 할 것
8. 사다리식 통로의 길이가 10미터 이상인 경우에는 5미터 이내마다 계단참을 설치할 것
9. 사다리식 통로의 기울기는 75도 이하로 할 것. 다만, 고정식 사다리식 통로의 기울기는 90도 이하로 하고, 그 높이가 7미터 이상인 경우에는 바닥으로부터 높이가 2.5미터 되는 지점부터 등받이울을 설치할 것
10. 접이식 사다리 기둥은 사용 시 접혀지거나 펼쳐지지 않도록 철물 등을 사용하여 견고하게 조치할 것

> **참고** 산업안전보건기준에 관한 규칙 제24조【사다리식 통로 등의 구조】

118. 콘크리트 타설작업을 하는 경우에 준수해야할 사항으로 옳지 않은 것은?

① 당일의 작업을 시작하기 전에 해당 작업에 관한 거푸집동바리 등의 변형·변위 및 지반의 침하 유무 등을 점검하고 이상이 있으면 보수한다.
② 작업 중에는 거푸집동바리 등의 변형·변위 및 침하 유무 등을 감시할 수 있는 감시자를 배치하여 이상이 있으면 작업을 빠른 시간 내 우선 완료하고 근로자를 대피시킨다.
③ 콘크리트 타설작업 시 거푸집붕괴의 위험이 발생할 우려가 있으면 충분한 보강조치를 한다.
④ 콘크리트를 타설하는 경우에는 편심이 발생하지 않도록 골고루 분산하여 타설한다.

> 작업 중에는 거푸집동바리 등의 변형·변위 및 침하 유무 등을 감시할 수 있는 감시자를 배치하여 이상이 있으면 작업을 중지하고 근로자를 대피시킬 것
> **참고** 산업안전보건기준에 관한 규칙 제334조【콘크리트 타설작업】

119. 건설작업장에서 근로자가 상시 작업하는 장소의 작업면 조도기준으로 옳지 않은 것은? (단, 갱내 작업장과 감광재료를 취급하는 작업장의 경우는 제외)

① 초정밀작업 : 600럭스(lux) 이상
② 정밀작업 : 300럭스(lux) 이상
③ 보통작업 : 150럭스(lux) 이상
④ 초정밀, 정밀, 보통작업을 제외한 기타 작업 : 75 럭스(lux) 이상

> **작업별 조도기준**
> • 초정밀작업 : 750Lux 이상
> • 정밀작업 : 300Lux 이상
> • 일반작업 : 150Lux 이상
> • 기타작업 : 75Lux 이상
> **참고** 산업안전보건기준에 관한 규칙 제8조 【조도】

120. 강관틀비계를 조립하여 사용하는 경우 준수해야할 기준으로 옳지 않은 것은?

① 수직방향으로 6m, 수평방향으로 8m 이내마다 벽이음을 할 것
② 높이가 20m를 초과하거나 중량물의 적재를 수반하는 작업을 할 경우에는 주틀 간의 간격을 2.4m 이하로 할 것
③ 길이가 띠장 방향으로 4m 이하이고 높이가 10m를 초과하는 경우에는 10m 이내마다 띠장 방향으로 버팀기둥을 설치할 것
④ 주틀 간에 교차 가새를 설치하고 최상층 및 5층 이내마다 수평재를 설치할 것

> **강관틀 비계를 조립하여 사용하는 경우 준수사항**
> 1. 비계기둥의 밑둥에는 밑받침 철물을 사용하여야 하며 밑받침에 고저차(高低差)가 있는 경우에는 조절형 밑받침철물을 사용하여 각각의 강관틀비계가 항상 수평 및 수직을 유지하도록 할 것
> 2. 높이가 20미터를 초과하거나 중량물의 적재를 수반하는 작업을 할 경우에는 주틀 간의 간격을 1.8미터 이하로 할 것
> 3. 주틀 간에 교차 가새를 설치하고 최상층 및 5층 이내마다 수평재를 설치할 것
> 4. 수직방향으로 6미터, 수평방향으로 8미터 이내마다 벽이음을 할 것
> 5. 길이가 띠장 방향으로 4미터 이하이고 높이가 10미터를 초과하는 경우에는 10미터 이내마다 띠장 방향으로 버팀기둥을 설치할 것
> **참고** 산업안전보건기준에 관한 규칙 제62조 【강관틀비계】

■■■■ 제1과목 산업안전관리론

1. 산업안전보건법령상 안전보건관리규정 작성에 관한 사항으로 ( )에 알맞은 기준은?

> 안전보건관리규정을 작성하여야 할 사업의 사업주는 안전보건관리규정을 작성하여야 할 사유가 발생한 날부터 ( )일 이내에 안전보건관리규정을 작성해야 한다.

① 7
② 14
③ 30
④ 60

사업주는 안전보건관리규정을 작성해야 할 사유가 발생한 날부터 30일 이내에 안전보건관리규정을 작성해야 한다. 이를 변경할 사유가 발생한 경우에도 또한 같다.
참고 산업안전보건법 시행규칙 제25조【안전보건관리규정의 작성】

2. 산업안전보건법령상 안전관리자를 2인 이상 선임하여야 하는 사업이 아닌 것은? (단, 기타 법령에 관한 사항은 제외한다.)

① 상시 근로자가 500명인 통신업
② 상시 근로자가 700명인 발전업
③ 상시 근로자가 600명인 식료품 제조업
④ 공사금액이 1000억이며 공사 진행률(공정률) 20%인 건설업

안전관리자 2명이상 선임대상 사업장
①항. 통신업 : 상시 근로자 1,000명 이상
②항. 발전업 : 상시 근로자 500명 이상
③항. 식료품 제조업 : 상시 근로자 500명 이상
④항. 건설업 : 공사금액 800억원 이상 1500억 미만
참고 산업안전보건법 시행령 별표3【안전관리자를 두어야 할 사업의 종류, 사업장의 상시근로자 수, 안전관리자의 수 및 선임방법】

3. 산업재해보상보험법령상 보험급여의 종류를 모두 고른 것은?

> ㄱ. 장례비 　　ㄴ. 요양급여
> ㄷ. 간병급여 　　ㄹ. 영업손실비용
> ㅁ. 직업재활급여

① ㄱ, ㄴ, ㄹ
② ㄱ, ㄴ, ㄷ, ㅁ
③ ㄱ, ㄷ, ㄹ, ㅁ
④ ㄴ, ㄷ, ㄹ, ㅁ

보험급여의 종류
1. 요양급여
2. 휴업급여
3. 장해급여
4. 간병급여
5. 유족급여
6. 상병(傷病)보상연금
7. 장례비
8. 직업재활급여
참고 산업재해보상보험법 제36조【보험급여의 종류와 산정 기준 등】

4. 안전관리조직의 형태에 관한 설명으로 옳은 것은?

① 라인형 조직은 100명 이상의 중규모 사업장에 적합하다.
② 스태프형 조직은 권한 다툼의 해소나 조정이 용이하여 시간과 노력이 감소된다.
③ 라인형 조직은 안전에 대한 정보가 불충분하지만 안전지시나 조치에 대한 실시가 신속하다.
④ 라인·스태프형 조직은 1000명 이상의 대규모 사업장에 적합하나 조직원 전원의 자율적 참여가 불가능하다.

①항. 라인형 조직은 100명 미만의 소규모 사업장에 적합하다.
②항. 스탭형 조직은 권한 다툼이나 조정 때문에 통제수속이 복잡해지며, 시간과 노력이 소모된다.
④항. 라인·스탭형 조직은 1000명 이상의 대규모 사업장에 적합하며 조직원 전원을 자율적으로 안전활동에 참여시킬 수 있다.

5. 재해 예방을 위한 대책선정에 관한 사항 중 기술적 대책(Engineering)에 해당되지 않는 것은?

① 작업행정의 개선
② 환경설비의 개선
③ 점검 보존의 확립
④ 안전 수칙의 준수

④항, 안전 수칙의 준수는 교육적 대책이다.

6. 산업안전보건법령상 산업안전보건위원회의 심의·의결을 거쳐야 하는 사항이 아닌 것은? (단, 그 밖에 필요한 사항은 제외한다.)

① 작업환경측정 등 작업환경의 점검 및 개선에 관한 사항
② 산업재해에 관한 통계의 기록 및 유지에 관한 사항
③ 안전장치 및 보호구 구입 시 적격품 여부 확인에 관한 사항
④ 사업장의 산업재해 예방계획의 수립에 관한 사항

산업안전보건위원회의 심의·의결사항
1. 사업장의 산업재해 예방계획의 수립에 관한 사항
2. 안전보건관리규정의 작성 및 변경에 관한 사항
3. 안전보건교육에 관한 사항
4. 작업환경측정 등 작업환경의 점검 및 개선에 관한 사항
5. 근로자의 건강진단 등 건강관리에 관한 사항
6. 중대재해의 원인 조사 및 재발 방지대책 수립에 관한 사항
7. 산업재해에 관한 통계의 기록 및 유지에 관한 사항
8. 유해하거나 위험한 기계·기구·설비를 도입한 경우 안전 및 보건 관련 조치에 관한 사항
9. 그 밖에 해당 사업장 근로자의 안전 및 보건을 유지·증진시키기 위하여 필요한 사항
참고 산업안전보건법 제24조【산업안전보건위원회】

7. 산업안전보건법령상 안전보건표지의 색채를 파란색으로 사용하여야 하는 경우는?

① 주의표지
② 정지신호
③ 차량 통행표지
④ 특정 행위의 지시

안전·보건표지의 색체 및 색도기준 및 용도

색채	색도기준	용도	사용례
빨간색	7.5R 4/14	금지	정지신호, 소화설비 및 그 장소, 유해행위의 금지
		경고	화학물질 취급장소에서의 유해·위험 경고
노란색	5Y 8.5/12	경고	화학물질 취급장소에서의 유해·위험 경고 이외의 위험경고, 주의표지 또는 기계 방호물
파란색	2.5PB 4/10	지시	특정행위의 지시, 사실의 고지
녹색	2.5G 4/10	안내	비상구 및 피난소, 사람 또는 차량의 통행표지
흰색	N9.5		파란색 또는 녹색에 대한 보조색
검은색	N0.5		문자 및 빨간색 또는 노란색에 대한 보조색

8. 시설물의 안전 및 유지관리에 관한 특별법령상 안전등급별 정기안전점검 및 정밀안전진단 실시시기에 관한 사항으로 ( )에 알맞은 기준은?

안전등급	정기안전점검	정밀안전진단
A등급	(ㄱ)에 1회 이상	(ㄴ)에 1회 이상

① ㄱ : 반기, ㄴ : 4년
② ㄱ : 반기, ㄴ : 6년
③ ㄱ : 1년, ㄴ : 4년
④ ㄱ : 1년, ㄴ : 6년

안전점검, 정밀안전진단 및 성능평가의 실시시기

안전등급	정기안전점검	정밀안전점검		정밀안전진단
		건축물	건축물 외 시설물	
A등급	반기에 1회 이상	4년에 1회 이상	3년에 1회 이상	6년에 1회 이상
B·C 등급		3년에 1회 이상	2년에 1회 이상	5년에 1회 이상
D·E 등급	1년에 3회 이상	2년에 1회 이상	1년에 1회 이상	4년에 1회 이상

참고 시설물의 안전 및 유지관리에 관한 특별법 시행령 별표3 【안전점검, 정밀안전진단 및 성능평가의 실시시기】

해답 5 ④ 6 ③ 7 ④ 8 ②

9. 다음의 재해사례에서 기인물과 가해물은?

> 작업자가 작업장을 걸어가는 중 작업장 바닥에 쌓여있던 자재에 걸려 넘어지면서 바닥에 머리를 부딪쳐 사망하였다.

① 기인물 : 자재, 가해물 : 바닥
② 기인물 : 자재, 가해물 : 자재
③ 기인물 : 바닥, 가해물 : 바닥
④ 기인물 : 바닥, 가해물 : 자재

1. 기인물 : 자재(불안전한 상태에 있는 물체)
2. 가해물 : 바닥(직접 사람에게 접촉되어 위해를 가한 물체)

10. 산업재해통계업무처리규정상 산업재해통계에 관한 설명으로 틀린 것은?

① 총요양근로손실일수는 재해자의 총 요양기간을 합산하여 산출한다.
② 휴업재해자수는 근로복지공단의 휴업급여를 지급받은 재해자수를 의미하며, 체육행사로 인하여 발생한 재해는 제외된다.
③ 사망자수는 통상의 출퇴근에 의한 사망을 포함하여 근로복지공단의 유족급여가 지급된 사망자수를 말한다.
④ 재해자수는 근로복지공단의 유족급여가 지급된 사망자 및 근로복지공단에 최초요양신청서를 제출한 재해자 중 요양승인을 받은 자를 말한다.

"사망자수"는 근로복지공단의 유족급여가 지급된 사망자를 말함. 다만, 사업장 밖의 교통사고(운수업, 음식숙박업은 사업장 밖의 교통사고도 포함)·체육행사·폭력행위·**통상의 출퇴근에 의한 사망, 사고발생일로부터 1년을 경과하여 사망한 경우는 제외함.**
참고 산업재해통계업무처리규정 제3조【산업재해통계의 산출방법】

11. 건설업 산업안전보건관리비 계상 및 사용 기준상 건설업 안전보건관리비로 사용할 수 있는 것을 모두 고른 것은?

> ㄱ. 전담 안전·보건관리자의 인건비
> ㄴ. 현장 내 안전보건 교육장 설치비용
> ㄷ. 「전기사업법」에 따른 전기안전대행 비용
> ㄹ. 유해·위험방지계획서의 작성에 소요되는 비용
> ㅁ. 재해예방전문지도기관에 지급하는 기술지도 비용

① ㄴ, ㄷ, ㄹ
② ㄱ, ㄴ, ㄹ, ㅁ
③ ㄱ, ㄷ, ㄹ, ㅁ
④ ㄱ, ㄴ, ㄷ, ㅁ

사업장의 안전진단비용 중 안전관리비 사용불가 항목
가. 「건설기술진흥법」, 「건설기계관리법」 등 다른 법령에 따른 가설구조물 등의 구조검토, 안전점검 및 검사, 차량계 건설기계의 신규등록·정기·구조변경·수시·확인검사 등
나. **「전기사업법」에 따른 전기안전대행 등**
다. 「환경법」에 따른 외부 환경 소음 및 분진 측정 등
라. 민원 처리 목적의 소음 및 분진 측정 등 소요비용
마. 매설물 탐지, 계측, 지하수 개발, 지질조사, 구조안전검토 비용 등 공사 수행 또는 건축물 등의 안전 등을 주된 목적으로 하는 경우
바. 공사도급내역서에 포함된 진단비용
사. 안전순찰차량(자전거, 오토바이를 포함한다) 구입·임차 비용
　※ 안전·보건관리자를 선임·신고하지 않은 사업장에서 사용하는 안전순찰차량의 유류비, 수리비, 보험료 또한 사용할 수 없음
참고 건설업 산업안전보건관리비 계상 및 사용기준 별표2【안전관리비의 항목별 사용 불가내역】

12. 다음에서 설명하는 위험예지훈련 단계는?

> ·위험요인을 찾아내는 단계
> ·가장 위험한 것을 합의하여 결정하는 단계

① 현상파악
② 본질추구
③ 대책수립
④ 목표설정

위험예훈련의 4R(라운드)
1. 1R(1단계) – 현상파악 : 사실(위험요인)을 파악하는 단계
2. 2R(2단계) – 본질추구 : 위험요인 중 위험의 포인트를 결정하는 단계(지적확인)
3. 3R(3단계) – 대책수립 : 대책을 세우는 단계
4. 4R(4단계) – 목표설정 : 행동계획(중점 실시항목)을 정하는 단계

13. 산업안전보건법령상 안전검사 대상 기계가 아닌 것은?

① 리프트
② 압력용기
③ 컨베이어
④ 이동식 국소 배기장치

안전검사 대상 유해·위험기계의 종류
1. 프레스
2. 전단기
3. 크레인(정격하중 2톤 미만 것은 제외한다)
4. 리프트
5. 압력용기
6. 곤돌라
7. 국소배기장치(이동식은 제외한다)
8. 원심기(산업용에 한정한다)
9. 롤러기(밀폐형 구조는 제외한다.)
10. 사출성형기(형 체결력 294KN 미만은 제외한다.)
11. 고소작업대(화물자동차 또는 특수자동차에 탑재한 고소작업대로 한정한다.)
12. 컨베이어
13. 산업용 로봇
참고 산업안전보건법 시행령 제78조【안전검사대상 기계 등】

14. 산업안전보건법령상 사업장에서 산업재해 발생 시 사업주가 기록·보존하여야 하는 사항이 아닌 것은? (단, 산업재해조사표와 요양신청서의 사본은 보존하지 않았다.)

① 사업장의 개요
② 근로자의 인적사항
③ 재해 재발방지 계획
④ 안전관리자 선임에 관한 사항

산업재해가 발생한 때의 기록·보존 사항
1. 사업장의 개요 및 근로자의 인적사항
2. 재해 발생의 일시 및 장소
3. 재해 발생의 원인 및 과정
4. 재해 재발방지 계획
참고 산업안전보건법 시행규칙 제72조【산업재해 기록 등】

15. A사업장의 상시근로자수가 1200명이다. 이 사업장의 도수율이 10.50이고 강도율이 7.5일 때 이 사업장의 총요양근로손실일수(일)는? (단, 연근로시간수는 2400시간이다)

① 21.6
② 216
③ 2160
④ 21600

$$강도율 = \frac{근로손실일수}{연평균\ 근로\ 총시간수} \times 10^3$$

$$근로손실일수 = \frac{강도율 \times 연평균\ 근로\ 총시간수}{10^3}$$

$$= \frac{7.5 \times (1200 \times 2400)}{10^3} = 21600$$

16. 산업재해의 기본원인으로 볼 수 있는 4M으로 옳은 것은?

① Man, Machine, Maker, Media
② Man, Management, Machine, Media
③ Man, Machine, Maker, Management
④ Man, Management, Machine, Material

산업재해발생의 기본 원인 4M
1. Man : 사람
2. Machine : 도구(기계, 설비, 장비)
3. Media : 사고 발생 과정
4. Management : 관리

17. 보호구 안전인증 고시상 안전대 충격흡수 장치의 동하중 시험성능기준에 관한 사항으로 ( )에 알맞은 기준은?

> · 최대전달충격력은 (ㄱ)kN 이하이어야 함
> · 감속거리는 (ㄴ)mm 이하이어야 함

① ㄱ : 6.0, ㄴ : 1000
② ㄱ : 6.0, ㄴ : 2000
③ ㄱ : 8.0, ㄴ : 1000
④ ㄱ : 8.0, ㄴ : 2000

안전대의 완성품 및 부품의 동하중 시험 성능기준

구 분	명 칭	시험 성능기준
동하중 성능	벨트식 · 1개걸이용 · U자걸이용 · 보조죔줄	· 시험몸통으로부터 빠지지 말 것 · 최대전달충격력은 6.0kN 이하 이어야 함 · U자걸이용 감속거리는 1,000mm 이하 이어야 함
	안전그네식 · 1개걸이용 · U자걸이용 · 추락방지대 · 안전블록 · 보조죔줄	· 시험몸통으로부터 빠지지 말 것 · 최대전달충격력은 6.0kN 이하 이어야 함 · U자걸이용, 안전블록, 추락방지대의 감속거리는 1,000mm 이하이어야 함 · 시험 후 죔줄과 시험몸통간의 수직각이 50° 미만이어야 함
	안전블록 (부 품)	· 파손되지 않을 것 · 최대전달충격력은 6.0kN 이하 이어야 함 · 억제거리는 2,000mm 이하 이어야 함
	충격 흡수장치	· **최대전달충격력은 6.0kN 이하 이어야 함** · **감속거리는 1,000mm 이하 이어야 함**

참고 보호구의 안전인증고시 별표9 【안전대의 성능기준】

18. 산업안전보건기준에 관한 규칙상 공기압축기 가동 전 점검사항을 모두 고른 것은? (단, 그 밖에 사항은 제외한다.)

> ㄱ. 윤활유의 상태
> ㄴ. 압력방출장치의 기능
> ㄷ. 회전부의 덮개 또는 울
> ㄹ. 언로드밸브(unloading valve)의 기능

① ㄷ, ㄹ
② ㄱ, ㄴ, ㄷ
③ ㄱ, ㄴ, ㄹ
④ ㄱ, ㄴ, ㄷ, ㄹ

공기압축기를 가동하는 때의 작업시작 전 점검사항
1. 공기저장 압력용기의 외관 상태
2. 드레인밸브(drain valve)의 조작 및 배수
3. 압력방출장치의 기능
4. 언로드밸브(unloading valve)의 기능
5. 윤활유의 상태
6. 회전부의 덮개 또는 울
7. 그 밖의 연결 부위의 이상 유무
참고 산업안전보건기준에 관한 규칙 별표3 【작업시작 전 점검사항】

19. 버드(Bird)의 재해구성비율 이론상 경상이 10건일 때 중상에 해당하는 사고 건수는?

① 1 　　　　② 30
③ 300 　　　④ 600

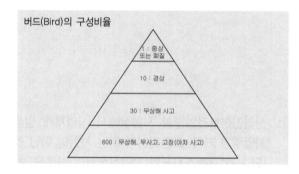

버드(Bird)의 구성비율

1 : 중상 또는 폐질
10 : 경상
30 : 무상해 사고
600 : 무상해, 무사고, 고장(아차 사고)

20. 재해의 원인 중 불안전한 상태에 속하지 않는 것은?

① 위험장소 접근
② 작업환경의 결함
③ 방호장치의 결함
④ 물적 자체의 결함

위험장소 접근은 불안전한 행동(인적원인)에 해당한다.
참고 재해원인 중 직접원인의 종류

1. 불안전한 행동	2. 불안전한 상태
① 위험장소 접근	① 물 자체 결함
② 안전장치의 기능 제거	② 안전 방호장치 결함
③ 복장 보호구의 잘못사용	③ 복장 보호구 결함
④ 기계 기구 잘못 사용	④ 물의 배치 및 작업 장소 결함
⑤ 운전중인 기계장치의 손질	⑤ 작업환경의 결함
⑥ 불안전한 속도 조작	⑥ 생산공정의 결함
⑦ 위험물 취급 부주의	⑦ 경계표시, 설비의 결함
⑧ 불안전한 상태 방치	⑧ 기타
⑨ 불안전한 자세 동작	
⑩ 감독 및 연락 불충분	

21. 다음 적응기제 중 방어적 기제에 해당하는 것은?

① 고립(isolation)
② 억압(repression)
③ 합리화(rationalization)
④ 백일몽(day-dreaming)

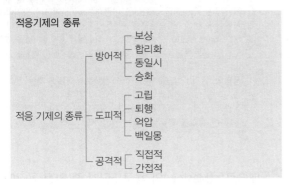

적응기제의 종류

적응 기제의 종류
- 방어적: 보상, 합리화, 동일시, 승화
- 도피적: 고립, 퇴행, 억압, 백일몽
- 공격적: 직접적, 간접적

22. 알고 있는 지식을 심화시키거나 어떠한 자료에 대해 보다 명료한 생각을 갖도록 하는 경우 실시하는 교육 방법으로 가장 적절한 것은?

① 구안법
② 강의법
③ 토의법
④ 실연법

Discussion method(토의법)이란 알고 있는 지식을 심화시키거나 어떠한 자료에 대해 보다 명료한 생각을 갖도록 하기 위하여 실시하는 교육방법이다.
①항, 구안법(構案法, project method)이란 교사가 주도하는 기존의 암기식 교과지도법에서 탈피하여 생활 그 자체를 교육으로 간주하는 교육원리를 구체화하고 학습자의 자발적인 참여를 강조하는 학습지도법이다.
②항, 강의법(Lecture method)이란 강의식 교육방법은 교육 자료와 순서에 의하여 강의를 진행 하므로서 이해하기 쉽고 또 단시간에 많은 내용을 교육하는 경우에 꼭 필요한 방법
④항, 실연법(Performance method)이란 학습자가 이미 설명을 듣거나 시범을 보고 알게 된 지식이나 기능을 교사의 지휘나 감독아래 연습에 적용을 해보게 하는 교육방법

23. 조직이 리더(leader)에게 부여하는 권한으로 부하직원의 처벌, 임금 삭감을 할 수 있는 권한은?

① 강압적 권한
② 보상적 권한
③ 합법적 권한
④ 전문성의 권한

조직이 지도자에게 부여한 권한

구분	내용
보상적 권한	지도자가 부하들에게 보상할 수 있는 능력으로 인해 부하직원들을 통제할 수 있으며 부하들의 행동에 대해 영향을 끼칠 수 있는 권한
강압적 권한	부하직원들을 처벌할 수 있는 권한
합법적 권한	조직의 규정에 의해 지도자의 권한이 공식화된 것

24. 운동에 대한 착각현상이 아닌 것은?

① 자동운동
② 항상운동
③ 유도운동
④ 가현운동

항상운동(恒常運動)은 특정 물체에 대한 객관적인 감각정보가 변하더라도 이를 계속 불변의 것으로 지각하려는 경향을 말한다.

참고 시지각의 착각현상

구분	내용
자동운동	암실 내에서 정지된 소 광점을 응시하고 있으면 그 광점의 움직임을 볼 수 있는 경우
유도운동	실제로는 움직이지 않는 것이 어느 기준의 이동에 유도되어 움직이는 것처럼 느껴지는 현상
가현운동 (β 운동)	정지하고 있는 대상물이 급속히 나타나든가 소멸하는 것으로 인하여 일어나는 운동으로 마치 대상물이 운동하는 것처럼 인식되는 현상(영화 영상의 방법)

해답 21 ③ 22 ③ 23 ① 24 ②

25. 자동차 액셀러레이터와 브레이크 간 간격, 브레이크 폭, 소프트웨어 상에서 메뉴나 버튼의 크기 등을 결정하는데 사용할 수 있는 인간공학 법칙은?

① Fitts의 법칙 　　② Hick의 법칙
③ Weber의 법칙 　　④ 양립성 법칙

> Fitts의 법칙에 따르면 동작 시간은 과녁이 일정할 때 거리의 로그 함수이고, 거리가 일정할 때는 동작거리의 로그 함수이다. 동작 거리와 동작 대상인 과녁의 크기에 따라 요구되는 정밀도가 동작시간에 영향을 미칠 것임을 알 수 있다. 이러한 fitts의 법칙을 이용하여 메뉴나 버튼의 크기를 결정할 수 있다.
>
> **참고** Fitts' law와 관련된 변수
> 1. 표적의 너비
> 2. 시작점에서 표적까지의 거리
> 3. 작업의 난이도(Index of Difficulty)

26. 개인적 카운슬링(Counseling)의 방법이 아닌 것은?

① 설득적 방법 　　② 설명적 방법
③ 강요적 방법 　　④ 직접적인 충고

> 개인적 카운슬링 방법
> 1. 직접충고
> 2. 설득적 방법
> 3. 설명적 방법

27. 산업안전보건법령상 근로자 안전보건교육 중 특별교육 대상 작업에 해당하지 않는 것은?

① 굴착면의 높이가 5m되는 지반 굴착작업
② 콘크리트 파쇄기를 사용하여 5m의 구축물을 파쇄하는 작업
③ 흙막이 지보공의 보강 또는 동바리를 설치하거나 해체하는 작업
④ 휴대용 목재가공기계를 3대 보유한 사업장에서 해당 기계로 하는 작업

> ④항, 목재가공용 기계【둥근톱기계, 띠톱기계, 대패기계, 모떼기기계 및 라우터기(목재를 자르거나 홈을 파는 기계)만 해당하며, 휴대용은 제외한다】를 5대 이상 보유한 사업장에서 해당 기계로 하는 작업
> **참고** 산업안전보건법 시행규칙 별표5【안전보건교육 교육대상별 교육내용】

28. 학습지도의 원리와 거리가 가장 먼 것은?

① 감각의 원리 　　② 통합의 원리
③ 자발성의 원리 　　④ 사회화의 원리

> 학습지도의 원리
> 1. 자기활동의 원리(자발성의 원리) : 학습자 자신이 스스로 자발적으로 학습에 참여 하는데 중점을 둔 원리이다.
> 2. 개별화의 원리 : 학습자가 지니고 있는 각자의 요구와 능력 등에 알맞은 학습활동의 기회를 마련해 주어야 한다는 원리이다.
> 3. 사회화의 원리 : 학습내용을 현실 사회의 사상과 문제를 기반으로 하여 학교에서 경험한 것과 사회에서 경험한 것을 교류시키고 공동학습을 통해서 협력적이고 우호적인 학습을 진행하는 원리이다.
> 4. 통합의 원리 : 학습을 총합적인 전체로서 지도하자는 원리로, 동시학습(concomitant learning)원리와 같다.
> 5. 직관의 원리 : 구체적인 사물을 직접 제시하거나 경험시킴으로써 큰 효과를 볼 수 있다는 원리이다.

29. 매슬로우(Maslow)의 욕구 5단계 중 안전 욕구에 해당하는 단계는?

① 1단계 　　② 2단계
③ 3단계 　　④ 4단계

> Maslow의 욕구단계이론
> 1. 1단계 : 생리적 욕구
> 2. 2단계 : 안전욕구
> 3. 3단계 : 사회적 욕구
> 4. 4단계 : 인정을 받으려는 욕구(승인의 욕구)
> 5. 5단계 : 자아실현의 욕구(성취욕구)

30. 생체리듬에 관한 설명 중 틀린 것은?

① 각각의 리듬이 (-)로 최대가 되는 경우에만 위험일이라고 한다.
② 육체적 리듬은 "P"로 나타내며, 23일을 주기로 반복된다.
③ 감성적 리듬은 "S"로 나타내며, 28일을 주기로 반복된다.
④ 지성적 리듬은 "I"로 나타내며, 33일을 주기로 반복된다.

> P.S.I 3개의 서로 다른 리듬은 안정기(positive phase(+))와 불안정기(negative phase(-))를 교대하면서 반복하여 사인(sine) 곡선을 그려 나가는데 (+)리듬에서 (-)며, 이런 위험일은 한 달에 6일 정도 일어난다.

31. 에너지 대사율(RMR)에 따른 작업의 분류에 따라 중 (보통)작업의 RMR 범위는?

① 0~2 　　　　② 2~4
③ 4~7 　　　　④ 7~9

> 에너지대사율에 따른 작업강도구분
> 1. 0~2RMR : 경(輕)작업
> 2. 2~4RMR : 보통, 중(中)작업
> 3. 4~7RMR : 중(重)작업
> 4. 7RMR 이상 : 초중(超重)작업

32. 조직 구성원의 태도는 조직성과와 밀접한 관계가 있는데 태도(attitude)의 3가지 구성요소에 포함되지 않는 것은?

① 인지적 요소 　　　② 정서적 요소
③ 성격적 요소 　　　④ 행동경향 요소

> 태도(attitude)의 구성요소
> 1. 인지적 요소 : 어떤 대상에 대한 개인의 주관적 지식·신념
> 2. 감정적(정서적) 요소 : 대상에 대한 긍정적, 부정적 느낌
> 3. 행동경향적 요소 : 대상에 대한 행동성향

33. 다음에서 설명하는 학습방법은?

> 학생이 생활하고 있는 현실적인 장면에서 당면하는 여러 문제들을 해결해 나가는 과정으로 지식, 기능, 태도, 기술 등을 종합적으로 획득하도록 하는 학습방법

① 롤플레잉(Role Playing)
② 문제법(Problem Method)
③ 버즈 세션(Buzz Session)
④ 케이스 메소드(Case Method)

> 문제법(Problem Method)
> 질문과 대답에 의해 학습활동이 전개되는 형식으로 흥미와 동기를 유발하고 종합적인 학습활동이 조성된다.

34. 호손(Hawthorne) 실험의 결과 작업자의 작업능률에 영향을 미치는 주요 원인으로 밝혀진 것은?

① 작업조건 　　　② 인간관계
③ 생산기술 　　　④ 행동규범의 설정

> 호손(Hawthorne) 실험
> 메이오(G.E. Mayo)에 의한 실험으로 작업자의 작업능률(생산성 향상)은 물리적인 작업조건보다 사람의 심리적 태도, 감정을 규제하고 있는 인간관계에 의해 결정됨을 밝혔다.

35. 심리학에서 사용하는 용어로 측정하고자 하는 것을 실제로 적절히, 정확히 측정하는지의 여부를 판별하는 것은?

① 표준화 　　　② 신뢰성
③ 객관성 　　　④ 타당성

> 타당성(validity)
> 측정하고자하는 것을 실제로 측정하는 것을 타당성이라 한다.

36. Kirkpatrick의 교육훈련 평가 4단계를 바르게 나열한 것은?

① 학습단계 → 반응단계 → 행동단계 → 결과단계
② 학습단계 → 행동단계 → 반응단계 → 결과단계
③ 반응단계 → 학습단계 → 행동단계 → 결과단계
④ 반응단계 → 학습단계 → 결과단계 → 행동단계

> 교육훈련 평가의 4단계
> ① 제1단계 : 반응단계(훈련을 어떻게 생각하고 있는가?)
> ② 제2단계 : 학습단계(어떠한 원칙과 사실 및 기술 등을 배웠는가?)
> ③ 제3단계 : 행동단계(교육훈련을 통하여 직무수행 상 어떠한 행동의 변화를 가져왔는가?)
> ④ 제4단계 : 결과단계(교육훈련을 통하여 코스트절감, 품질개선, 안전관리, 생산증대 등에 어떠한 결과를 가져왔는가?)

해답 　31 ② 　32 ③ 　33 ② 　34 ② 　35 ④ 　36 ③

37. 사고 경향성 이론에 관한 설명 중 틀린 것은?

① 사고를 많이 내는 여러 명의 특성을 측정하여 사고를 예방하는 것이다.
② 개인의 성격보다는 특정 환경에 의해 훨씬 더 사고가 일어나기 쉽다.
③ 어떠한 사람이 다른 사람보다 사고를 더 잘 일으킨다는 이론이다.
④ 사고경향성을 검증하기 위한 효과적인 방법은 다른 두 시기 동안에 같은 사람의 사고기록을 비교하는 것이다.

> 사고 경향성은 개인의 특성에 따른 사고 성격의 유형을 설명하는 것으로 상황성 누발자, 습관성 누발자, 소질성 누발자 등으로 분류된다.

38. Off JT(Off the Job Training)의 특징으로 옳은 것은?

① 전문 강사를 초빙하는 것이 가능하다.
② 개개인에게 적절한 지도훈련이 가능하다.
③ 직장의 실정에 맞게 실제적 훈련이 가능하다.
④ 훈련에 필요한 업무의 계속성이 끊어지지 않는다.

> ②, ③, ④항은 O·J·T(on the Job training)의 특징이다.
>
> **참고** O.J.T와 off.J.T의 특징
>
> | O.J.T | off.J.T |
> |---|---|
> | • 개개인에게 적합한 지도훈련을 할 수 있다. | • 다수의 근로자에게 조직적 훈련이 가능하다. |
> | • 직장의 실정에 맞는 실체적 훈련을 할 수 있다. | • 훈련에만 전념하게 된다. |
> | • 훈련에 필요한 업무의 계속성이 끊어지지 않는다. | • 특별 설비 기구를 이용할 수 있다. |
> | • 즉시 업무에 연결되는 관계로 신체와 관련이 있다. | • **전문가를 강사로 초청할 수 있다.** |
> | • 효과가 곧 업무에 나타나며 훈련의 좋고 나쁨에 따라 개선이 용이하다. | • 각 직장의 근로자가 많은 지식이나 경험을 교류할 수 있다. |
> | • 교육을 통한 훈련 효과에 의해 상호 신뢰도 및 이해도가 높아진다. | • 교육 훈련 목표에 대해서 집단적 노력이 흐트러질 수 있다. |

39. 직무분석을 위한 정보를 얻는 방법과 거리가 가장 먼 것은?

① 관찰법   ② 직무수행법
③ 설문지법   ④ 서류함기법

> **직무분석을 위한 정보 수집방법**
> 1. 관찰법
> 2. 면접법
> 3. 질문지법
> 4. 경험법
> 5. 임상적 방법
> 6. 종합법

40. 산업안전보건법령상 타워크레인 신호작업에 종사하는 일용근로자의 특별교육 교육시간 기준은?

① 1시간 이상   ② 2시간 이상
③ 4시간 이상   ④ 8시간 이상

> **특별교육시간**
>
> | 특별 교육대상 | 교육시간 |
> |---|---|
> | 산업안전보건법 시행규칙 별표 5의 어느 하나에 해당하는 작업에 종사하는 일용근로자 | 2시간 이상 |
> | 산업안전보건법 시행규칙 별표 5의 **타워크레인 신호작업**에 종사하는 **일용근로자** | 8시간 이상 |
> | 산업안전보건법 시행규칙 별표 5의 어느 하나에 해당하는 작업에 종사하는 일용근로자를 제외한 근로자 | • 16시간 이상(최초 작업에 종사하기 전 4시간 이상 실시하고 12시간은 3개월 이내에서 분할하여 실시가능) • 단기간 작업 또는 간헐적 작업인 경우에는 2시간 이상 |
>
> **참고** 산업안전보건법 시행규칙 별표4 【안전보건교육 교육과정별 교육시간】

41. A작업의 평균에너지소비량이 다음과 같을 때, 60분간의 총 작업시간 내에 포함되어야 하는 휴식시간 (분)은?

> · 휴식 중 에너지소비량 : 1.5kcal/min
> · A작업 시 평균 에너지소비량 : 6kcal/min
> · 기초대사를 포함한 작업에 대한 평균 에너지소비량 상한 : 5kcal/min

① 10.3   ② 11.3
③ 12.3   ④ 13.3

> Murell의 휴식시간 산출
> $$R(\min) = \frac{T(W-S)}{W-1.5} = \frac{60 \times (6-5)}{6-1.5} = 13.3 \text{ min}$$
> 여기서, R : 필요한 휴식시간(min)
> T : 총 작업시간(min)
> W : 작업 중 평균에너지 소비량(kcal/min)
> S : 권장 평균에너지 소비량 : 5kcal/min
>   휴식 중 에너지 소비량 : 1.5kcal/min

42. 인간공학에 대한 설명으로 틀린 것은?

① 인간-기계 시스템의 안전성, 편리성, 효율성을 높인다.
② 인간을 작업과 기계에 맞추는 설계 철학이 바탕이 된다.
③ 인간이 사용하는 물건, 설비, 환경의 설계에 적용된다.
④ 인간의 생리적, 심리적인 면에서의 특성이나 한계점을 고려한다.

> 인간공학
> 인간이 만들어 사용하는 물건, 기구 또는 환경을 설계하는 과정에서 인간을 고려하는 데 주목적을 가지고 있다.

43. 근골격계질환 작업분석 및 평가 방법인 OWAS의 평가요소를 모두 고른 것은?

> ㄱ. 상지   ㄴ. 무게(하중)
> ㄷ. 하지   ㄹ. 허리

① ㄱ, ㄴ   ② ㄱ, ㄷ, ㄹ
③ ㄴ, ㄷ, ㄹ   ④ ㄱ, ㄴ, ㄷ, ㄹ

> OWAS의 평가요소
> 1. 허리   2. 상지
> 3. 하지   4. 무게

44. 밝은 곳에서 어두운 곳으로 갈 때 망막에 시홍이 형성되는 생리적 과정인 암조응이 발생하는데 완전 암조응(Dark adaptation)이 발생하는데 소요되는 시간은?

① 약 3~5분   ② 약 10~15분
③ 약 30~40분   ④ 약 60~90분

> 완전암조응의 경우 걸리는 시간은 30~40분, 역조응에 걸리는 시간은 1~2분 정도이다.

45. FTA(Fault Tree Analysis)에 관한 설명으로 옳은 것은?

① 정성적 분석만 가능하다.
② 복잡하고 대형화된 시스템의 신뢰성 분석 및 안정성 분석에 이용되는 기법이다.
③ FT에 동일한 사건이 중복되어 나타나는 경우 상향식(Bottom-up)으로 정상 사건 T의 발생 확률을 계산할 수 있다.
④ 기초사건과 생략사건의 확률 값이 주어지게 되더라도 정상 사건의 최종적인 발생확률을 계산할 수 없다.

> FTA는 정상사상(頂上事像)인 재해원인을 분석하는 것으로 재해현상과 재해원인의 상호관련을 정확하게 해석하여 안전 대책을 검토할 수 있다. 또한 정량적 해석이 가능 하므로 정량적 예측을 할 수도 있다.

46. 불(Bool) 대수의 정리를 나타낸 관계식 중 틀린 것은?

① $A \cdot 0 = 0$
② $A + 1 = 1$
③ $A \cdot \overline{A} = 1$
④ $A(A + B) = A$

③항, $A \cdot \overline{A} = 0$

47. FTA(Fault Tree Analysis)에서 사용되는 사상 기호 중 통상의 작업이나 기계의 상태에서 재해의 발생 원인이 되는 요소가 있는 것을 나타내는 것은?

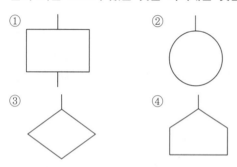

명칭	기호	해설
통상 사상 (家形事像)		통상의 작업이나 기계의 상태에 재해의 발생 원인이 되는 요소가 있는 것을 나타낸다.

48. HAZOP 기법에서 사용하는 가이드워드와 그 의미가 잘못 연결된 것은?

① Part of : 성질상의 감소
② As well as : 성질상의 증가
③ Other than : 기타 환경적인 요인
④ More/Less : 정량적인 증가 또는 감소

③항, Other than : 완전한 대체(통상 운전과 다르게 되는 상태)

49. 다음 중 좌식작업이 가장 적합한 작업은?

① 정밀 조립 작업
② 4.5kg 이상의 중량물을 다루는 작업
③ 작업장이 서로 떨어져 있으며 작업장 간 이동이 잦은 작업
④ 작업자의 정면에서 매우 높거나 낮은 곳으로 손을 자주 뻗어야 하는 작업

②, ③, ④항과 같이 상체와 하체를 모두 사용해야 하는 작업에서는 입식작업이 적절하다.

50. 양식 양립성의 예시로 가장 적절한 것은?

① 자동차 설계 시 고도계 높낮이 표시
② 방사능 사업장에 방사능 폐기물 표시
③ 청각적 자극 제시와 이에 대한 음성 응답
④ 자동차 설계 시 제어장치와 표시장치의 배열

양식 양립성이란 직무에 알맞은 자극과 응답이 양식의 존재에 대한 양립성이다.
예를 들면 음성과업에 대해서는 청각적 자극 제시와 이에 대한 음성응답 등을 들 수 있다.

51. 시스템의 수명곡선(욕조곡선)에 있어서 디버깅(Debugging)에 관한 설명으로 옳은 것은?

① 초기 고장의 결함을 찾아 고장률을 안정시키는 과정이다.
② 우발 고장의 결함을 찾아 고장률을 안정시키는 과정이다.
③ 마모 고장의 결함을 찾아 고장률을 안정시키는 과정이다.
④ 기계 결함을 발견하기 위해 동작시험을 하는 기간이다.

초기고장은 결함을 찾아내 고장률을 안정시키는 기간이라 하여 디버깅(debugging) 기간이라고도 한다.

52. 1sone에 관한 설명으로 ( )에 알맞은 수치는?

> 1sone : (ㄱ)Hz, (ㄴ)dB의 음압수준을 가진 순음의 크기

① ㄱ : 1,000, ㄴ : 1
② ㄱ : 4,000, ㄴ : 1
③ ㄱ : 1,000, ㄴ : 40
④ ㄱ : 4,000, ㄴ : 40

1000Hz = 40dB = 40phon = 1sone과 동일한 음이다.

53. 경계 및 경보신호의 설계지침으로 틀린 것은?

① 주의를 환기시키기 위하여 변조된 신호를 사용한다.
② 배경소음의 진동수와 다른 진동수의 신호를 사용한다.
③ 귀는 중음역에 민감하므로 500~3,000Hz의 진동수를 사용한다.
④ 300m 이상의 장거리용으로는 1,000Hz를 초과하는 진동수를 사용한다.

고음은 멀리가지 못하므로 300m 이상의 장거리용으로는 1,000Hz 이하의 진동수를 사용한다.

54. 인간-기계 시스템에 관한 설명으로 틀린 것은?

① 자동 시스템에서는 인간요소를 고려하여야 한다.
② 자동차 운전이나 전기 드릴 작업은 반자동 시스템의 예시이다.
③ 자동 시스템에서 인간은 감시, 정비유지, 프로그램 등의 작업을 담당한다.
④ 수동 시스템에서 기계는 동력원을 제공하고 인간의 통제 하에서 제품을 생산한다.

수동시스템에서는 동력을 인간이 제공하고 작업도 인간이 하는 방식이다.

55. n개의 요소를 가진 병렬 시스템에 있어 요소의 수명($MTTF$)이 지수 분포를 따를 경우, 이 시스템의 수명으로 옳은 것은?

① $MTTF \times n$

② $MTTF \times \dfrac{1}{n}$

③ $MTTF \times \left(1 + \dfrac{1}{2} + \cdots + \dfrac{1}{n}\right)$

④ $MTTF \times \left(1 \times \dfrac{1}{2} \times \cdots \times \dfrac{1}{n}\right)$

- 직렬계
  계의 수명 $= \dfrac{MTTF}{n}$

- 병렬계
  계의 수명 $= MTTF\left(1 + \dfrac{1}{2} + \cdots + \dfrac{1}{n}\right)$

  여기서, $MTTF$: 평균고장시간
  n : 직렬 및 병렬계의 구성요소

56. 다음에서 설명하는 용어는?

> 유해·위험요인을 파악하고 해당 유해·위험요인에 의한 부상 또는 질병의 발생 가능성(빈도)과 중대성(강도)을 추정·결정하고 감소대책을 수립하여 실행하는 일련의 과정을 말한다.

① 위험성 결정
② 위험성 평가
③ 위험빈도 추정
④ 유해·위험요인 파악

"위험성평가"란 유해·위험요인을 파악하고 해당 유해·위험요인에 의한 부상 또는 질병의 발생 가능성(빈도)과 중대성(강도)을 추정·결정하고 감소대책을 수립하여 실행하는 일련의 과정을 말한다.
참고 사업장 위험성평가에 관한 지침 제3조 【정의】

57. 상황해석을 잘못하거나 목표를 잘못 설정하여 발생하는 인간의 오류 유형은?

① 실수(Slip)
② 착오(Mistake)
③ 위반(Violation)
④ 건망증(Lapse)

① 실수(Slip) : 상황이나 목표의 해석은 정확하나 의도와는 다른 행동을 한 경우
② 착오(Mistake) : 주관적 인식(主觀的 認識)과 객관적 실재(客觀的 實在)가 일치하지 않는 것
③ 위반(Violation) : 법, 규칙 등을 범하는 것이다.
④ 건망증(Lapse) : 기억장애의 하나로 잘 기억하지 못하거나 잊어버리는 정도

58. 위험분석 기법 중 시스템 수명주기 관점에서 적용 시점이 가장 빠른 것은?

① PHA
② FHA
③ OHA
④ SHA

PHA분석이란 대부분 시스템안전 프로그램에 있어서 최초단계의 분석으로 시스템 내의 위험한 요소가 얼마나 위험한 상태에 있는가를 정성적·귀납적으로 평가하는 것이다.

참고 시스템 수명주기의 PHA

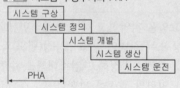

59. 태양광선이 내리쬐는 옥외장소의 자연습구 온도 20℃, 흑구온도 18℃, 건구온도 30℃일 매 습구흑구온도지수(WBGT)는?

① 20.6℃
② 22.5℃
③ 25.0℃
④ 28.5℃

옥외(빛이 내리 쬐는 장소)
WBGT(℃) = 0.7×습구온도(wb)+0.2×흑구온도(GT)
　　　　　 +0.1×건구온도(Db)
　　　　 = (0.7×20)+(0.2×18)+(0.1×30)
　　　　 = 20.6

60. 그림과 같은 FT도에 대한 최소 컷셋(minimal cut sets)으로 옳은 것은? (단, Fussell의 알고리즘을 따른다.)

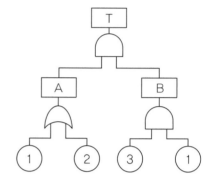

① {1, 2}
② {1, 3}
③ {2, 3}
④ {1, 2, 3}

$$T \rightarrow [A, B] \rightarrow \begin{bmatrix} ①, B \\ ②, B \end{bmatrix} \rightarrow \begin{bmatrix} ①, ③, ① \\ ②, ③, ① \end{bmatrix}$$
미니멀 컷셋 【①, ③】

■■■ 제4과목 건설시공학

61. 통상적으로 스팬이 큰 보 및 바닥판의 거푸집을 걸때에 스팬의 캠버(camber)값으로 옳은 것은?

① 1/300 ~ 1/500
② 1/200 ~ 1/350
③ 1/150 ~ 1/250
④ 1/100 ~ 1/300

캠버(camber)는 보, 슬래브 등의 수평부재가 하중으로 인한 처짐을 고려하여 상향으로 들어올리는 것을 말한다. 수평부재의 캠버값은 1/300 ~ 1/500로 한다.

62. 지반개량 공법 중 동다짐(dynamic compaction) 공법의 특징으로 옳지 않은 것은?

① 시공 시 지반진동에 의한 공해문제가 발생하기도 한다.
② 지반 내에 암괴 등의 장애물이 있으면 적용이 불가능하다.
③ 특별한 약품이나 자재를 필요로 하지 않는다.
④ 깊은 심도의 지반개량에 대해서는 초대형 장비가 필요하다.

동다짐(Dynamic Compaction)공법의 장·단점
1. 장점
① 깊은 곳까지 지반 개량이 가능하다.
② 지반 내에 암괴 등의 장애물이 있어도 시공이 가능하다.
③ 각 시공 단계마다 개량 효과를 확인하고 그 결과를 다음 시공 단계에 반영할 수 있으므로 시공의 효율성을 높일 수 있다.
2. 단점
① 소음 및 분진이 발생한다.
② 깊은 심도의 지반개량에 대해서는 초대형 장비가 필요하다.
③ 충격으로 인한 지반 진동으로 주변의 기존 구조물에 영향을 미칠 수 있다.

63. 기성콘크리트 말뚝에 표기된 PHC-A·450-12의 각 기호에 대한 설명으로 옳지 않은 것은?

① PHC - 원심력 고강도 프리스트레스트 콘크리트 말뚝
② A - A종
③ 450 - 말뚝바깥지름
④ 12 - 말뚝삽입 간격

기성콘크리트 말뚝의 표기법
PHC - A.450 - 12
① PHC : 프리텐션 방식의 고강도 콘크리트 말뚝
② A : A종
③ 450 : 말뚝지름 450mm
④ 12 : 말뚝길이 12m

64. 흙막이 공법과 관련된 내용의 연결이 옳지 않은 것은?

① 버팀대공법 - 띠장, 지지말뚝
② 지하연속벽 - 안정액, 트레미관
③ 자립식공법 - 안내벽, 인터록킹 파이프
④ 어스앵커공법 - 인장재, 그라우팅

③항, 안내벽, 인터록킹 파이프는 지하연속벽 공법에 필요한 내용이다.

65. 흙막이 공법 중 지하연속벽(slurry wall) 공법에 대한 설명으로 옳지 않은 것은?

① 흙막이벽 자체의 강도, 강성이 우수하기 때문에 연약지반의 변형 및 이면침하를 최소한으로 억제할 수 있다.
② 차수성이 좋아 지하수가 많은 지반에도 사용할 수 있다.
③ 시공 시 소음, 진동이 작다.
④ 다른 흙막이벽에 비해 공사비가 적게 든다.

슬러리월 공법(Slurry Wall)
1. 안정액을 사용하여 지반의 붕괴를 방지하면서 굴착하여 철근망을 넣고 콘크리트를 타설하여 콘크리트벽체를 연속적으로 축조하여 지수벽, 흙막이벽, 구조체벽 등의 지하구조물을 설치하는 공법
2. 장점
① 저소음, 저진동 공법
② 주변지반에 영향이 적다
③ 인접건물 근접시공가능
④ 차수성이 높다
⑤ 벽체 강성이 매우 크다
⑥ 임의의 치수와 형상이 가능하다
⑦ 길이, 깊이 조절가능
⑧ 가설 흙막이벽, 본구조물의 옹벽으로 사용가능하다
3. 단점
① 공사비가 고가이다
② 벤토나이트 용액처리가 곤란
③ 고도의 경험과 기술필요
④ 수평연속성 부족, 품질관리유의

해답 62 ② 63 ④ 64 ③ 65 ④

66. 건축물의 지하공사에서 계측관리에 관한 설명으로 틀린 것은?

① 계측관리의 목적은 위험의 징후를 발견하는 것이다.

② 계측관리의 중점관리사항으로는 흙막이 변위에 따른 배면지반의 침하가 있다.

③ 계측관리는 인적이 뜸하고 위험이 적은 안전한 곳에 설치하여 주기적으로 실시한다.

④ 일일점검항목으로는 흙막이벽체, 주변지반, 지하수위 및 배수량 등이 있다.

> 계측관리는 인적이 많고 위험이 많은 곳에 설치하여 주기적으로 실시한다.

67. 벽길이 10m, 벽높이 3.6m인 블록벽체를 기본블록 (390mm×190mm×150mm)으로 쌓을 때 소요되는 블록의 수량은? (단, 블록은 온장으로 고려하고, 줄눈 나비는 가로, 세로 10mm, 할증은 고려하지 않음)

① 412매
② 468매
③ 562매
④ 598매

> ① 단위면적당 블록의 소요량 : 13매/m²
> ② 소요블록 량 = 벽면적 × 단위블록 수량
> (10m×3.6m)×13매/m² = 468매

68. 외관 검사 결과 불합격된 철근 가스압접 이음부의 조치 내용으로 옳지 않은 것은?

① 심하게 구부러졌을 때는 재가열하여 수정한다.

② 압접면의 엇갈림이 규정값을 초과했을 때는 재가열하여 수정한다.

③ 형태가 심하게 불량하거나 또는 압접부에 유해하다고 인정되는 결함이 생긴 경우는 압접부를 잘라내고 재압접한다.

④ 철근중심축의 편심량이 규정값을 초과했을 때는 압접부를 떼어내고 재압접한다.

> 엇갈림 규정값을 초과했을 때는 제거하고 다시 압접한다.

69. 철골부재조립 시 구멍의 위치가 다소 다를 때 구멍을 맞추기 위한 작업은?

① 송곳뚫기(drilling)

② 리이밍(reaming)

③ 펀칭(punching)

④ 리벳치기(riveting)

> 구멍가심(Reaming)
> ① 구멍뚫기 한 부재가 구멍위치가 다를 때 Reamer로 구멍 맞추기 한다.
> ② 구멍최대 편심거리는 1.5mm 이하
> ③ 철골구멍을 가셔낸다.

70. 철골작업용 장비 중 절단용 장비로 옳은 것은?

① 프릭션 프레스(friction press)

② 플레이트 스트레이닝 롤(plate straining roll)

③ 파워 프레스(power press)

④ 핵 소우(hack saw)

> 철골 절단용 장비는 핵소우를 사용한 톱절단과 가스절단이 주로 사용된다.
> ①항, 프릭션 프레스 : 회전운동을 이용한 마찰 소성 가공장치
> ②항, 플레이트 스트레이닝 롤 : 강판의 변형을 바로잡는 장치
> ③항, 파워 프레스 : 동력을 활용한 소성 가공장치

71. 시방서 및 설계도면 등이 서로 상이할 때의 우선순위에 대한 설명으로 옳지 않은 것은?

① 설계도면과 공사시방서가 상이할 때는 설계도면을 우선한다.

② 설계도면과 내역서가 상이할 때는 설계도면을 우선한다.

③ 표준시방서와 전문시방서가 상이할 때는 전문시방서를 우선한다.

④ 설계도면과 상세도면이 상이할 때는 상세도면을 우선한다.

> 설계도면과 공사시방서가 상이할 때는 감리자와 협의하여 정한다.

72. 예정가격범위 내에서 최저가격으로 입찰한 자를 낙찰자로 선정하는 낙찰자 선정 방식은?

① 최적격 낙찰제
② 제한적 최저가 낙찰제
③ 최저가 낙찰제
④ 적격 심사 낙찰제

①항. 최적격 낙찰제 : 최저가를 제시한 업체가 입찰한 금액으로 제대로 시공할 수 있는지를 사전에 심사하는 제도
②항. 제한적 최저가 낙찰제 : 일정 비율 이상의 금액으로 입찰한 자 중에서 최저가격을 제시한 입찰자로 낙찰하는 것
③항. 최저가 낙찰제 : 가장 낮은 가격을 써낸 업체를 낙찰자로 선정하는 것
④항. 적격심사 낙찰제 : 예정가격 이하 최저가격으로 입찰한 자 순으로 공사수행능력과 입찰가격 등을 종합심사하여 일정 점수이상 획득하면 낙찰자로 결정하는 제도

73. 설계도와 시방서가 명확하지 않거나 설계는 명확하지만 공사비 총액을 산출하기 곤란하고 발주자가 양질의 공사를 기대할 때 채택될 수 있는 가장 타당한 도급방식은?

① 실비정산 보수가산식 도급
② 단가 도급
③ 정액 도급
④ 턴키 도급

실비정산 보수가산도급
1. 공사진척에 따라 공사의 실비를 건축주, 시공자, 감리자가 확인 정산하고 건축주는 미리 정한 보수율에 따라 도급자에게 공사비를 지불하는 방법(이론상 가장 이상적인 도급제도)
2. 장·단점

장점	단점
• 양심적인 시공 기대 • 양질의 시공 기대 • 도급자는 손해 볼 여지가 적다. • 설계변경 및 돌발상황에 적절히 대응할 수 있다.	• 공사기간이 연장될 가능성이 높다. • 공사비 절감의 노력이 없어진다. • 공사비가 증가 될 우려가 높다.

74. 철근공사에 대해서 옳지 않은 것은?

① 조립용 철근은 철근을 구부리기할 때 철근의 위치를 확보하기 위하여 쓰는 보조적인 철근이다.
② 철근의 용접부에 순간최대풍속 2.7m/s 이상의 바람이 불 때는 철근을 용접할 수 없으며, 풍속을 2.7m/s 이하로 저감시킬 수 있는 방풍시설을 설치하는 경우에만 용접할 수 있다.
③ 가스압접이음은 철근의 단면을 산소-아세틸렌 불꽃 등을 사용하여 가열하고 기계적 압력을 가하여 용접한 맞댐이음을 말한다.
④ D35를 초과하는 철근은 겹침이음을 할 수 없다. 다만, 서로 다른 크기의 철근을 압축부에서 겹침이음하는 경우 D35 이하의 철근과 D35를 초과하는 철근은 겹침이음을 할 수 있다.

조립용 철근
주철근을 조립할 때 철근의 위치를 확보하기 위해 넣는 보조 철근

75. 철골공사의 용접접합에서 플럭스(flux)를 옳게 설명한 것은?

① 용접 시 용접봉의 피복제 역할을 하는 분말상의 재료
② 압연강판의 층 사이에 균열이 생기는 현상
③ 용접작업의 종단부에 임시로 붙이는 보조판
④ 용접부에 생기는 미세한 구멍

용접봉의 피복재(Flux)
1. 플럭스(Flux) : 용접봉의 피복제 역할을 하는 분말상의 재료
2. 피복재의 역할
① 함유원소를 이온화해 아크를 안정시킨다.
② 용착금속에 합금원소를 첨가한다.
③ 용융금속을 탈산, 정련한다.
④ 용융금속의 산화 또는 질화를 막는다.
⑤ 금속표면의 냉각속도를 작게 한다.

76. 착공단계에서의 공사계획을 수립할 때 우선 고려하지 않아도 되는 것은?

① 현장 직원의 조직편성
② 예정 공정표의 작성
③ 유지관리지침서의 변경
④ 실행예산편성

③항, 유지관리지침서는 준공이후의 필요한 사항이다.

참고 착공 시 공사계획의 순서
1. 현장원의 편성 (공사계획 중 가장 먼저 고려할 것)
2. 공정표의 작성
3. 실행예산의 편성
4. 하도급자의 선정
5. 자재반입계획, 시공기계 및 장비설치계획
6. 노무동원계획
7. 재해방지대책의 수립

77. AE콘크리트에 관한 설명으로 옳은 것은?

① 공기량은 기계비빔이 손비빔의 경우보다 적다.
② 공기량은 비벼놓은 시간이 길수록 증가한다.
③ 공기량은 AE제의 양이 증가할수록 감소하나 콘크리트의 강도는 증대한다.
④ 시공연도가 증진되고 재료분리 및 블리딩이 감소한다.

AE 콘크리트의 특징
1. 단위수량이 적게 든다.
2. 워커빌리티가 향상되고 골재로서 깬 자갈의 사용도 유리하게 된다.
3. 내구성 향상
4. 콘크리트 경화에 따른 발열이 적어진다.
5. 동결융해에 대한 저항이 크게 된다.
6. 블리딩 감소, 재료분리 감소
7. 보통 콘크리트에 비해 압축강도와 철근과 부착강도가 작다.
8. 적정한 AE(콘크리트 용적의4~7%)는 내구성을 증대시키나 지나친 공기량은(6% 이상)은 강도와 내구성을 저하시킨다.

78. 콘크리트의 고강도화와 관계가 적은 것은?

① 물시멘트비를 작게 한다.
② 시멘트의 강도를 크게 한다.
③ 폴리머(polymer)를 함침(含浸)한다.
④ 골재의 입자분포를 가능한 한 균일 입자분포로 한다.

콘크리트의 고강도화를 위해서 골재는 깨끗하고 강하며 내구적인 것으로, 입도가 골고루 혼합되어 있는 것을 사용한다.

79. 벽돌쌓기법 중에서 마구리를 세워 쌓는 방식으로 옳은 것은?

① 옆세워 쌓기   ② 허튼 쌓기
③ 영롱 쌓기   ④ 길이 쌓기

마구리 쌓기는 옆세워 쌓기라고도 하며 마구리가 보이도록 쌓는 법으로 원형굴뚝, 사일로(Silo) 등에 쓰이고 벽두께 1.0B 이상 쌓기에 쓰인다.

80. 바닥판 거푸집의 구조계산 시 고려해야 하는 연직하중에 해당하지 않는 것은?

① 작업하중
② 충격하중
③ 고정하중
④ 굳지 않은 콘크리트의 측압

거푸집 및 동바리 설계시 고려하여야 할 하중	
거푸집 부위	고려 하중
바닥판, 보의 밑면거푸집, 계단 거푸집(연직하중)	① 생콘크리트 중량 ② 작업하중 ③ 충격하중
벽, 기둥, 보옆(수평하중)	① 생콘크리트 중량 ② 콘크리트 측압

※ 거푸집과 동바리의 자중은 제외한다.

81. 플라이애시시멘트에 대한 설명으로 옳은 것은?

① 수화할 때 불용성 규산칼슘 수화물을 생성한다.
② 화력발전소 등에서 완전 연소한 미분탄의 회분과 포틀랜드시멘트를 혼합한 것이다.
③ 재령 1~2시간 안에 콘크리트 압축강도가 20MPa에 도달할 수 있다.
④ 용광로의 선철제작 부산물을 급랭시키고 파쇄하여 시멘트와 혼합한 것이다.

> **플라이애쉬 시멘트**
> 1. 포틀랜드 시멘트에 플라이애시를 혼합하여 만든 시멘트
> 2. 초기강도가 작고, 장기 강도 증진이 크다.
> 3. 화학저항성이 크다.
> 4. 수밀성이 크다.
> 5. 워커빌리티가 좋아진다.
> 6. 수화열과 건조수축이 적다.
> 7. 매스콘크리트용 등에 사용

82. 건축용 접착제로서 요구되는 성능에 해당되지 않는 것은?

① 진동, 충격의 반복에 잘 견딜 것
② 취급이 용이하고 독성이 없을 것
③ 장기부하에 의한 크리프가 클 것
④ 고화 시 체적수축 등에 의한 내부변형을 일으키지 않을 것

> **건축용 접착제에 기본적으로 요구되는 성능**
> 1. 경화 시 체적 수축 등의 변형을 일으키지 않을 것
> 2. 취급이 용이하고 사용시 유동성이 있을 것
> 3. 장기 하중에 의한 크리프가 없을 것
> 4. 진동, 충격의 반복에 잘 견딜 것
> 5. 내열성, 내약품성, 내수성 등이 있고 가격이 저렴할 것

83. 골재의 함수상태에서 유효흡수량의 정의로 옳은 것은?

① 습윤상태와 절대건조상태의 수량의 차이
② 표면건조포화상태와 기건상태의 수량의 차이
③ 기건상태와 절대건조상태의 수량의 차이
④ 습윤상태와 표면건조포화상태의 수량의 차이

> 유효흡수량 : 표건상태 수량 - 기건상태 수량

골재의 함수상태

84. 도장재료 중 물이 증발하여 수지입자가 굳는 융착건 조경화를 하는 것은?

① 알키드수지 도료
② 에폭시수지 도료
③ 불소수지 도료
④ 합성수지 에멀션 페인트

> **에멀션페인트**
> 1. 수성페인트에 합성수지와 유화제를 섞은 것
> 2. 내수성, 내구성
> 3. 실내·외 모두 사용 가능
> 4. 건조가 빠르다.
> 5. 광택이 없다.
> 6. 콘크리트면, 모르타르면에 사용 가능

85. 목재의 역학적 성질에 대한 설명으로 옳지 않은 것은?

① 목재 섬유 평행방향에 대한 인장강도가 다른 여러 강도 중 가장 크다.
② 목재의 압축강도는 옹이가 있으면 증가한다.
③ 목재를 휨부재로 사용하여 외력에 저항할 때는 압축, 인장, 전단력이 동시에 일어난다.
④ 목재의 전단강도는 섬유간의 부착력, 섬유의 곧음, 수선의 유무 등에 의해 결정된다.

> 옹이는 나무의 가지가 줄기 조직으로 말려 들어간 것으로 목재의 압축강도를 저하시킨다.

해답 81 ② 82 ③ 83 ② 84 ④ 85 ②

86. 합판에 대한 설명으로 옳지 않은 것은?

① 단판을 섬유방향이 서로 평행하도록 홀수로 적층하면서 접착시켜 합친 판을 말한다.
② 함수율 변화에 따라 팽창·수축의 방향성이 없다.
③ 뒤틀림이나 변형이 적은 비교적 큰 면적의 평면 재료를 얻을 수 있다.
④ 균일한 강도의 재료를 얻을 수 있다.

> 합판은 3매 이상의 얇은 판을 섬유방향이 서로 직교되도록 3, 5, 7 등의 홀수로 접착제로 겹치도록 붙여서 만든 것이다.

87. 미장바탕의 일반적인 성능조건과 가장 거리가 먼 것은?

① 미장층보다 강도가 클 것
② 미장층과 유효한 접착강도를 얻을 수 있을 것
③ 미장층보다 강성이 작을 것
④ 미장층의 경화, 건조에 지장을 주지 않을 것

> 미장바탕의 성능조건
> 1. 미장층보다 강도, 강성이 클 것
> 2. 미장층과 유효한 접착강도를 얻을 수 있을 것
> 3. 미장층의 경화, 건조에 지장을 주지 않을 것
> 4. 미장층과 유해한 화학반응을 하지 않을 것
> 5. 미장층의 시공에 적합한 평면상태, 흡수성을 가질 것

88. 절대건조밀도가 2.6g/cm³이고, 단위 용적질량이 1750kg/m³인 굵은 골재의 공극률은?

① 30.5%   ② 32.7%
③ 34.7%   ④ 36.2%

> 공극률
> $$공극률(\nu) = \left(1 - \frac{단위용적중량(\omega)}{비중(\rho)}\right) \times 100(\%)$$
> $$공극률(\nu) = \left(1 - \frac{1.75}{2.6}\right) \times 100(\%) = 32.7(\%)$$

89. 목재의 내연성 및 방화에 대한 설명으로 옳지 않은 것은?

① 목재의 방화는 목재 표면에 불연소성 피막을 도포 또는 형성시켜 화염의 접근을 방지하는 조치를 한다.
② 방화재로는 방화페인트, 규산나트륨 등이 있다.
③ 목재가 열에 닿으면 먼저 수분이 증발하고 160℃ 이상이 되면 소량의 가연성가스가 유출된다.
④ 목재는 450℃에서 장시간 가열하면 자연발화 하게 되는데, 이 온도를 화재위험온도라고 한다.

> 목재는 450℃에서 자연발화 하게 되는데, 이 온도를 발화온도라고 한다.
>
> [참고] 목재의 인화점, 착화점, 발화점
>
> | ① 수분소실, 열분해 시작, 가스방출 | 100℃내외 |
> | ② 탄화점 | 160℃ |
> | ③ 인화점 | 평균 240℃ |
> | ④ 착화점(화재 위험온도) | 평균 260℃ |
> | ⑤ 발화점 | 평균 450℃ |

90. 금속의 부식방지를 위한 관리대책으로 옳지 않은 것은?

① 부분적으로 녹이 발생하면 즉시 제거할 것
② 큰 변형을 준 것은 가능한 한 풀림하여 사용할 것
③ 가능한 한 이종 금속을 인접 또는 접촉시켜 사용할 것
④ 표면을 평활하고 깨끗이 하며, 가능한 한 건조상태로 유지할 것

> 다른 종류의 금속이 접촉할 경우 전위차에 의한 전식으로 부식이 발생한다.

91. 다음의 미장재료 중 균열저항성이 가장 큰 것은?

① 회반죽 바름   ② 소석고 플라스터
③ 경석고 플라스터   ④ 돌로마이트 플라스터

> 경석고 플라스터(킨즈시멘트)
> 1. 무수석고를 화학처리하여 만든 것으로 경화한 후 매우 단단하다.
> 2. 강도가 크다.
> 3. 경화가 빠르다.
> 4. 경화시 팽창한다.
> 5. 산성으로 철류를 녹슬게 한다.
> 6. 수축이 매우 작다.
> 7. 표면강도가 크고 광택이 있다.

92. 점토의 물리적 성질에 관한 설명으로 옳지 않은 것은?

① 점토의 인장강도는 압축강도의 약 5배 정도이다.
② 입자의 크기는 보통 $2\mu m$ 이하의 미립자이지만 모래알 정도의 것도 약간 포함되어 있다.
③ 공극률은 점토의 입자 간에 존재하는 모공용적으로 입자의 형상, 크기에 관계한다.
④ 점토입자가 미세하고, 양질의 점토일수록 가소성이 좋으나, 가소성이 너무 클 때는 모래 또는 샤모트를 섞어서 조절한다.

> 압축응력이 크고 인장응력이 작으며, 미립점토의 인장강도는 $3 \sim 10kg/cm^2$ (압축강도는 인장강도의 약 5배이다.)

93. 일반 콘크리트 대비 ALC의 우수한 물리적 성질로서 옳지 않은 것은?

① 경량성   ② 단열성
③ 흡음·차음성   ④ 수밀성, 방수성

경량기포 콘크리트(ALC:Autoclaved Lightweight Concrete)	
개요	규사, 생석회, 시멘트 등에 알루미늄 분말 등과 같은 발포제와 기포안정제를 넣고 오토클레이브 내에서 고온·고압으로 양생시킨 다공질 기포콘크리트
원료	석회질, 규산질 원료, 기포제, 혼화제
규산질 원료	규석, 규사, 고로슬래그, 플라이애쉬
기포제	알루미늄분말
장점	• 인력취급이 가능하다. • 현장에서 절단 및 가공용이 • 열전도율이 낮다. • 단열성, 내화성, 차음성, 경량성이 우수 • 치수정밀도가 높다. • 사용 후 변형이나 균열이 작다. • 비중이 적다.(보통 콘크리트의 1/4)
단점	• 흡수성이 크다.(방수처리가 문제) • 중성화 우려가 높다. • 압축강도가 작다. • 부서지기 쉽다. • 압축강도에 비하여 휨강도, 인장강도가 약하다.

94. 콘크리트 바탕에 이음새 없는 방수 피막을 형성하는 공법으로, 도료상태의 방수재를 여러 번 칠하여 방수막을 형성하는 방수공법은?

① 아스팔트 루핑 방수
② 합성고분자 도막 방수
③ 시멘트 모르타르 방수
④ 규산질 침투성 도포 방수

> **도막방수**
> 1. 방수도료를 여러번 칠하여 방수도막을 만드는 공법
> 2. 도막재료 : 우레탄 고무계, 아크릴고무계, 고무아스팔트계, 클로르 프란 고무 용액계

95. 열경화성수지가 아닌 것은?

① 페놀수지   ② 요소수지
③ 아크릴수지   ④ 멜라민수지

합성수지의 분류	
열가소성 수지	열경화성 수지
• 폴리비닐수지 (염화비닐수지=P.V.C) • 아크릴수지 • 폴리스티렌수지 • 폴리에틸렌수지 • 폴리프로필렌 • 폴리아미드수지 • 셀룰로이드 • A.B.S 수지 • 초산비닐수지	• 폴리에스테르수지 (불포화 폴리에스테르수지) • 페놀수지 • 요소수지 • 멜라민수지 • 알키드수지 • 에폭시수지 • 우레탄수지 • 실리콘수지 • 프란수지

96. 블로운 아스팔트(blown asphalt)를 휘발성 용제에 녹이고 광물분말 등을 가하여 만든 것으로 방수, 접합부 충전 등에 쓰이는 아스팔트 제품은?

① 아스팔트 코팅(asphalt coating)
② 아스팔트 그라우트(asphalt grout)
③ 아스팔트 시멘트(asphalt cement)
④ 아스팔트 콘크리트(asphalt concrete)

> **아스팔트 코팅(asphalt coating)**
> 블론 아스팔트(blown asphalt)를 휘발성 용제에 녹이고, 석면, 광물 분말 등을 가하여 만든 것으로 방수 등에 사용

해답 92 ① 93 ④ 94 ② 95 ③ 96 ①

97. 연강판에 일정한 간격으로 그물눈을 내고 늘여 철망 모양으로 만든 것으로 옳은 것은?

① 메탈라스(metal lath)
② 와이어 메시(wire mesh)
③ 인서트(insert)
④ 코너비드(corner bead)

메탈라스(Metal Lath)
1. 얇은 강판에 마름모꼴의 구멍을 일정간격으로 구멍을 뚫어 철망처럼 만든 것
2. 천장, 벽의 미장바탕에 사용

98. 고로슬래그 쇄석에 대한 설명으로 옳지 않은 것은?

① 철을 생산하는 과정에서 용광로에서 생기는 광재를 공기 중에서 서서히 냉각시켜 경화된 것을 파쇄하여 만든다.
② 투수성은 보통골재의 경우보다 작으므로 수밀콘크리트에 적합하다.
③ 고로슬래그 쇄석을 활용한 콘크리트는 다른 암석을 사용한 콘크리트보다 건조수축이 적다.
④ 다공질이기 때문에 흡수율이 크므로 충분히 살수하여 사용하는 것이 좋다.

고로슬래그 쇄석은 보통골재를 사용한 콘크리트보다 투수성이 크다.

99. 점토제품 중 소성온도가 가장 고온이고 흡수성이 매우 작으며 모자이크 타일, 위생도기 등에 주로 쓰이는 것은?

① 토기
② 도기
③ 석기
④ 자기

점토 소성제품의 분류

종류	소성온도(℃)	흡수율(%)	건축재료	비고
토기	700~900	20% 이상	기와, 적벽돌, 토관	저급점토 사용
도기	1,100~1,250	10%	내장타일, 테라코타	
석기	1,200~1,350	3~10%	마루타일, 클링커 타일	시유약을 사용하지 않고 식염유를 쓴다.
자기	1,230~1,460	1% 이하	내장타일, 외장타일, 바닥타일, 위생도기 모자이크 타일	양질의 도토 또는 장석분을 원료로 하며 두드리면 청음이 난다.

100. 목재에 사용되는 크레오소트 오일에 대한 설명으로 옳지 않은 것은?

① 냄새가 좋아서 실내에서도 사용이 가능하다.
② 방부력이 우수하고 가격이 저렴하다.
③ 독성이 적다.
④ 침투성이 좋아 목재에 깊게 주입된다.

크레오소트유(Creosote Oil)
1. 방부성 우수, 철류부식 적다.
2. 악취, 실내사용 곤란, 흑갈색으로 외부에 사용
3. 토대, 기둥, 도리 등에 사용

■■■ 제6과목 건설안전기술

101. 건설업의 공사금액이 850억 원일 경우 산업안전 보건법령에 따른 안전관리자의 수로 옳은 것은? (단, 전체 공사기간을 100으로 할 때 공사 전·후 15에 해당하는 경우는 고려하지 않는다.)

① 1명 이상　　　② 2명 이상
③ 3명 이상　　　④ 4명 이상

102. 건설현장에 거푸집동바리 설치 시 준수사항으로 옳지 않은 것은?

① 파이프서포트 높이가 4.5m를 초과하는 경우에는 높이 2m 이내마다 2개 방향으로 수평 연결재를 설치한다.
② 동바리의 침하 방지를 위해 깔목의 사용, 콘크리트 타설, 말뚝박기 등을 실시한다.
③ 강재와 강재의 접속부는 볼트 또는 클램프 등 전용 철물을 사용한다.
④ 강관틀 동바리는 강관틀과 강관틀 사이에 교차가새를 설치한다.

103. 가설통로를 설치하는 경우 준수해야할 기준으로 옳지 않은 것은?

① 경사는 30° 이하로 할 것
② 경사가 25°를 초과하는 경우에는 미끄러지지 아니하는 구조로 할 것
③ 건설공사에 사용하는 높이 8m 이상인 비계다리에는 7m 이내마다 계단참을 설치할 것
④ 수직갱에 가설된 통로의 길이가 15m 이상인 때에는 10m 이내마다 계단참을 설치할 것

104. 항타기 또는 항발기의 사용 준수사항으로 옳지 않은 것은?

① 증기나 공기를 차단하는 장치를 작업관리자가 쉽게 조작할 수 있는 위치에 설치한다.
② 해머의 운동에 의하여 증기호스 또는 공기호스와 해머의 접속부가 파손되거나 벗겨지는 것을 방지하기 위하여 그 접속부가 아닌 부위를 선정하여 증기호스 또는 공기호스를 해머에 고정시킨다.
③ 항타기나 항발기의 권상장치의 드럼에 권상용 와이어로프가 꼬인 경우에는 와이어로프에 하중을 걸어서는 안 된다.
④ 항타기나 항발기의 권상장치에 하중을 건 상태로 정지하여 두는 경우에는 쐐기장치 또는 역회전방지용 브레이크를 사용하여 제동하는 등 확실하게 정지시켜 두어야 한다.

105. 가설공사 표준안전 작업지침에 따른 통로발판을 설치하여 사용함에 있어 준수사항으로 옳지 않은 것은?

① 추락의 위험이 있는 곳에는 안전난간이나 철책을 설치하여야 한다.
② 작업발판의 최대폭은 1.6m 이내이어야 한다.
③ 비계발판의 구조에 따라 최대 적재하중을 정하고 이를 초과하지 않도록 하여야 한다.
④ 발판을 겹쳐 이음하는 경우 장선 위에서 이음을 하고 겹침길이는 10cm 이상으로 하여야 한다.

> 사업주는 통로발판을 설치하여 사용함에 있어서 다음 각 호의 사항을 준수하여야 한다.
> 1. 근로자가 작업 및 이동하기에 충분한 넓이가 확보되어야 한다.
> 2. 추락의 위험이 있는 곳에는 안전난간이나 철책을 설치하여야 한다.
> 3. 발판을 겹쳐 이음하는 경우 장선 위에서 이음을 하고 겹침길이는 **20센티미터 이상**으로 하여야 한다.
> 4. 발판 1개에 대한 지지물은 2개 이상이어야 한다.
> 5. 작업발판의 최대폭은 1.6미터 이내이어야 한다.
> 6. 작업발판 위에는 돌출된 못, 옹이, 철선 등이 없어야 한다.
> 7. 비계발판의 구조에 따라 최대 적재하중을 정하고 이를 초과하지 않도록 하여야 한다.
> **참고** 가설공사 표준안전 작업지침 제15조 【통로발판】

106. 토사붕괴에 따른 재해를 방지하기 위한 흙막이 지보공 부재로 옳지 않은 것은?

① 흙막이판   ② 말뚝
③ 턴버클   ④ 띠장

> **턴 버클**
> 두 점 사이에 연결된 강삭(鋼索) 등을 죄는 데 사용하는 죔기구의 하나로서 좌우에 나사막대가 있고 나사부가 너트로 연결되어 있다.
>
>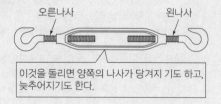
>
> 오른나사   왼나사
>
> 이것을 돌리면 양쪽의 나사가 당겨지 기도 하고, 늦추어지기도 한다.

107. 토사붕괴원인으로 옳지 않은 것은?

① 경사 및 기울기 증가
② 성토높이의 증가
③ 건설기계 등 하중작용
④ 토사중량의 감소

> **토석붕괴의 원인**
> 1. 토석이 붕괴되는 외적 원인은 다음 각 호와 같으므로 굴착 작업 시에 적절한 조치를 취하여야 한다.
>   (1) 사면, 법면의 경사 및 기울기의 증가
>   (2) 절토 및 성토 높이의 증가
>   (3) 공사에 의한 진동 및 반복 하중의 증가
>   (4) 지표수 및 지하수의 침투에 의한 토사 중량의 증가
>   (5) 지진, 차량, 구조물의 하중작용
>   (6) 토사 및 암석의 혼합층 두께
> 2. 토석이 붕괴되는 내적 원인은 다음 각 호와 같으므로 굴착작업 시에 적절한 조치를 취하여야 한다.
>   (1) 절토 사면의 토질/암질
>   (2) 성토 사면의 토질구성 및 분포
>   (3) 토석의 강도 저하

108. 이동식 비계를 조립하여 작업을 하는 경우의 준수 기준으로 옳지 않은 것은?

① 비계의 최상부에서 작업을 할 때에는 안전난간을 설치하여야 한다.
② 작업발판의 최대적재하중은 400kg을 초과하지 않도록 한다.
③ 승강용 사다리는 견고하게 설치하여야 한다.
④ 작업발판은 항상 수평을 유지하고 작업발판 위에서 안전난간을 딛고 작업을 하거나 받침대 또는 사다리를 사용하여 작업하지 않도록 한다.

> 작업발판의 최대적재하중은 250킬로그램을 초과하지 않도록 할 것
> **참고** 산업안전보건기준에 관한 규칙 제68조 【이동식비계】

109. 건설용 리프트의 붕괴 등을 방지하기 위해 받침의 수를 증가 시키는 등 안전조치를 하여야 하는 순간 풍속 기준은?

① 초당 15미터 초과 　　② 초당 25미터 초과
③ 초당 35미터 초과 　　④ 초당 45미터 초과

사업주는 순간풍속이 초당 35미터를 초과하는 바람이 불어올 우려가 있는 경우 건설작업용 리프트(지하에 설치되어 있는 것은 제외한다)에 대하여 받침의 수를 증가시키는 등 그 붕괴 등을 방지하기 위한 조치를 하여야 한다.
참고 산업안전보건기준에 관한 규칙 제154조【붕괴 등의 방지】

110. 건설작업용 타워크레인의 안전장치로 옳지 않은 것은?

① 권과 방지장치 　　② 과부하 방지장치
③ 비상정지 장치 　　④ 호이스트 스위치

양중기에 과부하방지장치, 권과방지장치(捲過防止裝置), 비상정지장치 및 제동장치, 그 밖의 방호장치[(승강기의 파이널 리미트 스위치(final limit switch), 조속기(調速機), 출입문 인터 록(interlock) 등을 말한다]가 정상적으로 작동될 수 있도록 미리 조정해 두어야 한다.
참고 산업안전보건기준에 관한 규칙 제134조【방호장치의 조정】

111. 달비계에 사용하는 와이어로프의 사용금지 기준으로 옳지 않은 것은?

① 이음매가 있는 것
② 열과 전기 충격에 의해 손상된 것
③ 지름의 감소가 공칭지름의 7%를 초과하는 것
④ 와이어로프의 한 꼬임에서 끊어진 소선의 수가 7% 이상인 것

와이어로프 등의 사용금지
1. 이음매가 있는 것
2. 와이어로프의 한 꼬임[스트랜드(strand)를 의미한다. 이하 같다]에서 끊어진 소선[素線, 필러(pillar)선을 제외한다]의 수가 10퍼센트 이상인 것
3. 지름의 감소가 공칭지름의 7퍼센트를 초과하는 것
4. 꼬인 것
5. 심하게 변형 또는 부식된 것
참고 산업안전보건기준에 관한 규칙 제166조【이음매가 있는 와이어로프 등의 사용 금지】

112. 건설업 산업안전보건관리비 계상 및 사용기준은 산업재해보상 보험법의 적용을 받는 공사 중 총 공사금액이 얼마 이상인 공사에 적용하는가? (단, 전기공사업법, 정보통신공사업법에 의한 공사는 제외)

① 4천만 원 　　② 3천만 원
③ 2천만 원 　　④ 1천만 원

건설업 산업안전보건관리비는 총공사금액 2천만원 이상인 공사에 적용한다. 다만, 다음 각 호의 어느 하나에 해당되는 공사 중 단가계약에 의하여 행하는 공사에 대하여는 총계약금액을 기준으로 적용한다.
1. 「전기공사업법」 제2조에 따른 전기공사로서 저압·고압 또는 특별고압 작업으로 이루어지는 공사
2. 「정보통신공사업법」 제2조에 따른 정보통신공사
참고 건설업 산업안전보건관리비 계상 및 사용기준 제3조【적용범위】

113. 가설구조물의 특징으로 옳지 않은 것은?

① 연결재가 적은 구조로 되기 쉽다.
② 부재 결합이 간략하여 불안전 결합이다.
③ 구조물이라는 개념이 확고하여 조립의 정밀도가 높다.
④ 사용부재는 과소단면이거나 결함재가 되기 쉽다.

가설구조물은 임시 구조물이라는 개념이 있어 조립 시 정밀도가 떨어진다.

114. 거푸집 동바리의 침하를 방지하기 위한 직접적인 조치로 옳지 않은 것은?

① 수평연결재 사용 　　② 깔목의 사용
③ 콘크리트의 타설 　　④ 말뚝박기

깔목의 사용, 콘크리트 타설, 말뚝박기 등 동바리의 침하를 방지하기 위한 조치를 할 것
참고 산업안전보건기준에 관한 규칙 제332조【거푸집동바리등의 안전조치】

해답 109 ③　110 ④　111 ④　112 ③　113 ③　114 ①

115. 건설공사의 유해위험방지계획서 제출 기준일로 옳은 것은?

① 당해공사 착공 1개월 전까지
② 당해공사 착공 15일 전까지
③ 당해공사 착공 전날까지
④ 당해공사 착공 15일 후까지

> 사업주가 유해위험방지계획서를 제출할 때에는 해당 공사의 착공 전날까지 공단에 2부를 제출해야 한다.
> **참고** 산업안전보건법 시행규칙 제42조 【제출서류 등】

116. 건설업 중 유해위험방지계획서 제출 대상 사업장으로 옳지 않은 것은?

① 지상높이가 31m 이상인 건축물 또는 인공구조물, 연면적 30000m² 이상인 건축물 또는 연면적 5000m² 이상의 문화 및 집회시설의 건설공사
② 연면적 3000m² 이상의 냉동·냉장 창고시설의 설비공사 및 단열공사
③ 깊이 10m 이상인 굴착공사
④ 최대 지간길이가 50m 이상인 다리의 건설공사

> **위험방지계획서를 제출해야 될 건설공사**
> 1. 지상높이가 31미터 이상인 건축물 또는 인공구조물, 연면적 3만 제곱미터 이상인 건축물 또는 연면적 5천 제곱미터 이상의 문화 및 집회시설(전시장 및 동물원·식물원은 제외한다), 판매시설, 운수시설(고속철도의 역사 및 집배송시설은 제외한다), 종교시설, 의료시설 중 종합병원, 숙박시설 중 관광숙박시설, 지하도상가 또는 냉동·냉장창고시설의 건설개조 또는 해체
> 2. 연면적 5천제곱미터 이상의 냉동·냉장창고시설의 설비공사 및 단열공사
> 3. 최대지간길이가 50m 이상인 교량건설 등 공사
> 4. 터널건설 등의 공사
> 5. 다목적댐·발전용댐 및 저수용량 2천만 톤 이상의 용수전용댐·지방상수도 전용댐 건설 등의 공사
> 6. 깊이 10미터 이상인 굴착공사
> **참고** 산업안전보건법 시행령 제42조 【유해위험방지계획서의 작성·제출 등】

117. 사다리식 통로 등의 구조에 대한 설치기준으로 옳지 않은 것은?

① 발판의 간격은 일정하게 할 것
② 발판과 벽과의 사이는 15cm 이상의 간격을 유지할 것
③ 사다리식 통로의 길이가 10m 이상인 때에는 7m 이내마다 계단참을 설치할 것
④ 사다리의 상단은 걸쳐놓은 지점으로부터 60cm 이상 올라가도록 할 것

> 사다리식 통로의 길이가 10미터 이상인 경우에는 5미터 이내마다 계단참을 설치할 것
> **참고** 산업안전보건기준에 관한 규칙 제24조 【사다리식 통로 등의 구조】

118. 철골건립준비를 할 때 준수하여야 할 사항으로 옳지 않은 것은?

① 지상 작업장에서 건립준비 및 기계기구를 배치할 경우에는 낙하물의 위험이 없는 평탄한 장소를 선정하여 정비하여야 한다.
② 건립작업에 다소 지장이 있다하더라도 수목은 제거하거나 이설하여서는 안된다.
③ 사용 전에 기계기구에 대한 정비 및 보수를 철저히 실시하여야 한다.
④ 기계에 부착된 앵카 등 고정장치와 기초구조 등을 확인하여야 한다.

> **철골건립준비를 할 때 준수하여야 할 사항**
> 1. 지상 작업장에서 건립준비 및 기계기구를 배치할 경우에는 낙하물의 위험이 없는 평탄한 장소를 선정하여 정비하고 경사지에서는 작업대나 임시발판 등을 설치하는 등 안전하게 한 후 작업하여야 한다.
> 2. 건립작업에 지장이 되는 수목은 제거하거나 이설하여야 한다.
> 3. 인근에 건축물 또는 고압선 등이 있는 경우에는 이에 대한 방호조치 및 안전조치를 하여야 한다.
> 4. 사용 전에 기계기구에 대한 정비 및 보수를 철저히 실시하여야 한다.
> 5. 기계가 계획대로 배치되어 있는가, 원치는 작업구역을 확인할 수 있는 곳에 위치하였는가, 기계에 부착된 앵카 등 고정장치와 기초구조 등을 확인하여야 한다.

119. 고소작업대를 설치 및 이동하는 경우에 준수하여야 할 사항으로 옳지 않은 것은?

① 와이어로프 또는 체인의 안전율은 3 이상일 것
② 붐의 최대 지면경사각을 초과 운전하여 전도되지 않도록 할 것
③ 고소작업대를 이동하는 경우 작업대를 가장 낮게 내릴 것
④ 작업대에 끼임·충돌 등 재해를 예방하기 위한 가드 또는 과상승방지장치를 설치할 것

> 작업대를 와이어로프 또는 체인으로 올리거나 내릴 경우에는 와이어로프 또는 체인이 끊어져 작업대가 떨어지지 아니하는 구조여야 하며, 와이어로프 또는 체인의 안전율은 5 이상일 것
> **참고** 산업안전보건기준에 관한 규칙 제186조【고소작업대 설치 등의 조치】

120. 터널 공사에서 발파작업 시 안전대책으로 옳지 않은 것은?

① 발파전 도화선 연결상태, 저항치 조사 등의 목적으로 도통시험 실시 및 발파기의 작동상태에 대한 사전점검 실시
② 모든 동력선은 발원점으로부터 최소한 15m 이상 후방으로 옮길 것
③ 지질, 암의 절리 등에 따라 화약량에 대한 검토 및 시방기준과 대비하여 안전조치 실시
④ 발파용 점화회선은 타동력선 및 조명회선과 한곳으로 통합하여 관리

> 발파용 점화회선은 타동력선 및 조명회선으로부터 분리되어야 한다.

※ 본 기출문제는 수험자의 기억을 바탕으로 하여 복원한 문제이므로 실제 문제와 다를 수 있음을 미리 알려드립니다.

■■■ 제1과목 산업안전관리론

1. 다음 중 하인리히의 사고연쇄반응이론을 올바르게 나열한 것은?

① 기본원인→통제의 부족→직접원인→사고→상해
② 통제의 부족→기본원인→직접원인→사고→상해
③ 개인적 결함→사회적 환경 및 유전적 요소→불안전한 행동 및 상태→사고→재해
④ 사회적 환경 및 유전적 요소→개인적 결함→불안전한 행동 및 상태→사고→재해

> **하인리히 도미노 이론**
> 1. 사회적 환경 및 유전적 요소
> 2. 개인적 결함
> 3. 불안전한 행동 및 상태
> 4. 사고
> 5. 재해

2. 안전보건관리조직의 유형 중 직계(Line)형에 관한 설명으로 옳은 것은?

① 독립된 안전참모조직을 보유하고 있다.
② 대규모의 사업장에 적합하다.
③ 안전지시나 명령이 신속히 수행된다.
④ 안전지식이나 기술축적이 용이하다.

> **직계식(Line) 조직**
> 100인 미만의 소규모 사업장에 적용
>
> | 장점 | 단점 |
> |------|------|
> | • 명령과 보고가 상하관계뿐이므로 간단명료하다.
• 신속·정확한 조직
• 안전지시나 개선조치가 철저하고 신속하다. | • 생산업무와 같이 안전대책이 실시되므로 불충분하다.
• 안전 Staff이 없어 내용이 빈약하다.
• Line에 과중한 책임 부여 |

3. 천재지변 발생 직후 기계설비의 수리 등을 할 경우 또는 중대재해 발생 직후 등에 행하는 안전점검을 무엇이라 하는가?

① 임시점검 　　　② 자체점검
③ 수시점검 　　　④ 특별점검

> **안전점검의 종류**
> 1. 수시점검 : 작업 전·중·후에 실시하는 점검으로 작업자가 일상적으로 실시하는 점검이다.
> 2. 정기점검 : 일정기간마다 정기적으로 실시하는 점검으로 매주 또는 매월, 분기마다, 반기마다, 연도별로 실시하는 점검이다.
> 3. 임시점검 : 이상 발견 시 임시로 실시하는 점검 또는 정기점검과 정기점검사이에 실시하는 점검에 실시하는 점검이다.
> 4. 특별점검 : 기계·기구·설비의 신설시·변경내지 고장 수리 시 실시하는 점검 또는 천재지변 발생 후 실시하는 점검, 안전강조 기간 내에 실시하는 점검이다.

4. 산업안전보건법령상 건설현장에서 사용하는 크레인의 안전검사의 주기는? (단, 이동식 크레인은 제외한다.)

① 최초로 설치한 날부터 1개월마다 실시
② 최초로 설치한 날부터 3개월마다 실시
③ 최초로 설치한 날부터 6개월마다 실시
④ 최초로 설치한 날부터 1년마다 실시

> **안전검사의 신청과 주기**
>
> | 주기 | 내용 |
> |------|------|
> | 사업장에 설치가 끝난 날부터 3년 이내에 최초, 그 이후부터 2년마다 | 크레인(이동식 크레인은 제외한다), 리프트(이삿짐운반용 리프트는 제외한다) 및 곤돌라 (건설현장에서 사용하는 것은 최초로 설치한 날부터 6개월마다) |
> | | 프레스, 전단기, 압력용기, 국소 배기장치, 원심기, 화학설비 및 그 부속설비, 건조설비 및 그 부속설비, 롤러기, 사출성형기, 컨베이어 및 산업용 로봇 (공정안전보고서를 제출하여 확인을 받은 압력용기는 4년마다) |
>
> **참고** 산업안전보건법 시행규칙 제126조【안전검사의 주기와 합격표시 및 표시방법】

해답 1 ④ 　2 ③ 　3 ④ 　4 ③

5. 사고예방대책의 기본원리 5단계 시정책의 적용 중 3E에 해당하지 않은 것은?

① 교육(Education)
② 관리(Enforcement)
③ 기술(Engineering)
④ 환경(Environment)

재해예방을 위한 시정책인 "3E"
1. Engineering(기술)
2. Education(교육)
3. Enforcement(관리)

6. 안전·보건에 관한 노사협의체의 구성·운영에 대한 설명으로 틀린 것은?

① 노사협의체는 근로자와 사용자가 같은 수로 구성 되어야 한다.
② 노사협의체의 회의 결과는 회의록으로 작성하여 보존하여야 한다.
③ 노사협의체의 회의는 정기회의와 임시회의로 구분 하되, 정기회의는 3개월마다 소집한다.
④ 노사협의체는 산업재해 예방 및 산업재해가 발생 한 경우의 대피방법 등에 대하여 협의하여야 한다.

노사협의체의 회의는 정기회의와 임시회의로 구분하여 개최하되, 정기회의는 2개월마다 노사협의체의 위원장이 소집하며, 임시회 의는 위원장이 필요하다고 인정할 때에 소집한다.
참고 산업안전보건법 시행령 제65조【노사협의체의 운영 등】

7. A사업장에서 무상해, 무사고 위험순간이 300건 발 생하였다면 버드(Frank Bird)의 재해구성 비율에 따 르면 경상은 몇 건이 발생하겠는가?

① 5   ② 10
③ 15   ④ 20

버드의 재해구성 비율
1 : 중상 또는 폐질, 10 : 경상,
30 : 무상해사고, 600 : 무상해 무사고 이므로
$10 : 600 = x : 300, \ x = \dfrac{300 \times 10}{600} = 5$

8. 산업안전보건법상 안전·보건표지 중 색채와 색도기 준이 올바르게 연결된 것은? (단, 색도기준은 "색상 명도 / 채도" 순서이다.)

① 흰색 : N0.5
② 녹색 : 5G 5.5/6
③ 빨간색 : 5R 4/12
④ 파란색 : 2.5PB 4/10

안전·보건표지 중 색채와 색도 기준
1. 흰색 : N9.5
2. 녹색 : 2.5G 4/10
3. 빨간색 : 7.5R 4/14

9. 산업안전보건법령상 안전보건관리규정에 포함해야 할 내용이 아닌 것은?

① 안전보건교육에 관한 사항
② 사고조사 및 대책수립에 관한 사항
③ 안전보건관리 조직과 그 직무에 관한 사항
④ 산업재해보상보험에 관한 사항

안전보건관리규정 작성 시 포함사항
1. 안전 및 보건에 관한 관리조직과 그 직무에 관한 사항
2. 안전보건교육에 관한 사항
3. 작업장의 안전 및 보건 관리에 관한 사항
4. 사고 조사 및 대책 수립에 관한 사항
5. 그 밖에 안전 및 보건에 관한 사항
참고 산업안전보건법 제25조【안전보건관리규정의 작성 등】

해답 5 ④ 6 ③ 7 ① 8 ④ 9 ④

10. 산업안전보건법령상 안전관리자를 2인 이상 선임하여야 하는 사업이 아닌 것은? (단, 기타 법령에 관한 사항은 제외한다.)

① 상시 근로자가 500명인 통신업
② 상시 근로자가 700명인 발전업
③ 상시 근로자가 600명인 식료품 제조업
④ 공사금액이 1,000억이며 공사 진행률(공정률) 20%인 건설업

안전관리자 2명이상 선임대상 사업장
①항, 통신업 : 상시 근로자 1,000명 이상
②항, 발전업 : 상시 근로자 500명 이상
③항, 식료품 제조업 : 상시 근로자 500명 이상
④항, 건설업 : 공사금액 800억원 이상 1,500억 미만
참고 산업안전보건법 시행령 별표3【안전관리자를 두어야 할 사업의 종류, 사업장의 상시근로자 수, 안전관리자의 수 및 선임방법】

11. 산업재해 발생 시 조치 순서에 있어 긴급처리의 내용으로 볼 수 없는 것은?

① 현장 보존
② 잠재위험요인 적출
③ 관련 기계의 정지
④ 재해자의 응급조치

재해발생시 긴급처리 순서
1. 피재기계의 정지 및 피해확산 방지
2. 피해자의 응급조치
3. 관계자에게 통보
4. 2차 재해방지
5. 현장보존

12. 산업안전보건법령상 중대재해의 범위에 해당하지 않는 것은?

① 사망자가 1명 발생한 재해
② 부상자가 동시에 10명 이상 발생한 재해
③ 2개월 이상의 요양이 필요한 부상자가 동시에 2명 이상 발생한 재해
④ 직업성 질병자가 동시에 10명 이상 발생한 재해

중대재해의 종류
1. 사망자가 1명 이상 발생한 재해
2. 3개월 이상의 요양이 필요한 부상자가 동시에 2명 이상 발생한 재해
3. 부상자 또는 직업성 질병자가 동시에 10명 이상 발생한 재해
참고 산업안전보건법 시행규칙 제3조【중대재해의 범위】

13. 무재해 운동의 3원칙 중 잠재적인 위험요인을 발견·해결하기 위하여 전원이 협력하여 각자의 위치에서 의욕적으로 문제해결을 실천하는 것을 의미하는 것은?

① 무의 원칙
② 선취의 원칙
③ 관리의 원칙
④ 참가의 원칙

무재해 운동 이념 3원칙
1. 무의 원칙 : 무재해란 단순히 사망 재해, 휴업 재해만 없으면 된다는 소극적인 사고(思考)가 아니고 불휴 재해는 물론 일체의 잠재 위험 요인을 사전에 발견, 파악, 해결함으로써 근원적으로 산업재해를 없애는 것
2. 선취의 원칙 : 무재해운동에 있어서 선취란 궁극의 목표로서 무재해, 무질병의 직장을 실현하기 위하여 일체의 직장의 위험요인을 행동하기 전에 발견, 파악, 해결하여 재해를 예방하거나 방지하는 것
3. 참가의 원칙 : 잠재적인 위험요인을 발견·해결하기 위하여 전원이 협력하여 각자의 위치에서 의욕적으로 문제해결을 실천하는 것

14. 다음 중 방진마스크의 일반적인 구조로 적합하지 않은 것은?

① 배기밸브는 방진마스크의 내부와 외부의 압력이 같을 경우 항상 열려 있도록 할 것
② 흡기밸브는 미약한 호흡에 대하여 확실하고 예민하게 작동하도록 할 것
③ 안면부여과식 마스크는 여과재를 안면에 밀착시킬 수 있어야 할 것
④ 머리끈은 적당한 길이 및 탄력성을 갖고 길이를 쉽게 조절할 수 있을 것

배기밸브는 방진마스크의 내부와 외부의 압력이 같을 경우 항상 닫혀 있도록 할 것. 또한, 약한 호흡 시에도 확실하고 예민하게 작동하여야 하며 외부의 힘에 의하여 손상되지 않도록 덮개 등으로 보호되어 있을 것

해답 10 ① 11 ② 12 ③ 13 ④ 14 ①

15. 산업재해보상보험법령상 명시된 보험급여의 종류가 아닌 것은?

① 장례비
② 요양급여
③ 휴업급여
④ 생산손실급여

> **보험급여의 종류**
> 1. 요양급여
> 2. 휴업급여
> 3. 장해급여
> 4. 간병급여
> 5. 유족급여
> 6. 상병(傷病)보상연금
> 7. 장례비
> 8. 직업재활급여
>
> **참고** 산업재해보상보험법 제36조【보험급여의 종류와 산정 기준 등】

16. 매슬로우의 욕구 5단계 이론 중 2단계에 해당하는 것은?

① 생리적 욕구
② 사회적(애정적) 욕구
③ 안전에 대한 욕구
④ 존경과 긍지에 대한 욕구

> **매슬로우(Maslow)의 욕구단계 이론**
> 1. 1단계 : 생리적 욕구
> 2. 2단계 : 안전 욕구
> 3. 3단계 : 사회적 욕구
> 4. 4단계 : 존경의 욕구
> 5. 5단계 : 자아실현의 욕구

17. 산업안전보건법령상 관리감독자가 수행하는 안전 및 보건에 관한 업무에 속하지 않는 것은?

① 해당 작업의 작업장 정리·정돈 및 통로 확보에 대한 확인·감독
② 해당 사업장에서 발생한 산업재해에 관한 보고 및 이에 대한 응급조치
③ 해당 사업장 안전교육계획의 수립 및 안전 교육 실시에 관한 보좌 및 지도·조언
④ 관리감독자에게 소속된 근로자의 작업복·보호구 및 방호장치의 점검과 그 착용·사용에 관한 교육·지도

> **관리감독자의 업무**
> 1. 사업장 내 관리감독자가 지휘·감독하는 작업과 관련된 기계·기구 또는 설비의 안전·보건 점검 및 이상 유무의 확인
> 2. 관리감독자에게 소속된 근로자의 작업복·보호구 및 방호장치의 점검과 그 착용·사용에 관한 교육·지도
> 3. 해당작업에서 발생한 산업재해에 관한 보고 및 이에 대한 응급조치
> 4. 해당작업의 작업장 정리·정돈 및 통로 확보에 대한 확인·감독
> 5. 사업장의 다음의 어느 하나에 해당하는 사람의 지도·대한 협조
>   가. 안전관리자 또는 안전관리자의 업무를 같은 항에 따른 안전관리전문기관에 위탁한 사업장의 경우에는 그 안전관리전문기관의 해당 사업장 담당자
>   나. 보건관리자 또는 보건관리자의 업무를 같은 항에 따른 보건관리전문기관에 위탁한 사업장의 경우에는 그 보건관리전문기관의 해당 사업장 담당자
>   다. 안전보건관리담당자 또는 안전보건관리담당자의 업무를 안전관리전문기관 또는 보건관리전문기관에 위탁한 사업장의 경우에는 그 안전관리전문기관 또는 보건관리전문기관의 해당 사업장 담당자
>   라. 산업보건의
> 4. 위험성평가에 관한 다음의 업무
>   가. 유해·위험요인의 파악에 대한 참여
>   나. 개선조치의 시행에 대한 참여
> 7. 그 밖에 해당작업의 안전 및 보건에 관한 사항으로서 고용노동부령으로 정하는 사항
>
> **참고** 산업안전보건법 시행령 제15조【관리감독자의 업무 등】

18. 다음 중 산업안전보건법령상 자율안전확인대상 기계·기구에 해당하지 않는 것은?

① 연삭기
② 곤돌라
③ 컨베이어
④ 산업용 로봇

> **자율안전확인대상 기계 또는 설비**
> 1. 연삭기(研削機) 또는 연마기. 이 경우 휴대형은 제외한다.
> 2. 산업용 로봇
> 3. 혼합기
> 4. 파쇄기 또는 분쇄기
> 5. 식품가공용 기계(파쇄·절단·혼합·제면기만 해당한다)
> 6. 컨베이어
> 7. 자동차정비용 리프트
> 8. 공작기계(선반, 드릴기, 평삭·형삭기, 밀링만 해당한다)
> 9. 고정형 목재가공용 기계(둥근톱, 대패, 루타기, 띠톱, 모떼기 기계만 해당한다)
> 10. 인쇄기
>
> **참고** 산업안전보건법 시행령 제77조【자율안전확인대상기계등】

19. 다음 중 재해의 발생 원인을 관리적인 면에서 분류한 것과 가장 관계가 먼 것은?

① 기술적 원인　　② 인적 원인
③ 교육적 원인　　④ 작업관리상 원인

> 인적 원인은 직접원인에 해당된다.
> **참고 관리적(간접) 원인의 종류**
> 1. 기술적 원인
> 2. 교육적 원인
> 3. 정신적 원인
> 4. 작업관리상 원인
> 5. 신체적원인

20. 다음 중 재해사례연구의 진행단계를 올바르게 나열한 것은?

① 재해 상황의 파악 → 사실의 확인 → 문제점의 발견 → 문제점의 결정 → 대책의 수립
② 사실의 확인 → 재해 상황의 파악 → 문제점의 발견 → 문제점의 결정 → 대책의 수립
③ 문제점의 발견 → 재해 상황이 파악 → 사실의 확인 → 문제점의 결정 → 대책의 수립
④ 문제점의 발견 → 문제점의 결정 → 재해 상황의 파악 → 사실의 확인 → 대책의 수립

> **재해사례연구의 진행단계**
> 전제조건 : 재해상황(현상) 파악
> 1단계 : 사실의 확인
> 2단계 : 문제점 발견
> 3단계 : 근본적 문제점 결정
> 4단계 : 대책의 수립

■■■ 제2과목 산업심리 및 교육

21 인간의 착각현상 중 실제로 움직이지 않지만 어느 기준의 이동에 의하여 움직이는 것처럼 느껴지는 착각현상의 명칭으로 적합한 것은?

① 자동운동　　② 잔상현상
③ 유도운동　　④ 착시현상

> 유도운동이란 실제로는 움직이지 않는 것이 어느 기준의 이동에 유도되어 움직이는 것처럼 느껴지는 현상을 말한다.(하행선 기차역에 정지하고 있는 열차 안의 승객이 반대편 상행선 열차의 출발로 인하여 하행선 열차가 움직이는 것 같은 착각을 일으키는 현상)

22. 굴착면의 높이가 2m 이상인 암석의 굴착 작업에 대한 특별안전보건교육 내용에 포함되지 않는 것은? (단, 그 밖의 안전·보건관리에 필요한 사항은 제외한다.)

① 지반의 붕괴재해 예방에 관한 사항
② 보호구 및 신호방법 등에 관한 사항
③ 안전거리 및 안전기준에 관한 사항
④ 폭발물 취급 요령과 대피 요령에 관한 사항

> **굴착면의 높이가 2미터 이상이 되는 암석의 굴착작업 시 특별안전보건교육 내용**
> 1. 폭발물 취급 요령과 대피 요령에 관한 사항
> 2. 안전거리 및 안전기준에 관한 사항
> 3. 방호물의 설치 및 기준에 관한 사항
> 4. 보호구 및 신호방법 등에 관한 사항
> 5. 그 밖에 안전·보건관리에 필요한 사항

23 다음 중 프로그램 학습법(Programmed self-instruction method)의 장점이 아닌 것은?

① 학습자의 사회성을 높이는데 유리하다.
② 한 강사가 많은 수의 학습자를 지도할 수 있다.
③ 지능, 학습적성, 학습속도 등 개인차를 충분히 고려할 수 있다.
④ 매 반응마다 피드백이 주어지기 때문에 학습자가 흥미를 갖는다.

> ①항, 프로그램 학습법은 학습자의 사회성이 결여될 우려가 있는 것으로 프로그램 학습법의 단점으로 볼 수 있다.

24 상황성 누발자의 재해유발원인으로 가장 적절한 것은?

① 소심한 성격
② 주의력의 산만
③ 기계설비의 결함
④ 침착성 및 도덕성의 결여

> 상황성 누발자란 작업의 어려움, 기계설비의 결함, 환경상 주의력의 집중 혼란, 심신의 근심 등 때문에 재해를 누발하는 자이다.

25. 허츠버그(Herzberg)의 욕구이론 중 위생요인이 아닌 것은?

① 임금
② 승진
③ 존경
④ 지위

> 존경은 동기요인에 해당된다.
> **Herzberg의 동기 – 위생 이론**

분류	종류
위생요인 (유지욕구)	직무환경, 정책, 관리·감독, 작업조건, 대인관계, 금전, 지휘, 등
동기요인 (만족욕구)	업무(일)자체, 성취감, 성취에 대한 인정, 도전적이고 보람있는 일, 책임감, 성장과 발달 등

26. 에너지 대사율(RMR)에 따른 작업의 분류에 따라 중(보통)작업의 RMR 범위는?

① 0~2
② 2~4
③ 4~7
④ 7~9

> **에너지대사율에 따른 작업강도구분**
> 1. 0~2RMR : 경(輕)작업
> 2. 2~4RMR : 보통, 중(中)작업
> 3. 4~7RMR : 중(重)작업
> 4. 7RMR 이상 : 초중(超重)작업

27. 다음 중 조직이 리더에게 부여하는 권한으로 볼 수 없는 것은?

① 합법적 권한
② 전문성의 권한
③ 강압적 권한
④ 보상적 권한

> 1. 조직이 지도자에게 부여한 권한

구분	내용
보상적 권한	지도자가 부하들에게 보상할 수 있는 능력으로 인해 부하직원들을 통제할 수 있으며 부하들의 행동에 대해 영향을 끼칠 수 있는 권한
강압적 권한	부하직원들을 처벌할 수 있는 권한
합법적 권한	조직의 규정에 의해 지도자의 권한이 공식화된 것

> 2. 지도자 자신이 자신에게 부여한 권한

구분	내용
전문성의 권한	부하직원들이 지도자의 성격이나 능력을 인정하고 지도자를 존경하며 자진해서 따르는 것
위임된 권한	집단의 목표를 성취하기 위해 부하직원들이 지도자가 정한 목표를 자진해서 자신의 것으로 받아들여 지도자와 함께 일하는 것

28. 인간의 적응기제(adjustment mechanism)중 방어적 기제에 해당하는 것은?

① 보상
② 고립
③ 퇴행
④ 억압

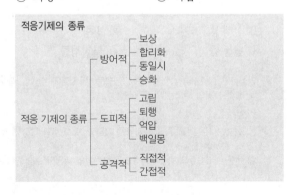

해답 24 ③ 25 ③ 26 ② 27 ② 28 ①

29. 매슬로우(Maslow)의 욕구위계를 바르게 나열한 것은?

① 생리적 욕구 – 사회적 욕구 – 안전의 욕구 – 인정 받으려는 욕구 – 자아실현의 욕구
② 생리적 욕구 – 안전의 욕구 – 사회적 욕구 – 인정 받으려는 욕구 – 자아실현의 욕구
③ 안전의 욕구 – 생리적 욕구 – 사회적 욕구 – 인정 받으려는 욕구 – 자아실현의 욕구
④ 안전의 욕구 – 생리적 욕구 – 사회적 욕구 – 자아 실현의 욕구 – 인정받으려는 욕구

Maslow의 욕구단계이론

분류	내용
1단계 (생리적 욕구)	기아, 갈증, 호흡, 배설, 성욕 등 인간의 가장 기본적인 욕구(종족 보존)
2단계(안전욕구)	안전을 구하려는 욕구(기술적 능력)
3단계 (사회적 욕구)	애정, 소속에 대한 욕구(애정적, 친화적 욕구)
4단계 (인정을 받으려는 욕구)	자기 존경의 욕구로 자존심, 명예, 성취, 지위에 대한 욕구(포괄적 능력, 승인의 욕구)
5단계 (자아실현의 욕구)	잠재적인 능력을 실현하고자 하는 욕구(종합적 능력, 성취욕구)

30. 다음 설명에 해당하는 주의의 특성은?

> 공간적으로 보면 시선의 주시점만 인지하는 기능으로 한 지점에 주의를 집중하면 다른 곳의 주의는 약해진다.

① 선택성   ② 방향성
③ 변동성   ④ 일점집중

방향성이란 주시점만 인지하는 기능으로 한 지점에 주의를 집중하면 다른 곳의 주의는 약해진다.

참고
① 선택성이란 여러 종류의 자극을 자각할 때 소수의 특정한 것에 한하여 선택하는 기능이다.
② 변동성이란 주의에는 주기적으로 부주의의 리듬이 존재

31. 참가자 앞에서 소수의 전문가들이 과제에 관한 견해를 자유롭게 토의한 후 참가자 전원이 참가하여 사회자의 사회에 따라 토의하는 방법은?

① 포럼(forum)
② 심포지엄(symposium)
③ 버즈 세션(buzz session)
④ 패널 디스커션(panel discussion)

패널 디스커션(panel discussion)
패널멤버(교육 과제에 정통한 전문가 4~5명)가 피교육자 앞에서 자유로이 토의를 하고 뒤에 피교육자 전부가 참가하여 사회자의 사회에 따라 토의하는 방법이다.

32. 산업안전보건법상 일용직 근로자를 제외한 근로자 신규 채용 시 실시해야 하는 안전·보건교육 시간으로 맞는 것은?

① 8시간 이상   ② 매분기 3시간
③ 16시간 이상   ④ 매분기 6시간

교육과정	교육대상		교육시간
정기 교육	사무직 종사 근로자		매분기 3시간 이상
	사무직 종사 근로자 외의 근로자	판매 업무에 직접 종사하는 근로자	매분기 3시간 이상
		판매 업무에 직접 종사하는 근로자 외의 근로자	매분기 6시간 이상
	관리감독자의 지위에 있는 사람		연간 16시간 이상
채용시의 교육	일용근로자		1시간 이상
	일용근로자를 제외한 근로자		8시간 이상

33. 안전교육의 3단계 중 작업방법, 취급 및 조작행위를 몸으로 숙달시키는 것을 목적으로 하는 단계는?

① 안전지식교육
② 안전기능교육
③ 안전태도교육
④ 안전의식교육

> **안전교육의 3단계**
> 1. 제1단계 : 지식교육이란 강의, 시청각 교육을 통한 지식의 전달과 이해하는 단계
> 2. 제2단계 : 기능교육이란 시범, 견학, 실습, 통해 작업방법이나 조작에 대한 숙달을 목적으로 한다.
> 3. 제3단계 : 태도교육이란 작업동작지도, 생활지도 등을 통한 안전의 습관화를 한다.

34. Off.J.T의 특징이 아닌 것은?

① 우수한 강사를 확보할 수 있다.
② 교재, 시설 등을 효과적으로 이용할 수 있다.
③ 개개인의 능력 및 적성에 적합한 세부교육이 가능하다.
④ 다수의 대상자를 일괄적, 체계적으로 교육을 시킬 수 있다.

> 개개인의 능력 및 적성에 적합한 세부교육이 가능한 것은 O.J.T의 특징이다.
>
> **참고** O.J.T와 off.J.T의 특징

O.J.T	off.J.T
• 개개인에게 적합한 지도훈련을 할 수 있다. • 직장의 실정에 맞는 실체적 훈련을 할 수 있다. • 훈련에 필요한 업무의 계속성이 끊어지지 않는다. • 즉시 업무에 연결되는 관계로 신체와 관련이 있다. • 효과가 곧 업무에 나타나며 훈련의 좋고 나쁨에 따라 개선이 용이하다. • 교육을 통한 훈련 효과에 의해 상호 신뢰도 및 이해도가 높아진다.	• 다수의 근로자에게 조직적 훈련이 가능하다. • 훈련에만 전념하게 된다. • 특별 설비 기구를 이용할 수 있다. • 전문가를 강사로 초청할 수 있다. • 각 직장의 근로자가 많은 지식이나 경험을 교류할 수 있다. • 교육 훈련 목표에 대해서 집단적 노력이 흐트러질 수 있다.

35. 학습정도(level of learning)의 4단계에 해당하지 않는 것은?

① 회상(to recall)
② 적용(to apply)
③ 인지(to recognize)
④ 이해(to understand)

구분	내용
학습목적의 3요소	• 목표(goal) • 주제(subject) • 학습정도(level of learning)
학습정도 (level of learning)의 4요소	• 인지(to aquaint, recognize) : ~을 인지하여야 한다. • 지각(to know) : ~을 알아야 한다. • 이해(to understand) : ~을 이해하여야 한다. • 적용(to apply) : ~을~에 적용할 줄 알아야 한다.

36. 휴먼에러의 심리적 분류에 해당하지 않는 것은?

① 입력 오류(input error)
② 시간지연 오류(time error)
③ 생략 오류(omission error)
④ 순서 오류(sequential error)

> **인간 실수의 독립행동(심리적)에 의한 분류**

분류	내용
생략 오류 (error of omission)	어떤 일에 태만(怠慢)에 관한 것
실행 오류 (commission)	잘못된 행위의 실행에 관한 것
순서 오류 (sequence error)	잘못된 순서로 어떤 과업을 실행 하거나 과업에 들어갔을 때 생기는 것
시간 오류 (timing error)	할당된 시간 안에 동작을 실행하지 못하거나 너무 빠르거나 또는 너무 느리게 실행했을 때 생기는 것
불필요한 오류 (Extraneous Error)	불필요한 작업을 수행함으로 인하여 발생된 오류이다.

37. 시행착오설에 의한 학습법칙에 해당하지 않는 것은?

① 효과의 법칙　　　　② 일관성의 법칙
③ 연습의 법칙　　　　④ 준비성의 법칙

시행착오에 있어서의 학습법칙

구분	내용
연습의 법칙	모든 학습과정은 많은 연습과 반복을 통해서 바람직한 행동의 변화를 가져오게 된다는 법칙으로 빈도의 법칙 (law of frequency)이라고도 한다.
효과의 법칙	학습의 결과가 학습자에게 쾌감을 주면 줄수록 반응은 강화되고 반대로 고통이나 불쾌감을 주면 약화된다는 법칙으로 효과의 법칙이라고도 한다.
준비성의 법칙	특정한 학습을 행하는데 필요한 기초적인 능력을 충분히 갖춘 뒤에 학습을 행함으로서 효과적인 학습을 이룩할 수 있다는 법칙이다.

38. 다음 중 교육훈련 평가 4단계에서 각 단계의 내용으로 틀린 것은?

① 제1단계 : 반응단계
② 제2단계 : 작업단계
③ 제3단계 : 행동단계
④ 제4단계 : 결과단계

교육훈련 평가의 4단계
1. 1단계 : 반응단계
2. 2단계 : 학습단계
3. 3단계 : 행동단계
4. 4단계 : 결과단계

39. 집단이 가지는 효과로 두 개 이상의 서로 다른 개체가 힘을 합쳐 둘이 지닌 힘 이상의 효과를 내는 현상은?

① 응집성 효과　　　　② 시너지 효과
③ 자생적 효과　　　　④ 동조 효과

시너지(synergy) : system+energy
시너지 효과란 집단이 가지는 효과로 두 개 이상의 서로 다른 개체가 힘을 합쳐 둘이 지닌 힘 이상의 효과를 내는 현상이다.

40. 다음 중 안전사고와 관련하여 소질적 사고 요인과 가장 관계가 먼 것은?

① 지능　　　　② 작업자세
③ 성격　　　　④ 시각기능

소질적인 사고요인

구분	내용
지능 (intelligence)	• 지능과 사고의 관계는 비례적 관계에 있지 않으며 그보다 높거나 낮으면 부적응을 초래한다. • Chiseli Brown은 지능 단계가 낮을수록 또는 높을수록 이직률 및 사고 발생률이 높다고 지적하였다.
성격 (personality)	사람은 그 성격이 작업에 적응되지 못할 경우 안전사고를 발생 시킨다.
감각기능	감각기능의 반응 정확도에 따라 재해발생과 관계가 있다.

■■■ 제3과목 인간공학 및 시스템안전공학

41. 다음 중 NIOSH lifting guideline에서 권장무게한계(RWL)산출에 사용되는 평가 요소가 아닌 것은?

① 수평거리　　　　② 수직거리
③ 휴식시간　　　　④ 비대칭각도

NIOSH lifting guideline에서 권장무게한계(RWL)산출에 사용되는 평가 요소
1. 무게 : 들기 작업 물체의 무게
2. 수평위치 : 두 발목의 중점에서 손까지의 거리
3. 수직위치 : 바닥에서 손까지의 거리
4. 수직이동거리 : 들기작업에서 수직으로 이동한 거리
5. 비대칭 각도 : 작업자의 정시상면으로부터 물체가 어느 정도 떨어져 있는가를 나타내는 각도
6. 들기빈도 : 15분 동안의 평균적인 분당 들어 올리는 횟수(회/분)이다.
7. 커플링 분류 : 드는 물체와 손과의 연결상태, 혹은 물체를 들 때에 미끄러지거나 떨어뜨리지 않도록 하는 손잡이 등의 상태

42. 다음 중 시스템 내에 존재하는 위험을 파악하기 위한 목적으로 시스템 설계 초기 단계에 수행되는 위험분석기법으로 맞는 것은?

① MORT　　　　　② FMEA
③ PHA　　　　　④ SHA

PHA이란 시스템 내에 존재하는 위험을 파악하기 위한 목적으로 시스템 설계 초기 단계에 수행되는 정성적, 귀납적 위험분석기법이다.

43. 다음 중 연구 기준의 요건에 대한 설명으로 옳은 것은?

① 적절성 : 반복 실험 시 재현성이 있어야 한다.
② 신뢰성 : 측정하고자 하는 변수 이외의 다른 변수의 영향을 받아서는 안 된다.
③ 무오염성 : 실제로 의도하는 바와 부합해야 한다.
④ 민감도 : 피실험자 사이에서 볼 수 있는 예상 차이점에 비례하는 단위로 측정해야 한다.

①항, 적절성 : 측정하고자 하는 내용을 얼마나 잘 측정하고 있는가를 의미하는 것
②항, 신뢰성 : 검사응답의 일관성, 즉 반복성을 말하는 것이다.
③항, 무오염성 : 측정하고자 하는 변수 외에 다른 변수들의 영향을 받아서는 안 된다.

44. 다음 중 HAZOP 기법에서 사용하는 가이드워드와 그 의미가 잘못 연결된 것은?

① As well as : 성질상의 증가
② More/Less : 정량적인 증가 또는 감소
③ Part of : 성질상의 감소
④ Other than : 기타 환경적인 요인

Other than
완전한 대체(통상 운전과 다르게 되는 상태)

45. 다음 중 인간-기계 시스템을 3가지로 분류한 설명으로 틀린 것은?

① 자동 시스템에서는 인간요소를 고려하여야 한다.
② 자동 시스템에서 인간은 감시, 정비유지, 프로그램 등의 작업을 담당한다.
③ 수동 시스템에서 기계는 동력원을 제공하고 인간의 통제하에서 제품을 생산한다.
④ 기계 시스템에서는 동력기계화 체계와 고도로 통합된 부품으로 구성된다.

수동 시스템에서는 인간이 동력원을 제공하고 작업도 한다.

46. FTA에 의한 재해사례 연구 순서에서 가장 먼저 실시하여야 하는 상황은?

① FT도의 작성
② 개선 계획의 작성
③ 톱(TOP)사상의 선정
④ 사상의 재해 원인의 규명

FTA에 의한 재해사례 연구순서 4단계
1. 1단계 : TOP 사상의 선정
2. 2단계 : 사상의 재해 원인 규명
3. 3단계 : FT도 작성
4. 4단계 : 개선 계획의 작성

47. 다음 중 광원의 밝기에 비례하고, 거리의 제곱에 반비례하며, 반사체의 반사율과는 상관없이 일정한 값을 갖는 것은?

① 광도　　　　　② 휘도
③ 조도　　　　　④ 휘광

$$조도 = \frac{광도}{거리^2}$$

조도는 광원의 밝기에 비례하고, 거리의 제곱에 반비례하며, 반사체의 반사율과는 상관없이 일정한 값을 갖는다.

48. 안전·보건표지에서 경고표지는 삼각형, 안내표지는 사각형, 지시표지는 원형 등으로 부호가 고안되어 있다. 이처럼 부호가 이미 고안되어 이를 사용자가 배워야 하는 부호를 무엇이라 하는가?

① 묘사적 부호   ② 추상적 부호
③ 임의적 부호   ④ 사실적 부호

> **시각적 암호, 부호, 기호**
> 1. 묘사적 부호 : 사물의 행동을 단순하고 정확하게 묘사한 것(예 위험표지판의 해골과 뼈, 도보 표지판의 걷는 사람)
> 2. 추상적 부호 : 傳言의 기본요소를 도식적으로 압축한 부호로 원 개념과는 약간의 유사성이 있을 뿐이다.
> 3. 임의적 부호 : 부호가 이미 고안되어 있으므로 이를 배워야 하는 부호(예 교통 표지판의 삼각형-주의, 원형-규제, 사각형-안내표시)

49. 다음 중 청각적 자극 제시와 이에 대한 음성응답 과업에서 갖는 양립성에 해당하는 것은?

① 개념적 양립성   ② 공간적 양립성
③ 운동 양립성   ④ 양식 양립성

> **양식 양립성(modality compatibility)**
> 직무에 알맞은 자극과 응답의 양식의 존재에 대한 양립성이다. 예를 들어 음성 과업에 대해서는 청각적 자극 제시와 이에 대한 음성 응답 등을 들 수 있다.

50. 결함수분석법(FTA)의 특징으로 볼 수 없는 것은?

① Top Down 형식
② 특정사상에 대한 해석
③ 정성적 해석의 불가능
④ 논리기호를 사용한 해석

> FTA는 정상사상(頂上事像)인 재해현상으로부터 기본사상(基本事像)인 재해원인을 향해 연역적인 분석(Top Down)을 행하므로 재해현상과 재해원인의 상호관련을 정성적으로 해석 할 수 있다. 또한 정량적 해석이 가능 하므로 정량적 예측과 안전대책을 세울 수 있다.

51. FT도에서 시스템의 신뢰도는 얼마인가? (단, 모든 부품의 발생확률은 0.1이다.)

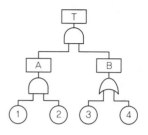

① 0.0033   ② 0.0062
③ 0.9981   ④ 0.9936

> F : 정상사상 T의 발생확률 = 불신뢰도
> $F = A \times B$
> $\quad = (① \times ②) \times 1 - (1-③)(1-④)$
> $\quad = (0.1)^2 \times 1 - (1-0.1)^2$
> $\quad = 0.0019$
> $R(신뢰도) = 1 - F = 1 - 0.0019 = 0.9981$

52. 음량수준을 평가하는 척도와 관계없는 것은?

① dB   ② HSI
③ phon   ④ sone

> HSI(Heat stress index)는 열압박 지수로 온도환경과 관련된 지수이다.

53. Rasmussen은 행동을 세 가지로 분류하였는데, 그 분류에 해당하지 않는 것은?

① 숙련 기반 행동(skill-based behavior)
② 지식 기반 행동(knowledge-based behavior)
③ 경험 기반 행동(experience-based behavior)
④ 규칙 기반 행동(rule-based behavior)

> **Rasmussen의 행동 분류**
> 1. 숙련 기반 행동(skill-based behavior)
> 2. 지식 기반 행동(knowledge-based behavior)
> 3. 규칙 기반 행동(rule-based behavior)

54. 인간-기계시스템의 설계를 6단계로 구분할 때 다음 중 첫 번째 단계에서 시행하는 것은?

① 기본설계
② 시스템의 정의
③ 인터페이스 설계
④ 시스템의 목표와 성능명세 결정

> 인간-기계시스템의 설계
> 1. 제1단계 : 시스템의 목표와 성능명세 결정
> 2. 제2단계 : 시스템의 정의
> 3. 제3단계 : 기본설계
> 4. 제4단계 : 인터페이스 설계
> 5. 제5단계 : 촉진물 설계
> 6. 제6단계 : 시험 및 평가

55. 다음 현상을 설명한 이론은?

> 인간이 감지할 수 있는 외부의 물리적 자극 변화의 최소범위는 표준 자극의 크기에 비례한다.

① 피츠(Fitts) 법칙
② 웨버(Weber) 법칙
③ 신호검출이론(SDT)
④ 힉-하이만(Hick-Hyman) 법칙

> 특정감관의 변화감지역은 사용되는 표준자극에 비례한다는 관계를 Weber 법칙이라 한다.
> Weber 법칙 : $\dfrac{\Delta L}{I}$ = const(일정)
> ΔL : 특정감관의 변화감지역
> I : 표준자극

56. 부품고장이 발생하여도 기계가 추후 보수될 때까지 안전한 기능을 유지할 수 있도록 하는 기능은?

① fail-soft
② fail-active
③ fail-operational
④ fail-passive

> 페일세이프 구조의 기능적 분류
> 1. Fail passive : 일반적인 산업기계방식의 구조이며, 성분의 고장 시 기계는 정지
> 2. Fail active : 성분의 고장 시 경보를 나타내며 단시간동안 운전가능
> 3. Fail operational : 병렬 여분계의 성분을 구성한 경우이며, 성분의 고장이 있어도 다음 정기점검 시까지 정상기능을 유지

57. 인체 계측 중 운전 또는 워드 작업과 같이 인체의 각 부분이 서로 조화를 이루며 움직이는 자세에서의 인체치수를 측정하는 것을 무엇이라 하는가?

① 구조적 치수
② 정적 치수
③ 외곽 치수
④ 기능적 치수

> 기능적(동적) 치수란 상지나 하지의 운동이나 체위의 움직임으로써, 실제의 작업 또는 생활조건 등을 들 수가 있다.

58. 휴식 중 에너지소비량은 1.5kcal/min이고, 어떤 작업의 평균 에너지소비량이 6kcal/min이라 할 때 60분간 총 작업시간 내에 포함되어야 하는 휴식시간은 약 몇 분인가?(단, 기초대사를 포함한 작업에 대한 평균 에너지 소비량의 상한은 5kcal/min이다.)

① 10.3
② 11.3
③ 12.3
④ 13.3

> Murell의 휴식시간 산출
> $$R(\min) = \frac{T(W-S)}{W-1.5} = \frac{60 \times (6-5)}{6-1.5} = 13.3\min$$
> 여기서, R : 필요한 휴식시간(min)
> T : 총 작업시간(min)
> W : 작업 중 평균에너지 소비량(kcal/min)
> S : 권장 평균에너지 소비량 : 5kcal/min
> 휴식 중 에너지 소비량 : 1.5kcal/min

59. 다음 중 부품배치의 원칙에 해당하지 않는 것은?

① 희소성의 원칙
② 사용 빈도의 원칙
③ 기능별 배치의 원칙
④ 사용 순서의 원칙

> 부품배치의 원칙
> 1. 사용 빈도의 원칙
> 2. 기능별 배치의 원칙
> 3. 사용 순서의 원칙
> 4. 중요성의 원칙

해답 54 ④ 55 ② 56 ③ 57 ④ 58 ④ 59 ①

60. 경계 및 경보신호의 설계지침으로 틀린 것은?

① 주의를 환기시키기 위하여 변조된 신호를 사용한다.

② 배경소음의 진동수와 다른 진동수의 신호를 사용한다.

③ 귀는 중음역에 민감하므로 500~3000Hz의 진동수를 사용한다.

④ 300m 이상의 장거리용으로는 1000Hz를 초과하는 진동수를 사용한다.

> 고음은 멀리가지 못하므로 300m 이상의 장거리용으로는 1,000Hz 이하의 진동수를 사용한다.

■■■■ 제4과목 건설시공학

61. 발주자가 수급자에게 위탁하지 않고 직영공사로 공사를 수행하기에 가장 부적합한 공사는?

① 공사 중 설계변경이 빈번한 공사

② 아주 중요한 시설물공사

③ 군비밀상 부득이 한 공사

④ 공사현장 관리가 비교적 복잡한 공사

> **직영공사**
> 건축주가 직접 재료구입, 노무자의 고용, 시공기계 및 가설재를 준비하고 공사를 자기책임 하에 시행하는 방식
>
> **참고 적용**
> 1. 공사내용이 간단하고 시공이 용이한 경우
> 2. 시급한 준공이 필요하지 않거나 중요한 건물인 경우
> 3. 견적산출이 곤란하고, 설계변경이 빈번하게 예상되는 공사
> 4. 풍부하고 저렴한 노동력, 재료의 보유, 구입편의가 있을 때
> 5. 기밀유지가 필요한 공사, 재해의 응급복구 등
> ※ 공사현장 관리가 비교적 복잡한 공사는 전문건설업자에게 의뢰하여 시공한다.

62. 설계도와 시방서가 명확하지 않거나 또는 설계는 명확하지만 공사비 총액을 산출하기 곤란하고 발주자가 양질의 공사를 기대할 때에 채택될 수 있는 가장 타당한 방식은?

① 실비정산 보수가산식 도급

② 단가 도급

③ 정액 도급

④ 턴키 도급

> **실비정산 보수가산도급**
> 1. 공사진척에 따라 공사의 실비를 건축주, 시공자, 감리자가 확인 정산하고 건축주는 미리 정한 보수율에 따라 도급자에게 공사비를 지불하는 방법(이론상 가장 이상적인 도급제도)
> 2. 장·단점
>
> | 장점 | 단점 |
> |---|---|
> | • 양심적인 시공 기대
• 양질의 시공 기대
• 도급자는 손해 볼 여지가 적다.
• 설계변경 및 돌발상황에 적절히 대응할 수 있다 | • 공사기간이 연장될 가능성이 높다.
• 공사비 절감의 노력이 없어진다.
• 공사비가 증가 될 우려가 높다 |

63. 다음 중 네트워크공정표의 단점이 아닌 것은?

① 다른 공정표에 비하여 작성시간이 많이 필요하다.

② 작성 및 검사에 특별한 기능이 요구된다.

③ 진척관리에 있어서 특별한 연구가 필요하다.

④ 개개의 관련작업이 도시되어 있지 않아 내용을 알기 어렵다.

> 개개의 관련작업이 도시되어 있어 내용을 알기 쉽다.
>
> **참고 네트워크 공정표의 특징**
> • 개개의 관련작업이 도시되어 있어 내용을 알기 쉽다.
> • 공정계획, 관리면에서 신뢰도가 높으며 전자계산기의 사용이 가능하다.
> • 개개 공사의 상호관계가 명확하여 주공정선에는 작업인원의 중점배치가 가능하다.
> • 작성자 이외의 사람도 이해하기 쉬워 건축주, 공사관계자의 공정회의에 대단히 편리하다.

해답 60 ④ 61 ④ 62 ① 63 ④

64. 흙막이 지지공법 중 수평버팀대 공법의 특징에 관한 설명으로 옳지 않은 것은?

① 가설구조물이 적어 중장비작업이나 토량제거작업의 능률이 좋다.
② 토질에 대해 영향을 적게 받는다.
③ 인근 대지로 공사범위가 넘어가지 않는다.
④ 고저차가 크거나 상이한 구조인 경우 균형을 잡기 어렵다.

수평버팀대 공법은 버팀대와 같은 가설재가 있어 중장비작업이나 토량제거작업의 능률이 나쁘다.

참고 수평버팀대 공법
① 흙막이벽을 설치하고 버팀대를 수평으로 설치하는 공법
② 좁은 면적에서 깊은 기초파기를 할 경우에 적용
③ 가설구조물이 많아 중장비가 들어가기가 곤란하여 작업능률이 좋지 않다
④ 건물 평면이 복잡할 때 적용이 어렵다

65. 건설기계 중 기계의 작업면보다 상부의 흙을 굴삭하는데 적합한 것은?

① 불도저(bull dozer)
② 모터 그레이더(moter grader)
③ 클램쉘(clam shell)
④ 파워쇼벨(power shovel)

파워쇼벨(Power Shovel)
① 기계가 서 있는 지반보다 높은 곳의 굴착
② 디퍼로 굴착
③ 파기면은 높이 1.5m가 가장 적당하고 높이 3m까지 굴착할 수 있다

66. 연질의 점토지반에서 흙막이 바깥에 있는 흙의 중량과 지표위에 적재하중의 중량에 못 견디어 저면 흙이 붕괴되고 흙막이 바깥에 있는 흙이 안으로 밀려 불룩하게 되는 현상을 무엇이라고 하는가?

① 보일링 파괴
② 히빙 파괴
③ 파이핑 파괴
④ 언더 피닝

히빙(heaving)이란 굴착이 진행됨에 따라 흙막이 벽 뒤쪽 흙의 중량이 굴착부 바닥의 지지력 이상이 되면 흙막이벽 근입(根入)부분의 지반 이동이 발생하여 굴착부 저면이 솟아오르는 현상이다. 이 현상이 발생하면 흙막이 벽의 근입부분이 파괴되면서 흙막이벽 전체가 붕괴되는 경우가 많다.

67. 깊이 7m 정도의 우물을 파고 이곳에 수중모터펌프를 설치하여 지하수를 양수하는 배수공법으로 지하용수량이 많고 투수성이 큰 사질지반에 적합한 것은?

① 집수정(sump pit)공법
② 깊은 우물(deep well)공법
③ 웰 포인트(well point)공법
④ 샌드 드레인(sand drain)공법

깊은 우물공법(Deep well, Siemens Well)
투수계수가 큰 사질지반에 사용. 터파기 내부에 7m 이상의 Sand Filter가 있는 우물을 파고 스트레이너를 부착한 Pipe를 삽입하여 수중 펌프로 양수하는 공법

68. 지내력 시험에서 평판 재하 시험에 관한 기술로 옳지 않은 것은?

① 시험은 예정 기초 저면에서 행한다.
② 시험 하중은 예정 파괴 하중을 한꺼번에 재하함이 좋다.
③ 장기 하중에 대한 허용 지내력은 단기 하중 허용 지내력의 절반이다.
④ 재하판은 정방형 또는 원형으로 면적 $0.2m^2$의 것을 표준으로 한다.

매회 재하는 1t 이하 또는 예정파괴하중의 1/5 이하로 한다.

해답 **64** ① **65** ④ **66** ② **67** ② **68** ②

69. 지하 흙막이벽을 시공할 때 말뚝구멍을 하나 걸러 뚫고 콘크리트를 부어넣은 후 다시 그 사이를 뚫어 콘크리트를 부어넣어 말뚝을 만드는 공법은?

① 베노토 공법
② 어스드릴 공법
③ 칼웰드 공법
④ 이코스파일 공법

> **ICOS공법(주열식 흙막이 공법 중의 한 종류)**
> 말뚝구멍을 하나 걸러 뚫고 콘크리트를 타설하고 말뚝과 말뚝사이에 다음 구멍을 뚫고 콘크리트를 타설하여 연결해 가는 주열식 공법

70. 순환수와 함께 지반을 굴착하고 배출시키면서 공 내에 철근망을 삽입, 콘크리트를 타설하여 말뚝기초를 형성하는 현장타설 말뚝공법은?

① S.I.P(Soil Injected Pile)
② D.R.A(Double Rod Auger)
③ R.C.D(Reverse Circulation Drill)
④ S.I.G(Super Injection Grouting)

> **리버스 서큘레이션 공법.(R.C.D공법＝케이싱 없다)**
> 1. 굴착토사와 안정액 및 물의 혼합물을 드릴파이프 내부를 통해 강제로 역순환시켜 지상으로 배출시키면서 굴착한 후 철근망을 삽입하고 트레미관에 의해 콘크리트를 타설하여 말뚝을 만드는 공법으로 역순환공법이라고 한다.
> 2. 점토, 실트층 등에 사용한다.
> 3. 시공심도 : 30~70m 정도
> 4. 시공직경 : 0.9~3m 정도

71. 보통콘크리트와 비교한 경량 콘크리트의 특징이 아닌 것은?

① 자중이 작고 건물중량이 경감된다.
② 강도가 작은 편이다.
③ 건조수축이 작다.
④ 내화성이 크고 열전도율이 작으며 방음효과가 크다.

> **경량 콘크리트의 장단점**
>
> | | |
> |---|---|
> | 장점 | • 자중이 적고 건물 중량이 경감된다.
• 내화성이 크고, 열전도율이 적으며 방음효과가 크다.
• 콘크리트의 운반, 부어넣기의 노력이 절감된다. |
> | 단점 | • 시공이 번거롭고 사전에 재료처리가 필요하다.
• 강도가 작다.
• 건조수축이 크다.
• 흡수성이 크므로 동해에 대한 저항성이 낮다.
• 다공질, 투수성, 중성화 속도가 빠르다. |

72. 철근콘크리트에서 염해로 인한 철근부식 방지대책으로 옳지 않은 것은?

① 콘크리트중의 염소 이온량을 적게 한다.
② 에폭시 수지 도장 철근을 사용한다.
③ 방청제 투입을 고려한다.
④ 물-시멘트비를 크게 한다.

> 철근부식을 방지하기 위해서는 물시멘트비를 낮게 하여 염화물의 침투 및 탄산화의 진행이 늦어지도록 해야 한다. 탄산화를 늦게 하기 위해서는 물시멘트비를 50% 이하로, 염화물 침투를 최소화하기 위해서는 40% 이하로 하는 것이 좋다.

73. 특수콘크리트에 관한 설명 중 옳지 않은 것은?

① 한중콘크리트는 동해를 받지 않도록 시멘트를 가열하여 사용한다.
② 매스콘크리트는 수화열이 적은 시멘트를 사용한다.
③ 경량콘크리트는 자중이 적고, 단열효과가 우수하다.
④ 중량콘크리트는 방사선 차폐용으로 사용된다.

> **한중 콘크리트**
> 1. 시멘트는 절대 가열금지
> 2. 재료를 가열할 경우 물 또는 골재를 가열
> 3. 재료가열온도 60℃ 이하

74. 콘크리트 공사의 시공과정 중 휴식시간 등으로 응결하기 시작한 콘크리트에 새로운 콘크리트를 이어칠 때 일체화가 저해되어 생기는 줄눈은?

① 익스팬션 조인트(Expansion Joint)
② 컨트롤 조인트(Control Joint)
③ 컨트랙션 조인트(Contraction Joint)
④ 콜드 조인트(Cold Joint)

> 콜드조인트(Cold Joint)
> 1. 콘크리트를 연속해서 타설할 때 먼저 타설한 콘크리트와 나중에 타설한 콘크리트 사이에 완전히 일체화가 되지 않은 시공불량에 의한 이음부(계획하지 않은 이음)
> 2. 콘크리트 불량 품질 현상

75. 콘크리트의 재료로 사용되는 골재에 관한 설명으로 옳지 않은 것은?

① 골재는 밀도가 크고, 내구성이 커서 풍화가 잘 되지 않아야 한다.
② 콘크리트나 모르타르를 만들 때 물, 시멘트와 함께 혼합하는 모래, 자갈 및 부순돌 기타 유사한 재료를 골재라고 한다.
③ 콘크리트 중 골재가 차지하는 용적은 절대용적으로 50%를 넘지 않도록 한다.
④ 일반적으로 골재의 강도는 시멘트 페이스트 강도 이상이 되어야 한다.

> 골재의 요구조건
> 1. 견고할 것(경화시멘트페이스트강도 이상)
> 2. 내마모성, 내구성, 내화성이 있을 것
> 3. 입도가 적당할 것
> 4. 깨끗하고 유해물질의 함유량이 없을 것
> 5. 표면이 거칠고 골재의 모양은 둥근 것(편평하거나 세장하지 않는 것)
> 6. 입도는 세조립이 연속적으로 혼합된 것이 좋다.
> 7. 골재의 실적률은 최소 55% 이상으로 할 것(깬자갈의 실적률 55~60%)

76. 철근의 피복두께 확보 목적과 가장 거리가 먼 것은?

① 내화성 확보
② 내구성 확보
③ 구조내력확보
④ 블리딩 현상 방지

> 피복두께 목적
> 1. 내화성 확보
> 2. 내구성 확보
> 3. 유동성 확보
> 4. 부착강도 확보

77. 콘크리트 공사 시 철근의 정착 위치에 관한 설명으로 옳지 않은 것은?

① 기둥의 주근은 기초에 정착한다.
② 작은 보의 주근은 기둥에 정착한다.
③ 지중보의 주근은 기초에 정착한다.
④ 벽체의 주근은 기둥 또는 큰 보에 정착한다.

> 작은 보의 주근은 큰 보에 정착한다.
>
> **참고** 철근의 정착위치
> 1. 기둥의 주근은 기초에 정착
> 2. 보의 주근은 기둥에 정착
> 3. 작은 보의 주근은 큰 보에 정착
> 4. 벽철근은 기둥, 보 또는 바닥판에
> 5. 바닥철근은 보 또는 벽체에 정착한다.
> 6. 지중보의 주근은 기초 또는 기둥에 정착
> 7. 직교하는 단부보 밑에 기둥이 없을 때는 상호간에 정착한다.

78. 일명 테이블 폼(table form)으로 불리는 것으로 거푸집널에 장선, 멍에, 서포트 등을 기계적인 요소로 부재화한 대형 바닥판거푸집은?

① 갱 폼(gang form)
② 플라잉 폼(flying form)
③ 슬라이딩 폼(sliding form)
④ 트래블링 폼(traveling form)

> Flying Form(Table Form)
> 바닥에 콘크리트를 타설하기 위한 거푸집으로서 장선, 멍에, 서포트 등을 일체로 제작하여 부재화한 공법으로 Gang Form과 조합사용이 가능하며 시공정밀도, 전용성이 우수하고 처짐, 외력에 대한 안전성이 우수하다.

79. 철골보와 콘크리트 슬래브를 연결하는 전단연결재 (shear connector)의 역할을 하는 부재의 명칭은?

① 리인포싱 바(reinforcing bar)
② 턴버클(turn buckle)
③ 메탈 서포트(metal support)
④ 스터드(stud)

> **스터드(Stud)**
> 철골보와 콘크리트 슬래브를 연결하는 시어커넥터 역할을 하는 부재

80. 철골공사의 기초상부 고름질 방법에 해당되지 않는 것은?

① 전면바름 마무리법
② 나중 채워넣기 중심바름법
③ 나중 매입공법
④ 나중 채워넣기법

> **철골공사의 기초상부 고름질 방법**
> 1. 전면에 바름 방법
> 2. 나중 채워넣기 중심 바름법
> 3. 나중 채워넣기 + 자바름법
> 4. 완전 나중 채워넣기 방법

■■■■ 제5과목 건설재료학

81. 재료의 기계적 성질 중 작은 변형에도 파괴되는 성질을 무엇이라 하는가?

① 강성
② 소성
③ 탄성
④ 취성

취성	작은 변형에 재료가 갑자기 파괴되는 성질
강성	재료가 외력을 받았을 때 변형에 저항하는 성질
탄성	재료에 외력을 가하면 변형이 생겼다가 외력을 제거하면 원래 상태로 돌아가는 성질
소성	재료에 외력을 가하면 변형이 생겼다가 외력을 제거하여도 원래상태로 돌아오지 않고 변형돈 상태로 남아있는 성질

82. 강재의 인장강도가 최대로 될 경우의 탄소함유량의 범위로 가장 가까운 것은?

① 0.04~0.2%
② 0.2~0.5%
③ 0.8~1.0%
④ 1.2~1.5%

> **강의 물리적 성질**
> 1. 탄소강의 물리적 성질은 탄소량에 따라 직선적으로 변한다.
> 2. 탄소량이 증가하면 열팽창계수, 열전도율, 신율, 내식성, 비중은 떨어진다.
> 3. 탄소량이 증가하면 비열, 인장강도, 경도, 전기저항은 증가한다.
> 4. 탄소함유량 0.9%까지는 인장강도, 경도가 증가하지만 0.9% 이상 증가하면 강도가 감소한다.
> 5. 탄소함유량 0.85% 정도일 때 인장강도가 최대가 된다.
> 6. 저탄소강은 구조용으로 사용한다.
> 7. 성분이 동일한 탄소강이라도 온도에 따라 기계적 특성이 달라진다.

83. 목재의 용적변화, 팽창수축에 관한 설명으로 옳지 않은 것은?

① 변재는 일반적으로 심재보다 용적변화가 크다.
② 비중이 큰 목재일수록 팽창 수축이 적다.
③ 연륜에 접선 방향(널결)이 연륜에 직각 방향(곧은결)보다 수축이 크다.
④ 급속하게 건조된 목재는 완만히 건조된 목재보다 수축이 크다.

> **비중과 강도**
> 1. 목재의 강도는 비중에 일반적으로 정비례한다.
> 2. 함수율이 일정하고 결함이 없으면 비중이 클수록 강도가 크다.
> 3. 목재의 진비중은 수종에 관계없이 1.54 정도이다.
> 4. 목재의 비중은 동일수종이라도 연륜, 밀도, 생육지, 수령, 심재와 변재에 따라서 다소 차이가 난다.
> 5. 비중이 클수록 팽창수축이 크다.

해답 79 ④ 80 ③ 81 ④ 82 ③ 83 ②

84. 목재에서 흡착수만이 최대한도로 존재하고 있는 상태인 섬유포화점의 함수율은 중량비로 몇 % 정도인가?

① 15% 정도   ② 20% 정도
③ 30% 정도   ④ 40% 정도

목재의 함수율	
1. 섬유포화점의 함수율	30%
2. 기건상태의 함수율	15%
3. 절건상태(전건상태)의 함수율	0%

85. 다음 목재가공품 중 주요 용도가 나머지 셋과 다른 것은?

① 플로어링블록(flooring block)
② 연질섬유판(soft fiber insulation board)
③ 코르크판(cork board)
④ 코펜하겐 리브판(copenhagen rib board)

플로어링 블록	바닥용
연질섬유판(텍스)	
코르크판(Cork Board)	벽, 천장용
코펜하겐리브(Copenhagen Rib)	

86. 점토에 관한 설명으로 옳지 않은 것은?

① 가소성은 점토입자가 클수록 좋다.
② 소성된 점토제품의 색상은 철화합물, 망간화합물, 소성온도 등에 의해 나타난다.
③ 저온으로 소성된 제품은 화학변화를 일으키기 쉽다.
④ Fe_2O_3 등의 성분이 많으면 건조수축이 커서 고급 도자기 원료로 부적합하다.

가소성
1. 양질의 점토는 습윤 상태에서 현저한 가소성을 나타낸다.
2. 점토입자가 미세할수록 가소성이 좋아진다.
3. 가소성이 너무 클 때에는 모래나 샤모트 등을 첨가하여 조절한다.

87. 1종 점토벽돌의 흡수율 기준으로 옳은 것은?

① 5% 이하   ② 10% 이하
③ 12% 이하   ④ 15% 이하

점토벽돌의 품질

품질＼종류	1종	2종	3종
흡수율(%)	10 이하	13 이하	15 이하
압축 강도 (N/mm^2)	$24.50N/mm^2$ 이상	$20.59N/mm^2$ 이상	$10.78N/mm^2$ 이상

88. 시멘트의 분말도에 관한 설명으로 옳지 않은 것은?

① 분말도가 클수록 수화반응이 촉진된다.
② 분말도가 클수록 초기강도는 작으나 장기강도는 크다.
③ 분말도가 클수록 시멘트 분말이 미세하다.
④ 분말도가 너무 크면 풍화되기 쉽다.

시멘트의 분말도가 높을수록 수화작용이 빠르고 조기강도가 크다.

89. 알루미나시멘트에 관한 설명 중 틀린 것은?

① 강도 발현속도가 매우 빠르다.
② 수화작용시 발열량이 매우 크다.
③ 매스콘크리트, 수밀콘크리트에 사용된다.
④ 보크사이트와 석회석을 원료로 한다.

알루미나 시멘트
1. 보크사이트와 석회석을 혼합하여 만든 시멘트
2. 조기강도가 대단히 크다.
3. 발열량이 크므로 한중공사에 이용된다.
4. 내화학성, 내수성, 내해수성, 내화성이 크다
5. 수화열량이 커서 대형단면에는 부적합
6. 긴급공사, 해안공사, 동절기공사에 적합

해답   84 ③   85 ①   86 ①   87 ②   88 ②   89 ③

90. 콘크리트 혼화재 중 하나인 플라이애시가 콘크리트에 미치는 작용에 관한 설명으로 옳지 않은 것은?

① 콘크리트 내부의 알칼리성을 감소시키고 때문에 중성화를 촉진시킬 염려가 있다.
② 콘크리트 수화초기시의 발열량을 감소시키고 장기적으로 시멘트의 석회와 결합하여 장기강도를 증진시키는 효과가 있다.
③ 입자가 구형이므로 유동성이 증가되어 단위수량을 감소시키므로 콘크리트의 워커빌리티의 개선, 펌핌성을 향상시킨다.
④ 알칼리골재반응에 의한 팽창을 증가시키고 콘크리트의 수밀성을 약화시킨다.

플라이 애시
1. 화력발전소 연소보일러의 미분탄을 집진기로 포집한 것
2. 워커빌리티 개선, 블리딩 감소
3. 초기강도는 낮지만 장기강도는 증가
4. 수화열의 감소
5. 해수에 대한 화학저항성의 증가
6. 수밀성의 향상
7. 알칼리 골재반응을 억제한다.

91. 자갈의 절대건조상태 질량이 400g, 습윤상태 질량이 413g, 표면건조내부포수상태 질량이 410g일 때 흡수율은 몇 %인가?

① 2.5%
② 1.5%
③ 1.25%
④ 0.75%

흡수율

$$= \frac{\text{표면건조 내부 포수상태중량-절건상태중량}}{\text{절건상태중량}} \times 100\%$$

$$= \frac{410g-400g}{400g} \times 100\%$$

$$= 2.5\%$$

92. 비중이 크고 연성이 크며, 방사선실의 방사선 차폐용으로 사용되는 금속재료는?

① 주석
② 납
③ 철
④ 크롬

납(Pb)
1. 융점(327℃)이 낮고 가공이 쉽다.
2. 비중(11.4)이 매우 크고 연질이다.
3. 전성, 연성이 크다.
4. 내식성이 우수하다.
5. 방사선 차폐용 벽체에 이용된다.
6. 알칼리에 약하며 콘크리트에 침식된다.
7. 염산, 황산, 농질산에는 강하나 묽은 질산에는 녹는다.
8. 급배수관, 가스관, 병원의 방사선실 등

93. 조이너(joiner)의 설치목적으로 옳은 것은?

① 벽, 기둥 등의 모서리에 미장바름의 보호
② 인조석깔기의 신축균열방지나 의장효과
③ 천장에 보드를 붙인 후 그 이음새를 감추기 위한 목적
④ 환기구멍이나 라디에이터의 덮개 역할

조이너(Joinner)
1. 벽, 천장, 바닥에 판재를 붙일 때 이음부분을 감추거나 이질재와의 접합부 등에 사용
2. 재료는 아연도금 철판재, 황동재 등으로 만든다.

94. 미장재료의 경화에 대한 설명 중 옳지 않은 것은?

① 회반죽은 공기 중의 탄산가스와의 화학반응으로 경화한다.
② 이수석고($CaSO_4$, $2H_2O$)는 물을 첨가해도 경화하지 않는다.
③ 돌로마이트 플라스터는 물과의 화학반응으로 경화한다.
④ 시멘트 모르타르는 물과의 화학반응으로 경화한다.

경화방식에 따른 미장재료의 분류	
수경성	• 물과 화학반응하여 경화하는 재료 • 시멘트 모르타르, 석고 플라스터, 킨즈시멘트, 마그네시아 시멘트, 인조석 및 테라조 바름재 등
기경성	• 공기 중의 탄산가스와 결합하여 경화하는 재료 • 돌로마이트 플라스터, 소석회, 회사벽 등

95. 다음 합성수지 중 열가소성수지가 아닌 것은?

① 알키드수지
② 염화비닐수지
③ 아크릴수지
④ 폴리프로필렌수지

참고 합성수지의 분류	
열가소성 수지	열경화성 수지
• 폴리비닐수지 (염화비닐수지=P.V.C) • 아크릴수지 • 폴리스티렌수지 • 폴리에틸렌수지 • 폴리프로필렌 • 폴리아미드수지 • 셀룰로이드 • A.B.S 수지 • 초산비닐수지	• 폴리에스테르수지 (불포화 폴리에스테르수지) • 페놀수지 • 요소수지 • 멜라민수지 • 알키드수지 • 에폭시수지 • 우레탄수지 • 실리콘수지 • 프란수지

96. 건축용 코킹재의 일반적인 특징에 관한 설명으로 옳지 않은 것은?

① 수축률이 크다.
② 내부의 점성이 지속된다.
③ 내산 · 내알칼리성이 있다.
④ 각종 재료에 접착이 잘 된다.

코킹재의 특징
1. 수축률이 작다.
2. 내부의 점성이 지속된다.
3. 외기온도 변화에 변질되지 않는다.
4. 적당한 점성을 유지하며 내후성이 있다.
5. 내산 · 내알칼리성이 있다.
6. 피막은 내수성과 발수성이 있다.
7. 각종재료에 접착이 잘 된다.
8. 침식과 오염이 되지 않는다.

97. 도료 중 주로 목재면의 투명도장에 쓰이고 오일 니스에 비하여 도막이 얇으나 견고하며, 담색으로서 우아한 광택이 있고 내부용으로 쓰이는 것은?

① 클리어 래커(clear lacquer)
② 에나멜 래커(enamel lacquer)
③ 에나멜 페인트(enamel paint)
④ 하이 솔리드 래커(high solid lacquer)

클리어 래커
안료를 가하지 않은 무색 투명한 것으로 바탕무늬가 투명하게 보이므로 목재의 무늬결을 살릴 수 있는 도료이다.

98. 다음 각 접착제에 관한 설명으로 옳지 않은 것은?

① 페놀수지 접착제는 용제형과 에멀전형이 있고 멜라민, 초산비닐 등과 공중합시킨 것도 있다.
② 요소수지 접착제는 내열성이 200℃이고 내수성이 매우 크며 전기절연성도 우수하다.
③ 멜라민수지 접착제는 열경화성수지 접착제로 내수성이 우수하여 내수합판용으로 사용된다.
④ 비닐수지 접착제는 값이 저렴하고 작업성이 좋으며, 에멀전형은 카세인의 대용품으로 사용된다.

요소수지 접착제
1. 무색투명하다.
2. 내수성, 내알칼리성, 내산성, 내열성, 내후성이 약하다.
3. 내수성이 비닐계 접착제보다는 크고 멜라민 수지나 페놀수지 접착제보다는 적다
4. 목재접합, 합판접합에 사용하며 가격이 저렴하다.

99. 건축용 석재의 장점으로 옳지 않은 것은?

① 내화성이 뛰어나다.
② 내구성 및 내마모성이 우수하다.
③ 외관이 장중, 미려하다.
④ 압축강도가 크다.

석재의 장·단점

장점	단점
• 외관이 장중, 미려하다. • 압축강도가 크다. 내수, 내화학적 • 불연성이고, 내구성, 내마모성이 있다. • 방한, 방서, 차음성이 있다. • 종류다양, 동일석재도 산지나 조직에 따라 다른 외관과 색조를 지닌다.	• 중량이 크고, 운반, 가공이 어렵다. • 인장강도가 작다. 취도계수가 크다. (압축강도의 1/20 ~ 1/40 내외) • 내화도가 낮고, 내진구조가 아니다. • 장대재를 얻기 어려워 가구재로는 부적합하다.

100. 유리가 불화수소에 부식하는 성질을 이용하여 5mm 이상 판유리면에 그림, 문자 등을 새긴 유리는?

① 스테인드유리   ② 망입유리
③ 에칭유리   ④ 내열유리

에칭유리
유리가 불화수소에 부식되는 성질을 이용하여 화학적인 처리과정을 거쳐 유리 표면에 그림, 문양, 문자 등을 새긴 유리

■■■■ 제6과목 건설안전기술

101. 구축물이 풍압·지진 등에 의하여 붕괴 또는 전도하는 위험을 예방하기 위한 조치와 가장 거리가 먼 것은?

① 설계도서에 따라 시공했는지 확인
② 건설공사 시방서에 따라 시공했는지 확인
③ 「건축물의 구조기준 등에 관한 규칙」에 따른 구조기준을 준수했는지 확인
④ 보호구 및 방호장치의 성능검정 합격품을 사용했는지 확인

사업주는 구축물 또는 이와 유사한 시설물에 대하여 자중(自重), 적재하중, 적설, 풍압(風壓), 지진이나 진동 및 충격 등에 의하여 붕괴·전도·도괴·폭발하는 등의 위험을 예방하기 위하여 다음 각 호의 조치를 하여야 한다.
1. 설계도서에 따라 시공했는지 확인
2. 건설공사 시방서(示方書)에 따라 시공했는지 확인
3. 「건축물의 구조기준 등에 관한 규칙」에 따른 구조기준을 준수했는지 확인
참고 산업안전보건기준에 관한 규칙 제51조【구축물 또는 이와 유사한 시설물 등의 안전 유지】

102. 흙속의 전단응력을 증대시키는 원인이 아닌 것은?

① 굴착에 의한 흙의 일부 제거
② 지진, 폭파에 의한 진동
③ 함수비의 감소에 따른 흙의 단위체적 중량의 감소
④ 외력의 작용

흙의 전단응력을 증대시키는 원인
1. 인공 또는 자연력에 의한 지하공동의 형성
2. 사면의 구배가 자연구배보다 급경사일 때
3. 지진, 폭파, 기계 등에 의한 진동 및 충격
4. 함수량의 증가에 따른 흙의 단위체적 중량의 증가

103. 흙막이 공법을 흙막이 지지방식에 의한 분류와 구조방식에 의한 분류로 나눌 때 다음 중 지지방식에 의한 분류에 해당하는 것은?

① 수평 버팀대식 흙막이 공법
② H-Pile 공법
③ 지하연속벽 공법
④ Top down method 공법

지지방식과 구조 방식	
지지방식	• 자립 흙막이 공법 • 버팀대(strut)식 흙막이 공법(수평, 빗 버팀대) • Earth Anchor 또는 타이로드식 흙막이 공법 (마찰형, 지압형, 복합형)
구조방식	• 엄지 말뚝(H-pile)공법 • 강재 널말뚝(Steel sheet pile)공법 • 지중 연속식(slurry wall)공법

104. 건설공사의 산업안전보건관리비 계상 시 대상액이 구분되어 있지 않은 공사는 도급계약 또는 자체사업 계획상의 총공사금액 중 얼마를 대상액으로 하는가?

① 50%　　　　② 60%
③ 70%　　　　④ 80%

대상액이 구분되어 있지 않은 공사는 도급계약 또는 자체사업계획 상의 총공사금액의 70퍼센트를 대상액으로 하여 안전보건관리비를 계상하여야 한다.
참고 산업안전보건관리비 계상 및 사용기준 제5조【계상방법 및 계상시기 등】

105. 건설업 산업안전보건관리비 중 안전시설비로 사용할 수 없는 것은?

① 안전통로
② 비계에 추가 설치하는 추락방지용 안전난간
③ 사다리 전도방지장치
④ 통로의 낙하물 방호선반

안전시설비로 사용할 수 없는 항목과 사용가능한 항목
1. 사용불가능 항목 : 안전발판, 안전통로, 안전계단 등과 같이 명칭에 관계없이 공사 수행에 필요한 가시설물
2. 사용가능한 항목 : 비계·통로·계단에 추가 설치하는 추락방지용 안전난간, 사다리 전도방지장치, 틀비계에 별도로 설치하는 안전난간·사다리, 통로의 낙하물방호선반 등은 사용 가능

106. 유해·위험방지계획서를 제출해야 할 대상 공사에 대한 설명으로 잘못된 것은?

① 지상 높이가 31m 이상인 건축물 또는 공작물의 건설, 개조 또는 해체공사
② 최대지간 길이가 50m 이상인 교량건설 등의 공사
③ 다목적댐·발전용댐 및 저수용량 2천만 톤 이상의 용수전용댐 건설 등의 공사
④ 깊이가 5m 이상인 굴착공사

위험방지계획서를 제출해야 될 건설공사
1. 지상높이가 31미터 이상인 건축물 또는 인공구조물, 연면적 3만 제곱미터 이상인 건축물 또는 연면적 5천 제곱미터 이상의 문화 및 집회시설(전시장 및 동물원·식물원은 제외한다), 판매시설, 운수시설(고속철도의 역사 및 집배송시설은 제외한다), 종교시설, 의료시설 중 종합병원, 숙박시설 중 관광숙박시설, 지하도상가 또는 냉동·냉장창고시설의 건설·개조 또는 해체
2. 연면적 5천제곱미터 이상의 냉동·냉장창고시설의 설비공사 및 단열공사
3. 최대지간길이가 50m 이상인 교량건설 등 공사
4. 터널건설 등의 공사
5. 다목적댐·발전용댐 및 저수용량 2천만 톤 이상의 용수전용댐·지방상수도 전용댐 건설 등의 공사
6. 깊이 10미터 이상인 굴착공사
참고 산업안전보건법 시행령 제42조【유해위험방지계획서 제출 대상】

107. 차량계 건설기계의 전도방지 조치에 해당되지 않는 것은?

① 운행 경로 변경
② 갓길의 붕괴방지
③ 지반의 부동침하방지
④ 도로 폭의 유지

사업주는 차량계 건설기계를 사용하는 작업을 함에 있어서 그 기계가 넘어지거나 굴러 떨어짐으로써 근로자에게 위험을 미칠 우려가 있는 때에는 유도하는 자를 배치하고 지반의 부동침하방지, 갓길의 붕괴방지 및 도로의 폭의 유지 등 필요한 조치를 하여야 한다.
참고 산업안전보건기준에 관한 사항 제199조【전도 등의 방지】

해답 103 ① 　104 ③ 　105 ① 　106 ④ 　107 ①

108. 굴착과 싣기를 동시에 할 수 있는 토공기계가 아닌 것은?

① 트랙터 셔블(tractor shovel)
② 백호(back hoe)
③ 파워 셔블(power shovel)
④ 모터 그레이더(motor grader)

모터 그레이더(Motor grader)는 토공 기계의 대패라고 하며, 지면을 절삭하여 평활하게 다듬는 것이 목적이다. 이 장비는 노면의 성형, 정지용 기계이므로 굴착이나 흙을 운반하는 것이 주된 작업이지만 하수구 파기, 경사면 다듬기, 제방작업, 제설작업, 아스팔트 포장재료 배합 등의 작업을 할 수도 있다.

109. 산업안전보건법령에 따른 양중기의 종류에 해당하지 않는 것은?

① 리프트
② 곤돌라
③ 크레인
④ 크렘셸

양중기의 종류
1. 크레인[호이스트(hoist)를 포함한다]
2. 이동식 크레인
3. 리프트(이삿짐운반용 리프트의 경우에는 적재하중이 0.1톤 이상인 것으로 한정한다)
4. 곤돌라
5. 승강기
참고 산업안전보건기준에 관한 규칙 제132조 【양중기】

110. 이동식 크레인을 사용하여 작업을 할 때 작업시작 전 점검사항이 아닌 것은?

① 주행로의 상측 및 트롤리(trolley)가 횡행하는 레일의 상태
② 권과방지장치 그 밖의 경보장치의 기능
③ 브레이크·클러치 및 조정장치의 기능
④ 와이어로프가 통하고 있는 곳 및 작업장소의 지반 상태

이동식크레인 작업시작 전 점검사항
1. 권과방지장치 그 밖의 경보장치의 기능
2. 브레이크·클러치 및 조정장치의 기능
3. 와이어로프가 통하고 있는 곳 및 작업장소의 지반상태

111. 항타기 또는 항발기에 사용되는 권상용 와이어로프의 안전 계수는 최소 얼마 이상이어야 하는가?

① 3
② 4
③ 5
④ 6

항타기 또는 항발기에 사용되는 권상용 와이어로프의 안전 계수는 5 이상이어야 한다.
참고 산업안전보건기준에 관한 규칙 제211조 【권상용 와이어로프의 안전계수】

112. 작업발판 및 통로의 끝이나 개구부로서 근로자가 추락할 위험이 있는 장소에서 난간등의 설치가 매우 곤란하거나 작업의 필요상 임시로 난간등을 해체하여야 하는 경우에 설치하여야 하는 것은?

① 구명구
② 수직보호망
③ 추락방호망
④ 석면포

사업주는 난간등을 설치하는 것이 매우 곤란하거나 작업의 필요상 임시로 난간등을 해체하여야 하는 경우 추락방호망을 설치하여야 한다. 다만, 추락방호망을 설치하기 곤란한 경우에는 근로자에게 안전대를 착용하도록 하는 등 추락할 위험을 방지하기 위하여 필요한 조치를 하여야 한다.
참고 산업안전보건기준에 관한 규칙 제43조 【개구부 등의 방호조치】

113. 로프길이 2m의 안전대를 착용한 근로자가 추락으로 인한 부상을 당하지 않기 위한 지면으로부터 안전대 고정점까지의 높이(H)의 기준으로 옳은 것은? (단, 로프의 신율 30%, 근로자의 신장 180cm)

① H > 1.5m
② H > 2.5m
③ H > 3.5m
④ H > 4.5m

추락시에 로프를 지지한 위치에서 신체의 최하사점까지의 거리
$$h = \text{rope길이} + (\text{rope길이} \times \text{신율}) + \left(\frac{\text{신장}}{2}\right)$$
$$2m + (2m \times 0.3) + \left(\frac{1.8}{2}\right) = 3.5m$$

해답 108 ④ 109 ④ 110 ① 111 ③ 112 ③ 113 ③

114. 토사 붕괴의 외적 원인으로 볼 수 없는 것은?

① 사면, 법면의 경사 증가
② 절토 및 성토높이의 증가
③ 토사의 강도저하
④ 공사에 의한 진동 및 반복하중의 증가

115. 터널붕괴를 방지하기 위한 지보공 점검사항과 가장 거리가 먼 것은?

① 부재의 긴압의 정도
② 부재의 손상·변형·부식·변위 탈락의 유무 및 상태
③ 기둥침하의 유무 및 상태
④ 경보장치의 작동상태

116. 작업으로 인하여 물체가 떨어지거나 날아올 위험이 있는 경우 그 위험을 방지하기 위하여 필요한 조치사항으로 거리가 먼 것은?

① 낙하물방지망의 설치
② 출입금지구역의 설정
③ 보호구의 착용
④ 작업지휘자 선정

117. 단관비계를 조립하는 경우 벽이음 및 버팀을 설치할 때의 수평방향 조립간격 기준으로 옳은 것은?

① 3m   ② 5m
③ 6m   ④ 8m

118. 강관을 사용하여 비계를 구성하는 경우 준수하여야 할 기준으로 옳지 않은 것은?

① 비계기둥의 간격은 띠장 방향에서는 1.85m 이하, 장선(長線) 방향에서는 1.5m 이하로 할 것
② 띠장 간격은 2.0m 이하로 할 것
③ 비계기둥의 제일 윗부분으로부터 31m 되는 지점 밑부분의 비계기둥은 3개의 강관으로 묶어 세울 것
④ 비계기둥 간의 적재하중은 400kg을 초과하지 않도록 할 것

> 비계기둥의 제일 윗부분으로부터 31m되는 지점 밑부분의 비계기둥은 2개의 강관으로 묶어 세울 것. 다만, 브라켓(bracket) 등으로 보강하여 2개의 강관으로 묶을 경우 이상의 강도가 유지되는 경우에는 그러하지 아니하다.
> **참고** 산업안전보건기준에 관한 규칙 제60조【강관비계의 구조】

119. 달비계(곤돌라의 달비계는 제외)의 최대적재하중을 정할 때 사용하는 안전계수의 기준으로 옳은 것은?

① 달기체인의 안전계수는 10 이상
② 달기강대와 달비계의 하부 및 상부지점의 안전계수는 목재의 경우 2.5 이상
③ 달기와이어로프의 안전계수는 5 이상
④ 달기강선의 안전계수는 10 이상

> **달비계(곤돌라의 달비계를 제외한다)의 최대 적재하중의 안전계수**
> 1. 달기와이어로프 및 달기강선의 안전계수는 10 이상
> 2. 달기체인 및 달기훅의 안전계수는 5 이상
> 3. 달기강대와 달비계의 하부 및 상부지점의 안전계수는 강재의 경우 2.5 이상, 목재의 경우 5 이상
> **참고** 산업안전보건기준에 관한 규칙 제55조【작업발판의 최대 적재하중】

120. 다음 중 가설통로의 설치 기준으로 옳지 않은 것은?

① 경사는 30° 이하로 한다.
② 경사가 10°를 초과하는 경우에는 미끄러지지 않는 구조로 한다.
③ 추락위험이 있는 장소에는 안전난간을 설치한다.
④ 건설공사에서 사용되는 높이 8m 이상인 비계다리에는 7m 이내마다 계단참을 설치한다.

> **가설통로를 설치하는 때의 준수사항**
> 1. 견고한 구조로 할 것
> 2. 경사는 30도 이하로 할 것(계단을 설치하거나 높이 2미터 미만의 가설통로로서 튼튼한 손잡이를 설치한 때에는 그러하지 아니하다)
> 3. 경사가 15도를 초과하는 때에는 미끄러지지 아니하는 구조로 할 것
> 4. 추락의 위험이 있는 장소에는 안전난간을 설치할 것(작업상 부득이한 때에는 필요한 부분에 한하여 임시로 이를 해체할 수 있다)
> 5. 수직갱에 가설된 통로의 길이가 15미터 이상인 때에는 10미터 이내마다 계단참을 설치할 것
> 6. 건설공사에 사용하는 높이 8미터 이상인 비계다리에는 7미터 이내마다 계단참을 설치할 것
> **참고** 산업안전보건기준에 관한 규칙 제23조【가설통로의 구조】

해답 118 ③ 119 ④ 120 ②

2023 과년도 출제문제(CBT 복원문제)

※ 본 기출문제는 수험자의 기억을 바탕으로 하여 복원한 문제이므로 실제 문제와 다를 수 있음을 미리 알려드립니다.

■■■ 제1과목 산업안전관리론

1. 다음 중 사고조사의 본질적 특성과 거리가 가장 먼 것은?

① 사고의 공간성
② 우연중의 법칙성
③ 필연중의 우연성
④ 사고의 재현불가능성

> **사고(Accident)의 본질적 특성**
> 1. 사고의 시간성
> 2. 우연성 중의 법칙성
> 3. 필연성 중의 우연성
> 4. 재현 불가능성

2. 무재해 운동 기본이념의 3원칙이 아닌 것은?

① 무의 원칙　　　　② 상황의 원칙
③ 참가의 원칙　　　　④ 선취의 원칙

> **무재해 운동 이념의 3원칙**
> 1. 무의 원칙
> 2. 선취의 원칙
> 3. 참가의 원칙

3. 중대재해 발생사실을 알게 된 경우 지체 없이 관할 지방고용노동관서의 장에게 보고해야 하는 사항이 아닌 것은?

① 발생개요　　　　② 피해상황
③ 조치 및 전망　　④ 재해손실비용

> **중대재해 발생 시 보고해야 할 사항**
> 1. 발생 개요 및 피해 상황
> 2. 조치 및 전망
> 3. 그 밖의 중요한 사항
> **참고** 산업안전보건법 시행규칙 제67조【중대재해 발생 시 보고】

4. 산업안전보건법상 고용노동부장관이 사업장의 산업재해 발생건수, 재해율 또는 그 순위 등을 공표할 수 있는 사업장이 아닌 것은?

① 중대산업사고가 발생한 사업장
② 산업재해의 발생에 관한 보고를 최근 2년 이내 1회 이상 하지 않은 사업장
③ 연간 산업재해율이 규모별 같은 업종의 평균재해율 이상인 사업장 중 상위 10% 이내에 해당되는 사업장
④ 산업재해로 연간 사망재해자가 2명 이상 발생한 사업장으로서 사망만인율이 규모별 같은 업종의 평균 사망만인율 이상인 사업장

> **산업재해 발생건수 공표대상 사업장**
> 1. 산업재해로 인한 사망자가 연간 2명 이상 발생한 사업장
> 2. 사망만인율이 규모별 같은 업종의 평균 사망만인율 이상인 사업장
> 3. 중대산업사고가 발생한 사업장
> 4. 산업재해 발생 사실을 은폐한 사업장
> 5. 산업재해의 발생에 관한 보고를 최근 3년 이내 2회 이상 하지 않은 사업장
> **참고** 산업안전보건법 시행령 제10조【공표대상 사업장】

5. 산업안전보건법상 산업안전보건위원회 정기회의 개최 주기로 올바른 것은?

① 1개월마다　　　　② 분기마다
③ 반년마다　　　　④ 1년마다

> 산업안전보건위원회의 회의는 정기회의와 임시회의로 구분하되, 정기회의는 분기마다 산업안전보건위원회의 위원장이 소집하며, 임시회의는 위원장이 필요하다고 인정할 때에 소집한다.
> **참고** 산업안전보건법 시행령 제37조【산업안전보건위원회의 회의 등】

해답 1 ①　2 ②　3 ④　4 ②　5 ②

6. 다음 중 산업현장에서 산업재해가 발생하였을 때의 조치사항을 가장 올바른 순서대로 나열한 것은?

> ㉠ 현장보존
> ㉡ 피해자의 구조
> ㉢ 2차 재해방지
> ㉣ 피재기계의 정지
> ㉤ 관계자에게 통보
> ㉥ 피해자의 응급조치

① ㉡→㉢→㉤→㉣→㉥→㉠
② ㉣→㉡→㉥→㉤→㉢→㉠
③ ㉣→㉤→㉢→㉡→㉥→㉠
④ ㉤→㉢→㉣→㉡→㉥→㉠

> 재해발생시 긴급처리 순서
> ① 피재기계의 정지 및 피해확산 방지
> ② 피해자의 구조 및 응급조치
> ③ 관계자에게 통보
> ④ 2차 재해방지
> ⑤ 현장보존

7. 방독마스크 정화통의 종류와 외부 측면 색상의 연결이 옳은 것은?

① 유기화합물용 – 노랑색
② 할로겐용 – 회색
③ 아황산용 – 녹색
④ 암모니아용 – 갈색

> **정화통 외부 측면의 표시 색**
>
> | 종 류 | 표시 색 |
> | --- | --- |
> | 유기화합물용 정화통 | 갈 색 |
> | 할로겐용 정화통 | 회 색 |
> | 황화수소용 정화통 | |
> | 시안화수소용 정화통 | |
> | 아황산용 정화통 | 노랑색 |
> | 암모니아용 정화통 | 녹 색 |
> | 복합용 및 겸용의 정화통 | 복합용의 경우 해당가스 모두 표시(2층 분리) 겸용의 경우 백색과 해당가스 모두 표시(2층 분리) |
>
> **참고** 보호구 안전인증 고시 별표5【방독마스크의 성능기준】

8. 재해 분석 시에 재해발생건수 등의 추이를 파악하고, 상한치와 하한치를 설정하여 목표관리를 수행하는 통계적 분석방법은?

① 관리도   ② 파레토도
③ 특성요인도   ④ 크로스분석

> 관리도란 재해 발생 건수 등의 추이를 파악하여 목표 관리를 행하는데 필요한 월별 재해 발생수를 그래프(graph)화 하여 관리선을 설정 관리하는 방법이다. 관리선은 상방 관리한계(UCL : upper control limit), 중심선(Pn), 하방관리선(LCL : low control limit)으로 표시한다.

9. A 사업장의 연간 도수율이 4일 때 연천인율은 얼마인가? (단, 근로자 1인당 연간근로시간은 2400시간으로 한다.)

① 1.7   ② 9.6
③ 15   ④ 20

> 연천인율 = 도수율×2.4 = 4×2.4=9.6

10. 사고예방대책의 기본원리 5단계 중 제2단계는?

① 안전조직   ② 사실의 발견
③ 분석 평가   ④ 시정책 적용

> 사고예방대책의 기본원리 5단계
> 1. 1단계 : 안전조직
> 2. 2단계 : 사실의 발견
> 3. 3단계 : 분석 평가
> 4. 4단계 : 시정방법의 선정
> 5. 5단계 : 시정책의 적용

11. 산업안전보건법령상 시스템 통합 및 관리업의 경우 안전보건관리규정을 작성해야 할 사업의 규모로 옳은 것은?

① 상시 근로자 10명 이상을 사용하는 사업장
② 상시 근로자 50명 이상을 사용하는 사업장
③ 상시 근로자 100명 이상을 사용하는 사업장
④ 상시 근로자 300명 이상을 사용하는 사업장

안전보건관리규정을 작성해야 할 사업	
사업의 종류	규모
1. 농업 2. 어업 3. 소프트웨어 개발 및 공급업 4. 컴퓨터 프로그래밍, **시스템 통합 및 관리업** 5. 정보서비스업 6. 금융 및 보험업 7. 임대업: 부동산 제외 8. 전문, 과학 및 기술 서비스업 (연구개발업은 제외한다) 9. 사업지원 서비스업 10. 사회복지 서비스업	300명 이상
11. 제1호부터 제10호까지의 사업을 제외한 사업	100명 이상

참고 산업안전보건법 시행규칙 별표 2【안전보건관리규정을 작성해야 할 사업의 종류 및 상시근로자 수】

12. 산업안전보건법령상 안전·보건표지 속에 그림 또는 부호의 크기는 안전·보건표지의 크기와 비례하여야 하며, 안전·보건표지 전체규격의 최소 몇% 이상이 되어야 하는가?

① 10   ② 20
③ 30   ④ 40

안전보건표지 속의 그림 또는 부호의 크기는 안전보건표지의 크기와 비례하여야 하며, 안전보건표지 전체 규격의 30퍼센트 이상이 되어야 한다.

참고 산업안전보건법 시행규칙 제40조【안전보건표지의 제작】

13. 산업안전보건법령상 공사금액이 1500억 원인 건설현장에서 두어야 할 안전관리자는 몇 명 이상인가?

① 1명   ② 2명
③ 3명   ④ 4명

공사금액 1,500억원 이상 2,200억원 미만 : 3명 이상

참고 산업안전보건법 시행령 별표 3【안전관리자를 두어야 하는 사업의 종류, 사업장의 상시근로자 수, 안전관리자의 수 및 선임방법】

14. 전년도 A건설기업의 재해발생으로 인한 산업재해보상보험금의 보상비용이 5천만원이었다. 하인리히 방식을 적용하여 재해손실비용을 산정할 경우 총재해손실비용은 얼마이겠는가?

① 2억원   ② 2억5천만원
③ 3억원   ④ 3억5천만원

총재해코스트 = 직접비 : 간접비 = 1 : 4
5,000만원 + (5,000만원×4) = 2억5천만원

15. 하인리히(H.W.Heinrich)의 사고 발생 연쇄성 이론에서 "직접원인"은 아담스(E. Adams)의 사고 발생 연쇄성 이론의 무엇과 일치하는가?

① 작전적 에러   ② 전술적 에러
③ 유전적 요소   ④ 사회적 환경

하인리히와 아담스의 도미노이론 5단계 비교		
	하인리히	아담스
1단계	사회적 환경과 유전적인 요소(선천적 결함)	관리구조
2단계	개인적 결함(성격결함, 개성결함)	작전적 에러(전략적 에러)
3단계	불안전한 행동과 불안전한 상태(직접원인)	전술적 에러(불안전한 행동 또는 조작, 직접원인)
4단계	사고	사고
5단계	상해(재해)	상해 또는 손실

해답 11 ④ 12 ③ 13 ③ 14 ② 15 ②

16. 재해예방의 4원칙 중 대책선정의 원칙에 있어 3E에 해당하지 않는 것은 어느 것인가?

① Enforcement　　② Education
③ Environment　　④ Engineering

재해예방을 위한 시정책인 "3E"
1. Engineering(기술)
2. Education(교육)
3. Enforcement(관리)

17. 재해발생의 주요 원인 중 불안전한 행동에 해당하지 않는 것은?

① 불안전한 속도 조작
② 안전장치 기능 제거
③ 보호구 미착용 후 작업
④ 결함 있는 기계설비 및 장비

직접원인(불안전 행동, 불안전 상태)	
불안전한 행동	**불안전한 상태**
• 위험장소 접근	• 물 자체 결함
• 안전장치의 기능 제거	• 안전 방호장치 결함
• 복장 보호구의 잘못사용	• 복장 보호구 결함
• 기계 기구 잘못 사용	• 물의 배치 및 작업 장소 결함
• 운전 중인 기계장치의 손질	• 작업환경의 결함
• 불안전한 속도 조작	• 생산 공정의 결함
• 위험물 취급 부주의	• 경계표시, 설비의 결함
• 불안전한 상태 방치	• 기타
• 불안전한 자세 동작	
• 감독 및 연락 불충분	

18. 산업안전보건법령상 안전검사 대상 유해 · 위험 기계 등이 아닌 것은?

① 압력용기
② 원심기(산업용)
③ 국소 배기장치(이동식)
④ 크레인(정격 하중이 2톤 이상인 것)

안전검사 대상 유해·위험기계의 종류
1. 프레스
2. 전단기
3. 크레인(정격하중 2톤 미만 것은 제외한다)
4. 리프트
5. 압력용기
6. 곤돌라
7. 국소배기장치(이동식은 제외한다)
8. 원심기(산업용에 한정한다)
9. 롤러기(밀폐형 구조는 제외한다.)
10. 사출성형기(형 체결력 294KN 미만은 제외한다.)
11. 고소작업대(화물자동차 또는 특수자동차에 탑재한 고소작업대로 한정한다.)
12. 컨베이어
13. 산업용 로봇

참고 산업안전보건법 시행령 제78조【안전검사대상 기계 등】

19. 산업안전보건법령상 안전·보건표지의 종류 중 금지표지에 해당하지 않은 것은?

① 탑승금지　　② 금연
③ 사용금지　　④ 접촉금지

금지표지의 종류

출입금지	보행금지	차량통행금지	사용금지

탑승금지	금연	화기금지	물체이동금지

20. 다음 중 안전관리조직의 구비조건으로 가장 적합하지 않은 것은?

① 생산라인이나 현장과는 엄격히 분리된 조직이어야 한다.
② 회사의 특성과 규모에 부합되게 조직되어야 한다.
③ 조직을 구성하는 관리자의 책임과 권한이 분명해야 한다.
④ 조직의 기능을 충분히 발휘할 수 있도록 제도적 체계가 갖추어져야 한다.

①항, 안전관리조직은 생산라인이나 현장과는 밀착된 조직이어야 한다.

해답 16 ③　17 ④　18 ③　19 ④　20 ①

21. 수퍼(Super, D.E)의 역할이론 중 작업에 대하여 상반된 역할이 기대되는 경우에 해당하는 것은?

① 역할 갈등(Role conflict)

② 역할 연기(Role playing)

③ 역할 조성(Role shaping)

④ 역할 기대(Role expectation)

① 역할 갈등(role conflict)이란 작업 중에는 상반된 역할이 기대되는 경우가 있으며, 그럴 때 갈등이 생기게 된다.
② 역할 연기(role playing)란 자아탐색(self-exploration)인 동시에 자아실현(self-realization)의 수단이다.
③ 역할 조성(role shaping)이란 개인에게 여러 개의 역할 기대가 있을 경우 그 중의 어떤 역할 기대는 불응, 거부하는 수도 있으며, 혹은 다른 역할을 해내기 위해 다른 일을 구 할 때도 있다.
④ 역할 기대(role expectation)란 자기의 역할을 기대하고 감수하는 사람은 그 직업에 충실한 것이다.

22. 인간의 행동에 대하여 심리학자 레윈(K.Lewin)은 다음과 같은 식으로 표현했다. 이 때 각 요소에 대한 내용으로 틀린 것은?

$$B = f(P \cdot E)$$

① B : Behavior(행동)

② f : Function(함수관계)

③ P : Person(개체)

④ E : Engineering(기술)

④항, E : Environment(심리적 환경 : 인간관계, 작업환경 등)

23. 작업에 대한 평균 에너지소비량을 분당 5kcal로 할 경우 휴식시간 R의 산출 공식으로 맞는 것은? (단, E는 작업 시 평균 에너지소비량[kcal/min], 1시간의 휴식시간 중 에너지소비량은 1.5[kcal/min], 총작업시간은 60분이다.)

① $R = \dfrac{60(E-5)}{E-1.5}$ ② $R = \dfrac{50(E-5)}{E-15}$

③ $R = \dfrac{60(E-4)}{E-5}$ ④ $R = \dfrac{50(E-15)}{E-4}$

휴식시간 R의 산출 공식
$$R = \dfrac{60(E-5)}{E-1.5}$$
여기서, R : 휴식시간(분)
E : 실제 작업 시 평균 에너지소비량(kcal/분)
총 작업시간 : 60(분)
휴식시간 중의 에너지 소비량 : 1.5(kcal/분)

24. 다음 중 교육훈련 평가 4단계에서 각 단계의 내용으로 틀린 것은?

① 제1단계 : 반응단계

② 제2단계 : 작업단계

③ 제3단계 : 행동단계

④ 제4단계 : 결과단계

교육훈련 평가의 4단계
1. 1단계 : 반응단계
2. 2단계 : 학습단계
3. 3단계 : 행동단계
4. 4단계 : 결과단계

25. 다음 중 프로그램 학습법(Programmed self-instruction method)의 장점이 아닌 것은?

① 학습자의 사회성을 높이는데 유리하다.

② 한 강사가 많은 수의 학습자를 지도할 수 있다.

③ 지능, 학습적성, 학습속도 등 개인차를 충분히 고려할 수 있다.

④ 매 반응마다 피드백이 주어지기 때문에 학습자가 흥미를 갖는다.

①항, 프로그램 학습법은 학습자의 사회성이 결여될 수 있는 단점이 있다.

26. 다음 중 산업안전보건법령상 사업 내 안전·보건교육에 있어 "채용 시의 교육 및 작업내용 변경 시의 교육 내용"에 해당하지 않은 것은?

① 물질안전보건자료에 관한 사항
② 정리정돈 및 청소에 관한 사항
③ 사고 발생 시 긴급조치에 관한 사항
④ 유해·위험 작업환경 관리에 관한 사항

> 채용 시의 교육 및 작업내용 변경 시의 교육 내용
> 1. 산업안전 및 사고 예방에 관한 사항
> 2. 산업보건 및 직업병 예방에 관한 사항
> 3. 산업안전보건법령 및 산업재해보상보험 제도에 관한 사항
> 4. 직무스트레스 예방 및 관리에 관한 사항
> 5. 직장 내 괴롭힘, 고객의 폭언 등으로 인한 건강장해 예방 및 관리에 관한 사항
> 6. 기계·기구의 위험성과 작업의 순서 및 동선에 관한 사항
> 7. 작업 개시 전 점검에 관한 사항
> 8. 정리정돈 및 청소에 관한 사항
> 9. 사고 발생 시 긴급조치에 관한 사항
> 10. 물질안전보건자료에 관한 사항
>
> **참고** 산업안전보건법 시행규칙 별표 5【안전보건교육 교육대상별 교육내용】

27. 다음 중 인간의 집단행동 가운데 통제적 집단행동으로 볼 수 없는 것은?

① 관습
② 패닉
③ 유행
④ 제도적 행동

> 집단행동의 분류

1. 통제적 집단행동	2. 비통제적 집단행동
• 관습 • 제도적 행동 • 유행	• 군중 • 모브 • 패닉 • 심리적 전염

28. 주의의 특성으로 볼 수 없는 것은?

① 타탕성
② 변동성
③ 선택성
④ 방향성

> 주의의 특성
> 1. 선택성 : 여러 종류의 자극을 자각할 때 소수의 특정한 것에 한하여 선택하는 기능
> 2. 방향성 : 주시점만 인지하는 기능
> 3. 변동성 : 주의에는 주기적으로 부주의의 리듬이 존재

29. 피로의 측정방법 중 근력 및 근활동에 대한 검사 방법으로 가장 적절한 것은?

① EEG
② ECG
③ EMG
④ EOG

> 근전도(EMG ; electromyogram) : 근육활동의 전위차을 검사하는 방법

30. 재해 빈발자 중 기능의 부족이나 환경에 익숙하지 못했기 때문에 재해가 자주 발생되는 사람을 의미하는 것은?

① 상황성 누발자
② 습관성 누발자
③ 소질성 누발자
④ 미숙성 누발자

> 미숙성 누발자란 작업환경에 익숙하지 못하거나 기능미숙으로 인한 재해누발자를 말한다.
>
> **참고** 재해 누발자의 유형
> 1. 미숙성 누발자 : 환경에 익숙치 못하거나 기능 미숙으로 인한 재해누발자를 말한다.
> 2. 소질성 누발자 : 지능·성격·감각운동에 의한 소질적 요소에 의해 결정된다.
> 3. 상황성 누발자 : 작업의 어려움, 기계설비의 결함, 환경상 주의 집중의 혼란, 심신의 근심 등에 의한 것이다.
> 4. 습관성 누발자 : 재해의 경험으로 신경과민이 되거나 슬럼프 (slump)에 빠지기 때문이다

31. 리더십의 권한에 있어 조직이 리더에게 부여하는 권한이 아닌 것은?

① 위임된 권한
② 강압적 권한
③ 보상적 권한
④ 합법적 권한

> 1. 조직이 지도자에게 부여한 권한

구분	내용
보상적 권한	지도자가 부하들에게 보상할 수 있는 능력으로 인해 부하직원들을 통제할 수 있으며 부하들의 행동에 대해 영향을 끼칠 수 있는 권한
강압적 권한	부하직원들을 처벌할 수 있는 권한
합법적 권한	조직의 규정에 의해 지도자의 권한이 공식화 된 것

해답 26 ④ 27 ② 28 ① 29 ③ 30 ④ 31 ①

2. 지도자 자신이 자신에게 부여한 권한	
구분	내용
전문성의 권한	부하직원들이 지도자의 성격이나 능력을 인정하고 지도자를 존경하며 자진해서 따르는 것
위임된 권한	집단의 목표를 성취하기 위해 부하직원들이 지도자가 정한 목표를 자진해서 자신의 것으로 받아들여 지도자와 함께 일하는 것

32. 다음 중 인사선발을 위한 심리검사에서 갖추어야 할 요건으로만 나열된 것은?

① 신뢰도, 대표성
② 대표성, 타당도
③ 신뢰도, 타당도
④ 대표성, 규모성

심리검사의 구비조건
1. 표준화(Standardization)
2. 객관성(Objectivity)
3. 규준(norms)
4. 신뢰성(reliability)
5. 타당성(validity)
6. 실용성(practicability)

33. 시행착오설에 의한 학습법칙에 해당하는 것은?

① 시간의 법칙
② 계속성의 법칙
③ 일관성의 법칙
④ 준비성의 법칙

시행착오에 있어서의 학습법칙

구분	내용
연습의 법칙	모든 학습과정은 많은 연습과 반복을 통해서 바람직한 행동의 변화를 가져오게 된다는 법칙으로 빈도의 법칙 (law of frequency)이라고도 한다.
효과의 법칙	학습의 결과가 학습자에게 쾌감을 주면 줄수록 반응은 강화되고 반대로 고통이나 불쾌감을 주면 약화된다는 법칙으로 효과의 법칙이라고도 한다.
준비성의 법칙	특정한 학습을 행하는데 필요한 기초적인 능력을 충분히 갖춘 뒤에 학습을 행함으로서 효과적인 학습을 이룩할 수 있다는 법칙이다.

34. 산업안전보건법상 일용직 근로자를 제외한 근로자 신규 채용 시 실시해야 하는 안전·보건교육 시간으로 맞는 것은?

① 8시간 이상
② 매분기 3시간
③ 16시간 이상
④ 매분기 6시간

교육과정	교육대상	교육시간
채용시의 교육	일용근로자	1시간 이상
	일용근로자를 제외한 근로자	8시간 이상

35. 부주의 현상 중 심신이 피로하거나 단조로운 작업을 반복할 경우 나타나는 의식수준의 저하현상은 의식수준의 어느 단계에서 발생하는가?

① Phase Ⅰ 이하
② Phase Ⅱ
③ Phase Ⅲ
④ Phase Ⅳ 이상

의식 level의 단계별 생리적 상태
1. 범주(Phase) 0 : 수면, 뇌발작
2. 범주(Phase) Ⅰ : 피로, 단조, 졸음
3. 범주(Phase) Ⅱ : 안정기거, 휴식 시, 정례작업 시
4. 범주(Phase) Ⅲ : 적극활동 시
5. 범주(Phase) Ⅳ : 긴급방위반응, 당황해서 panic

36. 다음 중 학습지도 방법의 분류에 있어 Project Method의 4단계를 올바르게 나열한 것은?

① 목적 → 평가 → 계획 → 수행
② 목적 → 계획 → 수행 → 평가
③ 계획 → 목적 → 평가 → 수행
④ 계획 → 목적 → 수행 → 평가

구안법(project method)의 4단계
• 1단계 : 목적
• 2단계 : 계획
• 3단계 : 수행
• 4단계 : 평가

37. 인간의 생리적 욕구에 대한 의식적 통제가 어려운 것부터 차례대로 나열한 것 중 맞는 것은?

① 안전의 욕구 → 해갈의 욕구 → 배설의 욕구 → 호흡의 욕구
② 호흡의 욕구 → 안전의 욕구 → 해갈의 욕구 → 배설의 욕구
③ 배설의 욕구 → 호흡의 욕구 → 안전의 욕구 → 해갈의 욕구
④ 해갈의 욕구 → 배설의 욕구 → 호흡의 욕구 → 안전의 욕구

> 생리적 욕구에 대해 의식적 통제가 어려운 순서
> 호흡 - 안전 - 해갈 - 배설 - 수면 - 식욕

38. 안전교육 지도방법 중 O.J.T(On the Job Training)의 장점이 아닌 것은?

① 동기부여가 쉽다.
② 교육효과가 업무에 신속히 반영된다.
③ 다수의 대상자를 일괄적이고 조직적으로 교육할 수 있다.
④ 직장의 실태에 맞춘 구체적이고 실제적인 교육이 가능하다.

> ③항. 다수의 대상자를 일괄적이고 조직적으로 교육할 수 있는 것은 off. J. T의 장점이다.

39. 강의법에 대한 장점으로 볼 수 없는 것은?

① 피교육자의 참여도가 높다.
② 전체적인 교육내용을 제시하는데 적합하다.
③ 짧은 시간 내에 많은 양의 교육이 가능하다.
④ 새로운 과업 및 작업단위의 도입단계에 유효하다.

> ①항. 강의법은 피교육자의 참여도가 낮고 수동적인 단점이 있다.

40. 다음 중 알고 있는 지식을 심화시키거나 어떠한 자료에 대해 보다 명료한 생각을 갖도록 하기 위하여 실시하는 교육방법으로 가장 적합한 것은?

① Lecture method
② Discussion method
③ Performance method
④ Project method

> Discussion method(토의법) : 알고 있는 지식을 심화시키거나 어떠한 자료에 대해 보다 명료한 생각을 갖도록 하기 위하여 실시하는 교육방법
> ①항. 강의법(Lecture method)
> ②항. 실연법(Performance method)
> ③항. 구안법[構案法, project method]

■■■ 제3과목 인간공학 및 시스템안전공학

41. 시스템 분석 및 설계에 있어서 인간공학의 가치와 거리가 먼 것은?

① 성능의 향상
② 사용자의 수용도 향상
③ 작업 숙련도의 감소
④ 사고 및 오용으로부터의 손실 감소

> 인간공학의 기대효과와 가치
> 1. 성능의 향상
> 2. 훈련비용의 절감
> 3. 인력이용율의 향상
> 4. 사고 및 오용으로부터의 손실감소
> 5. 생산 및 경비유지의 경제성 증대
> 6. 사용자의 수요도 향상

42. 안전·보건표지에서 경고표지는 삼각형, 안내표지는 사각형, 지시표지는 원형 등으로 부호가 고안되어 있다. 이처럼 부호가 이미 고안되어 이를 사용자가 배워야 하는 부호를 무엇이라 하는가?

① 묘사적 부호   ② 추상적 부호
③ 임의적 부호   ④ 사실적 부호

- 묘사적 부호 : 사물의 행동을 단순하고 정확하게 묘사한 것(예 : 위험표지판의 해골과 뼈, 도보 표지판의 걷는 사람)
- 추상적 부호 : 메세지의 기본요소를 도식적으로 압축한 부호로 원 개념과는 약간의 유사성이 있을 뿐이다.
- 임의적 부호 : 부호가 이미 고안되어 있으므로 이를 배워야 하는 부호(예 : 교통 표지판의 삼각형－주의, 원형－규제, 사각형－안내표시)

43. 주어진 자극에 대해 인간이 갖는 변화감지역을 표현하는 데에는 웨버(Weber)의 법칙을 이용한다. 이때 웨버(Weber) 비의 관계식으로 옳은 것은?(단, 변화감지역을 $\triangle I$, 표준자극을 I 라 한다.)

① 웨버(Weber) 비 $= \dfrac{\triangle I}{I}$

② 웨버(Weber) 비 $= \dfrac{I}{\triangle I}$

③ 웨버(Weber) 비 $= \triangle I \times I$

④ 웨버(Weber) 비 $= \dfrac{\triangle I - I}{\triangle I}$

Weber-Fecher 법칙
1. Weber-Fecher 법칙 : 감각의 강도는 자극 강도의 대수에 비례한다.
2. Weber 법칙 : $\dfrac{\Delta L}{I}$ =const(일정)

$\quad$ (ΔL) : 특정감관의 변화감지역

$\quad$ (I) : 표준자극

44. 자극 - 반응 조합의 관계에서 인간의 기대와 모순되지 않는 성질을 무엇이라 하는가?

① 양립성 　　　② 적응성
③ 변별성 　　　④ 신뢰성

양립성(compatibility)
정보입력 및 처리와 관련한 양립성은 인간의 기대와 모순되지 않는 자극들간의, 반응들 간의 또는 자극반응 조합의 관계를 말하는 것

45. 경보사이렌으로부터 10m 떨어진 곳에서 음압수준이 140dB이면 100m 떨어진 곳에서 음의 강도는 얼마인가?

① 100dB 　　　② 110dB
③ 120dB 　　　④ 140dB

$$dB_2 = dB_1 - 20\log\left(\frac{d_2}{d_1}\right) = 140 - 20\log\left(\frac{100}{10}\right) = 120dB$$

46. 다음 중 소음에 대한 대책으로 가장 거리가 먼 것은?

① 소음원의 통제 　　　② 소음의 격리
③ 소음의 분배 　　　④ 적절한 배치

소음대책
1. 소음원의 통제
2. 소음의 격리
3. 차폐장치(baffle) 및 흡음재료 사용
4. 음향처리제(acoustical treatment) 사용
5. 적절한 배치(layout)
6. 방음보호구 사용
7. BGM(back ground music)

47. 다음 중 위험 조정을 위해 필요한 방법(위험조정기술)과 가장 거리가 먼 것은?

① 위험 회피(avoidance)
② 위험 감축(reduction)
③ 보류(retention)
④ 위험 확인(confirmation)

리스크(risk : 위험) 처리기술
1. 위험 감축(reduction)
2. 보류(retention)
3. 위험회피(avoidance)
4. 전가(transfer)

48. FTA에 사용되는 논리 게이트 중 여러 개의 입력 사상이 정해진 순서에 따라 순차적으로 발생해야만 결과가 출력되는 것은?

① 억제 게이트
② 조합 AND 게이트
③ 배타적 OR 게이트
④ 우선적 AND 게이트

49. 복잡한 시스템을 설계, 가동하기 전의 구상단계에서 시스템의 근본적인 위험성을 평가하는 가장 기초적인 위험도 분석 기법은?

① 예비위험분석(PHA)
② 결함수분석법(FTA)
③ 고장형태와 영향분석(FMEA)
④ 운용안전성분석(OSA)

50. 다음 중 의자 설계의 일반원리로 옳지 않은 것은?

① 추간판의 압력을 줄인다.
② 등근육의 정적 부하를 줄인다.
③ 쉽게 조절할 수 있도록 한다.
④ 고정된 자세로 장시간 유지되도록 한다.

51. 다음 중 광원의 밝기에 비례하고, 거리의 제곱에 반비례하며, 반사체의 반사율과는 상관없이 일정한 값을 갖는 것은?

① 광도
② 휘도
③ 조도
④ 휘광

52. 금속세정작업장에서 실시하는 안정성 평가단계를 다음과 같이 5가지로 구분할 때 다음 중 4단계에 해당하는 것은?

| • 재평가 |
| • 안전대책 |
| • 정량적 평가 |
| • 정성적 평가 |
| • 관계자료의 작성준비 |

① 안전대책
② 정성적 평가
③ 정량적 평가
④ 재평가

53. 한 대의 기계를 100시간 동안 연속 사용한 경우 6회의 고장이 발생하였고, 이때의 총고장수리시간이 15시간이었다. 이 기계의 MTBF(Mean time between failure)는 약 얼마인가?

① 2.51   ② 14.17
③ 15.25   ④ 16.67

$$\text{MTBF} = \frac{T(\text{총 작동시간})}{r(\text{고장개수})}$$
$$= \frac{100-15}{6} = 14.17$$

54. 다음 중 제조업의 유해·위험방지계획서 제출 대상 사업장에서 제출하여야 하는 유해·위험방지계획서의 첨부서류와 가장 거리가 먼 것은?

① 공사개요서
② 건축물 각 층의 평면도
③ 기계·설비의 배치 도면
④ 원재료 및 제품의 취급, 제조 등의 작업방법의 개요

①항. 공사개요서는 건설업 유해·위험방지계획서의 첨부서류에 해당된다.

참고 제조업의 유해·위험방지계획서 제출 대상 사업장의 첨부서류
1. 건축물 각 층의 평면도
2. 기계·설비의 개요를 나타내는 서류
3. 기계·설비의 배치도면
4. 원재료 및 제품의 취급, 제조 등의 작업방법의 개요
5. 그 밖에 고용노동부장관이 정하는 도면 및 서류

참고 산업안전보건법 시행규칙 제42조 【제출서류 등】

55. 다음 중 신호 및 경보등을 설계할 때 초당 3~10회의 점멸속도로 얼마의 지속시간이 가장 적합한가?

① 0.01초 이상   ② 0.02초 이상
③ 0.03초 이상   ④ 0.05초 이상

점멸속도(flash rate)
점멸등의 점멸속도는 점멸-융합주파수보다 훨씬 적어야 한다. 주의를 끌기 위해서는 초당 3~10회의 점멸속도와 지속시간 0.05초 이상이 적당하다

56. 다음 중 결함수분석법(FTA)의 특징으로 볼 수 없는 것은?

① Top Down형식
② 정성적 해석의 불가능
③ 특정사상에 대한 해석
④ 논리기호를 사용한 해석

FTA(fault tree analysis)는 고장이나 재해요인의 정성적 분석뿐만 아니라 개개의 요인이 발생하는 확률을 얻을 수가 있으며, 재해발생 후의 원인 규명보다 재해발생 이전의 예측기법으로서의 활용 가치가 높은 유효한 방법이다.

57. FT도에서 ①~⑤ 사상의 발생확률이 모두 0.06일 경우 T 사상의 발생 확률은 약 얼마인가?

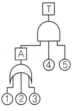

① 0.00036   ② 0.00061
③ 0.142625   ④ 0.2262

$T = A \times ④ \times ⑤ = 0.17 \times 0.06 \times 0.06 = 0.00061$
$A = 1 - (1-①)(1-②)(1-③)$
$= 1 - (1-0.06)(1-0.06)(1-0.06) = 0.17$

58. 다음 중 NIOSH lifting guideline에서 권장무게한계(RWL)산출에 사용되는 평가 요소가 아닌 것은?

① 수평거리   ② 수직거리
③ 휴식시간   ④ 비대칭각도

NIOSH lifting guideline에서 권장무게한계(RWL)산출에 사용되는 평가 요소
1. 무게 : 들기 작업 물체의 무게
2. 수평위치 : 두 발목의 중점에서 손까지의 거리
3. 수직위치 : 바닥에서 손까지의 거리
4. 수직이동거리 : 들기작업에서 수직으로 이동한 거리
5. 비대칭 각도 : 작업자의 정시상면으로부터 물체가 어느 정도 떨어져 있는가를 나타내는 각도
6. 들기빈도 : 15분 동안의 평균적인 분당 들어 올리는 횟수(회/분)이다.
7. 커플링 분류 : 드는 물체와 손과의 연결상태, 혹은 물체를 들 때에 미끄러지거나 떨어뜨리지 않도록 하는 손잡이 등의 상태

59. 다음 설명에 해당하는 설비보전방식의 유형은?

> "설비보전 정보와 신기술을 기초로 신뢰성, 조작성, 보전성, 안전성, 경계성 등이 우수한 설비의 선정, 조달 또는 설계를 통하여 궁극적으로 설비의 설계, 제작 단계에서 보전활동이 불필요한 체제를 목표로 한 설비보전 방법을 말한다."

① 개량 보전　　　② 사후 보전
③ 일상 보전　　　④ 보전 예방

보전예방(MP ; maintenance prevention)
설비의 계획·설계하는 단계에서 보전정보나 새로운 기술을 채용해서 신뢰성, 보전성, 경제성, 조작성, 안전성 등을 고려하여 보전비나 열화손실을 적게 하는 활동을 말하며, 구체적으로는 계획·설계단계에서 하는 것이다.

60. 그림과 같은 시스템의 전체 신뢰도는 약 얼마인가? (단, 네모 안의 수치는 각 구성요소의 신뢰도이다.)

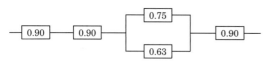

① 0.5275　　　② 0.6616
③ 0.7575　　　④ 0.8516

신뢰도 $= 0.9^3 \times \{1-(1-0.75)(1-0.63)\} = 0.6616$

■■■■ **제4과목 건설시공학**

61. 지하굴착공사 중 깊은 구멍속이나 수중에서 콘크리트 타설시 재료가 분리되지 않게 타설할 수 있는 기구는?

① 케이싱(Casing)
② 트레미(Tremi)관
③ 슈트(Chute)
④ 콘크리트 펌프카(Pump car)

트레미관(Tremie Pipe)
슬러리 월(Slurry Wall) 공사에서 안정액을 시공하거나 수중 콘크리트 타설시 쓰이는 안지름 25~30cm 정도의 철관으로써 재료분리를 방지하고, 콘크리트 중량에 의해 안정액을 치환하는 역할도 한다.

62. 일정한 폭의 구덩이를 연속으로 파며, 좁고 깊은 도랑파기에 가장 적당한 토공장비는?

① 트렌처(trencher)
② 로더(Loder)
③ 백호(Backhoe)
④ 파워쇼벨(Power Shovel)

트렌처(Trencher)
일정한 폭의 구덩이를 연속적으로 굴착하도록 만든 장비로 좁고 깊은 도랑파기, 줄기초 파기에 적합

63. 철근의 이음 방법에 해당되지 않는 것은?

① 겹침이음　　　② 병렬이음
③ 기계식이음　　④ 용접이음

철근의 이음방법
① 겹침이음　　　② 용접
③ 가스압접이음　④ 기계식 이음

64. 건식 석재공사에 관한 설명으로 옳지 않은 것은?

① 촉구멍 깊이는 기준보다 3mm 이상 더 깊이 천공한다.
② 석재는 두께 30mm 이상을 사용한다.
③ 석재의 하부는 고정용으로, 석재의 상부는 지지용으로 설치한다.
④ 모든 구조재 또는 트러스 철물은 반드시 녹막이 처리한다.

해답　59 ④　60 ②　61 ②　62 ①　63 ②　64 ③

65. 지반의 누수방지 또는 지반개량을 위히여 지반 내부의 틈 또는 굵은 알 사이의 공극에 시멘트 페이스트 또는 교질규산염이 생기는 약액 등을 주입하여 흙의 투수성을 저하하는 공법은?

① 샌드드레인 공법   ② 동결 공법
③ 그라우팅 공법   ④ 웰포인트 공법

66. 도급업자의 선정방식 중 공개경쟁입찰에 대한 설명으로 틀린 것은?

① 입찰참가자가 많아지면 사무가 번잡하고 경비가 많이 든다.
② 부적격업자에게 낙찰될 우려가 없다.
③ 담합의 우려가 적다.
④ 경쟁으로 인해 공사비가 절감된다.

67. 지하 흙막이벽을 시공할 때 말뚝구멍을 하나 걸러 뚫고 콘크리트를 부어넣은 후 다시 그 사이를 뚫어 콘크리트를 부어넣어 말뚝을 만드는 공법은?

① 베노토 공법   ② 어스드릴 공법
③ 칼웰드 공법   ④ 이코스파일 공법

68. 지반조사의 방법에 해당되지 않는 것은?

① 보링(Boring)
② 사운딩(Sounding)
③ 언더피닝(Under pinning)
④ 샘플링(Sampling)

69. 특수콘크리트에 관한 설명 중 옳지 않은 것은?

① 한중콘크리트는 동해를 받지 않도록 시멘트를 가열하여 사용한다.
② 매스콘크리트는 수화열이 적은 시멘트를 사용한다.
③ 경량콘크리트는 자중이 적고, 단열효과가 우수하다.
④ 중량콘크리트는 방사선 차폐용으로 사용된다.

해답   65 ③   66 ②   67 ④   68 ③   69 ①

70. 고층건축물 시공 시 사용하는 재료와 인력의 수직이동을 위해 설치하는 장비는?

① 리프트카 　　　② 크레인
③ 윈치 　　　　　④ 데릭

> 리프트(Lift)
> 고층건물 시공 시 재료와 인력을 수직으로 이동하는 설비

71. 석재 사용상의 주의사항 중 옳지 않은 것은?

① 동일건축물에는 동일석재로 시공하도록 한다.
② 석재를 다듬어 사용할 때는 그 질이 균질한 것을 사용하여야 한다.
③ 인장 및 휨모멘트를 받는 곳에 보강용으로 사용한다.
④ 외벽, 도로포장용 석제는 연석 사용을 피한다.

> 석재 사용시 주의점
> 1. 취급상 치수는 최대 1[m³] 이내로 하며 중량이 큰 것은 높은 곳에 사용하지 않는다.
> 2. 석재의 최대치수는 운반상, 가공상 등의 제반조건을 고려하여 정해야 한다.
> 3. **인장 및 휨모멘트 받는 곳은 사용금지**
> 4. 석재의 예각을 피할 것
> 5. 동일건축물에는 동일석재로 시공한다.
> 6. 석재는 석질이 균질한 것을 쓰도록 한다.
> 7. 1일 시공단수는 3~4단정도로 한다.
> 8. 오염된 곳은 물 씻기를 원칙으로 하고, 부득이한 경우 염산으로 닦아내고 즉시 물로 씻어내어 산분이 남아있지 않게 한다.
> 9. 찰쌓기의 하루에 쌓는 높이는 1.2m를 넘지 않아야 한다.

72. 철골작업 중 녹막이칠을 피해야할 부위에 해당되지 않는 것은?

① 콘크리트에 매립되는 부분
② 현장에서 깎기 마무리가 필요한 부분
③ 현장용접 예정부위에 인접하는 양측 50cm 이내
④ 고력볼트 마찰접합부의 마찰면

> 녹막이칠을 하지 않는 부분
> 1. 콘크리트에 매입되는 부분
> 2. 조립에 의해 서로 맞닿는 면
> 3. **현장용접 부위와 용접부위에 인접하는 양측 10cm 이내**
> 4. 고력볼트 마찰접합부의 마찰면
> 5. 폐쇄형 단면을 한 부재의 밀폐된 면
> 6. 현장에서 깎기 마무리가 필요한 부분

73. 경량형강과 합판으로 구성되며 표준형태의 거푸집을 변형시키지 않고 조립함으로써 현장제작에 소요되는 인력을 줄여 생산성을 향상시키고 자재의 전용횟수를 증대시키는 목적으로 사용되는 거푸집은?

① 목재패널 　　　② 합판패널
③ 위플폼 　　　　④ 유로폼

> 유로폼(Euro Form)
> 1. 공장에서 경량형강과 코팅합판으로 거푸집을 제작한 것
> 2. 현장에서 못을 쓰지 않고 웨지핀을 사용하여 간단히 조립할 수 있는 거푸집
> 3. 가장 초보적인 단계의 시스템거푸집
> 4. 거푸집의 현장제작에 소요되는 인력을 줄여 생산성을 향상시키고 자재의 전용횟수를 증대시키는 목적으로 사용
> 5. 하나의 판으로 벽, 기둥, 슬래브 조립

74. 철골공사에서는 용접작업 종료 후 용접부의 안전성을 확인하기 위해 비파괴 검사를 실시하는데 이 비파괴검사의 종류에 해당되지 않는 것은?

① 초음파 탐상 검사 　② 침투 탐상 검사
③ 반발 경도 검사 　　④ 방사선 검사

> 반발경도 시험은 콘크리트를 시공하고 난 후 콘크리트의 강도를 측정하기 위한 시험이다.
>
> **참고** 철골공사의 용접 후 비파괴검사의 종류
> 1. 방사선투과시험 　2. 초음파탐상시험
> 3. 자기분말탐상시험 4. 침투탐상시험

75. 건설현장 개설 후 공사착공을 위한 공사계획수립 시 가장 먼저 해야 할 사항은?

① 현장투입직원조직 편성
② 공정표작성
③ 실행예산의 편성 및 통제계획
④ 하도급업체 선정

> 공사계획의 순서
> 1. 현장원의 편성 (공사계획 중 가장 먼저 고려할 것)
> 2. 공정표의 작성
> 3. 실행예산의 편성
> 4. 하도급자의 선정
> 5. 자재반입계획, 시공기계 및 장비설치계획
> 6. 노무동원계획
> 7. 재해방지대책의 수립

해답 70 ① 71 ③ 72 ③ 73 ④ 74 ③ 75 ①

76. 철근의 정착에 대한 설명 중 옳지 않은 것은?

① 철근을 정착하지 않으면 구조체가 큰 외력을 받을 때 철근과 콘크리트가 분리될 수 있다.

② 큰 인장력을 받는 곳 일수록 철근의 정착길이는 길다.

③ 후크의 길이는 정착길이에 포함하여 산정한다.

④ 철근의 정착은 기둥이나 보의 중심을 벗어난 위치에 둔다.

철근가공(이음 및 정착)시 주의사항
1. 구부림은 냉간가공으로 한다.(가열가공은 피한다)
2. 이음길이는 갈구리의 중심간의 거리로 한다.
3. 갈구리는 정착, 이음길이에 포함하지 않는다.
4. 지름이 다른 겹침이음길이는 작 철근지름에 의한다.
5. 철근의 정착은 기둥 및 보의 중심을 지나서 구부리도록 한다.

77. 흙의 휴식각에 대한 설명으로 틀린 것은?

① 터파기의 경사는 휴식각의 2배 정도로 한다.

② 습윤 상태에서의 휴식각은 모래 30~45°, 흙 25~45°정도이다.

③ 흙의 흘러내림이 자연 정지될 때 흙의 경사면과 수평면이 이루는 각도를 말한다.

④ 흙의 휴식각은 흙의 마찰력, 응집력 등에 관계되나 함수량과는 관계없이 동일하다.

휴식각(안식각)
1. 흙입자의 부착력, 응집력을 무시할 때 즉 마찰력만으로 중력에 대하여 정지하는 흙의 사면 각도
2. 함수량에 따라 휴식각은 변한다. 함수량이 많을수록 휴식각이 적어지고 함수량이 적을수록 휴식각이 커진다.

78. 벽돌공사에 관한 설명으로 옳은 것은?

① 연속되는 벽면의 일부를 트이게 하여 나중쌓기로 할 때에는 그 부분을 층단 들여쌓기로 한다.

② 모르타르는 벽돌강도 이하의 것을 사용한다.

③ 1일 쌓기 높이는 1.5~3.0m를 표준으로 한다.

④ 세로줄눈은 통줄눈이 구조적으로 우수하다.

1. 연속되는 벽면의 일부를 트이게 하여 나중쌓기로 할 때에는 그 부분을 층단 들여쌓기로 한다.
2. 모르타르의 강도는 벽돌강도보다 크게 한다.
3. 하루의 쌓기 높이는 1.2m(18켜 정도)를 표준으로 하고, 최대 1.5m (22켜) 이하로 한다.
4. 벽돌쌓기는 모서리, 구석, 중간요소에 먼저 기준쌓기를 하고 통줄눈이 생기지 않도록 한다.(막힌줄눈으로 한다.)

79. 콘크리트의 배합설계 있어 구조물의 종류가 무근콘크리트인 경우 굵은 골재의 최대치수로 옳은 것은?

① 30mm, 부재 최소 치수의 1/4을 초과해서는 안됨

② 35mm, 부재 최소 치수의 1/4을 초과해서는 안됨

③ 40mm, 부재 최소 치수의 1/4을 초과해서는 안됨

④ 50mm, 부재 최소 치수의 1/4을 초과해서는 안됨

굵은 골재의 최대치수

구조물의 종류	굵은 골재의 최대 치수(mm)
일반적인 경우	20 또는 25
단면이 큰 경우	40
무근 콘크리트	40 부재 최소 치수의 1/4을 초과해서는 안 됨
철근 콘크리트용	부재단면 최소치수의 1/5 이하, 철근의 최소 수평, 수직 순간격의 3/4 이하

80. 콘크리트 블록에서 A종 블록의 압축강도 기준은?

① 2N/mm² 이상

② 4N/mm² 이상

③ 6N/mm² 이상

④ 8N/mm² 이상

블록의 등급

구분	기건비중	전단면에 대한 압축강도 N/mm²	흡수율(%)
A종 블록	1.7 미만	4.0 이상	–
B종 블록	1.9 미만	6.0 이상	–
C종 블록		8.0 이상	10 이하

해답 76 ③ 77 ④ 78 ① 79 ③ 80 ②

81. 건축재료의 화학조성에 의한 분류 중, 무기재료에 포함되지 않는 것은?

① 콘크리트
② 철강
③ 목재
④ 석재

재료의 화학조성에 의한 분류	
구분	내용
무기재료	• 금속 : 철재, 비철금속(알루미늄, 구리, 합금류) • 비금속 : 석재, 시멘트, 콘크리트, 점토제품
유기재료	• 천연재료 : 목재, 아스팔트, 섬유판 • 합성수지 : 플라스틱, 도료, 접착제

82. 콘크리트의 중성화에 관한 설명으로 옳지 않은 것은?

① 콘크리트 중의 수산화석회가 탄산가스에 의해서 중화되는 현상이다.
② 물시멘트비가 크면 클수록 중성화의 진행속도는 빠르다.
③ 중성화되면 콘크리트는 알칼리성이 된다.
④ 중성화되면 콘크리트 내 철근은 녹이 슬기 쉽다.

중성화
콘크리트의 중성화(中性化 : Neutralization)란 공기 중 탄산가스의 작용을 받아 콘크리트 중의 수산화칼슘(강알칼리)이 서서히 탄산칼슘(약알칼리)으로 되어 콘크리트가 알칼리성을 상실하여 중성화되는 현상이다.

83. 열가소성수지 제품으로 전기절연성, 가공성이 우수하며 발포제품은 저온 단열재로서 널리 쓰이는 것은?

① 폴리스티렌수지
② 폴리프로필렌수지
③ 폴리에틸렌수지
④ ABS수지

폴리스티렌수지
1. 무색투명하고, 착색하기 쉽다.
2. 내수성, 내약품성, 가공성, 전기절연성, 단열성 우수
3. 부서지기 쉽고, 충격에 약하고, 내열성이 작다.
4. 발포제를 이용하여 보드형태로 만들어 단열재로 이용
5. 블라인드, 전기용품, 냉장고의 내부상자, 절연재, 방음재 등

84. 다음 중 내열성이 좋아서 내열식기에 사용하기에 가장 적합한 유리는?

① 소다석회유리
② 칼륨연 유리
③ 붕규산 유리
④ 물유리

붕규산 유리
1. 붕산을 5% 이상 함유하며, 붕소를 첨가하면 팽창계수가 저하하여 화학적 내성(耐性), 특히 내산성·내후성이 향상되고, 내열충격성이 큰 것이 특징
2. 이화학용·내열용기용 유리로 사용된다.

85. 석유계 아스팔트로 점착성, 방수성은 우수하지만 연화점이 비교적 낮고 내후성 및 온도에 의한 변화 정도가 커 지하실 방수공사이외에 사용하지 않는 것은?

① 락 아스팔트(Rock asphalt)
② 블로운 아스팔트(Blown asphalt)
③ 아스팔트 컴파운드(Asphalt compound)
④ 스트레이트 아스팔트(Straight asphalt)

스트레이트 아스팔트(straight asphalt)
① 신장성이 우수하고 접착력과 방수성이 좋다.
② 연화점이 낮으며 온도에 의한 감온성이 크다.
③ 지하실방수에 주로 쓰이고, 아스팔트루핑, 아스팔트펠트의 삼투용으로 사용된다.

86. 목재의 가공품 중 펄프를 접착제로 제판하여 양면을 열압건조시킨 것으로 비중이 0.8 이상이며 수장판으로 사용하는 것은?

① 경질섬유판
② 파키트리보드
③ 반경질섬유판
④ 연질섬유판

경질섬유판
1. 펄프를 접착제로 제판하여 양면을 열압 건조시킨 것
2. 가로·세로의 신축이 같아 비틀림이 작다.
3. 강도·경도가 크고 내마모성이 크다.
4. 실내 수장재, 천장재, 보온재로 사용
5. 본뜨기, 구부림, 구멍 뚫기 등의 2차 가공이 용이
6. 비중 0.8 이상, 함수율 5~13% 이상, 휨강도 350kg/cm² 이상

해답 81 ③ 82 ③ 83 ① 84 ③ 85 ④ 86 ①

87. 경량기포콘크리트(Autoclaved Lightweight Concrete)에 관한 설명 중 옳지 않은 것은?

① 단열성이 낮아 결로가 발생한다.
② 강도가 낮아 주로 비내력용으로 사용된다.
③ 내화성능을 일부 보유하고 있다.
④ 다공질이기 때문에 흡수성이 높다.

경량기포콘크리트
1. 규사, 생석회, 시멘트 등에 알루미늄 분말 등과 같은 발포제와 기포안정제를 넣고 오토클레이브내에서 고온·고압으로 양생시킨 다공질 기포콘크리트
2. 단열성, 내화성, 차음성, 경량성이 우수하다.
3. 열전도율이 낮다.
4. 치수정밀도가 높다.
5. 인력취급이 가능하다.
6. 흡수성이 크다.
7. 중성화우려가 높다.

88. 합성수지계 접착제 중 내수성이 가장 좋지 않은 접착제는?

① 에폭시수지 접착제
② 초산비닐수지 접착제
③ 멜라민수지 접착제
④ 요소수지 접착제

초산비닐수지 접착제
1. 무색, 무취하다
2. 접착성이 크고 강인하고 가소성을 가진다.
3. 가장 내수성이 약하다.
4. 접착제, 도료, 인쇄용 잉크 등에 사용

89. 바탕과의 접착을 주목적으로 하며, 바탕의 요철을 완화시키는 바름공정에 해당되는 것은?

① 마감바름   ② 초벌바름
③ 재벌바름   ④ 정벌바름

미장바름

1. 초벌바름	• 바탕과의 접착을 주목적으로 하며 바탕의 요철을 조정한다. • 초벌바름 두께는 4.5~6mm 정도이다. • 바름면을 거친면으로 처리하여 위층과의 접착이 좋게 한다. • 2주 이상 장기간 방치한다.
2. 재벌바름	• 초벌바름 후 평활도 및 수직도를 유지하며 바른다. • 면을 거칠게 처리한다.
3. 정벌바름	• 재벌바름면이 경화한 후 물적시기를 하고 정벌바름을 한다.

90. 목재의 용적변화, 팽창수축에 관한 설명으로 옳지 않은 것은?

① 변재는 일반적으로 심재보다 용적변화가 크다.
② 비중이 큰 목재일수록 팽창 수축이 적다.
③ 연륜에 접선 방향(널결)이 연륜에 직각 방향(곧은결)보다 수축이 크다.
④ 급속하게 건조된 목재는 완만히 건조된 목재보다 수축이 크다.

비중과 강도
1. 목재의 강도는 비중에 일반적으로 정비례한다.
2. 함수율이 일정하고 결함이 없으면 비중이 클수록 강도가 크다.
3. 목재의 진비중은 수종에 관계없이 1.54 정도이다.
4. 목재의 비중은 동일수종이라도 연륜, 밀도, 생육지, 수령, 심재와 변재에 따라서 다소 차이가 난다.
5. 비중이 클수록 팽창수축이 크다.

91. KS L 4201에 따른 점토벽돌 1종의 압축강도는 최소 얼마 이상인가?

① 15.62MPa   ② 18.55MPa
③ 20.59MPa   ④ 24.50MPa

점토벽돌의 품질

품질 \ 종류	1종	2종	3종
흡수율(%)	10이하	13이하	15이하
압축 강도 (N/mm²)	24.50N/mm² 이상	20.59N/mm² 이상	10.78N/mm² 이상

92. 미장재료 중 고온소성의 무수석고를 특별한 화학처리를 한 것으로 킨즈시멘트라고도 불리우는 것은?

① 경석고 플라스터　② 혼합석고 플라스터
③ 보드용 플라스터　④ 돌로마이트 플라스터

> **경석고 플라스터(킨즈시멘트)**
> 1. 무수석고를 화학처리하여 만든 것으로 경화한 후 매우 단단하다.
> 2. 강도가 크다.
> 3. 경화가 빠르다.
> 4. 경화시 팽창한다.
> 5. 경화촉진제로 사용되는 백반은 산성(酸性)이므로 금속을 녹슬게 하는 결점이 있다.
> 6. 수축이 매우 작다.
> 7. 표면강도가 크고 광택이 있다.

93. 알루미늄 창호의 특징으로 가장 거리가 먼 것은?

① 공작이 자유롭고 기밀성이 우수하다.
② 도장 등 색상의 자유도가 있다.
③ 이종금속과 접촉하면 부식되고 알칼리에 약하다.
④ 내화성이 높아 방화문으로 주로 사용된다.

> **알루미늄(Al)**
> 1. 비중(2.7)이 철의 1/3로 경량이다.
> 2. 열과 전기의 전도성이 크고 반사율이 크다.
> 3. 융점(660℃)이 낮고 내화성이 나쁘다.
> 4. 부식률은 대기 중의 습도와 염분함유량, 불순물의 양과 질 등에 관계되며 0.08mm/년 정도이다.
> 5. 황산, 인산 중에서는 침식되며, 염산에는 빠르게 침식된다.
> 6. 전성, 연성이 좋아 가공성이 좋다.
> 7. 산, 알칼리, 해수에 부식된다.
> 8. 콘크리트와 접하거나 흙 속에 묻히면 부식된다.

94. 석재의 일반적 강도에 관한 설명으로 옳지 않은 것은?

① 석재의 구성입자가 작을수록 압축강도가 크다.
② 석재의 강도는 중량에 비례한다.
③ 석재의 강도의 크기는 휨강도〉압축강도〉인장강도이다.
④ 석재의 함수율이 클수록 강도는 저하된다.

> 석재의 강도 크기순서 : 압축강도 〉 휨강도 〉 인장강도

95. 건물의 외장용 도료로 가장 적합하지 않은 것은?

① 유성페인트　② 수성페인트
③ 페놀수지 도료　④ 유성바니시

> **유성바니시**
> 1. 유용성 수지를 건조성 오일에 가열·용해하여 휘발성 용제로 희석한 것
> 2. 무색, 담갈색의 투명도료로 광택이 있고 강인하다.
> 3. 내수성, 내마모성이 크다.
> 4. 내후성이 작아 실내의 목재의 투명도장에 사용한다.
> 5. 건물 외장에는 사용하지 않는다.

96. 다음 각종 금속의 성질에 관한 설명으로 옳지 않은 것은?

① 납은 융점이 높아 가공은 어려우나, 내알칼리성이 커서 콘크리트 중에 매입하여도 침식되지 않는다.
② 주석은 인체에 무해하며 유기산에 침식되지 않는다.
③ 동은 건조한 공기중에서는 산화하지 않으나, 습기가 있거나 탄산가스가 있으면 녹이 발생한다.
④ 아연은 인장강도나 연신율이 낮기 때문에 열간 가공하여 결정을 미세화하여 가공성을 높일 수 있다.

> **납(Pb)**
> 1. 융점(327℃)이 낮고 가공이 쉽다.
> 2. 비중(11.4)이 매우 크고 연질이다.
> 3. 전성, 연성이 크다.
> 4. 내식성이 우수하다.
> 5. 방사선 차폐용 벽체에 이용된다.
> 6. 알칼리에 약하며 콘크리트에 침식된다.
> 7. 염산, 황산, 농질산에는 강하나 묽은 질산에는 녹는다.
> 8. 공기 중의 습기와 CO_2에 의해 표면에 피막이 생겨 내부를 보호한다.
> 9. 급배수관, 가스관, X선실 등에 사용

97. 굳지 않은 콘크리트의 성질을 표시하는 용어 중 컨시스턴시에 의한 부어넣기의 난이도 정도 및 재료분리에 저항하는 정도를 나타내는 것은?

① 플라스티시티　② 피니셔빌리티
③ 펌퍼빌리티　④ 워커빌리티

해답　92 ①　93 ④　94 ③　95 ④　96 ①　97 ④

굳지않은 콘크리트의 성질을 표시하는 용어	
1) 워커빌리티 (workability) = 시공연도	콘크리트의 부어넣기 작업의 난이도 정도 및 재료분리의 저항정도를 나타내는 것(모르터나 콘크리트의 작업성의 난이도)
2) 콘시스턴시(consistency) = 반죽질기	수량에 의해서 변화하는 콘크리트의 유동성의 정도(반죽의 질기)
3) 플라스티시티(plasticity) = 성형성	거푸집에 채우기 쉽고, 재료분리가 발생하지 않는 성질
4) 피니셔빌리티(finishability) = 마무리정도	굵은골재의 최대치수, 잔골재율, 잔골재 입도 등에 따른 마무리하기 쉬운정도(도로포장 등 표면정리의 난이도)
5) 펌퍼빌리티(pumpability) = 압송성	펌프에 콘크리트가 잘 밀려가는지의 난이도

98. 자갈의 절대건조상태 질량이 400g, 습윤상태 질량이 413g, 표면건조내부포수상태 질량이 410g 일 때 흡수율은 몇 %인가?

① 2.5% ② 1.5%
③ 1.25% ④ 0.75%

흡수율
$= \dfrac{\text{표면건조 내부 포수상태중량} - \text{절건상태중량}}{\text{절건상태중량}} \times 100\%$
$= \dfrac{410\text{g} - 400\text{g}}{400\text{g}} \times 100\% = 2.5\%$

99. 건축용 석재의 장점으로 옳지 않은 것은?

① 내화성이 뛰어나다.
② 내구성 및 내마모성이 우수하다.
③ 외관이 장중, 미려하다.
④ 압축강도가 크다.

석재의 장·단점	
장 점	단 점
• 외관이 장중, 미려하다. • 압축강도가 크다. 내수, 내화학적. • 불연성이고, 내구성, 내마모성이 있다. • 방한, 방서, 차음성이 있다. • 종류다양, 동일석재도 산지나 조직에 따라 다른 외관과 색조를 지닌다.	• 중량이 크고, 운반, 가공이 어렵다. • 인장강도가 작다. 취도계수가 크다. (압축강도의 1/20~1/40 내외) • 내화도가 낮고, 내진구조가 아니다. • 장대재를 얻기 어려워 가구재로는 부적합하다.

100. 다음 중 열경화성수지에 속하지 않는 것은?

① 에폭시수지 ② 페놀수지
③ 아크릴수지 ④ 요소수지

합성수지의 분류	
열가소성 수지	열경화성 수지
• 폴리비닐수지 (염화비닐수지=P.V.C) • 아크릴수지 • 폴리스티렌수지 • 폴리에틸렌수지 • 폴리프로필렌 • 폴리아미드수지 • 셀룰로이드 • A.B.S 수지 • 초산비닐수지	• 폴리에스테르수지 (불포화 폴리에스테르수지) • 페놀수지 • 요소수지 • 멜라민수지 • 알키드수지 • 에폭시수지 • 우레탄수지 • 실리콘수지 • 프란수지

■■■ **제6과목 건설안전기술**

101. 건설공사 시공단계에 있어서 안전관리의 문제점에 해당되는 것은?

① 발주자의 조사, 설계 발주능력 미흡
② 용역자의 조사, 설계능력 부실
③ 발주자의 감독 소홀
④ 사용자의 시설 운영관리 능력 부족

①항, 계획단계의 문제점 ②항, 설계단계의 문제점 ③항, 시공단계에서는 발주자의 감리, 안전관리 감독 소홀로 인하여 재해가 발생될 수 있다. ④항, 운영단계의 문제점

102. 점토지반의 토공사에서 흙막이 밖에 있는 흙이 안으로 밀려 들어와 내측흙이 부풀어 오르는 현상은?

① 보일링(boiling)
② 히빙(heaving)
③ 파이핑(piping)
④ 액상화

히빙(Heaving)이란 굴착이 진행됨에 따라 흙막이 벽 뒤쪽 흙의 중량이 굴착부 바닥의 지지력 이상이 되면 흙막이벽 근입(根入) 부분의 지반 이동이 발생하여 굴착부 저면이 솟아오르는 현상이다.

103. 차량계 하역운반기계, 차량계 건설기계의 안전조치사항 중 옳지 않은 것은?

① 최대제한속도가 시속 10km를 초과하는 차량계 건설기계를 사용하여 작업을 하는 경우 미리 작업장소의 지형 및 지반상태 등에 적합한 제한속도를 정하고, 운전자로 하여금 준수하도록 할 것
② 차량계 건설기계의 운전자가 운전위치를 이탈하는 경우 해당 운전자로 하여금 포크 및 버킷 등의 하역장치를 가장 높은 위치에 두도록 할 것
③ 차량계 하역운반기계 등에 화물을 적재하는 경우 하중이 한쪽으로 치우치지 않도록 적재할 것
④ 차량계 건설기계를 사용하여 작업을 하는 경우 승차석이 아닌 위치에 근로자를 탑승시키지 말 것

사업주는 차량계 하역운반기계등, 차량계 건설기계의 운전자가 운전위치를 이탈하는 경우 해당 운전자에게 다음 각 호의 사항을 준수하도록 하여야 한다.
1. 포크, 버킷, 디퍼 등의 장치를 가장 낮은 위치 또는 지면에 내려 둘 것
2. 원동기를 정지시키고 브레이크를 확실히 거는 등 갑작스러운 주행이나 이탈을 방지하기 위한 조치를 할 것
3. 운전석을 이탈하는 경우에는 시동키를 운전대에서 분리시킬 것. 다만, 운전석에 잠금장치를 하는 등 운전자가 아닌 사람이 운전하지 못하도록 조치한 경우에는 그러하지 아니하다.
참고 산업안전보건기준에 관한 규칙 제99조【운전위치 이탈 시의 조치】

104. 그물코의 크기가 10cm인 매듭없는 방망사 신품의 인장강도는 최소 얼마 이상이어야 하는가?

① 240kg
② 320kg
③ 400kg
④ 500kg

방망사의 신품에 대한 인장강도

그물코의 크기 (단위 cm)	방망의 종류(단위 : kg)	
	매듭없는 방망	매듭있는 방망
10	240	200
5		110

105. 토사 붕괴의 외적 원인으로 볼 수 없는 것은?

① 사면, 법면의 경사 증가
② 절토 및 성토높이의 증가
③ 토사의 강도저하
④ 공사에 의한 진동 및 반복하중의 증가

토석붕괴의 원인
1. 토석이 붕괴되는 외적 원인
　① 사면, 법면의 경사 및 기울기의 증가
　② 절토 및 성토 높이의 증가
　③ 공사에 의한 진동 및 반복 하중의 증가
　④ 지표수 및 지하수의 침투에 의한 토사 중량의 증가
　⑤ 지진, 차량, 구조물의 하중작용
　⑥ 토사 및 암석의 혼합층 두께
2. 토석이 붕괴되는 내적 원인
　① 절토 사면의 토질·암질
　② 성토 사면의 토질구성 및 분포
　③ 토석의 강도 저하

106. 건립 중 강풍에 의한 풍압 등 외압에 대한 내력이 설계에 고려되었는지 확인하여야 할 철골구조물이 아닌 것은?

① 구조물의 폭과 높이의 비가 1 : 4 이상인 구조물
② 이음부가 현장용접인 구조물
③ 높이 10m 이상의 구조물
④ 단면구조에 현저한 차이가 있는 구조물

건립 중 강풍에 의한 풍압 등 외압에 대한 내력이 설계에 고려되었는지 확인하여야 할 사항
1. 높이 20미터 이상의 구조물
2. 구조물의 폭과 높이의 비가 1 : 4 이상인 구조물
3. 단면구조에 현저한 차이가 있는 구조물
4. 연면적당 철골량이 50킬로그램/평방미터 이하인 구조물
5. 기둥이 타이플레이트(tie plate)형인 구조물
6. 이음부가 현장용접인 구조물

107. 크레인을 사용하여 작업을 할 때 작업시작 전에 점검하여야 하는 사항에 해당하지 않는 것은?

① 권과방지장치·브레이크·클러치 및 운전장치의 기능
② 주행로의 상측 및 트롤리가 횡행하는 레일의 상태
③ 와이어로프가 통하고 있는 곳의 상태
④ 압력방출장치의 기능

크레인 사용 시 작업시작 전 점검사항
• 권과방지장치·브레이크·클러치 및 운전장치의 기능
• 주행로의 상측 및 트롤리(trolley)가 횡행하는 레일의 상태
• 와이어로프가 통하고 있는 곳의 상태
참고 산업안전보건기준에 관한 규칙 별표3 【작업시작 전 점검사항】

108. 흙막이 공법을 흙막이 지지방식에 의한 분류와 구조방식에 의한 분류로 나눌 때 다음 중 지지방식에 의한 분류에 해당하는 것은?

① 수평 버팀대식 흙막이 공법
② H-Pile 공법
③ 지하연속벽 공법
④ Top down method 공법

지지방식과 구조 방식	
지지방식	• 자립 흙막이 공법 • 버팀대(strut)식 흙막이 공법(수평, 빗 버팀대) • Earth Anchor 또는 타이로드식 흙막이 공법(마찰형, 지압형, 복합형)
구조방식	• 엄지 말뚝(H-pile)공법 • 강재 널말뚝(Steel sheet pile)공법 • 지중 연속식(slurry wall)공법

109. 옥외에 설치되어 있는 주행크레인에 이탈을 방지하기 위한 조치를 취해야 하는 것은 순간 풍속이 매 초당 몇 m를 초과할 경우인가?

① 30m
② 35m
③ 40m
④ 45m

사업주는 순간풍속이 초당 30미터를 초과하는 바람이 불어올 우려가 있는 경우 옥외에 설치되어 있는 주행 크레인에 대하여 이탈방지장치를 작동시키는 등 이탈 방지를 위한 조치를 하여야 한다.
참고 산업안전보건기준에 관한 규칙 제140조 【폭풍에 의한 이탈 방지】

110. 터널 지보공을 설치한 때 수시 점검하여 이상을 발견 시 즉시 보강하거나 보수해야 할 사항이 아닌 것은?

① 부재의 손상·변형·부식·변위·탈락의 유무 및 상태
② 부재의 긴압의 정도
③ 부재의 접속부 및 교차부의 상태
④ 경보장치의 작동 상태

사업주는 터널지보공을 설치한 때에는 다음 각호의 사항을 수시로 점검하여야 하며 이상을 발견한 때에는 즉시 보강하거나 보수하여야 한다.
1. 부재의 손상·변형·부식·변위 탈락의 유무 및 상태
2. 부재의 긴압의 정도
3. 부재의 접속부 및 교차부의 상태
4. 기둥침하의 유무 및 상태
참고 산업안전보건기준에 관한 규칙 제366조 【붕괴 등의 방지】

111. 건설업 유해위험방지계획서 제출 시 첨부서류에 해당되지 않는 것은?

① 공사개요서
② 산업안전보건관리비 사용계획
③ 재해발생 위험 시 연락 및 대피방법
④ 특수공사계획

해답 107 ④ 108 ① 109 ① 110 ④ 111 ④

첨부서류
1. 공사 개요 및 안전보건관리계획
   ① 공사개요서
   ② 공사현장의 주변현황 및 주변과의 관계를 나타내는 도면(매설물 현황 포함)
   ③ 전체공정표
   ④ 산업안전보건관리비 사용계획서
   ⑤ 안전관리조직표
   ⑥ 재해 발생 위험 시 연락 및 대피방법
2. 작업 공사 종류별 유해위험방지 계획

참고 산업안전보건법 시행규칙 별표10 【유해위험방지계획서 첨부서류】

112. 동바리로 사용하는 파이프 서포트는 최대 몇 개 이상 이어서 사용하지 않아야 하는가?

① 2개   ② 3개
③ 4개   ④ 5개

동바리로 사용하는 파이프 서포트에 대해서는 다음 각 목의 사항을 따를 것
1. 파이프 서포트를 3개 이상이어서 사용하지 않도록 할 것
2. 파이프 서포트를 이어서 사용하는 경우에는 4개 이상의 볼트 또는 전용철물을 사용하여 이을 것
3. 높이가 3.5m를 초과하는 경우에는 높이 2m 이내마다 수평연결재를 2개 방향으로 만들고 수평연결재의 변위를 방지할 것

참고 산업안전보건기준에 관한 규칙 제332조 【거푸집동바리등의 안전조치】

113. 강관비계 조립 시 준수사항으로 옳지 않은 것은?

① 비계기둥에는 미끄러지거나 침하하는 것을 방지하기 위하여 밑받침철물을 사용하거나 깔판·깔목 등을 사용하여 밑둥잡이를 설치하는 등의 조치를 할 것
② 강관의 접속부 또는 교차부(交叉部)는 적합한 부속철물을 사용하여 접속하거나 단단히 묶을 것
③ 교차가새의 설치를 금하고 한 방향 가새로 설치할 것
④ 가공전로(架空電路)에 근접하여 비계를 설치하는 경우에는 가공전로를 이설(移設)하거나 가공전로에 절연용 방호구를 장착하는 등 가공전로와의 접촉을 방지하기 위한 조치를 할 것

사업주는 강관비계를 조립하는 경우에 다음 각 호의 사항을 준수하여야 한다.
1. 비계기둥에는 미끄러지거나 침하하는 것을 방지하기 위하여 밑받침철물을 사용하거나 깔판·깔목 등을 사용하여 밑둥잡이를 설치하는 등의 조치를 할 것
2. 강관의 접속부 또는 교차부(交叉部)는 적합한 부속철물을 사용하여 접속하거나 단단히 묶을 것
3. **교차 가새로 보강할 것**
4. 외줄비계·쌍줄비계 또는 돌출비계에 대해서는 다음 각 목에서 정하는 바에 따라 벽이음 및 버팀을 설치할 것. 다만, 창틀의 부착 또는 벽면의 완성 등의 작업을 위하여 벽이음 또는 버팀을 제거하는 경우, 그 밖에 작업의 필요상 부득이한 경우로서 해당 벽이음 또는 버팀 대신 비계기둥 또는 띠장에 사재(斜材)를 설치하는 등 비계가 넘어지는 것을 방지하기 위한 조치를 한 경우에는 그러하지 아니하다.
   가. 강관비계의 조립 간격은 별표 5의 기준에 적합하도록 할 것
   나. 강관·통나무 등의 재료를 사용하여 견고한 것으로 할 것
   다. 인장재(引張材)와 압축재로 구성된 경우에는 인장재와 압축재의 간격을 1미터 이내로 할 것
5. 가공전로(架空電路)에 근접하여 비계를 설치하는 경우에는 가공전로를 이설(移設)하거나 가공전로에 절연용 방호구를 장착하는 등 가공전로와의 접촉을 방지하기 위한 조치를 할 것

참고 산업안전보건기준에 관한 규칙 제59조 【강관비계 조립 시의 준수사항】

114. 선창의 내부에서 화물취급작업을 하는 근로자가 안전하게 통행할 수 있는 설비를 설치하여야 하는 기준은 갑판의 윗면에서 선창 밑바닥까지의 깊이가 최소 얼마를 초과할 때인가?

① 1.3m   ② 1.5m
③ 1.8m   ④ 2.0m

사업주는 갑판의 윗면에서 선창(船倉) 밑바닥까지의 **깊이가 1.5미터를 초과**하는 선창의 내부에서 화물취급작업을 하는 경우에 그 작업에 종사하는 근로자가 안전하게 통행할 수 있는 설비를 설치하여야 한다. 다만, 안전하게 통행할 수 있는 설비가 선박에 설치되어 있는 경우에는 그러하지 아니하다.

참고 산업안전보건기준에 관한 규칙 제394조 【통행설비의 설치 등】

115. 철골 작업 시 기상조건에 따라 안전상 작업을 중지토록 하여야 한다. 다음 중 작업을 중지토록 하는 기준으로 옳은 것은?

① 강우량이 시간당 5mm 이상인 경우
② 강우량이 시간당 10mm 이상인 경우
③ 풍속이 초당 10m 이상인 경우
④ 강설량이 시간당 20mm 이상인 경우

철골작업을 중지하여야 할 사항
1. 풍속이 초당 10미터 이상인 경우
2. 강우량이 시간당 1밀리미터 이상인 경우
3. 강설량이 시간당 1센티미터 이상인 경우
참고 산업안전보건기준에 관한 규칙 제383조【작업의 제한】

116. 양중기에 사용하는 와이어로프에서 화물의 하중을 직접 지지하는 달기와이어로프 또는 달기체인의 안전계수 기준은?

① 3 이상   ② 4 이상
③ 5 이상   ④ 10 이상

사업주는 양중기의 와이어로프 등 달기구의 안전계수(달기구 절단하중의 값을 그 달기구에 걸리는 하중의 최대값으로 나눈 값을 말한다)가 다음 각 호의 구분에 따른 기준에 맞지 아니한 경우에는 이를 사용해서는 아니 된다.
1. 근로자가 탑승하는 운반구를 지지하는 달기와이어로프 또는 달기체인의 경우 : 10 이상
2. 화물의 하중을 직접 지지하는 달기와이어로프 또는 달기체인의 경우 : 5 이상
3. 훅, 샤클, 클램프, 리프팅 빔의 경우 : 3 이상
4. 그 밖의 경우 : 4 이상
참고 산업안전보건기준에 관한 규칙 제163조【와이어로프 등 달기구의 안전계수】

117. 차량계 건설기계의 전도방지 조치에 해당되지 않는 것은?

① 운행 경로 변경   ② 갓길의 붕괴방지
③ 지반의 부동침하방지   ④ 도로 폭의 유지

사업주는 차량계 건설기계를 사용하는 작업을 함에 있어서 그 기계가 넘어지거나 굴러 떨어짐으로써 근로자에게 위험을 미칠 우려가 있는 때에는 유도하는 자를 배치하고 지반의 부동침하방지, 갓길의 붕괴방지 및 도로의 폭의 유지 등 필요한 조치를 하여야 한다.
참고 산업안전보건기준에 관한 사항 제199조【전도 등의 방지】

118. 흙막이 지보공을 설치하였을 때 정기적으로 점검하여 이상 발견 시 즉시 보수하여야 할 사항이 아닌 것은?

① 굴착 깊이의 정도
② 버팀대의 긴압의 정도
③ 부재의 접속부·부착부 및 교차부의 상태
④ 부재의 손상·변형·부식·변위 및 탈락의 유무와 상태

사업주는 흙막이 지보공을 설치하였을 때에는 정기적으로 다음 각 호의 사항을 점검하고 이상을 발견하면 즉시 보수하여야 한다.
1. 부재의 손상·변형·부식·변위 및 탈락의 유무와 상태
2. 버팀대의 긴압의 정도
3. 부재의 접속부·부착부 및 교차부의 상태
4. 침하의 정도
참고 산업안전보건기준에 관한 규칙 제347조【붕괴 등의 위험방지】

119. 산업안전보건관리비 계상 및 사용기준에 따른 공사 종류별 계상기준으로 옳은 것은? (단, 철도·궤도 신설공사이고, 대상액이 5억원 미만인 경우)

① 1.85%   ② 2.45%
③ 3.09%   ④ 3.43%

공사종류 및 규모별 안전관리비 계상기준표

대상액 공사종류	5억원 미만	5억원 이상 50억원 미만		50억원 이상
		비율(X)	기초액(C)	
일반건설공사(갑)	2.93(%)	1.86(%)	5,349,000원	1.97(%)
일반건설공사(을)	3.09(%)	1.99(%)	5,499,000원	2.10(%)
중건설공사	3.43(%)	2.35(%)	5,400,000원	2.44(%)
철도·궤도신설공사	2.45(%)	1.57(%)	4,411,000원	1.66(%)
특수및기타건설공사	1.85(%)	1.20(%)	3,250,000원	1.27(%)

120. 중량물 운반 시 크레인에 매달아 올릴 수 있는 최대 하중으로부터 달아올리기 기구의 중량에 상당하는 하중을 제외한 하중은?

① 정격 하중   ② 적재 하중
③ 임계 하중   ④ 작업 하중

"정격하중(rated load)"이란 크레인의 권상하중에서 훅, 크래브 또는 버킷 등 달기기구의 중량에 상당하는 하중을 뺀 하중을 말한다.

해답 115 ③   116 ③   117 ①   118 ①   119 ②   120 ①

※ 본 기출문제는 수험자의 기억을 바탕으로 하여 복원한 문제이므로 실제 문제와 다를 수 있음을 미리 알려드립니다.

■■■ **제1과목 산업안전관리론**

1. 다음 중 산업안전보건법령상 산업안전보건위원회의 심의·의결사항으로 볼 수 없는 것은?

① 산업재해 예방계획의 수립에 관한 사항
② 근로자의 건강진단 등 건강관리에 관한 사항
③ 재해자에 관한 치료 및 재해보상에 관한 사항
④ 안전보건관리규정의 작성 및 변경에 관한 사항

산업안전보건위원회의 심의·의결사항
1. 사업장의 산업재해 예방계획의 수립에 관한 사항
2. 안전보건관리규정의 작성 및 변경에 관한 사항
3. 안전보건교육에 관한 사항
4. 작업환경측정 등 작업환경의 점검 및 개선에 관한 사항
5. 근로자의 건강진단 등 건강관리에 관한 사항
6. 중대재해의 원인 조사 및 재발 방지대책 수립에 관한 사항
7. 산업재해에 관한 통계의 기록 및 유지에 관한 사항
8. 유해하거나 위험한 기계·기구·설비를 도입한 경우 안전 및 보건 관련 조치에 관한 사항
9. 그 밖에 해당 사업장 근로자의 안전 및 보건을 유지·증진시키기 위하여 필요한 사항

참고 산업안전보건법 제24조 【산업안전보건위원회】

2. 다음 중 재해사례연구의 진행단계를 올바르게 나열한 것은?

① 재해 상황의 파악 → 사실의 확인 → 문제점의 발견 → 문제점의 결정 → 대책의 수립
② 사실의 확인 → 재해 상황의 파악 → 문제점의 발견 → 문제점의 결정 → 대책의 수립
③ 문제점의 발견 → 재해 상황이 파악 → 사실의 확인 → 문제점의 결정 → 대책의 수립
④ 문제점의 발견 → 문제점의 결정 → 재해 상황의 파악 → 사실의 확인 → 대책의 수립

재해사례연구의 진행단계
전제조건 : 재해상황(현상) 파악
1단계 : 사실의 확인
2단계 : 문제점 발견
3단계 : 근본적 문제점 결정
4단계 : 대책의 수립

3. 다음 설명에 해당하는 재해의 통계적 원인분석 방법은?

> 2개 이상의 문제 관계를 분석하는데 사용하는 것으로 데이터를 집계하고, 표로 표시하여 요인별 결과내역을 교차한 그림을 작성, 분석하는 방법

① 파레토도(pareto diagram)
② 특성 요인도(cause and effect diagram)
③ 관리도(control diagram)
④ 크로스도(cross diagram)

클로즈(close)분석
2개 이상의 문제 관계를 분석하는데 사용하는 것으로, 데이터(data)를 집계하고 표로 표시하여 요인별 결과 내역을 교차한 클로즈 그림을 작성하여 분석한다.

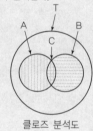

클로즈 분석도

4. 다음 중 산업안전보건법에 따라 지방고용노동관서의 장이 안전관리자를 정수 이상 증원하거나 교체하여 임명할 것을 명령할 수 있는 경우는?

① 해당 사업장의 연간재해율이 같은 업종의 평균재해율의 3배인 경우
② 중대재해가 연간 2건 발생한 경우
③ 안전관리자가 질병의 사유로 1개월 동안 직무를 수행할 수 없게 된 경우
④ 안전관리자가 기타 사유로 60일 동안 직무를 수행할 수 없게 된 경우

해답 1 ③ 2 ① 3 ④ 4 ①

지방고용노동관서의 장은 다음의 어느 하나에 해당하는 사유가 발생한 경우에는 사업주에게 안전관리자·보건관리자 또는 안전보건관리담당자를 정수 이상으로 증원하게 하거나 교체하여 임명할 것을 명할 수 있다.

1. 해당 사업장의 연간재해율이 같은 업종의 평균재해율의 2배 이상인 경우
2. 중대재해가 연간 2건 이상 발생한 경우. 다만, 해당 사업장의 전년도 사망만인율이 같은 업종의 평균 사망만인율 이하인 경우는 제외한다.
3. 관리자가 질병이나 그 밖의 사유로 3개월 이상 직무를 수행할 수 없게 된 경우
4. 화학적 인자로 인한 직업성 질병자가 연간 3명 이상 발생한 경우

참고 산업안전보건법 시행규칙 제12조【안전관리자 등의 증원·교체임명 명령】

5. 재해발생의 원인 중 간접 원인에 해당되지 않는 것은?

① 기술적 원인
② 불안전한 상태
③ 관리적 원인
④ 교육적 원인

불안전한 행동(인적원인), 불안전한 상태(물적원인)는 직접원인으로 구분한다.

6. 사고의 용어 중 Near Accident에 대한 설명으로 옳은 것은?

① 사고가 일어나더라도 손실을 수반하지 않는 경우
② 사고가 일어날 경우 인적재해가 발생하는 경우
③ 사고가 일어날 경우 물적재해가 발생하는 경우
④ 사고가 일어나더라도 일정 비용 이하의 손실만 수반하는 경우

Near accident란 사고가 일어나더라도 손실을 수반하지 않는 경우로서 인적·물적등 일체의 피해가 없는 재해를 말한다.

7. 위험예지훈련 4라운드 기법 진행방법 중 본질추구는 몇 라운드에 해당되는가?

① 제1라운드
② 제2라운드
③ 제3라운드
④ 제4라운드

위험예지훈련 4라운드
① 제 1라운드 : 현상파악
② 제 2라운드 : 본질추구
③ 제 3라운드 : 대책수립
④ 제 4라운드 : 목표설정

8. 재해예방의 4원칙에 대한 설명으로 틀린 것은?

① 재해발생에는 반드시 손실을 수반한다.
② 재해의 발생은 반드시 그 원인이 존재한다.
③ 재해예방을 위한 가능한 안전대책은 반드시 존재한다.
④ 재해는 원칙적으로 원인만 제거되면 예방이 가능하다.

재해예방의 4원칙

4원칙	내용
손실 우연의 원칙	재해 손실은 사고 발생시 사고 대상의 조건에 따라 달라지므로 한 사고의 결과로서 생긴 재해 손실은 우연성에 의하여 결정된다.
원인 계기(연계)의 원칙	재해 발생은 반드시 원인이 있다. 즉 사고와 손실과의 관계는 우연적이지만 사고와 원인관계는 필연적이다.
예방 가능의 원칙	재해는 원칙적으로 원인만 제거되면 예방이 가능하다.
대책 선정의 원칙	재해 예방을 위한 가능한 안전 대책은 반드시 존재한다.

해답 5 ② 6 ① 7 ② 8 ①

9. 무재해운동을 추진하기 위한 중요한 세 개의 기둥에 해당하지 않는 것은?

① 본질추구
② 소집단 자주활동의 활성화
③ 최고경영자의 경영자세
④ 관리감독자(Line)의 적극적 추진

무재해운동 추진의 3요소(기둥)
1. 최고경영자의 경영자세
2. 관리감독자(Line)의 적극적 추천
3. 소집단 자주활동의 활성화

10. 산업안전보건법상 안전·보건표지 중 색채와 색도기준이 올바르게 연결된 것은? (단, 색도기준은 "색상 명도 / 채도" 순서이다.)

① 흰색 : N0.5
② 녹색 : 5G 5.5/6
③ 빨간색 : 5R 4/12
④ 파란색 : 2.5PB 4/10

안전·보건표지의 색체 및 색도기준 및 용도

색채	색도기준
빨간색	7.5R 4/14
노란색	5Y 8.5/12
파란색	2.5PB 4/10
녹색	2.5G 4/10
흰색	N9.5
검은색	N0.5

11. 안전보건개선계획서의 수립·시행명령을 받은 사업주는 그 명령을 받은 날부터 안전보건개선계획서를 작성하여 며칠 이내에 관할 지방고용노동관서의 장에게 제출해야 하는가?

① 15일
② 30일
③ 60일
④ 90일

안전보건개선계획서를 제출해야 하는 사업주는 안전보건개선계획서 수립·시행 명령을 받은 날부터 60일 이내에 관할 지방고용노동관서의 장에게 해당 계획서를 제출(전자문서로 제출하는 것을 포함한다)해야 한다.

참고 산업안전보건법 시행규칙 제61조【안전보건개선계획의 제출 등】

12. 산업안전보건법령상 안전검사 대상 유해·위험 기계·기구에 해당하지 않는 것은?

① 리프트
② 압력용기
③ 곤돌라
④ 교류아크 용접기

안전검사 대상 기계
① 프레스
② 전단기
③ 크레인(정격하중 2톤 미만 것은 제외한다)
④ 리프트
⑤ 압력용기
⑥ 곤돌라
⑦ 국소배기장치(이동식은 제외한다)
⑧ 원심기(산업용에 한정한다)
⑨ 롤러기(밀폐형 구조는 제외한다.)
⑩ 사출성형기(형 체결력 294KN 미만은 제외한다.)
⑪ 고소작업대(화물자동차 또는 특수자동차에 탑재한 고소작업대로 한정한다.)
⑫ 컨베이어
⑬ 산업용 로봇

참고 산업안전보건법 시행령 제78조【안전검사대상 기계 등】

13. 산업안전보건법령상 고용노동부장관이 사업주에게 안전·보건진단을 받아 안전보건 개선계획을 수립·제출하도록 명할 수 있는 사업장의 기준 중 틀린 것은?

① 작업환경 불량, 화재·폭발 또는 누출사고 등으로 사회적 물의를 일으킨 사업장
② 산업재해율이 같은 업종 평균 산업재해율의 2배 이상인 사업장
③ 유해인자의 노출기준을 초과한 사업장 중 중대재해(사업주가 안전·보건조치의무를 이행하지 아니하여 발생한 중대재해만 해당)발생 사업장
④ 상시 근로자 1천명 이상 사업장의 경우 직업병에 걸린 사람이 연간 2명 이상 발생한 사업장

14. 연평균 200명의 근로자가 작업하는 사업장에서 연간 3건의 재해가 발생하여 사망이 1명, 50일의 요양이 필요한 인원이 1명 있었다면 이때의 강도율은? (단, 1인당 연간근로시간은 2400시간으로 한다.)

① 13.61   ② 15.71
③ 17.61   ④ 19.71

15. 재해손실비 중 직접비가 아닌 것은?

① 휴업 보상비
② 요양 보상비
③ 장의비
④ 영업손실비

16. 다음 중 산업안전보건법령상 안전보건총괄책임자의 직무로 옳지 않은 것은?

① 도급사업시의 안전·보건 조치
② 수급인의 산업안전보건관리비의 집행감독 및 그 사용에 관한 수급인간의 협의·조정
③ 해당 사업장 안전교육계획의 수립 및 실시
④ 중대재해발생시 작업의 중지

17. 다음 중 방진마스크의 일반적인 구조로 적합하지 않은 것은?

① 배기밸브는 방진마스크의 내부와 외부의 압력이 같을 경우 항상 열려 있도록 할 것
② 흡기밸브는 미약한 호흡에 대하여 확실하고 예민하게 작동하도록 할 것
③ 안면부여과식 마스크는 여과재를 안면에 밀착시킬 수 있어야 할 것
④ 머리끈은 적당한 길이 및 탄력성을 갖고 길이를 쉽게 조절할 수 있을 것

해답   14 ②   15 ④   16 ③   17 ①

18. 보행 중 작업자가 바닥에 미끄러지면서 주변의 상자와 머리를 부딪침으로서 머리에 상처를 입은 경우 이 사고의 기인물은?

① 바닥　　　　　　　② 상자
③ 머리　　　　　　　④ 바닥과 상자

1. 기인물 : 바닥
2. 가해물 : 주변의 상자
3. 발생형태 : 부딪힘(충돌)

19. 100인 이하의 소규모 사업장에 적합한 안전보건관리조직의 형태는?

① 라인(Line)형
② 스탭(Staff)형
③ 라운드(Round)형
④ 라인-스탭(Line-Staff)의 복합형

라인(Line)형(직계형 조직)
안전관리에 관한 계획에서 실시에 이르기까지 모든 권한이 포괄적이고 직선적으로 행사되며, 안전을 전문으로 분담하는 부서가 없으며 소규모 사업장(100명 이하)에 적합하다.

20. 버드(Frank Bird)의 새로운 도미노 이론으로 연결이 옳은 것은?

① 제어의 부족 → 기본 원인 → 직접 원인 → 사고 → 상해
② 관리구조 → 작전적 에러 → 전술적 에러 → 사고 → 상해
③ 유전과 환경 → 인간의 결함 → 불안전한 행동 및 상태 → 재해 → 상해
④ 유전적 요인 및 사회적 환경 → 개인적 결함 → 불안전한 행동 및 상태 → 사고 → 상해

버드의 신 도미노 이론(Frank Bird의 신 Domino 이론)
1단계 : 통제부족(관리, 경영)
2단계 : 기본원인(기원, 원이론)
3단계 : 직접원인(징후)
4단계 : 사고(접촉)
5단계 : 상해(손해, 손실)

■■■ 제2과목 산업심리 및 교육

21. 호손 실험(Hawthorne experiment)의 결과 작업자의 작업능률에 영향을 미치는 주요 원인으로 밝혀진 것은?

① 인간관계　　　　　② 작업조건
③ 작업환경　　　　　④ 생산기술

호손(Hawthorne) 실험
메이오(G.E. Mayo)에 의한 실험으로 작업자의 작업능률(생산성 향상)은 물리적인 작업조건보다 사람의 심리적 태도, 감정을 규제하고 있는 인간관계에 의해 결정됨을 밝혔다.

22. 기술교육의 진행방법 중 듀이 (John Dewey)의 5단계 사고 과정에 속하지 않는 것은?

① 응용시킨다.(Application)
② 시사를 받는다.(Suggestion)
③ 가설을 설정한다.(Hypothesis)
④ 머리로 생각한다.(Intellectualization)

존 듀이(J.Dewey)의 사고과정의 5단계
1. 시사를 받는다.
2. 머리로 생각한다.
3. 가설을 설정한다.
4. 추론한다.
5. 행동에 의하여 가설을 검토한다.

23. 다음 중 직무기술서(job description)에 포함되어야 하는 내용과 가장 거리가 먼 것은?

① 직무의 직종
② 수행되는 과업
③ 직무수행 방법
④ 작업자에게 요구되는 능력

직무기술서(job description)에 포함되어야 하는 내용
1. 직무의 분류
2. 직무의 직종
3. 수행되는 과업
4. 직무수행 방법

참고 직무기술서(job description)란 직무수행의 과업요건에 초점을 두어 기술한 문서이다.

해답　18 ①　19 ①　20 ①　21 ①　22 ①　23 ④

24. 시각 정보 등을 받아들일 때 주의를 기울이면 시선이 집중되는 곳의 정보는 잘 받아들이나 주변부의 정보는 놓치기 쉬운 것은 주의력의 어떤 특성과 관련이 있는가?

① 주의의 선택성   ② 주의의 변동성
③ 주의의 방향성   ④ 주의의 시분할성

주의의 선택성이란 여러 종류의 자극을 자각할 때 소수의 특정한 것에 한하여 선택하는 기능으로 동시에 2개의 정보에는 집중하지 못한다.

25. 다음 중 인간의 사회 행동에 대한 기본 형태와 가장 거리가 먼 것은?

① 도피   ② 협력
③ 대립   ④ 습관

인간의 사회 행동에 대한 기본 형태
1. 협력   2. 대립
3. 도피   4. 융합

26. 강의법의 장점으로 볼 수 없는 것은?

① 강의 시간에 대한 조정이 용이하다.
② 학습자의 개성과 능력을 최대화 할 수 있다.
③ 난해한 문제에 대하여 평이하게 설명이 가능하다.
④ 다수의 인원에서 동시에 많은 지식과 정보의 전달이 가능하다.

강의법은 다수의 인원을 대상으로 하기 때문에 개개인의 개성과 능력 발휘에는 제약이 따른다.

27. 심리검사의 구비 요건이 아닌 것은?

① 표준화   ② 신뢰성
③ 규격화   ④ 타당성

심리검사의 구비조건
1. 표준화(Standardization)
2. 객관성(Objectivity)
3. 규준(norms)
4. 신뢰성(reliability)
5. 타당성(validity)
6. 실용성(practicability)

28. 다음 중 데이비스(K. Davis)의 동기부여 이론에서 인간의 "능력(ability)"을 나타내는 것은?

① 지식(knowledge)×기능(skill)
② 지식(knowledge)×태도(attitude)
③ 기능(skill)×상황(situation)
④ 상황(situation)×태도(attitude)

Davis의 이론

경영성과 = 인간성과×물적성과

① 인간의 성과(human perform -ance) = 능력×동기유발
② 능력(ability) = 지식(Knowledge)×기능(skill)
③ 동기유발(motivation) = 상황(situation)×태도(attitude)

29. 피로 단계 중 이상발한, 구갈, 두통, 탈력감이 있고, 특히 관절이나 근육통이 수반되어 신체를 움직이기 귀찮아지는 단계는?

① 잠재기   ② 현재기
③ 진행기   ④ 축적피로기

2단계 현재기
확실한 능률 저하의 시기로 피로의 증상을 지각하고 자율신경의 불안상태가 나타난다. 이상발한, 두통, 관절통, 근육통을 수반하여 신체를 움직이는 것이 귀찮아 진다.

참고 피로의 단계
1단계 : 잠재기
2단계 : 현재기
3단계 : 진행기
4단계 : 축적피로기

30. 다음 중 생체리듬(Biorhythm)의 종류에 해당하지 않는 것은?

① 지적 리듬
② 신체 리듬
③ 감성 리듬
④ 신경 리듬

생체리듬(Biorhythm)의 종류
1. 지성적 리듬
2. 신체적 리듬
3. 감성적 리듬

31. 피로의 측정 방법 중 생리학적 측정에 해당하는 것은?

① 혈액농도
② 동작분석
③ 대뇌활동
④ 연속반응시간

피로의 검사방법

검사방법	검사 항목
생리적 방법	근활동, 대뇌피질 활동, 반사역치 호흡순환기능, 인지역치
생화학적 방법	혈색소농도, 혈단백, 혈액수분, 응혈시간, 혈액, 요전해질, 요단백, 요교질 배설량, 부신피질기능
심리학적 방법	변별역치, 피부(전위)저항, 동작분석 행동기록, 연속반응시간, 정신작업 집중유지기능, 전신자각증상

32. 관리그리드(Managerial Grid)이론에 따른 리더십의 유형 중 과업에는 높은 관심을 보이고 인간관계 유지에는 낮은 관심을 보이는 리더십의 유형은?

① 과업형
② 무기력형
③ 이상형
④ 무관심형

관리그리드(Managerial Grid)이론
리더의 행동을 생산에 대한 관심(production concern)과 인간에 대한 관심(people concern)으로 나누고 그리드로 개량화하여 분류하였다.

1.1형: 무관심형	• 생산, 사람에 대한 관심도가 모두 낮음 • 리더 자신의 직분 유지에 필요한 노력만 함
1.9형: 인기형	• 생산, 사람에 대한 관심도가 매우 높음 • 구성원간의 친밀감에 중점을 둠
9.1형: 과업형	• 생산에 대한 관심도 매우 높음, 사람에 대한 관심도 낮음 • 업무상 능력을 중시 함
5.5형: 타협형	• 사람과 업무의 절충형 • 적당한 수준성과를 지향 함
9.9형: 이상형	• 구성원과의 공동목표, 상호 의존관계를 중요시 함 • 상호신뢰, 상호존경, 구성원을 통한 과업 달성 함

33. 다음 중 성실하며 성공적인 지도자(leader)의 공통적인 소유 속성과 거리가 먼 것은?

① 강력한 조직능력
② 실패에 대한 자신감
③ 뛰어난 업무수행능력
④ 자신 및 상사에 대한 긍정적인 태도

성실한 지도자들이 공통적으로 소유한 속성
1. 업무수행능력
2. 강한 출세욕구
3. 상사에 대한 긍정적 태도
4. 강력한 조직 능력
5. 원만한 사교성
6. 판단능력
7. 자신에 대한 긍정적인 태도
8. 매우 활동적이며 공격적인 도전
9. 실패에 대한 두려움
10. 부모로부터의 정서적 독립
11. 조직의 목표에 대한 충성심
12. 자신의 건강과 체력단련

해답 30 ④ 31 ③ 32 ① 33 ②

34. 안전교육의 내용을 지식교육, 기능교육 및 태도교육 순서로 구분하여 맞게 나열한 것은?

① 시청각 교육 – 안전작업 동작지도 – 현장실습 교육
② 현장실습 교육 – 안전작업 동작지도 – 시청각 교육
③ 안전작업 동작지도 – 시청각 교육 – 현장실습 교육
④ 시청각 교육 – 현장실습 교육 – 안전작업 동작지도

> 1. 지식교육 – 시청각 교육
> 2. 기능교육 – 현장실습 교육
> 3. 태도교육 – 안전작업 동작지도

35. 신호등이 녹색에서 적색으로 바뀌어도 차가 움직이기까지 아직 시간이 있다고 생각하여 건널목을 건넜을 경우 이는 어떠한 부주의에 속하는가?

① 억측판단
② 의식의 우회
③ 생략행위
④ 의식수준의 저하

> **억측판단**
> 스스로의 주관적인 판단 또는 희망적인 관찰에 근거를 두고 실제상황을 확인하지 않고 행동으로 옮기는 판단

36. 안전·보건교육의 목적이 아닌 것은?

① 행동의 안전화
② 작업환경의 안전화
③ 의식의 안전화
④ 노무관리의 적정화

> **안전·보건교육의 목적**
> 1. 작업환경의 안전화
> 2. 행동(동작)의 안전화
> 3. 의식(정신)의 안전화
> 4. 작업방법의 안전화
> 5. 기계·기구 및 설비의 안전화

37. 다음 중 프로그램 학습법(Programmed self -instruction method)의 장점이 아닌 것은?

① 학습자의 사회성을 높이는데 유리하다.
② 한 강사가 많은 수의 학습자를 지도할 수 있다.
③ 지능, 학습적성, 학습속도 등 개인차를 충분히 고려할 수 있다.
④ 매 반응마다 피드백이 주어지기 때문에 학습자가 흥미를 갖는다.

> **프로그램 학습법(Programmed self – instruction method)의 장점 및 단점**
>
> | 장점 | 단점 |
> |---|---|
> | · 수업의 전단계
· 학교수업, 방송수업, 직훈의 경우
· 학생간의 개인차를 최대로 조절할 경우
· 수강생들이 허용된 어느시간내에 학습할 경우
· 보충 수업의 경우 | · 한번 개발된 프로그램 자료를 개조가 어렵다.
· 개발비가 많이 든다.
· 수강생의 사회성이 결여될 우려가 있다. |

38. 허츠버그(Herzberg)의 2요인 이론 중 동기요인(motivator)에 해당하지 않는 것은?

① 성취   ② 작업조건
③ 인정   ④ 작업자체

> **Herzberg의 동기-위생 이론**
>
> | 분류 | 종류 |
> |---|---|
> | 위생요인
(유지욕구) | 직무환경, 정책, 관리·감독, 작업조건, 대인관계, 금전, 지휘, 등 |
> | 동기요인
(만족욕구) | 업무(일)자체, 성취감, 성취에 대한 인정, 도전적이고 보람있는 일, 책임감, 성장과 발달 등 |

39. 시간 연구를 통해서 근로자들에게 차별성과급제를 적용하면 효율적이라고 주장한 과학적 관리법의 창시자는?

① 게젤(A.L.Gesell)
② 테일러(F.Taylor)
③ 웨슬리(D.Wechsler)
④ 샤인(Edgar H. Schein)

> **테일러(F.Taylor)**
> 시간 연구를 통해서 근로자들에게 차별성과급제를 적용하면 효율적이라고 주장하였다.

40. 교육심리학에 있어 일반적으로 기억 과정의 순서를 나열한 것으로 맞는 것은?

① 파지 → 재생 → 재인 → 기명
② 파지 → 재생 → 기명 → 재인
③ 기명 → 파지 → 재생 → 재인
④ 기명 → 파지 → 재인 → 재생

> 기억 과정의 순서는 기명 – 파지 – 재생 – 재인 순이다.

■■■ 제3과목 인간공학 및 시스템안전공학

41. 반사형 없이 모든 방향으로 빛을 발하는 점광원에서 5m 떨어진 곳의 조도가 120lux 라면 2m 떨어진 곳의 조도는?

① 150lux
② 192.2lux
③ 750lux
④ 3,000lux

> 조도 = $\dfrac{광도}{거리^2}$ 이므로
>
> 조도2 = 조도1 × $\left(\dfrac{거리1}{거리2}\right)^2 = 120 \times \left(\dfrac{5}{2}\right)^2 = 750$

42. 결함수분석법에서 특정 조합의 기본사상들이 모두 결함으로 발생하였을 때 시스템의 고장사상을 일으키는 기본사상의 집합을 무엇이라 하는가?

① Cut sets
② Path sets
③ Minimal cut sets
④ Minimal path sets

> 컷 셋(cu sets)이란 그 속에 포함되어 있는 모든 기본사상(여기서는 통상사상, 생략 결함 사상 등을 포함한 기본사상)이 일어났을 때 정상사상을 일으키는 기본사상의 집합을 말한다.

43. 평균고장시간이 4×10^8 시간인 요소 4개가 직렬체계를 이루고 있을 때 이 체계의 수명은 몇 시간인가?

① 1×10^8
② 4×10^8
③ 8×10^8
④ 16×10^8

> 계의 수명 = $\dfrac{MTTF}{n}$ 이므로, $\dfrac{4 \times 10^8}{4} = 1 \times 10^8$

44. 건구온도 30℃, 습구온도 35℃ 일 때의 옥스포드(Oxford) 지수는 얼마인가?

① 20.75℃
② 24.58℃
③ 32.78℃
④ 34.25℃

> **Oxford 지수**
> WD(습건)지수라고도 하며, 습구, 건구 온도의 가중(加重) 평균치로서 다음과 같이 나타낸다.
> WD=0.85W(습구 온도)+0.15d(건구 온도)
> =(0.85×35)+(0.15×30)=34.25

45. 다음 중 시스템 안전계획(SSPP, System Safety Program Plan)에 포함되어야 할 사항으로 가장 거리가 먼 것은?

① 안전조직
② 안전성의 평가
③ 안전자료의 수집과 갱신
④ 시스템의 신뢰성 분석비용

> 시스템 안전을 확보하기 위한 기본지침으로 프로그램의 작성계획에 포함되어야 할 내용
> 1. 계획의 개요   2. 안전조직
> 3. 계약조건   4. 관련부문과의 조정
> 5. 안전기준   6. 안전해석
> 7. 안전성의 평가   8. 안전데이타의 수집 및 분석
> 9. 경과 및 결과의 분석

46. 다음 중 청각적 표시장치의 설계에 관한 설명으로 가장 거리가 먼 것은?

① 신호를 멀리 보내고자 할 때에는 낮은 주파수를 사용하는 것이 바람직하다.
② 배경 소음의 주파수와 다른 주파수의 신호를 사용하는 것이 바람직하다.
③ 신호가 장애물을 돌아가야 할 때에는 높은 주파수를 사용하는 것이 바람직하다.
④ 경보는 청취자에게 위급 상황에 대한 정보를 제공하는 것이 바람직하다.

> 1. 고음은 멀리가지 못하므로 3,000m 이상의 장거리용으로는 1,000Hz 이하의 진동수를 사용한다.
> 2. 신호가 장애물 또는 건물의 칸막이를 통과 시에는 500Hz 이하의 낮은 진동수를 사용한다.

47. 인간이 현존하는 기계를 능가하는 기능이 아닌 것은? (단, 인공지능은 제외한다.)

① 원칙을 적용하여 다양한 문제를 해결한다.
② 관찰을 통해서 특수화하고 연역적으로 추리한다.
③ 주위의 이상하거나 예기치 못한 사건들을 감지한다.
④ 어떤 운용방법이 실패할 경우 새로운 다른 방법을 선택할 수 있다.

인간은 관찰을 통해서 일반화하여 귀납적으로 추리하는 기능이 있다.

48. 다음 중 인간공학을 나타내는 용어로 적절하지 않은 것은?

① human factors
② ergonomics
③ human engineering
④ customize engineering

인간공학은 영문으로 Ergonomics 혹은 Human Factors로 표기한다. Ergonomics는 Ergo(work)와 Nomos(law)의 합성어로서 유럽중심의 노동과학에서 발달하였으며, human engineering 이라고도 한다.

49. 50 phon의 기준음을 들려준 후 70 phon의 소리를 듣는다면 작업자는 주관적으로 몇 배의 소리로 인식하는가?

① 1.4배   ② 2배
③ 3배   ④ 4배

$$sone치 = 2^{\frac{(Phon - 40)}{10}}$$

① 50Phon의 sone치 $= 2^{\frac{(50-40)}{10}} = 2$

② 70Phon의 sone치 $= 2^{\frac{(70-40)}{10}} = 8$

50. 인체 계측 중 운전 또는 워드 작업과 같이 인체의 각 부분이 서로 조화를 이루며 움직이는 자세에서의 인체치수를 측정하는 것을 무엇이라 하는가?

① 구조적 치수
② 정적 치수
③ 외곽 치수
④ 기능적 치수

기능적(동적) 치수란 상지나 하지의 운동이나 체위의 움직임으로써, 실제의 작업 또는 생활조건 등을 들 수가 있다.

51. 다음 중 FTA(Fault Tree Analysis)에 사용되는 논리기호와 명칭이 올바르게 연결된 것은?

명칭	기호
1. 결함 사상	▭
2. 기본 사상	◯
3. 이하 생략의 결함 사상 (추적 불가능한 최후 사상)	◇
4. 통상 사상 (家形事像)	⬠

52. 다음 중 통화이해도를 측정하는 지표로서, 각 옥타브 (octave)대의 음성과 잡음의 데시벨(dB)값에 가중치를 곱하여 합계를 구하는 것을 무엇이라 하는가?

① 이해도 점수
② 통화 간섭 수준
③ 소음 기준 곡선
④ 명료도 지수

명료도 지수란 통화이해도를 측정하는 지표로서, 각 옥타브 (octave)대의 음성과 잡음의 데시벨(dB)값에 가중치를 곱하여 합계를 구하는 것이다.

53. Swain과 Guttman에 의해 분류된 휴먼에러 중 독립 행동에 관한 분류에 해당하지 않는 것은?

① omission error
② extraneous error
③ commission error
④ command error

휴먼에러 중 독립행동에 의한 분류
1. omission error : 필요한 task(작업) 또는 절차를 수행하지 않는 데 기인한 과오
2. time error : 필요한 task 또는 절차의 불확실한 수행으로 인한 과오
3. commission error : 필요한 task나 절차의 불확실한 수행으로 인한 과오로서 작위 오류(作僞 誤謬, commission)에 해당된다.
4. sequential error : 필요한 task나 절차의 순서착오로 인한 과오
5. extraneous error : 불필요한 task 또는 절차를 수행함으로서 기인한 과오

54. 프레스에 설치된 안전장치의 수명은 지수분포를 따르며 평균수명은 100시간이다. 새로 구입한 안정장치가 50시간 동안 고장 없이 작동할 확률(A)과 이미 100시간을 사용한 안전장치가 앞으로 100시간 이상 견딜 확률(B)은 약 얼마인가?

① A : 0.606, B : 0.368
② A : 0.606, B : 0.606
③ A : 0.368, B : 0.606
④ A : 0.368, B : 0.368

A : 신뢰도 $R = e^{-\frac{t}{t_o}} = e^{-\frac{50}{100}} = 0.607$

B : 신뢰도 $R = e^{-\frac{t}{t_o}} = e^{-\frac{100}{100}} = 0.368$

55. 산업안전보건법에 따라 유해위험방지계획서의 제출 대상사업은 해당 사업으로서 전기 계약용량이 얼마 이상인 사업을 말하는가?

① 150kW
② 200kW
③ 300kW
④ 500kW

유해·위험방지계획서 제출 대상 사업장은 "대통령령으로 정하는 업종 및 규모에 해당하는 사업"으로 전기사용설비의 정격용량의 합이 300킬로와트 이상인 사업을 말한다.

참고 산업안전보건법 시행령 제42조【유해위험방지계획서 제출대상】

56. 양립성의 종류에 해당하지 않는 것은?

① 기능 양립성
② 운동 양립성
③ 공간 양립성
④ 개념 양립성

양립성(compatibility)
정보입력 및 처리와 관련한 양립성은 인간의 기대와 모순되지 않는 자극들간의, 반응들 간의 또는 자극반응 조합의 관계를 말하는 것
1. 공간적 양립성 : 표시장치가 조종장치에서 물리적 형태나 공간적인 배치의 양립성
2. 운동 양립성 : 표시 및 조종장치, 체계반응의 운동 방향의 양립성
3. 개념적 양립성 : 사람들이 가지고 있는 개념적 연상(어떤 암호 체계에서 청색이 정상을 나타내듯이)의 양립성
4. 양식 양립성 : 직무에 알맞은 자극과 응답의 양식의 존재에 대한 양립성이다.

57. FMEA에서 고장의 발생확률 β가 다음 값의 범위일 경우 고장의 영향으로 옳은 것은?

$$[0.10 \leq \beta < 1.00]$$

① 손실의 영향이 없음
② 실제 손실이 발생됨
③ 손실 발생의 가능성이 있음
④ 실제 손실이 예상됨

FMEA에서 고장의 발생확률(β)	
영 향	발생확률(β)
실제의 손실	$\beta = 1.00$
예상되는 손실	$0.10 \leq \beta < 1.00$
가능한 손실	$0 < \beta < 0.10$
영향 없음	$\beta = 0$

58. 다음 중 동작 경제 원칙의 구성이 아닌 것은?

① 신체사용에 관한 원칙
② 작업장 배치에 관한 원칙
③ 사용자 요구 조건에 관한 원칙
④ 공구 및 설비 디자인에 관한 원칙

> 동작경제의 원칙
> 1. 신체 사용에 관한 원칙
> 2. 작업장의 배치에 관한 원칙
> 3. 공구 및 설비 디자인에 관한 원칙

59. 다음 중 4지선다형 문제의 정보량을 계산하면 얼마가 되겠는가?

① 1 bit
② 2 bit
③ 3 bit
④ 4 bit

> $H = \log_2 4 = 2[\text{bit}]$

60. 다음의 FT도에서 사상 A의 발생 확률 값은?

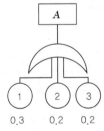

① 게이트 기호가 OR이므로 0.012
② 게이트 기호가 AND이므로 0.012
③ 게이트 기호가 OR이므로 0.552
④ 게이트 기호가 AND이므로 0.552

> OR게이트 발생확률
> $= 1 - (1 - 0.3)(1 - 0.2)(1 - 0.2) = 0.552$

61. 흙막이 지지공법 중 수평버팀대 공법의 특징에 관한 설명으로 옳지 않은 것은?

① 가설구조물이 적어 중장비작업이나 토량제거작업의 능률이 좋다.
② 토질에 대해 영향을 적게 받는다.
③ 인근 대지로 공사범위가 넘어가지 않는다.
④ 고저차가 크거나 상이한 구조인 경우 균형을 잡기 어렵다.

> 수평버팀대 공법
> ① 흙막이벽을 설치하고 버팀대를 수평으로 설치하는 공법
> ② 좁은 면적에서 깊은 기초파기를 할 경우에 적용
> ③ 가설구조물이 많아 중장비가 들어가기가 곤란하여 작업능률이 좋지 않다
> ④ 건물 평면이 복잡할 때 적용이 어렵다

62. 네트워크 공정표에 사용되는 용어에 관한 설명으로 옳지 않은 것은?

① 크리티컬 패스(Critical path): 개시 결합점에서 종료 결합점에 이르는 가장 긴 경로
② 더미(Dummy): 결합점이 가지는 여유시간
③ 플로트(Float): 작업의 여유시간
④ 디펜던트 플로트(Dependent Float): 후속작업의 토탈 플로트에 영향을 주는 플로트

> Dummy(더미, 의미상 활동)
> 작업 상호간의 연결 관계만을 나타내는 시간과 물량이 없는 명목상의 작업활동이다. 소요시간은 0(zero)이고 점선 화살표(┄┅▶)로 표시한다.

63. 거푸집의 강도 및 강성에 대한 구조계산 시 고려할 사항과 가장 거리가 먼 것은?

① 동바리 자중
② 작업 하중
③ 콘크리트 측압
④ 콘크리트 자중

거푸집 구조계산 시 거푸집과 동바리의 자중은 제외한다.

참고 거푸집 및 동바리 설계시 고려하여야 할 하중

거푸집 부위	고려 하중
바닥판, 보의 밑면거푸집, 계단거푸집	• 생콘크리트 중량 • 작업하중 • 충격하중
벽, 기둥, 보옆	• 생콘크리트 중량 • 콘크리트 측압

64. 기계를 설치한 지반보다 낮은 장소, 넓은 범위의 굴착이 가능하며 주로 수로, 골재채취용으로 많이 사용되는 토공사용 굴착기계는?

① 모터 그레이더
② 파워쇼벨
③ 클램쉘
④ 드래그 라인

굴삭용 기계	
파워쇼벨 (Power Shovel)	• 기계가 서 있는 지반보다 높은 곳의 굴착 • 디퍼로 굴착 • 파기면은 높이 1.5m가 가장 적당하고 높이 3m까지 굴착할 수 있다.
백호 Drag Shovel (=Back hoe =Trench Hoe)	• 기계가 서 있는 지반보다 낮은 곳의 굴착 • 파는 힘이 강력하고 비교적 경질지반에 적당하다. • 도로의 측구, 배수로, 트렌치, 도랑파기 공사에 적합
드래그 라인 (Drag Line)	• 기계가 서있는 위치보다 낮은 곳의 굴착 • 파는 힘이 강력하지 못하여 연질지반 굴착에 적합 • 굴삭깊이 : 약 8m 정도 • 수로, 골재채취용
클램쉘 (Clamshell)	• 수직굴착, 수중굴착 등 좁은 곳의 깊은 굴착에 적합한 것으로 자갈 등의 적재에도 사용 (좁은 장소의 깊은 굴착, 케이슨(Caisson)내의 굴착) • 사질지반에 적당하고, 비교적 경질지반에도 적용할 수 있다.

65. 사질지반일 경우 지반 저부에서 상부를 향하여 흐르는 물의 압력이 모래의 자중 이상으로 되면 모래입자가 심하게 교란되는 현상은?

① 파이핑(piping)
② 보링(boring)
③ 보일링(boiling)
④ 히빙(heaving)

보일링현상 (Boiling=Quick Sand)	투수성이 좋은 사질지반에서 흙막이벽의 뒷면 지하수위가 굴착저면 보다 높을 때 지하수와 모래가 굴착저면위로 솟아 오르는 현상
히빙현상 (Heaving)	연약점토지반 굴착시 흙막이벽 안쪽 굴착저면의 중량과 흙막이벽 뒤쪽의 흙의 중량차이에 의해서 굴착저면 흙이 지지력을 잃고 붕괴되어 흙막이벽 뒤쪽에 있는 흙이 안으로 밀려 굴착저면이 부풀어 오르는 현상
파이핑(piping)	흙막이벽이 수밀성이 부족하여 흙막이 벽에 파이프 모양으로 물의 통로가 생겨 배면의 흙이 물과 함께 유실되는 현상

66. 아파트, 지하철공사, 고속도로공사 등 대규모공사에서 지역별로 공사를 구분하여 발주하는 도급방식은?

① 전문공사별 분할도급
② 공구별 분할도급
③ 공정별 분할도급
④ 직종별, 공정별 분할도급

공구별 분할 도급
1. 대규모 공사에서 구역별, 지역별로 분리하여 발주하는 방식
2. 도급업자에게 균등기회 부여
3. 업자 상호간 경쟁으로 공기단축, 시공기술 향상에 유리하다.
4. 지하철공사, 고속도로공사, 대규모아파트단지 등의 공사에 적용

67. 벽돌공사에서 직교하는 벽돌벽의 한편을 나중쌓기로 할 때에는 그 부분에 벽돌물림 자리를 벽돌 한켜 걸름으로 어느 정도 들여쌓는가?

① 1/8B
② 1/4B
③ 1/2B
④ 1B

직교하는 벽돌벽의 한편을 나중쌓기로 할 때에는 그 부분에 벽돌물림 자리를 벽돌 한켜 걸름으로 1/4B 를 들여쌓는다.

68. 지반조사의 방법에 해당되지 않는 것은?

① 보링(Boring)
② 사운딩(Sounding)
③ 언더피닝(Under pinning)
④ 샘플링(Sampling)

> **지반조사 방법**
> 1. 지하탐사법 – 터파보기, 짚어보기, 물리적 지하 탐사
> 2. 보링 – 오거, 수세식, 충격식, 회전식보링
> 3. 샘플링 – 신월 샘플링, 콤포지트 샘플링
> 4. 사운딩(Sounding) : 표준관입시험, 베인테스트

69. 철근을 피복하는 이유와 가장 거리가 먼 것은?

① 철근의 순간격 유지
② 철근의 좌굴방지
③ 철근과 콘크리트의 부착응력 확보
④ 화재, 중성화 등으로부터 철근 보호

> **피복두께 목적**
> 1. 내화성 확보
> 2. 내구성 확보
> 3. 유동성 확보
> 4. 부착강도 확보

70. 갱폼(Gang Form)의 특징으로 옳지 않은 것은?

① 조립, 분해없이 설치와 탈형만 함에 따라 인력절감이 가능하다.
② 콘크리트 이음부위(joint) 감소로 마감이 단순해지고 비용이 절감된다.
③ 경량으로 취급이 용이하다.
④ 제작장소 및 해체 후 보관장소가 필요하다.

> **갱 폼(Gang Form)**
> 1. 주로 외벽에 사용되는 거푸집으로서, 대형패널 및 멍에·장선 등을 일체화시켜 작은 부재의 조립, 분해를 반복하지 않고 대형화, 단순화하여 한 번에 설치하고 해체하는 거푸집
> 2. 장점 : 공기단축, 인건비절감, 조인트 부위감소
> 3. 단점 : 초기투자비 과다, 대형 양중 장비가 필요, 중량으로 취급이 어렵다.
> 4. 경제적인 전용회수 30~40회
> 5. 아파트, 콘도미니엄, 병원, 사무소 같은 벽식구조물에 적당하다.

71. 철골공사에서 부재의 용접접합에 관한 설명으로 옳지 않은 것은?

① 불량용접 검사가 매우 쉽다.
② 기후나 기온에 따라 영향을 받는다.
③ 단면결손이 없어 이음효율이 높다.
④ 무소음, 무진동 방법이다.

> **용접의 장·단점**
>
> | 장 점 | 단 점 |
> |---|---|
> | • 무소음, 무진동
• 강재의 양을 절약할 수 있다.
• 고도의 수밀성을 유지할 수 있다.
• 단면결손이 없어 이음효율이 높다.
• 응력전달이 확실하다. | • 강재의 재질적인 영향이 크다.
• 용접내부의 결함을 육안으로 알 수 없다.
• 검사가 어렵고 비용과 시간이 걸린다.
• 용접공 개인의 기능에 의존도가 크다
• 외기의 영향을 받는다. |

72. 콘크리트의 재료로 사용되는 골재에 관한 설명으로 옳지 않은 것은?

① 골재는 밀도가 크고, 내구성이 커서 풍화가 잘 되지 않아야 한다.
② 콘크리트나 모르타르를 만들 때 물, 시멘트와 함께 혼합하는 모래, 자갈 및 부순돌 기타 유사한 재료를 골재라고 한다.
③ 콘크리트 중 골재가 차지하는 용적은 절대용적으로 50%를 넘지 않도록 한다.
④ 일반적으로 골재의 강도는 시멘트 페이스트 강도 이상이 되어야 한다.

> **골재의 요구조건**
> 1. 견고할 것(경화시멘트페이스트강도 이상)
> 2. 내마모성, 내구성, 내화성이 있을 것
> 3. 입도가 적당할 것
> 4. 깨끗하고 유해물질의 함유량이 없을 것
> 5. 표면이 거칠고 골재의 모양은 둥근 것(편평하거나 세장하지 않는 것)
> 6. 입도는 세조립이 연속적으로 혼합된 것이 좋다.
> 7. 골재의 실적률은 최소 55% 이상으로 할 것(깬자갈의 실적률 55~60%)

73. ALC의 특징에 관한 설명으로 옳지 않은 것은?

① 흡수율이 낮은 편이며, 동해에 대해 방수·방습처리가 불필요하다.

② 열전도율은 보통콘크리트의 약 1/10 정도로 단열성의 우수하다.

③ 건조수축률이 작으므로 균열 발생이 적다.

④ 경량으로 인력에 의한 취급이 가능하고, 필요에 따라 현장에서 절단 및 가공이 용이하다.

경량기포 콘크리트(ALC:Autoclaved Lightweight Concrete)	
1) 개요	규사, 생석회, 시멘트 등에 알루미늄 분말 등과 같은 발포제와 기포안정제를 넣고 오토클레이브내에서 고온·고압으로 양생시킨 다공질 기포콘크리트
2) 장점	• 인력취급이 가능하다. • 현장에서 절단 및 가공용이 • 열전도율이 낮다. • 단열성, 내화성, 차음성, 경량성이 우수 • 치수정밀도가 높다. • 사용 후 변형이나 균열이 작다. • 비중이 적다.(보통 콘크리트의 1/4)
3) 단점	• 흡수성이 크다(방수처리가 문제) • 중성화 우려가 높다. • 압축강도가 작다. • 부서지기 쉽다 • 압축강도에 비하여 휨강도, 인장강도가 약하다

74. 보강콘크리트 블록조에 관한 설명으로 옳지 않은 것은?

① 블록은 살두께가 두꺼운 쪽을 위로 하여 쌓는다.

② 보강블록은 모르타르, 콘크리트 사춤이 용이하도록 원칙적으로 막힌줄눈 쌓기로 한다.

③ 블록 1일 쌓기 높이는 6~7켜 이하로 한다.

④ 2층 건축물인 경우 세로근은 원칙으로 기초 테두리보에서 윗층의 테두리보까지 잇지 않게 배근한다.

보강블록은 보강근을 배치하고 모르타르, 콘크리트 사춤이 용이하도록 원칙적으로 통줄눈 쌓기로 한다.

75. 일반적으로 사질지반의 지하수위를 낮추기 위해 이용하는 것으로 펌프를 통해 강제로 지하수를 뽑아내는 공법은?

① 웰포인트 공법
② 샌드드레인 공법
③ 치환 공법
④ 주입 공법

웰포인트 공법
1. 지름 3~5cm 정도의 파이프를 1~2m 간격으로 때려 박고, 이를 수평으로 굵은 파이프에 연결하여 진공으로 물을 뽑아내어 지하수위를 저하 시키는 공법
2. 비교적 지하수위가 얕은 사질지반에 주로 사용
3. 지반이 압밀되어 흙의 전단저항이 커진다.
4. 인접지반의 침하를 일으키는 경우가 있다.
5. 보일링 현상을 방지한다.
6. 점토질지반에는 적용할 수 없다.

76. 토류구조물의 각 부재와 인근 구조물의 각 지점 등의 응력변화를 측정하여 이상변형을 파악하는 계측기는?

① 경사계(inclino meter)
② 변형률계(strain gauge)
③ 간극수압계(piezometer)
④ 진동측정계(vibro meter)

계측관리 항목 및 기기
① 경사계(inclino meter) : 지중수평변위계측
② 변형률계(strain gauge) : strut 응격측정
③ 간극수압계(piezometer) : 간극수압계측
④ 진동측정계(vibro meter) : 진동의 측정

77. 원가구성 항목 중 직접공사비에 속하지 않는 것은?

① 외주비
② 노무비
③ 경비
④ 일반관리비

직접공사비 : 재료비＋노무비＋외주비＋경비

78. 철골구조의 중 베이스 플레이트를 완전 밀착시키기 위한 기초상부고름질법에 속하지 않는 것은?

① 고정매입법
② 전면바름법
③ 나중채워넣기중심바름법
④ 나중채워넣기법

> **기초상부고름질법**
> 1. 전면에 바름 방법
> 2. 나중 채워넣기 중심 바름법
> 3. 나중 채워넣기 +자 바름법
> 4. 완전 나중 채워넣기 방법

79. 순환수와 함께 지반을 굴착하고 배출시키면서 공 내에 철근망을 삽입, 콘크리트를 타설하여 말뚝기초를 형성하는 현장타설 말뚝공법은?

① S.I.P(Soil Injected Pile)
② D.R.A(Double Rod Auger)
③ R.C.D(Reverse Circulation Drill)
④ S.I.G(Super Injection Grouting)

> **리버스 서큘레이션 공법.(R.C.D공법 = 케이싱 없다)**
> 1. 굴착토사와 안정액 및 물의 혼합물을 드릴파이프 내부를 통해 강제로 역순환시켜 지상으로 배출시키면서 굴착한 후 철근망을 삽입하고 트레미관에 의해 콘크리트를 타설하여 말뚝을 만드는 공법으로 역순환공법이라고 한다.
> 2. 점토, 실트층 등에 사용한다.
> 3. 시공심도 : 30~70m 정도
> 4. 시공직경 : 0.9~3m 정도

80. 다음 기초의 종류 중 기초슬래브의 형식에 따른 분류가 아닌 것은?

① 직접기초
② 복합기초
③ 독립기초
④ 줄기초

> **기초의 분류(Slab 형식에 의한 분류)**
>
> | 구분 | 내용 |
> |---|---|
> | 독립기초 | 기둥하나에 기초판이 하나인 구조 |
> | 복합기초 | 2개 이상의 기둥을 1개의 기초판으로 지지 |
> | 줄기초 | 연속된 기초판으로 기둥, 벽을 지지 |
> | 온통기초 | 건물 기초전체를 기초판으로 받치는 기초 |

■■■ 제5과목 건설재료학

81. 콘크리트에 발생하는 크리프에 대한 설명으로 틀린 것은?

① 시멘트 페이스트가 묽을수록 크리프는 크다.
② 작용응력이 클수록 크리프는 크다.
③ 재하재령이 느릴수록 크리프는 크다.
④ 물시멘트비가 클수록 크리프는 크다.

> **크리프 현상 증가요인**
> 1. 부재의 건조정도가 높을수록
> 2. 물시멘트비가 클수록
> 3. 재하시기가 빠를수록
> 4. 하중이 클수록
> 5. 시멘트량, 단위수량이 많을수록
> 6. 온도가 높을수록
> 7. 습도가 낮을수록
> 8. 부재 치수가 작을수록

82. 미장공사의 바탕조건으로 옳지 않은 것은?

① 미장층보다 강도는 크지만 강성은 작을 것
② 미장층과 유해한 화학반응을 하지 않을 것
③ 미장층의 경화, 건조에 지장을 주지 않을 것
④ 미장층의 시공에 적합한 흡수성을 가질 것

> 미장바탕은 바름을 지지하는데 필요한 강도와 강성이 있어야 한다.

83. 콘크리트 다짐바닥, 콘크리트 도로포장의 균열방지를 위해 사용되는 것은?

① PC강선
② 펀칭메탈(punching metal)
③ 와이어메시(wire mesh)
④ 코너비드(corner bead)

> **와이어 메쉬(Wire Mesh)**
> 1. 연강철선을 전기용접하여 정방형이나 장방형으로 만든 것
> 2. 콘크리트 바닥판, 콘크리트 포장 등에 균열을 방지하기 위해 사용

84. 다음 점토제품 중 소성온도가 가장 높고 소지의 흡수성이 가장 작은 것은?

① 토기
② 도기
③ 자기
④ 석기

점토 소성제품의 분류

종류	소성온도(℃)	흡수율(%)	건축재료
토기	700~900	20% 이상	기와, 적벽돌, 토관
도기	1,100~1,250	10%	내장타일, 테라코타
석기	1,200~1,350	3~10%	마루타일, 클링커 타일
자기	1,230~1,460	1% 이하	내장타일, 외장 타일, 바닥타일, 위생도기 모자이크 타일

85. 도장공사에 사용되는 유성도료에 관한 설명으로 옳지 않은 것은?

① 아마인유 등의 건조성 지방유를 가열 연화시켜 건조제를 첨가한 것을 보일유라 한다.
② 보일유와 안료를 혼합한 것이 유성페인트이다.
③ 유성페인트는 내알칼리성이 우수하다.
④ 유성페인트는 내후성이 우수하다.

유성페인트
1. 안료와 보일유를 주원료로 하고 희석제, 건조제를 첨가한 것
2. 붓바름 작업성과 내후성이 좋고, 두꺼운 도막을 만들 수 있다.
3. 건조시간이 길다.
4. 내수성 및 내마모성이 좋다.
5. 내알칼리성이 약하다.
6. 미경화 콘크리트, 모르타르에 도색하면 변질된다

86. 보통 F.R.P 판이라고 하며, 내외장재, 가구재 등으로 사용되며 구조재로도 사용가능한 것은?

① 아크릴판
② 강화 폴리에스테르판
③ 페놀수지판
④ 경질염화비닐판

FRP(Fiber Reinforceed Plastics)
1. 유리섬유로 강화된 불포화 폴리에스테르수지
2. 경량으로 강도가 높으며 내구성, 성형성 우수
3. 내외장재, 가구재, 구조재 등으로 사용
4. 건축물의 천창, 루버, 욕조, 정화조 등에 이용

87. 아스팔트 루핑의 생산에 사용되는 아스팔트는?

① 록 아스팔트
② 유제 아스팔트
③ 컷백 아스팔트
④ 블로운 아스팔트

아스팔트 루핑
1. 아스팔트 펠트의 양면에 블로운 아스팔트를 피복한 다음, 그 표면에 활석, 운모, 석회석, 규조토 등의 미분말을 부착한 시트상의 제품
2. 평지붕의 방수층, 금속판 지붕깔기 바탕 등에 이용

88. 금속재료의 일반적 성질에 대한 설명으로 옳지 않은 것은?

① 강도와 탄성계수가 크다.
② 경도 및 내마모성이 크다.
③ 열전도율이 작고 부식성이 크다.
④ 비중이 큰 편이다.

금속재료의 특성
1. 비중이 크다.
2. 열과 전기가 잘 통한다.
3. 소성변형이 된다.
4. 강도와 탄성계수가 크다.
5. 경도 및 내마모성이 크다.

89. 합성수지계 접착제 중 내수성이 가장 좋지 않은 접착제는?

① 에폭시수지 접착제
② 초산비닐수지 접착제
③ 멜라민수지 접착제
④ 요소수지 접착제

초산비닐수지 접착제
1. 무색, 무취하다
2. 접착성이 크고 강인하고 가소성을 가진다.
3. 가장 내수성이 약하다.
4. 접착제, 도료, 인쇄용 잉크 등에 사용

해답 84 ③   85 ③   86 ②   87 ④   88 ③   89 ②

90. 시멘트의 성질에 관한 설명 중 옳지 않은 것은?

① 포틀랜드시멘트의 3가지 주요 성분은 실리카(SiO_2), 알루미나(Al_2O_3), 석회(CaO)이다.

② 시멘트는 응결경화 시 수축성 균열이 생겨 변형이 일어난다.

③ 슬래그의 함유량이 많은 고로시멘트는 수화열의 발생량이 많다.

④ 시멘트의 응결 및 강도 증진은 분말도가 클수록 빨라진다.

고로시멘트(슬래그시멘트)
1. 철용광로에서 나오는 고로슬래그를 물로 급냉시켜 잘게 부순 광재를 포틀랜드시멘트와 혼합하여 만든다.
2. 비중이 작다(2.9).
3. 바닷물, 하수에 대한 화학저항성이 우수하다.
4. 내열성이 크고 수밀성 양호하다.
5. **수화열이 적다.**
6. 초기강도는 작으나 장기강도는 크다.
7. 동결융해 저항성이 크고, 알칼리 골재반응 방지효과가 있다.
8. 해안공사, 지중공사, 매스콘크리트 등에 사용

91. 다음 중 강(鋼)의 열처리와 관계없는 용어는?

① 불림   ② 담금질
③ 단조   ④ 뜨임

강의 열처리

열처리 종류	방법 및 특징
불림(소준) (normalizing)	800~1,000℃로 가열하여 소정의 시간까지 유지한 후 공기 중에서 냉각
풀림(소둔) (annealing)	800~1,000℃로 가열하여 소정의 시간까지 유지한 후 로 안에서 서서히 냉각
담금질(소입) (quenching)	고온으로 가열하여 소정의 시간동안 유지한 후에 냉수, 온수 또는 기름에 담가 냉각하는 처리
뜨임질(소려) (tempering)	불림하거나 담금질한 강을 다시 200~600℃로 수십분 가열한 후에 공기중에서 냉각하는 처리

92. 내구성 및 강도가 크고 외관이 수려하나 함유광물의 열팽창계수가 달라 내화성이 약한 석재로 외장, 내장, 구조재, 도로포장재, 콘크리트 골재 등에 사용되는 것은?

① 응회암   ② 화강암
③ 화산암   ④ 대리석

화강암
1. 석영, 장석, 운모가 주성분
2. 석질이 단단하다.
3. 내구성 및 강도가 크다.
4. 외관이 아름다워 장식재료로 사용
5. 큰 재를 만들 수 있다.
6. 내화성이 약하다.
7. 외장재, 내장재, 구조재, 콘크리트용 골재, 도로포장재

93. 적외선을 반사하는 도막을 코팅하여 반사율을 낮춘 고단열 유리로 일반적으로 복층유리로 제조되는 것은?

① 로이(LOW-E)유리   ② 망입유리
③ 강화유리   ④ 배강도유리

로이(LOW-E)유리(저반사유리)
유리 표면에 금속산화물을 얇게 코팅하여 창을 통해 들어오는 가시광선은 대부분 안으로 투과시켜 실내를 밝게 유지하고 적외선은 차단한다. 안에서 발생한 난방열이 밖으로 빠져나가지 못하도록 차단하고, 여름에는 뜨거운 공기가 실내로 들어오는 것을 차단하는 역할을 한다.

94. 내열성이 크고 발수성을 나타내어 방수제로 쓰이며 저온에서도 탄성이 있어 gasket, packing의 원료로 쓰이는 합성수지는?

① 폴리에스테르수지   ② 실리콘수지
③ 에폭시수지   ④ 페놀수지

실리콘수지
1. 내수성, 내후성, 내화학성, 전기절연성이 우수
2. 내열성, 내한성이 우수하여 −60~260℃의 범위에서 안정하고 탄성을 가진다.
3. 발수성이 있어 건축물 등의 방수제로 쓰인다.
4. 방수재, 접착제, 도료, 실링재, 가스켓, 패킹재로 사용

95. 실리카 시멘트에 대한 설명 중 옳지 않은 것은?

① 블리딩이 감소하고, 워커빌리티를 증가시킨다.
② 초기강도는 크나 장기강도가 작다.
③ 건조수축은 약간 증대하지만 화학저항성 및 내수, 내해수성이 우수하다.
④ 알칼리골재반응에 의한 팽창의 저지에 유효하다.

실리카(포졸란) 시멘트
1. 포틀랜드시멘트 클링커에 포졸란을 혼합하여 석고를 가해 만듦
2. 장기강도 증가, 수밀성증가, 화학저항성이 크다.
3. 워커빌러티 향상, 블리딩 감소
4. 내해수성이 향상된다.
5. 수화열이 적다.
6. 단면이 큰 구조물, 해안공사, 하수구 공사에 사용

96. 목재의 결점에 해당되지 않는 것은?

① 옹이   ② 수심
③ 껍질박이   ④ 지선

수심 : 목재의 중앙 부분을 말하는 용어

97. 골재의 함수상태에 관한 설명으로 옳지 않은 것은?

① 유효흡수량이란 절건상태와 기건상태의 골재내에 함유된 수량의 차를 말한다.
② 함수량이란 습윤상태의 골재의 내외에 함유하는 전체수량을 말한다.
③ 흡수량이란 표면건조 내부포수상태의 골재 중에 포함하는 수량을 말한다.
④ 표면수량이란 함수량과 흡수량의 차를 말한다.

유효흡수량이란 표면건조 내부포수상태의 수량과 기건상태의 수량의 차이를 말한다.

골재의 함수상태

98. 미장재료의 경화에 대한 설명 중 옳지 않은 것은?

① 회반죽은 공기 중의 탄산가스와의 화학반응으로 경화한다.
② 이수석고($CaSO_4$, $2H_2O$)는 물을 첨가해도 경화하지 않는다.
③ 돌로마이트 플라스터는 물과의 화학반응으로 경화한다.
④ 시멘트 모르타르는 물과의 화학반응으로 경화한다.

경화방식에 따른 미장재료의 분류	
1. 수경성	• 물과 화학반응하여 경화하는 재료 • 시멘트 모르타르, 석고 플라스터, 킨즈시멘트, 마그네시아 시멘트, 인조석 및 테라조 바름재 등
2. 기경성	• 공기 중의 탄산가스와 결합하여 경화하는 재료 • 돌로마이트 플라스터, 소석회, 회사벽 등

99. 목재의 방부제 중 독성이 적고 자극적인 냄새가 나며, 처리재는 갈색으로 가격이 저렴하여 많이 사용되는 것은?

① 크레오소트유(Creosote Oil)
② 페놀류 · 무기플루오르화물계(PF)
③ 크롬 · 구리 · 비소화합물계(CCA)
④ 펜타클로르페놀(PCP)

크레오소트유(Creosote Oil)
1. 방부성 우수, 철류부식 적다.
2. 악취, 실내사용 곤란, 흑갈색으로 외부에 사용
3. 토대, 기둥, 도리 등에 사용

100. 보통포틀랜드시멘트에 비하여 초기 수화열이 낮고, 장기강도 증진이 크며, 화학 저항성이 큰 시멘트로 매스 콘크리트용에 적합한 것은?

① 알루미나시멘트
② 백색포틀랜드시멘트
③ 조강포틀랜드시멘트
④ 플라이애시시멘트

해답 95 ② 96 ② 97 ① 98 ③ 99 ① 100 ④

■■■ 제6과목 건설안전기술

101. 건설기계에 관한 다음 설명 중 옳은 것은?

① 가이데릭은 철골세우기 공사에 사용된다.
② 백호는 중기가 지면보다 높은 곳의 땅을 파는 데 적합하다.
③ 항타기 및 항발기에서 버팀대만으로 상단부분을 안정시키는 경우에는 버팀대를 2개 이상 사용해야 한다.
④ 불도저의 규격은 블레이드의 길이로 표시한다.

102. 추락 재해방지 설비 중 추락자를 보호할 수 있는 설비로 작업대 설치가 어렵거나 개구부 주위에 안전난간설치가 어려울 때 사용되는 설비로 옳은 것은?

① 추락방호망   ② 달비계
③ 경사로   ④ 고정사다리

103. 다음 중 양중기에 해당되지 않는 것은?

① 어스드릴   ② 크레인
③ 리프트   ④ 곤돌라

104. 다음 설명에 해당하는 안전대와 관련된 용어로 옳은 것은?

> 신체지지의 목적으로 전신에 착용하는 띠 모양의 것으로서 상체 등 신체 일부분만 지지하는 것은 제외한다.

① 안전그네   ② 벨트
③ 죔줄   ④ 버클

해답 101 ①   102 ①   103 ①   104 ①

105. 건축물의 해체공사에 대한 설명으로 틀린 것은?

① 압쇄기와 대형 브레이커(Breaker)는 파워쇼벨 등에 설치하여 사용한다.
② 철제 햄머(Hammer)는 크레인 등에 설치하여 사용한다.
③ 핸드 브레이커(Hand breaker) 사용 시 수직보다는 경사를 주어 파쇄하는 것이 좋다.
④ 절단톱의 회전날에는 접촉방지 커버를 설치하여야 한다.

> 핸드브레이커(Hand breaker)작업에서 작업자가 손으로 브레이커를 잡고 작업을 하여야 하므로 파쇄 시에는 경사를 주어 파쇄하는 것보다 수직으로 파쇄하는 것이 작업상 안전하고 유리하다.

106. 항타기 또는 항발기의 권상장치의 드럼축과 권상장치로부터 첫 번째 도르래의 축과의 거리는 권상장치의 드럼폭의 최소 몇 배 이상으로 하여야 하는가?

① 5배
② 10배
③ 15배
④ 20배

> 사업주는 항타기 또는 항발기의 권상장치의 드럼축과 권상장치로부터 첫 번째 도르래의 축과의 거리를 권상장치의 드럼폭의 15배 이상으로 하여야 한다.
> **참고** 산업안전보건기준에 관한 규칙 제216조 【도르래의 부착 등】

107. 차량계 건설기계의 전도방지 조치에 해당되지 않는 것은?

① 운행 경로 변경
② 갓길의 붕괴방지
③ 지반의 부동침하방지
④ 도로 폭의 유지

> 사업주는 차량계 건설기계를 사용하는 작업할 때에 그 기계가 넘어지거나 굴러떨어짐으로써 근로자가 위험해질 우려가 있는 경우에는 유도하는 사람을 배치하고 지반의 부동침하 방지, 갓길의 붕괴 방지 및 도로 폭의 유지 등 필요한 조치를 하여야 한다.
> **참고** 산업안전보건기준에 관한 규칙 제199조 【전도 등의 방지】

108. 다음 중 철근인력운반에 대한 설명으로 옳지 않은 것은?

① 긴 철근은 두 사람이 한 조가 되어 어깨메기로 운반하는 것이 좋다.
② 운반할 때에는 중앙부를 묶어 운반한다.
③ 운반 시 1인당 무게는 25kg 정도가 적당하다.
④ 긴 철근을 한사람이 운반할 때는 한쪽을 어깨에 메고 한쪽 끝을 땅에 끌면서 운반한다.

> 인력으로 철근을 운반할 때에는 다음 각목의 사항을 준수하여야 한다.
> 1. 1인당 무게는 25kg 정도가 적절하며, 무리한 운반을 삼가야 한다.
> 2. 2인 이상이 1조가 되어 어깨메기로 하여 운반하는 등 안전을 도모하여야 한다.
> 3. 긴 철근을 부득이 한 사람이 운반할 때에는 한쪽을 어깨에 메고 한 쪽 끝을 끌면서 운반하여야 한다.
> 4. 운반할 때에는 양끝을 묶어 운반하여야 한다.
> 5. 내려놓을 때는 천천히 내려놓고 던지지 않아야 한다.
> 6. 공동 작업을 할 때에는 신호에 따라 작업을 하여야 한다.

109. 최고 51m 높이의 강관비계를 세우려고 한다. 지상에서 몇 m까지의 비계기둥을 2본으로 묶어 세워야 하는가?

① 10m
② 20m
③ 31m
④ 51m

> 비계기둥의 제일 윗부분으로부터 31미터되는 지점 밑부분의 비계기둥은 2개의 강관으로 묶어세울 것
> ※ 51m-31m=20m가 된다.
> **참고** 산업안전보건기준에 관한 규칙 제60조 【강관비계의 구조】

110. 차량계 하역운반기계등에 화물을 적재하는 경우에 준수해야 할 사항으로 옳지 않은 것은?

① 하중이 한쪽으로 치우치도록 하여 공간상 효율적으로 적재할 것
② 구내운반차 또는 화물자동차의 경우 화물의 붕괴 또는 낙하에 의한 위험을 방지하기 위하여 화물에 로프를 거는 등 필요한 조치를 할 것
③ 운전자의 시야를 가리지 않도록 화물을 적재할 것
④ 화물을 적재하는 경우 최대적재량을 초과하지 않을 것

① 사업주는 차량계 하역운반기계등에 화물을 적재하는 경우에 다음 각 호의 사항을 준수하여야 한다.
1. 하중이 한쪽으로 치우치지 않도록 적재할 것
2. 구내운반차 또는 화물자동차의 경우 화물의 붕괴 또는 낙하에 의한 위험을 방지하기 위하여 화물에 로프를 거는 등 필요한 조치를 할 것
3. 운전자의 시야를 가리지 않도록 화물을 적재할 것
② 제1항의 화물을 적재하는 경우에는 최대적재량을 초과해서는 아니 된다.

참고 산업안전보건기준에 관한 규칙 제173조【화물적재 시의 조치】

112. 강관틀비계의 벽이음에 대한 조립간격 기준으로 옳은 것은? (단, 높이가 5m 미만인 경우 제외)

① 수직방향 5m, 수평방향 5m 이내
② 수직방향 6m, 수평방향 6m 이내
③ 수직방향 6m, 수평방향 8m 이내
④ 수직방향 8m, 수평방향 6m 이내

강관틀 비계는 수직방향으로 6미터, 수평방향으로 8미터 이내마다 벽이음을 할 것

참고 산업안전보건기준에 관한 규칙 제62조【강관틀비계】

111. 가설통로를 설치할 때 준수하여야 할 사항에 관한 설명으로 잘못된 것은?

① 건설공사에 사용하는 높이 8m 이상의 비계다리에는 7m 이내마다 계단참을 설치한다.
② 경사가 15°를 초과하는 때에는 미끄러지지 않는 구조로 한다.
③ 추락의 위험이 있는 곳에는 안전난간을 설치한다.
④ 수직갱에 가설된 통로의 길이가 10m 이상인 때에는 8m 이내마다 계단참을 설치한다.

가설통로를 설치하는 때의 준수사항
1. 견고한 구조로 할 것
2. 경사는 30도 이하로 할 것(계단을 설치하거나 높이 2미터 미만의 가설통로로서 튼튼한 손잡이를 설치한 때에는 그러하지 아니하다)
3. 경사가 15도를 초과하는 때에는 미끄러지지 아니하는 구조로 할 것
4. 추락의 위험이 있는 장소에는 안전난간을 설치할 것(작업상 부득이한 때에는 필요한 부분에 한하여 임시로 이를 해체할 수 있다)
5. 수직갱에 가설된 통로의 길이가 15미터 이상인 때에는 10미터 이내마다 계단참을 설치할 것
6. 건설공사에 사용하는 높이 8미터 이상인 비계다리에는 7미터 이내마다 계단참을 설치할 것

참고 산업안전보건기준에 관한 규칙 제23조【가설통로의 구조】

113. 말비계를 조립하여 사용할 때에 준수하여야 할 사항으로 옳지 않은 것은?

① 말비계의 높이가 2m를 초과할 경우에는 작업발판의 폭을 30cm 이상으로 할 것
② 지주부재와 수평면과의 기울기는 75° 이하로 할 것
③ 지주부재의 하단에는 미끄럼 방지장치를 할 것
④ 지주부재와 지주부재 사이를 고정시키는 보조부재를 설치할 것

말비계의 높이가 2미터를 초과하는 경우에는 작업발판의 폭을 40센티미터 이상으로 할 것

참고 산업안전보건기준에 관한 규칙 제67조【말비계】

114. 연약지반에서 발생하는 히빙(Heaving)현상에 관한 설명 중 옳지 않은 것은?

① 저면에 액상화 현상이 나타난다.
② 배면의 토사가 붕괴된다.
③ 지보공이 파괴된다.
④ 굴착저면이 솟아오른다.

④항, 저면이 액상화되는 것은 보일링(Boiling)현상이다.

115. 옥외에 설치되어 있는 주행 크레인은 순간풍속이 얼마 이상일 때 이탈방지장치를 작동시키는 등 이탈을 방지하기 위한 조치를 해야 하는가?

① 순간풍속이 매초 당 5m 초과시
② 순간풍속이 매초 당 10m 초과시
③ 순간풍속이 매초 당 20m 초과시
④ 순간풍속이 매초 당 30m 초과시

사업주는 순간풍속이 초당 30미터를 초과하는 바람이 불어올 우려가 있는 경우 옥외에 설치되어 있는 주행크레인에 대하여 이탈방지장치를 작동시키는 등 이탈방지를 위한 조치를 하여야 한다.

참고 산업안전보건기준에 관한 규칙 제140조【폭풍에 의한 이탈방지】

116. 흙속의 전단응력을 증대시키는 원인에 해당하지 않는 것은?

① 자연 또는 인공에 의한 지하공동의 형성
② 함수비의 감소에 따른 흙의 단위체적 중량의 감소
③ 지진, 폭파에 의한 진동 발생
④ 균열내에 작용하는 수압증가

흙속의 전단응력을 증대시키는 원인
1. 외력에 의한 전단응력의 증대
2. 함수비의 증가에 따른 흙 자체의 단위중량의 증가
3. 균열내에 작용하는 수압
4. 인장응력에 의한 균열발생
5. 지진, 폭파 등에 의한 진동
6. 지하공동의 형성(투수, 침식 등)

117. 건설업의 산업안전보건관리비 사용항목에 해당되지 않는 것은?

① 안전시설비
② 근로자 건강관리비
③ 운반기계 수리비
④ 안전진단비

건설업 산업안전보건관리비 사용항목
• 안전관리자 등의 인건비 및 각종 업무 수당 등
• 안전시설비 등
• 개인보호구 및 안전장구 구입비 등
• 사업장의 안전진단비
• 안전보건교육비 및 행사비 등
• 근로자의 건강관리비 등
• 기술지도비
• 본사 사용비

118. 콘크리트 타설작업의 안전대책으로 옳지 않은 것은?

① 작업 시작전 거푸집동바리 등의 변형, 변위 및 지반침하 유무를 점검한다.
② 작업 중 감시자를 배치하여 거푸집동바리 등의 변형, 변위 유무를 확인한다.
③ 슬래브콘크리트 타설은 한쪽부터 순차적으로 타설하여 붕괴 재해를 방지해야 한다.
④ 설계도서상 콘크리트 양생기간을 준수하여 거푸집동바리 등을 해체한다.

콘크리트를 타설하는 경우에는 편심이 발생하지 않도록 골고루 분산하여 타설할 것

참고 산업안전보건기준에 관한 규칙 제334조【콘크리트의 타설작업】

119. 터널 지보공을 설치한 때 수시 점검하여 이상을 발견시 즉시 보강하거나 보수해야 할 사항이 아닌 것은?

① 부재의 손상·변형·부식·변위·탈락의 유무 및 상태
② 부재의 긴압의 정도
③ 부재의 접속부 및 교차부의 상태
④ 경보장치의 작동 상태

사업주는 터널지보공을 설치한 때에는 다음 각호의 사항을 수시로 점검하여야 하며 이상을 발견한 때에는 즉시 보강하거나 보수하여야 한다.
1. 부재의 손상·변형·부식·변위 탈락의 유무 및 상태
2. 부재의 긴압의 정도
3. 부재의 접속부 및 교차부의 상태
4. 기둥침하의 유무 및 상태

참고 산업안전보건기준에 관한 규칙 제366조【붕괴 등의 방지】

해답 115 ④ 116 ② 117 ③ 118 ③ 119 ④

120. 다음 설명에서 제시된 산업안전보건법에서 말하는 고용노동부령으로 정하는 공사에 해당하지 않는 것은?

> 건설업 중 고용노동부령으로 정하는 공사를 착공하려는 사업주는 고용노동부령으로 정하는 자격을 갖춘 자의 의견을 들은 후 이 법 또는 이 법에 따른 명령에서 정하는 유해·위험방지계획서를 작성하여 고용노동부령으로 정하는 바에 따라 고용노동부장관에게 제출하여야 한다.

① 지상높이가 31m 인 건축물의 건설·개조 또는 해체
② 최대 지간길이가 50m 인 교량 건설 등의 공사
③ 깊이가 8m 인 굴착공사
④ 터널 건설공사

유해위험방지계획서를 제출해야 될 건설공사
1. 지상높이가 31미터 이상인 건축물 또는 인공구조물, 연면적 3만 제곱미터 이상인 건축물 또는 연면적 5천 제곱미터 이상의 문화 및 집회시설(전시장 및 동물원·식물원은 제외한다), 판매시설, 운수시설(고속철도의 역사 및 집배송시설은 제외한다), 종교시설, 의료시설 중 종합병원, 숙박시설 중 관광숙박시설, 지하상가 또는 냉동·냉장창고시설의 건설·개조 또는 해체
2. 연면적 5천제곱미터 이상의 냉동·냉장창고시설의 설비공사 및 단열공사
3. 최대지간길이가 50m 이상인 교량건설 등 공사
4. 터널건설 등의 공사
5. 다목적댐·발전용댐 및 저수용량 2천만 톤 이상의 용수전용댐·지방상수도 전용댐 건설 등의 공사
6. 깊이 10미터 이상인 굴착공사

> **참고** 산업안전보건법 시행령 제42조 【유해위험방지계획서 제출대상】

※ 본 기출문제는 수험자의 기억을 바탕으로 하여 복원한 문제이므로 실제 문제와 다를 수 있음을 미리 알려드립니다.

■■■ 제1과목 산업안전관리론

1. 산업안전보건법령상 고소작업대를 사용하여 작업을 하는 때의 작업시작 전 점검사항에 해당하지 않는 것은?

① 작업면의 기울기 또는 요철 유무
② 아웃트리거 또는 바퀴의 이상 유무
③ 충전장치를 포함한 홀더 등의 결합상태의 이상 유무
④ 비상정지장치 및 비상하강 방지장치 기능의 이상 유무

> **고소작업대를 사용하여 작업 시 작업시작 전 점검사항**
> 1. 비상정지장치 및 비상하강 방지장치 기능의 이상 유무
> 2. 과부하 방지장치의 작동 유무(와이어로프 또는 체인구동방식의 경우)
> 3. 아웃트리거 또는 바퀴의 이상 유무
> 4. 작업면의 기울기 또는 요철 유무
> 5. 활선작업용 장치의 경우 홈·균열·파손 등그 밖의 손상 유무
>
> **참고** 산업안전보건기준에 관한 규칙 별표3【작업시작 전 점검사항】

2. 다음 설명에 해당하는 재해의 통계적 원인분석 방법은?

> 2개 이상의 문제 관계를 분석하는데 사용하는 것으로 데이터를 집계하고, 표로 표시 하여 요인별 결과내역을 교차한 그림을 작성, 분석하는 방법

① 파레토도(pareto diagram)
② 특성 요인도(cause and effect diagram)
③ 관리도(control diagram)
④ 크로스도(cross diagram)

> **클로즈(close)분석**
> 2개 이상의 문제 관계를 분석하는데 사용하는 것으로, 데이터(data)를 집계하고 표로 표시하여 요인별 결과 내역을 교차한 클로즈 그림을 작성하여 분석한다.

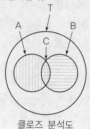

클로즈 분석도

3. 산업안전보건법령상 사업주가 산업재해가 발생하였을 때에 기록·보전하여야 하는 사항이 아닌 것은?

① 피해상황
② 재해발생의 일시 및 장소
③ 재해발행의 원인 및 과정
④ 재해 재발방지 계획

> **산업재해가 발생한 때의 기록·보존 사항**
> 1. 사업장의 개요 및 근로자의 인적사항
> 2. 재해 발생의 일시 및 장소
> 3. 재해 발생의 원인 및 과정
> 4. 재해 재발방지 계획
>
> **참고** 산업안전보건법 시행규칙 제72조【산업재해 기록 등】

4. 다음 중 산업안전보건법상 안전·보건표지의 종류에 있어 "관계자외 출입금지표지"의 종류에 해당하지 않는 것은?

① 화기소지 금지
② 금지유해물질 취급
③ 석면취급 및 해체·제거
④ 허가대상유해물질 취급

해답 1 ③ 2 ④ 3 ① 4 ①

5. 다음 중 산업안전보건법령상 산업안전보건위원회의 심의·의결사항으로 볼 수 없는 것은?

① 산업재해 예방계획의 수립에 관한 사항
② 근로자의 건강진단 등 건강관리에 관한 사항
③ 재해자에 관한 치료 및 재해보상에 관한 사항
④ 안전보건관리규정의 작성 및 변경에 관한 사항

산업안전보건위원회의 심의·의결사항
1. 사업장의 산업재해 예방계획의 수립에 관한 사항
2. 안전보건관리규정의 작성 및 변경에 관한 사항
3. 안전보건교육에 관한 사항
4. 작업환경측정 등 작업환경의 점검 및 개선에 관한 사항
5. 근로자의 건강진단 등 건강관리에 관한 사항
6. 중대재해의 원인 조사 및 재발 방지대책 수립에 관한 사항
7. 산업재해에 관한 통계의 기록 및 유지에 관한 사항
8. 유해하거나 위험한 기계·기구·설비를 도입한 경우 안전 및 보건 관련 조치에 관한 사항
9. 그 밖에 해당 사업장 근로자의 안전 및 보건을 유지·증진시키기 위하여 필요한 사항

참고 산업안전보건법 제24조【산업안전보건위원회】

6. 다음 중 산업안전보건법령에 따라 건설업 중 유해·위험방지계획서를 작성하여 고용노동부장관에게 제출하여야 하는 공사로 옳지 않은 것은?

① 깊이 10m 이상인 굴착공사
② 터널 건설 등의 공사
③ 최대지간 길이가 31m 이상인 교량건설 등 공사
④ 다목적댐, 발전용댐 및 저수용량 2천만 톤 이상의 용수전용 댐, 지방상수도 전용댐 건설 등의 공사

③항, 최대지간길이가 50m 이상인 교량건설 등 공사가 해당된다.

7. 재해의 발생원인을 기술적 원인, 관리적 원인, 교육적 원인으로 구분할 때 다음 중 기술적 원인과 가장 거리가 먼 것은?

① 생산 공정의 부적절
② 구조, 재료의 부적합
③ 안전장치의 기능 제거
④ 건물, 설비의 설계 불량

③항, 안전장치의 기능 제거는 불안전한 행동으로 직접적 원인(인적원인)으로 분류한다.

참고 간접원인(관리적원인)의 종류

항 목	세부항목
1. 기술적 원인	• 건물, 기계장치 설계 불량 • 구조, 재료의 부적합 • 생산 공정의 부적당 • 점검, 정비보존의 불량
2. 교육적 원인	• 안전의식의 부족 • 안전수칙의 오해 • 경험훈련의 미숙 • 작업방법의 교육 불충분 • 유해위험 작업의 교육 불충분
3. 작업관리상의 원인	• 안전관리 조직 결함 • 안전수칙 미제정 • 작업준비 불충분 • 인원배치 부적당 • 작업지시 부적당

8. 위험예지훈련 4라운드 기법 진행방법 중 본질추구는 몇 라운드에 해당되는가?

① 제1라운드
② 제2라운드
③ 제3라운드
④ 제4라운드

위험예지훈련 4라운드
1. 제 1라운드 : 현상파악
2. 제 2라운드 : 본질추구
3. 제 3라운드 : 대책수립
4. 제 4라운드 : 목표설정

해답 **5** ③ **6** ③ **7** ③ **8** ②

9. 다음 중 산업안전보건법령상 안전보건총괄책임자의 직무로 옳지 않은 것은?

① 도급사업시의 안전·보건 조치
② 수급인의 산업안전보건관리비의 집행감독 및 그 사용에 관한 수급인간의 협의·조정
③ 해당 사업장 안전교육계획의 수립 및 실시
④ 중대재해발생시 작업의 중지

안전보건총괄책임자의 직무
1. 위험성평가의 실시에 관한 사항
2. 작업의 중지
3. 도급 시 산업재해 예방조치
4. 산업안전보건관리비의 관계수급인 간의 사용에 관한 협의·조정 및 그 집행의 감독
5. 안전인증대상기계등과 자율안전확인대상기계 등의 사용 여부 확인

[참고] 산업안전보건법 시행령 제53조【안전보건총괄책임자의 직무 등】

---

10. 1년간 연 근로시간이 240,000시간의 공장에서 3건의 휴업재해가 발생하여 219일의 휴업일수를 기록한 경우의 강도율은? (단, 연간 근로일수는 300일이다.)

① 750
② 75
③ 0.75
④ 0.075

$$강도율 = \frac{근로손실일수}{연평균\ 근로자\ 총\ 시간\ 수} \times 10^3$$
$$= \frac{\left(219 \times \frac{300}{365}\right)}{240,000} \times 1,000 = 0.75$$

---

11. 산업안전보건법상 고용노동부장관이 사업장의 산업재해 발생건수, 재해율 또는 그 순위 등을 공표할 수 있는 사업장이 아닌 것은?

① 중대산업사고가 발생한 사업장
② 산업재해의 발생에 관한 보고를 최근 2년 이내 1회 이상 하지 않은 사업장
③ 연간 산업재해율이 규모별 같은 업종의 평균재해율 이상인 사업장 중 상위 10% 이내에 해당되는 사업장
④ 산업재해로 연간 사망재해자가 2명 이상 발생한 사업장으로서 사망만인율이 규모별 같은 업종의 평균 사망만인율 이상인 사업장

산업재해 발생건수 공표대상 사업장
1. 산업재해로 인한 사망자가 연간 2명 이상 발생한 사업장
2. 사망만인율이 규모별 같은 업종의 평균 사망만인율 이상인 사업장
3. 중대산업사고가 발생한 사업장
4. 산업재해 발생 사실을 은폐한 사업장
5. 산업재해의 발생에 관한 보고를 최근 3년 이내 2회 이상 하지 않은 사업장

[참고] 산업안전보건법 시행령 제10조【공표대상 사업장】

---

12. 다음 중 방음용 귀마개 또는 귀덮개의 종류 및 등급과 기호가 잘못 연결된 것은?

① 귀덮개 : EM
② 귀마개 1종 : EP-1
③ 귀마개 2종 : EP-2
④ 귀마개 3종 : EP-3

방음용 귀마개 또는 귀덮개의 종류·등급 등

종류	등급	기호	성능
귀마개	1종	EP-1	저음부터 고음까지 차음하는 것
	2종	EP-2	주로 고음을 차음하고 저음(회화음 영역)은 차음하지 않는 것
귀덮개	-	EM	

---

13. 다음 중 산업안전보건법령상 [그림]에 해당하는 안전·보건표지의 명칭으로 옳은 것은?

① 보행금지
② 출입금지
③ 접근금지
④ 이동금지

금지표지의 종류

출입금지	보행금지	차량통행금지	사용금지
탑승금지	금연	화기금지	물체이동금지

14. 하인리히(H.W.Heinrich)의 재해발생과 관련한 도미노 이론에 포함되지 않는 단계는?

① 사고
② 개인적 결함
③ 제어의 부족
④ 사회적 환경 및 유전적 요소

> 하인리히 도미노 이론
> 1. 사회적 환경 및 유전적 요소
> 2. 개인적 결함
> 3. 불안전한 행동 및 상태
> 4. 사고
> 5. 재해

15. 산업안전보건법상 안전검사를 받아야 하는 자는 안전검사 신청서를 검사 주기 만료일 며칠 전에 안전검사기관에 제출해야 하는가?(단, 전자문서에 의한 제출을 포함한다.)

① 15일　　　　② 30일
③ 45일　　　　④ 60일

> 안전검사를 받아야 하는 자는 별지 제50호서식의 안전검사 신청서를 제126조에 따른 검사 주기 만료일 **30일** 전에 영 제116조제2항에 따라 안전검사 업무를 위탁받은 기관(이하 "안전검사기관"이라 한다)에 제출(전자문서로 제출하는 것을 포함한다)해야 한다.
>
> **참고** 산업안전보건법 시행규칙 제124조【안전검사의 신청 등】

16. A사업장에서 무상해, 무사고 위험순간이 300건 발생하였다면 버드(Frank Bird)의 재해구성 비율에 따르면 경상은 몇 건이 발생하겠는가?

① 5　　　　② 10
③ 15　　　　④ 20

> 버드의 재해구성 비율
> 1 : 중상 또는 폐질, 10 : 경상, 30 : 무상해사고, 600 : 무상해무사고 이므로
> $10 : 600 = x : 300$　　　$x = \dfrac{300 \times 10}{600} = 5$

17. 산업안전보건법령상 사업주는 사업장의 안전·보건을 유지하기 위하여 안전·보건관리규정을 작성하여 게시 또는 비치하고 이를 근로자에게 알려야 하는데 이 규정 내에 반드시 포함 되어야 할 사항과 가장 거리가 먼 것은?

① 산업재해 사례 및 보상에 관한 사항
② 안전·보건 관리조직과 그 직무에 관한 사항
③ 사고 조사 및 대책 수립에 관한 사항
④ 작업장 보건관리에 관한 사항

> 안전보건관리규정 작성 시 포함사항
> 1. 안전 및 보건에 관한 관리조직과 그 직무에 관한 사항
> 2. 안전보건교육에 관한 사항
> 3. 작업장의 안전 및 보건 관리에 관한 사항
> 4. 사고 조사 및 대책 수립에 관한 사항
> 5. 그 밖에 안전 및 보건에 관한 사항
>
> **참고** 산업안전보건법 제25조【안전보건관리규정의 작성】

18. 산업안전보건기준에 관한 규칙에 따른 근로자가 상시 작업하는 장소의 작업면의 최소 조도기준으로 옳은 것은? (단, 갱내 작업장과 감광재료를 취급하는 작업장은 제외한다.)

① 초정밀작업 : 1000럭스 이상
② 정밀작업 : 500럭스 이상
③ 보통작업 : 150럭스 이상
④ 그 밖의 작업 : 50럭스 이상

> 조도기준
> 1. 초정밀작업: 750럭스(lux) 이상
> 2. 정밀작업: 300럭스 이상
> 3. 보통작업: 150럭스 이상
> 4. 그 밖의 작업: 75럭스 이상
>
> **참고** 산업안전보건기준에 관한 규칙 제8조【조도】

해답 14 ③　15 ②　16 ①　17 ①　18 ③

19. 다음 중 재해사례연구의 진행단계를 올바르게 나열한 것은?

① 재해 상황의 파악 → 사실의 확인 → 문제점의 발견 → 문제점의 결정 → 대책의 수립
② 사실의 확인 → 재해 상황의 파악 → 문제점의 발견 → 문제점의 결정 → 대책의 수립
③ 문제점의 발견 → 재해 상황이 파악 → 사실의 확인 → 문제점의 결정 → 대책의 수립
④ 문제점의 발견 → 문제점의 결정 → 재해 상황의 파악 → 사실의 확인 → 대책의 수립

재해사례연구의 진행단계
전제조건 : 재해상황(현상) 파악
1단계 : 사실의 확인
2단계 : 문제점 발견
3단계 : 근본적 문제점 결정
4단계 : 대책의 수립

20. 다음 중 산업안전보건법에 따라 지방고용노동관서의 장이 안전관리자를 정수 이상 증원하거나 교체하여 임명할 것을 명령할 수 있는 경우는?

① 해당 사업장의 연간재해율이 같은 업종의 평균재해율의 3배인 경우
② 직업성질병자가 연간 2명 이상 발생한 경우
③ 안전관리자가 질병의 사유로 1개월 동안 직무를 수행할 수 없게 된 경우
④ 안전관리자가 기타 사유로 60일 동안 직무를 수행할 수 없게 된 경우

안전관리자등의 증원·교체임명
1. 해당 사업장의 연간재해율이 같은 업종의 평균재해율의 2배 이상인 경우
2. 중대재해가 연간 2건 이상 발생한 경우(해당 사업장의 전년도 사망만인율이 같은 업종의 평균 사망만인율 이하인 경우는 제외한다.)
3. 관리자가 질병이나 그 밖의 사유로 3개월 이상 직무를 수행할 수 없게 된 경우
4. 화학적 인자로 인한 직업성질병자가 연간 3명 이상 발생한 경우

참고 산업안전보건법 시행규칙 제12조 【안전관리자 등의 증원· 교체임명 명령】

■■■ 제2과목 산업심리 및 교육

21 교육지도의 효율성을 높이는 원리인 훈련전이(transfer of training)에 관한 설명으로 틀린 것은?

① 훈련 상황이 가급적 실제 상황과 유사할수록 전이효과는 높아진다.
② 훈련 전이란 훈련 기간에 학습된 내용이 실무 상황으로 옮겨져서 사용되는 정도이다.
③ 실제 직무수행에서 훈련된 행동이 나타날 때 보상이 따르면 전이효과는 더 높아진다.
④ 훈련생은 훈련 과정에 대해서 사전정보가 없을수록 왜곡된 반응을 보이지 않는다.

학습전이(transference)란 어떤 내용을 학습한 결과가 다른 학습이나 반응에 영향을 주는 현상을 의미하는 것으로 훈련생은 훈련 과정에 대해서 사전정보가 없을수록 왜곡된 반응으로 나타난다.

22. 다음 중 에너지소비량(RMR)의 산출방법으로 옳은 것은?

① $\dfrac{\text{작업시의 소비에너지} - \text{안정시의 소비에너지}}{\text{기초대사량}}$

② $\dfrac{\text{작업시의 소비에너지} - \text{안정시의 소비에너지}}{\text{안정시의 소비에너지}}$

③ $\dfrac{\text{전체 소비에너지} - \text{작업시의 소비에너지}}{\text{기초대사량}}$

④ $\dfrac{\text{작업시의 소비에너지} - \text{기초대사량}}{\text{안정시의 소비에너지}}$

에너지소비량$(R) = \dfrac{\text{작업대사량}}{\text{기초대사량}}$

$RMR = \dfrac{\text{작업 시 소비에너지} - \text{안정 시 소비에너지}}{\text{기초대사량}}$

$= \dfrac{\text{활동대사량}}{\text{기초대사량}}$

23. O.J.T(On the Job Training)의 장점이 아닌 것은?

① 직장의 실정에 맞게 실제적 훈련이 가능하다.
② 대상자의 개인별 능력에 따라 훈련의 진도를 조정하기가 쉽다.
③ 교육훈련 대상자가 교육훈련에만 몰두할 수 있어 학습효과가 높다.
④ 교육을 통한 훈련효과에 의해 상호 신뢰이해도가 높아진다.

O.J.T	off.J.T
• 개개인에게 적합한 지도훈련을 할 수 있다. • 직장의 실정에 맞는 실체적 훈련을 할 수 있다. • 훈련에 필요한 업무의 계속성이 끊어지지 않는다. • 즉시 업무에 연결되는 관계로 신체와 관련이 있다. • 효과가 곧 업무에 나타나며 훈련의 좋고 나쁨에 따라 개선이 용이하다. • 교육을 통한 훈련 효과에 의해 상호 신뢰도 및 이해도가 높아진다.	• 다수의 근로자에게 조직적 훈련이 가능하다. • 훈련에만 전념하게 된다. • 특별 설비 기구를 이용할 수 있다. • 전문가를 강사로 초청할 수 있다. • 각 직장의 근로자가 많은 지식이나 경험을 교류할 수 있다. • 교육 훈련 목표에 대해서 집단적 노력이 흐트러질 수 있다.

24. 재해 빈발자 중 기능의 부족이나 환경에 익숙하지 못했기 때문에 재해가 자주 발생되는 사람을 의미하는 것은?

① 상황성 누발자
② 습관성 누발자
③ 소질성 누발자
④ 미숙성 누발자

재해 누발자의 유형
1. 미숙성 누발자 : 환경에 익숙치 못하거나 기능 미숙으로 인한 재해누발자를 말한다.
2. 소질성 누발자 : 지능·성격·감각운동에 의한 소질적 요소에 의해 결정된다.
3. 상황성 누발자 : 작업의 어려움, 기계설비의 결함, 환경상 주의 집중의 혼란, 심신의 근심 등에 의한 것이다.
4. 습관성 누발자 : 재해의 경험으로 신경과민이 되거나 슬럼프(slump)에 빠지기 때문이다.

25. 다음 중 정상적 상태이지만 생리적 상태가 휴식할 때에 해당하는 의식수준은?

① phase Ⅰ
② phase Ⅱ
③ phase Ⅲ
④ phase Ⅳ

의식 level의 단계별 생리적 상태
1. 범주(Phase) O : 수면, 뇌발작
2. 범주(Phase) I : 피로, 단조, 졸음
3. 범주(Phase) II : 안정 기거, 휴식 시, 정례작업 시
4. 범주(Phase) III : 적극 활동 시
5. 범주(Phase) IV : 긴급방위반응, 당황해서 panic

26. 다음 중 카운슬링(counseling)의 순서로 가장 올바른 것은?

① 장면 구성 → 내담자와의 대화 → 감정 표출 → 감정의 명확화 → 의견 재분석
② 장면 구성 → 내담자와의 대화 → 의견 재분석 → 감정 표출 → 감정의 명확화
③ 내담자와의 대화 → 장면 구성 → 감정 표출 → 감정의 명확화 → 의견 재분석
④ 내담자와의 대화 → 장면 구성 → 의견 재분석 → 감정 표출 → 감정의 명확화

카운슬링(Counseling)의 순서
장면 구성 → 내담자와의 대화 → 의견 재분석 → 감정 표출 → 감정의 명확화 표출 → 감정의 명확화

27. 다음 중 인간의 착각현상 중에서 실제로 움직이지 않는 것이 어느 기준의 이동에 의하여 움직이는 것처럼 느껴지는 것을 무엇이라 하는가?

① 자동운동
② 유도운동
③ 잔상현상
④ 착시현상

유도운동이란 실제로는 움직이지 않는 것이 어느 기준의 이동에 유도되어 움직이는 것처럼 느껴지는 현상을 말한다.(하행선 기차역에 정지하고 있는 열차 안의 승객이 반대편 상행선 열차의 출발로 인하여 하행선 열차가 움직이는 것 같은 착각을 일으키는 현상)

해답 23 ③ 24 ④ 25 ② 26 ② 27 ②

28. 작업자 자신이 자기의 부주의 이외에 제반 오류의 원인을 생각함으로써 개선을 하도록 하는 과오원인 제거 기법은?

① TBN   ② STOP
③ BS   ④ ECR

> **ECR(Error Cause Removal)의 과오원인 제거 기법**
> 사업장에서 직접 작업을 하는 작업자 스스로가 자기의 부주의 또는 제반오류의 원인을 생각함으로써 작업의 개선을 하도록 하는 제안이다.

29. 산업안전심리의 5대 요소가 아닌 것은?

① 동기(Motive)
② 기질(Temper)
③ 감정(Emotion)
④ 지능(Intelligence)

> **산업심리의 요소**
>
> | 종류 | 내용 |
> | --- | --- |
> | 심리의 5요소 | 습관, 동기, 기질, 감정, 습성 |
> | 습관의 4요소 | 동기, 기질, 감정, 습성 |

30. 주의의 특성으로 볼 수 없는 것은?

① 타탕성   ② 변동성
③ 선택성   ④ 방향성

> **주의의 특성**
> ① 선택성 : 여러 종류의 자극을 자각할 때 소수의 특정한 것에 한하여 선택하는 기능
> ② 방향성 : 주시점만 인지하는 기능
> ③ 변동성 : 주의에는 주기적으로 부주의의 리듬이 존재

31. 안전교육의 실시방법 중 토의법의 특징과 가장 거리가 먼 것은?

① 개방적인 의사소통과 협조적인 분위기 속에서 학습자의 적극적 참여가 가능하다.
② 집단 활동의 기술을 개발하고 민주적 태도를 배울 수 있다.
③ 정해진 시간에 다양한 지식을 많은 학습자를 대상으로 동시 전달이 가능하다.
④ 준비와 계획 단계뿐만 아니라 진행 과정에서도 많은 시간이 소요된다.

> ③항, 강의법 교육의 특징이다.

32. 다음 중 인간의 집단행동 가운데 통제적 집단행동으로 볼 수 없는 것은?

① 관습   ② 패닉
③ 유행   ④ 제도적 행동

> **집단행동의 분류**
>
> | 1. 통제적 집단행동 | 2. 비통제적 집단행동 |
> | --- | --- |
> | • 관습
• 제도적 행동
• 유행 | • 군중
• 모브
• 패닉
• 심리적 전염 |

33. 레빈(Lewin)은 인간의 행동관계를 $B = f(P \cdot E)$라는 공식으로 설명하였다. 여기서 B가 나타내는 뜻으로 맞는 것은?

① 인간의 개념   ② 안전동기부여
③ 인간의 행동   ④ 인간 주변의 환경

> **Lewin.K의 법칙**
> Lewin은 인간의 행동(B)은 그 사람이 가진 자질 즉, 개채(P)와 심리학적 환경 (E)과의 상호 함수관계에 있다고 하였다.
> $\therefore B = f(P \cdot E)$
> ① B : Behavior(인간의 행동)
> ② f : function(함수관계 : 적성 기타 P와 E에 영향을 미칠수 있는 조건)
> ③ P : Person(개체 : 년령, 경험, 심신상태, 성격, 지능 등)
> ④ E : Environment (심리적 환경 : 인간관계, 작업환경 등)

34. 관리감독자 훈련(TWI)에 관한 내용이 아닌 것은?

① Job Synergy

② Job Method

③ Job Relation

④ Job Instruction

> **TWI의 교육내용**
> 1. JIT(job instruction training) : 작업을 가르치는 법(작업지도기법)
> 2. JMT(job method training) : 작업의 개선 방법(작업개선기법)
> 3. JRT(job relation training) : 사람을 다루는 법(인간관계 관리 기법)
> 4. JST(job safety training) : 작업안전 지도 기법

35. 의사소통의 심리구조를 4영역(개방, 맹목, 은폐, 미지영역)으로 나누어 설명한 조하리의 창(Johari's window)에서 "나는 모르지만 다른 사람은 알고 있는 영역"을 무엇이라 하는가?

① Open area

② Blind area

③ Hidden area

④ Unknown area

> 조하리의 창(Johari's window)은 개인의 자기공개와 피드백의 특성을 보여주는 네 영역으로 구분된다. 네 영역은 각각 개방 영역, 맹목 영역, 은폐 영역, 미지 영역으로 나뉘어진다.

구분	자신이 아는 부분	자신이 모르는 부분
타인이 아는 부분	열린창, 개방영역 (Open area)	보이지 않는 창, 맹목 영역(Blind area)
타인이 모르는 부분	숨겨진창, 은폐영역 (Hidden area)	미지의 창, 미지영역 (Unknown area)

36. 집단구성원에 의해 선출된 지도자의 지위·임무는?

① 헤드십(headship)

② 리더십(readership)

③ 멤버십(membership)

④ 매니저십(managership)

개인과 상황변수	헤드십	리더십
권한행사	임명된 헤드	선출된 리더
권한부여	위에서 임명	밑으로 부터 동의
권한근거	법적 또는 공식적	개인적
권한귀속	공식화된 규정에 의함	집단목표에 기여한 공로
상관과 부하의 관계	지배적	개인적인 영향
책임귀속	상사	상사와 부하
부하와의 사회적 간격	넓음	좁음
지휘형태	권위적	민주적

37. 맥그리거(Douglas McGregor)의 X · Y 이론에서 Y 이론에 관한 설명으로 틀린 것은?

① 인간은 서로 신뢰하는 관계를 가지고 있다.

② 인간은 문제해결에 많은 상상력과 재능이 있다.

③ 인간은 스스로의 일을 책임하에 자주적으로 행한다.

④ 인간은 원래부터 강제 통제하고 방향을 제시할 때 적절한 노력을 한다.

> ④항, 인간은 원래부터 강제 통제하고 방향을 제시할 때 적절한 노력을 한다. – X이론

38. 판단과정에서의 착오 원인이 아닌 것은?

① 능력부족 ② 정보부족

③ 감각차단 ④ 자기합리화

과정구분	착오원인
인지과정 착오	• 생리, 심리적 능력의 한계 • 정보량 저장 능력의 한계 • 감각 차단현상 : 단조로운 업무, 반복 작업 • 정서적 불안정 : 공포, 불안, 불만
판단과정 착오	• 능력부족 • 정보부족 • 자기합리화 • 환경조건의 불비
조치과정 착오	• 피로 • 작업 경험부족 • 작업자의 기능미숙(지식, 기술부족)

39. 교육의 3요소 중에서 "교육의 매개체"에 해당하는 것은?

① 강사   ② 선배
③ 교재   ④ 수강생

> **교육의 3요소**
> 1. 교육의 주체 : 강사, 교도자
> 2. 교육의 객체 : 수강자, 학생
> 3. 교육의 매개체 : 교육내용(교재)

40. 다음 중 프로그램 학습법(Programmed self-instruction method)의 장점이 아닌 것은?

① 학습자의 사회성을 높이는데 유리하다.
② 한 강사가 많은 수의 학습자를 지도할 수 있다.
③ 지능, 학습적성, 학습속도 등 개인차를 충분히 고려할 수 있다.
④ 매 반응마다 피드백이 주어지기 때문에 학습자가 흥미를 갖는다.

> 프로그램 학습법은 학습자의 사회성이 결여될 우려가 있다.

■■■ **제3과목 인간공학 및 시스템안전공학**

41. 상완을 자연스럽게 수직으로 늘어뜨린 상태에서 전완만을 편하게 뻗어 파악할 수 있는 영역을 무엇이라 하는가?

① 정상작업파악한계
② 정상작업역
③ 최대작업역
④ 작업공간포락면

> 정상작업역이란 상완(上腕)을 자연스럽게 수직으로 늘어뜨린 체, 전완(前腕)만으로 편하게 뻗어 파악할 수 있는 구역으로 34~45cm 정도가 되고, 최대작업역이란 전완(前腕)과 상완(上腕)을 곧게 펴서 파악할 수 있는 구역으로 55~65cm 정도가 된다.

42. 체계 설계 과정의 주요 단계가 다음과 같을 때 인간·하드웨어·소프트웨어의 기능 할당, 인간성능 요건 명세, 직무분석, 작업설계 등의 활동을 하는 단계는?

> • 목표 및 성능 명세 결정
> • 체계의 정의
> • 기본 설계
> • 계면 설계
> • 촉진물 설계
> • 시험 및 평가

① 체계의 정의   ② 기본 설계
③ 계면 설계   ④ 촉진물 설계

> **기본설계 시의 활동**
> 1. 인간, 하드웨어 및 소프트웨어에 대한 기능 할당
> 2. 인간 퍼포먼스 요건의 규정
> 3. 과업 분석(작업 설계)
> 4. 직무 분석 등

43. 다음 중 복잡한 시스템을 설계, 가동하기 전의 구상 단계에서 시스템의 근본적인 위험성을 평가하는 가장 기초적인 위험도 분석 기법은?

① 예비위험분석(PHA)
② 결함수분석법(FTA)
③ 고장형태와 영향분석(FMEA)
④ 운용안전성분석(OSA)

> 예비위험분석(PHA)은 시스템을 설계, 가동하기 전의 구상단계에서 시스템의 근본적인 위험성을 평가하는 가장 기초적인 단계이다.

44. 실험실 환경에서 수행하는 인간공학 연구의 장·단점에 대한 설명으로 맞는 것은?

① 변수의 통제가 용이하다.
② 주위 환경의 간섭에 영향 받기 쉽다.
③ 실험 참가자의 안전을 확보하기가 어렵다.
④ 피실험자의 자연스러운 반응을 기대할 수 있다.

1. 실험실 환경에서의 연구
  ① 장점 : 많은 변수조절, 통제의 용이성, 정확한 자료수집, 반복 실험 가능, 피실험자의 안전 확보
  ② 단점 : 사실성이나 현장감 부족
2. 현장 환경에서의 연구
  ① 장점 : 사실성 (현실성) ; 관련 변수, 환경조건, 피실험자의 특성 일반화 가능
  ② 단점 : 변수 통제가 어렵고 시간과 비용이 많이 든다. 안전상의 문제점도 있다.
3. 모의실험 환경
  ① 장점 : 어느 정도 사실성 확보, 변수 통제 용이, 안전확보
  ② 단점 : 고비용, 프로그램 개발의 어려움

45. PCB 납땜작업을 하는 작업자가 8시간 근무시간을 기준으로 수행하고 있고, 대사량을 측정한 결과 분당 산소소비량이 1.3L/min 으로 측정되었다. Murrell 방식을 적용하여 이 작업자의 노동활동에 대한 설명으로 틀린 것은?

① 납땜 작업의 분당 에너지 소비량은 6.5kcal/min 이다.
② 작업자는 NIOSH가 권장하는 평균에너지소비량을 따른다.
③ 작업자는 8시간의 작업시간 중 이론적으로 144분의 휴식시간이 필요하다.
④ 납땜작업을 시작할 때 발생한 작업자의 산소결핍은 작업이 끝나야 해소된다.

①항, 납땜작업 시 분당 에너지소비량 = 1.3kcal/min × 5
            = 6.5kcal/min
②항, NIOSH에서는 8시간 작업시 남자는 5kcal/min,
      여자는 3.5kcal/min을 초과하지 않도록 권장하고 있다.
③항, 휴식시간 산출 $R(\min) = \dfrac{480(6.5-5)}{6.5-1.5} = 144$분
④항, 작업자는 8시간의 작업시간 중 이론적으로 144분의 휴식시간이 필요하므로 작업자는 작업이 끝나야 산소결핍이 해소된다.

46. 다음 중 어느 부품 1,000개를 100,000시간 동안 가동 중에 5개의 불량품이 발생하였을 때의 평균동작시간(MTTF)은 얼마인가?

① 1×10^6 시간
② 2×10^7 시간
③ 1×10^8 시간
④ 2×10^9 시간

$$평균동작시간(MTTF) = \frac{총가동시간}{고장건수} = \frac{1000 \times 100,000}{5}$$
$$= 2 \times 10^7 \,시간$$

47. FMEA에서 고장의 발생확률 β가 다음 값의 범위일 경우 고장의 영향으로 옳은 것은?

$$[0.10 \leq \beta < 1.00]$$

① 손실의 영향이 없음
② 실제 손실이 발생됨
③ 손실 발생의 가능성이 있음
④ 실제 손실이 예상됨

FMEA에서 고장의 발생확률(β)	
영 향	발생확률(β)
실제의 손실	$\beta = 1.00$
예상되는 손실	$0.10 \leq \beta < 1.00$
가능한 손실	$0 < \beta < 0.10$
영향 없음	$\beta = 0$

48. 다음 중 FT의 작성방법에 관한 설명으로 틀린 것은?

① 정성·정량적으로 해석·평가하기 전에는 FT를 간소화 해야 한다.
② 정상(Top)사상과 기본사상과의 관계는 논리게이트를 이용해 도해한다.
③ FT를 작성하려면 먼저 분석대상 시스템을 완전히 이해하여야 한다.
④ FT 작성을 쉽게 하기 위해서는 정상(Top)사상을 최대한 광범위하게 정의한다.

해답 45 ② 46 ② 47 ④ 48 ④

FT 작성 시 결정하는 사고의 명제를 결정하여 하나의 Top 사상을 결정하여야 한다.

> **참고** FT도의 작성방법
> 1. 분석 대상이 되는 System의 범위 결정
> 2. 대상 System에 관계되는 자료의 정비
> 3. 상상하고 결정하는 사고의 명제(tree의 정상사상이 되는 것)를 결정
> 4. 원인추구의 전제조건을 미리 생각하여 둔다.
> 5. 정상사상에서 시작하여 순차적으로 생각되는 원인의 사상(중간사상과 말단사상)을 논리기호로 이어간다.
> 6. 먼저 골격이 될 수 있는 대충의 Tree를 만든다. Tree에 나타난 사상의 중요성에 따라 보다 세밀한 부분의 Tree로 전개한다.
> 7. 각각 사상에 번호를 붙이면 정리하기 쉽다.

49. 그림과 같이 여러 구성요소가 직렬과 병렬로 혼합 연결되어 있을 때, 시스템의 신뢰도는 약 얼마인가? (단, 숫자는 각 구성요소의 신뢰도이다.)

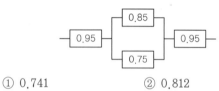

① 0.741   ② 0.812
③ 0.869   ④ 0.904

> $R = 0.95 \times \{1 - (1 - 0.85) \times (1 - 0.75)\} \times 0.95 = 0.869$

50. 다음 중 실내 면(面)의 추천 반사율이 가장 높은 것은?

① 벽   ② 천정
③ 가구   ④ 바닥

> **추천 반사율**
> 1. 바닥 : 20~40%
> 2. 가구 : 25~45%
> 3. 벽 : 40~60
> 4. 천정 : 80~90%

51. 다음 중 불(Bool) 대수의 정리를 나타낸 관계식으로 틀린 것은?

① $A \cdot A = A$ ② $A + A = 0$
③ $A + AB = A$ ④ $A + A = A$

> $A + A = A$ 이다.

52. 다음 중 산업안전보건법령상 유해·위험방지계획서의 심사 결과에 따른 구분·판정의 종류에 해당하지 않는 것은?

① 보류   ② 부적정
③ 적정   ④ 조건부적정

> 유해위험방지계획서의 심사 결과를 다음 각 호와 같이 구분·판정한다.
> 1. 적정 : 근로자의 안전과 보건을 위하여 필요한 조치가 구체적으로 확보되었다고 인정되는 경우
> 2. 조건부 적정 : 근로자의 안전과 보건을 확보하기 위하여 일부 개선이 필요하다고 인정되는 경우
> 3. 부적정 : 건설물·기계·기구 및 설비 또는 건설공사가 심사기준에 위반되어 공사착공 시 중대한 위험이 발생할 우려가 있거나 해당 계획에 근본적 결함이 있다고 인정되는 경우
>
> **참고** 산업안전보건법 시행규칙 제45조【심사 결과의 구분】

53. 다음 중 부품배치의 원칙에 해당하지 않는 것은?

① 희소성의 원칙
② 사용 빈도의 원칙
③ 기능별 배치의 원칙
④ 사용 순서의 원칙

> **부품배치의 원칙**
> 1. 사용 빈도의 원칙
> 2. 기능별 배치의 원칙
> 3. 사용 순서의 원칙
> 4. 중요성의 원칙

해답   49 ③   50 ②   51 ②   52 ①   53 ①

54. 다음 설명 중 (   )안에 알맞은 용어가 올바르게 짝지어진 것은?

> **[다음]**
> (㉠) : FTA와 동일의 논리적 방법을 사용하여 관리, 설계, 생산, 보전 등에 대한 넓은 범위에 걸쳐 안전성을 확보하려는 시스템안전 프로그램
> (㉡) : 사고 시나리오에서 연속된 사건들의 발생경로를 파악하고 평가하기 위한 귀납적이고 정량적인 시스템안전 프로그램

① ㉠ : PHA,   ㉡ : ETA
② ㉠ : ETA,   ㉡ : MORT
③ ㉠ : MORT,   ㉡ : ETA
④ ㉠ : MORT,   ㉡ : PHA

- MORT(managment oversight and risk tree) : MORT 프로그램은 tree를 중심으로 FTA와 같은 논리기법을 이용하여 관리, 설계, 생산, 보존 등의 광범위하게 안전을 도모하는 것으로서 고도의 안전을 달성하는 것을 목적으로 한 것으로 미국 에너지연구 개발청(ER DA)의 Johonson에 의해 개발된 안전 프로그램이다. (원자력산업에 이용)
- ETA 분석 : 사상(事象)의 안전도를 사용한 시스템의 안전도를 나타내는 시스템 모델의 하나로서 귀납적이고 정량적인 분석방법으로 재해의 확대요인을 분석하는데 적합한 방법이다. 디시전 트리를 재해사고의 분석에 이용할 경우의 분석법을 ETA라 한다. ETA 7단계로 설계, 심사, 제작, 검사, 보전, 운전, 안전대책이 있다.

55. 화학설비에 대한 안전성 평가방법 중 공장의 입지조건이나 공장 내 배치에 관한 사항은 어느 단계에서 하는가?

① 제1단계 : 관계자료의 작성 준비
② 제2단계 : 정성적 평가
③ 제3단계 : 정량적 평가
④ 제4단계 : 안전대책

정성적 평가 단계의 주요 진단항목

1. 설계 관계	2. 운전 관계
• 입지 조건	• 원재료, 중간체 제품
• 공장내 배치	• 공정
• 건조물	• 수송, 저장 등
• 소방설비	• 공정기기

56. 건습구온도계에서 건구온도가 24℃이고, 습구온도가 20℃일 때, Oxford 지수는 얼마인가?

① 20.6℃   ② 21.0℃
③ 23.0℃   ④ 23.4℃

WD = 0.85×습구온도+0.15×건구온도
   = (0.85×20)+(0.15×24) = 20.6℃

57. 국내 규정상 1일 노출횟수가 100일 때 최대 음압수준이 몇 dB(A)를 초과하는 충격소음에 노출되어서는 아니 되는가?

① 110   ② 120
③ 130   ④ 140

"충격소음작업"이란 소음이 1초 이상의 간격으로 발생하는 작업으로서 다음 각 목의 어느 하나에 해당하는 작업을 말한다.
가. 120데시벨을 초과하는 소음이 1일 1만회 이상 발생하는 작업
나. 130데시벨을 초과하는 소음이 1일 1천회 이상 발생하는 작업
다. 140데시벨을 초과하는 소음이 1일 1백회 이상 발생하는 작업
참고 산업안전보건기준에 관한 규칙 제512조【정의】

58. 자동화시스템에서 인간의 기능으로 적절하지 않은 것은?

① 설비보전
② 작업계획 수립
③ 조정 장치로 기계를 통제
④ 모니터로 작업 상황 감시

장치로 기계를 통제하는 것은 기계화체계(mechanical system) 또는 반자동miautomatic)체계에서의 인간의 역할이며 이때, 기계는 동력을 제공하는 역할을 한다.

59. A제지회사의 유아용 화장지 생산 공정에서 작업자의 불안전한 행동을 유발하는 상황이 자주 발생하고 있다. 이를 해결하기 위한 개선의 ECRS에 해당하지 않는 것은?

① Combine
② Standard
③ Eliminate
④ Rearrange

작업분석의 ECRS
1. Eliminate(제거)
2. Combine(결합)
3. Rearrange(재조정)
4. Simplify(단순화)

60. 다음 중 인간의 귀에 대한 구조를 설명한 것으로 틀린 것은?

① 외이(external ear)는 귓바퀴와 외이도로 구성된다.
② 중이(middle)에는 인두와 교통하여 고실 내압을 조절하는 유스타키오관이 존재 한다.
③ 내이(inner ear)는 신체의 평형감각수용기인 반규관과 청각을 담당하는 전정기관 및 와우로 구성되어 있다.
④ 고막은 중이와 내이의 경계부위에 위치해 있으며 음파를 진동으로 바꾼다.

고막(ear drum, tympanic membrane)은 **외이 중이의 경계**에 자리잡고 있으며, 두께 0.1mm의 얇고 투명한 막으로 소리자극에 의해서 진동하여 귓속뼈(이소골)를 통해서 속귀의 달팽이관까지 소리진동을 전달하는 역할을 한다.

■■■ **제4과목 건설시공학**

61. 콘크리트 타설 후 블리딩 현상으로 콘크리트 표면에 물과 함께 떠오르는 미세한 물질은 무엇인가?

① 피이닝(Peening)
② 블로우 홀(Blow hole)
③ 레이턴스(Laitance)
④ 버블쉬트(Bubble sheet)

콘크리트 타설 후의 재료분리	
1. 블리딩 (Bleeding)	콘크리트를 타설한 후 시멘트, 골재입자 등이 침하함에 따라 물이 분리 상승되어 콘크리트 표면에 떠오르는 현상
2. 레이턴스 (Laitance)	블리딩에 의하여 떠오른 미립물이 콘크리트 표면에 엷은막으로 침적되는 미립물

62. 말뚝기초 재하시험의 종류가 아닌 것은?

① 표준관입재하시험
② 동재하시험
③ 수직재하시험
④ 수평재하시험

표준관입시험 (S.P.T : Standard Penetration Test) = 사질지반의 밀도를 측정하는 시험
1. 주로 사질지반(모래지반)의 밀도(지내력)을 측정
2. 모래는 불교란 시료를 채취하기 곤란하므로 현장에서 직접 밀도를 측정한다.
3. 표준관입용 샘플러를 쇠막대에 끼우고 76cm의 높이에서 63.5kg의 추를 자유낙하시켜 30cm 관입시키는 데 필요한 타격회수 (N치)을 구하는 시험
4. N치가 클수록 토질이 밀실하거나 단단하다.

63. 콘크리트블록 쌓기에 대한 설명으로 틀린 것은?

① 보강근은 모르타르 또는 그라우트를 사춤하기 전에 배근하고 고정한다.
② 블록은 살두께가 작은 편을 위로 하여 쌓는다.
③ 인방블록은 창문틀의 좌우 옆 턱에 200mm 이상 물린다.
④ 모서리 등 기준이 되는 부분을 정확하게 쌓은 다음 수평실을 친다.

블록쌓기
1. 단순조적블럭쌓기는 막힌줄눈이고 보강줄눈쌓기는 통줄눈으로 쌓는다.
2. 블록은 살두께가 두꺼운 편이 위로 하여 쌓는다.
3. 인방블록은 창문틀의 좌우 옆 턱에 20cm 이상 물린다.
4. 모서리 등 기준이 되는 부분을 정확히 쌓은 다음 수평실을 친다.
5. 보강근은 철근을 먼저 설치하고 모르타르 또는 그라우트를 사춤한다.

64. 거푸집 구조설계 시 고려해야 하는 연직하중에서 무시해도 되는 요소는?

① 작업 하중　　　　② 거푸집 중량
③ 타설 충격하중　　④ 콘크리트 자중

65. 철골부재 용접 시 주의사항 중 옳지 않은 것은?

① 기온이 0℃ 이하로 될 때에는 용접하지 않도록 한다.
② 용접할 모재의 표면에 있는 녹, 페인트, 유분 등은 제거하고 작업한다.
③ 용접 시 발생하는 가스 등으로 질식 또는 중독되지 않도록 환기 또는 기타 필요한 조치를 해야 한다.
④ 용접할 소재는 정확한 시공과 정밀도를 위하여 치수에 여분을 두지 말아야 한다.

66. 파워셔블의 1시간당 추정 굴착 작업량은 약 얼마인가? (단, 버킷용량 0.6m³, 굴삭토의 용적변화 계수 1.28, 작업효율 0.83, 굴삭계수 0.8, 싸이클 타임 30sec)

① 39.2m³　　　　② 41.2m³
③ 59.2m³　　　　④ 61.2m³

67. 직영공사에 관한 설명으로 옳은 것은?

① 직영으로 운영하므로 공사비가 감소된다.
② 의사소통이 원활하므로 공사기간이 단축된다.
③ 특수한 상황에 비교적 신속하게 대처할 수 있다.
④ 입찰이나 계약 등 복잡한 수속이 필요하다.

68. CIP(Cast In Place prepacked pile)공법에 관한 설명으로 옳지 않은 것은?

① 주열식 강성체로서 토류벽 역할을 한다.
② 소음 및 진동이 적다.
③ 협소한 장소에는 시공이 불가능하다.
④ 굴착을 깊게 하면 수직도가 떨어진다.

69. 토공기계 중 흙의 적재, 운반, 정지의 기능을 가지고 있는 장비로써 일반적으로 중거리 정지공사에 많이 사용되는 장비는?

① 파워 쇼벨
② 캐리올 스크레이퍼
③ 앵글 도저
④ 탬퍼

> **캐리올 스크레이퍼**
> 1. 흙을 깎으면서 동시에 기체 내에 담아 운반하고 깔기작업을 겸한다.
> 2. 운반거리는 100~150m 정도 중장거리용 정지 및 잔토반출

70. 흙막이 공법 중 슬러리월(slurry wall) 공법에 관한 설명으로 옳지 않은 것은?

① 진동, 소음이 적다.
② 인접건물의 경계선까지 시공이 가능하다.
③ 차수효과가 확실하다.
④ 기계, 부대설비가 소형이어서 소규모 현장의 시공에 적당하다.

> **슬러리월 공법(Slurry Wall)**
> 안정액을 사용하여 지반의 붕괴를 방지하면서 굴착하여 철근망을 넣고 콘크리트를 타설하여 콘크리트벽체를 연속적으로 축조하여 지수벽, 흙막이벽, 구조체벽 등의 지하구조물을 설치하는 공법으로 기계, 부대설비가 고가이고 비싸며 대규모 현장의 시공에 적당하다.

71. 철근의 이음 방법에 해당되지 않는 것은?

① 겹침이음
② 병렬이음
③ 기계식이음
④ 용접이음

> **철근의 이음방법**
> 1. 겹침이음   2. 용접
> 3. 가스압접이음   4. 기계식 이음

72. 콘크리트용 골재에 대한 설명 중 옳지 않은 것은?

① 골재는 청정, 견경, 내구성 및 내화성이 있어야 한다.
② 골재에 포함된 부식토, 석탄 등의 유기물은 콘크리트의 경화를 방해하여 콘크리트 강도를 떨어뜨리게 한다.
③ 실트, 점토, 운모 등의 미립분은 골재와 시멘트의 부착을 좋게 한다.
④ 골재의 강도는 콘크리트 중에 경화한 모르타르의 강도 이상이 요구된다.

> 실트, 점토, 운모 등의 미립분은 골재와 시멘트의 부착력을 떨어뜨린다.
>
> **참고 골재의 요구조건**
> 1. 견고할 것(경화시멘트페이스트강도 이상)
> 2. 내마모성, 내구성, 내화성이 있을 것
> 3. 입도가 적당할 것
> 4. 깨끗하고 유해물질의 함유량이 없을 것
> 5. 표면이 거칠고 골재의 모양은 둥근 것
>   (편평하거나 세장하지 않는 것)
> 6. 입도는 세조립이 연속적으로 혼합된 것이 좋다

73. 수직응력 $\sigma = 0.2\text{MPa}$, 점착력 $c = 0.05\text{MPa}$, 내부마찰각 $\phi = 20°$의 흙으로 구성된 사면의 전단강도는?

① 0.16MPa
② 0.12MPa
③ 0.2MPa
④ 0.08MPa

> **전단강도(쿨롱의 법칙)**
> $\tau = C + \sigma \tan\phi$
> 여기서
> τ : 전단강도 C : 점착력 ϕ : 내부마찰각 σ : 수직응력
> $\tau = 0.05 + 0.2\tan20$
> $= 0.12\text{MPa}$

74. 1개 회사가 단독으로 도급을 수행하기에는 규모가 큰 공사일 경우 2개 이상의 회사가 임시로 결합하여 연대책임으로 공사를 하고 완성 후 해산하는 방식은?

① 단가도급
② 분할도급
③ 공동도급
④ 일식도급

해답 69 ② 70 ④ 71 ② 72 ③ 73 ② 74 ③

75. 하부 지반이 연약한 경우 흙파기 저면선에 대하여 흙막이 바깥에 있는 흙의 중량과 지표 적재하중을 이기지 못하고 흙이 붕괴되어서 흙막이 바깥 흙이 안으로 밀려들어와 불룩하게 되는 현상은?

① 히빙(heaving) ② 보일링(boiling)
③ 퀵샌드(quick sand) ④ 오픈컷(open cut)

76. 강제 널말뚝(steel sheet pile)공법에 관한 설명으로 옳지 않은 것은?

① 도심지에서는 소음, 진동 때문에 무진동 유압장비에 의해 실시해야 한다.
② 강제 널말뚝에는 U형, Z형, H형, 박스형 등이 있다.
③ 타입 시에는 지반의 체적변형이 작아 항타가 쉽고 이음부를 볼트나 용접접합에 의해서 말뚝의 길이를 자유로이 늘일 수 있다.
④ 비교적 연약지반이며 지하수가 많은 지반에는 적용이 불가능하다.

77. 흙에 접하거나 옥외공기에 직접 노출되는 현장치기 콘크리트로서 D16이하 철근의 최소피복두께는?

① 20mm ② 40mm
③ 60mm ④ 80mm

피복두께의 최소값

부위 및 철근 크기		최소 피복두께 (mm)
수중에서 치는 콘크리트		100
흙에 접하여 콘크리트를 친 후 영구히 흙에 묻혀 있는 콘크리트		80
흙에 접하거나 옥외 공기에 직접 노출되는 콘크리트	D29 이상의 철근	60
	D25 이하의 철근	50
	D16 이하의 철근, 지름 16mm 이하의 철선	40
옥외의 공기나 흙에 직접하지 않는 콘크리트	슬래브, 벽체, 장선 D35 초과 하는 철근	40
	슬래브, 벽체, 장선 D35 이하 인 철근	20
	보, 기둥	40

78. 철골부재 절단 방법 중 가장 정밀한 절단방법으로 앵글커터(angle cutter), 프릭션 소(friction saw) 등으로 작업하는 것은?

① 가스절단 ② 전기절단
③ 톱절단 ④ 전단절단

79. 벽돌의 품질을 결정하는데 가장 중요한 사항은?

① 흡수율 및 인장강도 ② 흡수율 및 전단강도
③ 흡수율 및 휨강도 ④ 흡수율 및 압축강도

해답 75 ① 76 ④ 77 ② 78 ③ 79 ④

80. 결함부위로 균열의 집중을 유도하기 위해 균열이 생길만한 구조물의 부재에 미리 결함부위를 만들어 두는 것을 무엇이라 하는가?

① 신축줄눈　　　　② 침하줄눈
③ 시공줄눈　　　　④ 조절줄눈

> **조절줄눈**
> 콘크리트의 취약부에 줄눈을 설치하여 일정한 곳에서만 균열이 일어나도록 유도하는 줄눈

■■■ **제5과목 건설재료학**

81. 보통 F.R.P 판이라고 하며, 내외장재, 가구재 등으로 사용되며 구조재로도 사용가능한 것은?

① 아크릴판
② 강화 폴리에스테르판
③ 페놀수지판
④ 경질염화비닐판

> **FRP(Fiber Reinforceed Plastics)**
> 1. 유리섬유로 강화된 불포화 폴리에스테르수지
> 2. 경량으로 강도가 높으며 내구성, 성형성 우수
> 3. 내외장재, 가구재, 구조재 등으로 사용
> 4. 건축물의 천창, 루버, 욕조, 정화조 등에 이용

82. 매스콘크리트의 균열을 방지 또는 감소시키기 위한 대책으로 옳은 것은?

① 중용열 포틀랜드시멘트를 사용한다.
② 수밀하게 타설하기 위해 슬럼프값은 될 수 있는 한 크게 한다.
③ 혼화제로서 조기 강도발현을 위해 응결경화 촉진제를 사용한다.
④ 골재치수를 작게 함으로써 시멘트량을 증가시켜 고강도화를 꾀한다.

> **매스콘크리트 균열방지대책**
> 1. 저 발열성(중용열) 시멘트 사용
> 2. 물시멘트비를 낮게 한다.
> 3. 골재치수를 크게 한다.
> 4. 혼화재의 사용(포졸란)
> 5. 파이프 쿨링, 프리 쿨링 등의 실시
> 6. 단위 시멘트량은 가능한 한 적게 한다.

83. 열가소성수지 제품으로 전기절연성, 가공성이 우수하며 발포제품은 저온 단열재로서 널리 쓰이는 것은?

① 폴리스티렌수지　　② 폴리프로필렌수지
③ 폴리에틸렌수지　　④ ABS수지

> **폴리스티렌수지**
> 1. 무색투명하고, 착색하기 쉽다.
> 2. 내수성, 내약품성, 가공성, 전기절연성, 단열성 우수
> 3. 부서지기 쉽고, 충격에 약하고, 내열성이 작다.
> 4. 발포제를 이용하여 보드형태로 만들어 단열재로 이용
> 5. 블라인드, 전기용품, 냉장고의 내부상자, 절연재, 방음재 등

84. 다음 중 시멘트 풍화의 척도로 사용되는 것은?

① 불용해 잔분　　　② 강열감량
③ 수경률　　　　　④ 규산율

> **강열감량**
> 1. 시멘트를 1,000℃ 정도의 강한 열을 가했을 때의 감량을 강열감량이라 한다.
> 2. 시멘트의 풍화된 정도를 판정하는데 이용한다.

85. 내화벽돌의 내화도의 범위로 가장 적절한 것은?

① 500 ～ 1,000℃　　② 1,500 ～ 2,000℃
③ 2,500 ～ 3,000℃　　④ 3,500 ～ 4,000℃

> 내화도 : 약 1,500~2,000℃
>
> **참고** 내화벽돌의 내화도
>
> | 등 급 | S.K-NO. | 내화도 |
> |---|---|---|
> | 저 급 | 26~29 | 1,580° ～ 1,650℃ |
> | 보 통 | 30~33 | 1,670° ～ 1,730℃ |
> | 고 급 | 34~42 | 1,750° ～ 2,000℃ |

86. 각종 벽돌에 대한 설명 중 틀린 것은?

① 내화벽돌은 내화점토를 원료로 하여 소성한 벽돌로서 내화도는 1,500~2,000℃의 범위이다.
② 다공벽돌은 점토에 톱밥, 겨, 탄가루 등을 혼합, 소성한 것으로 방음, 흡음성이 좋다.
③ 이형벽돌은 형상, 치수가 규격에서 정한 바와 다른 벽돌로서 특수한 구조체에 사용될 목적으로 제조된다.
④ 포도벽돌은 벽돌에 오지물을 칠해 소성한 벽돌로서, 건물의 내외장 또는 장식물의 치장에 쓰인다.

포도벽돌
1. 도로나 바닥에 까는 두꺼운 벽돌
2. 경질이며 흡수성이 적고 내마모성, 방습, 내구성이 좋다.
3. 복도, 창고, 공장 등의 바닥면에 사용

87. 비철금속의 성질 또는 용도에 관한 설명 중 옳지 않은 것은?

① 동은 전연성이 풍부하므로 가공하기 쉽다.
② 납은 산이나 알칼리에 강하므로 콘크리트에 침식되지 않는다.
③ 아연은 이온화경향이 크고 철에 의해 침식된다.
④ 대부분의 구조용 특수강은 니켈을 함유한다.

납(Pb)
1. 융점(327℃)이 낮고 가공이 쉽다.
2. 비중(11.4)이 매우 크고 연질이다.
3. 전성, 연성이 크다.
4. 내식성이 우수하다.
5. 방사선 차폐용 벽체에 이용된다.
6. **알칼리에 약하며 콘크리트에 침식된다.**
7. 염산, 황산, 농질산에는 강하나 묽은질산에는 녹는다.
8. 공기 중의 습기와 CO2에 의해 표면에 피막이 생겨 내부를 보호한다.
9. 급배수관, 가스관, X선실 등

88. A.E제를 사용하는 콘크리트의 특성에 대한 설명 중 옳지 않은 것은?

① 강도가 증가된다.
② 동결융해에 대한 저항성이 커진다.
③ 워커빌리티가 좋아지고 재료의 분리가 감소된다.
④ 단위수량이 저감된다.

AE제를 사용한 콘크리트의 특징
1. 단위수량이 적게 든다.
2. 워커빌리티가 향상되고 골재로서 깬자갈의 사용도 유리하게 된다.
3. 내구성 향상
4. 콘크리트 경화에 따른 발열이 적어진다.
5. 동결융해에 대한 저항이 크게 된다.
6. 블리딩 감소, 재료분리 감소
7. **강도는 다소 적어진다.**
8. 지나친 공기량은(6% 이상)은 강도와 내구성을 저하시킨다.

89. 목재에 관한 설명으로 틀린 것은?

① 심재가 변재보다 비중, 내후성 및 강도가 크다.
② 섬유포화점은 보통 함수율이 30% 정도일 때를 말한다.
③ 변재는 심재부보다 신축변형량이 크다.
④ 함수율이 증가하면 압축, 휨, 인장강도가 증가한다.

함수율과 강도
1. 섬유포화점 이하에서는 건조수축이 크다.
2. 섬유포화점 이하에서는 함수율 감소에 따라 강도가 증가한다.
3. 함수율이 30% 이하로 감소될수록 강도는 급격히 증가하고, 전건상태에 이르면 섬유포화점 강도의 3배로 증가
4. 섬유포화점 이상에서는 함수율이 변화해도 목재의 강도는 일정하다.
5. 건조재는 부식될 가능성이 적다.
6. 건조재는 수축변형이 적다.
7. 건조재의 함수율이 적을수록 강도는 커진다.

90. 철재의 표면 부식방지 처리법으로 옳지 않은 것은?

① 유성페인트, 광명단을 도포
② 시멘트 모르타르로 피복
③ 마그네시아 시멘트 모르타르로 피복
④ 아스팔트, 콜타르를 도포

마그네시아 시멘트의 특징
1. 습기나 수분에 약하다.
2. 저온 고온에 강하다.
3. 철재를 녹슬게 한다.

해답 86 ④ 87 ② 88 ① 89 ④ 90 ③

91. 제재판재 또는 소각재 등의 부재를 섬유평행방향으로 접착시킨 것은?

① 파티클 보드
② 코펜하겐 리브
③ 합판
④ 집성목재

> **집성목재**
> 두께 1.5~3cm의 널을 접착제를 사용하여 섬유 평행방향으로 여러 장을 겹쳐 붙여서 만든 목재

92. 콘크리트의 방수성, 내약품성, 변형성능의 향상을 목적으로 다량의 고분자재료를 혼입시킨 시멘트는?

① 내황산염포틀랜드시멘트
② 초속경시멘트
③ 폴리머시멘트
④ 알루미나시멘트

> **폴리머 시멘트**
> 1. 폴리머를 결합한 시멘트
> 2. 방수성, 내약품성, 변형성, 내마모성, 내충격성, 내구성 우수
> 3. 내화성이 약하다.

93. 풀 또는 여물을 사용하지 않고 물로 연화하여 사용하는 것으로 공기 중의 탄산가스와 결합하여 경화하는 미장재료는?

① 회반죽
② 돌로마이트 플라스터
③ 혼합 석고플라스터
④ 보드용 석고플라스터

> **돌로마이트 플라스터(기경성)**
>
> | | | |
> |---|---|---|
> | 1. 원료 | 돌로마이트에 석회암, 모래, 여물 등을 혼합하여 만든다. | |
> | 2. 특징 | • 기경성으로 지하실 등의 마감에는 좋지 않다.
• 점성이 높고 작업성이 좋다.
• 소석회보다 점성이 커서 풀이 필요 없으며 변색, 냄새, 곰팡이가 없다.
• 석회보다 보수성, 시공성이 우수
• 해초풀을 사용하지 않는다.
• 건조수축이 커서 수축 균열이 발생하기 쉽다 | |

94. 다음 도료 중 광택이 없는 것은?

① 수성페인트
② 유성페인트
③ 래커
④ 에나멜페인트

> **수성페인트**
> 1. 전분, 카제인, 아교, 안료에 물을 용제로 사용하는 페인트
> 2. 내수성, 내마모성이 나쁘다.
> 3. 내알칼리성이 있다.
> 4. 건조가 빠르고 작업성이 좋다.
> 5. 광택이 없다.
> 6. 독성, 화재 발생위험이 없다.
> 7. 모르타르면, 회반죽면에 사용할 수 있다.

95. 목재의 절대건조비중이 0.45일 때 목재내부의 공극률은 대략 얼마인가?

① 10%
② 30%
③ 50%
④ 70%

> $$공극률(\%) = \left(1 - \frac{w}{1.54}\right) \times 100$$
> $$= \left(1 - \frac{0.45}{1.54}\right) \times 100 = 70.77\%$$

96. 시멘트의 분말도에 관한 설명으로 옳지 않은 것은?

① 시멘트 분발도의 측정은 블레인시험으로 행한다.
② 비표면적이 클수록 초기강도의 발현이 빠르다.
③ 분말도가 지나치게 크면 풍화되기 쉽다.
④ 분말도가 큰 시멘트일수록 수화열이 낮다.

> 분말도가 높으면 수화열이 크다.
> **참고** 시멘트 분말도가 높을 때의 특징
>
> | 장 점 | 단 점 |
> |---|---|
> | • 수화작용이 빠르고 조기강도가 크다.
• 워커빌리티가 좋아진다. (시공연도가 좋다.)
• 수밀성이 우수하다.(투수성이 적다.)
• 블리딩 현상감소 (재료분리 감소)
• 시멘트 페이스트의 점성이 높다. | • 풍화되기 쉽다.
• 응결시 초기균열
• 건조수축, 균열이 생기기 쉽다. |

97. 아스팔트계 방수재료에 대한 설명 중 틀린 것은?

① 아스팔트 프라이머는 블로운 아스팔트를 용제에 녹인 것으로 액상을 하고 있다.

② 아스팔트 펠트는 유기천연섬유 또는 석면섬유를 결합한 원지에 연질의 블로운 아스팔트를 침투시킨 것이다.

③ 아스팔트 루핑은 아스팔트 펠트의 양면에 블로운 아스팔트를 가열·용융시켜 피복한 것이다.

④ 아스팔트 컴파운드는 블로운 아스팔트의 성능을 개량하기 위해 동식물성 유지와 광물질분말을 혼입한 것이다.

> 아스팔트 펠트는 유기천연섬유 또는 석면섬유를 결합한 원지에 스트레이트 아스팔트를 침투시킨 것이다.

98. 내구성 및 강도가 크고 외관이 수려하나 함유광물의 열팽창계수가 달라 내화성이 약한 석재로 외장, 내장, 구조재, 도로포장재, 콘크리트 골재 등에 사용되는 것은?

① 응회암　　　　　② 화강암
③ 화산암　　　　　④ 대리석

> 화강암
> ① 석영, 장석, 운모가 주성분
> ② 석질이 단단하다.
> ③ 내구성 및 강도가 크다.
> ④ 외관이 아름다워 장식재료로 사용
> ⑤ 큰 재를 만들 수 있다.
> ⑥ 내화성이 약하다.
> ⑦ 외장재, 내장재, 구조재, 콘크리트용 골재, 도로포장재

99. 목재의 용적변화, 팽창수축에 관한 설명으로 옳지 않은 것은?

① 변재는 일반적으로 심재보다 용적변화가 크다.

② 비중이 큰 목재일수록 팽창 수축이 적다.

③ 연륜에 접선 방향(널결)이 연륜에 직각 방향(곧은결)보다 수축이 크다.

④ 급속하게 건조된 목재는 완만히 건조된 목재보다 수축이 크다.

> 비중과 강도
> 1. 목재의 강도는 비중에 일반적으로 정비례한다.
> 2. 함수율이 일정하고 결함이 없으면 비중이 클수록 강도가 크다.
> 3. 목재의 진비중은 수종에 관계없이 1.54 정도이다.
> 4. 목재의 비중은 동일수종이라도 연륜, 밀도, 생육지, 수령, 심재와 변재에 따라서 다소 차이가 난다.
> 5. 비중이 클수록 팽창수축이 크다.

100. 재료의 기계적 성질 중 작은 변형에도 파괴되는 성질을 무엇이라 하는가?

① 강성　　　　　② 소성
③ 탄성　　　　　④ 취성

취성	작은 변형에 재료가 갑자기 파괴되는 성질
강성	재료가 외력을 받았을 때 변형에 저항하는 성질
탄성	재료에 외력을 가하면 변형이 생겼다가 외력을 제거하면 원래 상태로 돌아가는 성질
소성	재료에 외력을 가하면 변형이 생겼다가 외력을 제거하여도 원래상태로 돌아오지 않고 변형돈 상태로 남아있는 성질

■■■ 제6과목 건설안전기술

101. 가설통로를 설치하는 경우 경사는 최대 몇 도 이하로 하여야 하는가?

① 20　　　　　② 25
③ 30　　　　　④ 35

> 경사는 30도 이하로 할 것
> 참고 산업안전보건기준에 관한 규칙 제23조【가설통로의 구조】

102. 낙하물방지망 또는 방호선반을 설치하는 경우에 수평면과의 각도 기준으로 옳은 것은?

① 10° 이상 20° 이하　　　② 20° 이상 30° 이하
③ 25° 이상 35° 이하　　　④ 35° 이상 45° 이하

> 수평면과의 각도는 20도 이상 30도 이하를 유지할 것
> 참고 산업안전보건기준에 관한 규칙 제14조【낙하물에 의한 위험의 방지】

해답 97 ② 98 ② 99 ② 100 ④ 101 ③ 102 ②

103. 흙막이 계측기의 종류 중 주변 지반의 변형을 측정하는 기계는?

① Tilt meter ② Inclino meter
③ Strain gauge ④ Load cell

"지중경사계(Inclinometer)"라 함은 지반 변위의 위치, 방향, 크기 및 속도를 계측하여 지반의 이완 영역 및 흙막이 구조물의 안전성을 계측하는 기구를 말한다.

104. 시스템 동바리를 조립하는 경우 수직재와 받침철물 연결부의 겹침길이 기준으로 옳은 것은?

① 받침철물 전체길이 1/2 이상
② 받침철물 전체길이 1/3 이상
③ 받침철물 전체길이 1/4 이상
④ 받침철물 전체길이 1/5 이상

비계 밑단의 수직재와 받침철물은 밀착되도록 설치하고, 수직재와 받침철물의 연결부의 겹침길이는 받침철물 전체길이의 3분의 1 이상이 되도록 할 것
참고 산업안전보건기준에 관한 규칙 제69조 【시스템 비계의 구조】

105. 다음 중 흙막이 지보공을 조립하는 경우 작성하는 조립도에 명시되어야 하는 사항과 가장 거리가 먼 것은?

① 부재의 치수 ② 버팀대의 긴압의 정도
③ 부재의 재질 ④ 설치방법과 순서

조립도는 흙막이판·말뚝·버팀대 및 띠장 등 부재의 배치·치수·재질 및 설치방법과 순서가 명시되어야 한다..
참고 산업안전보건기준에 관한 규칙 제346조 【조립도】

106. 강관틀비계의 벽이음에 대한 조립간격 기준으로 옳은 것은?

① 수직방향 5m, 수평방향 5m 이내
② 수직방향 6m, 수평방향 6m 이내
③ 수직방향 6m, 수평방향 8m 이내
④ 수직방향 8m, 수평방향 6m 이내

강관틀 비계는 수직방향으로 6미터, 수평방향으로 8미터 이내마다 벽이음을 할 것
참고 산업안전보건기준에 관한 규칙 제62조 【강관틀비계】

107. 관리감독자의 유해·위험 방지 업무에서 달비계 또는 높이 5m 이상의 비계를 조립·해체하거나 변경하는 작업과 관련된 직무수행 내용으로 틀린 것은?

① 작업방법 및 근로자 배치를 결정하고 작업 진행상태를 감시하는 일
② 재료의 결함 유무를 점검하고 불량품을 제거하는 일
③ 기구·공구·안전대 및 안전모 등의 기능을 점검하고 불량품을 제거하는 일
④ 작업에 종사하는 근로자의 보안경 및 안전장갑의 착용상황을 감시하는 일

달비계 또는 높이 5미터 이상의 비계(飛階)를 조립·해체하거나 변경하는 작업 시 관리감독자 업무
가. 재료의 결함 유무를 점검하고 불량품을 제거하는 일
나. 기구·공구·안전대 및 안전모 등의 기능을 점검하고 불량품을 제거하는 일
다. 작업방법 및 근로자 배치를 결정하고 작업 진행 상태를 감시하는 일
라. 안전대와 안전모 등의 착용 상황을 감시하는 일
참고 산업안전보건기준에 관한 규칙 별표 2 【관리감독자의 유해 위험방지】

108. 항타기 또는 항발기의 권상장치의 드럼축과 권상장치로부터 첫 번째 도르래의 축과의 거리는 권상장치의 드럼폭의 최소 몇 배 이상으로 하여야 하는가?

① 5배 ② 10배
③ 15배 ④ 20배

항타기 또는 항발기의 권상장치의 드럼축과 권상장치로부터 첫 번째 도르래의 축과의 거리를 권상장치의 드럼폭의 15배 이상으로 하여야 한다.
참고 산업안전보건기준에 관한 규칙 제216조 【도르래의 부착 등】

해답 103 ② 104 ② 105 ② 106 ③ 107 ④ 108 ③

109. 산업안전보건법상 차량계 하역운반기계 등에 단위 화물의 무게가 100kg 이상인 화물을 싣는 작업 또는 내리는 작업을 하는 경우에 해당 작업 지휘자가 준수하여야 할 사항으로 틀린 것은?

① 로프 풀기 작업 또는 덮개 벗기기 작업은 적재함의 화물이 떨어질 위험이 없음을 확인한 후에 하도록 할 것
② 기구와 공구를 점검하고 불량품을 제거할 것
③ 대피방법을 미리 교육하는 일
④ 작업순서 및 그 순서마다의 작업방법을 정하고 작업을 지휘할 것

차량계 하역운반기계에 단위화물의 무게가 100킬로그램 이상인 화물을 싣는 작업 또는 내리는 작업을 하는 때에는 당해 작업의 지휘자를 지정하여 준수하여야 할 사항
1. 작업순서 및 그 순서마다의 작업방법을 정하고 작업을 지휘할 것
2. 기구 및 공구를 점검하고 불량품을 제거할 것
3. 당해 작업을 행하는 장소에 관계근로자외의 자의 출입을 금지시킬 것
4. 로프를 풀거나 덮개를 벗기는 작업을 행하는 때에는 적재함의 화물이 낙하할 위험이 없음을 확인한 후에 당해 작업을 하도록 할 것

참고 산업안전보건기준에 관한 규칙 제177조【싣거나 내리는 작업】

110. 다음 중 근로자의 추락위험을 방지하기 위한 안전난간의 설치기준으로 옳지 않은 것은?

① 상부난간대는 바닥면·발판 또는 경사로의 표면으로부터 90cm이상 120cm 이하에 설치하고, 중간난간대는 상부난간대와 바닥면 등의 중간에 설치할 것
② 발끝막이판은 바닥면 등으로부터 20cm 이하의 높이를 유지할 것
③ 난간대는 지름 2.7cm 이상의 금속제파이프나 그 이상의 강도를 가진 재료일 것
④ 안정난간은 임의의 점에서 임의의 방향으로 움직이는 100kg 이상의 하중에 견딜 수 있는 튼튼한 구조일 것

발끝막이판은 바닥면등으로부터 10센티미터 이상의 높이를 유지할 것.
참고 산업안전보건기준에 관한 규칙 제13조【안전난간의 구조 및 설치요건】

111. 다음은 타워크레인을 와이어로프로 지지하는 경우의 준수해야 할 기준이다. 빈칸에 들어갈 알맞은 내용을 순서대로 옳게 나타낸 것은?

와이어로프 설치각도는 수평면에서 (   )도 이내로 하되, 지지점은 (   )개소 이상으로 하고, 같은 각도로 설치할 것

① 45, 4
② 45, 5
③ 60, 4
④ 60, 5

와이어로프 설치각도는 수평면에서 60도 이내로 하되, 지지점은 4개소 이상으로 하고, 같은 각도로 설치할 것
참고 산업안전보건기준에 관한 규칙 제142조【타워크레인의 지지】

112. 건설현장에서 사용되는 작업발판 일체형 거푸집의 종류에 해당되지 않는 것은?

① 갱폼(gang form)
② 슬립폼(slip form)
③ 클라이밍 폼(climbing form)
④ 테이블폼(table form)

"작업발판 일체형 거푸집"이란 거푸집의 설치·해체, 철근 조립, 콘크리트 타설, 콘크리트 면처리 작업 등을 위하여 거푸집을 작업발판과 일체로 제작하여 사용하는 거푸집으로서 다음 각 호의 거푸집을 말한다.
1. 갱 폼(gang form)
2. 슬립 폼(slip form)
3. 클라이밍 폼(climbing form)
4. 터널 라이닝 폼(tunnel lining form)
5. 그밖에 거푸집과 작업발판이 일체로 제작된 거푸집 등

참고 산업안전보건기준에 관한 규칙 제337조【작업발판 일체형 거푸집의 안전조치】

113. 건립 중 강풍에 의한 풍압 등 외압에 대한 내력이 설계에 고려되었는지 확인하여야 하는 철골구조물이 아닌 것은?

① 높이 20m 이상인 구조물
② 폭과 높이의 비가 1 : 4 이상인 구조물
③ 연면적 당 철골량이 60kg/m² 이상인 구조물
④ 이음부가 현장용접인 구조물

> 건립 중 강풍에 의한 풍압 등 외압에 대한 내력이 설계에 고려되었
> 는지 확인하여야 할 사항
> 1. 높이 20미터 이상의 구조물
> 2. 구조물의 폭과 높이의 비가 1 : 4 이상인 구조물
> 3. 단면구조에 현저한 차이가 있는 구조물
> 4. 연면적당 철골량이 50킬로그램/평방미터 이하인 구조물
> 5. 기둥이 타이플레이트(tie plate)형인 구조물
> 6. 이음부가 현장용접인 구조물
>
> **참고** 철골공사표준안전작업지침 제3조【설계도 및 공작도 확인】

114. 동바리로 사용하는 파이프서포트에서 높이 2m이 내마다 수평연결재를 2개 방향으로 연결해야 하는 경우에 해당하는 파이프서포트 설치높이 기준은?

① 높이 2m 초과시
② 높이 2.5m 초과시
③ 높이 3m 초과시
④ 높이 3.5m 초과시

> 동바리로 사용하는 파이프 서포트에 대해서는 다음 사항을 따를 것
> 1. 파이프 서포트를 3개 이상 이어서 사용하지 않도록 할 것
> 2. 파이프 서포트를 이어서 사용하는 경우에는 4개 이상의 볼트
>   또는 전용철물을 사용하여 이을 것
> 3. 높이가 3.5미터를 초과하는 경우에는 높이 2미터 이내마다 수
>   평연결재를 2개 방향으로 만들고 수평연결재의 변위를 방지
>   할 것
>
> **참고** 산업안전보건기준에 관한 규칙 제332조【거푸집동바리등의
> 안전조치】

115. 유해·위험방지계획서 첨부서류에 해당되지 않는 것은?

① 안전관리를 위한 교육자료
② 안전관리 조직표
③ 건설물, 사용 기계설비 등의 배치를 나타내는 도면
④ 재해 발생 위험 시 연락 및 대피방법

> 유해·위험방지계획서 제출 시 첨부서류
> 1. 공사 개요 및 안전보건관리계획
>   가. 공사 개요서
>   나. 공사현장의 주변 현황 및 주변과의 관계를 나타내는 도면
>   (매설물 현황을 포함한다)
>   다. 건설물, 사용 기계설비 등의 배치를 나타내는 도면
>   라. 전체 공정표
>   마. 산업안전보건관리비 사용계획서
>   바. 안전관리 조직표
>   사. 재해 발생 위험 시 연락 및 대피방법
> 2. 작업 공사 종류별 유해위험방지계획
>
> **참고** 산업안전보건법 시행규칙 별표10【유해위험방지계획서 첨부
> 서류】

116. 거푸집 해체에 관한 설명 중 틀린 것은?

① 일반적으로 수평부재의 거푸집은 연직부재의 거푸집보다 빨리 떼어낸다.
② 응력을 거의 받지 않는 거푸집은 24시간이 경과하면 떼어내도 좋다.
③ 라멘, 아치 등의 구조물은 콘크리트의 크리프로 인한 균열을 적게 하기 위하여 가능한 한 거푸집을 오래 두어야 한다.
④ 거푸집을 떼어내는 시기는 시멘트의 성질, 콘크리트의 배합, 구조물 종류와 중요성, 부재기 받는 하중, 기온 등을 고려하여 신중하게 정해야 한다.

> 1. 거푸집의 수평부재 해체는 연직부재를 떼어내고 수평부재를
>   떼어낸다.
> 2. 거푸집의 해체는 조립순서의 역순으로 시행한다.

117. 콘크리트 타설작업을 하는 경우에 준수해야할 사항으로 옳지 않은 것은?

① 당일의 작업을 시작하기 전에 해당 작업에 관한 거푸집동바리 등의 변형·변위 및 지반의 침하 유무 등을 점검하고 이상이 있으면 보수한다.
② 작업 중에는 거푸집동바리 등의 변형·변위 및 침하 유무 등을 감시할 수 있는 감시자를 배치하여 이상이 있으면 작업을 빠른 시간 내 우선 완료하고 근로자를 대피시킨다.
③ 콘크리트 타설작업 시 거푸집붕괴의 위험이 발생할 우려가 있으면 충분한 보강조치를 한다.
④ 콘크리트를 타설하는 경우에는 편심이 발생하지 않도록 골고루 분산하여 타설한다.

작업 중에는 거푸집동바리 등의 변형·변위 및 침하 유무 등을 감시할 수 있는 감시자를 배치하여 이상이 있으면 작업을 중지하고 근로자를 대피시킬 것

참고 산업안전보건기준에 관한 규칙 제334조【콘크리트 타설작업】

118. 철골 건립기계 선정 시 사전 검토사항과 가장 거리가 먼 것은?

① 입지조건
② 인양물 종류
③ 건물형태
④ 작업반경

철골 건립기계 선정 시 사전 검토사항
1. 입지조건
2. 건립기계의 소음영향
3. 건물형태
4. 작업반경

119. 말비계를 조립하여 사용할 때에 준수하여야 할 사항으로 옳지 않은 것은?

① 말비계의 높이가 2m를 초과할 경우에는 작업발판의 폭을 30cm 이상으로 할 것
② 지주부재와 수평면과의 기울기는 75° 이하로 할 것
③ 지주부재의 하단에는 미끄럼 방지장치를 할 것
④ 지주부재와 지주부재 사이를 고정시키는 보조부재를 설치할 것

말비계의 높이가 2미터를 초과할 경우에는 작업발판의 폭을 40센티미터 이상으로 할 것

참고 산업안전보건기준에 관한 규칙 제67조【말비계】

120. 콘크리트 타설 시 거푸집의 측압에 영향을 미치는 인자들에 대한 설명 중 적당하지 않은 것은?

① 슬럼프가 클수록 작다.
② 타설속도가 빠를수록 크다.
③ 거푸집 속의 콘크리트 온도가 낮을수록 크다.
④ 콘크리트의 타설높이가 높을수록 크다.

묽은 콘크리트 일수록(물·시멘트비가 클수록, 슬럼프 값이 클수록, 시멘트·물비가 적을수록) 측압이 크다.

저자 프로필

저자 **지 준 석**　공학박사
　　　　　　　　대림대학교 보건안전과 교수

저자 **조 태 연**　공학박사
　　　　　　　　대림대학교 보건안전과 교수

건설안전기사 4주완성 ❸

定價 36,000원

발행인　지준석 · 조태연
발행인　이　종　권

2020年　2月　5日　초 판 발 행
2021年　4月　20日　2차개정발행
2022年　1月　10日　3차개정발행
2023年　1月　17日　4차개정발행
2024年　1月　4日　5차개정발행

發行處　**(주) 한솔아카데미**

(우)06775 서울시 서초구 마방로10길 25 트윈타워 A동 2002호
TEL : (02)575-6144/5　FAX : (02)529-1130
〈1998. 2. 19 登錄 第16-1608號〉

ISBN 979-11-6654-406-4 13540

건축기사시리즈
①건축계획

이종석, 이병억 공저
536쪽 | 26,000원

건축기사시리즈
②건축시공

김형중, 한규대, 이명철, 홍태화
공저
678쪽 | 26,000원

건축기사시리즈
③건축구조

안광호, 홍태화, 고길용 공저
796쪽 | 27,000원

건축기사시리즈
④건축설비

오병칠, 권영철, 오호영 공저
564쪽 | 26,000원

건축기사시리즈
⑤건축법규

현정기, 조영호, 김광수, 한웅규
공저
622쪽 | 27,000원

건축기사 필기 10개년
핵심 과년도문제해설

안광호, 백종엽, 이병억 공저
1,000쪽 | 44,000원

건축기사 4주완성

남재호, 송우용 공저
1,412쪽 | 46,000원

건축산업기사 4주완성

남재호, 송우용 공저
1,136쪽 | 43,000원

7개년 기출문제
건축산업기사 필기

한솔아카데미 수험연구회
868쪽 | 36,000원

건축설비기사 4주완성

남재호 저
1,280쪽 | 44,000원

건축설비산업기사
4주완성

남재호 저
770쪽 | 38,000원

10개년 핵심
건축설비기사 과년도

남재호 저
1,148쪽 | 38,000원

건축기사 실기

한규대, 김형중, 안광호, 이병억
공저
1,672쪽 | 52,000원

건축기사 실기
(The Bible)

안광호, 백종엽, 이병억 공저
818쪽 | 37,000원

건축기사 실기 12개년
과년도

안광호, 백종엽, 이병억 공저
688쪽 | 30,000원

건축산업기사 실기

한규대, 김형중, 안광호, 이병억
공저
696쪽 | 33,000원

건축산업기사 실기
(The Bible)

안광호, 백종엽, 이병억 공저
300쪽 | 27,000원

실내건축기사 4주완성

남재호 저
1,284쪽 | 39,000원

실내건축산업기사
4주완성

남재호 저
1,020쪽 | 31,000원

시공실무
실내건축(산업)기사 실기

안동훈, 이병억 공저
422쪽 | 31,000원

건축사 과년도출제문제
1교시 대지계획

한솔아카데미 건축사수험연구회
346쪽 | 33,000원

건축사 과년도출제문제
2교시 건축설계1

한솔아카데미 건축사수험연구회
192쪽 | 33,000원

건축사 과년도출제문제
3교시 건축설계2

한솔아카데미 건축사수험연구회
436쪽 | 33,000원

건축물에너지평가사
①건물 에너지 관계법규

건축물에너지평가사 수험연구회
818쪽 | 30,000원

건축물에너지평가사
②건축환경계획

건축물에너지평가사 수험연구회
456쪽 | 26,000원

건축물에너지평가사
③건축설비시스템

건축물에너지평가사 수험연구회
682쪽 | 29,000원

건축물에너지평가사
④건물 에너지효율설계 · 평가

건축물에너지평가사 수험연구회
756쪽 | 30,000원

건축물에너지평가사
2차실기(상)

건축물에너지평가사 수험연구회
940쪽 | 45,000원

건축물에너지평가사
2차실기(하)

건축물에너지평가사 수험연구회
905쪽 | 50,000원

토목기사시리즈
①응용역학

염창열, 김창원, 안광호, 정용욱,
이지훈 공저
804쪽 | 25,000원

토목기사시리즈
②측량학

남수영, 정경동, 고길용 공저
452쪽 | 25,000원

토목기사시리즈
③수리학 및 수문학

심기오, 노재식, 한웅규 공저
450쪽 | 25,000원

토목기사시리즈
④철근콘크리트 및 강구조

정경동, 정용욱, 고길용, 김지우
공저
464쪽 | 25,000원

토목기사시리즈
⑤토질 및 기초

안성중, 박광진, 김창원, 홍성협
공저
640쪽 | 25,000원

토목기사시리즈
⑥상하수도공학

노재식, 이상도, 한웅규, 정용욱
공저
544쪽 | 25,000원

10개년 핵심 토목기사
과년도문제해설

김창원 외 5인 공저
1,076쪽 | 45,000원

토목기사 4주완성
핵심 및 과년도문제해설

이상도, 고길용, 안광호, 한웅규,
홍성협, 김지우 공저
1,054쪽 | 42,000원

토목산업기사 4주완성
7개년 과년도문제해설

이상도, 정경동, 고길용, 안광호,
한웅규, 홍성협 공저
752쪽 | 39,000원

토목기사 실기

김태선, 박광진, 홍성협, 김창원,
김상욱, 이상도 공저
1,496쪽 | 50,000원

토목기사 실기
12개년 과년도문제해설

김태선, 이상도, 한웅규, 홍성협,
김상욱, 김지우 공저
708쪽 | 35,000원

**콘크리트기사 · 산업기사
4주완성(필기)**

정용욱, 고길용, 전지현, 김지우
공저
976쪽 | 37,000원

**콘크리트기사
12개년 과년도(필기)**

정용욱, 고길용, 김지우 공저
576쪽 | 28,000원

**콘크리트기사 · 산업기사
3주완성(실기)**

정용욱, 김태형, 이승철 공저
748쪽 | 30,000원

**건설재료시험기사
4주완성 필독서(필기)**

고길용, 정용욱, 홍성협, 전지현
공저
742쪽 | 37,000원

**건설재료시험기사
13개년 과년도(필기)**

고길용, 정용욱, 홍성협, 전지현
공저
656쪽 | 30,000원

**건설재료시험기사
3주완성(실기)**

고길용, 홍성협, 전지현, 김지우
공저
728쪽 | 29,000원

**콘크리트기능사
3주완성(필기+실기)**

정용욱, 고길용, 전지현 공저
524쪽 | 24,000원

**지적기능사(필기+실기)
3주완성**

염창열, 정병노 공저
640쪽 | 29,000원

측량기능사 3주완성

염창열, 정병노 공저
562쪽 | 27,000원

**전산응용토목제도기능사
필기 3주완성**

김지우, 최진호, 전지현 공저
438쪽 | 26,000원

**건설안전기사 4주완성
필기**

지준석, 조태연 공저
1,388쪽 | 36,000원

**산업안전기사 4주완성
필기**

지준석, 조태연 공저
1,560쪽 | 36,000원

**공조냉동기계기사 필기
5주완성**

조성안, 이승원, 한영동 공저
1,502쪽 | 39,000원

**공조냉동기계산업기사
필기 5주완성**

조성안, 이승원, 한영동 공저
1,250쪽 | 34,000원

**공조냉동기계기사 실기
5주완성**

조성안, 한영동 공저
950쪽 | 37,000원

**조경기사 · 산업기사
필기**

이윤진 저
1,836쪽 | 49,000원

**조경기사 · 산업기사
실기**

이윤진 저
1,050쪽 | 45,000원

조경기능사 필기

이윤진 저
682쪽 | 29,000원

조경기능사 실기

이윤진 저
350쪽 | 28,000원

조경기능사 필기

한상엽 저
712쪽 | 28,000원

Hansol Academy

조경기능사 실기
한상엽 저
738쪽 | 29,000원

전기기사시리즈(전6권)
대산전기수험연구회
2,240쪽 | 113,000원

전기기사 5주완성
전기기사수험연구회
1,680쪽 | 42,000원

전기산업기사 5주완성
전기산업기사수험연구회
1,556쪽 | 42,000원

전기공사기사 5주완성
전기공사기사수험연구회
1,608쪽 | 41,000원

**전기공사산업기사
5주완성**
전기공사산업기사수험연구회
1,606쪽 | 41,000원

전기(산업)기사 실기
대산전기수험연구회
766쪽 | 42,000원

**전기기사 실기 15개년
과년도문제해설**
대산전기수험연구회
808쪽 | 37,000원

전기기사시리즈(전6권)
김대호 저
3,230쪽 | 119,000원

전기기사 실기 기본서
김대호 저
964쪽 | 36,000원

전기기사 실기 기출문제
김대호 저
1,336쪽 | 39,000원

**전기산업기사 실기
기본서**
김대호 저
920쪽 | 36,000원

**전기산업기사 실기
기출문제**
김대호 저
1,076 | 38,000원

전기기사 실기 마인드 맵
김대호 저
232쪽 | 16,000원

**전기(산업)기사
실기 모의고사 100선**
김대호 저
296쪽 | 24,000원

전기기능사 필기
이승원, 김승철 공저
624쪽 | 25,000원

공무원 건축계획
이병억 저
800쪽 | 37,000원

**7 · 9급 토목직
응용역학**
정경동 저
1,192쪽 | 42,000원

9급 토목직 토목설계
정경동 저
1,114쪽 | 42,000원

응용역학개론 기출문제
정경동 저
686쪽 | 40,000원

**측량학(9급 기술직/
서울시 · 지방직)**
정병노, 염창열, 정경동 공저
722쪽 | 27,000원

**응용역학(9급 기술직/
서울시 · 지방직)**
이국형 저
628쪽 | 23,000원

**스마트 9급 물리
(서울시 · 지방직)**
신용찬 저
422쪽 | 23,000원

**7급 공무원
스마트 물리학개론**
신용찬 저
614쪽 | 38,000원

1종 운전면허
도로교통공단 저
110쪽 | 12,000원

2종 운전면허
도로교통공단 저
110쪽 | 12,000원

1 · 2종 운전면허
도로교통공단 저
110쪽 | 12,000원

지게차 운전기능사
건설기계수험연구회 편
216쪽 | 15,000원

굴삭기 운전기능사
건설기계수험연구회 편
224쪽 | 15,000원

**지게차 운전기능사
3주완성**
건설기계수험연구회 편
338쪽 | 12,000원

**굴삭기 운전기능사
3주완성**
건설기계수험연구회 편
356쪽 | 12,000원

**초경량 비행장치
무인멀티콥터**
권희춘, 김병구 공저
258쪽 | 22,000원

**시각디자인 산업기사
4주완성**
김영애, 서정술, 이원범 공저
1,102쪽 | 36,000원

**시각디자인
기사 · 산업기사 실기**
김영애, 이원범 공저
508쪽 | 35,000원

토목 BIM 설계활용서
김영휘, 박형순, 송윤상, 신현준,
안서현, 박진훈, 노기태 공저
388쪽 | 30,000원

BIM 구조편
(주)알피종합건축사사무소
(주)동양구조안전기술 공저
536쪽 | 32,000원

BIM 주택설계편
(주)알피종합건축사사무소
박기백, 서창석, 함남혁, 유기찬
공저
514쪽 | 32,000원

BIM 기본편
(주)알피종합건축사사무소
402쪽 | 32,000원

**BIM 건축계획설계
Revit 실무지침서**
BIMFACTORY
607쪽 | 35,000원

**전통가옥에서 BIM을
보며**
김요한, 함남혁, 유기찬 공저
548쪽 | 32,000원

Hansol Academy

BIM 주택설계편

(주)알피종합건축사사무소
박기백, 서창석, 함남혁, 유기찬
공저
514쪽 | 32,000원

BIM 활용편 2탄

(주)알피종합건축사사무소
380쪽 | 30,000원

BIM 건축전기설비설계

모델링스토어, 함남혁
572쪽 | 32,000원

BIM 토목편

송현혜, 김동욱, 임성순, 유자영,
심창수 공저
278쪽 | 25,000원

디지털모델링 방법론

이나래, 박기백, 함남혁, 유기찬
공저
380쪽 | 28,000원

**건축디자인을 위한
BIM 실무 지침서**

(주)알피종합건축사사무소
박기백, 오정우, 함남혁, 유기찬 공저
516쪽 | 30,000원

**BIM건축운용전문가
2급자격**

모델링스토어, 함남혁 공저
826쪽 | 34,000원

**BIM토목운용전문가
2급자격**

채재현, 김영휘, 박준오, 소광영,
김소희, 이기수, 조수연
614쪽 | 35,000원

BE Architect

유기찬, 김재준, 차성민, 신수진,
홍유찬 공저
282쪽 | 20,000원

**BE Architect
라이노&그래스호퍼**

유기찬, 김재준, 조준상, 오주연
공저
288쪽 | 22,000원

**BE Architect
AUTO CAD**

유기찬, 김재준 공저
400쪽 | 25,000원

건축관계법규(전3권)

최한석, 김수영 공저
3,544쪽 | 110,000원

건축법령집

최한석, 김수영 공저
1,490쪽 | 60,000원

건축법해설

김수영, 이종석, 김동화, 김용환,
조영호, 오호영 공저
918쪽 | 32,000원

건축설비관계법규

김수영, 이종석, 박호준, 조영호,
오호영 공저
790쪽 | 34,000원

건축계획

이순희, 오호영 공저
422쪽 | 23,000원

건축시공학

이찬식, 김선국, 김예상, 고성석,
손보석, 유정호, 김태완 공저
776쪽 | 30,000원

**현장실무를 위한
토목시공학**

남기천, 김상환, 유광호, 강보순,
김종민, 최준성 공저
1,212쪽 | 45,000원

알기쉬운 토목시공

남기천, 유광호, 류명찬, 유영철,
최준성, 고준영, 김연덕 공저
818쪽 | 28,000원

Auto CAD 오토캐드

김수영, 정기범 공저
364쪽 | 25,000원

친환경 업무매뉴얼
정보현, 장동원 공저
352쪽 | 30,000원

건축시공기술사 기출문제
배용환, 서갑성 공저
1,146쪽 | 69,000원

합격의 정석 건축시공기술사
조민수 저
904쪽 | 67,000원

건축전기설비기술사 (상권)
서학범 저
784쪽 | 65,000원

건축전기설비기술사 (하권)
서학범 저
748쪽 | 65,000원

마법기본서 PE 건축시공기술사
백종엽 저
730쪽 | 62,000원

스크린 PE 건축시공기술사
백종엽 저
376쪽 | 32,000원

용어설명1000 PE 건축시공기술사(상)
백종엽 저
1,072쪽 | 70,000원

용어설명1000 PE 건축시공기술사(하)
백종엽 저
988쪽 | 70,000원

합격의 정석 토목시공기술사
김무섭, 조민수 공저
804쪽 | 60,000원

건설안전기술사
이태엽 저
600쪽 | 52,000원

소방기술사 上
윤정득, 박견용 공저
656쪽 | 55,000원

소방기술사 下
윤정득, 박견용 공저
730쪽 | 55,000원

소방시설관리사 1차 (상,하)
김흥준 저
1,630쪽 | 63,000원

건축에너지관계법해설
조영호 저
614쪽 | 27,000원

ENERGYPULS
이광호 저
236쪽 | 25,000원

수학의 마술(2권)
아서 벤저민 저, 이경희, 윤미선, 김은현, 성지현 옮김
206쪽 | 24,000원

스트레스, 과학으로 풀다
그리고리 L. 프리키온, 애너이브 코비치, 앨버트 S.용 저
176쪽 | 20,000원

숫자의 비밀
마리안 프라이베르거, 레이첼 토머스 지음, 이경희, 김영은, 윤미선, 김은현 옮김
376쪽 | 16,000원

지치지 않는 뇌 휴식법
이시카와 요시키 저
188쪽 | 12,800원

행복충전 50Lists

에드워드 호프만 저
272쪽 | 16,000원

**스마트 건설,
스마트 시티, 스마트 홈**

김선근 저
436쪽 | 19,500원

**e-Test 엑셀
ver.2016**

임창인, 조은경, 성대근, 강현권
공저
268쪽 | 17,000원

**e-Test 파워포인트
ver.2016**

임창인, 권영희, 성대근, 강현권
공저
206쪽 | 15,000원

**e-Test 한글
ver.2016**

임창인, 이권일, 성대근, 강현권
공저
198쪽 | 13,000원

**e-Test 엑셀
2010(영문판)**

Daegeun-Seong
188쪽 | 25,000원

**e-Test
한글+엑셀+파워포인트**

성대근, 유재휘, 강현권 공저
412쪽 | 28,000원

**재미있고 쉽게 배우는
포토샵 CC2020**

이영주 저
320쪽 | 23,000원

**소방설비기사
기계분야 필기**

김흥준, 한영동, 박래철, 윤중오
공저
1,130쪽 | 39,000원

**소방설비기사
전기분야 필기**

김흥준, 홍성민, 박래철 공저
990쪽 | 38,000원

건설안전기사 4주완성 필기 | 산업안전기사 4주완성 필기

지준석, 조태연
1,388쪽 | 36,000원

지준석, 조태연
1,560쪽 | 36,000원

※ 구입처는 **전국대형서점**에서 구매하실 수 있습니다.